JN430058

토양환경
기사 필기

예문사

본서는 한국산업인력공단 최근 출제기준에 맞추어 구성하였으며 토양환경기사 필기시험을 준비하는 수험생 여러분들이 효율적으로 공부할 수 있도록 필수내용만 정성껏 담았습니다.

◐ 본 교재의 특징

1 최근 출제경향에 맞추어 핵심이론과 필수기출계산문제 및 풀이 수록
2 각 단원별로 출제비중 높은 계산문제 상세풀이 수록
3 최근 기출문제풀이의 상세한 해설 수록

차후 실시되는 시험문제들의 해설을 통해 미흡하고 부족한 점을 계속 수정 · 보완해 나가도록 하겠습니다.

끝으로, 이 책을 출간하기까지 끊임없는 성원과 배려를 해주신 예문사 관계자 여러분, 보건환경연구원 전재식 부장님, 주경야독 윤동기 대표이사, 달팽이 박수호 님, 대전에 황소현 님에게 깊은 감사를 전합니다.

저자 **서영민**

徹頭徹尾 (철두철미)
처음부터 끝까지 빈틈없이 철저하게

INFORMATION

토양환경기사 출제기준(필기)

직무 분야	환경 · 에너지	중직무 분야	환경	자격 종목	토양환경기사	적용 기간	2026.1.1.~2028.12.31.

○직무내용 : 토양 · 지하수 정화 및 관리 분야의 관계법규, 공학적 지식 등을 바탕으로 토양 · 지하수 환경오염 정화에 대한 조사평가 및 설치 · 운영에 관한 직무이다.

필기검정방법	객관식	문제수	80	시험시간	2시간

필기과목명	문제수	주요항목	세부항목	세세항목
토양 및 지하수 특성	20	1. 토양자원 보전	1. 토양의 물리 · 화학적 특성	1. 토양의 분류 및 특성 2. 토양의 3상 및 토성 3. 점토광물 구조 및 특성 4. 토양교질물 및 이온교환 5. 흡착특성 6. 토양의 산화 · 환원
			2. 토양미생물 분류 및 정화특성	1. 토양미생물 분류 2. 토양미생물과 오염물질 정화특성
			3. 토양오염 특성 및 영향	1. 토양오염의 특성 2. 토양오염 물질의 특성 및 영향 3. 토양오염원별 특성 및 영향
			4. 토양에서의 오염물질 이동	1. 오염물질의 거동특성 2. 오염물질의 이동 및 저감방안
			5. 토양오염대책	1. 토양오염의 예방대책 2. 토양오염의 정화대책
			6. 토양의 산성화, 염류화, 사막화 및 토양 침식	1. 토양의 산성화 2. 토양의 염류화 및 사막화 3. 토양 침식 4. 산성 및 염류토양의 개선
			7. 토양 양분관리	1. 영양 물질의 이동 2. 적정수준의 영양물질 처리 3. 영양 물질의 변환 4. 토양 양분관리기술
		2. 수리지질 특성	1. 지하수 특성	1. 대수층 특성 2. 지하수 유동
			2. 지하수 오염의 특성 및 영향	1. 지하수 오염의 특성 2. 지하수 오염의 영향

필기과목명	문제수	주요항목	세부항목	세세항목
토양 및 지하수 조사·평가	20	1. 토양 및 지하수 분석	1. 시료채취 및 보관	1. 시료채취 방법 2. 시료채취 전처리 및 현장측정 3. 시료채취 이송 및 보관방법
			2. 기기분석	1. 기기분석원리 2. 정도관리
		2. 토양지하수 오염 평가	1. 토양 정밀조사	1. 정밀조사 방법 및 절차 2. 정밀조사보고서 작성방법
			2. 토양환경평가	1. 토양환경평가 방법 및 절차 2. 토양환경평가보고서 작성방법
			3. 토양오염물질 위해성 평가	1. 토양오염물질 위해성 평가방법 및 절차 2. 토양오염물질 위해성 평가보고서 작성방법
			4. 지하수 오염 평가	1. 지하수 오염평가 방법 및 절차 2. 지하수 오염평가보고서 작성방법
		3. 토양지하수 측정망 운영	1. 토양 측정망 운영	1. 토양 측정망 운영지침
			2. 지하수 측정망 운영	1. 지하수 측정망 운영지침
토양 및 지하수 정화기술	20	1. 정화 설계	1. 오염토양 정화 설계	1. 정화계획수립 2. 정화공법 종류 및 선정 3. 현장 적용성 평가 4. 설계도서 작성방법
			2. 오염지하수 정화 설계	1. 정화계획수립 2. 정화공법 종류 및 선정 3. 현장 적용성 평가 4. 설계도서 작성방법
		2. 정화시설 설치 및 운영	1. 오염토양 정화시설 설치운영	1. 오염토양 정화시설 설치 2. 오염토양 정화시설 운영 3. 오염토양 정화 사후관리
			2. 오염지하수 정화시설 설치 운영	1. 오염지하수 정화시설 설치 2. 오염지하수 정화시설 운영 3. 오염지하수 정화 사후관리
		3. 정화 검증	1. 토양지하수 정화검증	1. 정화검증 방법 및 절차 2. 정화검증보고서 작성방법
토양 및 지하수 환경관계법규	20	1. 토양환경보전법	1. 법	1. 총칙 2. 토양오염의 규제 3. 토양보전대책지역의 지정 및 관리 4. 토양관련 전문기관 및 토양정화업 5. 보칙 및 벌칙
		2. 지하수법	1. 법	1. 지하수의 보전·관리

이책의 **차례**

PART 01. 토양 및 지하수 특성

Section 01 **토양의 물리 · 화학적 특성** ·· 1-3
1. 토양의 정의 ·· 1-3
2. 환경 구성요소로서의 토양 ·· 1-3
3. 토양의 기능 ·· 1-3
4. 토양의 분류 ·· 1-4

Section 02 **토양의 생성** ·· 1-8
1. 풍화작용과 토양생성작용 ·· 1-8
2. 토양생성 주요 인자 ·· 1-9
3. 토양생성작용 ·· 1-11
4. 토양침식 ·· 1-13
5. 토양의 단면(토양층위) ·· 1-16
6. 토양의 3상 ·· 1-18
7. 토성 ·· 1-20
8. 우리나라 토양의 일반적 특징 ·· 1-23
9. 토양의 물리적 특성 ·· 1-23
10. 토양의 화학적 특징(토양반응) ·· 1-50

Section 03 **토양미생물 분류 및 정화특성** ·· 1-85
1. 토양 내의 원소순환 ·· 1-85
2. 토양미생물 ·· 1-90

Section 04 **토양오염의 특성 및 영향** ·· 1-95
1. 개요 ·· 1-95
2. 토양오염의 특징 ·· 1-95
3. 토양오염원 ·· 1-95
4. 토양오염물질 ·· 1-98

Section 05 **지하수 수리특성** ·· 1-111
1. 지하수 ·· 1-111
2. 대수층 분류 ·· 1-114

3. 포화대수층 ·· 1-116

4. 지하수 특성 ·· 1-128

5. 지하수의 오염 ·· 1-130

6. 지하수 오염물질의 거동(유동) ····························· 1-132

7. NAPL(Non Aqueous Phase Liguid) ·················· 1-134

8. 토양 내의 물질이동이론 ······································· 1-136

9. 토양오염도 조사 및 평가 ····································· 1-136

Section 06 핵심 필수문제 ··· 1-139

Section 07 실전 필수문제 ··· 1-147

PART 02 토양 및 지하수 조사 · 평가

Section 01 총칙 ··· 2-3

Section 02 정도보증/정도관리 ·· 2-9

Section 03 시료의 채취 및 조제 ····································· 2-12

Section 04 수분 함량 ·· 2-18

Section 05 수소이온농도 – 유리전극법 ···························· 2-21

Section 06 불소 ··· 2-25

06-1 불소 – 자외선/가시선 분광법 ···················· 2-25

Section 07 시안 ··· 2-32

07-1 시안 – 자외선/가시선 분광법 ···················· 2-32

07-2 시안 – 이온전극법 ······························· 2-36

Section 08 금속류 ·· 2-40

Section 09 금속류 – 원자흡수분광광도법 ························· 2-41

Section 10 금속류 – 유도결합플라스마 – 원자발광분광법 ······ 2-47

CONTENTS

Section 11 구리 ·· 2-53

11-1 구리 – 원자흡수분광광도법 ························· 2-53

11-2 구리 – 유리결합플라스마 – 원자발광분광법 ···· 2-53

Section 12 납 ··· 2-54

12-1 납 – 원자흡수분광광도법 ····························· 2-54

12-2 납 – 유도결합플라스마 – 원자발광분광법 ······· 2-54

Section 13 니켈 ·· 2-55

13-1 니켈 – 원자흡수분광광도법 ························· 2-55

13-2 니켈 – 유도결합플라스마 – 원자발광분광법 ···· 2-55

Section 14 비소 ·· 2-56

14-1 비소 – 수소화물생성 – 원자흡수분광광도법 ···· 2-56

Section 15 비소 – 유도결합플라스마 – 원자발광분광법 ···· 2-60

15-1 비소 – 수소화물생성 – 유도결합플라스마 – 원자발광분광법 ········ 2-60

Section 16 수은 ·· 2-62

16-1 수은 – 냉증기 원자흡수분광광도법 ·············· 2-62

16-2 수은 – 열적 분해 아말감 원자흡수분광광도법 ·· 2-66

Section 17 아연 ·· 2-71

17-1 아연 – 원자흡수분광광도법 ························· 2-71

17-2 아연 – 유도결합플라스마 – 원자발광분광법 ···· 2-71

Section 18 카드뮴 ··· 2-72

18-1 카드뮴 – 원자흡수분광광도법 ······················ 2-72

18-2 카드뮴 – 유도결합플라스마 – 원자발광분광법 ·· 2-72

Section 19 6가 크롬 ·· 2-73

19-1 6가 크롬 – 자외선/가시선 분광법 ················· 2-73

19-2 6가 크롬 – 이온크로마토그래피 – 가시선/자외선 분광법 ·············· 2-77

Section 20 유기인화합물 ·· 2-82

20-1 유기인화합물 – 기체크로마토그래피 ············· 2-82

20-2 유기인화합물 – 기체크로마토그래피 – 질량분석법 ·· 2-89

Section 21 벤조(a)피렌 ·· 2-92

21-1 벤조(a)피렌 – 기체크로마토그래피 – 질량분석법 ············· 2-92

Section 22 석유계 총 탄화수소 ·· 2-101

　　22-1 석유계 총 탄화수소 – 기체크로마토그래피 ···················· 2-101

Section 23 페놀류 ·· 2-108

　　23-1 페놀류 – 기체크로마토그래피 ······································ 2-108

Section 24 폴리클로리네이티드비페닐 ·· 2-114

　　24-1 폴리클로리네이티드비페닐 – 기체크로마토그래피 ·········· 2-114

Section 25 휘발성 유기화합물 ·· 2-122

　　25-1 휘발성 유기화합물 – 퍼지 – 트랩 기체크로마토그래피

　　　　　– 질량분석법 ·· 2-123

Section 26 벤젠, 톨루엔, 에틸벤젠, 크실렌 ·································· 2-131

　　26-1 벤젠, 톨루엔, 에틸벤젠, 크실렌 – 퍼지 – 트랩

　　　　　기체크로마토그래피 – 질량분석법 ·························· 2-131

　　26-2 벤젠, 톨루엔, 에틸벤젠, 크실렌 – 퍼지 – 트랩

　　　　　기체크로마토그래피 ·· 2-131

Section 27 트리클로로에틸렌, 테트라클로로에틸렌 ······················ 2-135

　　27-1 트리클로로에틸렌, 테트라클로로에틸렌,

　　　　　– 퍼지 – 트랩 기체크로마토그래피 – 질량분석법 ········ 2-135

　　27-2 트리클로로에틸렌, 테트라클로로에틸렌,

　　　　　– 퍼지 – 트랩 기체크로마토그래피 ······················ 2-135

Section 28 저장물질이 없는 누출검사대상시설 – 비파괴검사 ·········· 2-140

Section 29 저장물질이 없는 누출검사대상시설 – 가압시험법 ·········· 2-149

Section 30 저장물질이 있는 누출검사대상시설 – 기상부의 시험법 ···· 2-153

Section 31 저장물질이 있는 누출검사대상시설 – 액상부의 시험법 ···· 2-158

Section 32 배관시설 – 가압 및 미감압시험법 ······························ 2-162

Section 33 토양정밀조사의 세부방법에 관한 규정 ························ 2-166

Section 34 토양환경평가지침 ·· 2-184

Section 35 실전 필수문제 ·· 2-193

토양 및 지하수 정화기술

Section 01 **오염토양의 처리장소 위치에 따른 구분** ················ 3-3
    1. 원위치 처리방법(In Situ) ················ 3-3
    2. 굴착 후(탈 위치) 처리방법(Ex – Situ) ················ 3-4

Section 02 **오염토양의 처리기술에 따른 구분** ················ 3-7
    1. 물리 · 화학적 처리기술 ················ 3-7
    2. 생물학적 처리기술 ················ 3-8
    3. 열적 처리기술 ················ 3-9
    4. 토양오염 방지 및 복원기술 ················ 3-10
    5. 오염지반의 조사방법 중 지표물리탐사방법 ················ 3-10
    6. 매립지 최종복토층의 가스배제층 설치에 따른 이점(장점) ················ 3-10
    7. 토양오염 복원 및 정화단계 ················ 3-11
    8. 오염물질 저감에 기여하는 요소 ················ 3-11

Section 03 **물리 · 화학적 처리기술** ················ 3-12
    1. 토양증기추출법(SVE) ················ 3-12
    2. 공기스파징(공기분사기법) ················ 3-20
    3. 토양세척공법 ················ 3-24
    4. 토양세정방법 ················ 3-28
    5. 동전기 정화방법(전기동력학적 오염토양 복원기술) ················ 3-30
    6. 유리화 방법 : 전기용융 방법 ················ 3-33
    7. 자연저감법 ················ 3-36
    8. 화학적 산화/환원법 ················ 3-40
    9. 화학적 불용화처리 ················ 3-43
    10. 용매추출방법 ················ 3-45
    11. 고형화 · 안정화 방법 ················ 3-46
    12. 수직차단벽 ················ 3-50
    13. 투수성 반응벽체(PRB) ················ 3-55
    14. Direction Wells ················ 3-59

15. Dual Phase Extraction ·· 3-60
16. 압축공기파쇄추출법 ··· 3-61

Section 04 **생물학적 처리기술** ··· 3-65
1. 생물학적 처리의 기본이론 ·· 3-65
2. 생물학적 처리에 필요한 환경조절인자 ································· 3-69
3. 생물학적 처리방법의 구분 ·· 3-71
4. 바이오벤팅방법 : 생물학적 통기법 ·· 3-76
5. 원위치 생물학적 복원(지중 생물학적 복원) ······················ 3-84
6. 토양경작방법 ·· 3-86
7. 바이오파일 방법 ··· 3-89
8. 슬러지상 생물반응조 ·· 3-92
9. 퇴비화 공법 ·· 3-95
10. 바이오스파징 ··· 3-96
11. 바이오슬러핑 ··· 3-98
12. 바이오필터 ··· 3-101
13. 백색부유균 ··· 3-102
14. 식물정화법 ··· 3-103

Section 05 **열적 처리기술** ··· 3-109
1. 열탈착기술 ··· 3-109

Section 06 **실전 필수문제** ··· 3-116

토양 및 지하수 환경관계법규

Section 01 토양환경보전법 ··· 4-3
Section 02 토양환경보전법 시행령 ··· 4-34
Section 03 토양환경보전법 시행규칙 ·· 4-57
Section 04 지하수법 ·· 4-89

CONTENTS

Section 05 지하수법 시행령 ·· 4-118

Section 06 지하수법 시행규칙 ·· 4-151

Section 07 실전 필수문제 ·· 4-172

PART 05. 기출문제 풀이

Section 01 2014년 1회 기사 ·········· 5-3

Section 02 2014년 2회 기사 ········· 5-17

Section 03 2014년 4회 기사 ········· 5-31

Section 04 2015년 1회 기사 ········· 5-45

Section 05 2015년 2회 기사 ········· 5-60

Section 06 2015년 4회 기사 ········· 5-77

Section 07 2016년 1회 기사 ········· 5-92

Section 08 2016년 2회 기사 ········ 5-107

Section 09 2016년 4회 기사 ········ 5-123

Section 10 2017년 1회 기사 ········ 5-139

Section 11 2017년 2회 기사 ········ 5-154

Section 12 2017년 4회 기사 ········ 5-169

Section 13 2018년 1회 기사 ········ 5-185

Section 14 2018년 2회 기사 ········ 5-203

Section 15 2018년 4회 기사 ········ 5-219

Section 16 2019년 1회 기사 ········ 5-235

Section 17 2019년 2회 기사 ········ 5-249

Section 18 2019년 4회 기사 ········ 5-265

Section 19 2020년 1 · 2회 기사 · 5-281

Section 20 2020년 3회 기사 ········ 5-297

Section 21 2020년 4회 기사 ········ 5-315

Section 22 2021년 1회 기사 ········ 5-332

Section 23 2021년 2회 기사 ········ 5-349

Section 24 2021년 4회 기사 ········ 5-367

Section 25 2022년 1회 기사 ········ 5-385

Section 26 2022년 2회 기사 ········ 5-403

Section 27 2022년 4회 기사 ········ 5-420

Section 28 2023년 1회 기사 ········ 5-435

Section 29 2023년 2회 기사 ········ 5-449

Section 30 2023년 4회 기사 ········ 5-464

Section 31 2024년 1회 기사 ········ 5-479

Section 32 2024년 2회 기사 ········ 5-496

Section 33 2024년 3회 기사 ········ 5-513

Section 34 2025년 1회 기사 ········ 5-531

Section 35 2025년 2회 기사 ········ 5-545

Section 36 2025년 3회 기사 ········ 5-560

PART 01

토양 및 지하수 특성

001 토양의 물리·화학적 특성

1. 토양의 정의

토양은 학문분야 및 각 국가에 따라 그 정의를 달리하고 있으나 일반적으로 장기간에 걸친 풍화작용에 의해 생성된 암석의 풍화물인 작은 입자의 광물질을 재료로 하여 지각 표면에 쌓이고 여기에 동·식물의 유기물이 혼합되며 기후·생물 등의 작용에 의하여 변화되어 식물을 구조적으로 지지하고 양분을 저장·공급하는 역할을 하는 자연체로 정의하고 있다.

2. 환경 구성요소로서의 토양

① 토양은 일반적인 자연조건하에서 외적 요인에 대해 완충능력이 크다.
② 주로 미생물 작용을 통하여 사멸물질을 원래의 구성성분으로 분해하여 그들 성분이 식생을 경유하여 원래의 사이클로 환원되기 위한 적당한 환경을 제공한다.
③ 용해성분과 콜로이드상 성분, 특히 호기적인 표층로를 통과하는 사이에 무기화되어 유기질성분을 포함한 물의 여과기로서의 역할을 가진다.
④ 식물의 생육 및 다른 형태의 생명을 지탱하는 기능과 함께 자연의 폐기물을 위한 쓰레기장으로서의 작용과는 상호적으로 밀접한 관련을 가진다.

3. 토양의 기능

① 식물 성장을 위한 매체 : 식물뿌리 지지, 영양분 공급(식물이 뿌리를 내리고 생장할 수 있는 기계적 지지작용)
② 토양공극을 통한 CO_2와 O_2의 교환통기기능(뿌리가 호흡을 건강하게 할 수 있도록 해주는 공기의 교환기)
③ 토양의 절연기능 : 토양 내 온도변화폭 작게 조절 ───── 토양의 수분 및
④ 토양 내의 수분변화를 조절하는 토양공극의 함수능 기능 ── 온도조절기능
⑤ 완충작용(Buffer Action)기능 : 산 또는 알칼리에 의해 pH 변화 미약 의미
⑥ 물과 무기양분을 저장·공급해주는 기능
⑦ 영양분과 유기폐기물의 순환계로서의 역할기능
⑧ 공학적 매체기능 : 원료 및 건축 등 기초역할
⑨ 수질·대기·폐기물 오염 등에 의한 오염물질의 최종 종착지

4. 토양의 분류

(1) 형태학적 분류(미국 농무성 토양분류법 : 6개의 범주)

① 개요

  ㉠ 형태학적 분류체계는 토양의 생성인자를 기초로 한 토양분류와는 다르게, 토양 그 자체의 성질을 기초로 하여 토양층의 특징 및 성격에 따라 분류한다.

  ㉡ 화학적·형태적 차이를 정확하게 분류한 것이다.

  ㉢ 객관적이고 정량적인 방법이다.

② 분류 계수

  ㉠ 목(Order)

    ⓐ 분류 중 가장 큰 단위

    ⓑ 토양 형성과정에 따라 달라짐(점토집적층, 암색표토층 등 특징적인 층위의 존재 유무로 구분)

    ⓒ 토양층위 발달에 따른 토양특성에 근거를 둔 고차분류 단위

  ㉡ 아목(Sub-Order)

    ⓐ 생화학적 동질성을 띠는 토양의 특성에 기초를 둠

    ⓑ 토양수분함량과 관련된 토양의 특성 및 유기물의 분해 정도로 구분

  ㉢ 대군(대토양군, Great-Group)

    특징적 층위 배열, 염기포화도, 토양수분의 존재 유무에 따른 분류

  ㉣ 아군(아토양군, Sub-Group)

    ⓐ 대군을 세분화한 분류

    ⓑ 식물생육에 관계되는 토양의 여러 성질에 따라 아군에서 계로 다시 분류

    ⓒ 토양색, 토심, 토성, 겉보기비중, 유기물 함량 등으로 분류

  ㉤ 과(계, Family)

    토성, 산도, 광물, 점토광물, 반응, 토양온도에 기초를 둔 분류

  ㉥ 통(Series)

    ⓐ 가장 기본이 되는 단위

    ⓑ 분류의 최소기본단위

(2) 토양목 구분(미국농무성 토양분류기준) : 형태론적 분류(신분류 : 12과목)

신토양분류법(Soil Taxonomy)

① 엔티졸(Entisols)

    ㉠ 토양층위가 뚜렷하지 않은 미발달 토양이다.(층의 분화가 거의 없음 : 미숙 토양)

    ㉡ 생긴 지 얼마 안 되는 토양이다.

    ㉢ 모든 기후에서 생성되며 Tundra가 이에 속한다.

② 인셉티졸(Inceptisols)

    ㉠ 습한 지역에서 주로 나타나며 모암의 변화로 인해 생성된 층이 조금 있다.

    ㉡ 우리나라에 분포하고 물질의 변성 또는 농축에 의하여 토양층위가 막 발달 하기 시작한 젊은 토양이다.

    ㉢ 탄산염, 규산염 등이 집적되어 있으며 표층은 얕고 유기물 함량이 낮으며 염기의 공급력은 중간 내지 낮다.

    ㉣ 이 지역은 식생에 알맞은 온도가 계속되고 보통 90일간은 습하다.

    ㉤ 온대 · 열대습윤기후에서 발달하며 산성갈색토, 화산회토, 갈색삼림토, 산 악습초지토 등이 이에 속한다.

③ 몰리졸(Mollisols)

    ㉠ 표층에 유기물 함량이 높아 부드러운 표층을 가진다.

    ㉡ 표층 색깔은 검은색(흑색)이며 염기의 공급능력이 높다.

    ㉢ 물리성이 좋으며 염기성분이 많아 생산성이 높다.

    ㉣ 반건 · 반습지대의 초원토양이다.

    ㉤ 율색토, 초지토양, Chernozem 등이 이에 속한다.

④ 알피졸(Alfisols)

    ㉠ 점토가 쌓인 집적층(B층)이 존재한다.

    ㉡ 표층색깔은 회색 또는 갈색을 나타낸다.

    ㉢ 석회가 용탈되어 Al 및 Fe이 하토층에 집적되는 습윤지방의 토양이다.

    ㉣ 염기포화도가 35% 이상인 Argillic층을 갖는다.

    ㉤ 회갈색 Podzol이 이에 속한다.

⑤ 얼티졸(Ultisols)

    ㉠ 강우에 의한 세탈이 극심하여 염기함량이 낮은 하부층을 가진 토양이다.

    ㉡ 온대 · 열대 다습지대의 토양이며 점토가 많고 염기함량이 적다.

ⓒ 염기포화도가 35% 이하인 Argillic층을 갖는다.

ⓔ 적갈색 Laterite, 적황색 Podzol이 이에 속한다.

ⓜ 습한 지역에서도 발달하며, 저염기포화도를 갖는다.

⑥ 옥시졸(Oxisols)

ⓐ 가수산화물 및 석영의 혼합물이며 적색의 열대토양이다.

ⓑ 점토층이 없고 산화물(Al, Fe)이 풍부하다.

ⓒ 풍화가 심한 지역의 산화물토양이며 열대지방에 주로 존재한다.

ⓔ 1 : 1형 점토가 많고 Laterite 토양이 이에 속한다.

ⓜ 풍화와 용탈이 매우 심하게 일어나는 고온다습한 열대기후지역에서 발달한다.

⑦ 버티졸(Vertisols)

ⓐ 점토가 풍부한 토양으로 팽창과 수축이 현저하게 일어나 역전이 일어나며 팽창성(팽윤성) 점토의 함량이 높아질 경우 건조한 시기에는 토양이 갈라져서 깊은 골이 생긴다.

ⓑ 건습이 반복되는 열대 · 아열대에서 발달한다.

ⓒ Grumusol, Regur, 열대흑색토 등이 이에 속한다.

⑧ 아리디졸(Aridisols)

ⓐ 건조한 지역에 존재하고 유기물함량이 낮으며 용탈작용이 없다.

ⓑ Na 함량이 높은 경우가 많고 층위분화가 미약하다.

ⓒ 염류가 집적되는 토양이다.

ⓔ 사막토, 갈색토, Solonetz, Solonchak 등이 이에 속한다.

⑨ 스포도졸(Spodosols)

ⓐ 한랭습윤 기후에서 집적층(B층)을 가진 토양이며 냉온대의 습윤기후에서 발달한다.

ⓑ 유기물 철산화물, 알루미늄산화물이 쌓인 토양층이 존재한다.

ⓒ 하층토에 비정질의 물질이 집적된 토양이다.

ⓔ Spodic층이 발달하고 Podzol이 이에 속한다.

⑩ 히스토졸(Histosols)

ⓐ 영구동결층이 없는 유기질 토양을 말하며 부분적으로 또는 심하게 분해된 수생식물의 잔재가 얕은 연못이나 습지에서 퇴적되어 형성한다.

ⓑ 유기질(식물조직)로 이루어진 늪지의 토양으로 흑색과 암갈색을 나타낸다.

    ⓒ 유기물 함량이 20~30% 이상이며 유기물토양층은 40cm 이상이다.

    ⓔ 담수상태 또는 산성 조건에서 발달하는 유기질 늪지 토양이다.

    ⓜ 이탄토, 흑니토 등이 이에 속한다.

⑪ 안디졸(Andisols, Andosols)

    ㉠ 화산재 토양이며 60% 이상의 화산분출물로 구성된다.

    ㉡ 양이온 교환용량(CEC)과 흡착력이 높다.

    ㉢ 유기물(Allophane, Al-humic Complex)함량이 높으며 용적밀도는 낮다.

    ㉣ 표토가 검은빛인 토양이다.

⑫ 젤리졸(Gelisols)

    ㉠ 토양 내에 영구동토층(Permafrost)을 포함한 토양이다.

    ㉡ 층위분화가 미약하다.

Reference 우리나라에 분포하고 있는 토양목

① 인셉티졸(가장 많이 분포)   ② 엔티졸
③ 몰리졸   ④ 알피졸
⑤ 얼티졸   ⑥ 히스토졸

Reference 지구의 6대 조암 광물

석영, 장석, 운모, 각섬석, 휘석, 각람석

002 토양의 생성

1. 풍화작용(Weathering)과 토양생성작용

(1) 풍화작용

① 암석이 기후, 물, 지형, 생물 등에 의해 입자가 작아지거나 성질이 변화하는 것. 즉, 모암이 장기간에 걸친 자연적인 작용 또는 구성성분이 변성되는 화학적 분해에 의해 암석의 본질이 변화하여 토양의 모재가 되는 것이 풍화작용이다.

② 토양모재의 생성작용을 의미하며 토양단면의 층위가 생성되기 직전까지 미치는 작용이다.

③ 모암, 모재, 토양물질 등에 미치는 모든 작용을 의미한다.

(2) 토양생성작용

① 풍화작용 후에 층위의 분화가 일어나 토양단면이 생성되는 작용을 토양생성작용이라 한다. 즉, 모재에서 토양으로 발전하게 하는 작용이다.

② 풍화작용과 토양생성작용은 동시에 일어나 명확한 구분이 어렵다. 즉, 단독으로 작용하는 것이 아니다.

(3) 풍화작용 분류

① 물리적 풍화작용(Physical Weathering) ; 기계적 풍화작용

㉠ 암석이 성분의 변화 없이 물리적 작용(기계적 작용), 즉 온도변화, 물의 동결과 해빙, 대기, 마모, 식물이나 동물의 영향에 의해 분열되어 분리되는 것을 말한다.

㉡ 암석은 표면과 내부의 온도 차가 커서 팽창과 수축 정도가 다르므로 장기간 계속 시 균열이 생기고 붕괴한다.

㉢ 표면적이 증가된다.

㉣ 대기의 작용으로는 풍식, 도태분급 작용 등이 있다.

㉤ 물의 작용으로는 우흔, 수식, 빙하작용 등이 있다.

㉥ 지하 깊은 곳의 암석이 지표로 노출되어 압력이 약해지면서 암석 사이에 틈이 생겨 풍화가 촉진된다.

② 화학적 풍화작용(Chemical Weathering)

㉠ 광물이나 암석이 지각표면에서 공기나 수분과 접촉, 화학적으로 안정되기 위하여 암석의 본질을 다른 물질로 변화시키는 풍화작용을 말한다.

ⓒ 가수분해, 수화작용, 산화·환원반응, 산성화, 용해작용, 이온교환 등의 화학반응에 의해 조암광물이 분해되는 것을 말한다.

ⓒ 화학적 풍화가 일어나면 물리적 풍화와 다르게 구성광물이 변화한다.

③ 생물학적 풍화작용(Biogical Weathering)

ⓐ 생물에 의한 풍화작용은 동물, 식물, 미생물이 암석을 분해하는 산(Acid)을 형성하여 발생된다.

ⓑ 토양생물은 호흡을 통해 CO_2를 생성, OH^-을 중화시키거나 탄산염이나 중탄산염을 생성, 암석광물의 분해를 촉진시킨다.

ⓒ 동물에 의한 풍화작용은 주로 물리적 작용을 의미하며 화학적 작용에는 식물 뿌리(호흡작용)와 미생물(호흡·증발작용)이 중요한 영향을 준다.

ⓓ 토양 내 미생물은 동물배설물 등의 암모니아, 황화물, 유기물 등을 질산, 황산, 유기산으로 변화시켜 암석의 풍화를 일으킨다.

Reference 토양미생물의 작용

① 질산화성 작용을 한다.
② 황화물을 산화시켜 황산을 생성한다.
③ 유기물 분해산물로 생성되는 유기산에 의해 암석 광물의 분해를 유발시킨다.

Reference 토양의 생성과정

$$\text{모암} \xrightarrow{\text{(풍화작용)}} \text{모재} \xrightarrow[\text{(토양생성작용)}]{\text{(풍화작용)}} \text{토양생성}$$

2. 토양생성 주요 인자

(1) 기후(Climate)

① 토양생성인자 중 가장 큰 영향을 주는 인자이다.

② 토양의 온도와 습도를 변화시킨다.

③ 고온다습한 기후 조건에서 빠르게 토양생성 작용이 진행되며, 한랭·건조한 기후 조건에서는 서서히 진행된다. 즉, 기후조건에 따라 토양생성속도가 다르다.

④ 기후 조건 중 기온과 강우량이 가장 중요한 역할을 한다.

⑤ Lang 우량계수는 기온과 강우량을 결합시킨 숫자이다(연평균 강수량÷연평균 온도).

(2) 식생(생물 ; 식물)

① 식생은 주로 유기물로, 토양의 풍화에 큰 영향을 미친다.

② 식물은 토양에 유기물을 공급해주며, 지하수의 운동방향을 결정하고 토양조직을 엉성하게 하며 식물의 뿌리는 지중에서 토양의 밀도를 변화시킨다.

③ 식물은 기온과 강수량에 의해 지배되며 초원, 관목, 산림으로 구분된다.

④ 식물 뿌리가 분비하는 유기산, CO_2 등은 토양염기의 용해와 가수분해작용을 촉진한다.

⑤ 분포식물 종류에 따라 토양반응은 다르게 나타나며, 활엽수와 초원의 부식은 중성, 침엽수의 부식은 산성을 나타내게 한다.

(3) 모재(모암)

① 토양의 근원이 모재이며 파동적으로 작용한다.

② 크게 화성암, 퇴적암, 변성암으로 나눈다.

③ 한랭·건조한 지역에서는 물리적 풍화작용이 주로 일어나므로 생성된 토양은 모재의 영향을 많이 받고 고온·다습한 지역에서는 화학적 작용이 지배적이므로 모재의 영향이 미비하다.

(4) 지형(Topograpy)

① 기후에 의한 토양생성속도를 촉진 또는 지연시킨다.

② 경사가 급한 지역에서는 침식작용으로 인한 미세입자는 모두 유실되고 조대입자만 남으며, 토양생성이 늦어지고 토심이 얕게 된다.

③ 평지에서 미세입자가 집적되어 단단한 토양, 즉 토양 단면 전체가 식질인 토양이 되는데, 이를 반층토(Planosol)라 한다.

(5) 시간(Time)

① 토양은 시간에 따라 비가역적으로 변화, 즉 장기간 동안 매우 천천히 미숙토양에서 성숙토양으로 된다.

② 미숙토양에서 성숙토양으로 될 때까지는 일정한 시간을 필요로 하며, 이는 모재와 환경조건에 따라서 일정하지 않다.

(6) 인위적 영향

① 인간을 포함한 생명체에 대한 영향을 의미한다.

② 산림의 벌채나 식생의 전환에 의해 토양생성이 영향을 받아 토양형이 달라지는데, 토양은 습한 상태에서 건조하게 되어 지표면을 점차 갈색토로 변화시킨다.

③ 산야에 낙엽을 긁어주면 모래와 자갈만 남는 암쇄토(Lithosol)가 생성되며 경작지는 갈고, 거름을 주는 등의 작업으로 토양구조가 변화한다.

> **Reference** 모암
>
> **(1) 개요**
>
> 암석은 생성과정에 따라 화성암, 퇴적암, 변성암의 3가지로 분류되며 화성암과 변성암이 95%, 퇴적암이 5% 정도이다.
>
> **(2) 분류**
>
> ① 화성암
>   - ㉠ 지각 내부의 마그마가 굳어서 이루어진 암석으로 생성장소에 따라 심성암, 반심성암, 화산암으로 구분한다.
>   - ㉡ 종류로는 화강암, 현무암, 섬록암, 석영조면암, 휘록암 등이 있다.
> ② 퇴적암
>   - ㉠ 자연상태의 기존 암석이 풍화작용과 침식작용을 받아 운반, 퇴적된 풍화물이 굳어서 이루어진 암석으로 조암광물이 일정하지 않다.
>   - ㉡ 종류로는 혈암, 사암, 석회암, 응회암 등이 있다.
> ③ 변성암
>   - ㉠ 화성암이나 퇴적암이 열과 압력으로 새로운 성질로 변한 암석으로서 화학적인 변화 없이 광물학적 조성이나 조직·구조의 변화만 발생한다.
>   - ㉡ 편마암, 결정편암 등

3. 토양생성작용

(1) 개요

① 토양생성작용에 의해 토층이 분화되고 여러 가지 토양형이 형성되며 토양생성인자에 의해 용탈과 집적, 산화와 환원, 부식의 생성 등과 관련하여 7가지로 분류된다.

② 풍화작용에 의해 생성된 모재에 특징적 단면을 형성하게 하는 작용을 말한다.

(2) 포드졸화 작용(Podzolization)

① 포드졸화 작용은 한랭 습윤지대·낮은 온도·침엽수림, 조립질, 산성 토양의 조건에서 잘 일어난다.(배수가 잘 되며, 모재가 산성이고, 염기공급이 없는 조건에서 잘 발생)

② ①의 조건에서 토양 표층의 철과 알루미늄 등이 용탈되어 생긴 회백색의 표백층과 그 밑에 철과 알루미늄이 집적되어 생긴 흑갈색 또는 적갈색의 집적층을 갖는 토양생성과정이다.

③ 산성부식질의 영향으로 토양의 무기성분이 심하게 분해되어 유동성이 매우 작은 Fe, Al 등까지도 졸(Sol) 상태로 되어 하층으로 이동하는 토양생성과정이다.

④ Pldzol화 작용은 pH 4 이하인 강산성 토양에서 배수가 잘 되고 산성암을 모재로 할 때 매우 현저하게 진행된다.

⑤ 토양 단면의 차이가 뚜렷하여 A층(용탈층)은 규산층(백색의 표백층)이며, B층 (집적층)은 철과 알루미늄(암색이나 적갈색)이다.

(3) 라테라이트화 작용(Laterization)

① 주로 고온다습한 열대기후 조건하에서 활엽수림의 중성부식질에서 일어난다.
② 염기류나 규산이 용탈되고 철 및 알루미늄의 산화물이 잔류해서 상대적으로 많아지는 과정을 말한다.
③ 규반비(SiO_2/Al_2O_3 또는 SiO_2/Fe_2O_3)가 낮은 토양이 생성된다.
④ 철과 알루미늄의 집적물이 표층에 수축되어 햇빛에 의해 경화된 것을 Laterite라고 한다.
⑤ 철과 알루미늄의 집적물은 Plinthite라고 하는 연성광물이다.
⑥ 모재가 염기성 암일수록, PH가 클수록, 고온다우일수록 빠르게 진행된다.

(4) 글레이화 작용(Gleization)

① 배수가 불량한 곳이나 지하수위가 높은 저습지에서 산소의 공급이 불충분하여 토양이 환원상태가 되었을 때 Fe^{3+}이 Fe^{2+} 또는 $Mn^{4+} \rightarrow Mn^{+3} \rightarrow Mn^{+2}$로 환원되어 표층의 색깔이 담청색 내지 녹청색 또는 청회색을 나타내는 글레이층(G층)이 발달하는 토양생성작용이다.
② 글레이층(G층)은 산화·환원전위가 매우 낮고 치밀하며 다소 점성질이다.
③ 호기성 미생물의 활동이 줄고 혐기성 미생물에 의해 유기물 분해가 이루어져 분해속도가 느리며 부식의 집적량이 많다.
④ 우리나라 습답에서 볼 수 있다.

(5) 석회화 작용(Calcification)

① 강우량이 적은 건조 또는 반건조 지역에서 규산염의 가수분해에 의해 부생되는 칼슘(Ca), 마그네슘(Mg)이 탄산염으로 되어 토양 전체에 집적되는 토양생성작용이다.
② 석회화 작용을 받은 토양은 칼슘으로 포화된 부식이 대부분이며 우리나라에서는 볼 수 없다.
③ 무기성분이 많이 함유된 중성토양이므로 매우 비옥하여 농경지 토양으로 적합하다.
④ B층은 없고, A·C층으로만 이루어지며, C층은 주상구조를 이룬다.
⑤ Chernozem, Prairie Soil 등이 대표적이다.

(6) 염류화 작용(Salinization)

① 주로 건조기후 지역 조건하에서 지하수위가 높고 배수가 불량한 곳에서 일어난다.

② 가용성의 염류 탄산염, 황산염, 염화물, 질산염이 표층에 집적되는 토양생성 작용이다.

③ 알칼리흑토(Solonetz, 알칼리토양)는 염류토양에 Na염이 첨가되거나 세탈작용이 일어날 때 토양교질이 Na 교질로 변환되어 강알칼리성을 나타내는 토양이다.

④ 알칼리백토(Solonchak, 염류토)는 글레이화가 진행하는 곳에서 가용성 염류(염화물, 황산염, 질산염)가 표층에 집적되어 피각을 형성하는 토양이다.

⑤ 솔로디화(Solodized-solonetz)는 불투성의 토층이 발달되면 투수능이 감소되고 물이 표면에 머물게 되어 점차 용탈이 시작되고 규소도 분해되는 일종의 퇴화현상이다.

⑥ Kakyl은 염기가 함유되어 있는 습윤지가 건조되어 표토에 균열이 생긴 것이다.

(7) 점토화 작용(Siallitization)

① 규산(SiO_2)의 함량이 풍부한 점토광물을 함유한 풍화물이 풍부한 수분 및 온도의 적정 조건에서 2차적인 점토광물질의 생성작용이다.

② 온난습윤지대의 활엽낙엽 수림하에서 이루어지는 토양 생성작용이다.

③ 갈색 삼림토가 이에 해당한다.

④ 중성 또는 약산성의 조건에서 교질상의 풍화산물이 응고되어 점토의 집적작용이 일어난다.

(8) 부식 및 이탄 집적 작용(Humus and Peat Accumulation)

① 부식 집적은 풍부한 식물 유체의 공급과 토양 모재 중에 칼슘 함량이 많고 유기물의 무기화가 잘 이루어지지 않은 상태에서 유기물이 집적된다.

② 이탄 집적은 지하수위가 낮은 곳이나 수중에서 유기물 분해가 억제되어 이것이 부식화되어 집적된 것을 말한다.

③ 흑토(Chernozem)는 토양 중에 칼슘과 같은 염기가 많아 부식이 응고되고 집적된 토양이다.

④ 기후가 건조하고 부식원이 감소되면 이 흑토가 율색토가 되고, 이것은 다시 갈색토, 회색토 등으로 되기도 한다.

4. 토양침식

(1) 개요

① 토양침식은 물에 의한 수식, 바람에 의한 풍식 또는 자연작용에 의한 시질침식, 인공적인 원인에 의한 가속침식으로 구분되며 사막화의 원인이 될 수 있고 토

양입자에 흡착된 각종 화학물질이 수계로 방출되어 수질오염의 원인이 되며 대기도 오염시킨다.

② 토양침식이 심하면 비옥한 표토가 없어지고 척박한 심토나 모재층 또는 암반이 표면으로 노출되기 때문에 토양은 그 가치를 잃게 된다.

③ 토양유실을 막기 위해 토양을 목초로 피복하는 것이 가장 효과적이다.

④ 토양의 생성속도가 침식속도와 비슷하거나 빠른 경우를 자연침식(정상침식)이라 하고, 토양의 생성속도보다 침식속도가 빠른 경우는 가속침식(이상침식)이라 한다.

(2) 수식(Water Erosion)

① 개요

㉠ 토양사면의 침식현상으로 토괴로부터 분산탈리된 토양입자들의 이동보다 낮은 곳으로 운반된 입자들의 퇴적과 같은 3단계 과정을 거쳐 일어난다.

㉡ 빗방울에 의한 침식과 표류수(지표유거수)에 의한 침식으로 구분한다.

㉢ 지질침식은 굴곡이 심한 자연지형을 고르고 평평하게 하는 과정이다.

㉣ 가속침식이 일어나는 지역은 토양이 풍화나 퇴적에 의하여 새롭게 생겨나는 것보다 빠른 속도로 침식된다.

㉤ 일반적으로 풍식에 비하여 수식이 더욱 광범위하고 그 정도도 매우 크다.

㉥ 물에 의한 토양의 침식을 증가시키는 데 가장 크게 기여하는 성질은 높은 미사함량이다.

② 수식의 3가지 구분

토양침식을 물에 의한 침식의 진행 정도에 따라 분류한다.

㉠ 면상침식(Sheet Erosion ; 평면침식)

빗물이 지표면에서 어느 한 곳으로 몰리지 않고 지표면을 고르게 면상으로 얇게 씻겨 내리는 현상이다.

㉡ 세류침식(Rill Erosion ; 우수침식, 우곡침식)

토양표면이 빗물의 약한 흐름이 모여 소규모 흐름을 형성하여 표토를 씻겨 내리는 현상이다.

㉢ 협곡침식(Gully Erosion ; 우곡침식+계곡침식)

각 세류침식이 합류하여 침식력을 증가시켜 깊은 골짜기를 형성하고, 이것이 씻겨 내리는 현상이다.

㉣ 입단파괴침식(Puddle Erosion ; 유적침식)

빗물이 강할 경우 토양은 빗방울의 타격에 의해 입단이 파괴되어 일차입자로까지 분해되며, 분립된 토립이 유수에 의하여 흘러내리는 현상이다.

③ 수식에 관여하는 인자

㉠ 강우량과 강우속도
㉡ 토양성질
㉢ 경사도
㉣ 토양의 피복상태

(3) 풍식(Wind Erosion)

① 개요

㉠ 건조토양에서 바람에 의한 토양의 유실현상으로 관여하는 인자는 풍속, 수분함량이다.
㉡ 연간강수량이 약 400mm 이하인 지역에서 발생한다.
㉢ 표토손실, 토지개변, 풍식물에 의한 피복의 3가지 유형으로 분류된다.
㉣ 깊은 골짜기를 형성하지 않으며 바람에 의해 많은 양의 표토를 이동시켜 넓은 지역에 영향을 미친다.
㉤ 우리나라에서는 해안의 모래바닥, 특히 동해안과 제주도에서 잘 일어난다.
㉥ 식생이 피복된 지역, 토양의 참수량이 크면 풍식이 억제된다.
㉦ 경작지 확대에 의한 산림의 소실은 풍식을 가속화시킨다.
㉧ 사질토양이 입자가 작은 점토질토양에 비해 풍식을 받기 쉽다.

② 풍식에 관여하는 인자

㉠ 풍속
㉡ 수분함량

> **Reference** 토양의 사막화
>
> ① 토양사막화의 자연적인 요인 : 가능 증발산량이 강수량보다 많은 경우로 토양표면에 수분과 염류들이 모이고, 수분은 증발하며 염류들만 토양표면에 계속해서 집적되는 현상이 나타난다.
> ② 토양사막화의 인위적인 요인 : 가축의 지나친 방목이나 벌목, 불합리한 관개에 의한 염류 집적 등이다.
> ③ 사막화는 특히 건조지 또는 반건조지의 농경지에서 특징적으로 나타나는 토양열화의 문제이다.
> ④ 건조지를 포함한 개발도상국에서 폭발적으로 증가하는 인구에 대응하기 위한 산림의 벌목, 관개농업 확대 등 같은 인위적인 요인이 급속한 사막화를 진행시킨다.
> ⑤ 사막화를 방지하기 위해서는 식생의 빈약화와 생물생성능력의 초기손실을 회피하는 것이 중요하다.

(4) 바람에 실린 토양입자들이 크기에 따라 이동하는 경로(풍식의 유행)

① 약동(Saltation)

대개 바람에 의하여 지름 0.1~0.5mm의 토양입자가 지표면에서 30cm 이하의(15cm 이상의) 높이로 비교적 짧은 거리를 구르거나 뛰는 모양으로 이동하는 것을 말한다.

② 포행(Soil Creep)

큰 토양입자가 토양표면을 구르거나 미끄러지며 이동하는 것이다.

③ 부유(Suspension)

㉠ 가는 모래 정도 크기의 토양입자나 그보다 작은 입자가 공중에 떠서 토양 표면과 평행하게 멀리 이동하는 것을 말한다.
㉡ 부유에 의하여 이동되는 입자는 수 m 정도의 높이로 이동하기도 하지만 바람의 강한 유동에 의하여 이보다 높이 떠서 수평방향으로 수백 km를 날아가기도 한다.
㉢ 이동 입자들은 바람의 속력이 감소될 때나 강우에 의한 습식강하를 통하여 토양 표면에 퇴적된다.
㉣ 먼지 전체 이동량의 15% 정도 수준이다.

④ 약동에 의하여 움직이는 토양입자는 포행하는 입자를 때리거나 포행의 움직임을 더욱 빠르게 하는 역할을 한다.

5. 토양의 단면(Soil Profile ; 토양층위)

(1) 개요

① 용탈과 집적작용이 토양단면 형성의 근본적 원인이며, 토양단면을 통하여 토양의 생성유래 또는 생성인자의 작용성 등을 알 수 있고 토양분류에 이용된다.
② 모암의 풍화에 의해 생성된 토양은 물리화학·생물학적 변화를 거쳐 성숙되면서 지표면에 평형층을 형성한다.
③ 토양의 수직적 성층구조를 토양단면이라 하며 지표면으로부터 지하로의 구성 순서는 $O \rightarrow A \rightarrow B \rightarrow C \rightarrow R$ 이다.

(2) O층(유기물층)

① 부분적으로 분해가 일어나고 있는 토양단면의 최상부층으로 주로 산림토양에서 볼 수 있다.

② 암반층 바로 위는 모재층이며 표면의 유기물층을 걷어내면 용탈층이 나타난다.

③ O층은 유기물의 분해 정도에 따라 O_1과 O_2로 구분할 수 있다.

④ O_1층은 유기물층으로 분해되지 않아서 유기물의 원형을 육안으로 식별할 수 있는 유기물층이며 낙엽퇴(L층)라고도 부른다.

⑤ O_2층은 유기물의 분해로 인해 육안으로 식별할 수 없는 유기물층으로, F층(유기물분해 왕성한 층)과 H층(부식화가 진행된 층)으로 구분한다.

(3) A층(용탈층)

① 유기물이 퇴적되어 있는 O층 바로 밑의 층으로 유기물의 원형을 식별할 수 없고 성토층의 제일 윗부분에 위치하고 기후나 식생 등의 영향을 받아 가용성 염류가 용탈되며 경우에 따라서는 점토나 부식과 같은 교질물질도 아래로 이동하게 되는 용탈층으로 A_1, A_2, A_3층으로 구분한다.

② 풍부하게 광물질이 존재하는 최상부층이며 분해된 유기물질로 인해 하부에 있는 층보다 짙은 색의 토양층이다.

③ A_1층은 주위환경에 가장 크게 지배되는 층으로 부식화된 유기물과 광물질이 섞여 있는 암흑색의 층이며 온도나 습도 등의 영향을 가장 크게 받는다.

④ A_2층은 광물질이 풍부하여 하부에 있는 층보다 색깔이 짙은 것이 특징이며 A층의 특성을 최대로 지닌 층이다.

⑤ A_3층은 A층(용탈층)에서 B층(집적층)으로 이동하는 이행층이다.

(4) B층(집적층)

① 풍화작용이 가장 활발하게 진행되고 있는 층으로 B_1, B_2, B_3 및 B+A층으로 구분한다.

② 토양의 구조가 뚜렷하게 구분되는 특징이 있다.(토괴의 표면에 점토피막이 형성되어 있기 때문에 구조가 발달)

③ 습윤한 기후에서는 칼슘과 같은 가용성 양이온이 종종 용탈된다.

④ 건조한 기후에서는 탄산칼슘 및 그 밖의 가용성 염류가 집적된다.

⑤ 일반적으로 A층에 비하여 토층의 색이 밝다.

⑥ 상부 토층으로부터 용탈된 철과 알루미늄 산화물, 고운점토 등이 집적된다.

⑦ B_1층은 B층에 가까운 특성을 지닌 A층에서 B층으로 이동하는 이행층이다.

⑧ B_2층은 B층의 특성을 최대로 지닌 층으로 주상 및 괴상구조가 발달한다.

(5) C층(모재층)

① 무기물층으로서 토양생성작용(풍화작용)을 거의 받지 않는 기암층위의 모재층이다.

② 칼슘, 마그네슘 등의 탄산염이 교착상태로 쌓여 있거나 위에서 녹아 내려온 물질이 엉키어 쌓인 토양층위이다.

(6) R층(모암층)

① 단단한 모암(풍화되지 않고, 고결되어 있는 기암층)이다.

② 성토층(Solume)

A층, B층

③ 전토층(Regolith)

A층, B층, C층

Reference   토양단면 형성과정

① 변형작용 : 풍화, 유기물분해와 같이 토양 성분의 분해와 결합 과정
② 이동작용 : 유기 및 무기물질이 물과 유기물에 의해 상하로 이동
③ 첨가작용 : 대기 먼지, 지하수 등에 의한 성분의 첨가
④ 제거작용 : 지하수에 의해 토양 성분이 용출되는 작용

---

6. 토양의 3상

(1) 토양의 4대 성분

① 무기물(45%) ──────┐
② 유기물(5%) ───────┘ 고형물질
③ 토양수분(물)(20~30%) ──┐ 공극(토양입자와 입자 사이의 공기나
④ 토양공기(20~30%) ────┘ 물로 채워질 수 있는 틈새)

(2) 토양의 3상

① 개요

㉠ 토양은 고체, 액체, 기체로 구성된 3차원의 공간으로 구성된 흙을 말한다.
㉡ 고체상(고상) 50%, 액체상(액상) 25%, 기체상(기상) 25%의 비율을 갖는다.
㉢ 토양의 주요 기능 중 농산물 배재의 관점으로 볼 때 작물생육에 이상적인 토양구성은 고상(50%), 액상(25%), 기상(25%)이다.
㉣ 점토와 모래가 많을수록 고상이 커지고 유기물 및 입단이 형성되면 기상·액상이 커진다.
㉤ 3상 비율은 토양종류와 환경조건에 따라 상대적으로 달라진다.

② 고상(Solid Phase)

    ㉠ 토양을 구성하고 있는 고체는 풍화된 암석물질인 무기물과 각종 생물체를 포함한 유기물로 구성되어 있다.

    ㉡ 무기물(자갈, 모래, 미사, 점토)

        ⓐ 토양 내 무기물은 규소(Si), 산소(O), 철(Fe), 알루미늄(Al), 칼슘(Ca), 나트륨(Na), 칼륨(K) 등이며 보통 산화물인 SiO_2, Al_2O_3, FeO_2, $CaCO_3$ 형태로 존재

        ⓑ 1차 광물(암석이 세분화되어 생성)과 2차 광물(1차 광물이 풍화되어 생성)로 구분

        ⓒ 1차 광물은 주로 조암광물이며 2차 광물은 주로 점토가 대부분임

        ⓓ 화학적 기능기 중심으로 분류하면 규산염(SiO_2), 2, 3산화물류(Al_2O_3, Fe_2O_3), 강염기류(CaO, MgO, K_2O, Na_2O)

    ㉢ 유기물

        ⓐ 토양 내 유기물은 대부분 동식물의 유체와 배설물이며 토양 중 유기물의 함량(중량비)은 대략 1.0~7.0%(0.5~5%) 정도

        ⓑ 유기물 중 가장 중요한 부분은 부식질(Humus)

        ⓒ 유기물은 복잡한 고분자의 혼합물로서 이온교환이나 무기성분과 복합체 형성에 관여함

        ⓓ 유기물은 토양생물체에게 탄소와 에너지원이 됨

        ⓔ 우리나라 토양의 유기물은 약 3% 내외이나 중요한 역할을 담당함

③ 액상 : 토양수(Water Phase)

    ㉠ 토양수분은 여러 가지 무기·유기물질을 포함하고 있는 용액상태이며 지하수란 지표부와 대층되는 말로 지하에 있는 암석의 간극을 채우고 있는 간극수를 말한다.

    ㉡ 토양수는 Na^+, K^+, Mg^{2+}, Ca^{2+}, Cl^-, NO_3^-, SO_4^{2-}, HCO_3^- 등의 이온으로 구성된 염류의 희박용액이다.

    ㉢ 토양입자와 물 분자 사이에는 흡착 및 응집력이 작용한다.

    ㉣ 토양 내의 물은 토양 내의 공극에 존재하며 물질 운반에 중요한 역할을 한다. 즉, 물질의 형태변환, 이동집적의 매체, 암석의 풍화, 토양생성발달에 중요한 역할을 한다.

    ㉤ 토양입자와의 결합력에 따라 결합수, 흡습수, 모관수, 중력수로 구분하며 식물의 생육을 지배하는 중요한 인자이다.

    ㉥ 토양액체는 모세관적인 토양의 소공극에 존재하며, 대공극에서는 토양입

자의 표면의 수막이 두꺼워짐에 따라 중력에 의해 이동한다.

ⓐ 토양 중의 이산화탄소 농도가 대기 중보다 높기 때문에 용액 중의 용존탄소량이 많으며 pH를 증가시킨다.

ⓞ 탄산염을 함유한 물이 토양에 침입함에 따른 pH 상승을 알칼리화라고 하며 pH 8.5 이상인 토양을 알칼리토양이라 한다.

ⓩ 대부분 토양의 Eh는 호기성 조건에서 500~700mV 정도이다.

ⓒ 토양 용액 중 H 이온과 AI 이온의 합이 전체 양이온의 20% 이상인 토양을 알칼리토양이라고 하며 pH 8.5 이상이다.

④ **기상(Soil Air)**

㉠ 토양 기체는 토양의 공극에 토양수가 차지하고 있지 않은 공간에 있는 토양공기를 말한다.

㉡ 토양공기는 일반대기에 비해 산소(O_2)의 농도는 낮고 이산화탄소(CO_2) 및 수증기(H_2O)의 함량은 높다.

㉢ 토양공기 중의 CO_2양은 토양의 유기물함량, 수분함량, 온도 및 토양반응 등에 따라 차이가 있다.

㉣ 기상의 산소부족으로 나타나는 현상

ⓐ 뿌리의 호흡작용 저해

ⓑ 유기물이 혐기적으로 분해하게 되면 작물에 유해한 환원성 물질이 집적

Reference 작물생육

① 사질계 : 통기성 양호, 보수력 · 보비력 낮음
② 식질계 : 통기성 불량, 보수력 · 보비력 양호

7. 토성(Soil Texture)

(1) 토성 정의

토양 무기질 입자의 입경 조성(기계적 조성)에 의한 토양의 분류이다. 즉, 모래, 미사, 점토 등의 함유비율에 의하여 결정된다.

(2) 토성결정에 사용되는 매체

① 모래   ② 실트(미사)   ③ 점토

(3) 특징

① 토성에 관련된 성질은 결국 토양을 구성하는 입자의 양과 공간의 양에 따라 결정된다.

② 토성의 결정방법은 기계적 분석에 의하여 모래 및 점토의 백분율을 산출하여 삼각도표법을 이용하면 토성을 쉽게 구분할 수 있다.

③ 토양 무기질 입자와 입경 조성에 의한 토성의 종류는 12가지이다.

④ 토성명이 삼각도표법상 경계선상에 해당되는 경우에는 작은 입자를 많이 함유한 토성명을 따르며 토양 유기물 및 자갈함량은 고려하지 않는다.

⑤ 토성을 결정하기 위한 입경분포를 분석하는 방법에는 간이법과 기계적 분석법이 있다.

(4) 입자 직경에 따른 토양의 특징

구분＼토양종류	사질 토양	미사질 토양	점토질 토양
수분 함유율 정도(용수량)	小	中	高
배수 정도	高	中	小
유기물 비율	小	中	高
유기물 분해율	高	中	小
응집인력	小	高	高
바람에 대한 저항력	中	小	高
식물에 대한 지지능력	小	中	高
식물에 대한 영양 공급	小	中	高
산성도 변화율	高	中	小
유해 물질 침출률(용탈능력)	高	中	小
압축/팽창률(팽창수축률)	小	中, 小	高
pH 운용 능력	小	中	高
차수능력	小	小	高

① 토양의 물리적 성질은 투수성, 통기성, 보수성, 보비성 등이며 토양의 종류에 따라서 이 4가지 물리적 성질은 차이가 있고 물리적 특성은 점토함량에 의해서 결정된다.

② 사토는 투수성, 통기성은 우수하나 보수성, 보비성은 좋지 않다.

③ 식토는 보수성, 보비성은 우수하나 투수성, 통기성은 좋지 않다.

④ 양토는 중간 정도의 성질을 나타낸다.

Reference 토성명 사용기호

① 모래[Sand ; 토싱(사토)] ② 미사[Silt ; 토성(－)]
③ Loam[토성(양토)] ④ 점토[Clay ; 토성(식토)]

(5) 삼각도표법에 의한 토양 종류

① 실트(미사)의 %함량에서 점토의 %함량면에 평행하게 선을 작성하고 또 다른 선은 점토의 %함량면에서 모래의 %함량면에 평행이 되게 선을, 모래의 함량 (%)면에서 미사의 %함량면에 평행이 되게 선을 그어 선의 교차점(만나는 점) 에 있는 구간의 토양 분류명을 확인한다.

② 예를 들면, 점토 15%, 미사 20%, 모래 65%인 토양은 3각도표상 사양토이다.

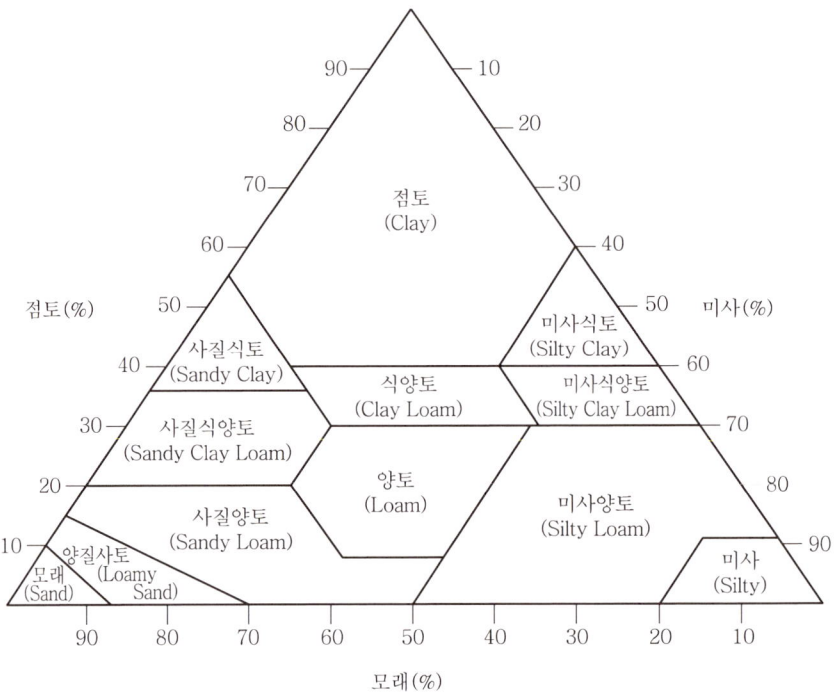

必수문제

01 어느 지역의 토양에 대한 입자분석을 해보았더니 모래(Sand) 50%, 미사(Silty) 30%, 점토(Clay) 20%로 이루어져 있다면 이 토양의 토성은?

토성삼각도에 의해 주어진 함량을 취하여 평행하게 그은 직선의 교차점으로부터 Loam(양토)을 구한다.

8. 우리나라 토양의 일반적 특징

① 사질(모래) 토양
② 낮은 유기물 함량
③ 산성 토양
④ 낮은 염기치환용량
⑤ 우리나라의 토양을 구성하는 모암은 화강암과 화강편마암으로 되어 있고, 화강암은 SiO_2 함량이 많은 산성암으로 물리성은 좋으나 강산성을 띠고 있어 비옥도가 낮다.

9. 토양의 물리적 특성

(1) 토양의 입경구분

① 토압을 풍건한 후 2mm의 체로 분류하여 입자지름이 2mm 이상을 자갈, 그 이하를 세토라 하며 이 세토를, 즉 토양입자를 자갈, 모래, 미사, 점토로 구분하는 것을 입경구분이라 한다.
② 토양 입자가 작을수록 비표면적은 커진다. 즉, 식토(점토) > 미사 > 사토 순이다.

(2) 토양 입자 특성

① 자갈(Gravel)

㉠ 입자직경은 2mm 이상이며 비표면적이 작다.
㉡ 토양의 이화학 특성에 기여하지 않는다. 즉, 물과 염기로 흡착력이 거의 없다.
㉢ 식토 중에 적당량 함유되어 있으면 물과 공기의 유통을 좋게 한다.

② 모래(Sand)

㉠ 입자직경은 2~0.05mm(0.2~0.02mm)이다.
㉡ 대부분 석영(SiO_2)과 1차 광물로 구성된다.(비교적 풍화가 어려운 조암광물로 이루어짐)
㉢ 비표면적이 비교적 작아 수분보유력이 매우 약하고 응집성 및 점착성은 없다.
㉣ 양분의 흡착과는 관계가 없으나 점토 주변에서 골격 역할을 한다.
㉤ 대공극이 많아지므로 통기와 물의 유통을 좋게 한다.

③ 미사(Silt)

㉠ 입자직경은 0.05~0.002mm(0.02~0.002mm)이다.
㉡ 실트 중 거친 부분은 모래와 유사하나 가는 부분은 이화학적 특성에 관계된다.

ⓒ 점토에 부착, 식물 생육을 이롭게 하고, 응집성, 가역성도 가진다.

ⓔ 미국 농무부 토성분류체계에 의하면 점토와 미사 구분 토양 입자 크기는 0.002mm이다.

④ 점토(Clay) : 식토

㉠ 입자직경 0.002mm 이하이며 점착성과 응집성이 크다.

㉡ 표면적이 매우 커서 표면활성이 높다.

㉢ 토양의 이화학적 특성에 크게 기여한다. 즉, 토양의 물리・화학적 반응을 좌우한다.(입경이 매우 작아 교질(Colloid)의 성질을 가지고 있기 때문)

㉣ 흡착성이 크기 때문에 오염물질을 잘 흡착하여 환경적으로 가장 유리하다.

㉤ 압밀성, 팽창수축력, 가역성, 점착력 등이 높다.

㉥ 유기물 분해가 느리고 풍식 감수성이 낮다.

㉦ 점토함량이 12.5% 미만을 모래, 12.5~25%를 사양토, 25~37.5%를 양토, 37.5~50%를 식토라고 한다.

(3) 입도분포를 결정하기 위한 분석방법(토양 구성입자 직경 분석방법)

① 비중계분석법

토양의 현탁액(분산액)에 특수한 비중계(Hydrometer)를 꽂고 그 농도를 조정하는 방법이다.

② 침전분석법(침강법)

㉠ 침강속도는 입자반경의 제곱에 비례한다는 것을 이용하는 방법이다.

㉡ 세립토인 경우 Stokes법칙을 이용한 분석이다.

③ 피펫법

토양의 현탁액을 일정시간 접치했다가 피펫(Pipette)을 이용하여 일정한 깊이에서 현탁액 일정량을 취하여 토양입자를 분석한다.

④ 체분석법

토양이 조립토인 경우 분석한다.

(4) 균등계수(C_u) 및 곡률계수(C_z)

① 토양구성입자의 직경, 즉 입도분포결정을 위한 체분석 시 활용되는 지표이다.

$$C_u = \frac{D_{60}}{D_{10}} \qquad\qquad C_z = \frac{(D_{30})^2}{D_{10} \times D_{60}}$$

여기서, D_{10}, D_{30}, D_{60} : 체를 통과한 흙의 누적백분율인 통과백분율 10%, 30%, 60%에 해당하는 직경

D_{10} : 유효입경

② 균등계수가 10 이상이면 입도분포가 좋다(Good-graded)고 할 수 있다.
③ 통과중량 백분율 10%에 대응하는 입자크기를 유효입자크기라고 하며 D_{10} 으로 표시한다.

 **Reference** 석회암층

> 지하수에 용해되어 통로를 형성하는 암석으로 지하수량이 풍부하나 흡착 등 정화기능이 부족하여 지하수 오염 가능성이 큰 암석층이다.

필수문제

01 입도분포곡선으로부터 구한 통과백분율 10%, 30%, 60% 에 해당하는 직경이 각각 0.05mm, 0.15mm, 0.50mm 이다. 이때 균등계수(C_u)는?

풀이

$$C_u = \frac{D_{60}}{D_{10}} = \frac{0.50\mathrm{mm}}{0.05\mathrm{mm}} = 10$$

필수문제

02 토양의 입도분석 결과 입도분포곡선으로부터 $D_{10} = 0.06$mm, $D_{30} = 0.15$mm, $D_{60} = 0.53$mm 로 측정되었다. 이때 곡률계수는?

풀이

$$\text{곡률계수}(C_z) = \frac{(D_{30})^2}{D_{10} \times D_{60}} = \frac{0.15^2}{0.06 \times 0.53} = 0.71$$

(5) 토양의 공극

① 정의

일정한 토양용적 내의 입자 사이에 공기나 물로 채워진 공간을 토양의 공극이라 한다.

② 특징

㉠ 공기의 통로 및 물의 저장·통로의 역할을 한다.
㉡ 토양공극이 적당히 존재 시 작물의 생육이 좋기 때문에 토양공극은 작물생육에 아주 중요하고 밀접한 관계가 있다.
㉢ 토양공극은 토양의 밀도(비중)를 측정함으로써 알 수 있다.

③ 공극률(Porosity)

㉠ 정의
토양의 전체 부피에 대한 공극의 용적백분율을 말한다.
㉡ 관련 식

$$공극률(\%) = \left(1 - \frac{\rho_b}{\rho_p}\right) \times 100$$

$$공극비(e) = \frac{공극률}{1 - 공극률} = \frac{공극의\ 부피}{토양고상의\ 부피}$$

여기서, ρ_p : 입자밀도(진비중) (mg/m^3)

$$\rho_p = \frac{토양무게(mg)}{토양부피(m^3)} = \frac{건조토양의\ 무게}{토양고상의\ 부피}$$

• 토양입자가 차지하는 부피로서 건조한 토양의 무게를 나누어 구하는 밀도, 즉 토양의 3상 중 고상자체만의 밀도를 나타냄
• 일반적으로 토양에 관계없이 일정한 값을 가지며 토양광물이 중금속을 다량함유하면 입자비중은 크지만 자연토양을 이루는 1, 2차 광물은 일반적으로 2.60~2.75 범위. 즉, 경작지 토양의 표토는 대부분 유기물의 함량이 낮아서 그 입자비중은 약 2.65임
• 토양 고상 중 유기물의 비중은 상당히 낮음. 즉, 유기물이 많을수록 진비중 값은 낮음
• 표토는 심토보다 입자비중이 낮음

ρ_b : 용적밀도(가비중) $(\mathrm{mg/m^3})$

$$\rho_b = \frac{\text{토양무게}(\mathrm{mg})}{\text{토양부피}(\mathrm{m^3}) + \text{공극부피}(\mathrm{m^3})} = \frac{\text{토양무게}(\mathrm{mg})}{\text{전체부피}(\mathrm{m^3})}$$

- 자연상태의 토양비중으로 진비중보다 일반적으로 작은 값을 갖음
- 입자가 차지하는 부피뿐만 아니라 입자 사이의 공극까지 합친 부피 즉, 토양의 3상 모두를 포함한 자연상태의 밀도
- 용적밀도가 크면 단위부피당 고형입자가 많은 것을 의미. 즉, 공극이 작음을 의미
- 오염토양 및 오염물질의 양을 결정하는 데 매우 중요한 인자
- 공기유통이나 물의 저장능력을 나타냄
- 토양구조를 반영하고 작물의 생육상을 알 수 있는 기준으로 구조가 잘 발달되어 식물생육에 유리한 토양일수록 값이 작음
- 통기성, 투수성, 보수력을 암시
- 사토·심토·미경지에서는 가비중이 크고, 유기물함량이 많거나 입단화가 잘된 토양에서는 공극량이 많아 가비중이 작음
- 표토보다는 심토가 큼
- 우리나라 토양의 용적밀도는 약 1.0~1.2 정도

ⓒ 특징

ⓐ 토양의 공극률 및 투수성은 유체와 오염물질의 이동에 영향을 미치는 물리적 특성임

ⓑ 공극률은 토양의 총 부피 중 빈 공간(공극)의 비율로, 토양 전체 부피 중에서 토양 입자의 부피만을 제외한 부피를 말함

ⓒ 투수성은 토양의 유체이동능력임(모래 > 점토)

ⓓ 일반적으로 공극률이 가장 큰 토양은 점토

④ 토양의 공극률(공극량)에 영향을 주는 인자

㉠ 토성

ⓐ 사질계 토양은 대공극이 소공극보다 많고, 식질계 토양은 소공극이 대공극보다 많음

ⓑ 사질계 토양이 식질계 토양보다 가비중은 크고 공극률은 작음

㉡ 토양구조
단립구조보다 입단구조가 공극률이 큼

㉢ 배열상태
정렬구조가 사열구조에 비해 공극률이 큼

㉣ 입단의 크기
입단이 클수록 공극률도 큼

Reference 공극량

① 공극량이 너무 적으면 공기 유통이 불량하여 식물뿌리 질식 우려가 있다.
② 공극량이 너무 많으면 물을 저장하지 못하여 한발 피해가 발생한다.
③ 사질토보다는 식질토, 심토보다는 표토에서 공극량이 많다.
④ 부식토 토양, 입단화 토양이 공극량이 많다.

必수문제

01 토양의 용적비중이 1.17이고, 입자비중이 2.55일 때 토양의 공극률(%)은?

풀이

$$공극률(\%) = \left(1 - \frac{용적비중}{입자비중}\right) \times 100 = \left(1 - \frac{1.17}{2.55}\right) \times 100 = 54.12\%$$

必수문제

02 입자 밀도 $2.5g/cm^3$, 용적 밀도 $1.5g/cm^3$인 토양의 공극률(%)은?

풀이

$$공극률(\%) = \left(1 - \frac{용적밀도}{입자밀도}\right) \times 100 = \left(1 - \frac{1.5}{2.5}\right) \times 100 = 40\%$$

必수문제

03 어느 지역 토양의 공극률 측정을 위해 토양 $60cm^3$를 채취하여 고형입자 부피와 수분 부피를 측정하였더니 $42cm^3$와 $12cm^3$였다. 이 지역 토양의 공극률(%)은?

풀이

$$공극률(\%) = \left(1 - \frac{고형입자부피}{전체부피}\right) \times 100 = \left(1 - \frac{42}{60}\right) \times 100 = 30\%$$

必수문제

04 토양의 용적비중이 1.6이고 공극률이 30%라면 이 토양의 입자비중은?

풀이

$$30 = \left(1 - \frac{1.6}{입자비중}\right) \times 100$$
$$입자비중 = 2.29$$

05 어느 지역의 토양공극률이 0.45이며 토양입자밀도는 2.80g/cm^3이다. 이 지역의 토양단위 용적밀도(g/cm^3)는?

풀이

$$0.45 = \left(1 - \frac{\text{용적밀도}}{2.80}\right)$$

$$\text{용적밀도} = 0.55 \times 2.80 = 1.54\text{g/cm}^3$$

06 공극률이 0.2인 흙의 공극비는?

풀이

$$\text{공극비} = \frac{\text{공극률}}{1 - \text{공극률}} = \frac{0.2}{1 - 0.2} = 0.25$$

07 토양의 용적밀도가 1.5g/cm^3일 때 150cm^3의 부피에 해당하는 (건조)토양의 무게(g)는?

풀이

$$\text{용적밀도} = \frac{(\text{건조})\text{토양무게}}{\text{전체부피}}$$

$$(\text{건조})\text{토양무게} = \text{용적밀도} \times \text{전체부피} = 1.5\text{g/cm}^3 \times 150\text{cm}^3 = 225\text{g}$$

08 토양을 채취한 후 건조시켜 무게를 측정하니 100g이었다. 토양의 용적밀도(g/cm^3)는?(단, 토양채취는 높이 6cm, 내경 5cm인 코어 이용)

풀이

$$\text{용적밀도} = \frac{\text{무게}}{\text{부피}} = \frac{100\text{g}}{\left(\frac{3.14 \times 5^2}{4} \times 6\right)\text{cm}^3} = 0.85\text{g/cm}^3$$

必수문제

09 $500\mathrm{cm}^3$ 용기를 가득 채운 토양의 용적밀도가 $1.2\mathrm{g/cm}^3$이다. 토양을 물로 포화시킨 후 토양의 질량이 825g이라면 토양의 공극률(%)은?

> **풀이**
>
> 포화시 물의 질량 = 포화질량 - 건조질량
> $$= 825\mathrm{g} - (500\mathrm{cm}^3 \times 1.2\mathrm{g/cm}^3) = 225\mathrm{g}$$
>
> 포화시 물의 질량 = 공극부피
>
> $$공극률(\%) = \frac{공극부피}{토양전체부피} \times 100 = \frac{225}{500} \times 100 = 45\%$$

必수문제

10 용적밀도(Bulk Density)가 $1.30\mathrm{g/cm}^3$인 건조한 토양 $100\mathrm{cm}^3$를 중량수분함량 30%로 조정하고자 할 때 필요한 수분의 양(g)은?

> **풀이**
>
> 수분의 양(g) $= 100\mathrm{cm}^3 \times 1.3\mathrm{g/cm}^3 \times 0.3 = 39\mathrm{g}$

必수문제

11 토양시료에 대해 공극률 측정결과가 20%였다. 시료 내 수분부피와 공기부피가 각각 $16\mathrm{cm}^3$, $4\mathrm{cm}^3$였다면 현장에서 채취한 토양시료의 전체부피(cm^3)는?(단, 공극은 수분과 공기로만 차 있다고 가정)

> **풀이**
>
> $$공극률(\%) = \left(\frac{수분부피 + 공기부피}{토양전체부피} \right) \times 100$$
>
> $$토양전체부피 = \frac{16 + 4}{0.2} = 100\mathrm{cm}^3$$

 **수문제**

12 $100cm^3$ Core Sampler로 채취한 토양의 무게가 180g이었다(Core 무게 제외). 이 토양을 105℃에서 건조한 무게가 150g이라면 이 토양의 중량수분함량과 용적밀도(가밀도)는?(단, 중량수분함량은 분석값의 수분 보정을 위한 토양오염공정시험기준상의 수분함량을 의미하지는 않음)

풀이

$$중량수분함량(\%) = \frac{토양무게 - 건조토양무게}{건조토양무게} \times 100 = \frac{(180-150)g}{150g} \times 100 = 20\%$$

$$용적밀도(g/cm^3) = \frac{건조토양무게}{부피} = \frac{150g}{100cm^3} = 1.5g/cm^3$$

(6) 토양의 입단화

① 정의

여러 개의 토양입자들이 모여 큰 구조로 되는 작용을 토양의 입단화라 한다. 또한 작은 토양입자들이 서로 응집한 덩어리 형태의 토양을 입단이라 하며 입단구조는 영양분 공급과 저장이 평형을 유지하여 수분, 공기가 풍부하며 수량이 많다.

② 입단구조의 장점

ⓘ 토양구조가 입단으로 발달 시 비모세관공극(대공극) 및 모세관공극(소공극)이 늘어나면서 공기의 통기와 수분의 저장능력을 증가시킨다.
ⓛ 식물생육에 유리하다.
ⓒ 입단구조의 토양은 통기성이 좋고, 보수력과 보비력이 좋은 비옥한 토양이다.

③ 입단생성(입단형성에 영향을 미치는 요인)

ⓘ 양이온의 작용
   ⓐ 음으로 하전된 점토 사이에 다가의 양이온(Ca^{2+}, Fe^{2+}, Al^{+3})이 위치하여 정전기적인 힘으로 인한 점토가 서로 끌리는 현상에 의해 입단이 일어남
   ⓑ 양으로 하전된 점토와 음으로 하전된 점토가 서로 끌리는 현상에 의해 입단이 일어남
   ⓒ 양이온의 입단화 작용의 크기는 수화도가 큰 이온(Na^+)은 입단화 작용이 약하고, 수화도가 작은 이온(Ca^{2+})은 입단화 작용이 강함

ⓛ 유기물의 작용

ⓐ 유기물은 무기화 작용에 의해 부식으로 변화하여 입단화를 증가시킴. 즉, 유기물은 곰팡이, 세균, 미소동물 등의 에너지원인이 되며, 미생물들이 분비하는 점액성의 유기물질들은 토양입단화 형성에 유익한 역할을 함

ⓑ 완숙퇴비보다 미숙퇴비가 효과적

ⓒ 토양미생물의 작용

ⓐ 세균보다는 균류(사상균)가 토양의 입단화에 효과적임. 즉, 입단은 미생물이 유기물을 분해하면서 만들어내는 균류의 균사에 의해서도 만들어짐

ⓑ 균류의 균사에 의한 직접적인 결합작용과 대부분의 미생물이 분비하는 폴리우로니드 등의 접착작용에 의하여 토양입자를 입단화시킴

ⓒ 지렁이의 몸을 통해 배설된 토괴의 입단화 작용을 함

ⓔ 토양개량제의 작용

ⓐ 토양개량제의 입단화 효과는 정전기적 또는 교환반응 · 수소결합 · 반데르발스힘 등에 의해 나타남

ⓑ 토양의 입단화, 통기성, 보수성, 배수성, 경운의 용이성에 효과적

ⓒ 입단형성에 적합한 수분량은 25~60%가 유리함

ⓜ 식물뿌리의 작용

ⓐ 식물이 수분을 흡수하면 뿌리 주위 토양수분이 줄어 토양수축을 일으켜 뿌리가 죽음으로써 미생물의 분해작용으로 입단이 형성됨

ⓑ 잔뿌리가 많은 식물이 입단화에 유효함

ⓒ 클로버, 알팔파 같은 콩과 식물은 입단화 촉진, 옥수수, 목화 등은 입단을 파괴시킴

ⓗ 석회 시용

석회 시용으로 인하여 미생물의 활동이 활발해지며 유기물의 분해가 추진되어 입단화 형성에 유익한 역할을 함

④ **토양의 입단화도 및 분산도**

㉠ 물속에서도 쉽게 붕괴되지 않는 내수성입단을 측정대상으로 하며, 입단화 정도의 표시법에는 입단화도 및 분산도를 이용한다.

㉡ 입단화도

기본입자(논 : 1~2mm) 이하의 부분이 입단화의 결과 그 크기 이상의 내수성입단으로 된 비율을 말한다.

㉢ 분산도

기본입자 이하의 부분 중 입단화를 이루지 못하고 분산된 입자의 비율이며

표시에는 Puri 분산계수와 Middleton 분산율이 있다.

ⓐ Puri 분산계수

- 처리하지 않은 토양을 물속에서 24시간 침지 후 진탕하여 입경이 0.002mm 이하인 입자량을 구함

$$분산계수 = \frac{토양을\ 물속에\ 침지하여\ 24시간\ 진탕시킨\ 후\ 입경\ 0.002mm\ 이하의\ 입자량}{완전히\ 분산시킨\ 후\ 입경\ 0.002mm\ 이하의\ 입자량}$$

- 토양이 0.002mm 이상의 내수성 입단을 가지지 않을 경우 Puri 분산계수는 1(100%)이 됨
- 0.002mm 이하의 기본입자가 모두 0.002mm 이상의 내수성 입단을 가지는 경우 Puri 분산계수는 0이 됨

ⓑ Middleton 분산율

- 토양의 100배 물에서 20회 진탕 후 0.05mm 이하의 입자량을 구하여 양자의 백분율을 분산율이라 함
- Middleton 분산율이 20 이상 되면 토양의 입단화는 불량

⑤ 입단의 파괴원인

㉠ 수분이 과다하거나 과소할 때 토양의 경운
㉡ 강우나 관개에 의한 토양의 건조와 습윤의 반복
㉢ 동결과 융해의 반복
㉣ 입자의 결합체인 토양유기물의 분해
㉤ 강우와 기온의 변동

Reference Middleton 토양침식률

① 토양침식률 = $\dfrac{분산율}{교질함량/토양수분당량}$

② 침식률이 2.2~12.2인 토양은 내식성 토양, 12.4~65.2인 토양은 침식을 받기 쉽다.

---

(7) 토양수분

① 개요

㉠ 토양입자에 의한 수분보유의 작용인력은 부착력과 응집력, 즉 토양 중 수분은 부착력과 응집력에 의해 존재한다.
㉡ 식물몸체의 75% 이상으로 작물이 필요한 대부분의 것을 이동시킨다.
㉢ 작물체의 온도조절, 즉 급격한 상승과 하강을 방지하는 역할을 한다.

ⓔ 부착력은 토양입자와 물분자 사이의 힘으로 토양수분이 낮은 경우에 크게 작용한다.

ⓜ 응집력은 물분자 사이의 작용하는 힘으로 토양수분이 많은 경우에 크게 작용한다.

ⓗ 토양 컬럼실험에서 출구에 가장 먼저 검출되는 물질은 이온성 물질이다.

② **토양수분함수(상수)**

㉠ 흡수계수(흡습도)

ⓐ 건조토양을 공기 중에 두면 공기 중의 습도와 평행을 유지할 때까지 수분을 흡수하며, 이러한 수분을 흡습수라 하고 이 수분함량을 흡수계수라고 함

ⓑ 풍건토양 일정량을 100~110℃로 가열하여 줄어든 수분량을 건토에 대한 백분율로 환산하여 구함

ⓒ 흡습도는 토양입자의 표면적에 의해 결정되는데, 모래가 많을수록 적어지고 점토나 부식이 많을수록 커짐

㉡ 포장용수량

ⓐ 다량의 물이 토양에 가해진 후 과잉수의 대부분은 대공극을 통하여 중력에 의해 배수되고 표층토에 남은 수분량을 말함(중력에 저항해서 표면장력에 의한 모세관작용으로 소공극에 남아있는 수분량)

ⓑ 식물이 자라기에 가장 좋은 상태이며 흡착력은 1/3bar(pF 2.54)임

㉢ 위조점

ⓐ 위조점은 수분함량이 감소되어 시들었던 잎의 팽압이 회복되지 않게 되는 토양수분함량을 말하며 식물뿌리의 흡수력 세기에 따라 다름

ⓑ 초기 위조점

• 토양수분이 점차 감소됨에 따라 식물이 시들기 시작하는 수분량

• 흡착력은 약 10bar(pF 3.9)이며 습도가 높은 대기 중에 두면 다시 회복 가능한 수분상태

ⓒ 영구 위조점

• 초기 위조점을 넘어 계속해서 수분이 감소하면 포화습도의 공기 중에 둔다하더라도 시든 식물은 회복되지 않는 수분량

• 흡착력은 약 15bar(pF 4.2)이며 일반적으로 위조계수는 영구 위조점을 말함

ⓓ 유효수분

• 포장용수량에서 위조점(영구 위조점) 사이의 수분량

• 무효수분은 영구 위조점 이상의 수분

- 유효수분함량은 점토와 유기물이 증가할수록 어느 수준까지는 증가하며 양토 및 식양토가 가장 많음

③ 모세관현상

  ㉠ 마른 토양을 원통 유리컬럼에 채워 물이 든 시험접시에 거꾸로 세워 두었더니 물이 컬럼 아래에서부터 위로 올라가는 현상이 발생하였는데, 이런 현상을 모세관현상이라 한다.

  ㉡ 토양에서 모세관현상에 의한 물의 상승높이가 가장 큰 토양은 세립질토양이며 물의 상승속도가 빠른 토양은 조립질토양이다.

  ㉢ 모세관 상승 높이(h)

$$h = \frac{2\sigma \cos \theta}{\gamma r}\,(\text{cm})$$

    여기서, σ : 물의 표면장력(g/cm)
          θ : 물과 모세관 사이의 접촉각(°)
          γ : 물의 단위중량(g/cm^3)
          r : 모세관의 반지름(cm)

④ 토양수분의 이동 영향인자

  ㉠ 중력(포화 이동)
  ㉡ 표면장력(불포화 이동 : 모세관 현상에 의함)
  ㉢ 수증기에 의한 물의 이동과 증발

⑤ 토양 수분장력(pF)

  ㉠ 토양수는 토양에 의한 물의 흡착력으로 표시하며, 이는 토양 중에 간직한 물을 토양입자로부터 떼어내는 데 필요한 힘을 말한다.

  ㉡ 토양수가 적으면 토양입자로부터 떼어내는 데 많은 힘이 들며, 즉 장력이 높다.

  ㉢ 토양 수분장력은 토양이 수분을 보유하는 힘, 즉 토양입자 표면과 수분사이의 결합력을 압력단위(atm, Pa, bar)로 표시한 것으로 수주높이가 높을수록 그 힘은 크다.

  ㉣ 수주높이(cm)의 대수값을 pF로 표시하여 나타낸다.

$$\text{pF} = \log[\text{H}]$$

    여기서, H : 물기둥(수주) 높이(cm)

ⓜ 압력환산

$$1atm = 1033.2cm\,H_2O = 1.013bar = 1013mmbar = 760mmHg$$
$$= 101.325kPa = 1.033kg_f/cm^2 = 3pF$$

ⓗ 1기압의 힘은 수주높이로 환산하면 약 10배(1,000cm)에 해당하고 이 물기둥 높이(cm)의 대수값(log)은 3이므로 pF=3이다.

ⓢ 토양수분장력 중 응집력은 고체−액체 계면의 물분자와 더 떨어진 물분자들 간에 작용하는 장력을 말한다.

ⓞ 토양의 수분보유능력은 점토질토양(식토)이 가장 크다.

⑥ **토양수의 이동**

㉠ 개요

ⓐ 토양수의 하강 정도는 물의 점성계수, 토양성질, 지하수위 등에 따라 매우 달라지며 이러한 성질을 투수성이라 함

ⓑ 토양 중 물이 하향방향으로 이동하는 데 방해하는 힘은 토양입자 표면의 마찰력과 토양공기의 저항력 및 물의 표면장력임

ⓒ 공극이 작으면 틈이 작고, 마찰에 의한 저항이 크기 때문에 충분한 압력을 가하지 않는 한 하강운동은 크게 억제됨

ⓓ 토양수분의 증발량은 기온의 제곱에 비례하며 상대습도에 비례하고 기압에 반비례함

㉡ 포화이동

ⓐ 모든 공극이 물로 충만시 물의 이동으로서 중력에 의하여 아래로 이동

ⓑ 공극통과 투수량은 수두의 기울기와 매체의 단면적에 비례, 매체의 길이에 반비례(Darcy의 법칙)

ⓒ 투수량을 측정하는 기구로서 라이시미터가 있음

㉢ 불포화이동

ⓐ 중력수가 빠지고 난 다음에 포장용수량 상태에서 모관수의 이동으로서 토양수분 이동의 대부분은 불포화 이동

ⓑ 원동력은 모세관력, 장력, 표면장력, 수막조절작용 등

ⓒ 이동력은 모세관 반경에 반비례하고 표면장력의 2배에 비례

㉣ 수증기의 이동

ⓐ 토양 공기 중 관계습도는 거의 100%

ⓑ 수증기는 수증기압이 높은 곳에서 낮은 곳으로 이동

ⓒ 모세관 응축은 대공극에서 수증기 상태이다가 소공극에서 수분으로 응축되는 현상

必수문제

01 토양수 압력이 10,000bar일 경우 pF로 환산하면?

풀이

$$pF = \log[H]$$
$$H = 10,000bar \times \frac{1.033\,cm\,H_2O}{1.013bar} = 10,330,000\,cm\,H_2O$$
$$= \log 1,0330,000 = 7.0$$

必수문제

02 토양수분장력이 pF 4라면 이를 물기둥의 압력으로 환산한 값(기압)은?

풀이

$$pF = \log[H]$$
$$4 = \log[H]$$
$$H = 10^4 cm\,H_2O$$
$$기압 = 10^4 cm\,H_2O \times \frac{1기압}{1,033\,cm\,H_2O} = 9.68기압\,(\fallingdotseq 10기압)$$

必수문제

03 토양수분의 표시방법에 따른 단위가 pF 4.5인 경우, 물기둥의 높이(cm)는?

풀이

$$pF = \log[H]$$
$$4.5 = \log[H]$$
$$H(물기둥 높이) = 10^{4.5} = 31,622cm$$

必수문제

04 토양의 수분을 보유하는 힘인 토양수분장력이 물기둥의 높이로 15,300cm일 때 pF는?

풀이

$$pF = \log[H] = \log 15,300\,cm\,H_2O = 4.18$$

必 수문제

05 식물이 물을 흡수하지 못하여 시들게 되는 토양수분상태를 나타내는 일반적인 위조점
(토양수분퍼텐셜, MPa)은?

풀이

일반적 위조점의 pF = 4.18

$$pF = \log[H] \qquad 4.18 = \log[H] \qquad H = 10^{4.18} \, cm\, H_2O$$

$$atm = 10^{4.18} cm\, H_2O \times \frac{1atm}{1033.2 cm\, H_2O} = 14.65 atm$$

$$MPa = 14.65 atm \times \frac{0.101325 MPa}{1 atm} = 1.48 MPa$$

⑦ 토양수분의 물리학적 분류(분리기준 : 토양수분의 흡착력 pF)

토양입자와 토양수분 간의 결합력의 차이에 의한 분류를 토양수의 물리적 분류라 한다.

㉠ 결합수
   ⓐ pF 7.0 이상(10,000bar 이상)
   ⓑ 토양입자와 화학반응으로 결합되어 있는 수분(결정수)
   ⓒ 식물이 직접 이용할 수 없는 수분
   ⓓ 화합물에 영향을 주는 수분(화합수)
   ⓔ 가열(100~110℃)하여도 제거되지 않음

㉡ 흡습수
   ⓐ pF 4.5 이상(31bar 이상)
   ⓑ 분자 간 인력에 의하여 토양입자 표면에 흡착된 수분으로 상대습도가 높은 공기 중 풍건토양이 노출되면 토양입자의 표면에 대기로부터 물이 흡수되는데, 이 물을 흡습수라 함. 즉, 습도가 높은 대기 중에 토양을 놓아두었을 때 대기로부터 토양에 흡착되는 수분
   ⓒ 강하게 흡착되어 있으므로 식물이 직접 이용할 수 없는 무효수분
   ⓓ 100~110℃ 상태에서 8~10시간 가열(건조)시 아주 쉽게 제거할 가능성 있음
   ⓔ 사질토에서의 흡습수의 양은 무게비로 0.2~0.3%, 부식토에서는 70%에 달함
   ⓕ 토양입자와 물리적 결합하고 식물 이용이 불가능한 수분
   ⓖ 교질물질에 흡착된 수분량은 교질물질의 표면적에 비례하므로 이것으로부터 토양표면적을 구할 수 있음

ⓒ 모세관수

ⓐ pF 2.54~4.5(1/3~31bar)

ⓑ 흡습수 외부 표면(토양입자 주변이나 모세관 공극 중에 들어 있는 물)에 표면장력과 중력이 평형을 유지하는 상태에서 존재하는 물

ⓒ 토양입자 사이의 소공극에 모세관력·표면장력에 의해 유지되는 수분으로 모관수의 대부분은 지하수 상승에 의해 유지

ⓓ 토양입자의 표면 가까이에 있는 모세관수는 내부모세관수로서 식물에는 거의 이용되지 못함

ⓔ 토양의 모세관수량은 온도, 염류함량, 토성, 구조 등에 따라서 다름

ⓕ 온도가 높을 때에는 물의 표면장력이 감소, 무기염류가 가해지면 표면장력 증가

ⓖ 모관퍼텐셜

• 흙속에서 모관수를 지지하는 힘
• 입경이 작을수록 모관퍼텐셜이 낮아짐
• 온도가 낮을수록 모관퍼텐셜이 낮아짐
• 함수비가 낮을수록 모관퍼텐셜이 낮아짐
• 간극이 커질수록 모관퍼텐셜이 낮아짐

ⓡ 중력수(자유수)

ⓐ pF 2.52(2.54) 이하(1/3bar 이하)

ⓑ 포장용수량 이상으로 토양의 큰 공극에 존재하는 수분

ⓒ 중력작용에 의하여 토양입자로부터 분리되어 토양입자 사이를 이동하거나 지하로 침투하는 물로 대부분 불필요하게 과잉으로 존재하는 수분이며 배수에 의해 제거

ⓓ 모세관수에 포화 이상의 수분이 가해져 중력에 의해 이동할 때 생김(양분도 함께 용탈)

ⓔ 식물 이용이 용이하고 대수층에 모여 지하수원이 됨

ⓕ 큰 공극에 있는 것은 중력, 작은 공극에 있는 것은 물의 막장력에 의하여 이동함

⑧ 토양수분의 식물학적 분류

토양수분은 식물학적 견지에서 볼 때 과잉수분, 유효수분, 무효수분으로 분류한다.

㉠ 과잉수분

ⓐ 토양의 포장용수량장력 이상의 중력수, 즉 자유수를 과잉수분이라 함

ⓑ 토양 내 질소고정 및 암모니아화를 일으키는 호기성 세균의 활성을 저

해함

ⓒ 토양의 통기를 막음

ⓓ 토양 내 염류를 용탈시킴

ⓔ 식물의 생장에 유해함

ⓛ 유효수분

ⓐ 포장용수량장력과 위조계수장력 사이(영구위조점 장력 사이 ; 포장용수량에서 위조계수를 뺀 나머지)의 보유수분임(pF : 2.54~4.18)

ⓑ 식물 생장에는 유효수분이 50~80%가 소요되었을 때 수분을 공급(수분함량이 위조점에 가까워지면 식물이 물을 흡수하는 속도가 느려지기 때문)

ⓒ 식물이 이용할 수 있는 수분

ⓒ 무효수분

ⓐ 영구위조점 이하의 수분함량(pF : 4.18 이상)

ⓑ 식물이 이용할 수 없는 수분

ⓔ 포장용수량

ⓐ pF 2.54(1/3bar＝－0.033MPa) 정도의 중력수 범위에 속함

ⓑ 토양의 수분함량을 나타내는 용어, 즉 토양에 유지되는 수분함량을 말함

ⓒ 토양이 물로 포화된 후 물이 중력에 의해 자연적으로 하강하고 1~3일 후에는 하강하지 않고 토양 내에 남아있는 물의 퍼센트(%)를 말함(토양이 물로 포화된 후 대공극의 물은 중력에 의하여 모두 빠지지만 소공극의 물이 그대로 남아있는 상태)

ⓓ 식물에 가장 유효한 수분(일반적으로 식물생육에 가장 좋은 수분임)

ⓔ 호기성 미생물의 활성에 필요한 공기가 토양의 공극에 충분히 채워져 있음

ⓕ 포장용수량보다 수분이 많은 상태에서는 식물에 필요한 물이 충분함

ⓖ 포장용수량보다 수분이 적은 조건에서는 뿌리의 호흡에 필요한 산소량은 많아짐

ⓗ 포장용수량은 식질계 토양에서 많고, 구조의 발달이 불량한 사질계 토양에서 적음

ⓜ 초기 위조점

ⓐ 초기 위조점의 장력은 pF 3.8(pF 3.9)

ⓑ 식물이 이용할 수 있는 수분량이 감소하여 식물이 시들기 시작하는 수분함량, 즉 수분의 공급이 없어 점차 감소되어 낮에는 세포의 팽압을 유지할 수 없어 시드는데, 밤이 되면 정상으로 회복하는 상태

ⓗ 영구 위조점(위조계수)

　　ⓐ 영구 위조점의 장력은 pF 4.18(pF 4~5)

　　ⓑ 초기 위조점을 넘어 시든 식물이 회복하지 못할 경우의 수분함량, 즉 포화습도의 대기 중에 식물을 놓아도 회복되지 않는 상태

　　ⓒ 위조계수(Wilting Coefficient)라고도 함

ⓢ 유효 수분＝포장용수량－영구 위조점(위조계수)

ⓞ 최대 용수량

　　ⓐ pF 0

　　ⓑ 강우나 관개에 의하여 토양이 물로 포화된 상태에서 중력에 저항하여 모세관이 최대로 포화되어 있는 수분

⑨ 토양수분 측정방법

　㉠ 중량법 : 토양시료 건조전후의 중량차로부터 수분함량을 구하는 직접방법

　㉡ 중성자법(Neutron Scattering) : 간편하고 신속하게 비파괴적으로 동일 지점의 수분함량을 수시로 깊이별로 측정할 수 있는 장점

　㉢ 장력계법(Tensiometer) : 텐시오메타 측정하는 것은 Matric Potential

　㉣ TDR법(Time Domain Reflectometry) : 고주파를 발생하고 전파속도를 읽어 토양수분을 측정하여 측정오차가 상당히 적음

　㉤ 전기저항법 : 토양의 전기저항이 수분함량에 따라 변하는 원리를 이용

 Reference 유한 수분

토양에 오래 머물면서 식물에 흡수·이용되는 수분을 말한다.

(8) 토양공기

① 토양 내 공기와 일반대기 비교

　㉠ 토양 내 공기의 N_2(75~90%), CO_2(0.1~10%), Ar(0.93~1.1%), 상대습도(95~100%)는 일반 대기보다 높다.

　㉡ 토양 중 CO_2 평균함량은 대기 중 농도의 약 8배이며, 여름에 높고 겨울에 낮으나 O_2는 반대이다.(CO_2가 높은 원인은 식물뿌리와 미생물의 호흡, 석회시용, 유기물 분해로 인한 CO_2의 증가)

　㉢ 토양 공기 중 O_2(2~20%)는 대기보다 낮고, 질소함량은 대기 중의 함량과 비슷하다.(산소농도가 낮은 원인은 식물뿌리와 미생물의 호흡으로 인한 산소의 소실)

ⓔ 토양공기의 산소함량은 토심(토양의 깊이)이 증가할수록 감소하고 CO_2(탄
산가스)는 증가한다. 즉, 심층토가 표층토에 비하여 미세공극이 많아 산소
의 공급이나 이산화탄소의 제거가 원활하지 못하다.

ⓜ 토양비의 공기와 물의 비율이 동일한 상태가 식물의 성장에 이상적이다.

ⓗ 토양공기는 수증기에 의해 항상 포화되어 있어 습도가 100%에 가깝다.

ⓢ 토양공기는 유기물의 분해에 의해 발생되는 CH_4, H_2S와 같은 기체농도가
높다.

ⓞ 토양 공기 중의 이산화탄소가 많아지는 양은 산소가 줄어드는 양과 비례한다.

ⓩ 토양의 깊이가 깊을수록 산소함량이 적어지는 정도는 토양공극의 특성과
밀접한 관계가 있다.

ⓒ 토양공기 중 O_2는 식물의 뿌리와 토양생물의 호흡으로 소비된다.

▌대기와 토양공기의 비교 ▌

(단위 : %)

구분	대기의 조성	토양공기의 조성
N_2	78.09	75~90
O_2	20.95	2~21
Ar	0.93	0.93~1.1
CO_2	0.03	0.1~10
상대 습도	30~90	95~100

② **토양 공기 지배요인**

ⓐ 토성

사질토양이 공기용기량 증대한다.

ⓑ 토양 구조

입단이 형성되면 공기용기량이 증대한다.

ⓒ 토양 수분

토양 수분이 증가하면 공기용기량이 감소한다.(산소 낮아지고 이산화탄소 증가)

③ **토양 통기 방법**

ⓐ 토양처리

ⓐ 토양개량제(유기물, 석회 등)를 이용 토양입단화 조성

ⓑ 토성에 맞게 객토

ⓒ 습한 곳일 경우 배수시설

ⓑ 재배적 방법

ⓐ 윤작

ⓑ 풀메기(제초)

ⓒ 깊이갈이(심경)

④ 공기 유통 불량 시 현상

    ㉠ 산소부족으로 인하여 혐기성 미생물의 활동이 왕성해져 식물생육에 불리하게 작용한다.

    ㉡ 산소부족으로 식물뿌리의 정상적인 호흡이 불가능하여 식물생육이 불량해진다.

    ㉢ CO_2 증가 시 환원작용으로 CH_4, 유기산 등의 유해물질로 되어 식물생육에 불리하게 작용하며 물과 반응하여 탄산화 작용을 일으켜 토양산성화를 초래한다.

(9) 토양의 색

① 개요

    ㉠ 토양의 색은 토양성질 또는 생성과정을 아는 데 중요한 사항의 하나이며 토양의 풍화 과정 및 이화학적 성질을 판정하거나 비옥도를 알 수 있는데, 토양의 색 중 열을 가장 많이 흡수하는 색은 흑색이고, 가장 적게 흡수하는 것은 백색이다.

    ㉡ 토양의 배수 정도를 알 수 있고 토양분류기준으로 매우 중요하다.

    ㉢ 토양의 색이 갈색, 적색, 황색을 나타내면 광물의 성분이 화학적 변화를 받은 것을 의미하며 유기물이 더해진 것이다.

② 토양 색을 결정하는 요인

    ㉠ 토양의 구성 암석

        ⓐ 철이 들어 있는 광물은 황색 내지 적색을 띰

        ⓑ 석영, 장석, 백운모, 탄산염 등은 흰색

    ㉡ 유기물

    부식화가 진행될수록 흑색

    ㉢ 수분함량(함수량)

    습윤상태에서는 색이 짙고, 건조하면 담색

    ㉣ 배수성(투수성, 통기성)

        ⓐ 통기상태가 좋은 표토나 배수가 좋은 습윤지방의 심토는 황색, 적색계통의 색

        ⓑ 배수가 불량한 곳이나 저습지 등에서는 회록색 또는 회청색

    ㉤ 철(Fe)

        ⓐ 산화상태에서는 적갈색(Fe_2O_3 형태로 존재)

        ⓑ 환원상태에서는 청회색(FeO 형태로 존재)

ⓗ 망간(Mn)

흑백색이나 갈색

ⓢ 풍화 정도

표토가 황색인 것은 적색인 것보다 풍화가 더 진행된다.

② 토양의 색상에 가장 큰 영향을 미치는 인자

㉠ Fe(무기색)

㉡ 부식(유기색)

③ 색을 결정하는 물질

㉠ FeO(아산화철) : 청회색(토양상태는 환원상태)

㉡ $Fe_2O_3 \cdot H_2O$(산화철) : 황갈색(토양상태는 산화상태)

㉢ FeS(황화철), 부식질, Fe^{2+} : 회색

㉣ 유기물 : 흑색

⑽ **토양의 온도**

① 개요

㉠ 토양온도는 식물생장 및 미생물의 생육에 영향을 주며 토양의 물리 · 화학
적인 성질에도 영향을 준다.

㉡ 냉대와 냉온대지방에서는 부식 축적이 이루어지고 온대나 열대지방에서는
유기물의 분해가 급속히 진행되므로 부식이 쌓이지 않는다.

② 토양온도 결정요인

㉠ 외적 요인

일사량, 기온, 풍속, 토양회복 등

㉡ 내적 요인

토양의 비열, 열전도도

③ 토양온도의 수열, 방열에 대한 영향 인자

토양표면 온도결정은 수열량과 방열량의 차이에 의해 결정된다.

㉠ 수열

비열, 열전도도, 토양색, 경사도, 피복물, 방향 등

㉡ 방열

증발량(수분), 열복사

④ 온도 영향

　㉠ 토양온도가 높은 경우

　　ⓐ 유기물질 분해속도 빠름

　　ⓑ 무기화 촉진

　㉡ 토양온도가 낮은 경우

　　ⓐ 유기물질 분해속도 느림

　　ⓑ 부식화 촉진

⑤ 비열

　㉠ 비열이란 토양 1g을 1℃ 올리는 데 필요한 열량을 물과 비교한 것으로서 비열이 높을수록 온도변화가 적다.

　㉡ 토양비열이 크면 온도의 상승 및 하강이 느리다.
　　(물 1.0, 토양유기성분 0.4, 토양무기성분 0.2, 공기 0)

　㉢ 토양온도는 수분함량에 좌우되므로 수분이 많으면 온도변화가 적다.

　㉣ 사토일수록 비열이 작고, 토양수분이 적으므로 식토보다 온도변화가 크다.

　㉤ 토양 4성분 중 물의 비열이 가장 높기 때문에 토양수분함량이 많으면 온도가 올라가기 어렵다.

　㉥ 토양무기입자의 비열은 $0.2cal/g \cdot ℃$에 지나지 않지만 물은 $1.0cal/g \cdot ℃$로서 5배가 더 높으므로 토양수분함량이 증가할수록 토양의 비열은 증가하는데, 이는 토양온도를 올리는 데 필요한 열량이 증가하기 때문이다.

　㉦ 토양의 용적열용량을 결정하는 데 중요한 것은 토양의 수분상태이다.

　㉧ 토양 내 모래함량이 많을수록 용적열용량이 작아지며 점토함량이 많을수록 용적열용량은 커진다.

　㉨ 사양토는 이른 봄에 저온상승이 빠르므로 작물생장 및 성숙이 좋아 화훼나 시장작물의 지배에 이용된다.

　㉩ 밀은 식토, 보리는 사토에서 생장한 것이 품질이 좋다.

⑥ 열전도도(열전도율)

　㉠ 태양의 열을 받아 토양 온도가 상승하는 것은 열전도도에 의한다.

　㉡ 토양조직이 거칠면 열전도도가 늦고, 조밀하면 빠르다.

　㉢ 습윤토양은 건조토양보다 열전도도가 매우 빠르다.(물의 열전도도가 공기 열전도도의 약 30배)

　㉣ 부식의 열전도율은 낮으므로 토양 내 부식함량이 많을수록 열전도도가 낮다.

　㉤ 토성에 따른 열전도도
　　ⓐ 무기입자(모래, 점토 등) > 유기성분 > 물 > 부식 > 공기

ⓑ 사토 > 양토 > 식토 > 이탄토
ⓒ 대립 > 소립
ⓓ 밀집구조 > 엉성한 구조

⑦ 토양색이 진할수록 토양온도가 높다.(흑 > 남 > 적 > 갈 > 황 > 백색)
⑧ 평지에 비해 경사지에 수열량이 많아 온도가 높다.
⑨ 피복식물이 있으면 지온의 변동이 적다.

⑾ 토양의 가소성(소성)

① 토양의 연경도 결정인자는 이쇄성, 강성, 소성이며 가장 중요한 성질은 소성이다.(연경도는 견지성과 같은 의미로 토양수분의 변화에 따른 토양의 상태변화를 말한다.)
② 수분함량에 따라 변화하는 토양상태의 물리적 성질을 결지성(견지성)이라 하며, 결지성 중에서 가장 중요한 성질을 가소성(Plasticity)이라 한다.
③ 토양에 응력(외력)을 가했을 때 부서지지는 않고 유연하게 견디어 그 본래의 형태를 유지하는 성질, 즉 소성은 토양에 힘을 가했을 때 파괴되는 일이 없이 단지 모양만 변화되고 힘이 제거된 후에도 원점으로 되지 않는 성질이다.
④ 가소성은 응력이 제거되어도 본래의 형태로 되돌아가지 않는다.
⑤ 소성한계와 액성한계의 차를 나타내는 소성지수는 점토함량에 기인하므로 토양 중 교질물의 함량을 표시하는 지표가 될 수 있고 점토와 유기물이 많을수록 소성지수가 크다.
소성지수(가소성 지수)=액성한계−소성한계
⑥ 실트와 점토로 구성된 토양의 소성지수는 일반적으로 크게 나타날 수 있다.
⑦ 소성은 토양 내 함수량과 관련이 있다.
⑧ 소성을 가진 토양은 처리할 때보다 더 높은 온도를 필요로 한다.
⑨ 토양 내 소성을 낮추기 위하여 토양의 파쇄 또는 토양 개량제와 혼합하는 처리가 필요하다.
⑩ 액성한계는 토양의 수분함량이 그 이상 되면 상태가 더 이상 선명화되지 못하고 액체 상태로 되는 한계수분함량의 의미. 즉, 소성상태에서 액성상태로 변하는 순간의 수분함량이다.
⑪ 소성한계는 토양의 수분함량이 일정 수준 미만이 되면 성형상태를 유지하지 못하고 부스러지는 상태에서의 한계수분함량을 의미. 즉, 토양이 소성을 가지는 최소 수분함량을 소성하한 또는 소성한계라 한다.
⑫ 토양의 소성지수가 가장 큰 점토는 Montmorillonite 이다.
(몬모릴로나이트 > 일라이트 > 할로이사이트 > 카올리나이트)

⑬ 점토의 활성도

ㄱ 점토의 활성도$=\dfrac{소성지수}{점토함량}$

ㄴ 논토양은 0.88, 밭토양은 0.56 정도이다.

⑫ 토양광물

① 1차 광물

ㄱ 원래 암석에 존재했던 성분과 같은 광물이며 암장이 냉각되어 생성된 광물로 규소(Si)와 산소(O)를 주성분으로 하고 있으므로 규산염 광물이라고도 한다.

ㄴ 1차 광물로서 지각을 이루고 있는 암석은 95% 가 화성암이다.

ㄷ 6대 조암광물
휘석, 각람석, 석영, 장석류, 운모류, 각섬석

② 2차 물질

ㄱ 1차 광물이 변성작용 또는 풍화작용에 의하여 변질되거나 또는 새로이 생성된 광물이다.

ㄴ 풍화작용, 토양 생성단계를 거치며 가용성 성분들이 녹아나와 점토와 재구성되어 새로운 성분이 되는 광물이다.

ㄷ 점토는 대부분 2차 광물로 구성되어 있다.

⑬ 공극비(Void Ratio)와 공극률(Porosity)

① 공극비(간극비)

$$공극비=\dfrac{공극(간극)의\ 부피}{토양고상(흙)의\ 부피}$$

② 공극률

$$공극률=\dfrac{공극부피(수분부피+공기부피)}{토양전체부피(고상+액상+기상)}=\left(1-\dfrac{부분부피}{전체부피}\right)$$

③ 공극비와 공극률 관계

$$공극비 = \frac{공극률}{1 - 공극률} = \left(\frac{비중 \times 4℃\ 물의\ 단위중량}{건조단위중량}\right) - 1$$

$$공극률 = \frac{공극비}{1 + 공극비}$$

④ 포화도

$$포화도 = \frac{물의\ 부피}{공극\ 부피} = \frac{함수비 \times 비중}{공극비}$$

⑤ 함수비

$$함수비 = \frac{물의\ 무게}{건조토양\ 입자\ 무게}$$

⑥ 함수율

$$함수율 = \frac{물의\ 무게}{토양\ 전체무게(고상 + 액상 + 기상)}$$

⑦ 습윤단위중량

$$습윤단위중량 = \left(\frac{비중(1 + 함수비)}{1 + 공극비}\right) \times 4℃\ 물의\ 단위중량(1,000 kg_f/cm^3)$$

⑧ 건조단위중량

$$건조단위중량 = \left(\frac{비중}{1 + 공극비}\right) \times 4℃\ 물의\ 단위중량$$

$$= \frac{습윤단위중량}{1 + 함수비}$$

⑨ 포화단위중량

$$포화단위중량 = \left(\frac{비중 \times 공극비}{1 + 공극비} \right) \times 4℃ \ 물의 \ 단위중량$$

必 수문제
01 공극률이 0.2인 흙의 공극비는?

> 풀이
>
> $$공극비 = \frac{공극률}{1 - 공극률} = \frac{0.2}{1 - 0.2} = 0.25$$

必 수문제
02 어느 지역 토양의 공극률 측정을 위해 토양 60cm³를 채취하여 고형입자부피와 수분부피를 측정하였더니 42cm³와 12cm³였다. 이 지역의 토양 공극률(%)은?

> 풀이
>
> $$공극률(\%) = \left(1 - \frac{부분부피}{전체부피} \right) \times 100 = \left(1 - \frac{42}{60} \right) \times 100 = 30\%$$

必 수문제
03 어느 지역 토양시료에 대해 공극률 측정결과가 20%였다. 시료 내 수분부피와 공기부피는 각각 8cm³, 2cm³였다면 현장에서 채취한 토양시료의 전체부피(cm³)는?(단, 공극은 수분과 공기로만 채워졌다고 가정)

> 풀이
>
> $$공극률(\%) = \left(\frac{공극부피}{토양전체부피} \right) \times 100 = \left(\frac{수분부피 + 공기부피}{토양전체부피} \right) \times 100$$
>
> $$토양 \ 전체부피 = \frac{8 + 2}{0.2} = 50cm^3$$

必수문제

04 어떤 토양시료가 함수비 20%, 습윤단위중량 $1.5 ton/m^3$일 때 건조단위중량(t/m^3), 공극비, 포화도(%)는?(단, 토양 비중 2.55)

풀이

$$건조단위중량 = \frac{습윤단위중량}{1+함수비} = \frac{1.5}{1+0.2} = 1.25 ton/m^3$$

$$공극비 = \left(\frac{비중 \times 단위중량}{건조단위중량}\right) - 1 = \left(\frac{2.55 \times 1.0}{1.25}\right) - 1 = 1.04$$

$$포화도 = \left(\frac{함수비 \times 비중}{공극비}\right) \times 100 = \left(\frac{0.2 \times 2.55}{1.04}\right) \times 100 = 49.04\%$$

10. 토양의 화학적 특징(토양반응)

(1) pH(수소이온농도)

① 정의

㉠ 토양반응은 토양의 산도 혹은 알칼리도로 표시하며 일반적으로 pH로 나타 낸다. 즉, 토양산도는 토양반응의 정도를 나타내는 지수이다.

㉡ pH는 용액 중에 있는 수소이온(H^+)농도의 역수에 상용대수를 취한 값으로 1에서 14까지 있다.

② 관련 식

$$pH = \log\frac{1}{[H^+]} = -\log[H^+] \Rightarrow [H^+] = 10^{-pH}$$

$$pOH = \log\frac{1}{[OH^-]} = -\log[OH^-] \Rightarrow [OH^-] = 10^{-pOH}$$

$$pH + pOH = 14$$

$$pH = 14 + \log[OH^-]$$

여기서, $[H^+]$: H^+의 몰농도

$[OH^-]$: OH^-의 몰농도

③ 토양 pH의 중요성

㉠ 무기성분의 용해도를 지배한다.

㉡ 토양미생물의 활동에 영향을 주며, 미량원소의 용해도를 지배한다.

㉢ 무기질토양에서는 pH 6.5, 유기질토양에서는 pH 5.5가 식물생육에 적당 하다.

ⓔ 토양반응의 정도를 나타내는 데에는 pH를 많이 사용한다.

④ **토양의 완충작용**

ⓐ 외부에서 토양에 산·알칼리 물질을 가할 때 pH의 변화를 억제하는 작용을 말한다.

ⓑ 토양의 완충능력은 양이온교환용량이 클수록 크다.

⑤ **특징**

ⓐ pH가 7 부근에서는 영양분의 흡수율이 증가한다.

ⓑ pH 7 이상이면 Fe, Mn, Cu, Zn, B 등의 필수영양소들은 흡수율이 감소, 반대로 Mo은 유효도가 증가한다.

ⓒ 사질토양에 다량의 석회 사용 시 Fe, Mn, Cu, Zn, B의 결핍을 초래한다.

ⓓ 유효태 인산은 점점 산성토양이 될수록 유효도가 매우 적어진다.(Al과 Fe과 결합)

ⓔ pH 7.5 이상이면 다시 인산의 흡수가 줄어든다.(Ca과의 결합 때문)

ⓕ 산성 쪽에서 결핍되기 쉬운 물질은 인·칼슘·마그네슘·몰리브덴 등이며 알칼리 쪽에서 결핍되기 쉬운 물질은 철, 망간, 붕소 등이다.

ⓖ 일반적으로 pH가 증가할수록 토양의 양이온 교환용량은 증가하고, 음이온 교환용량은 감소한다.

(2) **토양산성**

① **개요**

pH 7 이하인 토양을 말한다.

② **종류**

ⓐ 활산성(활산도)

ⓐ 활산도는 pH값으로 나타내며 토양용액에서 수소이온과 알루미늄 이온의 활동도를 측정한 값, 즉 토양용액에 해리되어 있는 수소이온과 알루미늄 이온에 의한 산도이다.

ⓑ 토양용액 중에 존재하는 수소이온, 알루미늄 이온에 의한 산성으로 작물생육에 직접적인 영향을 미침

ⓒ 토양시료에 증류수를 가하여 측정하는데, 일반적으로 시료와 증류수의 비율은 1 : 1이며 증류수의 비율을 크게 할수록 pH값은 높아짐

ⓑ 잠산성(잠산도)

ⓐ 이중층 내부에 흡착되어 있는 수소이온에 의한 산성

ⓑ 토양입자에 흡착되어 있는 교환성 수소와 교환성 알루미늄에 의한 것

ⓒ 가수산성과 치환산성으로 구분

(3) 토양의 산성화

① 개요

토양의 산성화는 수소이온농도의 상승으로 인해 알칼리, 알칼리 토금속이 상
대적으로 감소하는 현상이다.

② 토양산성화의 원인

㉠ 규산염 광물과 가수산화물의 분해

㉡ 탄산 및 기타 유기산의 형성(미생물에 의해 유기물이 분해될 때 유기산 생성)

㉢ 비료 및 부식에 의한 산성화(질소비료 중 NH_4^+의 질산화 작용에 의해 수
소이온 생성)

㉣ 산성암 및 황화물의 풍화

㉤ 유기물의 축적

㉥ 식물에 의한 염기의 흡수(농경지 토양에서 작물의 수확으로 토양 중의 염기
제거)

㉦ 산성비

㉧ 기후와 토양 반응

③ 산성비에 의한 토양의 영향

㉠ 양이온, 주로 칼슘(Ca^{2+}), 마그네슘(Mg^{2+}) 등 염기의 용출 가속화

㉡ HCO_3^- 농도의 감소

㉢ 토양용액의 용존 유기물 농도의 감소

㉣ $AlPO_4$의 침전에 의한 토양용액 PO_4 농도의 감소

㉤ 토양으로부터 알루미늄(Al)의 용해도 증가(Al은 가수분해되어 수소이온 발생)

㉥ 토양의 산성화 촉진

㉦ 중금속(Zn, Cd)의 토양용액으로의 용출

㉧ 토양이 산성화되면 양이온 교환용량과 염기포화도가 감소한다.

④ 산성토양에서의 작물피해

㉠ 수소이온에 의한 해작용

토양용액 중 수소이온 농도 증가로 뿌리의 양·수분 흡수력이 저하되어 식
물의 뿌리세포가 파괴된다.

㉡ 알루미늄과 중금속 이온의 유효도 증가

ⓐ 산성에서 활성알루미늄 이온 농도가 증가되어 광독작용을 일으키며 인

산을 고정하여 인산결핍을 초래함

ⓑ 중금속 이온 유효도가 증가되어 식물에서 광독작용을 일으킴

ⓒ 작물양분의 결핍

산성화 과정에서 발생하는 염기의 용탈작용으로 양분부족 현상이 발생, 대부분의 양분유효도는 감소한다.

ⓓ 토양생물의 활성 감퇴

산성토양에서 사상균을 제외한 미생물의 활동이 감소하여 질소고정작용을 비롯한 미생물에 의하여 일어나는 식물에게 유효한 작용이 정지된다.

⑤ 토양반응과 작물양분의 유효도

㉠ 작물양분의 대부분은 pH가 중성 부근에 이르면 유효도가 증가한다.

㉡ 필수미량원소(Fe, Mn, Zn, Ca 등)들의 유효도는 산성에서 높으며, 중성~알칼리성에서는 유효도가 낮기 때문에 결핍되기 쉽다.

㉢ Mo은 산성에서는 유효도가 낮고 중성~알칼리성에서는 유효도가 증가한다.

㉣ 인산이온의 유효도

인산은 중성에서 유효도가 가장 높고, 산성이나 알칼리성에서는 유효도가 감소할 뿐만 아니라 산성에서는 Fe, Al에 의해, 알칼리성에서는 Ca에 의해 고정작용이 일어난다.

⑥ 비료 중 황산암모늄[$(NH_4)_2SO_4$], 염화암모늄[NH_4Cl], 요소[$(NH_2)_2CO$], 염화칼륨 등은 질산화 작용을 받아 $NO_3^- -N$가 되는 과정에서 H^+ 이온이 증가되기 때문에 토양이 산성화된다.

⑦ 토양의 산 중화 작용 4단계

㉠ 1단계 : 탄산염, 탄산수소염에 의한 중화

㉡ 2단계 : 교환성 염기에 의한 중화(약산성, 강산성 교환기의 염기)

㉢ 3단계 : 2차 광물에 의한 중화

㉣ 4단계 : 규산염 광물의 중화

⑧ 산성토양의 개량

㉠ 석회 사용에 의한 반응 교정

ⓐ 반응교정을 위한 석회사용 시 사용하는 석회중화력은 분말도에 따라 달라, 입경이 작은 석회물질을 소량씩 자주 사용하는 것이 가장 효과적임

ⓑ 소석회($Ca(OH)_2$)가 가장 효과적이고 알칼리성은 생석회(CaO)가 가장 큼

ⓒ CEC가 높을수록, 유기물함량이 많을수록 잠산성이 높아 석회를 더 많이 사용함

ⓛ 유기물 사용

ⓐ 토양반응을 직접 교정하는 효과는 적지만 토양부식이 증대하므로 CEC
와 완충능력을 증대하며 토양의 물리화학적 성질을 개선, 유용미생물
의 활동과 번식을 촉진시키는 데 매우 효과적임

ⓑ 산성토양 개선에는 완숙유기물보다 미숙유기물이 효과적임

ⓒ 유기물에 함유되어 있는 질소, 인산, 망간, 붕소, 마그네슘 등의 양분
을 공급하는 효과도 있음

ⓒ 산성에 강한 작물 재배

ⓔ 근류균 접종

ⓜ 미량원소, 인산 등 부족한 양분 사용

Reference **토양 미량 성분과 특성**

(1) 철(Fe)

① 호흡 효소의 구성성분이며 엽록소 형성에 관여한다.
② 철 결핍 시 어린잎부터 황백화하여 엽맥 사이가 퇴색된다.

(2) 망간(Mn)

① 망간은 각종 효소의 활성을 높여서 동화물질의 합성분해, 호흡작용, 광합성 등에 관여한다.
② 망간이 결핍하면 엽맥에서 먼 부분이 황색이 나타내며 체내이동이 낮아서 결핍증은
새잎부터 나타난다.

(3) 몰리브덴(Mo)

① 필수 양분 중 식물의 양분요구도가 가장 낮고 여러 효소의 보조인자로 산화환원 반
응에 관여한다.
② 질소대사와 밀접한 관련이 있고 질소고정을 하는 콩과작물에 많이 필요하다.
③ NO_3^-를 질소원으로 이용하는 식물에 필수적이다.

(4) 아연(Zn)

아연은 촉매 또는 반응 조절 물질로 작용하며, 단백질과 탄수화물의 대사에 관여한다.

(5) 구리(Cu)

① 구리는 구리단백으로서 효소작용을 하며, 광합성, 호흡작용 등에 관여한다.
② 구리의 결핍은 황백화, 조기낙엽, 괴사 등을 초래한다.

Reference **유효도**

유효도는 토양에 함유된 양분의 총량 중에서 식물이 흡수 및 이용할 수 있는 형태의 양분비
율을 말하며 높은 pH에서 인의 유효도가 감소하는 요인은 pH 6 근처에서 칼슘화합물 형성
을 시작하여 pH 7 이상에서는 불용성인 인회석[$Ca(PO_4)_3Ca(OH)_2$]이 형성되기 때문이다.

 필수문제

01 pH가 5.0인 토양용액의 수소이온농도가 2배로 되는 경우 pH의 변화는?

> **풀이**
>
> $[H^+] = 10^{-pH} = 10^{-5} \, mol/L$
>
> 수소이온농도 2배 $2 \times 10^{-5} \, mol/L$
>
> $pH = -\log[H^+] = -\log[2 \times 10^{-5}] = 4.7$

(4) 토양의 염류화

산과 알칼리가 결합한 것을 염이라 하며, 토양의 염류화는 사막화의 과정으로 토양이 염류농도와 관계있는 지표는 전기전도도(EC), 나트륨흡착비(SAR), 교환성 나트륨퍼센트(ESP) 등이 있다.

① 토양의 염류집적원인

    ㉠ 지하수위의 상승   ㉡ 관개수에 의한 염류의 증가

    ㉢ 배수량의 저하   ㉣ 지하수 모관상승의 증가

② 나트륨 흡착비(SAR)

SAR은 관개수와 배수량에 함유되어 있는 나트륨(Na^+) 함량에 대한 칼슘(Ca^{2+})과 마그네슘(Mg^{2+}) 함량의 비율이다. 즉 치환성 염기 중 치환성 나트륨의 비율을 나타낸 것으로 식물장해 평가에 사용된다.

$$SAR = \frac{Na^+}{\sqrt{\dfrac{Ca^{2+} + Mg^{2+}}{2}}}$$

각 이온농도 단위 : meq/L

③ 염류화된 토양(염류토양, 나트륨성 토양, 나트륨화 토양, 알칼리성 토양)

    ㉠ 알칼리성 토양은 토층하부의 염류가 표층으로 이동하여 그곳에 집적되면서 생성되며 해안지역이나 건조 및 반건조의 내륙지방에서 나타난다.

    ㉡ 알칼리성 토양은 탄산염과 중탄산염을 다량 함유하여 pH가 8.5 이상의 강알칼리성을 나타낸다.

    ㉢ 나트륨성 토양은 토양입자에 부착되어 있는 나트륨의 양이 많은 토양으로 점토질 토양에서 발생하기 쉽다.(NaCl, $CaCl_2$, $MgCl_2$, KCl 등의 가용성 염류의 용탈이 쉽게 일어나지 않는 환경조건에서는 알칼리성을 띤 염류토양이 발달)

㉣ 나트륨성 토양은 탄산나트륨의 함량에 따라서는 pH가 9.5(8.5) 이상 되기도 한다.

㉤ 염류토양은 가용성 염류를 다량으로 함유한 토양으로 대륙의 건조, 반건조지에 널리분포되며 토양에 집적되어 생성된다.

㉥ 점토화가 이루어지는 곳에서는 염류(탄산염, 황산염, 질산염)가 표층에 쌓여 피각을 형성하는 경우가 있는데, 이것을 Solonchak, 알칼리백토라고 한다.

📖 **Reference** / **토양 개량방법**

(1) 나트륨 토양

① 지하수위가 높을 경우 배수에 의해 수위를 낮춘다.

② 석회 자재를 투입하여 치환성 Ca 포화도를 높인다.($CaSO_4$는 토양의 교환성 Ca을 높이고 교환성 Na 퍼센트를 낮추어 토양의 화학성과 물리성을 개량)

③ 내알칼리, 내침수성 식물을 재배하여 유기질 잔사를 포장하여 환원시킨다.

④ 공기를 주입시켜 토양을 양(+)압으로 만들어준다.

⑤ 깊은 우물을 파서 하토층의 물리성을 개량한다.

(2) 알칼리토양

① 충분한 담수원을 확보하여 가을부터 이른 봄까지 계속 담수하여 제염해야 하며, 알칼리 토양을 개량하기 위한 수질로는 Ca^{+2}을 다량 함유한 경수가 좋다.

② 토층 내부의 제염 촉진을 위해 배수시설(명거 · 암거)을 설치한다.

③ 제염된 부분의 토양입자 분산 방지를 위해 석회를 사용한다.

④ 유기물 시용으로 토양 중 염분의 농도를 낮춘다.

⑤ 사탕무, 면화, 수수, 보리, 일팔파 등의 내염성 작물을 재배한다.

必**수문제**

01 다음 조건 토양의 나트륨 SAR은?

$$Ca^{2+} : 4meq/L, \ Mg^{2+} : 4meq/L, \ Na^+ : 6meq/L$$

풀이

$$SAR = \frac{Na^+}{\sqrt{\dfrac{Ca^{2+} + Mg^{2+}}{2}}} = \frac{6}{\sqrt{\dfrac{4+4}{2}}} = 3$$

수문제

02 다음과 같이 분석결과가 Na^+ 50mg/L, Ca^{2+} 40mg/L, Mg^{2+} 80mg/L인 경우 SAR (나트륨흡착비)은?

풀이

$$SAR = \frac{Na^+}{\sqrt{\dfrac{Ca^{2+} + Mg^{2+}}{2}}}$$

$$Na^+ = 50mg/L \times \frac{1meq}{23mg} = 2.17meq/L$$

$$Ca^{2+} = 40mg/L \times \frac{1meq}{\left(\dfrac{40}{2}\right)mg} = 2.0meq/L$$

$$Mg^{2+} = 80mg/L \times \frac{1meq}{\left(\dfrac{24}{2}\right)mg} = 6.67meq/L$$

$$= \frac{2.17}{\sqrt{\dfrac{2.0 + 6.67}{2}}} = 1.04$$

수문제

03 관개용수의 나트륨흡착비가 7.5이고, Ca^{2+}과 Mg^{2+}이 각각 65mg/L와 92mg/L일 때, Na^{2+}의 농도(mg/L)은?

풀이

$$SAR = \frac{Na^+}{\sqrt{\dfrac{Ca^{2+} + Mg^{2+}}{2}}}$$

$$7.5 = \frac{Na^+}{\sqrt{\dfrac{65 + 92}{2}}}$$

$$Na^+ = 66.45mg/L$$

④ 염류화된 토양의 형태(염류집적 토양의 종류)

　㉠ 염류토양(Saline Soil)

　　ⓐ 대부분 염화물·황산염, 일부 질산염 등의 가용성 염류가 비교적 많으며 토양입자에 흡착되어 있는 나트륨(Na^+)의 양이 적고 칼슘(Ca^{2+}), 마그네슘(Mg^{2+})이 주로 흡착된 염류토양

　　ⓑ 점토함량 및 유기물 함량이 낮아 식물생육 불가능

ⓒ 대표적 토양은 사질토임(대부분 작물에 악영향)

ⓓ 건조지에서 일어나는 염류집적으로 염류토양이 형성됨

ⓔ 교환성나트륨비(ESP)가 15% 이하, pH<8.5

ⓛ 나트륨성 토양(Sodic Soil)

ⓐ 토양입자에 흡착되어있는 나트륨(Na$^+$)의 양이 많은 염류토양

ⓑ 강알칼리성을 나타내므로 알칼리 토양이라 하고 대표적 토양은 점토질 토양이며 식물이 거의 살 수 없음

ⓒ Saline Soil보다 가용성염류 농도는 높지 않지만 교환성나트륨비(ESP)가 15% 이상, pH>8.5

ⓒ 염류 – 나트륨성 토양(Saline–Sodic Soil)

ⓐ 알칼리성 가수분해로 얻을 수 있는 탄산염과 (나트륨화 토양) 중탄산염을 다량함유(식물에 피해)

ⓑ 수용성 중성염류 농도 높아 토양교질물질의 분산 억제

ⓒ 일시적으로 가용성 염류 용탈 시 pH 8.5 이상 되는 경우 나트륨성 토양으로서 알칼리토양이라고도 함(염류토양과 알칼리토양의 중간적인 특성)

ⓓ 석회질 토양(Calcareous Soil)

많은 $CaCO_3$을 가지고 있어 묽은 염산을 가하면 거품반응이 일어나는 토양을 말한다.

⑤ **염류화 방지방법**

ⓛ 지하수의 모관상승억제

ⓐ 직접법 : 아스팔트 피막이나 비보 등의 불투수막을 이용한 토양하층부의 염류상승 방지

ⓑ 간접법 : 지표면 수분증발을 감소시키기 위한 표층 토양에 대한 유기물의 혼합

ⓛ 적절한 관개수의 사용

ⓐ 염류를 함유하지 않은 물을 관개수로 사용

ⓑ 염류토양을 물로 세척하여 개량 시 통기성이 떨어져 투수력의 급격한 저하가 가장 큰 문제

ⓒ 제염작물 재배(벼, 옥수수, 보리, 호밀 등)

ⓓ 미분해성 유기물 사용(볏짚, 낙엽 등)

ⓜ 환토, 객토

(5) 토양의 산화 · 환원전위(ORP ; Eh)

① 개요

토양의 산화 · 환원전위는 식물양분의 가급성, 유해물질의 생성 등과 관계가 있고, 또한 배수의 필요성을 나타내는 지표로서 크게 도움을 주기 때문에 토양의 생산력과 관계가 있는 중요한 성질이다.

② 산화 · 환원전위(Eh)

㉠ 산화 · 환원전위는 수소분자가 이온화하여 두 개의 수소이온으로 변하는 표준수소전극반응의 산화 · 환원전위를 기준(Eh＝0V)으로 상대적인 크기로 표시. 즉 전극의 표면과 토양용액 사이의 전위차를 의미한다.

㉡ Eh값이 클수록 토양은 산화상태이며, 값이 작을수록 환원상태이다.

③ 관련 식(Nernst식)

$$Eh = E_0 + \frac{0.05915}{n}\ln\frac{[O_x]}{Red}$$

여기서, Eh : 산화 · 환원전위(V, mV)

E_0 : 표준산화 · 환원전위(V ; 표준상태)

n : 반응에 관여하는 몰(mol)수(전자수)

O_x : 산화제의 mol농도(mol/L)

Red : 환원제의 mol농도(mol/L)

④ 특징

㉠ 토양이 산화환경(산화상태)일 때는 Eh값이 양(＋)이고 환원환경(환원상태)은 음(−)이다.

㉡ 일반적으로 토양은 −0.35V~＋0.80V 범위이며 물에 포화된 토양(담수토양)의 Eh는 −0.18V 정도로 환원성을 나타낸다.

㉢ 통기성과 배수조건이 불량한 토양은 산화능력이 떨어져 Eh가 낮아지므로 혐기성 미생물의 증식과 활성이 활발해진다.

㉣ 토양 온도 증가 시 Eh가 낮아진다.

㉤ Fe, Mn은 산화조건에서 불용화되며 Cu, Zn, Cd 등의 환원성 물질과 황화물 공존시에는 용해도가 감소한다.

㉥ 토양의 Eh는 식물 양분의 가급성과 유해물질 등의 생성 등과 관련하여 작물 생육에 영향을 미치며, 배수의 필요성을 나타내는 지표로서 토양의 생산력과 밀접한 관계가 있다.

ⓧ 토양에 담수할 경우, 유기물이 많거나 비옥한 토양은 미생물활동이 양호하므로 척박한 토양보다 급격히 Eh가 저하한다.

ⓞ 식질토양은 수분이동이 느리므로 사질토양보다 환원상태가 서서히 발달한다.

ⓩ 토양의 환원으로 인하여 인산을 비롯한 무기성분들의 유효도가 증가한다.

ⓩ 심한 환원상태에서는 CO_2가 CH_4나 Citric acid 등으로 변화하며 황화수소 등 환원성 유해물질이 다량 생성되므로 산소를 공급해야 한다.

(6) 토양교질(Soil Colloid)

① 개요 및 특징

㉠ 매우 작고(분산상의 크기 $1{\sim}2\mu m$) 많은 토양입자상태로 다른 물질에 분산되어 있는 상태를 토양교질이라 하며 미세입자이므로 미사에 비하여 높은 비표면적을 갖고, 즉 활성표면력이 크고, 무기양분과 수분을 흡착하며, 토양의 물리·화학적 성질에 큰 영향을 미친다.

㉡ 교질물질은 양이온을 흡착하여 전기적으로 이중층을 이루며 양극성인 물분자를 강하게 끌어당겨 점토는 가소성과 팽창성을 가진다.

㉢ 교질함량이 증가할수록 양이온 교환용량이 증가한다.

㉣ 토양교질 입자는 염기류의 용탈을 방지하며 토양교질물질에 가장 많이 흡착되어 있는 염기류는 Ca, Mg이다.

㉤ 표면전하량이 높아 교질함량이 증가하면 수분보유능도 높아진다.

② 토양콜로이드 입자에 흡착되는 양이온 흡착세기 순서

$$Al > H > Ca = Mg > K = NH_4 > Na$$

③ 토양교질에 있어서 음이온 치환순서

토양교질에 흡착되어 있는 상대적 농도 또는 선택적인 흡착순위를 말한다.

$$S_iO_4 > PO_4 > SO_4 > NO_3 = HCI$$

④ 점토광물(2차 광물, 무기 교질물, 콜로이드)

㉠ 점토광물은 2차 광물이며 대부분 층상 규산염이다.

㉡ 입경은 $2\mu m$ 이하이며 활성표면적이 매우 커 토성에 영향을 미쳐 식물 생육에 중요한 요인이 되며 물리화학적 성질을 결정하는 데 가장 큰 영향을 미친다.

㉢ 점토광물의 가장 중요한 구성성분은 SiO_2, Al_2O_3이다.

⑤ 점토광물의 기본구조 종류

점토광물은 일반적으로 판상격자 모양을 하고 있는 결정형 구조로서, 규산 4면체판과 알루미나 8면체판이 결합되어 결정단위를 이루고 있다.

㉠ 규산 4면체판

ⓐ 규소와 산소로 이루어진 판자(판상), 즉 4개의 산소이온이 1개의 규소원자를 둘러싸는 4면체가 구성단위로 되어 판상으로 배열된 판임

ⓑ 산소원자 3개를 평면에 맞대어 배열하고 그 위에 또 하나의 산소원자를 놓으면 가운데 공간이 생겨 규소가 끼어 있는 상태를 나타냄

ⓒ 규산사면체의 내부에는 정육각형의 공간이 생김(공간 크기는 NH^+나 K^+의 크기와 비슷하여 무기양분으로 사용된 NH^+나 K^+가 고정됨)

㉡ 알루미늄 8면체판

ⓐ 알루미늄과 산소 또는 수산기이온(OH^-)으로 된 판자가 겹쳐서 이루어짐. 즉, 6개의 산소와 수산기이온(OH^-)이 Al^{+3}나 Mg^{+2}를 둘러싸는 8면체가 구성단위로 되어 판상으로 배열된 판임

ⓑ 6개의 산소가 수산기이온(OH^-) 중에 4개를 평면에 맞대어 배열하고 그 상부, 하부 및 중앙에 각각 1개의 이온을 붙여 놓은 형태로서 그 중간에 반지름 0.7Å 크기의 공간이 생김

ⓒ 알루미늄 8면체 내부에는 Mg^{2+} 또는 Al^{+3}이 끼어 있음

ⓓ 1 : 1 점토광물에서는 외부로 노출되어 OH^-들이 PO_4^{-3} 및 그 밖의 음이온을 고정함

⑥ 점토광물의 분류

㉠ 판상배열에 따른 분류

규산판
알루미나판
규산판
알루미나판
규산판
알루미나판

1 : 1 격자형

규산판
알루미나판
규산판
규산판
알루미나판
규산판

2 : 1 격자형

규산판
알루미나판
규산판
마그네슘 8면체판
규산판
알루미나판
규산판

Chlorite(녹니석) : 혼층형

ⓛ 팽창 유무에 따른 분류

ⓐ 팽창격자형 광물(팽창형 점토광물)

- 수분이 결정단위와 단위 사이를 자유로이 왕래할 수 있으므로 비가 오거나 습할 때에는 결정단위 사이의 간격이 증가하고, 건조할 때는 결정단위 사이의 수분이 빠져나와 단위 사이가 수축하게 되는 점토광물임
- 토양의 팽창과 수축이 심하면 응집성과 점착성 등이 커서 토양구조가 불안정하여 물리적 성질이 좋지 않음
- K^+나 NH_4^+가 규산판의 내부에 고정되기도 함
- 보수력이나 보비력이 비팽창형에 비해 우수함
- Montmorillonite, Vermiculite 등

ⓑ 비팽창격자형 광물(비팽창형 점토광물)

- 1 : 1 격자형 광물의 대부분과 2 : 1 격자형 점토광물 사이에 다량의 칼륨이온(K^+)이 존재하여 물이 자유로이 통과하지 못하기 때문에 수분의 양에 관계 없이 결정단위와 단위 사이의 간격이 변동하지 않는 점토광물임
- 팽창과 수축이 심하지 않으며 응집성과 점착성 등이 작으므로 토양구조를 안정적으로 유지해 줌
- 팽창형에 비해 양이온치환용이 낮음
- Illite, Kaolinite 등

⑦ 주요 점토광물의 분류 및 구조와 성질

결정형 광물
- Si 판 1개와 Al 판 1개가 층상으로 결속하여 한 결정 단위를 이룸
- 1 : 1 격자형 광물(2층형 광물, 비팽창형) : 비표면적이 가장 작음
  → 할로이사이트, 나크라이트, 카올리나이트, 딕카이트
- 2 : 1 격자형 광물(3층형 광물)
  한 층의 Al 8면체를 Si 4면체가 양쪽으로 샌드위치처럼 싸서 3층 구조를 이룸
  – 팽창형 → 몬모릴로나이트, 사포나이트, 버미큘라이트
  – 비팽창형 → 일라이트
- 2 : 1 : 1(2 : 2 ; 격자형 광물, 비팽창형) → 클로라이트

비결정형 광물(무정형) : 알로펜, 이모고라이트

ⓖ 카올리나이트(Kaolinite)

ⓐ Al-OH 8면체층의 -OH기들은 그 위층의 Si-O 4면체층의 밑면의 산소들과 인접하고 있어 두 층간에는 수소결합이 형성됨

ⓑ 비팽창형 점토광물로서 단위 사이에 O‑H 결합에 의해 간격이 일정함

ⓒ 규소 4면체층과 알루미늄 8면체층이 1:1로 결합된 광물

ⓓ 물분자가 Kaolinite의 격자층들 사이로 쉽게 스며들지 못하여 수축, 팽창이 불가능하고 응축성과 습윤성이 약함(중금속 흡착률이 낮음)

ⓔ 동형치환(이온치환)이 거의 일어나지 않는 것으로 알려짐(음전하량은 동형치환이 없기 때문에 변두리 전하의 지배를 받음)

ⓕ Kaolinite의 함량이 높은 토양은 통수 및 통기성이 높음

ⓖ Kaolinite는 여러 층이 견고하게 결합되므로 다른 점토 광물에 비하여 굵고 잘 부서지지 않음(입자가 크므로 점착성 · 응집성 · 수축성이 적어 토양구조가 안정적)

ⓗ 고온다습한 열대지방의 심하게 풍화된 토양에서 발견되는 중요점토광물

ⓘ 우리나라에서 대표적으로 나타나는 점토광물로 고령토라고도 함

ⓙ 양이온 치환용량(CEC)은 $3 \sim 15 \text{meq}/100\text{g}$, 비표면적은 $7 \sim 30\text{m}^2/\text{g}$

ⓚ Podzol 토양의 주요 점토광물로서 온난 · 습윤한 기후에서 염기물질이 신속히 용탈될 때 생성

ⓛ 할로이사이트(Halloysite)

　ⓐ 1 : 1형광물로서 Kaolinite와 같은 Si층 사이에 물분자층 하나가 끼어 있어 기저면 간격이 넓어져 있으며 이를 가열하면 물이 비가역적으로 빠져나감

　ⓑ 결정구조가 나선모양의 튜브형태이며 점성이 높고 가소성이 큼

ⓒ 2 : 1 격자형 광물

　ⓐ 3층형 광물

　ⓑ 한 층의 Al 8면체를 Si 4면체가 양쪽으로 샌드위치처럼 싸서 3개층을 이룸(1개의 알루미늄판 양쪽에 2개에 규산판이 부착된 구조)

　ⓒ 수소결합이 형성되지 않고 반데르발스 결합을 형성하므로 결합이 매우 약함

　ⓓ 팽창성 및 수축성을 가짐

ⓔ 몬모릴로나이트(Montmorillonite)

　ⓐ 2 : 1 격자형인 동시에 팽창형(3층형 광물) 광물이며 각 결정단위의 표면에도 흡착위치가 존재하므로 양이온 교환능력과 비표면적이 크며 산성 백토라고도 함

　ⓑ 수분상태에 따라 쉽게 팽창 또는 수축하므로 물에 쉽게 분산됨

　ⓒ Kaolinite에 비하여 양이온 교환능력이 큼

　ⓓ 층 전하는 주로 Mg^{2+}에 의한 Al^{3+}의 동형치환에 의하여 발생함

　ⓔ 비표면적은 $600 \sim 800\text{m}^2/\text{g}$ 정도이며 양이온 교환용량은 $80 \sim 100(150)$ Cmolc/kg임

ⓕ 염기가 서서히 용탈되는 조건에서 고토가 많을 때 생성

ⓜ 사포나이트(Saponite)

　ⓐ 스멕타이트 계통의 점토광물

　ⓑ 8면체층 2개의 Al^{3+}이 3개의 Mg^{2+}으로 치환되어 생성된 광물

ⓗ 일라이트(Illite)

　ⓐ 토양 중에 흔히 존재하는 점토광물로서 K^+의 함량이 많은 퇴적물이 저온조건하에서 변성작용을 받을 때 형성되는 것으로 알려져 있음

　ⓑ 층 사이의 공간에 K^+이 비교적 많아 습윤상태에서도 팽창이 불가능함

　ⓒ 양이온교환 용량은 Montmorillonite의 약 1/3 정도임

　ⓓ 2 : 1의 층상구조이며 토양 중에 흔히 존재하는 점토광물로, 규산사면체 중의 Si 15%가 Al^{+3}으로 치환되어 있음

　ⓔ Hydrous Mica는 2 : 1형 광물로 층간에 채워진 K가 풍화가 진행되는 동안 빠져나가고 물분자로 채워진 풍화운모로 수화운모라고 함

　ⓕ 점토광물 중 가장 많은 SiO_2함량과 $K_2O(K^+)$함량을 보임

ⓐ 버미큘라이트(Vermiculite)

　ⓐ 2 : 1 격자형광물이며 질석이라고도 하며 2개 분자의 수분층과 운모층이 엇갈려 조합된 결정단위를 가진 광물

　ⓑ 주로 운모류 광물의 풍화로 생성된 토양에 많이 존재하는 점토광물

　ⓒ 풍화작용에 의해 일라이트의 층간을 결합하는 K^+이 전부 또는 대부분 빠져나간 것을 말함. 즉, 운모류에서 K^+이나 Mg^{2+}가 풍화과정에서 용탈될 때 생기는 점토광물

　ⓓ 단위층 간의 결합력이 약하여 수분함유량이 증가하면 팽창함. 즉, 일부 팽창이 가능한 광물

　ⓔ 운모와 매우 유사한 2 : 1의 층상구조를 가짐

　ⓕ CEC(양이온 교환용량)는 80~150(180)meq/100g으로 몬모릴로나이트와 비슷함. 비표면적은 50(600)~800m²/g

ⓞ 클로라이트(Chlorite)

　ⓐ 대표적인 2 : 1 : 1형 광물로 녹니석이라고도 하며 점토에서 자주 발견되는 광물

　ⓑ 수소결합에 의해 강하게 결합되어 수분함량 증가 시에도 팽창하지 않음

　ⓒ CEC(양이온 교환용량)는 10~40meq/100g 정도임. 비표면적은 70~150m²/g

　ⓓ 생성이 가장 빠름(Chlorite > Illite > Vermiculite > Montmorillonite > Kaolinite)

Reference

① 낮은 pH에서 염기농도가 낮으면 (1 : 1형 광물)
② 높은 pH에서 염기농도가 높으면 (2 : 1형 광물)
③ K 성분이 많으면 (일라이트)
④ Mg 성분이 많으면 (몬모릴로라이트)
⑤ Mg 성분이 아주 많으면 (클로라이트)

⑧ 점토광물의 음전하(고정전하) 생성

　㉠ 점토광물의 표면에는 음전하가 존재하기 때문에 각종 양이온의 흡착력을 가진다.

　㉡ 일반적으로 점토광물이나 유기물은 양전하에 비해 음전하를 절대적으로 많이 가지므로 토양은 순음전하를 띤다.

　㉢ 영구적 전하(Permanet Charge)
　영구전하는 동형치환에 의해 생성되는 전하로서 일반적으로 음전하를 띠며 pH 영향을 받지 않는다.

　ⓐ 동형치환
　　• 결정의 격자 내에서 전하의 크기와 상관없이 어떤 이온 대신 크기가 비슷한 다른 이온이 치환되어 들어가는 현상(규산4면체의 Si^{4+}나 알루미나 8면체의 Al^{3+}이 이보다 낮은 원자가의 다른 양이온으로 치환된 후 음전하의 과잉 또는 양전하의 부족으로 인하여 점토표면에 음전하가 발생)
　　• 동형치환에 의하여 생성되는 음전하는 토양의 환경조건이 달라져도 그대로 유지되는 전하로 크기, 구조가 비슷한 원자끼리 치환되므로 치환 후에도 점토 광물의 구조는 변화되지 않음
　　• 동형치환은 층상광물들의 결정화단계, 즉 광물들이 생성되는 과정에서 이루어짐
　　• 2 : 1 격자형 광물이나 2 : 2 격자형 광물에서만 일어나며 1 : 1 격자형 광물에서는 생성되지 않음

　ⓑ 변두리 전하(Variable Charge) : 가변전하(변동전하)
　　• 1 : 1 격자형 광물에도 음전하가 존재하는 이유가 되며, 점토광물이 변두리에서만 생성되기 때문에 변두리 전하라고 함
　　• 점토광물을 분쇄하여 그 분말도를 크게 할수록 음전하의 생성량이 많아짐
　　• 토양 pH의 영향을 많이 받는 전하이며 1 : 1형 광물에서만 발생함
　　• pH가 낮은 조건에서는 양전하, 높은 조건에서는 음전하가 생성

ⓔ 잠시적 전하(pH 의존전하)

　ⓐ 주위의 pH가 상승하면 증대되고 하강하면 감소되며, 원래의 pH로 환원
　　되면 전하량도 환원되는 전하를 말함(교질에 결합된 H^+이 토양용액의
　　pH에 따라 해리와 결합을 하면서 음전하의 발생이 변화함)

　ⓑ 염기성에서는 교질물에 흡착된 H^+이 쉽게 용해 중으로 해리되므로 음
　　전하가 증가하고, 산성에서는 토양용액 중 H^+이 증가되어 해리되는 H^+
　　는 감소되며 용액 중의 H^+이 교질에 흡착하기도 하므로 음전하는 감
　　소하고 양전하는 증가함

⑨ 유기물의 양면성

　㉠ 음전하 발생

　　ⓐ 수산기(OH)와 카르복실기(COOH)에서의 H^+ 해리로 인하여 음전하가
　　　발생

　　ⓑ 유기물의 음전하 발생은 pH 의존전하이며 pH가 증가하면 음전하가
　　　증가하고 pH가 감소하면 음전하는 감소함

　㉡ 양전하 발생

　　ⓐ 아미노기(NH_3^+)에 의하여 양전하가 발생함

　　ⓑ 산성에서는 토양용액 중의 H^+이 유기물에 흡착되어 양전하는 더욱
　　　증가함

(6) 이온 교환

① 토양의 이온 교환(흡착)에 영향을 미치는 요인

　㉠ 토양용액 중 이온의 상대적 농도

　㉡ 이온의 전하수

　㉢ 각 이온의 운동속도(활성도)

② 이온 교환효율이 큰 순서(이온에 따른 침투력의 크기) ; 해리순서

$$Al^{3+} \sim H^+ > Ca^{2+} > Mg^{2+} > NH_4^+ > K^+ > Na^+ > Li^+$$

　㉠ 토양 중 존재하는 이온의 물에 대한 수화도가 큰 순서

$$Li > Na > K > NH_4 > Rb$$

　㉡ 수화이온의 크기(수화도)가 작은 이온이 이온교환효율 및 이온활성도가 크
　　다는 의미이다.

ⓒ 양이온 교환반응은 화학양론적이며 가역적인 반응이다.
ⓔ 양이온의 흡착의 세기는 양이온의 전하가 증가할수록, 교환체의 음전하가 증가할수록 증가한다.
ⓜ 양이온의 흡착의 세기는 양이온의 수화반지름이 클수록 감소한다.
ⓑ 토양에 흡착되어 있는 양이온은 주로 수소, 칼슘, 마그네슘, 칼륨, 나트륨이다.

③ 양이온 교환(양이온 치환)

ⓞ 토양 콜로이드는 보통 음전기를 띠고 있어 여러 가지 양이온이 정전기적 인력에 의해 콜로이드 입자표면에 흡착되며 물에 의해 쉽게 용탈되지 않지만 토양 용액 속의 다른 양이온들과 교환되어 토양용액으로 나오게 된다.
ⓛ 흡착된 양이온이 용액 중의 양이온과 교환하는 현상을 양이온 교환이라 한다.

④ 양이온 교환용량(CEC : Cation Exchange Capacity)

ⓞ 정의 및 특징
ⓐ 일정량의 토양 또는 교질물질이 보유할 수 있는 교환성(치환성) 양이온의 총량을 말하며 토양이나 교질물 100g이 가지고 있는 치환성 양이온 총량을 mg당량(meq)으로 나타냄
ⓑ 확산이중층 내부의 양이온과 유리양이온이 서로 위치를 바꾸는 현상을 양이온치환이라 하며 이의 크기를 양이온치환용량이라 함
ⓒ 양이온치환용량이란 토양이나 교질물 100g이 보유하고 있는 음전하수와 같음
ⓓ 토양이나 교질물 1kg이 가지고 있는 치환성양이온의 총량을 하전(+)량으로 하여 cmolc=charge에 대한 centimoles로 나타냄(cmolc/kg)
ⓔ CEC는 무기 및 유기콜로이드가 흡착할 수 있는 양이온 총량을 의미하며 토양의 CEC는 토양교질입자의 음전하의 크기에 달려 있음
ⓕ 양이온은 Ca, Mg, K, Na, H 등이며 Ca가 가장 많이 차지함

ⓛ 단위
ⓐ CEC는 건조토양 100g당 흡착된 교환 가능성 양이온의 밀리그램당량(meq)으로 나타냄
ⓑ 예전에는 meq/100g으로 사용하였으나 지금은 cmolc/kg으로 사용
ⓒ 1meq/100g=1cmolc/kg=10mmolc/kg
ⓓ molc는 전하에 대한 몰수(moles)를 의미하며 $molc = \dfrac{원자량(분자량)}{원자가}$ 으로 구함(예로서 H^+의 $1molc = \dfrac{1g}{1} = 1g$이며 Ca^{2+}의 $1molc =$

$$\frac{40g}{2} = 20g)$$

ⓔ $1cmolc = 10^{-2}molc$, $1molc = 10^2 cmolc = 100 \times 10^{-2} molc$

ⓒ 토양조건에 따른 CEC의 변화

　　ⓐ 토양용액의 pH에 따라 CEC는 다르게 나타나며, 일반적으로 pH가 증가하면 CEC는 증가하고 pH가 감소하면 CEC도 감소하여 음이온 교환용량은 증가

　　ⓑ 자연토양의 경우 여러 가지 점토광물의 혼합물로서 그 CEC는 대량 50meq정도이고 유기물(부식)과 점토질의 함량이 높은 토양은 CEC가 높으며 경운은 CEC 증가에 도움이 되지 않음

　　ⓒ 모래와 미사는 표면적이 매우적어 CEC에 거의 기여하지 않음

　　ⓓ CEC는 2차토양광물의 대표적 특성으로 kaolinite는 CEC가 상대적으로 낮은 점토광물임

　　ⓔ CEC는 광물의 표면적비에 크게 영향을 받고 양이온성 중금속물질의 이동에 영향을 미칠 수 있음

　　ⓕ 온대지방 토양의 교질입자는 대체로 양전하보다 음전하의 크기가 큼

　　ⓖ 산성토양의 pH를 줄이기 위해 요구되는 석회량은 양이온교환용량이 클수록 많아진다.

ⓔ 작물생육과 CEC와의 관계

　　ⓐ CEC가 클수록 pH 변화에 적응하는 완충력이 크며, 양분을 보유하는 보비력이 크므로 비옥한 토양임

　　ⓑ 토양 교질입자의 음전하는 식물의 생육에 중대한 영향을 미침

ⓜ 완충력

　　ⓐ 산성물질이나 알칼리성 물질이 가해질 경우 pH의 변화를 저지하는 능력을 완충력이라 하며, 토양의 완충력이 클수록 토양 내 pH 변화가 적으므로 안정적인 pH에서 작물을 재배할 수 있다.

　　ⓑ 양이온교환용량이 클수록 pH 변화에 적응하는 완충력이 크다.

ⓗ 토양입자크기(mm)에 대한 CEC(meq/100g)

　　ⓐ 사토>0.02　　　　　　　　　: 0~6(1~5)

　　ⓑ 미세사양토 0.02~0.002　　: 3~7(5~10)

　　ⓒ 식토　　　　　　　　　　　　: 15~30(또는 22~63)

　　ⓓ 부식토　　　　　　　　　　　: 200 이상(범위 200~400)

ⓢ 농업생산성(작물생육)과 양이용교환반응(치환용량)의 관계

　　ⓐ 치환성, K, Ca, Mg 등은 식물영양소의 주된 공급원

　　ⓑ 토양에 비료로 사용한 K^+, NH_4^+ 등은 토양에서 이동성이 급격하게 감소됨

ⓒ 중금속을 흡착하여 지하수 및 지표수로의 이동을 억제시킴
ⓓ CEC가 큰 토양은 토양반응(pH)의 변동에 저항하는 힘, 즉 완충력이 증대되어 비교적 안전한 작물생육을 도모함
ⓔ 산성 토양의 pH를 높이기 위한 석회요구량은 CEC가 클수록 많아짐
ⓕ 흡착된 K^+, Ca^{2+}, Mg^{2+}, Na^+ 등의 이온들은 쉽게 용탈되지 않음

Reference 토양에 존재하는 이온의 반경별 크기 순서

$$Ba^{2+} > Sr^{2+} > Ca^{2+} > Mg^{2+}$$

Reference 등전점(Isoeletric Point)

① $H^+(OH^-)$를 전위결정이온으로 해서 표면 전하가 발생하는데, 콜로이드 입자 표면의 순전하가 0이 되는 용액의 pH를 등전점이라 한다.
② 교질용액의 pH가 등전점보다 낮으면 교질 표면은 양전하를 띠고, 높으면 교질 표면은 음전하를 나타낸다.(pH가 등전점보다 낮으면 콜로이드 입자 표면에 카드뮴의 흡착이 잘 일어나지 않는다.)
③ 음성을 띠는 교질표면에 양이온이 흡착하면 점차 교질의 음성이 약해져서 결국 교질의 음성과 양이온의 양성이 균등해지는데, 이때의 토양용액의 pH가 등전점이며 일반적으로 pH 3~4 정도이다.
④ 카올린 광물의 경우 4 전후의 값을 나타낸다.

必수문제

01 어떤 모래의 점토가 Kaolinite 30%, Montmorillonite 40%, 나머지는 모래로 구성되어 있다. Kaolinite와 Montmorillonite의 양이온교환능(CEC)을 각각 10meq/100g, 100meq/100g이라 할 때, 이 흙의 양이온치환능은?(단, 모래의 양이온치환능은 무시)

풀이
$$CEC = \left(10 \times \frac{30}{100}\right) + \left(100 \times \frac{40}{100}\right) = 43\,\mathrm{meq/100g}$$

必수문제

02 어떤 토양이 유기물질 2.5%와 점토 30%로 구성되었다면 예상되는 CEC는?(단, 유기물과 점토의 CEC는 200meq/100g과 50meq/100g이다.)

풀이
$$CEC = \left(200\mathrm{meq/100g} \times \frac{2.5}{100}\right) + \left(50\mathrm{meq/100g} \times \frac{30}{100}\right) = 20\,\mathrm{meq/100g}$$

(必)수문제

03 토양을 분석한 결과 pH 6.0, 점토 85%, 부식 15%로 나타났다. 토양의 CEC를 추정하면 얼마인가?(단, 점토와 부식의 CEC가 각각 10Cmolc/kg, 100Cmolc/kg이라고 가정, 나머지는 고려하지 않음)

풀이

$$CEC = \left(10 \times \frac{85}{100}\right) + \left(100 \times \frac{15}{100}\right) = 23.5 \text{Cmolc/kg}$$

(必)수문제

04 토양 중 Na^+의 양이 300Cmolc/kg일 때 토양 500g에 흡착되어 있는 교환성 Na^+의 양(g)은?(단, Na의 원자량 = 23)

풀이

$300 \text{Cmolc/kg} = 300 \text{meq/100g}$

$1 \text{meq} = 23 \text{mg/1가}$

$300 \times 23 \text{mg/100g} \times 500 \text{g} \times \text{g/1,000mg} = 34.5 \text{g}$

(必)수문제

05 토양시료 2kg 중 부식질이 6%, 점토가 15%, 실트가 10%를 차지하고 있으며, 이들 물질의 양이온 교환용량은 부식질이 150Cmolc/kg, 점토가 70Cmolc/kg, 실트가 15Cmolc/kg이었다. 이 토양의 양이온교환용량(Cmolc/kg)은?

풀이

$$CEC = \left(150\text{Cmolc/kg} \times \frac{3}{100}\right) + \left(70\text{Cmolc/kg} \times \frac{7.5}{100}\right) + \left(15\text{Cmolc/kg} \times \frac{5}{100}\right)$$
$$= 10.5 \text{Cmolc/kg}$$

◎ 우리나라의 토양은 유기물 함량이 적고 Kaolinite가 주로 분포하며 CEC는 평균 10Cmolc/kg 정도로 매우 낮다.

㉾ 각 점토광물의 CEC(Cmolc/kg = meq/100g)
  ⓐ Montmorillonite : 80~150Cmolc/kg
  ⓑ Chlorite : 10~40Cmolc/kg
  ⓒ Illite : 10~40Cmolc/kg
  ⓓ Kaolinite : 3~15Cmolc/kg
  ⓔ Vermiculite : 100~150Cmloc/kg

   ⓕ Clay(식토)   : 30Cmloc/kg 이상

   ⓖ Clay loam(식양토) : 15~30Cmloc/kg

   ⓗ Sand(사토)   : 1~5Cmloc/kg

   ⓘ 천연 제올라이트   : 144~530Cmloc/kg

   ⓙ 부식토   : 100~300Cmloc/kg

⑤ **염기포화도 및 수소포화도**

 ㉠ 염기포화도(BSP : Base Saturation Percentage)

  ⓐ 양이온교환용량(CEC)에 대한 교환성 염기의 비, 즉 CEC 중에서 치환성양이온(Ca^{2+}, Mg^{2+}, K^+, Na^+ 등)이 차지하는 비율로서 일반적으로 CEC 중 H^+, Al^{3+}을 제외한 양이온의 비율을 말함

$$염기포화도(\%) = \frac{교환성\ 염기총량\ (meq/100g)}{양이온교환용량\ (meq/100g)} \times 100$$

$$= \frac{교환성\ 양이온(H^+와\ Al^{3+}을\ 제외한\ 양이온)(cmolc/kg)}{양이온교환용량\ (cmolc/kg)} \times 100$$

    여기서, 교환성 염기는 Ca, Mg, K, Na이고, H, Al는 제외됨

  ⓑ 염기포화도와 pH의 관계
   • 교질물 종류와 함량이 일정한 토양에서는 pH 증가 시 염기포화도가 증가, pH 감소 시 염기포화도 감소 경향
   • 교질물의 종류가 다른 토양에서 염기포화도가 같은 경우 Kaolinite가 많은 토양의 pH가 Montmorillonite가 많은 토양의 pH보다 높은 경향
   • pH가 같은 경우에 Kalinite가 많은 토양의 염기포화도가 Montmorillonite가 많은 토양의 염기포화도보다 낮은 경향

  ⓒ 염기포화도와 완충력의 관계
   • 염기포화도가 50%일 때 완충력이 최대
   • pH가 같은 경우 완충력이 클수록 염기포화가 큼

必수문제

01 토양 중 교환성 양이온이 아래 표와 같을 때 염기포화도(%)는?

토양 중 교환성 양이온(meq/100g)				
Ca	Mg	K	Na	H
15.3	4.8	0.3	0.6	5.2

풀이

$$염기포화도(\%) = \frac{15.3 + 4.8 + 0.3 + 0.6}{15.3 + 4.8 + 0.3 + 0.6 + 5.2} \times 100 = 80.15\%$$

必수문제

02 토양의 CEC가 25meq/100g이고 H^+ 및 Al^{3+}이 각각 5.5meq/100g, 4.5meq/100g 존재 시 BSP는?

풀이

$$염기포화도(\%) = \frac{25 - (5.5 + 4.5)}{25} \times 100 = 60\%$$

必수문제

03 양이온 교환용량이 30Cmolc kg^{-1}이고, Ca 4Cmolc kg^{-1}, Fe 3Cmolc kg^{-1}, Mg 2Cmolc kg^{-1}, Al 3Cmolc kg^{-1}, Na 1Cmolc kg^{-1}, K 1Cmolc kg^{-1}, Si 1Cmolc kg^{-1} 을 함유한 토양의 염기포화도(%)는?

풀이

$$염기포화도(\%) = \frac{4 + 2 + 1 + 1}{30} \times 100 = 26.7\%$$

必수문제

04 토양의 양이온 교환용량이 40Cmolc/kg 이고, 그중 H 이온이 6Cmolc/kg, Al 이온이 4.5Cmolc/kg 존재할 때 염기포화도(%)는?

풀이

$$염기포화도(\%) = 100 - 비염기포화도$$

$$비염기포화도 = \frac{6 + 4.5}{40} \times 100 = 26.25\%$$

$$= 100 - 26.25 = 73.75\%$$

ⓛ 수소포화도는 양이온 교환용량(CEC)에 대한 수소이온(H^+)의 비

$$수소포화도(\%) = \frac{수소이온의 \, (meq/100g)}{교환성 \; 양이온 \, (meq/100g)} \times 100$$

必 수문제

01 다음 표와 같은 깊이에서 교환성 양이온 농도를 측정하였다. 토양의 수소 및 염기포화도(%)는?

깊이 (cm)	교환성 양이온(meq/100g)				
	Ca	Mg	K	Na	H
15~27	13.8	4.2	0.4	0.1	11.4

풀이

$$수소포화도(\%) = \frac{11.4}{13.8 + 4.2 + 0.4 + 0.1 + 11.4} \times 100 = 38.13\%$$

$$염기포화도(\%) = \frac{13.8 + 4.2 + 0.4 + 0.1}{13.8 + 4.2 + 0.4 + 0.1 + 11.4} \times 100 = 61.87\%$$

必 수문제

02 초원의 마사질 양토 0~15cm 깊이의 토양층을 분석한 결과 총양이온 교환용량은 27meq/100g으로 나타났으며, 실제 교환성 양이온(meq/100g)은 Ca 12.4 meq/100g, Mg 5.0meq/100g, K 0.5meq/100g, Na 0.1meg/100g, H 9.0meq/100g으로 측정되었다. 수소포화도(%) 및 염기포화도(%)는?

풀이

$$수소포화도(\%) = \frac{9.0}{12.4 + 5.0 + 0.5 + 0.1 + 9.0} \times 100 = 33.3\%$$

$$염기포화도(\%) = \frac{12.4 + 5.0 + 0.5 + 0.1}{12.4 + 5.0 + 0.5 + 0.1 + 9.0} \times 100 = 66.7\%$$

(7) **토양유기물**

① 개요 및 특징

㉠ 토양유기물은 동ㆍ식물의 조직과 배설물이며 주된 성분은 셀룰로오스, 리그닌과 단백질로서 일반적으로 토양 중 1~7% 정도 포함되어 있다.

ⓛ 토양유기물은 CEC을 증가시키고 토양의 흡수성 및 완충력(pH 완충용량)을 향상시킨다.

ⓒ 탄소화합물과 영양물질을 공급하여 토양 미생물의 활성을 증가시킨다.

ⓔ 미생물의 분해작용에 의하여 부식으로 된다.

ⓜ 토양의 입단 형성을 증가시켜 통기성(토양공극량)을 높여준다.

ⓗ 토양유기물 중 가장 중요한 것은 부식토(Humus)이다.

ⓢ 토양 중 유기물의 부식화 과정에 가장 크게 영향을 미치는 요인은 유기물에 함유된 탄소와 질소의 함량이다.

② 토양유기물의 기능 중 간접적인 효과

㉠ 금속이온과의 착제 형성

㉡ 토양물리성의 개량, 토양구조의 안정화

㉢ 급격한 pH 변화에 대한 완충작용

㉣ N.P.S 및 다른 필수 원소의 공급원

㉤ 부식물질의 암색에 의한 흡열 및 보온효과

㉥ 양이온 교환능력에 의한 무기양분의 보유

㉦ 토양미생물의 영양원

③ 부식토(부식질, Humus)

㉠ 정의

부식질은 유기물이 미생물에 의하여 썩을 때 잔존물질로서 갈색 또는 암갈색의 일정한 형태가 없는 교질상의 물질이며 매우 복잡하고 분해에 대하여 저항성이 큰 물질의 혼합물이다.

㉡ 부식의 특성

ⓐ 부식은 유기물이 생물학적 분해작용을 받아 원조직이 변질되었거나 재합성된 갈색 또는 암갈색의 일정한 형태가 없는 교질상의 물질이다.

ⓑ 매우 복잡한 물질이며, 분해에 대하여 저항력이 크다.

ⓒ 재합성 시 주된 물질이 리그닌과 질소화합물이어서 부식을 리그린 단백 복합체라고도 한다.

㉢ 부식토의 특성

ⓐ 흡착성, 흡수성, 비료보유능력이 강함

ⓑ 토양의 물리 · 화학적 성질을 개선함

ⓒ 식물 및 미생물의 영양원

ⓓ 부식토의 과량 존재시에는 토양의 산성화로 일시적 양분 결핍증 발생 및 무기물의 결핍현상이 발생함

ⓓ 부식의 기능(부식작용)

ⓐ 부식은 치환성 염기와 암모니아를 흡착하는 능력, 즉 염기치환 용량이 큼

ⓑ 토양의 수분 함유량 증진 및 유지

ⓒ 일정 온도 유지

ⓓ 토양미생물에 대한 에너지공급원으로 유용한 화학반응을 촉진함

ⓔ 식물에 대한 질소의 공급

ⓕ 생물 성장촉진 및 양분의 흡수 유지

ⓖ 토양 완충능력증가 및 독성물질(중금속)의 유해작용 감소

ⓗ 입단 구조를 형성하여 토양의 물리적 성질을 개선함

ⓘ 토양 중 유효인산의 고정을 억제함

ⓙ 점착성과 가소성을 감소시키고 보비력을 향상시킴

④ 부식물질 구분

부식물질(Humic Substance)은 비부식물질에 비하여 구조가 복잡하여 분해에 대한 저항성이 크며 용제에 대한 성질로 구분한다.

㉠ 부식산(Humic Acid) : 휴믹산

ⓐ 강알칼리에 용해되고 강산하에서 침전하는 물질

ⓑ 부식질(Humus)을 구성하고 있는 물질 중 중간내지 고분자의 산성 물질

ⓒ 무정형이며 색깔이 황갈색~흑갈색의 중~고분자로 부식질의 주요부분을 구성

ⓓ 화학적 조성은 탄소(50~60%), 수소(3~5%), 질소(1.5~6%), 산소(30~35%) 정도임

ⓔ 방향족화합물(벤젠핵, 나프탈렌, 피리딘, 안트라센)과 공역이중결합을 많이 가지고 있음

ⓕ 양이온 치환용량(CEC)은 부식화도가 높을수록 증가하므로 200~600meq/100g으로 매우 높음

ⓖ 1가의 양이온과 결합된 염은 수용성 이온을 만들지만 2가 이상의 양이온(Ca^{2+}, Al^{3+}, Mg^{2+})과 결합한 물은 불용해성, 즉 난용성 염이 됨

ⓗ 분자량의 80%가 100,000g/mol 이상인 산성 물질로서 무정형임

㉡ 풀브산(펄빅산 ; Fulvic Acid)

ⓐ 산과 알칼리에 용해되는 물질

ⓑ 저분자의 부식산과 비부식물질(단당류, 아미노산, 타닌, 유기인산염)이 결합된 유기화합물들의 혼합물 형태

ⓒ 부식산과 비교해서 양적으로는 비슷하며 탄소, 수소, 질소의 함유 양은 적고 산소, 유황의 함유양은 많음

ⓓ Ca^{2+}, Mg^{2+}, Fe^{3+}, Al^{3+} 등과 결합하여 용해성염(수용성염)을 생성하여 토양생성에 중요한 역할을 함
ⓔ 토양생성과정에서 중요한 역할(특히, Podzol 토양생성에 중요한 역할)
ⓕ A층에서 추출되는 부식의 약 반량이며 하층일수록 많아짐

ⓒ 부식탄(부식회, 휴민, Humin)
ⓐ 산과 알칼리 모두에 불용하는 물질(불용성 부식으로 일반방법으로는 추출되지 않는 부식산 등이 주성분)
ⓑ 전체 부식물질의 20~30% 정도 차지
ⓒ 무기성분과 강하게 결합
ⓓ 미분해 식물의 조직과 탄화된 물질 및 잘 추출되지 않는 부식산으로 구성되어 있음

⑤ 토양부식화(유기물분해)에 영향을 미치는 인자
㉠ 탄질률(C/N ratio)
ⓐ 유기물 중에 존재하는 탄소와 질소의 비율
ⓑ 유기물의 탄질률은 유기물 중에 존재하는 질소의 양에 의해 결정
ⓒ 질소함량이 많은 경우 탄질률이 낮고, 질소함량이 적은 경우에는 탄질률이 높음
ⓓ 탄소는 에너지원, 질소는 영양원으로 미생물을 증식
ⓔ 탄질률이 낮은 경우 질소함량이 많아 미생물의 빠른 증식으로 유기물의 빠른 분해가 이루어지고, 탄질률이 높은 경우 질소함량이 적어 미생물의 증식이 활발하지 못하여 유기물의 분해가 느림
ⓕ 토양유기물 평균 탄질률은 C : N＝약 10 : 1
ⓖ C/N 30 이상인 경우 질소부족(질소기아) 현상, C/N 10~30인 경우 평형유지, C/N 10 이하인 경우 질소가 남아 작물이 활용

㉡ 온도
일반적으로 28~30℃가 유리하다.

㉢ 수분
포장용수량의 50~80%가 유리하다.

㉣ 토양반응
중성이 유리하다.

⑥ 토양유기물 분해속도
㉠ 0차 반응(Zero Order Reaction)
ⓐ 개요

- 반응물(유기물)의 농도가 무제한 증가할지라도 반응속도에는 영향을 미치지 않는 반응을 0차 반응(유기물)이라 함
- 반응속도가 반응물(유기물)의 농도에 영향을 받지 않는, 즉 농도에 무관한 반응을 의미하며 시간에 대한 농도변화는 그래프상 직선으로 표현됨
- 유기물의 분해가 효소(촉매)의 양에만 의존하는 반응

ⓑ 관련 식

$$C_t = -kt + C_0$$

여기서, C_t : t시간 후 남은 반응물(유기물)의 농도
k : 0차 반응 속도상수(c/hr)
C_0 : 초기($t=0$)에서의 반응물(유기물)의 농도

ⓛ 1차 반응(First Order Reaction)

ⓐ 개요
- 반응속도가 반응물(유기물)의 농도에 비례하여 진행되는 반응이며 시간에 대한 농도변화는 그래프상 직선이 아닌 곡선으로 표현됨(단, 시간에 대한 농도의 대수로 표현하면 직선이 됨)
- 토양 내 효소가 충분히 존재시 유기물 분해는 농도에 비례한다는 반응

ⓑ 관련 식

$$C_t = C_0 e^{-k \cdot t}$$
$$\ln\left(\frac{C_t}{C_0}\right) = -kt$$

여기서, C_t : t시간 후 남은 반응물의 농도
C_0 : 초기($t=0$) 반응물의 농도
k : 1차 반응의 속도상수(hr^{-1}, 1/hr)

ⓒ 토양 내 유기물 분해

ⓐ 유기물 분해는 혐기성인 조건보다 호기성인 조건에서 빨리 일어남

ⓑ 탄질률이 큰 유기물은 탄질률이 작은 유기물보다 분해속도가 느림

ⓒ 토양공극의 약 60%가 물로 채워져 있을 때 산소의 유통이 원활할 뿐만 아니라 미생물의 활성에 필요한 수분도 적절하게 공급할 수 있음

ⓓ 당류나 단순단백질은 분해가 빨리 이루어지며 리그린, 왁스, 유지 등은 분해되기 매우 어려움

ⓔ 완전혼합반응기가 관류형 반응기보다 처리 소요시간이 길다.

必 수문제
01 토양 내 유기물의 농도가 50mg/kg이었다. 1시간 후의 유기물 농도가 40mg/kg이었다면 3시간 후의 유기물 농도(mg/kg)는?(단, 유기물의 분해는 토양에 존재하는 효소의 양에만 의존한다. 0차 반응 기준)

풀이

$C_t = -kt + C_0$(0차 반응 속도식)

1시간 후의 반응속도 상수(K)

$40 = -K + 50$, $K = 10$

3시간 후의 유기물 농도(C_t)

$C_t = -(10 \times 3) + 50 = 20 \text{mg/kg}$

必 수문제
02 초기 농도가 150mg/L인 오염물질이 5시간 후에 20mg/L로 감소하였다면 2시간 후의 농도(mg/L)는?(단, 오염물질 분해는 1차 반응)

풀이

$\ln \dfrac{C}{C_0} = -K \cdot t$

$\ln \dfrac{20}{150} = -K \times 5$

$K = 0.403/\text{hr} \, (\text{hr}^{-1})$

$C = C_0 e^{-kt} = 150 \times e^{-0.403 \times 2} = 66.99 \text{mg/L}$

必 수문제
03 지하수 내 벤젠의 농도가 10mg/L이다. 1차 감쇠계수가 0.005/day일 때 3년 후 지하수 내 벤젠의 농도(mg/L)는?

풀이

$C = C_0 e^{-kt} = 10 \times e^{-(0.005 \times 365 \times 3)} = 0.042 \text{mg/L}$

04 토양의 유기물질 초기농도 50%가 될 때까지 소요되는 시간이 500hr이었다면 유해물질의 1차 감소 속도상수(hr^{-1})는?

풀이

$$\ln\frac{50}{100} = -K \times 500\text{hr}$$

$$K = 0.00138/\text{hr}(\text{hr}^{-1})$$

05 오염부지 내 TPH 초기 오염농도 5,000mg/kg 이 180일 후에 2,000mg/kg으로 저감되었다면 1차 반응 속도상수(day^{-1})는?

풀이

$$\ln\frac{2,000}{5,000} = -K \times 180\text{day}$$

$$K = 0.005/\text{day}(\text{day}^{-1})$$

06 어떤 물질의 1차 반응 속도상수가 0.0003day^{-1}이다. 반감기(년)는?

풀이

반감기 표현식

$$\ln\frac{0.5\,C_0}{C_0} = -Kt$$

$$t = -\frac{\ln 0.5}{K} = -\frac{(-0.6931)}{0.0003\text{day}^{-1}} = 2,310.5\text{day} \times \text{year}/365\text{day} = 6.33\text{year}$$

07 실험실에서 예비실험결과 독성물질의 1차 반응 분해상수가 0.02day^{-1}임을 알았다. 물질의 반감기(day)는?

풀이

$$t = -\frac{\ln 0.5}{K} = -\frac{(-0.6931)}{0.02\text{day}^{-1}} = 34.66\text{day}$$

(必)수문제

08 토양 내 오염물질이 100mg/kg이 있다. 이 오염물질이 25mg/kg으로 되는 데 걸리는 시간(day)은?(단, 1차 반응 속도상수는 0.006day^{-1})

> **풀이**
>
> $$\ln\frac{25}{100} = -0.006\text{day}^{-1} \times t$$
>
> $$t = 231.01\text{day}$$

(必)수문제

09 최초의 유기물 50mol이 있었다. 미생물의 활성에 의하여 12시간 후에 30mol이 남았다면 반감기(hr)는?(단, 1차 반응 기준)

> **풀이**
>
> 1차 반응 속도상수(K)
>
> $$\ln\frac{30}{50} = -K \times 12\text{hr} \qquad K = 0.0425/\text{hr}\,(\text{hr}^{-1})$$
>
> 반감기(t)
>
> $$\ln\frac{0.5\,C_0}{C_0} = -Kt$$
>
> $$t = -\frac{\ln 0.5}{K} = -\frac{\ln 0.5}{0.0425\text{hr}^{-1}} = 16.3\text{hr}$$

(必)수문제

10 1.1.1-TCE는 지중에서 분해되며 반감기가 180일이다. 이 오염물질의 분해반응속도가 1차반응이라고 가정할 때 초기 오염농도의 30%가 제거되는 데 소요되는 기간(day)은?

> **풀이**
>
> $$\ln\frac{0.5\,C_0}{C_0} = -K \times 180\text{day}$$
>
> $$\ln 0.5 = -K \times 180\text{day} \qquad K = 0.00385/\text{day}\,(\text{day}^{-1})$$
>
> 30% 제거 소요시간(t)
>
> $$\ln\frac{(1-0.3)\,C_0}{C_0} = -0.00385\text{day}^{-1} \times t$$
>
> $$t = 92.62\text{day}$$

 **必수문제**

11 상온에서 수용성 염소계 에테르화합물의 탈할로겐화 속도상수 실험결과, PCE의 속도상수는 시간당 0.05로 조사되었다. 1차 분해 반응식에 근거하여 초기 농도의 40%가 분해되려면 약 몇 시간이 지나야 하는가?

> **풀이**
>
> $$\ln\frac{(100-40)}{100} = -0.05\text{hr}^{-1} \times t$$
>
> $$t = 10.22\text{hr}$$

必수문제

12 어떤 오염물질을 분석한 결과 15mg/L가 검출되었다. 오염물질이 누출된 시기는 시료의 분석일로부터 200일 전이었다면 오염물질의 초기 농도(mg/L)는?(단, 1차 반응 속도상수는 0.005day^{-1})

> **풀이**
>
> $$C = C_0 e^{-kt}$$
>
> $$15 = C_0 e^{-(0.005 \times 200)}$$
>
> $$C_0 = 40.77\text{mg/L}$$

⑦ 토양성질 중 오염물질 확산 및 처리에 중대한 영향인자

㉠ 토양 내 유기물질 함량
㉡ 토양의 pH 및 알칼리도
㉢ 토양의 투수계수
㉣ 토양의 함수율
㉤ 양이온 교환용량(CEC)
㉥ 지하수위

⑧ 토양오염물질의 이동특성, 이동경로(특이성)에 영향을 주는 주요 특성인자

㉠ 유기오염물질의 특성인자

ⓐ 증기압　　　　ⓑ 헨리상수(공기/물 분배계수)
ⓒ 분해상수　　　　ⓓ 옥탄올/물 분배계수(Kow)

㉡ 무기오염물질의 특성인자

ⓐ 용해도적　　　　ⓑ 착염물질의 형성

> **Reference** 옥탄올 – 물 분배계수(Kow)
>
> (1) 옥탄올–물 두 환경에서 옥탄올 층의 화학물질 농도와 물층의 화학물질 농도의 비. 즉 혼합되지 않는 두 상인 옥탄올과 물에서의 용질의 분포를 나타내는 계수이다.
> (2) 수생유기체에 의해 화학물질이 얼마나 소모될지를 알려주는 중요한 지표이다.
> (3) 적은 양의 데이터로부터 결정될 수 있으므로 매우 폭넓게 이용된다.
> (4) Kow가 작은 경우(Kow < 2)
> ① 친수성이며 고용해도를 갖음
> ② 오염물질의 이동성이 커짐
> ③ 물에 대한 용해도가 상대적으로 크므로 미생물에 의한 분해가 활발
> ④ 지하수 내 오염물질의 분해속도가 빨라짐
> (5) Kow가 큰 경우(Kow > 4)
> ① 소수성이며 고축적성을 갖음
> ② 오염물질의 이동성이 작아짐
> ③ 물에 대한 용해도가 낮으므로 미생물에 의한 이동도가 떨어짐
> ④ 지하수 내 오염물질의 분해속도가 늦어짐
> (6) $Kow = \dfrac{\text{옥탄올에서의 용질의 농도(mg/L 옥탄올)}}{\text{물에서의 용질의 농도(mg/L 물)}}$
>
> $Kow > 1$: 소수성 강함, $Kow < 1$: 친수성 강함

(8) 오염물질과 토양의 상호작용

① 흡착

㉠ 개요

ⓐ 흡착이란 용질(이온, 분자, 화합물 등)이 액상과 토양입자 경계면 사이에서 분배될 때 일어나는 현상을 말함

ⓑ 오염물질과 토양상호반응은 용액 중 오염물질이 정전기적 인력에 의해 토양입자의 표면과 결합할 때 화학반응이 일어남

ⓒ 화학반응은 토양입자 표면의 성질, 오염물질 침출액의 물리·화학적 성질이 다양함

ⓓ 양이온은 특별히 결정된 방법으로 토양입자에 흡착하여 양이온흡착은 원자가, 결정성, 수화반경 등이 결정적 인자로 작용함

ⓔ 토양의 중금속 흡착능력을 판단하는 항목은 유기물함량, 양이온교환용량, 점토함량, pH, 염기포화도 등이다.

ⓕ 토양의 오염물질 흡착능력은 토양입자 표면의 성질, 오염물질 침출액의 물리·화학적 성질 등에 따라 달라질 수 있다.

ⓖ 물리적 흡착은 반데르발스 힘에 의해 토양 중의 오염물질이 토양표면에 결합할 때 일어난다.

ⓛ Freundich 등온흡착식(등온흡착모델)

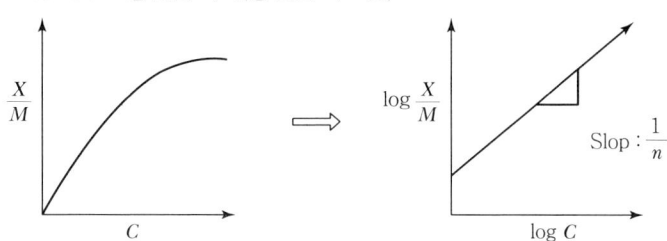

$$\frac{X}{M} = KC^{\frac{1}{n}} \rightarrow \text{양변에 } \log : \log\frac{X}{M} = \frac{1}{n}\log C + \log K$$

여기서, X : 흡착된 용질의 양(무게)

M : 흡착제 양(무게)

C : 용질의 평형농도(피흡착제 물질 농도)

K, n : 상수(실험)

ⓐ 고농도에서 등온선은 선형을 유지함

ⓑ 유기화합물(농약), 중금속에 대한 흡착효율은 좋으나 최대흡착량을 예측하는 것은 불가능함

ⓒ Langmuir 등온흡착식(등온흡착 모델)

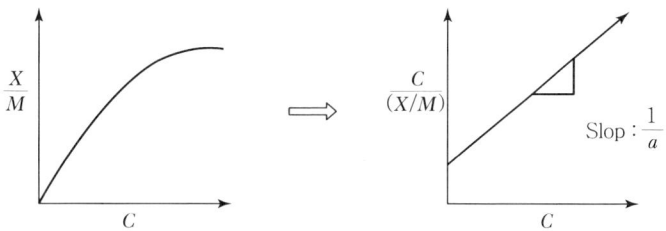

$$\frac{X}{M} = \frac{abC}{1+bC} \Rightarrow \text{양변을 } C\text{로 나눈 후 역수를 취하면}$$

$$\frac{C}{(X/M)} = \frac{1}{ab} + \frac{C}{a}$$

여기서, a : 상수(최대흡착량), b : 상수(흡착에너지)

ⓐ 흡착은 가역적이며 흡착에너지는 모든 지점에서 동일함

ⓑ 고농도에서 등온선은 선형적이지 못하고 한정적임(비선형)

ⓒ 낮은 흡착농도 및 중성유기화합물질에 대한 흡착효율은 좋으나 토양입자의 흡착설명은 불가능함

ⓓ 유한개의 흡착지점은 개개의 오염물질에 대해 동일한 친화력을 가짐

ⓔ 각 흡착지점은 단 한 개의 분자만 수용함. 즉, 흡착지점이 고정된 단일 흡착층에서 일어남

ⓕ 주변흡착 지점들 사이에 상호작용이 일어나지 않음. 즉, 표면에 흡착된 분자는 옆으로 이동하지 않음

② 착제 형성

㉠ 착제 형성은 금속양이온과 음이온(무기배위자)이 반응해서 생긴다.

㉡ 무기배위자 음이온의 종류에는 OH^-, Cl^-, SO_4^{2-}, CO_3^-, PO_4^{3-}, CN^{-1} 등이 있다.

㉢ pH 증가 시 착제의 안정도가 높게 된다.

㉣ 중금속 착제의 안정도 순위

$$Cu^{2+} > Fe^{2+} > Pb^{2+} > Ni^{2+} > Co^{2+} > Mn^{2+} > Zn^{2+}$$

③ 침전

침전은 용해의 반대개념으로 수용액으로부터 고체상 표면으로 용질이 이동, 축적하는 현상이다.

④ 휘발

VOC 제거에 가장 중요한 반응이다.

 **Reference** 유기오염물질의 휘발성

$$BTEX > 석유탄화수소 > PCB$$

⑤ 가수분해

㉠ 점토의 함량이 증가하면 가수분해를 촉진시킨다.

㉡ 온도가 상승하면 가수분해율도 증가한다.

㉢ 고농도의 금속이온은 화학물질의 가수분해를 촉진시킨다.

㉣ pH가 증가하면 염기성−촉매 가수분해 반응은 증가한다.

⑥ 산화 · 환원전위(Eh)

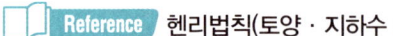 **Reference** 헨리법칙(토양 · 지하수 오염현상)

토양과 지하수의 오염현상을 설명하기 위한 헨리의 법칙은 토양공극 사이의 유해물질이 지하수 내로 용해되는 현상을 설명한다.

003 토양미생물 분류 및 정화특성

1. 토양 내의 원소순환

(1) 탄소(C)

① 모든 유기물은 탄소의 화합물이며 탄소동화작용과 생화학적 고정작용에 의해 유기물이 생성, 이 유기물이 토양에 작용하면 미생물에 의해 분해되어 생물의 생육과 증식에 이용되고, 그 나머지는 CO_2, H_2O, 무기염류 및 에너지로 되어 광합성에 이용되고 일부가 부식으로 집적된다.

② 탄소는 토양에 주로 저장되어 있으며 그 양도 식물과 일반대기 중에 존재하는 탄소보다 많다.

③ 토양 중에서 토양미생물에 의해 탄소화합물로 분해되어 최종적으로 CO_2를 대기 중으로 방출하며, 토양유기물 함량이 감소하면 대기 중의 CO_2 농도가 증가한다.

④ 토양 중 탄소는 미생물 유기물 분해에 의한 CO_2를 대기 중으로 배출하며 이 배출량으로 토양미생물의 활동량을 측정할 수 있는데, 여름에 가장 많이 배출된다.

⑤ 토양 공기의 조성은 대기보다 CO_2가 10배 정도 높다.

⑥ 토양 중 CO_2가 대기 중으로 배출되지 못하게 되면 환원반응이 일어나 CH_4, 유기산 등이 생성되어 식물생육에 피해를 주며, 물과 반응하는 탄산화반응을 하면서 토양을 산성화시킨다.

⑦ 토양 공기 중 CO_2 방출속도가 늦으면 CO_2 농도가 높아져 토양미생물의 활동이 감소한다.

(2) 질소(N)

① 개요

㉠ 질소는 매우 유동적인 영양소로서 NO_3^-은 음이온으로 토양 중에서 쉽게 이동할 수 있으며, 작물의 흡수에 더하여 용탈이나 침식현상, 탈진현상 등을 통해 토양에서 쉽게 제거된다.

㉡ 유기물이 토양에 가해지면 함유되어 있는 단백질, 아미노당, 핵산물질 등이 분해되어 최종적으로 무기태 질소인 암모니아, 질산, 아질산, 질소가스, 아산화질소 등으로 변화된다.

② 특징

㉠ 대기의 기체상태의 질소분자는 토양미생물이나 화학적인 공정을 통하여 고정되어야 식물에 이용될 수 있다.

ⓛ 토양이 생성되는 초기단계에서는 결핍되기 쉬운 영양소, 즉 작물의 생산에 있어서 결핍현상이 흔히 나타나는 원소이다.

ⓒ 토양은 지구상에서 가장 중요한 질소저장고 역할을 하며 토양 중의 총 질소 함량은 0.08~0.4% 정도이며 대부분 유기물의 형태로 존재하며 표토 부근의 토양 내에 존재하는 총 질소의 90% 이상은 유기질소 형태로 존재한다.

ⓔ 유기화합물의 형태로 존재하는 질소 중 일부는 쉽게 분해되어 NH_4^+ 또는 NO_3^- 형태의 무기질소로 전환되지만 대부분 토양에서의 장기간 유기물의 형태로 존재한다.

ⓜ 식물이 이용할 수 있는 질소는 무기질소(NH_4^+, NO_3^-)이다.

ⓗ 토양 및 지하수계 내에서 질소원자는 미생물에 의해 산화·환원반응을 하며 NO_3^-는 토양에 흡착되지 않으며 쉽게 용탈되어 지하수오염을 야기시킨다.

ⓢ 토양 및 지하수계 내에서 질소원자는 미생물에 의해 산화, 환원반응을 하고 지하수 환경 내에서 NO_2^-의 함량은 소량이다.

ⓞ 토양 생성 초기에는 질소성분이 거의 없으나 시간이 경과되면서 유기질소 양이 증가한다.

ⓩ N_2의 식물체 내 질소화합물화에 관여하는 미생물은 질소고정세균이다.

ⓒ 가축분뇨나 두엄 등이 지하수에 유입되어 이들 지하수를 음용할 경우 주로 어린아이들에게 청색증을 유발하는 물질은 질산성 질소(NO_3^-)이다.

ⓚ 토양 중에 있는 질소의 80~97%가 대부분은 유기물로 존재하고 식물이 흡수·이용할 수 있는 형태인 무기상태 질소는 2~3%에 불과하다.

ⓣ 질소는 토양 중 철, 알루미늄산화물 등과 결합하여 안정된 복합체를 형성한다.

③ 질소의 순환작용

ⓐ 무기화 작용(암모니아화 작용) : Ammonification

ⓐ 유기물이 분해되어 아미노산을 거쳐 암모니아가 생성되는 작용, 즉 유기성 질소가 암모니아(NH_4^+)로 변화하는 과정
[단백질 → 아미노산 → 암모니아(NH_4^+)]

ⓑ 단백질이 분해되어 아미노산이 생성되는 아미노화작용과 아미노산이 분해되어 암모니아가 생성되는 탈아미노 작용을 말함

ⓒ 관여미생물은 대부분 유기영양미생물

ⓓ 암모니아화 작용의 최적조건은 온도 30℃, pH 7~8, 용수량 60~80%, C/N비 낮은 값

ⓔ 질소의 무기화 과정은 미생물이 에너지를 얻기 위하여 유기물을 분해함으로써 부분적으로 발생

ⓛ 질산화 작용 : Nitrification
   ⓐ 암모니아가 아질산을 거쳐 질산이 생성되는 작용, 즉 NH_4^+가 질산화 미생물에 의해 산화반응을 거쳐 NO_3^-이 되는 과정
     ($NH_4^+ \rightarrow NO_2^- \rightarrow NO_3^-$)
   ⓑ 암모니아태 질소가 암모니아산화균에 의해 아질산이 되는 작용과 아질산이 아질산산화균에 의해 질산이 되는 작용을 말함
   ⓒ 질산화 작용에 의해 생성된 질산이온 또는 토양에 첨가된 질산이온은 토양에 흡착되지 않고 이동성이 큰 음이온이 됨[질산태 질소(NO_3)가 암모니아태 질소(NH_4)보다 지하수로의 이동성이 좋아 영양생장 및 생식생장을 모두 잘 시킴]
   ⓓ 아질산화단계
     • NH_4^+가 질산화 미생물에 의해 NO_2^-(아질산)으로 산화되는 단계
     • 질산화 미생물의 종류는 아질산균(Nitrosomons, Nitrosococcus)
     • NO_2^-은 일반토양 중에는 대량 축적되지 않으나 알칼리성 조건에서는 상당량 축적($NH_4^+ \rightarrow NO_2^-$)
     • $NH_4^+ + 1.5O_2 \rightarrow NO_2^- + 2H^+ + H_2O +$에너지(275kJ)
   ⓔ 질산화 단계
     • NO_2^-이 NO_3^-(질산)으로 산화되는 단계
     • 질산화의 생물종류는 질산균(Nitrobacter, Nitrocystis)
     • NO_3^-은 음이온이므로 토양에 안정적이지 못하고 토양수분 중에 존재하다가 배수에 의해 환원층으로 이동함
   ⓕ 질산화 작용을 위한 주요 조건
     • 질산화 세균(질산화미생물)이 충분할 것
     • 산소가 충분히 공급될 것
     • 적당한 탄소원이 존재할 것(탄소원, CO_3^{2-}, HCO_3^-, H_2CO_3)
     • 수분이 적당(50%)할 것
     • 온도가 적당(25~30℃)할 것
     • 최적 pH(4.5~7.5) 범위일 것

ⓒ 용탈작용
   ⓐ 질산이 물과 함께 배수되어 기화수로 용탈되는 작용
   ⓑ 지하수의 부영양화를 초래하여 수질오염의 원인

ⓔ 질산환원 작용
환원층에서 질산이 질산환원균에 의해 암모니아가 되는 환원작용이다.

　　ⓜ 탈질작용 : Denitirification

　　　ⓐ 질산성 질소가 혐기성 조건에서 산소를 잃고 질소가스로 변하는 작용, 즉 NO_3^-(질산이온)이 탈질세균(탈질미생물, Pseudomonas, Acro mo-Bacter, Bacillus, Micrococcus)에 의해 N_2O(아산화질소), NO(산화질소), N_2(질소가스) 등으로 환원되어 대기 중으로 손실되는 작용

　　　ⓑ 탈질작용은 환원층에서 탈질미생물에 의해 발생함

　　　ⓒ 탈질과정

$$NO_3^- \rightarrow NO_2^- \rightarrow N_2O,\ NO,\ N_2$$

$$\text{산화}(NH_4^+ \rightarrow NO_3^-)$$

$$\downarrow$$

$$\text{환원}(NO_3^- \rightarrow N_2O,\ NO,\ N_2)$$　　: 질산성 질소는 혐기성 조건에서 질소가스로 환원

$$\downarrow$$

$$\text{탈질}(N_2O,\ NO,\ N_2 \rightarrow \text{대기 방출})$$

　　　ⓓ 탈질작용의 영향인자
　　　　• 유기물 함량이 높을 것
　　　　• 최적 pH(6~9) 범위일 것(토양유기물 경우 pH 5.0~5.5)
　　　　• 온도가 적당(25~35℃)할 것
　　　　• 배수가 잘 되는 토양일 것
　　　　• 산화층 내에 암모니아가 많을 것

　　　ⓔ 화학적 탈질작용
　　　　• NO_2^-이 화학반응에 의해 가스 상태의 질소화합물로 전환되어 토양으로부터 손실되는 작용
　　　　• pH 5.0~5.5에서 작용하며 미생물은 관계하지 않음. 즉, 토양유기물의 탈질반응은 pH 5.0~5.5 범위의 산성 조건을 필요로 함

　　ⓗ 질소고정작용(생물학적 질소고정)

　　　ⓐ 대기 중 기체상태의 분자질소가 토양미생물에 의해 NH_3로 전환되어 유기질소화합물로 활성되는 작용

　　　ⓑ 질소고정 작용
　　　　• N_2의 식물체 내 질소화합물화(미생물이 식물과 공생하여 질소를 고정하는 공생적 질소고정과 독립적으로 질소를 고정하는 비공생적 질소고정이 있음)
　　　　• 관여 미생물은 질소고정 세균(토양 중 독립생활을 하면서 단독으로 공중질소를 고정하여 이를 이용하는 미생물 : Azotobacter, Clostridium, 조류)

ⓒ 주로 콩과식물의 뿌리에 공생하면서 질소고정을 하는 미생물은 Rhizobium 속의 세균이며 콩과식물은 그 생육에 필요한 질소의 2/3를 공중유리질 소 고정에 의하여 흡수, 1/3만을 토양에서 얻음

ⓓ Azotobacter는 호기성 유기영양세균으로 최적 pH는 6.6~7.5, 최적 온도는 20~30℃

ⓔ Clostridium은 혐기성 유기영양세균으로 최적 pH는 6.9~7.3, 최적 온도는 28~30℃

ⓕ 조류(남조류)는 논토양에서 질소고정작용으로 논토양에 질소와 산소를 공급하는 역할

(3) 인

① 인은 C,N,S에 비해 난용성으로, 토양에 흡착성이 강하고 그 존재의 형태에 따라 토양생물에 의한 이용성이 크게 다르다.

② 미생물 중에 존재하는 인의 양은 토양 중 전체 인량의 1~2% 소량이다.

③ 식물이나 토양미생물은 용액 중 PO_4^{2-}로 흡수·이용하며 인산염의 용해도는 낮다.(식물은 토양 용액으로부터 $H_2PO_4^-$이나 HPO_4^{2-}과 같은 무기인산 형태의 인을 흡수)

④ 인은 하천이나 호소에 부영양화를 일으키며 생물학적 작용에 의한 대기 중으로의 확산은 일어나지 않는다.

⑤ 토양이 발달하면 유기성 인의 함량은 증가되고, 무기광물형태의 인은 감소한다.

⑥ 토양 중 무기성 인은 Al, Ca, Fe과 결합된 형태이며 식물이 이용할 수 있는 형태는 무기인산으로 대표적 형태는 $H_2PO_4^-$, HPO_4^{2-}이다.

⑦ 인의 순환에 영향을 미치는 미생물 역할

㉠ 난용성 무기성 인의 용해를 촉진

㉡ 미생물 체내로 인(PO_4^{3-})을 흡수 및 세포합성

㉢ 유기성 인의 분해 및 인산이온(PO_4^{3-}) 생성

⑧ 토양인의 형태변화 시 에너지교환은 없고 인합성 특정미생물의 관여도 없으며 일반 미생물에 의해 인순환이 일어난다.

⑨ 불용성 인산(인산 3석회)이 환원작용으로 가용성 인산(인산 2석회, 인산 1석회)으로 되는 것을 인산의 가용성화라 한다.

(4) 황

① 황은 경작지 표층토에서 90% 이상이 유기물 형태의 황으로 존재한다.

② SO_4^{2-}는 가용성이고 이동성이 커 용탈에 의해 쉽게 유실되며 유기성 황의 SO_4^{2-}는 직접 식물에 이용될 수 없다.

③ 환원상태의 토양에서는 황산염과 미생물에 의해 H_2S가 발생한다.

④ 황의 환원이란 황산(SO_4)이 황산환원균에 의해 황화수소(H_2S)가 되는 것을 말하며 황의 산화란 황화수소가 산화균에 의해 황산이 되는 것을 말한다.

⑤ Desulfovibrio는 황산염을 황화수소로 환원시키는 데 관여하는 미생물이다.

必수문제

01 질산성 질소($NO_3^- - N$)의 농도가 10mg/L라면 NO_3^- 농도(mg/L)는?

풀이

$NO_3 \rightarrow N$

$\quad 62 \quad : \quad 14$

$NO_3 \quad : \quad 10$

$NO_3 = \dfrac{62 \times 10}{14} = 44.29 \, mg/L$

2. 토양미생물

(1) 개요

① 토양에는 조류, 균류, 방선균, 세균류 등 많은 미생물이 서식하며 자연계의 순환에 큰 역할을 한다. 즉, 토양미생물은 토양의 물리성을 개선시켜 주고, 여러 가지 화학반응을 촉진시킨다.

② 호기성 미생물이 필요로 하는 전자수용체는 산소(O_2)이다.

③ 유기독성물질의 미생물 분해반응을 분할이라 한다.

④ 토양미생물을 크기에 따라 구분할 때 일반적으로 가장 큰 미생물은 원생동물(Protozoa)이다.

⑤ 사상균, 방선균(방사상균), 세균을 3대 미생물이라고 하며 토양유기물의 분해자로서 무기성분의 산화 · 환원에도 관여한다.

(2) 조류(Algae)

① 조류는 유기물 합성을 하여 생육이 급증하면 부영양화를 초래하고 무기영양 미생물이며 호기성 미생물이다.

② 대부분 엽록소를 지닌 단세포생물로서 자가영양체와 종속영양체가 있으며 녹조류, 남조류, 규조류가 대표적이다.

③ 토양 중에서 유기물 생성, 질소고정, 산소공급, 질소세균과의 공생작용을 한다.

④ 동물과 식물의 중간적 성질을 가지며 세균에 유기물을 공급하는 역할을 하면서 세균과 공생관계에 있다.

(3) 사상균(Fungi)

① 버섯균, 효모, 곰팡이 등으로 분류하고 핵막과 세포벽을 가지고 있는 진핵 생물이며 균사(Hyphae)라고 불리는 가는 실 모양을 하고 있고 유기영양 미생물이며 호기성 미생물이다.

② 호기성 생물이지만 CO_2농도가 높은 환경에서도 잘 견딘다.

③ 토양 내의 미생물 중 일반적으로 내산성이 강하고 산성 토양에서 유기물 분해의 중요한 작용을 담당하며, 토양 중에서 분해가 가장 어려운 식물체의 구성성분인 리그닌을 주로 분해하는 균이다. 즉, 대사활성이 강하여 물질순환에 있어서 분해자로 중요한 역할을 한다.(산성에 대한 저항력이 미생물 중 가장 강해서 산성산림토양의 유기물 분해능력이 높음)

④ 토양이 산성일수록 상대적인 수가 증가하는 미생물이며 호기성 또는 CO_2 농도가 높은 환경에서도 잘 견디나 수소분압이 낮은 곳(논토양)에서는 생존할 수 없다.

⑤ 사상균은 대부분 식물뿌리에 감염하여 공생함으로써 특수형태의 뿌리가 형성되는데 이를 균근(Mycorrhizae)이라 한다.

⑥ 사상균의 종류는 Fusarium, Aspergillus, Penicillium, Mucor, Trichoderma 등으로 종속영양생물이다.

(4) 방선균(Actinomyces) ; 방사상균

① 형태는 사상균과 비슷하지만 세포 내 미세구조(크기와 포자 형성 과정)가 세균처럼 세포핵이 없는 원핵 생물로 유기영양 미생물이며 호기성 미생물이다.

② 대부분 산소를 요구하는 호기성 균으로 과습한 곳에서는 잘 자라지 않는다.

③ 토양 중에 두 번째로 많으며 에너지와 영양원을 얻기 위해 탄수화물과 유기물을 분해하여 생육하는 화학종속영양체이다.

④ 세균과 사상균의 중간에 위치하는 미생물이며 다양한 유기물을 영양원으로 하여 생육하고 부식물을 분해하는 미생물을 포함한다.

⑤ 대부분의 방선균은 산소를 요구하는 호기성 균이며 경작지보다는 목초지에 많으며, 휴경토양보다는 경작지에 많다. 또한 유기물이 풍부하고 건조한 알칼리성 토양에 많다.

⑥ 대부분의 방선균은 산성에 약하다. 즉, 산성을 좋아하지 않으며, 그 활동력은 활성 석회의 양에 따라 다르다.

⑦ 생육에 가장 적당한 pH는 6.0~7.5이며 pH 5 이하에서는 그 생육이 크게 저하한다.

⑧ 난분해성 물질인 리그닌, 케라틴, 셀룰로오스 등의 부식성분을 분해하는 균으로 암모니아태 질소로 변화시킨다.

⑨ 방선균의 종류는 Streptomyces, Nocarolia, Micromonspora 등이다.

⑩ 흙냄새는 방선균인 Actinomyces Odoerifer가 분비하는 Geosmins과 같은 물질에 의한 것이다.

(5) 세균(Bacteria)

① 토양생물 중 가장 많이 존재하고 단세포생물로서 무성번식을 하는 분열균으로 유기 및 무기영양 미생물이며 호기성 및 혐기성 미생물이 존재하고 유기물 분해, 무기물 산화, 질소고정 등 물질순환에 중요한 역할을 한다.

② 세균류는 에너지원에 따라 무기물을 먹이로 하여 생활하는 자급영양세균(황세균, 철세균, 질산화성 균)과 유기물을 먹이로 하여 생활하는 타급영양세균(암모니아화성 균, 질소고정균)으로 구분하며 원핵 세포를 가진다.

③ 세균류는 산소요구도에 따라 호기성균(질산균), 혐기성균(탈질균), 통성호기성균(통기성에 관계없이 생육)으로 구분된다.

④ 세균은 온도 28~30℃, pH는 중성, 치환성 Ca가 풍부할 때 활동이 왕성하다.

⑤ 황세균은 세균 중에서 유일하게 강산성(pH 2.0~4.0)에서 생활한다.

⑥ 혐기성균은 배수가 불량한 토양에서 생육이 왕성하며 논에서는 담수하기 때문에 혐기성균이 많다.

⑦ 종류

  ㉠ Cunninghamella Elegons
    방향족화합물의 고리를 파괴하는 미생물

  ㉡ Micrococcus, Pseudomons, Mycobacterium
    석유화합물 제거에 중요한 역할을 하는 미생물

  ㉢ Rhizobium
    질소고정박테리아로 콩과식물 뿌리에 붙어서 대기 중 질소를 고정시키면서 생존하는 미생물

> **Reference** 근류균과 공생 콩과식물
>
> ① Rhizobium lupini – lupini
> ② Rhizobium leguminosorum – 클로버, 완두
> ③ Sinnorhizobium meliloti – 알팔파
> ④ Bradyrhizobium japonicum – 대두

  ㉣ Azotobacter
    N_2를 질소원으로 하는 미생물

    ⓜ Clostridium

      혐기성 세균이며 결합질소를 섭취하는 미생물

    ⓗ Nitrosomonas

      암모니아를 아질산염으로 변화시키는 데 관여하는 호기성의 무기영양 미생물

    ⓢ Nitrobacter

      아질산염을 질산염으로 변화(산화)시키는 데 관여하는 호기성의 무기영양 미생물

    ⓞ Desulfovibrio

      황산염을 H_2S(황화수소)로 환원시키는 미생물

    ⓩ Acinetobacter

      토양 중 NAPL(물 이외의 액상화합물)을 분해하는 미생물

(6) 미생물 수와 활성에 영향을 주는 요인

  ① 토양의 물리·화학적 요인

    ㉠ 온도   ㉡ 염도

    ㉢ pH   ㉣ 영양분

  ② 생물학적 요인

    원생동물과 선충에 의한 포식

Reference 유기오염물질의 생물학적 분해에 영향을 미치는 토양 특성

① 토양미생물 유형
② 토양수분함량
③ 토양 pH

---

(7) 탄소원과 에너지원에 따른 미생물 분류

에너지원으로서 태양을 필요로 하는 것을 광합성미생물이라 하고 이들 생물 내 탄소원으로 CO_2를 이용하는 것을 독립영양미생물, 유기물을 이용하는 것을 종속영양미생물이라고 한다. 그리고 전자 수용체로서 산소를 필요로 하는 미생물을 호기성미생물이라고 한다.

구분(영양 형태)	탄소원	에너지원	예
광(합성)독립(자가)영양 미생물 (Photoautotroph)	CO_2	빛	남조류(Cyanobacteria), 조류, 시안세균
광(합성)종속영양 미생물 (Photoheterotroph)	유기탄소 (유기 화합물)	빛	Rhodospeudomonas, Rhodospirillum
화학 독립(자가)영양 미생물 (Chemoautotroph)	CO_2	환원형태의 무기물 (무기물의 산화·환원반응) (NH_4, H_2S, NO_2^-, H_2, S, $S_2O_3^{2-}$, Fe^{2+})	질화세균(질산화성균), 황산화균(황세균), 수소산화균, 철산화균(철세균)
화학 종속영양 미생물 (Chemoheterotroph)	유기탄소 (유기 화합물)	유기화합물 (유기물의 산화·환원반응)	원생동물, 진균류, 대부분의 세균

Reference 생물농축

(1) 정의

어떤 물질이 먹이 연쇄를 따라 점차 농축되는 과정을 생물농축이라고 한다.

(2) 특징

① 생물농축은 먹이 연쇄를 통해 이루어진다.

② 동물조직의 지방함량은 화학물질의 생물농축 경향을 결정짓는 데 중요한 인자이다.

③ 미나마타병은 대표적인 생물농축에 의한 공해병이다.

(3) 농축계수

어느 원소 또는 물질의 생물체 내 농도를 환경수중 유해물의 수중농도로 나눈 값이다.

Reference 유기물 분해 미생물(유류로 오염된 토양)

① Pseudomonas putida

② Phanerochaete chrysosporium

③ Achromobacter sp.

토양오염의 특성 및 영향

1. 개요

① 토양오염이란 사업활동, 기타 사람의 활동에 따라 토양이 오염되는 것으로서 사람의 건강이나 환경에 피해를 주는 상태를 말한다.
② 토양은 환경의 최종수용체로서 다른 매개체로의 오염 유발이 크다.
③ 토양오염은 토양의 기능, 인간의 건강 및 생태계에 약영향을 미치는 것이다.
④ 토양오염은 오염의 발생과 오염에 따른 문제발생 간에는 시간차를 두고 있다.
⑤ 토양오염은 오염물질의 특성과 오염지역 토양특성에 의해 영향을 받는다.

2. 토양오염의 특징

토양오염의 확산 및 처리에 영향을 미치는 중요 요소로서는 투수계수, 지하수위 등이 있다.
① 오염경로의 다양성
② 피해 발현의 완만성(시차성)
③ 오염지역의 국지성
④ 타 매체와의 연관성(오염의 비인지성 및 다른 환경인자와의 영향관계의 모호성)
⑤ 지속성 및 잔류성
⑥ 오염물질 및 오염지역에 따른 특이성
⑦ 원상복구의 어려움(토양은 일단 그 기능을 상실하면 복원이 불가능하거나, 회복에 매우 긴 시간이 요구됨)

3. 토양오염원

(1) 중금속

① 발생원

ㄱ 자연적 발생원(자연함유량) 및 인위적 발생원 중 주로 인간의 인위적 활동에 의한 오염이 문제가 된다.

ㄴ 수계에서 중금속의 대부분은 토양입자와 함께 침강하여 저니토(Sediment)로 간다.

② 대책

ㄱ 석회질 자재를 투여하여 토양의 pH를 높여 중금속(Cu, Cd, Zn, Mn, Fe 등)을 수산화물로 침전시킨다(석회질 자재의 투여). 즉, 토양반응을 중성으로 하여 중금속의 유효도를 낮춘다.

ⓒ 인산비료를 투여하여 중금속(Cr, Pb, Zn, Cd, Fe, Mn)과 반응시켜 난용성의 인산염을 생성함으로써 중금속을 불용화시킨다.(인산자재의 투여)

ⓒ 오염된 토양을 깎아내고 그 위에 객토 및 배토를 실시한다.

ⓒ 토양 중 중금속을 특이적으로 흡수, 농축하는 식물을 이용하여 제거한다. (양치식물은 카드뮴, 해바라기는 납)(식물을 이용한 제거)

ⓒ 토양환원의 촉진(토양이 환원상태로 되면 Cd 등은 H_2S와 반응하여 난용성의 황화물을 형성함으로써 불용화시킴, 토양환원의 촉진). 즉, 중금속을 독성이 약하거나 불용성인 환원형으로 한다.(단, As는 환원형이 독성이 강함)

ⓗ 점토나 유기물 등을 사용하여 중금속의 흡착량을 증가시킨다.

(2) 농약

① 개요

ⓐ 농약은 주로 제초제, 살충제 등으로 급성중독을 일으키며 잔류 및 축적에 의해 인체에 영향을 일으킨다.

ⓑ 일반적으로 유기염소계 농약이 유기인계 농약보다 유기물 함량이 많을수록 잔류성이 강하다. 즉, 유기염소계 살충제나 산아미드계 제초제는 장기간 토양에 잔류한다.

② 농약과 토양성분 사이에 발생하는 상호작용(결합구조)

ⓐ Van Der Waals 힘에 의한 물리적 결합 ┐
ⓑ 이온결합(이혼교환)과 정전기결합   │ 일반적 2개 or 그 이상이
ⓒ 수소결합   │ 동시에 작용함
ⓓ 배위결합 또는 배위자결합 ┘

③ 토양 중 농약분해 주요 작용

ⓐ 광분해

ⓑ 순수한 화학분해

ⓒ 미생물 분해

(3) 폐기물 매립지

① 비위생 매립지에서는 주변토양과 지하수오염의 주요 원인이 된다.

② 폐기물 매립지역 선정 시 고려해야 하는 토양 특성은 이온교환량, 투수계수, 토성 등이다.

③ 매립지의 기능은 저류 · 차수 · 처리이다.

(4) 광산 폐수

① 휴·폐광산 주변지역에서는 Cd, Cu, Pb, Zn 등이 존재하여 하천, 농경지 등에 중금속 오염의 원인물질로 작용한다.

② 산성 광산폐수(광산배수)의 주된 원인물질은 황철석(FeS_2)이며 토양의 산성화를 야기시킨다.(휴·폐금속광산 주변하천에서 철의 산화에 의하여 적갈색 침전이 나타나는 현상을 엘로보이 침전현상이라고 함)

③ 농경지 오염은 주로 방치된 광미, 광폐석에 기인된다.

④ 아연광산의 경우 제련과정에서 카드뮴이 부산물로 생산된다.

⑤ 중금속이 함유된 농업용수를 이용함으로써 농경지가 오염된다.

⑥ 산성광산 배수처리에 가장 많은 영향을 미치는 미생물은 Thiobocillus Ferrooxidans

(5) 점오염원과 비점오염원

① 점오염원(Point Contaminant Source)

㉠ 지하저장 탱크(유류 및 유독물)

㉡ 매립장(폐기물)

㉢ 정화조

㉣ 축산배수 배출원 및 공단 산업폐수 배출원

㉤ 유류저장고

② 비점오염원(Non Point Contaminant Source)

㉠ 산성비

㉡ 농약 및 화학비료

㉢ 도로 제설제

㉣ 쓰레기에서 유발된 질산성 질소

㉤ 도로로면 배수

㉥ 휴·폐광산으로부터 유출되는 중금속

㉦ 방사성 물질

⑹ 기타 오염원

① 오염원에 따른 오염물질

오염원	오염물질	지역
석유류 제조 및 저장시설	BTEX, TPH, PAH	생활주거지역
유독물질 저장시설	VOC, PAH	
산업시설	유류, 유기용제, 석유화학원료, 중금속	산업지역
농약 저장시설	DDT, 2.4-D	농업지역

② 주유소 등 지하저장시설에 의한 토양오염을 방지하기 위한 주요 기술

    ㉠ 저장탱크 및 배관부식산화 방지기술

    ㉡ 모니터링 기술

    ㉢ 생물활성대에 의한 처리기술

    ㉣ 토양증기추출법 및 Bioventing 기술

③ 유류오염물질의 성질

    ㉠ 윤활유에는 다환고리방향족탄화수소(PAHs)가 다량 함유되어 있다.

    ㉡ 지하저장탱크로부터 발생하는 유류의 오염은 누출이나 쏟아짐에 기인된다.

    ㉢ 휘발유는 항공유보다 탄소 수가 더 많은 물질로 구성되어 있다.

    ㉣ 디젤유가 지하대수층에 도달하면 LNAPL 층을 형성한다.

    ㉤ 유류의 생분해성은 휘발유>경유>윤활유 순서이다.

4. 토양오염물질

⑴ 중금속류

① 카드뮴 및 그 화합물

    ㉠ 성상

        ⓐ 원자량 112.4, 비중 8.642인 은백색의 금속으로 부드럽고 연성이 있음

        ⓑ 6방형의 결정체이며 물에는 잘 녹지 않고 산에는 잘 녹음

        ⓒ 내식성이 강하며 가열 시 쉽게 증기화함

    ㉡ 발생원

        ⓐ 광산 및 납광물이나 아연 제련 시 부산물

        ⓑ 카드뮴화합물 제조공정

        ⓒ 축전지 전극 제조 및 도자기, 페인트 안료 제조공정

ⓒ 특징
  ⓐ 카드뮴화합물은 그림물감의 색소(도료 재료)나 플라스틱공장, 전지, 사
    진재료, 살균제로 폭넓게 사용되고 카드뮴은 도료의 재료로 광범위하
    게 사용됨
  ⓑ 알칼리와는 반응이 어렵고 할로겐과 산에는 반응하기 쉬움
  ⓒ 주로 2가 양이온으로 존재하기 때문에 노출된 흡착기에서의 정전기적
    인 흡착이 주요 결합기작으로서 작용할 수 있음
  ⓓ 카드뮴은 대부분 식물에 쉽게 흡수되고 먹이사슬을 통하여 주로 감염
    (카드뮴 과잉에 의한 생육억제는 콩과식물이 매우 큼)
  ⓔ 환원성 조건에서는 황화물로 침전됨
  ⓕ 도로 근방의 토양에 상대적으로 많이 존재함
  ⓖ 식물에 쉽게 흡수되고 먹이사슬을 통하여 주로 감염됨(카드뮴의 식물
    에 의한 흡수는 아연에 의해 좌우되며, 아연의 첨가로 카드뮴의 흡수농
    도가 증대)
  ⓗ 생물 농축되어 독성이 증가함
  ⓘ 토양이 중성에서 알칼리상태로 변하면 용해도가 감소함
ⓔ 인체영향
  ⓐ 급성중독(증상)
    • 구토와 설사(소화기 증상), 기관기염, 폐기종(폐수종), 신장결석, 근
      육통, 빈혈 등
    • 고농도의 경우 기형, 돌연변이, 암 유발
  ⓑ 만성중독(증상)
    • 신장기능 장애(신장피질에 축적되어 저분자 단백뇨 다량 배설, 이타이
      이타이병의 경우는 신장이 비가역적으로 손상됨)
    • 고혈압(저농도에 장기간 노출 시)
    • 인체의 간과 신장에 농축저장됨

② 납 및 그 화합물
  ㉠ 성상
    ⓐ 원자량 207.21, 비중 11.34인 청색(청백색) 및 은회색의 연한 중금속
    ⓑ 대부분의 납화합물은 물에 잘 녹지 않으며 무기납, 유기납으로 구분됨
  ㉡ 발생원
    ⓐ 납제련소 및 납광산
    ⓑ 납축전지 생산 및 자동차의 배기가스
    ⓒ 납포함된 페인트(안료) 생산
    ⓓ 인쇄소 및 합금 제조 시

© 특징

ⓐ 자동차 공장, 전지생산 공장에서 주로 사용

ⓑ 테트라에틸납(TEL)과 테트라메틸납이 가솔린의 Antinock 첨가제로 이용

ⓒ 인간이나 동물이 대량으로 납을 섭취한다면 간장, 위장, 골에 집적되고 독성작용이 일어남

ⓓ 납은 식물체 내에서는 거의 이동하지 않음

ⓔ 납은 토양에 2가 양이온으로 흡착하기 때문에 토양에서 납이 방출되는 것은 거의 없음

ⓕ 공기 중에서는 신속히 산화막을 생성함

ⓖ 등축결정으로서 질산과 진한황산에 가용성임

ⓗ 알킬수은화합물이 가장 유독함

ⓘ 오염토양 내 Pb는 일반적으로 Cd보다 높은 농도로 존재

ⓔ 인체영향

ⓐ 급성중독

- 위장, 경련
- 복통, 구토
- 설사, 배뇨이상

ⓑ 만성중독

- 피로감 및 위장장해
- 체중감소 및 식욕부진
- 시력감퇴 및 변비
- 빈혈 및 말초신경계·중추신경계 이상

③ 수은 및 그 화합물

㉠ 성상

ⓐ 원자량 200.59, 비중 13.546인 은백색의 무거운 중금속

ⓑ 상온에서 액체상태의 유일한 금속이며 수은 합금(아말감)을 만드는 특징이 있음

ⓒ 상온에서는 산화되지 않으나 비등점(356.6℃)보다 낮은 온도에서 가열 시 독성이 강한 산화수은이 발생하며, 수은화합물은 유기수은화합물과 무기수은화합물로 대별됨

㉡ 발생원

ⓐ 형광등, 수은온도계, 체온계, 혈압계, 기압계 제조

ⓑ 수은전지, 아말감 제조

ⓒ 광산, 제련공정 및 가성소다, 농약 제조

ⓓ 페인트(안료), 농약, 살균제 제조

ⓒ 특징

    ⓐ 미나마타병의 원인물질로 신경계통의 장애를 주어 언어, 지각장애 등을 유발하는 오염물질

    ⓑ 화합물 형태로 전극이나 농약, 안료, 건전지, 촉매제, 염료로 쓰이며 중독의 주요 영향은 중추신경장애와 신장기능 장해임

    ⓒ 토양 중 수은이 어떤 반응을 하는가는 주로 그것에 존재하는 수은의 형태에 따라 규정함(자연토양 중 수은의 자연함량은 약 60ppb)

    ⓓ 온도계, 압력계 등과 같은 측정기나 제어에 많이 이용

    ⓔ 수은독성은 그 화합물의 종류에 따라 크게 다름

    ⓕ 양이온 형태로서 토양에 쉽게 흡착되며(수은화합물과 토양성분과의 상호작용이 좋음), 저용해성 인산수은, 탄산수은, 황산수은의 형태는 이동성이 매우 낮음

    ⓖ 유기수은 중 알킬수은화합물의 독성은 무기수은화합물의 독성보다 매우 강하고 유기수은은 금속상태 수은보다 생물체 내의 흡수력이 강함

    ⓗ 중금속 오염지역에서는 Hg^{2+}, Hg_2^{2+}, Hg_0 형태로 존재하며 식물뿌리의 발육을 저해함(0가 수은이 3가 수은에 비하여 이동성이 크고 독성이 강함)

    ⓘ 수은화합물과 토양성분은 강한 상호작용을 하기 때문에 토양 중 휘산 형태 이외로의 방출은 통상 지극히 적음(수은은 휘산되는 성질이 있으므로 심한 농축은 자연상태에서 일어나지 않음)

    ⓙ 수은은 염소와 칼슘소다의 전기분해에 의해 전극 혹은 플라스틱 생산의 촉매로서 이용됨

    ⓚ 유기수은은 중추신경계와 말초신경계를 주로 손상시키고 생물체 내에 흡수되면 단백질과 결합하여 부식작용을 유발

ⓔ 인체영향

    ⓐ 전신증상으로는 중추신경계(특히, 뇌조직에 심한 증상) 및 신장기능장애

    ⓑ 급성중독 : 단백뇨, 구내염

    ⓒ 만성중독

      • 치은부에 황화수은의 청회색 침전물 침착(치은염)

      • 구내염, 신경장애(수전증)

      • 시신경장애, 수족신경마비, 보행장애

      • 유기수은 중 메틸수은에 의한 미나마타병 발병(언어 및 지각장애)

④ 구리 및 그 화합물

　ㄱ 성상

　　ⓐ 원자량 63.546, 비중 8.92인 적색의 중금속

　　ⓑ 질산과 가열한 황산에 용해 가능

　ㄴ 발생원

　　ⓐ 제련공정

　　ⓑ 황산구리, 염화제일구리 제조

　　ⓒ 신동, 제선 합금 공정

　ㄷ 특징

　　ⓐ 토양 중 구리는 이동성이 적고 치환하기 어려움, 즉 이동성이 낮기 때문에 점토질 토양의 아래 방향으로 이동하는 현상이 거의 발생하지 않음

　　ⓑ 토양 중 구리 함량이 높으면 미량원소가 식물에 흡수될 때 영향을 받음

　　ⓒ 토양 중 구리농도가 높으면 식물체에 철(Fe)의 결핍현상이 일어남

　　ⓓ 돼지의 배설물을 토양에 과잉으로 투기하면 구리가 집적될 수 있음

　　ⓔ 구리의 오염은 농약성분으로 과수와 사료에 이용되는 $CuSO_4$에 의함

　　ⓕ 토양 중 구리의 자연부존량은 평균 3~4mg/kg인데, 토양용액의 구리농도가 0.1mg/kg 이상이면 식물생육이 불량해짐

　　ⓖ 석회 사용으로 pH를 조절하는 방법, Fe, Mn과의 길항작용에 의하여 흡수를 억제시키는 방법이 효과가 있음

　　ⓗ 구리는 토양이 산성조건일 때 용해도가 증가함

　ㄹ 인체영향

　　ⓐ 급성중독 : 구토, 설사, 점막 자극

　　ⓑ 만성장애 : 간장 · 소화기 장애

⑤ 비소 및 그 화합물

　ㄱ 성상

　　원자량 74.921, 비중 5.727인 은빛광택의 중금속

　ㄴ 발생원

　　ⓐ 토양의 광석 등 자연계에 널리 분포

　　ⓑ 광산, 제련소

　　ⓒ 아비산 · 비산염 제조 및 사용공정

　　ⓓ 반도체, 유리공업(착색제), 방부제

　　ⓔ 살충제, 구충제, 목재보존제

　ㄷ 특징

　　ⓐ 비소화합물은 대부분 독성이 강하기 때문에 살균제, 제초제, 살충제 등 여러 가지 농약으로 사용

ⓑ 직물이나 모피공장에서 사용되고 있으며, 세정제에도 상당량 포함되어 있음

ⓒ 토양 중 비소의 화학작용은 인의 화학작용과 매우 유사하므로 인을 비색정량할 때 비소가 존재하면 간섭이 발생하여 측정이 곤란함

ⓓ 비소의 토양 중 이동성은 인산비료를 사용하면 증대함

ⓔ 토양 내 비소의 이동성(비소고정)에 영향을 미치는 토양 내 성분은 칼슘(Ca), 알루미늄(Al), 철(Fe)이며 Fe/As 비의 감소에 따라 이동성은 증가함(비소는 토양이 산화조건일 때 이동성이 감소)

ⓕ 유기황, 질소, 탄소화합물과 결합하는 성질을 가지고 있음

ⓖ 비소에 의한 영향은 섭취하는 비소의 농도와 비소의 화학적 형태에 따라 다름

ⓗ 토양 내 비소는 주로 표층 10cm 내에서 발견됨

ⓘ 인체 내에 노출된 비소는 As^{3+}가 As^{+5}보다 독성이 더 강하고, 특히 물에 녹아 아비산을 생성하는 삼산화비소가 가장 강력함

ⓙ 자연 상태의 pH에 따라 존재 형태가 변화하며 강한 환원조건에서 휘발성이 매우 큰 비화수소(AsH_3)형태로 존재함

ⓚ $FeSO_4$, $Ca_3(AsO_4)_2$ 같은 비소화합물의 용해도적이 아주 작아 점토함량이 많은 토층일수록 비소가 토양에 많이 축적되며, 깊은 층에서는 쉽게 용탈됨

ⓛ 호기성 토양에서는 5가 비소 형태로 대부분 존재함

ⓜ 3가 비소가 5가 비소에 비하여 이동성이 크고 독성이 강함

㉣ 인체영향

ⓐ 급성중독
- 용혈성 빈혈
- 심한 구토, 설사, 근육경직
- 신장기능 저하 및 탈수증

ⓑ 만성중독
- 시각장애 및 피부의 색소침착(흑피증), 피부염증ㆍ피부암
- 간장장애 및 지각마비, 근무력증
- 말초신경장애(다발성 신경염)

⑥ 크롬 및 그 화합물

㉠ 성상

ⓐ 원자량 51.99, 비중 7.14인 은회색의 중금속

ⓑ 염산, 황산에는 용해 가능하나 질산, 황수에는 용해 불가능

㉡ 발생원

ⓐ 제련공정

ⓑ 전기도금공장 및 합금제조공정

ⓒ 가죽, 피혁 제조 및 염색, 도료 · 안료제조

ⓓ 방부제, 약품제조

ⓒ 특징

ⓐ 자연 중에는 주로 3가 형태로 존재하고 6가 크롬은 적음

ⓑ 3가 크롬보다 6가 크롬이 체내흡수가 많으며 인체에 유해한 것은 6가 크롬(중크롬산 : $Cr_2O_7^{2-}$)이며, 부식작용과 산화작용이 있음

ⓒ 6가 크롬은 토양 내에서 3가 크롬으로 환원되어 토양입자에 흡착, 불용성의 $Cr(OH)_3$을 생성하여 이동성이 느려짐

ⓓ 깊은 지하수층에는 주로 3가 크롬이 많음

ⓔ 6가 크롬이 3가 크롬에 비하여 이동성이 크고 독성이 강함

ⓕ 작물에 피해를 미치는 일은 거의 없다.

ⓔ 인체영향

ⓐ 급성중독

- 신장장애 및 위장장애
- 급성폐렴

ⓑ 만성중독

- 점막장애(비중격천공)
- 피부장애
- 발암작용(폐암, 비강암, 기관지암)

⑦ **아연 및 그 화합물**

㉠ 성상

ⓐ 원자량 65.409, 비중 7.14인 청회색의 중금속

ⓑ 염산 및 묽은 황산에 용해 가능

㉡ 발생원

ⓐ 도금공장 및 납땜용 자재류

ⓑ 아연합금 제조공정(제련공장)

ⓒ 폐기물(산업단지)

㉢ 특징

ⓐ 금속도료와 합금의 주원료로 사용됨

ⓑ 자동차 타이어 · 브레이크 라이닝 마모로 인해 도로변에 축적

㉣ 인체영향

급성중독

- 구토, 설사　　　 - 피부염

⑰ 아연등량계수(ZE)

ⓐ 하수슬러지의 토양투기에 관련해서 각종 금속 사이에서 독성을 상대적으로 평가하는 자료

ⓑ 하수슬러지 내 중금속 함량을 기준으로 슬러지의 토지 주입 시 부하율을 나타내는 계수

ⓒ Zn, Cu, Ni 등에 의한 영향 정도를 ZE로 나타냄

ⓓ $ZE = Zn^{2+} + (2 \times Cu^{2+}) + (8 \times Ni^{2+})$

 **Reference** 중금속의 독성 세기

$$Hg > Cd > Ni > Pb > Cr > Li$$

01 아연 150ppm, 구리 80ppm, 니켈 60ppm일 경우 토양 내 중금속의 아연등량계수(ZE)는?

풀이

$ZE = 150 + (2 \times 80) + (8 \times 60) = 790ppm$

⑧ 니켈 및 그 화합물

㉠ 성상

ⓐ 원자량 58.69, 비중 8.9인 은백색의 중금속

ⓑ 묽은 질산에 용해 가능

㉡ 발생원

ⓐ 광산 및 제련소

ⓑ 도금 및 합금·제강공정

㉢ 특징

ⓐ 토양 중 니켈은 식물에 흡수되기 쉬움

ⓑ 유화물감이나 화장품 및 배터리 등의 생산에도 이용됨

ⓒ 식물의 생육에 대해서 독성이 높은 원소로 알려져 있음(아연의 8배 독성)

ⓓ 니켈 농도가 높은 토양은 인산을 첨가하면 니켈 독성이 감소함

ⓔ 자연토양 중에는 평균 40~100ppm 정도 함유

ㄹ 인체영향

    ⓐ 급성중독 : 폐부종, 폐렴

    ⓑ 만성중독 : 피부염, 폐ㆍ비강에 암 발생

Reference

① 망간, 몰리브덴은 정상토양에서 주로 음이온으로 존재한다.

② Fe, Mn은 산화적 조건하에서 불용화하며 Cd, Cu, Zn, Cr은 환원조건하에서 불용화하는 중금속이다.

③ 몰리브덴(Mo)은 토양이 산성조건일 때 용해도가 감소한다.

(2) BTEX

① 개요

    ㉠ BTEX(Benzene, Toluene, Ethylbenzene, Xylene)는 휘발성 방향족탄환수소이다.

    ㉡ BTEX를 가장 많이 함유하고 있는 것은 휘발유이다.

    ㉢ 오염은 주로 지하석유저장탱크로부터 누출이나 이송 Line, 배관 등에서 배출된다.

② 벤젠(Benzene)

    ㉠ 화학식 : C_6H_6

    ㉡ 분자량 : 78.11g/mol

    ㉢ 특징

        ⓐ 방향의 무색 액체로 용제, 시너(Thinner), 추출제, 유기합성에 이용

        ⓑ 휘발성 및 인화성ㆍ폭발성의 위험 있음(가연성이 큼)

        ⓒ 물에 대한 용해도(1.8g/L)(물에 잘녹음)

        ⓓ 증기압은 95.2mmHg(25℃)

        ⓔ 폭발상한값(UEL) 및 폭발하한값(LEL)은 각 8%, 1.5%

    ㉣ 인체영향

        ⓐ 급성중독 : 마취작용

        ⓑ 만성중독

         • 자각증상(식욕부진)

         • 조혈기능장애

         • 적혈구, 백혈구, 혈소판 수 감소

         • 재생불량성 빈혈 및 백혈병

         • 저농도로 장기간 노출시 발암률 증가

③ 톨루엔(Toluene)

　　㉠ 화학식 : $C_6H_5CH_3$

　　㉡ 분자량 : 92.14g/mol

　　㉢ 특징

　　　　ⓐ 방향의 무색액체로 인화·폭발의 위험성 있음

　　　　ⓑ 시너, 접착제, 잉크 등의 주요 용제로 사용

　　　　ⓒ 물에 대한 용해도(5.15g/L ; 25℃)(물에 약간 녹음)

　　　　ⓓ 증기압은 6.8mmHg(0℃)

　　　　ⓔ 폭발상한값(UEL) 및 폭발하한값(LEL)은 각 7.0%, 1.27%

　　　　ⓕ 공동대사작용으로 호기성 환경에서 트리클로로에틸렌(TCE)을 분해시킬 때 이용되는 화합물

　　㉣ 인체영향

　　　　ⓐ 마취작용(피부흡수)

　　　　ⓑ 두통, 피로감, 탈력감

　　　　ⓒ 중추신경계, 자율신경계 장애

　　　　ⓓ 의식상실, 전신경련

④ 에틸벤젠(Ethylbenzene)

　　㉠ 화학식 : C_8H_{10}

　　㉡ 분자량 : 106.16g/mol

　　㉢ 특징

　　　　ⓐ 무색의 액체로 인화, 폭발의 위험성 있음

　　　　ⓑ 휘발유 냄새가 나며 용제, 합성 중간체로 이용됨

　　　　ⓒ 물에 대한 용해도(0.14g/L ; 15℃)

　　　　ⓓ 증기압은 7.1~9.53mmHg(25℃)

　　　　ⓔ 폭발상한값(UEL) 및 폭발하한값(LEL)은 각 6.7%, 1%

　　㉣ 인체영향

　　　　ⓐ 급성중독

　　　　　　• 점막(목)의 자극성

　　　　　　• 가슴답답함

　　　　　　• 마취작용

　　　　ⓑ 만성중독 : 혈관계 영향

⑤ 크실렌(Xylene) ; 자일렌

㉠ 화학식 : C_8H_{10}

㉡ 분자량 : 106.16g/mol

㉢ 특징

ⓐ 자극적인 냄새가 나는 무색의 액체로 인화·폭발의 위험성이 있음

ⓑ 용제, 염료, 안료, 합성섬유 등의 원료로 이용됨

ⓒ 물에 대한 용해도(불용)

ⓓ 증기압은 6.8~8.9mmHg(25℃)

ⓔ 인체영향 : 톨루엔과 비슷함

(3) 유기화학물질

① 난분해성 유기화학물질 종류

㉠ 가지구조가 많은 화합물

㉡ 분자 내에 많은 수의 할로겐 원소를 함유하는 화합물

㉢ 물에 대한 용해도가 낮은 화합물

㉣ 원자의 전하차가 큰 화합물

② PCB(Polychlorinated Biphenyls)

㉠ 화학식 : $C_{12}H_7C_{13}$(42%), $C_{12}H_5C_{15}$(54%)

㉡ 특징

ⓐ 동의어로 아로클로르 1242, 염소화비페닐, 다염소화비페닐, 트리클로로비페닐

ⓑ Biphenyl 염소화합물의 총칭이며 변압기 및 전기공업(제품), 인쇄잉크 용제 등으로 사용함

ⓒ 물에는 불용, 유기용매에는 용해성 있음

ⓓ 체내 축적성이 매우 높기 때문에 발암성 물질로 분류함

ⓔ 물에 대한 용해도가 낮고 옥탄올−물 분배계수가 큼

ⓕ 인화·폭발의 위험은 없지만 화학적으로 안정하여 분해되지 않고 지용성이기 때문에 수중의 생체 내에서 축적되어 지구생태계를 널리 오염시켜 문제가 됨

ⓖ 토양에서 분해되어 나타나는 최종산물은 물, 탄산가스, 염산

㉢ 인체영향

ⓐ 눈과 점막을 자극하고 간독성 있음

ⓑ 염소성·심상성 낭창

ⓒ 식욕감퇴 및 복통

ⓓ 만성중독에 의한 카네미유증

③ 페놀(Phenol)

㉠ 화학식 : C_6H_6O

㉡ 분자량 : 94.11g/mol

㉢ 특징

ⓐ 백색 또는 담황색의 고체로 물 · 에탄올 · 에테르 · 클로로포름 등에 녹음

ⓑ 수지, 의약품, 염료, 합성수지, 농약 등의 합성원료로 사용

ⓒ 상수도에 포함되면 염소와 반응하여 클로로페놀을 형성하여 강한 악취를 발생함

ⓓ 물에 대한 용해도(67g/L)

ⓔ 증기압은 0.35mmHg(25℃)

ⓕ UEL 및 LEL은 각 8.6%, 1.7%

㉣ 인체영향

ⓐ 급성중독 : 현기증, 호흡곤란, 전신권태 구토, 설사, 두통

ⓑ 만성중독 : 정신착란, 피부발진, 식욕부진

④ TCE(Trichoroethylene)

㉠ 화학식 : $C_2HC_{13}(CHCl=CCl_2)$

㉡ 분자량 : 131.40g/mol

㉢ 특징

ⓐ 클로로포름과 같은 냄새가 나는 무색투명한 액체

ⓑ 금속의 탈지세정제, 일반용제로 널리 사용

ⓒ 오염물질이 지하대수층을 오염시킬 경우, 지하수면 아래에 지배적으로 오염운을 형성함

ⓓ 물에 대한 용해도(아주 약한 수용성)

ⓔ 증기압은 58mmHg(20℃)

㉣ 인체영향

ⓐ 마취작용

ⓑ 간장, 신장장애

ⓒ 스티븐존스 증후군

⑤ PCE(Perchoroethylene)

　　㉠ 화학식 : $C_2C_4(Cl_2C=CCl_2)$

　　㉡ 분자량 : 165.8g/mol

　　㉢ 특징

　　　　ⓐ 클로로포름 또는 에테르의 냄새가 나는 무색의 액체

　　　　ⓑ 드라이클리닝용 세정제, 금속세정, 일반용제, 유기합성원료 등으로 이용

　　　　ⓒ 물에 대한 용해도(0.15g/L ; 20℃)

　　　　ⓓ 증기압은 20mmHg(26.3℃)

　　　　ⓔ 토양 중 분해 후 최종산물은 H_2O, CO_2, Cl 등

　　㉣ 인체영향

　　　　ⓐ 피부점막자극 및 마취작용

　　　　ⓑ 중추신경계 이상(자각증상 증가)

　　　　ⓒ 구토, 복통

> **Reference** ABS(Alkylbenzens sulfonate)
>
> 주로 가정하수로부터 농업용 수로로 논에 유입되어 벼의 성장에 저장을 주는 물질이다.

> **Reference** 유기오염물질의 휘발성 순서
>
> BTEX > 석유탄화수소 > PCB

> **Reference** 토양 내에서 환원 순서
>
> 산화상태이던 토양의 조건이 환원상태가 되면 토양 내 여러 물질의 환원이 진행되는데,
> 환원순서는 $NO_3 \rightarrow MnO_2 \rightarrow Fe(OH)_2 \rightarrow SO_4^{2-}$ 이다.

(4) 러브 캐널(Love Canal) 사건

① 1970년대 미국에서 발생한 유해물질 위법투기에 의한 대규모 토양오염사건으로 토양, 지하수 오염으로 인해 그 지역에 거주한 주민들에게 심장질환, 뇌종양, 지체장애, 기형아 출산 등 각종 질병이 나타난 사건이다.

② 슈퍼펀드법 제정의 계기가 되었다.

③ Love Canal 지역은 오염물질에 의하여 호흡기질환뿐만 아니라 기형아 출산 등 원인불명의 이상질환이 발생하였다.

005 지하수 수리특성

1. 지하수

(1) 지하수의 일반사항

① 지하수란 지표부와 대칭되는 말로 지하에 있는 암석(토양)의 간극을 채우고 있는 간극수를 말한다. 즉, 암석과 토양의 공극에 들어 있는 모든 물을 의미한다.

② 지하수는 지구상 물의 1% 이하이며 대부분 지하수의 근원은 강우이다.

③ 지하수는 지하의 공극이 공기와 물로 차 있는 불포화대(Unsaturated Zone)와 불포화대의 하부에 있으면서 모든 공극이 물로 가득 차 있는 포화대(Saturated Zone)에 존재한다.

④ 지하수의 넓은 의미로는 지하에 존재하는 물을 총칭하나 정확한 의미로는 대수층, 특히 포화대에 존재하는 물을 말한다.

⑤ 지하수는 지층 내의 공극이나 균열을 통하여 아주 느린 속도로 이동되며, 넓은 범위에 걸쳐 분포한다.

(2) 전지구적인 물분포부피비율

빙하·만년설 > 지하수(지하 약 4km) > 토양수분 > 강

(3) 우리나라 지하수 이용 현황(연 이용량 기준)

생활용수 > 농·어업용수 > 공업용수 > 기타

(4) 지하수의 수직적 분포

① 지표하수(Underground Water)의 수직분포는 지표로부터 토양대(토양수) → 중간대(중간수) → 모세관대(모세관수) → 지하수이다.

② 불포화대(불포화수)는 토양수, 중간수, 모세관수의 합을 의미한다.

③ 토양대(Soil Zone)

    ㉠ 지표면으로부터 최대 깊이 1~2m 정도이다.

    ㉡ 식물의 성장을 지지해 준다.

    ㉢ 공극률 및 투수율이 하부의 다른 부분보다 일반적으로 높다.

④ 중간대(Intermediate Zone)

ㄱ 토양대 하부에 위치한다.

ㄴ 중간대의 깊이는 지역에 따라 토양대와 모세관대의 깊이에 따라서 다르게 나타난다.

⑤ 모세관대(Capillary Zone)

ㄱ 불포화대의 최하부에 위치하며 불포화대와 포화대의 경계부에 해당한다.

ㄴ 지하수면으로부터 모세관현상에 의한 물의 상승으로 인한 포화층이다.

ㄷ 물의 표면장력으로 인하여 형성되며, 즉 물이 암석입자의 표면에 얇은 막을 만들며 소공극을 따라서 중력방향과 반대로 상승하여 이루어진다.

ㄹ 모세관대와 그 위의 불포화대 내의 물은 수압을 반대로 받게 되어 대기압보다도 낮은 상태로 된다.

⑥ 지하수면은 포화대(지하수)와 불포화대가 접하며 대기압과 지하수 수압이 같은 지점들을 연결한 면이다.

⑦ 지하수면 하부에서는 깊이가 증가함에 따라서 수압이 높아진다.

⑧ 포화대에 존재하는 지하수는 우물이나 샘물로 이용가치가 있으며 일반적 지하수의 의미를 갖는데, 포화대의 지하수는 지표로부터 물이 불포화대를 통하여 투수됨으로써 충진된다.

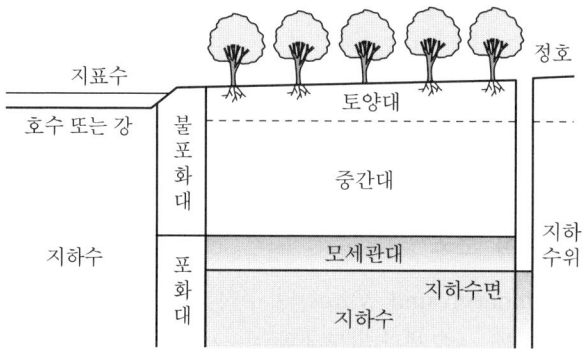

포화대 및 불포화대의 구분

필수문제

01 어떤 유기용제 25L가 토양으로 유출되었다. 이로 인해 발생된 오염지하수의 부피는 100m³이었고, 지하수 내 유기용제의 농도는 90mg/L이었다. 유기용제의 밀도가 0.9g/mL일 때 토양 내 잔존하는 유기용제의 양(L)은?(단, 유기용제의 분해는 고려하지 않음)

풀이

토양 내 잔존 유기용제의 부피(L)
　=유출량(토양유입량)−지하수로의 유출량(지하수 내 용존량)
　　토양유입량=25L
　　지하수로의 유출량=$\dfrac{100\text{m}^3 \times 90\text{mg/L} \times 1,000\text{L/m}^3}{0.9\text{g/mL} \times 1,000\text{mg/g} \times 1,000\text{mL/1L}}=10\text{L}$

토양 내 잔존유기용제의 부피(L)=25L−10L=15L

(5) 지하수 이용의 장단점

① 장점

　㉠ 물리·화학적 성분이 비교적 일정하다.

　㉡ 지표수에 비해 부존량이 많고 계절적인 부존량의 변화가 적다.

　㉢ 기상 변동(증발)에 의한 유실이 적다.

　㉣ 전처리 필요성이 적고 지표수에 비해 오염 가능성이 적다.

　㉤ 병원균이 거의 없어 생활용수·공업용수 사용이 가능하다.

　㉥ 오염 확산이 지표수에 비해 느리고 이동 중 오염물질 저감이 가능하다.

　㉦ 단시간 내에 용수로 개발이 가능하다.

　㉧ 특수한 경우 외에는 색도 및 탁도가 일정하다.

　㉨ 수온이 연중 일정하고, 이용도가 높다.

② 단점

　㉠ 오염 발생 시 저감 및 처리가 어렵다.

　㉡ 지하수 개발시 장소제약을 받고(대수층 발달장소에서만 지하수개발 가능) 지표수에 비해 양도 적다.

　㉢ 지표수보다 용존물질의 양이 높게 존재한다.

　㉣ 지표수와 비교하여 건조·반건조지역 등에서는 경제적일 수 있으나, 습윤 지역에서는 비경제적이다.

2. 대수층 분류

(1) 개요

① 함수층(Aquifer)이라고도 하며 지하수로 포화되어 있는 지층 중에서 경제적으로 개발할 수 있는 지하수를 배출할 수 있는 암석이나 지층을 대수층이라 하며 지하수의 저수지라 할 수 있다.

② 대수층은 다공질이며 투수성이 높고 충전량에 비해 양수량이 많으면 대수층의 지하수 고갈이 일어난다.

③ 자연대수층은 점토나 실트로 구성된 퇴적물이나 셰일과 같은 암석으로 구성된 지층으로 지하수는 다량 포함하고 있으나 투수성이 충분하지 않아 경제적 지하수 개발을 할 수 없는 지층이다.

④ 대수층은 지층 중에서 투수성이 있으며 물로 포화되어 있고, 상당한 양의 물을 배출할 수 있을 만큼 충분한 투수성과 수리적 연속성을 가지고 있는 지층이다.

⑤ 준대수층(Aquitard)은 지하수를 저장할 수는 있지만 지하수의 흐름을 방해할 만큼 투수성이 떨어지는 지질단위를 말한다.

⑥ 지하수의 산출면에서 보면 지하수의 모든 암석은 대수층이나 제한층으로 구분되며 대수층은 우물이나 샘에서 이용될 수 있을 만큼의 물을 공급하는 암석이며 제한층은 수리전도도가 상당히 작아 지하수의 이동이 한정되는 암층을 말한다.

(2) 비피압(비제한)대수층(Unconfined Aquifer) : 자유면 대수층

① 지표와 근접하여 존재하는 대수층은 불투수층에 의한 압력을 받지 않는 층이다.(대수층의 지하수면의 압력이 대기압과 동일한 대수층)

② 비피압대수층의 지하수를 자유면지하수 또는 천층수라고 한다.

③ 비피압대수층 내에 뚫려 있는 정호를 지하수면 정호라 하며 채수방법은 천정호 또는 심정호로 이루어지고 정호에서의 수위는 주변지역의 대수층 내에서의 지하수위를 나타낸다.

④ 비피압대수층의 지하수는 강수의 증감에 따라 수량이 증감하며 지상의 기온·수질에 영향을 준다.

⑤ 지하수면과 제1불투수층의 사이에 위치한 대수층이다.

⑥ 비피압대수층은 일반적으로 지표 부근에서 나타나며 토양공극을 통하여 대기와 연결되어 있다.

⑦ 대수층의 두께는 자유롭게 변한다.

(3) 피압(제한)대수층(Confined Aquifer)

① 제1불투수층과 제2불투수층 사이에 위치하는 대수층(대수층이 불투수층 사이에 끼어 압력을 받는 층)이다. 즉, 포화대 내의 상·하부가 불투수층으로 피복되어 피압층을 이루어 대수층 최상부의 압력이 대기압보다 높은 구속대수층을 말한다.

② 피압대수층의 지하수위는 항상 지표면보다 높지 않다.

③ 피압대수층 내에 뚫려 있는 정호를 자분정이라 하며 채수방법은 굴착정으로 이루어진다.

④ 피압대수층의 지하수위를 정수위라 한다.

⑤ 피압대수층의 지하수를 피압지하수 또는 심층수라고 한다.

⑥ 피압대수층의 지하수는 수온과 수질의 계절적 변화가 적다.

(4) 주수대수층(Perched Aguifer)

① 부유대수층이라고도 하며 투수성이 작은 퇴적층에 의해 주 지하수에서 분리된 비피압 대수층이다. 즉, 비교적 투수성이 작은 퇴적층에 의해 주지하수에서 분리된 자유면 대수층을 말한다.

② 빙하퇴적층, 화산지역에 존재한다.

③ 투수성이 큰 층 내에 상당히 낮은 투수계수의 층이 렌즈형태로 존재한다.

④ 렌즈형태의 불투수성 층에 의해 아래로 이동할 수 없어 소규모의 포화된 지하수층이 형성된 것이다.

⑤ 비교적 작은 면적의 불투수층 위에 발생하는 대수층으로서 지하수면과 지표 사이에 존재한다.

⑥ 일정한 지하수 공급원이 없기 때문에 비교적 짧은 시간만 존재하는 일종의 자유면 대수층이다.

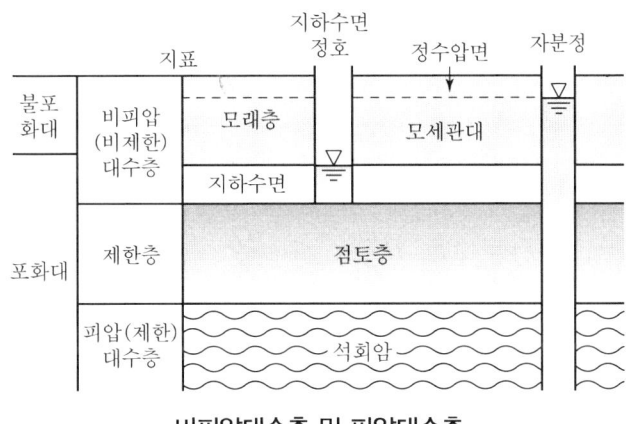

비피압대수층 및 피압대수층

3. 포화대수층

(1) 개요

포화대는 지표면 아래의 물을 포함하는 지층 중에서 대기압보다 더 높은 압력을 갖는 물에 의해 모든 공극이 채워져 있는 부분을 말한다.

(2) 구분

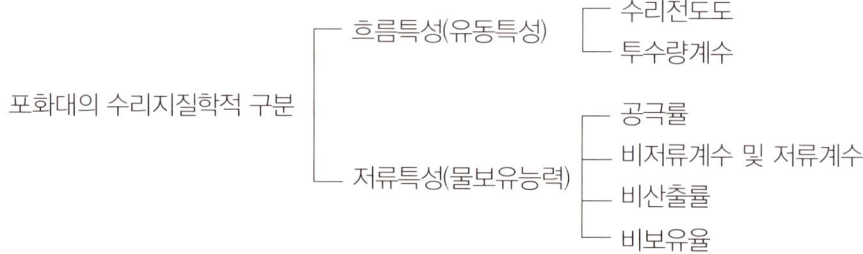

포화대의 수리지질학적 구분 ┬ 흐름특성(유동특성) ┬ 수리전도도
                              │   └ 투수량계수
                              └ 저류특성(물보유능력) ┬ 공극률
                                                   ├ 비저류계수 및 저류계수
                                                   ├ 비산출률
                                                   └ 비보유율

(3) 수리전도도(Hydraulic Conductivity)

① 포화대의 수리지질학적인 특성을 지하수의 흐름특성과 저유특성으로 대별할 때 흐름특성으로 중요한 인자이다.
② 투수계수(유출률)라고도 하며 유체의 밀도, 물이 통과하는 매질공극 크기와 배열, 유체의 점성, 밀도, 중력장의 세기에 영향을 받는다.
③ Darcy 법칙의 K의 의미이다.
④ 대수층 물질의 물을 통과시키는 특성을 양적으로 표시한 것이다.
⑤ 수리전도도가 어느 위치에서도 일정하다면, 이 지역의 대수층은 균질하다(Homogeneous)고 표현하고 수리전도도가 방향에 무관하게 일정하다면 그 대수층은 등방성(Isotropy)이라고 한다.

(4) Darcy 법칙

① 지하수의 흐름을 설명하는 법칙이며 지하수의 유량을 조사할 때 사용된다.

$$Q = A \times V$$

$$V = KI = K\frac{dh}{dL}, \quad k = \frac{Q}{A} \times \frac{dL}{dh}$$

$$Q = KIA = KA\frac{dh}{dL}$$

여기서, Q : 대수층의 유량(m^3/sec)
K : 비례상수(투수계수＝수리전도도)(m/sec)

A : 지하수 흐름의 수직방향 단면적(m^2)

dh : 수두차($h_2 - h_1$)(m)

dL : 수평방향 두 지점 사이 거리(m)

$\dfrac{dh}{dL}(I)$: 두 지점 사이 수리경사(수두구배, 동수구배)

V : Darcy 속도(m/sec)

② 지하수의 흐름속도는 수두구배에 비례한다는 경험법칙으로 흐름은 층류이어야 한다.

③ 투수성 기질로 채워진 원통을 통해 나오는 유량은 수두차에 비례한다.

④ 투수성 기질로 채워진 원통을 통해 나오는 유량은 거리에 반비례한다.

⑤ 투수성 기질로 채워진 원통을 통해 나오는 유량은 흐름의 단면에 비례한다.

⑥ 수두구배는 지하수의 유동경로를 따라 이동거리가 일정하게 변화할 때 지하수위가 변화한 정도, 즉 지하수위 변화폭 대 지하수의 이동거리 비를 나타낸다.

> **Reference** 점토층 통과 소요시간(t) : Darcy의 법칙
>
> 지하수 유출을 방지하기 위해서는 투수계수(k) 및 수두차(h)를 감소시킨다.
>
> $$t = \frac{d^2 \eta}{k(d+h)}$$
>
> 여기서, t : 지하수의 점토층 통과시간(year)
>
> d : 점토층 두께(m)
>
> h : 지하수 수두(m)
>
> k : 투수계수(m/year)
>
> η : 유효공극률(공극용적/흙입자용적)

必수문제

01 지하수 상류와 하류 두 지점의 수두차 1.5m, 두 점 사이의 수평거리 500m, 수두계수 250m/day일 때 대수층의 단면적 6m^2인 지하수의 유량(m^3/day)은?(단, Darcy 법칙 이용, 공극률은 고려하지 않음)

풀이

$$Q = KA \frac{dh}{dL} = 250\text{m/day} \times 6\text{m}^2 \times \frac{1.5\text{m}}{500\text{m}} = 4.5\text{m}^3/\text{day}$$

必수문제

02 폭이 1m이고 두께가 50m인 대수층에 설치된 관측정 A의 수위는 50m이고 관측정 B의 수위는 30m이며, 관측정 사이 거리가 600m일 때 대수층에 흐르는 지하수의 양 (m^3/day)은?(단, 수리전도도는 0.5m/day)

풀이

$$Q = KA\frac{dh}{dL} = 0.5\text{m}/\text{day} \times (1 \times 50)\text{m}^2 \times \frac{(50-30)\text{m}}{600\text{m}} = 0.83\text{m}^3/\text{day}$$

必수문제

03 대수층의 수리전도도 0.1cm/sec, 지하수 수직 단면적 200m^2, 수리경사가 0.05일 때 유입 지하수량(m^3/day)은?

풀이

$$Q = KA\frac{dh}{dL}$$
$$= (0.1\text{cm}/\text{sec} \times 1\text{m}/100\text{cm} \times 86,400\text{sec}/\text{day}) \times 200\text{m}^2 \times 0.05 = 864\text{m}^3/\text{day}$$

必수문제

04 지하수 흐름의 수두차 5m, 두 지점 사이 거리 300m, 투수계수 0.45cm/sec일 때 지하수의 유량(m^3/day)은?(단, 대수층 폭 2.5m, 두께 7.5m)

풀이

$$Q = KA\frac{dh}{dL}$$
$$= (0.45\text{cm}/\text{sec} \times 1\text{m}/100\text{cm} \times 86,400\text{sec}/\text{day}) \times (2.5 \times 7.5)\text{m}^2 \times \left(\frac{5\text{m}}{300\text{m}}\right)$$
$$= 121.5\text{m}^3/\text{day}$$

必수문제

05 수두차가 1.5m이고 두 지점 사이 거리 4.0m일 때 이 지점을 통과하는 유속(cm/sec)은?(단, 투수계수 0.2cm/sec)

풀이

$$V = KI = K\left(\frac{dh}{dL}\right) = 0.2\text{cm}/\text{sec} \times \frac{1.5\text{m}}{4.0\text{m}} = 0.075\text{cm}/\text{sec}$$

 **06** 원통컬럼에 수리전도도가 0.2m/hr인 토양을 충진하여 수평으로 놓고 토양 내 기포가 생기지 않게 일정한 유량의 물을 흘려보내주었다. 유량과 단면적의 비 값은 0.05m/hr이었고 컬럼 전체의 수두차(Head loss)는 0.25m였다. 실험에 사용한 원통컬럼의 길이(m)는?

풀이

$$Q = KA\frac{dh}{dL}$$

$$\frac{Q}{A} = K\frac{dh}{dL}$$

$$0.05\text{m/hr} = 0.2\text{m/hr} \times \frac{0.25\text{m}}{\text{길이}}$$

$$\text{길이} = 1\text{m}$$

 **07** 그림과 같이 매립지 저면은 두께가 1m인 점토차수층(Liner)으로 되어 있다. 지금 침출수의 평균수두가 해발표고 11m이고 점토차수층 하부에 분포된 대수층의 평균 수두가 해발 1m이며 점토층의 유효공극률은 0.2, 수직 투수계수 10^{-7}cm/sec일 때, 침출수가 점토차수층을 통과하는 데 소요되는 시간(day)은?(단, 침출수는 점토차수층과 반응을 하지 않는다고 가정)

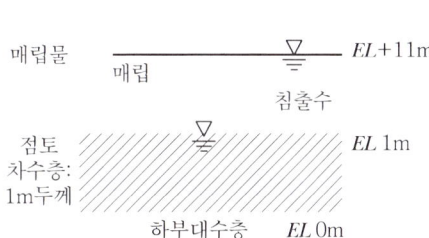

풀이

점토층 통과 소요시간(t) : Darcy법칙

$$t = \frac{d^2\eta}{k(d+h)}$$

여기서, t : 침출수의 점토층 통과시간(year), d : 점토층 두께(m)

h : 침출수 수두(m), k : 투수계수(m/year)

η : 유효공극률(공극용적/흙입자용적)

$$= \frac{1^2\text{m}^2 \times 0.2}{10^{-9}\text{m/sec} \times (1+10)\text{m}} = 18,181,818.18\text{sec} \times \text{day}/86,400\text{sec} = 210.43\text{day}$$

(5) 실제 단면을 통하여 흐르는 지하수의 이동속도($\overline{V}$)

$$\overline{V} = \frac{V}{\eta_e} = \frac{Q}{A \cdot \eta_e} = \frac{K}{\eta_e}\left(\frac{dh}{dL}\right)$$

여기서, $\overline{V}$: 실제 지하수 이동속도(공극유속 ; 평균선형 유속)
V : Darcian Velocity
η_e : 유효공극률

必 수문제

01 공극률 0.2, 다르시안 유속(Darcian Velocity) 0.2cm/hr인 포화대수층의 공극에서 실제 지하수가 이동하는 속도(cm/hr)는?

풀이

$$\overline{V} = \frac{V}{\eta_e} = \frac{0.2\text{cm/hr}}{0.2} = 1.0\text{cm/hr}$$

必 수문제

02 관정의 직경 50cm, 수심이 10m인 경우 일정한 유량으로 양정을 할 경우 관정의 수위가 일정 시간 경과 후 4m에 도달하였다. 이때의 관정 유량(m³/sec)은?(단, 관정은 자유수면에 위치, 투수계수=0.1cm/sec, 영향반경=1,000m)

풀이

$$Q = KIA = 0.001\text{m/sec} \times \frac{1,000}{6} \times \left(\frac{3.14 \times 0.5^2}{4}\right)\text{m}^2 = 0.0327\text{m}^3/\text{sec}$$

必 수문제

03 유효공극률이 0.50인 대수층에서 비배출량이 0.58cm/sec일 때 평균선형유속 (cm/sec)는?

풀이

$$\overline{V} = \frac{V}{\eta_e} = \frac{0.58\text{cm/sec}}{0.50} = 1.16\text{cm/sec}$$

必 수문제

04 매립지에서 염소의 농도가 1,000mg/L인 침출수가 누출되어 다음과 같은 특성을 지닌 대수층으로 유입되고 있다. 다음의 자료를 이용하여 산출된 평균선형유속 (m/sec)은?

- 수리전도도 $= 3.0 \times 10^{-3}$ cm/sec
- $\dfrac{dh}{dL} = 0.002$
- 유효공극률 $= 0.23$

풀이

$$\overline{V} = \frac{k}{\eta_e}\left(\frac{dh}{dL}\right)$$

$$= \frac{3.0 \times 10^{-3}\text{cm/sec} \times \dfrac{1\text{m}}{100\text{cm}} \times 0.002}{0.23} = 2.6 \times 10^{-7}\text{m/sec}$$

必 수문제

05 K(수리전도도) $= 2.0 \times 10^{-3}$cm/sec, η_e(유효공극률) $= 0.25$, $\dfrac{dh}{dL}$(수두구배) $= 0.002$ 일 때 지하수의 평균선속도(cm/ces)는?(단, Darcy 법칙 적용)

풀이

$$\overline{V} = \frac{K}{\eta_e}\left(\frac{dh}{dL}\right)$$

$$= \frac{2.0 \times 10^{-3}\text{cm/sec} \times 0.002}{0.25} = 1.6 \times 10^{-5}\text{cm/sec}$$

必 수문제

06 유기오염물질로 오염된 사질대수층이 있다. 수리전도도가 3.0×10^{-4}cm/sec, 유효공극률이 0.3, 수두구배가 0.001일 때 오염운의 평균이동속도(cm/sec)는?(단, 흡착등에 의한 지연은 고려하지 않는다.)

풀이

$$\overline{V} = \frac{k}{\eta_e}\left(\frac{dh}{dL}\right)$$

$$= \frac{3.0 \times 10^{-4}\text{cm/sec}}{0.3} \times 0.001 = 10^{-6}\text{cm/sec}$$

07 투수계수 5.5×10^{-4}cm/sec, 공극률 0.35, 동수경사 0.004 조건일 때 Darcy 법칙에 의한 지하수의 이동속도(m/year)는?

풀이

$$\overline{V} = \frac{k}{\eta_e}\left(\frac{dh}{dL}\right)$$

$$= \frac{5.5 \times 10^{-4}\text{cm/sec} \times 86{,}400\text{sec/day} \times 365\text{day/year} \times \text{m/100cm}}{0.35} \times 0.004$$

$$= 1.98\text{m/year}$$

08 지하수의 수리전도도가 2.0×10^{-3}cm/sec이고, 공극비(e : void ratio)가 0.25일 때 지하수의 평균선형유속(cm/sec)은?(단, 동수구배 $= 0.001$, Darcy의 법칙 적용)

풀이

$$\overline{V} = \frac{K}{\eta_e}\left(\frac{dh}{dL}\right)$$

$$공극비(e) = \frac{공극률(\eta_e)}{1 - 공극률(\eta_e)}$$

$$0.25 = \frac{공극률}{1 - 공극률}$$

$$공극률(\eta_e) = 0.2$$

$$= \frac{2.0 \times 10^{-3}\text{cm/sec}}{0.2} \times 0.001$$

$$= 1.0 \times 10^{-5}\text{cm/sec}$$

⑹ 수리전도도 특성 측정방법(대수층의 특성조사방법)

① 추적자 시험방법(Tracer Test)

㉠ 추적자를 주입하여 농도변화를 측정한다.

㉡ 대수층의 수리적 특성조사 및 오염물질 이동 조사방법이다.

㉢ 추적자는 용질 이동의 결과를 반영하고, 용질 이동과 용질전이현상을 설명하기에 유용하다.

㉣ 추적자 조건

ⓐ 물에 대한 용해도가 높을 것

ⓑ 검출이 쉬울 것

ⓒ 지하수에 침전, 흡착, 분배가 되지 않을 것

ⓓ 독성이 없을 것

ⓔ 지하수의 속도·방향과 일치할 것

ⓕ 매질 특성을 변화시키지 않을 것

㉤ 추적자 종류

ⓐ 바이러스, 박테리아 등의 미립자

ⓑ Cl^-, Br^-, NH_4^+, Mg^{2+}, SO_4^{2-} 등의 이온

ⓒ 우라닌, 로다민 B 등의 염료

ⓓ 염화나트륨, 염화칼륨, 염화암모늄, 염화리튬 등의 강전해질

ⓔ 라돈, 우라늄, 토륨 등의 방사성 동위원소

ⓕ 중수소, 삼중수소, 탄소, 수소, 황, 셀레늄 등의 안정동위원소

② 양수 시험방법(Pumping Test)

대수층 시험이라고도 하며 지하수를 토출하면서 지하수위를 측정한다.

③ 순간충격시험(Slug Test)

어떠한 물체를 순간적으로 주입 후 바로 제거시 시간에 따른 수위변화를 측정한다.

(7) 투수량 계수(투수도, 전도계수, Transmissivity)

① 완전포화된 대수층의 단위폭당 단위 수리구배하에서 수평적으로 이동하는 물의 양이다. 즉, 대수층의 물을 통과시키는 정도를 나타낼 때 투수량 계수를 사용한다.

② 단위동수경사에서 대수층의 단위폭당 유량으로 투수계수와 대수층의 두께를 곱한 값으로 나타낸다.

③ 대수층이 지하수 통과 정도를 나타내는 지하수채수량 영향인자이다.

④ 수리전도도와 마찬가지로 투수량계수도 단위수리경사도에 대한 값이다.

⑤ 관련 식

$$T = Kb$$

여기서, T : 투수량 계수(m^2/sec)

K : 수리전도도(m/sec)

b : 대수층 두께(m)

必수문제

01 투수량계수가 $15\text{m}^2/\text{day}$이고 대수층의 수리전도도가 $3\text{m}/\text{day}$일 때 대수층의 두께 (m)는?

풀이

$$T = K \cdot b$$

$$b = \frac{T}{K} = \frac{15\text{m}^2/\text{day}}{3\text{m}/\text{day}} = 5\text{m}$$

(8) 공극률(간극률, Porosity)

① 개요

㉠ 대수층 내에 발달된 틈 및 공간의 양을 나타내는 단위이다.

㉡ 정량적으로는 대수층으로부터 시료를 채취하여 시료의 전 체적에 대한 시료내의 전 공간 및 틈의 체적과의 비를 의미한다.

㉢ 대수층의 물 보유능력에 미치는 영향인자 중 가장 중요하다.

㉣ 입자의 크기가 작을수록 공극률이 크다.(점토＞모래)

㉤ 공극률은 주어진 체적의 퇴적물 혹은 암석이 포함할 수 있는 물의 양을 결정한다.

㉥ 물 등 유체가 담석을 통해서 흐르기 위해서는 암석이 공극을 가질뿐만 아니라 투수성을 가지고 있어야 한다.

㉦ 공극률은 입자의 분포나 입자모양에는 영향을 받으나 입자크기에는 영향을 받지 않는다.

② 유효공극률(Effecitive Porosity)

㉠ 비산출률, 비수율, 유효간극률과 동일 의미이다.

㉡ 토양 또는 암석(대수층)에서 중력에 의해 배출되는 수량과 암석의 부피의 비율을 말한다.

㉢ 공극률과 값이 같거나 적다.

㉣ 일반적으로 점토의 공극률은 모래의 공극률보다 크다.

③ 관련 식

$$\eta(\%) = \frac{V_v}{V} \times 100$$

여기서, η : 공극률(%), V_v : 공극의 부피, V : 전체부피(입자＋공극)

(9) 비산출률(Specific Yield) 및 비보유율(Specific Retention)

① 비산출률은 비유출률이라고도 하며 토양 또는 암석(대수층)에서 중력에 의해 배출되는 수량과 암석의 부피의 비율이다.

② 비산출률은 자유면 대수층에서 지하수면의 단위상승 혹은 강하에 의해 단위면적을 통해 자유면 대수층의 저류지하수로부터 유입 혹은 유출되는 물의 부피와의 비율이다.(중력에 의해 배출되는 물의 부피와 대수층 부피의 비율)

③ 비산출률은 단위체적의 대수층 내에 저유된 지하수와 대수층으로부터 외부로 뽑아낼 수 있는 지하수량과의 비를 나타낸다. 즉, 포화된 암석으로부터 중력으로 인해 배수되는 물체적의 비율이다.

④ 비산출률은 유효공극률, 비수율, 비피압 저류계수와 동일 의미이며 공극률보다 항상 작다.

⑤ 비산출량은 양수 처리로 인하여 실제 유출되는 양으로 인간이 실제로 사용할 수 있는 물의 양을 의미한다.

⑥ 비보유율은 표면장력으로 인해 중력배수가 되지 않고 공극 내의 지질매체에 부착되어 있는 물의 체적과 대수층 전체체적의 비이다.(단위체적의 지하수저수지와 그 저수지로부터 지하수를 배출시키고 난 다음 대수층 내에 남아 있는 양과의 비)

⑦ 비보유율은 중력배수에 저항하여 암석이 보유할 수 있는 물체적의 비율이다.

⑧ 비보유량은 지하수의 배수 후 대수층 내에 남아있는 오염물질의 양이다.

$$총\ 공극률 = 비산출률 + 비보유율$$

⑨ 관련 식

$$비산출률 = \frac{배출물의\ 부피}{대수층부피} = \frac{강수량}{지하\ 수위\ 변화량}$$

$$비보유율 = \frac{배출\ 후\ 대수층에\ 잔류한\ 물의\ 부피}{대수층부피}$$

(10) 비저류계수(Specific Storage) 및 저류계수(Storativity)

① 비저류계수

피압대수층에서 단위수위강하 혹은 수위상승에 의해 단위면적을 통해 자유면 대수층의 저류지하수로부터 유입 혹은 유출되는 물의 부피이다.

② 저류(저유)계수

피압대수층에서 단위수위강하 혹은 수위상승에 의해 대수층의 단위 단면적으로부터 유출되거나 유입되는 물의 부피이며 저류도라고도 한다.

③ 관련 식

$$S = \frac{1}{A} \frac{\Delta V'}{\Delta h}$$

여기서, S : 저류계수

A : 면적(m^2)

Δh : 수두 변화량(m)

V' : 유입이나 유출되는 물의 부피(지하수량)(m^3)

$S =$ 비산출률 + (비저류계수 × 대수층 무게) : 비피압 대수층

$S =$ (비저류계수 × 대수층 두께) : 피압대수층

必수문제

01 다음 조건의 자유면 대수층에서 개발 가능한 지하수량(m^3)은?(단, 대수층넓이 100km² 대수층두께 100m, 비산출률 0.25, 수위강하 4m)

풀이

$$S = \frac{1}{A} \frac{\Delta V'}{\Delta h}$$

$$\Delta V' = S \times A \times \Delta h = 0.25 \times 100 \text{km}^2 \times 4\text{m} \times 10^6 \text{m}^2/\text{km}^2 = 1.0 \times 10^8 \text{m}^3$$

必수문제

02 어떤 지역에 내리는 연간 강수량이 1,500mm이고 그중 18%가 지하로 함양된다. 또한 이 지역의 비산출률이 0.2일 때 지하로 함양된 강수가 자유면 대수층으로 침투하면 지하수위는 얼마나 상승(m)되겠는가?

풀이

$$\text{비산출률} = \frac{\text{강수량}}{\text{지하수위 변화량}}$$

$$\text{지하수위변화량} = \frac{1.5\text{m} \times 0.18}{0.2} = 1.35\text{m}$$

必 수문제

03 자유면 대수층이 발달한 지역에서 공극률 0.3, 비산출률 0.3이고 유역면적이 150km²이며 수위강하를 4m만 허용할 때 지하수 개발 가능량(m³)은?(단, 자유면 평균두께 100m)

풀이

$$\triangle V' = S \times A \times \triangle h$$
$$= 0.3 \times 150 \text{km}^2 \times 4\text{m} \times 10^6 \text{m}^2/\text{km}^2 = 1.8 \times 10^8 \text{m}^3$$

必 수문제

04 1m³의 건조모래를 가득 채운 용기에 물을 부어 공극이 완전히 채워졌을 때 사용한 물의 양은 240L이었다. 배수용 꼭지를 틀어 장기간 물을 중력배수시켰을 때 190L가 중력배수되었다. 이때 모래의 비보유율은?

풀이

$$\text{비보유율} = \frac{\text{배출 후 대수층에 잔류한 물의 부피}}{\text{대수층부피}}$$
$$= \frac{(240-190)\text{L}}{1,000\text{L}} = 0.05$$

必 수문제

05 모래에 지하수를 장기간 중력배수시켰을 때 모래의 비산출률이 0.15이고 모래의 공극률이 0.4라면 비보유율은?

풀이

총공극률＝비산출률＋비보유율
비보유율＝총공극률－비산출률＝0.4－0.15＝0.25

必 수문제

06 토양 컬럼실험 결과 물의 수리전도도가 7m/day이었다. 동일한 조건의 컬럼에서 기름이 통과될 경우의 수리전도도(m/day)는?(단, 물의 동점도 : 1.8×10^{-3}kg/m · s, 물의 밀도 : 1,000kg/m³, 기름의 동점도 : 0.05kg/m · s, 기름의 밀도 : 625kg/m³)

풀이

물의 수리전도도(k_w)

$$k_w = \frac{k\rho_w g}{\mu_w}$$

$$7\text{m/day} = \frac{k \times 1{,}000\text{kg/m}^3 \times 9.8\text{m/sec}^2}{1.8 \times 10^{-3}\text{kg/m · sec}} \times \frac{86{,}400\text{sec}}{\text{day}}$$

$$k(\text{투수계수 : m}^2) = \frac{7\text{m/day} \times 1.8 \times 10^{-3}\text{kg/m · sec}}{1{,}000\text{kg/m}^3 \times 9.8\text{m/sec}^2 \times 86{,}400\text{sec/day}} = 1.49 \times 10^{-11}\text{m}^2$$

기름의 수리전도도(k_o)

$$k_o = \frac{k\rho_o g}{\mu_o} = \frac{1.49 \times 10^{-11}\text{m}^2 \times 625\text{kg/m}^3 \times 9.8\text{m/sec}^2}{0.05\text{kg/m · sec}}$$

$$= 0.000001822\text{m/sec} \times 86{,}400\text{sec/day} = 0.16\text{m/day}$$

4. 지하수 특성

(1) 지하수의 수질특성

① 지하수 수질은 지질매체에 의해 영향을 받는다.
② 지표수에 비해 용존물질량이 많고 용해되어 있는 염류의 농도가 높다.
③ 지표수에 비해 무기질이 풍부하고 알칼리도 및 경도가 높으며 SS 함량 및 탁도는 낮다.
④ 화학성분이 비교적 일정하고 지하수의 온도 변화가 적다.
⑤ 깊이가 클수록 약알칼리성을 나타낸다.

(2) 지하수의 물리 · 화학적 특성인자

① 전기전도도(Electric Conductivity)

　㉠ 1개 물질이 전류를 흐르게 하는 능력을 나타내는 단위, 즉 용액이 전류를 운반할 수 있는 정도를 나타낸다.

　㉡ 지하수 내 이온농도의 지시인자, 즉 용액 중의 이온 세기를 신속하게 평가할 수 있는 항목이다.

　㉢ 지하수 내에 이온이 많을수록 전기저항이 감소되고 따라서 전기전도도는 증가한다.

㉣ 관계 식

$$전기전도도(L) = \frac{1}{R} = \frac{A \times K}{i}$$

$$R(\Omega) = \frac{\rho \cdot i}{A}$$

여기서, ρ : 저항도(Ωcm), i : 두 전극 간 거리(cm)

A : 단면적(cm^2), $k\left(\frac{1}{\rho}\right)$: 비전도도, R : 전기저항

② 비전기전도도(Specific Conductivity)

㉠ 특정 온도하에서 단위길이나 단위면적을 갖는 물체의 전기전도도를 나타내는 단위이다.

㉡ 체적전기전도도와 동의어이며 체적저항의 역수이다.

③ 경도(Hardness)

물의 세기를 말하며 물속의 Ca^{2+}과 Mg^{2+}이온의 양을 $CaCO_3$의 농도로 나타낸 값이다.

④ 알칼리도(Alkalinity)

㉠ 수산화물이나 수산기가 물속에 들어 있을 때는 알칼리도에 영향을 미침

㉡ 탄산염($CO_3{}^{2-}$)과 중탄산염($HCO_3{}^-$)은 알칼리도에 영향을 미침

㉢ 알칼리도는 지하수의 pH가 반드시 7 이상이어야 하는 것은 아님

㉣ 알칼리도 측정은 페놀프탈레인이나 메틸오렌지 등의 지시약을 사용함

📖 **Reference** 해안 섬에서 염수침입 추정이론

Dupuit-Gyben-Herzberg 이론

필수문제

01 지하수 내에 Mg^{2+} 30mg/L, Ca^{2+} 40mg/L일 경우 이 지하수의 경도($CaCO_3$, mg/L)는?

풀이

$$경도(CaCO_3 ; mg/L) = \left(30mg/L \times \frac{100/2}{24/2}\right) + \left(40mg/L \times \frac{100/2}{40/2}\right) = 225.0mg/L$$

5. 지하수의 오염

(1) 지하수 오염의 특징

① 흐름의 완만성
② 흐름방향의 모호성
③ 원상복귀의 어려움
④ 오염원의 확인 어려움
⑤ 오염원 및 오염경로의 다양성
⑥ 오염영향의 국지성, 즉 오염영역이 아주 좁음

(2) 지하수 오염원 분류

① 오염원의 크기별 분류

  ㉠ 점오염원

    ⓐ 오염원의 위치 및 영역이 명확히 구분되며 지하수 오염의 규모와 확산 범위 파악이 용이함
    ⓑ 점오염원의 예
      • 지하저장탱크, 매립장, 정화조
      • 폐공, 공장 및 가축 폐수

  ㉡ 비점오염원

    ⓐ 점오염원에 비해 넓은 지역적 범위이며 유출경로, 오염 확산의 확인이 곤란함
    ⓑ 비점오염원의 예
      • 산성비, 농약(농약에 의한 지하수오염 가능성이 높은 지역은 주변지 하수 이용시설이 농약살포지 하류구배구간에 위치하는 곳)
      • 도로노면배수, 도시지역

(3) 오염물질의 종류

① 질산염

  ㉠ 지하수의 일반적인 오염물질로 유동성이 크다.
  ㉡ 가축분뇨나 두엄 등이 유입된 지하수를 음용할 경우, 즉 질산염농도가 높은 물을 어린아이가 마시게 될 경우 청색증(Blue Baby Syndrome)을 유발할 수 있다.
  ㉢ 유기성 폐기물에 의한 지하수의 오염 여부 파악에 좋은 지표가 된다.
  ㉣ 지하수환경 내 NO_2의 함량은 소량이다.

   ⓜ 토양 및 지하수 내 질소원소는 미생물에 의해 산화·환원을 한다.

② 암모니아
  토양 내에서 유동성이 적다.

③ 중금속
  광산배수나 산업폐수 및 도시지역의 지표유출수 등이 배출원이다.

④ 염소이온
  높은 염소이온 농도 검출시 유기성 폐기물에 의한 오염이다.

⑤ 미생물(대장균)
  발생원이 다양(매립지 침출수, 정화조 유출수, 하수슬러지 살포)하다.

Reference 지하수오염 가능성도(DRASTIC)

(1) DRASTIC 방법은 수리지질학적 인자를 사용하여 지하수오염 가능성을 상대적으로 평가하기 위해 표준화한 시스템이다.

(2) 수리지질학적 고려인자
 ① 지하수위   ② 수리전도도
 ③ 지하수함양률(충전률) ④ 토양의 구성물질
 ⑤ 불포화대 구성물질   ⑥ 대수층의 구성물질
 ⑦ 지형구배

Reference 지하수 하부 환경오염의 가속화 요인

① 강우 시 농약 살포
② 토양 내 주입방법
③ 관개용수 이용

Reference 석회암층

① 지하수에 용해되어 통로를 형성하는 암석이다.
② 지하수량이 풍부하나 흡착 등 정화기능이 부족하여 지하수 오염 가능성이 크다.

6. 지하수 오염물질의 거동(유동)

(1) 이류(이송)

① 지하수환경으로 유입된 오염물질이나 용질이 지하수의 공극유속(Pore Water Velocity)과 같은 속도로 움직이는 현상, 즉 지하수의 용존고형물 혹은 열이 지하수와 같은 속도로 수송되는 것이다.

② 지하수의 수두차와 이동지점 간 거리에 영향을 받는다.

(2) 확산

용액의 농도가 불균일할 때 농도가 높은 곳으로부터 낮은 곳으로 물질이 이동하는 현상이다.(물속에 녹아 있는 이온성 · 분자성 화학종이 높은 농도영역에서 낮은 농도영역으로 이동하는 현상)

(3) 분산

① 용질이 다공질매체를 통하여 이동하는 과정에서 희석되는 현상, 즉 오염된 지하수는 다공질 기질을 통해 오염되지 않은 지하수와 섞여 희석되는 현상이다.

② 기계적 분산과 수리학적 분산으로 구분되며 기계적 분산에는 종분산과 횡분산이 있다.

③ 종분산

㉠ 유체의 유선방향을 따라 섞이는 것을 말한다.

㉡ 큰 공극을 지나는 유체가 작은 공극을 지나는 유체보다 빨리 흐르기 때문에 종분산이 일어난다.

㉢ 유체가 공극을 통해 흐를 때 공극의 가장자리보다는 중심을 통하여 빨리 흐르기 때문에 종분산이 일어난다.

㉣ 횡분산보다 10~20배 정도 크며 종분산 시 일반적으로 농도는 낮아진다.

㉤ 유체의 일부가 다른 것보다 더 긴 이동경로를 갖는다.

㉥ 큰 공극을 지나는 유체가 작은 공극을 지나는 유체보다 빨리 흐른다.

④ 횡분산

㉠ 유체의 유선방향의 수직방향으로 섞이는 것을 말한다.

㉡ 유체가 다공성 매질 통과시 유동경로의 분리로 인해 횡분산이 일어난다.

⑤ 기계적 분산계수＝평균선속도(공극속도)×동력학적 분산도

(4) 지연

① 용질의 유동이 예상보다 늦어지는 현상, 즉 오염물질이 매질 등에 흡착되어 오염물질의 일부가 지하수 흐름보다 늦어지는 현상이다.

② 지연계수(RF : Retardation Factor) : 지연현상을 나타내는 인자

$$지연계수 = \frac{지하수의 \ 평균선형속도(공극유속)}{용질농도가 \ 처음 \ 농도의 \ \frac{1}{2}인 \ 지점에서 \ 오염물질 \ 이동속도}$$

$$= 1 + \left(\frac{건조단위중량}{공극률} \times 분배계수 \right)$$

$$이동속도 = \frac{지하수의 \ 평균선형속도(공극유속)}{\left(\dfrac{건조단위중량}{공극률} \times 분배계수 \right) + 1}$$

③ 지하수 내로 유입된 오염물질의 이동을 지체시키는 인자는 휘발, 생분해, 흡착 등이다.

> **Reference** 지하수 이동 수치해석모델의 주요 입력 변수

① 경계조건과 초기조건
② 대수층 수리특성
③ 시간 및 공간 요소 특성

> **Reference** 질산태 질소(NO_3^-) 및 암모니아태 질소(NH_4^+)

질산염의 형태로 존재하는 질소를 질산태 질소라 하며 암모니아태 질소보다 지하수로의 이동성이 좋아 영양생장 및 생식생장을 모두 잘 시킨다.

必수문제

01 토양시료에서 회분석시험을 실시한 결과 카드뮴의 분배계수가 3.34이었을 때의 지연계수는?(단, 공극률 = 0.3, 건조단위중량 = 1.35g/cm³)

풀이

$$지연계수 = 1 + \left(\frac{건조단위중량 \times 분배계수}{공극률} \right) = 1 + \left(\frac{1.35 \times 3.34}{0.3} \right) = 16.03$$

必 수문제

02 다음 조건일 때 용질농도가 처음 농도의 1/2 지점에서 오염물질의 이동속도 (cm/day)는?

대수층 공극률 0.30, 지하수 이동속도 0.15cm/day, 용적밀도 1.8g/cm³, 오염물질의 분배계수 80mL/g

풀이

$$오염물질 \; 이동속도 = \frac{지하수의 \; 이동속도}{\left(\dfrac{건조단위중량}{공극률} \times 분배계수 \right) + 1}$$

$$= \frac{0.15\text{cm/day}}{\left(\dfrac{1.8\text{g/cm}^3}{0.30} \times 80\text{mL/g} \times 1\text{cm}^3/1\text{mL} \right) + 1}$$

$$= 3.12 \times 10^{-4} \text{cm/day}$$

7. NAPL(Non Aqueous Phase Liguid)

(1) 특징

① 비수용성 액체라고 하며 물이나 공기와 접촉 시 혼합되지 않는 탄화수소 화합물을 희미한다.

② 물에 쉽게 용해되지 않고 섞이지 않아 자연상에서 물과 분리된 유체의 형태로 존재한다.

③ NAPL이 지하로 유입되면 물과의 무게 차이에 따라(물보다 무거운지, 가벼운지에 따라) 분포상태와 위치가 달라진다.

④ 물과 NAPL의 물리적 특성과 화학적 특성의 차이 때문에 두 액체 사이에서는 물리적 경계면이 형성되어 혼합되지 않는다.

(2) NAPL의 이동과 분포에 영향을 미치는 주요 요인

① NAPL의 누출량

② 누출의 표면적과 침투면적

③ 누출 후 경과시간

④ 지하의 수분이동(불포화대) 또는 지하수이동(포화대) 조건

⑤ 지하수면과 누출지점 간의 거리 또는 불포화대 두께

⑥ NAPL의 특성(밀도, 습윤성) 및 매질의 특성(투수성, 공극분포)

(3) 분류

① LNAPL

㉠ 저밀도 비수용성 액체이다.

㉡ 물보다 밀도가 작은 NAPL을 의미한다.

㉢ 지중에 유입되어 지하수층에 도달하게 되면 물보다 가벼우므로 지하수층 상부에 뜨게 되고 지하수의 흐름에 따라 이동한다.

㉣ 대표적 오염물질
ⓐ BTEX(벤젠, 톨루엔, 에틸벤젠, 크실렌)
ⓑ 원유, 휘발유, 디젤유
ⓒ 헵탄, 헥산
ⓓ 이소프로필알코올

② DNAPL

㉠ 고밀도 비수용성 액체이다.

㉡ 물보다 밀도가 큰 NAPL을 의미한다.

㉢ 밀도가 $1g/cm^3$ 이상이며 일반적으로 물보다 무거우므로 지하수저면에 쌓이거나 암반에 형성된 균열 속으로 들어가기도 한다.

㉣ 대표적 오염물질
ⓐ TCE(Trichloroethylene), PCE(Perchloroethylene)
ⓑ 페놀, PCB(Polychlorinated Biphenyl)
ⓒ 1,1,1-trichloroethane(1,1,1-TCA), 2-Chlorophenol(클로로페놀)
ⓓ 클로로포름, 사염화탄소, 클로로벤젠

(4) 거동특성

① NAPL의 거동특성

㉠ NAPL은 불포화대에서 이동 중 토양공극 내에 잔류하므로 이동성이 없는 상태가 된다.

㉡ NAPL이 모세관대에 도달 시 밀도에 따라서 이동형태가 완전히 달라진다.

㉢ 불포화대에 잔류하는 NAPL은 전부 토양공기로 증발하기 때문에 불포화대 전체 및 대기 중으로 이동한다.

② 관련 식

$$\text{NAPL의 잔류포화도} = \frac{\text{공극 내 이동성이 없는 상태로 잔류하는 NAPL}}{\text{토양공극부피}}$$

◎ NAPL의 잔류포화도에 영향을 미치는 인자

ⓐ 수리경사(흐름속도) ⓑ 계면장력

ⓒ 습윤성 ⓓ 중력 및 부력

ⓔ 유체 점도 및 밀도 ⓕ 토양 공극 분포형태

② DNAPL의 거동특성

㉠ DNAPL은 물보다 무거워서 지하수면을 통과한다.

㉡ DNAPL은 수직이동 중 일부는 용존되고 토양 공극 사이에 잔유물을 약 1~40% 남긴다.

㉢ 대수층 바닥에 도달 시 기반암의 기울기에 따라 이동방향이 결정된다.

8. 토양 내의 물질이동이론

오염토양의 조사 및 복원을 위하여 오염토양 내의 물질이동을 정확하게 파악하는 것이 필요하다.

① 물의 흐름 이론 : Darcy's Low ② 열의 흐름 이론 : Fourrier's Low

③ 전기 흐름 이론 : Ohm's Low ④ 확산 이론 : Fick's Low

9. 토양오염도 조사 및 평가

(1) 토양오염 정밀조사

토양오염도조사는 미국품질검사규격협회(ASTM)에 의해 제정된 부지환경평가방법(ESA)에 따라 수행한다.

① 1단계 부지환경평가(Phase Ⅰ ESA)

㉠ 토지오염 개연성을 판단(확인)하는 단계

㉡ 1단계 부지환경평가 단계

ⓐ 서류검토(Record Review)

ⓑ 관계자 면담(Interview)

ⓒ 현장조사(Site Reconnaissance)

② 2단계 부지환경평가(Phase II ESA)

- ㉠ 1단계 부지환경평가에 의해 오염개연성이 확인되면 확인된 오염개연성에 대하여 시료의 채취 및 분석을 통해 추정되는 오염물질에 의한 오염 여부를 정확히 평가하는 단계
- ㉡ 2단계 부지환경평가 단계
  - ⓐ 작업형계획 수립 : 대상부지 특성 파악, 토지시료 채취계획, 오염물질 위해성평가, 시료분석 설계
  - ⓑ 조사활동 : 현장스크린 및 현장분석, 토양시료 채취, 시료취급
  - ⓒ 자료평가 : 가정의 검증, 토양 및 지하수 시료분석, 자료검증
  - ⓓ 결과해석 : 측정자료의 분석 및 해석, 오염개연성 항목삭제, 오염개연성 확정

(2) 토양오염 평가

① 토양오염에 대한 건강위해성 평가 과정

- ㉠ 1단계 : 유해성 인식(Hazard Identification)
- ㉡ 2단계 : 노출평가(Exposure Assessment)
- ㉢ 3단계 : 독성평가(Toxicity Assessment)
- ㉣ 4단계 : 위해의 특성화(위해도 결정, Risk Characterization)

② 사전복원목표에 대한 위해성 평가 단계 : PRG

- ㉠ 1단계 : 우려대상 매체 확인
- ㉡ 2단계 : 우려대상 화학물질 확인
- ㉢ 3단계 : 미래토지이용 여부 결정
- ㉣ 4단계 : 노출경로, 노출인자, 계산수식 확인
- ㉤ 5단계 : 독성정보
- ㉥ 6단계 : 목표 위해도 수준
- ㉦ 7단계 : PRG의 수정단계

③ 토양선별농도지침에 대한 위해성 평가 단계 : SSL

- ㉠ 1단계 : 개념적인 지역모델 개발
- ㉡ 2단계 : 개념적인 지역모델과 토양선별농도 시나리오와의 비교
- ㉢ 3단계 : 수집이 필요한 자료를 결정
- ㉣ 4단계 : 오염지역 토양의 채취와 분석
- ㉤ 5단계 : 부지특이적인 토양선별농도의 계산
- ㉥ 6단계 : 오염지역의 토양오염물질의 농도와 계산된 토양검사기준과의 비교

Ⓢ 7단계 : 추가조사가 필요한 면적의 결정

④ 생태계 위해성 평가 4단계

ㄱ 1단계 : 문제의 구체화

ㄴ 2단계 : 노출평가

ㄷ 3단계 : 유해인자-반응관계에 대한 생태학적 영향

ㄹ 4단계 : 위해도 결정

Reference 토양오염 위해성 평가 수행절차

① 시료채취 계획수립 및 노출농도 결정
② 노출경로 선택
③ 노출경로별 인체노출량 산정(노출평가, 독성평가)
④ 위해도 결정
⑤ 위해도 판단
⑥ 정화목표치 계산

Reference 토양오염물질 위해성 평가단계

① 노출경로 선택(결정)   ② 노출 평가
③ 독성 평가   ④ 위해도 평가

Reference 오염지반 조사방법 중 지표물리탐사방법

① 전기탐사   ② 전자탐사
③ GPR 탐사

Reference 토양오염 위해성 평가 시 유류의 노출경로

① 지하수 섭취   ② 토양 섭취
③ 토양 접촉

Reference 토양오염 위해성 평가지침상 분류

① 유류 : 벤젠, 에틸벤젠, 톨루엔, 크실렌
② 중금속류 : 카드뮴, 구리, 비소, 수은, 납, 6가크롬, 아연, 니켈
③ 기타 : 불소

 수문제

01 4.5m³ 용량의 지하저장탱크를 제거하였다. 저장탱크가 제거된 탱크박스 규모는 4m × 4m × 5m(L × W × H)이며, 박스 내 오염토양을 시료 채취하여 TPH 농도를 분석한 결과 평균농도가 3,200mg/kg으로 검출되었다. 이 오염토양 내에 존재하는 TPH는 몇 L인가?(단, 오염토양밀도 1.8g/cm³, TPH 비중 0.8)

풀이

$$TPH(L) = \frac{3,200mg/kg \times 1,800kg/m^3 \times 75.5m^3}{800kg/m^3 \times 10^6 mg/kg \times m^3/1,000L} = 543.6L$$

$$
\begin{aligned}
오염된\ 토양부피(m^3) &= 탱크박스\ 부피 - 제거된\ 저장탱크\ 부피 \\
&= (4 \times 4 \times 5)m^3 - 4.5m^3 \\
&= 75.5m^3
\end{aligned}
$$

 수문제

02 6m × 6m × 6m(L × W × H) 용량의 탱크박스 내에 25,000L 용량의 지하저장탱크 3기를 제거하였다. 박스 내 오염토양을 시료 채취하여 TPH 농도를 분석한 결과 1,500mg/kg, 2,000mg/kg, 3,400mg/kg이 검출되었다. 이 오염토양 내 존재하는 TPH는 몇 L인가?(단, 오염토양 농도 1.8g/cm³, TPH 비중 0.8)

풀이

$$TPH\ 평균농도 = \frac{(1,500 + 2,000 + 3,400)mg/kg}{3} = 2,300mg/kg$$

$$
\begin{aligned}
오염된\ 토양부피(m^3) &= 탱크박스\ 부피 - 저장탱크\ 부피 \\
&= (6 \times 6 \times 6)m^3 - (25m^3 \times 3) \\
&= 141m^3
\end{aligned}
$$

$$TPH(L) = \frac{2,300mg/kg \times 1,800kg/m^3 \times 141m^3}{800kg/m^3 \times 10^6 mg/kg \times m^3/1,000L} = 729.68L$$

필수문제

03 100mm 직경의 지하수 관측정을 설치하기 위해 4군데 지점에 250mm 직경으로 심도 17m까지 보링하였다. 보링 후 관측정을 삽입하고 지표로부터 1.5m 깊이까지만 벤토나이트를 넣어 마감처리를 하였다면 소요되는 벤토나이트의 양(kg)은?(단, 벤토나이트밀도 1.8g/cm³, 안전율 1.1)

> **풀이**
>
> 보링부피−관측정부피 = 73,593.75 − 11,775.0 = 61,818.75cm³
>
> $$보링부피 = \frac{3.14 \times 25^2}{4}cm^2 \times 150cm = 73,593.75cm^3$$
>
> $$관측정부피 = \frac{3.14 \times 10^2}{4}cm^2 \times 150cm = 11,775.0cm^3$$
>
> 벤토나이트의 양(kg)
> $$= (73,593.75 - 11,775.0)cm^3 \times 1.8g/cm^3 \times 1kg/1,000g \times 1.1 \times 4지점$$
> $$= 489.61kg$$

필수문제

04 직경 15cm인 지하수관측정을 설치하기 위해 4군데 지점에 25cm 직경으로 심도 15m까지 보링한 후 관측정을 삽입하였다. 지하수위 상부 1m에서 관측점 바닥까지 기초 처리가 되어 있는 부분에 벤토나이트를 주입하려고 할 때 소요되는 양(kg)은? (단, 지하수위는 지표로부터 10m, 벤토나이트밀도 1.8g/cm³, 안전율 15%)

> **풀이**
>
> 보링부피−관측정부피 = 294,375 − 105,975 = 188,400cm³
>
> $$보링부피 = \frac{3.14 \times 25^2}{4}cm^2 \times (1,500 + 100 - 1,000)cm = 294,375cm^3$$
>
> $$관측정부피 = \frac{3.14 \times 15^2}{4}cm^2 \times (1,500 + 100 - 1,000)cm = 105,975cm^3$$
>
> 벤토나이트의 양(kg)
> $$= 188,400cm^3 \times 1.8g/cm^3 \times 1kg/1,000g \times 1.15 \times 4지점$$
> $$= 1,559.95kg$$

必수문제

05 공장 내 토양오염 정밀조사를 위해 토양시료를 깊이 3m 간격으로 채취하였다. 각 깊이별 오염면적은 지표로부터 3m 깊이까지 500m², 3m 깊이에서 6m 깊이까지 600m², 6m 깊이에서 9m 깊이까지 700m²로 조사되었다. 겉보기 비중이 1.8t/m³인 오염토양의 총 무게(ton)는?

> **풀이**
>
> 채취 부피 $= (500\text{m}^2 \times 3\text{m}) + (600\text{m}^2 \times 3\text{m}) + (700\text{m}^2 \times 3\text{m}) = 5,400\text{m}^3$
>
> 총 무게 $= 5,400\text{m}^3 \times 1.8\text{ton/m}^3 = 9,720\text{ton}$

必수문제

06 지하저장창고로부터 디젤이 유출되어 토양이 오염되었다. 오염부지 평가결과 오염누출지역 토양의 밀도가 1.8g/cm³이며, 오염농도 범위가 10m × 25m × 3m이다. 토양 세척으로 처리하고자 할 때 처리해야 할 토양의 양(kg)은?

> **풀이**
>
> 토양의 양(kg) $= (10 \times 25 \times 3)\text{m}^3 \times 1.8\text{g/cm}^3 \times 1\text{kg}/1,000\text{g} \times 10^6 \text{cm}^3/1\text{m}^3$
>
> $\qquad\qquad\quad = 1.35 \times 10^6 \text{kg}$

必수문제

07 지하저장창고로부터 디젤이 유출되어 토양이 오염되었다. 오염부지 평가결과 오염노출지역 토양의 밀도가 1.8g/cm³, 오염농도가 4,000mg/kg, 오염범위가 10m × 25m × 3m이라면 오염된 토양 내 디젤의 양(kg)은?

> **풀이**
>
> 디젤의 양(kg) $= (10 \times 25 \times 3)\text{m}^3 \times 4,000\text{mg/kg} \times 1.8\text{g/cm}^3 \times \text{cm}^3/10^{-6}\text{m}^3$
>
> $\qquad\qquad\quad \times 1\text{kg}/1,000\text{g} \times 10^{-6}\text{kg/mg}$
>
> $\qquad\qquad = 5,400\text{kg}$

08 必수문제

지하저장창고로부터 유류가 누출되어 토양이 오염되었다. 유류의 오염면적이 20m × 40m(W × L)이며, 4개의 관측점에서 오염유류의 두께를 산출한 값이 각각 55cm, 75cm, 58cm, 65cm이다. 오염면적에 존재하는 유류의 양(m^3)은?(단, 토양 공극률 0.40)

> **풀이**
>
> 유류량(m^3) = 오염면적 × 평균두께 × 공극률
>
> $$평균두께 = \frac{(55 + 75 + 58 + 65)cm}{4} = 63.25cm = 0.63m$$
>
> $$= (20 × 40)m^3 × 0.63m × 0.40 = 202.4m^3$$

09 必수문제

평균농도 20mg/kg의 자일렌(Xylene)으로 오염된 토양의 부피가 12,000m^3라면 오염부지 내에 존재하는 자일렌의 총 함량(kg)은?(단, 토양 Bulk Density 1.8g/cm^3)

> **풀이**
>
> 자일렌 양(kg) = $20mg/kg × 1,200m^3 × 1.8g/cm^3 × cm^3/10^{-6}m^3$
>
> $× 10^{-3}kg/g × 10^{-6}kg/mg = 432kg$

10 必수문제

유류로 오염된 오염토양을 원위치(In-Situ) 생물학적 분해법으로 처리하려고 한다. 오염토양의 체적이 약 1,000m^3이고 토양매질의 평균공극률이 0.4, 토양수 내 오염물의 평균농도가 10ppm이라면, 토양수로 포함된 오염토양 내 수용액상으로 존재하는 오염물의 질량(kg)은?(단, 오염물은 토양수 내 수용액상으로만 존재한다.)

> **풀이**
>
> 오염물 질량(kg) = $1,000m^3 × 10mg/L × 0.4 × 1kg/10^6mg × 10^3L/m^3 = 4kg$

11 必수문제

지하수면 아래 대수층이 TCE 오염원에 의해 오염되었다. 오염대수층의 체적은 1,000m^3이고 매질의 공극률이 0.3이며, 오염원 내 지하수의 평균 TCE 농도가 1.0mg/L이라면, 오염원의 지하수 내에 존재하는 TCE 총량(kg)은?

> **풀이**
>
> TCE 총량(kg) = $1,000m^3 × 1.0mg/L × 0.3 × 10^3L/m^3 × 1kg/10^6mg = 0.3kg$

12 지하저장탱크에서 벤젠이 유출되었다. 지하수의 농도가 6.8mg/L일 경우 유출된 벤젠의 양(kg)은?(단, 대수층 부피 12,000m³, 공극률 0.45)

> **풀이**
>
> 벤젠 양(kg)$= 12,000\text{m}^3 \times 6.8\text{mg/L} \times 0.45 \times 1\text{kg}/10^6\text{mg} \times 10^3\text{L/m}^3 = 36.72\text{kg}$

13 TPH(석유계 총 탄화수소)가 0.5g/kg으로 오염된 토양 100g과 1.0g/kg으로 오염된 토양 200g을 혼합하였다. 최종혼합농도(mg/kg)는?

> **풀이**
>
> 농도(mg/kg)$= \dfrac{(0.1\text{kg} \times 500\text{mg/kg}) + (0.2\text{kg} \times 1,000\text{mg/kg})}{0.1\text{kg} + 0.2\text{kg}} = 833.33\text{mg/kg}$

14 비위생 매립장에 위치한 폐기물을 수거한 후 토양조사를 실시하여보니 크롬(Cr^{+6})농도가 12mg/kg이었고, 이 농도에 해당하는 토양의 물량은 1,000ton이었다. 처리해야 할 크롬(Cr^{+6})의 물량(kg)은?

> **풀이**
>
> 단위환산으로 계산함
>
> 크롬 양(kg)$= 1,000\text{ton} \times 12\text{mg/kg} \times 1,000\text{kg/ton} \times 1\text{kg}/10^6\text{mg} = 12\text{kg}$

15 벤젠이 공기와 평형관계에 있을 경우 공기 내에 존재할 수 있는 최대농도(mg/m³)는?(단, 1기압 25℃ 기준, 벤젠의 분자량 78, 벤젠 증기압 0.15atm)

> **풀이**
>
> 최대농도(ppm)$= \dfrac{증기압}{760} \times 10^6 = \dfrac{0.15\text{atm} \times \dfrac{760\text{mmHg}}{1\text{atm}}}{760\text{mmHg}} \times 10^6$
>
> $= 150,000\text{ppm}$
>
> 최대농도(mg/m³)$= 150,000\text{ppm} \times \dfrac{78}{24.45} = 478,527.60\text{mg/m}^3$

16 (必)수문제

TCE(Trichloroethylene)으로 오염된 지하수를 오존으로 처리하고자 한다. 처리대상 지하수로 예비실험을 한 결과 1.4mg/L−min의 오존으로 1시간 처리시 환경기준에 적합한 제거율을 보였다. 지하수 오염농도가 150mg/L이고 처리해야 할 지하수의 유량이 760L/min일 경우 환경기준에 적합하도록 처리하기 위한 오존의 총 양은?

> **풀이**
>
> $$오존의\ 양(kg) = 760L/min \times 1.4mg/L-min \times 1hr \times kg/10^6mg$$
> $$\times 60min/hr \times 1,440min/day$$
> $$= 91.93kg/day$$

17 (必)수문제

벤젠이 포화토양층에 평형상태로 용해 또는 흡착되어 있다. 지하수와 토양에서의 벤젠의 농도는 각각 10mg/L, 50mg/kg이며, 포화토양층의 부피는 2,500m³이다. 토양 공극률이 0.44, 토양입자밀도가 3.50g/cm³일 경우 토양에 흡착된 벤젠의 양(kg)은?

> **풀이**
>
> $$토양에\ 흡착된\ 벤젠의\ 양(kg) = 2,500m^3 \times 50mg/kg \times (1-0.44) \times 3.5g/cm^3$$
> $$\times 1kg/10^6mg \times 10^6cm^3/m^3 \times 1kg/1,000g$$
> $$= 245kg$$

18 (必)수문제

토양 중에 벤젠의 양을 측정하기 위해 토양 5g을 메탄올 50mL로 용매추출하여 GC−FID로 측정해 보니 메탄올 중에 5mg/L로 검출되었다. 토양 중에 존재하는 벤젠의 양(mg/kg · soil)은?(단, 토양 중 벤젠이 모두 회수되었다고 가정)

> **풀이**
>
> $$벤젠의\ 양(mg/kg \cdot soil) = \frac{5mg/L \times 50mL \times L/1,000mL}{0.005kg \cdot soil} = 50mg/kg \cdot soil$$

必수문제

19 총석유계탄화수소(TPH) 50mg/kg으로 오염된 토양 100톤과 85mg/kg으로 오염된 토양 40톤을 혼합하였다. 완전히 혼합된 후의 토양 TPH 농도(mg/kg)는?(단, 혼합 과정 중 휘발 등 저감조건은 고려하지 않음)

풀이

$$혼합\ TPH\ 농도 = \frac{(100 \times 50) + (40 \times 85)}{100 + 40} = 60.0 \text{mg/kg}$$

必수문제

20 벤젠이 포화토양층에 평형상태로 용해 또는 흡착되어 있다. 지하수와 토양에서의 벤젠의 농도는 각각 10mg/L, 50mg/kg이며, 포화토양층의 부피는 2,500m³이다. 토양공극률이 0.44, 토양입자밀도가 3.50g/cm³일 경우 지하수에 용해된 벤젠의 양(kg)은?

풀이

$$지하수에\ 용해된\ 벤젠의\ 양(\text{kg}) = 2,500\text{m}^3 \times 10\text{mg/kg} \times 0.44 \times 1\text{kg}/10^6\text{mg}$$
$$\times 10^3\text{L/m}^3$$
$$= 11\text{kg}$$

必수문제

21 1~40cm 깊이의 상층부 토양의 중량수분 함량이 15%, 용적밀도가 1.2g/cm³이고, 40~100cm 깊이의 하층부 토양의 중량수분 함량이 25%, 용적밀도가 1.4g/cm³일 때, 이 토양 10ha에서 1m 깊이까지 함유되어 있는 물의 부피(m³)는?

풀이

$$물의\ 부피 = 상층부 + 하층부$$
$$상층부 = 0.4\text{m} \times 10,000\text{m}^2/\text{ha} \times 10\text{ha} \times 0.15 \times 1.2 = 7,200\text{m}^3$$
$$하층부 = 0.6\text{m} \times 10,000\text{m}^2/\text{ha} \times 10\text{ha} \times 0.25 \times 1.4 = 21,000\text{m}^3$$
$$= 7,200 + 21,000 = 28,200\text{m}^3$$

수문제

22 어떤 유기용제 25L가 토양으로 유출되었다. 이로 인해 발생된 오염 지하수의 부피는 200m³이었고 지하수 내 유기용제의 농도는 90mg/L이었다. 유기용제의 밀도가 0.9g/mL일 때 토양 내 잔존하는 유기용제의 양(L)은?(단, 유기용제의 분해는 고려하지 않음)

풀이

$$잔존유기용제\ 부피(L) = 25L - \frac{200m^3 \times 90mg/L \times L/1,000mL \times 1,000L/m^3}{0.9g/mL \times 1,000mg/g}$$
$$= (25 - 20)L = 5L$$

01 다음은 환경 구성요소로서의 토양을 설명한 것이다. 틀린 것은?

① 토양은 일반적인 자연조건하에서 외적 요인에 대해 완충능력이 크다.

② 주로 미생물 작용을 통하여 사멸 물질을 원래의 구성성분으로 분해하여 그들 성분이 식생을 경유하여 원래의 사이클로 환원되기 위한 적당한 환경을 제공한다.

③ 용해성분과 콜로이드상 성분, 특히 호기적인 표층토를 통과하는 사이에 유기화되어 무기물질 성분을 포함한 물의 여과기로서의 역할을 가진다.

④ 식물의 생육 및 다른 형태의 생명을 지탱하는 기능과 함께 자연의 폐기물을 위한 쓰레기장으로서의 작용과는 상호적으로 밀접한 관련을 가진다.

풀이 ③ 토양은 용해성분과 콜로이드상 성분, 특히 호기적인 표층토를 통과하는 사이에 무기화되어 유기질 성분을 포함한 물의 여과기로서의 역할을 가진다.

02 세계 토양목의 구분 중 '앤도졸(Andosol)'에 관한 설명으로 가장 알맞은 것은?

① 미발달 토양　　② 유기질 늪지 토양
③ 건조지역의 토양　④ 화산재 토양

풀이 앤도졸(Andosol)은 표토가 검은빛의 화산분출물로 이루어진 토양으로 CEC가 높다.

03 유기질(식물조직)로 이루어진 늪지의 토양을 나타내는 토양목(Soil Order)은?

① Andosol　　② Entisol
③ Vertisol　　④ Histosol

풀이 히스토졸(Histosol)은 유기물(식물조직)로 이루어진 늪지토양으로 유기물 함량이 20~30%이며, 이탄토, 흑니토 등이 이에 속한다.

04 토양목(Soil Order) 중 우리나라에 분포하고 물질의 변성 또는 농축에 의하여 토양층위가 막 발달하기 시작한 젊은 토양으로서 탄산염, 규산염 등이 집적되어 있으며 표층은 얇고 함량이 낮으며 염기의 공급력은 중간 내지 낮은 것은?(단, 이 지역은 식생에 알맞은 온도가 계속되고 보통 90일간은 습하다.)

① Vertisol　　② Inceptisol
③ Spodosol　　④ Oxisol

05 다음의 토양 특성을 가지는 토양목(Soil Order)은?

- 주로 온난 습윤한 열대 또는 아열대 지역에서 생성
- 강우에 의한 세탈이 극심하여 염기함량이 낮은 하층부를 갖는 토양
- 주로 Ochric 표층 또는 Umbric 표층 발달

① Spodosols　　② Ultisols
③ Inceptisols　④ Oxisols

06 표층에 유기물이 많이 축적되고 Ca이 풍부한 토양목(Soil Order)과 단면 발달이 거의 없고 주로 담색 표층을 가진 토양목을 순서대로 나열한 것은?

① 젤리졸(Gelisols)－옥시졸(Oxisols)
② 알피졸(Alfisols)－히스토졸(Histosols)
③ 몰리졸(Mollisols)－엔티졸(Entisols)
④ 얼티졸(Ultisols)－안디졸(Andisols)

07 토양목 구분 중 'Entisol'에 관한 설명으로 알맞은 것은?

① 늪지의 토양
② 함량이 높은 표토가 검은 빛깔의 토양
③ 화산재토양
④ 토양층위가 뚜렷하지 않은 미발달 토양

풀이 Entisol(엔티졸)은 층의 분화가 거의 없는, 즉 생긴 지 얼마 안 되는 토양으로 모든 기후에서 생성되며 Tundra(툰트라)가 이에 속한다.

08 다음의 토양의 형태론적 분류 체계(단위) 중 가장 큰 것은?

① Series
② Family
③ Great Group
④ Suborder

풀이 토양의 형태론적 분류 체계(미국농무성 토양분류)는 '목(Order)−아목(Suborder)−대군(Great Group)−아군(Subgroup)−과(계)(Family)−통 (Series)'으로 분류된다.

09 지하수위가 높은 저습지에서 일어나는 토양 생성 작용은?

① Salinization
② Podzolization
③ Laterization
④ Gleization

10 산성 부식질의 영향으로 토양의 무기성분이 심하게 분해되어 유동성이 매우 작은 Fe, Al 등까지도 졸(Sol) 상태로 되어 하층으로 이동하는 토양 생성과정은?

① 염류화 작용(Salinization)
② 글레이화 작용(Gleization)
③ 라테라이트화 작용(Laterite)
④ 포드졸화 작용(Podzolization)

11 토양생성작용 중 Laterite화 작용에 관한 설명으로 틀린 것은?

① 주로 한랭 건조한 기후 조건하에서 일어난다.
② 염기류나 규산이 용탈되고 철 및 알루미늄의 산화물이 잔류해서 상대적으로 많아지는 과정을 말한다.
③ SiO_2/Al_2O_3 또는 SiO_2/Fe_2O_3의 비가 낮은 토양이 생성된다.
④ 철과 알루미늄의 집적물이 표층에 누출되어 햇빛에 의해 경화된 것을 Laterite라고 한다.

풀이 ① Laterite화 작용은 고온다습한 열대기후의 조건 하에서 활엽수림의 중성부식질에서 일어난다.

12 토양생성작용 중 배수가 불량한 곳이나 지하수위가 높은 저습지에서 산소의 공급이 불충분하여 토양이 환원상태가 되었을 때 Fe^{3+}이 Fe^{2+}으로 환원되어 표층의 색깔이 담청색 내지 녹청색 또는 청회색을 띠는데 이러한 토층의 분화작용을 무엇이라 하는가?

① Podzol화 작용
② Laterite화 작용
③ Glei화 작용
④ 석회화 작용

13 토양생성작용 중 Laterite화 작용에 관한 설명으로 틀린 것은?

① 보통 고온다습한 열대 기후 조건하에서 일어난다.
② 염기류나 규산이 용탈되고 철 및 알루미늄의 산화물이 잔류해서 상대적으로 많아지는 과정을 말한다.
③ SiO_2/Al_2O_3 또는 SiO_2/Fe_2O_3의 비가 낮은 토양이 생성된다.
④ 철과 알루미늄의 집적물은 Glei라 하며 표층에 누출되어 점성화된 것을 Laterite라고 한다.

풀이 ④ 철(Fe)과 알루미늄(Al)의 집적물이 표층에 수축되어 햇빛에 의해 경화된 것을 Laterite라고 한다.

14 유기물이 가장 많이 들어 있는 토양층위는?

① O_1층   ② B층

③ A_1층   ④ C층

15 다음 토양층위 중에서 가장 하부에 위치한 층은?

① A층   ② C층

③ O층   ④ R층

풀이 토양층위

    ㉠ O층(유기물층)

    ㉡ A층(용탈층)

    ㉢ B층(집적층)

    ㉣ C층(모재층)

    ㉤ R층(모암층)

16 토양생성작용을 거의 받지 않은 모재층으로서 칼슘, 마그네슘 등의 탄산염이 교착상태로 쌓여 있거나 위에서 녹아 내려온 물질이 엉키어 쌓인 토양층위의 구성은?

① B층   ② C층

③ O층   ④ R층

17 토양의 수직단면의 성층구조 중 B층에 관한 설명과 가장 거리가 먼 것은?

① 풍화작용이 가장 활발하게 진행되고 있는 층이다.

② 풍화작용에 의하여 토양 구조의 구분이 없는 것이 특징이다.

③ 습윤한 기후에서는 칼슘과 같은 가용성 양이온이 종종 용탈된다.

④ 건조한 기후에서는 탄산칼슘 및 그 밖의 가용성 염류가 집적된다.

풀이 B층은 토양의 구조가 뚜렷하게 구분되는 특징이 있다.

18 토양층위(Horizon)에 관한 설명으로 틀린 것은?

① C층 : 토양생성작용을 거의 받지 않는 모재층이다.

② O층 : 토양 내 기상분포에 따라 O_1, O_2로 나눈다.

③ R층 : 단단한 모암이다.

④ A_1층 : 부식화된 광물질이 섞여 있는 암흑색의 층이다.

풀이 O층은 유기물의 분해 정도에 따라 O_1과 O_2로 구분한다.

19 토양층위 중 성토층의 제일 윗부분에 위치하고 기후나 식생 등의 영향을 받아 가용성 염기류가 용탈되며 경우에 따라서는 점토나 부식과 같은 교질물도 아래로 이동하게 되는 용탈층이라고도 하는 것은?

① O층   ② R층

③ A층   ④ B층

20 토양층위(토양의 수직단면 성층구조)의 지표면부터 지하로의 구성순서로 옳은 것은?

① A → B → C → R → O

② C → B → A → O → R

③ O → A → B → C → R

④ R → O → C → B → A

21 다음은 토양단면(층위)을 설명한 내용이다. 틀린 것은?

① 겉표면의 층을 걷어내면 용탈층이 나타난다.

② 암반층 바로 위에는 모재층이다.

③ 토양생성작용을 거의 받지 않는 모재층은 집적층과 성토층으로 나누어진다.

④ B층은 풍화작용이 활발하게 진행되고 토양의 구조가 뚜렷하게 구분되는 것이 특징이다.

풀이 토양생성작용을 거의 받지 않는 층은 C층(모재층)이다.

22 다음 중 일반적 토양의 무기물 구성원소 중 가장 비율이 작은 것은?

① 산소   ② 규소

③ 알루미늄   ④ 탄소

풀이 토양 내의 무기질은 규소, 산소, 철, 알루미늄, 칼슘, 나트륨, 칼륨 등이며, 보통 산화물인 SiO_2, Fe_2O_3, Al_2O_3, $CaCO_3$ 형태로 존재한다.

23 토양 중 유기물의 함량(중량비)은 보통 얼마나 되는가?

① 0.005~0.05%   ② 0.05~0.5%

③ 0.5~5%   ④ 5~50%

풀이 토양의 4대 성분은 무기물(45%), 유기물(5%), 물(20~30%), 공기(20~30%)이며 유기물은 대부분이 동식물의 유체와 배설물이며 중량비로 토양 중에 1~7%(0.5~5%) 정도 함유되어 있다.

24 토양의 주요 기능 중 농산물 배지의 관점으로 볼 때 작물 생육에 이상적인 토양의 구성은?

① 고상 40%, 액상 30%, 기상 30%

② 고상 50%, 액상 25%, 기상 25%

③ 고상 60%, 액상 30%, 기상 10%

④ 고상 70%, 액상 20%, 기상 10%

25 토양수분의 물리학적 분류 중 '흡습수'에 관한 설명으로 알맞지 않은 것은?

① 상대습도가 높은 공기 중에 풍건토양을 방치하면 토양입자의 표면에 물이 흡착되는데 이 물을 흡습수라 한다.

② 사질토에서의 흡습수의 양은 무게비로 0.2~0.3%, 부식토에서는 70%에 달한다.

③ 100~110℃에서 8~10시간 가열하면 쉽게 제거할 수 있다.

④ 흡습수는 pF 7 이하로 약하게 흡착되어 있어 식물이 직접 이용할 수 있다.

풀이 흡습수는 pF 4.5 이상으로 강하게 흡착되어 있으므로 식물이 직접 이용할 수 없다.

26 흡습수 외부에 표면장력과 중력이 평형을 유지하여 존재하는 물로 pF 2.54~4.5 사이의 수분을 무엇이라 하는가?(단, 토양수분의 물리적인 분류 기준)

① 중력수   ② 결합수

③ 흡착결합수   ④ 모세관수

27 토양수분의 물리학적 분류 중 '흡습수'에 관한 설명으로 알맞지 않은 것은?

① 상대습도가 높은 공기 중에 풍건 토양을 방치하면 토양입자의 표면에 물이 흡착되는데 이 물을 흡습수라 한다.

② 사질토에서의 흡습수의 양은 무게비로 5~13%, 부식토에서는 80~90%에 달한다.

③ 100~110℃에서 8~10시간 가열하면 쉽게 제거할 수 있다.

④ 흡습수는 pF 4.5 이상으로 강하게 흡착되어 있으므로 식물이 직접 이용할 수 없다.

풀이 사질토에서의 흡습수의 양은 무게비로 0.2~0.3%, 부식토에서는 70%이다.

28 토양이 수분을 보유하는 힘인 토양수분장력을 나타내는 식은?(단, H : 물기둥 높이(cm), P : 압력(mmHg))

① $pF = \log H$ ② $pF = \log(H/P)$

③ $pF = \log P$ ④ $pF = \log(P/H)$

29 토양수분장력이 pF 3이라면 이를 물기둥의 압력으로 환산한 값(atm)은?

① 1atm
② 2atm
③ 3atm
④ 4atm

풀이 $pF = \log H$

$3 = \log H$, $H = 10^3 cmH_2O$

$10^3 cmH_2O \times \dfrac{1atm}{1,033cmH_2O} = 0.97 \fallingdotseq 1atm$

30 토양수분을 물리·화학적으로 분류한 것 중 '중력수'에 관한 설명으로 적절치 못한 것은?

① 중력에 의하여 토양입자로부터 유리되어 토양입자 사이를 이동하거나 지하로 침투하는 물이다.
② 대수층에 모여 지하수원이 된다.
③ 모세관수에 포화 이상의 수분이 가해져 중력에 의해 이동할 때 생긴다.
④ pF는 7.0 정도로 수자원으로 쉽게 이용된다.

풀이 중력수는 pF 2.54(2.52) 이하이며 식물에 용이하고 대수층에 모여 지하수원이 된다.

31 물리화학적으로 구분된 토양수분 중 흡습수 외부에 표면장력과 중력이 평형을 유지하여 존재하는 물로 pF가 2.54~4.5 범위에 있는 것은?

① 결합수
② 유효수분
③ 중력수
④ 모세관수

32 토양수분은 식물학적 견지에서 볼 때 과잉, 유효, 무효수분으로 나눌 수 있다. 다음 중 과잉수분에 관한 설명으로 틀린 것은?

① 토양 내 염류를 용탈시킨다.
② 토양의 통기를 막는다.
③ 토양 내 질소고정 및 암모니아화를 일으키는 호기성 세균의 활성을 저해한다.
④ 토양의 포장용수량 장력과 위조계수장력 사이의 보유수분이다.

풀이 토양의 포장용수량 장력 이상의 중력수, 즉 자유수를 과잉수분이라 한다.

33 토양공기 조성에 관한 설명으로 가장 알맞은 것은?

① 대기에 비하여 탄산가스 및 상대습도가 낮고 산소는 높은 편이다.
② 대기에 비하여 탄산가스 및 상대습도가 높고 산소는 낮은 편이다.
③ 대기에 비하여 상대습도는 낮고 탄산가스는 높은 편이다.
④ 대기에 비하여 상대습도는 높고 탄산가스는 낮은 편이다.

34 토양공기에 관한 설명 중 틀린 것은?

① 상대습도는 대기보다 높다.
② 탄산가스의 함량은 대기보다 높다.
③ 산소의 함량은 대기보다 낮다.
④ 아르곤의 함량은 대기보다 낮다.

풀이 토양 내 공기는 대기와 비교하여 N_2(75~90), CO_2(0.1~10%), Ar(0.93~1.1%), 상대습도(95~100%)는 높고 O_2(2~20%)는 낮다.

35 대기 중에 있는 공기 성분 조성과 토양 공극 중 기체 성분(토양공기) 조성의 차이를 가장 적절하게 설명한 것은?(단, 조성 부피(%) 기준)

① 대기 중 공기와 비교하였을 때 토양 공기 중 탄산가스 조성은 낮다.
② 대기 중 공기와 비교하였을 때 토양 공기 중 산소 조성은 낮고 탄산가스 조성은 높다.
③ 대기 중 공기와 비교하였을 때 토양 공기 중 산소와 탄소가스 조성은 높다.
④ 대기 중 공기와 비교하였을 때 토양 공기 중 메탄 조성은 높으나 탄산가스 조성은 낮다.

36 염류화된 토양의 형태 중 Saline Soil에 관한 설명으로 알맞은 것은?

① 토양입자에 흡착되어 있는 나트륨의 양이 적은 염류 토양이다.

② 점토성분이 높고 함량이 높은 토양에서 나타나기 쉽다.

③ 우기에 일어나는 염류집적으로 염류토양이 형성된다.

④ 강알칼리성을 나타내며 알칼리 토양이라고도 한다.

풀이 Saline Soil은 토양입자에 흡착되어 있는 나트륨(Na^+)의 양이 적고, 주로 칼슘(Ca^{2+}), 마그네슘(Mg^{2+})이 흡착된 염류토양이다.

37 점토 광물 중 2 : 1형(3층형 광물) 광물이며 양이온교환능과 비표면적이 큰 대표적인 광물은?

① 몬모릴로나이트(Montmorillonite)

② 카올리나이트(Kaolinite)

③ 할로이사이트(Halloysite)

④ 클로라이트(Chlorite)

38 다음 중 1 : 1형 광물로서 카올리나이트(Kaolinite)와 같은 Si층 사이에 물분자층 하나가 끼어 있어 기저면 간격이 넓어져 있으며 이를 가열하면 물이 비가역적으로 빠져나가는 것은?

① 할로이사이트(Halloysite)

② 카올린(Kaolin)

③ 일라이트(Illite)

④ 사문석

39 다음의 점토광물 중 양이온교환용량(CEC, meq/100g)이 가장 큰 것은?

① 카올리나이트(Kaolinite)

② 몬모릴로나이트(Montmorillonite)

③ 클로라이트(Chlorite)

④ 일라이트(Illite)

풀이 점토광물의 CEC(meq/100g)

점토광물	CEC
Kaolinite	1~10
Montmorillonite	80~120
Vermiculite	120~150
Sand	0~6
Loam	3~7
Clay	22~63

40 다음 점토광물 중 대표적인 1 : 1형 광물은?

① 카올리나이트(Kaolinite)

② 일라이트(Illite)

③ 몬모릴로나이트(Montmorillorite)

④ 버미큘라이트(Vermiculite)

풀이 대표적인 점토광물
  ① 1 : 1 광물형(2층형)
    카올리나이트(Kaolinite), 사문석(Serpentine), 디카이트(Dickite), 나크라이트(Nacrite), 할로이사이트(Halloysite)
  ② 2 : 1 광물형(3층형)
    몬모릴로나이트(Montmorillonite), 사포나이트(Saponites), 일라이트(Illite), 버미큘라이트(Vermiculite)
  ③ 2 : 2형광물(혼합형)
    클로라이트(Chlorite)

41 토양광물은 1차 광물과 2차 광물로 구분되며 1차 광물로서 지각을 이루고 있는 암석은 95%가 화성암이다. 이것을 이루는 일반적인 6대 조암광물이 아닌 것은?

① 휘석   ② 자철석

③ 감람석   ④ 석영

풀이 6대 주요 조암광물은 석영, 장석, 운모석, 각섬석, 휘석, 감람석 등이며, 2차 광물은 1차 광물이 변성작용 또는 풍화작용에 의하여 변질되거나 또는 새로이 생성된 광물이다.

42 버미큘라이트(Vermiculite)에 관한 설명으로 틀린 것은?

① CEC는 10~40meq/100g으로 클로라이트와 유사하다.

② 2 : 1 격자형 광물이다.

③ 단위층 간의 결합력이 약하여 수분함유량이 증가하면 팽창한다.

④ 풍화작용에 의해 일라이트(Illite)의 층간을 증가하면 K^+이 전부 또는 대부분 빠져 나간 것을 말한다.

풀이 버미큘라이트(Vermiculite)의 CEC는 80~150(180) meq/100g으로 몬모릴로나이트(Montmorillorite)와 비슷하다.

43 소성지수는 토양의 액성한계와 소성한계의 차를 나타내는 지수이다. 점토함량이 같은 경우 소성지수가 큰 순서대로 알맞게 나열된 것은?

① 카올리나이트 > 일라이트 > 몬모릴로나이트 > 할로이사이트

② 일라이트 > 몬모릴로나이트 > 카올리나이트 > 할로이사이트

③ 몬모릴로나이트 > 일라이트 > 할로이사이트 > 카올리나이트

④ 할로이사이트 > 카올리나이트 > 몬모릴로나이트 > 일라이트

44 3층형 광물(2 : 1형 기본구조＝한 층의 Al 8면체를 Si 4면체가 양쪽으로 샌드위치처럼 싸서 3층 구조를 이룸)을 가진 대표적 점토광물은?

① Kaolinite ② Halloysite
③ Montmorillonite ④ Chlorite

45 다음 중 2층형(1 : 1) 점토광물은?

① Montmorillonite ② Illite
③ Halloysite ④ Vermiculite

46 토양의 염류집적 원인이 되는 경우와 가장 거리가 먼 것은?

① 지하수위의 상승
② 관개수에 의한 염류의 증가
③ 배수량의 저하
④ 지하수 모관상승의 저하

47 어떤 모래질 점토가 Kaolinite 20%, Montmorillonite 30%, 나머지는 모래로 구성되어 있다. Kaolinite와 Montmorillonite의 양이온치환능(CEC)을 각각 10meq/100g, 100meq/100g이라고 할 때, 이 흙의 양이온치환능은?(단, 모래의 양이온치환능은 무시)

① 32meq/100g ② 43meq/100g
③ 54meq/100g ④ 73meq/100g

풀이 $CEC \, (meq/100g)$

$$= \left(10 \times \frac{20}{100}\right) + \left(100 \times \frac{30}{100}\right)$$

$$= 32 meq/100g$$

48 대표적인 점토광물인 Kaolinite의 설명 중 틀린 것은?

① Al-OH 8면체 층의 −OH기들은 그 위층의 Si-O 4면체 층의 밑면의 산소들과 인접하고 있어 두 층간에는 수고결합이 형성된다.

② 물분자가 Kaolinite의 격자층들 사이로 쉽게 스며들 수 있어 응축성과 습윤성이 강하다.

③ Kaolinite 함량이 높은 토양은 통수 및 통기성이 좋다.

④ Kaolinite는 여러 층이 견고하게 결합되므로 다른 점토광물에 비하여 굵고 잘 부서지지 않는다.

풀이 물분자가 Kaolinite의 격자층들 사이로 쉽게 스며들지 못하여 응축성과 습윤성이 약하다.

49 토양의 부식물질 중 다음에 해당하는 물질을 순서대로 가장 올바르게 나열한 것은?

> 강알칼리에 용해되고 강산하에서 침전하는 물질 – 산과 알칼리 모두에 불용하는 물질

① 휴믹산(Humic Acid) – 휴민(Humin)
② 풀보산(Fulvic Acid) – 휴민(Humin)
③ 휴민(Humin) – 휴믹산(Humic Acid)
④ 휴민(Humin) – 풀보산(Fulvic Acid)

50 토양미생물에 관한 설명으로 틀린 것은?

① 부식질은 흡수성, 흡착성, 비료보유성이 강하다.
② 부식질은 토양의 물리·화학적 성질을 개선한다.
③ 부식질이 부족하면 토양의 산성화로 일시적 양분 결핍증이 일어난다.
④ 토양에 존재하는 유기물은 대부분이 동식물의 유체와 배설물이며 토양 중에 보통 1~7% 함유되어 있다.

풀이 부식질이 과량존재 시에는 토양의 산성화로 일시적 양분 결핍증 및 무기질의 결핍현상이 발생한다.

51 토양 유기물의 기능 중 간접적인 효과, 작용에 대한 설명으로 맞는 것은?

① 금속 이온과의 착제 형성
② 토양화학성의 개선 및 토양구조의 활성화
③ 급격한 pH 변화에 대한 상승작용 유발
④ N, P, S 및 기타 필수 원소의 소비작용

풀이 토양유기물의 기능 중 간접적인 효과
  ㉠ 금속이온과의 착제 형성
  ㉡ 토양물리성의 개량, 토양구조의 안정화
  ㉢ 급격한 pH 변화에 대한 완충작용
  ㉣ N, P, S 및 다른 필수 원소의 공급원
  ㉤ 부식물질의 암색에 의한 흡열 및 보온효과
  ㉥ 양이온교환능에 의한 무기양분의 보유
  ㉦ 토양미생물의 영양원

52 부식질(Hums)을 구성하고 있는 물질 중 중간 내지 고분자의 산성물질로서 무정형이며 색깔이 황갈색–흑갈색으로 부식질의 주요부분을 구성하는 것은?

① 부식탄(Humin)
② 풀보산(Fulvic Acid)
③ 히마토멜란산(Hymatomelanic Acid)
④ 부식산(Humic Acid)

53 우리나라 토양의 일반적인 특징을 기술한 내용 중 맞지 않는 것은?

① 사질(모래)토양
② 낮은 유기물 함량
③ 중성토양
④ 낮은 염기치환 용량

풀이 우리나라 토양은 산성토양이며 우리나라의 토양을 구성하는 모암은 화강암과 화강편마암이다.

54 다음 토양 성분 중 일반적으로 단위질량당 표면적이 가장 큰 것은?

① 굵은 모래(Coarse Sand)
② 가는 모래(Fine Sand)
③ 미사(Silt)
④ 점토(Clay)

풀이 점토는 표면적이 매우 커서 표면활성이 높다.

55 토성에 관한 설명으로 틀린 것은?

① 토양 무기질 입자의 입경 조성에 의한 토양의 분류를 토성이라 한다.
② 토성은 모래, 미사, 점토의 구성비율에 의해 결정된다.
③ 삼각도표법을 이용하면 토성을 쉽게 구분할 수 있다.
④ 토성은 입자토성과 용적토성으로 구분하여 분류한다.

풀이 토성은 토양 무기질 입자와 입경 조성(기계적 조성)에 의한 토양의 분류이다.

56 마른 토양을 원통 유리컬럼에 채워 물이 든 시험접시에 거꾸로 세워 두었더니 물이 컬럼 아래에서부터 위로 올라가는 것이 관찰되었다. 이것은 토양의 무슨 작용 때문인가?

① 모세관현상   ② 중력현상

③ 기화현상   ④ 삼투압현상

57 토양의 용적비중이 1.18이고, 입자비중이 2.55일 때 토양의 공극률은?

① 46.3%   ② 53.5%

③ 36.7%   ④ 63.3%

풀이 공극률(%)

$$= \left(1 - \frac{용적비중}{입자비중}\right) \times 100$$

$$= \left(1 - \frac{1.18}{2.55}\right) \times 100 = 53.73\%$$

58 공극률이 0.25인 흙의 공극비는?

① 0.33   ② 0.44

③ 0.22   ④ 0.11

풀이 공극비 $= \dfrac{공극률}{1-공극률} = \dfrac{0.25}{1-0.25} = 0.33$

59 어느 지역 토양의 공극률(Porosity) 측정을 위해 토양 50cm^{3}을 채취하여 고형입자 부피와 수분 부피를 측정하였더니 32cm^{3}와 12cm^{3}였다. 이 지역 토양의 공극률(%)은?

① 10   ② 26

③ 36   ④ 40

풀이 공극률(%)

$$= \left(1 - \frac{부분부피}{전체부피}\right) \times 100$$

$$= \left(1 - \frac{32}{50}\right) \times 100 = 36\%$$

60 어느 지역 토양시료에 대해 공극률 측정결과가 30%였다. 시료 내 수분부피와 공기부피가 각각 8m^3, 2cm^{3}였다면 현장에서 채취한 토양시료의 전체부피(cm^3)는?(단, 공극은 수분과 공기로만 차있다고 가정함)

① 33   ② 44

③ 55   ④ 66

풀이 공극률

$$= \frac{공극부피}{토양\ 전체부피} \times 100$$

$$= \frac{수분부피 + 공기부피}{토양\ 전체부피} \times 100$$

$$토양\ 전체부피(cm^3) = \frac{(8+2)}{(30/100)} = 33.33 cm^3$$

61 간극비(ε)를 알맞게 나타낸 것은?

① 간극 내 물의 무게/흙 입자의 무게

② 간극 내 물의 무게/흙 전체의 무게

③ 간극의 부피/흙 입자의 부피

④ 간극의 부피/흙 전체의 부피

62 다음 이온들의 이온 교환 효율이 큰 순서(큰 > 작은)로 된 것은?

① Mg > K > Li > Na   ② Mg > K > Na > Li

③ Mg > Na > K > Li   ④ Mg > Na > Li > K

63 토양에서 염기포화도(%)의 식으로 가장 옳은 것은?

① (교환성 염기의 meq/교환성 양이온 meq) ×100

② (교환성 염기의 meq/교환성 음이온 meq) ×100

③ (교환성 양이온 meq/교환성 염기의 meq) ×100

④ (교환성 음이온 meq/교환성 염기의 meq) ×100

정답   56 ①   57 ②   58 ①   59 ③   60 ①   61 ③   62 ②   63 ①

64 토양의 CEC에 대한 설명 중 틀린 것은?

① 일정량의 토양교질의 보유할 수 있는 교환성 양이온의 총량을 말한다.

② 토양의 CEC는 토양교질입자의 양전하의 크기에 달려 있다.

③ CEC는 건조토양 100g당 흡착된 교환가능성 양이온의 밀리그램당량(meg)으로 나타낸다.

④ 자연토양의 경우 여러 가지 점토광물의 혼합물로서 그 CEC는 대략 50meg 정도이다.

> **풀이** 양이온교환용량(CEC)은 토양교질입자의 음전하의 크기에 달려 있다.

65 토양에서의 이온교환(흡착)에 중요한 요인과 가장 거리가 먼 것은?

① 토양용액 이온의 상대적 농도

② 이온의 전하수

③ 이온의 균등도

④ 각 이온의 운동속도

66 초원의 미사질 양토 0~15cm 깊이 토양층을 분석한 결과 총양이온 교환용량은 27meq/100g으로 나타났으며 실제 교환성 양이온(meq/100g)은 Ca 124, Mg 5.0, K 0.5, Na 0.1, H 9.0으로 측정되었다. 이 경우 수소포화도 및 염기포화도는?

① 수소포화도=33%, 염기포화도=67%

② 수소포화도=37%, 염기포화도=63%

③ 수소포화도=43%, 염기포화도=57%

④ 수소포화도=47%, 염기포화도=53%

> **풀이** 수소포화도(%)
> $$= \frac{\text{수소이온의 meq}}{\text{교환성 양이온의 meq}} \times 100$$
> $$= \frac{9.0}{27} \times 100 = 33.3\%$$

염기포화도(%)
$$= \frac{\text{교환성 염기의 meq}}{\text{교환성 양이온의 meq}} \times 100$$
$$= \frac{(12.4+5.0+0.5+0.1)}{27} \times 100 = 66.7\%$$

67 토양 중 존재하는 이온의 물에 대한 수화도가 큰 순서로 알맞게 배열된 것은?(단, 농도와 온도 등 기타 조건은 같다고 가정함)

① $Li > Na > K > NH_4 > Rb$

② $Li > K > Na > NH_4 > Rb$

③ $Na > Li > K > NH_4 > Rb$

④ $Na > K > Li > NH_4 > Rb$

68 토양구성 입자의 직경, 즉 입도분포 결정을 위한 체분석 시 활용되는 곡률계수(C_Z)의 정의로 맞는 것은?(단, D_{10}, D_{30}, D_{60} 는 각각 체를 통과한 흙의 누적백분율인 통과백분율 10%, 30%, 60%에 해당되는 직경이다.)

① $C_Z = [D_{30}/(D_{60} \times D_{10})^2]$

② $C_Z = [D_{60}/(D_{30} \times D_{10})^2]$

③ $C_Z = [D_{30}^2/(D_{60} \times D_{10})]$

④ $C_Z = [D_{60}^2/(D_{60} \times D_{10})]$

69 토양세척법을 적용할 경우에는 토양의 입도분포가 매우 중요하다. 어느 오염토양의 입도분포곡선에서 10%, 30%, 60% 통과백분율에 해당하는 입자 직경이 각각 0.20mm, 0.30mm 및 0.60mm인 경우, 균등계수(C_u)와 곡률계수(C_z)는 각각 얼마인가?

① $C_u = 2$, $C_z = 3$ ② $C_u = 3$, $C_z = 1.5$

③ $C_u = 3$, $C_z = 3$ ④ $C_u = 2$, $C_z = 12$

> **풀이** $C_u = \dfrac{D_{60}}{D_{10}} = \dfrac{0.60}{0.20} = 3$
> $$C_z = \frac{D_{30}^2}{D_{10} \cdot D_{60}} = \frac{0.30^2}{0.10 \times 0.60} = 1.5$$

70 다음은 Puri 분산계수에 관한 설명이다. ( ) 안에 공통으로 들어갈 알맞은 내용은?

> 토양을 물속에 침지하여 24시간 진탕시킨 후 입경 ( )의 입자량을 구한다(A). 이와 별도로 시료를 기기분석의 조작에 따라 완전히 분산시켜 ( )의 입자량을 구한다(B). 분산계수 = (A/B) × 100

① 0.2mm 이하　　　② 0.02mm 이하
③ 0.002mm 이하　　④ 0.0002mm 이하

71 토양오염은 오염물질의 특이성에 따라 다르게 나타난다. 유기오염물질의 특성인자와 가장 거리가 먼 것은?

① 증기압　　　　② 용해도적
③ 헨리상수　　　④ 분해상수

풀이 무기오염물질의 특성인자
　　㉠ 용해도적
　　㉡ 착염물질의 형성

72 다음 토양 성질 중 오염물질 확산 및 처리에 중대한 영향을 미치는 것과 가장 거리가 먼 것은?

① 토양 내 유기물질 함량
② 토양입자의 경도
③ 토양의 pH 및 알칼리도
④ 토양의 투수계수

풀이 오염물질 확산 및 처리 시 영향인자
　　㉠ 토양 내 유기물질 함량
　　㉡ 토양의 pH 및 알칼리도
　　㉢ 토양의 투수계수
　　㉣ 토양의 함수율
　　㉤ 양이온 교환용량(CEC)
　　㉥ 지하수위

73 토양오염의 특징으로 틀린 것은?

① 오염경로의 다양성
② 오염의 비인지성 및 타 환경인자와의 영향관계의 모호성

③ 수질 또는 대기오염에 비해 오염영향의 광역성
④ 피해발현의 완만성

풀이 토양오염의 특징
　　㉠ 오염경로의 다양성
　　㉡ 피해발현의 완만성(시차성)
　　㉢ 오염 지역의 국지성
　　㉣ 타 매체와의 연관성(오염의 비인지성 및 다른 환경인자와의 영향관계의 모호성)
　　㉤ 지속성 및 잔류성
　　㉥ 오염물질 및 오염지역에 따른 특이성
　　㉦ 원상복구의 어려움

74 농약과 토양 성분 사이에 발생하는 여러 가지 결합구조(상호작용)와 가장 거리가 먼 것은?

① 등온분해결합
② 이온결합과 정전기결합
③ 수소결합
④ Van Der Waals 힘에 의한 물리적 결합

풀이 농약과 토양성분 사이에 발생하는 상호작용(결합구조)
　　㉠ Van Der Waals 힘에 의한 물리적 결합
　　㉡ 이온결합(이혼교환)과 정전기결합
　　㉢ 수소결합
　　㉣ 배위결합 또는 배위자결합

75 다음 중 주유소 등 지하저장시설의 토양오염 방지 및 복원을 위한 주요기술과 가장 거리가 먼 것은?

① 모니터링 기술
② 중화제를 이용한 화학적 처리기술
③ 생물 활성대에 의한 처리기술
④ 토양증기추출법 및 Bioventing 기술

76 토양오염물질 BTEX에 포함되지 않는 것은?

① 톨루엔　　　　② 크실렌
③ 에틸벤젠　　　④ 에탄올

풀이 BTEX는 벤젠(Benzene), 톨루엔(Toluene), 에틸벤젠(Ethylbenzene), 크실렌(Xylene)이다.

정답 70 ③　71 ②　72 ②　73 ③　74 ①　75 ②　76 ④

77 다음 유종 중 BTEX를 가장 많이 함유하고 있는 것은?

① 경유   ② 휘발유
③ 등유   ④ 윤활유

78 BTEX 중 에틸벤젠에 관한 설명으로 틀린 것은?

① 급성증상으로 목에 자극을 주거나 가슴이 답답하다.
② 흡입에 의한 만성증상으로 인간의 혈관계에 영향을 준다.
③ 증기압은 25℃에서 9.53mmHg 정도이다.
④ 분자량은 126g/mol이며 휘발유 냄새가 난다.

> **풀이** 에틸벤젠의 분자량은 106.16g/mol이며 휘발유 냄새가 나고 합성중간체로 이용된다.

79 토양오염물질인 카드뮴 및 그 화합물이 인체에 미치는 영향으로 틀린 것은?

① 급성증상 : 기관지염, 폐기종, 신장결석
② 신장피질에 축적 : 이타이이타이병의 경우는 신장이 비가역적으로 손상됨
③ 저농도 장기간 노출 : 저혈압, 피부궤양
④ 고농도 노출 : 돌연변이, 암 유발

> **풀이** 인체에 미치는 영향
> 1. 급성중독(증상)
>   ㉠ 구토와 설사(소화기 증상), 기관기염, 폐기종(폐수종), 신장결석, 근육통, 빈혈 등
>   ㉡ 고농도 경우 기형유발, 돌연변이, 암 유발
> 2. 만성중독(증상)
>   ㉠ 신장기능 장애(신장피질에 축적 저분자 단백뇨 다량 배설, 이타이이타이병의 경우는 신장이 비가역적으로 손상됨)
>   ㉡ • 고혈압(저농도 장기간 노출시)
>   • 인체의 간과 신장에 농축 저장됨

80 다음 ( ) 안에 들어갈 중금속으로 가장 적당한 것은?

> 토양오염을 유발시키는 중금속 중 ( )은 도로의 재료로서 광범위하게 사용되고 있고, 인체의 간과 신장에 농축 저장된다. 원자량은 112.40, 비중은 8.642이며 백색 6방형의 결정체로서 물에 불용이다.

① 카드뮴   ② 비소
③ 납   ④ 수은

81 토양 내 비소의 이동성에 영향을 미치는 토양 내 성분과 가장 거리가 먼 것은?

① 칼슘   ② 망간
③ 알루미늄   ④ 철

82 다음 설명에 해당하는 토양오염물질은?

> 직물이나 모피공장에서 사용되고 있으며, 세정제에도 상당량 포함되어 있다. 대부분 독성이 강하기 때문에 살균제, 제초제, 살충제 등 여러 가지 농약으로도 사용된다. (원자량 : 74.92)

① 카드뮴   ② 비소
③ 시안   ④ 유기인

83 다음은 구리(Cu)에 대한 설명이다. 맞지 않는 것은?

① 돼지의 배설물을 토양에 과잉으로 투기하면 구리(Cu)가 집적될 수 있다.
② 토양 중 구리(Cu) 함량이 높으면 미량원소가 식물에 흡수될 때 영향을 받는다.
③ 토양 중 구리(Cu) 농도가 높으면 식물체에 철(Fe)의 과잉현상이 일어난다.
④ 토양 중 구리(Cu)는 이동성이 적고 치환되기 어렵다.

> **풀이** 토양 중 구리 함량이 높으면 미량원소가 식물에 흡수될 때 영향을 받고, 식물체에 철의 결핍이 일어난다.

84 하수 슬러지의 토양투기로 인해 토양이 아연 100ppm, 니켈 50ppm, 구리 100ppm으로 오염되었다. 이 토양의 독성을 상대적으로 평가하는 지표로서 아연등량계수는?

① 300ppm   ② 500ppm
③ 700ppm   ④ 900ppm

풀이 아연등량계수 $= Zn^{2+} + (2 \times Cu^{2+}) + (8 \times Ni^{2+})$
$= 100 + (2 \times 100) + (8 \times 50)$
$= 700ppm$

85 토양오염물질인 카드뮴에 관한 내용으로 틀린 것은?

① 카드뮴은 도료의 재료로 광범위하게 사용된다.
② 카드뮴화합물은 그림물감의 색소나 플라스틱공장, 전지, 사진 재료, 살균제로 폭넓게 사용된다.
③ 할로겐과 산에는 안정적이나 알칼리와는 반응이 쉽게 일어나 주의하여야 한다.
④ 도로 근방의 토양에 상대적으로 많이 존재한다.

풀이 카드뮴은 알칼리와는 반응이 어렵고 할로겐과 산에는 반응하기 쉽다.

86 다음 중 비소에 대한 설명 중 틀린 것은?

① 비소화합물은 살균제, 제초제, 살충제 등 여러 농약에 사용된다.
② 토양 내의 비소는 주로 표층 10cm 내에서 발견된다.
③ 인체 내에 노출된 비소는 As^{5+}가 As^{3+}보다 독성이 더 강하다.
④ 주요 발생원은 광산, 제련소, 아비산·비산염 등의 제조공정과 사용공정(반도체제조, 유리공업 등)이다.

풀이 인체 내에 노출된 비소는 As^{3+}가 As^{5+}보다 독성이 더 강하다.

87 미나마타병의 원인 물질로 신경계통의 장애를 주어 언어, 지각장애 등을 유발하는 오염물질은?

① 카드뮴   ② 비소
③ 수은   ④ PCB

88 다음은 납(Pb)에 대한 설명이다. 맞지 않는 것은?

① 테트라에틸납과 테트라메틸납이 가솔린의 Antiknock 첨가제로 이동된다.
② 인간이나 동물이 대량의 납을 섭취한다면 간장, 위장 골(骨)에 집적되고 독성작용이 일어난다.
③ 납은 식물체 내에서는 거의 이동하지 않는다.
④ 납은 토양에 2가 양이온으로 흡착되며 많은 양이 토양에서 방출된다.

풀이 납은 토양에 2가 양이온으로 흡착하기 때문에 토양에서 납이 방출되는 경우는 거의 없다.

89 다음은 수은(Hg)에 대한 설명이다. 틀린 것은?

① 온도계, 압력계 등과 같은 측정기나 제어기에 많이 이용된다.
② 수은 화합물과 토양 성분과의 상호작용은 거의 없어 용출로 인한 오염이 발생된다.
③ 수은 독성은 그 화합물의 종류에 따라 크게 다르다.
④ 토양 중 수은이 어떤 반응을 하는가는 주로 그것에 존재하는 수은의 형태에 따라 규정된다.

풀이 수은 화합물과 토양 성분은 강한 상호작용을 하기 때문에 토양 중 수은이 휘산 형태 이외로 방출되는 일은 거의 발생하지 않는다.

90 다음의 토양에서 질소의 형태 변화와 관여하는 미생물의 관계가 잘못된 것은?

① $NO_3 \rightarrow NO_2 \rightarrow N_2O$, N_2로 변화 : 탈질세균
② N_2의 식물체 내 질소화합물화 : 질소고정세균
③ NO_3의 단백질화 : 아질산균
④ 단백질의 아미노산 및 NH_4^+ : 유기영양 미생물

풀이 아질산균(Nitrosomons, Nitrosococcus)은 NH_4^+가 NO_2^-(아질산)으로 산화하는 데 관여한다.

91 다음 토양에서 질소의 순환에 대한 설명 중 맞는 것은?

① 질산화 작용에 의해 생성된 질산이온 또는 토양에 첨가된 질산이온은 토양에 흡착되어 이동성이 작은 양이온이 된다.
② 토양 유기물의 탈질반응은 pH 7.5~8.3 범위의 약알칼리조건을 필요로 한다.
③ 유기물의 NO_2, NO_3로의 변환을 질소의 유기화 과정이라 한다.
④ 표토 부근의 토양 내 존재하는 총 질소의 90% 이상이 유기질소형태로 존재한다.

풀이 질산화 작용에 의해 생성된 질산이온 또는 토양에 첨가된 질산이온은 토양에 흡착되지 않고 이동성이 큰 음이온이 된다. 또한 토양유기물의 탈질반응은 pH 5.0~5.5에서 작용한다.

92 가축분뇨나 두엄 등이 지하수에 유입되어 이들 지하수를 음용할 경우 주로 어린아이들에게 청색증을 일으키는 물질은?

① 인산염　　　　　② 황산염
③ 질산성 질소(질산염)　④ 염화칼슘

93 독립영양미생물(화학합성 자가영양)의 탄소원과 에너지원을 알맞게 짝지은 것은?

① CO_2 − 무기물의 산화 · 환원반응
② CO_2 − 유기물의 산화 · 환원반응
③ 유기탄소 − 무기물의 산화 · 환원반응
④ 유기탄소 − 유기물의 산화 · 환원반응

풀이 탄소원과 에너지원에 따른 분류

구분(영양 형태)	탄소원	에너지원	예
광(합성)독립(자가)영향 미생물 (Photoautotroph)	CO_2	빛	남조류 (Cyanobacteria), 조류, 시안세균
광(합성)종속영양 미생물 (Photoheterotroph)	유기탄소 (유기 화합물)	빛	Rhodospseudo-monas, Rhodospirillum
화학 독립(자가)영양 미생물 (Chemoautotroph)	CO_2	환원형태의 무기물 (NH_4, H_2S, NO_2^-, H_2, S, $S_2O_3^{2-}$, Fe^{2+})	질화세균(질산화 성균), 황산화균(황세균), 수소산화균, 철산화균(철세균)
화학 종속영양 미생물 (Chemoheterotroph)	유기탄소 (유기 화합물)	유기화합물 (유기물의 산화 · 환원 반응)	원색동물, 진균류, 대부분의 세균

94 종속영양미생물(화학합성 종속영양)의 탄소원과 에너지원을 알맞게 짝지은 것은?

① CO_2 : 무기물의 산화 · 환원반응
② CO_2 : 유기물의 산화 · 환원반응
③ 유기탄소 : 무기물의 산화 · 환원반응
④ 유기탄소 : 유기물의 산화 · 환원반응

풀이 문제 93번 풀이 참조

95 토양 내의 미생물 중 일반적으로 내산성이 강하고 산성토양에서 유기물 분해의 중요한 작용을 담당하며 토양 중에서 리그닌을 주로 분해하는 것은?

① 방선균　　　　　② 세균
③ 사상균　　　　　④ 조류

정답 90 ③　91 ④　92 ③　93 ①　94 ④　95 ③

96 토양에 존재하는 리그닌의 분해에 주로 참여하는 미생물 종류의 조합으로 가장 알맞은 것은?

① 사상균, 조류   ② 조류, 효모
③ 효모, 방선균   ④ 방선균, 사상균

97 호기성 미생물이 필요로 하는 전자수용체는?

① 질소(N_2)   ② 물(H_2O)
③ 산소(O_2)   ④ 이산화탄소(CO_2)

98 토양의 나트륨 흡착비(SAR) 식을 올바르게 나타낸 것은?

$$① \ SAR = \frac{CA^{++}}{\sqrt{\dfrac{Na^{++} + Mg^{++}}{2}}}$$

$$② \ SAR = \frac{Mg^{++}}{\sqrt{\dfrac{Na^{++} + Ca^{++}}{2}}}$$

$$③ \ SAR = \frac{Na^{+}}{\sqrt{\dfrac{Ca^{++} + Mg^{++}}{2}}}$$

$$④ \ SAR = \frac{Ca^{++} + Mg^{++}}{\sqrt{\dfrac{Na^{++}}{2}}}$$

99 토양의 나트륨 흡착비(SAR)는?(단, Ca^{2+} : $3meq \cdot L^{-1}$, Mg^{2+} : $3meq \cdot L^{-1}$, Na^{+} : $5meq \cdot L^{-1}$)

① 2.0   ② 2.9
③ 3.5   ④ 5

풀이 $SAR = \dfrac{Na^{+}}{\sqrt{\dfrac{Ca^{2+} + Mg^{2+}}{2}}} = \dfrac{5}{\sqrt{\dfrac{3+3}{2}}} = 2.89$

100 다음 중 산성우의 토양에 대한 영향으로 틀린 것은?

① 토양 용액 용존 유기물 농도의 감소
② 양이온, 주로 Ca^{2+}, Mg^{2+}의 용탈 증대

③ HCO_3 농도의 감소
④ $AlSO_4$ 용출에 따른 토양 용액 PO_4 농도의 증대

풀이 $AlSO_4$의 침전에 의한 토양 용액 PO_4 농도 감소가 발생한다.

101 다음 중 토양의 질산화 작용을 위한 주요 조건이 아닌 것은?

① 질산화 세균이 충분할 것
② 수분과 온도조건이 만족될 것
③ 적당한 수소원이 존재할 것
④ 산소가 충분히 공급될 것

풀이 적당한 탄소원이 존재하고 pH 범위가 pH 4.5~7.5일 것

102 토양 중 인의 순환에 관한 설명으로 틀린 것은?

① 토양 내 인의 형태 변화 시 에너지 교환이 크며, 인 합성 특정미생물이 관여한다.
② 인은 C, N, S에 비해 난용성으로 토양에 흡착성이 강하고 그 존재의 형태에 따라 토양 생물에 의한 이용성이 크게 다르다.
③ 미생물 중에 존재하는 인의 양은 토양 중 전체 인량의 1~2%로 소량이다.
④ 식물이나 토양 미생물은 용액 중 PO_4^{-3}로 흡수, 이용하며 인산염의 용해도는 낮다.

풀이 토양 내 인의 형태 변화 시 에너지 교환은 없고, 인 합성 특정미생물의 관여 없이 일반미생물에 의해 인 순환이 일어난다.

103 공동대사작용으로 호기성 환경에서 트리클로로에틸렌을 분해시킬 때 이용되는 화합물로 가장 적절한 것은?

① 염소   ② 톨루엔
③ 할로겐 화합물   ④ 과산화수소

정답 96 ④ 97 ③ 98 ③ 99 ② 100 ④ 101 ③ 102 ① 103 ②

104 중금속에 오염된 농경지에 대한 대책방안 중 적합하지 않은 것은?

① 석회질 자재의 투여　② 인산 자재의 투여
③ 객토　　　　　　　④ 토양산화의 촉진

풀이 토양환원의 촉진이 이루어져야 한다.

105 주유소 등 지하저장시설에 의한 토양오염을 방지하기 위한 주요기술과 가장 거리가 먼 것은?

① 저장탱크 및 배관 부식산화 방지기술
② 모니터링 기술
③ 고형화/안정화 처리기술
④ 생물활성대에 의한 처리기술

풀이 고형화/안정화는 주로 무기물질(중금속)에 대한 처리기술이다.

106 중금속으로 오염된 토양에 대한 대책 중 적합하지 않은 것은?

① 석회질 자재를 투여하여 토양의 pH를 높여 중금속을 수산화물로 침전시킴
② 인산비료 투여를 줄여 토양 산성화에 따른 난용성의 인산염 생성을 억제시킴
③ 오염된 토양을 깎아 내고 그 위에 객토함
④ 토양 중 중금속을 특이적으로 흡수, 농축하는 식물을 이용하여 제거함

풀이 인산비료를 투여하여 중금속과 반응시켜 난용성의 인산염을 생성함으로써 중금속을 불용화시킨다.

107 다음 중 비점오염원(Non Point Contaminant Source)으로 가장 적합한 것은?

① 축산 배수 배출원
② 공단 산업폐수 배출원
③ 도로 노면 배수
④ 유류저장고

108 다음 중 지하수가 가장 많이 이용(연 이용량 기준)되는 용도는?(단, 2005년 기준)

① 산림용수　　　　　② 생활용수
③ 공업용수　　　　　④ 발전용수

풀이 우리나라 지하수 이용현황
생활용수 > 농 · 어업용수 > 공업용수 > 기타

109 지표수와 비교하여 지하수 이용의 장점이 아닌 것은?

① 물리 화학적 성분이 비교적 일정하다.
② 계절적 부존량의 변화가 적다.
③ 오염 시 처리가 용이하다.
④ 증발에 의한 유실이 작다.

풀이 지하수는 오염발생 시 저감 및 처리에 어려움이 있다.

110 지하수오염의 특징이 아닌 것은?

① 흐름의 완만성　　　② 흐름방향의 모호성
③ 원상복귀의 어려움　④ 오염원의 확인 용이

풀이 지하수오염은 오염원의 확인이 어렵다. 또한 오염원 및 이동경로가 다양하다.

111 대수층의 특성 조사를 위해 사용되는 추적자 물질(Tracer)의 조건으로 맞지 않는 것은?

① 물에 대한 용해도가 낮을 것
② 검출이 쉬울 것
③ 지하수에 침전, 흡착, 분해가 되지 않을 것
④ 독성이 없을 것

풀이 추적자 물질은 물에 대한 용해도가 높아야 하고 매질 특성을 변화시키지 않아야 한다.

112 대수층에 관한 설명으로 틀린 것은?

① 비피압대수층의 지하수를 자유면 지하수 또는 천층수라고 한다.
② 비피압대수층의 채수방법은 굴착정으로 한다.

③ 피압대수층의 지하수는 수온과 수질의 계절적 변화가 작다.

④ 피압대수층은 제1불투수층과 제2불투수층 사이의 대수층을 말한다.

풀이 비피압대수층의 채수방법은 천정호 또는 심정호로 이루어지며 피압대수층의 채수방법은 굴착정으로 한다.

113 지하수 유동의 기본법칙인 Darcy의 법칙에 관한 설명으로 틀린 것은?

① 지하수의 흐름 속도는 수두 구배에 비례한다는 경험법칙으로 흐름은 층류여야 한다.

② 투수성 기질로 채워진 원통을 통해 나오는 유량은 수두차에 비례한다.

③ 투수성 기질로 채워진 원통을 통해 나오는 유량은 거리에 비례한다.

④ 투수성 기질로 채워진 원통을 통해 나오는 유량은 흐름의 단면에 비례한다.

풀이 $Q = KIA = KA \dfrac{\Delta h}{\Delta L}$

유량은 거리에 반비례한다.

114 지하수의 흐름을 설명하기 위한 Darcy 법칙에서 사용되는 인자와 가장 거리가 먼 것은?

① 입자비중　　　② 단면적
③ 수두차　　　　④ 수리전도도

115 지하수에 용존하는 용질의 이동기작 중 기계적 분산(오염된 지하수는 다공질 기질을 통해 흐르면서 분산이라는 기작을 통해 오염되지 않은 지하수와 섞여 희석됨)에 관한 설명으로 틀린 것은?

① 유체의 유선방향을 따라 섞이는 것을 종분산이라 한다.

② 큰 공극을 지나는 유체가 작은 공극을 지나는 유체보다 빨리 흐르기 때문에 종분산이 일어난다.

③ 유체가 공극을 통해 흐를 때 공극의 가장자리보다는 중심을 통해 더 빨리 흐르기 때문에 종분산이 일어난다.

④ 기계적 분산계수＝[평균선속도/동력학적 분산도]로 나타낸다.

풀이 기계적 분산계수
＝평균선속도(공극속도)×동력학적 분산도

116 지하수의 '알칼리도'에 관한 설명으로 틀린 것은?

① 알칼리도는 지하수의 pH가 7 이상이어야 한다.

② 탄산염 및 중탄산염은 알칼리도에 영향을 미친다.

③ 수화물이나 수산기가 물속에 들어 있을 때는 알칼리도에 영향을 미친다.

④ 알칼리도 측정은 페놀프탈레인이나 메틸오렌지 등의 지시약을 사용한다.

풀이 알칼리도는 지하수의 pH가 반드시 pH 7 이상이어야 하는 것은 아니다.

117 지하수의 유량을 조사할 때 Darcy의 법칙(Q＝KIA)이 사용된다. 이때 K와 I는 무엇을 뜻하는가?

① K는 점성계수, I는 수리적 구배
② K는 투수계수, I는 수심
③ K는 점성계수, I는 경심
④ K는 수리전도도, I는 수두 구배

118 전 지구적인 물 분포 부피비율 크기로 맞는 것은?

① 빙하, 만년설＞지하수(지하 약 4m)＞강＞토양수분

② 빙하, 만년설＞지하수(지하 약 4m)＞토양수분＞강

③ 지하수(지하 약 4m)>빙하, 만년설>강>토양
수분

④ 지하수(지하 약 4m)>빙하, 만년설>토양수분>강

119 단위 동수경사에서 대수층의 단위폭당 유량으로 투수계수와 대수층의 두께를 곱한 값으로 나타내는 대수층 지하수 채수량의 영향 인자는?

① 전도계수

② 투수량계수

③ 저류계수

④ 비수계수

120 대수층에 관한 설명으로 틀린 것은?

① 비피압대수층의 지하수를 자유면 지하수 또는 천층수라고 한다.

② 비피압대수층의 채수방법은 굴착정으로 한다.

③ 피압대수층의 지하수는 수온과 수질의 계절적 변화가 작다.

④ 피압대수층은 제1불투수층과 제2불투수층 사이의 대수층을 말한다.

풀이 비피압대수층의 채수방법은 천정호 또는 심정호로 한다.

121 토양 또는 암석(대수층)에서 중력에 의해 배출되는 수량과 암석의 부피 비율로 정의되는 것은?

① 비양수율(Specific Capacity)

② 간극률(Porosity)

③ 비유출률(Specific Yield)

④ 동수경사율(Hydraulic Gradient)

122 지하수의 용존 고형물 혹은 열이 지하수와 같은 속도로 수송되는 것을 무엇이라 하는가?

① 확산

② 흡착

③ 이송

④ 분산

123 포화대의 수질지질학적인 특성은 지하수 흐름 특성과 저류 특성으로 구별될 수 있다. 저류 특성 인자와 가장 거리가 먼 것은?

① 공극률

② 수리전도도

③ 비저류계수

④ 비산출률

풀이 포화대의 수리지질학적 구분
1. 흐름 특성(유동 특성)
   ㉠ 수리전도도
   ㉡ 투수량계수
2. 저류 특성(물보유능력)
   ㉠ 공극률
   ㉡ 비저류계수 및 저류계수
   ㉢ 비산출률
   ㉣ 비보유율

124 지하수 환경으로 유입된 오염물질이나 용질이 지하수의 공극유속과 같은 속도로 움직이는 현상은?

① 이류

② 수리분산

③ 수리확산

④ 평류

125 '자유면 대수층에서 지하수면의 단위 상승 혹은 강하에 의해 단위 면적을 통해 자유면 대수층의 저류지하수로부터 유입 혹은 유출되는 물의 부피'를 나타내는 지하수 및 대수층 관련 용어는?

① 수두산출률

② 비저류계수

③ 비산출률

④ 대수저류계수

126 '피압대수층에서 단위 수위 강하 혹은 수위 상승에 의해 대수층의 단위부피를 통해 유출되거나 유입되는 물의 부피'를 나타내는 지하수 및 대수층 관련 용어는?

① 비산출률

② 비저류계수

③ 수리전도율

④ 수두구배계수

127 다음의 설명은 포화대의 수리지질학적인 특성인 지하수 저유특성을 나타내는 어떤 인자에 관한 설명인가?

표면장력으로 인해 중력배수가 되지 않고 공극 내의 지질매체에 부착되어 있는 물의 체적과 대수층의 전체 체적의 비

① 배수공극률　　　　② 비저류율
③ 유효공극률　　　　④ 비보유율

128 지하수의 비전도도와 전기전도도에 관한 내용으로 틀린 것은?

① 전기전도도는 물질이 전류를 흐르게 하는 능력을 나타내는 단위이다.
② 비전도도는 특정 온도하에서 단위길이나 단위단면적을 갖는 물체의 전기전도도를 나타내는 단위이다.
③ 지하수 내에 이온이 많을수록 전기저항이 커지며 따라서 전기전도도는 증가한다.
④ 전기전도도는 지하수 내 이온농도의 지시인자이다.

풀이 지하수 내에 이온이 많을수록 전기저항이 감소되고 따라서 전기전도도는 증가한다.

129 점토나 실트로 구성된 퇴적물이나 셰일과 같은 암석으로 구성된 지층으로 지하수는 다량 포함하고 있으나 투수성이 충분하지 않아 경제적 지하수 개발을 할 수 없는 지층은?

① 지연대수층　　　　② 피압대수층
③ 비산출대수층　　　④ 비유동대수층

130 저유계수(Storativity) 계산 수식으로 맞는 것은?

① 배출된 지하수량(체적)/(면적×수두변화)
② (공극률×배출된 지하수량(체적))/(면적×수두변화)
③ (면적×수두변화)/배출된 지하수량(체적)

④ (면적×수두변화)/(공극률×배출된 지하수량(체적))

131 'NAPL'에 관한 내용으로 틀린 것은?

① 'NAPL'이 지하로 유입되면 물보다 무거우냐 가벼우냐에 따라 분포 상태와 위치가 달라진다.
② 'NAPL'은 물에 쉽게 용해되어 물과 함께 유체 형태로 존재한다.
③ 'NAPL'의 이동과 분포에 영향을 미치는 주요 요인은 NAPL의 누출량, 누출의 표면적과 침투면적, 누출 후 경과시간 등이다.
④ 'DNAPL'은 TCE, 1,1,1-TCA 등이다.

풀이 NAPL은 물에 쉽게 용해되지 않고 섞이지 않아 자연 상에서 물과 분리된 유체의 형태로 존재한다.

132 오염물질이 지하대수층을 오염시킬 경우, 지하수면 아래에 지배적으로 오염운을 형성하는 오염물질은?

① 트리클로로에틸렌　　② 벤젠
③ 크실렌　　　　　　　④ 톨루엔

풀이 ㉠ LNAPL(저밀도 비수용성 액체) : 물보다 가벼운 NAPL(가솔린, 연료유, 등유, 제트유, 자일렌, 톨루엔, 벤젠, 휘발유 등)
㉡ DNAPL(고밀도 비수용성 액체) : 물보다 무거운 NAPL(1,1,1-TCA, TCE, PCE, 클로로페놀(Chlorophenols) 등)

133 비수용성 유체(NAPLs)의 이동과 분포에 영향을 미치는 주요요인과 가장 거리가 먼 것은?

① 누출 후 경과시간
② 지하의 수분 이동(불포화대) 또는 지하수 이동(포화대) 조건
③ 지하수면과 누출지점 간의 거리 또는 불포화대 두께
④ 양이온치환능에 따른 잔류 포화도의 크기

풀이 ①, ②, ③ 외에 NAPL의 특성(밀도, 습윤성) 및 매질의 특성(투수성, 공극분포) 등이 있다.

PART 02

토양 및 지하수 조사 · 평가

총칙(Introduction)

1. 개요

(1) 적용범위

이 시험기준은 토양환경보전법 토양오염우려기준 및 토양오염대책기준의 적합 여부를 시험·판정한다. 또한 토양환경보전법에 의한 누출검사 및 토양오염도검 사는 따로 규정이 없는 한 토양오염공정시험기준(이하 "공정시험기준"이라고 한 다)의 규정에 의하여 시험한다.

(2) 이 공정시험기준에서 필요한 어원, 기호, 화학명 등은 ( ) 속에 기재한다.

(3) 이 공정시험기준의 내용은 총칙, 누출검사방법 및 토양오염도검사방법으로 구분한다.

(4) 3년마다 공정시험기준의 타당성을 검토하고 개선 등의 조치를 취하여야 한다.

2. 계량의 단위 및 기호

주요 단위 및 기호는 다음과 같으며, 여기에 표시되지 않은 단위는 KS A ISO 1000 국제단위계(SI) 및 그 사용방법에 대한 규정에 따른다.

▌주요 단위 및 기호 ▌

종류	단위	기호	종류	단위	기호
길이	미터 센티미터 밀리미터 마이크로미터 나노미터	m cm mm μm nm	용량	리터 밀리리터 마이크로리터	L mL μL
무게	킬로그램 그램 밀리그램 마이크로그램 나노그램	kg g mg μg ng	부피	세제곱미터 세제곱센티미터 세제곱밀리미터	m^3 cm^3 mm^3
넓이	제곱미터 제곱센티미터 제곱밀리미터	m^2 cm^2 mm^2	압력	기압 수은주밀리미터 수주밀리미터 킬로파스칼	atm mmHg mmH_2O kPa
			점도	센티스트로크	cSt

3. 농도

(1) 백분율(pph ; Parts Per Hundred)
용액·가스 100mL 중의 물질 무게(g) 또는 용액·가스 100mL 중의 물질 부피(mL)를 표시할 때 % 기호를 쓴다.

(2) 천분율(ppt ; Parts Per Thousand)
표시할 때는 g/L, g/kg의 기호를 쓴다.

(3) 백만분율(ppm ; Parts Per Million)
표시할 때는 mg/L, mg/kg의 기호를 쓴다.

(4) 십억분율(ppb ; Parts Per Billion)
표시할 때는 μg/L, μg/kg의 기호를 쓰며, 1ppm의 1/1,000이다.

(5) 가스체의 농도는 표준상태(0℃, 1기압, 상대습도 0%)로 환산 표시한다.

4. 온도

(1) 온도의 표시는 셀시우스(Celsius)법에 따라 아라비아숫자의 오른쪽에 ℃를 붙인다.

(2) 찬 곳은 따로 규정이 없는 한 0~15℃의 곳을 뜻한다. "수욕상 또는 수욕 중에서 가열한다"라 함은 따로 규정이 없는 한 수온 100℃에서 가열함을 뜻하고 약 100℃의 증기욕을 쓸 수 있다.

표준온도	0℃
상온	15~25℃
실온	1~35℃
온수	60~70℃
열수	약 100℃
냉수	15℃ 이하

(3) 제반시험 조작은 따로 규정이 없는 한 상온에서 실시하고 조작 직후 그 결과를 관찰하는 것으로 한다. 단, 온도의 영향이 있는 것의 판정은 표준온도를 기준으로 한다.

5. 액체의 농도

(1) 액체의 농도를 $(1 \to 10)$, $(1 \to 100)$ 또는 $(1 \to 1,000)$ 등으로 표시하는 것은 고체 성분에 있어서는 1g, 액체성분에 있어서는 1mL를 용매에 녹여 전체 양을 10mL, 100mL 또는 1,000mL로 하는 비율을 표시한 것이다.

(2) 액체시약의 농도에 있어서 예를 들어 염산$(1+2)$이라고 되어 있을 때에는 염산 1mL와 물 2mL를 혼합하여 조제한 것을 말한다.

(3) 질산$(1+1)$
1L 부피플라스크에 정제수를 400mL를 넣은 다음 진한 질산$(HNO_3, 63.01)$ 500mL를 넣고 정제수로 정확히 1L가 되도록 채운다.

6. 시약 및 용액, 완충용액, 표준액, 규정액

(1) 시약

시험에 사용하는 시약은 따로 규정이 없는 한 1급 이상 또는 이와 동등한 규격의 시약을 사용하여 각 시험항목별 시약 및 표준용액에 따라 조제하여야 한다.

(2) 용액

① 용액의 앞에 몇 %라고 한 것(예 20% 수산화나트륨 용액)은 수용액을 말하며, 따로 조제방법을 기재하지 아니하였다. 일반적으로 용액 100mL에 녹아 있는 용질의 g 수를 나타낸다.

② 용액 다음의 (   ) 안에 몇 N, 몇 M, 또는 %라고 한 것[예 아황산나트륨용액 (0.1N), 아질산나트륨(0.1M), 구연산이암모늄용액(20%)]은 용액의 조제방법에 따라 조제하여야 한다.

7. 용기

구분	정의
밀폐용기	취급 또는 저장하는 동안에 이물질이 들어가거나 또는 내용물이 손실되지 아니하도록 보호하는 용기를 말한다.
기밀용기	취급 또는 저장하는 동안에 밖으로부터의 공기 또는 다른 가스가 침입하지 아니하도록 내용물을 보호하는 용기를 말한다.
밀봉용기	취급 또는 저장하는 동안에 기체 또는 미생물이 침입하지 아니하도록 내용물을 보호하는 용기를 말한다.
차광용기	광선이 투과하지 않는 용기 또는 투과하지 않게 포장을 한 용기이며 취급 또는 저장하는 동안에 내용물이 광화학적 변화를 일으키지 아니하도록 방지할 수 있는 용기를 말한다.

8. 기구 및 기기

(1) 공정시험기준에서 사용하는 모든 유리기구는 KS L 2302 이화학용 유리기구의 모양 및 치수에 적합한 것 또는 이와 동등 이상의 규격에 적합한 것으로, 국가 또는 국가지정기관에서 검정을 필한 것을 사용하여야 한다.

(2) 공정시험기준에서 사용하는 모든 기구 및 기기는 측정결과에 대한 오차가 허용되는 범위 이내인 것을 사용하여야 한다.

9. 누출검사대상시설

토양환경보전법 시행규칙 특정토양오염관리대상시설 중 저장시설 또는 배관이 땅속에 묻혀 있거나 땅에 붙어 있어 누출 여부를 눈으로 확인할 수 없는 시설을 말한다.

(1) 부속배관

누출검사대상시설에 용접 또는 나사조임방식으로 직접 연결되는 배관을 말한다.

(2) 지하매설배관

부속배관의 경로 중 지하에 매설되어 누출 여부를 육안으로 직접 확인할 수 없는 배관을 말한다.

(3) 배관접속부

누출검사대상시설과 부속배관, 부속배관과 배관을 연결하기 위하여 용접접합 또는 나사조임방식 등으로 접속한 부분을 말한다.

(4) 누출검지관

액체의 누출여부를 누출검사대상시설 외부에서 직접 또는 간접적으로 확인하기 위해 설치된 관을 말한다.

10. 기타

(1) 방울수라 함은 20℃에서 정제수 20방울을 적하할 때, 그 부피가 약 1mL 되는 것을 뜻한다.

(2) "항량으로 될 때까지 건조한다"라 함은 같은 조건에서 1시간 더 건조할 때 전후 무게의 차가 g당 0.3mg 이하일 때를 말한다.

(3) 감압 또는 진공이라 함은 따로 규정이 없는 한 15mmHg 이하를 말한다.

(4) 시험에 사용하는 물은 따로 규정이 없는 한 정제수 또는 탈염수를 말한다.

(5) 액체의 산성, 알칼리성 또는 중성을 검사할 때는 따로 규정이 없는 한 유리전극에 의한 pH 측정기로 측정하고 액성을 구체적으로 표시할 때는 pH 값을 쓴다.

(6) "약"이라 함은 기재된 양에 대하여 ±10% 이상의 차가 있어서는 안 된다.

(7) "이상"과 "초과", "이하", "미만"이라고 기재하였을 때는 "이상"과 "이하"는 기산점 또는 기준점인 숫자를 포함하며, "초과"와 "미만"의 기산점 또는 기준점인 숫자를 포함하지 않는 것을 뜻한다.

(8) "정확히 단다"라 함은 규정된 양의 검체를 취하여 분석용 저울로 0.1mg까지 다는 것을 말한다.

(9) "정확히 취하여"라 하는 것은 규정한 양의 검체 또는 시액을 홀피펫으로 눈금까지 취하는 것을 말한다.

(10) "냄새가 없다"라고 기재한 것은 냄새가 없거나, 또는 거의 없는 것을 표시하는 것이다.

(11) 여과용 기구 및 기기를 기재하지 아니하고 "여과한다"라고 하는 것은 KS M 7602 거름종이 5종 A 또는 이와 동등한 여과지를 사용하여 여과함을 말한다.

(12) 분석용 저울은 0.1mg까지 달 수 있는 것이어야 하며 분석용 저울 및 분동은 국가검정을 필한 것을 사용하여야 한다.

(13) 연속측정 또는 현장측정의 목적으로 사용하는 측정기기는 공정시험기준에 의한 측정치와의 정확한 보정을 행한 후 사용할 수 있다.

(14) 이 공정시험기준에 수재되어 있지 아니한 방법이라도 측정결과가 같거나 그 이상의 정확도가 있다고 판단될 경우로서 국내외의 공인기관에서 인정하고 있는 방법은 그 방법을 사용할 수 있다.

(15) 하나 이상의 시험기준으로 시험한 결과가 서로 달라 제반 기준의 적부 판정에 영향을 줄 경우에는 항목별 시험기준의 주 시험기준에 의한 분석 성적으로 판정한다. 단, 주 시험기준은 따로 규정이 없는 한 항목별 시험방법의 1법으로 한다.

(16) 정량한계는 지정된 시험기준에 따라 시험하였을 경우 그 시험기준에 대한 최소 정량한계를 의미하며, 그 미만은 불검출된 것으로 간주한다.

必수문제

01 95% 황산(비중 1.84)의 노말(N) 농도는?

> **풀이**
>
> $$N(eq/L) = \frac{비중 \times 1,000 \times \%/100}{g당량} = \frac{1.84 \times 1,000 \times 95/100}{(98/2)} = 35.67eq/L(N)$$

必수문제

02 1몰(M) 황산(H_2SO_4) 용액은 몇 노말(N) 용액인가?(단, H_2SO_4 분자량＝98, 당량＝49)

> **풀이**
>
> 노말(N)＝몰(M)×가수
>
> $$N = M \times \frac{당량 \ 수}{mol}$$
>
> $$= 1 \times 2 = 2N(또는 \ N = 1 \times \frac{2}{1} = 2N)$$

必수문제

03 불소표준원액의 농도는 $1,000 \mu gF^-/mL$이다. 불소표준원액 10mL를 정확히 취하여 물을 넣어 정확히 100mL로 했을 때 이 용액의 농도($\mu gF^-/mL$)는?

> **풀이**
>
> $$농도(\mu gF^-/mL) = 1,000 \mu gF^-/mL \times \frac{10mL}{100mL} = 100 \mu gF^-/mL$$

정도보증/정도관리(QA/QC)

1. 개요(목적)

환경측정의 정도보증/정도관리는 측정·분석 결과의 정밀·정확도를 관리하고 보증하여 국가적인 환경정책 결정, 산업체의 오염물질 관리 및 국민의 삶의 질 관리에 기여하는 것을 그 목적으로 한다.

2. 정도관리 요소

(1) 바탕시료

① 방법바탕시료(Method Blank)

시료와 유사한 매질을 선택하여 추출, 농축, 정제 및 분석 과정에 따라 측정한 것을 말하며, 이때 매질, 실험절차, 시약 및 측정장비 등으로부터 발생하는 오염물질을 확인할 수 있다.

② 시약바탕시료(Reagent Blank)

시료를 사용하지 않고 추출, 농축, 정제 및 분석 과정에 따라 모든 시약과 용매를 처리하여 측정한 것을 말하며, 이때 실험절차, 시약 및 측정장비 등으로부터 발생하는 오염물질을 확인할 수 있다.

(2) 검정곡선(Calibration Curve)

분석물질의 농도변화에 따른 지시값을 나타낸 것으로 시료 중 분석 대상 물질의 농도를 포함하도록 범위를 설정하고, 검정곡선 작성용 표준용액은 가급적 시료의 매질과 비슷하게 제조하여야 한다.

① 절대검정곡선법(External Standard Method)

시료의 농도와 지시값의 상관성을 검정곡선 식에 대입하여 작성하는 방법이다.

② 표준물질첨가법(Standard Addition Method)

㉠ 시료와 동일한 매질에 일정량의 표준물질을 첨가하여 검정곡선을 작성하는 방법이다.

㉡ 매질효과가 큰 시험 분석 방법에서 분석 대상 시료와 동일한 매질의 표준 시료를 확보하지 못한 경우에 매질효과를 보정하여 분석할 수 있는 방법이다.

③ 상대검정곡선법(Internal Standard Method)

㉠ 검정곡선 작성용 표준용액과 시료에 동일한 양의 내부표준물질을 첨가하여 시험분석 절차, 기기 또는 시스템의 변동으로 발생하는 오차를 보정하기 위해 사용하는 방법이다.

㉡ 상대검정곡선법은 시험 분석하려는 성분과 물리·화학적 성질은 유사하나 시료에는 없는 순수 물질을 내부표준물질로 선택한다.

㉢ 일반적으로 내부표준물질로는 분석하려는 성분에 동위원소가 치환된 것을 많이 사용한다.

(3) 검출한계

① 기기검출한계(IDL ; Instrument Detection Limit)

㉠ 시험분석 대상물질을 기기가 검출할 수 있는 최소한의 농도이다.

㉡ 일반적으로 S/N비의 2~5배 농도 또는 바탕시료를 반복 측정 분석한 결과의 표준편차에 3배한 값 등을 말한다.

② 방법검출한계(MDL ; Method Detection Limit)

㉠ 시료와 비슷한 매질 중에서 시험분석 대상을 검출할 수 있는 최소한의 농도이다.

㉡ 제시된 정량한계 부근의 농도를 포함하도록 준비한 n개의 시료를 반복 측정하여 얻은 결과의 표준편차(s)에 99% 신뢰도에서의 t-분포값을 곱한 것이다.

㉢ 산출된 정량한계는 제시한 정량한계값 이하이어야 한다.

③ 정량한계(LOQ ; Limit Of Quantification)

㉠ 시험분석 대상을 정량화할 수 있는 측정값이다.

㉡ 제시된 정량한계 부근의 농도를 포함하도록 시료를 준비하고 이를 반복 측정하여 얻은 결과의 표준편차(s)에 10배한 값을 사용한다.

$$정량한계 = 10 \times s$$

(4) 정밀도(Precision)

① 시험분석 결과의 반복성을 나타내는 것이다.

② 반복 시험하여 얻은 결과를 상대표준편차(RSD ; Relative Standard Deviation)로 나타내며, 연속적으로 n회 측정한 결과의 평균값($\bar{x}$)과 표준편차(s)로 구한다.

$$정밀도(\%) = \frac{s}{x} \times 100$$

(5) 정확도(Accuracy)

① 시험분석 결과가 참값에 얼마나 근접하는가를 나타내는 것으로 동일한 매질의 인증시료를 확보할 수 있는 경우에는 표준절차서(SOP ; Standard Operational Procedure)에 따라 인증표준물질을 분석한 결괏값(CM)과 인증값 (CC)의 상대백분율로 구한다.

② 인증시료를 확보할 수 없는 경우에는 해당 표준물질을 첨가하여 시료를 분석한 분석값(C_{AM})과 첨가하지 않은 시료의 분석값(C_S)의 차이를 첨가 농도(C_A)의 상대백분율 또는 회수율로 구한다.

$$정확도(\%) = \frac{C_M}{C_C} \times 100 = \frac{C_{AM} - C_S}{C_A} \times 100$$

(6) 현장이중시료(Field Duplicate Samples)

① 동일 위치에서 동일한 조건으로 중복 채취한 시료로서 독립적으로 분석하여 비교한다.

② 현장이중시료는 필요시 하루에 20개 이하의 시료를 채취할 경우에는 1개를, 그 이상의 시료를 채취할 때에는 시료 20개당 1개를 추가로 채취한다.

③ 동일한 조건에서 측정한 두 시료의 측정값 차를 두 시료 측정값의 평균값으로 나누어 상대편차백분율(RPD ; Relative Producibility Deviation)로 구한다.

$$상대편차백분율(\%) = \frac{C_2 - C_1}{\overline{x}} \times 100\%$$

Reference 내부표준법

내부표준법은 크로마토그래피를 사용한 정량법 중에서 시료전처리, 시약 취급, 시료 주입 등에서 발생할 수 있는 오차를 최소화시키기 위해 사용하는 방법이다.

Reference 검정곡선의 작성 및 검증에 관한 사항

검증은 방법검출한계의 5~50배 또는 검정곡선의 중간 농도에 해당하는 표준용액에 대한 측정값이 검정곡선 작성 시의 지시값과 10% 이내에서 일치하여야 한다.

Reference 감응계수

$$감응계수 = \frac{반응값}{검정곡선\ 작성용\ 표준용액의\ 농도}$$

시료의 채취 및 조제
(Sampling and Preparing of Soil Sample)

1. 시료의 채취방법

토양 시료채취는 간단한 작업이지만 토양은 수직으로나 수평적으로 균일하지 않으므로, 채취한 시료가 대상지역의 토양을 대표해야 한다는 점에서 세심한 주의를 기울여야 한다. 시료채취 오차는 분석측정 오차보다 항상 크기 때문에 토양시료는 신중하고 정확하게 채취해야 한다.

(1) 일반지역

① 시료채취지점 선정

㉠ 농경지의 경우는 대상지역 내에서 지그재그형으로 5~10개 지점을 선정한다.

㉡ 공장지역 · 매립지역 · 시가지지역 등 농경지가 아닌 기타 지역의 경우는 대상지역의 중심이 되는 1개 지점과 주변 4방위의 5~10m 거리에 있는 1개 지점씩 총 5개 지점을 선정하되, 대상지역에 시설물 등이 있어 각 지점 간의 간격이 불충분할 경우 간격을 적절히 조절할 수 있다.

㉢ 시안, 유기인화합물, 벤조(a)피렌, 석유계 총 탄화수소, 페놀류, 폴리클로리네이티드비페닐, 벤젠, 톨루엔, 에틸벤젠, 크실렌, 트리클로로에틸렌, 테트라클로로에틸렌, 1,2-디클로로에탄 시험용 시료는 농경지 또는 기타 지역의 구분에 관계없이 대상지역을 대표할 수 있는 1개 지점 또는 오염의 개연성이 높은 1개 지점을 선정한다.

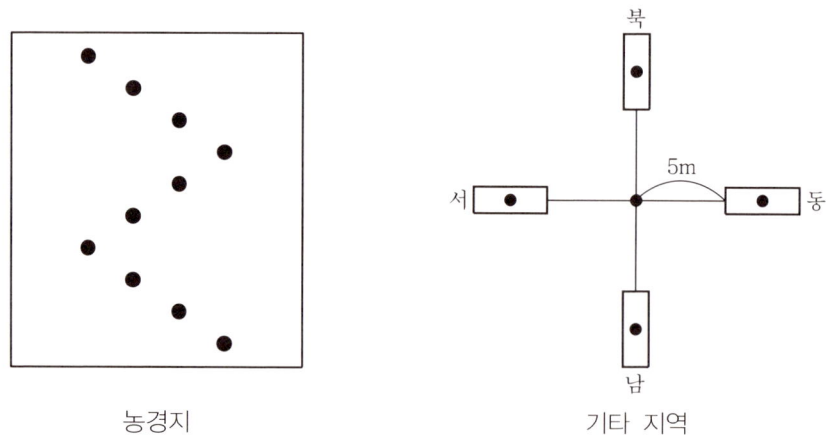

농경지   기타 지역

┃ 그림 2-1 ┃ 토양시료 채취지점도

② 시료의 채취 및 보관

   ㉠ 토양오염도검사를 위해서는 표토층(0~15cm) 또는 필요에 따라 일정 깊이 이하의 토양시료를 채취할 수 있다.

   ㉡ 토양시료 채취 시 토양 표면의 잡초나 유기물 등 이물질층을 제거한 후 [그림 2-2]와 같은 토양시료채취기(Sampler)로 약 0.5kg 채취한다. 다만, 토양시료채취기가 없을 때는 조사대상 물질의 특성을 고려하여 결정한다.

   ㉢ 토양시료 채취기가 없을 경우 유기물질을 조사할 때에는 스테인리스강 재질의 모종삽 또는 삽 등과 같은 기구를 사용한다.

   ㉣ 토양시료 채취기가 없을 경우 중금속류의 경우는 플라스틱 재질이 적합하며 [그림 2-3]과 같이 A부분의 흙을 제거한 다음 B부분의 흙을 채취한다.

   ㉤ 시료채취 시 토양에 직접 접촉하는 부분은 도색, 그리스 등의 화학약품이 처리되지 않은 기구를 사용한다.

   ㉥ 채취한 토양시료 중 약 300g을 분취하여 수소이온농도, 중금속 및 불소 시험용 시료는 폴리에틸렌 봉투에, 시안 및 유기물질 시험용 시료는 입구가 넓은 유리병에 넣어 보관한다.

   ㉦ 벤조(a)피렌, 석유계 총 탄화수소, 벤젠, 톨루엔, 에틸벤젠, 크실렌 및 트리클로로에틸렌, 테트라클로로에틸렌, 1,2-디클로로에탄 시험용 시료의 분취는 시료의 채취 및 보관에 따른다.

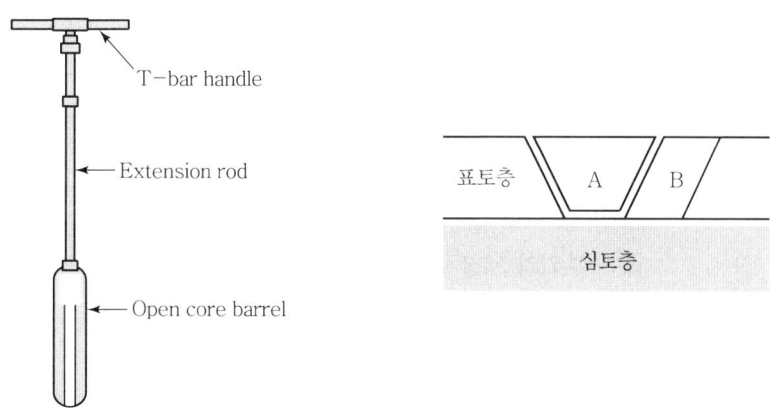

┃그림 2-2┃ 토양시료채취기 예시   ┃그림 2-3┃ 토양시료채취법 예시

   ㉧ 채취한 토양시료 중 나머지는 입구가 넓은 200mL 이상 용량의 유리병에 가득 담고 마개로 막아 밀봉한 후 0~4℃의 냉장상태로 실험실로 운반하여 수분보정용 시료로 사용한다.

   ㉨ 시료용기에는 채취날짜, 위치, 시료명, 토양깊이, 채취자 등 시료내역을 기재한다.

ⓩ 석유계 총 탄화수소 시험용 시료의 시료용기에는 저장시설에 보관된 유류의 종류 및 제조회사명을 기재한다.

(2) 토양오염관리대상시설지역(토양오염유발 시설지역)

① 시료채취지점 선정

ⓐ 부지 내

ⓐ 지상저장시설

그림과 같이 토양오염물질(유류 등)의 누출이 인지되거나 토양오염의 개연성이 높은 3개 지점을 선정하되, 저장시설의 끝단으로부터 수평방향으로 1m 이상 떨어진 지점에서 이격거리의 1.5배 깊이까지로 한다. 다만, 방유조(Tank Dike) 외부에서 시료를 채취하고자 할 경우에는 방유조 끝단을 기준으로 한다.

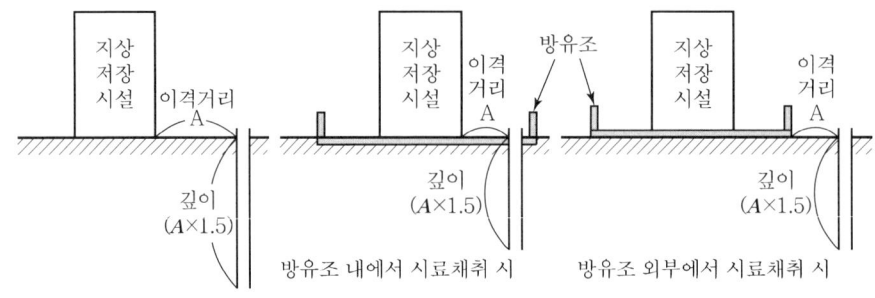

▌그림 2-4 ▌ 지상저장시설의 토양시료채취지점 깊이 예시

ⓑ 지하매설저장시설

[그림 2-5]와 같이 저장시설을 중심으로 각각 서로 반대방향에 있는 배관 부위와 저장시설 부위에서 누출 개연성이 높은 곳에 각각 1~2개 지점씩 3개 지점을 선정한다.

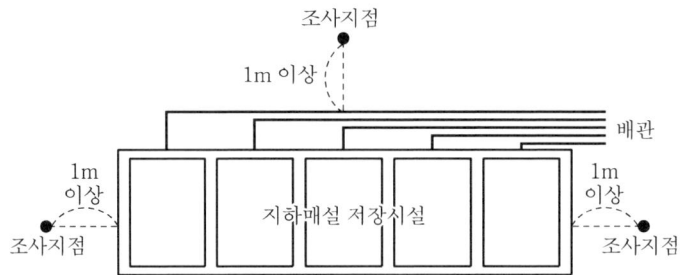

▌그림 2-5 ▌ 지하매설저장시설의 조사지점 위치도 예시

ⓒ [그림 2-6]과 같이 저장시설 부위에서 채취하는 2개 지점은 저장시설 아랫면의 끝단에서 수평방향으로 1m 이상 떨어진 지점(이격거리, A)에서부터 이격거리의 1.5배 깊이까지로 하며, 배관부위에서 채취하는 1개 지점은 저장시설로부터 가장 멀리 떨어진 배관에서 수평방향으로 1m 이상 떨어진 지점(이격거리, A)에서부터 이격거리의 1.5배 깊이까지로 한다.

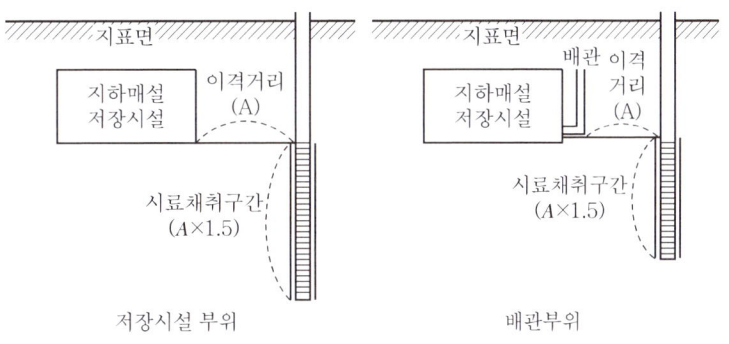

┃ 그림 2-6 ┃ 지하매설저장시설의 토양시료채취지점 깊이 예시

ⓛ 주변지역

ⓐ 토양오염관리대상시설 부지의 경계선으로부터 1m 이내의 지역 중, 당해 시설이 아닌 다른 오염원으로부터 오염되었을 개연성이 없다고 판단되는 1개 지점에서 부지 내의 시료채취지점 중 깊이가 가장 깊은 곳을 기준으로 하고, 그 깊이는 표토에서 해당 깊이까지로 한다. 단, 판매시설 등의 경우에는 부지의 경계선에서 부지 내 시료채취지점의 방향 등을 고려하여 선정한다.

ⓑ 시료채취지점의 토질이 암반 등으로 시료를 채취할 수 없는 경우에는 그 깊이를 조정할 수 있다.

必수문제

01 지하매설저장시설 내 배관으로부터 3m 지점에서 토양시료를 채취하였다면 토양시료 채취지점에서 최대한의 시료채취 깊이(m)는?

 풀이

시료채취 깊이(m)=3m×1.5=4.5m

② 시료의 채취 및 보관

ⓛ 토양시료는 직경 2.5cm 이상의 시료채취 봉이 들어 있는 타격식이나 나선 형식의 토양시추장비로 채취한다. 이때 사용하는 시추장비는 시추 중에 물이나 기름이 유입되지 않는 것이어야 한다.

ⓛ 시료채취 봉을 꺼내어 오염의 개연성이 가장 높다고 판단되는 부위 ±15cm를 시료부위로 한다. 다만, 오염의 개연성이 판단되지 않을 경우는 제일 하부의 토양 30cm를 시료부위로 한다.

ⓒ 벤젠, 톨루엔, 에틸벤젠, 크실렌, 트리클로로에틸렌, 테트라클로로에틸렌, 1,2-디클로로에탄 시험용 시료의 경우, 시료부위의 토양을 즉시 한쪽이 터진 10mL 부피의 테플론, 스테인리스, 알루미늄 또는 유리재질의 주사기 또는 코어샘플러를 사용하여 3곳에서 각각 약 2mL씩 채취한 5~10g의 토양을 미리 준비한 시험관에 넣고, 마개로 막아 밀봉한 후 0~4℃의 냉장 상태로 실험실로 운반한다.

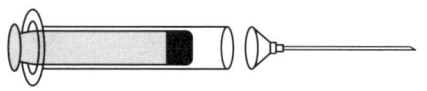

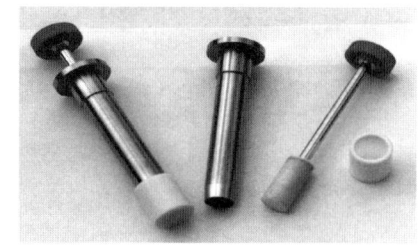

┃그림 2-7┃ 한쪽이 터진 주사기 예시   ┃그림 2-8┃ 코어샘플러 예시

ⓡ 수분보정용 시료는 입구가 넓은 200mL 이상의 유리병에 가득 담고 밀 봉한 후 같은 방법으로 실험실로 운반하여 사용한다.

＊[비고] 미리 준비한 시험관이란 마개가 있는 30mL 부피의 시험관에 벤젠, 톨루엔, 에틸벤젠, 크실렌, 트리클로로에틸렌, 테트라클로로에틸렌, 1,2-디클로로 에탄 시험용 메틸알코올 10mL를 넣고 미리 소수점 넷째 자리에서 반올림 하여 소수점 셋째 자리까지 무게를 정확히 단 것을 말한다.

ⓜ 벤조(a)피렌, 석유계 총 탄화수소 시험용 시료의 경우, 시료부위의 토 양을 입구가 넓은 유리병에 공간이 없도록 가득 담고 마개로 막아 밀봉 한 후 0~4℃의 냉장상태로 실험실로 운반하여 충분히 혼합한 후 벤조 (a)피렌, 석유계 총 탄화수소 시험용 및 수분보정용 시료로 사용한다.

ⓗ 시료용기에는 의뢰자, 시료명, 검사항목, 채취일시 및 장소, 토성, 중 량 및 채취자, 입회자 등을 지워지지 않도록 기재한다. 특히 석유계 총 탄화수소 시험용 시료의 시료용기에는 저장시설에 보관된 유류의 종류 및 제조회사명을 기재한다.

ⓢ 벤조(a)피렌, 석유계 총 탄화수소, 트리클로로에틸렌, 테트라클로로에 틸렌, 1,2-디클로로에탄, 벤젠, 톨루엔, 에틸벤젠 및 크실렌 이외 토 양오염물질을 저장하는 시설에 대한 시료채취 및 보관도 이와 동일하 게 실시한다.

✱ [비고] 토양을 시추할 때는 토양오염관리대상시설 관계자의 의견을 들어 지하매설 시설 등이 손상되지 않도록 주의하여 작업하여야 한다.

2. 시료의 조제방법

(1) 수소이온농도, 불소 및 금속류 시험용 시료

① 각각의 채취지점에서 채취한 토양시료를 법랑제 또는 폴리에틸렌제 배트(Vat) 위에 균일한 두께로 하여 직사광선이 닿지 않는 장소에서 통풍이 잘 되도록 펼쳐 놓고 풍건시킨 다음, 나무망치 등으로 파쇄(토양 풍건 후 발생되는 토양 덩어리를 세립자로 분리하는 과정)한다.

② 수소이온농도 분석용 시료는 풍건·파쇄된 시료를 10메시 표준체(눈금간격 2mm)로 체거름하여 조제한다.

③ 6가 크롬을 제외한 금속류 함량 분석대상 물질 분석용 시료는 10메시 표준체(눈금간격 2mm)로 체거름한 시료를 100메시 표준체(눈금간격 0.15mm)로 체거름하여 조제한다.

④ 불소 분석용 시료는 10메시 표준체(눈금간격 2mm)로 체거름한 시료를 200메시 표준체(눈금간격 0.075mm)로 체거름하여 조제한다.

⑤ 해당 분석용 시료는 체거름하기 전 사분법 등에 의해 균일하게 혼합되도록 한 후 조제한다.

✱ [비고] 풍건 시료 사용이 곤란한 경우, 수분 흡수와 오염 유발의 위험성이 없는 넓은 용기에 5cm 이하의 두께로 토양 시료를 편 다음, 건조기(40℃ 이하)에서 토양 시료의 총 무게손실이 24시간 동안 5%(중량 기준) 이하일 때까지 건조한 후 해당 분석용 시료로 조제한다.

✱ [비고] 토양시료의 입자 차이가 크거나 밀도 차이가 있는 입자의 혼입으로 인하여 분석결과의 오차가 발생할 우려가 있을 경우에는 2mm 표준체(10메시)로 체거름한 시료를 막자사 발 등으로 분쇄한 다음 분석대상물질에 따라 해당 표준체로 체거름하여 분석용 시료로 조제한다.

(2) 시안, 6가 크롬 및 유기물질 시험용 시료

① 채취지점에서 채취한 토양시료에서 돌, 나무 등 협잡물을 제거한 후 분석용 시료로 한다.

② 벤조(a)피렌, 석유계 총 탄화수소, 벤젠, 톨루엔, 에틸벤젠, 크실렌, 트리클로로에틸렌 및 테트라클로로에틸렌, 1,2-디클로로에탄 시험용 시료는 채취 및 보관방법에 따른다.

(3) 분석용 시료의 함수율 보정

모든 분석용 시료는 분석결과에 대한 수분을 보정하기 위해 함수율을 측정한다.

004 수분 함량(Moisture Content)

1. 개요

(1) 목적

이 시험기준은 토양의 수분 함량을 측정하는 방법으로 시료를 105~110℃에서 4시간 이상 건조하고 데시케이터에서 식힌 후 항량으로 하고 무게를 정확히 달아 수분 함량(%)을 구한다.

(2) 적용범위

① 습윤 토양시료의 건조중량을 계산하기 위하여 적용한다.
② 토양 중 수분을 0.1%까지 측정한다.

(3) 간섭물질

돌, 나무 등 눈에 보이는 협잡물 등은 제거한 후 시험해야 한다.

2. 분석기기 및 기구

(1) 칭량병 또는 증발접시

칭량병 또는 증발접시는 시료의 두께를 10mm 이하로 넓게 펼 수 있는 정도로 하부 면적이 넓은 것을 사용하여야 하며 가급적 무게가 적은 것을 사용한다.

(2) 저울

시료 용기와 시료의 무게를 잴 수 있는 것으로 0.1mg까지 측정할 수 있는 것을 사용한다.

3. 시료채취 및 관리

(1) 토양시료 채취는 시료의 채취 및 조제 방법에 따르고 시료는 유리병에 채취하며 가능한 한 빨리 측정한다.

(2) 습윤토양시료를 보관하여야 할 경우 미생물에 의한 분해를 방지하기 위해 0~4℃로 보관한다.

(3) 시료는 24시간 이내에 증발처리를 하여야 하나 최대한 7일을 넘기지 말아야 한다. 시료를 분석하기 전에 상온이 되게 한다.

4. 분석절차

(1) 칭량병 또는 증발접시를 미리 105~110℃에서 1시간 건조시킨 다음 실리카겔 등 흡습제가 있는 데시케이터 안에서 식힌 후 사용하기 직전에 무게를 잰다.

(2) 시료 적당량을 취하여 칭량병 또는 증발접시와 시료의 무게를 정확히 단다.

(3) 105~110℃의 건조기 안에서 4시간 이상 항량이 될 때까지 건조시킨 다음 실리카겔 등 흡습제가 있는 데시케이터 안에 넣어 식힌 후 무게를 정확히 단다.

5. 수분함량계산

시료와 칭량병 또는 증발접시의 무게로부터 다음 식에 따라 시료의 수분 함량(%)을 계산한다.

$$수분(\%) = \frac{(W_2 - W_3)}{(W_2 - W_1)} \times 100$$

여기서, W_1 : 칭량병 또는 증발접시의 무게(g)

W_2 : 건조 전의 칭량병 또는 증발접시와 시료의 무게(g)

W_3 : 건조 후의 칭량병 또는 증발접시와 시료의 무게(g)

 **수문제**

01 시료의 수분 측정 결과 건조된 증발접시의 무게(W_1)는 20.25g, 건조 전 증발접시와 시료의 무게(W_2)는 41.50g, 건조 후 증발접시와 시료의 무게(W_3)는 35.50g이었다면 시료의 수분 함량(%)은?

풀이

$$수분 함량(\%) = \frac{W_2 - W_3}{W_2 - W_1} \times 100 = \frac{(41.50 - 35.50)}{(41.50 - 20.25)} \times 100 = 28.23\%$$

필수문제

02 토양 중 토양수분(moisture content)을 측정하기 위해서 은박 증발접시(3g)를 이용하여 110℃에서 항량이 될 때까지 건조시킨 다음, 건조 전 토양시료만의 무게(10g)와 건조 후 토양시료만의 무게(9g)를 측정하였다. 토양수분 함량(%)으로 적절한 것은?

> **풀이**
>
> $$수분\ 함량(\%) = \left(\frac{W_2 - W_3}{W_2 - W_1}\right) \times 100 = \left(\frac{13-12}{13-3}\right) \times 100 = 10\%$$

필수문제

03 임의의 시료에 대해 수분(%)측정 실험 중 다음과 같은 결과를 얻었을 때 시료의 수분(%)은?

- 증발접시 무게 : 10g
- 습윤 상태 시료 무게 : 10g
- 건조 후 시료와 증발접시 무게 : 17g

> **풀이**
>
> $$수분(\%) = \frac{(W_2 - W_3)}{(W_2 - W_1)} \times 100$$
> $$W_2 = 10 + 10 = 20g$$
> $$= \frac{(20-17)g}{(20-10)g} \times 100 = 30\%$$

005 수소이온농도 – 유리전극법
(pH – Glass Electrode Method)

1. 개요

(1) 목적

이 시험기준은 토양의 pH를 측정하는 방법으로 토양시료의 무게에 5배의 정제수를 사용하여 혼합한 후 pH를 유리전극과 기준전극으로 구성된 pH 측정기를 사용하여 측정한다.

(2) 적용범위

① 토양 시료의 pH 측정에 적용한다.
② pH를 0.1까지 측정한다.

(3) 간섭물질

① 토양을 오랫동안 방치하면 미생물의 작용으로 탄산가스가 발생하여 pH가 낮아질 수 있다.
② pH 11 이상의 시료는 오차가 크게 발생할 수 있으므로 오차가 적은 특수전극을 사용한다.
③ 유리전극은 일반적으로 용액의 색도, 탁도, 콜로이드성 물질들, 산화 및 환원성 물질들 그리고 염의 농도에 의해 간섭을 받지 않는다. 따라서 전극을 넣을 때 토양현탁을 만들어 주고 곧 넣어서 측정한다.
④ 올바른 수치가 나오지 않으면 표준전극의 미세구멍이 부분적으로 막혔을 가능성이 높다. 이는 토양입자로 인하여 미세구멍이 막혔거나 전극 주위에 염화칼륨 결정이 과다하게 발생하였거나 포화 염화칼륨의 흐름을 억제하는 전극의 공기구멍이 적절하게 조정되지 않았기 때문이다. 이들 문제는 주기적으로 공기구멍을 열어 주거나 정제수로 염화칼륨 결정을 세척하거나 포화 염화칼륨을 몇 차례 교환하거나 미세구멍이 있는 초자구가 약간 젖는 것같이 보일 때까지 고운 금강사로 전극하단을 주의하여 가는 것으로 해결될 수 있다.
⑤ 토양 중 염류의 농도가 높아지면 pH값이 낮아지는 경우가 있다.
⑥ 기름 층이나 작은 입자상이 전극을 피복하여 pH 측정을 방해할 수 있는데, 이 피복물을 부드럽게 문질러 닦아내거나 세척제로 닦아낸 후 정제수로 세척하여 부드러운 천으로 제거하여 사용한다. 염산(1+9) 용액을 사용하여 피복물을 제거할 수 있다.
⑦ pH는 온도변화에 따라 영향을 받는다. 대부분의 pH 측정기는 자동으로 온도를 보정하나 표에 따라 할 수 있다.

2. 용어 정의

(1) pH

pH는 보통 유리전극과 비교전극으로 된 pH 측정기를 사용하여 측정하는데, 양 전극 간에 생성되는 기전력의 차를 이용하여 다음과 같은 식으로 정의된다.

$$pH_x = pH_s \pm \frac{F(E_X - E_S)}{2.303RT}$$

여기서, pH_x : 시료의 pH 측정값

pH_s : 표준용액의 pH($-\log[H^+]$)

E_X : 시료에서의 유리전극과 비교전극 간의 전위차(mV)

E_S : 표준용액에서의 유리전극과 비교전극 간의 전위차(mV)

F : 패러데이(Faraday) 상수(9.649×10^4C/mol)

R : 기체상수{8.314J/(K · mol)}

T : 절대온도(K)

(2) 기준전극

은-염화은의 칼로멜 전극 등으로 구성된 전극으로 pH 측정기에서 측정 전위값 의 기준이 된다.

(3) 유리전극(작용전극)

pH 측정기에 유리전극으로서 수소이온의 농도가 감지되는 전극이다.

3. 분석기기 및 기구

(1) pH 측정기

① pH 측정기의 구조

㉠ pH 측정기는 보통 유리전극 및 기준전극으로 된 검출부와 검출된 pH를 지시하는 지시부로 되어 있다.

㉡ 지시부에는 비대칭 전위조절(영점조절) 기능 및 온도보정 기능이 있다.

㉢ 온도보정 기능이 없는 경우는 온도보정용 감온부가 있다.

② 기준전극

㉠ 은-염화은의 칼로멜 전극 등이 사용될 수 있다.

㉡ 기준전극과 작용전극이 결합된 전극이 측정하기에 편리하다.

③ 자석 교반기 또는 테플론으로 피복된 자석 바를 사용한다.

④ pH 측정기는 조작법에 따라 임의의 한 종류의 pH 표준액에 대하여 검출부를
물로 잘 씻은 다음 5회 되풀이하여 pH를 측정했을 때 그 값의 편차가 ±0.05
이내의 것을 쓴다.

4. 시약 및 표준용액

(1) 시약(정제수)

시약용 정제수를 사용하거나, 정제수를 15분 이상을 재증류하여 이산화탄소를
제거한 후에 산화칼슘(생석회) 흡수관을 부착하여 식힌 다음 사용한다.

(2) 표준용액

조제한 pH 표준용액은 경질유리병 또는 폴리에틸렌병에 보관하는데, 보통 산성
표준용액은 3개월, 염기성 표준용액은 산화칼슘(생석회) 흡수관을 부착하여 1개
월 이내에 사용하며, 현재 국내외에 상품화되어 있는 표준용액을 사용할 수 있다.
① 수산염 표준용액(0.05M)
② 프탈산염 표준용액(0.05M)
③ 인산염 표준용액(0.025M)
④ 붕산염 표준용액(0.05M)
⑤ 탄산염 표준용액(0.025M)
⑥ 수산화칼슘 표준용액(0.02M, 25℃ 포화용액)

5. 분석절차

(1) 시료의 채취 및 조제 방법에 따라 조제한 분석용 시료 5g을 무게를 달아 50mL 비
커에 취하고 증류수 25mL를 넣어 가끔 유리막대로 저어주면서 1시간 방치한다.

(2) pH 측정기를 pH 표준용액으로 보정한 다음 깨끗하게 씻어 말린 유리전극 및 표
준전극을 시료용액에 넣고 60초 이내에 읽는다.
＊ [주] 전극을 넣을 때 토양 현탁을 만들어 주고 곧 넣어서 측정한다.

6. 결과보고

pH 측정기의 값을 0.1단위까지 직접 읽고 온도를 함께 측정한다.

온도별 표준액의 pH값

온도(℃)	수산염 표준액	프탈산염 표준액	인산염 표준액	붕산염 표준액	탄산염 표준액	수산화칼슘 표준액
0	1.67	4.01	6.98	9.46	10.32	13.43
5	1.67	4.01	6.95	9.39	10.25	13.21
10	1.67	4.00	6.92	9.33	10.18	13.00
15	1.67	4.00	6.90	9.27	10.12	12.81
20	1.68	4.00	6.88	9.22	10.07	12.63
25	1.68	4.01	6.86	9.18	10.02	12.45
30	1.69	4.01	6.85	9.14	9.97	12.30
35	1.69	4.02	6.84	9.10	9.93	12.14
40	1.70	4.03	6.84	9.07	—	11.99
50	1.71	4.06	6.83	9.01	—	11.70
60	1.73	4.10	6.84	8.96	—	11.45

必 수문제

01 pH 4인 수용액의 수소이온농도는?

풀이

$$pH = \log \frac{1}{[H^+]}$$

$$4 = \log \frac{1}{[H^+]}$$

$$[H^+] = 0.0001 \, mol/L$$

006 불소(Fluoride, F)

┃ 적용 가능한 시험방법 ┃

불소	정량한계(mg/kg)	정밀도(% RSD)
자외선/가시선 분광법	10	30% 이내

Note : 이온 전극법도 가능함

006-1 불소 – 자외선/가시선 분광법(Fluoride – Ultraviolet/Visible Spectrometry)

1. 개요

(1) 목적

이 시험기준은 토양 중 불소를 측정하는 방법으로 불소가 진홍색의 지르코늄(Zirconium) – 발색시약과의 반응으로 무색의 음이온복합체(ZrF_6^{2-})를 형성하는 과정을 이용하여 불소의 양이 많아질수록 색깔이 엷어지게 된다.

(2) 적용범위

① 토양 중 불소 분석에 적용한다.
② 토양 중 정량한계는 10mg/kg이다.

(3) 간섭물질

① 불소이온과 지르코늄(Zirconium) 이온 사이의 반응속도는 반응혼합물의 산도에 따라 달라진다.
② 다량의 염소이온이 함유되어 있으면 과량의 Ag^+이온을 첨가하여 염소를 제거한다.
③ 시료에 잔류염소가 함유되어 있으면 잔류염소 0.1mg당 아비산나트륨용액 한 방울을 가하고 혼합하여 제거한다.

2. 분석기기 및 기구

(1) 자외선/가시선 분광광도계

① 자외선/가시선 분광광도계(UV/VIS ; Ultraviolet Visible Spectrometer)는 그림과 같이 광원부, 파장선택부, 시료부 및 측광부로 구성되어 있다.

② 빛 경로길이가 1cm 이상 되며, 570nm의 파장에서 흡광도의 측정이 가능하여야 한다.

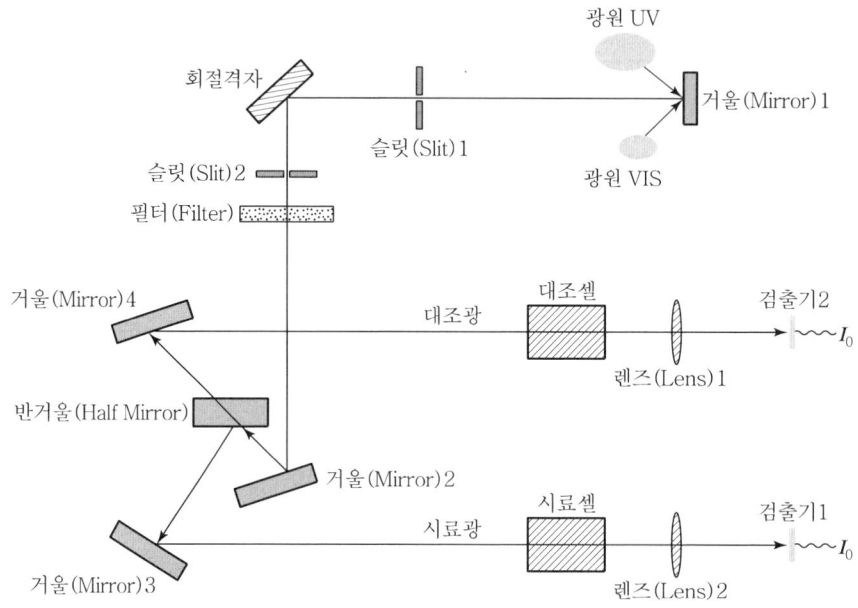

자외선/가시선 분광광도계

(2) 불소증류장치

① 불소증류장치

아래 그림의 불소증류장치를 이용하여 시료를 전처리한다.

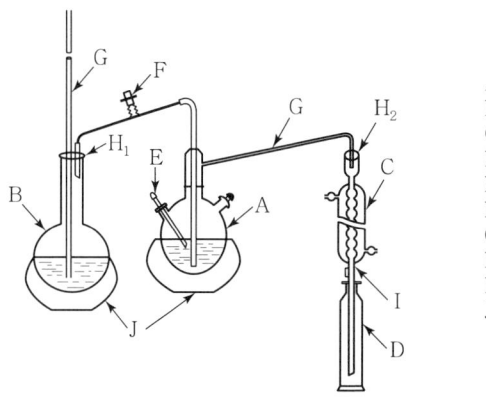

A : 300ml 삼수플라스크
B : 1L 수증기 발생용 플라스크
C : 냉각기
D : 수기(500mL 용량의 플라스크)
E : 온도계
F : 조절용 콕부
G : 유리관
H₁, H₂ : 고무마개
I : 고무관
J : 히팅 멘틀

불소 증류장치

② 불소자동증류장치

불소자동증류장치는 시료가 들어 있는 증류플라스크를 가열할 수 있는 가열 장치와 증류플라스크 내부에 증기발생관 및 자동온도센서가 설치되어 있어 불소증류 시 온도를 조절할 수 있어야 한다. 불소자동증류장치의 운영은 사용 장비의 매뉴얼에 따른다.

(3) 전기로

(4) 니켈도가니

3. 시약 및 표준용액

(1) 시약

① 산화칼슘(생석회)
② 과염소산(70%)
③ 과염소산은 용액(17.5%)
④ 니트로페놀 지시약(0.5%)
⑤ 수산화나트륨용액(50%)
⑥ 지르코닐산용액
⑦ SPADNS용액
⑧ 지르코닐산－SPADNS 혼합액
⑨ 아비산나트륨용액

⑩ 정제수

시약용 정제수를 사용하거나, 3차 증류한 정제수를 사용하며 바탕시험할 때 불소가 검출되지 않는 것을 사용한다.

(2) 표준용액

① 불소표준원액(1,000mg/L)
② 불소표준용액(10.0mg/L)

4. 정도보증/정도관리(QA/QC)

(1) 방법검출한계 및 정량한계

① 방법검출한계(MDL ; Method Detection Limit) 및 정량한계(LOQ ; Limit Of Quantification)는 정도보증/정도관리에 따라 산정한다.
② 시약바탕시료(Reagent Blank)에 정량한계 부근의 농도가 되도록 불소표준 용액을 첨가한 시료 7개를 준비하여 각 시료를 분석하여 표준편차를 구한다.
③ 표준편차에 3.14를 곱한 값을 방법검출한계로, 10을 곱한 값을 정량한계로 나타낸다.

④ 측정한 정량한계는 정량한계 이하의 값이어야 한다.

(2) 시약바탕시료의 분석

① 정도보증/정도관리에 따라 시료군마다 1개의 시약바탕시료(Reagent Blank)를 분석한다.

② 시약바탕시료는 전처리·측정하며, 측정값은 방법검출한계 이하이어야 한다.

(3) 검정곡선의 작성 및 검증

① 검정곡선의 작성 및 검증은 정도보증/정도관리에 따른다.

② 검정곡선의 작성에서 제시한 농도 범위 내에서 3개 이상의 농도(정량한계 이상)에 대해 검정곡선을 작성하고 얻어진 검정곡선의 결정계수(R^2)가 0.98 이상 또는 감응계수(RF)의 상대표준편차가 20% 이내이어야 한다.

③ 결정계수나 감응계수의 상대표준편차가 허용범위를 벗어나면 재작성하도록 한다.

(4) 정밀도 및 정확도

① 정밀도(Precision) 및 정확도(Accuracy)는 정도보증/정도관리에 따라 산정한다.

② 동일한 매질의 인증표준시료 또는 정량한계의 1~10배의 같은 농도로 표준물질을 첨가한 시료를 4개 이상 준비하여 절차에 따라 분석하여 평균값과 표준편차를 구한다.

③ 정밀도는 측정값의 상대표준편차(% RSD)로 산출하며 그 값이 30% 이내이어야 한다.

④ 정확도는 첨가한 표준물질의 농도에 대한 측정 평균값의 상대 백분율로서 나타내고 그 값이 70~130% 이내이어야 한다.

(5) 내부정도관리 주기 및 목표

① 방법검출한계, 정량한계, 정밀도 및 정확도는 연 1회 이상 산정하는 것을 원칙으로 한다.

② 분석자의 교체, 분석장비의 수리 및 이동 등의 주요 변동사항이 생길 경우에는 다시 실시한다.

③ 검정곡선 검증 및 시약바탕시료의 분석은 각 시료군마다 실시하며, 고농도의 시료 다음에는 시약바탕시료를 측정하여 오염 여부를 점검한다.

5. 분석절차

(1) 시료전처리

① 분석용 시료를 막자사발에서 갈아 0.075mm(200메시)의 표준체로 체걸음 한 토양시료를 105℃의 건조기에서 일정한 무게가 유지될 때까지 건조시킨다.

② 토양시료 1g을 정확하게 취해 50mL 부피의 니켈도가니에 넣고 산화칼슘(생석회) 분말 5g을 가하고 완전 혼합한다. 이때 시약바탕시료로서 산화칼슘(생석회) 분말 5g만을 니켈도가니에 넣어 함께 전처리한다.

③ 500℃의 전기로에서 5시간 회화한 다음 2시간 동안 800℃까지 온도를 높이면서 가열한 후 식힌다.

④ 회화된 내용물을 정제수 25mL와 70% 과염소산 50mL로 씻어 300mL 삼구플라스크에 옮기고 17% 과염소산은 용액 10방울을 가해 용액이 우유빛으로 변하는 경우 이 용액을 10방울 더 가하고 비등석 8~10개를 첨가한다.

* [비고] 다량의 염소이온이 함유되어 있으면 과량의 Ag^+이온을 첨가하여 준다.

⑤ 증류플라스크에 정제수 약 600mL를 넣고 증류장치의 각 부분을 연결한 다음 가열하여 증류를 시작하고 미리 니트로페놀 지시약 1 방울과 50% 수산화나트륨용액 1방울을 넣은 500mL 눈금실린더 또는 부피플라스크를 사용하여 유출액을 받는다.

⑥ 삼구플라스크 안의 액의 온도가 128℃가 되었을 때, 증류플라스크로부터 수증기를 통하기 시작하여 증류온도가 135℃±2℃로 유지되도록 온도를 조절한다.

⑦ 유출속도를 매분 5~6mL로 증류하여 수집기의 액량이 480mL가 되었을 때 증류를 끝낸다.

⑧ 냉각관을 분리하여 냉각관의 안쪽을 소량의 정제수로 씻어주고 씻은 액과 정제수를 넣어 표선까지 채운다.

* [비고] 증류액에 노란색이 없어지면 50% 수산화나트륨용액을 추가하여 증류 액이 알칼리성을 유지하도록 한다.

* [비고] 불소자동증류장치 사용 시 반드시 증류온도 조건과 부합되어야 하며, 증류 소요시간은 불소증류장치와 자동증류장치 분석결과의 비교 · 검토 등을 통해 설정한다.

(2) 검정곡선의 작성

① 불소이온 표준액(10mg/L) 0~7.0mL를 단계적으로 취하여 50mL 부피플라스크에 넣고 정제수로 희석한다. 단, 정량한계 이상 농도를 3개 이상 포함하여야 한다.

② 검정곡선용 표준용액을 측정법에 따라 시험하여 불소의 농도(mg/L)를 가로축(x축)에, 흡광도를 세로축(y축)에 취하여 검정곡선을 작성한다.

(3) 측정법

① 전처리한 시료에서 50mL를 취하여 100mL 부피플라스크에 넣고 지르코닐산 −SPADNS 혼합액 10mL를 가하여 잘 혼합한다.

     ✱ [비고] 시료에 잔류염소가 함유되어 있으면 잔류염소 0.1mg당 아비산나트륨 용액 한 방울을 가하고 혼합하여 제거한다.

② 이 용액의 일부를 10mm 흡수셀에 옮겨 시료용액으로 하여 570nm에서 흡광도를 측정한다.

③ 정제수 50mL를 취하여 측정방법에 따라 시험하여 바탕시험액으로 한다. 바탕시험액을 대조액으로 하여 시료용액의 흡광도를 570nm에서 측정하고 미리 작성한 검정곡선으로부터 불소이온의 양을 구하고 함량(mg/kg)을 산출한다.

     ✱ [비고] 시료 중 불소함량이 정량범위를 초과할 경우 시료를 검정곡선 범위 이내에 들도록 희석한 다음 다시 측정한다.

6. 농도계산

검정곡선식에서 얻은 불소의 농도(mg/L)로부터 다음 식을 사용하여 토양 중 불소의 농도를 계산한다.

$$\text{토양 중 불소의 농도(mg/kg)} = \frac{(C_s - C_b)}{W_d} \times f \times V$$

여기서, C_s : 검정곡선에서 얻은 토양 중 불소의 농도(mg/L)

       C_b : 검정곡선에서 얻은 시약바탕시료 중 불소의 농도(mg/L)

       f : 희석배수(검정곡선의 범위를 벗어날 경우)

       V : 용액의 최종부피(여기서는 0.5L)

       W_d : 토양시료의 건조중량(여기서는 0.001kg)

❚ 정도관리 목푯값 ❚

정도관리 항목	정도관리 목표
정량한계	10mg/kg
검정곡선	결정계수(R^2) > 0.98 또는 감응계수(RF)의 상대표준편차 < 20%
정밀도	상대표준편차가 30% 이내
정확도	70~130%

必수문제

01 자외선/가시선 분광법에서 투과율 35% 시 흡광도는?

> **풀이**
>
> $$흡광도 = \log\frac{1}{투과율} = \log\frac{1}{0.35} = 0.46$$

必수문제

02 중크롬산칼륨용액의 흡광도가 270nm에서 0.745이었다. 이 흡광도 데이터를 투과율(%)로 환산하시오.

> **풀이**
>
> $$흡광도 = \log\frac{1}{투과율} \qquad 0.745 = \log\frac{1}{투과율}$$
>
> $$투과율(\%) = \frac{1}{10^{0.745}} = 0.18 \times 100 = 18\%$$

必수문제

03 자외선/가시설 분광법에서 0.5mg/L의 표준용액을 10mL 흡수셀에 일정량을 넣고 흡광도를 측정하였더니 75%가 투과되었다. 같은 조건에서 미지의 용액을 넣고 측정하였더니 50%가 투과되었다. 미지용액의 농도(mg/L)는?

> **풀이**
>
> $$75\% \text{ 투과 흡광도} = \log\frac{1}{0.75} = 0.125$$
>
> $$50\% \text{ 투과 흡광도} = \log\frac{1}{0.5} = 0.301$$
>
> $$농도(mg/L) = \frac{0.5mg/L \times 0.301}{0.125} = 1.204$$

必수문제

04 불소의 함량을 측정하고자 할 때 검량선에서 얻어진 불소의 농도가 1.2mg/L이었다면 토양 중 불소의 함량(mg/kg)은?(단, 토양시료의 건조중량 = 1.0g, 시약 바탕 시험용액의 불소 농도 = 2.0mg/L)

> **풀이**
>
> $$토양 \text{ 중 불소 농도}(mg/kg) = \left(\frac{C_s - C_b}{W_d}\right) \times f \times V = \frac{(1.2-0.2)mg}{0.001kg} \times 0.5 = 500mg/kg$$

007 시안(Cyanide)

▌적용 가능한 시험방법 ▌

시안	정량한계(mg/kg)	정밀도(% RSD)
자외선/가시선 분광법	0.2	30% 이내
이온전극법	0.5	30% 이내

007-1 시안 – 자외선/가시선 분광법(Cyanide – Ultraviolet/Visible Spectrometry)

1. 개요

(1) 목적

이 시험기준은 토양 중에 시안화합물을 측정하는 방법으로, pH 2 이하의 산성에서 EDTA를 넣고 가열 증류하여 시안화물 및 시안착화합물을 시안화수소로 유출시키고 수산화나트륨용액에 포집한 다음 중화하고 클로라민 T와 피리딘·피라졸론 혼합액을 넣어 나타나는 청색을 620nm에서 측정하는 방법이다.

(2) 적용범위

① 이 시험기준은 토양 중에 시안화물 및 시안착화합물 등의 총 시안 농도의 분석에 적용한다.
② 각 시안화합물의 종류를 구분하여 정량할 수 없다.
③ 토양 중 시안의 정량한계는 0.2mg/kg이다.

(3) 간섭물질

① 시안화합물을 측정할 때 방해물질들은 증류하면 대부분 제거된다. 그러나 다량의 지방성분, 잔류염소, 황화합물은 시안화합물을 분석할 때 간섭될 수 있다.
② 다량의 지방성분(유지류)을 함유한 시료는 아세트산 또는 수산화나트륨 용액으로 pH 6~pH 7로 조절한 후 시료의 약 2%에 해당하는 부피의 노말헥산 또는 클로로포름을 넣어 추출하여 유기층은 버리고 수층을 분리하여 사용한다.
③ 잔류염소가 함유된 시료는 잔류염소 20mg당 L-아스코르빈산(10%) 0.6mL 또는 아비산나트륨용액(10%) 0.7mL를 넣어 제거한다.
④ 황화합물이 함유된 시료는 아세트산(초산) 아연 용액(10%) 2mL를 넣어 제거한다. 이 용액 1mL는 황화물이온 약 14mg에 해당된다.

2. 분석기기 및 기구

(1) 자외선/가시선 분광광도계(UV/VIS ; Ultraviolet Visible Spectrometer)

① 광원부, 파장선택부, 시료부 및 측광부로 구성되어 있다.

② 빛 경로길이가 1cm 이상 되며, 620nm의 파장에서 흡광도의 측정이 가능하여야 한다.

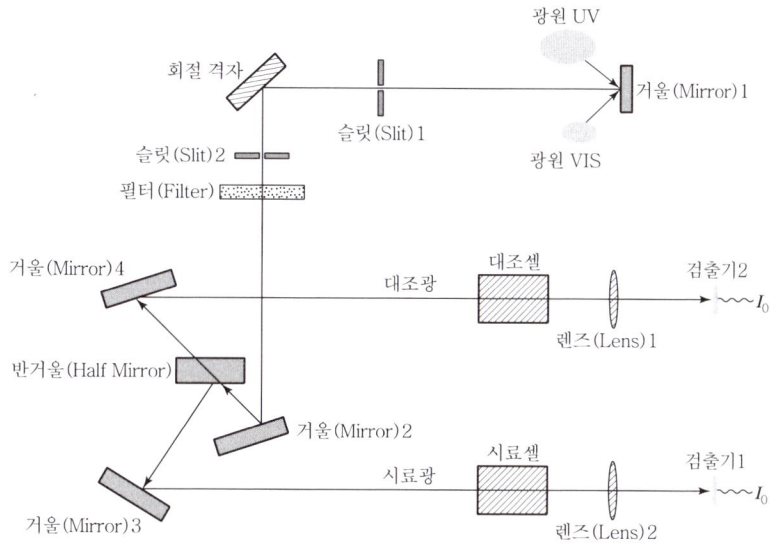

자외선/가시선 분광광도계

(2) 시안증류장치

시안증류장치를 이용하여 시료를 전처리한다.

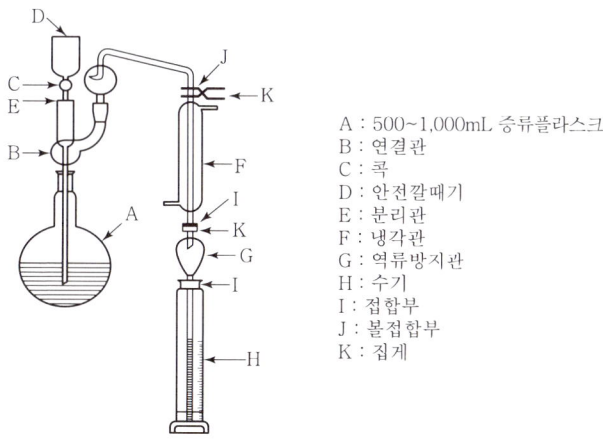

A : 500~1,000mL 증류플라스크
B : 연결관
C : 콕
D : 안전깔때기
E : 분리관
F : 냉각관
G : 역류방지관
H : 수기
I : 접합부
J : 볼접합부
K : 집게

시안증류장치

3. 시약 및 표준용액

(1) 시약

① 페놀프탈레인 · 에틸알코올용액(0.5%)

② 인산

③ 수산화나트륨용액(2%)

④ 술퍼민산암모늄용액(10%)

⑤ 에틸렌디아민테트라아세트산나트륨용액(EDTA 용액)

⑥ 클로로포름(Chloroform, $CHCl_3$, 119.38)

⑦ 아세트산(1+9)

⑧ 아세트산아연용액(10%)

⑨ 인산염완충액(pH 6.8)

⑩ 클로라민 T용액(1%)

　✱ [비고] 클로라민 T(3수화물)는 변질되기 쉬우므로 냉장보관하고, 클로라민 T용액(1%)은
　　　　사용 시 제조한다.

⑪ 피리딘피라졸론혼액

⑫ p-디메틸아미노벤지리덴로다닌아세톤용액(0.02%)

⑬ 정제수

시약용 정제수나, 3차 증류한 정제수를 사용하며 바탕시험할 때 시안이 검출
되지 않는 것을 사용한다.

(2) 표준용액

① 시안표준원액(1,000mg/L) : 농도결정

$$시안(mg/L) = a \times f \times 52.04$$

여기서, a : 0.1N-질산은용액 소비량(mL)
f : 0.1N-질산은용액의 농도계수

② 시안표준용액(1.0mg/L)

4. 정도보증/정도관리(QA/QC)

「불소-자외선/가시선 분광법」 내용과 동일

5. 분석절차

(1) 시료전처리

① 시료의 채취 및 조제에 따라 조제한 분석용 시료 적당량(약 10g으로 시안으로서 0.05mg 이하)을 정확히 취하여 500mL 증류플라스크에 넣고 정제수를 넣어 약 250mL로 한다.

② 지시약으로 페놀프탈레인 · 에틸알코올용액(0.5%) 2~3방울을 넣고 인산 또는 2% 수산화나트륨용액을 사용하여 중화하고 시안증류장치를 조립한다.

③ 주입깔때기를 통하여 술퍼민산암모늄용액(10%) 1mL와 인산 10mL 및 에틸렌디아민테트라아세트산나트륨용액 10mL를 넣고 수 분간 방치한다.

④ 증류플라스크를 가열하여 매분 2~3mL의 유출속도로 증류한다. 수기는 미리 2% 수산화나트륨용액 20mL를 넣어둔 마개 있는 100mL 메스실린더를 사용하며 수기 중의 액량이 90mL가 되었을 때 증류를 끝내고, 냉각기를 떼어내어 냉각기의 안쪽을 소량의 정제수로 씻은 후 정제수를 넣어 정확히 100mL로 한다.

＊[비고] 시안화물은 독성이 강하므로 후드나 배기시설이 잘 갖추어진 곳에서 주의 깊게 다루어야 한다. 피부 접촉이나 호흡, 섭취가 되지 않도록 유의한다.

(2) 검정곡선의 작성

① 시안표준용액(1.0mg/L) 0~10mL를 단계적으로 취하여 50mL 부피플라스크에 넣고 각각 정제수를 넣어 20mL로 한다. 단, 정량한계 이상 농도를 3개 이상 포함하여야 한다.

② 시안의 양(mg)을 가로축(x축)에, 시안의 측정값을 세로축(y축)에 취하여 검정곡선을 작성한다.

(3) 측정법

① 전처리한 시료 20mL를 정확히 취하여 50mL 부피플라스크에 넣고 지시약으로 페놀프탈레인 · 에틸알코올용액(0.5%) 1방울을 넣어 조심히 흔들어 주면서 용액의 적색이 없어질 때까지 아세트산(1＋8)을 넣는다(약 1mL 소요).

② 인산염완충용액(pH 6.8) 10mL, 클로라민 T용액(1%) 0.25mL를 넣고 마개를 막아 조심하여 섞는다. 약 5분간 방치 후, 피리딘 · 피라졸론혼합액 15mL를 넣고 정제수를 넣어 표선을 채운 다음 조심하여 섞고 25℃의 수욕조에서 30분간 방치한다.

③ 이 용액의 일부를 층장 10mm 흡수셀에 옮겨 시료용액으로 한다. 따로 정제수 20mL를 취하여 시료의 시험기준에 따라 시험하여 바탕시험액으로 한다.

④ 바탕시험액을 대조용액으로 하여 620nm에서 시료용액의 흡광도를 측정하고 미리 작성한 검정곡선으로부터 시안의 양(mg)을 계산한다.

6. 시안농도

$$토양 \ 중 \ 시안의 \ 농도(mg/kg) = \frac{A_s \times f}{W_d}$$

여기서, A_s : 검정곡선에서 얻은 시안의 양(mg)

f : 희석배수(여기서는 5)

W_d : 토양시료의 건조중량(kg)

▌ 정도관리 목푯값 ▐

정도관리 항목	정도관리 목표
정량한계	0.2mg/kg
검정곡선	결정계수(R^2) > 0.98 또는 감응계수(RF)의 상대표준편차 < 20%
정밀도	상대표준편차가 30% 이내
정확도	70~130%

007-2 시안 – 이온전극법(Cyanide – ion Selective Electrode Method)

1. 개요

(1) 목적

이 시험방법은 토양 중 시안을 측정하는 방법으로 토양을 pH 12~13의 알칼리 성으로 조절 후 시안 이온전극과 비교전극을 사용하여 전위를 측정하고 그 전위 차로부터 시안을 정량하는 방법이다.

(2) 적용범위

① 이 시험방법은 토양 중 시안 측정에 적용한다.
② 이 시험방법으로 토양 중 시안의 정량한계는 0.5mg/kg이다.

(3) 간섭 물질

① 시안화합물을 측정할 때 방해물질들은 증류하면 대부분 제거된다. 그러나 다량의 지방성분, 잔류염소, 황화합물은 시안화합물을 분석할 때 간섭될 수 있다.

② 다량의 지방성분을 함유한 시료는 아세트산 또는 수산화나트륨 용액으로 pH 6~7로 조절한 후 시료의 약 2%에 해당하는 부피의 노말헥산 또는 클로로포름을 넣어 추출하여 유기층은 버리고 수층을 분리하여 사용한다.

③ 잔류염소가 함유된 시료는 잔류염소 20mg당 L-아스코르빈산(10%) 0.6 또는 아비산나트륨용액(10%) 0.7mL를 넣어 제거한다.

④ 황화합물이 함유된 시료는 아세트산아연 용액(10%) 2mL를 넣어 제거한다. 이 용액 1mL는 황화물이온 약 14mg에 해당된다.

2. 용어정의

(1) 이온전극

이온전극은 [이온전극 | 측정 용액 | 비교전극]의 측정 계에서 측정대상 이온에 감응하여 네른스트식에 따라 이온 활동도에 비례하는 전위차를 나타낸다.

$$E = E_o + \left[\frac{2.303 \, R \, T}{z \, F} \right] \log A$$

여기서, E : 측정 용액에서 이온전극과 비교 전극 간에 생기는 전위차(mV)

E_o : 표준전위(mV)

R : 기체상수(8.314 J/K-mol)

z : 이온전극에 대하여 전위의 발생에 관계하는 전자수(이온가)

F : 패러데이(Faraday) 상수(96485 C/mol)

A : 이온 활동도(mol/L)

T : 절대온도(K)

(2) 기준전극

은-염화은의 칼로멜 전극 등으로 구성된 전극으로 pH측정기에서 측정 전위값의 기준이 된다.

(3) 유리전극(작용전극)

pH 측정기에 유리전극으로서 수소이온의 농도가 감지되는 전극이다.

3. 분석기기 및 기구

(1) 전위차계

이온전극과 비교 전극 간에 발생하는 전위차를 1mV 단위까지 읽을 수 있고 고압력 저항(1,012Ω 이상)의 전위차계로서 pH-mV계, 이온전극용 전위차계 또는 이온농도계 등을 사용한다.

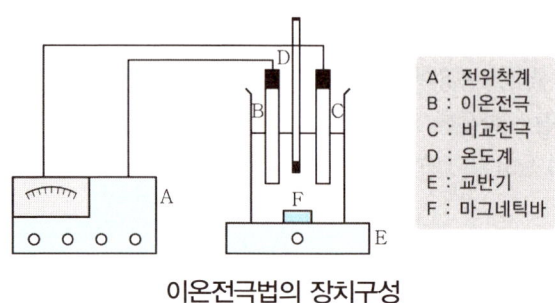

A : 전위착계
B : 이온전극
C : 비교전극
D : 온도계
E : 교반기
F : 마그네틱바

이온전극법의 장치구성

(2) 시안 이온전극

이온전극은 분석대상 이온에 대한 고도의 선택성이 있고 이온농도에 비례하여 전위를 발생할 수 있는 전극으로서 시안의 감응막은 $AgI+Ag_2S$, Ag_2S, AgI로 구성되어 있다.

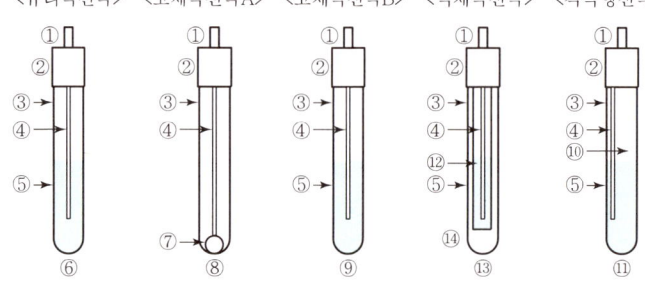

① 도선	⑧ 고체막
② 캡	⑨ 단결정막
③ 지지관(유리 또는 에폭시 수지)	⑩ 검지전극
④ 내부전극	⑪ 가스투과성막
⑤ 내부액	⑫ 내부전극 지지관
⑥ 유리막	⑬ 다공성막
⑦ 도전성 접착제	⑭ 액상 이온교환체

이온전극의 종류와 구조

(3) 비교전극

이온전극과 조합하여 이온농도에 대응하는 전위차를 나타낼 수 있는 것으로서 표준전위가 안정된 전극이 필요하다. 일반적으로 내부전극으로서 염화제일수은전극(칼로멜전극) 또는 은－염화은전극이 많이 사용된다.

(4) 자석 교반기 또는 테플론의 피복된 자석 바를 사용한다.

＊ [주] 시료와 표준용액의 측정 시 온도차는 ±1℃이어야 하고, 교반속도가 일정하여야 한다. 액온이 1℃ 변화할 때에 약 1mV의 전위차가 변화하게 된다.

Reference 자외선/가시선 분광법의 흡광도 눈금보정방법

110℃에서 3시간 이상 건조한 중크롬산칼륨(1급 이상)을 $\dfrac{N}{20}$ 수산화칼륨용액에 녹여 중크롬산칼륨용액을 만든다. 그 농도는 시약의 순도를 고려하여 $K_2Cr_2O_7$으로서 0.0303g/L가 되도록 한다.

008 금속류(Metals)

1. 목적

(1) 이 시험기준은 토양 중에 구리, 납, 니켈, 비소, 아연, 카드뮴 등의 금속류의 분석으로, 시료채취, 간섭물질, 전처리과정, 기기분석에 관해 설명하고 내부정도관리에 대해 자세히 기술하고 있다.

(2) 토양 중 금속류 측정의 주된 목적은 토양 중에 있는 유해성 금속성분을 모니터링하고 관리하는 데 있다.

2. 적용 가능한 시험방법

(1) 토양 중 금속성분을 분석하기 위해 일반적으로 시료를 적절한 방법으로 전처리하여야 하고 그 후에 기기분석을 실시한다.

(2) 금속별로 사용되는 기기분석 방법은 원자흡수분광광도법을 주 시험기준으로 한다.

(3) 원자흡수분광광도법, 유도결합플라스마-원자발광분광법의 자세한 시험방법이 제시되어 있다.

3. 금속류 분석 시 일반적인 주의사항

(1) 금속의 미량분석에서는 유리기구, 정제수 및 여과지에서의 금속 오염을 방지하는 것이 중요하다.

(2) 사용하는 시약에서도 오염이 되므로 순수시약을 사용하며, 특히 산처리와 농축과정 중에 오염이 될 수 있으므로 시약바탕시험 등을 통해 오염 여부를 평가해야 한다.

(3) 분석실험실은 일반적으로 산을 이용한 전처리 및 가열 농축과정에서 발생하는 유독기체를 배출시킬 수 있는 환기시설(후드) 등을 갖추어야 한다.

금속류 – 원자흡수분광광도법
(Metals – Atomic Absorption Spectrophotometry)

1. 개요

(1) 목적

① 이 시험기준은 토양 중 금속류를 측정하는 방법으로, 토양을 왕수(염산과 질산)로 산분해하여 전처리한 시료 용액을 직접 불꽃으로 주입하여 원자화한 후 원자흡수분광광도법으로 분석한다.

② 이 시험방법은 빛이 시료용액 중을 통과할 때 흡수나 산란 등에 의하여 강도가 변화하는 것을 이용한 것이다.

③ 시료 중의 목적성분을 정량하기 위해 파장 200~900nm에서 액체의 흡광도를 측정한다.

④ 원자흡수분광광도법은 일반적으로 광원에서 나오는 빛을 단색화장치 등을 통과하게 하여 좁은 파장범위의 빛을 이용한다.

⑤ 투사광과 입사광의 강도는 램버트비어(Lambert-Beer)의 법칙에 따른다.

(2) 적용범위

① 이 시험기준은 토양 중에 구리, 납, 니켈, 아연, 카드뮴 등의 금속류 분석에 적용한다.

② 구리, 납, 니켈, 아연, 카드뮴 등의 금속류는 공기-아세틸렌 불꽃에 주입하여 분석한다.

③ 낮은 농도의 납은 암모늄 피롤리딘 다이티오카바메이트(APDC ; Ammonium Pyrrolidine Dithiocarbamate)와 착물을 생성시켜 메틸 아이소 부틸 케톤(MIBK ; Methyl Isobutyl Ketone)으로 추출하여 공기-아세틸렌 불꽃에 주입하여 분석한다.

(3) 간섭물질

① 화학물질이 공기-아세틸렌 불꽃에서 분자상태로 존재하여 낮은 흡광도를 보일 때가 있다. 이는 불꽃의 온도가 너무 낮아 원자화가 일어나지 않는 경우와 화학물질이 안정한 산화물질로 바뀌어 불꽃에서 원자화가 일어나지 않는 경우에 발생한다.

② 염이 많은 시료를 분석하면 버너 헤드 부분에 고체가 생성되어 불꽃이 자주 꺼지므로 버너 헤드를 청소해야 한다. 이를 방지하기 위해서는 시료를 희석하여 분석하거나, MIBK 등으로 추출하여 분석한다.

③ 시료 중에 칼륨, 나트륨, 리튬, 세슘과 같이 쉽게 이온화되는 원소가 1,000mg/L

이상의 농도로 존재할 때에는 금속측정을 간섭한다. 이때에는 검정곡선용 표준물질에 시료의 매질과 유사하게 첨가하여 보정한다.

④ 니켈, 아연, 카드뮴 분석 시 시료 중에 알칼리금속의 할로겐 화합물이 다량 함유되어 있는 경우에는 분자 흡수나 광 산란에 의하여 오차가 발생하므로 추출법으로 카드뮴을 분리하여 시험한다.

> **Reference** 방해물질 최소화 방법
>
> ① 적절한 파장 선택
> ② 이온교환이나 용매추출 등을 통한 방해물질 제거
> ③ 음이온 또는 킬레이트 첨가

2. 용어 정의

(1) 바탕보정

① 원자흡수분광법에서 용액에 공존하는 여러 물질들에 의해 발생하는 스펙트럼 방해를 최소화시키기 위한 방법이다.

② 분석파장 변화, 불꽃 온도 상승, 복사선 완충제 추가, 또는 두 선 보정법, 연속 광원법, 제만(Zeeman) 효과법 등의 방법으로 스펙트럼 방해를 줄여 바탕보정을 실시할 수 있다.

(2) 인증표준시료

① 공인된 기구에서 발급한 문서를 동반하는, 유효한 절차를 사용하여 한 개 이상의 명시한 특성값과 연계 불확도, 그리고 소급성을 제공하는 표준시료이다.

② 현재 국내외에 상품화되어 있어 이를 용도 및 목적에 따라 선택, 구입할 수 있다.

3. 분석기기 및 기구

(1) 원자흡수분광광도계(AAS ; Atomic Absorption Spectrophotometer)

① 일반적으로 광원부, 시료원자화부, 파장선택부 및 측광부로 구성되어 있으며, 단광속형과 복광속형으로 구분된다.

② 다원소 분석이나 내부표준물질법을 사용할 수 있는 복합 채널형(Multi-Channel)도 있다.

(2) 광원램프

원자흡수분광광도계에 사용하는 광원으로 좁은 선폭과 높은 휘도를 갖는 스펙트럼을 방사하는 중공음극램프를 사용한다.

(3) 가스

① 원자흡수분광광도계에 불꽃을 만들기 위해 조연성 가스와 가연성 기체를 사용하는데, 일반적으로 가연성 가스로 아세틸렌을 조연성 가스로 공기를 사용한다.
② 수소－공기와 아세틸렌－공기는 거의 대부분의 원소 분석에 유효하게 사용할 수 있다.
③ 수소－공기는 원자 외 영역에서 불꽃 자체에 의한 흡수가 적기 때문에 이 파장영역에서 흡수선을 갖는 원소의 분석에 적당하다.
④ 어떠한 종류의 불꽃이라도 가연성 가스와 조연성 가스의 혼합비는 감도에 크게 영향을 주므로 금속의 종류에 따라 최적혼합비를 선택하여 사용한다.

Reference 원자흡수분광광도법 관련 용어

① 공명선(Resonance Line) : 원자가 외부로부터 빛을 흡수했다가 다시 먼저 상태로 돌아갈 때 방사하는 스펙트럼선
② 다원료 불꽃(Fuel-rich Flame) : 가연성 가스/조연성 가스의 비를 크게 한 불꽃
③ 중공음극 램프(Hollow Cathode Lamp) : 원자흡수분광광도법의 광원이 되는 것으로 목적원소를 함유하는 중공음극 한 개 또는 그 이상을 저압의 네온과 함께 채운 방전관
④ 분무기(Nebulizer or Atomizer) : 시료를 미세한 입자로 만들어 주기 위하여 분무하는 장치

---

(4) 전처리 장치

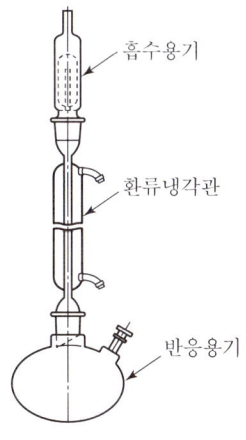

반응용기, 환류냉각관, 흡수용기의 조합

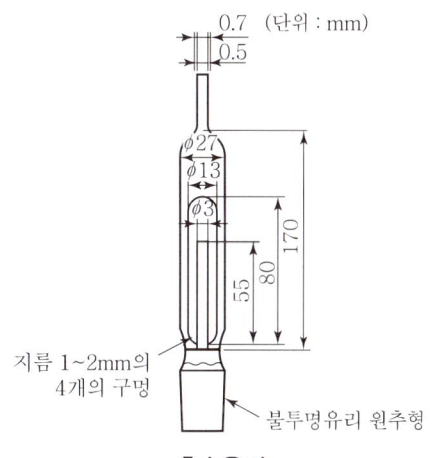

흡수용기

4. 시약 및 표준용액

(1) 시약

① 질산　　　　　　② 염산　　　　　　③ 질산(0.5M)

④ 질산(1+3)　　　⑤ 바탕용액　　　　⑥ 정제수

(2) 표준용액

모든 표준원액은 표준용액을 제조하는 데 사용한다. 표준원액은 최대 1년까지 사용할 수 있으나 10mg/L 이하의 표준용액은 최소한 1개월마다 새로 조제해야 한다.

① 구리

㉠ 구리 표준원액(1,000mg/L)　　㉡ 구리 표준용액(40.0mg/L)

② 납

㉠ 납 표준원액(1,000mg/L)　　㉡ 납 표준용액(40.0mg/L)

③ 니켈

㉠ 니켈 표준원액(1,000mg/L)　　㉡ 니켈 표준용액(40.0mg/L)

④ 아연

㉠ 아연 표준원액(1,000mg/L)　　㉡ 아연 표준용액(10.0mg/L)

아연 표준원액(1,000mg/L) 10mL를 정확히 취하여 1L 부피플라스크에 넣고 질산(1+3) 20mL를 가한 다음 정제수로 표선까지 맞추어 제조한다.

⑤ 카드뮴

㉠ 카드뮴 표준원액(1,000mg/L)　　㉡ 카드뮴 표준용액(10.0mg/L)

5. 정도보증/정도관리(QA/QC)

「불소-자외선/가시선 분광법」 내용과 동일

6. 분석절차

(1) 전처리

① 시료 3g을 0.001g까지 정확하게 취하여 250mL의 반응용기[그림 1]에 넣고 약 0.5~1mL의 정제수로 시료를 적신 후 염산 21mL를 첨가하면서 잘 섞은 다음 질산 7mL를 가하여 잘 저어준다. 이때 거품의 발생을 줄이기 위해 필요

하면 질산을 한 방울씩 떨어뜨린다.

② 흡수용기에 0.5M 질산 15mL를 붓고 흡수용기와 환류냉각관을 반응용기에 연결시킨 후 상온에서 2시간 이상 정치시켜 토양 내 유기물이 천천히 산화되도록 한다.

③ 정치 후 반응혼합물의 온도를 서서히 올려 환류조건에 도달하도록 하고 2시간 동안 그 상태를 유지시킨다. 이때 환류냉각되는 부분이 냉각관 높이의 1/3보다 낮은 부분에서 이루어지도록 확인하면서 분해시킨다.

④ 분해가 끝나면 반응용기를 냉각시킨다. 흡수용기 내의 내용물을 환류냉각관을 통하여 반응용기에 첨가하고 흡수용기와 환류냉각관을 0.5M 질산 10mL로 씻어 반응용기에 넣는다.

⑤ 반응용기를 정치시켜 대부분의 불용성 잔류물이 현탁액에서 침전되도록 한다. 상대적으로 고형분이 없는 위층을 조심스럽게 Whatman No. 40 또는 이와 동등한 여과지로 100mL 부피플라스크에 여과하고 불용성 잔류물을 여과지 위에서 최소량의 0.5M 질산을 이용하여 세척한 후 0.5M 질산으로 표선까지 채워 시료용액으로 사용한다.

(2) 검정곡선의 작성

① 구리, 납, 니켈 표준용액(40.0mg/L) 및 아연, 카드뮴 표준용액(10.0mg/L) 0~20.0mL를 단계적으로 취하여 100mL 부피플라스크에 넣고 각각에 염산 21mL와 질산 7mL를 가한 후 정제수로 표선을 맞춘다. 단, 정량한계 이상 농도를 구리, 납, 니켈의 경우 5개 이상, 아연, 카드뮴의 경우 3개 이상 포함하여야 한다.

② 금속의 양과 흡광도의 관계를 구한다.

③ 금속의 농도(mg/L)를 가로축(x축)에, 각 금속의 측정값을 세로축(y축)에 취하여 검정곡선을 작성한다.

④ 내부표준물질법은 측정치가 흩어져 상쇄하기 쉬우므로 분석값의 재현성이 높아지고 정밀도가 향상된다.

(3) 측정법

① 전처리에서 얻은 시험용액을 각각의 파장과 각각의 속빈 음극램프를 사용하여 측정한다.

＊[비고] 일반적으로 원자흡수분광광도계 분석 시, 바탕 보정을 위하여 측정파장 350nm 미만의 경우 속빈 음극 램프를, 350nm 이상은 할로겐 램프를 바탕 보정 램프로 적용한다.

② 시료에서 측정한 금속의 측정값을 검정곡선의 y값에 대입하여 농도(mg/L)를 계산한다. 시료가 검정 범위를 벗어날 경우 바탕용액으로 적절히 희석한다.

7. 농도계산

$$토양 중 금속의 농도(mg/kg) = \frac{(C_1 - C_0)}{W_d} \times f \times V$$

여기서, C_1 : 검정곡선에서 얻어진 분석시료의 금속 농도(mg/L)

C_0 : 검정곡선에서 얻어진 시약바탕시료의 금속 농도(mg/L)

f : 희석배수(검정곡선의 범위를 벗어날 경우)

V : 시험용액의 부피(여기서는 0.1L)

W_d : 토양시료의 건조중량(kg)

▍원자흡수분광광도법에 의한 금속별 측정파장 및 불꽃기체 ▍

금속 종류	측정파장(nm)	불꽃기체
구리	324.7	A-Ac[*]
납	283.3	A-Ac
니켈	232.0	A-Ac
아연	213.9	A-Ac
카드뮴	228.8	A-Ac

＊ A-Ac : 공기-아세틸렌

▍정도관리 목푯값 ▍

정도관리 항목	정도관리 목표
정량한계	구리 1.0mg/kg, 납 4.0mg/kg, 니켈 4.0mg/kg, 아연 2.0mg/kg, 카드뮴 0.40mg/kg
검정곡선	결정계수(R^2) > 0.98 또는 감응계수(RF)의 상대표준편차 < 20%
정밀도	상대표준편차가 30% 이내
정확도	70~130%

＊ 카드뮴 유효측정농도 : 0.002μg/g 이상

010 금속류 – 유도결합플라스마 – 원자발광분광법
(Metals – Inductively Coupled Plasma – Atomic Emission Spectrometry)

1. 개요

(1) 목적

① 이 시험기준은 토양 중에 금속류를 측정하는 방법으로 동시에 다성분의 분석이 가능하다.

② 시료를 고주파유도코일에 의하여 형성된 아르곤 플라스마에 주입하여 6,000~8,000K에서 들뜬 원자가 바닥상태로 이동할 때 방출하는 발광선 및 발광강도를 측정하여 원소의 정성 및 정량 분석을 수행한다.

③ 분석성분의 농도는 방출되는 광선의 세기에 비례한다.

④ 플라스마 자체가 광원으로 이용되기 때문에 매우 넓은 농도범위에서 측정이 가능하다.

⑤ ICP 구조는 중심에 저온, 저전자밀도의 영역이 형성되어 도너츠 형태로 되는 것이 특징이다.

(2) 적용범위

토양 중에 있는 구리, 납, 니켈, 비소, 아연, 카드뮴 등의 금속류 분석에 적용한다.

(3) 간섭물질

① 광학 간섭

㉠ 분석하는 금속원소 외에서 발광하는 파장은 측정을 간섭한다.

㉡ 어떤 원소가 동일 파장에서 발광할 때, 파장의 스펙트럼선이 넓어질 때, 이온과 원자의 재결합으로 연속 발광할 때, 분자 띠 발광 시에 간섭이 발생한다.

＊[주] 광학간섭은 시료의 매질 특성, 개별 장비 및 운영조건에 따라 다르게 나타나므로 분석자는 각 파장별로 어떤 영향이 있는지 뿐만 아니라 장비 또는 매질에 따라 특이적으로 나타나는 간섭을 알아보아야 한다.

② 물리적 간섭

㉠ 시료의 분무 또는 운반과정에서 물리적 특성, 즉 점도와 표면장력의 변화 등에 의해 발생한다.

㉡ 시료 중 산의 농도가 10% 이상으로 높거나 용존 고형물질이 1,500mg/L 이상으로 높은 반면, 검량용 표준용액의 산의 농도는 5% 이하로 낮을 때에 발생한다. 이때 시료를 희석하거나 표준용액을 시료의 매질과 유사하게 하거나 표준물질 첨가법을 사용하면 간섭효과를 줄일 수 있다.

③ 화학적 간섭

  ㉠ 분자 생성, 이온화 효과, 열화학 효과 등이 시료 분무와 원자화 과정에서
  방해요인으로 나타난다.

  ㉡ 이 영향은 별로 심하지 않으며 적절한 운전 조건의 선택으로 최소화할 수
  있다.

④ 만일 간섭효과가 의심되면 대부분의 경우가 시료의 매질로 인해 발생하므로
다음의 조치를 취한다.

  ㉠ 바탕선 보정

    ⓐ 미량원소 측정에는 바탕선 보정이 요구된다.

    ⓑ 바탕선 발광에 대한 측정은 분석물질의 발광 파장과 인접하여 측정되
    어야 한다.

    ⓒ 바탕선의 강도를 측정하기 위한 위치의 선택은 분석선과 인접한 파장
    의 복잡성에 따라 정해질 수 있다.

    ⓓ 선택된 위치는 광학적 간섭으로부터 자유로워야 하며 바탕선 강도의
    변화는 측정에 사용되는 분석 파장에서 발생하는 강도의 변화와 같아
    야 한다.

    ⓔ 바탕선 강도의 증가는 세로형 토치가 장착된 장비에서 더욱 심화될 수
    있다.

    ⓕ 바탕선 보정이 분석 결과를 실질적으로 감소시킬 정도로 분석선이 넓
    어지는 경우에는 바탕선 보정이 요구되지 않는다.

  ㉡ 연속 희석법

    ⓐ 분석 대상의 농도가 수행검출한계의 10배 이상의 농도일 경우에 적용
    할 수 있으며 시료를 희석하여 측정하였을 때 희색배수를 고려해서 계
    산한 농도값이 본래 농도값의 10% 이내이어야 한다.

    ⓑ 만약 10%를 벗어나면 물리 및 화학적 간섭이 의심된다.

  ㉢ 표준물질 첨가법

    ⓐ 측정시료에 표준물질을 수행검출한계의 20~100배의 농도로 첨가하여
    분석하였을 때에 회수율이 90~110% 이내이어야 한다.

    ⓑ 만약 이 범위를 벗어나면 매질의 영향을 의심해야 한다.

  ㉣ 대체 분석과 비교
  원자흡수분광광도법(AAS ; Atomic Absorption Spectrophotometry) 또는
  유도결합플라스마-질량분석법(ICP-MS ; Inductively Coupled Plasma/
  Mass Spectrometry)과 같은 대체방법과 비교한다.

ⓓ 전파장 분석

장비가 허용된다면 가능한 파장의 간섭을 알기 위해 전파장 분석(Wave-length Scanning)을 수행한다.

⑤ 시료 중 칼슘과 마그네슘의 농도 합이 500mg/L 이상이고 측정값이 규제 값의 90% 이상일 때 표준물질첨가법에 의해 측정하는 것이 좋다.

2. 분석기기 및 기구

(1) 유도결합플라스마 – 원자발광분광계(ICP – AES)

① 유도결합플라스마–원자발광분광계(ICP–AES ; Inductively Coupled Plasma–Atomic Emission Spectrometer)는 시료도입부, 고주파전원부, 광원부, 분광부, 연산처리부 및 기록부로 구성되어 있다.

② 분광부는 검출 및 측정에 따라 연속주사형 단원소측정장치(Sequential Type, Monochromator)와 다원소동시측정장치(Simultaneous Type, Polychromator)로 구분된다.

③ ICP의 토치는 3중으로 된 석영관이 이용된다.

(2) 아르곤 가스

액화 또는 압축 아르곤으로서 99.99% 이상의 순도를 갖는 것이어야 한다.

(3) 전처리 장치

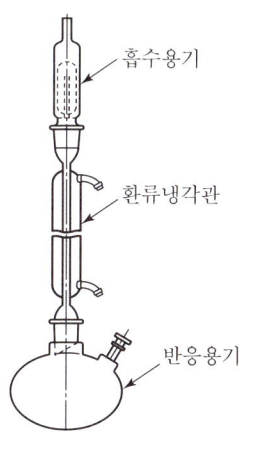

반응용기, 환류냉각관, 흡수용기의 조합

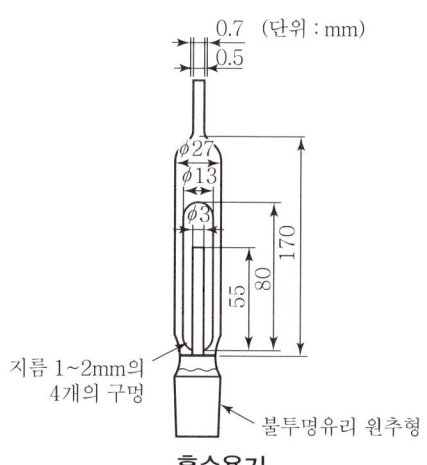

흡수용기

3. 시약 및 표준용액

(1) 시약

① 질산

② 염산

③ 질산(0.5M)

④ 질산(1+1)

⑤ 바탕용액

1L 부피플라스크에 정제수를 약 500mL 넣은 다음, 진한 염산(Hydrochloric Acid, HCl, 36.46) 210mL와 진한 질산(nitric acid, HNO_3, 63.01) 70mL를 넣고 정제수로서 정확히 1L가 되도록 채운다.

⑥ 정제수

시약용 정제수 또는 3차 정제수를 사용하며 바탕시험할 때 분석물질이 검출되지 않아야 한다.

(2) 표준용액

모든 표준원액은 표준용액을 제조하는 데 사용한다. 표준원액은 최대 1년까지 사용할 수 있으나 10mg/L 이하의 표준용액은 최소한 1개월마다 새로 조제해야 한다.

① 구리

㉠ 구리 표준원액(1,000mg/L)   ㉡ 구리 표준용액(50.0mg/L)

구리 표준원액(1,000mg/L) 10.0mL를 200mL 부피플라스크에 넣고 질산(1+1) 20mL를 가한 후 정제수로 표선까지 맞추어 제조한다.

② 납

㉠ 납 표준원액(1,000mg/L)   ㉡ 납 표준용액(50.0mg/L)

③ 니켈

㉠ 니켈 표준원액(1,000mg/L)   ㉡ 니켈 표준용액(50.0mg/L)

④ 비소

㉠ 비소 표준원액(1,000mg/L)   ㉡ 비소 표준용액(50.0mg/L)

⑤ 아연

㉠ 아연 표준원액(1,000mg/L)   ㉡ 아연 표준용액(20.0mg/L)

⑥ 카드뮴

㉠ 카드뮴 표준원액(1,000mg/L)   ㉡ 카드뮴 표준용액(20.0mg/L)

4. 분석절차

(1) 검정곡선의 작성

① 구리, 납, 니켈, 비소 표준용액(50mg/L)과 아연, 카드뮴 표준용액(20.0mg/L) 0~20.0mL를 단계적으로 100mL 부피플라스크에 넣고, 각각에 염산 21mL 와 질산 7mL를 가한 후 정제수로 표선을 맞춘다.(단, 정량한계 이상 농도를 3개 이상 조제함)

② 금속의 농도와 측정값으로부터 관계선을 작성한다.

③ 금속의 농도(mg/L)를 가로축(x축)에, 각 금속의 측정값을 세로축(y축)에 취하여 검정곡선을 작성한다.

 **Reference**

> 유도결합플라스마－원자발광분광법 내부표준원소로 사용하는 물질은 이트리움(Yttrium)이다.

(2) 측정법

① 시료를 플라스마에 주입하여 금속별 측정파장(표)에서의 스펙트럼선 강도를 측정한다. 다만 측정파장은 분석기기조건별 감도, 시료 내 존재하는 분석대상 금속에 대한 간섭물질의 영향 등으로 분석결과의 오차가 발생할 우려가 있는 경우 다른 파장의 적용도 가능하다.

② 시료에서 측정한 각 금속의 측정값을 검정곡선의 y값에 대입하여 농도(mg/L) 를 계산한다. 시료가 검정 범위를 벗어날 경우 바탕용액으로 적절히 희석한다.

③ 바탕시험을 행하여 보정한다.

5. 농도계산

$$토양 \ 중 \ 금속의 \ 농도(mg/kg) = \frac{(C_1 - C_0)}{W_d} \times f \times V$$

여기서, C_1 : 검정곡선에서 얻어진 분석시료의 금속 농도(mg/L)

C_0 : 검정곡선에서 얻어진 바탕시험용액의 금속 농도(mg/L)

f : 희석배수(검정곡선의 범위를 벗어날 경우)

V : 시료용기의 부피(여기서는 0.1L)

W_d : 토양시료의 건조중량(kg)

❙ 유도결합플라스마 – 원자발광광도법에 의한 금속별 측정파장의 예시 ❙

금속 종류	측정파장(nm)	제2측정파장(nm)	기타 측정파장(nm)
구리	324.754	219.96	327.396, 224.700
납	220.353	216.999	224.688, 261.418, 283.306
니켈	231.604	221.647	216.555, 232.003
비소	193.696	188.979	197.198, 189.042
아연	213.856	206.200	202.548
카드뮴	226.502	214.438	228.802

❙ 정도관리 목푯값 ❙

정도관리 항목	정도관리 목표
정량한계	구리 1.0mg/kg, 납 1.5mg/kg, 니켈 0.4mg/kg, 비소 1.50mg/kg 아연 1.0mg/kg, 카드뮴 0.10mg/kg
검정곡선	결정계수(R^2) > 0.98 또는 감응계수(RF)의 상대표준편차 < 20%
정밀도	상대표준편차가 30% 이내
정확도	70~130%

011 구리(Copper, Cu)

▌적용 가능한 시험방법 ▌

구리	정량한계 (mg/kg)	정밀도 (% RSD)
원자흡수분광광도법	1.0	30% 이내
유도결합플라스마 – 원자발광분광법	1.0	30% 이내

011-1 구리 – 원자흡수분광광도법
(Copper – Atomic Absorption Spectrophotometry)

이 시험기준은 토양 중 구리를 측정하는 방법으로, 토양을 왕수(염산과 질산)로 산분해하여 전처리한 시료 용액을 직접 불꽃으로 주입하여 원자화한 후 원자흡수분광광도법으로 분석하며, 원소의 정성 및 정량분석을 수행한다. 이 시험기준은 「금속류 – 원자흡수분광광도법」에 따른다.

011-2 구리 – 유리결합플라스마 – 원자발광분광법
(Copper – Inductively Coupled Plasma – Atomic Emission Spectrometry)

이 시험기준은 토양 중에 구리를 측정하는 방법으로, 시료를 고주파유도코일에 의하여 형성된 아르곤 플라스마에 주입하여 6,000~8,000K에서 들뜬 원자가 바닥상태로 이동할 때 방출하는 발광선 및 발광강도를 측정하여 원소의 정성 및 정량분석을 수행한다. 이 시험기준은 「금속류 – 유도결합플라스마 – 원자발광분광법」에 따른다.

납(Lead, Pb)

| 적용 가능한 시험방법 |

납	정량한계 (mg/kg)	정밀도 (% RSD)
원자흡수분광광도법	4.0	30% 이내
유도결합플라스마－원자발광분광법	1.5	30% 이내

012-1 납－원자흡수분광광도법(Lead－Atomic Absorption Spectrophotometry)

이 시험기준은 토양 중 납을 측정하는 방법으로, 토양을 왕수(염산과 질산)로 산분해하여 전처리한 시료 용액을 직접 불꽃으로 주입하여 원자화한 후 원자흡수분광광도법으로 분석한다. 원소의 정성 및 정량분석을 수행한다. 이 시험기준은 「금속류－원자흡수분광광도법」에 따른다.

012-2 납－유도결합플라스마－원자발광분광법
(Lead－Inductively Coupled Plasma－Atomic Emission Spectrometry)

이 시험기준은 토양 중 납을 측정하는 방법으로, 시료를 고주파유도코일에 의하여 형성된 아르곤 플라스마에 주입하여 6,000~8,000K에서 들뜬 원자가 바닥상태로 이동할 때 방출하는 발광선 및 발광강도를 측정하여 원소의 정성 및 정량분석을 수행한다. 이 시험기준은 「금속류－유도결합플라스마－원자발광분광법」에 따른다.

013 니켈(Nickel, Ni)

┃ 적용 가능한 시험방법 ┃

니켈	정량한계 (mg/kg)	정밀도 (% RSD)
원자흡수분광도법	4.0	30% 이내
유도결합플라스마 – 원자발광분광법	0.4	30% 이내

013-1 니켈 – 원자흡수분광광도법(Nickel – Atomic Absorption Spectrophotometry)

이 시험기준은 토양 중 니켈을 측정하는 방법으로, 토양을 왕수(염산과 질산)로 산분해하여 전처리한 시료 용액을 직접 불꽃으로 주입하여 원자화한 후 원자흡수분광도법으로 분석하며, 원소의 정성 및 정량분석을 수행한다. 이 시험기준은 「금속류–원자흡수분광광도법」에 따른다.

013-2 니켈 – 유도결합플라스마 – 원자발광분광법
(Nickel – Inductively Coupled Plasma – Atomic Emission Spectrometry)

이 시험기준은 토양 중에 니켈을 측정하는 방법으로, 토양시료를 왕수(염산과 질산)로 처리한 후 농축한 다음 고주파유도코일에 의하여 형성된 아르곤 플라스마에 주입하여 6,000~8,000K에서 들뜬 원자가 바닥상태로 이동할 때 방출하는 발광선 및 발광강도를 측정하여 원소의 정성 및 정량분석을 수행한다. 이 시험기준은 「금속류–유도결합플라스마–원자발광분광법」에 따른다.

必수문제

01 니켈의 함량을 측정하고자 할 때 검량선에서 얻어진 니켈의 농도가 5.5mg/L이었다면 토양 중 니켈의 함량(mg/kg)은?(단, 수분 보정한 토양시료의 무게 3g, 시료 용기의 부피 0.1L, 바탕시험용액의 니켈농도 0.3mg/L, 최종증류액 500mL)

풀이

$$\text{니켈 함량(mg/kg)} = \frac{(C_1 - C_0)}{W_d} \times f \times V = \frac{(5.5 - 0.3)}{0.003} \times 0.1 = 173.3\,\text{mg/kg}$$

014 비소(Arsenic, As)

비소	정량한계 (mg/kg)	정밀도 (% RSD)
수소화물생성 – 원자흡수분광광도법	0.10	30% 이내
유도결합플라스마 – 원자발광분광법	1.50	30% 이내
수소화물생성 – 유도결합플라즈마 원자발광분광법	0.10	30% 이내

‖ 적용 가능한 시험방법 ‖

014-1 비소 – 수소화물생성 – 원자흡수분광광도법
(Cyanide – Ultraviolet/Visible Spectrometry)

1. 개요

(1) 목적

이 시험기준은 토양 중 비소의 측정방법으로, 토양을 왕수(염산과 질산)로 산분해하여 전처리한 시료 용액 중의 비소를 3가 비소로 예비 환원한 다음 수소화붕소나트륨 용액과 반응하여 생성된 비화수소를 원자화시켜 193.7nm에서 수소화물생성 – 원자흡수분광광도법에 따라 정량하는 방법이다.

(2) 적용범위

① 토양 중 비소의 분석에 적용한다.
② 토양 중 비소의 정량한계는 0.10mg/kg이다.

(3) 간섭물질

① 고농도(4,000mg/L 이상) 코발트, 구리, 철, 수은, 니켈 등은 비소분석을 방해한다.
② 미량의 과산화물 및 산분해 후 시료 중 남아 있는 유기물 역시 비소분석을 방해할 수 있다.

2. 용어 정의

(1) 바탕보정

① 원자흡수분광법에서 용액에 공존하는 여러 물질들에 의해 발생하는 스펙트럼 방해를 최소화시키기 위한 방법이다.

② 분석파장 변화, 불꽃 온도 상승, 복사선 완충제 추가, 또는 두 선 보정법, 연속 광원법, 제만(Zeeman) 효과법 등의 방법으로 스펙트럼 방해를 줄여 바탕보정을 실시할 수 있다.

(2) 인증표준시료

① 공인된 기구에서 발급한 문서를 동반하는, 유효한 절차를 사용하여 한 개 이상의 명시한 특성값과 연계 불확도, 그리고 소급성을 제공하는 표준시료이다.

② 현재 국내외에 상품화되어 있어 이를 용도 및 목적에 따라 선택, 구입할 수 있다.

3. 분석기기 및 기구

(1) 원자흡수분광광도계(AAS ; Atomic Absorption Spectrophotometer)

① 일반적으로 광원부, 시료원자화부, 파장선택부 및 측광부로 구성되어 있다.

② 단광속형과 복광속형으로 구분된다.

③ 다원소 분석이나 내부표준물질법을 사용할 수 있는 복합 채널형(Multi-Channel)도 있다.

(2) 광원램프

원자흡수분광광도계에 사용하는 광원으로 좁은 선폭과 높은 휘도를 갖는 스펙트럼을 방사하는 비소속빈음극 램프를 사용한다.

(3) 수소화물발생장치

① 비소 분석을 위하여 회분식 또는 연속흐름방식에 의해 수소화물을 발생시키는 장치이다.

② 원자흡수분광광도계와 호환이 가능하여야 한다.

③ 수소화물발생장치의 운영은 사용장비의 매뉴얼에 따른다.

(4) 가스

① 원자흡수분광광도계에 불꽃을 만들기 위해 조연성 가스와 가연성 가스를 사용하는데, 일반적으로 가연성 가스로 아세틸렌을 조연성 가스로 공기를 사용한다.

② 어떠한 종류의 불꽃이라도 가연성 가스와 조연성 가스의 혼합비는 감도에 크게 영향을 주므로 금속의 종류에 따라 최적혼합비를 선택하여 사용한다.

③ 운반 가스로 아르곤 가스(순도 99.99% 이상)를 사용한다.

4. 시약 및 표준용액

(1) 시약

① 질산   ② 염산
③ 질산(0.5M)   ④ 질산(1+1)
⑤ 염산(1+9)   ⑥ 희석용액(1+9)
⑦ 예비환원용액   ⑧ 수소화붕소나트륨 용액

(2) 표준용액

모든 표준원액은 표준용액을 제조하는 데 사용한다. 표준원액은 최대 1년까지 사용할 수 있으나 10mg/L 이하의 표준용액은 최소한 1개월마다 새로 조제해야 한다.

① 비소 표준원액(1,000mg/L)   ② 비소 표준용액(100mg/L)
③ 비소 표준용액(1.0mg/L)

5. 정도보증/정도관리(QA/QC)

「불소-자외선/가시선 분광법」 내용과 동일

6. 분석절차

(1) 전처리

「금속류-원자흡수분광광도법」 시료의 전처리에 따른다.

(2) 검정곡선의 작성

① 비소 표준용액(1.0mg/L) 0~20.0mL를 단계적으로 50mL 부피플라스크에 취하고 염산(1+9)으로 표선까지 가하여 조제한다. 단, 정량한계 이상 농도를 3개 이상 포함하여야 한다.

② 제조한 검정곡선용 표준용액 4mL를 각각 100mL 부피플라스크에 취한 후 염산 10mL, 예비환원용액 10mL를 가하여 혼합하고 2시간 동안 상온에서 방치한 후 정제수로 표선까지 가하여 이하 시료의 시험기준에 따라 시험하고 비소의 농도와 흡광도와의 검정곡선을 작성한다. 이때 비소의 농도(mg/L)를 가로축(x축)에, 각 금속의 측정값을 세로축(y축)에 취하여 작성한다.

(3) 측정법

① 전처리한 바탕시험용액과 시료용액 2mL를 각각 50mL 부피플라스크에 취한 후 염산 5mL와 예비환원용액 5mL를 가하여 혼합하고 1시간 동안 상온에서 방치한 후 정제수를 채우고 분석 전에 1시간 더 방치한다.

② 수소화물발생장치를 원자흡수분광광도계에 설치하고 예비환원시킨 바탕시료 용액과 시료용액을 수소화붕소나트륨 용액과 반응시켜 비화수소를 발생시킨 후 공기－아세틸렌 불꽃 중에 주입하여 193.7nm에서 흡광도를 측정한다. 수소화물발생장치의 운영은 사용장비의 매뉴얼에 따른다.

③ 시료에서 측정한 비소의 측정값을 검정곡선의 y값에 대입하여 농도 (mg/L)를 계산한다. 시료가 검정 범위를 벗어날 경우 희석용액(1＋9)으로 적절히 희석한 후 예비환원시켜 다시 분석한다.

7. 농도계산

$$\text{토양 중 비소의 농도(mg/kg)} = \frac{(C_1 - C_0)}{W_d} \times f \times V$$

여기서, C_1 : 검정곡선에서 얻어진 분석시료의 비소 농도(mg/L)

C_0 : 검정곡선에서 얻어진 시약바탕시료의 비소 농도(mg/L)

f : 시험용액의 희석배수(여기서는 25)

V : 시험용액의 부피(여기서는 0.1L)

W_d : 토양시료의 건조중량(kg)

┃ 수소화물생성 – 원자흡수분광광도법에 의한 측정 조건 ┃

금속 종류	측정파장(nm)	불꽃기체	운반기체
비소	193.7	A－Ac	Ar

＊ A－Ac : 공기－아세틸렌

Ar : 아르곤

┃ 정도관리 목푯값 ┃

정도관리 항목	정도관리 목표
정량한계	0.10mg/kg
검정곡선	결정계수(R^2) > 0.98 또는 감응계수(RF)의 상대표준편차 < 20%
정밀도	상대표준편차가 30% 이내
정확도	70~130%

비소 – 유도결합플라스마 – 원자발광분광법
(Arsenic – Inductively Coupled Plasma – Atomic Emission Spectrometry)

이 시험기준은 토양 중 비소를 측정하는 방법으로, 시료를 고주파유도코일에 의하여 형성된 아르곤 플라스마에 주입하여 6,000~8,000K에서 들뜬 원자가 바닥상태로 이동할 때 방출하는 발광선 및 발광강도를 측정하여 원소의 정성 및 정량분석을 수행한다. 이 시험기준은 「금속류 – 유도결합플라스마 – 원자발광분광법」에 따른다.

015-1 비소 – 수소화물생성 – 유도결합플라스마 – 원자발광분광법
(Arsenic – Hydride Generation – Inductively Coupled Plasma – Atomic Emission Spectrometry)

1. 개요

(1) 목적

이 시험기준은 토양 중 비소의 측정방법으로, 토양을 왕수로 산분해하여 전처리한 시료 용액 중의 비소를 3가 비소로 예비 환원한 다음 수소화붕소나트륨 용액과 반응하여 생성된 비화수소를 고주파유도코일에 의하여 형성된 아르곤 플라스마에 주입하여 6,000~8,000K에서 들뜬 원자가 바닥상태로 이동할 때 방출하는 발광선 및 발광강도를 측정하여 원소의 정성 및 정량 분석을 수행한다.

(2) 정량한계

0.10mg/kg

(3) 간섭물질

① 광학적 간섭

분석하는 금속원소 이외에서 발광하는 파장은 측정을 간섭한다. 어떤 원소가 동일 파장에서 발광할 때, 파장의 스펙트럼선이 넓어질 때, 이온과 원자의 재결합으로 연속 발광할 때, 이온과 원자의 재결합으로 연속 발광할 때, 분자 띠 발광 시에 간섭이 발생한다.

② 화학적 간섭

분자 생성, 이온화 효과, 열화학 효과 등이 시료분무와 원자화 과정에서 방해

요인으로 나타난다. 이 영향은 별로 심하지 않으며 적절한 운전 조건의 선택으로 최소화할 수 있다.

㉠ 고농도(4,000mg/L 이상) 코발트, 구리, 철, 수은, 니켈 등은 비소분석을 방해한다.

㉡ 미량의 과산화물 및 산분해 후 시료 중 남아 있는 유기물 역시 비소분석을 방해할 수 있다.

㉢ 만일 간섭효과가 의심되면 대부분의 경우가 시료의 매질로 인해 발생하므로 다음의 조치를 취한다.

ⓐ 바탕선 보정   ⓑ 연속희석법

ⓒ 표준물질 첨가법   ⓓ 전파장 분석

2. 분석기기 및 기구

(1) 유도결합플라스마 – 원자발광분광계(ICP – AES)

유도결합플라스마–원자발광분광계(ICP–AES ; Inductively Coupled Plasma –Atomic Emission Spectrometer)는 시료도입부, 고주파전원부, 광원부, 분광부, 연산처리부 및 기록부로 구성되어 있으며, 분광부는 검출 및 측정에 따라 연속주사형 단원소측정장치(Sequential Type, Monochromator)와 다원소동시측정장치(Simultaneous Type, Polychromator)로 구분된다.

(2) 아르곤 가스

액화 또는 압축 아르곤으로서 99.99% 이상의 순도를 갖는 것이어야 한다.

(3) 수소화물 발생 장치

3. 유도결합플라스마 – 원자발광광도법에 의한 측정파장

금속 종류	측정파장(nm)	제2측정파장(nm)	기타 측정파장(nm)
비소	193.696	188.979	197.198, 189.042

016 수은(Mercury, Hg)

┃ 적용 가능한 시험방법 ┃

수은	정량한계 (mg/kg)	정밀도 (% RSD)
냉증기 원자흡수분광광도법	0.05	30%
열적 분해 아말감 원자흡수분광광도법	0.01	30%

016-1 수은 – 냉증기 원자흡수분광광도법
(Mercury – Cold Vapor Atomic Absorption Spectrophotometry)

1. 개요

(1) 목적

이 시험기준은 토양 중 수은의 측정방법으로, 시료 중의 수은을 염화제일주석용액에 의해 원자 상태로 환원시켜 발생되는 수은증기를 253.7nm에서 냉증기 원자흡수분광광도법에 따라 정량하는 방법이다.

(2) 적용범위

① 토양 중 수은의 분석에 적용한다.
② 냉증기 원자흡수분광광도법을 이용하여 토양의 왕수 추출물에서 수은을 정량하기 위한 방법을 포함한다.
③ 정량한계는 0.05mg/kg이다.

2. 용어 정의

(1) 바탕보정

① 원자흡수분광법에서 용액에 공존하는 여러 물질들에 의해 발생하는 스펙트럼 방해를 최소화시키기 위한 방법이다.
② 분석파장 변화, 불꽃 온도 상승, 복사선 완충제 추가, 또는 두 선 보정법, 연속 광원법, 제만(Zeeman) 효과법 등의 방법으로 스펙트럼 방해를 줄여 바탕보정을 실시할 수 있다.

(2) 인증표준시료

① 공인된 기구에서 발급한 문서를 동반하는, 유효한 절차를 사용하여 한 개 이 상의 명시한 특성값과 연계 불확도, 그리고 소급성을 제공하는 표준시료이다.
② 현재 국내외에 상품화되어 있어 이를 용도 및 목적에 따라 선택, 구입할 수 있다.

3. 분석기기 및 기구

(1) 원자흡수분광광도계(AAS ; Atomic Absorption Spectrophotometer)

① 일반적으로 광원부, 시료원자화부, 파장선택부 및 측광부로 구성되어 있다.
② 단광속형과 복광속형으로 구분된다. 다원소 분석이나 내부표준물질법을 사용 할 수 있는 복합 채널(Multi-Channel)도 있다.

(2) 광원램프

원자흡수분광광도계에 사용하는 광원으로 좁은 선폭과 높은 휘도를 갖는 스펙트 럼을 방사하는 수은속빈음극 램프를 사용한다.

(3) 가스

순도 99.99%의 아르곤 또는 질소를 운반 가스로 이용한다.

(4) 냉증기 발생장치

① 회분식 또는 자동화된 연속 흐름 방식에 의해 시료와 환원용액인 염화주석 (Ⅱ) 용액이 반응하여 수은 증기를 발생시키는 장치로서 발생된 수은 증기를 원자흡수분광광도계로 운반하기 위해 불활성 기체인 아르곤 또는 질소 가스 를 사용한다. 원자흡수분광광도계에 적합한 규사 셀을 갖춘다.
② 냉증기 발생장치의 운영은 사용장비의 매뉴얼에 따른다.

4. 시약 및 표준용액

(1) 시약

① 질산
② 염산
③ 질산(1+4)
④ 희석용액(1+9)
⑤ 염화제일주석용액

⑥ 정제수

시약용 정제수나, 3차 정제수를 사용하며 바탕시험할 때 분석물질이 검출되지 않아야 한다.

(2) 표준용액

① 수은 표준원액(1,000mg/L) ② 수은 표준용액(20.0mg/L)

③ 수은 표준용액(0.2mg/L)

5. 정도보증/정도관리(QA/QC)

「불소-자외선/가시선 분광법」 내용과 동일

6. 분석절차

(1) 전처리

「금속류-원자흡수분광광도법」 시료의 전처리에 따른다.

(2) 검정곡선의 작성

① 수은 표준용액(0.2mg/L) 0~8mL를 단계적으로 취하여 100mL 부피플라스크에 넣고 희석용액(1+9)으로 표선까지 가하여 조제한다. 단, 정량한계 이상 농도를 3개 이상 포함하여야 한다. 이 용액은 사용 당일에 조제한다.

② 이하 시료의 시험방법에 따라 시험하고 수은의 농도(mg/L)와 흡광도로부터 검정곡선을 작성한다. 이때 수은의 농도(mg/L)를 가로축(x축)에, 각 수은의 측정값을 세로축(y축)에 취하여 작성한다.

＊[비고] 매우 묽은 표준용액이 불안정한 것으로 인지된다면 안정화가 필요하다. 안정화는 표준용액 플라스크에 5g/L $K_2Cr_2O_7$ 용액 1mL를 첨가하면 안정화된다.

(3) 측정법

① 전처리한 시약바탕시료용액과 시료용액 10mL를 100mL 부피플라스크에 넣고 표선까지 정제수를 가한다.

② 원자흡수분광광도계에 설치된 냉증기 발생장치로 10배 희석한 시약바탕시료용액과 시료용액을 염화제일주석용액과 반응시켜 수은 증기를 발생시킨 후 규사 셀로 주입하여 253.7nm에서 흡광도를 측정한다. 냉증기 발생장치의 운영은 사용 장비의 매뉴얼에 따른다.

③ 시료에서 측정한 수은의 측정값을 검정곡선의 y값에 대입하여 농도 (mg/L)를 계산한다. 시료가 검정곡선범위를 벗어날 경우 희석용액(1+9)으로 적절히 희석한 후 다시 분석한다.

7. 농도계산

$$토양 \ 중 \ 수은의 \ 농도(mg/kg) = \frac{(C_1 - C_0)}{W_d} \times f \times V$$

여기서, C_1 : 검정곡선에서 얻어진 분석시료의 수은 농도(mg/L)

C_0 : 검정곡선에서 얻어진 시약바탕시료의 수은 농도(mg/L)

f : 시험용액의 희석배수(여기서는 10)

V : 시험용액의 부피(여기서는 0.1L)

W_d : 토양시료의 건조중량(kg)

▌냉증기 원자흡수분광광도법에 의한 측정 조건 ▌

금속 종류	측정파장(nm)	불꽃기체	운반기체
수은	253.7	–	Ar

▌정도관리 목푯값 ▌

정도관리 항목	정도관리 목표
정량한계	0.05mg/kg
검정곡선	결정계수(R^2) > 0.98 또는 감응계수(RF)의 상대표준편차 < 20%
정밀도	상대표준편차가 30% 이내
정확도	70~130%

016-2 수은 – 열적 분해 아말감 원자흡수분광광도법

(Mercury – Thermal Decomposition Amalgamation Atomic Absorption Spectrophotometry)

1. 개요

(1) 목적

① 이 시험기준은 토양 중 수은의 측정방법이다.

② 시료 중의 수은을 열분해하고 금아말감에 포집된 수은증기를 253.7nm에서 원자흡수분광광도법에 따라 정량하는 방법이다.

(2) 적용범위

① 토양 중 수은의 분석에 적용한다.

② 정량한계는 0.01mg/kg이다.

(3) 간섭물질

① 분석에 사용하는 기구, 시약, 운반기체 등이 수은을 함유하여 바탕시험값을 상승시킬 수 있다. 기구는 산세척(10% 질산 등)이나 고온 강열하여 사용하는 것이 바람직하다.

② 기기에 넣는 시료 용기(Sample Boat)는 솔질하여 씻은 후 산세척(10% 질산 등) 또는 시료 연소 온도와 같은 온도로 강열한 후 데시케이터에서 식혀서 사용하는 것이 바람직하다.

③ 고농도 시료 측정 후, 바로 다음 시료 측정 시 앞 시료의 영향(메모리 효과)을 받을 수 있으므로 빈 시료 용기(Sample Boat)를 2~3회 측정하고 다음 시료 분석을 수행한다.

2. 용어 정의

(1) 인증표준시료

① 공인된 기구에서 발급한 문서를 동반하는, 유효한 절차를 사용하여 한 개 이상의 명시한 특성값과 연계 불확도, 그리고 소급성을 제공하는 표준시료이다.

② 현재 국내외에 상품화되어 있어 이를 용도 및 목적에 따라 선택, 구입할 수 있다.

(2) 열적 분해(Thermal Decomposition)

① 고온의 열을 이용하여 부분 또는 전체 시료를 분해하여 휘발성 성분인 수분,

이산화탄소, 유기물질, 산화물 또는 화합물 형태의 원소 및 원소화된 가스를 배출시키는 방법을 말한다.

② 열적 분해 아말감 원자흡수분광광도계의 건조 및 분해로와 수은 추출로는 적어도 750℃는 유지할 수 있어야 한다.

(3) 금아말감(Gold Amalgamation)

금과 결합하는 수은의 특성을 이용하여 수은을 포집하는 과정을 말한다.

(4) 금아말가메이터(Gold Amalgamator)

수은 증기를 포집하기 위한 목적으로 표면적이 넓고 금으로 도포된 기기 구성품을 말한다.

(5) 초기 검정곡선(Primary Calibration)

신규 장비 운영 초기와 주요 장비 부품(열분해 튜브, 아말가메이터, 산소 탱크 등)이 교체된 후 수행되는 검정곡선이다.

(6) 일일 검정곡선(Daily Calibration)

초기 검정곡선의 검증을 위해 표준용액 또는 인증표준시료로 검량하는 것으로서 초기 검정곡선에 근거하여 2개의 표준물질로 참값의 10% 범위 안에 들어오는지를 확인한다.

(7) 메모리 효과(Memory Effects)

수은 증기는 시료관, 아말가메이터 또는 흡수셀에 흡착될 수 있으며, 다음 시료 분석 시 배출되어 수은의 농도를 증가시키는 오차로 작용한다. 특히 고농도 수은 분석 이후 저농도 수은 분석 시 발생할 수 있다.

(8) 시료 용기(Sample Boat)

수은과 아말감 반응을 하지 않고, 고온에서 안정한 물질을 사용한다.

3. 분석기기 및 기구

(1) 분석기기

① 열적 분해 아말감 원자흡수분광광도계(Thermal Decomposition, Amalga-mation – Atomic Absorption Spectrophotometry)

열적 분해 아말감 원자흡수분광광도계는 아래 그림과 같이 시료도입부, 건조 및 분해로, 수은 추출로(금아말가메이터), 측광부, 기록계로 구성된다.

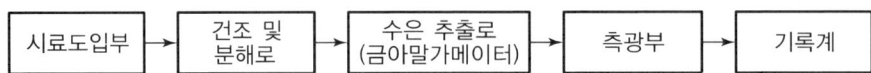

열적 분해 아말감 원자흡수분광광도계

② 시료도입부(Sampler)

분석대상 고체 또는 액체 시료를 시료 용기(Sample Boat, 0.5~1.0mL)에 담고 시료 무게를 잰 후, 시료도입부에 올려 놓는다.

③ 건조 및 분해로(Drying and Decomposition Furnace)

㉠ 관의 재질은 석영 또는 세라믹으로 되어 있고 촉매제가 내장되어 있다.

㉡ 시료 내 수분과 유기용매의 건조 후 시료는 고온에서 물리화학적으로 수은을 완전히 산소 열분해하여 원자화시킨다.

④ 수은 추출로(금아말가메이터)(Mercury Release Furnace, Gold Amalgamator)

㉠ 관의 재질은 석영으로, 아말가메이터의 재질은 금으로 되어 있다.

㉡ 완전히 분해된 물질은 산소의 흐름을 따라 아말가메이터에 도착하며 여기에서 수은만 선택적으로 금아말감으로 분리되고 다시 아말가메이터를 고온으로 가열하여 수은 원자화하여 흡광셀에 주입된다.

⑤ 측광부

금아말감에 포집된 수은증기를 253.7nm에서 원자흡수분광광도법에 따라 측정한다.

⑥ 연소 및 운반기체

연소 및 운반기체는 부피백분율 99.995% 이상의 고순도 산소로서 유량은 300mL/min 이하이다.

(2) 분석기구

① 분석용 저울

0.0001g까지 정확하게 측정할 수 있는 저울을 사용한다.

② 시료 용기용 집게(소형 핀셋, 전기로용 긴 집게)

③ 스테인리스 또는 테프론 재질의 시약 숟가락(소형)

④ 시료 용기(Sample Boat)

수은 흡착능이 작고, 열에 강한 보트를 사용하여야 하며, 주로 니켈 재질이나 석영 재질의 보트를 사용한다.

4. 표준물질

(1) 표준용액

① 수은 표준원액(1,000mg/L)　　② 수은 표준용액(100mg/L)

③ 수은 표준용액(10mg/L)

(2) 인증표준시료

수은 표준용액을 대신하여 수은 인증표준시료를 이용할 수 있다.

5. 정도보증/정도관리(QA/QC)

「불소-자외선/가시선 분광법」내용과 동일

6. 분석 절차

(1) 검정곡선의 작성

① 초기 검정곡선

㉠ 저농도 범위의 초기 검정곡선용 표준용액 제조를 위하여 수은 표준용액 (10mg/L) 0~5mL를 단계적으로 취하여 100mL 부피플라스크에 넣고 10mL 질산(1+4)을 가하여 혼합한 후 정제수로 표선까지 채운다.

㉡ 고농도 범위의 초기 검정곡선 작성이 필요할 경우, 수은 표준물질 (100mg/L) 0~6mL를 단계적으로 취하여 100mL 부피플라스크에 넣고 10mL 질산(1+4)을 가하여 혼합한 후 정제수로 표선까지 채운다. 이때 저농도 또는 고농도 범위의 초기 검정곡선용 표준용액은 각각 5개 이상 사용 당일에 조제한다.

㉢ 초기 검정곡선의 작성 시 표준용액 대신 인증표준시료를 사용할 수 있으며, 사용 장비의 매뉴얼에 따를 수 있다.

② 일일 검정곡선

초기 검정곡선의 검증을 위해 2개 이상의 수은 표준용액(또는 인증표준시료)을 측정하여 참값의 10% 범위 내에 들어오는지 확인한다.

＊ [비고] 검정곡선 작성 시 인증표준시료를 사용할 경우, 인증표준시료의 양을 정확히 (± 0.001g 또는 그 이상) 측정하여야 한다.

(2) 측정법

① 강열 방랭한 시료 용기(Sample Boat)에 수은 함량을 고려하여 토양시료 0.01~1g가 되도록 담고 토양시료 무게를 측정·기록한 후, 시료도입부 (Sampler)에 장착한다.

② 시료의 건조, 열분해, 대기시간 등의 조건은 사용장비의 매뉴얼에 따른다.

③ 측정시료 10개당 중간농도의 표준용액(또는 인증표준시료)을 측정하여 참값의 20% 범위 내에 들어오는지 확인하며, 그렇지 않을 경우 이전 측정시료를 재분석한다.

7. 농도계산

$$토양 \ 중 \ 수은의 \ 농도(mg/kg) = \frac{C_1 - C_0}{W_d \times 1,000}$$

여기서, C_1 : 검정곡선식으로부터 얻어진 분석시료의 수은 양(ng)

C_0 : 검정곡선식으로부터 얻어진 시약바탕시료의 수은 양(ng)

W_d : 토양시료의 건조중량(g)

▮ 정도관리 목푯값 ▮

정도관리 항목	정도관리 목표
정량한계	0.01mg/kg
검정곡선	결정계수(R^2) > 0.98 또는 감응계수(RF)의 상대표준편차 < 20%
정밀도	상대표준편차 30% 이내
정확도	70~130%

017 아연(Zinc, Zn)

적용 가능한 시험방법

아연	정량한계 (mg/kg)	정밀도 (% RSD)
원자흡수분광광도법	2.0	30% 이내
유도결합플라스마 – 원자발광분광법	1.0	30% 이내

017-1 아연 – 원자흡수분광광도법(Zinc – Atomic Absorption Spectrophotometry)

이 시험기준은 토양 중 아연을 측정하는 방법으로, 토양을 왕수(염산과 질산)로 산분해하여 전처리한 시료 용액을 직접 불꽃으로 주입하여 원자화한 후 원자흡수분광광도법으로 분석하며, 원소의 정성 및 정량분석을 수행한다. 이 시험기준은 「금속류 – 원자흡수분광광도법」에 따른다.

017-2 아연 – 유도결합플라스마 – 원자발광분광법
(Zinc – Inductively Coupled Plasma – Atomic Emission Spectrometry)

이 시험기준은 토양 중 아연을 측정하는 방법으로, 시료를 고주파유도코일에 의하여 형성된 아르곤 플라스마에 주입하여 6,000~8,000K에서 들뜬 원자가 바닥상태로 이동할 때 방출하는 발광선 및 발광강도를 측정하여 원소의 정성 및 정량분석을 수행한다. 이 시험기준은 「금속류 – 유도결합플라스마 – 원자발광분광법」에 따른다.

필수문제

01 토양오염공정시험기준에 따라 아연의 함량을 측정하기 위한 검량선에서 얻어진 아연의 농도가 2.5mg/L이었다면 토양 중 아연의 함량(mg/kg)은?(단, 수분보정한 토양 무게＝2.7g, 시료용기의 부피＝0.1L, 바탕시험용액의 아연농도＝0.2mg/L)

풀이
$$아연\ 함량(mg/kg) = \frac{(2.5-0.2)mg/L \times 0.1L}{2.7g \times kg/1,000g} = 85.19mg/kg$$

018 카드뮴(Cadmium, Cd)

▌적용 가능한 시험방법 ▌

카드뮴	정량한계 (mg/kg)	정밀도 (% RSD)
원자흡수분광광도법	0.40	30% 이내
유도결합플라스마 – 원자발광분광법	0.10	30% 이내

018-1 카드뮴 – 원자흡수분광광도법
(Cadmium – Atomic Absorption Spectrophotometry)

이 시험기준은 토양 중 카드뮴을 측정하는 방법으로, 토양을 왕수(염산과 질산)로 산분해하여 전처리한 시료 용액을 직접 불꽃으로 주입하여 원자화한 후 원자흡수분광광도법으로 분석하며, 원소의 정성 및 정량분석을 수행한다. 이 시험기준은 「금속류 – 원자흡수분광광도법」에 따른다.

018-2 카드뮴 – 유도결합플라스마 – 원자발광분광법
(Cadmium – Inductively Coupled Plasma – Atomic Emission Spectrometry)

이 시험기준은 토양 중에 카드뮴을 측정하는 방법으로, 시료를 고주파유도코일에 의하여 형성된 아르곤 플라스마에 주입하여 6,000~8,000K에서 들뜬 원자가 바닥상태로 이동할 때 방출하는 발광선 및 발광강도를 측정하여 원소의 정성 및 정량분석을 수행한다. 이 시험기준은 「금속류 – 유도결합플라스마 – 원자발광분광법」에 따른다.

019 6가 크롬(Hexavalent Chromium, Cr(Ⅵ))

▌ 적용 가능한 시험방법 ▌

6가 크롬	정량한계 (mg/kg)	정밀도 (% RSD)
자외선/가시선 분광법	0.5	30% 이내
이온크로마토그래피 – 자외선/가시선 분광법	0.5	30% 이내

019-1 6가 크롬 – 자외선/가시선 분광법(디페닐카르바지드법)
(Hexavalent Chromium – Ultraviolet/Visible Spectrometry)

1. 개요

(1) 목적

① 이 시험기준은 토양 중 6가 크롬을 자외선/가시선 분광법으로 측정하는 방법이다.

② 시료 중 6가 크롬을 디페닐카르바지드와 반응시켜 생성하는 적자색의 착화합물의 흡광도를 540nm에서 측정하여 6가 크롬을 정량하는 방법이다.

(2) 적용범위

① 토양 중 6가 크롬의 측정에 적용된다.

② 토양 중 6가 크롬의 정량한계는 0.5mg/kg이다.

(3) 간섭물질

① 시료 중에 잔류염소가 공존하면 발색을 방해한다. 이때는 시료에 수산화나트륨용액(20%)을 넣어 pH 12 정도로 조절한 다음 입상활성탄을 10% 정도 되게 넣고 자석교반기로 약 30분간 교반하여 여과한 액을 시료로 사용한다.

② 시료 중 철이 2.5mg 이하로 공존할 경우에는 디페닐카바지드 용액을 넣기 전에 5% 피로인산나트륨 – 10수화물용액 2mL를 넣어 주면 영향이 없다.

③ 흡수셀이 더러우면 측정값에 오차가 발생하므로 다음과 같이 세척하여 사용한다. 또는 시판용 세척액을 사용하여 세척한다.

㉠ 탄산나트륨용액(2%)에 소량의 음이온 계면활성제를 가한 용액에 흡수셀을

담가 놓고 필요하면 40~50℃로 약 10분간 가열한다.

ⓛ 흡수셀을 꺼내 정제수로 씻은 후 질산(1+5)에 소량의 과산화수소를 가한 용액에 약 30분간 담가 놓았다가 꺼내어 정제수로 잘 씻는다. 깨끗한 가제나 흡수지 위에 거꾸로 놓아 물기를 제거하고 실리카겔을 넣은 데시케이터 안에서 건조하여 보존한다.

ⓒ 급히 사용하고자 할 때는 물기를 제거한 후 에틸알코올로 씻고 다시 에틸에테르로 씻은 다음 드라이어로 건조해서 사용한다.

2. 분석기기 및 기구

(1) 자외선/가시선 분광광도계(UV/VIS, Ultraviloet Visible Spectrometer)

① 광원부, 파장선택부, 시료부 및 측광부로 구성되고 광원부에서 측광부까지의 광학계에는 측정목적에 따라 여러 가지 형식이 있다.

② 빛 경로길이는 1cm 이상 되며, 570nm의 파장에서 흡광도의 측정이 가능하여야 한다.

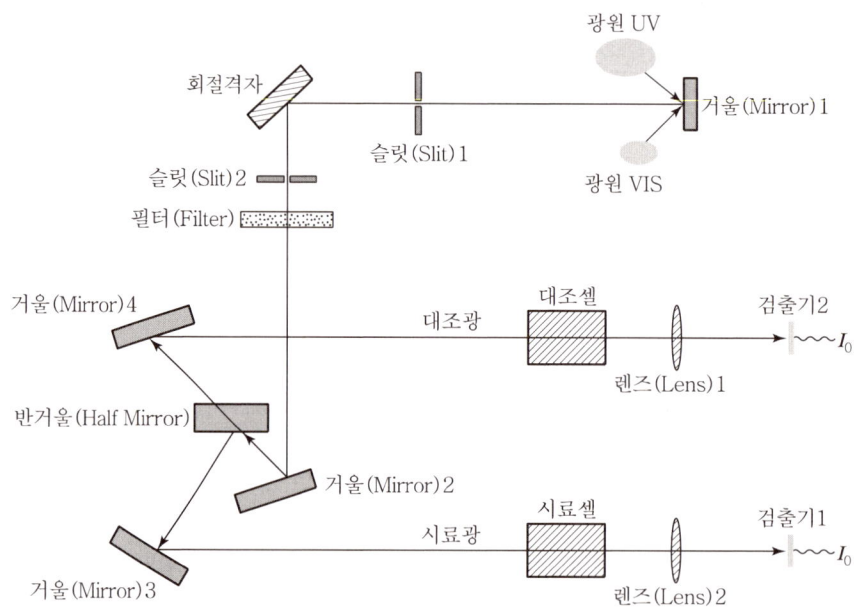

자외선/가시선 분광광도계

③ 광원부의 광원으로 가시부와 근적외부의 광원으로는 주로 텅스텐램프를 사용하고 자외부의 광원으로는 주로 중수소 방전관을 사용한다.

(2) 흡수셀

① 시료액의 흡수파장이 약 370nm 이상일 때는 석영 또는 경질유리 흡수셀을 사용하고 약 370nm 이하일 때는 석영 흡수셀을 사용한다.
(석영제 : 자외부, 유리제 : 주로 가시 및 근적외부, 플라스틱제 : 근적외부)

② 따로 흡수셀의 길이를 지정하지 않았을 때는 10mm 셀을 사용한다.

③ 시료셀에는 시험용액을, 대조셀에는 따로 규정이 없는 한 정제수를 넣는다. 넣고자 하는 용액으로 흡수셀을 씻은 다음 셀의 약 80%까지 넣고 외면이 젖어 있을 때는 깨끗이 닦는다. 필요하면(휘발성 용매를 사용할 때와 같은 경우) 흡수셀에 마개를 하고 흡수셀에 방향성이 있을 때는 항상 방향을 일정하게 하여 사용한다.

3. 시약 및 표준용액

(1) 시약

① 질산

② 질산용액(5M)

③ 황산

④ 황산(20%)

⑤ 분해용액

⑥ 인산완충용액(0.1M)

⑦ 디페닐카르바지드용액(0.5%)

(2) 표준용액

① 6가 크롬 표준원액(100mg/L)

② 6가 크롬 표준용액(10.0mg/L)

4. 정도보증/정도관리(QA/QC)

「불소−자외선/가시선 분광법」 내용과 동일

5. 분석절차

(1) 전처리

① 시료의 조제방법에 따라 조제한 분석용 시료 2.5g을 정확히 취하여 250mL 분해플라스크에 넣고 미리 온도를 90~95℃로 맞추어 놓은 분해용액 50mL를 넣는다. 여기에 염화마그네슘(무수) 0.4g과 인산완충용액(0.1M) 0.5mL를 함께 넣고 시계접시로 분해플라스크를 덮은 후 5분간 교반하여 시료와 분해액 등이 잘 혼합되도록 한다.

② 온도를 일정하게 유지할 수 있는 가열식 자력교반기 등을 이용하여 90~95℃가 되도록 유지하면서 60분간 지속적인 교반과 함께 분해를 하여 토양시료

중 6가 크롬이 모두 용출되도록 한다. 분해가 끝나면 시료용액의 온도가 실온
이 될 때까지 방치하여 냉각한다.

③ 시료용액을 0.45μm 막여과지로 여과한다. 이때 토양시료가 모두 여과장치에
옮겨지도록 분해플라스크를 정제수로 3번 세척하여 주고 세척액도 여과장치
에 옮긴다. 이때 토양입자 등으로 인해 여과가 여의치 않을 경우 먼저 GF/B
또는 GF/F 여과지로 1차 여과 후 0.45μm 막여과지로 2차 여과한다.

④ 여과용액을 100mL 비커에 옮긴 후 질산(5M)으로 여과용액의 pH를 7.5±
0.5로 맞춘다. 이때 pH를 교정한 여과용액의 pH가 7.5±0.5의 범위를 벗어
나면 여과용액을 버리고 처음부터 분해를 다시 시작한다. pH 교정이 끝나면
여과용액을 100mL 용량플라스크에 옮기고 정제수로 표선을 맞춘 후 검액으
로 사용한다.

(2) 검정곡선의 작성

① 크롬 표준용액(10.0mg/L) 0~2.0mL를 단계적으로 100mL 부피플라스크에
넣는다. 단, 정량한계 이상 농도를 3개 이상 포함하여야 한다.

② 시료의 여과용액과 동일한 양을 취하여 이하 7.3과 같은 방법으로 측정하여
6가 크롬의 농도(mg/L)를 가로축(x축)에, 6가 크롬의 흡광도를 세로축(y축)
에 취하여 검정곡선을 작성한다.

(3) 측정법

① 검액 95mL를 100mL 부피플라스크에 옮긴 다음 디페닐카르바지드용액
(0.5%) 2mL를 넣어 흔들어 섞고 황산(20%)으로 검액의 pH를 2.0±0.5로
맞춘 후 정제수로 표선을 채워 5~10분간 방치한다. 이 용액의 일부를 흡수셀
(10mm)에 넣어 흡광도를 측정한다.

② 따로 100mL 비커에 앞에서 분취한 시료와 동량의 정제수를 취하여 100mL
부피플라스크에 옮기고, 디페닐카르바지드용액(0.5%) 2mL와 황산(20%) 3mL
를 넣어 정제수로 표선까지 채워 잘 흔들어 섞고 5~10분간 방치한 다음 바탕
시험액으로 한다.

③ 바탕시험액을 대조액으로 하여 540nm에서 시료용액의 흡광도를 측정하여
미리 작성한 검정곡선으로부터 6가 크롬의 농도(mg/L)를 계산한다.

✱ [비고] 토양의 유기물함량, 토색 등으로 인해 검액이 유색을 띠거나 탁도가 발생될 경우,
해당 토양시료별로 탁도바탕시료(Turbidity Blank)를 측정하여 측정 오차를 감소시
킬 수 있다. 이때 탁도바탕시료(Turbidity Blank)는 측정법을 따르되 디페닐카르바
지드용액(0.5%)을 넣지 않고 전처리한 시료를 말한다.

6. 농도계산

$$\text{토양 중 6가 크롬의 농도(mg/kg)} = \frac{(C_1 - C_0)}{W_d} \times f \times V$$

여기서, C_1 : 검정곡선에서 얻어진 분석시료의 6가 크롬 농도(mg/L)

C_0 : 검정곡선에서 얻어진 시약바탕시료의 6가 크롬 농도(mg/L)

f : 희석배수(검정곡선의 범위를 벗어날 경우)

V : 시험용액의 부피(여기서는 0.1L)

W_d : 토양시료의 건조중량(kg)

┃ 정도관리 목푯값 ┃

정도관리 항목	정도관리 목표
정량한계	0.5mg/kg
검정곡선	결정계수(R^2) > 0.98 또는 감응계수(RF)의 상대표준편차 < 20%
정밀도	상대표준편차가 30% 이내
정확도	70~130%

019-2 6가 크롬 – 이온크로마토그래피 – 가시선/자외선 분광법
(Hexavalent Chromium – Ion Chromatography – Ultraviolet/Visible Spectrometry)

1. 개요

(1) 목적

① 이 시험기준은 토양 중 6가 크롬을 이온크로마토그래피–가시선/자외선 분광법(IC–UV/VIS ; Ion Chromatography–Ultraviolet/Visible Spectrometry)으로 측정하는 방법이다.

② 시료 중에 6가 크롬을 분리컬럼을 이용하여 분리한 후 디페닐카르바지드(DPC ; Diphenyl Carbazide)와 반응시켜 생성되는 적자색의 착화합물을 540nm에서 측정하여 정량하는 방법이다.

(2) **적용범위**

① 이 방법은 토양 중 6가 크롬의 측정에 적용된다.

② 토양 중 6가 크롬의 정량한계는 0.5mg/kg이다.

2. 분석기기 및 기구

(1) 이온크로마토그래피 – 자외선/가시선 분광계

이온크로마토그래피–가시선/자외선 분광계(IC–UV/VIS ; Ion Chromatograph–Ultraviolet/Visible Spectrometer)는 용리액 저장조, 액송펌프, 시료주입부, 분리컬럼, Post Column Reactor(PCR), UV/VIS 검출기 및 기록계로 구성되어 있다. 이온크로마토그래피–가시선/자외선 분광계의 운영은 사용장비의 매뉴얼에 따른다.

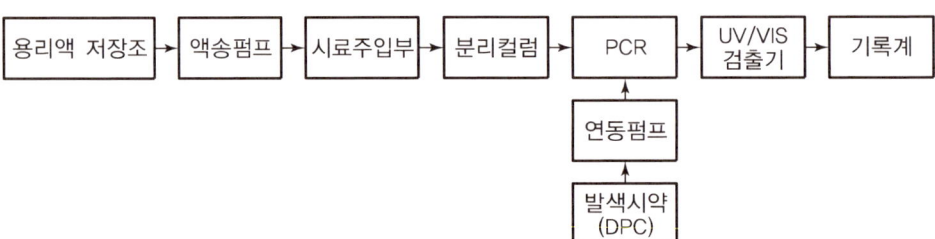

이온크로마토그래피 – 자외선/가시선 분광계 모식도

① **액송펌프**

분리컬럼 중의 이온교환체의 입자는 약 $10\mu m$ 이하의 매우 작은 입자로서 용리액 및 시료를 고압하에서 전개시키지 않으면 요구되는 유속을 얻기가 어렵다. 따라서 펌프는 14.7~34.3MPa 압력에서 사용될 수 있어야 하며, 작동 중 맥동이 일어나서는 안 된다.

② **시료주입부**

일반적으로 미량의 시료를 사용하기 때문에 루프 밸브에 의한 주입방식이 많이 이용되며 시료주입량은 보통 250~2,000μL이다. 정량한계에 따라 시료주입량은 변화시킬 수 있다.

③ **분리컬럼**

PEEK 혹은 에폭시 수지로 만든 관에 Quaternary Ammonium 작용기를 포함한 폴리비닐알코올(Polyvinyl Alcohol)로 채워진 음이온 교환 컬럼 또는 동등한 분리성능을 가진 컬럼을 사용한다.

④ Post Column Reactor(PCR)

분리컬럼에서 분리가 이루어진 시료 중 6가 크롬이 PCR을 거치면서 발색시약(DPC)과 반응하여 적자색을 띠게 된다.

⑤ 검출기 및 기록계

6가 크롬 분석에는 UV/VIS 검출기를 사용한다. 광원부의 광원으로 가시부와 근적외부의 광원으로는 텅스텐 램프를 사용하고 자외부의 광원으로는 중수소 방전관을 사용한다.

3. 시약 및 표준용액

(1) 시약

① 질산 ② 질산용액(5M)
③ 분해용액 ④ 인산완충용액(0.1M)
⑤ 용리액 ⑥ 완충용액
⑦ 디페닐카르바지드용액(DPC ; Diphenyl Carbazide)

(2) 표준용액

① 6가 크롬 표준원액(100mg/L) ② 6가 크롬 표준용액(10.0mg/L)
③ 6가 크롬 표준용액(1.0mg/L)

4. 정도보증/정도관리(QA/QC)

「불소－자외선/가시선 분광법」 내용과 동일

5. 분석절차

(1) 전처리

① 시료의 조제방법에 따라 조제한 분석용 시료 2.5g을 정확히 취하여 250mL 분해플라스크에 넣고 미리 온도를 90~95℃로 맞추어 놓은 분해용액 50mL를 넣는다. 여기에 염화마그네슘(무수) 0.4g과 완충용액(0.1M) 0.5mL를 함께 넣고 시계접시로 분해플라스크를 덮은 후 5분간 교반하여 시료와 분해용액 등이 잘 혼합되도록 한다.

② 온도를 일정하게 유지할 수 있는 가열식 자력교반기 등을 이용하여 90~95℃가 되도록 유지하면서 60분간 지속적인 교반과 함께 분해를 하여 토양시료 중 6가 크롬이 모두 용출되도록 한다. 분해가 끝나면 시료용액의 온도가 실온

이 될 때까지 방치하여 냉각한다.

③ 시료용액을 $0.45\mu m$ 막여과지로 여과한다. 이때 토양시료가 모두 여과장치에 옮겨지도록 분해플라스크를 정제수로 3번 세척하여 주고 세척액도 여과장치에 옮긴다. 이때 토양입자 등으로 인해 여과가 여의치 않을 경우 먼저 GF/B 또는 GF/F 여과지로 1차 여과 후 $0.45\mu m$ 막여과지로 2차 여과한다.

④ 여과용액을 100mL 비커에 옮긴 후 질산(5M)으로 여과용액의 pH를 9~9.5로 맞춘다. pH 교정이 끝나면 여과용액을 100mL 부피플라스크에 옮기고 정제수로 표선을 맞춘 후 검액으로 사용한다.

(2) 검정곡선의 작성

① 가 크롬 표준용액(1.0mg/L) 0~10.0mL를 단계적으로 100mL 부피플라스크에 넣고 희석용액으로 표선까지 가하여 제조한다. 단, 정량한계 이상 농도를 3개 이상 포함하여야 한다.

② 6가 크롬의 농도(mg/L)를 가로축(x축)에, 6가 크롬의 흡광도를 세로축(y축)에 취하여 검정곡선을 작성한다.

(3) 측정법

① 측정 시 pH에 영향을 받으므로 검액을 희석하거나 보관할 때에는 희석용액(pH 9~pH 9.5)을 사용해야 한다. 기기 측정 전 검액의 상태에 따라 $0.45\mu m$ 막여과지로 여과하여 분석한다.

② 이온크로마토그래피-가시선/자외선 분광계를 작동시켜 UV/VIS 검출기를 540nm로 고정하고 용리액의 유속을 1.0mL/min, 발색시약의 유속을 0.4mL/min로 조정 후 용리액 및 발색시약을 흘려보내면서 펌프의 압력 및 검출기의 전도도 값이 일정하게 유지될 때까지 기다린다. 이때 용리액 및 발색시약의 유속 등은 사용장비의 매뉴얼을 따른다.

③ 펌프의 압력이 일정하게 유지되고 용리액의 전도도 및 기록계의 기준선이 안정화되면 시료를 주입하여 크로마토그램을 작성하고 6가 크롬의 머무름 시간을 확인한다.

④ 미리 작성한 검정곡선으로부터 6가 크롬의 농도(mg/L)를 계산한다. 이때 측정농도가 검정 범위를 벗어날 경우 희석용액으로 적절히 희석하여 다시 측정한다.

6. 농도계산

$$토양 \ 중 \ 6가 \ 크롬의 \ 농도(mg/kg) = \frac{(C_1 - C_0)}{W_d} \times f \times V$$

여기서, C_1 : 검정곡선에서 얻어진 분석시료의 6가 크롬 농도(mg/L)

C_0 : 검정곡선에서 얻어진 시약바탕시료의 6가 크롬 농도(mg/L)

f : 희석배수(검정곡선의 범위를 벗어날 경우)

V : 시험용액의 부피(여기서는 0.1L)

W_d : 토양시료의 건조중량(kg)

❙ 정도관리 목푯값 ❙

정도관리 항목	정도관리 목표
정량한계	0.5mg/kg
검정곡선	결정계수(R^2) > 0.98 또는 감응계수(RF)의 상대표준편차 < 20%
정밀도	상대표준편차가 30% 이내
정확도	70~130%

▮ 적용 가능한 시험방법 ▮

유기인화합물	정량한계 (mg/kg)	정밀도 (% RSD)
기체크로마토그래피	각 항목별 0.05	30% 이내
기체크로마토그래피/질량분석법	각 항목별 0.05	30% 이내

020-1 유기인화합물 – 기체크로마토그래피
(Organophosphorus Pesticides – Gas Chromatography)

1. 개요

(1) 목적

이 시험기준은 토양 중 유기인화합물(이피엔, 파라티온, 메틸디메톤, 다이아지논 및 펜토에이트)의 측정방법으로서, 유기인 화합물을 기체크로마토그래프로 분리한 다음 질소인검출기로 분석하는 방법이다.

(2) 적용범위

① 토양 중 유기인화합물(이피엔, 파라티온, 메틸디메톤, 다이아지논 및 펜토에이트)의 분석에 적용한다.

② 기체크로마토그래프로 분리한 다음 질소인검출기 또는 불꽃광도검출기로 측정하는 방법으로 정량한계는 각 항목별 0.05mg/kg이다.

(3) 간섭물질

① 해당 매질 또는 추출 용매 안에 함유하고 있는 불순물이 분석을 방해할 수 있다. 이 경우 방법바탕시료나 시약바탕시료를 분석하여 확인할 수 있다. 방해물질이 존재하면 용매를 증류하거나 정제용 컬럼을 이용하여 제거한다. 고순도의 시약이나 용매를 사용하면 방해물질을 최소화할 수 있다.

② 초자류는 사용 전에 아세톤, 분석 용매 순으로 각각 3회 세정한 후 건조시킨 것을 사용하여 오염을 최소화할 수 있다.

2. 분석기기 및 기구

(1) 기체크로마토그래프

① 컬럼은 안지름 0.20~0.35mm, 필름두께 0.1~0.50μm, 길이 15~60m의 Cross-Linked Methylsilicon(DB-1, HP-1 등) 또는 Cross-Linked 5% Phenylmethylsilicon(DB-5, HP-5 등) 모세관이나 동등한 분리성능을 가진 모세관으로 분석 대상 물질의 분리가 양호한 것을 택하여 시험한다.

② 운반기체는 부피백분율 99.999% 이상의 헬륨(또는 질소)을 사용하며 유량은 0.5~4mL/min, 시료도입부 온도는 200~250℃, 컬럼온도는 40~300℃로 사용한다.

③ 질소인검출기(NPD ; Nitrogen Phosphorus Detector) 또는 불꽃광도검출기 (FPD ; Flame Photometric Detector)

질소나 인이 불꽃 또는 열에서 생성된 이온이 루비듐 염과 반응하여 전자를 전달하여 이때 흐르는 전자가 포착되어 전류의 흐름으로 바꾸어 측정하는 방법으로 유기인화합물 및 유기질소화합물을 선택적으로 검출할 수 있다.

＊ [비고] 검출기는 불꽃광도검출기 대신에 불꽃열이온검출기(FTD ; Flame Thermionic Detector) 또는 전자포착검출기(ECD ; Electron Capture Detector)를 사용할 수 있다.

(2) 농축장치

구데르나다니쉬(K.D.) 농축기 또는 회전증발농축기를 사용한다.

(3) 정제용 컬럼

① 실리카겔 컬럼

㉠ 크로마토그래프용 실리카겔 1.0g을 노말헥산 10mL를 넣어 혼합한다.

㉡ 관의 밑바닥에 헥산 전개액으로 습윤시킨 탈지면 또는 유리섬유를 깔고 그 위에 혼합물을 흘려 넣는다. 소량의 헥산 전개액으로 관의 내벽을 씻어 주고 하부의 콕을 열어 헥산 전개액을 유출시킨다.

㉢ 혼합물이 침착하여 안정화되고 헥산 전개액의 액면이 혼합물의 상단에 이르면 콕을 닫는다.

② 플로리실 컬럼

㉠ 안지름 10mm, 길이 300mm의 유리관 하부에 콕을 부착한 것으로 밑바닥에 탈지면 또는 유리섬유를 깔고 크로마토그래프용 노말헥산 10mL로 관의 내부를 씻어준 다음 헥산이 탈지면 또는 유리섬유의 위까지 잠기도록 한다.

ⓛ 플로리실 3g을 비커에 넣고 크로마토그래프용 노말헥산 10mL를 넣어 유리봉으로 저으면서 기포를 제거한 다음 크로마토그래프용 노말헥산과 함께 유리관에 충전한다.

ⓒ 플로리실층이 안정화되면 그 위에 크로마토그래프용 무수황산나트륨 1g을 넣고 소량의 크로마토그래프용 노말헥산으로 관의 내벽을 씻어준 다음 하부의 콕을 열어 노말헥산이 무수황산나트륨의 상단에 이를 때까지 유출시킨다.

③ 활성탄 컬럼

ⓐ 안지름 15mm, 길이 300mm의 유리관 하부에 콕을 부착한 것으로 바닥에 탈지면 또는 유리섬유를 끼우거나 유리 여과판으로 된 관에 다르코 G-60(Darco G-60) 미결정 셀루로오스 분말(1+10) 5g을 비커에 넣고 크로마토그래프용 아세톤으로 잘 섞어서 충전한다.

ⓑ 콕을 열어 충전제 상단까지 아세톤을 유출시키고 크로마토그래프용 무수황산나트륨 3g을 넣는다. 아세톤 약 10mL로 크로마토그래프용 컬럼 내벽에 묻은 무수황산나트륨을 씻어 아래로 떨어뜨리고 콕을 열어 아세톤이 무수황산나트륨의 상단에 이를 때까지 유출시킨다.

(단위 : mm)

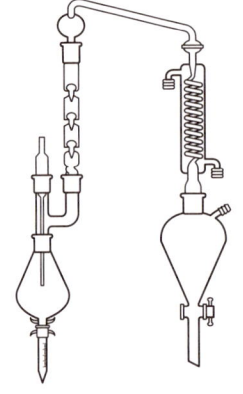

구데르나다니쉬(K.D.) 농축기

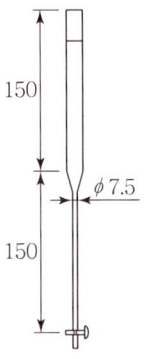

정제컬럼

3. 시약 및 표준용액

(1) 시약

① 염산용액(1N)

② 노말헥산

③ 무수황산나트륨

④ 아세톤

⑤ 디클로로메탄

⑥ 디클로로메탄과 노말헥산의 혼액(15 : 85)

⑦ 정제수

시약용 정제수나, 3차 정제수를 사용하며 바탕시험할 때 분석물질의 봉우리 부근에 불순물 봉우리가 없는 것을 사용한다.

⑧ 실리카겔(Silicagel, $SiO_2 \cdot nH_2O$)

실리카겔은 크로마토그래피용 70~230메시의 것으로 130℃에서 4시간 이상 건조 후 데시케이터에서 30분간 방치하여 냉각한 것을 사용한다.

⑨ 플로리실(Florisil)

크로마토그래피용 60~100메시의 것으로 130℃에서 4시간 이상 건조 후 데시케이터에서 30분간 방치하여 냉각한 것을 사용한다.

⑩ 활성탄(Activated Carbon, Darco G-60)

크로마토그래피용으로서 60~100메시의 것으로 사용한다.

(2) 표준용액

① 혼합표준원액(1,000mg/L)　　　　② 혼합표준용액(100.0mg/L)

4. 정도보증/정도관리(QA/QC)

(1) 방법검출한계 및 정량한계

「불소-자외선/가시선 분광법」 내용과 동일

(2) 시약바탕시료의 분석

「불소-자외선/가시선 분광법」 내용과 동일

정도보증/정도관리에 따라 시료군마다 1개의 시약바탕시료(Reagent Blank)를 분석한다. 시약바탕시료는 실험절차와 동일하게 전처리 · 측정하며, 측정값은 방법검출한계 이하이어야 한다.

(3) 검정곡선의 작성 및 검증

① 검정곡선의 작성 및 검증은 정도보증/정도관리에 따른다.
② 검정곡선의 작성에서 제시한 농도 범위 내에서 3개 이상의 농도(정량한계 이상)에 대해 검정곡선을 작성하고 얻어진 검정곡선의 결정계수(R^2)가 0.98 이상 또는 감응계수(RF)의 상대표준편차가 20% 이내이어야 하며 결정계수나 감응계수의 상대표준편차가 허용범위를 벗어나면 재작성하도록 한다.
③ 시료분석을 연속으로 수행할 경우에는 일주일에 1회 검정곡선을 작성하고,

그 기간 중 검정곡선을 검증하기 위하여 매일 1개의 표준용액(검정곡선 작성 중간농도)을 측정하여 검정인자(CF ; Calibration Factor)를 구한다. 이 값이 초기 검정곡선 작성 시 구한 검정인자와 비교했을 때 편차백분율이 ±20% 이내일 때는 원래의 검정곡선을 이용하여 시료 중의 농도를 정량하며, 편차백분율이 ±20% 이상일 때는 새로운 검정곡선을 작성하여야 한다. 이때 편차백분율은 다음과 같이 구한다.

$$편차백분율(\%) = \frac{R_1 - R_2}{R_1} \times 100$$

여기서, R_1 : 초기검정곡선의 CF $= \dfrac{개별성분의 높이 또는 면적}{개별성분 주입량(ng)}$

R_2 : 초기검정곡선 확인용 CF $= \dfrac{개별성분의 높이 또는 면적}{개별성분 주입량(ng)}$

> **Reference** 검량선 작성 시 사용하는 내부표준물질의 조건
>
> ① 목적성분과 물리·화학적 성질이 유사한 것
> ② 목적성분 피크의 위치에 가능한 한 가까울 것
> ③ 시료 중의 다른 성분 피크와 완전하게 분리될 것
> ④ 화학적으로 반응성이 작을 것

(4) 정밀도 및 정확도

「불소-자외선/가시선 분광법」 내용과 동일

(5) 내부정도관리 주기 및 목표

「불소-자외선/가시선 분광법」 내용과 동일

5. 분석절차

(1) 전처리

① 추출

㉠ 토양 시료 20g을 100mL 원심분리관에 넣고 1N 염산용액 10mL를 가하여 잘 혼합하여 섞고 다시 노말헥산 40mL를 가하여 10분간 격렬히 진탕하고 이것을 원심분리한 후 헥산 층을 분액깔때기에 옮긴다. 다시 노말헥산 40mL를 원심분리관에 가하고 위와 동일한 방법으로 조작하여 얻어진 헥산층을 250mL 분액깔때기에 합한다.

    ⓒ 헥산층을 정제수로 20mL씩 2회 이상 씻어주고 소량의 크로마토그래프용 무수황산나트륨으로 탈수한 다음 탈지면 또는 건조여지로 여과하여 농축기의 플라스크에 옮긴다.

    ⓒ 분액깔때기와 무수황산나트륨을 소량의 노말헥산으로 씻은 다음 위에서 사용한 여과장치로 여과하여 농축기의 플라스크에 합한다.

    ⓔ K.D. 농축기 또는 회전증발농축기를 40℃ 이하 감압상태에서 작동하여 헥산층의 대부분을 증발시키고 실온에서 조심하여 질소를 불어넣어 잔류 헥산층을 모두 증발 건조시킨다.

    ✱ [비고] 노말헥산으로 추출할 경우 메틸디메톤의 추출률이 낮아질 수도 있다. 이때에는 노말헥산 대신 디클로로메탄과 노말헥산의 혼합액(15 : 85)을 사용한다.

② 정제

    ㉠ 추출조작에서 얻은 잔류물을 노말헥산 2mL를 넣어 녹여 앞에서 준비한 정제컬럼 중 하나를 선택하여 아래와 같이 수행한다.

    ⓒ 이 액을 피펫으로 흡입하여 조심하여 컬럼의 상부에 넣고 노말헥산 2mL로 농축기의 플라스크를 세척하여 같은 방법으로 컬럼의 상부에 넣는다. 컬럼 하부의 콕크를 열고 액면이 무수황산나트륨의 상단에 이를 때까지 유출시켜 10mL 눈금실린더에 받는다.

    ⓒ 다음에 노말헥산 70mL를 컬럼에 조심스럽게 넣어 콕을 열고 매초 한 방울의 속도로 용출시켜 수기의 액량이 5mL가 되면 버리고 다른 100mL 눈금실린더에 유출액 70mL를 받는다.

    ⓔ 유출액을 농축기에 옮기고 추출조작에서와 같은 방법으로 농축하여 용출액을 모두 휘산시킨다. 잔류물에 크로마토그래프용 아세톤 10mL를 정확히 넣어 녹이고 시료용액으로 한다.

    ✱ [비고] 방해물질을 함유하지 않은 시료일 경우에는 정제조작을 생략하고 추출조작에서 얻어진 잔류물을 유기인 정제용 컬럼 용출액 일정량으로 녹여서 시험용액으로 한다.

(2) 검정곡선의 작성

① 혼합표준용액(100.0mg/L) 0.01~5.0mL를 단계적으로 취하여 10mL 부피 플라스크에 넣고 크로마토그래프용 아세톤을 넣어 표선까지 채운다. 단, 정량한계 이상 농도를 3개 이상 포함하여야 한다.

② 측정하여 각 유기인의 농도(mg/L)를 가로축(x축)에, 각 화합물에 해당하는 봉우리 면적을 세로축(y축)에 취하여 검정곡선을 작성한다.

    ✱ [비고] 봉우리의 면적 대신 봉우리의 높이를 사용할 수 있으나 봉우리 면적을 사용하는 것이 바람직하다.

(3) 측정법

① 추출물 1~3μL를 취하여 기체크로마토그래프에 주입하여 분석한다.

② 크로마토그램으로부터 각 분석성분의 머무름시간(Retention Time)에 해당하는 봉우리로부터 면적을 측정한다.

> **Reference** 기체크로마토그래피의 머무름시간에 관한 결정시험을 실시해야 할 경우
>
> ① 컬럼교체 ② 가스교체 ③ 기기의 고장수리

6. 농도계산

$$\text{토양 중 유기인화합물의 농도(mg/kg)} = \sum \frac{C_1}{W_d} \times V$$

여기서, C_1 : 검정곡선에서 얻어진 분석시료의 각 항목별 농도(mg/L)

V : 시험용액의 부피(여기서는 0.01L)

W_d : 수분 보정한 토양시료의 건조중량(kg)

▌유기인화합물의 기체크로마토그래피 기기분석 조건 예 ▌

항목	조건				
컬럼	Ultra−2(Cross−Linked 5% Phenylmethylsilicon, 30m 길이×0.2mm 안지름×0.33μm 필름두께)				
운반기체(유속)	헬륨(1.0mL/min)				
분획비	1/10				
주입구온도	300℃				
검출기 온도	280℃				
오븐온도	초기온도 (℃)	초기시간 (min)	승온속도 (℃/min)	최종온도 (℃)	최종시간 (min)
	50	3	10	300	5

▌정도관리 목푯값 ▌

정도관리 항목	정도관리 목표
정량한계	각 항목별 0.05mg/kg
검정곡선	결정계수(R^2) > 0.98 또는 감응계수(RF)의 상대표준편차 < 20%
정밀도	상대표준편차가 30% 이내
정확도	70~130%

020-2 유기인화합물 – 기체크로마토그래피 – 질량분석법
(Organophosphorus Pesticides – Gas Chromatography – Mass Spectrometry)

1. 개요

(1) 목적

① 이 시험기준은 토양 중 유기인화합물(이피엔, 파라티온, 메틸디메톤, 다이아 지논 및 펜토에이트)의 측정방법이다.

② 유기인화합물을 기체크로마토그래프로 분리한 다음 질량검출기로 분석하는 방법이다.

(2) 적용범위

① 토양 중 유기인화합물(이피엔, 파라티온, 메틸디메톤, 다이아지논 및 펜토에 이트)의 분석에 적용한다.

② 기체크로마토그래프로 분리한 다음 질량분석기로 측정하는 방법으로 정량한 계는 각 항목별 0.05mg/kg이다.

(3) 간섭물질

① 해당 매질 또는 추출 용매 안에 함유하고 있는 불순물이 분석을 방해할 수 있 다. 이 경우 바탕시료나 시약바탕시료를 분석하여 확인할 수 있다. 방해물질 이 존재하면 용매를 증류하거나 컬럼 크로마토그래피를 이용하여 제거한다. 고순도의 시약이나 용매를 사용하면 방해물질을 최소화할 수 있다.

② 초자류는 사용 전에 아세톤, 분석 용매 순으로 각각 3회 세정한 후 건조시킨 것을 사용하여 오염을 최소화할 수 있다.

2. 분석기기 및 기구

(1) 기체크로마토그래프

① 컬럼은 안지름 0.20~0.35mm, 필름두께 0.1~0.50μm, 길이 15~60m의 Cross –Linked Methylsilicon 또는 Cross–Linked 5% Phenylmethylsilicon 등의 모세관이나 동등한 분리성능을 가진 모세관으로 대상 분석 물질의 분리 가 양호한 것을 택하여 시험한다.

② 운반기체는 부피백분율 99.999% 이상의 질소(또는 헬륨)를 사용하며 유량은 0.5~4mL/min, 시료도입부 온도는 200~250℃, 컬럼온도는 40~280℃로 사용한다.

(2) 질량분석기(Mass Spectrometer)

① 이온화방식은 전자충격법(EI ; Electron Impact)을 사용하며 이온화에너지는 35~70eV을 사용한다.

② 질량분석기는 자기장형(Magnetic Sector), 사중극자형(Quadrupole) 및 이온트랩형(Ion Trap) 등의 성능을 가진 것을 사용한다.

③ 정량분석에는 선택이온검출법(SIM ; Selected Ion Monitoring)을 이용하는 것이 바람직하다. 선택하는 이온들은 표의 이온을 사용할 수 있다.

(3) 농축장치

구데르나다니쉬(K.D.) 농축기 또는 회전증발농축기를 사용한다.

(4) 정제용 컬럼

실리카겔 컬럼이나 플로리실 컬럼 또는 활성탄 컬럼을 선택하여 사용한다.

3. 시약 및 표준용액

「유기인화합물－기체크로마토그래피」 시약 및 표준용액에 따른다.

4. 정도보증/정도관리(QA/QC)

「유기인화합물－기체크로마토그래피」 정도보증/정도관리에 따른다.

5. 분석절차

(1) 전처리

「유기인화합물－기체크로마토그래피」 시료전처리에 따른다.

(2) 검정곡선의 작성

「유기인화합물－기체크로마토그래피」 검정곡선의 작성에 따른다.

(3) 측정법

① 추출물 1~3μL를 취하여 기체크로마토그래프에 주입하여 분석한다.

② 크로마토그램으로부터 각 분석성분 및 내부표준물질의 머무름시간(Retention Time)에 해당하는 봉우리로부터 면적을 측정한다.

6. 농도계산

$$토양\ 중\ 유기인화합물의\ 농도(mg/kg)=\Sigma\frac{C_1}{W_d}\times V$$

여기서, C_1 : 검정곡선에서 얻어진 분석시료의 각 항목별 농도(mg/L)

V : 시험용액의 부피(여기서는 0.01L)

W_d : 수분 보정한 토양시료의 건조중량(kg)

▌유기인화합물의 기체크로마토그래피 기기분석 조건 예 ▌

항목	조건				
컬럼	Ultra−2(Cross−Linked 5% Phenylmethylsilicon, 30m 길이×0.2mm 안지름×0.33μm 필름두께)				
운반기체(유속)	헬륨(1.0mL/min)				
분획비	1/10				
주입구온도	300℃				
검출기 온도	280℃				
오븐온도	초기온도 (℃)	초기시간 (min)	승온속도 (℃/min)	최종온도 (℃)	최종시간 (min)
	50	3	10	300	5

▌정도관리 목푯값 ▌

정도관리 항목	정도관리 목표
정량한계	각 항목별 0.05mg/kg
검정곡선	결정계수(R^2) > 0.98 또는 감응계수(RF)의 상대표준편차 < 20%
정밀도	상대표준편차가 30% 이내
정확도	70~130%

021 벤조(a)피렌(Benzo(a)pyrene)

┃ 적용 가능한 시험방법 ┃

벤조(a)피렌	정량한계 (mg/kg)	정밀도 (% RSD)
기체크로마토그래피 – 질량분석법	0.005	30% 이내

021-1 벤조(a)피렌 – 기체크로마토그래피 – 질량분석법
(Benzo(A)Pyrene – Gas Chromatography – Mass Spectrometry)

1. 개요

(1) 목적

① 이 시험기준은 토양 중 벤조(a)피렌을 분석하는 방법이다.

② 속슬레 추출이나 초음파 추출방법으로 추출하여 실리카겔 또는 알루미나 컬럼을 통과시켜 정제한 다음, 농축하여 기체크로마토그래프 – 질량분석계로 측정하는 방법이다.

(2) 적용범위

① 토양시료 중 벤조(a)피렌을 기체크로마토그래프 – 질량분석계(GC – MS, Gas Chromatography – Mass Spectrometer)로 분석하는 방법에 적용한다.

② 토양 중 벤조(a)피렌의 정량한계는 0.005mg/kg이다.

(3) 간섭물질

① 해당 매질 또는 추출 용매 안에 함유하고 있는 불순물이 분석을 방해할 수 있다. 이 경우 방법바탕시료나 시약바탕시료를 분석하여 확인할 수 있다.

② 방해물질이 존재하면 용매를 증류하거나 정제용 컬럼을 이용하여 제거한다. 고순도의 시약이나 용매를 사용하면 방해물질을 최소화할 수 있다.

③ 초자류는 사용 전에 아세톤, 분석 용매 순으로 각각 3회 세정한 후 건조시킨 것을 사용하여 오염을 최소화할 수 있다.

④ 높은 농도의 시료와 낮은 농도의 시료를 연속하여 측정할 때에는 오염의 가능성이 있으므로 용매를 사용하여 점검하는 것이 좋다.

2. 용어 정의

(1) 동위원소 치환 내부표준물질

동위원소 치환 내부표준물질은 분석물질에 동위원소로 치환한 물질로 물리적 및 화학적 성질이 유사하여 정량분석에서 내부표준물질로 사용하면 좋다.

3. 분석기기 및 기구

(1) 농축장치

① 회전증발 농축기

㉠ 회전증발 농축기는 증류플라스크, 농축수집기, 물중탕기, 냉각장치 등으로 구성되어야 한다.

㉡ 농축하고자 하는 용매의 특성(끓는점)을 고려하여 물중탕기의 온도를 설정한다.

㉢ 농축하는 동안 냉각수 순환장치를 이용하여 냉각수를 흘려주며, 냉각수 순환장치가 없는 경우 수돗물을 계속해서 흘려보내준다.

㉣ 시료의 농축에 앞서 농축기와 수집기의 연결부분을 아세톤 및 노말헥산으로 3회 이상 세척하여 교차오염 등을 방지한다.

② 질소농축기

㉠ 질소농축기는 질소기체가 연결될 수 있는 미세관과 테프론으로 코팅된 바늘, 가스의 유량조절이 가능한 유량계, 시료용기를 고정할 수 있는 장치로 구성되어 있다.

㉡ 시료의 농축에 앞서 농축기의 바늘부분은 아세톤 및 노말헥산으로 3회 이상 세척하여 교차오염 등을 방지한다.

㉢ 농축 시 질소가스의 세기에 의해 시료가 시료용기의 외부로 유출되지 않게 항상 주의한다.

(2) 추출장치

① 속슬레 추출기(Soxhlet Extractor)

유리재 여과조(Thimble), 냉각장치, 추출 플라스크 및 가열장치 등으로 구성되어 있다.

② 초음파추출기

끝이 티타늄으로 되어 있는 원추형(Horn) 모양의 최소 375와트의 진동 능력을 가진 것을 사용한다.

(3) 정제용 컬럼

① 4% 함수실리카겔 컬럼

실리카겔(0.063~0.200mm(70~230mesh))을 130℃에서 4시간 가열하여 활성화시킨 후 데시케이터에서 방치하여 냉각한다. 이후 96g을 갈색 삼각 플라스크에 달아 넣고 실리카겔을 교반하면서 홀피펫을 사용하여 정제수 4mL를 넣어 함수시키고 덩어리가 없어질 때까지 손으로 약 5분간 강하게 흔든 후 진탕기로 30분간 진탕시킨다.

② 알루미나 컬럼

중성 알루미나 0.063~0.200mm(70~230mesh)의 것을 사용한다. 사용에 앞서 190℃에서 19시간 이상 가열 후, 데시케이터 안에서 약 30분간 방치하여 냉각한 다음 바로 사용한다.

(4) 분석용 저울

0.0001g까지 정확하게 측정할 수 있는 저울을 사용한다.

(5) 미량주사기

1~500μL 용량의 미량주사기(Microsyringe)를 사용한다.

(6) 기체크로마토그래프

① 컬럼은 안지름 0.20~0.53mm, 필름두께 0.1~3.0μm, 길이 15~100m의 DB-1, DB-5 및 DB-608 등의 모세관이나 동등한 분리성능을 가진 모세관으로 대상 분석 물질의 분리가 양호한 것을 택하여 시험한다.
② 운반기체는 부피백분율 99.999% 이상의 헬륨 또는 질소로서 유량은 0.5~5mL/min, 시료도입부 온도는 200~300℃, 컬럼온도는 50~300℃로 사용한다.

(7) 질량분석기(Mass Spectrometer)

① 70eV의 전자에너지를 이용하여 1초 미만의 스캔 사이클 타임(Scan Cycle Time)으로 35~500amu까지 매스 스캐닝(Mass Scanning)이 가능한 전자 충격 이온화방식(EI)의 것을 사용한다.
② 질량분석기는 자기장형(Magnetic Sector), 사중극자형(Quadrupole) 및 이온트랩형(Ion Trap) 등의 성능을 가진 것을 사용한다.

4. 시약 및 표준용액

(1) 시약

① 노말헥산   ② 무수황산나트륨
③ 아세톤   ④ 아세톤/노말헥산(1 : 1)
⑤ 디클로로메탄   ⑥ 디클로로메탄/노말헥산(1 : 9)
⑦ 디클로로메탄/노말헥산(1 : 1)

(2) 표준용액

① 벤조(a)피렌 표준원액(1,000mg/L) ② 벤조(a)피렌 표준용액(100mg/L)
③ 벤조(a)피렌 표준용액(25mg/L)   ④ 벤조(a)피렌 표준용액(5mg/L)

(3) 대체표준용액

① 대체표준원액(1,000mg/L)   ② 대체표준용액(100mg/L)
③ 대체표준용액(25mg/L)

(4) 내부표준용액

① 내부표준원액(1,000mg/L)   ② 내부표준용액(100mg/L)
③ 내부표준용액(25mg/L)

5. 정도보증/정도관리(QA/QC)

(1) 방법검출한계 및 정량한계

① 방법검출한계(MDL ; Method Detection Limit) 및 정량한계(LOQ ; Limit Of Quantification)는 정도보증/정도관리에 따라 산정한다. 벤조(a)피렌이 없는 것으로 확인된 토양에 정량한계 부근의 농도가 되도록 벤조(a)피렌 표준용액을 첨가한 시료 7개를 준비하여 각 시료를 실험절차와 동일하게 분석하여 표준편차를 구한다.

② 표준편차에 3.14를 곱한 값을 방법검출한계로, 10을 곱한 값을 정량한계로 나타낸다. 측정한 정량한계는 정량한계 이하의 값이어야 한다.

(2) 시약바탕시료의 분석

정도보증/정도관리에 따라 시료군마다 1개의 시약바탕시료(Reagent Blank)를 분석한다. 시약바탕시료는 실험절차와 동일하게 전처리 · 측정하며, 측정값은 방법검출한계 이하이어야 한다.

(3) 검정곡선의 작성 및 검증

① 검정곡선의 작성 및 검증은 정도보증/정도관리에 따른다.

② 검정곡선의 작성에서 제시한 농도 범위 내에서 3개 이상의 농도(정량한계 이상)에 대해 검정곡선을 작성하고 얻어진 검정곡선의 결정계수(R^2)가 0.98 이상 또는 감응계수(RF)의 상대표준편차가 20% 이내이어야 하며 결정계수나 감응계수의 상대표준편차가 허용범위를 벗어나면 재작성하도록 한다.

③ 시료분석을 연속으로 수행할 경우에는 일주일에 1회 검정곡선을 작성하고, 그 기간 중 검정곡선을 검증하기 위하여 매일 1개의 표준용액(검정곡선 작성 중간농도)을 측정하여 검정인자(CF ; Calibration Factor)를 구한다. 이 값이 초기 검정곡선 작성 시 구한 검정인자와 비교했을 때 편차백분율이 ±20% 이내일 때는 원래의 검정곡선을 이용하여 시료 중의 농도를 정량하며, 편차백분율이 ±20% 이상일 때는 새로운 검정곡선을 작성하여야 한다. 이때 편차백분율은 다음과 같이 구한다.

$$편차백분율(\%) = \frac{R_1 - R_2}{R_1} \times 100$$

여기서, R_1 : 초기검정곡선의 CF $= \dfrac{개별성분의\ 높이\ 또는\ 면적}{개별성분\ 주입량(ng)}$

R_2 : 초기검정곡선 확인용 CF $= \dfrac{개별성분의\ 높이\ 또는\ 면적}{개별성분\ 주입량(ng)}$

(4) 정밀도 및 정확도

① 정밀도(Precision) 및 정확도(Accuracy)는 정도보증/정도관리에 따라 산정한다. 동일한 매질의 인증표준시료 또는 정량한계의 1~10배의 같은 농도로 표준물질을 첨가한 시료를 4개 이상 준비하여 분석하여 평균값과 표준편차를 구한다.

② 정밀도는 측정값의 상대표준편차(% RSD)로 산출하며 그 값이 30% 이내이어야 한다.

③ 정확도는 첨가한 표준물질의 농도에 대한 측정 평균값의 상대 백분율로서 나타내고 그 값이 60~130% 이내이어야 한다.

(5) 회수율

① 정확한 분석을 위해 필요한 경우, 회수율 시험을 실시할 수 있다.

② 회수율은 오염이 안 된 토양시료 10g에 대체표준용액인 크리센-d_{12}(25ng/μL) 10μL를 넣은 다음 시료의 전처리에 따라 조작하여 회수율을 산정한다.

(6) 내부정도관리 주기 및 목표

① 방법검출한계, 정량한계, 정밀도 및 정확도는 연 1회 이상 산정하는 것을 원 칙으로 하며, 분석자의 교체, 분석장비의 수리 및 이동 등의 주요 변동사항이 생길 경우에는 다시 실시한다.

② 검정곡선 검증 및 시약바탕시료의 분석은 각 시료군마다 실시하며, 고농도의 시료 다음에는 시약바탕시료를 측정하여 오염 여부를 점검한다.

6. 분석 절차

(1) 전처리

① 추출

㉠ 속슬레 추출법

ⓐ 시료 약 10~30g을 비커에 넣고 분말형태로 유지되도록 무수황산나트 륨을 적당량 넣어 잘 흔들어 섞은 다음, 원통형 추출용기에 넣음. 이때 함수율이 높은 시료는 물이 흐르지 않도록 무수황산나트륨을 충분량 첨가하여 분말형태가 유지되도록 함

ⓑ 1~2개의 비등석을 넣은 500mL 둥근바닥플라스크에 아세톤/노말헥산 (1 : 1) 300mL를 넣고, 이 둥근바닥플라스크를 추출장치에 부착시켜 시간당 4~6 사이클을 유지하면서 16시간 동안 추출한 후 방치하여 냉 각시킴

ⓒ 추출물은 회전증발농축기를 이용하여 5mL 정도로 농축한 다음, 수집기 에 옮긴 후 질소가스를 불어넣어 최종 액량을 1mL가 되도록 농축

㉡ 초음파 추출법

ⓐ 시료 10~30g을 비커에 넣고 시료가 분말형태로 유지되도록 무수황산 나트륨을 적당량 넣어 잘 흔들어 섞고 아세톤/노말헥산(1 : 1) 100mL 를 넣음. 이때 함수율이 높은 시료는 물이 흐르지 않도록 무수황산나트 륨을 충분량 첨가하여 분말형태가 유지되도록 함

ⓑ 초음파추출기의 원추형 팁을 용매 상부층으로부터 1.3cm 내리되 토양 층에는 닿지 않도록 함. 이때 초음파추출기의 출력을 최대로 하고, 듀 티사이클(Duty Cycle)은 50%에 맞추고 펄스모드는 1초에 고정한 다 음 3분간 초음파로 추출함

ⓒ 이와 같은 추출조작을 3회 이상 반복하여 얻어진 추출물을 여지(5B)를 깐 부흐너 깔때기로 진공여과하거나 원심분리한 다음, 소량의 노말헥 산으로 씻어냄

ⓓ 추출여액과 세척여액을 합하여 크로마토그래프용 무수황산나트륨 10g 을 충전시킨 분리관을 통과시켜 탈수시킴

ⓔ 추출물은 회전증발농축기를 이용하여 5mL 정도로 농축한 다음, 수집기 에 옮긴 후 질소가스를 불어넣어 최종 액량을 1mL가 되도록 농축

② 정제

㉠ 4% 함수실리카겔 정제

ⓐ 용매로 세정한 안지름 15mm, 길이 300mm의 정제용 컬럼에 무수황 산나트륨 약 1g, 4% 함수실리카겔 4g, 무수황산나트륨 1g을 순차적으 로 충진

ⓑ 농축된 시료를 컬럼 기벽에 묻지 않고, 상단의 무수황산나트륨이 흩어 지지 않도록 조심스럽게 주입한 후, 디클로로메탄/노말헥산(1 : 1) 용 액 25mL로 매초 1방울 속도로 유출시킴

ⓒ 유출액을 농축기로 약 5mL로 농축한 다음 질소가스를 불어넣어 약 500μL로 농축한 후 최종액으로 사용함. 단, 유류를 많이 함유한 토양 의 경우 실리카겔 정제를 하지 않고 알루미나 정제를 할 수 있음

㉡ 알루미나 정제

ⓐ 용매로 세정한 안지름 15mm, 길이 300mm의 정제용 컬럼에 무수황 산나트륨 약 1g, 활성알루미나 10g, 무수황산나트륨 1g을 순차적으로 충진. 이때 충진 부분이 다소 변색된 경우는 사용하지 않음

ⓑ 농축된 시료를 컬럼 기벽에 묻지 않고, 상단의 무수황산나트륨이 흩어 지지 않도록 조심스럽게 주입한 후, 노말헥산 100mL와 10% 디클로로 메탄 함유 노말헥산 50mL를 연속적으로 매초 1방울 속도로 유출시키 고 이 유출액은 버림

ⓒ 이어서 디클로로메탄 40mL을 매초 1방울 속도로 유출시킴

ⓓ 유출액을 농축기로 약 1mL로 농축한 다음 질소가스를 불어넣어 약 500μL로 농축한 후 최종용액으로 사용함

③ 내부표준물질의 첨가

정제한 최종용액에 내부표준용액(25ng/μL) 10μL를 첨가한 후 시험용액으 로 한다.

(2) 검정곡선의 작성

① 벤조(a)피렌 표준용액(5.0mg/L)을 0.20~4 mL 넣고 내부표준용액 200μL 를 시험관에 추가하여 최종 용액의 부피가 10 mL로 한다. 단, 정량한계 이상 농도를 3개 이상 포함하여야 한다.

② 크로마토그램으로부터 벤조(a)피렌에 해당되는 봉우리의 높이 또는 면적과 내부표준물질의 봉우리의 높이 또는 면적의 비를 각각 표준용액의 양(mg)과의 관계곡선을 작성한다.

(3) 측정법

① 시험용액 일정량(2μL)을 미량주사기로 기체크로마토그래프에 주입하여 크로마토그램을 작성한다.

② 크로마토그램으로부터 벤조(a)피렌에 해당되는 봉우리의 높이 또는 면적과 내부표준물질의 봉우리의 높이 또는 면적을 구한다.

＊ [비고] 시료의 봉우리 면적이 검정곡선의 상한치를 초과할 경우에는 검정곡선의 범위에 들어올 수 있도록 하여 측정한다.

7. 농도계산

$$토양 \ 중 \ 벤조(a)피렌의 \ 농도(mg/kg) = \frac{A_s \times V_f \times f}{W_d \times V_i}$$

여기서, A_s : 검정곡선에서 얻어진 검출량(mg)

V_f : 시료의 최종 농축량(mL)

f : 희석배수(검량곡선의 범위를 벗어날 경우)

W_d : 수분보정한 토양시료의 건조중량(kg)

V_i : 검액의 주입량(μL)

| 벤조(a)피렌의 기체크로마토그래피 기기분석 조건의 예 |

항목	조건				
컬럼	Ultra-2(Cross-Linked 5% Phenylmethylsilicon, 30m 길이×0.2mm 내경×0.33μm 필름두께)				
운반기체(유속)	헬륨(1.0mL/min)				
분획비	1/10				
주입구온도	260℃				
전달선 온도	300℃				
오븐온도	초기온도 (℃) 70	초기시간 (min) 4	승온속도 (℃/min) 10.0	최종온도 (℃) 300	최종시간 (min) 10

▌정도관리 목푯값 ▌

정도관리 항목	정도관리 목표
정량한계	0.005mg/kg
검정곡선	결정계수(R^2) > 0.98 또는 감응계수(RF)의 상대표준편차 < 20%
정밀도	상대표준편차가 30% 이내
정확도	60~130%

022 석유계 총 탄화수소(TPH)

┃ 적용 가능한 시험방법 ┃

석유계 총 탄화수소	정량한계 (mg/kg)	정밀도 (% RSD)
기체크로마토그래피	50	30% 이내

022-1 석유계 총 탄화수소 – 기체크로마토그래피
(TPH – Gas Chromatography)

1. 개요

(1) 목적

① 토양 중에 끓는점이 높은(150~500℃) 유류에 속하는 제트유·등유·경유·벙커C유·윤활유·원유 등의 측정에 적용한다.

② 시료 중의 제트유·등유·경유·벙커C유·윤활유·원유 등을 디클로로메탄으로 추출하여 정제한 후 기체크로마토그래피에 따라 짝수의 노말알칸(C_8~C_{40}) 표준물질의 총 면적과 시료 봉우리의 총 면적을 비교하여 석유계 총 탄화수소를 정량한다.

(2) 적용범위

① 토양 중에 석유계 총 탄화수소의 분석에 적용한다.

② 정량한계는 석유계 총 탄화수소로 50mg/kg이다.(유효측정농도 10mg/kg 이상)

(3) 간섭물질

① 해당 매질 또는 추출 용매에는 분석성분의 머무름 시간에서 피크가 나타나는 간섭물질이 있을 수 있다. 간섭물질이 발견되면 증류하거나 정제 컬럼에 의해 제거한다.

② 비극성과 약한 극성 화합물(즉 할로겐화 탄화수소), 극성 화합물의 함량이 많을 경우 분석을 간섭할 수 있다.

2. 분석기기 및 기구

(1) 기체크로마토그래프

① 컬럼은 안지름 0.20~0.35mm, 필름두께 0.1~0.50μm, 길이 15~60m의 DB-1, DB-5 및 DB-624 등의 모세관이나 동등한 분리성능을 가진 모세관으로 대상 분석 물질의 분리가 양호한 것을 택하여 시험한다.

② 운반기체는 부피백분율 99.999% 이상의 헬륨으로서(또는 질소) 유량은 0.5~4mL/min, 시료도입부 온도는 150~250℃, 컬럼온도는 30~250℃로 사용한다.

③ 불꽃이온화검출기(FID ; Flame Ionization Detector)

수소연소노즐(Nozzle), 이온 수집기(Ion Collector)로 구성되는 본체와 이 전극 사이에 직류전압을 주어 흐르는 이온전류를 측정하기 위한 직류전압 변환회로, 감도 조절부, 신호감쇄부 등으로 구성된다.

(2) 속슬레 추출장치(Soxhlet Extraction Device)

유리재 여과조(Thimble), 냉각장치, 추출 플라스크 및 가열장치 등으로 구성되어 있다.

(3) 초음파추출기

끝이 티타늄으로 되어 있는 원추형(Horn) 모양의 최소 375와트의 진동 능력을 가진 것을 사용한다.

(4) 농축장치

구데르나다니쉬(K.D.) 농축기 또는 회전증발농축기를 사용한다.

3. 시약 및 표준용액

(1) 시약

① 메틸알코올	② 무수황산나트륨
③ 디클로로메탄	④ 실리카겔

(2) 표준용액

노말알칸표준원액(C_8~C_{40})

(3) 대체표준물질

① Ortho-Terphenyl(2,000μg/mL) 및 Nonatriacotane(C_{39}, 3,000μg/mL)

표준원액

② Ortho−Terphenyl(50μg/mL) 및 Nonatriacotane(C$_{39}$, 100μg/mL) 표준 용액

4. 시료채취 및 관리

채취한 시료를 즉시 실험할 수 없을 경우 0~4℃ 냉암소에서 보존하고 14일 이내에 추출하여야 하며, 시료채취일로부터 40일 이내에 분석하여야 한다.

5. 정도보증/정도관리(QA/QC)

(1) 방법검출한계 및 정량한계

「벤조피렌−기체크로마토그래피−질량분석법」 내용과 동일

(2) 시약바탕시료의 분석

「벤조피렌−기체크로마토그래피−질량분석법」 내용과 동일

(3) 검정곡선의 작성 및 검증

「벤조피렌−기체크로마토그래피−질량분석법」 내용과 동일

$$편차백분율(\%) = \frac{R_1 - R_2}{R_1} \times 100$$

여기서, R_1 : 초기검정곡선의 평균 $CF = \dfrac{\text{노말알칸의 총 면적}}{\text{노말알칸의 총 주입량(ng)}}$

R_2 : 초기검정곡선 확인용 $CF = \dfrac{\text{노말알칸의 면적}}{\text{노말알칸의 주입량(ng)}}$

(4) 정밀도 및 정확도

① 정밀도(Precision) 및 정확도(Accuracy)는 정도보증/정도관리에 따라 산정한다. 동일한 매질의 인증표준시료 또는 정량한계의 1~10배의 같은 농도로 표준물질을 첨가한 시료를 4개 이상 준비하여 7.0항의 절차에 따라 분석하여 평균값과 표준편차를 구한다.

② 정밀도는 측정값의 상대표준편차(% RSD)로 산출하며 그 값이 30% 이내이어야 한다.

③ 정확도는 첨가한 표준물질의 농도에 대한 측정 평균값의 상대 백분율로서 나타내고 그 값이 70~130% 이내이어야 한다.

(5) 회수율

정확한 분석을 위해 필요한 경우, 회수율 시험을 실시할 수 있다. 회수율은 오염이 안 된 토양시료 10g에 Ortho-Terphenyl 및 Nonatriacontane(C_{39}) 표준액을 2mL씩 넣은 다음 시료의 전처리에 따라 조작하여 회수율을 산정한다. 이 경우 이들 물질에 대한 검정곡선은 Ortho-Terphenyl과 Nonatriacontane(C_{39})의 표준원액을 $10 \sim 200 \mu g/mL$이 되도록 단계적으로 조제하고, 미량주사기를 사용하여 $2 \mu L$씩을 가스크로마토그래프에 주입하고 크로마토그램을 작성하여 이들 성분의 양과 봉우리의 높이 또는 면적과의 검정곡선을 작성한다.

(6) 내부정도관리 주기 및 목표

① 방법검출한계, 정량한계, 정밀도 및 정확도는 연 1회 이상 산정하는 것을 원칙으로 하며, 분석자의 교체, 분석 장비의 수리 및 이동 등의 주요 변동사항이 생길 경우에는 다시 실시한다.

② 검정곡선 검증 및 시약바탕시료의 분석은 각 시료군마다 실시하며, 고농도의 시료 다음에는 시약바탕시료를 측정하여 오염 여부를 점검한다.

③ 시료의 분석은 오염이 안 된 시료에서 오염이 심한 시료순으로 분석을 하며, 유종에 따라서는 제트유, 등유, 경유, 오일류 등의 순으로 분석을 한다. 그리고 시료 분석과정에서 시스템 및 고농도시료로부터의 오염 여부를 확인하기 위하여 시료 20개마다 바탕시료를 하나씩 추가한다. 이때 바탕시료는 시료추출에 사용한 용매로 한다.

④ 머무름시간(Retention Time)의 결정은 매주 1회 검정곡선 작성 시 또는 GC의 조건이 달라질 경우, 즉 컬럼과 가스의 교체, 기기의 고장수리 등의 경우 반드시 머무름시간에 대한 결정시험을 실시하여야 한다. 우선 GC의 상태가 최적상태임을 확인하고 각각의 검정곡선작성용 표준액을 주입한 후 C_8과 C_{40} 봉우리의 절대 머무름시간에 대한 표준편차를 구한다. 각 물질에 대한 머무름시간은 절대머무름시간에 대한 표준편차의 ±3배로 한다. 만일 표준편차가 0일 경우는 절대머무름시간에 대해 ±0.05분을 머무름시간으로 한다.

6. 분석절차

(1) 전처리

① 추출

㉠ 속슬레 추출법

ⓐ 석유계 총 탄화수소의 오염 정도에 따라 토양시료 10~25g을 비커에 넣고 분말형태로 유지되도록 무수황산나트륨을 적당량 넣어 잘 흔들어

섞은 다음, 원통형 추출용기에 넣음. 이때 함수율이 높은 시료는 물이 흐르지 않도록 무수황산나트륨을 충분량 첨가하여 분말형태가 유지되도록 함

ⓑ 1~2개의 비등석을 넣은 500mL 둥근바닥플라스크에 디클로로메탄 300mL를 넣고, 이 둥근바닥플라스크를 추출장치에 부착시켜 시간당 4~6사이클을 유지하면서 18~24시간 동안 추출한 후 방랭함

ⓒ 추출물을 크로마토그래프용 무수황산나트륨 10g을 충전시킨 분리관을 통과시켜 탈수시킴

ⓓ 유출액을 K.D. 농축기 또는 회전증발농축기로 2mL가 될 때까지 농축시킴

ⓛ 초음파 추출법

ⓐ 석유계 총 탄화수소의 오염정도에 따라 토양시료 10~25g을 비커에 넣고 시료가 분말형태로 유지되도록 무수황산나트륨을 적당량 넣어 잘 흔들어 섞고 디클로로메탄 100mL를 넣음. 이때 함수율이 높은 시료는 물이 흐르지 않도록 무수황산나트륨을 충분량 첨가하여 분말형태가 유지되도록 함

ⓑ 초음파추출기의 원추형 팁을 용매 상부층으로부터 1.3cm 내리되 토양층에는 닿지 않도록 함. 이때 초음파추출기의 출력을 최대로 하고, 듀티사이클(Duty Cycle)은 50%에 맞추고 펄스모드는 1초에 고정한 다음 3분간 초음파로 추출함

ⓒ 이와 같은 추출조작을 2회 이상 반복하여 얻어진 추출물을 여과지(5B)를 깐 부흐너 깔때기로 진공여과하거나 원심분리한 다음, 소량의 디클로로메탄으로 씻어냄

ⓓ 추출여과용액과 세척여과용액을 합하여 크로마토그래프용 무수황산나트륨 10g을 충전시킨 분리관을 통과시켜 탈수시킴

ⓔ 유출액을 K.D. 농축기 또는 회전증발농축기로 2mL가 될 때까지 농축시킴

② 정제

시료 중 방해물질의 제거를 위하여 농축된 추출물에 실리카겔 0.3g을 넣고, 약 5분간 진탕한 후 정치시킨 다음 상층액 2mL를 바이알에 옮겨 시료용액으로 한다.

(2) 검정곡선의 작성

① 노말알칸표준원액(C_8~C_{40})을 디클로로메탄에 녹여 각각의 노말알칸의 농도가 10~200mg/L가 되도록 단계적으로 조제하여 표준액으로 한다. 이때 총 노말알칸의 농도는 170~3,400mg/L가 되도록 하되, 제시된 농도범위에서 5개 이상의 농도에 대해 검정곡선을 작성하여야 한다.

② 미량주사기를 사용하여 조제된 각각의 표준용액 2μL을 기체크로마토그래프에 주입하여 크로마토그램을 작성하고 석유계 총 탄화수소의 양과 봉우리의 총면적과의 관계선을 작성한다. 검정곡선의 작성은 C_8~C_{40} 사이의 봉우리를 대상으로 모든 피크의 면적을 합산한 값으로 한다.

(3) 측정법

① 시료용액 일정량(2μL)을 미량주사기로 기체크로마토그래프에 주입하여 크로마토그램을 기록한다.

② 노말알칸 표준액(C_8~C_{40})의 머무름시간(Retention Time)에 해당하는 봉우리의 범위를 구분하고, 모든 봉우리의 면적을 합산한다.

＊ [비고] 바탕시료에 대한 바탕선 보정은 하지 않는다. 그러나 이때 바탕시험용액의 농도는 항상 정량한계 이하이어야 한다.

＊ [비고] 시료의 봉우리 면적이 검정곡선의 상한치를 초과할 경우에는 시료 일정량을 취하여 적당한 농도로 정확히 희석한 다음 이 용액을 가지고 실험한다.

＊ [비고] 총 면적은 바탕선(C_8)~바탕선(C_{40}) 적분방법을 이용하여 계산한다.

7. 농도계산

$$\text{토양 중 석유계 총 탄화수소의 농도(mg/kg)} = \frac{A_s \times V_f \times D}{W_d \times Vi}$$

여기서, A_s : 검정곡선에서 얻어진 석유계 총 탄화수소의 양(ng)

　　　　V_f : 최종액량(mL)

　　　　D : 희석배수

　　　　W_d : 수분보정한 토양시료의 건조중량(g)

　　　　V_i : 검액의 주입량(μL)

 수문제

01 검량선에서 얻어진 경유 성분의 검출량이 305.57ng일 때, 토양 중 TPH(석유계 총탄화수소) 농도(mg/kg)는?(단, 수분보정한 토양무게 = 20.5g, 용매의 최종액량 = 2mL, 검액의 주입량은 2μL로 희석하지 않았다.)

풀이

$$TPH \ 농도(mg/kg) = \frac{A_s \times V_f \times D}{W_d \times V_i} = \frac{305.57g \times 2mL \times 1}{20.5g \times 2\mu L} = 14.90mg/kg$$

┃ 석유계층탄화수소의 기체크로마토그래피 기기분석 조건의 예 ┃

항목	조건				
컬럼	Ultra-2(Cross-Linked 5% Phenylmethylsilicon, 30m 길이 × 0.2mm 안지름 × 0.33μm 필름두께)				
운반기체(유속)	헬륨(1.0mL/min)				
분획 비	1/10				
주입구온도	300℃				
전달선 온도	320℃				
오븐온도	초기온도 (℃)	초기시간 (min)	승온속도 (℃/min)	최종온도 (℃)	최종시간 (min)
	50	2	8.0	320	10

┃ 정도관리 목푯값 ┃

정도관리 항목	정도관리 목표
정량한계	50mg/kg
검정곡선	결정계수(R^2) > 0.98 또는 감응계수(RF)의 상대표준편차 < 20%
정밀도	상대표준편차가 30% 이내
정확도	70~130%

023 페놀류(Phenols)

| 적용 가능한 시험방법 |

페놀	정량한계 (mg/kg)	정밀도 (% RSD)
기체크로마토그래피	페놀(0.02) 펜타클로로페놀(0.1)	30% 이내

023-1 페놀류 – 기체크로마토그래피(Phenols – Gas Chromatography)

1. 개요

(1) 목적

이 시험기준은 토양 중 페놀 및 펜타클로로페놀을 아세톤/노말헥산(1 : 1)으로 추출하여 기체크로마토그래프로 정량하는 방법이다.

(2) 적용범위

① 토양 중 페놀 및 펜타클로로페놀의 분석에 적용한다.
② 불꽃이온화검출기에 검출되는 정량한계는 페놀이 0.02mg/kg, 펜타클로로페놀이 0.1mg/kg이다.

(3) 간섭물질

① 해당 매질 또는 추출 용매에는 분석성분의 머무름 시간에서 봉우리가 나타나는 간섭물질이 있을 수 있다. 간섭물질이 발견되면 증류하거나 정제 컬럼에 의해 제거한다.
② 이 시험기준으로 끓는점이 높거나 극성 유기화합물들이 함께 추출되므로 이들 중에는 분석을 간섭하는 물질이 있을 수 있다.
③ 디클로로메탄과 같이 머무름 시간이 짧은 화합물은 용매의 봉우리와 겹쳐 분석을 방해할 수 있다.
④ 시료에 혼합표준액 일정량을 첨가하여 크로마토그램을 작성하고 미지의 다른 성분과 봉우리의 중복 여부를 확인한다. 만일 봉우리가 중복될 경우 극성이 다르고 분리가 양호한 컬럼을 선택하여 시험한다.

2. 분석기기 및 기구

(1) 기체크로마토그래프

① 컬럼은 안지름 0.20~0.35mm, 필름두께 0.1~0.50μm, 길이 15~60m의 DB-1, DB-5 및 DB-624 등의 모세관이나 동등한 분리성능을 가진 모세관으로 대상 분석 물질의 분리가 양호한 것을 택하여 시험한다.

② 운반기체는 부피백분율 99.999% 이상의 헬륨으로서(또는 질소) 유량은 0.5 ~4mL/min, 시료도입부 온도는 150~320℃, 컬럼온도는 60~310℃로 사용한다.

(2) 불꽃이온화검출기(FID ; Flame Ionization Detector)

수소연소노즐(Nozzle), 이온 수집기(Ion Collector)로 구성되는 본체와 이 전극 사이에 직류전압을 주어 흐르는 이온전류를 측정하기 위한 직류전압 변환회로, 감도 조절부, 신호감쇄부 등으로 구성된다.

(3) 농축장치

구데르나다니쉬(K.D.) 농축기 또는 회전증발농축기를 사용한다.

(4) 정제 컬럼

(5) 수욕조

(6) 속슬레 추출장치

3. 시약 및 표준용액

(1) 시약

① 무수황산나트륨   ② 아세톤

③ 노말헥산   ④ 아세톤/노말헥산(1 : 1)

⑤ 메틸알코올

(2) 표준용액

① 페놀 표준원액(1,000mg/L)

② 페놀 표준용액(10.0mg/L)

③ 펜타클로로페놀 표준원액(1,000mg/L)

④ 펜타클로로페놀 표준용액(10.0mg/L)

4. 정도보증/정도관리(QA/QC)

(1) 방법검출한계 및 정량한계

「벤조피렌－기체크로마토그래피－질량분석법」 내용과 동일

(2) 시약바탕시료의 분석

「벤조피렌－기체크로마토그래피－질량분석법」 내용과 동일

(3) 검정곡선의 작성 및 검증

「벤조피렌－기체크로마토그래피－질량분석법」 내용과 동일

$$편차백분율(\%) = \frac{R_1 - R_2}{R_1} \times 100$$

$$여기서, \quad R_1 : 초기검정곡선의\ CF = \frac{개별성분의\ 높이\ 또는\ 면적}{개별성분\ 주입량(ng)}$$

$$R_2 : 초기검정곡선\ 확인용\ CF = \frac{개별성분의\ 높이\ 또는\ 면적}{개별성분\ 주입량(ng)}$$

(4) 정밀도 및 정확도

① 정밀도(Precision) 및 정확도(Accuracy)는 정도보증/정도관리에 따라 산정한다. 동일한 매질의 인증표준시료 또는 정량한계의 1~10배의 같은 농도로 표준물질을 첨가한 시료를 4개 이상 준비하여 절차에 따라 분석하여 평균값과 표준편차를 구한다.

② 정밀도는 측정값의 상대표준편차(% RSD)로 산출하며 그 값이 30% 이내이어야 한다.

③ 정확도는 첨가한 표준물질의 농도에 대한 측정 평균값의 상대 백분율로서 나타내고 그 값이 70~130% 이내이어야 한다.

(5) 내부정도관리 주기 및 목표

① 방법검출한계, 정량한계, 정밀도 및 정확도는 연1회 이상 산정하는 것을 원칙으로 하며, 분석자의 교체, 분석 장비의 수리 및 이동 등의 주요 변동사항이 생길 경우에는 다시 실시한다.

② 검정곡선 검증 및 시약바탕시료의 분석은 각 시료군마다 실시하며, 고농도의 시료 다음에는 시약바탕시료를 측정하여 오염 여부를 점검한다.

5. 분석절차

(1) 전처리

① 속슬레 추출법

㉠ 습윤토양시료 10g과 무수황산나트륨 10g을 잘 혼합하여 원통형 추출용기에 잘 혼합하여 넣고 수분이 많은 시료의 경우 시료 추출 동안 물이 흐르지 않도록 무수황산나트륨을 충분히 첨가한다.

㉡ 아세톤/노말헥산(1 : 1) 300mL를 1~2개의 비등석을 넣은 500mL 둥근바닥플라스크에 넣고 플라스크를 추출장치에 부착한 후 시간당 4~6사이클을 유지하면서 약 16~24시간 추출한다. 추출이 완료된 후 방치하여 냉각한다.

② 농축

㉠ 추출물을 무수황산나트륨을 10cm 높이로 깐 컬럼을 통과시키고 수분을 제거한다.

㉡ 추출여액을 K.D. 농축기에 넣고 추출플라스크와 무수황산나트륨컬럼을 아세톤/노말헥산(1 : 1) 100~125mL로 씻어 K.D. 농축기에 합한 다음 정확히 2.0mL를 취하여 부피플라스크에 첨가한다.

㉢ 플라스크에 1~2개의 비등석을 넣고 three-ball 스나이드컬럼을 부착하고 컬럼 위에서 1mL의 디클로로메탄을 첨가하여 스나이드컬럼을 미리 적신다.

㉣ 수욕조(60~65℃)에 K.D. 장치를 설치하고 농축관이 열수에 일부 닿도록 한다. 장치는 수직으로 놓고 물의 온도는 10~20분 안에 농축될 수 있도록 조절한다.

㉤ 최종액량이 1~2mL가 되도록 농축한 후 K.D. 장치를 분리하고 냉각하여 10mL 부피플라스크에 넣는다.

㉥ 농축관을 메틸알코올로 세척하여 부피플라스크에 합친 후 표선까지 메틸알코올로 채워 시험용액으로 한다. 곧바로 분석하지 못할 경우 0~4℃에서 보관하여야 한다.

(2) 검정곡선의 작성

① 페놀, 펜타클로로페놀의 표준용액(10.0mg/L) 0.5~5.0mL를 단계적으로 취하여 10mL 부피플라스크에 넣고 메틸알코올을 넣어 표선까지 채운다. 단, 정량한계 이상 농도를 3개 이상 포함하여야 한다.

② 표준용액 1~3μL를 취하여 기체크로마토그래프에 주입하여 분석한다.

③ 페놀류의 농도(mg/L)를 가로축(x축)에, 면적(Ax)을 세로축(y축)에 취하여 검정곡선을 작성한다.

* [비고] 봉우리의 면적 대신 봉우리의 높이를 사용할 수 있으나 봉우리 면적을 사용하는 것 이 바람직하다.

(3) 측정법

① 시험용액 $1\sim3\mu$L를 취하여 기체크로마토그래프에 주입하여 분석한다.

② 크로마토그램으로부터 검정곡선에서 측정한 페놀 및 펜타클로로페놀의 머무름 시간(Retention Time)에 해당하는 봉우리로부터 면적을 측정한다.

* [주] 주입구, 라이너 등은 페놀류와 반응하지 않는 재질을 사용하여야 하며 주기적으로 점검 하여 적절한 감도가 유지되도록 한다. 라이너는 시료 및 기기의 감도를 고려하여 주기적 으로 교체하는 것이 바람직하며, 라이너 교체 시 격막(Septum)을 항상 같이 교체하는 것 이 바람직하다.

6. 농도계산

$$토양 중 \ 페놀류의 \ 농도(mg/kg) = \sum \frac{C_1}{W_d} \times V$$

여기서, C_1 : 검정곡선에서 얻어진 분석시료의 각 항목별 농도(mg/L)
V : 시험용액의 부피(여기서는 0.01L)
W_d : 수분 보정한 토양시료의 건조중량(kg)

┃ 페놀류의 기체크로마토그래피 기기분석 조건의 예 ┃

항목	조건				
컬럼	Ultra−2(Cross−Linked 5% Phenylmethylsilicon, 30m 길이×0.2mm 내경×0.33μm 필름두께)				
운반기체(유속)	헬륨(1.0mL/min)				
분획비	1/10				
주입구 온도	300℃				
전달선 온도	300℃				
오븐 온도	초기온도 (℃)	초기시간 (min)	승온속도 (℃/min)	최종온도 (℃)	최종시간 (min)
	70	2	10.0	300	10

❙ 정도관리 목푯값 ❙

정도관리 항목	정도관리 목표
정량한계	0.02mg/L(페놀), 0.1mg/L(펜타클로로페놀)
검정곡선	결정계수(R^2)>0.98 또는 감응계수(RF)의 상대표준편차<20%
정밀도	상대표준편차가 ±30% 이내
정확도	70~130%

024 폴리클로리네이티드비페닐(PCBs)

┃ 적용 가능한 시험방법 ┃

폴리클로리네이티드비페닐	정량한계 (mg/kg)	정밀도 (% RSD)
기체크로마토그래피	0.05	30% 이내

024-1 폴리클로리네이티드비페닐 – 기체크로마토그래피
(PCBs – Gas Chromatography)

1. 개요

(1) 목적

① 이 시험기준은 토양 중 폴리클로리네이티드비페닐(PCBs ; Polychlorinated Biphenyls)을 분석하는 방법으로, 토양을 알칼리 분해한 다음 노말헥산으로 추출하여 실리카겔 또는 다층실리카겔을 통과시켜 정제한다.

② 이 액을 농축시킨 다음 기체크로마토그래프에 주입하여 크로마토그램에 나타난 봉우리 패턴에 따라 PCBs를 확인하고 정량하는 방법이다.

(2) 적용범위

① 토양 중에 PCBs의 분석에 적용한다.

② 나타난 봉우리의 패턴에 따라 PCBs를 확인하고 정량하는 방법으로, 정량한계는 0.05mg/kg이다.

(3) 간섭물질

① 초자류는 사용 전에 아세톤, 분석 용매 순으로 각각 3회 세정한 후 건조시킨 것을 사용하여 오염을 최소화할 수 있다.

② 고순도의 시약이나 용매를 사용하여 방해물질을 최소화하여야 한다.

③ 전자포착검출기(ECD)를 사용하여 PCBs를 측정할 때 프탈레이트가 방해할 수 있는데 이는 플라스틱 용기를 사용하지 않음으로써 최소화할 수 있다.

④ 실리카겔 컬럼 정제는 산, 염화페놀, 폴리클로로페녹시페놀 등의 극성화합물을 제거하기 위하여 수행하며, 사용 전에 정제하고 활성화시켜야 한다.

2. 분석기기 및 기구

(1) 기체크로마토그래프

① 컬럼은 안지름 0.20~0.35mm, 필름두께 0.1~3.0μm, 길이 30~100m의 DB−1, DB−5 및 DB−608 등의 모세관이나 동등한 분리성능을 가진 모세관으로 대상 분석 물질의 분리가 양호한 것을 택하여 시험한다.

② 운반기체는 부피백분율 99.999% 이상의 질소 또는 헬륨으로서 유량은 0.5~3mL/min, 시료도입부 온도는 250~300℃, 컬럼온도는 50~320℃, 검출기온도는 270~320℃로 사용한다.

③ 검출기는 전자포착검출기(ECD ; Electron Capture Detector) 또는 이와 동등 이상의 검출성능을 가진 것을 사용한다.

(2) 농축장치

구데르나다니쉬(K.D.) 농축기 또는 회전증발농축기를 사용한다.

3. 시약 및 표준용액

(1) 시약

① 수산화칼륨 · 에틸알코올용액(1M) ② 노말헥산
③ 무수황산나트륨 ④ 실리카겔(silicagel, $SiO_2 \cdot nH_2O$)

⑤ 정제수

시약용 정제수를 사용하거나, 3차 정제수를 사용하며 바탕시험할 때 분석물질이 검출되지 않아야 한다.

⑥ 헥산세정수

직접 노말헥산으로 세정한 정제수를 사용하며 바탕시험할 때 분석물질이 검출되지 않아야 한다.

(2) 표준용액

① PCBs 표준원액(1,000mg/L) ② PCBs 혼합표준용액(100mg/L)
③ PCBs 혼합표준액

(3) 대체표준용액

① PCBs 대체표준원액(1,000mg/L) ② PCBs 대체표준용액(100mg/L)
③ PCBs 대체표준용액(10.0mg/L)

4. 정도보증/정도관리(QA/QC)

(1) 방법검출한계 및 정량한계

「벤조피렌－기체크로마토그래피－질량분석법」 내용과 동일

(2) 시약바탕시료의 분석

「벤조피렌－기체크로마토그래피－질량분석법」 내용과 동일

(3) 검정곡선의 작성 및 검증

「벤조피렌－기체크로마토그래피－질량분석법」 내용과 동일

$$편차백분율(\%) = \frac{R_1 - R_2}{R_1} \times 100$$

여기서, R_1 : 초기검정곡선의 $CF = \dfrac{개별성분의 높이 또는 면적}{개별성분 주입량(ng)}$

R_2 : 초기검정곡선 확인용 $CF = \dfrac{개별성분의 높이 또는 면적}{개별성분 주입량(ng)}$

(4) 정밀도 및 정확도

① 정밀도(Precision) 및 정확도(Accuracy)는 정도보증/정도관리에 따라 산정한다. 동일한 매질의 인증표준시료 또는 정량한계의 1~10배의 같은 농도로 표준물질을 첨가한 시료를 4개 이상 준비하여 절차에 따라 분석하여 평균값과 표준편차를 구한다.

② 정밀도는 측정값의 상대표준편차(% RSD)로 산출하며 그 값이 30% 이내이어야 한다.

③ 정확도는 첨가한 표준물질의 농도에 대한 측정 평균값의 상대 백분율로서 나타내고 그 값이 60~130% 이내이어야 한다.

(5) 회수율

정확한 분석을 위해 필요한 경우, 회수율 시험을 실시할 수 있다. 회수율은 오염이 안 된 토양시료 10g을 알칼리 분해 추출 후 10염화비페닐(IUPAC No. PCBs －209) 50~100ng을 넣은 다음 시료의 전처리에 따라 조작하여 회수율을 산정한다.

(6) 내부정도관리 주기 및 목표

① 방법검출한계, 정량한계, 정밀도 및 정확도는 연 1회 이상 산정하는 것을 원

칙으로 하며, 분석자의 교체, 분석 장비의 수리 및 이동 등의 주요 변동사항
이 생길 경우에는 다시 실시한다.

② 검정곡선 검증 및 시약바탕시료의 분석은 각 시료군마다 실시하며, 고농도의
시료 다음에는 시약바탕시료를 측정하여 오염 여부를 점검한다.

5. 분석 절차

(1) 전처리

① 추출 및 알칼리 분해

㉠ 토양 시료 30~100g을 200mL 분해플라스크에 넣고 수산화칼륨 · 에틸알
코올용액(1M) 100mL를 넣어 환류냉각기를 부착하고 수욕상에서 1시간
정도 끓인 다음 50℃까지 냉각한다.

㉡ 크로마토그래프용 노말헥산 50mL를 넣어 잘 혼합하여 실온까지 냉각한다.

㉢ 분해플라스크 내의 용액을 여지를 통해 300mL 분액깔때기에 옮기고, 분
해플라스크 내의 잔류물을 노말헥산 20mL로 2회 씻은 액을 분액깔때기에
합하고 헥산세정수 100mL를 넣어 수 초간 세게 흔들어 섞고 헥산층이 충
분히 분리될 때까지 정치한다. 이와 같은 세정 작업을 2회에 걸쳐서 한다.

㉣ 이후 수층을 제거하고 헥산층에 대체표준용액(10ng/μL) 10μL를 정확히
주입한다.

✱ [비고] 대체표준용액으로 IUPAC No. PCB-209를 사용한다.

✱ [비고] 알칼리 분해 추출과정 중 제거되지 않은 유류 등 유기물질이 존재하는 경우, 황산
처리하여 제거한다. 이때 황산처리의 완료 여부는 처리 후 황산의 색깔이 무색투명
해 질 때까지 반복한다. 사용된 황산의 양과 회수를 기록한다. 황산에 의한 처리가
끝나면 황산층을 버리고 잔여 황산성분을 제거하기 위하여 100mL의 헥산세정수
를 넣고 진동교반하여 헥산층이 충분히 분리될 때까지 정치시켜 둔다. 이와 같은
세정과정을 반복한 후 리트머스 종이를 이용하여 중성을 확인한다.

㉤ 노말헥산층은 무수황산나트륨을 통과시켜 탈수작업을 행하고 K.D. 농축
기나 회전증발농축기를 이용하여 3~5mL까지 농축한다.

(2) 정제

① 실리카겔

㉠ 실리카겔 컬럼 정제는 산, 염화페놀, 폴리클로로페녹시페놀 등의 극성화합
물을 제거하기 위하여 수행하며, 사용 전에 정제하고 활성화시켜야 한다.

㉡ 실리카겔 컬럼은 안지름 10mm, 길이 300mm의 하부에 콕(테프론 재질의
콕)을 부착한 내열제 유리관을 사용한다. 밑바닥에 탈지면 또는 유리섬유

를 깔고 노말헥산을 넣어 위까지 잠기도록 한다. 활성화된 실리카겔 4g에 노말헥산 10mL를 넣어 기포가 생기지 않도록 주의하여 컬럼의 상부로부터 충진한다. 노말헥산을 10mL가량 흘려보내고 실리카겔 층을 안정화시킨 후 무수황산나트륨 1g을 넣어 실리카겔 층의 위를 덮는다.

ⓒ 노말헥산 소량을 피펫으로 취하여 컬럼의 내벽을 씻고 콕을 열어 헥산층이 무수황산나트륨의 상단 약 1cm에 이를 때까지 유출시킨다.

ⓔ 실리카겔 컬럼으로 다음과 같이 용출실험을 수행한다.

ⓐ 노말헥산을 사용하여 10ng/μL로 조제한 PCBs 표준용액 10μL를 실리카겔이 충전된 컬럼에 주의하여 넣고, 콕을 열어 액면이 무수황산나트륨의 상단에 이르도록 조절한다.

ⓑ 소량의 노말헥산으로 컬럼의 내벽을 씻어 준 다음 콕을 열어 액면을 조절하고, 컬럼의 상부에 크로마토그래프용 노말헥산 200mL를 넣은 분별깔때기를 연결하여 컬럼과 분별깔때기의 콕을 열고 매초 한 방울의 속도로 유출시킨다.

ⓒ 유출용액을 10mL 단위로 시험관에 분취한 다음, 각각 1~2μL씩을 기체크로마토그래프에 주입하고 크로마토그램을 작성하여 PCBs의 유출시점과 종료점을 확인한다.

ⓜ 알칼리 분해조작에서 얻어진 농축액을 실리카겔 컬럼의 상부에 조심하여 옮기고 콕을 열어 액면이 무수황산나트륨의 상단에 이르도록 한 다음 크로마토그래프용 노말헥산 2mL씩으로 플라스크 및 컬럼의 내벽을 수회 씻어서 넣는다.

ⓗ 컬럼의 상부에 크로마토그래프용 노말헥산 500mL를 넣은 분액깔때기를 연결하여 컬럼과 분액깔때기의 콕을 열고 매초 한 방울의 속도로 유출시킨다.

ⓢ 유출액은 실리카겔컬럼 용출실험에서 얻어진 PCBs의 유출 범위량까지 받아 농축기의 플라스크에 옮기고 수욕 상에서 액량이 5mL 이하가 될 때까지 농축한 후, 질소 농축을 통하여 정확히 1mL로 하여 시료용액으로 한다.

★ [비고] 단, 실리카겔 컬럼에 의한 정제가 유류 등의 영향으로 부적절한 경우에는 다층실리카겔 컬럼 정제를 할 수 있다. 또한, 실리카겔 컬럼 정제와 동등 이상의 정제효율(카트리지 용출조건, 재현성, 회수율 등 포함)이 확인되고, 정제에 방해를 주는 봉우리가 없는 것이 확인되는 경우에는 시판되는 실리카 카트리지를 사용하여 정제할 수 있다.

② 다층 실리카겔

㉠ 안지름 15mm, 길이 300mm의 유리관 하부에 콕을 부착한 정제용 유리컬럼 밑바닥에 탈지면 또는 유리섬유를 깔고 무수황산나트륨 약 1g을 넣은 다음 노말헥산을 넣어 위까지 잠기도록 한다.

㉡ 44% 황산 실리카겔 25~30g을 크로마토그래프용 노말헥산 10mL이 담긴

비커에 넣고 기포가 생기지 않도록 유리막대로 잘 섞어준 다음 관의 상부로부터 충진한다.

ⓒ 크로마토그래프용 노말헥산을 10mL가량 흘려보내 황산 실리카겔 층을 안정화시킨 다음 여기에 중성 실리카겔 2g을 노말헥산 10mL가 담긴 비커에 넣어 기포가 생기지 않도록 주의하여 관의 상부로부터 충진한다.

ⓔ 피펫을 사용하여 크로마토그래프용 노말헥산 소량으로 컬럼 내벽의 실리카겔을 씻어낸 다음 무수황산나트륨 약 1g을 넣고 콕을 열어 헥산층이 무수황산나트륨의 상단에 이를 때까지 유출시킨다.

ⓜ 다층실리카겔 컬럼으로 다음과 같이 용출실험을 수행한다.

　ⓐ 노말헥산을 사용하여 10ng/μL로 조제한 PCBs 표준용액 10μL를 실리카겔이 충전된 컬럼에 주의하여 넣고, 콕을 열어 액면이 무수황산나트륨의 상단에 이르도록 조절한다.

　ⓑ 소량의 노말헥산으로 컬럼의 내벽을 씻어 준 다음 콕을 열어 액면을 조절하고, 컬럼의 상부에 크로마토그래프용 노말헥산 200mL를 넣은 분별깔때기를 연결하여 컬럼과 분별깔때기의 콕을 열고 매초 한 방울의 속도로 유출시킨다.

　ⓒ 유출용액을 10mL 단위로 시험관에 분취한 다음, 각각 1~2μL씩을 기체크로마토그래프에 주입하고 크로마토그램을 작성하여 PCBs의 유출 시점과 종료점을 확인한다.

ⓗ 알칼리 분해조작에서 얻어진 농축액을 실리카겔 컬럼의 상부에 조심히 옮기고 콕을 열어 액면이 무수황산나트륨의 상단에 이르도록 한 다음 크로마토그래프용 노말헥산 2mL씩으로 플라스크 및 컬럼의 내벽을 수회 씻어서 넣는다.

ⓢ 컬럼의 상부에 크로마토그래프용 노말헥산 500mL를 넣은 분액깔때기를 연결하여 컬럼과 분액깔때기의 콕을 열고 매초 한 방울의 속도로 유출시킨다.

ⓞ 유출액은 다층실리카겔컬럼 용출실험에서 얻어진 PCBs의 유출 범위량까지 받아 농축기의 플라스크에 옮기고 수욕 상에서 액량이 5mL 이하가 될 때까지 농축한 후, 질소 농축을 통하여 정확히 1mL로 하여 시험용액으로 한다.

(3) 확인시험

① 전처리에서 얻어진 시료용액 1~3μL를 미량주사기를 사용하여 기체크로마토그래프에 주입하고 크로마토그램을 작성한다.

② 시료로부터 얻은 크로마토그램을 사용하여 단일 PCBs 제품 또는 두 종류 이상의 PCBs 제품인지를 표준물질과 비교하여 판단한다.

③ 시료로부터 얻은 크로마토그램에서 두 종류 이상의 PCBs 제품이 포함된 것

으로 확인된 경우 각 제품만이 포함하고 있는 PCBs 봉우리를 지표 봉우리 (Index Peak)로 선정하여 PCBs 제품(Arochlor)의 조성비를 정수비로 구한다.

✱ [비고] 시료의 크로마토그램 확인 과정 중 GC/MS의 확인이 필요하다고 판단되는 경우에는 GC/MS로 PCBs 봉우리인지의 여부를 확인 할 수 있다.(Aro 1242 등)

(4) 검정곡선의 작성

① 시료용액 중의 PCBs 봉우리 패턴으로부터 해당 조성비의 PCBs 혼합 표준용액을 조제한다.

② 시험용액 중 1종류의 PCBs 제품(Aroclor)이 포함되어 있는 경우, 봉우리 패턴이 확인된 PCBs 표준용액으로 3개 농도 이상의 표준용액을 조제하여 검정곡선을 작성한다. 단, 정량한계 이상 농도를 3개 이상 포함하여야 한다.

③ 시험용액 중 1 종류 이상의 PCBs 제품(Aroclor)이 포함되어 있는 경우, 먼저 시료 중에 포함된 PCBs와 일치하는 PCBs 제품의 봉우리 패턴 및 혼합비 등을 확인한다. 두 종류 이상의 PCBs 제품이 포함된 경우 각 제품만이 포함하고 있는 고유 봉우리를 선정하여 혼합비를 구한 다음, 봉우리 패턴 및 혼합비율이 확인된 PCBs 표준용액으로 3개 농도 이상의 정량용 표준용액을 조제한다. 단, 정량한계 이상 농도를 3개 이상 포함하여야 한다.

✱ [비고] 정량 봉우리(Index Peak)는 IUPAC No. 18, 28, 31, 44, 52, 101, 118, 138, 149, 153, 170, 180, 194 등 13종의 봉우리로 한다.

④ 표준용액 1~3μL를 취하여 기체크로마토그래프에 주입하여 분석한다.

⑤ PCBs 표준용액의 농도(mg/L)를 가로축에, 크로마토그램으로부터 정량 봉우리의 면적의 총합을 세로축에 취하여 검정곡선을 작성한다.

✱ [비고] 봉우리의 면적 대신 피크의 높이를 사용할 수 있으나 봉우리 면적을 사용하는 것이 바람직하다.

(5) 측정법

① 시험용액 1~3μL를 취하여 기체크로마토그래프에 주입하여 분석한다.

② 크로마토그램으로부터 검정곡선에서 측정한 정량피크(Index Peak)의 머무름 시간(Retention Time)에 해당하는 피크로부터 총 면적을 측정한다.

✱ [비고] 시료분석결과 검정곡선 농도범위를 벗어나면 시료를 희석하여 재분석하여야 한다.
✱ [비고] 정량 봉우리(Index Peak)는 검정곡선에서 사용한 피크를 사용한다.

6. 농도계산

$$토양 \ 중 \ PCBs의 \ 농도(mg/kg) = \frac{A_s D}{\overline{CF} V_i W_s}$$

여기서, A_s : 시료 중 PCBs 정량 봉우리의 총 면적(또는 높이)

D : 시료 최종 농축량(μL)

V_i : 주입 시료량(μL)

W_s : 사용된 시료량(g)

$\overline{CF}$: 표준물질 검정곡선에서 계산된 평균보정계수(As/μg)의 평균

평균보정계수($A_s/\mu g$)

$$= \frac{각 \ 표준용액 \ 중 \ PCBs \ 정량피크 \ 13종의 \ 총 \ 면적(A_s)}{주입된 \ 표준물질의 \ 양(\mu g)}$$

❙ PCBs의 기체크로마토그래피 기기분석 조건의 예 ❙

항목	조건						
컬럼	Ultra−2(Cross−Linked 5% Phenylmethylsilicon, 30m 길이×0.2mm 내경×0.33μm 필름두께)						
운반기체(유속)	헬륨(1.0mL/min)						
분획비	1/10						
주입구온도	280℃						
전달선 온도	280℃						
오븐온도	초기온도 (℃)	초기시간 (min)	승온속도 (℃/min)	온도 (℃)	승온속도 (℃/min)	최종온도 (℃)	최종시간 (min)
	70	2	30.0	170	5.0	300	10

❙ 정도관리 목푯값 ❙

정도관리 항목	정도관리 목표
정량한계	0.05mg/kg
검정곡선	결정계수(R^2)>0.98 또는 감응계수(RF)의 상대표준편차<20%
정밀도	상대표준편차가 30% 이내
정확도	60~130%

휘발성 유기화합물(Volatile Organic Compounds)

1. 목적

이 시험기준은 토양 중 벤젠(Benzene), 톨루엔(Toluene), 에틸벤젠(Ethylbenzene), 크실렌(Xylene), 트리클로로에틸렌(TCE, Trichloroethylene), 테트라클로로에틸렌 (PCE, Tetrachloroethylene) 등 휘발성 유기화합물의 분석을 위한 시료채취, 간섭물질, 전처리과정, 기기분석 및 내부정도관리에 대해 자세히 기술하고 있다.

2. 적용 가능한 시험

토양 중 휘발성 유기화합물을 분석하기 위해 일반적으로 시료를 적절한 방법으로 전처리하여야 하고 그 후에 기기분석을 실시한다. 휘발성 유기화합물별로 사용되는 기기분석방법은 표와 같으며, 벤젠, 톨루엔, 에틸벤젠, 크실렌, TCE 및 PCE는 퍼지-트랩/기체크로마토그래피-질량분석법을 주 시험법으로 한다.

┃ 토양 중 휘발성 유기화합물의 시험방법 ┃

측정 항목	퍼지-트랩 기체크로마토그래피-질량분석법	퍼지-트랩 기체크로마토그래피(검출기)
벤젠, 톨루엔, 에틸벤젠, 크실렌	○	○(FID)
TCE, PCE	○	○(ECD)
동시분석법	○	―
1,2-DCA	○	―

3. 휘발성 유기화합물 분석에서의 일반적인 주의사항

(1) 휘발성 유기화합물의 미량분석에서는 유리기구, 정제수 및 분석장비에서의 오염을 방지하는 것이 중요하다.

(2) 사용하는 용매에서도 오염이 되므로 순수시약으로 사용하며 특히 농축과정 중에 오염이 될 수 있으므로 바탕실험을 통해 오염 여부를 잘 평가해야 한다.

(3) 분석실험실은 일반적으로 유기용매를 이용한 전처리 및 가열 농축과정에서 발생하는 휘발성 유기화합물을 배출하므로 환기시설(후드) 등이 갖추어져 있어야 한다.

025-1 휘발성 유기화합물 – 퍼지 – 트랩 기체크로마토그래피 – 질량분석법
(Volatile Organic Compounds – Purge – Trap Gas Chromatography – Mass Spectrometry)

1. 개요

(1) 목적

① 이 시험기준은 토양 중 휘발성 유기화합물들을 동시 측정하는 방법이다.

② 시료 중에 휘발성 유기화합물을 불활성 기체로 퍼지시켜 기상으로 추출한 다음 트랩 관으로 흡착 · 농축하고, 가열 · 탈착시켜 모세관 컬럼을 사용한 기체크로마토그래프 – 질량분석기로 분석하는 방법이다.

(2) 적용범위

① 토양 중에 벤젠(Benzene), 톨루엔(Toluene), 에틸벤젠(Ethylbenzene), 크실렌(Xylene), 트리클로로에틸렌(TCE, Trichloroethylene), 테트라클로로에틸렌(PCE, Tetrachloroethylene) 등의 휘발성 유기화합물의 분석에 적용한다.

② 휘발성 유기화합물의 각 항목별 정량한계는 0.1mg/kg이다.

③ 분리되지 않는 m, p – 크실렌 이성질체들은 합하여 정량한다.

(3) 간섭물질

① 퍼지 기체나 트랩 연결관 등의 오염이나 실험실 공기 속에 기화된 용매가 오염원이 될 수 있다. 따라서 바탕시료를 사용하여 이를 점검하여야 한다.

② 테프론 재질이 아닌 튜브, 봉합제 및 유속조절제의 사용을 피해야 한다.

③ 높은 농도의 시료와 낮은 농도의 시료를 연속하여 분석할 때에 오염이 될 수 있으므로 시료 분석 사이에 정제수로 세척하여야 한다. 높은 농도의 시료를 분석한 후에는 바탕시료를 분석하는 것이 좋다.

④ 많은 양의 수용성 물질, 부유물질, 고비점 또는 휘발성 물질을 함유하는 시료를 분석한 후에는 퍼지 장치들을 세척하여 105℃ 오븐 안에서 건조시킨 후 사용하는 것이 필요하다.

2. 용어 정의

(1) 상대원심력(RCF ; Relative Centrifugal Force)

상대원심력의 계산방법

$$RCF = 0.00001118 \times r \times n^2$$

여기서, r : 원심분리기 로터의 반지름(cm)

n : 회전속도(rpm)

3. 분석기기 및 기구

(1) 퍼지 – 트랩장치

① 퍼지부, 트랩관, 탈착부 및 냉각응축부(Cryofocus) 등으로 구성된다.

② 퍼지부는 5~25mL의 시료를 주입할 수 있는 스파저(Sparger)와 시료를 일정 온도로 가열할 수 있는 가열장치가 있어야 한다.

③ 트랩관은 길이 5~30cm, 안지름 2mm이상의 스테인리스강관에 휘발성 유기 화합물을 흡착 · 농축할 수 있는 충전제가 충전된 것 또는 이와 동등 이상의 성능을 가진 것이어야 한다.

④ 탈착부는 트랩관에 포집된 휘발성 유기화합물을 가열 · 탈착할 수 있는 가열 장치 또는 이와 동등 이상의 성능을 가진 것이어야 한다.

⑤ 냉각응축부는 안지름 0.20~0.53mm의 모세관을 $-50 \sim -150\,°C$ 정도로 냉각 이 가능하고, 또한 약 $200\,°C$ 정도로 가열이 가능한 장치 또는 이와 동등 이상 의 성능을 가진 것이어야 한다. 경우에 따라 냉각 응축과정은 생략해도 좋다.

⑥ 일반적으로 트랩은 2.6 – 다이페닐렌다이옥사이드폴리머(Tenax – GC)/실리 카겔/활성탄 또는 이와 동등 이상의 성능을 가진 것으로 충진하여 사용하거나 상업적으로 제조하여 판매하는 것을 사용한다.

⑦ 퍼지 – 트랩장치의 분석조건은 표와 같이 설정할 수 있다.

(2) 기체크로마토그래프

① 컬럼은 안지름 0.20~0.35mm, 필름두께 $0.2 \sim 0.50\mu m$, 길이 15~60m의 DB – 1, DB – 5 및 DB – 624 등의 모세관이나 동등한 분리성능을 가진 모세 관으로 대상 분석 물질의 분리가 양호한 것을 택하여 시험한다.

② 운반기체는 부피백분율 99.999% 이상의 헬륨으로서(또는 질소) 유량은 0.5 ~4mL/min, 시료도입부 온도는 $120 \sim 250\,°C$, 컬럼온도는 $30 \sim 250\,°C$로 사용 한다.

(3) 질량분석기(Mass Spectrometer)

① 이온화방식은 전자충격법(EI ; Electron Impact)을 사용하며 이온화에너지 는 35~70eV을 사용한다.

② 질량분석기는 자기장형(Magnetic Sector), 사중극자형(Quardrupole) 및 이 온트랩형(Ion Trap) 등을 사용한다.

③ 정량분석에는 선택이온검출법(SIM ; Selected Ion Monitoring)을 이용하는 것이 바람직하다. 선택하는 이온들은 표의 이온을 사용할 수 있다.

(4) 원심분리기

4℃ 이하에서 원심분리가 가능한 것으로 사용한다.

4. 시약 및 표준용액

(1) 시약

① 정제수

시약용 정제수를 사용하거나, 정제수를 15분간 끓인 후 90℃를 유지하면서 불활성 기체로 1시간 동안 퍼지하여 휘발성 유기화합물을 제거하고 병 구멍이 작은 유리병에 넣은 다음 마개를 한다. 바탕시험할 때 표준물질의 봉우리 부근에 불순물 봉우리가 없는 것을 사용한다.

② 메틸알코올

메틸알코올(Methanol, CH_3OH, 32.04)은 바탕시험할 때 표준물질의 봉우리 부근에 불순물 피크가 없는 것을 사용한다.

③ 무수황산나트륨

무수황산나트륨(Sodium Sulfate, Na_2SO_4, 142.04)은 순도 98% 이상의 시약용을 사용하며 사용하기 전에 400℃에서 4시간 이상 구워서 사용한다.

(2) 표준용액

① 혼합표준원액(1,000mg/L)

㉠ 25mL 부피플라스크에 메틸알코올 20mL를 넣고 휘발성 유기화합물 표준물질 약 25mg을 실린지로 메틸알코올 가운데에 주입한 후 정확하게 무게 증가량을 잰 후 메틸알코올로 표선까지 채워 정확한 원액의 농도를 구한다.
㉡ 각각의 표준물질의 첨가량을 구하여 표준원액의 농도(mg/L)를 구한다.

② 혼합표준용액(200mg/L)

③ 내부표준용액(10,000mg/L)

25mL 부피플라스크에 메틸알코올 20mL를 넣고 플루오르벤젠 표준물질 약 250mg을 실린지로 메틸알코올 가운데에 주입한 후 정확하게 무게 증가량을 잰 후 메틸알코올로 표선까지 채워 정확한 원액의 농도를 구하여 제조하거나, 시판용 표준물질을 구입하여 사용한다.

④ 대체표준원액(1,000mg/L)

25mL 부피플라스크에 메틸알코올 20mL를 넣고 α,α,α-trifluorotoluene 표준물질 약 25mg을 실린지로 메틸알코올 가운데에 주입한 후 정확하게 무게 증가량을 잰 후 메틸알코올로 표선까지 채워 정확한 원액의 농도를 구하여 제조하거나, 시판용 표준물질을 구입하여 사용한다.

⑤ 대체표준용액(200mg/L)

25mL 부피플라스크에 대체표준원액(1,000mg/L) 5mL를 정확하게 취하여 메틸알코올로 표선까지 채워 제조한다.

5. 시료채취 및 관리

시험관에 채취된 시료를 즉시 실험할 수 없는 경우에는 0~4℃ 냉암소에서 보관하고 채취 후 14일 이내에 분석해야한다.

6. 정도보증/정도관리(QA/QC)

(1) 방법검출한계 및 정량한계

「벤조피렌-기체크로마토그래피-질량분석법」 내용과 동일

(2) 시약바탕시료의 분석

「벤조피렌-기체크로마토그래피-질량분석법」 내용과 동일

(3) 검정곡선의 작성 및 검증

① 검정곡선의 작성 및 검증은 정도보증/정도관리에 따른다.

② 검정곡선의 작성에서 제시한 농도 범위 내에서 5개 이상의 농도(정량한계 이상)에 대해 검정곡선을 작성하고 얻어진 검정곡선의 결정계수(R^2)가 0.98 이상 또는 감응계수(RF)의 상대표준편차가 20% 이내이어야 하며 결정계수나 감응계수의 상대표준편차가 허용범위를 벗어나면 재작성하도록 한다.

③ 시료분석을 연속으로 수행할 경우에는 일주일에 1회 검정곡선을 작성하고, 그 기간 중 검정곡선을 검증하기 위하여 매일 1개의 표준용액(검정곡선 작성 중간농도)을 측정하여 검정인자(CF ; Calibration Factor)를 구한다. 이 값이 초기 검정곡선 작성 시 구하여진 검정인자와 비교했을 때 편차백분율이 ±20% 이내일 때는 원래의 검정곡선을 이용하여 시료 중의 농도를 정량하며, 편차백분율이 ±20% 이상일 때는 새로운 검정곡선을 작성하여야 한다. 이때 편차백분율은 다음과 같이 구한다.

$$편차백분율(\%) = \frac{R_1 - R_2}{R_1} \times 100$$

여기서, R_1 : 초기검정곡선의 CF = $\dfrac{개별성분의 높이 또는 면적}{개별성분 주입량(ng)}$

R_2 : 초기검정곡선 확인용 CF = $\dfrac{개별성분의 높이 또는 면적}{개별성분 주입량(ng)}$

(4) 정밀도 및 정확도

① 정밀도(Precision) 및 정확도(Accuracy)는 정도보증/정도관리에 따라 산정한다. 동일한 매질의 인증표준시료 또는 정량한계의 1~10배의 같은 농도로 표준물질을 첨가한 시료를 4개 이상 준비하여 절차에 따라 분석하여 평균값과 표준편차를 구한다.

② 정밀도는 측정값의 상대표준편차(% RSD)로 산출하며 그 값이 30% 이내이어야 한다.

③ 정확도는 첨가한 표준물질의 농도에 대한 측정 평균값의 상대 백분율로서 나타내고 그 값이 70~130% 이내이어야 한다.

(5) 회수율

정확한 분석을 위해 필요한 경우, 회수율 시험을 실시할 수 있다. 회수율은 오염이 안 된 토양시료 5g에 대체표준용액인 α, α, α – trifluorotoluene 표준용액 0.75mL와 내부표준용액 15μL를 넣은 다음, 시료의 전처리에 따라 조작하여 회수율을 산정한다. 이 경우 α, α, α – trifluorotoluene에 대한 검정곡선은 10mL 부피플라스크에 α, α, α – trifluorotoluene 표준원액을 0.5mg/L~20mg/L가 되도록 단계적으로 조제하고, 여기에 각각 내부표준액 15μL를 넣어 흔들어 섞는다. 그리고 미량주사기를 사용하여 10μL씩을 기체크로마토그래프에 주입하고, 크로마토그램을 작성하여 내부표준물질에 대한 α, α, α – trifluorotoluene의 면적비와 양에 대한 검정곡선을 작성한다.

(6) 내부정도관리 주기 및 목표

① 방법검출한계, 정량한계, 정밀도 및 정확도는 연 1회 이상 산정하는 것을 원칙으로 하며, 분석자의 교체, 분석 장비의 수리 및 이동 등의 주요 변동사항이 생길 경우에는 다시 실시한다.

② 검정곡선 검증 및 시약바탕시료의 분석은 각 시료군마다 실시하며, 고농도의 시료 다음에는 시약바탕시료를 측정하여 오염 여부를 점검한다.

7. 분석절차

(1) 전처리

① 토양시료가 실험실에 도착하면 즉시 메틸알코올이 들어 있는 시험관 전체 무게를 정확히 재어 전체 무게에서 미리 측정하여 놓은 메틸알코올이 담긴 시험관의 무게를 뺀 값으로부터 수분이 함유된 토양의 무게를 구한 후, 이어서 시험관에 내부표준용액 $100\mu g(10,000\mu g/mL \times 10\mu L)$을 넣고 무수황산나트륨을 토양시료의 양만큼 넣어 수분을 제거한다.

② 메틸알코올에 담긴 토양시료를 2분간 세게 흔들어 섞은 후 정치한다.

③ 상층 액이 따로 원심분리가 필요 없는 경우 약 2mL를 취하여 적정 용기에 넣고 분석 전까지 0~4℃ 냉암소에서 보관한다. 그러나 상층 액이 혼탁하거나 이물질이 혼입되어 원심분리가 필요한 경우 메틸알코올에 담긴 토양시료를 2분간 세게 흔들어 섞고 상대원심력이 150 이상인 조건에서 3분 이상 원심분리한 후, 약 2mL의 상층 액을 취하여 적정 용기에 넣고 분석 전까지 0~4℃ 냉암소에서 보관한다.

(2) 검정곡선의 작성

① 메틸알코올 약 8mL를 넣은 10mL 부피플라스크에 혼합표준액 0.025~1.0mL를 미량주사기로 단계적으로 취하여 넣고, 메틸알코올을 넣어 표선까지 채운다. 이어서 이들 혼합표준액에 각각 내부표준액 $10\mu L$를 넣은 후 3회 흔들어 섞는다. 단, 정량한계 이상 농도를 5개 이상 포함하여야 한다.

② 내부표준법을 사용하여 휘발성 유기화합물의 농도(Cx)를 가로축(x축)에, 크로마토그램으로부터 휘발성 유기화합물의 봉우리 면적(Ax)과 내부표준물질의 봉우리 면적(Ai)과의 비(Ax/Ai)를 세로축(y축)으로 하여 검정곡선을 작성한다.

＊ [비고] 봉우리의 면적 대신 봉우리의 높이를 사용할 수 있으나 봉우리 면적을 사용하는 것이 바람직하다.

(3) 측정법

① 기밀주사기나 자동주입기로 정제수 5mL를 정확히 취하여 스파저에 주입한 다음, 메틸알코올 추출물의 온도를 실온과 같게 한 다음, 일정량($10\mu L$)을 미량주사기로 취하여 스파저에 주입한다.

② 일정 온도에서 휘발성 유기화합물을 퍼지시켜 트랩에서 포집한 다음 가열 탈착시켜 기체크로마토그래프로 주입한다.

③ 기체크로마토그래프로부터 얻은 크로마토그램에서 각 분석성분 및 내부표준물질의 머무름 시간에 해당하는 위치의 봉우리들로부터 봉우리 면적을 구한다.

④ 내부표준법을 사용하여 크로마토그램으로부터 각 분석성분 및 내부표준물질의 봉우리 면적을 측정하여 휘발성 유기화합물의 봉우리면적(Ax)과 내부표준물질의 봉우리 면적(Ai)과의 비(Ax/Ai)를 구한다.

 * [비고] 시료의 봉우리 면적이 검정곡선의 상한치를 초과할 경우에는 검정곡선의 범위에 들어올 수 있도록 하여 측정한다.

8. 농도계산

$$토양 \ 중 \ 휘발성 \ 유기화합물의 \ 농도(mg/kg) = \frac{A_s \times V_f \times f}{W_d \times V_i}$$

여기서, A_s : 검정곡선에서 얻어진 검출량(ng)

V_f : 메틸알코올 양(mL)

f : 희석배수(검량곡선의 범위를 벗어날 경우)

W_d : 수분보정한 토양시료의 건조중량(g)

V_i : 검액의 주입량(μL)

❙ 휘발성 유기화합물의 퍼지−트랩 분석 조건의 예 ❙

항목	조건
퍼지유속(피지기체)	40mL/min(He)
탈착유속(탈착기체)	20mL/min(He)
전퍼	0.75min
퍼지시간	11min
건조퍼지시간	5min
크라이오제닉	−150℃
탈착온도(시간)	220℃(1min)
주입시간(온도)	0.7min(200℃)
재생시간(온도)	10min(225℃)

▎ 휘발성 유기화합물의 기체크로마토그래피 기기분석 조건의 예 ▎

항목	조건				
컬럼	Ultra−2(Cross−Linked 5% Phenylmethylsilicon, 25m 길이×0.2mm 안지름×0.33μm 필름두께)				
운반기체(유속)	헬륨(1.0mL/min)				
분획비	1/10				
주입구 온도	200℃				
전달선 온도	250℃				
오븐 온도	초기온도 (℃)	초기시간 (min)	승온속도 (℃/min)	온도 (℃)	시간 (min)
	35	7	5.0	50	0
			10.0	150	0

▎ 정도관리 목푯값 ▎

정도관리 항목	정도관리 목표
정량한계	각 항목별 0.1mg/kg
검정곡선	결정계수(R^2)>0.98 또는 감응계수(RF)의 상대표준편차<20%
정밀도	상대표준편차가 30% 이내
정확도	70~130%

벤젠, 톨루엔, 에틸벤젠, 크실렌
(Benzene, Toluene, Ethylbenzene, Xylene)

┃ 적용 가능한 시험방법 ┃

벤젠, 톨루엔, 에틸벤젠, 크실렌	정량한계 (mg/kg)	정밀도 (% RSD)
퍼지－트랩 기체크로마토그래피 －질량분석법	각 항목별 0.1	30% 이내
퍼지－트랩 기체크로마토그래피(FID)	벤젠 0.2, 톨루엔 0.1, 에틸벤젠 0.1, 크실렌 0.5	30% 이내

026-1 벤젠, 톨루엔, 에틸벤젠, 크실렌－퍼지－트랩 기체크로마토그래피－질량분석법
(Benzene, Toluene, Ethylbenzene, Xylene－Purge－Trap Gas Chromatography－Mass Spectrometry)

이 시험기준은 토양 중 벤젠, 톨루엔, 에틸벤젠, 크실렌을 측정하는 방법으로, 시료 중 벤젠, 톨루엔, 에틸벤젠, 크실렌을 불활성 기체로 퍼지시켜 기상으로 추출한 다음 트랩 관으로 흡착·농축하고, 가열·탈착시켜 모세관 컬럼을 사용한 기체크로마토그래프/질량분석계로 분석하는 방법이다. 이 시험기준은 「휘발성 유기화합물－퍼지－트랩 기체크로마트그래피－질량분석법」에 따른다.

026-2 벤젠, 톨루엔, 에틸벤젠, 크실렌－퍼지－트랩 기체크로마토그래피
(Benzene, Toluene, Ethylbenzene, Xylene－Purge－Trap Gas Chromatography)

1. 개요

(1) 목적

① 이 시험기준은 토양 중 벤젠, 톨루엔, 에틸벤젠, 크실렌의 측정방법이다.

② 이 방법은 납사, 휘발유 등의 저비점 석유류 중에 다량 함유되어 있는 벤젠, 톨루엔, 에틸벤젠, 크실렌의 측정에 적용한다.

③ 시료 중의 벤젠, 톨루엔, 에틸벤젠, 크실렌을 메틸알코올로 추출하여 얻어진 시료용액을 기체크로마토그래프(불꽃이온화검출기)에 부착된 퍼지트랩에 주입하여 이들 물질을 각각 정량하는 방법이다.

(2) 적용범위

① 토양 중 벤젠, 톨루엔, 에틸벤젠, 크실렌의 분석에 적용한다.

② 벤젠, 톨루엔, 에틸벤젠, 크실렌의 정량한계는 각각 0.2mg/kg, 0.1mg/kg, 0.1mg/kg, 0.5mg/kg이다.

(3) 간섭물질

① 해당 매질 또는 추출 용매에는 분석성분의 머무름 시간에서 봉우리가 나타나는 간섭물질이 있을 수 있다. 간섭물질이 발견되면 증류하거나 정제 컬럼에 의해 제거한다.

② 시료에 혼합표준액 일정량을 첨가하여 크로마토그램을 작성하고 미지의 다른 성분과 봉우리의 중복 여부를 확인한다. 만일 봉우리가 중복될 경우 극성이 다르고 분리가 양호한 컬럼을 선택하여 시험한다.

2. 분석기기 및 기구

(1) 퍼지 – 트랩장치

퍼지부, 트랩관, 탈착부 및 냉각응축부(Cryofocus) 등으로 구성된다.

① 퍼지부

5~25mL의 시료를 주입할 수 있는 스파저(Sparger)와 시료를 일정온도로 가온할 수 있는 가열장치를 사용한다.

② 트랩관

길이 5~30cm 이상, 안지름 2mm 이상의 스테인리스강관에 휘발성 유기화합물을 흡착·농축할 수 있는 충전제가 충전된 것 또는 이와 동등 이상의 성능을 가진 것을 사용한다.

③ 트랩의 종류

Tenax, Carbopack, OV – 1/Tenax/Silicagel/Charcoal 또는 이와 동등 이상의 성능을 가진 것을 사용한다.

④ 탈착부

트랩관에 포집된 휘발성 유기화합물을 가열·탈착할 수 있는 가열장치 또는 이와 동등 이상의 성능을 가진 것을 사용한다.

⑤ 냉각응축부

부착되는 내경 0.20~0.53mm의 모세관컬럼을 −50~−150℃ 정도로 냉각

가능하고, 또한 200℃로 가열 가능한 장치 또는 이와 동등 이상의 성능을 가진 것으로 경우에 따라 냉각 응축과정은 생략해도 좋다.

(2) 기체크로마토그래프

① 컬럼은 안지름 0.20~0.35mm, 필름두께 0.1~0.50μm, 길이 15~60m의 DB−1, DB−5 및 DB−624 등의 모세관이나 동등한 분리성능을 가진 모세관으로 대상 분석 물질의 분리가 양호한 것을 택하여 시험한다.

② 운반기체는 부피백분율 99.999% 이상의 헬륨(또는 질소)으로서 유량은 0.5~4mL/min, 시료도입부 온도는 150~250℃, 컬럼 온도는 30~250℃로 사용한다.

③ 불꽃이온화검출기(FID ; Flame Ionization Detector)

수소연소노즐(Nozzle), 이온 수집기(Ion Collector)로 구성되는 본체와 이 전극 사이에 직류전압을 주어 흐르는 이온전류를 측정하기 위한 직류전압 변환회로, 감도 조절부, 신호감쇄부 등으로 구성된다.
[PID, GC/MS 검출기도 사용 가능]

(3) 원심분리기

4℃ 이하에서 원심분리가 가능한 것으로 사용한다.

> **Reference** BTEX 시료채취 시 미리 준비한 시험관
>
> 마개가 있는 30mL 용량의 시험관에 메틸알코올 10mL를 넣고 미리 소수점 4째 자리에서 반올림하여 소수점 3째 자리까지 무게를 정확히 단 것을 말한다.

3. 농도계산

$$토양\ 중\ 각\ 성분의\ 농도(mg/kg) = \frac{A_s \times V_f \times f}{W_d \times V_i}$$

여기서, A_s : 검정곡선에서 얻어진 검출량(ng)
V_f : 메틸알코올 양(mL)
f : 희석배수(검정곡선의 범위를 벗어날 경우)
W_d : 수분보정한 토양시료의 건조중량(g)
V_i : 검액의 주입량(μL)

휘발성 유기화합물의 퍼지–트랩 분석 조건의 예

항목	조건
퍼지유속(피지기체)	40mL/min(He)
탈착유속(탈착기체)	20mL/min(He)
전퍼지	0.75min
퍼지시간	11min
건조퍼지시간	5min
크라이오제닉	–150℃
탈착온도(시간)	220℃(1min)
주입시간(온도)	0.7min(200℃)
재생시간(온도)	10min(225℃)

휘발성 유기화합물의 기체크로마토그래피 기기분석 조건의 예

항목	조건				
컬럼	Ultra–2(Cross–Linked 5% Phenylmethylsilicon, 25m 길이×0.2mm 안지름×0.33μm 필름두께)				
운반기체(유속)	질소(1.0mL/min)				
분획비	1/10				
주입구 온도	200℃				
전달선 온도	250℃				
오븐 온도	초기온도 (℃)	초기시간 (min)	승온속도 (℃/min)	온도 (℃)	시간 (min)
	35	7	5.0	50	0
			10.0	150	

정도관리 목푯값

정도관리 항목	정도관리 목표
정량한계	벤젠 0.2mg/kg, 톨루엔 0.1mg/kg, 에틸벤젠 0.1mg/kg, 크실렌 0.5mg/kg
검정곡선	결정계수(R^2)>0.98 또는 감응계수(RF)의 상대표준편차<20%
정밀도	상대표준편차가 30% 이내
정확도	70~130%

027 트리클로로에틸렌, 테트라클로로에틸렌
(Trichloroethylene, Tetrachloroethylene)

| 적용 가능한 시험방법 |

TCE, PCE	정량한계 (mg/kg)	정밀도 (% RSD)
퍼지 – 트랩 기체크로마토그래피 – 질량분석법	각 항목별 0.1	30% 이내
퍼지 – 트랩 기체크로마토그래피(ECD)	각 항목별 0.1	30% 이내

027-1 트리클로로에틸렌, 테트라클로로에틸렌, – 퍼지 – 트랩 기체크로마토그래피 – 질량분석법
(TCE, PCE – Purge – Trap Gas Chromatography – Mass Spectrometry)

이 시험기준은 토양 중 트리클로로에틸렌, 테트라클로로에틸렌을 측정하는 방법으로, 시료 중 트리클로로에틸렌, 테트라클로로에틸렌을 불활성 기체로 퍼지시켜 기상으로 추출한 다음 트랩 관으로 흡착·농축하고, 가열·탈착시켜 모세관 컬럼을 사용한 기체크로마토그래프 – 질량분석계로 분석하는 방법이다. 이 시험기준은 「휘발성 유기화합물 – 퍼지 – 트랩 기체크로마토그래피 – 질량분석법」에 따른다.

027-2 트리클로로에틸렌, 테트라클로로에틸렌, – 퍼지 – 트랩 기체크로마토그래피
(TCE, PCE – Purge – Trap Gas Chromatography)

1. 개요

(1) 목적

① 토양 중 트리클로로에틸렌, 테트라클로로에틸렌의 측정방법이다.
② 시료 중의 트리클로로에틸렌, 테트라클로로에틸렌을 메틸알코올로 추출하여 얻어진 시료용액을 기체크로마토그래프(전자포착검출기)에 부착된 퍼지 – 트랩에 주입하여 이들 물질을 각각 정량하는 방법이다.

(2) 적용범위

① 토양 중 트리클로로에틸렌, 테트라클로로에틸렌의 분석에 적용한다.
② 트리클로로에틸렌, 테트라클로로에틸렌의 정량한계는 각 항목별로 0.1mg/kg 이다.

(3) 간섭물질

① 해당 매질 또는 추출 용매에는 분석성분의 머무름 시간에서 봉우리가 나타나는 간섭물질이 있을 수 있다. 간섭물질이 발견되면 증류하거나 정제 컬럼에 의해 제거한다.
② 시료에 혼합표준액 일정량을 첨가하여 크로마토그램을 작성하고 미지의 다른 성분과 봉우리의 중복 여부를 확인한다. 만일 봉우리가 중복될 경우 극성이 다르고 분리가 양호한 컬럼을 선택하여 시험한다.

2. 분석기기 및 기구

(1) 퍼지－트랩장치

퍼지부, 트랩관, 탈착부 및 냉각응축부(Cryofocus) 등으로 구성된다.

① 퍼지부

5~25mL의 시료를 주입할 수 있는 스파저(Sparger)와 시료를 일정온도로 가온할 수 있는 가온장치를 사용한다.

② 트랩관

길이 5~30cm 이상, 내경 2mm 이상의 스테인리스강관에 휘발성 유기화합물을 흡착·농축할 수 있는 충전제가 충전된 것 또는 이와 동등 이상의 성능을 가진 것을 사용한다.

③ 트랩의 종류

Tenax, Carbopack, OV－1/Tenax/SiLicageL/CharcoaL 또는 이와 동등 이상의 성능을 가진 것을 사용한다.

④ 탈착부

트랩관에 포집된 휘발성 유기화합물을 가열·탈착할 수 있는 가열장치 또는 이와 동등 이상의 성능을 가진 것을 사용한다.

⑤ 냉각응축부

부착되는 안지름 0.20~0.53mm의 모세관컬럼을 $-50 \sim -150℃$ 정도로 냉각 가능하고, 또한 200℃로 가열 가능한 장치 또는 이와 동등 이상의 성능을 가진 것으로 경우에 따라 냉각 응축과정은 생략해도 좋다.

(2) 기체크로마토그래프

① 컬럼은 안지름 0.20~0.35mm, 필름두께 0.1~0.50μm, 길이 15~60m의 DB-1, DB-5 및 DB-624 등의 모세관이나 동등한 분리성능을 가진 모세관으로 대상 분석 물질의 분리가 양호한 것을 택하여 시험한다.

② 운반기체는 부피백분율 99.999% 이상의 헬륨(또는 질소)으로서 유량은 0.5~4mL/min, 시료도입부 온도는 150~250℃, 컬럼 온도는 30~250℃로 사용한다.

③ 전자포착검출기(ECD ; Electron Capture Detector)

㉠ 방사성 동위원소(^{63}Ni, ^{3}H 등)로부터 방출되는 β선이 운반기체를 전리하여 미소전류를 흘려보낼 때 시료 중의 할로겐이나 산소와 같이 전자포획력이 강한 화합물에 의하여 전자가 포획되어 전류가 감소하는 것을 이용하는 방법이다.

㉡ 유기할로겐화합물, 니트로화합물 및 유기금속화합물을 선택적으로 검출할 수 있다.

(3) 원심분리기

4℃ 이하에서 원심분리가 가능한 것으로 사용한다.

3. 분석절차

(1) 측정법

① 기밀주사기나 자동주입기로 정제수 5mL를 정확히 취하여 스파저에 주입한 다음, 메틸알코올 추출물의 온도를 실온과 같게 한 후 일정량(2μL)을 미량주사기로 취하여 스파저에 주입한다.

② 일정 온도에서 휘발성 유기화합물을 퍼지시켜 트랩에서 채취한 다음 가열 탈착시켜 기체크로마토그래프로 주입한다.

③ 기체크로마토그래프로부터 얻은 크로마토그램에서 각 분석성분 및 내부표준물질의 머무름 시간에 해당하는 위치의 봉우리들로부터 봉우리 면적을 구한다.

④ 내부표준법을 사용하여 크로마토그램으로부터 각 분석성분 및 내부표준물질의 봉우리 면적을 측정하여 휘발성 유기화합물의 피크 면적(Ax)과 내부표준물질의 봉우리면적(Ai)과의 비(Ax/Ai)를 구한다.

＊ [비고] 시료의 봉우리 높이 또는 면적이 검정곡선의 상한치를 초과할 경우에는 시료 일정
량을 취하여 적당한 농도로 정확히 희석한 다음 이 용액을 가지고 실험한다.

4. 농도계산

$$토양\ 중\ 각\ 성분의\ 농도(\text{mg/kg}) = \frac{A_s \times V_f \times f}{W_d \times V_i}$$

여기서, A_s : 검정곡선에서 얻어진 검출량(ng)

V_f : 메틸알코올 양(mL)

f : 희석배수(검정곡선의 범위를 벗어날 경우)

W_d : 수분 보정한 토양시료의 건조중량(g)

V_i : 검액의 주입량(μL)

▌휘발성 유기화합물의 퍼지－트랩의 분석 조건의 예 ▌

항목	조건
퍼지유속(피지기체)	40mL/min(He)
탈착유속(탈착기체)	20mL/min(He)
전퍼지	0.75min
퍼지시간	11min
건조퍼지시간	5min
크라이오제닉	−150℃
탈착온도(시간)	220℃(1min)
주입시간(온도)	0.7min(200℃)
재생시간(온도)	10min(225℃)

▌ 휘발성 유기물질의 기체크로마토그래피 기기분석 조건의 예 ▌

항목	조건				
컬럼	Ultra−2(Cross−Linked 5% Phenylmethylsilicon, 25m 길이×0.2mm 안지름×0.33μm 필름두께)				
운반기체(유속)	질소(1.0mL/min)				
분획비	1/10				
주입구 온도	200℃				
전달선 온도	250℃				
오븐 온도	초기온도 (℃)	초기시간 (min)	승온속도 (℃/min)	온도 (℃)	시간 (min)
	35	7	5.0	50	0
			10.0	150	0

▌ 정도관리 목푯값 ▌

정도관리 항목	정도관리 목표
정량한계	각 항목별 0.1mg/kg
검정곡선	결정계수(R^2)>0.98 또는 감응계수(RF)의 상대표준편차<20%
정밀도	상대표준편차가 30% 이내
정확도	70~130%

028 저장물질이 없는 누출검사대상시설 – 비파괴검사
(Non–Destructive Test Method for Empty Tanks)

1. 개요

(1) 목적

① 비파괴시험법(Non–Destructive Testing)은 물리적 현상의 원리(빛, 열, 방사선, 음파, 전기, 전기에너지, 자기)를 이용하여 검사할 대상물을 손상시키지 아니하고, 그 대상물에 존재하는 불완전성을 조사하고 판단하는 기술적 행위이다.

② 일반적인 비파괴시험법으로는 방사선투과법(RT ; Radiographic Testing), 초음파탐사법(UT ; Ultrasonic Testing), 자분탐사법(MT ; Magnetic Particle Testing), 와전류탐사법(ECT ; Eddy Current Testing), 액체침투탐사법(PT ; Liquid Penetrant Testing), 음향방출탐사법(AET ; Acoustic Emission Testing), 누설검사법(LT ; Leak Testing), 육안검사법(VT ; Visual Testing) 등이 있다.

(2) 적용범위

① 이 방법은 단일벽 또는 이중벽 구조의 저장시설의 누출 및 결함 유무를 판단하기 위하여 적용한다.

② 본 공정시험법에서 규정하지 아니한 사항은 한국산업규격 KS B 6225(강재 석유저장탱크의 구조) 부속서 3, KS D 0213(철강 재료의 자분탐상시험 방법 및 자분 모양의 분류), KS B 0816(침투탐상시험 방법 및 지시모양의 종류)에 따른다.

2. 용어 정의

(1) 자분탐상시험(MT)

강자성체인 시험체를 자화시켰을 때 시험체 조직의 변화 또는 결함 등의 불연속이 존재하면 이 위치에서 자력선의 연속성이 깨져 누설자장(Magnetic Flux Leakage)이 형성되고 자속밀도(Flux Density)가 증가하게 되며, 이때 시험체의 표면에 자분(Magnetic Particle)을 살포하여 누설자장이 형성된 부위에 자분이 부착되어 시험체 조직의 변화 또는 결함 등의 존재 유무, 위치, 크기, 방향 등을 확인하는 시험방법이다.

(2) 침투탐상시험(PT)

시험체 표면에 침투액을 적용하면 열린(Open) 결함이 있는 경우 모세관 현상에 의하여 침투액이 열린 결함으로 침투하게 되며 이때 현상액을 적용하여 표면결함 속에 침투된 침투액을 현상함으로써 육안으로 결함 유무를 식별하는 시험방법이다.

(3) 초음파 두께 측정(Ultrasonic Thickness Gauging)

시험체에 초음파를 전달시켜 시험체 내에 존재하는 불연속으로부터 반사한 초음파의 에너지양, 초음파의 진행시간 등을 분석하여 불연속의 위치 및 크기 등을 알아내는 시험방법이다.

(4) 외관검사(Visual Inspection)

저장시설을 구성하는 시설 전반에 대하여 검사자의 육안으로 누설 징후, 변형, 부식, 손상, 이탈 등의 유무를 확인하는 검사이다.

3. 검사기기 및 기구

(1) 자분탐상시험장비

자분탐상시험에 사용되는 자화장치, 자외선등(Black Light), 자분 등의 성능은 관련 한국산업규격에서 정한 성능 이상이어야 한다.

① 자화장치는 교류전원으로 하며 시험실시에 지장이 없는 범위로 연속통전이 가능하고 절연성이 좋은 교류, 극간식 자화장치를 사용하여야 한다.

② 검사액 살포기는 자분을 균일하게 분산시킬 수 있고, 검사액을 부드럽고 안정적으로 탐상유효범위에 적용시킬 수 있어야 한다.

③ 자분 검사액은 등유, 물 등에 형광자분 또는 비형광자분을 분산시킨 것을 사용하며, 검사액 속의 자분 분산 농도는 형광자분의 경우에는 0.2~2g/L로, 비형광자분의 경우에는 2~10g/L로 하여야 하며, 자분의 분산이 좋지 않은 검사액과 성능이 열화된 검사액을 사용하지 아니하여야 한다.

④ 표준시험편은 다음 각 목 중에서 하나를 선택하여 사용하여야 한다.

　　㉠ A1-7/50(직선형)　A1-15/100(직선형)

　　㉡ A2-15/50(직선형) A2-30/100(직선형)

(2) 침투탐상시험장비

침투탐상시험에 사용되는 세정액, 침투액, 현상액 등은 그 결함 검출능력이 관련 한국산업규격에서 정한 성능 이상이어야 한다.

(3) 초음파 두께 측정기

초음파 두께 측정기는 정기적으로 교정되고 100분의 1mm 이상의 분해능을 갖는 것이어야 한다.

4. 검사절차

저장시설의 비파괴검사는 검사를 실시하는 저장시설의 재료, 검사범위 등에 따라 자분탐상시험 또는 침투탐상시험 중 선택하여 실시하여야 한다. 비파괴검사의 실시범위는 지하매설저장시설의 경우에는 탱크의 전 용접선, 옥외저장시설에 있어서는 지면과 접촉되어 있어 외부에서 누출이 확인되지 않는 바닥판(애뉼러판을 포함한다)의 전용접선으로 하고, 용접부(Weld Metal)와 모재(Base Metal)의 경계선에서 모재 쪽으로 모재 두께의 2분의 1 이상의 길이를 더한 범위로 한다.

(1) 자분탐상시험

① 시험 실시 전에 시험범위에 있는 녹, 스케일, 스패터(Spatter), 기름 등 시험에 지장을 주는 부착물을 깨끗하게 제거하고, 검사부의 온도가 시험에 지장이 없는 범위로 유지되도록 한다.

② 시험범위에 대한 자화장치의 배치는 용접선에 대하여 거의 직각이 되도록 하고 시험 면에 평행방향의 자장이 형성되도록 하며, 인접한 탐상 유효범위가 서로 중복되도록 하여야 한다.

③ 자분적용에 대한 자화의 시기는 연속법으로 하여야 하며 특별히 인정된 경우를 제외하고는 습식법을 사용하여야 한다.

④ 검사액의 적용은 탐상 유효범위의 바깥쪽부터 탐상유효범위 전면을 적시도록 하여야 한다.

⑤ 통전시간 중의 검사액의 적용시간은 1단위시험 조작당 3초 이상을 표준으로 하여야 하며, 통전시간은 검사액의 적용 시작 시부터 그 탐상 유효범위 내의 검사액의 유동이 정지할 때까지로 한다.

⑥ 결함자분 모양의 관찰은 다음의 방법에 따라 실시한다.

  ㉠ 결함자분 모양의 관찰은 1단위 시험의 조작 시마다 한다.

  ㉡ 결함자분 모양이 나타났을 경우에는 결함자분 모양을 제거한 후 다시 시험을 하여 결함자분 모양이 전 회의 시험결과와 동일하게 검출되는지를 확인하여야 한다.

  ㉢ 확인된 결함자분 모양 중 유사 자분모양은 평가대상에서 제외하여야 하며 결함자분 모양과 유사자분 모양과의 판별이 곤란한 것은 허용한도 이내에서 표면을 매끄럽게 하고 재시험을 하여야 한다.

⑦ 탐상 유효범위의 설정은 다음의 방법에 따라 실시한다.

㉠ 탐상 유효범위의 설정은 자화장치, 용접선에 대한 자화장치의 배치, 검사액, 검사액의 적용방법, 검사액의 적용시간, 통전시간, 탐상 유효범위의 자외선강도, 가시광선의 강도 등의 시험조건 및 실제 시험을 실시할 때의 조건 등을 고려하여 정한다.

㉡ 탐상유효범위는 용접선에 홈이 평행 및 직각이 되도록 붙인 A형 표준시험편에 명료한 결함자분 모양이 얻어지는 범위로 한다.

㉢ 시험개시 전, 시험조건 변경 시, 시험 중 의문이 발생했을 경우 등 필요한 경우에는 탐상유효범위를 재설정하여야 한다.

(2) 침투탐상시험

① 침투탐상시험은 염색침투탐상시험 또는 형광침투탐상시험 중 적절한 시험방법을 선택하여 실시한다.

② 시험 실시 전에 시험범위에 있는 녹, 스케일, 스패터, 기름 등 검사에 지장을 주는 부착물은 완전히 제거하여 깨끗하게 한 후 시험면 및 결함 내에 잔류하는 용제, 수분 등을 충분히 건조시키고, 시험체의 온도는 섭씨 5℃ 내지 40℃의 범위 내에서 시험을 하여야 한다. 이 경우 온도가 시험 실시 범위를 벗어나는 경우에는 비교시험편을 이용하여 그 성능을 확인한 후 적절한 시험방법을 정하여야 한다.

③ 침투액은 시험제품의 시험부위 및 침투액의 종류에 따라 분무, 솔질 등의 방법을 적용하고 침투에 필요한 시간 동안 시험하는 부분의 표면을 침투액으로 적셔두어야 한다.

④ 침투 처리 후 표면에 부착되어 있는 침투액은 마른 천으로 닦은 후 용제 세정액을 소량 스며들게 한 천으로 완전히 닦아내야 한다. 이 경우에 결함 속에 침투되어 있는 침투액을 유출시킬 만큼 많은 세정액을 사용해서는 안 된다.

⑤ 잘 저어서 분산시킨 속건식 현상제를 분무상태로 시험 표면에 분무시켜 시험면 바탕의 소재가 희미하게 투시되어 보일정도로 얇고 균일하게 도포하여야 한다. 이 경우 분무노즐과 시험면의 거리는 300mm 이상으로 한다.

⑥ 현상제를 도포하고 10분이 경과한 후에 관찰한다. 다만, 결함지시 모양의 등급분류 시 결함지시 모양이 지나치게 확대되어 실제의 결함과 크게 다른 경우에는 현상여건을 감안하여 그 시간을 단축시킬 수 있다.

(3) 초음파 두께 측정

① 초음파 두께 측정은 지하매설저장시설에 있어서는 동체(Shell) 각 플레이트(Plate)의 상하좌우 4방향과 경판(Head Plate)의 상하좌우 및 중앙부 등 5개 지점에 대하여, 옥외저장시설에 있어서는 측정지점에 대하여 초음파 두께 측

정기로 두께를 측정하여야 한다.

② 옥외저장시설의 측정지점

㉠ 에뉼러판

옆판 내면으로부터 탱크 중심방향으로 0.5m 간격마다의 범위에서 원주방
향으로 2m 이하의 간격마다 1개 지점

㉡ 밑판(구형 탱크는 본체 전부를 밑판으로 보며, 지중탱크의 옆판 중 지반면
하에 매설된 부분은 밑판으로 본다) : 1매당 3개 지점

㉢ 보수 중 덧붙인 판 또는 교체한 판 : 1매당 1개 지점

㉣ 누설자장 등을 이용하여 점검을 실시한 밑판 및 에뉼러판 : 1매당 1개 지점

③ 두께 측정 전에 시험범위에 있는 녹, 스케일, 스패터 등 검사에 지장을 주는
부착물은 완전히 제거하여 깨끗하게 한 후, 국부적으로 심한 부식이 진행되는
개소에 대하여는 그라인더 등을 써서 표면을 매끄럽게 갈아 낸 다음 잔존 두
께를 측정하여야 한다.

(4) 외관검사

① 외관검사는 저장시설을 구성하는 시설 전반에 대하여 검사자가 육안으로 검
사하여야 한다.

② 저장탱크의 동체 및 경판의 모재와 용접부의 누설징후, 변형, 국부적인 부식,
손상 등이 없는지 확인하여야 한다.

③ 과충전 방지장치의 이탈, 파손 유무를 확인하여야 한다.

④ 배관 접속부의 변형, 손상 등의 유무를 확인하여야 한다.

(5) 시험오류의 원인 및 제거

① 시험하는 장비나 검사액의 성능이 현저히 열화된 경우에는 검출능력이 떨어
질 수 있으므로 시험을 개시하기에 앞서 표준시험편을 사용하여 장비 및 검사
액의 성능을 확인하여야 한다.

② 시험면 전처리가 검사에 충분하지 않은 경우에는 검출능력이 떨어지거나 시
험 오류를 유발할 수 있으므로 시험 전에 시험하고자 하는 표면의 이물질은
완전히 제거하여야 한다.

③ 시험체의 온도가 현저히 낮은 경우에는 검출능력이 떨어질 수 있으므로 시험
하고자 하는 조건에서 대비시편을 사용하여 시험조건을 설정하여야 한다.

④ 침투탐상시험 시 세척 후 충분히 건조시키지 않은 상태에서 침투액을 뿌리거
나 여액의 침투액을 닦아내는 과정에서 과도한 세척제를 사용하는 경우는 결

함부에 제대로 침투되지 않아 결함 검출능력이 떨어질 수 있다.

⑤ 침투탐상시험에 있어 과도한 현상액을 도포하거나 침투시간이나 현상시간이 너무 짧은 경우에는 검출능력이 떨어져 제대로 확인되지 않을 수 있다.

⑥ 초음파 두께측정 시험 시 측정 전에 장비의 영점조정이 부적절 하거나 재료에 따른 주파수를 설정이 잘못된 경우 측정값이 부정확할 수 있다.

⑦ 초음파 두께측정 시험 시 측정표면의 이물질이 완전히 제거되지 않거나 접촉 매질을 충분히 사용하지 않은 경우 측정오차가 발생할 수 있다.

(6) 주의사항

① 탱크 내부에 진입하기 전에 가연성 가스 농도측정기를 사용하여 내부의 가스농도를 측정하여 당해 위험물의 폭발하한의 4분의 1 이하임을 확인하여야 하며, 산소농도측정기를 사용하여 산소농도가 20.5 % 이상임을 확인하여야 한다.

② 탱크 내부에 진입하여 시험하는 동안에는 방폭형 환풍기를 설치하여 외부로 부터 신선한 공기를 지속적으로 공급하거나 내부의 공기를 외부로 배출시켜 야 한다.

③ 에어졸 제품의 검사액을 사용하는 경우에는 가연성 가스의 배출에 특히 주의 하고, 쓰고 남은 캔은 안전하게 처리하여야 한다.

④ 탱크 내의 잔류 폐위험물, 슬러지, 세정오수 등은 안전과 환경을 고려하여 적 절한 방법으로 처리하여야 한다.

⑤ 시험자는 시험장비 외에 안전모와 방호복을 착용하고 방폭형 공구 등을 휴대 사용하여 안전하게 시험하여야 한다.

⑥ 시험현장에는 외부인의 출입 등을 통제하고 소화기 비치 등 화재위험에 대비 할 수 있는 조치를 하여야 한다.

⑦ 불가피한 경우를 제외하고는 기상변화가 심하거나 일출 전, 일몰 후에는 시험 을 실시하지 아니한다.

⑧ 탱크검사는 최소 2인 이상 1조가 시험하여야 하며, 1명은 탱크 외부에서 내 부에 진입한 시험자의 안전을 감시할 수 있도록 하여야 한다.

(7) 시험결과 기록

① 결함지시 모양 및 결함의 기록

㉠ 결함지시 모양의 기록

결함지시 모양은 지시 모양의 종류, 길이, 형태, 위치 크기 등을 잘 나타낼 수 있도록 기록하여야 한다. 필요에 따라 도면, 사진, 스케치, 전사 등으로 기록한다.

ⓒ 결함의 기록

　결함은 결함의 종류, 길이, 개수, 위치 등을 기록하여야 한다.

② **시험 기록**

　㉠ 시험 연월일

　ⓒ 시험체

　　• 품명

　　• 모양 · 치수

　　• 재질

　　• 표면 사항 : KS B 0161의 표시방법에 따르고 용접부에 대해서는 KS B 0052에 따른다.

　　• 용접부의 위치 및 길이

　　• 시험 기준점 및 위치

　　• 시험 범위 및 위치, 길이

　ⓒ 시험방법의 종류

　② 시험장치의 정보 : 모델 및 제조번호, 정격전압, 전류

　㉢ 탐상제 또는 자분

　　침투액, 유화제, 세척액 및 현상제의 명칭(품명), 점검을 했을 때는 그 방법과 결과, 탐상자분의 명칭, 크기, 형상을 기록한다.

　㉣ 조작방법(시험방법에 따라 필요한 사항을 적용)

　　• 전처리 방법

　　• 침투액의 적용방법 또는 자분의 적용방법

　　• 세척방법 또는 제거방법 : 스프레이 또는 닦아내기 등

　　• 건조방법 : 열풍, 자연건조, 닦아내기 등

　　• 현상제의 적용방법

　㉥ 조작 조건

　　• 시험 표면의 온도, 시험장소에서의 기온 및 침투액의 온도, 기온 및 액온이 15℃ 이하 또는 40℃ 이상일 때는 반드시 기재한다.

　　• 침투시간 또는 자화시간

　　• 세척시간 또는 자장의 종류(선형 또는 원형 자화)

　　• 건조온도 및 시간

　　• 현상시간 및 관찰시간

　◎ 시험 결과

　　• 갈라짐의 유무

　　• 결함지시 모양(자분지시 모양, 침투지시 모양) 또는 결함의 기록, 시험

결과의 기록

• 결함의 판정

ⓩ 시험 기술자 : 성명 및 자격

ⓩ 기타 필요한 사항

5. 결과보고

(1) 자분탐상시험 및 침투탐상시험 결과확인 및 보고서 작성

① 균열이 있는지 확인하고 보고서를 작성한다.

② 선상 및 원형 결함의 길이방향 크기가 4mm를 초과하는지 확인하고 보고서를 작성한다.

③ 2개 이상의 결함자분 모양이 동일 선상에 연속해서 존재하고 그 상호 간의 간격이 2mm 이하인 경우에는 상호 간의 간격을 포함하여 연속된 하나의 결함자분 모양으로 간주한다. 다만, 결함자분 모양 중 짧은 쪽의 길이가 2mm 이하이면서 결함자분 모양 상호 간의 간격 이하인 경우에는 독립된 결함자분 모양으로 한다.

④ 자분탐상시험 결과 결함자분 모양이 원형이어서 판정이 곤란할 경우는 침투탐상시험에 의하여 판정하여야 한다.

(2) 초음파 두께 측정 결과확인 및 보고서 작성

두께 측정 시험결과 합격 여부의 판정은 과거의 부식률을 감안하여 차기 점검 시까지의 두께가 다음 식을 만족하는지 확인하고 보고서를 작성한다.

$$T - X \cdot Y \geqq 3.2$$

＊ 300μm 이상의 두께로 코팅 처리된 탱크는 2.6으로 한다. 다만, 하부 부식으로 판정된 경우에는 그러하지 아니하다.

여기서, T : 측정 실측두께(mm)

X : 부식률(a/b)

a : 측정개소의 부식두께(mm)

b : 탱크의 사용연수(년)

Y : 차기 정기점검 시까지의 연수(년)

(3) 외관검사 결과확인 및 보고서 작성

① 저장탱크의 동체 및 경판의 모재와 용접부의 누설, 부력 또는 토압에 의한 탱크의 변형 등이 KS B 6225의 부속서 3에서 정한 이상인 경우를 확인하고 보

고서를 작성한다.

② 과충전 방지장치의 이탈, 손상 또는 오작동이 있는 경우를 확인하고 보고서를 작성한다.

③ 배관 접속부의 변형 또는 손상이 있는 경우를 확인하고 보고서를 작성한다.

(4) 판정기준

① 비파괴검사결과, 직접적인 누출이 발생할 수 있는 핀홀이나 크랙 등이 확인된 경우는 즉시 불합격으로 판정한다.

② 비파괴검사결과 불합격이지만 직접적인 누출의 발생을 확인할 수 없는 두께 부적합, 단순한 결함 및 변형 등에 대해서는 해당 불합격 판정 요인에 대한 보수 및 시설 개선을 시행 한 후, 재시험하여 판정할 수 있다. 단, 시설 보수 및 개선이 이루어지지 않는 경우에는 불합격으로 판정한다.

029 저장물질이 없는 누출검사대상시설 – 가압시험법
(Leak Test – Pressurization Test Method or Empty Tanks)

1. 개요

(1) 목적

가압시험방법은 저장물이 없는 누출검사대상시설에 질소 등 불활성가스를 주입하여 일정한 시험압력상태를 유지하고, 측정시간 동안의 압력 변동량을 측정함으로써 누출검사대상시설 및 (분리하여 폐쇄가 불가능한) 그 부속배관의 누출여부를 판단하는 기밀시험방법이다.

(2) 적용범위

이 방법은 단일벽 또는 이중벽 구조의 누출검사대상시설 및 (분리하여 폐쇄가 불가능한) 그 부속배관의 누출 여부를 판단하기 위하여 적용한다.

2. 용어 정의

(1) 불활성가스(비활성기체)

다른 원소와 화학반응을 일으키기 어려운 기체원소, 좁은 뜻으로는 헬륨, 네온, 아르곤, 크립톤, 크세논, 라돈의 희유원소를 이르며, 넓은 뜻으로는 화학반응성이 낮은 질소 등을 포함하여 이른다.

(2) 기밀시험

용기나 함선 또는 건축물 등의 밀폐도나 내압강도를 확인하고 조사하는 시험을 말한다.

3. 검사기기 및 기구

(1) 압력계(압력자기기록계)

최소눈금이 시험압력의 5% 이내이고, 이를 읽고 측정압력의 기록이 가능한 압력계이어야 한다.

(2) 온도계

시험압력에 충분히 견딜 수 있는 것으로서 최소눈금 1℃ 이하를 읽고 기록이 가능한 온도계이어야 한다.

(3) 가압장치

불활성가스 용기 및 압력조정장치를 말한다.

(4) 사용가스

가압매체로 질소 등 불활성가스를 사용한다.

(5) 안전밸브

$0.7\text{kg}_\text{f}/\text{cm}^2$ 이하에서 작동되어야 한다.

(6) 기타

시설물을 밀폐하기 위해 필요한 기기 및 기구 등이 있다.

4. 정도보증/정도관리(QA/QC)

정기적으로 시행되는 지하매설저장시설 기상부 측정기기 및 그 부속기기에 대한 정도검사를 통해 기기의 정도를 유지하고 수시로 사용기기의 매뉴얼에서 정하는 바에 따라 자체적으로 작동 유무 등의 확인을 실시한다.

5. 검사절차

(1) 측정방법

① 누출검사대상시설의 내용물을 완전히 비우고, 개구부를 밸브 또는 막음판 등을 사용하여 완전히 폐쇄한다.
② 누출검사대상시설 및 이와 연결된 지하매설배관은 질소 등 불활성가스를 사용하여 $0.2\text{kg}_\text{f}/\text{cm}^2$의 시험압력으로 가압한 후 10분 동안 유지시켜 안정된 시험압력을 확인하고, 그 후 1시간 동안의 압력변화를 측정한다.
("안정된 시험압력"이라 함은 가압 후 유지시간 동안 압력강하가 시험압력의 10% 이하인 압력을 말한다.)
③ 시험하는 동안 누출검사대상시설 내 온도 및 압력변화량을 관찰·기록한다.
④ 시험하는 동안 누출검사대상시설내의 온도변화가 심할 경우에는 다음 식에 의하여 온도변화에 따른 압력을 보정하여 판정한다.

$$\Delta P = P_1 - P_2 \cdot T_1 / T_2$$

여기서, ΔP : 50분간 온도 보정을 한 압력강하
P_1 : 가압 후 10분일 때의 안정된 시험압력

P_2 : 가압 후 60분일 때의 압력

T_1 : 가압 후 10분일 때의 평균절대온도(K)

T_2 : 가압 후 60분일 때의 평균절대온도(K)

⑤ 누출 여부에 대한 추가확인을 위하여 비눗물, 마이크로폰 등 추가적인 도구를 사용할 수 있다.

(2) 시험(측정)오류의 원인

① 누출검사대상시설 이외의 연결관 및 연결부의 오류로 인한 누출

② 최고 설정압력의 오류

③ 시험압력 유지시간이 너무 짧을 때

④ 측정기간 중 과도한 온도변화에 의한 내용물의 체적변화

⑤ 기타

(3) 주의사항

① 누출 여부 판단을 위한 누출검사대상시설의 가압을 위해서 과도한 속도로 압력이 상승되지 않도록 한다.

② 시험기간 동안 화기의 사용을 금한다.

③ 시험기간 동안 진동 등 압력변화에 영향을 주는 경우가 없도록 한다.

④ 기상변화가 심할 때는 시험을 실시하지 않는다.

(4) 측정결과 기록

① 대상 누출검사대상시설의 설치장소(주소, 업소명, 사업주명), 누출검사대상시설의 고유번호, 총 용적, 설치연도 및 허가번호

② 사용장비 : 제작사, 모델명, 고유번호

③ 최고(최저) 측정압력 : 압력은 반드시 "0"의 상태에서 기록하고 전 시험과정의 압력변화를 기록한다.

④ 측정시각 : 최고압력도달시각, 펌프정지시각, 펌프정지 시 압력 및 시험 경과 시간별 측정압력

⑤ 측정시작 및 최종 압력차

⑥ 누출 여부 판정

⑦ 측정결과기록 데이터를 첨부하여 보관

⑧ 측정연월일, 측정기관명, 측정자

6. 결과의 보고

(1) 측정결과 및 보고서 작성

① 가압 중 노출배관은 비눗물 등을 도포하여 누출 여부를 확인하고 보고서를 작성한다.

② 안정된 압력 확인 후 50분 동안 측정된 압력변화를 확인하여 보고서를 작성한다.

(2) 판정기준

측정결과 비눗물 등으로 누출 여부가 확인되거나 압력강하가 시험압력의 10%를 초과하는 경우에는 불합격으로 한다.

030 저장물질이 있는 누출검사대상시설 – 기상부의 시험법
(Test Method for Ullage Part of Underground Storage Tanks)

1. 개요

(1) 목적

① 저장물질이 있는 누출검사대상시설의 저장물질이 담겨져 있지 않은 부분에 대한 누출 여부를 검사하는 방법이다.

② 저장시설 내부로 가압매체를 주입하여 대기압보다 높은(가압) 압력을 작용시키거나 저장시설 내부로부터 가스를 배출하여 대기압보다 낮은(감압) 압력을 작용시켜 그 압력변화를 측정함으로써 누출 여부를 판단하는 방법이다.

(2) 적용범위

지하에 매설되어 육안으로 확인할 수 없는 누출검사대상시설의 기상부 및 기상부에 접속되어 있고 저장시설과 분리하여 폐쇄할 수 없는 부속배관부의 누출 여부를 판단하는 기밀시험이다. 단, 미감압법은 10만L 미만의 시설에 적용할 수 있다.

2. 용어 정의

(1) 기상부 검사

탱크와 같은 저장시설에 저장물질이 담겨져 있지 않은 부분(Ullage)에 대한 검사를 말한다.

(2) 미가압 시험

대기압보다 높은 압력(200mmH₂O)을 사용하여 누출 여부를 판정하는 방법이다.

(3) 미감압 시험

대기압보다 낮은 압력($-200mmH_2O$, $-400mmH_2O$, $-1,000mmH_2O$)을 사용하여 누출 여부를 판정하는 방법이다.

3. 검사기기 및 기구

(1) 압력계(압력자기기록계)

최소눈금 $1mmH_2O$를 읽을 수 있는 정밀도를 가진 압력계를 말한다.

(2) 온도계

시험압력에 충분히 견딜 수 있는 것으로서 최소눈금이 $1℃$ 이하를 읽고 기록이 가능한 온도계를 말한다.

(3) 가압장치

가압 시 최대압력 $300mmH_2O$ 이하가 되도록 조정되는 것이어야 한다.

(4) 감압장치

① 가스를 배출하는 방법

　　㉠ 이젝터 : 불활성 가스의 분출력을 이용한 것 또는 에어콤프레셔의 분출력을 이용한 것

　　㉡ 펌프 : 수동 및 동력에 의한 것

② 액체를 뽑아내는 방식

　　㉠ 고체 급유설비 : 계량기 펌프를 이용한 것

　　㉡ 송유설비 : 누출검사대상시설 등에 송유하기 위해 개설된 펌프

　　㉢ 가변식 펌프 : 그 외 가압에 적합한 펌프

(5) 사용가스

불활성가스를 가압매체로 사용한다.

(6) 안전장치

(7) 기타 검사대상시설을 밀폐를 위해 필요한 장치 및 도구

4. 정도보증/정도관리(QA/QC)

정기적으로 시행되는 지하매설저장시설 기상부 측정기기 및 그 부속기기에 대한 정도검사를 통해 기기의 정도를 유지하고 수시로 사용기기의 매뉴얼에서 정하는 바에 따라 자체적으로 작동 유무 등의 확인을 실시한다.

5. 검사절차

(1) 미가압법 측정방법

① 누출검사대상시설 내 기상부 높이가 400mm 이상인 가를 확인하여 가압으로 인해 저장액이 탱크 외부로 배관을 통해 나오는 것을 방지한다.

② 충분한 기상부의 높이가 확인되었다면 누출검사대상시설의 개구부를 밸브 또는 막음판 등을 사용하여 완전히 폐쇄하고 5분 이상 압력을 안정시킨다.

③ 질소가스 등으로 200mmH₂O의 압력이 될 때까지 공간용적 1m³당 1분 이상의 시간을 두고 천천히 가압한다.

④ 가압속도는 누출검사대상시설 공간용적 1m³당 1분 이상이 되도록 가압시간을 조정한다.

⑤ 가압 중에 노출되어 있는 배관접속부 등에 비눗물 등을 뿌려 누출 여부를 확인하여야 한다.

⑥ 가압 후 15분 이상 유지시간을 두어 안정시키고, 그 이후 15분 동안의 압력강하를 측정한다.

⑦ 시험하는 동안 누출검사대상시설 내의 온도변화를 측정하여 다음 식에 의하여 온도변화에 따른 압력보정을 하여 판정한다.

$$\Delta P = P_1 - P_2 \cdot T_1 / T_2$$

여기서, ΔP : 15분간 온도보정을 한 압력강하
P_1 : 안정화 이후 측정 개시시점의 압력
P_2 : 측정 개시 후 15분 경과시점의 압력
T_1 : 안정화 이후 압력 측정 개시시점의 평균절대온도(K)
T_2 : 압력 측정 개시 후 15분 경과시점의 평균절대온도(K)

이 방법에 의해 시험을 하는 경우 액체가 채워진 부분에 대해서는 액면레벨측정법에 의한 누출시험을 별도로 실시하여야 한다.

(2) 미감압법 측정방법

① 증기압이 높은 내용물(가솔린류)을 저장하는 누출검사대상시설에 있어서는 기상부의 공간용적이 3,000L 이상인지를 확인한다.

② 시험압력은 누출검사대상시설의 설치연수, 노후 정도를 고려하여 이젝터 또는 진공펌프로 −200mmH₂O, −400mmH₂O 및 −1,000mmH₂O 중에서 선택하여 안전하게 감압시킨다.

③ 시험을 위한 진공속도는 매분 100mmH₂O 미만이 되도록 한다.

④ 시험압력 설정치까지 서서히 감압시킨 후, 진공펌프를 정지하고 압력 안정화

를 위하여 5분 동안 유지한다.

⑤ 압력 안정화 유지시간 이후부터 매 5분마다 60분 또는 70분 동안의 압력변화를 측정한다.

⑥ 매 5분마다 측정된 압력변화값은 자동으로 기록되도록 한다.

⑦ 시험경과 시간별로 다음의 G, T, P값을 측정한다.

　㉠ G값 : 측정 개시 시점과 60분 경과시점의 압력차

　㉡ T값 : 측정 개시 후 60분 경과시점과 70분 경과시점의 압력차

　㉢ P값 : 측정 개시 후 30분 경과시점과 60분 경과시점의 압력차

⑧ 압력측정기간 동안 저장내용물의 온도는 0~30℃ 범위 이내에서만 측정한다.

⑨ 이 방법에 의해 시험을 하는 경우 액체가 채워진 부분에 대하여는 액면레벨측정법에 의한 누출시험을 별도로 실시하여야 한다.

⑩ 누출 여부에 대한 추가확인을 위하여 마이크로폰 등 추가적인 도구를 사용할 수 있다.

(3) 시험오류의 원인 및 제거

압력을 이용한 누출 여부 측정 오류요인은 다음과 같은 경우가 많으므로 미리 충분히 검토하여야 한다.

① 누출검사대상시설 이외의 연결관 및 연결부의 누출

② 최고설정압력의 오류

③ 시험압력 유지시간이 너무 짧을 때

④ 측정기간 중 과도한 온도 변화에 의한 유류의 체적변화

⑤ 기타

(4) 주의사항

① 기상변화가 심할 때는 시험을 실시하지 않는다.

② 과도한 속도로 가압과 감압을 하지 않도록 한다.

③ 미감압시험의 경우, 저장물질이 20℃에서 점도가 150cSt 이하인 물질인 경우에 적용한다.

④ 가압장치는 300mmH$_2$O 이상의 압력이 가해지지 않도록 안전장치를 설치한다. 안전장치는 수중드롭 방식으로 하고 드롭파이프의 지름은 밸브 측 배관지름보다 크게 한다.

⑤ 가압시험 종료 후 가스 방출과 감압을 위해 누출검사대상시설로부터 배출된 기체 및 액체는 안전한 공간으로 배출한다.

⑥ 시험기간 동안 진동 등 압력변화에 영향을 주는 경우가 없도록 하며, 시험 중 항상 압력을 관찰하도록 한다.

⑦ 시험기간 동안 화기의 사용을 금한다.

6. 결과보고

(1) 누출결과확인 및 보고서 작성

① 미가압법

누출검사대상시설 내의 압력변화량을 확인하고 보고서를 작성한다.

② 미감압법

누출검사대상시설은 G, T, P의 값이 나타내는 수치를 확인하고 보고서를 작성한다.

▌ 미감압법에 의한 판정표 ▌

시험대상탱크			20kL 이상~100kL 미만		
감압치(mmH$_2$O)			200±5	400±10	1,000±20
측정시간(분)			50 이상		
액체온도(℃)			0~30		
가솔린류	판정치	G	95 미만	110 미만	290 미만
		G T	95~100 4 이하	110~120 8 이하	290~310 20 이하
용제류		G	45미만	55 미만	140 미만
		G T	45~50 4 이하	55~60 8 이하	140~160 20 이하
등경유류		P	4 이하	8 이하	20 이하

＊ [비고] 측정시간은 소정의 감압치에 도달한 시점부터 측정 종료 시까지로 한다. T값에 있어서 판정할 필요가 있으면 연장한다.

＊ [비고] 액온은 액면으로부터 2~3cm의 지점에서 시험 시작 및 종료 시 2회 이상 측정한다.

＊ [비고] 판정치 G, T, P의 수치의 단위는 mmH$_2$O로 한다.

(2) 판정기준

① 미가압 시험결과, 누출검사대상시설 내의 압력강하량이 6mmH$_2$O를 초과하면 불합격으로 한다.

② 미감압 시험결과, 판정표의 G, T, P의 값을 초과하면 불합격으로 한다.

저장물질이 있는 누출검사대상시설 – 액상부의 시험법
(Test Method for Underfill Part of Underground Storage Tanks)

1. 개요

(1) 목적

이 방법은 일정 체적을 가진 누출검사대상시설에 일정량의 액체가 담겨 있을 때, 전자기파(Electromagnetic Wave), 초음파(Ultrasonic), 압력변화(Different Pressure), 부력(Mass Buoyancy), 자기변형(Magnetostrictive), 정전용량 (Capacitance) 또는 이와 동등한 방식을 이용하여 누출검사 대상시설 내 액량 변화를 측정하여 누출량을 산정한다. 다만, 누출량 산정에 온도보정을 요하는 측정방식은 측정시간 동안 온도변화를 측정하여 보정한다.

(2) 적용범위

이 방법은 누출검사대상시설에 담겨 있는 액상부의 누출량을 측정하는 데 적용한다. 액상부의 누출검사는 누출검사대상시설의 액량이 검사업체에서 보유하고 있는 누출측정기기가 측정할 수 있는 저장시설 높이의 범위인 경우에 적용한다.

2. 용어 정의

(1) 액상부 검사

탱크와 같은 저장시설에 저장물질이 담겨져 있는 부분(Underfill)에 대한 검사

(2) 액면레벨

탱크 내 저장물질의 수위를 나타내며, 온도변화 등에 따라 보정된 수위의 변화를 측정하여 저장물질의 누출이나 외부물질의 유입 등을 판정하게 된다.

(3) 누출판정기준

누출과 비누출을 판정하는 누출속도이며 검사대상시설의 용량에 따라 차등 적용된다.

(4) 기기 고유 누출판정기준(Threshold Value)

액상부 검사에 사용되는 해당 누출측정기기가 가지고 있는 누출판정기준으로, 해당 누출률 이상이면 누출의 가능성이 있다고 할 수 있다. 보통 누출판정기준보다 낮은 누출률을 가진다.

3. 검사기기 및 기구

(1) 다양한 측정원리에 따라 누출량을 산정하여 시간당 일정 이상의 액량 변화를 판독할 수 있는 기구 및 기기

(2) **온도계**

액온 변화를 0.5℃ 이하의 분해능으로 읽고 기록 가능한 것

(3) **Data 분석장치**

온도 및 액량 변화를 분석하는 장치

4. 정도보증/정도관리(QA/QC)

정기적으로 시행되는 지하매설저장시설 액상부 측정기기 및 그 부속기기에 대한 정도검사를 통해 기기의 정도를 유지하고 수시로 사용기기의 매뉴얼에서 정하는 바에 따라 자체적으로 작동 유무 등의 확인을 실시한다.

5. 검사절차

(1) **측정방법**

① 검사기기 및 기구를 누출검사대상시설에 적정하게 설치한다.

② 측정을 실시하기 전에 탱크저장물의 추가유입이 있었는지에 대한 확인을 하고, 추가유입으로 인한 온도 및 액면의 안정이 이루어지지 못했다고 판단될 경우, 측정기기의 매뉴얼에서 요구하는 시간(Waiting Time) 이상을 기다려야 한다.

③ 측정시간 동안의 액면 변화량을 측정하고 온도보정을 요하는 측정방식은 동시에 온도변화를 측정한다.

④ 측정시간은 온도와 액면이 안정된 것을 확인한 후부터 당해 장비에 대해 장비제작업체 및 검 · 교정기관에서 인정한 측정시간 이상 연속하여 측정한다.

⑤ 측정결과를 액량 변화량으로 환산한다.

⑥ 이 경우 기상부 및 기상부에 접속한 부속배관부에 대하여는 미가압법 또는 미감압법에 의한 누출시험을 별도로 실시하여야 한다. 단, 저장물질의 누출이 육안으로 확인이 가능한 지상저장시설의 기상부 및 기상부에 접속한 부속배관부에 대한 누출시험은 실시하지 아니할 수 있다.

(2) 측정오류의 원인

① 측정 중 충격 및 진동에 의한 액면의 변동
② 측정시간이 지나치게 짧을 때
③ 측정 중 과도한 온도 변화에 의한 유류의 체적변화
④ 액량변화를 감지하는 기구가 적정한 위치에 있지 않을 때
⑤ 기타

(3) 주의사항

① 기상변화가 심할 때에는 측정하지 않는다.
② 측정 중 온도변화를 관찰하도록 한다.
③ 측정 중 화기의 사용을 금한다.
④ 측정 중 진동 등에 의해 누출량 측정에 영향을 주는 경우가 없도록 한다.
⑤ 지하수와 그 수위에 대한 철저한 검사를 한다.
⑥ 최소한 하루 전에 탱크를 채우고 검사하기 직전에 탱크를 채우지 않아야 하며, 온도와 탱크변형이 안정화될 수 있는 충분한 여유시간을 둔다. 가능하면 안정화 시간을 길게 한다.
⑦ 가능한 긴 시간 동안 검사를 지속하며, 한 번의 긴 시간 동안의 검사가 어려우면 짧은 검사를 반복하여 수행한다.
⑧ 검사결과가 예상과 다르다면, 재검사를 실시한다.

(4) 시험결과의 기록

① 대상 누출검사대상시설의 설치장소(주소, 업소명, 사업주명), 누출검사대상시설의 고유번호, 총 용적, 설치연도 및 허가번호
② 사용장비 : 제작사, 모델명, 본체 및 탐침봉 고유번호
③ 시작레벨 및 최종레벨, 온도변화 등 기록
④ 측정시각
⑤ 측정시작 및 최종 누출량
⑥ 누출 여부 판정
⑦ 측정결과기록 데이터를 첨부(시험일시, 온도, 레벨변화, 누출량이 기록된 기록지)
⑧ 측정연월일, 측정기관명, 측정자 서명

6. 결과보고

(1) 누출검사결과 확인 및 보고서 작성

누출검사대상시설의 용량에 따른 누출판정기준에 따라 각각의 누출측정기기마다 다양하게 정해지는 고유누출판정기준(Threshold Value)을 초과하는지 여부를 확인하고 보고서를 작성한다.

(2) 판정기준

누출검사대상기기가 고유누출판정기준 이상을 나타내면 불합격으로 한다.

탱크용량	누출률(L/hr)
10만 L 이하	0.4
10만 L 초과 100만 L 이하	0.8
100만 L 초과 160만 L 이하	1.2
160만 L 초과 320만 L 이하	1.6
320만 L 초과 480만 L 이하	2.4
480만 L 초과	3.2

032 배관시설 – 가압 및 미감압시험법
(Pipeline Test – Pressurization & Micro – Decompression Method)

1. 개요

(1) 목적

저장물을 이송하는 배관시설에 대한 누출검사방법으로 배관시설 내 내용물을 비운 상태로 압력을 작용시켜 그 압력변화를 측정함으로써 누출 여부를 판단하는 방법이다.

(2) 적용범위

누출검사대상시설로부터 분리하여 양단을 폐쇄할 수 있는 부속배관부의 누출 여부를 판단하는 시험이다.

2. 용어 정의

(1) 부속배관

저장시설에 연결되어 저장물질의 이송에 이용되는 시설을 말한다.

3. 검사기기 및 기구

(1) 압력계(압력자기기록계)

최소눈금 $1mmH_2O$를 읽을 수 있는 정밀도를 가진 압력계 또는 최소눈금이 시험압력의 5% 이내이고, 이를 읽고 측정압력의 기록이 가능한 압력계이어야 한다.

(2) 온도계

시험압력에 충분히 견딜 수 있는 것으로서 최소눈금이 $1℃$ 이하를 읽고 기록이 가능한 온도계이어야 한다.

(3) 가압장치

가압 시 시험압력까지 이르도록 조정되는 것이어야 한다.

(4) 사용가스

불활성가스를 가압매체로 사용한다.

(5) 안전장치

시험압력의 1.1배 부근에서 작동할 수 있는 안전밸브를 갖추어야 한다.

⑹ 기타 검사대상시설의 밀폐를 위해 필요한 장치 및 도구

4. 정도보증/정도관리(QA/QC)

정기적으로 시행되는 지하매설저장시설 기상부 측정기기 및 그 부속기기에 대한 정도검사를 통해 기기의 정도를 유지하고 수시로 사용기기의 매뉴얼에서 정하는 바에 따라 자체적으로 작동 유무 등의 확인을 실시한다.

5. 검사절차

(1) 가압법

① 가압할 때는 점검대상의 배관을 비운다.

② 누출검사대상시설의 개구부를 밸브 또는 막음판 등을 사용하여 완전히 폐쇄하고 5분 이상 압력을 안정시킨다.

③ 질소가스를 사용하여 탱크시설의 가압시험압력과 같은 $0.2kgf/cm^2$ 상당의 압력을 시험압력으로 한다.

④ 가압속도는 누출검사대상시설 공간용적 $1m^3$당 1분 이상이 되도록 가압시간을 조정한다.

⑤ 가압 중에 노출되어 있는 배관접속부 등에 비눗물 등을 뿌려 누출 여부를 확인하여야 한다.

⑥ 가스에 의한 가압의 경우, 가압 후 10분 이상 정치시간을 두어 안정시키고, 안정된 이후 50분 동안의 압력강하를 측정한다.

⑦ 시험하는 동안 누출검사대상시설의 온도변화를 측정하여 다음 식에 의하여 온도변화에 따른 압력보정을 하여 판정한다.

$$\Delta P = P_1 - P_2 \cdot T_1 / T_2$$

여기서, ΔP : 50분간 온도보정을 한 압력강하
P_1 : 측정이 시작되는 안정된 시험압력
P_2 : 측정 후 50분일 때의 압력
T_1 : 측정이 시작되는 때의 평균절대온도(K)
T_2 : 측정 후 50분일 때의 평균절대온도(K)

(2) 미감압법

① 시험압력은 누출검사대상시설의 설치연수, 노후 정도를 고려하여 이젝터 또는 진공펌프로 $-200mmH_2O$, $-400mmH_2O$ 및 $-1,000mmH_2O$ 중에서

선택하여 안전하게 감압시킨다.

② 시험을 위한 진공속도는 매분 100mmH₂O 미만이 되도록 한다.

③ 시험압력 설정치까지 서서히 감압시킨 후, 진공펌프를 정지하고 압력 안정화를 위하여 5분 동안 유지한다.

④ 압력 안정화 유지시간 이후부터 매 5분마다 60분 또는 70분 동안의 압력변화를 측정한다.

⑤ 매 5분마다 측정된 압력변화값은 자동으로 기록되도록 한다.

⑥ 시험경과 시간별로 다음의 T, P값을 측정한다.

　　㉠ T값 : 측정 개시 후 60분 경과시점과 70분 경과시점의 압력차

　　㉡ P값 : 측정 개시 후 30분 경과시점과 60분 경과시점의 압력차

⑦ 압력측정기간 동안 저장내용물의 온도는 0~30℃ 범위 이내에서만 측정한다.

⑧ 이 방법에 의해 시험을 하는 경우 액체가 채워진 부분에 대하여는 액면레벨측정법에 의한 누출시험을 별도로 실시하여야 한다.

⑨ 누출 여부에 대한 추가확인을 위하여 누출검사자는 마이크로폰 등 추가적인 도구를 사용할 수 있다.

(3) 시험오류의 원인 및 제거

① 누출검사대상시설 이외의 연결관 및 연결부의 누출

② 최고설정압력의 오류

③ 시험압력 유지시간이 너무 짧을 때

④ 측정기간 중 과도한 온도 변화에 의한 유류의 체적변화

⑤ 기타

(4) 주의사항

① 기상변화가 심할 때는 시험을 실시하지 않는다.

② 과도한 속도로 가압과 감압을 하지 않도록 한다.

③ 가압시험 종료 후 가스 방출과 감압을 위해 누출검사대상시설로부터 배출된 기체 및 액체는 안전한 공간으로 배출한다.

④ 시험기간 동안 진동 등 압력변화에 영향을 주는 경우가 없도록 하며, 시험 중 항상 압력을 관찰하도록 한다.

⑤ 시험기간 동안 화기의 사용을 금한다.

6. 결과보고

(1) 누출결과 확인 및 보고서 작성

① 가압법

측정한 배관 내의 압력변화량을 확인하고 보고서를 작성한다.

② 미감압법

측정한 T, P의 값을 확인하고 보고서를 작성한다.

(2) 판정기준

① 가압법에 의한 시험결과, 시험압력의 10% 이상의 압력변화량이 있으면 불합격으로 한다.

② 미감압법에 의한 시험결과, 판정표의 T, P의 값을 초과하면 불합격으로 한다.

▌판정표 ▌

시험대상시설			지하매설배관		
감압치(mmH_2O)			200 ± 5	400 ± 10	$1,000\pm20$
측정시간(분)			30 이상		
액체온도(℃)			0~30		
가솔린류	판정치	P	4 미만	8 미만	20 미만
		P T	4~5 2 이하	8~16 4 이하	20~40 10 이하
용제류		P	4 미만	8 미만	20 미만
		P T	4~8 2 이하	8~16 4 이하	20~40 10 이하
등경유류			4 이하	8 이하	20 이하

제1장 총 칙

1. 적용범위

가. 토양정밀조사는 본 지침에 따라 실시하여야 한다. 다만, 기초 및 개황조사 결과 등에 따른 오염 가능 물질의 종류, 건물 등 지장물과 지질여건 등 객관적인 자료를 토대로 조사결과에 영향을 주지 아니하는 범위 내에서 필요한 경우 토양오염조사기관의 책임하에 조사면적, 조사대상 오염물질의 종류, 시료채취 밀도 및 심도를 일부 조정하여 조사를 실시할 수 있다.

나. 가항 단서에 따라 조사 내용을 일부 조정하여 실시한 경우 토양오염조사기관은 조정사유와 이를 증명할 수 있는 자료를 토양정밀조사 결과보고서에 포함하여 작성·제출하여야 한다.

2. 조사 기관

토양정밀조사는 법에 따른 토양오염조사기관이 실시한다.

제2장 조사방법

1. 조사항목

가. 토양측정망 운영 및 토양오염실태 조사결과, 「토양환경보전법」에 따른 토양오염우려기준(이하 "우려기준"이라 한다)을 초과하는 토양오염물질 및 토양 pH

나. 토양측정망 및 토양오염실태조사 지점 외의 지역으로서 우려기준을 초과하거나 초과할 가능성이 있다고 판단되는 토양오염물질 및 토양 pH

2. 조사절차

토양정밀조사는 기초조사, 개황조사, 상세조사의 순서에 따라 3단계로 실시한다. 다만, 토양오염도검사 결과 우려기준을 초과한 특정토양오염관리대상시설과 토양오염물질 운반차량 전복, 지상저장시설의 파손에 따른 오염물질의 유출 등 오염사고 발생지역에 대하여는 개황조사를 생략하고 바로 상세조사를 실시할 수 있다.

가. 기초조사

자료조사, 청취조사 및 현지조사 등을 통하여 토양오염 가능성 유무를 판단하기 위한 것으로 다음과 같은 방법으로 조사한다.

1) 자료조사

대상부지의 토양환경 관련 자료를 검토하여 토양오염 상태를 판단하는 과정으로 다음 사항에 대해 조사한다.

가) 일반현황

(1) 위치 및 입지조건(대상부지 및 주변지역 지적도 및 지형도, 항공사진, 지하 장애물 등)

(2) 연혁 및 토지이용 현황(토지대장, 건축물대장, 인허가 서류, 부지이용이력 등)

(3) 시설운영 현황(설비 및 운전 등 생산공정, 취급한 원자재 및 생산품, 사용된 화학약품, 토양오염을 유발할 수 있는 폐수·폐기물·대기·VOC·잔류유해화학물질·오염가능물질의 배출자 신고필증, 처리/처분현황 및 발생현황 등)

(4) 대상부지의 소유권에 대한 기록, 감정서 등

나) 환경관리

(1) 특정 토양오염관리대상시설 설치신고서

(2) 토양오염도검사 또는 누출검사 자료

(3) 대상부지 및 주변지역 지하수 오염도 검사자료

(4) 환경오염사고 관련 자료(언론보도, 민원발생기록 등)

(5) 부지의 굴토 및 복토 등에 관한 자료

(6) 오·폐수 및 우수 흐름도

(7) 기타 토양오염 상태의 확인에 필요한 자료

2) 청취조사

대상부지의 소유자, 관리자, 장기 근무자, 지역 공무원 또는 주변지역 거주자 등과의 접촉을 통하여 토양오염 상태를 확인하는 과정으로 직접 방문하여 면담하거나 전화 또는 서면으로 조사할 수 있다. 청취조사 대상자로는 다음 사항에 대해 알고 있는 자를 선정한다.

가) 대상부지의 주요 시설현황 및 폐쇄 또는 이전 사항

나) 오염물질 관리상태

다) 외부로 알려지지 아니한 오염사고 사례

라) 기타 토양오염 상태를 확인할 수 있는 사항

3) 현장조사

현장을 방문하여 대상부지의 오염상태를 확인하는 과정으로 다음 사항을 조사한다.

가) 토양오염관리대상시설의 설치장소 확인 및 오염물질의 보관상태

나) 대상부지와 주변지역의 지형·지질, 식물 생장상태, 토양오염 관리대상시설 등

다) 오염 예상지역의 누출 흔적 및 변색 등 토양오염 징후

라) 기타 토양오염 상태를 확인할 수 있는 사항

나. 개황조사

오염토양 정화 및 토양오염 방지를 위한 조치가 필요한 지역의 오염물질 종류, 오염면적 및 오염범위 등을 파악하기 위한 사전 개략조사이며, 이를 기준으로 상세조사를 실시한다.

1) 광산/제련소활동 관련 지역

가) 대상지역 : 광산(휴·폐광산 포함) 및 제련소 부지와 오염가능 주변지역

나) 대상시료 : 토양(표토, 심토). 필요 시 하천수, 농업용수, 수로 내 퇴적물을 조사대상에 포함

다) 시료채취 밀도 및 심도

(1) 표토(지표면 하부 15cm까지, 농지의 경우 지표면 하부 30cm까지를 말한다. 이하 같다)

(가) 시료채취 지점 수는 오염가능지역의 면적이 $100,000m^2$ 이하일 경우에는 $10,000m^2$당 1개 이상의 지점으로 한다.

(나) $100,000m^2$를 초과할 경우에는 $100,000m^2$까지는 $10,000m^2$당 1개 이상의 지점과 $100,000m^2$을 초과할 때부터는 $50,000m^2$당 1개 이상의 지점을 선정

▎광산/제련소활동 관련지역의 시료채취 지점 수 산정기준 ▎

조사 면적	시료채취 지점 수 산정기준	최소지점 수
면적≤$10,000m^2$	$10,000m^2$당 1개 이상	1
$10,000m^2$<면적≤$20,000m^2$		2
⋮		⋮
$90,000m^2$<면적≤$100,000m^2$		10
$100,000m^2$<면적≤$150,000m^2$	$100,000m^2$까지는 $10,000m^2$당 1개 이상과 $100,000m^2$를 초과할 때부터는 $50,000m^2$당 1개 이상 추가	11
$150,000m^2$<면적≤$200,000m^2$		12
$200,000m^2$<면적≤$250,000m^2$		13
⋮		⋮

(2) 심토(표토를 채취한 지점과 동일한 지점에서 채취한다.)

(가) 표토 시료 수 3개 지점당 1개 지점 이상의 비율(최소 1개 지점 이상)로 지표면에서 1m까지를 기준으로 토양을 채취하며, 시료는 15~30cm(농지의 경우는 제외한다), 30~60cm, 60~ 100cm 깊이의 간

격에서 각각 1점 이상씩 채취

 (나) 오염물질 종류, 오염원인 및 지질상태 등을 고려하여 지표면에서 1m 이상 깊이까지 오염물질이 확산될 우려가 있다고 판단되는 경우 1m 까지는 (가)의 방법에 따라 시료를 채취하고, 1m를 초과한 깊이에서는 50cm 간격으로 시료를 추가 채취

라) 시료채취방법

 (1) 광산

  광산부지와 광산하류의 주변 하천에 인접한 농경지에 대해 하천수의 흐름 방향, 농경지에 하천수의 이용 여부 및 광미 등 오염물질의 농경지로의 유실가능성 등을 고려하여 거리별로 시료를 채취

 (2) 제련소

  대상지역의 풍향을 고려하여 방위별로 시료를 채취하되, 1개 지점의 면적은 600~1,000m²를 1구역(區域)으로 하고, 그 지점의 시료 채취

 (3) 주변지역

  광산 및 제련소로 인해 주변지역의 오염이 우려되는 경우 영향권 내의 주변지역에 대하여도 조사를 실시

2) 사격장

 가) 대상지역 : 사격장으로 사용 중이거나 사용되었던 지역과 주변지역

 나) 대상시료 : 토양(표토 · 심토), 필요시 지하수와 주변 수계의 하천수를 포함

 다) 시료채취 밀도 및 심도

  (1) 표토

   시료채취 지점 수는 사격장 부지 및 영향지역의 면적이 10,000m²이하일 경우에는 1,000m²당 1개 이상의 지점으로 하고, 10,000m²를 초과할 경우에는 10,000m²까지는 1,000m²당 1개 이상의 지점과 10,000m²을 초과할 때부터는 2,000m²당 1개 이상의 지점을 선정

사격장 지역 시료채취 지점 수 산정기준

조사면적	시료채취 지점 수 산정기준	최소지점 수
면적≤1,000m²		1
1,000m²<면적≤2,000m²	1,000m²당 1개 이상	2
:		:
9,000m²<면적≤10,000m²		10
10,000m²<면적≤12,000m²	10,000m²까지는 1,000m²당 1개 이상과 10,000m²를 초과할 때부터는 2,000m²당 1개 이상 추가	11
12,000m²<면적≤14,000m²		12
:		:

(2) 심토

표토 시료 수 3개 지점당 1개 지점 이상의 비율로 채취(최소 1개지점 이상)하며, 시료채취 심도는 오염이 확산된 깊이까지로 하되, 1m까지는 15~30cm, 30~60cm, 60~100cm에서, 그 이하는 1m 간격으로 각각 1점 이상의 시료를 채취

(3) 주변 수계

하천 등 지표수에 의한 오염의 수계확산이 우려될 경우 위 표토 및 심토 시료채취 기준에 따라 시료채취

라) 시료채취방법

(1) 시료채취는 피탄지를 중심으로 오염특성에 따른 확산 가능성을 고려하여 방위별로 시료를 채취하며, 수계 확산 우려지역의 경우 주 오염원인 피탄지를 기점으로 하천에 인접한 부지에 대하여 오염원의 특성과 수계 상황 등을 고려하여 거리별로 시료를 채취

(2) 조사는 불발탄 제거 등을 통하여 조사지역에 대한 안전성을 사전에 확보한 후에 수행하는 것을 원칙으로 하되, 사전 안전성 확보 없이 조사를 수행하는 경우에는 타격식이 아닌 수동형 오거를 사용하여 시료를 채취하고 이에 대한 사항을 토양정밀보고서에 기재해야 한다.

3) 폐기물 매립 및 재활용지역

가) 대상지역

폐기물 매립시설과 폐기물이 성토재 등으로 토양에 사용되어 오염이 우려되는 지역과 주변지역

나) 대상시료

토양(표토 및 심토). 필요 시 폐기물, 하천수, 농업용수, 수로 내 퇴적물을 조사대상에 포함

다) 시료채취 밀도 및 심도

(1) 표토

시료채취 지점 수는 오염가능지역의 면적이 $10,000m^2$ 이하일 경우에는 $1,000m^2$당 1개 이상 지점으로 하고, $10,000m^2$를 초과할 경우에는 $10,000m^2$까지는 $1,000m^2$당 1개 이상의 지점과 $10,000m^2$을 초과할 때부터는 $2,000m^2$당 1개 이상의 지점을 선정

▌폐기물 매립 및 재활용지역 시료채취 지점 수 산정기준▐

조사면적	시료채취 지점 수 산정기준	최소지점 수
면적≤1,000m²	1,000m²당 1개 이상	1
1,000m²<면적≤2,000m²		2
:		:
9,000m²<면적≤10,000m²		10
10,000m²<면적≤12,000m²	10,000m²까지는 1,000m²당 1개 이상과 10,000m²를 초과할 때부터는 2,000m²당 1개 이상 추가	11
12,000m²<면적≤14,000m²		12
:		:

(2) 심토

    (가) 조사깊이를 결정하기 위하여 시료채취 전에 굴착 또는 천공 작업 등을 통하여 폐기물의 매립 또는 재활용 깊이를 확인하여야 함

    (나) 시료채취 지점 수는 표토와 동일한 비율로 채취하며, 그 깊이는 오염 우려심도 또는 폐기물 매립(재활용) 지역의 깊이를 기준으로 상하부 1m 간격으로 1점 이상의 시료를 채취하되, 추가적 오염 확산이 의심되는 경우에는 1m 간격으로 1개 이상의 시료를 추가로 채취

라) 시료채취방법

   (1) 매립지의 지형특성에 따른 시료채취방법

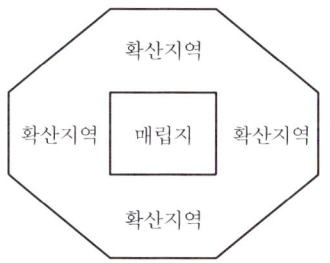

그림 1. 평지인 경우

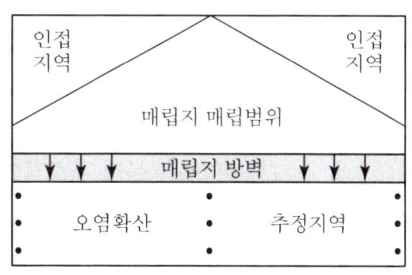

그림 2. 산간 계곡인 경우

    (가) 평지에 위치하고 있는 경우

        [그림 1]과 같이 오염물질이 확산되는 4방위 지역 및 그 주변 영향범위까지를 확산지역으로 선정하고, 확산지역에 대한 시료채취 지점 수는 상기 시료채취 밀도에 따름

(나) 산간 계곡에 위치한 경우

[그림 2]와 같이 자료조사 및 현장조사를 통하여 오염확산 및 추정지
역의 영향범위를 선정하고, 영향범위에 대한 시료채취 지점 수는 상
기 시료채취 밀도에 따름

(2) 폐기물 매립시설 또는 재활용지역 하부 토양의 시료채취방법

매립 또는 재활용(매립 중이거나 사후관리 중인 매립시설은 제외)된 폐기
물층의 하부 심토에 대한 조사가 필요한 경우, 매립 또는 재활용면 하단부
에서 1m 간격으로 1점 이상의 시료를 채취하되, 추가적 오염 확산이 의심
되는 경우에는 1m 간격으로 1개 이상의 시료를 추가적으로 채취

(3) 성·복토된 폐기물의 시료채취방법

폐기물 관련법에 따라 재활용 환경성 평가를 통해 기후에너지환경부장관
이 승인하여 성·복토된 폐기물의 경우 기존 토양과 불가분적 일체로서
구분되지 않는 상태이면 시료채취 대상에 포함할 수 있음

4) 유류 및 유독물 등 저장시설

가) 대상지역 : 토양오염물질 저장시설 설치부지 및 주변지역

나) 대상시료 : 토양(표토·심토), 필요시 지하수를 조사대상에 포함

다) 시료채취 밀도 및 심도

(1) 우려기준을 초과하거나 초과할 우려가 있는 시설(토양오염도검사 결과에
따른 정밀조사 시에는 초과한 시설을 말함)에 대해 저장시설별로 주변 4
방위와 배관 주변(배관누출이 의심되는 경우에 한하여 수행)에 오염의 우
려가 큰 1개 지점 이상을 선정

(2) 지표로부터 오염물질이 확산될 우려가 있다고 판단되는 깊이까지 1m 간
격으로 채취

라) 시료채취방법

(1) 토양오염물질 저장시설에 저장조실벽이 있는 경우 4면에서 시료를 채취

(2) 여러 개의 토양오염물질 저장 또는 사용시설이 조사대상 지역 내에 분산되
어 있을 경우 각각의 시설 외곽 경계선을 기준으로 4방위에서 시료를 채취

(3) 개황조사 과정에서 저장시설 설치부지 주변지역이 오염될 우려가 있는 경
우 인근 부지를 조사대상에 포함하여야 함

5) 오염사고 지역

가) 대상지역 : 유류사고 지역 등 토양오염물질 유출로 인한 토양오염 발생 가능
지역

나) 대상시료 : 토양(표토·심토), 오염 확산의 우려 등 필요한 경우 지하수 및 주
변수계의 하천수 등을 포함

다) 시료채취 밀도 및 심도

(1) 표토

시료채취 지점 수는 오염가능지역의 면적이 1,000m² 이하일 경우에는 500m²당 1개 지점 이상으로 하고, 1,000m²를 초과할 경우에는 1,000m²까지는 500m²당 1개 이상의 지점과 1,000m²을 초과할 때부터는 1,000m²당 1개 이상의 지점을 선정

▎오염사고(운송 차량전복 등) 지역 시료채취 지점 수 산정기준▎

조사면적	시료채취 지점 수 산정기준	최소지점 수
면적≤500m²	500m²당 1개 이상	1
500m²<면적≤1,000m²		2
1,000m²<면적≤2,000m²	1,000m²까지는 500m²당 1개 이상과 1,000m²를 초과할 때부터는 1,000m²당 1개 이상 추가	3
2,000m²<면적≤3,000m²		4
3,000m²<면적≤4,000m²		5
:		:

(2) 심토

사고로 토양오염물질이 누출된 경우 누출 및 확산우려 지역을 중심으로 지질특성을 고려하여 시료채취 깊이를 2m 이상으로 하되, 2m까지는 50cm, 2m 초과 지점은 1m 간격으로 시료를 채취

라) 시료채취방법

오염물질 유출지역을 중심으로 시료를 채취

6) 산업지역

가) 대상지역 : 산업단지, 공장 등

나) 대상시료 : 토양(표토 · 심토), 오염 확산의 우려 등 필요한 경우 지하수 및 주변수계의 하천수 등을 포함

다) 시료채취 밀도 및 심도

(1) 주요 오염물질이 중금속 등 무기오염물질일 경우

(가) 표토

토양오염물질이 지상에서 토양으로 유입된 경우의 시료채취 지점 수는 오염가능지역의 면적이 1,000m² 이하일 경우에는 500m²당 1개 이상 지점으로 하고, 1,000m²를 초과할 경우에는 1,000m²까지는 500m²당 1개 이상의 지점, 1,000m²를 초과할 때부터는 1,000m²당 1개 이상의 지점을 선정. 다만, 토양오염물질이 지상에서 토양으로 유입된 것이 아니라 지하에 있는 오염원에 의해 존재할 경우에는 표

토에 대한 조사를 최소지점 수의 50% 이상으로 조정하여 채취할 수 있음

▌산업지역의 시료채취 지점 수 산정기준▌

조사면적	시료채취 지점 수 산정기준	최소지점 수
면적≤500m²	500m²당 1개 이상	1
500m²<면적≤1,000m²		2
1,000m²<면적≤2,000m²	1,000m²까지는 500m²당 1개 이상과 1,000m²를 초과할 때부터는 1,000m²당 1개 이상 추가	3
2,000m²<면적≤3,000m²		4
3,000m²<면적≤4,000m²		5
⋮		⋮

(나) 심토

[주요 오염물질이 중금속 등 무기오염물질일 경우]

① 지상에 오염원이 있는 경우 위 〈표〉에 의해 산정된 최소지점 수 3개 지점당 1개 지점 이상 비율로 (최소 1개 지점 이상) 지표면에서 1m까지를 기준으로 15~30cm, 30~60cm, 60~100cm 깊이의 간격에서 각각 1점 이상씩 채취, 오염물질 종류, 오염원인 및 지질 상태 등을 고려하여 지표면에서 1m 이상 깊이까지 오염물질이 확산될 우려가 있다고 판단되는 경우 1m를 초과한 깊이에서는 50cm 간격으로 시료를 추가채취

② 지하에 오염원이 있는 경우 위 〈표〉에 의해 산정된 최소지점 수 3개 지점당 1개 지점 이상 비율로 (최소 1개 지점 이상) 토양오염물질이 토양오염우려기준을 초과하여 발견된 지점의 심도를 기준으로 상하부 ±1m 구간에서 50cm 간격으로 1점 이상씩 채취, 채취한 깊이를 초과하여 오염물질이 확산될 우려가 있다고 판단되는 경우 1m 간격으로 추가채취

(2) 주요 오염물질이 벤젠 등 유기오염물질일 경우

(가) 지상에 오염원이 있는 경우 〈표〉에 의해 산정된 최소 지점수 3개 지점당 1개 이상 비율로 (최소 1개 지점 이상) 지표면에서 1m까지를 기준으로 1개 이상의 시료를 채취하고 지표면에서 1m 이상 깊이까지 오염물질이 확산될 우려가 있다고 판단되는 경우 1m를 초과한 깊이에서는 50cm 간격으로 시료를 추가 채취

(나) 지하에 오염원이 있는 경우 〈표〉에 의해 산정된 최초 지점수 3개 지점당 1개 지점 이상 비율로 (최소 1개 지점 이상) 토양오염물질이 토양오염우려기준을 초과하여 발견된 지점의 심도를 기준으로 상하부

±1m 구간에서 1m 간격으로 1점 이상씩 채취, 채취한 깊이를 초과하여 오염물질이 확산될 우려가 있다고 판단되는 경우 1m 간격으로 추가 채취

라) 시료채취방법

(1) 심토의 시료채취 지점은 토양오염물질 저장 또는 사용시설 설치지역 등 토양오염의 우려가 큰 지점을 우선 대상으로 선정

(2) 토양오염물질 저장시설에 저장조실벽이 있는 경우 4면에서 시료를 채취

(3) 여러 개의 토양오염물질 저장시설 또는 토양오염물질 사용시설이 대상지역 내에 분산되어 있을 경우 각각의 시설 외곽 경계선을 기준을 4방위에서 시료를 채취

(4) 산업지역에 유류 및 유독물 등 저장시설이 설치된 경우 저장시설과 주변 오염예상 지역에 대하여는 "4) 유류 및 유독물 등 저장시설"의 조사방법을, 그 외의 지역은 산업지역의 조사방법에 따라 구분하여 조사 실시

(5) 개황조사 과정에서 저장시설 설치부지 주변지역이 오염될 우려가 있는 경우 해당 부지를 조사대상에 포함

7) 기타 지역

가) 대상지역 : '1)~6)'으로 분류되지 않은 모든 지역

나) 대상시료 : 토양(표토 · 심토). 오염확산의 우려 등 필요한 경우 지하수 및 주변수계의 하천수 등을 포함

다) 시료채취 밀도 및 심도 : '6) 산업지역'에 준하여 수행

다. 상세조사

개황조사 결과 우려기준을 초과하거나 오염이 우려되는 농도(중금속과 불소는 우려기준의 70%, 그 밖의 오염물질은 우려기준의 40%를 초과하는 농도를 말한다. 이하 같다)에 해당하는 지역과 심도를 대상으로 상세조사를 실시한다.

1) 광산/제련소활동 관련 지역

가) 대상시료

(1) 토양(표토 및 심토)

(2) 농업용수 : 3~8지점(조사면적을 감안 하여 조정)

(3) 수로저질 : 3~8지점(농업용수와 동일 지점)

(4) 광재 : 2점

(5) 갱내수 : 갱구 당 1점

나) 시료채취 밀도 및 심도

(1) 토양

(가) 표토시료는 조사대상 지역에 대하여 1,500m^{2}당 1개 지점 이상을 선

정하여 채취

(나) 심토는 표토 시료 수 3개 지점당 1개 지점 이상의 비율로 하되, 개황 조사결과 오염이 우려되는 농도의 깊이까지로 하며, 깊이별로 시료는 지표면에서 1m까지를 기준으로 15~30cm, 30~60cm, 60~100cm, 1m를 초과하는 깊이에서는 50cm 간격으로 채취

(다) 대상지역의 오염상황에 따라 필요할 경우 시료채취 밀도를 높일 수 있으며 개황조사 지점과 중복되지 아니하여야 함

(2) 농업용수 등 기타

오염위치, 오염물질 확산방향 등 현장여건을 고려하여 오염 여부를 확인 할 수 있는 적정한 지점을 선정하여 시료를 채취

다) 시료채취방법

(1) 심토의 시료는 정밀조사대상 면적에서 일정한 거리간격으로 채취

(2) 그 밖의 사항은 개황조사 방법에 따름

2) 사격장

가) 대상시료

토양, 지하수(필요시 하천수 및 수로저질 등 포함)

나) 시료채취 밀도 및 심도

(1) 토양

조사대상 지역이 $10,000m^2$ 이하일 경우 $500m^2$당 1개 이상 지점으로 하고, $10,000m^2$를 초과할 경우에는 $10,000m^2$까지는 $500m^2$당 1개 이상의 지점과 $10,000m^2$을 초과할 때부터는 $1,000m^2$당 1개 이상의 지점을 선정. 다만, 대상지역의 오염상황에 따라 필요할 경우 시료채취 밀도를 높일 수 있으며 개황조사 지점과 중복되지 아니하여야 한다.

(2) 지하수

개황조사 결과에 따른 토양오염도를 고려하여 3개 이상 지점에 지하수위 를 기준으로 그 이하까지 간이 관측정을 설치하여 지하수를 채취하고 사 용 후에는 양질의 토사로 되메움하여야 함. 다만, 암반층까지 굴착하여도 지하수가 나타나지 않을 경우 지하수 조사는 제외

(3) 하천수 및 수로 내 퇴적물

오염위치, 오염물질 확산방향 등 현장여건을 고려하여 오염 여부를 확인 할 수 있는 적정한 지점을 선정하여 최소 3지점 이상의 시료를 채취한다.

(4) 시료채취심도

시료채취는 개황조사 결과 오염이 우려되는 농도의 깊이까지로 하며, 깊 이별 시료는 지표면에서 1m까지를 기준으로 0~15cm, 15~30cm, 30~ 60cm, 60~100cm에서, 1m를 초과하는 깊이에서는 50cm 간격으로 채취

다) 시료채취방법

(1) 개황조사 결과 토양오염도가 지하수의 흐름방향에 따라 일정하게 나타날 경우에는 대상지역을 중심으로 조사밀도를 높여 시료를 채취

(2) 그 밖의 사항은 개황조사 방법에 따름

3) 폐기물 매립 및 재활용지역

가) 대상시료 : 토양, 지하수(필요시 매립 또는 재활용 폐기물 포함)

나) 시료채취 밀도 및 심도

(1) 토양

조사대상 지역이 $10,000m^2$ 이하일 경우에는 $500m^2$당 1개 이상 지점으로 하고, $10,000m^2$를 초과할 경우에는 $10,000m^2$까지는 $500m^2$당 1개 이상의 지점과 $10,000m^2$를 초과할 때부터 $1,000m^2$ 초과할 때부터 1개 이상의 지점을 선정. 다만, 대상지역의 오염상황에 따라 필요할 경우 시료채취 밀도를 높일 수 있으며 개황조사 지점과 중복되지 아니하여야 한다.

(2) 지하수

지하수의 흐름방향을 고려하여 평지의 경우 6개 지점 이상, 구배가 있는 지형일 경우 지하수 흐름 하류방향 3개 지점 이상에 간이 관측정을 설치. 기존 관측정이 있을 경우에는 이를 이용

(가) 지하수는 지하수위를 기준으로 그 이하까지 간이 관측정을 설치하여 지하수를 채취하고 사용 후에는 양질의 토사로 되메움하여야 함. 다만, 암반층까지 굴착하여도 지하수가 나타나지 않을 경우 지하수 조사는 제외

(3) 하천수 및 수로 내 퇴적물(필요시)

오염위치, 오염물질 확산방향 등 현장여건을 고려하여 오염 여부를 확인할 수 있는 적정한 지점을 선정하여 최소 3지점 이상의 시료를 채취한다.

(4) 시료채취 심도

시료채취는 개황조사 결과 오염이 우려되는 농도의 깊이까지로 하며, 깊이별 시료는 1m 간격으로 채취

다) 시료채취방법

그 밖의 사항은 개황조사방법에 따름

4) 유류 및 유독물 등 저장시설

가) 대상시료 : 토양, 지하수(필요시 하천수 포함)

나) 시료채취 밀도 및 심도

(1) 토양

조사대상 지역이 $1,000m^2$ 이하일 경우 $75m^2$에 1개 이상의 지점으로 하고, $1,000m^2$를 초과하는 경우 $1,000m^2$까지는 $75m^2$당 1개 이상의 지점

과 1,000m²를 초과하는 경우 300m²당 1개 이상의 지점을 선정

(2) 지하수

개황조사 결과에 따른 토양오염도를 고려하여 3개 이상 지점에 지하수위를 기준으로 그 이하까지 간이관측정을 설치하여 지하수를 채취하고 사용 후에는 양질의 토사로 되메움하여야 함. 다만, 암반층까지 굴착하여도 지하수가 나타나지 않을 경우 지하수 조사는 제외

(3) 시료채취심도

시료채취는 개황조사 결과 오염이 우려되는 농도의 깊이까지로 하며, 깊이별 시료는 1m 간격으로 채취

(4) 특정토양오염관리대상시설에 대해 개황조사를 생략하고 정밀조사를 실시하는 경우에는 우려기준 초과지점과 오염확산 등을 고려하여 오염현황을 파악할 수 있는 상당거리 이격된 지점 1개 이상을 선정, 개황조사의 심토 채취방법에 따라 시료를 채취하여 지질 및 오염현황을 분석하여야 함

다) 시료채취방법

(1) 개황조사 결과 토양오염도가 지하수의 흐름방향에 따라 일정하게 나타날 경우에는 대상지역을 중심으로 조사밀도를 높여 시료를 채취

(2) 그 밖의 사항은 개황조사방법에 따름

5) 오염사고 지역

가) 대상시료

토양, 지하수, 필요시 하천수 포함

나) 시료채취 밀도 및 심도

(1) 토양

조사대상 지역이 1,000m² 이하일 경우에는 100m²당 1개 지점 이상으로 하고, 1,000m²를 초과할 경우에는 1,000m²까지는 100m²당 1개 이상의 지점과 1,000m²을 초과할 때부터는 500m²당 1개 이상의 지점을 선정. 다만, 토양오염물질 운송차량의 전복, 지상저장시설의 파손 등 오염사고 발생지역은 75m²당 1개 이상의 지점을 선정

(2) 지하수

개황조사 결과에 따른 토양오염도를 고려하여 3개 이상 지점의 지하수위를 기준으로 그 이하까지 간이 관측정을 설치하여 지하수를 채취하고 사용 후에는 양질의 토사로 되메움하여야 함. 다만, 암반층까지 굴착하여도 지하수가 나타나지 않을 경우 지하수 조사는 제외

(3) 시료채취심도

시료채취는 개황조사 결과 오염이 우려되는 농도의 깊이[개황조사가 생략된 경우 다) (2)에 따라 확인된 깊이]까지 채취하며, 깊이별 시료는 50cm

간격으로 채취

다) 시료채취방법

(1) 개황조사 결과 토양오염도가 지하수의 흐름방향에 따라 일정하게 나타날 경우에는 대상지역을 중심으로 조사밀도를 높여 시료를 채취

(2) 유류 오염사고가 발생된 지역으로 개황조사를 생략하고 정밀조사를 실시 하는 경우 오염물질이 바로 유출된 지점과 오염물질의 확산으로 오염이 우려되는 최대거리 등 2개 지점 이상을 선정, 4m 이상 깊이까지 시료를 채취하여 오염심도 등을 조사하여야 함

(3) 그 밖의 사항은 개황조사 방법에 따름

6) 산업지역

가) 대상 시료

토양, 지하수(필요시 하천수 포함)

나) 시료채취 밀도 및 심도

(1) 토양

조사대상 지역이 1,000m² 이하일 경우 100m²에 1개 이상의 지점으로 하고, 1,000m²를 초과하는 경우에는 1,000m²까지는 100m²당 1개 이상의 지점과 1,000m²를 초과할 때부터 500m²당 1개 이상의 지점을 선정. 다만, 대상지역의 오염상황에 따라 필요할 경우 시료채취 밀도를 높일 수 있으며 개황조사 지점과 중복되지 아니하여야 한다.

(2) 지하수

개황조사 결과에 따른 토양오염도를 고려하여 3개 이상 지점에 지하수위를 기준으로 그 이하까지 간이 관측정을 설치하여 지하수를 채취하고 사용 후에는 양질의 토사로 되메움하여야 함. 다만, 암반층까지 굴착하여도 지하수가 나타나지 않을 경우 지하수 조사는 제외

(3) 하천수 및 수로 내 퇴적물(필요시)

오염위치, 오염물질 확산방향 등 현장여건을 고려하여 오염 여부를 확인할 수 있는 적정한 지점을 선정하여 최소 3지점 이상의 시료를 채취한다.

(4) 시료채취 심도

시료채취는 개황조사 결과 오염이 우려되는 농도의 깊이까지 채취하며, 깊이별 시료는 1m 간격으로 채취

다) 시료채취방법

(1) 개황조사 결과 토양오염도가 지하수의 흐름방향에 따라 일정하게 나타날 경우에는 대상지역을 중심으로 조사밀도를 높여 시료를 채취

(2) 그 밖의 사항은 개황조사 방법에 따름

7) 기타 지역

　가) 대상 시료 : 토양, 지하수(필요시 하천수 포함)

　나) 시료채취 밀도 및 심도 : '6) 산업지역'에 준하여 수행

라. 공통사항

1) 시료채취 등 조사지점 선정에 대하여 개황조사 또는 정밀조사 방법에서 별도의 규정이 없는 경우에는 시료채취밀도, 현장의 특성과 상황 등을 고려하여 [그림 3] 내지 [그림 6]과 같이 고정격자법이나 임의격자법, 원형격자법, 선형배열법에 준하여 선정하는 것을 원칙으로 함. 다만, 조사지점에 건물 등 지장물이 위치하여 시료채취가 불가능한 등 불가피한 경우 일부 지점의 위치를 조정하여 선정 가능

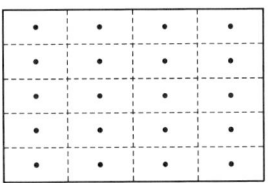

그림 3. 고정격자법

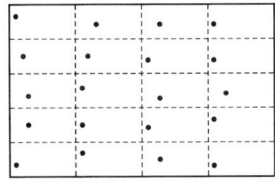

그림 4. 임의격자법

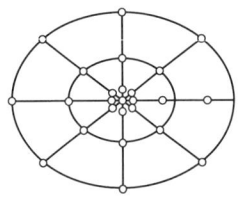

그림 5. 원형격자법

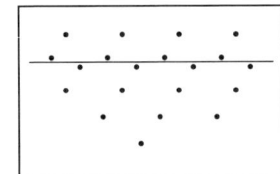

그림 6. 선형배열법

2) 시료량, 시료의 운반 및 보관

토양오염공정시험기준과 수질오염공정시험기준 및 폐기물공정시험기준에서 규정한 시료채취 및 보관방법 등을 따름

3) 분석방법 : 항목별 분석방법 및 계산과정은 시험기록부에 기록

　가) 토양(수로주변 및 하부저질 포함) : 토양오염공정시험기준

　나) 농업용수, 갱내수, 지하수 : 수질오염공정시험기준

　다) 광재 등 폐기물 : 폐기물공정시험기준

　라) 시료는 토양오염공정시험기준 ES 07130.C 시료의 채취 및 조제 중 2.1 일반지역의 기준에 따라 채취

　마) 토양시료의 정도관리는 토양오염공정시험기준에 따라 수행하며 특히 바탕시료 측정, 검정곡선 작성 및 검증, 정밀도 및 정확도에 대한 측정 및 검토 내용을 보고서에 포함시켜야 함

4) 정화대상 오염토양 산정방법

　　토양정밀조사 결과 오염물질의 종류, 오염물질별 오염범위 및 오염심도를 기준으로 오염물질별 정화 대상 량을 산정

5) 시료채취 지점도 및 오염분포도 작성

　　가) 축적 1/500(조사범위가 40,000m² 이상인 경우에는 1/5,000) 지도에 시료채취 지점 표기

　　나) 우려기준 초과 물질에 대한 오염지도를 작성

　　다) 오염등급을 4등급으로 구분 · 작성(별표 참조)

　　라) 오염지도 축적은 시료채취 지점도와 동일한 것 사용(기준초과 지역에 대해서는 오염지도에 지번, 지적자료 첨부)

6) 시료채취, 굴착 등 조사 상황을 확인할 수 있는 사진 등의 자료 확보

7) 기록 유지

　　시료채취기록부 및 시험기록부(3년간 보관하되, 전자거래기본법에 의한 전자문서로 보관 가능)

8) 토양오염조사기관이 지중탐사장비를 보유하고 있을 경우 개황조사 시 이를 활용하여 오염원으로부터 거리별 채취지점과 지점별 채취심도를 선정하는 등 조사에 활용 가능

9) 토양정밀조사를 위해 필요한 경우 토양의 이화학 특성 분석, 현장 수리시험 등을 실시할 수 있음

10) 개황조사 및 상세조사 시 암반층이 나타나면 해당 지점에서 시료채취는 그 깊이까지로 함

제3장 토양정밀조사 결과 조치

1. 토양정밀조사 결과보고서 작성

가. 조사 개요

1) 과업 명

2) 조사의 배경과 목적

3) 조사 기간

　　－ 현장 시료채취(개황조사와 정밀조사 기간 구분)

　　　※ 개황조사 시 오염우려심도를 결정한 근거를 구체적으로 명시

　　　　－ 시료분석 및 평가

　4) 조사 참여자 명단(시료채취와 분석, 평가 등으로 구분)

나. 조사결과

1) 주변지역의 실태(거주인구, 가구 수, 농경지 현황 등)를 요약기술
2) 오염원으로 나타난 시설의 규모(종류, 발생량, 적치량, 용량 등)와 위치를 지도 (A4)에 표시
3) 토양오염도 조사결과는 오염원으로부터 이격거리별로 오염분포도 제시[이격거리, 오염도(평균, 최고, 최저) 등]
4) 토양, 수질, 폐기물, 대기질, 수로저질 등에 대해서는 조사지점별, 깊이별, 항목별로 일목요연하게 정리하여 제시
5) 굴착 및 시료채취 등의 현장 작업사진과 시료채취 지점도(토양, 지하수 등) 등 조사 관련 자료 첨부
6) 상세조사를 일부 조정하여 실시한 경우 그 구체적인 사유를 기재하고 이를 증명할 수 있는 자료를 첨부
　　＊ 조사지역에 암반층이 있을 경우 이를 확인할 수 있는 자료(사진 등)를 첨부하여야 함

다. 오염도 등 조사결과에 따른 분석

1) 오염원의 종류·규모, 오염물질의 종류, 오염정도, 오염기간, 오염범위 및 주변 토지이용실태 등에 따른 종합적인 토양오염상태 및 조사자 의견 제시
2) 상세조사 결과를 확인된 오염면적과 오염심도를 토대로 오염물질별 오염토양의 양을 산정하여 제시

라. 토양오염 방지 및 오염토양 정화를 위한 방안

1) 구체적인 토양오염 방지를 위한 대책
　가) 토양 등의 오염범위, 오염 정도를 감안하여 대상지역의 토양오염 방지를 위한 사업추진 필요성과 구체적인 방법 제시
　나) 특정토양오염관리대상시설 등 오염을 유발할 가능성이 있는 시설이 있을 경우 적정 관리방안 제시
2) 오염토양의 정화방법 등 정화 대책
　조사지역의 지형, 지질 등 입지상태와 오염물질의 종류 및 오염도를 고려하여 기술적으로 적용 가능한 오염토양 정화방법 등을 비교 제시

마. 향후 관리방안

　오염토양 정화과정과 정화 이후 오염확산 방지를 위한 방안 제시

2. 보고 및 관리

가. 시 · 도지사(시장 · 군수 · 구청장이 실시한 조사를 포함한다), 지방환경관서의 장 또는 한국환경공단은 토양정밀조사를 실시한 경우 조사 완료 후 20일 이내에 그 결과를 기후에너지환경부장관에게 보고하여야 한다.

나. 시장 · 군수 · 구청장으로부터 정밀조사 명령을 받은 지역에 대하여 정밀조사를 실시한 토양오염조사기관은 완료한 후 7일 이내에 그 결과보고서를 토양오염원인자와 관할 시장 · 군수 · 구청장에게 통보하여야 한다.

다. 시 · 도지사는 정밀조사결과 토양오염우려기준을 초과한 지점(기후에너지환경부, 국립환경과학원, 유역(지방)환경청에서 조사한 지점포함)에 대하여 관리대장을 작성 · 비치하고 이를 관리하여야 한다.

라. 시 · 도지사 및 시장 · 군수 · 구청장은 관리 중인 정밀조사 지역에 대한 오염현황을 통해 해당 지역의 토지이용계획 또는 지목이 변경되는 경우 토양오염우려기준 초과 여부를 확인하고, 이를 초과할 경우 추가적인 정밀조사 및 오염토양 정화 등 필요한 조치를 하여야 한다.

▌오염등급의 구분▌

등급	등급기준	색 구분	예시
Ⅰ	토양오염우려기준의 40%(중금속과 불소는 70%) 이하인 지역	흰색	4(7) 이하
Ⅱ	토양오염우려기준의 40%(중금속과 불소는 70%) 초과부터 토양오염우려기준 이하인 지역	녹색	4(7) 초과 10 이하
Ⅲ	토양오염우려기준 초과부터 토양오염대책기준 이하인 지역	노란색	10 초과 20 이하
Ⅳ	토양오염대책기준 초과 지역	빨간색	20 초과

✴ 예시 : 토양오염우려기준을 10mg/kg, 토양오염대책기준을 20mg/kg으로 가정하였을 경우 오염등급 판정

034 토양환경평가지침

제1장 총 칙

1. 적용범위

이 지침은 법에 따라 토양오염관리대상시설, 산업집적활성화 및 공장설립에 관한 법률에 따른 공장, 국방군사시설 사업에 관한 법률에 따른 국방군사시설이 설치되어 있거나 설치되어 있었던 부지 및 그 주변지역에 대하여 실시하는 토양환경평가에 적용한다.

2. 평가기관

토양환경평가는 법에 따른 토양환경평가기관이 실시한다.

제2장 평가항목·방법 및 절차

1. 항목

토양오염물질(이하 '토양오염물질'이라 한다)로 인한 토양오염을 평가대상으로 한다. 그 외의 오염물질에 의한 토양오염에 대해서는 필요한 경우 평가대상에 추가할 수 있다.

2. 평가방법 및 절차

토양환경평가는 기초조사, 개황조사, 정밀조사로 구분하여 단계별로 실시한다. 평가방법 및 절차는 다음과 같으며, 토양환경평가 대상부지의 오염개연성 여부에 따라 개황조사 또는 정밀조사를 실시하지 아니하고 토양환경평가를 종료할 수 있다. 다만, 토양오염관리대상시설을 양수 또는 인수한 자가 양수 또는 인수 이전에 토양환경평가를 받았다고 하더라도 토양오염관리대상시설의 오염 정도가 우려기준 이하인 것을 확인하지 않을 경우 오염원인자에 해당할 수 있다.

가. 기초조사

대상부지의 토양오염개연성 여부를 판단하기 위해 자료조사, 현장조사 및 청취조사 등을 실시한다. 오염개연성이 있는 경우 오염 가능성이 있는 지역과 오염물질의 종류 등을 추정한다.

1) 자료조사

대상부지의 토양환경 관련 자료를 검토하여 토양오염 상태를 판단하는 과정으로 다음 사항에 대해 조사한다.

가) 일반현황

(1) 위치 및 입지조건(대상부지 및 주변지역 지적도 및 지형도, 항공사진, 지하 장애물 등)

(2) 연혁 및 토지이용 현황(토지대장, 건축물대장, 인허가 서류, 부지이용이력 등)

(3) 시설운영 현황(설비 및 운전 등 생산공정, 취급한 원자재 및 생산품, 사용된 화학약품, 토양오염을 유발할 수 있는 폐수 · 폐기물 · 대기 · VOC · 잔류유해화학물질 · 오염가능물질의 배출자 신고필증 및 처리 · 발생현황 등)

(4) 대상부지의 소유권에 대한 기록, 감정서 등

나) 환경관리

(1) 특정토양오염관리대상시설 설치신고서

(2) 토양오염도검사 또는 누출검사 자료

(3) 대상부지 및 주변지역 지하수 오염도 검사자료

(4) 환경오염사고 관련 자료(언론보도, 민원발생기록 등)

(5) 부지의 굴토 및 복토 등에 관한 자료

(6) 오 · 폐수 및 우수 흐름도

(7) 기타 토양오염 상태의 확인에 필요한 자료

2) 현장조사

현장을 방문하여 대상부지의 오염상태를 확인하는 과정으로 다음 사항을 조사한다.

가) 토양오염관리대상시설의 설치장소 확인 및 오염물질의 보관상태

나) 대상부지와 주변지역의 지형 · 지질, 식물 생장상태, 토양오염관리대상시설 등

다) 오염 예상지역의 누출흔적 및 변색 등 토양오염 징후

라) 기타 토양오염 상태를 확인할 수 있는 사항

3) 청취조사

대상부지의 소유자, 관리자, 장기 근무자, 지역 공무원 또는 주변지역 거주자 등과의 접촉을 통하여 토양오염 상태를 확인하는 과정으로 직접 방문하여 면담하거나 전화 또는 서면으로 조사할 수 있다. 청취조사 대상자로는 다음 사항에 대해 알고 있는 자를 선정한다.

가) 대상부지의 주요 시설현황 및 폐쇄 또는 이전 사항

나) 오염물질 관리상태

다) 외부로 알려지지 아니한 오염사고 사례

라) 기타 토양오염 상태를 확인할 수 있는 사항

4) 평가의견

자료조사, 현장조사 및 청취조사 등의 결과를 종합적으로 평가하여 토양오염의 개

연성 여부를 평가하고, 오염개연성이 있는 경우 오염가능성이 있는 지역과 오염물질의 종류 등을 판단한다. 토양환경평가기관은 과학적이고 객관적인 근거에 따라 오염개연성 여부를 체크리스트를 참고하여 평가기관의 책임하에 판단해야 하며, 필요한 경우 시료채취 및 분석을 통하여 오염여부를 확인할 수 있다.

기초조사만으로 오염개연성이 없다고 판단될 경우, 다음 단계를 실시하지 아니하고 토양환경평가를 종료할 수 있다.

5) 보고서 작성

토양환경평가기관은 토양환경평가보고서를 작성하여야 하며, 이 보고서에는 평가 의견 등을 객관적으로 입증할 수 있는 자료가 포함되어야 한다.

보고서에는 자료조사, 현장조사 및 청취조사를 수행한 책임자와 토양환경평가기관장의 서명을 병기하여야 한다.

나. 개황조사

기초조사 결과 오염개연성이 확인된 지역의 오염물질의 종류와 개략적인 오염범위 등을 확인하기 위해 시료채취 및 분석을 포함하는 개황조사를 실시한다. 필요한 경우, 오염 가능 물질의 종류, 건물 등 지장물과 지질여건 등 객관적인 자료를 토대로 평가 결과에 영향을 주지 아니하는 범위 내에서 토양환경평가기관의 책임하에 평가면적, 평가대상 오염물질의 종류, 시료채취 밀도 및 심도를 일부 조정하여 평가를 실시할 수 있다. 평가내용을 일부 조정하여 실시한 경우 토양환경평가기관은 조정사유를 결과보고서에 포함하여 작성하여야 한다.

1) 시료채취 방법

가) 시료채취 밀도 및 심도

(1) 표토(비포장 지역인 경우 지표면 하부 15cm, 포장된 지역인 경우 포장면 하부 15cm까지를 의미한다.)

(가) 시료채취 지점수는 오염가능지역의 면적이 500m² 이하일 경우에는 5개 이상 지점으로 하고, 1,000m²까지는 6개 이상의 지점, 1,000m²을 초과할 때부터는 1,000m²당 1개 이상의 지점을 추가로 선정한다.

┃ 시료채취 지점 수 산정기준 ┃

조사면적	시료채취 지점 수 산정기준	최소지점 수
면적≤500m²	최소 채취지점수 5개 이상 500m²당 1개 이상	5
500m²<면적≤1,000m²		6
1,000m²<면적≤2,000m²	1,000m²를 초과할 때부터는 1,000m²당 1개 이상 추가	7
2,000m²<면적≤3,000m²		8
3,000m²<면적≤4,000m²		9
⋮		⋮

(2) 심토

표토 시료 수 3개 지점당 1개 지점 이상 비율로 채취(최소 1개 지점 이상)하며, 그 깊이는 원칙적으로 지표면에서 15m 깊이까지로 하여 2.5m 이내 간격으로 1점 이상의 시료를 채취하되, 15m 이내에서 암반층이 나타나면 그 깊이까지로 한다. 다만, 기초조사 결과를 검토하여 지하저장시설이나 배관의 설치깊이 및 폐기물 매립 가능성 등을 고려해 심도를 조정할 수 있다. 또한, 효과적인 조사를 위해 필요한 경우 트렌치조사 등을 시행할 수 있다.

(3) 유류 및 유독물 등 저장시설이 설치된 경우 지상저장시설과 지하저장시설별로 저장시설과 주변 오염예상 지역에 대해 시료를 추가로 채취한다.

(가) 지상저장시설

① 표토시료

저장시설별로 주변의 4방위 지점 및 일정거리 이격된 지점에서 채취한다.

② 심토시료

표토시료 채취지점 중 오염 우려가 큰 1개 이상의 지점 및 오염 확산이 예상되는 일정거리에 이격된 1개 이상의 지점에서 15m 깊이까지 채취한다. 15m 이내에서 암반층이 나타나면 그 깊이까지로 한다.

(나) 지하저장시설

저장시설 별로 주변의 4방위 지점 및 일정거리 이격된 1개 이상의 지점에서 표토시료 및 15m 깊이까지의 심토시료를 채취한다. 15m 이내에서 암반층이 나타나면 그 깊이까지로 한다.

저장시설의 바닥이 깊이 15m를 초과한 위치에 설치된 경우 저장시설 하부 5m 이상까지로 하되, 2.5m 이내 간격으로 1점 이상의 시료를 추가로 채취한다.

나) 시료채취 지점

(1) 심토의 시료채취 지점은 토양오염물질 저장 또는 사용시설 설치지역 등 토양오염의 우려가 큰 지점을 우선 대상으로 선정한다.

(2) 토양오염물질 저장시설에 저장조실벽이 있는 경우 저장조실벽 외부로의 누출을 고려하여 시료채취지점을 선정한다.

(3) 여러 개의 토양오염물질 저장시설 또는 토양오염물질 사용시설이 대상지역 내에 분산되어 있을 경우 각각의 시설 외곽 경계선을 기준으로 4방위에서 시료를 채취한다.

(4) 기타 일반사항은 토양오염공정시험기준을 따른다.

OIL ENVIRONMENT
토양환경기사 **필기**

2) 평가의견

시료채취 결과를 종합적으로 평가하여 토양오염의 여부를 평가한다. 토양오염우려기준을 초과하거나 오염이 우려되는 농도(중금속과 불소는 우려기준의 70%, 그밖의 오염물질은 우려기준의 40%를 초과하는 농도)를 초과하는 등 오염이 있는경우 오염이 있는 지역과 오염물질의 종류 등을 판단한다.

개황조사만으로 오염이 없다고 판단될 경우, 다음 단계를 실시하지 아니하고 토양환경평가를 종료할 수 있다.

3) 보고서 작성

토양환경평가기관은 토양환경평가 개황조사보고서를 작성하여야 한다. 토양오염이 확인되어 정밀조사를 시행하는 경우 개황조사보고서를 별도로 작성하지 않을수 있다.

다. 정밀조사

개황조사결과 토양오염우려기준을 초과하거나 오염이 우려되는 농도(중금속과 불소는우려기준의 70%, 그 밖의 오염물질은 우려기준의 40%를 초과하는 농도)를 초과하는등 오염이 확인된 부지에 대해 오염물질의 종류 및 농도, 오염면적 및 범위를 평가하여 오염 특성과 현황을 파악할 수 있도록 충분한 정보를 제시하도록 한다. 토양환경평가기관은 대상부지 및 오염물질의 특성과 확산 등을 고려해 시료채취 밀도와 심도 및방법을 조정할 수 있다. 필요한 경우 대상부지 내의 지하수 오염도를 조사·분석할 수있다.

1) 기초조사 보고서 및 기존자료의 검토

대상부지와 주변지역의 오염 특성과 현황을 구체적으로 파악하기 위해, 기초조사및 개황조사 보고서와 기존 자료를 검토한다.

2) 시료채취 및 분석방법

대상부지의 토양환경을 객관적으로 조사할 수 있도록 시료채취 및 시료의 운반·보관 등 시료채취계획을 수립한다.

가) 시료채취 밀도 및 심도
   (1) 토양
      (가) 조사대상 지역이 $1,000m^2$ 이하일 경우 $100m^2$에 1개 이상의 지점으로 하고, $1,000m^2$를 초과하는 경우에는 $1,000m^2$까지는 $100m^2$당 1개 이상의 지점과 $1,000m^2$를 초과할 때부터 $500m^2$당 1개 이상의 지점을 선정한다.
      (나) 개황조사 결과 토양오염도가 지하수의 흐름방향에 따라 일정하게 나타날 경우에는 대상지역을 중심으로 조사밀도를 높여 시료를 채취한다.
      (다) 개황조사 결과 오염이 우려되는 농도의 깊이까지 1m 심도 간격으로

채취하며, 암반층이 나타나면 해당 지점에서는 그 깊이까지로 한다.

(라) 기타 일반사항은 토양오염공정시험기준 및 개황조사방법을 따른다.

(2) 지하수

지하수 구배를 확인하기 위해 오염이 예상되는 지역의 지하수 흐름방향 상류 쪽에 최소한 1개의 관측정을 위치시키고, 하류에 2개 이상의 관측정을 설치한다. 관측정 사용 후에는 케이싱과 스크린을 제거하고 그라우트실 등으로 되메우는 등 적정한 절차에 따라 폐공처리한다.

나) 시료량, 시료의 운반 및 보관

토양오염공정시험기준과 수질오염공정시험기준 및 폐기물공정시험기준에서 규정한 시료채취 및 보관 방법 등을 따른다.

다) 안전 및 위생

조사자 개개인의 건강과 안전을 확보할 수 있는 작업계획을 수립한다.

라) 시료분석

채취된 시료에 존재할 것으로 예상되는 오염물질을 검출할 수 있도록 오염현황을 분석한다. 토양오염물질에 대해서는 토양오염공정시험기준에 따라 분석하되, 국내법 규정에 없는 오염물질에 대해서는 필요시 국제적으로 공인된 시험방법에 따른다. 항목별 분석방법 및 계산과정은 시험기록부에 기록한다.

(1) 토양(수로주변 및 하부저질 포함) : 토양오염공정시험기준

(2) 농업용수, 갱내수, 지하수 : 수질오염공정시험기준

(3) 광재 등 폐기물 : 폐기물공정시험기준

(4) 시료는 토양오염공정시험기준 시료의 채취 및 조제 중 일반지역의 기준에 따라 채취한다.

(5) 기타 정확한 토양환경평가를 위해 토양의 이화학 특성분석, 현장 수리시험 등 필요한 사항에 대한 분석을 실시할 수 있다.

마) 정도관리(QA/QC)

분석된 자료의 신뢰성과 정확성을 보증할 수 있는 적정한 정도관리를 실시한다. 정도관리에는 시료채취방법, 채취장비 및 측정분석장비의 관리 및 기기보정, 시료ㆍ바탕시료 및 표준물질의 조제 등에 관한 제반 사항이 포함되어야 한다.

3) 평가 및 조사결과 해석

가) 조사결과의 확인

시료에서 검출된 오염물질이 실제로 대상부지에서 폐기 또는 누출된 오염물질에 의한 것인지 아니면 자연적인 현상이나 그 밖에 원인에 의한 것인지를 평가한다.

나) 오염토양 산정

오염물질의 종류, 오염물질별 오염범위 및 오염심도를 기준으로 오염물질별 정화대상 오염토양을 산정한다.

(1) 시료채취 지점도 작성

축적 1/500(조사범위가 $40,000m^2$ 이상인 경우에는 1/5,000) 지도에 시료채취 지점을 표기한 시료채취 지점도를 작성한다.

(2) 오염분포도 작성

시료채취 지점도와 동일한 축적으로 우려기준 초과 물질에 대한 오염지도를 작성한다. 오염등급을 4등급으로 구분하여 작성한다.(별표 참조)

다) 조사결과 해석

양도인 또는 양수인이 조사결과에 대한 추가적 평가를 요구할 때 그 타당성 여부를 결정한다.

4) 보고서 작성

토양환경평가기관은 토양환경평가(정밀조사)보고서를 작성하여야 하며, 보고서에는 다음과 같은 사항이 포함되어야 한다.

가) 기본요건

최종보고서는 과학적인 구성요소 · 학술적인 서술 · 명확하고 정확한 기술 등 3가지 조건을 갖추어야 한다.

나) 보고서

(1) 요약문

3단계 조사결과를 간결하게 요약한다.

(2) 서론

일반적으로 ① 조사의 목적 및 범위, ② 용어 설명이나 상황 또는 제한조건, ③ 토양환경평가 시행일과 변경사항 등을 포함한다.

(3) 배경

대상부지의 특징, 부지 배경 및 이력에 대한 설명, 주변지역 부지들의 용도와 사용이력, 이전의 토양오염조사에 대한 요약 등을 포함한다. 또한 기초조사 또는 개황조사 보고서에 대해서도 간결하게 서술한다.

(4) 조사방법

시료채취, 시료의 운반 및 보관, 안전위생 계획, 시료분석 방법 및 정도관리 등을 기술한다. 다만, 공정시험기준인 경우에는 인용내용을 표기하고 전문을 생략할 수 있다.

(5) 결과

조사결과를 논리적으로 서술하고, 평가의견이나 조사결과가 잘 이해될 수 있도록 요약한다. 또한 자료해석을 위해 제시된 그림은 날짜 및 방위가 표시되어야 한다.

(6) 평가의견

대상부지의 오염물질 종류, 오염도 및 오염범위 등에 대해 평가한다.

(7) 고찰

(가) 조사가 작업계획에 따라서 수행되었는지 여부, 작업계획으로부터 벗어난 사항이 있다면 그에 대한 설명 등을 기술한다.

(나) 기준 또는 자연농도(배경농도) 등에 대한 인용 등을 기술한다.

(다) 오염원인이 다른 요인에 의한 것이라는 평가의견이 나올 경우, 이 평가의견을 입증하기 위한 충분한 자료와 설명 등을 기술한다.

(라) 오염원인 규명에 혼란을 주는 사항이 있다면 그에 대한 충분한 설명 등을 기술한다.

(마) 기타 평가의견에 고려하여야 할 사항에 대한 설명 등을 기술한다.

(8) 부록

관련 사진, 시추기록표(Boring Log), 실험데이터, 이전의 토양환경평가 보고서 등 평가에 참고가 될 수 있는 각종 자료를 포함한다.

다) 기타

추가적인 상세 평가의견, 추가평가를 위한 권고사항, 복원기술 및 복원비용 산정 등에 대해서는 양도인 또는 양수인이 동의하면 보고서에 포함시킬 수 있다.

▮ 토양환경평가 기조초사 결과 오염개연성 판단을 위한 체크리스트 ▮

부지특성인자	오염개연성 판단기준
1. (특정)토양오염관리대상시설 현황	
－ 과거 및 현재 설치 여부	설치 이력이 있을 경우 오염개연성 있음
－ 토양오염도검사, 누출검사 수행 여부 및 성적서	농도 및 검사결과 확인 후 판단
－ 과거 개황조사, 정밀조사 수행 여부 및 보고서	오염이력이 있으므로 오염개연성 있음
－ 시설의 개·보수 여부	이력 확인 시 오염개연성 있음
－ 시설 주변 바닥상태(피복, 얼룩, 균열 등)	균열 및 얼룩 확인 시 오염개연성
－ 시설설치상태(부식, 균열 등)	상태 확인 후 판단
2. 대상부지 일반현황	
－ 과거 부지 이용 이력	오염유발시설 설치 이력이 있을 경우 오염개연성 있음
－ 토지대장 및 건축물 대장	검토 후 판단
－ 지하장애물 설치 이력	자료를 통해 확인 후 판단
－ 부지 내 웅덩이 또는 천공구멍 존재 여부	오염개연성 있음
－ 부지 바닥 피복상태 및 굴토/복토 여부	불량 시 오염개연성 있음
－ 부지 내 관목 및 식생 유지상태	고사, 이상 발견 시 오염개연성 있음
3. 대상부지 환경관리 현황	자료 및 방문조사 후 설치장소의 관리상태 및 자료 검토 후 개연성 판단
－ 폐기물 보관소 설치 여부 및 관리상태	관리상태가 부실할 경우 오염개연성 있음
－ 사용 원료 중 유독물, 유해물질 여부	오염개연성 있음
－ 폐수처리시설 설치 여부 및 관리상태	관리상태가 부실할 경우 오염개연성 있음
－ 소각로 설치 여부 및 관리상태	관리상태가 부실할 경우 오염개연성 있음
－ 비산먼지 발생여부 및 관리상태	관리상태가 부실할 경우 오염개연성 있음
－ 지하수 관정 설치 여부 및 수질상태	수질이상 시 오염개연성 있음
－ 오폐수 맨홀 설치 여부 및 관리상태	관리상태가 부실할 경우 오염개연성 있음
－ 변압기, 배터리, 콘덴서, 유압장치 설치 여부	관리상태가 부실할 경우 오염개연성 있음
－ 행정처분, 민원 또는 사고이력(화재, 환경, 산재)	오염개연성 있음
4. 주변부지에 의한 오염 개연성	
－ 반경 0.5km 이내 환경오염유발시설의 존재 여부	오염개연성 있음
－ 인접부지와의 지면 고도 차이	낮은 위치 시 오염개연성 있음
－ 주변 지형(산, 임야, 농경지 등)	지형 확인 후 판단
－ 주변부지의 사고 및 민원발생 이력	확인 후 판단
－ 인접지역 토양 및 지하수 측정망, 실태조사결과	확인 후 판단

01 방울수란 20℃에서 정제수 20방울을 적하할 때의 부피이다. 이때의 부피는?

① 0.5mL ② 1.0mL
③ 5.0mL ④ 10mL

02 공정시험방법에 언급된 각종 용어의 정의 중 틀린 것은?

① 감압 또는 진공이라 함은 통상 15mmHg 이하를 말한다.
② 가스체의 농도는 표준상태(0℃, 1기압, 상대습도 0%)로 환산 표시한다.
③ 제반시험 조작은 따로 규정이 없는 한 실온에서 실시한다.
④ '항량으로 될 때까지 건조한다'라 함은 같은 조건에서 1시간 더 건조할 때 전후 무게차가 g당 0.3mg 이하일 때를 말한다.

> **풀이** 제반시험 조작은 따로 규정이 없는 한 상온에서 실시하고 조작 직후 그 결과를 관찰하는 것으로 한다. 단, 온도의 영향이 있는 것의 판정은 표준온도를 기준으로 한다.

03 다음의 내용 중 공정시험방법에서 명시한 온도에 대한 설명이 잘못 짝지어진 것은?

① 실온 : 1~35℃ ② 상온 : 15~25℃
③ 온수 : 50~60℃ ④ 냉수 : 15℃ 이하

> **풀이** 온수 : 60~70℃

04 토양오염공정시험방법에서 상온이라 함은 별도의 온도에 대한 표시가 없는 경우 몇 ℃ 범위를 말하는가?

① 1~35℃ ② 15~25℃
③ 4~15℃ ④ 20~30℃

05 공정시험방법에 제시된 용어에 대한 설명으로 틀린 것은?

① 가스체의 농도는 표준상태(0℃, 760mmHg, 상대습도 0%)로 환산 표시한다.
② 방울수라 함은 20℃에서 정제수 20방울을 적하할 때, 그 부피가 약 1mL가 되는 것을 뜻한다.
③ 진공(감압)이라 함은 따로 규정이 없는 한 15mmH₂O 이하를 말한다.
④ '약'이라 함은 기재된 양에 대하여 ±10% 이상의 차가 있어서는 안 된다.

> **풀이** 감압 또는 진공이라 함은 따로 규정이 없는 한 15mmHg 이하를 말한다.

06 토양오염공정시험방법에 대한 내용 중에서 틀린 것은?

① 십억분율은 μL/L로 표시할 수 있으며 ppb의 $\dfrac{1}{1,000}$이다.
② '정확히 단다'라 함은 규정된 양의 검체를 취하여 분석용 저울로 0.1mg까지 다는 것을 의미한다.
③ '정확히 취하여'라 함은 규정된 양의 검체 또는 시액을 홀피펫으로 눈금까지 취하는 것을 말한다.
④ 냉수는 15℃ 이하로 한다.

> **풀이** 십억분율을 표시할 때는 μg/L, μg/kg로 표시할 수 있으며 ppm의 $\dfrac{1}{1,000}$이다.

07 지하매설저장시설에 사용되는 용어로 적절하지 않은 것은?

① 부속배관 : 지하매설저장시설에 용접 또는 나사 조임방식으로 직접 연결되는 배관
② 지하매설배관 : 부속배관의 경로 중 지하에 매설되어 누출 여부를 육안으로 직접 확인할 수 없는 배관

③ 배관접속부 : 지하매설저장시설과 부속배관, 부속배관과 배관을 연결하기 위하여 용접접합 또는 나사조임방식 등으로 접속한 부분

④ 누출검지관 : 기체의 누출 여부를 지하매설저장시설 내부에서 직접 확인하기 위해 설치된 관

풀이 '누출검지관'이라 함은 액체의 누출 여부를 지하매설저장시설 외부에서 직접 또는 간접적으로 확인하기 위해 설치된 관을 말한다.

08 토양오염공정시험방법 총칙과 관련된 다음 보기의 설명 중 틀린 것은?

① 방울수라 함은 20℃에서 정제수 20방울을 적하할 때, 그 부피가 약 1mL 되는 것을 뜻한다.

② '항량으로 될 때까지 건조한다'라 함은 같은 조건에서 1시간 더 건조할 때 전후 무게의 차가 g당 0.1mg 이하일 때를 말한다.

③ 액체시약의 농도에 있어서 예를 들어 염산(1+2)이라고 되어 있을 때에는 염산 1mL와 물 2mL를 혼합하여 조제한 것을 말한다.

④ 감압이라 함은 따로 규정이 없는 한 15mmHg 이하를 말한다.

풀이 '항량으로 될 때까지 건조한다'라 함은 같은 조건에서 1시간 더 건조할 때 전후 무게의 차가 g당 0.3mg 이하일 때를 말한다.

09 다음의 토양오염 물질의 농도 표시방법 중에서 틀린 것은?

① 십억분율은 1ppm의 $\frac{1}{1,000}$ 이다.

② 용액의 농도를 '%'로만 표시할 때는 W/V%를 말한다.

③ 가스체의 농도는 표준상태(0℃, 1기압, 상대습도 60%)로 환산 표시한다.

④ 천분율을 표시할 때에는 g/L, g/kg 또는 ‰의 기호를 쓴다.

풀이 가스체의 농도는 표준상태(0℃, 1기압, 상대습도 0%)로 환산 표시한다.

10 토양오염공정시험법상의 총칙에서 규정하고 있는 온도와 관련된 다음의 설명 중 틀린 것은?

① 표준온도는 0℃, 상온은 15~25℃, 실온은 1~35℃로 한다.

② 찬 곳은 따로 규정이 없는 한 4~15℃의 곳을 뜻한다.

③ 온수는 60~70℃, 열수는 약 100℃, 냉수는 15℃ 이하로 한다.

④ '수욕상에서 가열한다'라 함은 따로 규정이 없는 한 수온 100℃에서 가열함을 뜻한다.

풀이 찬 곳은 따로 규정이 없는 한 0~15℃의 곳을 뜻한다.

11 센티스트로크(cSt)는 무엇의 계량 단위인가?

① 비표면적 ② 점도
③ 비중   ④ 표준도

12 다음 농도표시 중 농도가 상대적으로 가장 낮은 것은?(단, 비중은 1.0 기준)

① 1mg/kg   ② 1mg/L
③ 100ppb   ④ 0.01ppm

풀이 mg/L 단위로 환산하면,
① 1mg/kg×1kg/L=1mg/L
② 1mg/L
③ 100μg/L×1mg/10³μg=0.1mg/L
④ 0.01ppm=0.01mg/L

13 실험의 일반적 내용으로 틀린 것은?

① '약'이라 함은 기재된 양에 대하여 ±10% 이상의 차가 있어서는 안 된다.

② 시험에 사용하는 물은 따로 규정이 없는 한 정제수 또는 탈염수를 말한다.

③ 용액의 농도를 '%'로만 표시할 때는 W/W% 또
는 W/V%를 뜻한다.

④ 표준 온도는 0℃, 상온은 15~25℃, 실온은 1~35℃
로 한다.

풀이 용액의 농도를 '%'로만 표시할 때는 W/V%를 뜻한다.

14 누출검사대상시설 중 '부속배관'에 대한 내용
으로 가장 알맞은 것은?

① 누출검사대상시설에 용접 또는 나사조임방식으
로 직접 연결되는 배관을 말한다.

② 지하에 매설되어 누출 여부를 육안으로 직접 확
인할 수 없는 배관을 말한다.

③ 지하매설저장시설에 연결되어 지속적으로 누출
검사가 필요한 배관을 말한다.

④ 액체의 누출 여부를 지하매설지정시설 외부에서
직접 또는 간접적으로 확인하기 위해 설치된 배
관을 말한다.

15 0.0001N의 NaOH 용액의 pH는?

① 9
② 10
③ 11
④ 12

풀이
$$pH = \log \frac{1}{[H^+]}$$
$$= 14 - pOH$$
$$= 14 - \log \frac{1}{[OH^-]}$$
$$= 14 - \log \frac{1}{[0.0001]} = 10$$

16 다음 ( ) 안에 알맞은 내용은?

기기검출한계(IDL)란 시험분석 대상물질을 기기
가 검출할 수 있는 최소한의 농도로서, 일반적으로
( ) 또는 바탕시료를 반복 측정 분석한 결과의 표
준편차에 3배한 값 등을 말한다.

① S/N비의 1~2배 농도
② S/N비의 2~5배 농도
③ S/N비의 10배 농도
④ S/N비의 100배 농도

17 정량한계(LOQ)와 표준편차(S)의 관계식으
로 맞는 것은?

① LOQ = 10 × S
② LOQ = 10 + S
③ LOQ = 3 × S
④ LOQ = 3 + S

18 일반지역 시료채취지점 선정에 관한 내용으
로 적합하지 않은 것은?

① 농경지의 경우는 대상지역 내에서 지그재그형으
로 5~10개 지점을 선정한다.

② 공장지역 등 농경지가 아닌 기타 지역의 경우는
대상지역의 중심이 되는 1개 지점과 주변 4방위
5~10m 거리에 있는 1개 지점씩 총 5개 지점을
선정한다.

③ 석유계 총 탄화수소 시험용 시료는 대상지역 내
에서 농경지는 2개 지점을, 기타 지역은 대표적
지점 1개를 선정한다.

④ 유기인화합물, 시안의 시험용 시료는 농경지 또
는 기타 지역의 구분에 관계없이 대상지역에서
대표치를 구할 수 있는 1개 지점을 선정한다.

풀이 유기인화합물, PCB, 시안, 수은, 페놀류, 트리클로
로에틸렌, BTEX 및 석유계 총 탄화수소 시험용 시료
는 농경지 또는 기타 지역의 구분에 관계없이 대상지
역에서 대표할 수 있는 1개 지점 또는 오염의 개연성
이 높은 1개 지점을 선정한다.

19 토양시료는 시료채취봉이 들어 있는 타격식
이나 나선형식의 토양시추 장비를 이용하여 채취
한다. 이때 시료채취봉의 직경기준은?(단, 토양오
염유발시설 지역 기준)

① 2.5cm 이상
② 2.0cm 이상
③ 1.5cm 이상
④ 1.0cm 이상

정답 14 ① 15 ② 16 ② 17 ① 18 ③ 19 ①

20 토양시료의 채취 및 보관에 관련된 다음의 설명 중 틀린 것은?(단, 일반지역 기준)

① 토양시료채취기가 없을 때는 삽을 이용하여 채취할 수 있다.
② 시안 및 유기물질 시험용 시료는 폴리에틸렌 봉지에 보관한다.
③ 수은 이외의 중금속 분석용 시료는 폴리에틸렌 봉지에 보관한다.
④ 불소 시험용 시료는 폴리에틸렌 봉지에 보관한다.

풀이 시안 및 유기물질 시험용 시료는 입구가 넓은 유리병에 넣어 보관한다.

21 다음 중 ( ) 안의 내용이 바르게 짝지어진 것은?(단, 토양오염유발시설지역)

BTEX 시료 채취 시 미리 준비한 시험관이란 마개가 있는 (㉮)mL 용량의 시험관에 (㉯) (㉰)mL를 넣고 미리 소수점 4째 자리에서 반올림하여 소수점 3째 자리까지 무게를 정확히 단 것을 말한다.

㉮	㉯	㉰
① 30, 메틸알코올, 10
② 50, 메틸알코올, 20
③ 50, 사염화탄소, 10
④ 30, 사염화탄소, 20

22 니켈, 아연 등 중금속 전함량 분석대상 물질의 시험용 시료 조제를 위한 체걸음 기준으로 가장 적절한 것은?

① 눈금간격 2mm(200메시)
② 눈금간격 2mm(100메시)
③ 눈금간격 0.15mm(200메시)
④ 눈금간격 0.15mm(100메시)

풀이 ㉠ 2mm의 표준체(10메시) 걸음 대상시료 : 비소, 카드뮴, 납, 구리, 6가 크롬 등의 중금속 가용성 함량 분석대상 물질
㉡ 0.15mm의 표준체(100메시) 걸음 대상시료 : 니켈, 아연 등 중금속 전 함량 분석대상물질
㉢ 0.075mm의 표준체(200메시) 걸음 대상시료 : 불소

23 일반적으로 시료채취지점 선정방법이 잘못된 경우는?

① 농경지의 토양시료 중에 카드뮴을 측정하기 위해 시료를 채취할 경우 대상지역 내에서 지그재그형으로 5~10개 지점을 선정한다.
② 공장지역의 토양시료 중에 카드뮴을 측정하기 위해 시료를 채취할 경우 대상지역의 중심이 되는 1개 지점과 주변 4방위의 5~10m 거리에 있는 1개 지점씩 총 5개 지점을 선정한다.
③ 농경지의 토양시료 중에 석유계 총 탄화수소를 측정할 경우 대상지역 내에서 대표치를 구할 수 있는 1개 지점을 선정한다.
④ 공장지역의 토양시료 중에 BTEX를 측정할 경우 대상지역의 중심이 되는 1개 지점과 주변 4방위의 5~10m 거리에 있는 1개 지점씩 총 5개 지점을 선정한다.

풀이 시안, 유기인화합물, 벤조(a)피렌, 석유계 총 탄화수소, 페놀, 폴리클로리네이티드비페닐, 벤젠, 톨루엔, 에틸벤젠, 크실렌, 트리클로로에틸렌 및 테트라클로로에틸렌 시험용 시료는 농경지 또는 기타 지역의 구분에 관계없이 대상지역을 대표할 수 있는 1개 지점 또는 오염의 개연성이 높은 1개 지점을 선정한다.

24 부지 내에서 토양오염을 유발시키는 지상저장시설의 끝단으로부터 수평방향으로 2m 떨어진 지점에서 시료를 채취할 경우 채취 깊이로 가장 적절한 것은?(단, 방유조 없음)

① 1m
② 2m
③ 3m
④ 4m

풀이 2m × 1.5배 = 3m

25 토양오염도검사를 위한 토양시료의 조제방법에 대해서 설명하였다. 옳지 않은 것은?(단, 수은 이외의 불소 및 중금속 시험용 시료)

① 채취한 토양시료는 법랑제 또는 폴리에틸렌제 배트(vat) 위에 균일한 두께로 하여 직사광선이 닿지 않는 장소에서 통풍이 잘 되게 헤쳐 놓고 풍건하여야 한다.
② 비소, 카드뮴, 납 등 중금속 가용성 함량 분석대상 물질은 눈금간격 2mm의 표준체(10메시)로 체걸음한다.
③ 니켈, 아연 등 중금속 전 함량 분석대상 물질은 눈금간격 0.15mm의 표준체(100메시)로 체걸음한다.
④ 체걸음한 시료는 균등량(약 100g)을 취하여 원추법에 의해 균일하게 혼합한다.

> **풀이** 체걸음한 시료는 각각 균등량(약 200g)을 취하여 사분법에 의해 균일하게 혼합하여 분석용 시료로 한다.
> ※ 법 변경사항이므로 학습하지 않아도 무방합니다.

26 토양오염도검사를 위한 토양시료 채취 시 토양시료채취기(Sampler)를 사용할 경우 토양 표면의 잡초나 유기물 등 이물질 층을 제거한 후 채취하는 시료의 양은?(단, 일반지역)

① 약 0.5kg　　② 약 1.0kg
③ 약 1.5kg　　④ 약 2.0kg

27 시료채취지점 선정에 있어, 시가지 지역에 대한 설명으로 가장 알맞은 내용은?(단, 일반지역 기준)

① 대상지역의 중심이 되는 1개 지점과 주변 4방위의 5~10m 거리에 있는 1개 지점씩 총 5개 지점 선정
② 대상면적의 중심에서 지름 5~10m의 원을 그려 임의로 4지점을 선정하고 지역 내 가장 심한 오염이 예상되는 2지점을 추가로 선정하여 총 6개 지점 선정
③ 대상지역 내에서 지그재그형으로 5~10개 지점 선정

④ 석유계 총 탄화수소시험용 시료는 3개 지점을 선정

28 토양시료채취기가 없을 때 모종삽 또는 삽 등과 같은 기구를 사용하여 표토층의 시료를 채취할 경우 다음 그림의 어느 부분에서 채취하는 것이 가장 적당한가?

① A부분의 흙을 채취한다.
② A와 B부분의 흙을 1:1로 혼합하여 채취한다.
③ A와 B부분의 흙을 1:2로 혼합하여 채취한다.
④ A부분을 제거한 다음 B부분의 흙을 채취한다.

29 다음은 지상저장시설에 대한 토양오염시료 채취지점의 설명이다. 각 (　) 안에 들어갈 내용을 순서대로 나타낸 것은?

토양오염물질(유류 등)의 누출이 인지되거나 토양오염의 개연성이 높은 2개 지점을 선정하되, 저장시설의 끝단으로부터 수평방형으로 (　) 이상 떨어진 지점에서 이격거리의 (　) 깊이까지로 한다. (단, 토양오염유발시설지역, 부지 내)

① 2.0m, 1.5배　　② 1.0m, 1.5배
③ 2.0m, 2.0배　　④ 1.0m, 2.0배

30 다음은 일반지역의 토양시료채취지점 선정 방법이다. 틀린 것은?

① 농경지의 경우는 대상지역 내에서 지그재그형으로 5~10개 지점을 선정한다.
② 농경지가 아닌 기타 지역의 경우는 대상지역의 중심이 되는 1개 지점과 주변 4방위의 5~10m 거리에 있는 1개 지점씩 총 5개 지점을 선정한다.

③ 카드뮴, 납 시험용 시료는 농경지인 경우는 대상 지역 내 대표치를 구할 수 있는 5개 지점, 기타 지역은 2개 지점 이상을 선정한다.

④ BTEX 및 석유계 총 탄화수소시험용 시료는 농경 지 또는 기타 지역의 구분에 관계없이 대상지역에 서 대표치를 구할 수 있는 1개 지점을 선정한다.

풀이 대상지역을 대표할 수 있는 토양시료를 채취하기 위 해, 농경지의 경우는 대상지역 내에서 지그재그형으 로 5~10개 지점을 선정한다.

31 다음 보기 중 수분함량을 측정하는 과정으로 틀린 것은?

① 증발접시는 미리 105~110℃에서 4시간 이상 건조 후 데시케이터에서 방랭하고 항량으로 무 게를 정확히 달아 사용한다.

② 시료는 수욕상에서 수분을 거의 날려 보내고 105~110℃의 건조기 안에서 4시간 동안 건조 한다.

③ 증발접시는 시료의 두께를 10mm 이하로 넓게 펼 수 있는 정도로 하부 면적이 넓은 것을 사용 한다.

④ 건조한 시료와 증발접시는 데시케이터 안에서 방 랭하고 항량으로 무게를 정확히 단다.

풀이 칭량병 또는 증발접시를 미리 105~110℃에서 1시 간 건조시킨 다음 실리카겔 등 흡습제가 있는 데시케 이터 안에서 식힌 후 사용하기 직전에 무게를 잰다.

32 수분함량 측정 시 105~110℃ 건조기 안에 서의 토양 건조시간은?(단, 시료와 증발접시를 수 욕상에서 수분을 거의 날려 보낸 후 건조기 안에서 의 건조시간 기준)

① 1시간   ② 2시간
③ 3시간   ④ 4시간

33 시료의 수분측정 결과 건조된 증발접시의 무 게(W_1)는 20.25g, 증발접시와 시료의 무게(W_2) 는 41.50g, 건조 후 증발접시와 시료의 무게(W_3) 는 35.50g이었다. 시료의 수분 함량은?

① 22.2%   ② 28.2%
③ 32.2%   ④ 38.2%

풀이 수분 함량(%)
$$= \frac{(W_2 - W_3)}{(W_2 - W_1)} \times 100$$
$$= \frac{(41.50 - 35.50)}{(41.50 - 20.25)} \times 100$$
$$= 28.2\%$$

34 조제된 산성 pH 표준액과 산화칼슘 흡수관을 부착하여 보관된 염기성 표준액은 각각 몇 개월 이 내에 사용하여야 하는가?

① 산성 pH 표준액 : 3개월, 염기성 pH 표준액 : 1개월

② 산성 pH 표준액 : 1개월, 염기성 pH 표준액 : 3개월

③ 산성 pH 표준액 : 1개월, 염기성 pH 표준액 : 6개월

④ 산성 pH 표준액 : 6개월, 염기성 pH 표준액 : 1개월

35 다음은 토양의 pH를 측정하는 방법에 대한 설명이다. ( ) 안에 알맞은 내용은?

시료 5g을 달아 50mL 비커에 취하고 증류수 25mL를 넣어 때때로 유리막대로 저어주면서 ( ) 방치 후 pH 미터를 측정한다.

① 15분   ② 30분
③ 1시간   ④ 2시간

36 0.0008N의 NaOH 용액의 pH는 얼마인가?

① 10.1　　　　② 10.6
③ 10.9　　　　④ 11.2

풀이　$pH = \log \dfrac{1}{[H^+]}$

$$[H^+] = \frac{1 \times 10^{-14}}{[OH^-]} = \frac{1 \times 10^{-14}}{[0.0008]} = 1.25^{-11}$$

$$\log \frac{1}{1.25^{-11}} = 10.9$$

37 토양오염공정시험방법의 수소이온농도 시험에 대한 설명이다. 옳지 않은 것은?

① pH 미터는 pH 표준액에 대하여 5회 되풀이하여 pH를 측정했을 때 그 재현성이 ±0.05 이내이어야 한다.
② pH 미터는 보통 유리전극 및 비교전극으로 된 검출부와 검출된 pH를 지시하는 지시부로 되어 있다.
③ 조제한 pH 표준액은 경질 유리병 또는 폴리에틸렌 병에 보관하며, 보통 산성표준액은 3개월 이내에 사용한다.
④ pH의 산성표준액으로는 수산염 표준액(0.5M), 탄산염 표준액(0.25M)을 사용한다.

풀이　pH의 산성표준액으로는 수산염 표준액(0.05M), 탄산염 표준액(0.025M)을 사용한다.

38 pH 측정법에 관한 설명 중 틀린 것은?

① 조제한 분석용 시료 5g에 증류수 25mL를 넣는다.
② 유리전극 및 표준전극을 넣고 60초 이내에 읽는다.
③ 토양 현탁액이 모두 가라앉은 후 상등액에 전극을 넣어 측정한다.
④ 장기간 방치할 경우 토양용액 중 미생물의 작용으로 pH가 낮아질 수도 있다.

풀이　전극을 넣을 때 토양 현탁을 만들어 주고 곧 넣어서 측정한다.

39 토양의 pH를 측정하는 시험방법에 대한 설명으로 틀린 것은?

① pH 11 이상의 시료는 오차가 크므로 알칼리에서 오차가 적은 특수전극을 쓰고 필요한 보정을 한다.
② 전극을 넣을 때 토양 현탁을 만들어 바로 넣어서 측정한다.
③ 토양을 너무 오래 방치하면 미생물의 작용으로 탄산가스가 발생하여 pH를 낮추는 경우가 있다.
④ pH(H2O)의 경우 토양용액의 근사치로 토양염류의 농도가 높아질수록 수치가 높아진다.

풀이　토양 중 염류의 농도가 높아지면 pH 값이 낮아지는 경우가 있다.

40 토양의 pH를 측정할 때 사용되는 pH 표준액 중 pH가 중성에 가장 가까운 것은?

① 인산염 표준액　　　② 수산염 표준액
③ 수산화칼슘 표준액　　④ 탄산염 표준액

풀이　온도별 표준액의 pH 값

온도 (℃)	수산염 표준액	프틸산염 표준액	인산염 표준액	붕산염 표준액	탄산염 표준액	수산화 칼슘 표준액
0	1.67	4.01	6.98	9.46	10.32	13.43
5	1.67	4.01	6.95	9.39	10.25	13.21
10	1.67	4.00	6.92	9.33	10.18	13.00
15	1.67	4.00	6.90	9.27	10.12	12.81
20	1.68	4.00	6.88	9.22	10.07	12.63
25	1.68	4.01	6.86	9.18	10.02	12.45
30	1.69	4.01	6.85	9.14	9.97	12.30
35	1.69	4.02	6.84	9.10	9.93	12.14
40	1.70	4.03	6.84	9.07	–	11.99
50	1.71	4.06	6.83	9.01	–	11.70
60	1.73	4.10	6.84	9.96	–	11.45

41 pH 표준액의 pH 값이 20℃에서 가장 낮은 값을 나타내는 표준액은?

① 수산화칼슘 표준액　　② 수산염 표준액
③ 인산염 표준액　　　　④ 붕산염 표준액

정답　36 ③　37 ④　38 ③　39 ④　40 ①　41 ②

42 pH 표준액의 pH 값이 맞게 연결된 것은?(단, 온도는 섭씨 15도)

① 프틸산염 표준액 : pH 12.81
② 인산염 표준액 : pH 6.90
③ 탄산염 표준액 : pH 9.27
④ 수산염 표준액 : pH 4.00

43 지르코늄 발색시약(Zirconium−SPANDS)에 의한 불소의 자외선/가시선 분광법 분석에 대한 내용 중 잘못된 것은?

① 불소는 진홍색의 지르코늄−발색시약과 반응할 경우 무색의 ZrF_6^{2-}를 형성하게 된다.
② 불소이온과 지르코늄 이온 사이의 반응속도는 반응 혼합물의 알칼리도에 따라 달라진다.
③ 시료에 잔류염소이온이 함유되어 있는 경우 잔류염소 0.1mg당 아비산나트륨 용액 한 방울을 가하고 혼합하여 제거한다.
④ 증류액의 노란색이 없어지면, 50% NaOH 용액을 추가하여 증류액의 알칼리성을 유지하도록 한다.

> **풀이** 불소이온과 지르코늄 이온 사이의 반응속도는 반응 혼합물의 산도에 따라 달라진다.

44 불소 분석방법에 관한 설명 중 틀린 것은? (단, 흡광광도법 기준)

① 다량의 염소이온이 함유되어 있을 경우 과량의 Ag^+ 이온을 첨가한다.
② 정량한계는 10mg/kg이다.
③ 불소이온과 지르코늄(Zirconium) 이온 사이의 반응속도는 반응혼합물의 산도에 따라 달라진다.
④ 지르코늄(Zirconium) 발색 시약과의 반응으로 진홍색의 음이온 복합체(ZrF_6^{2-})를 형성한다.

> **풀이** 지르코늄(Zirconium) 발색 시약과의 반응으로 무색의 음이온 복합체(ZrF_6^{2-})를 형성한다.

45 토양오염공정시험방법상 불소 정량방법으로 적절한 것은?

① 원자흡광광도법
② 자외선/가시선 분광법
③ 가스크로마토 그래프법
④ 유도결합 플라즈마 발광광도법

46 불소 표준원액의 농도는 $1,000\mu gF^-/mL$이다. 불소 표준원액 10mL를 정확히 취하여 물을 넣어 정확히 100mL로 했을 때 이 용액의 농도는?

① $1,000\mu gF^-/mL$ ② $100\mu gF^-/mL$
③ $10\mu gF^-/mL$ ④ $1\mu gF^-/mL$

> **풀이** 농도 $= \dfrac{1,000\mu gF^-/mL \times 10mL}{100mL}$
>
> $= 100\mu gF^-/mL$

47 불소 분석 방법에 관한 설명 중 틀린 것은?

① 다량의 염소이온이 함유되어 있을 경우 과량의 Ag^+ 이온을 첨가한다.
② 정량한계는 0.05mg/kg으로 한다.
③ 불소이온과 지르코늄(Zirconium) 이온 사이의 반응속도는 반응혼합물의 산도에 따라 달라진다.
④ 불소가 진홍색의 지르코늄(Zirconium) 발색 시약과의 반응으로 무색의 음이온 복합체(ZiF_6^{2-})를 형성한다.

> **풀이** 정량한계는 10mg/kg이다.

48 자외선/가시선 분광법을 이용하여 CN의 농도 측정 시 전처리를 하여야 한다. 이때 방해물질별 전처리 방법이 틀린 것은?

① 다량의 지방성분 함유시료 : 아세트산 또는 수산화나트륨 용액으로 pH 6~7로 조절하고 시료의 약 2%에 해당되는 노말헥산 또는 클로로포름을 넣어 짧은 시간 동안 흔들어 섞고 수층을 분리하여 시료로 취한다.

② 잔류염소 함유시료 : 잔류염소 20mg당 L－아스코르빈산(10W/V%) 0.6mL를 넣어 제거한다.

③ 시안화합물을 측정할 때 방해물질들은 증류하면 대부분 제거된다.

④ 황화합물 함유시료 : 질산나트륨(10W/V%) 2mL를 넣어 제거한다.

풀이 황화합물이 함유된 시료는 아세트산 아연 용액 (10W/V%) 2mL를 넣어 제거한다. 이 용액 1mL는 황화물이온 약 14mg에 해당된다.

49 다음은 토양 내 시안 측정방법 중 자외선/가시선 분광법 측정원리에 관한 내용이다. ( ) 안에 맞는 내용은?

pH 2 이하의 산성에서 EDTA를 넣고 가열 증류하여 시안화물 및 시안착화합물의 대부분을 시안화수소를 유출시키고 ( )에 포집한다.

① 클로라민 T 용액
② 수산화나트륨 용액
③ 피리딘 피라졸론 용액
④ 황산제이철암모늄 용액

50 다음 ( ) 안에 맞는 내용은?

원자흡수분광광도계에 사용하는 광원으로 좁은 선폭과 높은 휘도를 갖는 스펙트럼을 방사하는 ( )를 사용한다.

① 속빈음극램프
② 텅스텐램프
③ 수은램프
④ 중수소방전관

51 원자흡수분광광도계의 정도보증/정도관리에서 정확도의 내용으로 맞는 것은?

① 첨가한 표준물질의 농도에 대한 측정 평균값의 상대백분율로서 나타내고, 그 값이 70~130% 이내이어야 한다.

② 첨가한 표준물질의 농도에 대한 측정 평균값의 상대백분율로서 나타내고, 그 값이 70~100% 이내이어야 한다.

③ 첨가한 표준물질의 농도에 대한 측정 평균값의 상대백분율로서 나타내고, 그 값이 100~130% 이내이어야 한다.

④ 첨가한 표준물질의 농도에 대한 측정 평균값의 상대백분율로서 나타내고, 그 값이 130~150% 이내이어야 한다.

52 흡광광도 측정에서 투과율이 10%일 때의 흡광도는?

① 0.7
② 0.8
③ 0.9
④ 1.0

풀이 흡광도$(A) = \log \dfrac{1}{\text{투과율}} = \log \dfrac{1}{0.1} = 1.0$

53 투과 퍼센트가 40일 때의 흡광도는?

① 0.398
② 0.331
③ 0.276
④ 0.246

풀이 흡광도$(A) = \log \dfrac{1}{\text{투과율}} = \log \dfrac{1}{0.4} = 0.398$

54 원자흡수분광광도법에 의한 금속별 측정파장이 틀린 것은?

① 구리 : 324.7nm
② 납 : 283.3nm
③ 니켈 : 232.0nm
④ 아연 : 228.8nm

풀이 ④ 아연 : 213.9nm

정답 49 ② 50 ① 51 ① 52 ④ 53 ① 54 ④

55 유도결합플라즈마 원자발광광도법에서 플라즈마 가스로 사용되는 가스의 종류로 가장 적절한 것은?

① 수소
② 질소
③ 아르곤
④ 헬륨

56 다음 보기 중 ICP 발광광도 분석장치를 구성하는 요소와 가장 거리가 먼 것은?

① 고주파전원부
② 시료도입부
③ 분광부
④ 시료원자화부

풀이 분석장치는 시료도입부, 고주파전원부, 광원부, 분광부, 연산처리부 및 기록부로 구성된다.

57 유도결합플라즈마−원자발광분광계에 사용되는 아르곤 가스의 순도는?

① 95.99% 이상
② 96.99% 이상
③ 98.99% 이상
④ 99.99% 이상

58 유도결합플라즈마−원자발광분광계에 의한 금속별 측정파장이 틀린 것은?

① 구리 : 226.50nm
② 납 : 220.35nm
③ 비소 : 193.70nm
④ 아연 : 213.85nm

풀이 ① 구리 : 324.75nm

59 유도결합플라즈마−원자발광분광계에 의한 금속별 정량한계가 맞는 것은?

① 구리 : 0.03mg/kg
② 납 : 0.02mg/kg
③ 니켈 : 0.035mg/kg
④ 비소 : 0.025mg/kg

풀이 금속별 정량한계
  ㉠ 구리 : 1.0mg/kg
  ㉡ 납 : 1.50mg/kg
  ㉢ 니켈 : 0.40mg/kg
  ㉣ 비소 : 1.50mg/kg
  ㉤ 아연 : 1.0mg/kg
  ㉥ 카드뮴 : 0.10mg/kg

60 구리를 유도결합플라즈마−원자발광분광법으로 분석 시 정밀도(%RSD)는?

① 10% 이내
② 20% 이내
③ 30% 이내
④ 40% 이내

61 수소화물생성−원자흡수분광법으로 비소를 분석 시 정량한계는?

① 0.1mg/kg
② 0.01mg/kg
③ 0.2mg/kg
④ 0.02mg/kg

62 비소의 측정방법이다. ( ) 안의 내용으로 맞는 것은?

토양에 염산과 질산으로 산분해하여 전처리한 시료 용액 중의 비소를 3가 비소로 예비 환원한 다음 ( ) 용액과 반응하여 생성된 비화수소를 원자화시켜 ( )nm에서 수소화물생성−원자흡수분광광도법에 따라 정량한다.

① 수소화붕소나트륨, 450
② 수산화나트륨, 450
③ 수소화붕소나트륨, 193.7
④ 수산화나트륨, 193.7

63 수은−냉증기 원자흡수분광광도법에서 수은을 원자상태로 환원시키는 물질은?

① 염화제일주석용액
② 염산
③ 질산
④ 정제수

64 수은−냉증기 원자흡수분광광도법의 정량한계는?

① 0.1mg/kg
② 0.05mg/kg
③ 0.001mg/kg
④ 0.0001mg/kg

정답 55 ③ 56 ④ 57 ④ 58 ① 59 ① 60 ③ 61 ① 62 ③ 63 ① 64 ②

65 6가 크롬의 분석방법 중 옳은 것은?

① 이온전극법
② 자외선/가시선 분광법
③ 유도결합플라즈마 – 원자발광분광법
④ 기체크로마토그래피법

66 6가 크롬(Cr^{6+})을 자외선/가시선 분광법으로 분석하고자 할 때의 내용으로 틀린 것은?

① 디페닐카르바지드법
② 흡광도 : 357.9nm
③ 정량한계 : 0.5mg/kg
④ 적자색 착화합물의 흡광도

풀이 ② 흡광도 : 540nm

67 다음 중 6가 크롬에 작용시켜 생성하는 적자색의 착화합물의 흡광도를 540nm에서 측정하여 6가 크롬을 정량하는 방법은?

① 디에틸디티오카르바민산은법
② 디메틸글리옥심법
③ 디페닐카르바지드법
④ 피리딘 – 피라졸론법

68 자외선/가시선 분광법을 이용하여 6가 크롬을 정량할 때 시료에 공존하는 잔류염소를 제거하는 과정에서 사용되는 시약은?

① 수산화나트륨 용액
② 황산나트륨 용액
③ 피로인산나트륨 – 10수화물 용액
④ 과망산산칼륨 용액

풀이 시료 중에 잔류염소가 공존하면 발색을 방해한다. 이때는 시료에 수산화나트륨 용액(20W/V%)을 넣어 pH 12 정도로 조절한 다음 입상활성탄을 10% 정도 넣고 자석교반기로 약 30분간 교반하여 여과한 액을 시료로 사용한다.

69 토양에서 분석대상 유기인계 화합물로 규정되지 않은 성분은?

① 이피엔
② 말라티온
③ 다이아지논
④ 펜토에이트

풀이 분석대상 유기인화합물
  ㉠ 이피엔
  ㉡ 파라티온
  ㉢ 디메톤
  ㉣ 다이아지논
  ㉤ 펜토에이트

70 유기인을 가스크로마토그래피법으로 정량화할 때 노말헥산으로 추출할 경우 메틸 디메톤의 추출률이 낮아질 수 있는데 이때는 어떤 추출액을 사용해야 하는가?

① 디클로로메탄과 노말헥산의 15 : 85 혼합액을 사용한다.
② 디클로로메탄과 노말헥산의 85 : 15 혼합액을 사용한다.
③ 클로로포름과 노말헥산의 15 : 85 혼합액을 사용한다.
④ 클로로포름과 노말헥산의 85 : 15 혼합액을 사용한다.

71 다음 중 가스크로마토그래피법으로 유기인을 정량 시 사용되는 정제용 컬럼과 가장 거리가 먼 것은?

① 실리카겔 컬럼
② 플로리실 컬럼
③ 활성알루미나 컬럼
④ 활성탄 컬럼

72 유기인화합물 – 기체크로마토그래피의 운반기체에 대한 내용이다. ( ) 안에 알맞은 것을 고르면?

운반기체는 부피백분율 ( ) 이상의 헬륨(또는 질소)을 사용한다.

① 99%
② 99.9%
③ 99.99%
④ 99.999%

정답 65 ② 66 ② 67 ③ 68 ① 69 ② 70 ① 71 ③ 72 ④

73 유기인화합물－기체크로마토그래피 기기분석 조건에서 분획비는?

① $\frac{1}{2}$ ② $\frac{1}{5}$
③ $\frac{1}{7}$ ④ $\frac{1}{10}$

74 석유계 총 탄화수소(TPH)의 분석에서 검량선 작성을 위해 사용하는 표준물질의 짝수의 노말알칸의 범위는?

① $C_8 \sim C_{40}$ ② $C_2 \sim C_{30}$
③ $C_{10} \sim C_{50}$ ④ $C_4 \sim C_{30}$

75 토양시료 중 석유계 총 탄화수소의 정량법에 대한 설명으로 잘못된 것은?

① 검출기는 불꽃 이온화 검출기를 사용한다.
② 디클로로메탄으로 추출하여 정제한다.
③ 정량한계는 석유계 총 탄화수소로 0.1mg/kg 이상으로 한다.
④ 짝수의 노말알칸($C_8 \sim C_{40}$) 표준물질의 총 면적과 시료피크의 총 면적을 비교하여 정량한다.

풀이 정량한계 : 석유계 총 탄화수소로 50mg/kg

76 토양시료 중 석유계 총 탄화수소의 측정(원리)에 관한 설명과 가장 거리가 먼 것은?

① 비등점이 낮은(80~120℃) 유류에 속하는 제트유, 등유, 경유 등의 측정에 적용한다.
② 디클로로메탄으로 추출하여 정제한다.
③ 가스크로마토그래피법을 적용하여 정량한다.
④ 정량한계는 석유계 총 탄화수소로 10mg/kg이다.

풀이 정량한계는 비등점이 높은(150~500℃) 유류에 속하는 제트유, 등유, 경유, 벙커C유, 윤활유, 원유 등의 측정에 적용한다.

77 석유계 총 탄화수소(TPH)를 포함한 시료의 보존기준에 대한 내용으로 맞는 것은?

① 채취한 시료를 즉시 실험할 수 없을 경우 0~4℃ 냉암소에서 보존하고 20일 이내에 추출하여야 하며, 시료채취일로부터 40일 이내에 분석하여야 한다.
② 채취한 시료를 즉시 실험할 수 없을 경우 0~4℃ 냉암소에서 보존하고 20일 이내에 추출하여야 하며, 시료채취일로부터 60일 이내에 분석하여야 한다.
③ 채취한 시료를 즉시 실험할 수 없을 경우 0~4℃ 냉암소에서 보존하고 14일 이내에 추출하여야 하며, 시료채취일로부터 40일 이내에 분석하여야 한다.
④ 채취한 시료를 즉시 실험할 수 없을 경우 0~4℃ 냉암소에서 보존하고 14일 이내에 추출하여야 하며, 시료채취일로부터 60일 이내에 분석하여야 한다.

78 TPH(석유계 총 탄화수소)의 정량에 관한 내용으로 틀린 것은?

① 비등점이 높은(150~500℃) 유류 측정에 사용
② 디클로로메탄으로 추출
③ 정량한계는 석유계 총 탄화수소로 10mg/kg
④ 홀수의 노말알칸($C_3 \sim C_{21}$) 표준물질 면적 기준

풀이 짝수의 노말알칸($C_8 \sim C_{40}$) 표준물질 면적 기준

79 토양오염공정시험방법상 토양시료 중 페놀류의 시험법에 대한 설명으로 잘못된 것은?

① 토양에서 페놀 및 펜타클로로페놀의 추출은 아세톤/노말헥산(1 : 1)을 이용한다.
② KD 장치를 사용한 농축법을 활용한다.
③ 페놀류 추출 시 무수황산나트륨을 첨가하여 극성을 최소화한다.
④ 측정장비로 가스크로마토그래프－불꽃이온화검출기를 활용한다.

풀이 페놀류 추출 시 수분이 많은 시료의 경우 시료 추출 동안 물이 흐르지 않도록 무수황산나트륨을 충분량 첨가하여 극성을 최대화한다.

80 가스크로마토그래피법에 의한 페놀류 분석에 관한 설명 중 틀린 것은?

① 페놀화합물을 사염화탄소 : 노말헥산(1 : 10)으로 추출한다.
② 불꽃이온화검출기(FID)를 이용한다.
③ 운반가스는 헬륨을 사용한다.
④ 구데르나다니쉬형 농축기를 사용한다.

풀이 페놀화합물을 아세톤 : 노말헥산(1 : 1)으로 추출한다.

81 페놀류-기체크로마토그래피 분석 시 불꽃이온화 검출기에 검출되는 정량한계는?

① 페놀 : 0.02mg/kg,
   펜타클로로페놀 : 0.1mg/kg
② 페놀 : 0.2mg/kg,
   펜타클로로페놀 : 0.1mg/kg
③ 페놀 : 0.02mg/kg,
   펜타클로로페놀 : 0.01mg/kg
④ 페놀 : 0.2mg/kg,
   펜타클로로페놀 : 0.01mg/kg

82 폴리클로리네이티드비페닐(PCB)의 분석내용으로 가장 알맞은 것은?

① 검출기 : 주로 FID 사용
② 정량한계 : 0.001μg/kg
③ 충진컬럼을 사용할 때 운반가스 유속
   : 10~30mL/분
④ GC에 표준용액 주입량 : 1~3μL

풀이 ① 검출기 : 전자포획형 검출기(ECD)
   ② 정량한계 : 0.05mg/kg
   ③ 충진컬럼을 사용할 때 운반가스 유속 : 0.5~3mL/min

83 토양 중 폴리클로리네이티드비페닐(PCB)을 추출하기 위해 사용하는 용매는?

① 아세톤   ② 사염화탄소
③ 클로로포름   ④ 노말헥산

84 PCB를 가스크로마토그래프법으로 정량화할 때에 관한 내용으로 틀린 것은?

① PCB를 헥산으로 추출한다.
② 추출액은 실리카겔 또는 플로리실컬럼을 통과시켜 정제한다.
③ 검출기는 전자포획형 검출기를 사용한다.
④ 운반가스는 네온 또는 수소를 이용한다.

풀이 운반가스는 질소 또는 헬륨을 이용한다.

85 휘발성 유기화합물-퍼지-트랩 기체크로마토그래피-질량분석법에서 퍼지-트랩장치의 구성요소가 아닌 것은?

① 퍼지부   ② 트랩관
③ 탈착부   ④ 고온냉각부

풀이 고온냉각부가 아니라 냉각응축부이다.

86 휘발성 질량분석법에서 새로운 검정곡선을 작성하여야 하는 편차백분율은?

① ±5% 이상   ② ±10% 이상
③ ±15% 이상   ④ ±20% 이상

87 퍼지-트랩 가스크로마토그래프법으로 톨루엔을 측정할 때의 정량한계로 알맞은 것은?

① 0.01mg/kg   ② 0.1mg/kg
③ 0.05mg/kg   ④ 0.5mg/kg

88 시료 중에 함유되어 있는 BTEX를 추출할 때 사용하는 물질로 가장 적합한 것은?

① 에틸알코올　　　② 메틸알코올
③ 디클로로메탄　　④ 사염화탄소

89 BTEX 분석에 대한 설명으로 틀린 것은?

① 정량한계는 0.1mg/kg이다.
② 시료 중의 BTEX를 헥산 또는 사염화탄소로 추출하여 검액을 얻는다.
③ 시험관에 채취된 시료를 즉시 실험할 수 없는 경우에는 0~4℃ 냉암소에서 보존하고 14일 이내에 분석에 사용하여야 한다.
④ 원심분리기는 4℃ 이하에서 원심분리가 가능하여야 한다.

풀이 ② 메틸알코올로 추출한다.

90 가스크로마토그래피로 BTEX를 정량하는 방법에 대한 설명으로 틀린 것은?

① 검출기는 불꽃이온화검출기(FID)를 사용한다.
② 시료도입부 온도는 150~250℃이다.
③ 운반기체의 유량은 0.5~4mL/min으로 한다.
④ BTEX의 정량한계 0.05mg/kg으로 한다.

풀이 벤젠, 톨루엔, 에틸벤젠, 크실렌의 정량한계는 각각 0.2mg/kg, 0.1mg/kg, 0.1mg/kg, 0.5mg/kg이다.

91 TCE를 가스크로마토그래피법으로 정량화할 때의 설명으로 바르지 않은 것은?

① 정량한계는 0.1mg/kg으로 한다.
② 불꽃이온화검출기(량)가 주로 사용된다.
③ 내부표준액으로 플루오르벤젠을 사용한다.
④ 시료 중의 TCE를 메틸알코올로 추출하여 검액을 제조한다.

풀이 트리클로로에틸렌(TCE), 테트라클로로에틸렌(PCE)의 검출기로는 전자포획형 검출기(ECD)가 주로 이용된다.

92 저장물질이 없는 누출검사대상시설을 비파괴시험법으로 누출검사를 할 경우 사용되는 시험장비 중 초음파 두께 측정기에 관한 기준으로 맞는 것은?(단, 공정시험 기준)

① 정기적으로 교정되고 10분의 1 밀리미터 이상의 분해능을 갖는 것이어야 한다.
② 정기적으로 교정되고 100분의 1 밀리미터 이상의 분해능을 갖는 것이어야 한다.
③ 정기적으로 교정되고 1,000분의 1 밀리미터 이상의 분해능을 갖는 것이어야 한다.
④ 정기적으로 교정되고 10,000분의 1 밀리미터 이상의 분해능을 갖는 것이어야 한다.

93 저장물질이 없는 누출검사대상시설의 누출검사방법인 비파괴시험법 중 침투탑상시험에 관한 내용이다. ( ) 안에 맞는 것은?

시험판 표면에 침투액을 적용하면 ( )이 있는 경우 모세관 현상에 의하여 침투액이 ( )으로 침투하게 되며 이때 현상액을 적용하여 표면결함 속에 침투된 침투액을 현상함으로써 육안으로 결함 유무를 식별하는 시험방법이다.

① 열린 결함　　② 표준 결함
③ 결합 결함　　④ 누설 결함

94 저장물질이 없는 누출검사대상시설의 누출검사방법인 비파괴시험법의 주의사항이다. ( ) 안에 맞는 것은?

탱크 내부에 진입하기 전에 가연성 가스 농도 측정기를 사용하여 내부의 가스농도를 측정하여 당해 위험물의 폭발하한의 ( )임을 확인하여야 한다.

① $\frac{1}{2}$ 이하　　② $\frac{1}{3}$ 이하
③ $\frac{1}{4}$ 이하　　④ $\frac{1}{5}$ 이하

95 토양오염공정시험기준에서 저장물질이 없는 지하매설저장시설의 누출검사방법 중 가압시험법에서 누출 여부의 판정기준으로 가장 적절한 것은?

① 안정된 압력 확인 후 30분 동안 측정된 압력강하가 안정된 시험압력의 10%를 초과할 경우에는 불합격

② 안정된 압력 확인 후 30분 동안 측정된 압력강하가 안정된 시험압력의 15%를 초과할 경우에는 불합격

③ 안정된 압력 확인 후 50분 동안 측정된 압력강하가 안정된 시험압력의 10%를 초과할 경우에는 불합격

④ 안정된 압력 확인 후 50분 동안 측정된 압력강하가 안정된 시험압력의 15%를 초과할 경우에는 불합격

96 지하매설저장시설의 누출시험에서 주의할 사항 중 옳지 않은 것은?(단, 저장 물질이 없는 지하매설저장시설, 가압시험법)

① 시험기간 동안 화기의 사용을 금한다.

② 기상변화가 심할 때는 정도에 따라 보정하여 시험을 하여야 한다.

③ 시험기간 동안 진동 등 압력변화에 영향을 주는 경우가 없도록 한다.

④ 누출 여부 판단을 위한 누출검사대상시설의 가압을 위해서 과도한 속도로 압력이 상승하지 않도록 한다.

풀이 기상변화가 심할 때는 시험을 실시하지 않는다.

97 압력을 이용한 누출 여부 측정의 오류원인에 대한 예로 부적절한 것은?(단, 가압시험법, 저장물질이 없는 지하매설저장시설 기준)

① 최고 설정압력의 오류

② 시험압력 유지시간이 너무 길 때

③ 측정기간 동안 온도 변화에 의한 내용물의 체적변화

④ 누출검사대상시설 이외의 연결관 및 연결부의 오류로 인한 누출

풀이 시험압력 유지시간이 너무 짧을 때가 오류요인이 된다.

98 저장물질이 없는 지하매설저장시설의 가압시험법에서 시험압력 변화의 기준이 되는 '안정된 시험압력'의 정의는?

① 가압 후 유지시간 동안 압력강하가 시험압력의 5% 이하인 압력을 말함

② 가압 후 유지시간 동안 압력강하가 시험압력의 10% 이하인 압력을 말함

③ 가압 후 유지시간 동안 압력강하가 시험압력의 15% 이하인 압력을 말함

④ 가압 후 유지시간 동안 압력강하가 시험압력의 20% 이하인 압력을 말함

99 저장물질이 없는 누출검사대상시설의 누출검사방법인 가압시험법에 사용되는 기기 및 기구에 관한 설명으로 틀린 것은?

① 가압장치 : 불활성 가스 용기 및 압력조절장치

② 안전밸브 : 5kgf/cm² 이하에서 작동될 것

③ 압력계(압력자기기록계) : 최소눈금이 시험압력의 5% 이내이고, 이를 읽고 측정압력의 기록이 가능한 압력계

④ 온도계 : 시험압력에 충분히 견딜 수 있는 것으로 최소눈금 1℃ 이하를 읽고 기록이 가능한 온도계

풀이 안전밸브는 $0.7kgf/cm^2$ 이하에서 작동되어야 한다.

100 저장물질이 없는 누출검사대상시설의 가압시험법에 의한 누출검사에서 '안정된 시험압력'이라 함은 가압 후 유지시간 동안 압력강하가 시험압력의 몇 % 이하인 압력을 말하는가?

① 15%　　　　　　② 20%

③ 25%　　　　　　④ 30%

101 단일벽 또는 이중벽 구조의 저장물질이 없는 누출검사 대상시설 및 그 부속배관의 누출 여부를 판단하기 위해서 적용하는 시험법은?

① 액면레벨측정법 ② 비파괴 음파탐상법
③ 가압시험법   ④ 미감압시험법

102 저장물질이 있는 지하매설저장시설의 기상부 미감압시험의 측정방법을 맞게 설명한 것은?

① 시험을 위한 진공속도는 매분 100mmH$_2$O 이상이 되도록 한다.
② 압력 안정화 유지시간 이후부터 매분마다 60분 또는 70분 동안의 압력변화를 측정한다.
③ 압력측정기간 동안 저장내용물의 온도는 15~25℃ 범위 이내에서만 측정한다.
④ 액체가 채워진 부분에 대하여는 액면레벨측정법에 의한 누출시험을 별도로 실시하여야 한다.

풀이 ① 시험을 위한 진공속도는 매분 100mmH$_2$O 미만이 되도록 한다.
② 압력 안정화 유지시간 이후부터 매 5분마다 60분 또는 70분 동안의 압력변화를 측정한다.
③ 압력측정기간 동안 저장내용물의 온도는 0~30℃ 범위 이내에서만 측정한다.

103 저장물질이 있는 지하매설저장시설의 기상부 시험법에서 미감압시험법의 판정기준과 관계없는 사항은?

① G값   ② T값
③ P값   ④ S값

풀이 ① G값 : 측정 개시시점과 60분 경과시점의 압력차
② T값 : 측정 개시 후 60분 경과시점과 70분 경과시점의 압력차
③ P값 : 측정 개시 후 30분 경과시점과 60분 경과시점의 압력차

104 저장물질이 있는 지하매설저장시설의 누출검사방법 중 기상부의 미감압시험법을 설명하였다. 옳지 않은 것은?

① 누출시험은 압력안정화 - 압력변화 측정 - 감압조작 - G, T, R값 측정 - 판정의 순서로 시행한다.
② 시험을 위한 진공속도는 매분 100mmH$_2$O 미만이 되도록 한다.
③ 누출 여부에 대한 추가확인을 위하여 마이크로폰 등 추가적인 도구를 사용할 수 있다.
④ 미감압시험법의 감압조작은 -200mmH$_2$O, -400mmH$_2$O 및 -1,000mmH$_2$O 중에서 선택하여 안전하게 감압시킨다.

풀이 기상부의 미감압시험법 순서
㉠ 압력안정화
㉡ 감압조작
㉢ 압력변화 측정
㉣ G, T, R값 측정
㉤ 판정

105 저장물질이 있는 누출검사대상시설의 기상부 시험법 중 미감압시험 측정방법에 대한 설명으로 틀린 것은?

① 시험을 위한 진공속도는 매분 100~200mmH$_2$O 범위를 유지한다.
② 압력 안정화 유지시간 이후부터 매 5분마다 60분 또는 70분 동안의 압력변화를 측정한다.
③ 압력측정기간 동안 저장내용물의 온도는 0~30℃ 범위 이내에서만 측정한다.
④ 액체가 채워진 부분에 대하여는 액면레벨측정법에 의한 누출시험을 별도로 실시하여야 한다.

풀이 시험을 위한 진공속도는 매분 100mmH$_2$O 미만이 되도록 한다.

106 미가압 시험법에 사용하는 압력계의 정밀도는?(단, 저장물질이 있는 지하매설저장시설, 기상부 시험법)

① 최소눈금이 1mmH₂O를 읽을 수 있는 압력계
② 최소눈금이 5mmH₂O를 읽을 수 있는 압력계
③ 최소눈금이 10mmH₂O를 읽을 수 있는 압력계
④ 최소눈금이 50mmH₂O를 읽을 수 있는 압력계

107 저장물질이 있는 지하매설저장시설의 미가압시험법을 이용하여 누출시험할 경우 주의사항으로 옳지 않은 것은?

① 드롭파이프의 지름은 밸브 측 배관지름보다 작게 함
② 시험종료 후 가스 방출은 안전한 장소로 방출하도록 함
③ 가압장치는 300mmH₂O 이상의 압력이 가해지지 않도록 안전장치를 설치함
④ 안전장치는 수중드롭 방식으로 함

> **풀이** 드롭파이프의 지름은 밸브 측 배관지름보다 크게 한다.

108 저장물질이 있는 누출검사대상시설의 누출검사방법 중 기상부의 미가압시험법의 측정방법에 대한 설명이다. 옳지 않은 것은?

① 질소가스 등으로 200mmH₂O의 압력이 될 때까지 공간용적 1m³당 1분 이상의 시간을 두고 천천히 가압한다.
② 가압 후 15분 이상 유지시간을 두어 안정시키고, 그 이후 15분 동안의 압력강하를 측정한다.
③ 누출검사대상시설의 개구부를 밸브 또는 막음판 등을 사용하여 완전히 폐쇄하고 5분 이상 압력을 안정시킨다.
④ 가압속도는 누출검사대상시설 공간용적 1m³당 5분 이상이 되도록 가압시간을 조정한다.

> **풀이** 가압속도는 누출검사대상시설 공간용적 1m³당 1분 이상이 되도록 가압시간을 조정한다.

109 저장물질이 있는 누출검사대상시설의 기상부 누출검사방법인 미가압시험법의 판정기준으로 맞는 것은?

① 측정한 누출검사대상시설 내의 압력강하량이 3mmH₂O를 초과한 경우에는 불합격으로 한다.
② 측정한 누출검사대상시설 내의 압력강하량이 6mmH₂O를 초과한 경우에는 불합격으로 한다.
③ 측정한 누출검사대상시설 내의 압력강하량이 8mmH₂O를 초과한 경우에는 불합격으로 한다.
④ 측정한 누출검사대상시설 내의 압력강하량이 10mmH₂O를 초과한 경우에는 불합격으로 한다.

110 저장물질이 없는 누출검사대상시설의 누출검사방법 중 가압시험법에 사용되는 기구 및 기기에 대한 설명으로 틀린 것은?

① 온도계는 시험압력에 충분히 견딜 수 있는 것으로서 최소 눈금 1℃ 이하를 읽고 기록이 가능해야 한다.
② 사용가스는 가압매체로 질소 등의 불활성 가스를 사용한다.
③ 안전밸브는 0.7kgf/cm² 이하에서 작동하여야 한다.
④ 압력계는 최소눈금이 시험압력의 10% 이내이고, 이를 읽고 측정압력의 기록이 가능한 것을 사용한다.

> **풀이** 압력계는 최소눈금이 시험압력의 5% 이내이고, 이를 읽고 측정압력의 기록이 가능한 압력계이어야 한다.

111 저장물질이 있는 누출검사대상시설의 기상부 누출검사 중 미가압시험법에 대한 주의사항으로 틀린 것은?

① 기상변화가 심할 때는 시험을 실시하지 않음
② 시험 종료 후 가스 방출은 안전한 장소로 방출되도록 함
③ 가압장치는 300mmHg 이상의 압력이 가해지지 않도록 안전장치를 설치함

④ 안전장치는 수중드롭 방식으로 하고 드롭파이프의 지름은 밸브 측 배관 지름보다 크게 함

풀이 가압장치는 300mmH₂O 이상의 압력이 가해지지 않도록 안전장치를 설치함

112 저장물질이 있는 누출검사대상시설－기상부 시험법 중 미감압시험에 대한 내용이 맞는 것은?

① 저장물질이 20℃에서 점도가 150cst 이하인 물질인 경우에 적용
② 저장물질이 25℃에서 점도가 150cst 이하인 물질인 경우에 적용
③ 저장물질이 20℃에서 점도가 180cst 이하인 물질인 경우에 적용
④ 저장물질이 25℃에서 점도가 180cst 이하인 물질인 경우에 적용

113 배관시설－가압 및 미감압시험법의 기구에 대한 설명 중 잘못된 것은?

① 압력계 : 최소눈금 1mmH₂O를 읽을 수 있는 정밀도를 가져야 한다.
② 온도계 : 시험압력에 충분히 견딜 수 있는 것으로서 최소눈금이 1℃ 이하를 읽고 기록이 가능하여야 한다.
③ 사용가스 : 불활성 가스를 감압매체로 사용한다.
④ 안전장치 : 시험압력의 1.1배 부근에서 작동할 수 있는 안전밸브를 갖추어야 한다.

풀이 사용가스는 불활성 가스를 가압매체로 사용한다.

114 토양오염 개연성을 판단하는 1단계 부지환경평가의 내용과 가장 거리가 먼 것은?(단, 미국품질검사규격협회의 토양오염도조사 기준)

① 자료평가
② 관계자 면담
③ 현장조사
④ 서류검토

115 토양오염에 대한 건강위해성평가 과정 중 가장 마지막 단계에 해당되는 것은?

① 노출 평가
② 유해성 인식
③ 유해의 특성화
④ 독성 평가

풀이 토양오염에 대한 건강위해성 평가
㉠ 1단계 : 유해성 인식
㉡ 2단계 : 노출 평가
㉢ 3단계 : 독성 평가
㉣ 4단계 : 유해의 특성화

116 오염지반의 조사방법 중 지표 물리탐사 방법에 해당되는 것은?

① 시추조사
② 공중 원격탐사
③ 관입조사
④ 전기탐사

117 토양오염도 조사 시 2단계 부지환경평가 내용과 가장 거리가 먼 것은?(단, ESA 기준)

① 작업계획 수립
② 대상부지의 서류 검토
③ 조사활동
④ 자료평가

풀이
1. 1단계 : 부지환경 평가(Phase Ⅰ ESA)
㉠ 서류검토(Record Review)
㉡ 현장조사(Site Reconnaissance)
㉢ 관계자 면담(Interview)
㉣ 평가 및 보고서 작성(Evaluation and Report Preparation)

2. 2단계 : 부지환경 평가(Phase Ⅱ ESA)
㉠ 작업계획 수립(Work Plan Development)
㉡ 조사활동(Investigative Activities)
㉢ 자료평가(Evaluation of Data)
㉣ 결과해석(Interpretation of Results)
㉤ 보고서 작성(Phase Ⅱ ESA Report Preparation)

118 토양오염등급의 기준 중 토양오염대책기준 초과지역의 색으로 맞는 것은?

① 청색
② 녹색
③ 노란색
④ 빨간색

풀이 오염등급의 구분

등급	등급기준	색 구분
I	토양오염우려기준의 40% 미만인 지역	청색
II	토양오염우려기준의 40% 이상부터 토양오염우려기준 미만인 지역	녹색
III	토양오염우려기준 이상부터 토양오염대책기준 미만인 지역	노란색
IV	토양오염대책기준 초과지역	빨간색

119 사전복원목표에 대한 위해성 평가단계(PRG)에 해당되지 않는 것은?

① 우려대상 매체 확인
② 미래토지 이용 여부 결정
③ 독성정보
④ 개념적인 지역모델 개발

풀이 1. 사전복원목표에 대한 위해성 평가단계 : PRG
    ㉠ 1단계 : 우려대상 매체 확인
    ㉡ 2단계 : 우려대상 화학물질 확인
    ㉢ 3단계 : 미래토지 이용 여부 결정
    ㉣ 4단계 : 노출경로, 노출인자, 계산수식 확인
    ㉤ 5단계 : 독성정보
    ㉥ 6단계 : 목표 위해도 수준
    ㉦ 7단계 : PRG의 수정 단계

2. 토양선별농도 지침에 대한 위해성 평가단계 : SSL
    ㉠ 1단계 : 개념적인 지역모델 개발
    ㉡ 2단계 : 개념적인 지역모델과 토양선별농도 시나리오의 비교
    ㉢ 3단계 : 수집이 필요한 자료를 결정
    ㉣ 4단계 : 오염지역 토양의 채취와 분석
    ㉤ 5단계 : 부지특이적인 토양선별농도의 계산
    ㉥ 6단계 : 오염지역의 토양오염물질의 농도와 계산된 토양검사기준과의 비교
    ㉦ 7단계 : 추가조사가 필요한 면적의 결정

정답 119 ④

PART 03

토양 및 지하수 정화기술

001 오염토양의 처리장소 위치에 따른 구분

1. 원위치 처리방법(In Situ)

오염 또는 축적된 토양을 이송하지 않고 오염장소에서 오염물질을 제거·분해하여 처리하는 기술이다.

(1) 원위치 처리방법의 적용 조건

① 처리량이 많을 경우
② 오염원의 분포가 광범위할 경우
③ 오염원의 농도가 낮을 경우
④ 처리부지 확보가 곤란할 경우
⑤ 처리비용이 낮을 경우
⑥ 처리기간이 길 경우

(2) 장점(Ex – Situ의 상대적)

① 처리비용이 적음
② 오염토양 및 지하수 동시처리 가능
③ 기타 환경문제가 발생하지 않음

(3) 단점

① 오염토양 처리시 처리기간이 많이 소요
② 지하수 내로 오염물질의 유입 가능성
③ 처리효율에 대한 확신이 곤란
④ 오염토양의 투수성 낮으면 적용 곤란

(4) 종류

① 토양증기 추출법(SVE ; Soil Vapor Extraction)
② 생물학적 분해법(생분해법, Biodegration)
③ 바이오 벤팅법(Bioventing)
④ 바이오 슬러핑법(Bioslurping)
⑤ 바이오 스파징법(Biosparging)
⑥ 진균이용 처리법(백색부유균, White Rot Fungus)

⑦ 고형화/안정화 처리법(Solidfication/Stabilization)
⑧ 공기분사법(Air Sparging)
⑨ 수직차단법(Vertical Cut Off Walls)
⑩ 유리화법(Vitrification)
⑪ 동전기정화법(Electrokinetic Separation)
⑫ 식물정화법(Phytoremediation)
⑬ 자연저감법(Natural Attenuation)
⑭ 토양수세(세정)법(Soil Flushing)
⑮ 압축공기파쇄추출법(Pneumatic Fracturing)

 **Reference** 매립지의 기능

① 저류기능　　② 치수기능　　③ 처리기능

2. 굴착 후(탈 위치) 처리방법(Ex-Situ)

오염 또는 축적된 토양을 굴착하여 이송 오염토양 밖에서 처리하는 기술이며, 오염토양 위의 현장에서 직접 처리하는 On-Situ 처리와 오염토양을 처리장소로 운반하여 처리하는 Off-Situ 처리로 구분된다.

(1) 굴착 후 처리방법 적용조건

① 처리량이 적을 경우
② 오염원의 분포가 집중된 경우
③ 오염원의 농도가 높은 경우
④ 처리부지 확보가 용이한 경우
⑤ 처리비용이 높은 경우
⑥ 처리기간이 짧은 경우

(2) 장점

① 단기간에 처리가 가능함
② 처리효율이 높음
③ 오염농도가 높은 경우도 처리가 가능
④ 처리운전조건 및 영향 인자의 제어 용이

(3) 단점

① 처리비용 상대적으로 많이 소요(굴착, 이송, 처리시설 설치)
② 굴착, 이송에 따른 주변환경에 오염물질 노출 가능성
③ 굴착으로 인한 토양지중환경에 영향(교란)

(4) 종류

① 토양증기 추출법(SVE : Soil Vapor Extraction)
② 퇴비화법(Composting)
③ 토양경작법(Landfarming)
④ 할로겐분해법(Glyconate Dehalogenation)
⑤ 토양세척법(Soil washing)
⑥ 고형화/안정화 처리법(Solidification/Stabilization)
⑦ 용매(용제) 추출법(Solvent Extraction)
⑧ 고온가스 추출법(Hot Gas Decontamination)
⑨ 소각법(Incineration)
⑩ 열분해법(Pyrolysis)
⑪ 열탈착법(Thermal Desorption)
⑫ 화학적 산화/환원법(Chemical Reduction/Oxidation)
⑬ 바이오 파일 및 바이오 필터(Biopiles 및 Biofilter)

Reference 정화장소에 따른 방법

(1) **현장 내 정화(On Site)** : 오염부지 내에서 직접 정화하는 방법
  ① In-situ(오염토양을 수거하지 아니하고 현 위치에서 정화)
  ② Ex-situ(오염토양을 수거하여 부지 내 다른 장소에서 정화)

(2) **현장 외 정화(Off Site)** : 오염토양을 토양정화업체의 반입정화시설이 설치된 외부의 장소로 반출하여 정화하는 방법

Reference 일반적 분류

(1) **In Situ System**
  ① 오염토양을 굴착이동 없이 오염물질을 제어·분해하는 기술이다.
  ② 경제적이며 대표적으로는 증기추출 방법(SVE)이 있다.
  ③ 폐기물, 가솔린, 제트엔진연료, 중금속 제거에 적용한다.

(2) Prepared Bed System

① 오염토양을 굴착하여 차단시설 및 처리시설이 설치된 다른 지역으로 옮겨 처리한 후 굴착지로 환원하는 시스템이다.
② 물리·화학 및 생물학적 처리방법이 있다.
③ 오염물질의 확산을 방지하고 오염물질 분해능을 증진시킨다.
④ 일반적으로 고비용이다.

(3) In Tank System

굴착된 오염토양을 슬러리 혹은 고형상 반응기로 옮겨 최적분해상태로 오염물질을 처리하는 시스템이다.

Reference 위해성(Risk)

① 오염물질에 노출됨으로써 수용체가 영향을 받을 개연성으로 정의된다.
② 확률적인 개념이다.
③ 독성과 노출의 함수이다.
④ 일반적 위해성은 배경위험성을 제외한다.

Reference 오염토양의 정화계획 수립 시 반영하여야 할 사항

(1) 정화대상 부지의 특성

① 부지의 입지 및 주변환경 여건 등 지형학적 특성
② 토양 및 지하수와 관련한 수리·지질학적 특성
③ 오염물질의 종류, 농도, 오염량 및 오염범위 등

(2) 정화목표

① 오염물질 정화 또는 저감 목표치 설정
② 정화 소요기간 및 비용

(3) 정화방법의 선정

① 오염물질 정화 또는 저감 목표치 달성 여부
② 정화대상 오염물질과 정화방법의 적합성 여부(모형실험을 통해 정화대상 오염물질 정화 가능성 사전 검토)
③ 정화기간 및 소요비용의 충족 여부
④ 대상기술의 적용이 토양 및 지하수 환경에 미치는 영향 예측
⑤ 적용된 정화방법의 상용화 정도 및 현장 적용 가능성 검토

(4) 정화목표기간에 대한 세부적인 정화일정 계획수립
(5) 오염토양 정화사업 시행을 위한 설계도 및 공정도
(6) 정화기간 중 수질, 악취 및 지하수 등 2차 환경오염 방지 계획
(7) 토양정화 시행 및 검증을 위한 세부 추진계획(일정 포함)
(8) 오염부지 사후관리 및 정화토양 사용 등에 대한 모니터링 계획

002 오염토양의 처리기술에 따른 구분

오염토양의 분해 · 무해화 처리기술은 오염물질의 화학구조를 분해하여 무해화한다.

1. 물리 · 화학적 처리기술

오염물질의 흡착, 휘발, 물리적 접촉, 화학적 산화/환원 또는 전기장에 의한 이동 등 물리적 · 화학적 작용을 통해 토양 중의 오염물질을 오염토양 정화기준 미만으로 제거 · 감소시킬 수 있는 처리방법을 말하며, 처리방법으로는 토양세정법(Soil Flushing), 토양증기추출법(Soil Vapor Extraction), 토양세척법(Soil Washing), 용제추출법 (Solvent Extraction), 화학적 산화/환원법(Chemical Oxidation/Reduction) 및 동전 기법(Electrokinetic Separation) 등이 있다.

(1) 토양 세정법(Soil Flushing)

① 처리위치 : In−Situ

② 공정원리

순수한 물 또는 오염물 용해도를 증대시키기 위한 첨가제를 함유한 물 또는 순수한 물을 토양 및 지하수에 주입함으로써 오염물질의 이동성을 향상시켜 추출하여 제거하는 방법이다.

(2) 토양증기추출법(Soil Vapor Extraction)

① 처리위치 : In−Situ

② 공정원리

추출정을 굴착하여 불포화 대수층에서 토양을 진공상태로 만들어 줌으로써 토양 내의 휘발성, 준 휘발성 오염물질을 제거(휘발, 추출)하는 처리방법이다.

(3) 토양세척법(Soil Washing)

① 처리위치 : Ex−Situ

② 공정원리

굴착된 오염토양입자 표면에 결합되어 있는 유해 유기 · 무기오염물질을 적절 한 세척제를 사용하여 표면장력을 약화시키거나 중금속을 액상으로 변화시켜 처리하는 방법이다.

(4) 용매추출법(Solvent Extraction)

① 처리위치 : Ex-Situ

② 공정원리

오염물질을 분해하지는 않지만 토양으로부터 오염물질을 분리시켜 부피를 감소시키며 오염토양을 추출기에서 추출용매(Triethylamine, Kerosene, 탄화수소)와 혼합하여 용해시킨 후 분리기에서 처리하는 방법이다.

(5) 고형화/안정화 처리법(Solidification/Stabilization)

처리위치 : In-Situ, Ex-Situ

(6) 동전기정화법(Electrokinetic Separation)

처리위치 : In-Situ

(7) 공기분사법(Air Sparging)

처리위치 : In-Situ

(8) 할로겐분리법(Glycolate Dehalogenation)

처리위치 : Ex-Situ

2. 생물학적 처리기술

오염토양에 영양분과 수분, 공기 등을 주입하여 미생물이나 식물 등의 생장을 촉진하여 토양 중의 오염물질을 분해·흡수·흡착·침전 등을 통해 오염토양 정화기준 미만으로 오염물질을 제거·감소시킬 수 있는 처리방법을 말하며, 처리방법으로는 생물학적 분해법(Biodegradation), 생물학적 통풍법(Bioventing), 토양경작법(Landfarming), 바이오파일법(Biopile), 식물재배정화법(Phytoremediation) 및 퇴비화법(Composting) 등이 있다.

(1) 생물학적 분해법(생분해법, Biodegradation)

처리위치 : In-Situ

(2) 바이오벤팅법(Bioventing)

처리위치 : In-Situ

(3) 토양 경작법(Landfarming)

처리위치 : Ex－Situ

(4) 식물정화법(Phytoremediation)

처리위치 : In－Situ

(5) 퇴비화법(Composting)

처리위치 : Ex－Situ

(6) 자연저감법(Natural Attenuation)

처리위치 : In－Situ

(7) 진균이용처리법(백색부휴균, White Rot Fungus)

처리위치 : In－Situ

3. 열적 처리기술

오염토양에 열이나 전기를 가하여 토양오염물질의 휘발·탈착, 소각, 열분해 및 용융 등의 과정을 통해 토양 중의 오염물질을 제거·감소 또는 유리화하여 오염토양 정화기준 미만으로 처리할 수 있는 방법을 말하며, 처리방법으로는 열탈착법(Thermal Desorption), 소각법(Incineration), 유리화법(Vitrification) 및 열분해법(Pyrolysis) 등이 있다.

(1) 열탈착법(Thermal Desorption)

처리위치 : Ex－Situ

(2) 소각법(Incineration)

처리위치 : Ex－Situ

(3) 유리화법(Vitrification)

처리위치 : In－Situ

(4) 열분해법(Pyrolysis)

처리위치 : Ex－Situ

4. 토양오염 방지 및 복원기술

(1) 지하매장시설(주유소)

① 저장탱크 및 배관 부식산화 방지기술
② 모니터링 기술
③ 생물활성대에 의한 처리기술
④ 토양증기추출법(SVE) 기술
⑤ 바이오벤팅(Bioventing) 기술

(2) 폐기물 매립지

① 수직차단벽
② 생물활성대에 의한 처리기술
③ 고형화/안정화 처리기술

(3) 휴ㆍ폐광산

① 중화약품을 이용한 화학적 처리기술
② 고형화/안정화 처리기술
③ 갱내수 처리기술
④ 폐광산 산성광산 배수처리를 위한 기술
    ㉠ SAPS(Successive Alkalinity Producing System)
    ㉡ 인공소택지법(호기성ㆍ혐기성)
    ㉢ DW(Diversion Well)
⑤ 산성광산 배수처리에 가장 많은 영향을 주는 미생물은 Thiobacillus, Ferrooxidans이다.

5. 오염지반의 조사방법 중 지표물리탐사방법

전기탐사

6. 매립지 최종복토층의 가스배제층 설치에 따른 이점(장점)

① 상부식생대층의 식물 및 미생물에 대한 독성영향을 저감시킨다.
② 가스압에 의한 차수층의 균열 발생에 대한 위험성을 감소시킨다.
③ 이산화탄소 등의 매립가스가 대기 중으로 방출되는 것을 저감시킨다.
④ 매립가스를 포함하여 에너지원으로 사용할 수 있다.

7. 토양오염 복원 및 정화단계

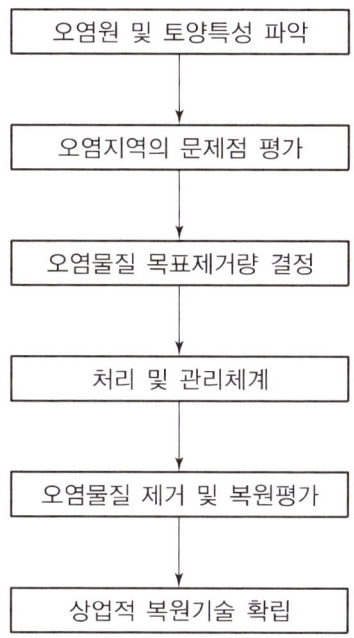

오염원 및 토양특성 파악

↓

오염지역의 문제점 평가

↓

오염물질 목표제거량 결정

↓

처리 및 관리체계

↓

오염물질 제거 및 복원평가

↓

상업적 복원기술 확립

8. 오염물질 저감에 기여하는 요소

① 표면흡착
② 침전
③ 고체내부확산

必수문제

01 공장 내 토양오염 정밀조사를 위해 토양시료를 깊이 3m 간격으로 채취하였다. 각 깊이별 오염 면적은 지표로부터 3m 깊이까지 500m², 3m 깊이에서 6m 깊이까지 600m², 6m 깊이에서 9m 깊이까지 700m²로 조사되었다. 겉보기비중이 1.7ton/m³인 오염토양의 총무게(ton)는?

> **풀이**
> 부피$(m^3) = (500m^2 \times 3m) + (600m^2 \times 3m) + (700m^2 \times 3m) = 5,400m^3$
> 총무게$(ton) = 5,400m^3 \times 1.7ton/m^3 = 9,180ton/m^3$

003 · 물리 · 화학적 처리기술

1. 토양증기추출법(SVE ; Soil Vapor Extraction)

(1) 개요

① 토양증기추출법은 불포화 대수층 위에 추출정을 설치하여 강제진공흡입으로 토양을 진공상태를 만들어 줌으로써 토양으로부터 휘발성·준휘발성 오염물질을 제거하는 지중처리 기술이다.

② 오염지역 외부에서 공기가 주입되고 내부에서 오염물질이 추출되는 방법이며, 토양으로부터 제거되는 가스는 지상에서 처리해야 한다.

③ 불포화 대수층 내 존재하는 휘발성 유기화합물을 제거하는 가장 효과적이고 경제적인 방법이다.

④ 토양 내의 생물학적 처리효율을 높이며 지하수 펌핑 처리조작 및 공기분사법 (Air Sparging) 기술과 함께 병행하여 사용할 수 있다.

⑤ 토양 내 오염물질의 기체와는 헨리법칙(Henry's Law)이 관계되고 증기압은 라울트(Raoult's Law) 법칙이 관계된다.

⑥ 추출정의 영향반경은 토양 조건에 따라 6m에서 45m 정도이며 심도 7m까지의 토양조건에 적용할 수 있다.

⑦ 유류오염토양을 정화하는 현장의 모니터링 항목 중 운전 초기에 매일 측정해야 하는 항목은 흡입공기량, 휘발성 유기화학물질농도, 관정 내 압력 등이다.

(2) 처리효율 향상 방법

① 토양을 가열하여 오염물질의 증기압을 높여야 한다. 즉, 미세토양이나 수분함량이 높은 토양은 공기의 통과성을 저해하므로 증기압을 높여야 한다.

② 불포화대수층 내에 존재하는 오염물질을 처리하기 때문에 추출정은 지하수면 상부에 위치하게 설치한다.

③ 공기주입정에 의한 공기주입유량을 증가시킨다.

④ 지하수 펌핑처리조작 및 Air Sparging 기술을 병행하여 처리한다.

(3) 적용범위 및 오염물질

① 투수성이고 균질한 지반에 효과적이다.(자갈·모래에 효과적, 점토에는 비효과적)

② 헨리상수가 0.01 이상인 휘발성 오염물질에 적용하는 것이 효과적이다.

③ 증기압이 100mmHg 이상인 물질에 적용하는 것이 효과적이다.

④ 주유소, 유류저장시설, 군사기지, 산업기지 등에 적용한다.

⑤ 오염토양이 매우 많고 생물학적 처리속도가 빠르게 요구되는 지역에 효과적이다.

⑥ 주변의 건물로 인하여 토양굴착이 불가능한 곳에 효과적이다.

⑦ 상온에서 휘발성을 갖는 유기물질, 객토에 의한 처리가 불가능한 경우에 적용한다.

⑧ 적합 오염물질
   ㉠ 휘발성/준휘발성 유기화합물(TCE, PCE)
   ㉡ 유류오염물질
   ㉢ 휘발성 순서(BTEX＞석유탄화수소＞PCB)

⑨ 부적합 오염물질
   ㉠ 중금속, PCB, 다이옥신, PAH
   ㉡ 중유

(4) 토양 증기추출 구성장치

① 추출관　　　　　　　　　　② 진공장치(송풍기, 진공펌프)
③ 공기유입관 및 압력배출관　　④ 저투수성 덮개(토양 표면에 설치)
⑤ 기액 분리기　　　　　　　　⑥ 배기가스 처리장치

(5) 배기가스 처리장치

① 일반적으로 사용되고 있는 방법은 활성탄 흡착탑이다.

② 활성탄흡착은 배기가스 중의 휘발성 오염물질을 흡착하는 것이다.

③ 활성탄 흡착탑 적용시 특징
   ㉠ 일반적으로 오염농도가 1,000ppm 이하일 때 효과적이다.
   ㉡ 최적조건에서는 98% 이상의 제거효율을 나타낸다.
   ㉢ 흡착탑에 유입되는 배기가스의 습도가 상대습도로 50% 이상일 때는 사전에 습도를 낮추어야 하고 흡착제의 파과지점을 설계하여 정한다.
   ㉣ 활성탄 흡착탑 유입가스의 온도가 54℃(130°F) 이상일 때는 열교환기를 설치하여 냉각시켜줄 필요가 있다.
   ㉤ 오염물질이 고분자일 경우 제거효율이 증가한다.
   ㉥ 흡착반응기내 채널링(Channeling)현상을 최소화하기 위하여 배기가스의 선속도를 적정하게 조절한다.

(6) 장단점

① 장점

ㄱ 기계 및 장치요소가 간단하다.

ㄴ 유지 및 관리비용이 저렴하다.

ㄷ 일반적으로 널리 사용되는 장치 및 재료로도 충분히 가능하다.

ㄹ 단기간 내에 설치 가능하며 많은 용량의 오염토양 처리가 가능하다.

ㅁ 즉시 복원 효율에 대한 결과를 얻을 수 있다.

ㅂ 다른 시약이 필요 없다.

ㅅ 영구적인 재생이 가능하다.

ㅇ 굴착이 필요 없어 오염되지 않은 토양과 혼합될 우려가 없다.

ㅈ 처리시간이 짧다.

ㅊ 빌딩이나 다른 구조물 밑의 토양도 재생할 수 있으며, 생물학적 처리효율을 높여주는 역할을 한다.

ㅋ 지하수의 깊이(지하수위)에 제한을 받지 않는다.

② 단점

ㄱ 증기압이 낮은 오염물질은 제거효율이 낮다.

ㄴ 토양층이 치밀하여 기체흐름이 어려운 곳에서는 사용이 곤란하다. 즉, 투과성이 낮은 토양에서는 효과가 낮다.

ㄷ 추출된 기체의 처리를 위한 대기오염 방지시설이 필요하다.

ㄹ 오염물질의 독성은 변화가 없다.(독성이 잔존함)

ㅁ 불포화대수층에만 적용 가능 즉, 지역이 제한되어 있다.(점토질 토양 적용 시 효율 저감)

ㅂ 지반구조가 복잡하므로 총 처리시간을 예측하기가 어렵다.

ㅅ 방출된 공기를 처리하기 위한 공정과 방출가스 처리에 사용된 물질의 처리 부담이 있다.

(7) 적용 제약조건

① 미세토양이나 수분함량이 50% 이상 높은 토양의 경우 통기성을 저해하여 증기압을 높이기 위한 추가비용 부담이 증가된다.

② 유기물의 함량이 높은 토양 및 건조한 토양은 VOC(휘발성 유기물질)의 흡착능력이 높아 제거율이 낮아진다.

③ 방출·추출된 증기는 인간이나 주변환경에 해가 되지 않도록 처리해야 한다.

④ 추출가스 처리에 사용된 활성탄 및 용액을 안전하게 처리해야 한다.

⑤ 포화지역에는 효과가 없으나 대수층을 낮추면 적용범위가 많아진다.

⑥ 투수성 지반 내에 렌즈 모양의 불투수성 부분이 존재하는 경우 휘발성 오염물질의 제거효율이 저하된다.

⑦ 휘발성이 다양한 오염물질이 함유된 지역에서는 추가로 다른 복원의 도입이 필요하다.

(8) 효율에 영향을 미치는 인자

① 토양의 특성과 성분
  ㉠ 통기성(공기투과계수)   ㉡ 수분함량
  ㉢ 공극률 등

② 오염물질 특성인자
  ㉠ 용해도   ㉡ 헨리상수(0.01 이상)
  ㉢ 증기압(100mmHg 이상)   ㉣ 흡착계수(유기탄소 분배계수)

③ 그 밖의 특성인자
  ㉠ 오염물질이 분포되어 있는 깊이와 넓이
  ㉡ 오염물질의 농도
  ㉢ 대수층의 깊이

Reference 토양증기추출법을 지하수위가 높은 경우 적용 시 문제점

① 진공압력에 의한 지하수위 상승   ② 토양 공극의 축소 현상
③ 공기 흐름의 감소 현상   ④ 관정 스크린 막힘 현상

---

(9) Stokes 법칙에 의한 부유속도

$$V\,(cm/sec) = \frac{g \cdot d^2 (\rho_1 - \rho)}{18\mu}$$

여기서, V : 부유속도(cm/sec), g : 중력가속도($980cm/sec^2$)
  d : 기름 직경(cm), ρ_1 : 물의 비중(밀도)(g/cm^3)
  ρ : 기름 비중(밀도)(g/cm^3), μ : 물의 점성도($g/cm \cdot sec$)

(10) 오염부지 내 존재하는 총오염물질량 계산 시 필요 인자

① 토양단위용적밀도   ② 오염물질의 헨리상수   ③ 수분함량비

Reference 가열 토양증기 추출법(Thermally Enhanced SVE) ; In-Situ

① 증기, 뜨거운 공기 주입, 전기, 무선주파수를 이용하여 준휘발성 물질의 유동을 증가시켜 오염물질을 추출하는 방법이다.
② 휘발성 물질 및 준휘발성 물질(유류오염물질, 살충제) 처리에 적용이 효율적이다.
③ 효율에 영향을 미치는 인자로는 오염물질 분포 깊이 및 넓이, 오염물질 농도, 대수층 깊이, 토양형태 특성이 있다.
④ 미세토양(점토) 및 수분함량이 높은 토양은 통기성이 감소되어 처리효율이 감소된다.
⑤ 유기물 함량이 많아도 처리효율이 감소된다.
⑥ 자갈·모래에 적용이 효과적이다.

Reference Steam Injection 공법

① 오염지반 지중 내에 스팀을 주입하여 오염부지 내의 온도를 상승시켜 오염물질의 휘발성을 증대시킨다.
② 오염물질의 범위나 양에 따라 다르지만 일반적으로 처리시간은 몇 시간 정도로 단시간이다.
③ 지중의 온도가 증가하므로 지반의 성질개선에는 나쁜 영향을 미친다.
④ 알칸과 알칸기저 알코올추출에 효과적이다.

必수문제

01 지하저장 탱크에서 휘발유가 유출된 지역에 SVE 방법으로 정화 처리하고자 한다. 오염지역의 토양밀도 1.85g/cm³, BTEX 오염농도 5,300mg/kg, 오염농도범위가 15m×30m×5m일 경우 오염토양 내 BTEX의 양(kg)은?

풀이

$$BTEX\ 양(kg) = (15 \times 30 \times 5)m^3 \times 5{,}300mg/kg \times 1.85g/cm^3 \times cm^3/10^{-6}m^3$$
$$\times 1kg/1{,}000g \times 10^{-6}kg/mg = 22{,}061.25kg$$

必수문제

02 지하저장 창고로부터 디젤이 유출되어 토양이 오염되었다. 오염부지 평가결과 오염누출지역의 토양밀도가 1.8g/cm³, 오염농도가 4,000mg/kg, 오염범위 5m×25m×3m라면 오염된 토양 내 디젤의 양(kg)은?

풀이

$$디젤의\ 양(kg) = (5 \times 25 \times 3)m^3 \times 4{,}000mg/kg \times 1.8g/cm^3 \times cm^3/10^{-6}m^3$$
$$\times 1kg/1{,}000g \times 10^{-6}kg/mg = 2{,}700kg$$

 수문제

03 유류로 오염된 오염지역의 토양밀도는 1.8g/cm^{3}이고 BTEX의 오염농도 7,500mg/kg, 오염토양 부피 1,800m^{3}일 경우 제거해야 할 BTEX의 양(kg)은?(단, 목표기준은 80mg/kg으로 함)

풀이

$$제거해야\ 할\ BTEX\ 양(kg) = (7,500-80)mg/kg \times 1.8g/cm^3 \times 1,800m^3$$
$$\times cm^3/10^{-6}m^3 \times 1kg/1,000g \times 10^{-6}kg/mg$$
$$= 24,040.8kg$$

수문제

04 유류로 오염된 토양에 대해 SVE 처리방법으로 처리시 배기가스 중의 BTEX 농도는 150mg/m^3, 추출유량은 0.9m^3/min, 가동시간 3개월일 경우 제거된 유류의 총량(kg)은?(단, 1개월은 30일 기준)

풀이

$$제거유류\ 총량(kg) = 150mg/m^3 \times 0.9m^3/min \times 90day \times 24hr/day \times 60min/hr$$
$$\times kg/10^6mg = 17.50kg$$

수문제

05 토양증기추출법으로 오염토양을 복원하는 경우, 단일 추출정으로부터 배출되는 가솔린의 평균농도가 추출공기 1.0L당 0.5mg이고, 하루에 100m^{3}의 공기가 추출된다. 오염토양 내에 누출된 가솔린의 총량이 5kg이고, 누출된 가솔린이 모두 증기추출로만 제거된다고 가정하면 오염가솔린을 모두 제거하는 데 소요되는 시간(day)은?

풀이

$$제거시간(day) = \frac{V}{Q} = \frac{5kg \times 1L/0.5mg \times 10^6mg/kg}{100m^3/day \times 1,000L/m^3} = 100day$$

수문제

06 토양증기추출 시스템의 유량을 240m^3/min의 유량으로 운전할 때 배출가스를 처리하기 위하여 요구되는 활성탄 흡착탑의 단면적(m^2)은?(단, 활성탄 흡착탑의 적정통과속도는 1m/sec)

풀이

$$Q = A \times V \qquad A(m^2) = \frac{Q}{V} = \frac{240m^3/min}{1m/sec \times 60sec/min} = 4m^2$$

必수문제

07 자일렌 100mg/L의 농도로 오염된 지하수 6,000m³을 처리하기 위해 필요한 활성탄의 양(ton)은?(단, 자일렌에 대한 활성탄의 흡착능 0.0789g-xylenes/g-carbon)

풀이

$$\text{활성탄의 } 양(ton) = 100mg/L \times 6,000m^3 \times 1,000L/m^3 \times 1g/1,000mg$$
$$\times 1ton/10^6g \times g-carbon/0.0789g-xylenes$$
$$= 7.6ton$$

必수문제

08 다음의 자료를 활용하여 누적오염물질의 저감량(kg)을 구하면?(단, 토양증기추출법을 이용할 것)

- 시스템 운영시간 = 100day
- 오염증기 농도 = 1.2kg/m³
- 증기 유출유속 = 10m³/hr

풀이

$$저감량(kg) = 10m^3/hr \times 1.2kg/m^3 \times 100day \times 24hr/day = 28,800kg$$

必수문제

09 기름으로 오염된 지하수를 1,000m³/day의 유량으로 추출하여 처리하고자 한다. 기름 분리를 위한 중력부상식 유수분리조의 최소 표면적(m²)은?(단, 기름의 입경은 0.2mm, 기름의 비중은 0.92g/cm³, 물의 비중 1g/cm³, 물의 점성도는 0.01g/cm·sec로 하며 Stokes의 법칙 이용)

풀이

$$부유속도(cm/sec) = \frac{g \cdot d^2(\rho_1 - \rho)}{18\mu}$$

$$= \frac{980cm/sec^2 \times 0.02^2cm^2 \times (1.0-0.92)g/cm^3}{18 \times 0.01g/cm \cdot sec} = 0.174cm/sec$$

$$유량(Q) = A(단면적) \times V(속도)$$

$$A(m^2) = \frac{Q}{V} = \frac{1,000m^3/day}{0.174cm/sec \times m/100cm \times 86,400sec/day} = 6.65m^2$$

 **수문제**

10 총 $1.0m^3$의 디젤이 지하에 누출되어서 주변지하수를 오염시켜 약 $25,000m^3$($100m \times 50m \times 5m$)의 디젤 오염운이 지하에 형성되었다. 디젤의 밀도는 $0.85g/cm^3$이고 오염운이 형성된 대수층의 공극률이 30%였다. 오염운 내 지하수의 평균디젤 농도가 $10mg/L$였다면 오염운을 형성한 지하수 내 디젤량은 누출된 총 디젤량의 몇 %(무게기준)인가?

풀이

$$\text{디젤량}(\%) = \frac{\text{오염운 형성 디젤량}}{\text{누출된 총 디젤량}} \times 100$$

누출된 총 디젤량

$= 1.0m^3 \times 0.85g/cm^3 \times kg/1,000g \times cm^3/10^{-6}m^3 = 850kg$

오염운 형성 디젤량

$= 25,000m^3 \times 10mg/L \times kg/10^6 mg \times 1,000L/m^3 \times 0.3 = 75kg$

$$= \frac{75kg}{850kg} \times 100 = 8.8\%$$

 **수문제**

11 평균농도 $100mg/kg$의 자일렌으로 오염된 토양의 부피가 $10,000m^3$라면 오염부지 내에 존재하는 자일렌의 총 함량(kg)은?(단, 토양 Bulk Dencity $= 1.5g/cm^3$)

풀이

$\text{자일렌의 총 함량}(kg) = 10.000m^3 \times 100mg/kg \times kg/10^6 mg$
$\times 1.5g/cm^3 \times cm^3/10^{-6}m^3 \times kg/1,000g = 1,500kg$

 **수문제**

12 토양증기추출법으로 오염물을 제거하는 경우, 추출정으로부터 배출되는 가스의 오염물농도는 $10mg/L$였다. 특정 유기오염물의 대기방출허용농도가 $1mg/L$이기 때문에 추출정의 배출가스를 생물막 필터 후처리 공정을 이용하여 배출가스농도를 대기방출허용농도까지 낮추려고 한다면, 생물막 필터 공정의 제거효율은 최소 몇 % 이상이어야 하는가?

풀이

$$\text{제거효율}(\%) = \left(1 - \frac{C_o}{C_i}\right) \times 100 = \left(1 - \frac{1}{10}\right) \times 100 = 90\%$$

2. 공기스파징(공기분사기법, Air Sparging)

(1) 개요

① 오염된 지하수를 정화하기 위해 포화대(포화대수층) 내에 공기를 강제 주입하여 지하수를 폭기시킴으로써 휘발성 유기화합물(VOC)을 휘발시켜 제거하는 원위치 기술이다. 즉, 비포화대에서 사용하는 SVE와 매우 유사하다.

② 오염된 지하수를 양수하여 대기 중에서 공기를 주입하므로 다량의 지하수 정화가 가능하다.

③ 공기펌프나 송풍기가 연결된 주입정으로 공기가 주입되어 대수층을 따라 수평, 수직으로 이동한 후 진공펌프에 의해 압력이 낮은 추출정으로 VOC를 배출한다.

④ 증기추출법은 가스상의 오염물질을 제거하기 위해 공기분사기법을 결합시킨 방법이다.

⑤ 운전속도를 증가시켜 지하수와 토양 사이의 접촉을 도와 효율 향상을 도모한다.

⑥ 오염물질이 분포된 깊이와 현장의 특수한 지질학적인 특성을 고려해야 한다.

(2) 적용 범위 및 오염물질

① 휘발성이 강하거나 호기성 생분해의 가능성이 높은 오염물질
② 휘발성 유기물질
③ 유류오염물질

(3) 장단점

① 장점

㉠ 타 지상처리 시스템보다 저렴하다.(지하수의 제거, 처리 및 저장, 방류가 필요 없음)
㉡ 제거효율이 높다.(SVE와 결합시 제거효율 더욱더 향상)
㉢ 많은 지역에서 사용해 본 결과 우수성을 인정받고 있다.
㉣ 장치의 설치가 용이하고 장치 작동에 대해 방해되는 요소가 적다.
㉤ 정상적인 조건에서 처리기간이 1~3년 이내로 짧다.
㉥ 부지 내에 모니터링 정(Well) 존재시 Air Sparging 방법에 사용될 수 있다.
㉦ SVE에 비하여 모세관대와 지하수면 아래의 오염물질도 처리 가능하다.
㉧ 많은 양의 지하수 처리시 저비용이며 효과적이다.

② 단점

㉠ 피압대수층에는 적용하지 못하며 성층토양일 경우에는 효율이 저감된다.

ⓛ 자유상태의 유류가 존재시 처리상 곤란하여 전처리장치를 이용·제거해야
한다.

ⓒ 오염물질이 다른 지역으로 이동할 가능성이 있다.

ⓔ Free Product 존재시 처리가 곤란하다.

ⓜ 화학물질과 물리적·생물학적 처리과정에 대한 상호이해관계가 부족하고
장치 설계시 현장 및 실험실 자료가 부족하다.

ⓗ 주입공기 제어와 이동의 한계를 설정하기 위해 파일럿 테스트와 모니터링
을 실시하여야 한다.

ⓢ 토양과 결합된 오염물질은 휘발되기 어려우며 미세하고 저투수성 토양은
지하수와 포화대에서의 공기흐름을 저하시킨다.

ⓞ 대수층 상부에 저투수성 토양이 위치한 구조에서는 휘발증기를 추출정에
서 효과적으로 포집할 수 없다.

ⓩ 불규칙한 토양에서는 채널링을 유발하거나 복잡한 공기흐름조건으로 흐름
의 예측과 제어가 어렵다.

ⓧ SVE에 비하여 에너지소비량이 많고 오염물의 확산이나 Dead Zone의 우
려가 크다.

(4) 적용 제약조건

① 불균질 매질에서는 오염물의 확산이나 Dead Zone(불균질한 공기분포)의 우
려가 커서 적용이 어렵다.

② 오염확산의 위험이 있는 피압대수층에서는 적용할 수 없다.

③ 저휘발성 및 생분해성이 낮은 오염물질은 처리효율이 낮다.

④ 매질의 투수성이 낮은 경우(K<10⁻³cm/sec)에는 공기 이동경로 생성이 방해
되어 적용이 어렵다.

⑤ 공기 주입으로 인한 매질의 변화로 주변구조물의 안정성에 영향을 줄 수 있다.

⑥ 1ft 두께의 LNAPL층 및 자유상 DNAPL의 제거효율은 낮다.

(5) 효율에 영향을 미치는 인자(제한 및 영향인자)

지하수량, 오염물질의 분포깊이 등의 인자에 영향을 받는다.

① 수리지질학적 특성의 영향인자

ㄱ 대수층

ⓐ 유리한 조건

• 자유면대수층(비피압대수층)

• 단열이 매우 많은 기반암

ⓑ 불리한 조건
- 피압대수층
- 단열이 없는 기반암

ⓒ 토양종류

ⓐ 유리한 조건 : 사질토, 균질토

ⓑ 불리한 조건 : 미사점토, 불균질류

ⓒ 지하수면까지 깊이

ⓐ 유리한 조건 : 1.5m 이상

ⓑ 불리한 조건 : 1.2m 이하

ⓔ 토양의 foc값(%) ; 유기탄소 함량

ⓐ 유리한 조건 : 2% 이하

ⓑ 불리한 조건 : 2% 이상

ⓜ 대수층의 투수도

ⓐ 유리한 조건 : 10^{-3}cm/sec 이상

ⓑ 불리한 조건 : 10^{-3}cm/sec 이하

② 오염물질 특성인자

㉠ 헨리상수

ⓐ 유리한 조건 : 10^{-5}atm · m³/mol 이상

ⓑ 불리한 조건 : 10^{-5}atm · m³/mol 이하

㉡ 용해도

ⓐ 유리한 조건 : 낮음

ⓑ 불리한 조건 : 높음

㉢ 증기압

ⓐ 유리한 조건 : 1mmHg(0.5mmHg) 이상

ⓑ 불리한 조건 : 1mmHg 이하

㉣ 오염물질의 호기성 생분해능력

ⓐ 유리한 조건 : 높음

ⓑ 불리한 조건 : 낮음

㉤ LNAPL의 존재형태

ⓐ 유리한 조건 : 얇은 층으로 존재하는 경우

ⓑ 불리한 조건 : 두꺼운 층으로 존재하는 경우

 **수문제**

01 TCE로 오염된 지하수를 양수하여 폭기조 내에서 공기분산법을 이용하여 제거하는 경우, 폭기조의 부피가 500m³인 처리장에 1일 2,000m³의 오염지하수가 유입된다면 폭기시간(hr)은?

풀이

$$폭기시간(hr) = \frac{V}{Q} = \frac{500\text{m}^3}{2,000\text{m}^3/\text{day} \times \text{day}/24\text{hr}} = 6\text{hr}$$

 **수문제**

02 TCE로 오염된 지하수를 양수하여 폭기조 내에서 공기분산법으로 제거하는 경우, 폭기조의 부피가 500m³인 처리장에서 1일 3,000m³의 오염지하수가 유입된다면 폭기시간(hr)은?

풀이

$$폭기시간 = \frac{V}{Q} = \frac{500\text{m}^3}{3,000\text{m}^3/\text{day} \times \text{day}/24\text{hr}} = 4\text{hr}$$

 **수문제**

03 토양 내 오염물질의 농도가 5mg/kg이었으며 이와 평형상태인 지하수 오염농도는 2mg/L였다. 이 지역 오염물질의 양(mg/m³)은?(단, 토양단위용적밀도＝1.6kg/L, 수분부피비＝0.5, 기타조건은 고려하지 않음)

풀이

$$오염물질의\ 양(\text{mg/m}^3) = 토양 + 지하수$$
$$토양 = 5\text{mg/kg} \times 1.6\text{kg/L} \times 1,000\text{L/m}^3 = 8,000\text{mg/m}^3$$
$$지하수 = 2\text{mg/L} \times 1,000\text{L/m}^3 \times 0.5 = 1,000\text{mg/m}^3$$
$$= (8,000 + 1,000)\,\text{mg/m}^3$$
$$= 9,000\text{mg/m}^3$$

3. 토양세척공법(Soil Washing)

(1) 개요

① 토양 내 오염물질을 세척수와 기계적 마찰력을 이용하여 처리하는 공법으로, 토양세척용 첨가제 중 오염물질과의 표면장력을 감소시켜 고·액분리를 용이하는 것은 계면활성제이다.

② 적절한 세척제를 이용하여 유기오염물질(표면장력약화)과 중금속(토양으로부터 분리)을 처리하는 방법으로 오염물질의 제거가 아닌 오염토양의 부피감소가 목적이다.

③ 중금속으로 오염된 토양에 pH가 낮은 산용액을 이용하여 중금속을 토양으로부터 분리시켜 처리하는 토양복원방식이다.

④ 토양세척법의 주된 목적은 완전한 토양재생이 아니라 오염된 토양의 부피 감소에 있다.

⑤ 세척 후에 분리된 고형물질의 종류는 조대입자, 미세입자, 토양 내 유기물 등이다.

⑥ 오염물질의 물리·화학적 특징 중 세척효율을 높일 수 있는 요인으로는 수용성과 휘발성이다.(휘발성이 높은 오염물질의 처리효율이 높다.)

⑦ 토양세척공정의 효과는 오염물질의 종류에 따른 영향보다 토양의 성상에 따른 차이가 매우 크다.

⑧ 세척제는 토양 내 오염물질을 분리·용해시키는 역할을 한다.

⑨ 토양세척장치 종류 중 교반세척방식에 해당되는 장치의 형태는 스크루형, 교반기형, 경사축형, 진동형태는 진동체, 진동세척기, 초음파 세척기 등이 있다.

⑩ 오염된 처리수는 폐수처리시설에서 정화된 후 재순환되는 것이 일반적이다.

⑪ 토양분리장치로서 회전스크린, 교반기, 진동장치 등이 필요하다.

⑫ 세척장치는 기능별로 회전형, 교반형(스크루형, 교반기형, 경사축형), 진동형(진동체, 진동세척기, 초음파 세척기), 유동상형으로 분류한다.

⑬ 채광공정과 폐수처리공정을 응용한 처리기술이다.

⑭ 처리효율은 높지 않으며 적용 가능한 오염물질종류의 범위가 넓다.

(2) 효율적인 토양세척용 계면활성제 선택 시 고려사항

① 용해도   ② 흡착성

③ 생분해성   ④ 생물학적 특성

⑤ 비용

(3) 적용 범위 및 오염물질

① 최종처리공정으로는 적용되지 않으며, 오염토양의 양을 단기간에 현저히 줄이고자 할 때 이용된다.

② 토양 세척기법 적용에 가장 효과적인 토양 종류는 모래와 자갈이 고루 섞인 토양이며 미사(점토)에는 효과가 없다.

③ 적용 오염물질
  ㉠ 휘발성 유기화합물 : 단순 물세척으로 90~99%의 제거효율
  ㉡ 다양한 유기·무기 오염물질
  ㉢ 유류계 오염물질
  ㉣ 중금속
  ㉤ 일부 살충제

(4) 공정구분

토양세척공정의 구성은 파쇄기, 선별기, 분리장치, 혼합 및 추출장치, 세척액 처리장치, 대기오염 방지장치, 미세토양의 2차 처리장치 등이다.

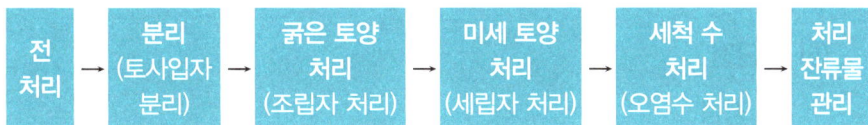

전 처리 → 분리 (토사입자 분리) → 굵은 토양 처리 (조립자 처리) → 미세 토양 처리 (세립자 처리) → 세척 수 처리 (오염수 처리) → 처리 잔류물 관리

① 전처리
  ㉠ 굴착, 분쇄, 분리(자석, 체), 선별, 혼합
  ㉡ 함수량 조절이 필요하며 금속물질 제거 및 토양 입도를 균등히 한다.

② 분리(토사입자 분리)

  굵은 입자와 미세입자의 통상적인 분리기준범위는 $16{\sim}74\,\mu\text{m}$ 이다.

③ 굵은 토양 처리(조립자 처리)
  ㉠ 입경 $63{\sim}74\,\mu\text{m}$ 이상 토양
  ㉡ 표면 세척, 산·염기·용제 추출에 의해 표면에 흡착된 오염물질 제거

④ 미세토양 처리(세립자 처리)
  ㉠ 입경 $63{\sim}74\,\mu\text{m}$ 이하 토양
  ㉡ 미세토양 함량이 높은 경우 현탁액의 이동성 저하로 에너지 소비 증가 및 재오염 우려

⑤ 세척수 처리(오염수 처리)

㉠ 처리수 정화 의미

㉡ 오염된 처리수는 기존의 폐수처리시설에서 정화한 후 재순환시킨다.

㉢ 일반적인 세척공정에서 배출되는 토양 중 대부분의 부피를 차지하는 것은 모래 및 자갈류

㉣ 배출 오염 세척수 성분

ⓐ 굵은 입자(오염도 매우 낮음)   ⓑ 미세 입자(흡착으로 오염도 높음)

ⓒ 용존염(Na, Cl이 주성분)   ⓓ 유기성 휴믹물질(제거 필요)

ⓔ pH(적정 pH 조정 필요)   ⓕ 용존중금속(제거 필요)

ⓖ 탄화수소화합물

⑥ 처리잔류물 관리 : 최종처리방법

㉠ 매립

㉡ 소각, 열분해

㉢ 화학적 처리(추출) 및 생물학적 처리

㉣ 고정화 및 안정화

(5) 장단점

① 장점

㉠ 외부환경의 조건변화에 대한 영향이 적고 자체적인 조건 조절이 가능한 폐쇄형 공정이다.

㉡ 부지 내에서 유해오염물의 이송 없이 바로 처리 가능하다.

㉢ 적용 가능한 오염물질 종류의 범위가 넓다. 또한, 무기물과 유기물을 동시에 처리할 수 있다.

㉣ 단시간 내 오염토양 부피의 효율적인 급감으로 2차 처리비용이 절감된다. (매립 시 경량화에 기여)

㉤ 단시간 내에 오염토양의 부피를 감소시킬 수 있다.

㉥ 비교적 다양한 오염토양 농도에 적용 가능하며, 오염토양의 부피를 급격히 줄일 수 있다.

② 단점

㉠ 점토와 같은 미세입자에 흡착된 유기오염물질은 제거가 어렵다.

㉡ 세척 후 발생하는 오염 미세토양 및 처리수의 후처리를 고려해야 한다. 즉, 세척유출수로부터 미세토양입자(Silt, Clay)를 분리해 내기 위해서는 응집제를 첨가해 주어야 할 경우가 있다.

ⓒ 토양 내에 휴믹질이 고농도로 존재할 경우 전처리가 필요하다.

ⓔ 복합오염물질(유기물질을 포함한 중금속)에 적용시 세척제를 선별·제조하기가 어렵다.

ⓜ 일반적으로 고비용이다.

ⓗ 선별된 미세오염토양 및 오염유출수는 부가적인 처리가 필요하다.

ⓢ 토양유기물 함량이 높을수록 토양세척효율이 낮아진다.

(6) 효율에 영향을 미치는 인자

① 입경분포

ⓐ 적정입경범위는 0.24~2mm이다.

ⓑ 입경이 클수록(모래·자갈류 > 점토) 효과적인 세척이 이루어진다.

② 토양의 종류

ⓐ 모래·자갈(점착성 없는 토양)이 고루 섞인 토양이 토양세척에 적합하다.

ⓑ 유기성 부식물질은 토양세척에는 부적합하다.

ⓒ 토양세척의 적용 정도는 미세토양과 부식물질의 함량에 따라 결정된다.

③ pH

ⓐ 토양 pH는 오염물질 제거와 밀접한 관계가 있다.(적정 pH : 6~8)

ⓑ pH는 오염물질의 용출을 촉진시킨다.(예 As는 알칼리에서 쉽게 용출됨)

④ 유기물 함량

토양 내 유기물 함량이 작을수록 처리효율이 높다.

⑤ CEC(양이온 교환용량)

토양의 CEC가 클 경우 처리효율이 높다.

⑥ 오염물질의 종류 및 농도
⑦ 완충용량
⑧ 수분함량
⑨ 토양의 구조

(7) 적용 제약조건

① 세척수로부터 미세토양입자를 분리해 내기 위해서 응집제를 첨가해 주어야 하는 경우도 있다.

② 복합오염물질의 경우 적용하고자 하는 세척제를 선별, 제조하기 어렵다.

③ 토양 내 휴믹질이 고농도로 존재시 전처리가 요구된다.

④ 미세토양과 부식물질의 혼합률 30% 이하를 경제적 한계로 본다.

必수문제

01 토양세척공법 적용 시 발생되는 pH 3인 산성폐수를 pH 7로 중화시키기 위해 중화제로 95% 가성소다를 쓸 경우 산성폐수 1리터당 가성소다 몇 g이 필요한가?(단, Na 원자량 23)

> **풀이**
>
> 산성폐수(pH 3)의 $[H^+] = 10^{-3} mol/L$
>
> | H^+ | + | OH^- | → | H_2O |
> |---|---|---|---|---|
> | ($10^{-3} mol/L$) | | ($10^{-3} mol/L$) | | (pH 7) |
>
> 따라서 중화에 필요한 $[OH^-] = 10^{-3} mol/L$
>
> | NaOH | → | Na^+ | + | OH^- |
> |---|---|---|---|---|
> | ($10^{-3} mol/L$) | | ($10^{-3} mol/L$) | | ($10^{-3} mol/L$) |
>
> 산성폐수 1L당 필요한 가성소다 양(g/L) = $10^{-3} mol/L \times 40 g/mol \times 100/95 = 0.042 g/L$

4. 토양세정방법(Soil Flushing)

(1) 개요

① 순수한 물 또는 오염물질 용해도를 증대시키기 위해 첨가제가 함유된 물을 토양에 주입함으로써 오염물질의 이동성을 향상시켜 추출하여 제거하는 기술이다.

② 순수한 물이나 화학적 첨가제(세정제 : 계면활성제, 산·염기, 착염물질 등)를 첨가하여 용해도를 증가시킨다. 즉, 처리과정에서 계면활성제를 첨가하여 용해도를 증가시킬 수 있다.

③ 화학적 첨가제, 즉 세정액의 재생을 위한 처리비용은 공정의 경제성을 좌우하며 양수된 물은 지상에서 후처리 과정을 거친다.

(2) 계면활성제의 특성

① 계면활성제는 공기-물, 기름-물 등 다른 물질 사이에 끼어 들어가 두 물질 사이의 자유에너지를 낮추는 역할을 한다.

② 계면활성제는 친수성체의 성질에 따라 양이온성, 음이온성, 중성 및 양성으로 구분한다.

③ 계면활성제는 농도가 어느 이상이면 더 이상 표면장력을 낮추지 않고 마이셀을 형성하기 시작한다.

④ 마이셀이 형성됨에 따라 계면활성제 용액에 대한 오염물질의 용해도는 증가하게 된다.

(3) 적용 오염물질

① 중금속
② 방사능 오염물질, 무기물질
③ 휘발성·준휘발성 유기화합물질 처리시에는 경제성이 떨어지고 2차 오염물질이 유발되며 투수성이 낮은 토양에서는 적용하기가 어렵다.

(4) 적용 제약조건

① 투수성이 낮은 토양에서는 처리하기가 어렵다.
② 세정용액에 의해 2차 오염이 유발될 수 있다.
③ 계면활성제가 토양의 공극을 감소시킬 수 있다.
④ 추출액은 후처리가 필요하며 불균일한 토양은 처리하기가 어렵다.
⑤ 오염물질이 휘발성 유기물질인 경우에는 배출가스 처리가 필요하다.
⑥ 토양세정 공정의 경제성을 좌우하는 것은 세정액 재생처리비용이다.

(5) 효율에 영향을 미치는 인자

① 토양 특성인자

㉠ 투수성, 공극률   ㉡ 지반구조
㉢ 수분함량, 완충능력   ㉣ pH, CEC

② 오염물질 특성인자

㉠ 용해도   ㉡ 농도
㉢ 분배계수   ㉣ 복합체의 안정성

 必 수문제

01 어느 지역 토양 내에 TCE가 300g 존재하고 있다. 주어진 조건에 따라 계면활성제 세정공정을 이용하여 모두 정화하고자 할 경우 필요한 계면활성제의 양(kg)은? (단, 계면활성제 내 TCE 용해도 2,000mg/L, 계면활성제 밀도 1.2kg/L)

풀이

$$계면활성제\ 양(kg) = 밀도 \times 부피 = 1.2kg/L \times \frac{300g \times 1,000mg/g}{2,000mg/L} = 180kg$$

02 계면활성제를 이용한 토양세척공정을 사용하여 TCE로 오염된 토양을 처리하고자 한다. 오염된 토양 내 TCE 0.8kg 을 모두 용해시키기 위해 필요한 계면활성제를 20L/hr 유량으로 공급할 경우 공급시간(hr)은?(단, 계면활성제 내 TCE 용해도 2,000mg/L)

> **풀이**
>
> $$공급시간(hr) = \frac{TCE\ 양}{유량} = \frac{[(0.8kg \times 10^6 mg/kg)/2,000mg/L]}{20L/hr} = 20hr$$

5. 동전기 정화방법(Electrokinetic Remediation(Separation))
(전기동력학적 오염토양 복원기술)

(1) 개요

① 지층 속에 전극을 설치하고 직류전류를 가하여 지층의 물리 · 화학적 및 수리학적 변화를 유도한 후 전도현상을 일으켜 오염물질을 이동, 추출 제거하는 기술이다.

② 토양 내에 전기를 가하게 되면 동전기의 현상에 의하여 토양 내의 오염수, 오염물질, 오염입자가 이동하게 되는데, 이때 전기삼투 · 전기이동 · 전기영동 현상이 발생한다.

(2) 동전기현상의 구분

① 전기삼투이론

㉠ 전기경사에 의한 공극수(간극수)의 이동으로 정의된다.

㉡ 포화토양 내에 전류가 가해지면 양이온이 음극을 향하여 이동하면서 공극수를 함께 이동시킴으로써 물이 흐르는 현상이다.

㉢ 낮은 수리전도도(**예** 점토)를 가진 토양오염물질 처리에 효과적이다.

② 전기이동이론

㉠ 전기경사에 의한 전하를 띤 화학물질의 이동으로 정의된다.

㉡ 이온상태 오염물질이나 입자표면에 전하를 띤 오염물질 처리에 효과적이다.

㉢ 극성을 가지고 전기이동현상을 일으킬 수 있는 입자로는 점토슬러지, 콜로이드, 유기복합물, 작은 물방울, 마이셀 등이 있다.

③ 전기영동이론

　㉠ 전기경사에 의한 전하를 띤 입자의 이동으로 정의된다.

　㉡ 주어진 전기장에 의하여 대전된 입자가 자신이 가지고 있는 전하와 반대방향으로 이동하는 현상이다.(토양－액체 혼합물 내의 전하를 띤 콜로이드의 이동)

　㉢ 전기영동의 이동성은 매체의 점성계수에 반비례하고 전기경사와 평균전하에 정비례하며 치밀한 매질(고체상태) 내에서는 전기영동에 의한 이동에 한계가 있다.

(3) 포화지층 내 오염물질의 이동ㆍ제거 메커니즘

① 전기분해　　　　　　　② pH 변화

③ 흡착반응　　　　　　　④ 침전용해

⑤ 오염물질의 이동ㆍ포획ㆍ제거

(4) 적용 오염물질 및 토양

① 적용 오염물질

　㉠ 중금속, 핵종(방사성 물질)　　㉡ 페놀, TCE, 톨루엔

　㉢ 유기ㆍ무기 오염물질　　　　　㉣ 독성 음이온, DNAPL

　㉤ 유류탄화수소, 폭발성 물질

② 적용 토양

　㉠ 저투수성 토양(점토질 토양), 실트

　㉡ 토양입자 표면의 전하가 음전하를 띠는 점토에 효율적이다.

　㉢ 사토질 지층뿐만 아니라 점성토지층에도 매우 효과적이다.

　㉣ 토양의 포화도와 무관하므로 포화하거나 불포화된 토양 모두에 적용된다.

(5) 장ㆍ단점

① 장점

　㉠ 다양한 종류의 오염물질에 적용이 가능하며 특히 금속으로 오염된 지역에 효과적이고 수리전도도가 낮고 표면반응성이 큰 점토와 같은 세립질 토양에도 적용될 수 있다.

　㉡ 이질토양에서도 균일하게 오염물질의 제거가 가능하며, 집수정으로부터 오염된 지중 용액의 추출이 용이하다.

　㉢ 토양의 포화도에 무관하다.(포화되거나 불포화된 토양 모두 적용 가능)

    ㄹ 굴착 등이 필요하지 않기 때문에 현재의 현장상태를 유지하면서 오염토양을 복원할 수 있다. 즉, 오염지역의 복원이 영구적이다.

    ㅁ 전기삼투계수가 토양의 종류에 크게 영향을 받지 않기 때문에 여러 종류의 토양층으로 구성된 이질성이 큰 토양에서도 오염물질 제거가 비교적 균일하다.

    ㅂ 전기장의 방향을 조절함으로써 토양 내 공극유체와 오염물질의 이동방향 및 토양 내 공극유체의 조절이 가능하며 상대적으로 에너지가 적으므로 경제적이다.

    ㅅ 세립토에 효과적이며 처리된 토양은 재생이 가능하다.

    ㅇ 무기오염물질과 유기오염물질 모두 제거 가능하다.

② **단점**

    ㄱ 물의 전기분해반응에 의해 전극에서 생성되는 산소가스(양극)와 수소가스(음극)가 전극을 둘러싸게 됨에 따라 전기전도도의 감소로 전기효율의 저하가 발생한다.

    ㄴ 염이나 2차 광물의 침전에 의하여 효율이 저하된다.(탄산화물 또는 적철석과 같은 광물이 다량 함유된 염기성 토양에서는 적용 효율이 낮다.)

    ㄷ 최적조건의 pH 조절이 곤란하다.

    ㄹ 토양산성화가 발생하며 공정 중 발생하는 침전물의 전하로 전기저항이 줄어 공정 제거효율이 감소한다.

    ㅁ 폭발성 수소가스나 염소가스 등의 발생으로 안전상 문제가 발생할 수 있다.

    ㅂ 지반 메트릭스 자체에 미치는 영향이 정확하게 규명되어 있지 않다.

    ㅅ 금속성 물체 및 다량의 불필요한 오염물질 존재시 문제점이 발생한다.

(6) 적용 제약조건

    ① 토양의 수분함량이 10% 이하이면 효율이 감소한다.(최대효과 수분함량 : 14~18%)

    ② 비활성 전극(탄소, 흑연, 백금)을 사용하여 토양 중으로 잔류물이 유입되지 못하도록 하여야 한다.(금속전극은 전기분해에 의해 분해되어 부식물질이 토양 중으로 유입됨)

    ③ pH 변화에 의한 오염물질의 침전은 이동성이 감소되어 제거 · 추출이 어렵다.

    ④ 전기장의 급격한 집중은 전극주위의 열이 발생하여 잠재적인 손실이 된다.

    ⑤ 지중에 금속성 또는 절연성 물체가 존재시 토양 전기전도성을 쉽게 변화시켜 효율성을 저하시킨다.

⑥ 산성 조건에서 중금속은 제거하기가 용이하나 극단적인 pH 조건 및 산화 · 환원전위의 변화는 효율성을 저하시킨다.

⑦ 산화 · 환원반응은 효율성에 나쁜 영향을 미치는 부산물(염소가스)을 생성할 수 있다.

⑧ 토양입자 표면전하가 음전하를 띠는 점토에 매우 효율적인 처리기술이나 공극수의 pH 변화와 오염물질 흡착에 의해 표면전하가 변화한다.

⑨ 현장에 적용할 때 암석이나 자갈 또는 금속성 이물질이 존재하면 전기에너지 및 제거효율이 감소할 수 있다.

(7) 공정효율을 높이기 위한 방법

① 음극 쪽에서 발생하는 중금속의 수산화물 침전물 형성을 방지하고 침전물의 용해도를 증가시키기 위해 음극 전해질 용액에 아세트산과 같은 화학물질을 주입한다.

② 오염물질의 이용도를 증가시키기 위해 pH와 제타전위를 조절하고 탈착반응을 촉진시키며 전기삼투유량을 증가시키기 위해 양극과 음극 전해질 용액의 화학조절을 실시한다.

③ 토양입자와 경쟁하며 중금속 오염물질에 대해 용해성 착화합물을 형성할 수 있는 암모니아, Citrate, EDTA 등과 같은 화학제를 투여한다.

④ 오염물질의 탈착능력을 향상시키기 위해 이온교환능력이 높은 점토광물 함량을 증가시킨다.

> **Reference** 토양 내의 중금속을 탈착시키는 데 기여하는 물질이 생성되는 현상
>
> 포화된 지중 내에 전극을 삽입하고 직류전원을 연결할 경우 양극(+)에서 발생되는 반응식
> $$2H_2O - 4e^- \rightarrow O_2\uparrow + 4H^+$$

6. 유리화 방법(Vitrification) : 전기용융 방법

(1) 개요

① 오염토양을 전기적으로 용융시켜 용출특성이 낮은 결정구조로 만드는 기술이다.

② 지중 유리화 기법(Vitrification, In-situ)과 지상 유리화 기법(Vitrification, Ex-situ)이 있다.

③ 지반이 본래 함유하고 있는 Si를 이용하여 유리고화를 형성한다.

(2) 종류

① 지중 유리화 기법(Vitrification, In-situ)

    ㉠ 원위치 유리화 기법을 의미하며 전기흐름을 이용하여 토양이나 슬러지를 고온(1,600~2,000℃)에서 용융시켜 무기물질을 고정화하고 열분해에 의해 유기물질을 분해한다.

    ㉡ 토양에 포함되어 오염물질을 녹이기 위해 매우 높은 온도에서 전기흐름을 이용한다.

    ㉢ 오염토양을 전기적으로 용융시킴으로써 용출특성이 매우 적은 결정구조를 만드는 기법이다.

    ㉣ 무기물을 고정하고 유기오염물질을 분해하는 기법이다.

② 지상 유리화 기법(Vitrification, Ex-situ)

    ㉠ 오염물질의 농도를 감소시키는 원리가 아니고 무기물질을 사방으로 둘러싸는 기법이다.

    ㉡ 일반적 처리 원리는 지중 유리화 기법과 비슷하나 다른 점은 굴착토양을 Chamber에 투입하여 처리한다는 것이다.

    ㉢ 토양 내에 존재하는 오염물질의 유동성을 감소시키는 데 효과적이다.

(3) 적용 오염물질

① 유기오염물질(분해)
② 무기오염물질(유동성 감소)
③ 휘발성 유기물질, 준휘발성 유기물질(VOC, SVOC)
④ 다이옥신, PCB
⑤ 방사능 오염물질

(4) 장·단점

① 다양한 형태의 오염물질에 대해 광범위하게 적용할 수 있다.(가장 큰 장점)
② 거의 대부분 오염물질에 대해 분해와 고정화가 확실하다.
③ 고가의 폐기물 처리장치가 필요하지 않고 용융된 유리화 결정체는 환경 중으로 노출될 가능성이 적다.
④ 결정체는 환경 중에서 파괴 및 분해되지 않는다.
⑤ 특수한 경우를 제외하고는 다른 약제 등의 첨가물을 주입할 필요가 없다.
⑥ 지하수 증발, 지반함몰, 분해가스 발생 등이 문제점이다.
⑦ 지반 내에 콘크리트, 자갈, 금속 등의 이물질이 있는 경우에도 적용 가능하다.

(5) 적용 제약조건

① 지중 유리화 기법

   ⊙ 정화된 토양에 유리화된 물질이 포함되어 있기 때문에 분리하지 않으면 다시 토양을 사용하는 데 많은 제약이 따른다.

   ⓒ 대수면 아래에 분포하고 있는 오염물질을 처리하는 경우에는 재오염 방지 기술이 필요하다.

   ⓒ 자갈의 함량이 중량비로 20%를 넘는 경우 적용이 곤란하다.

   ⓔ 토양에 열을 가하므로 오염물질이 주변의 오염되지 않은 지역으로 이동할 가능성이 있다.

   ⓜ 토양이나 슬러지에 연소성 물질이 중량비로 5~10%를 초과하는 경우 적용이 곤란하다.

② 지상 유리화 기법

   ⊙ 공정에서 발생하는 배출가스를 처리해야 한다.

   ⓒ 유리화된 슬래그를 처분해야 한다.

   ⓒ 휘발성 중금속과 방사능오염물질은 휘발되는 성질 때문에 배출가스 처리장치에서 처리해야 한다.

(6) 효율에 영향을 미치는 인자

   ① 오염물질의 농도 및 종류
   ② 토양의 수분함량, 유기물 함량, 입자직경

必수문제

01 1.1.1-TCE는 지중에서 분해되며 반감기가 180일이다. 이 오염물질의 분해반응속도가 1차 반응이라고 가정할 때, 초기 오염농도의 90%가 제거되는 데 소요되는 기간(Day)은?

풀이

1차 반응식

$$\ln\left(\frac{C}{C_0}\right) = -k \cdot t \qquad\qquad \ln 0.5 = -k \times 180\text{day}$$

$$k = 0.00385\text{day}^{-1} \qquad\qquad \ln\left(\frac{10}{100}\right) = -0.00385 \times k$$

$$t = 598.07\text{day}$$

필수문제

02 실험실에서의 예비실험 결과 독성물질의 1차 반응 분해 상수가 0.03day^{-1}임을 알았다. 이 물질의 반감기는?(단, 자연지수 기준)

> **풀이**
>
> $$\ln \frac{0.5\,C_0}{C_0} = -kt$$
>
> $$\ln 0.5 = -0.03\mathrm{day}^{-1} \times t$$
>
> $$t = \frac{\ln 0.5}{-0.03\mathrm{day}^{-1}} = 23.10\mathrm{day}$$

필수문제

03 휘발유로 오염된 토양의 초기 TPH 농도가 4,000ppm이었고, 50일 후 2,500ppm으로 저감되었다. 오염농도는 1차 반응의 자연저감에 의한 것일 때, 초기 농도가 100ppm까지 저감되는 데 소요되는 기간(day)은?

> **풀이**
>
> $$\ln \frac{C}{C_0} = -k \times t$$
>
> $$\ln \frac{2,500}{4,000} = -k \times 50\mathrm{day}$$
>
> $$k = 0.00940\mathrm{day}^{-1}$$
>
> $$\ln \frac{100}{4,000} = -0.00940 \times t$$
>
> $$t(\text{소요시간}) = 392.43\mathrm{day}$$

필수문제

04 지하수 내 벤젠의 농도가 50mg/L이다. 일차 감쇄 상수(First-Order Decay Rate)가 0.005/day일 때 3년 후 지하수 내 벤젠의 농도(mg/L)는?

> **풀이**
>
> $$C = C_0 e^{-kt} = 50 \times e^{-(0.005/\mathrm{day} \times 3\mathrm{year} \times 365\mathrm{day/year})} = 0.21\mathrm{mg/L}$$

7. 자연저감법(Natural Attenuation)

(1) 개요

① 포화토양층에서 자연적인 지중 공정(희석, 생분해, 휘발, 흡착, 지중물질과 화학반응 등)에 의해 오염물질 농도가 허용 가능한 농도수준으로 저감되도록 유도하는 기법으로 포화대 및 불포화대에 적용 가능하다.

② 공정선택을 위한 모델링, 처리방식에 대한 평가가 필요하다.

③ 오염물질을 제어할 수 있다면 처리시간이 오래 걸리더라도 비용을 최소화 하고자 하는 목적으로는 자연저감법이 대표적 방법이다.

④ 지하수 중의 BTEX를 처리 시, 생분해가 진행됨에 따라 진행되는 전자수용체의 변화양상은 용존산소 감소, NO_3^- 감소, 철(3가) 증가, SO_4^{2-} 감소이다.

⑤ 오염원으로부터 가장 멀리 떨어진 지역의 오염운에서 지배적으로 일어나는 자연저감 과정은 탈질화이다.

⑥ 지하수 오염원에서 자연저감이 일어나고 있을 때 알칼리도는 배경보다 높은 값을 나타낸다.(생분해 지표로서 배경보다 높은 값을 나타내는 대표적인 것은 염소이고 배경보다 낮은 값을 나타내는 것은 질산염)

⑦ 오염물질이 더 이상 확산되지 않고 감소하고 있음을 증명하기 위한 주기적인 실험과 자료수집이 필요하다.

⑧ 종합적인 정화방법의 일개 부분으로 사용된다.

⑨ 지하수 내 유류오염물질의 자연저감을 나타내는 증거는 전자수용체의 감소, 딸 화합물 농도의 증가, 모 오염물질 농도의 감소, 대사 부산물질 농도의 증가 등이다.

(2) 적용 범위 및 오염물질

① 농도가 상대적으로 낮고 오염범위가 넓은 경우

② 오염지역과 거주지역 간의 거리가 멀어 잠재적 위해성이 낮은 경우

③ 비할로겐 휘발성 유기물질

④ 비할로겐 준휘발성 유기물질

⑤ 유류계 탄화수소, PCB

⑥ 염소계 유기화합물

(3) 효율이 낮은 적용 오염물질

① 할로겐 휘발성 유기물질

② 할로겐 준휘발성 유기물질

③ 살충제

(4) 장단점

① 장점

㉠ 타 공정에 비해 상대적으로 친환경적이다.

㉡ 자연공정을 이용하므로 처리비용이 적게 소요된다.

ⓒ 에너지 사용 감소 및 공정으로부터 배출물질이 감소된다.(정화에 따른 부산물이 없음)

ⓔ 타 매체로의 오염확산이 적고 타 정화공법과 연계가 가능하다.

ⓜ 자연적 생분해 과정이 진행된다면 오염물질의 원위치 처리가 가능하다.

② 단점

ⓐ 목표효율을 달성하기 위해서 처리기간이 장기간 소요된다.

ⓑ 장기간의 관측이 요구된다.

ⓒ 치환산물의 독성이 위해성을 증가시킬 수 있다.

ⓔ 부지접근 방지 및 부지사용금지 등의 조치가 필요하다.(부지사용 제한)

ⓜ 자연저감 기간 중 시스템 내 물리·화학적 특성변화가 발생되어 오염물질의 확산을 야기할 수 있다.

ⓗ 수용체로 오염물질의 확산이 진행된다면 적용이 불가하다.

ⓢ 부지특성에 따라 모니터링 비용 등이 과다하게 소요되어 경제성이 떨어진다.

(5) 적용 제약조건

① 수은과 같은 무기물질은 비유동성이며 잘 분해되지 않는다.

② 지중에 존재하는 오염원을 제거하여야 한다.

③ 본래 물질보다 중간 분해산물이 유동성과 독성이 강하다.

④ 오염물질이 분해되기 전에 이동시키는 것이 바람직하다.

⑤ 오염현장을 차단하고 오염물질의 농도가 감소될 때까지는 재사용할 수 없다.

⑥ 장기간의 모니터링으로 인하여 타 정화공법보다 고비용이 든다.

⑦ 강우 시 오염된 침출수가 발생하여 주변으로 확산되어 더 큰 위험이 발생할 수 있다.

⑧ 오염물질이 분해되기 전에 휘발 등으로 인한 2차 오염을 유발할 수 있다.

⑨ 오염물질의 농도가 감소할 때까지는 오염현장을 재사용할 수 없다.

(6) 효율에 영향을 미치는 인자

① 수질지질학적 인자

ⓐ 지하수의 동수구배(수리경사) ⓑ 토양입경의 분포

ⓒ 지표수와 지하수의 관계 ⓔ 대수층의 수리전도도

ⓜ 선택적인 흐름경로

② 토양 및 지하수 인자

ⓐ 오염물질의 농도(형태) ⓑ 온도, 수분

ⓒ 영양분 ⓔ 전자수용체

(7) 설계 및 운전 시 고려사항

① 대상부지에 대한 정밀조사를 한다.
② 지중에 존재하는 오염원을 제거한다.
③ 중간분해물질의 유동성 및 독성을 관찰한다.
④ 넓은 대상부지 및 장기간 소요되는 경우 비용측면을 고려한다.

> **Reference** 자연정화기법의 처리 작용 현상
>
> ① 오염물질의 자체적인 분산, 희석, 흡착, 휘발현상
> ② 지하수 함량에 의한 희석과 혼합 현상
> ③ 토양 내 생분해로 인한 생물학적 분해 및 전이현상

必수문제

01 500kg의 가솔린이 포화대에 유출되었다. 자연정화법으로 오염지역을 처리하고자 한다. 가솔린이 생물학적으로만 분해되어 없어진다면 오염지역의 가솔린을 분해하기 위하여 필요한 산소량(kg)은?(단, 산소/가솔린 소비율＝2mgO$_2$/mg 가솔린이며 기타 조건은 고려하지 않음)

> **풀이**
> 산소량(kg)＝2mgO$_2$/mg가솔린×500kg가솔린＝1,000kg

必수문제

02 250kg의 가솔린이 두께 5m, 폭 10m인 포화대에 유출되었으며 이를 자연정화법으로 처리하고자 한다. 가솔린이 생물학적으로만 분해되어 없어진다면 오염지역 가솔린이 분해되는 데 소요되는 시간(year)은?(단, 지하수의 Darcy 속도 : 1m/day, 지하수내 용존산소농도 : 5mg/L, 산소-가솔린 소비율 : 2mgO$_2$/mg 가솔린)

> **풀이**
> 산소-가솔린 소비율(2mgO$_2$/mg가솔린)
> → 가솔린 250kg의 분해시간 ＝ 산소 500kg
> $$지하수\ 총\ 부피 = \frac{500kgO_2(산소량) \times 10^6 mg/kg}{5mgO_2/L(산소농도)} = 10^8 L$$
> $$Q = AV = (5 \times 10)m^2 \times 1m/day = 50m^3/day$$
> $$t = \frac{V}{Q} = \frac{10^8 L \times m^3/1,000L}{50m^3/day \times 365day/year} = 5.48year$$

필수문제

03 실트질 점토 내 유류오염농도 범위는 10,000~50,000mg/kg이었다. 자연 생분해
속도가 4.0mg/kg·day라면 이 지역의 자연저감기간(years)은?

> **풀이**
>
> 농도 10,000mg/kg인 경우
>
> $$기간(year) = \frac{10,000\text{mg/kg}}{4.0\text{mg/kg}\cdot\text{day}} = 2,500\text{day} \times \text{year}/365\text{day} = 6.85\text{year}$$
>
> 농도 50,000mg/kg인 경우
>
> $$기간(year) = \frac{50,000\text{mg/kg}}{4.0\text{mg/kg}\cdot\text{day}} = 12,500\text{day} \times \text{year}/365\text{day} = 34.25\text{year}$$

8. 화학적 산화/환원법(Chemical Reduction/Oxidation)

(1) 개요

① 산화/환원반응은 오염물질을 화학적으로는 더 안정하게 하고, 유동성이 없게
하며, 비활성물질로 변화시키는 반응이다.

② 오염물질 처리시 일반적으로 사용되는 시약(화학적 산화제)은 오존, 과산화수
소, 차아염소산염, 염소, 이산화염소 등이다.

③ 본 방법의 적용은 처리 주 오염물질에 대한 적절한 산화제의 선택, 원위치 주
입장치에 따라 확실하게 처리될 수 있으며, 오염부지의 특성이 정화목표를 달
성하는 데 있어서 중요한 사항이다.

(2) 적용 메커니즘

① 가수분해

　㉠ 수소－산소결합이 파괴되어 오염물질을 유해도가 낮은 새로운 물질로 형
성하며 대표적 Ex－Situ 처리 과정이다.

　㉡ 화학적으로 유기오염물질의 독성이 높은 구조를 독성이 낮은 구조로 변화
시켜 오염물질을 분해한다.

　㉢ 영향 인자

　　ⓐ 오염물질 형태

　　ⓑ 토양입자 직경

　　ⓒ 용매의 용해력

② 탈염소

    ㉠ 염소화된 분자에서 염소원자를 제거, 오염물질을 분해하는 반응이며, 오염물질의 독성을 낮추고 물에 잘 용해되도록 한다.

    ㉡ 영향 인자

        ⓐ 오염물질의 종류

        ⓑ 토양의 기울기(구배)

        ⓒ 사용 약품

③ 화학적 산화

    ㉠ 음용수와 폐수의 처리를 위해 사용되는 Full-Scale 기술이다.

    ㉡ 시안으로 인한 오염토양 처리 시 적용되는 가장 일반적인 기술이다.

    ㉢ 오염물질을 원위치에 정화할 수 있다.

    ㉣ 토양 중의 구성물질과 반응하여 산화제의 소요량이 증가할 수 있다.

    ㉤ 투수성이 낮은 토양에서는 오염물질과 산화제의 접촉이 쉽지 않다.

    ㉥ 타 기술에 비하여 유류오염물질을 빠른 시간 내에 분해하여 처리할 수 있다.

    ㉦ 펜톤산화 시에는 철염을 이용하므로 수산화철의 슬러지가 다량 발생한다.

(3) 적용 오염물질

① 주 적용 오염물질은 무기물질이다.(유기오염물질 오염토양에 적용 불가능)

② 비할로겐 물질(휘발성 유기물질, 반휘발성 오염물질, 유류탄화수소)에는 효과가 낮다.

(4) 장단점

① 장점

    ㉠ 오염물질은 지중(In-Situ ; 원위치)에서 처리 가능하고 오염물질의 분해가 빠르다.

    ㉡ 반응에서 특별한 부산물이 생성되지 않고(Fenton 반응은 제외) 일부 산화제는 MTBE를 완전하게 산화시킬 수 있다.

    ㉢ 자연정화기법(Natural Attenuation)과 병행처리 가능하며, 잔류탄화수소류에 대한 호기성 및 혐기성 생분해를 도모할 수 있다.

    ㉣ 운전 및 모니터링 비용이 절감된다.

② 단점

    ㉠ 초기비용이 타 방법보다 상대적으로 높고 저투수성 토양에서는 산화제와

오염물질 간의 접촉과 분해가 느리다.

ⓒ Fenton 반응은 폭발성 가스를 발생시킬 수 있고 적용되는 산화제와 관련하여 안전문제가 고려되어야 한다.

ⓒ 용존오염물질의 농도는 기술 적용 후 수일(수개월) 후 다시 증가될 수 있다.

ⓔ 매우 낮은 농도는 기술적·경제적으로 적용이 곤란하고 대수층 공극 내 침전에 의한 막힘현상(Clogging)이 일어날 수 있다.

ⓜ 투수성이 낮은 토양에서는 오염물질과 산화제의 접촉이 쉽지 않다.

ⓗ 용존오염물질의 오염운의 모양이 화학적 산화법의 적용을 통하여 변화할 수 있다.

(5) 적용 제약조건

① 오염물질과 사용된 약품(산화제)에 따라 불완전 산화물질 또는 중간오염물질이 형성될 수 있다.

② 오염물질의 농도가 높을 경우 약품량이 많이 소요되므로 경제적으로는 좋지 않다.

③ 오염토양 내에는 기름 및 그리스 성분이 적어야 반응에 영향을 미치지 않는다.

④ 일부 유기화학물질은 산화가 어려우며 기술 운영 시 예상하지 못한 부정적 효과가 발생될 우려가 있다.(토양 내에 휴믹질 등 유기물이 존재하는 경우에는 비효율적이다.)

⑤ 부지 내에 비수용 액체상(NAPL)이 존재하는 경우 이를 회수하거나 처리해야 한다.

⑥ 지하저장조나 배관 등에 저장물이 있는 경우 부식문제 등에 주의를 요한다.

⑦ 오염지역에 투수성이 낮은 토양이 존재하는 경우에는 충분한 접촉시간을 고려하여야 한다.

(6) 효율에 영향을 미치는 인자

① 토양 내에 포함되어 있는 물
② 금속(알칼리)
③ 부식토 함량
④ 총 유기할로겐 화합물

 Reference 토양의 주요 산화물 함량 순서

$$SiO_2 > Al_2O_3 > FeO + Fe_2O_3 > CaO + MgO$$

9. 화학적 불용화처리

(1) 시안화합물(CN)

① 시안착염을 형성하는 경우

㉠ 착염법 또는 감청법이라고도 한다.

㉡ 첨가물

제1철염(감청분)

㉢ Fe, N

Cu 등의 시안착화합물의 침전·제거에 용이하다.

㉣ 침전물 다량 발생, 일정 농도 이하만 제거 가능, 시안농도가 낮은 경우에는 효과적이다.

② 시안착염을 포함하지 않는 경우

㉠ 알칼리염소법이라고도 한다.

㉡ 첨가물

ⓐ 차아염소산 나트륨($NaOCl$)

ⓑ 표백분[$Ca(OCl)_2$]

(2) 수은(Hg), 카드뮴(Cd), 납(Pb) 화합물

① 첨가물

㉠ 황화나트륨(Na_2S)

㉡ pH를 저하시키지 않도록 조치한 후 황화나트륨을 토양 중의 카드뮴 화합물에 첨가하여 황화카드뮴(CdS)을 생성한다.

㉢ 카드뮴화합을 불용화하기 위해서는 금속황화물을 형성시키거나 인산염을 주입하여 난용화하여야 한다.

㉣ 오염토양에 존재하는 수용성 수은화합물은 황화나트륨을 첨가하여 황화수은(HgS)을 생성한다.

㉤ 수용성 납화합물이 존재하는 오염토양에 황화나트륨을 첨가하여 황화납(PbS)을 생성한다.

(3) 6가 크롬화합물(Cr^{+6})

① 첨가제

㉠ 황산철($FeSO_4$) : 속효성 환원제

㉡ 아탄(Lignite) : 지효성 환원제

ⓒ 미분해성 유기물(계분)

ⓓ 6가 크롬화합물은 황산철과 같은 환원제를 첨가하여 3가 크롬(Cr^{+3})을 생성(환원)

⑷ 비소(As)화합물

① 첨가제

ⓐ 염화제1철($FeCl_2$; 염화철 Ⅱ)

ⓑ 비소화합물에 염화철을 첨가하여 비산철(비소산)을 생성

必수문제

01 페놀로 오염된 지하수를 과산화수소(H_2O_2)와 철촉매(Fe^{2+})를 사용하여 처리하고자 한다. 예비실험결과 99% 제거시 각각 과산화수소와 철의 필요량이 2.5(g H_2O_2/g penol), 0.05($mgFe^{2+}$/mgH_2O_2)임을 알았다. 오염 현장의 페놀의 오염농도가 6,000mg/L이고 추출된 지하수의 유량이 10,000L/day일 때 필요한 철촉매(Fe^{2+})의 양(kg/day)은?(단, 비중 1.0, 페놀제거율 99% 기준임)

풀이

유입 Penol의 양 $= 6{,}000\text{mg/L} \times 10{,}000\text{L/day} \times 1\text{kg}/10^6\text{mg} = 60\text{kg/day}$

유출 Penol의 양 $99 = \left(1 - \dfrac{C}{60}\right) \times 100$

    C(유출 Penol 양) $= 0.6\text{kg/day}$

제거 Penol의 양 $= 60 - 0.6 = 59.4\text{kg/day}$

Fe^{2+}의 양(kg/day) $= 59.4\text{kg/day} \times 2.5\text{gH}_2\text{O}_2/\text{g penol} \times 0.05\text{mgFe}^+/\text{mgH}_2\text{O}_2$
                     $= 7.43\text{kg/day}$

必수문제

02 TCE로 오염된 지하수를 오존으로 처리하고자 한다. 처리대상 지하수로 예비실험한 결과 1.4mg/L · Tmin의 오존으로 1시간 처리시 환경기준에 적합한 제거율을 얻었다. 지하수 오염농도가 150mg/L이고 처리해야 할 지하수위의 유량이 760L/min일 경우 환경기준의 적합하도록 처리하기 위한 최소오존 필요량(kg/day)은?

풀이

오존 총량(kg/day) $= 1.4\text{mg/L} \cdot \text{min} \times 60\text{min} \times 760\text{L/min}$
                         $\times 60\text{min/hr} \times 24\text{hr/day} \times 10^{-6}\text{kg/mg}$
                  $= 91.93\text{kg/day}$

10. 용매추출방법(Solvent Extraction, Chemical Extraction)

(1) 개요

① 용매추출방법은 오염물질을 분해하는 반응이 아니라 토양, 슬러지, 퇴적물로 부터 오염물질을 분리시켜 부피를 감소시키는 기술이다.

② 물이나 계면활성제를 이용하는 토양세척과는 다르다. 즉, 용매추출방법은 용매로써 유기화학물질을 이용한다.

③ 다른 제어기술(토양세척, 고형화/안정화, 소각)과 병행하여 사용한다.

④ 오염물질이 혼합된 용매는 상분리에 의해 토양으로부터 분리한다.

(2) 처리효율(추출공정 효율) 향상방법

① 오염토양과 용매 접촉을 극대화시켜야 한다.

② 추출용매

　ㄱ 트리에틸아민(Triethylamine)

　ㄴ Kerosene

　ㄷ 탄화수소

③ 접촉장치

　회전교반기

(3) 적용 범위 및 오염물질

① 오염된 토양(오염원 : 페인트 찌꺼기, 인조고무 오염토양, 타르오염토양, 살충제 오염토양, 유리정제 폐기물)의 유기오염물질을 분리하는 데 적용할 수 있다.

② 적합 오염물질 : 유기오염물질

　ㄱ PCB, 휘발성 유기물질

　ㄴ 할로겐 용매, 유류

③ 부적합 오염물질

　ㄱ 무기물질

　　ⓐ 산, 염기, 염, 중금속

　　ⓑ 유기오염물질 추출에는 영향을 미치지 않음

　ㄴ 중금속

　　화학물질을 고형화시킨다.

(4) 적용 제약조건

① 유기물질과 결합된 중금속은 유기물질과 함께 추출될 수 있다.
② 추출반응 중에 청정제나 유화제가 존재시 효율에 나쁘게 작용한다.
③ 추출용매가 토양에 잔류할 경우가 있으므로 용매 자체의 독성을 고려해야 한다.
④ 고분자 유기물질과 친수성 물질의 처리에는 효과적이지 못하다.
⑤ 수분함량이 높으면 처리효율에 나쁜 영향을 미친다.

(5) 효율에 영향을 미치는 인자

① 토양 입자의 직경 및 pH
② 수분 및 유기물 함유량
③ 토양분배계수 및 CEC(양이온 교환능력)
④ 금속
⑤ 휘발성 물질
⑥ Clays(점토) 및 복합오염물질 유무

> **Reference** 용매추출별 장치의 구성(추출장치의 기본과정)
>
> 토양선별 → 추출물질과 혼합 → 액상과 고상의 분리 → 정화된 토양의 처리
> → 물정화 및 슬러지 처리

11. 고형화 · 안정화 방법(Solidification · Stabilization)

(1) 개요

① 고형화와 안정화는 물리 · 화학적 방법을 통해 일차적으로 폐기물 유해성분의 유동성을 감소시키는 것을 목적으로 한다.
② 고형화와 안정화 방법은 토양오염 확산 방지기술이다. 즉, 오염물이 용출되어 나올 수 있는 폐기물의 표면적이 감소한다.
③ 고형화는 비고형화 상태의 폐기물을 고형화 상태의 물질로 바꾸어 폐기물의 물리적 상태를 변화시키는 기술로 폐기물의 취급이 용이해지는 장점이 있다.
④ 안정화는 폐기물의 용해성, 유동성 또는 독성형태를 최소화하기 위해 폐기물을 변형시키는 기술로 폐기물의 취급이 용이해지는 장점이 있다.
⑤ 미국의 Superfund Site 중에서 유해성 중금속으로 오염된 토양을 정화하는 데 가장 많이 이용되었다.

(2) **고형화 · 안정화 형태구분**

① 시멘트 기초 고형화 · 안정화

　㉠ 시멘트를 기초로 한 고형화 · 안정화에 일반적으로 포틀랜드 시멘트를 사용한다. 즉, 포틀랜드 시멘트가 결합재 역할을 한다.

　㉡ 금속으로 오염된 토양의 제어에 광범위하게 이용되나 용해성 화합물(망간, 주석, 구리, 납)은 고화시간을 연장시키고 물리적 강도를 감소시킨다.

　㉢ 폐기물과 포틀랜드 시멘트는 혼합, 양생과정을 거쳐 Monolith(모노리스)를 형성하여 굳어지게 된다.

② 포졸라닉 고형화 · 안정화

　㉠ 포졸란(Pozzolan)은 시멘트 자체는 아니며 일반적으로 상온에서 '석회(CaO)'물과 결합 시 시멘트 화합물이 된다.

　㉡ (폐기물＋물＋포틀랜드 시멘트)의 고형화 덩어리를 의미한다.

　㉢ 물과 규산염의 수화반응시 Gel이 형성되어 수화반응 생성물과 규소섬유 상태의 시멘트 매트릭스를 형성하여 매트릭스 내 유해물질이 화학적으로 고정된다.

　㉣ 두 가지 폐기물(폐기물, 소각재)을 동시에 처리할 수 있다.

　㉤ 석회－포졸란 화학반응이 간단하고 기술이 잘 발달되어 있다.

　㉥ 포졸란 반응은 석회를 소비하며 포클랜드 시멘트의 수화반응보다 느리다.

　㉦ 오일슬러지, 도금슬러지(중금속 함유), 폐산 등을 포졸란과 반응시켜 안정화시킨다.

③ 열가소성 고형화 · 안정화

　㉠ 열가소성 플라스틱 방법(Thermoplastic Techniques)이라고도 한다.

　㉡ 열을 가했을 때 액체 상태로 변화하는 열가소성 플라스틱을 이러한 상태에서 폐기물과 혼합한 후 냉각하여 고형화하는 방법이다.

　㉢ 폐기물과 토양입자 사이의 공극을 열가소성 플라스틱으로 채우는 미세캡슐화 작용이 원리이다.

　㉣ 열가소성 플라스틱(열가소성 물질)으로는 아스팔트, 역청(Bitumen), 폴리에틸렌 등이 있다.

④ 조대캡슐화

　㉠ 폐기물을 포장물질 또는 용기로 둘러싸 밀폐하는 방법이다.

　㉡ 다이옥신, PCB, 소각재 등의 처리에 이용된다.

(3) 지상 고형화 · 안정화 방법의 장 · 단점

① 부피감소가 가능하여 폐기물 취급이 용이하다.
② 오염물이 용출되어 나올 수 있는 폐기물의 표면적이 감소한다.
③ 안정화는 폐기물의 용해성, 유동성 또는 독성형태를 최소화하는 장점이 있다.
④ 폐기물 내 오염물질이 독성형태에서 비독성형태로 변형된다.
⑤ 부수적인 희석을 제외하고 금속의 총 함량 감소는 없다.
⑥ 평균입자크기를 증가시켜 입자의 확산을 감소시킨다.
⑦ 폐석이나 암석들은 공정 전에 제거되어야 한다.
⑧ 결합제의 수화반응으로 휘발성 물질의 제어가 곤란하다.

(4) 접합제(Binding Agent)

① 무기접합제

㉠ 화학적 및 물리적 반응이 수반된다.
㉡ 비용이 저렴하고 다양한 폐기물에 적용 가능하며 장기적인 안정성이 있다.
㉢ 상온 · 상압에서 처리가 용이하며 수용성이 작고, 수밀성도 양호하다.
㉣ 고화재료의 확보가 용이하고 독성이 적다.
㉤ 종류로는 시멘트, 석회, 포졸란, 소각재, 점토, 규산, 지올라이트 등이 있다.

② 유기접합제

㉠ 물리적 반응이 수반되며 핵폐기물이나 독성이 강한 산업폐기물 등의 처리에 국한되어 사용한다.
㉡ 용해도가 높은 폐기물이나 유기성 오염물질을 화학적으로 접합시켜 안정화시키는 능력이 크다.
㉢ 처리비용이 고가이며 최종 고화재의 체적 증가가 다양하다.
㉣ 수밀성이 매우 크고 미생물, 자외선에 대한 안정성이 낮다.
㉤ 고도기술이 필요하며 촉매 등 유해물질이 사용된다.
㉥ 종류로는 아스팔트, 역청, PE, 요소수지 등이 있다.

(5) 용출능(력) 평가시험

오염토양을 고형화 · 안정화 방법으로 처리한 이후 위해성을 평가하기 위한 용출능력 평가실험 방법은 다음과 같다.

① TCLP(Toxicity Characteristic Leaching Procedure) 시험법

㉠ 시료를 최대입경 9.5mm로 분쇄한 후 회분형태로 실험이 이루어진다.

ⓛ 실험 전에 액체 물질을 고상에서 분리시킨 후 액상 : 고상비가 20 : 1인 제로헤드스페이스 추출기에 담긴 폐기물에 용출액을 가하여 이 시료를 회전진탕기에서 18시간 동안 30rpm으로 진탕 후 여과하여 얻은 액으로 오염물질을 측정한다.

ⓒ TCLP 시험법은 일반적으로 폐기물을 분류하는 데 이용된다.

② EP TOX(Extration Procedure Toxicity) 시험법

주기적으로 용출액의 pH를 특정 최대산첨가량까지 맞춘다는 점을 제외하고는 TCLP법과 유사한 시험법이다.

TCLP시험법과 EP TOX 시험법의 비교

구분	TCLP	EP TOX
여과지 크기(직경)	$0.6 \sim 0.8\,\mu m$	$0.45\,\mu m$
여과압력	50psi	75psi
용출액	아세트산 완충용액(pH 3 또는 5)	아세트산(pH 5)
추출시간	18hr	24hr
폐기물 : 용매(고액비)	1 : 20	1 : 16

③ MWEP(Monofill Waste Extraction Procedure) 시험법

㉠ 고형 폐기물 용출법이라고도 하며 증류수 또는 이온수를 이용하여 Monolith 또는 분쇄폐기물로부터의 침출수를 복합적으로 추출하는 시험법이다.

㉡ 용출조건은 고상 : 액상비율 1 : 10(고액비 10 : 1)이며 비산성 용출액으로 매회 18시간 용출한다.

④ MEP(Multiple Extraction Procedure) 시험법

인조 산성강우액을 이용하여 물체로부터 연속적으로 오염물을 추출하여 pH 변화에 영향을 나타낼 수 있는 시험법이다.

⑤ MCC-IP(Material Characterization Center Staic Leach) 시험법

㉠ 고준위 방사성 폐기물 Monolith에 대한 용출시험법이다.

㉡ Monolith를 이용하는 이유는 시료를 분쇄하여 이용할 경우 함유되어 있는 방사성 물질이 TLV(노출위험수준)보다 더 높게 나타나기 때문이다.

⑥ CLT(Column Leaching Tests) 시험법

㉠ 입자상 물질을 이용하여 시험하고 실험물질은 원통형 컬럼에 충전되며 용

출액은 주로 컬럼 바닥으로부터 주입한다.

ⓛ 바닥으로 주입하는 이유는 상부로 주입 시 편류가 발생하기 때문이다.

(6) 적용 범위 및 오염물질

① Ex-Situ 고형화·안정화의 주된 처리대상오염물질은 방사성 물질을 포함하는 무기물질이다.

② 준휘발성 유기물질 및 살충제에 대해서는 비효과적이다.

(7) 적용 제약조건

① 휘발성 유기물질은 고정화되기 어렵다.

② 여러 가지의 오염물질이 혼합되면 처리시간이 길어진다.

③ 점토토양인 경우 처리효과가 높지 않다.

④ 처리 후 유기물의 부피를 2배까지 증가시킬 수 있다.

⑤ 장기간의 효용성 문제도 있다.

⑥ 지중(In-Situ)공정에는 오염물질이 분포하고 있는 깊이에 따라 특정장치를 설치해야 한다.

⑦ 지상공정보다 지중공정에서 시약의 주입과 효과적인 혼합이 어렵다.

⑧ 지중공정은 모든 지중처리와 마찬가지로 처리효율 확인이 어렵다.

(8) 효율에 영향을 미치는 인자

① 토양의 입자직경, 수분함량

② 황 함유량, 중금속 농도, 압축강도

③ 유기물질 특성(농도, 밀도, 투수성, 물리·화학적 특성)

12. 수직차단벽(Vertical Cut Off Walls)

(1) 개요

① 수직방어벽 및 수직방벽이라고도 하며 지하수와 오염물질들의 수평이동을 제어하기 위해서 지중에 설치한다.

② 차단벽(Containment Barrier)은 슬러리월(Slurry Wall), 그라우팅(Grout Curtain), 투과성 반응벽(Permeable Reactive Wall), 복도층 설계(Designed Cover)에서 가장 중요한 요소 중 하나이다.

③ 주변지하 매질과 수직차단벽의 수리전도도 차이가 클수록 차단효과가 높다.

(2) 차단벽 시스템에서 차단층(Barrier Layer)의 기능

① 오염물질의 차단(침출수 등과 같은 수분침투를 최소화함)
② 오염물질을 외부환경으로 재용출될 가능성이 적은 물리적 형태로 전환한다.
③ 수리학적 흐름을 최소화하기 위해 차단층을 형성한다.
④ 오염물질의 자체처리를 도모할 수 있도록 용해된 오염물질 또는 반응물의 이동에 수직으로 차단층을 형성한다.

(3) 적용 범위 및 오염물질

① 금속류(일부 방사능 물질)
② NAPL
③ 유기물과 무기물이 혼합되어 있는 물질

(4) 적용 제약조건

① 벽체에 미생물의 성장과 침적에 의해 추출정이 막힐 수 있다.
② 용해도가 낮고 농도가 높은 오염원은 독성이 강해 생물학적 분해가 불가능하다.
③ 비교적 저투수성 대수층에서는 적용이 어려워(고투수성 토양에 적용시 유리함) 지속적인 유지와 관리가 필요하다.

(5) 효율에 영향을 미치는 인자

① 토양 투수계수 및 토양구조
② 미생물
③ 전자수용체
④ 영양물질
⑤ 오염원의 농도 및 특성

(6) 종류(지하수오염 확산 방지 · 차단시설)

① 슬러리 월(Slurry Walls)

㉠ 주변보다 낮은 수리전도도를 가진 슬러리(흙 또는 기타 첨가제)를 이용하여 지중 트렌치(Trench)에 채워 오염된 지하수를 상수원 또는 비오염 지하수와 단절시키는 방법이다.(오염되지 않은 지하수를 오염된 지역으로부터 격리시키는 데 사용)

㉡ 오염된 지하수를 제거하거나, 취수정에서 오염된 지하수를 정화하고 깨끗한 지하수의 흐름을 변경시켜 혼합되는 것을 방지한다.

ⓒ 일반적으로 토양 및 지하수 확산 방지 시스템에 사용된다.

ⓔ 슬러리 월의 역할

 ⓐ 지하수의 흐름을 다른 곳으로 우회시켜 오염되지 않은 지하수를 오염된 지역으로부터 격리

 ⓑ 지하로의 침출수 흐름을 제어

 ⓒ 오염원으로부터 집수정까지의 흐름경로를 길게 하여 오염물질의 분해 또는 지체효과를 증진시킴

ⓜ 투수계수가 높은 지역에 유용하게 적용한다.

ⓗ 수평적 배열

 ⓐ 상방향

  • 지하수 흐름방향에 대하여 오염원 전단에 설치하여 유입지하수를 우회시켜 침출수에 의한 영향을 최소화함

  • 침출수 발생을 매우 느리게 하며 완전히 중단시키는 것은 아님

 ⓑ 하방향

  지하수 흐름방향에 대하여 오염원 후단에 설치하여 오염물질의 이동을 감소시키면서 분해를 촉진함

 ⓒ 전방향

  오염원을 지하수에서 완전 차단할 수 있도록 둘러싸는 일반적인 슬러리 월 형태임

ⓢ 수직적 배열 : 키드인 슬러리 월(Keyed-In Slurry Wall)

 ⓐ 암반 또는 저투수층에 묻혀 있는 형태(지하불투수층까지 설치하는 방법)

 ⓑ 폐기물을 완전히 격리시키는 효과

 ⓒ 행잉 슬러리 월(Hanging-In Slurry Wall)

 ⓓ 암반에 묻혀 있지 않은 형태(지하수면 직하부까지 설치하는 방법)

 ⓔ 오염물질이 높은 지하수 면에 떠 있음

▌ 키드인 슬러리 월의 수평적 도식(배열)에 따른 장단점 ▐

형태	장단점
전체봉합 (완전차단)	• 오염물로부터 지하수 흐름을 완전하게 우회 가능함(완전격리) • 오염물질 누출의 최소화(오염저장시설로부터 주변지역으로 오염물질 용출 최소화) • 적용 가능한 폐기물의 범위가 넓음 • 비용이 많이 소요될 가능성이 있음(폐기물 구역이 넓은 경우)

형태		장단점
부분봉쇄 (부분차단)	상방향	• 폐기물이 위치한 곳보다 높은 수위에 설치되며, 폐기물을 부분적으로 격리함 • 오염물 주위로 지하수 흐름을 부분적으로 우회(동수경사가 대체로 높은 지역)가 가능함 • 지하수 흐름방향에 대한 정확한 예측(조사)이 요구됨 • 전체봉합방법보다 저비용이 소요됨 • 침출액 발생은 최소화할 수 있으나 오염부지로부터의 직접적 침출액 발생의 조절은 비효과적임
	하방향	• 침출수를 가두고 외부로 인출함으로써 복구할 수 있음 • 침출수 흐름경로를 길게 하여 특정 장소로의 이동이 가능함 • 전체봉합방법(완전차단)보다 설치비가 저렴함 • 침출수 이동을 최소화시킬 수 있으나 침출수 발생 방지(침출수 방지량 제어)에는 비효과적임 • 지하수 흐름방향에 대한 정확한 예측(조사)이 요구됨

◎ 슬러리 월의 장단점
  ⓐ 장점
   • 시공방법이 간단함
   • 지하수위 하강에 따른 주변지역의 영향이 적음
   • 시간경과에 따른 광물(벤토나이트) 특성이 저하되지 않음
   • 침출수에 대한 저항이 강한 광물(벤토나이트)의 사용이 가능함
   • 유지관리 비용이 적게 소요됨
  ⓑ 단점
   • 유해성이 큰 침출수에 노출될 경우 광물(벤토나이트)의 특성이 저하됨
   • 암석층의 경우 자갈로 인하여 과도굴착이 필요함
   • 광물(벤토나이트)의 운반비용이 소요됨

㉚ 슬러리 월의 종류
  ⓐ 토양 : 벤토나이트 슬러리 트렌치 차단벽
  ⓑ 시멘트 : 벤토나이트 슬러리 트렌치 차단벽
  ⓒ 소성 콘크리트
  ⓓ 칸박이벽

② 그라우트 커튼(Grout Curtains, Grouting)
  ㉠ 액상물질을 지반이나 암반 내에 주입·고화시키는 방법으로 지반의 강도를 증진시키고 지하수흐름을 감소시킨다.

ⓒ 오염지역의 암반간극이나 절리로 오염물질이 흐르는 것을 차단하는 데 유용하게 사용할 수 있다.

ⓒ 일반적으로 슬러리 월보다 비용이 고가이고 벽체의 투수성이 크다.

ⓔ 지중의 공극을 채울 수 있는 물질들을 저수층까지 양수(삽입)시켜 유체의 흐름속도를 감소시키는 차단벽이다.

ⓜ 그라우트 혼합물은 토양이나 암반층을 통과하는 파이프를 통하여 압력으로 주입되며 주입지점은 인접주입지점 사이에 틈이 생기지 않도록 선정해야 한다.

ⓗ 그라우트 유동액이 통과할 수 있는 입상토에 주로 효과적이며 지반 종류에 따른 다양한 그라우트재를 선정할 수 있다.

ⓢ 벽체 내의 모든 공극이 효과적으로 주입되었는지 확인하는 방법이 어렵다.

ⓞ 다층토의 경우에는 균질한 그라우트 주입현상이 형성되기 곤란하다.

ⓩ 지반종류에 따른 다양한 그라우트재를 선정할 수 없다.

③ **진동빔 차단벽(Vibrating Beam Cutoff Walls)**

ⓖ 이 공법은 기술적으로 슬러지 트렌치 공법이 아니다. 그 이유는 트렌치의 안정성을 유지하기 위해 사용되는 슬러지를 채우기 위한 트렌치를 굴착하지 않기 때문이다.

ⓒ 진동빔 차단벽의 공법은 그라우트 접합 노즐이 부착된 빔이 진동파일 드라이버와 연결되어 지중을 진동시켜 구멍을 만든 후에 빔을 제거하고 그라우트 노즐을 통해 그라우트가 주입됨으로써 연속적인 차단벽이 건설된다.

ⓒ 장점으로는 굴착 후 굴착된 물질을 별도 처리할 필요가 없다는 것이다.

ⓔ 단점으로는 차단벽 유지에 대한 완전한 보장을 할 수 없다는 것이다.(차단벽이 지중 깊은 곳이나 기타 여러 조건하에서 건설시 차단벽의 지속성에 대한 확실성을 기대하기 어려움)

④ **스틸 시트 파일링(Steel Sheet Piling)**

ⓖ 강재로 제작된 강널말뚝을 진동해머로 지반에 타입하고 연속벽체를 형성하여 지중의 물흐름을 감소시키는 차단공법이다.

ⓒ 지중의 물의 흐름을 감소시키기 위하여 널리 사용되었으나 스틸시트 파일링의 연결부분을 통해 누출이 발생할 수 있어 거의 적용되지 않는다.

ⓒ 지반굴착이 필요하지 않고 강재의 화학적 침해 가능성이 있다.

ⓔ 내구연한을 연장하고 부식 방지를 위하여 코팅이 가능하다.

ⓜ 팽창차수재 사용 시 불투수 가능성이 있다.

⑤ 심층 토양혼합 수직차단벽(Deep Soil Mixed Cut off Walls)

　　㉠ 일렬로 배열된 Auger Shagts Series를 이용하여 토양－벤토나이트가 혼합된 차단벽이 연속적으로 벽을 만드는 공법이다.
　　㉡ 장점으로는 안전하고, 보건 위험이 감소(현장에서 혼합되기 때문)한다.
　　㉢ 단점으로는 설계·시공자들의 기술적 적용의 미숙성으로 인한 부실건설을 할 수 있다.

13. 투수성 반응벽체(PRB ; Permeable Reactive Barrier, Permeable Cutoff Walls)

(1) 개요

① 투수성 반응벽은 오염된 지하수를 복원하기 위해 반응기질로 채워진 다공정의 지중벽체이다.
② PRB는 지중에 위치시킨 반응기질과 하향류의 오염원 및 오염운으로 구성되어 있다.
③ 용존성의 오염물질은 주변 지하수 흐름에 의해 PRB로 이동되며 반응물질이 충진된 벽체를 통과하면서 처리된다. 즉, 지중의 반응존(Readive Zone)으로 오염물을 이동시키는 자연적인 지하수 흐름에 의존한다.
④ 반응물질과 오염물질의 화학반응을 유도하여 오염물질을 제거하는 기술이다.
⑤ In－Situ(원위치) 오염 방지 구조물이며 오염된 지하수의 흐름은 유지하면서 오염물질만 이동을 방지·제거한다(차단벽, 즉 Barrier Wall System의 방지기술과는 다름). 즉, 오염지역 밖으로 지하수의 이동을 막는 것이 아니라 오염물질만의 이동을 막는다.
⑥ 후처리가 필요 없고 유지비가 타 처리방법보다 저렴하다.
⑦ 오염물질과 반응하여 오염물질을 무해화하거나 흡착하는 데 사용되는 반응물질(Reactive Material)의 종류에는 석회, 영가철(Fe^0), 제올라이트, 활성탄, 미생물복합체 등이 있다.(국·내외 가장 많이 활용되는 충진물질은 영가철)
⑧ 반응벽체의 두께에 영향을 미치는 요인은 지하수 이동속도와 벽체 내에서의 체류시간이다.
⑨ 경우에 따라 영양물질의 공급이 필요하다.
⑩ 반응트렌치방법은 대수층의 투수성이 작고 오염심도가 낮은 경우에 주로 채택하는 기술이다.
⑪ 영가철은 2가철로 산화되면서 염소계화합물의 탈염소반응을 일으킨다.

(2) 종류

① 부분 반응벽 시스템(Funnel and Gate System)

안내벽체(Guide Barrier)가 오염물질의 흐름을 반응벽체 방향으로 유도하는 방법이며, 가장 적합한 투수성 벽체 재료는 굴껍질이다.

② 연속 반응벽 시스템

오염물질의 흐름방향에 대하여 교차되도록 반응벽체를 설치하는 방법이다.

(3) 적용 범위 및 오염물질

① 산성 광산폐수에 포함된 방사성 동위원소(산성 광산폐수에서 방사성 동위원소까지 오염지하수에 포괄적 적용)

② 염화에틸렌화합물

　　㉠ TCE(트리클로로에틸렌)　　　㉢ PCE(테트라클로로에틸렌)
　　㉡ DCE(디클로로에탄)　　　　　㉣ VC(염화비닐)

③ 중금속

④ 휘발성 · 준휘발성 유기물질

⑤ Perchlorate는 영가철로 처리할 수 없다.

(4) 장단점

① 장점

㉠ 오염물을 처리지대로 이동시키는 자연유하에 의존하여 운영 · 유지비가 대부분의 저감기법들보다 경제적이다.(인위적 동력이 필요하지 않다.)

㉡ 혼합반응물질을 사용하면 여러 가지 오염물질을 처리할 수 있다.

㉢ 설치비가 저렴하고 시공도 간단하며 타 정화기술과 병용하여 사용이 가능하다.

㉣ 영가철(Fe^0)은 가장 대표적인 PRB의 반응매체로 철을 포화하는 PRB의 장점은 지하수 내 Chlorinated Ethylene 화합물 농도를 대폭 낮출 수 있다.

㉤ 금속철은 경제적이고 수년간 반응성이 지속되어 할로겐화합물을 환원시키는 데 이상적인 반응기질이다.

② 단점

㉠ 자연유하에 의존하기 때문에 깊은 수층과 오염원(오염운)을 가진 부지에는 부적합하다.

ⓛ 오염물질이 복합적으로 존재하는 침출수의 경우는 하나의 반응물질만으로 처리하기에는 효율이 높지 않다.

ⓒ 지하수 흐름, 기질 반응성, 벽체의 수리전도도가 불확실하기 쉽다.

ⓔ 미생물의 과대증식으로 인한 막힘 현상이 있다.(반응벽체의 막힘현상을 최소화하도록 설계해야 한다.)

ⓜ 시간이 경과함에 따라 정기적으로 반응물질의 교체 및 활성화가 필요하다.

ⓗ 중간생성물 및 부산물로 독성을 나타낼 수 있다.

ⓢ 반응벽체 내에서 오염물질의 체류시간이 너무 적을 경우 불완전환원이 일어난다.

(5) 적용 제약조건

① 기질은 경제적이고 지하수오염이 지속되는 동안 계속적으로 반응성이 유지되어야 한다.

② 반응 및 기질 자체 생성물이 독성을 포함한 방류수를 생성하면 안 된다.

③ 반응벽체에서 오염물질의 체류시간이 속도제한적으로 반응을 하기에 적절해야 한다.

④ 과도한 깊이와 빠른 지하수유속은 효율적이지 못하다.

(6) 반응기작(메커니즘)

① 침전

ⓐ 고정화 기작이며 지하수로부터 중금속을 제거하는 데 유용하다.

ⓑ 반응벽체(용해염류를 포함하는 기질로 구성)로부터 생성되는 염은 지하수에 용해되어 수용액 상태의 중금속과 결합, 환원되어 PRB 내에서 지하수로부터 침전된다.

ⓒ 6가 크롬은 전자를 받아 3가 크롬의 침전물을 형성한다.

② 휘발 및 생분해

ⓐ 휘발은 제거기작이며 미생물에 의한 생분해는 BTEX 및 부식성 폐기물을 제거하는 데 사용되는 변화기작이다.

ⓑ 반응벽체는 공기의 이동이 원활한 매체나 산소발생화합물을 가진 투수성 매체들로 구성된다.

ⓒ 복원 후에 기질의 굴착 및 처리가 필요 없는 것이 휘발과 생분해에 의한 PRB의 장점이다.

③ 흡착

㉠ 지하수 내 유기화합물 및 금속의 이동성을 늦출 때 사용되는 물리·화학적 제거기작이다.

㉡ 기질(활성탄, 밀짚, 제지슬러지, Coal 등)로 채워진 PRB에 유입되는 유기화합물 및 금속이 반응기질에 흡착되면서 감소된다.

④ 산화·환원

㉠ 지하수 내 무기오염물 및 할로겐화 유기화합물의 제거에 사용되는 기작이다.

㉡ 영가철(Fe^0)의 염화유기화합물(TCE, PCE 등) 제거 반응기작

$$Fe^0 + RCI + H^+ \rightarrow Fe^{2+} + RH + Cl^-$$

㉢ 영가철은 2가 철로 산화되면서 염소계 화합물의 탈염소반응을 일으킨다.

(7) 투수성 반응벽의 처리매체

① 석회

㉠ 산성 지하수를 중성화할 필요성이 있는 경우에 사용될 수 있다.

㉡ 카드뮴, 철, 크롬 금속을 제거하는 데 효과적이다.

② 활성탄

유기물질로 오염된 지하수를 제어하는 데 사용될 수 있다.

③ 제올라이트, 합성이온교환수지

㉠ 수명이 짧고 고가이다.

㉡ 재활성화하는 데 문제가 있어 경제적인 면에서 적용성이 적다.

必수문제

01 오염지하수를 반응벽체공법으로 처리하고자 한다. 반응벽체의 두께가 2m이고 반응벽체 통과시간이 12hr으로 설계되었을 경우, 지하수 통과 선속도(m/day)는?

풀이

$$통과 \ 선속도(m/day) = \frac{반응벽체 \ 두께}{통과 \ 시간} = \frac{2m \times 24hr/day}{12hr} = 4m/day$$

必수문제

02 오염지하수를 반응벽체공법으로 처리할 때 반응벽체의 두께는 2.4m, 지하수의 선속도가 0.2m/hr일 경우 반응벽체 통과시간(day)은?

풀이

$$반응벽체 \ 통과시간(day) = \frac{반응벽체 \ 두께}{통과선속도} = \frac{2.4m}{0.2m/hr \times 24hr/day} = 0.5day$$

必수문제

03 오염지하수를 2m 두께의 반응벽체로 처리하고자 한다. 지하수의 Darcy 속도가 4m/d인 조건에서 반응벽체 내 체류시간을 6시간으로 설계하고자 할 경우 반응벽체의 공극률은?

풀이

$$공극률 = \frac{4m/24hr \times 6hr}{2m} = 0.50$$

必수문제

04 오염지하수를 반응벽체로 처리하고자 한다. 반응벽체 내 공극률은 0.5로 결정되었다. 지하수의 Darcy 속도가 3m/day이고, 오염지하수의 반응벽체 내 체류시간을 8시간으로 설계할 경우 반응벽체의 두께(m)는?

풀이

$$반응벽체 \ 두께(m) = \frac{Darcy \ 속도 \times 체류시간}{공극률} = \frac{3m/day \times 8hr \times day/24hr}{0.5} = 2.0m$$

14. Direction Wells

(1) 개요

① 수직 굴착으로 오염물질에 대한 접근이 어려운 지반구조이거나 오염물질이 수평으로 퍼져 있는 경우에 적용하는 기술이다.

② 주입정과 추출정을 수평 또는 일정 각도를 가지도록 배치하여 처리하는 기술이며, 타 지중기법보다 향상된 기술이다.

③ 생분해, 토양증기추출방법(SVE), 토양세정방법(Soil Flushing), 공기분산방법(Air Sparging)은 Direction Wells의 원리를 이용한다.

(2) 적용 범위 및 오염물질

① 불특정한 여러 종류의 오염물질을 완벽하게 처리하는 데 적용한다.
② 수직배관의 설치를 방해하는 물체의 존재시 적용하는 것이 유용하다.

(3) 적용 제약조건

① 장치 설치 시 배관이 파손될 수 있다.
② 특별한 장치가 필요하다.
③ 정확한 배관 위치를 설정하기 어렵고 수평배관 설치시 비용이 많이 소요된다.
④ 15m 이상 배관을 사용하기에는 부적절하다.

Reference 오염지하수의 생물학적 처리

① 생물학적 처리 전후에 물리화학적 처리를 병행하는 경우가 있다.
② 생물학적 처리방식은 부유상 처리방법과 고정상 처리방법으로 구분할 수 있다.
③ 생물학적 처리의 운전방식은 연속식, 회분식, 반회분식으로 구분할 수 있다.
④ 생물학적 처리의 부유상 처리방식은 활성슬러지법, 호기성 라군 등이 있다.
⑤ 생물학적 처리의 고정상 처리방식은 고정상 생물반응조, 유동상 생물반응조, 상수여상법, 회전원판법 등이 있다.
⑥ 염소로 치환된 지방족화합물의 분해율이 방향족화합물보다 수십 배 이상 느리다.

---

15. Dual Phase Extraction

(1) 개요

① 투수계수가 낮거나, 불균일한 지반 내의 액상 및 가스상 오염물질을 동시에 제거하기 위하여 진공을 이용하며, 추출된 증기와 지하수를 분리하여 처리하는 Full-Scale 기술이다.
② 고압진공장치는 투수성이 낮거나 불균일한 토양으로부터 액체나 가스를 동시에 제거할 수 있으며 진공추출배관의 입구가 막히지 않도록 배관의 입구에 거름장치를 설치한다.
③ 진공상태를 유지함으로써 토양증기가 추출되고 지하수에서 추출된 증기가 배출된다.

(2) 적용 범위 및 오염물질

① 오염토양 및 지하수를 정화하는 데 적용한다.
② 휘발성 유기물질과 유류오염물에 적용한다.

3-60 • 토양환경기사 필기

③ 불균일한 Clay와 미세한 입자가 많이 포함되어 있는 토양은 토양증기추출법을 적용하는 것보다 Dual Phase Extraction 방법으로 적용 시 효과가 더 좋다.

(3) 적용 제약조건

① 토양의 수리지질학적 요소와 오염물질의 특징 및 분포에 따라 처리효율의 차이가 있다.

② 대수층으로부터 지하수를 재생하기 위해서는 Pump-And-Treat 방법과 상호 보완이 필요하다.

③ 수처리설비와 증기처리설비를 필요로 한다.

(4) 효율에 영향을 미치는 인자

① 오염물질의 특성과 분포
② 오염토양의 수리지질학적인 요소
③ 토양 성분

16. 압축공기파쇄추출법(Pneumatic Fracturing)

(1) 개요

① 수리전도도(통기성)가 불량하고 과잉 압밀된 오염지반에 인위적인 틈을 만들어 압축공기를 주입하여 여타 지중정화기술 적용시 오염물 처리 및 추출효율을 증대시키는 방법이다.

② 오염된 불투수 대수층에 일정 구간마다 미세 구멍을 뚫어, 이 구멍으로 일정압력을 가진 공기를 분사시켜 균열을 확장시키거나 새로운 균열을 형성한다.

③ 통기성이 낮거나 압밀된 토양에 균열을 증가시키기 위해 지표 아래로 압축공기를 주입하는 처리기술이다.

(2) 적용 오염물질

압축공기파쇄추출법은 특정 오염물질에 적용하는 것이 아니라 In-Situ 처리기술 적용 시 균열을 증가시켜 통기성을 증가시키기 위해 적용한다.

(3) 적용 제약조건

① 지진의 전조현상이 있는 지역에서는 적용할 수 없다.
② 비점토질 토양에 적용 시에는 균열부분이 막히게 된다.
③ 균열된 부분이 오염물질의 이동통로 역할을 하여 확산을 유발할 수 있다.

(4) 효율에 영향을 미치는 인자

① 오염물질의 분포 깊이, 넓이

② 오염물질 농도

③ 토양의 형태와 특성인자

　　㉠ 구조 및 구성(토양 입경, 점성 등)
　　㉡ 유기물 함량
　　㉢ 투수성 및 수분 보유력, 수분 함량
　　㉣ 토양 점착력 및 인장 강도

④ 압축공기 주입유량(균열 확대속도) : ≒ 2m/sec 전후

Reference 수압파쇄 공법

암반, 점토 등과 같이 투수성이 매우 낮아 토양세척 등의 공법을 직접 적용하기 어려운 경우에 물리적인 힘을 가하여 지반에 균열을 발생시켜 투수성을 증가시키는 효과적인 방법이다.

Reference 일반적 분류

(1) 탈할로겐화법(Dehalogenation)

① Dehalogenation BCD

　㉠ 탈할로겐화는 탄소-수소 고리를 분해하여 할로겐 방향족 오염물질을 처리하는 산화·환원반응을 이용한다.
　㉡ BCD(Base-Catalyzed Decomposition) 공정은 Biphenyl, 물에 녹지 않고 독성이 낮으며 끓는점이 낮은 Olefins, NaCl를 생성한다.
　㉢ 염소계 화합물질(PCB, PCD), 다이옥신(PCDD), 퓨란(PCDF) 물질을 오염된 토양에 적용한다.
　㉣ 오염토양을 분쇄 후 $NaHCO_3$와 혼합하여 휘발을 위해 330℃로 가열한다.
　㉤ Silt, Clay 함량이 많은 토양은 처리비용이 고가이다.

② Dehalogenation Glycolate

　㉠ 탈할로겐화(Glycolate)는 할로겐 방향족 물질을 탈염소화 반응을 시키기 위해 APEG(Alkaline Polyethylene Glycol)을 이용하는 Full-Scale 기술이다.
　㉡ Glycolate를 이용한 탈할로겐화 공정의 경우 잔류하는 APEG에 포함되어 있는 염소나 수산기는 오염물질을 수용성의 저독성 물질로 변화시킨다.
　㉢ APEG의 가장 일반적인 시약은 KPEG(Potassium Polyethylene Glycol)이다.
　㉣ 할로겐 준휘발성 유기물질과 살충제로 오염된 토양에 적용한다.
　㉤ 부지가 넓은 오염토양에 대해서는 비경제적이며 토양의 수분함량이 20% 이상인 경우 및 염소계 유기물질의 농도가 5% 이상인 경우 많은 시약이 필요하다.

(2) 자외선 광분해법

① 자외선에 의해 화학결합을 분해하는 방법이다.
② 다이옥신, PCB 오염물질에 적용한다.

(3) Hot Gas Decontamination

① 오염물질의 온도를 상승시켜 발생하는 휘발성 오염물질을 후연소장치에서 연소시키는 처리기술이다.
② 폭발성 오염물질 및 오염된 장비를 정화하는 데 적용한다.
③ 정화속도는 개방식 소각보다 느리며, 비용은 개방식 소각보다 고가이다.

(4) Open Burn/Open Detonation(OB/OD)

① OB(개방식 소각)와 OD(개방식 폭발)는 폭발성 오염물질을 분해하여 폐화약 및 폭약류에 적용한다.
② OB 공정에서 폭발성 물질이나 화학류는 불꽃이나 열에 의해서 점화되고 오염물질이 연소된다.
③ OD 공정에서는 폭발성 물질이나 화학류가 폭발에 의해서 분해된다.

(5) 지하수

① 원위치 처리기술(In-Situ)

㉠ Air Sparging	㉡ Co-Metabolic Process
㉢ Directional Well	㉣ Dual Phase Extraction
㉤ Free Product Recovery	㉥ Hot Water/Steam Flushing/Stripping
㉦ Hydrofracturing	㉧ Natural Attenuation(Groundwater)
㉨ Nitrate Enhancement	㉩ Oxygen Enhancement With Air Sparging
㉪ Slurry Walls	

② 양수 후 처리기술(Ex-Situ)

㉠ Air Stripping	㉡ Bioreactors
㉢ Filtration	㉣ Ion Exchange
㉤ Liquid Phase Carbon Adsorption	
㉥ Precipitation	

Reference 양수 후 처리방법

① 양수를 중단하였다가 일정기간 이후 재개할 경우 오염물질 농도는 급격히 증가한다.
② 정화기간이 비교적 길어질 수 있다.
③ 비수용성 액체가 존재하는 한 계속 운영되어야 할 것이다.
④ 적은 복원 비용이 소요된다.

Reference 양수처리법 적용 오염부지 정화 시 포획구간 범위 결정인자

① 양수량   ② 수리구배   ③ 지하수층 두께

必수문제

01 대수층의 두께가 평균 100m이고 공극률이 0.3인 자유면 대수층에서 2,000m³/day의 양수량으로 5년간 장기적으로 취수할 경우 완전 관통상의 취수정 보호를 위한 고정 반경(m)은?

> **풀이**
>
> $$단면적(m^2) = \frac{2,000m^3/day \times 365day/year \times 5year}{100m \times 0.3} = 121,666.67m^2$$
>
> $$단면적(A) = \frac{3.14 \times D^2}{4}$$
>
> $$D = \sqrt{\frac{A \times 4}{3.14}}$$
>
> $$= \sqrt{\frac{121,666.67m^2 \times 4}{3.14}} = 393.68m$$
>
> $$반경 = \frac{D}{2} = \frac{393.68m}{2} = 196.84m$$

必수문제

02 양수 및 처리법(Pump and Treat)으로 오염된 지하수를 정화하고자 할 때에는 충분한 양수를 통하여 오염구간을 씻어내야 한다. 간단히 배취 플러시 모델(Batch Flush Model)을 적용하였을 때 정화목표 농도에 필요한 공극부피(PV ; Pore Volume)의 수는?(단, 지연계수 $R = 1.5$, 초기 오염물질 농도 = 15mg/L, 목표농도 = 1.5mg/L)

> **풀이**
>
> US EPA Batch Flush 모델
>
> $$양수처리 \ 지하수 \ 총량(공극부피의 \ 수) = -R\ln\left(\frac{C_t}{C_o}\right) = -1.5 \times \ln\left(\frac{1.5}{15}\right) = 3.45$$

必수문제

03 양수처리방법으로 오염지하수를 처리하고자 한다. 오염운을 함유하고 있는 대수층 부피는 10,000m³이며 공극률은 0.45이다. 양수펌프의 용량이 500L/hr일 경우 오염운을 양수하는 데 필요한 시간은?

> **풀이**
>
> $$필요시간(hr) = \frac{1,000m^3 \times 0.45}{0.5m^3/hr} = 9,000hr$$

004 생물학적 처리기술

미생물에 의하여 유기오염물질을 분해하는 기술이며 일반적으로 물리·화학적 방법보다 처리비용이 저렴하고 부산물의 생성도 적다.

1. 생물학적 처리의 기본이론

(1) 미생물의 종류별 탄소원과 에너지원

- 미생물은 크게 탄소원과 에너지원으로 분류한다.
- 미생물의 증식 및 생존에 필요한 탄소원과 에너지원은 효과적인 처리가 될 수 있도록 인위적으로 조절한다.

① 종속영양미생물

　㉠ 화학합성 종속영양

　　ⓐ 탄소원 : 유기탄소

　　ⓑ 에너지원 : 유기물의 산화·환원반응

　㉡ 광합성 종속영양

　　ⓐ 탄소원 : 유기탄소

　　ⓑ 에너지원 : 빛

② 독립영양미생물

　㉠ 화학합성 자가영양

　　ⓐ 탄소원 : 이산화탄소(CO_2)

　　ⓑ 에너지원 : 무기물의 산화·환원반응

　㉡ 광합성 자가영양

　　ⓐ 탄소원 : 이산화탄소(CO_2)

　　ⓑ 에너지원 : 빛

(2) 효소

① 미생물에 의한 유기오염물질의 기질(Substrate, 미생물 증식에 이용되는 유기오염물질)의 분해에는 생물학적 촉매 역할을 하는 효소가 필요하다.

❚ 미생물 반응계에서 산화 · 환원 반응식과 $P\varepsilon^0$값 ❚

반응계 종류		$P\varepsilon^0$	반응식
호기성	호흡	+20.8	$O_2(gas) + 4H^+ + 4e^- \rightarrow 2H_2O$
혐기성	질산화	+21.0	$2NO_3^- + 12H^+ + 10e^- \rightarrow N_2(gas) + 6H_2O$
	질산염 환원	+14.9	$NO_3^- + 10H^+ + 8e^- \rightarrow NH_4^+ + 3H_2O$
	발효	+3.99	$CH_2O + 2H^+ + 2e^- \rightarrow CH_3OH$
	황산염 환원	+4.13	$SO_4^{2-} + 9H^+ + 8e^- \rightarrow HS^- + 4H_2O$
	메탄 발효	+2.87	$CO_2(gas) + 8H^+ + 8e^- \rightarrow CH_4(gas) + 2H_2O$

② $P\varepsilon^0$의 값이 클수록 산화 · 환원반응에 의해 얻는 에너지가 커서 호기성 호흡이 가장 유리하고, 혐기성 메탄 발효반응이 에너지 크기(에너지효율)가 가장 작다.

(3) 생분해능

① 개요

㉠ 생분해능이란 유기합성물질이 생물학적으로 기질을 분해할 수 있는 능력이며 유기화학물질의 생분해는 물질의 분자구조에 따라 다르게 나타난다.

㉡ 생분해지속도(Persistence)가 크다는 것은 생분해가 잘 안 된다는 의미이며, 할로겐화합물의 할로겐원소수가 커질수록 생분해 지속도는 증가한다.

㉢ 직선구조의 탄화수소는 호기성 조건에서 생분해되기 쉽다.

㉣ 치환되지 않은 탄화수소 종류가 일반적으로 빠르게 분해된다.

㉤ 용해도가 낮은 물질은 생분해도가 낮을 수 있다.

② 유기화학물질의 난분해성 조건(생분해가 어려운 물질의 일반적인 특성)

㉠ 할로겐화된 화합물

㉡ 분자 내에 많은 수의 할로겐원소(Cl, Br 등)를 함유하는 화합물

㉢ 가지구조가 많은 화합물

㉣ 물에 대하여 용해도가 낮은 화합물

㉤ 원자의 전하차가 큰 화합물

③ 유류의 생분해성이 높은 순서

휘발유 > 경유 > 윤활유

수문제

01 유류에 의해 오염된 지하수 환경에서 자연저감이 일어나고 있다. 오염운 중심에서 질산염의 농도와 배경수질 농도가 각각 35mg/L와 5mg/L일 때 질산염에 의한 생분해능(EAC, mg/L)은?

> **풀이**
>
> 생분해능(Expressed Assimilative Capacity) 전자 수용체별 상수값
> ㉠ 산소 : 0.32 ㉡ 질산염 : 0.21 ㉢ 망간 : 0.06
> ㉣ 철 : 0.05 ㉤ 황산염 : 0.21 ㉥ 메탄 : 1.28
> 질산염에 의한 생분해능(EAC, mg/L)
> $=$ (오염운에서 질산염농도 $-$ 배경수질에서 질산염농도) $\times$ 전자수용체별 상수값
> $= (35-5)$mg/L $\times 0.21 = 6.3$mg/L

(4) 특성 작용

① 유기독성물질 농도가 높게 되면 미생물 성장이 어렵고 더욱더 높게 되면 독성으로 작용한다.

② NAPL(비수용액체상)에서 고농도 존재시 Logkow 값이 그보다 작은 경우 미생물활성에 영향을 미치고 Logkow 값이 4보다 큰 경우 미생물의 이용 가능성이 낮아진다.

(5) 미생물의 순응시간(Acclimation Period)

① 지연시간이라고도 하며 미생물이 오염물질 분해 시 분해가 시작될 때까지 소요되는 시간이다.

② 순응시간은 오염물질의 종류, 농도 및 반응조건(온도, 산소 등)에 따라 크게 다르며 시간도 큰 차이가 있다.

③ 순응시간이 길 경우에는 미리 순응된 미생물을 접종시킴으로써 순응시간을 단축시켜야 한다.

(6) 공동대사(Co-Metabolism)

① 오염물질이 미생물의 탄소원이나 에너지원으로 이용되지 않으면서 미생물이 갖고 있는 효소에 의하여 다른 화합물질로 전환, 즉 2차 기질(Secondary Substrate)로서 분해되는 현상이다.(1차 기질 : 오염물질이 미생물의 탄소원이나 에너지원이 되는 기질)

② 공동대사는 미생물이 특정 오염물질을 직접적으로 분해할 수 없지만 제2의 물질을 분해과정에서 형성된 효소를 이용하여 분해하는 프로세스이다.

③ 1차 기질로 이용되기에 너무 낮은 농도로 존재하고 인체에 위해성이 큰 오염 물질에 적용[대표적 : TCE(트리클로로에틸렌)을 분해시킬 때 이용되는 화합 물은 톨루엔이다.]

④ 어느 미생물이 염소계 용매는 분해할 수 없지만 메탄올 에너지원으로 하여 분 비되는 효소를 이용하여 오염물질을 분해한다.

(7) 유기독성물질의 미생물반응

유기독성물질은 미생물반응에 의해 분해된다. 주요 생분해반응은 다음과 같다.

① 가수분해반응

$$RX + H_2O \rightarrow ROH + H^+ + X^-$$

여기서, X^- : 할로겐 원소

물의 가수분해 반응시 발생된 수산이온(OH)이 유기화합물질과 반응하고 할로 겐 이온이 떨어져 나오는 반응이다.

② 탈염소반응

$$CCl_4 \rightarrow HCCl_3 \rightarrow H_2CCl_2$$

염소 치환 유기화합물이 전자수용체로 이용되어 수소원자 한 개와 반응하면 서 염소원자가 떨어져 나오는 반응이다.

③ 분할

$$R - COOH \rightarrow RH + CO_2$$

유기화합물 내의 탄소−탄소 사이의 결합이 분할되거나 탄소사슬의 끝단에 있는 탄소가 떨어져 나오는 반응이다.

④ 산화반응

$$RCH_3 \rightarrow RCH_2OH \rightarrow RCHO \rightarrow RCOOH$$

㉠ 친전자성인 산소를 이용하여 유기화합물을 분해하는 반응 또는 전자를 잃 어버리는 반응이다.

ⓒ 예를 들어, 방향족화합물인 경우 고리의 한쪽 끝에서 수산화 반응에 의해 산화반응이 시작된다.

$$CH_3CHCl_2 + H_2O \rightarrow CH_3CCl_2OH + 2H^+ + 2e^-$$

미생물반응 중에서 산화 · 환원반응으로 얻게 되는 에너지 크기가 가장 큰 것은 호기성 호흡이고, 가장 작은 것은 혐기성 메탄 발효이다.

⑤ 환원반응

$$CCl_4 + H^+ + 3e^- \rightarrow CHCl_3 + Cl^-$$

㉠ 친핵성인 수소를 이용하여 유기화합물을 분해하는 반응 또는 전자를 얻는 반응이다.
㉡ 지방족화합물에서 염소이온의 수를 줄여주는 역할을 한다.

⑥ 탈수소할로겐화 반응

$$CCl_3CH_3 \rightarrow CCl_2CH_2 + HCl$$

㉠ 유기화합물로부터 수소이온과 염소이온이 떨어져 나오는 반응이다.
㉡ 탈염소반응과 유사하다.

⑻ 6가 크롬으로 오염된 토양의 생물학적 복원(환원처리조 적용)

① 영양분과 세균을 환원처리조에 첨가한다.
② 환원처리조에서 세균의 호흡에 의해 산소가 소실되면 6가 크롬의 환원이 시작된다.
③ 분리조로부터 수산화크롬이 분리된다.
④ 6가 크롬(Cr^{6+})은 물에 용해하기 어려우므로 우선 폭기조로 환원시킨다.

2. 생물학적 처리에 필요한 환경조절인자

⑴ 전자 수용체

① 미생물의 호기성 호흡에서는 미생물이 산소를 전자의 최종수용체로 이용하기 때문에 산소의 공급이 필요하다.
② 생물학적 복원기법에서 호기성 조건을 위하여 산소를 주입하게 되는데 적정한

산소주입방법에는 대기 중의 공기주입, 압축산소주입, 과산화수소(H_2O_2)주입 등이 있으며, 이 중 미생물에 의한 호흡과정에서 같은 양이 사용되는 경우 전자 수용체로서 가장 효율이 높은 물질은 과산화수소이다.

③ 지하수의 오염물질 처리의 경우 주입정으로 지하수를 주입하기 전에 소량의 과산화수소를 첨가하는 경우가 있는데 그 이유는 지하수의 용존산소농도를 증가시키기 위함이다.

④ 산소 공급이 불가할 경우 전자수용체로서 산소를 대신하여 질산이온(NO_3^-), 황산이온(SO_4^{2-}), Fe(Ⅲ) 등을 공급하여 미생물의 분해를 촉진시키나 산소를 공급하는 경우보다 생분해율이 낮아 처리시간이 길어지는 단점이 있다.(우선적 사용순서 : 산소＞질산성 질소＞망간산화물＞황산이온)

(2) pH(수소이온농도)

생물학적 처리에 있어서 최적반응 pH 범위는 pH 6~8 범위이다.

(3) 영양물질

생물학적 처리에 있어서 탄소 이외에 다른 영양염류를 필요로 한다. 즉, 질소(N) 와 인(P)을 필요로 하나 부족하면 암모늄이온과 인산염을 통하여 공급한다.

(4) 미생물

① 유기화합물의 분해에 관여하는 미생물은 종속영양미생물이며 균류(Fungi) 등 도 오염물질을 분해한다.

② 미생물 중 석탄광의 개발로 인해 형성된 산성 광산 배수처리에 가장 많은 영 향을 미치는 것은 Thiobacillus Ferrooxidans이다.

(5) 온도

① 미생물의 최적성장온도는 저온미생물 0~15℃, 중온미생물 15~45℃, 고온 미생물 45℃ 이상이다.

② 최적온도 범위 외에서는 3차원 구조의 효소와 세포막에 대한 온도의 영향으 로 활성이 감소된다.

(6) 토양수분

생물학적 처리에 있어서 미생물활성에 적정한 토양수분량은 포장용수량의 25~ 85% 범위이며, 최적조건의 토양수분량은 포장용수량의 약 75% 정도이다.

(7) 산화 · 환원전위(Eh)

호기성 토양은 산화환경(＋값)이고, 혐기성 토양은 환원환경(－값)이다.

(8) 독성물질

독성물질은 생분해반응에 나쁜 영향을 미치므로 사전에 저감시켜야 한다.

3. 생물학적 처리방법의 구분

(1) 원위치 생물학적 복원(처리)방법(In－Situ Treatment)

① 불포화 토양층

ㄱ 처리방법 : Bioventing
ㄴ 처리대상 오염물질 : BTEX

② 포화 토양층

처리방법
ⓐ 원위치 생물학적 복원 : 생분해 가능한 유기오염물질
ⓑ biosparing : BTEX
ⓒ 침투성 생물반응벽 : 분해 가능한 유기오염물질
ⓓ 자연정화법 : 유류, 염소계 유기화합물

(2) 지상 생물학적 복원(처리)방법(On－situ treatment)

① 불포화토양층

처리방법
ⓐ biopile, 토지경작 : BTEX, PAHs
ⓑ 퇴비화 : PAHs
ⓒ 생물슬러지 반응조 : BTEX, PAHs
ⓓ biofilter : 추출된 VOC, gas

② 포화토양층 : 비생물적 처리를 수반한 생물반응조

생분해 가능한 유기오염물질

(3) 유기화합물의 완전산화 반응식

$$C_aH_bO_cN_d + \left(\frac{4a+b-2c}{4}\right)O_2 \rightarrow aCO_2 + \frac{b}{2}H_2O + \frac{d}{2}N_2$$

(4) 오염지하수의 생물학적 처리

① 생물학적 처리 전후에 물리화학적 처리를 병행하는 경우가 있다.

② 생물학적 처리방식은 부유상 처리방법과 고정상 처리방법으로 구분할 수 있다.

③ 일반적으로 염소로 치환된 지방족화합물의 분해율이 방향족화합물보다 수십 배 이상 느리다.

④ 생물학적 처리의 운전방식은 연속식, 회분식, 반회분식으로 구분할 수 있다.

Reference 유기오염물질의 휘발성 순서

BTEX > 석유탄화수소 > PCB

Reference 유기물질의 혐기성 완전분해 방정식(반응식)

$$C_aH_bO_cN_dS_e + \left(\frac{4a - b - 2c + 3d + 2e}{4}\right)H_2O$$

$$\Rightarrow \left(\frac{4a + b - 2c - 3d - 2e}{8}\right)CH_4 + \left(\frac{4a - b + 2c + 3d + 2e}{8}\right)$$

$$CO_2 + dNH_3 + eH_2S$$

必수문제

01 분자식이 $C_6H_{12}O_6$인 포도당 100g이 완전산화시 소모되는 이론산소량(g)은?

풀이

완전산화반응식

$$C_6H_{12}O_6 + \left[\frac{(4 \times 6) + 12 - (2 \times 6)}{4}\right]O_2 \rightarrow 6CO_2 + \frac{12}{2}H_2O$$

$$C_6H_{12}O_6 + 6O_2 \rightarrow 6CO_2 + 6H_2O$$

180g : 6 × 32g

100g : $O_0(g)$

$$O_0(\text{이론산소량 ; g}) = \frac{100g \times (6 \times 32)g}{180g} = 106.67g$$

 수문제

02 탄소(C) 5kg을 완전연소시킨다면 산소는 몇 Nm^3 필요한가?

풀이

연소반응식

$$C \quad + \quad O_2 \quad \rightarrow \quad CO_2$$

12kg : 22.4Nm^3

5kg : $O_2(Nm^3)$

$$O_2(Nm^3) = \frac{5kg \times 22.4Nm^3}{12kg} = 9.33Nm^3$$

수문제

03 이론적으로 순수한 탄소 3kg을 완전연소시키는 데 필요한 산소의 양(kg)은?

풀이

연소반응식

$$C \quad + \quad O_2 \quad \rightarrow \quad CO_2$$

12kg : 32kg

3kg : $O_2(kg)$

$$O_2(kg) = \frac{3kg \times 32kg}{12kg} = 8kg$$

수문제

04 유류로 오염된 오염토양을 원위치(In-situ) 생물학적 분해법으로 처리하려고 한다. 오염토양의 체적이 약 1,000m^3이고, 토양의 평균 공극률이 0.4, 토양수 내 오염물의 평균농도가 30ppm이라면, 토양수로 포화된 오염토양 내 수용액상으로 존재하는 오염물질의 질량(kg)은?(단, 오염물은 토양수 내 수용액상으로만 존재한다고 가정)

풀이

오염물질량(kg) = 1,000$m^3 \times 30mg/L \times 0.4 \times kg/10^6mg \times 1,000L/m^3 = 12kg$

必수문제

05 어느 화학공장의 오염된 지하수를 700m³/day 규모로 펌핑하여 호기성 생물처리법으로 처리하고자 한다. 지하수의 수질을 분석한 결과 다음과 같을 때, 1일 필요한 요소의 주입량(kg/day)은?(단, 미생물활성을 위한 영양비는 BOD : N : P=100 : 5 : 1로 가정한다. 지하수의 수질은 pH 7.5, 인산 50mg/L, BOD 1,000mg/L, 총 질소 0, 요소분자식[$(NH_2)_2CO$])

풀이

BOD : N : P=100 : 5 : 1

질소 필요량을 구하면

BOD : N $\Rightarrow$ 100 : 5=($1kg/m^3 \times 700m^3/day$) : N

$$N=\frac{3,500kg/day}{100}=35kg/day$$

요소반응식

$(NH_2)_2CO \rightarrow 2NH_2CO$

　　60kg　　:　　2×14kg

$(NH_2)_2CO$　:　35kg/day

요소주입량(kg/day)$=\dfrac{60g \times 35kg/day}{2 \times 14g}=75kg/day$

풀이

[다른 풀이 방법]

BOD : N : P=100 : 5 : 1

보충해야 할 질소농도

100 : 5=1,000 : x　　　$x=50mg/L$

요소 중의 질소함량비

$$\frac{2N}{(NH_2)_2CO}=\frac{2 \times 14}{[(14+2) \times 2]+28}=0.467$$

요소 소요량(kg/day)

$=50mgN/L \times 700m^3/day \times 10^3L/m^3 \times 10^{-6}kg/mg \times \dfrac{(NH_2)_2CO}{0.467N}$

$=74.95 (\fallingdotseq 75kg)$

⑷ 호기성 상태에서 탄화수소류의 생분해 반응식

$$C_xH_y + \left(x + \frac{y}{4}\right)O_2 \rightarrow xCO_2 + \frac{y}{2}H_2O$$

必 수문제

01 호기성 상태에서 벤젠의 생물학적 분해를 표현한 화학양론식을 쓰시오.

풀이

$$C_xH_y + \left(x + \frac{y}{4}\right)O_2 \rightarrow xCO_2 + \frac{y}{2}H_2O$$

$$C_6H_6 + \left(6 + \frac{6}{4}\right)O_2 \rightarrow 6CO_2 + \frac{6}{2}H_2O$$

$$C_6H_6 + 7.5O_2 \rightarrow 6CO_2 + 3H_2O$$

必 수문제

02 호기성 생분해기술을 적용한다면 1mg/L의 벤젠을 생분해하는 데 필요한 이론산소의 양(농도, mg/L)은?(벤젠 화학식 C_6H_6)

풀이

$$C_6H_6 + 7.5O_2 \rightarrow 6CO_2 + 3H_2O$$

$$78g : 7.5 \times 32g$$

$$1mg/L : O_0(mg/L)$$

$$O_0(이론산소량 ; mg/L) = \frac{1mg/L \times (7.5 \times 32)g}{78g} = 3.08mg/L$$

必 수문제

03 벤젠(C_6H_6)이 호기성 반응으로 완전생분해될 때 산소 2.0mg/L이 몇 mg/L의 벤젠을 생분해할 수 있는가?

풀이

$$C_6H_6 + 7.5O_2 \rightarrow 6CO_2 + 3H_2O$$

$$78g : 7.5 \times 32g$$

$$C_6H_6(mg/L) : 2.0mg/L$$

$$C_6H_6(mg/L) = \frac{78g \times 2.0mg/L}{7.5 \times 32g} = 0.65mg/L$$

必수문제

04 벤젠(C_6H_6) 40kg으로 오염된 토양을 원위치 생물학적 복원기술로 정화하고자 한다. 벤젠이 완전분해되는 데 필요한 산소를 과산화수소로 공급한다면 필요한 과산화수소의 양(kg)은?(단, $2H_2O_2 \rightarrow 2H_2O + O_2$)

풀이

이론산소량(kg)

$$C_6H_6 + 7.5O_2 \rightarrow 6CO_2 + 3H_2O$$

$$78kg \quad : \quad 7.5 \times 32kg$$

$$40kg \quad : \quad O_o(kg)$$

이론산소량$(kg) = \dfrac{40kg \times (7.5 \times 32)kg}{78kg} = 123.08kg$

과산화수소량(kg)

$$2H_2O_2 \rightarrow 2H_2O + O_2$$

$$68kg \qquad : 32kg$$

$$H_2O_2(kg) \qquad : 123.08kg$$

$H_2O_2(kg) = \dfrac{68kg \times 123.08kg}{32kg} = 261.54kg$

4. 바이오벤팅(Bioventing)방법 : 생물학적 통기법

(1) 개요

① 오염토양(불포화토양층) 내에 인위적으로 산소를 공급하여 토양 내에 존재하는 토착 미생물의 활성을 촉진시켜 생분해도를 극대화하여 오염토양을 정화하는 기법이다.

② SVE(토양증기 추출법)의 기술과 거의 유사하나 바이오벤팅 방법은 토양 내에서 미생물의 분해에 의해 직접 처리된다.(SVE는 휘발성이 강한 유기화합물을 물리적으로 추출, 지상에서 배기가스를 처리하는 기술)

③ 기체상 휘발성 유기물질을 추출해 내는 동시에 기존의 토착미생물에 산소 및 영양분을 공급하고, 토양 내 증기흐름속도를 조절함으로써 미생물의 지중 생분해를 극대화하는 기술이다.

④ SVE와 지중생물학적 처리(In-Situ Bioremediation)방법을 결합한 형태이다.

⑤ 공기분산법이나 지하수양수처리법 등의 정화기술과 조합이 가능하다.

⑥ 생물학적 통기법 적용·검토 시 토양의 주요 인자는 고유투과계수, 지하수위, 토양미생물, 토양 내 오염물질농도, 토양수분, 영양물질, 토양공기의 산소농도 등이다.

(2) SVE와 Bioventing의 비교

설계 인자		SVE	Bioventing
오염 물질의 특징	대상 오염물질의 종류	휘발성 유기물질 (상온상태)	생분해 가능한 유기물질
	증기압	100mmHg 이상	−
	헨리상수	0.01 이상	−
	물에 대한 용해도	100mg/L 이하	−
	토양 내 농도	1mg/kg 이상	1% 이하
오염 부지의 특성	지하 수면까지 깊이	6m 이상	−
	공기투과계수	1×10^{-4}cm/sec 이상	1.0×10^{-5}cm/sec 이상
설계 및 운전인자	추출정의 위치	오염지역 내부	오염지역 외부(외곽)
	운전 Mode	토양가스 교환율을 최대로 운전 (Mass Flux의 최대화)	토양 내의 체류시간 최대화 및 호기성 상태에서 운전 시행함
	공기공급량	46~500L/sec(상대적으로 많은 양의 공기 공급)	4.6~23L/sec
	토양공극대비 공기공급량 (공극체적/day)	1~15	0.1~0.5
	최적 토양 수분	포장용수량의 25%	포장용수량의 75%
	영양물질	−	C : N : P = 100 : 10 : 1
	토양공기의 산소농도	−	2vol% 이상

① SVE와 Bioventing의 운전상 가장 큰 차이점은 공기의 주입량 및 추출량이다.
② Bioventing의 토양 공기 추출량은 SVE에 비해 약 1/10 정도이다.
③ Bioventing의 공기주입정 및 추출정 위치는 주변부에 설치하여 생물학적 활성대를 조성하나 SVE 경우에는 오염이 심한 지역에 공기주입정과 추출정을 설치한다.
④ SVE와 Bioventing은 상호보완적인 성격을 갖는 오염물질 제거방법이다. 즉, 높은 초기 고오염농도에 의하여 미생물의 활동에 독성을 미치므로 심하게 오염된 지역은 우선적으로 토양증기추출법을 적용하여 일정 이하의 농도로 처리한 후 Bioventing을 적용한다.

(3) 공정설계인자

① 산소소모율

㉠ Bioventing 방법의 적용 시 대상부지에 관한 정확한 산소소모율 계산이

중요하며 산소소모율의 측정은 오염대상 부지와의 비교를 위해 오염되지 않은 지역에 대한 배경부지에 대한 토양가스 중의 산소 및 이산화탄소의 조성 분석을 한다.

ⓛ 평균산소소모율(R_0)

$$R_0 = \frac{Q(C_0 - C_f)}{VP}$$

여기서, R_0 : 산소소모율(%, O_2/day)

Q : 주입공기유량(m^3/day)

C_0 : 초기산소농도(20.9%)

C_f : 배기가스 중의 산소농도(%)

V : 토양 부피(m^3)

P : 토양의 공극률

ⓒ 생분해율(R_B)

생물학적 복원기법에서 생분해 효율을 높이는 방법은 산소 주입, 영양소 주입, 미생물 활동조성이다.

$$R_B = \frac{\frac{R_0}{100}\theta_a \frac{1L}{1,000cm^3}\rho O_2 C}{\rho_k\left(\frac{1kg}{1,000g}\right)} = \frac{R_0\theta_a\rho O_2 C(0.01)}{\rho_k}$$

여기서, R_B : 생분해율(mg/kg · day)

R_0 : 산소소모율(% O_2/day)

θ_a : 토양부피 중 공기가 차지하는 부피분율(0.1~0.4)

ρO_2 : 산소의 밀도(mg/L, 20℃에서 1,331mg/L)

C : 단위중량의 탄화수소 산화에 필요한 산소요구량의 중량비(3.5)

ρ_k : 토양의 겉보기 비중(g/m^3)

ⓓ 산소소모량 산정 시 현장호흡률 시험을 한다.

② 산소 전달 반경

ⓛ 공기 주입 및 추출정의 간격을 결정짓는 중요한 인자이다.

ⓒ 토양 내 기체압력, 산소농도, 기체흐름 형태를 고려하여 예비산정되고, 현장에서 공기투과성 시험을 통해 최종결정된다.

③ 주입 및 추출정

공기 주입정 및 증기 추출정은 지하수면 상부까지 굴착된 보어홀 내에 직경 5~10cm인 PVC 재질의 관이 관입되도록 설계한다.

④ 소요공기량

㉠ 소요공기량이 과대 시 오염물질에 과도한 휘발 및 불필요한 에너지를 공급하게 된다.

㉡ 정확한 산소공기량을 산정하기 위해서는 산소전달량이 필요하다. 즉, 대상 오염부지에 대한 정확한 산소 소모율을 계산하여 공기량을 조절한다.

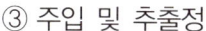 **Reference** 생물통기법 적용 가능성 판단을 위한 호흡률 측정방법

① 미생물 호흡률 측정은 일반적으로 50시간 정도 실시한다.
② 호흡률 측정 결과가 10%/day 이하인 경우에 적용성이 우수한 것으로 판단한다.
③ 호흡률 측정은 초기에는 2시간 간격으로 실시하고 점차 간격을 늘려 간다.
④ 산소농도가 5% 미만이거나 더 이상 감소되지 않을 때까지 실시한다.

Reference 생물학적 통풍법 적용성 실험항목

① 미생물 생분해실험   ② 미생물 호흡율 측정실험   ③ 영향반경 시험

 **필수문제**

01 오염지역에 Bioventing 기술을 적용하여 처리하고자 한다. 우선 대상부지의 산소소모율을 계산하기 위하여 평균공극률이 0.4인 토양 100m³을 대상으로 조사를 실시하였다. 주입공기의 유량은 50m³/day로 조절하였으며 초기의 산소농도 21%가 배기가스로 배출될 때 11%로 떨어졌다. 이때의 산소소모율(% O₂/day)은?

풀이

$$산소소모율(\%,\ O_2/day) = \frac{Q(C_0 - C_f)}{V \cdot P} = \frac{50m^3/day \times (21-11)\%\ O_2}{100m^3 \times 0.4}$$

$$= 12.5\%\ O_2/day$$

필수문제

02 Bioventing법을 실험하기 위하여 40%의 공극률을 가진 토양 $1,000m^3$에 $2,000m^3$/day의 공기를 주입하였다. 주입공기의 산소농도는 21%이며, 배기가스의 산소농도는 12%였다면 평균산소소모율(% O_2/day)은?

> **풀이**
>
> $$평균산소소모율(\%\ O_2/day) = \frac{2,000m^3/day \times (21-12)\%\ O_2}{1,000m^3 \times 0.4} = 45\%\ O_2/day$$

필수문제

03 바이오벤팅공정에서 주입되는 공기유량이 $100m^3$/day이며 초기 주입 산소농도는 21%이었다. 이 오염부지의 평균산소소모율이 30%/day일 경우 배기가스 중의 산소농도(%)는?(단, 토양체적$=50m^3$, 토양공극률$=0.5$)

> **풀이**
>
> $$평균산소소모율(\%\ O_2/day) = \frac{Q(C_o - C_f)}{V \times P}$$
>
> $$C_f(배기가스\ 중\ 산소농도) = C_o - \frac{산소소모율 \times V \times P}{Q}$$
>
> $$= 21\% - \frac{30\%/day \times 50m^3 \times 0.5}{100m^3/day} = 13.5\%$$

필수문제

04 디젤로 오염된 부지($20m \times 10m \times 5m$)의 토양 평균 공극률이 0.3 이다. 바이오벤팅법을 이용하여 오염부지를 정화하는 경우, 오염부지 공극체적(Pore Volume)의 100배의 공기가 필요한 것으로 조사되었다. 오염부지 내 주입하는 공기량이 $500m^3$/day라면 바이오벤팅법을 이용하여 복원하는 데 소요되는 운전시간(day)은?(단, 지속적인 주입으로 가정할 것)

> **풀이**
>
> $$운전시간(day) = \frac{총\ 필요\ 주입공기량}{1일\ 주입공기량} = \frac{(20 \times 10 \times 5)m^3 \times 0.3 \times 100}{500m^3/day} = 60day$$

 **수문제**

05 Bioventing 공법을 적용하여 석유화학물질인 핵산(C_6H_{14})을 생물학적으로 분해하고 자 한다. 산소의 주입량이 1.5mole O_2/day일 경우 이 오염물질의 생물학적 분해속도 (mole O_2/day)는?

> **풀이**
>
> $$C_6H_{14} + 9.5O_2 \rightarrow 6CO_2 + 7H_2O$$
>
> $$1.5mole\,O_2/day \times \frac{86}{9.5} = 13.58mole\ O_2/day$$

(4) 적용 오염물질

① 유류탄화수소, 비염소계 용매, 살충제, 유기화학물질, 즉 대부분의 휘발성 유기화합물 처리에 적합하다.(BTEX)

② 무기화합물의 분해는 불가능하나 세균이나 미생물에 의한 농축은 가능하다.

③ 휘발성이 강한 유기물질 이외에도 중간 정도의 휘발성을 가지는 분자량이 다소 큰 유기물질도 처리할 수 있다.(분자량이 다소 큰 준휘발성 유기 오염물질 제거에 SVE보다 효과적)

(5) Bioventing과 SVE의 장단점 비교

구분	Bioventing	SVE
장점	• 장치 간단, 소요장비 조달 및 설치 용이함 • 적용부지의 범위가 넓음(휘발성 물질 이외의 준휘발성 물질도 처리되므로 보다 광범위한 종류의 오염물질을 제거함) • 처리시간이 짧음(최적조건에서 6개월~2년) • 처리비용이 적게 소요됨 • 공기분사, 지하수 추출법 등 타 처리장치와의 결합이 용이함 • 추출증기에 대한 후처리공정의 처리에 추가 비용 없음 • 유기화합물의 추출 및 생분해가 동시 가능	• 필요한 기계장치가 단순, 간단함 • 유지 및 관리비가 적게 소요됨 • 일반적으로 많이 사용되는 장치 및 재료로 충분함 • 단시간 내에 설치 가능함 • 결과를 바로 알 수 있음 • 다른 시약이 필요 없음 • 영구적 재생이 가능함 • 굴착이 필요 없음

구분	Bioventing	SVE
단점	• 높은 초기 고오염농도에 의하여 미생물의 활동에 독성을 미침 • 특정 현장조건(저투수성 및 점성토양)에 적용하기 어려움 • 항상 높은 제거효율을 얻기 어려움 • 추가적인 영양염류의 공급이 필요함 • 불포화층에만 적용이 가능함 • 오염물질 주변의 공기 및 물의 이동에 의해 오염물질이 확산될 수 있음 • 매우 낮은 농도 처리는 어려움	• 저증기압 오염물질은 제거효율이 낮음 • 토양층이 치밀하여 기체흐름이 어려운 곳에서는 적용하기 어려움 • 추출된 증기(기체)는 후처리 장치인 대기오염 방지시설이 필요함 • 오염물질의 독성은 변화가 없음(잔존) • 지반구조의 복잡성으로 인하여 총 복원시간을 예측하기 어려움

(6) 적용 제약조건

① 진공압이 높을수록 영향반경이 크고, 시간이 단축되며, 저투수성 토양에서의 처리효율이 증대된다.

② 진공압(진공 정도)이 낮을수록 시설비용 및 유지비가 낮아지고 보다 균일한 처리가 가능하게 된다.

③ 대상부지의 토양투수성이 10^{-5}cm/sec 이상 되어야 한다.

④ 오염물질 확산의 잠재적인 위험을 막기 위해 오염부지 주변에 대한 면밀한 모니터링이 요구된다.

⑤ 현장 지반구조 및 오염물 분포에 따른 처리기간의 변동이 심하다.

⑥ 토양가스의 통기성을 알아보기 위해 Pilot-Scale의 In-Situ(현장) 실험을 실시해야 한다.

⑦ 지표 아래 2~2.5m 내에 지하수가 분포하거나 토양렌즈(Lenses)가 포화되어 있는 경우, 통기성이 낮은 토양에는 효율이 낮다.

⑧ 수분함량이 낮으면 생분해 및 생물학적 통풍의 효율은 감소한다.

⑨ 지상으로 배출되는 가스를 측정해야 한다.

⑩ 많은 염소계 화합물은 공동대사체가 없거나(상호대사를 이용하지 않는 경우) 혐기성 상태일 경우 호기성 생분해의 효과가 없다.

⑪ 온도가 낮은 경우에는 생분해가 느리다.

(7) 효율에 영향을 미치는 인자

① 오염물질 특성

㉠ 적용되는 오염물질은 휘발성 및 생분해성을 가지고 있어야 한다.

    ⓛ 용해도가 큰 오염물질은 많은 양이 토양수분 내에 용해상태로 존재하여 처리효율이 저감된다.

    ⓒ 탄화수소류 경우 포함된 성분 중 저밀도 부분은 휘발, 고밀도 부분은 생분해에 의해 처리된다.

② 오염부지의 지표면적 및 깊이

    ㉠ 공정의 비용을 평가함에 있어 중요한 요소이다.

    ⓛ 오염물 제거 깊이는 3~10m 범위

    ⓒ 부지면적은 20~75,000m^2

③ 토양의 투수성

    공기를 토양 내로 강제순환시킬 때 매우 중요한 영향인자이다.

④ 지반구조의 비균질성

    일반적으로 사토질일 경우에 가장 적절히 적용된다.

⑤ 토양 함수율

    ㉠ 공기흐름속도는 공기가 채워진 토양 공극률에 비례한다.

    ⓛ 매우 중요한 영향인자이며 함수율이 낮은 경우 생분해도가 저하되고 처리효율이 감소하며, 함수율이 너무 높으면 통기성이 감소되어 산소전달능력이 감소된다.

⑥ 온도

    동결깊이(≒2m 깊이)까지 중대한 영향을 미친다.

⑦ pH

    미생물의 활동에 필요한 최적 pH 범위는 ≒6~8 정도이다.

(8) 공정설계를 위한 예비설계 포함 내용

① 초기농도, 정화목표, 복구기간 마련
② 정해진 시간 내에 복구목표를 달성하기 위한 공극부피 교환량 계산
③ 오염물 이동제어변수를 고려한 가능 제거속도 계산
④ 오염 이동속도 한계에 따른 기술타당성 검토

5. 원위치 생물학적 복원(지중 생물학적 복원, In-Situ Bioremediation)

(1) 개요

① 포화토양층에 대한 호기성공정을 이용한다.

② 오염된 부지의 미생물 활성도를 높이기 위하여 미생물 증식시 부족한 환경인자인 용존산소와 각종 영양염류의 공급 등을 공학적으로 처리함으로써 짧은 시간 안에 유기독성 물질의 생물학적 처리를 도모하는 방법이다.

③ 미생물에 대한 호기성 상태를 유지하기 위해서 인위적 산소공급은 공기, 순산소(압축산소), 과산화수소(H_2O_2) 등을 이용한다.

④ 지하수계와 비포화대를 오염시킨 탄화수소화합물을 감소·제거하는 방법 중에서 가장 효과적이며 경제적인 방법이다.

⑤ 비포화대 내에서 비보유율이 50~80%에 해당하는 함수비, pH는 ≒7~8 정도이고, 온도 3~40℃ 조건하에서 호기성 미생물이 가장 활발하다.

(2) 적용 범위 및 오염물질

① 유류오염지역 및 산소가 잘 통과하는 투과성이 양호한 특성을 갖춘 지역에 적용한다.

② 지하수에 용해되어 있거나 대수층에 흡착된 대부분 휘발성 유기화합물에 효과적이다.(준휘발성 유기화합물에는 부분적 효과)

③ 무기화합물 및 폭발물 등에는 부적합하다.

④ BTEX는 일반적으로 호기성 상태, TCE는 혐기성 상태에서 분해하기 쉬운 토양오염물이다.

(3) 장단점

① 장점

㉠ 적용이 광범위하고 설치가 간단하다.(저농도 광범위한 오염에 적합)

㉡ 타 기술보다 처리비용이 적게 소요되고, 양수 처리에 비해 처리기간이 짧다.

㉢ 타 기술과 병행하여 처리효과를 향상시킬 수 있다.

㉣ 처리 폐기물이 다량 발생하지 않는다.

㉤ 약품을 많이 사용하지 않기 때문에 2차 오염이 적다.

② 단점

㉠ 미생물의 성장이나 영양물질의 침전으로 공극률과 수리전도도를 저감시킴으로써 효과적 처리가 방해된다.

㉡ 용해도가 낮고, 고농도 오염물질은 독성을 나타내어 미생물의 생물학적 분

해가 불가능하다.

ⓒ 수리전도도 1×10^{-4} cm/sec 이하 지층(대수층)에서는 기술의 적용이 바람직하지 않다. 즉, 투수성이 낮은 대수층에서는 적용하기 어렵다.

ⓔ 공정 특성상 지속적인 유지 및 관리가 필요하다.

ⓜ 유해한 중간물질을 만드는 경우가 있어 분해성성물의 유무를 조사할 필요가 있다.

ⓗ 다양한 물질에 의해 오염되어 있는 경우에는 별도의 기술개발이 필요하다.

(4) 적용 제약조건

① 용존산소소량이 적은 포화대 내에서는 미생물 활동이 활발하지 못하다.
② 용해도가 낮고 기질의 농도가 너무 높으면 미생물군에 독성을 미치고 너무 낮으면 탄화수소화합물은 미생물에 의해 대사가 되지 않을 수도 있다.
③ 방향족 화합물질(4개 이상 링 구조)이나 Cycle Paraffin계 화합물질은 미생물 분해작용에 내성이 강하다.
④ 미생물의 성장과 침적에 의해 추출정이 막힐 수 있고 저투수성 대수층에서는 적용하기 어렵다.
⑤ 공정 특정상 지속적인 유지와 관리가 필요하다.

(5) 효율에 영향을 미치는 인자

① 수리전도도
10^{-4} cm/sec 이상인 대수층에서 처리가 효과적이고 $10^{-4} \sim 10^{-6}$ cm/sec에서는 효과적이지 않다.

② 산소공급용 과산화수소
자체 농도가 1,000mg/L 이상일 때 미생물에 독성을 나타낸다.

③ 미생물 및 영양물질
ⓖ 미생물의 성장이나 영양물질의 침전은 효과적인 처리를 방해한다.
ⓛ 일반적으로 토양 내의 미생물 수가 1,000CFU/g 이상일 경우에는 높은 처리 효율을 기대할 수 있다.

④ 소수성 강한 유기오염물질
토양에 흡착되어 미생물이 이용하기 어렵다.

⑤ 오염원 농도 및 독성
ⓖ 고농도일 경우 호기성 미생물에 독성작용으로 나타낸다.

ⓛ 중금속이 2,500ppm 이상인 경우 호기성 미생물의 생육을 방해할 수 있다.

ⓒ TPH가 50,000ppm 이상인 경우 호기성 미생물의 생육을 방해할 수 있다.

Reference 생물학적 복원 방법 종류

(1) 고정 생물학적 복원

토양처리장치를 적용하여 토양 내로 통기 및 교반하면서 영양염류나 유기물을 첨가하여 처리한다.

(2) 슬러지상 생물학적 복원

유해물질이 고농도로 존재하거나 난분해성 화합물로 오염된 지역의 정화에 적합하다.

(3) 바이오리액터 처리

오염된 지하수를 양수(puming)하여 지상에서 처리하는 것이 가능하며 bioreactor를 이용하여 오염된 지하수를 처리할 수 있지만 한번 양수한 지하수를 다시 지하로 주입하는 것이 문제이다.

(4) 원위치 생물학적 복원

현장 굴착 비용이 필요 없어 경제적이며 건물이 있는 곳에서도 처리가 가능하다.

---

6. 토양경작방법(Landfarming)

(1) 개요

① 오염된 토양을 수거하여 처리하는 탈위치(Ex-Situ) 처리방식으로서 오염토양을 굴착하여 지표면에 깔아 놓고 정기적으로 뒤집어줌으로써 공기를 공급하여 미생물과 산소의 접촉을 증가시켜 오염물질을 분해하는 호기성 생분해 공정을 말한다.

② 넓은 부지에 굴착된 오염토양을 고루 펴서 공기와 접촉표면적을 넓혀 정화하기 위해 생분해가 촉진되도록 영양분을 뿌려주고, 수분 또는 산소를 공급해 준다.

③ 토양경작은 바이오파일과 오염물질 제거기작이 동일하다.

④ 토양 경작의 효과를 증진시키기 위해 일반적으로 사용하는 탄소 : 질소 : 인의 비율은 100 : 10 : 1이다.

(2) 적용 오염물질

① 유류탄화수소(유류오염)는 고농도보다는 저농도 오염에 효과적이다.

② 살충제

③ 분자가 무거울수록, 토양 염소화 및 토양 질산화되면 분해율이 저감

④ 28% 수분 함유 오염 토양, 토양 경작기간 중 50mm의 강우가 내린 경우, pH
   4.9 상태에서 석회석과 혼합된 오염토양 처리에 적합하다.

(3) 오염물질 분해율 최적화하기 위한 토양특성 조절인자

① 수분함유량　　　　　　　② 산소함유량

③ 영양분(N, S)　　　　　　④ pH, 산화환원 전위

⑤ 토양부피　　　　　　　　⑥ 온도

(4) 장 · 단점

① 장점

　　㉠ 초기 투자비가 적게 들고 설치가 간단하며 처리비용도 저렴하다.

　　㉡ 처리기간이 짧다.(최적조건에서 6개월~2년)

　　㉢ 설계와 운영이 용이하다.

　　㉣ 일반적으로 지중처리보다 처리 효율이 높다.

② 단점

　　㉠ 넓은 부지가 요구된다.

　　㉡ 먼지와 배출가스의 발생으로 인한 2차 대기오염을 유발한다.

　　㉢ 휘발성 오염물질은 생분해반응보다는 휘발에 의해 제거된다.

　　㉣ TPH(유류탄화수소) 및 고농도 중금속의 처리에는 비효율적이다.

　　㉤ 오염물질 저감에 한계가 있다.

(5) 적용 제한조건

① 많은 공간이 필요하다.

② 휘발성 유기물질의 농도는 생분해보다 휘발에 의해 감소된다.

③ 입자상 물질은 먼지가 될 수 있으므로 지속적으로 측정해야 한다.

④ 무기물질은 생물학적으로 분해되지 않는다.

⑤ 중금속 이온은 미생물에 독성으로 작용할 수 있고 오염되지 않은 오염토양으
   로 확산될 수 있다.

⑥ 오염토양의 굴착비용이 더 많이 드는 경우가 있다.

⑦ 대기오염물질이 발생하므로 최종방출 전에 처리하여야 한다.

⑧ 유출수 포집장치를 반드시 설치하여야 한다.

⑨ 분해가 어려운 물질을 완전하게 제거하기 위해서는 많은 시간이 필요하다.

⑩ 유기용매가 대기 중으로 방출되어 대기를 오염시키기 때문에 방출되기 전에 미리 처리해야 한다.

(6) 효율에 영향을 미치는 인자

① 오염물질의 형태와 농도　　　② 오염물질의 분포깊이와 분산
③ 독성 오염물질의 존재 여부　　④ 휘발성 유기물질의 존재 여부
⑤ 무기물질의 존재 여부

Reference **토양경작법의 적용성**

① 총 종속영양미생물의 농도가 1,000CFU/g 건조토양 이상일 경우 적합하다.
② 토양의 pH는 6~8정도의 중성일 때 적합하다.
③ 토양의 온도는 10~45℃ 정도를 유지해야 한다.
④ 토양 내 최적함수율은 18%이며 수분함유량이 과다(33%)하거나 적은(12%) 경우에는 분해속도가 감소한다.

必수문제

01 BTEX로 오염된 토양을 Landfarming으로 처리하고자 할 때 BTEX 농도가 460mg/kg인 토양 40ton과 750mg/kg인 토양 10ton을 혼합 시 농도(mg/kg)는?

풀이

$$혼합농도(mg/kg) = \frac{(460mg/kg \times 40,000kg) + (750mg/kg \times 10,000kg)}{40,000kg + 10,000kg}$$

$$= 518mg/kg$$

7. 바이오파일(Biopile) 방법

(1) 개요

오염된 토양을 굴착한 후 일정한 파일(Pile) 안에 오염토양을 쌓은 다음 폭기, 영양물질, 수분함유량을 조절하여 호기성 미생물의 활성을 극대화시켜 굴착된 토양 중의 유기성 오염물질을 처리하는 탈 위치(Ex-Situ) 처리공법이며, 침출수 수집시스템과 공기주입 및 추출 장치를 갖추고 있다.

(2) Landfarming(토양경작법)과의 비교

① 공통점

　㉠ 굴착된 오염토양에 공기를 주입하여 미생물의 활성을 증대시킴으로써 처리효율을 증가시킨다(호기성 상태 유지). 즉, 오염물질 제거기작이 동일하다.
　㉡ 유류오염 정화에 주로 적용된다.

② 차이점

공기주입방식에 차이가 있다. 즉, Biopile은 Pile 더미까지 통하는 관을 이용하여 강제적으로 공기를 주입하거나 추출하며, Landfarming(토양경작법)은 토양을 경작(Plowing)하거나 이랑을 만들어 공기를 통기시켜줌으로써 공기를 주입한다. 즉, 시스템 구성에 있어서 차이는 토양높이, 공기접촉방식에 있다.

(3) 적용 오염물질

① 저분자 할로겐 휘발성 물질과 유류계 탄화수소류를 처리하는 데 가장 효과적이다.
② 분자량이 큰 비할로겐화합물이나 할로겐화합물, 디젤 등에도 적용할 수는 있지만 효과는 제한적이다.

(4) 적용 제한조건

① 오염물질을 95% 이상 제거하거나 잔류오염농도를 0.1ppm 이하로 처리하기가 매우 어렵다.
② 유류오염원의 농도가 50,000ppm 이상 정도로 고농도인 경우에는 처리가 비효율적이다.
③ 중금속의 농도가 2,500ppm 이상 정도로 고농도 존재시 미생물에 독성으로 작용하여 미생물 성장을 저해하고, 처리에 비효율적이다.
④ 휘발성 오염물질은 생분해되기보다 산기과정에서 휘발되기 쉽다. 따라서 오염물질의 전처리가 요구된다.

⑤ Landfarming보다는 적은 부지가 요구되나 다른 지상처리기술에 비해 넓은 부지가 요구된다.

⑥ 오염토양에 대한 굴착이 필요하고 회분식(Batch) 처리방법은 규모가 비슷한 슬러리상 공정보다 더 많은 처리시간이 소요된다.

⑦ 오염물질의 생분해성, 적절한 산소주입, 영양분 주입속도를 결정하기 위한 처리 가능성 시험을 실시하여야 한다.

(5) 효율에 영향을 미치는 요인

① 미생물

오염토양 내 개체수가 늑$10^4 \sim 10^7$CFU/g soil인 경우에 효과적으로 적용할 수 있으나 그 이하인 경우 추가적으로 미생물을 공급하여야 한다.

② pH

일반적으로 미생물에 최적조건인 pH 범위 6~8 내에 유지되어야 한다.

③ 함수율

토양 내 함수율은 약 40~85%(무게단위로 12~30%)의 범위를 유지할 때 효율적이며, 40% 미만인 경우 미생물의 활성도가 낮아져 주기적으로 공급해 주어야 한다.

④ 온도

일반적으로 토양온도는 10~45℃ 범위(최적 조건 30℃)를 유지해 주어야 한다.

⑤ 영양물질

C : N : P는 100 : 10 : 1~100 : 1 : 0.5 범위를 유지해 주어야 한다.

⑥ 토성

토성은 투수성, 함수율, 용적비 등에 영향을 미친다. 그러므로 점토성분보다 투수성이 좋은 토양과 적절히 혼합하여 문제점을 방지해야 한다.

(6) 장단점

① 설계 및 운영이 쉽다.
② 휘발물질 유출 방지가 가능하다.
③ 지하수오염 방지 라이너시설이 필요하다.
④ 배기가스 처리가 필요하다.

必수문제

01 TPH 평균오염농도가 500mg/kg인 3,000m³의 오염토양 중 처리해야 할 TPH의 양 (kg)은?(단, 토양 밀도 1.55g/cm³)

풀이

$$TPH \ 양(kg) = 500mg/kg \times 3,000m^3 \times 1.55g/cm^3 \times 1kg/10^6mg \times 10^6cm^3/m^3$$
$$= 2,325,000g \times 1kg/1,000g = 2,325kg$$

必수문제

02 유류오염지역의 토양 10,000m³를 수거하여 오염도를 조사한 결과 TPH 평균오염농도가 1,200mg/kg이었다. 이 토양을 Biofile 공법으로 처리 시 필요한 N(질소)와 P(인)의 양(kg)은?(단, 미생물 활성을 위한 영양물질 비율은 C : N : P=100 : 10 : 1, 토양밀도 1.35g/cm³, 토양 중 N, P는 없음)

풀이

$$TPH의 \ 양(kg) = 1,200mg/kg \times 10,000m^3 \times 1.35g/cm^3 \times 1kg/10^6mg \times 10^6cm^3/m^3$$
$$= 16,200,000g \times 1kg/1,000g = 16,200kg$$

N 필요양
TPH[C] : N(100 : 10)=16,200kg : N

$$N = \frac{10 \times 16,200kg}{100} = 1,620kg$$

P 필요량
TPH[C] : P(100 : 1)=16,200kg : P

$$P = \frac{1 \times 16,200kg}{100} = 162kg$$

必수문제

03 TPH로 오염된 토양 1,000m³를 수거하여 오염도를 조사하였더니 오염농도가 4,500mg/kg이었다. 이 토양을 처리 시 투입해야 할 유안[$(NH_4)_2SO_4$]의 양(kg)은?(단, 미생물 활성을 위한 영양비 C : N : P = 100 : 10 : 1, 토양밀도 1.75g/cm³, 토양 중 인 농도 50mg/kg, 토양 중 질소 0, 유안분자량 132)

풀이

TPH 양(kg) = 4,500mg/kg × 1,000m³ × 1,750kg/m³ × kg/10^6mg = 7,875kg

C(TPH) : N ⇒ 100 : 10 = 7,875kg : N

$$N = \frac{10 \times 7,875kg}{100} = 787.5kg$$

반응식에서 구하면,

$$(NH_4)_2SO_4 \quad \rightarrow \quad N_2$$

$$132g \quad : \quad 28g$$

$$X \quad : \quad 787.5kg$$

$$X(유안 투입량, kg) = \frac{132g \times 787.5kg}{28g} = 3,712.5kg$$

8. 슬러지상 생물반응조(Slurry Phase Biological Treatment)

(1) 개요

① 굴착된 오염토양을 생물반응기에 넣고 오염물질과 미생물 등이 일정 용기에서 접촉·반응함으로써 처리되는 탈 위치(Ex-Suit)방법이다.

② 미생물 분해의 최적환경을 조성하기 위해 사전에 영양물질 투여량, 온도 조절, 공기공급량 등을 충분히 검토하여야 한다.

(2) 처리과정

① 스크린 단계

선별공정이며 굴착한 후 자갈이나 나뭇가지와 같이 큰 입경을 갖는 물질들을 제거한다.

② 전 혼합단계

소입경의 오염된 토양을 반응기에 투입하여 오염원 농도, 생분해속도, 토양의 물리적 특성에 따라 적절한 비율로 물과 혼합한다.

③ 생물반응공정 단계

pH 조절 및 토양 내 미생물 부족시 추가 공급한다.

④ 후처리공정단계

처리된 토양(생분해가 완전하게 이루어진 토양슬러리)을 탈수한다.

⑤ 최종단계

처리된 슬러리는 탈수과정을 거쳐 토양으로 환원시키거나 재사용하게 된다.

(3) 적용 범위 및 오염물질

① 생물반응기는 이질성 토양, 투수성이 낮은 토양, 그리고 오염토양을 짧은 시간 내에 처리하고자 할 경우에 적용한다.
② 비할로겐 휘발성 물질과 유류계 탄화수소류 제거시키는 데 가장 효과적이다.
③ 무기오염물질의 제거에는 사용될 수 없다.

(4) 적용 제약조건

① 오염된 토양을 굴착하여야 한다.
② 토양을 반응기에 넣기 전에 토양을 선별하여야 하므로 비용이 많이 소요된다.
③ 이질성 토양(비균일토양, 점토질토양)을 처리하는 데는 많은 어려움이 있다.
④ 처리 후 미세토양으로부터 수분을 제거하는 데 비용이 많이 소요된다.
⑤ 세척수의 처리를 필요로 한다.

(5) 효율에 영향을 미치는 인자

① pH

최적 pH 범위는 6.5~7.5이다.

② 고형물

최적 고형물 함량비는 약 10~40% 정도이다.

③ 산소

산소 농도는 2.0mg/L 이상 유지되어야 한다.

④ 교반

최적 교반속도는 20~30rpm 수준을 유지해야 한다.

⑤ 영양 물질

C : N : P는 100 : 10 : 1 ~ 100 : 1 : 0.5 범위를 유지해 주어야 한다.

必수문제
01 유류가 누출된 지역의 토양오염도를 조사한 결과 BTEX 농도가 4,500mg/kg이었다. 이 오염토양을 슬러리상 처리기술을 적용하여 90mg/kg까지 처리하고자 할 경우 정화에 소요되는 시간(day)은?(단, 1차 반응속도 상수는 0.035/day)

> **풀이**
>
> 1차 반응식
>
> $$\ln \frac{C}{C_0} = -kt$$
>
> $$\ln \left(\frac{90}{4,500} \right) = -0.035 \text{day}^{-1} \times t$$
>
> $$t = -\frac{\ln \left(\dfrac{90}{4,500} \right)}{0.035 \text{day}^{-1}} = 111.77(112 \text{day})$$

必수문제
02 토양 슬러리 반응기를 이용하여 슬러리 유량 100L/min 규모로 초기 TPH 1,200mg/kg 농도를 TPH 50mg/kg 농도까지 최종 처리하고자 할 때 필요한 반응조의 크기(L)는?(단, 반응속도 : 1차 반응, 반응조의 종류 : CFSTR, 반응속도상수 : 0.25/min, 정상상태 유출수 기준)

> **풀이**
>
> 완전혼합 반응로(CFSTR) 1차 반응 물질수지식
>
> $$\frac{C}{C_0} = \frac{1}{(1+kt)}$$
>
> $$t = \frac{(C_0 - C)}{K \cdot C} = \frac{(1,200-50)}{0.25 \times 50} = 92\text{min}$$
>
> 반응조 크기 $= t \times Q = 92\text{min} \times 100\text{L/min} = 9,200\text{L}$

9. 퇴비화 공법(Composting)

(1) 개요

① 토양미생물에 의하여 유기오염물질을 분해화시켜 가스화하여 안정화하는 방식을 말하며 잔유물은 토지개량제로 이용한다.
② 유기오염물질을 분해가 쉬운 유기성 물질(볏짚, 나무껍질, 채소쓰레기 등)과 함께 혼합한 후 영양물질(N, P)을 보충하여 퇴비단을 쌓은 후 퇴비단 하단에서 공기를 불어넣고 수분을 조절하면서 퇴비화를 진행시킨다.
③ 최대 분해효율은 수분함량, pH, 산소, 온도, C/N비가 적정할 경우 얻을 수 있다.
④ 퇴비화 시 심한 악취가 나는 것은 산소 부족에 기인된 것이다.
⑤ 지렁이를 이용한 퇴비화 방법으로 적용 가능한 물질은 하수슬러지, 음식물쓰레기, 잔디구장에서 잘라낸 잔디 등이다.
⑥ 퇴비화 과정에서 공기가 적게 공급되면 pH가 감소한다.

(2) 적용 범위 및 오염물질

① 저분자 비할로겐 휘발성 물질과 유류탄화수소를 처리하는 데 가장 효과적이다.
② 생분해가 가능한 물질로 오염된 토양에 적용할 수 있다.
③ 분자량이 큰 비할로겐/할로겐 화합물, 디젤 등에는 적용 가능하지만 효과는 미비하다.

(3) 적용 제약조건

① 퇴비화를 위한 넓은 공간이 필요하다.
② 오염토양을 굴착해야 하며 제어되지 않은 휘발성 유기물질이 대기 중으로 방출될 수 있다.
③ 팽화제 첨가 시 처리하여야 할 오염토양 전체부피가 증가된다.
④ 중금속은 처리되지 못하며 미생물에게 독성으로 작용한다.

(4) 효율에 영향을 미치는 인자

① C/N비

이상적 C/N비는 25~30 : 1이고, 이하일 경우는 심한 악취가 발생하며 이상일 경우는 미생물 성장에 필요한 질소원이 부족하게 되어 퇴비화 반응속도가 느려진다.

② Bulking Agent(팽화제)

볏짚, 왕겨, 톱밥, 나무껍질 등의 통기개량제, 즉 팽화제를 첨가한다.

③ 온도

최적 온도 50~60℃에서 유지한다.

④ 함수율

최적함수율 40(50)~60%에서 유지한다.

⑤ pH

최적 pH 범위 5.5~8.5에서 유지한다.(중성에 가깝게 유지)

⑥ 처리 공간

⑦ 퇴비화 비용

(5) 퇴비화 공법 분류

퇴비화는 공기주입방법, 온도 조절, 혼합, 요구되는 시간에 따라 분류한다.

① Window Composting

공기는 pipe를 뒤집어서 혼합, 교반시키면서 주입, 내부산소농도 감소시 악취가 발생한다.

② Aerated Static Pile

내부에 설치된 송풍기를 통해 기계적으로 공기주입, 적은 부지내 설치가능하다.

③ In-Vessel

적절한 교반, 통기, 습도를 Vessel 내에서 처리하며, 처리속도가 빠르다.

④ Anaerobic Treatment

유기물질을 CH_4과 CO_2로 분해, 메탄 형태의 에너지원의 생산이 가능하다.

10. 바이오스파징(Biosparging)

(1) 개요

① 공기를 공급한다는 면에서 Bioventing과 거의 유사한 제거방법이나, 공기를 지하수면 아래에서 공급한다는 것이 다르다. 즉, 공기를 지하수면 아래에서 주입하여 휘발성 유기오염물질을 불포화 토양층으로 이동시켜 생분해시킨다.

② 공기주입의 목적은 산소공급과 휘발성 유기오염물질의 불포화 토양층으로의 이동이다.

(2) 공기분사기법(Air Sparging)과의 차이점

① Biosparging은 Air Sparging보다 적은 주입공기유량을 사용하여 체류시간을 증가시켜 오염물질의 휘발에 의한 제어보다는 미생물에 의한 생분해를 증가시켜 오염물질을 제거한다.

② Air Sparging은 주로 휘발 및 탈기에 의해 오염물질을 제거한다.

(3) 바이오벤팅(Bioventing)과의 차이점

Biosparging은 지하수면 아래의 포화대로 공기가 주입되고 Bioventing은 공기가 지하수면 상부의 불포화대로 주입된다.

(4) 적용 범위 및 오염물질

포화토양층의 유류화합물 처리에 효율적이다.

(5) 적용 제약조건

① 대상부지의 지층이 균일해야 한다.

② 투수계수가 10^{-3}cm/sec 이하인 지역에 적용하는 것이 바람직하다. 즉, 수리전도도가 너무 크면 오염물질이 확산될 우려가 있다.

③ 불포화 토양층 내에서의 유량은 충분한 체류시간을 갖도록 해야 한다.

④ 층상구조가 발달된 지역에서는 오염물질이 확산될 우려가 있다.

⑤ Biosparging 및 Airsparging은 공정 운영시 지하수 내에 용존 Fe^{2+}이 존재시 대수층의 공극 내에 침전하여 투수성을 저하시킨다.(바이오스파징 중 산소와 접촉시 Fe^{3+}으로 산화되면서 불용상태로 존재하여, 일반적으로 Fe^{2+}(Ferrousion) 10mg/L 이상 조건에서는 바이오스파징 기술은 적합하지 않다.)

(6) 특징

① 오염물질의 이동 및 확산 야기가 우려된다.

② 지하수의 부가적인 처리가 필요 없다.

③ 공기주사법의 제거효율을 보다 증대시킬 수 있다.

④ 휘발보다 생분해가 주요 제거 메커니즘이므로 배출가스 처리가 필요 없을 수 있다.

⑤ 지상의 영업 및 활동에 방해 없이 정화작업을 수행할 수 있다.

⑥ 시설이 비교적 간단하다.

⑦ 토양의 수평방향 수리전도도가 수직방향 수리전도도보다 훨씬 크다면 공급되는 공기가 오염물질을 수평방향으로 넓게 퍼질 수 있다.

11. 바이오슬러핑(Bioslurping)

(1) 개요

① 펌프를 이용하여 지중에 존재하는 오염된 지하수와 유류 및 탄화수소 증기화합물을 분리하는 원위치(In-Situ) 처리방법이다.

② Bioslurping은 SVE(토양증기 추출방법)과 양수처리방법 및 Bioventing 방법이 조합된 처리방법이다.

③ Dual Phase Extraction이라고도 하며 추출된 액체와 증기는 포집, 처분하거나 지중으로 재주입하는 과정을 거치게 된다.

④ Bioslurping 공정은 지중에 자유상으로 존재하는 오염물질의 제거에 효과적이며, 공정의 효율적인 운영을 위하여 추출속도를 극대화시키는 것이 중요하다.

(2) 적용 범위 및 오염물질

① 지하수면이 깊은 지역에도 적용 가능하다.

② 지하수면과 모세관대에 존재하는 연료유 및 LNAPL로 오염된 토양에 적용한다.

③ 휘발성 유기물질·준휘발성 유기물질 및 유류로 오염된 토양도 적용 가능하다.

④ 포화토양 내 잔류오염물질은 처리가 불가능하다.

(3) 적용 제약조건

① 지하수처리장치 및 오염증기처리장치를 필요로 한다.

② 오염물질의 특성 및 분포, 수리지질학적 조건에 따라 처리효율이 변화한다.

③ 다른 기술과의 병행이 필요하다(지하수 재생 : 양수 처리).

④ 치밀한 저투수성 토양층에는 효과가 적으며 온도가 낮은 경우에는 처리속도가 느리다.

⑤ 토양 내에 수분함량이 적은 경우 Biodegradation(생분해)와 Bioventing 기술 적용에는 비효율적이다.

⑥ 추출가스에 대한 처리가 필요하며 추출된 물의 양이 많은 경우 오염물질을 처리하여 방류해야 한다.

⑦ 추출정(Bioslurping Well)을 통한 공기 주입은 생물막에 의한 막힘 현상이 일어날 가능성이 있다.

(4) 공기공급 주입정 및 추출정 위치에 따른 구분

① 지하수면 상부(불포화대)

  ㉠ Bioventing

  ㉡ SVE

② 지하수면 하부

  ㉠ Air Sparging

  ㉡ Bioslurping

  ㉢ Biosparging

(5) 장점

① Bioslurping System은 자유상 유류 제거와 지하수 정화 후 Bioventing 기술로 쉽게 전환이 가능하다.

② 대부분 장비가 지하에 설치되기 때문에 넓은 부지에 대해 적용 가능하다.

③ 수리제어를 통해 오염운이 이동하는 것을 제어할 수 있다.

④ 오염물질이 추출정을 향해 수평으로 이동하기 때문에 추출정이 오염되는 것을 최소화할 수 있다.

必수문제

01 오염부지에 대해 Bioslurping을 이용하여 처리하고자 한다. 추출정의 영향반경은 10.5m이고 오염된 부지의 전체면적이 1,000m^{2}라면 필요한 추출정의 수는?

풀이

추출정 1개가 영향을 미치는 면적(A)

$$A = \frac{\pi D^2}{4} = \frac{3.14 \times (21)^2 m^2}{4} = 346.19 m^2$$

$$추출정\ 개수 = \frac{전체\ 오염\ 면적}{추출정\ 1개의\ 영향\ 면적} = \frac{1,000 m^2}{346.19 m^2} = 2.29(3개)$$

필수문제

02 토양부피 800m³, 공극률이 0.35인 토양을 유량 2m³/min으로 추출할 경우 토양 내 전체공극에 존재하는 증기를 1회 추출하는 데 소요되는 시간(hr)은?(단, Bioslurping 기술을 적용함)

풀이

$$추출\ 소요시간(hr) = \frac{토양\ 부피 \times 공극률}{추출\ 유량}$$

$$= \frac{0.35 \times 800\mathrm{m}^3}{2\mathrm{m}^3/\mathrm{min}} = 140\mathrm{min} \times 1\mathrm{hr}/60\mathrm{min} = 2.33\mathrm{hr}$$

필수문제

03 토양 내의 잔류포화유류의 양(m³)은?(단, 유류잔류포화도 0.25, 공극률 0.35, 토양 부피 800m³)

풀이

$$잔류포화유류\ 양(\mathrm{m}^3) = 잔류포화도 \times 공극률 \times 토양\ 부피$$

$$= 0.25 \times 0.35 \times 800\mathrm{m}^3 = 70\mathrm{m}^3$$

필수문제

04 어느 지역의 토양 공극 내 TCE 포화도가 0.3으로 알려져 있다면 처리대상 TCE의 무게(kg)는?(단, 토양부피 1m³, 공극률 0.45, TCE 밀도 1.4kg/L)

풀이

$$TCE\ 무게(\mathrm{kg}) = (토양부피 \times TCE\ 밀도) \times 포화도 \times 공극률$$

$$= (1\mathrm{m}^3 \times 1.4\mathrm{kg/L} \times 1{,}000\mathrm{L/m}^3) \times 0.3 \times 0.45 = 189\mathrm{kg}$$

12. 바이오필터(Biofilter)

(1) 개요

① 증기상의 휘발성 유기오염물질을 생물상층을 통과시켜 생물학적으로 분해시키는 기술로서 물리 · 화학적 흡착처리기술에 생물학적 처리기술이 조합된 기술이다.

② 바이오필터에 사용되는 생물상(충전물질)은 흙, 나뭇조각(나무껍질), 톱밥 등과 퇴비, Peat 등을 혼합하여 사용한다.

(2) 적용 범위 및 오염물질

① 저농도(수백 ppm 이하) 배기가스 처리에 효과적이다.

② 비할로겐 휘발성 유기물질, 유류탄화수소, 악취 등을 처리하는 데 효과적이다.

(3) 장단점

① 장점

㉠ 활성탄흡착기술과 같이 여재를 자주 교체할 필요가 없다.

㉡ 별도의 포집가스 처리장치가 필요 없다.

㉢ 운전이 용이하고, 간헐적 운전에 효율적이다.

② 단점

㉠ 곰팡이 등에 의해 문제를 야기시킬 수 있다.

㉡ 바이오필터탑의 크기가 작게 설계될 경우 유입공기가 압축되어 압력손실이 증가한다.

(4) 적용 제약조건(운전상 문제점)

① 수분증발(수분함량)

㉠ 생물상의 온도가 미생물의 활동에 의해 상승함에 따라 수분이 증발하므로 주기적인 수분공급이 필요하다.

㉡ 유입가스에 비해 유출가스 중의 수분함량이 증가한다.

② 충전층의 막힘 현상

㉠ 시간이 지남에 따라 충전층이 압밀되어 바이어필터를 통과하는 배가스의 압력손실이 커진다.

㉡ 제어시간이 경과됨으로써 바이오필터를 통과하는 배기가스의 압력손실이 점차 커져 충전층의 정기적인 교체가 용이한 구조로 설계한다.

③ pH 저하

오염물질 분해에 따라서 산의 생성으로 pH가 저하되므로 완충능력이 큰 여재를 사용 및 필요 시 중화제(석회 등)를 첨가한다.

④ 온도

낮은 온도인 경우에는 제거율이 낮아지거나 분해가 억제될 수 있다.

(5) 효율에 영향을 미치는 인자

① 수분함량

㉠ 충전재의 종류에 따라 다르지만 일반적으로 40~60% 범위의 수분함량이 필요하다.
㉡ 충전재료가 퇴비인 경우 ≒ 30~55% 범위의 수분함량이 되도록 조절한다.

② 온도

최적온도 조건은 37℃ 정도이다.

③ pH

최적 pH 범위는 pH 6~8 정도이다.

④ 체류시간

㉠ 체류시간을 조절하기 위한 인자는 통과유속 조절이 가장 용이하고 그 밖에 바이오필터 유효높이, 충전재 공극률, 배가스분배방식 등이 있다.
㉡ 퇴비의 경우 체류시간은 30sec 이상이 되어야 한다.

⑤ 압력손실

시간경과에 따라 압밀에 의한 압력손실의 증가가 불가피하므로 시설의 설계 당시에 충전재의 교체가 용이한 구조로 설계해야 한다.

13. 백색부유균(White Rot Fungus)

(1) 개요

① 리그닌을 분해하는 효소를 분비할 수 있는 능력이 있는 White Rot Fungus를 이용하여 다양한 유기오염물질을 분해시키는 기술이다.
② 리그닌을 분해하는 미생물의 생분해 최적온도는 30~38℃이고 생분해 반응에서 생성되는 열은 반응기 온도 유지에 이용된다.

(2) 적용 오염물질

① 폭발성 유기오염물질(TNT, RDX, HMX)
② 난분해성 오염물질(DDT, PAH, PCB, PCP2-4)

(3) 적용 제약조건

① 박테리아 수(토착 박테리아와의 경쟁)
② 토양, 침전물, 슬러지에 포함된 고농도의 TNT
③ 독성물질
④ 화학적 흡착

(4) 효율에 영향을 미치는 요인

① 토양, 슬러지, 침전물의 오염물질 농도
② 오염물질 기준농도(법)
③ 타 오염물질 존재 여부
④ 토양 특성

14. 식물정화법(Phytoremediation)

(1) 개요

① 토양 및 지하수로부터 유해한 오염물질을 식물을 이용하여 정화하는 원위치
(In-Situ) 처리기술이다.
② 생물학적 및 물리·화학적인 제거 메커니즘이 모두 포함되며 오염물질 제거,
안정화·무독화시키는 자연친화적인 환경복원기술이다.
③ 식물정화는 뿌리가 접촉하는 부분에서 한정되어 일어나므로 오염원의 깊이가
중요한 요인이다.
④ 식물은 필요한 무기영양분을 대부분 이온형태로 뿌리를 통해서 흡수한다.

(2) 식물정화법의 대표적 처리 기작(메커니즘)

① 식물에 의한 추출(Phytoextraction)

㉠ 식물이 필요한 무기영양분은 대부분 이온형태로 뿌리를 통해서 흡수되므
로 뿌리의 깊이에 따라 제거효율이 결정된다.
㉡ 식물조직이 무기오염물질을 체내에 흡수하여 축적(농축)함으로써 오염물
질을 제거한다. 즉 오염물질을 식물체내로 흡수, 농축 시킨 후 식물체를
제거하는 방법이다.

ⓒ 주로 중금속이나 방사능물질의 제거에 사용된다.

ⓓ 식물 추출에 적합한 식물은 수확이 가능한 조직 내에 고농도의 금속을 축적하고 이에 대한 내성이 있어야 하며 높은 성장률 및 높은 생체량을 생산하여 개체당 금속제거량이 많아야 한다.

ⓔ 단점으로는 중금속을 고농도로 축적 가능한 식물은 대부분 생장이 느리고 수확된 식물체는 고농도 오염물을 함유하고 있으므로 처리해야 한다.

② 식물에 의한 분해(Phytodegradation)

ⓐ 식물이 독성물질을 분해하는 효소를 분비하거나 또는 오염물질을 분해하는 데 중요한 역할을 하는 토양미생물에 필요한 영양분을 제공하여 분해활동을 활성화시킴으로써 오염물질을 무독성의 물질로 전환시키는 원리이다.

ⓑ 일반적으로 오염깊이가 깊지 않은 광범위한 지역에 적용하며 토양, 지하수, 폐기물 등의 처리에 이용 가능하다.

┃ 식물정화에 중요한 역할을 하는 효소와 분해되는 오염물질 ┃

효소	분해되는 오염물질
Dehalogenase	염소계 유기용매(TCE), 에틸렌 함유 화합물(Hexachloroethane)
Laccase	Aminotoluene, 탄약폐기물
Nitroreductase	TNT, RDX
Nitrilase	제초제(Atrazine)
Peroxidase	페놀
Phosphatase	살충제(유기인계)

③ 식물에 의한 안정화(Phytostabilization)

ⓐ 오염물질이 식물 뿌리 주변에 비활성의 상태로 축적되거나 식물체에 의해 오염물질의 이동이 차단하는 원리를 이용하며 뿌리 주변 토양의 pH변화 등에 의하여 중금속의 산화도가 바뀌어 불용성의 상태로 되는 원리에 기초한다. 즉, 적합한 식물은 대상오염에 대한 높은 내성이 있어야 한다.

ⓑ 식물의 뿌리가 오염물질의 이동을 위한 공간을 만들어 토양공기와의 반응성을 형성시켜 처리하는 방법이다.

ⓒ 풍화 및 침식경로에 의한 오염원의 이동을 막아 인근의 지하수로 용출되는 것을 효과적으로 제어할 수 있다.

ⓓ 금속과 같은 오염물질이 용존상태에서 침전되거나 식물뿌리 또는 주변토양에 흡착되어 안정화된다.

      ⓜ 장점으로는 토양 및 식물체를 제거할 필요가 없고 저비용으로 처리 가능하며 생태계 복원이 용이하다는 것이다.

      ⓗ 단점으로는 오염물질이 대상지역에 그대로 남아 있어 장기간 관리를 필요로 한다.

      ⓢ 안정화처리에 적합한 식물

         ⓐ 대상오염물질에 대한 높은 내성을 갖고 있어야 한다.

         ⓑ 뿌리 부분의 수분 함량이 작아야 한다.

         ⓒ 뿌리 부분의 생체량이 커야 한다.

         ⓓ 오염물질을 뿌리로부터 지상부로 이동시키지 않고 뿌리 내에 함유하는 능력이 커야 한다.

④ 근권에 의한 분해(Rhizodegradation)

      ㉠ 식물 촉진(Phytostimulation)이라고도 한다.

      ㉡ 식물 뿌리 근처에서 미생물의 군집이 식물체의 도움반응으로 유기오염물질을 분해하는 반응 과정이다. 즉, 뿌리 자체가 미생물의 서식처가 된다.

      ㉢ 일반적으로 타 정화방법 후 최종처리법으로 이용된다.

⑤ 근권에 의한 여과(Rhizofiltration)

      ㉠ 수용성 오염물질이 생물 또는 비 생물적인 과정에 의하여 식물 뿌리 주변에 축적되거나 식물체로 흡수반응되는 과정이다.

      ㉡ 일반적인 토양보다는 수환경을 대상으로 하며 수생식물보다는 육상식물에 더 효과적이다.

      ㉢ 적용 오염물질은 중금속(납, 카드뮴), 방사성 원소(우라늄, 세슘) 등이다.

⑥ 식물에 의한 휘발화(Phytovolatilization)

오염물질이 식물체에 의하여 흡수 및 대사에 의해 휘발성 물질로 전환되어 대기로 방출되는 것을 이용한 방법이다.

⑦ 수리에 의한 조절(Hydraulic Control)

      ㉠ 식물을 이용 물을 제거하여 수용성 오염물질의 이동 및 확산을 차단하는 방법이다.

      ㉡ 수분의 제거는 식물체에 의존하므로 다른 장비(펌프)를 필요로 하지 않는다.

⑧ 완충수로에 의한 방법(Riporian Corridors)

충분히 넓은 지면을 필요로 하며 오염물질 농도 및 깊이 등이 고려되어야 한다.

(3) 식물정화법의 비교

처리 기작	오염물질	대표적 식물	오염매체
식물 추출	중금속 방사성 물질	해바라기, 인도겨자 보리, 민들레	토양 슬러지 퇴적층
식물 분해	방향족 탄화수소 할로겐화 방향족 탄화수소 유기인 화합물	포플러나무, 사시나무 버드나무, 볏과식물 앵무새털풀	토양, 퇴적층 슬러지 지하수 · 지표수
식물 안정화	중금속 방향족 탄화수소 할로겐화 방향족 탄화수소	포플러나무, 사시나무 버드나무 뿌리 발달된 초본류	토양 슬러지 퇴적층
근권 분해	유기화합물 (TPH, PAH, 살충제, PCB)	습지 식물, 뽕나무 잡종포플러, 벼 초본류	토양, 퇴적층 슬러지 지하수
근권 여과	중금속 방사성 물질	해바라기 인도겨자	지하수 지표수
식물 휘발화	염소계 용제 MTBE 무기오염물질	포플러나무, 인도겨자 자주개나리, 아까시나무 초본류	토양, 퇴적층 슬러지 지하수
수리적 조절	수용성 오염물질 무기오염물질	잡종포플러, 버드나무	지하수 지표수
완충 수로	수용성 오염물질 무기오염물질 N, P, 살충제	포플러나무 습지식물 초본류	지하수 지표수

(4) 적용 오염물질

① 중금속
② 방사성 물질
③ 염소계 용제를 포함한 유기물질
④ 농약
⑤ 폭발물

(5) 장단점

① 장점

ㄱ 비용이 적게 든다.

ㄴ 다양한 오염물질에 적용 가능하다.

ㄷ 넓은 부지의 오염지역에 적용이 가능하다.

ㄹ 부하변동에 대한 적응성이 높고 현장 적용성이 좋다.

ㅁ 친환경적이며, 2차 부산물이 적게 발생한다.

② 단점

ㄱ 다른 방법에 비해 효과가 느리다.

ㄴ 넓은 부지가 필요하고 지역에 따라 기후 및 계절의 영향을 받는다.

ㄷ 식물뿌리가 닿는 비교적 얕은 지역에 대해서만 적용할 수 있다.

(6) 적용 제약조건

① 지하수, 수변, 낮은 깊이의 토양에 한정적으로 적용한다.

② 고농도 유기물질의 유해 독성으로 인하여 제어에 한계가 있다.

③ 물질전달 반응에 한계가 있다.

④ 물리·화학적 공정에 비하여 상대적으로 처리속도가 늦다.

⑤ 분해생성물의 유해독성 여부 및 생분해도의 규명이 부정확하다.

(7) 식물정화능력이 높은 대표식물종

① 포플러나무

ㄱ 오염물질의 독성에 대해 저항력이 강하다.

ㄴ 타 식물에 비하여 상대적으로 고농도의 오염물질이 존재하는 경우에도 생존하는 특성이 있다.(매립지에서 지하수나 지표수를 오염시키는 침출수처리를 위해 적용 가능)

ㄷ 어떠한 환경조건에서도 적응을 쉽게 한다.

② 해바리기(납을 잘 흡수)

③ 벼과식물

④ 버드나무

⑤ 미루나무

⑥ 초본류(Fescue)

⑦ 양치식물(카드뮴을 잘 흡수)

(8) 효율에 영향을 미치는 인자

① 오염물질 특성

㉠ 유기오염물, 무기오염을 모두 광범위하게 적용 가능하나 고농도인 경우 독성으로 인하여 효율적이지 못하다.

㉡ 유기물인 경우에는 Log Kow＝1~3 정도의 소수성인 오염물질에 대해서만 효율적이다.

② 오염지역의 깊이

0.9~3m 범위가 적당하며 식물정화법의 적용성을 평가하는 데 중요한 요소이다.

③ 식물종류

오염원, 오염지역 면적에 따라 적용 가능한 식물종류가 선택되어야 한다.

④ 근권

뿌리 표면에서 ≒2mm 범위이며 활성이 높고, 미생물과 뿌리 사이에 복잡한 상호작용이 일어난다.

(9) 설계인자

① 오염원 및 오염원으로 인한 문제점 파악
② 적합한 식물의 선정 및 선정된 식물의 각 오염원에 대한 처리공정도
③ 식물식종방법
④ 토양 및 지하수 내의 증산량 및 Capture Zone
⑤ 오염원 흡수율 및 정화처리기간

열적 처리기술

1. 열탈착기술(Thermal Desorption)

(1) 개요

① 열탈착법은 토양오염물질을 분해하는 것이 아니라 오염토양에 열을 가해 수분과 유기오염물질을 토양으로부터 단순히 분리하는 기술이다.

② 산소 또는 무산소 조건의 대체로 500℃ 이하의 토양 온도에서 오염물질을 토양으로부터 제거하는 기술이다.

③ 물리적인 공정으로 유기물질을 분해시키지 않으며, 적절한 에너지와 장치비용이 소요된다.

④ 휘발성 및 준휘발성 유기물질에 대한 처리효율이 높고 처리기간이 짧은 장점이 있어 가장 일반적으로 사용된다.(휘발성 유기화합물의 처리효율이 준휘발성 유기화합물의 처리효율보다 높음)

⑤ 유기물로 오염된 토양은 오염물의 휘발성으로 인하여 오염물이 탈착되고 탈착된 오염물은 응축장치나 후연소처리장치에서 회수 또는 처리한다.

⑥ 열탈착 시스템은 오염토양에 열이 전달되는 방식에 따라 직접열전달방식과 간접열전달방식으로 나눈다.

⑦ 열탈착조의 토양처리능력은 주로 토양의 수용함량과 반비례한다.

⑧ 열탈착 기술의 기본적인 제어장치로는 분진 제거 목적의 사이클론과 백필터, 잔존유기물 제거 목적의 활성탄 흡착탑, 산성 증기 제거 목적의 벤투리 세정기가 있다.

⑨ 석유계화합물을 처리하기 위한 적정 온도범위는 윤활유가 가장 높고 연료유, 경유, 등유, 휘발유 순으로 낮다.

(2) 열탈착 기술의 종류

① 고온 열탈착 공법(HTTD ; High Temperature Thermal Desorption)

ㄱ 개요

ⓐ 오염토양에 포함되어 있는 물이나 유기오염물이 휘발 가능하도록 320~560℃로 가열함으로써 오염물질을 탈착시켜 제거하는 Full-Scale 기술

ⓑ 물리적인 분리공정이며 유기물질은 분해하지 못하고 반응기의 온도, 체류시간에 따라 오염물질은 휘발되지만 산화되지는 않음

ⓒ 소각, 고형화 · 안정화, 탈염소화 등의 기술과 결합되어 이용

ⓓ 오염물질의 최종처리농도를 5mg/kg 이하까지 처리 가능

ⓛ 적용범위 및 오염물질

　ⓐ 준휘발성 유기물질(SVOC), 다환방향족탄화수소(PAH) PCB, 살충제에 적용 가능하나 휘발성 유기물질(VOC), 유류오염물질은 처리비용이 고가이기 때문에 비경제적

　ⓑ 휘발성 금속도 처리가 가능

　ⓒ 방사성 물질이나 독성 물질로 오염된 토양으로부터 오염물질을 분리하는 데 적용할 수 있음

ⓒ 적용 제약조건

　ⓐ 큰 입경의 토양을 장기적으로 운전하면 시설을 손상시킬 수 있음

　ⓑ 점토, 휴믹산을 많이 함유한 토양은 오염물질과 단단히 결합되어 반응시간이 길어짐

　ⓒ 토양 입경이 2inch 이상 경우는 적용성이나 비용에 영향을 미침

　ⓓ 토양 가열 에너지를 저감하기 위해 탈수가 필요

ⓔ 적용 영향인자

　ⓐ 수분함유량　　　　　　ⓑ 오염물질의 끓는점

　ⓒ 열탈착의 효과　　　　　ⓓ 분류(체분석은 필요하지 않음)

② **저온 열탈착 공법**(LTTD ; Low Temperature Thermal Desorption)

ⓛ 개요

　ⓐ 오염토양의 수분과 유기물질이 휘발 가능하도록 90~320℃로 가열함으로써 오염물질을 탈착시켜 제거하는 Full-Scale 기술

　ⓑ 물리적인 분리공정이며 유기물질은 분해하지 못하고 반응기의 온도, 체류시간에 따라 선택된 오염물질은 휘발되지만 산화되지는 않음

　ⓒ 적용범위가 넓으며 오염물질의 처리효율은 95% 이상으로 높고 단기간에 처리 가능하며, 오염토양의 유류계 탄화수소를 정화하는 데 더 효과적

　ⓓ 난분해성 오염물질도 적용 가능하고 정화된 토양은 미생물 활성을 향상시킴

　ⓔ 모든 토양에 적용 가능하며 다른 정화기술에 비해 높은 에너지 비용이 소요되어 경제성이 낮음

　ⓕ 수분함량이 높거나 점토 및 휴믹산 등을 높게 함유한 토양의 경우 반응시간이 길어지고 처리비용이 증가함

ⓛ 적용범위 및 오염물질

ⓐ 무기물질(중금속) 및 방사성 물질을 제외한 대부분의 석유계 화합물의 처리에 유용

ⓑ 고농도 휘발성 유기물질 및 유류오염물질의 적용에 효율적

ⓒ SVOC는 처리 가능하나 효율은 낮음

ⓒ 적용 제약조건

ⓐ 탈수공정으로 토양 가열 에너지를 감소시킬 수 있음

ⓑ 거친 모양의 입자는 공정의 손상을 유발할 수 있음

ⓒ 토양 내 함수율이 높으면 에너지 소모량이 많아져 전처리가 요구되며 유동성이 나빠져 정화효율이 저감

ⓓ 오염토가 지하 8m 이하에 위치하는 경우에는 토공비용의 상승으로 경제성이 낮아짐

ⓔ 토양 내 자갈 등 조대물질이 존재하는 경우에는 선별 등 전처리가 필요

ⓕ 오염토양 내에 납 등 중금속이 포함된 경우 후단처리시설에 주의를 요함

ⓔ 적용 영향인자

ⓐ 오염물질의 종류 및 농도

ⓑ 토양 성분 및 토양의 수분함량, 토양 입도분포

ⓒ 수은 함량

ⓓ pH

(3) 열탈착 기술에 사용되는 장치 종류

① 로터리 탈착장치(Rotary Desorber)

㉠ 수평축을 중심으로 회전하고 수평축은 약간의 경사를 이루며 Kiln이 회전함에 따라 Kiln 내의 고형물이 가스열과 접촉한다. 즉, 로터리 킬른이 회전함에 따라 내부의 오염토양이 산소와 연속적으로 접촉함으로써 연소한다.

㉡ 주입물질이 실린더에서 아래 방향으로 이동하면서 승온되고, 오염물질과 수분은 분리 및 휘발된다.

㉢ 구성장치는 주입장치, 킬른회전장치, 탈착가스분석장치, 공기예열장치로 되어 있다.

㉣ 직접화염 로터리킬른 장치와 간접화염 로터리킬른 장치로 분류되며 직접화염 로터리킬른 장치는 소각로와 유사하고 유류오염토양을 정화하는 데 널리 사용된다.

② 열 스크루 장치(Heated Screw)

㉠ 토양에 열을 공급하는 토양을 혼합하기 위하여 여러 개의 스크루를 가지고 있다.

㉡ 장치용적에 비해 열전달표면적이 비교적 크다.

㉢ 같은 용량의 장치에 비해 장치가 작고 열전달효율이 높다.

㉣ 열스크류 공정은 고형물의 온도가 최대 허용 가능한 열전달유체의 온도에 의해 제한된다.

㉤ 열스크류 공정의 열전달 유체는 직접연소 또는 전기적 장치에 의해서 가열된다.

㉥ 열전달 유체시스템은 저비중용제, 석유제품, 준휘발성 유기화합물 등을 제거하는 데 효과적이며 PCB는 온도 제한성 때문에 효과적이지 못하다.

③ 유동상 탈착장치(Fluidized Bed Desorber)

㉠ 수직방향 형태의 장치 내 뜨거운 가스가 바닥으로부터 상부까지 순환되며 토양은 장치 내로 주입되고 가스흐름에 의해서 유동된다.

㉡ 가스흐름속도는 적절한 유동이 되도록 조절해야 한다.

㉢ 유동상 장치의 중요한 장점은 고형 매체층 내의 혼합조건에서 유동가스와 토양층 사이에 비교적 높은 열전달 및 물질전달이 이루어지는 것이다.

④ 마이크로파 탈착장치(Microwave Heated Desorber)

㉠ 마이크로파 또는 무선주파복사장치에 의하여 토양을 가열하며 전체 에너지가 유전체의 내부에서 열로 전환되는 원리를 이용한다.

㉡ 내부가열방식이며 가열시간이 짧고 온도분포도 균일하다.

㉢ 대상물질만 가열하므로 열효율이 높아 오염물질 제거효율도 좋고 온도를 1,000℃까지 상승 가능하므로 증발, 확산에 의해 오염물을 토양으로부터 탈착, 포집할 수 있다.

㉣ 오염가스의 발생량이 적어 후처리 비용도 적다.

⑤ 스팀주입 탈착장치(Steam Injection)

㉠ 현장에서 실시하는 열처리 방법이며 스팀과 뜨거운 공기가 큰 수직공극을 통하여 토양으로 주입되고 오염물을 탈착시킨다.(원위치(In-Situ) 처리공법)

㉡ 탈착된 오염물질은 후드에서 모아져 가스처리장치에서 처리한다.

(4) 적용범위 및 오염물질

① 토양으로부터 검출한계 이하까지 유기염소 및 유기인·살충제의 제거가 가능하다.

② 다양한 수분함량과 오염농도를 가진 여러 종류의 토양에 적용이 가능하다.

③ 토양으로부터 검출한계 이하로 휘발성 유기화합물의 제거가 가능하다.

④ VOC뿐만 아니라 SVOC(준휘발성 유기화합물)의 제거도 가능하나 준휘발성 유기화합물 처리는 다른 기술보다 경제성이 떨어진다.

⑤ 고농도의 윤활유로 오염된 지역에 적합한 정화기술이다.

(5) 장·단점

① 장점

㉠ 매우 빠른 처리가 가능하며 같은 용량의 소각공정에 비하여 가스량이 상대적으로 적게 발생한다.

㉡ 유기염소 및 유기인 살충제 등 오염토양을 처리하는 동안 다이옥신과 퓨란이 생성되지 않는다.

㉢ 토양으로부터 검출한계 이하로 휘발성 유기화합물, 유기염소, 유기인 살충제의 제거가 가능하다.

㉣ 다양한 수분함량과 오염농도를 가진 여러 종류의 토양에 적용이 가능하며 고농도 Hot Spot 처리도 가능하다.

㉤ 소각공정에 비하여 먼지 양이 적고, 유기물을 응축시켜 회수 가능하거나 후처리할 수 있다.

㉥ 처리 토양을 현장에서 재매립할 수 있고 일관성 있는 처리결과를 얻을 수 있다.

㉦ 부지 내·외 처리가 가능하며 비교적 많은 오염토양 처리시 경제성이 있다.

② 단점

㉠ 처리 토양 내의 수분이 많으면 전처리를 통하여 수분함량을 낮추어야 한다.

㉡ 토양 굴착이 필요하며 중금속 처리에는 부적합하다.

㉢ 현장처리 시 큰 부지가 필요하며 Clay(점토) 및 Silt(미사)의 토양은 반응시간과 처리비용이 증가된다.

㉣ 가소성이 높은 토양은 스크린 및 장비에 엉겨 붙어 운영에 지장을 초래할 수 있다.

(6) 적용 제약조건

① 점토와 실트질 토양, 높은 유기물을 함유한 토양은 오염물질과의 결합으로 반응시간을 증가시킨다.

② 수분함량이 높거나 점토 및 휴믹산 등을 높게 함유한 토양의 경우 반응시간이 길어지고 처리비용이 증가한다.(20% 이상 수분을 포함하는 토양은 건조 및 탈수 후 처리하여야 함)

③ 토양 입경이 5cm 이상이거나 거친 입자의 토양인 경우 적용성이나 비용에 영향을 미친다.(처리시설 손상 유발)

④ 토양 가열 에너지를 감소하기 위한 탈수공정이 필요하다.

⑤ 1,100kcal/kg보다 높은 열량을 가진 토양은 처리 전 일반토양과 섞어 처리하여야 한다.

(7) 열탈착 기술에서 오염물질의 특성에 따른 탈착속도

① 유기물질의 분자량이 클수록 탈착속도가 느리다.

② 오염기간이 짧을수록 탈착속도가 빠르다.(오염기간이 긴 오염매체일수록 탈착이 어렵다.)

③ 유기물질의 휘발성이 낮을수록 탈착속도가 느리다.

④ 비공극성 입자의 경우 탈착속도는 초기에 크고 빠르게 일어난다.

⑤ 토양층이 깊어질수록 탈착속도는 감소한다.

> **Reference** **열탈착공정 구성장치**
>
> ① 열건조기 : 오염물질을 직접 가열하고 수분과 유기오염물질을 휘발
> ② 고에너지 스크러버 : 입자와 용해성 가스를 제거
> ③ 열교환기 : 유기물질과 용액을 농축

(8) 열처리 공정 선정 시 고려사항

① 처리효율

가장 낮은 수준까지 감소가능한 공정을 선택한다.

② 법적 기준의 달성

토양오염물질의 법적인 기준 및 배출가스의 배출허용기준 이내로 처리 가능한 공정을 선택한다.

③ 전문수행능력

　공정 적용 및 운전능력이 가능한 전문기술력을 소유한 운전자가 필요하다.

④ 단기·장기영향 정도

⑤ 경제성

(9) 공정설계에 필요한 참고 기준치

① 토양 비열
② 물 비열
③ 물 증발열

(10) 열탈착 기술의 2차 오염물질 제어방법

① 미세입자 − 여과집진장치, 전기집진장치 (조대입자 : 사이클론)
② 다이옥신 − 집진장치
③ 배가스 잔존유기물 − 활성탄
④ 산성 증기 − 벤투리세정기
⑤ 폐기물 중에 황, 시안 − 세정장치

Reference　플라즈마기법

열처리기법의 일종으로 4,000℃ 고온에서 이온화된 가스를 이용하여 오염토양을 마그마와 같이 용융시켜 유리화시키는 방법이다.

Reference　소각법

① 토양 내 미생물, 유기물질 등 토양오염물질을 분해시키는 기술이다.
② PCB, 다이옥신 등 난분해성물질의 분해에도 적용성이 우수하다.
③ 중금속을 함유한 오염토양의 경우에는 배기가스 처리시설이나 소각재 처리에 주의해야 한다.
④ 처리효율이 높지만 에너지 소요량이 많아 타 공법에 비해 처리단가가 높다.

01 원위치 처리방법 적용에 적합한 사항과 가장 거리가 먼 것은?

① 처리량이 많다.
② 오염원의 분포가 광범위하고 농도가 낮다.
③ 처리부지 확보가 용이하다.
④ 처리비용이 저가이다.

풀이 원위치 처리방법 적용 조건
　　ㄱ 처리량이 많을 경우
　　ㄴ 오염원의 분포가 광범위할 경우
　　ㄷ 오염원의 농도가 낮을 경우
　　ㄹ 처리부지 확보가 곤란할 경우
　　ㅁ 처리 비용이 낮을 경우
　　ㅂ 처리기간이 길 경우

02 토양처리기술 중 굴착 후 처리기술로 가장 적절한 것은?

① 생물학적 분해법(Biodegradation)
② 토양경작법(Landfarming)
③ 바이오벤팅법(Bioventing)
④ 토양세정법(Soil Flushing)

풀이 ①, ③, ④는 원위치 토양복원 처리기술(In-Situ)이며, 토양경작법(Landfarming)은 Ex-Situ 복원 기술이다.

03 다음의 토양복원기술 중 원위치(In-Situ) 정화기술과 가장 거리가 먼 것은?

① 토양증기추출법(Soil Vapor Extraction)
② 생분해법(Biodegradation)
③ 유리화(Vitrification)
④ 토지경작법(Landfarming)

풀이 굴착 후(탈위치) 처리기술(Ex-Situ) 종류
　　ㄱ 토양증기 추출법(SVE : Soil Vapor Extraction)

　　ㄴ 퇴비화법(Composting)
　　ㄷ 토양경작법(Landfarming)
　　ㄹ 할로겐분해법(Glyconate Dehalogenation)
　　ㅁ 토양세척법(Soil Washing)
　　ㅂ 고형화 / 안정화 처리법(Solidification / Stabilization)
　　ㅅ 용매(용제) 추출법(Solvent Extraction)
　　ㅇ 고온가스 추출법(Hot Gas Decontamination)
　　ㅈ 소각법(Incineration)
　　ㅊ 열분해법(Pyrolysis)
　　ㅋ 열탈착법(Thermal Desorption)
　　ㅌ 화학적 산화 / 환원법(Chemical Reduction / Oxidation)
　　ㅍ 바이오 파일 및 바이오 필터(Biopiles 및 Biofilter)

04 다음 복원기술 중 물리·화학적 복원기술과 가장 거리가 먼 것은?

① 토양증기추출법
② 토양세정법(Soil-Flushing)
③ 토양경작법
④ Air-Sparging

풀이 물리·화학적 처리기술에는 ①, ②, ④ 외에 토양세척법, 용매추출법, 고형화/안정화 처리법 등이 있다.

05 주유소의 가솔린 저장탱크에서 가솔린이 누출되어 탱크 주변 토양을 오염시켰다. 오염토양은 대부분 사질과 미사질 토양이고, 오염면적은 100m^2 이며, 오염토양 공극의 약 0.1%를 가솔린이 채우고 있다. 오염지역의 지하수면은 지표면으로부터 깊이 약 4m 정도이고, 오염물은 지하수면 상부에 존재하고 있다. 다음 보기에 제시된 복원방법 중에서 주유소 주변 오염토양을 복원하기 위해 가장 저렴하고 제거 효과가 좋은 방법은?

① 토양열탈착법　　② 토양유리화방법
③ 토양증기추출법　　④ 토양시멘트고형화

06 오염부지의 복원을 위한 원위치와 탈위치 처리 조건에 대해 잘못 기술한 것은?

① 단기적 처리를 위해서는 원위치 기술이 적합하다.
② 처리 효율을 높이고자 할 경우 탈위치 기술이 적합하다.
③ 오염농도가 높은 경우에는 탈위치 기술이 적합하다.
④ 처리량이 많은 경우에는 원위치 기술이 적합하다.

풀이 오염토양을 원위치 처리(In-Situ)하는 경우는 토양 오염처리 시 처리기간이 많이 소요된다.

07 오염토양의 조사 및 복원을 위하여 오염토양 내의 물질이동을 정확하게 파악하는 것이 필요한데 토양 내의 물질이동이론에 대한 설명으로 가장 알맞은 것은?

① 물의 흐름이론 : Darcy's Law
　열의 흐름이론 : Ohm's Law
　전기흐름이론 : Fourier's Law
　확산이론 : Fick's Law
② 물의 흐름이론 : Darcy's Law
　열의 흐름이론 : Fourier's Law
　전기흐름이론 : Ohm's Law
　확산이론 : Fick's Law
③ 물의 흐름이론 : Darcy's Law
　열의 흐름이론 : Fourier's Law
　전기흐름이론 : Fick's Law
　확산이론 : Ohm's Law
④ 물의 흐름이론 : Fourier's Law
　열의 흐름이론 : Fick's Law
　전기흐름이론 : Ohm's Law
　확산이론 : Darcy's Law

08 토양오염 처리 기술의 개념을 잘못 기술한 것은?

① Biodegradation – 미생물을 활용하여 유기오염물질을 분해
② Dual Phase Extraction – 유기오염물질과 중금속을 동시에 제거하기 위해 고압의 수증기를 주입
③ Pheumatic Fracturing(PF) – 통기성이 낮거나 압밀된 토양에 균열을 증가시키기 위해 지표 아래에 압축공기 주입
④ Vitrification – 오염토양을 전기적으로 용융시켜 용출특성이 낮은 결정규조로 만듦

풀이 Dual Phase Extraction은 투수계수가 낮거나, 불균일한 지반 내의 액상 및 가스상 오염물질을 동시에 제거하기 위하여 진공을 이용하며 추출된 증기와 지하수를 분리하여 처리하는 Full Scale 기술이다.

09 폐광산에서 유출되는 산성광산배수의 처리를 위한 기술로서 틀린 것은?

① SAPS(Successive Alkalinity Producing System)
② 인공 소택지법(호기성, 혐기성)
③ 산화 · 응집공법(ALD ; Alkalinity Lime Draining)
④ DW(Diversion Well)

10 토양증기추출기법(Soil Vapor Extraction)의 효과 및 적용에 관한 설명으로 틀린 것은?

① 헨리상수가 0.01 이상인 휘발성 오염물질에 적용하는 것이 효과적이다.
② 미세토양이나 수분함량이 높은 토양은 공기의 통과성을 저해하므로 증기압을 높여야 한다.
③ 유기물함량이 높거나 매우 건조한 토양은 VOCs의 흡착능력이 낮아 제거효율이 높다.
④ 중금속, PCBs의 정화에는 부적합하다.

풀이 유기물함량이 높은 토양 및 건조한 토양은 VOCs의 흡착능력이 높아 제거효율이 낮아진다.

정답 06 ① 07 ② 08 ② 09 ③ 10 ③

11 토양증기추출법의 적용 시 배출가스 제어시스템(배출가스정화)에 대한 설명 중 틀린 것은?

① 흔히 사용되고 있는 방법은 활성탄 흡착법이다.
② 활성탄 흡착법은 보통 오염농도가 1,000ppm 이상일 때 효과적인 것으로 알려져 있다.
③ 배출되는 배가스의 습도가 상대습도로 50% 이상일 때는 사전에 습도를 낮추어준다.
④ 유입가스의 온도가 130°F 이상일 때는 열교환기를 설치하여 냉각시켜줄 필요가 있다.

풀이 활성탄 흡착법은 일반적으로 오염농도가 1,000ppm 이하일 때 효과적이다.

12 오염물질의 특성 중 토양증기추출 시스템 처리효율에 영향을 미치는 주요인자와 가장 거리가 먼 것은?

① 용해도
② 수분함량
③ 헨리상수
④ 흡착계수

풀이 오염물질 특성인자
  ㉠ 용해도
  ㉡ 헨리상수(0.01 이상)
  ㉢ 증기압(100mmHg 이상)
  ㉣ 흡착계수(분배계수)

13 토양증기추출법의 설계적용인자 기준에 대한 설명 중 맞는 것은?

① 오염부지의 공기투과계수는 0.001cm/sec 이상이어야 한다.
② 오염물질의 헨리상수(무차원)값이 0.01 이상이어야 한다.
③ 오염물질의 증기압은 10mmHg 이상이어야 한다.
④ 오염물질의 물에 대한 용해도는 100mg/L 이상이어야 한다.

풀이 ① 오염부지의 공기투과계수는 1×10^{-4}cm/sec 이상이어야 한다.
  ③ 오염물질의 증기압은 100mmHg 이상이어야 한다.
  ④ 오염물질의 물에 대한 용해도는 100mg/L 이하이어야 한다.

14 토양증기추출법(SVE ; Soil Vapor Extraction)의 장점이 아닌 것은?

① 비교적 기계 및 장치가 간단하다.
② 지하수의 깊이에 제한을 받지 않는다.
③ 총 처리시간을 예측하기 용이하다.
④ 다른 시약이 필요 없다.

풀이 1. 장점
  ㉠ 기계 및 장치 요소가 간단하다.
  ㉡ 유지 및 처리비용이 저렴하다.
  ㉢ 일반적으로 널리 사용되는 장치 및 재료로도 충분히 가능하다.
  ㉣ 단기간 내에 설치 가능하다.
  ㉤ 즉시 복원 효율에 대한 결과를 얻을 수 있다.
  ㉥ 다른 시약이 필요 없다.
  ㉦ 영구적인 재생이 가능하다.
  ㉧ 굴착이 필요 없어 오염되지 않은 토양과 혼합될 우려가 없다.
  ㉨ 처리시간이 짧다.
  ㉩ 생물학적 처리효율을 높여주는 역할을 한다.
  ㉪ 지하수의 깊이에 제한을 받지 않는다.

2. 단점
  ㉠ 증기압이 낮은 오염물질은 제거효율이 낮다.
  ㉡ 토양층이 치밀하여 기체흐름이 어려운 곳에서는 사용이 곤란하다.
  ㉢ 추출된 기체를 처리하기 위한 대기오염방지시설이 필요하다.
  ㉣ 오염물질의 독성은 변화가 없다.(독성이 잔존함)
  ㉤ 불포화대수층에만 적용 가능, 즉 지역이 제한되어 있다.
  ㉥ 지반구조가 복잡하므로 총 처리시간을 예측하기가 어렵다.
  ㉦ 방출된 공기를 처리하기 위한 공정과 방출가스 처리에 사용된 물질의 처리부담이 있다.

15 토양증기추출기법(Soil Vapor Extraction)에 관계되는 이론 및 법칙에 대한 설명으로 가장 알맞은 것은?

① 토양 내 오염물의 기체화는 픽스법칙(Fick's Law)이 관계되고 증기압은 푸리에법칙(Fourier's Law)이 관계된다.
② 토양 내 오염물의 기체화는 헨리법칙(Henry's Law)이 관계되고 증기압은 라울법칙(Raoult's Law) 관계된다.
③ 토양 내 오염물의 기체화는 라울법칙(Raoult's Law)이 관계되고 증기압은 달시법칙(Darcy's Law)이 관계된다.
④ 토양 내 오염물의 기체화는 픽스법칙(Fick's Law)이 관계되고 증기압은 달시법칙(Darcy's Law)이 관계된다.

16 토양증기추출법에 관한 설명으로 틀린 것은?

① 다이옥신 등 준휘발성 물질 처리에 적합하다.
② 토양의 통기성은 SVE의 효율에 큰 영향을 미친다.
③ 오염물질의 독성은 변화가 없는 단점이 있다.
④ 지반구조의 복잡성으로 총 처리시간을 예측하기가 어렵다.

풀이 토양증기추출법은 휘발성/준휘발성 유기화합물, 유류오염물질에 적합하고 중금속, PCB, 다이옥신, PAH 등에는 부적합하다.

17 토양증기추출기법(Soil Vapor Extraction) 시스템의 단점으로 틀린 것은?

① 토양층이 치밀하여 기체 흐름이 어려운 곳에서는 사용이 곤란하다.
② 오염물질의 독성은 변화가 없다.
③ 굴착공정으로 인하여 설치기간이 비교적 길다.
④ 지반구조의 복잡성으로 총 처리시간을 예측하기가 어렵다.

풀이 SVE는 굴착이 필요 없어 오염되지 않은 토양과 혼합될 우려가 없다.

18 토양증기추출(SVE)에 관한 설명으로 틀린 것은?

① 오염지역에 추가적으로 시약(산화제, 과산화수소)을 주입하여 처리한다.
② 투수성 지반 내에 렌즈모양의 불투수성 부분이 존재하는 경우, 휘발성 오염물질의 제거효율이 저하된다.
③ 투수성이고 균질한 지반에 효과적이다.
④ 휘발성이 다양한 오염물질이 함유된 지역에서는 추가로 다른 복원공법의 도입이 필요하다.

풀이 토양증기추출(SVE)법은 다른 시약이 필요 없다.

19 지하수로 포화된 오염토양(포화대)에 공기를 주입시켜 휘발성 오염물질을 추출처리하는 기술은?

① 공기스파징(Air Sparging)
② 바이오벤팅(Bioventing)
③ 토양세척(Soil Flushing)
④ 토양증기 추출(Soil Vapor Extraction)

20 토양오염을 Air Sparging 방법을 적용하여 처리할 때 영향을 주는 인자의 유리한 조건으로 틀린 것은?

① 대수층 종류 : 자유면 대수층
② 대수층의 투수도(cm/s) : 10^{-3} 이상
③ 오염물질의 헨리상수(atm · m³/mol) : 10^{-5} 이상
④ 지하수면까지의 깊이(m) : 1.2 이하

풀이 Air Sparging은 지하수면까지 깊이가 1.5m 이상일 경우 유리하다.

21 지하수 처리기술 중 공기분사기법(Air Sparging)에 관한 설명으로 틀린 것은?

① 오염물질이 분포된 깊이와 현장의 특수한 지질학적인 특성을 고려해야 한다.
② 오염된 지하수를 양수하여 대기 중에서 공기를 분사하므로 다량의 지하수 정화가 가능하다.
③ 지하수 유량, 오염물질의 분포, 깊이 등의 인자에 영향을 받는다.
④ 휘발성 유기물질과 유류오염물질이 처리대상이다.

풀이 오염된 지하수를 양수하여 대기 중에서 공기를 주입하므로 다량의 지하수 정화가 가능하다.

22 Air Sparging을 적용하기에 유리한 영향인자 조건은?

① 대수층 종류 : 자유면 대수층, 단열이 매우 많은 기반암
② 지하수면까지의 깊이 : 1.2m 이하
③ 토양의 foc값(%) : 3 이상
④ 오염물질의 용해도 : 높음

풀이 ② 지하수면까지의 깊이 : 1.5m 이상
③ 토양의 foc값(%) : 2 이하
④ 오염물질의 용해도 : 낮음

23 오염된 지하수를 정화하기 위해 포화대 내에 공기를 주입하여 지하수를 포기시킴으로써 휘발성 유기화합물질을 휘발시켜 제거하는 원위치 기술은?

① 에어스파징(Air Sparging)
② 에어워싱(Air Washing)
③ 에어벤팅(Air Venting)
④ 에어스트리핑(Air Stripping)

24 토양세척공법에 대한 설명 중 적합하지 않은 것은?

① 토양 내 오염물을 세척수와 기계적 마찰력을 이용하여 처리하는 공법이다
② 토양세척공정은 주로 오염토양의 최종 처리공정으로 이용된다.
③ 토양세척장치는 대개 전처리, 분리, 굵은 토양처리, 미세 토양처리, 처리수 정화, 처리 잔류물관리 공정으로 구별된다.
④ 오염된 처리수는 기존의 폐수처리시설에서 정화된 후 재순환되는 것이 일반적이다.

풀이 토양세척법의 주된 목적은 완전한 토양오염물질 제거가 아니라 오염된 토양의 부피감소에 있다.

25 기타 토양복원기술과 비교하여 토양세척(Soil Washing) 공정의 장점으로 틀린 것은?

① 부지 내에서 유해오염물의 이송 없이 바로 처리할 수 있다.
② 적용 가능한 오염물 종류의 범위가 넓다.
③ 오염토양 부피의 단시간 내의 효율적인 급감으로 2차 처리비용이 절감된다.
④ 외부환경의 조건변화에 대한 영향이 적은 개방형 공정이다.

풀이 외부환경의 조건변화에 대한 영향이 적고 자체적인 조건 조절이 가능한 폐쇄형 공정이다.

26 토양세척기법(Soil Washing)이 가장 효과적인 토양 종류는 어느 것인가?

① 점토가 주를 이루는 토양
② 모래와 자갈이 고루 섞인 토양
③ 실트와 모래가 고루 섞인 토양
④ 점토와 실트가 고루 섞인 토양

27 다음은 오염된 토양을 세척기법으로 정화처리하는 토양세척기법의 작업절차에 대한 것인데 가장 바르게 나타낸 것은?

① 토사굴착–토사입자분리–토사전처리–조립자처리–세립자처리–오염수처리–잔류물처리
② 토사굴착–토사전처리–토사입자분리–조립자처리–세립자처리–오염수처리–잔류물처리
③ 토사굴착–토사전처리–조립자처리–세립자처리–토사입자분리–오염수처리–잔류물처리
④ 토사굴착–토사전처리–오염수처리–토사입자분리–조립자처리–세립자처리–잔류물처리

28 토양세척법의 처리효율에 대해 바르게 설명된 것은?

① 휘발성이 높은 오염물질의 처리효율이 높다.
② 토양입자의 크기가 작으면 처리효율이 높다.
③ 토양 내 부식물질의 양이 많으면 처리효율이 높다.
④ 세척액의 pH가 중성일수록 처리효율이 증가된다.

29 토양세척을 위한 공정 중 분리조에서 보다 세밀한 토양분리가 이루어지는데 굵은 입자와 미세입자의 통상적인 분리기준 범위는?

① $122 \sim 74 \mu m$ ② $63 \sim 74 \mu m$
③ $44 \sim 56 \mu m$ ④ $23 \sim 44 \mu m$

30 중금속으로 오염된 토양을 pH가 낮은 산용액을 이용하여, 중금속을 토양으로부터 분리시켜 처리하는 토양복원 방법은 다음 중 어떤 방법으로 분류할 수 있는가?

① 토양유리화방법(Vitrification)
② 토양세척법(Soil Washing)
③ 토양경작법(Soil landfarming)
④ 토양증기추출법(Soil Vapor Extraction)

31 다음 중 토양세척공정에 관한 설명으로 틀린 것은?

① 적용 시 pH의 영향을 고려해야 한다.
② 토양성분 중 미세토양의 비율이 높은 경우에 적용한다.
③ 세척 후 발생하는 처리수의 처리를 고려해야 한다.
④ 오염물질의 물리 · 화학적 특징 중 세척효율을 높일 수 있는 요인은 수용성과 휘발성이다.

풀이 토양세척공정은 점토와 같은 미세입자에 흡착된 유기오염물질은 제거가 어렵다.

32 효율적인 토양세척용 계면활성제를 선택하기 위해 고려되어야 할 사항과 가장 거리가 먼 것은?

① 용해도   ② 전도성
③ 흡착성   ④ 생분해성

풀이 계면활성제 선택 시 고려사항
  ㉠ 용해도
  ㉡ 흡착성
  ㉢ 생분해성
  ㉣ 생물학적 특성
  ㉤ 비용

33 오염토양의 처리방법인 토양세척의 주요 6개 공정에 해당되지 않는 것은?

① 전처리   ② 분리
③ 처리수 정화   ④ 흡착

풀이 주요 공정
  ㉠ 전처리
  ㉡ 분리(토사입자 분리)
  ㉢ 굵은 토양 처리(조립자 처리)
  ㉣ 미세 토양 처리(세립자 처리)
  ㉤ 세척수 처리(오염수 처리)
  ㉥ 처리잔류물 관리(최종처리 방법)

정답 27 ② 28 ① 29 ② 30 ② 31 ② 32 ② 33 ④

34 다음 토양세척공정의 장단점 중 맞는 것은?

① 외부 환경의 조건 변화에 대한 영향이 큰 공정이다.

② 처리 효율은 높으나 적용 가능한 오염물의 범위가 좁다.

③ 자체적인 조건 조절이 가능한 개방형 공정이다.

④ 단시간 내에 오염토양의 부피를 감소시킬 수 있다.

풀이 1. 장점
  ㉠ 외부 환경의 조건 변화에 대한 영향이 적고 자체적인 조건 조절이 가능한 폐쇄형 공정이다.
  ㉡ 부지 내에서 유해오염물의 이송 없이 바로 처리 가능하다.
  ㉢ 적용 가능한 오염물질 종류의 범위가 넓다.
  ㉣ 오염토양 부피의 단시간 내의 효율적인 급감으로 2차 처리 비용이 절감된다.(매립 시 경량화에 기여)
  ㉤ 단시간 내에 오염토양의 부피를 감소시킬 수 있다.

2. 단점
  ㉠ 점토와 같은 미세입자에 흡착된 유기오염물질은 제거가 어렵다.
  ㉡ 세척 후 발생하는 처리수의 처리를 고려해야 한다. 즉, 세척유출수로부터 미세토양입자(Silt, Clay)를 분리해 내기 위해서는 응집제를 첨가해 주어야 할 경우가 있다.
  ㉢ 토양 내에 휴믹질이 고농도로 존재할 경우 전처리가 필요하다.
  ㉣ 복합 오염물질(유기물질을 포함한 중금속)에 적용 시 세척제를 선별·제조하기가 어렵다.
  ㉤ 일반적으로 고비용이다.

35 Soil Flushing에 관한 설명으로 틀린 것은?

① 휘발성 유기화합물질, 준휘발성 유기화합물질의 처리 시 경제성이 떨어진다.

② 세정용액에 의해 2차 오염이 유발될 수 있다.

③ 투수성이 낮은 토양에서는 처리하기가 어렵다.

④ 중금속 오염토양 처리에는 부적합하다.

풀이 Soil Flushing(토양세정법)은 중금속, 방사능오염물질, 무기물질 등에 적용한다.

36 토양세정법 효율에 영향을 미치는 토양 특성 인자가 아닌 것은?

① 투수성   ② 지반구조

③ 완충능력   ④ 용해도

풀이 오염물질 특성인자
  ㉠ 용해도
  ㉡ 농도
  ㉢ 분배계수
  ㉣ 복합체의 안정성

37 동전기 정화기법에서는 토양 내에 전기를 가하게 되면 동전기의 작용에 의하여 토양 내의 오염수, 오염물질, 오염입자가 이동하게 되는데 이때 적용되는 이론과 가장 거리가 먼 것은?

① 전기삼투이론   ② 전기이동이론

③ 전기절연이론   ④ 전기영동이론

풀이 동전기현상 적용이론
  ㉠ 전기삼투이론
  ㉡ 전기이동이론
  ㉢ 전기영동이론

38 동전기 정화 시 발생되는 동전기 현상 중 '전기경사에 의한 전하를 띤 화학물질의 이동'으로 정의되는 것은?

① 전기삼투   ② 전기영동

③ 전기이동   ④ 전기전동

풀이 ㉠ 전기삼투 : 전기경사에 의해 간극수의 이동
  ㉡ 전기이동 : 전기경사에 의한 전하를 띤 화학물질의 이동
  ㉢ 전기영동 : 전기경사에 의한 전하를 띤 입자의 이동

39 동전기 정화(Electrokinetic Remediation) 기술에 대한 설명이다. 기술의 원리 및 적용 등에 관한 설명으로 틀린 것은?

① 전기화학, 전기영동, 전기음동 등을 이용하여 지층 내의 오염물질을 제거하는 기술이다.
② 중금속, 핵종, 페놀, TCE, 톨루엔 그리고 기타 유기 및 무기물질의 제거가 가능한 것으로 알려져 있다.
③ 지층 속에 전극을 설치한 후 전류를 가하여 오염물질을 이동, 추출·제거하는 방법이다.
④ 이온화 경향이 강한 점성토 지층에 유효하며 사질토 지층에서는 적용이 어렵다.

풀이 동전기 정화기술은 사질토 지층뿐만 아니라 점성토 지층에도 매우 효과적으로 적용된다.

40 동전기 복원기술에 적용되는 동전기 현상인 전기영동에 관한 설명으로 틀린 것은?

① 주어진 전기장에 의하여 대전된 입자가 자신이 가지고 있는 전하와 같은 방향으로 이동하는 현상이다.
② 극성을 가지고 전기이동현상을 일으킬 수 있는 입자는 점토슬러리, 콜로이드, 유기복합물, 작은 물방울, 마이셀 등이 있다.
③ 전기영동 이동성은 매체의 점성계수에 반비례한다.
④ 전기영동 이동성은 전기경사와 평균전하에 정비례한다.

풀이 주어진 전기장에 의하여 대전된 입자가 자신이 가지고 있는 전하와 반대방향으로 이동하는 현상이다.

41 전기 동력학적 오염토양 복원기술이 타 기술과 비교하여 갖는 장점이 아닌 것은?

① 최적의 pH 조절이 용이
② 다양한 종류의 오염물질에 적용 가능
③ 이질 토양에서도 균일한 오염물질의 제거가 가능
④ 토양의 포화도에 무관

풀이 1. 장점
ㄱ 다양한 종류의 오염물질에 적용이 가능하며 특히 금속으로 오염된 지역에 효과적이다.
ㄴ 이질토양에서도 균일하게 오염물질의 제거가 가능하며, 집수정으로부터 오염된 지중용액의 추출이 용이하다.
ㄷ 토양의 포화도에 무관하다.(포화되거나 불포화된 토양 모두 적용 가능)
ㄹ 굴착 등이 필요하지 않기 때문에 현재의 현장상태를 유지하면서 오염토양을 복원할 수 있다.
ㅁ 전기삼투계수가 토양의 종류에 크게 영향을 받지 않기 때문에 여러 종류의 토양층으로 구성된 이질성이 큰 토양에서도 오염물질 제거가 비교적 균일하다.
ㅂ 오염물질 이동방향 조절이 가능하며 상대적으로 에너지가 적으므로 경제적이다.
ㅅ 세립토에 효과적이며 처리된 토양은 재생이 가능하다.

2. 단점
ㄱ 물의 전기분해반응에 의해 전극에서 생성되는 산소가스(양극)와 수소가스(음극)가 전극을 둘러싸게 됨에 따라 전기전도도의 감소로 전기효율의 저하가 발생한다.
ㄴ 염이나 2차 광물의 침전에 의하여 효율이 저하된다.
ㄷ 최적조건의 pH 조절이 곤란하다.
ㄹ 토양산성화가 발생하며 침전물에 의한 제거효율이 감소한다.
ㅁ 수소가스나 염소가스 등의 발생으로 안전상 문제가 발생할 수 있다.
ㅂ 지반 매트릭스 자체에 미치는 영향이 정확하게 규명되어 있지 않다.
ㅅ 금속성 물체 및 다량의 불필요한 오염물질 존재 시 문제점이 발생한다.

42 전기 동력학적 오염토양 복원기술이 타 기술과 비교하여 갖는 장점으로 틀린 것은?

① 물의 지속적인 전기분해 반응으로 전기전도도, 즉 전기효율을 일정하게 유지할 수 있다.
② 전기동력학적 공정은 포화되거나 불포화된 토양에 모두 적용 가능하다.

정답 39 ④ 40 ① 41 ① 42 ①

③ 굴착 등이 필요하지 않기 때문에 현재의 현장상태를 유지하연서 오염토양을 복원할 수 있다.

④ 전기삼투계수가 토양의 종류에 크게 영향을 받지 않기 때문에 여러 종류의 토양층으로 구성된 이질성이 큰 토양에서도 오염물질의 제거가 비교적 균일하다.

풀이 전기 동력학적 기술은 물의 전기분해 반응에 의해 전극에서 생성되는 산소가스(양극)의 수소가스(음극)가 전극을 둘러싸게 됨에 따라 전기전도도의 감소로 전기효율이 저하된다.

43 Natural Attenuation 제약 조건에 관한 설명으로 틀린 것은?

① 공정선택을 위한 모델링, 처리방식에 대한 평가를 할 수 없다.

② 오염물질이 분해되기 전에 이동시키는 것이 바람직하다.

③ 수은과 같은 무기물질은 비유동성이며 잘 분해되지 않는다.

④ 지중에 존재하는 오염원을 제거하여야 한다.

풀이 자연저감법(Natural Attenuation)은 공정선택을 위한 모델링, 처리방식에 대한 평가가 필요하다.

44 타 기술에 비하여 유류 오염물질을 빠른 시간 내에 분해하여 처리할 수 있는 화학적 산화법의 장단점으로 틀린 것은?

① 오염물질을 원위치에서 정화할 수 있다.

② 토양 중의 구성물질과 반응하여 산화제의 소요량이 증가할 수 있다.

③ 펜톤 산화 시에는 부산물이 발생되지 않는다.

④ 투수성이 낮은 토양에서는 오염물질과 산화제의 접속이 쉽지 않다.

풀이 펜톤 산화 시에는 철염을 이용하므로 수산화철의 슬러리가 다량 발생한다.

45 화학적 산화/환원법의 적용 메커니즘이 아닌 것은?

① 가수분해
② 탈 염소
③ 화학적 산화
④ 안정화

46 화학적 산화/환원법의 장단점 중 맞지 않는 것은?

① 운전 및 모니터링 비용이 증가된다.

② 오염물질은 지중에서 처리 가능하고 오염물질의 분해가 빠르다.

③ 용존오염물질의 농도는 기술 적용 후 수일(수개월) 후 다시 증가될 수 있다.

④ 저투수성 토양에서는 산화제와 오염물질 간의 접촉과 분해가 느리다.

풀이 1. 장점
  ㉠ 오염물질은 지중(In-Situ)에서 처리 가능하고 오염물질의 분해가 빠르다.
  ㉡ 반응에서 특별한 부산물이 생성되지 않고 (Fenton 반응은 제외) 일부 산화제는 MTBE를 완전하게 산화시킬 수 있다.
  ㉢ 자연정화기법(Natural Attenuation)과 병행 처리 가능하며, 잔류탄화수소류에 대한 호기성 및 용기성 생분해를 도모할 수 있다.
  ㉣ 운전 및 모니터링 비용이 절감된다.

2. 단점
  ㉠ 초기비용이 타 방법보다 상대적으로 높고 저투수성 토양에서는 산화제와 오염물질 간의 접촉과 분해가 느리다.
  ㉡ Fenton 반응은 폭발성 가스를 발생시킬 수 있고 적용되는 산화제와 관련하여 안전문제가 고려되어야 한다.
  ㉢ 용존오염물질의 농도는 기술 적용 후 수일(수개월) 후 다시 증가될 수 있다.
  ㉣ 매우 낮은 농도는 기술적 · 경제적으로 적용이 곤란하고 대수층 공극 내 침전에 의한 막힘현상이 일어날 수 있다.

47 오염토양의 불용화를 위한 화학적 처리방법에 대한 설명으로 알맞지 않은 것은?

① 카드뮴화합물은 차아염소산나트륨을 첨가하여 산화분해시킨다.
② 비소화합물은 염화철(II)을 첨가하여 비소산을 생성시킨다.
③ 수용성 수은화합물은 황화나트륨을 첨가하여 황화수은을 생성시킨다.
④ 6가 크롬 화합물은 황산철(II)과 같은 환원제를 첨가하여 3가 크롬을 생성시킨다.

풀이 카드뮴화합물은 황화나트륨을 첨가하여 황화카드뮴을 생성시킨다.

48 황화나트륨(Na_2S)을 활용한 오염토양의 불용화 처리 기술(화학적 처리)을 틀리게 설명한 것은?

① 수용성 납화합물이 존재하는 오염토양에 황화나트륨을 첨가하여 황화납을 생성시켰다.
② pH를 저하시키지 않도록 조치한 후 황화나트륨을 첨가하여 카드뮴화합물을 황화카드뮴으로 변환하였다.
③ 황화나트륨이 강한 환원제 역할을 하므로 6가 크롬을 3가 크롬으로 환원처리하였다.
④ 오염토양에 존재하는 수용성 수은화합물을 처리하기 위하여 황화나트륨을 첨가하여 처리하였다.

풀이 6가 크롬 화합물은 황산철과 같은 환원제를 첨가하여 3가 크롬으로 환원처리한다.

49 오염토양의 불용화 처리방법인 화학적 처리 내용 중 시안 화합물의 처리방법으로 적절한 것은?(단, 시안착염을 형성하는 경우)

① 알칼리산화법   ② 감청법
③ 속효성 환원제 사용법 ④ 지효성 환원제 사용법

풀이 감청분(시안착염을 형성하는 경우) : 제1철염 첨가

50 오염토양의 불용화를 위한 화학적 처리방법에 대한 설명으로 알맞지 않은 것은?

① 황화나트륨 토양 중의 카드뮴화합물에 첨가하여 황화카드뮴을 생성한다.
② 토양 중의 비소화합물은 염화철(II)을 첨가하여 비소산을 생성시킨다.
③ 토양 중의 수용성 수은화합물은 황화나트륨을 첨가하여 황화수은을 생성시킨다.
④ 토양 중의 수용성 납화합물에 염화제일철을 첨가하여 난용성 착염을 형성한다.

풀이 토양 중의 수용성 납화합물이 존재하면 황화나트륨을 첨가하여 황화납을 생성시킨다.

51 오염토양의 불용화 처리를 위한 화학적 처리방법에서 오염물질별 첨가제가 바르게 연결된 것은?

① 시안화합물 – 황화철(II)
② 수은화합물 – 황화나트륨
③ 납화합물 – 염화철(II)
④ 비소화합물 – 차아염소산나트륨

풀이 1. 시안화합물
  ㉠ 시안착염을 형성하는 경우 : 제1철염
  ㉡ 시안착염을 형성하지 않는 경우
    • 차아염소산 나트륨
    • 표백분
2. 납, 수은, 카드뮴 화합물 : 황화나트륨
3. 비소화합물 : 염화제1철

52 오염토양의 불용화 처리법(화학적 처리) 중 황화나트륨을 첨가하여 처리할 수 있는 오염물질로 가장 적절한 것은?

① 비소 화합물   ② 납 화합물
③ 6가 크롬 화합물   ④ 시안 화합물

풀이 수은, 카드뮴, 납 오염토양에 황화나트륨(Na_2S)을 첨가하여 난용성 황화물을 생성시켜 처리한다.

53 오염토양을 고형화/안정화 방법으로 처리한 이후 위해성을 평가하기 위한 (   ) 안의 용출능력 평가실험방법은?

(   )시험법은 시료를 최대 입경 9.5mm로 분쇄한 후 회분형태로 실험이 이루어진다. 실험 전에 액체물질을 고상에서 분리시킨 후, 액상 : 고상비가 20 : 1인 제로헤드스페이스추출기에 담긴 폐기물에 용출액을 가한다. 그리고 이 시료를 회전진탕기에서 18시간 동안 30rpm으로 진탕 후 여과하여 얻은 액으로 오염물질을 측정

① TCLP
② EX TOX
③ MWEP
④ KSLP

54 고형화/안정화된 폐기물의 위해성 평가를 위한 용출능 평가 시험법 중 주기적으로 용출액의 pH를 특정 최대 산첨가량까지 맞춘다는 점을 제외하고는 TCLP법과 유사한 것은?

① CLT 시험법
② MEP 시험법
③ MWEP 시험법
④ EP TOX 시험법

55 처리된 폐기물의 위해생 평가를 위한 용출능 평가실험 중 인조 산성 강우액을 이용하여 물체로부터 연속적으로 오염물을 추출하여 pH 변화에 영향을 나타낼 수 있는 방법은?

① MWEP 실험법
② MEP 실험법
③ MCC-IP 실험법
④ CLP 실험법

56 다음의 용출능 평가시험명으로 적절한 것은?

고형 폐기물용출법이라고도 하며 증류수 또는 이온수를 이용하여 모노리스 또는 분쇄폐기물로부터의 침출수를 복합적으로 추출하는 방법

① MWEP 시험법
② MCC-IL 시험법
③ CLP 시험법
④ EP 시험법

57 폐기물의 고형화 및 안정화의 장점과 가장 거리가 먼 것은?

① 부피의 감소가 가능하여 폐기물의 취급이 용이하다.
② 폐기물의 비표면적 증가로 매립지반안정 효과가 있다.
③ 폐기물 내 오염물질이 독성형태에서 비독성형태로 변형된다.
④ 폐기물의 용해성이 감소한다.

풀이 오염물질이 용출되어 나올 수 있는 폐기물의 표면적이 감소한다.

58 고형화 및 안정화를 통한 토양오염처리에 관한 설명으로 틀린 것은?

① 휘발성 유기물질은 고정화되기 어렵다.
② 점토토양인 경우 처리효과가 높다.
③ 여러 가지 오염물질이 혼합되면 처리시간이 길어진다.
④ 유기성 접합제는 용해도가 높은 폐기물이나 유기성 오염물질을 화학적으로 접합시켜 안정화시키는 능력이 크다.

풀이 점토토양인 경우 처리효과가 높지 않다.

59 오염토양의 고형화/안정화 처리방법에 대한 설명 중 틀린 것은?

① 고형화와 안정화는 일차적으로 폐기물의 유해성분의 유통성을 감소시킨다.
② 오염물이 용출되어 나올 수 있는 폐기물의 표면적이 감소한다.
③ 포졸라닉(Pozzolanic) 고형화/안정화에서 포졸란 반응은 석회를 생성하며 포틀랜드 시멘트 수화반응보다 빠르다.
④ 시멘트를 기초로 한 고형화/안정화에는 가장 일반적으로 포틀랜드 시멘트를 사용한다.

풀이 포졸란 반응은 석회를 소비하며 포틀랜드 시멘트의 수화반응보다 느리다.

60 토양오염확산방지기술인 고형화와 안정화에 관한 설명으로 틀린 것은?

① 폐기물 표면적을 증가시켜 안정화 속도를 빠르게 하는 장점이 있다.
② 일차적으로 폐기물의 유해성분의 유동성을 감소시키는 것을 목적으로 한다.
③ 폐기물의 용해성이 감소하는 장점이 있다.
④ 폐기물의 취급이 용이해지는 장점이 있다.

> **풀이** 오염물이 용출되어 나올 수 있는 폐기물의 표면적이 감소한다.

61 수직방어벽인 슬러리월에 관한 설명으로 틀린 것은?

① 오염되지 않은 지하수를 오염된 지역으로부터 격리시킨다.
② 지하로의 침출수 흐름을 제어한다.
③ 오염물질의 분해 또는 지체효과를 증진시킨다.
④ 투수계수가 매우 낮은 지역에 유용하다.

> **풀이** 슬러리월(Slurry Wall)은 투수계수가 다소 높은 지역에 유용하게 적용한다.

62 전체봉합형태인 키드인슬러리월(Keyed-in Slurry Wall)의 수평적 도식에 따른 장단점으로 틀린 것은?

① 오염물로부터 지하수 흐름의 완전한 우회 가능
② 오염물질 누출의 최소화
③ 비용이 많이 소요될 가능성이 있음
④ 적용 가능한 폐기물의 범위가 한정됨

> **풀이** 적용 가능한 폐기물의 범위가 넓음

63 수직방어벽을 이용한 오염지하수 제어방법 중 슬러리월의 장단점으로 틀린 것은?

① 시공방법이 간단하다.
② 시간경과에 따라 벤토나이트(광물) 특성이 저하된다.

③ 지하수위 강하에 따른 주변지역의 영향이 적다.
④ 암석층의 경우 자갈로 인하여 과도 굴착이 필요하다.

> **풀이** 1. 장점
> ㉠ 시공방법이 간단함
> ㉡ 지하수위 하강에 따른 주변지역의 영향이 적음
> ㉢ 시간경과에 따른 광물(벤토나이트) 특성이 저하되지 않음
> ㉣ 침출수에 대한 저항이 강한 광물(벤토나이트)의 사용이 가능함
> ㉤ 유지관리비용이 적게 소요됨
>
> 2. 단점
> ㉠ 유해성이 큰 침출수에 노출될 경우 광물(벤토나이트)의 특성이 저하됨
> ㉡ 암석층의 경우 자갈로 인하여 과도굴착이 필요
> ㉢ 광물(벤토나이트)의 운반비용이 소요됨

64 투수성 반응벽체를 활용한 정화기술에서 반응벽에 적용되는 반응성 물질과 가장 거리가 먼 것은?

① Fe^0
② 석회
③ 미생물복합체
④ 석영분말

65 오염물질 차단(Containment)기술 중 지중차단벽 공정의 종류와 가장 거리가 먼 것은?

① High Barriers
② Slurry Walls
③ Grout Curtains
④ Steel Sheet Piling

66 다음 중 수직차단벽으로의 슬러리월(Slurry Walls)의 역할이 아닌 것은?

① 오염물질의 분해 또는 지체 효과를 증진시킨다.
② 오염물질을 고형화하여 용출률을 낮춘다.
③ 지하로의 침출수 흐름을 제어한다.
④ 오염되지 않은 지하수를 오염된 지역으로부터 격리시킨다.

67 지중차단벽인 슬러리월의 수평적 배열 구성이 '부분적 하향 설치'일 때의 설명으로 틀린 것은?

① 침출수 발생량 제어에 효과적이다.
② 완전 차단보다 설치 가격이 싸다.
③ 침출수 이동을 최소화할 수 있다.
④ 지하수 흐름에 대한 정밀한 조사가 필요하다.

풀이 키드인슬러리월의 수평적 도식에 따른 장단점

형태		장단점
전체봉합 (완전차단)		• 오염물로부터 지하수 흐름의 완전한 우회가 가능함(완전격리) • 오염물질 누출의 최소화(용출 최소화) • 적용 가능한 폐기물의 범위가 넓음 • 비용이 많이 소요될 가능성 있음
부분 봉쇄 (부분 차단)	상방향	• 오염물 주위로 지하수 흐름의 부분적 우회(동수경가가 대체로 높은 지역) 가능 • 지하수 흐름방향의 정확한 예측이 요구됨 • 전체봉합방법보다 비용이 적게 소요됨 • 침출액 발생은 최소화할 수 있으나, 오염부지로부터의 직접적 침출액 발생의 조절은 비효과적임
	하방향	• 침출수를 가두고 외부로 인출함으로써 복구할 수 있음 • 침출수의 흐름경로를 길게 하여 특정한 장소로의 이동 가능 • 전체봉합법보다 비용이 적게 소요됨 • 침출수의 이동을 최소화할 수 있으나, 침출수 발생 방지에는 비효과적임 • 지하수 흐름방향의 정확한 예측이 요구됨(정밀조사 필요)

68 전체봉합형태인 키드인슬러리월(Keyed-in Slurry Wall)의 수평적 도식에 따른 장단점으로 틀린 것은?

① 오염물로부터 지하수 흐름의 우회 가능
② 오염물질 누출의 최소화
③ 비용이 많이 소요될 가능성이 있음
④ 적용 가능한 폐기물의 범위 최소화

69 수직차단벽인 키드인 슬러리월(Keyed-in Slurry Wall)의 수평적 도식형태 중 부분봉쇄(Partial Barrier, 상방향 Up Gradient)에 대한 설명으로 틀린 것은?

① 오염물 주위로 지하수 흐름의 부분적 우회(동수경사가 대체로 높은 지역) 가능
② 지하수 흐름 방향의 정확한 예측이 요구됨
③ 오염부지로부터의 직접적 침출액 발생의 조절에 효과적임
④ 전체봉합방법보다 저비용이 소요됨

풀이 오염부지로부터의 직접적 침출액 발생의 조절은 비효과적이다.

70 수직방벽을 이용한 오염지하수 제어방법 중 슬러리월의 장단점으로 틀린 것은?

① 시공방법이 비교적 간단하다.
② 침출수 저항이 강한 벤토나이트 사용이 가능하다.
③ 지하수위 강하에 따른 주변지역의 영향이 크다.
④ 유해성이 큰 침출수에 노출된 경우 벤토나이트 특성이 저하된다.

풀이 슬러리월(Slurry Wall)은 지하수위 하강에 따른 주변지역의 영향이 적다.

71 투수성 반응벽체(PRB)공정에 관한 설명으로 틀린 것은?

① 깊은 수층과 오염운을 가진 부지에는 부적합하다.
② 오염물의 처리지대로 이동시켜야 하므로 운영, 유지비가 대부분의 저감 기법들보다 많이 소요된다.
③ 오염물질이 복합적으로 존재하는 침출수의 경우는 하나의 반응물질만으로 처리하기에는 효율이 높지 않다.
④ 투수성 반응벽은 오염된 지하수를 복원하기 위해 반응기질로 채워진 지중벽체이다.

풀이 PRB는 오염물을 처리지대로 이동시키는 자연유하에 의존하여, 운영·유지비가 대부분의 저감 기법들보다 경제적이다.

72 투수성 반응벽체(PRB)의 공정원리에 관한 설명으로 틀린 것은?

① PRB는 원위치 오염 방지 구조물이다.
② PRB 지중에 위치시킨 반응기질과 하향류의 오염원과 오염운으로 구성되어 있다.
③ PRB 산성광산폐수에서 방사성동위원소까지 오염된 지하수에도 포괄적으로 적용된다.
④ PRB 오염지역 밖으로 지하수의 이동을 방지하므로 처리비용 측면에서도 효율적이다.

풀이 용존성의 오염물질은 주변 지하수 흐름에 의해 PRB로 이동되며 반응물질이 충진된 벽체를 통과하면서 처리된다.

73 다음 중 미생물 분해를 목적으로 하는 부분반응벽 시스템(Funnel-and-gate System)에 가장 적합한 투수성 벽체 재료는?

① 0가 철
② Alum
③ 굴 껍질
④ 자갈

74 투수성 반응벽에서 영가철(Fe^0)을 사용하여 TCE, PCE 등과 같은 염화 유기화합물을 제거하는 경우에 작용하는 반응기작으로 가장 적절한 것은?

① $Fe^0 + RCl + Cl^- + 2H^- \rightarrow Fe^{2+} + RH + _2H^+ + 2Cl^-$
② $Fe^0 + RCl + 2OH^- \rightarrow Fe^{2+} + RH_2 + 2Cl^- + O^{2-}$
③ $Fe^0 + RCl + OH^- \rightarrow Fe^{2+} + 2RH + Cl^- + O^{2-}$
④ $Fe^0 + RCl + H^- \rightarrow Fe^{2+} + RH + Cl^-$

75 수리전도도가 불량하고 과잉 압밀된 오염지반에 압축공기를 주입하여 여타 지중정화기술 적용 시 오염물처리 및 추출효율을 증대시키는 방법은?

① Pneumatic Fracturing
② Co-Metabolic
③ Precipiation
④ Direction Wall

76 생물학적 복원공법을 적용하여 오염토양을 처리하고자 할 때 필요한 중요 환경조절인자와 가장 거리가 먼 것은?

① 전자수용체
② pH
③ 토양밀도
④ 영양물질

풀이 생물학적 처리에 필요한 환경조절인자
  ㉠ 전자수용체
  ㉡ pH
  ㉢ 영양물질
  ㉣ 미생물
  ㉤ 온도
  ㉥ 토양수분
  ㉦ 산화환원전위
  ㉧ 독성물질

77 생물학적 복원기법에서 호기성 조건을 위하여 산소를 주입하게 되는데 적정한 산소주입 방법이 아닌 것은?

① 대기 중의 공기 주입
② 압축산소 주입
③ 과산화질소(N_2O_2) 주입
④ 과산화수소(H_2O_2) 주입

78 유기화학물질의 생분해능은 화합물의 분자구조에 크게 의존한다. 다음 조건 중 대상 오염물질이 난분해성 경향을 갖게 하는 것은?

① 할로겐화된 화합물
② 가지구조가 작은 화합물
③ 물에 대한 용해도가 높은 화합물
④ 원자의 전하차가 작은 화합물

정답 72 ④ 73 ③ 74 ④ 75 ① 76 ③ 77 ③ 78 ①

풀이 유기화학물질의 난분해성 조건
  ㉠ 할로겐화된 화합물
  ㉡ 분자 내에 많은 수의 할로겐원소(Br, Cl)를 함유하는 화합물
  ㉢ 가지구조가 많은 화합물
  ㉣ 물에 대하여 용해도가 낮은 화합물
  ㉤ 원자의 전하차가 큰 화합물

79 원위치(In-Situ) 생물학적 분해법을 적용하는 경우, 주입정으로 지하수를 주입하기 전에 소량의 과산화수소를 첨가하는 경우가 있다. 주입되는 지하수에 과산화수소를 첨가하는 이유로 가장 적절한 것은?

① 지하수의 용존산소 농도를 증가시키기 위해
② 오염물에 대한 지하수의 용해도를 높이기 위해
③ 자유상의 오염물을 에멀전(Emulsion)상으로 변환하여 이동을 쉽게하기 위해
④ 생물학적 분해산물로 발생하는 공극막힘(Clogging) 현상을 방지하기 위해

80 다음 미생물 중 석탄광의 개발로 인해 형성된 산성광산 배수 처리에 가장 많은 영향을 미치는 것은?

① Pseudomonas sp.
② Sagittaria sp.
③ Thiobacillus Ferrooxidansv
④ Flavobacterium sp.

81 6가 크롬으로 오염된 토양의 생물학적 복원과정(환원처리조 적용)에 대해 잘못 설명한 것은?

① 6가 크롬은 물에 용해되기 어려우므로 우선 포기조로 산화시킨다.
② 양분분과 세균을 환원처리조에 첨가한다.
③ 환원처리조에서 세균의 호흡에 의해 산소가 소실되면 6가 크롬의 환원이 시작된다.
④ 분리조로부터 수산화크롬이 분리된다.

풀이 6가 크롬이 물에 쉽게 용해되는 성질을 이용해 슬러리상으로 하여 환원처리조에서 처리한다.

82 다음 중 미생물에 의한 호흡과정에서 같은 양이 사용되는 경우 전자수용체로서 가장 효율이 높은 물질은?

① 과산화수소
② 공기로 포화된 물
③ 산소로 포함된 물
④ 질산염이 다량 함유된 물

83 유기독성물질의 미생물 분해반응은?

① 이온교환   ② 침전
③ 분할   ④ 용해

풀이 유기독성물질의 미생물 반응
  ㉠ 가수분해반응
  ㉡ 탈염소반응
  ㉢ 분할반응
  ㉣ 산화반응
  ㉤ 환원반응
  ㉥ 탈수소할로겐화반응

84 유기 독성물질은 미생물 반응에 의해 분해된다. 이와 관련된 주요 생분해 반응으로 탈염소반응, 가수분해반응, 분할반응, 탈수소할로겐화반응 등이 있다. 반응명과 반응식이 잘못 연결된 것은?

① 탈염소반응 : $CCl_4 + HCCl_3 \rightarrow H_2Cl_2$
② 가수분해반응 : $RX + H_2O \rightarrow ROH + H^+ + X^-$
③ 분할반응 : $RCH_3 \rightarrow RH_2OH + RCHO$
④ 탈수소할로겐화반응 : $CCl_3CH_3 \rightarrow CCl_2CH_2 + HCl$

풀이 분할반응
  유기화합물 내의 탄소-탄소 간의 결합이 분할되거나 탄소사슬이 끝단에 있는 탄소가 떨어져 나가는 반응이다.
  반응식 : $RCOOH \rightarrow RH + CO_2$

85 오염물질의 생분해에 관한 설명으로 틀린 것은?

① Persistence(생분해지속도)가 크다는 것은 생분해가 잘 된다는 것을 뜻한다.

② 물질의 생분해는 물질의 구조에 따라 다르게 나타난다.

③ 할로겐화합물의 할로겐 원소 수가 커질수록 생분해지속도는 증가한다.

④ 공동대사는 미생물이 특정 오염물질을 직접적으로 분해할 수 없지만 제2의 물질을 분해하는 과정에서 형성된 효소를 이용하여 분해하는 프로세스이다.

풀이 생분해지속도가 크다는 것은 생분해가 잘 안 된다는 의미이다.

86 바이오벤팅(Bioventing)의 설계인자에 관한 내용으로 틀린 것은?

① 대상오염물 : 생분해 가능한 유기물질

② 공기투과계수 : 1×10^{-4}cm/sec 이상

③ 최적토양수분 : 포장용수량의 25% 이상

④ 추출정의 위치 : 오염지역 외곽

풀이 SVE와 Bioventing의 비교

설계 인자		SVE	Bioventing
오염물질의 특징	대상 오염물질의 종류	휘발성 유기물질 (상온상태)	생분해 가능한 유기물질
	증기압	100mmHg 이상	–
	헨리상수	0.01 이상	–
	물에 대한 용해도	100mg/L 이하	–
	토양 내 농도	1mg/kg 이상	1% 이하
오염부지의 특성	지하수면까지 깊이	6m 이상	–
	공기투과계수	1×10^{-4}cm/sec 이상	1.0×10^{-4}cm/sec 이상
설계 및 운전 인자	추출정의 위치	오염지역 내	오염지역 외부
	운전 Mode	토양가스 교환율을 최대로 운전 (Mass Flux이 최대화)	토양 내의 체류시간 최대화 및 호기성 상태에서 운전 시행함

설계 인자		SVE	Bioventing
설계 및 운전 인자	공기공급량	$46 \sim 500$L/sec (상대적으로 많은 양의 공기공급)	$4.6 \sim 23$L/sec
	토양공극 대비 공기공급량 (공극체적/day)	$1 \sim 15$	$0.1 \sim 0.5$
	최적 토양 수분	포장용수량의 25%	포장용수량의 75%
	영양물질	–	C : M : P= 100 : 10 : 1
	토양공기의 산소농도	–	2vol% 이상

87 토양증기추출(SVE)과 Bioventing에 대한 설명으로 가장 적절한 것은?

① 토양증기추출법 적용 시 오염물의 헨리상수(무차원)는 0.01 이상일 때 적합하다.

② 두 방법 모두 오염부지의 공기투과계수가 1×10^{-7}cm/sec 이상일 때 적합하다.

③ 최적 토양수분은 토양증기추출은 포장용수량의 85%, Bioventing은 포장용수량의 15% 정도가 적합하다.

풀이 문제 86번 풀이 참조

88 토양증기추출법(SVE)과 Bioventing(BV)을 상호 비교한 것이다. 다음 중 설명이 잘못된 것은?

① SVE은 상대적으로 많은 양의 공기가 공급되어야 한다.

② 현장부지의 공기투과 계수는 두 기술 모두 1×10^{-4}cm/s 이상이면 적절한 수준이다.

③ BV기술의 최적운전을 위해서는 포장용수량의 75% 정도의 토양수분이 함유되는 것이 좋다.

④ 추출효율을 높이기 위해 SVE는 주로 오염지역 외곽에, BV는 오염지역 내에 추출정을 설치한다.

풀이 추출효율을 높이기 위해 SVE는 주로 오염지역 내에, BV는 오염지역 외곽에 추출정을 설치한다.

89 토양증기추출과 비교하여 Bioventing의 장점이라 볼 수 없는 것은?

① 추가적인 영양염류의 공급이 필요 없음
② 장치가 간단하고 설치가 용이함
③ 배출가스 처리의 추가비용이 없음
④ 적용부지의 범위가 넓음

풀이 Bioventing과 SVE의 장단점 비교

	Bioventing
장점	• 장치 간단, 설치 용이함 • 적용부지의 범위가 넓음(휘발성 물질 이외의 준휘발성 물질도 처리되므로 보다 광범위한 종류의 오염물질) • 처리시간이 짧음(최적조건에서 6개월~2년) • 처리비용이 적게 소요됨 • 공기분사, 지하수추출법 등 다른 처리 장치와의 결합이 용이함 • 추출증기에 대한 후처리공정인 배출가스 처리의 추가 비용이 없음 • 유기화합물의 추출 및 생분해가 동시 가능
단점	• 초기 고오염농도, 오염농도에 의하여 미생물의 활동에 독성을 미침 • 특정현장조건(저투수성 및 점성토양)에 적용하기 어려움 • 항상 높은 제거효율을 얻기 어려움 • 추가적인 영양염류의 공급이 필요 • 단기 불포화층에만 적용이 가능함 • 오염물질 주변의 공기 및 물의 이동에 의해 오염물질이 확산될 수 있음

	SVE
장점	• 필요한 기계장치의 단순·간단함 • 유지 및 관리비가 적게 소요 • 일반적으로 많이 사용되는 장치 및 재료로 충분함 • 단시간 내에 설치 가능함 • 결과를 바로 알 수 있음 • 다른 시약이 필요 없음 • 영구적 재생이 가능함 • 굴착 필요 없음
단점	• 저증기압 오염물질은 제거효율이 낮음 • 토양의 침투성이 좋고 균일성이 있어야 하며 토양층이 치밀하여 기체흐름이 어려운 곳에서는 적용하기 어려움 • 추출된 증기(기체)는 후처리장치인 대기오염 방지시설이 필요함 • 오염물질의 독성은 변화가 없음(잔존) • 지반구조의 복잡성으로 인하여 총 처리(복원) 시간을 예측하기 어려움

90 바이오벤팅(Bioventing)에 관한 설명으로 틀린 것은?

① 진공압이 높을수록 영향반경이 크고 처리시간이 단축된다.
② 진공 정도가 낮을수록 시설비용 및 유지비용이 낮아지고 보다 균일한 처리가 가능하다.
③ 오염물질 확산의 잠재적인 위험을 막기 위해 오염부지 주변에 대한 면밀한 모니터링이 요구된다.
④ 현장 지반구조 및 오염물 분포에 따른 처리시간의 변동이 적다.

풀이 현장 지반구조 및 오염물 분포에 따른 처리기간의 변동이 심하다.

91 Bioventing 공법의 영향인자에 관한 설명으로 틀린 것은?

① 일반적으로 사질토일 경우에 적절히 적용된다.
② 오염물 제거 깊이는 3~10m 범위이다.
③ 일반적으로 최적 pH 범위는 약 6~8 정도이다.
④ 균일한 처리가 가능하고 오염물질 확산의 우려가 없다.

풀이 단지 불포층에만 적용이 가능하고 오염물질 주변의 공기밀물의 이동에 의해 오염물질이 확산될 수 있다.

92 바이오벤팅(Bioventing)기법 적용 시의 영향인자에 관한 설명과 가장 거리가 먼 것은?

① 오염물질 특성 : 적용되는 오염물질은 휘발성 및 생분해성을 가지고 있어야 한다.
② 토양의 투수성 : 공기를 토양 내에 강제 순환시킬 때 매우 중요한 영향 인자이다.
③ 오염부지의 지표면적 및 깊이 : 토양의 생분해도 측정에 매우 중요한 요소이다.
④ 토양 함수율 : 공기흐름 속도는 공기가 채워진 토양 공극률에 비례한다.

풀이 오염부지의 지표면적 및 깊이는 공정의 비용을 평가함에 있어 중요한 요소이다.

93 다음 중 Bioventing 공법의 적용이 바람직한 오염토양의 조건은?

① 불포화 토양층 오염, 공기투과계수 1×10^{-4} cm/s 이하
② 포화 토양층 오염, 공기투과계수 1×10^{-4} cm/s 이하
③ 불포화 토양층 오염, 공기투과계수 1×10^{-4} cm/s 이상
④ 포화 토양층 오염, 공기투과계수 1×10^{-4} cm/s 이상

94 Land Farming의 제한 요소로 틀린 것은?

① 중금속 이온은 미생물에 독성으로 작용할 수 있다.
② 휘발성 유기물질의 농도는 휘발보다 생분해에 의해 감소한다.
③ 많은 공간이 필요하다.
④ 입자상 물질은 먼지가 될 수 있으므로 지속적으로 측정해야 한다.

풀이 휘발성 유기물질의 농도는 생분해보다 휘발에 의해 감소한다.

95 굴착된 오염토양을 생물반응기에 넣고 오염물질과 미생물 등이 일정 용기에서 접촉함으로써 처리되는 기술인 슬러리상 처리(Slurry-Phase Treatment) 기술에 대한 설명 중 틀린 것은?

① 오염토양을 짧은 시간 내에 처리하고자 하는 경우에 적용한다.
② 처리된 슬러지는 탈수과정 없이 토양으로 환원시켜 생분해능을 유지시킨다.
③ 비할로겐 휘발성 물질을 처리하는 데 효과적이다.
④ 반응기에 넣기 전에 토양을 선별하여야 한다.

풀이 처리된 슬러지는 탈수과정을 거쳐 토양으로 환원시키거나 재사용한다.

96 Biosparging 복원기술에 대한 설명 중 틀린 것은?

① 공기를 지하수면 아래에 주입하여 휘발성 유기오염물질을 불포화 토양층으로 이동시켜 생분해시킨다.
② 지층의 구조가 불균질인 경우 특히 층상구조를 이룰 때 유리하다.
③ 수리전도도가 너무 크면 오염물질의 확산 우려가 있다.
④ 불포화 토양층 내에서의 유량은 충분한 체류시간을 갖도록 해야 한다.

풀이 층상구조가 발달된 지역에서는 오염물질이 확산될 우려가 있다.

97 다음 Biosparging에 대한 설명 중 맞는 것은?

① Biosparging은 공기를 불포화 투수층 아래, 즉 지하수면 위에서 주입한다.
② 대상부지의 지층은 층상구조를 이루어 수평방형의 수리전도도가 클수록 효과적이다.
③ Bioventing 기술과 달리 토양 내에서 긴 체류시간이 필요 없으므로 유량은 클수록 효과적이다.
④ Biosparging의 공기주입의 목적은 산소공급과 휘발성 유기오염물질의 불포화 토양층의 이동이다.

풀이 ① Biosparging은 공기를 지하수면 아래의 포화대로 주입한다.
② 층상구조가 발달한 지역에서는 오염물질이 확산될 우려가 있다.
③ 불포화 토양층 내에서의 유량은 충분한 체류시간을 갖도록 해야 한다.

98 White Rot Fungs 기술의 제약조건과 가장 거리가 먼 것은?

① 박테리아 수 　② 화학적 흡착
③ 중간물질 형성 　④ 독성물질

풀이 적용제약조건
㉠ 박테리아 수
㉡ 토양, 침전물, 슬러지에 포함된 고농도의 TNT

정답 93 ③ 94 ② 95 ② 96 ② 97 ④ 98 ③

ⓒ 독성물질
ⓔ 화학적 흡착

99 식물정화법의 대표적 처리 기작에 대한 설명으로 틀린 것은?

① Phytodegradation : 식물이 독성물질을 분해하는 효소를 분비하여 오염물질을 무독성으로 전환시켜 처리함

② Phytomobilization : 식물의 뿌리가 오염물질의 이동을 위한 공간을 만들어 토양공기와의 반응성을 향상시켜 처리함

③ Phytoextraction : 식물조직이 무기오염물질을 체내에 흡수하여 축적함으로써 오염물질을 제거함

④ Phytostabilization : 금속과 같은 오염물질이 용존 상태에서 침전되거나 식물뿌리 또는 주변 토양에 흡착되어 안정화됨

풀이 식물안정화(Phytomobilizaiton)는 오염물질이 식물 뿌리 주변에 비활성의 상태로 축적되거나 식물체에 의하여 이동이 차단되는 원리를 이용하며, 뿌리 주변 토양의 pH 변화에 의하여 중금속의 산화도가 바뀌어져서 불용성의 상태로 되는 원리에 기초한다.

100 다음 효소 중 식물에 의한 분해(Phytodegradation)과정에서 제초제 분해에 주로 관계되는 것은?

① Dehalogenase   ② Laccase
③ Peroxidase   ④ Nitrilase

풀이 식물에 의해 유도되는 효소계

구분	분해되는 오염물
Dehalogenase	염소화 유기용매(TCE), 에틸렌 함유화합물(Hexachloroethane)
Laccase	탄약폐기물, Aminotoluene
Nitroreductase	탄약폐기물(TNT, RDX)
Nitrilase	제초제
Peroxidase	페놀
Phosphatase	살충제(유기인계)

101 식물정화에 중요한 역할을 하는 효소에 대해 잘못 짝지어진 것은?

① Nitroreductase – TNT 분해
② Dehalogenase – TCE 분해
③ Peroxidase – 페놀 분해
④ Laccase – 제초제 분해

풀이 문제 100번 풀이 참조

102 다음 중 식물정화법의 장점이라 볼 수 없는 것은?

① 비용이 적게 든다.
② 다양한 오염물질에 적용 가능하다.
③ 다른 방법에 비해 효과가 빠르다.
④ 넓은 부지의 오염지역에 적용이 가능하다.

풀이 식물정화법은 다른 방법에 비해 효과가 느리다.

103 토양이나 지하수를 정화하는 기술인 식물정화법 중 식물에 의한 추출을 효과적으로 이룰 수 있는 대표 식물종과 가장 거리가 먼 것은?(단, 중금속 기준)

① 앵무새털풀   ② 해바라기
③ 인도겨자   ④ 보리

풀이 식물정화법의 비교

처리 기작	오염 물질	대표적 식물	오염매체
식물 추출	• 중금속 • 방사성 물질	• 해바라기, 인도겨자 • 보리, 민들레	토양 슬러지 퇴적층
식물 분해	• 방향족 탄화수소 • 할로겐화 방향족 탄화수소 • 할로겐 방향족 탄화수소	• 포플러나무, 사시나무 • 버드나무, 볏과식물 • 앵무새털풀	토양, 퇴적층 슬러지 지하수 · 지표수

처리기작	오염 물질	대표적 식물	오염매체
식물안정화	• 중금속 • 방향족 탄화수소 • 할로겐 방향족 탄화수소	• 포플러나무, 사시나무 • 버드나무 • 뿌리가 발달된 초본류	토양 슬러지 퇴적층
근권분해	• 유기화합물 (TPH, PAH, 살충제, PCB)	• 습지 식물, 뽕나무 • 잡종포플러, 벼 • 초본류	토양, 퇴적층 슬러지 지하수

104 식물정화의 처리원리가 '식물에 의한 추출'인 경우, 중금속, 방사성 물질을 효과적으로 처리할 수 있는 대표 식물종으로 가장 알맞은 것은?

① 포플러나무 ② 자주개나리
③ 해바라기 ④ 버드나무

풀이 문제 103번 풀이 참조

105 매립지에서 지하수나 지표수를 오염매체로 하는 침출수 처리를 위해 적용할 수 있는 식물로 가장 적절한 것은?

① 호밀 ② 포플러나무
③ 해바라기 ④ 미루나무

106 식물정화법(Phytoremediation)에 대한 다음 설명 중 가장 부적합한 것은?

① 식물정화법 중에서 식물에 의한 추출(Phyto-extraction)법은 주로 중금속이나 방사능물질의 제거에 사용된다.
② 해바라기와 인도겨자는 식물에 의한 추출법으로 주로 사용되는 대표적 식물이다.
③ 탄약폐기물의 주성분인 TNT는 주로 식물에 의한 안정화(Phytostabilization)법에 의해 처리된다.
④ 버드나무와 포플러나무는 식물에 의한 분해(Phytodegradtion)법으로 효과가 좋은 식물이다.

풀이 탄약폐기물의 주성분인 TNT는 주로 식물에 의한 분해(Phytodegradtion)법을 적용한다.

107 매립지 최종 복토층의 가스배제층 설치에 따른 이점으로 틀린 것은?

① 상부 식생대층의 식물 및 미생물에 대한 독성 영향을 저감시킨다.
② 가스압에 의한 차수층의 균열발생의 위험성을 감소시킨다.
③ 매립가스를 포집하여 에너지원으로 사용할 수 있다.
④ 이산화탄소 등의 매립가스를 지속적으로 대기 중으로 배출하여 신속한 매립지의 안정화를 기한다.

풀이 온실효과의 원인이 되는 CH_4 및 CO_2의 대기 중 배출량을 저감시킨다.

108 열탈착 기술에서 오염물질의 특성에 따른 탈착속도에 대하여 틀리게 설명한 것은?

① 유기물질의 분자량이 클수록 탈착속도가 느리다.
② 오염기간이 길수록 탈착속도가 빠르다.
③ 유기물질의 휘발성이 낮을수록 탈착속도가 느리다.
④ 비공극성 입자의 경우 탈착속도는 초기에 크고 빠르게 일어난다.

풀이 오염기간이 짧을수록 탈착속도가 빠르다. 즉, 오염기간이 긴 오염매체일수록 탈착이 어렵다.

109 오염토양의 열처리 기술 중 열탈착 기술에 대한 설명으로 알맞지 않은 것은?

① 열탈착 기술로 처리하는 동안 생성되는 다이옥신류 및 퓨란은 응축 회수가 가능하다.
② 열탈착 기술은 토양으로부터 검출한계 이하로 휘발성 유기화합물의 제거가 가능하다.

③ 열탈착 기술은 소각공정에 비하여 가스량이 상대적으로 적게 발생된다.

④ 열탈착 기술은 다양한 수분함량과 오염농도를 가진 여러 종류의 토양에 적용이 가능하다.

> **풀이** 열탈착 기술은 오염토양을 처리하는 동안 다이옥신과 퓨란을 생성하지 않는다.

110 고온열탈착 공법에 관한 내용과 거리가 먼 것은?

① 주된 처리대상오염물질은 준휘발성유기물질, PCBs, 살충제 등이다.

② 점토와 실트질 토양, 높은 유기물을 함유한 토양은 오염물질과의 결합으로 반응시간을 증가시킨다.

③ 적절한 토양함수비를 맞추기 위한 가수분해과정이 필요하다.

④ 방사능물질이나 독성물질로 오염된 토양으로부터 오염물질을 분리하는 데 적용할 수 있다.

> **풀이** 물리적인 분리공정으로 유기물질은 분해하지 못하며 반응기의 온도, 체류시간에 따라 오염물질은 휘발되지만 산화되지는 않는다.

111 열탈착 기술에 사용되는 장치와 가장 거리가 먼 것은?

① 로터리탈착장치 ② 열스크루장치
③ 자외선탈착장치 ④ 스팀주입탈착장치

> **풀이** 토양 열처리 프로세스 종류
> ㉠ 로터리탈착장치(Rotary Desorber)
> ㉡ 열스크루장치(Heated Screws)
> ㉢ 유동상 탈착장치(Fluidized Bed Desorber)
> ㉣ 마이크로파 탈착장치(Microwave Heated Desorber)
> ㉤ 스팀주입탈착장치(Steam Injection)

112 열탈착에 대한 설명으로 적절하지 않은 것은?

① 비공극성 입자의 경우 탈착속도는 초기에 크고 빠르게 일어난다.

② 유기물질의 휘발성이 작을수록 탈착되는 속도가 느리다.

③ 대개 유기물질의 분자량이 클수록 탈착되는 속도가 빠르다.

④ 오염시간이 긴 오염매체일수록 탈착이 어렵다.

> **풀이** 대개 유기물질의 분자량이 클수록 탈착되는 속도가 느리다.

113 열탈착 기술에서 오염물질의 특성에 따른 탈착 속도에 대하여 틀리게 설명한 것은?

① 유기물질의 분자량이 클수록 탈착속도가 느리다.

② 토양층이 깊어질수록 탈착속도는 감소한다.

③ 유기물질의 휘발성이 작을수록 탈착속도가 빠르다.

④ 비공극성 입자의 경우 탈착속도는 초기에 크고 빠르게 일어난다.

> **풀이** 유기물질의 휘발성이 낮을수록 탈착속도가 느리다.

114 저온 열탈착법(Low Temperature Thermal Desorption)의 장단점으로 틀린 것은?

① 무기물질 및 방사성 물질을 제외한 대부분의 석유계 화합물의 처리에 유용하다.

② 카드뮴이나 수은 등을 비롯한 거의 모든 중금속 정화에 효과가 탁월하다.

③ 다른 정화기술에 비해 높은 에너지 비용이 소요되어 경제성이 낮다.

④ 수분함량이 높거나 점토 및 휴믹산 등을 높게 함유한 토양의 경우 반응시간이 길어지고 처리비용이 증가한다.

> **풀이** 저온 열탈착법은 휘발성 유기물질 및 유류 오염물질의 적용에 효율적이다.

115 토양의 열처리 기술 중 열스크루 공정에 대한 설명 중 틀린 것은?

① 열스크루 장치는 장치 용적에 비해 열전달 표면적이 비교적 작다.

② 열스크루 공정의 열전달 유체는 직접연소 또는 전기적 장치에 의해서 가열된다.

③ 열스크루 공정은 고형물의 온도가 최대 허용 가능한 열전달 유체의 온도에 의해 제한된다.

④ 열스크루 장치는 같은 용량의 장치에 비해 장치가 작고, 열전달효율이 높다.

풀이 열스크루 장치는 장치 용적에 비해 열전달 표면적이 비교적 크다.

ENGINEER SOIL ENVIRONMENT

PART 04

토양 및 지하수 환경관계법규

001 토양환경보전법

제1장 총칙

♂ 제1조(목적)

이 법은 토양오염으로 인한 국민건강 및 환경상의 위해(危害)를 예방하고, 오염된 토양을 정화하는 등 토양을 적정하게 관리 · 보전함으로써 토양생태계를 보전하고, 자원으로서의 토양가치를 높이며, 모든 국민이 건강하고 쾌적한 삶을 누릴 수 있게 함을 목적으로 한다.

♂ 제2조(정의) *중요내용

1. "토양오염"이란 사업활동이나 그 밖의 사람의 활동에 의하여 토양이 오염되는 것으로서 사람의 건강 · 재산이나 환경에 피해를 주는 상태를 말한다.
2. "토양오염물질"이란 토양오염의 원인이 되는 물질로서 기후에너지환경부령으로 정하는 것을 말한다.
3. "토양오염관리대상시설"이란 토양오염물질의 생산 · 운반 · 저장 · 취급 · 가공 또는 처리 등으로 토양을 오염시킬 우려가 있는 시설 · 장치 · 건물 · 구축물(構築物) 및 그 밖에 기후에너지환경부령으로 정하는 것을 말한다.
4. "특정토양오염관리대상시설"이란 토양을 현저하게 오염시킬 우려가 있는 토양오염관리대상시설로서 기후에너지환경부령으로 정하는 것을 말한다.
5. "토양정화"란 생물학적 또는 물리적 · 화학적 처리 등의 방법으로 토양 중의 오염물질을 감소 · 제거하거나 토양 중의 오염물질에 의한 위해를 완화하는 것을 말한다.
6. "토양정밀조사"란 제4조의2에 따른 우려기준을 넘거나 넘을 가능성이 크다고 판단되는 지역에 대하여 오염물질의 종류, 오염의 정도 및 범위 등을 기후에너지환경부령으로 정하는 바에 따라 조사하는 것을 말한다.
7. "토양정화업"이란 토양정화를 수행하는 업(業)을 말한다.[대통령령]

♂ 제3조(적용 제외)

① 이 법은 방사성물질에 의한 토양오염 및 그 방지에 관하여는 적용하지 아니한다.
② 오염된 농지를 「농지법」에 따른 토양의 개량사업으로 정화하는 경우에는 적용하지 아니한다.

♂ 제4조(토양보전기본계획의 수립 등) *중요내용

① 기후에너지환경부장관은 토양보전을 위하여 10년마다 토양보전에 관한 기본계획(이하 "기본계획"이라 한다)을 수립 · 시행하여야 한다.

② 기후에너지환경부장관은 기본계획을 수립할 때에는 관계 중앙행정기관의 장과 협의하여야 한다.

③ 기본계획에는 다음 각 호의 사항이 포함되어야 한다.

　1. 토양보전에 관한 시책방향

　2. 토양오염의 현황, 진행상황 및 장래예측

　3. 토양오염의 방지에 관한 사항

　4. 토양정화 및 정화된 토양의 이용에 관한 사항

　5. 토양정화와 관련된 기술의 개발 및 관련 산업의 육성에 관한 사항

　6. 토양정화를 위한 기술인력의 교육 및 양성에 관한 사항

　7. 그 밖에 토양보전에 필요한 사항

④ 특별시장·광역시장·특별자치시장·도지사·특별자치도지사(이하 "시·도지사"라 한다)는 기본계획에 따라 관할구역의 지역 토양보전계획(이하 "지역계획"이라 한다)을 수립하여 기후에너지환경부장관과 관계 중앙행정기관의 장에게 제출하여야 한다. 지역계획을 변경할 때에도 또한 같다.

⑤ 시·도지사가 지역계획을 수립하거나 변경하고자 할 때에는 기후에너지환경부장관과 협의하여야 한다.

⑥ 기본계획 및 지역계획의 수립방법, 수립절차와 그 밖에 필요한 사항은 대통령령으로 정한다.

♂ 제4조의2(토양오염의 우려기준)

사람의 건강·재산이나 동물·식물의 생육에 지장을 줄 우려가 있는 토양오염의 기준(이하 "우려기준"이라 한다)은 기후에너지환경부령으로 정한다.

♂ 제4조의3(정보시스템 구축·운영)

① 기후에너지환경부장관은 다음 각 호의 정보에 국민이 쉽게 접근할 수 있도록 정보시스템을 구축·운영하여야 한다.

　1. 토양오염관리대상시설 등 조사 결과

　1의2. 토양오염 이력정보

　2. 상시측정, 토양오염실태조사, 토양정밀조사 결과

　3. 토양 관련 전문기관 지정현황

　4. 토양정화업 등록현황

　5. 특정토양오염관리대상시설 설치현황 등

　6. 그 밖에 기후에너지환경부령으로 정하는 정보

② 정보시스템의 구축·운영 등에 필요한 사항은 기후에너지환경부장관이 정한다.

♂ 제4조의4(토양오염관리대상시설 등 조사)

① 기후에너지환경부장관은 기본계획과 지역계획, 표토 침식 방지 및 복원대책, 토양보전대책지역에 관한 계획을 합리적으로 수립 또는 승인하거나 토양오염도 측정을 효율적으

로 수행하기 위하여 토양오염관리대상시설의 분포현황 및 토양정밀조사, 오염토양의 정화 또는 오염토양 개선사업의 실시현황을 정기적으로 조사(이하 이 조에서 "토양오염관리대상시설 등 조사"라 한다)하여야 한다.

② 기후에너지환경부장관은 토양오염관리대상시설 등 조사를 위하여 관계 기관의 장에게 필요한 자료의 제출을 요청할 수 있다. 이 경우 요청을 받은 관계 기관의 장은 특별한 사유가 없으면 그 요청에 따라야 한다.

③ 토양오염관리대상시설 등 조사의 방법, 대상, 절차 등에 필요한 사항은 기후에너지환경부령으로 정한다.

♂ 제4조의5(토양오염 이력정보의 작성 · 관리)

기후에너지환경부장관은 토양오염이 발생하였거나 상시측정, 토양오염 실태조사, 토양정밀조사를 실시한 토지에 대하여 토지의 용도, 토양오염관리대상시설의 설치현황, 오염 정도, 정화조치 여부 등 토양오염 이력정보를 작성하여 관리하여야 한다.

♂ 제5조(토양오염도 측정 등) ★중요내용

① 기후에너지환경부장관은 전국적인 토양오염 실태를 파악하기 위하여 측정망(測定網)을 설치하고, 토양오염도(土壤汚染度)를 상시측정(常時測定)하여야 한다.

② 시 · 도지사 또는 시장 · 군수 · 구청장(자치구의 구청장을 말한다. 이하 같다)은 관할구역 중 토양오염이 우려되는 해당 지역에 대하여 토양오염실태를 조사(이하 "토양오염실태조사"라 한다)하여야 한다. 이 경우 시장 · 군수 · 구청장은 기후에너지환경부령으로 정하는 바에 따라 토양오염실태조사의 결과를 시 · 도지사에게 보고하여야 하며, 시 · 도지사는 기후에너지환경부령으로 정하는 바에 따라 그가 실시한 토양오염실태조사의 결과와 시장 · 군수 · 구청장이 보고한 토양오염실태조사의 결과를 기후에너지환경부장관에게 보고하여야 한다.

③ 측정망의 설치기준과 토양오염실태조사의 대상 지역 선정기준, 조사 방법 및 절차와 그 밖에 필요한 사항은 기후에너지환경부령으로 정한다.

④ 기후에너지환경부장관, 시 · 도지사 또는 시장 · 군수 · 구청장은 토양보전을 위하여 필요하다고 인정하면 다음 각 호의 어느 하나에 해당하는 지역에 대하여 토양정밀조사를 할 수 있다.

1. 상시측정(이하 "상시측정"이라 한다)의 결과 우려기준을 넘는 지역
2. 토양오염실태조사의 결과 우려기준을 넘는 지역
3. 다음 각 목의 어느 하나에 해당하는 지역으로서 기후에너지환경부장관, 시 · 도지사 또는 시장 · 군수 · 구청장이 우려기준을 넘을 가능성이 크다고 인정하는 지역
   가. 토양오염사고가 발생한 지역
   나. 「산업입지 및 개발에 관한 법률」에 따른 산업단지(농공단지는 제외한다)
   다. 「광산피해의 방지 및 복구에 관한 법률」에 따른 폐광산(廢鑛山)의 주변지역

라. 「폐기물관리법」 제2조 제8호에 따른 폐기물처리시설 중 매립시설과 그 주변지역
마. 그 밖에 기후에너지환경부령으로 정하는 지역
⑤ 상시측정, 토양오염실태조사 및 제4항에 따른 토양정밀조사의 결과는 공개하여야 한다.

♂ 제6조(측정망설치계획의 결정·고시) *중요내용

기후에너지환경부장관은 측정망의 위치·구역 등을 구체적으로 밝힌 측정망설치계획을 결정하여 고시하고, 누구든지 그 도면을 열람할 수 있게 하여야 한다. 측정망설치계획을 변경하였을 때에도 또한 같다.

♂ 제6조의2(표토의 침식 현황 조사)

① 기후에너지환경부장관은 표토(表土)의 침식(浸蝕)으로 인한 토양환경의 실태를 파악하기 위하여 다음 각 호의 어느 하나에 해당하는 지역에 대하여 표토의 침식 현황 및 정도에 대한 조사를 할 수 있다.
 1. 「수도법」에 따라 지정·공고된 상수원보호구역
 2. 「한강수계 상수원수질개선 및 주민지원 등에 관한 법률」, 「낙동강수계 물관리 및 주민지원 등에 관한 법률」, 「금강수계 물관리 및 주민지원 등에 관한 법률」 및 「영산강·섬진강수계 물관리 및 주민지원 등에 관한 법률」에 따라 각각 지정·고시된 수변구역
② 기후에너지환경부장관은 표토의 침식 정도가 기후에너지환경부령으로 정하는 기준을 초과하는 경우에는 이에 대한 대책을 수립하여 시행하여야 한다.
③ 조사의 절차와 방법 등에 관하여 필요한 사항은 기후에너지환경부령으로 정한다.

♂ 제6조의3(국유재산 등에 대한 토양정화)

① 기후에너지환경부장관은 다음 각 호의 어느 하나에 해당하는 경우에는 토양오염의 확산을 방지하기 위하여 토양정밀조사를 한 후 토양정화를 할 수 있다. 이 경우 이미 토양정밀조사가 실시되었을 경우에는 토양정밀조사를 생략할 수 있다.
 1. 「국유재산법」에 따른 국유재산으로 인하여 우려기준을 넘는 토양오염이 발생하여 토양정화가 필요한 경우로서 국가가 정화책임자(정화책임자. 이하 "정화책임자"라 한다)인 경우
 2. 토양정화를 하는 경우로서 긴급한 토양정화가 필요하다고 시·도지사 또는 시장·군수·구청장이 요청하는 경우
 3. 오염토양 개선사업을 하는 경우로서 긴급한 토양정화가 필요하다고 특별자치시장·특별자치도지사·시장·군수·구청장이 요청하는 경우
② 기후에너지환경부장관은 토양정화를 하려는 경우 같은 항 제1호의 경우에는 그 중앙관서의 장과, 같은 항 제2호 및 제3호의 경우에는 시·도지사 또는 시장·군수·구청장 및 정화책임자와 토양정화의 시기, 면적 및 비용 등에 관하여 미리 협의하여야 한다. 이 경우 정화 등에 소요되는 비용은 기후에너지환경부령으로 정하는 범위에서 토양정화를

요청한 지방자치단체에게 부담하게 할 수 있다.

③ 기후에너지환경부장관은 토양정화를 하려는 경우에는 기후에너지환경부령으로 정하는 바에 따라 다음 각 호의 사항이 포함된 토양정화계획을 수립하고 이를 고시하여야 한다.

　1. 토양정화의 시기 및 기간

　2. 토양정화 대상 토지의 소재지

　3. 토양정화 대상 토지 소유자의 성명 및 주소

　4. 그 밖에 기후에너지환경부령으로 정하는 사항

④ 제1항 제2호 및 제3호에 해당하는 경우 토양정밀조사 또는 토양정화에 소요된 비용은 해당 정화책임자에게 구상(求償)할 수 있다.

제7조(토지 등의 수용 및 사용)

① 기후에너지환경부장관, 시·도지사 또는 시장·군수·구청장은 다음 각 호의 어느 하나에 해당하는 측정, 조사, 설치 및 토양정화를 위하여 필요한 경우에는 해당 지역 또는 구역의 토지·건축물이나 그 토지에 정착된 물건을 수용(제2호 및 제4호에만 적용한다) 또는 사용할 수 있다.

　1. 상시측정, 토양오염실태조사, 토양정밀조사

　2. 측정망 설치

　3. 표토의 침식 현황 및 정도에 대한 조사

　4. 국유재산 등에 대한 토양정화

② 기후에너지환경부장관이 토양정화계획을 고시한 때에는 「공익사업을 위한 토지 등의 취득 및 보상에 관한 법률」에 따른 사업인정 및 사업인정의 고시가 있은 것으로 보며, 재결신청은 같은 법에도 불구하고 토양정화계획에서 정하는 토양정화 기간 내에 할 수 있다.

③ 수용 또는 사용의 절차와 손실보상 등에 관하여는 이 법에 특별한 규정이 있는 경우를 제외하고는 「공익사업을 위한 토지 등의 취득 및 보상에 관한 법률」에서 정하는 바에 따른다.

제8조(타인 토지에의 출입 등)

① 기후에너지환경부장관, 시·도지사, 시장·군수·구청장 또는 토양 관련 전문기관(이하 "토양 관련 전문기관"이라 한다)은 상시측정, 토양오염실태조사, 토양정밀조사, 표토의 침식 현황 및 정도에 대한 조사와 위해성평가를 위하여 필요하면 소속 공무원 또는 직원으로 하여금 타인의 토지에 출입하여 그 토지에 있는 나무·돌·흙이나 그 밖의 장애물을 변경 또는 제거하게 할 수 있다. 이 경우 토양 관련 전문기관의 장은 특별자치시장·특별자치도지사·시장·군수·구청장의 허가를 받아야 한다.

② 장애물을 변경 또는 제거하려는 경우에는 장애물의 소유자·점유자 또는 관리인의 동의를 받아야 한다. 다만, 장애물의 소유자·점유자 또는 관리인이 현장에 없거나 주소 또는 거소(居所)를 알 수 없어 그 동의를 받을 수 없는 경우에는 관할 특별자치시장·특별자치도

지사 · 시장 · 군수 · 구청장의 동의를 받아 장애물을 변경하거나 제거할 수 있다. *중요내용

③ 타인의 토지에 출입하거나 그 토지 위의 장애물을 변경 또는 제거하려는 경우에는 출입할 날 또는 장애물을 변경 · 제거할 날의 3일 전까지 그 토지 또는 장애물의 소유자 · 점유자 또는 관리인에게 이를 알려야 한다. 다만, 그 토지 또는 장애물의 소유자 · 점유자 또는 관리인의 주소 및 거소를 알 수 없는 경우에는 통지를 아니할 수 있다.

④ 해 뜨기 전이나 해가 진 후에는 해당 토지 점유자의 승낙 없이 택지 또는 담장이나 울로 둘러싸인 타인의 토지에 출입할 수 없다.

⑤ 토지의 점유자는 정당한 사유 없이 관계 공무원 및 토양 관련 전문기관 직원의 행위를 방해하거나 거절하지 못한다.

⑥ 타인의 토지에 출입하려는 공무원 및 토양 관련 전문기관의 직원은 그 권한을 나타내는 증표를 지니고 이를 관계인에게 보여주어야 한다.

♂ 제9조(손실보상)

① 국가 · 지방자치단체 또는 토양 관련 전문기관은 타인에게 손실을 입혔을 때에는 대통령령으로 정하는 바에 따라 그 손실을 보상하여야 한다.

② 보상을 받으려는 자는 기후에너지환경부장관, 시 · 도지사, 시장 · 군수 · 구청장 또는 토양 관련 전문기관의 장에게 청구하여야 한다.

③ 기후에너지환경부장관, 시 · 도지사, 시장 · 군수 · 구청장 또는 토양 관련 전문기관의 장은 청구를 받았을 때에는 그 손실을 입은 자와 협의하여 보상할 금액 등을 결정하고 청구인에게 이를 알려야 한다.

④ 협의가 성립되지 아니하거나 협의할 수 없는 경우 기후에너지환경부장관, 시 · 도지사, 시장 · 군수 · 구청장, 토양 관련 전문기관의 장 또는 손실을 입은 자는 대통령령으로 정하는 바에 따라 관할 토지수용위원회에 재결(裁決)을 신청할 수 있다. *중요내용

⑤ 재결을 받아들이지 아니하는 자는 재결서의 정본(正本)을 송달받은 날부터 1개월 이내에 중앙토지수용위원회에 이의(異議)를 신청할 수 있다. *중요내용

♂ 제10조의2(토양환경평가) *중요내용

① 다음 각 호의 어느 하나에 해당하는 시설이 설치되어 있거나 설치되어 있었던 부지, 그 밖에 토양오염의 우려가 있는 토지를 양도 · 양수(「민사집행법」에 따른 경매, 「채무자 회생 및 파산에 관한 법률」에 따른 환가(換價), 「국세징수법」 · 「관세법」 또는 「지방세징수법」에 따른 압류재산의 매각, 그 밖에 이에 준하는 절차에 따라 인수하는 경우를 포함한다. 이하 같다) 또는 임대 · 임차하는 경우에 양도인 · 양수인 · 임대인 또는 임차인은 해당 부지와 그 주변지역, 그 밖에 토양오염의 우려가 있는 토지에 대하여 토양환경평가기관으로부터 토양오염에 관한 평가(이하 "토양환경평가"라 한다)를 받을 수 있다.

   1. 토양오염관리대상시설

2. 「산업집적활성화 및 공장설립에 관한 법률」 공장

3. 「국방·군사시설 사업에 관한 법률」 국방·군사시설

② 제1항 각 호의 어느 하나에 해당하는 시설이 설치되어 있거나 설치되어 있었던 부지, 그 밖에 토양오염의 우려가 있는 토지를 양수한 자가 양수 당시 같은 항에 따라 토양환경평가를 받고 그 부지 또는 토지의 오염정도가 우려기준 이하인 것을 확인한 경우에는 토양오염 사실에 대하여 선의이며 과실이 없는 것으로 추정한다.

③ 토양환경평가는 다음 각 호에 따라 실시하여야 하며, 토양환경평가의 실시에 따른 구체적인 사항과 그 밖에 필요한 사항은 대통령령으로 정한다.

1. 토양환경평가 항목 : 토양오염물질과 토양환경평가를 위하여 필요하여 대통령령으로 정하는 오염물질

2. 토양환경평가 절차 : 기초조사와 개황조사, 정밀조사로 구분하여 실시

3. 토양환경평가 방법 : 오염물질의 오염도 등의 조사·분석 및 평가, 대상 부지의 이용현황, 토양오염관리대상시설에 해당하는지 여부

🎣 제10조의3(토양오염의 피해에 대한 무과실책임 등) 〔중요내용〕

① 토양오염으로 인하여 피해가 발생한 경우 그 오염을 발생시킨 자는 그 피해를 배상하고 오염된 토양을 정화하는 등의 조치를 하여야 한다. 다만, 토양오염이 천재지변이나 전쟁, 그 밖의 불가항력으로 인하여 발생하였을 때에는 그러하지 아니하다.

② 토양오염을 발생시킨 자가 둘 이상인 경우에 어느 자에 의하여 제1항의 피해가 발생한 것인지를 알 수 없을 때에는 각자가 연대하여 배상하고 오염된 토양을 정화하는 등의 조치를 하여야 한다.

🎣 제10조의4(오염토양의 정화책임 등)

① 다음 각 호의 어느 하나에 해당하는 자는 정화책임자로서 토양정밀조사, 오염토양의 정화 또는 오염토양 개선사업의 실기(이하 "토양정화등"이라 한다)를 하여야 한다.

1. 토양오염물질의 누출·유출·투기(投棄)·방치 또는 그 밖의 행위로 토양오염을 발생시킨 자

2. 토양오염의 발생 당시 토양오염의 원인이 된 토양오염관리대상시설의 소유자·점유자 또는 운영자

3. 합병·상속이나 그 밖의 사유로 제1호 및 제2호에 해당되는 자의 권리·의무를 포괄적으로 승계한 자

4. 토양오염이 발생한 토지를 소유하고 있었거나 현재 소유 또는 점유하고 있는 자

② 제1항에도 불구하고 다음 각 호의 어느 하나에 해당하는 경우에는 같은 항 제4호에 따른 정화책임자로 보지 아니한다. 다만, 1996년 1월 6일 이후에 토양오염의 원인이 된 토양오염관리대상시설의 운영자에게 자신의 소유 또는 점유 중인 토지의 사용을 허용한 경우에는 그러하지 아니하다.

1. 1996년 1월 5일 이전에 양도 또는 그 밖의 사유로 해당 토지를 소유하지 아니하게 된 경우
2. 해당 토지를 1996년 1월 5일 이전에 양수한 경우
3. 토양오염이 발생한 토지를 양수할 당시 토양오염 사실에 대하여 선의이며 과실이 없는 경우
4. 해당 토지를 소유 또는 점유하고 있는 중에 토양오염이 발생한 경우로서 자신이 해당 토양오염 발생에 대하여 귀책 사유가 없는 경우

③ 시·도지사 또는 시장·군수·구청장은 토양정화 등을 명할 수 있는 정화책임자가 둘 이상인 경우에는 대통령령으로 정하는 바에 따라 해당 토양오염에 대한 각 정화책임자의 귀책정도, 신속하고 원활한 토양정화의 가능성 등을 고려하여 토양정화 등을 명하여야 하며, 필요한 경우에는 토양정화자문위원회에 자문할 수 있다.

④ 토양정화 등의 명령을 받은 정화책임자가 자신의 비용으로 토양정화 등을 한 경우에는 다른 정화책임자의 부담부분에 관하여 구상권을 행사할 수 있다.

⑤ 국가 및 지방자치단체는 다음 각 호의 어느 하나에 해당하는 경우에는 토양정화 등을 하는 데 드는 비용(제10조의4제4항에 따른 구상권 행사를 통하여 상환받을 수 있는 비용 및 토양정화 등으로 인한 해당 토지 가액의 상승분에 상당하는 금액은 제외한다. 이하 같다)의 전부 또는 일부를 대통령령으로 정하는 바에 따라 지원할 수 있다.

1. 정화책임자가 토양정화 등을 하는 데 드는 비용이 자신의 부담부분을 현저히 초과하거나 해당 토양오염관리대상시설의 소유·점유 또는 운영을 통하여 얻었거나 향후 얻을 수 있을 것으로 기대되는 이익을 현저히 초과하는 경우
2. 2001년 12월 31일 이전에 해당 토지를 양수하였거나 양도 또는 그 밖의 사유로 소유하지 아니하게 된 자가 정화책임자로서 토양정화 등을 하는 데 드는 비용이 해당 토지의 가액을 초과하는 경우
3. 2002년 1월 1일 이후에 해당 토지를 양수한 자가 정화책임자로서 토양정화 등을 하는 데 드는 비용이 해당 토지의 가액 및 토지의 소유 또는 점유를 통하여 얻었거나 향후 얻을 수 있을 것으로 기대되는 이익을 현저히 초과하는 경우
4. 그 밖에 토양정화 등의 비용 지원이 필요한 경우로서 대통령령으로 정하는 경우

⑥ 토양오염이 발생한 토지를 소유 또는 점유하고 있는 자로서 정화책임자가 아닌 자는 해당 토양오염에 대한 정화책임자가 토양정화 등의 명령을 받아 토양정화 등을 하려는 경우에는 정당한 사유가 없으면 이에 협조하여야 한다.

⑦ 정화책임자는 협조로 인하여 토지를 소유 또는 점유하고 있는 자에게 발생한 손실을 보상하여야 한다.

제10조의9(토양정화자문위원회)

① 시·도지사 또는 시장·군수·구청장의 자문에 응하기 위하여 기후에너지환경부에 토양정화자문위원회(이하 "위원회"라 한다)를 둔다.

② 위원회는 위원장을 포함하여 5명 이상 9명 내외의 위원으로 구성한다.

③ 위원회의 구성·운영 등에 필요한 사항은 대통령령으로 정한다.

제10조의10(토양환경센터의 설치·운영 등)

① 기후에너지환경부장관은 토양보전과 관련된 다음 각 호의 업무를 효율적으로 추진하기 위하여 토양환경센터를 설치·운영할 수 있다.

    1. 토양환경산업과 관련된 연구 및 기술의 개발·활용에 관한 사항

    2. 토양보전과 관련된 기술 보급, 실용화 촉진 및 해외시장 진출 지원

    3. 토양환경산업과 관련된 정보의 수집·활용·교육·홍보 및 국제협력에 관한 사항

    4. 토양환경산업 활성화에 관한 사항

    5. 제1호부터 제4호까지의 업무와 관련하여 국가, 지방자치단체, 「공공기관의 운영에 관한 법률」에 따른 공공기관으로부터 위탁받은 업무

② 기후에너지환경부장관은 제1항에 따른 업무의 수행에 필요한 비용의 전부 또는 일부를 지원할 수 있다.

③ 기후에너지환경부장관은 토양환경센터의 운영 업무를 「한국환경산업기술원법」에 따른 한국환경산업기술원에 위탁할 수 있다.

④ 토양환경센터의 운영 및 감독 등에 관하여 필요한 사항은 대통령령으로 정한다.

제2장 토양오염의 규제

⚓ 제11조(토양오염의 신고 등)

① 다음 각 호의 어느 하나에 해당하는 경우에는 지체 없이 관할 특별자치시장 · 특별자치도지사 · 시장 · 군수 · 구청장에게 신고하여야 한다.

1. 토양오염물질을 생산 · 운반 · 저장 · 취급 · 가공 또는 처리하는 자가 그 과정에서 토양오염물질을 누출 · 유출한 경우
2. 토양오염관리대상시설을 소유 · 점유 또는 운영하는 자가 그 소유 · 점유 또는 운영 중인 토양오염관리대상시설이 설치되어 있는 부지 또는 그 주변지역의 토양이 오염된 사실을 발견한 경우
3. 토지의 소유자 또는 점유자가 그 소유 또는 점유 중인 토지가 오염된 사실을 발견한 경우

② 특별자치시장 · 특별자치도지사 · 시장 · 군수 · 구청장은 신고를 받거나, 토양오염물질이 누출 · 유출된 사실을 발견한 경우, 그 밖에 토양오염이 발생한 사실을 알게 된 경우에는 소속 공무원으로 하여금 해당 토지에 출입하여 오염 원인과 오염도에 관한 조사를 하게 할 수 있다. `중요내용`

③ 조사를 한 결과 오염도가 우려기준을 넘는 토양(이하 "오염토양"이라 한다)에 대하여는 대통령령으로 정하는 바에 따라 기간을 정하여 정화책임자에게 토양 관련 전문기관에 의한 토양정밀조사의 실시, 오염토양의 정화 조치를 할 것을 명할 수 있다. `중요내용`

④ 토양 관련 전문기관은 토양정밀조사를 하였을 때에는 조사 결과를 관할 특별자치시장 · 특별자치도지사 · 시장 · 군수 · 구청장에게 지체 없이 통보하여야 한다.

⑤ 타인의 토지에 출입하려는 공무원은 그 권한을 나타내는 증표를 지니고 이를 관계인에게 보여주어야 한다.

⑥ 특별자치시장 · 특별자치도지사 · 시장 · 군수 · 구청장은 제2항에 따라 소속 공무원으로 하여금 해당 토지에 출입하여 오염 원인과 오염도에 관한 조사를 하게 한 경우에는 그 사실을 지방환경관서의 장에게 지체 없이 알려야 한다.

⚓ 제12조(특정토양오염관리대상시설의 신고 등)

① 특정토양오염관리대상시설을 설치하려는 자는 대통령령으로 정하는 바에 따라 그 시설의 내용과 토양오염방지시설의 설치계획을 관할 특별자치시장 · 특별자치도지사 · 시장 · 군수 · 구청장에게 신고하여야 한다. 신고한 사항 중 기후에너지환경부령으로 정하는 내용을 변경(특정토양오염관리대상시설의 폐쇄를 포함한다)할 때에도 또한 같다. `중요내용`

② 특별자치시장 · 특별자치도지사 · 시장 · 군수 · 구청장은 신고를 받은 날부터 10일 이내에, 변경신고를 받은 날부터 7일 이내에 신고수리 여부를 신고인에게 통지하여야 한다.

③ 특별자치시장·특별자치도지사·시장·군수·구청장이 정한 기간 내에 신고수리 여부 또는 민원 처리 관련 법령에 따른 처리기간의 연장을 신고인에게 통지하지 아니하면 그 기간(민원 처리 관련 법령에 따라 처리기간이 연장 또는 재연장된 경우에는 해당 처리 기간을 말한다)이 끝난 날의 다음 날에 신고를 수리한 것으로 본다.

④ 「위험물안전관리법」 및 「화학물질관리법」과 그 밖에 기후에너지환경부령으로 정하는 법령에 따라 특정토양오염관리대상시설의 설치에 관한 허가를 받거나 등록을 한 경우에는 신고를 한 것으로 본다. 이 경우 허가 또는 등록기관의 장은 기후에너지환경부령으로 정하는 토양오염방지시설에 관한 서류를 첨부하여 그 사실을 그 특정토양오염관리대 상시설이 설치된 지역을 관할하는 특별자치시장·특별자치도지사·시장·군수·구청 장에게 통보하여야 한다.

⑤ 특정토양오염관리대상시설의 설치자(그 시설을 운영하는 자를 포함한다. 이하 같다)는 대통령령으로 정하는 바에 따라 토양오염을 방지하기 위한 시설(이하 "토양오염방지시 설"이라 한다)을 설치하고 적정하게 유지·관리하여야 한다.

⚓ 제13조(토양오염검사) 🔖중요내용

① 특정토양오염관리대상시설의 설치자는 대통령령으로 정하는 바에 따라 토양 관련 전문 기관으로부터 그 시설의 부지와 그 주변지역에 대하여 토양오염검사(이하 "토양오염검 사"라 한다)를 받아야 한다. 다만, 토양시료(土壤試料)의 채취가 불가능하거나 토양오염 검사가 필요하지 아니한 경우로서 대통령령으로 정하는 요건에 해당하여 특별자치시 장·특별자치도지사·시장·군수·구청장의 승인을 받은 경우에는 토양오염검사를 받 지 아니한다.

② 승인의 절차는 기후에너지환경부령으로 정하며, 승인을 신청하는 자는 토양 관련 전문 기관의 의견을 첨부하여야 한다. 다만, 여러 개의 같은 종류의 저장시설 중 일부 시설을 폐쇄하는 경우 등 대통령령으로 정하는 경우에는 토양 관련 전문기관의 의견을 첨부하 지 아니할 수 있다.

③ 토양오염검사는 토양오염도검사와 누출검사로 구분하여 한다. 다만, 누출검사는 저장시 설 또는 배관이 땅속에 묻혀 있거나 땅에 붙어 있어 누출 여부를 눈으로 확인할 수 없는 시설로서 기후에너지환경부령으로 정하는 바에 따라 특별자치도지사·시장·군수·구 청장이 인정하는 경우에만 실시한다.

④ 토양 관련 전문기관은 토양오염검사를 하였을 때에는 특정토양오염관리대상시설의 설 치자, 관할 특별자치시장·특별자치도지사·시장·군수·구청장 및 관할 소방서장에게 검사 결과를 통보(소방서장에 대한 통보는 「위험물안전관리법」에 따라 허가를 받은 시 설 중 누출검사 결과 오염물질의 누출이 확인된 시설인 경우로 한정한다)하여야 하며, 특정토양오염관리대상시설의 설치자는 기후에너지환경부령으로 정하는 바에 따라 통보 받은 검사 결과를 보존하여야 한다.

⑤ 토양오염검사를 위한 시료채취의 방법과 그 밖에 필요한 사항은 기후에너지환경부령으

로 정한다.

⑥ 관할 특별자치시장 · 특별자치도지사 · 시장 · 군수 · 구청장은 토양 관련 전문기관으로부터 통보받은 토양오염검사 결과를 토대로 정밀한 검사가 필요하다고 인정되는 경우에는 기후에너지환경부령으로 정하는 토양 관련 전문기관에 토양오염검사를 의뢰할 수 있다.

♂ 제14조(특정토양오염관리대상시설의 설치자에 대한 명령) ⁑중요내용

① 특별자치시장 · 특별자치도지사 · 시장 · 군수 · 구청장은 특정토양오염관리대상시설의 설치자가 다음 각 호의 어느 하나에 해당하면 대통령령으로 정하는 바에 따라 기간을 정하여 토양오염방지시설의 설치 또는 개선이나 그 시설의 부지 및 주변지역에 대하여 토양 관련 전문기관에 의한 토양정밀조사 또는 오염토양의 정화 조치를 할 것을 명할 수 있다.
  1. 토양오염방지시설을 설치하지 아니하거나 그 기준에 맞지 아니한 경우
  2. 토양오염도검사 결과 우려기준을 넘는 경우
  3. 누출검사 결과 오염물질이 누출된 경우

② 토양 관련 전문기관은 토양정밀조사를 하였을 때에는 조사 결과를 지체 없이 특정토양오염관리대상시설의 설치자 및 관할 특별자치시장 · 특별자치도지사 · 시장 · 군수 · 구청장에게 통보하여야 한다.

③ 특별자치시장 · 특별자치도지사 · 시장 · 군수 · 구청장은 특정토양오염관리대상시설의 설치자가 명령을 이행하지 아니하거나 그 명령을 이행하였더라도 그 시설의 부지 및 그 주변지역의 토양오염의 정도가 정화기준 이내로 내려가지 아니한 경우에는 그 특정토양오염관리대상시설의 사용중지를 명할 수 있다.

♂ 제15조(토양오염방지 조치명령 등) ⁑중요내용

① 시 · 도지사 또는 시장 · 군수 · 구청장은 지역의 정화책임자에 대하여 대통령령으로 정하는 바에 따라 기간을 정하여 토양 관련 전문기관으로부터 토양정밀조사를 받도록 명할 수 있다.

② 토양 관련 전문기관은 토양정밀조사를 하였을 때에는 정화책임자 및 관할 시 · 도지사 또는 시장 · 군수 · 구청장에게 조사 결과를 지체 없이 통보하여야 한다.

③ 시 · 도지사 또는 시장 · 군수 · 구청장은 상시측정, 토양오염실태조사 또는 토양정밀조사의 결과 우려기준을 넘는 경우에는 대통령령으로 정하는 바에 따라 기간을 정하여 다음 각 호의 어느 하나에 해당하는 조치를 하도록 정화책임자에게 명할 수 있다. 다만, 정화책임자를 알 수 없거나 정화책임자에 의한 토양정화가 곤란하다고 인정하는 경우에는 시 · 도지사 또는 시장 · 군수 · 구청장이 오염토양의 정화를 실시할 수 있다.
  1. 토양오염관리대상시설의 개선 또는 이전
  2. 해당 토양오염물질의 사용제한 또는 사용중지
  3. 오염토양의 정화

④ 기후에너지환경부장관은 토양오염도 측정 결과 우려기준을 넘는 경우에는 관할 시 · 도

지사 또는 시장·군수·구청장에게 제3항에 따른 조치명령을 할 것을 요청할 수 있다.

⑤ 시·도지사 또는 시장·군수·구청장은 제6항에 따른 기후에너지환경부장관의 요청을 받았을 때에는 제3항에 따른 조치명령을 하여야 하며, 그 조치명령의 내용 및 결과를 기후에너지환경부령으로 정하는 바에 따라 기후에너지환경부장관에게 보고하여야 한다.

♂ 제15조의2(명령의 이행완료 보고)

① 조치명령 또는 중지명령을 받은 자가 그 명령을 이행하였을 때에는 기후에너지환경부령으로 정하는 바에 따라 지체 없이 이를 시·도지사 또는 시장·군수·구청장에게 보고하여야 한다. 이 경우 시·도지사 또는 시장·군수·구청장은 기후에너지환경부령으로 정하는 바에 따라 명령 이행 상태를 확인하여야 한다.

② 특별자치시장·특별자치도지사·시장·군수·구청장은 제11조제3항에 따른 조치명령을 받은 자가 이행완료 보고를 하였을 때는 해당 이행완료보고서를 지방환경관서의 장에게 기후에너지환경부령으로 정하는 바에 따라 통보하여야 한다.

♂ 제15조의3(오염토양의 정화)

① 오염토양은 대통령령으로 정하는 정화기준 및 정화방법에 따라 정화하여야 한다. ★중요내용

② 오염토양은 토양정화업자(제3항 단서에 따라 오염토양을 반출하여 정화하는 경우에는 반입하여 정화하는 시설을 등록한 토양정화업자를 말한다)에게 위탁하여 정화하여야 한다. 다만, 유기용제류(有機溶劑類)에 의한 오염토양 등 대통령령으로 정하는 종류와 규모에 해당하는 오염토양은 정화책임자가 직접 정화할 수 있다.

③ 오염토양을 정화할 때에는 오염이 발생한 해당 부지에서 정화하여야 한다. 다만, 부지의 협소 등 기후에너지환경부령으로 정하는 불가피한 사유로 그 부지에서 오염토양의 정화가 곤란한 경우에는 토양정화업자가 보유한 시설(오염토양을 반입하여 정화하기 위하여 등록한 시설을 말한다)로 기후에너지환경부령으로 정하는 바에 따라 오염토양을 반출하여 정화할 수 있다.

④ 오염토양을 반출하여 정화하려는 자는 기후에너지환경부령으로 정하는 바에 따라 오염토양반출정화계획서를 관할 특별자치시장·특별자치도지사·시장·군수·구청장에게 제출하여 적정통보를 받아야 한다. 적정통보를 받은 오염토양반출정화계획 중 기후에너지환경부령으로 정하는 중요 사항을 변경하려는 때에도 또한 같다.

⑤ 특별자치시장·특별자치도지사·시장·군수·구청장은 제4항에 따라 제출된 오염토양반출정화계획서를 다음 각 호의 사항에 관하여 검토한 후 그 적정 여부를 오염토양반출정화계획서를 제출한 자에게 통보하여야 한다.

1. 제3항 단서에 따라 반출하여 정화할 수 있는 오염토양에 해당하는지 여부
2. 오염토양의 반출·정화 계획이 적정한지 여부

⑥ 적정통보를 받은 자는 오염토양을 반출·운반·정화 또는 사용(정화된 토양을 최초로 사용하는 것을 말한다. 이하 같다)할 때마다 토양 인수인계서를 서면으로 오염토양 발

생지역 관할 시장·군수·구청장 및 오염토양을 인수하는 토양정화업자의 관할 시·도지사에게 제출하거나 제9항에 따른 오염토양 정보시스템에 입력하여야 한다.

⑦ 오염토양을 정화하는 자는 다음 각 호의 행위를 하여서는 아니 된다.

    1. 오염토양에 다른 토양을 섞어서 오염농도를 낮추는 행위

    2. 오염토양을 반출하여 정화하는 경우 등록한 시설의 용량을 초과하여 오염토양을 보관하는 행위

⑧ 토양 인수인계서의 작성방법, 작성시기 및 토양인계시기 등 필요한 사항은 기후에너지환경부령으로 정한다.

⑨ 기후에너지환경부장관은 오염토양의 반출·운반·정화 또는 사용 과정을 전산처리할 수 있는 오염토양 정보시스템을 설치·운영하여야 한다.

♂ 제15조의4(오염토양의 투기 금지 등) *중요내용

누구든지 다음 각 호의 어느 하나에 해당하는 행위를 하여서는 아니 된다.

1. 오염토양을 버리거나 매립하는 행위
2. 보관, 운반 및 정화 등의 과정에서 오염토양을 누출·유출하는 행위
3. 정화가 완료된 토양을 그 토양에 적용된 것보다 엄격한 우려기준이 적용되는 지역의 토양에 사용하는 행위

♂ 제15조의5(위해성평가) *중요내용

① 기후에너지환경부장관, 시·도지사, 시장·군수·구청장 또는 정화책임자는 지정을 받은 위해성평가기관으로 하여금 오염물질의 종류 및 오염도, 주변 환경, 장래의 토지이용계획과 그 밖에 필요한 사항을 고려하여 해당 부지의 토양오염물질이 인체와 환경에 미치는 위해의 정도를 평가(이하 "위해성평가"라 한다)하게 한 후 그 결과를 토양정화의 범위, 시기 및 수준 등에 반영할 수 있다.

② 위해성평가는 다음 각 호의 어느 하나(정화책임자의 경우에는 제4호 및 제5호만 해당한다)에 해당하는 경우에 실시할 수 있다.

    1. 토양정화를 하려는 경우

    2. 부분 단서에 따라 오염토양을 정화하려는 경우

    3. 오염토양 개선사업을 하려는 경우

    4. 자연적인 원인으로 인한 토양오염이라고 대통령령으로 정하는 방법에 따라 입증된 부지의 오염토양을 정화하려는 경우(제15조의3 제3항 단서에 따라 오염토양을 반출하여 정화하는 경우는 제외한다)

    5. 그 밖에 위해성평가를 할 필요가 있는 경우로서 대통령령으로 정하는 경우

③ 시·도지사, 시장·군수·구청장 및 정화책임자가 위해성평가의 결과를 토양정화의 시기, 범위 및 수준 등에 반영하려는 경우에는 기후에너지환경부장관에게 미리 검증을 받아야 한다.

④ 위해성평가의 항목·방법 및 그 밖에 필요한 사항과 위해성평가 결과의 검증 절차와 방법 등은 기후에너지환경부령으로 정한다.

제15조의6(토양정화의 검증)

① 정화책임자는 오염토양을 정화하기 위하여 토양정화업자에게 토양정화를 위탁하는 경우에는 지정을 받은 토양오염조사기관으로 하여금 정화과정 및 정화완료에 대한 검증을 하게 하여야 한다. 다만, 토양정밀조사를 한 결과 오염토양의 규모가 작거나 오염의 농도가 낮은 경우 등 오염토양이 대통령령으로 정하는 규모 및 종류에 해당하는 경우에는 정화과정에 대한 검증을 생략할 수 있다.

② 정화책임자는 토양오염조사기관으로 하여금 오염토양의 정화과정 및 정화완료에 대한 검증을 하게 할 때에는 기후에너지환경부령으로 정하는 내용 및 절차에 따라 오염토양 정화계획을 작성하여 관할 특별자치시장·특별자치도지사·시장·군수·구청장에게 제출하여야 한다. 제출한 계획 중 기후에너지환경부령으로 정하는 사항을 변경할 때에도 또한 같다.

③ 토양 관련 전문기관은 검증을 할 때 오염원인자로부터 검증수수료를 받을 수 있다. 이 경우 검증수수료의 산정기준에 관하여는 기후에너지환경부령으로 정한다.

④ 검증의 절차·내용 및 방법과 그 밖에 검증에 필요한 사항은 기후에너지환경부령으로 정한다.

⑤ 토양정화업자가 제1항에 따라 정화과정 및 정화완료에 대한 검증을 받는 경우 토양 관련 전문기관에 의한 검증이 완료되지 아니한 상태에서 오염토양을 반출하여서는 아니된다.

제15조의7(토양관리단지의 지정 등)

① 기후에너지환경부장관은 오염토양을 반출하여 정화하거나 정화된 토양을 재활용하기 위하여, 토양정화에 필요한 시설을 일정 지역에 집중시켜 효율적으로 토양정화를 할 필요가 있다고 인정하는 경우에는 「국유재산법」에 따른 국유재산 중 기후에너지환경부장관이 중앙관서의 장인 토지를 토양관리단지로 지정할 수 있다.

② 기후에너지환경부장관은 토양관리단지를 지정하려는 경우에는 대통령령으로 정하는 바에 따라 토양관리단지 조성계획을 수립하여 관할 시·도지사의 의견을 듣고, 관계 중앙행정기관의 장과 협의하여야 한다. 토양관리단지 조성계획 중 대통령령으로 정하는 중요한 사항을 변경하려는 경우에도 또한 같다.

③ 기후에너지환경부장관은 토양관리단지에서 토양정화업을 하려는 자에게 「국유재산법」에도 불구하고 토양관리단지의 토지 일부를 수의계약으로 사용·수익하게 하거나 대부 또는 매각할 수 있다.

④ 기후에너지환경부장관은 토양관리단지를 원활하게 운영하기 위하여 도로 등 기반시설의 설치 등에 필요한 지원을 할 수 있다.

♂ 제15조의8(잔류성오염물질 등에 의한 토양오염)

① 토양오염이 발생한 해당 부지 또는 그 주변 지역이 우려기준을 넘는 토양오염물질 외에 「잔류성유기오염물질 관리법」에 따른 잔류성유기오염물질로도 함께 오염된 경우에는 이 법 또는 다른 법령에 따른 정화책임이 있는 중앙행정기관의 장(이하 이 조에서 "토양오염정화자"라 한다)은 다음 각 호의 사항이 포함된 정화계획안을 작성하여 해당 지역 주민의 의견을 들어야 한다.

  1. 잔류성오염물질을 포함한 오염토양의 정화시기 및 정화기간

  2. 잔류성오염물질을 포함한 오염토양의 정화목표치 및 정화방법

  3. 그 밖에 잔류성오염물질을 포함한 오염토양의 정화에 관한 사항

② 토양오염정화자는 지역주민의 의견을 반영한 정화계획안에 대하여 기후에너지환경부장관과의 협의를 거쳐 정화계획을 수립하여야 한다. 이 경우 협의요청을 받은 기후에너지환경부장관은 정화방법 등을 달리 정하도록 할 수 있다.

③ 토양오염정화자는 수립된 정화계획에 따라 오염된 토양을 정화하는 경우에는 토양정화업자에게 위탁하여 정화하여야 하며, 지정을 받은 토양오염조사기관으로 하여금 정화과정 및 정화완료에 대한 검증을 하게 하여야 한다.

④ 검증에 관한 구체적인 절차, 내용 및 방법 등은 규정을 준용한다. 이 경우 "정화책임자"는 "토양오염정화자"로 본다.

제3장 토양보전대책지역의 지정 및 관리

♂ 제16조(토양오염대책기준)

우려기준을 초과하여 사람의 건강 및 재산과 동물·식물의 생육에 지장을 주어서 토양오염에 대한 대책이 필요한 토양오염의 기준(이하 "대책기준"이라 한다)은 기후에너지환경부령으로 정한다.

♂ 제17조(토양보전대책지역의 지정) ^{중요내용}

① 기후에너지환경부장관은 대책기준을 넘는 지역이나 특별자치도지사·시장·군수·구청장이 요청하는 지역에 대해서 관계 중앙행정기관의 장 및 관할 시·도지사와 협의하여 토양보전대책지역(이하 "대책지역"이라 한다)으로 지정할 수 있다. 다만, 대통령령으로 정하는 경우에 해당하는 지역에 대해서는 대책지역으로 지정하여야 한다.

② 특별자치시장·특별자치도지사·시장·군수·구청장은 관할구역 중 특히 토양보전이 필요하다고 인정하는 지역에 대하여는 그 지역의 토양오염의 정도가 대책기준을 초과하지 아니하더라도 관할 시·도지사와 협의하여 그 지역을 대책지역으로 지정하여 줄 것을 기후에너지환경부장관에게 요청할 수 있다.

③ 기후에너지환경부장관은 대책지역을 지정하려면 미리 해당 지역주민의 의견을 들어야 한다. 다만, 국방상 기밀유지가 필요한 경우와 그 밖에 대통령령으로 정하는 사유가 있는 경우에는 그러하지 아니하다.

④ 대책지역의 지정기준, 지정절차, 의견수렴 절차와 그 밖에 필요한 사항은 대통령령으로 정한다.

⑤ 기후에너지환경부장관은 대책지역을 지정할 때에는 그 지역의 위치, 면적, 지정 연월일, 지정 목적과 그 밖에 기후에너지환경부령으로 정하는 사항을 고시하여야 한다. 고시된 사항을 변경하였을 때에도 또한 같다.

♂ 제18조(대책계획의 수립·시행) ^{중요내용}

① 특별자치시장·특별자치도지사·시장·군수·구청장[해당 대책지역이 둘 이상의 특별자치시장·시·군·구(자치구를 말한다. 이하 같다)에 걸쳐 있는 경우에는 대통령령으로 정하는 특별자치시장·시장·군수·구청장을 말한다]은 대책지역에 대하여는 토양보전대책에 관한 계획(이하 "대책계획"이라 한다)을 수립하여 관할 시·도지사와의 협의를 거친 후 기후에너지환경부장관의 승인을 받아 시행하여야 한다.

② 대책계획에는 다음 각 호의 사항이 포함되어야 한다.

  1. 오염토양 개선사업
  2. 토지 등의 이용 방안

3. 주민건강 피해조사 및 대책

4. 피해주민에 대한 지원 대책

5. 그 밖에 해당 대책계획을 수립·시행하기 위하여 필요하다고 인정하여 기후에너지환경부령으로 정하는 사항

③ 특별자치시장·특별자치도지사·시장·군수·구청장은 피해주민에 대한 지원 대책에 소요되는 비용의 일부를 그 정화책임자에게 부담하게 할 수 있다.

④ 오염토양 개선사업의 종류·기준과 그 밖에 필요한 사항은 대통령령으로 정한다.

⑤ 주민건강 피해조사와 지원 대책 등에 관한 구체적인 사항은 대통령령으로 정한다.

⑥ 기후에너지환경부장관은 대책계획을 승인할 때에는 관계 중앙행정기관의 장과 협의하여야 하며, 대책계획을 승인하였을 때에는 이를 관계 중앙행정기관의 장에게 통보하고 필요한 조치를 하여 줄 것을 요청할 수 있다. 이 경우 관계 중앙행정기관의 장은 특별한 사유가 없으면 이에 따라야 한다.

♂ 제18조의2(대책계획 시행 결과의 보고)

특별자치시장·특별자치도지사·시장·군수·구청장은 대책계획의 시행 결과를 기후에너지환경부장관에게 보고하여야 한다.

♂ 제19조(오염토양 개선사업)

① 특별자치시장·특별자치도지사·시장·군수·구청장은 오염토양 개선사업의 전부 또는 일부의 실시를 그 정화책임자에게 명할 수 있다. 이 경우 특별자치도지사·시장·군수·구청장은 토양보전을 위하여 필요하다고 인정하면 기후에너지환경부령으로 정하는 토양 관련 전문기관으로 하여금 오염토양 개선사업을 지도·감독하게 할 수 있다.

② 정화책임자가 오염토양 개선사업을 하려는 경우에는 기후에너지환경부령으로 정하는 바에 따라 오염토양 개선사업계획을 작성하여 특별자치시장·특별자치도지사·시장·군수·구청장의 승인을 받아야 한다. 승인받은 사항 중 기후에너지환경부령으로 정하는 중요사항을 변경하려는 경우에도 또한 같다.

③ 정화책임자가 존재하지 아니하거나 정화책임자에 의한 오염토양 개선사업의 실시가 곤란하다고 인정할 때에는 특별자치시장·특별자치도지사·시장·군수·구청장이 그 오염토양 개선사업을 할 수 있다.

④ 대책지역이 둘 이상의 특별자치시·시·군·구에 걸쳐 있을 경우에는 대통령령으로 정하는 특별자치시장·시장·군수·구청장이 해당 오염토양 개선사업을 하여야 한다. _{중요내용}

⑤ 특별자치시장·특별자치도지사·시장·군수·구청장이 오염토양 개선사업을 하는 경우로서 기술 부족, 사업비 과다 등의 사유로 그 실시가 곤란한 경우에는 특별자치시장·특별자치도지사·시장·군수·구청장의 요청에 따라 기후에너지환경부장관 또는 시·도지사는 그 사업에 대하여 기술적·재정적 지원을 할 수 있다.

제20조(토지이용 등의 제한)

특별자치시장·특별자치도지사·시장·군수·구청장은 대책지역에서는 그 지정 목적을 해할 우려가 있다고 인정되는 토지의 이용 또는 시설의 설치를 대통령령으로 정하는 바에 따라 제한할 수 있다.

제21조(행위제한)

① 누구든지 대책지역에서는 「물환경보전법」에 따른 특정수질유해물질, 「폐기물관리법」에 따른 폐기물, 「화학물질관리법」에 따른 유해화학물질, 「하수도법」에 따른 오수·분뇨 또는 「가축분뇨의 관리 및 이용에 관한 법률」에 따른 가축분뇨를 토양에 버려서는 아니 된다. 다만, 기후에너지환경부령으로 정하는 행위는 제외한다. ⭐중요내용

② 누구든지 대책지역에서는 그 지정 목적을 해할 우려가 있다고 인정되는 대통령령으로 정하는 시설을 설치하여서는 아니 된다.

③ 특별자치시장·특별자치도지사·시장·군수·구청장은 행위 또는 시설의 설치로 인하여 토양이 오염되었거나 오염될 우려가 있다고 인정하는 경우에는 해당 행위자 또는 시설의 설치자에게 토양오염물질의 제거나 시설의 철거 등을 명할 수 있다.

제22조(대책지역의 지정해제 등) ⭐중요내용

① 기후에너지환경부장관은 지정된 대책지역이 다음 각 호의 어느 하나에 해당하는 경우에는 그 지정을 해제하거나 변경할 수 있다.

1. 대책계획의 수립·시행으로 토양오염의 정도가 정화기준 이내로 개선된 경우
2. 공익상 불가피한 경우
3. 천재지변이나 그 밖의 사유로 대책지역으로서의 지정 목적을 상실한 경우

② 대책지역 지정의 해제 또는 변경에 관하여는 제17조 제2항 및 제4항을 준용한다.

제3장의2 토양 관련 전문기관 및 토양정화업

제23조의2(토양 관련 전문기관의 종류 및 지정 등) 중요내용

① 토양 관련 전문기관은 다음 각 호와 같이 구분한다.
   1. 토양환경평가기관 : 토양환경평가를 하는 기관
   2. 위해성평가기관 : 위해성평가를 하는 기관
   3. 토양오염조사기관 : 다음 각 목의 업무를 수행하는 기관
      가. 토양정밀조사
      나. 토양오염도검사
      다. 토양정화의 검증
      라. 오염토양 개선사업의 지도·감독
      마. 그 밖에 이 법 또는 다른 법령에 따라 토양오염의 현황 등을 파악하기 위하여 실시하는 조사
   4. 누출검사기관 : 누출검사를 하는 기관
② 토양 관련 전문기관이 되려는 자는 대통령령으로 정하는 바에 따라 검사시설, 장비 및 기술능력을 갖추어 다음 각 호의 구분에 따른 기후에너지환경부장관 또는 시·도지사의 지정을 받아야 한다. 지정받은 사항 중 대통령령으로 정하는 사항을 변경할 때에도 또한 같다.
   1. 토양환경평가기관 및 위해성평가기관 : 기후에너지환경부장관
   2. 토양오염조사기관 및 누출검사기관 : 시·도지사
③ 토양오염조사기관은 다음 각 호의 어느 하나에 해당하는 기관 중에서 지정한다. 다만, 대통령령으로 정하는 기관은 토양오염조사기관으로 지정된 것으로 본다.
   1. 지방환경관서
   2. 국공립연구기관
   3. 「고등교육법」의 대학
   4. 특별법에 따라 설립된 특수법인
   5. 기후에너지환경부장관의 설립허가를 받은 비영리법인
④ 기후에너지환경부장관 또는 시·도지사는 토양 관련 전문기관을 지정하였을 때에는 지정서를 발급하고, 지정 사실을 공고하여야 한다.
⑤ 토양 관련 전문기관의 준수사항 및 검사수수료와 그 밖에 필요한 사항은 기후에너지환경부령으로 정한다.
⑥ 지정을 받은 토양환경평가기관 및 위해성평가기관은 토양환경평가 또는 위해성평가를 위한 토양 시료채취 및 분석을 지정을 받은 토양오염조사기관으로 하여금 대행하게 할 수 있다.

🔹 제23조의3(토양 관련 전문기관의 결격사유) `중요내용`

다음 각 호의 어느 하나에 해당하는 자는 토양 관련 전문기관으로 지정될 수 없다.

1. 피성년후견인 또는 피한정후견인
2. 파산선고를 받고 복권되지 아니한 사람
3. 지정이 취소(이 조 제1호 또는 제2호에 해당하여 지정이 취소된 경우는 제외한다)된 후 2년이 지나지 아니한 자
4. 이 법을 위반하여 징역 이상의 실형을 선고받고 그 집행이 끝나거나(집행이 끝난 것으로 보는 경우를 포함한다) 면제된 날부터 2년이 지나지 아니한 사람
5. 임원 중에 제1호부터 제4호까지의 어느 하나에 해당하는 사람이 있는 법인

🔹 제23조의4(토양 관련 전문기관 지정서 등의 대여 금지)

토양 관련 전문기관의 지정을 받은 자는 다른 자에게 자기의 명의를 사용하여 토양 관련 전문기관의 업무를 하게 하거나 그 지정서를 다른 자에게 빌려 주어서는 아니 된다.

🔹 제23조의5(겸업 금지)

토양 관련 전문기관 중 위해성평가기관으로 지정된 자 및 토양오염조사기관으로 지정된 자는 토양정화업을 겸업(兼業)할 수 없다.

🔹 제23조의6(토양 관련 전문기관의 지정취소 등) `중요내용`

① 기후에너지환경부장관 또는 시·도지사는 토양 관련 전문기관이 다음 각 호의 어느 하나에 해당하는 경우에는 토양 관련 전문기관의 지정을 취소하여야 한다.
   1. 속임수나 그 밖의 부정한 방법으로 지정을 받은 경우
   2. 제23조의3 각 호의 어느 하나에 해당하게 된 경우. 다만, 법인의 임원 중 제23조의3 제5호에 해당하는 사람이 있는 경우에 3개월 이내에 그 임원을 바꾼 경우는 제외한다.
   3. 토양정화업을 겸업한 경우
② 기후에너지환경부장관 또는 시·도지사는 토양 관련 전문기관이 다음 각 호의 어느 하나에 해당하는 경우에는 토양 관련 전문기관의 지정을 취소하거나 6개월 이내의 기간을 정하여 그 업무의 정지를 명할 수 있다.
   1. 지정기준에 미달하게 된 경우
   2. 다른 자에게 자기의 명의를 사용하여 토양 관련 전문기관의 업무를 하게 하거나 지정서를 다른 자에게 빌려준 경우
   3. 고의 또는 중대한 과실로 검사 또는 평가 결과를 거짓으로 작성하거나 부실하게 작성한 경우
   4. 고의 또는 중대한 과실로 토양정밀조사를 부실하게 하여 정화과정에 대한 검증 대상 규모 미만으로 오염토양의 규모가 축소되게 한 경우
   5. 업무정지처분 기간에 토양오염도검사, 누출검사, 토양환경평가 또는 위해성평가와

관련된 업무를 한 경우

6. 기술능력 지정요건에 해당하는 기술인력이 아닌 사람이 검사 또는 평가하여 그 결과를 통보한 경우

③ 기후에너지환경부장관 또는 시·도지사는 토양 관련 전문기관이 다음 각 호의 어느 하나에 해당하는 경우에는 6개월 이내의 기간을 정하여 그 업무의 정지를 명할 수 있다.

1. 토양정화의 검증을 부실하게 하여 오염토양을 정화기준 이내로 처리되지 아니하게 한 경우

2. 토양 관련 전문기관으로 지정(토양오염조사기관으로 지정받은 것으로 보는 경우는 제외한다)받은 후 2년 이내에 업무를 시작하지 아니하거나 정당한 사유 없이 계속하여 2년 이상 업무 실적이 없는 경우

3. 정밀조사 결과를 관할 시·도지사 또는 시장·군수·구청장에게 지체 없이 통보하지 아니한 경우

4. 토양오염검사 면제 승인과 관련하여 사실과 다른 의견을 제시한 경우

5. 토양오염검사 결과를 관할 특별자치시장·특별자치도지사·시장·군수·구청장 및 관할 소방서장에게 통보하지 아니한 경우

6. 토양 관련 전문기관의 준수사항을 위반한 경우

7. 보고나 자료 제출을 하지 아니하거나, 보고나 자료 제출을 거짓으로 한 경우

⚓ 제23조의7(토양정화업의 등록 등) 중요내용

① 토양정화업을 하려는 자는 대통령령으로 정하는 바에 따라 시설(오염토양을 반출하여 정화하는 경우에는 이를 반입하여 정화하는 시설을 포함한다), 장비 및 기술인력 등을 갖추어 시·도지사에게 등록하여야 한다. 등록한 사항 중 대통령령으로 정하는 사항을 변경할 때에도 또한 같다.

② 시·도지사는 토양정화업을 등록하였을 때에는 기후에너지환경부령으로 정하는 바에 따라 등록증을 발급하여야 한다.

⚓ 제23조의8(토양정화업 등록의 결격사유)

토양정화업을 등록하려는 자에게는 제23조의3을 준용한다. 이 경우 "토양 관련 전문기관"은 "토양정화업"으로, "지정"은 "등록"으로 각각 본다.

⚓ 제23조의9(토양정화업자의 준수사항) 중요내용

① 토양정화업자는 다른 자에게 자기의 성명 또는 상호를 사용하여 토양정화업을 하게 하거나 등록증을 다른 자에게 빌려 주어서는 아니 된다.

② 토양정화업자는 토양정화를 위하여 도급받은 공사(이하 "토양정화공사"라 한다)를 일괄하여 하도급하거나 토양정화공사 중 토양정화와 직접 관련되는 공사로서 대통령령으로 정하는 공사를 하도급하여서는 아니 된다. 다만, 천재지변 등 대통령령으로 정하는 불

가피한 사유가 발생하였을 경우에는 그러하지 아니하다.

③ 제1항 및 제2항에서 규정한 사항 외에 토양정화업자가 토양정화 업무를 수행할 때 준수하여야 할 사항은 기후에너지환경부령으로 정한다.

♂ 제23조의10(토양정화업의 등록취소 등) 중요내용

① 시·도지사는 토양정화업자가 다음 각 호의 어느 하나에 해당하는 경우에는 등록을 취소하여야 한다.
 1. 속임수나 그 밖의 부정한 방법으로 등록을 한 경우
 2. 제23조의8에 따라 준용되는 제23조의3 각 호의 어느 하나에 해당하게 된 경우. 다만, 법인의 임원 중 제23조의3 제5호에 해당하는 사람이 있는 경우에 3개월 이내에 그 임원을 바꾼 경우는 제외한다.
 3. 영업정지처분 기간 중에 영업행위를 한 경우

② 시·도지사는 토양정화업자가 다음 각 호의 어느 하나에 해당하는 경우에는 토양정화업자의 등록을 취소하거나 6개월 이내의 기간을 정하여 그 영업의 정지를 명할 수 있다.
 1. 정화기준 및 정화방법에 따라 정화하지 아니한 경우
 2. 오염이 발생한 해당 부지 및 토양정화업자가 보유한 시설이 아닌 장소로 오염토양을 반출하여 정화한 경우
 3. 오염토양을 다른 토양과 섞어서 오염농도를 낮추는 행위를 한 경우
 4. 토양정화업자가 등록한 시설의 용량을 초과하여 오염토양을 보관한 경우
 5. 수탁받은 오염토양을 버리거나 매립 또는 누출·유출하는 행위를 한 경우
 6. 토양 관련 전문기관에 의한 검증이 완료되지 아니한 상태에서 오염토양을 반출한 경우
 7. 등록기준에 미달하게 된 경우
 8. 다른 자에게 자기의 성명 또는 상호를 사용하여 토양정화업을 하게 하거나 등록증을 빌려준 경우
 9. 도급받은 토양정화공사를 하도급한 경우

③ 시·도지사는 토양정화업자가 등록을 한 후 2년 이내에 영업을 시작하지 아니하거나 정당한 사유 없이 계속하여 2년 이상 영업 실적이 없는 경우에는 6개월 이내의 기간을 정하여 그 영업의 정지를 명할 수 있다.

♂ 제23조의11(등록취소 또는 영업정지된 토양정화업자의 계속공사 등)

① 등록취소 또는 영업정지처분을 받은 자는 그 처분을 받기 전에 착공한 토양정화공사만 시공할 수 있다. 이 경우 토양정화공사를 계속하는 자는 그 공사를 끝낼 때까지 이 법에 따른 토양정화업자로 본다.

② 등록취소 또는 영업정지처분을 받은 자는 그 처분의 내용을 지체 없이 해당 토양정화공사의 발주자 및 수급인에게 알려야 한다.

③ 토양정화공사를 토양정화업자에게 발주한 자 또는 토양정화업자로부터 토양정화공사를

도급받은 자는 특별한 사유가 있는 경우를 제외하고는 그 토양정화업자로부터 제2항에 따른 통지를 받거나 그 사실을 안 날부터 30일 이내에만 도급계약을 해지할 수 있다.

*중요내용

제23조의12(권리 · 의무의 승계)

① 다음 각 호의 어느 하나에 해당하는 자는 토양 관련 전문기관의 지정을 받은 자 또는 토양정화업의 등록을 한 자의 지정 또는 등록에 따른 권리 · 의무를 승계한다. 이 경우 상속인이 결격사유에 해당하는 경우에는 3개월 이내에 토양 관련 전문기관 또는 토양정화업을 다른 사람에게 양도하여야 한다.

　　1. 토양 관련 전문기관의 지정을 받은 자 또는 토양정화업의 등록을 한 자가 사망한 경우 그 상속인

　　2. 토양 관련 전문기관의 지정을 받은 자가 토양 관련 전문기관을 양도하거나 토양정화업의 등록을 한 자가 토양정화업을 양도한 경우 그 양수인

　　3. 법인인 토양 관련 전문기관의 지정을 받은 자 또는 토양정화업자의 등록을 한 자가 합병한 경우 합병 후 존속하는 법인 또는 합병으로 설립되는 법인

② 다음 각 호의 어느 하나에 해당하는 절차에 따라 토양 관련 전문기관 또는 토양정화업을 인수한 자는 이 법에 따른 종전의 지정 또는 등록에 따른 권리 · 의무를 승계한다.

　　1. 「민사집행법」에 따른 경매

　　2. 「채무자 회생 및 파산에 관한 법률」에 따른 환가

　　3. 「국세징수법」, 「관세법」 또는 「지방세징수법」에 따른 압류재산의 매각

　　4. 제1호부터 제3호까지의 규정 중 어느 하나에 준하는 절차

③ 토양 관련 전문기관 또는 토양정화업자의 지위를 승계한 자는 승계한 날부터 1개월 이내에 기후에너지환경부령으로 정하는 바에 따라 기후에너지환경부장관 또는 시 · 도지사에게 신고하여야 한다. *중요내용

제23조의13(행정처분효과의 승계)

토양 관련 전문기관의 지정을 받은 자 또는 토양정화업의 등록을 한 자가 사망한 경우나 토양 관련 전문기관 또는 토양정화업을 양도한 경우 또는 법인이 합병한 경우에는 종전의 토양 관련 전문기관 또는 토양정화업자에 대하여 위반한 사유로 한 행정처분의 효과는 그 처분기간이 끝난 날부터 1년간 양수인, 상속인 또는 합병 후 신설되거나 존속하는 법인에 승계되며, 행정처분의 절차가 진행 중일 때에는 양수인, 상속인 또는 합병 후 신설되거나 존속하는 법인에 대하여 그 절차를 계속 진행할 수 있다. 다만, 양수인 또는 합병 후 신설되거나 존속하는 법인이 양수 또는 합병을 할 때 그 처분이나 위반사실을 알지 못하였다는 것을 증명하면 그러하지 아니하다.

♂ 제23조의14(토양 관련 전문기관 등의 기술인력 교육)

① 토양 관련 전문기관 및 토양정화업에 종사하는 기술인력은 기후에너지환경부령으로 정하는 바에 따라 교육을 받아야 한다.

② 교육을 받아야 할 사람을 고용한 자는 해당자에게 그 교육을 받게 하여야 한다. 이 경우 교육에 드는 경비는 고용한 자가 부담하여야 한다.

♂ 제23조의15(과징금의 부과 · 징수 등)

① 시 · 도지사는 토양정화업자에 대하여 영업정지 처분을 하여야 할 경우에 그 영업정지 처분에 따라 주변 지역주민에게 불편을 초래하는 등 공익을 해칠 우려가 있는 때에는 영업정지 처분을 갈음하여 매출액에 100분의 5를 곱한 금액을 초과하지 아니하는 범위에서 과징금을 부과할 수 있다. 다만, 토양정화업자가 매출액이 없거나 매출액을 산정하기 곤란한 경우로서 대통령령으로 정하는 경우에는 1억원을 초과하지 아니하는 범위에서 과징금을 부과할 수 있다.

② 과징금을 부과하는 위반행위의 종류와 정도에 따른 과징금의 금액, 그 밖에 필요한 사항은 대통령령으로 정하되, 그 금액의 2분의 1의 범위에서 가중하거나 감경할 수 있다.

③ 시 · 도지사는 과징금을 부과하기 위하여 필요한 경우에는 다음 각 호의 사항을 적은 문서로 관할 세무관서의 장에게 과세 정보 제공을 요청할 수 있다.

1. 납세자의 인적 사항
2. 과세 정보의 사용 목적
3. 과징금 부과기준이 되는 매출금액

④ 시 · 도지사는 과징금을 납부하여야 할 자가 납부기한까지 이를 납부하지 아니한 때에는 과징금 부과처분을 취소하고 영업정지 처분을 하거나 「지방행정제재 · 부과금의 징수 등에 관한 법률」에 따라 과징금을 징수한다.

⑤ 제1항에도 불구하고 제23조의10제2항제2호 · 제3호 · 제5호 또는 제8호에 해당하거나 과징금 처분을 받은 날부터 2년이 경과되기 전에 제23조의10제2항 또는 제3항에 따른 영업정지 처분 대상이 되는 경우에는 영업정지 처분을 갈음하여 과징금을 부과할 수 없다.

⑥ 징수한 과징금은 환경보전사업의 용도로만 사용하여야 한다.

제4장 보칙

제25조(관계 기관의 협조) 중요내용

기후에너지환경부장관은 이 법의 목적을 달성하기 위하여 필요하다고 인정하면 다음 각 호의 조치를 관계 중앙행정기관의 장 또는 시·도지사에게 요청할 수 있다.

1. 토양오염방지를 위한 객토(客土) 등 농토배양사업
2. 폐광지역의 광물 찌꺼기 등으로 인한 주변 농경지 등의 광산공해방지대책
3. 산업시설 등의 설치로 인하여 훼손된 토양의 복구
4. 그 밖에 토양보전을 위하여 필요한 사항으로서 기후에너지환경부령으로 정하는 사항

제26조(국고보조 등)

국가는 예산의 범위에서 지방자치단체가 추진하는 토양보전을 위한 사업에 필요한 비용을 보조하거나 융자할 수 있다.

제26조의2(보고 및 검사 등)

① 특별자치시장·특별자치도지사·시장·군수·구청장은 다음 각 호의 어느 하나에 해당하는 경우 특정토양오염관리대상시설의 설치자에게 감독상 필요한 자료의 제출을 명할 수 있으며, 소속 공무원으로 하여금 특정토양오염관리대상시설에 출입하여 토양오염방지시설의 설치, 토양오염검사 및 그 결과의 보존 여부 등을 검사하게 할 수 있다.

1. 특정토양오염관리대상시설의 설치신고 및 토양오염방지시설의 설치·유지·관리 상태를 확인하기 위하여 필요한 경우
2. 토양오염검사의 실시 및 적정 여부를 확인하기 위하여 필요한 경우
3. 제14조 제1항 각 호의 어느 하나에 해당하거나 그에 해당하는지 여부를 확인하기 위하여 필요한 경우
4. 명령의 이행 여부를 확인하기 위하여 필요한 경우
5. 그 밖에 이 법에 따른 특정토양오염관리대상시설의 설치자의 의무 이행 여부를 확인하기 위하여 필요한 경우

② 기후에너지환경부장관 또는 시·도지사는 다음 각 호의 어느 하나에 해당하는 경우 토양 관련 전문기관 또는 토양정화업자에게 감독상 필요한 보고나 자료 제출을 하게 할 수 있으며, 소속 공무원으로 하여금 토양 관련 전문기관 또는 토양정화업자의 사무실·사업장이나 그 밖에 필요한 장소에 출입하여 서류, 시설, 장비 등을 검사하게 할 수 있다.

1. 제23조의6 제1항 각 호, 같은 조 제2항 각 호 또는 같은 조 제3항 각 호의 어느 하나에 해당하는지 여부를 확인하기 위하여 필요한 경우
2. 제23조의10 제1항 각 호 또는 같은 조 제2항 각 호의 어느 하나에 해당하는지 여부

를 확인하기 위하여 필요한 경우

3. 그 밖에 이 법에 따른 토양 관련 전문기관 또는 토양정화업자의 의무 이행 여부를 확인하기 위하여 필요한 경우

③ 시 · 도지사 또는 시장 · 군수 · 구청장은 다음 각 호의 어느 하나에 해당하는 경우 토양 오염이 발생한 토지 또는 토양오염관리대상시설의 소유자 · 점유자 또는 운영자에게 필 요한 자료의 제출을 명하거나 소속 공무원으로 하여금 해당 토지 또는 해당 토양오염관 리대상시설에 출입하여 서류 · 시설 · 장비 등을 검사하게 할 수 있다.

1. 제11조 제3항에 따른 조치를 명하기 위하여 필요한 경우

2. 제15조 제1항에 따른 토양정밀조사 또는 같은 조 제3항 각 호의 어느 하나에 해당하 는 조치를 명하기 위하여 필요한 경우

3. 오염토양 개선사업의 전부 또는 일부의 실시를 그 정화책임자에게 명하기 위하여 필 요한 경우

4. 그 밖에 이 법에 따른 토양오염이 발생한 토지 또는 토양오염관리대상시설의 소유 자 · 점유자 또는 운영자의 의무 이행 여부를 확인하기 위하여 필요한 경우

④ 검사를 하는 공무원은 그 권한을 나타내는 증표를 지니고 이를 관계인에게 보여주어야 한다.

⑤ 그 밖에 규정에 따른 보고 및 검사 등에 필요한 사항은 기후에너지환경부령으로 정한다.

🔵 제26조의3(특정토양오염관리대상시설 설치현황 등의 보고) 💠중요내용

① 시장 · 군수 · 구청장은 기후에너지환경부령으로 정하는 바에 따라 다음 각 호의 전년도 자료를 매년 1월 말까지 시 · 도지사에게 제출하여야 한다.

1. 특정토양오염관리대상시설 설치 현황

2. 통보받은 토양오염검사 결과

3. 조치명령 및 조사 결과의 내용

② 시 · 도지사는 받은 자료를 종합하여 매년 2월 말까지 기후에너지환경부장관에게 보고 하여야 한다.

🔵 제26조의4(행정처분의 기준)

행정처분의 세부적인 기준은 그 위반행위의 종류와 위반 정도 등을 고려하여 기후에너지환 경부령으로 정한다.

🔵 제26조의5(청문) 💠중요내용

기후에너지환경부장관, 시 · 도지사 또는 시장 · 군수 · 구청장은 다음 각 호의 어느 하나에 해당하는 처분을 하려면 청문을 하여야 한다.

1. 시설의 철거명령

2. 토양 관련 전문기관의 지정취소

3. 토양정화업의 등록취소

♂ 제27조(권한의 위임 · 위탁)

① 이 법에 따른 기후에너지환경부장관의 권한은 대통령령으로 정하는 바에 따라 그 일부를 소속 기관의 장에게 위임할 수 있다.

② 기후에너지환경부장관은 이 법에 따른 업무의 일부를 대통령령으로 정하는 바에 따라 「한국환경공단법」에 따른 한국환경공단과 한국환경산업기술원에 위탁할 수 있다.

제5장 벌칙

제28조(벌칙) *중요내용*

시장, 군수, 구청장이 오염토양 개선사업의 전부 또는 일부의 실시를 그 정화책임자에게 명할 수 있다. 이 경우 실시명령을 이행하지 아니한 자나 실시명령을 받고 승인을 받지 아니하고 오염토양 개선사업을 한 자는 5년 이하의 징역 또는 5천만원 이하의 벌금에 처한다.

제29조(벌칙) *중요내용*

다음 각 호의 어느 하나에 해당하는 자는 2년 이하의 징역 또는 2천만원 이하의 벌금에 처한다.

1. 정화 조치명령을 이행하지 아니한 자
2. 특정토양오염관리대상시설의 사용 중지명령을 이행하지 아니한 자
3. 제15조 제3항에 따른 명령을 이행하지 아니한 자
4. 위반하여 오염토양의 정화를 위탁한 자
5. 위반하여 오염토양을 버리거나 매립한 자
6. 토양오염물질의 제거 또는 시설의 철거 등의 명령을 이행하지 아니한 자
7. 지정을 받지 아니하고 토양 관련 전문기관의 업무를 한 자
8. 등록을 하지 아니하고 토양정화업을 한 자

제30조(벌칙) *중요내용*

다음 각 호의 어느 하나에 해당하는 자는 1년 이하의 징역 또는 1,000만원 이하의 벌금에 처한다.

1. 고의 또는 중대한 과실로 항목·방법 및 절차를 위반하여 토양환경평가를 사실과 다르게 한 자

1의2. 생산·운반·저장·취급·가공 또는 처리하는 과정에서 토양오염물질을 누출·유출한 사실을 신고하지 아니한 자

1의3. 고의 또는 중대한 과실로 토양정밀조사를 부실하게 하여 정화과정에 대한 검증 대상의 규모 미만으로 오염 규모가 축소되도록 한 자

2. 신고를 하지 아니하고 특정토양오염관리대상시설을 설치하거나 거짓으로 신고한 자
3. 토양오염방지시설을 설치하지 아니한 자
4. 토양오염방지시설의 설치 또는 개선에 관한 명령을 이행하지 아니한 자
5. 정화기준 및 정화방법을 위반하여 오염토양을 정화한 자
6. 위반하여 오염이 발생한 해당 부지가 아닌 곳이나 토양정화업자가 보유한 시설이 있

는 장소가 아닌 장소로 오염토양을 반출하여 정화한 자

7. 오염토양을 정화하는 자는 오염토양에 다른 토양을 섞어서 오염농도를 낮추는 행위를 하여서는 아니 된다. 이를 위반하여 오염토양에 다른 토양을 섞어서 오염농도를 낮춘 자

8. 보관, 운반 및 정화 등의 과정에서 오염토양을 누출 또는 유출시킨 자

8의2. 위반하여 정화가 완료된 토양을 그 토양에 적용된 것보다 엄격한 우려기준이 적용되는 지역의 토양에 사용한 자

9. 위반하여 토양 관련 전문기관에 의한 검증을 하게 하지 아니한 자

10. 고의 또는 중대한 과실로 검증의 절차·내용 및 방법을 지키지 아니하여 오염토양을 정화기준 이내로 처리되지 아니하게 한 자

11. 위반하여 토양 관련 전문기관에 의한 검증이 완료되지 아니한 상태에서 오염토양을 반출한 자

12. 제21조 제2항을 위반하여 대책지역에 시설을 설치한 자

13. 속임수나 그 밖의 부정한 방법으로 토양 관련 전문기관의 지정을 받거나 토양정화업의 등록을 한 자

14. 다른 자에게 자기의 명의를 사용하여 토양 관련 전문기관의 업무를 하게 하거나 지정서를 다른 자에게 빌려준 자

15. 다른 자에게 자기의 성명 또는 상호를 사용하여 토양정화업을 하게 하거나 등록증을 다른 자에게 빌려준 자

16. 도급받은 토양정화공사를 하도급한 자

17. 제26조의2 제2항에 따른 공무원의 출입·검사를 거부·방해 또는 기피한 자

♂ 제31조(양벌규정)

법인의 대표자나 법인 또는 개인의 대리인, 사용인, 그 밖의 종업원이 그 법인 또는 개인의 업무에 관하여 제28조부터 제30조까지의 어느 하나에 해당하는 위반행위를 하면 그 행위자를 벌하는 외에 그 법인 또는 개인에게도 해당 조문의 벌금형을 과(科)한다. 다만, 법인 또는 개인이 그 위반행위를 방지하기 위하여 해당 업무에 관하여 상당한 주의와 감독을 게을리하지 아니한 경우에는 그러하지 아니하다.

♂ 제32조(과태료) ★중요내용

① 다음 각 호의 어느 하나에 해당하는 자에게는 300만원 이하의 과태료를 부과한다.

1. 토양오염물질을 생산·운반·저장·취급·가공 또는 처리하는 자가 그 과정에서 토양오염물질을 누출·유출한 때, 토양오염관리대상시설을 소유·점유 또는 운영하는 자가 그 소유·점유 또는 운영 중인 토양오염관리대상 시설에서 토양이 오염된 사실을 발견한 때에는 지체 없이 관할 특별자치도지사·시장·군수·구청장에게 신고하여야 한다. 토양이 오염된 사실을 발견하고도 그 사실을 신고하지 아니한 자

    2. 토양 인수인계서를 오염토양 정보시스템에 입력하지 아니한 자

    3. 특별자치도지사, 시장, 군수, 구청장은 기후에너지환경부령으로 정하는 바에 따라 특정토양오염관리대상시설의 설치자에게 감독상 필요한 자료의 제출을 명할 수 있으며, 소속 공무원으로 하여금 특정토양오염관리대상시설에 출입하여 토양오염방지시설의 설치, 토양오염검사 및 그 결과의 보전 여부 등을 검사하게 할 수 있다. 이에 따른 공무원의 출입·검사를 거부·방해 또는 기피한 자

② 다음 각 호의 어느 하나에 해당하는 자에게는 200만원 이하의 과태료를 부과한다.

    1. 정당한 사유 없이 관계 공무원 또는 토양 관련 전문기관 직원의 행위를 방해 또는 거절한 자

    1의2. 정화책임자의 토양정화에 협조하지 아니한 자

    2. 토양정밀조사명령을 이행하지 아니한 자

    3. 토양정밀조사결과를 지체 없이 시·도지사 또는 시장·군수·구청장에게 통보하지 아니한 자

    4. 위반하여 변경(시설의 폐쇄를 포함한다)신고를 하지 아니한 자

    5. 검사를 받지 아니하거나 검사결과를 보존하지 아니한 자

    5의2. 토양오염검사 결과를 특별자치시장·특별자치도지사·시장·군수·구청장 및 관할 소방서장에게 통보하지 아니한 자

    5의3. 오염토양반출정화계획에 관한 적정통보를 받지 아니하고 오염토양을 반출하여 정화한 자

    5의4. 토양 인수인계서를 거짓으로 입력한 자 또는 입력내용의 일부를 누락하는 등 부실하게 입력한 자

    6. 오염토양정화계획 또는 오염토양정화변경계획을 제출하지 아니한 자

    7. 지도·감독을 거부·방해 또는 기피한 자

    8. 대책지역에서 특정수질유해물질, 폐기물, 유해화학물질, 오수·분뇨 또는 가축분뇨를 버린 자

    9. 제23조의2 제2항 각 호 외의 부분 후단에 따른 변경지정을 받지 아니한 자

    10. 제23조의2 제5항 또는 제23조의9제3항에 따른 준수사항을 지키지 아니한 자

    11. 제23조의7 제1항 후단에 따른 변경등록을 하지 아니한 자

    11의2. 제23조의12 제3항을 위반하여 신고를 하지 아니한 자

    12. 교육을 받지 아니한 자 또는 교육을 받게 하지 아니한 자

    13. 보고 또는 자료 제출을 하지 아니하거나 거짓으로 보고 또는 자료 제출을 한 자

③ 과태료는 대통령령으로 정하는 바에 따라 기후에너지환경부장관, 시·도지사 또는 시장·군수·구청장이 부과·징수한다.

제1조(목적)

이 영은 「토양환경보전법」에서 위임된 사항과 그 시행에 관하여 필요한 사항을 규정함을 목적으로 한다.

제4조(기본계획 및 지역계획의 수립방법등)

① 기후에너지환경부장관은 「토양환경보전법」(이하 "법"이라 한다) 토양보전기본계획(이하 "기본계획"이라 한다)의 수립을 위하여 필요하다고 인정하는 경우에는 관계중앙행정기관의 장과 특별시장·광역시장·특별자치시장·도지사 또는 특별자치도지사(이하 "시·도지사"라 한다) 및 관계기관·단체의 장에게 기본계획의 수립에 필요한 자료의 제출을 요청할 수 있다.

② 기후에너지환경부장관은 기본계획을 수립한 경우에는 지체 없이 관계 중앙행정기관의 장에게 통보하고, 통보를 받은 관계 중앙행정기관의 장은 특별한 사유가 있는 경우를 제외하고는 기본계획의 시행을 위해 필요한 조치를 해야 한다.

③ 시·도지사로부터 지역 토양보전계획(이하 "지역계획"이라 한다)을 제출받은 관계 중앙행정기관의 장은 특별한 사유가 있는 경우를 제외하고는 지역계획의 시행을 위해 필요한 조치를 해야 한다.

제5조(손실보상) ★중요내용

① 손실보상은 토지·건물·입목·토석 기타 공작물의 거래가격·임대료·수익성등을 고려한 가격으로 하여야 한다.

② 손실보상을 청구하고자 하는 자는 다음 각호의 사항을 기재한 손실보상청구서에 손실에 관한 증빙서류를 첨부하여 기후에너지환경부장관, 시·도지사, 시장·군수·구청장(자치구의 구청장을 말한다. 이하 같다) 또는 토양 관련 전문기관(이하 "토양 관련 전문기관"이라 한다)의 장에게 제출하여야 한다.
　1. 청구인의 성명·생년월일 및 주소
　2. 손실을 입은 일시 및 장소
　3. 손실의 내용
　4. 손실액과 그 내역 및 산출방법

③ 기후에너지환경부장관, 시·도지사, 시장·군수·구청장 또는 토양 관련 전문기관의 장은 손실보상청구서를 받은 때에는 지체 없이 다음 각호의 사항을 청구인에게 통지하여야 한다.
　1. 협의기간 및 방법
　2. 보상의 시기·방법 및 절차

④ 토지수용위원회에 재결을 신청하고자 하는 자는 다음 각호의 사항을 기재한 재결신청서를 관할토지수용위원회에 제출하여야 한다.
 1. 재결신청인과 상대방의 성명 및 주소
 2. 사업의 종류
 3. 손실발생의 사실
 4. 처분청이 결정한 손실보상액과 손실보상신청인이 요구한 손실액의 내역
 5. 협의의 경위

제5조의2(토양환경평가) 중요내용

① 토양환경평가는 다음 각 호의 구분에 따라 기초조사, 개황조사, 정밀조사의 순서로 실시하되, 기초조사 또는 개황조사만으로 대상 부지가 오염되지 아니하였다는 것을 알 수 있을 때에는 다음 순서의 조사를 생략하고 토양환경평가를 종료할 수 있다.
 1. 기초조사 : 자료조사, 현장조사 등을 통한 토양오염 개연성 여부 조사
 2. 개황조사 : 시료의 채취 및 분석을 통한 토양오염 여부 조사
 3. 정밀조사 : 시료의 채취 및 분석을 통한 토양오염의 정도와 범위 조사
② 토양환경평가의 절차 및 방법의 구체적인 사항은 기후에너지환경부장관이 정하여 고시한다.

제5조의3(둘 이상의 정화책임자에 대한 토양정화등의 명령 등)

① 시·도지사 또는 시장·군수·구청장은 정화책임자(이하 "정화책임자"라 한다)가 둘 이상인 경우에는 다음 각 호의 순서에 따라 토양정밀조사, 오염토양의 정화 또는 오염토양 개선사업의 실시(이하 "토양정화등"이라 한다)를 명하여야 한다.
 1. 정화책임자와 그 정화책임자의 권리·의무를 포괄적으로 승계한 자
 2. 정화책임자 중 토양오염관리대상시설의 점유자 또는 운영자와 그 점유자 또는 운영자의 권리·의무를 포괄적으로 승계한 자
 3. 정화책임자 중 토양오염관리대상시설의 소유자와 그 소유자의 권리·의무를 포괄적으로 승계한 자
 4. 정화책임자 중 토양오염이 발생한 토지를 현재 소유 또는 점유하고 있는 자
 5. 정화책임자 중 토양오염이 발생한 토지를 소유하였던 자
② 시·도지사 또는 시장·군수·구청장은 제1항에도 불구하고 다음 각 호의 어느 하나에 해당하는 경우 제1항 각 호의 순서 중 후순위의 정화책임자 중 어느 하나에게 선순위의 정화책임자에 앞서 토양정화등을 명할 수 있다.
 1. 선순위의 정화책임자를 주소불명 등으로 확인할 수 없는 경우
 2. 선순위의 정화책임자가 후순위의 정화책임자에 비하여 해당 토양오염에 대한 귀책사유가 매우 적은 것으로 판단되는 경우
 3. 선순위의 정화책임자가 부담하여야 하는 정화비용이 본인 소유의 재산가액을 현저히 초과하여 토양정화등을 실시하는 것이 불가능하다고 판단되는 경우

4. 선순위의 정화책임자가 토양정화등을 실시하는 것에 대하여 후순위의 정화책임자가 이의를 제기하거나 협조하지 아니하는 경우

5. 선순위의 정화책임자를 확인하기 위하여 필요한 조사 또는 그 밖의 조치에 후순위의 정화책임자가 협조하지 아니하는 경우

③ 시·도지사 또는 시장·군수·구청장은 제1항 또는 제2항에 따라 토양정화등을 명할 하나의 정화책임자를 정하기 곤란한 경우에는 토양정화자문위원회(이하 "위원회"라 한다)의 정화책임자 선정 및 각 정화책임자의 부담 부분 등에 대한 자문을 거쳐 둘 이상의 정화책임자에게 공동으로 토양정화등을 명할 수 있다.

④ 시·도지사 또는 시장·군수·구청장은 위원회에 자문하는 경우 자문에 필요한 자료를 위원회에 제출하여야 한다.

♂ 제5조의5(위원회의 구성·운영)

① 위원회의 위원장은 위원 중에서 기후에너지환경부장관이 임명 또는 위촉하고, 위원은 토양환경 관련 분야의 학식과 경험이 풍부한 사람으로서 다음 각 호의 어느 하나에 해당하는 사람을 기후에너지환경부장관이 성별을 고려하여 임명 또는 위촉한다.

1. 토양환경 관련 업무에 10년 이상 종사한 사람
2. 「고등교육법」 제2조에 따른 학교에서 조교수 이상으로 재직하고 있거나 재직하였던 사람
3. 변호사로 5년 이상 실무에 종사한 사람
4. 관계 공무원
5. 시민사회단체로부터 추천을 받은 사람

② 위원회의 사무를 처리하기 위하여 위원회에 간사 1명을 두며, 간사는 기후에너지환경부 소속 공무원 중에서 기후에너지환경부장관이 임명한다.

③ 위원회 위촉 위원의 임기는 2년으로 한다.

④ 위원장은 위원회를 대표하며 위원회의 업무를 총괄한다.

⑤ 위원회의 회의는 위원장을 포함한 재적위원 과반수의 출석으로 개의(開議)하고, 출석위원 과반수의 찬성으로 의결한다.

⑥ 위원회는 자문사항을 전문적으로 연구·검토하기 위하여 분야별로 전문위원회를 둘 수 있으며, 필요한 경우 한국환경공단에 자문과 관련된 기술적 사항에 대한 검토를 요청할 수 있다.

⑦ 제1항부터 제6항까지에서 규정한 사항 외에 위원회의 구성·운영 등에 필요한 사항은 위원회의 의결을 거쳐 위원장이 정한다.

♂ 제5조의6(토양환경센터의 운영 등)

① 토양환경센터(이하 "토양환경센터"라 한다)의 장은 사업 수행에 관한 사항 및 그에 필요한 예산에 관한 다음 연도의 토양환경센터 사업운영계획서를 매년 12월 15일까지 기후에너지환경부장관에게 제출하여야 한다.

② 토양환경센터의 장은 해당 연도의 토양환경센터 사업운영보고서를 다음 연도의 1월 31일까지 기후에너지환경부장관에게 제출하여야 한다.

③ 제1항 및 제2항에서 규정한 사항 외에 토양환경센터의 운영 및 감독에 필요한 사항은 기후
에너지환경부장관이 정한다.

제5조의7(토양환경센터의 운영 위탁)

기후에너지환경부장관은 다음 각 호의 업무를 「한국환경산업기술원법」에 따른 한국환경산
업기술원에 위탁한다.

1. 토양환경센터의 토양환경산업과 관련된 연구 및 기술의 개발·활용
2. 토양환경센터의 토양보전과 관련된 기술의 보급, 실용화 촉진 및 해외시장 진출 지원
3. 토양환경센터의 토양환경산업과 관련된 정보의 수집·활용·교육·홍보 및 국제협력
4. 토양환경평가제도 운영 등 토양환경산업 활성화

제5조의8(정밀조사명령 등)

① 특별자치시장·특별자치도지사·시장·군수·구청장은 정화책임자에게 토양정밀조사
를 실시할 것을 명하는 때에는 토양오염지역의 범위 등을 고려하여 6개월의 범위 안에
서 그 이행기간을 정해야 한다. 다만, 조사지역의 규모 등으로 인하여 부득이하게 이행
기간 내에 조사를 하기 어려운 사유가 있는 자에 대해서 6개월의 범위에서 1회로 한정
하여 그 이행기간을 연장할 수 있다.

② 특별자치시장·특별자치도지사·시장·군수·구청장은 정화책임자에게 오염토양(토양
오염도가 토양오염우려기준을 넘는 토양을 말한다. 이하 같다)의 정화조치를 명하는 때
에는 오염토양의 규모 등을 고려하여 2년의 범위에서 그 이행기간을 정해야 한다. 다만,
정화공사의 규모, 정화공법 등으로 인하여 부득이하게 이행기간 내에 정화조치명령을
이행하기 어려운 사유가 있는 자에 대해서는 매회 1년의 범위에서 2회까지 그 이행기간
을 연장할 수 있다.

제6조(특정토양오염관리대상시설의 신고 등) ⁺중요내용

① 특정토양오염관리대상시설의 설치신고를 하려는 자는 특정토양오염관리대상시설설치신
고서에 다음 각 호의 서류를 첨부하여 특별자치시장·특별자치도지사·시장·군수·구
청장에게 제출하여야 한다. 다만, 「국방·군사시설 사업에 관한 법률」에 따른 군용 유
류저장시설의 경우에는 기후에너지환경부령으로 정하는 바에 따라 일부 서류의 제출을
면제하거나 기재사항의 일부를 생략하게 할 수 있다.

1. 특정토양오염관리대상시설의 위치·구조 및 설비에 관한 도면
2. 「위험물안전관리법」에 따른 위험물 제조소·저장소·취급소의 설치허가서 및 저장
   시설별 구조 설비 명세표
3. 그 밖에 토양오염을 방지하기 위하여 특별자치시장·특별자치도지사·시장·군
   수·구청장이 필요하다고 인정하는 사항에 관한 서류

② 특정토양오염관리대상시설의 변경(폐쇄를 포함한다)신고를 하려는 자는 특정토양오염 관리대상시설설치변경(폐쇄)신고서에 변경(폐쇄)내역서를 첨부하여 특별자치시장·특 별자치도지사·시장·군수·구청장에게 제출하여야 한다.

♂ 제7조(특정토양오염관리대상시설의 토양오염방지시설 설치 등) *중요내용*

① 특정토양오염관리대상시설의 설치자(그 시설을 운영하는 자를 포함한다. 이하 같다)는 특정토양오염관리대상시설별로 다음 각호에 해당하는 토양오염방지시설을 설치하고 적 정하게 유지·관리하여야 한다.

1. 특정토양오염관리대상시설의 부식·산화방지를 위한 처리를 하거나 토양오염물질이 누출되지 아니하도록 하기 위하여 누출방지성능을 가진 재질을 사용하거나 이중벽 탱크 등 누출방지시설을 설치하고 적정하게 유지·관리할 것
2. 특정토양오염관리대상시설 중 지하에 매설되는 저장시설의 경우에는 토양오염물질 이 누출되는 것을 감지하거나 누출여부를 확인할 수 있는 측정기기 등의 시설을 설 치하고 적정하게 유지·관리할 것
3. 특정토양오염관리대상시설로부터 토양오염물질이 누출될 경우에 대비하여 오염확산 방지 또는 독성저감 등의 조치에 필요한 시설을 설치하고 적정하게 유지·관리할 것

② 토양오염방지시설의 설치·유지·관리기준 및 그 밖에 필요한 사항은 기후에너지환경 부장관이 관계중앙행정기관의 장과의 협의를 거쳐 이를 고시한다.

♂ 제7조의2(토양오염의 방지에 효과적인 시설 설치의 권장 및 지원)

① 기후에너지환경부장관은 특정토양오염관리대상시설을 설치하려는 자에게 토양오염방지 시설을 설치하고 유지·관리함에 있어서 고시된 설치·유지·관리기준보다 토양오염의 사전예방과 확산의 방지에 효과적인 기준인 기후에너지환경부령으로 정하는 설치·유 지·관리기준에 맞게 시설을 설치하고 유지·관리하도록 권장할 수 있다.

② 권장하는 설치·유지·관리기준(이하 "권장 설치·유지·관리기준"이라 한다)에 맞게 토양오염방지시설을 설치하고 유지·관리하는 경우 고시된 설치·유지·관리기준에 적 합한 것으로 본다.

③ 기후에너지환경부장관은 권장 설치·유지·관리기준에 맞게 시설을 설치하고 유지·관 리하는 특정토양오염관리대상시설 설치자에게 행정적·재정적 지원을 할 수 있다.

♂ 제8조(특정토양오염관리대상시설의 토양오염검사) *중요내용*

① 특정토양오염관리대상시설의 설치자는 다음 각 호의 구분에 따라 정기적으로 토양오염 검사를 받아야 한다. 다만, 토양오염도검사와 누출검사를 받아야 하는 연도가 같을 경 우에는 토양오염도검사를 다음 연도에 받을 수 있다.

1. 매년 1회 기후에너지환경부령으로 정하는 때에 토양 관련 전문기관으로부터 토양오 염도검사를 받을 것. 다만, 토양오염방지시설을 설치하고 적정하게 유지·관리하고 있는 경우에는 기후에너지환경부령으로 정하는 기준에 따라 검사주기를 5년의 범위

에서 조정할 수 있다.

2. 특정토양오염관리대상시설(「위험물안전관리법 시행령」에 따른 정기검사의 대상시설을 제외한다. 이하 "누출검사대상시설"이라 한다)을 설치한 후 10년이 경과하였을 때에는 6개월 이내에 토양 관련 전문기관으로부터 누출검사를 받아야 하며, 그 후에는 기후에너지환경부령으로 정하는 바에 따라 누출검사를 받을 것

② 특정토양오염관리대상시설의 설치자는 토양오염검사 외에 토양 관련 전문기관으로부터 다음 각 호에 따른 검사를 받아야 한다. 다만, 토양오염도검사를 받은 후 3개월 이내에 제1호부터 제3호까지의 어느 하나에 해당하는 사유가 발생하는 경우에는 그러하지 아니하다.

1. 특정토양오염관리대상시설의 설치자가 그 시설의 사용을 종료하거나 이를 폐쇄할 경우에는 사용종료일 또는 폐쇄일 3개월 전부터 사용종료일 전일 또는 폐쇄일 전일까지의 기간 동안에 토양오염도검사를 받을 것

2. 특정토양오염관리대상시설의 양도·임대 등으로 인하여 그 시설의 운영자가 달라지는 경우에는 변경일 3개월 전부터 변경일 전일까지의 기간 동안에 토양오염도검사를 받을 것

3. 특정토양오염관리대상시설의 설치자가 그 시설을 교체하거나 그 시설에 저장하는 토양오염물질의 종류를 변경할 경우에는 교체 또는 변경일 3개월 전부터 교체 또는 변경일 전일까지의 기간 동안에 토양오염도검사를 받을 것

4. 누출검사대상시설의 경우 다음 각 목의 어느 하나에 해당하는 토양오염도검사 결과 기후에너지환경부령으로 정하는 기준 이상으로 토양이 오염된 사실이 확인되었을 때에는 지체 없이 누출검사를 받을 것

가. 토양오염도검사

나. 특정토양오염관리대상시설에서 저장하는 토양오염물질의 종류 변경에 따른 토양오염도검사

5. 특정토양오염관리대상시설에서 토양오염물질이 누출된 사실을 알게 된 때에는 지체 없이 토양오염도검사 및 누출검사(누출검사대상시설만 해당한다)를 받을 것

③ 토양오염도검사를 받은 경우에는 다음 회의 토양오염도검사를 받은 것으로 보며, 누출검사를 받은 경우에는 그 검사를 받은 날을 기준으로 누출검사를 받아야 한다.

④ 제2항 제1호부터 제3호까지의 어느 하나에 해당하는 경우라 하더라도 해당 검사기간 내에 같은 항 제5호에 따른 검사를 받았을 경우에는 별도의 토양오염검사를 받지 아니한다.

⑤ 토양오염검사의 항목에 관하여 필요한 사항은 기후에너지환경부령으로 정한다.

♂ 제8조의2(토양오염검사의 면제 등) ➕중요내용

① 특별자치시장·특별자치도지사·시장·군수·구청장이 특정토양오염관리대상시설에 대한 토양오염검사면제의 승인을 할 수 있는 경우는 다음 각 호와 같다.

1. 특정토양오염관리대상시설 중 「송유관안전관리법」에 따른 송유관으로서 유류의 유출여부를 확인할 수 있는 장치가 설치된 경우(토양오염도검사에 한한다) 또는 안전검사를 받는 경우(누출검사에 한한다)

2. 토양시추를 할 수 없는 지반 또는 건물지하 등에 설치되어 토양시료의 채취가 불가능하다고 토양오염조사기관이 인정하는 경우

3. 저장시설에 1년 이상 토양오염물질을 저장하지 아니한 경우 등 토양 관련 전문 기관이 토양오염검사가 필요하지 아니하다고 인정하는 경우

4. 동종의 토양오염물질을 저장하는 다수의 시설 중 일부시설의 사용을 종료하거나 폐쇄하는 경우(제8조 제2항 제1호의 규정에 의한 토양오염도검사에 한한다)

4의2. 권장 설치 · 유지 · 관리기준에 맞게 토양오염 방지시설을 설치한 날부터 15년 이내인 경우(제8조 제1항에 따른 정기토양오염검사로 한정한다)

5. 검사항목이 같은 종류의 토양오염물질로 저장물질을 변경하고자 하는 경우(제8조 제2항 제3호의 규정에 의한 토양오염도검사에 한한다)

6. 그 밖에 토양정화명령을 받고 정화 중인 경우 등 특별자치시장 · 특별자치도지사 · 시장 · 군수 · 구청장이 토양오염검사가 필요하지 아니하다고 인정하는 경우

② 제1항 제1호 · 제4호 · 제5호 및 제6호의 경우에는 토양오염검사면제승인 신청시 토양 관련 전문기관의 의견을 첨부하지 아니할 수 있다.

③ 특정토양오염관리대상시설이 둘 이상의 특별자치시장 · 특별자치도지사 · 시장 · 군수 · 구청장의 관할구역에 걸쳐있는 경우에는 주된 시설이 설치된 지역을 관할하는 특별자치시장 · 시장 · 군수 · 구청장이 토양오염검사 면제의 승인을 한다.

④ 특별자치시장 · 특별자치도지사 · 시장 · 군수 · 구청장은 토양오염검사를 면제받은 특정토양오염관리대상시설의 면제사유가 소멸된 때에는 지체 없이 그 면제승인을 철회하여야 한다.

♂ 제8조의3(시정명령 등) ✚중요내용

① 특별자치시장 · 특별자치도지사 · 시장 · 군수 · 구청장은 특정토양오염관리대상시설의 설치자에게 토양오염방지시설의 설치 또는 개선이나 토양정밀조사의 실시를 명하는 때에는 제8조에 따른 토양오염검사의 결과와 특정토양오염관리대상시설의 종류 · 규모 등을 고려하여 6개월의 범위에서 그 이행기간을 정해야 한다. 다만, 조사지역의 규모 등으로 인하여 부득이하게 이행기간 내에 명령을 이행하기 어려운 사유가 있는 자에 대해서는 6개월의 범위에서 1회에 한정하여 그 이행기간을 연장할 수 있다.

② 특별자치시장 · 특별자치도지사 · 시장 · 군수 · 구청장은 특정토양오염관리대상시설의 설치자에게 오염토양의 정화조치를 명하는 경우에는 2년의 범위에서 그 이행기간을 정하여야 한다. 다만, 공사의 규모 · 공법 등으로 인하여 부득이하게 이행기간 내에 정화조치를 이행하기 어려운 사유가 있는 자에 대해서는 매회 1년의 범위에서 2회까지 그 이행기간을 연장할 수 있다.

제9조(토양정밀 조사명령 등) `중요내용`

① 시·도지사 또는 시장·군수·구청장은 정화책임자에게 토양정밀조사를 받을 것을 명할 때에는 토양오염지역의 범위 등을 고려하여 6개월의 범위 안에서 그 이행기간을 정해야 한다. 다만, 조사지역의 규모 등으로 인하여 부득이하게 이행기간 내에 조사를 이행하기 어려운 사유가 있는 자에 대하여는 6개월의 범위에서 1회로 한정하여 그 이행기간을 연장할 수 있다.

제9조의2(조치명령 등) `중요내용`

① 시·도지사 또는 시장·군수·구청장은 정화책임자에게 토양오염방지를 위한 조치의 명령(이하 "조치명령"이라 한다)을 할 때에는 토양오염물질 및 시설의 종류·규모 등을 고려하여 2년의 범위에서 그 이행기간을 정해야 한다.

② 시·도지사 또는 시장·군수·구청장은 공사의 규모·공법 등으로 인하여 부득이하게 이행기간 내에 조치명령을 이행하기 어려운 사유가 있는 자에 대해서는 매회 1년의 범위에서 2회까지 그 이행기간을 연장할 수 있다.

제10조(오염토양의 정화기준 및 정화방법) `중요내용`

① 오염토양의 정화기준은 토양오염우려기준으로 한다.

② 오염토양의 정화방법은 다음 각 호와 같다.

   1. 미생물이나 식물을 이용한 오염물질의 분해·흡수 등 생물학적 처리
   2. 오염물질의 차단·분리추출·세척처리 등 물리·화학적 처리
   3. 오염물질의 소각·분해 등 열적 처리

③ 정화방법의 세부적인 사항은 기후에너지환경부장관이 정하여 고시한다.

제11조(정화책임자에 의한 직접 정화) `중요내용`

다음 각 호의 어느 하나에 해당하는 오염토양에 대해서는 정화책임자가 토양정화업의 등록을 한 자(이하 "토양정화업자"라 한다)에게 위탁하지 아니하고 직접 정화할 수 있다.

1. 「국방·군사시설 사업에 관한 법률」에 의한 군부대시설안의 오염토양 또는 군사활동으로 인한 오염토양으로서 그 양이 50세제곱미터 미만인 것
2. 유기용제 또는 유류에 의한 오염토양으로서 그 양이 5세제곱미터 미만인 것

제11조의2(위해성평가의 대상 등) `중요내용`

① 법 제15조의5 제2항 제4호에서 "자연적인 원인에 의한 토양오염임을 입증하기 위해 대통령령으로 정하는 방법"이란 다음 각 호의 어느 하나에 해당하는 방법을 말한다.

   1. 해당 오염물질의 농도가 주변지역의 토양분석결과와 비슷함을 증명할 것
   2. 해당 오염물질이 대상 부지의 기반암으로부터 기인하였음을 증명할 것
   3. 그 밖에 과학적인 방법으로 해당 오염물질이 자연적인 원인으로 발생하였음을 증명할 것

② 시·도지사, 시장·군수·구청장 또는 정화책임자는 위해성평가를 실시하려는 경우에는 토양 관련 전문기관이 작성한 제1항 각 호의 사항에 대한 보고서를 기후에너지환경부장관에게 제출하여야 한다.

③ 기후에너지환경부장관은 제출한 보고서를 확인하고 자연적 요인에 의한 토양오염 여부 등 그 결과를 시·도지사, 시장·군수·구청장 또는 정화책임자에게 통보하여야 한다.

④ 법 제15조의5 제2항 제5호에서 "대통령령으로 정하는 경우"란 도로, 철도, 건축물 등 시설물 아래의 오염토양을 정화하려는 경우로서 기후에너지환경부장관이 기후에너지환경부령으로 정하는 바에 따라 위해성평가가 필요하다고 인정하는 경우를 말한다.

⑤ 시설물의 범위 및 인정기준에 관한 사항은 기후에너지환경부장관이 정하여 고시한다.

제11조의3(정화과정 검증의 생략)

오염토양의 양이 1,000세제곱미터 미만[중금속에 의한 오염토양중 토양오염도가 토양오염대책기준(이하 "대책기준"이라 한다)을 초과하는 것으로서 500세제곱미터 이상인 것을 제외한다]인 경우에는 정화과정에 대한 검증을 생략할 수 있다.

제11조의4(토양관리단지 조성계획의 수립) _{중요내용}

기후에너지환경부장관은 토양관리단지 조성계획을 수립할 때에는 다음 각 호의 사항을 포함하여야 한다.

1. 조성목적, 필요성, 조성 및 운영 기간
2. 위치·면적 등 조성 대상 부지의 현황
3. 조성 대상 부지의 확보 방안
4. 조성을 위한 사업비 확보 및 재원조달 방법
5. 교통시설 등 주요 기반시설 설치 및 운영 계획
6. 환경보전계획
7. 오염토양 정화처리 용량
8. 정화된 토양의 재활용 및 보급에 관한 사항

제11조의5(토양관리단지 조성계획의 변경) _{중요내용}

법 제15조의7 제2항 후단에서 "대통령령으로 정하는 중요한 사항을 변경하려는 경우"란 다음 각 호의 어느 하나에 해당하는 경우를 말한다.

1. 조성 대상 부지면적의 20퍼센트를 초과하여 변경하려는 경우
2. 오염토양 정화처리 용량의 20퍼센트를 초과하여 변경하려는 경우

제12조(토양보전대책지역의 지정)

① 법 제17조 제1항 단서에서 "대통령령이 정하는 경우에 해당하는 지역"이라 함은 다음 각 호와 같다.

1. 재배작물 중 오염물질함량이 「식품위생법」에 의한 중금속잔류허용기준(이하 "중금속잔류허용기준"이라 한다)을 초과한 면적이 1만제곱미터 이상인 농경지

2. 중금속·유류 등 토양오염물질에 의하여 토양·지하수 등이 복합적으로 오염되어 사람의 건강에 피해를 주거나 환경상의 위해가 있어 특별한 대책이 필요한 지역

② 특별자치시장·특별자치도지사·시장·군수·구청장은 기후에너지환경부장관에게 토양보전대책지역의 지정을 요청하는 때에는 토양보전대책지역 지정신청서를 기후에너지환경부장관에게 제출하여야 한다.

③ 법 제17조 제3항 본문에 따라 해당 지역주민의 의견을 듣는 경우 그 절차 및 방법은 「토지이용규제 기본법」 제8조 제1항에 따른다.

④ 법 제17조 제3항 단서에서 "대통령령으로 정하는 사유"란 토양이 오염되어 사람의 건강에 피해를 주거나 환경상의 위해가 있어 긴급하게 대응할 필요가 있는 경우를 말한다.

⑤ 토양보전대책지역의 지정기준은 다음 각 호와 같다. *중요내용*

1. 농경지의 경우에는 지표면으로부터 30센티미터까지의 토양오염도가 대책기준을 초과하거나 특별자치시장·특별자치도지사·시장·군수·구청장이 재배작물 중 오염물질함량이 중금속잔류허용기준을 초과하여 대책지역지정을 요청한 지역일 것

2. 농경지외의 지역의 경우에는 지표면으로부터 지하수(대수층)면 상부 토양사이의 토양오염도가 대책기준을 초과한 지역 또는 특별자치시장·특별자치도지사·시장·군수·구청장이 대책지역지정을 요청한 지역으로서 인체에 대한 피해가 우려되고 그 면적이 1만제곱미터 이상인 지역일 것

⑥ 기후에너지환경부장관은 대책지역을 지정·고시한 때에는 그 내용과 관계서류를 해당 특별자치시장·특별자치도지사·시장·군수·구청장에게 보내 일반인에게 열람하도록 하고 당해 대책지역 내의 일반인이 보기 쉬운 곳에 지정내용을 알리는 표지판을 설치하게 하여야 한다.

제12조의2(대책계획의 수립)

대책지역이 둘 이상의 특별자치시·시·군·구에 걸치는 경우에는 해당 대책지역의 면적이 넓은 지역의 관할 특별자치시장·시장·군수·구청장이 대책계획을 수립하여야 한다. 이 경우 대책계획을 수립하는 특별자치시장·시장·군수·구청장은 다른 대책지역을 관할하는 특별자치시장·시장·군수·구청장과 협의하여야 한다.

제13조(오염토양개선사업의 종류) *중요내용*

1. 객토 및 토양개량제의 사용 등 농토배양사업
2. 오염된 수로의 준설사업
3. 오염토양의 위생적 매립·정화사업
4. 오염물질의 흡수력이 강한 식물식재사업
5. 그 밖에 특별자치시장·특별자치도지사·시장·군수·구청장이 필요하다고 인정하는 사업

♂ 제13조의2(주민건강피해조사 등) 〔중요내용〕

주민건강피해조사 및 대책의 내용에 포함하여야 하는 사항은 다음 각 호와 같다.
1. 건강피해조사의 대상 및 방법
2. 건강피해조사 기관
3. 건강피해의 판정 및 대책
4. 그 밖에 건강피해조사 및 대책에 필요한 사항

♂ 제14조(대책지역의 관할조정) 〔중요내용〕

① 대책지역의 오염토양개선사업은 관할지역별로 실시하되, 지역별로 구분하여 실시하기가 곤란한 경우에는 오염면적이 넓은 지역의 관할 특별자치시장·시장·군수·구청장이 오염토양개선사업을 실시하여야 한다.
② 제1항의 규정에 의한 사업실시주체가 아닌 관계 특별자치시장·시장·군수·구청장은 당해 오염토양개선사업의 실시에 적극 협조하여야 한다.

♂ 제15조(토지이용등의 제한)

특별자치시장·특별자치도지사·시장·군수·구청장이 대책지역안에서 토지의 이용 또는 시설의 설치를 제한하려는 경우에는 그 대상·방법·기간·구역등을 정하여 고시하여야 한다. 이 경우에는 「국토의 계획 및 이용에 관한 법률」상 용도지역의 지정목적 및 행위제한과의 형평성을 고려하여야 한다.

♂ 제16조(대책지역안에서의 시설설치 제한) 〔중요내용〕

"대책지역안에서 그 지정목적을 해할 우려가 있다고 인정되는 대통령령이 정하는 시설"이라 함은 대책지역 지정의 주요원인이 된 오염물질을 배출하는 시설, 오염물질이 함유된 원료를 사용하는 시설 또는 오염물질이 함유된 제품을 생산하는 시설을 말한다.

♂ 제17조(폐금속광산지역에 관한 특례)

특별자치시장·특별자치도지사·시장·군수·구청장은 관할지역중 「광산안전법」 제18조의 규정에 의한 광업권자 또는 조광권자이었던 자의 책임이 소멸된 금속광산지역의 현황을 파악하여 시·도지사 및 기후에너지환경부장관에게 통보해야 한다.

♂ 제17조의2(토양 관련 전문기관의 지정기준 등) 〔중요내용〕

① 토양 관련 전문기관으로 지정받으려는 자가 갖추어야 하는 검사시설·장비 및 기술인력은 별표 1과 같다.

[별표 1] 토양 관련 전문기관의 지정기준(제17조의2 제1항 관련)

1. 토양오염조사기관

가. 장비 *중요내용

번호	장비명	수량 (단위 : 대)
1	흡광광도계(UV/Vis Spectrophotometer)	1
2	원자흡광광도계(Atomic Absorption Spectrophotometer) 또는 유도결합플라즈마광도계(Inductively Coupled Plasma)	1
3	퍼지ㆍ트랩장치(Purge & Trap)	1
4	가스크로마토그래프 전자포획기(GC/ECD)	1
5	가스크로마토그래프 질량분석기(GC/MSD)	1
6	가스크로마토그래프 불꽃이온화검출기(GC/FID)	1
7	초음파추출장치(Ultrasonic Disruptor)	1
8	자가동력시추기(타격식이나 나선형식으로 시추깊이가 최소 6미터 이상일 것)	1
9	그 밖에 토양시료를 채취하여 분석하는데 필요한 장비	

나. 기술인력

기술인력	해당 분야
1) 박사 또는 기술사 1명 이상 2) 기사 1명 이상 3) 산업기사 2명 이상	토양환경, 환경공학, 자연환경, 폐기물처리, 수질환경, 대기환경, 화학공학, 공업화학, 자원, 시추, 토목시공, 토목, 응용지질 관련 분야
4) 「고등교육법」에 따른 학교의 해당 분야 졸업자 또는 이와 동등 이상의 자격이 있는 사람 4명 이상	환경학, 환경공학, 환경위생, 화학공학, 공업화학, 유기화학, 생화학, 자원공학, 지질학, 토목공학, 생물학, 기계공학, 농화학, 물리학, 보건학, 의학, 화학 관련 학과

※ 비고
1. 박사 또는 기술사는 해당 분야 기사 자격취득 후 토양 관련 분야 또는 해당 전문기술 분야에서 5년 이상 종사한 사람으로 대체할 수 있다. *중요내용
2. 기사는 해당 분야 산업기사 자격취득 후 토양 관련 분야 또는 해당 전문기술 분야에서 4년 이상 종사한 사람으로 대체할 수 있다. *중요내용
3. 산업기사는 「고등교육법」에 따른 학교의 해당 분야를 졸업하고 토양 관련 분야 또는 해당 전문기술 분야에서 3년 이상 종사한 사람이나 기후에너지환경부장관이 인정하는 토양지하수전문인력 양성 교육과정을 수료한 사람으로 대체할 수 있다.
4. 「고등교육법」에 따른 학교의 해당 분야 졸업자는 공업계고등학교를 졸업하고 토양 관련 분야 또는 해당 전문기술 분야에서 3년 이상 종사한 사람으로 대체할 수 있다.
5. 나목1)란부터 3)란까지에 해당하는 기술인력 중 1명 이상은 토양환경기술사 또는 토양환경기사로 하여야 한다.

6. 누출검사기관이 토양오염조사기관으로 지정받으려는 경우의 기술인력은 토양오염조사기관 지정에 필요한 기술인력의 2분의 1 이상을 확보하여야 한다. 이 경우 나목1)란부터 3)란까지에 해당하는 기술인력의 경우에는 자격등급을 구분하지 않는다.

7. 토양환경평가기관 또는 위해성평가기관이 토양오염조사기관으로 지정받으려는 경우에는 토양오염조사기관의 지정에 필요한 기술인력을 확보하여야 한다. 다만, 시료채취 및 분석을 자체 수행하는 경우에는 필요한 기술인력(나목1)란부터 3)란까지에 해당하는 기술인력의 경우에는 자격등급을 구분하지 아니한다)의 2분의 1 이상을 확보하여야 한다.

2. 누출검사기관

가. 장비 중요내용

1) 「환경분야 시험·검사 등에 관한 법률」에 해당하는 분야에 대한 환경오염 공정시험기준에 따라 토양오염물질의 누출을 검사할 수 있는 다음의 장비 (측정원리가 과학적으로 합당하여야 하고, 국립환경과학원장이 정하는 기준 이상의 성능을 유지하여야 한다)를 각각 1대 이상 갖추어야 한다.

　가) 지하매설저장시설 및 이와 연결된 지하매설배관의 액체가 채워져 있는 부위에서 누출되는 액체의 양을 시간단위로 측정(누출량측정법)할 수 있는 장비

　나) 지하매설저장시설의 기체가 있는 상부공간 및 배관 등에 구멍이 있는지 여부를 검사(누출여부판단법)할 수 있는 장비

2) 자기탐상(磁氣探傷) 시험장비 또는 침투탐상(浸透探傷) 시험설비

3) 초음파두께측정기(100분의 1밀리미터 이상의 정밀도를 갖는 것)

4) 가연성가스농도측정기

5) 산소농도측정기

나. 기술인력

기술인력	해당 분야
1) 박사 또는 기술사 1명 이상 2) 기사 1명 이상 3) 산업기사 2명 이상	토양환경, 환경공학, 화학공학, 공업화학, 화공안전, 소방설비, 비파괴검사, 기계공학, 설비공학, 전자공학, 전기공학 또는 제어계측 관련 분야
4) 「고등교육법」 제2조에 따른 학교의 해당 분야 졸업자 또는 이와 동등 이상의 자격이 있는 자 3명 이상	환경학, 환경공학, 화학공학, 공업화학, 유기화학, 지질학, 토목공학, 기계공학, 금속공학, 물리학, 설비공학, 전자공학, 전기공학 또는 제어계측공학 관련 학과

※ 비고 중요내용

1. 박사 또는 기술사는 해당 분야 기사 자격취득 후 토양 관련 분야 또는 해당 전문기술 분야에서 5년 이상 종사한 사람으로 대체할 수 있다.

2. 기사는 해당 분야 산업기사 자격취득 후 토양 관련 분야 또는 해당 전문기술 분야에서 4년 이상 종사한 사람으로 대체할 수 있다.

3. 산업기사는 「고등교육법」에 따른 학교의 해당 분야를 졸업하고 토양 관련 분야 또는 해당 전문기술 분야에서 3년 이상 종사한 사람 또는 기후에너지환경부장관이 인정하는 토양지하수전문인력 양성 교육과정을 수료한 사람으로 대체할 수 있다.

4. 「고등교육법」에 따른 학교의 해당 분야 졸업자는 공업계고등학교를 졸업하고 토양 관련 분야 또는 해당 전문기술 분야에서 3년 이상 종사한 사람으로 대체할 수 있다.

5. 나목1)란부터 3)란까지에 해당하는 기술인력 중 1명 이상은 토양환경기술사 또는 토양환경기사로 하여야 한다.

6. 나목2)란 및 3)란에 해당하는 기술인력 중 1명 이상은 비파괴검사기사로 하여야 한다.

7. 토양오염조사기관이 누출검사기관으로 지정받으려는 경우의 기술인력은 누출검사기관의 지정에 필요한 기술인력의 2분의 1 이상을 확보하여야 한다. 이 경우 나목1)란부터 3)란까지에 해당하는 기술인력의 경우에는 자격등급을 구분하지 않는다.

8. 토양정화업자가 누출검사기관으로 지정받고자 하는 경우에는 나목1)란에 해당하는 기술인력을 중복하여 갖추지 않을 수 있다.

9. 토양환경평가기관 또는 위해성평가기관이 누출검사기관으로 지정받으려는 경우에는 누출검사기관의 지정에 필요한 기술인력을 확보하여야 한다. 다만, 시료채취 및 분석을 자체 수행하는 경우에는 기술인력(나목1)란부터 3)란까지에 해당하는 기술인력의 경우에는 자격등급을 구분하지 않는다)의 2분의 1 이상을 추가로 확보하여야 한다.

3. 토양환경평가기관

가. 장비 [*]중요내용

번호	장비명	수량 (단위 : 대)
1	흡광광도계(UV/Vis Spectrophotometer)	1
2	원자흡광광도계(Atomic Absorption Spectrophotometer) 또는 유도결합플라즈마광도계(Inductively Coupled Plasma)	1
3	퍼지 · 트랩장치(Purge & Trap)	1
4	가스크로마토그래프 전자포획기(GC/ECD)	1
5	가스크로마토그래프 질량분석기(GC/MSD)	1
6	가스크로마토그래프 불꽃이온화검출기(GC/FID)	1
7	초음파추출장치(Ultrasonic Disruptor)	1
8	자가동력시추기(타격식이나 나선형식으로 시추깊이가 최소 6미터 이상일 것)	1
9	그 밖에 토양시료를 채취하여 분석하는 데 필요한 장비	

※ 비고

토양환경평가기관으로 지정받으려는 기관이 토양 시료채취 및 분석을 토양오염조사기관에 대행하게 하는 경우에는 장비 기준을 갖추지 않을 수 있다.

나. 기술인력

기술인력	해당 분야
1) 박사 또는 기술사 1명 이상 2) 기사 1명 이상 3) 산업기사 1명 이상	토양환경, 환경공학, 환경과학, 환경보건, 환경위생, 환경화학, 자연환경, 폐기물처리, 대기환경, 수질환경, 화학공학, 공업화학, 자원, 시추, 토목시공, 토목, 응용지질 관련 분야
4) 「고등교육법」에 따른 학교의 해당 분야 졸업자 또는 이와 동등 이상의 자격이 있는 사람 1명 이상	환경(과)학, 환경공학, 환경보건, 환경위생, 환경화학, 화학공학, 공업화학, 유기화학, 생화학, 자원공학, 지질학, 토양환경, 토목공학, 도시계획학, 생물학, 자원공학, 기계공학, 농화학, 물리학, 보건학, 의학, 화학 관련 학과

※ 비고
1. 박사 또는 기술사는 해당 분야 기사 자격취득 후 토양 관련 분야 또는 해당 전문기술 분야에서 5년 이상 종사한 사람으로 대체할 수 있다.
2. 기사는 해당 분야 산업기사 자격취득 후 토양 관련 분야 또는 해당 전문기술 분야에서 4년 이상 종사한 사람으로 대체할 수 있다.
3. 산업기사는 「고등교육법」에 따른 학교의 해당 분야를 졸업하고 토양 관련 분야 또는 해당 전문기술 분야에서 3년 이상 종사한 사람이나 기후에너지환경부장관이 인정하는 토양지하수전문인력 양성 교육과정을 수료한 사람으로 대체할 수 있다.
4. 「고등교육법」에 따른 학교의 해당 분야 졸업자는 공업계고등학교를 졸업하고 토양 관련 분야 또는 해당 전문기술 분야에서 3년 이상 종사한 사람으로 대체할 수 있다.
5. 나목1)란부터 3)란까지에 해당하는 기술인력 중 1명 이상은 토양환경기술사 또는 토양환경기사로 하여야 한다.
6. 토양환경평가 기관이 시료채취 및 분석을 자체 수행할 경우 기술인력은 기사 1명 이상, 산업기사 2명 이상, 「고등교육법」에 따른 학교의 해당 분야 졸업자 또는 이와 동등 이상의 자격이 있는 자 2명 이상을 추가해야 하며, 각 기술인력의 해당 분야는 토양오염조사기관 지정기준과 동일하다.
7. 토양오염조사기관 또는 누출검사기관이 토양환경평가기관으로 지정받으려는 경우에는 토양환경평가기관 지정에 필요한 기술인력(나목1)란부터 3)란까지에 해당하는 기술인력의 경우에는 자격등급을 구분하지 않는다)의 2분의 1 이상을 확보하여야 한다.
8. 위해성평가기관 또는 토양정화업자가 토양환경평가기관으로 지정받으려는 경우에는 나목1)란에 해당하는 기술인력을 중복하여 갖추지 않을 수 있다.

4. 위해성평가기관

가. 장비 🔹중요내용

번호	장비명	수량 (단위 : 대)
1	흡광광도계(UV/Vis Spectrophotometer)	1
2	원자흡광광도계(Atomic Absorption Spectrophotometer) 또는 유도결합플라즈마광도계(Inductively Coupled Plasma)	1
3	퍼지 · 트랩장치(Purge & Trap)	1

4	가스크로마토그래프 전자포획기(GC/ECD)	1
5	가스크로마토그래프 질량분석기(GC/MSD)	1
6	가스크로마토그래프 불꽃이온화검출기(GC/FID)	1
7	초음파추출장치(Ultrasonic Disruptor)	1
8	자가동력시추기(타격식이나 나선형식으로 시추깊이가 최소 6미터 이상일 것)	1
9	그 밖에 토양시료를 채취하여 분석하는데 필요한 장비	

※ 비고

위해성평가기관으로 지정받으려는 기관이 토양 시료채취 및 분석을 토양오염조사기관에 대행하게 하는 경우에는 장비 기준을 갖추지 않을 수 있다.

나. 기술인력

기술인력	해당 분야
1) 박사 또는 기술사 1명 이상	토양환경, 환경공학, 환경과학, 환경보건, 환경위생, 환경화학, 독성학, 수질환경, 대기환경, 폐기물처리, 자연환경 관련 분야
2) 기사 1명 이상	
3) 산업기사 2명 이상	
4) 「고등교육법」에 따른 학교의 해당 분야 졸업자 또는 이와 동등 이상의 자격이 있는 사람 1명 이상	환경(과)학, 환경공학, 환경보건, 환경위생, 환경화학, 독성학, 화학공학, 공업화학, 유기화학, 생화학, 자원공학, 지질학, 토양환경, 토목공학, 도시계획학, 생물학, 자원공학, 기계공학, 농화학, 물리학, 보건학, 의학, 화학 관련 학과

※ 비고

1. 기사는 해당 분야 산업기사 자격취득 후 토양 관련 분야 또는 해당 전문기술 분야에서 4년 이상 종사한 사람으로 대체할 수 있다.
2. 산업기사는 「고등교육법」에 따른 학교의 해당 분야를 졸업하고 토양 관련 분야 또는 해당 전문기술 분야에서 3년 이상 종사한 사람이나 기후에너지환경부장관이 인정하는 토양지하수전문인력 양성 교육과정을 수료한 사람으로 대체할 수 있다.
3. 「고등교육법」에 따른 학교의 해당 분야 졸업자는 공업계고등학교를 졸업하고 토양 관련 분야 또는 해당 전문기술 분야에서 3년 이상 종사한 사람으로 대체할 수 있다.
4. 나목1)란부터 3)란까지에 해당하는 기술인력 중 1명 이상은 토양환경기술사 또는 토양환경기사로 하여야 한다.
5. 위해성평가기관이 시료채취 및 분석을 자체 수행할 경우 기술인력은 기사 1명 이상, 산업기사 2명 이상, 「고등교육법」에 따른 학교의 해당 관련 분야 졸업자 또는 이와 동등 이상의 자격이 있는 자 2명 이상을 추가해야 하며, 각 기술인력의 해당 분야는 토양오염조사기관 지정기준과 동일하다.
6. 토양오염조사기관 또는 누출검사기관이 위해성평가기관으로 지정받으려는 경우에는 위해성평가기관 지정에 필요한 기술인력(나목1)란부터 3)란까지에 해당하는 기술인력의 경우에는 자격등급을 구분하지 않는다)의 2분의 1 이상을 확보하여야 한다.
7. 토양환경평가기관이 위해성평가기관으로 지정받으려는 경우에는 나목1)란에 해당하는 기술인력을 중복하여 갖추지 않을 수 있다.

② 변경지정을 받아야 하는 사항은 다음 각 호와 같다.

　1. 상호 또는 사업장 소재지의 변경

　2. 대표자의 변경

　3. 기술인력의 변경

③ 제2항 각 호의 사항을 변경하고자 하는 때에는 변경사유가 발생한 날부터 60일 이내에 변경지정을 받아야 한다.

제17조의3(토양오염조사기관) +중요내용

법 제23조의2 제3항 각 호 외의 부분 단서에서 "대통령령으로 정하는 기관"이란 다음 각 호와 같다.

1. 국립환경과학원

2. 시 · 도 보건환경연구원

3. 유역환경청 또는 지방환경청

4. 한국환경공단

제17조의4(토양정화업의 등록요건 등) +중요내용

① 토양정화업의 등록 또는 변경등록을 하려는 자는 기후에너지환경부령으로 정하는 바에 따라 사무실의 소재지를 관할하는 시 · 도지사에게 등록 또는 변경등록해야 한다.

② 토양정화업을 등록한 시 · 도지사의 관할구역 외에서 반입정화시설을 설치하여 오염토양을 반출하여 정화하려는 자는 기후에너지환경부령으로 정하는 바에 따라 반입정화시설의 소재지를 관할하는 시 · 도지사에게 등록 또는 변경등록해야 한다.

③ 법 제23조의7 제1항 후단에서 "대통령령으로 정하는 사항"이란 다음 각 호의 사항을 말한다.

　1. 상호 또는 사무실 소재지

　2. 대표자

　3. 기술인력

　4. 제1항 및 제2항에 따라 등록한 시 · 도지사의 관할구역 내에서의 반입정화시설의 신설 · 폐쇄 · 이전에 따른 반입정화시설의 수 또는 위치

　5. 반입정화시설의 면적(정화시설 또는 보관시설의 면적이 100분의 50 이상 증감되는 경우만 해당한다)

④ 제3항 제1호부터 제3호까지의 규정에 따른 사항을 변경하려는 경우에는 변경사유가 발생한 날부터 30일 이내에 변경등록을 해야 하며, 제3항 제4호 및 제5호의 사항을 변경하려는 경우에는 미리 변경등록을 해야 한다.

⑤ 시 · 도지사는 법 제23조의7 제1항 전단에 따른 등록신청이 있을 때에는 다음 각 호의 어느 하나에 해당하는 경우를 제외하고는 등록을 해 줘야 한다.

　1. 겸업 금지 대상에 해당하는 경우

2. 결격사유에 해당하는 경우

3. 다른 법령에 따라 시설의 설치 · 운영이 금지 또는 제한되는 지역에 시설을 설치하려
   는 경우(반입정화시설을 설치하는 경우만 해당한다)

4. 시설 · 장비 및 기술인력을 갖추지 못한 경우

5. 그 밖에 이 법령 또는 다른 법령에 따른 제한에 위반되는 경우

▌[별표 2] 토양정화업의 등록요건(제17조의4 제3항 관련) ▌

1. 시설 ＊중요내용

가. 사무실

나. 반입정화시설 : 정화시설 400제곱미터 이상, 보관시설 400제곱미터 이상

※ 비고 : 나목의 반입정화시설은 오염토양을 반입하여 정화하는 경우만 해당하며, 반입정
화시설의 바닥의 포장, 벽면 · 지붕설치 및 오염방지시설 등 세부설치기준은 기후
에너지환경부장관이 정하여 고시한다.

2. 장비 ＊중요내용

가. 시료채취기 1대(깊이 6미터 이상 시료채취가 가능할 것)

나. 휴대용 가스측정장비 1식[휘발성유기화합물질(VOC), 산소, 이산화탄소 및 메
   탄의 측정이 가능할 것]

다. 현장용 수질측정기 1식[수소이온농도(pH), 수온, 전기전도도, 용존산소 및 산
   화 · 환원전위의 측정이 가능할 것]

라. 지하수위측정기

※ 비고 : 토양정화업의 등록을 한 자가 등록한 시 · 도지사의 관할구역 외에서 반입정화시
설을 설치하여 반입정화시설의 소재지를 관할하는 시 · 도지사에게 추가로 토양정
화업의 등록을 하려는 경우에는 장비를 중복하여 갖추지 않을 수 있다.

3. 기술인력

기술인력	해당 분야
가. 박사 또는 기술사 1명 이상	토양환경, 자연환경, 폐기물처리, 대기환경, 수질환경, 화학공학, 공업화학, 화공안전, 자원, 시추, 토목시공, 토목, 소방설비, 응용지질, 산업위생, 기계공학, 설비공학, 전자공학, 전기공학 또는 제어계측 관련 분야
나. 기사 1명 이상	
다. 산업기사 2명 이상	
라. 「고등교육법」에 따른 학교의 해당 관련 분야 졸업자 또는 이와 동등 이상의 자격이 있는 사람 3명 이상	환경학, 환경공학, 환경위생, 화학공학, 공업화학, 유기화학, 생화학, 자원공학, 지질학, 토목공학, 생물학, 기계공학, 농화학, 금속공학, 물리학, 화학, 설비공학, 전자공학, 전기공학 또는 제어계측공학 관련 학과

※ 비고

1. 박사 또는 기술사는 해당 분야 기사 자격취득 후 토양 관련 분야 또는 해당 전문기술

분야에서 5년 이상 종사한 사람으로 대체할 수 있다.

2. 기사는 해당 분야 산업기사 자격취득 후 토양 관련 분야 또는 해당 전문기술 분야에서 4년 이상 종사한 사람으로 대체할 수 있다.

3. 산업기사는 「고등교육법」에 따른 학교의 해당 분야를 졸업하고 토양 관련 분야 또는 해당 전문기술 분야에서 3년 이상 종사한 사람 또는 기후에너지환경부장관이 인정하는 토양지하수전문인력 양성 교육과정을 수료한 사람으로 대체할 수 있다.

4. 「고등교육법」에 따른 학교의 해당 관련 분야 졸업자는 공업계고등학교를 졸업하고 토양 관련 분야 또는 해당 전문기술 분야에서 3년 이상 종사한 사람으로 대체할 수 있다.

5. 위 제3호가목란부터 다목란까지에 해당하는 기술인력 중 1명 이상은 토양환경기술사 또는 토양환경기사로 하여야 한다.

6. 누출검사기관 또는 토양환경평가기관이 토양정화업의 등록을 하려는 경우에는 위 제3호 가목란에 해당하는 기술인력은 중복하여 갖추지 아니할 수 있다.

7. 토양정화업의 등록을 한 자가 등록한 시·도지사의 관할구역 외에서 반입정화시설을 설치하여 반입정화시설의 소재지를 관할하는 시·도지사에게 추가로 토양정화업의 등록을 하려는 경우에는 기술인력을 중복하여 갖추지 않을 수 있다.

② 법 제23조의7 제1항 후단의 규정에 의하여 변경등록을 하여야 하는 사항은 다음 각 호와 같다.

1. 상호 또는 사업장 소재지의 변경
2. 대표자의 변경
3. 기술인력의 변경
4. 별표 2 제1호 나목의 규정에 의한 반입정화시설의 변경

③ 제2항 제1호 내지 제3호의 사항을 변경하고자 하는 때에는 변경사유가 발생한 날부터 30일 이내에 변경등록을 하여야 하며, 제2항 제4호의 사항을 변경하고자 하는 때에는 미리 변경등록을 하여야 한다.

④ 시·도지사는 법 제23조의7 제1항에 따른 등록신청이 있을 때에는 다음 각 호의 어느 하나에 해당하는 경우를 제외하고는 등록을 해 주어야 한다.

1. 겸업의 금지대상에 해당하는 경우
2. 결격사유에 해당하는 경우
3. 다른 법령에 따라 시설의 설치·운영이 금지 또는 제한되는 지역에 시설을 설치하고자 하는 경우(반입정화시설을 설치하는 경우에만 적용한다)
4. 시설·장비 및 기술인력을 갖추지 못한 경우
5. 그 밖에 이 법령 또는 다른 법령에 따른 제한에 위반되는 경우

♂ 제17조의5(하도급의 금지)

① 법 제23조의9제2항 본문에서 "대통령령으로 정하는 공사"란 토양정화시설의 운영공종을 말한다.

② 법 제23조의9제2항 단서에서 "대통령령으로 정하는 불가피한 사유"란 다음 각 호의 어느 하나에 해당하는 사유를 말한다.

    1. 천재지변의 발생으로 긴급한 토양정화가 필요한 경우

    2. 「재난 및 안전관리 기본법」에 따라 특별재난지역으로 선포되어 긴급한 토양정화가 필요한 경우

🔵 제18조(권한의 위임·위탁) #중요내용

① 기후에너지환경부장관은 다음의 권한을 유역환경청장 또는 지방환경청장에게 위임한다.

    1. 측정망의 설치 및 상시측정

    2. 토양정밀조사

    3. 토지등의 수용 또는 사용

    4. 토양환경평가기관의 지정 및 공고

    5. 토양환경평가기관에 대한 행정처분

    5의2. 토양환경평가기관의 지위승계 신고의 접수·처리

    6. 토양환경평가기관에 대한 보고·자료제출 요구 및 검사

    7. 토양환경평가기관의 지정취소에 대한 청문

    8. 과태료의 부과·징수

② 기후에너지환경부장관은 다음 각 호의 권한을 국립환경과학원장에게 위임한다.

    1. 정보시스템의 구축운영

    1의2. 오염토양 정보시스템의 설치운영

    1의3. 위해성평가기관의 지정 및 공고

    2. 위해성평가기관에 대한 행정처분

    3. 위해성평가기관의 지위승계 신고의 접수 및 처리

    4. 위해성평가기관에 대한 보고·자료제출 요구 및 검사

    5. 위해성평가기관의 지정취소에 대한 청문

    6. 과태료의 부과징수

③ 기후에너지환경부장관은 다음 각 호의 업무를 한국환경공단에 위탁할 수 있다. 이 경우 기후에너지환경부장관은 그 위탁 일시와 업무를 고시하여야 한다.

    1. 토양오염관리대상시설 등 조사

    1의2. 토양오염 이력정보의 작성과 관리

    2. 토양정밀조사

    3. 표토(表土)의 침식(浸蝕) 현황 및 정도에 대한 조사

    4. 따른 토양정밀조사 및 토양정화

    5. 토지 등의 수용 또는 사용에 관련된 업무. 다만, 기후에너지환경부장관으로부터 위탁받은 업무에 필요한 범위로 한정한다.

    5의2. 토양정화 등의 비용 지원

    6. 토양관리단지 조성계획 수립·변경, 의견청취, 협의

    7. 토양관리단지 토지 일부의 사용·수익, 대부 또는 매각에 관련된 업무

♂ 제19조(과태료의 부과기준)

┃[별표 3] 과태료의 부과기준(제19조 관련)┃

1. 일반기준

　가. 위반행위의 횟수에 따른 과태료의 가중된 부과기준은 최근 1년간 같은 위반행위로 과태료 부과처분을 받은 경우에 적용한다. 이 경우 기간의 계산은 위반행위에 대하여 과태료 부과처분을 받은 날과 그 처분 후 다시 같은 위반행위를 하여 적발된 날을 기준으로 한다.

　나. 가목에 따라 가중된 부과처분을 하는 경우 가중처분의 적용 차수는 그 위반행위 전 부과처분 차수(가목에 따른 기간 내에 과태료 부과처분이 둘 이상 있었던 경우에는 높은 차수를 말한다)의 다음 차수로 한다.

　다. 부과권자는 다음의 어느 하나에 해당하는 경우에는 제2호에 따른 과태료 금액의 2분의 1의 범위에서 그 금액을 감경할 수 있다. 다만, 과태료를 체납하고 있는 위반행위자의 경우에는 그러하지 아니하다.

　　1) 위반행위자가 「질서위반행위규제법 시행령」 제2조의2제1항 각 호의 어느 하나에 해당하는 경우

　　2) 위반행위자의 사소한 부주의나 오류로 인한 것으로 인정되는 경우

　　3) 위반행위자가 위반행위를 바로 정정하거나 시정하여 해소한 경우

　　4) 그 밖에 위반행위의 정도, 동기와 그 결과 등을 고려하여 감경할 필요가 있다고 인정하는 경우

2. 개별기준

(단위 : 만 원)

위반행위	근거 법조문	과태료 금액		
		1차 위반	2차 위반	3차 이상 위반
가. 정당한 사유 없이 법 제8조제5항에 따른 관계 공무원 또는 토양 관련 전문기관 직원의 행위를 방해 또는 거절한 경우	법 제32조 제2항 제1호	100	150	200
나. 법 제10조의4제6항을 위반하여 정화책임자의 토양정화등에 협조하지 않은 경우	법 제32조 제2항 제1호의2	100	150	200
다. 법 제11조제1항을 위반하여 토양이 오염된 사실을 발견하고도 그 사실을 신고하지 않은 경우	법 제32조 제1항 제1호	100	200	300
라. 법 제11조제3항·제14조제1항 또는 제15조제1항에 따른 토양정밀조사명령을 이행하지 않은 경우	법 제32조 제2항 제2호	100	150	200

위반행위	근거 법조문	과태료 금액		
		1차 위반	2차 위반	3차 이상 위반
마. 법 제11조제4항·제14조제2항 또는 제15조제2항을 위반하여 토양정밀조사결과를 지체 없이 시·도지사 또는 시장·군수·구청장에게 통보하지 않은 경우	법 제32조 제2항 제3호	50	100	200
바. 법 제12조제1항 후단을 위반하여 변경(시설의 폐쇄를 포함한다)신고를 하지 않은 경우	법 제32조 제2항 제4호	50	70	100
사. 법 제13조제1항 또는 제4항에 따른 검사를 받지 않거나 검사결과를 보존하지 않은 경우	법 제32조 제2항 제5호			
1) 법 제13조제1항에 따른 검사를 받지 않은 경우		100	150	200
2) 법 제13조제4항에 따라 토양 관련 전문기관으로부터 통보받은 검사결과를 보존하지 않은 경우		50	70	100
아. 법 제13조제4항을 위반하여 토양오염검사 결과를 특별자치시장·특별자치도지사·시장·군수·구청장 및 관할 소방서장에게 통보하지 않은 경우	법 제32조 제2항 제5호의2	100	150	200
자. 법 제15조의3제4항을 위반하여 오염토양반출정화계획에 관한 적정통보를 받지 않고 오염토양을 반출하여 정화한 경우	법 제32조 제2항 제5호의3	100	150	200
차. 법 제15조의3제6항을 위반하여 토양 인수인계서를 오염토양 정보시스템에 입력하지 아니한 경우	법 제32조 제1항 제2호	100	200	300
카. 법 제15조의3제6항에 따른 토양 인수인계서를 거짓으로 입력한 경우 또는 입력내용의 일부를 누락하는 등 부실하게 입력한 경우	법 제32조 제2항 제5호의4	100	150	200
타. 법 제15조의6제2항에 따른 오염토양정화계획 또는 오염토양정화변경계획을 제출하지 않은 경우	법 제32조 제2항 제6호			
1) 오염토양정화계획을 제출하지 않은 경우		100	150	200
2) 오염토양정화변경계획을 제출하지 않은 경우		50	70	100
파. 법 제19조제1항에 따른 지도·감독을 거부·방해 또는 기피한 경우	법 제32조 제2항 제7호	100	150	200
하. 법 제21조제1항을 위반하여 대책지역에서 특정수질유해물질, 폐기물, 유해화학물질, 오수·분뇨 또는 가축분뇨를 버린 경우	법 제32조 제2항 제8호	150	170	200

위반행위	근거 법조문	과태료 금액		
		1차 위반	2차 위반	3차 이상 위반
거. 법 제23조의2제2항 각 호 외의 부분 후단에 따른 변경지정을 받지 않은 경우	법 제32조 제2항 제9호	50	100	200
너. 법 제23조의2제5항 또는 제23조의9제3항에 따른 준수사항을 지키지 않은 경우	법 제32조 제2항 제10호	50	100	200
더. 법 제23조의7제1항 후단에 따른 변경등록을 하지 않은 경우	법 제32조 제2항 제11호	50	100	200
러. 법 제23조의12제3항을 위반하여 신고를 하지 않은 경우	법 제32조 제2항 제11호의2	50	100	200
머. 법 제23조의14제1항 또는 제2항을 위반하여 교육을 받지 않은 경우 또는 교육을 받게 하지 않은 경우	법 제32조 제2항 제12호	50	100	200
버. 법 제26조의2제1항 또는 제3항에 따른 공무원의 출입·검사를 거부·방해 또는 기피한 경우	법 제32조 제1항 제3호	100	200	300
서. 법 제26조의2 제1항 또는 제2항을 위반하여 보고 또는 자료제출을 하지 않거나 허위로 보고 또는 자료를 제출한 경우	법 제32조 제2항 제13호	100	150	200

003 토양환경보전법 시행규칙

♂ 제1조의2(토양오염물질) ; 별표 1

[별표 1] 토양오염물질(제1조의2 관련) `중요내용`

1. 카드뮴 및 그 화합물
2. 구리 및 그 화합물
3. 비소 및 그 화합물
4. 수은 및 그 화합물
5. 납 및 그 화합물
6. 6가 크롬화합물
7. 아연 및 그 화합물
8. 니켈 및 그 화합물
9. 불소화합물
10. 유기인화합물
11. 폴리클로리네이티드비페닐(PCB)
12. 시안화합물
13. 페놀류
14. 벤젠
15. 톨루엔
16. 에틸벤젠
17. 크실렌
18. 석유계 총 탄화수소
19. 트리클로로에틸렌(TCE)
20. 테트라클로로에틸렌(PCE)
21. 벤조(a)피렌
22. 1,2-디클로로에탄
23. 다이옥신(퓨란을 포함한다)
24. 그 밖에 위 물질과 유사한 토양오염물질로서 토양오염의 방지를 위하여 특별히 관리할 필요가 있다고 인정되어 기후에너지환경부장관이 고시하는 물질

🔶 제1조의3(특정토양오염관리대상시설) ; 별표 2

▌[별표 2] 특정토양오염관리대상시설(제1조의3 관련) ▌

종류	대상범위
1. 석유류의 제조 및 저장시설	「위험물안전관리법 시행령」의 제4류 위험물 중 제1·제2·제3·제4석유류에 해당하는 인화성액체의 제조·저장 및 취급을 목적으로 설치한 저장시설로서 총 용량이 2만리터 이상인 시설(이동탱크저장시설을 제외한다)
2. 제한물질·유해화학물질의 제조 및 저장시설	「화학물질관리법」에 따른 유해화학물질 영업의 허가를 받거나 신고를 한 자가 설치한 저장시설 중 별표 1에 의한 토양오염물질을 저장하는 시설[유기용제류의 경우는 트리클로로에틸렌(TCE), 테트라클로로에틸렌(PCE) 1,2−디클로로에탄 저장시설에 한한다]
3. 송유관시설	「송유관 안전관리법」의 규정에 의한 송유관시설중 송유용 배관 및 탱크
4. 기타 위 관리대상시설과 유사한 시설로서 특별히 관리할 필요가 있다고 인정되어 기후에너지환경부장관이 관계중앙행정기관의 장과 협의하여 고시하는 시설	

※ 비고
제1호의 규정에 의한 석유류의 제조 및 저장시설의 용량산출은 다음 각 호의 규정에 의한다.
1. 동일한 부지안의 특정토양오염관리대상시설에 대하여는 각 시설의 용량을 합산한다.
2. 부지가 연접되고 특정토양오염관리대상시설의 설치자가 동일한 특정토양오염관리대상시설에 대하여는 각 시설의 용량을 합산한다.

🔶 제1조의4(토양정밀조사) ➕중요내용

토양정밀조사는 토양오염이 발생한 장소와 그 주변지역의 토지이용용도, 오염물질의 종류·특성 및 오염물질의 확산 가능성 등을 고려하여 가장 적합한 방법에 의하여 조사해야 하며, 구체적인 토양정밀조사의 방법은 기후에너지환경부장관이 정하여 고시한다.

♂ 제1조의5(토양오염우려기준) ; 별표 3

▌[별표 3] 토양오염우려기준(제1조의5 관련) ▌ 중요내용

(단위 : mg/kg)

물질	1지역	2지역	3지역
카드뮴	4	10	60
구리	150	500	2,000
비소	25	50	200
수은	4	10	20
납	200	400	700
6가 크롬	5	15	40
아연	300	600	2,000
니켈	100	200	500
불소	800	1,300	2,000
유기인화합물	10	10	30
폴리클로리네이티드비페닐	1	4	12
시안	2	2	120
페놀	4	4	20
벤젠	1	1	3
톨루엔	20	20	60
에틸벤젠	50	50	340
크실렌	15	15	45
석유계 총 탄화수소(TPH)	500	800	2,000
트리클로로에틸렌(TCE)	8	8	40
테트라클로로에틸렌(PCE)	4	4	25
벤조(a)피렌	0.7	2	7
1.2-디클로로에탄	5	7	70
다이옥신(퓨란을 포함한다)	160	340	1,000

※ 비고

1. 1지역 : 「공간정보의 구축 및 관리 등에 관한 법률」에 따른 지목이 전·답·과수원·목장용지·광천지·대(「공간정보의 구축 및 관리 등에 관한 법률 시행령」 중 주거의 용도로 사용되는 부지만 해당한다)·학교용지·구거(溝渠)·양어장·공원·사적지·묘지인 지역과 「어린이놀이시설 안전관리법」에 따른 어린이 놀이시설(실외에 설치된 경우에만 적용한다) 부지

2. 2지역 : 「공간정보의 구축 및 관리 등에 관한 법률」에 따른 지목이 임야·염전·대(1지역에 해당하는 부지 외의 모든 대를 말한다)·창고용지·하천·유지·수도용지·체육용지·유원지·종교용지 및 잡종지(「공간정보의 구축 및 관리 등에 관한 법률 시행령」 제58조 제28호가목 또는 다목에 해당하는 부지만 해당한다)인 지역

3. 3지역 : 「공간정보의 구축 및 관리 등에 관한 법률」에 따른 지목이 공장용지·주차장·주유소용지·도로·철도용지·제방·잡종지(2지역에 해당하는 부지 외의 모든 잡종지를 말한다)인 지역과 「국방·군사시설 사업에 관한 법률」에서 규정한 국방·군사시설 부지

4. 「공익사업을 위한 토지 등의 취득 및 보상에 관한 법률」에 따라 취득한 토지를 반환하거나 「주한미군 공여구역 주변지역 등 지원 특별법」에 따라 반환공여구역의 토양 오염 등을 제거 하는 경우에는 해당 토지의 반환 후 용도에 따른 지역 기준을 적용한다.
5. 벤조(a)피렌 항목은 제한물질·유해화학물질의 제조 및 저장시설과 폐침목을 사용한 지 역(예 : 철도용지, 공원, 공장용지 및 하천 등)에만 적용한다.

⚓ 제1조의6(토양오염관리대상시설 등 조사)

① 기후에너지환경부장관은 토양오염관리대상시설 등 조사를 실시하기 위하여 매년 조사 일정, 범위, 기준 등이 포함된 토양오염관리대상시설 등 조사계획을 수립하여야 한다.

② 토양오염관리대상시설 등 조사는 자료조사, 현장조사 또는 의견청취의 방법으로 실시할 수 있다.

③ 토양오염관리대상시설 등 조사에는 다음 각 호의 사항이 포함되어야 한다.

1. 대상시설의 상호, 소재지
2. 대상시설의 설치연도, 면적, 시설용량, 취급물질 등 현황
3. 대상시설의 최근 5년간 토양오염검사, 토양정밀조사 또는 오염토양의 정화 등에 관한 자료
4. 그 밖에 토양오염관리대상시설 등 조사를 위하여 기후에너지환경부장관이 필요하다고 인정하는 사항

④ 한국환경공단은 조사계획에 따라 토양오염관리대상시설 등 조사를 실시하여야 한다.

⑤ 한국환경공단은 토양오염관리대상시설 등 조사를 실시할 경우에는 그 결과를 정보시스템으로 관리할 수 있도록 국립환경과학원장에게 제출하여야 한다.

⑥ 제1항부터 제5항까지에서 규정한 사항 외에 토양오염관리대상시설 등 조사를 효율적으로 하기 위하여 필요한 사항은 기후에너지환경부장관이 정하여 고시한다.

⚓ 제2조(토양오염도 측정망의 설치)

기후에너지환경부장관은 측정망을 설치하는 때에는 전국토를 일정단위로 구획하여 설치하되 전·답, 임야, 공원 등 토지의 용도를 고려하여 측정지점의 수를 조정할 수 있다.

⚓ 제3조(토양오염실태조사)

① 특별시장·광역시장·특별자치시장·도지사·특별자치도지사(이하 "시·도지사"라 한다) 또는 시장·군수·구청장(자치구의 구청장을 말한다. 이하 같다)은 토양오염실태조사를 할 때에는 공장·산업지역, 폐금속광산, 폐기물매립지역, 사격장 및 폐반침목 사용지역 주변 등 토양오염의 가능성이 큰 장소를 선정하여 조사하여야 한다.

② 시장·군수·구청장은 토양오염실태조사결과보고서를 매년 12월 31일까지 시·도지사에게 제출하여야 하며, 시·도지사는 그가 실시한 토양오염실태조사의 결과 및 시장·군수·구청장이 보고한 토양오염실태조사결과를 취합하여 별지 제1호서식의 토양오염실태조사결과보고서를 다음 연도 1월 31일까지 기후에너지환경부장관에게 제출하여야 한다. 중요내용

③ 토양오염실태조사의 방법·절차 등에 관하여 필요한 세부사항은 기후에너지환경부장관이 정한다.

🔹 제4조(토양정밀조사 지역) ★중요내용

법 제5조 제4항 제3호마목에 따른 지역은 다음 각 호와 같다.

1. 「국방·군사시설 사업에 관한 법률」에 따른 국방·군사시설과 그 주변지역
2. 「철도산업발전기본법」에 따른 철도시설과 그 주변지역
3. 다음 각 목의 시설과 그 주변지역
   가. 「석유 및 석유대체연료 사업법」 석유정제업자의 석유 정제시설 및 저장시설
   나. 「석유 및 석유대체연료 사업법」 석유수출입업자의 석유 저장시설
   다. 「석유 및 석유대체연료 사업법」 석유판매업자의 석유 저장시설 및 판매시설
   라. 「석유 및 석유대체연료 사업법」 석유대체연료 제조·수출입업자의 석유대체연료 제조시설 및 저장시설
   마. 「석유 및 석유대체연료 사업법」 석유대체연료 판매업자의 석유대체연료 저장시설 및 판매시설
4. 자연적 원인에 의한 토양오염물질이 검출되는 지역
5. 자연재해 등으로 토양환경이 변화되어 토양정밀조사가 필요하다는 토양환경 전문가의 의견이 있는 지역
6. 종전보다 엄격한 우려기준이 적용되는 지역으로 변경된 지역
7. 우려기준을 넘을 가능성이 있는 외부 토양을 반입하여 성토재 등으로 사용한 지역

🔹 제5조(측정망설치계획의 고시) ★중요내용

① 기후에너지환경부장관이 고시하는 측정망설치계획에는 다음 각호의 사항이 포함되어야 한다.
   1. 측정망 설치시기
   2. 측정망 배치도
   3. 측정지점의 위치 및 면적
② 측정망설치계획의 고시는 최초로 측정망을 설치하게 되는 날 3월 전에 하여야 한다.

🔹 제5조의2(표토의 침식 현황 조사) ★중요내용

① 기후에너지환경부장관은 표토의 침식현황 및 정도에 대한 조사를 하는 경우에는 모니터링, 자료조사 및 침식량 산정 등의 방법으로 실시해야 한다.
② 제1항에 따른 조사에는 다음 각 호의 사항을 포함해야 한다.
   1. 위치, 표고, 지형(경사도, 경사장)
   2. 토지 이용 현황
   3. 토성(土性), 용적밀도, 유기물함량, 토양 구조, 투수등급

4. 강우특성

5. 식생 및 작물재배 현황

6. 표토유실방지 및 복원대책 등 관리현황

7. 토양 침식량

③ 조사에 필요한 세부사항은 기후에너지환경부장관이 정하여 고시한다.

🌀 제5조의3(지방자치단체의 정화비용 부담)

기후에너지환경부장관이 지방자치단체에게 부담하게 할 수 있는 비용은 토양정화 등에 소요되는 비용 총액의 100분의 50 이내로 한다.

🌀 제5조의4(토양정화계획의 수립)

① 기후에너지환경부장관은 토양정화계획을 수립하는 경우에는 같은 조 제1항의 토양정밀조사 결과 확인된 토양오염의 정도를 반영하여 토양정화 우선순위를 정해야 한다.

② 법 제6조의3 제3항 제4호에서 "기후에너지환경부령으로 정하는 사항"이란 다음 각 호와 같다.

  1. 시설개선 및 오염확산 방지 등 응급조치 계획

  2. 정화 후 부지 활용계획

🌀 제8조의2(특정토양오염관리대상시설의 변경신고) `#중요내용`

다음 각 호의 어느 하나에 해당하는 경우에는 그 사유가 발생한 날부터 30일 이내에 특정토양오염관리대상시설의 변경신고를 하여야 한다.

1. 사업장의 명칭 또는 대표자가 변경되는 경우

2. 특정토양오염관리대상시설의 사용을 종료하거나 폐쇄하는 경우

3. 특정토양오염관리대상시설을 교체하거나 토양오염방지시설을 변경하는 경우

4. 특정토양오염관리대상시설에 저장하는 토양오염물질을 변경하는 경우

5. 특정토양오염관리대상시설의 저장용량을 신고용량 대비 30퍼센트 이상 증설(신고용량 대비 30퍼센트 미만의 증설이 누적되어 신고용량의 30퍼센트 이상이 되는 경우를 포함한다)하는 경우

🌀 제10조(특정토양오염관리대상시설의 신고필증)

특별자치도지사 · 특별자치시장 · 시장 · 군수 · 구청장은 신고를 받은 경우에는 특정오염관리대상시설 신고증을 신고인에게 발급하여야 하며, 변경(폐쇄 포함) 신고를 받은 경우에는 특정토양오염관리대상 시설 신고증의 뒷면에 변경사항을 적어 신고인에게 발급하여야 한다.

🌀 제10조의2(다른 법령에 의한 허가 또는 등록의 통보)

① 법 제12조 제4항 전단에서 "기후에너지환경부령이 정하는 법령"이라 함은 「송유관안전관리법」을 말한다.

② 특정토양오염관리대상시설의 설치신고가 의제되는 허가 또는 등록을 행하는 행정기관의 장이 같은 항 후단에 따라 그 허가 또는 등록의 사실을 관할 특별자치도지사·특별자치도지사·시장·군수·구청장에게 통보할 때에는 그 통보서에 다음 각호의 서류를 첨부하여야 한다.

1. 「위험물안전관리법」에 의한 제조소 등 설치허가의 경우에는 설치허가신청서(변경허가신청서) 및 구조설비명세표 사본 1부

2. 「화학물질관리법」에 따른 영업허가 및 영업신고의 경우에는 다음 각 목의 서류
    가. 「화학물질관리법 시행규칙」에 따른 신청서 및 유해화학물질 또는 제한물질을 취급하는 시설·장비 등의 내역서 사본 1부
    나. 「화학물질관리법 시행규칙」에 따른 변경사항을 증명할 수 있는 서류 사본 1부

3. 「송유관안전관리법」 공사계획의 인가의 경우에는 송유용시설의 위치도(관경, 긴급차단밸브 위치 기재) 사본 1부

제10조의3(토양오염방지시설의 권장기준) ; 별표 3의2

[별표 3의2] 토양오염방지시설의 권장 설치·유지·관리 기준(제10조의3 관련)

1. 설치기준

구분	시설명	세부기준
저장시설 부문	이중벽 탱크	강철＋유리섬유강화플라스틱(FRP, Fiber Reinforced Plastics), 강철＋고밀도폴리에틸렌(HDPE, High Density PolyEthlene), FRP＋FRP 또는 강철＋강철의 이중 구조
	탱크 전용실	두께 0.3m 이상의 콘크리트구조 또는 이와 동등한 강도를 갖춘 구조
	넘침(Over Flow) 방지장치	유류 등 저장물질이 90% 이상 주입될 시 자동으로 주입구가 폐쇄되거나 공급이 차단되는 구조
	탱크 집유통 (集油桶, sump)	- 외부의 토압(土壓)에 변형되지 아니하는 구조 - 방수, 방유가 될 수 있는 기밀구조이고, 내식성이 있는 재질사용
	누유(漏油)감지 및 경보장치	누유여부를 모니터링할 수 있고 누유 시 램프 점등 및 경보가 울리는 구조
주유·이송 부문	이중 배관	- 주 배관은 내관 및 외관의 이중 구조로 하여 누출여부를 외부에서 쉽게 확인할 수 있는 구조 - 연결부위가 없는 구조로 시공
	주유기 집유통	방수 및 방유가 될 수 있는 기밀구조이고 내식성이 있는 재질사용
기타	유수분리시설	콘크리트와 같이 내유성이 있고 차량하중에 견딜 수 있는 재료를 이용하고 4단 이상의 구조로 시공

2. 유지 · 관리기준

구분		세부기준
운영관리자 지정		시설 운영관리자 1명 이상 지정 · 운영
정기 점검	탱크부/ 계측구	• 저장탱크의 급격한 재고 증감여부 및 주요원인 파악 • 탱크 내부 누유여부(누유감지센서 활용) 확인 • 주유소 지반 침하 및 바닥 균열여부 확인
	맨홀부	• 맨홀뚜껑 상태, 맨홀 상부 수분 및 유류 등 저장물질 존재여부 확인 • 탱크섬프, 배관 관통부 봉인(sealing) 상태 점검
정기 점검	주유기	• 주유기 섬프 내, 주유기 하단 및 배관 누유상태 점검 • 주유기 본체와 호스, 호스와 노즐 연결 부위의 누유확인 및 균열, 마모 등을 점검(주유기와 주유배관 연결부 누유여부 확인) • 체크밸브(check valve) 정상작동 여부 확인
	배관이음쇄 (Quick coupling)	• 뚜껑의 설치 상태 확인(사용 후에는 뚜껑을 닫아 두는지 여부) • 배관이음쇄의 풀림이나 변형 등의 손상여부 확인
	주입박스	• 주입 종료 시 유출여부 확인 • 주입구 박스 봉인(sealing) 상태 및 파손여부 점검 • 주입절차 준수 확인
	유수분리조	• 유수분리조 내 기름띠 확인 • 유수분리조 내 유류 및 슬러지 등 이물질 침전상태 점검 및 청소 • 유수분리조 변형 및 파손상태 확인
	기름도랑 (trench)	• 기름도랑 내 각종 오염물질 및 이물질 점검 및 청소 • 기름도랑의 변형 및 파손 상태 확인

※ 비고 : 정기점검은 매월 1회 이상 실시하여야 한다.

♂ 제11조(검사신청 절차 등)

① 토양오염검사를 받고자 하는 자는 토양오염검사신청서(전자문서로 된 신청서를 포함한다)에 특정토양오염관리대상시설의 도면을 첨부하여 토양 관련 전문기관에 제출하여야 한다.

② 토양 관련 전문기관은 토양오염검사신청서를 받은 때에는 다음 각 호에 의한 검사 및 분석을 하여야 한다. ^{중요내용}

  1. 검사신청서를 받은 날부터 7일 이내에 시료채취 또는 누출검사

  2. 특별한 사유가 없는 한 시료채취일부터 14일 이내에 이 · 화학적 분석

🔷 제12조(토양오염도검사 주기 등) 중요내용

① 특정토양오염관리대상시설의 설치자는 다음 각 호의 구분에 따른 날부터 6개월 이내에 토양오염도검사를 받아야 한다.

1. 별표 2 제1호의 규정에 의한 석유류의 제조 및 저장시설의 경우에는 「위험물안전관리법」 제9조의 규정에 의하여 시설설치에 따른 완공검사를 받아 적합하다고 인정받은 날

2. 별표 2 제2호에 따른 제한물질·유해화학물질의 제조 및 저장시설의 경우에는 「화학물질관리법」에 따른 신고를 하거나 영업허가를 받거나 영업신고를 한 날

3. 별표 2 제4호의 규정에 의하여 기후에너지환경부장관이 고시하는 시설의 경우에는 법 제12조 제1항의 규정에 의한 신고를 한 날

② 토양오염방지시설을 설치한 경우의 토양오염도검사주기와 누출검사대상시설을 설치한 경우의 누출검사주기는 별표 4와 같다.

[별표 4] 특정토양오염관리대상시설의 토양오염검사주기(제12조 제4항 관련) 중요내용

1. 토양오염방지시설을 설치한 경우의 토양오염도검사주기는 다음 각 목과 같다.
   가. 저장시설 설치 후 최초 검사를 한 후 5년·10년·15년이 되는 날 이후 90일 이내에 각각 1회
   나. 가목에 따른 검사가 종료된 때부터는 매 2년이 되는 날 이후 90일 이내에 1회
   다. 동일부지 내 저장시설의 설치연도가 각각 다를 경우에는 유출방지턱(Dike) 내 설치된 저장시설(이하 "블록"이라 한다) 중 설치연도가 가장 오래된 저장시설의 토양오염도검사 주기에 따라 블록별로 적용한다.

2. 저장시설 설치 후 10년이 지난 때부터 매 8년이 되는 날 이후 90일 이내에 검사방식에 관계없이 1회 누출검사를 받아야 한다.

3. 제1호에도 불구하고 다음 각 목의 지역에 설치된 시설은 매년 토양오염도 검사를 받아야 한다. 다만, 가목 또는 라목의 지역(나목 또는 다목의 지역에 해당하지 않는 경우로 한정한다)에 설치된 시설에 대한 토양오염도검사 결과 토양오염물질이 불검출로 확인된 경우에는 해당 시설은 다음 연도 토양오염도검사를 받지 않을 수 있다.
   가. 「국토의 계획 및 이용에 관한 법률」에 따른 자연환경보전지역
   나. 「지하수법」에 따른 지하수보전구역
   다. 「수도법」에 따른 상수원보호구역
   라. 「환경정책기본법」에 따른 특별대책지역(대기보전과 관련된 특별대책지역은 제외한다)

제13조(누출검사 등) ⁺중요내용

① 영 제8조 제2항 제4호에서 "기후에너지환경부령으로 정하는 기준"이란 우려기준 중 3 지역에 적용되는 기준을 말한다.

② 누출검사는 토양오염도검사결과를 통보받은 날부터 30일 이내에 받아야 한다.

제14조(검사항목)

특정토양오염관리대상시설별 토양오염검사항목은 별표 5와 같다.

[별표 5] 특정토양오염관리대상시설별 토양오염검사항목(제14조 관련) ⁺중요내용

특정토양오염관리대상시설	검사 항목
1. 석유류의 제조 및 저장 시설	벤젠 · 톨루엔 · 에틸벤젠 · 크실렌 · 석유계 총 탄화수소 (TPH)
2. 제한물질 · 유해화학물질의 제조 및 저장시설	카드뮴 · 구리 · 비소 · 수은 · 납 · 6가 크롬 · 아연 · 니켈 · 불소 · 유기인화합물 · 폴리클로리네이티드비페닐 · 시안 · 페놀 · 트리클로로에틸렌(TCE) · 테트라클로로에틸렌(PCE) · 1,2-디클로로에탄 및 벤조(a)피렌
3. 송유관 시설	벤젠 · 톨루엔 · 에틸벤젠 · 크실렌 · 석유계 총 탄화수소 (TPH)
4. 그 밖에 제1호부터 제3호까지의 관리대상시설과 유사한 시설로서 특별히 관리할 필요가 있다고 인정되어 기후에너지환경부장관이 관계 중앙행정기관의 장과 협의하여 고시하는 시설	대상시설별로 기후에너지환경부장관이 고시한 검사항목

※ 비고
1. 석유류의 제조 및 저장시설 중 나프타, 휘발유 등 방향족탄화수소류가 주성분인 석유류를 저장하고 있는 시설의 경우에는 벤젠, 톨루엔, 에틸벤젠, 크실렌 4개 항목을, 항공유, 등유, 경유, 중유, 윤활유, 원유 등 지방족탄화수소류가 주성분인 석유류를 저장하고 있는 시설의 경우에는 석유계 총 탄화수소(TPH) 항목만을 검사하고, 벤젠, 톨루엔, 에틸벤젠, 크실렌을 각각 저장하고 있는 시설의 경우에는 해당하는 항목만을 검사한다. ⁺중요내용
2. 그 밖의 유종(油種)으로서 구성성분을 고려하여 한 가지 검사항목만으로 오염도검사가 가능한 경우에는 해당 검사항목만을 적용한다.

제15조(토양오염검사 면제승인신청)

토양오염검사의 면제승인을 신청하고자 하는 자는 토양오염검사면제승인신청서(전자문서로 된 신청서를 포함한다)에 면제요건에 해당하는 것을 증명할 수 있는 서류를 첨부하여 특별자치시장 · 특별자치도지사 · 시장 · 군수 · 구청장에게 제출하여야 한다.

제15조의2(누출검사 대상시설)

① 누출검사 대상시설 여부를 확인받아야 하는 자는 특정토양오염관리대상시설 설치신고서 또는 특정토양오염관리대상시설 설치변경신고서를 특별자치도지사 · 시장 · 군수 · 구청장에게 제출하여야 한다.

② 신청을 받은 특별자치시장 · 특별자치도지사 · 시장 · 군수 · 구청장은 해당시설이 누출검사대상시설인지 여부를 판단하여 신청자에게 통보해야 한다.

제16조(검사결과의 통보 등) 중요내용

토양 관련 전문기관은 토양오염검사를 실시한 때에는 검사종료 후에 특정토양오염관리대상시설의 설치자, 관할 특별자치시장 · 특별자치도지사 · 시장 · 군수 · 구청장 및 관할 소방서장(「위험물안전관리법」에 의하여 허가를 받은 시설 중 누출검사결과 오염물질의 누출이 확인된 경우에 한정한다)에게 그 검사결과를 통보하여야 하며, 검사결과를 통보받은 특정토양오염관리대상시설의 설치자는 검사결과를 5년간 보존하여야 한다.

제17조(시료채취방법 등) ; 별표 6

[별표 6] 시료채취방법 등(제17조 관련) 중요내용

1. 특정토양오염관리대상시설 부지에서의 시료채취는 다음과 같이 한다. 다만, 종류가 다른 토양오염물질(유류로서 종류가 다른 것은 동일물질로 본다)을 개별저장시설에 저장하는 경우에는 개별 시설별로 3개 지점에서 시료를 채취한다.
   가. 개별 저장시설 용량이 50만리터 이하인 저장시설이 1개 이상 있는 경우에는 3개 지점에서 시료채취. 다만, 개별 저장시설 간의 거리가 100미터 이상 떨어진 경우에는 2개 지점을 추가하여 시료채취를 한다.
   나. 개별 저장시설 용량이 50만리터를 초과하는 경우에는 개별 저장시설별로 3개 지점에서 시료채취
   다. 개별 저장시설 용량이 50만리터 초과시설과 그 미만인 시설이 혼재되어 있는 경우에는 50만리터 초과시설은 개별 저장시설별로 각각 3개 지점에서 시료를 채취하고, 나머지는 50만리터 미만 저장시설은 그 용량합계가 50만리터를 초과하는 경우에 한하여 누출우려가 높은 저장시설에서 2개 지점을 추가하여 시료 채취
2. 특정토양오염관리대상시설 주변지역에서의 시료채취는 주변지역내에서 1개 지점을 선정하여 실시한다.
3. 철강슬래그가 건축 · 토목공사의 성토재, 보조기층재 등으로 사용된 지역의 경우 사용된 대상물이 아닌 그 주변지역에서 시료를 채취한다.
4. 그 밖에 시료채취 등 토양오염검사방법에 관한 세부적인 사항은 「환경분야 시험 · 검사 등에 관한 법률」에 따른 환경오염공정시험기준에 따른다.

♂ 제17조의2(정밀한 검사를 위한 토양 관련 전문기관) ●중요내용

"기후에너지환경부령이 정하는 토양 관련 전문기관"이라 함은 다음 각 호의 기관을 말한다.
1. 유역환경청 또는 지방환경청
2. 시 · 특별자치도 · 도(특별시 · 광역시 · 특별자치도 · 도를 말한다. 이하 같다) 보건환경
   연구원

♂ 제17조의3(지방자치단체의 장의 조치결과 보고)

시 · 도지사 또는 시장 · 군수 · 구청장은 기후에너지환경부장관이 요청한 사항을 조치한 때
에는 지체 없이 정화책임자, 조치명령의 내용 및 이행기간 등을 기후에너지환경부장관에게
보고하여야 하며, 정화책임자가 조치명령의 이행을 완료한 때에도 이행완료 내역을 기후에
너지환경부장관에게 보고하여야 한다.

♂ 제18조(조치명령 등에 따른 이행보고) ●중요내용

① 조치명령 또는 중지명령의 이행보고는 이행완료보고서(전자문서로 된 보고서를 포함한
   다)에 다음 각 호의 구분에 따른 서류를 첨부하여야 한다.
   1. 정밀조사명령의 경우
      가. 부지 및 주변지역 오염범위 조사명세서
      나. 각 개선지점별 토양오염도검사결과
   2. 시설의 설치 · 개선 · 이전 또는 정화조치 명령의 경우
      가. 시설개선 · 오염토양정화 등 개선명세서 또는 토양정화검증보고서. 이 경우 토
          양정화검증보고서에는 정화방법의 적정성 검토 내용, 정화방법별 정화과정, 토
          양오염도 변화추이, 환경관리 사항, 토양정화일지, 오염토양의 반출 내역, 정화
          토양의 재사용 내역을 포함하여야 한다.
      나. 제1호나목의 서류. 다만, 부지 밖에서 처리하는 경우에는 각 개선지점별 토양오
          염도검사 실시 후 이전된 토양처리내용 증명자료[이전장소, 이전물량 및 처리내
          용(처리자, 영수증, 사진 등)]를 제출한다.
      다. 토양정화검증서(토양정화검증대상사업인 경우만 해당한다)
② 시 · 도지사 또는 시장 · 군수 · 구청장은 1이행보고를 받은 때에는 관계공무원으로 하여
   금 서류 및 현장조사를 통하여 지체 없이 그 명령의 이행상태를 확인하게 하여야 한다.
③ 이행완료보고서(조치명령에 관한 이행완료보고서만 해당한다)를 제출받은 특별자치시
   장 · 특별자치도지사 · 시장 · 군수 · 구청장은 매년 12월 31일까지 그 이행완료보고서를
   유역환경청장 · 지방환경청장(이하 "지방환경관서의 장"이라 한다)에게 통보해야 한다.

♂ 제19조(반출정화사유) ●중요내용

법 제15조의3 제3항 단서에서 "부지의 협소 등 기후에너지환경부령으로 정하는 불가피한
사유"란 다음 각 호의 경우를 말한다.

1. 오염이 발생한 해당 부지의 면적(여러 부지의 면적을 합산한 면적이 아닌 단일 부지 의 면적을 말한다)이 300제곱미터 미만으로 협소한 경우

2. 제1호 외에 토양오염물질의 종류, 오염토양(토양오염도가 우려기준을 넘는 토양을 말한다. 이하 같다)의 정화방법 및 부지의 경사도 등 오염토양의 정화 여건을 고려할 때 부지 면적이 협소하여 해당 부지에서 정화하는 것이 곤란하다고 관할 특별자치시 장·특별자치도지사·시장·군수·구청장이 인정하는 경우

3. 「건설산업기본법」에 따른 건설공사 착공 이후의 공사과정에서 오염토양이 발견된 경우로서 해당 건설공사 현장에서 오염토양을 정화하면 주변 환경에 미치는 영향이 크다고 관할 특별자치시장·특별자치도지사·시장·군수·구청장이 인정하는 경우

4. 토양오염물질 운송차량의 전복 등 긴급한 사고로 인한 오염토양으로서 즉시 처리하 여야 하는 경우

5. 오염토양의 양이 5세제곱미터 미만으로서 현장에서 정화하는 때에는 정화효율이 현 저하게 저하되는 경우

6. 오염토양의 정화 조치명령을 받은 자가 오염토양 정화공사를 시행하였으나 토양오 염물질의 종류, 오염정도 및 기술적 한계 등으로 최초 조치명령기간 내에 이를 완료 하지 못한 경우로서 토양오염조사기관의 정화과정 검증결과 반출하여 정화할 필요 가 있다고 인정한 경우. 다만, 정화과정에 대한 검증을 생략할 수 있는 경우에는 최 초 조치명령기간 내에 본문에 따른 이유로 이를 이행하지 못하면 별도의 검증절차 없이 반출하여 정화할 수 있다.

7. 토양오염이 발생한 부지가 같은 시·군·구 내에 흩어져 있는 경우로서 오염부지의 소 유자 또는 정화책임자가 같고 각각의 오염부지에 토양정화시설을 모두 설치하기 곤란하 여 토양정화업자가 오염부지 중 어느 한 곳에 설치한 시설을 이용하여 한꺼번에 정화하 는 경우(정화 대상 오염토양 전부를 하나의 토양정화업자에게 위탁한 경우만 해당한다)

8. 오염토양을 연구목적으로 이용하려는 경우

9. 그 밖에 정화방법의 특성, 부지 여건 등을 고려할 때 오염이 발생한 해당 부지에서 오염토양을 정화하기 곤란하다고 기후에너지환경부장관이 인정하여 고시하는 경우

♂ 제19조의2(오염토양의 반출절차 및 방법 등)

① 오염토양을 반출하여 정화하려는 자는 오염토양반출정화(변경)계획서(전자문서로 된 계 획서를 포함한다)에 다음 각 호의 서류를 첨부하여 관할 특별자치시장·특별자치도지 사·시장·군수·구청장에게 미리 제출하여야 한다. **⁺중요내용**

1. 운반위탁계약서 사본(운반을 위탁하는 경우만 해당한다)

2. 정화사업계약서 사본

3. 정화검증계약서 사본

4. 반출정화사유에 해당한다는 것을 증명할 수 있는 서류(같은 조 제4호에 해당하는 경 우는 제외한다)

② 특별자치시장·특별자치도지사·시장·군수·구청장은 오염토양반출정화(변경)계획서를 검토하여 반출정화의 계획이 적정한 경우에는 10일 이내에 적정통보를 하여야 하며, 반출정화대상에 해당하지 아니하는 등 반출정화계획의 내용이 적정하지 아니한 경우에는 10일 이내에 오염토양반출정화(변경)계획서를 반려하거나 보완을 요구하여야 한다. *중요내용

③ 특별자치시장·특별자치도지사·시장·군수·구청장은 적정하다고 통보한 때에는 반출정화계획의 내용을 반입지를 관할하는 시·도지사 및 시장·군수·구청장에게 통보하여야 한다.

④ 법 제15조의3 제4항 후단에서 "기후에너지환경부령으로 정하는 중요 사항"이란 다음 각 호를 말한다. *중요내용

1. 반출 오염토양의 양 또는 오염범위(20퍼센트 이상 증감하는 경우만 해당한다)
2. 반출 오염토양의 오염정도(20퍼센트 이상 증감하는 경우만 해당한다) 또는 토양오염물질 종류
3. 정화방법, 정화소요기간, 토양정화업자 또는 검증할 토양 관련 전문기관

⑤ 오염토양반출정화계획 중 제4항 각 호의 어느 하나에 해당하는 사항을 변경하려는 자는 오염토양반출정화(변경)계획서에 변경내용과 관련된 서류를 첨부하여 관할 특별자치시장·특별자치도지사·시장·군수·구청장에게 제출하여야 한다. 이 경우 제2항 및 제3항을 준용한다.

⑥ 토양 인수인계서의 입력방법, 입력시기는 별표 6의2와 같다.

[별표 6의2] 토양 인수인계서의 입력 방법 및 입력 시기(제19조의2 제7항 관련)

1. 적정통보를 받은 자(이하 이 표에서 "반출자"라 한다)는 오염토양을 정화처리자의 반입정화시설로 위탁하여 운반하는 자(이하 이 표에서 "운반자"라 한다)에게 오염토양을 인계하기 전에 오염토양 인계정보 및 운반자 인계인수 정보가 포함된 오염토양 인수인계서를 오염토양 정보시스템에 입력하여야 한다. 다만, 필요한 경우에는 정화처리자로 하여금 오염토양 인수인계서의 일부를 입력하게 할 수 있다.
2. 정화처리자는 운반자로부터 오염토양을 인수한 날부터 2일 이내에 오염토양 인계정보를 확인한 후 오염토양 인수정보가 포함된 오염토양 인수인계서를 오염토양 정보시스템에 입력하여야 한다. 다만, 제1호 단서에 따라 정화처리자가 직접 입력한 인계정보에 대해서는 확인 절차 없이 오염토양 인수인계서를 입력할 수 있다.
3. 정화처리자는 정화를 완료한 토양을 사용자에게 인계하기 전에 정화토양 사용정보 및 정화토양 인수정보가 포함된 정화토양 인수인계서를 오염토양 정보시스템에 입력하여야 한다.
4. 제1호부터 제3호까지에서 규정한 사항 외에 토양 인수인계서의 입력 방법 및 절차 등에 관하여 필요한 세부사항은 기후에너지환경부장관이 정하여 고시한다.

⑦ 오염토양의 반출 또는 정화에 필요한 사항은 기후에너지환경부장관이 정하여 고시한다.

♂ 제19조의3(위해성평가의 항목 및 방법)

① 위해성평가(이하 "위해성평가"라 한다) 대상 오염물질은 다음 각 호와 같다.

1. 유류 : 벤젠, 톨루엔, 에틸벤젠, 크실렌, 석유계총탄화수소
2. 중금속류 : 카드뮴, 구리, 비소, 수은, 납, 6가 크롬, 아연, 니켈

2의2. 불소

3. 그 밖에 기후에너지환경부장관이 인체와 환경에 위해를 줄 우려가 있다고 인정하여 고시하는 물질

② 기후에너지환경부장관의 인정을 받으려는 자는 위해성 평가 대상인정신청서에 다음 각 호의 서류를 첨부하여 기후에너지환경부장관에게 제출하여야 한다. **중요내용**

1. 오염부지의 현황 및 오염이력에 관한 사항
2. 토지이용현황 및 장래의 토지 이용 계획
3. 시설물의 위치도 및 평면도
4. 토양정밀조사결과
5. 그 밖에 위해성평가대상에 해당한다는 것을 증명할 수 있는 서류

③ 기후에너지환경부장관은 제2항에 따라 신청을 받은 날부터 90일 이내에 인정 여부를 결정하고, 그 결과를 신청인 및 관할 시·도지사 또는 시장·군수·구청장에게 통보하여야 한다. 다만, 기술적 검토가 필요한 경우 등 부득이한 사유가 있는 경우에는 60일의 범위에서 한 차례에 한정하여 그 기간을 연장할 수 있다.

④ 기후에너지환경부장관은 제3항에 따른 인정 여부를 결정하려는 경우에는 미리 관할 시·도지사 또는 시장·군수·구청장 및 제19조의4제4항에 따른 위해성평가 검증위원회의 의견을 들어야 한다.

⑤ 위해성평가를 하려는 자는 위해성평가 대상지역의 특성을 고려하여 다음 각 호의 사항을 포함한 위해성평가 계획서를 작성해야 한다. 이 경우 시·도지사, 시장·군수·구청장 또는 정화책임자는 위해성평가 계획서를 기후에너지환경부장관에게 제출하여 검토를 받아야 한다.

1. 제1항에 따른 오염물질 중 위해성평가를 실시할 오염물질
2. 현장조사 방법
3. 오염물질의 노출경로
4. 독성평가 자료

⑥ 기후에너지환경부장관, 시·도지사, 시장·군수·구청장 또는 정화책임자는 위해성평가기관으로 하여금 제5항에 따른 위해성평가 계획서에 따라 다음 각 호의 항목에 대하여 위해성평가를 하고 위해성평가서를 작성하게 해야 한다.

1. 오염범위 및 노출농도
2. 노출평가 및 독성평가 결과
3. 위해의 정도 및 정화시기, 정화범위, 정화수준

⑦ 정화책임자는 제6항에 따른 위해성평가서를 기후에너지환경부장관 또는 관할 특별자치시장·특별자치도지사·시장·군수·구청장에게 제출해야 한다.

⑧ 기후에너지환경부장관, 시ㆍ도지사 또는 시장ㆍ군수ㆍ구청장은 제6항 및 제7항에 따른 위해성평가서에 대한 다음 각 호의 사항을 해당 기관의 인터넷홈페이지 등에 20일 이상 공고하고 위해성평가대상 오염토양으로 영향을 받게 되는 지역 또는 위해성평가 대상지역이 포함된 해당 특별자치시ㆍ특별자치도ㆍ시ㆍ군ㆍ구의 주민이 위해성평가서를 공람할 수 있도록 해야 한다.

1. 위해성평가서의 요약본
2. 위해성평가서의 공람기간 및 공람장소
3. 위해성평가서에 대한 의견의 제출시기 및 방법

⑨ 위해성평가대상 오염토양으로 영향을 받게 되는 지역 또는 위해성평가 대상지역이 포함된 해당 특별자치시ㆍ특별자치도ㆍ시ㆍ군ㆍ구의 주민은 위해성평가서에 대한 의견을 관할 특별자치시장ㆍ특별자치도지사ㆍ시장ㆍ군수ㆍ구청장에게 제출할 수 있다.

♂ 제19조의4(위해성평가의 검증절차)

① 시ㆍ도지사, 시장ㆍ군수ㆍ구청장 또는 정화책임자는 위해성평가의 결과를 토양정화의 시기, 범위 및 수준 등에 반영하려는 경우에는 위해성평가서 및 지역주민의 의견을 기후에너지환경부장관에게 제출하여 검증을 받아야 한다.

② 기후에너지환경부장관은 위해성평가서를 검증하는 경우에는 다음 각 호의 사항에 대하여 검토해야 한다.

1. 위해성평가 실시 오염물질의 적정여부
2. 위해성평가 과정
3. 위해의 정도 및 정화시기, 정화범위, 정화수준의 적정여부

③ 기후에너지환경부장관은 위해성평가서를 검증하는 경우에는 그 기술적 사항을 검토하기 위하여 국립환경과학원 또는 「한국환경공단법」에 따른 한국환경공단(이하 "한국환경공단"이라 한다)의 의견을 들을 수 있다.

④ 기후에너지환경부장관은 위해성평가서 검증을 위하여 국립환경과학원의 담당자 및 한국환경공단의 담당자, 위해성평가 관련 전문가 등으로 구성된 위해성평가 검증위원회를 구성ㆍ운영할 수 있다.

⑤ 시ㆍ도지사, 시장ㆍ군수ㆍ구청장 또는 정화책임자는 특별한 사유가 없는 한 검증 결과를 위해성평가서에 반영해야 한다.

♂ 제19조의5(위해성평가 대상지역의 관리 등)

① 기후에너지환경부장관, 시ㆍ도지사, 시장ㆍ군수ㆍ구청장 또는 정화책임자는 법 위해성평가의 결과를 토양정화의 시기에 반영하려는 경우 위해성평가의 최초검증 후 매년 토양 관련 전문기관으로 하여금 위해성평가 대상지역에 대한 오염토양 모니터링을 실시하도록 해야 한다. 이 경우 시ㆍ도지사, 시장ㆍ군수ㆍ구청장 또는 정화책임자는 모니터링 결과를 기후에너지환경부장관에게 제출하여 위해성평가에 따른 정화시기를 재검증 받아야 한다. *중요내용

② 그 밖에 위해성평가에 관한 세부사항은 기후에너지환경부장관이 정하여 고시한다.

제19조의6(오염토양정화계획의 제출 등)

① 오염토양정화계획 또는 오염토양정화변경계획을 제출하려는 자는 오염토양정화(변경)계획서(전자문서로 된 계획서를 포함한다)에 다음 각 호의 서류를 첨부하여 정화공사 착공 7일 전까지 또는 정화계획 변경 사유가 발생한 날부터 7일 이내에 관할 특별자치시장·특별자치도지사·시장·군수·구청장에게 제출하여야 한다. 다만, 오염토양을 반출하여 정화하려는 자가 오염토양반출정화(변경) 계획서를 제출하여 적정 통보를 받은 경우에는 오염토양정화(변경) 계획서를 제출한 것으로 본다.
1. 오염토양정화공사계획서
2. 정화시설 설치·운영계획서
3. 정화사업계약서 사본
4. 정화검증계약서 사본

② 법 제15조의6 제2항 후단에서 "기후에너지환경부령으로 정하는 사항"이란 다음 각 호의 사항을 말한다.
1. 오염토양의 양 또는 오염범위(20퍼센트 이상 증감하는 경우만 해당한다)
2. 토양오염물질의 오염정도(20퍼센트 이상 증감하는 경우만 해당한다) 또는 토양오염물질 종류
3. 정화방법, 정화소요기간, 토양정화업자 또는 검증할 토양 관련 전문기관
4. 정화시설 설치·운영계획의 변경

③ 제2항 각 호의 어느 하나에 해당하는 사항을 변경하려는 자는 오염토양정화(변경)계획서(전자문서로 된 계획서를 포함한다)에 변경내용과 관련된 서류를 첨부하여 관할 특별자치시장·특별자치도지사·시장·군수·구청장에게 제출하여야 한다.

제19조의7(검증의 절차·방법 등)

① 정화과정 및 정화완료에 대한 검증은 정화착공에서 정화완료까지 토양정화의 단계별로 오염토양이 적정하게 정화되도록 하여야 하며, 검증의 절차·내용 및 방법에 관한 구체적인 사항은 기후에너지환경부장관이 정하여 고시한다.

② 검증수수료의 산정기준은 별표 6의3과 같다.

[별표 6의3] 검증수수료의 산정기준(제19조의7 제2항 관련)

1. 산정기준

「엔지니어링산업진흥법」에 따른 엔지니어링사업대가의 기준에 따른 실비정액가산방식을 준용하여 산출하되, 비목별 세부산정방식은 다음 각 목에서 정하는 바에 따른다.

가. 직접인건비

　1) 한국엔지니어링진흥협회에서 매년 공표하는 엔지니어링기술자 노임단가 중 건설 및 기타부문의 기술자 노임단가를 적용하여 계산한다.

　2) 오염토양의 양에 따라 1년간 투입되는 다음 표의 등급별 기술자 인원으로 산정한다.

오염토양의 양(m³)	등급별 기술자 투입인원(인·일/년)			
	특급	고급	중급	초급
1,000 미만	1	3	4	2
1,000 이상 ~ 3,000 미만	3	11	14	6
3,000 이상 ~ 5,000 미만	4.5	14	17	10
5,000 이상 ~ 10,000 미만	6	22	26	18
10,000 이상 ~ 20,000 미만	8	34	35	20
20,000 이상 ~ 50,000 미만	15	45	58	29
50,000 이상 ~ 100,000 미만	28	81	89	58

　3) 등급별 기술자 투입인력 중 상위 기술자가 없는 경우에는 차하위 기술자로 대체하여 투입할 수 있다.

　4) 직접인건비는 1년의 정화기간을 기준으로 산정하되, 정화기간에 따라서 다음의 요율을 곱하여 산정한다.

　　가) 정화기간이 1년 미만인 경우 : 요율 1.0 적용

　　나) 정화기간이 1년 이상 1년 6개월 미만인 경우 : 요율 1.3 적용

　　다) 정화기간이 1년 6개월 이상 2년 미만인 경우 : 요율 1.6 적용

　　라) 정화기간이 연장될 경우 : 6개월 연장에 대하여 기준금액의 30% 이내의 범위에서 정한다.

　5) 오염토양의 양이 10만m³ 이상일 경우에는 오염토양의 양을 10만m³로 나누고, 각각의 오염토양의 양에 대하여 위의 기준을 적용한다.

나. 직접경비

　1) 검증업무 수행에 필요한 출장비, 시료채취·분석비 및 보고서 인쇄비 등으로 그 실비를 적용하여 계산한다.

　2) 토양 시료채취 및 분석비

　　가) 별표 11 제1호 토양오염도검사수수료에 따른다.

　　나) 시료수량은 토양정화의 검증 절차·내용 및 방법에 관한 고시에서 정하는 바에 따라 산정한다.

　3) 출장비 : 「공무원여비규정」에 따른다.

　4) 보고서 인쇄비 : 보고서 인쇄 실비를 산정하여 적용한다.

5) 그 밖에 검증에 필요한 비용은 그 실비를 산정하여 적용할 수 있다.

다. 제경비 : 직접인건비의 110%로 계산한다.

라. 기술료 : 직접인건비와 제경비를 합한 금액의 20%로 계산한다.

2. 검증수수료의 징수 및 환급

가. 검증기관은 토양정화공사에 대한 검증수수료를 징수하는 경우에는 이에 대한 산출내역을 기재한 납부고지서를 신청인에게 고지하여야 한다.

나. 검증기관은 신청인이 납부한 검증수수료 중 다음의 어느 하나에 해당되는 경우에는 그 금액을 신청인에게 환급하여야 한다.

1) 신청인이 착오로 이중 또는 초과 납부한 경우

2) 신청인이 검증신청을 취하한 경우

3) 그 밖에 검증기관의 착오로 인하여 검증수수료를 초과 징수한 경우

제20조(토양오염대책기준) ; 별표 7

[별표 7] 토양오염대책기준(제20조 관련) 중요내용

(단위 : mg/kg)

물질	1지역	2지역	3지역
카드뮴	12	30	180
구리	450	1,500	6,000
비소	75	150	600
수은	12	30	60
납	600	1,200	2,100
6가 크롬	15	45	120
아연	900	1,800	5,000
니켈	300	600	1,500
불소	2,400	3,900	6,000
유기인화합물	–	–	–
폴리클로리네이티드비페닐	3	12	36
시안	5	5	300
페놀	10	10	50
벤젠	3	3	9
톨루엔	60	60	180
에틸벤젠	150	150	1,020
크실렌	45	45	135
석유계 총 탄화수소(TPH)	2,000	2,400	6,000
트리클로로에틸렌(TCE)	24	24	120
테트라클로로에틸렌(PCE)	12	12	75
벤조(a)피렌	2	6	21
1,2-디클로로에탄	15	20	210

※ 비고 *중요내용*

1. 1지역 : 「공간정보의 구축 및 관리 등에 관한 법률」에 따른 지목이 전·답·과수원·목장용지·광천지·대(「공간정보의 구축 및 관리 등에 관한 법률 시행령」중 주거의 용도로 사용되는 부지만 해당한다)·학교용지·구거(溝渠)·양어장·공원·사적지·묘지인 지역과 「어린이놀이시설 안전관리법」에 따른 어린이 놀이시설(실외에 설치된 경우에만 적용한다) 부지

2. 2지역 : 「공간정보의 구축 및 관리 등에 관한 법률」에 따른 지목이 임야·염전·대(1지역에 해당하는 부지 외의 모든 대를 말한다)·창고용지·하천·유지·수도용지·체육용지·유원지·종교용지 및 잡종지(「공간정보의 구축 및 관리 등에 관한 법률 시행령」제58조 제28호가목 또는 다목에 해당하는 부지만 해당한다)인 지역

3. 3지역 : 「공간정보의 구축 및 관리 등에 관한 법률」에 따른 지목이 공장용지·주차장·주유소용지·도로·철도용지·제방·잡종지(2지역에 해당하는 부지 외의 모든 잡종지를 말한다)인 지역과 「국방·군사시설 사업에 관한 법률」에서 규정한 국방·군사시설 부지

4. 벤조(a)피렌 항목은 제한물질·유해화학물질의 제조 및 저장시설과 폐침목을 사용한 지역(예 : 철도용지, 공원, 공장용지 및 하천 등)에만 적용한다.

제22조(대책지역의 지정·고시사항)

법 제17조 제5항 전단에서 "기후에너지환경부령으로 정하는 사항"이란 다음 각 호를 말한다.

1. 대책지역의 지정기한을 정할 경우에는 그 기한
2. 기타 기후에너지환경부장관이 필요하다고 인정하여 정하는 사항

제23조(대책지역 지정 표지판)

표지판의 규격은 별표 8과 같다.

▎[별표 8] 토양보전대책지역 지정표지판(제23조 관련) ▎ *중요내용*

1. 지정목적
2. 지정일자 :   년   월   일
3. 토양보전대책지역 안에서 제한되는 행위
4. 토양보전대책지역 내역
   가. 주소
   나. 면적
   다. 약도

※ 비고 *중요내용*

1. 표지판의 규격은 가로 3미터, 세로 2미터, 높이 1.5미터 이상으로 하여야 한다.
2. 글자는 페인트 등을 사용하여 지워지지 아니하도록 하여야 한다.
3. 약도는 표지판 설치 위치에서 방향 및 지점 등을 누구나 알 수 있도록 작성하여야 한다.
4. 표지판은 사방에서 잘 보이는 곳에 견고하게 설치하여야 한다.

제24조(대책계획의 수립 등) 중요내용

토양보전대책계획에 반드시 포함되어야 할 사항은 다음 각 호와 같다.
  1. 오염토양개선사업의 종류 및 방법
  2. 단위사업별 주체 및 사업기간
  3. 총소요비용 및 조달방안
  4. 오염토양개선사업의 기대효과
  5. 기타 기후에너지환경부장관이 필요하다고 인정하는 사항

제25조(오염토양개선사업의 지도 · 감독기관) 중요내용

법 제19조 제1항 후단에서 "오염토양 개선사업을 지도 · 감독할 수 있도록 기후에너지환경 부령으로 정하는 토양 관련 전문기관"이란 시 · 도 보건환경연구원을 말한다.

제26조(개선사업계획의 승인) 중요내용

① 오염토양개선사업(이하 "개선사업"이라 한다)계획의 승인을 받으려는 정화책임자는 개 선사업계획(변경)승인신청서를 사업개시일 15일 전까지 특별자치시장 · 특별자치도지 사 · 시장 · 군수 · 구청장에게 제출하여야 한다.
② 법 제19조 제2항 후단에서 "기후에너지환경부령이 정하는 중요사항"이란 다음 각 호의 사항을 말한다.
  1. 개선사업의 방법 및 종류
  2. 사업기간 및 사업지역
  3. 시설용량 또는 설치면적(100분의 30 이상 증감하는 경우만 해당한다)
  4. 분야별 소요사업비(100분의 30 이상 증감하는 경우만 해당한다)
③ 제2항 각 호의 어느 하나에 해당하는 사항을 변경하려는 자는 개선사업계획(변경)승인 신청서를 관할 특별자치시장 · 특별자치도지사 · 시장 · 군수 · 구청장에게 제출하여야 한다.

제27조(대책지역안에서 허용되는 행위) 중요내용

행위제한에서 제외되는 행위는 다음 각 호와 같다.
1. 농경지에 퇴비 및 유기농법의 수단으로 분뇨등을 사용하는 행위
2. 기타 기후에너지환경부장관이 대책지역의 지정목적을 해할 우려가 없다고 인정하는 행위

제28조(토양 관련 전문기관의 지정신청)

① 토양 관련 전문기관으로 지정받으려는 자는 별지 제12호서식의 토양 관련 전문기관지 정신청서(전자문서로 된 신청서를 포함한다)에 다음 각 호의 서류(전자문서를 포함한다) 를 첨부하여 시 · 도지사, 지방환경관서의 장 또는 국립환경과학원장에게 제출하여야 한 다. 중요내용

1. 검사절차가 포함된 검사업무에 관한 규정
2. 검사시설 · 장비 및 기술인력을 증명하는 서류

② 신청서를 제출받은 담당 공무원은 「전자정부법」에 따른 행정정보의 공동이용을 통하여 법인인 경우에는 법인 등기사항증명서, 개인인 경우에는 사업자등록증명(주민등록번호 가 제외된 사업자등록증명을 말한다. 이하 같다)을 확인하여야 한다. 다만, 신청인이 사 업자등록증명의 확인에 동의하지 않는 경우에는 해당 서류를 첨부하도록 해야 한다.

③ 시 · 도지사, 지방환경관서의 장 또는 국립환경과학원장은 토양 관련 전문기관으로 지정 받은 자에게 토양 관련 전문기관지정서를 교부하여야 한다.

제29조(지정사항의 변경신청)

토양 관련 전문기관이 지정받은 사항을 변경하려는 때에는 토양 관련 전문기관변경지정신 청서(전자문서로 된 신청서를 포함한다)에 그 변경하려는 내용에 관한 서류와 토양 관련 전 문기관지정서를 첨부하여 시 · 도지사, 지방환경관서의 장 또는 국립환경과학원장에게 제 출하여야 한다.

제30조(토양 관련 전문기관의 지정 등의 공고) 〔중요내용〕

시 · 도지사, 지방환경관서의 장 또는 국립환경과학원장은 다음 각 호의 어느 하나에 해당 하는 때에는 이를 관보에 공고하여야 한다.
1. 토양 관련 전문기관을 지정한 때
2. 법 제23조의6의 규정에 의하여 지정을 취소한 때
3. 토양 관련 전문기관의 신청에 의하여 그 지정을 취소한 때

제31조(토양 관련 전문기관의 준수사항 등)

① 토양 관련 전문기관의 준수사항은 별표 10과 같다.

▎[별표 10] 토양 관련 전문기관의 준수사항(제31조 제1항 관련) ▎ 〔중요내용〕

1. 토양시료의 채취는 토양 관련 전문기관(변경) 지정 시 신고된 기술요원이 하여야 하며, 시료를 채취하는 때에는 도면상에 시료채취지점을 표기하고 시료채취자가 서 명하여야 한다. 다만, 시료채취를 위한 시추장비 등의 운전은 기술요원이 아닌 다 른 인력이 할 수 있으나, 이 경우 기술요원은 시료채취 과정을 감독하여야 한다.
2. 누출검사는 반드시 토양 관련 전문기관 지정(변경) 시 신고된 기술인력이 실시하 여야 하며, 누출검사자는 누출측정결과 보고서에 서명하여야 한다.
3. 토양 관련 전문기관은 매년 1월 31일까지 토양오염도검사 · 누출검사 · 토양정밀조 사 · 토양환경평가 · 위해성평가 · 토양정화의 검증 등 전년도 검사실적을 지방환경 관서의 장, 국립과학원장 또는 시 · 도지사에게 보고하여야 한다. 이 경우 검사실 적은 당해 연도말까지의 검사결과 통보분을 의미한다.

4. 토양 관련 전문기관은 검사일지, 검사결과기록부, 시약소모대장, 검사신청접수 및 결과 발송대장, 차량운행일지 등을 영업소소재지에 작성·비치하여야 한다.

5. 토양시료의 분석은 토양 관련 전문기관(변경) 지정 시 신고된 기술요원이 하여야 하고, 「환경분야 시험·검사 등에 관한 법률」에 따른 형식승인을 받고 정도검사(精度檢査)를 받은 장비를 사용하여 분석하여야 한다.

6. 토양 관련 전문기관은 도급받은 토양 관련 전문기관의 업무 전부를 다시 하도급해서는 아니 된다.

② 토양오염검사수수료는 별표 11과 같다.

[별표 11] 토양오염검사수수료(제31조 제2항 관련) ★중요내용

1. 토양오염도검사수수료

검사항목		검사수수료(단위 : 원)	비고
카드뮴·구리·납		44,200	항목당
비소		44,200	
수은		44,200	
6가 크롬		44,200	
아연·니켈		44,200	항목당
불소		71,100	
유기인		35,100	
폴리클로리네이티드비페닐		114,000	
시안		17,700	
페놀류		56,100	
유류	벤젠	40,600	4개의 검사항목 전부를 검사받지 아니하고, 검사항목 각각에 대하여 별도로 검사를 받는 경우에는 개별 검사항목당 26,900원
	톨루엔		
	에틸벤젠		
	크실렌		
	석유계 총 탄화수소(TPH)	62,700	
트리클로로에틸렌(TCE) 테트라클로로에틸렌(PCE) 1,2 – 디클로로에탄		26,900	항목당
벤조(a)피렌		114,000	

검사항목	검사수수료(단위 : 원)	비고
시료채취비	91,900/공	관측공이 설치되어 있는 지점에서 시료를 채취하는 경우에는 관측공당 시료채취비의 25퍼센트를 적용

※ 비고

도서지역(낙도)의 경우 「공무원여비규정」에 준하는 출장비를 추가할 수 있다.

2. 누출검사수수료

검사항목			단위	검사수수료 (단위 : 원)
탱크부	간접방식	10만 리터 미만	탱크1기	441,000
		10만 리터 초과 ~ 30만 리터 이하	〃	646,000
탱크부	간접방식	30만 리터 초과 ~ 100만 리터 이하	〃	1,498,000
		100만 리터 초과 ~ 160만 리터 이하	〃	1,690,000
		160만 리터 초과 ~ 320만 리터 이하	〃	1,921,000
		320만 리터 초과 ~ 480만 리터 이하	〃	2,161,000
		480만 리터 초과	〃	2,386,000
	직접방식	비파괴검사	m당	9,200
배관부	간접방식	기본수수료	라인당	110,000
		체적수수료	m³당	22,500

※ 비고

1. 배관부의 누출검사수수료는 배관 1라인(시점 및 종점)을 기준으로 산정된 기본수수료와 체적수수료를 합한 것으로 한다.

2. 같은 사업장에 2개 이상의 저장탱크가 설치되어 있어 동시에 검사가 가능한 경우의 검사수수료는 1개의 저장탱크에 대하여 개별 산정된 검사수수료에 다음 각 목의 검사수수료를 합한 것으로 한다.

   가. 1개를 초과하는 탱크부에 대하여 개별 산정된 검사수수료의 25퍼센트

   나. 1개를 초과하는 배관부에 대하여 개별 산정된 검사수수료의 30퍼센트

3. 도서지역(낙도)의 경우 「공무원여비규정」에 준하는 출장비를 추가할 수 있다.

제31조의2(토양정화업의 등록 신청 등)

① 토양정화업의 등록을 하려는 자는 토양정화업 등록 신청서(전자문서로 된 신청서를 포함한다)에 다음 각 호의 서류(전자문서를 포함한다)를 첨부하여 관할 시·도지사에게 제출해야 한다.

　1. 시설·장비 및 기술인력을 갖췄음을 증명하는 서류
　2. 반입정화시설의 설치명세서 및 도면(반입정화시설을 설치하는 경우만 해당한다)
　3. 토양정화업등록증(토양정화업의 등록을 한 자가 등록한 시·도지사의 관할구역 외에서 반입정화시설을 설치하는 경우만 해당한다)

② 시·도지사는 토양정화업의 등록을 한 자에게 토양정화업등록증을 내줘야 한다.

③ 토양정화업의 등록을 한 자가 등록한 사항을 변경하려는 경우에는 토양정화업 변경등록 신청서(전자문서로 된 신청서를 포함한다)에 변경하려는 내용을 증명하는 서류와 토양정화업등록증을 첨부하여 관할 시·도지사에게 제출해야 한다.

④ 신청서를 받은 담당 공무원은「전자정부법」에 따른 행정정보의 공동이용을 통하여 법인등기사항증명서(법인인 경우만 해당한다) 또는 사업자등록증명(개인인 경우만 해당한다)을 확인해야 한다. 다만, 신청인이 사업자등록증명의 확인에 동의하지 않는 경우에는 해당 서류를 첨부하도록 해야 한다.

제31조의3(토양정화업의 등록 등의 공고)

시·도지사는 토양정화업을 등록하거나 등록을 취소한 때에는 이를 공고하여야 한다. 토양정화업자의 신청에 의하여 등록을 취소한 때에도 또한 같다.(등록의 처리 기간은 7일, 변경등록은 10일)

제31조의4(토양정화업자의 준수사항)

토양정화업자의 준수사항은 별표 11의2와 같다.

▎[별표 11의2] 토양정화업자의 준수사항(제31조의4 관련) ▎ ✛중요내용

1. 기술인력은 해당 분야에 종사하게 하여야 한다.
2. 토양정화업자는 매년 1월 31일까지 전년도의 토양정화실적을 시·도지사에게 보고하여야 한다.
3. 오염토양을 운반하는 때에는 오염토양이 흩날리지 않도록 하여야 하며, 침출수가 유출되지 아니하도록 하여야 한다.
4. 위탁받은 오염토양을 반입정화시설이 아닌 다른 곳에 보관하여서는 아니 되며, 반입정화시설 또는 정화현장 입구에는 오염토양 정화 또는 반입정화시설임을 표시하는 가로 100센티미터 이상, 세로 50센티미터 이상의 표지판을 지상 100센티미터 이상의 높이에 설치하여야 한다. 이 경우 표지판에는 오염토양의 양, 정화공법, 정화기간 및 관리자의 주소·성명·전화번호 등을 기재하여야 한다.

5. 정화현장에 오염토양의 정화공정도 및 정화일지를 작성하여 비치하고, 정화일지는 2년간 보관하여야 한다.
6. 토양 관련 전문기관의 정화검증을 위한 정화현장 방문, 시료의 채취 등 검증업무수행을 방해하여서는 아니 된다.

♂ 제31조의5(지위승계의 신고)

토양 관련 전문기관 또는 토양정화업자의 지위를 승계한 자는 토양 관련 전문기관(토양정화업)승계신고서(전자문서로 된 신고서를 포함한다)에 승계를 증명하는 서류(전자문서를 포함한다)와 토양 관련 전문기관지정서 또는 토양정화업등록증을 첨부하여 시·도지사, 지방환경관서의 장 또는 국립환경과학원장에게 제출하여야 한다. 다만, 「전자정부법」에 따라 행정정보의 공동이용을 통하여 첨부서류에 대한 정보를 확인할 수 있는 경우에는 그 확인으로 첨부서류에 갈음할 수 있다.

♂ 제32조(기술인력의 교육) ★중요내용

① 토양 관련 전문기관 또는 토양정화업의 기술인력은 다음의 구분에 따라 국립환경인재개발원장이 개설하는 토양환경관리의 교육과정을 이수하여야 한다.
   1. 신규교육 : 토양 관련 전문기관 또는 토양정화업 분야의 기술인력으로 최초로 종사한 날부터 1년 이내에 18시간
   2. 보수교육 : 신규교육을 받은 날을 기준으로 5년마다 8시간
② 교육은 집합교육 또는 원격교육으로 한다.

♂ 제32조의2(교육계획 등) ★중요내용

① 국립환경인재개발원장은 매년 11월 30일까지 교육과정 및 교육내용을 포함한 다음연도의 교육계획을 수립하여 기후에너지환경부장관에게 제출하여야 한다.
② 국립환경인재개발원장은 교육을 실시한 때에는 매분기의 교육실적을 그 분기종료 후 15일 이내에 기후에너지환경부장관에게 보고하여야 한다.
③ 교육대상자별 교육의 방법, 그 밖에 교육에 관하여 필요한 구체적인 사항은 기후에너지환경부장관이 정하여 고시한다.

♂ 제33조(관계 기관의 협조) ★중요내용

법 제25조 제4호에서 "토양보전을 위하여 필요한 사항으로서 기후에너지환경부령으로 정하는 사항"이란 다음 각 호와 같다.

1. 각종 개발사업 등으로 인하여 중대한 토양오염이 우려되는 지역에 대한 방지대책 및 오염된 토양의 정화조치
2. 토양오염방지 및 오염토양정화분야 전문인력의 확보대책
3. 군사지역 안에서의 토양오염방지대책 및 오염된 토양의 정화조치
4. 토양환경분야 전문기술인력 양성을 위한 교육사업 추진
5. 토양오염 사고에 따른 오염토양 정화시설 설치를 위한 부지확보
6. 기타 기후에너지환경부장관이 필요하다고 인정하여 정하는 사항

♂ 제34조(출입검사 등)

① 특별자치시장·특별자치도지사·시장·군수·구청장이 소속 공무원으로 하여금 출입하여 검사를 하게 하려는 경우에는 검사 3일 전까지 검사의 일시·이유 및 내용을 포함한 검사 계획을 피검사자에게 통지해야 한다. 다만, 긴급을 요하거나 사전에 알릴 경우 증거의 인멸 등으로 검사의 목적을 달성할 수 없다고 인정되는 경우에는 그렇지 않다.
② 특별자치시장·특별자치도지사·시장·군수·구청장은 자료를 받거나 출입 검사를 한 경우에는 그 결과를 특정토양오염관리대상시설관리표에 기재해야 한다.

♂ 제36조(행정처분의 기준)

① 행정처분의 기준은 별표 12와 같다.

▎[별표 12] 행정처분의 기준(제36조 제1항 관련) ▎

1. 일반기준
   가. 위반행위의 횟수에 따른 행정처분의 기준은 최근 1년간 같은 위반행위로 행정처분을 받은 경우에 적용한다. 이 경우 행정처분기준의 적용은 같은 위반행위에 대한 행정처분일과 그 처분 후에 다시 적발된 날을 기준으로 한다.
   나. 위반행위가 둘 이상인 경우로서 그에 해당하는 각각의 처분기준이 다른 경우에는 그 중 무거운 처분기준에 따른다. 다만, 둘 이상의 처분기준이 동일한 영업정지 또는 업무정지인 경우에는, 각 처분기준을 합산한 기간을 넘지 아니하는 범위에서 무거운 처분기준의 2분의 1 범위에서 가중할 수 있다.
   다. 처분권자는 위반행위의 동기·내용·횟수 및 위반의 정도 등 다음 각 목에 해당하는 사유를 고려하여 그 처분을 감경할 수 있다. 이 경우 그 처분이 영업정지 또는 업무정지인 경우에는 그 처분기준의 2분의 1의 범위에서 감경할 수 있고, 지정취소 또는 등록취소인 경우에는 6개월 이상의 영업정지 또는 업무정지 처분으로 감경할 수 있다. ★중요내용

1) 위반행위가 고의나 중대한 과실이 아닌 사소한 부주의나 오류로 인한 것으로 인정되는 경우
2) 위반의 내용·정도가 경미하여 제3자 또는 주변환경에 미치는 피해가 적다는 인정되는 경우
3) 위반 행위자가 처음 해당 위반행위를 한 경우로서, 3년 이상 토양 관련 전문기관 및 토양정화업을 모범적으로 해 온 사실이 인정되는 경우
4) 위반 행위자가 해당 위반행위로 인하여 검사로부터 기소유예 처분을 받거나 법원으로부터 선고유예의 판결을 받은 경우
5) 위반 행위자가 해당 위반행위로 인하여 업무정지 또는 영업정지 이상의 제재를 받을 경우 생계를 유지하기 곤란한 등의 사유가 인정되는 경우

2. 개별기준

가. 토양 관련 전문기관에 대한 행정처분기준

위반사항	근거법령	행정처분기준			
		1차	2차	3차	4차
1) 고의 또는 중대한 과실로 법 제11조 제3항, 법 제14조 제1항 또는 법 제15조 제1항에 따른 토양정밀조사를 부실하게 하여 정화과정에 대한 검증 대상 규모 미만으로 오염토양의 규모가 축소되게 한 경우	법 제23조의6 제2항 제4호	업무정지 1개월	업무정지 3개월	업무정지 6개월	지정취소
2) 법 제11조 제4항, 법 제14조 제2항 및 법 제15조 제2항에 따른 정밀조사 결과를 관할 시·도지사 또는 시장·군수·구청장에게 지체 없이 통보하지 않은 경우	법 제23조의6 제3항 제3호	경고	업무정지 10일	업무정지 20일	업무정지 30일
3) 법 제13조 제2항에 따른 토양오염검사 면제 승인과 관련하여 사실과 다른 의견을 제시한 경우	법 제23조의6 제3항 제4호	경고	업무정지 10일	업무정지 20일	업무정지 30일
4) 법 제13조 제4항에 따른 토양오염검사 결과를 관할 특별자치시장·특별자치도지사·시장·군수·구청장 및 관할 소방서장에게 통보하지 않은 경우	법 제23조의6 제3항 제5호	경고	업무정지 10일	업무정지 20일	업무정지 30일

위반사항	근거법령	행정처분기준			
		1차	2차	3차	4차
5) 법 제15조의6에 따른 토양정화의 검증을 부실하게 하여 오염토양을 법 제15조의3 제1항에 따른 정화기준 이내로 처리되지 아니하게 한 경우	법 제23조의6 제3항 제1호	업무정지 10일	업무정지 20일	업무정지 30일	업무정지 60일
6) 법 제23조의2 제2항에 따른 지정기준에 미달하게 된 경우	법 제23조의6 제2항 제1호				
가) 지정기준의 기술능력에 속하는 기술인력이 부족한 경우		경고	업무정지 1개월	업무정지 3개월	업무정지 6개월
나) 지정기준의 기술능력에 속하는 기술인력이 전혀 없는 경우		지정취소			
다) 갖추어야 할 장비가 부족한 경우		경고	업무정지 1개월	업무정지 3개월	업무정지 6개월
라) 갖추어야 할 장비가 전혀 없는 경우		지정취소			
7) 법 제23조의2 제5항에 따른 토양 관련 전문기관의 준수사항을 위반한 경우	법 제23조의6 제3항 제6호	경고	업무정지 1개월	업무정지 3개월	업무정지 6개월
8) 법 제23조의3 각 호의 어느 하나에 해당하게 된 경우	법 제23조의6 제1항 제2호				
가) 법 제23조의3 제1호부터 제4호까지의 어느 하나에 해당하는 경우		지정취소			
나) 법인의 임원이 법 제23조의3 제1호부터 제4호까지의 어느 하나에 해당함에도 3개월 이내에 그 임원을 바꾸지 아니한 경우		지정취소			
9) 속임수 그 밖의 부정한 방법으로 토양 관련 전문기관의 지정을 받은 경우	법 제23조의6 제1항 제1호	지정취소			
10) 법 제23조의4를 위반하여 다른 사람에게 자기의 명의를 사용하여 토양 관련 전문기관의 업무를 하게 하거나 지정서를 다른 사람에게 빌려준 경우	법 제23조의6 제2항 제2호	업무정지 6개월	지정취소		

위반사항	근거법령	행정처분기준			
		1차	2차	3차	4차
11) 고의 또는 중대한 과실로 검사 또는 평가 결과를 거짓으로 작성하거나 부실하게 작성한 경우	법 제23조의6 제2항 제3호	업무정지 6개월	지정취소		
12) 토양 관련 전문기관으로 지정(법 제23조의2 제3항 단서에 따라 토양오염조사기관으로 지정받은 것으로 보는 경우는 제외한다)받은 후 2년 이내에 업무를 시작하지 아니하거나 정당한 사유 없이 계속하여 2년 이상 업무 실적이 없는 경우	법 제23조의6 제3항 제2호	경고	업무정지 1개월	업무정지 3개월	업무정지 6개월
13) 법 제23조의5를 위반하여 토양정화업을 겸업한 경우	법 제23조의6 제1항 제3호	지정취소			
14) 법 제26조의2 제2항을 위반하여 보고나 자료 제출을 하지 아니하거나, 보고나 자료 제출을 거짓으로 한 경우	법 제23조의6 제3항 제7호	경고	업무정지 10일	업무정지 20일	업무정지 30일
15) 업무정지처분 기간에 토양오염도검사, 누출검사, 토양환경평가 또는 위해성평가와 관련된 업무를 한 경우	법 제23조의6 제2항 제5호	업무정지 6개월	지정취소		
16) 법 제23조의2 제1항의 기술능력 지정요건에 해당하는 기술인력이 아닌 사람이 검사 또는 평가하여 그 결과를 통보한 경우	법 제23조의6 제2항 제6호	업무정지 1개월	업무정지 3개월	업무정지 6개월	지정취소

나. 토양정화업자에 대한 행정처분기준

위반사항	근거법령	행정처분기준			
		1차	2차	3차	4차
1) 속임수나 그 밖의 부정한 방법으로 등록을 한 경우	법 제23조의10 제1항 제1호	등록취소			
2) 등록을 한 후 2년 이내에 영업을 시작하지 않거나 정당한 사유 없이 계속하여 2년 이상 영업 실적이 없는 경우	법 제23조의10 제3항	경고	영업정지 1개월	영업정지 3개월	영업정지 6개월

위반사항	근거법령	행정처분기준			
		1차	2차	3차	4차
3) 법 제23조의3 각 호의 어느 하나에 해당하게 된 경우 　가) 법 제23조의3 제1호부터 제4호까지의 어느 하나에 해당하는 경우 　나) 법인의 임원이 법 제23조의3 제1호부터 제4호까지의 어느 하나에 해당함에도 3개월 이내에 그 임원을 바꾸지 않은 경우	법 제23조의10 제1항 제2호	 등록취소 등록취소			
3)의2 영업정지처분 기간 중에 영업행위를 한 경우	법 제23조의10 제1항 제3호	등록취소			
4) 법 제15조의3 제1항에 따른 정화기준 및 정화방법에 따라 정화하지 않은 경우	법 제23조의10 제2항 제1호	영업정지 1개월	영업정지 3개월	영업정지 6개월	등록취소
5) 법 제15조의3 제3항을 위반하여 오염이 발생한 해당 부지 및 토양정화업자가 보유한 시설이 아닌 장소로 오염토양을 반출하여 정화한 경우	법 제23조의10 제2항 제2호	영업정지 1개월	영업정지 3개월	영업정지 6개월	등록취소
6) 법 제15조의3 제7항 제1호를 위반하여 오염토양을 다른 토양과 섞어서 오염농도를 낮추는 행위를 한 경우	법 제23조의10 제2항 제3호	영업정지 1개월	영업정지 3개월	영업정지 6개월	등록취소
7) 법 제15조의3 제7항 제2호를 위반하여 토양정화업자가 등록한 시설의 용량을 초과하여 오염토양을 보관한 경우	법 제23조의10 제2항 제4호	영업정지 1개월	영업정지 3개월	영업정지 6개월	등록취소
8) 법 제15조의4를 위반하여 수탁받은 오염토양을 버리거나 매립 또는 누출·유출하는 행위를 한 경우	법 제23조의10 제2항 제5호	영업정지 1개월	영업정지 3개월	영업정지 6개월	등록취소
9) 법 제15조의6 제5항을 위반하여 토양 관련 전문기관에 의한 검증이 완료되지 않은 상태에서 오염토양을 반출한 경우	법 제23조의10 제2항 제6호	영업정지 1개월	영업정지 3개월	영업정지 6개월	등록취소

위반사항	근거법령	행정처분기준			
		1차	2차	3차	4차
10) 법 제23조의7 제1항에 따른 등록 기준에 미달하게 된 경우	법 제23조의10 제2항 제7호				
가) 등록요건의 기술인력이 부족한 경우		경고	영업정지 1개월	영업정지 3개월	영업정지 6개월
나) 등록요건의 기술인력이 전혀 없는 경우		등록취소			
다) 갖추어야 할 장비가 부족한 경우		경고	영업정지 1개월	영업정지 3개월	영업정지 6개월
라) 갖추어야 할 장비가 전혀 없는 경우		등록취소			
마) 삭제 〈2013.5.31〉					
바) 삭제 〈2013.5.31〉					
11) 법 제23조의9 제1항을 위반하여 다른 자에게 자기의 성명 또는 상호를 사용하여 토양정화업을 하게 하거나 등록증을 빌려준 경우	법 제23조의10 제2항 제8호	영업정지 6개월	등록취소		
12) 법 제23조의9 제2항을 위반하여 도급받은 토양정화공사를 하도급한 경우	법 제23조의10 제2항 제9호	영업정지 1개월	영업정지 3개월	영업정지 6개월	등록취소

제1장 총칙

♂ 제1조(목적) 중요내용

이 법은 지하수의 적절한 개발·이용과 효율적인 보전·관리에 관한 사항을 정함으로써 적정한 지하수개발·이용을 도모하고 지하수오염을 예방하여 공공의 복리증진과 국민경제의 발전에 이바지함을 목적으로 한다.

♂ 제2조(정의) 중요내용

1. "지하수"란 지하의 지층(地層)이나 암석 사이의 빈틈을 채우고 있거나 흐르는 물을 말한다.
1의2. "유출지하수"란 지하시설물 또는 건축물의 공사 등 인위적인 행위로 인하여 자연히 흘러나오는 지하수를 말한다.
2. "지하수영향조사"란 지하수의 개발·이용이 주변지역에 미치는 영향을 분석·예측하는 조사를 말한다.
3. "지하수보전구역"이란 지하수의 수량(水量)이나 수질을 보전하기 위하여 필요한 구역으로서 제12조에 따라 지정된 구역을 말한다.
4. "지하수개발·이용시공업"이란 지하수개발·이용을 위한 시설(이하 "지하수개발·이용시설"이라 한다)을 시공하는 사업을 말한다.
4의2. "유출지하수 이용시설"이란 유출지하수를 이용할 수 있도록 처리하는 시설을 말한다.
5. "지하수정화업"이란 지하수에 들어 있는 오염물질을 제거·분해 또는 희석하여 지하수의 수질을 개선하는 사업을 말한다.
6. "원상복구"란 원상복구 대상인 시설 또는 토지에 오염물질의 유입을 막고 사람의 보건 및 안전에 위험을 주지 아니하도록 해당 시설을 해체하거나 해당 토지를 적절하게 되메우는 것을 말한다.
7. "지하수열"이란 지하수의 온도 특성을 이용하여 냉난방 등으로 다양하게 활용이 가능한 열에너지를 말한다.

♂ 제2조의2(지하수관리의 기본원칙)

① 지하수는 현재와 미래 세대를 위한 공적 자원으로서 공공이익의 증진에 적합하도록 보

전·관리되어야 하며, 그에 따른 혜택은 모든 국민이 골고루 누릴 수 있도록 배분되어야 한다.

② 지하수는 물순환을 통하여 지표수를 포함한 모든 형상의 수자원과 긴밀하게 연되는 특성을 고려하여 상호 균형을 이루도록 통합적으로 관리되어야 한다.

③ 지하수는 수질보전, 수량확보뿐만 아니라, 사회·경제·자연환경 등을 종합적으로 고려하여 관리되어야 한다.

♂ 제3조(국가 등의 책무)

① 국가는 공적 자원인 지하수를 효율적으로 보전·관리함으로써 모든 국민이 양질의 지하수를 이용하고 지하수열 등 지하수의 부가가치를 창출할 수 있도록 지하수에 관한 종합적인 계획을 수립하고 합리적인 시책을 마련할 책무를 진다.

② 국가와 지방자치단체는 지하수 오염물질 및 지하수 오염원의 원천적인 감소를 통한 사전예방적 오염관리에 우선적인 노력을 기울여야 하며, 지하수를 개발·이용하는 자로 하여금 지하수 오염을 예방하기 위하여 스스로 노력하도록 촉진하기 위한 시책을 마련하여야 한다.

③ 국민은 국가의 지하수 보전·관리시책에 협력하고, 지하수 보전과 오염 방지를 위하여 노력하여야 한다.

④ 자기의 행위 또는 사업활동으로 지하수 오염 또는 훼손의 원인을 발생시킨 자는 그 오염·훼손을 방지하고 오염·훼손된 지하수를 회복·복원할 책임을 지며, 지하수 오염 또는 훼손으로 인한 피해의 구제에 드는 비용을 부담함을 원칙으로 한다.

제2장 지하수의 조사 및 개발·이용

제5조(지하수의 조사)

① 기후에너지환경부장관은 대통령령으로 정하는 바에 따라 전국의 지하수에 대하여 부존(賦存) 특성, 개발 가능량, 수질 특성 및 지하수개발·이용시설 등에 관한 기초적인 조사를 실시하고 그 결과를 기후에너지환경부령으로 정하는 바에 따라 공표하여야 한다. 〔중요내용〕

② 기후에너지환경부장관은 대통령령으로 정하는 바에 따라 기초적인 조사를 완료한 지역에 대한 보완조사를 주기적으로 실시하여야 한다.

③ 관계 중앙행정기관의 장이나 특별시장·광역시장·특별자치시장·도지사 또는 특별자치도지사(이하 "시·도지사"라 한다) 및 시장·군수·구청장(자치구의 구청장을 말한다. 이하 같다)은 지하수와 관련된 소관 업무의 수행을 위하여 필요할 때에는 지하수의 개발·이용 및 보전·관리를 위한 조사를 할 수 있다.

④ 관계 중앙행정기관의 장, 시·도지사, 시장·군수·구청장은 제3항의 조사를 하려면 대통령령으로 정하는 바에 따라 미리 기후에너지환경부장관과 협의하거나 기후에너지환경부장관에게 통보하여야 하며, 조사를 마쳤을 때에는 그 결과를 기후에너지환경부장관에게 통보하여야 한다. 다만, 대통령령으로 정하는 긴급한 사유가 있는 경우에는 그러하지 아니하다.

⑤ 기후에너지환경부장관, 관계 중앙행정기관의 장, 시·도지사, 시장·군수·구청장은 대통령령으로 정하는 바에 따라 제1항부터 제3항까지의 조사업무를 지하수 관련 조사전문기관(이하 "지하수조사전문기관"이라 한다)이 대행하게 할 수 있다.

⑥ 기후에너지환경부장관, 관계 중앙행정기관의 장, 시·도지사, 시장·군수·구청장은 지하수와 관련된 소관 업무의 수행을 위하여 필요하다고 인정할 때에는 대통령령으로 정하는 바에 따라 관계 기관에 제1항부터 제3항까지 및 제5항의 조사자료를 요구하거나 협조를 요청할 수 있다.

⑦ 기후에너지환경부장관은 대통령령으로 정하는 바에 따라 제1항부터 제3항까지 및 제5항의 조사자료를 종합관리하고, 관계 기관 또는 지하수를 개발·이용하는 자가 활용할 수 있도록 하여야 한다.

⑧ 시장·군수·구청장은 제4항에 따른 협의를 하려면 미리 시·도지사와의 협의를 거쳐야 한다.

⑨ 시장·군수·구청장은 대통령령으로 정하는 바에 따라 관할구역의 지하수의 수량·수질 등 이용실태를 조사하여 기후에너지환경부장관 및 관계 시·도지사에게 보고하여야 한다. 다만, 특별자치시장이 지하수의 이용실태를 조사한 때에는 기후에너지환경부장관에게만 보고하여야 한다.

⑩ 관계 중앙행정기관의 장 또는 지방자치단체의 장이 관계 법률에 따라 지하수개발·이용을 허가 또는 인가하거나 신고를 받았을 때에는 지하수의 이용실태 조사를 위하여 기후에너지환경부령으로 정하는 바에 따라 관계 시장·군수·구청장에게 이를 통보하여야 한다.

♂ 제5조의2(지하수보전·관리의 정보화)

① 기후에너지환경부장관, 시·도지사 및 시장·군수·구청장은 지하수 조사자료와 그 밖에 지하수보전·관리에 필요한 자료를 효율적으로 활용하기 위하여 지하수정보체계를 구축·운영할 수 있다.

② 기후에너지환경부장관은 제1항에 따른 지하수정보체계를 구축하기 위하여 필요한 경우 물관리 정책과 관련된 중앙행정기관의 장에게 자료를 요구하거나 협조를 요청할 수 있다.

③ 시·도지사 및 시장·군수·구청장이 지하수정보체계를 구축하려면 미리 기후에너지환경부장관과 협의하여야 한다.

④ 지하수정보체계의 구축 범위, 운영절차 등에 관하여 필요한 사항은 대통령령으로 정한다.

⑤ 기후에너지환경부장관, 시·도지사 및 시장·군수·구청장은 지하수정보체계의 구축·운영에 관한 업무를 지하수조사전문기관이 대행하게 할 수 있다.

♂ 제5조의3(국가지하수정보센터의 설치·운영)

① 기후에너지환경부장관은 지하수정보체계의 구축·운영을 위하여 국가지하수정보센터(이하 "지하수센터"라 한다)를 설치·운영할 수 있다.

② 지하수센터는 다음 각 호의 업무를 수행한다.
   1. 지하수와 관련된 정보의 생산, 관리, 분석 및 제공
   2. 지하수 정보 관리를 위한 시스템의 개발 및 유지·관리
   3. 지하수와 관련된 정책 수립의 지원
   4. 그 밖에 지하수 정보 관리를 위하여 기후에너지환경부령으로 정하는 업무

③ 지하수센터의 설치·운영, 그 밖에 필요한 사항은 대통령령으로 정한다.

♂ 제6조(지하수관리기본계획의 수립)

① 기후에너지환경부장관은 지하수의 체계적인 개발·이용 및 효율적인 보전·관리를 위하여 다음 각 호의 사항이 포함된 10년 단위의 지하수관리기본계획(이하 "기본계획"이라 한다)을 수립하여야 한다. **중요내용**
   1. 지하수의 부존 특성 및 개발 가능량
   2. 지하수의 이용실태
   3. 지하수의 이용계획
   3의2. 유출지하수의 관리 및 이용계획
   3의3. 지하수열의 이용 활성화 및 연구개발 추진계획
   4. 지하수의 보전계획

  5. 지하수의 수질관리 및 정화계획

  6. 그 밖에 지하수의 관리에 관한 사항

② 기후에너지환경부장관은 기본계획이 수립된 날부터 5년마다 그 타당성을 검토하여 필요한 경우에는 이를 변경하여야 한다. *중요내용

③ 기본계획에는 「온천법」에 따른 온천수, 「농어촌정비법」에 따른 농어촌용수(지하수만 해당한다), 「먹는물관리법」에 따른 먹는샘물·먹는염지하수·먹는해양심층수 및 「제주특별자치도 설치 및 국제자유도시 조성을 위한 특별법」에 따른 제주특별자치도지역 지하수에 관한 사항이 포함되어야 한다. 이 경우 행정안전부장관·농림축산식품부장관은 각각 관계 법률에 따른 지하수 관리의 실태 및 계획 등을 미리 기후에너지환경부장관에게 통보하여야 한다.

④ 기후에너지환경부장관은 기본계획을 수립하려면 미리 시·도지사의 의견을 듣고 관계 중앙행정기관의 장과 협의하여야 한다. 수립한 기본계획을 변경하려는 경우에도 또한 같다. 다만, 대통령령으로 정하는 경미한 사항을 변경하려는 경우에는 그러하지 아니하다.

⑤ 기후에너지환경부장관은 기본계획을 수립하였을 때에는 대통령령으로 정하는 바에 따라 지체 없이 이를 공고하고 관계 기관에 통보하여야 한다. 수립한 기본계획을 변경(제5항 단서에 따른 경미한 사항의 변경은 제외한다)하는 경우에도 또한 같다.

⑥ 관계 중앙행정기관의 장은 관계 법률에 따라 지하수의 개발·이용 및 보전·관리를 할 때 기본계획에 적합하도록 하여야 한다.

⑦ 기본계획의 수립절차 등에 관하여 필요한 사항은 대통령령으로 정한다.

제6조의2(지역지하수관리계획의 수립·시행)

① 시·도지사는 기본계획에 따라 관할구역의 지역지하수관리계획(이하 "지역관리계획"이라 한다)을 수립하여 기후에너지환경부장관의 승인을 받아야 한다. 수립한 지역관리계획을 변경하려는 경우에도 또한 같다. 다만, 대통령령으로 정하는 경미한 사항을 변경하려는 경우에는 그러하지 아니하다.

② 시장·군수·구청장은 관할구역에서 지하수의 수위저하(水位低下), 수질오염 등 대통령령으로 정하는 지하수 장해가 발생하는 경우 지역관리계획을 시·도지사에게 승인을 요청할 수 있다.

③ 시·도지사 또는 시장·군수·구청장은 지역관리계획의 승인을 받았을 때에는 대통령령으로 정하는 바에 따라 지체 없이 이를 공고하고 시·도지사는 관계 행정기관의 장 및 시장·군수·구청장에게, 시장·군수·구청장은 기후에너지환경부장관과 관계행정기관의 장에게 이를 통보하여야 한다. 수립된 지역관리계획을 변경(제1항 단서에 따른 경미한 사항의 변경은 제외한다)하는 경우에도 또한 같다.

④ 지역관리계획에는 제6조 제1항 각 호의 사항과 관할지역 지하수의 수량관리를 위한 사항이 포함되어야 한다.

⑤ 지역관리계획의 수립절차 등에 관하여 필요한 사항은 대통령령으로 정한다.

⑥ 시·도지사 또는 시장·군수·구청장은 지역관리계획의 수립에 관한 업무를 지하수조 사전문기관이 대행하게 할 수 있다.

🔵 제7조(지하수개발 · 이용의 허가)

① 지하수를 개발·이용하려는 자는 대통령령으로 정하는 바에 따라 미리 시장(특별자치시 장을 포함한다. 이하 같다)·군수·구청장의 허가를 받아야 한다. 다만, 다음 각 호의 어느 하나에 해당하는 경우에는 그러하지 아니하다. **·중요내용**

　1. 자연히 흘러나오는 지하수 또는 다른 법률에 따른 허가·인가 등을 받거나 신고를 하고 시행하는 사업 등으로 인하여 부수적으로 발생하는 지하수를 이용하는 경우
　2. 동력장치를 사용하지 아니하고 가정용 우물 또는 공동우물을 개발·이용하는 경우
　3. 허가를 받은 경우

② 허가를 신청하려는 자는 지하수영향조사기관이 실시하는 지하수영향조사를 받은 후 지 하수영향조사기관이 작성한 지하수영향조사서를 제출하여야 하며, 시장·군수·구청장 은 대통령령으로 정하는 바에 따라 지하수영향조사서를 심사하여 그 결과를 허가 내용 에 반영하여야 한다. 이 경우 시장·군수·구청장은 기본계획 및 지역관리계획을 고려 하여 심사하여야 한다.

③ 시장·군수·구청장은 다음 각 호의 어느 하나의 경우에는 허가를 하지 아니하거나 취 수량을 제한할 수 있다.

　1. 지하수 채취로 인하여 인근 지역의 수원(水源)의 고갈 또는 지반의 침하를 가져올 우려가 있거나 주변 시설물의 안전을 해칠 우려가 있는 경우
　2. 지하수를 오염시키거나 자연생태계를 해칠 우려가 있는 경우
　3. 지하수의 적정 관리 또는 「국토의 계획 및 이용에 관한 법률」에 따른 도시·군관리 계획, 그 밖에 공공사업에 지장을 줄 우려가 있는 경우
　4. 그 밖에 지하수를 보전하기 위하여 필요하다고 인정되는 경우로서 대통령령으로 정 하는 경우

④ 시장·군수·구청장은 허가를 하지 아니하는 경우에는 신청인에게 그 사유를 서면으로 알려야 한다.

⑤ 허가받은 사항 중 대통령령으로 정하는 사항을 변경하려는 경우에는 제1항부터 제4항 까지의 규정을 준용한다. 다만, 허가받은 사항의 변경으로 인하여 해당 지하수개발·이 용이 제8조제1항제2호 또는 제5호에 해당하는 경우에는 같은 항 각 호 외의 부분에 따 라 시장·군수·구청장에게 신고하고 같은 조 제3항에 따라 신고가 수리된 경우에 지하 수를 계속 이용할 수 있다.

⑥ 지하수영향조사의 항목·조사방법·평가기준, 지하수영향조사서의 작성지침·작성내 용, 그 밖에 필요한 사항은 대통령령으로 정한다.

🔹 제7조의2(하천 인근에서의 지하수개발·이용허가)

① 시장·군수·구청장은 허가를 할 때 「하천법」에 따른 하천구역의 경계로부터 대통령령으로 정하는 범위 내의 지역에서 지하수를 개발·이용하는 경우에는 지하수영향조사서를 첨부하여 기후에너지환경부장관과 미리 협의하여야 한다.

② 기후에너지환경부장관은 지하수개발·이용이 하천의 수량에 영향을 미친다고 인정하는 경우에는 취수량·취수기간의 제한 및 취수 금지 등을 요청할 수 있으며, 시장·군수·구청장은 특별한 사유가 없으면 요청에 따라야 한다. 이 경우 기후에너지환경부장관은 해당 허가로 인하여 「하천법」 제34조에 따른 기득하천사용자(旣得河川使用者)가 손실을 받을 것이 명백한 경우에는 허가를 신청한 자가 기득하천사용자로부터 동의를 받도록 하여야 한다.

🔹 제7조의3(지하수개발·이용허가의 유효기간) 🔖중요내용

① 지하수개발·이용허가의 유효기간은 5년으로 한다.

② 시장·군수·구청장은 지하수개발·이용허가를 받은 자가 신청하면 유효기간의 연장을 허가할 수 있다. 이 경우 그 연장기간은 5년으로 한다.

③ 유효기간의 연장신청절차 등에 관하여 필요한 사항은 대통령령으로 정한다.

🔹 제8조(지하수개발·이용의 신고)

① 다음 각 호의 어느 하나에 해당하는 경우에는 대통령령으로 정하는 바에 따라 미리 시장·군수·구청장에게 신고하고 지하수를 개발·이용할 수 있다.

  1. 「국방·군사시설 사업에 관한 법률」에 따른 국방·군사시설사업에 의하여 설치된 시설에서 지하수를 개발·이용하는 경우

  2. 「농업·농촌 및 식품산업 기본법」에 따른 농업과 「수산업·어촌발전기본법」에 따른 어업 및 양식업을 영위할 목적으로 대통령령으로 정하는 규모 이하로 지하수를 개발·이용하는 경우

  3. 재해나 그 밖의 천재지변으로 인하여 긴급히 지하수를 개발·이용할 필요가 있다고 시장·군수·구청장이 인정하는 경우

  4. 전쟁이나 그 밖의 비상사태 발생에 대비하여 국가 또는 지방자치단체가 비상급수용(非常給水用)으로 지하수를 개발·이용하는 경우

  5. 제1호부터 제4호까지의 규정 외의 경우로서 대통령령으로 정하는 규모 이하로 지하수를 개발·이용하는 경우

② 신고한 사항 중 대통령령으로 정하는 중요한 사항을 변경할 때에는 시장·군수·구청장에게 신고하여야 한다. 다만, 신고한 사항의 변경으로 인하여 해당 지하수개발·이용이 제1항 각 호의 어느 하나에 해당되지 아니하는 경우에는 시장·군수·구청장의 허가를 받아야 한다.

③ 시장·군수·구청장은 제1항 또는 제2항 본문에 따른 신고 또는 변경신고를 받은 경우

그 내용을 검토하여 이 법에 적합하면 신고를 수리하여야 한다.

④ 시장·군수·구청장은 제1항에 따른 지하수개발·이용이 제7조 제3항 각 호의 어느 하나에 해당되는 경우에는 제27조에 따른 지하수영향조사기관이 실시한 지하수영향조사를 받아 그 결과를 토대로 취수량 및 취수기간을 제한할 수 있고, 대통령령으로 정하는 바에 따라 시정명령·이용중지명령 또는 공동이용명령 등 필요한 조치를 할 수 있으며, 정당한 사유 없이 이를 이행하지 아니한 자에게는 해당 개발·이용시설의 폐쇄를 명할 수 있다.

♂ 제8조의2(신고의 효력 상실)

지하수개발·이용의 신고는 다음 각 호의 어느 하나에 해당하는 경우에 그 효력을 잃는다. 이 경우 시장·군수·구청장은 신고인에게 신고의 효력 상실에 관한 사항을 지체 없이 알려야 한다.

1. 신고한 자가 지하수를 개발·이용할 의사가 없음을 시장·군수·구청장에게 알리거나 시장·군수·구청장이 이를 확인한 경우
2. 신고한 날부터 3개월 이내에 정당한 사유 없이 공사를 시작하지 아니하거나 공사 시작 후 계속하여 3개월 이상 공사를 중지한 경우

♂ 제9조(준공신고)

① 허가를 받거나 제8조에 따라 신고한 자가 그 공사를 준공하였을 때에는 대통령령으로 정하는 바에 따라 시장·군수·구청장에게 신고하여야 한다.

② 시장·군수·구청장은 제1항에 따른 신고를 받은 경우 그 내용을 검토하여 이 법에 적합하면 신고를 수리하여야 한다.

③ 시장·군수·구청장은 신고한 내용 중 지하수개발·이용시설의 위치 등 대통령령으로 정하는 사항이 허가를 받거나 신고한 내용과 다르게 준공된 경우에는 대통령령으로 정하는 바에 따라 그 시정을 명하거나 필요한 조치를 할 수 있으며, 정당한 사유 없이 이를 이행하지 아니하는 자에게는 해당 개발·이용시설의 폐쇄를 명할 수 있다.

♂ 제9조의2(유출지하수의 이용 등)

① 다음 각 호의 시설물 또는 건축물을 설치하려는 자는 기후에너지환경부령으로 정하는 기준 이상으로 유출지하수가 발생하는 경우 기후에너지환경부령으로 정하는 바에 따라 시장·군수·구청장에게 그 발생현황을 신고하여야 한다.

1. 지하철·터널 등 지하시설물
2. 기후에너지환경부령으로 정하는 규모 이상의 건축물이나 그 밖의 시설물
3. 「공공기관의 운영에 관한 법률」에 따른 공공기관 또는 「지방공기업법」에 따른 지방공기업이 건축하는 시설물이나 건축물
4. 그 밖에 유출지하수 관리를 위하여 시(특별자치시를 포함한다)·군 또는 자치구의 조례로 정한 시설물

② 제1항 각 호에 해당하는 시설물 또는 건축물 등의 지하층 공사를 완료한 후 기후에너지 환경부령으로 정하는 기준 이상으로 유출지하수가 발생하는 경우에는 기후에너지환경 부령으로 정하는 바에 따라 이를 대통령령으로 정하는 용도로 이용할 수 있도록 유출지 하수 이용시설의 설치 · 운영에 관한 사항을 포함한 이용계획을 수립하여 시장 · 군수 · 구청장에게 신고하여야 한다. 신고한 사항 중 기후에너지환경부령으로 정하는 중요한 사항을 변경하거나 유출지하수 이용을 종료한 경우에도 또한 같다.

③ 시장 · 군수 · 구청장은 신고를 받은 경우 그 내용을 검토하여 이 법에 적합하면 신고를 수리하여야 한다.

④ 시장 · 군수 · 구청장은 유출지하수의 이용계획을 시행하지 아니하거나 이용률이 현저히 낮다고 인정되는 자 또는 기후에너지환경부령으로 정하는 유출지하수 이용시설의 시 설 · 관리기준을 준수하지 아니한 자에게는 기후에너지환경부령으로 정하는 바에 따라 기간을 정하여 그 개선을 명하여야 한다.

⑤ 시장 · 군수 · 구청장은 발생현황 및 이용계획을 매년 기후에너지환경부령에 따라 시 · 도지사에게, 시 · 도지사는 기후에너지환경부장관에게 보고하여야 한다. 다만, 특별자치 시장은 기후에너지환경부장관에게만 보고하여야 한다.

⑥ 지하층 공사의 완료 기준과 유출지하수 이용시설의 시설 · 관리기준 및 그 밖에 필요한 사항은 기후에너지환경부령으로 정한다.

⑦ 기후에너지환경부장관은 유출지하수 이용 촉진 등을 위하여 필요한 경우 지방자치단체 의 장에게 행정적 · 기술적 · 재정적 지원을 하거나 유출지하수 이용시설의 설치 · 운영 자에게 기술적 지원을 할 수 있다.

⑧ 지방자치단체의 장은 제2항에 따른 유출지하수 이용시설의 설치 · 운영자에게 필요한 행정적 · 기술적 · 재정적 지원을 할 수 있다.

⑨ 지방자치단체는 유출지하수 이용시설을 설치 · 운영하는 시설물의 소유자 또는 관리자 에 대하여 조례로 정하는 바에 따라 하수도사용료를 경감할 수 있다.

⑩ 기후에너지환경부장관 또는 지방자치단체의 장은 유출지하수 이용으로 인하여 주변지 역에 지하수 장해가 발생하거나 발생할 우려가 있는 경우에는 기후에너지환경부령으로 정하는 바에 따라 관측정 설치 등 유출지하수 이용시설 설치 · 운영자에게 필요한 조치 를 명할 수 있다.

🔵 제9조의3(지하수개발 · 이용의 종료신고)

① 이 법 또는 다른 법률에 따른 허가 · 인가 등을 받거나 신고를 하고 지하수를 개발 · 이용 하는 자는 제15조 제1항 제3호부터 제5호까지의 어느 하나에 해당되는 경우에는 기후에 너지환경부령으로 정하는 바에 따라 이에 관한 사항을 시장 · 군수 · 구청장에게 신고하 여야 한다.

② 시장 · 군수 · 구청장은 제1항에 따른 신고를 받은 경우 그 내용을 검토하여 이 법에 적 합하면 신고를 수리하여야 한다.

♂ 제9조의4(지하수에 영향을 미치는 굴착행위의 신고 등)

① 다음 각 호의 어느 하나에 해당하는 행위를 하기 위하여 토지를 굴착하려는 자는 기후에너지환경부령으로 정하는 바에 따라 그 내용을 미리 시장 · 군수 · 구청장에게 신고하여야 한다. 신고한 사항 중 대통령령으로 정하는 중요한 사항을 변경하려 하거나 해당 행위를 종료한 경우에도 또한 같다.

   1. 지하수의 조사

   2. 지하수영향조사

   3. 지하수개발 · 이용

   4. 수질측정

   5. 그 밖에 지하수의 수량 또는 수질에 영향을 미치는 행위로서 대통령령으로 정하는 행위

② 시장 · 군수 · 구청장은 신고를 받은 경우 그 내용을 검토하여 이 법에 적합하면 신고를 수리하여야 한다.

③ 시장 · 군수 · 구청장은 신고를 한 자에게 토지의 굴착에 따른 지질 · 수량, 그 밖에 지하수 관리에 필요한 자료를 요청할 수 있으며, 그 요청을 받은 자는 특별한 사유가 없으면 요청에 따라야 한다.

④ 시장 · 군수 · 구청장은 제1항에 따른 굴착행위로 인하여 대통령령으로 정하는 정도로 지하수의 수량 또는 수질에 영향을 미치거나 미칠 우려가 있는 경우에는 시설의 개선을 명하거나 필요한 조치를 할 수 있다.

⑤ 토지의 굴착신고, 지하수 관리에 필요한 자료의 제공절차 등에 관하여 필요한 사항은 기후에너지환경부령으로 정한다.

♂ 제9조의5(지하수개발 · 이용시설의 사후관리 등)

① 이 법 또는 다른 법률에 따른 허가 · 인가 등을 받거나 신고를 하고 지하수를 개발 · 이용하는 자(이하 "지하수개발 · 이용자"라 한다)는 지하수 수질보전 등을 위하여 지하수개발 · 이용시설의 정비 등 사후관리를 하여야 한다.

② 지하수개발 · 이용자가 사후관리를 이행하려는 때에는 기후에너지환경부령으로 정하는 바에 따라 시장 · 군수 · 구청장에게 신고하여야 한다. 해당 행위를 종료한 때에도 또한 같다.

③ 시장 · 군수 · 구청장은 신고를 받은 경우 그 내용을 검토하여 이 법에 적합하면 신고를 수리하여야 한다.

④ 시장 · 군수 · 구청장은 사후관리를 이행하지 아니하거나 거짓으로 신고한 자에게는 대통령령으로 정하는 바에 따라 시정명령 또는 이용중지 등 필요한 조치를 할 수 있다.

⑤ 사후관리 대상 시설, 용도, 검사주기, 그 밖에 필요한 사항은 대통령령으로 정한다.

♂ 제9조의6(지하수자원확보시설의 설치 등)

① 기후에너지환경부장관 및 지방자치단체의 장은 안정적인 수자원의 확보와 가뭄 등에 대

비하여 다음 각 호의 어느 하나에 해당하는 지역에 지하수자원확보시설(국가 또는 지방자치단체가 지하수자원을 확보하기 위하여 설치·관리하는 지하수댐, 지하수 함양시설 등을 말한다)을 설치 및 관리할 수 있다.

1. 안정적인 수자원의 확보가 어려운 도서·해안 지역
2. 가뭄 등에 취약하여 비상시에 대비한 수자원의 확보가 필요한 지역
3. 그 밖에 지하수 수위가 불안정하거나 대체수원이 필요한 경우 등 지하수자원의 확보를 위하여 대통령령으로 정하는 지역

② 지하수자원확보시설의 설치는 기후에너지환경부장관의 경우 기본계획, 지방자치단체의 장의 경우 지역관리계획의 범위에서 하여야 한다.

③ 지하수자원확보시설의 설치·관리에 관한 기준 등에 관하여는 기후에너지환경부령으로 정한다.

④ 국토교통부장관 또는 지방자치단체의 장은 지하수자원확보시설의 설치·관리에 관한 업무를 대통령령으로 정하는 기관에 대행하게 할 수 있다.

💧 제9조의7(지하수의 냉난방에너지원으로 이용 등)

① 기후에너지환경부장관은 지하수를 냉난방에너지원으로 이용하는 데 필요한 지하수의 적정한 개발·이용 및 보전·관리를 위한 시책을 강구하여야 한다.

② 기후에너지환경부장관은 시책을 이행하기 위하여 필요한 경우 시장·군수·구청장에 대하여 기술적·재정적 지원을 할 수 있다.

③ 기후에너지환경부장관은 지하수를 냉난방에너지원으로 이용하기 위한 시설에 대한 설치기준을 기후에너지환경부령으로 정한다.

💧 제9조의8(물 공급 취약지역 등에 대한 지원)

① 기후에너지환경부장관, 시·도지사 또는 시장·군수·구청장은 기후에너지환경부령으로 정하는 물 공급 취약지역에 대하여 다음 각 호의 지원을 할 수 있다.

1. 지하수개발·이용시설의 설치
2. 지하수개발·이용시설의 주변 환경개선
3. 지하수개발·이용시설의 진단 및 개선
4. 제20조 제1항의 수질검사
5. 그 밖에 지하수개발·이용시설의 유지관리, 개선 및 개발을 위하여 필요한 사항

② 기후에너지환경부장관은 지원을 이행하기 위하여 필요한 경우 시·도지사 또는 시장·군수·구청장에게 기술적·재정적 지원을 할 수 있다.

③ 지원업무는 지하수조사전문기관이 대행하게 할 수 있다.

💧 제10조(허가의 취소 등)

① 시장·군수·구청장은 허가를 받은 자가 다음 각 호의 어느 하나에 해당하는 경우에는 그 허가를 취소할 수 있다. 다만, 제1호·제7호·제8호 및 제8호의2에 해당하는 경우

에는 허가를 취소하여야 한다. 중요내용

1. 부정한 방법으로 지하수개발·이용의 허가를 받은 경우

2. 제7조 제3항 각 호의 어느 하나에 해당하는 경우

3. 준공신고를 하지 아니하거나 거짓으로 신고한 경우

4. 허가를 받은 날부터 3개월 이내에 정당한 사유 없이 공사를 시작하지 아니하거나 공사 시작 후 계속하여 3개월 이상 공사를 중지한 경우

5. 지하수의 개발·이용을 위하여 굴착한 장소에서 지하수가 채취되지 아니한 경우

6. 수질불량으로 지하수를 개발·이용할 수 없는 경우

7. 허가를 받은 목적에 따른 개발·이용이 불가능하게 된 경우

8. 지하수의 개발·이용을 종료한 경우

8의2. 지하수의 수위변동 실태조사 결과 지하수의 수위가 지속적으로 낮아지거나 수질이 지속적으로 나빠지는 지역으로서 기후에너지환경부장관이 대통령령으로 정하는 바에 따라 정밀조사한 결과 지하수의 개발·이용을 제한할 필요가 있어 시장·군수·구청장에게 허가의 취소를 요청한 경우

9. 지하수의 이용중지 또는 수질개선 등의 조치명령을 위반한 경우

② 수질불량의 정도에 관하여는 대통령령으로 정한다.

③ 시장·군수·구청장은 허가를 취소하기 전에 대통령령으로 정하는 바에 따라 기간을 정하여 그 시정을 명하거나 필요한 조치를 할 수 있다. 다만, 제1항 제1호·제7호·제8호 및 제8호의2의 경우에는 그러하지 아니하다.

④ 시장·군수·구청장은 허가를 취소하는 경우에는 허가를 받은 자에게 그 사유를 서면으로 알려야 한다.

제3장 지하수의 보전 · 관리

🔹 제12조(지하수보전구역의 지정)

① 시 · 도지사는 지하수의 보전 · 관리를 위하여 필요한 경우에는 다음 각 호의 어느 하나에 해당하는 지역을 지하수보전구역으로 지정할 수 있다. **⁺중요내용**

1. 지하수를 이용하는 하류지역과 수리적으로 연결된 지하수의 공급원이 되는 상류지역
2. 주된 용수공급원이 되는 지하수가 상당히 부존된 지층이 있는 지역
3. 대통령령으로 정하는 공공급수용 지하수개발 · 이용시설의 중심에서 대통령령으로 정하는 반지름 이내에 시설이 설치되어 수질의 저하가 우려되는 지역
4. 지하수개발 · 이용량이 기본계획 또는 지역관리계획에서 정한 지하수개발 가능량에 비하여 현저하게 높다고 판단되는 지역
5. 지하수의 지나친 개발 · 이용으로 인하여 지하수의 고갈현상, 지반침하 또는 하천이 마르는 현상이 발생하거나 발생할 우려가 있는 지역
6. 지하수의 개발 · 이용으로 인하여 주변 생태계에 심각한 악영향을 미치거나 미칠 우려가 있는 지역
7. 그 밖에 지하수의 수량이나 수질을 보전하기 위하여 필요한 지역으로서 대통령령으로 정하는 지역

② 시 · 도지사는 지하수보전구역을 지정하거나 그 지정을 변경하려면 관계 행정기관의 장과 협의하여야 한다. 다만, 대통령령으로 정하는 경미한 사항을 변경하려는 경우에는 그러하지 아니하다.

③ 둘 이상의 특별시 · 광역시 · 특별자치시 또는 도의 행정구역에 걸쳐 지하수보전구역을 지정할 필요가 있는 경우에는 관계 시 · 도지사는 협의하여 이를 공동으로 지정하거나 지정할 자를 정한다.

④ 기후에너지환경부장관은 협의가 성립되지 아니한 경우에는 관계 중앙행정기관의 장과 협의하여 지정할 자를 지정하고, 이를 고시하여야 한다.

⑤ 시 · 도지사는 지하수보전구역을 지정하거나 그 지정을 변경하였을 때에는 지체 없이 이를 고시하고, 기후에너지환경부장관에게 보고하여야 하며, 시장(특별자치시장은 제외한다) · 군수 · 구청장에게 알려야 한다.

⑥ 시장 · 군수 · 구청장은 지하수보전구역의 지정 또는 지정 변경 사실 및 그 내용을 일반인이 열람할 수 있도록 하여야 한다.

⑦ 기후에너지환경부장관은 제1항 각 호의 어느 하나에 해당하는 지역이 다음 각 호의 어느 하나에 해당하는 경우에는 시 · 도지사에게 지하수보전구역의 지정을 명할 수 있다.
⁺중요내용

1. 지하수의 보전·관리를 위하여 지하수보전구역을 지정할 필요가 있는데도 지정을 하지 아니하여 지하수의 보전·관리에 지장을 초래할 우려가 있다고 판단되는 지역
2. 수질보전을 위하여 필요하다고 인정되는 지역
3. 그 밖에 지하수의 보전·관리에 필요하다고 인정되는 경우로서 대통령령으로 정하는 지역

⑧ 시·도지사는 지하수보전구역이 지정된 경우에는 그 지역의 지하수를 보전·관리하기 위한 대책을 수립·시행하여야 한다.

⑨ 기후에너지환경부장관은 제1항 각 호에 해당하는 경우 그 지역의 안정적인 지하수자원 확보를 위하여 필요하다고 인정하는 경우에는 미리 시·도지사의 의견을 듣고 지하수를 보전·관리하기 위한 대책을 수립·시행할 수 있다.

⑩ 지하수보전구역의 지정 범위, 절차, 그 밖에 필요한 사항은 대통령령으로 정한다.

제12조의2(주민의 의견 청취)

① 시·도지사는 지하수보전구역을 지정하거나 그 지정을 변경하려면 주민의 의견을 들어야 하며, 그 의견이 타당하다고 인정할 때에는 이를 반영하여야 한다. 다만, 국방 또는 국가안전보장을 위하여 기밀을 지켜야 할 필요가 있는 사항(관계 중앙행정기관의 장이 요청하는 것으로 한정한다)이거나 대통령령으로 정하는 경미한 사항인 경우에는 그러하지 아니하다.

② 주민의 의견 청취에 필요한 사항은 대통령령으로 정하는 기준에 따라 해당 특별시·광역시·특별자치시·도 또는 특별자치도의 조례로 정한다.

제13조(지하수보전구역에서의 행위 제한)

① 지하수보전구역에서 다음 각 호의 어느 하나에 해당하는 행위를 하려는 자는 시장·군수·구청장의 허가를 받아야 한다. 다만, 관계 법률에 따라 승인을 받거나 허가를 받아 제2호의 시설을 설치한 경우에는 허가를 받은 것으로 본다.

1. 신고하도록 되어 있는 규모의 범위에서 대통령령으로 정하는 규모 이상의 지하수를 개발·이용하는 행위
2. 다음 각 목의 어느 하나에 해당하는 물질을 배출·제조 또는 저장하는 시설로서 대통령령으로 정하는 시설의 설치
    가. 「물환경보전법」에 따른 특정수질유해물질
    나. 「폐기물관리법」에 따른 폐기물
    다. 「하수도법」에 따른 오수·분뇨 및 「가축분뇨의 관리 및 이용에 관한 법률」 제2조 제2호에 따른 가축분뇨
    라. 「화학물질관리법」에 따른 허가물질, 제한물질, 금지물질 및 유해화학물질
    마. 「토양환경보전법」에 따른 토양오염물질
3. 지하수의 수위저하·수질오염 또는 지반침하 등 명백한 위험을 가져오는 행위로서

대통령령으로 정하는 행위

② 시장·군수·구청장은 대통령령으로 정하는 바에 따라 지하수보전구역에서 새로운 지하수의 개발·이용을 금지할 수 있다.

제14조(이행보증금의 예치)

① 이 법 또는 다른 법률에 따른 허가·인가 등을 받거나 신고를 하고 지하수를 개발·이용하는 자 또는 굴착행위 신고를 하고 토지를 굴착하는 자는 원상복구의 이행을 담보하기 위하여 이행보증금을 예치하여야 한다. 다만, 다음 각 호의 어느 하나에 해당하는 경우에는 그러하지 아니하다. **#중요내용**

  1. 국가·지방자치단체 또는 「공공기관의 운영에 관한 법률」에 따른 공공기관이 지하수를 개발·이용하는 경우 또는 굴착행위신고를 하고 토지를 굴착하는 경우

  2. 그 밖에 원상복구가 확실시되는 경우로서 대통령령으로 정하는 경우

② 이행보증금의 금액, 예치의 시기·방법·절차 및 이행보증금의 반환 등에 관하여 필요한 사항은 대통령령으로 정한다.

제15조(원상복구 등)

① 이 법 또는 다른 법률에 따른 허가·인가 등을 받거나 신고를 하고 지하수를 개발·이용하는 자(제13조에 따른 허가를 받고 같은 조 제1항 각 호의 어느 하나에 해당하는 행위를 하는 자를 포함한다)가 다음 각 호의 어느 하나에 해당하는 경우에는 해당 시설 및 토지를 원상복구하여야 한다. 다만, 원상복구할 필요가 없는 경우로서 대통령령으로 정하는 경우에는 그러하지 아니하다. **#중요내용**

  1. 이 법 또는 다른 법률에 따른 허가·인가 등이 취소된 경우

  2. 이 법 또는 다른 법률에 따른 허가·인가 등에 의한 개발·이용기간이 끝난 경우

  3. 지하수의 개발·이용을 위하여 굴착한 장소에서 지하수가 채취되지 아니한 경우

  4. 수질불량으로 지하수를 개발·이용할 수 없는 경우

  5. 지하수의 개발·이용을 종료한 경우

  6. 제8조의2에 따라 신고의 효력이 상실된 경우

  7. 신고를 하고 토지를 굴착한 경우로서 같은 조 제1항 각 호의 어느 하나에 해당하는 행위를 종료한 경우

  8. 그 밖에 원상복구가 필요한 경우로서 대통령령으로 정하는 경우

② 시장·군수·구청장은 제1항에 따라 원상복구를 하여야 하는 자가 정당한 사유 없이 그 의무를 이행하지 아니하는 경우에는 일정한 기간을 정하여 원상복구를 명하여야 한다.

③ 시장·군수·구청장은 다음 각 호의 어느 하나에 해당하는 자에게 일정한 기간을 정하여 원상복구를 명하여야 한다.

  1. 이 법 또는 다른 법률에 따라 지하수의 개발·이용에 관한 허가·인가 등을 받아야 하는 경우 그 허가·인가 등을 받지 아니하고 지하수를 개발·이용하는 자

2. 이 법 또는 다른 법률에 따라 지하수의 개발·이용에 관한 신고를 하여야 하는 경우 그 신고를 하지 아니하거나 거짓으로 신고하고 지하수를 개발·이용하는 자. 다만, 원상복구명령을 하기 전에 계속하여 지하수를 이용하기 위하여 이 법에 따라 신고한 자는 제외한다.

④ 시장·군수·구청장은 다음 각 호의 어느 하나에 해당되는 경우에는 대통령령으로 정하는 바에 따라 원상복구 의무자를 대신하여 직접 해당 시설 및 토지를 원상복구하여야 한다. 이 경우 제1호에 따른 원상복구를 위하여 이행보증금을 사용할 수 있다.

1. 원상복구 의무자가 제2항에 따른 원상복구명령을 이행하지 아니하여 시급한 원상복구가 요청되는 경우

2. 원상복구 의무자가 불분명하여 지하수개발·이용시설 또는 토지의 굴착시설 등이 방치된 경우

⑤ 원상복구의 기준·방법·기간 등에 필요한 사항은 대통령령으로 정한다.

♂ 제16조(지하수 오염방지명령 등)

① 이 법 또는 다른 법률에 따라 허가·인가 등을 받거나 신고를 하고 지하수를 개발·이용하는 자(제13조에 따른 허가를 받고 같은 조 제1항 각 호의 어느 하나에 해당하는 행위를 하는 자를 포함한다)는 대통령령으로 정하는 바에 따라 지하수 오염방지를 위한 시설의 설치 등 필요한 조치를 하여야 한다.

② 기후에너지환경부장관 또는 시장·군수·구청장은 지하수 오염방지를 위하여 특히 필요하다고 인정할 때에는 대통령령으로 정하는 바에 따라 지하수를 오염시키거나 현저하게 오염시킬 우려가 있는 시설의 설치자 또는 관리자에게 지하수 오염방지를 위한 조치를 하도록 명할 수 있다. ＊중요내용

③ 기후에너지환경부장관 또는 시장·군수·구청장은 지하수를 오염시킨 시설의 설치자 또는 관리자가 제2항에 따른 명령을 이행하지 아니하거나 이행 후 해당 부지와 그 주변 지역의 지하수오염 정도가 기후에너지환경부령으로 정하는 오염지하수 정화기준 이내로 감소되지 아니할 경우에는 해당 시설의 운영 및 사용을 중지하게 하거나 폐쇄·철거 또는 이전을 명할 수 있다.

④ 시장·군수·구청장은 지하수 오염의 원인을 제공한 시설의 설치자 또는 관리자가 불분명하거나 지하수 오염의 원인을 제공한 시설의 설치자 또는 관리자에 의한 정화작업이 곤란하다고 인정하는 경우에는 직접 해당 정화작업을 할 수 있다. 이 경우 지하수 정화작업에 소요된 비용은 해당 설치자 또는 관리자가 부담하며, 그 징수에 관하여는 「행정대집행법」 제5조 및 제6조를 준용한다.

♂ 제16조의2(지하수오염유발시설의 오염방지 등)

① 지하수를 오염시키거나 현저하게 오염시킬 우려가 있는 시설로서 다음 각 호의 어느 하나에 해당하는 시설(이하 "지하수오염유발시설"이라 한다)의 설치자 또는 관리자(이하 "지하수오염유발시설관리자"라 한다)는 대통령령으로 정하는 바에 따라 지하수 오염방

지를 위한 조치를 하고, 지하수 오염 관측정(觀測井)을 설치하여 수질측정을 하여야 하며, 그 측정 결과를 시장·군수·구청장에게 보고하여야 한다. **<중요내용>**

1. 지하수보전구역에 설치된 기후에너지환경부령으로 정하는 시설
2. 지하수의 오염방지를 위하여 오염 여부에 대한 지속적인 관측이 필요하다고 인정되는 시설로서 기후에너지환경부령으로 정하는 시설

② 지하수오염유발시설관리자는 해당 시설을 운영하는 과정에서 대통령령으로 정하는 지하수오염이 우려되거나 지하수오염이 발생하였을 때에는 지체 없이 적절한 조치를 하고 이를 시장·군수·구청장에게 신고하여야 한다. 이 경우 시장·군수·구청장은 신고 내용을 조사·확인하여 오염방지 등 적절한 대책을 마련하여야 한다. **<중요내용>**

♂ 제16조의3(지하수오염유발시설관리자에 대한 조치)

① 기후에너지환경부장관 또는 시장·군수·구청장은 수질측정 결과 지하수의 수질이 기후에너지환경부령으로 정한 기준에 적합하지 아니하게 된 경우에는 대통령령으로 정하는 바에 따라 그 오염의 원인을 제공한 지하수오염유발시설관리자에게 지하수의 수질을 복원할 수 있는 정화작업과 그 밖에 필요한 조치를 하도록 명하여야 한다. **<중요내용>**

② 기후에너지환경부장관 또는 시장·군수·구청장은 지하수오염유발시설관리자가 명령을 이행하지 아니하거나 이행 후 해당 부지와 그 주변지역의 지하수오염 정도가 기후에너지환경부령으로 정하는 오염지하수 정화기준 이내로 감소되지 아니할 경우에는 해당 지하수오염유발시설의 운영 및 사용을 중지하게 하거나 지하수오염유발시설의 폐쇄·철거 또는 이전을 명할 수 있다.

③ 지하수오염유발시설관리자에 대한 명령절차 등에 관하여 필요한 사항은 대통령령으로 정한다.

④ 시장·군수·구청장은 지하수 오염의 원인을 제공한 지하수오염유발시설관리자가 불분명하거나 지하수 오염의 원인을 제공한 지하수오염유발시설관리자에 의한 정화작업이 곤란하다고 인정하는 경우에는 직접 해당 정화작업을 할 수 있다. 이 경우 정화작업에 소요된 비용은 해당 설치자 또는 관리자가 부담하며, 그 징수에 관하여는 「행정대집행법」 제5조 및 제6조를 준용한다.

♂ 제16조의4(오염지하수 정화계획의 승인 등)

① 지하수오염유발시설관리자는 오염된 지하수를 정화하거나 정화명령을 받았을 때에는 기후에너지환경부령으로 정하는 오염지하수 정화기준에 맞도록 하여야 하며, 대통령령으로 정하는 바에 따라 오염지하수 정화계획을 작성한 후 시장·군수·구청장에게 제출하여 승인을 받아야 한다. 승인을 받은 사항 중 기후에너지환경부령으로 정하는 중요한 사항을 변경하려는 경우에도 또한 같다. **<중요내용>**

② 시장·군수·구청장이 제1항에 따라 승인을 하는 경우에는 정화사업의 시행기간을 명시하여야 한다.

⚓ 제17조(지하수의 관측 및 조사 등)

① 기후에너지환경부장관은 전국적인 지하수측정시설(이하 "국가측정망"이라 한다)을 설치하여 대통령령으로 정하는 바에 따라 지하수의 변동실태를 조사하여야 한다. **`중요내용`**

② 시장·군수·구청장은 관할구역의 지하수의 변동실태를 파악·분석하기 위하여 국가측정망을 보완하는 지역 지하수측정시설(이하 "보조측정망"이라 한다)을 설치하고 대통령령으로 정하는 바에 따라 지하수 수위 등의 변동실태를 조사하여 그 결과를 기후에너지환경부장관에게 보고하여야 한다.

③ 시장·군수·구청장이 보조측정망을 설치하려면 측정망의 위치, 구조도, 측정 장비 등이 포함된 보조측정망 설치계획을 수립하여 기후에너지환경부장관 및 시·도지사에게 통보하여야 한다. 다만, 특별자치시장이 보조측정망을 설치할 때에는 기후에너지환경부장관에게만 통보하여야 한다.

④ 기후에너지환경부장관 및 시장·군수·구청장은 측정망의 위치 및 구조도, 측정 항목 등을 명시한 측정망 설치계획을 결정하여 고시(기본계획에 측정망 설치계획을 포함하여 공고한 경우에는 측정망 설치계획을 고시한 것으로 본다)하고, 일반인이 이를 열람할 수 있게 하여야 한다. 측정망 설치계획을 변경하려는 경우에도 또한 같다.

⑤ 기후에너지환경부장관 및 시장·군수·구청장은 지하수의 변동실태 조사 결과 지하수 장해가 발생한 경우에는 대통령령으로 정하는 바에 따라 필요한 조치를 하여야 한다.

⑥ 기후에너지환경부장관 및 시장·군수·구청장은 지하수의 변동실태 조사에 관한 업무를 지하수조사전문기관에 대행하게 할 수 있다.

⑦ 측정망의 설치기준, 측정망의 수, 측정방법 등에 관하여 필요한 사항은 기후에너지환경부령으로 정한다.

⚓ 제18조의2(토지 등의 수용 및 사용)

① 기후에너지환경부장관 또는 시장·군수·구청장은 국가측정망 또는 보고측정망의 설치를 위하여 필요한 경우에는 해당 지역의 토지 또는 그 토지에 정착된 물건을 수용하거나 사용할 수 있다.

② 수용 또는 사용의 절차와 손실보상 등에 관하여는 「공익사업을 위한 토지 등의 취득 및 보상에 관한 법률」에서 정하는 바에 따른다.

⚓ 제20조(수질검사 등)

① 허가를 받거나 신고하고 지하수를 개발·이용하는 자로서 대통령령으로 정하는 자는 정기적으로 지하수 관련 검사전문기관의 수질검사를 받아야 한다.

② 기후에너지환경부장관 또는 시장·군수·구청장은 수질검사 결과 그 수질이 기후에너지환경부령으로 정하는 수질기준에 적합하지 아니한 경우에는 대통령령으로 정하는 바에 따라 지하수의 이용중지 또는 수질개선 등 필요한 조치를 명할 수 있다.

③ 수질검사의 항목·기준·절차 및 검사전문기관 등에 관하여 필요한 사항은 대통령령으

로 정한다.

④ 수질검사를 받은 자는 검사결과서를 갖추어 두어야 한다.

제21조(출입조사 등)

① 시장·군수·구청장은 허가를 받거나 신고하고 지하수를 개발·이용하는 자와 지하수 오염유발시설관리자로 하여금 1개월 이내의 기간을 정하여 수질검사 이행 여부, 수질검사결과서, 지하수개발·이용상황 또는 지하수 오염방지 조치상황 등에 대한 자료를 제출하게 하거나 보고하게 할 수 있다. **중요내용**

② 시장·군수·구청장은 1개월 이내의 기간을 정하여 제9조의2에 따라 신고하는 자로 하여금 같은 조에 따른 유출지하수 발생현황, 이용계획 수립 등에 대한 자료를 제출하게 하거나 보고하게 할 수 있다.

③ 제출 자료 및 보고 내용을 검토한 결과 조사 목적을 달성하기 어려운 경우에는 관계 공무원이 해당 사업장 등에 출입하여 해당 사항을 조사하게 할 수 있다.

④ 조사를 하는 경우에는 조사 7일 전까지 조사 일시, 조사 이유 및 조사 내용 등에 대한 조사계획을 조사대상자에게 알려야 한다. 다만, 긴급한 경우이거나 사전에 알리면 증거 인멸 등으로 조사 목적을 달성할 수 없다고 인정하는 경우에는 그러하지 아니할 수 있다.

⑤ 검사를 하는 공무원은 그 신분을 나타내는 증표를 관계인에게 보여 주어야 하며, 출입 시 성명, 출입시간, 출입 목적 등이 표시된 문서를 관계인에게 발급하여야 한다.

제4장 지하수개발 · 이용시공업(施工業)

제22조(지하수개발 · 이용시공업의 등록 등)

① 지하수개발 · 이용시공업을 하려는 자는 대통령령으로 정하는 자본금, 기술능력, 시설 등을 갖추어 주된 사무소의 소재지를 관할하는 시장 · 군수 · 구청장에게 등록하여야 한다. 등록한 사항 중 상호 또는 명칭 등 대통령령으로 정하는 사항을 변경하려는 경우에도 또한 같다.

② 지하수개발 · 이용시공업자가 아니면 지하수개발 · 이용시설의 공사 및 사후관리를 할 수 없다. 다만, 다음 각 호의 공사의 경우에는 그러하지 아니하다.

1. 제7조 제1항 제2호에 해당하는 공사
2. 그 밖에 대통령령으로 정하는 경미한 공사

③ 지하수개발 · 이용시공업자는 이 법 또는 다른 법률에 따라 허가 · 인가 등을 받지 아니하였거나 신고하지 아니한 지하수개발 · 이용시설의 공사를 하여서는 아니 된다.

제23조(결격사유)

다음 각 호의 어느 하나에 해당하는 자는 지하수개발 · 이용시공업의 등록을 할 수 없다.

1. 피성년후견인 및 피한정후견인
2. 파산선고를 받고 복권되지 아니한 자
3. 이 법을 위반하여 징역 이상의 실형을 선고받고 그 집행이 끝나거나(집행이 끝난 것으로 보는 경우를 포함한다) 집행이 면제된 날부터 2년이 지나지 아니한 사람
4. 이 법을 위반하여 금고 이상의 형의 집행유예를 선고받고 그 유예기간 중에 있는 사람
5. 지하수개발 · 이용시공업의 등록이 취소된 후 2년이 지나지 아니한 자
6. 임원 중에 제1호부터 제5호까지의 어느 하나에 해당하는 사람이 있는 법인

제24조(지하수개발 · 이용시공업의 양도 · 양수)

① 지하수개발 · 이용시공업자가 지하수개발 · 이용시공업을 양도 · 양수하거나 다른 법인과 합병한 경우에는 양도일 · 양수일 또는 합병일부터 1개월 이내에 대통령령으로 정하는 바에 따라 시장 · 군수 · 구청장에게 신고하여야 한다.

② 지하수개발 · 이용시공업자가 사망한 경우 상속인이 지하수개발 · 이용시공업을 계속하려면 피상속인이 사망한 날부터 3개월 이내에 대통령령으로 정하는 바에 따라 시장 · 군수 · 구청장에게 신고하여야 한다.

③ 시장 · 군수 · 구청장은 신고를 받은 경우 지하수개발 · 이용시공업을 승계하려는 자가 제23조 각 호의 어느 하나의 결격사유에 해당하면 신고를 수리해서는 아니 된다.

④ 시장 · 군수 · 구청장은 신고를 받은 날부터 7일 이내에 신고수리 여부를 신고인에게 통

지하여야 한다.

⑤ 시장·군수·구청장이 정한 기간 내에 신고수리 여부 또는 민원 처리 관련 법령에 따른 처리기간의 연장을 신고인에게 통지하지 아니하면 그 기간(민원 처리 관련 법령에 따라 처리기간이 연장 또는 재연장된 경우에는 해당 처리기간을 말한다)이 끝난 날의 다음 날에 신고를 수리한 것으로 본다.

⑥ 신고가 수리된 경우(제5항에 따라 신고를 수리한 것으로 보는 경우를 포함한다)에는 양수인 또는 합병으로 설립되거나 합병 후 존속하는 법인은 그 양수일 또는 합병일부터 종전의 지하수개발·이용시공업자의 지위를 승계한다.

⑦ 신고가 수리된 때에는 상속인은 피상속인의 지하수개발·이용시공업자로서의 지위를 승계하며, 피상속인이 사망한 날부터 신고가 수리된 날까지의 기간 동안은 피상속인에 대한 지하수개발·이용시공업 등록을 상속인에 대한 지하수개발·이용시공업 등록으로 본다.

제25조(등록의 취소 등)

① 시장·군수·구청장은 지하수개발·이용시공업자가 다음 각 호의 어느 하나에 해당하는 경우에는 지하수개발·이용시공업의 등록을 취소할 수 있다. 다만, 제1호·제4호·제5호 및 제7호에 해당하는 경우에는 등록을 취소하여야 한다. ★중요내용

1. 부정한 방법으로 등록을 한 경우
2. 등록기준에 미치지 못하게 된 경우
3. 변경등록을 하지 아니하거나 부정한 방법으로 변경등록을 한 경우
4. 제23조 각 호의 어느 하나에 해당하게 된 경우. 다만, 법인의 임원 중에 제23조 제1호부터 제5호까지의 어느 하나에 해당하는 자가 있는 경우 3개월 이내에 해당 임원을 교체 임명하였을 때에는 그러하지 아니하다.
5. 다른 자에게 자기의 상호 또는 명칭을 사용하여 지하수개발·이용시공업을 하게 하거나 등록증을 대여한 경우
6. 계속하여 2년 이상 영업을 하지 아니한 경우
7. 고의 또는 중대한 과실로 지하수개발·이용시설의 공사를 부실하게 한 경우
8. 「국세징수법」, 「지방세징수법」 등 관계 법률에 따라 국가 또는 지방자치단체가 요구하는 경우

② 등록의 취소처분을 받은 지하수개발·이용시공업자는 그 처분이 있기 전에 시작한 공사에 대하여는 대통령령으로 정하는 바에 따라 시공을 계속할 수 있다.

③ 등록취소의 절차 등에 관하여 필요한 사항은 대통령령으로 정한다.

제26조(명의 대여의 금지 등)

지하수개발·이용시공업자는 다른 자에게 자기의 상호 또는 명칭을 사용하여 지하수개발·이용시공업을 하게 하거나 그 등록증을 대여하여서는 아니 된다.

♂ 제26조의2(사업자단체의 설립)

① 지하수개발·이용 등과 관련한 업체 및 관련 전문가 등은 지하수개발·이용과 관련한 기술의 개발, 제도의 개선, 그 밖에 업계의 건전한 발전을 위하여 단체(이하 "협회"라 한다)를 설립할 수 있다.

② 협회는 법인으로 한다.

③ 협회를 설립하려면 지하수개발·이용 등과 관련한 업계 및 관련 전문가 10인 이상이 발기하고 창립총회에서 정관을 작성한 후 기후에너지환경부장관에게 인가를 신청하여야 한다.

④ 기후에너지환경부장관은 제3항에 따른 신청을 인가하였을 때에는 이를 공고하여야 한다.

⑤ 협회는 다음의 각 호의 업무를 수행한다.

　　1. 지하수개발·이용에 관한 조사 및 연구

　　2. 지하수개발·이용 및 수질 보전에 관한 기술개발 및 교육

　　3. 지하수개발·이용에 관한 각종 간행물의 발간

　　4. 기후에너지환경부장관으로부터 위탁받은 업무

　　5. 지하수의 보전·관리 및 환경의식의 고취를 위한 대국민 홍보

　　6. 그 밖에 협회의 설립 목적을 달성하기 위하여 필요한 사업

⑥ 협회의 정관 또는 지도·감독 등에 필요한 사항은 기후에너지환경부령으로 정한다.

⑦ 협회에 관하여 이 법에서 정한 내용을 제외하고는 「민법」 중 사단법인에 관한 규정을 준용한다.

제5장 지하수영향조사기관

제27조(지하수영향조사기관의 등록)

① 허가의 신청에 필요한 지하수영향조사업무를 하려는 자는 대통령령으로 정하는 바에 따라 주된 사무소의 소재지를 관할하는 시장·군수·구청장에게 등록하여야 한다. 등록한 사항 중 상호 또는 명칭 등 대통령령으로 정하는 사항을 변경하려는 경우에도 또한 같다.

② 등록의 기준 및 절차 등에 관하여 필요한 사항은 대통령령으로 정한다.

제28조(지하수영향조사기관의 결격사유)

다음 각 호의 어느 하나에 해당하는 자는 등록을 신청할 수 없다.

1. 제23조 제1호부터 제4호까지의 어느 하나에 해당하는 자
2. 지하수영향조사기관의 등록이 취소된 후 2년이 지나지 아니한 자
3. 임원 중에 제1호 또는 제2호의 어느 하나에 해당하는 사람이 있는 법인

제29조(지하수영향조사기관의 등록취소 등)

① 시장·군수·구청장은 등록을 한 자(이하 "지하수영향조사기관"이라 한다)가 다음 각 호의 어느 하나에 해당하는 경우에는 그 등록을 취소할 수 있다. 다만, 제1호·제4호·제5호 또는 제7호에 해당하는 경우에는 그 등록을 취소하여야 한다.

1. 부정한 방법으로 등록을 한 경우
2. 변경등록을 하지 아니하거나 부정한 방법으로 변경등록을 한 경우
3. 등록기준을 충족하지 못하게 된 경우
4. 제28조 각 호의 어느 하나에 해당하는 경우. 다만, 법인의 임원 중에 제28조 제1호 또는 제2호의 어느 하나에 해당하는 사람이 있는 경우 3개월 이내에 해당 임원을 교체 임명하였을 때에는 그러하지 아니하다.
5. 다른 자에게 자기의 상호 또는 명칭을 사용하여 지하수영향조사를 하게 하거나 등록증을 대여한 경우
6. 지하수영향조사업무의 전부를 하도급한 경우
7. 고의 또는 중대한 과실로 지하수영향조사를 부실하게 한 경우

② 등록취소의 절차 등에 관하여 필요한 사항은 대통령령으로 정한다.

제29조의2(지하수정화업의 등록)

① 지하수정화업을 하려는 자는 대통령령으로 정하는 자본금, 기술능력, 시설 등을 갖추어 주된 사무소의 소재지를 관할하는 시장·군수·구청장에게 등록하여야 한다. 등록한 사항 중 상호 또는 명칭 등 대통령령으로 정하는 사항을 변경하려는 경우에도 또한 같다.

② 지하수정화업의 등록을 한 자가 아니면 지하수정화업무를 할 수 없다. 다만, 대통령령
으로 정하는 경미한 정화작업의 경우에는 그러하지 아니하다.

③ 지하수정화업에 관하여는 제23조부터 제26조까지의 규정을 준용한다. 이 경우 "지하수
개발 · 이용시공업"은 "지하수정화업"으로, "지하수개발 · 이용시공업자"는 "지하수정화
업자"로 본다.

♂ 제30조(명의 대여의 금지 등)

지하수영향조사기관은 다른 사람에게 자기의 상호 또는 명칭을 사용하여 지하수영향조사를
하게 하거나 그 등록증을 대여하여서는 아니 된다.

제6장 보칙

🔩 제33조(수수료)

① 다음 각 호의 어느 하나에 해당하는 허가 · 검사 · 등록을 신청하려는 자는 기후에너지환경부령으로 정하는 바에 따라 수수료를 시장 · 군수 · 구청장(제3호의 경우 제20조 제1항에 따른 지하수 관련 검사전문기관)에게 내야 한다.

  1. 지하수개발 · 이용의 허가 또는 변경허가

  2. 지하수개발 · 이용행위의 허가

  3. 수질검사

  4. 지하수개발 · 이용시공업의 등록 또는 변경등록

  5. 지하수영향조사기관의 등록 또는 변경등록

  6. 지하수정화업의 등록 또는 변경등록

② 다음 각 호의 어느 하나에 해당하는 경우에는 같은 항에 따른 수수료를 감면할 수 있다. 다만, 수수료는 지방자치단체의 조례로 정하는 바에 따라 감면할 수 있되, 해당 지방자치단체는 지하수관리특별회계를 활용하여 수수료 감면에 따른 수질검사 비용의 차액을 지하수 관련 검사전문기관에게 보전하여야 한다.

  1. 허가 · 검사 · 등록을 신청하고자 하는 자가 국가 또는 지방자치단체인 경우

  2. 검사를 신청하고자 하는 자가 상수도 미보급지역에서 가정용 등 일상생활에 먹는물로 사용하는 경우

🔩 제34조(보고 · 조사 등)

① 시장 · 군수 · 구청장은 등록요건 및 법령 위반 여부의 확인이 필요하거나 민원 등이 발생한 경우에는 지하수개발 · 이용시공업자, 지하수영향조사기관 또는 지하수정화업자로 하여금 1개월 이내의 기간을 정하여 필요한 자료를 제출하게 하거나 보고하게 할 수 있다.

② 제출 자료 및 보고 내용을 검토한 결과 조사 목적을 달성하기 어려운 경우에는 관계 공무원이 해당 사업장 등에 출입하여 해당 사항을 조사하게 할 수 있다.

③ 조사를 하는 경우에는 조사 7일 전까지 조사 일시, 조사 이유 및 조사 내용 등에 대한 조사계획을 조사대상자에게 알려야 한다. 다만, 긴급한 경우나 사전에 알리면 증거인멸 등으로 조사 목적을 달성할 수 없다고 인정하는 경우에는 그러하지 아니할 수 있다.

④ 검사를 하는 공무원은 그 신분을 나타내는 증표를 관계인에게 보여 주어야 하며, 출입 시 성명, 출입 시간, 출입 목적 등이 표시된 문서를 관계인에게 발급하여야 한다.

🔩 제34조의2(교육 등)

① 기후에너지환경부장관은 지하수개발 · 이용 관련 기술인력의 효율적 활용과 기술능력

향상을 위하여 필요한 경우 기술자의 교육훈련 등에 관한 시책을 수립하여 추진할 수 있다.

② 지하수개발·이용 관련 업계 종사자 및 기술인력은 기후에너지환경부장관이 실시하는 교육훈련을 받아야 하며, 교육 대상과 내용 및 교육기관 등에 관하여 필요한 사항은 대통령령으로 정한다.

③ 기후에너지환경부장관은 교육훈련업무를 대통령령으로 정하는 기관 또는 단체에 위탁할 수 있다.

♂ 제35조(청문) ^{중요내용}

시장·군수·구청장은 다음 각 호의 어느 하나에 해당하는 처분을 하려면 청문을 하여야 한다.

1. 지하수개발·이용허가의 취소
2. 지하수개발·이용시공업의 등록취소
3. 지하수영향조사기관의 등록취소

♂ 제36조(권한의 위임)

① 이 법에 따른 기후에너지환경부장관의 권한은 그 일부를 대통령령으로 정하는 바에 따라 소속 기관의 장 또는 시·도지사에게 위임할 수 있다.

② 이 법에 따른 시·도지사의 권한은 그 일부를 시장·군수·구청장에게 위임할 수 있다.

제7장 벌칙

🔵 제37조(벌칙) *중요내용*

다음 각 호의 어느 하나에 해당하는 자는 3년 이하의 징역 또는 3천만원 이하의 벌금에 처한다.

    1. 허가를 받지 아니하거나 부정한 방법으로 허가를 받아 지하수를 개발·이용하는 자

    2. 가를 받지 아니하거나 부정한 방법으로 허가를 받아 같은 항 각 호의 어느 하나에 해당하는 행위를 하는 자

    3. 지하수 오염방지명령을 위반한 자

3의2. 지하수를 오염시킨 시설의 운영 및 사용의 중지, 폐쇄·철거 또는 이전의 명령을 이행하지 아니한 자

    4. 지하수오염물질의 정화, 지하수오염유발시설의 운영 및 사용의 중지, 지하수오염유발시설의 폐쇄·철거 또는 이전의 명령을 이행하지 아니한 자

    5. 등록을 하지 아니하거나 부정한 방법으로 등록을 하고 지하수개발·이용시공업, 지하수영향조사업무 또는 지하수정화업을 한 자

    6. 허가·인가 등을 받지 아니하고 지하수개발·이용시설의 공사를 한 지하수개발·이용시공업자

🔵 제37조의2(벌칙) *중요내용*

다음 각 호의 어느 하나에 해당하는 자는 2년 이하의 징역 또는 2천만원 이하의 벌금에 처한다.

    1. 지하수영향조사서를 거짓으로 작성한 지하수영향조사기관

    2. 지하수 오염방지조치를 하지 아니한 자

    3. 오염방지조치 또는 관측정의 설치를 하지 아니하거나 수질측정을 하지 아니한 자

    4. 오염발생 신고를 하지 아니하거나 오염방지조치를 하지 아니한 자

🔵 제37조의3(벌칙) *중요내용*

다음 각 호의 어느 하나에 해당하는 자는 1년 이하의 징역 또는 1천만원 이하의 벌금에 처한다.

    1. 취수량의 제한을 준수하지 아니한 자

    2. 변경허가를 받지 아니하거나 부정한 방법으로 변경허가를 받아 지하수를 개발·이용하는 자

    3. 취수량 및 취수기간의 제한을 준수하지 아니하거나 시정명령·이용중지명령·공동이용명령 또는 폐쇄명령을 이행하지 아니한 자

4. 폐쇄명령을 이행하지 아니한 자
5. 유출지하수 이용계획을 수립·시행하지 아니하거나 개선명령을 이행하지 아니한 자
6. 시설개선명령 또는 필요한 조치를 이행하지 아니한 자
7. 정화계획의 승인 또는 변경승인을 받지 아니하고 정화를 실시한 자
8. 변경등록을 하지 아니하거나 부정한 방법으로 변경등록을 하고 지하수개발·이용시 공업, 지하수영향조사업무 또는 지하수정화업을 한 자
9. 지하수개발·이용시공업자, 지하수영향조사기관 또는 지하수정화업자와 명의 대여 또는 등록증 대여의 상대방
10. 계측기를 설치하지 아니한 자 또는 측정 결과를 제출하지 아니하거나 거짓으로 제 출한 자

♂ 제38조(양벌규정)

법인의 대표자나 법인 또는 개인의 대리인, 사용인, 그 밖의 종업원이 그 법인 또는 개인의 업무에 관하여 제37조, 제37조의2 또는 제37조의3의 위반행위를 하면 그 행위자를 벌하는 외에 그 법인 또는 개인에게도 해당 조문의 벌금형을 과(科)한다. 다만, 법인 또는 개인이 그 위반행위를 방지하기 위하여 해당 업무에 관하여 상당한 주의와 감독을 게을리하지 아니한 경우에는 그러하지 아니하다.

♂ 제39조(과태료)

다음 각 호의 어느 하나에 해당하는 자에게는 500만원 이하의 과태료를 부과한다.
1. 지하수개발·이용의 신고를 하지 아니하거나 거짓으로 신고한 자
2. 굴착신고를 하지 아니하고 토지를 굴착한 자
3. 시장·군수·구청장의 시정명령 또는 이용중지 등 필요한 조치를 이행하지 아니한 자
4. 원상복구를 하지 아니하거나 원상복구명령을 이행하지 아니한 자
5. 수질측정 결과보고를 하지 아니하거나 거짓으로 보고한 지하수오염유발시설관리자
6. 지하수의 이용중지 또는 수질개선 등의 조치명령을 이행하지 아니한 자
7. 조사를 거부·방해 또는 기피한 자
8. 신고하지 아니하고 지하수개발·이용시설의 공사를 한 지하수개발·이용시공업자

♂ 제40조(과태료)

다음 각 호의 어느 하나에 해당하는 자에게는 300만원 이하의 과태료를 부과한다.
1. 변경신고를 하지 아니하거나 거짓으로 변경신고한 자
2. 준공신고를 하지 아니한 자
3. 지하수 유출 발생현황의 신고를 하지 아니한 자
4. 유출지하수 이용계획 신고·변경신고 또는 유출지하수 이용 종료신고를 하지 아니 한 자
5. 지하수개발·이용의 종료신고를 하지 아니한 자

6. 변경신고 또는 종료신고를 하지 아니한 자

7. 승계사실을 신고하지 아니하거나 거짓으로 신고한 자

8. 이행보증금을 예치하지 아니한 자

9. 수질검사를 받지 아니한 자

10. 보고 또는 자료 제출을 하지 아니하거나 거짓으로 보고하거나 거짓 자료를 제출한 자

11. 지하수개발 · 이용시공업 또는 지하수정화업의 승계신고를 하지 아니하거나 거짓으로 신고한 자

12. 출입 등을 거부 · 방해 또는 기피한 자

13. 허가를 받지 아니하거나 미리 알리지 아니하고 같은 조 제1항에 따른 행위를 한 자

14. 동의 또는 시장 · 군수 · 구청장의 허가를 받지 아니하고 같은 조 제1항에 따른 행위를 한 자

♂ 제40조의2(과태료)

다음 각 호의 어느 하나에 해당하는 자에게는 30만원 이하의 과태료를 부과한다.

1. 사후관리 이행종료신고를 거짓으로 신고한 자

2. 수질검사결과서를 갖추어 두지 아니한 자

♂ 제41조(과태료의 부과 · 징수절차)

과태료는 대통령령으로 정하는 바에 따라 시장 · 군수 · 구청장이 부과 · 징수한다.

SECTION 005 · ENGINEER SOIL ENVIRONMENT

지하수법 시행령

♂ 제2조(지하수의 조사) 중요내용

① 기후에너지환경부장관은 「지하수법」(이하 "법"이라 한다) 지질조사 · 물리탐사 · 시추조사 및 지하수의 수위(水位) · 수질조사 등을 통하여 전국의 지하수에 대하여 부존(賦存) 특성, 개발 가능량, 수질 특성, 지하수개발 · 이용시설과 유출지하수 등에 관한 기초적인 조사를 해야 한다.

② 기후에너지환경부장관은 기초적인 조사를 하였을 때에는 다음 각 호의 사항이 포함된 축척 5만분의 1의 수문지질도(水文地質圖)를 작성하여야 한다. 다만, 조사의 내용 등을 고려하여 부득이하다고 인정되는 경우에는 5만분의 1이 아닌 축척의 수문지질도를 작성할 수 있다.
   1. 지형 및 지하지질의 분포
   2. 지하수의 수위 분포
   3. 지하수를 함유하고 있는 지층의 구조와 수리적(水理的) 특성
   4. 지하수의 수질 특성
   5. 지하수의 개발 가능량
   6. 그 밖에 지하수의 부존 특성 등에 관한 기초적인 조사를 위하여 필요한 사항

③ 기후에너지환경부장관은 전국의 지하수에 대하여 매년 지역별 조사계획을 수립하고 이에 따라 지하수의 부존 특성, 개발 가능량, 수질 특성, 지하수개발 · 이용시설과 유출지하수 등에 관한 기초적인 조사를 해야 한다. 다만, 지하수를 용수원(用水源)으로 시급히 개발할 필요가 있는 지역으로서 관계 중앙행정기관의 장이나 특별시장 · 광역시장 · 특별자치시장 · 도지사 또는 특별자치도지사(이하 "시 · 도지사"라 한다)가 요청하는 지역에 대해서는 다른 지역보다 우선하여 조사를 할 수 있다.

④ 기후에너지환경부장관은 다음 각 호의 사항에 대하여 10년의 주기로 보완조사를 실시하여야 한다.
   1. 지하수의 수위 분포
   2. 지하수의 수질 특성
   3. 지하수개발 · 이용 실태
   4. 그 밖에 보완조사를 위하여 필요한 사항

♂ 제3조(지하수 조사의 협의 등) 중요내용

① 관계 중앙행정기관의 장, 시 · 도지사 또는 시장 · 군수 · 구청장(자치구의 구청장을 말한다. 이하 같다)은 지하수와 관련된 소관 업무의 수행을 위한 조사를 하려면 다음 각 호의 구분에 따라 미리 기후에너지환경부장관과 협의하거나 기후에너지환경부장관에게 통보해야 한다.

1. 협의해야 하는 경우 : 제2조 제2항 제2호부터 제5호까지에서 정한 사항에 관한 조사
2. 통보해야 하는 경우 : 제1호에 해당하지 않는 조사

② 관계 중앙행정기관의 장, 시 · 도지사 또는 시장 · 군수 · 구청장은 제1항에 따른 조사를 마쳤을 때에는 국토교통부령로 정하는 바에 따라 조사를 마친 날부터 기후에너지환경부장관에게 그 결과를 통보하여야 한다. `중요내용`

③ "대통령령으로 정하는 긴급한 사유가 있는 경우"란 전쟁, 천재지변 그 밖의 재해로 인하여 지하수를 긴급히 개발 · 이용하여야 하는 경우를 말한다.

♂ 제4조(조사업무의 대행) `중요내용`

① 기후에너지환경부장관, 관계 중앙행정기관의 장, 시 · 도지사 또는 시장 · 군수 · 구청장은 다음 각 호의 어느 하나에 해당하는 지하수 관련 조사전문기관(이하 "지하수조사전문기관"이라 한다)으로 하여금 지하수에 관한 조사업무를 대행하게 할 수 있다.
   1. 「과학기술분야 정부출연연구기관 등의 설립 · 운영 및 육성에 관한 법률」 제8조에 따라 설립된 한국지질자원연구원
   2. 「한국광해광업공단법」에 따른 한국광해광업공단
   3. 「한국수자원공사법」에 따른 한국수자원공사
   4. 「한국농어촌공사 및 농지관리기금법」에 따른 한국농어촌공사
   5. 「과학기술분야 정부출연연구기관 등의 설립 · 운영 및 육성에 관한 법률」 제8조에 따라 설립된 한국건설기술연구원
   6. 「한국환경공단법」에 따른 한국환경공단
   7. 지하수개발, 이용등과 관련된 협회

② 지하수에 관한 조사업무를 대행하는 지하수조사전문기관은 조사를 시작하는 날부터 15일 이내에 조사계획을 기후에너지환경부장관, 관계 중앙행정기관의 장, 시 · 도지사 또는 시장 · 군수 · 구청장에게 통보하여야 한다.

♂ 제5조(조사자료의 요구 등)

① 기후에너지환경부장관, 관계 중앙행정기관의 장, 시 · 도지사 또는 시장 · 군수 · 구청장은 관계 기관에 대하여 지하수 조사자료를 요구하거나 협조를 요청하는 경우에는 필요한 조사자료의 내용, 협조하여야 할 사항과 자료의 제출기간을 명백히 하여야 한다.

② 조사자료를 요구받거나 협조를 요청받은 관계 기관은 특별한 사유가 없으면 그 요구나 요청에 따라야 한다.

♂ 제6조(조사자료의 종합관리)

① 기후에너지환경부장관은 매년 12월 31일을 기준으로 지하수에 관한 조사와 지하수의 이용실태 조사 등을 토대로 전국의 지하수에 관한 조사자료를 종합하여 지하수조사연보를 발행해야 한다. `중요내용`

② 기후에너지환경부장관은 지하수조사연보를 발행하였을 때에는 관계 기관에 보내고 일반인이 활용할 수 있도록 하여야 한다.

제6조의2(지하수 이용실태의 조사)

① 시장·군수·구청장은 매년 다음 각 호의 사항을 포함하여 지하수의 이용실태를 조사해야 한다.

1. 지하수의 위치·수량 등 지하수의 일반현황
2. 지하수의 이용자·용도·이용량 등 지하수의 이용현황
3. 지하수개발·이용시설의 깊이·지름·양수설비 등 형태 및 특성
4. 수질검사자료를 포함한 지하수의 수질
5. 지하수이용부담금 부과·징수 현황

② 시장·군수·구청장은 지하수 이용실태의 조사결과를 기후에너지환경부령으로 정하는 바에 따라 다음 해 3월 31일까지 기후에너지환경부장관과 관계 시·도지사에게 보고해야 한다.

③ 특별자치시장은 지하수 이용실태 조사의 결과를 기후에너지환경부령으로 정하는 바에 따라 다음 해 3월 31일까지 기후에너지환경부장관에게 보고해야 한다.

제6조의3(지하수정보체계의 구축·운영 등)

① 지하수정보체계(이하 "지하수정보체계"라 한다)에는 다음 각 호의 내용이 포함되어야 한다.

1. 지하수 조사자료
2. 지하수의 변동실태 조사 자료
3. 그 밖에 지하수의 이용·관리에 관련된 자료

② 기후에너지환경부장관은 지하수정보체계의 구축·운영을 위하여 필요한 경우에는 관계 기관 및 단체와 협의하여 제1항 각 호에 해당하는 자료의 생산·관리 및 유통에 관한 표준화를 추진할 수 있다.

③ 기후에너지환경부장관, 시·도지사 및 시장·군수·구청장은 지하수정보체계의 내용 중 지하수의 조사·이용실태에 관련된 사항을 관계 기관·단체 및 일반인이 이용할 수 있도록 하여야 한다.

제7조(지하수관리기본계획) ^{중요내용}

① 기후에너지환경부장관이 지하수관리기본계획(이하 "기본계획"이라 한다)을 수립하기 위하여 필요하다고 인정하는 경우에는 관계 중앙행정기관의 장, 시·도지사 또는 시장·군수·구청장에게 필요한 자료의 제출을 요청할 수 있다.

② 기후에너지환경부장관은 기본계획을 수립하거나 변경한 경우에는 다음 각 호의 사항을 관보에 공고하여야 한다.

1. 기본계획의 목적

2. 기본계획의 목표기간

3. 지하수의 부존 특성 및 개발 가능량

4. 지하수의 조사 및 이용계획

5. 지하수의 보전 및 관리계획

6. 지하수의 수질관리 및 정화계획

7. 그 밖에 국토교통부령으로 정하는 사항

③ 기후에너지환경부장관은 기본계획을 공고한 경우에는 지체 없이 이를 관계 중앙행정기관의 장 및 시·도지사에게 통보하여야 한다.

④ 기본계획을 통보받은 시·도지사는 이를 해당 시장·군수·구청장에게 보내야 하며, 시장·군수·구청장은 기본계획을 20일 이상 일반인이 열람할 수 있도록 하여야 한다. 다만, 특별자치시장은 기본계획을 20일 이상 일반인이 열람할 수 있도록 하여야 한다.

⑤ 법 제6조 제1항 제6호에서 "그 밖에 지하수의 관리에 관한 사항"은 다음 각 호의 사항으로 한다. 중요내용

1. 지하수의 조사계획 및 관측망 설치·운영계획

2. 지하수의 관리계획

3. 지하수의 관리에 관한 투자계획

4. 지하수정보체계의 구축·운영계획

⑥ 기후에너지환경부장관은 수립하는 지하수의 수질관리 및 정화계획에 다음 각 호의 사항을 포함시켜야 한다. 중요내용

1. 지하수의 수질관리 및 정화계획에 관한 기본방향

2. 지하수 오염의 현황 및 예측

3. 지하수의 수질보호계획

4. 지하수의 수질에 관한 정보화계획

5. 그 밖에 지하수의 수질관리 및 정화에 필요한 사항

⑦ "대통령령으로 정하는 경미한 사항을 변경하려는 경우"란 다음 각 호의 경우를 말한다.

1. 지하수의 이용실태 조사 결과에 따라 법 제6조제1항제2호의 사항을 변경하는 경우

2. 제6항제3호의 사항을 변경하는 경우

🔧 제7조의2(지역지하수관리계획)

① 경미한 사항의 변경은 제7조 제8항 각 호의 어느 하나에 해당하는 경우로 한다.

② 시·도지사 또는 시장·군수·구청장은 지역지하수관리계획(이하 "지역관리계획"이라 한다)을 수립하여 기후에너지환경부장관의 승인을 받았을 때에는 다음 각 호의 사항을 공보에 공고하여야 한다. 지역관리계획을 변경할 때에도 또한 같다.

1. 지역관리계획의 목적

2. 지역관리계획의 목표기간

3. 지하수의 부존 특성 및 개발 가능량

    4. 지하수의 수량관리 및 이용계획

    5. 지하수의 보전 및 관리계획

    6. 지하수의 수질관리계획

    7. 관계 서류의 열람기간 및 열람장소에 관한 사항

    8. 지역관리계획의 변경사유 및 변경내용(계획 변경의 경우만 해당한다)

③ 법 제6조의2 제2항에서 "대통령령으로 정하는 지하수 장해가 발생하는 경우"란 다음 각 호의 어느 하나에 해당하는 경우를 말한다. ★중요내용

    1. 지하수의 지나친 개발·이용으로 지하수의 수위가 현저하게 낮아져 수원(水源) 고갈 이나 지반이 내려앉는 현상이 발생하는 경우

    2. 지하수 수질이 악화되어 수질의 개선 또는 정화가 요구되는 경우

    3. 해안지역과 섬지역에서 지하수의 지나친 개발·이용으로 대수층(帶水層) 안으로 바 닷물이 침입한 경우

    4. 그 밖에 지하수의 보전 및 관리를 위하여 필요한 조치를 하지 아니하면 지하수의 이 용이 어렵게 되는 경우

④ 지역관리계획의 승인을 받은 특별자치시장, 지역관리계획의 승인을 받은 시장·군수· 구청장과 시·도지사로부터 지역관리계획을 통보받은 시장·군수·구청장은 그 내용을 20일 이상 일반인이 열람할 수 있도록 하여야 한다.

♂ 제8조(지하수개발·이용허가의 신청 등)

① 지하수개발·이용의 허가를 받으려는 자는 허가신청서에 다음 각 호의 서류를 첨부하여 시장(특별자치시장을 포함한다. 이하 같다)·군수·구청장에게 제출하여야 한다. 다만, 지하수개발·이용의 허가를 신청하는 경우에는 제1호의 서류 제출을 생략할 수 있다.

    ★중요내용

    1. 지하수개발·이용시설의 위치를 표시한 지적도 또는 임야도

    2. 지하수개발·이용시설의 설치도

    3. 지하수영향조사서

    4. 그 밖에 기후에너지환경부령으로 정하는 서류

② 지하수개발·이용시설의 설치도는 다음 각 호의 어느 하나에 해당하는 자가 작성한 것 이어야 한다.

    1. 지하수조사전문기관

    2. 「엔지니어링산업 진흥법」에 따라 신고한 지질 및 지반, 지하자원개발, 수자원개발, 상하수도 또는 농어업토목 분야의 엔지니어링사업자

    3. 「기술사법」에 따라 기술사사무소의 개설등록을 한 지질 및 지반, 지하자원개발, 수 자원개발, 상하수도 또는 농어업토목 분야의 기술사

    4. 지하수영향조사기관(이하 "지하수영향조사기관"이라 한다)

    5. 지하수정화업자(이하 "지하수정화업자"라 한다)

6. 「먹는물관리법」에 따라 등록한 환경영향조사 대행자

③ 지하수개발 · 이용시설 설치도는 다음 각 호의 기준에 맞아야 한다.

　　1. 지표하부보호벽의 상단부는 지표면 위로 설치되게 할 것. 다만, 지형 여건상 지표면 아래에 설치할 필요가 있다고 시장 · 군수 · 구청장이 인정하는 경우에는 그러하지 아니하다.

　　2. 상부보호시설이 훼손 · 파손 또는 오염되지 아니하도록 견고하게 설치하고, 상부보호시설에 배수구가 설치되게 할 것

　　3. 상부보호시설에 기후에너지환경부령으로 정하는 지하수개발 · 이용시설 안내문이 부착되도록 할 것

④ 제3항에서 규정한 사항 외에 지하수개발 · 이용시설의 세부적인 설치기준은 기후에너지환경부령으로 정한다.

🔹 제8조의2(지하수개발 · 이용 용도)

지하수를 개발 · 이용하려는 자는 법 제7조 제1항에 따른 허가신청 및 신고 시 다음 각 호의 어느 하나에 해당하는 지하수개발 · 이용 용도를 표시해야 하며, 용도 구분 시 먹는물 사용 여부를 함께 표시해야 한다.

　　1. 생활용수 : 가정용 등 일상생활에 사용되는 지하수. 다만, 제2호와 제3호에 해당되는 지하수는 제외한다.

　　2. 공업용수 : 공장이나 그 밖의 생산업체 등에서 제품의 생산 및 설비의 가동에 사용되는 지하수

　　3. 농 · 어업용수 : 농업 · 임업 · 축산업 · 수산업에 사용되는 지하수

🔹 제9조(지하수영향조사서의 심사)

① 시장 · 군수 · 구청장은 지하수개발 · 이용허가를 신청한 자로부터 지하수영향조사서를 받았을 때에는 지하수영향조사의 항목 · 조사방법 및 평가기준에 맞는지와 그 작성지침과 작성내용에 따라 작성되었는지를 심사하여야 한다.

② 시장 · 군수 · 구청장은 지하수영향조사서를 심사할 때 지하수영향조사서의 조정 또는 보완이 필요하다고 인정되는 경우에는 지하수개발 · 이용허가를 신청한 자에게 지하수영향조사서의 조정 또는 보완을 요청할 수 있다.

③ 시장 · 군수 · 구청장은 지하수영향조사서를 심사하기 위하여 필요하다고 인정되는 경우에는 관계 전문가의 의견을 들을 수 있다.

🔹 제9조의2(지하수개발 · 이용허가 또는 취수량의 제한)

법 제7조 제3항 제4호에서 "대통령령으로 정하는 경우"란 「하천법」에 따른 하천의 수량에 영향을 미치는 등의 사유로 관계 행정기관으로부터 지하수 개발 · 이용제한을 요청받은 경우를 말한다.

♂ 제11조(허가사항의 변경)

① 법 제7조 제6항 본문에서 "대통령령으로 정하는 사항을 변경하려는 경우"란 다음 각 호의 경우를 말한다.

    1. 지하수개발·이용 용도를 변경(먹는물 사용 여부의 변경을 포함한다)하는 경우

    2. 지하수개발·이용시설을 변경하는 경우[지하수의 양수능력(지하수개발·이용시설의 동력장치, 토출관의 지름과 깊이 등에 비추어 그 시설을 이용하여 양수할 수 있는 최대 취수량을 말한다. 이하 같다)이 증가하는 경우만 해당한다]

② 지하수개발·이용허가를 받은 자는 허가받은 사항을 변경하려는 경우에는 기후에너지환경부령으로 정하는 바에 따라 변경허가를 신청하여야 한다.

♂ 제12조(지하수영향조사의 항목·조사방법 등)

① 지하수영향조사의 항목·조사방법 및 평가기준은 별표 1과 같다. 다만, 시장·군수·구청장은 지하수의 보전을 위하여 특히 필요하다고 인정되는 경우에는 해당 시(특별자치시를 포함한다. 이하 같다)·군·구(자치구를 말한다. 이하 같다)의 조례로 정하는 바에 따라 조사항목 및 조사방법을 추가하거나 「먹는물관리법」에 따른 환경영향조사의 항목·조사방법 및 평가기준에 따를 수 있다.

▮[별표 1] 지하수영향조사의 항목·조사방법 및 평가기준(제12조 제1항 관련) ▮

조사항목	조사방법	평가기준

1. 수문지질(水文地質)현황 및 개발가능한 원수의 양	가. 조사대상지역은 개발예정지점을 중심으로 반지름 0.5킬로미터를 기준으로 하되 지역 여건에 따라 시·군·구의 조례로 정하는 바에 따라 2분의 1의 범위에서 늘리거나 줄일 수 있다. 다만, 지하수의 영향 범위가 조사대상 지역을 초과하는 경우에는 그 영향 범위까지를 조사대상 지역으로 한다.
	나. 조사지역의 기존 자료를 수집·검토하고 현지 답사를 통하여 아래의 수문 및 수리지질현황을 조사한다.
	  1) 우물, 샘, 유출지하수 등의 이용현황
	  2) 하천의 현황
	  3) 잠재오염원 분포현황
	다. 지하수관리기본계획 등 기존 자료를 활용하여 조사지역의 지하수 함양량과 개발 가능량을 산정한다.
	라. 다목에서 산정된 조사지역의 지하수 개발 가능량을 토대로 기존 지하수 이용량 등을 고려한 지하수 신규 개발 가능량을 산정한다.
		• 허가신청량이 신규 개발 가능량 이내일 것

2. 적정 취수량 및 영향 범위 산정	가. 대수성시험(帶水性試驗)을 통하여 대수층의 특성 및 지하수의 산출 특성을 파악한다.
	  1) 단계대수성시험
	    가) 단계대수성시험은 최소 3단계 이상 하여야
		• 허가신청량이 1일 적정 취수량 이내일 것

조사항목	조사방법	평가기준
	하며, 각 단계별 시험의 필요한 시간은 1시간 이상이어야 한다. 나) 양수정(揚水井) 안에 수중모터펌프를 설치하여 각 단계별로 양수율을 일정하게 유지하면서 양수정에서의 양수시간에 따른 지하수 수위의 강하를 측정한다. 2) 연속대수성시험 　가) 단계대수성시험을 마친 후 지하수의 수위가 회복된 다음에 일정 양수율 조건에서 양수정과 관측정에서의 양수시간에 따른 지하수 수위의 강하를 측정한다. 다만, 관측정이 없는 경우에는 양수정에서만 지하수 수위의 강하를 측정할 수 있다. 　나) 연속대수성시험기간은 16시간 이상 연속으로 함을 원칙으로 한다. 　다) 양수시간에 따른 지하수 수위 강하를 측정한 자료를 통하여 대수층의 특성을 나타내는 수리상수(水理常數)인 수리전도도(水理傳導度), 투수량 계수, 지류(貯留) 계수, 비양수량(比揚水量) 등을 조사한다.	• 영향 범위 내 기존 시설물이나 잠재오염원이 있어 영향을 받는 경우 이에 대한 대책을 마련할 것
	3) 수위회복시험 　가) 연속대수성시험을 마침과 동시에 펌프 작동을 중지하고 양수시간에 따른 회복수위를 2시간 이상 측정한다. 　나) 양수시간에 따른 회복수위를 측정한 자료를 통하여 수리상수를 조사하고 연속대수성시험의 결과와 비교한다. 4) 양수정과 관측정에서의 지하수 수위 측정 시간간격은 다음과 같다. 　가) 시험 시작 후 5분까지 : 1분 간격 　나) 시험 시작 후 5분부터 1시간까지 : 5분 간격 　다) 시험 시작 후 1시간부터 2시간까지 : 15분 간격 　라) 시험 시작 후 2시간부터 6시간까지 : 1시간 간격 　마) 시험 시작 후 6시간부터 종료 시까지 : 2시간 간격 나. 각각의 대수성과 시험 결과를 이용하여 예정된 지하수개발·이용시설의 1일 적정 취수량을 결정하고 그 영향반경을 산정한다. 다. 이 조사에서 결정된 1일 적정 취수량으로 지하수를 취수할 때에 5년 후의 영향 범위를 적절한 분석기법을 이용하여 분석·제시한다. 라. 산정된 영향 범위에 기존 시설물이나 잠재오염원이 있을 경우 기존 시설물이나 취수정에 미칠 수 있는 영향을 검토·제시한다.	

조사항목	조사방법	평가기준
3. 수질	현장조사를 통하여 원수의 수질상태를 조사해야 하며, 수질검사의 방법과 항목은 제31조를 준용한다.	사용 용도에 따른 수질의 적정성

※ 비고

1. 지하수개발·이용시설에 대한 변경허가를 신청하는 경우에는 적정 취수량 및 영향 범위에 관한 사항으로 조사항목을 한정할 수 있으며, 제11조 제1항 제2호의 경우에는 지하수영향조사서를 갈음하여 수질검사전문기관이 작성한 수질검사서로 대체할 수 있다.
2. 지하수개발·이용의 연장허가를 신청하는 경우에는 적정 취수량 및 영향 범위와 수질에 관한 사항으로 조사항목을 한정할 수 있으며, 적정 취수량 및 영향 범위의 조사방법은 연속대수성시험과 수위회복시험으로 한정할 수 있다.

② 지하수영향조사서의 작성지침 및 작성내용은 별표 2와 같다.

[별표 2] 지하수영향조사서의 작성지침과 작성내용(제12조 제2항 관련)

1. 작성지침

    가. 조사방법에 따라 수집·분석한 내용을 조사항목별로 체계적·논리적으로 작성한다.

    나. 평가기준에 대한 조사자의 분석 결과를 작성한다.

    다. 그 밖의 참고자료를 첨부하되, 착정(鑿井), 수위, 대수성시험, 수질 등 현장조사자료는 기후에너지환경부장관이 배포한 프로그램에 입력하여 제출한다.

2. 작성내용

    가. 서론

       1) 지하수개발이용계획의 개요

       2) 조사 결과의 요약

       3) 지하수개발·이용 방안

    나. 수문지질현황 및 개발 가능한 원수의 양

       1) 수문(水文) 및 수리지질(水理地質)현황 조사

         가) 우물, 샘, 유출지하수 등의 이용현황

         나) 하천의 현황

         다) 잠재오염원 분포현황

       2) 조사지역의 지하수 함양량, 개발 가능량 조사

       3) 신규 지하수 개발 가능량 산정

    다. 적정 취수량 및 영향 범위 산정

       1) 대수성시험성과를 토대로 1일 적정 취수량 및 영향반경을 기술

> 2) 5년 이후의 영향 범위 분석성과를 기술
>
> 3) 지하수 개발 시 주변 잠재오염원에 의한 영향 검토성과를 기술
>
> 4) 지하수의 개발로 인하여 주변 지역에 미치는 영향의 범위 및 정도를 기술
>
> 라. 수질의 적정성 평가
>
> 　수질분석성과를 토대로 수질의 적정성을 기술
>
> 마. 시설설치계획
>
> 　시설의 설계내용 및 설치계획을 기술
>
> 바. 그 밖의 사항
>
> 1) 그 밖의 영향조사 시 굴착한 관정의 활용계획·오염방지계획과 활용하지 않는 관정 처리계획 등을 기술
>
> 2) 우물 및 샘과 잠재오염원의 위치를 표기한 축척 5천분의 1의 지형도, 관정의 지질주상도(地質柱狀圖)와 구조도, 지하수의 수질분석자료, 현장사진 등을 첨부

제12조의2(하천 인근에서의 지하수개발·이용허가) 중요내용

"대통령령으로 정하는 범위"란 300미터를 말한다.

제12조의3(지하수개발·이용허가 유효기간의 연장)

① 지하수개발·이용허가 유효기간의 연장허가를 받으려는 자는 기후에너지환경부령으로 정하는 바에 따라 유효기간 만료일 30일 전까지 연장허가신청서에 최근 6개월 이내에 조사·작성된 지하수영향조사서를 첨부하여 시장·군수·구청장에게 제출하여야 한다.

중요내용

② 시장·군수·구청장은 지하수개발·이용허가 유효기간이 끝나는 날의 6개월 전까지 지하수개발·이용허가를 받은 자에게 연장절차와 해당 기간까지 연장신청을 하지 아니하면 연장을 받을 수 없다는 사실을 미리 알려야 한다.

③ 통지는 휴대폰을 이용한 문자전송, 전자메일, 팩스, 전화, 문서 등으로 할 수 있다.

제13조(지하수개발·이용의 신고)

① 지하수개발·이용신고를 하려는 자는 다음 각 호의 서류를 시장·군수·구청장에게 제출하여야 한다. 다만, 법 제7조 제6항 단서 또는 법 제8조 제1항 제1호에 해당하는 경우에는 기후에너지환경부령으로 정하는 바에 따라 제출서류의 일부를 생략할 수 있다.

1. 지하수개발·이용시설의 위치를 표시한 지적도 또는 임야도

2. 지하수개발·이용시설의 설치도

3. 그 밖에 기후에너지환경부령으로 정하는 서류

② 지하수개발·이용신고를 하려는 자는 지하수개발·이용시설의 설치도를 작성할 때 기후에너지환경부령으로 정하는 지하수개발·이용시설의 표준도에 의하여 작성할 수 있다.

③ 법 제8조 제1항 제2호에서 "대통령령으로 정하는 규모 이하"란 1일 양수능력이 150톤 이하인 경우(안쪽 지름이 50밀리미터 이하인 토출관을 사용하는 경우만 해당한다)를 말한다. 다만, 시·도지사는 지하수의 보전 또는 지역 여건 상 특히 필요하다고 인정되는 경우에는 해당 특별시·광역시·특별자치시·도 또는 특별자치도(이하 "시·도"라 한다)의 조례로 정하는 바에 따라 2분의 1의 범위에서 양수능력을 조정할 수 있다.

④ 법 제8조 제1항 제5호에서 "대통령령으로 정하는 규모 이하"란 1일 양수능력이 100톤 이하인 경우(안쪽 지름이 40밀리미터 이하인 토출관을 사용하는 경우만 해당한다)를 말한다. 다만, 시·도지사는 지하수의 보전 또는 지역 여건 상 특히 필요하다고 인정되는 경우에는 해당 시·도의 조례로 정하는 바에 따라 2분의 1의 범위에서 양수능력을 조정할 수 있다.

⑤ 양수능력을 산정할 때 다음 각 호의 어느 하나에 해당하는 경우에는 전체 양수능력을 합산한다.
   1. 지하수를 이미 개발·이용하고 있는 자가 해당 시설의 처음 양수능력을 증가시키는 경우
   2. 같은 사업장에서 2개 이상의 지하수개발·이용시설을 설치하는 경우
   3. 지하수개발·이용시설 간의 거리가 50미터 이내인 지역에서 동일인이 2개 이상의 지하수개발·이용시설을 설치하는 경우

⑥ 법 제8조 제2항 본문에 따른 중요한 사항의 변경은 다음 각 호의 어느 하나에 해당하는 경우로 한다.
   1. 지하수개발·이용의 용도를 변경(먹는물 사용 여부의 변경을 포함한다)하는 경우
   2. 지하수개발·이용시설을 변경하는 경우

⑦ 법 제8조 제2항 본문에 따라 변경신고를 하려는 자는 변경사유가 발생한 날부터 1개월 이내에 시장·군수·구청장에게 신고하여야 한다.

⑧ 신고대상인 지하수개발·이용시설의 설치에 관하여는 제8조 제3항 및 제4항을 준용한다.

♂ 제13조의2(시정명령 등)

① 시장·군수·구청장은 지하수개발·이용신고를 한 자에게 시정명령, 이용중지명령 또는 공동이용명령 등 필요한 조치를 할 때에는 그 사유·방법·이행기간 등을 문서에 구체적으로 밝혀 그 신고를 한 자에게 통보해야 한다.

② 시장·군수·구청장은 천재지변이나 그 밖의 부득이한 사유로 제1항의 이행기간 내에 명령받은 조치를 이행하지 못한 자에 대하여 그 기간을 처음 이행기간의 범위에서 한 번만 연장할 수 있다. 이 경우 이행기간을 연장받으려는 자는 처음 이행기간이 끝나기 3일 전까지 시장·군수·구청장에게 기간 연장을 신청하여야 한다. ★중요내용

③ 시정명령 등의 조치를 통보받은 자가 그 시정명령 등을 이행한 경우에는 기후에너지환경부령으로 정하는 바에 따라 이행한 날부터 15일 이내에 그 이행사항을 시장·군수·구청장에게 통보해야 한다.

♂ 제14조(준공신고)

① 허가를 받거나 법 제8조에 따라 신고를 한 자는 지하수개발·이용시설의 설치를 위한 공사를 준공하였을 때에는 국토교통부령으로 정하는 바에 따라 준공한 날부터 1개월 이내에 시장·군수·구청장에게 신고하여야 한다. ᷼중요내용

② 시장·군수·구청장은 제1항에 따른 준공신고를 받았을 때에는 신고를 받은 날부터 7일 이내에 지하수개발·이용시설이 허가 또는 신고 내용에 적합하게 설치되었는지를 확인한 후 기후에너지환경부령으로 정하는 바에 따라 준공확인증을 발급하여야 한다.

③ 법 제9조 제3항에서 "지하수개발·이용시설의 위치 등 대통령령으로 정하는 사항"이란 다음 각 호의 사항을 말한다.
  1. 지하수개발·이용시설의 위치
  2. 다음 각 목의 어느 하나에 해당하는 사항
     가. 시설 설치내용 중 굴착 깊이, 굴착 지름, 취수계획량, 출수장치, 적산유량계, 수위측정관
     나. 양수설비 명세 중 동력장치, 토출관 안쪽 지름, 설치 깊이, 양수능력
     다. 오염방지 시설 설치내용 중 상부보호공, 지표하부보호벽, 그라우팅(grouting) 두께

④ 시장·군수·구청장은 법 제9조 제3항에 따라 준공신고를 한 자에게 시정명령 또는 필요한 조치를 할 때에는 3개월 이내의 기간을 정하여 그 내용을 통지해야 한다.

⑤ 시장·군수·구청장은 천재지변이나 그 밖의 부득이한 사유로 기간 내에 명령받은 조치를 이행하지 못한 자에 대하여 그 기간을 처음 이행기간의 범위에서 한 번만 연장할 수 있다. 이 경우 이행기간을 연장받으려는 자는 처음 이행기간이 끝나기 3일 전까지 시장·군수·구청장에게 기간 연장을 신청하여야 한다.

⑥ 시정명령 등의 조치를 통지받은 자는 그 시정명령 등을 이행한 경우에는 기후에너지환경부령으로 정하는 바에 따라 이행한 날부터 15일 이내에 그 이행사항을 시장·군수·구청장에게 통보하여야 한다.

♂ 제14조의2(유출지하수의 용도) ᷼중요내용

법 제9조의2 제2항 전단에서 "대통령령으로 정하는 용도"란 다음 각 호의 용도를 말한다.
  1. 생활용수 중 소방용·청소용·조경용 또는 공사용·화장실용·공원용 또는 냉난방용
  2. 공업용수
  3. 농·어업용수
  4. 그 밖에 시장·군수·구청장이 필요하다고 인정하는 용도

♂ 제14조의3(지하수에 영향을 미치는 굴착행위의 신고 등)

① 법 제9조의4 제1항 각 호 외의 부분 후단에서 "대통령령으로 정하는 중요한 사항"이란 다음 각 호의 어느 하나에 해당되는 사항을 말한다.
  1. 굴착 깊이 또는 굴착 지름
  2. 시공업체명

② 법 제9조의4 제1항 제5호에서 "대통령령으로 정하는 행위"란 다음 각 호의 행위를 말한다.

　1. 「광업법」 제3조 제2호에 따른 탐사(探査)

　2. 굴착 지름이 75밀리미터 이상인 지질ㆍ지하수 조사(국방ㆍ군사용의 경우는 제외한다)

　3. 지열냉난방시설(이하 "지열냉난방시설"이라 한다)의 공사로서 지하수를 뽑아 쓰지 아니하는 공사

③ 법 제9조의4 제4항에서 "대통령령으로 정하는 정도"란 해당 토지의 굴착지 중심으로부터 반지름 50미터 이내의 지역에 설치된 지하수개발ㆍ이용시설이 다음 각 호의 어느 하나에 해당하게 되는 경우를 말한다. *중요내용

　1. 지하수의 1일 최대 취수량이 5분의 1 이상 줄어들게 되는 경우

　2. 지하수의 수질이 법 제20조 제2항에 따라 정하는 수질기준(이하 "수질기준"이라 한다)에 맞지 아니하게 되는 경우

♂ 제14조의4(지하수개발ㆍ이용시설의 사후관리 등)

① 사후관리는 지하수개발ㆍ이용시설의 청소와 검사 및 정비로 한다.

② 시장ㆍ군수ㆍ구청장은 법 제9조의5 제4항에 따라 사후관리를 이행하지 않거나 거짓으로 신고한 자에게 시정명령 또는 이용중지 등 필요한 조치를 할 때에는 3개월 이내의 기간을 정하여 해당 지하수개발ㆍ이용자에게 그 내용을 통지해야 한다.

③ 시정명령 또는 이용중지 등 필요한 조치에 대한 이행기간 연장 및 이행 결과 통보에 관하여는 제14조 제6항 및 제7항을 준용한다.

④ 사후관리 대상 시설의 규모 및 용도는 다음 각 호와 같으며, 검사주기는 2년으로 한다. 다만, 제4호에 해당하는 시설의 검사주기는 5년으로 한다. *중요내용

　1. 전쟁이나 그 밖의 비상사태 발생에 대비하여 국가 또는 지방자치단체가 비상급수용(非常給水用)으로 지하수를 개발ㆍ이용하는 시설 중 1일 양수능력이 100톤을 초과하는 시설

　2. 공공급수용 지하수개발ㆍ이용시설 중 1일 양수능력이 100톤을 초과하는 시설

　3. 법 또는 다른 법률에 따른 허가ㆍ인가 등을 받거나 신고를 하고 지하수를 개발ㆍ이용하는 시설 중 1일 양수능력이 100톤을 초과하는 경우로서 기후에너지환경부령으로 정하는 다중이용 지하수개발ㆍ이용시설

　4. 허가를 받은 지하수개발ㆍ이용시설 중 제2호에 해당하는 시설, 제3호에 해당하는 시설 및 지열냉난방시설을 제외한 시설

⑤ 지하수개발ㆍ이용시설의 청소와 검사 및 정비의 구체적 방법은 국토교통부령으로 정한다.

♂ 제15조(수질불량의 정도)

수질불량은 지하수의 수질이 개발ㆍ이용 용도에 적합하지 아니한 정도인 경우로 한다. 다만, 상수도가 보급되지 아니한 지역에서 생활용수 등으로 지하수를 개발ㆍ이용하려는 등 지하수의 개발ㆍ이용 목적상 정수처리(淨水處理)가 필요하다고 시장ㆍ군수ㆍ구청장이 인

정한 지하수개발·이용시설의 수질은 정수처리한 후의 수질이 개발·이용에 적합하지 아니한 정도인 경우로 한다.

제15조의2(지하수 변동실태 정밀조사)

정밀조사에는 다음 각 호의 사항이 포함되어야 한다.
1. 주변 환경조사
2. 지하수의 수위·수질 조사
3. 지하수 수위변동 또는 수질오염의 원인분석
4. 그 밖에 정밀조사를 위하여 필요한 사항

제16조(허가취소 전의 시정명령 등) 중요내용

① 시장·군수·구청장은 지하수개발·이용허가를 취소하기 전에 시정을 명하거나 필요한 조치를 하려는 경우에는 3개월 이내의 기간을 정하여 해당 지하수개발·이용허가를 받은 자에게 그 내용을 통지하여야 한다.
② 시장·군수·구청장은 천재지변이나 그 밖의 부득이한 사유가 있다고 인정하는 경우에는 제1항에 따라 통지한 기간을 처음 통지한 기간의 범위에서 한 번만 연장할 수 있다. 이 경우 기간을 연장받으려는 자는 처음 통지받은 기간이 끝나기 3일 전까지 시장·군수·구청장에게 기간 연장을 신청하여야 한다.
③ 통지를 받은 자가 시정명령 또는 조치를 이행한 경우에는 기후에너지환경부령으로 정하는 바에 따라 이행한 날부터 15일 이내에 시장·군수·구청장에게 통보하여야 한다.

제19조(지하수보전구역의 지정 대상지역)

① 법 제12조 제1항 제3호에서 "대통령령으로 정하는 공공급수용 지하수개발·이용시설"이란 「수도법」 제3조에 따른 광역상수도·지방상수도·마을상수도·전용상수도 또는 소규모급수시설에 지하수를 공급하기 위하여 이용되는 지하수개발·이용시설(이하 "공공급수용시설"이라 한다)을 말하며, "대통령령으로 정하는 반지름"이란 50미터를 말한다.
② 법 제12조 제1항 제7호에서 "대통령령으로 정하는 지역"이란 다음 각 호의 어느 하나에 해당하는 지역을 말한다.
    1. 기본계획 또는 지역관리계획에 따라 지하수를 보전하거나 그 개발을 제한할 필요가 있다고 인정된 지역
    2. 해안지역과 섬지역에서 지하수의 지나친 개발·이용으로 지하수가 부존된 지층 안으로 바닷물이 침입하였거나 침입할 우려가 있는 지역
    3. 지하수개발·이용시설이 설치됨으로 인하여 공공급수용시설의 지하수 수량이 줄어들 우려가 있는 지역으로서 공공급수용시설의 중심에서 반지름 100미터 이내의 지역
③ 법 제12조 제7항 제3호에서 "대통령령으로 정하는 지역"이란 기본계획에 따라 지하수보전구역의 지정이 필요하다고 인정된 지역을 말한다.
④ 지하수보전구역의 지정 범위는 별표 3과 같다.

[별표 3] 지하수보전구역의 지정 범위(제19조제5항 관련)

1. 상류의 주요 지하수함양원(地下水涵養源)을 보호하기 위한 지역

    가. 지하수가 주로 함양되며 지하수의 수직흐름이 지배적인 지역으로서 수질이 양호하여 보호할 필요성이 있는 지역

    나. 지하수가 함양되는 지역 중에서 오염가능성이 매우 높은 지역

2. 주된 용수공급원이 되는 대수층을 보호하기 위한 지역

    가. 대수층이 오염되는 경우 대체할 용수원이 없는 지역

    나. 대수층의 수질이 「먹는물관리법」 제5조에 따른 수질기준에 맞는 지역

3. 공공급수용시설의 수질을 보호하기 위한 지역

    공공급수용시설의 중심에서 반지름 50미터 이내에 지하수오염유발시설이 설치되어 그 공공급수용시설의 지하수 수질 저하가 우려되는 지역

4. 지하수 고갈 및 지반침하 지역

    가. 관정의 취수율이 지나치게 낮은 지역

    나. 지하수의 개발·이용량이 현저하게 높은 지역

    다. 지하수의 개발·이용으로 인하여 주변 생태계의 생육에 심각한 악영향을 미치거나 미칠 우려가 있는 지역

    라. 지하수의 개발·이용으로 인하여 주변의 구조물·시설 및 지반에 변형이 발생되는 지역

5. 오염발생 및 수질악화 지역

    가. 인체유해오염시설이 있는 지역

    나. 오염유발시설이 밀집한 지역

    다. 폐광 및 폐기물처리 지역

    라. 폐기물처리장이 있는 지역

    마. 지하유류비축기지 및 화학약품저장탱크가 있는 지역

6. 해안염수침입 지역

    가. 해안지역과 섬지역에서 단위면적당 취수량이 지나치게 많거나 대용량의 지하수시설이 있는 지역

    나. 대수층의 수리 특성상 투수성(透水性)이 높아 바닷물이 침입하기 쉬운 지역

7. 공공급수용시설의 지하수 수량 감소가 우려되는 지역

    공공급수용시설의 중심에서 반지름 100미터 이내에 지하수개발·이용시설이 설치되어 그 공공급수용시설의 수량 감소가 우려되는 지역

🔹 제20조(지하수보전구역의 지정절차 등) 🔖중요내용

① 관계 중앙행정기관의 장 또는 시장(특별자치시장은 제외한다. 이하 이 조에서 같다)·군수·구청장은 지하수보전구역의 지정 또는 지정의 변경(해제를 포함한다. 이하 같다)이 필요하다고 인정되는 경우에는 기후에너지환경부령으로 정하는 바에 따라 시·도지사에게 지하수보전구역의 지정 또는 지정의 변경을 요청할 수 있다.

② 관계 중앙행정기관의 장 또는 시장·군수·구청장은 제1항에 따라 지하수보전구역의 지정 또는 지정의 변경을 요청하는 경우에는 요청서에 다음 각 호의 서류를 첨부하여야 한다.

  1. 지정 또는 변경지정의 목적이나 사유를 적은 서류

  2. 지정 또는 변경지정의 내용을 적은 서류

  3. 지정하거나 변경지정하려는 지역의 범위 및 면적을 표시한 축척 5천분의 1 이상의 지형도

  4. 해당 지역의 지번·지목·면적이 표시된 토지의 조서

  5. 그 밖에 기후에너지환경부령으로 정하는 서류

③ 시·도지사는 지하수보전구역의 지정 또는 변경지정 요청이 타당하다고 인정되는 경우에는 지하수보전구역을 지정하거나 지정을 변경하여야 한다.

④ 시·도지사는 지하수보전구역을 지정하거나 지정을 변경하려는 경우에는 다음 각 호의 사항을 고려하여야 한다.

  1. 지하수의 부존 특성 및 이용실태

  2. 지하수의 수질 특성 및 오염상태

  3. 지하수 개발로 인하여 자연생태계에 미치는 영향

  4. 해당 지역의 토지 이용현황

  5. 해당 지역의 제26조의2 제1항에 따른 지하수오염유발시설의 설치현황

  6. 다른 법령에 따른 개발계획과의 관련성

⑤ 경미한 사항의 변경은 다음 각 호의 어느 하나에 해당하는 경우로 한다.

  1. 지하수보전구역의 명칭을 변경하는 경우

  2. 지하수보전구역의 면적을 지정면적의 100분의 10의 범위에서 늘리거나 줄이는 경우

⑥ 시·도지사는 지하수보전구역을 지정하거나 지정을 변경한 경우에는 다음 각 호의 사항을 공보 등에 고시하여야 한다.

  1. 지하수보전구역의 지정일 또는 변경일

  2. 지하수보전구역의 명칭

  3. 지하수보전구역의 위치 및 면적

  4. 지하수보전구역의 지정 또는 변경지정 사유

  5. 축척 5천분의 1 이상의 지형도면으로 작성된 도면

  6. 그 밖에 기후에너지환경부령으로 정하는 사항

⑦ 특별자치시장, 시장·군수·구청장은 지하수보전구역의 지정 또는 지정 변경 사실 및

그 내용을 20일 이상 일반인이 열람할 수 있도록 하여야 한다.

⑧ 시·도지사는 지하수보전구역을 지정하거나 지정을 변경한 경우에는 그 지하수보전구역에 대한 지적고시(地籍告示)를 하여야 한다. 다만, 지하수보전구역의 지정을 해제한 경우에는 그러하지 아니하다.

⑨ 시·도지사는 법 제12조 제1항 각 호의 사유가 소멸되었다고 인정되는 경우에는 지하수보전구역의 지정을 해제하여야 한다.

⑩ 지적고시에 필요한 사항은 기후에너지환경부령으로 정한다.

♂ 제20조의2(주민의 의견 청취)

① 시·도지사는 법 제12조의2 제1항 본문에 따라 지하수보전구역의 지정 또는 변경지정에 관하여 주민의 의견을 들으려는 경우에는 지하수보전구역 지정안 또는 변경지정안의 주요 내용이 포함 공고안을 해당 시장(특별자치시장은 제외한다. 이하 이 조에서 같다)·군수·구청장에게 통보해야 한다.

② 주민의 의견을 들으려는 특별자치시장은 지하수보전구역의 지정 또는 변경지정안의 주요 내용을, 제1항에 따라 통보를 받은 시장·군수·구청장은 그 내용을 조례로 정하는 바에 따라 공고해야 한다. *중요내용*

③ 특별자치시장과 시장·군수·구청장은 공고하는 경우에는 그 내용을 조례로 정하는 바에 따라 14일 이상의 기간 동안 주민이 공람할 수 있도록 해야 한다.

④ 공고·공람된 지하수보전구역 지정 또는 변경지정의 내용에 대하여 의견이 있는 자는 공람기간 내에 시·도지사에게 서면으로 의견을 제출할 수 있다.

⑤ 시·도지사는 공람기간이 끝난 날부터 30일 이내에 제출된 의견을 지하수보전구역의 지정 또는 변경지정 시에 반영할 것인지를 검토하여 그 결과를 해당 의견을 제출한 자에게 통보하여야 한다.

⑥ 법 제12조의2 제1항 단서에서 "대통령령으로 정하는 경미한 사항"이란 지하수보전구역의 지정 또는 변경지정의 내용 중 면적 산정의 착오를 정정하기 위한 경우를 말한다.

♂ 제21조(지하수보전구역에서의 행위 제한) *중요내용*

① 법 제13조 제1항 제1호에서 "대통령령으로 정하는 규모 이상"이란 1일 양수능력이 30톤 이상인 경우를 말한다. 이 경우 안쪽 지름이 32밀리미터 이상인 토출관을 사용하는 경우에는 1일 양수능력을 30톤 이상으로 본다.

② 제1항에 따른 양수능력의 산정에 관하여는 제13조 제5항을 준용한다.

③ 법 제13조 제1항 제2호 각 목 외의 부분에서 "대통령령으로 정하는 시설"이란 「수질 및 수생태계 보전에 관한 법률」, 「폐기물관리법」, 「화학물질 관리법」, 「토양환경보전법」, 「하수도법」 또는 「가축분뇨의 관리 및 이용에 관한 법률」에 따른 허가·승인·신고 등의 대상이 되는 시설을 말한다.

④ 법 제13조 제1항 제3호에서 "대통령령으로 정하는 행위"란 다음 각 호의 어느 하나에

해당하는 행위를 말한다.

1. 터널공사 등 지하수의 유동로(流動路) 및 유동속도를 변경시킬 우려가 있는 지하굴
   착공사
2. 지하유류저장고 등 지하수를 오염시킬 우려가 있는 구조물의 설치
3. 폐기물 매립장, 특정 폐기물 보관시설 및 집단묘지 등의 설치
4. 지하수의 수량 및 수질에 현저한 영향을 줄 수 있는 행위로서 기후에너지환경부령으
   로 정하는 규모 이상의 채광(採鑛), 토석(土石) 채취 및 가축 등의 사육

⑤ 시장·군수·구청장은 지하수보전구역에서 새로운 지하수개발·이용행위를 금지하려
  는 경우에는 다음 각 호의 사항을 공보 등에 고시하여야 하며, 그 고시내용을 20일 이
  상 일반인이 열람할 수 있도록 하여야 한다.

1. 지하수보전구역의 지정일 또는 변경일
2. 지하수보전구역의 명칭
3. 지하수보전구역의 위치 및 면적
4. 축척 5천분의 1 이상의 지형도면으로 작성된 도면
5. 금지되는 지하수개발·이용행위의 내용 및 금지되는 기간

제22조(이행보증금의 금액 및 예치시기 등)

① 법 제7조 제1항, 제8조 제1항, 제9조의4 제1항, 제13조 제1항 제1호 또는 다른 법률에
  따라 지하수의 개발·이용에 관한 허가·인가 등을 받거나 신고를 한 자는 그 공사의
  착공일 전까지 이행보증금을 현금이나 기후에너지환경부령으로 정하는 보증서·유가증
  권 등으로 예치(預置)하여야 한다.

② 이행보증금의 금액은 원상복구에 드는 비용으로 하되, 보증금액의 구체적인 산정기준은
  기후에너지환경부령으로 정한다.

③ 이행보증금의 예치기간은 공사의 착공일부터 5년으로 한다. 다만, 시장·군수·구청장
  은 지역 여건이나 지하수개발·이용시설의 상태 등을 고려하여 특히 필요하다고 인정되
  는 경우에는 5년마다 이행보증금을 계속 예치하게 할 필요가 있는지를 검토하여 이행보
  증금을 계속 예치하게 할 수 있다. **중요내용**

④ 법 제7조, 제7조의3 또는 다른 법률에 따라 지하수의 개발·이용기간이 정해져 있는 경
  우에는 제3항에도 불구하고 이행보증금의 예치기간을 개발·이용기간이 끝난 후 1년이
  되는 날까지로 하고, 개발·이용기간이 연장되는 경우에는 연장허가일부터 그 개발·이
  용기간이 끝난 후 1년이 되는 날까지로 한다.

⑤ 시장·군수·구청장은 원상복구를 하여야 하는 자(이하 "원상복구 의무자"라 한다)가
  원상복구를 하거나 이행보증금의 예치기간이 지나거나 해당 지역이 제23조 제1항 제3호
  에 해당되는 경우에는 기후에너지환경부령으로 정하는 바에 따라 이행보증금을 반환하
  여야 한다.

⑥ 시장·군수·구청장은 법 제15조 제4항에 따라 원상복구 의무자를 대신하여 직접 원상

복구를 하는 경우 이행보증금이 부족하게 되었을 때에는 원상복구 의무자에게 부족한 금액을 청구할 수 있으며, 이행보증금을 사용한 후 잔액이 생겼을 때에는 지체 없이 원상복구 의무자에게 이행보증금의 잔액을 반환하여야 한다.

제23조(원상복구의 예외 등)

① 법 제15조 제1항 각 호 외의 부분 단서에서 "대통령령으로 정하는 경우"란 다음 각 호의 어느 하나에 해당하는 경우를 말한다.

　1. 법 또는 다른 법률에 따라 허가 · 인가 등을 받거나 신고를 하고 계속 지하수를 개발 · 이용하는 경우

　2. 국가측정망(이하 "국가측정망"이라 한다) 또는 보조측정망(이하 "보조측정망"이라 한다)으로 이용할 필요가 있다고 시장 · 군수 · 구청장이 인정하는 경우

　3. 지형 여건상 원상복구할 필요가 없다고 시장 · 군수 · 구청장이 인정하는 경우

② 법 제15조 제1항 제8호에서 "그 밖에 원상복구가 필요한 경우로서 대통령령으로 정하는 경우"란 다음 각 호의 어느 하나에 해당하는 경우를 말한다.

　1. 지하수의 수위저하로 인하여 지반 또는 구조물이 내려앉거나 내려앉을 우려가 있는 경우

　2. 지하수의 수위저하로 인하여 지하수가 고갈되거나 고갈될 우려가 있는 경우

제24조(원상복구의 기준 · 방법 · 기간 등)

① 시장 · 군수 · 구청장은 원상복구를 명할 때에는 1개월 이내의 기간을 정하여 원상복구 의무자에게 그 내용을 서면으로 통지하여야 한다. 이 경우 원상복구 의무자는 원상복구를 하기 전에 시장 · 군수 · 구청장에게 전화 등의 방법으로 원상복구 실시일을 통보하고 원상복구하여야 한다. **중요내용**

② 시장 · 군수 · 구청자은 천재지변이나 그 밖의 부득이한 사유가 있다고 인정하는 경우에는 제1항에 따라 통지한 기간을 2회(매회 연장기간은 처음 통지한 기간의 범위를 초과할 수 없다)까지 연장할 수 있다. 이 경우 기간을 연장받으려는 자는 통지 (연장한 경우에는 연장 통지를 말한다)받은 기간이 끝나기 3일 전까지 시장 · 군수 · 구청장에게 기간 연장을 신청하여야 한다.

③ 시장 · 군수 · 구청장은 원상복구 의무자를 대신하여 직접 원상복구를 하여야 하는 경우에는 원상복구 착공 예정일 7일 전까지 원상복구 의무자에게 그 내용을 문서로 통지하여야 한다.

④ 원상복구는 다음 각 호의 방법으로 한다. 다만, 시장 · 군수 · 구청장이 다음 각 호의 방법으로는 원상복구를 하기에 충분하지 아니하다고 인정하여 원상복구방법을 따로 정하는 경우에는 그 방법으로 한다.

　1. 굴착시설 내부를 확인하여 설치자재 및 오염물질을 제거하고 처음에 굴착한 바닥부터 지표까지 시멘트 슬러리, 점토 등 물이 스며들기 어려운 재료로 되메울 것. 다만,

지표하부보호벽(이하 이 항에서 "보호벽"이라 한다)의 하부에는 모래 등 물이 스며 들기 쉬운 재료를 주입하여 되메울 수 있다.

2. 보호벽을 제거할 것. 다만, 보호벽을 제거하기가 곤란한 경우에는 주변의 토양을 터 파기한 후 지표로부터 깊이 1미터 이상 보호벽을 절단할 것

⑤ 시장·군수·구청장은 원상복구의 명령을 받은 원상복구 의무자가 복구기간 내에 제4 항에 적합하게 원상복구를 하였는지를 확인하여야 한다.

♂ 제25조(지하수 오염방지조치 등) 〔중요내용〕

① 지하수 오염방지를 위한 시설의 설치 등 필요한 조치를 하여야 하는 자(이하 "지하수 오염 방지 의무자"라 한다)는 다음 각 호의 기준에 따라 지하수 오염방지조치를 하여야 한다.

1. 지하수개발·이용시설의 상부보호공 및 지표하부보호벽을 설치하고 지하수개발·이 용시설 주변에 일정한 경사도를 유지하여 지표 또는 다른 지하수개발·이용시설로 부터 오염물질이 흘러들지 아니하도록 할 것. 다만, 다음 각 목의 어느 하나에 해당 하는 경우에는 상부보호공의 설치를 하지 아니할 수 있다.

   가. 오염물질이 흘러들 우려가 없는 건축물에서 지하수를 개발·이용하는 경우
   나. 정착된 동력장치를 이용하지 아니하고 농·어업용수를 개발·이용 시 제4호에 따른 오염방지조치를 한 경우

2. 정착된 동력장치를 이용하지 아니하는 농·어업용 지하수개발·이용시설에 설치되 는 토출관을 지표면으로부터 30센티미터 이상 높게 하고, 그 토출관의 끝부분을 "ㄱ"자 모양으로 한 후 뚜껑을 씌워 오염물질이 흘러들지 아니하도록 할 것

3. 그 밖에 기후에너지환경부장관이 지하수의 오염방지를 위하여 정하는 조치를 이행 할 것

② 제1항에 따른 지하수 오염방지시설의 세부 설치기준 등에 관하여 필요한 사항은 기후에 너지환경부령으로 정한다.

♂ 제26조(지하수 오염방지명령 등) 〔중요내용〕

① 기후에너지환경부장관 또는 시장·군수·구청장은 지하수를 오염시키거나 현저하게 오 염시킬 우려가 있는 시설의 설치자 또는 관리자에게 지하수 오염방지를 위하여 다음 각 호의 조치를 하도록 명할 수 있다.

1. 지하수 오염 관측정(지하수오염 감시 및 수위, 수량 등을 관측하기 위해 파놓은 샘) 의 설치 및 수질측정
2. 지하수 오염 진행상황의 평가
3. 지하수오염물질 누출방지시설의 설치
4. 오염된 지하수의 정화
5. 해당 시설의 설비·운영의 개선

② 지하수 오염방지를 위한 조치명령에 필요한 사항은 기후에너지환경부령으로 정한다.

🔩 제26조의2(지하수오염유발시설의 오염방지 등) ★중요내용

① 지하수오염유발시설(이하 "지하수오염유발시설"이라 한다)의 설치자 또는 관리자(이하 "지하수오염유발시설관리자"라 한다)는 지하수 오염방지를 위하여 다음 각 호의 조치를 하여야 한다.
  1. 지하수오염물질 누출방지시설의 설치
  2. 지하수오염물질의 누출 여부를 확인할 수 있는 시설의 설치
  3. 지하수오염유발시설의 상류·하류 구간에 대한 지하수 오염 관측정의 설치
  4. 지하수 수질의 정기적 측정 및 시장·군수·구청장에 대한 수질측정 결과의 보고

② 법 제16조의2 제2항 전단에서 "대통령령으로 정하는 지하수오염이 우려되거나 지하수 오염이 발생하였을 때"란 지하수오염유발시설을 운영하는 과정에서 오염물질이 인근 지하수로 누출되었을 때를 말한다.

③ 지하수오염유발시설관리자는 해당 시설이 제2항에 해당할 때에는 지체 없이 다음 각 호의 조치를 하여야 한다.
  1. 지하수의 수질측정
  2. 오염물질의 제거
  3. 오염물질의 확산을 방지하기 위한 시설의 설치

④ 지하수오염유발시설관리자는 조치를 한 경우에는 지체 없이 시장·군수·구청장에게 다음 각 호의 사항을 신고하여야 한다.
  1. 지하수오염사고의 발생 일시·장소 및 사고의 원인과 내용
  2. 지하수오염물질의 종류·농도 및 누출량
  3. 오염피해가 우려되는 지역과 수질을 측정한 지점
  4. 오염사고의 수습을 위한 각종 조치의 내용
  5. 지하수오염사고의 발생위치를 표시한 지적도 또는 임야도

⑤ 지하수 오염 관측정의 설치방법, 수질측정의 주기·방법 및 수질측정 결과의 보고방법 등에 관하여 필요한 사항은 기후에너지환경부령으로 정한다.

🔩 제26조의3(지하수오염유발시설관리자에 대한 조치)

① 기후에너지환경부장관 또는 시장·군수·구청장은 법 제16조의2 제1항에 따른 수질측정 결과 법 제16조의3 제1항에 따른 기후에너지환경부령으로 정하는 수질기준에 맞지 아니하게 된 경우에는 그 오염의 원인을 제공한 지하수오염유발시설관리자에게 기후에너지환경부령으로 정하는 바에 따라 지하수오염으로 인한 위해성, 오염 범위, 오염 원인에 대한 평가 및 오염방지대책 등을 적은 보고서(이하 "지하수오염평가보고서"라 한다)를 제출하도록 명하여야 한다.

② 기후에너지환경부장관 또는 시장·군수·구청장은 지하수오염평가보고서를 기초로 하여 지하수오염 유발시설관리자에게 다음 각 호의 조치 중 필요한 조치를 하도록 명하여야 한다. ★중요내용

　　　1. 지하수오염 범위에 대한 정밀조사

　　　2. 지하수오염물질의 누출을 방지하기 위한 추가적인 시설의 설치

　　　3. 지하수오염물질의 운송 · 저장 · 처리 방식의 변경

　　　4. 오염된 지하수의 정화사업

　　　5. 해당 시설의 설비 · 운영의 개선

　　　6. 지하수의 자연적 감소에 의하여 오염된 지하수가 자연정화되고 있는지 또는 자연정화될 수 있는지에 대한 조사

③ 지하수오염평가보고서의 작성지침, 작성내용, 그 밖에 필요한 사항은 기후에너지환경부장관이 정하여 고시한다.

🔹 제26조의4(오염지하수 정화계획의 승인 등) ⭐중요내용

① 지하수오염유발시설관리자는 오염지하수 정화계획을 작성한 후에 지하수 정화조치가 시작되기 30일 이전 또는 정화명령을 받은 날부터 6개월 이내에 시장 · 군수 · 구청장의 승인을 받아야 한다.

② 오염지하수 정화계획에는 다음 각 호의 사항이 포함되어야 한다.

　　　1. 정화사업의 방법과 종류

　　　2. 정화사업기간 및 정화사업지역(지하수오염유발시설의 위치 · 면적과 비용부담 적용 대상 지역의 범위를 포함한다)

　　　3. 시설용량 · 설치면적 등 정화작업의 규모

　　　4. 총소요사업비와 분야별 소요사업비

　　　5. 재원조달방법

　　　6. 정화작업이 계획대로 수행되지 아니할 경우의 비상대책

③ 오염지하수 정화계획의 작성에 필요한 세부 사항은 기후에너지환경부장관이 정하여 고시한다.

🔹 제27조(지하수 변동실태의 조사 등) ⭐중요내용

① 기후에너지환경부장관은 국가측정망별로 지하수의 변동실태를 조사해야 한다. 다만, 「농어촌정비법」에 따른 농어촌용수구역에서 농림축산식품부장관이 지하수 측정망을 설치 · 운영하는 경우에는 국가측정망을 설치하지 않고 그 지하수 측정망을 이용하여 변동실태를 조사할 수 있다.

② 시장 · 군수 · 구청장은 법 제17조 제2항에 따라 보조측정망별로 지하수의 변동실태를 조사해야 한다.

③ 기후에너지환경부장관은 실시한 지하수의 변동실태 조사 결과를 종합하여 매년 12월 31일을 기준으로 지하수관측연보를 발행하고, 장기적인 지하수의 변동 추세를 분석해야 한다.

④ ①~③까지에서 규정한 사항 외에 지하수 변동실태의 조사에 필요한 사항은 기후에너지환경부장관이 정하여 고시한다.

제28조(지하수 장해 발생 시 조치) *중요내용

① 기후에너지환경부장관과 시장·군수·구청장은 지하수의 변동실태 조사 결과 지하수 장해가 발생한 경우에는 그 원인을 분석하기 위하여 해당 지역 지하수의 부존 특성, 개발 가능량, 수질 특성, 개발·이용실태 등에 관한 세부적인 조사를 실시해야 한다.

② 기후에너지환경부장관과 시장·군수·구청장은 조사 결과 해당 지역을 지하수보전구역으로 지정할 필요가 있다고 인정되는 경우에는 관할 시·도지사에게 그 지정을 요청할 수 있다.

제29조(수질검사 등)

① 법 제20조 제1항에서 "대통령령으로 정하는 자"란 다음 각 호의 어느 하나에 해당되는 지하수를 개발·이용하는 자를 말한다. 다만, 공공급수용으로 지하수를 개발·이용하는 자로서 「수도법」에 따라 수질검사를 받은 자는 제외한다.

   1. 먹는물

   2. 기후에너지환경부령으로 정하는 규모, 세부 용도 등에 해당되는 생활용수, 공업용수 및 농·어업용수

② 제1항에 해당하는 자는 기후에너지환경부령으로 정하는 기간마다 지하수 관련 검사전문기관(이하 "수질검사전문기관"이라 한다)으로부터 지하수의 수질검사를 받아야 한다. 이 경우 해당 지하수를 먹는물로 개발·이용할 때에는 검사기관에서 수질검사를 받아야 한다.

제30조(수질검사전문기관 등) *중요내용

① 수질검사전문기관은 다음 각 호의 어느 하나에 해당하는 기관으로 한다.

   1. 지하수조사전문기관

   2. 「먹는물관리법」에 따른 검사기관

   3. 「수도법」에 따른 일반수도사업자

   4. 농촌진흥청 국립농업과학원

   5. 「지방자치단체의 행정기구와 정원기준 등에 관한 규정」에 따른 도농업기술원

   6. 국방·군사시설사업으로 설치된 시설에서 지하수를 개발·이용하는 경우에는 기후에너지환경부령으로 정하는 수질검사기관

② 수질검사전문기관은 수질검사의 결과가 수질기준에 맞지 아니한 경우에는 지체 없이 그 사실을 기후에너지환경부장관 또는 시장·군수·구청장에게 통보하여야 한다.

③ 기후에너지환경부장관 또는 시장·군수·구청장은 통보를 받았을 때에는 해당 지하수를 이용하는 자에 대하여 이용중지를 명하거나 다음 각 호의 어느 하나에 해당하는 방법으로 수질개선 등 필요한 조치를 할 것을 명할 수 있다.

   1. 지하수의 정수처리(지하수의 개발·이용 목적상 정수처리가 필요하다고 시장·군수·구청장이 인정한 경우만 해당한다)

   2. 지하수개발·이용시설의 보완

④ 기후에너지환경부장관 또는 시장·군수·구청장은 지하수의 이용중지·수질개선 등의

조치를 명하려는 경우에는 그 조치의 상세 내용을 문서에 구체적으로 밝혀 해당 지하수
개발·이용자에게 통보하여야 한다.

⑤ 수질검사전문기관은 수질검사의 기록을 2년간 보존하여야 하며, 매 분기 말 현재의 기
록을 기후에너지환경부령으로 정하는 바에 따라 매 분기 종료일의 다음 달 말일까지 기
후에너지환경부장관 또는 시장·군수·구청장에게 통보하여야 한다.

제31조(수질검사의 항목 등)

① 수질검사의 항목은 다음 각 호와 같다. **중요내용**

1. 먹는물의 경우 : 「먹는물관리법」 제5조에 따른 먹는물의 수질기준 설정 항목
2. 생활용수, 공업용수 및 농·어업용수의 경우 : 기후에너지환경부령으로 정하는 지하
수의 수질기준 설정 항목

② 수질검사의 방법은 다음 각 호와 같다.

1. 먹는물의 경우 : 「환경분야 시험·검사 등에 관한 법률」에 따른 환경오염공정시험기
준에 따를 것
2. 생활용수, 공업용수 및 농·어업용수의 경우 : 「환경분야 시험·검사 등에 관한 법
률」에 따른 환경오염공정시험기준에 따를 것

제32조(지하수개발·이용시공업의 등록 등)

① 지하수개발·이용시공업을 등록하려는 자는 기후에너지환경부령으로 정하는 바에 따라
등록신청서를 시장·군수·구청장에게 제출하여야 한다.

② 시장·군수·구청장은 제1항에 따른 등록신청이 다음 각 호의 어느 하나에 해당하는 경
우를 제외하고는 등록을 해 주어야 한다.

1. 법 제23조 각 호의 어느 하나에 해당하는 경우
2. 별표 4의 등록기준에 맞지 아니한 경우
3. 그 밖에 이 법 또는 다른 법령에 따른 제한에 위반되는 경우

③ 시장·군수·구청장은 등록을 한 경우에는 기후에너지환경부령으로 정하는 바에 따라
지하수개발·이용시공업 등록대장에 등록사항을 기록하고 신청인에게 등록증을 발급하
여야 한다.

④ 지하수개발·이용시공업의 등록기준은 별표 4와 같다.

▌[별표 4] 지하수개발·이용시공업 등록기준(제32조 제4항 관련) ▌

1. 기술능력

다음 각 목의 어느 하나에 해당하는 사람을 2명 이상 상시 확보하여야 한다. 다만,
「건설산업기본법」에 따른 보링(boring)·그라우팅(grouting)공사업의 등록을 한 자,
「기술사법」에 따른 기술사사무소의 등록을 한 자 또는 국토교통부장관이 인정하는
자의 경우에는 이미 보유하고 있는 같은 분야의 기술인력으로 갈음할 수 있다.

가. 「국가기술자격법」에 따른 토목시공·수자원개발·상하수도·농어업토목·지질 및 지반 기술사, 토목·응용지질·지하수 기사, 토목·굴착·지하수 산업기사, 굴착·시추·공기압축기운전·기중기운전·천공기운전 기능사 자격증 소지자 또는 「건설기술관리법」, 「엔지니어링산업 진흥법」에 따른 해당 분야의 초급 이상의 기술자

나. 「국민 평생 직업능력 개발법」에 따른 직업능력개발훈련시설에서 시행하는 6개월 이상의 지하수 관련 분야의 직업훈련과정을 수료한 사람 또는 지하수 관련 분야의 공사 실무에 5년 이상 종사한 사람으로서 국토교통부장관이 인정하는 사업자단체로부터 그 사실 여부를 확인 받은 사람

2. 자본금

가. 법인은 자본금 5천만원 이상이어야 하고, 개인은 자산평가액 3천만원 이상이어야 한다.

나. 법인의 자본금은 주식회사의 경우에는 납입자본금을 말하고, 주식회사 외의 법인인 경우에는 출자금을 말한다.

다. 개인의 자산평가액은 국토교통부장관이 정하는 방법으로 산출한 자산평가액을 말한다.

라. 자본금이 총자산에서 총부채를 뺀 금액보다 클 때에는 총자산에서 총부채를 뺀 금액을 자본금으로 한다. 이 경우 총자산과 총부채의 산정은 「주식회사의 외부감사에 관한 법률」 제13조에 따른 회계처리기준에 따른다.

마. 「건설산업기본법」에 따른 보링·그라우팅공사업의 등록을 한 자, 「기술사법」에 따른 기술사사무소의 등록을 한 자 또는 국토교통부장관이 인정하는 자의 경우에 이미 확보하고 있는 자본금(출자금·자산평가액)이 가목의 기준을 충족할 때에는 이로써 갈음할 수 있다.

3. 시설 및 장비

가. 착정 장비(지하수의 개발에 필요한 굴착장비로서 시추기 또는 착정기)를 갖추어야 한다.

나. 착정 장비의 소유자와 1년 이상의 임차계약을 체결한 경우에는 착정 장비를 갖춘 것으로 본다.

다. 「건설산업기본법」에 따른 보링·그라우팅공사업의 등록을 한 자, 「기술사법」에 따른 기술사사무소의 등록을 한 자 또는 국토교통부장관이 인정하는 자의 경우에는 이미 확보하고 있는 같은 분야의 장비로 갈음할 수 있다.

⑤ 법 제22조 제1항 후단에서 "등록한 사항 중 상호 또는 명칭 등 대통령령으로 정하는 사항"이란 다음 각 호의 사항을 말한다.

　　1. 상호 또는 명칭

　　2. 대표자(지하수개발·이용시공업의 등록을 한 지하수조사전문기관의 대표자는 제외한다)

　　3. 별표 4에 따른 기술능력 및 시설·장비

　　4. 주된 사무소의 이전

⑥ 변경등록의 신청은 그 사유가 발생한 날부터 1개월 이내에 하여야 한다. 다만, 기술능력의 변경이 발생한 경우에는 그 사유가 발생한 날부터 50일 이내에 하여야 한다.

제34조(지하수개발·이용시설공사의 예외)

법 제22조 제2항 제2호에서 "그 밖에 대통령령으로 정하는 경미한 공사"란 다음 각 호의 어느 하나에 해당하는 공사를 말한다.

　　1. 1일 양수능력이 30톤 미만이고 굴착 지름이 75밀리미터 이하인 지하수개발·이용시설의 원상복구공사

　　2. 지하수개발·이용시설 중 상부보호공의 보수공사(적산유량계 및 출수장치의 교체·수리를 포함한다)

　　3. 지하수를 뽑아 쓰지 아니하는 지열냉난방시설의 공사

제38조(지하수영향조사기관의 등록기준)

① 지하수영향조사기관으로 등록을 할 수 있는 자는 다음 각 호의 어느 하나에 해당하는 자로서 기술능력 및 시설·장비를 갖추어야 한다.

　　1. 지하수조사전문기관

　　2. 「엔지니어링산업 진흥법」에 따라 신고한 지질 및 지반, 수자원개발, 상하수도 또는 농어업토목 분야 엔지니어링사업자

　　3. 「기술사법」에 따라 지질 및 지반, 수자원개발, 상하수도 또는 농어업토목 분야의 기술사가 개설·등록한 기술사사무소

　　4. 「고등교육법」에 따른 학교의 자연과학(이학) 또는 공학 관련 연구소

　　5. 「먹는물관리법」에 따라 지정된 환경영향조사 대행자

　　6. 그 밖에 지하수 관련 업무를 수행하는 법인

② 지하수영향조사기관으로 등록하려는 자는 기후에너지환경부령으로 정하는 바에 따라 시장·군수·구청장에게 등록신청서를 제출하여야 한다.

③ 시장·군수·구청장은 제2항에 따른 등록신청이 다음 각 호의 어느 하나에 해당하는 경우를 제외하고는 등록을 해 주어야 한다.

　　1. 법 제28조 각 호의 어느 하나에 해당하는 경우

　　2. 제1항의 등록기준에 맞지 아니한 경우

　　3. 그 밖에 이 법 또는 다른 법령에 따른 제한에 위반되는 경우

④ 시장·군수·구청장은 지하수영향조사기관의 등록을 한 때에는 기후에너지환경부령으

로 정하는 바에 따라 지하수영향조사기관 등록대장에 등록사항을 기록하고 신청인에게 등록증을 발급하여야 한다.

⑤ 변경등록의 신청은 그 사유가 발생한 날부터 1개월 이내에 하여야 한다. 다만, 기술능력의 변경이 발생한 경우에는 그 사유가 발생한 날부터 50일 이내에 하여야 한다.

⑥ 법 제27조 제1항 후단에서 "등록한 사항 중 상호 또는 명칭 등 대통령령으로 정하는 사항"이란 다음 각 호와 같다.

　1. 상호 또는 명칭

　2. 대표자(지하수영향조사기관의 등록을 한 지하수조사전문기관의 대표자는 제외한다)

　3. 별표 5에 따른 기술능력 및 시설·장비

　4. 주된 사무소의 이전

┃[별표 5] 지하수영향조사기관의 등록기준(제38조 제1항 관련) ┃

1. 기술능력

다음 각 목에 해당하는 기술인력을 상시 근무하는 자로 각각 확보해야 한다.

　가. 「국가기술자격법」에 따른 지질 및 지반, 수자원개발, 상하수도 또는 농어업토목 기술사 1명 이상(대학의 연구소인 경우에는 해당 분야의 박사 1명 이상을 말한다)이나 「건설기술관리법」 또는 「엔지니어링산업 진흥법」에 따른 해당 분야의 특급기술자 또는 특급기술인 1명 이상

　나. 「국가기술자격법」에 따른 토목·응용지질·지하수 기사, 토목·지하수·굴착 산업기사, 「건설기술관리법」 또는 「엔지니어링산업 진흥법」에 따른 해당 분야의 초급 이상의 기술자 중 3명 이상

2. 시설 및 장비

　가. 지하수 수위측정장비와 수소이온농도(pH), 수온, 전기전도도 등의 측정장비를 갖추어야 한다.

　나. 지하수 수위측정장비는 대수성시험 시 지하수 수위를 측정할 수 있는 장비를 말한다.

　다. 수소이온농도(pH), 수온, 전기전도도 등의 측정장비는 현장에서 사용할 수 있는 장비여야 한다.

　라. 장비의 소유자와 1년 이상의 임차계약 등을 체결한 경우에는 그 장비를 갖춘 것으로 본다.

♂ 제39조(지하수영향조사기관의 등록취소 등)

시장·군수·구청장은 등록취소처분을 하였을 때에는 지체 없이 공보 등에 그 사실을 공고하고 본인에게 통지하여야 한다.

제39조의2(지하수정화업의 등록)

① 지하수정화업을 등록하려는 자는 제38조 제1항 각 호의 어느 하나에 해당하는 자로서 별표 6의 기술능력, 자본금 및 시설·장비를 갖추어야 하며, 기후에너지환경부령으로 정하는 바에 따라 시장·군수·구청장에게 등록신청서를 제출하여야 한다.

② 시장·군수·구청장은 등록신청이 다음 각 호의 어느 하나에 해당하는 경우를 제외하고는 등록을 해 주어야 한다.
  1. 법 제23조 각 호의 어느 하나에 해당하는 경우
  2. 별표 6의 등록기준에 맞지 아니한 경우
  3. 그 밖에 이 법 또는 다른 법령에 따른 제한에 위반되는 경우

③ 시장·군수·구청장은 등록을 한 경우에는 기후에너지환경부령으로 정하는 바에 따라 지하수정화업 등록대장에 등록사항을 기록하고 신청인에게 등록증을 발급하여야 한다.

④ 법 제29조의2 제1항 후단에서 "등록한 사항 중 상호 또는 명칭 등 대통령령으로 정하는 사항"이란 다음 각 호와 같다.
  1. 상호 또는 명칭
  2. 대표자(지하수정화업의 등록을 한 지하수조사전문기관의 대표자는 제외한다)
  3. 별표 6에 따른 기술능력 및 시설·장비
  4. 주된 사무소의 이전

⑤ 변경등록의 신청은 그 사유가 발생한 날부터 1개월 이내에 하여야 한다. 다만, 기술능력의 변경이 발생한 경우에는 그 사유가 발생한 날부터 50일 이내에 하여야 한다.

⑥ 법 제29조의2 제2항 단서에서 "대통령령으로 정하는 경미한 정화작업"이란 정화하려는 지하수의 수질이 수질기준의 100분의 110을 넘지 아니하는 경우에 시행하는 정화작업을 말한다.

⑦ 지하수정화업에 관하여는 제35조부터 제37조까지의 규정을 준용한다. 이 경우 "지하수개발·이용시공업"은 "지하수정화업"으로, "지하수개발·이용시공업자"는 "지하수정화업자"로 본다.

┃[별표 6] 지하수정화업의 등록기준(제39조의2 제1항 관련)┃

1. 기술능력
   다음 각 목에 해당하는 기술인력을 상시 근무하는 자로 각각 확보해야 한다.
   가. 「국가기술자격법」에 따른 지질 및 지반 기술사 1명 이상 또는 「건설기술관리법」, 「엔지니어링산업 진흥법」에 따른 해당 분야의 특급기술자 또는 특급기술인 1명 이상
   나. 「국가기술자격법」에 따른 수자원개발·상하수도·수질관리·토양환경 기술사 1명 이상 또는 「건설기술 진흥법」, 「엔지니어링산업 진흥법」에 따른 해당 분야의 특급기술자 또는 특급기술인 1명 이상

다. 「국가기술자격법」에 따른 응용지질 · 토목 · 지하수 · 수질환경 · 폐기물처리 · 토양환경 기사, 토목 · 지하수 · 수질환경 · 폐기물처리 산업기사, 「건설기술 진흥법」, 「엔지니어링산업 진흥법」에 따른 해당 분야의 초급 이상 기술자 또는 기술인 중 3명 이상

2. 자본금

가. 법인은 자본금 5천만원 이상이어야 하고, 개인은 자산평가액 3천만원 이상이어야 한다.

나. 법인의 자본금은 주식회사의 경우에는 납입자본금을 말하고, 주식회사 외의 법인인 경우에는 출자금을 말한다. 다만, 다른 법령에 따라 설립된 법인으로서 자본금(출자금)이 없는 법인의 경우에는 자산평가액으로 자본금을 갈음할 수 있다.

다. 제38조 제1항 각 호의 어느 하나에 해당하는 자가 이미 확보하고 있는 자본금(출자금) 또는 자산평가액이 각각의 금액을 충족할 때에는 이로써 가목의 자본금을 갈음할 수 있다.

라. 자산평가액은 기후에너지환경부장관이 정하는 방법으로 산출한 자산평가액을 말한다.

3. 시설 및 장비

가. 지하수의 수위측정장비, 수소이온농도(pH), 수온, 전기전도도, 용존산소(DO), 산화 · 환원전위(Eh) 등의 측정장비를 갖추어야 한다.

나. 지하수의 수위측정장비는 대수성시험 시 지하수의 수위를 측정할 수 있는 장비를 말한다.

다. 수소이온농도(pH), 수온, 전기전도도, 용존산소(DO), 산화 · 환원전위(Eh) 등의 측정장비는 측정 장소에서 사용할 수 있는 장비여야 한다.

라. 측정 장소에서 휘발성 유기화합용질(VOC)을 직접 취수하여 측정할 수 있는 가스 크로마트그래프(gas chromatograph) 장비를 갖추고 있어야 한다.

마. 장비의 소유자와 1년 이상의 임차계약을 체결한 경우에는 그 장비를 갖춘 것으로 본다.

⚙ 제40조(지하수관리위원회)

① 다음 각 호의 사항에 관한 시 · 도지사의 자문에 응하기 위하여 시 · 도에 지역지하수관리위원회를 둘 수 있다.

1. 지역관리계획의 수립 및 변경수립에 관한 사항

2. 시 · 군 · 구 지역관리계획의 협의에 관한 사항(특별자치시에 두는 지역지하수관리위원회의 경우는 제외한다)

3. 지하수보전구역의 지정 및 변경지정에 관한 사항

4. 제3항 제2호부터 제4호까지의 사항(특별자치시에 두는 지역지하수관리위원회의 경우만 해당한다)

5. 그 밖에 지하수개발·이용 및 보전·관리에 관한 사항으로서 시·도지사가 회의에 부치는 사항

② 다음 각 호의 사항에 관한 시장(특별자치시장은 제외한다. 이하 이 조에서 같다)·군수·구청장의 자문에 응하기 위하여 시(특별자치시는 제외한다. 이하 이 조에서 같다)·군·구에 지역지하수관리위원회를 둘 수 있다.

1. 지역관리계획의 수립 및 변경수립에 관한 사항

2. 지하수영향조사서에 관한 사항

3. 지하수오염평가보고서에 관한 사항

4. 오염지하수 정화계획에 관한 사항

5. 그 밖에 지하수개발·이용 및 보전·관리에 관한 사항으로서 시장·군수·구청장이 회의에 부치는 사항

③ 제2항 및 제3항에서 규정한 사항 외에 제2항 및 제3항에 따른 지역지하수관리위원회의 구성·기능 및 위원의 제척·기피·회피·해촉 등 운영에 필요한 사항은 해당 시·도 또는 시·군·구의 조례로 정한다.

♂ 제40조의2(지하수관리특별회계의 설치 등)

① 법 제30조의2 제4항 제10호에서 "대통령령으로 정하는 용도"란 다음 각 호의 용도를 말한다.

1. 지하수영향조사 실시

2. 지하수영향조사서의 심사

3. 그 밖에 지하수의 보전·관리를 위하여 시·군·구 조례로 정한 용도

② 시장·군수·구청장은 다음 각 호의 사항이 포함된 지하수관리특별회계 운용계획을 수립한 경우에는 매년 2월 말일까지, 수립한 지하수관리특별회계 운용계획을 변경한 경우에는 변경한 날부터 1개월 이내에 그 내용을 보고하여야 한다.

1. 지하수관리특별회계의 규모

2. 전년도 세입·세출

3. 해당 연도의 사업계획

4. 차입금의 상환계획

5. 그 밖에 지하수관리특별회계의 관리에 관한 사항

③ 법 제30조의2 제6항 본문에서 "대통령령으로 정하는 경미한 사항의 변경"이란 수립한 지하수관리특별회계 운용계획 중 제2항 제5호에 해당되는 사항의 변경을 말한다.

♂ 제40조의3(지하수이용부담금의 부과·징수)

① 법 제30조의3 제1항 제5호에서 "대통령령으로 정하는 용도와 규모"란 다음 각 호의 경

우를 말한다.

1. 학교와 부속시설에서 지하수를 개발 · 이용하는 경우
2. 「사회복지사업법」에 따른 사회복지시설에서 지하수를 개발 · 이용하는 경우
3. 생활용수 중 가정용(가정생활에 사용하는 시설만 해당한다)으로 1일 양수능력 100 톤 이하로 지하수를 개발 · 이용하는 경우(안쪽 지름이 40밀리미터 이하인 토출관을 사용하는 경우만 해당한다)
4. 상수도가 보급되지 아니한 지역의 간이급수시설로서 1일 양수능력이 150톤 이하로 지하수를 개발 · 이용하는 경우(안쪽 지름이 50밀리미터 이하인 토출관을 사용하는 경우만 해당한다)
5. 지열냉난방시설에서 지하수를 개발 · 이용하는 경우(지하수를 재주입하는 경우만 해당한다)
6. 제1호부터 제5호까지의 경우 외에 시 · 군 · 구 조례로 정한 경우

② 시장 · 군수 · 구청장은 지하수이용부담금을 감면하려는 경우에는 다음 각 호의 사항을 고려해야 한다.

1. 지하수의 개발 · 이용 목적
2. 지하수 개발가능량 대비 이용량
3. 대체수원 사용 가능 여부
4. 지하수이용부담금 부담 능력

③ 지하수이용부담금의 구체적인 감면기준은 같은 항 각 호의 사항을 고려하여 해당 시 · 군 · 구의 조례로 정한다.

♂ 제41조(토지 출입 등의 허가)

타인의 토지를 일시 사용하거나 죽목(竹木), 토석 또는 그 밖의 장애물을 변경하거나 제거하기 위하여 허가를 받으려는 자는 출입 또는 사용하여야 할 토지의 소재지 · 지번 · 지목 · 구역 · 현황과 소유자 또는 점유자의 성명 · 주소, 출입 · 사용의 목적 · 시기 및 기간을 적은 신청서에 도면을 첨부하여 시장 · 군수 · 구청장에게 제출하여야 한다.

♂ 제42조(교육 등)

① 교육훈련 대상은 다음 각 호와 같다.

1. 지하수개발 · 이용시공업체의 기술인력
2. 지하수영향조사기관의 기술인력
3. 지하수정화업체의 기술인력

② 교육훈련 내용에는 다음 각 호의 사항이 포함되어야 한다.

1. 지하수 관련 법 및 정책
2. 지하수 개발 및 보전 · 관리에 관한 기술
3. 그 밖에 지하수의 적절한 개발 · 이용 및 보전 · 관리를 위하여 필요한 사항

③ 교육훈련 대상자는 등록한 날부터 1년 이내에 교육훈련을 받아야 한다. 다만, 지하수조사전문기관의 교육훈련 대상자가 제2항의 내용이 포함된 자체 교육훈련을 받은 경우에는 교육훈련을 받은 것으로 본다.

④ 기후에너지환경부장관은 교육훈련업무를 다음 각 호의 기관 및 단체에 위탁할 수 있다.

　1. 「한국수자원공사법」에 따른 한국수자원공사

　2. 「한국농어촌공사 및 농지관리기금법」에 따른 한국농어촌공사

　3. 법 제26조의2에 따른 협회

⑤ 자체 교육훈련을 실시하는 지하수조사전문기관과 제4항에 따라 교육훈련업무를 위탁받은 기관 및 단체의 장은 매년 제2항 각 호의 사항이 포함된 다음 해의 교육계획을 기후에너지환경부장관에게 제출하여야 하며, 해당 연도의 교육실시 결과를 다음 해 1월 30일까지 기후에너지환경부장관에게 제출하여야 한다.

⑥ 이 영에서 규정한 사항 외에 교육기간 등에 관하여 필요한 사항은 기후에너지환경부령으로 정한다.

제43조(권한의 위임)

① 기후에너지환경부장관은 다음 각 호의 권한을 관할 홍수통제소장에게 위임한다.

　1. 하천 인근에서의 지하수개발·이용에 대한 협의

　2. 지하수의 취수량·취수기간의 제한 및 취수금지 등의 요청

　3. 지하수개발·이용허가신청자에 대한 기득하천사용자(旣得河川使用者)로부터의 동의 취득 요구

② 기후에너지환경부장관은 다음 각 호의 권한을 지방환경관서의 장에게 위임한다.

　1. 지하수 오염방지를 위한 조치명령

　2. 조치명령

　3. 지하수의 오염실태 조사

　4. 지하수의 이용중지 또는 수질개선 등 조치명령

제43조의2(규제의 재검토)

기후에너지환경부장관은 다음 각 호의 사항에 대하여 2017년 1월 1일을 기준으로 3년마다(매 3년이 되는 해의 기준일과 같은 날 전까지를 말한다) 그 타당성을 검토하여 개선 등의 조치를 하여야 한다.

　1. 지하수에 영향을 미치는 굴착행위의 신고 등

　2. 지하수 오염방지조치 등

♂ 제44조(과태료의 부과기준) ; 별표 7

▌[별표 7] 과태료의 부과기준 ▌

1. 일반기준

   가. 위반행위의 횟수에 따른 과태료의 가중된 부과기준은 최근 1년간 같은 위반행위로 과태료부과처분을 받은 경우에 적용한다. 이 경우 기간의 계산은 위반행위에 대하여 과태료 부과처분을 받은 날과 그 처분 후 다시 같은 위반행위를 하여 적발된 날을 기준으로 한다.

   나. 가목에 따라 가중된 부과처분을 하는 경우 가중처분의 적용차수는 그 위반행위 전 부과처분 차수(가목에 따른 기간 내에 과태료 부과처분이 둘 이상 있었던 경우에는 높은 차수를 말한다)의 다음 차수로 한다. 다만, 적발된 날부터 소급하여 1년이 되는 날 전에 한 부과처분은 가중처분의 차수 산정 대상에서 제외한다.

   다. 부과권자는 위반행위자가 다음의 어느 하나에 해당하는 경우에는 제2호의 개별기준에 따른 과태료 금액의 2분의 1 범위에서 그 금액을 줄여 부과할 수 있다. 다만, 과태료를 체납하고 있는 위반행위자에 대해서는 그렇지 않다.

      1) 위반행위가 사소한 부주의나 오류로 인한 것으로 인정되는 경우

      2) 위반행위자가 법 위반상태를 시정하거나 해소하기 위하여 노력한 것이 인정되는 경우

      3) 그 밖에 위반행위의 정도, 위반행위의 동기와 그 결과 등을 고려하여 줄일 필요가 있다고 인정되는 경우

   라. 부과권자는 다음의 어느 하나에 해당하는 경우에는 제2호의 개별기준에 따른 과태료의 2분의 1 범위에서 늘려 부과할 수 있다. 다만, 늘려 부과하는 경우에도 법 제39조, 제40조 및 제40조의2에 따른 과태료 금액의 상한을 넘을 수 없다.

      1) 위반의 내용·정도가 중대하여 국민 등에게 미치는 피해가 크다고 인정되는 경우

      2) 법 위반상태의 기간이 6개월 이상인 경우

      3) 그 밖에 위반행위의 정도, 위반행위의 동기와 그 결과 등을 고려하여 늘릴 필요가 있다고 인정되는 경우

006 지하수법 시행규칙

제3조(지하수조사의 협의 등)

① 관계 중앙행정기관의 장, 특별시장·광역시장·특별자치시장·도지사 또는 특별자치도 지사(이하 "시·도지사"라 한다) 및 시장·군수·구청장(자치구의 구청장을 말한다. 이 하 같다)은 「지하수법 시행령」(이하 "영"이라 한다)에 따라 지하수조사에 관한 협의를 하려는 경우에는 국토교통부장관에게 다음 각 호의 서류를 제출하여야 한다.
1. 조사의 목적 및 내용을 적은 서류
2. 조사하려는 지역의 범위 및 면적을 표시한 축척 2만 5천분의 1 이상의 지형도
② 관계 중앙행정기관의 장, 시·도지사 또는 시장·군수·구청장은 지하수조사 결과를 통보하려는 경우에는 통보서에 조사명세서 또는 용역보고서를 첨부하여 기후에너지환 경부장관에게 제출하여야 한다.

제4조(지하수 조사계획서) *중요내용

지하수조사계획에는 다음 각 호의 사항이 포함되어야 한다.
1. 조사지역
2. 조사기간
3. 조사내용
4. 원상복구계획

제6조(국가지하수정보센터의 업무 등) *중요내용

법 제5조의3 제2항 제4호에서 "기후에너지환경부령으로 정하는 업무"란 다음 각 호의 업 무를 말한다.
1. 지하수조사연보 및 영 제27조 제3항에 따른 지하수관측연보의 발행
2. 지역지하수관리계획의 수립·변경에 대한 기술적 지원
3. 유출지하수 이용을 위한 기술적 지원
4. 지하수 정보의 관리를 위한 교육 및 홍보
5. 그 밖에 지하수 정보의 관리를 위하여 기후에너지환경부장관이 필요하다고 인정하 여 고시하는 사항

제7조(공고사항)

영 제7조 제2항 제7호에서 "국토교통부령으로 정하는 사항"이란 다음 각 호의 사항을 말한다.
1. 지하수관리기본계획의 개요
2. 지하수관리기본계획의 열람기간 및 열람장소
3. 지하수관리기본계획을 변경한 경우 지하수관리기본계획의 변경내용 및 변경사유

♂ 제8조(지하수개발 · 이용허가의 신청 등)

① 지하수개발 · 이용 허가신청서는 별지 서식에 따른다.

② 영 제8조 제1항 제4호에서 "기후에너지환경부령으로 정하는 서류"란 다음 각 호의 서류를 말한다.

    1. 토지를 사용 · 수익할 수 있는 권리를 증명하는 서류(토지 등기사항증명서는 제외한다)

    2. 원상복구계획서

③ 영 제8조 제1항에 따른 신청을 받은 시장 · 군수 · 구청장은 행정정보의 공동이용을 통하여 토지 등기사항증명서를 확인해야 한다.

④ 시장 · 군수 · 구청장은 지하수개발 · 이용을 허가하는 경우는 신청인에게 지하수개발 · 이용허가서를 발급해야 한다.

♂ 제9조(지하수이용시설 안내문) ; 별표 1

▎[별표 1] 지하수개발 · 이용시설 안내문(제9조 관련) ▎

지하수개발 · 이용시설 안내문			
위치	시(도)	시(군 · 구)	읍(면 · 동)　　번지
허가(신고)번호		허가(신고)일	년　월　일 (년 월 일까지)
굴착 깊이	m	굴착 지름	mm
토출관 안쪽 지름	mm	용도(세부 용도)	
동력장치 (설치 깊이)	HP (　　　m)	양수능력	m³/일
소유자명		시공업체명	
관할 관청(연락처)			

해당 지하수개발 · 이용시설은 「지하수법」 제7조 제1항 본문 또는 제8조 제2항 단서에 따라 허가를 받았거나 같은 법 제7조 제6항 단서 또는 제8조 제1항에 따라 신고하고 위와 같이 이용 · 관리하고 있습니다.

〈영원한 생명수 – 지하수의 미래는 밝습니다〉

※ 비고

    1. 안내문의 크기는 300mm(가로)×200mm(세로) 이상으로 하고, 비 · 바람 등 외부 충격에 쉽게 변색되거나 파손되지 않는 재질로 제작한다.

    2. 안내문은 외부에서 잘 보이도록 지하수개발 · 이용시설 중 적절한 곳에 부착한다.

제10조(지하수개발 · 이용시설의 설치기준 등)

① 지하수개발 · 이용시설의 설치기준은 다음 각 호와 같다. 다만, 시장 · 군수 · 구청장은 신고를 한 경우로서 다음 각 호의 기준에 따르는 것이 적절하지 않다고 인정되는 경우에는 해당 호의 기준을 완화하여 적용할 수 있다.

　1. 출수장치 및 적산유량계(시간계측기 등 유량측정이 가능한 장치를 포함한다. 이하 같다) 등을 설치하여 지하수의 취수현황을 파악할 수 있도록 할 것. 다만, 다음 각 목의 어느 하나에 해당하는 지하수개발 · 이용시설의 경우에는 제외한다.

　　가. 1일 양수능력이 30톤 미만(안쪽 지름이 32밀리미터 이하인 토출관을 사용하는 경우만 해당한다)인 가정용 또는 국방 · 군사용 지하수개발 · 이용시설

　　나. 정착된 동력장치를 이용하지 않는 농 · 어업용 지하수개발 · 이용시설

　2. 지름 25밀리미터 이상의 수위측정관을 설치하여 지하수 수위를 측정할 수 있도록 할 것. 다만, 다음 각 목의 어느 하나에 해당하는 지하수개발 · 이용시설의 경우는 제외한다.

　　가. 굴착 지름이 100밀리미터 이하인 지하수개발 · 이용시설 또는 1일 양수능력이 30톤 미만(안쪽 지름이 32밀리미터 이하인 토출관을 사용하는 경우만 해당한다)인 지하수개발 · 이용시설

　　나. 정착된 동력장치를 이용하지 않는 농 · 어업용 지하수개발 · 이용시설

　3. 지하수개발 · 이용시설을 설치하는 과정에서 굴착 등으로 흘러든 오염물질 및 잔재물과 굴착 시 사용된 물 등을 완전히 제거한 후 소독할 것

　4. 먹는물로 개발 · 이용할 목적으로 설치하는 지하수개발 · 이용시설의 자재는 「산업표준화법」에 따라 인증받은 제품 또는 이에 상당하는 제품을 사용할 것

② 지하수를 개발 · 이용하려는 자는 적산유량계를 지하수의 취수현황이 파악될 수 있도록 유지 · 관리해야 한다.

제11조(허가사항의 변경 등)

① 지하수개발 · 이용의 변경허가를 신청하려는 자는 지하수개발 · 이용 변경허가 신청서에 다음 각 호의 서류를 첨부하여 시장 · 군수 · 구청장에게 제출해야 한다.

　1. 변경하려는 내용을 증명할 수 있는 서류

　2. 지하수영향조사기관이 작성한 지하수영향조사서. 다만, 영 제11조 제1항 제1호의 경우에는 지하수 관련 검사전문기관이 작성한 수질검사서로 대체할 수 있다.

② 신청을 받은 시장 · 군수 · 구청장은 지하수개발 · 이용의 변경허가를 하는 경우에는 신청인에게 지하수개발 · 이용 변경허가서를 발급해야 한다.

③ 지하수개발 · 이용허가 유효기간의 연장허가를 받으려는 자는 지하수개발 · 이용허가 유효기간 연장허가 신청서에 최근 6개월 이내에 조사 · 작성된 지하수영향조사서를 첨부하여 시장 · 군수 · 구청장에게 제출해야 한다.

④ 신청을 받은 시장 · 군수 · 구청장은 지하수개발 · 이용허가 유효기간의 연장을 허가하는

경우에는 신청인에게 지하수개발·이용 유효기간 연장허가서를 발급해야 한다.

♂ 제12조(지하수개발·이용의 신고 등)

① 지하수개발·이용신고서는 별지 서식에 따른다.

② 시장·군수·구청장은 영 제13조 제1항 각 호 외의 부분 단서에 따라 다음 각 호의 경우에는 해당 서류의 제출을 생략하게 할 수 있다.

　1. 법 제7조 제6항 단서에 해당하는 경우 : 허가신청 시 제출한 서류와 같은 내용의 서류

　2. 법 제8조 제1항 제1호에 해당하는 경우 : 영 제13조 제1항 제1호의 서류

③ 영 제13조 제1항 제3호에서 "기후에너지환경부령으로 정하는 서류"란 다음 각 호의 서류를 말한다.

　1. 토지를 사용·수익할 수 있는 권리를 증명하는 서류(토지 등기사항증명서는 제외한다)

　2. 원상복구계획서

④ 영 제13조 제1항에 따른 신고를 받은 시장·군수·구청장은 행정정보의 공동이용을 통하여 토지 등기사항증명서를 확인해야 한다.

⑤ 영 제13조 제1항에 따른 신고를 받은 시장·군수·구청장은 법 제8조 제3항에 따라 신고를 수리한 경우에는 신고인에게 지하수개발·이용 신고증을 발급해야 한다.

⑥ 지하수개발·이용의 변경신고를 하려는 자는 지하수개발·이용 변경신고서에 변경내용을 증명할 수 있는 서류를 첨부하여 시장·군수·구청장에게 제출해야 한다.

⑦ 신고를 받은 시장·군수·구청장은 신고인에게 별지 서식의 지하수개발·이용 신고증을 발급해야 한다.

♂ 제13조(시정명령 등 조치의 이행완료 통보)

① 시정명령 등의 이행사항을 통보하려는 자는 시정명령 등 조치 이행완료 통보서에 시정명령 등 조치의 이행완료를 증명할 수 있는 서류를 첨부하여 시장·군수·구청장에게 제출해야 한다.

② 통보를 받은 시장·군수·구청장은 통보받은 날부터 15일 이내에 시정명령 등 조치의 이행완료 여부를 확인해야 한다.

♂ 제14조(준공신고) +중요내용

① 지하수개발·이용시설의 설치를 위한 공사의 준공신고를 하려는 자는 지하수개발·이용 준공신고서에 다음 각 호의 서류를 첨부하여 시장·군수·구청장에게 제출해야 한다.

　1. 준공시설도

　2. 수질검사전문기관이 작성한 수질검사서. 다만, 준공신고일 이전 최근 6개월 내에 지하수영향조사를 한 경우에는 그 지하수영향조사서의 수질검사서로 대체할 수 있다.

　3. 현장사진

② 시장·군수·구청장은 지하수개발·이용시설이 허가 또는 신고 내용에 적합하게 설치되었는지를 확인한 후에는 적산유량계를 봉인하고, 신고인에게 준공확인증을 발급해야 한다.

③ 시장·군수·구청장은 「국방·군사시설 사업에 관한 법률」에 따른 국방·군사시설사업에 의하여 설치된 시설에서 지하수를 개발·이용하는 경우에는 관할 부대장이 제출하는 준공시설도, 수질검사서, 현장사진 등 지하수개발·이용시설의 설치와 관련된 서류를 확인하고, 준공확인증을 발급할 수 있다.

④ 시정명령 등의 이행사항을 통보하려는 자는 별지 서식의 시정명령 등 조치 이행완료 통보서에 시정명령 등 조치의 이행완료를 증명할 수 있는 서류를 첨부하여 시장·군수·구청장에게 제출해야 한다.

⑤ 시정명령 등 조치 이행완료 통보를 받은 시장·군수·구청장은 통보받은 날부터 15일 이내에 시정명령 등 조치의 이행완료 여부를 확인해야 한다.

제15조(유출지하수의 이용 등)

① 법 제9조의2 제1항에서 "기후에너지환경부령으로 정하는 규모 이상의 건축물 및 그 밖의 시설물"이란 특별시 또는 광역시에 건설하는 건축물로서 그 층수가 21층 이상이거나 연면적이 10만제곱미터 이상인 건축물을 말한다. ^{중요내용}

② 법 제9조의2 제1항 각 호 외의 부분 및 제2항 전단에서 "기후에너지환경부령으로 정하는 기준"이란 다음 각 호의 구분에 따른 유출지하수 발생량을 말한다. ^{중요내용}

  1. 지하철 역사(驛舍) 1개소 : 1일 300톤
  2. 터널, 전력구(電力溝) 및 통신구(通信溝) 각 1개소 : 1일 300톤
  3. 제1항에 따른 건축물 1동 : 1일 30톤
  4. 「공공기관의 운영에 관한 법률」에 따른 공공기관 또는 「지방공기업법」에 따른 지방공기업이 건축하는 시설물이나 건축물 1동 : 1일 30톤

③ 유출지하수의 발생현황을 신고하려는 자는 제2항 각 호에 따른 기준 이상으로 유출지하수가 발생하는 사실을 안 날부터 1개월 이내에 유출지하수 발생현황 신고서에 다음 각 호의 서류를 첨부하여 시장·군수·구청장에게 제출해야 한다.

  1. 유출지하수의 유량측정자료
  2. 공사평면도, 터널노선도 등 시설물의 위치 및 유출지하수의 발생 위치를 표시한 도면

④ 신고를 받은 시장·군수·구청장은 신고인에게 유출지하수 발생현황 신고증을 발급해야 한다.

⑤ 유출지하수의 이용계획을 수립하여 신고하려는 자는 지하층 공사를 완료한 후 제2항 각 호에 따른 기준 이상으로 유출지하수가 발생하는 사실을 안 날부터 1개월 이내에 유출지하수 이용계획 신고서에 다음 각 호의 서류를 첨부하여 시장·군수·구청장에게 제출해야 한다.

  1. 유출지하수의 유량측정자료 및 수질검사서
  2. 유출지하수의 이용계획

⑥ 법 제9조의2 제2항 후단에서 "기후에너지환경부령으로 정하는 중요한 사항"이란 다음 각 호의 어느 하나를 말한다.

　1. 신고인의 성명 또는 법인명

　2. 신고인의 주소 또는 주된 사무소의 소재지(법인인 경우만 해당한다)

　3. 유출지하수 이용용도

⑦ 법 제9조의2 제2항 후단에 따른 유출지하수 이용계획 변경 신고나 유출지하수 이용 종료 신고를 하려는 자는 그 사유가 발생한 날부터 1개월 이내에 유출지하수 이용계획 변경 또는 유출지하수 이용 종료 신고서에 제6항 각 호의 어느 하나에 해당하는 사항의 변경 또는 유출지하수 이용의 종료를 증명하는 서류를 첨부하여 시장·군수·구청장에게 제출해야 한다.

⑧ 신고를 받은 시장·군수·구청장은 신고를 수리한 경우에는 신고인에게 다음 각 호의 구분에 따른 신고증을 발급해야 한다.

　1. 유출지하수 이용계획 신고 : 별지 서식

　2. 유출지하수 이용계획 변경 또는 유출지하수 이용 종료 신고 : 별지 서식

⑨ 시장·군수·구청장은 유출지하수의 이용계획을 시행하지 않거나 이용률이 현저하게 낮다고 인정되는 자 또는 유출지하수 이용시설의 시설·관리기준을 준수하지 않은 자에게 개선을 명하려는 경우에는 그 사유 및 이행기간 등을 명시하여 문서로 통보해야 한다.

⑩ 통보를 받은 자는 천재지변, 재해나 그 밖의 부득이한 사유로 이행기간 내에 개선명령을 이행할 수 없는 경우에는 이행기간 종료 3일 전까지 시장·군수·구청장에게 이행기간의 연장을 신청할 수 있다. 이 경우 시장·군수·구청장은 그 이행기간을 2회(매회 연장기간은 처음 이행기간의 범위를 초과할 수 없다)까지 연장할 수 있다.

⑪ 통보를 받은 자가 개선명령을 이행한 경우에는 이행을 완료한 날부터 15일 이내에 개선명령 이행완료 통보서에 다음 각 호의 서류를 첨부하여 시장·군수·구청장에게 제출해야 한다.

　1. 개선명령의 이행완료를 증명할 수 있는 서류

　2. 현장사진

⑫ 개선명령 이행완료 통보서를 받은 시장·군수·구청장은 제출받은 날부터 15일 이내에 그 이행완료 여부를 확인해야 한다.

⑬ 시장·군수·구청장은 법 제9조의2 제3항에 따라 신고의 내용을 검토하거나 같은 조 제4항에 따라 개선명령을 하는 경우에는 기후에너지환경부장관이 정하여 고시하는 기관에 기술적 지원을 요청할 수 있다.

⑭ 시장·군수·구청장은 전년도의 유출지하수 발생현황 및 해당 연도의 유출지하수 이용계획을 별지 서식에 따라 매년 1월 31일까지 시·도지사에게 보고해야 하며, 시·도지사는 보고받은 자료를 매년 2월 말일까지 기후에너지환경부장관에게 보고해야 한다.

⑮ 특별자치시장은 전년도의 유출지하수 발생현황 및 해당 연도의 유출지하수 이용계획을 별지 서식에 따라 매년 2월 말일까지 기후에너지환경부장관에게 보고해야 한다.

⑯ 지하층 공사의 완료 기준은 다음 각 호의 구분에 따른다.

　1. 지하철 역사, 터널, 전력구 및 통신구 : 유출지하수 배수를 위한 영구 집수정(물저장고) 공사 완료

　2. 제1항에 따른 건축물 : 지상 1층과 지하 전체 층의 바닥 슬래브 공사 완료

제15조의2(관측정 설치 등 조치명령)

① 기후에너지환경부장관 또는 지방자치단체의 장은 유출지하수 이용시설 설치·운영자에게 다음 각 호의 조치를 명할 수 있다.

  1. 관측정의 설치 및 수량·수질의 모니터링

  2. 유출지하수 이용시설의 점검 및 개선

② 기후에너지환경부장관 또는 지방자치단체의 장은 제1항에 따른 조치명령을 하려는 경우에는 다음 각 호의 사항을 명시하여 문서로 통보해야 한다.

  1. 조치명령의 사유

  2. 지하수 관측정 설치 등 조치명령의 이행방법

  3. 조치명령의 이행기간

③ 통보를 받은 자는 천재지변, 재해나 그 밖의 부득이한 사유로 이행기간 내에 조치명령을 이행할 수 없는 경우에는 이행기간 종료 3일 전까지 기후에너지환경부장관 또는 지방자치단체의 장에게 이행기간의 연장을 신청할 수 있다. 이 경우 기후에너지환경부장관 또는 지방자치단체의 장은 그 이행기간을 2회(매회 연장기간은 처음 이행기간의 범위를 초과할 수 없다)까지 연장할 수 있다.

④ 통보를 받은 자가 조치명령을 이행한 경우에는 이행을 완료한 날부터 15일 이내에 별지 서식의 조치명령 이행완료 통보서에 다음 각 호의 서류를 첨부하여 기후에너지환경부장관 또는 지방자치단체의 장에게 제출해야 한다.

  1. 조치명령의 이행완료를 증명할 수 있는 서류

  2. 현장사진

⑤ 조치명령 이행완료 통보서를 받은 기후에너지환경부장관 또는 지방자치단체의 장은 제출받은 날부터 15일 이내에 그 이행완료 여부를 확인해야 한다.

⑥ 기후에너지환경부장관 또는 지방자치단체의 장은 조치명령을 하는 경우에는 기관에 기술적 지원을 요청할 수 있다.

제16조(지하수개발·이용의 종료신고)

① 지하수개발·이용의 종료신고를 하려는 자는 지하수개발·이용 종료신고서에 원상복구계획서를 첨부하여 시장·군수·구청장에게 제출해야 한다.

② 신고를 받은 시장·군수·구청장은 신고인에게 지하수개발·이용 종료신고증을 발급해야 한다.

제17조(지하수에 영향을 미치는 굴착행위의 신고 등)

① 토지의 굴착행위를 신고하려는 자는 별지 서식의 굴착행위 신고서에 다음 각 호의 서류를 첨부하여 시장·군수·구청장에게 제출해야 한다.

  1. 굴착행위의 위치를 표시한 지적도 또는 임야도

  2. 원상복구계획서

    3. 토지를 사용ㆍ수익할 수 있는 권리를 증명할 수 있는 서류(토지 등기사항증명서는
       제외한다)

② 신청을 받은 시장ㆍ군수ㆍ구청장은 「전자정부법」에 따른 행정정보의 공동이용을 통하
여 토지 등기사항증명서를 확인해야 한다.

③ 굴착행위의 변경을 신고하려는 자는 굴착행위 변경신고서를 시장ㆍ군수ㆍ구청장에게
제출해야 한다.

④ 신고를 받은 시장ㆍ군수ㆍ구청장은 신고를 수리한 경우에는 신고인에게 굴착행위 신고
증(변경신고증)을 발급해야 한다.

⑤ 굴착행위의 종료를 신고하려는 자는 별지 서식의 굴착행위 종료신고서에 별지 서식의
원상복구계획서를 첨부하여 시장ㆍ군수ㆍ구청장에게 제출해야 한다. 다만, 다음 각 호
에 해당하는 경우에는 원상복구계획서의 제출을 생략할 수 있다.

    1. 제출한 원상복구계획에 변동이 없는 경우
    2. 굴착한 토지에 지하수개발ㆍ이용의 허가를 받은 경우
    3. 굴착한 토지에 신고를 한 경우

⑥ 신고를 받은 시장ㆍ군수ㆍ구청장은 신고를 수리한 경우에는 신고인에게 별지 서식의 굴
착행위 종료신고증을 발급해야 한다.

⑦ 시장ㆍ군수ㆍ구청장은 신고를 한 자에게 자료를 요청하는 경우에는 그 자료의 내용과
제출기한을 명시하여 문서로 통보해야 한다.

♂ 제18조(지하수개발ㆍ이용시설의 사후관리 등)

① 사후관리 이행신고를 하려는 자는 사후관리 이행신고서를 시장ㆍ군수ㆍ구청장에게 제
출하여야 한다.

② 사후관리 이행종료신고를 하려는 자는 사후관리 이행종료신고서에 다음 각 호의 서류를
첨부하여 시장ㆍ군수ㆍ구청장에게 제출하여야 한다.

    1. 사후관리 이행을 증명할 수 있는 서류
    2. 현장사진(지하수개발ㆍ이용시설의 청소의 경우에는 공정별로 촬영한 사진을 말한다)

③ 사후관리 이행종료신고를 받은 시장ㆍ군수ㆍ구청장은 15일 이내에 사후관리의 이행이
적합하게 되었는지를 확인하여 신고를 수리한 경우에는 신고인에게 사후관리 이행종료
신고증을 발급해야 한다.

④ 영 제14조의4 제4항 제3호에서 "기후에너지환경부령으로 정하는 다중이용 지하수개
발ㆍ이용시설"이란 다음 각 호의 영업을 위한 지하수개발ㆍ이용시설을 말한다.

    1. 「관광진흥법」에 따른 관광숙박업 및 관광객 이용시설업
    2. 「주류 면허 등에 관한 법률」에 따른 주류 제조면허를 받고 주류를 제조하는 영업
    3. 「식품위생법 시행령」에 따른 식품제조ㆍ가공업, 즉석판매제조ㆍ가공업, 식품첨가물
       제조업 및 식품접객업

⑤ 지하수개발ㆍ이용시설의 청소와 검사 및 정비의 구체적인 방법은 별표 3과 같다.

[별표 3] 지하수개발 · 이용시설의 청소와 검사 및 정비의 구체적인 방법(제18조 제5항 관련)

1. 지하수개발 · 이용시설의 청소
   가. 지하수 취수정 안에 설치되어 있는 양수시설을 끌어올려 품목별로 상태를 점검하고 세척 등의 방법으로 오염물질을 제거할 것
   나. 자연 수위와 굴착 깊이를 확인할 것
   다. 고압세척기를 이용하여 취수정 내부의 오염물질을 깨끗하게 제거할 것
   라. 배출되는 지하수가 깨끗해질 때까지 청소할 것
   마. 지하수와 함께 배출되는 오염물질은 침전 용기 등을 설치하여 주변이 오염되지 않도록 할 것
   바. 청소가 완료된 양수시설을 끌어올리기 전과 같은 상태로 설치할 것

2. 지하수개발 · 이용시설의 검사 및 정비
   가. 지하수개발 · 이용시설의 반지름 10미터 이내의 주변을 정리할 것
   나. 상부보호공 내벽에 균열이 발생하였는지를 점검하고 외부에서 물이 스며들지 못하도록 정비할 것
   다. 동력기동장치와 수중모터 간 동력전선이 절연상태(전기 또는 열이 통하지 않는상태)인지를 확인할 것
   ※ 비고
   시장 · 군수 · 구청장은 제1호 및 제2호의 방법으로는 사후관리가 적합하지 않다고 인정되는 경우에는 규칙으로 그 범위와 방법을 따로 정할 수 있다.

제19조(지하수자원확보시설의 설치 · 관리 기준) ; 별표 4

[별표 4] 지하수자원확보시설의 설치 · 관리기준(제19조 관련)

1. 시설의 설치기준
   가. 지하수자원확보시설은 다음 각 목의 어느 하나에 해당하는 지역에 설치할 것
      1) 지하수 함양[涵養, 지표로부터 침투한 물이 대수층(帶水層)으로 공급되는 것]이 쉽고 지형경사가 완만한 지역
      2) 대수층(帶水層, 지하수로 포화된 투수성이 좋은 지층 · 지층군 또는 지층의 일부) 하부에 불투수성 지반이 있고, 차수벽(遮水壁) 등의 설치로 지하수 저류효과가 좋은 지역
      3) 차수벽 등의 설치로 상류지역 습지화되거나 하류지역 건천화(乾川化)되는 등의 위험이 낮은 지역
      4) 유출지하수 발생 지역의 경우 활용하려는 용도에 적합한 수량과 수질이 확보된 지역

나. 계획취수량은 수문순환(지구상의 물의 연속적인 순환 이동과정)계가 파괴되지 않고 장애를 일으키지 않는 적정개발가능량(지하수의 함양과 유출이 평형을 이루며 지하수 장해가 나타나지 않는 상태에서 지속적으로 개발·이용이 가능한 지하수개발량)에 손실수량을 고려하여 결정할 것

다. 취수시설은 주변지역의 수질오염, 수원고갈, 지반침하, 시설물 안전, 생태계 영향, 하천수량 등을 종합적으로 고려하여 설치할 것

라. 탁수 등 수질이 불량한 물이 취수시설로 유입되는 것을 방지하기 위하여 그라우팅 등 적절한 조치를 할 것

마. 취수시설에는 출수장치 및 적산유량계 등을 설치하여 지하수의 취수현황을 파악할 것

바. 유공관은 모래나 침전물(슬러지)에 의한 막힘을 예방할 수 있는 구조로 설치할 것

사. 유출지하수 발생 지역의 경우 적산유량계 등 측정장치를 설치하여 발생량 및 이용량을 지속적으로 측정할 것

2. 시설의 관리기준

가. 지하수 함양시설 또는 지하수댐 취수시설 인근과 상하류에 관측공을 설치하여 지하수 수위를 지속적으로 측정할 것

나. 주기적인 점검을 통하여 지하 차수벽의 누수 여부를 확인하고, 필요 시 보수공사를 실시할 것

다. 정기적으로 취수시설을 확인하여 양수량 감소 등 효율이 떨어진 경우에는 효율을 회복하기 위한 조치를 할 것

라. 주변지역의 잠재오염원 현황을 파악하고, 수질을 확인하는 등 지하수 수질오염을 예방하기 위한 조치를 할 것

마. 유출지하수는 강우량 및 주변 지역 지하시설물 개발 정도 등에 따라 수량과 수질의 변동이 발생할 수 있으므로 지하수자원확보시설이 현재의 이용 용도에 적합한지 주기적으로 확인할 것

제21조(물 공급 취약지역 등에 대한 지원)

법 제9조의8 제1항 각 호 외의 부분에서 "기후에너지환경부령으로 정하는 물 공급 취약지역"이란 다음 각 호의 지역을 말한다.

1. 상수도가 보급되지 않아 지하수를 먹는물로 사용하는 지역
2. 가뭄 등에 취약하여 비상시에 대비한 수자원 확보가 필요한 지역
3. 수질오염이 심각한 지역 중 주변에 대체 수원이 없는 지역
4. 그 밖에 물 공급이 취약하여 기후에너지환경부장관이 지원이 필요하다고 인정하여 고시하는 지역

제28조(오염방지시설의 설치기준) ; 별표 6

[별표 6] 지하수오염방지시설의 세부 설치기준(제28조 관련)

1. 상부보호공을 설치하는 지하수오염방지시설의 설치기준
   가. 공통사항
      1) 시설은 부식을 최소화할 수 있는 재료를 사용해야 한다.
      2) 시설은 외부 오염물질이 유입되지 않는 구조로 설치되어야 한다.
      3) 시설은 견고하고 외부충격에 강한 구조로 설치하여 양수시설물의 훼손을 방지해야 한다.
      4) 케이싱(지표 하부보호벽)의 하단부는 지표면 아래 3m 이상 깊이까지 설치하며, 암반층을 굴착하는 경우에는 연암층이 시작되는 지점으로부터 아래로 1m 이상 깊게 설치해야 한다.
      5) 케이싱 외부의 그라우팅 두께는 5cm 이상 되어야 하며, 차수용(遮水用) 재료를 사용하되, 케이싱 하부로 누출되지 않도록 케이싱의 하단부부터 채워 올려야 한다. 다만, 개발목표 깊이까지 굴착한 후 그라우팅하는 경우에는 차폐장치를 설치한 후 차수용 재료를 케이싱의 하단부부터 채워 올려야 한다.
      6) 지하수개발·이용시설 안에 설치하는 양수시설물은 수질오염의 우려가 없는 재료를 사용해야 한다.
   나. 일반 상부보호공의 설치기준 및 구조도
      1) 상부보호공은 지하수 개발·이용시설의 보호 및 원활한 유지·관리가 가능한 크기로서 지표면 위에 설치해야 한다. 다만, 지형 여건상 지표면 아래에 설치해도 지하수의 오염 방지에 지장이 없다고 시장·군수·구청장이 인정하는 경우에는 지표면 아래에 설치할 수 있다.
      2) 상부보호공의 덮개는 외부 오염물질·지표수 등의 유입을 막고 파손을 방지할 수 있는 재질과 구조로 설치해야 한다.
      3) 케이싱의 윗부분은 지표면 위로 30cm 이상 높게 설치하고, 덮개를 씌워 외부 오염물질이 유입되지 않도록 해야 한다.
      4) 케이싱의 덮개에는 방충망을 갖춘 공기출입로를 설치해야 한다.

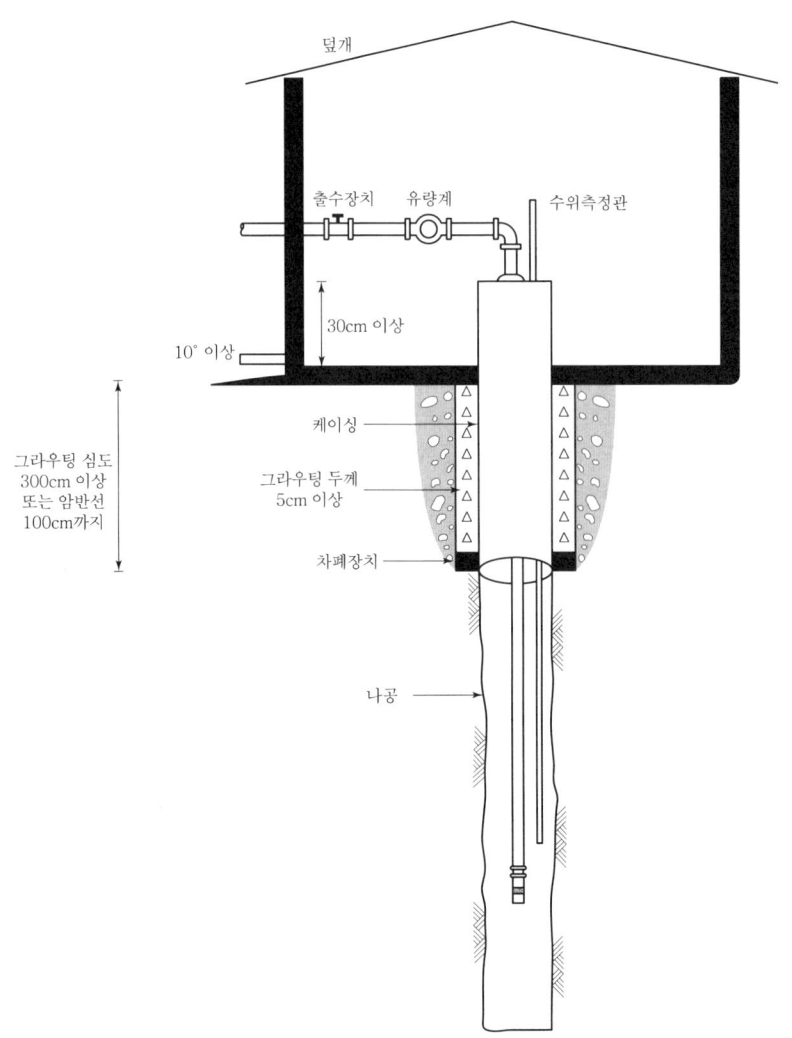

※ 차폐장치는 개발목표 깊이까지 굴착한 후 그라우팅하는 경우에만 적용한다.

다. 밀폐식으로 설치하는 상부보호공의 설치기준

    1) 시설의 덮개부가 완전히 밀폐되어 외부 오염물질이 유입될 수 없는 구조여
       야 한다.

      가) 상부보호공 몸체에 대한 수밀(水密)시험 결과 $5kg/cm^2$ 이상의 수압을
         5분간 가할 때에도 누수가 발생하지 않아야 한다.

      나) 상부보호공 내부의 양수파이프 거치부에 대한 인장하중시험 결과 5,000kg
         의 하중, 10mm/min 속도로 수직인장을 가할 때에도 변형이 발생하지 않
         아야 한다.

    2) 상부보호공 내부의 급수배관 연결부분은 조립된 상태에서 누수가 발생하지

않도록 수밀시험 결과 $20kg/cm^2$에서 5분간 지속될 수 있는 성능을 갖추어야 한다.

3) 자동개폐 기능을 가진 공기출입구가 설치되어야 한다.

4) 내·외부 급수배관을 포함한 각종 시설물의 동파를 방지할 수 있는 구조를 갖추어야 한다.

2. 상부보호공을 설치하지 않는 지하수오염방지시설의 설치기준

가. 영 제25조 제1항 제1호 가목에 따라 오염물질이 유입될 우려가 없는 건축물 안에서 지하수를 개발·이용하는 경우에는 다음의 기준에 적합해야 한다.

1) 해당 건축물 안의 적절한 곳에 적산유량계(합산유량계) 및 출수장치를 설치하여 지하수의 개발량·이용량 및 수질을 측정할 수 있도록 해야 한다. 다만, 1일 양수능력이 30톤 미만(안쪽 지름이 32mm 이하인 토출관을 사용하는 경우만 해당한다)인 가정용 또는 국방·군사용 지하수개발·이용시설의 경우는 제외한다.

2) 지하수개발·이용시설에 지하수 수위측정관을 설치하여 지하수 수위측정이 가능하도록 해야 한다. 다만, 다음의 어느 하나에 해당하는 지하수 개발·이용시설의 경우는 제외한다.

가) 굴착 지름이 100mm 이하인 지하수개발·이용시설

나) 1일 양수능력이 30톤 미만(안쪽 지름이 32mm 이하인 토출관을 사용하는 경우만 해당한다)인 가정용 또는 국방·군사용 지하수개발·이용시설

나. 케이싱의 하단부는 제1호 가목 4) 및 5)에 따른다.

♂ 제29조(지하수 오염방지명령 등)

① 지방환경관서의 장 또는 시장·군수·구청장은 지하수를 오염시키거나 현저하게 오염시킬 우려가 있는 시설의 설치자 또는 관리자에게 지하수 오염방지를 위한 조치명령을 하려는 경우에는 다음 각 호의 사항을 명시한 문서로 통보해야 한다.

   1. 조치명령의 사유

   2. 지하수 오염 관측정(지하수 오염 감시 및 수위, 수량 등을 관측하기 위해 파놓은 관정) 설치 또는 지하수 정화 등 조치명령의 이행방법

   3. 조치명령의 이행기간

② 지하수 오염 관측정을 설치하도록 하는 조치명령을 받은 자는 별표 8 제2호 가목에 따라 지하수 오염 관측정을 설치해야 한다.

③ 지하수를 정화하도록 하는 조치명령을 받은 자는 지하수의 수질이 다음 각 호의 기준에 맞도록 지하수를 정화해야 한다.

   1. 특정유해물질이 생활용수의 특정유해물질에 관한 수질기준 이내일 것

   2. 석유계총탄화수소가 리터당 1.5밀리그램 이하일 것

④ 조치명령을 받은 자는 천재지변, 재해, 그 밖의 부득이한 사유로 이행기간 내에 조치명령을 완료할 수 없는 경우에는 이행기간 종료 3일 전까지 지방환경관서의 장 또는 시장·군수·구청장에게 이행기간의 연장을 신청해야 한다.

⑤ 조치명령을 이행한 자는 해당 조치명령을 이행한 날부터 15일 이내에 조치명령 이행완료 보고서에 다음 각 호의 서류를 첨부하여 지방환경관서의 장 또는 시장·군수·구청장에게 제출해야 한다.

   1. 조치명령의 이행완료를 증명할 수 있는 서류

   2. 현장사진

⑥ 조치명령 이행완료 보고서를 제출받은 지방환경관서의 장 또는 시장·군수·구청장은 제출받은 날부터 15일 이내에 조치명령의 이행완료 여부를 확인해야 한다.

♂ 제30조(지하수 정화기준)

법 제16조 제3항에서 "기후에너지환경부령으로 정하는 오염지하수 정화기준"이란 다음 각 호의 기준을 말한다.

   1. 특정유해물질이 생활용수의 특정유해물질에 관한 수질기준 이내일 것

   2. 석유계총탄화수소가 리터당 1.5밀리그램 이하일 것

💧 제31조(지하수오염유발시설의 종류) ; 별표 7

▌[별표 7] 지하수오염유발시설의 종류(제31조 관련) ▌

1. 지하수보전구역에 설치된 다음의 시설

   가. 「물환경보전법 시행규칙」 별표 4 제1호 가목에 따른 폐수배출시설

   나. 「토양환경보전법 시행규칙」 별표 2에 따른 특정토양오염관리대상시설

   다. 「폐기물관리법 시행령」 별표 3 제2호 가목에 따른 매립시설

   라. 그 밖에 가목부터 다목까지의 시설과 유사한 시설로서 특별히 관리할 필요가 있다고 인정되어 기후에너지환경부장관이 관계 중앙행정기관의 장과 협의하여 고시하는 시설

2. 지하수보전구역 외의 지역에 설치된 다음의 시설

   가. 「토양환경보전법 시행규칙」 별표 2에 따른 특정토양오염관리대상시설(해당 시설이 설치된 부지 및 그 주변지역에 대하여 「토양환경보전법」 제11조, 제14조 또는 제15조에 따라 토양정밀조사 실시명령을 받거나 토양정밀조사를 실시하지 않고 오염토양의 정화조치명령을 받은 경우만 해당한다)

   나. 「폐기물관리법 시행령」 별표 3 제2호 가목에 따른 매립시설

   다. 그 밖에 가목 또는 나목의 시설과 유사한 시설로서 특별히 관리할 필요가 있다고 인정되어 기후에너지환경부장관이 관계 중앙행정기관의 장과 협의하여 고시하는 시설

   ※ 비고

   지하수시료의 채취가 불가능하거나 지하수 오염검사가 필요하지 않아 시장·군수·구청장의 승인을 받은 경우는 지하수오염유발시설에서 제외한다.

💧 제32조(지하수 오염 조치사항의 신고)

① 지하수오염사고에 대한 조치사항 등의 신고는 별지 서식에 따른다.

② 신고를 받은 시장·군수·구청장은 신고받은 날부터 15일 이내에 신고 내용 및 조치사항을 확인해야 한다.

💧 제33조(지하수 오염 관측정의 설치방법 등)

① 지하수오염유발시설관리자(이하 "지하수오염유발시설관리자"라 한다)는 수질측정의 내용을 수질측정기록부에 작성하고 측정 결과를 매분기 종료 후 10일 이내에 시장·군수·구청장에게 제출해야 한다.

② 제2항에 따른 수질측정기록부의 보존기간은 3년으로 한다.

💧 제34조(오염지하수 정화기준)

① 법 제16조의3 제1항에서 "기후에너지환경부령으로 정한 기준"이란 다음 각 호의 기준을 말한다.

   1. 특정유해물질이 생활용수의 특정유해물질에 관한 수질기준 이내일 것

2. 석유계총탄화수소가 리터당 1.5밀리그램 이하일 것

② 법 제16조의3 제2항 및 제16조의4 제1항에서 "기후에너지환경부령으로 정하는 오염지하수 정화기준"이란 제1항 각 호의 기준을 말한다.

♂ 제35조(지하수오염유발시설관리자에 대한 조치 등)

① 지방환경관서의 장 또는 시장·군수·구청장은 지하수오염유발시설관리자에게 6개월 이내의 기한을 정하여 지하수오염평가보고서(이하 "지하수오염평가보고서"라 한다)의 제출을 명해야 한다. 다만, 지하수오염유발시설관리자가 천재지변, 재해나 그 밖의 부득이한 사유로 제출기한까지 제출이 어려워 제출기한의 3일 전까지 제출기한의 연기를 신청한 경우에는 지방환경관서의 장 또는 시장·군수·구청장은 6개월의 범위에서 1회에 한정하여 그 기한을 연기할 수 있다.

② 지하수오염유발시설관리자는 지하수영향조사기관(이하 "지하수영향조사기관"이라 한다) 또는 지하수정화업자로 하여금 지하수오염평가보고서를 작성하게 할 수 있다.

③ 지방환경관서의 장 또는 시장·군수·구청장은 지하수오염유발시설관리자에게 영 제26조의3 제2항 각 호의 조치를 명하는 경우에는 1년 이내의 범위에서 이행기한을 정해야 한다. 다만, 지하수오염유발시설관리자가 천재지변, 공사의 규모·공법 또는 그 밖의 부득이한 사유로 이행이 어려워 이행기한의 3일 전까지 이행기한의 연기를 신청한 경우에는 지방환경관서의 장 또는 시장·군수·구청장은 6개월의 범위에서 1회에 한정하여 그 기한을 연기할 수 있다.

④ 제3항에도 불구하고 영 제26조의3 제2항 제4호에 따른 조치는 2년 이내의 범위에서 이행기한을 정할 수 있으며, 매회 1년의 범위에서 그 기한을 연기할 수 있다.

⑤ 조치명령을 이행한 자는 그 명령을 이행한 날부터 15일 이내에 조치명령 이행완료 보고서에 다음 각 호의 서류를 첨부하여 지방환경관서의 장 또는 시장·군수·구청장에게 제출해야 한다.

1. 조치명령의 이행완료를 증명할 수 있는 서류
2. 현장사진

♂ 제36조(오염지하수 정화계획 변경 승인 등)

법 제16조의4 제1항 후단에서 "기후에너지환경부령으로 정하는 중요한 사항을 변경하려는 경우"란 다음 각 호의 경우를 말한다.

1. 영 제26조의4 제2항 제1호·제2호·제5호 또는 제6호의 사항을 변경하려는 경우
2. 시설용량 또는 설치면적의 100분의 30 이상을 변경하려는 경우
3. 총소요사업비의 100분의 30 이상을 변경하려는 경우

♂ 제38조(수질검사 등)

① 영 제29조 제1항 제2호에서 "기후에너지환경부령으로 정하는 규모, 세부 용도 등에 해당되는 생활용수, 공업용수 및 농·어업용수"란 다음 각 호에 해당하는 생활용수, 공업

용수 및 농·어업용수를 말한다. 다만, 「민방위기본법 시행규칙」 제15조 제1항에 따라 시장·군수·구청장이 비상급수시설로 지정한 지하수는 제외한다.

1. 1일 양수능력이 30톤 이상인 생활용수. 다만, 청소용·조경용·공사용·소방용 등 보건위생과 생태계 보전 등에 지장이 없는 용도로 이용하는 생활용수는 제외한다.
2. 1일 양수능력이 30톤 이상인 공업용수
3. 1일 양수능력이 100톤 이상인 농·어업용수

② 영 제29조 제2항 전단에서 "기후에너지환경부령으로 정하는 기간"이란 준공확인증을 발급받은 날을 기준으로 다음 각 호의 구분에 따른 기간을 말한다.

1. 먹는물 : 2년. 다만, 1일 양수능력이 30톤 이하인 경우에는 3년
2. 생활용수, 공업용수 및 농·어업용수 : 3년

③ 시장·군수·구청장은 수질검사 결과 수소이온농도를 제외한 모든 항목이 별표 9에 따른 지하수 수질기준의 100분의 70 이하이고, 수질오염의 우려가 없다고 인정되는 지하수개발·이용시설에 대해서는 제2항에 따른 수질검사의 주기를 조정할 수 있다.

④ 수질검사를 받으려는 자는 수질검사전문기관에 수질검사를 신청해야 하며, 신청을 받은 수질검사전문기관은 별지 서식의 지하수수질검사 접수·처리기록부에 그 사실을 기록해야 한다.

⑤ 신청을 받은 수질검사전문기관은 수질검사를 위한 시료채취기간을 정하여 시료채취 실시 3일 전까지 수질검사를 받으려는 자와 시장·군수·구청장에게 각각 통보해야 한다.

⑥ 수질검사전문기관은 수질검사를 실시하는 경우에는 수질검사 신청인이 보는 앞에서 시료채취를 한 후 채취한 시료를 봉인(封印)해야 하며, 지하수수질검사시료 채취확인서를 작성해야 한다.

⑦ 제5항에 따른 통보를 받은 시장·군수·구청장은 소속 공무원으로 하여금 제6항에 따른 시료채취를 참관하게 할 수 있다.

⑧ 제4항부터 제7항까지의 규정에도 불구하고 도서(島嶼)·산간 지역 등 수질검사 대상 지하수가 소재하는 관할 지역의 시장·군수·구청장이 수질검사전문기관에서 시료채취가 어렵다고 인정하는 지역의 경우에는 시·군·구 소속 공무원이 시료채취 및 봉인을 한 후 수질검사전문기관에 수질검사를 의뢰할 수 있다. 이 경우 수질검사의 절차에 관하여는 제4항부터 제7항까지의 규정을 준용하며, "수질검사전문기관"은 "시장·군수·구청장"으로, "수질검사를 받으려는 자와 시장·군수·구청장"은 "수질검사를 받으려는 자"로 본다.

⑨ 시료채취 및 봉인을 하는 공무원은 국립환경인재개발원 또는 수질검사전문기관이 환경 분야 시료채취 및 수질분석에 관하여 실시하는 교육을 8시간 이상 이수해야 한다.

🔹 제39조(검사기관)

영 제30조 제1항 제6호에서 "기후에너지환경부령으로 정하는 수질검사기관"이란 다음 각호의 기관을 말한다.

1. 육군 각 군수지원사령부 식품검사대
2. 함대사령부 의무대

  3. 전투비행단 의무대
  4. 국군의학연구소

♂ 제41조(지하수의 수질기준) ; 별표 9

▌[별표 9] 지하수의 수질기준(제41조 관련) ▌

1. 지하수를 먹는물로 이용하는 경우
 「먹는물관리법」 제5조에 따른 먹는물의 수질기준(소독제 및 소독제 부산물질에 관한 기준은 제외한다)

2. 지하수를 생활용수, 농·어업용수 또는 공업용수로 이용하는 경우
 (단위 : mg/L)

항목 \ 이용목적별		생활용수	농·어업용수	공업용수
일반 오염 물질 (4개)	수소이온농도(pH)	5.8~8.5	6.0~8.5	5.0~9.0
	총대장균군	5,000 이하 (군수/100mL)	–	–
	질산성질소	20 이하	20 이하	40 이하
	염소이온	250 이하	250 이하	500 이하
특정 유해 물질 (16개)	카드뮴	0.01 이하	0.01 이하	0.02 이하
	비소	0.05 이하	0.05 이하	0.1 이하
	시안	0.01 이하	0.01 이하	0.2 이하
	수은	0.001 이하	0.001 이하	0.001 이하
	다이아지논	0.02 이하	0.02 이하	0.02 이하
	파라티온	0.06 이하	0.06 이하	0.06 이하
	페놀류	0.005 이하	0.005 이하	0.01 이하
	납	0.1 이하	0.1 이하	0.2 이하
	크롬	0.05 이하	0.05 이하	0.1 이하
	트리클로로에틸렌	0.03 이하	0.03 이하	0.06 이하
	테트라클로로에틸렌	0.01 이하	0.01 이하	0.02 이하
	1.1.1-트리클로로에탄	0.15 이하	0.3 이하	0.5 이하
	벤젠	0.015 이하	–	–
	톨루엔	1 이하	–	–
	에틸벤젠	0.45 이하	–	–
	크실렌	0.75 이하	–	–

※ 비고
 1. 다음 각 목의 어느 하나에 해당하는 경우에는 염소이온기준을 적용하지 않을 수 있다.
  가. 어업용수
  나. 지하수의 이용 목적상 염소이온의 농도가 인체에 해가 되지 않는 경우
  다. 해수 침입 등으로 인하여 일시적으로 염소이온 농도가 증가한 경우
 2. 농·어업용수 및 공업용수가 생활용수의 목적으로도 이용되는 경우에는 생활용수의 수질기준을 적용한다.

♂ 제43조(지하수개발 · 이용시공업의 등록 등)

① 지하수개발 · 이용시공업의 등록을 하려는 자는 지하수개발 · 이용시공업 등록신청서에 다음 각 호의 서류를 첨부하여 시장 · 군수 · 구청장에게 제출해야 한다.

   1. 자산평가액보고서(개인인 경우만 해당한다)
   2. 직전 회계연도의 재무상태표(법인인 경우만 해당하며, 신설된 법인인 경우에는 법인 설립 시의 재무상태표를 말한다)
   3. 시설 · 장비의 보유현황을 적은 서류와 그 소유 또는 임대차관계를 확인할 수 있는 서류
   4. 기술능력의 보유현황 및 그 자격(국가기술자격의 경우는 제외한다)을 증명하는 서류
   5. 임원에 관한 사항(법인인 경우만 해당한다)

② 신청을 받은 시장 · 군수 · 구청장은 「전자정부법」에 따른 행정정보의 공동이용을 통하여 법인 등기사항증명서(신청인이 법인인 경우만 해당한다)와 국가기술자격증(자격증을 보유한 경우만 해당한다)을 확인해야 한다. 이 경우 신청인이 국가기술자격증의 확인에 동의하지 않으면 그 사본을 첨부하게 해야 한다.

③ 지하수개발 · 이용시공업 등록대장은 별지 서식에 따른다.

④ 지하수개발 · 이용시공업 등록증은 별지 서식에 따른다.

⑤ 변경등록을 신청하려는 자는 지하수개발 · 이용시공업 변경등록신청서에 지하수개발 · 이용시공업 등록증과 변경내용을 확인할 수 있는 서류를 첨부하여 시장 · 군수 · 구청장에게 제출해야 한다.

⑥ 시장 · 군수 · 구청장은 지하수개발 · 이용시공업자가 주된 사무소를 다른 시 · 군 · 구로 이전하기 위하여 변경등록을 신청한 경우에는 이전하려는 지역을 관할하는 시장 · 군수 · 구청장에게 등록 관련 서류를 이관(移管)해야 한다. 이 경우 수수료는 변경등록의 신청을 받은 시장 · 군수 · 구청장에게 내야 한다.

♂ 제47조(지하수영향조사기관의 등록신청 등)

① 지하수영향조사기관으로 등록하려는 자는 지하수영향조사기관 등록신청서에 다음 각 호의 서류를 첨부하여 시장 · 군수 · 구청장에게 제출해야 한다.

   1. 설립근거를 증명하는 서류(법인이 아닌 경우만 해당한다)
   2. 시설 · 장비의 보유현황을 적은 서류와 그 소유 또는 임대차관계를 확인할 수 있는 서류
   3. 기술능력의 보유현황 및 그 자격(국가기술자격의 경우는 제외한다)을 증명하는 서류
   4. 임원에 관한 사항(법인인 경우만 해당한다)

② 신청을 받은 시장 · 군수 · 구청장은 「전자정부법」에 따른 행정정보의 공동이용을 통하여 법인 등기사항증명서(신청인이 법인인 경우만 해당한다)와 국가기술자격증(자격증을 보유한 경우만 해당한다)을 확인해야 한다. 이 경우 신청인이 국가기술자격증의 확인에 동의하지 않으면 그 사본을 첨부하게 해야 한다.

③ 지하수영향조사기관 등록대장은 별지 서식에 따른다. 이 경우 시장·군수·구청장은 특별한 사유가 없으면 지하수영향조사기관 등록대장을 전자적 처리가 가능한 방식으로 작성·관리해야 한다.

④ 지하수영향조사기관 등록증은 별지 서식에 따른다.

⑤ 변경등록을 신청하려는 자는 지하수영향조사기관 변경등록신청서에 별지 서식의 지하수영향조사기관 등록증과 그 변경내용을 확인할 수 있는 서류를 첨부하여 시장·군수·구청장에게 제출해야 한다.

⑥ 시장·군수·구청장은 지하수영향조사기관의 등록을 한 자가 주된 사무소를 다른 시·군·구로 이전하기 위하여 변경등록을 신청한 경우에는 이전하려는 지역을 관할하는 시장·군수·구청장에게 등록 관련 서류를 이관해야 한다. 이 경우 수수료는 변경등록의 신청을 받은 시장·군수·구청장에게 내야 한다.

♂ 제49조(지하수정화업의 등록)

① 지하수정화업의 등록을 하려는 자는 지하수정화업 등록신청서에 다음 각 호의 서류를 첨부하여 시장·군수·구청장에게 제출해야 한다.

　1. 자본 또는 자산을 확인할 수 있는 서류

　2. 시설·장비의 보유현황을 적은 서류와 그 소유 또는 임대차관계를 확인할 수 있는 서류

　3. 기술인력의 보유현황 및 그 자격(국가기술자격의 경우는 제외한다)을 증명하는 서류

② 신청서를 제출받은 시장·군수·구청장은 「전자정부법」에 따른 행정정보의 공동이용을 통하여 다음 각 호의 서류를 확인해야 한다. 다만, 신청인이 사업자등록증명 또는 국가기술자격증의 확인에 동의하지 않는 경우에는 해당 서류를 첨부하도록 해야 한다.

　1. 법인 등기사항증명서(신청인이 법인인 경우만 해당한다)

　2. 사업자등록증명(주민등록번호가 제외된 사업자등록증명을 말한다)

　3. 국가기술자격증(자격증을 보유한 경우만 해당한다)

③ 지하수정화업 등록대장은 별지 서식에 따른다. 이 경우 시장·군수·구청장은 특별한 사유가 없으면 지하수정화업 등록대장을 전자적 처리가 가능한 방식으로 작성·관리해야 한다.

④ 지하수정화업 등록증은 별지 서식에 따른다.

⑤ 변경등록을 신청하려는 자는 지하수정화업 변경등록신청서에 지하수정화업 등록증과 그 변경내용을 확인할 수 있는 서류를 첨부하여 시장·군수·구청장에게 제출해야 한다.

⑥ 시장·군수·구청장은 지하수정화업자가 주된 사무소를 다른 시·군·구로 이전하기 위하여 지하수정화업 변경등록을 신청한 경우에는 이전하려는 지역을 관할하는 시장·군수·구청장에게 등록과 관련된 서류를 이관해야 한다. 이 경우 수수료는 변경등록의 신청을 받은 시장·군수·구청장에게 내야 한다.

제55조(규제의 재검토)

기후에너지환경부장관은 다음 각 호의 사항에 대하여 2017년 1월 1일을 기준으로 3년마다 (매 3년이 되는 해의 1월 1일 전까지를 말한다) 그 타당성을 검토하여 개선 등의 조치를 해야 한다.

　　1. 지하수개발 · 이용시설의 설치기준 등
　　2. 지하수개발 · 이용의 신고 등
　　3. 유출지하수의 이용 등
　　3의2. 관측정 설치 등 조치명령
　　4. 이행보증금의 예치방법

01 기후에너지환경부장관이 관계중앙행정기관의 장 또는 시·도지사에게 요청할 수 있는 조치와 가장 거리가 먼 것은?

① 토양오염 방지를 위한 객토 등 농토배양사업
② 산업시설 등의 설치로 인하여 훼손된 토양의 복구
③ 주변토양을 오염시킬 우려가 있는 시설에 대한 이전
④ 폐광지역의 광물 찌꺼기 등으로 인한 주변농경지 등의 광산공해 방지대책

풀이 토양환경보전법 제25조

02 다음 중 토양오염조사기관이 수행하는 업무와 가장 거리가 먼 것은?

① 토양광역조사
② 토양환경평가
③ 토양오염도검사
④ 오염토양개선사업의 감리·감독

풀이 토양오염조사기관이 수행하는 업무(토양환경보전법 제23조의2)
  ㉠ 토양정밀조사
  ㉡ 토양오염도검사
  ㉢ 토양정화의 검증
  ㉣ 오염토양개선사업의 지도·감독

03 토양오염실태조사 결과 우려기준을 넘는 지역의 오염원인자에게 토양전문기관으로부터 토양정밀조사를 받도록 토양오염 방지조치 명령을 내리는 권한을 가진 자는?

① 기후에너지환경부장관
② 시·도지사 또는 시장·군수·구청장
③ 시·도 보건환경연구원장
④ 지방환경관서의 장

풀이 토양환경보전법 제15조

04 토양 관련 전문기관으로 지정받고자 하는 자는 토양 관련 전문기관 지정신청서를 누구에게 제출해야 하는가?

① 지방환경관서의 장
② 기후에너지환경부장관
③ 시·도지사
④ 시·도 보건환경연구원장

풀이 토양환경보전법 시행규칙 제28조

05 전국적인 토양오염 실태를 파악하기 위해 기후에너지환경부장관이 고시하는 측정망 설치계획에 포함되어야 하는 사항이 아닌 것은?

① 측정망 설치시기
② 측정토양시료 채취방법 및 항목
③ 측정망 배치도
④ 측정지점의 위치 및 면적

풀이 토양환경보전법 시행규칙 제5조

06 토양보전대책지역의 지정 시 농경지 외의 지역의 경우 지정기준으로 적절한 것은?

① 지표면으로부터 15센티미터까지의 토양오염도가 대책기준을 초과
② 지표면으로부터 30센티미터까지의 토양오염도가 대책기준을 초과
③ 지표면으로부터 지하수(대수층)면 상부 토양 사이의 토양오염도가 대책기준을 초과
④ 시·도지사가 대책지역 지정을 요청한 지역으로 그 면적이 5,000제곱미터 이상

정답 01 ③ 02 ① 03 ② 04 ① 05 ② 06 ③

풀이 토양보전대책지역의 지정기준(토양환경보전법 시행령 제12조)
- ㉠ 농경지의 경우에는 지표면으로부터 30센티미터까지의 토양오염도가 대책기준을 초과하거나 특별자치도지사, 시장·군수·구청장이 재배작물 중 오염물질 함량이 중금속잔류 허용기준을 초과하여 대책지역 지정을 요청한 지역일 것
- ㉡ 농경지 외의 지역의 경우에는 지표면으로부터 지하수(대수층)면 상부 토양 사이의 토양오염도가 대책기준을 초과한 지역 또는 특별자치도지사, 시장·군수·구청장이 대책지역 지정을 요청한 지역으로서 인체에 대한 피해가 우려되고 그 면적이 1만 제곱미터 이상인 지역일 것

07 다음 중 토양오염조사기관이 갖추어야 할 장비에 해당되지 않는 것은?

① 초음파추출장치
② I.C.P(Inductively Coupled Plasma)
③ 전기전도도 측정장비
④ 가스크로마토그래프

풀이 토양오염조사기관 : 장비(토양환경보전법 시행령 별표 1)
1. 흡광광도계(UV/Vis Spectrophotometer)
2. 원자흡광광도계(Atomic Absorption Spectrophotometer) 또는 유도결합플라즈마광도계(Inductively Coupled Plasma)
3. 퍼지·트랩(Purge & Trap)장치
4. 가스크로마토그래프 전자포획기(GC/ECD)
5. 가스크로마토그래프 질량분석기(GC/MSD)
6. 가스크로마토그래프 불꽃이온화검출기(GC/FID)
7. 초음파추출장치(Ultrasonic Disruptor)
8. 자가동력시추기(타격식이나 나선형식으로 시추 깊이가 최소 6미터 이상)
9. 그 밖에 토양시료를 채취하여 분석하는 데 필요한 장비

08 기후에너지환경부장관이 수립하도록 되어 있는 토양보전기본계획에 반드시 포함되어야 할 사항과 가장 거리가 먼 것은?

① 토양오염의 현황
② 토양오염 복원 현황 및 계획
③ 토양오염의 방지에 관한 사항
④ 토양보전에 관한 시책방향

풀이 토양보전기본계획 포함사항(토양환경보전법 제4조)
- ㉠ 토양보전에 관한 시책방향
- ㉡ 토양오염의 현황·진행상황 및 장래예측
- ㉢ 토양오염의 방지에 관한 사항
- ㉣ 토양정화 및 정화된 토양의 이용에 관한 사항
- ㉤ 토양정화와 관련된 기술의 개발 및 관련산업의 육성에 관한 사항
- ㉥ 토양정화를 위한 기술인력의 교육 및 양성에 관한 사항
- ㉦ 기타 토양보전에 관하여 필요한 사항

09 다음 (   ) 안에 알맞은 내용은?

석유류의 제조 및 저장시설 중 (   ) 등을 저장하고 있는 시설의 경우에는 TPH만을 검사 항목으로 할 수 있다.

① 항공유   ② 납사
③ 휘발유   ④ 크실렌

풀이 특정토양오염관리대상시설별 토양오염 검사항목 (토양환경보전법 시행규칙 별표 5)

특정토양오염관리대상 시설	검사항목
1. 석유류의 제조 및 저장 시설	벤젠·톨루엔·에틸벤젠·크실렌·석유계 총 탄화수소(TPH)
2. 유해화학물질의 제조 및 저장 시설	카드뮴·구리·비소·수은·납·6가 크롬·아연·니켈·불소·유기인화합물·폴리클로리네이티드비페닐·시안·페놀·트리클로로에틸렌(TCE)·테트라클로로에틸렌(PCE)·1,2-디클로로에탄 및 벤조피렌
3. 송유관 시설	벤젠·톨루엔·에틸벤젠·크실렌·석유계 총 탄화수소(TPH)

특정토양오염관리대상 시설	검사항목
4. 그 밖에 제1호부터 제3호까지의 관리대상시설과 유사한 시설로서 특별히 관리할 필요가 있다고 인정되어 기후에너지환경부장관이 관계 중앙행정기관의 장과 협의하여 고시하는 시설	대상시설별로 기후에너지환경부장관이 고시한 검사항목

※ 비고 : 석유류의 제조 및 저장시설 중 나프타, 휘발유 등 방향족탄화수소류가 주성분인 석유류를 저장하고 있는 시설의 경우에는 벤젠, 톨루엔, 에틸벤젠, 크실렌 4개 항목을, 항공유, 등유, 경유, 중유, 윤활유, 원유 등 지방족탄화수소류가 주성분인 석유류를 저장하고 있는 시설의 경우에는 해당하는 항목만을 검사한다.

물질	Ⅰ지역	Ⅱ지역	Ⅲ지역
수은	4	10	20
납	200	400	700
6가 크롬	5	15	40
아연	300	600	2,000
니켈	100	200	500
불소	400	400	800
유기인화합물	10	10	30
폴리클로리네이티드비페닐	1	4	12
시안	2	2	120
페놀	4	4	20
벤젠	1	1	3
톨루엔	20	20	60
에틸벤젠	50	50	340
크실렌	15	15	45
석유계 총 탄화수소(TPH)	500	800	2,000
트리클로로에틸렌(TCE)	8	8	40
테트라클로로에틸렌(PCE)	4	4	25
벤조(a)피렌	0.7	2	7
1,2-디클로로에탄	5	7	70

10 다음 중 토양보전대책지역 내에서 오염원인자가 실시하는 오염토양개선사업에 대한 감리기관으로 맞는 것은?

① 환경관리공단
② 국립환경연구원
③ 지방환경관리청
④ 시 · 도보건환경연구원

풀이 토양환경보전법 시행규칙 제25조

11 다음 중 토양환경보전법상 'Ⅰ지역'의 토양오염 우려기준으로 맞는 것은?

① 테트라클로로에틸렌 : 8mg/kg
② 납 : 100mg/kg
③ 비소 : 6mg/kg
④ 페놀 : 4mg/kg

풀이 토양오염우려기준(토양환경보전법 시행규칙 별표 3)
(단위 : mg/kg)

물질	Ⅰ지역	Ⅱ지역	Ⅲ지역
카드뮴	4	10	60
구리	150	500	2,000
비소	25	50	200

12 토양환경보전법에서 사용하는 용어에 대한 정의로 알맞지 않은 것은?

① '토양오염'이라 함은 사업활동, 기타 사람의 활동에 따라 토양이 오염되는 것으로서 사람의 건강이나 환경에 피해를 주는 상태를 말한다.
② '토양오염물질'이라 함은 토양오염의 원인이 되는 물질로서 기후에너지환경부령이 정하는 것을 말한다.
③ '토양오염유발시설'이라 함은 토양오염물질을 생산 · 운반 · 저장 · 취급 · 가공 또는 처리함으로써 토양을 오염시킬 우려가 있는 시설로 기후에너지환경부령이 정하는 것을 말한다.
④ '특정토양오염유발시설'이라 함은 토양을 현저히 오염시킬 우려가 있는 토양오염유발시설로서 기후에너지환경부령이 정하는 것을 말한다.

풀이 토양환경보전법 제2조

13 토양보전기본계획은 몇 년마다 수립 · 시행되어야 하는가?

① 3년 　　　　　② 5년
③ 10년 　　　　　④ 15년

풀이 토양환경보전법 제4조
기후에너지환경부장관은 토양 보전을 위하여 10년마다 토양보전에 관한 기본계획을 수립 · 시행하여야 한다.

14 다음 (　　) 안에 알맞은 단어는?

'토양오염물질'이라 함은 토양오염의 원인이 되는 물질로서 (　　)령이 정하는 것을 말한다.

① 대통령 　　　　　② 총리
③ 기후에너지환경부 　　④ 건설교통부

풀이 토양환경보전법 제2조

15 특정토양오염유발시설의 종류와 가장 거리가 먼 것은?

① 석유류 저장시설 　　② 송유관시설
③ 유독물 저장시설 　　④ 방사성 물질 저장시설

풀이 특정토양오염유발시설의 종류(토양환경보전법 시행규칙 별표 5)
㉠ 석유류의 제조 및 저장시설
㉡ 유해화학물질의 제조 및 저장시설
㉢ 송유관시설
㉣ 기타 위 유발시설과 유사한 시설로서 특별히 관리할 필요가 있다고 인정되어 기후에너지환경부장관이 관계중앙행정기관의 장과 협의하여 고시하는 시설

16 석유계 총 탄화수소(TPH)의 III지역 토양오염우려기준은?(단위 : mg/kg)(단, 나지역은 지적법에 의한 지목이 공장용지, 도로철도용지 및 잡종지)

① 8 　　　　　② 40
③ 2,000 　　　　④ 5,000

풀이 문제 11번 풀이 참조

17 토양오염조사기관이 아닌 것은?

① 국립환경과학원
② 시 · 도 보건환경연구원
③ 유역환경청
④ 한국환경공단

풀이 토양환경보전법 제17조의3

18 다음 중 TPH 항목만으로 토양오염검사를 할 수 있는 석유류의 제조 및 저장시설은?

① 경유 저장시설
② 나프타 저장시설
③ 휘발유 저장시설
④ 에틸벤젠 저장시설

풀이 석유류의 제조 및 저장시설 중 나프타, 휘발유 등 방향족탄화수소류가 주성분인 석유류를 저장하고 있는 시설의 경우에는 벤젠, 톨루엔, 에틸벤젠, 크실렌 4개 항목을 검사하고, 항공유, 등유, 경유, 중유, 윤활유, 원유 등 지방족탄화수소류가 주성분인 석유류를 저장하고 있는 시설의 경우에는 석유계 총 탄화수소(TPH) 항목만을 검사하며, 벤젠, 톨루엔, 에틸벤젠, 크실렌을 각각 저장하고 있는 시설의 경우에는 해당하는 항목만을 검사한다.

19 다음 중 토양오염물질 항목이 아닌 것은?

① 니켈 및 그 화합물
② 벤조(a)피렌
③ 망간 및 그 화합물
④ 시안화합물

풀이 토양오염물질
1. 카드뮴 및 그 화합물
2. 구리 및 그 화합물
3. 비소 및 그 화합물
4. 수은 및 그 화합물
5. 납 및 그 화합물
6. 6가 크롬 화합물
7. 아연 및 그 화합물
8. 니켈 및 그 화합물

정답 13 ③　14 ③　15 ④　16 ③　17 답 없음　18 ①　19 ③

9. 불소화합물
10. 유기인화합물
11. 폴리클로리네이티드비페닐
12. 시안화합물
13. 페놀류
14. 벤젠
15. 톨루엔
16. 에틸벤젠
17. 크실렌
18. 석유계 총 탄화수소
19. 트리클로로에틸렌
20. 테트라클로로에틸렌
21. 벤조(a)피렌
22. 1,2-디클로로에탄
23. 다이옥신(퓨란을 포함한다)

20 특정토양오염시설의 설치자는 토양 관련 전문기관으로부터 통보받은 토양오염검사의 결과를 얼마 동안 보존하여야 하는가?

① 2년   ② 3년
③ 4년   ④ 5년

풀이 토양환경보전법 시행규칙 제16조

21 토양보전대책지역의 지정기준으로 알맞지 않은 것은?

① 농경지의 경우 지표면으로부터 1미터까지의 토양 오염도가 대책기준을 초과한 지역
② 시·도지사가 재배작물 중 오염물질 함량이 관련 허용기준을 초과하여 대책지역 지정을 요청한 지역
③ 농경지 외의 지역의 경우에는 지표면으로부터 지하수(대수층)면 상부 토양 사이의 토양오염도가 대책기준을 초과한 지역
④ 시·도지사가 대책지역 지정을 요청한 지역으로서 인체에 대한 피해가 우려되고 그 면적이 1만 제곱미터 이상인 지역

풀이 문제 6번 풀이 참조

22 다음 중 토양오염 대책 기준을 적용함에 있어 '2'지역 기준이 적용되어야 하는 지목은?

① 잡종지   ② 임야
③ 유원지   ④ 학교용지

풀이 2지역은 「지적법」에 의한 지목이 공장용지, 주차장, 도로, 철도용지, 제방, 잡종지인 지역

23 토양오염우려기준 중 '1' 지역에서의 카드뮴에 대한 기준으로 알맞은 것은?(단, 단위 : mg/kg)

① 0.5   ② 1.5
③ 4   ④ 12

24 다음 중 특정토양오염관리대상시설 부지 내 또는 주변지역에서 토양오염검사를 위한 시료채취 방법 중 잘못된 것은?

① 주변지역에서의 시료채취는 주변지역 내에서 2개 지점을 선정하여 시료를 채취
② 부지 내 개별 저장시설 용량이 50만 리터를 초과하는 경우, 개별 저장시설별로 3개 지점에서 시료채취
③ 부지 내 저장시설 용량이 50만 리터 이하인 저장시설이 1개 이상 있는 경우에는 3개 지점에서 시료채취. 다만, 개별 저장시설 간의 거리가 100미터 이상 떨어진 경우에는 2개 지점을 추가하여 시료채취
④ 부지 내 50만 리터 초과시설과 그 미만인 시설이 혼재되어 있는 경우, 50만 리터 초과시설은 개별 저장시설별로 각각 3개 지점에서 시료를 채취하고 나머지 50만 리터 미만 저장시설은 그 용량합계가 50만 리터를 초과하는 경우에 한하여 누출우려가 높은 저장시설에서 2개 지점을 추가하여 시료채취

풀이 특정토양오염관리대상시설 주변지역에서의 시료채취는 지역 내에서 1개 지점을 선정하여 실시한다.

25 다음 중 토양환경 보전법에 의거 지정된 토양보전대책지역 해제, 변경요건과 가장 거리가 먼 것은?

① 대책계획의 수립 · 시행으로 토양오염의 정도가 정화기준 이내로 개선된 경우
② 토양오염물질의 종류가 바뀐 경우
③ 공익상 불가피한 경우
④ 천재지변, 기타의 사유로 인하여 대책지역으로서의 지정목적을 상실한 경우

풀이 토양환경보전법 제22조

26 특정토양오염관리대상시설을 설치신고하고자 하는 자가 특정토양오염관리대상시설 설치신고서에 첨부하여 특별자치도지사 · 시장 · 군수 · 구청장에게 제출하여야 하는 서류와 가장 거리가 먼 것은?

① 특정토양오염관리대상시설의 위치, 구조 및 설비에 관한 도면
② 위험물 제조소, 저장소, 취급소의 설치허가서 및 저장시설별 구조설비 명세표
③ 조사를 위한 특정토양오염조사계획서
④ 토양오염을 방지하기 위하여 특별자치도지사, 시장 · 군수 · 구청장이 필요하다고 인정하는 사항

풀이 토양환경보전법 시행령 제6조

27 기후에너지환경부장관, 시 · 도지사 또는 시장 · 군수 · 구청장은 토양보전을 위하여 필요하다고 인정하는 경우에는 토양정밀조사를 실시할 수 있는데 정밀조사 대상이 되는 지역과 가장 거리가 먼 것은?

① 토양측정망 운영(상시측정) 결과 우려기준을 넘는 지역
② 토양오염실태조사 결과 우려기준을 넘는 지역
③ 특정토양오염유발시설이 설치되어 우려기준을 넘을 가능성이 크다고 인정하는 지역
④ 토양오염사고 등으로 인하여 기후에너지환경부장관, 시 · 도지사 또는 시장 · 군수 · 구청장이 우려기준을 넘을 가능성이 크다고 인정하는 지역

28 토양보전대책지역 지정 표지판에 표시되는 내용과 가장 거리가 먼 것은?

① 토양보전대책지역 지정목적
② 토양보전대책지역 지정사유
③ 토양보전대책지역 내역
④ 토양보전대책지역 안에서 제한되는 행위

풀이 토양보전대책지역 지정 표지판 표시내용
　　ㄱ 지정목적
　　ㄴ 지정일자
　　ㄷ 토양보전대책지역 안에서 제한되는 행위
　　ㄹ 토양보전대책지역 내역(주소, 면적, 약도)

29 오염원인자가 오염토양개선사업계획의 승인을 얻고자 할 때 '개선사업계획승인신청서'와 같이 첨부하여야 하는 개선사업계획서에 기재되는 사항과 거리가 먼 것은?

① 분야별 소요 사업비
② 사업기간 및 사업지역
③ 사후관리의 방법 및 기간
④ 개선사업의 방법 및 종류

풀이 사업승인계획서 기재 사항
　　ㄱ 개선사업의 방법 및 종류
　　ㄴ 사업기간 및 사업지역
　　ㄷ 시설용량 · 설치면적(100분의 30 이상 증감되는 경우만 해당)
　　ㄹ 분야별 소요사업비(100분의 30 이상 증감하는 경우만 해당)

30 전국적인 토양오염 실태를 파악하기 위해 기후에너지환경부장관이 고시하는 측정망설치계획에 포함되어야 하는 사항이 아닌 것은?

① 측정망 설치시기
② 측정항목 및 방법
③ 측정망 배치도
④ 측정지점의 위치 및 면적

풀이 토양환경보전법 시행규칙 제5조

31 특정토양오염관리대상시설의 설치자가 특정토양오염관리대상시설별로 설치하여야 하는 토양오염방지시설과 가장 거리가 먼 것은?

① 특정토양오염관리대상시설의 부식, 산화 방지를 위한 처리를 하거나 토양오염물질이 누출되지 아니하도록 하기 위하여 누출 방지 성능을 가진 재질로 사용하거나 이중벽탱크 등 누출방지시설을 설치할 것

② 특정토양오염관리대상시설 중 지하에 매설되는 저장시설의 경우에는 토양오염물질이 누출되는 것을 감지하거나 누출 여부를 확인할 수 있는 측정기기 등의 시설을 설치할 것

③ 특정토양오염관리대상시설로부터 토양오염물질이 누출될 경우에 대비하여 오염확산 방지 또는 독성 저감 등의 조치에 필요한 시설을 설치하고 적정하게 유지관리할 것

④ 특정토양오염관리대상시설로부터 토양오염물질의 누출에 대비하기 위한 예비조 운영 등 토양오염물질 누출 시 세부지침을 마련하여 시설에 비치할 것

풀이 토양환경보전법 시행령 제7조

32 토양 정화업을 등록하기 위한 장비에 관한 설명으로 틀린 것은?

① 지하수위측정기 1대(깊이 150m 이상 측정이 가능할 것)

② 현장용 수질측정기 1식(수소이온농도, 수온, 전기전도도, 용존산소 및 산화·환원 전위의 측정이 가능할 것)

③ 휴대용 가스측정장비 1식(휘발성 유기화합물질, 산소, 이산화탄소 및 메탄의 측정이 가능할 것)

④ 시료채취기 1대(깊이 6m 이상 시료채취가 가능할 것)

풀이 지하수위측정기는 (   )내용 없음

33 토양정화업자는 정화현장에 오염토양의 정화공정도 및 정화일지를 작성하여 비치하여야 하는데, 정화일지는 몇 년간 보관하여야 하는가?

① 1년 　　　　② 2년
③ 3년 　　　　④ 5년

풀이 토양환경보전법 시행규칙 별표 11의2

34 공장용지에서 구리의 토양오염대책기준(단위 : mg/kg)은?

① 500 　　　　② 1,000
③ 2,000 　　　　④ 6,000

풀이 공장용지는 3지역이다.

토양오염대책기준
(단위 : mg/kg)

물질	1지역	2지역	3지역
카드뮴	12	30	180
구리	450	1,500	6,000
비소	75	150	600
수은	12	30	60
납	600	1,200	2,100
6가 크롬	15	45	120
아연	900	1,800	5,000
니켈	300	600	1,500
불소	2,400	3,900	6,000
유기인화합물	–	–	–
폴리클로리네이티드비페닐	3	12	36
시안	5	5	300
페놀	10	10	50
벤젠	3	3	9
톨루엔	60	60	180
에틸벤젠	150	150	1,020
크실렌	45	45	135
석유계 총 탄화수소(TPH)	2,000	2,400	6,000
트리클로로에틸렌(TCE)	24	24	120
테트라클로로에틸렌(PCE)	12	12	75
벤조(a)피렌	2	6	21

35 다음은 토양환경보전법에 정의된 '토양오염'을 나타낸 것이다. 밑줄 친 부분 중 잘못된 것은?

토양오염이라 함은 ① <u>사업활동</u> 기타 ② <u>사람의 활동</u>에 따라 ③ <u>생태계</u>가 오염되는 것으로서 사람의 건강, 재산이나 환경에 피해를 주는 ④ <u>상태</u>를 말한다.

① 사업활동　　　　② 사람의 활동
③ 생태계　　　　　④ 상태

풀이 '토양오염'이라 함은 사업활동, 기타 사람의 활동에 따라 토양이 오염되는 것으로서 사람의 건강, 재산이나 환경에 피해를 주는 상태를 말한다.

36 다음 중 기후에너지환경부장관 또는 시장·군수·구청장이 청문을 실시한 후 처분을 하는 경우는?

① 해당 토양오염 유발시설의 정밀조사
② 토양 관련 전문기관의 지정 취소
③ 누출검사의 강제 집행
④ 토양오염대상시설의 등록 취소

풀이 기후에너지환경부장관 또는 시장·군수·구청장이 청문을 실시한 후 처분을 하는 경우
　　ㄱ 시설의 철거명령
　　ㄴ 토양 관련 전문기관의 지정 취소
　　ㄷ 토양정화업의 등록 취소

37 토양오염검사에 관한 내용이다. 빈칸을 맞게 채운 것은?

특정토양오염관리대상시설의 설치자는 (ㄱ)이 정하는 바에 따라 토양 관련 전문기관으로부터 당해 시설의 부지 및 그 주변지역에 대한 토양오염검사를 받아야 한다. 다만, 토양시료의 채취가 불가능하거나 토양오염검사가 필요하지 아니한 경우로는 (ㄴ)이 정하는 요건이 해당하며 (ㄷ)의 승인을 얻을 때에는 그러하지 아니한다.

① ㄱ 대통령령, ㄴ 기후에너지환경부령, ㄷ 특별자치도지사 또는 시장·군수·구청장
② ㄱ 대통령령, ㄴ 대통령령, ㄷ 특별자치도지사 또는 시장·군수·구청장

③ ㄱ 기후에너지환경부령, ㄴ 대통령령, ㄷ 토양 관련 전문기관
④ ㄱ 기후에너지환경부령, ㄴ 환경부령, ㄷ 토양 관련 전문기관

38 토양보전대책지역의 지정기준으로 맞는 것은?

① 농경지의 경우, 지표면으로부터 90센티미터까지의 토양오염도가 대책기준을 초과한 경우
② 농경지의 경우, 지표면으로부터 60센티미터까지의 토양오염도가 대책기준을 초과한 경우
③ 농경지의 경우, 지표면으로부터 30센티미터까지의 토양오염도가 대책기준을 초과한 경우
④ 농경지의 경우, 지표면으로부터 10센티미터까지의 토양오염도가 대책기준을 초과한 경우

풀이 토양환경보전법 시행령 제12조

39 특별자치도지사 또는 시장·군수·구청장으로부터 토양정밀조사 명령에 대하여 조사지역의 규모 등으로 인하여 부득이하게 이행기간 내에 조사를 이행하지 못한 자는 최대 얼마간의 기간 범위 안에서 그 이행기간을 연장받을 수 있는가?

① 1월　　　　　　② 2월
③ 3월　　　　　　④ 6월

40 다음의 검사항목 중 토양오염도검사 수수료가 가장 높은 것은?

① 페놀류　　　　　② 불소
③ 6가 크롬　　　　④ 비소

풀이 토양오염도 검사 수수료(단위 : 원)
　　1. 카드뮴, 구리, 납(항목당 : 44,200)
　　2. 비소(44,200)
　　3. 수은(44,200)
　　4. 6가 크롬(44,200)
　　5. 아연, 니켈(항목당 : 44,200)
　　6. 불소(71,100)
　　7. 유기인(35,100)

정답　35 ③　36 ②　37 ②　38 ③　39 ④　40 ②

8. 폴리클로리네이티드비페닐(114,000)
9. 시안(17,700)
10. 페놀류(56,100)
11. 유류[BTEX(40,600), TPH(62,700)]
12. TCE, PCE(항목당 : 26,900)

41 토양정화업의 등록요건 중 반입정화시설인 정화시설에 관한 기준으로 맞는 것은?(단, 반입정화시설 오염토양을 반입하여 정화하는 경우)

① 100제곱미터 이상 ② 200제곱미터 이상
③ 300제곱미터 이상 ④ 400제곱미터 이상

풀이 토양정화업의 등록요건 중 반입정화시설 : 정화시설 400제곱미터 이상, 보관시설 400제곱미터 이상

42 토양 관련 전문기관 또는 토양정화업의 기술인력은 국립환경인력개발원장이 개설하는 토양환경관리의 교육과정을 이수하여야 한다. 신규교육 기준으로 맞는 것은?

① 교육대상자가 된 날부터 1년 이내에 24시간
② 교육대상자가 된 날부터 1년 이내에 35시간
③ 교육대상자가 된 날부터 1년 이내에 40시간
④ 교육대상자가 된 날부터 1년 이내에 48시간

풀이 기술인력의 교육
　㉠ 신규교육 : 토양관련 전문기관 또는 토양정화업 분야의 기술인력으로 최초로 종사한 날부터 1년 이내에 18시간
　㉡ 보수교육 : 신규교육을 받은 날을 기준으로 5년마다 8시간

43 특정토양오염관리대상시설별 토양오염검사 항목에 관한 설명이다. ( ) 안에 알맞은 내용은?

석유류의 제조 및 저장시설 중 ( )을(를) 저장하고 있는 시설의 경우에는 TPH 항목만을 검사 항목으로 할 수 있다.

① 에틸벤젠 ② 납사
③ 휘발유 ④ 윤활유

44 특정토양오염관리대상시설의 토양오염도 검사주기에 관한 내용이다. ( ) 안에 알맞은 것은?

저장시설 설치 후 최초 검사를 한 후 ( )이 되는 해에 각각 1회

① 2년 및 5년, 10년 ② 5년 및 10년, 15년
③ 1년 및 3년 ④ 2년 및 4년

풀이 토양환경보전법 시행규칙 별표 4

45 토양정화업의 등록요건에 해당되는 시료채취기 기준으로 맞는 것은?

① 시료채취기 1대(깊이 3m 이상 시료채취가 가능할 것)
② 시료채취기 1대(깊이 4m 이상 시료채취가 가능할 것)
③ 시료채취기 1대(깊이 5m 이상 시료채취가 가능할 것)
④ 시료채취기 1대(깊이 6m 이상 시료채취가 가능할 것)

풀이 토양정화업의 등록요건 중 장비
　㉠ 시료채취기 1대(깊이 6미터 이상 시료채취가 가능할 것)
　㉡ 휴대용 가스측정장비 1대[휘발성 유기화합물질(VOC), 산소, 이산화탄소 및 메탄의 측정이 가능할 것]
　㉢ 현장용 수질측정기 1대[수소이온농도(pH), 수온, 전기전도도, 용존산소 및 산화·환원전위의 측정이 가능할 것]
　㉣ 지하수위측정기

46 다음은 기술인력의 교육에 관한 내용이다. ( ) 안에 알맞은 내용은?

법 규정에 의하여 토양 관련 전문기관 또는 토양정화업의 기술인력은 ( )이 개설하는 토양환경관리의 교육과정을 이수하여야 한다.

① 국립환경과학원장
② 국립환경인력개발원장

③ 시 · 도 보건환경연구원장

④ 지방환경청 또는 유역환경청장

풀이 토양환경보전법 시행규칙 제32조의 2

47 측정망 설치계획의 고시기준으로 적합한 것은?

① 최초로 측정망을 설치하게 되는 날 6월 전에 하여야 한다.

② 최초로 측정망을 설치하게 되는 날 3월 전에 하여야 한다.

③ 측정망 설치계획이 확정된 날부터 6월간 하여야 한다.

④ 측정망 설치계획이 확정된 날부터 3월간 하여야 한다.

풀이 토양환경보전법 시행규칙 제5조

48 시 · 도지사 또는 시장 · 군수 · 구청장은 토양오염 방지를 위한 조치명령을 부득이 하게 이행기간 내에 이행하지 못한 자에 대하여 최대 얼마의 범위 안에서 그 이행기간을 연장할 수 있는가?

① 6월 ② 1년

③ 1년 6월 ④ 2년

49 토양 관련 전문기관은 토양오염검사신청서를 받은 날로부터 며칠 이내에 시료채취 및 누출검사를 하여야 하는가?(단, 특정토양오염관리대상시설 기준)

① 5일 ② 7일

③ 10일 ④ 14일

풀이 ㉠ 검사신청서를 받은 날부터 7일 이내에 시료채취 또는 누출검사

㉡ 특별한 사유가 없는 한 시료채취일부터 14일 이내에 이 · 화학적 분석

50 다음은 오염토양(토양오염도가 규정에 의한 토양오염우려 기준을 넘는 토양) 중에 반출정화 대상토양에 대한 내용이다. ( ) 안에 알맞은 것은?

오염토양의 양이 ( )으로서 현장에서 정화하는 때에는 정화효율이 현저하게 저하되는 경우

① 5세제곱미터 미만

② 5세제곱미터 이상

③ 50세제곱미터 미만

④ 50세제곱미터 이상

풀이 반출하여 정화할 수 있는 경우

㉠ 국토의 계획 및 이용에 관한 법률에 의한 도시지역 안의 건설공사 현장 등 기후에너지환경부장관이 정하여 고시하는 경우

㉡ 토양오염물질 운송차량의 전복 등 긴급한 사고로 인한 오염토양으로서 즉시 처리하여야 하는 경우

㉢ 오염토양의 양이 5세제곱미터 미만으로서 현장에서 정화하는 때에는 정화효율이 현저하게 저하되는 경우

51 다음은 특정토양오염관리대상시설의 토양오염검사에 관한 내용이다. ( ) 안에 알맞은 것은?

특정토양오염관리대상시설의 설치자는 매년 1회 기후에너지환경부령이 정하는 때에 토양 관련 전문기관으로부터 토양오염도검사를 받을 것. 다만 규정에 의한 토양오염방지시설을 설치한 경우에는 기후에너지환경부령이 정하는 기준에 따라 검사주기를 ( )의 범위 안에서 조정할 수 있다.

① 6월 ② 1년

③ 3년 ④ 5년

52 토양보전대책지역 지정표지판에 관한 설명으로 틀린 것은?

① 지정목적을 표기한다.

② 토양보전대책지역 내역(주소, 면적, 약도)을 표기한다.

③ 표지판의 규격은 가로 3미터, 세로 2미터, 높이 1.5미터 이상으로 하여야 한다.

④ 흰색 바탕의 표지판에 검은색 페인트를 사용하여 표기하여야 한다.

> **풀이** 토양보전대책지역 지정표지판의 글자는 페인트 등을 사용하여 지워지지 아니하도록 하여야 한다.

53 토양보전대책지역으로 지정하여야 하는 대통령령으로 정하는 해당 지역 기준으로 맞는 것은?

① 재배작물 중 오염물질 함량이 식품위생법 규정에 의한 중금속잔류 허용기준을 초과한 면적이 15만 제곱미터 이상인 농경지

② 재배작물 중 오염물질 함량이 식품위생법 규정에 의한 중금속잔류 허용기준을 초과한 면적이 10만 제곱미터 이상인 농경지

③ 재배작물 중 오염물질 함량이 식품위생법 규정에 의한 중금속잔류 허용기준을 초과한 면적이 3만 제곱미터 이상인 농경지

④ 재배작물 중 오염물질 함량이 식품위생법 규정에 의한 중금속잔류 허용기준을 초과한 면적이 1만 제곱미터 이상인 농경지

> **풀이** 토양보전대책지역으로 지정하여야 하는 대통령령으로 정하는 해당 지역
> ㉠ 재배작물 중 오염물질 함량이 「식품위생법」에 의한 중금속잔류허용기준(이하 "중금속잔류허용기준"이라 한다)을 초과한 면적이 1만 제곱미터 이상인 농경지
> ㉡ 중금속, 유류 등 토양오염물질에 의하여 토양·지하수 등이 복합적으로 오염되어 사람의 건강에 피해를 주거나 환경상의 위해가 있어 특별한 대책이 필요한 지역

54 토양오염도 검사 수수료 중 시료채취비에 대한 설명으로 맞는 것은?

① 51,900원/공(관측공이 설치되어 있는 지점에서 시료를 채취하는 경우에는 관측공당 시료채취비의 25%를 적용)

② 91,900원/공(관측공이 설치되어 있는 지점에서 시료를 채취하는 경우에는 관측공당 시료채취비의 25%를 적용)

③ 51,900원/공(관측공이 설치되어 있는 지점에서 시료를 채취하는 경우에는 관측공당 시료채취비의 50%를 적용)

④ 91,900원/공(관측공이 설치되어 있는 지점에서 시료를 채취하는 경우에는 관측공당 시료채취비의 50%를 적용)

55 특정토양오염관리대상시설의 설치자는 정기적으로 토양오염검사를 받아야 하는데 이 경우 토양오염검사를 한 토양 관련 전문기관은 검사 종료 후 며칠 이내에 검사결과를 관계기관에 통보해야 하는가?

① 7일 ② 10일
③ 25일 ④ 30일

> **풀이** 토양 관련 전문기관은 토양오염검사를 실시한 때에는 검사종료 후 7일 이내에 특정토양오염관리대상시설의 설치자, 관할 시장·군수·구청장 및 관할 소방서장(「위험물안전관리법」에 의하여 허가를 받은 시설 중 누출검사결과 오염물질의 누출이 확인된 경우에 한한다)에게 그 검사결과를 통보하여야 하며, 검사결과를 통보받은 특정토양오염관리대상시설의 설치자는 검사결과를 5년간 보존하여야 한다.

56 시·도지사는 오염 원인자에게 토양정밀조사 받을 것을 명할 때에는 토양오염지역의 범위 등을 감안하여 얼마간의 이행기간을 정할 수 있는가?(단, 연장기간은 고려하지 않음)

① 30일의 범위 안
② 60일의 범위 안
③ 3개월의 범위 안
④ 6개월의 범위 안

57 시·도지사 또는 시장·군수·구청장이 상시측정·토양오염실태조사 또는 토양정밀조사의 결과 우려기준을 넘는 경우에 기간을 정하여 오염원인자에게 명할 수 있는 조치와 가장 거리가 먼 항목은?

① 토양오염관리대상시설의 이전
② 토양오염관리대상시설의 폐쇄
③ 토양오염관리대상시설의 개선
④ 오염토양의 정화

풀이 조치사항
㉠ 토양오염관리대상시설의 개선 또는 이전
㉡ 해당 토양오염물질의 사용제한 또는 사용중지
㉢ 오염토양의 정화

58 특정토양오염관리대상시설에 대한 토양오염 검사면제 승인을 할 수 있는 경우와 가장 거리가 먼 것은?

① 특정토양오염관리대상시설 중 송유관시설로서 유류의 유출 여부를 확인할 수 있는 장치가 설치된 경우
② 토양시추를 할 수 없는 지반 또는 건물지하 등에 설치되어 토양시료의 채취가 불가능하다고 토양오염조사기관이 인정하는 경우
③ 저장시설에 1년 이상 토양오염물질을 저장하지 아니한 경우 등 토양 관련 전문기관이 토양오염검사가 필요하지 아니하다고 인정하는 경우
④ 특정토양오염관리대상시설의 설치자가 시설의 사용을 종료하거나 이를 폐쇄하고자 하는 경우

풀이 ④ 동종의 토양오염물질을 저장하는 다수의 시설중 일부시설의 사용을 종료하거나 폐쇄하는 경우

59 다음 중 특정토양오염관리대상시설의 변경신고를 하여야 하는 경우에 해당되지 않는 것은?

① 사업장의 명칭 또는 대표자가 변경되는 경우
② 특정토양오염관리대상시설의 사용을 종료하거나 폐쇄하는 경우
③ 누출방지시설로부터 누출이 감지될 경우

④ 특정토양오염관리대상시설을 증설 또는 교체하거나 토양오염방지시설을 변경하는 경우

풀이 ①, ②, ④ 외에 특정토양오염관리대상시설에 저장하는 오염물질을 변경하는 경우

60 토양오염실태를 파악하기 위해서는 측정망을 설치·운영하도록 되어 있는데 이에 대한 설명으로 옳지 않은 것은?

① 시·도지사가 전국적인 토양오염실태를 파악하기 위하여 측정망을 설치하고, 토양오염도를 상시측정하여야 한다.
② 시장·군수·구청장은 기후에너지환경부령이 정하는 바에 따라 토양오염실태조사의 결과를 시·도지사에게 보고하여야 한다.
③ 기후에너지환경부장관, 시·도지사 또는 시장·군수·구청장은 토양보전을 위하여 필요하다고 인정하는 경우에는 토양오염실태조사의 결과 우려기준을 넘는 지역에 대한 토양정밀조사를 실시할 수 있다.
④ 측정망의 설치기준과 토양오염실태조사의 대상지역 선정기준 조사방법 및 절차 그 밖에 필요한 사항은 기후에너지환경부령으로 정한다.

풀이 ① 기후에너지환경부장관은 전국적인 토양오염실태를 파악하기 위하여 측정망을 설치하고, 토양오염도를 상시측정하여야 한다.

61 지하수오염유발시설 관리자가 작성해야 하는 오염지하수 정화계획에 포함되지 않는 사항은?

① 지하수의 영향범위
② 정화사업기간 및 정화사업지역
③ 시설용량 설치면적 등 정화작업의 규모
④ 재원조달방법

풀이 오염지하수 정화계획 시 포함 사항
㉠ 정화사업의 방법과 종류
㉡ 정화사업기간 및 정화사업지역(지하수오염유발시설의 위치·면적과 비용부담 적용대상 지역의

범위를 포함한다)

ⓒ 시설용량 · 설치면적 등 정화작업의 규모

ⓔ 총 소요사업비와 분야별 소요사업비

ⓜ 재원조달방법

ⓗ 정화작업이 계획대로 수행되지 아니할 경우의 비상대책

62 시 · 도지사가 지하수의 보전 · 관리를 위하여 필요하다고 인정하는 경우에 지정할 수 있는 지하수보전구역으로 가장 거리가 먼 것은?

① 지하수를 이용하는 하류지역과 수리적으로 연결된 지하수의 공급원이 되는 상류지역

② 지하수의 지나친 개발 · 이용으로 인하여 지하수의 고갈현상 · 지반침하 또는 하천이 마르는 현상이 발생하거나 발생할 우려가 있는 지역

③ 지하수의 개발 · 이용으로 주민들의 민원이 제기된 지역

④ 지하수의 개발 · 이용으로 인하여 주변 생태계에 심각한 악영향을 미치거나 미칠 우려가 있는 지역

풀이 지하수보전구역

ⓐ 지하수를 이용하는 하류지역과 수리적으로 연결된 지하수의 공급원이 되는 상류지역

ⓑ 주된 용수공급원이 되는 지하수가 상당히 부존된 지층이 있는 지역

ⓒ 대통령령으로 정하는 공공급수용 지하수 개발 · 이용시설의 중심에서 대통령령으로 정하는 반지름 이내에 시설이 설치되어 수질의 저하가 우려되는 지역

ⓓ 지하수 개발 · 이용량이 기본계획 또는 지역관리계획에서 정한 지하수 개발 가능량에 비하여 현저하게 높다고 판단되는 지역

ⓔ 지하수의 지나친 개발 · 이용으로 인하여 지하수의 고갈현상, 지반침하 또는 하천이 마르는 현상이 발생하거나 발생할 우려가 있는 지역

ⓕ 지하수의 개발 · 이용으로 인하여 주변 생태계에 심각한 악영향을 미치거나 미칠 우려가 있는 지역

ⓖ 그 밖에 지하수의 수량이나 수질을 보전하기 위하여 필요한 지역으로서 대통령령으로 정하는 지역

63 다음 중 지하수에 함유된 오염물질을 제거 · 분해 또는 희석하여 지하수의 수질을 개선하는 사업은 무엇인가?

① 토양정화업

② 지하수영향조사사업

③ 지하수개발 · 이용시공업

④ 지하수정화업

풀이 지하수법 제2조

64 지하수보전구역 안에서 대통령이 정하는 규모 이상의 지하수를 개발 · 이용하는 행위를 하고자 하는 자는 시장 · 군수의 허가를 받아야 한다. 여기서 '대통령령이 정하는 규모 이상'이 의미하는 것은?

① 1일 양수능력이 30톤 이상인 경우

② 1일 양수능력이 50톤 이상인 경우

③ 1일 양수능력이 70톤 이상인 경우

④ 1일 양수능력이 100톤 이상인 경우

65 지하수오염관측정 설치 시 지하수오염유발시설의 경계선에서 지하수 주 흐름의 하류지점에 설치하는 관측정의 수는 얼마인가?(단, 특정토양오염관리대상시설에 한함)

① 1개   ② 2개

③ 3개   ④ 4개

풀이 지하수오염관측정 설치지점 및 관측정 수

지점	관측정 수	비고
지하수오염유발시설의 경계선에서 지하수 주 흐름의 상류지점으로서 오염이 발생되기 이전의 대표적인 지하수의 수질을 채취 · 분석할 수 있는 지점	1	시장 · 군수가 인정하는 경우 지하수오염유발시설의 규모, 오염물질의 성상에 따라 지하수오염 관측정의 수를 증감할 수 있다.
지하수오염유발시설의 경계선에서 지하수 주 흐름의 하류지점으로서 오염물질이 주위 지하수층으로 이동하는 것을 즉시 탐지할 수 있는 지점	3	다만, 지하수 주 흐름의 상류지점 및 하류지점에는 지하수오염관측정을 각각 1개씩 반드시 설치하여야 한다.

66 지하수법상 수질검사대상이 되는 공업용수용 지하수 양수능력 기준은?

① 1일 30톤 이상
② 1일 60톤 이상
③ 1일 100톤 이상
④ 1일 200톤 이상

풀이 수질검사대상에 해당하는 지하수
　㉠ 생활용수로서 1일 양수능력이 30톤 이상인 경우. 다만, 청소용 · 조경용 · 공사용 · 소방용 등 보건위생상 지장이 없는 용도로 이용하는 생활용수의 경우를 제외한다.
　㉡ 공업용수로서 1일 양수능력이 30톤 이상인 경우
　㉢ 농 · 어업용수로서 1일 양수능력이 100톤 이상인 경우

67 지하수의 개발 · 이용에 관한 허가 · 인가 등을 받거나 신고를 한 자는 그 공사의 착공일 전까지 이행보증금을 현금 또는 건설교통부령이 정하는 보증서 · 유가증권 등으로 예치하여야 한다. 이때 이행보증금의 예치기간은?

① 공사의 착공일부터 1년
② 공사의 착공일부터 2년
③ 공사의 착공일부터 3년
④ 공사의 착공일부터 5년

풀이 이행보증금의 예치기간은 공사의 착공일부터 5년으로 한다. 다만, 시장 · 군수 · 구청장은 지역여건이나 지하수 개발 · 이용시설의 상태 등을 고려하여 특히 필요하다고 인정되는 경우에는 5년마다 이행보증금을 계속 예치할 필요가 있는지 여부를 검토하여 이행보증금을 계속 예치하게 할 수 있다.

68 지하수 수질오염을 측정하기 위하여 수질측정망을 설치하는데 수질측정망 설치 · 측정계획에 포함되어야 하는 항목과 거리가 먼 것은?

① 수질측정소를 설치할 토지 또는 시설물의 위치
② 수질측정망 배치도
③ 수질측정망 설치시기
④ 수질측정 항목 및 기준

풀이 수질측정망 설치 · 측정계획에 포함 항목
　㉠ 수질측정망의 설치시기
　㉡ 수질측정망의 배치도
　㉢ 수질측정소를 설치할 토지 또는 시설물의 위치
　㉣ 수질오염실태의 측정방법
　㉤ 그 밖에 수질측정망의 설치 및 수질오염 실태의 측정에 관하여 필요한 사항

69 시장 · 군수는 지하수 개발 · 이용 허가를 받은 자의 신청에 의하여 유효기간의 연장을 허가할 수 있다. 이 경우 그 연장기간은 몇 년인가?

① 2년
② 3년
③ 5년
④ 10년

70 지하수 개발 · 이용시공업자의 영업 등록 취소요건이 아닌 것은?

① 부정한 방법으로 등록을 한 때
② 등록기준에 미달하게 된 때
③ 계속해서 1년 이상 영업을 하지 아니한 때
④ 고의 또는 중대한 과실로 인하여 지하수 개발 · 이용시설의 공사를 부실하게 한 때

풀이 지하수 개발 · 이용시공업의 등록을 취소한 경우
　㉠ 부정한 방법으로 등록을 한 경우
　㉡ 등록기준에 미치지 못하게 된 경우
　㉢ 변경등록을 하지 아니하거나 부정한 방법으로 변경등록을 한 경우
　㉣ 제23조 각 호의 어느 하나에 해당하게 된 경우. 다만, 법인의 임원 중에 제23조 제1호부터 제5호까지의 어느 하나에 해당하는 자가 있는 경우 3개월 이내에 해당 임원을 교체 임명하였을 때에는 그러하지 아니하다.
　㉤ 다른 자에게 자기의 상호 또는 명칭을 사용하여 지하수 개발 · 이용시공업을 하게 하거나 등록증을 대여한 경우
　㉥ 계속하여 2년 이상 영업을 하지 아니한 경우
　㉦ 고의 또는 중대한 과실로 지하수 개발 · 이용시설의 공사를 부실하게 한 경우
　㉧ 「국세징수법」, 「지방세기본법」 등 관계 법률에 따라 국가 또는 지방자치단체가 요구하는 경우

71 지하수의 수질보전을 위하여 수질오염 실태를 측정하여야 하는데 지하수수질측정망 설치계획을 수립·고시하여야 하는 자는?

① 기후에너지환경부장관

② 건설교통부장관

③ 농림부장관

④ 시·도지사

풀이 기후에너지환경부장관은 지하수의 수질보전을 위하여 지하수수질측정시설(이하 '수질측정망'이라 한다)을 설치하여 전국의 지하수에 대한 수질오염 실태를 측정하여야 하며, 측정을 완료한 때에는 그 결과를 국토교통부장관에게 통보하여야 한다. 수질측정망의 설치기준·설치구역 등에 관하여 필요한 사항은 기후에너지환경부령으로 정한다.

72 다음은 지하수오염 방지시설의 설치기준 중 상부보호공을 설치하는 지하수오염 방지시설의 세부 설치기준이다. ( ) 안에 맞는 내용은?

> 케이싱의 하단부는 지표 이하 ( ) 이상 깊이까지 설치하며, 암반층을 굴착하는 경우에는 암반(연암층)선 아래로 1m 이상 깊게 설치하여야 한다.

① 10m ② 5m

③ 3m ④ 2m

73 지하수개발·이용자가 수질검사를 받고자 할 때에는 어느 기관장에게 신청을 하여야 하는가?

① 시·도보건환경연구원장

② 기후에너지환경부장관

③ 유역환경청장

④ 시장·군수

74 다음 오염지하수 정화계획의 승인 절차에 대한 설명 중 ( ) 안에 들어갈 말을 순서대로 옳게 나열한 것은?

> 지하수오염유발시설관리자는 오염된 지하수를 정화하거나 정화명령을 받은 때에는 ( )령이 정하는 오염지하수 정화기준에 맞도록 하여야 하며, ( )령이 정하는 바에 따라 오염지하수정화계획을 작성한 후, 이를 ( )에게 제출하여 승인을 얻어야 한다.

① 기후에너지환경부 – 대통령 – 시장·군수

② 기후에너지환경부 – 대통령 – 기후에너지환경부장관

③ 대통령 – 기후에너지환경부 – 기후에너지환경부장관

④ 대통령 – 기후에너지환경부 – 시장·군수

75 다음 중 지하수 개발·이용자의 수질검사 절차에 대한 설명으로 틀린 것은?

① 수질검사를 받고자 하는 자는 시장·군수에게 수질검사를 신청하여야 한다.

② 수질검사 신청을 접수한 때에는 수질검사를 위한 시료채취기간을 정하여 시료채취 실시 3일 전까지 검사를 받을 자에게 이를 통보하여야 한다.

③ 시료채취를 한 후 시료를 봉인하여 수질검사 신청인에게 인계하여야 한다.

④ 시료를 인계받은 후 24시간 이내에 수질검사전문기관에 검사를 의뢰하여야 한다.

풀이 ④ 수질검사 신청인은 시료를 인계받은 후 6시간 이내에 수질검사전문기관에 검사를 의뢰하여야 한다.

76 지하수조사계획서에 포함되어야 하는 사항과 가장 거리가 먼 것은?

① 조사지역 ② 조사범위

③ 조사기간 ④ 원상복구계획

풀이 지하수조사계획서 포함 사항
- ㉠ 조사지역
- ㉡ 조사기간
- ㉢ 조사내용
- ㉣ 원상복구계획

77 지하수 개발·이용 준공신고서에 첨부할 서류가 아닌 것은?

① 준공시설도　　② 수질검사서
③ 현장사진　　④ 시추주상도

78 다음 중 지하수를 오염시키거나 현저하게 오염시킬 우려가 있는 설치자 또는 관리자에게 지하수오염 방지를 위하여 조치하여야 할 사항과 가장 거리가 먼 것은?

① 지하수오염관측정의 설치 및 수질 측정
② 지하수 오염 진행상황의 평가
③ 당해 시설의 폐쇄, 이전 또는 철거
④ 오염된 지하수의 집수

풀이 지하수오염 방지 위한 조치명령
　　㉠ 지하수오염관측정의 설치 및 수질 측정
　　㉡ 지하수 오염 진행상황의 평가
　　㉢ 지하수오염물질 누출방지시설의 설치
　　㉣ 오염된 지하수의 정화
　　㉤ 해당 시설 설비·운영의 개선
　　㉥ 해당 시설의 폐쇄·이전 또는 철거

79 지하수 조사 시 수문지질도 작성 항목에 포함되지 않는 것은?

① 지하수의 수량 및 모식도
② 지하수의 수질 특성
③ 지하수를 함유하고 있는 지층의 구조와 수리적 특성
④ 지하수의 개발가능량

풀이 수문지질도 작성 시 포함 사항
　　㉠ 지형 및 지하지질의 분포
　　㉡ 지하수의 수위분포
　　㉢ 지하수를 함유하고 있는 지층의 구조와 수리적 특성
　　㉣ 지하수의 수질 특성
　　㉤ 지하수의 개발가능량
　　㉥ 기타 지하수의 부존특성 등에 관한 기초적인 조사를 위하여 필요한 사항

80 다음 중 지하수 관련 조사기관이 아닌 것은?

① 한국지질자원연구원
② 한국수자원공사
③ 한국환경공단
④ 보건환경연구원

풀이 지하수 관련 조사기관
　　㉠ 「과학기술분야 정부출연연구기관 등의 설립·운영 및 육성에 관한 법률」에 따라 설립된 한국지질자원연구원
　　㉡ 「한국광물자원공사법」에 따른 한국광물자원공사
　　㉢ 「한국수자원공사법」에 따른 한국수자원공사
　　㉣ 「한국농어촌공사 및 농지관리기금법」에 따른 한국농어촌공사
　　㉤ 과학기술분야 정부출연연구기관 등의 설립·운영 및 육성에 관한 법률」에 따라 설립된 한국건설기술연구원
　　㉥ 「한국환경공단법」에 따른 한국환경공단
　　㉦ 협회

81 다음 ( ) 안의 내용으로 맞는 것은?

시장·군수·구청장은 원상복구를 명할 때에는 ( ) 이내의 기간을 정하여 원상복구 의무자에게 그 내용을 서면으로 통보하여야 한다.

① 1개월　　② 2개월
③ 3개월　　④ 6개월

82 지하수오염유발시설 관리자가 조치를 한 경우, 지체 없이 시장·군수·구청장에게 신고하여야 하는 사항이 아닌 것은?

① 오염사고의 수습을 위한 각종 조치의 내용
② 지하수오염물질의 종류·농도 및 누출량
③ 지하수오염사고의 발생 일시·장소 및 사고의 원인과 내용
④ 지하수오염사고의 발생 위치를 표시한 축척 5만분의 1 이상의 지형도·지적도 또는 임야도

풀이 지하수오염유발시설 관리자의 조치 후 신고사항
  ㉠ 지하수오염사고의 발생 일시·장소 및 사고의 원인과 내용
  ㉡ 지하수오염물질의 종류·농도 및 누출량
  ㉢ 오염피해가 우려되는 지역과 수질을 측정한 지점
  ㉣ 오염사고의 수습을 위한 각종 조치의 내용
  ㉤ 지하수오염사고의 발생위치를 표시한 축척 5천분의 1 이상의 지형도·지적도 또는 임야도

83 지하수를 생활용수로 이용하는 경우, 적용되는 수질기준 항목(일반오염물질)에 해당되지 않는 것은?

① pH   ② 총 대장균군
③ 질산성 질소   ④ COD

풀이 지하수를 생활용수, 농·어업용수, 공업용수로 이용하는 경우의 수질기준

(단위 : mg/L)

항목 \ 이용목적		생활용수	농·어업용수	공업용수
일반오염물질	수소이온농도 (pH)	5.8~8.5	6.0~8.5	5.0~9.0
	총 대장균군	5,000 이하 (균수/mL)	–	–
	질산성 질소	20 이하	20 이하	40 이하
	염소이온	250 이하	250 이하	500 이하
특정 유해 물질 (15개)	카드뮴	0.01 이하	0.01 이하	0.02 이하
	비소	0.05 이하	0.05 이하	0.1 이하
	시안	0.01 이하	0.01 이하	0.2 이하
	수은	0.001 이하	0.001 이하	0.001 이하
	유기인	0.0005 이하	0.0005 이하	0.0005 이하
	페놀	0.005 이하	0.005 이하	0.01 이하
	납	0.1 이하	0.1 이하	0.2 이하
	6가 크롬	0.05 이하	0.05 이하	0.1 이하
	트리클로로에틸렌	0.03 이하	0.03 이하	0.06 이하
	테트라클로로에틸렌	0.01 이하	0.01 이하	0.02 이하
	1,1,1-트리클로로에탄	0.15 이하	0.3 이하	0.5 이하
	벤젠	0.015 이하	–	–
	톨루엔	1 이하	–	–
	에틸벤젠	0.45 이하	–	–
	크실렌	0.75 이하	–	–

비고
1. 다음 각 목의 어느 하나에 해당하는 경우에는 염소이온기준을 적용하지 아니할 수 있다.
  가. 어업용수
  나. 지하수의 이용 목적상 염소이온의 농도가 인체에 해가 되지 아니하는 경우
  다. 해수침입 등으로 인하여 일시적으로 염소이온 농도가 증가한 경우
2. 농어업용수 및 공업용수가 생활용수의 목적으로도 이용되는 경우에는 생활용수의 수질을 적용한다.

84 다음 중 지하수의 수질기준 설정 항목에 해당하지 않는 것은?

① 구리   ② 유기인
③ 크실렌   ④ 질산성 질소

풀이 문제 83번 풀이 참조

85 다음 지하수 수질기준에 관한 사항 중 맞는 것은?

① 지하수를 음용수로 이용하는 경우는 지하수 생활용수 기준을 적용한다.
② 수질환경보전법상 폐수배출시설을 설치한 사업장에서 사업활동 외의 목적으로 지하수를 이용할 경우 공업용수에 해당하는 하천수질기준이 적용된다.
③ 농업용수·어업용수·공업용수일지라도 생활용수의 목적으로도 함께 이용되는 경우에는 생활용수의 수질기준을 적용한다.
④ 어업용수 및 지하수의 이용목적상 염소이온의 농도가 인체에 해가 되지 않는 용도로 지하수를 이용하는 경우라도 염소이온의 기준은 적용된다.

풀이 문제 83번 풀이 참조

86 A지역에 공장을 건립한 후 지하수를 개발하고자 지하수정을 굴착하였다. 수질을 측정하였더니 질산성 질소가 16mg/L로 나타났다. 질산성 질소 농도만을 고려할 경우에 이 지역의 지하수는 어

떤 용도로 사용이 가능한가?(단, 지하수를 공업용수, 농업용수, 어업용수, 생활용수로 사용하려 함)

① 공업용수로만 사용이 가능하다.

② 공업용수, 농업용수로만 사용이 가능하다.

③ 공업용수, 어업용수로만 사용이 가능하다.

④ 생활용수, 농업용수, 어업용수, 공업용수로 모두 사용 가능하다.

풀이 지하수의 질산성 질소 수질기준은 생활용수, 농업용수 및 어업용수는 20mg/L 이하, 공업용수는 40mg/L 이하이므로, 질산성 질소의 농도가 16mg/L이므로 생활용수, 농업용수, 어업용수, 공업용수로 모두 사용이 가능하다.

87 지하수의 수질기준 항목(특정유해물질)이 아닌 것은?(단, 생활용수를 사용하는 경우)

① 벤젠   ② 유기인

③ 불소   ④ 시안

풀이 문제 83번 풀이 참조

88 지하수를 공업용수로 사용할 때 수소이온 농도의 수질기준은?

① pH 4.5~9.5   ② pH 5.0~9.0

③ pH 5.8~8.5   ④ pH 6.8~7.5

풀이 문제 83번 풀이 참조

89 다음 중 지하수오염유발시설관리자가 정화명령을 받은 경우에 조치해야 할 오염지하수 정화기준으로 틀린 것은?

① 카드뮴이 0.01m/L 이하일 것

② 페놀이 0.5m/L 이하일 것

③ 석유계 총 탄화수소가 1.5mg/L 이하일 것

④ 1.1.1-트리클로로에탄이 0.15mg/L 이하일 것

풀이 '기후에너지환경부령이 정한 기준' 또는 '환경부령이 정하는 오염지하수정화기준'이라 함은 다음의 기준을 말한다.

㉠ 특정유해물질이 지하수를 생활용수로 이용하는 경우의 수질기준 중 생활용수의 특정유해물질에 관한 수질기준 이내일 것

㉡ 석유계 총 탄화수소가 리터당 1.5밀리그램 이하일 것

㉢ 페놀이 0.005mg/L 이하일 것

90 다음 중 지하수의 수질기준 설정 항목(일반오염물질)에 해당하지 않는 것은?(단, 지하수를 생활용수로 사용하는 경우)

① 부유물질   ② 대장균군

③ 염소이온   ④ 질산성 질소

풀이 문제 83번 풀이 참조

91 지하수를 공업용수로 이용하는 경우의 지하수 수질기준으로 틀린 것은?

① pH : 5.0~9.0

② 질산성 질소 : 80mg/L 이상

③ 염소이온 : 500mg/L 이하

④ 수은 : 0.001mg/L 이하

92 A지역에 공장을 건립한 후 지하수를 개발하고자 지하수정을 굴착하였다. 수질을 측정하였더니 비소의 농도가 0.2mg/L로 나타났다면 비소농도만을 고려할 경우, 이 지역의 지하수 용도는?

① 생활용수, 농업용수, 공업용수로 사용이 가능하다.

② 생활용수가 아닌 농업용수, 공업용수로는 사용이 가능하다.

③ 공업용수로만 사용이 가능하다.

④ 생활용수, 농업용수, 공업용수로 모두 사용이 불가능하다.

풀이 지하수의 비소의 수질기준은 생활용수는 0.05mg/L 이하, 농업용수 및 어업용수는 0.05mg/L 이하, 공업용수는 0.1mg/L 이하이므로, 생활용수, 농업용수, 공업용수 모두 불가능하다.

정답 87 ③ 88 ② 89 ② 90 ① 91 ② 92 ④

PART 05

기출문제 풀이

2014년 1회 기사

1과목 토양학개론

01 토양오염은 토양오염물질의 특성에 따라 오염의 양상 등이 달라진다. 토양 내 유기오염물질과 관련된 특성(인자)과 가장 거리가 먼 것은?

① 용해도적　　　　② 옥탄올/물 분배계수
③ 증기압　　　　　④ 분해상수

풀이 유기오염물질의 특성인자
ⓐ 증기압
ⓑ 헨리상수 $\left(\dfrac{공기}{물\ 분배계수} \right)$
ⓒ 분해상수
ⓓ $\dfrac{옥탄올}{물\ 분배계수}$

02 어느 지역 토양시료에 대해 공극률 측정결과가 20%였다. 시료 내 수분부피와 공기부피는 각각 $10cm^3$, $5cm^3$였다면 현장에서 채취한 토양시료의 전체부피(cm^3)는?(단, 공극은 수분과 공기로만 차 있다고 가정함)

① 75　　　　　② 85
③ 95　　　　　④ 105

풀이 공극률(%) $= \left(\dfrac{수분부피 + 공기부피}{토양\ 전체부피} \right) \times 100$

토양 전체부피 $= \dfrac{10+5}{0.2} = 75cm^3$

03 토양에서 일어나는 양이온교환반응의 중요성(농업생산성과 관련)에 관한 설명으로 옳지 않은 것은?

① 치환성 K, Ca, Mg 등은 식물영양소가 주된 공급원이다.
② 산성 토양의 pH를 높이기 위한 석회요구량은 CEC가 클수록 적어진다.

③ 중금속을 흡착하여 지하수 및 지표수로의 이동을 억제한다.
④ 토양에 비료로 사용한 K^+, NH_4^+ 등은 토양에서 이동성이 급격하게 감소된다.

풀이 산성 토양의 pH를 높이기 위한 석회요구량은 CEC가 클수록 많아진다.

04 토양의 침식(Erosion)에 대한 설명으로 옳지 않은 것은?

① 지질침식은 굴곡이 심한 자연지형을 고르고 평평하게 하는 과정이다.
② 가속침식이 일어나는 지역은 토양이 풍화나 퇴적에 의하여 새롭게 생겨나는 것보다 빠른 속도로 침식된다.
③ 수식은 토괴로부터 토양입자의 분산탈리, 분산탈리된 입자들의 이동, 보다 낮은 곳으로 운반된 입자들의 퇴적과 같은 3단계 과정을 거쳐 일어난다.
④ 풍식은 면상침식, 세류침식, 협곡침식의 세 가지로 구분할 수 있다.

풀이 수식(Waler Erosion)은 면상침식, 세류침식, 협곡침식의 세 가지로 구분할 수 있다.

05 대수층의 비보유율(Sr)이 0.2이고, 공극률이 0.3일 때, 비산출률(Sy)은?(단, 모래 내 지하수의 중력 배수 기준)

① 0.1　　　　　② 0.15
③ 0.2　　　　　④ 0.6

풀이 비산출률 $=$ 총 공극률 $-$ 비보유율 $= 0.3 - 0.2 = 0.1$

06 단위체적의 대수층 내에 저유된 지하수와 대수층으로부터 외부로 뽑아낼 수 있는 지하수량의 비를 나타내는 용어는?

① 비양수율(Specific Reuse)
② 간극률(Porosity)
③ 비산출률(Specific Yield)
④ 비보유율(Specific Retention)

07 트리클로로에틸렌(TCE)이 유출되어 토양과 지하수를 오염시켰다. 오염 현상을 이해하기 위하여 헨리의 법칙(Henry's Law)이 사용될 수 있는 경우로 가장 옳은 것은?

① 토양 공극 사이의 TCE가 기체(가스상)로 이동하는 현상
② 토양 공극 사이 가스상 TCE가 지하수로 용해되는 현상
③ 지하수 내 용해된 TCE가 확산되는 현상
④ 지하수 내 용해된 TCE기 토양입자에 흡착되는 현상

08 토양 내 유기물의 농도가 50mg/kg이었다. 1시간 후의 유기물 농도가 40mg/kg이었다면 4시간 후의 유기물 농도(mg/kg)는?(단, 유기물의 분해는 토양에 존재하는 효소의 양에만 의존한다. 0차 반응 기준)

① 10 　　　　　　② 15
③ 20 　　　　　　④ 25

풀이 $C_t = -kt + C_o$
$40 = -k + 50, \ k = 10$
$C_t = -(10 \times 4) + 50 = 10\,\text{mg/kg}$

09 토양의 나트륨의 흡착비(SAR) 식으로 옳은 것은?

① $SAR = \dfrac{Ca^{++}}{\sqrt{\dfrac{Na^+ + Mg^{++}}{2}}}$

② $SAR = \dfrac{Mg^{++}}{\sqrt{\dfrac{Na^+ + Ca^{++}}{2}}}$

③ $SAR = \dfrac{Na^+}{\sqrt{\dfrac{Ca^{++} + Mg^{++}}{2}}}$

④ $SAR = \dfrac{Ca^{++} + Mg^{++}}{\sqrt{\dfrac{Na^+}{2}}}$

10 포화대의 수리지질학적인 특성을 지하수의 흐름특성과 저유특성으로 대별할 때 흐름특성으로 중요한 인자는?

① 투수량계수 　　　② 비산출률
③ 공극률 　　　　　④ 비저유계수

풀이 포화대의 수리지질학적 구분

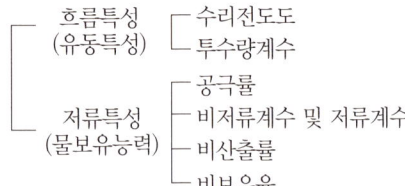

11 토양의 비열과 용적열용량에 관한 설명으로 옳지 않은 것은?

① 토양의 비열은 토양 1g의 온도를 1℃ 높이는 데 필요한 열량이다.
② 토양의 비열이 크면 온도의 상승 및 하강이 느리다.
③ 토양 내 점토의 함량이 많을수록 용적열용량이 작아진다.
④ 토양의 용적열용량을 결정하는 데 중요한 것은 토양의 수분상태이다.

풀이 토양 내 모래 함량이 많을수록 용적열용량이 작아지며 점토 함량이 많을수록 용적열용량은 커진다.

12 토양의 양이온교환용량(CEC)에 관한 설명으로 옳지 않은 것은?

① 점토질의 함량이 높은 토양은 CEC가 높다.
② Kaolinite는 CEC가 상대적으로 높은 점토광물이다.
③ 토양의 양이온교환용량은 무기 및 유기콜로이드가 흡착할 수 있는 양이온의 총량이다.
④ 모래와 미사는 표면적이 매우 적어 양이온교환용량에 거의 기여하지 않는다.

풀이 Kaolinite는 CEC가 상대적으로 낮은 점토광물이다.

13 지하수 상류와 하류 두 지점의 수두차 1.5m, 두 지점 사이의 수평거리 500m, 투수계수 250m/day일 때 대수층의 단면적이 4m²인 지하수의 유량은? (단, Darcy 법칙 적용, 기타 사항은 고려하지 않음)

① $1.5\text{m}^3 \cdot \text{day}^{-1}$　　　② $3.0\text{m}^3 \cdot \text{day}^{-1}$
③ $4.5\text{m}^3 \cdot \text{day}^{-1}$　　　④ $6.0\text{m}^3 \cdot \text{day}^{-1}$

풀이 $Q = KA\dfrac{dh}{dL} = 250\text{m/day} \times 4\text{m}^2 \times \dfrac{1.5\text{m}}{500\text{m}}$
$= 3\text{m}^3/\text{day}$

14 다음 중 토양 수직단면을 분류하는 성층구조에서 가장 상층에 존재하는 토양층위는?

① A_1　　　　　　② B_1
③ O_1　　　　　　④ C

풀이 O_1 층은 유기물층으로 분해되지 않아서 유기물의 원형을 식별할 수 있는 유기물층이며, 낙엽퇴(L층)라고도 한다.

15 토양공기에 관한 설명으로 옳지 않은 것은?

① 심층토가 표층토에 비하여 미세공극이 적어 산소의 공급이나 이산화탄소의 제거가 원활하지 못하다.
② 토양공기 중의 이산화탄소가 많아지는 양은 산소가 줄어드는 양과 비례한다.
③ 토양의 깊이가 깊을수록 산소 함량이 적어지는 정도는 토양공극의 특성과 밀접한 관계가 있다.
④ 토양공기 중의 질소 함량은 대기 중의 함량과 비슷하다.

풀이 심층토가 표층토에 비하여 미세공극이 많아 산소의 공급이나 이산화탄소의 제거가 원활하지 못하다.

16 다음 점토 광물(Clay Minerals) 중 2 : 2형 (2 : 1 : 1형)의 대표적인 것은?

① 카올리나이트(Kaolinite)
② 할로이사이트(Halloysite)
③ 몬모릴로나이트(Montmorillonite)
④ 클로라이트(Chlorite)

풀이 점토광물의 분류
　1. 결정형 광물
　　① 1 : 1 격자형 광물(2층형 광물, 비팽창형)
　　　→ 할로이사이트, 나크라이트 카올리나이트, 디카이트
　　② 2 : 1 격자형 광물(3층형 광물)
　　　한 층의 Al 8면체를 Si 4면체가 양쪽으로 샌드위치처럼 싸서 3층 구조를 이룸
　　　㉠ 팽창형 → 몬모릴로나이트, 사포나이트, 버미큘라이트
　　　㉡ 비팽창형 → 일라이트
　　③ 2 : 1 : 1(2 : 2, 격자형 광물 비팽창형)
　　　→ 클로라이트
　2. 비결정형 광물(무정형) : 알로펜, 이모고라이트

17 아연 광산에서 주로 발견되며 대표적으로 이타이이타이병을 유발하는 중금속은?

① 납　　　　　　　② 수은
③ 불소　　　　　　④ 카드뮴

18 토양생성작용에서 Laterit화 작용과 관련이 가장 많은 것은?

① 철 및 알루미늄 산화물
② 아연 및 망간 산화물
③ 칼슘 및 마그네슘 산화물
④ 크롬 및 나트륨 산화물

> **풀이** Laterization은 염기류나 규산이 용탈되고 철 및 알루미늄의 산화물이 잔류해서 상대적으로 많아지는 과정을 말한다.

19 DNAPL(Dense Nonaqueous Phase Liquid)에 해당하지 않는 오염물질은?

① PCE
② TCE
③ 1,1,1-TCA
④ Phenanthrene

> **풀이** DNAPL의 대표적 오염물질
> ㉠ TCE(Trichloroethylene), PCE(Perchloroethylene)
> ㉡ 페놀, PCB(Polychlorinated biphenyl)
> ㉢ 1,1,1-Trichloroethane(1,1,1-TCA), 2-Chlorophenol(클로로페놀)
> ㉣ 클로로포름, 사염화탄소

20 염류화된 토양의 형태 중 Saline Soil에 관한 설명으로 옳지 않은 것은?

① 토양입자에 흡착되어 있는 나트륨의 양이 적은 염류 토양이다.
② 점토성분이 많고 유기물 함량이 높은 토양에서 나타나기 쉽다.
③ 우기에 일어나는 염류집적으로 염류토양이 형성된다.
④ 강알칼리성을 나타내며 알칼리 토양이라고도 한다.

> **풀이** 문제 오류(학습 안 하셔도 무방합니다.)

21 저장물질이 있는 누출검사대상시설-기상부의 시험법에서 사용하는 검사기기 및 기구 중 감압장치(액체를 뽑아내는 방식 기준)에 해당되지 않는 것은?

① 이젝터
② 송유설비
③ 가변식 펌프
④ 고체 급유설비

> **풀이** 감압장치
> 1. 가스를 배출하는 방법
>   ① 이젝터
>   ② 펌프
> 2. 액체를 뽑아내는 방식
>   ① 고체 급유설비
>   ② 송유설비
>   ③ 가변식 펌프

22 저장물질이 없는 누출검사대상시설-가압시험법을 적용하여 누출검사를 할 때 주의사항과 가장 거리가 먼 것은?

① 가압으로 배출된 가스를 별도의 안전한 공간으로 이동시킨다.
② 기상변화가 심할 때는 시험을 실시하지 않는다.
③ 누출 여부 판단을 위한 누출검사대상시설의 가압을 위해서 과도한 속도로 압력이 상승되지 않도록 한다.
④ 시험기간 동안 화기의 사용을 금한다.

> **풀이** 주의사항
> ㉠ 누출 여부 판단을 위한 누출검사대상시설의 가압을 위해서 과도한 속도로 압력이 상승되지 않도록 한다.
> ㉡ 시험기간 동안 화기의 사용을 금한다.
> ㉢ 시험기간 동안 진동 등 압력변화에 영향을 주는 경우가 없도록 한다.
> ㉣ 기상변화가 심할 때는 시험을 실시하지 않는다.

23 다음은 토양시료의 채취방법에 대한 설명이다. ( ) 안에 옳은 내용은?(단, 토양오염관리대상시설지역 기준)

> 시료채취봉을 꺼내어 오염의 개연성이 가장 높다고 판단되는 부위 ( )cm를 시료부위로 한다.

① ±10   ② ±15
③ ±20   ④ ±30

풀이 시료채취봉을 꺼내어 오염의 개연성이 가장 높다고 판단되는 부위 ±15cm를 시료부위로 한다. 다만, 오염의 개연성이 판단되지 않을 경우에는 제일 하부의 토양 30cm를 시료부위로 한다.

24 다음은 토양 중 석유계 총 탄화수소(TPH, 기체크로마토그래피) 시험방법에 대한 설명이다. 틀린 것은?

① 비등점이 높은(150~500℃) 유류에 속하는 제트유·등유·경유·벙커C유·윤활유·원유 등의 측정에 적용한다.
② 시료를 디클로로메탄으로 추출하여 정제한 후 기체크로마토그래피에 따라 짝수의 노말알칸(C_8~C_{40}) 표준물질의 총 면적과 시료 피크의 총 면적을 비교하여 석유계 총 탄화수소를 정량한다.
③ 정량한계는 석유계 총 탄화수소로 10mg/kg이다.
④ 채취한 시료를 즉시 시험할 수 없는 경우에는 염산(시료량의 2% 이내)으로 pH 2로 하여 보관한다.

풀이 채취한 시료를 즉시 실험할 수 없을 경우 0~4℃ 냉암소에서 보존하고 14일 이내에 추출하여야 하며, 시료채취일로부터 40일 이내에 분석하여야 한다.

25 다음 총칙에 관한 내용으로 틀린 것은?

① 분석용 저울은 1.0mg까지 달 수 있어야 한다.
② '냄새가 없다'라고 기재한 것은 냄새가 없거나 또는 거의 없는 것을 표시하는 것이다.
③ 감압 또는 진공이라 함은 따로 규정이 없는 한 15mmHg 이하를 말한다.

④ 시험에 사용하는 물은 따로 규정이 없는 한 정제수 또는 탈염수를 말한다.

풀이 분석용 저울은 0.1mg까지 달 수 있는 것이어야 하며, 분석용 저울 및 분통은 국가검정을 필한 것을 사용하여야 한다.

26 1ppb와 같은 농도는?

① $1\mu g/m^3$ ② 1mg/kg
③ 0.001%   ④ 0.001ppm

풀이 ppb(십억분율)는 ppm의 $\dfrac{1}{1,000}$ 이다.

27 다음은 수분함량 측정에 대한 설명이다. ( ) 안에 알맞은 내용은?

> 시료를 (A)℃에서 (B)시간 이상 건조하고 데시케이터에서 식힌 후 함량으로 하며 무게를 정확히 달아 수분 함량(%)을 구한다.

① A : 110~115, B : 2
② A : 110~115, B : 4
③ A : 105~110, B : 2
④ A : 105~110, B : 4

28 다음은 수소화물생성－원자흡수분광광도법을 적용한 비소 측정에 관한 설명이다. ( ) 안에 들어갈 내용으로 옳은 것은?

> 토양 중의 비소는 토양에 염산과 질산으로 산분해하여 전처리한 시료 용액 중의 비소를 3가 비소로 예비환원한 다음 ( ) 용액과 반응하여 생성된 비화수소를 원자화시켜 193.7nm에서 정량한다.

① 수소화염화주석나트륨
② 수소화이질소나트륨
③ 수소화붕소나트륨
④ 수소화이염화나트륨

정답 23 ②   24 ④   25 ①   26 ④   27 ④   28 ③

29 배관시설－가압 및 미감압시험법에 사용되는 검사기기 및 기구에 관한 내용으로 틀린 것은?

① 가압장치 : 가압 시 시험압력까지 이르도록 조정되는 것이어야 한다.

② 사용가스 : 불활성 가스를 가압매체로 사용한다.

③ 안전장치 : 시험압력의 1.5~1.8배 범위에서 작동할 수 있는 안전밸브를 갖추어야 한다.

④ 압력계 최소눈금이 $1mmH_2O$를 읽을 수 있는 정밀도를 가진 압력계 또는 최소눈금이 시험압력의 5% 이내이고, 이를 읽고 측정압력의 기록이 가능한 압력계이어야 한다.

풀이 안전장치는 시험압력의 1.1배 부근에서 작동할 수 있는 안전밸브를 갖추어야 한다.

30 pH 표준액의 pH값이 맞게 연결된 것은? (단, 온도는 섭씨 15도)

① 프탈산염 표준액 : pH 4.00

② 인산염 표준액 : pH 9.27

③ 탄산염 표준액 : pH 4.90

④ 수산염 표준액 : pH 12.81

풀이 표준액의 pH값(15℃)
　ㄱ 인산염 표준액 : pH 6.90
　ㄴ 탄산염 표준액 : pH 10.12
　ㄷ 수산염 표준액 : pH 1.67

31 기체크마토그래피에 의한 페놀류 분석에 관한 설명 중 옳지 않은 것은?

① 토양 중 페놀 및 펜타클로로페놀을 아세톤/노말헥산(1 : 1)으로 추출한다.

② 불꽃이온화검출기에 검출되는 정량한계는 페놀이 0.1mg/kg이다.

③ 디클로로메탄과 같이 머무름 시간이 짧은 화합물은 용매의 피크와 겹쳐 분석을 방해할 수 있다.

④ 이 시험방법은 토양 중 페놀 및 펜타클로로페놀의 분석에 적용된다.

풀이 불꽃이온화 검출기에 검출되는 정량한계
　ㄱ 페놀 : 0.02mg/kg
　ㄴ 펜타클로로페놀 : 0.1mg/kg

32 토양오염공정시험기준의 규정에 의한 누출검사대상시설에 관한 내용으로 틀린 것은?

① '부속배관'이란 누출검사대상시설에 용접 또는 나사조임방식으로 직접 연결되는 배관을 말한다.

② '배관접속부'란 누출검사대상시설과 부속배관, 부속배관과 배관을 연결하기 위하여 용접접합 또는 나사조임방식 등으로 접속한 부분을 말한다.

③ '지하매설배관'이란 부속배관의 경로 중 지하에 매설되어 있으나 누출 여부를 육안으로 직접 확인할 수 있는 배관을 말한다.

④ '누출검지관'이란 액체의 누출 여부를 누출검사대상시설 외부에서 직접 또는 간접적으로 확인하기 위해 설치된 관을 말한다.

풀이 지하매설배관
부속배관의 경로 중 지하에 매설되어 누출 여부를 육안으로 직접 확인할 수 없는 배관을 말한다.

33 정량한계 산정 식으로 옳은 것은?(단, S : 표준편차, X : 평균값)

① 정량한계＝3.3×S

② 정량한계＝(10×X)/S

③ 정량한계＝(3.3×X)/S

④ 정량한계＝10×S

34 저장물질이 없는 누출검사대상시설－가압시험법에 적용되는 검사기기 및 기구 중 안전밸브에 관한 기준으로 옳은 것은?

① $0.5kg_f/cm^2$ 이하에서 작동되어야 한다.

② $0.7kg_f/cm^2$ 이하에서 작동되어야 한다.

③ $0.9kg_f/cm^2$ 이하에서 작동되어야 한다.

④ $1.2kg_f/cm^2$ 이하에서 작동되어야 한다.

35 구리(원자흡수분광광도법) 측정 시 정밀도 기준으로 옳은 것은?

① 정밀도(% RSD) 15% 이내
② 정밀도(% RSD) 25% 이내
③ 정밀도(% RSD) 25% 이내
④ 정밀도(% RSD) 30% 이내

36 시안−자외선/가시선 분광법 측정에 대한 설명으로 틀린 것은?

① 토양 중 시안의 정량한계는 0.01mg/kg이다.
② 시안화합물을 측정할 때 방해물질들은 증류하면 대부분 제거된다.
③ 황합물이 함유된 시료는 아세트산 아연 용액(10%) 2mL를 넣어 제거한다.
④ 다량의 지방성분을 함유한 시료는 pH 4 이하로 조절한 후 노말헥산으로 추출하여 제거한다.

> **풀이** 다량의 지방성분을 함유한 시료는 아세트산 또는 수산화나트륨 용액으로 pH 6~7로 조절한 후 시료의 약 2%에 해당하는 부피의 노말헥산 또는 클로로포름을 넣어 추출하여 유기층은 버리고 수층을 분리하여 사용한다.

37 토양 중 불소의 자외선/가시선 분광법 분석에 관한 내용으로 옳지 않은 것은?

① 불소가 지르코늄−발색시약과의 반응으로 진홍색의 ZrF_6^{2-}를 형성한다.
② 불소이온과 지르코늄 이온 사이의 반응 속도는 반응혼합물의 산도에 따라 달라진다.
③ 다량의 염소이온이 함유되어 있으면 과량의 Ag^+ 이온을 첨가하여 염소를 제거한다.
④ 이 시험방법에 따라 시험할 경우 토양 중 정량한계는 10mg/kg이다.

> **풀이** 불소가 진홍색의 지르코늄(Zirconium)−발색시약과의 반응으로 무색의 음이온복합체(ZrF_6^{2-})를 형성하는 과정을 이용하여 불소의 양이 많을수록 색깔이 엷어지게 된다.

38 저장물질이 없는 누출검사 대상 시설에 대한 비파괴검사 시험법 중 초음파 두께측정은 지하매설 저장시설에 있어서는 동체(Shell) 각 플레이트(Plate)의 상하좌우 4방향과 경판(Head Plate)의 상하좌우 및 중앙부 등 5개 지점에 대하여, 옥외저장시설에 있어서는 특정한 측정지점에 대하여 초음파 두께측정기로 두께를 측정하여야 한다. 다음의 옥외저장시설의 측정지점에 관한 내용 중 틀린 것은?

① 에눌러판 · 옆판 내면으로부터 탱크 중심 방향으로 0.5m 간격마다의 범위에서 원주 방향으로 2m 이하의 간격마다 1개 지점
② 누설자장 등을 이용하여 점검을 실시한 밑판 및 에눌러판 : 1매당 2개 지점
③ 밑판(구형 탱크는 본체 전부를 밑판으로 보며, 지중탱크의 옆판 중 지반면 하에 매설된 부분은 밑판으로 본다.) 1매당 3개 지점
④ 보수 중 덧붙인 판 또는 교체한 판 : 1매당 1개 지점

> **풀이** ② 누설자장 등을 이용하여 점검을 실시한 밑판 및 에눌러판 : 1매당 1개 지점에서 측정

39 정도보증/정도관리에 적용되는 감응계수의 산정식으로 옳은 것은?(단, C : 검정곡선 작성용 표준용액의 농도, R : 반응값)

① 감응계수=C/R
② 감응계수=R/C
③ 감응계수=R×C
④ 감응계수=R^2×C

40 아래 식 중 토양 중 수분 함량(%)을 계산하는 식으로 옳은 것은?(단, W_1=증발접시 무게, W_2=건조 전 시료와 증발접시의 무게, W_3=건조 후 시료와 증발접시의 무게, 무게는 g 기준)

① $[(W_2 - W_3)/(W_2 - W_1)] \times 100$
② $[(W_2 - W_3)/(W_1 - W_2)] \times 100$
③ $[(W_2 - W_1)/(W_2 - W_3)] \times 100$
④ $[(W_2 - W_1)/(W_3 - W_2)] \times 100$

정답 35 ④ 36 ④ 37 ① 38 ② 39 ② 40 ①

3과목 토양 및 지하수오염정화기술

41 실험실에서의 예비실험 결과 독성물질의 1차 반응 분해상수가 0.03day^{-1}임을 알았다. 이 물질의 반감기와 가장 가까운 것은?(단, 자연지수 기준)

① 약 23일 ② 약 26일
③ 약 28일 ④ 약 30일

풀이 $\ln \dfrac{C}{C_o} = -kt$

$t = \dfrac{\ln 0.5}{k} = -\dfrac{(-0.6931)}{0.03} = 23.1\text{day}$

42 다음 중 생분해가 어려운 물질의 일반적인 조건(특성)과 가장 거리가 먼 것은?

① 원자의 전하차가 적은 화합물
② 물에 대한 용해도가 낮은 화합물
③ 가지구조가 많은 화합물
④ 분자 내에 많은 수의 할로겐 원소를 함유하는 화합물

풀이 유기화학물질의 난분해성 조건
  ㉠ 할로겐화된 화합물
  ㉡ 분자 내에 많은 수의 할로겐 원소를 함유하는 화합물
  ㉢ 가지구조가 많은 화합물
  ㉣ 물에 대하여 용해도가 낮은 화합물
  ㉤ 원자의 전하차가 큰 화합물

43 바이오필터의 운전에 따른 문제점으로 틀린 것은?

① 생물학적 처리와 물리학적 처리의 동시 진행을 위한 별도의 포집가스 처리시설이 필요하다.
② 생물상의 온도가 미생물의 활동에 의해 상승함에 따라 유입가스에 비해 유출가스 중의 수분 함량이 증가하여 수분증발이 일어나 주기적인 수분공급이 필요하다.
③ 시간이 지남에 따라 충전층이 압밀되어 바이오필터를 통과하는 배기가스의 압력손실이 점차 커진다.

④ 오염물질 분해반응에 따라 pH가 낮아지는 현상이 발생한다.

풀이 바이오필터는 증기상의 휘발성 유기오염물질을 생물상층을 통과시켜 생물학적으로 분해시키는 기술로서 물리 · 화학적 흡착처리기술에 생물학적 처리기술이 조합된 기술이다.

44 매립지 최종 복토층의 가스 배제층 설치에 따른 이점으로 틀린 것은?

① 상부 식생대층의 식물 및 미생물에 대한 독성 영향을 저감시킨다.
② 가스압에 의한 차수층의 균열 발생의 위험성을 감소시킨다.
③ 매립가스를 포집하여 에너지원으로 사용할 수 있다.
④ 매립가스의 지속적 대기 배출로 신속한 매립지의 안정화를 기한다.

풀이 CO_2 등의 매립가스에 대한 대기 중으로의 방출을 저감시킨다.

45 원위치 Air-Sparging 기술에 관한 설명으로 옳지 않은 것은?

① SVE에 비하여 에너지 소비량이 많고 오염물의 확산이나 Dead Zone의 우려가 크다.
② 비포화대에서 사용하는 SVE와 매우 유사하다.
③ 포화대 내에 공기를 주입하여 지하수를 폭기시키므로 VOC를 휘발시켜 제거하는 기술이다.
④ 공기펌프나 송풍기가 연결된 주입정으로 공기가 주입되어 대수층을 따라 수직으로 이동한 후 압력이 높은 추출정으로 VOC를 배출한다.

풀이 Air-Sparging은 공기펌프나 송풍기가 연결된 주입점으로 공기가 주입되어 대수층을 따라 수평, 수직으로 이동한 후 진공펌프에 의해 압력이 낮은 추출정으로 VOC를 배출한다.

46 공기분사법(Air-Sparging)의 적용에 관한 설명으로 옳지 않은 것은?

① 오염물질의 휘발성이 작으면 정화효율이 낮다.
② 오염 확산의 위험이 적은 피압대수층에 적용이 용이하다.
③ 공기주입으로 인한 기질의 변화로 주변 구조물의 안정성에 영향을 줄 수 있다.
④ 오염물질의 호기성 생분해능이 높을수록 적용이 유리하다.

풀이 Air-Sparging은 오염 확산의 위험이 있는 피압대수층에서는 적용할 수 없다.

47 토양이나 지하수를 정화하는 기술인 식물정화법 중 식물에 의한 추출을 효과적으로 이룰 수 있는 대표 식물종과 가장 거리가 먼 것은?(단, 중금속 기준)

① 인도겨자   ② 해바라기
③ 버드나무   ④ 보리

풀이

처리기작	오염물질	대표적 식물	오염매체
식물 추출	• 중금속 • 방사성 물질	• 해바라기 인도겨자 • 보리, 민들레	토양, 슬러지, 퇴적층
식물 분해	• 방향족 탄화수소 • 할로겐화 방향족 탄화수소 • 유기인 화합물	• 포플러나무, 사시나무 • 버드나무, 벼과식물 • 앵무새털풀	토양, 퇴적층, 슬러지, 지하수, 지표수

48 토양증기추출법으로 오염토양을 복원하는 경우, 단일 추추정으로부터 배출되는 가솔린의 평균농도가 추출공기 1.0L당 1.0mg이고, 하루에 100m³의 공기가 추출된다. 오염토양 내에 누출된 가솔린의 총량이 5kg이고, 누출된 가솔린이 모두 증기추출로만 제거된다고 가정한다면 오염 가솔린을 모두 제거하는 데 소요되는 시간은?

① 10일   ② 25일
③ 50일   ④ 100일

풀이 제거시간 $= \dfrac{V}{Q} = \dfrac{5\text{kg} \times \dfrac{1\text{L}}{1\text{mg}} \times 10^6 \text{mg/kg}}{100\text{m}^3/\text{day} \times 1,000\text{L/m}^3}$

$\qquad\qquad = 50\text{day}$

49 다음 중 토양세척공정에 관한 설명으로 옳지 않은 것은?

① 외부환경의 영향이 크며 자체적 조건 조절이 가능한 개방형 공정이다.
② 오염된 처리수는 폐수처리시설에서 정화된 후 재순환되는 것이 일반적이다.
③ 토양세척의 효과를 결정짓는 것은 물질의 종류에 의한 차이보다 토양의 성상에 따른 영향이 크다.
④ 오염물질의 물리·화학적 특징 중 세척효율을 높일 수 있는 요인으로는 수용성과 휘발성이다.

풀이 토양세척공정은 외부환경의 조건변화에 대한 영향이 적고 자체적인 조건 조절이 가능한 폐쇄형 공정이다.

50 호기성 생분해 기술을 적용한다면 2mg/L의 벤젠을 생분해하는 데 필요한 이론산소의 양(농도)은?(단, 벤젠의 화학식은 C_6H_6이다.)

① 약 4.6mg/L   ② 약 5.4mg/L
③ 약 6.2mg/L   ④ 약 7.6mg/L

풀이 $C_6H_6 \;+\; 7.5O_2 \rightarrow 6CO_2 \;+\; 3H_2O$

$\qquad$ 78g   : 7.5×32g
$\qquad$ 2mg/L : O_o(mg/L)

$\qquad O_o(\text{mg/L}) = \dfrac{2\text{mg/L} \times (7.5 \times 32)\text{g}}{78\text{g}}$

$\qquad\qquad\qquad = 6.15\text{mg/L}$

정답 46 ② 47 ③ 48 ③ 49 ① 50 ③

51 독립영향미생물(화학합성 자가영양)의 탄소원과 에너지원을 알맞게 짝지은 것은?

① CO_2 - 무기물의 산화 · 환원반응
② CO_2 - 빛
③ 유기탄소 - 무기물의 산화 · 환원반응
④ 유기탄소 - 빛

풀이 탄소원과 에너지원에 따른 미생물 분류

구분(영양 형태)	탄소원	에너지원	예
광(합성) 독립(자가) 영양 미생물 (Photoautotroph)	CO_2	빛	남조류(Cyano -bacteria), 조류, 시안세균
광(합성) 종속영양 미생물 (Photohetero - troph)	유기탄소 (유기 화합물)	빛	Rhodospeudo -monas, Rhodospirillum
화학 독립 (자가) 영양 미생물 (Chemoauto - troph)	CO_2	환원 형태의 무기물(무기물의 산화 · 환원 반응) (NH_4, H_2S, NO_2^-, H_2, S, $S_2O_3^{2-}$, Fe^{2+})	질화세균 (질산화성균) 황산화균 (황세균), 수소산화균, 철산화균 (철세균)
화학 종속 영양 미생물 (Chemohetero - troph)	유기탄소 (유기 화합물)	유기화합물 (유기물의 산화 · 환원 반응)	원생동물, 진균류, 대부분의 세균

52 수리전도도가 불량하고 과잉 압밀된 오염지반에 압축공기를 주입하여 여타 지중 정화기술 적용 시 오염물 처리 및 추출 효율을 증대시키는 방법은?

① Pneumatic Fracturing
② Co - Metabolic
③ Precipitation
④ Direction Wall

53 토양증기추출법(SVE ; Soil Vapor Extrac -tion)의 장단점으로 틀린 것은?

① 투과성이 낮은 토양에서는 효과가 적다.
② 짧은 시간에 설치할 수 있다.
③ 지반구조의 복잡성으로 총 처리시간을 예측하기 어렵다.
④ 추출된 기체 처리를 위한 대기오염 방지시설이 필요 없다.

풀이 SVE는 방출된 공기를 처리하기 위한 공정과 방출가스 처리에 사용된 물질의 처리에 부담이 있다.

54 오염토양의 불용화를 위해 화학적 처리를 하고자 할 때 오염물질과 그 처리에 사용되는 물질에 대한 연결로 가장 적합한 것은?

① 시안화합물 - 차아염소산나트륨(NaOCl)
② 6가 크롬 - 염화철($FeCl_2$)
③ 비소화합물 - 황산화철($FeSO_4$)
④ 수은화합물 - 황산나트륨(Na_2SO_4)

풀이 ② 6가 크롬 : 황산철($FeSO_4$), 아탄(lignite)
③ 비소화합물 : 염화제1철($FeCl_2$)
④ 수은화합물 : 황화나트륨(Na_2S)

55 매립지 토양층에서 발생하는 혐기성 분해에 의해 Glucose($C_6H_{12}O_6$)가 완전분해된다면 100g의 Glucose가 완전히 분해되어 발생되는 토양층에서의 메탄가스 용적은?(단, 토양층에서 1mole의 메탄가스의 용적은 25L로 가정한다.)

① 약 22L   ② 약 32L
③ 약 36L   ④ 약 42L

풀이 유기물질의 혐기성 완전분해 방정식(반응식)

$$C_aH_bO_cN_dS_e + \left(\frac{4a-b-2c+3d+2e}{4}\right)H_2O$$
$$\Rightarrow \left(\frac{4a+b-2c-3d-2e}{8}\right)CH_4$$
$$+ \left(\frac{4a-b+2c+3d++2e}{8}\right)$$
$$CO_2 + dNH_3 + eH_2S$$

$C_6H_{12} \rightarrow 3CH_4$

180g : $3 \times 25L$

100g : $CH_4(L)$

$$CH_4(L) = \frac{100g \times (3 \times 25)L}{180g} = 41.67L$$

56
지하저장창고로부터 디젤이 유출되어 토양이 오염되었다. 오염부지 평가결과 오염누출지역 토양의 단위용적 밀도가 $1.8g/cm^3$이며 오염농도 범위가 [20m × 25m × 3m]이다. 토양세척으로 처리하고자 할 때 처리해야 할 토양의 양(kg)은?

① $2.7 \times 10^3 kg$ ② $2.7 \times 10^4 kg$

③ $2.7 \times 10^5 kg$ ④ $2.7 \times 10^6 kg$

풀이 처리토양(kg)

= 부피 × 밀도

= $1,500m^3 \times 1.8g/cm^3 \times kg/1,000g$

    $\times 10^6 cm^3/m^3$

= $2.7 \times 10^6 kg$

57
열탈착 기술에 관한 설명으로 옳지 않은 것은?

① 탈착속도는 유기물질의 화학적 구성에 큰 영향을 받으며 대개 분자량이 클수록 빠르다.

② 휘발성 유기화합물(VOCs)뿐만 아니라 준휘발성 유기화합물(SVOCs)의 제거도 가능하다.

③ 유기염소 및 유기인 살충제 처리 시 퓨란과 다이옥신류를 생성하지 않는다.

④ 열탈착 공정에서 발생하는 가스량은 같은 용량의 소각공정에 비해 상대적으로 적다.

풀이 탈착속도는 유기물질의 분자량이 클수록 느리다.

58
TCE로 오염된 지하수를 양수하여 포기조 내에서 공기분산법으로 제거하는 경우, 포기조 부피가 $750m^3$인 처리장에 1일 $3,000m^3$의 오염 지하수가 유입된다면 포기시간은?

① 4시간   ② 6시간

③ 8시간   ④ 10시간

풀이 포기시간(hr) = $\dfrac{V}{Q}$

$$= \frac{750m^3}{3,000m^3/day \times day/24hr}$$

$$= 6hr$$

59
토양세척법을 적용할 경우에는 토양의 입도분포가 매우 중요하다. 어느 오염토양의 입도분포곡선에서 10%, 30%, 60% 통과백분율에 해당하는 입자 직경이 각각 0.10mm, 0.30mm 및 0.60mm인 경우, 곡률계수(C_z)는?

① 약 1.2   ② 약 1.5

③ 약 1.7   ④ 약 1.8

풀이 곡률계수(C_z) = $\dfrac{D_{30}^2}{D_{10} \times D_{60}} = \dfrac{0.3^2}{0.1 \times 0.6} = 1.5$

60
동전기정화기법에서는 토양 내에 전기를 가하게 되면 동전기의 현상에 의하여 토양 내의 오염수, 오염물질, 오염입자가 이동하게 되는데 이때 발생되는 현상과 가장 거리가 먼 것은?

① 전기투석   ② 전기이동

③ 전기영동   ④ 전기삼투

4과목　토양 및 지하수환경 관계법규

[Note] 2013~2014년 토양 및 지하수환경 관계법규 관련 문제는 법규의 변경사항이 많으므로 문제유형만 학습하시기 바랍니다.

61 토양 관련 전문기관 또는 토양정화업의 기술인력의 보수교육 기준으로 옳은 것은?

① 신규교육을 받은 날을 기준으로 1년마다 12시간
② 신규교육을 받은 날을 기준으로 3년마다 24시간
③ 신규교육을 받은 날을 기준으로 3년마다 12시간
④ 신규교육을 받은 날을 기준으로 5년마다 8시간

62 토양정화업을 변경 등록하여야 하는 사항과 가장 거리가 먼 것은?

① 대표자의 변경
② 기술인력의 변경
③ 운행 차량(임시 차량 포함)의 증차
④ 상호 또는 사업장 소재지의 변경

63 토양환경평가를 위한 조사 중 시료의 채취 및 분석을 통한 토양오염의 정도와 범위를 조사하는 것은?

① 개황조사　　　　　② 정밀조사
③ 기초조사　　　　　④ 전문조사

64 다음은 토양오염 검사수수료의 시료채취비에 관한 내용이다. (　) 안에 옳은 내용은?

관측공이 설치되어 있는 지점에서 시료를 채취하는 경우에는 관측공당 시료채취비의 (　)를 적용

① 10%　　　　　　② 15%
③ 25%　　　　　　④ 50%

65 다음은 토양 관련 전문기관의 지정기준에 관한 내용이다. (　) 안에 옳은 내용은?(단, 토양오염 조사기관, 기술인력 기준)

기사는 해당 분야 산업기사 자격 취득 후 토양 관련 분야 또는 해당 전문기술 분야에서 (　) 종사한 사람으로 대체할 수 있다.

① 5년　　　　　　② 4년
③ 3년　　　　　　④ 2년

66 보관, 운반 및 정화 등의 과정에서 오염토양을 누출 또는 유출시킨 자에 대한 벌칙 기준은?

① 1,000만원 이하의 벌금
② 6월 이하의 징역 또는 300만원 이하의 벌금
③ 1년 이하의 징역 또는 500만원 이하의 벌금
④ 2년 이하의 징역 또는 1,000만원 이하의 벌금

67 다음은 토양관리단지 조성계획을 변경 수립하여야 하는 대통령령으로 정하는 중요한 사항에 관한 내용이다. (　) 안에 옳은 것은?

• 조성 대상 부지면적의 (㉠)를 초과하여 변경하려는 경우
• 오염토양 정화처리 용량의 (㉡)를 초과하여 변경하려는 경우

① ㉠ : 20%, ㉡ : 20%
② ㉠ : 20%, ㉡ : 30%
③ ㉠ : 30%, ㉡ : 20%
④ ㉠ : 30%, ㉡ : 30%

68 토양보전대책에 관한 계획에 포함되어야 하는 사항과 가장 거리가 먼 것은?

① 토지 등의 이용방안
② 피해 주민에 대한 지원대책
③ 오염토양 개선사업
④ 토양오염 방지대책

정답　61 ④　62 ③　63 ②　64 ③　65 ②　66 ③　67 ①　68 ④

69 토양보전대책지역 지정표지판에 기록할 내용과 가장 거리가 먼 것은?

① 지정일자
② 토양보전대책지역에서 제한되는 행위
③ 지정 기관 및 전화번호
④ 지정목적

70 특정토양오염관리대상시설의 종류와 가장 거리가 먼 것은?

① 위험물의 제조 및 저장시설
② 송유관 시설
③ 유독물의 제조 및 저장시설
④ 석유류의 제조 및 저장시설

71 법에서 사용하는 용어의 뜻과 가장 거리가 먼 것은?

① '토양오염물질'이란 토양오염의 원인이 되는 물질로서 환경부령으로 정하는 것을 말한다.
② '토양오염관리대상시설'이란 토양을 오염시킬 우려가 있는 시설·장치·건물·구축물 및 그 부지와 토양오염이 발생한 장소로서 환경부령으로 정하는 것을 말한다.
③ '특정토양오염관리대상시설'이란 토양을 현저하게 오염시킬 우려가 있는 토양오염관리대상시설로서 환경부령으로 정하는 것을 말한다.
④ '토양정화'란 생물학적 또는 물리적·화학적 처리 등의 방법으로 토양 중의 오염물질을 감소·제거하거나 토양 중의 오염물질에 의한 위해를 완화하는 것을 말한다.

72 토양오염물질을 생산·운반·저장·취급·가공 또는 처리하는 자가 그 과정에서 토양오염물질을 누출·유출한 때, 토양오염관리대상시설을 소유·점유 또는 운영하는 자가 그 소유·점유 또는 운영 중인 토양오염관리대상 시설에서 토양이 오염된 사실을 발견한 때에는 지체 없이 관할 특별자치도지사·시장·군수·구청장에게 신고하여야 한다. 이를 위반하여 토양이 오염된 사실을 발견하고도 그 사실을 신고하지 아니한 자에 대한 과태료 부과 기준은?

① 1,000만 원 이하
② 500만 원 이하
③ 300만 원 이하
④ 200만 원 이하

73 위해성 평가를 하려는 자가 위해성 평가 대상 지역의 특성을 고려하여 위해성 평가 계획서에 포함하여야 하는 사항과 가장 거리가 먼 것은?

① 현장조사 방법
② 오염물질의 노출경로
③ 오염범위 및 노출농도
④ 독성평가 자료

74 다음은 토양정화업자의 준수사항에 관한 내용이다. ( ) 안에 옳은 내용은?

정화현장에 오염토양의 정화공정도 및 정화일지를 작성하여 비치하고, 정화일지는 ( ) 보관하여야 한다.

① 1년간   ② 2년간
③ 3년간   ④ 5년간

75 다음은 토양오염방지시설의 권장 설치·유지·관리 기준에 관한 내용이다. ( ) 안에 옳은 내용은?

> 정기점검은 (   ) 이상 실시하여야 한다.

① 매주 1회
② 매월 1회
③ 매분기 1회
④ 매년 1회

76 환경부장관이 고시하는 측정망설치계획에 포함되어야 하는 사항과 가장 거리가 먼 것은?

① 측정망 배치도
② 측정지점의 위치 및 면적
③ 측정망 설치시기
④ 측정항목 및 기준

77 특정토양오염관리대상시설의 변경신고 사유로 틀린 것은?

① 사업장의 명칭 및 대표자가 변경되는 경우
② 특정토양오염관리대상시설의 조업이 정지되거나 일부 폐쇄하는 경우
③ 특정토양오염관리대상시설을 증설 또는 교체하거나 토양오염방지시설을 변경하는 경우
④ 특정토양오염관리대상시설에 저장하는 오염물질을 변경하는 경우

78 토양정화업의 등록요건 중 시설, 장비에 관한 기준으로 틀린 것은?

① 반입정화시설 : 정화시설 $400m^2$ 이상, 보관시설 $400m^2$ 이상
② 시료채취기 1대(깊이 2m 이상 시료 채취가 가능할 것)
③ 휴대용 가스측정장비 1식(휘발성 유기화합물질(VOC), 산소, 이산화탄소 및 메탄의 측정이 가능할 것)
④ 현장용 수질측정기 1식(수소이온농도, 수온, 전

기전도도, 용존산소 및 산화·환원전위의 측정이 가능할 것)

79 카드뮴의 토양오염우려기준(단위 : mg/kg)은?
(단, 3지역 기준)

① 20
② 40
③ 60
④ 120

80 지목이 임야(2지역)인 경우 6가 크롬의 토양오염대책기준(mg/kg)으로 옳은 것은?(단, 측량·수로조사 및 지적에 관한 법률 기준)

① 15
② 25
③ 35
④ 45

002 2014년 2회 기사

1과목 토양학개론

01 다음은 토양단면(층위)을 설명한 내용이다. 틀린 것은?

① R층은 단단한 모암층이다.
② A층은 유기물이 퇴적되어 있는 O층 바로 밑의 층이다.
③ C층은 풍화작용이 활발하게 진행되는 모재층이다.
④ B층은 토양의 구조가 뚜렷하게 구분되는 것이 특징이다.

풀이 C층은 토양생성작용(풍화작용)을 거의 받지 않는 기압층위의 모재층이다.

02 지하수 및 대수층과 관련된 용어 중 "자유면 대수층에서 지하수면의 단위 상승 혹은 강하에 의해 단위 면적을 통해 자유면 대수층의 저류지하수로부터 유입 혹은 유출되는 물의 부피"를 뜻하는 것은?

① 비산출률   ② 비보유율
③ 비표면계수   ④ 비저류계수

03 양이온교환용량이 30cmol$_c$ · kg^{-1}이고 그 중 Ca : 8cmol$_c$ · kg^{-1}, Mg : 8cmol$_c$ · kg^{-1}, Al : 8cmol$_c$ · kg^{-1}, Na : 3cmol$_c$ · kg^{-1}, K : 3cmol$_c$ · kg^{-1}을 함유한 토양의 염기포화도는?

① 약 42%   ② 약 57%
③ 약 64%   ④ 약 73%

풀이 염기포화도(%) $= \dfrac{8+8+3+3}{30} \times 100 = 73.33\%$

04 토양의 연경도를 나타내는 소성(Plasticity)에 관한 설명으로 옳지 않은 것은?

① 토양이 소성을 가지는 최소 수분함량을 소성하한 또는 소성한계라 한다.
② 소성한계와 액성한계의 차이를 소성지수라 한다.
③ 액성한계는 소성상태에서 액성상태로 변하는 순간의 수분함량이다.
④ 소성은 힘을 가했을 때 물체가 파괴되는 일이 없이 단지 모양만 변화되고 힘을 제거하면 다시 원래의 상태로 돌아오는 성질을 말한다.

풀이 소성은 토양에 힘을 가했을 때 파괴되는 일이 없이 단지 모양만 변화되고 힘이 제거된 후에도 원점으로 되지 않는 성질을 말한다.

05 토양점토광물인 Vermiculite에 대한 설명으로 틀린 것은?

① 주로 운모류 광물의 풍화로 생성된 토양에 많이 존재한다.
② 운모와 매우 유사한 2 : 1의 층상구조를 가진다.
③ Kaolinite와 같이 용액 중에서 결정화 과정을 거쳐 생성된다.
④ 일부 팽창이 가능한 광물이다.

풀이 버미큘라이트(Vermiculite)는 풍화작용에 의해 일라이트의 층간을 결합을 K$^+$이 전부 또는 대부분 빠져나간 것을 말한다. 즉 운모류에서 K$^+$이나 Mg^{2+}가 풍화과정에서 용탈될 때 생기는 점토광물이다.

06 질산성 질소(NO$_3{}^-$-N)의 농도가 40mg/L라면 NO$_3{}^-$의 농도는?

① 168.6mg/L   ② 177.2mg/L
③ 188.6mg/L   ④ 198.6mg/L

풀이 $NO_3 \rightarrow N$

$\begin{array}{ccc} 62 & : & 14 \\ NO_3 & : & 40 \end{array}$

$NO_3(mg/L) = \dfrac{62 \times 40}{14} = 177.14 mg/L$

07 토양수의 압력이 31bars일 경우 pF로 환산하면 얼마가 되는가?

① 약 3.4
② 약 3.7
③ 약 4.1
④ 약 4.5

풀이 $pF = \log[H]$

$H = 31bar \times \dfrac{1,033 cm H_2O}{1.013 bar} = 31,612.04 cm H_2O$

$= \log 31,612.04 = 4.5$

08 토양의 체분석 결과 D_{10}=0.05mm, D_{30}=0.15mm, D_{60}=0.75mm 으로 나타났다. 이 토양의 곡률계수(C_z)는?

① 0.20
② 0.40
③ 0.60
④ 0.80

풀이 곡률계수(C_z)

$= \dfrac{D_{30}{}^2}{D_{10} \times D_{60}} = \dfrac{0.15^2}{0.05 \times 0.75} = 0.6$

09 물리학적으로 분류한 토양 수분에 대한 설명 중 옳지 않은 것은?

① 흡습수 : 습도가 높은 대기 중에 토양을 놓아두었을 때 대기로부터 토양에 흡착되는 수분이다.
② 흡습수 : 식물이 직접 이용할 수 없다.
③ 모세관수 : 대부분 식물이 흡수 이용할 수 있다.
④ 모세관수 : pF는 2.54 이하이다.

풀이 모세관수의 pF는 2.54~4.5 정도이다.

10 다음 질소에 관한 설명 중 틀린 것은?

① 대기의 기체상태의 질소분자는 토양미생물이나 화학적인 공정을 통하여 고정되어야 식물에 이용될 수 있다.
② 질소는 토양이 생성되는 초기단계에서는 결핍되기 쉬운 영양소이다.
③ 토양 중에 있는 질소의 80~97%가 유기물에 존재한다.
④ 토양 중에 식물이 흡수 이용할 수 있는 형태의 유기태 질소는 0.2~0.5% 정도이다.

풀이 질소는 대부분 유기물로 존재하고 식물이 흡수할 수 있는 형태인 무기태 질소는 2~3%에 불과하다.

11 토양 중 인(P)에 대한 설명으로 옳은 것은?

① 토양에 따라 차이가 많지만 총인 중 유기태 인이 5~10%를 차지한다.
② 식물은 토양용액으로부터 $H_2PO_4{}^-$ 이나 $HPO_4{}^{2-}$ 과 같은 무기인산 형태의 인을 흡수한다.
③ 유기 형태의 인은 Ca, Fe 및 Al과 결합된 형태 그리고 토양광물의 표면에 흡착된 형태로 존재한다.
④ 토양용액 중 인의 농도는 작물의 인요구량에 비해 높고 이동성이 크다.

풀이 미생물 중에 존재하는 인의 양은 토양 중 전체 인량의 1~2% 정도의 소량이며, 토양 중 무기성 인은 Al, Ca, Fe과 결합된 형태이다.

12 입자밀도(Particle Density) 2.5g·cm⁻³, 용적밀도(Bulk Density) 1.5g·cm⁻³인 토양의 공극률은?

① 35%
② 40%
③ 45%
④ 50%

풀이 공극률(%) $= \left(1 - \dfrac{용적밀도}{입자밀도}\right) \times 100$

$= \left(1 - \dfrac{1.5}{2.5} \times 100\right) = 40\%$

13 염류화 방지를 위한 방법과 가장 거리가 먼 것은?

① 염류를 함유하지 않은 물을 관개수로 사용
② 지표면 수분증발을 감소시키기 위한 표층토양에 대한 유기물의 혼합
③ 지하수의 상향이동 촉진을 통한 토양표면의 염류량 희석
④ 아스팔트 피막이나 비닐 등의 불투수막을 이용한 토양 하층부의 염류 상승 방지

풀이 지하수의 모관상승 억제를 통한 염류화 방지를 한다.
ㄱ 지중에 아스팔트 피막이나 비닐 등의 불투수막을 이용한 토양 하층부의 염류상승 방지(직접법)
ㄴ 지표면 수분증발을 감소시키기 위한 표층토양에 대한 유기물의 혼합(간접법)

14 점토가 90%, 부식이 10%인 토양이 있다. 점토의 CEC를 10cmol$_c$/kg, 부식의 CEC를 200cmol$_c$/kg으로 가정하면 이 토양의 CEC는?

① 14cmol$_c$/kg
② 19cmol$_c$/kg
③ 24cmol$_c$/kg
④ 29cmol$_c$/kg

풀이 CEC
$$=\left(10\times\frac{90}{100}\right)+\left(200\times\frac{10}{100}\right)=29\,cmolc/kg$$

15 TPH 50mg/kg으로 오염된 토양 100톤과 85mg/kg으로 오염된 토양 40톤을 혼합하였다. 완전 혼합된 후의 토양 TPH 농도는?(단, 혼합과정 중 휘발 등 저감조건은 고려하지 않음)

① 60.0mg/kg
② 62.5mg/kg
③ 65.0mg/kg
④ 67.5mg/kg

풀이 혼합 TPH 농도
$$=\frac{(100\times50)+(40\times85)}{100+40}=60.0mg/kg$$

16 토양의 염류 집적의 주요 원인으로 옳은 것은?

① 지하수위의 상승
② 관개수에 의한 염류의 감소
③ 강수량 증가
④ 기온 상승

풀이 토양의 염류 집적 원인
ㄱ 지하수위의 상승
ㄴ 관개수에 의한 염류의 증가
ㄷ 배수량의 저하
ㄹ 지하수 모관상승의 증가

17 바람에 의한 침식(풍식)의 기작 중 '부유'에 관한 설명으로 틀린 것은?

① 가는 모래 정도 크기의 토양입자나 그보다 작은 입자가 공중에 떠서 토양 표면과 평행하게 멀리 이동하는 것을 말한다.
② 부유에 의하여 이동되는 입자는 수 m 정도의 높이로 이동하기도 하지만 바람의 강한 유동에 의하여 이보다 높이 떠서 수평방향으로 수백 km를 날아가기도 한다.
③ 이동 입자들은 바람의 속력이 감소될 때나 강우에 의한 습식강하를 통하여 토양 표면에 퇴적된다.
④ 부유에 의한 이동은 전체 이동량의 90% 이상을 차지한다.

풀이 부유에 의한 이동은 전체 이동량의 15% 정도 수준이다.

18 토양에서 일어나는 흡착 모델인 랭그미어(Langmuir) 흡착등온모델의 전제가 되는 가정에 관한 설명으로 옳지 않은 것은?

① 흡착은 흡착지점이 고정된 단일 흡착층에서 일어난다.
② 흡착은 가역적이다.
③ 표면에 흡착된 분자는 옆으로 이동한다.
④ 흡착에너지는 모든 지점에서 동일하다.

풀이 표면에 흡착된 분자는 옆으로 이동하지 않는다.

19 토양오염물질의 이동특성, 이동경로에 영향을 주는 유기 오염물질의 주요 특성(인자)과 가장 거리가 먼 것은?

① 용해도적
② 공기/물 분배계수
③ 옥탄올/물 분배계수
④ 헨리상수

풀이 유기오염물질의 특성인자
　　㉠ 증기압
　　㉡ 헨리상수
　　㉢ 분해상수
　　㉣ 옥탄올/물 분배계수

　　무기오염물질의 특성인자
　　㉠ 용해도적
　　㉡ 착염물질의 형성

20 다음 중 토양 오염의 특징과 가장 거리가 먼 것은?

① 피해발현의 완만성
② 오염의 비인지성
③ 오염영향의 광역성
④ 타 환경인자와의 영향관계의 모호성

풀이 토양오염의 특징
　　㉠ 오염경로의 다양성
　　㉡ 피해발현의 완만성
　　㉢ 오염지역의 국지성
　　㉣ 타 환경인자와의 영향관계의 모호성

2과목 **토양 및 지하수오염조사기술**

21 다음 중 pH 표준용액으로 사용하는 수산화칼슘 표준용액으로 적합한 것은?(단, 25℃ 포화용액)

① 0.01M
② 0.02M
③ 0.025M
④ 0.05M

풀이 pH 표준용액
　　㉠ 수산염 표준용액(0.05M)
　　㉡ 프탈산염 표준용액(0.05M)
　　㉢ 인산염 표준용액(0.025M)
　　㉣ 붕산염 표준용액(0.05M)
　　㉤ 탄산염 표준용액(0.025M)
　　㉥ 수산화칼슘 표준용액(0.02M, 25℃ 포화용액)

22 다음은 자외선/가시선 분광법을 적용한 불소 측정에 관한 내용이다. ( ) 안에 옳은 내용은?

> 토양 중 불소를 측정하는 방법으로 불소가 진홍색의 지르코늄－발색시약과의 반응으로 ( )의 음이온 복합체를 형성하는 과정을 이용한다.

① 무색
② 청색
③ 황갈색
④ 적자색

23 저장물질이 있는 누출검사대상시설－기상부의 시험법 중 미가압법 시험의 판정기준은?

① 미가압 시험결과, 누출검사대상시설 내의 압력강하량이 $2mmH_2O$를 초과하면 불합격으로 한다.
② 미가압 시험결과, 누출검사대상시설 내의 압력강하량이 $4mmH_2O$를 초과하면 불합격으로 한다.
③ 미가압 시험결과, 누출검사대상시설 내의 압력강하량이 $6mmH_2O$를 초과하면 불합격으로 한다.
④ 미가압 시험결과, 누출검사대상시설 내의 압력강하량이 $8mmH_2O$를 초과하면 불합격으로 한다.

24 토양 시료의 채취에 관한 내용으로 틀린 것은?(단, 토양오염관리대상시설 지역기준)

① 토양 시료는 직경 2.5cm 이상의 시료채취봉이 들어있는 타격식이나 나선형식의 토양시추장비로 채취한다.
② 사용하는 시추장비는 시추 중에 물이나 기름이 유입되지 않는 것으로 한다.
③ 시료채취봉을 꺼내어 오염의 개연성이 가장 높다고 판단되는 부위 ±15cm를 시료부위로 한다.
④ 시료채취봉을 꺼내어 오염의 개연성이 판단되지 않을 경우는 중간부의 토양 30cm를 시료부위로 한다.

풀이 시료채취봉을 꺼내어 오염의 개연성이 판단되지 않을 경우는 가장 하부의 토양 30cm를 시료부위로 한다.

25 유기인화합물을 기체크로마토그래피로 정량할 때 정량한계는?

① 각 항목별 0.01mg/kg
② 각 항목별 0.05mg/kg
③ 각 항목별 0.1mg/kg
④ 각 항목별 0.5mg/kg

26 저장물질이 없는 누출검사대상시설의 누출검사방법 중 가압시험법에 사용되는 기구 및 기기에 관한 설명으로 옳지 않은 것은?

① 온도계는 시험압력에 충분히 견딜 수 있는 것으로서 최소 눈금 1℃ 이하를 읽고 기록이 가능해야 한다.
② 압력계는 최소눈금이 시험압력의 5% 이내이고, 이를 읽고 측정압력의 기록이 가능한 것을 사용한다.
③ 안전밸브는 1.0kgf/cm² 이하에서 작동되어야 한다.
④ 사용가스는 가압매체로 질소 등 불활성가스를 사용한다.

풀이 안전밸브는 0.7kgf/cm² 이하에서 작동되어야 한다.

27 다음은 토양의 pH를 측정(유리 전극법)하기 위한 분석절차에 관한 내용이다. ( ) 안에 옳은 내용은?

조제된 분석용 시료 5g을 달아 50ml 비커에 취하고 정제수 25mL를 넣어 가끔 유리막대로 저어주면서 ( )을 방치한다.

① 10분
② 15분
③ 30분
④ 1시간

28 다음은 토양오염관리대상시설지역에서의 시료채취지점 선정에 관한 내용이다. ( ) 안에 옳은 내용은?(단, 부지 내 지상저장시설 기준)

토양오염물질(유류 등)의 누출이 인지되거나 토양오염의 개연성이 높은 3개 지점을 선정하되, 저장시설의 끝단으로부터 수평방향으로 1m 이상 떨어진 지점에서 이격거리의 ( ) 깊이까지로 한다.

① 1.2배
② 1.5배
③ 2.0배
④ 2.5배

29 다음은 토양 시료 채취 후 시료의 조제방법 중 수소이온 농도, 불소 및 금속류 시험용 시료 조제에 관한 내용이다. ( ) 안에 옳은 내용은?

풍건 시료 사용이 곤란한 경우, 수분 흡수와 오염 유발의 위험성이 없는 넓은 용기에 5cm 이하의 두께로 토양 시료를 편 다음, 건조기(40℃ 이하)에서 토양 시료의 총 무게손실이 ( ) 이하일 때까지 건조한 후 해당 분석용 시료로 조제한다.

① 4시간 동안 5%(중량 기준)
② 8시간 동안 5%(중량 기준)
③ 12시간 동안 5%(중량 기준)
④ 24시간 동안 5%(중량 기준)

30 저장물질이 없는 누출검사대상시설의 누출검사방법인 가압시험법의 시험오류 원인이 아닌 것은?

① 누출검사대상시설 이외의 연결관 및 연결부의 오류로 인한 누출
② 최저 설정압력의 오류
③ 시험압력 유지시간이 너무 짧을 때
④ 측정기간 중 과도한 온도변화에 의한 내용물의 체적변화

PART 05

풀이 시험오류의 원인(저장물질이 없는 누출검사대상시설 : 가압시험법)

㉠ 누출검사대상시설 이외의 연결관 및 연결부의 오류로 인한 누출
㉡ 최고 설정압력의 오류
㉢ 시험압력 유지시간이 너무 짧을 때
㉣ 측정기간 중 과도한 온도변화에 의한 내용물의 체적변화
㉤ 기타

31 다음은 정도보증/정도관리에 관한 내용 중 검정곡선의 작성 및 검증에 관한 사항이다. (   ) 안에 옳은 것은?

검증은 방법검출한계의 5~50배 또는 검정곡선의 중간 농도에 해당하는 표준용액에 대한 측정값이 검정곡선 작성 시의 지시값과 (   ) 이내에서 일치하여야 한다.

① 5%
② 10%
③ 15%
④ 25%

32 석유계층탄화수소(TPH)의 분석(기체크로마토그래피)을 위한 전처리에 사용되는 속슬렛 추출장치의 구성으로 틀린 것은?

① 유리재 여과조
② 냉각장치
③ 농축장치
④ 가열장치

풀이 속슬렛 추출장치의 구성

㉠ 유리재 여과조   ㉡ 냉각장치
㉢ 추출 플라스크   ㉣ 가열장치

33 다음은 토양 내 시안을 자외선/가시선 분광법으로 측정할 때에 관한 내용이다. (   ) 안에 옳은 내용은?

pH 2 이하의 산성에서 EDTA를 넣고 가열 증류하여 시안화물 및 시안착화합물의 대부분을 시안화수소로 유출시키고 (   )에 포집한다.

① 클로라민 T 용액
② 수산화나트륨 용액
③ 피리딘 · 파라졸론 용액
④ 황산제이철암모늄 용액

34 토양의 수분함량 측정에 관한 설명으로 옳지 않은 것은?

① 시료를 105~110℃에서 2시간 이상 건조하고 데시케이터에서 식힌 후 항량으로 하고 무게를 정확히 단다.
② 토양 중 수분을 0.1%까지 측정한다.
③ 시료는 24시간 이내에 증발처리를 하여야 하며 최대한 7일을 넘기지 말아야 한다.
④ 시료를 보관하여야 할 경우 미생물에 의한 분해를 방지하기 위하여 0~4℃로 보관한다.

풀이 수분함량 측정

시료를 105~110℃에서 4시간 이상 건조하고 데시케이터에서 식힌 후 항량으로 하며 무게를 정확히 달아 수분함량(%)을 구한다.

35 총칙의 내용 중 온도에 관한 설명으로 옳지 않은 것은?

① 열수는 약 100℃
② 냉수는 15℃ 이하
③ 온수는 50~60℃
④ 찬 곳은 따로 규정이 없는 한 0~15℃

풀이 온도 관련 용어

용어	온도(℃)
표준온도	0
상온	15~25
실온	1~35
찬 곳	0~15의 곳
냉수	15 이하
온수	60~70
열수	≒100

36 배관시설에 대한 누출검사방법으로 가압 및 미감압시험법 적용 시 검사기기 및 기구 중 안전장치에 관한 내용으로 옳은 것은?

① 시험압력의 1.1배 부근에서 작동할 수 있는 안전밸브를 갖추어야 한다.
② 시험압력의 1.3배 부근에서 작동할 수 있는 안전밸브를 갖추어야 한다.
③ 시험압력의 1.5배 부근에서 작동할 수 있는 안전밸브를 갖추어야 한다.
④ 시험압력의 1.8배 부근에서 작동할 수 있는 안전밸브를 갖추어야 한다.

37 토양시료채취기가 없을 때 모종삽 또는 삽 등과 같은 기구를 사용하여 표토층 시료를 채취할 경우 다음 그림의 어느 부분에서 채취하는 것이 가장 적당한가?(단, 일반지역 기준)

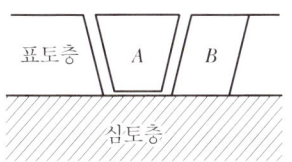

① A부분의 흙을 채취한다.
② A와 B부분의 흙을 1 : 1로 혼합하여 채취한다.
③ A와 B부분의 흙을 1 : 2로 혼합하여 채취한다.
④ A부분을 제거한 다음 B부분의 흙을 채취한다.

38 토양시료의 수분측정 결과 다음과 같은 자료를 얻었다. 수분함량은?
(단, 증발접시의 무게(W_1) : 30.257g, 건조 전 증발접시와 시료의 무게(W_2) : 52.498g, 건조 후 증발접시와 시료의 무게(W_3) : 45.521g)

① 31.4%   ② 34.6%
③ 37.2%   ④ 39.4%

풀이 수분함량(%) $= \left(\dfrac{W_2 - W_3}{W_2 - W_1} \right) \times 100$

$$= \frac{(52.498 - 45.521)\text{g}}{(52.498 - 30.257)\text{g}} \times 100$$
$$= 31.37\%$$

39 다음은 자외선/가시선 분광법을 적용한 6가크롬 정량에 관한 내용이다. ( ) 안에 옳은 내용은?

시료 중에 6가 크롬을 ( )와(과) 반응시켜 생성하는 적자색의 착화합물의 흡광도를 540nm에서 측정하여 6가 크롬을 정량하는 방법

① 피리딘 – 피라졸론
② 디페닐카르바지드
③ 디에틸디티오카르바민산은
④ 메틸디메톤

40 시험총칙에 대한 내용 중 틀린 것은?

① 십억분율은 μg/kg으로 표시하며 1ppm의 1/1,000이다.
② '정확히 단다'라 함은 규정된 양의 검체를 취하여 분석용 저울로 0.1mg까지 다는 것을 말한다.
③ '정확히 취하여'라 함은 규정한 양의 검체 또는 시액을 홀피펫으로 눈금까지 취하는 것을 말한다.
④ 감압이라 함은 따로 규정이 없는 한 15mmH$_2$O 이하를 말한다.

풀이 감압 또는 진공이라 함은 따로 규정이 없는 한 15mmHg 이하를 말한다.

3과목 **토양 및 지하수오염정화기술**

41 오염토양의 불용화처리법(화학적 처리) 중 황화나트륨을 첨가하여 처리할 수 있는 오염물질로 가장 적절한 것은?

① 비소 화합물   ② 납 화합물
③ 6가크롬 화합물   ④ 시안 화합물

42 지중 내에 직류전기를 공급하여 지반으로부터 오염물질을 추출하는 기술의 장단점으로 틀린 것은?

① 지반 매트릭스 자체에 미치는 영향이 정확하게 규명되지 않는 단점이 있음
② 염이나 2차 광물의 침전으로 효율이 상승되는 장점이 있음
③ 오염지역 복원이 영구적인 장점이 있음
④ 오염된 지중용액을 집수정으로부터 쉽게 추출할 수 있는 장점이 있음

풀이 동전기 정화방법은 염이나 2차 광물의 침전에 의하여 효율이 저하된다.

43 미생물의 종류별 탄소원과 에너지원의 연결로 옳지 않은 것은?(단, 탄소원－에너지원)

① 화학합성 자가영양 : CO_2－유기물의 산화환원반응
② 화학합성 종속영양 : 유기탄소－유기물의 산화환원반응
③ 광합성 종속영양 : 유기탄소－빛
④ 광합성 자가영양 : CO_2－빛

풀이 탄소원과 에너지원에 따른 미생물 분류

구분(영양 형태)	탄소원	에너지원	예
광(합성) 독립(자가) 영양 미생물 (Photoautotroph)	CO_2	빛	남조류(Cyano－bacteria), 조류, 시안세균
광(합성) 종속영양 미생물 (Photohetero－troph)	유기탄소 (유기화합물)	빛	Rhodospeudo－monas, Rhodospirillum
화학 독립 (자가) 영양 미생물 (Chemoauto－troph)	CO_2	환원 형태의 무기물(무기물의 산화·환원 반응) (NH_4, H_2S, NO_2^-, H_2, S, $S_2O_3^{2-}$, Fe^{2+})	질화세균 (질산화성균) 황산화균 (황세균), 수소산화균, 철산화균 (철세균)
화학 종속 영양 미생물 (Chemohetero－troph)	유기탄소 (유기화합물)	유기화합물 (유기물의 산화·환원 반응)	원생동물, 진균류, 대부분의 세균

44 오염된 토양처리를 위한 자연저감법의 장단점으로 틀린 것은?

① 정화에 따른 부산물이 없는 장점이 있음
② 수용체로 오염물질 확산 진행 시 효과적으로 적용 가능한 장점이 있음
③ 부지 접근방지 및 부지 사용금지 등의 조치가 필요한 단점이 있음
④ 자연저감기간 중 시스템 내 물리화학적 특성변화가 발생되어 오염물질의 확산을 야기할 수 있는 단점이 있음

풀이 자연저감법은 수용체로 오염물질의 확산이 진행된다면 적용이 불가한 단점이 있다.

45 유기화학물질의 생분해능은 화합물의 분자구조에 크게 의존한다. 다음 조건 중 대상 오염물질이 일반적으로 난분해성 경향을 갖게 하는 조건이 아닌 것은?

① 분자 내에 많은 수의 할로겐원소를 함유하는 화합물
② 가지구조가 많은 화합물
③ 물에 대한 용해도가 낮은 화합물
④ 원자의 전하차가 작은 화합물

풀이 생분해가 어려운 물질의 일반적인 특징은 원자의 전하차가 큰 화합물이다.

46 바이오스파징의 장점으로 틀린 것은?

① 휘발보다 생분해가 주요 제거 메커니즘이므로 배출가스 처리가 필요 없을 수 있음
② 오염물질의 이동 및 확산 우려가 없음
③ 지하수의 부가적인 처리가 없음
④ 지상의 영업 및 활동에 방해 없이 정화작업 수행

풀이 바이오스파징은 오염물질의 이동 및 확산 야기가 우려되는 단점이 있다.

47 TCB(Trichloroethylene)로 오염된 지하수를 오존으로 처리하고자 한다. 처리대상 지하수로 예비실험을 한 결과 1.4mg/L−min의 오존으로 1시간 처리 시 환경기준에 적합한 제거율을 보였다. 지하수 오염농도가 150mg/L이고 처리해야 할 지하수의 유량이 2,000L/min일 경우 환경기준에 적합하도록 처리하기 위한 최소 오존 필요량은?

① 약 242kg/day ② 약 318kg/day
③ 약 423kg/day ④ 약 538kg/day

풀이 O_3 총량(kg/day)
$= 1.4mg/L \cdot min \times 60min \times 2,000L/min$
$\times 60min/hr \times 24hr/day \times 10^{-6}kg/mg$
$= 241.92kg/day$

48 기름의 입경은 0.2mm, 기름의 비중은 0.94 g/cm^3, 물의 비중은 1g/cm^3, 물의 점성도는 0.01 $g/cm \cdot sec$일 때 기름의 부상속도(cm/min)는? (단, Stokes의 법칙을 이용)

① 5.84 ② 6.84
③ 7.84 ④ 8.84

풀이 부상속도(cm/min)

$= \dfrac{g \cdot d^2(\rho_1 - \rho)}{18\mu}$

$= \dfrac{980cm/sec^2 \times 0.02^2cm^2 \times (1.0-0.94)g/cm^3}{18 \times 0.01g/cm \cdot sec}$

$= 0.1306cm/sec \times 60sec/min = 7.84cm/min$

49 열탈착기술에서 오염물질의 특성에 따른 탈착 속도에 대하여 틀리게 설명한 것은?

① 유기물질의 분자량이 클수록 탈착속도가 빠르다.
② 토양층이 깊어질수록 탈착속도는 감소한다.
③ 유기물질의 휘발성이 작을수록 탈착속도가 느리다.
④ 비공극성 입자의 경우 탈착속도는 초기에 크고 빠르게 일어난다.

풀이 열탈착기술에서 유기물질의 분자량이 클수록 탈착속도는 느리다.

50 오염토양 열처리 프로세스의 종류 중 장치용적에 비해 비교적 넓은 열전달 표면적이 존재하여 같은 용량의 장치에 비해 장치가 작고 열전달효율이 높으나, 고형물의 온도가 최대허용 가능한 유체의 온도에 의해 제한되는 것은?

① 로터리 탈착장치 ② 열스크루
③ 유동상 탈착장치 ④ 마이크로파 탈착장치

51 Soil Flushing에 관한 설명으로 옳지 않은 것은?

① 휘발성 유기화합물질, 준휘발성 유기화합물질의 처리 시에는 경제성이 떨어진다.
② 세정용액에 의해 2차오염이 유발될 수 있다.
③ 투수성이 낮은 토양에서는 처리하기가 어렵다.
④ 중금속 오염토양처리에는 효과가 없다.

풀이 Soil Flushing(토양세정방법)은 중금속, 방사능오염물질, 무기물질 처리에 효과적이다.

52 벤젠(C_6H_6) 2kg으로 오염된 토양을 원위치 생물학적 복원기술로 정화하려 한다. 벤젠이 완전분해되는 데 필요한 산소를 과산화수소(H_2O_2)로 공급하고자 할 때 필요한 과산화수소의 양(kg)은?

① 7kg ② 9kg
③ 11kg ④ 13kg

풀이 이론산소량(kg)

$C_6H_6 + 7.5O_2 \longrightarrow 6CO_2 + 3H_2O$
$78kg \quad : \quad (7.5 \times 32)kg$
$2kg \quad : \quad O_2(kg)$

이론산소량(kg) $= \dfrac{2kg \times (7.5 \times 32)kg}{78kg} = 6.154kg$

과산화수소량(kg)

$2H_2O_2 \longrightarrow 2H_2O + O_2$
$68kg \quad : \quad 32kg$
$H_2O_2(kg) \quad : \quad 6.154$

과산화수소량(kg) $= \dfrac{(68 \times 6.154)kg}{32kg} = 13.08kg$

정답 47 ① 48 ③ 49 ① 50 ② 51 ④ 52 ④

53 자일렌 100mg/L의 농도로 오염된 지하수 3,000m³을 처리하기 위해 필요한 활성탄의 양은?(단, 자일렌에 대한 활성탄의 흡착능 0.0789g −Xylenes/g−carbon)

① 760kg　　　　② 1.4t
③ 2.3t　　　　④ 3.8t

풀이 활성탄의 양(ton)
$$= 100mg/L \times 3,000m^3 \times 1,000L/m^3$$
$$\times g/1,000mg \times ton/10^6 g \times$$
$$g-Carbon/0.0789g-Xylenes$$
$$= 3.8ton$$

54 오염지하수를 반응벽체로 처리하고자 한다. 반응벽체 내 지하수 통과 선속도가 2m/day이며, 반응벽체 내 체류시간이 6시간이 되어야 할 경우 반응벽체의 두께는 얼마가 필요한가?

① 0.5m　　　　② 1.0m
③ 1.5m　　　　④ 2.0m

풀이 반응벽체 두께(m)
$$= 속도 \times 시간 = 2m/day \times 6hr \times day/24hr$$
$$= 0.5m$$

55 생물학적 복원기술에 관한 설명 중 틀린 것은?

① 저농도 및 광범위한 오염에 적합하다.
② 유해한 중간물질을 만드는 경우가 있어 분해생성물의 유무를 조사할 필요가 있다.
③ 다양한 물질에 의해 오염되어 있는 경우에도 별도의 기술개발이 필요 없다.
④ 약품을 많이 사용하지 않기 때문에 2차 오염이 적다.

풀이 생물학적 복원기술은 다양한 물질에 의해 오염되어 있는 경우에는 별도의 기술개발이 필요하다.

56 벤젠의 농도가 6.0mg/L인 지하수에서 미생물의 호기성 분해에 의하여 분해가 일어나고 있다. 이 대수층의 산소농도가 6.0mg/L이며 산소 소비율이(3mg/L−O₂)/(1mg/L−벤젠)인 경우 분해 후 최종 벤젠 농도(mg/L)는?(단, 다른 곳으로부터의 산소공급은 없다고 가정)

① 5　　　　② 4
③ 3　　　　④ 2

풀이 최종 벤젠농도(mg/L)
$$= 6.0mg/L - \dfrac{6.0mg/L - O_2}{\left(\dfrac{3mg/L - O_2}{1mg/L - 벤젠}\right)} = 4.0mg/L$$

57 분자식이 $C_6H_{12}O_6$인 포도당 300g이 완전 산화할 때 소모되는 이론 산소량은?

① 약 130g　　　　② 약 180g
③ 약 280g　　　　④ 약 320g

풀이 완전산화반응식
$$C_6H_{12}O_6 + \left[\dfrac{(4 \times 6) + 12 - (2 \times 6)}{4}\right]O_2$$
$$\rightarrow 6CO_2 + \dfrac{12}{2}H_2O$$
$$C_6H_{12}O_6 + 6O_2 \rightarrow 6CO_2 + 6H_2O$$
$$180g : 6 \times 32g$$
$$300g : O_0(g)$$
$$O_0(이론산소량 ; g) = \dfrac{300g \times (6 \times 32)g}{180g} = 320g$$

58 디젤로 오염된 오염 부지(20m×10m×5m)의 토양 평균 공극률이 0.3이다. 바이오벤팅법을 이용하여 오염부지를 정화하는 경우, 오염부지 공극체적(Pore Volume)의 100배의 공기가 필요한 것으로 조사되었다. 오염부지에 주입하는 공기량이 300m³/일이라면, 바이오벤팅법을 이용하여 복원하는 데 걸리는 운전시간은?(단, 지속적인 주입으로 가정할 것)

① 30일　　　　② 60일
③ 90일　　　　④ 100일

풀이 운전시간(day) = $\dfrac{총\ 필요\ 주입공기량}{1일\ 주입공기량}$
$$= \dfrac{(20 \times 10 \times 5)m^3 \times 0.3 \times 100}{300m^3/day} = 100day$$

59 오염부지 내 TPH 초기오염농도 4,000mg/kg 이 120일 후에 2,000mg/kg으로 저감되었다면, 1차 반응속도 속도상수는?

① 0.0037/day

② 0.0042/day

③ 0.0051/day

④ 0.0058/day

풀이 $\ln \dfrac{2,000}{4,000} = -\,k \times 120\text{day}$

  $k = 0.0058/\text{day}$

60 지하수면 아래 대수층이 TCE 오염운에 의해 오염되었다. 오염 대수층의 체적은 20,000m³이고 매질의 공극률이 0.3이며, 오염운 내 지하수의 평균 TCE 농도가 2.0mg/L이라면, 오염운의 지하수 내에 존재하는 TCE 총량은?

① 4.0kg ② 8.0kg

③ 12.0kg ④ 16.0kg

풀이 TCE 총량(kg)

  = 부피 × 농도 × 공극률

  $= 20,000\text{m}^3 \times 2.0\text{mg/L} \times 0.3 \times 10^3\text{L/m}^3$

   $\times \text{kg}/10^6\text{mg}$

  $= 12.0\text{kg}$

4과목 **토양 및 지하수환경 관계법규**

[Note] 2013~2014년 토양 및 지하수환경 관계법규 관련 문제는 법규의 변경사항이 많으므로 문제유형만 학습하시기 바랍니다.

61 다음은 토양오염검사수수료에 관한 내용 중 누출검사수수료(배관부)에 관한 내용이다. (   ) 안에 옳은 내용은?

배관부의 누출검사수수료는 배관 (   )을(를) 기준으로 산정된 기본수수료와 체적수수료를 합한 것으로 한다.

① 1라인(시점 및 종점)

② m당(누출 지점)

③ m²당(누출 면적)

④ 1기당(탱크)

62 다음은 특정토양오염관리대상시설 부지에서의 시료채취방법에 관한 내용이다. (   ) 안에 옳은 내용은?(단, 종류가 같은 토양오염물질인 경우)

개별 저장시설 용량이 50만 리터 이하인 저장시설이 1개 이상 있는 경우는 3개 지점에서 시료채취, 다만 개별 저장 시설 간의 거리가 (   ) 이상 떨어진 경우에는 2개 지점을 추가하여 시료채취를 한다.

① 10m ② 30m

③ 50m ④ 100m

63 다음 오염물질 중 토양오염우려기준이 나머지와 다른 것은?(단, 1지역 기준)

① 카드뮴 ② 페놀

③ 수은 ④ 납

정답 59 ④ 60 ③ 61 ① 62 ④ 63 ④

64 토양환경평가를 위한 조사 구분 중 시료의 채취 및 분석을 통한 토양오염 여부를 조사하는 것은?

① 정밀조사　　　② 기초조사
③ 정도조사　　　④ 개황조사

65 토양정화업의 등록요건 중 장비기준으로 거리가 먼 것은?

① 휴대용 가스측정장비 1식(휘발성 유기화합물질, 산소, 이산화탄소 및 메탄의 측정이 가능할 것)
② 현장용 수질측정기 1식(수소이온농도, 수온, 전기전도도, 용존산소 및 산화환원전위의 측정이 가능할 것)
③ 지하수위측정기
④ 시료채취기 1대(깊이 4m 이내 시료채취가 가능할 것)

66 토양보전기본계획을 수립할 때 포함되어야 할 사항과 가장 거리가 먼 것은?

① 토양정화 및 정화된 토양의 이용에 관한 사항
② 토양정화를 위한 기술인력의 교육 및 양성에 관한 사항
③ 토양보전에 관한 시책방향
④ 토양오염의 정화 및 복원 현황

67 토양정화업의 등록요건 중 반입정화시설에 대한 기준으로 옳은 것은?

① 정화시설 200제곱미터 이상, 보관시설 200제곱미터 이상
② 정화시설 400제곱미터 이상, 보관시설 200제곱미터 이상
③ 정화시설 200제곱미터 이상, 보관시설 400제곱미터 이상
④ 정화시설 400제곱미터 이상, 보관시설 400제곱미터 이상

68 특정토양오염관리대상시설의 변경신고를 하여야 하는 경우에 해당되지 않는 것은?

① 대표자가 변경되는 경우
② 사업장의 명칭이 변경되는 경우
③ 사업장의 위치가 변경되는 경우
④ 특정토양오염관리대상시설에 저장하는 오염물질을 변경하는 경우

69 다음은 토양오염이 발생한 해당 부지 안에서 오염토양의 정화가 곤란할 때 반출하여 정화할 수 있는 경우에 관한 기준이다. (　　) 안에 내용으로 옳은 것은?(단, 토양오염도가 토양오염우려기준을 넘는 토양기준)

　오염토양의 양이 (　　)으로서 현장에서 정화하는 때에는 정화효율이 현저하게 저하되는 경우

① 5세제곱미터 미만
② 10세제곱미터 미만
③ 30세제곱미터 미만
④ 50세제곱미터 미만

70 다음은 오염토양의 반출 절차 및 방법에 관한 내용이다. (　　) 안에 옳은 내용은?

　특별자치도지사·시장·군수·구청장은 오염토양반출정화(변경)계획서를 검토하여 반출정화의 계획이 적정한 경우에는 (　　)에 적정 통보하여야 한다.

① 7일 이내
② 10일 이내
③ 15일 이내
④ 30일 이내

71 환경부장관이 토양관리단지 조성계획을 수립할 때 포함되어야 하는 사항과 가장 거리가 먼 것은?

① 단지 조성 주체 및 운영계획
② 오염토양 정화처리 용량
③ 환경보전계획
④ 조성 대상 부지의 확보방안

72 다음은 토양보전대책지역의 지정기준에 관한 내용이다. (   ) 안의 내용으로 옳은 것은?

농경지 외의 지역의 경우에는 지표면으로부터 지하수(대수층)면 상부 토양 사이의 토양오염도가 대책기준을 초과한 지역 또는 특별자치도지사·시장·군수·구청장이 대책지역 지정을 요청한 지역으로서 인체에 대한 피해가 우려되고 그 면적이 (   ) 이상인 지역일 것

① 1만 제곱미터   ② 2만 제곱미터
③ 3만 제곱미터   ④ 5만 제곱미터

73 다음 중 토양보전대책지역의 토양보전대책을 위한 계획에 포함되는 오염토양개선사업의 종류와 가장 거리가 먼 것은?

① 객토 및 토양개량제의 사용 등 농토배양사업
② 오염된 수로의 준설사업
③ 오염토양 처리기술 개발·개선사업
④ 오염물질의 흡수력이 강한 식물식재사업

74 토양환경평가기관의 지정기준(장비) 중 자가동력시추기에 관한 내용으로 옳은 것은?

① 타격식이나 나선형식으로 시추깊이가 최소 2m 이상일 것
② 타격식이나 나선형식으로 시추깊이가 최소 4m 이상일 것
③ 타격식이나 나선형식으로 시추깊이가 최소 6m 이상일 것

④ 타격식이나 나선형식으로 시추깊이가 최소 8m 이상일 것

75 다음은 토양정화업자의 준수사항에 관한 내용이다. (   ) 안에 옳은 내용은?

정화현장에 오염토양의 정화공정도 및 정화일지를 작성하여 비치하고 정화일지는 (   ) 보관하여야 한다.

① 1년간   ② 2년간
③ 3년간   ④ 5년간

76 보관, 운반 및 정화 등의 과정에서 오염토양을 누출·유출시킨 자에 대한 벌칙 기준은?

① 500백만 원 이하의 벌금
② 1천만 원 이하의 벌금
③ 1년 이하의 징역 또는 1천만 원 이하의 벌금
④ 2년 이하의 징역 또는 2천만 원 이하의 벌금

77 토양관련전문기관 및 토양정화업 기술인력 교육계획을 수립하여 환경부장관에게 제출하여야 하는 자는?

① 국립환경과학원장
② 국립환경인재개발원장
③ 시도보건환경연구원장
④ 환경보전협회장

78 지하수를 공업용수로 이용하는 경우 특정유해물질에 대한 지하수 수질기준으로 옳지 않은 것은?

① 카드뮴 : 0.02mg/L 이하
② 비소 : 0.1mg/L 이하
③ 시안 : 0.02mg/L 이하
④ 수은 : 0.001mg/L 이하

정답   71 ①   72 ①   73 ③   74 ③   75 ③   76 ③   77 ②   78 ③

79 특별자치도지사 · 시장 · 군수 · 구청장은 환경부령으로 정하는 바에 따라 특정토양오염관리대상시설의 설치자에게 감독상 필요한 자료의 제출을 명할 수 있으며 소속 공무원으로 하여금 특정토양오염관리대상시설에 출입하여 토양오염방지시설의 설치, 토양오염검사 및 그 결과의 보존 여부 등을 검사하게 할 수 있다. 이에 따른 공무원의 출입 · 검사를 거부 · 방해 또는 기피한 자에 대한 과태료 기준은?

① 200만 원 이하의 과태료
② 300만 원 이하의 과태료
③ 500만 원 이하의 과태료
④ 1,000만 원 이하의 과태료

80 특별자치도지사 · 시장 · 군수 · 구청장은 오염토양개선사업 전부 또는 일부의 실시를 그 오염원인자에게 명할 수 있다. 이 경우 특별자치도지사 · 시장 · 군수 · 구청장은 토양보전을 위하여 필요하다고 인정하면 환경부령으로 정하는 토양관련전문기관으로 하여금 오염토양 개선사업의 지도 · 감독하게 할 수 있다. 위에서 언급한 환경부령으로 정하는 토양관련전문기관은?

① 시 · 도 보건환경연구원
② 국립환경과학원
③ 유역환경청
④ 한국환경공단

1과목 **토양학개론**

01 미국 토양분류기준인 Soil Taxonomy의 토양목 구분 중 'Entisol'에 관한 설명으로 옳은 것은?

① 토양층위가 뚜렷하지 않은 미발달 토양
② 유기물 함량이 높아 표토가 검은 빛깔의 토양
③ 화산재 토양
④ 유기질로 이루어진 늪지의 토양

풀이 엔티졸은 토양층위가 뚜렷하지 않은 미발달토양, 즉 층의 분화가 거의 없는 미숙토양이다.

02 토양 내 중금속에 관한 내용으로 틀린 것은?

① 크롬 : 6가 크롬이 3가 크롬에 비하여 이동성이 크고 독성이 강함
② 비소 : 3가 비소가 5가 비소에 비하여 이동성이 크고 독성이 강함
③ 수은 : 3가 수은이 2가 수은에 비하여 이동성이 크고 독성이 강함
④ 카드뮴 : 생물농축되어 독성이 증가함

풀이 유기수은 중 알킬수은화합물의 독성은 무기수은화합물의 독성보다 매우 강하다.

03 토양층위 중 A층에 대한 설명으로 옳은 것은?(단, 성토층 내 용탈층)

① 유기물의 원형을 식별할 수 있는 유기물 층이다.
② 광물질이 풍부하여 하부에 있는 층보다 색깔이 짙은 것이 특징이다.
③ 풍화작용이 가장 활발하게 진행되고 있는 층이다.
④ 토양의 구조가 뚜렷하게 구분되는 것이 특징이다.

풀이 ①항 : O층
③항 : B층
④항 : B층

04 입자의 크기가 토양의 성질에 미치는 요인에 관한 내용으로 틀린 것은?(단, 구분 : 모래－미사－점토 순서)

① 유기물 분해 : 빠름－중간－느림
② 오염물질 용탈능력 : 높음－중간－적음
③ 팽창수축력 : 높음－중간－낮음
④ 차수능력 : 불량－불량－좋음

풀이 팽창 · 수축력
㉠ 사질 토양 : 낮음
㉡ 미사질 토양 : 중간, 낮음
㉢ 점토질 토양 : 높음

05 다음의 토양점토광물 중 2 : 1형 층상 구조를 갖는 광물(3층형 광물)에 해당되지 않는 것은?

① Kaolinite
② Illite
③ Montmorillonite
④ Vermiculite

풀이 점토광물의 분류
1. 결정형 광물
① 1 : 1 격자형 광물(2층형 광물, 비팽창형)
→ 할로이사이트, 나크라이트 카올리나이트, 디카이트
② 2 : 1 격자형 광물(3층형 광물)
한 층의 Al 8면체를 Si 4면체가 양쪽으로 샌드위치처럼 싸서 3층 구조를 이룸
㉠ 팽창형 → 몬모릴로나이트, 사포나이트, 버미큘라이트
㉡ 비팽창형 → 일라이트
③ 2 : 1 : 1(2 : 2, 격자형 광물 비팽창형)
→ 클로라이트
2. 비결정형 광물(무정형) : 알로펜, 이모고라이트

06 다음에서 오염물질의 이동특성 중 이류(Ad vection)에 해당하는 것은?

① 용액의 농도가 불균일할 때 농도가 높은 곳으로부터 낮은 곳으로 물질이 이동하는 것
② 지하수환경으로 유입된 오염물질이 지하수의 공극유속과 같은 속도로 움직이는 것
③ 용질이 다공질 매체를 통하여 이동하는 과정에서 희석되는 것
④ 용질의 유동이 예상보다 늦어지는 현상

07 다음 중 이온교환효율이 큰 순서로 옳은 것은?

① Li > Rb > Na > K
② K > Rb > Li > Na
③ Na > Li > K > Rb
④ Rb > K > Na > Li

08 토양공기 조성에 관한 설명으로 옳은 것은?

① 토양의 깊이에 따른 산소함량 감소 정도와 토양 공극의 특성과의 관계는 무관하다.
② 질소의 함량은 대기 중의 함량과 비슷하다.
③ 대기에 비하여 상대습도는 낮고 탄산가스는 높은 편이다.
④ 대기에 비하여 상대습도는 높고 탄산가스는 낮은 편이다.

풀이 ①항 : 토양의 깊이가 깊을수록 산소함량이 적어지는 정도는 토양공극의 특성과 밀접한 관계가 있다.
③, ④항 : 대기에 비하여 상대습도, 탄산가스는 높다.

09 토양에서 일어나는 양이온교환반응과 농업생산성과의 관련 내용으로 틀린 것은?

① 치환성 K · Ca · Mg 등은 식물영양소의 주된 공급원이다.
② 산성 토양의 pH를 높이기 위한 석회요구량은 양이온교환용량이 클수록 많아진다.

③ 흡착된 K^+ · Ca^{2+} · Mg^{2+} · Na^+ 등의 이온들은 쉽게 용탈되지 않는다.
④ 토양에 비료로 사용한 K^+ · NH_4^+ 등은 토양에서 이동성이 급격하게 증가된다.

풀이 토양에 비료로 사용한 K^+, NH_4^+ 등은 토양에서 이동성이 급격하게 감소된다.

10 지하수오염 가능성도(DRASTIC) 평가 시 고려되는 인자와 가장 거리가 먼 것은?

① 저류계수
② 지하수위
③ 토양의 구성물질
④ 지형구배

풀이 Drastic 평가 시 고려인자
㉠ 지하수위
㉡ 수리전도도
㉢ 지하수 함양률
㉣ 토양의 구성물질
㉤ 불포화대 구성물질
㉥ 대수층의 구성물질
㉦ 지형구배

11 질산성 질소($NO_3^- - N$)의 농도가 30mg/L인 경우 NO_3^-의 농도는?

① 133mg/L
② 156mg/L
③ 164mg/L
④ 176mg/L

풀이
$NO_3^- \rightarrow N$
62 : 14
NO_3^- : 30
$$NO_3(mg/L) = \frac{62 \times 30}{14} = 132.86 mg/L$$

12 다음 내용이 설명하는 용어로 가장 옳은 것은?

• 1/3bar(−0.033MPa)의 퍼텐셜로 토양에 유지되는 수분 함량
• 일반적으로 식물생육에 가장 좋은 수분조건

① 위조점
② 유효수분
③ 변곡저수량
④ 포장용수량

13 토양 사상균에 관한 설명으로 틀린 것은?

① 핵막과 세포벽을 가지고 있는 진핵 생물이다.
② 종속영양생물이다.
③ 혐기성 생물로 이산화탄소의 농도가 높은 곳에서 활성이 크다.
④ 대사활성이 강하여 물질순환에 있어서 분해자로 중요한 역할을 한다.

풀이 사상균은 호기성 생물이지만 CO_2 농도가 높은 환경에서도 잘 견딘다.

14 다음 중 일반적으로 공극률이 가장 큰 토양은?

① 자갈
② 조립질 모래
③ 미사
④ 점토

15 토양생성인자와 가장 거리가 먼 것은?

① 시간
② 구조
③ 모재
④ 지형

풀이 토양생성 인자
ㄱ 기후
ㄴ 생물(식생)
ㄷ 모재(모암)
ㄹ 지형
ㅁ 시간

16 다음의 점토광물 중 비표면적이 가장 적은 것은?

① Montmorillonite
② Kaolinite
③ Trioctahedral Vermiculite
④ Chlorite

17 토양의 수분을 보유하는 힘인 토양수분장력이 물기둥의 높이로 15,300cm일 때 pF는?

① 4.02
② 4.18
③ 4.36
④ 4.57

풀이 $pF = \log H = \log 15,300 cmH_2O = 4.18$

18 지하수 유동의 기본법칙인 Darcy의 법칙에 관한 설명으로 옳지 않은 것은?

① 지하수의 흐름 속도는 수두 구배에 비례한다는 경험법칙으로 흐름은 층류여야 한다.
② 투수성 기질로 채워진 원통을 통해 나오는 유량은 수두차에 반비례한다.
③ 투수성 기질로 채워진 원통을 통해 나오는 유량은 거리에 반비례한다.
④ 투수성 기질로 채워진 원통을 통해 나오는 유량은 흐름의 단면에 비례한다.

풀이 투수성 기질로 채워진 원통을 통해 나오는 유량은 수두차에 비례한다.

19 어느 지역 토양시료에 대해 공극률 측정결과가 20%였다. 시료 내 수분부피와 공기부피는 각각 16cm³, 4cm³였다면 현장에서 채취한 토양시료의 전체부피(cm³)는?(단, 공극은 수분과 공기로만 차 있다고 가정함)

① 60
② 80
③ 100
④ 120

풀이 토양 전체 부피 $= \left(\dfrac{\text{수분부피} + \text{공기부피}}{\text{공극률}} \right)$
$= \left(\dfrac{16+4}{0.2} \right) = 100 cm^3$

20 지하수에 용존하는 용질의 이동기작에 관한 내용 중 기계적 분산(오염된 지하수는 다공질 기질을 통해 흐르면서 분산이라는 기작을 통해 오염되지 않은 지하수와 섞여 희석됨)의 설명으로 틀린 것은?

① 유체 흐름방향과 수직방향의 분산을 종분산이라 한다.
② 큰 공극을 지나는 유체가 작은 공극을 지나는 유체보다 빨리 흐르기 때문에 종분산이 일어난다.
③ 유체가 공극을 통해 흐를 때 공극의 가장자리보다는 중심을 통해 더 빨리 흐르기 때문에 종분산이 일어난다.
④ 기계적 분산계수는 평균선속도와 동력학적 분산도의 곱으로 주어진다.

풀이 유체의 흐름방향과 수직방향의 분산을 횡분산이라 한다.

[2과목] 토양 및 지하수오염조사기술

21 수소이온농도(유리전극법) 측정 시 간섭물질 및 간섭에 관한 설명으로 옳지 않은 것은?

① 토양을 오랫동안 방치하면 미생물의 작용으로 탄산가스가 발생하여 pH가 낮아질 수 있다.
② pH 11 이상의 시료는 오차가 크게 발생할 수 있으므로 오차가 적은 특수전극을 사용한다.
③ 유리전극은 일반적으로 용액의 탁도, 콜로이드성 물질들에 의해 간섭을 받는다.
④ 유리전극을 넣을 때 토양현탁을 만들어 주고 곧 넣어서 측정한다.

풀이 유리전극은 일반적으로 용액의 색도, 탁도, 콜로이드성 물질들, 산화 및 환원성 물질들 그리고 염의 농도에 의해 간섭을 받지 않는다.

22 실험을 위한 일반적 총칙에 관한 내용으로 옳지 않은 것은?

① 연속측정의 목적으로 사용하는 측정기는 공정시험기준에 의한 측정치와의 정확한 보정을 행한 후 사용할 수 있다.
② 현장측정의 목적으로 사용하는 측정기기는 공정시험기준에 의한 측정치와의 정확한 보정을 행한 후 사용할 수 있다.
③ 하나 이상의 시험기준으로 시험한 결과가 서로 달라 제반 기준의 적부 판정에 영향을 줄 경우에는 실험별 정밀도로 판정한다.
④ 정량한계는 지정된 시험기준에 따라 시험하였을 경우 그 시험기준에 대한 최소 정량한계를 의미한다.

풀이 하나 이상의 시험기준으로 시험한 결과가 서로 달라 제반 기준의 적부 판정에 영향을 줄 경우에는 항목별 시험기준의 주 시험기준에 의한 분석 성적에 의하여 판정한다. 단, 주 시험기준은 따로 규정이 없는 한 항목별 시험방법으로 한다.

23 저장물질이 있는 누출검사 대상시설의 액상부 시험법에서 적용되는 판정기준 중 100만 리터 초과 160만 리터 이하의 탱크용량에서 누출률은? (단, 고유누출 판정기준 이상이면 불합격)

① 0.8L/hr   ② 1.2L/hr
③ 1.6L/hr   ④ 2.0L/hr

풀이 판정기준(저장물질이 있는 누출검사 대상시설 : 액상부 시험법)

탱크용량	누출률(L/hr)
10만 리터 이하	0.4
10만 리터 초과 100만 리터 이하	0.8
100만 리터 초과 160만 리터 이하	1.2
160만 리터 초과 320만 리터 이하	1.6
320만 리터 초과 480만 리터 이하	2.4
480만 리터 초과	3.2

24 0.001N의 NaOH 용액의 pH는?

① 9 ② 10

③ 11 ④ 12

풀이 pH 계산은 항상 M 농도에서 시작한다.
- M 농도 = N 농도 × 가수
  → NaOH의 M = 0.001 × 1 = 0.001(mol/L)
- 100% 전리의 경우 $OH^-(M) = NaOH(M)$이므로
  $[OH^-] = 0.001mol/L$
  $[OH^-][H^+] = 1 \times 10^{-14}$에서 $[H^+] = 1.0 \times 10^{-11}$

  $pH = \log \dfrac{1}{1.0 \times 10^{-11}} = 11$

25 토양수분함량시험에 대한 설명으로 틀린 것은?

① 증발접시는 미리 105~110℃에서 1시간 건조시킨다.

② 시료를 105~110℃의 건조기 안에서 4시간 이상 건조하여 항량으로 한다.

③ 증발접시는 시료두께를 10mm 이하로 넓게 펼 수 있는 정도로 하부 면적이 넓은 것을 사용하여야 한다.

④ 이 시험기준에 의해 토양 중 수분은 0.01%까지 측정한다.

풀이 토양 중 수분을 0.1%까지 측정한다.

26 저장물질이 있는 누출검사대상시설에 대한 누출검사방법인 기상부의 시험법에 관한 설명으로 옳지 않은 것은?

① 미감압시험은 대기압보다 낮은 압력(−100mmH₂O −200mmH₂O, −400mmH₂O)을 사용하여 누출 여부를 판정하는 방법이다.

② 누출검사 대상시설의 기상부 및 기상부에 접속되어 있는 저장시설과 분리하여 폐쇄할 수 없는 부속배관부의 누출 여부를 판단하는 기밀시험이다.

③ 검사기기인 압력계(압력자기기록계)는 최소눈금 1mmH₂O를 읽을 수 있는 정밀도를 가진 압력계를 말한다.

④ 검사기기인 가압장치는 가압 시 최대압력이 300 mmH₂O 이하가 되도록 조정되는 것이어야 한다.

풀이 미감압시험은 대기압보다 낮은 압력(−200mmH₂O, −400mmH₂O, −1,000mmH₂O)을 사용하여 누출 여부를 판정하는 방법이다.

27 저장물질이 없는 누출검사대상시설을 대상으로 가압시험법으로 누출검사를 하고자 한다. (   ) 안에 옳은 것은?

[측정방법]
누출검사대상시설 및 이와 연결된 지하 매설 배관은 질소 등 불활성 가스를 사용하여 (㉠)의 시험압력으로 가입한 후 (㉡) 동안 유지시켜 안정된 시험 압력을 확인하고 그 후 (㉢) 동안의 압력변화를 측정한다.

① ㉠ : 0.1kgf/cm², ㉡ : 10분, ㉢ : 30분

② ㉠ : 0.1kgf/cm², ㉡ : 15분, ㉢ : 1시간

③ ㉠ : 0.2kgf/cm², ㉡ : 15분, ㉢ : 30분

④ ㉠ : 0.2kgf/cm², ㉡ : 10분, ㉢ : 1시간

28 토양오염관리대상시설지역 중 부지 내 지상 저장시설의 토양시료 채취지점 선정기준으로 옳은 것은?(단, 3개 지점 선정, 방유조를 설치하지 않는 경우)

① 저장시설의 끝단으로부터 수평방향으로 1m 이상 떨어진 지점에서 이격거리의 1.0배 깊이까지로 한다.

② 저장시설의 끝단으로부터 수평방향으로 1m 이상 떨어진 지점에서 이격거리의 1.5배 깊이까지로 한다.

③ 저장시설의 끝단으로부터 수평방향으로 5m 이상 떨어진 지점에서 이격거리의 1.0배 깊이까지로 한다.

④ 저장시설의 끝단으로부터 수평방향으로 5m 이상 떨어진 지점에서 이격거리의 1.5배 깊이까지로 한다.

정답 24 ③ 25 ④ 26 ① 27 ④ 28 ②

29 자외선/가시선 분광법을 이용하여 6가 크롬의 측정 시 발색을 방해하는 시료 중 성분은?

① 잔류염소   ② 잔류망간
③ 잔류질소   ④ 잔류산소

30 6가 크롬(자외선/가시선 분광법) 측정에 관한 설명으로 옳은 것은?

① 청색의 착화합물의 흡광도를 460nm에서 측정
② 청색의 착화합물의 흡광도를 540nm에서 측정
③ 적자색의 착화합물의 흡광도를 460nm에서 측정
④ 적자색의 착화합물의 흡광도를 540nm에서 측정

31 저장물질이 있는 누출검사대상 시설의 경우 액상부의 시험법에 의한 측정 시 측정오류의 원인으로 옳은 것은?

① 측정 중 시설의 기울림 또는 들림에 의한 액면의 파동이 발생할 때
② 측정시간이 지나치게 짧을 때
③ 측정 중 과도한 온도 변화에 의한 유류의 면적변화가 있을 때
④ 온도변화를 감지하는 기구가 적정한 위치에 있지 않을 때

> **풀이** 시험오류의 원인(저장물질이 있는 누출검사대상시설 : 액상부 시험법)
> ㉠ 측정 중 충격 및 진동에 의한 액면의 변동
> ㉡ 측정시간이 지나치게 짧을 때
> ㉢ 측정 중 과도한 온도 변화에 의한 유류의 체적 변화
> ㉣ 액량 변화를 감지하는 기구가 적정한 위치에 있지 않을 때
> ㉤ 기타

32 용기 중 취급 또는 저장하는 동안에 이물질이 들어가거나 또는 내용물이 손실되지 아니하도록 보호하는 용기는?

① 밀폐용기   ② 기밀용기
③ 밀봉용기   ④ 밀입용기

> **풀이** 용기
>
> | 구분 | 정의 |
> |------|------|
> | 밀폐용기 | 취급 또는 저장하는 동안에 이물질이 들어가거나 또는 내용물이 손실되지 아니하도록 보호하는 용기 |
> | 기밀용기 | 취급 또는 저장하는 동안에 밖으로부터의 공기 또는 다른 가스가 침입하지 아니하도록 내용물을 보호하는 용기 |
> | 밀봉용기 | 취급 또는 저장하는 동안에 기체 또는 미생물이 침입하지 아니하도록 내용물을 보호하는 용기 |
> | 차광용기 | 광선이 투과하지 않는 용기 또는 투과하지 않게 포장한 용기이며 취급 또는 저장하는 동안에 내용물이 광화학적 변화를 일으키지 아니하도록 방지할 수 있는 용기 |

33 정량한계와 표준편차의 관계로 옳은 것은?

① 정량한계=3×표준편차
② 정량한계=3.3×표준편차
③ 정량한계=5×표준편차
④ 정량한계=10×표준편차

34 다음은 정도보증/정도관리에 관한 내용 중 검정곡선의 검증에 관한 내용이다. ( ) 안에 옳은 내용은?

> 검증은 방법검출한계의 (㉠) 또는 검정곡선의 중간 농도에 해당하는 표준 용액에 대한 측정값이 검정곡선 작성 시의 지시값과 (㉡) 이내에서 일치하여야 한다.

① ㉠ : 5배~50배, ㉡ : 10%
② ㉠ : 5배~50배, ㉡ : 25%
③ ㉠ : 2배~10배, ㉡ : 10%
④ ㉠ : 2배~10배, ㉡ : 25%

정답   **29** ①   **30** ④   **31** ②   **32** ①   **33** ④   **34** ①

35 토양오염공정시험기준의 규정에 의한 용어의 설명으로 옳지 않은 것은?

① 가스체의 농도는 표준상태(0℃, 1기압, 상대습도 0%)로 환산 표시한다.
② "정확히 취하여"라 함은 규정된 양의 검체를 취하여 분석용 저울로 0.1mg까지 취하는 것을 말한다.
③ "함량으로 될 때까지 건조한다"라 함은 같은 조건에서 1시간 더 건조할 때 전후 무게의 차가 g당 0.3mg 이하일 때를 말한다.
④ 감압 또는 진공이라 함은 따로 규정이 없는 한 15mmHg 이하를 말한다.

> **풀이** "정확히 취하여"라는 것은 규정한 양의 검체 또는 시액을 홀피펫으로 눈금까지 취하는 것을 말한다.

36 원자흡수분광광도법을 사용한 아연 분석 시 정확도 범위로 옳은 것은?

① 75%~125%
② 70%~130%
③ 상대표준편차가 15%~25%
④ 상대표준편차가 25%~30%

37 다음은 수소이온농도(유리전극법) 측정에 관한 내용이다. ( ) 안에 옳은 내용은?

이 시험기준은 토양의 pH를 측정하는 방법으로 토양 시료의 무게에 ( )의 정제수를 사용하여 혼합한 후 pH를 유리전극과 기준전극으로 구성된 pH 측정기를 사용하여 측정한다.

① 5배
② 10배
③ 15배
④ 20배

38 누출검사대상시설과 관련된 용어에 대한 설명으로 틀린 것은?

① "부속배관"이라 함은 누출검사대상시설에 용접 또는 나사조임방식으로 직접 연결되는 배관을 말한다.
② "지하매설배관"이라 함은 부속배관의 경로 중 지하에 매설되어 누출 여부를 육안으로 직접 확인할 수 없는 배관을 말한다.
③ "배관접속부"라 함은 누출검사대상시설과 부속배관, 부속배관과 배관을 연결하기 위하여 용접 접합 또는 나사조임방식 등으로 접속한 부분을 말한다.
④ "누출검지관"이라 함은 기체의 누출 여부를 누출검사 대상시설 외부에서 확인하기 위해 설치된 관을 말한다.

> **풀이** "누출 검지관"이라 함은 액체의 누출 여부를 누출검사 대상시설 외부에서 직접 또는 간접적으로 확인하기 위해 설치된 관을 말한다.

39 토양시료 중 페놀류의 시험법에 대한 설명으로 틀린 것은?(단, 기체크로마토그래피 적용)

① 토양 중 페놀 및 펜타클로로페놀의 추출은 아세톤/노말헥산(1 : 1)을 이용한다.
② 농축장비로 구데르나다니쉬 농축기 또는 회전증발 농축기를 사용한다.
③ 간섭물질 중 디클로로메탄과 같이 머무름 시간이 긴 화합물은 용매의 봉우리 면적이 넓어 분석을 방해한다.
④ 불꽃이온화검출기에 검출되는 페놀의 정량한계는 0.02mg/kg이다.

> **풀이** 간섭물질 중 디클로로메탄과 같이 머무름 시간이 짧은 화합물은 용매의 봉우리와 겹쳐 분석을 방해할 수 있다.

40 시료의 수분측정 결과 건조된 증발접시의 무게(W_1)는 20.25g, 건조 전 증발접시와 시료의 무게(W_2)는 41.50g, 건조 후 증발접시와 시료의 무게(W_3)는 35.50g이었다면 시료의 수분함량은?

① 42.2% ② 38.2%
③ 32.2% ④ 28.2%

풀이 수분함량(%) $= \left(\dfrac{W_2 - W_3}{W_2 - W_1} \right) \times 100$

$= \dfrac{(41.50 - 35.50)\text{g}}{(41.50 - 20.25)\text{g}} \times 100$

$= 28.24\%$

3과목 토양 및 지하수오염정화기술

41 종속영양미생물(화학합성 종속영양)의 탄소원－에너지원으로 옳은 것은?

① 유기탄소－유기물의 산화환원반응
② 유기탄소－빛
③ 이산화탄소－무기물의 산화환원반응
④ 이산화탄소－빛

풀이 탄소원과 에너지원에 따른 미생물 분류

구분(영양 형태)	탄소원	에너지원	예
광(합성) 독립(자가) 영양 미생물 (Photoautotroph)	CO_2	빛	남조류(Cyano －bacteria), 조류, 시안세균
광(합성) 종속영양 미생물 (Photohetero－ troph)	유기탄소 (유기 화합물)	빛	Rhodospseudo －monas, Rhodospirillum
화학 독립 (자가) 영양 미생물 (Chemoauto－ troph)	CO_2	환원 형태의 무기물(무기물 의 산화·환원 반응) (NH_4, H_2S, NO_2^-, H_2, S, $S_2O_3^{2-}$, Fe^{2+})	질화세균 (질산화성균) 황산화균 (황세균), 수소산화균, 철산화균 (철세균)
화학 종속 영양 미생물 (Chemohetero－ troph)	유기탄소 (유기 화합물)	유기화합물 (유기물의 산화·환원 반응)	원생동물, 진균류, 대부분의 세균

42 기타 토양복원기술과 비교한 토양세척(Soil Washing) 공정의 장점과 가장 거리가 먼 것은?

① 외부환경의 조건변화에 대한 영향이 적고 자체적인 조건조절이 가능한 폐쇄형 공정이다.
② 적용 가능한 오염물 종류의 범위가 넓다.
③ 오염토양 내 수분공급으로 미생물에 의한 처리 효율을 높일 수 있다.
④ 오염토양 부피의 단시간 내의 효율적인 급감으로 2차 처리비용이 절감된다.

풀이 토양세척법은 세척 후 발생하는 처리수의 처리를 고려해야 한다.

43 다음 Bioventing에 대한 설명 중 틀린 것은?

① 불포화토양층 내의 산소를 공급함으로써 미생물의 분해를 통해 유기물질을 분해하는 방법이다.
② 휘발성이 강한 유기물질 이외에 중간 정도의 휘발성을 가지는 분자량이 다소 큰 유기물질을 처리할 수 있다.
③ 토양증기추출과의 운전상 큰 차이점은 공기 주입량과 추출량에 있다.
④ 심하게 오염된 지역은 우선적으로 Bioventing을 적용하여 일정 이하의 농도로 처리한 후 토양증기추출을 적용한다.

풀이 심하게 오염된 지역은 우선적으로 토양증기 추출을 적용하여 일정 이하의 농도로 처리한 후 Bioventing을 적용한다.

44 수직차단벽인 키드인 슬러리 월(Keyed—in Slurry Wall)의 수평적 도식형태 중 부분봉쇄(Partial Barrier, 상방향(Up—gradient))에 대한 설명으로 틀린 것은?

① 오염부지로부터의 직접적 침출액 발생의 조절에 효과적임
② 지하수 흐름 방향의 정확한 예측이 요구됨
③ 오염물 주위로 지하수 효율의 부분적 우회(동수 경사가 대체로 높은 지역) 가능
④ 전체봉합방법보다 저비용이 소요됨

풀이 키드인 슬러리 월의 수평적 도식형태 중 부분봉쇄 상 방향은 침출액 발생은 최소화할 수 있으나 오염부지로 부터의 직접적 침출액 발생의 조절은 비효과적이다.

45 어느 지역의 토양 공극 내 TCE 포화도가 0.4로 알려져 있다면 처리대상 TCE의 무게(kg)는? (조건 : 토양부피=1m, 공극률=0.4, TCE 밀도=1.4kg/L)

① 68 ② 128
③ 162 ④ 224

풀이 TCE 무게(kg) = 부피 × 밀도 × 포화도 × 공극률
$$= 1m^3 \times 1.4kg/L \times 0.40 \times 0.4 \times 1,000L/m^3$$
$$= 224kg$$

46 다음 미생물 중에서 NO_2를 NO_3로 산화시키는 질산화 미생물로 가장 옳은 것은?

① Nitrosomonas
② Nitrobacter
③ Rhodopseudomonas
④ Thiobacillus

풀이 질산화 미생물
  ㉠ Nitrobacter
  ㉡ Nitrocystis

47 어느 오염물질이 포화 토양층에 평형상태로 용해 및 흡착되어 있다. 다음의 조건에서의 지체 상수는?

[조건]
• 포화토양층 부피 : 1,000m³
• 공극률 : 0.25
• 토양입자 밀도 : 2.65g/cm³
• 지하수 벤젠농도 : 50mg/L
• 토양 벤젠농도 : 50mg/kg

① 약 6 ② 약 9
③ 약 12 ④ 약 15

풀이 지체상수(R) $= 1 + \dfrac{\rho_b}{\eta} k_d$

k_d(비례 등온흡착계수) $= \dfrac{50mg/kg}{50mg/L} = 1L/kg$

$\rho_b = \rho_s(1-\eta) = 2.65g/cm^3 \times (1-0.25)$
$\qquad\qquad = 1.99g/cm^3(kg/L)$

$= 1 + \dfrac{1.99kg/L}{0.25} \times 1L/kg$

$= 8.95$

48 오염지하수를 반응벽체공법으로 처리하고자 한다. 반응벽체의 두께는 2.4m이며, 지하수의 선속도가 0.2m/hr일 경우 반응벽체 통과시간은?

① 0.5day ② 1day
③ 1.5day ④ 2day

풀이 통과시간(day)
$$= \frac{거리}{속도} = \frac{2.4m}{0.2m/hr \times 24hr/day} = 0.5day$$

49 어느 지역의 토양 내 TCE가 1.2kg 존재하고, TCE의 물에 대한 용해도는 약 1,200mg/L로 알려져 있다면 TCE가 모두 용해되기 위해서 필요한 물의 양은?

① 0.1m³ ② 1m³
③ 10m³ ④ 100m³

풀이 물의 양(m^3)

$$= \frac{1.2kg \times 10^6 mg/kg}{1,200mg/L \times 1,000L/m^3} = 1m^3$$

50 식물정화법 중 오염물질이 뿌리 주변에 비활성의 상태로 축척되거나 식물체에 의하여 이동이 차단되는 원리를 이용한 것은?

① 근권여과
② 식물안정화
③ 식물분해
④ 식물추출

51 유기 독성물질은 미생물반응에 의해 분해된다. 이와 관련한 주요 생분해반응으로 탈염소반응, 가수분해반응, 분할, 탈수소할로겐화반응 등이 있다. 반응명과 반응식이 잘못 연결된 것은?

① 분할 : $RCH_3 \rightarrow RCH_2OH \rightarrow RCHO$
② 가수분해반응 : $RX + H_2O \rightarrow ROH + H^+ + X^-$
③ 탈염소반응 : $CCl_4 \rightarrow HCCl_3 \rightarrow H_2CCl_2$
④ 탈수소할로겐반응 : $CCl_3CH_3 \rightarrow CCl_2CH_2 + HCl$

풀이 분할
$R-COOH \rightarrow RH + CO_2$
(유기화합물 내의 탄소−탄소 사이의 결합이 분할되거나 탄소사슬의 끝단에 있는 탄소가 떨어져 나오는 반응)

52 오염토양의 처리방법인 토양세척의 주요 6개 공정에 해당되지 않는 것은?

① 흡착
② 분리
③ 처리수 정화
④ 미세토양 처리

풀이 토양세척의 주요 6개 공정
　㉠ 전처리
　㉡ 분리
　㉢ 굵은 토양 처리
　㉣ 미세 토양 처리
　㉤ 세척수 처리(처리수 정화)
　㉥ 처리잔류물 관리(최종 처리)

53 열탈착법의 장단점으로 틀린 것은?

① 수분함량이 높은 오염토의 전처리가 필요 없는 장점이 있다.
② 매우 빠른 처리가 가능한 장점이 있다.
③ 토양 굴착이 필요한 단점이 있다.
④ 운영을 위한 필요 부지가 큰 단점이 있다.

풀이 열탈착법은 처리 토양 내의 수분이 많으면 전처리 통하여 수분함량을 낮추어야 한다.

54 Bioventing 기술 적용 시 대상 오염부지의 정확한 산소 소모율 산정이 매우 중요하다. 주입공기 유량이 $200m^3/day$, 초기 산소농도가 20.9%, 배가스의 산소농도가 5.9%, 토양체적이 $5,000m^3$, 그리고 토양의 공극률이 0.15일 때 평균 산소 소모율(%O_2/day)은?

① 1
② 2
③ 3
④ 4

풀이 산소소모율(%, O_2/day) $= \dfrac{Q(C_0 - C_f)}{V \cdot P}$

$$= \frac{200m^3/day \times (20.9 - 5.9)\%O_2}{5,000m^3 \times 0.15}$$

$$= 4\%, O_2/day$$

55 생물학적 복원공정에서 유기 화학물질의 생분해능은 화합물의 분자구조에 의존한다. 다음 중 난분해성 경향을 가진 화합물과 가장 거리가 먼 것은?

① 원자의 전하차가 큰 화합물
② 분자 내에 많은 수의 할로겐원소를 함유한 화합물
③ 가지구조가 적은 화합물
④ 물에 대한 용해도가 낮은 화합물

풀이 가지구조가 많은 화합물이 난분해성 경향을 나타낸다.

56 오염토양의 열처리 기술 중 열탈착기술에 대한 설명으로 틀린 것은?

① 열탈착 공정에서 발생하는 가스는 같은 용량의 소각공정에 비하여 가스량이 상대적으로 적게 발생된다.
② 열탈착기술은 유기염소 및 유기인 살충제의 제거가 가능하다.
③ 열탈착기술로 처리하는 동안 생성되는 다이옥신류 및 퓨란의 처리가 용이하다.
④ 열탈착기술은 다양한 수분함량과 오염농도를 가진 여러 종류의 토양에 적용이 가능하다.

> **풀이** 열탈착기술은 처리하는 동안 다이옥신과 퓨란이 생성되지 않는다.

57 지하수 내 벤젠의 농도가 50mg/L이다. 일차 감쇄 상수(First-Order Decay Rate)가 0.005/day일 때 3년 후 지하수 내 벤젠의 농도(mg/L)는?

① 0.21 　　　　② 0.31
③ 0.41 　　　　④ 0.51

> **풀이** $C = C_0 e^{-kt}$
> $= 50 \times e^{-(0.005/\text{day} \times 3\text{year} \times 365\text{day/year})}$
> $= 0.21\text{mg/L}$

58 다음 그림은 오염토양 정화기술의 한 종류를 나타낸 것이다. 이 공정으로 가장 적합한 것은?

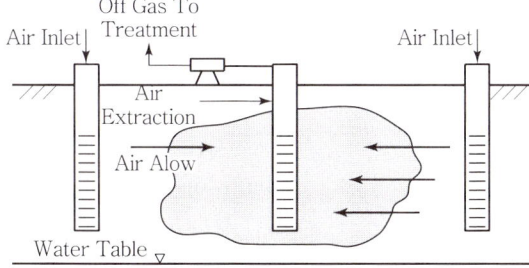

① Permeable Reactive Barriers
② Air Sparging
③ Natural Attenuation
④ Bioventing

59 다음의 미생물반응 중에서 산화-환원반응으로 얻게 되는 에너지 크기가 가장 작은 것은?

① 혐기성 황산염 환원　　② 혐기성 질산화
③ 혐기성 질산염 환원　　④ 호기성 호흡

> **풀이** 미생물 반응계에서 산화 · 환원 반응식과 $P\varepsilon^0$(에너지)값
>
> | 반응계 종류 | $P\varepsilon^0$ | 반응식 |
> |---|---|---|
> | 호기성 호흡 | +20.8 | $O_2(gas) + 4H^+ + 4e^- \rightarrow 2H_2O$ |
> | 혐기성 질산화 | +21.0 | $2NO_3^- + 12H^+ + 10e^- \rightarrow N_2(gas) + 6H_2O$ |
> | 혐기성 질산염 환원 | +14.9 | $NO_3^- + 10H^+ + 8e^- \rightarrow NH_4^+ + 3H_2O$ |
> | 혐기성 발효 | +3.99 | $CH_2O + 2H^+ + 2e^- \rightarrow CH_3OH$ |
> | 혐기성 황산염 환원 | +4.13 | $SO_4^{2-} + 9H^+ + 8e^- \rightarrow HS^- + 4H_2O$ |
> | 혐기성 메탄 발효 | +2.87 | $CO_2(gas) + 8H^+ + 8e^- \rightarrow CH_4(gas) + 2H_2O$ |

60 어느 지역 토양 내 오염물질의 농도가 5mg/kg이었으며 이와 평형상태인 지하수 오염농도는 2mg/L이었다. 이 지역 오염물질의 양(mg/m³)은?(단, 토양단위용적밀도는 1.6kg/L, 수분 부피비는 0.5이며, 기타 조건은 고려하지 않음)

① 6,000 　　　　② 7,000
③ 8,000 　　　　④ 9,000

> **풀이** 오염물질의 양(mg/m³)
> = 토양 내 오염물질양 + 지하수 오염물질양
>
> 토양 = 5mg/kg × 1.6kg/L × 1,000L/m³
> = 8,000mg/m³
> 지하수 = 2mg/L × 1,000L/m³ × 0.5
> = 1,000mg/m³
> = (8,000 + 1,000)mg/m³
> = 9,000mg/m³

4과목　토양 및 지하수환경 관계법규

[Note] 2013~2014년 토양 및 지하수환경 관계법규 관련 문제는 법규의 변경사항이 많으므로 문제유형만 학습하시기 바랍니다.

61 오염원인자가 오염토양개선사업 계획의 승인을 얻고자 할 때에는 개선사업계획(변경)승인신청서를 사업개시일 며칠 전까지 특별자치도지사·시장·군수·구청장에게 제출하여야 하는가?

① 7일
② 15일
③ 20일
④ 30일

62 특정토양오염관리대상시설에 대한 사용중지 명령을 이행하지 아니한 자에 대한 벌칙 기준으로 옳은 것은?

① 3년 이하의 징역 또는 3천만 원 이하의 벌금
② 2년 이하의 징역 또는 2천만 원 이하의 벌금
③ 1년 이하의 징역 또는 1천만 원 이하의 벌금
④ 1천만 원 이하의 벌금

63 오염토양개선사업의 지도·감독기관으로 옳은 것은?

① 국립환경과학원
② 유역환경청
③ 지방환경청
④ 시·도 보건환경연구원

64 오염토양은 대통령령으로 정하는 정화기준 및 정화방법에 따라 정화하여야 한다. 이를 위반하여 오염토양을 정화한 자에 대한 벌칙 기준은?

① 500만 원 이하의 벌금
② 1,000만 원 이하의 벌금
③ 1년 이하의 징역 또는 1천만 원 이하의 벌금
④ 2년 이하의 징역 또는 2천만 원 이하의 벌금

65 토양보전기본계획 수립 시 포함되어야 하는 사항과 가장 거리가 먼 것은?

① 토양정화업 현황 및 장래예측
② 토양정화를 위한 기술인력의 교육 및 양성에 관한 사항
③ 토양보전에 관한 시책방향
④ 토양오염의 방지에 관한 사항

66 수질검사대상이 되는 공업용수용 지하수 양수 규모 기준은?

① 1일 양수능력이 30톤 이상인 경우
② 1일 양수능력이 50톤 이상인 경우
③ 1일 양수능력이 60톤 이상인 경우
④ 1일 양수능력이 100톤 이상인 경우

67 토양오염우려기준으로 옳지 않은 것은?(단, 1지역인 경우이며, 단위는 mg/kg임)

① 카드뮴 : 4
② 구리 : 150
③ 아연 : 200
④ 비소 : 25

68 토양오염대책기준으로 옳지 않은 것은?(단, 1지역인 경우이며, 단위는 mg/kg임)

① 카드뮴 : 12
② 수은 : 12
③ 납 : 600
④ 6가 크롬 : 300

69 위해성 평가 대상 오염물질과 가장 거리가 먼 것은?(단, 중금속류 기준)

① 구리
② 시안
③ 니켈
④ 아연

70 환경부장관이 고시하는 측정망 설치계획에 포함되어야 하는 사항과 거리가 먼 것은?

① 측정망 설치시기
② 측정망 배치도
③ 측정망 배경농도
④ 측정지점의 위치 및 면적

71 토양정화업자의 준수사항으로 틀린 것은?

① 기술인력은 해당 분야에 종사하게 하여야 한다.
② 토양정화업자는 매년 12월 31일까지 토양정화 실적을 시·도지사에게 보고하여야 한다.
③ 정화현장에 오염토양의 정화공정도 및 정화일지를 작성하여 비치하고, 정화일지는 2년간 보관하여야 한다.
④ 토양관련전문기관의 정화검증을 위한 정화현장 방문, 시료의 채취 등 검증업무수행을 방해하여서는 아니된다.

72 특정토양오염관리대상시설에 대하여 변경신고를 하여야 하는 경우와 가장 거리가 먼 것은?

① 사업장의 명칭이 변경되는 경우
② 특정토양오염관리대상시설의 사용을 종료하거나 폐쇄하는 경우
③ 특정토양오염관리대상시설에 저장하는 오염물질을 변경하는 경우
④ 특정토양오염관리대상시설에 저장하는 오염물질 총량의 100분의 15 이상이 증가하는 경우

73 토양오염도 검사 수수료 중 시료채취비에 관한 설명으로 옳은 것은?

① 71,900원/공(관측공이 설치되어 있는 지점에서 시료를 채취하는 경우에는 관측공당 시료채취비의 25%를 적용)
② 71,900원/공(관측공이 설치되어 있는 지점에서 시료를 채취하는 경우에는 관측공당 시료채취비

의 50%를 적용)
③ 91,900원/공(관측공이 설치되어 있는 지점에서 시료를 채취하는 경우에는 관측공당 시료채취비의 25%를 적용)
④ 91,900원/공(관측공이 설치되어 있는 지점에서 시료를 채취하는 경우에는 관측공당 시료채취비의 50%를 적용)

74 다음은 오염원인자가 토양정화업자에게 위탁하지 아니하고 직접 정화할 수 있는 경우의 기준이다. (   ) 안의 내용으로 옳은 것은?

「국방·군사시설 사업에 관한 법률」에 의한 군부대시설 안의 오염토양 또는 군사 활동으로 인한 오염토양으로서 그 양이 (   ) 미만인 것

① 5세제곱미터
② 10세제곱미터
③ 25세제곱미터
④ 50세제곱미터

75 지하수의 수질기준 항목(특정유해물질)이 아닌 것은?(단, 공업용수로 사용하는 경우)

① 불소
② 유기인
③ 테트라클로로에틸렌
④ 트리클로로에틸렌

76 다음 중 정밀한 토양오염검사를 위해 환경부령이 정한 토양관련전문기관이 아닌 것은?

① 유역환경청
② 시·도 보건환경연구원
③ 지방환경청
④ 국립환경과학원

77 다음은 기술인력의 토양환경관리 교육과정 이수에 관한 내용이다. (   ) 안에 옳은 내용은?

> 신규교육 : 토양관련 전문기관 또는 토양정화업 분야의 기술인력으로 최초로 종사한 날부터 (㉠)
> 보수교육 : 신규교육을 받은 날을 기준으로 (㉡)

① ㉠ : 1년 이내에 12시간, ㉡ : 3년마다 8시간
② ㉠ : 1년 이내에 24시간, ㉡ : 3년마다 8시간
③ ㉠ : 1년 이내에 12시간, ㉡ : 5년마다 8시간
④ ㉠ : 1년 이내에 24시간, ㉡ : 5년마다 8시간

78 토양정화업의 등록요건 중 장비에 관한 기준으로 옳지 않은 것은?

① 현장용 수질측정기 1식(수소이온농도, 수온, 전기전도도, 용존산소, 산화환원전위의 측정이 가능할 것)
② 휴대용 가스측정장비 1식(휘발성 유기화합물질, 산소, 이산화탄소 및 메탄의 측정이 가능할 것)
③ 시료 채취기 1대(깊이 6미터 이상 시료채취가 가능할 것)
④ 지하수위 측정기(수심 10미터 이상 측정이 가능할 것)

79 시료의 채취 및 분석을 통한 토양오염의 정도와 범위를 조사하는 토양환경평가 조사단계(순서)는?

① 개황조사
② 기초조사
③ 정밀조사
④ 오염도 조사

80 환경부장관이 토양관리단지 조성계획을 수립할 때 포함되어야 하는 사항과 가장 거리가 먼 것은?

① 교통시설 등 주요기반시설 설치 및 운영계획
② 환경보전계획
③ 조성 대상 부지의 확보 방안
④ 오염토양 정화처리 계획 및 방안

1과목 토양학개론

01 토양수분 중 모세관수의 장력(pF) 범위로 옳은 것은?

① pF 2.54 이하
② pF 2.54~4.5
③ pF 4.5~7.0
④ pF 7.0 이상

풀이 토양수분의 물리학적 분류
- ㉠ 결합수 : pF 7.0 이상(10,000기압 이상)
- ㉡ 흡습수 : pF 4.5 이상(31기압 이상)
- ㉢ 모세관수 : pF 2.54~4.5(1/3~31기압)
- ㉣ 중력수 : pF 2.54 이하(1/3기압 이하)

02 토양공기의 조성에 관한 설명 중 틀린 것은?

① 대기에 비하여 CO_2의 함량이 높음
② 대기에 비하여 O_2 함량의 변동이 적음
③ 대기에 비하여 토양 중 습도 함량이 높음
④ O_2는 식물의 뿌리와 토양생물의 호흡에 의하여 소비됨

풀이 토양 공기 중 O_2의 함량의 변화는 2~20%로, 변동이 크다.

03 토양으로 가득 채운 관(Column)의 두 지점 사이에 지하수가 흐른다고 했을 때, 토양층을 흐르는 유량에 반비례하는 것은?(단, Darcy's Law 기준)

① 수리전도도(Hydraulic Conductivity)
② 두 지점 사이의 수두 차
③ 두 지점 사이의 거리
④ 관의 단면적

풀이 Darcy 법칙
$$Q = A \times V$$
$$V = KI = K\frac{dh}{dL}$$

$$Q = KIA = KA\frac{dh}{dL}$$

여기서, Q : 대수층의 유량(m³/sec)
K : 비례상수(투수계수＝수리전도도) (m/sec)
A : 물 흐름의 수직방향 단면적(m²)
dh : 수두차($h_2 - h_1$)(m)
dL : 수평방향 두 지점 사이 거리(m)
$\frac{dh}{dL}(I)$: 두 지점 사이 수리경사
V : Darcy 속도(m/sec)

04 토양의 양이온 교환작용(흡착)과 관련된 설명 중 틀린 것은?

① 일반적으로 양이온교환반응은 화학량론적으로 일어난다.
② 일반적으로 양이온교환반응은 가역적인 반응이다.
③ 토양에 흡착되어 있는 양이온은 주로 Al^{3+}, Fe^{2+}, Mn^{2+}이다.
④ 양이온의 흡착 세기는 양이온의 수화반지름이 작을수록 증가한다.

풀이 토양에 흡착되어 있는 양이온은 주로 수소, 칼슘, 마그네슘, 칼륨, 나트륨 등이다.

05 토양수분은 식물학적 견지에서 볼 때 과잉, 유효, 무효수분으로 나눌 수 있다. 다음 중 과잉수분에 관한 설명으로 옳지 않은 것은?

① 토양 내 염류 용탈을 저해한다.
② 식물의 생장에 유해하다.
③ 통기를 막아 질소 고정 및 암모니아화를 일으키는 호기성 세균의 활성을 저해한다.
④ 주로 중력수에 해당한다.

풀이 과잉수분은 토양 내 염류를 용탈시킨다.

정답 01 ② 02 ② 03 ③ 04 ③ 05 ①

06 토양의 입도분석 결과 입도분포 곡선으로부터 $D_{10}=0.06$mm, $D_{30}=0.16$mm, $D_{60}=0.53$mm 로 측정되었다. 이때 곡률계수는?

① 0.51　　　　　② 0.61
③ 0.71　　　　　④ 0.81

풀이 곡률계수$=\dfrac{D_{30}^{2}}{D_{10}\times D_{60}}=\dfrac{0.16^{2}}{0.06\times 0.53}=0.81$

07 물에 의한 토양침식의 진행 정도에 따른 분류와 가장 거리가 먼 것은?

① 주상 침식　　　② 면상 침식
③ 세류 침식　　　④ 협곡 침식

풀이 수식의 3가지 구분
　　　㉠ 면상 침식(평면 침식)
　　　㉡ 세류 침식(우수 침식)
　　　㉢ 협곡 침식(우곡 침식+계곡 침식)

08 포화대의 수리지질학적 특성 중 저유(Storage) 특성의 주요 인자와 가장 거리가 먼 것은?

① 수리전도도(Hydraulic Conductivity)
② 비저유계수(Specific Storage Coefficient)
③ 저유계수(Storage Coefficient)
④ 비산출률(Specific Yield)

풀이 포화대의 수리지질학적 구분
　　1. 흐름 특성(유동 특성)
　　　㉠ 수리전도도　　㉡ 투수량계수
　　2. 저류 특성(물 보유능력)
　　　㉠ 공극률　　　　㉡ 비저류계수 및 저류계수
　　　㉢ 비산출률　　　㉣ 비보유율

09 모래에 지하수를 장기간 중력 배수시켰을 때, 모래의 비산출률이 0.15이고 모래의 공극률이 0.53 이라면 비보유율은?

① 0.68　　　　　② 0.08
③ 0.29　　　　　④ 0.38

풀이 비보유율＝총 공극률－비산출률
　　　　　＝0.53－0.15
　　　　　＝0.38

10 토양오염의 특징으로 틀린 것은?

① 오염경로의 단순성
② 오염의 비인지성 및 타 환경인자와의 영향관계의 모호성
③ 수질 또는 대기오염에 비해 오염 영향의 국지성
④ 피해 발현의 완만성

풀이 토양오염의 특징
　　　㉠ 오염경로의 다양성
　　　㉡ 피해 발현의 완만성(시차성)
　　　㉢ 오염지역의 국지성(수질 또는 대기오염에 비해 오염영향의 국지성)
　　　㉣ 타 매체와의 연관성(오염의 비인지성 및 다른 환경인자와의 영향관계의 모호성)
　　　㉤ 지속성 및 잔류성
　　　㉥ 오염물질 및 오염지역에 따른 특이성
　　　㉦ 원상복구의 어려움

11 지하수의 비전도도와 전기전도도에 관한 내용으로 옳지 않은 것은?

① 전기전도도는 1개 물질이 전류를 흐르게 하는 능력을 나타내는 단위이다.
② 비전도도는 특정 온도하에서 단위길이나 단위단면적을 갖는 물체의 전기전도도를 나타내는 단위이다.
③ 지하수 내에 이온이 많을수록 전기저항이 감소되고 전기전도도는 증가한다.
④ 정확한 의미로 전기전도도는 체적전기전도도와 동의어이며, 체적저항의 제곱에 비례한다.

풀이 비전도도는 체적전기전도도와 동의어이며 체적저항의 역수이다.

12 점토광물의 표면전하에 관한 설명으로 가장 적합한 것은?

① 일반적으로 점토광물이나 유기물은 양전하에 비해 음전하를 절대적으로 많이 가지므로 토양은 순 음전하를 띤다.

② 영구전하는 토양의 pH의 영향을 많이 받는다.

③ pH가 낮은 조건에서는 음전하가 생성되는 반면, pH가 높은 조건에서는 과량의 양전하가 생성되는데 이와 같은 전하를 통틀어서 가변전하라 한다.

④ 점토광물을 분쇄하여 분말도를 높이면 양전하가 많아진다.

풀이 ② 영구전하는 동형치환에 의해 생성되는 전하이며 일반적으로 음전하를 띠고 pH 영향을 받지 않는다.

③ pH가 낮은 조건에서는 음전하는 감소하고 양전하는 증가하며, pH가 높은 조건에서는 음전하가 증가한다.

④ 점토광물을 분해하여 분말도를 높이면 음전하가 증가한다.

13 토양의 습윤단위중량이 $1.75t/m^3$이고, 함수비가 25%일 때 토양의 공극률(%)은?(단, 토양입자의 비중은 2.65)

① 38.9%   ② 47.2%

③ 52.2%   ④ 58.1%

풀이 공극률(%)

$$= \frac{공극비}{1+공극비} \times 100$$

$$공극비 = \left(\frac{비중 \times 4℃}{\dfrac{물의\ 단위중량}{건조단위중량}} \right) - 1$$

$$건조단위중량 = \frac{습윤단위중량}{1+함수비}$$

$$= \frac{1.75}{1+0.25}$$

$$= 1.4ton/m^3$$

$$= \left(\frac{2.65 \times 1.0}{1.4} \right) - 1 = 0.893$$

$$= \left(\frac{0.893}{1+0.893} \right) \times 100 = 47.17\%$$

14 다음 중 주수대수층(Perched Aquifer)의 설명으로 가장 알맞은 것은?

① 렌즈 형태의 불투수성 층에 의해 아래로 이동할 수 없어 소규모의 포화된 지하수층이 형성된 것

② 지하수를 저장할 수 있으며 대수층으로 천천히 이동시킬 수 있는 것

③ 어떠한 물도 이동시킬 수 없는 절대적인 불투수성 층

④ 지표면으로부터 대수층 바닥까지 고유투수계수가 높은 층

15 토양 중 존재하는 이온들의 수화이온 크기 순서로 옳은 것은?(단, 농도와 온도 등 기타 조건은 같다고 가정함)

① Li > Na > K > Rb

② Li > K > Na > Rb

③ Na > Li > K > Rb

④ Na > K > Li > Rb

16 어떤 토양의 양이온 교환용량이 $17.5cmol_c/kg$, 그 중 Al과 H 이온이 총 $5.2cmol_c/kg$ 존재할 때 염기포화도(%)는?

① 29.7   ② 40.3

③ 55.9   ④ 70.3

풀이 염기포화도(%) $= \left(\dfrac{17.5 - 5.2}{17.5} \right) \times 100$

$$= 70.29\%$$

17 토양의 공극률이 0.4이고, 용적밀도가 1.6 g/cm^3이다. 이 토양을 다진 후 공극률이 0.3으로 감소되었다면 용적밀도(g/cm^3)는?

① 1.65   ② 1.72

③ 1.79   ④ 1.87

풀이 공극률$(\%) = \left(1 - \dfrac{용적밀도}{입자밀도}\right) \times 100$

$$0.4 = \left(1 - \dfrac{1.6}{입자밀도}\right)$$

입자밀도 $= 2.67 g/cm^3$

$$0.3 = \left(1 - \dfrac{용적밀도}{2.67}\right)$$

용적밀도 $= 1.87 g/cm^3$

18 "습윤, 낮은 온도, 침엽수림, 조립질, 산성 토양" 조건하에서 토양 표층의 철과 알루미늄 등이 용탈되어 생긴 회백색의 표백층과 그 밑에 철과 알루미늄이 집적되어 생긴 흑갈색 또는 적갈색의 집적층을 갖는 토양 생성 과정은?

① 염류화(Salinization) 작용
② 글레이화(Gleization) 작용
③ 라테라이트화(Laterization) 작용
④ 포드졸화(Podzolization) 작용

19 토양지하수오염으로 인해 그 지역에 거주한 주민들에게 피부병, 심장질환, 뇌종양, 지체 장애, 기형아 출산 등 각종 질병이 나타난 사건은?

① 러브캐널 사건   ② 도로나 사건
③ 뮤즈 계곡 사건   ④ 포자리카 사건

20 점토광물 중 Illite에 관한 내용으로 틀린 것은?

① Vermiculite와 같이 2 : 1의 층상구조를 가진다.
② 습윤상태에서 팽창이 불가능하다.
③ 토양 중에 흔히 존재하는 점토광물로서 K^+ 함량이 많은 퇴적물이 저온 조건하에서 변성작용을 받을 때 형성되는 것으로 알려져 있다.
④ 운모에 비하여 K^+ 함량이 높아 Hydrous Mica로 불린다.

풀이 Hydrous Mica는 2 : 1형 광물로 층간에 채워진 K가 풍화가 진행되는 동안 빠져나가고 물 분자로 채워진 풍화운모로 수화운모라고 한다.

2과목 **토양 및 지하수오염조사기술**

21 토양 중 수분함량 측정에 관한 설명으로 옳지 않은 것은?

① 토양 중 수분을 0.01%까지 측정한다.
② 돌, 나무 등 눈에 보이는 협잡물 등은 제거한 후 시험해야 한다.
③ 시료를 105~110℃의 건조기 안에서 4시간 이상 함량이 될 때까지 건조한다.
④ 채취된 시료는 24시간 이내에 증발 처리하여야 한다.

풀이 토양 중 수분함량 측정 시 토양 중 수분을 0.1%까지 측정한다.

22 다음은 비소-수소화물 생성-원자흡수분광광도법에 관한 설명이다. (   ) 안에 알맞은 것은?

산분해하여 전처리한 시료 용액 중의 비소를 3가 비소로 예비 환원한 다음 (㉠) 용액과 반응하여 생성된 비화수소를 원자화시켜 193.7nm에서 수소화물 생성-원자흡수분광광도법에 따라 정량하는 방법이며, 이 시험에 의한 토양 중 비소의 정량한계는 (㉡)mg/kg이다.

① ㉠ : 수소화주석나트륨, ㉡ : 0.1
② ㉠ : 수소화붕소나트륨, ㉡ : 0.1
③ ㉠ : 수소화주석나트륨, ㉡ : 0.01
④ ㉠ : 수소화붕소나트륨, ㉡ : 0.01

23 총칙 내용 중 누출검사대상시설에 대한 용어 설명으로 틀린 것은?

① 부속배관 : 누출검사대상시설에 용접 또는 나사 조임 방식으로 직접 연결되는 배관을 말한다.
② 지하매설배관 : 부속배관의 경로 중 지하에 매설되어 누출 여부를 육안으로 직접 확인할 수 없는 배관을 말한다.

③ 배관접속부 : 누출검사대상시설과 부속배관, 부속배관과 배관을 연결하기 위하여 용접접합 또는 나사조임 방식 등으로 접속한 부분을 말한다.

④ 누출검지관 : 기체의 누출 여부를 누출검사대상시설 외부에서 직접 또는 간접적으로 확인하기 위해 설치한 관을 말한다.

풀이 누출검지관이란 액체의 누출 여부를 누출검사대상시설 외부에서 직접 또는 간접적으로 확인하기 위해 설치된 관을 말한다.

24 저장물질이 있는 누출검사대상시설(기상부의 시험법)의 판정기준으로 옳은 것은?

① 미가압시험 결과, 누출검사대상시설 내의 압력강하량이 3mmH$_2$O를 초과하면 불합격으로 한다.

② 미가압시험 결과, 누출검사대상시설 내의 압력강하량이 6mmH$_2$O를 초과하면 불합격으로 한다.

③ 미가압시험 결과, 누출검사대상시설 내의 압력강하량이 9mmH$_2$O를 초과하면 불합격으로 한다.

④ 미가압시험 결과, 누출검사대상시설 내의 압력강하량이 12mmH$_2$O를 초과하면 불합격으로 한다.

25 "밀폐용기"에 관한 정의로 가장 적합한 것은?

① 취급 또는 저장하는 동안에 이물질이 들어가거나 또는 내용물이 손실되지 아니하도록 보호하는 용기를 말한다.

② 취급 또는 저장하는 동안에 밖으로부터의 공기 또는 다른 가스가 침입하지 아니하도록 내용물을 보호하는 용기를 말한다.

③ 취급 또는 저장하는 동안에 기체 또는 미생물이 침입하지 아니하도록 내용물을 보호하는 용기를 말한다.

④ 취급 또는 저장하는 동안에 내용물이 광화학적 변화를 일으키지 아니하도록 방지할 수 있는 용기를 말한다.

풀이 용기의 종류

구분	정의
밀폐용기	취급 또는 저장하는 동안에 이물질이 들어가거나 또는 내용물이 손실되지 아니하도록 보호하는 용기
기밀용기	취급 또는 저장하는 동안에 밖으로부터의 공기 또는 다른 가스가 침입하지 아니하도록 내용물을 보호하는 용기
밀봉용기	취급 또는 저장하는 동안에 기체 또는 미생물이 침입하지 아니하도록 내용물을 보호하는 용기
차광용기	광선이 투과하지 않는 용기 또는 투과하지 않게 포장한 용기이며 취급 또는 저장하는 동안에 내용물이 광화학적 변화를 일으키지 아니하도록 방지할 수 있는 용기

26 다음은 벤젠, 톨루엔, 에틸벤젠, 크실렌(퍼지-트랩 기체크로마토그래피)측정에 관한 내용이다. ( ) 안에 옳은 내용은?

시료 중의 벤젠, 톨루엔, 에틸벤젠, 크실렌을 ( )로 추출하여 얻어진 시료용액을 기체크로마토그래피에 부착된 트랩에 주입하여 이들 물질을 각각 정량한다.

① 메틸알코올　　　　　② 에틸알코올

③ 클로로폼　　　　　　④ 사염화탄소

27 저장물질이 있는 누출검사 대상시설-기상부의 시험법인 미가압법 측정방법에 관한 설명으로 옳지 않은 것은?

① 가압 후 15분 이상 유지시간을 두어 안정시키고 그 이후 15분 동안의 압력강하를 측정한다.

② 가압 중에 노출되어 있는 배관접속부 등에 비눗물 등을 뿌려 누출 여부를 확인하여야 한다.

③ 가압속도는 누출검사대상시설 공간용적 1m^{3}당 1분 이상이 되도록 가압시간을 조정한다.

④ 누출검사대상시설 내 기상부 높이가 200mm 이상 인가를 확인한 후 가압한다.

풀이 누출검사대상시설 내 기상부 높이가 400mm 이상인 가를 확인하여 가압으로 인해 저장액이 탱크 외부로 배관을 통해 나오는 것을 방지한다.

28 다음 용어에 대한 설명으로 옳지 않은 것은?

① 가스체의 농도는 표준상태(0℃, 1기압, 상대습도 0%)로 환산 표시한다.

② 방울수라 함은 20℃에서 정제수 20방울을 적하할 때, 그 부피가 약 1mL가 되는 것을 뜻한다.

③ 진공(감압)이라 함은 따로 규정이 없는 한 15 mmH₂O 이하를 말한다.

④ '약'이라 함은 기재된 양에 대하여 ±10% 이상의 차가 있어서는 안 된다.

풀이 진공(감압)이라 함은 따로 규정이 없는 한 15mmHg 이하를 말한다.

29 기체크로마토그래피를 이용하여 PCBs를 분석할 때 간섭물질에 관한 내용으로 틀린 것은?

① 고순도의 시약이나 용매를 사용하여 방해물질을 최소화하여야 한다.

② 초자류는 사용 전에 아세톤, 분석 용매순으로 각각 3회 세정한 후 건조시킨 것을 사용하여 오염을 최소화할 수 있다.

③ 전자포착검출기를 사용하여 PCB를 측정할 때 프탈레이트가 방해할 수 있는데 이는 플라스틱 용기를 사용하지 않음으로써 최소화할 수 있다.

④ 플로리실 컬럼 정제는 산, 염화페놀, 폴리클로로페녹시페놀 등의 극성 화합물을 제거하기 위하여 수행하며, 사용 전에 정제하고 활성화시켜야 한다.

풀이 실리카겔 컬럼 정제는 산, 염화페놀, 폴리클로로페녹시페놀 등의 극성 화합물을 제거하기 위하여 수행하며, 사용 전에 정제하고 활성화시켜야 한다.

30 다음 중 pH 값이 20℃에서 가장 낮은 값을 나타내는 pH 표준액은?

① 수산화칼슘 표준액   ② 탄산염 표준액
③ 인산염 표준액   ④ 붕산염 표준액

풀이 온도별 표준액의 pH 값

온도 (℃)	수산염 표준액	프탈산염 표준액	인산염 표준액	붕산염 표준액	탄산염 표준액	수산화칼슘 표준액
0	1.67	4.01	6.98	9.46	10.32	13.43
5	1.67	4.01	6.95	9.39	10.25	13.21
10	1.67	4.00	6.92	9.33	10.18	13.00
15	1.67	4.00	6.90	9.27	10.12	12.81
20	1.68	4.00	6.88	9.22	10.07	12.63
25	1.68	4.01	6.86	9.18	10.02	12.45
30	1.69	4.01	6.85	9.14	9.97	12.30
35	1.69	4.02	6.84	9.10	9.93	12.14
40	1.70	4.03	6.84	9.07	—	11.99
50	1.71	4.06	6.83	9.01	—	11.70
60	1.73	4.10	6.84	8.96	—	11.45

31 6가 크롬을 자외선/가시선 분광법으로 분석하는 방법에 관한 설명으로 옳지 않은 것은?

① 이 방법에 의한 토양 중 6가 크롬의 정량한계는 0.5mg/kg이다.

② 6가 크롬을 디페닐카르바지드와 반응시켜 생성하는 적자색의 착화합물의 흡광도를 540nm에서 측정하여 6가 크롬을 정량하는 방법이다.

③ 시료 중 철이 2.5mg 이하로 공존할 경우에는 디페닐카바지드 용액을 넣기 전에 5% 피로인산나트륨-10수화물용액 2mL를 넣어 주면 영향이 없다.

④ 시료 중에 잔류염소가 공존하는 경우에는 시료에 수산화나트륨용액(20%)을 넣어 pH 10 정도로 조절한 후 활성탄을 10% 정도 넣고 자석교반기로 약 20분 이상 교반하여 여과한 액을 시료로 사용한다.

풀이 시료 중에 잔류염소가 공존하면 발색을 방해한다. 이때는 시료에 수산화나트륨 용액(20%)을 넣어 pH 12 정도로 조절한 다음 입상 활성탄을 10% 정도 되게 넣고 자석교반기로 약 30분간 교반하여 여과한 액을 시료로 사용한다.

정답 **28** ③ **29** ④ **30** ③ **31** ④

32 6가 크롬 분석을 위해 사용되는 이온크로마토그래피−자외선/가시선 분광계의 구성순서로 옳은 것은?

① 액송펌프 → 용리액 저장조 → 시료주입부 → 분리컬럼 → PCR → UV/VIS 검출기 → 기록계
② 용리액 저장조 → 액송펌프 → 시료주입부 → 분리컬럼 → PCR → UV/VIS 검출기 → 기록계
③ 용리액 저장조 → 시료주입부 → 액송펌프 → 분리컬럼 → PCR → UV/VIS 검출기 → 기록계
④ 용리액 저장조 → 시료주입부 → 분리컬럼 → 액송펌프 → PCR → UV/VIS 검출기 → 기록계

33 저장물질이 없는 누출검사대상시설의 가압시험법에서 안정된 시험압력이 되기 위한 가압 후 유지시간과 시험압력에서 압력강하율의 조건으로 옳은 것은?

① 10분−10% 이하   ② 15분−15% 이하
③ 20분−10% 이하   ④ 30분−15% 이하

풀이 누출검사대상시설 및 이와 연결된 지하매설배관은 질소 등 불활성 가스를 사용하여 0.2kgf/cm²의 시험압력으로 가압한 후 10분 동안 유지시켜 안정된 시험압력을 확인하고, 그 후 1시간 동안의 압력변화를 측정한다.("안정된 시험압력"이라 함은 가압 후 유지시간 동안 압력강하가 시험압력의 10% 이하인 압력을 말한다.)

34 금속류를 원자흡수분광광도법으로 측정 시 정확도에 관한 내용으로 가장 적합한 것은?

① 정확도는 첨가한 표준물질의 농도에 대한 측정 평균값의 상대 백분율로서 나타내고 그 값이 70~130% 이내이어야 한다.
② 정확도는 첨가한 표준물질의 농도에 대한 측정 평균값의 상대 백분율로서 나타내고 그 값이 75~125% 이내이어야 한다.
③ 정확도는 측정값의 상대표준편차를 산출하며 그 값이 25% 이내이어야 한다.

④ 정확도는 측정값의 상대표준편차를 산출하며 그 값이 30% 이내이어야 한다.

35 토양 시료의 수분 측정시험 결과로 다음과 같은 자료를 얻었다. 이때 수분함량은?

• 용기의 무게 : 38.453g
• 용기와 시료의 건조 전 무게 : 74.216g
• 용기와 시료의 건조 후 무게 : 61.347g

① 33.7%   ② 36.0%
③ 41.9%   ④ 44.0%

풀이
$$수분함량(\%) = \frac{(W_2 - W_3)}{(W_2 - W_1)} \times 100$$
$$= \frac{(74.216 - 61.347)}{(74.216 - 38.453)} \times 100$$
$$= 36.0\%$$

36 다음은 배관시설의 가압 및 미감압시험법에서 사용하는 압력계에 관한 내용이다. ( ) 안의 내용으로 옳은 것은?

최소눈금 (㉠)를 읽을 수 있는 정밀도를 가진 압력계 또는 최소눈금이 시험압력의 (㉡) 이내이고, 이를 읽고 측정압력의 기록이 가능한 압력계이어야 한다.

① ㉠ : 1.0mmH₂O, ㉡ : 1%
② ㉠ : 1.0mmH₂O, ㉡ : 5%
③ ㉠ : 0.1mmH₂O, ㉡ : 1%
④ ㉠ : 0.1mmH₂O, ㉡ : 5%

37 다음은 수소이온농도(pH)−유리전극법에 관한 설명이다. ( ) 안에 옳은 내용은?

토양시료 무게의 ( )의 정제수를 사용하여 혼합한 후 pH를 유리전극과 기준전극으로 구성된 pH측정기를 사용하여 측정한다.

① 2배   ② 3배
③ 5배   ④ 10배

정답   32 ②   33 ①   34 ①   35 ②   36 ②   37 ③

38 시안분석(자외선/가시선 분광법)에 대한 설명으로 틀린 것은?

① 시안화합물을 측정할 때 방해물질들은 증류하면 대부분 제거된다.

② 잔류염소가 함유된 시료는 잔류염소 20mg당 L-아스코르빈산(10%) 0.6mL 또는 아비산나트륨 용액(10%) 0.7mL를 넣어 제거한다.

③ 황화합물이 함유된 시료는 아세트산 아연 용액(10%) 2mL를 넣어 제거한다.

④ 다량의 지방성분을 함유한 시료는 pH 4 이하로 조절한 후 시료의 약 2%에 해당하는 부피의 노말헥산 또는 클로로포름으로 추출하여 제거한다.

풀이 다량의 지방성분을 함유한 시료는 아세트산 또는 수산화나트륨 용액으로 pH 6~7로 조절한 후 시료의 약 2%에 해당하는 부피의 노말헥산 또는 클로로포름을 넣어 추출하여 유기층은 버리고 수층을 분리하여 사용한다.

39 다음은 총칙의 내용이다. ( ) 안에 옳은 내용은?

'정확히 단다'라 함은 규정된 양의 검체를 취하여 분석용 저울로 ( )까지 다는 것을 말한다.

① 1.0mg   ② 0.1mg
③ 0.01mg   ④ 0.001mg

40 토양 중 석유계 총 탄화수소(기체크로마토그래피) 분석을 위한 채취시료의 관리기준에 관한 내용으로 옳은 것은?

① 채취한 시료를 즉시 시험할 수 없을 경우 0~4℃ 냉암소에서 보존하고 7일 이내에 추출하여야 하며 시료채취일로부터 30일 이내에 분석하여야 한다.

② 채취한 시료를 즉시 시험할 수 없을 경우 0~4℃ 냉암소에서 보존하고 14일 이내에 추출하여야 하며 시료채취일로부터 40일 이내에 분석하여야 한다.

③ 채취한 시료를 즉시 시험할 수 없을 경우 0~15℃ 냉암소에서 보존하고 7일 이내에 추출하여야 하며 시료채취일로부터 30일 이내에 분석하여야 한다.

④ 채취한 시료를 즉시 시험할 수 없을 경우 0~15℃ 냉암소에서 보존하고 14일 이내에 추출하여야 하며 시료채취일로부터 40일 이내에 분석하여야 한다.

3과목 **토양 및 지하수오염정화기술**

41 투수성 반응벽체(PRB)의 공정원리에 관한 설명으로 틀린 것은?

① PRB는 원위치 오염 방지 구조물이다.

② PRB는 오염지역 밖으로 지하수의 이동을 막는 것이므로 비용 측면에서 효과적이다.

③ PRB는 산성 광산폐수에서 방사성 동위원소까지 오염된 지하수에 포괄적으로 적용된다.

④ PRB는 지중의 반응존(Reactive Zone)으로 오염물을 이동시키는 자연적인 지하수 흐름에 의존한다.

풀이 투수성 반응벽체는 오염지역 밖으로 지하수의 이동을 막는 것이 아니라 오염물질만의 이동을 막는 오염방지 구조물이다.

42 자연저감기법(Natural Attenuation)의 영향인자 중 수리지질학적 인자와 가장 거리가 먼 것은?

① 동수구배   ② 토양입경의 분포
③ 오염물질의 농도   ④ 지표수와 지하수의 관계

풀이 자연 저감법 효율에 영향을 미치는 인자
  1. 수질지질학적 인자
    ㉠ 지하수의 동수구배(수리경사)
    ㉡ 토양입경의 분포
    ㉢ 지표수와 지하수의 관계
    ㉣ 대수층의 수리전도도
    ㉤ 선택적인 흐름경로

2. 토양 및 지하수 인자
    ㉠ 오염물질의 농도(형태)
    ㉡ 온도, 수분
    ㉢ 영양분
    ㉣ 전자수용체

43 유기오염물질로 오염된 사질 대수층이 있다. 수리전도도가 3.0×10^{-3}cm/sec, 유효 공극률이 0.3, 수두구배가 0.01일 때 오염운의 평균 이동속도는?(단, 흡착 등에 의한 지연은 고려하지 않는다.)

① 10^{-3}cm/sec   ② 10^{-4}cm/sec
③ 10^{-5}cm/sec   ④ 10^{-6}cm/sec

풀이
$$\overline{V} = \frac{k}{\eta_e}\left(\frac{dh}{dL}\right) = \frac{3.0 \times 10^{-3}\text{cm/sec}}{0.3} \times 0.01$$
$$= 0.0001(10^{-4})\text{cm/sec}$$

44 벤젠 40kg으로 오염된 토양을 원위치 생물학적 복원 기술에 의해 정화하고자 한다. 다음의 조건에 의해 벤젠이 완전 분해되는 데 필요한 산소를 과산화수소로 공급한다면 필요한 과산화수소의 양(kg)은?(단, 벤젠 C_6H_6, 과산화수소 H_2O_2, $2H_2O_2 \rightarrow 2H_2O + O_2$)

① 143   ② 184
③ 226   ④ 262

풀이 이론산소량(kg)
$C_6H_6 + 7.5O_2 \rightarrow 6CO_2 + 3H_2O$
78kg : 7.5×32kg
40kg : O_0(kg)
$$O_0(\text{kg}) = \frac{40\text{kg} \times (7.5 \times 32)\text{kg}}{78\text{kg}} = 123.077\text{kg}$$

과산화수소량(kg)
$2H_2O_2 \rightarrow 2H_2O + O_2$
68kg   : 32kg
H_2O_2(kg)   : 123.077kg
$$H_2O_2(\text{kg}) = \frac{68\text{kg} \times 123.077\text{kg}}{32\text{kg}} = 261.54\text{kg}$$

45 에어 스파징(Air Sparging) 적용에 유리한 조건으로 틀린 것은?

① 토양의 종류 : 사질토, 균질토
② 지하수면까지의 길이 : 1.5m 이상
③ 오염물질의 호기성 생분해능 : 높음
④ 오염물질의 용해도 : 높음

풀이 오염물질의 용해도
    ㉠ 유리한 조건 : 낮음
    ㉡ 불리한 조건 : 높음

46 토양 세정법(Soil Flushing)을 적용하는 경우, 화학적 첨가제로 사용하는 계면활성제에 관한 내용으로 틀린 것은?

① 계면활성제는 공기-물, 기름-물 등 다른 물질 사이에 끼어 들어가 두 물질 사이의 자유에너지를 낮추는 역할을 한다.
② 계면활성제는 친수성체의 성질에 따라 양이온성, 음이온성, 중성 및 양성으로 구분한다.
③ 계면활성제는 농도가 어느 이상이면 더 이상 표면장력을 낮추지 않고 마이셀을 형성하기 시작한다.
④ 마이셀이 형성됨에 따라 계면활성제 용액에 대한 오염물질의 용해도는 감소하게 된다.

풀이 마이셀이 형성됨에 따라 계면활성제 용액에 대한 오염물질의 용해도는 증가하게 된다.

47 폐광산에서 유출되는 산성 광산 배수의 처리를 위한 기술로서 틀린 것은?

① SAPS(Successive Alkalinity Producing System)
② 인공 소택지법(호기성, 혐기성)
③ 산화 · 응집공법(ALD ; Alkalinity Lime Draining)
④ DW(Diversion Well)

48 오염된 지하수를 정화하기 위해 포화대 내에 공기를 주입하여 지하수를 폭기시킴으로써 휘발성 유기화합물질을 휘발시켜 제거하는 원위치 기술은?

① 에어 스파징(Air Sparging)
② 에어 워싱(Air Wahsing)
③ 에어 벤팅(Air Venting)
④ 에어 스트리핑(Air Stripping)

49 식물을 이용하여 오염된 토양이나 지하수를 정화하는 기술을 식물정화법이라고 한다. 식물정화법에 대한 설명으로 틀린 것은?

① 식물은 필요한 무기영양분을 대부분 이온형태로 뿌리를 통해서 흡수한다.
② 식물에 의한 추출에 적합한 식물들은 수확이 가능한 조직 내에 고농도의 금속을 축적하고 이에 대한 내성이 있어야 한다.
③ 방향족 탄화수소, 할로겐화 방향족 탄화수소, 유기인 화합물 등의 오염물질은 식물에 의한 분해로 정화된다.
④ 토양 내 알루미늄은 이온과 물 흡수력을 과잉 증진시켜 결국 독성으로 작용하게 된다.

50 토양오염 확산 방지기술인 고형화와 안정화에 관한 설명으로 틀린 것은?

① 폐기물의 표면적을 증가시켜 안정화 속도를 빠르게 하는 장점이 있다.
② 일차적으로 폐기물 유해성분의 유동성을 감소시키는 것을 목적으로 한다.
③ 폐기물의 용해성이 감소하는 장점이 있다.
④ 폐기물의 취급이 용이해지는 장점이 있다.

> **풀이** 고형화와 안정화 방법은 토양오염 확산 방지기술이다. 즉, 오염물이 용출되어 나올 수 있는 폐기물의 표면적이 감소한다.

51 생물학적 처리방법 중에서 [오염토양 조건－처리방법－처리대상오염물]을 잘못 짝지은 것은? (단, 처리 위치는 원위치 기준)

① 불포화 토양층－Bioventing－BTEX
② 불포화 토양층－바이오필터－PAHs
③ 포화 토양층－침투성 생물반응벽－생분해 가능한 유기오염물질
④ 포화 토양층－자연정화법－유류, 염소계 유기화합물

> **풀이** 바이오필터는 저농도(수백 ppm 이하) 배기가스, 즉 비할로겐 휘발성 유기물질, 유류탄화 수소, 악취 등을 처리하는 데 효과적이다.

52 Bioventing 공법의 영향인자에 관한 설명으로 틀린 것은?

① 일반적으로 사질토일 경우에 적절히 적용된다.
② 오염물 제거 깊이는 3~10m 범위이다.
③ 일반적으로 최적 pH 범위는 약 6~8 정도이다.
④ 균일한 처리가 가능하고 오염물질 확산의 우려가 없다.

> **풀이** Bioventing은 오염물질 주변의 공기 및 물의 이동에 의해 오염물질이 확산될 수 있으며, 항상 높은 제거 효율을 얻기가 어렵다.

53 미생물 분해를 목적으로 하는 부분반응벽 시스템(Funnel－and－Gate System)에 가장 적합한 투수성 벽체 재료는?

① 0가 철
② Alum
③ 굴 껍질
④ 자갈

54 식물정화법(Phytoremediation)에 대한 설명으로 틀린 것은?

① 식물에 의한 추출로 토양을 정화할 때 대표적 식물종은 해바라기이다.
② 식물에 의한 안정화로 토양을 정화할 때 대표적 식물종은 포플러 나무이다.
③ 식물에 의한 추출에 적합한 식물은 수확되지 않는 뿌리에 고농도 금속을 축적하고 내성이 있어야 한다.
④ 식물에 의한 안정화는 풍화 및 침식 경로에 의한 오염원의 이동을 막아 인근의 지하수로 용출되는 것을 효과적으로 제어할 수 있다.

풀이 식물 추출에 적합한 식물은 수확이 가능한 조직 내에 고농도의 금속을 축적하고 이에 대한 내성이 있어야 한다.

55 오염부지의 복원을 위한 원위치와 탈위치 처리 조건에 대해 잘못 기술한 것은?

① 단기적 처리를 위해서는 원위치 기술이 적합하다.
② 처리 효율을 높이고자 할 경우 탈위치 기술이 적합하다.
③ 오염 농도가 높은 경우에는 탈위치 기술이 적합하다.
④ 처리량이 많은 경우에는 원위치 기술이 적합하다.

풀이 단기적 처리를 위해서는 탈위치 기술이 적합하다.

56 오염토양의 조사 및 복원을 위하여 오염토양 내의 물질이동을 정확하게 파악하는 것이 필요한데 토양 내의 물질이동이론에 대한 설명으로 옳은 것은?

① 물의 흐름이론 : Darcy's Law
열의 흐름이론 : Ohm's Law
전기흐름이론 : Fourier's Law
확산이론 : Fick's Law
② 물의 흐름이론 : Darcy's Law
열의 흐름이론 : Fourier's Law
전기흐름이론 : Ohm's Law
확산이론 : Fick's Law
③ 물의 흐름이론 : Darcy's Law
열의 흐름이론 : Fourier's Law
전기흐름이론 : Fick's Law
확산이론 : Ohm's Law
④ 물의 흐름이론 : Fourier's Law
열의 흐름이론 : Fick's Law
전기흐름이론 : Ohm's Law
확산이론 : Darcy's Law

57 전기동력학적 공정효율을 높이기 위한 방법으로 틀린 것은?

① 음극 쪽에서 발생하는 중금속의 수산화물 침전물 형성을 방지하고 침전물의 용해도를 증가시키기 위해 음극 전해질 용액에 아세트산과 같은 화학물질을 주입함
② 오염물질의 이동도를 증가시키기 위해 pH와 제타전위를 조절하고 탈착반응을 촉진시키며 전기삼투유량을 증가시키기 위해 양극과 음극 전해질 용액의 화학조절을 실시함
③ 오염물질의 흡착능력을 향상시키기 위해 이온교환능이 높은 벤토나이트, 몬모릴로나이트와 같은 점토광물의 함량을 증가시킴
④ 토양입자와 경쟁하며 중금속 오염물질에 대해 용해성 착화합물을 형성할 수 있는 암모니아, Citrate, EDTA 등과 같은 화학제를 투여함

풀이 오염물질의 탈착능력을 향상시키기 위해 이온교환능력이 높은 점토광물 함량을 증가시킨다.

58 생물학적 통기법을 효과적으로 적용하기 위해서는 현장에서의 산소소모율을 조사한다. 다음 중 평균 산소소모율(% O_2/day)을 구하는 식의 인자와 가장 거리가 먼 것은?

① 주입공기유량
② 배가스 중의 산소농도
③ 토양 체적
④ 토양 투수계수

정답 54 ③ 55 ① 56 ② 57 ③ 58 ④

풀이 평균산소소모율(R_0)

$$R_0 = \frac{Q(C_0 - C_f)}{VP}$$

여기서, R_0 : 산소소모율(%, O_2/day)

Q : 주입공기유량(m^3/day)

C_0 : 초기 산소농도(20.9%)

C_f : 배기가스 중의 산소농도(%)

V : 토양부피(m^3)

P : 토양의 공극률

59 중금속으로 오염된 토양을 pH가 낮은 산용액을 이용하여, 중금속을 토양으로부터 분리시켜 처리하는 토양 복원방법은?

① 토양유리화 방법(Vitrification)

② 토양세척법(Soil Washing)

③ 토양경작법(Soil Landfarming)

④ 토양증기추출법(Soil Vapor Extraction)

60 토양증기추출 시스템을 240m^3/min의 유량으로 운전할 때, 배출가스를 처리하기 위하여 요구되는 활성탄 흡착탑의 단면적은?(단, 활성탄 흡착탑의 적정 통과 유속은 1m/sec)

① 1m^2 ② 2m^2

③ 3m^2 ④ 4m^2

풀이 단면적(m^2) $= \dfrac{Q}{V} = \dfrac{240m^3/min}{1m/sec \times 60sec/min}$

$\qquad\qquad = 4m^2$

61 다음은 지하수오염 방지시설의 설치기준 중 상부보호공을 설치하는 지하수오염 방지시설의 세부 설치기준이다. (   ) 안에 맞는 내용은?

케이싱의 하단부는 지표 이하 (   ) 이상 깊이까지 설치하며, 암반층을 굴착하는 경우에는 암반(연암층)선 아래로 1m 이상 깊게 설치하여야 한다.

① 10m   ② 5m

③ 3m   ④ 2m

62 토양정화업의 등록요건 중 시설기준으로 옳은 것은?(단, 반입정화시설은 오염토양을 반입하여 정화하는 경우만 해당하며, 반입정화시설의 바닥의 포장, 벽면, 지붕 설치 및 오염 방지시설 등 세부설치기준은 환경부장관이 정하여 고시한다.)

① 반입정화시설 : 정화시설 200m^2 이상, 보관시설 200m^2 이상

② 반입정화시설 : 정화시설 300m^2 이상, 보관시설 300m^2 이상

③ 반입정화시설 : 정화시설 400m^2 이상, 보관시설 400m^2 이상

④ 반입정화시설 : 정화시설 500m^2 이상, 보관시설 500m^2 이상

63 지하수보전구역 안에서 대통령령이 정하는 규모 이상의 지하수를 개발·이용하는 행위를 하고자 하는 자는 시장·군수의 허가를 받아야 한다. 여기서 "대통령령이 정하는 규모 이상"이 의미하는 것은?

① 1일 양수능력이 30톤 이상인 경우

② 1일 양수능력이 50톤 이상인 경우

③ 1일 양수능력이 70톤 이상인 경우

④ 1일 양수능력이 100톤 이상인 경우

64 시 · 도지사가 오염원인자에게 토양오염 방지를 위한 조치를 명령할 때는 토양오염물질 및 시설의 종류 · 규모 등을 감안하여 얼마 기간의 범위 안에서 그 이행기간을 정하여야 하는가?(단, 연장기간은 고려하지 않음)

① 6월 　　　　　② 1년
③ 2년 　　　　　④ 3년

65 토양보전대책지역 지정표지판에 관한 설명으로 틀린 것은?

① 지정 목적을 표기한다.
② 토양보전대책지역 내역(주소, 면적, 약도)을 표기한다.
③ 표지판의 규격은 가로 3미터, 세로 2미터, 높이 1.5미터 이상으로 하여야 한다.
④ 흰색 바탕의 표지판에 검은색 페인트를 사용하여 표기하여야 한다.

> **풀이** 토양보전대책지역의 지정표시판 글자는 페인트 등을 사용하여 지워지지 아니하도록 하여야 한다.

66 지하수에 관한 조사업무를 대행하는 지하수조사 전문기관이 작성하는 지하수조사계획서에 포함되는 사항과 가장 거리가 먼 것은?

① 원상복구계획
② 시추계획
③ 조사내용
④ 조사지역

> **풀이** 지하수조사계획서의 포함사항
> ㉠ 조사지역
> ㉡ 조사기간
> ㉢ 조사내용
> ㉣ 원상복구계획

67 다음 중 토양정화업(변경) 등록 신청서의 처리기관장과 등록 및 변경등록 시 처리기간으로 가장 적합한 것은?

① 시 · 도지사, 등록 7일 · 변경등록 10일
② 시 · 도지사, 등록 10일 · 변경등록 7일
③ 지방환경청장, 등록 7일 · 변경등록 10일
④ 지방환경청장, 등록 10일 · 변경등록 7일

68 다음 중 지하수법상 지하수보전구역 내 지하수오염 유발시설에 해당하지 않는 것은?

① 「토양환경보전법 시행규칙」에 따른 특정 토양오염관리대상시설
② 「폐기물관리법」에 따른 소각시설
③ 「폐기물관리법 시행령」에 따른 매립시설
④ 「수질 및 수생태계 보전에 관한 법률 시행규칙」에 따른 폐수배출시설

> **풀이** 지하수오염 유발시설(지하수보전구역)
> ㉠ 「토양환경보전법 시행규칙」에 따른 특정 토양오염관리대상시설
> ㉡ 「수질 및 수생태계 보전에 관한 법률 시행규칙」에 따른 폐수배출시설
> ㉢ 「폐기물관리법 시행령」에 따른 매립시설
> ㉣ 그 밖에 ㉠부터 ㉢까지의 시설과 유사한 시설로서 특별히 관리할 필요가 있다고 인정되어 환경부장관이 관계 중앙행정기관의 장과 협의하여 고시하는 시설

69 지하수의 수질기준에서 일반오염물질에 해당하는 항목이 아닌 것은?

① 수소이온농도 　　　② 질산성 질소
③ 염소이온 　　　　　④ 아연

> **풀이** 지하수의 수질기준 항목(일반오염물질)
> ㉠ 수소이온농도(pH)
> ㉡ 총대장균군
> ㉢ 질산성 질소
> ㉣ 염소이온

70 다음은 특정토양오염관리대상시설인 석유류의 제조 및 저장시설 대상범위에 관한 내용이다. ( ) 안에 옳은 내용은?

「위험물안전관리법 시행령」의 제4류 위험물 중 제1, 제2, 제3, 제4 석유류에 해당되는 인화성 액체의 제조, 저장 및 취급을 목적으로 설치한 저장시설로서 총 용량 ( ) 이상인 시설(이동탱크저장시설을 제외한다.)

① 1만 리터　　　　② 2만 리터
③ 3만 리터　　　　④ 5만 리터

71 다음은 자연적인 원인에 의한 토양오염임을 입증하는 대통령령으로 정하는 방법이다. ( ) 안의 내용으로 옳은 것은?

해당 오염물질이 ( )으로부터 기인하였음을 증명할 것

① 대상 지역의 변성　　② 대상 지역의 기후변동
③ 대상 부지의 지각변동　④ 대상 부지의 기반암

72 지하수의 체계적인 개발·이용 및 효율적인 보전·관리를 위하여 지하수관리기본계획의 수립 시 포함되어야 할 사항 중 거리가 먼 것은?

① 지하수의 이용실태
② 지하수의 보전계획
③ 지하수의 조사에 관한 투자계획
④ 지하수의 수질관리 및 정화계획

풀이 지하수관리기본계획 수립 시 포함사항
　　ⓐ 지하수의 부존특성 및 개발 가능성
　　ⓑ 지하수의 이용실태
　　ⓒ 지하수의 이용계획
　　ⓒ의2 유출지하수의 관리 및 이용계획
　　ⓒ의3 지하수열의 이용활성화 및 연구개발추진계획
　　ⓓ 지하수의 보전계획
　　ⓔ 지하수의 수질관리 및 정화계획
　　ⓕ 그 밖에 지하수의 관리에 관한 사항

73 다음 오염지하수 정화계획의 승인 절차에 대한 설명 중 ( ) 안에 들어갈 말을 순서대로 옳게 나열한 것은?

지하수오염유발시설관리자는 오염된 지하수를 정화하거나 정화 명령을 받은 때에는 ( )령이 정하는 오염지하수 정화기준에 맞도록 하여야 하며, ( )령이 정하는 바에 따라 오염지하수정화계획을 작성한 후, 이를 ( )에게 제출하여 승인을 얻어야 한다.

① 환경부－대통령－시장·군수·구청장
② 환경부－대통령－환경부장관
③ 대통령－환경부－환경부장관
④ 대통령－환경부－시장·군수·구청장

74 지하수의 개발·이용에 관한 허가·인가 등을 받거나 신고를 한 자는 그 공사의 착공일 전까지 이행보증금을 현금 또는 국토교통부령이 정하는 보증서·유가증권 등으로 예치하여야 한다. 이때 이행보증금의 예치기간은?

① 공사의 착공일부터 1년
② 공사의 착공일부터 2년
③ 공사의 착공일부터 3년
④ 공사의 착공일부터 5년

75 토양정화업의 등록요건 및 장비목록에서 시료채취기에 대한 기준으로 옳은 것은?

① 시료채취기 2대(깊이 3m 이상 시료채취가 가능할 것)
② 시료채취기 1대(깊이 3m 이상 시료채취가 가능할 것)
③ 시료채취기 2대(깊이 6m 이상 시료채취가 가능할 것)
④ 시료채취기 1대(깊이 6m 이상 시료채취가 가능할 것)

풀이 토양정화업의 등록요건(장비)
ㄱ 시료채취기 1대(깊이 6m 이상 시료채취가 가능할 것)
ㄴ 휴대용 가스측정장비 1식(휘발성 유기화합물질(VOC), 산소, 이산화탄소 및 메탄의 측정이 가능할 것)
ㄷ 현장용 수질측정기 1식(수소이온농도(pH), 수온, 전기전도도, 용존산소 및 산화·환원전위의 측정이 가능할 것)
ㄹ 지하수위측정기

76 토양 관련 전문기관 중 토양오염조사기관이 수행하는 업무가 아닌 것은?

① 토양정밀조사
② 오염토양 개선사업의 지도·감독
③ 오염물질 누출검사결과의 검증
④ 토양오염도 검사

풀이 토양오염조사기관의 업무
ㄱ 토양정밀조사
ㄴ 토양오염도 검사
ㄷ 토양정화의 검증
ㄹ 오염토양 개선산업의 지도·감독

77 다음은 위해성 평가 대상지역의 관리에 관한 내용이다. ( ) 안에 옳은 내용은?

환경부장관, 시·도지사, 시장·군수·구청장 또는 오염원인자는 법에 따라 위해성 평가의 결과를 토양정화의 시기에 반영하려는 경우 위해성 평가의 최초 검증 후 ( )마다 토양 관련 전문기관으로 하여금 위해성 평가 대상지역에 대한 오염토양 모니터링을 실시하도록 해야 한다.

① 6개월
② 매년
③ 3년
④ 5년

78 토양환경보전법상 용어의 정의로 옳지 않은 것은?

① 토양오염물질 : 토양오염의 원인이 되는 물질로서 환경부령으로 정하는 것을 말한다.
② 특정토양오염관리대상시설 : 토양을 현저하게 오염시킬 우려가 있는 토양오염관리대상시설로서 환경부령으로 정하는 것을 말한다.
③ 토양오염 : 사업활동이나 그 밖의 사람의 활동에 의하여 토양이 오염되는 것으로서 사람의 건강·재산이나 환경에 피해를 주는 상태를 말한다.
④ 토양처리업 : 토양을 적절한 방법으로 정화 처리하는 업을 말한다.

풀이 토양환경보전법상 토양처리업에 관한 용어는 없다.

79 토양환경평가에 관한 내용으로 옳지 않은 것은?

① 토양환경평가의 절차 및 방법의 구체적인 사항은 환경부장관이 정하여 고시한다.
② 개황조사 : 시료의 채취 및 분석을 통한 토양오염의 정도와 범위 조사
③ 토양환경평가는 기초조사, 개황조사, 정밀조사의 순서로 실시한다.
④ 기초조사 : 자료조사, 현장조사 등을 통한 토양오염 개연성 여부 조사

풀이 개황조사는 시료의 채취 및 분석을 통한 토양오염 여부 조사이다.

80 다음 중 토양오염검사 수수료가 가장 비싼 항목은?

① 6가 크롬
② 유기인
③ 페놀류
④ 수은

풀이 토양오염검사 수수료
① 6가 크롬 : 44,200원
② 유기인 : 35,100원
③ 페놀류 : 56,100원
④ 수은 : 44,200원

1과목 토양학개론

01 100cm³ Core Sampler로 채취한 토양의 무게가 180g이었다(Core 무게 제외). 이 토양을 105℃에서 건조한 무게가 150g이라면 이 토양의 중량수분함량과 용적밀도(가밀도)를 모두 바르게 계산한 것은?(단, 중량수분함량은 분석값의 수분 보정을 위한 토양오염공정시험기준상의 수분함량을 의미하지는 않음)

① 중량수분함량(17%), 용적밀도(1.5g/cm³)
② 중량수분함량(17%), 용적밀도(1.8g/cm³)
③ 중량수분함량(20%), 용적밀도(1.5g/cm³)
④ 중량수분함량(20%), 용적밀도(1.8g/cm³)

풀이 중량수분함량(%)

$$= \frac{\text{토양무게} - \text{건조토양무게}}{\text{건조토양무게}} \times 100$$

$$= \frac{(180-150)\text{g}}{150\text{g}} \times 100$$

$$= 20\%$$

용적밀도(g/cm³) $= \dfrac{\text{건조토양무게}}{\text{부피}}$

$$= \frac{150\text{g}}{100\text{cm}^3}$$

$$= 1.5\text{g/cm}^3$$

02 미나마타병의 원인 물질로 신경계통에 장애를 주어 언어, 지각장애 등을 유발하는 오염물질은?

① 카드뮴   ② 비소
③ 수은   ④ PCB

03 그림과 같이 매립지 저면은 두께가 1m인 점토차수층(Liner)으로 되어 있다. 지금 침출수의 평균 수두가 해발표고 11m이고 점토차수층 하부에 분포된 대수층의 평균수두가 해발 1m이며 점토층의 유효 공극률은 0.2, 수직 투수계수 10^{-7}cm/sec일 때, 침출수가 점토차수층을 통과하는 데 소요되는 시간은?(단, 침출수는 점토차수층과 반응을 하지 않는다고 가정)

매립물   매립   ▽ EL +11m

침출수

점토
차수층: ▽   EL 1m
1m 두께

하부대수층   EL 0m

① 약 132일   ② 약 231일
③ 약 552일   ④ 약 1,034일

풀이 점토층 통과 소요시간(t) : Darcy법칙

$$t = \frac{d^2 N}{k(d+h)}$$

여기서, t : 침출수의 점토층 통과시간(year)
d : 점토층 두께(m)
h : 침출수 수두(m)
k : 투수계수(m/year)
N : 유효공극률(공극용적/흙입자용적)

$$= \frac{1^2\text{m}^2 \times 0.2}{10^{-9}\text{m/sec} \times (1+10)\text{m}}$$

$$= 18181818.18\text{sec} \times \text{day}/86,400\text{sec}$$

$$= 210.43\text{day}$$

04 지하수 상·하류 두 지점의 수두차 1.6m, 두 지점 사이의 수평거리 520m, 투수계수 300m/day 일 때, 대수층의 두께 3.8m, 폭 1.5m인 지하수의 유량은?

① 4.28m³/day   ② 5.26m³/day

③ 6.38m³/day   ④ 7.46m³/day

풀이
$$Q = KA\frac{dh}{dL}$$
$$= 300\text{m/day} \times (3.8 \times 1.5)\text{m}^2 \times \frac{1.6\text{m}}{520\text{m}}$$
$$= 5.26\text{m}^3/\text{day}$$

05 NAPLs에 관한 설명으로 옳지 않은 것은?

① 물에 쉽게 용해되지 않고 섞이지 않아 자연상에서 물과 분리된 유체의 형태로 존재하는 것을 말한다.
② TCE는 LNAPL에 해당된다.
③ 톨루엔은 LNAPL에 해당된다.
④ Chlorophenols은 DNAPL에 해당된다.

풀이 1. LNAPL 대표적 오염물질
　　　㉠ BTEX(벤젠, 톨루엔, 에틸벤젠, 크실렌)
　　　㉡ 원유, 휘발유, 디젤유
　　　㉢ 헵탄, 헥산
　　　㉣ 이소프로필알코올
　　 2. DNAPL 대표적 오염물질
　　　㉠ TCE(Trichloroethylene), PCE(Perchlorethylene)
　　　㉡ 페놀, PCB(Polychlorinated Biphenyl)
　　　㉢ 1,1,1-Trichloroethane(1,1,1-TCA), 2-Chlorophenol(클로로페놀)
　　　㉣ 클로로포름, 사염화탄소

06 지하수 환경으로 유입된 오염물질이나 용질이 지하수의 공극유속(Pore Water Velocity)과 같은 속도로 움직이는 것을 뜻하는 것은?

① 이류   ② 수리분산
③ 수리확산   ④ 평류

07 토양의 용적비중이 1.17이고, 입자비중이 2.55 일 때 토양의 공극률은?

① 약 41.1%   ② 약 45.9%

③ 약 51.1%   ④ 약 54.1%

풀이
$$\text{토양공극률(\%)} = \left(1 - \frac{\text{용적비중}}{\text{입자비중}}\right) \times 100$$
$$= \left(1 - \frac{1.17}{2.55}\right) \times 100$$
$$= 54.12\%$$

08 다음 토양목에 관한 설명과 가장 거리가 먼 것은?

① Vertisol은 유기물함량이 높은 표토가 검은 빛의 토양으로 화산재 토양이 해당된다.
② Oxisol은 풍화와 용탈이 매우 심하게 일어나는 고온 다습한 열대기후지역에서 발달한다.
③ Entisol은 토양의 발달과정이 거의 진행되지 않은 토양이다.
④ Ultisol은 습한 지역에서도 발달하며, 저염기 포화도를 가진다.

풀이 Vertisol
　　　㉠ 팽창과 수축이 현저하게 일어나 역전이 일어나며 팽창성(팽윤성) 점토의 함량이 높아질 경우 건조한 시기에는 토양이 갈라져서 깊은 골이 생긴다.
　　　㉡ 건습이 반복되는 열대·아열대에서 발달하고 Grumsol, 열대흑색토 등이 이에 속한다.

09 다음 중 토양오염의 특성과 거리가 먼 것은?

① 지속성   ② 시차성
③ 잔류성   ④ 광역성

풀이 토양오염의 특성
　　　㉠ 다양성
　　　㉡ 시차성(완만성)
　　　㉢ 국지성
　　　㉣ 연관성
　　　㉤ 지속성 및 잔류성

10 토양오염은 오염물질의 특이성에 따라 다르게 나타난다. 유기오염물질의 특성 인자와 가장 거리가 먼 것은?

① 용해도적
② 증기압
③ 옥탄올-물 분배계수
④ 분해상수

풀이 토양오염물질의 이동 특성, 이동경로(특이성)에 영향을 주는 주요 특성인자

1. 유기오염물질의 특성인자
   ㉠ 증기압
   ㉡ 헨리상수(공기/물 분배계수)
   ㉢ 분해상수
   ㉣ 옥탄올/물 분배계수(K_{ow})
2. 무기오염물질의 특성인자
   ㉠ 용해도적
   ㉡ 착염물질의 형성

11 다음 중 비점오염원(Non Point Contaminant Source)으로 가장 적합한 것은?

① 축산 배수 배출원
② 공단 산업폐수 배출원
③ 도로 노면 배수
④ 유류저장고

풀이 1. 점오염원(Point Contaminant Source)
   ㉠ 지하저장 탱크(유류 및 유독물)
   ㉡ 매립장(폐기물)
   ㉢ 정화조
   ㉣ 축산배수 배출원 및 공단 산업폐수 배출원
   ㉤ 유류저장고

2. 비점오염원(Non Point Contaminant Source)
   ㉠ 산성비
   ㉡ 농약 및 화학비료
   ㉢ 도로제설제
   ㉣ 쓰레기에서 유발된 질산성 질소
   ㉤ 도로 노면 배수
   ㉥ 휴·폐광산으로부터 유출되는 중금속
   ㉦ 방사성 물질

12 산성우의 토양에 대한 영향으로 틀린 것은?

① 토양 용액 용존 유기물 농도의 감소
② 양이온, 주로 Ca^{2+}, Mg^{2+}의 용탈 증대
③ HCO_3^- 농도의 감소
④ $AlPO_4$ 용출에 따른 토양 용액 PO_4 농도 증대

풀이 산성비는 $AlPO_4$의 침전에 의한 토양용액 PO_4 농도의 감소를 초래한다.

13 옥탄올-물 분배계수에 관한 설명으로 옳지 않은 것은?

① 옥탄올-물 두 환경에서 옥탄올 층의 화학물질 농도와 물 층의 화학물질 농도의 비로 정의된다.
② 적은 양의 데이터로부터 결정될 수 있으므로 매우 폭넓게 이용된다.
③ 옥탄올-물 분배계수의 값이 큰 화학물질은 친수성이며 일반적으로 자연환경에서 이동성이 좋다.
④ 수생 유기체에 의해 화학물질이 얼마나 소모될지를 알려주는 중요한 지표이다.

풀이 옥탄올-물 분배계수(K_{ow})가 큰 경우는 소수성이며 고축적성을 갖고 오염물질의 이동성이 작아진다.

14 토양에 존재하는 이온의 반경별 크기가 큰 순서대로 나열된 것은?

① $Ba^{++} > Sr^{++} > ca^{++} > Mg^{++}$
② $Ba^{++} > Ca^{++} > Sr^{++} > Mg^{++}$
③ $Ca^{++} > Ba^{++} > Sr^{++} > Mg^{++}$
④ $Ca^{++} > Ba^{++} > Mg^{++} > Sr^{++}$

15 지하수가 가장 많이 이용(연 이용량 기준)되는 용도는?

① 산림용수　　② 생활용수
③ 공업용수　　④ 발전용수

16 유기물 4%, 유기탄소 2%, 전질소 10,000 mg/kg, 질산태질소 5,000mg/kg, 암모늄태질소 5,000mg/kg을 함유하고 있는 토양의 탄질률(C/N Ratio)은?

① 1   ② 2
③ 4   ④ 8

17 식물에 필요한 필수 양분 중 아래와 같은 특성을 갖는 것은?

- 필수 양분 중 식물의 양분요구도가 가장 낮음
- 여러 효소의 보조인자로 산화환원 반응에 관여함
- 질소대사와 밀접한 관련이 있음
- 질소고정을 하는 콩과작물에 많이 필요함
- NO_3^-를 질소원으로 이용하는 식물에 필수적임

① Co   ② Mo
③ Ni   ④ S

18 다음 토양에서 질소의 순환에 대한 설명 중 맞는 것은?

① 질산화작용에 의해 생성된 질산이온 또는 토양에 첨가된 질산이온은 토양에 흡착되어 이동성이 작은 양이온이 된다.
② 토양유기물의 탈질반응은 pH 7.5 ~8.3 범위의 약알칼리조건을 필요로 한다.
③ 유기물의 NO_2^-, NO_3^- 로의 변환을 질소의 유기화 과정이라 한다.
④ 표토 부근의 토양 내 존재하는 총 질소의 90% 이상이 유기질소형태로 존재한다.

풀이 ① 질산화작용에 의해 생성된 질산이온 또는 토양에 첨가된 질산이온은 토양에 흡착되지 않고 이동성이 큰 음이온이 된다.
② 토양유기물의 탈질반응은 pH 5.0~5.5 범위가 최적이다.
③ 유기물의 NO_2^-, NO_3^- 로의 변환을 질산화작용이라 한다.

19 2 : 1형 점토 광물로 수분함량에 따라 팽창–수축이 심하게 일어나며 양이온 교환능력과 비표면적이 큰 광물은?

① 몬모릴로나이트(Montmorillonite)
② 카올리나이트(Kaolinite)
③ 할로이사이트(Halloysite)
④ 클로라이트(Chlorite)

20 난분해성 유기화학 물질과 가장 거리가 먼 것은?

① 가지구조가 많은 화합물
② 분자 내에 많은 수의 할로겐 원소를 함유하는 화합물
③ 물에 대한 용해도가 높은 화합물
④ 원자의 전하차가 큰 화합물

풀이 물에 대한 용해도가 적은 화합물이 난분해성 유기화학물질이다.

2과목 **토양 및 지하수오염조사기술**

21 정도관리요소인 검정곡선 중 상대검정곡선법의 내부표준 물질에 관한 설명으로 옳은 것은?

① 상대검정곡선법은 시험 분석하려는 성분과 물리, 화학적으로 성질은 유사하나 시료에는 없는 순수물질을 내부표준물질로 선택한다.
② 상대검정곡선법은 시험 분석하려는 성분과 물리, 화학적으로 성질이 유사하며 시료에 함유된 순수물질을 내부표준물질로 선택한다.
③ 상대검정곡선법은 시험 분석하려는 성분과 물리, 화학적으로 성질이 다르며 시료에 함유된 순수물질을 내부표준물질로 선택한다.
④ 상대검정곡선법은 시험 분석하려는 성분과 물리, 화학적으로 성질이 다르고 시료에 없는 순수물질을 내부표준물질로 선택한다.

풀이 검정곡선

1. 절대검정곡선법(External Standard Method)
   시료의 농도와 지시값의 상관성을 검정곡선식에 대입하여 작성하는 방법이다.

2. 표준물질첨가법(Standard Addition Method)
   ㉠ 시료와 동일한 매질에 일정량의 표준물질을 첨가하여 검정곡선을 작성하는 방법이다.
   ㉡ 매질효과가 큰 시험 분석 방법에서 분석 대상 시료와 동일한 매질의 표준시료를 확보하지 못한 경우에 매질효과를 보정하여 분석할 수 있는 방법이다.

3. 상대검정곡선법(Internal Standard Method)
   ㉠ 검정곡선 작성용 표준용액과 시료에 동일한 양의 내부표준물질을 첨가하여 시험분석 절차, 기기 또는 시스템의 변동으로 발생하는 오차 보정하기 위해 사용하는 방법이다.
   ㉡ 상대검정곡선법은 시험 분석하려는 성분과 물리·화학적 성질은 유사하나 시료에는 없는 순수 물질을 내부표준물질로 선택한다.
   ㉢ 일반적으로 내부표준물질로는 분석하려는 성분에 동위원소가 치환된 것을 많이 사용한다.

22 지하매설저장시설 내 배관으로부터 2m 지점에서 토양시료를 채취하였다면, 토양시료채취지점에서 최대한의 시료채취 깊이로 적절한 것은?

① 1m
② 2m
③ 3m
④ 4m

풀이 최대 시료채취 깊이＝2m×1.5＝3m

23 다음의 토양오염 위해성 평가 수행 절차 중 가장 먼저 수행하여야 하는 단계는?

① 위해도 결정
② 노출경로 결정
③ 조치 계획 작성
④ 정화 목표치 설정

풀이 토양오염 위해성 평가단계
㉠ 노출 경로 선택(결정)
㉡ 노출평가
㉢ 독성평가
㉣ 위해도 결정

24 기체크로마토그래피를 적용하여 석유계 총 탄화수소를 측정할 때 정량한계는?

① 석유계 총 탄화수소 5.0mg/kg
② 석유계 총 탄화수소 10.0mg/kg
③ 석유계 총 탄화수소 25.0mg/kg
④ 석유계 총 탄화수소 50.0mg/kg

25 유도결합플라스마−원자발광분광법으로 카드뮴을 측정할 때 정량한계는?

① 0.02mg/kg
② 0.05mg/kg
③ 0.1mg/kg
④ 0.5mg/kg

26 유도결합플라스마−원자발광분광법에서 플라스마 가스로 사용되는 가스의 종류로 가장 적절한 것은?

① 수소
② 질소
③ 아르곤
④ 헬륨

27 토양환경평가방법 및 절차 단계 중 1단계(기초조사)에서 이루어지는 과정내용과 가장 거리가 먼 것은?

① 조사계획 수립
② 자료조사
③ 방문조사
④ 청취조사

28 자외선/가시선 분광법으로 시안을 측정하는 방법에 대한 설명으로 옳은 것은?

① 잔류염소가 함유된 시료는 질산은을 넣어 제거한다.
② pH 2 이하의 산성에서 EDTA를 넣고 가열 증류한다.
③ 유지류가 함유된 시료는 pH 4 이하로 조절하여 클로로포름을 넣어 섞고 수층을 분리한다.
④ 황화물이 함유된 시료는 초산암모늄 용액을 첨가하여 제거한다.

풀이 시안(자외선/가시선 분광법)의 간섭물질
  ㉠ 시안화합물을 측정할 때 방해물질들은 증류하면 대부분 제거된다. 그러나 다량의 지방성분, 잔류염소, 황화합물은 시안화합물을 분석할 때 간섭될 수 있다.
  ㉡ 다량의 지방성분을 함유한 시료는 아세트산 또는 수산화나트륨 용액으로 pH 6~7로 조절한 후 시료의 약 2%에 해당하는 부피의 노말헥산 또는 클로로포름을 넣어 추출하여 유기층은 버리고 수층을 분리하여 사용한다.
  ㉢ 잔류염소가 함유된 시료는 잔류염소 20mg당 L-아스코르빈산(10%) 0.6mL 또는 아비산나트륨 용액(10%) 0.7mL를 넣어 제거한다.
  ㉣ 황화합물이 함유된 시료는 아세트산 아연용액(10%) 2mL를 넣어 제거한다. 이 용액 1mL는 황화물이온 약 14mg에 해당된다.

29 기기분석 방법과 분석항목이 잘못 짝지어 있는 것은?

① 기체크로마토그래피 – 유기인화합물
② 자외선/가시선 분광법 – 시안
③ 원자흡수분광광도법 – 비소
④ 흡광광도법 – PCB

풀이 폴리클로리네이티드비페닐(PCBs)의 분석방법은 기체크로마토그래피이다.

30 다음 농도표시 중 농도가 상대적으로 가장 낮은 것은?(단, 비중은 1.0 기준)

① 0.01ppm
② 1mg/L
③ 100ppb
④ 1mg/kg

풀이 1ppm=1mg/L=1mg/kg

$$100\text{ppb} \times \frac{\text{ppm}}{10^3\text{ppb}} = 0.1\,\text{ppm}$$

31 유리전극법으로 수소이온농도를 측정할 때 간섭물질에 관한 설명으로 옳지 않은 것은?

① 토양을 오랫동안 방치하면 미생물의 작용으로 탄산가스가 발생하여 pH가 낮아질 수 있다.
② 유리전극은 일반적으로 색도, 탁도 등에 간섭을 받는다.
③ 토양 중 염류의 농도가 높아지면 pH 값이 낮아지는 경우가 있다.
④ pH는 온도변화에 따라 영향을 받는다.

풀이 유리전극
  유리전극은 일반적으로 용액의 색도, 탁도, 콜로이드성 물질, 산화 및 환원성 물질 그리고 염의 농도 등의 간섭을 받지 않는다. 따라서 전극을 넣을 때 토양현탁을 만들어 주고 곧 넣어서 측정한다.

32 토양오염도검사방법 중 일반지역의 시료채취지점에 대한 설명이 옳은 것은?

① 농경지의 경우 시료채취지점을 대상지역 내에서 중심지점 1개와 주변 4방위의 5~10m 거리에 있는 1개 지점씩 총 5개 지점을 선정한다.
② 공장지역의 경우 시료채취지점을 대상지역 내에서 5~6m 간격으로 지그재그형으로 5~10개 지점을 선정한다.
③ 매립지역의 경우 시료채취지점을 대상지역 내에서 중심지점 1개와 주변 4방위의 5~10m 거리에 있는 1개 지점씩 총 5개 지점을 선정한다.
④ 시가지지역의 경우 시료채취지점을 대상지역 내에서 5~6m 간격으로 지그재그형으로 5~10개 지점을 선정한다.

풀이 일반지역 시료채취지점
  ㉠ 농경지의 경우는 대상지역 내에서 지그재그형으로 5~10개 지점을 선정한다.
  ㉡ 공장지역·매립지역·시가지지역 등 농경지가 아닌 기타 지역의 경우는 대상지역의 중심이 되는 1개 지점과 주변 4방위의 5~10m 거리에 있는 1개 지점씩 총 5개 지점을 선정한다.

정답 29 ④ 30 ① 31 ② 32 ③

33 다음은 어떤 물질의 자외선/가시선 분광법에 관한 설명이다. ( ) 안에 들어갈 물질로 옳은 것은?

> 진홍색의 지르코늄(Zirconium)-발색시약과의 반응으로 무색의 음이온복합체를 형성하는 과정을 이용하는 방법으로 ( )의 양이 많아질수록 색깔이 엷어지게 된다.

① 시안
② 불소
③ 아연
④ 구리

풀이 불소 – 자외선/가시선 분광법
이 시험기준은 토양 중 불소를 측정하는 방법이다. 불소가 진홍색의 지르코늄(Zirconium)-발색시약과의 반응으로 무색의 음이온복합체(ZrF_6^{2-})를 형성하는 과정을 이용하는 것으로 불소의 양이 많아질수록 색깔이 엷어지게 된다.

34 저장물질이 있는 누출검사대상시설의 기상부의 누출검사 시험법인 미감압 측정방법으로 옳지 않은 것은?

① 시험을 위한 진공속도는 매분 100mmHg 미만이 되도록 한다.
② 매 5분마다 측정된 압력변화값은 자동으로 기록되도록 한다.
③ 누출 여부에 대한 추가 확인을 위하여 마이크로폰 등 추가적인 도구를 사용할 수 있다.
④ 압력 안정화 유지시간 이후부터 매 5분마다 60분 또는 70분 동안의 압력 변화를 측정한다.

풀이 미감압법에서 시험을 위한 진공속도는 매분 100mmH₂O 미만이 되도록 한다.

35 다음은 토양오염관리대상시설지역에서 시료의 채취 및 보관에 대한 설명이다. ( ) 안에 옳은 내용은?(단, 봉이 들어 있는 타격식, 나선식 토양 시추장비 기준)

> 시료채취봉을 꺼내어 오염의 개연성이 가장 높다고 판단되는 부위 ( )를 시료 부위로 한다.

① ±5cm
② ±10cm
③ ±15cm
④ ±30cm

36 흡광광도 측정에서 투과율이 10%일 때의 흡광도는?

① 0.7
② 0.8
③ 0.9
④ 1.0

풀이 흡광도$(A) = \log \dfrac{1}{투과율} = \log \dfrac{1}{0.1} = 1.0$

37 일반지역의 토양오염도 검사를 위해 채취한 시료 보관에 대한 내용 중 틀린 것은?

① 채취한 토양시료가 불소 시험용인 경우는 폴리에틸렌봉지에 넣어 보관한다.
② 채취한 토양시료가 유기물질 시험용인 경우는 폴리에틸렌봉지에 넣어 보관한다.
③ 채취한 토양시료가 수은 시험용 시료인 경우는 입구가 넓은 유리병에 넣어 보관한다.
④ 채취한 토양시료가 시안 시험용 시료인 경우는 넓은 유리병에 넣어 보관한다.

풀이 채취한 토양시료가 시안 및 유기물질 시험용 시료인 경우 입구가 넓은 유리병에 넣어 보관한다.

38 저장물질이 있는 지하매설 저장시설에 대한 기상부 누출검사 적용기준으로 옳은 것은?

① 기상부 누출검사는 20℃에서 점도 150cSt 미만, 내용적 10,000L 미만의 액체를 저장하는 지하매설저장시설에 적용한다.

② 기상부 누출검사는 20℃에서 점도 150cSt 미만, 내용적 100,000L 미만의 액체를 저장하는 지하매설저장시설에 적용한다.

③ 기상부 누출검사는 20℃에서 점도 200cSt 미만, 내용적 10,000L 미만의 액체를 저장하는 지하매설저장시설에 적용한다.

④ 기상부 누출검사는 20℃에서 점도 200cSt 미만, 내용적 100,000L 미만의 액체를 저장하는 지하매설저장시설에 적용한다.

39 0.05N의 $KMnO_4$ 용액 2,000mL를 조제하고자 한다. 몇 g의 $KMnO_4$가 필요한가?(단, $KMnO_4$의 분자량=158)

① 0.79g   ② 1.58g
③ 3.16g   ④ 6.32g

풀이 $KMnO_4$ → 5가 화합물
$0.05N/L \times 2L \times (158/5)g/N = 3.16g$

40 토양에 함유되어 있는 중금속 성분을 분석하기 위하여 시료를 조제할 때 사용되는 표준체가 다른 성분은?

① 납   ② 구리
③ 6가 크롬   ④ 비소

풀이 시료 조제방법 구분
ㄱ 수소이온농도, 불소 및 금속류 시험용 시료
ㄴ 시안, 6가 크롬 및 유기물질 시험용 시료

3과목 **토양 및 지하수오염정화기술**

41 다음에 열거한 토양정화기술 중에서 Ex-Situ 정화기술과 가장 거리가 먼 것은?

① 토양세정법(Soil Flushing)
② 용제추출법(Solvent Extraction)
③ 퇴비화법(Composting)
④ 할로겐분리법(Glycolate Dehalogenation)

풀이 Ex-Situ 정화기술 종류
- 토양증기 추출법(SVE ; Soil Vapor Extraction)
- 퇴비화법(Composting)
- 토양경작법(Landfarming)
- 할로겐분해법(Glyconate Dehalogenation)
- 토양세척법(Soil Washing)
- 고형화/안정화 처리법(Solidification/Stabili-zation)
- 용매(용제) 추출법 (Solvent Extraction)
- 고온가스 추출법(Hot Gas Decontamination)
- 소각법(Incineration)
- 열분해법(Pyrolysis)
- 열탈착법(Thermal Desorption)
- 화학적 산화/환원법(Chemical Reduction/ Oxi-dation)
- 바이오 파일 및 바이오 필터(Biopiles 및 Biofilter)

42 6가 크롬으로 오염된 토양의 생물학적 복원과정 (환원처리조 적용)에 관한 설명으로 옳지 않은 것은?

① 6가 크롬은 물에 용해되기 어려우므로 우선 폭기조로 산화시킨다.
② 영양분과 세균을 환원처리조에 첨가한다.
③ 환원처리조에서 세균의 호흡에 의해 산소가 소실되면 6가 크롬의 환원이 시작된다.
④ 분리조로부터 수산화크롬이 분리된다.

풀이 6가 크롬(Cr^{6+})은 물에 용해하기 어려우므로 우선 폭기조로 환원시킨다.

43 다음 중 Bioventing 공법의 적용이 바람직한 오염토양의 조건은?

① 불포화 토양층 오염, 공기투과계수 1×10^{-4} cm/s 이하

② 포화 토양층 오염, 공기투과계수 1×10^{-4} cm/s 이하

③ 불포화 토양층 오염, 공기투과계수 1×10^{-4} cm/s 이상

④ 포화 토양층 오염, 공기투과계수 1×10^{-4} cm/s 이상

풀이 바이오벤팅은 불포화 토양층에 인위적으로 산소를 공급하여 토양 내에 존재하는 토착미생물의 활성을 촉진시켜 생분해도를 극대화하여 오염토양을 정화시키는 기법이다.

44 생물학적 처리 중 포화토양층을 대상으로 할 수 없는 것은?

① Bioventing 　　② Biosparging

③ 자연정화법 　　④ 침투성 생물반응벽

풀이 원위치 생물학적 복원(처리)방법(In–Situ Treatment)
1. 불포화 토양층
   ㉠ 처리방법 : Bioventing
   ㉡ 처리대상 오염물질 : BTEX

2. 포화토양층
   처리방법
   ㉠ 원위치 생물학적 복원 : 생분해 가능한 유기오염물질
   ㉡ Biosparging : BTEX
   ㉢ 침투성 생물반응벽 : 분해 가능한 유기오염물질
   ㉣ 자연정화법 : 유류, 염소계 유기화합물

45 토양증기추출기법(Soil Vapor Extraction) 시스템의 단점으로 틀린 것은?

① 토양층이 치밀하여 기체 흐름이 어려운 곳에서는 사용이 곤란하다.

② 오염물질의 독성은 변화가 없다.

③ 굴착공정으로 인하여 설치기간이 비교적 길다.

④ 지반구조의 복잡성으로 총 처리시간을 예측하기 어렵다.

풀이 토양증기추출법의 장단점
1. 장점
   ㉠ 기계 및 장치요소가 간단하다.
   ㉡ 유지 및 관리비용이 저렴하다.
   ㉢ 일반적으로 널리 사용되는 장치 및 재료로도 충분히 가능하다.
   ㉣ 단기간 내에 설치 가능하다.
   ㉤ 즉시 복원 효율에 대한 결과를 얻을 수 있다.
   ㉥ 다른 시약이 필요 없다.
   ㉦ 영구적인 재생이 가능하다.
   ㉧ 굴착이 필요 없어 오염되지 않은 토양과 혼합될 우려가 없다.
   ㉨ 처리시간이 짧다.
   ㉩ 빌딩이나 다른 구조물 밑의 토양도 재생할 수 있으며, 생물학적 처리효율을 높여주는 역할을 한다.
   ㉠ 지하수의 깊이에 제한을 받지 않는다.

2. 단점
   ㉠ 증기압이 낮은 오염물질은 제거효율이 낮다.
   ㉡ 토양층이 치밀하여 기체흐름이 어려운 곳에서는 사용이 곤란하다. 즉, 투과성이 낮은 토양에서는 효과가 낮다.
   ㉢ 추출된 기체의 처리를 위한 대기오염 방지시설이 필요하다.
   ㉣ 오염물질의 독성은 변화가 없다.(독성이 잔존함)
   ㉤ 불포화대수층에만 적용 가능, 즉 지역이 제한되어 있다.
   ㉥ 지반구조가 복잡하므로 총 처리시간을 예측하기가 어렵다.
   ㉦ 방출된 공기를 처리하기 위한 공정과 방출가스 처리에 사용된 물질의 처리부담이 있다.

46 차단시설인 시트 파일의 장단점과 가장 거리가 먼 내용은?

① 지반굴착이 필요

② 내구연수 연장하고 부식방지를 위하여 코팅 가능

③ 강재의 화학적 침해 가능

④ 팽창지수재 사용 시 불투수 가능

풀이 스틸 시트 파일링(Steel Sheet Piling)은 지반굴착이 필요하지 않고 강재의 화학적 침해가능성이 있다.

47 토양처리기술 중 굴착 후 처리기술로 가장 적절한 것은?

① 생물학적 분해법(Biodegradation)
② 토양경작법(Landfarming)
③ 바이오벤팅법(Bioventing)
④ 토양세정법(Soil Flushing)

풀이 Ex–Situ 정화기술 종류
- 토양증기 추출법(SVE ; Soil Vapor Extraction)
- 퇴비화법(Composting)
- 토양경작법(Landfarming)
- 할로겐분해법(Glyconate Dehalogenation)
- 토양세척법(Soil Washing)
- 고형화/안정화 처리법(Solidification/Stabili-zation)
- 용매(용제) 추출법(Solvent Extraction)
- 고온가스 추출법(Hot Gas Decontamination)
- 소각법(Incineration)
- 열분해법(Pyrolysis)
- 열탈착법(Thermal Desorption)
- 화학적 산화/환원법(Chemical Reduction/ Oxi-dation)
- 바이오 파일 및 바이오 필터(Biopiles 및 Biofilter)

48 바이오스파징(Biosparging)의 장단점에 대한 설명으로 틀린 것은?

① 오염물질의 이동 및 확산 야기 우려
② 지하수의 부가적인 처리 필요
③ 공기주사법의 제거 효율을 보다 증대
④ 휘발보다 생분해가 주요 제거 메커니즘이므로 배출가스처리가 필요 없을 수 있음

풀이 바이오스파징은 지하수의 부가적인 처리가 필요 없다.

49 계면활성제를 사용한 세정공정으로 TCE로 오염된 토양을 처리하고자 한다. 오염토양 내 TCE 1kg을 모두 용해시키기 위해 필요한 계면활성제를 10L/hr 유량으로 공급할 경우 공급시간은?(단, 계면활성제 내 TCE 용해도 4g/L)

① 5hr
② 10hr
③ 25hr
④ 50hr

풀이 공급시간(hr) $= \dfrac{TCE \ 양}{유량}$

$$= \frac{(1\text{kg} \times 10^3\text{g/kg})/4\text{g/L}}{10\text{L/hr}}$$

$$= 25\text{hr}$$

50 250kg의 가솔린이 두께 2m, 폭 10m인 포화대에 유출되었으며 이를 자연정화법으로 처리하고자 한다. 가솔린이 생물학적으로만 분해되어 없어진다면 오염지역 가솔린이 분해되는 데 걸리는 시간은?(단, 지하수의 Darcy 속도 : 1m/day, 지하수내 용존산소 농도 : 5mg/L, 산소-가솔린 소비율 : 2mgO$_2$/mg 가솔린)

① 연 9.6년
② 연 11.8년
③ 약 13.7년
④ 약 15.4년

풀이 산소-가솔린 소비율(2mgO$_2$/mg가솔린)
→ 가솔린 250kg의 분해시간=산소 500kg

지하수 총 부피
$$= \frac{500\text{kgO}_2(산소량) \times 10^6\text{mg/kg}}{5\text{mgO}_2/\text{L}(산소농도)} = 10^8\text{L}$$

$Q = AV = (2 \times 10)\text{m}^2 \times 1\text{m/day} = 20\text{m}^3/\text{day}$

$t = \dfrac{V}{Q} = \dfrac{10^8\text{L} \times \text{m}^3/1{,}000\text{L}}{20\text{m}^3/\text{day} \times 365\text{day/year}}$

$\qquad = 13.7\text{year}$

정답 47 ② 48 ② 49 ③ 50 ③

51 토양증기추출(SVE)에 관한 설명으로 틀린 것은?

① 오염지역에 추가적으로 시약(산화제, 과산화수소)을 주입하여 처리한다.
② 투수성 지반 내에 렌즈모양의 불투수성 부분이 존재하는 경우, 휘발성 오염물질의 제거효율이 저하된다.
③ 투수성이고 균질한 지반에 효과적이다.
④ 휘발성이 다양한 오염물질이 함유된 지역에서는 추가로 다른 복원공법의 도입이 필요하다.

풀이 토양증기 추출 방법은 다른 시약이 필요 없이 일반적으로 널리 사용되는 장치 및 재료로도 충분히 가능하다.

52 토양증기추출 시스템 처리효율에 영향을 미치는 오염물질 특성 인자와 가장 거리가 먼 것은?

① 증기압
② 수분함량
③ 헨리상수
④ 흡착계수

풀이 효율에 영향을 미치는 인자
　　1. 토양의 특성과 성분
　　　　㉠ 통기성(공기투과계수)
　　　　㉡ 수분함량
　　　　㉢ 공극률
　　2. 오염물질 특성인자
　　　　㉠ 용해도
　　　　㉡ 헨리상수(0.01 이상)
　　　　㉢ 증기압(0.5mmHg 이상)
　　　　㉣ 흡착계수(분배계수)
　　3. 그 밖의 특성인자
　　　　㉠ 오염물질이 분포되어 있는 깊이와 넓이
　　　　㉡ 오염물질의 농도
　　　　㉢ 대수층의 깊이

53 다음의 열탈착법에 관한 설명 중 틀린 것은?

① 가소성이 낮은 토양은 스크린 및 장비에 엉겨붙어 운영에 지장을 초래할 수 있다.
② 열탈착시스템은 오염토양에 열이 전달되는 방식에 따라 직접열전달방식과 간접열전달방식으로 나눈다.
③ 열탈착법은 토양 오염물질을 분해하는 것이 아니라 오염토양에 열을 가해 수분과 유기오염물질을 토양으로부터 단순히 분리하는 기술이다.
④ 열탈착조의 토양처리능력은 주입 토양의 수분함량과 반비례한다.

풀이 열탈착법에서 가소성이 높은 토양은 스크린 및 장비에 엉겨붙어 운영에 지장을 초래할 수 있다.

54 중금속으로 오염된 지역에 대한 안정화/고형화 처리 시 장단점으로 옳지 않은 것은?

① 부수적인 희석을 제외하고 금속의 총 함량 감소는 없다.
② 폐석이나 암석들은 공정 전에 제거되어야 한다.
③ 평균 입자크기를 증가시켜 입자의 확산을 감소시킨다.
④ 결합제의 수화반응으로 휘발성 물질의 제어가 가능하다.

풀이 안정화/고형화 방법은 결합제의 수화반응으로 휘발성 물질의 제어가 곤란하다.

55 토양세척공법 적용 시 발생되는 pH 3인 산성폐수를 pH 7로 중화시키기 위해 중화제로 95% 가성소다를 쓸 경우 산성폐수 1리터당 가성소다 몇 g이 필요한가?(단, Na원자량 23)

① 0.0042g
② 0.0084g
③ 0.042g
④ 0.084g

풀이 산성폐수(pH 3)의 $[H^+]=10^{-3}mol/L$

$$H^+ \quad + \quad OH^- \quad \rightarrow \quad H_2O$$
$$(10^{-3}mol/L) \quad (10^{-3}mol/L) \quad (pH\ 7)$$

따라서 중화에 필요한 $[OH^-]=10^{-3}mol/L$

$$NaOH \quad \rightarrow \quad Na^+ \quad \quad OH^-$$
$$(10^{-3}mol/L) \quad (10^{-3}mol/L) \quad (10^{-3}mol/L)$$

산성폐수 1L당 필요 가성소다 양(g/L)
$= 10^{-3}mol/L \times 40g/mol \times 100/95$
$= 0.042g/L$

56 벤젠 10kg으로 오염된 토양을 원위치 생물학적 복원기술에 의해 정화하고자 한다. 벤젠이 완전 분해되는 데 필요한 산소를 과산화수소로 공급하고자 한다면 필요한 이론적 과산화수소량은?(단, 벤젠 C_6H_6, 과산화수소 H_2O_2, $2H_2O_2 \rightarrow 2H_2O + O_2$)

① 약 55kg
② 약 65kg
③ 약 75kg
④ 약 85kg

풀이 이론산소량(kg)

$$C_6H_6 + 7.5O_2 \rightarrow 6CO_2 + 3H_2O$$

78kg : (7.5×32)kg

10kg : O_0(kg)

이론산소량(kg) $= \dfrac{10kg \times (7.5 \times 32)kg}{78kg}$

$= 30.77$kg

과산화수소량(kg)

$$2H_2O_2 \rightarrow 2H_2O + O_2$$

68kg : 32kg

H_2O_2(kg) : 30.77kg

과산화수소량(kg) $= \dfrac{(68 \times 30.77)kg}{32kg}$

$= 65.38$kg

57 호기성 상태에서 벤젠의 생물학적 분해를 표현한 다음의 화학 양론식 중 ( )에 채워질 수를 순서대로 나열한 것은?

$$C_6H_6 + (\ ㉠ \ )O_2 \rightarrow (\ ㉡ \ )CO_2 + (\ ㉢ \ )H_2O$$

① ㉠ 7.5 ㉡ 6 ㉢ 3
② ㉠ 8 ㉡ 6 ㉢ 3.5
③ ㉠ 3 ㉡ 6 ㉢ 7.5
④ ㉠ 3.5 ㉡ 6 ㉢ 8

풀이 $C_mH_n(C_6H_6)$

$O_2 \rightarrow m + \dfrac{n}{4} = 6 + \dfrac{6}{4} = 7.5$

$CO_2 \rightarrow m = 6$

$O_2 \rightarrow \dfrac{n}{2} = \dfrac{6}{2} = 3$

58 식물정화의 처리원리가 식물에 의한 추출인 경우, 중금속, 방사성 물질을 효과적으로 처리할 수 있는 대표 식물종으로 가장 알맞은 것은?

① 포플러나무
② 자주개나리
③ 해바라기
④ 버드나무

풀이 식물정화법에 이용되는 대표 식물종
㉠ 해바라기
㉡ 인도겨자
㉢ 보리
㉣ 민들레

59 다음 미생물 중 석탄광의 개발로 인해 형성된 산성광산 배수처리에 가장 많은 영향을 미치는 것은?

① Pseudomonas sp.
② Sagittaria sp.
③ Thiobacillus Ferrooxidans
④ Flavobacterium sp.

60 저온 열탈착법(Low Temperature Thermal Desorption)의 장단점으로 옳지 않은 것은?

① 처리효율이 높고 단기간에 처리가 가능하다.
② 카드뮴이나 수은 등을 비롯한 거의 모든 중금속 정화에 효과가 탁월하다.
③ 다른 정화기술에 비해 높은 에너지 비용이 소요되어 경제성이 낮다.
④ 수분함량이 높거나 점토 및 휴믹산 등을 높게 함유한 토양의 경우 반응시간이 길어지고 처리비용이 증가한다.

풀이 저온 열탈착법은 무기물질(중금속) 및 방사성 물질을 제외한 대부분의 석유계 화합물의 처리에 유용하다.

정답 56 ② 57 ① 58 ③ 59 ③ 60 ②

61 지하수법에서 사용되는 용어에 대한 설명으로 옳지 않은 것은?

① 지하수개발·이용시공업 : 지하수개발·이용을 위한 시설을 시공하는 사업을 말한다.
② 지하수영향조사 : 지하수의 개발·이용이 주변지역에 미치는 영향을 분석·예측하는 조사를 말한다.
③ 지하수 정화업 : 지하수에 함유된 오염물질을 제거·분해 또는 희석할 수 있는 환경부령으로 정하는 시설을 이용하는 사업을 말한다.
④ 원상복구 : 원상복구 대상인 시설 또는 토지에 대하여 오염물질의 유입을 막고 사람의 보건 및 안전에 위험을 주지 아니하도록 해당 시설을 해체하거나 해당 토지를 적절하게 되메우는 것을 말한다.

풀이 '지하수 정화업'이란 지하수에 함유된 오염물질을 제거·분해 또는 희석하여 지하수의 수질을 개선하는 사업을 말한다.

62 토양환경보전법에서 사용하는 용어의 뜻과 가장 거리가 먼 것은?

① 토양오염 : 사업활동이나 그 밖의 사람의 활동에 의하여 토양이 오염되는 것으로서 사람의 건강·재산이나 환경에 피해를 주는 상태를 말한다.
② 토양정화 : 생물학적 또는 물리적·화학적 처리 등의 방법으로 토양 중의 오염물질을 감소·제거하거나 토양 중의 오염물질에 의한 위해를 완화하는 것을 말한다.
③ 특정토양오염관리대상시설 : 토양을 현저하게 오염시킬 우려가 있는 토양오염관리대상시설로서 환경부령으로 정하는 것을 말한다.
④ 토양복원 : 오염 또는 훼손된 토양을 자연적 방법으로 토양 원래의 상태로 하여 재이용이 가능하도록 하는 것을 말한다.

풀이 토양복원의 용어는 명시되어 있지 않다.

63 다음 중 토양오염조사기관이 수행하는 업무가 아닌 것은?

① 토양오염도 검사
② 토양정화의 검증
③ 누출검사
④ 오염토양 개선사업의 지도·감독

풀이 토양오염기관이 수행하는 업무
ⓐ 토양정밀조사
ⓑ 토양오염도 검사
ⓒ 토양정화의 검증
ⓓ 오염토양 개선사업의 지도·감독

64 다음 중 특정토양오염관리대상시설의 변경신고를 하여야 하는 경우에 해당되지 않는 것은?

① 사업장의 명칭 또는 대표자가 변경되는 경우
② 특정토양오염관리대상시설의 사용을 종료하거나 폐쇄하는 경우
③ 누출방지시설로부터 누출이 감지될 경우
④ 토양오염방지시설을 변경하는 경우

풀이 특정토양오염관리대상시설의 변경신고
ⓐ 사업장의 명칭 또는 대표자가 변경되는 경우
ⓑ 특정토양오염관리대상시설의 사용을 종료하거나 폐쇄하는 경우
ⓒ 특정토양오염관리대상시설을 교체하거나 토양오염방지시설을 변경하는 경우
ⓓ 특정토양오염관리대상시설에 저장하는 오염물질을 변경하는 경우
ⓔ 특정토양오염관리대상시설의 저장용량을 신고용량 대비 30퍼센트 이상 증설(신고용량 대비 30퍼센트 미만의 증설이 누적되어 신고용량의 30퍼센트 이상이 되는 경우를 포함한다)하는 경우

65 다음 중 토양 관련 전문기관의 6개월 이내 업무정지 요건에 해당하지 않는 것은?

① 지정기준에 미달하게 된 경우
② 속임수 그 밖의 부정한 방법으로 지정을 받은 경우

③ 다른 자에게 자기의 명의를 사용하여 토양 관련 전문기관의 업무를 하게 하는 경우

④ 고의 또는 중대한 과실로 검사 또는 평가결과를 거짓으로 작성한 경우

풀이 토양 관련 전문기관의 6개월 이내 업무 정지 요건
  ㉠ 지정기준에 미달하게 된 경우
  ㉡ 다른 자에게 자기의 명의를 사용하여 토양 관련 전문기관의 업무를 하게 하거나 지정서를 다른 자에게 빌려준 경우
  ㉢ 고의 또는 중대한 과실로 검사 또는 평가 결과를 거짓으로 작성하거나 부실하게 작성한 경우
  ㉣ 고의 또는 중대한 과실로 토양정밀조사를 부실하게 하여 정화과정에 대한 검증 대상 규모 미만으로 오염토양의 규모가 축소되게 한 경우
  ㉤ 업무정지처분 기간에 토양오염도검사, 누출검사, 토양환경평가 또는 위해성 평가와 관련된 업무를 한 경우
  ㉥ 기술능력 지정요건에 해당하는 기술인력이 아닌 사람이 검사 또는 평가하여 그 결과를 통보한 경우

66 토양 관련 전문기관 또는 토양정화업의 기술인력은 국립환경인재개발원장이 개설하는 토양환경관리의 교육과정을 이수하여야 한다. 신규 및 보수교육 규정으로 옳은 것은?

① 신규교육 : 기술인력으로 최초로 종사한 날부터 1년 이내에 18시간
  보수교육 : 신규교육을 받은 날을 기준으로 5년마다 8시간

② 신규교육 : 기술인력으로 최초로 종사한 날부터 1년 이내에 24시간
  보수교육 : 신규교육을 받은 날을 기준으로 3년마다 8시간

③ 신규교육 : 기술인력으로 최초로 종사한 날부터 3년 이내에 35시간
  보수교육 : 신규교육을 받은 날을 기준으로 5년마다 8시간

④ 신규교육 : 기술인력으로 최초로 종사한 날부터 3년 이내에 35시간
  보수교육 : 신규교육을 받은 날을 기준으로 3년마다 8시간

67 오염토양을 버리거나 매립한 자에 대한 벌칙 기준은?

① 6월 이하의 징역 또는 5백만 원 이하의 벌금
② 1년 이하의 징역 또는 1천만 원 이하의 벌금
③ 2년 이하의 징역 또는 2천만 원 이하의 벌금
④ 3년 이하의 징역 또는 3천만 원 이하의 벌금

풀이 토양환경보전법 제29조 벌칙 참조

68 다음은 토양오염검사에 관한 내용이다. ( ) 안에 알맞은 것은?

특정토양오염관리대상시설의 설치자는 (㉠)이 정하는 바에 따라 토양 관련 전문기관으로부터 그 시설의 부지 및 그 주변지역에 대하여 토양오염검사를 받아야 한다. 다만, 토양시료의 채취가 불가능하거나 토양오염검사가 필요하지 아니한 경우로서 (㉡)이 정하는 요건에 해당하여 (㉢)의 승인을 얻을 때에는 그러하지 아니하다.

① ㉠ 대통령령 ㉡ 환경부령
  ㉢ 특별자치도지사 · 시장 · 군수 · 구청장
② ㉠ 대통령령 ㉡ 대통령령
  ㉢ 특별자치도지사 · 시장 · 군수 · 구청장
③ ㉠ 환경부령 ㉡ 대통령령 ㉢ 토양 관련 전문기관
④ ㉠ 환경부령 ㉡ 환경부령 ㉢ 토양환경 전문기관

69 지하수를 생활용수로 이용하는 경우, 적용되는 수질기준항목(일반오염물질)에 해당되지 않는 것은?

① 염소이온　　② 질산성 질소
③ 수소이온농도　　④ BOD

풀이 지하수를 생활용수로 이용하는 경우 수질기준항목(일반오염물질)
  ㉠ 수소이온농도(pH)
  ㉡ 총 대장균군
  ㉢ 질산성 질소
  ㉣ 염소이온

정답 66 ① 67 ③ 68 ② 69 ④

70 농업용수 용도로 지하수 개발 시 수질검사 대상이 되는 지하수 기준으로 옳은 것은?

① 1일 양수능력이 30톤 이상인 경우
② 1일 양수능력이 50톤 이상인 경우
③ 1일 양수능력이 100톤 이상인 경우
④ 1일 양수능력이 300톤 이상인 경우

풀이 수질검사대상에 해당하는 지하수
ⓐ 생활용수로서 1일 양수능력이 30톤 이상인 경우. 다만, 청소용·조경용·공사용·소방용 등 보건위생상 지장이 없는 용도로 이용하는 생활용수의 경우를 제외한다.
ⓑ 공업용수로서 1일 양수능력이 30톤 이상인 경우
ⓒ 농·어업용수로서 1일 양수능력이 100톤 이상인 경우

71 다음은 특정토양오염관리대상시설 부지의 시료채취 기준에 관한 내용이다. ( ) 안에 옳은 내용은?

개별 저장시설 용량이 50만 리터 이하인 저장시설이 1개 이상 있는 경우에는 3개 지점에서 시료채취, 다만 개별 저장시설 간의 거리가 (㉠) 이상 떨어진 경우에는 (㉡)지점을 추가하여 시료채취를 한다.

① ㉠ 50m   ㉡ 1개
② ㉠ 100m   ㉡ 1개
③ ㉠ 50m   ㉡ 2개
④ ㉠ 100m   ㉡ 2개

풀이 특정토양오염관리대상시설 부지에서의 시료채취는 다음과 같이 한다. 다만, 종류가 다른 토양오염물질(유류로서 종류가 다른 것은 동일물질로 본다)을 개별 저장시설에 저장하는 경우에는 개별 시설별로 3개 지점에서 시료를 채취한다.
ⓐ 개별 저장시설 용량이 50만 리터 이하인 저장시설이 1개 이상 있는 경우에는 3개 지점에서 시료채취. 다만 개별 저장시설 간의 거리가 100미터 이상 떨어진 경우에는 2개 지점을 추가하여 시료채취를 한다.
ⓑ 개별 저장시설 용량이 50만 리터를 초과하는 경우에는 개별 저장시설별로 3개 지점에서 시료채취

ⓒ 개별 저장시설 용량이 50만 리터 초과 시설과 그 미만인 시설이 혼재되어 있는 경우에는 50만 리터 초과시설은 개별 저장시설별로 각각 3개 지점에서 시료를 채취하고, 나머지는 50만 리터 미만 저장시설은 그 용량합계가 50만 리터를 초과하는 경우에 한하여 누출 우려가 높은 저장시설에서 2개 지점을 추가하여 시료 채취

72 지하수의 개발·이용의 허가에 관한 사항으로 옳지 않은 것은?

① 동력장치를 사용하지 아니하고 가정용 우물 또는 공동 우물을 개발하여 이용하려는 경우 시장·군수·구청장의 허가를 얻을 필요가 없다.
② 허가를 신청하고자 하는 자는 지하수 영향조사를 받은 후 결과를 제출하여야 하며, 시장·군수·구청장은 지하수 영향조사서를 심사하여야 한다.
③ 시장·군수·구청장은 지하수 영향조사서를 심사하고 그 결과를 허가내용에 반영하여야 하며 기본계획 및 지역관리 계획을 고려하여 심사하여야 한다.
④ 토양오염물질이나 유해화학물질을 배출/제조/저장하는 시설로서 관계법령에 따라 허가를 득하였다고 하더라도 그 설치 지역이 지하수 보존구역이라면 시장·군수·구청장의 허가를 얻어야 한다.

73 토양정밀 조사명령에 관한 내용이다. ( ) 안의 내용으로 옳은 것은?

시·도지사 또는 시장·군수·구청장은 법규정에 의하여 오염원인자에게 토양정밀조사를 받을 것을 명할 때에는 토양오염지역의 범위 등을 감안하여 (㉠)의 범위 안에서 그 이행기간을 정하여야 한다. 다만, 시·도지사 또는 시장·군수·구청장은 조사지역의 규모 등으로 인하여 부득이하게 이행기간내에 조사를 이행하지 못한 자에 대하여는 (㉡)의 범위 안에서 그 기간을 연장할 수 있다.

① ㉠ 3월 ㉡ 1월   ② ㉠ 3월 ㉡ 3월
③ ㉠ 6월 ㉡ 3월   ④ ㉠ 6월 ㉡ 6월

74 오염토양개선사업의 종류와 가장 거리가 먼 것은?

① 오염수변 지역 정화사업
② 오염토양의 위생적 매립 · 정화사업
③ 객토 및 토양개량제의 사용 등 농토배양사업
④ 오염물질의 흡수력이 강한 식물식재사업

풀이 오염토양개선사업의 종류
　　㉠ 객토 및 토양개량제의 사용 등 농토배양사업
　　㉡ 오염된 수로의 준설사업
　　㉢ 오염토양의 위생적 매립 · 정화사업
　　㉣ 오염물질의 흡수력이 강한 식물식재사업
　　㉤ 그 밖에 특별자치도지사 · 시장 · 군수 · 구청장이 필요하다고 인정하는 사업

75 특정토양오염관리대상시설의 설치자는 대통령령이 정하는 바에 따라 토양오염을 방지하기 위한 시설을 설치하고 관리하여야 한다. 이를 위반하여 토양오염방지시설을 설치하지 아니한 자에 대한 벌칙기준은?

① 1년 이하의 징역 또는 1천만 원 이하의 벌금
② 2년 이하의 징역 또는 2천만 원 이하의 벌금
③ 3년 이하의 징역 또는 3천만 원 이하의 벌금
④ 5년 이하의 징역 또는 5천만 원 이하의 벌금

풀이 토양환경보전법 제30조 벌칙 참조

76 특별자치도지사 · 시장 · 군수 · 구청장은 오염토양개선사업의 전부 또는 일부의 실시를 그 오염원인자에게 명할 수 있다. 이 경우 특별자치도지사 · 시장 · 군수 · 구청장은 토양보전을 위하여 필요하다고 인정하면 환경부령으로 정하는 토양 관련 전문기관으로 하여금 오염토양개선사업을 지도 · 감독하게 할 수 있다. 환경부령이 정하는 토양 관련 전문기관에 해당되는 것은?

① 국립환경과학원　　② 시 · 도 보건환경연구원
③ 지방 유역환경청　　④ 한국환경공단

77 지하수개발 · 이용시공업자의 영업 등록 취소요건이 아닌 것은?

① 부정한 방법으로 등록을 한 경우
② 등록기준에 미치지 못하게 된 경우
③ 계속해서 1년 이상 영업을 하지 아니한 경우
④ 고의 또는 중대한 과실로 지하수개발 · 이용시설의 공사를 부실하게 한 경우

풀이 지하수개발 · 이용시공업자의 영업 등록 취소는 계속하여 2년 이상 영업을 하지 아니한 경우에 해당한다.

78 환경부장관 또는 시장 · 군수 · 구청장이 지하수를 현저하게 오염시킬 우려가 있는 시설의 설치자 또는 관리자에게 지하수 오염방지를 위하여 명할 수 있는 조치가 아닌 것은?

① 오염된 지하수의 정화
② 지하수 오염 관측정의 설치 및 수질측정
③ 지하수오염물질 누출방지시설의 설치
④ 지하수영향조사 실시

풀이 지하수 오염방지 명령 조치사항
　　㉠ 지하수 오염 관측정의 설치 및 수질측정
　　㉡ 지하수 오염 진행상황의 평가
　　㉢ 지하수오염물질 누출방지시설의 설치
　　㉣ 오염된 지하수의 정화
　　㉤ 해당 시설의 설비 · 운영의 개선

79 토양오염대책지역에 대하여 토양보전대책을 위한 계획에 포함되어야 하는 사항과 가장 거리가 먼 것은?

① 오염토양 개선사업
② 토지 등의 이용 방안
③ 주민건강 피해조사 및 대책
④ 토양오염도 조사

풀이 토양보전대책을 위한 계획에 포함사항
　　㉠ 오염토양 개선산업
　　㉡ 토지 등의 이용방안
　　㉢ 주민건강 피해조사 및 대책

정답 **74** ① **75** ① **76** ② **77** ③ **78** ④ **79** ④

  ⓔ 피해주민에 대한 지원 대책
  ⓜ 그 밖에 해당 대책계획을 수립 시행하기 위하여
    필요하다고 인정하여 환경부령으로 정하는 사항

80 환경부장관 또는 시장·군수·구청장이 청문을 실시하여야 하는 경우에 해당하는 것은?

① 토양정화업의 등록취소
② 토양 관련 전문기관에 대한 업무정지
③ 오염된 토양의 정화 조치
④ 토양오염유발시설의 이전

풀이 환경부장관·시장·군수·구청장이 청문을 실시
  해야 하는 경우는 다음과 같다.
  ⓐ 시설의 철거명령
  ⓑ 토양 관련 전문기관의 지정취소
  ⓒ 토양 정화업의 등록취소

1과목 토양학개론

01 지하수의 알칼리도에 관한 설명으로 틀린 것은?

① 알칼리도는 지하수의 pH가 7 이상이어야만 존재한다.

② 탄산염 및 중탄산염은 알칼리도에 영향을 미친다.

③ 수화물이나 수산기가 물 속에 들어 있을 때는 알칼리도에 영향을 미친다.

④ 알칼리도 측정 시에는 페놀프탈레인이나 메틸오렌지 등의 지시약을 사용한다.

풀이 ① 지하수의 pH가 반드시 7 이상이어야 하는 것은 아니다.

02 매립지의 기능을 대별하는 세 가지 기능이 아닌 것은?

① 저류기능　　　② 분해기능

③ 차수기능　　　④ 처리기능

03 어느 지역의 토양을 입자분석해보았더니 모래(Sand) 50%, 미사(Silt) 30%, 점토(Clay) 20%로 이루어져 있다면 다음에 주어진 토양분류도에 따른 이 지역의 토양분류는?

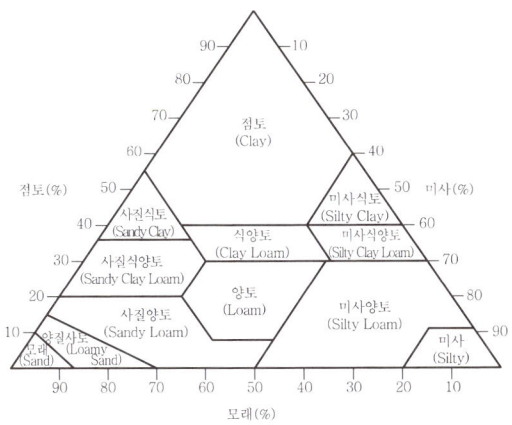

① Clay　　　　　② Loam

③ Clay Loam　　④ Silty Clay Loam

풀이 토양삼각도에 의해 주어진 함량을 취하여 평행하게 그은 직선의 교차점으로부터 Loam(양토)를 구한다.

04 토양오염의 특징과 가장 거리가 먼 것은?

① 오염경로의 단순성

② 피해발현의 완만성

③ 오염경향의 국지성

④ 오염의 비인지성

풀이 토양오염의 특징

ⓐ 오염경로의 다양성

ⓑ 피해발현의 완만성(시차성)

ⓒ 오염지역의 국지성

ⓓ 타 매체와의 연관성(오염의 비인지성 및 다른 환경인자와의 영향관계의 모호성)

ⓔ 지속성 및 잔류성

ⓕ 오염물질 및 오염지역에 따른 특이성

ⓖ 원상복구의 어려움

05 어떤 모래질 점토가 Kaolinite 30%, Montmorillonite 40%, 나머지는 모래로 구성되어 있다. Kaolinite와 Montmorillonite의 양이온치환능(CEC)을 각각 10meq/100g, 100meq/100g이라고 할 때, 이 흙의 양이온 치환능은?(단, 모래의 양이온 치환능은 무시)

① 34meq/100g　　② 43meq/100g

③ 54meq/100g　　④ 73meq/100g

풀이 양이온 치환능력(CFC)

$$= \left(10 \times \frac{30}{100}\right) + \left(100 \times \frac{40}{100}\right)$$

$$= 43\text{meq}/100\text{g}$$

06 토양의 양이온 교환용량이 35Cmol$_c$/kg이고, 그중 H이온이 5.5Cmol$_c$/kg, Al이온이 3.9 Cmol$_c$/kg 존재할 때 염기포화도(%)는?

① 58.2   ② 64.5

③ 73.1   ④ 80.5

풀이 염기포화도(%) = 100 − 비염기포화도

$$비염기포화도 = \frac{5.5 + 3.9}{35} \times 100$$
$$= 26.86\%$$
$$= (100 - 26.86)\%$$
$$= 73.14\%$$

07 지하수에 이송되는 오염물질 평균속도를 Darcy의 법칙에 의해 구하려고 한다. 다음과 같은 조건에서 오염물질의 평균속도는?(단, 투수계수 2cm/sec, 수두차 10cm, 시료길이 20cm)

① 1cm/sec   ② 3cm/sec

③ 4cm/sec   ④ 5cm/sec

풀이 $V = K\left(\dfrac{dh}{dL}\right)$

$$= 2\text{cm/sec} \times \frac{10\text{cm}}{20\text{cm}}$$
$$= 1\text{cm/sec}$$

08 ( ) 안에 들어갈 중금속으로 가장 적당한 것은?

토양오염을 유발시키는 중금속 중 ( )은 화합물 형태로 전극이나 농약, 안료, 건전지, 촉매제, 염료로 쓰이며 중독의 주요 영향은 중추신경계와 신장 기능 장해이고 원자량은 200.59이다.

① 구리
② 카드뮴
③ 납
④ 수은

09 전 지구적인 물 분포 부피비를 크기 순서대로 나열한 것은?

① 빙하, 만년설 > 지하수(지하 약 4km) > 강 > 토양수분

② 지하수(지하 약 4km) > 빙하, 만년설 > 토양수분 > 강

③ 지하수(지하 약 4km) > 빙하, 만년설 > 강 > 토양수분

④ 빙하, 만년설 > 지하수(지하 약 4km) > 토양수분 > 강

10 산화상태이던 토양의 조건이 바뀌어 환원상태가 되면 토양 내 여러 물질의 환원이 진행된다. NO$_3$, MnO$_2$, Fe(OH)$_3$, SO$_4^{2-}$ 네 물질이 존재할 때 이들 물질의 환원되는 순서를 바르게 나타낸 것은?

① NO$_3$ → MnO$_2$ → Fe(OH)$_3$ → SO$_4^{2-}$

② MnO$_2$ → SO$_4^{2-}$ → NO$_3$ → Fe(OH)$_3$

③ Fe(OH)$_3$ → NO$_3$ → MnO$_2$ → SO$_4^{2-}$

④ SO$_4^{2-}$ → NO$_3$ → Fe(OH)$_3$ → MnO$_2$

11 바람에 실린 토양입자들이 크기에 따라 이동하는 경로에 관한 설명으로 옳지 않은 것은?

① 약동이란 대개 바람에 의하여 지름 0.1~0.5mm의 토양입자가 지표면에서 30cm 이하의 높이로 비교적 짧은 거리를 구르거나 튀는 모양으로 이동하는 것이다.

② 포행은 큰 토양입자가 토양표면을 구르거나 미끄러지며 이동하는 것이다.

③ 부유는 먼지 전체 이동량의 90% 이상으로 대부분을 차지한다.

④ 약동에 의하여 움직이는 토양입자는 포행하는 입자를 때리거나 포행의 움직임을 더욱 빠르게 하는 역할을 한다.

풀이 부유는 가는 모래 정도 크기의 토양입자나 그보다 작은 입자가 공중에 떠서 토양표면과 평행하게 이동하는 것을 말하며 먼지 전체 이동량의 15% 정도 수준이다.

12 어떤 유기용제 25L가 토양으로 유출되었다. 이로 인해 발생된 오염 지하수의 부피는 200m³이었고 지하수 내 유기용제의 농도는 90mg/L이었다. 유기용제의 밀도가 0.9g/mL일 때 토양 내 잔존하는 유기용제의 양(L)은?(단, 유기용제의 분해는 고려하지 않음)

① 2   ② 3
③ 4   ④ 5

풀이 잔존 유기용제 부피(L)

$$= 25L - \frac{200m^3 \times 90mg/L \times L/1,000mL \times 1,000L/m^3}{0.9g/mL \times 1,000mg/g}$$

$$= 25 - 20$$

$$= 5L$$

13 토양을 분석한 결과 pH 6.0, 점토 95%, 부식 5%일 때, 토양의 CEC를 추정하면?(단, 점토와 부식의 CEC가 각각 $10Cmol_c/kg$, $100Cmol_c/kg$이라고 가정하며 나머지는 고려하지 않음)

① $12.5Cmol_c/kg$ ② $14.5Cmol_c/kg$
③ $16.5Cmol_c/kg$ ④ $18.5Cmol_c/kg$

풀이 $CEC = \left(10 \times \dfrac{95}{100}\right) + \left(100 \times \dfrac{5}{100}\right)$

$\qquad\quad = 14.5Cmol_c/kg$

14 어느 지역의 토양공극률이 0.42이며 토양입자밀도는 $2.65g/cm^3$로 알려져 있다. 이 지역의 토양단위용적밀도는?

① $1.24g/cm^3$ ② $1.54g/cm^3$
③ $1.72g/cm^3$ ④ $1.83g/cm^3$

풀이 $0.42 = \left(1 - \dfrac{용적밀도}{2.65}\right)$

$\qquad$ 용적밀도 $= 0.58 \times 2.65$

$\qquad\qquad\quad = 1.54g/cm^3$

15 토양수의 이동에 관한 설명으로 틀린 것은?

① 토양 중 물이 하향방향으로 이동하는 데 방해하는 힘은 토양 입자 표면의 마찰력과 토양 공기의 저항력 및 물의 표면장력이다.
② 공극이 작으면 틈이 작고 마찰에 의한 저항이 작기 때문에 충분한 압력을 가하지 않는 한 하강운동은 크게 억제된다.
③ 토양수의 하강 정도는 물의 점성계수, 토양성질, 지하수위 등에 따라 매우 달라지며 이러한 성질을 투수성이라 한다.
④ 토양 수분의 증발량은 기온의 제곱에 비례하며 상대습도에 비례하고 기압에 반비례한다.

풀이 공극이 작으면 틈이 작고 마찰에 의한 저항이 크기 때문에 충분한 압력을 가하지 않는 한 하강운동은 크게 억제된다.

16 소성지수는 토양의 액성한계와 소성한계의 차를 나타내는 지수이다. 점토함량이 같은 경우 소성지수가 큰 순서대로 바르게 나열된 것은?

① 카올리나이트＞할로이사이트＞일라이트＞몬모릴로나이트
② 몬모릴로나이트＞일라이트＞카올리나이트＞할로이사이트
③ 몬모릴로나이트＞일라이트＞할로이사이트＞카올리나이트
④ 카올리나이트＞할로이사이트＞몬모릴로나이트＞일라이트

17 관개용수의 나트륨흡착비가 7.5이고, Ca^{2+}과 Mg^{2+}이 각각 65mg/L와 92mg/L일 때, Na^+의 농도(mg/L)는?

① 약 17.6
② 약 66.5
③ 약 403.7
④ 약 1,528.4

풀이 $SAR = \dfrac{Na^+}{\sqrt{\dfrac{Ca^{2+}+Mg^{2+}}{2}}}$

$7.5 = \dfrac{Na^+}{\sqrt{\dfrac{65+92}{2}}}$

$Na^+ = 66.45mg/L$

18 오염물 확산 및 처리에 중대한 영향을 미치는 오염지역의 토양 특성으로 가장 거리가 먼 것은?

① 토양 내 유기물질 함량
② 토양의 함수율
③ 토양의 pH 및 알칼리도
④ 토양의 헨리(공기/물 투수계수)지수

풀이 토양성질 중 오염물질 확산 및 처리에 중대한 영향 인자
ⓐ 토양 내 유기물질 함량
ⓑ 토양의 pH 및 알칼리도
ⓒ 토양의 투수계수
ⓓ 토양의 함수율
ⓔ 양이온 교환용량(CEC)
ⓕ 지하수위

19 다음 토양 성분 중 일반적으로 단위질량당 표면적이 가장 큰 것은?

① 굵은 모래(Coarse Sand)
② 자갈(Gravel)
③ 미사(Silt)
④ 점토(Clay)

풀이 점토는 표면적이 매우 커서 표면활성이 높다.

20 토양 및 지하수 내 질산염과 질소에 관한 내용으로 틀린 것은?

① 질산염 농도가 높은 물은 영유아에게 청색증(Blue Baby Syndrome)을 유발할 수 있다.
② 질산염은 탄산염과 같이 물을 끓여 제거할 수 있다.
③ 토양 및 지하수계 내에서 질소 원소는 미생물에 의해 산화, 환원반응을 한다.
④ 지하수환경 내에서 NO_2의 함량은 소량이다.

2과목 **토양 및 지하수오염조사기술**

21 pH 측정법에 관한 설명으로 가장 거리가 먼 것은?

① 조제한 분석용 시료 5g에 증류수 25mL를 넣는다.
② 유리전극 및 표준전극을 넣고 60초 이내에 읽는다.
③ 토양 현탁액이 모두 가라앉은 후 상등액에 전극을 넣어 측정한다.
④ 토양을 오랫동안 방치하면 미생물의 작용으로 pH가 낮아질 수 있다.

풀이 전극을 넣을 때 토양현탁을 만들어주고 곧 넣어서 측정한다.

22 유도결합플라즈마-원자발광분광계에 대한 설명으로 가장 거리가 먼 것은?

① 질소가스를 플라즈마 가스로 사용한다.
② 분석장치는 시료도입부, 고주파전원부, 광원부, 분광부, 연산처리부 및 기록부로 구성된다.
③ 분광부는 검출 및 측정에 따라 연속주사형 단원소측정장치와 다원소동시측정장치로 구분된다.
④ ICP의 토치에는 3중으로 된 석영관이 이용된다.

풀이 유도결합플라즈마-원자발광분광계는 아르곤가스를 플라즈마 가스로 사용한다.

23 흡광광도법에서 투과도가 0.4일 때 흡광도는?

① 약 0.2　　　　② 약 0.4
③ 약 0.6　　　　④ 약 0.8

풀이 흡광도 $= \log \dfrac{1}{투과율} = \log \dfrac{1}{0.4} = 0.4$

24 가스크로마토그래프법으로 유기인을 정량 시 사용되는 정제용 컬럼과 가장 거리가 먼 것은?

① 실리카겔 컬럼　　　② 플로리실 컬럼
③ 활성알루미나 컬럼　　④ 활성탄 컬럼

25 유리전극법을 사용한 수소이온농도 측정에 관한 설명으로 (　) 안에 알맞은 것은?

토양의 pH를 측정하는 방법으로 토양시료의 무게에 (　)의 정제수를 사용하여 혼합한 후 pH를 유리전극과 기준전극으로 구성된 pH 측정기를 사용하여 측정한다.

① 3배　　　　② 5배
③ 10배　　　　④ 20배

26 불소 분석 방법에 관한 설명으로 가장 거리가 먼 것은?(단, 자외선/가시선 분광법 기준)

① 다량의 염소이온이 함유되어 있으면 과량의 Ag^+이온을 첨가한다.
② 정량한계는 0.05mg/kg이다.
③ 불소이온과 지르코늄(Zirconium)이온 사이의 반응속도는 반응혼합물의 산도에 따라 달라진다.
④ 불소가 진홍색의 지르코늄(Zirconium)−발색 시약과의 반응으로 무색의 음이온 복합체($ZrF_6{}^{2-}$)를 형성한다.

풀이 불소(자외선/가시선 분광법)의 정량한계는 10mg/kg이다.

27 토양오염관리대상시설 지역 중 시료 채취 및 보관방법에 관한 설명으로 가장 거리가 먼 것은?

① 토양시료는 직경 2.0cm 이하의 시료채취봉이 들어 있는 토양시추장비로 채취한다.
② 시료채취봉을 꺼내어 오염의 개연성이 가장 높다고 판단되는 부위 ±15cm를 시료부위로 한다.
③ 토양시추장비는 시추 중에 물이나 기름이 유입되지 않는 것이어야 한다.
④ 토양시추장비로는 시료채취봉이 들어 있는 타격식이나 나선형식이 있다.

풀이 토양시료는 직경 2.5cm 이상의 시료채취봉이 들어 있는 타격식이나 나선형식의 토양시추장비로 채취한다.

28 원자흡수분광광도법으로 니켈을 측정할 때 정밀도(% RSD) 기준은?

① 10% 이내　　　　② 20% 이내
③ 25% 이내　　　　④ 30% 이내

29 비소−수소화물생성−원자흡수분광광도법에 관한 설명으로 가장 거리가 먼 것은?

① 토양 중 비소의 정량한계는 0.10mg/kg이다.
② 원자흡수분광광도계에 불꽃을 만들기 위한 가연성 가스로 아세틸렌, 조연성 가스로 공기를 사용한다.
③ 원자흡수분광광도계에 사용하는 광원으로 좁은 선폭과 높은 휘도를 갖는 스펙트럼을 방사하는 비소속빈음극 램프를 사용한다.
④ 비화수소를 원자화시켜 258nm에서 수소화물생성−원자흡수분광광도법에 따라 정량한다.

풀이 비화수소를 원자화시켜 193.7nm에서 수소화물생성−원자흡수분광광도법에 따라 정량한다.

정답 23 ②　24 ③　25 ②　26 ②　27 ①　28 ④　29 ④

30 원자흡수분광광도계에 사용하는 광원은?

① 텅스텐램프
② 중수소방전관
③ 속빈음극램프
④ 광전분광램프

31 황산용액(1 → 1,000)으로 표시된 수용액은 몇 ppm(W/V)인가?(단, 순수한 황산의 비중은 1.84이다.)

① 1.84
② 18.4
③ 184
④ 1,840

> **풀이** 황산용액(1 → 1,000)은 황산 1mL를 용매에 녹여 전체 양을 1,000mL로 하는 비율을 표시한 것이므로 $1.84 \times 1,000 = 1,840$ppm(W/V)이다.

32 자외선/가시선분광법을 이용하여 시안의 농도를 측정 시, 방해물질이 함유되어 있을 경우 전처리를 하여야 한다. 이때 방해물질별 전처리 방법이 틀린 것은?

① 다량의 지방성분 함유시료 : 아세트산 또는 수산화나트륨 용액으로 pH 6~7로 조절하고 시료의 약 2%에 해당되는 부피의 노말헥산 또는 클로로포름을 넣어 추출하여 유기층은 버리고 수층을 분리하여 사용한다.
② 잔류염소 함유시료 : 잔류염소 20mg당 L-아스코르빈산(10%) 0.6mL를 넣어 제거한다.
③ 잔류염소 함유시료 : 잔류염소 20mg당 아비산나트륨용액(10%) 0.7mL를 넣어 제거한다.
④ 황화합물 함유시료 : 질산나트륨(10%) 2mL를 넣어 제거한다.

> **풀이** 황화합물이 함유된 시료는 아세트산 아연용액(10%) 2mL를 넣어 제거한다.

33 센티스트로크(cSt)는 무엇의 계량 단위인가?

① 비표면적
② 점도
③ 비중
④ 표준도

34 저장물질이 있는 누출검사대상시설의 기상부 누출검사 방법인 미가압시험법의 판정기준으로 맞는 것은?

① 측정한 누출검사대상시설 내의 압력강하량이 1mmH$_2$O를 초과한 경우에는 불합격으로 한다.
② 측정한 누출검사대상시설 내의 압력강하량이 2mmH$_2$O를 초과한 경우에는 불합격으로 한다.
③ 측정한 누출검사대상시설 내의 압력강하량이 3mmH$_2$O를 초과한 경우에는 불합격으로 한다.
④ 측정한 누출검사대상시설 내의 압력강하량이 6mmH$_2$O를 초과한 경우에는 불합격으로 한다.

35 임의의 시료에 대해 수분(%)측정 실험 중 다음과 같은 결과를 얻었을 때 시료의 수분(%)은?

- 증발접시 무게 : 10g
- 습윤 상태 시료 무게 : 10g
- 건조 후 시료와 증발접시 무게 : 17g

① 40%
② 30%
③ 20%
④ 15%

> **풀이** 수분(%) $= \dfrac{(W_2 - W_3)}{(W_2 - W_1)} \times 100$
>
> $W_2 = 10 + 10 = 20$g
>
> $= \dfrac{(20 - 17)\text{g}}{(20 - 10)\text{g}} \times 100 = 30\%$

36 토양정밀조사결과를 오염등급에 따라 4등급(Ⅰ, Ⅱ, Ⅲ, Ⅳ)으로 구분하는 경우, '토양오염대책기준 초과지역'의 등급기준을 나타내는 색은?

① 빨간색
② 청색
③ 노란색
④ 검은색

풀이 오염등급의 구분

등급	등급기준	색 구분	예시
I	토양오염우려기준의 40%(중금속과 불소는 70%) 이하인 지역	흰색	4(7) 이하
II	토양오염우려기준의 40%(중금속과 불소는 70%) 초과부터 토양오염우려기준 이하인 지역	녹색	4(7) 초과 10 이하
III	토양오염우려기준 초과부터 토양오염대책기준 이하인 지역	노란색	10 초과 20 이하
IV	토양오염대책기준 초과지역	빨간색	20 초과

37 6가 크롬(자외선/가시선 분광법) 분석에 관한 설명으로 (   ) 안에 알맞은 것은?

시료 중에 6가 크롬을 (   )(와)과 반응시켜 생성하는 적자색의 착화합물 흡광도를 540nm에서 측정한다.

① 아연분말
② 디페닐카르바지드
③ 피리딘−피라졸론
④ 염화제일주석

38 토양정밀조사 절차 단계와 가장 거리가 먼 것은?

① 기초조사
② 지역조사
③ 개황조사
④ 정밀조사

39 다음 용어에 대한 정의로 틀린 것은?

① "진공"이라 함은 따로 규정이 없는 한 15mmH₂O 이하를 말한다.
② "약"이라 함은 기재된 양에 대하여 ±10% 이상의 차가 있어서는 안 된다.
③ "정확히 취하여"라 하는 것은 규정한 양이 검체 또는 시액을 홀피펫으로 눈금까지 취하는 것을 말한다.
④ "밀폐용기"라 함은 취급 또는 저장하는 동안에 이물질이 들어가거나 또는 내용물이 손실되지 아니하도록 보호하는 용기를 말한다.

풀이 진공이라 함은 따로 규정이 없는 한 15mmHg 이하를 말한다.

40 가압시험법 측정오류의 원인으로 가장 거리가 먼 것은?

① 최저 설정압력의 오류
② 시험압력 유지시간이 너무 짧을 때
③ 연결관 및 연결부의 오류로 인한 누출
④ 측정기간 중 과도한 온도변화에 의한 내용물의 체적 변화

풀이 가압시험법 측정오류 원인
㉠ 누출검사대상시설 이외의 연결관 및 연결부의 오류로 인한 누출
㉡ 최고 설정압력의 오류
㉢ 시험압력 유지시간이 너무 짧을 때
㉣ 측정기간 중 과도한 온도변화에 의한 내용물의 체적변화

3과목 **토양 및 지하수오염정화기술**

41 양수처리방법으로 오염지하수를 처리하고자 한다. 오염운을 함유하고 있는 대수층 부피는 10,000m³이며 공극률은 0.45이다. 양수펌프의 용량이 500liter/hr일 경우 오염운을 양수하는 데 필요한 시간은?

① 450hr
② 1,000hr
③ 4,500hr
④ 9,000hr

풀이 필요시간(hr) $= \dfrac{10,000\text{m}^3 \times 0.45}{0.5\text{m}^3/\text{hr}}$
$= 9,000\text{hr}$

42 수직차단벽으로서의 슬러리월(Slurry Walls)의 역할이 아닌 것은?

① 오염물질의 분해 또는 지체 효과를 증진시킨다.
② 오염물질을 고형화하여 용출률을 낮춘다.
③ 지하로의 침출수 흐름을 제어한다.
④ 오염되지 않은 지하수를 오염된 지역으로부터 격리시킨다.

43 지하저장탱크에서 톨루엔이 누출되어 부지조사결과 탱크 주변의 오염된 토양의 부피가 110m³이고 평균 톨루엔의 농도가 2,000mg/kg이라면 해당 부지에 오염된 톨루엔의 총 함량은?(단, 토양 Bulk Density는 1.5g/cm³임)

① 330kg   ② 447kg
③ 584kg   ④ 640kg

풀이 톨루엔 양(kg) $=140m^3 \times 2,000mg/kg \times 1.5g/cm^3$
$\times cm^3/10^{-6}m^3 \times 1kg/1,000g$
$\times 10^{-6}kg/mg$
$=330kg$

44 토양복원기술 중 원위치(In-Situ) 정화기술과 가장 거리가 먼 것은?

① 토양증기추출법(Soil Vapor Extraction)
② 생분해법(Biodegradation)
③ 유리화(Vitrification)
④ 토양경작법(Landfarming)

풀이 토양경작법(Landfarming)은 탈위치(Ex-Situ) 정화기술이다.

45 동전기정화기술에서 포화된 지중 내에 전극을 삽입하고 직류 전원을 연결하였을 때 양극(+)에서 발생되는 반응식으로 가장 옳은 것은?

① $2H_2O + 2e^- \rightarrow H_2\uparrow + 2OH^-$
② $2H_2O - 4e^- \rightarrow O_2\uparrow + 4H^-$
③ $2H_2O - 4e^- \rightarrow H_2\uparrow + 4H^-$
④ $2H_2O + 2e^- \rightarrow O_2\uparrow + 2OH^-$

46 오염지역의 지하수 수두구배 0.003, 수리전도도 10^{-5}cm/sec, 지하수의 지표하 10미터, 지하수 유입단면적 300m²일 때, 오염플럼으로 유입되는 지하수의 유입 유량(L/min)은?

① 5.4×10^{-2} ② 5.4×10^{-3}
③ 5.4×10^{-4} ④ 5.4×10^{-5}

풀이 $Q = KA\dfrac{dh}{dL}$
$= 10^{-5}cm/sec \times 1m/100cm \times 60sec/min$
$\times 300m^2 \times 0.003$
$= 0.0000054m^3/min \times 1,000L/min$
$= 0.0054L/min(5.4 \times 10^{-3}L/min)$

47 오염토양 내에 인위적으로 산소를 공급하여 토양 내에 존재하는 토착 미생물의 활성을 촉진시켜 생분해도를 극대화하여 오염토양을 정화하는 기법은?

① 공기분사기법(Air Sparging)
② 토양증기추출기법(Soil Vapor Extraction)
③ 토양세척(Soil Washing)
④ 바이오벤팅기법(Bioventing)

48 오염토양에 대한 열처리 공정선정을 위한 고려사항과 거리가 먼 것은?

① 처리효율   ② 법적 기준의 달성
③ 주변 매립지 유무   ④ 단기영향

풀이 열처리 공정선정 시 고려사항
㉠ 처리효율 : 가장 낮은 수준까지 감소 가능한 공정을 선택한다.
㉡ 법적 기준 : 토양오염물질의 법적인 기준 및 배출가스의 배출허용기준 이내로 처리 가능한 공정을 선택한다.
㉢ 전문수행능력 : 공정 적용 및 운전능력이 가능한 전문기술력을 소유한 운전자가 필요하다.
㉣ 단기·장기영향 정도
㉤ 경제성

정답 42 ② 43 ① 44 ④ 45 ② 46 ② 47 ④ 48 ③

49 유기오염 물질의 휘발성이 낮아지는 순서로 나열된 것은?(단, 휘발성 높음 > 휘발성 낮음)

① PCB > 석유탄화수소 > PAH
② 휘발성 염화유기용매 > PCB > BTEX
③ PAH > BTEX > PCB
④ BTEX > 석유탄화수소 > PCB

50 토양증기추출법의 적용 시 배출가스 제어시스템(배출가스 정화 : 활성탄을 이용하여 휘발성 오염물 흡착 기준)에 대한 설명 중 틀린 것은?

① 최적조건에서 98% 이상의 제거효율을 나타낸다.
② 보통 오염농도가 1,000ppm 이상일 때 효과적이다.
③ 흡착조에 유입되는 배기가스의 습도가 상대습도로 50% 이상일 때는 사전에 습도를 낮추어준다.
④ 흡착조 유입가스의 온도가 높을 때는 열교환기를 설치하여 냉각시켜준다.

풀이 활성탄 흡착탑은 일반적으로 오염농도가 1,000ppm 이하일 때 효과적이다.

51 대체로 500℃ 이하의 토양온도 조건에서 오염물질을 토양으로부터 제거하는 기술인 열탈착기술에 관한 설명으로 가장 거리가 먼 것은?

① 토양으로부터 검출한계 이하까지 유기염소 및 유기인 살충제의 제거가 가능하다.
② 다양한 수분 함량과 오염농도를 가진 여러 종류의 토양에 적용이 가능하다.
③ 토양으로부터 검출한계 이하로 휘발성 유기화합물의 제거가 가능하다.
④ 처리하는 동안에 다이옥신과 퓨란이 생성되는 단점이 있다.

풀이 유기염소 및 유기인 살충제 등 오염토양을 처리하는 동안 다이옥신과 퓨란이 생성되지 않는다.

52 고온열탈착공법(HTTD)에 관한 내용과 가장 거리가 먼 것은?

① 큰 입경의 토양을 장기적으로 운전하면 시설을 손상시킬 수 있다.
② 점토, 휴믹산을 많이 함유한 토양은 오염물질과 단단히 결합되어 반응시간이 길어진다.
③ 적절한 토양함수비를 맞추기 위한 가수분해과정이 필요하다.
④ 방사능물질이나 독성물질로 오염된 토양으로부터 오염물질을 분리하는 데 적용할 수 있다.

풀이 고온열탈착공법(HTTD)은 토양가열에너지를 저감하기 위해 탈수가 필요하다.

53 바이오파일(Biopiles) 및 토양경작(Land-farming)에 관한 설명으로 틀린 것은?

① 토양경작은 바이오파일과 오염물질 제거기작이 동일하다.
② 바이오파일과 토양경작 시스템 구성에 있어서 차이는 토양 높이, 공기접촉방식에 있다.
③ 토양경작은 오염토양을 굴착하여 2~3m 정도 더미를 만들어 일정하게 뒤집어 준다.
④ 바이오파일 및 토양경작은 유류오염 정화에 주로 적용된다.

풀이 공기주입방식에 차이가 있다. 즉, Biopile은 Pile 더미까지 통하는 관을 이용하여 강제적으로 공기를 주입하거나 추출하며, Landfarming(토양경작법)은 토양을 경작(Plowing)하거나 이랑을 만들어 공기를 통기시켜줌으로써 공기를 주입한다. 즉, 시스템 구성에 있어서 차이는 토양높이, 공기접촉방식에 있다.

54 토양세척공정에 관한 내용으로 옳은 것은?

① 외부환경의 조건변화에 대한 영향이 큰 공정이다.
② 처리 효율은 높으나 적용 가능한 오염물의 범위가 좁다.
③ 자체적인 조건조절이 가능한 폐쇄형 공정이다.
④ 오염토양의 부피감소 시간이 길다.

풀이 토양 세척 공정
ㄱ 외부환경의 조건변화에 대한 영향이 적은 공정이다.
ㄴ 처리효율은 높지 않으며 적용 가능한 오염물질종류의 범위가 넓다.
ㄷ 단시간 내에 오염토양의 부피를 감소시킬 수 있다.

55 다음 중 미생물에 의한 호흡과정에서 같은 양이 사용되는 경우 전자수용체로서 가장 효율이 높은 물질은?

① 과산화수소
② 공기로 포화된 물
③ 산소로 포화된 물
④ 질산염이 다량 함유된 물

풀이 생물학적 복원기법에서 호기성 조건을 위하여 산소를 주입하게 되는데 적정한 산소주입방법에는 대기 중의 공기주입, 압축산소주입, 과산화수소(H_2O_2) 주입 등이 있으며, 이 중 미생물에 의한 호흡과정에서 같은 양이 사용되는 경우 전자수용체로서 가장 효율이 높은 물질은 과산화수소이다.

56 Biosparging 복원기술에 대한 설명 중 틀린 것은?

① 공기를 지하수면 아래에 주입하여 휘발성 유기 오염물질을 불포화 토양층으로 이동시켜 생분해 시킨다.
② 지층의 구조가 불균질인 경우 특히 층상구조를 이룰 때 유리하다.
③ 수리전도도가 너무 크면 오염물질이 확산될 우려가 있다.
④ 불포화 토양층 내에서의 유량은 충분한 체류시간을 갖도록 해야 한다.

풀이 바이오스파징은 포화토양층의 유류화합물처리에 효율적이다.

57 다음 토양세척장치 종류 중 교반 세척방식에 해당되는 장치의 형태는?

① 진동체형
② 유동상형
③ 회전드럼형
④ 스크루형

58 중금속 오염토양의 정화대책과 관련된 내용으로 가장 거리가 먼 것은?

① 양치식물은 카드뮴을 잘 흡수하는 것으로 알려져 있다.
② 해바라기는 납을 잘 흡수하는 것으로 알려져 있다.
③ 석회질 자재를 투여하여 pH를 낮추면 Cu, Cd, Zn, Mn, Fe 등은 수산화물로 침전된다.
④ 인산 자재를 투여하면 Cr, Pb, Zn, Cd, Fe, Mn 등과 반응하여 난용성 인산염을 생성한다.

풀이 석회질 자재를 투여하여 토양의 pH를 높여 중금속 (Cu, Cd, Zn, Mn, Fe 등)을 수산화물로 침전시킨다.

59 토양수분 내 벤젠농도 5mg/L이 토양공극 내 공기와 평형 관계에 있는 오염상태에 SVE 공정을 적용하고자 한다. 토양 공기 내 벤젠의 농도(mg/m^3)는?(단, 헨리법칙 적용, 벤젠의 무차원 헨리상수= 0.231)

① 1,055
② 1,155
③ 1,255
④ 1,355

60 전기동력학적 오염토양 복원기술이 디 기술과 비교하여 갖는 장점으로 가장 거리가 먼 것은?

① 수리전도도가 낮고 표면반응성이 큰 점토와 같은 세립질 토양에도 적용될 수 있다.
② 무기오염물질과 유기오염물질을 모두 제거할 수 있다.
③ 전기장의 방향을 조절함으로써 토양 내 공극유체와 오염물질들의 이동방향을 조절할 수 있다.
④ 공정 중 발생하는 침전물의 전하로 전기저항이 줄어 공정효율이 향상될 수 있다.

풀이 공정 중 발생하는 침전물의 전하로 전기저항이 줄어 공정제거효율이 감소한다.

4과목 토양 및 지하수환경 관계법규

61 지하수법에서 정의한 용어의 설명으로 틀린 것은?

① "지하수"는 지하의 지층이나 암석 사이의 빈틈을 채우고 있거나 흐르는 물을 말한다.

② "지하수 영향조사"라 함은 지하수가 사람의 보건 및 안전에 미치는 영향을 분석하는 조사를 말한다.

③ "지하수보전구역"은 지하수의 수량이나 수질을 보존하기 위하여 필요한 구역으로서 지정된 구역을 말한다.

④ "지하수개발·이용시공업"은 지하수 개발·이용을 위한 시설을 시공하는 사업을 말한다.

풀이 '지하수 영향조사'란 지하수의 개발·이용이 주변지역에 미치는 영향을 분석·예측하는 조사를 말한다.

62 토양보전대책계획의 수립에서 반드시 포함되지 않아도 되는 사항은?

① 오염토양개선사업의 종류 및 방법
② 단위사업별 주체 및 사업기관
③ 단위사업별 참여 기술인력의 구성
④ 총 소요비용 및 조달방안

풀이 토양보전대책계획에 반드시 포함되어야 할 사항
ㄱ 오염토양개선사업의 종류 및 방법
ㄴ 단위사업별 주체 및 사업기간
ㄷ 총 소요비용 및 조달방안
ㄹ 오염토양개선사업의 기대효과
ㅁ 기타 환경부장관이 필요하다고 인정하는 사항

63 다음 중 토양오염도검사수수료가 가장 비싼 항목은?

① 카드뮴   ② 유기인
③ 수은   ④ 불소

풀이 토양오염도검사수수료

검사항목		검사수수료(단위 : 원)
카드뮴·구리·납		44,200
비소		44,200
수은		44,200
6가 크롬		44,200
아연·니켈		44,200
불소		71,100
유기인		35,100
폴리클로리네이티드 비페닐		114,000
시안		17,700
페놀류		56,100
유류	벤젠	40,600
	톨루엔	
	에틸벤젠	
	크실렌	
석유계 총 탄화수소(TPH)		62,700
트리클로로에틸렌(TCE) 테트라클로로에틸렌(PCE)		26,900
벤조(a)피렌		114,000
시료채취비		91,900/공

64 토양보전기본계획에 포함되어야 하는 사항으로 가장 거리가 먼 것은?

① 토양정화를 위한 기술인력의 교육 및 양성에 관한 사항

② 토양정화와 관련된 기술의 개발 및 관련 산업의 육성에 관한 사항

③ 토양보전에 관한 시책방향

④ 토양보전 지역 지정기준 및 활용 방안에 관한 사항

풀이 토양보전에 관한 기본계획 수립 시 포함사항
ㄱ 토양보전에 관한 시책방향
ㄴ 토양오염의 현황, 진행상황 및 장래예측
ㄷ 토양오염의 방지에 관한 사항
ㄹ 토양정화 및 정화된 토양의 이용에 관한 사항
ㅁ 토양정화와 관련된 기술의 개발 및 관련 산업의 육성에 관한 사항
ㅂ 토양정화를 위한 기술인력의 교육 및 양성에 관한 사항
ㅅ 그 밖에 토양보전에 필요한 사항

정답 **61** ② **62** ③ **63** ④ **64** ④

65 토양정밀 조사명령에 관한 내용으로 (   ) 안에 알맞은 것은?

시·도지사 또는 시장·군수·구청장은 법 규정에 의하여 정화책임자에게 토양정밀조사를 받을 것을 명할 때에는 토양오염지역의 범위 등을 감안하여 (   )의 범위 안에서 그 이행기간을 정하여야 한다.

① 1월 ② 2월
③ 3월 ④ 6월

66 토양오염의 원인이 되는 물질로서 환경부령으로 정하는 토양오염물질 항목이 아닌 것은?

① 니켈 및 그 화합물 ② 유류(동·식물성 제외)
③ 망간 및 그 화합물 ④ 시안화합물

풀이 [별표 1] 토양오염물질(제1조의2 관련)

> 1. 카드뮴 및 그 화합물
> 2. 구리 및 그 화합물
> 3. 비소 및 그 화합물
> 4. 수은 및 그 화합물
> 5. 납 및 그 화합물
> 6. 6가 크롬화합물
> 7. 아연 및 그 화합물
> 8. 니켈 및 그 화합물
> 9. 불소화합물
> 10. 유기인화합물
> 11. 폴리클로리네이티드비페닐
> 12. 시안화합물
> 13. 페놀류
> 14. 벤젠
> 15. 톨루엔
> 16. 에틸벤젠
> 17. 크실렌
> 18. 석유계 총 탄화수소
> 19. 트리클로로에틸렌
> 20. 테트라클로로에틸렌
> 21. 벤조(a)피렌
> 22. 1,2-디클로로에탄
> 23. 다이옥신(퓨란을 포함한다)
> 24. 기타 위 물질과 유사한 토양오염물질로서 토양오염의 방지를 위하여 특별히 관리할 필요가 있다고 인정되어 환경부장관이 고시하는 물질

67 기술인력의 교육에 대한 기준으로 옳은 것은?(단, 보수교육 기준)

① 신규교육을 받은 날을 기준으로 3년마다 8시간
② 신규교육을 받은 날을 기준으로 3년마다 24시간
③ 신규교육을 받은 날을 기준으로 5년마다 8시간
④ 신규교육을 받은 날을 기준으로 5년마다 24시간

풀이 기술인력의 교육
> ㉠ 신규교육 : 토양 관련 전문기관 또는 토양정화업 분야의 기술인력으로 최초로 종사한 날부터 1년 이내에 18시간
> ㉡ 보수교육 : 신규교육을 받은 날을 기준으로 5년마다 8시간

68 토양보전대책지역 지정에서 농경지의 경우 지표면으로부터 어느 정도까지의 토양오염도가 대책기준을 초과하면 대책지역 지정을 요청할 수 있는가?

① 10cm ② 20cm
③ 30cm ④ 40cm

69 지하수오염관측정 설치에서 지하수오염유발시설의 경계선에서 지하수 주 흐름의 하류지점에 설치하는 관측정의 수는 얼마인가?(단, 특정토양오염관리대상시설에 한함)

① 1개 ② 2개
③ 3개 ④ 4개

풀이 설치지점 및 관측정의 수

지점	관측정 수	비고
지하수오염유발시설의 경계선에서 지하수 주 흐름의 상류지점으로서 오염이 발생되기 이전의 대표적인 지하수의 수질을 채취·분석할 수 있는 지점	1	시장·군수가 인정하는 경우 지하수오염유발시설의 규모, 오염물질의 성상에 따라 지하수오염관측정의 수를 증감할 수 있다. 다만, 지하수 주 흐름의 상류지점 및 하류지점에는 지하수오염관측정을 각각 1개씩 반드시 설치하여야 한다.
지하수오염유발시설의 경계선에서 지하수 주 흐름의 하류지점으로서 오염물질이 주위 지하수층으로 이동하는 것을 즉시 탐지할 수 있는 지점	3	

70 시장·군수·구청장은 토양보전대책지역에 대하여는 대책계획을 수립하여 관할 시·도지사와의 협의를 거친 후 환경부장관의 승인을 얻어 시행하여야 하는데 이 대책계획에 포함되는 사항과 가장 거리가 먼 것은?

① 오염토양 개선사업
② 토양정화의 검증
③ 토지 등의 이용방안
④ 주민건강 피해조사 및 대책

풀이 토양보전대책에 관한 계획 수립 시 포함사항
　㉠ 오염토양 개선사업
　㉡ 토지 등의 이용방안
　㉢ 주민건강 피해조사 및 대책
　㉣ 그 밖에 해당 대책계획을 수립·시행하기 위하여 필요하다고 인정하여 환경부령으로 정하는 사항

71 지하수정을 굴착하여 수질을 측정하였더니 질산성 질소가 16mg/L로 나타났다. 질산성 질소 농도만을 고려할 경우에 이 지역의 지하수는 어떤 용도로 사용이 가능한가?(단, 지하수를 공업용수, 농업용수, 어업용수, 생활용수로 사용하려 함)

① 공업용수로만 사용이 가능하다.
② 공업용수, 농업용수로만 사용이 가능하다.
③ 공업용수, 어업용수로만 사용이 가능하다.
④ 생활용수, 농업용수, 어업용수, 공업용수로 모두 사용이 가능하다.

풀이 지하수의 수질기준

이용목적별 항목		생활용수	농·어업 용수	공업용수
일반 오염 물질 (4개)	수소이온 농도(pH)	5.8~8.5	6.0~8.5	5.0~9.0
	총 대장균군	5,000 이하 (군수 /100mL)	–	–
	질산성 질소	20 이하	20 이하	40 이하
	염소이온	250 이하	250 이하	500 이하

72 지하수 수질기준 중 지하수를 생활용수에 이용하는 경우 수소이온농도(pH)기준은?

① 3.5~4.5
② 4.5~6.5
③ 5.8~8.5
④ 7.8~10.5

풀이 문제 71번 풀이 참조

73 지하수에 함유된 오염물질을 제거·분해 또는 희석하여 지하수의 수질개선을 하는 사업은?

① 토양정화업
② 지하수영향조사업
③ 지하수개발·이용시공업
④ 지하수정화업

74 특정토양오염관리대상시설에서 정기 토양오염도검사를 받는 것 외에 별도로 토양 관련 전문기관으로 토양오염검사를 받아야 하는 경우가 아닌 것은?

① 시설의 사용을 종료하거나 폐쇄할 경우
② 양도·임대 등으로 인하여 운영자가 달라지는 경우
③ 시설에 저장하는 토양오염물질의 종류를 변경하고자 할 경우
④ 토양오염검사항목을 변경하였을 경우

풀이 특정토양오염관리대상시설의 설치자는 토양오염검사 외에 토양 관련 전문기관으로부터 검사를 받아야 하는 경우
　㉠ 특정토양오염관리대상시설의 설치자가 그 시설의 사용을 종료하거나 이를 폐쇄할 경우에는 사용종료일 또는 폐쇄일 3개월 전부터 사용종료일 전일 또는 폐쇄일 전일까지의 기간 동안에 토양오염도검사를 받을 것
　㉡ 특정토양오염관리대상시설의 양도·임대 등으로 인하여 그 시설의 운영자가 달라지는 경우에는 변경일 3개월 전부터 변경일 전일까지의 기간 동안에 토양오염도검사를 받을 것
　㉢ 특정토양오염관리대상시설의 설치자가 시설을 교체하거나 그 시설에 저장하는 토양오염물질의

종류를 변경할 경우에는 교체 또는 변경일 3개월 전부터 교체 또는 변경일 전일까지의 기간 동안에 토양오염도검사를 받을 것

ㄹ 누출검사대상시설의 경우 토양오염도검사 결과 환경부령으로 정하는 기준 이상으로 토양이 오염된 사실이 확인되었을 때에는 지체 없이 누출검사를 받을 것

ㅁ 특정토양오염관리대상시설에서 토양오염물질이 누출된 사실을 알게 된 때에는 지체 없이 토양오염도검사 및 누출검사(누출검사대상시설만 해당한다)를 받을 것

75 특정토양오염관리대상시설의 설치신고를 하고자 하는 자는 특정토양오염유발시설 설치신고서를 누구에게 제출해야 하는가?

① 특별자치도지사, 시장, 군수, 구청장
② 환경부장관
③ 국립환경연구원장
④ 시·도 보건환경연구원

76 토양 관련 전문기관인 누출검사기관의 지정기준(장비)으로 가장 거리가 먼 것은?

① 연기발생·측정기(Smoker)
② 초음파두께 측정기(100분의 1밀리리터 이상의 정밀도를 갖는 것)
③ 가연성 가스농도측정기
④ 산소농도측정기

풀이 누출검사기관의 지정기준(장비)
ㄱ 자기탐상 시험장비 또는 침투탐상 시험설비
ㄴ 초음파두께 측정기(100분의 1밀리미터 이상의 정밀도를 갖는 것)
ㄷ 가연성 가스농도측정기
ㄹ 산소농도측정기

77 지하수에 관한 조사업무를 대행할 수 있는 지하수 관련 조사전문기관으로 가장 거리가 먼 것은?

① 「한국수자원공사법」에 따른 한국수자원공사
② 「한국광물자원공사법」에 따른 한국광물자원공사
③ 「환경기술개발 및 지원에 관한 법률」에 의한 한국환경산업기술원
④ 「한국환경공단법」에 따른 한국환경공단

풀이 지하수 관련 조사 업무의 대행 전문기관
ㄱ 「과학기술분야 정부출연연구기관 등의 설립·운영 및 육성에 관한 법률」에 따라 설립된 한국지질자원연구원
ㄴ 「한국광물자원공사법」에 따른 한국광물자원공사
ㄷ 「한국수자원공사법」에 따른 한국수자원공사
ㄹ 「한국농어촌공사 및 농지관리기금법」에 따른 한국농어촌공사
ㅁ 「과학기술분야 정부출연연구기관 등의 설립·운영 및 육성에 관한 법률」에 따라 설립된 한국건설기술연구원
ㅂ 「한국환경공단법」에 따른 한국환경공단
ㅅ 협회

78 표토의 침식현황 및 정도에 대한 조사를 하는 경우에는 모니터링, 자료조사 및 침식량 산정 등의 방법으로 실시해야 한다. 해당 조사에 포함해야 하는 사항과 가장 거리가 먼 것은?

① 토성, 용적밀도, 유기물 함량, 토양구조, 투수등급
② 강우특성
③ 지하수 수위
④ 토지 이용 현황

풀이 표토의 침식현황조사에 포함 사항
ㄱ 위치, 표고, 지형(경사도, 경사장)
ㄴ 토지 이용 현황
ㄷ 토성(土性), 용적밀도, 유기물 함량, 토양구조, 투수등급
ㄹ 강우특성
ㅁ 식생 및 작물재배 현황
ㅂ 표토유실방지 및 복원대책 등 관리 현황
ㅅ 토양 침식량

79 지하수를 생활용수로 이용하는 경우에 있어서 적용되는 수질기준 항목 중에서 일반오염물질이 아닌 항목은?

① 수소이온농도(pH) ② 질산성 질소
③ 부유물질 ④ 염소이온

풀이 지하수의 수질기준

이용목적별 항목		생활용수	농·어업 용수	공업용수
일반 오염 물질 (4개)	수소이온 농도(pH)	5.8~8.5	6.0~8.5	5.0~9.0
	총 대장균군	5,000 이하 (균수 /100mL)	–	–
	질산성 질소	20 이하	20 이하	40 이하
	염소이온	250 이하	250 이하	500 이하

80 속임수나 그 밖의 부정한 방법으로 토양 관련 전문기관의 지정을 받거나 토양정화업의 등록을 한 자에 대한 벌칙기준은?

① 1년 이하의 징역 또는 1천만 원 이하의 벌금
② 2년 이하의 징역 또는 2천만 원 이하의 벌금
③ 3년 이하의 징역 또는 5천만 원 이하의 벌금
④ 1천만 원 이하의 과태료

풀이 토양·환경보전법 벌칙 제30조 참조

01 토양수분장력이 pF 4라면 이를 물기둥의 압력으로 환산한 값으로 가장 적절한 것은?

① 약 1기압   ② 약 4기압
③ 약 8기압   ④ 약 10기압

풀이 $pF = \log[H]$

$4 = \log[H]$

$H = 10^4 \, cm\,H_2O$

$기압 = 10^4 \, cm\,H_2O \times \dfrac{1기압}{10,332\,cm\,H_2O}$

$= 9.68기압 (≒ 10기압)$

02 영구 동결층이 없는 유기질 토양을 말하며, 습지환경에서 생성되고 일반적으로 흑색과 암갈색을 나타내는 토양목은?

① 알피졸(Alfisol)   ② 엔티졸(Entisol)
③ 옥시졸(Oxizol)   ④ 히스토졸(Histosol)

03 호기성 미생물이 필요로 하는 전자수용체는?

① 질소(N_2)   ② 물(H_2O)
③ 산소(O_2)   ④ 이산화탄소(CO_2)

04 토양의 침식과 관련된 설명으로 틀린 것은?

① 자연작용에 의한 지질침식, 인공적인 원인에 의한 가속침식으로 구분됨
② 토양입자에 흡착된 각종 화학물질이 수계로 방출되어 수질오염의 원인이 됨
③ 빗물이 지표면을 고르게 면상으로 얇게 씻겨내리는 경우를 세류침식이라 함
④ 토양 침식은 물에 의한 수식, 바람에 의한 풍식으로 구분되며 사막화의 원인이 될 수 있음

풀이 빗물이 지표면을 고르게 면상으로 얇게 씻겨 내리는 현상을 면상침식(평면침식)이라 한다.

05 500cm³ 용기를 가득 채운 토양의 용적밀도가 1.2g/cm³이다. 토양을 물로 포화시킨 후 토양의 질량이 825g이라면 토양의 공극률은?

① 40%   ② 45%
③ 50%   ④ 55%

풀이 포화 시 물의 질량 = 포화질량 - 건조질량

$= 825g - (500cm^3 \times 1.2g/cm^3)$

$= 225g$

포화 시 물의 질량 = 공극부피

$공극률(\%) = \dfrac{공극부피}{토양전체부피} \times 100$

$= \dfrac{225}{500} \times 100$

$= 45\%$

06 식물이 물을 흡수하지 못하여 시들게 되는 토양수분 상태를 나타내는 일반적인 위조점(토양수분퍼텐셜)은?

① -1.5MPa   ② -15MPa
③ -25MPa   ④ -30MPa

풀이 일반적 위조점의 pF = 4.18

$pF = \log[H]$

$4.18 = \log[H]$

$H = 10^{4.18} \, cm\,H_2O$

$atm = 10^{4.18} \, cm\,H_2O \times \dfrac{1atm}{10,332\,cm\,H_2O}$

$= 14.65atm$

$MPa = 14.65atm \times \dfrac{0.101325MPa}{1atm}$

$= 1.48MPa$

07 수은(Hg)에 대한 설명으로 틀린 것은?

① 온도계, 압력계 등과 같은 측정기나 제어기에 많이 이용된다.
② 수은 화합물과 토양 성분과의 상호작용은 거의 없어 용출로 인한 오염이 발생된다.
③ 수은 독성은 그 화합물의 종류에 따라 크게 다르다.
④ 토양 중 수은이 어떤 반응을 하는가는 주로 그것에 존재하는 수은의 형태에 따라 규정된다.

풀이 수은화합물과 토양성분은 강한 상호작용을 하기 때문에 토양 중 휘산형태 이외로의 방출은 통상 지극히 적다.

08 지하수 내 오염물질의 이동과 관련된 지연계수(Retardation Factor)와 가장 거리가 먼 것은?

① 대수층의 용적밀도
② 대수층의 공극률
③ 오염물질의 분자확산계수
④ 오염물질의 분배계수

풀이

$$지연계수 = \frac{지하수의 \ 평균선형속도(공극유속)}{용질농도가 \ 처음 \ 농도의 \ \frac{1}{2}인 \ 지점에서 \ 오염물질 \ 이동속도}$$

$$이동속도 = \frac{지하수의 \ 평균선형속도(공극유속)}{\left(\frac{토양용적밀도}{공극률} \times 분배계수\right) + 1}$$

09 토양 오염물질 중 BTEX를 구성하는 성분이 아닌 것은?

① 벤젠   ② 톨루엔
③ 에틸렌   ④ 자일렌

풀이 BTEX
　㉠ Benzene
　㉡ Toluene
　㉢ Ethylbenzene
　㉣ Xylene

10 중금속오염으로 인한 대표적인 질병 및 증상과 오염원을 짝지은 것으로 옳지 않은 것은?

① Hg − 미나마타병 − 광산, 제련공장
② As − 피부염증 − 광산 및 제련소
③ Pb − 이따이이따이병 − 도금, 피혁제조
④ Zn − 피부염 − 도금공장

풀이 Pb
　㉠ 발생원 : 납제련소, 인쇄소
　㉡ 질병 및 증상 : 위장 경련, 빈혈

11 토양 중 농약을 분해하는 주요 작용의 구분으로 가장 거리가 먼 것은?

① 광분해   ② 순수한 화학분해
③ 미생물 분해   ④ 물리적 분해

12 다음 중 2 : 1형 점토광물의 대표적인 광물은?

① 카올리나이트(Kaolinite)
② 일라이트(Illite)
③ 할로이사이트(Halloysite)
④ 딕카이트(Dickite)

풀이 2 : 1 격자형 광물(3층형 광물)
　한 층의 Al 8면체를 Si 4면체가 양쪽으로 샌드위치처럼 싸서 3층 구조를 이룸
　㉠ 팽창형 → 몬모릴로나이트, 사포나이트, 버미큘라이트
　㉡ 비팽창형 → 일라이트

13 자유면 대수층이 발달한 지역에서 공극률이 0.3, 비산출률이 0.3이고 유역면적이 150km²이며 수위강하를 6m만 허용할 때 지하수 개발 가능량은?(단, 자유면 평균 두께 : 100m)

① $2.7 \times 10^7 m^3$ ② $2.7 \times 10^8 m^3$
③ $8.1 \times 10^7 m^3$ ④ $8.1 \times 10^8 m^3$

풀이 지하수 개발가능량
　$= S \times A \times \Delta h$
　$= 0.3 \times 150km^2 \times 6m \times 10^6 m^2/km^2$
　$= 2.7 \times 10^8 m^3$

14 점토질 토양의 성질에 관한 내용으로 틀린 것은?(단, 모래질 토양과 미사질 토양의 비교)

① 풍식감수성이 높다.　② 압밀성이 높다.
③ 유기물 분해가 느리다.　④ 팽창수축력이 높다.

풀이 점토(Clay)는 풍식감수성이 낮다.

15 벤젠(분자량 : 78.1)이 공기와 평형관계에 있을 경우 공기 내 존재할 수 있는 최대농도는?(단, 1기압, 25℃ 기준, 벤젠의 증기압은 0.125atm)

① 약 400,000mg/m³　② 약 450,000mg/m³
③ 약 500,000mg/m³　④ 약 550,000mg/m³

풀이 최대농도(ppm)

$$= 0.125atm \times \frac{78.1}{\left(22.4 \times \frac{273+25}{273}\right)} \times 10^6$$

$$= 399,263.32\,ppm$$

16 토양생성작용을 거의 받지 않은 모재층으로서 칼슘, 마그네슘 등의 탄산염이 교착상태로 쌓여 있거나 위에서 녹아 내려온 물질이 엉키어 쌓인 토양층위는?

① O층　　　　② D층
③ R층　　　　④ C층

17 다음 표와 같은 깊이에서 교환성 양이온 농도를 측정하였다. 토양의 수소 및 염기 포화도(%)는?

깊이	교환성 양이온(meq/100g)				
(cm)	Ca	Mg	K	Na	H
15~27	13.8	4.2	0.4	0.1	11.4

① 수소포화도 : 38.1, 염기포화도 : 61.9
② 수소포화도 : 61.9, 염기포화도 : 38.1
③ 수소포화도 : 35.9, 염기포화도 : 64.1
④ 수소포화도 : 64.1, 염기포화도 : 35.9

풀이 수소포화도(%)

$$= \frac{11.4}{13.8+4.2+0.4+0.1+11.4} \times 100$$

$$= 38.13\%$$

염기포화도(%)

$$= \frac{13.8+4.2+0.4+0.1}{13.8+4.2+0.4+0.1+11.4} \times 100$$

$$= 61.87\%$$

18 나트륨토양 개량방법으로 틀린 것은?

① 지하수위가 높은 경우에는 배수에 의하여 수위를 낮춘다.
② 석회 자재를 투입하여 치환성 Ca 포화도를 높인다.
③ 제염 관개로 $NaOH$, $NaHCO_3$, Na_2CO_3를 상층토로 이동시킨다.
④ 내알칼리, 내침수성 식물을 재배하여 유기질 잔사를 포장으로 환원시킨다.

19 지하수의 유량을 조사할 때 Darcy의 법칙($Q = K \cdot I \cdot A$)이 사용되는데, 이때 K와 I가 의미하는 것은?

① K는 점성계수, I는 수리적 구배
② K는 투수계수, I는 수심
③ K는 점성계수, I는 경심
④ K는 수리전도도, I는 수두 구배

풀이 $Q = KIA = KA\dfrac{dh}{dL}$

　여기서, Q : 대수층의 유량(m³/sec)
　　　　　K : 비례상수(투수계수＝수리전도도)
　　　　　　(m/sec)
　　　　　A : 물 흐름의 수직방향 단면적(m²)
　　　　　dh : 수두차($h_2 - h_1$)(m)
　　　　　dL : 수평방향 두 지점 사이 거리(m)
　　　　　$\dfrac{dh}{dL}$ (I) : 두 지점 사이 수리경사
　　　　　V : Darcy 속도(m/sec)

20 토양 내에 존재하는 부식물질의 설명으로 틀린 것은?

① 부식탄(부식회, Humin)은 알칼리에는 용해되나 산에는 용해되지 않는 물질이다.

② 부식산(Humic Acid)은 중간 내지 고분자의 산성물질로서 무정형이다.

③ 풀브산(Fulvic Acid)은 저분자의 부식산과 비부식물질이 결합된 것이다.

④ 부식물질은 비부식물질에 비하여 구조가 복잡하여 분해에 대한 저항성이 크다.

풀이 부식탄(부식회, 휴민, Humin)
　ㄱ 산과 알칼리 모두에 불용하는 물질
　ㄴ 전체 부식물질의 20~30% 정도 차지
　ㄷ 무기성분과 강하게 결합
　ㄹ 미분해 식물의 조직과 탄화된 물질 및 잘 추출되지 않는 부식산으로 구성되어 있음

2과목 　**토양 및 지하수오염조사기술**

21 기체크로마토그래피법으로 다음 항목을 분석할 때 사용되는 검출기로 틀린 것은?

① 페놀류 – 불꽃이온화검출기
② PCB – 전자포착검출기
③ 유기인 – 질소·인 검출기
④ TPH – 전자포획형/질량분석검출기

풀이 THP(석유계 총탄화수소)분석 검출기는 불꽃이온화검출기(FID)이다.

22 TPH(석유계 총탄화수소)의 분석(기체크로마토그래피)에 관한 내용으로 가장 거리가 먼 것은?

① 토양 중에 끓는점이 높은(150~500℃) 유류에 속하는 제트유, 등유, 경유, 벙커C유, 윤활유, 원유 등의 측정에 적용

② 사염화탄소로 추출하여 정제
③ 정량한계는 석유계총탄화수소로 50mg/kg
④ 불꽃이온화검출기를 사용

풀이 TPH의 기체크로마토그래피 분석 시 추출용매는 디클로로메탄이다.

23 시료의 채취 및 조제와 관련하여 (　)에 들어갈 내용이 순서대로 나열된 것은?(단, 토양오염유발시설지역)

BTEX 시료 채취 시 미리 준비한 시험관이란 마개가 있는 (ㄱ)mL 용량의 시험관에 (ㄴ) (ㄷ)mL를 넣고 미리 소수점 4째 자리에서 반올림하여 소수점 3째 자리까지 무게를 정확히 단 것을 말한다.

① ㄱ : 30, ㄴ : 메틸알코올, ㄷ : 10
② ㄱ : 50, ㄴ : 메틸알코올, ㄷ : 20
③ ㄱ : 50, ㄴ : 사염화탄소, ㄷ : 10
④ ㄱ : 30, ㄴ : 사염화탄소, ㄷ : 20

24 저장물질이 없는 누출검사대상시설의 누출검사방법 중 가압시험법에 대한 설명으로 가장 거리가 먼 것은?

① 누출 여부 판단을 위한 누출검사대상시설의 가압을 위해서 과도한 속도로 압력이 상승되지 않도록 한다.

② 안전밸브는 $0.2kgf/cm^2$ 이하에서 작동되어야 한다.

③ 가압장치는 불활성가스 용기 및 압력조정장치를 말한다.

④ 압력계(압력자기기록계)는 최소 눈금이 시험압력의 5% 이내이고 이를 읽고 측정압력의 기록이 가능한 압력계이어야 한다.

풀이 저장물질이 없는 누출검사대상시설(가압시험법)의 안전밸브는 $0.7kgf/cm^2$ 이하에서 작동되어야 한다.

25 토양오염유발시설지역 중 지하매설 저장시설에서 토양시료 채취 시 총 시료채취 지점수는 몇 개인가?

① 6
② 5
③ 3
④ 2

> **풀이** 지하매설 저장시설
>
> 저장시설을 중심으로 각각 서로 반대방향에 있는 배관 부위와 저장시설 부위에서 누출 개연성이 높은 곳을 각각 1~2개 지점씩 3개 지점을 선정한다.

26 토양 pH를 측정할 때 사용되는 pH 표준액 중 pH가 중성에 가장 가까운 것은?

① 인산염 표준액
② 수산염 표준액
③ 수산화칼슘 표준액
④ 탄산염 표준액

> **풀이** 온도별 표준액의 pH값
>
> | 온도(℃) | 0 | 5 |
> | --- | --- | --- |
> | 수산염 표준액 | 1.67 | 1.67 |
> | 프탈산염 표준액 | 4.01 | 4.01 |
> | 인산염 표준액 | 6.98 | 6.95 |
> | 붕산염 표준액 | 9.46 | 9.39 |
> | 탄산염 표준액 | 10.32 | 10.25 |
> | 수산화칼슘 표준액 | 13.43 | 13.21 |

27 농도표시 중 수산화나트륨(NaOH) 25%의 용액 100mL 중 NaOH 무게는?

① 25mg
② 250mg
③ 2,500mg
④ 25,000mg

> **풀이** $25 = \dfrac{\text{NaOH}(g)}{100\,\text{mL}} \times 100$
>
> $\text{NaOH}(mg) = 25g \times 10^3\,mg/g = 25,000mg$

28 pH=4.5인 수용액의 수소이온농도는?

① 3.2×10^{-5} mol/L
② 3.2×10^{-4} mol/L
③ 3.2×10^{-3} mol/L
④ 3.2×10^{-2} mol/L

> **풀이** $[\text{H}^+] = 10^{-\text{PH}} = 10^{-4.5} = 3.16 \times 10^5\,mol/L$

29 검량선에서 얻어진 경유 성분의 검출양이 305.5ng일 때, 토양 중 TPH(석유계총탄화수소) 농도(mg/kg)는?(단, 수분보정한 토양무게는 20.5g, 용매의 최종액량은 2mL, 검액의 주입량은 2μL로 희석하지 않았다.)

① 20.5
② 18.7
③ 14.9
④ 12.6

> **풀이** $\text{농도}(mg/kg) = \dfrac{A_s \times V_f \times D}{W_d \times V_i}$
>
> $= \dfrac{305.5 \times 2}{20.5 \times 2}$
>
> $= 14.9(mg/kg)$

30 토양오염도검사를 위한 토양시료 채취 시 토양시료 채취기(Sampler)를 사용할 경우 토양표면의 잡초나 유기물 등 이물질층을 제거한 후 채취하는 시료의 양은?(단, 일반지역)

① 약 0.5kg
② 약 1.0kg
③ 약 1.5kg
④ 약 2.0kg

31 투과 퍼센트가 40%일 때의 흡광도는?

① 0.398
② 0.331
③ 0.276
④ 0.245

> **풀이** $\text{흡광도} = \log\dfrac{1}{\text{투과율}} = \log\dfrac{1}{0.4} = 0.398$

32 유도결합플라스마-원자발광분광계에서 플라스마를 형성하는 데 사용되는 가스는?

① 아르곤
② 질소
③ 수소
④ 아세틸렌

> **풀이** 유도결합플라즈마 – 원자발광분광계
>
> 시료를 고주파유도코일에 의하여 형성된 아르곤 플라스마에 주입하여 6,000~8,000K에서 들뜬 원자가 바닥상태로 이동할 때 방출하는 발광선 및 발광강도를 측정하여 원소의 정성 및 정량분석을 수행한다.

33 지상저장시설에 대한 토양오염시료 채취지점의 설명이다. ( )에 내용을 순서대로 나열한 것은?(단, 토양오염유발시설지역, 부지 내)

> 토양오염물질(유류 등)의 누출이 인지되거나 토양오염의 개연성이 높은 3개 지점을 선정하되, 저장시설의 끝단으로부터 수평방향으로 ( ) 이상 떨어진 지점에서 이격거리의 ( ) 깊이까지로 한다.

① 2m, 1.5배
② 1m, 1.5배
③ 2m, 2.0배
④ 1m, 2.0배

34 토양시료용기에는 채취날짜, 위치, 시료명, 토양깊이, 채취자 등 시료내역을 기재한다. 석유계 총 탄화수소 시험용 시료의 시료용기에 기재 내용으로 옳은 것은?

① 저장시설에 보관된 유류의 종류 및 제조회사명
② 저장시설에 보관된 유류의 종류 및 저장량
③ 저장시설에 보관된 유류의 종류 및 저장기간
④ 저장시설에 보관된 유류의 종류 및 시설 설치시기

> 풀이 시료용기에는 의뢰자, 시료명, 검사항목, 채취일시 및 장소, 토성, 중량 및 채취자, 입회자 등을 지워지지 않도록 기재한다. 특히 석유계 총 탄화수소 시험용 시료의 시료용기에는 저장시설에 보관된 유류의 종류 및 제조회사명을 기재한다.

35 토양오염공정시험기준 총칙과 관련된 설명으로 틀린 것은?

① 방울수라 함은 20℃에서 정제수 20방울을 적하할 때, 그 부피가 약 1mL 되는 것을 뜻한다.
② '항량으로 될 때까지 건조한다'라 함은 같은 조건에서 1시간 더 건조할 때 전후 무게의 차가 g당 0.3mg 이하일 때를 말한다.
③ '정확히 단다'라 함은 규정된 양의 검체를 취하여 분석용 저울로 0.1mg까지 다는 것을 말한다.
④ 감압이라 함은 따로 규정이 없는 한 15mmH$_2$O 이하를 말한다.

> 풀이 감압 또는 진공이라 함은 따로 규정이 없는 한 15 mmHg 이하를 말한다.

36 토양정밀조사 단계인 기초조사 방법과 가장 거리가 먼 것은?

① 자료조사
② 설문조사
③ 청취조사
④ 현지조사

37 수은을 냉증기 원자흡수분광광도법으로 분석하는 방법에 관한 설명으로 가장 거리가 먼 것은?

① 시료 중의 수은을 염화제일주석용액에 의해 원자 상태로 환원시켜 발생되는 수은증기를 측정한다.
② 수은증기를 283.3nm에서 냉증기 원자흡수분광광도법에 따라 정량하는 방법이다.
③ 이 시험기준은 냉증기 원자흡수분광광도법을 이용하여 토양의 왕수 추출물에서 수은을 정량하기 위한 방법을 포함한다.
④ 이 시험기준에 따른 정량한계는 0.05mg/kg이다.

> 풀이 냉증기 원자흡수분광광도법
> 토양 중 수은의 측정방법으로, 시료 중의 수은을 염화제일주석용액에 의해 원자 상태로 환원시켜 발생되는 수은증기를 253.7nm에서 냉증기 원자흡수분광광도법에 따라 정량하는 방법이다.

38 온도에 대한 설명으로 가장 거리가 먼 것은?

① 찬 곳은 따로 규정이 없는 한 0~15℃의 곳을 뜻한다.
② 온수는 60~70℃를 뜻한다.
③ 냉수는 4℃ 이하를 뜻한다.
④ '수욕상 또는 수욕 중에서 가열한다.'라 함은 따로 규정이 없는 한 수온 100℃에서 가열함을 뜻하고 약 100℃의 증기욕을 쓸 수 있다.

> 풀이 냉수는 15℃ 이하를 말한다.

정답 33 ② 34 ① 35 ④ 36 ② 37 ② 38 ③

39 누출검사대상시설 중 "부속배관"에 대한 내용으로 가장 알맞은 것은?

① 누출검사대상시설에 용접 또는 나사조임방식으로 직접 연결되는 배관을 말한다.

② 지하에 매설되어 누출 여부를 육안으로 직접 확인할 수 없는 배관을 말한다.

③ 지하매설저장시설에 연결되어 지속적으로 누출검사가 필요한 배관을 말한다.

④ 액체의 누출 여부를 지하매설저장시설 외부에서 직접 또는 간접적으로 확인하기 위해 설치된 배관을 말한다.

40 토양오염공정시험기준상 불소 측정에 적용 가능한 시험방법은?

① 원자흡수분광광도법

② 이온전극법

③ 유도결합플라즈마 원자발광분광법

④ 기체크로마토그래피법

3과목 **토양 및 지하수오염정화기술**

41 Bioventing법을 적용하기 위하여 30%의 공극률을 가진 토양 1,000m³에 1500m³/day의 공기를 주입하였다. 주입공기의 산소농도는 21%이며 배기가스의 산소농도는 9%였다면 평균 산소 소모율(% O₂/day)은?

① 30% O₂/day ② 40% O₂/day

③ 50% O₂/day ④ 60% O₂/day

풀이 산소 소모율(%, O₂/day)

$$= \frac{Q(C_o - C_f)}{V \times P}$$

$$= \frac{1,500\,\mathrm{m^3/day} \times (21-9)\%\,O_2}{1,000\,\mathrm{m^3} \times 0.3}$$

$$= 60\%\,O_2/day$$

42 토양증기추출(SVE)의 장점으로 가장 거리가 먼 것은?

① 필요한 기계장치가 단순하고, 유지 및 관리비가 저렴하다.

② 즉시 결과를 알 수 있고, 다른 시약이 필요 없으며 영구적인 재생이 가능하다.

③ 비포화대의 단순성으로 인해 총 처리시간 예측이 용이하다.

④ 빌딩이나 다른 구조물 밑의 토양도 재생할 수 있으며 생물학적 처리효율을 높여준다.

풀이 토양증기추출법(SVE)은 지반구조가 복잡하므로 총 처리시간을 예측하기 어렵다.

43 Biosparging에 대한 설명으로 옳은 것은?

① Biosparging은 공기를 불포화투수층 아래 즉 지하수면 위에서 주입한다.

② Biosparging의 공기 주입의 목적은 산소공급과 휘발성 유기오염물질의 불포화토양층으로의 이동이다.

③ Bioventing 기술과 달리 토양 내에서 긴 체류시간이 필요하지 않으므로 큰 유량에 효과적이다.

④ 대상부지의 지층은 층상구조를 이루어 수평방향의 수리전도도가 클수록 효과적이다.

풀이 ① Biosparging은 공기를 지하수면 아래에서 공급한다.

③ Biosparging은 불포화 토양층 내에서의 유량은 충분한 체류시간을 갖도록 해야 한다.

④ 수리전도도가 너무 크면 오염물질이 확산될 우려가 있다.

44 오염토양의 불용화처리를 위한 화학적 처리방법에서 오염물질별 첨가제를 옳게 연결한 것은?

① 시안화합물 – 황화나트륨

② 6가크롬화합물 – 황화나트륨

③ 비소화합물 – 염화철(Ⅱ)

④ 납화합물 – 차아염소산나트륨

풀이 1. 시안화합물
　　　　㉠ 시안착염을 형성하는 경우 : 제1철염
　　　　㉡ 시안착염을 포함하지 않는 경우 : 차아염소산
　　　　　 나트륨, 표백분

　　2. 6가 크롬화합물 : 황산철, 아탄
　　3. 납화합물 : 황화나트륨

45 오염물질의 생분해에 관한 설명으로 틀린 것은?

① 직선구조의 탄화수소는 호기성 조건에서 생분해 되기 쉽다.
② 치환되지 않은 탄화수소 종류가 일반적으로 빠르게 분해된다.
③ 할로겐화합물의 할로겐 원소 수가 커질수록 생분해 지속도는 감소한다.
④ 용해도가 낮은 물질은 생분해도가 낮을 수 있다.

풀이 할로겐화합물의 할로겐원소수가 커질수록 생분해 지속도는 증가한다.

46 식물정화법의 대표적 처리 기작에 대한 설명으로 틀린 것은?

① Phytodegradation : 식물이 독성물질을 분해 하는 효소를 분비하거나 또는 오염물질을 분해 하는 데 중요한 역할을 하는 토양미생물에 필요 한 영양분을 제공하여 분해활동을 활성화시킴 으로써 오염물질을 무독성의 물질로 전환시킴
② Phytodegradation : 식물의 뿌리가 오염물질 의 이동을 위한 공간을 만들어 토양공기와의 반 응성을 형성시켜 처리함
③ Phytoextraction : 식물조직이 무기오염물질을 체내에 흡수하여 축적함으로써 오염물질을 제 거함
④ Phytostabilization : 금속과 같은 오염물질이 용존상태에서 침전되거나 식물뿌리 또는 주변 토양에 흡착되어 안정화됨

풀이 식물에 의한 안정화(Phytostabilization)
　　㉠ 오염물질이 식물 뿌리 주변에 비활성의 상태로 축 적되거나 식물체에 의해 오염물질의 이동이 차단 되는 원리를 이용하며 뿌리 주변 토양의 pH 변화 등에 의하여 중금속의 산화도가 바뀌어 불용성의 상태로 되는 원리에 기초한다. 즉, 적합한 식물은 대상오염에 대한 높은 내성이 있어야 한다.
　　㉡ 식물의 뿌리가 오염물질의 이동을 위한 공간을 만 들어 토양공기와의 반응성을 형성시켜 처리하는 방법이다.
　　㉢ 풍화 및 침식경로에 의한 오염원의 이동을 막아 인근의 지하수로 용출되는 것을 효과적으로 제어 할 수 있다.
　　㉣ 금속과 같은 오염물질이 용존상태에서 침전되거나 식물뿌리 또는 주변토양에 흡착되어 안정화된다.

47 수직방벽을 이용한 오염지하수 제어방법 중 슬러리월의 장단점으로 틀린 것은?

① 유해성이 큰 침출수에 노출될 경우 벤토나이트 특성 저하
② 지하수위 강하에 따른 주변지역의 영향이 큼
③ 침출수 저항이 강한 벤토나이트 사용이 가능
④ 유지관리비가 적게 소요됨

풀이 슬러리 월의 장단점
　　1. 장점
　　　　㉠ 시공방법이 간단함
　　　　㉡ 지하수위 하강에 따른 주변지역의 영향이 적음
　　　　㉢ 시간경과에 따른 광물(벤토나이트) 특성이 저 하되지 않음
　　　　㉣ 침출수에 대한 저항이 강한 광물(벤토나이트) 의 사용이 가능함
　　　　㉤ 유지관리비용이 적게 소요됨

　　2. 단점
　　　　㉠ 유해성이 큰 침출수에 노출될 경우 광물(벤토 나이트)의 특성이 저하됨
　　　　㉡ 암석층의 경우 자갈로 인하여 과도굴착이 필 요함
　　　　㉢ 광물(벤토나이트)의 운반비용이 소요됨

48 평균농도 80mg/kg의 자일렌(Xylone)으로 오염된 토양의 부피가 12,000m³라면 오염부지 내 존재하는 자일렌의 총 함량은?(단, 토양 Bulk Density =1.8g/cm³)

① 약 1,650kg　　　② 약 1,730kg
③ 약 1,870kg　　　④ 약 1,990kg

풀이 자일렌의 총함량(kg)
　　= 12,000m³× 80mg/kg × kg/10⁶mg × 1.8g/cm³
　　　× 10⁶cm³/m³× kg/1,000g
　　= 1,728kg

49 유류로 오염된 오염토양을 원위치(In-situ) 생물학적 분해법으로 처리하려고 한다. 오염토양의 체적이 약 1,000m³이고, 토양의 평균 공극률이 0.4, 토양수 내 오염물의 평균농도가 30ppm이라면, 토양수로 포화된 오염토양 내 수용액상으로 존재하는 오염물의 질량은?(단, 오염물은 토양수 내 수용액상으로만 존재한다고 가정)

① 4kg　　　　　　② 8kg
③ 12kg　　　　　 ④ 16kg

풀이 오염물질량(kg)
　　=1,000m³×30mg/L×0.4×kg/10⁶mg×1,000L/m³
　　=12kg

50 1,1,1−TCE는 지중에서 분해되며, 반감기가 120일이다. 이 오염물질의 분해 반응속도가 1차 반응이라고 가정할 때, 초기오염농도의 90%가 제거되는 데 소요되는 기간은?

① 약 348day　　　② 약 357day
③ 약 384day　　　④ 약 399day

풀이 1차 반응식

$$\ln\left(\frac{C}{C_0}\right) = -k \cdot t$$

$\ln 0.5 = -k \times 120\,\text{day}$

$k = 0.00577\,\text{day}^{-1}$

$$\ln\left(\frac{10}{100}\right) = -0.00577 \times t$$

$t = 399.06\,\text{day}$

51 4.5m³ 용량의 지하저장탱크를 제거하였다. 저장탱크가 제거된 토양 박스 규모는 4m×4m×5m(L×W×H)이며 박스 내 오염토양을 시료로 채취하여 TPH 농도를 분석한 결과, 평균농도가 4000mg/kg로 검출되었다. 이 오염 토양 내 존재하는 TPH는 몇 리터인가?(단, 오염토양 밀도= 1.8g/cm³, TPH 비중=0.7)

① 약 756L　　　　② 약 777L
③ 약 785L　　　　④ 약 792L

풀이 오염된 토양부피(m³)=(4×4×5)m³−4.5m³
　　　　　　　　　　　　=75.5m³

$$TPH(\text{L}) = \frac{4,000\,\text{mg/kg} \times 1,800\,\text{kg/m}^3 \times 75.5\,\text{m}^3}{700\,\text{kg/m}^3 \times 10^6\,\text{mg/kg} \times \text{m}^3/10^3\,\text{L}}$$

　　　　　 = 776.57 L

52 150mm 직경의 지하수 관측정을 설치하기 위해 4군데 지점에 300mm 직경으로 심도 17m까지 보링하였다. 보링 후 관측정을 삽입하고 지표로부터 1.5m 깊이까지만 벤토나이트를 넣어 마감처리를 하였다면 소요되는 벤토나이트의 양은?(단, 벤토나이트 밀도=1.8g/cm³, 안전율=1.5)

① 약 523kg　　　　② 약 673kg
③ 약 793kg　　　　④ 약 859kg

풀이
• 보링부피 $= \dfrac{3.14 \times 30^2}{4}\,\text{cm}^2 \times 150\,\text{cm}$

　　　　 $= 105,975\,\text{cm}^3$

• 관측정부피 $= \dfrac{3.14 \times 15^2}{4}\,\text{cm}^2 \times 150\,\text{cm}$

　　　　　 $= 26,493.75\,\text{cm}^3$

• 보링부피−관측정부피 = 105,975 − 26,493.75
　　　　　　　　　　　 = 79,481.25cm³

• 벤토나이트양(kg) = 79,481.25cm³ × 1.8g/cm³
　　　　　　　　　　 × kg/1,000g × 1.5 × 4지점
　　　　　　　　　　 = 859.39kg

정답 48 ②　49 ③　50 ④　51 ②　52 ④

53 유기화합물로 오염된 토양을 바이오필터로 처리하고자 한다. 바이오필터의 운전 시 문제점과 가장 거리가 먼 것은?

① 별도의 포집가스 처리 ② pH 저하
③ 충전층의 막힘현상 ④ 수분증발

풀이 Biofilter 처리 시 운전상 문제점
ㄱ 수분증발(수분함량) ㄴ 충전층 막힘현상
ㄷ pH저하 ㄹ 온도

54 매립지에서 지하수나 지표수를 오염시키는 침출수처리를 위해 적용할 수 있는 식물로 가장 적절한 것은?

① 습지식물 ② 미루나무
③ 해바라기 ④ 포플러나무

풀이 포플러나무
ㄱ 오염물질의 독성에 대해 저항력이 강하다.
ㄴ 타 식물에 비하여 상대적으로 고농도의 오염물질이 존재하는 경우에도 생존하는 특성이 있다.
ㄷ 어떠한 환경조건에서도 적응을 쉽게 한다.

55 매립지에서 염소의 농도가 1,000mg/L인 침출수가 누출되어 다음과 같은 특성을 지닌 대수층으로 유입되고 있다. 다음 조건을 이용하여 산출된 평균선형유속은?

• 수리전도도 $= 2.0 \times 10^{-3}$cm/s
• $dh/dl = 0.002$
• 유효공극률 $= 0.46$

① 8.7×10^{-8}m/s ② 5.3×10^{-8}m/s
③ 3.6×10^{-8}m/s ④ 2.8×10^{-8}m/s

풀이 평균선형유속(m/sec)

$$= \frac{K}{\eta_e}\left(\frac{dh}{dL}\right)$$

$$= \frac{2.0 \times 10^{-3}\,\mathrm{cm/sec} \times \mathrm{m}/100\,\mathrm{cm} \times 0.002}{0.46}$$

$$= 8.6 \times 10^{-8}\,\mathrm{m/sec}$$

56 500kg의 가솔린이 포화대에 유출되어 자연정화법으로 오염지역을 처리하고자 한다. 가솔린이 생물학적으로만 분해되어 없어진다면 오염지역의 가솔린을 분해하기 위하여 필요한 산소량은? (단, 산소/가솔린 소비율$=2mgO_2/mg$가솔린이며 기타 조건은 고려하지 않음)

① 125kg ② 250kg
③ 500kg ④ 1,000kg

풀이 산소량(kg)$=2mg\,O_2/mg$가솔린$\times 500kg$가솔린
$= 1,000kg$

57 오염토양 처리를 위한 토양 세척 시 토양의 입도분포가 매우 중요하다. 입도분포곡선으로부터 구한 통과백분율 10%, 30%, 60%에 해당하는 직경이 각각 0.05mm, 0.15mm, 0.60mm일 때 균등계수(Cu)는?

① 12 ② 0.5
③ 0.1 ④ 0.05

풀이 균등계수$= \dfrac{D_{60}}{D_{10}} = \dfrac{0.6}{0.05} = 12$

58 전기 동력학적 오염토양 복원기술이 타 기술과 비교하여 갖는 장점이 아닌 것은?

① 토양 내 공극유체와 오염물질의 이동방향에 대한 조절 가능
② 다양한 종류의 오염물질에 적용 가능
③ 물의 전기분해반응에 의한 전기효율 증가
④ 토양의 포화도와 무관

풀이 전기 동력학적 오염토양 복원기술은 물의 전기분해반응에 의해 전극에서 생성되는 산소가스(양극)와 수소가스(음극)가 전극을 둘러싸게 됨에 따라 전기전도도의 감소로 전기효율의 저하가 발생한다.

59 기름으로 오염된 지하수를 $1,000 \text{m}^3/\text{day}$의 유량으로 추출하여 처리하고자 한다. 기름분리를 위한 중력부상식 유수분리조의 최소 표면적은?(단, 기름 입경은 0.3mm, 기름 밀도는 0.92g/cm^3, 물 밀도는 1.0g/cm^3, 물 점성도는 $0.01\text{g/cm} \cdot \text{sec}$로 하며, Stokes의 법칙 이용)

① 2.95m^2 ② 13.29m^2
③ 26.4m^2 ④ 32.9m^2

풀이

$$최소표면적(\text{m}^2) = \frac{Q}{V}$$

$$V(\text{cm/sec}) = \frac{g \cdot d^2 (\rho_1 - \rho)}{18\mu}$$

$$= \frac{980\,\text{cm/sec}^2 \times 0.03^2\text{cm}^2}{18 \times 0.01\text{g/cm} \cdot \text{sec}} \times (1 - 0.92)\text{g/cm}^3$$

$$= 0.392\,\text{cm/sec}$$

$$= \frac{1,000\,\text{m}^3/\text{day}}{0.392\,\text{cm/sec} \times \text{m}/100\,\text{cm} \times 86,400\,\text{sec/day}}$$

$$= 2.95\,\text{m}^2$$

60 토양의 열처리기술인 열탈착기술에 관한 설명으로 틀린 것은?

① 처리하는 동안 생성되는 다이옥신류 및 푸란의 제거가 가능하다.
② 토양으로부터 검출한계 이하로 유기염소 및 유기인 살충제의 제거가 가능하다.
③ 토양으로부터 검출한계 이하로 휘발성 유기화합물의 제거가 가능하다.
④ 다양한 수분함량과 오염농도를 가진 여러 종류의 토양에 적용이 가능하다.

풀이 열탈착 기술은 유기염소 및 유기인 살충제 등 오염토양을 처리하는 동안 다이옥신과 퓨란이 생성되지 않는다.

61 환경부장관이 토양관리단지 조성계획을 수립할 때 포함되어야 하는 사항으로 틀린 것은?

① 환경보전계획
② 조성 대상 부지의 확보방안
③ 오염토양 정화처리 계획 및 방안
④ 교통시설 등 주요 기반시설 설치 및 운영 계획

풀이 토양관리단지 조성계획의 수립 시 포함사항
　㉠ 조성목적, 필요성, 조성 및 운영 기간
　㉡ 위치·면적 등 조성 대상 부지의 현황
　㉢ 조성 대상 부지의 확보방안
　㉣ 조성을 위한 사업비 확보 및 재원조달방법
　㉤ 교통시설 등 주요 기반시설의 설치 및 운영계획
　㉥ 환경보전계획
　㉦ 오염토양 정화처리 용량
　㉧ 정화된 토양의 재활용 및 보급에 관한 사항

62 기술인력의 토양환경관리 교육과정 이수에 관한 내용으로 (　)에 알맞은 것은?

• 신규교육 : 토양관련전문기관 또는 토양정화업 분야의 기술인력으로 최초로 종사한 날부터 (㉠)
• 보수교육 : 신규교육을 받은 날을 기준으로 (㉡)

① ㉠ : 1년 이내에 12시간, ㉡ : 3년마다 8시간
② ㉠ : 1년 이내에 24시간, ㉡ : 3년마다 8시간
③ ㉠ : 1년 이내에 12시간, ㉡ : 5년마다 8시간
④ ㉠ : 1년 이내에 18시간, ㉡ : 5년마다 8시간

63 토양오염대책기준에 해당하지 않는 것은? (단, 1지역 기준)

① 납 : 600mg/kg
② 수은 : 12mg/kg
③ 카드뮴 : 12mg/kg
④ 6가 크롬 : 300mg/kg

[풀이] 토양오염대책기준(단위 : mg/kg)

물질	1지역	2지역	3지역
카드뮴	12	30	180
구리	450	1,500	6,000
비소	75	150	600
수은	12	30	60
납	600	1,200	2,100
6가 크롬	15	45	120
아연	900	1,800	5,000
니켈	300	600	1,500
불소	2,400	3,900	6,000
유기인 화합물	–	–	–
폴리클로리네이티드 비페닐	3	12	36
시안	5	5	300
페놀	10	10	50
벤젠	3	3	9
톨루엔	60	60	180
에틸벤젠	150	150	1,020
크실렌	45	45	135
석유계 총 탄화수소 (TPH)	2,000	2,400	6,000
트리클로로에틸렌 (TCE)	24	24	120
테트라클로로에틸렌 (PCE)	12	12	75
벤조(a)피렌	2	6	21

64 토양정화업자의 준수사항으로 틀린 것은?

① 기술인력은 해당 분야에 종사하게 하여야 한다.
② 토양정화업자는 매년 12월 31일까지 토양정화 실적을 시·도지사에게 보고하여야 한다.
③ 정화현장에 오염토양의 정화공정도 및 정화일지를 작성하여 비치하고, 정화일지는 2년간 보관하여야 한다.
④ 토양관련전문기관의 정화검증을 위한 정화현장 방문, 시료의 채취 등 검증업무 수행을 방해하여서는 아니 된다.

[풀이] 토양정화업자의 준수사항
ㄱ 기술인력은 해당 분야에 종사하게 하여야 한다.
ㄴ 토양정화업자는 매년 1월 31일까지 전년도의 토양정화실적을 시·도지사에게 보고하여야 한다.

ㄷ 오염토양의 정화과정에서 대기오염물질, 수질오염물질 또는 폐기물 등이 발생하는 경우에는 관계 법령에 따라 이를 처리할 수 있는 시설을 갖추어 처리하거나 위탁처리하여 환경오염이 발생하지 아니하도록 하여야 한다.
ㄹ 오염토양을 운반하는 때에는 오염토양이 흩날리거나 누출되지 아니하도록 하여야 하며, 침출수가 유출되지 아니하도록 하여야 한다.
ㅁ 위탁받은 오염토양을 반입정화시설이 아닌 다른 곳에 보관하여서는 아니 되며, 반입정화시설 또는 정화현장 입구에는 오염토양 정화 또는 반입정화시설임을 표시하는 가로 100센티미터 이상, 세로 50센티미터 이상의 표지판을 지상 100센티미터 이상의 높이에 설치하여야 한다. 이 경우 표지판에는 오염토양의 양, 정화공법, 정화기간 및 관리자의 주소, 성명, 전화번호 등을 기재하여야 한다.
ㅂ 정화현장에 오염토양의 정화공정도 및 정화일지를 작성하여 비치하고, 정화일지는 2년간 보관하여야 한다.
ㅅ 토양 관련 전문기관의 정화검증을 위한 정화현장 방문, 시료의 채취 등 검증업무 수행을 방해하여서는 아니 된다.

65 지하수의 수질기준 항목(특정 유해물질)이 아닌 것은?(단, 공업용수로 사용하는 경우)

① 불소
② 유기인
③ 테트라클로로에틸렌
④ 트리클로로에틸렌

[풀이] 지하수의 수질기준(특정 유해물질)

구분	생활용수	농·어업 용수	공업용수
카드뮴	0.01 이하	0.01 이하	0.02 이하
비소	0.05 이하	0.05 이하	0.1 이하
시안	0.01 이하	0.01 이하	0.2 이하
수은	0.001 이하	0.001 이하	0.001 이하
유기인	0.0005 이하	0.0005 이하	0.0005 이하
페놀	0.005 이하	0.005 이하	0.01 이하
납	0.1 이하	0.1 이하	0.2 이하
6가 크롬	0.05 이하	0.05 이하	0.1 이하

[정답] 64 ② 65 ①

구분	생활용수	농·어업 용수	공업용수
트리클로로 에틸렌	0.03 이하	0.03 이하	0.06 이하
테트리클로 로에틸렌	0.01 이하	0.01 이하	0.02 이하
1.1.1- 트리클로로 에탄	0.15 이하	0.3 이하	0.5 이하
벤젠	0.015 이하	—	—
톨루엔	1 이하	—	—
에틸벤젠	0.45 이하	—	—
크실렌	0.75 이하	—	-

66 토양정화업의 등록요건 중 장비에 관한 기준으로 틀린 것은?

① 현장용 수질측정기 1식(수소이온농도, 수온, 전기전도도, 용존산소, 산화환원전위의 측정이 가능할 것)
② 휴대용 가스측정장비 1식(휘발성유기화합물질, 산소, 이산화탄소 및 메탄의 측정이 가능할 것)
③ 시료 채취기 1대(깊이 6미터 이상 시료채취가 가능할 것)
④ 자가동력시추기(타격식이나 나선형으로 시추 깊이가 최소 6미터 이상일 것)

풀이 토양정화업의 등록요건(장비)
　ⓐ 시료채취기 1대(깊이 6m 이상 시료채취가 가능할 것)
　ⓑ 휴대용 가스측정장비 1식(휘발성 유기화합물질(VOC), 산소, 이산화탄소 및 메탄의 측정이 가능할 것)
　ⓒ 현장용 수질측정기 1식(수소이온농도(pH), 수온, 전기전도도, 용존산소 및 산화·환원전위의 측정이 가능할 것)
　ⓓ 지하수위측정기

67 토양오염 우려기준으로 틀린 것은?(단, 1지역인 경우이며, 단위는 mg/kg임)

① 카드뮴 : 4
② 구리 : 150
③ 아연 : 100
④ 비소 : 25

풀이 토양오염 우려기준(mg/kg)

물질	1지역	2지역	3지역
카드뮴	4	10	60
구리	150	500	2,000
비소	25	50	200
수은	4	10	20
납	200	400	700
6가 크롬	5	15	40
아연	300	600	2,000
니켈	100	200	500
불소	400	400	800
유기인 화합물	10	10	30
폴리클로리네이티드비페닐	1	4	12
시안	2	2	120
페놀	4	4	20
벤젠	1	1	3
톨루엔	20	20	60
에틸벤젠	50	50	340
크실렌	15	15	45
석유계 총 탄화수소(TPH)	500	800	2,000
트리클로로에틸렌(TCE)	8	8	40
테트라클로로에틸렌(PCE)	4	4	25
벤조(a)피렌	0.7	2	7

68 시료의 채취 및 분석을 통한 토양오염의 정도와 범위를 조사하는 토양환경평가 조사단계(순서)는?

① 개황조사
② 기초조사
③ 정밀조사
④ 오염도조사

풀이 토양환경평가
　ⓐ 기초조사 : 자료조사, 현장조사 등을 통한 토양오염 개연성 여부 조사
　ⓑ 개황조사 : 시료의 채취 및 분석을 통한 토양오염 여부 조사
　ⓒ 정밀조사 : 시료의 채취 및 분석을 통한 토양오염의 정도와 범위조사

69 특정토양오염관리대상시설에 대하여 변경신고를 하여야 하는 경우로 틀린 것은?

① 사업장의 명칭이 변경되는 경우
② 특정토양오염관리대상시설의 사용을 종료하거나 폐쇄하는 경우
③ 특정토양오염관리대상시설에 저장하는 오염물질을 변경하는 경우
④ 특정토양오염관리대상시설에 저장하는 오염물질 총량의 100분의 15 이상이 증가하는 경우

풀이 특정토양오염관리대상시설의 변경신고
  ㉠ 사업장의 명칭 또는 대표자가 변경되는 경우
  ㉡ 특정토양오염관리대상시설의 사용을 종료하거나 폐쇄하는 경우
  ㉢ 특정토양오염관리대상시설을 교체하거나 토양오염방지시설을 변경하는 경우
  ㉣ 특정토양오염관리대상시설에 저장하는 오염물질을 변경하는 경우
  ㉤ 특정토양오염관리대상시설의 저장용량을 신고용량 대비 30퍼센트 이상 증설(신고용량 대비 30퍼센트 미만의 증설이 누적되어 신고용량의 30퍼센트 이상이 되는 경우를 포함한다)하는 경우

70 수질검사대상이 되는 공업용수용 지하수 양수 규모 기준은?

① 1일 양수능력이 30톤 이상인 경우
② 1일 양수능력이 50톤 이상인 경우
③ 1일 양수능력이 60톤 이상인 경우
④ 1일 양수능력이 100톤 이상인 경우

71 위해성 평가 대상 오염물질과 가장 거리가 먼 것은?(단, 중금속류 기준)

① 구리   ② 시안
③ 니켈   ④ 아연

풀이 위험성 평가 대상 오염물질
  ㉠ 유류 : 벤젠, 톨루엔, 에틸벤젠, 크실렌
  ㉡ 중금속류 : 카드뮴, 구리, 비소, 수은, 납, 6가크롬, 아연, 니켈

㉢ 그 밖에 환경부장관이 인체와 환경에 위해를 줄 우려가 있다고 인정하여 고시하는 물질

72 정밀한 토양오염검사를 위해 환경부령이 정한 토양관련전문기관이 아닌 것은?

① 유역환경청
② 지방환경청
③ 국립환경과학원
④ 시 · 도(특별시 · 광역시 · 도를 말한다.)보건환경연구원

풀이 정밀한 검사를 위한 토양 관련 전문기관
  ㉠ 유역환경청 또는 지방환경청
  ㉡ 시 · 도(특별시 · 광역시 · 도를 말한다. 이하 같다.) 보건환경연구원

73 환경부장관이 고시하는 측정망 설치계획에 포함되어야 하는 사항으로 틀린 것은?

① 측정망 설치시기   ② 측정망 배치도
③ 측정망 배경농도   ④ 측정지점의 위치 및 면적

74 토양보전기본계획 수립 시 포함되어야 하는 사항으로 틀린 것은?

① 토양보전에 관한 시책방향
② 토양오염의 방지에 관한 사항
③ 토양정화업 현황 및 장래예측
④ 토양정화를 위한 기술인력의 교육 및 양성에 관한 사항

풀이 토양보전에 관한 기본계획 수립 시 포함사항
  ㉠ 토양보전에 관한 시책방향
  ㉡ 토양오염의 현황, 진행상황 및 장래예측
  ㉢ 토양오염의 방지에 관한 사항
  ㉣ 토양정화 및 정화된 토양의 이용에 관한 사항
  ㉤ 토양정화와 관련된 기술의 개발 및 관련 산업의 육성에 관한 사항
  ㉥ 토양정화를 위한 기술인력의 교육 및 양성에 관한 사항
  ㉦ 그 밖에 토양보전에 필요한 사항

정답 69 ④ 70 ① 71 ② 72 ③ 73 ③ 74 ③

75 오염원인자가 오염토양개선사업 계획의 승인을 얻고자 할 때에는 개선사업계획(변경) 승인신청서를 사업개시일 며칠 전까지 특별자치도지사·시장·군수·구청장에게 제출하여야 하는가?

① 7일　　　　　　② 15일
③ 20일　　　　　　④ 30일

76 오염토양개선산업의 지도·감독 기관은?

① 국립환경과학원
② 유역환경청
③ 지방환경청
④ 시·도 보건환경연구원

77 특정토양오염관리대상시설에 대한 사용중지 명령을 이행하지 아니한 자에 대한 벌칙 기준으로 옳은 것은?

① 3년 이하의 징역 또는 3천만 원 이하의 벌금
② 2년 이하의 징역 또는 2천만 원 이하의 벌금
③ 1년 이하의 징역 또는 1천만 원 이하의 벌금
④ 1천만 원 이하의 벌금

풀이 토양환경보전법 제29조 벌칙 참조

78 오염원인자가 토양정화업자에게 위탁하지 아니하고 직접 정화할 수 있는 경우의 기준으로 (　)에 알맞은 것은?

> 국방·군사시설 사업에 관한 법률에 의한 군부대 시설 안의 오염토양 또는 군사활동으로 인한 오염토양으로서 그 양이 (　　) 미만인 것

① 5 세제곱미터
② 10 세제곱미터
③ 25 세제곱미터
④ 50 세제곱미터

79 토양오염도 검사 수수료 중 시료채취비에 관한 설명으로 옳은 것은?

① 71,900원/공(관측공이 설치되어 있는 지점에서 시료를 채취하는 경우에는 관측공당 시료채취비의 25%를 적용)
② 71,900원/공(관측공이 설치되어 있는 지점에서 시료를 채취하는 경우에는 관측공당 시료채취비의 50%를 적용)
③ 91,900원/공(관측공이 설치되어 있는 지점에서 시료를 채취하는 경우에는 관측공당 시료채취비의 25%를 적용)
④ 91,900원/공(관측공이 설치되어 있는 지점에서 시료를 채취하는 경우에는 관측공당 시료채취비의 50%를 적용)

80 오염토양은 대통령령으로 정하는 정화기준 및 정화방법에 따라 정화하여야 한다. 이를 위반하여 오염토양을 정화한 자에 대한 벌칙 기준은?

① 500만 원 이하의 벌금
② 1,000만 원 이하의 벌금
③ 1년 이하의 징역 또는 1천만 원 이하의 벌금
④ 2년 이하의 징역 또는 2천만 원 이하의 벌금

풀이 토양환경보전법 제30조 벌칙 참조

정답 75 ②　76 ④　77 ②　78 ④　79 ③　80 ③

1과목 **토양학개론**

01 토양시료 2kg 중 부식질이 6%, 점토가 15%, 실트가 10%를 차지하고 있으며, 이들 물질의 양이온교환용량은 부식질이 150cmole/kg, 점토가 70cmole/kg, 실트가 15cmole/kg이었다. 이 토양의 양이온교환용량(cmole/kg)은?

① 9.75
② 10.5
③ 19.5
④ 21.0

풀이
$$CEC = \left(150\text{cmole/kg} \times \frac{3}{100}\right)$$
$$+ \left(70\text{cmole/kg} \times \frac{7.5}{100}\right)$$
$$+ \left(15\text{cmole/kg} \times \frac{5}{100}\right)$$
$$= 10.5\text{cmole/kg}$$

02 토양의 부식물질 중 강알칼리에 용해되고 강산하에서 침전하는 물질은?

① 휴민(Humin)
② 풀브산(Fulvic Acid)
③ 휴믹산(Humic Acid)
④ 비휴민(Specific Humin)

풀이 휴믹산(부식산 : Humic Acid)
㉠ 강알칼리에 용해되고 강산하에서 침전하는 물질
㉡ 부식질(Humus)을 구성하고 있는 물질 중 중간 내지 고분자의 산성 물질
㉢ 무정형이며 색깔이 황갈색~흑갈색으로 부식질의 주요부분을 구성

03 토양 콜로이드 입자에 흡착되는 다음 양이온의 흡착세기를 순서대로 옳게 나열한 것은?

① $K = NH_4 > H > Ca = Mg > Na$
② $Ca > H > Mg > K > Na = NH_4$
③ $Mg = Ca > H > K > Na = NH_4$
④ $H > Ca = Mg > K = NH_4 > Na$

04 부식질(Humus)을 구성하고 있는 물질 중 중간 내지 고분자의 산성물질로서 무정형이며 색깔이 황갈색–흑갈색으로 부식질의 주요부분을 구성하는 것은?

① 부식탄(Humin)
② 풀브산(Fulvic Acid)
③ 히마토멜란산(Hymatomelanic Acid)
④ 부식산(Humic Acid)

풀이 문제 2번 풀이 참조

05 토양의 양이온 교환능(Cation Exchange Capacity, CEC)에 대한 설명으로 가장 거리가 먼 것은?

① 일반적으로 pH가 감소할수록 토양의 CEC는 증가하게 된다.
② CEC는 광물의 표면적비에 크게 영향을 받는다.
③ CEC는 양이온성 중금속 물질의 이동에 영향을 미칠 수 있다.
④ CEC는 2차 토양광물의 대표적 특성이다.

풀이 일반적으로 pH가 감소할수록 토양의 CEC는 감소하게 된다.

06 토양용액에 대한 설명으로 틀린 것은?

① 토양 중의 이산화탄소 농도가 대기 중보다 높기 때문에 용액 중의 용존탄소량이 많으며 pH를 저하시킨다.

② 탄산염을 함유한 물이 토양에 침입함에 따른 pH 상승을 알칼리화라고 하며 pH 8.5 이상인 토양을 알칼리 토양이라 한다.

③ 대부분 토양의 Eh는 호기성 조건에서 500~700 mV 정도이다.

④ 토양 용액 중 H 이온과 Al 이온의 합이 전체 양이온의 20% 이상인 토양은 알칼리 토양이라고 하며 pH 8.5 이상이다.

풀이 토양 중의 이산화탄소 농도가 대기 중보다 높기 때문에 용액 중의 용존탄소량이 많으며 pH를 증가시킨다.

07 보기 중 하부 지하수 환경의 오염을 가속화시킬 수 있는 것을 모두 고르시오.

ㄱ 강우 시 농약 살포   ㄴ 토양 내 주입방법
ㄷ 관개용수 이용

① ㄱ, ㄷ   ② ㄱ, ㄴ
③ ㄴ, ㄷ   ④ ㄱ, ㄴ, ㄷ

08 토양 입경분포곡선에서 D_{10} 1.10mm, D_{30} 1.35mm, D_{60} 2.10mm일 때 곡률계수(C_z)는?

① 0.59   ② 0.79
③ 1.29   ④ 1.49

풀이 곡률계수$(C_z) = \dfrac{D_{30}^2}{D_{10} \times D_{60}} = \dfrac{1.35^2}{1.10 \times 2.10} = 0.79$

09 오염물질이 지하대수층을 오염시킬 경우, 지하수면 아래 지배적으로 오염운을 형성하는 오염물질은?

① 트리클로로에틸렌   ② 벤젠
③ 크실렌   ④ 톨루엔

풀이 DNAPL(고밀도 비수용성 액체)의 대표적 오염물질

ㄱ TCE(Trichloroethylene),
  PCE(Perchloroethylene)

ㄴ 페놀, PCB(Polychlorinated Biphenyl)

ㄷ 1,1,1-trichloroethane(1,1,1-TCA),
  2-Chlorophenol(클로로페놀)

ㄹ 클로로포름, 사염화탄소

10 연간 강수량이 1,000mm이고, 이 중 18%가 지하로 함양된다. 또한 이 지역의 비산출률이 0.3일 때 지하로 함양된 강수가 자유면 대수층으로 침투하면 상승하는 지하수위(m)는?

① 1.2   ② 0.9
③ 0.6   ④ 0.4

풀이 비산출률 = $\dfrac{\text{강수량}}{\text{지하수위 변화량}}$

지하수위 변화량 = $\dfrac{1.0\text{m} \times 0.18}{0.3} = 0.6\text{m}$

11 토양오염물질 중 DNAPL(Dense Nonaqueous Phase Liquid)이 아닌 것은?

① 1,1,1-TCA
② TCE
③ 클로로페놀
④ 톨루엔

풀이 문제 9번 풀이 참조

12 토양 미생물에 관한 설명으로 틀린 것은?

① 세균은 유기 및 무기영양 미생물이며 호기 및 혐기성 미생물이 존재한다.

② 방선균은 유기영양 미생물이며 호기성 미생물이다.

③ 조류는 무기영양 미생물이며 호기성 미생물이다.

④ 사상균은 무기영양 미생물이며 혐기성 미생물이다.

풀이 사상균은 유기영양 미생물이며 호기성 미생물이다.

정답   06 ④   07 ④   08 ②   09 ①   10 ③   11 ④   12 ④

13 토양의 비열과 용적열용량에 관한 설명으로 가장 거리가 먼 것은?

① 토양의 비열은 토양 1g의 온도를 1℃ 높이는 데 필요한 열량이다.
② 토양의 비열이 크면 온도의 상승 및 하강이 느리다.
③ 토양의 비열은 물의 비열의 2~4배 정도이다.
④ 토양 내 모래 함량이 많을수록 용적열용량이 작아진다.

풀이 ㉠ 물의 비열 : 1.0
㉡ 토양 무기성분 비열 : 0.2
㉢ 토양 유기성분 비열 : 0.4

14 염류화된 토양(염류토양, 나트륨성 토양, 나트륨화 토양, 알칼리 토양)에 대한 설명으로 가장 잘못된 것은?

① 염류토양은 토양입자에 흡착되어 있는 나트륨의 양이 많은 토양을 말하며 주로 유기물 함량이 높은 부식질 토양에서 관찰된다.
② 나트륨성 토양은 토양입자에 부착되어 있는 나트륨의 양이 많은 토양으로 점토질 토양에서 발생하기 쉽다.
③ 알칼리 토양은 탄산염과 중탄산염을 다량 함유하여 pH가 8.5 이상의 강알칼리성을 나타낸다.
④ 나트륨성 토양은 탄산나트륨의 함량에 따라서 pH가 8.5 이상이 되기도 한다.

풀이 염류토양은 가용성 염류를 다량으로 함유한 토양으로 대륙의 건조, 반건조지에 널리 분포되며 토양에 집적되어 생성된다.

15 토양수의 이동에 대한 내용과 가장 거리가 먼 것은?

① 중력에 의한 이동
② 표면장력에 의한 이동
③ 수증기에 의한 이동 및 증발
④ 토양입자의 인력에 의한 이동

16 흙의 입도분포 결정에 대한 설명으로 틀린 것은?

① 흙이 조립토인 경우 체분석을 통하여 입도분포를 결정할 수 있다.
② 흙이 세립토인 경우 Darcy의 법칙을 이용한 침강법으로 입도분포를 구한다.
③ 흙의 균등계수가 10 이상이면 "입도분포가 좋다(Well-graded)"고 할 수 있다.
④ 통과중량 백분율 10%에 대응하는 입자크기를 유효입자 크기라고 하며 D_{10}으로 표시한다.

풀이 흙이 세립토인 경우 stokes의 법칙을 이용한 침강법으로 입도분포를 구한다.

17 어떤 토양이 유기물질 2.5%와 점토 30%로 구성되었다면 예상되는 CEC는?(단, 유기물과 점토의 CEC는 200meq/100g과 50meq/100g이다.)

① 15meq/100g
② 20meq/100g
③ 25meq/100g
④ 30meq/100g

풀이 $CEC = \left(200\text{meq}/100\text{g} \times \dfrac{2.5}{100}\right)$
$+ \left(50\text{meq}/100\text{g} \times \dfrac{30}{100}\right)$
$= 20\text{meq}/100\text{g}$

18 지하수시료를 시료병에 채취하여 물에 포함된 휘발성 오염물의 농도를 HPLC를 이용하여 분석하였더니 0.01mol/L의 농도가 나왔다. 만약 시료가 시료병에 가득 채워져 있지 않았다면, 시료병의 기체를 분석하였을 때 예상되는 농도(mol/L)는?(단, 물속의 휘발성 오염물과 병의 기체는 평형상태에 있고 압력은 1기압, 25℃라고 가정하라. 발생오염물의 헨리상수는 5.6atm/M이다.)

① 0.056
② 0.028
③ 0.0023
④ 0.0056

19 다음의 토양에서 질소의 형태 변화와 관여하는 미생물의 관계가 잘못 연결된 것은?

① $NO_3^- \rightarrow NO_2^- \rightarrow N_2O$, N_2로 변화 : 탈질세균

② N_2의 식물체 내 질소화합물화 : 질소고정세균

③ NO_3^-의 단백질화 : 아질산균

④ 단백질의 아미노산 및 NH_4^+화 : 유기영양 미생물

풀이 NO_3^-의 단백질화에 관여하는 미생물은 대부분 유기영양미생물이다.

20 흡습수 외부에 표면장력과 중력이 평형을 유지하여 존재하는 물을 모세관수라 한다. 모세관수의 토양수분장력의 범위로 맞는 것은?(단, 토양수분의 물리적인 분류기준)

① pF 1.53~2.54

② pF 2.54~4.5

③ pF 4.5~6.5

④ pF 6.5~8.3

풀이 모세관수의 토양수분장력의 범위는 pF 2.54~4.5 (1/3~31 기압)이다.

2과목 **토양 및 지하수오염조사기술**

21 불소표준원액의 농도는 $1,000\mu g\,F^-/mL$이다. 불소표준원액 10mL를 정확히 취하여 물을 넣어 정확히 100mL로 했을 때 이 용액의 농도($\mu g\,F^-/mL$)는?

① 1,000   ② 100

③ 10   ④ 1

풀이 농도($\mu gF^-/mL$) $= 1,000\mu gF^-/mL \times \dfrac{10mL}{100mL}$

$= 100\mu gF^-/mL$

22 유도결합플라스마－원자발광분광법에 의한 카드뮴 분석방법에 관한 설명이다. ( )에 알맞은 것은?

> 시료를 고주파 유도코일에 의하여 형성된 아르곤 플라스마에 주입하여 ( )K에서 들뜬 원자가 바닥상태로 이동할 때 방출하는 발광선 및 발광강도를 측정하여 원소의 정성 및 정량분석을 하는 방법이다.

① 1,000~2,000

② 6,000~8,000

③ 10,000~12,000

④ 15,000~18,000

23 일반지역의 토양시료채취지점 선정방법 기준으로 옳은 것은?

① 농경지의 경우는 대상지역 내에서 대칭형으로 8~10개 지점을 선정한다.

② 농경지의 경우는 대상지역 내에서 지그재그형으로 8~10개 지점을 선정한다.

③ 농경지가 아닌 기타 지역의 경우는 대상지역의 중심이 되는 1개 지점과 주변 4방위의 5~10m 거리에 있는 1개 지점씩 총 5개 지점을 선정한다.

④ 농경지가 아닌 기타 지역의 경우는 대상지역의 중심이 되는 1개 지점과 주변 4방위의 5~10m 거리에 있는 2개 지점씩 총 9개 지점을 선정한다.

풀이 농경지의 경우는 대상 지역 내에서 지그재그형으로 5~10개 지점을 선정한다.

24 ( )에 옳은 내용은?

> 방울수라 함은 (㉠)℃에서 정제수 (㉡) 방울을 적하할 때, 그 부피가 약 1mL 되는 것을 뜻한다.

① ㉠ 20, ㉡ 20   ② ㉠ 10, ㉡ 20

③ ㉠ 10, ㉡ 10   ④ ㉠ 20, ㉡ 10

---

25 원자흡수분광광도계에 불꽃을 만들기 위해 조연성 가스와 가연성 기체를 사용하는데 일반적으로 사용하는 가연성 가스와 조연성 가스의 조합은?

① 수소-공기
② 아세틸렌-공기
③ 프로판-공기
④ 아세틸렌-이산화질소

26 이온 전극법에 관한 설명으로 틀린 것은?

① 분석대상 이온의 농도에 감응하여 비교전극과 이온전극 간에 나타나는 전위차를 이용한다.
② 이온 전극은 Nernst 식에 따라 이온활량(이온농도)에 비례하는 전위차를 나타낸다.
③ 시료 중 음이온 및 양이온의 분석에 이용되는 분석법이다.
④ 시료용액의 교반은 이온전극의 전극전위, 응답속도 등에 영향을 주므로 하지 않아야 한다.

(풀이) 시료용액의 교반은 이온전극의 전극전위, 응답속도 등에 영향을 주므로 주의하여야 한다.

27 폴리클로리네이티드비페닐(PCB)을 측정하기 위해 사용하는 기체크로마토그래프의 검출기는?

① 열전도도검출기(TCD)
② 불꽃이온화검출기(FID)
③ 전자포착검출기(ECD)
④ 불꽃광도검출기(FPD)

28 정량한계 산정식으로 옳은 것은?(단, S : 표준편차, X : 평균값)

① 정량한계$=3.3 \times S$
② 정량한계$=(10 \times X)/S$
③ 정량한계$=(3.3 \times X)/S$
④ 정량한계$=10 \times S$

29 DNAPL(Dense Nonaqueous Phase Liquid)인 트리클로로에틸렌(TCE) 및 테트라클로로에틸렌(PCE)에 대한 일반적 성질로 거리가 먼 것은?

① 불연성
② 유기용해성이 큼
③ 무색의 액체로서 휘발성이 큼
④ 다른 유기용제와 잘 용해되지 않음

(풀이) TCE 및 PCE는 다른 용기용제와 잘 용해되는 성질을 가지고 있다.

30 토양 중 수분함량(%)을 계산하는 식으로 옳은 것은?(단, W_1=증발접시 무게, W_2=건조 전 시료와 증발접시의 무게, W_3=건조 후 시료와 증발접시의 무게, 무게는 g 기준)

① $[(W_2 - W_3)/(W_2 - W_1)] \times 100$
② $[(W_2 - W_3)/(W_1 - W_2)] \times 100$
③ $[(W_2 - W_1)/(W_2 - W_3)] \times 100$
④ $[(W_2 - W_1)/(W_3 - W_2)] \times 100$

31 토양 중 금속류의 함량분석을 위해 묽은 질산(1+3)을 제조하는 방법은?

① 진한 질산 150mL를 물 500mL에 가한 다음 물을 넣어 정확히 1L가 되도록 채운다.
② 진한 질산 250mL를 물 500mL에 가한 다음 물을 넣어 정확히 1L가 되도록 채운다.
③ 진한 질산 300mL를 물 500mL에 가한 다음 물을 넣어 정확히 1L가 되도록 채운다.
④ 진한 질산 350mL를 물 500mL에 가한 다음 물을 넣어 정확히 1L가 되도록 채운다.

32 다음 중 '상온'을 나타내는 온도의 범위는?

① 1~35℃
② 10~25℃
③ 15~25℃
④ 15~35℃

풀이

표준온도	0℃
상온	15~25℃
실온	1~35℃
온수	60~70℃
열수	약 100℃
냉수	15℃ 이하

33 BTEX 시험용 시료를 채취하기 위해 메틸알코올에 침지시킨다. 그 이유에 대한 다음 설명으로 틀린 내용은?

① BTEX는 휘발성이 강하여 메틸알코올에 침지시킨 후 보관 및 운반하면 휘발로 인한 손실이 적어진다.

② BTEX는 메틸알코올에 용해도가 높아 추출용매로서 적합하다.

③ 메틸알코올은 미생물의 활동을 방해하여 보관 및 운반 중에 BTEX의 미생물로 인한 변화를 방지한다.

④ 메틸알코올은 펜탄보다 끓는 온도가 낮아 GC−FID를 사용한 BTEX의 측정에서 다른 용매보다 유리하다.

34 토양오염공정시험기준상 이온전극법으로 측정하는 오염물질로 옳은 것은?

① 비소
② 아연
③ 불소
④ 유기인

35 지하매설 저장시설의 토양시료채취 지점 선정 방법으로 틀린 것은?

① 저장시설을 중심으로 각각 서로 반대방향에 있는 배관 부위와 저장시설 부위에서 누출 개연성이 높은 곳 각각 1개 지점씩 2개 지점을 선정한다.

② 배관 부위에서 채취하는 1개 지점은 저장시설로부터 1m 이상 떨어진 위치에서 선정한다.

③ 저장시설 부위에서 채취하는 1개 지점은 저장시설 아랫면의 끝단에서 수평방향으로 1m 이상 떨어진 위치에서 선정한다.

④ 주변지역에서 채취하는 1개 지점은 부지경계로부터 1m 이상 떨어진 위치에서 이격거리(A)보다 1.5배 더 깊은 위치까지로 한다.

풀이 주변지역에서 채취
토양오염관리대상시설 부지의 경계선으로부터 1m 이내의 지역 중, 당해 시설이 아닌 다른 오염원으로부터 오염되었을 개연성이 없다고 판단되는 1개 지점에서 부지 내의 시료채취지점 중 깊이가 가장 깊은 곳을 기준으로 하고, 그 깊이는 표토에서 해당 깊이까지로 한다.

36 부속배관부를 가압시험법으로 누출 여부를 검사할 때 판정기준으로 옳은 것은?

① 시험압력의 5% 이상의 압력변화량이 있으면 불합격으로 한다.

② 시험압력의 10% 이상의 압력변화량이 있으면 불합격으로 한다.

③ 시험압력의 15% 이상의 압력변화량이 있으면 불합격으로 한다.

④ 시험압력의 20% 이상의 압력변화량이 있으면 불합격으로 한다.

37 저장물질이 있는 누출검사대상시설 기상부의 시험법 중 미감압법 측정방법으로 옳지 않은 것은?

① 증기압이 높은 내용물(가솔린류)을 저장하는 누출검사 대상시설에 있어서는 기상부의 공간용적이 3,000L 이상인지를 확인한다.

② 시험을 위한 진공속도는 매분 100mmH$_2$O 이상이 되도록 한다.

③ 압력 측정기간 동안 저장내용물의 온도는 0~30℃ 범위 이내에서만 측정한다.

④ 누출 여부에 대한 추가확인을 위하여 마이크로폰 등 추가적인 도구를 사용할 수 있다.

풀이 미감압법에서 시험을 위한 진공속도는 매분 100 mmH₂O 미만이 되도록 한다.

38 자외선/가시선 분광법에서 0.5mg/L의 표준용액을 10mL 흡수셀에 일정량을 넣고 흡광도를 측정하였더니 75%가 투과되었다. 같은 조건에서 미지의 용액을 넣고 측정하였더니 50%가 투과되었다. 미지용액의 농도(mg/L)는?

① −1.204
② −0.250
③ 0.250
④ 1.204

풀이 75% 투과 흡광도 = $\log\dfrac{1}{0.75} = 0.125$

50% 투과 흡광도 = $\log\dfrac{1}{0.5} = 0.301$

농도(mg/L) = $\dfrac{0.5\,\text{mg/L} \times 0.301}{0.125} = 1.204$

39 pH 4인 수용액의 수소이온 농도는?

① 0.001
② 0.004
③ 0.0001
④ 0.0004

풀이 $[H^+] = 10^{-pH} = 10^{-4} = 0.0001$

40 시안화합물 측정 시 방해물질과 이를 제거하기 위하여 첨가하는 시약 및 제거방법으로 잘못 표시된 것은?

① 잔류염소 – 아스코르빈산용액
② 황화합물 – 초산아연용액
③ 중금속 – 아비산나트륨용액
④ 유지류 – 노말헥산 또는 클로로포름

3과목 **토양 및 지하수오염정화기술**

41 오염 차단시설 중 그라우트 커튼의 장·단점으로 가장 거리가 먼 것은?

① 그라우트 유동액이 통과할 수 있는 입상토에 주로 효과적이다.
② 지반 종류에 따른 다양한 그라우트재를 선정할 수 있다.
③ 벽체 내의 모든 공극이 효과적으로 주입되었는지 확인하는 방법이 어렵다.
④ 다층토의 경우에도 균질한 그라우트 주입형상이 형성된다.

풀이 그라우트 커튼 차단시설은 다층토의 경우에는 균질한 그라우트 주입현상이 형성되기 곤란하다.

42 오염토양의 적정 정화기법을 선정하기 위해서는 토양의 양이온교환능력(CEC ; Cation Exchange Capacity)을 아는 것은 매우 중요하다. 아래의 점토토양 중에서 양이온교환능력이 가장 높은 것은?

① 일라이트
② 몬모릴로나이트
③ 클로라이트
④ 카오리나이트

풀이 각 점토광물의 CEC

㉠ Montmorillonite : 80~150cmolc/kg
㉡ Chlorite : 10~40cmolc/kg
㉢ Illite : 10~40cmolc/kg
㉣ Kaolinite : 3~15cmolc/kg
㉤ Vermiculite : 100~150cmolc/kg
㉥ Clay(식토) : 30cmolc/kg 이상
㉦ Clay loam(식양토) : 15~30cmolc/kg
㉧ Sand(사토) : 1~5cmolc/kg

43 페놀로 오염된 지하수를 과산화수소(H_2O_2)와 철 촉매(Fe^{2+})를 사용하여 처리하고자 한다. 예비실험결과 99% 제거 시 각각 과산화수소와 철의 필요량이 2.5(g H_2O_2/g phenol), 0.05(mg Fe^{2+}/mg H_2O_2)임을 알았다. 오염현장의 페놀의 오염농도가 6,000mg/L이고 추출된 지하수의 유량이 20,000L/day일 때 필요한 철촉매(Fe^{2+}, kg/day)의 양은?(단, 비중 1.0, 페놀 제거율 99% 기준임)

① 약 15 ② 약 20
③ 약 25 ④ 약 30

풀이 유입 Penol의 양 = 6,000mg/L × 20,000L/day
    × 1kg/10^6mg
    = 120kg/day

유출 Penol의 양 : $99 = \left(1 - \dfrac{C}{120}\right) \times 100$

C(유출 Penol 양) = 1.2kg/day

제거 Penol의 양 = 120 − 1.2 = 118.8kg/day
Fe^{2+}의 양(kg/day) = 118.8kg/day
    × 2.5gH_2O_2/g Penol
    × 0.05mgFe^+/mgH_2O_2
    = 14.85kg/day

44 전기 동력학적 오염토양 복원기술이 타 기술과 비교하여 갖는 장점으로 틀린 것은?

① 전기장의 방향을 조절함으로써 토양 내 공극유체와 오염물질들의 이동방향을 조절할 수 있다.
② 물의 전기분해 반응에 의해 전기전도도가 증가하여 전기효율이 증가되어진다.
③ 굴착 등이 필요하지 않기 때문에 현재의 현장상태를 유지하면서 오염토양을 복원할 수 있다.
④ 전기삼투계수가 토양의 종류에 크게 영향을 받지 않기 때문에 여러 종류의 토양층으로 구성된 이질성이 큰 토양에서도 오염물질의 제거가 비교적 균일하다.

풀이 전기동력학적 오염토양 복원기술은 물의 전기분해 반응에 의해 전극에서 생성되는 산소가스(양극)와 수소가스(음극)가 전극을 둘러싸게 됨에 따라 전기전도도의 감소로 전기효율의 저하가 발생한다.

45 바이오벤팅(Bioventing)법에 대한 설명으로 가장 거리가 먼 것은?

① 기존의 토양증기추출법보다 공기 추출량이 적다.
② 대상 오염부지에 대한 정확한 산소소모율을 계산하여 공기량을 조절한다.
③ 분자량이 다소 큰 준휘발성 유기오염물질 제거에 토양증기추출법보다 효과가 있다.
④ 토양 내 유기오염물 농도가 높아서 NAPLs이 다량 존재하는 오염부지에 바이오벤팅 효과가 높다.

풀이 Bioventing은 높은 초기 고오염농도에 의하여 미생물의 활동에 독성을 미치므로 심하게 오염된 지역은 우선적으로 SVE을 적용하여 일정 이하의 농도로 처리한 후 Bioventing을 적용한다.

46 관개수와 배수량에 함유되어 있는 나트륨 함량을 칼슘과 마그네슘 함량의 비율로 나타낸 나트륨 흡착비는?

① REC ② CEC
③ SAR ④ TDS

풀이 나트륨 흡착비(SAR)
SAR은 관개수와 배수량에 함유되어 있는 나트륨(Na^+) 함량에 대한 칼슘(Ca^{2+})과 마그네슘(Mg^{2+}) 함량의 비율이다.

$$SAR = \dfrac{Na^+}{\sqrt{\dfrac{Ca^{2+} + Mg^{2+}}{2}}}$$

각 이온농도 단위 : meq/L

47 일반적으로 지하수 내 유류오염물질은 호기성 및 혐기성 생분해를 겪게 된다. 다음 중 생분해 반응의 전자수용체로서 적절하지 않은 것은?

① Cl^-
② NO_3^-
③ $Fe(\text{Ⅲ})$
④ 용존산소(Dissolved Oxygen)

풀이 생분해 반응의 전자수용체
  ㉠ 산소
  ㉡ 과산화수소
  ㉢ 질산이온(NO_3^-), 황산이온(SO_4^{2-})
  ㉣ Fe(Ⅲ)

48
처리된 폐기물의 위해성 평가를 위한 용출능 평가실험 중 주기적으로 용출액의 pH를 특정 최대 산점가량까지 맞춰 준다는 점을 제외하고는 TCLP법과 유사한 것은?

① MWEP 실험법　　② MEP 실험법
③ EP TOX 실험법　　④ CLT 실험법

49
불포화층 토양에서 존재하는 휘발성이 강한 오염물질을 제거하는 데 가장 효과적이고 경제적인 방법은?

① 토양열탈착법　　② 토양유리화방법
③ 토양증기추출법　　④ 토양시멘트고형화

50
열처리기법의 일종으로 4,000℃ 고온에서 이온화된 가스를 이용하여 오염토양을 마그마와 같이 용융시켜 유리화시키는 기법은?

① 전기저항가열기법　　② 무선주파수기법
③ 플라즈마기법　　④ 전기스팀기법

51
매립지 토양층에서 발생하는 혐기성 분해에 의해 glucose($C_6H_{12}O_6$)가 완전분해된다면 100g의 glucose가 완전히 분해되어 발생되는 토양층에서의 메탄가스 용적(L)은?(단, 토양층에서 1mole의 메탄가스의 용적은 25L로 가정한다.)

① 약 22　　② 약 32
③ 약 36　　④ 약 42

풀이 혐기성 완전분해 반응식
$$C_6H_{12}O_6 \rightarrow 3CH_4$$
180g　　:　3×25L
100g　　:　CH_4(L)
$$CH_4(L) = \frac{100g \times (3 \times 25)L}{180g} = 41.67L$$

52
토양세척법을 적용할 경우에는 토양의 입도 분포가 매우 중요하다. 어느 오염토양의 입도분포 곡선에서 10%, 30%, 60% 통과백분율에 해당하는 입자 직경이 각각 0.10mm, 0.30mm 및 0.60mm인 경우, 곡률계수(C_z)는?

① 약 1.2　　② 약 1.5
③ 약 1.7　　④ 약 1.8

풀이 곡률계수$(C_z) = \dfrac{D_{30}{}^2}{D_{10} \times D_{60}} = \dfrac{0.3^2}{0.1 \times 0.6} = 1.5$

53
중금속 오염토양 식물정화법의 주요처리기작으로 가장 거리가 먼 것은?

① 식물 추출　　② 근권여과
③ 식물 안정화　　④ 수리적 조절

풀이 식물정화법의 주요 처리기작
  ㉠ 식물 추출　　㉡ 식물 분해
  ㉢ 식물 안정화　　㉣ 근권분해
  ㉤ 근권여과

54
유류 오염물질에 대한 생분해 실험결과 1차 생분해 속도는 0.04day^{-1}로 얻어졌다. 이 오염물질의 반감기(days)는?

① 17.3　　② 18.3
③ 19.3　　④ 20.3

풀이 1차 반응식
$$\ln\left(\frac{C}{C_0}\right) = -k \cdot t$$
$$\ln 0.5 = -0.04\text{day}^{-1} \times t$$
$$t = \frac{-0.6931}{-0.04\text{day}^{-1}} = 17.33\text{day}$$

정답 48 ③　49 ③　50 ③　51 ④　52 ②　53 ④　54 ①

55 황화나트륨(Na_2S)을 활용한 오염토양의 불용화처리 기술(화학적 처리)에 관한 설명으로 틀린 것은?

① 수용성 납화합물이 존재하는 오염토양에 황화나트륨을 첨가하면 황화납이 생성된다.
② 황화나트륨을 토양 중의 카드뮴화합물에 첨가하면 황화카드뮴을 생성한다.
③ 황화나트륨을 토양 중의 크롬화합물에 첨가하면 환원제로 작용하여 황화크롬을 생성한다.
④ 오염토양에 존재하는 수용성 수은화합물에 황화나트륨을 첨가하여 황화수은을 생성시킨다.

풀이 토양 중의 크롬화합물을 불용화처리하기 위해서는 첨가제로 황산철, 아탄 등을 사용한다.

56 오염토양에 대한 고형화 및 안정화(S/S)에 대한 설명으로 가장 거리가 먼 것은?

① 폐기물의 취급이 용이해지는 장점이 있다.
② 오염물이 용출되어 나올 수 있는 폐기물의 표면적이 감소하는 장점이 있다.
③ 폐기물의 용해성을 증가시켜 독성 추출을 유도할 수 있다.
④ 안정화는 폐기물의 용해성, 유동성 또는 독성형태를 최소화하는 것이다.

풀이 오염토양에 대한 고형화 및 안정화는 폐기물의 용해성을 감소시켜 독성 추출을 최소화하는 기술이다.

57 오염토양에 원위치(In-situ) 생물학적 분해법을 적용하는 경우, 호기성보다 혐기성 상태에서 분해하기 쉬운 토양 오염물은?

① 톨루엔(toluene)
② 벤젠(benzene)
③ 크실렌(xylene)
④ TCE(trichloroethylene)

풀이 토양오염물질 중 BTEX는 일반적으로 호기성에서 분해하기 쉬운 오염물질이다.

58 오염토양의 고형화/안정화 처리방법에 대한 설명으로 가장 거리가 먼 것은?

① 고형화와 안정화는 일차적으로 폐기물의 유해성분의 유동성을 감소시킨다.
② 오염물이 용출되어 나올 수 있는 폐기물의 표면적이 감소한다.
③ 포졸라닉(Pozzolanic) 고형화/안정화에서의 포졸란 반응은 석회를 생성하며 포틀랜드 시멘트 수화반응보다 빠르다.
④ 시멘트를 기초로 한 고형화/안정화에는 일반적으로 포틀랜드 시멘트를 사용한다.

풀이 포졸란 반응은 석회를 소비하며 포클랜트 시멘트의 수화반응보다 느리다.

59 슬러리월의 장·단점으로 가장 거리가 먼 것은?

① 지하수위 강하에 따른 주변지역의 영향이 크다.
② 유해성이 큰 침출수에 노출될 경우 벤토나이트의 특성이 저하된다.
③ 시공방법이 간단하다.
④ 유지관리비가 적게 소요된다.

풀이 슬러리월의 장단점
1. 장점
   ㉠ 시공방법이 간단하다.
   ㉡ 지하수위 하강에 따른 주변지역의 영향이 적다.
   ㉢ 시간경과에 따른 광물(벤토나이트) 특성이 저하되지 않는다.
   ㉣ 침출수에 대한 저항이 강한 광물(벤토나이트)의 사용이 가능하다.
   ㉤ 유지관리비용이 적게 소요된다.

2. 단점
   ㉠ 유해성이 큰 침출수에 노출될 경우 광물(벤토나이트)의 특성이 저하된다.
   ㉡ 암석층의 경우 자갈로 인하여 과도굴착이 필요하다.
   ㉢ 광물(벤토나이트)의 운반비용이 소요된다.

60 토양세척공정에 관한 설명으로 가장 거리가 먼 것은?

① 외부환경의 영향이 크며 자체적 조건조절이 가능한 개방형 공정이다.

② 오염된 처리수는 폐수처리시설에서 정화된 후 재순환되는 것이 일반적이다.

③ 토양세척의 효과를 결정짓는 것은 물질의 종류에 의한 차이보다 토양의 성상에 따른 영향이 크다.

④ 오염물질의 물리화학적 특징 중 세척효율을 높일 수 있는 요인은 수용성과 휘발성이다.

풀이 토양세척법은 외부환경의 조건변화에 대한 영향이 적고 자체적인 조건조절이 가능한 폐쇄형 공정이다.

4과목 **토양 및 지하수환경 관계법규**

61 속임수 그 밖의 부정한 방법으로 토양 관련 전문기관의 지정을 받거나 토양정화업의 등록을 한 자에 대한 벌칙기준은?

① 5년 이하의 징역 또는 5천만원 이하의 벌금

② 2년 이하의 징역 또는 2천만원 이하의 벌금

③ 1년 이하의 징역 또는 1천만원 이하의 벌금

④ 300만원 이하의 벌금

풀이 토양환경보전법 제30조 벌칙 참조

62 특정토양오염관리대상시설의 설치자에 대한 명령에 관한 설명으로 틀린 것은?

① 시장·군수·구청장은 토양오염방지시설을 설치하지 아니한 경우 1년 범위 안에서 이행기간을 정해 설치를 명할 수 있다.

② 시장·군수·구청장은 토양오염검사 결과 우려기준을 넘는 경우 2년의 범위 안에서 이행기간을 정해 정화조치를 명할 수 있다.

③ 부득이하게 토양오염방지시설 설치 및 정화조치 명령을 이행하지 못한 경우 매회 1년의 범위 안에서 1회 그 이행기간을 연장할 수 있다.

④ 정화조치명령을 이행하였더라도 부지의 토양오염의 정도가 우려기준 이내로 내려가지 아니한 경우 사용중지를 명할 수 있다.

풀이 ㉠ 특별자치도지사·시장·군수·구청장은 특정토양오염관리대상시설의 설치자에게 토양오염방지시설의 설치 또는 개선이나 토양정밀조사의 실시를 명하는 때에는 제8조에 따른 토양오염검사의 결과와 특정토양오염관리대상시설의 종류·규모 등을 감안하여 6개월의 범위에서 그 이행기간을 정하여야 한다. 다만, 특별자치도지사·시장·군수·구청장은 조사지역의 규모 등으로 인하여 부득이하게 이행기간 내에 명령을 이행하지 못한 자에게는 6개월의 범위에서 한 차례 그 이행기간을 연장할 수 있다.

㉡ 특별자치도지사·시장·군수·구청장은 특정토양오염관리대상시설의 설치자에게 오염토양의 정화조치를 명하는 경우에는 2년의 범위에서 그 이행기간을 정하여야 한다. 다만, 특별자치도지사·시장·군수·구청장은 공사의 규모·공법 등으로 인하여 부득이하게 이행기간 내에 정화조치를 이행하지 못한 자에게는 매회 1년의 범위에서 2회까지 그 이행기간을 연장할 수 있다.

63 토양관련전문기관의 지정기준 중 토양오염조사기관의 기술인력에 관한 내용으로 ( )에 옳은 내용(기준)은?

기사는 해당 분야 산업기사 자격취득 후 토양 관련 분야 또는 해당 전문기술 분야에서 ( ) 이상 종사한 사람으로 대체할 수 있다.

① 2년 　　　　② 3년
③ 4년 　　　　④ 5년

64 특별자치도지사 · 시장 · 군수 · 구청장의 승인을 얻어 토양오염검사를 면제 받을 수 있는 시설이 아닌 것은?

① 저장시설에 1년 이상 토양오염물질을 저장하지 아니한 경우
② 동종의 토양오염물질을 저장하는 다수의 시설 중 일부 시설을 증설하는 경우
③ 검사항목이 같은 종류의 토양오염물질로 저장물질을 변경하는 경우
④ 토양정화명령을 받고 정화 중인 경우

풀이 동종의 토양오염물질을 저장하는 다수의 시설 중 일부 시설의 사용을 종료하거나 폐쇄하는 경우 토양오염검사를 면제받을 수 있다.

65 토양환경보전법상 I 지역의 토양오염 우려기준으로 맞는 것은?

① 트리클로로에틸렌 : 8mg/kg
② 납 : 100mg/kg
③ 비소 : 6mg/kg
④ 페놀 : 1mg/kg

풀이 토양오염 우려기준(mg/kg)

물질	1지역	2지역	3지역
카드뮴	4	10	60
구리	150	500	2,000
비소	25	50	200
수은	4	10	20
납	200	400	700
6가 크롬	5	15	40
아연	300	600	2,000
니켈	100	200	500
불소	400	400	800
유기인 화합물	10	10	30
폴리클로리네이티드비페닐	1	4	12
시안	2	2	120
페놀	4	4	20
벤젠	1	1	3
톨루엔	20	20	60
에틸벤젠	50	50	340
크실렌	15	15	45
석유계 총 탄화수소(TPH)	500	800	2,000
트리클로로에틸렌(TCE)	8	8	40

물질	1지역	2지역	3지역
테트라클로로에틸렌(PCE)	4	4	25
벤조(a)피렌	0.7	2	7

66 토양오염실태를 파악하기 위해서는 측정망을 설치 운영하도록 되어있는데 이에 대한 설명으로 옳지 않은 것은?

① 시 · 도지사가 전국적인 토양오염 실태를 파악하기 위하여 측정망을 설치하고, 토양오염도를 상시 측정하여야 한다.
② 시장 · 군수 · 구청장은 환경부령이 정하는 바에 따라 토양오염실태조사의 결과를 시 · 도지사에게 보고하여야 한다.
③ 환경부장관, 시 · 도지사 또는 시장 · 군수 · 구청장은 토양보전을 위하여 필요하다고 인정하는 경우에는 토양오염실태조사의 결과 우려기준을 넘는 지역에 대한 토양정밀조사를 실시할 수 있다.
④ 측정망의 설치기준과 토양오염실태조사의 대상지역 선정기준, 조사방법 및 절차 그밖에 필요한 사항은 환경부령으로 정한다.

풀이 환경부장관은 전국적인 토양오염 실태를 파악하기 위하여 측정망을 설치하고, 토양오염도를 상시 측정하여야 한다.

67 토양보전대책에 관한 계획에 포함되어야 하는 사항으로 가장 거리가 먼 것은?

① 토지 등의 이용방안
② 피해주민에 대한 지원대책
③ 오염토양 개선사업
④ 토양오염 방지대책

풀이 토양보전대책 계획 수립 시 포함사항
1. 오염토양 개선사업
2. 토지 등의 이용방안
3. 주민건강 피해조사 및 대책
4. 피해주민에 대한 지원대책
5. 그 밖에 해당 대책계획을 수립 · 시행하기 위하여 필요하다고 인정하여 환경부령으로 정하는 사항

68 지하수를 공업용수로 이용하는 경우에 특정 유해물질의 수질기준이 아닌 것은?

① 카드뮴 0.02mg/L 이하
② 비소 0.1mg/L 이하
③ 시안 0.01mg/L 이하
④ 수은 0.001mg/L 이하

풀이 지하수의 수질기준(특정 유해물질)

구분	생활용수	농·어업용수	공업용수
카드뮴	0.01 이하	0.01 이하	0.02 이하
비소	0.05 이하	0.05 이하	0.1 이하
시안	0.01 이하	0.01 이하	0.2 이하
수은	0.001 이하	0.001 이하	0.001 이하
유기인	0.0005 이하	0.0005 이하	0.0005 이하
페놀	0.005 이하	0.005 이하	0.01 이하
납	0.1 이하	0.1 이하	0.2 이하
6가 크롬	0.05 이하	0.05 이하	0.1 이하
트리클로로에틸렌	0.03 이하	0.03 이하	0.06 이하
테트리클로로에틸렌	0.01 이하	0.01 이하	0.02 이하
1.1.1-트리클로로에탄	0.15 이하	0.3 이하	0.5 이하
벤젠	0.015 이하	-	-
톨루엔	1 이하	-	-
에틸벤젠	0.45 이하		-
크실렌	0.75 이하		-

69 토양정화업의 등록 요건 중 장비 기준으로 틀린 것은?

① 휴대용 가스측정장비 1식(휘발성 유기화합물질(VOC), 산소, 이산화탄소 및 메탄의 측정이 가능할 것)
② 지하수위측정기
③ 현장용 수질측정기 1식(수소이온농도(pH), 수온, 전기전도도, 용존산소 및 산화환원전위의 측정이 가능할 것)
④ 휴대용 토질(입경) 측정기(25메쉬 기준)

풀이 토양정화업의 등록요건(장비)
ㄱ 시료채취기 1대(깊이 6m 이상 시료채취가 가능할 것)
ㄴ 휴대용 가스측정장비 1식(휘발성 유기화합물질(VOC), 산소, 이산화탄소 및 메탄의 측정이 가능할 것)
ㄷ 현장용 수질측정기 1식(수소이온농도(pH), 수온, 전기전도도, 용존산소 및 산화·환원전위의 측정이 가능할 것)
ㄹ 지하수위측정기

70 특정토양오염관리대상시설의 변경신고 사유가 아닌 것은?

① 특정토양오염관리대상시설을 증설 또는 교체하거나 토양오염방지시설을 변경하는 경우
② 특정토양오염관리대상시설의 사용을 종료하거나 폐쇄하는 경우
③ 사업장의 위치 또는 대표자가 변경되는 경우
④ 특정토양오염관리대상시설에 저장하는 오염물질을 변경하는 경우

풀이 특정토양오염관리대상시설의 변경신고
ㄱ 사업장의 명칭 또는 대표자가 변경되는 경우
ㄴ 특정토양오염관리대상시설의 사용을 종료하거나 폐쇄하는 경우
ㄷ 특정토양오염관리대상시설을 증설 또는 교체하거나 토양오염방지시설을 변경하는 경우
ㄹ 특정토양오염관리대상시설에 저장하는 오염물질을 변경하는 경우

71 토양오염조사기관의 지정을 받을 수 없는 것은?

① 국·공립연구기관
② 고등교육법에 의한 대학
③ 특별법에 의하여 설립된 특수법인
④ 환경부장관의 설립허가를 받은 영리법인

풀이 토양오염 조사기관
- ㉠ 지방환경관서
- ㉡ 국공립연구기관
- ㉢ 「고등교육법」의 대학
- ㉣ 특별법에 따라 설립된 특수법인
- ㉤ 환경부장관의 설립허가를 받은 비영리법인

72 토양보전기본계획에 포함되어야 할 사항으로 가장 거리가 먼 것은?

① 토양보전에 관한 시책방향
② 토양오염의 방지에 관한 사항
③ 오염토양의 정화 및 복원에 관한 사항
④ 토양오염 현황 및 측정에 관한 사항

풀이 토양보전에 관한 기본계획 수립 시 포함사항
- ㉠ 토양보전에 관한 시책방향
- ㉡ 토양오염의 현황, 진행상황 및 장래예측
- ㉢ 토양오염의 방지에 관한 사항
- ㉣ 토양정화 및 정화된 토양의 이용에 관한 사항
- ㉤ 토양정화와 관련된 기술의 개발 및 관련 산업의 육성에 관한 사항
- ㉥ 토양정화를 위한 기술인력의 교육 및 양성에 관한 사항
- ㉦ 그 밖에 토양보전에 필요한 사항

73 시장·군수는 지하수 개발 이용 허가를 받은 자의 신청에 의하여 유효기간의 연장을 허가할 수 있는데 그 연장기간은?

① 2년
② 3년
③ 5년
④ 10년

74 위해성 평가를 하려는 자가 작성해야 하는 위해성평가 계획서에 포함되어야 하는 사항과 가장 거리가 먼 것은?

① 현장조사 방법
② 오염물질의 노출경로
③ 오염지역 및 범위
④ 독성평가자료

75 토양관련전문기관은 토양오염검사신청서를 받은 날부터 며칠 이내에 시료채취 또는 누출검사를 하여야 하는가?(단, 특정토양오염관리대상시설 기준)

① 5일
② 7일
③ 10일
④ 14일

76 법에서 사용하는 용어의 뜻과 가장 거리가 먼 것은?

① '토양오염물질'이란 토양오염의 원인이 되는 물질로서 환경부환경부령으로 정하는 것을 말한다.
② '토양오염관리대상시설'이란 토양을 오염시킬 우려가 있는 시설·장치·건물·구축물 및 그 부지와 토양오염이 발생한 장소로서 환경부령으로 정하는 것을 말한다.
③ '특정토양오염관리대상시설'이란 토양을 현저하게 오염시킬 우려가 있는 토양오염관리대상시설로서 환경부령으로 정하는 것을 말한다.
④ '토양정화'란 생물학적 또는 물리적·화학적 처리 등의 방법으로 토양 중의 오염물질을 감소·제거하거나 토양 중의 오염물질에 의한 위해를 완화하는 것을 말한다.

풀이 "토양오염관리대상시설"이란 토양오염물질의 생산·운반·저장·취급·가공 또는 처리 등으로 토양을 오염시킬 우려가 있는 시설·장치·건물·구축물(構築物) 및 그 밖에 환경부령으로 정하는 것을 말한다.

77 지하수 오염 유발시설에 관한 설명으로 맞는 것은?

① 허가·인가 등을 받거나 신고를 하고 지하수를 개발·이용하는 자는 환경부령이 정하는 바에 따라 지하수오염방지를 위한 시설의 설치 등 필요한 조치를 하여야 한다.
② 시장·군수는 지하수 오염방지를 위하여 지하수를 오염시키거나 현저하게 오염시킬 우려가 있는 시설의 설치자 또는 관리자에게 지하수 오염방지를 위한 조치를 하도록 명할 수 있다.

③ 지하수 보전구역에 설치된 대통령령이 정하는 시설은 대통령령이 정하는 바에 따라 지하수오염방지를 위한 조치와 지하수오염관측정을 설치하고 수질측정을 실시하여야 하며, 그 측정 결과를 시장·군수에게 보고하여야 한다.

④ 지하수오염유발시설관리자는 당해 시설을 운영하는 과정에서 환경부령이 정하는 지하수오염이 우려되거나 지하수오염이 발생한 때에는 지체없이 적절한 조치를 취하고 이를 시장·군수에게 신고하여야 한다.

풀이 ㉠ 허가·인가 등을 받거나 신고를 하고 지하수를 개발·이용하는 자는 대통령령으로 정하는 바에 따라 지하수 오염방지를 위한 시설의 설치 등 필요한 조치를 하여야 한다.

㉡ 지하수보전구역에 설치된 환경부령으로 정하는 시설은 대통령령으로 정하는 바에 따라 지하수 오염방지를 위한 조치를 하고, 지하수 오염 관측정(觀測井)을 설치하여 수질측정을 하여야 하며, 그 측정 결과를 시장·군수·구청장에게 보고하여야 한다.

㉢ 지하수오염유발시설관리자는 해당 시설을 운영하는 과정에서 대통령령으로 정하는 지하수오염이 우려되거나 지하수오염이 발생하였을 때에는 지체 없이 적절한 조치를 하고 이를 시장·군수·구청장에게 신고하여야 한다.

78 다음 중 토양오염검사수수료가 가장 비싼 검사항목은?

① 불소   ② 비소
③ 수은   ④ 유기인

풀이 토양오염도검사수수료

검사항목	검사수수료(단위 : 원)
카드뮴·구리·납	44,200
비소	44,200
수은	44,200
6가 크롬	44,200
아연·니켈	44,200
불소	71,100
유기인	35,100

검사항목		검사수수료(단위 : 원)
폴리클로리네이티드 비페닐		114,000
시안		17,700
페놀류		56,100
유류	벤젠	40,600
	톨루엔	
	에틸벤젠	
	크실렌	
석유계 총 탄화수소(TPH)		62,700
트리클로로에틸렌(TCE) 테트라클로로에틸렌(PCE)		26,900
벤조(a)피렌		114,000
시료채취비		91,900/공

79 환경부장관은 토양관리단지를 지정하려는 경우에는 대통령령으로 정하는 바에 따라 토양관리단지 조성계획을 수립하여 관할 시·도지사의 의견을 듣고 관계 중앙행정 기관의 장과 협의하여야 한다. 토양관리단지 조성계획을 변경하려는 경우에 해당되는 것은?

① 오염토양 정화처리 용량의 20%를 초과하여 변경하려는 경우
② 조성 대상 부지면적의 10% 이상을 변경하려는 경우
③ 오염토양에 적용되는 정화기술을 일부 또는 전부를 변경하려는 경우
④ 정화된 토양의 이용방법을 일부 또는 전부를 변경하려는 경우

풀이 토양관리단지 조성계획의 변경에 해당하는 경우
㉠ 조성 대상 부지면적의 20퍼센트를 초과하여 변경하려는 경우
㉡ 오염토양 정화처리 용량의 20퍼센트를 초과하여 변경하려는 경우

80 토양관련전문기관 또는 토양 정화업의 기술
인력은 국립환경인재개발인재개발원장이 개설하는
토양환경관리의 교육과정을 이수하여야 한다. 신
규교육에 대한 기준으로 옳은 것은?

① 토양관련전문기관 또는 토양정화업 분야의 기
술인력으로 최초로 종사한 날부터 1년 이내에
8시간

② 토양관련전문기관 또는 토양정화업 분야의 기술
인력으로 최초로 종사한 날부터 1년 이내에 16
시간

③ 토양관련전문기관 또는 토양정화업 분야의 기술
인력으로 최초로 종사한 날부터 1년 이내에 24
시간

④ 토양관련전문기관 또는 토양정화업 분야의 기술
인력으로 최초로 종사한 날부터 1년 이내에 48
시간

> **풀이** 기술인력의 교육
>   ㉠ 신규교육 : 토양 관련 전문기관 또는 토양정화업
>   분야의 기술인력으로 최초로 종사한 날부터 1년
>   이내에 18시간
>   ㉡ 보수교육 : 신규교육을 받은 날을 기준으로 5년
>   마다 8시간

1과목 토양학개론

01 중금속 독성의 세기가 큰 것부터 알맞게 나열된 것은?

① Hg>Cd>Ni>Pb>Cr>Li
② Hg>Ni>Cd>Pb>Cr>Li
③ Cd>Hg>Ni>Pb>Cr>Li
④ Cd>Ni>Hg>Pb>Cr>Li

02 단위체적의 대수층 내에 저유된 지하수와 대수층으로부터 외부로 뽑아낼 수 있는 지하수량과의 비를 나타내는 것은?

① 비양수율(Specific Reuse)
② 간극률(Porosity)
③ 비산출률(Specific Yield)
④ 비보유율(Specific Retention)

풀이 비산출률(Specific Yield)

㉠ 비산출률은 비유출률이라고도 하며 토양 또는 암석(대수층)에서 중력에 의해 배출되는 수량과 암석 부피의 비율이다.

㉡ 비산출률은 자유면 대수층에서 지하수면의 단위 상승 혹은 강하에 의해 단위면적을 통해 자유면 대수층의 저류 지하수로부터 유입 혹은 유출되는 물의 부피와의 비율이다.(중력에 의해 배출되는 물의 부피와 대수층 부피의 비율)

㉢ 비산출률은 단위체적의 대수층 내에 저유된 지하수와 대수층으로부터 외부로 뽑아낼 수 있는 지하수량과의 비를 나타낸다. 즉, 포화된 암석으로부터 중력으로 인해 배수되는 물체적의 비율이다.

㉣ 비산출률은 유효공극률, 비수율, 비피압 저류계수와 동일 의미이다.

03 중금속이 인체에 미치는 영향에 관한 내용으로 틀린 것은?

① Cd는 식물에 쉽게 흡수되고 먹이사슬을 통하여 주로 감염된다.
② 오염토양 내 Pb은 일반적으로 Cd보다 매우 낮은 농도로 존재한다.
③ Hg 독성에 따른 대표적 질병은 미나마타병이다.
④ As에 의한 영향은 섭취하는 비소의 농도와 비소의 화학적 형태에 따라 다르다.

풀이 오염토양 내 Pb은 일반적으로 Cd보다 매우 높은 농도로 존재한다.

04 다음은 어떤 토양 광물에 대한 설명인가?

비가 오거나 습할 때 수분이 결정단위와 단위 사이를 자유롭게 왕래하여 결정단위 사이가 증가되고, 건조할 때는 결정단위상의 수분이 빠져나와 수축이 되는 점토 광물이다.

① 비팽창 격자형 광물
② 팽창 격자형 광물
③ 규산 사면체 광물
④ 알루미늄 팔면체 광물

풀이 ㉠ 팽창 격자형 광물

수분이 결정단위와 단위 사이를 자유로이 왕래할 수 있으므로 비가 오거나 습할 때에는 결정단위 사이의 간격이 증가하고, 건조할 때는 결정단위 사이의 수분이 빠져나와 단위 사이가 수축하게 되는 점토광물이다.

㉡ 비팽창 격자형 광물

1 : 1 격자형 광물의 대부분과 2 : 1 격자형 점토 광물 사이에 다량의 칼륨이온(K^+)이 존재하여 물이 자유로이 통과하지 못하기 때문에 수분의 양에 관계없이 결정단위와 단위 사이의 간격이 변동하지 않는 점토광물이다.

05 광산 활동에 의한 주변 농경지의 오염에 관련된 사항으로 가장 거리가 먼 것은?

① 일반적으로 광산배수의 pH는 강알칼리임
② 농경지 오염은 주로 방치된 광미, 광폐석에 기인됨
③ 아연광산의 경우 제련과정에서 카드뮴이 부산물로 생산됨
④ 중금속이 함유된 농업용수를 이용함으로써 농경지가 오염됨

> **풀이** 일반적으로 광산폐수는 산성이며 주 원인물질은 황철석(FeS_2)이다.

06 토양 중 인(P)에 대한 설명으로 옳은 것은?

① 토양에 따라 차이가 많지만 총인 중 유기태인이 5~10%를 차지한다.
② 식물은 토양용액으로부터 $H_2PO_4^-$이나 HPO_4^{2-}과 같은 무기인산 형태의 인을 흡수한다.
③ 유기태인은 Ca, Fe 및 Al과 결합된 형태 그리고 토양광물의 표면에 흡착된 형태로 존재한다.
④ 토양용액 중 인의 농도는 작물의 인요구량에 비해 높고, 이동성이 크다.

> **풀이** 인은 알칼리성 하에서는 PO_4^{2-}의 형태로 존재하고 강산성 하에서는 주로 $H_2PO_4^-$으로 존재하고 $H_2PO_4^-$, HPO_4^{2-}은 모두 식물이나 미생물에 흡수 이용된다.

07 1 : 1형 광물로서 카올리나이트와 같은 Si층 사이에 물 분자층 하나가 끼어 있어 기저면 간격이 넓어져 있으며 이를 가열하면 물이 비가역적으로 빠져 나가는 것은?

① 몬모릴로나이트(Montmorillonite)
② 카올린(Kaolin)
③ 일라이트(Illite)
④ 할로이사이트(Halloysite)

> **풀이** 할로이사이트(Halloysite)
> ㉠ Kaolinite와 같은 Si층 사이에 물분자층 하나가 끼어 있어 기저면 간격이 넓어져 있으며 이를 가열하면 물이 비가역적으로 빠져나간다.
> ㉡ 결정구조가 나선모양의 튜브 형태이며 점성이 높고 가소성이 크다.

08 유류오염물질의 성질에 대한 설명으로 가장 거리가 먼 것은?

① 윤활유에는 다환고리방향족탄화수소(PAHs)가 다량 함유되어 있다.
② 지하저장탱크로부터 발생하는 유류의 오염은 누출이나 쏟아짐에 기인된다.
③ 휘발유는 항공유보다 탄소 수가 더 많은 물질로 구성되어 있다.
④ 디젤유가 지하대수층에 도달하면 DNAPL 층을 형성한다.

> **풀이** 디젤유가 지하대수층에 도달하면 LNAPL 층을 형성한다.

09 토양 내의 미생물 중 세균에 비해 일반적으로 내산성이 강하고 산성 토양에서 유기물 분해의 중요한 작용을 담당하며 토양 중에서 리그닌을 주로 분해하는 것은?

① 방선균
② 세균
③ 사상균
④ 조류

> **풀이** 사상균(Fungi)
> ㉠ 핵막과 세포벽을 가지고 있는 진핵 생물이며 균사(Hyphae)라고 불리는 가는 실 모양을 하고 있다.
> ㉡ 호기성 생물이지만 CO_2 농도가 높은 환경에서도 잘 견딘다.
> ㉢ 토양 내의 미생물 중 일반적으로 내산성이 강하고 산성 토양에서 유기물 분해의 중요한 작용을 담당하며, 토양 중에서 분해가 가장 어려운 식물체의 구성성분인 리그닌을 주로 분해하는 균이다. 즉, 대사활성이 강하여 물질 순환에 있어서 분해자로 중요한 역할을 한다.

10 토양에 사용되는 관개용수의 수질분석결과 Na$^+$ 150mg/L, Ca^{2+} 170mg/L, Mg^{2+} 155mg/L, K$^+$ 110mg/L일 때 나트륨 흡착비는?

① 약 0.86   ② 약 1.22
③ 약 1.99   ④ 약 2.82

풀이
$$SAR = \frac{Na^+}{\sqrt{\dfrac{Ca^{2+}+Mg^{2+}}{2}}}$$

$$Na^+ = 150mg/L \times \frac{1meq}{23mg}$$
$$= 6.52meq/L$$

$$Ca^{2+} = 170mg/L \times \frac{1meq}{\left(\dfrac{40}{2}\right)mg}$$
$$= 8.5meq/L$$

$$Mg^{2+} = 155mg/L \times \frac{1meq}{\left(\dfrac{24}{2}\right)mg}$$
$$= 12.92meq/L$$

$$= \frac{6.5}{\sqrt{\dfrac{8.5+12.92}{2}}} = 1.99$$

11 토양오염의 특징에 대한 설명으로 틀린 것은?

① 토양오염은 오염물질의 특성과 오염지역 토양 특성에 의해 영향을 받는다.
② 토양오염은 오염의 발생과 오염에 따른 문제 발생 간에는 시간차를 두고 있다.
③ 토양오염은 토양에 국한되어 다른 매체에 대한 2차 오염을 유발하지 않는다.
④ 토양오염의 확산 및 처리에 영향을 미치는 중요 요소로는 투수계수, 지하수위 등이 있다.

풀이 토양오염은 타 매체에 대한 2차 오염과 연관성이 있다.

12 우리나라 토양의 일반적인 특징에 대한 설명으로 가장 거리가 먼 것은?

① 낮은 유기물 함량
② 사질(모래) 토양
③ 낮은 염기교환 용량
④ 중성 토양

풀이 우리나라 토양의 일반적 특징
ㄱ 사질(모래) 토양
ㄴ 낮은 유기물 함량
ㄷ 산성 토양
ㄹ 낮은 염기치환 용량
ㅁ 우리나라의 토양을 구성하는 모암은 화강암과 화강편마암으로 되어 있고, 화강암은 SiO$_2$ 함량이 많은 산성암으로 물리성은 좋으나 강산성을 띠고 있어 비옥도가 낮음

13 해안 섬에서 염수 침입을 추정할 수 있는 이론은?

① Cooper－Jacob 이론
② Neuman－Whitherspoon 이론
③ Cooper－Bredehoeft－Papadopulos 이론
④ Dupuit－Gyben－Herzberg 이론

14 특이적 공생관계를 맺는 질소고정균과 숙주 식물의 군을 동일교호접종군(Cross Inoculation Group)이라 한다. 다음 중 근류균과 공생 콩과 식물을 바르게 짝지은 것은?

① Rhizobium lupini－알팔파
② Rhizobium leguminosarum－클로버
③ Sinnorhizobium meliloti－완두
④ Bradyrhizobium japonicum－땅콩

풀이 근류균과 공생 콩과 식물
① Rhizobium lupini－lupini
② Rhizobium leguminosarum－클로버, 완두
③ Sinnorhizobium meliloti－알팔파
④ Bradyrhizobium japonicum－대두

15 충적대수층의 공극률이 0.29이고 비산출률이 0.14일 때 비보유율(Specific Retention)은?

① 0.15
② 0.48
③ 2.07
④ 0.05

풀이 총 공극률＝비산출률＋비보유율
비보유율＝총 공극률－비산출률
＝0.29－0.14＝0.15

16 산성비가 토양에 미치는 영향을 설명한 내용으로 가장 거리가 먼 것은?

① 토양으로부터 알루미늄의 용해도가 증가된다.
② 칼슘, 마그네슘 등 염기의 용출이 가속화된다.
③ 용해된 알루미늄은 식물에만 영향을 준다.
④ 토양의 산성화가 촉진된다.

풀이 산성비에 의한 토양의 영향
㉠ 칼슘(Ca^{2+}), 마그네슘(Mg^{2+}) 등 염기의 용출 가속화
㉡ HCO_3^- 농도의 감소
㉢ 토양용액의 용존 유기물 농도의 감소
㉣ $AlPO_4$의 침전에 의한 토양용액 PO_4 농도의 감소
㉤ 토양으로부터 알루미늄(Al)의 용해도 증가(Al은 가수분해되어 수소이온 발생)
㉥ 토양의 산성화 촉진
㉦ 중금속(Zn, Cd)의 토양용액으로의 용출

17 미국 농무부 토성분류체계에 의한 점토(Clay)와 미사(Silt)를 구분하는 토양입자의 크기(mm)는?

① 0.002
② 0.02
③ 0.05
④ 0.1

풀이 미사(Silt)의 토양입경 범위는 0.05~0.002mm이며, 점토(Clay)의 토양입경은 0.002mm 이하이다.

18 세계 토양목의 구분 중 Histosol 토양은?

① 미발달 토양
② 유기질 늪지 토양
③ 건조지역의 토양
④ 화산재 토양

풀이 히스토졸(Histosols)
㉠ 부분적으로 또는 심하게 분해된 수생식물의 잔재가 얕은 연못이나 습지에서 퇴적되어 형성
㉡ 유기질(식물조직)로 이루어진 늪지의 토양으로 흑색과 암갈색을 나타냄
㉢ 유기물 함량이 20~30% 이상이며 유기물토양층은 40cm 이상임
㉣ 담수상태 또는 산성 조건에서 발달하는 유기질 늪지 토양
㉤ 이탄토, 흑니토 등이 이에 속함

19 지하수 내로 유입된 오염물질의 이동을 지체(Retardation)시키는 인자가 아닌 것은?

① 휘발
② 생분해
③ 흡착
④ 용탈

풀이 용탈은 지하수 내로 유입된 오염물질의 이동을 확산시키는 역할을 한다.

20 하수 슬러지의 토양 투기로 인해 토양이 아연 100ppm, 니켈 50ppm, 구리 100ppm으로 오염되었다. 이 토양의 독성을 상대적으로 평가하는 지표로서 아연등량계수(ppm)는?

① 300
② 500
③ 700
④ 900

풀이 아연등량계수(Z_E)
$= Zn^{2+} + (2 \times Cu^{2+}) + (8 \times Ni^{2+})$
$= 100 + (2 \times 100) + (8 \times 50)$
$= 700ppm$

2과목 토양 및 지하수오염조사기술

21 크로마토그래피를 사용한 정량법 중에서 시료전처리, 시약 취급, 시료 주입 등에서 발생할 수 있는 오차를 최소화시키기 위해 사용하는 방법은?

① 외부표준법   ② 표준물질첨가법
③ 외삽법   ④ 내부표준법

22 일반지역(농경지)의 토양 시료 채취방법 중 시료채취지점 선정에 관한 내용으로 옳은 것은?

① 대상지역 내에서 나선형으로 5~10개 지점
② 대상지역 내에서 지그재그형으로 5~10개 지점
③ 대상지역에서 대표치를 구할 수 있는 1개 지점
④ 대상지역의 중심 지점과 주변 4방위 총 5개 지점

풀이 일반지역 농경지의 시료채취지점 선정은 대상지역 내에서 지그재그형으로 5~10개 지점을 선정한다.

23 토양오염공정시험 방법상 불소 정량방법으로 적절한 것은?

① 원자흡수분광도법
② 자외선/가시선 분광법
③ 기체크로마토그래피
④ 유도결합플라스마 – 원자발광분광법

풀이 불소 정량방법 : 자외선/가시선 분광법

24 기체크로마토그래피로 PCB를 측정할 때 주로 사용하는 검출기는?

① 전자포착검출기(ECD)
② 불꽃이온화검출기(FID)
③ 광이온화검출기(PID)
④ 열전도도검출기(TCD)

풀이 기체크로마토그래피로 PCB 측정 시 검출기는 전자포착검출기(ECD) 또는 이와 동등 이상의 검출 성능을 가진 것을 사용한다.

25 토양의 pH를 측정하기 위해서 토양과 산을 포함하는 정제수의 비율로 적절한 것은?(단, 토양의 밀도(비중)는 1.0이 아님)

① 토양시료의 무게에 5배의 정제수를 사용
② 토양시료의 부피에 5배의 정제수를 사용
③ 토양시료의 무게에 2배의 정제수를 사용
④ 토양시료의 부피에 2배의 정제수를 사용

풀이 유리전극법으로 수소이온농도의 측정은 토양의 pH를 측정하는 방법으로 토양시료의 무게에 5배의 정제수를 사용하여 혼합한 후 유리전극과 기준전극으로 구성된 pH 측정기를 사용하여 측정한다.

26 유도결합플라즈마 발광광도계에 대한 설명으로 틀린 것은?

① 아르곤을 플라즈마 가스로 이용한다.
② 동시에 다성분의 분석은 불가능하다.
③ 분석 성분의 농도는 방출되는 광선의 세기에 비례한다.
④ 여기된 원자가 바닥상태로 이동할 때 방출하는 광선을 이용하여 측정한다.

풀이 유도결합플라즈마 – 발광광도계(원자발광분광법)는 동시에 다성분의 분석이 가능하다.

27 토양 중 시안(이온전극법) 측정에 관한 설명으로 틀린 것은?

① 토양 중 시안의 정량한계는 0.5mg/kg이다.
② 토양을 pH 4 이하의 산성으로 조절 후 시안 이온전극과 비교전극을 사용하여 전위를 측정한다.
③ 시안화합물을 측정할 때 방해물질들은 증류하면 대부분 제거된다.
④ 잔류염소가 함유된 시료는 잔류염소 20mg당 아비산나트륨용액(10%) 0.7mL를 넣어 제거한다.

풀이 이온전극법으로 시안의 측정은 토양을 pH 12~13의 알칼리성으로 조절 후 시안 이온전극과 비교전극을 사용하여 전위를 측정하고 그 전위차로부터 시안을 정량하는 방법이다.

정답 21 ④   22 ②   23 ②   24 ①   25 ①   26 ②   27 ②

28 1몰(M) 황산(H_2SO_4) 용액은 몇 노말(N) 용액인가?(단, H_2SO_4 분자량=98, 당량=49)

① 0.5 노말(N) ② 1.0 노말(N)
③ 2.0 노말(N) ④ 4.0 노말(N)

풀이 노말(N)=몰(M)×가수

$$N = M \times \frac{당량 수}{mol}$$

$$N = 1 \times 2 = 2N \left(또는 \ N = 1 \times \frac{2}{1} = 2N\right)$$

29 유기화합물 중 이피엔(EPN)을 기체크로마토그래프법으로 분석하고 내부표준법으로 정량하고자 한다. 내부표준물질 5ppm을 사용하여 검정곡선식을 작성한 결과 Y=1.5X+0.5의 식을 얻을 수 있었다. 실제 시료를 분석한 결과 내부표준물질이 5ppm일 때 면적이 1,000으로 나타났고 이피엔의 면적은 2,000으로 나타났다. 이피엔의 농도(ppm)는?(단, Y : 이피엔과 내부표준물질의 면적비, X : 이피엔과 내부표준물질의 농도비임)

① 1 ② 2.5
③ 5.0 ④ 10.0

풀이 $Y = 1.5X + 0.5$

$$\frac{2,000}{1,000} = \left(1.5 \times \frac{농도}{5}\right) + 0.5$$

농도=5ppm

30 중금속을 분석하는 데 사용되는 자외선/가시선 분광법의 연결이 맞는 것은?

① 시안－디페닐카르바지드법
② 구리－디에틸디티오카르바민산법
③ 6가 크롬－디메틸글리옥심법
④ 비소－피리딘 · 피라졸론법

풀이 ① 시안－피리딘 · 피라졸론법
③ 6가 크롬－디페닐카르바지드법
④ 비소－자외선/가시선 분광법과 관련 없음

31 저비점 석유류 중에 다량 함유되어 있는 벤젠, 톨루엔, 에틸벤젠, 크실렌(BTEX)의 측정에 적용하는 기체크로마토그래프 검출기의 종류가 아닌 것은?

① FID ② PID
③ ECD ④ GC/MS

32 토양의 수분함량에 관한 설명으로 옳지 않은 것은?

① 시료를 보관해야 할 경우 미생물에 의한 분해를 방지하기 위해 0~4℃로 보관한다.
② 돌, 나무 등 눈에 보이는 협잡물 등은 제거한 후 시험해야 한다.
③ 시료를 105~110℃에서 4시간 이상 건조한다.
④ 토양 중 수분을 0.01%까지 측정한다.

풀이 토양의 수분함량 측정 시 토양 중 수분을 0.1%까지 측정한다.

33 일반지역에서 채취하는 토양의 시료용기에 기재하여야 하는 내용이 아닌 것은?

① 토양깊이 ② 채취위치
③ 오염 정도 ④ 채취자

풀이 일반지역 채취 시 시료용기 기재사항
㉠ 채취날짜
㉡ 위치
㉢ 시료명
㉣ 토양깊이
㉤ 채취자

34 저장물질이 있는 누출검사대상시설－기상부의 시험법에서 사용하는 검사기기 및 기구 중 감압장치(액체를 뽑아내는 방식 기준)에 해당되지 않는 것은?

① 이젝터 ② 송유설비
③ 가변식 펌프 ④ 고체 급유설비

풀이 저장물질이 있는 누출검사대상시설(기상부 시험법)의 감압장치

1. 가스를 배출하는 방법
   - ㉠ 이젝터 : 불활성 가스의 분출력을 이용한 것 또는 에어컴프레서의 분출력을 이용한 것
   - ㉡ 펌프 : 수동 및 동력에 의한 것
2. 액체를 뽑아내는 방식
   - ㉠ 고체 급유설비 : 계량기 펌프를 이용한 것
   - ㉡ 송유설비 : 누출검사대상시설 등에 송유하기 위해 개설된 펌프
   - ㉢ 가변식 펌프 : 그 외 가압에 적합한 펌프

---

35 토양 내 시안을 자외선/가시선 분광법으로 측정할 때에 관한 내용으로 ( ) 안에 옳은 내용은?

pH 2 이하의 산성에서 EDTA를 넣고 가열증류하여 시안화물 및 시안착화합물의 대부분을 시안화수소로 유출시키고 (   )에 포집한다.

① 클로라민 T 용액
② 수산화나트륨 용액
③ 피리딘 · 피라졸론 용액
④ 황산제이철암모늄 용액

풀이 시안 – 자외선/가시선 분광법

토양 중에 시안화합물을 측정하는 방법으로, pH 2 이하의 산성에서 EDTA를 넣고 가열 증류하여 시안화물 및 시안착화합물을 시안화수소로 유출시키고 수산화나트륨 용액에 포집한 다음 중화하고 클로라민 T와 피리딘 · 피라졸론 혼합액을 넣어 나타나는 청색을 620nm에서 측정하는 방법이다.

---

36 검량선에서 얻어진 등유성분의 검출양이 1550.5ng이었다. 토양 중 TPH(석유계총탄화수소) 농도(mg/kg)는?(단, 수분 보정한 토양무게 26.5g, 용매의 최종액량 2mL, 검액의 주입량 $2\mu L$)

① 58.5
② 68.7
③ 48.5
④ 75.8

풀이 탄화수소 농도(mg/kg) $= \dfrac{A_s \times V_f \times D}{W_d \times V_i}$

$$= \dfrac{1,550.5 \times 2 \times 1}{26.5 \times 2}$$

$$= 58.51\text{mg/kg}$$

---

37 토양오염공정시험 방법에서 분석대상 유기인계 화합물로 규정되지 않은 성분은?

① 알드린
② 이피엔
③ 메틸디메톤
④ 펜토에이트

풀이 유기인계 화합물
- ㉠ 이피엔
- ㉡ 파라티온
- ㉢ 메틸디메톤
- ㉣ 다이아지논
- ㉤ 펜토에이트

---

38 석유계 총탄화수소를 분석하기 위한 추출방법으로 옳은 것은?(단, 기체크로마토그래피 기준)

① 가온 추출법
② 자기장 추출법
③ 적외선 추출법
④ 초음파 추출법

풀이 석유계 총탄화수소 추출방법
- ㉠ 속슬레 추출법
- ㉡ 초음파 추출법

---

39 유리전극법을 활용한 수소이온농도 측정에 관한 설명으로 틀린 것은?

① pH를 0.1까지 측정한다.
② 유리전극은 일반적으로 산화 및 환원성 물질들에 의해 간섭을 받는다.
③ 토양 중 염류의 농도가 높아지면 pH 값이 낮아지는 경우가 있다.
④ 토양을 오랫동안 방치하면 미생물의 작용으로 탄산가스가 발생하여 pH가 낮아질 수 있다.

정답 35 ② 36 ① 37 ① 38 ④ 39 ②

풀이 수소이온농도(유리전극법)
유리전극은 일반적으로 용액의 색도, 탁도, 콜로이드성 물질들, 산화 및 환원성 물질들 그리고 염의 농도에 의해 간섭을 받지 않는다. 따라서 전극을 넣을 때 토양현탁을 만들어 주고 곧 넣어서 측정한다.

40 지하매설 저장탱크의 끝단이 3m에 위치한 시설에서 저장탱크로부터 수평으로 1m 떨어져 시료를 채취할 경우 채취 깊이(m)는?

① 3
② 3.5
③ 4
④ 4.5

풀이 채취 깊이 $= 3m \times 1.5 = 4.5m$

3과목 토양 및 지하수오염정화기술

41 열탈착기술의 기본적인 제어장치가 아닌 것은?

① 분진 제거를 위한 사이클론과 백필터
② 잔존 유기물 제거를 위한 활성탄
③ 산성 증기 제거를 위한 벤투리 세정기
④ 탈수를 위한 필터프레스

42 지하수오염 확산 방지를 위한 차단시설이 아닌 것은?

① 슬러리 월
② 브이 와이어
③ 그라우팅
④ 시트파일

풀이 지하수오염 확산 방지 차단시설
　㉠ 슬러리 월
　㉡ 그라우트 커튼
　㉢ 진동빔 차단벽
　㉣ 스틸시트 파일링
　㉤ 심층 토양혼합 수직 차단벽

43 총 3기의 유류저장탱크가 설치된 탱크박스에서 2기의 15,000L와 1기의 20,000L 저장탱크를 제거하였다. 탱크박스 부피는 500m³이며 박스 내 토양이 오염되었다. 탱크박스 내 오염토양의 굴토양(ton)은?(단, 토량환산계수=1.1, 굴토 전 원지반의 밀도=1.8g/cm³, 굴토 후 오염토양의 밀도=1.64g/cm³)

① 750.4
② 788.4
③ 811.8
④ 926.1

풀이 오염된 토양 부피
$=$ 탱크박스 부피 $-$ 저장탱크 부피
$= 500m^3 - (30m^3 + 20m^3)$
$= 450m^3$

오염토양의 굴토양(ton)
$= 450m^3 \times 1.64g/cm^3 \times 10^6 cm^3/m^3$
　$\times ton/10^6 mg$
$= 811.8ton$

44 지중 생물학적 처리 공정의 4가지 반응 메커니즘에 속하지 않는 것은?

① 공동대사
② 수화반응
③ 호기반응
④ 혐기반응

45 토양세척의 장·단점에 대한 설명으로 틀린 것은?

① 무기물과 유기물을 동시에 처리할 수 있다.
② 토양 유기물 함량이 높을수록 토양세척효율이 높아진다.
③ 비교적 다양한 오염토양 농도에 적용 가능하며 오염토양의 부피를 급격히 줄일 수 있다.
④ 선별된 미세 오염토양 및 오염유출수는 부가적인 처리가 필요하다.

풀이 토양세척법은 토양유기물함량이 높을수록 토양세척효율이 낮아진다.

정답 40 ④ 41 ④ 42 ② 43 ③ 44 ② 45 ②

46 열탈착 기술에서 오염물질의 특성에 따른 탈착속도에 대한 설명으로 틀린 것은?

① 유기물질의 분자량이 클수록 탈착속도가 빠르다.
② 토양층이 깊어질수록 탈착속도는 감소한다.
③ 유기물질의 휘발성이 작을수록 탈착속도가 느리다.
④ 비극성 입자의 경우 탈착속도는 초기에 크고 빠르게 일어난다.

풀이 열탈착 기술에서는 유기물질의 분자량이 클수록 탈착속도가 느리다.

47 효율적인 토양 세척용 계면활성제 선택 시 고려사항으로 가장 거리가 먼 것은?

① 용해도　　② 전도성
③ 흡착성　　④ 생분해성

풀이 효율적인 토양 세척용 계면활성제 선택 시 고려사항
ㄱ 용해도
ㄴ 흡착성
ㄷ 생분해성
ㄹ 생물학적 특성
ㅁ 비용

48 생물학적 처리 시 일반적으로 대상 오염물질이 난분해성을 갖는 성질이 아닌 것은?

① 할로겐화된 화합물
② 가지구조가 많은 화합물
③ 물에 대한 용해도가 낮은 화합물
④ 원자의 전하차가 작은 화합물

풀이 유기화학물질의 난분해성 조건(생분해가 어려운 물질의 일반적인 특성)
ㄱ 할로겐화된 화합물
ㄴ 분자 내에 많은 수의 할로겐원소(Cl, Br 등)를 함유하는 화합물
ㄷ 가지구조가 많은 화합물
ㄹ 물에 대하여 용해도가 낮은 화합물
ㅁ 원자의 전하차가 큰 화합물

49 타 기술에 비하여 유류 오염물질을 빠른 시간 내에 분해하여 처리할 수 있는 화학적 산화법의 장·단점으로 옳지 않은 것은?

① 오염물질을 원위치에서 정화할 수 있다.
② 토양 중의 구성물질과 반응하여 산화제의 소요량이 증가할 수 있다.
③ 펜톤 산화 시에는 부산물이 발생되지 않는다.
④ 투수성이 낮은 토양에서는 오염물질과 산화제의 접속이 쉽지 않다.

풀이 화학적 산화법
ㄱ 음용수와 폐수의 처리를 위해 사용되는 Full-Scale 기술이다.
ㄴ 시안으로 인한 오염토양 처리시 적용되는 가장 일반적인 기술이다.
ㄷ 오염물질을 원위치에 정화할 수 있다.
ㄹ 토양 중의 구성물질과 반응하여 산화제의 소요량이 증가할 수 있다.
ㅁ 투수성이 낮은 토양에서는 오염물질과 산화제의 접촉이 쉽지 않다.
ㅂ 타 기술에 비하여 유류오염물질을 빠른 시간 내에 분해하여 처리할 수 있다.
ㅅ 펜톤 산화 시에는 철염을 이용하므로 수산화철의 슬러지가 다량 발생한다.

50 위해성(Risk)에 관한 내용으로 틀린 것은?

① 오염물질에 노출됨으로써 수용체가 영향을 받을 개연성으로 정의된다.
② 확률적인 개념이다.
③ 일반적 위해성은 배경위해성을 말한다.
④ 독성과 노출의 함수이다.

풀이 일반적 위해성(Risk)은 배경위험성을 제외한다.

51 토양증기추출법으로 오염토양을 복원하는 경우, 단일 추출정으로부터 배출되는 가솔린의 평균농도가 추출공기 1.0L당 1.0mg이고, 하루에 100m³의 공기가 추출된다. 오염토양 내에 누출된 가솔린의 총량이 5kg이고, 누출된 가솔린이 모두 증기추출로만 제거된다고 가정한다면 오염 가솔린을 모두 제거하는 데 소요되는 시간(day)은?

① 10   ② 25
③ 50   ④ 100

풀이 제거시간(day)

$$= \frac{V}{Q} = \frac{5\text{kg} \times 1\text{L}/1\text{mg} \times 10^6 \text{mg}/\text{kg}}{100\text{m}^3/\text{day} \times 1000\text{L}/\text{m}^3} = 50\text{day}$$

52 오염지반의 조사방법 중 지표 물리탐사 방법에 해당되는 것은?

① 시추조사
② 공중 원격탐사
③ 관입조사
④ 전기탐사

풀이 오염지반 조사방법 중 지표 물리탐사 방법
    ㉠ 전기탐사
    ㉡ 전자탐사
    ㉢ GPR 탐사

53 원위치 생물학적 복원(In−situ bioremediation)에 대한 설명으로 맞는 것은?

① 산소공급용 과산화수소 자체 농도가 10mg/L 이상일 때 미생물에 독성을 나타낸다.
② 수리전도도 1×10^{-4}cm/s 이하 지층에서는 기술의 적용이 바람직하지 않다.
③ 영양물질의 침전은 미생물의 활성을 높여 처리효율을 향상시킨다.
④ 소수성이 강한 유기오염물질은 토양에 흡착되어 미생물이 이용하기 쉽다.

풀이 원위치 생물학적 복원 효율에 영향을 미치는 인자
    ㉠ 수리전도도 : 10^{-4}cm/sec 이상인 대수층에서 처리가 효과적이다.
    ㉡ 산소공급용 과산화수소 : 자체 농도가 1,000mg/L 이상일 때 미생물에 독성을 나타낸다.
    ㉢ 미생물 및 영양물질 : 미생물의 성장이나 영양물질의 침전은 효과적인 처리를 방해한다.
    ㉣ 소수성 강한 유기오염물질 : 토양에 흡착되어 미생물이 이용하기 어렵다.
    ㉤ 오염원 농도 및 독성 : 고농도일 경우 호기성 미생물에 독성작용으로 나타낸다.

54 오염물질의 특성 중 유류의 생분해성이 높은 물질부터 낮은 물질 순으로 연결된 것은?

① 휘발유＞경유＞윤활유
② 경유＞윤활유＞휘발유
③ 윤활유＞경유＞휘발유
④ 경유＞휘발유＞윤활유

55 양수 및 처리법(Pump and Treat)으로 오염된 지하수를 정화하고자 할 때에는 충분한 양수를 통하여 오염구간을 씻어내야 한다. 간단히 배취 플러시 모델(Batch Flush Model)을 적용하였을 때 정화목표 농도에 필요한 공극부피(Pore Volume＝PV)의 수는?(단, 지연계수 R＝1.5, 초기 오염물질 농도＝15mg/L, 목표농도＝1.5mg/L)

① 3.45   ② 2.75
③ 3.64   ④ 2.78

풀이 US EPA Batch Flush 모델
양수처리 지하수 총량(공극부피의 수)

$$= -R\ln\left(\frac{C_t}{C_o}\right)$$

$$= -1.5 \times \ln\left(\frac{1.5}{15}\right)$$

$$= 3.45$$

56 Pneumatic Fracturing 기술 개요로 옳은 것은?

① 수리전도도가 불량하고 과잉 압밀된 오염지반에 인위적인 틈을 만들어 압축공기를 주입함으로써 여타 지중정화기술 적용 시 오염물 처리 및 추출 효율을 증대시킨다.

② 추출정을 설치하여 압력과 농도구배를 형성하고 추출정을 통하여 고압의 안정제를 주입함으로써 오염물의 추출효율을 증대시킨다.

③ 수직 굴착으로는 오염물질에 대한 접근이 용이하지 않은 지반구조일 경우 수평 또는 일정 각도를 가지도록 굴착하여 오염물질을 효율적으로 처리한다.

④ 오염지반에 오염물 용해도를 증대시키기 위한 첨가제를 함유한 고압의 물을 주입하여 토양 내 오염물을 추출하여 인위적인 틈을 형성시켜 토양의 통기성을 향상시킨다.

🔹 풀이 압축공기파쇄추출법(Pneumatic Fracturing)
ⓐ 수리전도도(통기성)가 불량하고 과잉 압밀된 오염지반에 인위적인 틈을 만들어 압축공기를 주입하여 여타 지중정화기술 적용 시 오염물 처리 및 추출효율을 증대시키는 방법이다.
ⓑ 오염된 불투수 대수층에 일정 구간마다 미세 구멍을 뚫어, 이 구멍으로 일정압력을 가진 공기를 분사시켜 균열을 확장시키거나 새로운 균열을 형성한다.
ⓒ 통기성이 낮거나 압밀된 토양에 균열을 증가시키기 위해 지표 아래로 압축공기를 주입하는 처리기술이다.

57 고형화/안정화 기술에 대한 설명으로 틀린 것은?

① 포틀랜드시멘트를 이용한 고형화/안정화 기술은 PCBs에 적합하지 않다.

② 포졸란(Pozzolan)을 이용한 고형화/안정화 기술은 중금속 오염토양에 적합한 기술이다.

③ 고형화는 비고형화 상태의 오염물질을 고형물로 바꾸어 물리적 상태를 변화시키는 것이다.

④ 시멘트를 기초로한 고형화/안정화 기술은 혼합/양생을 통해 모노리스(Monolith)를 형성하게 된다.

🔹 풀이 포틀랜드시멘트를 이용한 고형화/안정화 기술은 PCBs에 적합하다.

58 식물정화법에 대한 설명으로 가장 거리가 먼 것은?

① 식물정화법 중에서 식물에 의한 추출은 중금속이나 방사능 물질의 제거에 사용된다.

② 해바라기와 인도겨자는 식물에 의한 분해로 오염물질을 처리하는 데 적용되는 대표적인 식물이다.

③ 식물에 의한 안정화에 적합한 식물은 대상오염에 대한 높은 내성이 있어야 한다.

④ 식물에 의한 분해는 식물이 독성물질을 분해하는 효소를 분비하거나 또는 오염물질을 분해하는 데 중요한 역할을 담당하는 토양미생물에 필요한 영양분을 제공하여 분해활동을 활성화시킴으로써 오염물질을 무독성의 물질로 전환하는 원리이다.

🔹 풀이 해바라기와 인도겨자는 식물에 의한 추출로 오염물질을 처리하는 데 적용되는 대표적 식물이다.

59 동전기정화기술(Electrokinetic method)의 특징과 적용성을 잘못 기술한 것은?

① 탄산화물 또는 적철석과 같은 광물이 다량 함유된 염기성 토양에서의 적용 효율이 높다.

② 토양을 굴착하지 않고 현장에 적용할 수 있는 기술이므로 현장상태를 유지하면서 오염토양을 처리할 수 있다.

③ 전기동력학적 처리 공정은 토양의 포화도와 무관하므로 포화하거나 불포화된 토양 모두에 적용이 가능하다.

④ 현장에 적용할 때 암석이나 자갈 또는 금속성 이물질이 존재하면 전기에너지 및 제거 효율이 감소할 수 있다.

🔹 풀이 탄산화물 또는 적철석과 같은 광물이 다량 함유된 염기성 토양에서는 적용효율이 낮다.

60 바이오스파징 기술의 특징이 아닌 것은?

① 공기를 공급한다는 면에서 바이오벤팅과 유사하다.
② 투수계수가 10^{-3}cm/s 이상에서 적용하는 것이 바람직하다.
③ 대상부지의 지층이 균일해야 한다.
④ Air Sparging기술과는 미생물을 이용한다는 점에서 다르다.

풀이 바이오스파징 기술은 투수계수가 10^{-3}cm/sec 이하인 지역에 적용하는 것이 바람직하다. 즉, 수리전도가 너무 크면 오염물질이 확산될 우려가 있다.

4과목 · 토양 및 지하수환경 관계법규

61 토양환경평가를 위한 조사 구분 중 시료의 채취 및 분석을 통한 토양오염 여부를 조사하는 것은?

① 정밀조사
② 기초조사
③ 정도조사
④ 개황조사

풀이 토양환경평가
  ㉠ 기초조사 : 자료조사, 현장조사 등을 통한 토양오염 개연성 여부 조사
  ㉡ 개황조사 : 시료의 채취 및 분석을 통한 토양오염 여부 조사
  ㉢ 정밀조사 : 시료의 채취 및 분석을 통한 토양오염의 정도와 범위조사

62 특정토양오염관리대상시설의 설치자가 특정토양오염관리대상시설별로 설치하여야 하는 토양오염 방지시설이 아닌 것은?

① 토양오염물질이 누출되지 아니하도록 하기 위하여 누출 방지성능을 가진 재질을 사용하거나 이중벽탱크 등 누출방지시설
② 누출된 오염물질의 위해성과 독성을 측정하는데 필요한 시설

③ 지하에 매설되는 저장시설의 경우에는 토양오염물질이 누출되는 것을 감지하거나 누출 여부를 확인할 수 있는 측정기기 등의 시설
④ 누출될 경우에 대비하여 오염 확산 방지 또는 독성 저감 등의 조치에 필요한 시설

풀이 특정토양오염관리대상시설의 토양오염 방지시설
  ㉠ 특정토양오염관리대상시설의 부식·산화 방지를 위한 처리를 하거나 토양오염물질이 누출되지 아니하도록 하기 위하여 누출 방지성능을 가진 재질을 사용하거나 이중벽탱크 등 누출 방지시설을 설치하고 적정하게 유지·관리할 것
  ㉡ 특정토양오염관리대상시설 중 지하에 매설되는 저장시설의 경우에는 토양오염물질이 누출되는 것을 감지하거나 누출 여부를 확인할 수 있는 측정기기 등의 시설을 설치하고 적정하게 유지·관리할 것
  ㉢ 특정토양오염관리대상시설로부터 토양오염물질이 누출될 경우에 대비하여 오염 확산 방지 또는 독성 저감 등의 조치에 필요한 시설을 설치하고 적정하게 유지·관리할 것

63 토양보전대책지역 지정표지판에 나타내어야 하는 내용으로 틀린 것은?

① 지정일자
② 지정범위
③ 토양보전대책지역 내역
④ 토양보전대책지역 안에서 제한되는 행위

풀이 토양보전대책지역 지정표지판의 포함 내용
  ㉠ 지정 일자
  ㉡ 지정 목적
  ㉢ 토양보전대책지역 안에서 제한되는 행위
  ㉣ 토양보전대책지역 내역

64 다음 중 토양오염도 검사수수료가 가장 저렴한 검사 항목은?

① 불소
② 시안
③ 유기인
④ 아연

풀이 토양오염도 검사수수료

검사항목		검사수수료(단위 : 원)
카드뮴 · 구리 · 납		44,200
비소		44,200
수은		44,200
6가 크롬		44,200
아연 · 니켈		44,200
불소		71,100
유기인		35,100
폴리클로리네이티드 비페닐		114,000
시안		17,700
페놀류		56,100
유류	벤젠	40,600
	톨루엔	
	에틸벤젠	
	크실렌	
석유계 총 탄화수소(TPH)		62,700
트리클로로에틸렌(TCE) 테트라클로로에틸렌(PCE)		26,900
벤조(a)피렌		114,000
시료채취비		91,900/공

65 토양보전대책지역의 지정기준으로 ( ) 안에 옳은 내용은?

농경지 외의 지역의 경우에는 지표면으로부터 지하수(대수층)면 상부 토양 사이의 토양오염도가 대책기준을 초과한 지역 또는 특별자치도지사, 시장, 군수, 구청장이 대책지역 지정을 요청한 지역으로서 인체에 대한 피해가 우려되고 그 면적이 ( ) 이상인 지역일 것

① 1만 제곱미터   ② 2만 제곱미터
③ 3만 제곱미터   ④ 5만 제곱미터

풀이 토양보전대책지역의 지정기준
　㉠ 농경지의 경우에는 지표면으로부터 30센티미터까지의 토양오염도가 대책기준을 초과하거나 특별자치도지사 · 시장 · 군수 · 구청장이 재배작물 중 오염물질 함량이 중금속잔류허용기준을 초과하여 대책지역 지정을 요청한 지역일 것

　㉡ 농경지 외의 지역의 경우에는 지표면으로부터 지하수(대수층)면 상부 토양 사이의 토양오염도가 대책기준을 초과한 지역 또는 특별자치도지사 · 시장 · 군수 · 구청장이 대책지역지정을 요청한 지역으로서 인체에 대한 피해가 우려되고 그 면적이 1만 제곱미터 이상인 지역일 것

66 지하수보전구역, 상수원보호구역에 설치된 특정토양오염관리대상시설의 토양오염 검사주기에 관한 설명으로 맞는 것은?

① 매년 토양오염도 검사를 받아야 함
② 저장시설 설치 후 5년까지는 최초 검사 후 3년 및 5년이 되는 해에 각각 1회
③ 저장시설 설치 후 5년에서 15년까지의 기간 중에는 매 2년에 1회
④ 저장시설 설치 후 15년이 지난 때에는 매년 1회

풀이 특정토양오염관리대상시설의 토양오염 검사주기
　1. 토양오염 방지시설을 설치한 경우의 토양오염도 검사주기는 다음 각 목과 같다.
　　가. 저장시설 설치 후 최초 검사를 한 후 5년 · 10년 · 15년이 되는 해에 각각 1회
　　나. 가목에 따른 검사가 종료된 때부터는 매 2년에 1회
　　다. 동일 부지 내 저장시설의 설치연도가 각각 다를 경우에는 유출방지턱(Dike) 내 설치된 저장시설(이하 "블록"이라 한다) 중 설치연도가 가장 오래된 저장시설의 토양오염도검사 주기에 따라 블록별로 적용한다.
　2. 저장시설 설치 후 10년이 지난 때부터 매 8년이 되는 해에 검사방식에 관계없이 1회 누출검사를 받아야 한다.
　3. 제1호에도 불구하고 다음 각 목의 지역에 설치된 시설은 매년 토양오염도 검사를 받아야 한다. 다만, 가목 또는 라목의 지역(나목 또는 다목의 지역에 해당하지 않는 경우로 한정한다)에 설치된 시설에 대한 토양오염도검사 결과 토양오염물질이 불검출로 확인된 경우에는 해당 시설은 다음 연도 토양오염도검사를 받지 않을 수 있다.
　　가. 「국토의 계획 및 이용에 관한 법률」에 따른 자연환경보전지역
　　나. 「지하수법」에 따른 지하수보전구역

다. 「수도법」에 따른 상수원보호구역
라. 「환경정책기본법」에 따른 특별대책지역(대기보전과 관련된 특별대책지역은 제외한다)

67 특별자치도지사, 시장, 군수, 구청장은 환경부령으로 정하는 바에 따라 특정토양오염관리대상시설의 설치자에게 감독상 필요한 자료의 제출을 명할 수 있으며, 소속 공무원으로 하여금 특정 토양오염관리대상시설에 출입하여 토양오염 방지시설의 설치, 토양오염검사 및 그 결과의 보전 여부 등을 검사하게 할 수 있다. 이에 따른 공무원의 출입·검사를 거부·방해 또는 기피한 자에 대한 과태료 부과 기준은?

① 100만 원 이하　② 200만 원 이하
③ 300만 원 이하　④ 500만 원 이하

풀이 법 제32조 제1항 참조

68 지하수를 공업용수로 이용하는 경우의 지하수 수질기준으로 틀린 것은?

① pH : 5.0~9.0
② 질산성 질소 : 80mg/L 이하
③ 염소이온 : 500mg/L 이하
④ 수은 : 0.001mg/L 이하

풀이 지하수의 수질기준

이용목적별 항목		생활용수	농·어업 용수	공업용수
일반 오염 물질 (4개)	수소이온 농도(pH)	5.8~8.5	6.0~8.5	5.0~9.0
	총 대장균군	5,000 이하 (군수 /100mL)	–	–
	질산성 질소	20 이하	20 이하	40 이하
	염소이온	250 이하	250 이하	500 이하

69 기술인력의 교육에 관한 내용으로 (　) 안에 알맞은 내용은?

법 규정에 의하여 토양 관련 전문기관 또는 토양정화업의 기술인력은 (　)이 개설하는 토양환경관리의 교육과정을 이수하여야 한다.

① 국립환경과학원장
② 국립환경인재개발원장
③ 시·도 보건환경연구원장
④ 지방환경청 또는 유역환경청장

70 오염토양 개선사업의 종류에 대한 설명으로 틀린 것은?

① 오염된 수로의 준설사업
② 오염물질의 흡수력이 강한 식물식재사업
③ 오염개선지역 선정 및 평가 사업
④ 오염토양의 위생적 매립·정화사업

풀이 오염토양 개선사업의 종류
　㉠ 객토 및 토양개량제의 사용 등 농토배양사업
　㉡ 오염된 수로의 준설사업
　㉢ 오염토양의 위생적 매립·정화사업
　㉣ 오염물질의 흡수력이 강한 식물식재사업
　㉤ 그 밖에 특별자치도지사·시장·군수·구청장이 필요하다고 인정하는 사업

71 보관, 운반 및 정화 등의 과정에서 오염토양을 누출·유출시킨 자에 대한 벌칙 기준은?

① 500백만 원 이하의 벌금
② 1천만 원 이하의 벌금
③ 1년 이하의 징역 또는 1천만 원 이하의 벌금
④ 2년 이하의 징역 또는 2천만 원 이하의 벌금

풀이 법 제30조 참조

72 환경부장관이 수립하도록 되어 있는 토양보전기본계획에 반드시 포함되어야 할 사항으로 틀린 것은?

① 토양오염의 현황, 진행상황 및 장래 예측
② 토양오염 방지를 위한 재원 조달계획
③ 토양오염의 방지에 관한 사항
④ 토양보전에 관한 시책방향

풀이 토양보전에 관한 기본계획 수립 시 포함사항
ㄱ 토양보전에 관한 시책방향
ㄴ 토양오염의 현황, 진행상황 및 장래 예측
ㄷ 토양오염의 방지에 관한 사항
ㄹ 토양 정화 및 정화된 토양의 이용에 관한 사항
ㅁ 토양 정화와 관련된 기술의 개발 및 관련 산업의 육성에 관한 사항
ㅂ 토양 정화를 위한 기술인력의 교육 및 양성에 관한 사항
ㅅ 그 밖에 토양보전에 필요한 사항

73 환경부장관은 토양보전을 위하여 몇 년마다 토양보전에 관한 기본계획을 수립·시행하여야 하는가?

① 20년   ② 15년
③ 10년   ④ 5년

74 환경부장관 또는 시장·군수는 지하수 수질 검사 결과 수질기준에 적합하지 아니한 경우에는 수질개선 등 조치를 명할 수 있는데, 다음 중 조치 명령 사항에 해당하지 않는 것은?

① 지하수의 정수처리
② 지하수 개발시설의 보완
③ 지하수 이용시설의 보완
④ 지하수오염관측의 설치 및 정기적인 수질 측정

풀이 환경부장관 또는 시장·군수·구청장은 통보를 받았을 때에는 해당 지하수를 이용하는 자에 대하여 이용 중지를 명하거나 다음 각 호의 어느 하나에 해당하는 방법으로 수질개선 등 필요한 조치를 할 것을 명할 수 있다.
ㄱ 지하수의 정수처리(지하수의 개발·이용 목적상 정수처리가 필요하다고 시장·군수·구청장이 인정한 경우만 해당한다.)
ㄴ 지하수개발·이용시설의 보완

75 속임수나 그 밖의 부정한 방법으로 토양 관련 전문기관의 지정을 받거나 토양정화업의 등록을 한 자에 대한 벌칙 기준은?

① 1년 이하의 징역 또는 1천만 원 이하의 벌금
② 2년 이하의 징역 또는 2천만 원 이하의 벌금
③ 3년 이하의 징역 또는 3천만 원 이하의 벌금
④ 5년 이하의 징역 또는 5천만 원 이하의 벌금

풀이 법 제30조 참조

76 측정망설치계획에 포함되어야 하는 사항으로 틀린 것은?

① 측정망 설치시기
② 측정망 배치도
③ 측정대상 오염물질
④ 측정지점의 위치 및 면적

풀이 측정망설치계획 포함 사항
ㄱ 측정망 설치시기
ㄴ 측정망 배치도
ㄷ 측정지점의 위치와 면적

77 토양오염조사기관이 수행하는 업무에 해당하지 않는 것은?

① 누출조사 및 검사
② 토양정밀조사
③ 토양정화의 검증
④ 토양오염도 검사

풀이 토양오염조사기관의 업무
ㄱ 토양정밀조사
ㄴ 토양오염도 검사
ㄷ 토양정화의 검증
ㄹ 오염토양 개선산업의 지도·감독

정답   72 ②   73 ③   74 ④   75 ①   76 ③   77 ①

78 지하수의 수질기준 항목 중 특정유해물질에 포함되지 않는 항목은?(단, 지하수를 생활용수로 이용하는 경우)

① TPH   ② 비소
③ 톨루엔   ④ TCE

풀이 지하수의 수질기준(특정유해물질)

구분	생활용수	농·어업 용수	공업용수
카드뮴	0.01 이하	0.01 이하	0.02 이하
비소	0.05 이하	0.05 이하	0.1 이하
시안	0.01 이하	0.01 이하	0.2 이하
수은	0.001 이하	0.001 이하	0.001 이하
유기인	0.0005 이하	0.0005 이하	0.0005 이하
페놀	0.005 이하	0.005 이하	0.01 이하
납	0.1 이하	0.1 이하	0.2 이하
6가 크롬	0.05 이하	0.05 이하	0.1 이하
트리클로로에틸렌	0.03 이하	0.03 이하	0.06 이하
테트리클로로에틸렌	0.01 이하	0.01 이하	0.02 이하
1.1.1-트리클로로에탄	0.15 이하	0.3 이하	0.5 이하
벤젠	0.015 이하	-	-
톨루엔	1 이하	-	-
에틸벤젠	0.45 이하	-	-
크실렌	0.75 이하	-	-

79 토양오염의 피해에 관한 무과실책임에 대한 설명으로 틀린 것은?

① 토양오염이 천재지변으로 인하여 발생한 경우에는 당해 오염원인자는 그 피해를 배상하지 아니한다.
② 오염원인자가 2인 이상으로서 어느 오염원인자에 의하여 피해가 발생한 것인지 알 수 없을 때에는 각 오염원인자가 연대하여 배상하고 오염된 토양을 정화하여야 한다.

③ 토양오염으로 인하여 피해가 발생한 경우 그 오염을 발생시킨 자는 그 피해를 배상하고 오염된 토양을 정화하는 등의 조치를 하여야 한다.
④ 토양오염관리대상시설을 양수한 자가 선의이며 과실이 없는 때에는 토양오염원인자로 보지 아니한다.

풀이 토양오염의 피해에 대한 무과실 책임
1. 토양오염으로 인하여 피해가 발생한 경우 그 오염을 발생시킨 자는 그 피해를 배상하고 오염된 토양을 정화하는 등의 조치를 하여야 한다. 다만, 토양오염이 천재지변이나 전쟁, 그 밖의 불가항력으로 인하여 발생하였을 때에는 그러하지 아니하다.
2. 토양오염을 발생시킨 자가 둘 이상인 경우에 어느 자에 의하여 제1항의 피해가 발생한 것인지를 알 수 없을 때에는 각자가 연대하여 배상하고 오염된 토양을 정화하는 등의 조치를 하여야 한다.

80 지하수 수질기준 설정항목 중 수질기준으로 틀린 것은?

① 톨루엔 : 생활용수로 이용 — 1.0mg/L 이하
② 트리클로로에틸렌 : 생활용수로 이용 — 0.05 mg/L 이하
③ 수은 : 공업용수로 이용 — 0.001mg/L 이하
④ 6가 크롬 : 공업용수로 이용 — 0.1mg/L 이하

풀이 문제 78번 풀이 참조

010 2017년 1회 기사

1과목 토양학개론

01 다음 중 이온교환효율이 큰 순서로 옳은 것은?

① Li > Rb > Na > K

② K > Rb > Li > Na

③ Na > Li > K > Rb

④ Rb > K > Na > Li

풀이 이온교환효율이 큰 순서(이온에 따른 침투력의 크기) : 해리순서

$Al^{3+} > Ca^{2+} > Mg^{2+} > NH_4^+ > K^+ > Na^+ > Li^+$

02 유류로 오염된 자유면대수층의 토양시료를 채취하여 분석한 결과 유효공극의 크기가 $20\mu m$라면 모관대의 두께(cm)는?(단, 20℃ 조건)

① 105

② 110

③ 135

④ 150

풀이 모세관대 두께$= \dfrac{0.15cm^2}{r(cm)} = \dfrac{0.15cm^2}{0.001cm} = 150cm$

$$\left(20\mu m \times \dfrac{cm}{10^4\mu m} = 0.002cm\right)$$

03 토양에 대한 설명으로 틀린 것은?

① 토양은 고체, 액체, 기체로 구성된 3차원의 공간으로 구성된 흙을 말한다.

② 토양기체는 토양의 공극에 토양수가 차지하고 있지 않은 공간에 있는 토양 공기를 말한다.

③ 토양에 존재하는 수분에는 수용성 무기물과 유기물이 녹아 있어 식물의 영양물질이 되며, 이를 지하수라 한다.

④ 토양을 구성하고 있는 고체는 풍화된 암석광물인 무기물과 각종 생물체를 포함한 유기물로 구성되어 있다.

풀이 토양수분은 여러 가지 무기·유기물질을 포함하고 있는 용액상태이며, 지하수란 지표부와 대층되는 말로 지하에 있는 암석의 간극을 채우고 있는 간극수를 말한다.

04 토양구성 입자의 직경, 즉 입도분포를 결정하기 위한 분석과 가장 거리가 먼 것은?

① 비중계분석

② 비표면적분석

③ 체분석

④ 침전분석

풀이 입도분포를 결정하기 위한 분석방법

㉠ 비중계분석 : 토양의 현탁액에 특수한 비중계를 꽂고 그 농도를 조정하는 방법

㉡ 체분석 : 토양이 조립토인 경우 분석

㉢ 침전분석 : 세립토인 경우 Stokes 법칙을 이용한 분석

비표면적 분석을 통해 입자의 비표면적 넓이와 기공률, 기공부피 등을 확인할 수 있다.

05 토양이 수분을 보유하는 힘인 토양수분장력을 나타내는 식은?[단, H : 물기둥 높이(cm), P : 압력(mmHg)]

① pF=log H

② pF=log(H/P)

③ pF=log P

④ pF=log(P/H)

풀이 토양수분장력(pF)

수주높이(cm)의 대수값을 pF로 표시하여 나타낸다.

pF=log H

여기서, H : 물기둥(수주) 높이(cm)

06 DNAPL에 속하는 물질은?

① 연료유

② TCE

③ 톨루엔

④ 항공유

풀이 DNAPL(고밀도 비수용성 액체) 오염물질

㉠ TCE(Trichloroethylene),

PCE(Perchloroethylene)

ⓒ 페놀, PCB(Polychlorinated Biphenyl)
ⓒ 1,1,1−trichloroethane(1,1,1−TCA),
　2−Chlorophenol(클로로페놀)
ⓔ 클로로포름, 사염화탄소

07 토양의 pH가 높은 경우 인의 유효도가 감소되는 원인은?

① calcium phosphate 침전물 형성
② aluminum phosphate 침전물 형성
③ sodium phosphate 침전물 형성
④ iron phosphate 침전물 형성

> **풀이** 유효도는 토양에 함유된 양분의 총량 중에서 식물이 흡수·이용할 수 있는 형태의 양분비율을 말한다. 높은 pH에서 인의 유효도가 감소하는 요인은 pH 6 근처에서 칼슘화합물 형성을 시작하여 pH 7 이상에서는 불용성인 인회석[Ca(PO₄)₃Ca(OH)₂]이 형성되기 때문이다.

08 토양 수직단면을 분류하는 성층구조에서 가장 상층에 존재하는 토양층위는?

① A_1 ② B_1
③ O_1 ④ C

> **풀이** 토양의 단면
> ㉠ O층 : 유기물층　　㉡ A층 : 용탈층
> ㉢ B층 : 집적층　　　㉣ C층 : 모재층
> ㉤ R층 : 모암층

09 유기질(식물조직)로 이루어진 늪지의 토양을 나타내는 토양목(Order)은?

① Andosol   ② Entisol
③ Vertisol   ④ Histosol

> **풀이** 히스토졸(Histosols)
> ㉠ 영구동결층이 없는 유기질 토양을 말하며 부분적으로 또는 심하게 분해된 수생식물의 잔재가 얕은 연못이나 습지에서 퇴적되어 형성된다.
> ㉡ 유기질(식물조직)로 이루어진 늪지의 토양으로 흑색과 암갈색을 나타낸다.

ⓒ 유기물 함량이 20~30% 이상이며 유기물 토양층은 40cm 이상이다.
ⓔ 담수상태 또는 산성 조건에서 발달하는 유기질 늪지 토양이다.
ⓕ 이탄토, 흑니토 등이 이에 속한다.

10 오염물질의 이동 특성 중 이류(Advection)에 해당하는 것은?

① 용액의 농도가 불균일할 때 농도가 높은 곳으로부터 낮은 곳으로 물질이 이동하는 것
② 지하수환경으로 유입된 오염물질이 지하수의 공극유속과 같은 속도로 움직이는 것
③ 용질이 다공질 매체를 통하여 이동하는 과정에서 희석되는 것
④ 용질의 유동이 예상보다 늦어지는 현상

> **풀이** 이류(이송)
> 지하수환경으로 유입된 오염물질이나 용질이 지하수의 공극유속(Pore Water Velocity)과 같은 속도로 움직이는 현상, 즉 지하수의 용존고형물 혹은 열이 지하수와 같은 속도로 수송되는 것이다.

11 물로 염분을 세척하는 방법으로 염류토양을 개량하고자 할 때 일어나는 가장 큰 문제점은?

① 토양의 급격한 산성화
② 투수력의 급격한 저하
③ 염류의 다량 집적
④ 유기물의 급격한 분해

> **풀이** 염류토양을 물로 세척하면 개량 시 통기성이 떨어져 투수력이 급격히 저하하는 문제가 발생한다.

12 벤젠이 포화토양층에 평형상태로 용해 또는 흡착되어 있다. 지하수와 토양에서의 벤젠의 농도는 각각 10mg/L, 50mg/kg이며, 포화토양층의 부피는 2,500m³이다. 토양공극률이 0.44, 토양입자밀도가 3.50g/cm³일 경우 지하수에 용해된 벤젠의 양(kg)은?

① 11   ② 22
③ 33   ④ 44

풀이 지하수에 용해된 벤젠의 양(kg)
$$= 2,500m^3 \times 10mg/L \times 0.44 \times 1kg/10^6 mg$$
$$\times 10^3 L/m^3$$
$$= 11kg$$

13 점토광물 중 비표면적이 가장 작은 것은?

① Montmorillonite
② Kaolinite
③ Trioctahedral Vermiculite
④ Chlorite

풀이 비표면적
  ㉠ Montmorillonite : $600 \sim 800m^2/g$
  ㉡ Kaolinite : $7 \sim 30m^2/g$
  ㉢ Trioctahedral Vermiculite : $600 \sim 800m^2/g$
  ㉣ Chlorite : $70 \sim 150m^2/g$

14 물에 의한 토양의 침식을 증가시키는 데 가장 크게 기여하는 성질은?

① 높은 미사 함량   ② 높은 투수성
③ 높은 입단발달   ④ 높은 유기물 함량

15 유기수은(CH_3Hg)에 대한 설명으로 가장 거리가 먼 것은?

① 금속 상태의 수은보다 생물체 내의 흡수력이 강하다.
② 수중 생물의 농축·이동을 통해 이타이이타이병을 유발시킨다.
③ 중추신경계와 말초신경계를 주로 손상시킨다.
④ 생물체 내에 흡수되면 단백질과 결합하여 부식작용을 유발한다.

풀이 유기수은은 미나마타병의 원인물질로 신경계통의 장애를 주어 언어, 지각장애 등을 유발하는 오염물질이다.

16 1~40cm 깊이의 상층부 토양의 중량수분 함량이 15%, 용적밀도가 $1.2g/cm^3$이고, 40~100cm 깊이의 하층부 토양의 중량수분 함량이 25%, 용적밀도가 $1.4g/cm^3$일 때, 이 토양 10ha에서 1m 깊이까지 함유되어 있는 물의 부피(m^3)는?

① 18,200   ② 28,200
③ 38,200   ④ 48,200

풀이 물의 부피 = 상층부 + 하층부
  상층부 $= 0.4m \times 10,000m^2/ha$
    $\times 10ha \times 0.15 \times 1.2$
    $= 7,200m^3$
  하층부 $= 0.6m \times 10,000m^2/ha$
    $\times 10ha \times 0.25 \times 1.4$
    $= 21,000m^3$
  $= 7,200 + 210,000 = 28,200m^3$

17 토양수분의 물리학적 분류에 해당하지 않는 것은?

① 결합수   ② 흡습수
③ 유효수   ④ 모세관수

풀이 토양수분의 물리적 분류
  ㉠ 결합수   ㉡ 흡습수
  ㉢ 모세관수   ㉣ 중력수

18 질산성 질소가 혐기적 조건에서 산소를 잃고 질소 가스로 변하는 작용은?

① 무기화 작용   ② 부동화 작용
③ 질산화 작용   ④ 탈질 작용

풀이 탈질 작용은 NO_3^-(질산이온)이 탈질세균에 의해 N_2O, NO, N_2 등으로 환원되는 작용을 말한다.

19 공극률(Porosity)이 0.3인 토양의 공극비는?

① 0.34   ② 0.43
③ 0.52   ④ 0.61

풀이 공극비 $= \dfrac{공극률}{1 - 공극률} = \dfrac{0.3}{1 - 0.3} = 0.43$

20 토양의 용적비중이 1.2, 입자비중이 2.4일 때, 이 토양의 공극률(%)은?

① 30   ② 40

③ 50   ④ 60

풀이 공극률(%) $= \left(1 - \dfrac{용적비중}{입자비중}\right) \times 100$

$\qquad\qquad = \left(1 - \dfrac{1.2}{2.4}\right) \times 100 = 50\%$

2과목   **토양 및 지하수오염조사기술**

21 원자흡수분광광도법에 사용되는 불꽃을 만들기 위한 조연성 가스와 가연성 가스의 조합 중 원자 외 영역에서 불꽃 자체에 의한 흡수가 적기 때문에 이 파장영역에서 분석선을 갖는 원소의 분석에 적당한 것은?

① 아세틸렌 – 이산화질소

② 프로판 – 공기

③ 아세틸렌 – 공기

④ 수소 – 공기

풀이 원자흡수분광광도계 – 가연성, 조연성 가스

   ㉠ 원자흡수분광광도계에 불꽃을 만들기 위해 조연성 가스와 가연성 기체를 사용하는데, 일반적으로 가연성 가스로 아세틸렌을 조연성 가스로 공기를 사용한다.

   ㉡ 수소 – 공기와 아세틸렌 – 공기는 거의 대부분의 원소 분석에 유효하게 사용할 수 있다.

22 불소의 정량을 위한 시험방법으로 옳은 것은?

① 기체크로마토그래피법

② 자외선/가시선 분광법

③ 원자흡수분광광도법

④ 유도결합플라스마 – 원자발광분광법

풀이 불소의 정량 시험방법

   자외선/가시선 분광법(정량한계 : 10mg/kg)

---

23 실험 총칙의 내용으로 틀린 것은?

① 감압 또는 진공이라 함은 따로 규정이 없는 한 15mmHg 이하를 말한다.

② 가스체의 농도는 표준상태(0℃, 1기압, 상대습도 0%)로 환산하여 표시한다.

③ 제반시험 조작은 따로 규정이 없는 한 실온에서 실시하고 조작 직후 그 결과를 관찰하는 것으로 한다.

④ "항량으로 될 때까지 건조한다"라 함은 같은 조건에서 1시간 더 건조할 때 전후 무게차가 g당 0.3mg 이하일 때를 말한다.

풀이 제반시험 조작은 따로 규정이 없는 한 상온에서 실시하고 조작 직후 그 결과를 관찰하는 것으로 한다. 단, 온도의 영향이 있는 것의 판정은 표준온도를 기준으로 한다.

24 TPH 측정에 관한 설명으로 틀린 것은?

① 유효 측정농도는 10mg/kg 이상으로 한다.

② 기체크로마토그래피법에 의해 분석한다.

③ 메틸알코올을 사용하여 추출한다.

④ 노말알칸($C_8 \sim C_{40}$) 표준물질의 총면적과 시료 피크의 총면적을 비교하여 정량한다.

풀이 석유계 총 탄화수소(TPH) – 기체크로마토그래피

   시료 중의 제트유·등유·경유·벙커C유·윤활유·원유 등을 디클로로메탄으로 추출하여 정제한 후 기체크로마토그래피에 따라 짝수의 노말알칸($C_8 \sim C_{40}$) 표준물질의 총면적과 시료 봉우리의 총면적을 비교하여 석유계 총 탄화수소를 정량한다.

25 기체크로마토그래피로 유기인화합물을 측정할 때 사용되는 정제용 칼럼으로 가장 거리가 먼 것은?

① 실리카겔 칼럼   ② 플로리실 칼럼

③ 활성탄 칼럼   ④ 폴리아미드 칼럼

풀이 유기인화합물 – 기체크로마토그래피의 정제용 컬럼
- ㉠ 실리카겔 컬럼
- ㉡ 활성탄 컬럼
- ㉢ 플로리실 컬럼

26 이온전극법을 이용하여 측정하기에 가장 적합한 항목은?

① 불소
② 아연
③ 트리클로로에틸렌
④ 폴리클로리네이티드비페닐

풀이 불소 적용이 가능한 시험방법
- ㉠ 자외선/가시선 분광법
- ㉡ 이온전극법

27 저장물질이 없는 누출검사대상시설에 대하여 비파괴 검사를 실시할 때 주의사항으로 ( )에 옳은 내용은?

탱크 내부에 진입하기 전에 가연성 가스 농도측정기를 사용하여 내부의 가스농도를 측정하여 당해 위험물의 폭발하한의 ( )임을 확인하여야 하며, 산소농도측정기를 사용하여 산소농도가 20.5% 이상임을 확인하여야 한다.

① 2분의 1 이하 　② 4분의 1 이하
③ 8분의 1 이하 　④ 10분의 1 이하

28 원자흡수분광광도법을 이용하여 카드뮴을 분석할 때의 내용으로 가장 거리가 먼 것은?

① 측정 파장은 228.8nm이다.
② 시안화칼륨이 존재하는 알칼리에서 디티존과 반응시킨다.
③ 유효 측정농도는 $0.002\mu g/g$ 이상으로 한다.
④ 시료 중에 알칼리금속의 할로겐 화합물이 다량 함유된 경우에는 분자흡수나 광산란에 의하여 오차가 발생한다.

풀이 카드뮴 – 원자흡수분광광도법
토양을 왕수(염산과 질산)로 산분해하여 전처리한 시료용액을 직접 불꽃으로 주입하여 원자화한 후 원자흡수분광광도법으로 분석하며, 원소의 정성 및 정량분석을 수행한다.
②는 납의 분석법(디티존법) 내용이다.

29 유도결합플라스마 – 원자발광분광법(ICP)과 원자흡수분광광도법(AAS)에 대한 설명이 맞는 것은?

① AAS : 아르곤가스 사용
② ICP : 불꽃원자화장치와 비불꽃원자화장치로 대별
③ AAS : 수은, 비소는 환원기화법으로 측정
④ ICP : 4,000~6,000K의 온도 사용

풀이 ㉠ 비소는 수소화물 생성 – 원자흡수분광광도법을 적용한다.
㉡ 수은은 냉증기 또는 열적분해 아말감 원자흡수분광광도법을 적용한다.

30 니켈의 함량을 측정하고자 할 때 검량선에서 얻어진 니켈의 농도가 5.5mg/L이었다면 토양 중 니켈의 함량(mg/kg)은?(단, 수분 보정한 토양시료의 무게 3g, 시료 용기의 부피 0.1L, 바탕시험용액의 니켈농도 0.3mg/L, 최종증류액 500mL)

① 약 183.3 　② 약 175.5
③ 약 173.3 　④ 약 193.3

풀이 니켈 함량(mg/kg) $= \dfrac{(C_1 - C_0)}{W_d} \times f \times V$

$= \dfrac{(5.5 - 0.3)}{0.003} \times 0.1$

$= 173.3 \text{mg/kg}$

31 토양환경평가를 수행한 결과 오염면적이 40,000m²인 것으로 나타났으며, 오염깊이는 1심도부터 3심도까지인 것으로 조사되었다. 이 지역의 오염토양량(m³)은?

① 40,000 　② 50,000
③ 60,000 　④ 80,000

풀이 오염깊이 1~3심도(1m 적용)

오염토양량(m³) = 40,000m² × 1m

= 40,000m³

32 6가 크롬(자외선/가시선 분광법) 측정에 관한 설명으로 옳은 것은?

① 청색의 착화합물의 흡광도를 460nm에서 측정

② 청색의 착화합물의 흡광도를 540nm에서 측정

③ 적자색의 착화합물의 흡광도를 460nm에서 측정

④ 적자색의 착화합물의 흡광도를 540nm에서 측정

풀이 6가 크롬 – 자외선/가시선 분광법

시료 중 6가 크롬을 디페닐카르바지드와 반응시켜 생성하는 적자색의 착화합물의 흡광도를 540nm에서 측정하여 6가 크롬을 정량하는 방법이다.

33 원자흡수분광광도법을 사용한 아연 분석 시 정확도 범위로 옳은 것은?

① 25~75%

② 70~130%

③ 상대표준편차가 15~25%

④ 상대표준편차가 25~30%

풀이 원자흡수분광광도법 정도관리 목표값

정도관리 항목	정도관리 목표
정량한계	구리 1.0mg/kg, 납 4.0mg/kg, 니켈 4.0mg/kg, 아연 2.0mg/kg, 카드뮴 0.40mg/kg
검정곡선	결정계수(R^2) > 0.98 또는 감응계수(RF)의 상대표준편차 < 20%
정밀도	상대표준편차가 30% 이내
정확도	70~130%

34 저장물질이 없는 누출검사대상시설 – 가압시험법에서 '안정된 시험압력'이라 함은 가압 후 유지시간 동안 압력강하가 시험압력의 몇 % 이하인 압력을 말하는가?

① 5%

② 10%

③ 15%

④ 20%

풀이 누출검사대상시설 및 이와 연결된 지하매설배관은 질소 등 불활성 가스를 사용하여 0.2kgf/cm²의 시험압력으로 가압한 후 10분 동안 유지시켜 안정된 시험압력을 확인하고, 그 후 1시간 동안의 압력 변화를 측정한다.("안정된 시험압력"이라 함은 가압 후 유지시간 동안 압력강하가 시험압력의 10% 이하인 압력을 말한다.)

35 토양시료조제방법이 다른 중금속은?

① 아연

② 카드뮴

③ 구리

④ 납

36 수분함량 측정에 대한 설명 중 ( )에 알맞은 내용은?

시료를 (㉠)℃에서 (㉡)시간 이상 건조하고 데시케이터에서 식힌 후 항량으로 하고 무게를 정확히 달아 수분함량(%)을 구한다.

① ㉠ 150~155, ㉡ 8

② ㉠ 150~155, ㉡ 4

③ ㉠ 105~110, ㉡ 8

④ ㉠ 105~110, ㉡ 4

풀이 수분함량

시료를 105~110℃에서 4시간 이상 건조하고 데시케이터에서 식힌 후 항량으로 하고 무게를 정확히 달아 수분함량(%)을 구한다.

37 저장물질이 있는 누출검사대상시설의 기상부 시험 시 주의사항으로 틀린 것은?

① 기상 변화가 심할 때는 시험을 실시하지 않음

② 미감압시험의 경우, 저장물질이 30℃에서 점도 450cSt 이상인 물질인 경우에 적용함

③ 가압장치는 300mmH₂O 이상의 압력이 가해지지 않도록 안전장치를 설치함

④ 시험기간 동안 진동 등 압력 변화에 영향을 주는 경우가 없도록 하며, 시험 중 항상 압력을 관찰하도록 함

정답 32 ④ 33 ② 34 ② 35 ① 36 ④ 37 ②

풀이 저장물질이 있는 누출검사대상시설 – 기상부 시험 시 주의사항

ㄱ 기상 변화가 심할 때는 시험을 실시하지 않는다.

ㄴ 과도한 속도로 가압과 감압을 하지 않도록 한다.

ㄷ 미감압시험의 경우, 저장물질이 20℃에서 점도가 150cSt 이하인 물질인 경우에 적용한다.

ㄹ 가압장치는 300mmH₂O 이상의 압력이 가해지지 않도록 안전장치를 설치한다. 안전장치는 수중드롭 방식으로 하고 드롭파이프의 지름은 밸브 측 배관지름보다 크게 한다.

ㅁ 가압시험 종료 후 가스 방출과 감압을 위해 누출검사대상시설로부터 배출된 기체 및 액체는 안전한 공간으로 배출한다.

ㅂ 시험기간 동안 진동 등 압력 변화에 영향을 주는 경우가 없도록 하며, 시험 중 항상 압력을 관찰하도록 한다.

ㅅ 시험기간 동안 화기의 사용을 금한다.

38 토양오염도를 측정하기 위한 시료의 조제 시 눈금간격 0.075mm의 표준체(200메시)로 체거름 해야 하는 시료는?

① 비소 ② 카드뮴

③ 니켈 ④ 불소

39 유기인화합물을 기체크로마토그래피로 측정할 때 정밀도(% RSD) 기준으로 옳은 것은?(단, 정도보증/정도관리에 따라 산정)

① 정밀도는 측정값의 상대표준편차로 산출하며 그 값이 5% 이내이어야 한다.

② 정밀도는 측정값의 상대표준편차로 산출하며 그 값이 10% 이내이어야 한다.

③ 정밀도는 측정값의 상대표준편차로 산출하며 그 값이 20% 이내이어야 한다.

④ 정밀도는 측정값의 상대표준편차로 산출하며 그 값이 30% 이내이어야 한다.

풀이 유기인화합물 – 기체크로마토그래피 정도관리 목표값

정도관리 항목	정도관리 목표
정량한계	각 항목별 0.05mg/kg
검정곡선	결정계수(R^2)>0.98 또는 감응계수(RF)의 상대표준편차<20%
정밀도	상대표준편차가 30% 이내
정확도	70~130%

40 유도결합플라스마 – 원자발광분광법에서 내부표준 원소로 사용하는 물질로 적합한 것은?

① 이트륨 ② 란타늄

③ 스트론튬 ④ 세슘

3과목 **토양 및 지하수오염정화기술**

41 오염지하수를 반응벽체로 처리하고자 한다. 반응벽체 내 공극률은 0.5로 결정되었다. 지하수의 Darcy 속도가 3m/day이고, 오염지하수의 반응벽체 내 체류시간을 8시간으로 설계할 경우 반응벽체의 두께(m)는?

① 2.0 ② 2.2

③ 2.4 ④ 2.6

풀이 반응벽체 두께(m) $= \dfrac{\text{Darcy 속도} \times \text{체류시간}}{\text{공극률}}$

$= \dfrac{3\text{m/day} \times 8\text{hr} \times \text{day}/24\text{hr}}{0.5}$

$= 2.0\text{m}$

42 오염토양의 생물통기법 적용 가능성을 판단하기 위해 실시하는 호흡률 측정방법에 대한 설명으로 틀린 것은?

① 미생물호흡률 측정은 일반적으로 50시간 정도 실시한다.
② 호흡률 측정 결과가 1%/day 이하인 경우에 적용성이 우수한 것으로 판단한다.
③ 호흡률 측정은 초기에는 2시간 간격으로 실시하고 점차 간격을 늘려 간다.
④ 산소농도가 5% 미만이거나 더 이상 감소되지 않을 때까지 실시한다.

풀이 생물통기법 적용 시 호흡률 측정 결과가 10%/day 이하인 경우에 적용성이 우수한 것으로 판단한다.

43 식물정화법의 장점이라 볼 수 없는 것은?

① 비용이 적게 든다.
② 다양한 오염물질에 적용 가능하다.
③ 다른 방법에 비해 효과가 빠르다.
④ 넓은 부지의 오염지역에 적용이 가능하다.

풀이 식물정화법은 다른 방법에 비하여 효과가 느리다.

44 생물통기법 등 생물학적 정화공법 적용을 위해 산소소모량을 산정할 때 수행하는 실험방법은?

① 순간수위변화시험 ② 생분해도 실험
③ 현장 호흡률 시험 ④ 양수실험

45 반응속도 및 반응기에 대한 설명으로 틀린 것은?

① 반응차수가 0이 된다면 반응속도는 농도와 무관하다.
② 반응차수가 1이 된다면 반응속도는 농도와 비례하게 된다.
③ 0차 반응속도상수 단위는 농도/시간이다.
④ 완전혼합반응기가 관류형 반응기보다 처리소요시간이 짧다.

풀이 완전혼합반응기가 관류형 반응기보다 처리소요시간이 길다.

46 토양증기추출에 관한 설명으로 옳은 것은?

① 오염물질의 잔존 독성이 없음
② 지반구조와 상관없이 총 처리시간 예측이 용이함
③ 추출된 기체의 후처리가 필요함
④ 증기압이 낮은 오염물의 제거효율이 높음

풀이 토양증기추출법은 오염물질의 잔존독성이 있고, 지반구조가 복잡하므로 총 처리시간을 예측하기 어려우며, 증기압이 낮은 오염물질은 제거효율이 낮다.

47 군 사격장으로 사용하던 지역이 TNT와 RDX로 오염되었다. 식물정화법을 적용하여 정화하고자 할 때 분해에 관여하는 효소는?

① Dehalogenase ② Peroxidase
③ Nitroreductase ④ Nitrilase

풀이 식물정화에 중요한 역할을 하는 효소와 분해되는 오염물질

효소	분해되는 오염물질
Dehalogenase	염소계 유기용매(TCE), 에틸렌 함유 화합물(Hexachloroethane)
Laccase	Aminotoluene, 탄약폐기물
Nitroreductase	TNT, RDX
Nitrilase	제초제(Atrazine)
Peroxidase	페놀
Phosphatase	살충제(유기인계)

48 오염 토양을 열처리하여 복원하는 대표적인 열탈착 장치의 종류가 아닌 것은?

① 열스크루 탈착장치 ② 로터리 탈착장치
③ 세정식 탈착장치 ④ 유동상 탈착장치

풀이 열탈착 장치
　　㉠ 로터리 탈착장치 ㉡ 열스크루 장치
　　㉢ 유동상 탈착장치 ㉣ 마이크로파 탈착장치
　　㉤ 스팀주입 탈착장치

49 실험실에서의 예비실험 결과 독성물질의 1차 반응 분해 상수가 0.03day^{-1}임을 알았다. 이 물질의 반감기와 가장 가까운 것은?(단, 자연지수 기준)

① 약 23일   ② 약 26일
③ 약 28일   ④ 약 30일

풀이 $\ln\dfrac{0.5\,C_0}{C_0} = -kt$

$$t = -\dfrac{\ln 0.5}{k} = \dfrac{-0.6931}{-0.03} = 23.10\text{day}$$

50 미생물의 종류별 탄소원과 에너지원의 연결로 틀린 것은?(단, 탄소원-에너지원)

① 화학합성 자가영양 : CO_2-유기물의 산화환원 반응
② 화학합성 종속영양 : 유기탄소-유기물의 산화환원반응
③ 광합성 종속영양 : 유기탄소-빛
④ 광합성 자가영양 : CO_2-빛

풀이 탄소원과 에너지원에 따른 미생물 분류

구분(영양 형태)	탄소원	에너지원	예
광(합성) 독립(자가) 영양 미생물 (Photoautotroph)	CO_2	빛	남조류(Cyano-bacteria), 조류, 시안세균
광(합성) 종속영양 미생물 (Photohetero-troph)	유기탄소 (유기화합물)	빛	Rhodospeudo-monas, Rhodospirillum
화학 독립 (자가) 영양 미생물 (Chemoauto-troph)	CO_2	환원 형태의 무기물(무기물의 산화·환원 반응) (NH_4, H_2S, NO_2^-, H_2, S, $S_2O_3^{2-}$, Fe^{2+})	질화세균 (질산화성균) 황산화균 (황세균), 수소산화균, 철산화균 (철세균)
화학 종속 영양 미생물 (Chemohetero-troph)	유기탄소 (유기화합물)	유기화합물 (유기물의 산화·환원 반응)	원생동물, 진균류, 대부분의 세균

51 식물정화법(phytoremediation) 대상 오염물질 중에서 식물에 의한 안정화에 의하여 영향을 받는 물질이 아닌 것은?

① 유기인화합물
② 중금속
③ 방향족 탄화수소
④ 할로겐화 방향족 탄화수소

풀이

처리 기작	오염물질	대표적 식물	오염 매체
식물 안정화	중금속	포플러나무, 사시 나무	토양
	방향족 탄화수소	버드나무	슬러지
	할로겐 방향족 탄화수소	뿌리가 발달된 초본류	퇴적층

52 기름의 입경 0.2mm, 기름의 비중 0.94g/cm^3, 물의 비중 1g/cm^3, 물의 점성도 $0.01\text{g/cm}\cdot\text{sec}$일 때 기름의 부상속도(cm/min)는?(단, Stokes 법칙 이용)

① 5.84   ② 6.84
③ 7.84   ④ 8.84

풀이 부상속도 V(cm/min)

$$= \dfrac{g \times d^2 (\rho_1 - \rho)}{18 \times \mu}$$

$$= \dfrac{980\text{cm/sec}^2 \times 0.02^2\text{cm}^2 \times (1-0.94)\text{g/cm}^3}{18 \times 0.01\text{g/cm}\cdot\text{sec}}$$

$$= 0.131\text{cm/sec} \times 60\text{sec/min} = 7.84\text{cm/min}$$

53 토양증기추출정(Soil Venting Well)으로부터 10m 거리(r)에 떨어진 관측정의 압력(P_r)을 측정하여 영향 반경(R_I)거리(m)를 계산하면?(단, 추출정 압력 $P_w = 0.9\text{atm}$, $P_r = 0.95\text{atm}$, 영향반경 지점의 압력 $P_{RI} = 0.999\text{atm}$, 추출정 반경 $R_w = 50\text{mm}$)

$$P_r{}^2 - P_w{}^2 = (P_{RI}{}^2 - P_w{}^2)[\ln(r/R_w)/\ln(R_I/R_w)]$$

① 32.8   ② 34.3
③ 37.6   ④ 38.7

정답   49 ①   50 ①   51 ①   52 ③   53 ③

54 반응성 투수벽체 내 반응에 관한 설명으로 틀린 것은?

① 영가철은 2가철로 환원되면서 염소계 화합물의 탈염소반응을 일으킨다.

② 6가 크롬은 전자를 받아 3가 크롬의 침전물을 형성한다.

③ Perchlorate는 영가철로서 처리할 수 없다.

④ 톨루엔은 영가철로서 처리할 수 있다.

풀이 영가철(Fe^0)의 염화유기화합물(TCE, PCE 등) 제거 반응기작(탈염소화 반응)

- $Fe^0 \rightarrow Fe^{2+} + 2e^-$
  [호기성 조건에서 Fe^{2+}로 산화되어 전자방출]
- $R-Cl + 2e^- + H^+ \rightarrow R-H + Cl^-$
  [전자수용체로서 전자를 받은 염소계 화합물의 탈염소화 과정]
- $Fe^0 + RCI + H^+ \rightarrow Fe^{2+} + RH + Cl^-$

55 토양 내 오염물질의 농도가 5mg/kg이었으며 이와 평형상태인 지하수 오염농도는 2mg/L였다. 이 지역 오염물질의 양(mg/m³)은?(단, 토양단위용적밀도=1.6kg/L, 수분 부피비=0.5, 기타 조건은 고려하지 않음)

① 6,000 ② 7,000
③ 8,000 ④ 9,000

풀이 오염물질의 양(mg/m³)
= 토양 + 지하수
토양 = 5mg/kg × 1.6kg/L × 1,000L/m³
  = 8,000mg/m³
지하수 = 2mg/L × 1,000L/m³ × 0.5
  = 1,000mg/m³
= (8,000 + 1,000)mg/m³
= 9,000mg/m³

56 토양경작법의 장단점에 대한 설명으로 틀린 것은?

① 설계와 운영이 용이하다.

② 오염물의 저감에 한계가 있다.

③ 처리부지가 대규모로 필요하다.

④ 생물학적 처리공법으로 2차 오염이 없다.

풀이 토양경작법은 먼지와 배출가스의 발생으로 2차 대기 오염을 유발한다.

57 수직차단벽인 키드인 슬러리 월(Keyed-in Slurry Wall)의 수평적 도식형태 중 부분봉쇄(Partial Barrier, 상방향(Up-gradient))에 대한 설명으로 틀린 것은?

① 오염 부지로부터의 직접적 침출액 발생을 조절하는 데 효과적이다.

② 지하수 흐름 방향의 정확한 예측이 요구된다.

③ 오염물 주위로 지하수 흐름의 부분적 우회(동수경사가 대체로 높은 지역)가 가능하다.

④ 전체봉합방법보다 비용이 저렴하다.

풀이 키드인 슬러리 월의 수평적 도식형태 중 부분봉쇄 상방향의 특징
㉠ 폐기물이 위치한 곳보다 높은 수위에 설치되며, 폐기물을 부분적으로 격리함
㉡ 오염물 주위로 지하수 흐름을 부분적으로 우회(동수경사가 대체로 높은 지역)가 가능함
㉢ 지하수 흐름방향에 대한 정확한 예측(조사)이 요구됨
㉣ 전체봉합방법보다 저비용이 소요됨
㉤ 침출액 발생은 최소화할 수 있으나 오염 부지로부터의 직접적 침출액 발생의 조절은 비효과적임

58 토양증기추출법(SVE ; Soil Vapor Extraction)의 장단점으로 틀린 것은?

① 투과성이 낮은 토양에서는 효과가 적다.

② 짧은 시간에 설치할 수 있다.

③ 지반구조의 복잡성으로 총 처리시간을 예측하기 어렵다.

④ 추출된 기체 처리를 위한 대기오염방지시설이 필요 없다.

풀이 토양증기추출법(SVE)은 추출된 기체의 처리를 위한 대기오염방지시설이 필요하다.

59 토양에 포함된 점토광물 중에서 규산염광물에 해당되지 않는 것은?

① 일라이트   ② 몬모릴로나이트
③ 카올리나이트   ④ 보크사이트

풀이 보크사이트(bauxite)는 수산화 알루미늄($Al_2O_3 + 2H_2O$)으로 이루어진 알루미늄의 주요 광물이다.

60 휘발유로 오염된 토양의 초기 TPH 농도가 4,000ppm이었고, 50일 후 2,500ppm으로 저감되었다. 오염농도는 1차 반응의 자연저감에 의한 것일 때, 초기 농도가 100ppm까지 저감되는 데 소요되는 기간(day)은?

① 약 188   ② 약 248
③ 약 393   ④ 약 443

풀이 $\ln \dfrac{C}{C_0} = -k \times t$

$\ln \dfrac{2,500}{4,000} = -k \times 50\text{day}$

$k = 0.00940\text{day}^{-1}$

$\ln \dfrac{100}{4,000} = -0.00940 \times t$

$t(\text{소요시간}) = 392.43\text{day}$

4과목   토양 및 지하수환경 관계법규

61 국토교통부장관이 지하수의 체계적인 개발·이용 및 효율적인 보전·관리를 위하여 수립하는 지하수관리기본계획의 주기는?

① 3년   ② 5년
③ 10년   ④ 15년

62 오염토양의 반출절차 및 방법에 관한 내용으로 ( )에 옳은 내용은?

특별자치도지사·시장·군수·구청장은 오염토양 반출정화(변경)계획서를 검토하여 반출정화의 계획이 적정한 경우에는 ( )에 적정통보하여야 한다.

① 7일 이내   ② 10일 이내
③ 15일 이내   ④ 30일 이내

풀이 특별자치도지사·시장·군수·구청장은 오염토양 반출정화(변경)계획서를 검토하여 반출정화의 계획이 적정한 경우에는 10일 이내에 적정통보를 하여야 하며, 반출정화대상에 해당하지 아니하는 등 반출정화계획의 내용이 적정하지 아니한 경우에는 10일 이내에 오염토양반출정화(변경)계획서를 반려하거나 보완을 요구하여야 한다.

63 시·도지사가 오염 원인자에게 토양정밀조사를 받을 것을 명할 때에는 토양오염지역의 범위 등을 감안하여 얼마의 기간 범위 안에서 이행기간을 정하여야 하는가?(단, 연장 기간은 고려하지 않음)

① 30일의 범위 안   ② 60일의 범위 안
③ 3월의 범위 안   ④ 6월의 범위 안

풀이 시·도지사 또는 시장·군수·구청장은 정화책임자에게 토양정밀조사를 받을 것을 명할 때에는 토양오염지역의 범위 등을 감안하여 6월의 범위 안에서 그 이행기간을 정하여야 한다. 다만, 시·도지사 또는 시장·군수·구청장은 조사지역의 규모 등으로 인하여 부득이하게 이행기간 내에 조사를 이행하지 못한 자에 대하여는 6월의 범위에서 1회로 한정하여 그 이행기간을 연장할 수 있다.

64 오염토양을 정화하는 자는 오염토양에 다른 토양을 섞어서 오염농도를 낮추는 행위를 하여서는 아니 된다. 이를 위반하여 오염토양에 다른 토양을 섞어서 오염농도를 낮춘 자에 대한 벌칙기준은?

① 3년 이하의 징역 또는 3천만 원 이하의 벌금
② 2년 이하의 징역 또는 2천만 원 이하의 벌금

③ 1년 이하의 징역 또는 1천만 원 이하의 벌금

④ 300만 원 이하의 과태료

풀이 토양환경보전법 제30조 벌칙 참조

65 토양오염조사기관의 업무가 아닌 것은?

① 토양정밀조사

② 토양정화의 검증

③ 토양오염도검사

④ 오염유발시설 누출검사

풀이 토양오염조사기관의 업무
ㄱ 토양정밀조사
ㄴ 토양오염도검사
ㄷ 토양정화의 검증
ㄹ 오염토양 개선산업의 지도 · 감독

66 시 · 도지사가 실시하는 오염토양개선사업에 해당되지 않는 것은?

① 객토 및 토양개량제의 사용 등 농토배양사업

② 오염된 수로의 준설사업

③ 오염토양 부지의 정지사업

④ 오염토양의 위생매립사업

풀이 오염토양개선사업의 종류
ㄱ 객토 및 토양개량제의 사용 등 농토배양사업
ㄴ 오염된 수로의 준설사업
ㄷ 오염토양의 위생적 매립 · 정화사업
ㄹ 오염물질의 흡수력이 강한 식물식재사업
ㅁ 그 밖에 특별자치도지사 · 시장 · 군수 · 구청장이 필요하다고 인정하는 사업

67 토양보전대책지역 지정표지판에 관한 내용으로 틀린 것은?

① 표지판의 규격은 가로 3미터, 세로 2미터, 높이 1.5미터 이상으로 하여야 한다.

② 청색바탕에 황색글씨로 제작하며 지워지지 아니하도록 하여야 한다.

③ 표지판은 사방에서 잘 보이는 곳에 견고하게 설치하여야 한다.

④ 약도는 표지판 설치 위치에서 방향 및 지점 등을 누구나 알 수 있도록 작성하여야 한다.

풀이 토양보전대책지역 지정표지판

> 1. 지정목적
> 2. 지정일자 :　　　 년　　 월　　 일
> 3. 토양보전대책지역 안에서 제한되는 행위
> 4. 토양보전대책지역 내역
> 　가. 주소
> 　나. 면적
> 　다. 약도

※ 비고
1. 표지판의 규격은 가로 3미터, 세로 2미터, 높이 1.5미터 이상으로 하여야 한다.
2. 글자는 페인트 등을 사용하여 지워지지 아니하도록 하여야 한다.
3. 약도는 표지판 설치 위치에서 방향 및 지점 등을 누구나 알 수 있도록 작성하여야 한다.
4. 표지판은 사방에서 잘 보이는 곳에 견고하게 설치하여야 한다.

68 토양 관련 전문기관 및 토양정화업 기술인력 교육계획으로 수립하여 환경부장관에게 제출하여야 하는 자는?

① 국립환경과학원장

② 국립환경인재개발원장

③ 시 · 도보건환경연구원장

④ 환경보전협회장

풀이 기술인력 교육계획
ㄱ 국립환경인재개발원장은 매년 11월 30일까지 교육과정 및 교육내용을 포함한 다음 연도의 교육계획을 수립하여 환경부장관에게 제출하여야 한다.
ㄴ 국립환경인재개발원장은 교육을 실시한 때에는 매분기의 교육실적을 그 분기 종료 후 15일 이내에 환경부장관에게 보고하여야 한다.
ㄷ 교육대상자별 교육의 방법, 그 밖에 교육에 관하여 필요한 구체적인 사항은 환경부장관이 정하여 고시한다.

정답 65 ④　66 ③　67 ②　68 ②

69 토양정화업자의 준수사항으로 틀린 것은?

① 토양정화업자는 매년 1월 31일까지 전년도의 토양정화실적을 시·도지사에게 보고하여야 한다.

② 정화현장에 오염토양의 정화공정도 및 정화일지를 작성하여 비치하고, 정화일지는 3년간 보관하여야 한다.

③ 토양 관련 전문기관의 정화검증을 위한 정화현장 방문, 시료의 채취 등 검증업무수행을 방해해서는 아니 된다.

④ 반입토양 보관시설에 울타리를 설치하여 반입토양의 유실을 방지하여야 한다.

풀이 토양정화업자의 준수사항

ㄱ 기술인력은 해당 분야에 종사하게 하여야 한다.

ㄴ 토양정화업자는 매년 1월 31일까지 전년도의 토양정화실적을 시·도지사에게 보고하여야 한다.

ㄷ 오염토양을 운반하는 때에는 오염토양이 흩날리지 않도록 하여야 하며, 침출수가 유출되지 아니하도록 하여야 한다.

ㄹ 위탁받은 오염토양을 반입정화시설이 아닌 다른 곳에 보관하여서는 아니 되며, 반입정화시설 또는 정화현장 입구에는 오염토양 정화 또는 반입정화시설임을 표시하는 가로 100센티미터 이상, 세로 50센티미터 이상의 표지판을 지상 100센티미터 이상의 높이에 설치하여야 한다. 이 경우 표지판에는 오염토양의 양, 정화공법, 정화기간 및 관리자의 주소·성명·전화번호 등을 기재하여야 한다.

ㅁ 정화현장에 오염토양의 정화공정도 및 정화일지를 작성하여 비치하고, 정화일지는 2년간 보관하여야 한다.

ㅂ 토양 관련 전문기관의 정화검증을 위한 정화현장 방문, 시료의 채취 등 검증업무수행을 방해하여서는 아니 된다.

70 지하수 개발 및 이용의 종료 신고 시, 시장·군수·구청장에게 첨부하여 제출해야 하는 서류로 적합한 것은?

① 원상복구계획서
② 굴착행위(변경)신고증
③ 지하수영향조사서
④ 지하수의 관측 및 조사자료

풀이 지하수 개발·이용의 종료 신고 시 첨부서류

1. 해당 지하수 개발·이용의 종료 신고를 하려는 자는 지하수 개발·이용 종료신고서에 다음 각 호의 서류를 첨부하여 시장·군수·구청장에게 제출하여야 한다.
   ㄱ 해당 지하수 개발·이용시설의 허가서 또는 신고증
   ㄴ 원상복구계획서
2. 신고를 받은 시장·군수·구청장은 신고인에게 지하수 개발·이용 종료신고증을 발급하여야 한다.

71 지하수 오염방지시설로서 밀폐식이 아닌 상부보호공을 설치하는 경우 상단부의 높이는 지표면보다 최소 얼마 이상 높게 설치되어야 하는가?

① 10cm
② 20cm
③ 30cm
④ 40cm

풀이 지하수 오염방지시설의 상부보호공 설치기준

ㄱ 상부보호공은 지하수 개발·이용시설의 보호 및 원활한 유지·관리가 가능한 크기로 하여 지표면 위에 설치하여야 한다. 다만, 지형 여건상 지표면 아래에 설치하여도 지하수의 오염 방지에 지장이 없다고 시장·군수가 인정하는 경우에는 지표면 아래에 설치할 수 있다.

ㄴ 상부보호공의 덮개는 외부로부터 오염물질·지표수 등의 유입을 막고 파손을 방지할 수 있는 재질과 구조로 설치하여야 한다.

ㄷ 케이싱의 윗부분은 지표면 위로 30cm 이상 높게 설치하고, 덮개를 씌워 외부 오염물질이 유입되지 아니하도록 하여야 한다.

ㄹ 케이싱의 덮개에는 방충망을 구비한 공기출입로를 설치하여야 한다.

72 특정토양오염관리대상시설의 종류에 해당하지 않는 것은?

① 특정토양오염물질 제조 및 저장시설
② 석유류의 제조 및 저장시설
③ 유해화학물질의 제조 및 저장시설
④ 송유관시설

풀이 특정토양오염관리대상시설

종류	대상범위
1. 석유류의 제조 및 저장시설	「위험물안전관리법 시행령」의 제4류 위험물 중 제1~4석유류에 해당하는 인화성 액체의 제조·저장 및 취급을 목적으로 설치한 저장시설로서 총 용량이 2만 리터 이상인 시설(이동탱크저장시설을 제외한다)
2. 유독물의 제조 및 저장시설	「유해화학물질 관리법」에 따른 유독물제조업, 유독물판매업, 유독물보관·저장업·유독물사용업의 등록을 한 자 또는 같은 법 제34조 제1항에 따른 취급제한 유독물영업의 허가를 받은 자가 설치한 저장시설 중 별표 1에 의한 토양오염물질을 저장하는 시설(유기용제류의 경우는 트리클로로에틸렌(TCE), 테트라클로로에틸렌(PCE) 저장시설에 한한다)
3. 송유관 시설	「송유관 안전관리법」의 규정에 의한 송유관시설 중 송유용 배관 및 탱크
4. 기타 위 관리대상시설과 유사한 시설로서 특별히 관리할 필요가 있다고 인정되어 환경부장관이 관계중앙행정기관의 장과 협의하여 고시하는 시설	

73 토양오염 우려기준의 오염지역을 1지역, 2지역, 3지역으로 구분하는데, 2지역에 해당되지 않는 것은?

① 도로용지   ② 유원지
③ 종교용지   ④ 창고용지

풀이 토양오염우려기준 구분 중 2지역
「공간정보의 구축 및 관리 등에 관한 법률」에 따른 지목이 임야·염전·대(1지역에 해당하는 부지 외의 모든 대를 말한다.)·창고용지·하천·유지·수도용지·체육용지·유원지·종교용지 및 잡종지(「공간정보의 구축 및 관리 등에 관한 법률 시행령」 제58조 제28호 가목 또는 다목에 해당하는 부지만 해당한다)인 지역

74 석유류의 제조 및 저장시설 중 BTEX 항목만을 검사할 수 있는 시설은?

① 나프타 저장시설   ② 원유 저장시설
③ 등유 저장시설   ④ 윤활유 저장시설

풀이 석유류의 제조 및 저장시설 중 나프타, 휘발유 등 방향족 탄화수소류가 주성분인 석유류를 저장하고 있는 시설의 경우에는 벤젠, 톨루엔, 에틸벤젠, 크실렌 4개 항목을, 항공유, 등유, 경유, 중유, 윤활유, 원유 등 지방족탄화수소류가 주성분인 석유류를 저장하고 있는 시설의 경우에는 석유계 총 탄화수소(TPH) 항목만을 검사하고, 벤젠, 톨루엔, 에틸벤젠, 크실렌을 각각 저장하고 있는 시설의 경우에는 해당하는 항목만을 검사한다.

75 특정토양오염관리대상시설의 변경신고 사유가 아닌 것은?

① 특정토양오염관리대상시설을 교체하거나 토양오염방지시설을 변경하는 경우
② 특정토양오염관리대상시설의 사용을 종료하거나 폐쇄하는 경우
③ 사업장의 위치 또는 사업자가 변경되는 경우
④ 특정토양오염관리대상시설에 저장하는 오염물질을 변경하는 경우

풀이 특정토양오염관리대상시설의 변경신고
    ㉠ 사업장의 명칭 또는 대표자가 변경되는 경우
    ㉡ 특정토양오염관리대상시설의 사용을 종료하거나 폐쇄하는 경우
    ㉢ 특정토양오염관리대상시설을 증설 또는 교체하거나 토양오염방지시설을 변경하는 경우
    ㉣ 특정토양오염관리대상시설에 저장하는 오염물질을 변경하는 경우

76 특정토양오염관리대상시설을 설치한 후 10년이 경과하는 때에는 몇 개월 이내에 토양 관련 전문기관으로부터 누출검사를 받아야 하는가?

① 1개월   ② 3개월
③ 6개월   ④ 9개월

풀이 특정토양오염관리대상시설 토양오염검사
    ㉠ 매년 1회 환경부령으로 정하는 때에 토양 관련 전문기관으로부터 토양오염도검사를 받을 것. 다만, 토양오염방지시설을 설치하고 적정하게 유지·관리하고 있는 경우에는 환경부령으로 정하는 기준에 따라 검사주기를 5년의 범위에서 조정할 수 있다.

정답   **73** ①   **74** ①   **75** ③   **76** ③

ⓛ 특정토양오염관리대상시설(「위험물안전관리법 시행령」에 따른 정기검사의 대상시설을 제외한다. 이하 "누출검사대상시설"이라 한다)을 설치한 후 10년이 경과하였을 때에는 6개월 이내에 토양 관련 전문기관으로부터 누출검사를 받아야 하며, 그 후에는 환경부령으로 정하는 바에 따라 누출검사를 받을 것

물질	1지역	2지역	3지역
6가 크롬	5	15	40
아연	300	600	2,000
니켈	100	200	500
불소	400	400	800
유기인 화합물	10	10	30
폴리클로리네이티드비페닐	1	4	12
시안	2	2	120
페놀	4	4	20
벤젠	1	1	3
톨루엔	20	20	60
에틸벤젠	50	50	340
크실렌	15	15	45
석유계 총 탄화수소(TPH)	500	800	2,000
트리클로로에틸렌(TCE)	8	8	40
테트라클로로에틸렌(PCE)	4	4	25
벤조(a)피렌	0.7	2	7

77 토양환경보전법상 용어의 정의로 틀린 것은?

① "토양오염"이란 사업활동이나 그 밖의 사람의 활동에 의하여 토양이 오염되는 것으로서 사람의 건강·재산이나 환경에 피해를 주는 상태를 말한다.
② "토양오염물질"이란 토양오염의 원인이 되는 물질로서 환경부령이 정하는 것을 말한다.
③ "토양오염관리대상시설"이란 토양오염물질의 생산·운반·저장·취급·가공 또는 처리 등으로 토양을 오염시킬 우려가 있는 시설·장치·건물·구축물 및 그 밖에 환경부령으로 정하는 것을 말한다.
④ "특정토양오염유발대상시설"이란 특정토양오염물질의 누출로 인한 토양오염의 우려가 현저한 시설로서 환경부령이 정하는 것을 말한다.

풀이 "특정토양오염관리대상시설"이란 토양을 현저하게 오염시킬 우려가 있는 토양 오염관리대상시설로서 환경부령으로 정하는 것을 말한다.

78 카드뮴의 토양오염우려기준(단위 : mg/kg)은?(단, 3지역 기준)

① 20 ② 40
③ 60 ④ 120

풀이 토양오염 우려기준(mg/kg)

물질	1지역	2지역	3지역
카드뮴	4	10	60
구리	150	500	2,000
비소	25	50	200
수은	4	10	20
납	200	400	700

79 토양환경평가를 위한 조사 중 시료의 채취 및 분석을 통해 토양오염의 정도와 범위를 조사하는 것은?

① 개황조사 ② 정밀조사
③ 기초조사 ④ 전문조사

풀이 토양환경평가
ⓛ 기초조사 : 자료조사, 현장조사 등을 통한 토양오염의 개연성 여부 조사
ⓛ 개황조사 : 시료의 채취 및 분석을 통한 토양오염 여부 조사
ⓒ 정밀조사 : 시료의 채취 및 분석을 통한 토양오염의 정도와 범위조사

80 환경부장관이 고시하는 측정망설치계획에 포함되어야 하는 사항으로 가장 거리가 먼 것은?

① 측정망 배치도
② 측정지점의 위치 및 면적
③ 측정항목 및 방법
④ 측정망 설치시기

풀이 측정망설치계획 내 포함사항
ⓛ 측정망 설치시기
ⓛ 측정망 배치도
ⓒ 측정지점의 위치와 면적

정답 77 ④ 78 ③ 79 ② 80 ③

1과목 **토양학 개론**

01 점토나 실트로 구성된 퇴적물이나 셰일과 같은 암석으로 구성된 지층으로 지하수는 다량 포함하고 있으나 투수성이 충분하지 않아 경제적 지하수 개발을 할 수 없는 지층은?

① 지연 대수층 　　　② 피압 대수층
③ 비산출 대수층 　　④ 비유동 대수층

02 수리지질학적 용어 및 내용에 대한 설명으로 잘못된 것은?

① 공극률은 대수층 내에 발달된 틈 및 공간의 양을 나타내는 단위이다.
② 비산출률은 유효공극률이라고도 한다.
③ 비산출률은 공극률보다 항상 작다.
④ 일반적으로 점토의 공극률은 모래의 공극률보다 작다.

풀이 입자의 크기가 작을수록 공극률이 크다. 따라서 점토의 공극률은 모래의 공극률보다 크다.

03 폐기물 매립지역 선정 시 고려해야 할 토양 특성 중 가장 관계없는 것은?

① 이온교환용량 　　② 투수계수
③ 토성 　　　　　　④ 전질소함량

풀이 전질소함량은 폐기물 매립지역 선정 시 고려해야 할 토양 특성과 관계가 적다.

04 점토 광물 중 외부적인 요인을 배제하고 점토 광물 자체에 중금속 흡착률이 가장 낮은 것은?

① 카올리나이트 　　② 일라이트
③ 스멕타이트 　　　④ 몬모릴로나이트

풀이 카올리나이트는 물분자가 O−H결합에 의해 견고하므로 격자층 사이로 스며들지 못하여 중금속 흡착률이 낮다.

05 토양수분장력 중 응집력에 대한 설명으로 맞은 것은?

① 고체−액체 계면의 토양입자와 물분자 간에 작용하는 장력
② 고체−액체 계면의 토양입자들 간에 작용하는 장력
③ 고체−액체 계면의 물분자와 계면에서 더 떨어진 물분자들 간에 작용하는 장력
④ 고체−액체 계면의 물분자와 공극 내 가스상 물질의 분자들 간에 작용하는 장력

06 PCE가 토양 중에서 분해되어 나타나는 최종 산물은?

① vinyl chloride
② TCE
③ 물, 이산화탄소, 염소
④ 물, 이산화황, 이산화질소

07 토양 중 Na^+의 양이 $300cmol_c/kg$일 때 이 토양 $500g$에 흡착되어 있는 교환성 Na^+의 양(g)은? (단, Na의 원자량=23)

① 36.8 　　　　　② 34.5
③ 38.2 　　　　　④ 32.9

풀이 $300cmol_c/kg = 300meq/100g$

$1meq = 23mg/1$가

$300 \times 23mg/100g \times 500g \times g/1,000mg = 34.5g$

08 비료 중 토양을 산성화시키지 않는 것은?

① 황산암모늄 　　　② 소석회
③ 요소 　　　　　　④ 염화칼륨

풀이 비료 중 황산암모늄[$(NH_4)_2SO_4$], 염화암모늄[NH_4Cl], 요소[$(NH_2)_2CO$] 등은 질산화 작용을 받아 $NO_3^- - N$가 되는 과정에서 H^+이온이 증가되기 때문에 토양이 산성화된다.

09 염류화방지를 위한 방법으로 가장 거리가 먼 것은?

① 염류를 함유하지 않은 물을 관개수로 사용
② 지표면 수분증발을 감소시키기 위한 표층토양에 대한 유기물의 혼합
③ 지하수의 상향이동 촉진을 통한 토양 표면의 염류량 희석
④ 아스팔트 피막이나 비닐 등의 불투수막을 이용한 토양 하층부의 염류 상승 방지

풀이 지하수의 모관상승 억제를 통해 염류화를 방지한다.

10 구리(Cu)에 대한 설명으로 옳지 않은 것은?

① 돼지의 배설물을 토양에 과잉으로 투기하면 구리(Cu)가 집적될 수 있다.
② 토양 중 구리(Cu) 함량이 높으면 미량원소가 식물에 흡수될 때 영향을 받는다.
③ 토양 중 구리(Cu) 농도가 높으면 식물체에 철(Fe)의 과잉현상이 일어난다.
④ 토양 중 구리(Cu)는 이동성이 적고 치환되기 어렵다.

풀이 토양 중 구리 농도가 높으면 식물체에 철(Fe)의 결핍현상이 일어난다.

11 아연 광산에서 발견되기 쉬우며 대표적으로 이따이이따이병을 유발하는 중금속은?

① 납
② 수은
③ 불소
④ 카드뮴

풀이 카드뮴
1. 발생원
   ㉠ 납광물이나 아연 제련 시 부산물
   ㉡ 카드뮴화합물 제조공정
   ㉢ 축전지 전극 제조 및 도자기, 페인트 안료 제조공정

2. 만성중독 증상
   ㉠ 신장기능 장애(신장피질에 축적되어 저분자 단백뇨 다량 배설, 이따이이따이병의 경우는 신장이 비가역적으로 손상됨)
   ㉡ 고혈압(저농도에 장기간 노출 시)
   ㉢ 인체의 간과 신장에 농축 저장됨

12 토양단면(층위)을 설명한 내용으로 틀린 것은?

① R층은 단단한 모암층이다.
② A층은 유기물이 퇴적되어 있는 O층 바로 밑의 층이다.
③ C층은 풍화작용이 활발하게 진행되는 모재층이다.
④ B층은 토양의 구조가 뚜렷하게 구분되는 것이 특징이다.

풀이 C층(모재층)
㉠ 무기물층으로서 토양생성작용(풍화작용)을 거의 받지 않는 기암층위의 모재층이다.
㉡ 칼슘, 마그네슘 등의 탄산염이 교착상태로 쌓여 있거나 위에서 녹아 내려온 물질이 엉기어 쌓인 토양층위이다.

13 지하수의 흐름을 설명하기 위한 Darcy 법칙에서 사용되는 인자와 가장 거리가 먼 것은?

① 입자비중
② 단면적
③ 수두차
④ 수리전도도

풀이 Darcy 법칙

$$Q = A \times V$$

$$V = KI = K\frac{dh}{dL}$$

$$Q = KIA = KA\frac{dh}{dL}$$

여기서, Q : 대수층의 유량(m^3/sec)
K : 비례상수(투수계수 = 수리전도도)(m/sec)
A : 물 흐름의 수직방향 단면적(m^2)
dh : 수두차($h_2 - h_1$)(m)
dL : 수평방향 두 지점 사이 거리(m)
$\frac{dh}{dL}(I)$: 두 지점 사이 수리경사
V : Darcy 속도(m/sec)

14 토양의 체분석 결과 $D_{10}=0.05mm$ $D_{30}=0.15mm$ $D_{60}=0.75mm$으로 나타났을 때 토양의 곡률계수(C_z)는?

① 0.20　　　　　② 0.40
③ 0.60　　　　　④ 0.80

풀이 곡률계수(C_z) = $\dfrac{D_{30}{}^2}{D_{10} \times D_{60}}$ = $\dfrac{0.15^2}{0.05 \times 0.75}$ = 0.6

15 매립장의 폐기물을 수거한 후 토양조사를 실시하여보니, 6가 크롬 농도가 3mg/kg, 이 농도에 해당하는 토양은 1,250ton이었다. 처리해야 할 6가 크롬의 양(kg)은?(단, 완전 처리 기준)

① 3.45　　　　　② 3.75
③ 4.25　　　　　④ 4.55

풀이 처리해야 할 6가 크롬양(kg)
= 1,250ton × 3mg/kg × 1,000kg/ton × kg/10⁶mg
= 3.75kg

16 토양 표면의 약한 흐름이 모여 작은 흐름이 되고 이것이 표토를 씻어 내리는 침식은?

① 면상침식　　　　② 세류침식
③ 협곡침식　　　　④ 가속침식

풀이 수식의 구분
　㉠ 면상침식(평면침식) : 빗물이 지표면을 고르게 면상으로 얇게 씻겨 내리는 현상이다.
　㉡ 세류침식(우수침식) : 토양 표면의 약한 흐름이 모여 소규모 흐름을 형성. 이것이 표토를 씻겨 내리는 현상이다.
　㉢ 협곡침식(우곡침식 + 계곡침식) : 각 세류침식이 합류하여 침식력을 증가시켜 깊은 골짜기를 형성하고, 이것이 씻겨 내리는 현상이다.

17 토양의 수분보유능력이 가장 클 것으로 예상되는 토성은?

① 사토　　　　　② 미사토
③ 양토　　　　　④ 식토

풀이 토양의 수분보유능력은 점토질 토양(식토)이 가장 크다.

18 토양의 공극률(porosity)이 0.3일 때, 이 토양의 공극비는?

① 약 0.23　　　　② 약 0.33
③ 약 0.43　　　　④ 약 0.53

풀이 공극비 = $\dfrac{공극률}{1-공극률}$ = $\dfrac{0.3}{1-0.3}$ = 0.43

19 물리학적으로 구분된 토양수분 중 흡습수 외부에 표면장력과 중력이 평형을 유지하여 존재하는 물로 pF가 2.54~4.5 범위에 있는 것은?

① 결합수　　　　　② 유효수분
③ 중력수　　　　　④ 모세관수

풀이 모세관수
　㉠ pF 2.54~4.5(1/3~31기압) 사이의 물로 식물에 이용됨
　㉡ 흡습수 외부 표면(토양입자 주변이나 모세관 공극 중에 들어 있는 물)에 표면장력과 중력이 평형을 유지하는 상태에서 존재하는 물
　㉢ 식물이 이용 가능한 유효수분
　㉣ 토양의 모세관수량은 온도, 염류함량, 토성, 구조 등에 따라서 다름

20 토양의 입단(粒團)에 관한 내용으로 틀린 것은?

① 작은 토양입자들이 서로 응집한 덩어리 형태의 토양을 말한다.
② 수분 보유력과 통기성 저하의 원인이며 식물 생육에 문제를 발생시킨다.
③ 음으로 하전된 점토 사이에 다가 양이온이 위치하여 정전기적인 힘에 의해 점토가 서로 끌리는 현상에 의해 입단이 일어난다.
④ 양으로 하전된 점토와 음으로 하전된 점토가 서로 끌리는 현상에 의해 입단이 일어난다.

풀이 입단구조의 장점
　토양구조가 입단으로 발달 시 비모세관 공극 및 모세관 공극이 늘어나면서 공기의 통기와 수분의 저장능력을 증가시킨다.

정답 14 ③　15 ②　16 ②　17 ④　18 ③　19 ④　20 ②

2과목 토양 및 지하수오염조사기술

21 원자흡수분광광도법의 분석에서 사용되는 조연성 가스와 가연성 가스에 대한 설명으로 거리가 먼 것은?

① 일반적으로 가연성 가스로 아세틸렌을 조연성 가스로 공기를 사용한다.

② 수소−공기와 아세틸렌−공기는 거의 대부분의 원소 분석에 유효하게 사용할 수 있다.

③ 어떠한 종류의 불꽃이라도 가연성 가스와 조연성 가스의 혼합비는 감도에 크게 영향을 주므로 금속의 종류에 따라 최적혼합비를 선택하여 사용한다.

④ 수소−공기는 원자 외 영역에서 불꽃 자체에 의한 흡수가 많기 때문에 이 파장영역에서 흡수선을 갖는 원소의 분석에 적당하지 않다.

풀이 수소−공기는 원자 외 영역에서 불꽃 자체에 의한 흡수가 적기 때문에 이 파장영역에서 흡수선을 갖는 원소의 분석에 적당하다.

22 정량한계와 표준편차의 관계로 옳은 것은?

① 정량한계＝3×표준편차
② 정량한계＝3.3×표준편차
③ 정량한계＝5×표준편차
④ 정량한계＝10×표준편차

풀이 정량한계(LOQ)
LOQ＝표준편차×10

23 배관시설에 대한 누출검사방법으로 가압 및 미감압시험법 적용 시 검사기기 및 기구 중 안전장치에 관한 내용으로 ( )에 옳은 것은?

시험압력의 ( ) 부근에서 작동할 수 있는 안전밸브를 갖추어야 한다.

① 1.1배　　　② 3.3배
③ 5.5배　　　④ 7.7배

24 시료에 염화제일주석을 넣어 금속수은으로 환원시킨 다음 이 용액에 통기하여 발생되는 수은 증기를 이용하여 수은을 정량하는 방법은?

① 유리전극법
② 냉증기 원자흡수분광광도법
③ 자외선/가시선 분광법
④ 유도결합플라스마−원자발광분광법

풀이 수은−냉증기 원자흡수분광광도법
이 시험기준은 토양 중 수은의 측정방법으로, 시료 중의 수은을 염화제일주석용액에 의해 원자 상태로 환원시켜 발생되는 수은증기를 253.7nm에서 냉증기 원자흡수분광광도법에 따라 정량하는 방법이다.

25 납(Pb) 분석에 관한 설명으로 가장 거리가 먼 것은?

① 원자흡수분광광도법으로 측정할 수 있다.
② 원자흡수분광광도법의 측정파장은 220nm이다.
③ 니켈, 아연, 카드뮴 분석 시 시료 중에 알칼리금속의 할로겐 화합물을 다량 함유하는 경우에는 분자 흡수나 광 산란에 의하여 오차를 발생하므로 추출법으로 카드뮴을 분리하여 시험한다.
④ 유도결합플라스마−원자발광광도법에 사용되는 아르곤가스는 액화 또는 압축 아르곤으로 순도 99.99 V/V% 이상이다.

풀이 원자흡수분광광도법에 의한 금속별 측정파장

금속 종류	측정파장(nm)	금속 종류	측정파장(nm)
구리	324.7	아연	213.9
납	283.3	카드뮴	228.8
니켈	232.0		

26 광산활동지역에 대한 개황조사를 실시하는 경우 채취해야 할 총 시료의 수(개)는?(단, 오염 가능 조사면적 85,000m²)

① 9　　　② 10
③ 11　　　④ 12

정답 21 ④　22 ④　23 ①　24 ②　25 ②　26 ④

풀이 광산활동 관련 지역의 시료채취 지점 수 산정기준

조사면적	시료채취 지점 수 산정기준	최소지점 수
면적 ≤ 10,000m²		1
10,000m² < 면적 ≤ 20,000m²	10,000m²당 1개 이상	2
:		:
90,000m² < 면적 ≤ 100,000m²		10
100,000m² < 면적 ≤ 150,000m²	100,000m²까지는	11
150,000m² < 면적 ≤ 200,000m²	10,000m²당 1개이상	12
200,000m² < 면적 ≤ 250,000m²	과 100,000m²를 초과	13
:	할때부터는 50,000m²당 1개 이상 추가	:

심도(3개) + 9개 = 12개

27 흡광광도시험을 위한 흡수셀의 재질에 따른 측정파장범위로 옳은 것은?

① 유리재질 흡수셀은 근자외부 파장범위 측정
② 석영재질 흡수셀은 자외부 파장범위 측정
③ 플라스틱재질 흡수셀은 주로 가시광선 및 근적외부 파장법위 측정
④ 아크릴재질 흡수셀은 근자외부 파장범위 측정

풀이 흡광광도시험 측정파장범위에 따른 흡수셀 재질
　　ㄱ 석영제 : 자외부 파장
　　ㄴ 유리제 : 주로 가시 및 근적외부 파장
　　ㄷ 플라스틱제 : 근적외부 파장

28 오염 부지에서 채취한 토양시료의 화학적 전처리를 위한 수은 이외의 불소 및 중금속 분석시료의 조제방법으로 틀린 것은?

① 불소는 눈금간격 0.075mm의 표준체(200메시)로 체거름한 시료
② 니켈, 아연 등 중금속 전함량 분석대상 물질은 눈금간격 0.15mm의 (100메시)로 체거름한 시료
③ 비소의 가용성 함량 분석대상 물질은 눈금간격 0.15mm의 표준체(100메시)로 체거름한 시료
④ 카드뮴, 납, 구리 등의 중금속 가용성 함량 분석대상 물질은 눈금간격 2mm의 표준체(10메시)로 체거름한 시료

풀이 6가 크롬을 제외한 금속류 함량 분석대상 물질 분석용 시료는 10메시 표준체(눈금간격 2mm)로 체거름한 시료를 100메시 표준체(눈금간격 0.15mm)로 체거름하여 조제한다.

29 토양오염공정시험기준에서 사용하는 용어 등에 관한 설명으로 틀린 것은?

① 가스체의 농도는 표준상태(0℃, 1기압, 상대습도 100%)로 환산 표시한다.
② 실온은 1~35℃로 하며, 찬 곳은 따로 규정이 없는 한 0~15℃인 곳을 뜻한다.
③ 제반시험 조작은 따로 규정이 없는 한 상온에서 실시하고 조작 직후 그 결과를 관찰하는 것으로 하고, 온도의 영향이 있는 것의 판정은 표준온도를 기준으로 한다.
④ 액체시약의 농도에 있어서 염산(1+2)이라고 되어있을 때에는 염산 1mL와 물 2mL를 혼합하여 조제한 것을 말한다.

풀이 가스체의 농도는 표준상태(0℃, 1기압, 상대습도 0%)로 환산 표시한다.

30 토양시료의 분석에 필요한 2N 황산용액을 조제하고자 한다. 가장 적절한 방법은?(단, 95% 황산, 황산의 비중 = 1.84g/mL)

① 황산 60mL를 물 1L 중에 섞으면서 천천히 넣는다.
② 황산 120mL를 물 1L 중에 섞으면서 천천히 넣는다.
③ 황산 180mL를 물 1L 중에 섞으면서 천천히 넣는다.
④ 황산 240mL를 물 1L 중에 섞으면서 천천히 넣는다.

풀이 $2N = \dfrac{98g}{1L}$

$체적 = \dfrac{중량}{비중} \div 농도 = \dfrac{98}{1.84} \div 0.95 = 56.064mL$

$56.064mL : 1,000mL = x : x + 1,000mL$

$x = 59.4mL$(N농도는 1,000mL 중의 분자량/이온)

31 토양 내 수분 함량 측정을 위한 시료 관리에 관한 내용으로 (   )에 내용으로 옳은 것은?

시료는 24시간 이내에 증발처리를 하여야 하나 최대한 (   )을 넘기지 말아야 한다. 시료를 분석하기 전에 상온이 되게 한다.

① 2일   ② 3일
③ 5일   ④ 7일

32 토양오염관리대상시설지역 토양시료의 채취 및 보관에 관한 설명으로 틀린 것은?

① 토양시료는 직경 2.5cm 이상의 시료채취봉이 들어 있는 타격식이나 나선형식의 토양시추장비로 채취한다.
② 시료채취봉을 꺼내어 오염의 개연성이 가장 높다고 판단되는 부위 ±15cm를 시료부위로 한다.
③ 오염의 개연성이 판단되지 않을 경우는 시료채취봉 중앙의 토양 15cm를 시료부위로 한다.
④ 토양시추장비는 시추 중에 물이나 기름이 유입되지 않는 것이어야 한다.

풀이 시료채취봉을 꺼내어 오염의 개연성이 가장 높다고 판단되는 부위 ±15cm를 시료부위로 한다. 다만, 오염의 개연성이 판단되지 않을 경우는 토양 제일 하부의 30cm를 시료부위로 한다.

33 저장물질이 있는 지하매설저장시설의 누출검사와 관련한 설명으로 틀린 것은?

① 기상부의 누출검사는 20℃에서 점도가 100cSt 미만, 내용적이 1,000L 미만의 액체를 저장하는 지하매설 저장시설에 적용한다.
② 기상부의 누출검사 시 지하매설저장시설 내의 기상부 높이는 400mm 이상이어야 한다.
③ 기상부의 누출검사 시 가솔린을 저장하는 시설에 있어서 기상부의 공간면적은 3,000L 이상이어야 한다.

④ 액상부의 누출검사는 시설의 액량이 누출측정기기가 측정할 수 있는 저장시설 높이의 범위인 경우에 적용한다.

풀이 저장물질이 있는 지하매설저장시설의 누출검사 중 미감압시험의 경우, 저장물질이 20℃에서 점도가 150cSt 이하인 물질의 경우에 적용한다.

34 BTEX를 기체크로마토그래프법에 의해 정량할 때 추출용액은?

① 사염화탄소   ② 아세톤
③ 메틸알콜   ④ 톨루엔

풀이 벤젠, 톨루엔, 에틸벤젠, 크실렌 – 퍼지 트랩 기체크로마토그래피
시료 중에 벤젠, 톨루엔, 에틸벤젠, 크실렌을 메틸알코올로 추출하여 얻어진 시료용액을 기체크로마토그래프(불꽃이온화검출기)에 부착된 퍼지 트랩에 주입하여 이들 물질을 각각 정량하는 방법이다.

35 저장물질이 없는 누출검사대상시설의 누출검사방법인 가압시험법에 사용되는 기기 및 기구에 관한 설명으로 틀린 것은?

① 가압장치 : 불활성 가스 용기 및 압력조정장치
② 안전밸브 : 5kgf/cm² 이하에서 작동될 것
③ 압력계(압력자기기록계) : 최소눈금이 시험압력의 5% 이내이고, 이를 읽고 측정압력의 기록이 가능한 압력계
④ 온도계 : 시험압력에 충분히 견딜 수 있는 것으로서 최소 눈금 1℃ 이하를 읽고 기록이 가능한 온도계

풀이 저장물질이 없는 누출검사대상시설 – 가압시험법
안전밸브 : 0.7kgf/cm² 이하에서 작동되어야 한다.

정답 31 ④ 32 ③ 33 ① 34 ③ 35 ②

36 가용성 함량 분석대상의 중금속을 전처리할 때, 필요한 0.1N 염산 1L를 조제하고자 한다. 다음 설명 중 옳은 것은?(단, 35% 염산의 비중= 1.18)

① 35%염산 8.84mL에 물을 넣어 1,000mL로 한다.
② 35%염산 88.4mL에 물을 넣어 1,000mL로 한다.
③ 35%염산 0.88mL에 물을 넣어 1,000mL로 한다.
④ 물 1,000mL에 35%염산 88.4mL를 넣는다.

37 수소이온농도(유리전극법) 측정에 관한 내용으로 (   )에 옳은 내용은?

이 시험기준은 토양의 pH를 측정하는 방법으로 토양시료의 무게에 (   )의 정제수를 사용하여 혼합한 후 pH를 유리전극과 기준전극으로 구성된 pH측정기를 사용하여 측정한다.

① 5배   ② 10배
③ 15배   ④ 20배

풀이 수소이온농도 – 유리전극법
이 시험기준은 토양의 pH를 측정하는 방법으로 토양시료의 무게에 5배의 정제수를 사용하여 혼합한 후 pH를 유리전극과 기준전극으로 구성된 pH측정기를 사용하여 측정한다.

38 기체크로마토그래피 검출기 중 유기질소 화합물 및 유기인화합물을 선택적으로 검출할 수 없는 것은?

① 열전도도검출기(TCD)
② 질소인검출기(NPD)
③ 불꽃광도검출기(FPD)
④ 전자포착검출기(ECD)

풀이 유기인화합물 – 기체크로마토그래피 사용 검출기
㉠ 질소인검출기(NPD)
㉡ 불꽃광도검출기(FPD)
㉢ 전자포착검출기(ECD)

39 토양정밀조사의 세부방법 가운데 오염토양 정화 및 토양오염방지를 위한 조치가 필요한 지역의 오염물질 종류, 오염면적 및 오염범위 등을 파악하기 위한 사전 개략조사는?

① 개황조사   ② 기초조사
③ 상황조사   ④ 자료조사

풀이 토양정밀조사 – 개황조사
오염토양 정화 및 토양오염 방지를 위한 조치가 필요한 지역의 오염물질 종류, 오염면적 및 오염범위 등을 파악하기 위한 사전 개략조사이며, 이를 기준으로 정밀조사를 실시한다.

40 시험용 시료의 조제방법에 관한 설명으로 (   )에 가장 적합한 것은?

중금속 전함량 분석대상 물질은 눈금간격 0.15mm의 표준체(100메시), 수소이온농도는 눈금간격 2mm의 표준체(10메시), 불소는 눈금간격 (   )로 체거름한 시료를 각각 균등량(약 200g)씩 취하여 사분법 등에 의해 균일하게 혼합하여 분석용 시료로 한다.

① 0.075mm의 표준체(200메시)
② 0.05mm의 표준체(300메시)
③ 0.01mm의 표준체(1,500메시)
④ 0.005mm의 표준체(300메시)

풀이 불소 분석용 시료는 10메시 표준체(눈금간격 2mm)로 체거름한 시료를 다시 200메시 표준체(눈금간격 0.075mm)로 체거름하여 조제한다.

3과목 **토양 및 지하수오염정화기술**

41 벤젠(C_6H_6)이 호기성 반응으로 완전생분해될 때 산소 1.0mg/L으로 생분해할 수 있는 벤젠의 양 (mg/L)은?

① 약 0.54   ② 약 0.48
③ 약 0.32   ④ 약 0.21

풀이 $C_6H_6 + 7.5O_2 \rightarrow 6CO_2 + 3H_2O$

$78g : 7.5 \times 32g$

$C_6H_6(mg/L) : 1.0mg/L$

$C_6H_6(mg/L) = \dfrac{78g \times 1.0mg/L}{7.5 \times 32g} = 0.325mg/L$

42 오염지하수의 정화를 위해 지하수 흐름방향의 하류에 설치되는 투수성 반응벽체의 경우, 오염물질과 반응하여 오염물질을 무해화하거나 흡착하는 데 사용되는 반응물질(Reactive Material)로 사용될 수 없는 것은?

① 영가철(Fe^0) ② 석회
③ 활성탄 ④ 영가납(Pb^0)

풀이 오염물질과 반응하여 오염물질을 무해화하거나 흡착하는 데 사용되는 반응물질(Reactive Material)의 종류에는 석회, 영가철(Fe^0), 제올라이트, 활성탄, 미생물복합체 등이 있다.

43 토양 내 중금속 오염처리에 대한 설명으로 틀린 것은?

① 토양에 석회질 자재를 투여하여 pH를 높이면 카드뮴, 철 등은 수산화물로 침전된다.
② 오염토양에 인산 자재를 투입하면 망간 등은 용해성 인산염을 생성함으로써 중금속이 제거된다.
③ 토양이 환원상태로 되면 카드뮴은 H_2S와 반응하여 난용성의 황화물을 형성함으로써 불용화된다.
④ 중금속처리가 가능한 식물을 이용하여 토양 중의 중금속을 제거할 수 있다.

풀이 인산비료를 투여하여 중금속(Cr, Pb, Zn, Cd, Fe, Mn)과 반응시켜 난용성의 인산염을 생성함으로써 중금속을 불용화시킴(인산 자재의 투여)

44 토양의 열처리 기술 중 열스크루 공정에 대한 설명으로 틀린 것은?

① 열스크루 장치는 장치 용적에 비해 열전달 표면적이 비교적 넓다.

② 열스크루 공정의 열전달 유체는 직접연소 또는 전기적 장치에 의해서 가열된다.
③ 열스크루 공정은 고형물의 온도가 최대 허용가능한 열전달 유체의 온도에 의해 제한된다.
④ 열스크루 장치는 같은 용량의 장치에 비해 장치가 크고 열전달 효율이 낮은 단점이 있다.

풀이 열스크루 장치는 같은 용량의 장치에 비해 장치가 작고 열전달 효율이 높다.

45 퇴비화공법의 처리 조건으로 적절하지 않은 것은?

① 제어 온도를 35~40℃로 유지
② C : N의 비율을 27 : 1 정도로 유지
③ pH는 중성에 가깝게 유지
④ 함수율을 50~60% 정도로 유지

풀이 퇴비화공정의 최적 제어 온도는 50~60℃ 정도이다.

46 토양정화기술 중 열탈착법의 장단점으로 가장 거리가 먼 것은?

① 부지 내 및 부지 외 처리가 가능
② 비교적 많은 오염토양처리 시 경제성 있음
③ 전처리 없이 수분함량이 높은 오염토양처리가 가능
④ 고농도 hot spot 처리 가능

풀이 열탈착법은 처리토양 내의 수분이 많으면 전처리를 통하여 수분함량을 낮추어야 한다.

47 양수 후 처리방법에 관한 설명으로 가장 거리가 먼 것은?

① 양수를 중단하였다가 일정기간 이후 재개할 경우 오염물질 농도는 급격히 증가한다.
② 정화기간이 비교적 길어질 수 있다.
③ 비수용상 액체가 존재하는 한 계속 운영되어야 할 것이다.
④ 많은 복원비용이 소요된다.

풀이 양수 후 처리방법은 복원비용이 적게 소요된다.

정답 42 ④ 43 ② 44 ④ 45 ① 46 ③ 47 ④

48 바이오파일의 장단점으로 가장 거리가 먼 것은?

① 설계 및 운영이 쉽다.
② 휘발물질 유출 방지가 가능하다.
③ 배기가스 처리가 필요 없다.
④ 지하수오염 방지 라이너시설이 필요하다.

풀이 바이오파일의 장단점
ㄱ 설계 및 운영이 쉽다.
ㄴ 휘발물질 유출 방지가 가능하다.
ㄷ 지하수오염 방지 라이너시설이 필요하다.
ㄹ 배기가스 처리가 필요하다.

49 TCE로 오염된 지하수를 양수하여 포기조 내에서 공기 분산법으로 제거하는 경우, 포기조 부피가 750m³인 처리장에 1일 3,000m³의 오염 지하수가 유입된다면 포기 시간(hr)은?

① 4   ② 6
③ 8   ④ 10

풀이 $포기시간(hr) = \dfrac{750m^3}{3000m^3/day \times day/24hr}$
$= 6hr$

50 자연정화기법에 의하여 오염 부지를 처리하는 경우에 작용하는 현상이 아닌 것은?

① 오염물질의 자체적인 분산, 희석, 흡착, 휘발 현상
② 지하수 함량에 의한 희석과 혼합현상
③ 토양 내 생분해로 인한 생물학적 분해 및 전이현상
④ 계면활성제의 주입에 의한 오염물질 탈착현상

풀이 계면활성제의 주입에 의한 오염물질 탈착현상을 이용한 오염 부지 처리는 물리화학적 방법이다.

51 중금속으로 오염된 토양을 처리할 경우 효율이 가장 낮은 기술은?

① Bioleaching   ② Stabilization
③ Bioaccumulation   ④ Landfarming

풀이 토양경작방법(Landfarming)은 TPH(유류탄화수소) 및 고농도 중금속의 처리에는 비효율적이다.

52 식물정화법에서 식물은 독성물질을 분해하는 효소를 분비하여 처리한다. 제초제를 처리할 수 있는 효소제로 옳은 것은?

① Nitrilase   ② Nitroreductase
③ Dehalogenase   ④ Peroxidase

풀이 식물정화에 중요한 역할을 하는 효소와 분해되는 오염물질

효소	분해되는 오염물질
Dehalogenase	염소계 유기용매(TCE) 에틸렌 함유 화합물(Hexachloroethane)
Laccase	Aminotoluene, 탄약폐기물
Nitroreductase	TNT, RDX
Nitrilase	제초제(Atrazine)
Peroxidase	페놀
Phosphatase	살충제(유기인계)

53 유류 오염 부지에 생물통기법을 적용하기 위하여 산소소모율을 측정한 시험 결과가 다음과 같다면 평균 산소소모율(O₂%/day)은?(단, 오염 토양량=500m³, 주입 공기량=100m³/day, 산소농도=21%, 배기가스 산소농도=10%, 토양부피 중 공기가 차지하는 부피분율=25%)

① 약 5.5   ② 약 6.4
③ 약 7.6   ④ 약 8.8

풀이 산소소모율(O_2%/day)
$$= \frac{Q(C_o - C_f)}{V \times P}$$
$$= \frac{100m^3/day \times (21-10)\% \, O_2}{500m^3 \times 0.25}$$
$$= 8.8 \, O_2\%/day$$

54 지중 내에 직류전기를 공급하여 지반으로부터 오염물질을 추출하는 기술의 장단점으로 틀린 것은?

① 지반 매트릭스 자체에 미치는 영향이 정확하게 규명되지 않는 단점이 있음

② 염이나 2차 광물의 침전으로 효율이 상승되는 장점이 있음

③ 오염지역 복원이 영구적인 장점이 있음

④ 오염된 지중용액을 집수정으로부터 쉽게 추출할 수 있는 장점이 있음

> **풀이** 동전기 정화방법은 염이나 2차 광물의 침전에 의하여 효율이 저하된다. 즉, 탄산화물 또는 적철석과 같은 광물이 다량 함유된 염기성 토양에서는 적용 효율이 낮다.

55 오염지하수정화에 반응벽체 공법을 적용할 때 반응벽체의 두께가 3m, 지하수의 선속도가 0.2 m/hr일 경우 지하수의 반응벽체 통과시간(hr)은?

① 6 ② 60

③ 1.5 ④ 15

> **풀이** 반응벽체 통과시간(hr) $= \dfrac{3\mathrm{m}}{0.2\mathrm{m/hr}} = 15\mathrm{hr}$

56 수리전도도가 불량하고 과잉 압밀된 오염지반에 압축공기를 주입하여 여타 지중정화기술 적용 시 오염물 처리 및 추출효율을 증대시키는 방법은?

① Pneumatic Fracturing

② Co-metabolic

③ Precipitation

④ Direction Wall

> **풀이** 압축공기파쇄추출법(Pneumatic Fracturing) 수리전도도(통기성)가 불량하고 과잉 압밀된 오염지반에 인위적인 틈을 만들어 압축공기를 주입하여 여타 지중정화기술 적용 시 오염물 처리 및 추출효율을 증대시키는 방법이다.

57 토양증기추출법을 지하수위가 높은 경우에 적용할 때 발생하는 문제점이 아닌 것은?

① 진공 압력에 의한 지하수위 상승

② 관정 스크린 막힘현상

③ 토양 공극의 확장현상

④ 공기흐름의 감소

> **풀이** 토양증기추출법을 지하수위가 높은 경우에 적용 시 토양 공극의 축소현상이 발생된다.

58 토양에 함유된 화학성분 중에서 주요 산화물의 함량순위를 바르게 나열한 것은?

① $SiO_2 > Al_2O_3 > FeO+Fe_2O_3 > CaO+MgO$

② $SiO_2 > Al_2O_3 > CaO+MgO > FeO+Fe_2O_3$

③ $Al_2O_3 > SiO_2 > CaO+MgO > FeO+Fe_2O_3$

④ $Al_2O_3 > FeO+Fe_2O_3 > SiO_2 > CaO+MgO$

> **풀이** 토양 내 무기물은 규소(Si), 산소(O), 철(Fe), 알루미늄(Al), 칼슘(Ca), 나트륨(Na), 칼륨(K) 등이며, 보통 산화물인 SiO_2, Al_2O_3, Fe_2O_3, $CaCO_3$ 형태로 존재한다.

59 생물학적 복원 기술에 관한 설명 중 틀린 것은?

① 저농도 및 광범위한 오염에 적합하다.

② 유해한 중간물질을 만드는 경우가 있어 분해생성물의 유무를 조사할 필요가 있다.

③ 다양한 물질에 의해 오염되어 있는 경우에도 별도의 기술개발이 필요 없다.

④ 약품을 많이 사용하지 않기 때문에 2차 오염이 적다.

> **풀이** 생물학적 복원기술은 다양한 물질에 의해 오염되어 있는 경우에는 별도의 기술개발이 필요하다.

60 난분해성과 관련된 화합물의 특성과 가장 거리가 먼 것은?

① 할로겐화된 화합물

② 가지구조가 많은 화합물

③ 물에 대한 용해도가 낮은 화합물

④ 원자의 전하차가 작은 화합물

정답 54 ② 55 ④ 56 ① 57 ③ 58 ① 59 ③ 60 ④

풀이 난분해성 유기화학물질 종류
  ㉠ 가지구조가 많은 화합물
  ㉡ 분자 내에 많은 수의 할로겐 원소를 함유하는 화합물
  ㉢ 물에 대한 용해도가 적은 화합물
  ㉣ 원자의 전하차가 큰 화합물

4과목 토양 및 지하수환경 관계법규

61 다음에서 언급한 '환경부령으로 정하는 토양 관련 전문기관'으로 옳은 것은?

시장·군수·구청장은 오염토양 개선사업의 전부 또는 일부의 실시를 그 정화책임자에게 명할 수 있다. 이 경우 시장·군수·구청장은 토양보전을 위하여 필요하다고 인정하면 환경부령으로 정하는 토양 관련 전문기관으로 하여금 오염토양 개선사업을 지도·감독하게 할 수 있다.

① 농촌진흥청   ② 한국환경공단
③ 국립환경과학원   ④ 시·도 보건환경연구원

풀이 환경부령으로 정하는 토양오염개선사업의 지도·감독기관은 시·도 보건환경연구원이다.

62 환경부장관, 시·도지사 또는 시장, 군수, 구청장은 토양보전을 위하여 필요하다고 인정하는 경우에는 다음의 각 호에 해당하는 지역에 대한 토양정밀조사를 실시할 수 있다. 이에 해당되지 않는 것은?

① 토양오염 측정망 설치 지점 중 환경부장관, 시·도지사 또는 시장, 군수, 구청장 등이 전답, 임야, 공원 등 토양의 용도변경을 인정하고자 하는 지역
② 상시측정의 결과 우려기준을 넘는 지역
③ 토양오염실태조사의 결과 우려기준을 넘는 지역
④ 토양오염사고 등으로 인하여 환경부장관, 시·도지사 또는 시장, 군수, 구청장이 우려기준을 넘을 가능성이 크다고 인정하는 지역

풀이 1. 상시측정(이하 "상시측정"이라 한다)의 결과 우려기준을 넘는 지역
2. 토양오염실태조사의 결과 우려기준을 넘는 지역
3. 다음 각 목의 어느 하나에 해당하는 지역으로서 환경부장관, 시·도지사 또는 시장, 군수, 구청장이 우려기준을 넘을 가능성이 크다고 인정하는 지역
  ㉠ 토양오염사고가 발생한 지역
  ㉡ 「산업입지 및 개발에 관한 법률」에 따른 산업단지(농공단지는 제외한다)
  ㉢ 「광산피해의 방지 및 복구에 관한 법률」에 따른 폐광산(廢鑛山)의 주변지역
  ㉣ 「폐기물관리법」 제2조 제8호에 따른 폐기물처리시설 중 매립시설과 그 주변지역
  ㉤ 그 밖에 환경부령으로 정하는 지역

63 지하수의 수질기준 설정 항목(일반오염물질)에 해당되는 것은?(단, 지하수를 생활용수로 사용하는 경우)

① 부유물질
② 화학적 산소요구량
③ 염소이온
④ 생물화학적 산소요구량

풀이 지하수의 수질기준 항목(일반오염물질)
  ㉠ 수소이온농도(pH)   ㉡ 총대장균군
  ㉢ 질산성 질소   ㉣ 염소이온

64 다음 사항을 위반하여 오염토양정화계획 또는 오염토양정화변경계획을 제출하지 아니한 자에 대한 과태료 부과 기준은?

오염원인자는 토양 오염조사기관으로 하여금 오염토양의 정화과정 및 정화 완료에 대한 검증을 하게 할 때에는 환경부령으로 정하는 내용 및 절차에 따라 오염토양 정화 계획을 작성하여 관할 특별자치도지사, 시장, 군수, 구청장에게 제출하여야 하며 제출한 계획 중 환경부령으로 정하는 사항을 변경할 때 또한 같다.

① 200만 원 이하의 과태료

② 300만 원 이하의 과태료

③ 500만 원 이하의 과태료

④ 1,000만 원 이하의 과태료

풀이 토양환경보전법 제32조 과태료 2항 참조

65 토양오염대책기준으로 옳은 것은?

① 카드뮴 : 75mg/kg

② 납 : 600mg/kg

③ 아연 : 1,200mg/kg

④ 불소 : 300mg/kg

풀이 토양오염대책기준(단위 : mg/kg)

물질	1지역	2지역	3지역
카드뮴	12	30	180
구리	450	1,500	6,000
비소	75	150	600
수은	12	30	60
납	600	1,200	2,100
6가 크롬	15	45	120
아연	900	1,800	5,000
니켈	300	600	1,500
불소	2,400	3,900	6,000
유기인 화합물	—	—	—
폴리클로리네이티드 비페닐	3	12	36
시안	5	5	300
페놀	10	10	50
벤젠	3	3	9
톨루엔	60	60	180
에틸벤젠	150	150	1,020
크실렌	45	45	135
석유계 총 탄화수소 (TPH)	2,000	2,400	6,000
트리클로로에틸렌 (TCE)	24	24	120
테트라클로로에틸렌 (PCE)	12	12	75
벤조(a)피렌	2	6	21

66 토양정밀 조사명령 등에 관한 설명으로 (   )에 들어갈 적합한 숫자가 순서대로 나열된 것은?

시 · 도지사 또는 시장 · 군수 · 구청장은 법 제 15조 제1항에 따라 정화책임자에게 토양정밀조사를 받을 것을 명할 때에는 토양오염지역의 범위 등을 감안하여 (   )월의 범위 안에서 그 이행기간을 정하여야 한다. 다만, 시 · 도지사 또는 시장 · 군수 · 구청장은 조사 지역의 규모 등으로 인하여 부득이하게 이행기간 내에 조사를 이행하지 못한 자에 대하여는 (   )월의 범위에서 1회로 한정하여 그 이행기간을 연장할 수 있다.

① 6, 6

② 8, 6

③ 6, 8

④ 8, 8

풀이 시 · 도지사 또는 시장 · 군수 · 구청장은 정화책임자에게 토양정밀조사를 받을 것을 명할 때에는 토양오염지역의 범위 등을 감안하여 6월의 범위 안에서 그 이행기간을 정하여야 한다. 다만, 시 · 도지사 또는 시장 · 군수 · 구청장은 조사지역의 규모 등으로 인하여 부득이하게 이행기간 내에 조사를 이행하지 못한 자에 대하여는 6월의 범위에서 1회로 한정하여 그 이행기간을 연장할 수 있다.

67 지하수의 관측 및 조사 등에 관한 설명으로 (   )에 순서대로 나열된 것은?

(   )은 전국적인 지하수관측시설을 설치하여 (   )이 정하는 바에 따라 지하수의 수위변동실태를 조사하여야 한다.

① 국토교통부장관 – 환경부령

② 국토교통부장관 – 대통령령

③ 환경부장관 – 대통령령

④ 시 · 도지사 – 환경부령

68 지하수를 공업용수로 사용할 경우 수소이온 농도(pH)의 수질 기준은?

① 1.0~3.0

② 3.5~5.5

③ 5.0~9.0

④ 8.5~12.0

정답 65 ② 66 ① 67 ② 68 ③

풀이 지하수의 수질기준

이용목적별 항목		생활용수	농·어업 용수	공업용수
일반 오염 물질 (4개)	수소이온 농도(pH)	5.8~8.5	6.0~8.5	5.0~9.0
	총 대장균수	5,000 이하 (군수 /100mL)	–	–
	질산성 질소	20 이하	20 이하	40 이하
	염소이온	250 이하	250 이하	500 이하

69 특정토양오염관리대상시설의 검사항목 중, 석유계 총 탄화수소(TPH)를 검사해야 하는 유종에 해당하는 것은?

① 경유　　　　　② 나프타
③ 휘발유　　　　④ 벤젠

풀이 석유류의 제조 및 저장시설 중 나프타, 휘발유 등 방향족 탄화수소류가 주성분인 석유류를 저장하고 있는 시설의 경우에는 벤젠, 톨루엔, 에틸벤젠, 크실렌 4개 항목을, 항공유, 등유, 경유, 중유, 윤활유, 원유 등 지방족탄화수소류가 주성분인 석유류를 저장하고 있는 시설의 경우에는 석유계 총 탄화수소(TPH) 항목만을 검사하고, 벤젠, 톨루엔, 에틸벤젠, 크실렌을 각각 저장하고 있는 시설의 경우에는 해당하는 항목만을 검사한다.

70 시장, 군수, 구청장이 오염토양개선사업의 전부 또는 일부의 실시를 그 정화책임자에게 명할 수 있다. 이 경우 실시 명령을 이행하지 아니한 자 또는 실시 명령을 받고 승인을 얻지 아니하고 오염토양개선사업을 실시한 자가 받는 벌칙기준은?

① 5년 이하 징역 또는 5천만 원 이하 벌금
② 3년 이하 징역 또는 3천만 원 이하 벌금
③ 2년 이하 징역 또는 2천만 원 이하 벌금
④ 1년 이하 징역 또는 1천만 원 이하 벌금

풀이 토양환경보전법 제28조 벌칙 참조

71 다음 중 정화책임자로 볼 수 없는 경우는?

① 토양오염물질의 누출·유출·투기·방치 또는 그 밖의 행위로 토양오염을 발생시킨 자
② 토양오염의 발생 당시 토양오염의 원인이 된 토양오염관리대상시설의 소유자·점유자 또는 운영자
③ 합병·상속이나 그 밖의 사유로 토양오염관리대상시설의 권리·의무를 포괄적으로 승계한 자
④ 해당 토지를 소유 또는 점유하고 있는 중에 토양오염이 발생한 경우로서 자신이 해당 토양오염 발생에 대하여 귀책 사유가 없는 경우

풀이 오염토양의 정화책임자
　㉠ 토양오염물질의 누출·유출·투기(投棄)·방치 또는 그 밖의 행위로 토양오염을 발생시킨 자
　㉡ 토양오염의 발생 당시 토양오염의 원인이 된 토양오염관리대상시설의 소유자·점유자 또는 운영자
　㉢ 합병·상속이나 그 밖의 사유로 제1호 및 제2호에 해당되는 자의 권리·의무를 포괄적으로 승계한 자
　㉣ 토양오염이 발생한 토지를 소유하고 있었거나 현재 소유 또는 점유하고 있는 자

72 지하수의 체계적인 개발·이용 및 효율적인 보전·관리를 위하여 지하수관리기본계획의 수립 시 포함되어야 할 사항으로 틀린 것은?

① 지하수의 이용실태
② 지하수의 보전계획
③ 지하수의 조사에 관한 투자계획
④ 지하수의 수질관리 및 정화계획

풀이 지하수관리기본계획 수립 시 포함사항
　㉠ 지하수의 부존특성 및 개발 가능량
　㉡ 지하수의 이용실태
　㉢ 지하수의 이용계획
　㉢의2 유출지하수의 관리 및 이용계획
　㉢의3 지하수열의 이용활성화 및 연구개발추진계획
　㉣ 지하수의 보전계획
　㉤ 지하수의 수질관리 및 정화계획
　㉥ 그 밖에 지하수의 관리에 관한 사항

73 특정토양오염관리대상시설의 변경신고 사유로 틀린 것은?

① 대표자가 변경되는 경우
② 특정토양오염관리대상시설의 관리자를 변경하는 경우
③ 특정토양오염관리대상시설의 사용을 종료하거나 폐쇄하는 경우
④ 특정토양오염관리대상시설에 저장하는 오염물질을 변경하는 경우

풀이 특정토양오염관리대상시설의 변경신고
 ㉠ 사업장의 명칭 또는 대표자가 변경되는 경우
 ㉡ 특정토양오염관리대상시설의 사용을 종료하거나 폐쇄하는 경우
 ㉢ 특정토양오염관리대상시설을 증설 또는 교체하거나 토양오염방지시설을 변경하는 경우
 ㉣ 특정토양오염관리대상시설에 저장하는 오염물질을 변경하는 경우

74 오염지하수 중 특정유해물질에 대한 정화기준 또는 정화기준 항목에 대한 설명으로 적합하지 않은 것은?

① 석유계 총 탄화수소가 1.5mg/L 이하일 것
② 시안, 수은, 유기은 항목은 불검출 준수
③ 지하수를 생활용수로 이용하는 지하수의 특정유해물질은 15개 항목 준수
④ 생활용수 기준 중 벤젠, 톨루엔, 에틸벤젠, 크실렌은 총함량 기준 준수

풀이 생활용수 기준 중 벤젠, 톨루엔, 에틸벤젠, 크실렌은 개별함량 기준이다.

75 특정토양오염관리대상시설의 설치자에 대하여 토양정밀조사 또는 오염토양의 정화조치 등의 시정을 명할 수 있다. 이 경우 토양정밀조사명령과 오염토양 정화조치명령 각각의 이행기간에 대한 설명 중 틀린 것은?

① 토양정밀조사의 이행기간은 6개월 이내에 정한다.
② 토양정밀조사의 이행기간을 부득이하게 준수하지 못한 경우 한 차례에 한해서 6개월 연장할 수 있다.
③ 오염토양 정화조치의 이행기간은 2년의 범위에서 정하여야 한다.
④ 오염토양 정화조치의 이행기간을 부득이하게 준수하지 못한 경우 한 차례에 한해서 1년 연장할 수 있다.

풀이 정밀조사명령
 ㉠ 특별자치도지사·시장·군수·구청장은 정화책임자에게 토양정밀조사를 실시할 것을 명하는 때에는 토양오염지역의 범위 등을 감안하여 6월의 범위 안에서 그 이행기간을 정하여야 한다. 다만, 특별자치도지사·시장·군수·구청장은 조사지역의 규모 등으로 인하여 부득이하게 이행기간 내에 조사를 이행하지 못한 자에 대하여는 6월의 범위에서 1회로 한정하여 그 이행기간을 연장할 수 있다.
 ㉡ 특별자치도지사·시장·군수·구청장은 정화책임자에게 오염토양(토양오염도가 토양오염 우려기준을 넘는 토양을 말한다. 이하 같다)의 정화조치를 명하는 때에는 오염토양의 규모 등을 감안하여 2년의 범위 안에서 그 이행기간을 정하여야 한다. 다만, 특별자치도지사·시장·군수·구청장은 정화공사의 규모, 정화공법 등으로 인하여 부득이하게 이행기간 내에 정화조치명령을 이행하지 못한 자에 대하여는 매회 1년의 범위 안에서 2회까지 그 이행기간을 연장할 수 있다.

76 지하수의 수질보전을 위하여 수질측정망 설치 및 수질오염실태 측정 계획을 수립·고시하여야하는 자는?

① 환경부장관　　　　② 국토교통부장관
③ 농림축산식품부장관　④ 시·도지사

풀이 환경부장관은 지하수의 수질보전을 위하여 지하수 수질측정시설(이하 "수질측정망"이라 한다)을 설치하여 전국의 지하수에 대한 수질오염실태를 측정하여야 하며, 측정을 완료하였을 때에는 그 결과를 국토교통부장관에게 통보하여야 한다.

77 토양환경보전법령에 의하여 환경부장관이 고시하는 측정망설치계획에 포함되지 않는 것은?

① 측정망 설치시기
② 측정망 배치도
③ 측정지점의 위치 및 면적
④ 측정망 폐쇄시기

풀이 측정망설치계획 내 포함사항
ㄱ 측정망 설치시기
ㄴ 측정망 배치도
ㄷ 측정지점의 위치와 면적

78 지하수를 생활용수로 이용하는 경우 질산성 질소의 지하수의 수질기준(mg/L)은?

① 1 이하
② 10 이하
③ 15 이하
④ 20 이하

풀이 지하수의 수질기준

이용 목적별 항목		생활용수	농·어업 용수	공업용수
일반 오염 물질 (4개)	수소이온 농도(pH)	5.8~8.5	6.0~8.5	5.0~9.0
	총 대장균군	5,000 이하 (군수 /100mL)	–	–
	질산성 질소	20 이하	20 이하	40 이하
	염소이온	250 이하	250 이하	500 이하

79 시·도지사 또는 시장·군수·구청장이 토양정밀조사결과 우려기준을 넘는 경우에 기간을 정하여 오염원인자에게 조치할 수 있는 명령으로 틀린 것은?

① 해당 토양오염물질의 사용제한 또는 사용중지
② 토양오염관리대상시설의 개선 또는 이전
③ 토양오염유발시설의 폐쇄조치
④ 오염토양의 정화

80 다음 사항을 위반하여 토양이 오염된 사실을 발견하고도 그 사실을 신고하지 아니한 자에 대한 과태료 부과기준은?

토양오염물질을 생산·운반·저장·취급·가공 또는 처리하는 자가 그 과정에서 토양오염물질을 누출·유출할 때, 토양오염관리대상시설을 소유·점유 또는 운영하는 자가 그 소요·점유 또는 운영 중인 토양오염관리대상시설에서 토양이 오염된 사실을 발견한 때에는 지체 없이 관할 특별자치도지사·시장·군수·구청장에게 신고하여야 한다.

① 1,000만 원 이하
② 500만 원 이하
③ 300만 원 이하
④ 100만 원 이하

풀이 토양환경보전법 제32조 과태료 1항 참조

1과목 토양학 개론

01 지하수 오염물질 이동수치 해석모델의 주요 입력 변수가 아닌 것은?

① 경계조건과 초기조건
② 대수층 수리특성
③ 시간 및 공간 요소(element) 특성
④ 토양의 밀도 및 압축성

풀이 지하수 오염물질 이동수치 해석모델의 주요입력변수
  ㉠ 경계 조건과 초기 조건
  ㉡ 대수층 수리특성
  ㉢ 시간 및 공간 요소특성

02 Middleton의 토양침식률 계산에 사용되는 인자가 아닌 것은?

① 교질함량   ② 토양수분당량
③ 분산율   ④ 투수계수

풀이 Middleton의 토양침식률

$$토양침식률 = \frac{분산율}{(교질함량 / 토양수분당량)}$$

03 전세계에 분포하는 토양목 중 습한 지역에서 주로 생성되며 유기물 집적이 많은 토양목은?

① Oxisols   ② Andosols
③ Histosols   ④ Entisols

04 토양 수직단면의 성층구조를 바르게 설명한 것은?

① A층 : 유기물층   ② B층 : 용탈층
③ C층 : 모재층   ④ O층 : 집적층

풀이 토양의 단면
  ㉠ O층 : 유기물층   ㉡ A층 : 용탈층
  ㉢ B층 : 집적층   ㉣ C층 : 모재층
  ㉤ R층 : 모암층

05 토양수분 중 흡습수에 관한 설명으로 가장 거리가 먼 것은?

① 습도가 높은 대기 중에 토양을 놓아두었을 때 대기로부터 토양에 흡착되는 수분이다.
② pF 4.5 이상이다.
③ 결합수와 달리 식물이 직접 흡수 이용할 수 있다.
④ 105~110℃에서 8~10시간 건조시키면 제거된다.

풀이 토양수분 중 흡습수는 토양에 강하게 흡착되어 있으므로 식물이 직접 이용할 수 없다.

06 공극률 0.2, 다시안 유속(Darcian velocity) 0.2cm/hr인 포화대수층의 공극에서 실제 지하수가 이동하는 속도(cm/hr)는?

① 0.2   ② 0.4
③ 5.0   ④ 1.0

풀이 실제 지하수 이동속도(cm/hr)
$$= \frac{V}{\eta_e} = \frac{0.2\text{cm/hr}}{0.2} = 1.0\text{cm/hr}$$

07 A(식토), B(미사), C(양질사토)의 토양에 대한 비표면적을 크기순으로 배열한 것은?

① B > A > C   ② A > B > C
③ C > A > B   ④ A > C > B

풀이 토입입자의 직경이 작을수록 비표면이 커진다.
  ㉠ 식토 입자직경 : 0.002mm 이하
  ㉡ 미사 입자직경 : 0.05~0.002mm
  ㉢ 양질사토 입자직경 : 2~0.05mm

08 버미큘라이트(vermiculite)에 관한 설명으로 틀린 것은?

① CEC는 10~40meq/100g으로 클로라이트와 유사하다.

② 2 : 1 격자형 광물이다.

③ 단위층 간의 결합력이 약하여 수분 함량이 증가하면 팽창된다.

④ 풍화작용에 의해 일라이트(illite)의 층간을 결합하는 K^+이 전부 또는 대부분 빠져나간 것을 말한다.

풀이 버미큘라이트의 CEC(양이온 교환용량)는 80~150 meq/100g으로 몬모릴로나이트와 비슷하며 비표면적은 50(600)~800m²/g이다.

09 점토광물(clay minerals) 중 2 : 2형의 대표적인 것은?

① 카올리나이트(kaolinite)

② 할로이사이트(halloysite)

③ 몬모릴로나이트(montmorillonite)

④ 클로라이트(chlorite)

풀이 점토광물의 분류
1. 결정형 광물
    ① 1 : 1 격자형 광물(2층형 광물, 비팽창형)
       → 할로이사이트, 나크라이트, 카올리나이트, 디카이트
    ② 2 : 1 격자형 광물(3층형 광물)
       한 층의 Al 8면체를 Si 4면체가 양쪽으로 샌드위치처럼 싸서 3층 구조를 이룸
       ㉠ 팽창형 → 몬모릴로나이트, 사포나이트, 버미큘라이트
       ㉡ 비팽창형 → 일라이트
    ③ 2 : 1 : 1(2 : 2, 격자형 광물 비팽창형)
       → 클로라이트
2. 비결정형 광물(무정형) : 알로펜, 이모고라이트

10 유기물 함량 2%, 점토 함량 6%, 전 용적밀도 (D_b) 1.5g/cm³, 입자밀도(D_p) 3.0g/cm³인 토양의 공극률(%)은?

① 9   ② 12

③ 45   ④ 50

풀이 공극률(%) $= \left(1 - \dfrac{용적밀도}{입자밀도}\right) \times 100$

$= \left(1 - \dfrac{1.5}{3.0}\right) \times 100$

$= 50\%$

11 카드뮴 및 그 화합물이 인체에 미치는 영향으로 가장 거리가 먼 것은?

① 급성증상 : 구토 등 소화기 증상, 기관지염, 폐기종, 빈혈, 신장 결석

② 신장피질에 축적 : 미나마타병의 경우 신장이 비가역적으로 손상

③ 저농도 장기간 노출 : 고혈압

④ 고농도 노출 : 돌연변이, 암 유발

풀이 카드뮴은 신장피질에 축적되어 저분자 단백료 다량 배설, 이따이이따이병의 경우 신장을 비가역적으로 손상시킨다.

12 오염물질 저감에 기여하는 요소가 아닌 것은?

① 표면흡착   ② 분자확산

③ 고체 내부 확산   ④ 침전

13 산성우의 토양에 대한 영향으로 가장 거리가 먼 것은?

① 양이온, 주로 Ca^{2+}, Mg^{2+}의 용탈 증대

② HCO_3^- 농도의 감소

③ $AlSO_4$의 침전에 의한 토양용액의 PO_4 농도 증가

④ Zn, Cd 등의 중금속이 토양용액으로 용출

정답 08 ① 09 ④ 10 ④ 11 ② 12 ② 13 ③

풀이 산성비의 토양에 대한 영향

㉠ 칼슘(Ca^{2+}), 마그네슘(Mg^{2+}) 등 염기의 용출 가속화

㉡ HCO_3^- 농도의 감소

㉢ 토양용액의 용존 유기물 농도 감소

㉣ $AlPO_4$의 침전에 의한 토양용액 PO_4 농도 감소

㉤ 토양으로부터 알루미늄(Al)의 용해도 증가(Al은 가수분해되어 수소이온 발생)

㉥ 토양의 산성화 촉진

㉦ 중금속(Zn, Cd)이 토양용액으로 용출

14 일반적인 토양공기에 관한 설명으로 틀린 것은?

① 상대습도는 대기보다 높다.

② 탄산가스의 함량은 대기보다 높다.

③ 산소의 함량은 대기보다 낮다.

④ 아르곤의 함량은 대기보다 낮다.

풀이 토양공기는 일반대기 중 공기에 비하여 N_2, CO_2, Ar, 상대습도가 높다.

15 나트륨토양을 개량하는 방법으로 적합하지 않은 것은?

① 지하수위가 높을 경우 배수에 의해 수위를 낮춘다.

② 석회 자체를 투입하여 치환성 Ca 포화도를 높인다.

③ 내알칼리, 내침수성 식물을 재배하여 유기질 잔사를 포장하여 환원시킨다.

④ 제염관개로 NaOH, $NaHCO_3$, Na_2CO_3를 표층토로 이동시킨다.

풀이 충분한 담수원을 확보하여 제염된 부분의 토양입자를 위해 석회를 사용한다. 가을부터 이른 봄까지 계속 담수하며, 알칼리 토양을 개량하기 위해서는 Ca^{2+}을 다량 함유한 경수가 좋다.

16 토양에서 일어나는 양이온교환반응의 중요성(농업생산성과 관련)에 관한 설명으로 틀린 것은?

① 치환성 K, Ca, Mg 등은 식물영양소의 주된 공급원이다.

② 산성 토양의 pH를 높이기 위한 석회요구량은 CEC가 클수록 적어진다.

③ 중금속을 흡착하여 지하수 및 지표수로의 이동을 억제한다.

④ 토양에 비료로 사용한 K^+, NH_4^+ 등은 토양에서 이동성이 급격하게 감소된다.

풀이 농업생산성(작물생육)과 양이온교환반응(치환용량)의 관계

㉠ 치환성, K, Ca, Mg 등은 식물영양소의 주된 공급원이다.

㉡ 토양에 비료로 사용한 K^+, NH_4^+ 등은 토양에서 이동성이 급격하게 감소된다.

㉢ 중금속을 흡착하여 지하수 및 지표수로의 이동을 억제시킨다.

㉣ CEC가 큰 토양은 토양반응(pH)의 변동에 저항하는 힘, 즉 완충력이 증대되어 비교적 안전한 작물 생육을 도모한다.

㉤ 산성 토양의 pH를 높이기 위한 석회요구량은 CEC가 클수록 많아진다.

㉥ 흡착된 K^+, Ca^{2+}, Mg^{2+}, Na^+ 등의 이온들은 쉽게 용탈되지 않는다.

17 유기오염물질의 생물학적 분해에 영향을 미치는 토양 특성으로 가장 거리가 먼 것은?

① 토양미생물 유형 ② 토양수분 함량

③ 토양 pH ④ 양이온교환용량

풀이 양이온교환용량은 일정량의 토양교질이 보유할 수 있는 교환성 양이온의 총량이다. 따라서 유기오염물질의 생물학적 분해에 영향을 미치는 토양 특성과는 거리가 멀다.

18 토양 전체 부피 중에서 토양입자의 부피만을 제외한 부피는?

① 공극률 ② 수분부피함량

③ 가스부피함량 ④ 토양단위용적밀도

풀이 공극률은 토양의 총 부피 중 빈 공간(공극)의 비율로 토양 전체 부피 중에서 토양입자의 부피만을 제외한 부피를 말한다.

19 대수층의 비보유율(Sr)이 0.2이고, 공극률이 0.3일 때, 비산출률(Sy)은?(단, 모래 내에 지하수의 중력배수 기준)

① 0.1 　　　　② 0.15
③ 0.2 　　　　④ 0.6

풀이 비산출률＝공극률－비보유율
　　　　＝0.3－0.2＝0.1

20 토양시료에서 회분석시험을 실시한 결과 카드뮴의 분배계수가 3.34이었을 때의 지연계수는?(단, 공극률＝0.3, 건조단위중량＝1.35g/cm³)

① 15.03 　　　　② 16.03
③ 1.74 　　　　④ 0.74

풀이 지연계수＝$1+\left(\dfrac{\text{건조단위중량}\times\text{분배계수}}{\text{공극률}}\right)$

$=1+\left(\dfrac{1.35\times3.34}{0.3}\right)$

$=16.03$

2과목 　**토양 및 지하수오염조사기술**

21 시안분석(자외선/가시선 분광법)에 대한 설명으로 틀린 것은?

① 시안화합물은 측정할 때 방해물질들은 증류하면 대부분 제거된다.
② 잔류염소가 함유된 시료는 잔류염소 20mg당 L－아스코르빈산(10%) 0.6mL 또는 아비산나트륨 용액(10%) 0.7mL를 넣어 제거한다.
③ 황화합물이 함유된 시료는 아세트산 아연용액(10%) 2mL를 넣어 제거한다.
④ 다량의 지방성분을 함유한 시료는 pH4 이하로 조절한 후 시료에 약 10%에 해당하는 부피의 노말헥산 또는 클로로포름으로 추출하여 제거한다.

풀이 다량의 지방성분(유지류)을 함유한 시료는 아세트산 또는 수산화나트륨 용액으로 pH6~pH7 로 조절한 후 시료의 약 2%에 해당하는 부피의 노말 헥산 또는 클로로포름을 넣어 추출하여 유기층은 버리고 수층을 분리하여 사용한다.

22 토양오염 위해성 평가 시 유류의 노출경로에 해당되지 않는 것은?

① 지하수 섭취 　　　　② 토양 섭취
③ 농작물 섭취 　　　　④ 토양 접촉

23 토양오염공정시험기준 중 pH의 측정과 관련 없는 것은?

① 전극을 넣을 때 토양 현탁을 만들어 주고 곧 넣어서 측정한다.
② pH 11 이상의 시료는 특수전극을 사용할 수 있다.
③ 토양을 오랫동안 방치하면 미생물 작용으로 pH가 저하될 수 있다.
④ 일반적으로 토양 중 염류의 농도가 높아지면 pH 값이 높아진다.

풀이 토양 중 염류의 농도가 높아지면 pH 값이 낮아지는 경우가 있다.

24 원자흡수분광광도법에 대한 설명으로 가장 거리가 먼 것은?

① 장치는 광원부－시료원자화부－단색화부－측광부로 배열된다.
② 광원은 원자흡광 스펙트럼선의 선폭보다 좁은 선폭을 갖고 휘도가 높은 스펙트럼을 방사하는 중공음극램프가 많이 사용된다.
③ 원자흡광분석에 사용되는 어떠한 불꽃이라도 가연성 가스와 조연성 가스의 혼합비는 감도에 크게 영향을 준다.
④ 표준첨가법에 의한 검량선 작성은 측정치가 흩어져 상쇄하기 쉬우므로 분석값의 재연성이 높다.

풀이 측정치가 흩어져 상쇄하기 쉽고 분석값의 재연성이 높은 정량법은 내부표준물질법이다.

25 자외선/가시선 분광법을 적용한 불소 측정에 관한 설명으로 ( )에 옳은 내용은?

토양 중 불소를 측정하는 방법으로 불소가 진홍색의 지르코니움 – 발색시약과의 반응으로 ( )의 음이온복합체를 형성하는 과정을 이용한다.

① 무색   ② 청색
③ 황갈색   ④ 적자색

풀이 불소 – 자외선/가시선 분광법
토양 중 불소를 측정하는 방법으로 불소가 진홍색의 지르코늄(Zirconium) – 발색시약과의 반응으로 무색의 음이온복합체(ZrF_6^{2-})를 형성하는 과정을 이용한다. 불소의 양이 많아질수록 색깔이 엷어지게 된다.

26 불소의 함량을 측정하고자 할 때 검량선에서 얻어진 불소의 농도가 1.2mg/L이었다면 토양 중 불소의 함량(mg/kg)은?(단, 토양시료의 건조중량＝1.0g, 시약 바탕 시험용액의 불소 농도＝0.2mg/L)

① 500   ② 600
③ 650   ④ 750

풀이 토양 중 불소 농도(mg/kg)

$$= \left(\frac{C_s - C_b}{W_d} \right) \times f \times V$$

$$= \frac{(1.2 - 0.2)\,\mathrm{mg}}{0.001\mathrm{kg}} \times 0.5$$

$$= 500\mathrm{mg/kg}$$

27 BTEX 표준용액 (각 성분의 농도＝20mg/L) 2μL 를 퍼지 · 트랩에 주입할 경우 기체크로마토그래프에서 정량되는 이들의 절대량 총합(ng)은?

① 80   ② 160
③ 200   ④ 240

28 용기 중 취급 또는 저장하는 동안에 이물질이 들어가거나 또는 내용물이 손실되지 아니하도록 보호하는 용기는?

① 밀폐용기   ② 기밀용기
③ 밀봉용기   ④ 밀입용기

풀이 용기의 종류

구분	정의
밀폐용기	취급 또는 저장하는 동안에 이물질이 들어가거나 또는 내용물이 손실되지 아니하도록 보호하는 용기
기밀용기	취급 또는 저장하는 동안에 밖으로부터의 공기 또는 다른 가스가 침입하지 아니하도록 내용물을 보호하는 용기
밀봉용기	취급 또는 저장하는 동안에 기체 또는 미생물이 침입하지 아니하도록 내용물을 보호하는 용기
차광용기	광선이 투과하지 않는 용기 또는 투과하지 않게 포장한 용기이며 취급 또는 저장하는 동안에 내용물이 광화학적 변화를 일으키지 아니하도록 방지할 수 있는 용기

29 토양오염관리대상 시설지역에서의 시료채취지점 선정에 관한 설명으로 ( )에 옳은 내용은? (단, 부지 내, 지상저장시설 기준)

토양오염물질(유류 등)의 누출이 인지되거나 토양오염의 개연성이 높은 3개 지점을 선정하되 저장시설의 끝단으로부터 수평방향으로 1m 이상 떨어진 지점에서 이격거리의 (   ) 깊이까지로 한다.

① 1.2배   ② 1.5배
③ 2.0배   ④ 2.5배

풀이 토양오염관리 대상시설지역(부지 내 지하저장시설) 시료채취지점 선정기준
토양오염물질(유류 등)의 누출이 인지되거나 토양오염의 개연성이 높은 3개 지점을 선정하되, 저장시설의 끝단으로부터 수평방향으로 1m 이상 떨어진 지점에서 이격거리의 1.5배 깊이까지로 한다. 다만, 방유조(Tank Dike) 외부에서 시료를 채취하고자 할 경우에는 방유조 끝단을 기준으로 한다.

정답 25 ① 26 ① 27 ④ 28 ① 29 ②

30 BTEX를 퍼지－트랩 기체크로마토그래피－질량 분석법을 적용하여 측정할 때 각 항목별 정량한계(mg/kg)는?

① 0.1   ② 0.5
③ 1.0   ④ 5.0

풀이

벤젠, 톨루엔 에틸벤젠, 크실렌	정량한계 (mg/kg)	정밀도 (% RSD)
퍼지－트랩 기체크로마토그래피－질량분석법	각 항목별 0.1	30% 이내
퍼지－트랩 기체크로마토그래피(FID)	벤젠 0.2, 톨루엔 0.1 에틸벤젠 0.1, 크실렌 0.5	30% 이내

31 유도결합플라즈마발광광도법에 대한 설명으로 틀린 것은?

① 시료를 고주파유도코일에 의해 형성된 아르곤 플라즈마에 도입하여 분석한다.
② 중금속 원자의 바닥상태(ground state)에서 여기상태(excite state)로 이동할 때 흡수되는 발광선 및 발광강도를 측정하여 정성 및 정량분석한다.
③ 플라즈마 자체가 광원으로 이용되기 때문에 매우 넓은 농도범위에서 측정이 가능하다.
④ ICP의 구조는 중심에 저온, 저전자 밀도의 영역이 형성되어 도너츠 형태로 되는 것이 특징이다.

풀이 유도결합 플라즈마 발광광도법
시료를 고주파유도코일에 의하여 형성된 아르곤 플라즈마에 주입하여 6,000~8,000K에서 들뜬 원자가 바닥상태로 이동할 때 방출하는 발광선 및 발광강도를 측정하여 원소의 정성 및 정량 분석을 수행한다.

32 토양오염공정시험기준에서 정의하는 온도에 대한 설명으로 틀린 것은?

① 온수 : 60~70℃   ② 상온 : 10~20℃
③ 실온 : 1~35℃   ④ 찬 곳 : 0~15℃

풀이

표준온도	0℃
상온	15~25℃
실온	1~35℃
온수	60~70℃
열수	약 100℃
냉수	15℃ 이하
찬 곳	0~15℃

33 석유계총탄화수소를 기체크로마토그래피로 측정할 때의 설명으로 틀린 것은?

① 정량한계는 석유계총탄화수소로 50mg/kg이다.
② 비극성과 약한 극성화합물(즉 할로겐화 탄화수소)과 극성 화합물의 함량이 많을 경우 분석을 간섭할 수 있다.
③ 정확도는 측정값의 상대표준편차(% RSD)로 산출하며 그 값이 15% 이내이어야 한다.
④ 채취한 시료를 즉시 시험할 수 없을 경우 0~4℃ 냉암소에 보존하고 14일 이내에 추출하여야 하며, 시료채취일로부터 40일 이내에 분석하여야 한다.

풀이 석유계총탄화수소 기체크로마토그래피

정도관리 항목	정도관리 목표
정량한계	50mg/kg
검정곡선	결정계수(R^2)>0.98 또는 감응계수(RF)의 상대표준편차<20%
정밀도	상대표준편차가 30% 이내
정확도	70~130%

34 기체크로마토그래피에서 검량선 작성 시 사용하는 내부표준물질의 조건으로 가장 거리가 먼 것은?

① 목적성분과 물리화학적 성질이 유사한 것
② 목적성분 피크의 위치에 가능한 가까울 것
③ 시료 중의 다른 성분 피크와 완전하게 분리되는 것
④ 화학적으로 반응성이 큰 것

풀이 기체 크로마토그래피 검량선 작성 시 사용하는 내부표준물질은 화학적으로 반응성이 작아야 한다.

정답   30 ①   31 ②   32 ②   33 ③   34 ④

35 지하매설저장시설에 대한 설명으로 옳은 것은?

① '부속배관'이라 함은 부속배관의 경로 중 지하에 매설되어 누출 여부를 육안으로 직접 확인할 수 없는 배관을 말한다.

② '지하매설배관'이라 함은 지하매설저장시설과 부속배관, 부속배관과 배관을 연결하기 위하여 용접접합 또는 나사조임방식 등으로 접속한 부분을 말한다.

③ '누출검지관'이라 함은 액체의 누출 여부를 누출검사대상시설 외부에서 직접 또는 간접적으로 확인하기 위해 설치된 관을 말한다.

④ '배관접속부'라 함은 지하매설저장시설의 용접 또는 나사조임 방식으로 직접 연결되는 배관을 말한다.

풀이 ㉠ 부속배관 : 누출검사대상시설에 용접 또는 나사조임방식으로 직접 연결되는 배관을 말한다.
㉡ 지하매설배관 : 부속배관의 경로 중 지하에 매설되어 누출 여부를 육안으로 직접 확인할 수 없는 배관을 말한다.
㉢ 배관접속부 : 누출검사대상시설과 부속배관, 부속배관과 배관을 연결하기 위하여 용접접합 또는 나사조임방식 등으로 접속한 부분을 말한다.

36 토양 중 6가크롬을 측정하기 위한 자외선/가시선 분광광도계의 흡수셀에 대한 설명으로 틀린 것은?

① 시료액의 흡수파장이 약 370nm 이상일 때는 석영 또는 경질유리 흡수셀을 사용한다.

② 시료액의 흡수파장이 약 370nm 이하일 때는 석영 흡수셀을 사용한다.

③ 따로 흡수셀의 길이를 지정하지 않았을 때는 15mm 셀을 사용한다.

④ 흡수셀이 더러우면 측정값에 오차가 발생하므로 세척하여 사용한다.

풀이 따로 흡수셀의 길이를 지정하지 않았을 때는 10mm 셀을 사용한다.

37 토양정밀조사지침에 의한 기초조사 내용에 포함되지 않는 것은?

① 토지사용 이력조사
② 시설내역조사
③ 오염물질의 성상 확인 및 분석
④ 오염물질의 진행방향 및 오염범위 추정

풀이 오염물질의 성상 확인 및 분석은 상세조사내용이다.

38 수분함량 측정 시 105~110℃ 건조기 안에서의 토양건조시간은 얼마 이상으로 항량이 될 때까지 건조시켜야 하는가?

① 1시간 ② 2시간
③ 3시간 ④ 4시간

풀이 수분함량 측정
시료를 105~110℃에서 4시간 이상 건조하고 데시케이터에서 식힌 후 항량으로 하며 무게를 정확히 달아 수분함량(%)을 구한다.

39 토양시료 중 BTEX 시료보관에 관한 기준으로 적절한 것은?

① 시험관에 채취된 시료를 즉시 실험할 수 없는 경우에는 0~4℃ 냉암소에서 보관하고 7일 이내에 분석해야 한다.

② 시험관에 채취된 시료를 즉시 실험할 수 없는 경우에는 0~4℃ 냉암소에서 보관하고 14일 이내에 분석해야 한다.

③ 시험관에 채취된 시료를 즉시 실험할 수 없는 경우에는 질산을 주입하여 pH2 이하에서 보관하고 7일 이내에 분석해야 한다.

④ 시험관에 채취된 시료를 즉시 실험할 수 없는 경우에는 질산을 주입하여 pH2 이하에서 보관하고 14일 이내에 분석해야 한다.

40 토양 중의 폴리클로리네이티드비페닐(PCB)을 기체크로마토그래피로 분석할 때 적당한 검출기는?

① 열전도도 검출기(TCD)
② 불꽃이온화 검출기(FID)
③ 전자포착형 검출기(ECD)
④ 불꽃광도형 검출기(FPD)

풀이 PCB – 기체크로마토그래피 분석 시 검출기는 전자포착형 검출기(ECD) 또는 이와 동등 이상의 검출 성능을 가진 것을 사용한다.

3과목 **토양 및 지하수오염정화기술**

41 토양 열처리 프로세스 종류에 해당하지 않는 것은?

① 로터리 탈착장치
② 열스크루
③ 회분식 탈착장치
④ 마이크로파 탈착장치

풀이 열처리(탈착) 기술장치
㉠ 로터리 탈착장치
㉡ 열스크루 장치
㉢ 유동상 탈착장치
㉣ 마이크로파 탈착장치
㉤ 스팀주입 탈착장치

42 다음 오염물질 중 토양증기추출법의 적용이 가장 용이한 것은?

① PAH
② PCB
③ TCE 및 PCE
④ PCDD

풀이 토양증기추출법(SVE)
1. 적합 오염물질
㉠ 휘발성/준휘발성 유기화합물(PCE, TCE)
㉡ 유류오염물질
2. 부적합 오염물질
㉠ 중금속, PCB, 다이옥신, PAH
㉡ 중유

43 폐광산에서 유출되는 산성 광산 배수의 처리를 위한 기술로 틀린 것은?

① SAPS(Successive Alkalinity Producing System)
② 인공 소택지법(호기성, 혐기성)
③ 산화 · 응집공법(Ald : Alkalinity Lime Draining)
④ DW(Diversion Well)

풀이 폐광산의 산성광산 배수처리를 위한 기술
㉠ SAPS(Successive Alkalinity Producing System)
㉡ 인공소택지법(호기성, 혐기성)
㉢ DW(Diversion Well)

44 열탈착기술의 2차 오염물질과 제어방법이 잘못 열결된 것은?

① 미세입자 – 사이클론
② 다이옥신 – 집진장치
③ 배가스 유기물 – 활성탄
④ 산성 증기 – 벤투리세정기

풀이 미세입자는 여과집진장치, 전기집진장치를 이용하여 제어한다.

45 수직방어벽인 슬러리월에 관한 설명으로 틀린 것은?

① 지하수의 흐름을 다른 곳으로 우회시켜 오염되지 않은 지하수를 오염된 지역으로부터 격리시킨다.
② 지하수의 흐름을 다른 곳으로 우회시켜 오염물질의 분해 또는 지체효과를 감소시킨다.
③ 낮은 수리전도도를 가진 흙이나 가용한 다른 첨가제 등 오염물질의 거동을 제어하는 물질을 지중 트렌치에 채운다.
④ 투수계수가 다소 높은 지역에 유용하다.

풀이 슬러리월은 오염원으로부터 집수정까지의 흐름경로를 길게 하여 오염물질의 분해 또는 지체효과를 증진시킨다.

46 지하수 내 벤젠의 농도가 50mg/L이다. 일차감쇄상수(first-order decay rate)가 0.005day^{-1}일 때 3년 후 지하수 내 벤젠의 농도(mg/L)는?

① 0.21 ② 0.31
③ 0.41 ④ 0.51

풀이 $C = C_o e^{-k \cdot t} = 50 \times e^{-(0.005 \times 365 \times 3)}$
$= 0.21 \text{mg/L}$

47 오염토양을 처리하는 생물학적 기술은?

① 토양경작법 ② 토양세정법
③ 용제추출법 ④ 안정화법

풀이 생물학적 처리기술
ㄱ 생물학적 분해법(생분해법, Biodegradation)
ㄴ 바이오벤팅법(Bioventing)
ㄷ 토양경작법(Landfarming)
ㄹ 식물정화법(Phytoremediation)
ㅁ 퇴비화법(Composting)
ㅂ 자연저감법(Natural Attenuation)
ㅅ 진균이용처리법(백색부후균, White Rot Fungus)

48 지중생물학적 정화법의 설계인자에 대한 설명 중 가장 알맞지 않은 것은?

① 수리전도도가 비교적 낮은 투수계수($10^{-4} \sim 10^{-6}$ cm/sec)에서는 효과적이지 않다.
② 미생물의 수가 1,000CFU/g 이상인 경우에는 높은 처리효율을 기대할 수 없다.
③ 중금속 2,500ppm 이상인 경우 호기성 미생물의 생육을 방해할 수 있다.
④ TPH 50,000ppm 이상인 경우 호기성 미생물의 생육을 방해할 수 있다.

풀이 일반적으로 토양 내의 미생물 수가 1,000CFU/g 이상일 경우에는 높은 처리효율을 기대할 수 있다.

49 열탈착법의 장단점으로 틀린 것은?

① 수분함량이 높은 오염토의 전처리가 필요 없는 장점이 있다.
② 빠른 처리가 가능한 장점이 있다.
③ 토양 굴착이 필요한 단점이 있다.
④ 운영을 위한 큰 부지가 필요하다는 단점이 있다.

풀이 열탈착법은 처리 토양 내의 수분이 많으면 전처리를 통하여 수분함량을 낮추어야 한다.

50 고형화 또는 안정화에서 첨가되는 화학물질로서 가장 적절치 않은 것은?

① 착염물질
② 포틀랜드시멘트
③ 회분(fly ash)
④ 점토

풀이 고형화와 안정화는 물리·화학적 방법을 통해 일차적으로 폐기물 유해성분의 유동성을 감소시키는 것을 목적으로 하므로 착염물질 첨가는 바람직하지 않다.

51 일반적으로 유기화학물질의 생분해능은 화합물의 분자구조에 의해 크게 좌우된다. 다음 중 난분해성의 경향을 갖지 않는 화합물은?

① 할로겐화된 화합물
② 가지구조가 많은 화합물
③ 물에 대한 용해도가 낮은 화합물
④ 원자의 전하차가 적은 화합물

풀이 유기화합물질의 난분해성 조건(생분해가 어려운 물질의 일반적인 특성)
ㄱ 할로겐화된 화합물
ㄴ 분자 내에 많은 수의 할로겐원소(Cl, Br 등)를 함유하는 화합물
ㄷ 가지구조가 많은 화합물
ㄹ 물에 대하여 용해도가 낮은 화합물
ㅁ 원자의 전하차가 큰 화합물

52 생물학적 처리방법 중에서 [오염토양 조건-처리방법-처리대상오염물]을 잘못 짝지은 것은? (단, 처리 위치는 원위치 기준)

① 불포화 토양층-bioventing-BTEX
② 불포화 토양층-바이오필터-PAHs
③ 포화 토양층-침투성 생물반응벽-생분해 가능한 유기오염물질
④ 포화 토양층-자연정화법-유류, 염소계유기화합물

풀이 바이오필터는 비할로겐 휘발성 유기물질, 유류탄화수소, 악취 등을 처리하는 데 효과적이다.

53 토양경작법으로 처리하기에 가장 부적합한 경우는?

① 95% 정화 목표를 가지고 있는 오염토양
② 28% 수분 함유 오염토양
③ 토양경작 기간 중 50mm의 강우가 내린 경우
④ pH 4.9 상태에서 석회석과 혼합한 오염토양

풀이 토양경작법은 오염물질 저감에 한계가 있다.

54 매립지에서 염소의 농도가 1,500mg/L인 침출수가 누출되어 다음과 같은 특성을 지닌 대수층으로 유입되고 있다. 아래에 주어진 자료를 활용하여 구한 평균선형유속(m/s)은?(단, 수리전도도=3.0×10^{-3}cm/s, dh/dL=0.002, 유효공극률=0.30)

① 2.0×10^{-7}　　② 2.0×10^{-5}
③ 4.5×10^{-7}　　④ 4.5×10^{-5}

풀이 평균선형유속($\bar{v}$)

$$\bar{v} = \frac{K}{\eta}\left(\frac{dh}{dL}\right)$$

$$= \frac{3.0 \times 10^{-3}\text{cm/sec} \times 1\text{m}/100\text{cm} \times 0.002}{0.30}$$

$$= 2.0 \times 10^{-7}\text{m/sec}$$

55 매립지 최종 복토층의 가스 배제층 설치에 따른 이점으로 틀린 것은?

① 상부 식생대층의 식물 및 미생물에 대한 독성영향을 저감시킨다.
② 가스압에 의한 차수층의 균열발생의 위험성을 감소시킨다.
③ 매립가스를 포집하여 에너지원으로 사용할 수 있다.
④ 매립가스의 지속적 대기 배출로 신속한 매립지의 안정화를 기한다.

풀이 매립지 최종복토층의 가스배제층 설치에 따른 이점 (장점)
　㉠ 상부식생대층의 식물 및 미생물에 대한 독성영향을 저감시킨다.
　㉡ 가스압에 의한 차수층의 균열 발생에 대한 위험성을 감소시킨다.
　㉢ 이산화탄소 등의 매립가스가 대기 중으로 방출되는 것을 저감시킨다.
　㉣ 매립가스를 포함하여 에너지원으로 사용할 수 있다.

56 지중에서 생물학적 처리를 할 경우 미생물이 전자수용체로서 우선적으로 사용되는 물질의 순서가 맞는 것은?

① 산소 > 질산성질소 > 황산이온 > 망간산화물
② 질산성질소 > 황산이온 > 망간산화물 > 산소
③ 망간산화물 > 황산이온 > 질산성질소 > 산소
④ 산소 > 질산성질소 > 망간산화물 > 황산이온

풀이 산소 공급이 불가할 경우 전자수용체로서 산소를 대신하여 질산이온(NO_3^-), 황산이온(SO_4^{2-}), Fe(Ⅲ) 등을 공급하여 미생물의 분해를 촉진시키거나 산소를 공급하는 경우보다 생분해율이 낮아 처리시간이 길어지는 단점이 있다.

57 화학적 산화법을 적용하여 오염토양을 정화하는 경우의 유의사항에 대한 설명으로 틀린 것은?

① 부지 내에 비수용액체상(NAPL)이 존재하는 경우 이를 회수하거나 처리해야 한다.
② 지하저장조나 배관 등의 지장물이 있는 경우 부식문제 등에 주의를 요한다.
③ 오염지역에 투수성이 낮은 토양이 존재하는 경우에는 충분한 접촉시간을 고려하여야 한다.
④ 토양 내에 휴믹질 등 유기물이 존재하는 경우에 보다 효율적이다.

풀이 토양 내에 휴믹질 등 유기물이 존재하는 경우에는 산화가 어려우며 기술 운영 시 예상하지 못한 부정적 효과가 발생될 우려가 있다.

58 토양의 생성작용을 바르게 기술한 것은?

① 포드졸화(podzol) 작용은 한랭습윤한 지역에서 관찰된다.
② 라테라이트화(laterite) 작용은 고온건조한 기후에서 관찰된다.
③ 글레이화(glei) 작용은 배수가 용이한 화강암의 풍화지역에서 관찰된다.
④ 염류화 작용은 고온다습한 기후에서 관찰된다.

풀이 ㉠ 라테라이트화 작용은 주로 고온다습한 열대기후에서 관찰된다.
㉡ 글레이화 작용은 배수가 불량한 곳에서 관찰된다.
㉢ 염류화 작용은 주로 건조기후지역에서 관찰된다.

59 오염지하수를 2m 두께의 반응벽체로 처리하고자 한다. 지하수의 Darcy 속도가 4m/d인 조건에서 반응벽체 내 체류시간을 6시간으로 설계하고자 할 경우 반응벽체의 공극률은?

① 0.40
② 0.45
③ 0.50
④ 0.55

풀이 공극률 $= \dfrac{4m/24hr \times 6hr}{2m} = 0.50$

60 토양증기 추출의 적용조건으로 틀린 것은?

① 객토에 의한 처리가 불가능한 경우
② 처리대상 토양의 양이 소규모일 경우
③ 오염물질의 헨리상수 0.01 이상
④ 상온에서 휘발성을 갖는 유기물질

풀이 추출정의 영향반경은 토양조건에 따라 6~45m 정도이며 심도 7m까지의 토양조건에 적용할 수 있다.

4과목 **토양 및 지하수환경 관계법규**

61 토양보전대책지역의 지정기준으로 ( )에 맞는 것은?

농경지의 경우, 지표면으로부터 ( )까지의 토양오염도가 대책기준을 초과한 경우

① 90cm
② 60cm
③ 30cm
④ 10cm

풀이 토양보전대책지역 지정기준
㉠ 농경지의 경우에는 지표면으로부터 30센티미터까지의 토양오염도가 대책기준을 초과하거나 특별자치도지사·시장·군수·구청장이 재배작물 중 오염물질 함량이 중금속잔류 허용기준을 초과하여 대책지역 지정을 요청한 지역일 것
㉡ 농경지 외의 지역의 경우에는 지표면으로부터 지하수(대수층)면 상부 토양 사이의 토양오염도가 대책기준을 초과한 지역 또는 특별자치도지사·시장·군수·구청장이 대책지역 지정을 요청한 지역으로서 인체에 대한 피해가 우려되고 그 면적이 1만제곱미터 이상인 지역일 것

62 토양오염도 검사 수수료 중 시료채취비에 관한 설명으로 옳은 것은?

① 62,700원/공
② 71,900원/공
③ 91,900원/공
④ 114,000원/공

풀이 토양오염도 검사수수료

검사항목		검사수수료(단위 : 원)
카드뮴 · 구리 · 납		44,200
비소		44,200
수은		44,200
6가 크롬		44,200
아연 · 니켈		44,200
불소		71,100
유기인		35,100
폴리클로리네이티드비페닐		114,000
시안		17,700
페놀류		56,100
유류	벤젠	40,600
	톨루엔	
	에틸벤젠	
	크실렌	
석유계 총 탄화수소(TPH)		62,700
트리클로로에틸렌(TCE) 테트라클로로에틸렌(PCE)		26,900
벤조(a)피렌		114,000
시료채취비		91,900/공

63 특정토양오염관리대상시설의 토양오염검사에 관한 설명으로 (　)에 적합한 것은?

특정토양오염관리대상시설의 설치자는 매년 (㉠)회 토양 관련 전문기관으로부터 토양오염도 검사를 받아야 하지만, 토양오염방지시설을 설치한 경우 검사주기를 (㉡)년의 범위에서 조정할 수 있다.

① ㉠ 1, ㉡ 2 　　　② ㉠ 1, ㉡ 5
③ ㉠ 2, ㉡ 2 　　　④ ㉠ 2, ㉡ 5

풀이 특정토양오염관리대상시설 토양오염검사
㉠ 매년1회 환경부령으로 정하는 때에 토양 관련 전문기관으로부터 토양오염도검사를 받을 것. 다만, 토양오염방지시설을 설치하고 적정하게 유지 · 관리하고 있는 경우에는 환경부령으로 정하는 기준에 따라 검사주기를 5년의 범위에서 조정할 수 있다.
㉡ 특정토양오염관리대상시설(「위험물안전관리법 시행령」에 따른 정기검사의 대상시설을 제외한다. 이하 "누출검사대상시설"이라 한다)을 설치한 후 10년이 경과하였을 때에는 6개월 이내에

토양 관련 전문기관으로부터 누출검사를 받아야 하며, 그 후에는 환경부령으로 정하는 바에 따라 누출검사를 받을 것

64 토양보전대책지역의 지정기준에 관한 내용으로 (　)의 내용으로 옳은 것은?

농경지 외의 지역의 경우에는 지표면으로부터 지하수(대수층)면 상부 토양 사이의 토양오염도가 대책기준을 초과한 지역 또는 특별자치도지사 · 시장 · 군수 · 구청장이 대책지역 지정을 요청한 지역으로서 인체에 대한 피해가 우려되고 그 면적이 (　) 이상인 지역일 것

① 1만 제곱미터 　　　② 2만 제곱미터
③ 3만 제곱미터 　　　④ 5만 제곱미터

풀이 토양보전대책지역의 지정기준
㉠ 농경지의 경우에는 지표면으로부터 30센티미터까지의 토양오염도가 대책기준을 초과하거나 특별자치도지사 · 시장 · 군수 · 구청장이 재배작물 중 오염물질 함량이 중금속잔류허용기준을 초과하여 대책지역 지정을 요청한 지역일 것
㉡ 농경지 외의 지역의 경우에는 지표면으로부터 지하수(대수층)면 상부 토양 사이의 토양오염도가 대책기준을 초과한 지역 또는 특별자치도지사 · 시장 · 군수 · 구청장이 대책지역 지정을 요청한 지역으로서 인체에 대한 피해가 우려되고 그 면적이 1만 제곱미터 이상인 지역일 것

65 토양 관련 전문기관의 결격사유가 아닌 것은?
① 피성년후견인 또는 피한정후견인
② 파산선고를 받고 복권되지 아니한 사람
③ 임원 중에 피성년후견인 또는 피한정후견인에 해당하는 사람이 있는 법인
④ 토양 관련 전문기관 지정이 취소된 후 5년이 지나지 아니한 자

풀이 토양 관련 전문기관의 결격사유

ㄱ 피성년후견인 또는 피한정후견인

ㄴ 파산선고를 받고 복권되지 아니한 사람

ㄷ 지정이 취소된 후 2년이 지나지 아니한 자

ㄹ 이 법을 위반하여 징역 이상의 실형을 선고받고 그 집행이 끝나거나(집행이 끝난 것으로 보는 경우를 포함한다) 면제된 날부터 2년이 지나지 아니한 사람

ㅁ 임원 중에 제1호부터 제4호까지의 어느 하나에 해당하는 사람이 있는 법인

66 특정토양오염관리대상시설별 토양오염검사 항목 중 석유류의 제조 및 저장시설과 관련이 없는 것은?

① 벤젠

② 에틸벤젠

③ 석유계총탄화수소(TPH)

④ 페놀

풀이 석유류의 제조 및 저장시설 토양오염 검사항목

ㄱ 벤젠

ㄴ 톨루엔

ㄷ 에틸벤젠

ㄹ 크실렌

ㅁ 석유계총탄화수소(TPH)

67 다음 기관 중 토양오염조사기관이 아닌 것은?

① 시 · 도 보건환경연구원

② 국립환경과학원

③ 유역환경청

④ 농림토양과학원

68 환경부장관 또는 시장 · 군수 · 구청장이 청문을 실시하여야 하는 경우에 해당하는 것은?

① 토양정화업의 등록취소

② 토양 관련 전문기관에 대한 업무정지

③ 오염된 토양의 정화조치

④ 토양오염유발시설의 이전

풀이 환경부장관 또는 시장 · 군수 · 구청장의 청문대상

ㄱ 시설의 철거명령

ㄴ 토양 관련 전문기관의 지정취소

ㄷ 토양정화업의 등록취소

69 지하수의 개발 · 이용의 허가 시 시장 · 군수가 허가를 하지 않거나 취수량을 제한하는 경우는?

① 동력장치를 사용하지 아니하고 가정용 우물 또는 공동우물을 개발 · 이용하는 경우

② 지하수의 채취로 인하여 인근 지역의 수원의 고갈 또는 지반의 침하를 가져올 우려가 있거나 주변시설물의 안전을 해할 우려가 있는 경우

③ 「국방 · 군사시설 사업에 관한 법률」 제2조의 규정에 의한 국방 · 군사시설사업에 의하여 설치된 시설에서 지하수를 개발 · 이용하는 경우

④ 자연히 흘러나오는 지하수 또는 다른 법률의 규정에 의한 허가 · 인가 등을 받거나 신고를 하고 시행하는 사업 등으로 인하여 부수적으로 발생하는 지하수를 이용하는 경우

풀이 허가를 하지 않거나 취수량을 제한하는 경우

ㄱ 지하수 채취로 인하여 인근 지역의 수원(水源)의 고갈 또는 지반의 침하를 가져올 우려가 있거나 주변 시설물의 안전을 해칠 우려가 있는 경우

ㄴ 지하수를 오염시키거나 자연생태계를 해칠 우려가 있는 경우

ㄷ 지하수의 적정 관리 또는 「국토의 계획 및 이용에 관한 법률」에 따른 도시 · 군 관리계획, 그 밖에 공공사업에 지장을 줄 우려가 있는 경우

ㄹ 그 밖에 지하수를 보전하기 위하여 필요하다고 인정되는 경우로서 대통령령으로 정하는 경우

정답 66 ④ 67 ④ 68 ① 69 ②

70 다음에서 언급한 환경부령으로 정하는 토양 관련 전문기관은?

특별자치도지사, 시장, 군수, 구청장은 오염토양 개선 사업의 전부 또는 일부의 실시를 그 오염원인자에게 명할 수 있다. 이 경우 특별자치도지사, 시장, 군수, 구청장은 토양보전을 위하여 필요하다고 인정하면 '환경부령으로 정하는 토양 관련 전문기관'으로 하여금 오염토양 개선사업을 지도·감독하게 할 수 있다.

① 국립환경과학원
② 유역환경청 또는 지방환경청
③ 시·도 보건환경연구원
④ 한국환경공단

71 토양환경보전법령에서 정하고 있는 오염토양의 정화방법으로 가장 거리가 먼 것은?

① 오염물질의 분리추출   ② 오염물질의 매립
③ 오염물질의 소각   ④ 오염물질의 차단

풀이 오염토양의 정화방법
  ㉠ 미생물이나 식물을 이용한 오염물질의 분해·흡수 등 생물학적 처리
  ㉡ 오염물질의 차단·분리 추출·세척처리 등 물리·화학적 처리
  ㉢ 오염물질의 소각·분해 등 열적 처리

72 지하수의 수질보전 등에 관한 규칙상 수질검사대상이 되는 농업용수 및 어업용수용 지하수 양수능력 기준은?

① 1일 10톤 이상   ② 1일 20톤 이상
③ 1일 50톤 이상   ④ 1일 100톤 이상

풀이 수질검사대상 양수능력 기준
  ㉠ 생활용수로서 1일 양수능력이 30톤 이상인 경우. 다만, 청소용·조경용·공사용·소방용 등 보건위생과 사용 후 생태계 보전 등에 지장이 없는 용도로 이용하는 생활용수의 경우를 제외한다.

  ㉡ 공업용수로서 1일 양수능력이 30톤 이상인 경우
  ㉢ 농·어업용수로서 1일 양수능력이 100톤 이상인 경우

73 정화책임자가 오염토양을 직접 정화할 수 있는 경우가 아닌 것은?

① 유류에 인한 오염토양으로서 그 양이 8세제곱미터인 것
② 군사활동으로 인한 오염토양으로서 그 양이 32세제곱미터인 것
③ 유기용제에 의한 오염토양으로서 그 양이 4세제곱미터인 것
④ 군부대시설 안의 오염토양으로서 그 양이 19세제곱미터인 것

풀이 정화책임자에 의한 직접 정화 기준
  ㉠ 「국방·군사시설 사업에 관한 법률」에 의한 군부대시설 안의 오염토양 또는 군사활동으로 인한 오염토양으로서 그 양이 50세제곱미터 미만인 것
  ㉡ 유기용제 또는 유류에 의한 오염토양으로서 그 양이 5세제곱미터 미만인 것

74 환경부장관이 토양관리단지 조성계획을 수립할 때 포함되어야 하는 사항으로 틀린 것은?

① 교통시설 등 주요 기반시설 설치 및 운영계획
② 환경보전계획
③ 조성 대상 부지의 확보방안
④ 오염토양 정화처리 계획 및 방안

풀이 토양관리단지 조성계획 수립 시 포함사항
  ㉠ 조성목적, 필요성, 조성 및 운영기간
  ㉡ 위치·면적 등 조성 대상 부지의 현황
  ㉢ 조성 대상 부지의 확보방안
  ㉣ 조성을 위한 사업비 확보 및 재원조달 방법
  ㉤ 교통시설 등 주요 기반시설 설치 및 운영계획
  ㉥ 환경보전계획
  ㉦ 오염토양 정화처리 용량
  ㉧ 정화된 토양의 재활용 및 보급에 관한 사항

정답   70 ③   71 ②   72 ④   73 ①   74 ④

75 지하수오염방지시설의 설치기준 중 상부보호공을 설치하는 지하수오염방지시설의 세부 설치기준으로 (   )에 맞는 내용은?

케이싱의 하단부는 지표 이하 (   ) 이상 깊이까지 설치하며, 암반층을 굴착하는 경우에는 암반(연암층)선 아래로 1m 이상 깊게 설치하여야 한다.

① 10m ② 5m
③ 3m ④ 2m

76 토양보전대책지역을 지정하는 권한을 가진 자는?

① 환경부장관
② 시 · 도지사
③ 지방환경관서의 장
④ 시장 · 군수 · 구청장

77 지하수의 개발 · 이용에 관한 허가 · 인가 등을 받거나 신고를 한 자는 그 공사의 착공일 전까지 이행보증금을 현금 또는 국토교통부령이 정하는 보증서 · 유가증권 등으로 예치하여야 한다. 이때 이행보증금의 예치기간은?

① 공사의 착공일부터 1년
② 공사의 착공일부터 2년
③ 공사의 착공일부터 3년
④ 공사의 착공일부터 5년

풀이 이행보증금의 예치기간은 공사의 착공일부터 5년으로 한다. 다만, 시장 · 군수 · 구청장은 지역 여건이나 지하수개발 · 이용시설의 상태 등을 고려하여 특히 필요하다고 인정되는 경우에는 5년마다 이행보증금을 계속 예치하게 할 필요가 있는지를 검토하여 이행보증금을 계속 예치하게 할 수 있다.

78 토양정화업의 등록요건 중 반입정화시설에 관한 기준으로 (   )에 알맞은 내용은?

반입정화시설 : 정화시설 (㉠), 보관시설 (㉡) (비고 : 반입정화시설은 오염토양을 반입하여 정화하는 경우만 해당하며, 반입정화시설의 바닥의 포장, 벽면 지붕설치 및 오염방지시설 등 세부 설치기준은 환경부장관이 정하여 고시한다.)

① ㉠ 200제곱미터 이상, ㉡ 400제곱미터 이상
② ㉠ 400제곱미터 이상, ㉡ 200제곱미터 이상
③ ㉠ 200제곱미터 이상, ㉡ 200제곱미터 이상
④ ㉠ 400제곱미터 이상, ㉡ 400제곱미터 이상

79 토양환경보전법에 명시된 용어의 정의가 틀린 것은?

① '토양오염관리대상시설'이란 토양오염물질을 생산 · 운반 · 저장 · 취급 · 가공 또는 처리 등으로 토양을 오염시킬 우려가 있는 시설 · 장치 · 건물 · 구축물 및 장소 등을 말한다.
② '토양오염물질'이란 토양오염의 원인이 되는 물질로서 환경부령이 정하는 것을 말한다.
③ '특정토양오염관리대상시설'이란 토양을 오염시킬 우려가 있는 토양오염관리 대상시설로서 대통령령이 정하는 것을 말한다.
④ '토양정화'란 생물학적 또는 물리 · 화학적 처리 등의 방법으로 토양 중의 오염물질을 감소 · 제거하거나 토양 중의 오염물질에 의한 위해를 완화하는 것을 말한다.

풀이 "특정토양오염관리대상시설"이란 토양을 현저하게 오염시킬 우려가 있는 토양오염관리대상시설로서 환경부령으로 정하는 것을 말한다.

80 다음 중 지하수오염관측정의 설치 및 수질 측정에 관한 설명으로 틀린 것은?

① 지하수오염유발시설의 경계선에서 지하수 주흐름의 상류방향으로 오염발생 이전의 대표적인 지하수의 수질을 채취 · 분석할 수 있는 지점에 1개소 설치

② 지하수오염유발시설의 경계선에서 지하수 주흐름의 하류방향으로 오염물질 성분이 주위 지하수층으로 이동하는 것을 즉시 탐지할 수 있는 지점에 3개소 이상 설치

③ 지하수 수질기준 항목 중 일반오염물질과 전기전도도, 지하수위는 분기 1회 이상 측정

④ 지하수수질기준 항목 중 특정유해물질과 지하수오염유발시설로부터 검출가능성이 있는 유해물질은 월 1회 이상 측정

풀이 지하수의 생활용수 수질기준 항목 중 특정유해물질과 지하수오염유발시설로부터 검출가능성이 있는 유해물질은 반기 1회 이상 측정한다.

013 2018년 1회 기사

1과목 토양학개론

01 토양의 체분석 결과 $D_{10}=0.05mm$, $D_{30}=0.25mm$, $D_{60}=0.75mm$일 때 곡률계수(C_z)는? (단, 입도분포곡선 기준)

① 0.43   ② 0.89

③ 1.34   ④ 1.67

풀이 곡률계수(C_z)

$$= \frac{(D_{30})^2}{D_{10} \times D_{60}} = \frac{0.25^2}{0.05 \times 0.75} = 1.67$$

02 질산성 질소(NO_3-N)의 농도가 40mg/L라면 NO_3의 농도(mg/L)는?

① 168.6   ② 177.2

③ 188.6   ④ 198.6

풀이 $NO_3 \rightarrow N$

     62 : 14

     NO_3 : 40

$$NO_3 = \frac{62 \times 40}{14} = 177.14mg/L$$

03 생물농축에 관한 설명으로 잘못된 것은?

① 생물농축은 먹이연쇄를 통해 이루어진다.

② 동물조직의 지방 함량은 화학물질의 생물농축 경향을 결정짓는 데 중요한 인자이다.

③ 미나마타병은 대표적인 생물농축에 의한 공해병이다.

④ 농축계수란 유해물의 수중농도를 생물의 체내농도로 나눈 값이다.

풀이 농축계수란 어느 원소 또는 물질의 생물체내농도를 환경수 중 유해물의 수중농도로 나눈 값이다.

04 토양의 점토 구성 중 2차 광물인 illite에 관한 설명으로 틀린 것은?

① 2 : 1의 층상 구조를 가진다.

② 습윤 상태에서 팽창이 원활하다.

③ K^+의 함량이 많은 퇴적물이 저온조건 하에서 변성작용을 받을 때 형성되는 것으로 알려져 있다.

④ 토양 중에 흔히 존재하는 점토광물이다.

풀이 점토광물 중 illite는 습윤상태에서 팽창이 불가능하다.

05 토양교질에 흡착되어 있는 상대적 농도 또는 선택적인 흡착순위가 가장 큰 것은?

① 인산   ② 황산

③ 염소   ④ 질산

풀이 토양교질에 흡착되어 있는 상대적 농도 또는 선택적인 흡착순위는 토양교질에 있어서 음이온치환순서와 같은 의미이다.

$SiO_4 > PO_4 > SO_4 > NO_3 = HCl$

06 토양의 산(acid) 중화작용(4단계) 중 2단계에 해당되는 것은?

① 탄산염·탄산수소염에 의한 중화

② 교환성 염기에 의한 중화

③ 2차 광물에 의한 중화

④ Al 수산화물의 용해

풀이 토양의 산(acid) 중화작용 4단계

• 1단계 : 탄산염, 탄산수소염에 의한 중화

• 2단계 : 교환성 염기에 의한 중화(약산성, 강산성 교환기의 염기)

• 3단계 : 2차광물에 의한 중화

• 4단계 : 규산염 광물의 중화

정답   01 ④   02 ②   03 ④   04 ②   05 ①   06 ②

07 비점 토양오염원에 해당하는 것은?

① 지하저장 탱크　　　② 매립장
③ 산성비　　　④ 정화조

풀이 1. 점오염원(Point Contaminant Source)
　　㉠ 지하저장 탱크(유류 및 유독물)
　　㉡ 매립장(폐기물)
　　㉢ 정화조
　　㉣ 축산배수 배출원 및 공단 산업폐수 배출원
　　㉤ 유류저장고

2. 비점오염원(Non Point Contaminant Source)
　　㉠ 산성비
　　㉡ 농약 및 화학비료
　　㉢ 도로제설제
　　㉣ 쓰레기에서 유발된 질산성 질소
　　㉤ 도로 노면 배수
　　㉥ 휴ㆍ폐광산으로부터 유출되는 중금속
　　㉦ 방사성 물질

08 지하수계 추적자 시험에 사용되기에 가장 적합하지 않은 화합물은?

① 로다민　　　② 브롬
③ 삼중수소　　　④ 탄닌

풀이 지하수계 추적자 시험의 추적자 종류
　　㉠ 염료(우라닌, 로다민 B)
　　㉡ 강전해질(염화나트륨, 염화칼륨, 염화암모늄, 염화리튬, 브로화칼륨)
　　㉢ 방사성동위원소(라돈, 우라늄, 토륨)
　　㉣ 안정동위원소(중수소, 삼중수소, 탄소, 수소, 황, 셀레늄)

09 바람에 의한 토양침식에서 토양입자들이 크기에 따라 이동하는 형태를 일컫는 용어가 아닌 것은?

① 약동　　　② 포행
③ 침전　　　④ 부유

풀이 바람에 실린 토양입자들이 크기에 따라 이동하는 경로
　　㉠ 약동　　㉡ 포행　　㉢ 부유

10 토양오염의 특징으로 가장 거리가 먼 것은?

① 타 환경인자와의 영향관계의 모호성
② 피해발현의 급진성
③ 오염영향의 국지성
④ 오염의 비인지성

풀이 토양오염의 특징
　　㉠ 오염경로의 다양성
　　㉡ 피해발현의 완만성(시차성)
　　㉢ 오염지역의 국지성
　　㉣ 타 매체와의 연관성(오염의 비인지성 및 다른 환경인자와의 영향관계의 모호성)
　　㉤ 지속성 및 잔류성
　　㉥ 오염물질 및 오염지역에 따른 특이성
　　㉦ 원상복구의 어려움

11 $1m^3$의 건조모래를 가득 채운 용기에 물을 부어 공극이 완전히 채워졌을 때 사용한 물의 양은 240L이었다. 배수용 꼭지를 틀어 장기간 물을 중력 배수시켰을 때 210L가 중력 배수되었다. 이때 모래의 비보유율은?

① 0.03　　　② 0.05
③ 0.10　　　④ 0.15

풀이 비보유율
$$= \frac{배출 \ 후 \ 대수층에 \ 잔류한 \ 물의 \ 부피}{대수층 \ 부피}$$
$$= \frac{(240-210)L}{1,000L} = 0.03$$

12 지하수 상류와 하류, 두 지점의 수두차 1.5m, 두 지점 사이의 수평거리 500m, 투수계수 250m/day일 때 대수층의 단면적 $4m^2$인 지하수의 유량 (m^3/day)은?(단, Darcy 법칙 적용, 기타 사항은 고려하지 않음)

① 1.5　　　② 3.0
③ 4.5　　　④ 6.0

풀이 $Q = KA\dfrac{dh}{dL} = 250\text{m}/\text{day} \times 4\text{m}^2 \times \dfrac{1.5\text{m}}{500\text{m}}$
$$= 3.0\text{m}^3/\text{day}$$

13 다음 물질 중 양이온치환용량(CEC ; Cation Exchange Capacity)이 가장 작은 것은?

① 천연산 제올라이트　② 카올리나이트
③ 부식토　　　　　　④ 몬모릴로나이트

풀이 양이온 치환용량(CEC ; meq/100g)
　㉠ 천연 제올라이트 : 144~530
　㉡ 카올리나이트 : 3~15
　㉢ 부식토 : 100~300
　㉣ 몬모릴로나이트 : 80~150

14 포화대의 수리지질학적 특성 중 다음 설명에 해당하는 지하수 저유 특성은?

단위 체적의 대수층 내에 저유된 지하수와 대수층으로부터 외부로 뽑아낼 수 있는 지하수량과의 비

① 비산출률　　　　② 비저류율
③ 수분보유율　　　④ 비보유율

풀이 비산출률
단위체적의 대수층 내에 저유된 지하수와 대수층으로부터 외부로 뽑아낼 수 있는 지하수량과의 비를 나타낸다. 즉, 포화된 암석으로부터 중력으로 인해 배수되는 물체적의 비율이다.

15 토양 중 질소의 거동 특성으로 틀린 것은?

① 질소는 매우 유동적인 영양소로서 NO_3^-는 음이온으로 토양 중에서 쉽게 이동할 수 있으며, 작물의 흡수에 더하여 용탈이나 침식현상, 탈질현상 등을 통해 토양에서 쉽게 제거된다.
② 토양은 지구상에서 가장 중요한 질소저장고 역할을 하며 토양 중의 총 질소 함량은 0.08~0.4% 정도이며 대부분 유기물의 형태로 존재한다.
③ 유기화합물의 형태로 존재하는 질소 중 일부는 쉽게 분해되어 NH_4^+ 또는 NO_3^- 형태의 무기질소로 전환되지만 대부분 토양에서 장기간 유기물의 형태로 존재한다.
④ 질소는 토양 중 철, 알루미늄 산화물 등과 불용성 침전화합물을 형성한다.

풀이 질소는 토양 중 철, 알루미늄산화물 등과 결합하여 안정된 복합체를 형성한다.

16 토양단면을 나타내는 기호에 대한 특성으로 설명이 틀린 것은?

① A : 환원층　　② O : 유기물층
③ B : 집적층　　④ R : 암반층

풀이 토양의 단면
　㉠ O층 : 유기물층　㉡ A층 : 용탈층
　㉢ B층 : 집적층　　㉣ C층 : 모재층
　㉤ R층 : 모암층

17 토양 미생물 종류에 대한 설명으로 맞는 것은?

① 에너지원으로 태양을 필요로 하는 것은 화학합성 미생물이다.
② 유기·무기화합물을 에너지원으로 하는 것은 광합성 미생물이다.
③ 생물 내 탄소원으로 CO_2를 이용하는 것은 독립영양 미생물이다.
④ 에너지원으로 CO_2를 이용하는 것은 종속영양 미생물이다.

풀이 탄소원과 에너지원에 따른 미생물 분류

구분(영양 형태)	탄소원	에너지원	예
광(합성) 독립(자가) 영양 미생물 (Photoautotroph)	CO_2	빛	남조류(Cyano−bacteria), 조류, 시안세균
광(합성) 종속영양 미생물 (Photohetero−troph)	유기탄소 (유기 화합물)	빛	Rhodospseudo−monas, Rhodospirillum
화학 독립 (자가) 영양 미생물 (Chemoauto−troph)	CO_2	환원 형태의 무기물(무기물의 산화·환원 반응) (NH_4, H_2S, NO_2, H_2, S, $S_2O_3^{2-}$, Fe^{2+})	질화세균 (질산화성균) 황산화균 (황세균), 수소산화균, 철산화균 (철세균)
화학 종속 영양 미생물 (Chemohetero−troph)	유기탄소 (유기 화합물)	유기화합물 (유기물의 산화·환원 반응)	원생동물, 진균류, 대부분의 세균

정답 13 ② 14 ① 15 ④ 16 ① 17 ③

18 유류로 오염된 지하수층에 관 측정을 설치하여 유류의 두께를 측정하였더니 1.6m였다. 유류의 비중이 0.8이고, 모세관대의 두께가 30cm일 때 실제 지하환경에서 모세관대 상부에 분포하고 있는 유류의 두께(cm)는?(단, 물의 비중=1)

① 2.0　　　　　② 2.5
③ 3.0　　　　　④ 3.5

19 토양의 용적비중이 1.17이고, 입자비중이 2.55일 때 토양의 공극률(%)은?

① 약 41.1　　　　② 약 45.9
③ 약 51.1　　　　④ 약 54.1

[풀이] 토양공극률(%) $= \left(1 - \dfrac{\text{용적비중}}{\text{입자비중}}\right) \times 100$
$$= \left(1 - \dfrac{1.17}{2.55}\right) \times 100 = 54.12\%$$

20 토양오염물질인 BTEX에 포함되지 않는 것은?

① 톨루엔　　　　② 크실렌
③ 에틸벤젠　　　④ 에탄올

[풀이] BTEX
　㉠ 벤젠(Benzene)
　㉡ 톨루엔(Toluene)
　㉢ 에틸벤젠(Ethylbenzene)
　㉣ 크실렌(Xylene)

2과목　**토양 및 지하수오염조사기술**

21 토양오염도 검사를 하기 위해 토양시료 채취기를 이용하여 토양시료를 채취하고자 한다. 채취할 토양시료의 무게(g)는?(단, 일반지역, 지점당)

① 약 500　　　　② 약 1,000
③ 약 2,000　　　④ 약 5,000

[풀이] 토양시료를 채취 시 토양 표면의 잡초나 유기물 등 이물질층을 제거한 후 토양시료채취기로 약 0.5kg 채취한다.

22 밀폐용기에 관한 정의로 가장 적합한 것은?

① 취급 또는 저장하는 동안에 이물질이 들어가거나 또는 내용물이 손실되지 아니하도록 보호하는 용기를 말한다.
② 취급 또는 저장하는 동안에 밖으로부터의 공기 또는 다른 가스가 침입하지 아니하도록 내용물을 보호하는 용기를 말한다.
③ 취급 또는 저장하는 동안에 기체 또는 미생물이 침입하지 아니하도록 내용물을 보호하는 용기를 말한다.
④ 취급 또는 저장하는 동안에 내용물이 광화학적 변화를 일으키지 아니하도록 방지할 수 있는 용기를 말한다.

[풀이] 용기의 종류

구분	정의
밀폐용기	취급 또는 저장하는 동안에 이물질이 들어가거나 또는 내용물이 손실되지 아니하도록 보호하는 용기
기밀용기	취급 또는 저장하는 동안에 밖으로부터의 공기 또는 다른 가스가 침입하지 아니하도록 내용물을 보호하는 용기
밀봉용기	취급 또는 저장하는 동안에 기체 또는 미생물이 침입하지 아니하도록 내용물을 보호하는 용기
차광용기	광선이 투과하지 않는 용기 또는 투과하지 않게 포장한 용기이며 취급 또는 저장하는 동안에 내용물이 광화학적 변화를 일으키지 아니하도록 방지할 수 있는 용기

23 유도결합플라즈마 발광광도법(ICP)에 대한 설명으로 틀린 것은?

① 4,000~6,000K의 고온에서 시료를 여기하므로 중질유 등과 같이 휘발성이 낮은 물질의 측정에 적합하다.

② 플라즈마의 최고온도는 15,000K까지 이른다.

③ 플라즈마는 그 자체가 광원으로 이용되기 때문에 매우 넓은 농도범위에서 시료를 측정할 수 있다.

④ ICP의 토치는 3중으로 된 석영관이 이용된다.

[풀이] 유도결합 플라즈마 발광광도법
시료를 고주파유도코일에 의하여 형성된 아르곤 플라스마에 주입하여 6,000~8,000K에서 들뜬 원자가 바닥상태로 이동할 때 방출하는 발광선 및 발광강도를 측정하여 원소의 정성 및 정량 분석을 수행한다.

24 저장물질이 없는 누출검사 대상 시설의 가압시험법에 사용되는 기구 및 기기에 대한 설명으로 틀린 것은?

① 압력계는 최소눈금이 시험압력의 5% 이내이고, 이를 읽고 측정압력의 기록이 가능하여야 한다.

② 온도계는 시험압력에 충분히 견딜 수 있는 것으로서 최소눈금 1℃ 이하를 읽고 기록이 가능하여야 한다.

③ 사용가스는 가압 매체로 질소 등 불활성 가스를 사용한다.

④ 안전밸브는 0.1kgf/cm² 이하에서 작동되어야 한다.

[풀이] 저장물질이 없는 누출검사대상시설(가압시험법)의 안전밸브는 0.7kgf/cm² 이하에서 작동되어야 한다.

25 누출검사대상시설에 관한 설명으로 틀린 것은?

① "부속배관"이라 함은 누출검사대상시설에 용접 또는 나사조임방식으로 직접 연결되는 배관을 말한다.

② "지하매설배관"이라 함은 부속배관의 경로 중 지하에 매설되어 누출 여부를 육안으로 직접 확인하기 위해 설치된 배관을 말한다.

③ "배관접속부"라 함은 누출검사대상시설과 부속배관, 부속배관과 배관을 연결하기 위하여 용접접합 또는 나사조임방식 등으로 접속한 부분을 말한다.

④ "누출검지관"이라 함은 액체의 누출 여부를 누출검사대상시설 외부에서 직접 또는 간접적으로 확인하기 위해 설치된 관을 말한다.

[풀이] 지하매설배관
부속배관의 경로 중 지하에 매설되어 누출 여부를 육안으로 직접 확인할 수 없는 배관을 말한다.

26 토양오염공정시험기준에 따라 아연의 함량을 측정하기 위한 검량선에서 얻어진 아연의 농도가 2.5mgL이었다면 토양 중 아연의 함량(mg/kg)은? (단, 수분보정한 토양무게=2.7g, 시료용기의 부피=0.1L, 바탕시험용액의 아연농도=0.2mg/L)

① 45.2 　　　　② 67.3

③ 78.7 　　　　④ 85.2

[풀이] 아연 함량(mg/kg)$= \dfrac{(2.5-0.2)\,\text{mg/L} \times 0.1\text{L}}{2.7\text{g} \times \text{kg}/1{,}000\text{g}}$
$= 85.19\,\text{mg/kg}$

27 토양시료채취기가 없을 때 모종삽 또는 삽 등과 같은 기구를 사용하여 표토층 시료를 채취할 경우 다음 그림의 어느 부분에서 채취하는 것이 가장 적당한가? (단, 일반지역 기준)

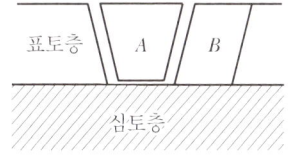

① A부분의 흙을 채취한다.

② A와 B부분의 흙을 1 : 1로 혼합하여 채취한다.

③ A와 B부분의 흙을 1 : 2로 혼합하여 채취한다.

④ A부분을 제거한 다음 B부분의 흙을 채취한다.

28 자외선/가시선 분광법을 적용한 6가 크롬 정량에 관한 다음 내용의 (   )에 옳은 내용은?

시료 중에 6가 크롬을 (   )와(과) 반응시켜 생성하는 적자색의 착화합물의 흡광도를 540nm에서 측정하여 6가 크롬을 정량하는 방법

① 피리딘－피라졸론
② 디페닐카르바지드
③ 디에틸디티오카르바민산은
④ 메틸디메톤

풀이 6가 크롬－자외선/가시선 분광법
　　시료 중 6가 크롬을 디페닐카르바지드와 반응시켜 생성하는 적자색의 착화합물의 흡광도를 540nm에서 측정하여 6가 크롬을 정량하는 방법이다.

29 자외선/가시선 분광법을 이용하여 시안의 농도를 측정 시, 방해물질이 함유되어 있을 경우 전처리를 하여야 한다. 이때 방해물질별 전처리 방법이 틀린 것은?

① 다량의 지방성분 함유시료 : 아세트산 또는 수산화나트륨 용액으로 pH 6∼pH 7로 조절하고 시료의 약 2%에 해당되는 부피의 노말헥산 또는 클로로포름을 넣어 추출하여 유기층은 버리고 수층을 분리하여 사용한다.
② 잔류염소 함유시료 : 잔류염소 20mg당 L－아스코르빈산(10%) 0.6mL를 넣어 제거한다.
③ 잔류염소 함유시료 : 잔류염소 20mg당 아비산나트륨용액(10%) 0.7mL를 넣어 제거한다.
④ 황화합물 함유시료 : 질산나트륨(10%) 2mL를 넣어 제거한다.

풀이 황화합물이 함유된 시료는 아세트산 아연용액(10%) 2mL를 넣어 제거한다.

30 토양 중 토양수분(moisture content)을 측정하기 위해서 은박 증발접시(3g)를 이용하여 110℃에서 항량이 될 때까지 건조시킨 다음, 건조 전 토양시료만의 무게(10g)와 건조 후 토양시료만의 무게(9g)를 측정하였다. 토양수분 함량(%)으로 적절한 것은?

① 2%
② 5%
③ 10%
④ 15%

풀이
$$수분(\%) = \left(\frac{W_2 - W_3}{W_2 - W_1} \right) \times 100$$
$$= \left(\frac{13 - 12}{13 - 3} \right) \times 100 = 10\%$$

31 정도관리요소인 검정곡선 중 상대검정곡선법의 내부표준물질에 관한 설명으로 옳은 것은?

① 상대검정곡선법은 시험 분석하려는 성분과 물리, 화학적으로 성질은 유사하나 시료에는 없는 순수물질을 내부표준물질로 선택한다.
② 상대검정곡선법은 시험 분석하려는 성분과 물리, 화학적으로 성질이 유사하며 시료에 함유된 순수물질을 내부표준물질로 선택한다.
③ 상대검정곡선법은 시험 분석하려는 성분과 물리, 화학적으로 성질이 다르며 시료에 함유된 순수물질을 내부표준물질로 선택한다.
④ 상대검정곡선법은 시험 분석하려는 성분과 물리, 화학적으로 성질이 다르고 시료에 없는 순수물질을 내부표준물질로 선택한다.

풀이 검정곡선
　1. 절대검정곡선법(External Standard Method)
　　시료의 농도와 지시값의 상관성을 검정곡선식에 대입하여 작성하는 방법이다.
　2. 표준물질첨가법(Standard Addition Method)
　　㉠ 시료와 동일한 매질에 일정량의 표준물질을 첨가하여 검정곡선을 작성하는 방법이다.
　　㉡ 매질효과가 큰 시험 분석 방법에서 분석 대상 시료와 동일한 매질의 표준시료를 확보하지 못한 경우에 매질효과를 보정하여 분석할 수 있는 방법이다.

3. 상대검정곡선법(Internal Standard Method)
　　㉠ 검정곡선 작성용 표준용액과 시료에 동일한 양의 내부표준물질을 첨가하여 시험분석 절차, 기기 또는 시스템의 변동으로 발생하는 오차를 보정하기 위해 사용하는 방법이다.
　　㉡ 상대검정곡선법은 시험 분석하려는 성분과 물리·화학적 성질은 유사하나 시료에는 없는 순수 물질을 내부표준물질로 선택한다.
　　㉢ 일반적으로 내부표준물질로는 분석하려는 성분에 동위원소가 치환된 것을 많이 사용한다.

32 토양오염 우려기준 및 대책기준 중 1지역에 해당하지 않는 것은?

① 광천지　　　　　　② 학교용지
③ 묘지　　　　　　　④ 종교용지

풀이 종교용지는 2지역이다.

33 토양오염 위해성 평가지침에 의한 평가대상 오염물질이 아닌 것은?

① 벤젠　　　　　　　② 톨루엔
③ TPH　　　　　　　④ 아연

풀이 토양오염 위해성 평가대상 오염물질
　　㉠ 유류 : 벤젠, 에틸벤젠, 톨루엔, 크실렌
　　㉡ 중금속류 : 카드뮴, 구리, 비소, 수은, 납, 6가 크롬, 아연, 니켈
　　㉢ 기타 : 불소

34 금속류-원자흡수분광광도법에 대한 설명 중 틀린 것은?

① 토양 중 금속류를 측정하는 방법으로 토양을 황산으로 산분해하여 전처리한 시료 용액을 직접 불꽃으로 주입하여 원자화한 후 원자흡수분광광도법으로 분석한다.
② 이 시험기준은 토양 중에 구리, 납, 니켈, 아연, 카드뮴 등의 금속류의 분석에 적용한다.
③ 구리, 납, 니켈, 아연, 카드뮴 등의 금속류는 공기-아세틸렌 불꽃에 주입하여 분석한다.

④ 낮은 농도의 납은 암모늄 피롤리딘 다이티오카바메이트(APDC ; ammonium pyrrolidine dithio-carbamate)와 착물을 생성시켜 메틸 아이소 부틸 케톤(MIBK ; methyl isobutyl ketone)으로 추출하여 공기-아세틸렌 불꽃에 주입하여 분석한다.

풀이 금속류-원자흡수분광광도법
　　토양 중 금속류를 측정하는 방법으로, 토양을 왕수(염산과 질산)로 산분해하여 전처리한 시료용액을 직접 불꽃으로 주입하여 원자화한 후 원자흡수분광광도법으로 분석한다.

35 토양정밀조사의 단계별 조사와 내용으로 틀린 것은?

① 기초조사 : 자료조사, 청취조사 및 현지조사 등을 통하여 토양오염 가능성 유무를 판단하기 위한 조사
② 개황조사 : 오염토양 개선대책이 요구되는 지역의 오염면적 및 오염범위를 파악하기 위한 사전 개략조사
③ 정밀조사 : 개황조사결과 토양오염 우려기준을 초과하거나 이에 근접하는 지역에 대한 정밀조사
④ 실태조사 : 토양오염이 우려되는 지역에 대한 오염실태 평가를 위한 조사

36 원자흡수분광광도법에 대한 설명으로 틀린 것은?

① 이 시험방법은 빛이 시료용액 중을 통과할 때 흡수나 산란 등에 의하여 강도가 변화하는 것을 이용한 것이다.
② 시료 중의 목적성분을 정량하기 위해 파장 200~900nm에서 액체의 흡광도를 측정한다.
③ 원자흡수분광광도법은 일반적으로 광원에서 나오는 빛을 다색화장치 등을 통과하게 하여 넓은 파장범위의 빛을 이용한다.
④ 투사광과 입사광의 강도는 램버트비어(Lambert-Beer)의 법칙에 따른다.

정답 32 ④　33 ③　34 ①　35 ④　36 ③

풀이 단색화 장치

단색화 장치는 슬릿, 거울, 렌즈 및 회절발로 구성된 장치로 입사된 빛 중에 원하는 파장의 빛만을 골라내기 위해 사용되며, 분석대상 금속에 따라 슬릿의 폭을 바꾸어 목적하는 분석선만을 선택해내야 한다. 이때 슬릿의 폭은 목적하는 분석선을 분리해낼 수 있는 범위 내에서 되도록 넓게 설정하는 것이 좋다.

37 저장물질이 없는 누출검사 대상 시설에 대한 비파괴검사시험법 중 초음파 두께 측정을 하려고 한다. 옥외저장시설의 측정지점에 관한 내용 중 틀린 것은?

① 에뉼러판 : 옆판 내면으로부터 탱크 중심 방향으로 0.5m 간격마다의 범위에서 원주방향으로 2m 이하의 간격마다 1개 지점

② 누설자장 등을 이용하여 점검을 실시한 밑판 및 에뉼러판 : 1매당 2개 지점

③ 밑판(구형 탱크는 본체 전부를 밑판으로 보며, 지중탱크의 옆판 중 지반면 하에 매설된 부분은 밑판으로 본다.) : 1매당 3개 지점

④ 보수 중 덧붙인 판 또는 교체한 판 : 1매당 1개 지점

풀이 옥외저장시설의 측정지점

㉠ 에뉼러판 : 옆판 내면으로부터 탱크 중심방향으로 0.5m 간격마다의 범위에서 원주방향으로 2m 이하의 간격마다 1개 지점

㉡ 밑판(구형 탱크는 본체 전부를 밑판으로 보며, 지중탱크의 옆판 중 지반면 하에 매설된 부분은 밑판으로 본다.) : 1매당 3개 지점

㉢ 보수 중 덧붙인 판 또는 교체한 판 : 1매당 1개 지점

㉣ 누설자장 등을 이용하여 점검을 실시한 밑판 및 에뉼러판 : 1매당 1개 지점

38 일반지역에서 시안시험용 시료 채취지점에 관한 설명으로 옳은 것은?

① 농경지 또는 기타 지역의 구분 없이 대상지역을 대표할 수 있는 1개 지점을 선정한다.

② 농경지 또는 기타 지역의 구분 없이 대상지역을 대표할 수 있는 5~10개 지점을 선정한다.

③ 농경지는 지그재그형으로 5~10개 지점을 선정하고 기타 지역은 중심과 주변 4방위 1개 지점씩 총 5개 지점을 선정한다.

④ 농경지는 지그재그형으로 5~10개 지점을 선정하고 기타 지역은 중심과 주변 4방위 2개 지점씩 총 9개 지점을 선정한다.

풀이 일반지역의 시료 채취지점

시안, 유기인화합물, 벤조(a)피렌, 석유계 총 탄화수소, 페놀, 폴리클로리네이티드비페닐, 벤젠, 톨루엔, 에틸벤젠, 크실렌, 트리클로로에틸렌 및 테트라클로로에틸렌 시험용 시료는 농경지 또는 기타 지역의 구분에 관계없이 대상지역을 대표할 수 있는 1개 지점 또는 오염의 개연성이 높은 1개 지점을 선정한다.

39 저장물질이 없는 누출검사 대상시설의 가압시험법에 의한 누출검사에서 안정된 시험압력이라 함은 가압 후 유지시간 동안 압력강하가 시험압력의 몇 % 이하인 압력을 말하는가?

① 10% ② 15%

③ 20% ④ 25%

풀이 누출검사 대상시설 및 이와 연결된 지하매설배관은 질소 등 불활성가스를 사용하여 $0.2kgf/cm^2$의 시험압력으로 가압한 후 10분 동안 유지시켜 안정된 시험압력을 확인하고, 그 후 1시간 동안의 압력변화를 측정한다.("안정된 시험압력"이라 함은 가압 후 유지시간 동안 압력강하가 시험압력의 10% 이하인 압력을 말한다.)

40 THP시험과 수분보정용 시료는 유리병에 공간이 없도록 가득 담고, 마개를 막아 밀봉한 후 냉장상태로 실험실로 운반한다. 이때 냉장상태의 온도(℃)는?

① -10~-4 ② -4~0

③ 0~4 ④ 4~10

3과목 **토양 및 지하수오염정화기술**

41 벤젠(C_6H_6) 10kg으로 오염된 토양을 원위치 생물학적 복원기술에 의해 정화하고자 한다. 벤젠이 완전 분해되는 데 필요한 산소를 과산화수소(H_2O_2)로 공급하고자 한다면 필요한 이론적 과산화수소량(kg)은?(단, $2H_2O_2 \rightarrow 2H_2O+O_2$)

① 약 55 　　　② 약 65
③ 약 75 　　　④ 약 85

풀이 이론산소량(kg)

$$C_6H_6 + 7.5O_2 \rightarrow 6CO_2 + 3H_2O$$

$$78kg \quad : \quad 7.5 \times 32kg$$
$$10kg \quad : \quad O_o(kg)$$

$$이론산소량(kg) = \frac{10kg \times (7.5 \times 32)kg}{78kg}$$
$$= 30.77kg$$

과산화수소량(kg)

$$2H_2O_2 \rightarrow 2H_2O + O_2$$
$$68kg \quad : \quad 32kg$$
$$H_2O_2(kg) \quad : \quad 30.77kg$$

$$과산화수소(kg) = \frac{68kg \times 30.77kg}{32kg}$$
$$= 65.38kg$$

42 생물학적 통풍법을 적용하기 위한 적용성 실험 항목이 아닌 것은?

① 미생물 생분해 실험
② 미생물호흡률 측정실험
③ 영향반경시험
④ 미생물 추적자 실험

풀이 생물학적 통풍법은 바이오벤팅을 의미한다.

43 토양 내 TCE가 300g 존재하고 주어진 조건에 따라 계면활성제 세정공정을 이용하여 모두 정화하고자 할 경우, 필요한 계면활성제의 양(kg)은?(단, 계면활성제 내 TCE 용해도=1,000mg/L, 계면활성제의 밀도=1.2kg/L)

① 160 　　　② 280
③ 360 　　　④ 420

풀이 계면활성제의 양(kg)
= 밀도 × 부피
$$= 1.2kg/L \times \frac{300g \times 1,000mg/g}{1,000mg/L}$$
$$= 360kg$$

44 오염토양 정화 중 열탈착기술에 대한 설명으로 틀린 것은?

① 열탈착 공정에서 발생하는 가스는 같은 용량의 소각 공정에 비하여 가스량이 상대적으로 적게 발생된다.
② 열탈착기술은 유기염소 및 유기인 살충제의 제거가 가능하다.
③ 열탈착기술로 처리하는 동안 생성되는 다이옥신류 및 퓨란의 처리가 용이하다.
④ 열탈착기술은 다양한 수분함량과 오염농도를 가진 여러 종류의 토양에 적용이 가능하다.

풀이 열탈착기술은 유기염소 및 유기인 살충제 등 오염물질을 처리하는 동안 다이옥신과 퓨란이 생성되지 않는다.

45 생물학적 복원 방법들에 대한 설명이 잘못된 것은?

① 고상 생물학적 복원 – 토양처리장치를 적용하여 토양 내로 통기 및 교반하면서 영양염류나 유기물을 첨가하여 처리한다.
② 슬러리상 생물학적 복원 – 유해물질이 고농도로 존재하거나 난분해성 화합물로 오염된 지역의 정화에 적합하다.
③ 바이오리액터처리 – 오염된 지하수를 지상에서 처리한 후 처리된 지하수는 후처리과정 없이 다시 지하로 주입할 수 있어 효과적이다.
④ 원위치 생물학적 복원 – 현장 굴착 비용이 필요 없어 경제적이며 건물이 있는 곳에서도 처리가 가능하다.

풀이 바이오리액터 처리

오염된 지하수를 양수(pumping)하여 지상에서 처리하는 것이 가능하며 bioreactor를 이용하여 오염된 지하수를 처리할 수 있지만 한 번 양수한 지하수를 다시 지하로 주입하는 것이 문제이다.

46 실트질 점토 내 유류오염농도 범위는 $10,000 \sim 50,000$mg/kg이었다. 자연 생분해 속도가 4.0mg/kg · day라면 이 지역의 자연저감기간(years)은?

① $6 \sim 45$ 　　　② $16 \sim 35$
③ $6 \sim 35$ 　　　④ $16 \sim 45$

풀이 농도 10,000mg/kg인 경우

$$기간(year) = \frac{10,000mg/kg}{4.0mg/kg \cdot day}$$
$$= 2,500day \times year/365day$$
$$= 6.85year$$

농도 50,000mg/kg인 경우

$$기간(year) = \frac{50,000mg/kg}{4.0mg/kg \cdot day}$$
$$= 12,500day \times year/365day$$
$$= 34.25year$$

47 생물학적 복원기법에서 호기성 조건을 위하여 산소를 주입하게 되는데 적정한 산소주입 방법이 아닌 것은?

① 대기 중의 공기 주입
② 압축산소 주입
③ 과산화질소(N_2O_2) 주입
④ 과산화수소(H_2O_2) 주입

풀이 미생물에 대한 호기성 상태를 유지하기 위해서 인위적 산소공급은 공기, 순산소(압축산소), 과산화수소(H_2O_2) 등을 이용한다.

48 오염토양 정화기술 중 열탈착에 대한 설명으로 적절하지 않은 것은?

① 비공극성 입자의 경우 탈착속도는 초기에 크고 빠르게 일어난다.
② 유기물질의 휘발성이 작을수록 탈착되는 속도가 느리다.
③ 대개 유기물질의 분자량이 클수록 탈착되는 속도가 빠르다.
④ 오염기간이 긴 오염매체일수록 탈착이 어렵다.

풀이 열탈착기술에서 오염물질의 특성에 따른 탈착속도
　ⓗ 유기물질의 분자량이 클수록 탈착속도가 느리다.
　ⓛ 오염기간이 짧을수록 탈착속도가 빠르다.(오염기간이 긴 오염매체일수록 탈착이 어렵다.)
　ⓒ 유기물질의 휘발성이 낮을수록 탈착속도가 느리다.
　ⓡ 비공극성 입자의 경우 탈착속도는 초기에 크고 빠르게 일어난다.
　ⓜ 토양층이 깊어질수록 탈착속도는 감소한다.

49 반응성 투수벽체에 관한 설명으로 틀린 것은?

① 영가철은 2가철로 산화되면서 염소계화합물의 탈염소반응을 일으킨다.
② 반응벽체의 막힘 현상을 최소화하도록 설계해야 한다.
③ 반응벽체의 운영을 위한 인위적 동력이 필요하지 않다.
④ 반응벽체 체류시간은 최소화하고 반응매체의 사용은 최대화할 수 있게 설계한다.

풀이 반응성 투수벽체는 원위치 오염방지 구조물이며 오염된 지하수의 흐름은 유지하면서 오염물질만 이동을 방지 · 제거한다. 즉 오염지역 밖으로 지하수의 이동을 막는 것이 아니라 오염물질만의 이동을 막는다.

50 용매추출법 장치의 구성(추출장치의 기본과정)으로 ( )에 들어갈 순서로 맞는 것은?

토양의 선별 → (　　) → 액상과 고상의 분리 → (　　) → (　　)

① 추출물질과 혼합, 물세척, 정화된 토양의 처리

② 추출물질과 혼합, 물정화 및 슬러지 처리, 정화된 토양의 처리

③ 추출물질과 혼합, 정화된 토양의 처리, 유기 오염 물질 분리

④ 추출물질과 혼합, 정화된 토양의 처리, 물정화 및 슬러지 처리

풀이 용매추출법 장치의 구성순서

토양 선별 → 추출 물질과 혼합 → 액상과 고상의 분리 → 정화된 토양의 처리 → 물정화 및 슬러지 처리

51 불포화 토양 내 오염물질의 농도가 4mg/kg이었으며 이와 평형상태인 토양공기 내 오염물질농도는 200mg/m³이었다. 전체 오염물질의 양(mg/m³)은?(단, 토양단위용적밀도＝1.7kg/L, 공기부피비＝0.6)

① 6,920

② 7,920

③ 8,920

④ 9,920

풀이 오염물질의 양(mg/m³)
= (4mg/kg × 1.7kg/L × 1,000L/m³)
+ (200mg/m³ × 0.6)
= 6,920mg/m³

52 생물학적 통기법을 적용하기 위해서 현장에서 조사한 산소소모율로부터 생분해율(mg/kg·day)을 산정한다. 다음 중 생분해율을 산정하는 식의 인자가 아닌 것은?

① 산소밀도

② 흙의 겉보기 비중

③ 토양부피 중 질소가 차지하는 농도

④ 단위중량의 탄화수소 산화에 필요한 산소요구량의 중량비

풀이 생분해율(R_B)

$$R_B = \frac{\dfrac{R_0}{100}\theta_a \dfrac{1L}{1,000\text{cm}^3}\rho O_2 C}{\rho_k\left(\dfrac{1\text{kg}}{1,000\text{g}}\right)}$$

$$= \frac{R_0\theta_a\rho O_2 C(0.01)}{\rho_k}$$

여기서, R_B : 생분해율($\text{mg/kg}\cdot\text{day}$)

R_0 : 산소소모율(% O_2/day)

θ_a : 토양부피 중 공기가 차지하는 부피 분율(0.1~0.4)

ρO_2 : 산소의 밀도(mg/L, 20℃에서 1,331mg/L)

C : 단위중량의 탄화수소 산화에 필요한 산소요구량의 중량비(3.5)

ρ_k : 토양의 겉보기 비중(g/m³)

53 중금속으로 오염된 토양을 pH가 낮은 산용액을 이용하여 중금속을 토양으로부터 분리시켜 처리하는 토양복원 방법은?

① 토양유리화방법(Vitrification)

② 토양세척법(Soil washing)

③ 토양경작법(Soil landfarming)

④ 토양증기추출법(Soil vapor extraction)

54 토양증기추출법(Soil Vapor Extraction) 시스템의 구성요소와 가장 거리가 먼 것은?

① 추출정

② 중력선별장치

③ 기액 분리장치

④ 배가스 처리장치

풀이 토양증기추출 구성장치
㉠ 추출관
㉡ 진공장치(송풍기, 진공펌프)
㉢ 공기유입관 및 압력배출관
㉣ 저투수성 덮개(토양 표면에 설치)
㉤ 기액 분리기
㉥ 배기가스 처리장치

55 토양경작법(land farming)의 적용성에 대해 잘못 기술한 것은?

① 총 종속영양미생물의 농도가 1,000CFU/g 건조 토양 이상일 경우 적합하다.
② 토양의 pH는 6~8 정도의 중성일 때 적합하다.
③ 토양의 온도는 10~45℃ 정도를 유지해야 한다.
④ 미생물의 적절한 성장을 위해 수분의 함량을 5~15% 정도로 유지해야 한다.

풀이 토양 내 최적함수율은 18%이며 수분함유량이 과다(33%)하거나 적은(12%) 경우에는 분해속도가 감소한다.

56 퇴비화기법(Composting)의 한 형태로, 오염토양의 폭은 높이의 2배로 시공하며, 충분한 열을 발생시킬 수 있어야 하고, pile의 깊은 부분까지 공기를 주입하여야 하는 기법은?

① Windrow Composting
② Aerated Static Pile Composting
③ In-Vessel Composting
④ Anaerobic Treatment

풀이 퇴비화공법 분류
퇴비화는 공기주입방법, 온도조절, 혼합, 요구되는 시간에 따라 분류된다.
① Windrow
공기는 pile을 뒤집어서 혼합, 교반시키면서 주입하며 내부 산소농도 감소 시 악취가 발생한다.
② Aerated static pile
내부에 설치된 송풍기를 통해 기계적으로 공기를 주입하며 적은 부지 내 설치가 가능하다.
③ In-Vessel
적절한 교반, 동기, 습도를 Vessel 내에서 처리하며 처리속도가 빠르다.
④ Anaerobic Treatment
유기물질을 CH_4과 CO_2로 분해, 메탄 형태의 에너지원의 생산 가능하다.

57 열탈착기술에 사용되는 장치와 가장 거리가 먼 것은?

① 로터리 탈착장치   ② 열스크루장치
③ 자외선 탈착장치   ④ 스팀주입 탈착장치

풀이 열처리(탈착)기술장치
㉠ 로터리 탈착장치
㉡ 열스크루 장치
㉢ 유동상 탈착장치
㉣ 마이크로파 탈착장치
㉤ 스팀 주입 탈착장치

58 토양오염 정화방법 중 토양증기추출법에 대한 설명으로 옳지 않은 것은?

① 증기압이 낮은 오염물질의 제거 효율이 높다.
② 짧은 설치기간과 비교적 빠른 처리결과를 기대할 수 있다.
③ 추출된 기체는 대기오염 방지를 위해 후처리가 필요하다.
④ 휘발성 유기물질 제거에 유리하다.

풀이 토양증기추출법은 증기압이 낮은 오염물질의 제거효율이 낮다. 즉, 처리효율을 향상시키기 위해서는 토양을 가열하여 오염물질의 증기압을 높여야 한다.

59 토양오염확산방지기술인 고형화/안정화에 관한 설명으로 틀린 것은?

① 폐기물 표면적을 증가시켜 안정화 속도를 빠르게 하는 장점이 있다.
② 일차적으로 폐기물 내 유해성분의 유동성을 감소시키는 것을 목적으로 한다.
③ 폐기물의 용해성이 감소하는 장점이 있다.
④ 폐기물의 취급이 용이해지는 장점이 있다.

풀이 고형화 · 안정화 방법은 토양오염 확산방지기술이다. 즉, 오염물이 용출되어 나올 수 있는 폐기물의 표면적이 감소한다.

60 바이오스파징의 장점으로 틀린 것은?

① 휘발보다 생분해가 주요 제거 메카니즘이므로 배출가스 처리가 필요 없을 수 있음
② 오염물질의 이동 및 확산 우려가 없음
③ 지하수의 부가적인 처리가 없음
④ 지상의 영업 및 활동에 방해 없이 정화작업 수행

풀이 바이오스파징 공법은 오염물질의 이동 및 확산이 우려된다.

4과목 **토양 및 지하수환경 관계법규**

61 사람의 건강 및 재산과 동·식물의 생육에 지장을 주어서 토양오염에 대한 대책을 필요로 하는 토양오염의 기준은?

① 토양오염조사기준   ② 토양오염우려기준
③ 토양오염대책기준   ④ 토양오염정화기준

풀이 토양오염대책기준
우려기준을 초과하여 사람의 건강 및 재산과 동물·식물의 생육에 지장을 주어서 토양오염에 대한 대책이 필요한 토양오염의 기준(이하 "대책기준"이라 한다)은 환경부령으로 정한다.

62 기술인력의 교육과 관련하여 (   )에 맞는 것은?

토양관련전문기관 및 토양정화업에 종사하는 기술인력에 대한 보수교육은 신규교육을 받은 날을 기준으로 (   ) 교육과정을 이수하여야 한다.

① 2년마다 8시간   ② 5년마다 8시간
③ 2년마다 24시간   ④ 5년마다 24시간

풀이 기술인력의 교육
㉠ 신규교육 : 토양 관련 전문기관 또는 토양정화업 분야의 기술인력으로 최초로 종사한 날부터 1년 이내에 18시간
㉡ 보수교육 : 신규교육을 받은 날을 기준으로 5년마다 8시간

63 토양보전대책계획의 수립에서 반드시 포함되지 않아도 되는 사항은?

① 오염토양 개선사업의 종류 및 방법
② 단위사업별 주체 및 사업기간
③ 단위사업별 참여 기술인력의 구성
④ 총소요비용 및 조달방안

풀이 토양보전대책계획에 반드시 포함되어야 할 사항
㉠ 오염토양 개선사업의 종류 및 방법
㉡ 단위사업별 주체 및 사업기간
㉢ 총 소요비용 및 조달방안
㉣ 오염토양 개선사업의 기대효과
㉤ 기타 환경부장관이 필요하다고 인정하는 사항

64 토양보전대책지역에서 실시하는 일반적인 오염토양 개선사업의 종류가 아닌 것은?(단, 기타 시·도지사가 필요하다고 인정하는 사업은 고려하지 않음)

① 오염물질의 흡수력이 강한 식물식재사업
② 오염된 수로의 준설사업
③ 오염토양의 위생적 매립사업
④ 오염토양의 열분해 등 정화사업

풀이 오염토양 개선사업의 종류
㉠ 객토 및 토양개량제의 사용 등 농토배양사업
㉡ 오염된 수로의 준설사업
㉢ 오염토양의 위생적 매립·정화사업
㉣ 오염물질의 흡수력이 강한 식물식재사업
㉤ 그 밖에 특별자치도지사·시장·군수·구청장이 필요하다고 인정하는 사업

65 지하수에 관한 조사업무를 대행할 수 있는 지하수 관련 전문조사기관이 아닌 것은?

① 한국수자원공사
② 한국농어촌공사
③ 한국건설기술연구원
④ 한국환경보전협회

풀이 지하수 조사업무 관련 전문조사기관
ㄱ 「과학기술분야 정부출연연구기관 등의 설립·운영 및 육성에 관한 법률」 제8조에 따라 설립된 한국지질자원연구원
ㄴ 「한국광물자원공사법」에 따른 한국광물자원공사
ㄷ 「한국수자원공사법」에 따른 한국수자원공사
ㄹ 「한국농어촌공사 및 농지관리기금법」에 따른 한국농어촌공사
ㅁ 「과학기술분야 정부출연연구기관 등의 설립·운영 및 육성에 관한 법률」 제8조에 따라 설립된 한국건설기술연구원
ㅂ 「한국환경공단법」에 따른 한국환경공단
ㅅ 협회

66 300만 원 이하 과태료 부과 대상에 해당하지 아니한 자는?

① 토양오염사실을 발견하고도 신고하지 아니한 자
② 토양정화업자 사업장에 관련 공무원의 출입·검사를 방해한 자
③ 오염토양 반출계획에 관한 적정 통보를 받지 아니하고 오염토양을 반출하여 정화한 자
④ 오염토양 개선사업에서 관련된 지도감독을 거부·방해한 자

풀이 토양환경보전법 제32조 참고

67 지하수법에서 명시하는 정의가 잘못된 것은?

① 지하수 : 지하의 지층이나 암석 사이의 빈틈을 채우고 있거나 흐르는 물
② 지하수개발·이용시공업 : 지하수개발·이용을 위한 시설을 시공하는 사업

③ 지하수 영향구역 : 지하수의 수량이나 수질보전이 필요하여 지하수의 수질을 개선하는 사업
④ 지하수정화업 : 지하수에 함유된 오염물질을 제거·분해 또는 희석하여 지하수의 수질을 개선하는 사업

풀이 지하수법에는 지하수 영향구역이라는 용어는 없다.

68 지하수의 개발·이용의 허가에 관한 사항으로 옳지 않은 것은?

① 동력장치를 사용하지 아니하고 가정용 우물 또는 공동 우물을 개발하여 이용하려는 경우 시장·군수·구청장의 허가를 얻을 필요가 없다.
② 허가를 신청하려는 자는 지하수영향조사를 받은 후 결과를 제출하여야 하며, 시장·군수·구청장은 지하수영향조사서를 심사하여야 한다.
③ 시장·군수·구청장은 지하수영향조사서를 심사하고 그 결과를 허가내용에 반영하여야 하며 기본계획 및 지역관리계획을 고려하여 심사하여야 한다.
④ 토양오염물질이나 유해화학물질을 배출·제조·저장하는 시설로서 관계법령에 따라 허가를 득하였다고 하더라도 그 설치지역이 지하수 보존구역이라면 시장·군수·구청장의 허가를 얻어야 한다.

풀이 지하수개발·이용의 허가하지 아니하거나 취수량을 제한할 수 있는 경우(시장·군수·구청장)
ㄱ 지하수 채취로 인하여 인근 지역 수원(水源)의 고갈 또는 지반의 침하를 가져올 우려가 있거나 주변 시설물의 안전을 해칠 우려가 있는 경우
ㄴ 지하수를 오염시키거나 자연생태계를 해칠 우려가 있는 경우
ㄷ 지하수의 적정 관리 또는 「국토의 계획 및 이용에 관한 법률」에 따른 도시·군관리계획, 그 밖에 공공사업에 지장을 줄 우려가 있는 경우
ㄹ 그 밖에 지하수를 보전하기 위하여 필요하다고 인정되는 경우로서 대통령령으로 정하는 경우

69 토양관련전문기관의 결격사유에 해당하는 자와 가장 거리가 먼 것은?

① 피성년후견인 또는 피한정후견인

② 파산선고를 받고 복권된 지 2년이 지나지 아니한 자

③ 속임수 그 밖에 부정한 방법으로 토양 관련 전문기관의 지정을 받았다가 취소된 후 2년이 지나지 아니한 자

④ 토양환경보전법을 위반하여 징역 이상의 실형을 선고받고 그 집행이 끝나거나 면제된 날부터 2년이 지나지 아니한 자

풀이 토양 관련 전문기관의 결격사유

　㉠ 피성년후견인 또는 피한정후견인

　㉡ 파산선고를 받고 복권되지 아니한 사람

　㉢ 지정이 취소된 후 2년이 지나지 아니한 자

　㉣ 이 법을 위반하여 징역 이상의 실형을 선고받고 그 집행이 끝나거나(집행이 끝난 것으로 보는 경우를 포함한다) 면제된 날부터 2년이 지나지 아니한 사람

　㉤ 임원 중에 제1호부터 제4호까지의 어느 하나에 해당하는 사람이 있는 법인

70 토양보전대책지역 지정표지판에 관한 설명으로 틀린 것은?

① 지정목적을 표기한다.

② 토양보전대책지역 내역(주소, 면적, 약도)을 표기한다.

③ 표지판의 규격은 가로 3미터, 세로 2미터, 높이 1.5미터 이상으로 하여야 한다.

④ 흰색 바탕의 표지판에 검정색 페인트를 사용하여 표기하여야 한다.

풀이 토양보전대책지역 지정표지판

> 1. 지정목적
> 2. 지정일자 :　　년　　월　　일
> 3. 토양보전대책지역 안에서 제한되는 행위
> 4. 토양보전대책지역 내역
> 　가. 주소
> 　나. 면적
> 　다. 약도

※ 비고

1. 표지판의 규격은 가로 3미터, 세로 2미터, 높이 1.5미터 이상으로 하여야 한다.

2. 글자는 페인트 등을 사용하여 지워지지 아니하도록 하여야 한다.

3. 약도는 표지판 설치 위치에서 방향 및 지점 등을 누구나 알 수 있도록 작성하여야 한다.

4. 표지판은 사방에서 잘 보이는 곳에 견고하게 설치하여야 한다.

71 토양환경보전법상 용어의 정의로 옳지 않은 것은?

① 토양오염물질 : 토양오염의 원인이 되는 물질로서 환경부령으로 정하는 것을 말한다.

② 특정토양오염관리대상시설 : 토양을 현저하게 오염시킬 우려가 있는 토양오염 관리대상 시설로서 환경부령으로 정하는 것을 말한다.

③ 토양오염 : 사업활동이나 그 밖의 사람의 활동에 의하여 토양이 오염되는 것으로서 사람의 건강·재산이나 환경에 피해를 주는 상태를 말한다.

④ 토양처리업 : 토양을 적절한 방법으로 정화처리하는 업을 말한다.

풀이 토양환경보전법에 토양처리업이라는 용어는 없다.

72 토양오염방지조치 명령에 관한 설명으로 틀린 것은?

① 시·도지사 또는 시장·군수·구청장은 토양오염 실태조사 결과 우려기준을 넘는 지역의 정화책임자에게 6월의 범위 안에서 토양정밀조사를 받도록 명할 수 있다.

② 부득이하게 토양정밀조사 이행기간 내에 조사를 이행하지 못한 자에 대하여는 6개월의 범위에서 1회로 한정하여 이행기간을 연장할 수 있다.

③ 시·도지사 또는 시장·군수·구청장은 토양오염실태조사 또는 토양정밀조사 결과 우려기준을 넘는 경우 2년의 범위 안에서 이행기간을 정하여 오염토양의 정화를 명할 수 있다.

④ 환경부장관은 토양오염측정망 운영결과 우려기준을 넘는 경우 오염원 인자에게 직접 당해 토양오염물질의 사용제한을 명할 수 있다.

[풀이] 토양오염방지조치 명령

시·도지사 또는 시장·군수·구청장은 상시측정, 토양오염실태조사와 또는 토양정밀조사의 결과 우려기준을 넘는 경우에는 대통령령으로 정하는 바에 따라 기간을 정하여 다음 각 호의 어느 하나에 해당하는 조치를 하도록 정화책임자에게 명할 수 있다. 다만, 정화책임자를 알 수 없거나 정화책임자에 의한 토양정화가 곤란하다고 인정하는 경우에는 시·도지사 또는 시장·군수·구청장이 오염토양의 정화를 실시할 수 있다.
ㄱ 토양오염관리대상시설의 개선 또는 이전
ㄴ 해당 토양오염물질의 사용제한 또는 사용중지
ㄷ 오염토양의 정화

73 토양관련전문기관 중 하나인 토양오염조사기관을 지정하는 행정기관장은?

① 환경부장관
② 군수·구청장
③ 시·도지사
④ 지방 유역환경청장

[풀이] 토양 관련 전문기관의 지정

ㄱ 환경부장관 : 토양환경평가기관 및 위해성평가기관
ㄴ 시·도지사 : 토양오염조사기관 및 누출검사기관

74 토양환경보전법의 목적이 아닌 것은?

① 토양오염물질의 발생을 최대한 억제
② 토양을 적정하게 관리·보전함으로써 토양생태계를 보전
③ 자원으로서의 토양가치를 높임
④ 모든 국민이 건강하고 쾌적한 삶을 누릴 수 있게 함

[풀이] 토양환경보전법의 목적

토양오염으로 인한 국민건강 및 환경상의 위해(危害)를 예방하고, 오염된 토양을 정화하는 등 토양을 적정하게 관리·보전함으로써 토양생태계를 보전하고, 자원으로서의 토양가치를 높이며, 모든 국민이 건강하고 쾌적한 삶을 누릴 수 있게 함을 목적으로 한다.

75 환경부장관이 고시하는 측정망 설치계획에 포함되어야 하는 사항이 아닌 것은?

① 측정망 배치도
② 측정지점의 위치 및 면적
③ 측정망 설치시기
④ 측정항목 및 기준

[풀이] 측정망설치계획 내 포함사항

ㄱ 측정망 설치시기
ㄴ 측정망 배치도
ㄷ 측정지점의 위치와 면적

76 토양 관련 전문기관의 지정기준에서 토양오염 조사기관의 장비 중 자가동력시추기에 관한 내용으로 ( )에 맞는 것은?

타격식이나 나선형식으로 시추 깊이가 최소 ( ) 이상일 것

① 2m
② 4m
③ 6m
④ 8m

[풀이] 자가동력시추기

타격식이나 나선형식으로 시추 깊이가 최소 6m 이상일 것

77 토양환경평가에 관한 내용으로 옳지 않은 것은?

① 토양환경평가의 절차 및 방법의 구체적인 사항은 환경부장관이 정하여 고시한다.
② 개황조사 : 시료의 채취 및 분석을 통한 토양오염의 정도와 범위 조사
③ 토양환경평가는 기초조사, 개황조사, 정밀조사의 순서로 실시한다.
④ 기초조사 : 자료조사, 현장조사 등을 통한 토양오염 개연성 여부 조사

정답 73 ③ 74 ① 75 ④ 76 ③ 77 ②

풀이 토양환경평가

ㄱ 기초조사 : 자료조사, 현장조사 등을 통한 토양오염의 개연성 여부 조사

ㄴ 개황조사 : 시료의 채취 및 분석을 통한 토양오염 여부 조사

ㄷ 정밀조사 : 시료의 채취 및 분석을 통한 토양오염의 정도와 범위조사

78 토양오염 조사기관의 장비, 기술인력에 대한 지정기준으로 적합하지 않은 것은?

① 기사는 해당 분야 산업기사 자격 취득 후 토양관련분야 또는 해당 전문기술분야에서 4년 이상 종사한 사람으로 대체할 수 있다.

② 기체크로마토그래프 또는 기체크로마토그래프 질량분석기 중 1대를 구비하여야 한다.

③ 박사 또는 기술사는 당해 분야 기사 자격 취득 후 토양관련분야 또는 해당 전문기술분야에서 5년 이상 종사한 사람으로 대체할 수 있다.

④ 누출검사기관이 토양오염조사기관으로 지정받으려는 경우, 기술인력은 토양오염조사기관 지정에 필요한 기술인력의 2분의 1 이상을 확보해야 한다.

풀이 토양오염조사기관(장비)

번호	장비명	수량 (단위 : 대)
1	흡광광도계(UV/Vis Spectrophotometer)	1
2	원자흡광광도계(Atomic Absorption Spec-trophotometer) 또는 유도결합플라즈마광도계(Inductively Coupled Plasma)	1
3	퍼지·트랩장치(Purge & Trap)	1
4	가스크로마토그래프 전자포획기(GC/ECD)	1
5	가스크로마토그래프 질량분석기(GC/MSD)	1
6	가스크로마토그래프 불꽃이온화검출기(GC/FID)	1
7	초음파 추출장치(Ultrasonic Disruptor)	1
8	자가동력시추기(타격식이나 나선형식으로 시추 깊이가 최소 6미터 이상일 것)	1
9	그 밖에 토양시료를 채취하여 분석하는 데 필요한 장비	

79 토양오염 검사수수료에 관한 내용 중 누출검사수수료(배관부)에 관한 내용으로 ( )에 옳은 것은?

배관부의 누출검사수수료는 배관 ( )을(를) 기준으로 산정된 기본수수료와 체적수수료를 합한 것으로 한다.

① 1라인(시점 및 종점)

② m당(누출 지점)

③ m^2당(누출 면적)

④ 1기당(탱크)

풀이 토양오염검사 수수료(비고)

1. 배관부의 누출검사수수료는 배관 1라인(시점 및 종점)을 기준으로 산정된 기본수수료와 체적수수료를 합한 것으로 한다.

2. 같은 사업장에 2개 이상의 저장탱크가 설치되어 있어 동시에 검사가 가능한 경우의 검사수수료는 1개의 저장탱크에 대하여 개별 산정된 검사수수료에 다음 각 목의 검사수수료를 합한 것으로 한다.

　가. 1개를 초과하는 탱크부에 대하여 개별 산정된 검사수수료의 25퍼센트

　나. 1개를 초과하는 배관부에 대하여 개별 산정된 검사수수료의 30퍼센트

3. 도서지역(낙도)의 경우 「공무원여비규정」에 준하는 출장비를 추가할 수 있다.

80 지하수를 공업용수로 사용하는 경우 지하수의 수질기준 항목에 해당하지 않는 것은?

① 일반세균

② 카드뮴

③ 유기인

④ 염소이온

풀이 지하수의 수질기준(특정유해물질)

구분	생활용수	농·어업 용수	공업용수
카드뮴	0.01 이하	0.01 이하	0.02 이하
비소	0.05 이하	0.05 이하	0.1 이하
시안	0.01 이하	0.01 이하	0.2 이하
수은	0.001 이하	0.001 이하	0.001 이하
유기인	0.0005 이하	0.0005 이하	0.0005 이하
페놀	0.005 이하	0.005 이하	0.01 이하
납	0.1 이하	0.1 이하	0.2 이하
6가 크롬	0.05 이하	0.05 이하	0.1 이하
트리클로로 에틸렌	0.03 이하	0.03 이하	0.06 이하
테트라클로 로에틸렌	0.01 이하	0.01 이하	0.02 이하
1.1.1- 트리클로로 에탄	0.15 이하	0.3 이하	0.5 이하
벤젠	0.015 이하	-	-
톨루엔	1 이하	-	-
에틸벤젠	0.45 이하		-
크실렌	0.75 이하		-

1과목 **토양학개론**

01 지하수 흐름속도는 Darcy의 법칙으로 계산할 수 있다. 다음 중 흐름속도의 계산인자가 아닌 것은?

① 수리전도도   ② 유효공극율

③ 수두구배   ④ 지층두께

풀이 실제 단면을 통하여 흐르는 지하수의 이동속도($\overline{V}$)

$$\overline{V} = \frac{V}{\eta_e} = \frac{Q}{A \cdot \eta_e} = \frac{K}{\eta_e}\left(\frac{dh}{dL}\right)$$

여기서, $\overline{V}$: 실제 지하수 이동속도

(공극유속 ; 평균선형 유속)

V : Darcian Velocity

η_e : 유효공극률

K : 수리전도도

$\frac{dh}{dL}$: 수리구배

02 토양반응(soil reaction)에 대한 설명 중 옳지 않은 것은?

① 토양반응의 정도를 나타내는 데에는 pH값이 많이 사용된다.

② 토양산성에 가장 큰 영향을 끼치는 이온은 탄산염, 중탄산염 및 인산염이다.

③ 활산도는 pH값으로 나타내며 토양용액에서 H^+의 활동도를 측정한 값이다.

④ 잠산도는 토양입자에 흡착되어 있는 교환성 수소와 교환성 알루미늄에 의한 것이다.

풀이 토양산성화는 수소이온농도의 상승으로 인해 알칼리, 알칼리 토금속이 상대적으로 감소하는 현상이다.

03 다음 설명에 해당하는 광물은?

녹니석이라고도 하며 점토에서 자주 발견되는 광물로 결합력이 강하여 수분함유량이 증가하여도 팽창하지 않는다.

① 버미큘라이트   ② 클로라이트

③ 몬모릴로나이트   ④ 카올리나이트

풀이 클로라이트(Chlorite)

㉠ 대표적인 2 : 1 : 1형 광물로 녹니석이라고도 한다.

㉡ 수소결합에 의해 강하게 결합되어 수분함량이 증가시에도 팽창하지 않는다.

㉢ CEC(양이온 교환용량)는 10~40meq/100g 정도이다.

04 $Ca(OH)_2$의 용해도곱 상수(K_{sp})가 25℃에서 5.3×10^{-15}일 때 물에 대한 $Ca(OH)_2$의 용해도(mg/L)는?(단, $Ca(OH)_2$의 분자량=146.4)

① 1.11   ② 1.61

③ 1.89   ④ 2.10

풀이 $Ca(OH)_2 \underset{}{\overset{k_{sp}}{\rightleftharpoons}} Ca^{2+} + 2OH^-$

$k_{sp} = [Ca^{2+}][OH^-]^2 = 5.3 \times 10^{-15}$

몰용해도$\left(\frac{mol}{L}\right) = \sqrt[3]{k_{sp}/2^2}$

$= \sqrt[3]{\frac{5.3 \times 10^{-15}}{4}}$

$= 1.098 \times 10^{-5} mol/L$

용해도(mg/L)

$= 1.098 \times 10^{-5} mol/L \times 146.4 g/mol$

$\times 1,000 mg/g$

$= 1.61 mg/L$

05 미국토양분류 기준인 Soil Taxonomy의 토양목 구분 중 Entisol에 관한 설명으로 옳은 것은?

① 토양층위가 뚜렷하지 않은 미발달 토양
② 유기물함량이 높아 표토가 검은 빛깔인 토양
③ 화산재 토양
④ 유기질로 이루어진 늪지의 토양

풀이 엔티졸(Entisols)
ㄱ 토양층위가 뚜렷하지 않은 미발달 토양(층의 분화가 거의 없음 : 미숙토양)
ㄴ 생긴 지 얼마 안 되는 토양
ㄷ 모든 기후에서 생성되며 Tundra가 이에 속함

06 토양오염의 특징으로 적합하지 않은 것은?

① 오염경로의 다양성
② 오염영향의 국지성
③ 피해발현의 긴급성
④ 오염의 비인지성

풀이 토양오염의 특징
ㄱ 오염경로의 다양성
ㄴ 피해발현의 완만성(시차성)
ㄷ 오염지역의 국지성
ㄹ 타 매체와의 연관성(오염의 비인지성 및 다른 환경인자와의 영향관계의 모호성)
ㅁ 지속성 및 잔류성
ㅂ 오염물질 및 오염지역에 따른 특이성
ㅅ 원상복구의 어려움

07 토양구성 입자의 직경 즉, 입도분포 결정을 위한 체분석 시 활용되는 곡률계수(C_z)의 정의로 옳은 것은?(단, D_{10}, D_{30}, D_{60}는 각각 체를 통과한 흙의 누적백분율인 통과백분율 10%, 30%, 60%에 해당되는 입경이다.)

① $C_z = [D_{30}/(D_{60} \times D_{10})^2]$
② $C_z = [D_{30}^2/(D_{60} \times D_{10})]$
③ $C_z = [D_{60}/(D_{30} \times D_{10})^2]$
④ $C_z = [D_{60}^2/(D_{30} \times D_{10})]$

08 토양유실을 위해 토양을 피복하고자 할 때 토양유실 방지를 위한 피복식물로서 가장 효과적인 것은?

① 무우　　　　　② 옥수수
③ 감자　　　　　④ 목초

풀이 토양보호를 위해 초지조성용 목초가 토양의 이동을 방지하여 토양유실과 흙탕물 발생을 억제하는 효과가 탁월하다.

09 규산 점토 광물에 속하지 않는 것은?

① 일라이트(illite)
② 몬모릴로나이트(montmorillonite)
③ 카올리나이트(kaolinite)
④ 철산화물

풀이 점토광물의 분류
1. 결정형 광물 : Si 판 1개와 Al 판 1개가 층상으로 결속하여 한 결정 단위를 이룸
① 1 : 1 격자형 광물(2층형 광물, 비팽창형) : 비표면적이 가장 작음 → 할로이사이트, 나크라이트, 카올리나이트, 딕카이트
② 2 : 1 격자형 광물(3층형 광물) : 한 층의 Al 8면체를 Si 4면체가 양쪽으로 샌드위치처럼 싸서 3층 구조를 이룸
ㄱ 팽창형 → 몬모릴로나이트, 사포나이트, 버미큘라이트
ㄴ 비팽창형 → 일라이트
③ 2 : 1 : 1(2 : 2 격자형 광물, 비팽창형)
→ 클로라이트
2. 비결정형 광물(무정형) → 알로펜, 이모고라이트

10 토양 중에 벤젠의 양을 측정하기 위해 토양 5g을 메탄올 50mL로 용매추출하여 GC-FID로 측정해 보니 메탄올 중에 5mg/L로 검출되었다. 토양 중에 존재하는 벤젠의 양(mg/kg·soil)은?(단, 토양 중 벤젠이 모두 회수되었다고 가정)

① 0.5　　　　　② 5
③ 50　　　　　④ 500

풀이 벤젠 양(mg/kg · soil)

$$= \frac{5mg/L \times 50mL \times L/1{,}000mL}{0.005kg \cdot soil}$$

$$= 50mg/kg \cdot soil$$

11 총석유계탄화수소(TPH) 50mg/kg으로 오염된 토양 100톤과 85mg/kg으로 오염된 토양 40톤을 혼합하였다. 완전히 혼합된 후의 토양 TPH 농도(mg/kg)는?(단, 혼합과정 중 휘발 등 저감조건은 고려하지 않음)

① 60.0 ② 62.5

③ 65.0 ④ 67.5

풀이 혼합 TPH 농도

$$= \frac{(100 \times 50) + (40 \times 85)}{100 + 40} = 60.0mg/kg$$

12 점토광물 중 Illite에 대한 내용으로 틀린 것은?

① Vermiculite와 같이 2 : 1의 층상구조를 가진다.

② 습윤상태에서 팽창이 불가능하다.

③ 토양 중에 흔히 존재하는 점토광물로서 K⁺ 함량이 많은 퇴적물이 저온 조건하에서 변성작용을 받을 때 형성되는 것으로 알려져 있다.

④ 운모에 비하여 K⁺ 함량이 높아 Hydrous Mica로 불린다.

풀이 Hydrous Mica는 2 : 1형 광물로 층간에 채워진 K가 풍화가 진행되는 동안 빠져나가고 물 분자로 채워진 풍화운모로 수화운모라고 한다.

13 오염물질과 토양과의 상호반응인 흡착에 관한 설명으로 가장 거리가 먼 것은?

① 용질이 액상과 토양입자 경계면 사이에서 분배될 때 일어난다.

② 오염물질과 토양 상호반응은 용액 중 오염물질이 정전기적 인력에 의해 토양입자의 표면과 결합할 때 화학반응이 일어난다.

③ 화학반응은 토양 입자 표면의 성질, 오염물질 침출액의 화학 · 물리적 성질에 따라 다양하다.

④ 음이온 흡착은 원자가, 결정성, 수화반경 등이 결정적 인자로 작용한다.

풀이 양이온은 특별히 결정된 방법으로 토양입자에 흡착하여 양이온흡착은 원자가, 결정성, 수화반경 등이 결정적 인자로 작용한다.

14 토양에서 일어나는 흡착 모델인 랭그뮤어(Langmuir) 흡착등온모델의 전제가 되는 가정에 관한 설명으로 옳지 않은 것은?

① 흡착은 흡착지점이 고정된 단일 흡착층에서 일어난다.

② 흡착은 가역적이다.

③ 표면에 흡착된 분자는 옆으로 이동한다.

④ 흡착에너지는 모든 지점에서 동일하다.

풀이 표면에 흡착된 분자는 옆으로 이동하지 않는다.

15 지하수에 용해되어 통로를 형성하는 암석으로, 지하수량이 풍부하나 흡착 등 정화기능이 부족하여 지하수 오염 가능성이 큰 암석층은?

① 미고결사암층 ② 석회암층

③ 화강암층 ④ 변성암층

16 주로 점토의 구성 성분인 2차 광물이 아닌 것은?

① 석영 ② 카올리나이트

③ 몬모릴로나이트 ④ 일라이트

풀이 점토광물의 분류

1. 결정형 광물
   ① 1 : 1 격자형 광물(2층형 광물, 비팽창형)
      → 할로이사이트, 나크라이트, 카올리나이트, 디카이트
   ② 2 : 1 격자형 광물(3층형 광물)
      한 층의 Al 8면체를 Si 4면체가 양쪽으로 샌드위치처럼 싸서 3층 구조를 이룸

㉠ 팽창형 → 몬모릴로나이트, 사포나이트, 버미큘라이트
㉡ 비팽창형 → 일라이트
③ 2 : 1 : 1(2 : 2 격자형 광물, 비팽창형) → 클로라이트
2. 비결정형 광물(무정형) → 알로펜, 이모고라이트

17 단위 동수경사에서 대수층의 단위폭 당 유량, 투수계수와 대수층의 두께를 곱한 값으로 나타내는 대수층 지하수 채수량에 영향을 미치는 인자는?

① 전수계수　　　　② 투수량계수
③ 저류계수　　　　④ 비수계수

풀이 투수량 계수(전도계수, Transmissivity)
　㉠ 완전포화된 대수층의 단위폭당 단위 수리구배하에서 수평적으로 이동하는 물의 양이다.
　㉡ 단위동수경사에서 대수층의 단위폭당 유량으로 투수계수와 대수층의 두께를 곱한 값으로 나타낸다.
　㉢ 대수층이 지하수 통과 정도를 나타내는 지하수채수량 영향인자이다.
　㉣ 관련식
　　$T = Kb$
　　여기서, T : 투수량 계수(m^2/sec)
　　　　　　K : 수리전도도(m/sec)
　　　　　　b : 대수층 두께(m)

18 토양의 입단(작은 토양입자들이 서로 응집하여 뭉쳐진 덩어리 형태의 토양)형성 요인에 관한 내용으로 틀린 것은?

① 유기물의 작용 : 유기물은 곰팡이, 세균, 미소동물 등의 에너지원이 되며, 미생물들이 분비하는 점액성의 유기물질들은 토양입단 형성에 유익한 역할을 한다.
② 미생물의 작용 : 입단은 미생물이 유기물을 분해하면서 만들어 내는 균사에 의해서도 만들어진다.
③ 양이온의 작용 : Na^+의 농도가 높은 토양에서는 응집 촉진 효과에 의해 입단이 잘 발달된다.

④ 토양개량제의 작용 : 토양개량제의 입단화 효과는 정전기적 또는 교환 반응, 수소결합, 반데르발스힘 등에 의해 나타난다.

풀이 양이온의 입단화 작용의 크기는 수산화가 큰 이온(Na^+)은 입단화 작용이 약하고 수화도가 작은 이온(Ca^{2+})은 입단화 작용이 강하다.

19 토양의 염류 집적의 주요 원인으로 옳은 것은?

① 지하수위의 상승
② 관개수에 의한 염류의 감소
③ 강수량 증가
④ 양호한 배수조건

풀이 토양의 염류 집적 원인
　㉠ 지하수위의 상승
　㉡ 관개수에 의한 염류의 증가
　㉢ 배수량의 저하
　㉣ 지하수 모관상승의 증가

20 토양시료에 대해 공극률 측정결과가 20%였다. 시료 내 수분부피와 공기부피가 각각 16cm^3, 4cm^3였다면 현장에서 채취한 토양시료의 전체부피(cm^3)는?(단, 공극은 수분과 공기로만 차 있다고 가정)

① 60　　　　　　② 80
③ 100　　　　　④ 120

풀이 공극률(%) = $\left(\dfrac{수분부피 + 공기부피}{토양전체부피}\right) \times 100$

　토양전체부피 = $\dfrac{16+4}{0.2} = 100cm^3$

2과목 토양 및 지하수오염조사기술

21 토양오염 정밀조사결과보고서에 수록되는 시료채취 지점도 및 오염분포도에 표기되어 있는 축척은?

① 축척 1/500(조사범위가 20,000m² 이상인 경우에는 1/5,000) 지도에 시료채취 지점 표기

② 축척 1/2,500(조사범위가 20,000m² 이상인 경우에는 1/5,000) 지도에 시료채취 지점 표기

③ 축척 1/500(조사범위가 40,000m² 이상인 경우에는 1/5,000) 지도에 시료채취 지점 표기

④ 축척 1/500(조사범위가 40,000m² 이상인 경우에는 1/2,500) 지도에 시료채취 지점 표기

풀이 시료채취 지점도 및 오염분포도 작성
  ㉠ 축척 1/500(조사범위가 40,000m² 이상인 경우에는 1/5,000) 지도에 시료채취 지점 표기
  ㉡ 우려기준 초과 물질에 대한 오염지도를 작성
  ㉢ 오염등급을 4등급으로 구분·작성
  ㉣ 오염지도 축척은 시료채취 지점도와 동일한 것 사용

22 지하매설저장시설 내 배관으로부터 2m 지점에서 토양시료를 채취하였다면, 토양시료채취지점에서 최대한의 시료채취 깊이(m)로 적절한 것은?

① 1 ② 2
③ 3 ④ 4

풀이 채취깊이 $= 2m \times 1.5 = 3m$

23 기체크로마토그래피법으로 PCB를 정량하는 방법에 대한 설명으로 옳지 않은 것은?

① 검출기는 열전도도검출기(TCD)를 사용한다.

② 검출기의 온도는 270~320℃로 운영한다.

③ 농축장치는 구데르나다니쉬 농축기 또는 회전증발농축기를 사용한다.

④ PCB의 추출은 노말헥산 용액을 사용한다.

풀이 기체크로마토그래피로 PCB 측정 시 검출기는 전자포착검출기(ECD) 또는 이와 동등 이상의 검출 성능을 가진 것을 사용한다.

24 오염개연성이 확인된 산업단지에 대한 토양환경평가 개황조사 계획을 수립하고자 한다. 조사면적에 대한 시료채취 지점수량 선정이 잘못된 것은?

① 면적(m²) : 400, 최소 지점수(개) : 4

② 면적(m²) : 600, 최소 지점수(개) : 6

③ 면적(m²) : 1,400, 최소 지점수(개) : 7

④ 면적(m²) : 2,800, 최소 지점수(개) : 8

풀이 토양환경평가 개황조사

시료채취 지점 수 산정기준

조사면적	시료채취 지점 수 산정기준	최소지점 수
면적≤500m²	최소 채취지점수 5개 이상 500m²당 1개 이상	5
500m²<면적 ≤1,000m²		6
1,000m²<면적 ≤2,000m²	1,000m²를 초과할 때부터는 1,000m²당 1개 이상 추가	7
2,000m²<면적 ≤3,000m²		8
3,000m²<면적 ≤4,000m²		9
:		:

25 원자흡수분광광도계에 불꽃을 만들기 위해 가연성가스로 아세틸렌을 사용한다. 조연성가스로 적합한 것은?

① 수소 ② 공기
③ 프로판 ④ 아르곤

풀이 원자흡수분광광도계 – 가연성, 조연성 가스
  ㉠ 원자흡수분광광도계에 불꽃을 만들기 위해 조연성 가스와 가연성 기체를 사용하는데, 일반적으로 가연성 가스로 아세틸렌을 조연성 가스로 공기를 사용한다.
  ㉡ 수소–공기와 아세틸렌–공기는 거의 대부분의 원소 분석에 유효하게 사용할 수 있다.

PART 05

26 원자흡수분광광도법에 의한 금속별 측정파장 및 불꽃기체로 적절한 것은?

① 니켈 324.7(nm), 공기-아세틸렌
② 납 283.3(nm), 공기-아세틸렌
③ 아연 213.9(nm), 헬륨-아세틸렌
④ 카드뮴 228.8(nm), 헬륨-아세틸렌

풀이 원자흡수분광광도법에 의한 금속별 측정파장 및 불꽃기체

금속 종류	측정파장(nm)	불꽃기체
구리	324.7	A-Ac*
납	283.3	A-Ac
니켈	232.0	A-Ac
아연	213.9	A-Ac
카드뮴	228.8	A-Ac

* A-Ac : 공기-아세틸렌

27 누출검사대상시설에 대한 설명으로 틀린 것은?

① '부속배관'이라 함은 누출검사대상시설에 용접 또는 나사조임방식으로 직접 연결되는 배관을 말한다.
② '지하매설배관'이라 함은 부속배관의 경로 중 지하에 매설되어 누출여부를 육안으로 직접 확인할 수 없는 배관을 말한다.
③ '배관접속부'라 함은 누출검사대상시설과 부속배관, 부속배관과 배관을 연결하기 위하여 용접 접합 또는 나사조임방식 등으로 접속한 부분을 말한다.
④ '누출검지관'이라 함은 액체의 누출여부를 누출검사대상시설 내부에서 직접 또는 간접적으로 확인하기 위해 설치된 관을 말한다.

풀이 누출검지관이란 액체의 누출 여부를 누출검사대상시설 외부에서 직접 또는 간접적으로 확인하기 위해 설치된 관을 말한다.

28 기체크로마토그래피로 페놀류를 측정하기 위한 추출액으로 알맞은 것은?

① 디클로로메탄
② 아세톤/노말헥산
③ 에탄올
④ 노말펜탄

풀이 토양 중 페놀 및 펜타클로로페놀을 아세톤/노말헥산 (1 : 1)으로 추출하여 기체크로마토그래피로 정량하는 방법이다.

29 저장물질이 없는 누출검사대상시설-가압시험법에 적용되는 검사기기 및 기구 중 안전밸브에 관한 기준으로 옳은 것은?

① $0.5kgf/cm^2$ 이하에서 작동되어야 한다.
② $0.7kgf/cm^2$ 이하에서 작동되어야 한다.
③ $0.9kgf/cm^2$ 이하에서 작동되어야 한다.
④ $1.2kgf/cm^2$ 이하에서 작동되어야 한다.

풀이 저장물질이 없는 누출검사대상시설 - 가압시험법
안전밸브 : $0.7kgf/cm^2$ 이하에서 작동되어야 한다.

30 원자흡수분광광도법 적용 시 사용되는 다음의 용어 설명 중 옳지 않은 것은?

① 공명선(Resonance Line) : 원자가 외부로부터 빛을 흡수했다가 다시 먼저 상태로 돌아갈 때 방사하는 스펙트럼선
② 다원료 불꽃(Fuel-rich Flame) : 조연성 가스/가연성 가스의 비를 크게 한 불꽃
③ 중공음극 램프(Hollow Cathode Lamp) : 원자흡수분광광도법의 광원이 되는 것으로 목적원소를 함유하는 중공음극 한 개 또는 그 이상을 저압의 네온과 함께 채운 방전관
④ 분무기(Nebulizer or Atomizer) : 시료를 미세한 입자로 만들어 주기 위하여 분무하는 장치

풀이 다원료 불꽃(Fuel-rich Flame)
가연성가스/조연성 가스의 비를 크게 한 불꽃

31 저장물질이 없는 누출검사대상시설의 누출검사 방법인 비파괴시험법 중 침투탐상시험에 대한 내용으로 ( )에 맞는 것은?

시험체 표면에 침투액을 적용하면 ( )이 있는 경우 모세관 현상에 의하여 침투액이 ( )으로 침투하게 되며 이때 현상액을 적용하여 표면결함 속에 침투된 침투액을 현상함으로써 육안으로 결함 유무를 식별하는 시험방법이다.

① 열린 결함　　　　② 표준 결함
③ 결합 결함　　　　④ 누설 결함

32 토양오염관리대상시설지역에서 시료의 채취 및 보관에 관한 설명으로 ( ) 안에 옳은 내용은? (단, 봉이 들어있는 타격식, 나선식 토양시추 장비 기준)

시료채취 봉을 꺼내어 오염의 개연성이 가장 높다고 판단되는 부위 ( )를 시료 부위로 한다.

① ±5cm　　　　② ±10cm
③ ±15cm　　　　④ ±30cm

풀이 시료채취봉을 꺼내어 오염의 개연성이 가장 높다고 판단되는 부위 ±15cm를 시료부위로 한다. 다만, 오염의 개연성이 판단되지 않을 경우에는 제일 하부의 토양 30cm를 시료부위로 한다.

33 흡광광도 측정에서 투과율이 10%일 때의 흡광도는?

① 0.7　　　　② 0.8
③ 0.9　　　　④ 1.0

풀이 흡광도 $= \log \dfrac{1}{\text{투과율}} = \log \dfrac{1}{0.1} = 1.0$

34 저장물질이 있는 누출검사대상시설−기상부의 시험법 중 미가압법 시험의 판정기준은?

미가압 시험결과, 누출검사대상시설내의 압력강하량이 ( )mmH$_2$O를 초과하면 불합격으로 한다.

① 2　　　　② 4
③ 6　　　　④ 8

35 토양 중 불소측정방법에 대한 설명으로 틀린 것은?

① 불소가 진홍색의 zirconium−발색시약과의 반응으로 음이온복합체(ZrF_6^{2-})를 형성하는 과정을 이용한 방법이다.
② 불소의 양이 많아질수록 색깔이 짙어지게 된다.
③ 불소이온과 zirconium이온 사이의 반응속도는 반응혼합물의 산도에 따라 달라진다.
④ 토양시료는 막자사발에서 갈아 0.075mm(200메시)의 표준체로 체거름한 것을 분석에 사용한다.

풀이 불소 − 자외선/가시선 분광법
토양 중 불소를 측정하는 방법으로 불소가 진홍색의 지르코늄(Zirconium) − 발색시약과의 반응으로 무색의 음이온복합체(ZrF_6^{2-})를 형성하는 과정을 이용한다. 불소의 양이 많아질수록 색깔이 엷어지게 된다.

36 구리 표준원액(1,000mg/L)이란 0.1g의 구리 금속(99.9% 이상)에 질산 40mL을 넣어 녹이고 가열하여 질소화합물을 추출한 후, 정제수를 넣어 만든 용액을 뜻한다. 이때 구리 표준원액의 부피(mL)는?

① 500　　　　② 800
③ 1,000　　　　④ 1,500

37 6가 크롬 분석을 위해 사용되는 이온크로마토그래피-자외선/가시선 분광계의 구성순서는?

① 액송펌프 → 용리액 저장조 → 시료주입부 → 분리컬럼 → PCR → UV/VIS 검출기 → 기록계

② 용리액 저장조 → 액송펌프 → 시료주입부 → 분리컬럼 → PCR → UV/VIS 검출기 → 기록계

③ 용리액 저장조 → 시료주입부 → 액송펌프 → 분리컬럼 → PCR → UV/VIS 검출기 → 기록계

④ 용리액 저장조 → 시료주입부 → 분리컬럼 → 액송펌프 → PCR → UV/VIS 검출기 → 기록계

38 다음 중 1ppb와 같은 농도는?

① $1\mu g/m^3$ ② $1mg/kg$

③ 0.001% ④ $0.001ppm$

풀이 ppb(십억분율)는 ppm의 $\dfrac{1}{1,000}$ 이다.

39 다음 용어에 대한 정의로 옳지 않은 것은?

① 진공이라 함은 따로 규정이 없는 한 15mmH₂O 이하를 말한다.

② 약이라 함은 기재된 양에 대하여 ±10% 이상의 차가 있어서는 안된다.

③ 정확히 취하여라 하는 것은 규정한 양의 검체 또는 시액을 홀피펫으로 눈금까지 취하는 것을 말한다.

④ 밀폐용기라 함은 취급 또는 저장하는 동안에 이물질이 들어가거나 또는 내용물이 손실되지 아니하도록 보호하는 용기를 말한다.

풀이 감압 또는 진공이라 함은 따로 규정이 없는 한 15 mmHg 이하를 말한다.

40 분석대상 물질별 체거름 방법에 대한 설명으로 맞는 것은?

① 비소, 카드뮴등의 중금속 가용성 함량 분석대상 물질은 눈금간격 2mm의 표준체(10메시)로 체거름한다.

② 니켈, 아연 등 중금속 전함량 분석 대상 물질은 눈금간격 0.25mm(50메시)로 체거름 한다.

③ 불소는 눈금간격 0.025mm의 표준체(100메시)로 체거름한다.

④ 납, 구리, 6가 크롬 등의 중금속 가용성 함량 분석대상 물질은 눈금간격 4mm의 표준체(20메시)로 체거름한다.

풀이 6가 크롬을 제외한 금속류 함량 분석대상 물질 분석용 시료는 10메시 표준체(눈금간격 2mm)로 체거름한 시료를 100메시 표준체(눈금간격 0.15mm)로 체거름하여 조제한다.

3과목 **토양 및 지하수오염정화기술**

41 토양경작의 효과를 증진시키기 위해 일반적으로 사용되는 탄소 : 질소 : 인의 비율은?

① 25 : 10 : 1   ② 50 : 10 : 1

③ 100 : 10 : 1   ④ 200 : 10 : 1

42 투과성(투수성) 반응벽의 처리매체에 대한 내용으로 옳지 않은 것은?

① 석회는 산성 지하수를 중성화할 필요성이 있는 경우에 사용될 수 있다.

② 석회는 카드뮴, 철, 크롬 금속을 제거하는 데에는 효과적이지 못하다.

③ 제오라이트와 합성이온교환수지는 수명이 짧고 고가이며 재활성화 하는 데 문제가 있어 경제적인 면에서 적용성이 적다.

④ 활성탄은 유기물질로 오염된 지하수를 제어하는 데 사용될 수 있다.

풀이 석회는 카드뮴, 철, 크롬 금속을 제거하는 데 효과적이다.

43 열탈착기법에 관한 설명으로 (   ) 안에 들어갈 알맞은 온도 범위는?

> 고온 열탈착기법(HTTD)은 오염토양에 포함되어 있는 물이나 유기오염물질이 휘발되도록 (   )℃로 가열시키는 full-scale 기술이다.

① 80~120
② 120~200
③ 320~560
④ 850~1,000

풀이 ㉠ 고온 열탈착기법(HTTD) 가열온도 :
        320~560℃
     ㉡ 저온 열탈착기법(LTTD) 가열온도 :
        90~320℃

44 토양복원기술 중 토양세척(soil washing) 기법에 대한 설명으로 가장 거리가 먼 것은?

① 외부환경의 조건변화에 대한 영향이 적고 자체적인 조건조절이 가능한 폐쇄형 공정이다.
② 적용 가능한 오염물 종류의 범위가 넓다.
③ 오염 토양 내 수분공급으로 미생물에 의한 처리효율을 높일 수 있다.
④ 오염토양 부피의 단시간 내의 효율적인 급감으로 2차 처리비용이 절감된다.

풀이 토양세척공법(Soil Washing)
     토양 내 오염물질을 세척수와 기계적 마찰력을 이용하여 처리하는 공법으로, 토양세척용 첨가제 중 오염물질과의 표면장력을 감소시켜 고·액분리를 용이하는 것은 계면활성제이다.

45 생분해가 어려운 물질의 일반적인 조건(특성)과 가장 거리가 먼 것은?

① 원자의 전하차가 적은 화합물
② 물에 대한 용해도가 낮은 화합물
③ 가지구조가 많은 화합물
④ 분자 내에 많은 수의 할로겐원소를 함유하는 화합물

풀이 유기화합물질의 난분해성 조건(생분해가 어려운 물질의 일반적인 특성)
     ㉠ 할로겐화된 화합물
     ㉡ 분자 내에 많은 수의 할로겐원소(Cl, Br 등)를 함유하는 화합물
     ㉢ 가지구조가 많은 화합물
     ㉣ 물에 대하여 용해도가 낮은 화합물
     ㉤ 원자의 전하차가 큰 화합물

46 토양증기추출법 설계 시 우선적으로 고려하지 않아도 되는 인자는?

① 헨리상수
② 유기탄소분배계수
③ 용해도
④ 반응상수

풀이 토양증기추출법 설계 시 우선 고려인자(특성인자)
     ㉠ 용해도
     ㉡ 헨리상수
     ㉢ 증기압
     ㉣ 흡착계수(유기탄소분배계수)

47 생물학적 복원기법에서 복원효율을 증진시키기 위하여 산소를 주입하는 경우의 주입방법으로 틀린 것은?

① 대기 중의 공기 주입방법
② 압축산소 주입방법
③ 과산화수소(H_2O_2) 주입방법
④ 오존(O_3) 주입방법

풀이 생물학적 복원기법에서 호기성 조건을 위하여 산소를 주입하게 되는데 적정한 산소주입방법에는 대기 중의 공기주입, 압축산소주입, 과산화수소(H_2O_2) 주입 등이 있으며, 이 중 미생물에 의한 호흡과정에서 같은 양이 사용되는 경우 전자수용체로서 가장 효율이 높은 물질은 과산화수소이다.

정답 43 ③   44 ③   45 ①   46 ④   47 ④

48 토양오염정화기법 중 열적처리기술인 소각법에 대한 설명으로 틀린 것은?

① 토양 내 미생물, 유기물질이 소멸되지 않는 친환경적인 공법이다.
② PCB, 다이옥신 등 난분해성물질의 분해에도 적용성이 우수하다.
③ 중금속을 함유한 오염토양의 경우에는 배기가스 처리시설이나 소각재 처리에 주의하여야 한다.
④ 처리효율이 높지만 에너지 소요량이 많아 타공법에 비해 처리단가가 높다.

풀이 소각법은 토양 내 미생물, 유기물질 등 토양오염물질을 분해하는 공법이다.

49 양수 및 처리 기법(pump and treat)에서 피압대수층의 투수량계수(T)가 1,000m²/day, 양수량이 100m³/day, 우물함수 W(u)가 12.56이라면 우물손실(well loss)을 고려하지 않았을 때 양수정에서의 수위강하(m)는?

① 0.1 ② 0.2
③ 0.3 ④ 0.4

풀이 수위강하(m)$= \dfrac{100\text{m}^3/\text{day}}{1,000\text{m}^2/\text{day}} = 0.1\text{m}$

50 토양정화기술에서 토양의 소성과 관계되는 설명으로 틀린 것은?

① 실트와 점토로 구성된 토양의 소성지수는 일반적으로 작게 나타날 수 있다.
② 소성은 토양 내 함수량과 관련이 있다.
③ 소성을 가진 토양은 처리할 때보다 더 높은 온도를 필요로 한다.
④ 토양 내 소성을 낮추기 위하여 토양의 파쇄 또는 토양개량제와 혼합하는 처리가 필요하다.

풀이 실트와 점토로 구성된 토양의 소성지수는 일반적으로 크게 나타날 수 있다.

51 오염토양정화 기술 중 저온열탈착공법의 특징에 대한 설명으로 틀린 것은?

① 오염토양 내 TPH 농도가 높을수록 열량이 높아 적용성이 좋다.
② 토양 내 함수율이 높으면 에너지소모량이 많아져 전처리가 요구된다.
③ 오염토가 지하 8m 이하에 위치하는 경우에는 토공비용의 상승으로 경제성이 낮아진다.
④ 토양 내 자갈 등 조대물질이 존재하는 경우에는 선별 등 전처리가 필요하다.

풀이 ①항의 내용은 고온열탈착공법의 내용이다.

52 저온열탈착 공법으로 적용하기에 부적합한 물질은?

① 중유 ② 윤활유
③ PCBs ④ 크롬

풀이 저온열탈착공법은 무기물질(중금속) 및 방사성 물질을 제외한 대부분의 석유계 화합물의 처리에 유용하다.

53 자연저감법에 대한 설명으로 옳지 않은 것은?

① 자연저감법은 난분해성 오염물질 정화에 주로 사용된다.
② 포화대 및 불포화대에 적용이 가능하다.
③ 부지 특성에 따라 모니터링 비용 등이 과다하게 소요되어 경제성이 떨어진다.
④ 부지의 사용제한이나 처리기간이 장기간 소요된다.

풀이 자연저감법은 농도가 상대적으로 낮은 오염물질에 주로 적용된다.

54 지중 유리화기법(Vitrification, in-situ)에 관한 설명으로 옳지 않은 것은?

① 오염토양을 전기적으로 용융시킴으로써 용출 특성이 매우 적은 결정구조로 만드는 기법이다.
② 중금속 등 무기물질 용융·제거에 주로 활용되며 휘발성유기물질이 분포된 지역은 적용하지 않는다.
③ 정화된 토양에 유리화된 물질이 포함되어 있기 때문에 분리하지 않으면 다시 토양을 사용하는 데 많은 제약이 따른다.
④ 대수면 아래에 분포하고 있는 오염물질을 처리하는 경우에는 재오염 방지기술이 필요하다.

풀이 지중 유리화기법
원위치 유리화기법을 의미하며 전기흐름을 이용하여 토양이나 슬러지를 고온(1,600~2,000℃)에서 용융시켜 무기물질을 고정화하고 열분해에 의해 유기물질을 분해한다.

55 토양경작법의 장점이 아닌 것은?

① 유류성분의 경우 저농도보다는 고농도 오염에 효과적이다.
② 일반적으로 설계가 용이하다.
③ 일반적으로 비용이 저렴하다.
④ 일반적으로 지중처리보다 처리효율이 높다.

풀이 토양경작법은 유류성분의 경우 고농도보다는 저농도오염에 효과적이다.

56 식물을 이용하여 오염된 토양과 지하수를 정화하는 식물정화법의 기작이 아닌 것은?

① 식물에 의한 추출(phytoextraction)
② 식물에 의한 분해(phytodegradation)
③ 식물에 의한 안정화(phytostabilization)
④ 식물에 의한 고형화(phytosolidification)

풀이 식물정화법의 주요 처리기작
㉠ 식물 추출
㉡ 식물 분해
㉢ 식물 안정화
㉣ 근권분해
㉤ 근권여과

57 토양에 유류가 1,000g 존재한다. 계면활성제 세척공정을 이용하여 유류를 용해시키고자 할 경우, 필요한 계면활성제의 양(kg)은?(단, 계면활성제 내 유류 용해도＝2,000mg/L, 계면활성제의 밀도＝1.06kg/L)

① 510　　　　② 530
③ 550　　　　④ 570

풀이 계면활성제양(kg) = 밀도 × 부피

$$= 1.06kg/L \times \frac{1,000g \times 1,000mg/g}{2,000mg/L}$$

$$= 530kg$$

58 식물정화법의 처리 원리 중 식물에 의한 안정화 방식으로 활용 가능한 대표적인 식물종은?

① 포플러나무　　　② 인도겨자
③ 보리　　　　　　④ 해바라기

풀이

처리기작	오염물질	대표적 식물	오염매체
식물 안정화	중금속	포플러나무, 사시나무	토양
	방향족 탄화수소	버드나무	슬러지
	할로겐 방향족 탄화수소	뿌리가 발달된 초본류	퇴적층

59 유류 오염 토양처리를 위한 열탈착의 적정 온도가 가장 낮게 조정될 수 있는 것은?

① 연료유 No.6
② 경유
③ 윤활유
④ 등유

풀이 등유의 비등점이 150~280℃ 정도로 가장 낮다.

60 생물학적 통기법(bioventing)에서 주입되는 공기유량은 100m³/day이며 초기 주입 산소함유비가 21%이었다. 토양공기 내 및 배기가스 내 산소함유비가 16% 정도일 경우 이 오염부지의 평균 산소이용률(%/day)은?(단, 토양체적=50m³, 토양공극률=0.5)

① 15   ② 20
③ 25   ④ 30

풀이 산소소모율(%, O_2/day)

$$= \frac{Q(C_o - C_f)}{V \times P}$$

$$= \frac{100\text{m}^3/\text{day} \times (21-16)\%O_2}{50\text{m}^3 \times 0.5}$$

$$= 20\%O_2/\text{day}$$

4과목 **토양 및 지하수환경 관계법규**

61 오염원인자가 오염토양개선사업 계획의 승인을 얻고자 할 때에는 개선사업계획(변경) 승인 신청서를 사업개시일 며칠 전까지 특별자치도지사·시장·군수·구청장에게 제출하여야 하는가?

① 7일   ② 15일
③ 20일   ④ 30일

62 토양관련전문기관 및 토양정화업에 종사하는 기술인력은 환경부령으로 정하는 바에 따라 교육을 받아야 한다. 이를 위반하여 교육을 받지 않은 경우 또는 교육을 받게 하지 않은 경우가 3회 이상 위반 시 과태료 기준은?

① 100만원   ② 200만원
③ 300만원   ④ 500만원

풀이 토양환경보전법시행령 제19조 과태료 부과기준 참조

63 오염토양(토양오염도가 규정에 의한 토양오염 우려기준을 넘는 토양) 중에 반출정화 대상 토양에 대한 내용으로 ( ) 안에 알맞은 것은?

오염토양의 양이 ( )으로서 현장에서 정화하는 때에는 정화효율이 현저하게 저하되는 경우

① 5세제곱미터 미만
② 5세제곱미터 이상
③ 50세제곱미터 미만
④ 50세제곱미터 이상

64 지하수를 개발·이용하려는 자는 대통령령으로 정하는 바에 따라 미리 시장·군수·구청장의 허가를 받아야 하지만, 허가를 받지 않아도 되는 경우도 있다. 다음 중 허가를 받아야 되는 경우는?

① 자연히 흘러나오는 지하수를 이용하는 경우
② 다른 법률에 따른 허가·인가 등을 받거나 신고를 하고 시행하는 사업 등으로 인하여 부수적으로 발생하는 지하수를 이용하는 경우
③ 하천구역의 경계로부터 대통령령으로 정하는 범위 내의 지역에서 지하수를 개발·이용하는 경우
④ 동력장치를 사용하지 아니하고 공동우물을 개발·이용하는 경우

풀이 지하수를 개발·이용하려는 자는 대통령령으로 정하는 바에 따라 미리 시장(특별자치시장을 포함한다. 이하 같다)·군수·구청장의 허가를 받아야 한다. 다만, 다음 각 호의 어느 하나에 해당하는 경우에는 그러하지 아니하다.
1. 자연히 흘러나오는 지하수 또는 다른 법률에 따른 허가·인가 등을 받거나 신고를 하고 시행하는 사업 등으로 인하여 부수적으로 발생하는 지하수를 이용하는 경우
2. 동력장치를 사용하지 아니하고 가정용 우물 또는 공동우물을 개발·이용하는 경우
3. 허가를 받은 경우

정답   **60** ②   **61** ②   **62** ②   **63** ①   **64** ③

65 위해성평가기관이 어떤 부지의 토양오염 물질이 인체와 환경에 미치는 위해의 정도를 평가하기 위하여 평가 시 고려해야 할 사항이 아닌 것은?

① 오염물질의 종류   ② 오염물질의 오염도
③ 주변 환경   ④ 토지이용 현황

풀이 환경부장관, 시·도지사, 시장·군수·구청장 또는 정화책임자는 지정을 받은 위해성평가기관으로 하여금 오염물질의 종류 및 오염도, 주변 환경, 장래의 토지이용계획과 그 밖에 필요한 사항을 고려하여 해당 부지의 토양오염물질이 인체와 환경에 미치는 위해의 정도를 평가(이하 "위해성평가"라 한다)하게 한 후 그 결과를 토양정화의 범위, 시기 및 수준 등에 반영할 수 있다.

66 토양환경보전법에 의한 토양오염물질이 아닌 것은?

① 구리 및 그 화합물   ② 아연 및 그 화합물
③ 니켈 및 그 화합물   ④ 동·식물성 유류

풀이 [별표 1] 토양오염물질

> 1. 카드뮴 및 그 화합물
> 2. 구리 및 그 화합물
> 3. 비소 및 그 화합물
> 4. 수은 및 그 화합물
> 5. 납 및 그 화합물
> 6. 6가 크롬화합물
> 7. 아연 및 그 화합물
> 8. 니켈 및 그 화합물
> 9. 불소화합물
> 10. 유기인화합물
> 11. 폴리클로리네이티드비페닐
> 12. 시안화합물
> 13. 페놀류
> 14. 벤젠
> 15. 톨루엔
> 16. 에틸벤젠
> 17. 크실렌
> 18. 석유계 총 탄화수소
> 19. 트리클로로에틸렌
> 20. 테트라클로로에틸렌
> 21. 벤조(a)피렌
> 22. 1,2-디클로로에탄
> 23. 다이옥신(퓨란을 포함한다)
> 24. 기타 위 물질과 유사한 토양오염물질로서 토양오염의 방지를 위하여 특별히 관리할 필요가 있다고 인정되어 환경부장관이 고시하는 물질

67 토양관련전문기관은 토양오염검사신청서를 받은 날로부터 며칠 이내에 시료채취 또는 누출검사를 하여야 하는가?

① 1일   ② 7일
③ 14일   ④ 21일

68 오염토양 정화방법 중 열적처리방법으로 짝지어진 것은?

① 열탈착법, 유리화법
② 동전기법, 소각법
③ 열분해법, 안정화법
④ 소각법, 고형화법

69 토양정화업을 수행 중 도급받은 토양정화공사를 일괄하여 하도급한 때 행정처분기준으로 적합한 것은?

① 1차 : 경고
② 2차 : 영업정지 1개월
③ 3차 : 영업정지 3개월
④ 4차 : 등록취소

풀이 토양환경보전법시행규칙 제36조 행정기준 참조

70 오염토양개선사업의 종류와 가장 거리가 먼 것은?

① 오염수변 지역 정화사업
② 오염토양의 위생적 매립·정화사업
③ 객토 및 토양개량제의 사용 등 농토배양사업
④ 오염물질의 흡수력이 강한 식물식재사업

풀이 오염토양개선사업의 종류
  ㉠ 객토 및 토양개량제의 사용 등 농토배양사업
  ㉡ 오염된 수로의 준설사업
  ㉢ 오염토양의 위생적 매립·정화사업
  ㉣ 오염물질의 흡수력이 강한 식물식재사업
  ㉤ 그 밖에 특별자치도지사·시장·군수·구청장이 필요하다고 인정하는 사업

정답 65 ④ 66 ④ 67 ② 68 ① 69 ④ 70 ①

71 토양오염물질이 인체에 미치는 위해도를 결정하고자 하는 경우에 고려할 사항에 대한 설명으로 틀린 것은?

① 평가대상물질을 발암물질과 비발암물질로 구분하여 위해도를 각각 계산한다.

② 발암물질의 위해도는 발암계수와 인체노출평가를 통해 산정된 일일평균 인체노출량의 곱으로 결정된다.

③ 비발암물질 위해도는 비발암참고치와 인체노출평가를 통해 산정된 일일평균 인체노출량의 곱으로 결정된다.

④ 결정된 허용가능한 초과발암위해도보다 계산된 초과발암위해도가 크면 발암위해성이 있는 것으로 판단한다.

72 구청장이 정화조치를 명할 수 없는 경우는?

① 석유화학공장에 대한 토양오염실태조사 결과 우려기준을 초과한 경우

② 허가된 TCE 저장시설에 대한 토양정밀조사 결과 우려기준을 초과한 경우

③ 송유관시설의 송유용 배관 주변에 대한 토양오염검사결과 우려기준을 초과한 경우

④ 4만리터 용량의 경유탱크를 보유한 주유소의 토양오염정기 검사 시 우려기준을 초과한 경우

73 지하수법에서 지하수 관련 용어의 뜻으로 틀린 것은?

① 지하수란 지하의 지층이나 암석 사이의 빈틈을 채우고 있거나 흐르는 물을 말한다.

② 지하수영향조사란 지하수의 개발·이용이 주변지역에 미치는 영향을 분석·예측하는 조사를 말한다.

③ 지하수개발·이용시공업이란 지하수개발 이용을 위한 시설을 시공, 해체, 관리하는 사업을 말한다.

④ 원상복구란 원상복구 대상인 시설 또는 토지에 대하여 오염물질의 유입을 막고 사람의 보건 및 안전에 위험을 주지 아니하도록 해당 시설을 해체하거나 해당 토지를 적절하게 되메우는 것을 말한다.

풀이 지하수개발·이용시공업이란 지하수 개발·이용을 위한 시설을 시공하는 사업을 말한다.

74 지하수오염평가에서 고려하여야 하는 항목·절차에 해당하지 않은 것은?

① 개략적인 오염범위 추정을 위한 자료수집 및 현장조사

② 오염도 작성 및 오염물질 총량 추정

③ 오염지하수에 의한 주변지역에 미치는 영향

④ 오염된 지하수의 자연정화 가능성 평가

75 토양정화업의 등록을 한 자에게 위탁하지 아니하고 오염원인자가 직접 정화할 수 있는 경우에 관한 내용으로 (   ) 안에 알맞은 것은?

유기용제 또는 유류에 의한 오염토양으로서 그 양이 (   ) 미만인 것

① 5세제곱미터
② 10세제곱미터
③ 30세제곱미터
④ 50세제곱미터

풀이 정화책임자에 의한 직접 정화 기준
ㄱ 「국방·군사시설 사업에 관한 법률」에 의한 군부대시설 안의 오염토양 또는 군사활동으로 인한 오염토양으로서 그 양이 50세제곱미터 미만인 것
ㄴ 유기용제 또는 유류에 의한 오염토양으로서 그 양이 5세제곱미터 미만인 것

76 토양관련전문기관의 결격사유에서 다음 중 토양관련전문기관으로 지정될 수 있는 자는?

① 피성년후견인

② 피한정후견인

③ 지정이 취소된 후 2년이 지나지 아니한 자

④ 파산선고를 받고 복권된지 2년이 지나지 아니한 자

풀이 토양 관련 전문기관의 결격사유

ⓐ 피성년후견인 또는 피한정후견인

ⓑ 파산선고를 받고 복권되지 아니한 사람

ⓒ 지정이 취소된 후 2년이 지나지 아니한 자

ⓓ 이 법을 위반하여 징역 이상의 실형을 선고받고 그 집행이 끝나거나(집행이 끝난 것으로 보는 경우를 포함한다) 면제된 날부터 2년이 지나지 아니한 사람

ⓔ 임원 중에 제1호부터 제4호까지의 어느 하나에 해당하는 사람이 있는 법인

77 토양오염물질 중 유기용제류에 해당되는 물질은?

① TCE, PCB

② TCE, PCE

③ TCE, 유기인 화합물

④ PCB, PCE

78 토양정밀 조사명령에 관한 내용으로 (   ) 안에 알맞은 것은?

시·도지사 또는 시장, 군수, 구청장은 법규정에 의하여 정화책임자에게 토양정밀 조사를 받을 것을 명할 때에는 토양오염 지역의 범위 등을 감안하여 (   )의 범위 안에서 그 이행기간을 정하여야 한다.

① 1월   ② 2월

③ 3월   ④ 6월

79 토양관련전문기관 지정을 위한 기술인력기준에 대한 설명이 틀린 것은?(단, 토양오염조사기관)

① 해당 분야 박사 또는 기술사 1명 이상

② 해당 분야 기사 1명 이상

③ 해당 분야 산업기사 3명 이상

④ 고등교육법 제2조에 따른 학교의 해당 분야 졸업자 또는 이와 동등 이상의 자격이 있는 사람 4명 이상

풀이 토양관련전문기관지정을 위한 기술인력기준

기술인력	해당 분야
박사 또는 기술사 1명 이상	토양환경, 환경공학, 자연환경, 폐기물처리, 수질환경, 대기환경, 화학공학, 공업화학, 자원, 시추, 토목시공, 토목, 응용지질 관련 분야
기사 1명 이상	
산업기사 2명 이상	
「고등교육법」에 따른 학교의 해당 분야 졸업자 또는 이와 동등 이상의 자격이 있는 사람 4명 이상	환경학, 환경공학, 환경위생, 화학공학, 공업화학, 유기화학, 생화학, 자원공학, 지질학, 토목공학, 생물학, 기계공학, 농화학, 물리학, 보건학, 의학, 화학 관련 학과

80 토양오염이 발생한 토지를 소유하고 있었거나 현재 소유 또는 점유하고 있는 자임에도 불구하고 정화책임자로 보는 경우는?

① 토양오염이 발생한 토지를 양수할 당시 토양오염 사실에 대하여 선의이며 과실이 없는 경우

② 해당 토지를 소유 또는 점유하고 있는 중에 토양오염이 발생한 경우로서 자신이 해당 토양오염 발생에 대하여 귀책 사유가 없는 경우

③ 1996년 1월 6일 이후에 토양오염의 원인이 된 토양오염관리대상시설의 운영자에게 자신이 소유 또는 점유 중인 토지의 사용을 허용한 경우

④ 1996년 1월 5일 이전에 양도 또는 그 밖의 사유로 해당 토지를 소유하지 아니하게 된 경우

풀이 오염토양의 정화책임 등

① 다음 각 호의 어느 하나에 해당하는 자는 정화책임자로서 토양정밀조사, 오염토양의 정화 또는 오염토양 개선사업의 실기(이하 이 조에서 "토양정화 등"이라 한다)를 하여야 한다.

ⓐ 토양오염물질의 누출·유출·투기(投棄)·방치 또는 그 밖의 행위로 토양오염을 발생시킨 자

ⓑ 토양오염의 발생 당시 토양오염의 원인이 된 토양오염관리대상시설의 소유자·점유자 또는 운영자

ⓒ 합병·상속이나 그 밖의 사유로 제1호 및 제2호에 해당되는 자의 권리·의무를 포괄적으로 승계한 자

　　② 토양오염이 발생한 토지를 소유하고 있었거나
　　　현재 소유 또는 점유하고 있는 자
　② 제1항에도 불구하고 다음 각 호의 어느 하나에 해
　　당하는 경우에는 같은 항 제4호에 따른 정화책임
　　자로 보지 아니한다. 다만, 1996년 1월 6일 이후
　　에 제1항제1호 또는 제2호에 해당하는 자에게 자
　　신의 소유 또는 점유 중인 토지의 사용을 허용한
　　경우에는 그러하지 아니하다.
　　㉠ 1996년 1월 5일 이전에 양도 또는 그 밖의 사
　　　유로 해당 토지를 소유하지 아니하게 된 경우
　　㉡ 해당 토지를 1996년 1월 5일 이전에 양수한
　　　경우
　　㉢ 토양오염이 발생한 토지를 양수할 당시 토양오
　　　염 사실에 대하여 선의이며 과실이 없는 경우
　　㉣ 해당 토지를 소유 또는 점유하고 있는 중에 토
　　　양오염이 발생한 경우로서 자신이 해당 토양
　　　오염 발생에 대하여 귀책 사유가 없는 경우

1과목 토양학개론

01 자연토양의 양이온교환용량이 Ca^{2+} 40cmole /kg, Mg^{2+} 25cmole/kg, K^+ 20cmole/kg, Na^+ 10cmole/kg, H^+ 15cmole/kg, Al^{3+} 20cmole/kg 일 때 이 토양의 염기포화도(%)는?

① 11.5   ② 26.9
③ 73.1   ④ 95.0

풀이 염기포화도(%)$= \dfrac{교환성\ 염기의\ 총량}{양이온교환용량} \times 100$

$$= \dfrac{40+25+20+10}{40+25+20+10+15+20} \times 100$$

$$= 73.08\%$$

02 관정의 직경이 50cm, 수심이 10m인 경우 일정한 유량으로 양정을 할 경우 관정의 수위가 일정시간 경과 후 4m에 도달하였다. 이 때의 관정 유량(m^3/sec)은?(단, 관정은 자유수면에 위치, 투수계수=0.1cm/sec, 영향반경=1,000m)

① 0.023   ② 0.032
③ 0.048   ④ 0.064

풀이 $Q = KIA$

$$= 0.001\,\text{m/sec} \times \dfrac{1,000}{6} \times \left(\dfrac{3.14 \times 0.5^2}{4}\right)\text{m}^2$$

$$= 0.0327\,\text{m}^3/\text{sec}$$

03 오염된 대수층의 입자비중이 2.65이고 공극률이 0.3이라면 용적비중(g/cm^3)은?

① 0.79   ② 0.92
③ 1.86   ④ 3.78

풀이 공극률$= \left(1 - \dfrac{용적비중}{입자비중}\right)$

$$0.3 = \left(1 - \dfrac{용적비중}{2.65}\right)$$

용적비중$= 1.86$

04 토양유기물질에 대한 설명으로 맞는 것은?

① 부식산은 염기와 산에 용해된다.
② 부식은 산과 알칼리에 모두 용해된다.
③ 펄빅산은 염기에 용해되고 산에 침전된다.
④ 펄빅산은 부식산에 비해 산소나 유황의 함유량이 많고 탄소, 수소, 질소의 함량은 적다.

풀이 ㉠ 부식산은 강알칼리에 용해되고 강산하에서는 침전하는 물질이다.
㉡ 펄빅산은 산과 알칼리에 용해되는 물질이다.

05 지하수의 수리전도도가 2.0×10^{-3}cm/sec 이고, 공극비(e : void ratio)가 0.25일 때 지하수의 평균선형유속(cm/sec)은?(단, 동수구배=0.001, Darcy의 법칙 적용)

① 1.0×10^{-5} ② 5.0×10^{-5}
③ 5.0×10^{-7} ④ 8.0×10^{-7}

풀이 $\overline{V} = \dfrac{K}{\eta_e}\left(\dfrac{dh}{dL}\right)$

공극비(e)$= \dfrac{공극률(\eta_e)}{1-공극률(\eta_e)}$

$$0.25 = \dfrac{공극률}{1-공극률}$$

공극률$(\eta_e) = 0.2$

$$= \dfrac{2.0 \times 10^{-3}\,\text{cm/sec}}{0.2} \times 0.001$$

$$= 1.0 \times 10^{-5}\,\text{cm/sec}$$

PART 05

06 일반적 유기오염물질의 주요 특성으로 가장 거리가 먼 것은?

① 증기압
② 용해도적
③ 분해상수
④ 옥탄올/물 분배계수

풀이 1. 유기오염물질의 특성인자
　　ⓐ 증기압
　　ⓑ 헨리상수(공기/물 분배계수)
　　ⓒ 분해상수
　　ⓓ 옥탄올/물 분배계수(K_{ow})
　2. 무기오염물질의 특성인자
　　ⓐ 용해도적
　　ⓑ 착염물질의 형성

07 토양층위 중 A층에 대한 설명으로 옳은 것은?(단, 성토층 내 용탈층)

① 유기물의 원형을 식별할 수 있는 유기물 층이다.
② 광물질이 풍부하며 하부에 있는 층보다 색깔이 짙은 것이 특징이다.
③ 풍화작용이 가장 활발하게 진행되고 있는 층이다.
④ 토양의 구조가 뚜렷하게 구분되는 것이 특징이다.

풀이 ① 유기물이 퇴적되어 있는 O층 바로 밑의 층으로 유기물의 원형을 식별할 수 없다.
　③ 풍화작용이 가장 활발하게 진행되고 있는 층은 B층이다.
　④ 토양의 구조가 뚜렷하게 구분되는 층은 B층이다.

08 토양증기추출법(SVE)시스템의 장점에 해당하지 않는 것은?

① 비교적 기계 및 장치가 간단하다.
② 유지 및 관리비가 적다.
③ 증기압이 낮은 물질에 제거효율이 높다.
④ 생물학적 처리효율을 높여준다.

풀이 토양증기추출법(SVE)은 증기압이 낮은 물질에 제거효율이 낮다.

09 토양미생물을 크기에 따라 구분할 때 일반적으로 가장 큰 미생물에 해당하는 것은?

① 박테리아(bacteria)
② 토양조류(soil algae)
③ 원생동물(protozoa)
④ 곰팡이(fungi)

10 전지구적인 물 분포 부피비를 크기 순서대로 나열한 것은?

① 빙하, 만년설 > 지하수(지하 약 4km) > 강 > 토양수분
② 지하수(지하 약 4km) > 빙하, 만년설 > 토양수분 > 강
③ 지하수(지하 약 4km) > 빙하, 만년설 > 강 > 토양수분
④ 빙하, 만년설 > 지하수(지하 약 4km) > 토양수분 > 강

풀이 전지구적인 물 분포 부피비율
　빙하 · 만년설 > 지하수(지하 약 4km) > 토양수분 > 강

11 물기가 있는 토양은 외부의 힘을 가하여 형체를 변형시키면 힘을 제거해도 변형된 그대로의 모양을 유지하는데, 이러한 토양의 성질은?

① 토양 공극성
② 토양 가소성
③ 토양 흡수성
④ 토양 복원성

풀이 **토양의 가소성**
토양에 응력(외력)을 가했을 때 부서지지는 않고 유연하게 견디어 그 본래의 형태를 유지하는 성질. 즉, 소성은 토양에 힘을 가했을 때 파괴되는 일이 없이 단지 모양만 변화되고 힘이 제거된 후에도 원점으로 되지 않는 성질이다.

12 나트륨토양 개량방법으로 틀린 것은?

① 지하수위가 높은 경우에는 배수에 의하여 수위를 낮춘다.

② 석회 자재를 투입하여 치환성 Ca 포화도를 높인다.

③ 제염 관개로 $NaOH$, $NaHCO_3$, Na_2CO_3를 상층토로 이동시킨다.

④ 내알칼리, 내침수성 식물을 재배하여 유기질 잔사를 포장으로 환원시킨다.

풀이 충분한 담수원을 확보하여 제염된 부분의 토양입자를 위해 석회를 사용한다. 가을부터 이른 봄까지 계속 담수하며, 알칼리 토양을 개량하기 위해서는 Ca^{2+}을 다량 함유한 경수가 좋다.

13 농약에 의한 지하수오염 가능성이 높은 지역은?

① 지하수면이 깊은 지역

② 농약이동경로에 다량의 점토가 분포하는 지역

③ 주변 지하수 이용시설이 농약살포지 하류구배구간에 위치하는 곳

④ 농약살포지와 지하수 이용시설 간의 거리가 원거리인 경우

14 토양 내 방선균에 관한 설명으로 옳지 않은 것은?

① 형태는 사상균과 비슷하지만 세포 내구조는 세균과 비슷하다.

② 산성 환경에서 생육이 활발하여 산성 토양에서 중요한 분해 작용을 담당하고 있다.

③ 흙 냄새는 방선균인 *Actinomyces oderifer*가 분비하는 geosmins과 같은 물질에 의한 것이다.

④ 대부분 산소를 요구하는 호기성균으로 과습한 곳에서는 잘 자라지 않는다.

풀이 대부분의 방선균은 산성에 약함. 즉, 산성을 좋아하지 않으며, 그 활동력은 활성석회의 양에 따라 다르다.

15 휴 · 폐금속광산 주변 하천에서 철의 산화에 의하여 적갈색 침전이 나타나는 현상은?

① 블루베이비 침전 현상

② 옐로우보이 침전 현상

③ 백화 현상

④ 환원 현상

16 토양교질(Soil Colloids)에 대한 설명으로 적합하지 않은 것은?

① 분산상의 크기가 $1 \sim 2\mu m$인 것을 의미한다.

② 미사에 비하여 높은 비표면적을 가지고 있다.

③ 교질함량이 증가할수록 양이온교환용량이 증가한다.

④ 표면전하량이 낮아 교질함량이 증가하면 수분보유능도 낮아진다.

풀이 표면전하량이 높아 교질함량이 증가하면 수분보유능도 높아진다.

17 토양환경보전법에서 지정한 토양오염물질이 아닌 것은?

① 비소 및 그 화합물　　② MTBE

③ 트리클로로에틸렌　　④ 유기인화합물

풀이 토양오염물질(토양환경보전법)

1. 카드뮴 및 그 화합물　　2. 구리 및 그 화합물
3. 비소 및 그 화합물　　4. 수은 및 그 화합물
5. 납 및 그 화합물　　6. 6가 크롬화합물
7. 아연 및 그 화합물　　8. 니켈 및 그 화합물
9. 불소화합물　　10. 유기인화합물
11. 플리클로리네이티드비페닐
12. 시안화합물　　13. 페놀류
14. 벤젠　　15. 톨루엔
16. 에틸벤젠　　17. 크실렌
18. 석유계 총 탄화수소　　19. 트리클로로에틸렌
20. 테트라클로로에틸렌　　21. 벤조피렌

18 토양 산성화의 원인이 아닌 것은?

① 기후와 토양 반응

② 과다방목으로 인한 토양 사막화

③ 비료에 의한 산성화

④ 부식에 의한 산성화

풀이 토양 산성화 원인
　㉠ 기후와 토양 반응
　㉡ 비료 및 부식에 의한 산성화
　㉢ 규산염광물과 기수산화물의 분해
　㉣ 탄산 및 기타 유기산의 형성
　㉤ 산성암 및 황화물의 풍화
　㉥ 산성비

19 중금속으로 오염된 토양에 대한 대책 중 적합하지 않은 것은?

① 석회질 자재를 투여하여 토양의 pH를 높여 중금속을 수산화물로 침전

② 인산비료 투여를 줄여 토양 산성화에 따른 난용성의 인산염 생성을 억제

③ 오염된 토양을 깎아 내고 그 위에 객토

④ 토양 중 중금속을 특이적으로 흡수, 농축하는 식물을 이용하여 제거

풀이 인산비료를 투여하여 중금속(Cr, Pb, Zn, Cd, Fe, Mn)과 반응시켜 난용성의 인산염을 생성함으로써 중금속을 불용화시킴(인산자재의 투여)

20 토양점토광물인 vermiculite에 대한 설명으로 틀린 것은?

① 주로 운모류 광물의 풍화로 생성된 토양에 많이 존재한다.

② 운모와 매우 유사한 2 : 1의 층상구조를 가진다.

③ kaolinite와 같이 용액 중에서 결정화 과정을 거쳐 생성된다.

④ 일부 팽창이 가능한 광물이다.

풀이 버미큘라이트(Vermiculite)

풍화작용에 의해 일라이트의 층간을 결합하는 K^+이 전부 또는 대부분 빠져나간 것을 말함. 즉, 운모류에서 K^+이나 Mg^{2+}가 풍화과정에서 용탈될 때 생기는 점토광물이다.

2과목 **토양 및 지하수오염조사기술**

21 원자흡수분광광도법에 대한 설명으로 틀린 것은?

① 일반적으로 광원부, 시료원자화부, 파장선택부 및 측광부로 구성된다.

② 원자흡수분광광도계에 불꽃을 만들기 위해 조연성 가스와 가연성 기체를 사용하는데, 일반적으로 가연성 가스로 아세틸렌을, 조연성 가스로 공기를 사용한다.

③ 원자흡수분광광도계에 사용하는 광원으로 좁은 선폭과 높은 휘도를 갖는 스펙트럼을 방사하는 불꽃이온화검출기(FID)를 사용한다.

④ 어떠한 종류의 불꽃이라도 가연성 가스와 조연성 가스의 혼합비는 감도에 크게 영향을 주므로 금속의 종류에 따라 최적혼합비를 선택하여 사용한다.

풀이 광원램프

원자흡수분광광도계에 사용하는 광원으로 좁은 선폭과 높은 휘도를 갖는 스펙트럼을 방사하는 속빈음극램프를 사용한다.

22 저장물질이 있는 누출검사 대상시설–기상부의 시험법인 미가압법 측정방법에 관한 설명으로 틀린 것은?

① 가압 후 15분 이상 유지시간을 두어 안정시키고 그 이후 15분 동안의 압력강하를 측정한다.

② 가압 중에 노출되어 있는 배관접속부 등에 비눗물 등을 뿌려 누출여부를 확인하여야 한다.

③ 가압속도는 누출검사대상시설 공간용적 1m³당 1분 이상이 되도록 가압시간을 조정한다.

④ 누출검사대상시설 내 기상부 높이가 200mm 이상 인가를 확인한 후 가압한다.

풀이 누출검사대상시설 내 기상부 높이가 400mm 이상 인가를 확인하여 가압으로 인해 저장액이 탱크 외부로 배관을 통해 나오는 것을 방지한다.

23 토양정밀조사결과를 오염등급에 따라 4등급(Ⅰ, Ⅱ, Ⅲ, Ⅳ)으로 구분하는 경우, '토양오염 대책기준 초과지역'의 등급기준을 나타내는 색은?

① 빨간색　　　　② 청색
③ 노란색　　　　④ 검은색

풀이 오염등급의 구분

등급	등급기준	색 구분
Ⅰ	토양오염우려기준의 40%(중금속과 불소는 70%) 이하인 지역	흰색
Ⅱ	토양오염우려기준의 40%(중금속과 불소는 70%) 초과부터 토양오염우려기준 이하인 지역	녹색
Ⅲ	토양오염우려기준 초과부터 토양오염대책기준 이하인 지역	노란색
Ⅳ	토양오염대책기준 초과 지역	빨간색

24 pH 4.5인 수용액의 수소이온농도(mol/L)는?

① 3.2×10^{-5}　　　② 3.2×10^{-4}
③ 3.2×10^{-3}　　　④ 3.2×10^{-2}

풀이 $PH = \log \dfrac{1}{[H^+]}$

$4.5 = \log \dfrac{1}{[H^+]}$

$[H^+] = 3.2 \times 10^{-5} \, mol/L$

25 누출검사대상시설의 설명으로 틀린 것은?

① "부속배관"이라 함은 누출검사대상시설에 용접 또는 나사조임방식으로 직접 연결되는 배관을 말한다.

② "지하매설배관"이라 함은 부속배관의 경로 중 지하에 매설되어 누출여부를 육안으로 직접 확인할 수 없는 배관을 말한다.

③ "배관접속부"라 함은 누출검사대상시설과 부속배관, 부속배관과 배관을 연결하기 위하여 용접접합 또는 나사조임방식 등으로 접속한 부분을 말한다.

④ "누출검지관"이라 함은 가스의 누출여부를 누출검사대상시설 내부에서 직접 또는 간접적으로 확인하기 위해 설치된 관을 말한다.

풀이 누출검지관
　　　액체의 누출여부를 누출검사대상시설 외부에서 직접 또는 간접적으로 확인하기 위해 설치된 관을 말한다.

26 페놀류 및 페놀류-기체크로마토그래피에 대한 설명으로 틀린 것은?

① 페놀류는 방부제, 소독제 등으로 쓰이며, 피크린산의 약염료 등의 제조 원료로 사용되고 화학공장과 석탄가스공장, 코크스 제조공장의 폐수 중에 함유될 수 있다.

② 페놀류는 피부와 접촉되면 발진이 생기고 체내에서는 소화기나 신경계통에 장애를 일으킨다. 상수에 유입될 경우 염소와 반응하여 독성이 보다 높은 클로로페놀이 형성되며, 미량이 존재하더라도 악취가 심한 것이 특징이다.

③ 페놀류-기체크로마토그래피는 토양 중 페놀 및 펜타클로로페놀을 아세톤/노말헥산(1:1)으로 추출하여 기체크로마토그래피로 정량하는 방법이다. 정량한계는 페놀이 0.02mg/kg, 펜타클로로페놀이 0.1mg/kg이다.

PART 05

④ 페놀류–기체크로마토그래피 시험기준으로 분석할 경우, 페놀류 분석을 위해 특별히 고안된 분석방법이므로 간섭물질이 있을 수 없다.

풀이 ㉠ 해당 매질 또는 추출 용매에는 분석성분의 머무름 시간에서 봉우리가 나타나는 간섭물질이 있을 수 있다. 간섭물질이 발견되면 증류하거나 정제 컬럼에 의해 제거한다.
㉡ 이 시험기준으로 끓는점이 높거나 극성 유기화합물들이 함께 추출되므로 이들 중에는 분석을 간섭하는 물질이 있을 수 있다.

27 토양오염도를 측정하기 위한 시료의 조제 시 눈금간격 0.075mm의 표준체(200메쉬)로 체거름하여 조제하는 시료는?

① 비소
② 카드뮴
③ 니켈
④ 불소

풀이 불소 분석용 시료는 10메쉬 표준체(눈금간격 2mm)로 체거름한 시료를 200메쉬 표준체(눈금간격 0.075mm)로 체거름하여 조제한다.

28 6가 크롬(자외선/가시선 분광법) 측정 시 잔류염소가 시료에 공존하여 발색을 방해할 때 조치 내용으로 ( )에 옳은 것은?

시료에 수산화나트륨용액(20%)을 넣어 (㉠) 정도로 조절한 다음, (㉡) 정도 되게 넣어 제거한다.

① ㉠ pH 12, ㉡ 피로인산나트륨을 5mL
② ㉠ pH 12, ㉡ 입상활성탄을 10%
③ ㉠ pH 10, ㉡ 아스코빈산나트륨을 5mL
④ ㉠ pH 10, ㉡ 아비산나트륨을 2%

풀이 시료 중에 잔류염소가 공존하면 발색을 방해한다. 이때는 시료에 수산화나트륨용액(20%)을 넣어 pH 12 정도로 조절한 다음 입상활성탄을 10% 정도 되게 넣고 자석교반기로 약 30분간 교반하여 여과한 액을 시료로 사용한다.

29 저장물질이 있는 누출검사대상 시설의 경우 액상부의 시험법에 의한 측정 시 측정오류의 원인으로 틀린 것은?

① 측정 중 충격 및 진동에 의한 액면의 변동
② 측정시간이 지나치게 짧을 때
③ 측정 중 과도한 온도 변화에 의한 유류의 색상변화
④ 액량변화를 감지하는 기구가 적정한 위치에 있지 않을 때

풀이 측정오류의 원인
㉠ 측정 중 충격 및 진동에 의한 액면의 변동
㉡ 측정시간이 지나치게 짧을 때
㉢ 측정 중 과도한 온도 변화에 의한 유류의 체적변화
㉣ 액량변화를 감지하는 기구가 적정한 위치에 있지 않을 때

30 농경지 또는 기타지역의 구분에 관계없이 대상지역을 대표할 수 있는 1개 지점 또는 오염의 개연성이 높은 1개 지점을 선정하여 시험용 시료를 채취하는 물질이 아닌 것은?

① 유기인화합물
② 시안
③ 페놀류
④ 6가 크롬

풀이 시안, 유기인화합물, 벤조(a)피렌, 석유계 총 탄화수소, 페놀류, 폴리클로리네이티드비페닐, 벤젠, 톨루엔, 에틸벤젠, 크실렌, 트리클로로에틸렌, 테트라클로로에틸렌 시험용 시료는 농경지 또는 기타지역의 구분에 관계없이 대상지역을 대표할 수 있는 1개 지점 또는 오염의 개연성이 높은 1개 지점을 선정한다.

31 금속류를 원자흡수분광광도법으로 측정 시 정확도에 관한 내용으로 가장 적합한 것은?

① 정확도는 첨가한 표준물질의 농도에 대한 측정 평균값의 상대 백분율로서 나타내고 그 값이 70~130% 이내이어야 한다.

② 정확도는 첨가한 표준물질의 농도에 대한 측정 평균값의 상대 백분율로서 나타내고 그 값이 75~125% 이내이어야 한다.

③ 정확도는 측정값의 상대표준편차를 산출하며 그 값이 25% 이내이어야 한다.

④ 정확도는 측정값의 상대표준편차를 산출하며 그 값이 30% 이내이어야 한다.

32 다음 중 온도에 대한 규정 중 틀린 것은?

① 표준온도는 0℃

② 상온은 15~25℃

③ 실온은 10~30℃

④ 찬 곳은 따로 규정이 없는 한 0~15℃의 곳

풀이

표준온도	0℃
상온	15~25℃
실온	1~35℃
온수	60~70℃
열수	약 100℃
냉수	15℃ 이하
찬 곳	0~15℃

33 트랩 기체크로마토그래피로 BTEX를 정량하는 방법에 대한 설명으로 틀린 것은?

① 검출기는 불꽃이온화검출기(FID), 광이온화검출기(PID) 또는 GC/MS를 사용한다.

② 시료도입부 온도는 150~250℃이다.

③ 트랩은 Tenax, Carbopack, OV-1/Tenax/Silicagel/Charcoal 또는 동등 이상 성능을 가진 것을 사용한다.

④ BTEX의 유효측정농도는 0.05mg/kg 이상으로 한다.

풀이 정량한계

ⓐ 벤젠 : 0.2mg/kg

ⓑ 톨루엔 : 0.1mg/kg

ⓒ 에틸벤젠 : 0.1mg/kg

ⓓ 크실렌 : 0.5mg/kg

34 다음 용어에 대한 설명으로 옳지 않은 것은?

① 가스체의 농도는 표준상태(0℃, 1기압, 상대습도 0%)로 환산 표시한다.

② 방울수라 함은 20℃에서 정제수 20방울을 적하할 때, 그 부피가 약 1mL가 되는 것을 뜻한다.

③ 진공(감압)이라 함은 따로 규정이 없는 한 15mmH₂O 이하를 말한다.

④ '약'이라 함은 기재된 양에 대하여 ±10% 이상의 차가 있어서는 안된다.

풀이 진공(감압)이라 함은 따로 규정이 없는 한 15mmHg 이하를 말한다.

35 비소-수소화물생성-원자흡수분광광도법에 관한 설명으로 ( )에 알맞은 것은?

산분해하여 전처리한 시료 용액 중의 비소를 3가 비소로 예비 환원한 다음 (ⓐ) 용액과 반응하여 생성된 비화수소를 원자화시켜 193.7nm에서 수소화물생성-원자흡수분광광도법에 따라 정량하는 방법이며, 이 시험에 의한 토양 중 비소의 정량한계는 (ⓑ)mg/kg이다.

① ⓐ 수소화주석나트륨, ⓑ 0.1

② ⓐ 수소화붕소나트륨, ⓑ 0.1

③ ⓐ 수소화주석나트륨, ⓑ 0.01

④ ⓐ 수소화붕소나트륨, ⓑ 0.01

36 정도보증/정도관리에 관한 내용 중 검정곡선의 작성 및 검증에 관한 사항으로 ( )에 옳은 것은?

검증은 방법검출한계의 5~50배 또는 검정곡선의 중간 농도에 해당하는 측정값이 검정곡선 작성 시의 지시값과 ( ) 이내에서 일치하여야 한다.

① 5%

② 10%

③ 15%

④ 25%

37 토양의 수분함량 측정에 관한 설명으로 틀린 것은?

① 시료를 100~110℃에서 2시간 이상 건조하고 데시케이터에서 식힌 후 항량으로 하고 무게를 정확히 단다.

② 토양 중 수분을 0.1%까지 측정한다.

③ 시료는 24시간 이내에 증발처리를 하여야 하며 최대한 7일을 넘기지 말아야 한다.

④ 시료를 보관하여야 할 경우 미생물에 의한 분해를 방지하기 위하여 0~4℃로 보관한다.

> **풀이** 시료를 105~110℃에서 4시간 이상 건조하고 데시케이터에서 식힌 후 항량으로 하고 무게를 정확히 달아 수분함량(%)을 구한다.

38 액체시약의 농도에 있어서 질산(1+2)이라고 되어 있을 때 물 10mL를 사용하려면 질산은 몇 mL를 혼합하여야 하는가?

① 1 ② 2
③ 5 ④ 10

> **풀이** 질산(1+2) : 질산 1mL와 물 2mL를 혼합하여 조제

39 유기인을 기체크로마토그래피법으로 측정할 경우 기체크로마토그래피의 구성 기기별 온도 조건이 맞게 연결된 것은?

① 시료주입구 온도 : 150℃

② 칼럼온도 : 100℃

③ 검출기 온도 : 280℃

④ 오븐 최종온도 : 170℃

> **풀이** 유기인화합물의 기체크로마토그래피 기기분석 조건 예
>
> | 항 목 | 조 건 |
> |---|---|
> | 컬럼 | Ultra−2(Cross−Linked 5% Phenylmethylsilicon, 30m 길이×0.2mm 안지름×0.33μm 필름두께) |
> | 운반기체 (유속) | 헬륨(1.0mL/min) |
> | 분획비 | 1/10 |

주입구온도	300℃				
검출기온도	280℃				
오븐온도	초기온도 (℃) 50	초기시간 (min) 3	승온속도 (℃/min) 10	최종온도 (℃) 300	최종시간 (min) 5

40 토양시료의 수분측정결과 다음과 같을 때 수분함량(%)은?(단, 증발접시의 무게(W_1)=30.257g, 건조 전 증발접시와 시료의 무게(W_2)=52.498g, 건조 후 증발접시와 시료의 무게(W_3)=45.521g)

① 31.4 ② 34.6
③ 37.2 ④ 39.4

> **풀이** 수분함량(%) $= \dfrac{W_2 - W_3}{W_2 - W_1} \times 100$
>
> $= \dfrac{(52.498 - 45.521)\text{g}}{(52.498 - 30.257)\text{g}} \times 100$
>
> $= 31.37\%$

3과목 **토양 및 지하수오염정화기술**

41 지하수와 오염물질들의 수평이동을 제어하기 위해서 지중에 설치하는 수직차단벽(vertical cutoff walls)에 대한 설명으로 옳은 것은?

① 슬러리월(slurry walls)은 주변보다 높은 수리전도도를 가진 물질을 이용하여 오염물질의 이동을 촉진시키는 방법이다.

② 수직차단벽은 주변 지하 매질과 수직차단벽의 수리전도도 차이가 적을수록 차단 효과가 높다.

③ 슬러리월(slurry walls)은 오염되지 않은 지하수를 오염된 지역으로부터 격리시키는 데 사용될 수 있다.

④ 슬러리월(slurry walls)은 지하로의 침출수 흐름을 제어할 수 있으나 오염물질의 분해 또는 지체효과를 증진시킬 수는 없다.

풀이 ㉠ 슬러리월은 주변보다 낮은 수리전도도를 가진 슬러리를 이용하여 지중트렌치에 채워 오염된 지하수를 상수원 또는 비오염지하수와 단절시키는 방법이다.
㉡ 수직차단벽은 주변지하매질과 수직차단벽의 수리전도도 차이가 클수록 차단효과가 높다.
㉢ 슬러리월은 지하로의 침출수 흐름을 제어할 수 있으며 오염물질의 분해 또는 지체효과를 증진시킨다.

42 다음 설명에 해당하는 용출능 평가시험은?

고형 폐기물용출법이라고도 하며 증류수 또는 이온수를 이용하여 모노리스 또는 분쇄폐기물로부터의 침출수를 복합적으로 추출하는 방법

① MWEP 시험법
② MCC–IP 시험법
③ CLT 시험법
④ EP 시험법

풀이 MWEP(Monofill Waste Extraction Procedure) 시험법
㉠ 고형 폐기물용출법이라고도 하며 증류수 또는 이온수를 이용하여 Monolith 또는 분쇄폐기물로부터의 침출수를 복합적으로 추출하는 시험법이다.
㉡ 용출조건은 고상 : 액상비율 1 : 10(고액비 10 : 1)이며 비산성 용출액으로 매회 18시간 용출한다.

43 고농도의 윤활유로 오염된 지역에 가장 적합한 정화기술은?

① 토양세정법
② 토양증기추출법
③ 열탈착법
④ 퇴비화법

풀이 열탈착법은 휘발성 및 준휘발성 유기물질에 대한 처리효율이 높고 처리기간이 짧은 장점이 있어 가장 일반적으로 사용된다.

44 저온열탈착법에 대한 설명으로 가장 거리가 먼 것은?

① 대부분의 석유계화합물질에 적용이 가능하다.
② 카드뮴이나 수은 등을 비롯한 거의 모든 중금속 정화에 효과가 탁월하다.
③ 타기술에 비해 높은 에너지 비용이 단점이다.
④ 처리효율이 높고 적용범위가 넓다.

풀이 저온열탈착법은 중금속 및 방사성물질을 제외한 대부분의 석유계화합물의 처리에 유용하다.

45 영향반경(R) 간의 빈 공간이 없이 토양증기추출정을 영향반경 5m의 정삼각형 배열로 배치하고자 한다. 영향반경의 중첩을 최소화할 수 있는 추출정 사이의 직선거리(L, m)는?

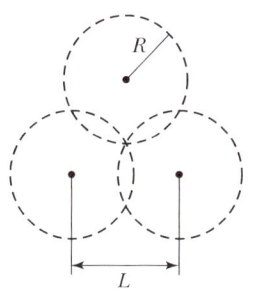

① 약 4.33
② 약 5.00
③ 약 8.66
④ 약 10.00

풀이 직선거리 $= (5m \times 2) \times 0.866 = 8.66m$

46 생물학적통풍법에 대한 설명으로 틀린 것은?

① 소요장비의 조달이 용이하며 설치가 간단하다.
② 공기분산법이나 지하수양수처리법 등의 정화기술과 조합이 가능하다.
③ 건물하부와 같은 접근이 불가능한 곳은 적용이 어렵다.
④ 매우 낮은 농도까지 처리가 어렵다.

풀이 Bioventing(생물학적통기법)은 적용부지의 범위가 넓어 건물하부와 같은 접근이 불가능한 곳에도 적용 가능하다.

47 미생물 중에서 NO_2를 NO_3로 산화시키는 질산화 미생물로 가장 옳은 것은?

① Nitrosomonas
② Nitrobacter
③ Rhodopseudomonas
④ Thiobacillus

풀이 질산화 단계

ⓐ NO_2^- 이 NO_3^- (질산)으로 산화되는 단계이다.

ⓑ 질산화의 생물종류는 질산균(Nitrobacter, Nitrocystis)이다.

48 유류로 오염된 토양에서 쉽게 발견할 수 있는 유기물 분해 미생물이 아닌 것은?

① Pseudomonas putida

② Phanerochaete chrysosporium

③ Achromobacter sp.

④ Cyanophyta

49 토양오염정화 중 열탈착기술에 관한 설명으로 옳지 않은 것은?

① 탈착속도는 유기물질의 화학적 구성에 큰 영향을 받으며 대개 분자량이 클수록 빠르다.

② 휘발성 유기화합물(VOCs)뿐만 아니라 준휘발성 유기화합물(SVOCs)의 제거도 가능하다.

③ 유기염소 및 유기인 살충제 처리 시 푸란과 다이옥신류를 생성하지 않는다.

④ 열탈착 공정에서 발생하는 가스량은 같은 용량의 소각공정에 비해 상대적으로 적다.

풀이 열탈착기술에서 탈착속도는 유기물질의 분자량이 클수록 느리다.

50 Soil Flushing에 관한 설명으로 옳지 않은 것은?

① 휘발성 유기화합물질, 준휘발성 유기화합물질의 처리 시에는 경제성이 떨어진다.

② 세정용액에 의해 2차오염이 유발될 수 있다.

③ 투수성이 낮은 토양에서는 처리하기가 어렵다.

④ 중금속 오염토양처리에는 효과가 없다.

풀이 토양세정방법 적용오염물질

ⓐ 중금속

ⓑ 방사능 오염물질, 무기물질

ⓒ 휘발성·준휘발성 유기화합물질 처리 시에는 경제성이 떨어지고 2차 오염물질이 유발되며 투수성이 낮은 토양에서는 적용하기가 어렵다.

51 오염지하수를 반응벽체공법으로 처리할 때 반응벽체의 두께는 2.4m, 지하수의 선속도가 0.2m/hr일 경우 반응벽체 통과시간(day)은?

① 0.5　　　　　② 1

③ 1.5　　　　　④ 2

풀이 반응벽체 통과시간(day) $= \dfrac{\text{반응벽체 두께}}{\text{통과선속도}}$

$$= \dfrac{2.4m}{0.2m/hr \times 24hr/day}$$

$$= 0.5day$$

52 바이오벤팅공정에서 주입되는 공기유량이 100m³/day이며 초기 주입 산소농도는 21%이었다. 이 오염부지의 평균산소소모율이 30%/day일 경우 배가스 중의 산소농도(%)는?(단, 토양체적 = 50m³ 토양공극률 = 0.5)

① 7.5　　　　　② 9.5

③ 11.5　　　　　④ 13.5

풀이 평균산소소모율(% O_2/day) $= \dfrac{Q(C_o - C_f)}{V \times P}$

C_f(배기가스 중 산소농도)

$$= C_o - \dfrac{\text{산소소모율} \times V \times P}{Q}$$

$$= 21\% - \dfrac{30\%/day \times 50m^3 \times 0.5}{100m^3/day}$$

$$= 13.5\%$$

53 오염토양의 불용화를 위해 화학적 처리를 하고자 할 때 오염물질과 그 처리에 사용되는 물질에 대한 연결로 가장 적합한 것은?

① 시안화합물 – 차아염소산나트륨(NaOCl)

② 6가 크롬 – 염화철($FeCl_2$)

③ 비소화합물 – 황산화철($FeSO_4$)

④ 수은화합물 – 황산나트륨(Na_2SO_4)

풀이 ② 6가 크롬 – 황산철($FeSO_4$), 아탄
③ 비소화합물 – 염화제1철($FeCl_2$)
④ 수은화합물 – 황화나트륨(Na_2S)

54 바이오벤팅(Bioventing)기법 적용 시의 영향 인자에 관한 설명으로 가장 거리가 먼 것은?

① 오염물질특성 : 적용되는 오염물질은 휘발성 및 생분해성을 가지고 있어야 한다.
② 토양의 투수성 : 공기를 토양 내에 강제 순환시킬 때 매우 중요한 영향인자이다.
③ 중금속 처리농도 : 미생물 활성을 유지하기 위한 중요한 인자이다.
④ 토양 함수율 : 공기흐름 속도는 공기가 채워진 토양공극률에 비례한다.

풀이 중금속 처리농도는 효율에 영향을 미치는 인자와는 무관하다.

55 식물복원공정(Phytoremediation)의 원리에 대한 설명으로 틀린 것은?

① 식물추출(Phytoextraction) : 오염물질을 식물체 내로 흡수, 농축시킨 후 식물체를 제거하는 방법
② 식물안정화(Phytostabilization) : 오염물질이 뿌리 주변에 비활성의 상태로 축적되거나 식물체에 의하여 이동·차단되는 원리를 이용한 방법
③ 식물휘발화(Phytovolatilization) : 오염물질이 식물체에 의하여 흡수, 대사되어 휘발성 산물로 변형 후 대기로 방출되는 것을 이용한 방법
④ 근권분해(Rhizodegradation) : 수용성 오염물질이 생물 또는 비생물적인 과정에 의하여 뿌리 주변에 축적되거나 식물체로 흡수되는 것을 이용하는 방법

풀이 근권에 의한 분해(Rhizodegradation)
㉠ 식물 촉진(Phytostimulation)이라고도 한다.
㉡ 식물 뿌리 근처에서 미생물의 군집이 식물체의 도움반응으로 유기오염물질을 분해하는 반응 과정이다. 즉, 뿌리 자체가 미생물의 서식처가 된다.
㉢ 일반적으로 타 정화방법 후 최종처리법으로 이용된다.

56 토양정화에서 자연저감(Natural Attenuation)이 일어나고 있다면 생분해 지표로서 배경보다 높은 값을 나타내는 것은?

① 질산염　　　　② 황산염
③ 산화환원포텐셜　④ 염소

57 1,1,1-TCE는 지중에서 분해되며, 반감기가 120일이다. 오염물질의 분해 반응속도가 1차 반응이라고 가정할 때, 초기오염농도의 90%가 제거되는 데 소요되는 기간(day)은?

① 약 348　　② 약 357
③ 약 384　　④ 약 399

풀이 1차반응식
$$\ln\left(\frac{C}{C_o}\right)=-Kt$$
$$\ln 0.5 = -K \times 120 day$$
$$K = 0.005776 day^{-1}$$
$$\ln\frac{10}{100} = -0.005776 \times t$$
$$t = 398.65 day$$

58 동전기정화기술에서 양극에서 발생되는 현상으로 토양 내의 중금속을 탈착시키는 데 기여하는 물질이 생성되는 현상은?

① $2H_2O - 4e^- \rightarrow O_2 \uparrow + 4H^+$
② $2H_2O - 2e^- \rightarrow O_2 \uparrow + 2H^+$
③ $H_2O - 4e^- \rightarrow O_2 \uparrow + 4H^+$
④ $2H_2O - 4e^- \rightarrow H \uparrow + 4OH^-$

풀이 포화된 지중 내에 전극을 삽입하고 직류전원을 연결할 경우 양극(+)에서 발생되는 반응식
$2H_2O + 4e^- \rightarrow O_2 \uparrow + 4H^+$

59 토양세척공법에 관한 설명으로 가장 거리가 먼 것은?

① 비교적 다양한 오염 토양 농도에 적용 가능하다.
② 미세 토양입자 분리를 위해 응집제 첨가가 필요할 수 있다.

③ 토양 내에 고농도 휴믹물질이 존재 시 토양세척 처리 효율이 높게 나타날 수 있다.

④ 토양 분리 장치로서 회전 스크린, 교반기, 진동 장치 등이 필요하다.

풀이 토양 내에 휴믹물질이 고농도로 존재할 경우 전처리가 필요하다.

60 자연저감기법(Natural Attenuation)의 영향인자 중 수리 지질학적 인자와 가장 거리가 먼 것은?

① 동수구배　　　　② 토양입경의 분포
③ 오염물질의 농도　④ 지표수와 지하수의 관계

풀이 1. 수질지질학적 인자
　　　ㄱ 지하수의 동수구배(수리경사)
　　　ㄴ 토양입경의 분포
　　　ㄷ 지표수와 지하수의 관계
　　　ㄹ 대수층의 수리전도도
　　　ㅁ 선택적인 흐름경로
　　2. 토양 및 지하수 인자
　　　ㄱ 오염물질의 농도(형태)
　　　ㄴ 온도, 수분
　　　ㄷ 영양분
　　　ㄹ 전자수용체

4과목 **토양 및 지하수환경 관계법규**

61 토양정화업은 누구에게 등록해야 하는가?

① 대통령　　　　② 국무총리
③ 환경부장관　　④ 시·도지사

풀이 토양정화업을 하려는 자는 대통령령으로 정하는 바에 따라 시설(오염토양을 반출하여 정화하는 경우에는 이를 반입하여 정화하는 시설을 포함한다), 장비 및 기술인력 등을 갖추어 시·도지사에게 등록하여야 한다. 등록한 사항 중 대통령령으로 정하는 사항을 변경할 때에도 또한 같다.

62 토양관련전문기관 중 토양오염조사기관의 업무가 아닌 것은?

① 토양오염도검사
② 토양정밀조사
③ 토양환경평가
④ 오염토양 개선사업의 지도·감독

풀이 토양오염조사기관의 업무
　　ㄱ 토양오염도검사
　　ㄴ 토양정밀조사
　　ㄷ 토양정화의 검증
　　ㄹ 오염토양 개선사업의 지도·감독

63 토양관련전문기관이 토양오염검사신청서를 받은 때 하는 검사 및 분석에 대한 설명으로 올바른 것은?

① 검사신청서를 받은 날부터 7일 이내에 이·화학적 분석
② 검사신청서를 받은 날부터 7일 이내에 시료채취 또는 누출검사
③ 특별한 사유가 없는 한 시료채취일부터 7일 이내에 이·화학적 분석
④ 특별한 사유가 없는 한 시료채취일부터 7일 이내에 시료채취 또는 누출검사

풀이 토양관련전문기관은 토양오염검사신청서를 받은 때에는 다음 각 호에 의한 검사 및 분석을 하여야 한다.
　　ㄱ 검사신청서를 받은 날부터 7일 이내에 시료채취 또는 누출검사
　　ㄴ 특별한 사유가 없는 한 시료채취일부터 14일 이내에 이·화학적 분석

64 환경부장관 또는 시장·군수·구청장이 지하수를 현저하게 오염시킬 우려가 있는 시설의 설치자 또는 관리자에게 지하수오염방지를 위하여 명할 수 있는 조치가 아닌 것은?

① 오염된 지하수의 정화
② 지하수 오염 관측정의 설치 및 수질측정

---

③ 지하수오염물질 누출방지시설의 설치
④ 지하수영향조사 실시

[풀이] 지하수오염방지를 위하여 명할 수 있는 조치
ⓐ 지하수 오염 관측정(觀測井)의 설치 및 수질측정
ⓑ 지하수 오염 진행상황의 평가
ⓒ 지하수오염물질 누출방지시설의 설치
ⓓ 오염된 지하수의 정화
ⓔ 해당 시설의 설비·운영의 개선

65 토양관리단지 조성계획 중 대통령령으로 정하는 중요한 사항을 변경하는 경우에 해당하는 내용으로 ( )에 옳은 것은?

• 조성 대상 부지면적의 (㉠)를 초과하여 변경하려는 경우
• 오염토양 정화처리 용량의 (㉡)를 초과하여 변경하려는 경우

① ㉠ 20%, ㉡ 20%
② ㉠ 20%, ㉡ 30%
③ ㉠ 30%, ㉡ 20%
④ ㉠ 30%, ㉡ 30%

66 정화책임자가 둘 이상인 경우 다음 중에서 정화책임의 가장 후순위를 가지는 자는?

① 정화책임자 중 토양오염관리대상시설의 소유자와 그 소유자의 권리·의무를 포괄적으로 승계한 자
② 정화책임자 중 토양오염이 발생한 토지를 소유하였던 자
③ 정화책임자 중 토양오염이 발생한 토지를 현재 소유 또는 점유하고 있는 자
④ 정화책임자 중 토양오염관리대상시설의 점유자 또는 운영자와 그 점유자 또는 운영자의 권리·의무를 포괄적으로 승계한 자

[풀이] 둘 이상의 정화책임자에 대한 순서
ⓐ 정화책임자와 그 정화책임자의 권리·의무를 포괄적으로 승계한 자
ⓑ 정화책임자 중 토양오염관리대상시설의 점유자 또는 운영자와 그 점유자 또는 운영자의 권리·

의무를 포괄적으로 승계한 자
ⓒ 정화책임자 중 토양오염관리대상시설의 소유자와 그 소유자의 권리·의무를 포괄적으로 승계한 자
ⓓ 정화책임자 중 토양오염이 발생한 토지를 현재 소유 또는 점유하고 있는 자
ⓔ 정화책임자 중 토양오염이 발생한 토지를 소유하였던 자

67 토양오염방지시설의 권장 설치·유지·관리 기준에 관한 내용으로 ( )에 옳은 내용은?

정기점검은 ( ) 이상 실시하여야 한다.

① 매 주 1회
② 매 월 1회
③ 매 분기 1회
④ 매 년 1회

68 지하수에 관한 조사업무를 대행할 수 있는 지하수 관련조사전문기관으로 틀린 것은?

① 한국수자원공사
② 한국광물자원공사
③ 한국환경산업기술원
④ 한국환경공단

[풀이] 지하수조사업무 대행 관련조사전문기관
ⓐ 한국지질자원연구원
ⓑ 한국광물자원공사
ⓒ 한국수자원공사
ⓓ 한국농어촌공사
ⓔ 한국건설기술연구원
ⓕ 한국환경공단
ⓖ 지하수개발·이용 등과 관련된 협회

69 토양관련전문기관의 결격사유가 아닌 것은?

① 피성년후견인 또는 피한정후견인
② 파산선고를 받고 복권되지 아니한 자
③ 지정이 취소된 후 2년이 지나지 아니한 자
④ 토양환경보전법을 위반하여 구류 이상의 형을 선고받고 그 집행이 종료된 날로부터 2년이 경과되지 아니한 자

[정답] 65 ① 66 ② 67 ② 68 ③ 69 ④

풀이 토양 관련 전문기관의 결격사유
　㉠ 피성년후견인 또는 피한정후견인
　㉡ 파산선고를 받고 복권되지 아니한 사람
　㉢ 지정이 취소된 후 2년이 지나지 아니한 자
　㉣ 이 법을 위반하여 징역 이상의 실형을 선고받고 그 집행이 끝나거나(집행이 끝난 것으로 보는 경우를 포함한다) 면제된 날부터 2년이 지나지 아니한 사람
　㉤ 임원 중에 제1호부터 제4호까지의 어느 하나에 해당하는 사람이 있는 법인

70 토양관련기관 또는 토양정화업 기술인력의 교육에 대한 설명으로 틀린 것은?

① 신규교육은 토양관련전문기관 또는 토양정화업 분야의 기술인력으로 최초로 종사한 날부터 1년 이내에 18시간을 이수하여야 한다.

② 보수교육은 신규교육을 받은 날을 기준으로 5년마다 8시간 이수하여야 한다.

③ 교육은 집합교육 또는 원격교육으로 한다.

④ 원격교육은 최근 2년간 토양관련 법령을 위반한 사실이 없는 기술인력에 한하여 실시할 수 있다.

풀이 1. 토양관련전문기관 또는 토양정화업의 기술인력은 다음의 구분에 따라 국립환경인재개발원장이 개설하는 토양환경관리의 교육과정을 이수하여야 한다.
　㉠ 신규교육 : 토양관련전문기관 또는 토양정화업 분야의 기술인력으로 최초로 종사한 날부터 1년 이내에 18시간
　㉡ 보수교육 : 신규교육을 받은 날을 기준으로 5년마다 8시간
　2. 교육은 집합교육 또는 원격교육으로 한다.

71 시·도지사는 토양오염실태조사결과보고서를 언제까지 환경부장관에게 제출하는가?

① 다음 연도 1월 31일까지
② 다음 연도 2월 28일까지
③ 매년 9월 30일까지
④ 매년 12월 31일까지

72 토양오염대책기준으로 옳은 것은?(단, 1지역 기준, 단위 : mg/kg)

① 구리 450
② 아연 600
③ 불소 400
④ 카드뮴 30

풀이 토양오염대책기준(단위 : mg/kg)

물질	1지역	2지역	3지역
카드뮴	12	30	180
구리	450	1,500	6,000
비소	75	150	600
수은	12	30	60
납	600	1,200	2,100
6가 크롬	15	45	120
아연	900	1,800	5,000
니켈	300	600	1,500
불소	2,400	3,900	6,000
유기인화합물	–	–	–
폴리클로리네이티드 비페닐	3	12	36
시안	5	5	300
페놀	10	10	50
벤젠	3	3	9
톨루엔	60	60	180
에틸벤젠	150	150	1,020
크실렌	45	45	135
석유계 총 탄화수소(TPH)	2,000	2,400	6,000
트리클로로에틸렌(TCE)	24	24	120
테트라클로로에틸렌(PCE)	12	12	75
벤조(a)피렌	2	6	21

73 토양관련전문기관인 토양오염조사기관의 지정기준(기술인력)으로 옳지 않은 것은?

① 박사는 해당 분야 기사 자격취득 후 토양 관련 분야 또는 해당 전문기술 분야에서 5년 이상 종사한 사람으로 대체할 수 있다.

② 기술사는 해당 분야 기사 자격취득 후 토양 관련 분야 또는 해당 전문기술 분야에서 5년 이상 종사한 사람으로 대체할 수 있다.

③ 기사는 해당 분야 산업기사 자격취득 후 토양 관련 분야 또는 해당 전문기술 분야에서 3년 이상 종사한 사람으로 대체할 수 있다.

④ 산업기사는 고등교육법에 따른 학교의 해당 분야를 졸업하고 토양 관련분야 또는 해당 전문기술 분야에서 3년 이상 종사한 사람이나 환경부장관이 인정하는 토양지하수전문인력 양성 교육과정을 수료한 사람으로 대체할 수 있다.

풀이 기사는 해당 분야 산업기사 자격취득 후 토양 관련 분야 또는 해당 전문기술 분야에서 4년 이상 종사한 사람이나 환경부장관이 인정하는 토양지하수전문인력 양성 교육과정을 수료한 사람으로 대체할 수 있다.

74 시·도지사가 지하수의 보전·관리를 위하여 필요하다고 인정하는 경우에 지정할 수 있는 지하수보전구역으로 틀린 것은?

① 지하수를 이용하는 하류지역과 수리적으로 연결된 지하수의 공급원이 되는 상류지역

② 지하수의 지나친 개발·이용으로 인하여 지하수의 고갈현상, 지반침하 또는 하천이 마르는 현상이 발생하거나 발생할 우려가 있는 지역

③ 지하수의 개발·이용으로 주민들의 민원이 제기된 지역

④ 지하수의 개발·이용으로 인하여 주변 생태계에 심각한 악영향을 미치거나 미칠 우려가 있는 지역

풀이 지하수보전구역
ㄱ 지하수를 이용하는 하류지역과 수리적으로 연결된 지하수의 공급원이 되는 상류지역
ㄴ 주된 용수공급원이 되는 지하수가 상당히 부존된 지층이 있는 지역
ㄷ 대통령령으로 정하는 공공급수용 지하수개발·이용시설의 중심에서 대통령령으로 정하는 반지름 이내에 시설이 설치되어 수질의 저하가 우려되는 지역
ㄹ 지하수개발·이용량이 기본계획 또는 지역관리계획에서 정한 지하수개발 가능량에 비하여 현저하게 높다고 판단되는 지역

ㅁ 지하수의 지나친 개발·이용으로 인하여 지하수의 고갈현상, 지반침하 또는 하천이 마르는 현상이 발생하거나 발생할 우려가 있는 지역
ㅂ 지하수의 개발·이용으로 인하여 주변 생태계에 심각한 악영향을 미치거나 미칠 우려가 있는 지역
ㅅ 그 밖에 지하수의 수량이나 수질을 보전하기 위하여 필요한 지역으로서 대통령령으로 정하는 지역

75 환경부장관이 토양관리단지 조성계획을 수립할 때 포함되어야 하는 사항으로 틀린 것은?

① 단지 조성 주체 및 운영 계획
② 오염토양 정화처리 용량
③ 환경보전계획
④ 조성 대상 부지의 확보 방안

풀이 토양관리단지 조성계획 수립 시 포함사항
ㄱ 조성목적, 필요성, 조성 및 운영기간
ㄴ 위치·면적 등 조성 대상 부지의 현황
ㄷ 조성 대상 부지의 확보방안
ㄹ 조성을 위한 사업비 확보 및 재원조달 방법
ㅁ 교통시설 등 주요 기반시설 설치 및 운영계획
ㅂ 환경보전계획
ㅅ 오염토양 정화처리 용량
ㅇ 정화된 토양의 재활용 및 보급에 관한 사항

76 토양정화검증 수수료 산정기준에 따른 직접인건비 산정기준이 옳지 않은 것은?

① 직접인건비는 오염토량에 따라 1년간 투입되는 등급별 기술자 인원으로 산정한다.
② 등급별 기술자 투입인력 중 상위 기술자가 없는 경우에는 차하위 기술자로 대체하여 투입할 수 있다.
③ 엔지니어링기술자 노임단가 중 건설 및 기타부문의 기술자 노임단가를 적용한다.
④ 정화기간이 1년 이상인 경우에 1년 단위로 일정 요율을 곱하여 산정한다.

풀이 정화기간에 따라 요율을 곱하여 산정한다.

77 토양환경보전법상 정의에 대해 틀린 것은?

① 토양정밀조사란 토양오염우려기준을 넘거나 넘을 가능성이 크다고 판단되는 지역에 대하여 오염의 정도 및 범위를 조사하는 것이다.

② 특정토양오염관리대상시설이란 토양을 현저하게 오염시킬 우려가 있는 토양오염관리대상 시설로서 시·도지사 또는 시장·군수·구청장이 정하는 것을 말한다.

③ 토양오염이란 사업활동이나 그 밖의 사람의 활동에 의하여 토양이 오염되는 것으로서 사람의 건강·재산이나 환경에 피해를 주는 상태를 말한다.

④ 토양오염물질이란 토양오염의 원인이 되는 물질로서 환경부령이 정하는 것을 말한다.

풀이 "특정토양오염관리대상시설"이란 토양을 현저하게 오염시킬 우려가 있는 토양오염관리대상시설로서 환경부령으로 정하는 것을 말한다.

78 토양오염도검사수수료가 가장 비싼 항목은?

① 카드뮴   ② 유기인
③ 수은   ④ 불소

풀이 토양오염도검사수수료

검사항목	검사수수료(단위 : 원)
카드뮴·구리·납	44,200
비소	44,200
수은	44,200
6가 크롬	44,200
아연·니켈	44,200
불소	71,100
유기인	35,100
폴리클로리네이티드비페닐	114,000
시안	17,700
페놀류	56,100
유류 벤젠	40,600
유류 톨루엔	
유류 에틸벤젠	
유류 크실렌	
석유계 총 탄화수소(TPH)	62,700
트리클로로에틸렌(TCE) 테트라클로로에틸렌(PCE)	26,900
벤조(a)피렌	114,000
시료채취비	91,900/공

79 지하수정화업에 대한 정의로 (　)에 들어갈 내용은?

지하수정화업이란 지하수에 함유된 오염 물질을 (　), (　) 또는 (　)하여 지하수의 수질개선을 하는 사업을 말한다.

① 처리, 분해, 추출   ② 제거, 분해, 추출
③ 제거, 분해, 희석   ④ 저감, 분해, 희석

80 사람의 건강·재산이나 동물·식물의 생육에 지장을 줄 우려가 있는 토양오염의 기준 중 1지역의 기준이 맞는 것은?

① 카드뮴 10.0mg/kg
② 수은 10.0mg/kg
③ 유기인화합물 10.0mg/kg
④ 톨루엔 10.0mg/kg

풀이 토양오염 우려기준(mg/kg)

물질	1지역	2지역	3지역
카드뮴	4	10	60
구리	150	500	2,000
비소	25	50	200
수은	4	10	20
납	200	400	700
6가 크롬	5	15	40
아연	300	600	2,000
니켈	100	200	500
불소	400	400	800
유기인화합물	10	10	30
폴리클로리네이티드비페닐	1	4	12
시안	2	2	120
페놀	4	4	20
벤젠	1	1	3
톨루엔	20	20	60
에틸벤젠	50	50	340
크실렌	15	15	45
석유계 총 탄화수소(TPH)	500	800	2,000
트리클로로에틸렌(TCE)	8	8	40
테트라클로로에틸렌(PCE)	4	4	25
벤조(a)피렌	0.7	2	7

정답 77 ② 78 ④ 79 ③ 80 ③

SECTION 016 2019년 1회 기사

ENGINEER SOIL ENVIRONMENT

1과목 토양학개론

01 2 : 1 격자형 점토광물 구조의 설명으로 옳은 것은?

① 2개의 알루미나판 사이에 1개의 규산판이 삽입된 구조
② 규산판과 마그네슘판 사이에 알루미나판이 삽입된 구조
③ 1개의 알루미나판 양쪽에 2개의 규산판이 부착된 구조
④ 규산판 2개 다음에 알루미나판이 부착된 구조

풀이 2 : 1 격자형 점토광물
한 층의 Al 8면체를 Si 4면체가 양쪽으로 샌드위치처럼 싸서 3층 구조를 이룬다.

02 오염 지하수 처리기술 중 air sparging 기술에 대한 설명이 아닌 것은?

① 오염물질의 용해도가 작을수록 적용이 어렵다.
② 오염 확산의 위험이 있으므로 불균질 매질에 적용하기 어렵다.
③ 증기압이 0.5mmHg 이상인 오염물질에 적용이 가능하다.
④ 공기의 이동경로 생성을 방해하므로 낮은 투수성의 매질에는 적용이 어렵다.

풀이 오염물질의 용해도가 작을수록 적용이 유리하다.

03 지렁이를 이용한 퇴비화(composting)에 의해 처리하기 곤란한 것은?

① 하수 슬러지
② 음식물 쓰레기
③ 잔디구장에서 잘라낸 잔디
④ 지하수위가 높은 땅 속에 묻혀 있는 분뇨

풀이 지렁이를 이용한 퇴비화는 지하수위가 '낮은' 땅속에 묻혀 있는 분뇨에 적용할 수 있다.

04 인 순환에 기여하는 미생물의 역할 중 틀린 것은?

① 난용성 무기형태 인의 용해를 촉진한다.
② 미생물 체내로 PO_4^{3-}를 흡수한다.
③ 미생물 존재하는 인의 양은 토양 중 총인 양의 대부분을 차지한다.
④ 유기형태 인의 분해와 그에 따른 PO_4^{3-}를 생성한다.

풀이 미생물 중에 존재하는 인의 양은 토양 중 전체 인 양의 1~2%로 소량이다.

05 토양오염물질 중 DNAPL(Dense Nonaqueous Phase Liquid)이 아닌 것은?

① 1, 1, 1-TCA
② TCE
③ 클로로페놀
④ 톨루엔

풀이 톨루엔은 LNAPL(저밀도 비수용성 액체)이다.

06 자갈 20%, 모래 25%, 실트 30%, 점토 25% 인 토양을 아래 삼각좌표 분류법에 의하면 어디에 해당하는가?

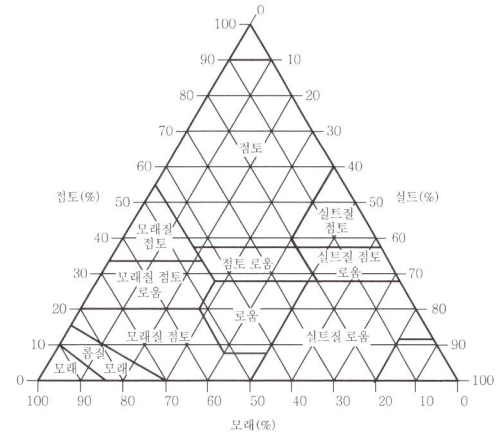

정답 01 ③ 02 ① 03 ④ 04 ③ 05 ④ 06 ②

① 점토　　　　　　　② 점토 로움

③ 모래질 점토 로움　　④ 실트질 로움

풀이 토성삼각도에 의해 주어진 함량을 취하여 평행하게 그은 직선의 교차점으로부터 점토 로움(Clay Loam)을 구한다.

07 지구의 6대 조암광물의 구성으로 옳은 것은?

① 석영, 장석, 운모, 각섬석, 휘석, 감람석

② 석영, 장석, 운모, 석면, 휘석, 감람석

③ 석영, 장석, 석회석, 각섬석, 휘석, 감람석

④ 석영, 장석, 황철석, 각섬석, 석고, 감람석

08 토양 연경도를 결정하는 인자가 아닌 것은?

① 이쇄성　　　　　② 강성

③ 소성　　　　　　④ 경도

09 주로 가정 하수로부터 농업용 수로로 논에 유입되어 벼의 성장에 지장을 주는 물질은?

① ABS(Alkylbenzene sulfonate)

② BCC(Benzene hexachloride)

③ DDT(Dichlorodiphenyltrichloroethane)

④ Parathion

10 토양 내에 존재하는 부식물질에 관한 설명으로 틀린 것은?

① 부식탄(부식회, humin)은 알칼리에는 용해되나 산에는 용해되지 않는 물질이다.

② 부식산(humic acid)은 중간 내지 고분자의 산성 물질로서 무정형이다.

③ 풀브산(fulvic acid)은 저분자의 부식산과 비부식물질이 결합된 것이다.

④ 부식물질은 비부식물질에 비하여 구조가 복잡하여 분해에 대한 저항성이 크다.

풀이 부식탄(부식회, humin)은 산과 알칼리 모두에 용해되지 않는 물질이다.

11 다음 표와 같은 깊이에서 교환성 양이온 농도를 측정하였다. 토양의 수소 및 염기 포화도(%)는?

깊이	교환성 양이온(meq/100g)				
(cm)	Ca^{2+}	Mg^{2+}	K^+	Na^+	H^+
15~27	13.8	4.2	0.4	0.1	11.4

① 수소포화도＝38.1, 염기포화도＝61.9

② 수소포화도＝61.9, 염기포화도＝38.1

③ 수소포화도＝35.9, 염기포화도＝64.1

④ 수소포화도＝64.1, 염기포화도＝35.9

풀이
- 수소포화도(%)

$$= \frac{11.4}{13.8+4.2+0.4+0.1+11.4} \times 100$$
$$= 38.13\%$$

- 염기포화도(%)

$$= \frac{13.8+4.2+0.4+0.1}{13.8+4.2+0.4+0.1+11.4} \times 100$$
$$= 61.87\%$$

12 질산성 질소($NO_3^- - N$)의 농도가 30mg/L인 경우, NO_3^-의 농도(mg/L)는?

① 133　　　　　　② 156

③ 164　　　　　　④ 176

풀이 $NO_3 \rightarrow N$

　62　:　14

　NO_3 :　30

　$NO_3 = \dfrac{62 \times 30}{14} = 132.86 \, mg/L$

13 용적밀도가 1.5g/cm³, 중량수분함량이 30%인 토양의 용적수분함량(%)은?

① 12.5　　　　　　② 20

③ 45　　　　　　　④ 57.5

풀이 용적수분함량(%)＝용적밀도×중량수분함량

　　　　　＝1.5×0.3

　　　　　＝0.45×100

　　　　　＝45%

14 토양오염의 특징과 가장 거리가 먼 것은?

① 오염경로의 단순성　　② 피해발현의 완만성
③ 오염영향의 국지성　　④ 오염의 비인지성

풀이 토양오염은 오염경로가 다양하다.

15 토양공극률 0.42, 토양입자밀도 $2.65g/cm^3$ 일 때 이 지역 토양 단위용적밀도(g/cm^3)는?

① 1.24　　　　　　　② 1.54
③ 1.72　　　　　　　④ 1.83

풀이 공극률$=\left(1-\dfrac{용적밀도}{입자밀도}\right)$

$0.42=\left(1-\dfrac{용적밀도}{2.65}\right)$

용적밀도$=0.58\times2.65=1.54g/cm^3$

16 토양 및 토양오염에 관한 내용으로 적절하지 않은 것은?

① 토양은 일단 그 기능을 상실하면 복원이 불가능 하거나, 회복에 매우 긴 시간이 요구된다.
② 토양은 환경의 최종 수용체로서 다른 매개체로 의 오염 유발이 적다.
③ 토양오염이란 사업활동, 기타 사람의 활동에 따라 토양이 오염되는 것으로서 사람의 건강이나 환경에 피해를 주는 상태를 말한다.
④ 토양오염은 토양의 기능, 인간의 건강 및 생태계 에 악영향을 미치는 것이다.

풀이 토양은 환경의 최종 수용체로서 다른 매개체로의 오염 유발이 크다.

17 토양미생물 중 원핵세포를 가진 미생물은?

① 박테리아(bacteria)
② 토양조류(soil algae)
③ 원생동물(protozoa)
④ 곰팡이(fungi)

18 지하수의 유량을 조사할 때 Darcy의 법칙 $(Q=K\cdot I\cdot A)$이 사용되는데, 이때 K와 I가 의미하는 것은?

① $K=$점성계수, $I=$수리적 구배
② $K=$투수계수, $I=$수심
③ $K=$점성계수, $I=$경심
④ $K=$수리전도도, $I=$수두 구배

풀이 Darcy 법칙

$Q=KIA$

여기서, Q : 유량
　　　　K : 수리전도도(투수계수)
　　　　I : 두 지점의 수두구배(수리경사)
　　　　A : 지하수 흐름의 수직방향 단면적

19 벤젠(분자량 78.1)이 공기와 평형관계에 있을 경우 공기 내 존재할 수 있는 최대 농도(mg/m^3)는?(단, 1기압, 25℃ 기준, 벤젠의 증기압$=0.125$ atm)

① 약 400,000　　　　② 약 450,000
③ 약 500,000　　　　④ 약 550,000

풀이 최대 농도(ppm)$=\dfrac{증기압(분압)}{760}\times10^6$

$=\dfrac{0.125}{1}\times10^6=125,000\,ppm$

최대 농도(mg/m^3)

$=125,000\,ppm\,(mL/m^3)\times\dfrac{78.1mg}{24.45mL}$

$=399,284.25\,mg/m^3$

20 토양층위(토양단면)를 위층에서부터 올바르게 나열한 것은?

① A층－B층－C층－O층
② O층－A층－B층－C층
③ O층－C층－B층－A층
④ A층－O층－B층－C층

풀이 토양층위(토양단면)
O층(유기물층)－A층(용탈층)－B층(집적층)－C층(모재층)－R층(모암층)

정답 14 ①　15 ②　16 ②　17 ①　18 ④　19 ①　20 ②

2과목 토양 및 지하수오염조사기술

21 토양오염공정시험기준상 불소 측정에 적용 가능한 시험방법은?

① 자외선/가시선 분광법
② 원자흡수분광광도법
③ 기체크로마토그래프법
④ 유도결합플라즈마 원자발광분광법

풀이 불소 – 자외선/가시선 분광법
　　토양 중 불소를 측정하는 방법으로 불소가 진홍색의 지르코늄(Zirconium) – 발색시약과의 반응으로 무색의 음이온복합체(ZrF_6^{2-})를 형성하는 과정을 이용한다. 불소의 양이 많아질수록 색깔이 엷어지게 된다.

22 PCB를 측정하기 위해 기체크로마토그래프를 사용할 때 운반가스의 유속(mL/min)은?

① 0.5~3
② 5~10
③ 10~20
④ 20~50

풀이 운반기체는 부피백분율 99.999% 이상의 질소 또는 헬륨으로서 유량은 0.5~3mL/min이다.

23 과망간산칼륨 10%(W/V) 수용액을 만드는 방법으로 옳은 것은?

① 과망간산칼륨 10g을 물에 녹여 100mL로 한다.
② 과망간산칼륨 15g을 물에 녹여 100mL로 한다.
③ 과망간산칼륨 20g을 물에 녹여 100mL로 한다.
④ 과망간산칼륨 50g을 물에 녹여 100mL로 한다.

24 다음 총칙의 내용으로 (　)에 옳은 것은?

'정확히 단다'라 함은 규정된 양의 검체를 취하여 분석용 저울로 (　　　)까지 다는 것을 말한다.

① 1.0mg
② 0.1mg
③ 0.01mg
④ 0.001mg

25 가압시험법 측정오류의 원인으로 가장 거리가 먼 것은?

① 최저 설정압력의 오류
② 시험압력 유지시간이 너무 짧을 때
③ 연결관 및 연결부의 오류로 인한 누출
④ 측정기간 중 과도한 온도변화에 의한 내용물의 체적 변화

풀이 가압시험법 측정오류의 원인은 최고 설정압력의 오류이다.

26 지하매설저장시설 내 배관으로부터 3m 지점에서 토양시료를 채취하였다면 토양시료 채취지점에서 최대한의 시료채취 깊이(m)는?

① 3
② 3.5
③ 4
④ 4.5

풀이 시료채취 깊이(m)＝3m×1.5
　　　　　　　　　＝4.5m

27 저장물질이 없는 누출검사 대상시설의 누출검사방법 중 가압시험법에 사용되는 기구 및 기기에 관한 설명으로 옳지 않은 것은?

① 온도계는 시험압력에 충분히 견딜 수 있는 것으로서 최소 눈금 1℃ 이하를 읽고 기록이 가능해야 한다.
② 압력계는 최소 눈금이 시험압력의 5% 이내이고, 이를 읽고 측정압력의 기록이 가능한 것을 사용한다.
③ 안전밸브는 2.0kgf/cm² 이하에서 작동되어야 한다.
④ 사용가스는 가압매체로 질소 등 불활성 가스를 사용한다.

풀이 안전밸브는 0.7kgf/cm² 이하에서 작동되어야 한다.

정답 21 ① 22 ① 23 ① 24 ② 25 ① 26 ④ 27 ③

28 저장물질이 없는 누출검사 대상시설에서 저장시설의 용접부, 모재부에 대한 결합 유무를 확인, 누출가능성 유무를 판단하는 시험방법은?

① 가압시험법   ② 미가압시험법
③ 액면레벨측정법   ④ 비파괴검사법

29 일반지역(농경지)의 토양시료 채취방법 중 시료채취지점 선정에 관한 내용으로 옳은 것은?

① 대상지역 내에서 나선형으로 5~10개 지점
② 대상지역 내에서 지그재그형으로 5~10개 지점
③ 대상지역에서 대표치를 구할 수 있는 1개 지점
④ 대상지역의 중심 지점과 주변 4방위 총 5개 지점

풀이 일반지역 시료채취지점
- 농경지의 경우는 대상지역 내에서 지그재그형으로 5~10개 지점을 선정한다.
- 공장지역·매립지역·시가지지역 등 농경지가 아닌 기타 지역의 경우는 대상지역의 중심이 되는 1개 지점과 주변 4방위의 5~10m 거리에 있는 1개 지점씩 총 5개 지점을 선정한다.

30 중크롬산칼륨용액의 흡광도가 270nm에서 0.745이었다. 이 흡광도 데이터를 투과율(%)로 환산한 것은?

① 12.0   ② 15.8
③ 18.0   ④ 21.3

풀이 흡광도 $= \log \dfrac{1}{\text{투과율}}$

$0.745 = \log \dfrac{1}{\text{투과율}}$

투과율(%) $= \dfrac{1}{10^{0.745}} = 0.18 \times 100 = 18\%$

31 토양 중 벤조(a)피렌을 분석하기 위해 속슬레 추출법을 사용하는 경우 적절한 추출조건은?

① 시간당 3~5사이클을 유지하면서 24시간 동안 추출

② 시간당 4~6사이클을 유지하면서 16시간 동안 추출
③ 시간당 6~8사이클을 유지하면서 16시간 동안 추출
④ 시간당 7~9사이클을 유지하면서 18시간 동안 추출

풀이 1~2개의 비등석을 넣은 500mL 둥근 바닥플라스크에 아세톤/노말헥산(1:1) 300mL를 넣고, 이 둥근 바닥플라스크를 추출장치에 부착시켜 시간당 4~6 사이클을 유지하면서 16시간 동안 추출한 후 방치하여 냉각한다.

32 시료의 채취에 관한 내용으로 ( )에 옳은 것은?

토양오염도검사를 위해서는 표토층 또는 필요에 따라 일정 깊이 이하의 토양시료를 채취할 수 있다. 토양시료 채취 시 토양표면의 잡초나 유기물 등 이물질층을 제거한 후 토양시료채취기로 ( ) 채취한다.

① 약 0.1kg   ② 약 0.2kg
③ 약 0.5kg   ④ 약 1.0kg

33 95% 황산(비중 1.84)의 노말(N) 농도는?

① 10.7   ② 25.5
③ 35.7   ④ 40.5

풀이 $N(eq/L) = \dfrac{\text{비중} \times 1{,}000 \times \%/100}{\text{g당량}}$

$= \dfrac{1.84 \times 1{,}000 \times 95/100}{(98/2)}$

$= 35.67 eq/L(N)$

34 원자흡수분광광도계의 일반적인 구성 순서로 올바른 것은?

① 광원부 → 시료원자화부 → 파장선택부 → 측광부
② 광원부 → 파장선택부 → 시료원자화부 → 측광부
③ 광원부 → 측광부 → 시료원자화부 → 파장선택부
④ 광원부 → 측광부 → 파장선택부 → 시료원자화부

35 토양오염공정시험방법에서 분석대상 유기인계 화합물로 규정되지 않은 성분은?

① 알드린
② 이피엔
③ 메틸디메톤
④ 펜토에이트

풀이 토양 중 유기인계 화합물
이피엔, 메틸디메톤, 다이아지논, 펜토에이트

36 원자흡수분광광도계에 불꽃을 만들기 위해 조연성 가스와 가연성 가스를 사용하는 데 일반적으로 사용하는 가연성 가스와 조연성 가스의 조합은?

① 수소 – 공기
② 아세틸렌 – 공기
③ 프로판 – 공기
④ 아세틸렌 – 이산화질소

풀이 원자흡수분광광도계 – 가연성, 조연성 가스
• 원자흡수분광광도계에 불꽃을 만들기 위해 조연성 가스와 가연성 기체를 사용하는데, 일반적으로 가연성 가스로 아세틸렌을 조연성 가스로 공기를 사용한다.
• 수소 – 공기와 아세틸렌 – 공기는 거의 대부분의 원소 분석에 유효하게 사용할 수 있다.

37 정량한계 산정식으로 옳은 것은?(단, S=표준편차, X=평균값)

① 정량한계= $3.3 \times S$
② 정량한계= $(10 \times X)/S$
③ 정량한계= $(3.3 \times X)/S$
④ 정량한계= $10 \times S$

풀이 정량한계(LOQ)
LOQ=표준편차×10

38 검량선에서 얻어진 TPH의 검출량이 1,550.5 ng이었을 때 토양 중 TPH의 농도(mg/kg)는?(단, 수분 보정한 토양무게=26.5g, 용매의 최종액량=2mL, 검액의 주입량=2μL)

① 58.5   ② 68.7
③ 48.5   ④ 75.8

풀이 농도$(mg/kg) = \dfrac{A_s \times V_f \times D}{W_d \times V_i}$

$= \dfrac{1,550.5 \times 2}{26.5 \times 2} = 58.51\,mg/kg$

39 토양의 pH를 측정하기 위해서 토양과 산을 포함하는 정제수의 비율로 적절한 것은?(단, 토양의 밀도(비중)는 1.0은 아님)

① 토양시료의 무게에 5배의 정제수를 사용
② 토양시료의 부피에 5배의 정제수를 사용
③ 토양시료의 무게에 2배의 정제수를 사용
④ 토양시료의 부피에 2배의 정제수를 사용

풀이 토양시료의 무게에 5배의 정제수를 사용하여 혼합한 후 pH를 유리전극과 기준전극으로 구성된 pH 측정기를 사용하여 측정한다.

40 기체크로마토그래프법으로 TPH를 정량하는 방법에 대한 설명으로 옳지 않은 것은?

① 검출기는 불꽃이온화검출기(FID)를 사용한다.
② 비등점이 높은 벙커C유 · 윤활유 · 원유 등의 측정에는 적용하지 않는다.
③ 토양시료 중의 TPH 성분은 디클로로메탄으로 추출한다.
④ 정량한계는 석유계 총 탄화수소로 50mg/kg이다.

풀이 토양 중에 끓는점이 높은(150~500℃) 유류에 속하는 제트류, 등유, 경유, 벙커C유, 윤활유, 원유 등의 측정에 적용한다.

3과목 토양 및 지하수오염정화기술

41 투수성 반응 벽체법의 충진물질로서 국내외에서 가장 많이 활용되고 있는 것은?

① 활성탄
② 석회석
③ 영가철
④ 제올라이트

풀이 영가철은 2가철로 산화되면서 염소계 화합물의 탈염소반응을 일으키며 국내외에서 가장 많이 활용되는 충전물질이다.

42 열탈착공정의 일반적인 구성장치가 아닌 것은?

① 고에너지 스크러버
② 열교환기
③ 열건조기
④ 발열반응기

풀이 열탈착공정 구성장치
① 열건조기 : 오염물질을 직접 가열하고 수분과 유기오염물질을 휘발
② 고에너지 스크러버 : 입자와 용해성 가스를 제거
③ 열교환기 : 유기물질과 용액을 농축

43 열처리 기술에 대한 설명으로 틀린 것은?

① 저온 열탈착은 유기물을 분해하지 않는다.
② 고온 열탈착은 871~1,204℃로 가열하는 공정이다.
③ 중금속으로 오염된 토양을 처리하는 데에도 효과가 뛰어나다.
④ 준휘발성 유기화합물 처리에 있어 다른 기술보다 경제성이 떨어진다.

풀이 고온열탈착은 320~560℃로 가열하는 공정이다.

44 토양세척공정에 대한 설명으로 틀린 것은?

① 미세토양과 부식물질의 혼합률 30% 이하를 경제적 한계로 본다.
② 세척장치는 기능별로 회전형, 교반형, 진동형, 유동상형으로 분류한다.
③ 토양 내의 오염물을 세척수와 화학적 마찰력을 위주로 이용하여 분리하는 기술이다.
④ 세척 후 발생되는 오염 미세토양 및 처리수에 대한 후처리를 고려해야 한다.

풀이 토양세척공정은 토양 내 오염물질을 세척수와 '기계적 마찰력'을 위주로 하여 분리하는 기술이다.

45 암반, 점토 등과 같이 투수성이 매우 낮아 토양세척 등의 공법을 직접 적용하기 어려운 경우에 물리적인 힘을 가하여 지반에 균열을 발생시켜 투수성을 증가시키는 효과적인 방법은?

① 계면활성제주입공법
② 동전기주입공법
③ 스팀주입공법
④ 수압파쇄공법

46 토양증기추출시스템 처리효율에 영향을 미치는 오염물질 특성 인자와 가장 거리가 먼 것은?

① 증기압
② 수분함량
③ 헨리상수
④ 흡착계수

풀이 오염물질 특성인자(토양증기추출시스템)
① 증기압
② 헨리상수
③ 용해도
④ 흡착계수

47 고온열탈착공법(HTTD)에 관한 내용과 가장 거리가 먼 것은?

① 큰 입경의 토양을 장기적으로 운전하면 시설을 손상시킬 수 있다.
② 점토, 휴민산을 많이 함유한 토양은 오염물질과 단단히 결합되어 반응시간이 길어진다.
③ 적절한 토양함수비를 맞추기 위한 가수분해과정이 필요하다.
④ 방사능물질이나 독성물질로 오염된 토양으로부터 오염물질을 분리하는 데 적용할 수 있다.

풀이 고온열탈착공법에서는 토양가열에너지를 저감하기 위해 탈수가 필요하다.

48 식물에 의한 안정화(phytostabilization) 처리에 적합한 식물의 특징이 아닌 것은?

① 대상 오염물질에 대한 높은 내성을 갖고 있어야 한다.
② 뿌리 부분의 수분 함량이 커야 한다.
③ 뿌리 부분의 생체량(biomass)이 커야 한다.
④ 오염물질을 뿌리로부터 지상부(shoot)로 이동시키지 않고 뿌리 내에 함유하는 능력이 커야 한다.

풀이 식물에 의한 안정화 처리에 적합한 식물은 뿌리부분의 수분 함량이 적어야 한다.

49 기름으로부터 오염된 지하수를 1,000m³/day의 유량으로 추출하여 처리하고자 한다. 기름 분리를 위한 중력부상식 유수분리조의 최소 표면적(m²)은?(단, 기름 입경=0.3mm, 기름 밀도=0.92 g/cm³, 물 밀도=1.0g/cm³, 물 점성도=0.01g/cm · sec, Stokes의 법칙 이용)

① 2.95
② 13.29
③ 26.4
④ 32.9

풀이 부유속도(cm/sec)

$$= \frac{g \cdot d^2 (\rho_1 - \rho)}{18\mu}$$

$$= \frac{980cm/sec^2 \times 0.03^2cm^2 \times (1.0-0.92)g/cm^3}{18 \times 0.01g/cm \cdot sec}$$

$$= 0.392cm/sec$$

$$Q = A \times V$$

$$A = \frac{Q}{V}$$

$$= \frac{1,000m^3/day}{0.392cm/sec \times m/100cm \times 86,400sec/day}$$

$$= 2.95m^2$$

50 점토토양 중 양이온 교환능력이 가장 높은 것은?

① 일라이트
② 몬모릴로나이트
③ 클로라이트
④ 가오리나이트

풀이 양이온 교환능력
① 일라이트 : 10~40cmolc/kg
② 몬모릴로나이트 : 80~150cmolc/kg
③ 클로라이트 : 10~40cmolc/kg
④ 카올리나이트 : 3~15cmolc/kg

51 토양, 지하수를 정화하는 식물정화법 중 식물에 의한 추출을 효과적으로 이룰 수 있는 대표 식물종으로 가장 거리가 먼 것은?(단, 중금속 기준)

① 인도겨자
② 해바라기
③ 버드나무
④ 보리

풀이 식물추출 · 처리에 적합한 식물
㉠ 해바라기   ㉡ 인도겨자
㉢ 보리   ㉣ 민들레

52 토양증기추출법에 대한 설명으로 옳지 않은 것은?

① 휘발성 오염물질의 처리에 적합한 지중처리 방식이다.
② 토양 내 포화지역 및 불포화지역에 적용이 가능하다.
③ 점토질 토양에 적용 시 효율이 떨어진다.
④ 추출가스 처리를 위한 설비가 필요하다.

풀이 토양증기추출법은 불포화대수층에만 적용이 가능하다.

53 매립지 토양층에서 발생하는 혐기성 분해에 의해 100g의 glucose($C_6H_{12}O_6$)가 완전히 분해되어 발생되는 토양층에서의 메탄가스 용적(L)은?(단, 토양층에서 1mol 메탄가스의 용적=25L)

① 약 22
② 약 32
③ 약 36
④ 약 42

풀이 $C_6H_{12}O_6 \rightarrow 3CH_4 + 3CO_2$
180g   : $3 \times 25L$
100g   : $CH_4(L)$

$$CH_4(L) = \frac{100g \times (3 \times 25)L}{180g}$$
$$= 41.67L$$

54 오염토양 열처리 프로세스 중 장치 용적에 비해 열전달 표면적이 넓고, 같은 처리용량의 장치에 비해 크기가 작고, 열전달효율이 높고, 고형물의 온도가 최대허용 가능한 열전달 유체의 온도에 의해 제한되는 것은?

① 로터리탈착장치
② 열스크루
③ 유동상 탈착장치
④ 마이크로파 탈착장치

55 바이오스파징(biosparging)의 장·단점에 대한 설명으로 틀린 것은?

① 시설이 비교적 간단함
② 지하수의 부가적인 처리가 필요함
③ 지상의 영업 및 활동에 방해 없이 정화작업 수행이 가능함
④ 휘발보다 생분해가 주요 제거 메커니즘이므로 배출가스처리가 필요 없을 수 있음

풀이 바이오스파징은 지하수의 부가적인 처리가 필요없다.

56 오염지역의 지하수 수두구배 0.003, 수리 전도도 10^{-5}cm/sec, 지하수위 지표하 10m, 지하수 유입단면적 300m²일 때, 오염플럼으로 유입되는 지하수의 유입 유량(L/min)은?

① 5.4×10^{-2}
② 5.4×10^{-3}
③ 5.4×10^{-4}
④ 5.4×10^{-5}

풀이 $Q(L/min) = kA\dfrac{dh}{dL}$

$= 10^{-5}cm/sec \times 300m^2 \times 0.003 \times m/100cm$
$\quad \times 60sec/min$
$= 0.0000054m^3/min \times 1,000L/m^3$
$= 0.0054L/min (5.4 \times 10^{-3}L/min)$

57 유류오염 토양 중 열탈착(적정) 온도가 가장 높은 것은?

① 난방유
② 경유
③ 휘발유
④ 등유

58 독립영양미생물(화학합성 자가영양)의 탄소원과 에너지원을 바르게 짝지은 것은?

① CO_2-무기물의 산화환원반응
② CO_2-빛
③ 유기탄소-무기물의 산화환원반응
④ 유기탄소-빛

풀이 탄소원과 에너지원에 따른 미생물 분류

구분(영양 형태)	탄소원	에너지원	예
광(합성) 독립(자가) 영양 미생물 (Photoautotroph)	CO_2	빛	남조류(Cyano -bacteria), 조류, 시안세균
광(합성) 종속영양 미생물 (Photohetero-troph)	유기탄소 (유기 화합물)	빛	Rhodospeudo monas, Rhodospirillum
화학 독립 (자가) 영양 미생물 (Chemoauto-troph)	CO_2	환원 형태의 무기물(무기물의 산화·환원 반응) (NH_4, H_2S, NO_2^-, H_2, S, $S_2O_3^{2-}$, Fe^{2+})	질화세균 (질산화성균) 황산화균 (황세균), 수소산화균, 철산화균 (철세균)
화학 종속 영양 미생물 (Chemohetero-troph)	유기탄소 (유기 화합물)	유기화합물 (유기물의 산화·환원 반응)	원생동물, 진균류, 대부분의 세균

59 식물복원공정(Phytoremediation) 기법에 속하지 않는 것은?

① 식물추출(Phytoextraction)
② 식물안정화(Phytostabilization)
③ 근권분해(Rhizodegradation)
④ 생물증대(Bioaugmentation)

풀이 식물정화법의 대표적 기작(메커니즘)
  ㉠ 식물에 의한 추출
  ㉡ 식물에 의한 분해
  ㉢ 식물에 의한 안정화
  ㉣ 근권에 의한 분해
  ㉤ 근권에 의한 여과
  ㉥ 식물에 의한 휘발화
  ㉦ 수리에 의한 조절
  ㉧ 완충수로에 의한 방법

60 지중 내 오염운(contaminated plume) 폭 100m, 포화대수층 두께 50m, 지반의 평균수리 전도도 0.0036m/h, 동구수배 0.7m/m인 경우 지중 오염운을 이동시키는 데 사용된 지하수의 유량 (m³/h)은?(단, Darcy의 법칙을 이용)

① 388.8   ② 97.2
③ 25.7   ④ 12.6

풀이 $Q(\mathrm{m}^3/\mathrm{hr}) = kA\dfrac{dh}{dL}$

$= 0.0036\mathrm{m}/\mathrm{hr} \times (100 \times 50)\mathrm{m}^2 \times 0.7$

$= 12.6\mathrm{m}^3/\mathrm{hr}$

4과목 **토양 및 지하수환경 관계법규**

61 환경부장관은 토양오염관리대상시설에 대한 조사계획을 매년 수립해야 한다. 이때 포함되어야 할 사항으로 틀린 것은?

① 조사일정   ② 조사순서
③ 조사기준   ④ 조사범위

풀이 환경부장관은 토양오염관리대상시설 등을 조사하는 경우에는 매년 조사일정, 범위, 기준 등이 포함된 토양오염관리대상시설 등 조사계획을 수립하고, 그 계획에 따라 조사를 실시하여야 한다.

62 대통령령으로 정하는 오염토양의 정화방법이 아닌 것은?

① 미생물을 이용한 생물학적 처리
② 오염물질의 분해 등 방사능 처리
③ 오염물질의 소각 등 열적 처리
④ 오염물질의 차단 등 물리적 처리

풀이 오염토양의 정화방법
• 미생물이나 식물을 이용한 오염물질의 분해·흡수 등 생물학적 처리
• 오염물질의 차단·분리추출·세척 등 물리·화학적 처리
• 오염물질의 소각·분해 등 열적 처리

63 토양정화업자의 준수사항으로 (   )에 옳은 것은?

> 정화현장에 오염토양의 정화공정도 및 정화일지를 작성하여 비치하고, 정화일지는 (   ) 보관하여야 한다.

① 1년간   ② 2년간
③ 3년간   ④ 5년간

풀이 토양정화업자의 준수사항
  ㉠ 기술인력은 해당 분야에 종사하게 하여야 한다.
  ㉡ 토양정화업자는 매년 1월 31일까지 전년도의 토양정화실적을 시·도지사에게 보고하여야 한다.
  ㉢ 오염토양을 운반하는 때에는 오염토양이 흩날리지 않도록 하여야 하며, 침출수가 유출되지 아니하도록 하여야 한다.
  ㉣ 위탁받은 오염토양을 반입정화시설이 아닌 다른 곳에 보관하여서는 아니 되며, 반입정화시설 또는 정화현장 입구에는 오염토양 정화 또는 반입정화시설임을 표시하는 가로 100센티미터 이상, 세로 50센티미터 이상의 표지판을 지상 100센티미터 이상의 높이에 설치하여야 한다. 이 경우 표지판에는 오염토양의 양, 정화공법, 정화기간 및 관리자의 주소·성명·전화번호 등을 기재하여야 한다.
  ㉤ 정화현장에 오염토양의 정화공정도 및 정화일지를 작성하여 비치하고, 정화일지는 2년간 보관하여야 한다.
  ㉥ 토양 관련 전문기관의 정화검증을 위한 정화현장

방문, 시료의 채취 등 검증업무 수행을 방해하여 서는 아니 된다.

64 규정을 위반하여 대책지역 안에서 특정 수질 유해물질, 폐기물, 유해화학물질, 오수·분뇨 또는 가축분뇨를 버린 자에 대한 과태료 부과기준은?

① 100만 원 이하   ② 200만 원 이하
③ 300만 원 이하   ④ 500만 원 이하

풀이 토양환경보전법 제32조 제2항 참조

65 수질검사전문기관은 수질검사의 기록에 대한 보존 및 보고의 의무를 갖는다. 이에 해당하는 내용으로 가장 적합한 것은?

① 1년간 보존, 매 분기 종료일의 다음달 말일까지 보고
③ 2년간 보존, 매 분기 종료일로부터 2달 이내 보고
③ 1년간 보존, 매 분기 종료일로부터 2달 이내 보고
④ 2년간 보존, 매 분기 종료일의 다음달 말일까지 보고

풀이 수질검사전문기관은 수질검사의 기록을 2년간 보존하여야 하며, 매분기 말 현재의 기록을 환경부령으로 정하는 바에 따라 매분기 종료일의 다음 달 말일까지 환경부장관 또는 시장, 군수, 구청장에게 통보하여야 한다.

66 토양환경보전법의 규정에 의하여 환경부 장관이 고시하는 측정망 설치계획에 포함되지 않는 것은?

① 측정망 설치시기
② 측정망 배치도
③ 측정지점의 위치 및 면적
④ 측정망 폐쇄시기

풀이 측정망 설치계획 포함사항
㉠ 측정망 설치시기
㉡ 측정망 배치도
㉢ 측정지점의 위치와 면적

67 지하수오염평가보고서의 작성내용과 가장 거리가 먼 것은?

① 지하수오염으로 인한 위해성
② 오염범위
② 오염원인에 대한 평가
④ 원상복구계획

풀이 지하수오염평가보고서의 포함 내용
• 지하수오염으로 인한 위해성
• 오염범위
• 오염원인 평가
• 오염방지 대책

68 특정토양오염관리대상시설의 변경신고 사항과 가장 거리가 먼 것은?

① 사업장 명칭 변경
② 대표자 변경
③ 사업장 관할 지자체장 변경
④ 특정토양오염관리대상시설에 저장하는 오염물질 변경

풀이 특정토양오염관리대상시설의 변경신고
㉠ 사업장의 명칭 또는 대표자가 변경되는 경우
㉡ 특정토양오염관리대상시설의 사용을 종료하거나 폐쇄하는 경우
㉢ 특정토양오염관리대상시설을 증설 또는 교체하거나 토양오염방지시설을 변경하는 경우
㉣ 특정토양오염관리대상시설에 저장하는 오염물질을 변경하는 경우

69 토양보전대책지역 지정표지판에 기록할 내용으로 틀린 것은?

① 지정일자
② 토양보전대책지역에서 제한되는 행위
③ 지정기관 및 전화번호
④ 지정목적

정답 64 ② 65 ④ 66 ④ 67 ④ 68 ③ 69 ③

풀이 토양보전대책지역 지정표지판

> 1. 지정목적
> 2. 지정일자 :   년   월   일
> 3. 토양보전대책지역 안에서 제한되는 행위
> 4. 토양보전대책지역 내역
>   가. 주소
>   나. 면적
>   다. 약도

※ 비고
1. 표지판의 규격은 가로 3미터, 세로 2미터, 높이 1.5미터 이상으로 하여야 한다.
2. 글자는 페인트 등을 사용하여 지워지지 아니하도록 하여야 한다.
3. 약도는 표지판 설치 위치에서 방향 및 지점 등을 누구나 알 수 있도록 작성하여야 한다.
4. 표지판은 사방에서 잘 보이는 곳에 견고하게 설치하여야 한다.

70 토양 관련 전문기관의 지정기준 중 토양오염조사기관 장비에 해당되지 않는 것은?

① 가연성 가스농도측정기
② 가스크로마토그래프 질량분석기
③ 초음파 추출장치
④ 퍼지 · 트랩장치

풀이 토양 관련 전문기관(토양오염조사기관) 장비
- 흡광광도계
- 원자흡광광도계, 유도결합플라즈마광도계
- 퍼지 · 트랩장치
- 가스크로마토그래프 전자포획기
- 가스크로마토그래프 질량분석기
- 가스크로마토그래프 불꽃이온화검출기
- 초음파 추출장치
- 자가동력시추기
- 그 밖에 토양시료를 채취하여 분석하는 데 필요한 장비

71 정당한 사유 없이 관계 공무원 또는 토양 관련 전문기관의 직원의 행위를 방해 또는 거절한 자에 대한 과태료 처분기준은?

① 100만 원 이하　　② 200만 원 이하
③ 300만 원 이하　　② 500만 원 이하

풀이 토양환경보전법 제32조 제2항 참조

72 토양환경보전법에서 명시한 토양보전에 관한 기본계획의 수립 시기는?

① 3년마다　　　　② 5년마다
③ 7년마다　　　　④ 10년마다

풀이 환경부장관은 토양보전을 위하여 10년마다 토양보전에 관한 기본계획을 수립 · 수행하여야 한다.

73 특정토양오염관리대상시설에 대한 토양오염검사면제 승인을 할 수 있는 경우와 가장 거리가 먼 것은?

① 특정토양오염관리대상시설 중 송유관시설로서 유류의 유출 여부를 확인할 수 있는 장치가 설치된 경우
② 토양시추를 할 수 없는 지반 또는 건물지하 등에 설치되어 토양시료의 채취가 불가능하다고 토양오염조사기관이 인정하는 경우
③ 저장시설에 1년 이상 토양오염물질을 저장하지 아니한 경우 등 토양 관련 전문기관이 토양오염검사가 필요하지 아니하다고 인정하는 경우
④ 특정토양오염관리대상시설의 설치자가 전체 시설의 사용을 종료하거나 이를 폐쇄하고자 하는 경우

풀이 특정토양오염관리 대상시설에 대한 토양오염검사 면제 승인을 할 수 있는 경우
① 특정토양오염관리대상시설 중 송유관시설로서 유류의 유출 여부를 확인할 수 있는 장치가 설치된 경우(토양오염도검사에 한한다) 또는 안전검사를 받는 경우(누출검사에 한한다)
② 토양시추를 할 수 없는 지반 또는 건물지하 등에 설치되어 토양시료의 채취가 불가능하다고 토양오염조사기관이 인정하는 경우
③ 저장시설에 1년 이상 토양오염물질을 저장하지 아니한 경우 등 토양 관련 전문기관이 토양오염검사가 필요하지 아니하다고 인정하는 경우

④ 동종의 토양오염물질을 저장하는 다수의 시설 중 일부시설의 사용을 종료하거나 폐쇄하는 경우
⑤ 권장 설치·유지·관리기준에 맞게 토양오염 방지시설을 설치한 날부터 15년 이내인 경우
⑥ 검사항목이 같은 종류의 토양오염물질로 저장물질을 변경하고자 하는 경우
⑦ 그 밖에 토양정화명령을 받고 정화 중인 경우 등 특별자치도지사·시장·군수·구청장이 토양오염검사가 필요하지 아니하다고 인정하는 경우

74 토양오염도의 상시측정에 대한 법적 규정 중 틀린 것은?

① 환경부장관은 전국적인 토양오염실태를 파악하기 위하여 측정망을 설치하고 토양오염도를 상시 측정하여야 한다.
② 측정망 설치계획은 고시되어야 하며, 누구든지 열람할 수 있게 하여야 한다.
③ 측정망 설치 최소 6월 전에는 측정망 설치계획이 고시되어야 한다.
④ 측정망 설치계획에는 측정망 설치시기, 측정망 배치도, 측정지점 위치 및 면적이 포함되어야 한다.

풀이 측정망 설치계획의 고시는 최초로 측정망을 설치하게 되는 날 3월 전에 하여야 한다.

75 토양 관련 전문기관 또는 토양정화업의 기술인력의 보수교육 기준으로 ( )에 옳은 것은?

신규교육을 받은 날을 기준으로 (㉠)마다 (㉡)

① ㉠ 1년, ㉡ 12시간
② ㉠ 3년, ㉡ 24시간
③ ㉠ 3년, ㉡ 12시간
④ ㉠ 5년, ㉡ 8시간

풀이 1. 토양 관련 전문기관 또는 토양정화업의 기술인력은 다음의 구분에 따라 국립환경인재개발원장이 개설하는 토양환경관리의 교육과정을 이수하여야 한다.
㉠ 신규교육 : 토양 관련 전문기관 또는 토양정화업 분야의 기술인력으로 최초로 종사한 날부터 1년 이내에 18시간
㉡ 보수교육 : 신규교육을 받은 날을 기준으로 5년마다 8시간
2. 교육은 집합교육 또는 원격교육으로 한다.

76 토양환경보전법에 의한 위해성 평가 시 허용 가능한 초과발암위해도의 범위는?

① $10^{-2} \sim 10^{-3}$
② $10^{-3} \sim 10^{-4}$
③ $10^{-4} \sim 10^{-5}$
④ $10^{-5} \sim 10^{-6}$

77 지하수관리 기본계획에 포함되지 않는 사항은?

① 온천수
② 용천수
③ 제주도지역 지하수
④ 먹는 샘물

풀이 지하수 기본계획에 포함되는 항목
• 온천수
• 농어촌용수(지하수만 해당)
• 먹는 샘물·먹는 염지하수
• 제주특별자치도지역 지하수

78 손실보상을 청구하고자 하는 자는 손실보상청구서에 손실에 관한 증빙서류를 첨부하여 환경부장관, 시·도지사, 시장·군수·구청장 또는 토양 관련 전문기관의 장에게 제출하여야 한다. 손실보상청구서에 기재할 사항에 해당되지 않는 것은?

① 청구인의 성명·생년월일 및 주소
② 손실을 입은 일시 및 장소
③ 손실의 내용
④ 손실액과 그 예산 및 집행방법

풀이 손실보상청구서 기재사항
• 청구인의 성명·생년월일 및 주소
• 손실을 입은 일시 및 장소
• 손실의 내용
• 손실액과 그 내역 및 산출방법

79 토양환경보전법상 토양 관련 전문기관이 토양오염도 조사 중 타인에게 손실을 입힌 때에 대한 설명으로 틀린 것은?

① 손실보상을 청구하고자 하는 자는 손실보상청구서와 증빙서류를 토양 관련 전문기관의 장에게 제출한다.

② 손실보상청구서에는 손실액의 산출방법이 포함된다.

③ 손실보상청구에 대한 협의가 성립되지 아니한 경우 손실을 입은 자는 환경부 장관에게 재결을 신청할 수 있다.

④ 손실보상청구 협의에 대한 재결을 받아들이지 아니한 자는 중앙토지수용위원회에 이의를 신청할 수 있다.

풀이 협의가 성립되지 아니하거나 협의할 수 없는 경우 환경부장관, 시·도지사, 시장·군수·구청장, 토양 관련 전문기관의 장 또는 손실을 입은 자는 대통령령으로 정하는 바에 따라 관할 토지 수용위원회에 재결을 신청할 수 있다.

80 특정토양오염관리대상시설의 설치자는 대통령령이 정하는 바에 따라 토양오염을 방지하기 위한 시설을 설치하고 관리하여야 한다. 이를 위반하여 토양오염방지시설을 설치하지 아니한 자에 대한 벌칙 기준은?

① 1년 이하의 징역 또는 1천만 원 이하의 벌금
② 2년 이하의 징역 또는 2천만 원 이하의 벌금
③ 3년 이하의 징역 또는 3천만 원 이하의 벌금
④ 5년 이하의 징역 또는 5천만 원 이하의 벌금

풀이 토양환경보전법 제30조 참조

1과목 토양학개론

01 주유소에 대한 사전오염 예방대책과 정화대책을 순서대로 나열한 것은?

① 방조벽 시설–고형화 안정화기술

② 이중벽시설–중화제를 이용한 화학적 처리기술

③ 추출시설–저온 열탈착

④ 부식산화 방지시설–토양증기추출법

풀이 주유소 등 지하저장시설에 의한 토양오염을 방지하기 위한 주요기술

ⓖ 저장탱크 및 배관 부식산화 방지기술

ⓛ 모니터링 기술

ⓒ 생물활성대에 의한 처리기술

ⓔ 토양증기추출법 및 Bioventing 기술

02 유기오염물질의 특성을 좌우하는 인자로 가장 거리가 먼 것은?

① 증기압

② 착염물질 형성도

③ 헨리상수(공기/물 분배계수)

④ 옥탄올/물 분배계수

풀이 1. 유기오염물질의 특성인자

ⓖ 증기압

ⓛ 헨리상수(공기/물 분배계수)

ⓒ 분해상수

ⓔ 옥탄올/물 분배계수(K_{ow})

2. 무기오염물질의 특성인자

ⓖ 용해도적

ⓛ 착염물질의 형성

03 토양에서 염기포화도(%)의 식으로 옳은 것은?

① (포화성 염기총량/교환성 염기용량)×100

② (교환성 염기총량/포화성 염기용량)×100

③ (교환성 염기총량/음이온교환용량)×100

④ (교환성 염기총량/양이온교환용량)×100

풀이 염기포화도(%)

$$= \frac{\text{교환성 염기의 meq}}{\text{교환성 양이온(meq)}} \times 100$$

$$= \frac{\text{교환성 염기의 총량(cmolc/kg)}}{\text{양이온 교환용량(cmolc/kg)}} \times 100$$

여기서, 교환성 염기는 Ca, Mg, K, Na이고, H, Al는 제외됨

04 토양 컬럼실험 결과 물의 수리전도도가 7m/day이었다. 동일한 조건의 컬럼에서 기름이 통과될 경우의 수리전도도(m/day)는?(단, 물의 동점도 : 1.8×10^{-3}kg/m · s, 물의 밀도 : 1,000kg/m³, 기름의 동점도 : 0.05kg/m · s, 기름의 밀도 : 625 kg/m³)

① 약 0.08 ② 약 0.16

③ 약 0.32 ④ 약 0.64

풀이 물의 수리전도도(k_w)

$$k_w = \frac{k\rho_w g}{\mu_w}$$

$$7\text{m/day} = \frac{k \times 1,000\text{kg/m}^3 \times 9.8\text{m/sec}^2}{1.8 \times 10^{-3}\text{kg/m} \cdot \text{sec}}$$

$$\times \frac{86,400\text{sec}}{\text{day}}$$

k(투수계수 : m²)

$$= \frac{7\text{m/day} \times 1.8 \times 10^{-3}\text{kg/m} \cdot \text{sec}}{1,000\text{kg/m}^3 \times 9.8\text{m/sec}^2 \times 86,400\text{sec/day}}$$

$$= 1.49 \times 10^{-11}\text{m}^2$$

정답 01 ④ 02 ② 03 ④ 04 ②

기름의 수리전도도(k_o)

$$k_o = \frac{k\rho_o g}{\mu_o}$$

$$= \frac{1.49 \times 10^{-11}\,\mathrm{m^2} \times 625\mathrm{kg/m^3} \times 9.8\mathrm{m/sec^2}}{0.05\mathrm{kg/m \cdot sec}}$$

$$= 0.000001822\mathrm{m/sec} \times 86,400\mathrm{sec/day}$$

$$= 0.16\mathrm{m/day}$$

05 공동대사작용(cometabolism)으로 호기성 환경에서 트리클로로에틸렌을 분해시킬 때 이용되는 화합물로 가장 적절한 것은?

① 염소
② 톨루엔
③ 할로겐 화합물
④ 과산화수소

풀이 1차 기질로 이용되기에 너무 낮은 농도로 존재하고 인체에 위해성이 큰 오염물질에 적용하는 작용으로 대표적으로 호기성 환경에서 트리클로로에틸렌(TCE)을 분해할 때 이용되는 화합물은 톨루엔이다.

06 우리나라 토양의 일반적인 특징에 관한 내용으로 가장 거리가 먼 것은?

① 사질(모래) 토양
② 낮은 유기물 함량
③ 중성 토양
④ 낮은 염기치환용량

풀이 우리나라 토양의 일반적 특징
　　㉠ 사질(모래) 토양
　　㉡ 낮은 유기물 함량
　　㉢ 산성 토양
　　㉣ 낮은 염기치환 용량
　　㉤ 우리나라의 토양을 구성하는 모암은 화강암과 화강편마암으로 되어 있고, 화강암은 SiO_2 함량이 많은 산성암으로 물리성은 좋으나 강산성을 띠고 있어 비옥도가 낮다.

07 물에 포화된 토양컬럼(water saturated soil column) 입구에 4가지 물질을 동시에 주입하고 출구에서 4가지 물질의 농도를 분석하였다. 출구에서 가장 먼저 검출되는 물질은?

① 염소이온(Chloride)
② 사염화탄소(Carbon tetrachloride)
③ 트리클로로에틸렌(Trichloroethylene)
④ 테트라클로로에틸렌(Tetrachloroethylene)

풀이 토양컬럼실험에서 출구에 가장 먼저 검출되는 물질은 이온성 물질이다.

08 대표적인 점토광물인 kaolinite에 관한 설명으로 옳지 않은 것은?

① 규소 사면체 층과 알루미늄 팔면체 층이 1 : 1로 결합된 광물이다.
② 우리나라 토양의 대표적 점토광물이다.
③ kaolinite 함량이 높은 토양은 통수 및 통기성이 좋다.
④ kaolinite 광물에서 동형 치환이 주로 일어난다.

풀이 Kaolinite는 동형 치환이 거의 일어나지 않는다.

09 토양수의 이동에 대한 내용과 가장 거리가 먼 것은?

① 중력에 의한 이동
② 표면장력에 의한 이동
③ 수증기에 의한 이동 및 증발
④ 토양입자의 인력에 의한 이동

풀이 토양수분의 이동 영향인자
　　㉠ 중력(포화 이동)
　　㉡ 표면장력(불포화 이동 : 모세관 현상에 의함)
　　㉢ 수증기에 의한 물의 이동과 증발

10 유기물 60mmol이 미생물 활성에 의하여 12시간 후 40mmol이 되었다면 반응속도상수(hr^{-1})는?(단, 1차 반응 기준)

① 0.013   ② 0.033
③ 0.053   ④ 0.073

풀이
$$\ln\frac{C_t}{C_o} = -k \times t$$
$$\ln\frac{40}{60} = -k \times 12hr$$
$$k = 0.03378hr^{-1}$$

11 가축분뇨나 두엄 등이 유입된 지하수를 음용할 경우 주로 어린아이들에게 청색증을 일으키는 물질은?

① 인산염   ② 황산염
③ 질산염   ④ 염화염

풀이 가축분뇨나 두엄 등이 유입된 지하수를 음용할 경우, 즉 질산염 농도가 높은 물을 어린아이가 마시게 될 경우 청색증(Blue Baby Syndrome)을 유발할 수 있다.

12 토양 중 유기물의 부식화 과정에 가장 크게 영향을 미치는 요인은?

① 지형경사도
② 유기물에 함유된 탄소와 질소함량
③ 토양의 수소이온농도
④ 토양광물의 모재

풀이 토양 내 유기물 분해는 혐기성 조건보다 호기성인 조건에서 빨리 일어나며 유기물의 부식화 과정에 가장 크게 영향을 미치는 요인은 유기물에 함유된 탄소와 질소의 함량이다.

13 토양 교질에 가장 강하게 결합될 수 있는 양이온은?

① calcium   ② aluminum
③ sodium   ④ magnesium

풀이 토양 콜로이드 입자에 흡착되는 양이온의 흡착세기 순서
$Al > H > Ca = Mg > K = NH_4 > Na$

14 유류에 의해 오염된 지하수 환경에서 자연저감이 일어나고 있다. 오염운 중심에서 질산염의 농도와 배경수질 농도가 각각 35mg/L와 5mg/L일 때 질산염에 의한 생분해능(EAC, mg/L)은?

① 6.3   ② 10
③ 16.5   ④ 31

풀이 생분해능(Expressed Assimilative Capacity) 전자수용체별 상수값
ㄱ 산소 : 0.32   ㄴ 질산염 : 0.21
ㄷ 망간 : 0.06   ㄹ 철 : 0.05
ㅁ 황산염 : 0.21   ㅂ 메탄 : 1.28

질산염에 의한 생분해능(EAC, mg/L)
= (오염운에서 질산염농도 − 배경수질에서 질산염농도) × 전자수용체별 상수값
= (35 − 5)mg/L × 0.21 = 6.3mg/L

15 모암의 풍화에 의해 생성된 토양은 물리화학적·생물학적 변화를 거쳐 성숙되면서 지표면에 평형층을 형성한다. 토양단면의 형성과정에 대한 설명으로 가장 거리가 먼 것은?

① 변형작용 : 풍화, 유기물 분해와 같이 토양 성분의 분해와 결합과정
② 이동작용 : 유기 및 무기물질이 물과 유기물에 의해 상하로 이동하는 과정
③ 첨가작용 : 토양에 새로운 식생이 발현하는 작용이다.
④ 제거작용 : 지하수에 의해 토양 성분이 용출되는 작용

풀이 첨가작용
지하수에 의해 토양 성분이 용출되는 작용

PART 05

16 그림과 같이 매립지 저면은 두께가 1m인 점토차수층(Ilner)으로 되어 있다. 침출수의 평균수두가 해발표고 11m이고, 점토차수층 하부에 분포된 대수층의 평균수두가 해발 1m이며 점토층의 유효 공극률은 0.2, 수직투수계수는 10^{-7}cm/sec일 때 침출수가 점토차수층을 통과하는 데 소요되는 시간(day)은?(단, 침출수는 점토차수층과 반응을 하지 않는다고 가정)

① 약 132   ② 약 231
③ 약 552   ④ 약 1034

풀이 점토층 통과 소요시간(t) : Darcy 법칙

$$t = \frac{d^2 N}{k(d+h)}$$

여기서, t : 침출수의 점토층 통과시간(year)
d : 점토층 두께(m)
h : 침출수 수두(m)
k : 투수계수(m/year)
N : 유효공극률(공극용적/흙입자 용적)

$$= \frac{1^2 \mathrm{m}^2 \times 0.2}{10^{-9}\mathrm{m/sec} \times (1+10)\mathrm{m}}$$
$$= 18181818.18\,\mathrm{sec} \times \mathrm{day}/86,400\,\mathrm{sec}$$
$$= 210.43\,\mathrm{day}$$

17 DNAPL(Dense Non Aqueous Phase Liquids)인 것은?

① 가솔린   ② 식용유
③ 벤젠   ④ 클로로벤젠

풀이 DNAPL(고밀도 비수용성 액체)의 대표적 오염물질
㉠ TCE(Trichloroethylene), PCE(Perchloroethylene)
㉡ 페놀, PCB(Polychlorinated Biphenyl)
㉢ 1.1.1−trichloroethane(1.1.1−TCA), 2−Chlorophenol(클로로페놀)
㉣ 클로로포름, 사염화탄소

18 토양의 pH가 증가할 때 음이온치환용량의 변화는?

① 증가   ② 감소
③ 증가 후 감소   ④ 감소 후 증가

풀이 일반적으로 pH가 증가할수록 토양의 양이온교환용량은 증가하고, 음이온교환용량은 감소한다.

19 토양을 구성하는 모암 중 퇴적암에 속하지 않는 암석은?

① 사암   ② 혈암
③ 반려암   ④ 석회암

풀이 퇴적암
㉠ 퇴적된 풍화물이 굳어서 이루어진 암석을 말한다.
㉡ 혈암, 사암, 석회암, 응회암 등이 있다.

20 토양의 양이온치환용량에 대해서 틀린 것은?

① 확산이중층 내부의 양이온과 유리양이온이 서로 위치를 바꾸는 현상을 양이온치환이라 하며 이의 크기를 양이온치환용량이라 한다.
② 일정량의 토양 또는 교질물이 가지고 있는 치환성 양이온의 총량을 당량으로 표시한 것이며, 보통 토양이나 교질물 100g이 보유하는 치환성 양이온의 총량을 mg당량으로 나타낸다.
③ 토양이나 교질물 100g이 보유하고 있는 양전하와 음전하의 수의 합과 같다.
④ 일반적으로 pH가 증가할수록 토양의 양이온치환용량은 증가하게 된다.

풀이 양이온교환(치환) 용량은 일정량의 토양교질이 보유할 수 있는 교환성 양이온의 총량을 말하며 토양이나 교질물 100g이 갖고 있는 치환성 양이온 총량을 mg당량(밀리당량 : meq)으로 나타낸다.

정답 16 ② 17 ④ 18 ② 19 ③ 20 ③

2과목 토양 및 지하수오염조사기술

21 다음 표준액 중 pH가 가장 높은 것은?(단, 0℃ 기준)

① 붕산염 표준액 ② 프탈산염 표준액
③ 인산염 표준액 ④ 수산염 표준액

풀이 온도별 표준액의 pH 값

온도(℃)	0	5
수산염 표준액	1.67	1.67
프탈산염 표준액	4.01	4.01
인산염 표준액	6.98	6.95
붕산염 표준액	9.46	9.39
탄산염 표준액	10.32	10.25
수산화칼슘 표준액	13.43	13.21

22 다음은 용기에 관한 설명으로 ( )에 알맞은 것은?

( )라 함은 취급 또는 저항하는 동안에 기체 또는 미생물이 침입하지 아니하도록 내용물을 보호하는 용기를 말한다.

① 밀폐용기 ② 기밀용기
③ 밀봉용기 ④ 차단용기

풀이 용기의 종류

구분	정의
밀폐용기	취급 또는 저장하는 동안에 이물질이 들어가거나 또는 내용물이 손실되지 아니하도록 보호하는 용기
기밀용기	취급 또는 저장하는 동안에 밖으로부터의 공기 또는 다른 가스가 침입하지 아니하도록 내용물을 보호하는 용기
밀봉용기	취급 또는 저장하는 동안에 기체 또는 미생물이 침입하지 아니하도록 내용물을 보호하는 용기
차광용기	광선이 투과하지 않는 용기 또는 투과하지 않게 포장한 용기이며 취급 또는 저장하는 동안에 내용물이 광화학적 변화를 일으키지 아니하도록 방지할 수 있는 용기

23 크로마토그래피를 사용한 정량법 중에서 시료 전처리, 시약 취급, 시료 주입 등에서 발생할 수 있는 오차를 최소화시키기 위해 사용하는 방법은?

① 외부표준법 ② 표준물질첨가법
③ 외삽법 ④ 내부표준법

24 토양시료 채취방법에 관한 설명으로 가장 적합한 것은?

① 시안, 석유계 총탄화수소 등 시험용 시료는 농경지의 경우에는 중심이 되는 1개 지점과 주변 4방위의 1~3m 거리에 있는 1개지점씩 총 5개 지점을 선정한다.
② 토양시료채취기가 없을 경우에 유기물질을 조사할 때에는 플라스틱 재질을 사용하고, 중금속의 경우에는 스테인리스 강 재질의 모종삽 또는 삽 등과 같은 기구가 적합하다.
③ 공장지역 · 매립지역 등 농경지가 아닌 기타지역의 경우는 대상지역의 중심이 되는 1개 지점과 주변 4방위의 5~10m 거리에 있는 1개 지점과 주변 4방위의 5~10m 거리에 있는 1개 지점씩 총 5개 지점을 선정한다.
④ 채취한 토양시료 중 나머지는 입구가 넓은 500 mL 이상 용량의 플라스틱 병에 가득 담고 마개로 막아 밀봉한 후 냉동상태로 실험실로 운반하여 수분보정용 시료로 사용한다.

풀이 ① 시안, 유기인화합물, 벤조(a)피렌, 석유계 총 탄화수소, 페놀류, 폴리클로리네이티드비페닐, 벤젠, 톨루엔, 에틸벤젠, 크실렌, 트리클로로에틸렌, 테트라클로로에틸렌 시험용 시료는 농경지 또는 기타 지역의 구분에 관계없이 대상지역을 대표할 수 있는 1개 지점 또는 오염의 개연성이 높은 1개 지점을 선정한다.
② 토양시료채취기가 없을 경우에 유기물질을 조사할 때에는 스테인리스 재질을 사용하고 중금속의 경우에는 플라스틱 재질의 모종삽 또는 삽 등과 같은 기구가 적합하다.

④ 채취한 토양시료 중 나머지는 입구가 넓은 200mL 이상 용량의 유리병에 가득 담고 마개로 막아 밀봉한 후 0~4℃의 냉장상태로 실험실로 운반하여 수분보정용 시료로 사용한다.

25 기체크로마토그래피를 이용하여 PCBs를 분석할 때 간섭물질에 관한 내용으로 틀린 것은?

① 고순도의 시약이나 용매를 사용하여 방해물질을 최소화하여야 한다.

② 초자류는 사용 전에 아세톤, 분석 용매 순으로 각각 3회 세정한 후 건조시킨 것을 사용하여 오염을 최소화할 수 있다.

③ 전자포착검출기를 사용하여 PCB를 측정할 때 프탈레이트가 방해할 수 있는데 이는 플라스틱 용기를 사용하지 않음으로써 최소화할 수 있다.

④ 플로리실 컬럼 정제는 산, 염화페놀, 폴리클로로페녹시페놀 등의 극성화합물을 제거하기 위하여 수행하며, 사용 전에 정제하고 활성화시켜야 한다.

풀이 실리카겔 컬럼 정제는 산, 염화페놀, 폴리클로로페녹시페놀 등의 극성화합물을 제거하기 위하여 수행하며, 사용 전에 정제하고 활성화시켜야 한다.

26 다음 중 농도가 가장 낮은 것은?(단, 비중은 1.0 기준)

① 0.01ppm
② 1mg/L
③ 100ppb
④ 1mg/kg

풀이 1ppm=1mg/L=1mg/kg

$$100\text{ppb} \times \frac{\text{ppm}}{10^3 \text{ppb}} = 0.1\,\text{ppm}$$

27 저비점 석유류 중에 다량 함유되어 있는 BTEX의 측정에 적용하는 기체크로마토그래피 검출기의 종류가 아닌 것은?

① FID
② PID
③ ECD
④ GC/MS

풀이 저비점 석유류[BTEX] 측정 검출기
-기체크로마토그래피법-

㉠ FID
㉡ PID
㉢ GC/MS

28 토양 중 수분함량 측정에 관한 설명으로 옳지 않은 것은?

① 토양 중 수분을 0.01%까지 측정한다.

② 돌, 나무 등 눈에 보이는 협잡물 등은 제거한 후 시험해야 한다.

③ 시료를 105~110℃의 건조 안에서 4시간 이상 항량이 될 때까지 건조한다.

④ 채취된 시료는 24시간 이내에 증발 처리하여야 한다.

풀이 토양 중 수분함량 측정 시 토양 중 수분을 0.1%까지 측정한다.

29 토양 중 불소(자외선/가시선 분광법) 측정에 관한 설명으로 옳지 않은 것은?

① 불소가 진홍색의 지르코늄-발색시약과의 반응으로 무색의 음이온복합체를 형성하는 과정을 이용한다.

② 다량의 염소이온이 함유되어 있으면 염화주석용액으로 염소를 제거한다.

③ 토양 중 정량한계는 10mg/kg이다.

④ 불소이온과 지르코늄 이온 사이의 반응속도는 반응혼합물의 산도에 따라 달라진다.

풀이 다량의 염소이온이 함유되어 있으면 과량의 Ag^+이온을 첨가하여 염소를 제거한다.

30 검량선에서 얻어진 경유 성분의 검출량이 305.5ng일 때, 토양 중 TPH(석유계 총탄화수소) 농도(mg/kg)는?(단, 수분보정한 토양무게=20.5g, 용매의 최종액량=2mL, 검액의 주입량은 2μL로 희석하지 않았다.)

① 20.5
② 18.7
③ 14.9
④ 12.6

풀이 TPH 농도(mg/kg) $= \dfrac{A_s \times V_f \times D}{W_d \times V_i}$

$$= \dfrac{305.57\text{g} \times 2\text{mL} \times 1}{20.5\text{g} \times 2\mu\text{L}}$$

$$= 14.90\text{mg/kg}$$

31 pH 4인 수용액의 수소이온 농도는?

① 0.001
② 0.004
③ 0.0001
④ 0.0004

풀이 $\text{pH} = \log \dfrac{1}{[\text{H}^+]}$

$4 = \log \dfrac{1}{[\text{H}^+]}$

$[\text{H}^+] = 0.0001\text{mol/L}$

32 토양 중 금속류의 함량분석을 위해 묽은 질산 $(1+3)$을 제조하는 방법으로 (   )에 알맞은 것은?

진한 질산 (   )mL를 물 500mL에 넣은 다음 물을 넣어 정확히 1L이 되도록 채운다.

① 150
② 250
③ 300
④ 350

풀이 묽은 질산$(1+3)$ 제조방법
진한 질산 250mL를 물 500mL에 가한 다음 물을 넣어 정확히 1L가 되도록 채운다.

33 ICP-AES를 구성하는 요소와 가장 거리가 먼 것은?

① 고주파전원부
② 시료도입부
③ 분광부
④ 시료원자화부

풀이 유도결합플라스마 – 원자발광분분계(ICP–AES ; Inductively Coupled Plasma–Atomic Emission Spectrometer)는 시료도입부, 고주파전원부, 광원부, 분광부, 연산처리부 및 기록부로 구성되어 있다.

34 흡광광도법에서 투과도가 0.4일 때 흡광도는?

① 약 0.2
② 약 0.4
③ 약 0.6
④ 약 0.8

풀이 흡광도 $= \log \dfrac{1}{\text{투과도}} = \log \dfrac{1}{0.4} = 0.398$

35 이온전극법을 이용하여 측정하기에 가장 적합한 항목은?

① 불소
② 아연
③ 트리클로로에틸렌
④ 폴리클로리네이티드비페닐

풀이 불소측정방법
㉠ 자외선/가시선분광법
㉡ 이온전극법

36 유도결합플라스마 발광광도계에 대한 설명으로 틀린 것은?

① 아르곤을 플라스마 가스로 이용한다.
② 동시에 다성분의 분석은 불가능하다.
③ 분석 성분의 농도는 방출되는 광선의 세기에 비례한다.
④ 여기된 원자가 바닥상태로 이동할 때 방출하는 광선을 이용하여 측정한다.

풀이 유도결합플라스마 발광광도계는 동시에 다성분의 분석이 가능하다.

37 저장물질이 없는 누출검사대상시설–가압시험법의 검사기기 및 기구에 대한 설명으로 틀린 것은?

① 사용가스 : 불활성 가스를 가압매체로 사용
② 온도계 : 시험압력에 충분히 견딜 수 있는 것으로서 최소눈금이 1℃ 이하를 읽고 기록이 가능한 온도계

정답 31 ③ 32 ② 33 ④ 34 ② 35 ① 36 ② 37 ③

③ 가압장치 : 가압 시 최대 압력 100mmH$_2$O 이하가 되도록 조정되는 것

④ 압력계 : 최소눈금이 시험압력의 5% 이내

풀이 가압장치

불활성 가스용기 및 압력조정장치를 말한다. (0.2kg$_f$/cm^{2}의 시험압력)

---

38 토양오염물질 위해성 평가의 내용과 가장 거리가 먼 것은?

① 노출평가   ② 영향평가

③ 독성평가   ④ 위해도 결정

풀이 토양오염 위해성 평가단계

㉠ 노출 경로 선택(결정)   ㉡ 노출평가
㉢ 독성평가   ㉣ 위해도 결정

---

39 석유계 총탄화수소를 분석하기 위한 추출방법으로 옳은 것은?(단, 기체크로마토그래피 기준)

① 가온추출법   ② 자기장추출법

③ 적외선추출법   ④ 초음파추출법

풀이 석유계 총탄화수소 추출방법

㉠ 속슬레추출법
㉡ 초음파추출법

---

40 저장물질이 있는 누출검사대상시설-기상부의 시험법 중 미감압법 측정방법의 설명으로 옳지 않은 것은?

① 시험을 위한 진공속도는 매분 100mmHg 미만이 되도록 한다.

② 매 5분마다 측정된 압력변화값은 자동으로 기록되도록 한다.

③ 누출 여부에 대한 추가확인을 위하여 마이크로폰 등 추가적인 도구를 사용할 수 있다.

④ 압력 안정화 유지시간 이후부터 매 5분마다 60분 또는 70분 동안의 압력변화를 측정한다.

풀이 미감압법에서 시험을 위한 진공속도는 매분 100mmH$_2$O 미만이 되도록 한다.

3과목 **토양 및 지하수오염정화기술**

41 일반적인 토양세척법(Soil Washing)의 영향인자로 가장 거리가 먼 것은?

① 입경분포   ② 토양투수계수

③ 유기물 함량   ④ 수분 함량

풀이 토양세척법 효율에 영향을 미치는 인자

㉠ 입경분포 및 토양구조
㉡ 토양 종류 및 오염물질의 종류 · 농도
㉢ pH, CEC
㉣ 유기물 함량, 수분 함량
㉤ 완충용량

---

42 대수층의 두께가 평균 100m이고 공극률이 0.3인 자유면 대수층에서 2,000m^3/day의 양수량으로 5년간 장기적으로 취수할 경우 완전 관통상의 취수정 보호를 위한 고정 반경(m)은?

① 173.5   ② 196.8

③ 205.4   ④ 302.4

풀이 단면적(m^2)

$$= \frac{2,000\text{m}^3/\text{day} \times 365\text{day/year} \times 5\text{year}}{100\text{m} \times 0.3}$$

$$= 121,666.67\text{m}^2$$

단면적$(A) = \dfrac{3.14 \times D^2}{4}$

$$D = \sqrt{\frac{A \times 4}{3.14}}$$

$$= \sqrt{\frac{121,666.67\text{m}^2 \times 4}{3.14}} = 393.68\text{m}$$

반경 $= \dfrac{D}{2} = \dfrac{393.68\text{m}}{2} = 196.84\text{m}$

---

43 바이오필터의 운전에 따른 문제점으로 틀린 것은?

① 생물학적 처리와 물리학적 처리의 동시 진행을 위한 별도의 포집가스 처리시설이 필요하다.

---

② 생물상의 온도가 미생물의 활동에 의해 상승함에 따라 유입가스에 비해 유출가스 중의 수분함량이 증가하여 수분증발이 일어나 주기적인 수분공급이 필요하다.

③ 시간이 지남에 따라 충전층이 압밀되어 바이오필터를 통과하는 배가스의 압력손실이 점차 커진다.

④ 오염물질 분해반응에 따라 pH가 낮아지는 현상이 발생한다.

> 풀이 바이오필터는 별도의 포집가스 처리장치가 필요없다.

44 매립지에서 염소의 농도가 1,000mg/L인 침출수가 누출되어 다음과 같은 특성을 지닌 대수층으로 유입되고 있다. 다음 조건을 이용하여 산출된 평균선형유속(m/s)은?

- 수리전도도 = 2.0×10^{-3}cm/s
- dh/dL = 0.002
- 유효공극률 = 0.46

① 8.7×10^{-8} ② 5.3×10^{-8}
③ 3.6×10^{-8} ④ 2.8×10^{-8}

> 풀이 평균선형유속($\bar{v}$)
> $$\bar{v} = \frac{k}{\eta}\left(\frac{dh}{dL}\right)$$
> $$= \frac{2.0 \times 10^{-3}\text{cm/sec} \times 1\text{m}/100\text{cm} \times 0.002}{0.46}$$
> $$= 8.7 \times 10^{-8}\text{m/sec}$$

45 열탈착기술 적용 시 2차 오염물질의 발생을 제어하는 기본적 장치에 대한 설명으로 틀린 것은?

① 조대입자는 먼저 사이클론으로 제거한다.

② 미세입자는 백필터나 전기집진기를 설치하여 제거한다.

③ 잔존 유기물 제거는 벤투리 세정기를 이용한다.

④ 폐기물 중에 황, 시안 등이 있을 경우 세정장치가 필요하다.

> 풀이 잔존유기물 제거는 활성탄을 이용한다.

46 생물학적 처리 시 일반적으로 난분해성을 가지는 대상 오염 물질이 아닌 것은?

① 할로겐화된 화합물

② 가지구조가 많은 화합물

③ 물에 대한 용해도가 낮은 화합물

④ 원자의 전하차가 작은 화합물

> 풀이 유기화합물질의 난분해성 조건(생분해가 어려운 물질의 일반적인 특성)
> ㉠ 할로겐화된 화합물
> ㉡ 분자 내에 많은 수의 할로겐 원소(Cl, Br 등)를 함유하는 화합물
> ㉢ 가지구조가 많은 화합물
> ㉣ 물에 대하여 용해도가 낮은 화합물
> ㉤ 원자의 전하차가 큰 화합물

47 Composting 공법에 대해 설명한 내용으로 틀린 것은?

① 퇴비화 과정에서 공기가 적게 공급되면 pH가 7~8로 증가한다.

② 보통 초기 제어 함수율은 40~60%이다.

③ 퇴비화 시 심한 악취가 나는 것은 산소 부족에 기인된 것이다.

④ 적정 영양물질의 비율은 C/N비로 25~30:1이다.

> 풀이 퇴비화 과정에서 공기가 적게 공급되면 pH가 감소한다.

48 오염토양 내에 인위적으로 산소를 공급하여 토양 내에 존재하는 토착 미생물의 활성을 촉진시켜 생분해도를 극대화하여 오염토양을 정화하는 기법은?

① 공기분사기법(air spraying)

② 토양증기추출기법(soil vapor extraction)

③ 토양세척(soil washing)

④ 바이오벤팅기법(bioventing)

> 정답 44 ① 45 ③ 46 ④ 47 ① 48 ④

풀이 바이오벤팅은 불포화 토양층에 인위적으로 산소를 공급하여 토양 내에 존재하는 토착미생물의 활성을 촉진시켜 생분해도를 극대화하여 오염토양을 정화시키는 기법이다.

49 미국의 Superfund site 중에서 유해성 중금속으로 오염된 토양을 정화하는 데 가장 많이 이용되며, 폐기물의 유해성분의 유동성을 감소시키는 것을 목적으로 처리하는 기술은?

① 토양증기추출법
② 토양세척법
③ 고형화/안정화
④ 열탈착

풀이 고정화와 안정화는 물리 · 화학적 방법을 통해 일차적으로 폐기물 유해 성분의 유동성을 감소시키는 것을 목적으로 한다.

50 토양정화 방법 중 열탈착기술의 특징이 아닌 것은?

① 저온 열처리기술이다.
② 다양한 수분함량과 오염농도를 가진 여러 종류의 토양에 적용이 가능하다.
③ 토양으로부터 휘발성 유기화합물을 검출한계 이하로 제거가 가능하다.
④ 다이옥신(dioxin) 및 퓨란(furan)을 생성시키는 단점이 있다.

풀이 열탈착기술은 유기염소 및 유기인 살충제 등 오염물질을 처리하는 동안 다이옥신과 퓨란이 생성되지 않는다.

51 수직차단벽으로서의 슬러리월(slurry walls)의 역할이 아닌 것은?

① 오염물질의 분해 또는 지체 효과를 증진시킨다.
② 오염물질을 고형화하여 용출률을 낮춘다.
③ 지하로의 침출수 흐름을 제어한다.
④ 오염되지 않은 지하수를 오염된 지역으로부터 격리시킨다.

풀이 슬러리월의 역할
  ㉠ 지하수의 흐름을 다른 곳으로 우회시켜 오염되지 않은 지하수를 오염된 지역으로부터 격리시킨다.
  ㉡ 지하로의 침출수 흐름을 제어한다.
  ㉢ 오염원으로부터 집수정까지의 흐름경로를 길게 하여 오염물질의 분해 또는 지체효과를 증진시킨다.

52 토양경작법 운용 시 고려해야 할 토양 조건 중 가장 거리가 먼 것은?

① 수분함량
② 온도
③ 산화환원전위
④ 제타포텐셜

풀이 오염물질 분해율 최적화하기 위한 토양특성 조절 인자
  ㉠ 수분함유량   ㉡ 산소함유량
  ㉢ 영양분(N, S)   ㉣ pH
  ㉤ 토양부피

53 생물학적 통기법을 효과적으로 적용하기 위해서는 현장에서의 산소소모율을 조사한다. 평균 산소 소모율(% O_2/day)을 구하는 식의 인자와 가장 거리가 먼 것은?

① 주입공기 유량
② 배가스 중의 산소농도
③ 토양 체적
④ 토양 투수계수

풀이 평균산소소모율(R_0)

$$R_0 = \frac{Q(C_0 - C_f)}{VP}$$

여기서, R_0 : 산소소모율(%, O_2/day)
  Q : 주입공기유량(m^3/day)
  C_0 : 초기 산소농도(20.9%)
  C_f : 배기가스 중의 산소농도(%)
  V : 토양부피(m^3)
  P : 토양의 공극률

54 오염지하수의 생물학적 처리에 대한 설명으로 틀린 것은?

① 생물학적 처리 전후에 물리화학적 처리를 병행하는 경우가 있다.
② 생물학적 처리방식은 부유상 처리방법과 고정상 처리방법으로 구분할 수 있다.
③ 일반적으로 염소로 치환된 지방족화합물의 분해율이 방향족화합물보다 수십 배 이상 빠르다.
④ 생물학적 처리의 운전방식은 연속식, 회분식, 반회분식으로 구분할 수 있다.

풀이 일반적으로 염소로 치환된 지방족화합물의 분해율이 방향족화합물보다 수십 배 이상 느리다.

55 열탈착법에 관한 설명으로 틀린 것은?

① 가소성이 낮은 토양은 스크린 및 장비에 엉겨 붙어 운영에 지장을 초래할 수 있다.
② 20% 이상 수분을 포함하는 토양은 건조 및 탈수 후 처리하여야 한다.
③ 1,100kcal/kg보다 높은 열량을 가진 토양은 처리 전 일반토양과 섞어 처리하여야 한다.
④ 저온 열탈착조는 90~320℃ 범위에서 운영된다.

풀이 가소성이 높은 토양은 스크린 및 장비에 엉겨붙어 운영에 지장을 초래할 수 있다.

56 유기오염물질로 오염된 사질 대수층이 있다. 수리전도도가 3.0×10^{-3}cm/sec, 유효 공극률이 0.3, 수두구배가 0.01일 때 오염운의 평균이동속도(cm/sec)는?(단, 흡착 등에 의한 지연은 고려하지 않는다.)

① 10^{-3} ② 10^{-4}
③ 10^{-5} ④ 10^{-6}

풀이 $\overline{V} = \dfrac{k}{\eta_e}\left(\dfrac{dh}{dL}\right) = \dfrac{3.0 \times 10^{-3} \text{cm/sec}}{0.3} \times 0.01$
$= 0.0001(10^{-4})\,\text{cm/sec}$

57 벤젠(C_6H_6) 40kg으로 오염된 토양을 원위치 생물학적 복원기술로 정화하고자 한다. 벤젠이 완전분해되는 데 필요한 산소를 과산화수소로 공급한다면 필요한 과산화수소의 양(kg)은?(단, $2H_2O_2 \rightarrow 2H_2O + O_2$)

① 143 ② 184
③ 226 ④ 262

풀이 이론산소량(kg)
$C_6H_6 + 7.5O_2 \rightarrow 6CO_2 + 3H_2O$
78kg : $7.5 \times 32\text{kg}$
40kg : $O_o(\text{kg})$
이론산소량$(\text{kg}) = \dfrac{40\text{kg} \times (7.5 \times 32)\text{kg}}{78\text{kg}}$
$= 123.08\text{kg}$
과산화수소량(kg)
$2H_2O_2 \rightarrow 2H_2O + O_2$
68kg : 32kg
$H_2O_2(\text{kg})$: 123.08kg
$H_2O_2(\text{kg}) = \dfrac{68\text{kg} \times 123.08\text{kg}}{32\text{kg}} = 261.54\text{kg}$

58 열처리기법의 일종으로 4,000℃ 고온에서 이온화된 가스를 이용하여 오염토양을 마그마와 같이 용융시켜 유리화시키는 기법은?

① 전기저항가열기법
② 무선주파수기법
③ 플라즈마기법
④ 전기스팀기법

59 토양증기추출법으로 유류오염 토양을 정화하는 현장의 모니터링 항목 중에 운전 초기에 매일 측정해야 하는 항목이 아닌 것은?

① 흡입 공기량
② 휘발성 유기화합물질 농도
③ 처리대상 물질 농도
④ 관정 내 압력

60 오염토양 처리기술 중 채광공정과 폐수처리 공정을 응용한 처리기술은?

① 토양증기추출법　　② 토양경작법
③ 토양세척법　　④ 저온열탈착법

4과목　토양 및 지하수환경 관계법규

61 다음 오염물질 중 토양오염 우려기준이 나머지와 다른 것은?(단, 1지역 기준)

① 카드뮴　　② 페놀
③ 수은　　④ 납

풀이 토양오염 우려기준(mg/kg)

물질	1지역	2지역	3지역
카드뮴	4	10	60
구리	150	500	2,000
비소	25	50	200
수은	4	10	20
납	200	400	700
6가 크롬	5	15	40
아연	300	600	2,000
니켈	100	200	500
불소	400	400	800
유기인화합물	10	10	30
폴리클로리네이티드비페닐	1	4	12
시안	2	2	120
페놀	4	4	20
벤젠	1	1	3
톨루엔	20	20	60
에틸벤젠	50	50	340
크실렌	15	15	45
석유계 총 탄화수소(TPH)	500	800	2,000
트리클로로에틸렌(TCE)	8	8	40
테트라클로로에틸렌(PCE)	4	4	25
벤조(a)피렌	0.7	2	7

62 시료의 채취 및 분석을 통한 토양오염의 정도와 범위를 조사하는 토양환경평가 조사단계(순서)는?

① 개황조사　　② 기초조사
③ 정밀조사　　④ 오염도 조사

풀이 토양환경평가
　㉠ 기초조사 : 자료조사, 현장조사 등을 통한 토양오염의 개연성 여부 조사
　㉡ 개황조사 : 시료의 채취 및 분석을 통한 토양오염 여부 조사
　㉢ 정밀조사 : 시료의 채취 및 분석을 통한 토양오염의 정도와 범위 조사

63 환경부장관이 토양보전을 위해 수립하는 토양보전기본계획의 수립 주기는?

① 3년　　② 5년
③ 10년　　④ 15년

풀이 환경부장관은 토양보전을 위하여 10년마다 토양보전에 관한 기본계획을 수립·시행하여야 한다.

64 국립환경인재개발원장이 개설하는 토양환경관리의 교육과정에 관한 설명으로 (　)에 알맞은 것은?

신규교육 : 토양관련전문기관 또는 토양정화업 분야의 기술인력으로 최초로 종사한 날부터 (㉠) 이내에 (㉡)

① ㉠ 6월, ㉡ 8시간　　② ㉠ 1년, ㉡ 8시간
③ ㉠ 6월, ㉡ 18시간　　④ ㉠ 1년, ㉡ 18시간

풀이 1. 토양관련전문기관 또는 토양정화업의 기술인력은 다음의 구분에 따라 국립환경인재개발원장이 개설하는 토양환경관리의 교육과정을 이수하여야 한다.
　㉠ 신규교육 : 토양관련전문기관 또는 토양정화업 분야의 기술인력으로 최초로 종사한 날부터 1년 이내에 18시간
　㉡ 보수교육 : 신규교육을 받은 날을 기준으로 5년마다 8시간
2. 교육은 집합교육 또는 원격교육으로 한다.

65 자연적인 원인에 의한 토양오염임을 입증하기 위해 대통령령으로 정하는 방법으로 ( )에 알맞은 것은?

해당 오염물질이 ( )으로부터 기인하였음을 증명할 것

① 대상 지역의 변성
② 대상 지역의 기후변동
③ 대상 부지의 지각변동
④ 대상 부지의 기반암

66 토양 관련 전문기관의 지정기준에 관한 내용으로 ( )에 옳은 것은?(단, 토양오염조사기관, 기술인력 기준)

기사는 해당 분야 산업기사 자격 취득 후 토양 관련 분야 또는 해당 전문기술 분야에서 ( ) 이상 종사한 사람으로 대체할 수 있다.

① 5년
② 4년
③ 3년
④ 2년

풀이 기사는 해당 분야 산업기사 자격취득 후 토양 관련 분야 또는 해당 전문기술 분야에서 4년 이상 종사한 사람이나 환경부장관이 인정하는 토양지하수 전문인력 양성 교육과정을 수료한 사람으로 대체할 수 있다.

67 오염토양개선사업을 지도·감독할 수 있도록 환경부령으로 정하는 토양 관련 전문기관에 해당하는 것은?

① 국립환경과학원
② 시·도 보건환경연구원
③ 지방 유역환경청
④ 한국환경공단

68 위해성 평가 대상지역의 관리에 관한 내용으로 ( )에 알맞은 것은?

환경부장관, 시·도지사, 시장·군수·구청장 또는 정화책임자는 법에 따라 위해성 평가의 결과를 토양정화의 시기에 반영하려는 경우 위해성 평가의 최초 검증 후 ( ) 토양 관련 전문기관으로 하여금 위해성 평가 대상지역에 대한 오염토양 모니터링을 실시하도록 해야 한다.

① 매년
② 2년마다
③ 3년마다
④ 5년마다

69 토양정화업의 등록요건 중 장비기준으로 틀린 것은?

① 휴대용 가스측정장비 1식(휘발성 유기화합물질, 산소, 이산화탄소 및 메탄의 측정이 가능할 것)
② 현장용 수질측정기 1식(수소이온농도, 수은, 전기전도도, 용존산소 및 산화환원전위의 측정이 가능할 것)
③ 지하수위측정기
④ 시료채취기 1대(깊이 2m 이내 시료채취가 가능할 것)

풀이 토양정화업의 등록요건(장비)
ⓐ 시료채취기 1대(깊이 6m 이상 시료채취가 가능할 것)
ⓑ 휴대용 가스측정장비 1식(휘발성 유기화합물질(VOC), 산소, 이산화탄소 및 메탄의 측정이 가능할 것)
ⓒ 현장용 수질측정기 1식(수소이온농도(pH), 수온, 전기전도도, 용존산소 및 산화·환원전위의 측정이 가능할 것)
ⓓ 지하수위측정기

70 토양환경평가기관의 지정기준 중 자가동력 시추기에 관한 내용으로 ( )에 옳은 것은?

타격식이나 나선형식으로 시추깊이가 최소 ( ) 이상일 것

① 2m   ② 4m

③ 6m   ④ 8m

풀이 자가동력시추기

타격식이나 나선형식으로 시추 깊이가 최소 6m 이상일 것

71 특정토양오염관리대상시설의 종류로 가장 거리가 먼 것은?

① 위험물의 제조 및 저장시설

② 송유관 시설

③ 유해화학물질의 제조 및 저장시설

④ 석유류의 제조 및 저장시설

풀이 특정토양오염관리대상시설별 토양오염 검사항목

특정토양오염 관리대상시설	검사항목
1. 석유류의 제조 및 저장시설	벤젠 · 톨루엔 · 에틸벤젠 · 크실렌 · 석유계 총 탄화수소(TPH)
2. 유해화학물질의 제조 및 저장시설	카드뮴 · 구리 · 비소 · 수은 · 납 · 6가 크롬 · 아연 · 니켈 · 불소 · 유기인화합물 · 폴리클로리네이티드비페닐 · 시안 · 페놀 · 트리클로로에틸렌(TCE) · 테트라클로로에틸렌(PCE) 및 벤조(a)피렌 중 해당 항목
3. 송유관 시설	벤젠 · 톨루엔 · 에틸벤젠 · 크실렌 · 석유계 총 탄화수소(TPH)

72 특정토양오염관리대상시설의 설치자는 토양오염 검사에 의하여 토양 관련 전문기관으로부터 통보받은 토양오염 검사결과를 몇 년간 보존하여야 하는가?

① 1년   ② 2년

③ 3년   ④ 5년

73 검사항목별 '1지역-2지역' 토양오염대책기준(단위 : mg/kg)이 잘못 짝지어진 것은?

① BTEX : 80-20   ② TPH : 2000-2400

③ TCE : 24-24   ④ PCE : 12-12

풀이 토양오염대책기준(단위 : mg/kg)

물질	1지역	2지역	3지역
카드뮴	12	30	180
구리	450	1,500	6,000
비소	75	150	600
수은	12	30	60
납	600	1,200	2,100
6가 크롬	15	45	120
아연	900	1,800	5,000
니켈	300	600	1,500
불소	2,400	3,900	6,000
유기인화합물	—	—	—
폴리클로리네이티드 비페닐	3	12	36
시안	5	5	300
페놀	10	10	50
벤젠	3	3	9
톨루엔	60	60	180
에틸벤젠	150	150	1,020
크실렌	45	45	135
석유계 총 탄화수소 (TPH)	2,000	2,400	6,000
트리클로로에틸렌 (TCE)	24	24	120
테트라클로로에틸렌 (PCE)	12	12	75
벤조(a)피렌	2	6	21

74 특정토양오염관리대상시설의 변경신고 사유로 틀린 것은?

① 사업장의 명칭 또는 대표자가 변경되는 경우

② 특정토양오염관리대상시설의 조업이 정지되거나 일부 폐쇄하는 경우

③ 특정토양오염관리대상시설을 교체하거나 토양오염방지시설을 변경하는 경우

④ 특정토양오염관리대상시설에 저장하는 오염물질을 변경하는 경우

풀이 특정토양오염관리대상시설의 변경신고

㉠ 사업장의 명칭 또는 대표자가 변경되는 경우

㉡ 특정토양오염관리대상시설의 사용을 종료하거나 폐쇄하는 경우

㉢ 특정토양오염관리대상시설을 증설 또는 교체하거나 토양오염방지시설을 변경하는 경우

ⓡ 특정토양오염관리대상시설에 저장하는 오염물질을 변경하는 경우

75 지하수개발·이용시공업자의 영업 등록 취소 요건이 아닌 것은?

① 부정한 방법으로 등록을 한 경우
② 등록기준에 미치지 못하게 된 경우
③ 계속해서 1년 이상 영업을 하지 아니한 경우
④ 고의 또는 중대한 과실로 지하수개발·이용시설의 공사를 부실하게 한 경우

풀이 지하수개발·이용시공업자의 영업등록 취소여건
ⓖ 부정한 방법으로 등록을 한 경우
ⓛ 등록기준에 미치지 못하게 된 경우
ⓒ 변경등록을 하지 아니하거나 부정한 방법으로 변경등록을 한 경우
ⓡ 제23조 각 호의 어느 하나에 해당하게 된 경우. 다만, 법인의 임원 중에 제23조 제1호부터 제5호까지의 어느 하나에 해당하는 자가 있는 경우 3개월 이내에 해당 임원을 교체 임명하였을 때에는 그러하지 아니하다.
ⓜ 다른 자에게 자기의 상호 또는 명칭을 사용하여 지하수개발·이용시공업을 하게 하거나 등록증을 대여한 경우
ⓗ 계속하여 2년 이상 영업을 하지 아니한 경우
ⓢ 고의 또는 중대한 과실로 지하수개발·이용시설의 공사를 부실하게 한 경우
ⓞ 「국세징수법」, 「지방세징수법」 등 관계 법률에 따라 국가 또는 지방자치단체가 요구하는 경우

76 시·도지사가 상시측정, 토양오염실태조사 또는 토양정밀조사의 결과, 우려기준을 넘는 경우에 정화책임자에게 명할 수 있는 조치내용이 아닌 것은?

① 토양오염방지시설의 설치 또는 개선
② 오염토양의 정화
③ 토양오염관리대상시설의 개선 또는 이전
④ 해당 토양오염물질의 사용제한 또는 사용중지

풀이 시·도지사 또는 시장·군수·구청장은 상시측정, 토양오염실태조사 또는 토양정밀조사의 결과 우려기준을 넘는 경우에는 대통령령으로 정하는 바에 따

라 기간을 정하여 다음 각 호의 어느 하나에 해당하는 조치를 하도록 정화책임자에게 명할 수 있다. 다만, 정화책임자를 알 수 없거나 정화책임자에 의한 토양정화가 곤란하다고 인정하는 경우에는 시·도지사 또는 시장·군수·구청장이 오염토양의 정화를 실시할 수 있다.
ⓖ 토양오염관리대상시설의 개선 또는 이전
ⓛ 해당 토양오염물질의 사용제한 또는 사용중지
ⓒ 오염토양의 정화

77 주민건강피해조사 및 대책의 내용에 포함될 사항으로 틀린 것은?

① 건강피해의 판정 및 대책
② 건강피해지역 통제계획
③ 건강피해조사의 대상 및 방법
④ 건강피해조사기관

풀이 주민건강피해조사 및 대책의 내용 포함사항
ⓖ 건강피해조사의 대상 및 방법
ⓛ 건강피해조사기관
ⓒ 건강피해의 판정 및 대책
ⓡ 그 밖에 건강피해조사 및 대책에 필요한 사항

78 지하수법 용어의 정의 중 틀린 것은?

① 지하수란 지하의 지층이나 암석 사이의 빈틈을 채우고 있거나 흐르는 물을 말한다.
② 지하수영향조사란 지하수의 개발·이용이 주변지역에 미치는 영향을 분석·예측하는 조사를 말한다.
③ 지하수보전구역이란 지하수의 수량이나 수질을 보전하기 위하여 필요한 구역으로서 시·도지사에 의해 지정된 구역을 말한다.
④ 지하수정화업이란 지하수에 함유된 오염물질을 희석하지 않고 제거 또는 분해하여 지하수를 이용하는 사업을 말한다.

풀이 지하수정화업이란 지하수에 함유된 오염물질을 제거·분해 또는 희석하여 지하수의 수질을 개선하는 사업을 말한다.

79 지하수의 보전 · 관리를 위하여 필요한 경우에 지정하는 지하수 보전구역이 아닌 것은?

① 지하수개발 · 이용량이 기본계획 또는 지역관리계획에서 정한 지하수개발 가능량에 비하여 현저하게 높다고 판단되는 지역
② 지하수의 지나친 개발 · 이용으로 인하여 지하수의 고갈현상, 지반침하 또는 하천이 마르는 현상이 발생하거나 발생할 우려가 있는 지역
③ 지하수의 개발 · 이용으로 인하여 주변 생태계에 심각한 악영향을 미치거나 미칠 우려가 있는 지역
④ 지하수의 개발 · 이용으로 인하여 상수원으로 이용하는 호소수가 줄어들 우려가 있는 지역

풀이 지하수 보전구역
　㉠ 지하수를 이용하는 하류지역과 수리적으로 연결된 지하수의 공급원이 되는 상류지역
　㉡ 주된 용수공급원이 되는 지하수가 상당히 부존된 지층이 있는 지역
　㉢ 대통령령으로 정하는 공공급수용 지하수개발 · 이용시설의 중심에서 대통령령으로 정하는 반지름 이내에 시설이 설치되어 수질의 저하가 우려되는 지역
　㉣ 지하수개발 · 이용량이 기본계획 또는 지역관리계획에서 정한 지하수 개발 가능량에 비하여 현저하게 높다고 판단되는 지역
　㉤ 지하수의 지나친 개발 · 이용으로 인하여 지하수의 고갈현상, 지반침하 또는 하천이 마르는 현상이 발생하거나 발생할 우려가 있는 지역
　㉥ 지하수의 개발 · 이용으로 인하여 주변 생태계에 심각한 악영향을 미치거나 미칠 우려가 있는 지역
　㉦ 그 밖에 지하수의 수량이나 수질을 보전하기 위하여 필요한 지역으로서 대통령령으로 정하는 지역

80 오염토양을 버리거나 매립한 자에 대한 벌칙 기준은?

① 6월 이하의 징역 또는 5백만원 이하의 벌금
② 1년 이하의 징역 또는 1천만원 이하의 벌금
③ 2년 이하의 징역 또는 2천만원 이하의 벌금
④ 3년 이하의 징역 또는 3천만원 이하의 벌금

풀이 토양환경보전법 제29조 참고

1과목 토양학개론

01 유기질(식물조직)로 이루어진 늪지의 토양을 나타내는 토양목(order)은?

① Andosol ② Entisol
③ Vertisol ④ Histosol

풀이 히스토졸(Histosols)
  ㉠ 부분적으로 또는 심하게 분해된 수생식물의 잔재가 얕은 연못이나 습지에서 퇴적되어 형성
  ㉡ 유기질(식물조직)로 이루어진 늪지의 토양으로 흑색과 암갈색을 나타냄
  ㉢ 유기물 함량이 20~30% 이상이며 유기물 토양층은 40cm 이상임
  ㉣ 담수 상태 또는 산성 조건에서 발달하는 유기질 늪지 토양
  ㉤ 이탄토, 흑니토 등이 이에 속함

02 일반적으로 테트라클로로에틸렌(PCE)이 토양 중에서 분해되어 나타나는 최종 산물은?

① 트리클로로에틸렌(TCE)
② 비닐클로라이드
③ 물, 탄산가스, 염산
④ 물, 탄산가스

03 토양수분의 측정방법과 가장 거리가 먼 것은?

① 중량법
② 장력계(Tensiometer)법
③ 중성자(Neutron)법
④ 비중계 분석법

풀이 토양수분 측정방법
  ㉠ 중량법
  ㉡ 중성자법(Neutron Scattering)
  ㉢ 장력계(Tensiometer법)
  ㉣ TDR법(Time Domain Reflectometry)

04 토양 중 유기성분의 부식작용으로 가장 거리가 먼 것은?

① 온도의 유지
② 비료 질소의 흡수
③ 토양의 함수량 증대
④ 토양 미생물의 에너지 공급원

풀이 유기성분의 부식작용(부식의 기능)
  ㉠ 토양의 수분 함유량 증진 및 유지
  ㉡ 일정 온도 유지
  ㉢ 토양 미생물에 대한 에너지 공급원
  ㉣ 식물에 대한 질소의 공급
  ㉤ 생물의 성장 촉진 및 양분의 흡수 유지
  ㉥ 토양 완충력 증가 및 독성물질(중금속)의 유해작용 감소

05 토양 콜로이드 입자의 등전점에 관한 설명으로 옳지 않은 것은?

① 콜로이드 입자 표면의 순전하가 0이 되는 용액의 pH를 말함
② pH가 등전점보다 낮으면 콜로이드 입자 표면에 카드뮴의 흡착이 잘 일어남
③ 카올린 광물의 경우 4 전후의 값을 나타냄
④ pH가 등전점보다 높으면 콜로이드 입자 표면의 전하는 음전하를 나타냄

풀이 pH가 등전점보다 낮으면 콜로이드 입자 표면에 카드뮴의 흡착이 잘 일어나지 않는다.

  [참고] 등전점(Isoeletric Point)
  • $H^+(OH^-)$를 전위결정 이온으로 해서 표면 전하가 발생하는데 콜로이드 입자 표면의 순전하가 0이 되는 용액의 pH를 등전점이라 한다.
  • 교질용액의 pH가 등전점보다 낮으면 교질 표면은 양전하를 띠고 높으면 음전하를 나타낸다.

정답 01 ④ 02 ③ 03 ④ 04 ② 05 ②

06 토양에서 공극비(e)를 바르게 나타낸 것은?

① 공극 내 물의 무게/토양 고상의 무게

② 공극 내 물의 무게/토양 전체의 무게

③ 공극의 부피/토양 고상의 부피

④ 공극의 부피/토양 전체의 부피

풀이 공극비 $= \dfrac{공극의\ 부피}{토양\ 고상의\ 부피} = \dfrac{공극률}{1-공극률}$

07 토양 구성 입자의 직경 즉 입도분포를 결정하기 위한 분석과 가장 거리가 먼 것은?

① 비중계 분석

② 비표면적 분석

③ 체분석

④ 침전분석

풀이 입도분포를 결정하기 위한 분석방법

ㄱ 비중계 분석 : 토양의 현탁액에 특수한 비중계를 꽂고 그 농도를 조정하는 방법

ㄴ 체분석 : 토양이 조립토인 경우 분석

ㄷ 침전분석 : 세립토인 경우 Stokes 법칙을 이용한 분석

비표면적 분석을 통해 입자의 비표면적 넓이와 기공률, 기공부피 등을 확인할 수 있다.

08 사막화의 과정인 토양의 염류 집적 원인과 가장 거리가 먼 것은?

① 지하수위의 상승

② 관개수에 의한 염류의 증가

③ 배수량의 저하

④ 지하수 모관 상승의 저하

풀이 토양의 염류 집적 원인

ㄱ 지하수위의 상승

ㄴ 관개수에 의한 염류의 증가

ㄷ 배수량의 저하

ㄹ 지하수 모관 상승의 증가

09 토양오염은 오염물질의 특성에 따라 다르게 나타난다. 유기오염물질의 특성 인자와 가장 거리가 먼 것은?

① 용해도적

② 증기압

③ 옥탄올－물 분배계수

④ 분해상수

풀이 토양오염물질의 이동 특성, 이동경로(특이성)에 영향을 주는 주요 특성인자

1. 유기오염물질의 특성인자

ㄱ 증기압

ㄴ 헨리상수(공기/물 분배계수)

ㄷ 분해상수

ㄹ 옥탄올/물 분배계수(K_{ow})

2. 무기오염물질의 특성인자

ㄱ 용해도적

ㄴ 착염물질의 형성

10 광산 활동에 의한 주변 농경지의 오염에 관련된 사항으로 가장 거리가 먼 것은?

① 일반적으로 광산배수의 pH는 강알칼리임

② 농경지 오염은 주로 방치된 광미, 광폐석에 기인됨

③ 아연광산의 경우 제련과정에서 카드뮴이 부산물로 생산됨

④ 중금속이 함유된 농업용수를 이용함으로써 농경지가 오염됨

풀이 일반적으로 광산배수는 산성이며 주원인 물질은 황철석(FeS_2)이다.

11 원통 컬럼에 수리전도도가 0.2m/hr인 토양을 충진하여 수평으로 놓고 토양 내 기포가 생기지 않게 일정한 유량의 물을 흘려 보내주었다. 유량과 단면적의 비 값은 0.05m/hr이었고 칼럼 전체의 수두차는 0.25m이었다. 실험에 사용한 원통 컬럼의 길이(m)는?

① 0.1   ② 0.5
③ 1   ④ 2

풀이 $Q = KA\dfrac{dh}{dL}$

$$\dfrac{Q}{A} = K\dfrac{dh}{dL}$$

$$0.05\text{m/hr} = 0.2\text{m/hr} \times \dfrac{0.25\text{m}}{길이}$$

$$길이 = 1\text{m}$$

12 두 지점의 수두차 1m, 두 지점 사이의 수평거리 800m, 투수계수 300m/day일 때 대수층의 두께 4m, 폭 3m인 지하수의 유량(m³/day)은?

① 1.5   ② 3.0
③ 4.5   ④ 6.0

풀이 $Q = KA\dfrac{dh}{dL}$

$$= 300\text{m/day} \times (4 \times 3)\text{m}^2 \times \dfrac{1\text{m}}{800\text{m}}$$

$$= 4.5\text{m}^3/\text{day}$$

13 벤젠이 포화토양층에 평형상태로 용해 또는 흡착되어 있다. 지하수와 토양에서의 벤젠의 농도는 각각 10mg/L, 50mg/kg이며, 포화토양층의 부피는 2,500m³이다. 토양공극률이 0.44, 토양입자밀도가 3.50g/cm³일 경우 토양에 흡착된 벤젠의 양(kg)은?

① 215   ② 225
③ 235   ④ 245

풀이 토양에 흡착된 벤젠의 양(kg)

$$= 2,500\text{m}^3 \times 50\text{mg/kg} \times (1 - 0.44) \times 3.5\text{g/cm}^3$$
$$\quad \times 1\text{kg}/10^6\text{mg} \times 10^6\text{cm}^3/\text{m}^3 \times 1\text{kg}/1,000\text{g}$$
$$= 245\text{kg}$$

14 토양미생물 중 호기성 조건에서 생존하고 무기영양 미생물이며 질소의 고정에 관여하는 것은?

① 세균   ② 방선균
③ 조류   ④ 사상균

풀이 조류(Algae)
    ㉠ 조류는 유기물 합성을 하여 생육이 급증하면 부영양화를 초래하고 무기영양 미생물이며 호기성 미생물이다.
    ㉡ 자가영양체와 종속영양체가 있으며 녹조류, 남조류, 규조류가 대표적이다.
    ㉢ 토양 중에서 유기물 생성, 질소 고정, 산소 공급, 질소세균과의 공생작용을 한다.

15 토양에 투입될 경우 지하수로의 이동성이 가장 좋은 물질은?

① 인산
② 카드뮴
③ 질산태 질소
④ 암모늄태 질소

풀이 질산태 질소(NO_3^-)가 암모니아태 질소(NH_4^+)보다 지하수로의 이동성이 좋아 영양생장 및 생식생장을 모두 잘 시킨다.

16 산화적 조건하에서 불용화하는 중금속으로 짝지어진 것은?

① Fe, Mn   ② Cd, Fe
③ Cd, Cr   ④ Zn, Mn

풀이 Fe, Mn은 산화조건에서 불용화되고 Cd, Cu, Zn, Cr은 환원조건에서 불용화된다.

PART 05

17 나트륨 토양의 개량을 위해 사용할 수 있는 방법이 아닌 것은?

① 지하수위가 높은 경우 배수로 수위를 낮춘다.
② 치환성 Ca 포화도를 낮춘다.
③ 내알칼리, 내침수성 식물을 재배한다.
④ 깊은 우물을 파서 하토층의 물리성을 개량한다.

풀이 석회 자체를 투입하여 치환성 Ca 포화도를 높인다.

18 점토광물 중 비표면적이 가장 작은 것은?

① Montmorillonite
② Kaolinite
③ Trioctahedral Vermiculite
④ Chlorite

풀이 점토광물의 비표면적
① Montmorillonite : 600~800m²/g
② Kaolimite : 7~30m²/g
③ Vermiculite : 50(600)~800m²/g
④ Chlorite : 70~150m²/g

19 난분해성 유기화학물과 가장 거리가 먼 것은?

① 분자가 가지구조가 많은 화합물
② 분자 내에 많은 수의 할로겐 원소를 함유하는 화합물
③ 물에 대한 용해도가 높은 화합물
④ 원자의 전하차가 큰 화합물

풀이 물에 대한 용해도가 낮은 화합물이 난분해성 유기화학물질이다.

20 용적밀도(Bulk Density)가 1.30g/cm³인 건조한 토양 100cm³을 중량 수분 함량 30%로 조정하고자 할 때 필요한 수분의 양(g)은?

① 13.0 ② 30.0
③ 39.0 ④ 130.0

풀이 수분의 양(g)=100cm³×1.3g/cm³×0.3=39g

2과목 **토양 및 지하수오염조사기술**

21 0.05N의 $KMnO_4$ 용액 2,000mL를 조제하고자 할 때 필요한 $KMnO_4$의 양(g)은?(단, $KMnO_4$의 분자량=158)

① 0.79 ② 1.58
③ 3.16 ④ 6.32

풀이 $KMnO_4$ → 5가 화합물
0.05N/L×2L×(158/5)g/N=3.16g

22 시료의 수분 측정 결과 건조된 증발접시의 무게(W_1)는 20.25g, 건조 전 증발접시와 시료의 무게(W_2)는 41.50g, 건조 후 증발접시와 시료의 무게(W_3)는 35.50g이었다면 시료의 수분 함량(%)은?

① 42.2 ② 38.2
③ 32.2 ④ 28.2

풀이 수분 함량(%)$=\dfrac{W_2-W_3}{W_2-W_1}\times 100$

$=\dfrac{(41.50-35.50)\text{g}}{(41.50-20.25)\text{g}}\times 100$

$=28.23\%$

23 질산(1+1) 용액을 제조할 때 설명으로 알맞은 것은?

① 1L 부피플라스크에 진한 질산(HNO_3, 63.01) 500mL를 넣은 다음 정제수로 정확히 1L가 되도록 채운다.
② 1L 부피플라스크에 정제수를 약 400mL를 넣은 다음 진한 질산(HNO_3, 63.01) 500mL를 넣고 정제수로 정확히 1L가 되도록 채운다.
③ 1L 부피플라스크에 진한 질산(HNO_3, 63.01)을 약 400mL 넣은 다음 정제수 500mL를 넣은 후 진한 질산으로 정확히 1L가 되도록 채운다.
④ 1L 부피플라스크에 정제수를 약 500mL를 넣은 다음 진한 질산(HNO_3, 63.01) 400mL를 넣고 정제수로 정확히 1L가 되도록 채운다.

풀이 질산과 물(정제수)의 비율이 1 : 1인 조건은 ②항이다.

24 6가 크롬에 작용시켜 생성하는 적자색의 착화합물의 흡광도를 540nm에서 측정하여 6가 크롬을 정량하는 방법은?

① 디에틸디티오카르바민산법

② 디에틸글리옥심법

③ 디페닐카르바지드법

④ 피리딘 – 피라졸론법

풀이 6가 크롬 – 자외선/가시선 분광법

시료 중 6가 크롬을 디페닐카르바지드와 반응시켜 생성하는 적자색의 착화합물의 흡광도를 540nm에서 측정하여 6가 크롬을 정량하는 방법이다.

25 유기인화합물을 기체크로마토그래피 – 질량분석법으로 분석할 때, 사용하는 정제용 컬럼으로 틀린 것은?

① 실리카겔 컬럼　　　② 플로리실 컬럼

③ 활성탄 컬럼　　　　④ 알루미나 컬럼

풀이 유기인화합물 – 기체크로마토그래피의 정제용 컬럼

ㄱ 실리카겔 컬럼

ㄴ 활성탄 컬럼

ㄷ 플로리실 컬럼

26 원자흡수분광분석방법에서 방해물질을 최소화하는 방법이 아닌 것은?

① 적절한 파장 선택

② 이온교환이나 용매추출 등을 통한 방해물질 제거

③ 음이온 또는 킬레이트 첨가

④ 내부 표준법 사용

풀이 내부 표준법은 정량 방법이다.

27 저장물질이 없는 누출검사 대상시설 가압시험법을 적용하여 누출검사를 할 때 주의사항과 가장 거리가 먼 것은?

① 가압으로 배출된 가스를 별도의 안전한 공간으로 이동시킨다.

② 기상 변화가 심할 때는 시험을 실시하지 않는다.

③ 누출 여부 판단을 위한 누출검사 대상시설의 가압을 위해서 과도한 속도로 압력이 상승되지 않도록 한다.

④ 시험기간 동안 화기의 사용을 금한다.

풀이 저장물질이 없는 누출검사 대상시설(가압시험법)

[누출검사 시 주의사항]

ㄱ 누출 여부 판단을 위한 누출검사 대상시설의 가압을 위하여 과도한 속도로 압력이 상승되지 않도록 한다.

ㄴ 시험기간 동안 화기의 사용을 금한다.

ㄷ 시험기간 동안 진동 등 압력변화에 영향을 주는 경우가 없도록 한다.

ㄹ 기상변화가 심할 때는 시험을 실시하지 않는다.

28 용액 100mL 중의 성분 무게(g)를 백분율로 표시할 때 사용하는 농도 표시 기호는?

① g/L　　　　　　　② mg/L

③ V/V(%)　　　　　④ W/V(%)

29 PCB를 기체크로마토그래피법으로 정량화할 때에 관한 내용으로 틀린 것은?

① PCB를 노말헥산으로 추출한다.

② 추출액은 실리카겔 또는 다층 실리카겔을 통과시켜 정제한다.

③ 검출기는 전자포착검출기(ECD) 또는 이와 동등 이상의 검출성능을 가진 것을 사용한다.

④ 운반기체는 네온 또는 수소를 이용한다.

30 pH 값이 20℃에서 가장 낮은 값을 나타내는 pH 표준액은?

① 수산화칼슘 표준액　　② 탄산염 표준액

③ 인산염 표준액　　　　④ 붕산염 표준액

풀이 온도별 표준액의 pH 값

온도 (℃)	수산염 표준액	프탈산염 표준액	인산염 표준액	붕산염 표준액	탄산염 표준액	수산화칼슘 표준액
0	1.67	4.01	6.98	9.46	10.32	13.43
5	1.67	4.01	6.95	9.39	10.25	13.21
10	1.67	4.00	6.92	9.33	10.18	13.00
15	1.67	4.00	6.90	9.27	10.12	12.81
20	1.68	4.00	6.88	9.22	10.07	12.63
25	1.68	4.01	6.86	9.18	10.02	12.45
30	1.69	4.01	6.85	9.14	9.97	12.30
35	1.69	4.02	6.84	9.10	9.93	12.14
40	1.70	4.03	6.84	9.07	–	11.99
50	1.71	4.06	6.83	9.01	–	11.70
60	1.73	4.10	6.84	8.96	–	11.45

31 유도결합 플라스마－원자발광분광법에서 플라스마 가스로 사용되는 것은?

① 수소　　　　　　　② 질소

③ 아르곤　　　　　　④ 헬륨

풀이 유도결합 플라즈마 발광광도법

　　시료를 고주파유도코일에 의하여 형성된 아르곤 플라스마에 주입하여 6,000~8,000K에서 들뜬 원자가 바닥상태로 이동할 때 방출하는 발광선 및 발광강도를 측정하여 원소의 정성 및 정량 분석을 수행한다.

32 누출검사 대상시설에 대한 용어 설명으로 틀린 것은?

① 부속배관 : 누출검사 대상시설에 용접 또는 나사조임방식으로 직접 연결되는 배관을 말한다.

② 지하매설배관 : 부속배관의 경로 중 지하에 매설되어 누출 여부를 육안으로 직접 확인할 수 없는 배관을 말한다.

③ 배관접속부 : 누출검사 대상시설과 부속배관, 부속배관과 배관을 연결하기 위하여 용접접합 또

는 나사조임방식 등으로 접속한 부분을 말한다.

④ 누출검지관 : 기체의 누출 여부를 누출검사 대상시설 내부에서 직접 또는 간접적으로 확인하기 위해 설치한 관을 말한다.

풀이 누출검지관

　　액체의 누출 여부를 누출검사 대상시설 외부에서 직접 또는 간접적으로 확인하기 위해 설치된 관을 말한다.

33 토양에 함유되어 있는 중금속 성분을 분석하기 위하여 시료를 조제할 때 사용되는 표준체가 다른 성분은?

① 납　　　　　　　② 구리

③ 6가크롬　　　　④ 비소

풀이 6가크롬의 분석방법은 자외선/가시선 분광법이며 나머지 물질의 주분석방법은 원자흡수분광 광도법이다.

34 토양오염관리 대상시설 지역 중 시료 채취 및 보관방법에 관한 설명으로 가장 거리가 먼 것은?

① 토양시료는 직경 2.0cm 이하의 시료채취봉이 들어있는 토양시추장비로 채취한다.

② 시료채취봉을 꺼내어 오염의 개연성이 가장 높다고 판단되는 부위 ±15cm를 시료부위로 한다.

③ 토양시추장비는 시추 중에 물이나 기름이 유입되지 않는 것이어야 한다.

④ 토양시추장비는 시료채취봉이 들어있는 타격식이나 나선형식이 있다.

풀이 토양시료는 직경 2.5cm 이상의 시료채취봉이 들어있는 타격식이나 나선형식의 토양시추장비로 채취한다.

35 방울수란 20℃에서 정제수 20방울을 적하할 때 그 부피가 몇 mL가 되는 것을 뜻하는가?

① 약 0.5mL　　　　② 약 1.0mL

③ 약 2.0mL　　　　④ 약 5.0mL

36 페놀류를 기체크로마토그래피로 정량할 때 추출용액은?

① 아세톤/메틸알코올(1 : 1)
② 사염화탄소/메틸알코올(1 : 2)
③ 아세톤/노말헥산(1 : 1)
④ 사염화탄소/아세톤(2 : 1)

풀이 토양 중 페놀 및 펜타클로로페놀을 아세톤/노말헥산 (1 : 1)으로 추출하여 기체크로마토그래피로 정량 하는 방법이다.

37 자외선/가시선 분광법에서 투과율 35% 시 흡광도는?

① 0.35   ② 0.38
③ 0.41   ④ 0.46

풀이 흡광도 $= \log \dfrac{1}{투과율} = \log \dfrac{1}{0.35} = 0.46$

38 기체크로마토그래피를 이용하여 분석할 수 있는 물질로 짝지은 것은?

① PCB, 수은
② 유기인화합물, TPH
③ BTEX, 비소
④ 불소, TPH

39 정도보증/정도관리에 적용되는 감응계수의 산정식으로 옳은 것은?(단, C : 검정곡선 작성용 표준용액의 농도, R : 반응값)

① 감응계수＝C/R
② 감응계수＝R/C
③ 감응계수＝R×C
④ 감응계수＝R²×C

40 토양의 pH를 측정(유리 전극법)하기 위한 분석절차에 관한 내용으로 (　) 안에 알맞은 것은?

조제된 분석용 시료 5g을 무게를 달아 50mL 비이커에 취하고 정제수 25mL를 넣어 가끔 유리막대로 저어주면서 (　　) 방치한다.

① 10분   ② 15분
③ 30분   ④ 1시간

3과목 **토양 및 지하수오염정화기술**

41 생물학적 통풍법을 적용하기 위해 검토해야 하는 토양의 주요인자가 아닌 것은?

① 고유투수계수   ② 지하수위
③ 양이온 교환능력   ④ 토양미생물

풀이 생물학적 통풍법(Bioventing) 적용, 검토 시 토양 주요인자
  ㉠ 고유투수계수(공기투과계수)
  ㉡ 지하수위(지하 수면까지 깊이)
  ㉢ 토양미생물
  ㉣ 토양 내 오염물질 농도
  ㉤ 토양수분, 영양물질, 토양공기의 산소 농도

42 토양정화기술 중에서 Ex－situ 정화기술과 가장 거리가 먼 것은?

① 토양세정법(Soil Flushing)
② 용제추출법(Solvent Extraction)
③ 퇴비화법(Composting)
④ 할로겐분리법(Glycolate Dehalogenation)

풀이 Ex－situ 정화기술 종류
  • 토양증기추출법(SVE ; Soil Vapor Extraction)
  • 퇴비화법(Composting)
  • 토양경작법(Landfarming)
  • 할로겐분해법(Glycolate Dehalogenation)
  • 토양세척법(Soil Washing)

정답 36 ③ 37 ④ 38 ② 39 ② 40 ④ 41 ③ 42 ①

- 고형화/안정화 처리법(Solidification/Stabili-zation)
- 용매(용제) 추출법(Solvent Extraction)
- 고온가스 추출법(Hot Gas Decontamination)
- 소각법(Incineration)
- 열분해법(Pyrolysis)
- 열탈착법(Thermal Desorption)
- 화학적 산화/환원법(Chemical Reduction/ Oxi-dation)
- 바이오 파일 및 바이오 필터(Biopiles 및 Biofilter)

43 토양증기추출법을 적용하기 위해 오염부지 내 존재하는 총 오염물질 양을 계산하고자 한다. 다음 중 계산과정에 없어도 무방한 특성값은?

① 토양단위용적밀도
② 오염물질의 헨리상수
③ 토양입경
④ 수분함량비

풀이 토양입경은 토양증기추출법 적용 오염물질량 계산 시 관련이 없으며, 오염물질의 입경이 관련이 있다.

44 토양증기추출법으로 오염물을 제거하는 경우, 추출정으로부터 배출되는 가스의 오염물농도는 10mg/L였다. 특정 유기오염물의 대기방출허용농도가 1mg/L이기 때문에 추출정의 배출가스를 생물막 필터 후처리 공정을 이용하여 배출가스 농도를 대기방출허용농도까지 낮추려고 한다면, 생물막 필터 공정의 제거효율은 최소 몇 % 이상이어야 하는가?

① 60% 이상
② 70% 이상
③ 80% 이상
④ 90% 이상

풀이 제거효율(%) $= \left(1 - \dfrac{C_o}{C_i}\right) \times 100$

$\qquad = \left(1 - \dfrac{1}{10}\right) \times 100$

$\qquad = 90\%$

45 저온열탈착법의 적용인자에 대한 설명으로 틀린 것은?

① 토양의 함수율이 높으면 유동성이 좋아 정화효율이 상승한다.
② 오염토양 내에 납 등 중금속이 포함된 경우 후단 처리시설에 주의를 요한다.
③ 조대물질의 경우에는 기계적인 무리를 줄 수 있어 전처리가 필요하다.
④ 고농도 유류 오염토양에 적용성이 우수하다.

풀이 저온열탈착법은 토양 내 함수율이 높으면 에너지 소모량이 많아져 전처리가 요구되며 유동성이 작아지므로 정화효율이 저감한다.

46 총 3기의 유류저장탱크가 설치된 탱크박스에서 2기의 15,000L와 1기의 20,000L 저장 탱크를 제거하였다. 탱크박스 부피는 500m³이며 박스 내 토양이 오염되었다. 탱크박스 내 오염토양의 굴토량(ton)은?(단, 토량환산계수=1.1, 굴토 전 원지반의 밀도=1.8g/cm³, 굴토 후 오염토양의 밀도=1.64g/cm³)

① 750.4
② 788.4
③ 811.8
④ 926.1

풀이 오염된 토양 부피
$\qquad$ =탱크박스 부피-저장탱크 부피
$\qquad$ =500m³-(30m³+20m³)
$\qquad$ =450m³

$\quad$ 오염토양의 굴토량(ton)
$\qquad$ =450m³×1.64g/cm³×10⁶cm³/m³
$\qquad\quad$ ×ton/10⁶g
$\qquad$ =811.8ton

47 지중 생물학적 처리(In-situ Bioremediation) 기술에 대한 설명으로 틀린 것은?

① 투수성이 낮은 대수층에서는 적용하기 어렵다.
② 용해도가 높고, 농도가 높은 경우는 생물학적 분해가 불가능하다.

③ 지하수에 용해되어 있거나 대수층에 흡착된 휘발성 유기화합물에 효과적이다.

④ 수리전도도가 10^{-4} cm/s 이상인 대수층에서 효과적이다.

풀이 지중 생물학적 처리기술은 용해도가 낮고, 고농도 오염물질은 독성을 나타내어 미생물의 분해가 불가능하다.

48 토양오염지역을 Bioventing 기술로 처리하고자 한다. 대상 부지의 산소 소모율을 계산하기 위해 평균공극률이 0.4인 토양 100m³을 대상으로 조사를 실시하였다. 주입공기의 유량은 50m³/day, 초기의 산소농도 21%가 배기가스로 배출될 때 11%로 떨어졌을 때 산소 소모율(% O₂/day)은?

① 약 8.5 ② 약 12.5
③ 약 16.5 ④ 약 25.5

풀이 산소 소모율($\%O_2/day$)

$$= \frac{Q(C_o - C_f)}{V \times P}$$

$$= \frac{50m^3/day \times (21-11)\%O_2}{100m^3 \times 0.4}$$

$$= 12.5\% O_2/day$$

49 공장 내 토양오염 정밀조사를 위해 토양시료를 깊이 3m 간격으로 채취하였다. 각 깊이별 오염면적은 지표로부터 3m 깊이까지 500m², 3m 깊이에서 6m 깊이까지 600m², 6m 깊이에서 9m 깊이까지 700m²로 조사되었다. 겉보기 비중이 1.7ton/m³인 오염토양의 총무게(ton)는?

① 12,420 ② 9,180
③ 5,940 ④ 7,920

풀이 부피(m^3) = $(500m^2 \times 3m) + (600m^2 \times 3m)$
$+ (700m^2 \times 3m) = 5,400m^3$
총무게(ton) = $5,400m^3 \times 1.7ton/m^3$
$= 9,180ton/m^3$

50 토양세척공정에 관한 설명으로 가장 거리가 먼 것은?

① 외부환경의 영향이 크며 자체적 조건조절이 가능한 개방형 공정이다.

② 오염된 처리수는 폐수처리시설에서 정화된 후 재순환되는 것이 일반적이다.

③ 토양 세척의 효과를 결정짓는 것은 물질의 종류에 의한 차이보다 토양의 성상에 따른 영향이 크다.

④ 오염물질의 물리화학적 특징 중 세척효율을 높일 수 있는 요인은 수용성과 휘발성이다.

풀이 토양세척법은 외부환경의 조건 변화에 대한 영향이 적고 자체적인 조건 조절이 가능한 폐쇄형 공정이다.

51 오염토양을 열탈착공정으로 정화하고자 할 때 공정 설계에 필요하지 않은 참고 기준치는?

① 토양의 비열 ② 토양의 증발열
③ 물의 비열 ④ 물의 증발열

52 토양세척기법(soil washing)이 가장 효과적인 토양은?

① 점토가 주를 이루는 토양
② 모래와 자갈이 고루 섞인 토양
③ 실트와 모래가 고루 섞인 토양
④ 점토와 실트가 고루 섞인 토양

풀이 토양세척기법을 적용했을 때 가장 효과적인 토양종류는 모래와 자갈이 고루 섞인 토양이며, 미사(점토)에는 효과가 없다.

53 자연저감법을 이용하여 지하수 중의 BTEX를 처리할 경우, 생분해가 진행됨에 따라 전자수용체 변화양상의 설명으로 틀린 것은?

① 용존산소 감소 ② NO_3^- 감소
③ 철(3가) 증가 ④ SO_4^{2-} 증가

풀이 자연저감법을 이용하여 지하수 중의 BTEX 처리 시, 생분해가 진행됨에 따라 SO_4^{2-}는 감소한다.

54 지하저장탱크에서 톨루엔이 누출되어 부지 조사 결과 탱크 주변의 오염된 토양의 부피가 $110m^3$, 평균 톨루엔 농도가 2,000mg/kg일 때 해당 부지에 오염된 톨루엔의 총 함량(kg)은?(단, 토양의 용적밀도＝1.5g/cm³)

① 330 ② 447
③ 584 ④ 640

풀이 톨루엔 양(kg)＝$110m^3 \times 2,000mg/kg$
$\times kg/10^6 mg \times 1.5g/cm^3$
$\times 10^6 cm^3/m^3 \times kg/1,000g$
＝330kg

55 오염 토양을 열처리하여 복원하는 대표적인 열탈착장치의 종류가 아닌 것은?

① 열스크루 탈착장치 ② 로터리 탈착장치
③ 세정식 탈착장치 ④ 유동상 탈착장치

풀이 열처리(탈착) 기술장치
㉠ 로터리 탈착장치
㉡ 열스크루 장치
㉢ 유동상 탈착장치
㉣ 마이크로파 탈착장치
㉤ 스팀 주입 탈착장치

56 토양오염 처리기술의 개념에 관한 설명으로 옳지 않은 것은?

① Biodegradation－미생물을 활용하여 유기오염물질을 분해
② Dual Phase Extraction－유기오염물질과 중금속을 동시에 제거하기 위해 고압의 수증기를 주입
③ Pneumatic Fracturing(PF)－통기성이 낮거나 압밀된 토양에 균열을 증가시키기 위해 지표 아래로 압축공기 주입

④ Vitrification－오염토양을 전기적으로 용융시켜 용출특성이 낮은 결정구조로 만듦

풀이 Dual Phase Extraction
투수계수가 낮거나, 불균일한 지반 내의 액상 및 가스상 오염물질을 동시에 제거하기 위하여 진공을 이용하며, 추출된 증기와 지하수를 분리하여 처리하는 Full-Scale 기술이다.

57 오염부지에 자연저감관측법을 적용하여 오염운을 모니터링하였다. 다음 중 오염원으로부터 가장 멀리 떨어진 지역의 오염운에서 지배적으로 일어나는 자연저감 과정은?

① 3가철 환원 ② 탈질화
③ 황산염 환원 ④ 메탄산화

58 생물학적 산화환원반응의 종류 중 에너지 효율이 가장 좋은 것은?

① 황산염 환원 ② 호기성 호흡
③ 메탄 발효 ④ 질산염 환원

풀이 미생물 반응계에서 산화·환원 반응식과 $P\varepsilon^0$(에너지)값

반응계 종류	$P\varepsilon^0$	반응식
호기성 호흡	+20.8	$O_2(gas)+4H^++4e^- \rightarrow 2H_2O$
혐기성 질산화	+21.0	$2NO_3^-+12H^++10e^- \rightarrow N_2(gas)+6H_2O$
혐기성 질산염 환원	+14.9	$NO_3^-+10H^++8e^- \rightarrow NH_4^++3H_2O$
혐기성 발효	+3.99	$CH_2O+2H^++2e^- \rightarrow CH_3OH$
혐기성 황산염 환원	+4.13	$SO_4^{2-}+9H^++8e^- \rightarrow HS^-+4H_2O$
혐기성 메탄 발효	+2.87	$CO_2(gas)+8H^++8e^- \rightarrow CH_4(gas)+2H_2O$

59 생물학적 복원공법을 적용하여 오염토양을 처리하고자 할 때 필요한 중요 환경조절인자와 가장 거리가 먼 것은?

① 전자 수용체
② pH
③ 토양밀도
④ 영양물질

풀이 생물학적 복원공법 시 필요한 환경조절인자
  ㉠ 전자수용체
  ㉡ pH(수소이온농도)
  ㉢ 영양물질
  ㉣ 미생물
  ㉤ 온도
  ㉥ 토양수분
  ㉦ 산화·환원전위(Eh)
  ㉧ 독성물질

60 토양의 열처리기술인 열탈착기술에 관한 설명으로 틀린 것은?

① 휘발성 유기화합물의 처리효율이 준휘발성 유기화합물의 처리효율보다 낮다.
② 토양으로부터 검출한계 이하로 유기염소 및 유기인 살충제의 제거가 가능하다.
③ 토양으로부터 검출한계 이하로 휘발성 유기화합물의 제거가 가능하다.
④ 다양한 수분 함량과 오염농도를 가진 여러 종류의 토양에 적용이 가능하다.

풀이 휘발성 유기화합물의 처리효율이 준휘발성 유기화합물의 처리효율보다 높다.

4과목 토양 및 지하수환경 관계법규

61 토양 관련 전문기관의 준수사항이 아닌 것은?

① 토양시료채취는 토양 관련 전문기관 지정 시 신고된 기술요원이 하여야 한다.
② 토양 관련 전문기관은 도급받은 토양 관련 전문기관의 업무 일부를 하도급할 수 있다.
③ 토양관련전문기관은 매년 1월 31일까지 전년도 검사실적을 지방환경관서의 장에게 보고하여야 한다.
④ 토양시료의 분석은 형식승인과 정도검사를 받은 장비를 사용하여 분석하여야 한다.

풀이 토양 관련 전문기관의 준수사항
  ㉠ 토양 관련 전문기관은「환경분야 시험·검사 등에 관한 법률」에 따른 환경오염공정시험기준에 따라 검사를 정확하고 엄정하게 하여야 한다.
  ㉡ 토양시료의 채취는 토양 관련 전문기관 (변경) 지정 시 신고된 기술요원이 하여야 하며, 시료를 채취하는 때에는 도면상에 시료채취지점을 표기하고 시료채취자가 서명하여야 한다. 다만, 시료채취를 위한 시추장비 등의 운전은 기술요원이 아닌 다른 인력이 할 수 있으나, 이 경우 기술요원은 시료채취과정을 감독하여야 한다.
  ㉢ 누출검사는 반드시 토양 관련 전문기관 지정(변경) 시 신고된 기술인력이 실시하여야 하며, 누출검사자는 누출측정결과 보고서에 서명하여야 한다.
  ㉣ 토양 관련 전문기관은 매년 1월 31일까지 토양오염도검사·누출검사·토양정밀조사·토양환경평가·위해성평가·토양정화의 검증 등 전년도 검사실적을 지방환경관서의 장 또는 국립과학원장에게 보고하여야 한다. 이 경우 검사실적은 당해 연도 말까지의 검사결과 통보분을 의미한다.
  ㉤ 토양 관련 전문기관은 검사일지, 검사결과기록부, 시약소모대장, 검사신청접수 및 결과 발송대장, 차량운행일지 등을 영업소 소재지에 작성·비치하여야 한다.
  ㉥ 토양시료의 분석은 토양 관련 전문기관 (변경)지정 시 신고된 기술요원이 하여야 하고,「환경분야 시험·검사 등에 관한 법률」에 형식승인을 받고 정도검사(精度檢查)를 받은 장비를 사용하여 분석하여야 한다.

정답 59 ③ 60 ① 61 ②

♠ 토양 관련 전문기관은 별표 11에서 정한 토양오염검사수수료를 준수함으로써 불공정 경쟁과 검사의 부실을 초래하여서는 아니 된다.

⚈ 토양 관련 전문기관은 도급받은 토양 관련 전문기관의 업무 전부를 다시 하도급해서는 아니 된다.

62 토양보전기본계획에 포함되어야 할 사항으로 가장 거리가 먼 것은?

① 토양보전에 관한 시책방향

② 토양오염의 방지에 관한 사항

③ 토양정화 및 정화된 토양의 이용에 관한 사항

④ 토양오염 현황 및 측정에 관한 사항

풀이 토양보전에 관한 기본계획 수립 시 포함사항

㉮ 토양보전에 관한 시책방향

㉯ 토양오염의 현황, 진행상황 및 장래 예측

㉰ 토양오염의 방지에 관한 사항

㉱ 토양 정화 및 정화된 토양의 이용에 관한 사항

㉲ 토양 정화와 관련된 기술의 개발 및 관련 산업의 육성에 관한 사항

㉳ 토양 정화를 위한 기술인력의 교육 및 양성에 관한 사항

㉴ 그 밖에 토양보전에 필요한 사항

63 지하수를 공업용수로 사용할 경우 수소이온농도(pH)의 수질기준은?

① 1.0~3.0

② 3.5~5.5

③ 5.0~9.0

④ 8.5~12.0

풀이 지하수의 수질기준

이용 목적별 항목		생활용수	농·어업 용수	공업용수
일반 오염 물질 (4개)	수소이온 농도(pH)	5.8~8.5	6.0~8.5	5.0~9.0
	총 대장균군	5,000 이하 (군수 /100mL)	–	–
	질산성 질소	20 이하	20 이하	40 이하
	염소이온	250 이하	250 이하	500 이하

64 특정토양오염관리대상시설별 토양오염검사 항목 중 유해화학물질의 제조 및 저장시설의 검사항목이 아닌 것은?

① 에틸벤젠

② 카드뮴

③ 유기인화합물

④ 트리클로로에틸렌

풀이 특정토양오염관리대상시설별 토양오염검사항목

특정토양오염관리 대상시설	검사항목
1. 석유류의 제조 및 저장 시설	• 벤젠·톨루엔·에틸벤젠·크실렌·석유계 총 탄화수소(TPH)
2. 유해화학물질의 제조 및 저장시설	• 카드뮴·구리·비소·수은·납·6가 크롬·아연·니켈·불소·유기인화합물·폴리클로리네이티드비페닐·시안·페놀·트리클로로에틸렌(TCE)·테트라클로로에틸렌(PCE)·1,2-디클로로에탄 및 벤조(a)피렌 중 해당 항목
3. 송유관 시설	• 벤젠·톨루엔·에틸벤젠·크실렌·석유계 총 탄화수소(TPH)
4. 그 밖에 제1호부터 제3호까지의 관리대상시설과 유사한 시설로서 특별히 관리할 필요가 있다고 인정되어 환경부장관이 관계 중앙행정기관의 장과 협의하여 고시하는 시설	• 대상시설별로 환경부장관이 고시한 검사항목

65 토양오염도 측정에 관한 사항으로 맞는 것은?

① 지방환경청장은 관할지역의 토양오염실태를 파악하기 위하여 측정망을 설치하고 토양오염도를 상시측정하여야 한다.

② 시·도지사는 관할구역 안의 토양오염실태를 파악하기 위하여 토양정밀조사를 한다.

③ 토양오염 우려기준을 넘을 가능성이 크다고 인정되는 지역에 대해 환경부장관, 시·도지사 또는 시장·군수·구청장이 토양오염 정밀조사를 실시할 수 있다.

④ 시장·군수·구청장은 토양오염 실태조사 결과를 환경부장관에게 바로 보고하여야 한다.

정답 62 ④ 63 ③ 64 ① 65 ③

66 토양오염방지를 위한 조치명령에 관한 내용으로 ( ) 안에 알맞은 것은?(단, 연장기간은 고려하지 않음)

시·도지사 또는 시장·군수·구청장은 정화 책임자에게 토양오염방지를 위한 조치의 명령을 할 때에는 토양오염물질 및 시설의 종류·규모 등을 감안하여 ( )의 범위에서 그 이행기간을 정하여야 한다.

① 3월 　　　　　② 6월
③ 1년 　　　　　④ 2년

67 오염지하수정화계획 수립 시에 고려할 사항이 아닌 것은?

① 정화대상지역 선정 　　② 적용성 시험
③ 오염지역 부동산 시세 　④ 정화사업의 규모

68 토양환경보전법에서 사용하는 용어의 정의로 옳지 않은 것은?

① 토양오염물질 : 토양오염의 원인이 되는 물질로서 환경부령이 정하는 것을 말한다.
② 특정토양오염관리대상시설 : 토양을 현저히 오염시킬 우려가 있는 토양오염관리대상 시설로서 환경부령이 정하는 것을 말한다.
③ 토양정화 : 생물학적 또는 물리·화학적 처리 등의 방법으로 토양 중의 오염물질을 감소·제거하거나 토양 중의 오염물질에 의한 위해를 완화하는 것을 말한다.
④ 토양오염관리대상시설 : 토양오염물질을 생산·운반·저장·취급·가공 또는 처리 등으로 토양을 오염시킬 우려가 있는 시설·장치·건물·구축물 및 그 밖에 지자체장이 정하는 것을 말한다.

> **풀이** "토양오염관리대상시설"이란 토양오염물질의 생산·운반·저장·취급·가공 또는 처리 등으로 토양을 오염시킬 우려가 있는 시설·장치·건물·구축물(構築物) 및 그 밖에 환경부령으로 정하는 것을 말한다.

69 토양정화업의 등록요건 중 장비에 관한 기준으로 틀린 것은?

① 현장용 수질측정기 1식(pH, 수온, 전기전도도, 용존산소, 산화환원전위의 측정이 가능할 것)
② 휴대용 가스측정장비 1식(VOC, 산소, 이산화탄소 및 메탄의 측정이 가능할 것)
③ 새료채취기 1대(깊이 6미터 이상 시료채취가 가능할 것)
④ 자가동력시추기(타격식이나 나선형식으로 시추 깊이가 최소 6미터 이상일 것)

> **풀이** 토양정화업의 등록요건(장비)
> ㉠ 시료채취기 1대(깊이 6m 이상 시료채취가 가능할 것)
> ㉡ 휴대용 가스측정장비 1식(휘발성 유기화합물질(VOC), 산소, 이산화탄소 및 메탄의 측정이 가능할 것)
> ㉢ 현장용 수질측정기 1식(수소이온농도(pH), 수온, 전기전도도, 용존산소 및 산화·환원전위의 측정이 가능할 것)
> ㉣ 지하수위측정기

70 지하수 관리 기본계획에 포함되어야 할 사항이 아닌 것은?

① 지하수의 이용실태 및 계획
② 지하수의 부존 특성 및 개발 가능량
③ 지하공간 개발계획
④ 지하수의 수질관리 및 정화계획

> **풀이** 지하수 관리 기본계획의 포함사항
> ㉠ 지하수의 부존 특성 및 개발 가능량
> ㉡ 지하수의 이용실태
> ㉢ 지하수의 이용계획
> ㉢의2 유출지하수의 관리 및 이용계획
> ㉢의3 지하수열의 이용활성화 및 연구개발추진계획
> ㉣ 지하수의 보전계획
> ㉤ 지하수의 수질관리 및 정화계획
> ㉥ 그 밖에 지하수의 관리에 관한 사항

71 다음에서 언급한 '대통령령으로 정하는 중요한 사항을 변경하는 경우'에 관한 내용(기준)으로 옳은 것은?

> 환경부장관은 토양관리단지를 지정하려는 경우에는 대통령령으로 정하는 바에 따라 토양관리단지 조성계획을 수립하여 관할 시·도지사의 의견을 듣고, 관계 중앙행정기관의 장과 협의하여야 한다. 토양관리단지 조성계획 중 대통령령으로 정하는 중요한 사항을 변경하려는 경우에도 또한 같다.

① 오염토양 정화처리 용량의 20퍼센트를 초과하여 변경하려는 경우
② 오염토양 정화처리 용량의 25퍼센트를 초과하여 변경하려는 경우
③ 오염토양 정화처리 용량의 30퍼센트를 초과하여 변경하려는 경우
④ 오염토양 정화처리 용량의 35퍼센트를 초과하여 변경하려는 경우

풀이 토양관리단지 조성계획의 변경에 해당하는 경우
    ㉠ 조성 대상 부지면적의 20퍼센트를 초과하여 변경하려는 경우
    ㉡ 오염토양 정화처리 용량의 20퍼센트를 초과하여 변경하려는 경우

72 특정토양오염관리대상시설의 양도·임대 등으로 인하여 그 시설의 운영자가 달라지는 경우에는 변경일 몇 개월 전부터 변경일 전일까지의 기간 동안에 토양오염도 검사를 받아야 하는가?

① 1개월　　　　② 3개월
③ 6개월　　　　④ 12월

73 환경부장관이 관계중앙행정기관의 장 또는 시·도지사에게 요청할 수 있는 조치와 가장 거리가 먼 것은?

① 토양오염방지를 위한 객토 등 농토배양사업
② 산업시설 등의 조치로 인하여 훼손된 토양의 복구

③ 주변토양을 오염시킬 우려가 있는 시설에 대한 이전
④ 폐광지역의 광물 찌꺼기 등으로 인한 주변 농경지 등의 광산공해방지대책

74 토양보전이 필요하다고 인정되는 지역에 대해 토양정밀조사를 명할 수 있는 자가 아닌 것은?

① 군수와 구청장
② 토양관련전문기관장
③ 도지사 또는 시장
④ 환경부장관

75 토양정화업에 관한 설명 중 맞는 것은?

① 토양정화업자는 도급받은 토양정화 극대화를 위해서 일괄하여 하도급할 수 있다.
② 정당한 사유 없이 2년 이상 영업실적이 없는 때는 그 등록을 1년 이내의 기간 동안 영업정지를 받을 수 있다.
③ 등록의 취소를 받은 자는 그 처분이 있기 전에 착공한 토양정화공사는 시공할 수 있다.
④ 토양정화업자의 지위를 승계한 자는 승계한 날로부터 14일 이내에 환경부장관에게 신고하여야 한다.

풀이 ① 토양정화업자는 도급받은 토양정화공사를 일괄하여 하도급할 수 없다.
    ② 정당한 사유 없이 계속하여 2년 이상 영업실적이 없는 때는 그 등록을 6개월 이내의 기간 동안 영업정지를 받을 수 있다.
    ④ 토양정화업자의 지위를 승계한 자는 승계한 날부터 1개월 이내에 환경부장관에게 신고하여야 한다.

76 지하수 개발·이용허가의 유효기간은?

① 3년　　　　② 5년
③ 7년　　　　④ 10년

77 오염원인자가 토양정화업자에게 위탁하지 아니하고 직접 정화할 수 있는 경우의 기준으로 ( ) 안에 들어갈 내용으로 옳은 것은?

국방·군사시설 사업에 관한 법률에 의한 군부대시설 안의 오염토양 또는 군사활동으로 인한 오염토양으로서 그 양이 ( ) 미만인 것

① 5세제곱미터
② 10세제곱미터
③ 25세제곱미터
④ 50세제곱미터

풀이 정화책임자에 의한 직접 정화기준
㉠ 「국방·군사시설 사업에 관한 법률」에 의한 군부대시설 안의 오염토양 또는 군사활동으로 인한 오염토양으로서 그 양이 50세제곱미터 미만인 것
㉡ 유기용제 또는 유류에 의한 오염토양으로서 그 양이 5세제곱미터 미만인 것

78 오염토양의 정화책임자와 가장 거리가 먼 것은?

① 토양오염물질의 누출·유출·투기·방치 또는 그 밖의 행위로 토양오염을 발생시킨 자
② 토양오염의 발생 당시 토양오염의 원인이 된 토양오염관리대상시설의 소유자·점유자 또는 운영자
③ 합병·상속이나 그 밖의 사유로 정화책임의 권리·의무를 포괄적으로 승계한 자
④ 해당 토지를 소유 또는 점유하고 있는 중에 토양오염이 발생한 경우로서 자신이 해당 토양오염 발생에 대하여 귀책사유가 없는 경우

풀이 오염토양의 정화책임 등
① 다음 각 호의 어느 하나에 해당하는 자는 정화책임자로서 토양정밀조사, 오염토양의 정화 또는 오염토양 개선사업의 실기(이하 이 조에서 "토양정화 등"이라 한다)를 하여야 한다.
㉠ 토양오염물질의 누출·유출·투기(投棄)·방치 또는 그 밖의 행위로 토양오염을 발생시킨 자
㉡ 토양오염의 발생 당시 토양오염의 원인이 된 토양오염관리대상시설의 소유자·점유자 또는 운영자

㉢ 합병·상속이나 그 밖의 사유로 제1호 및 제2호에 해당되는 자의 권리·의무를 포괄적으로 승계한 자
㉣ 토양오염이 발생한 토지를 소유하고 있었거나 현재 소유 또는 점유하고 있는 자
② 제1항에도 불구하고 다음 각 호의 어느 하나에 해당하는 경우에는 같은 항 제4호에 따른 정화책임자로 보지 아니한다. 다만, 1996년 1월 6일 이후에 제1항제1호 또는 제2호에 해당하는 자에게 자신의 소유 또는 점유 중인 토지의 사용을 허용한 경우에는 그러하지 아니하다.
㉠ 1996년 1월 5일 이전에 양도 또는 그 밖의 사유로 해당 토지를 소유하지 아니하게 된 경우
㉡ 해당 토지를 1996년 1월 5일 이전에 양수한 경우
㉢ 토양오염이 발생한 토지를 양수할 당시 토양오염 사실에 대하여 선의이며 과실이 없는 경우
㉣ 해당 토지를 소유 또는 점유하고 있는 중에 토양오염이 발생한 경우로서 자신이 해당 토양오염 발생에 대하여 귀책 사유가 없는 경우

79 30일 이내에 특정토양오염관리대상시설의 변경신고 대상이 아닌 것은?

① 사업장의 명칭 또는 대표자가 변경되는 경우
② 특정토양오염관리대상시설의 사용을 종료하거나 폐쇄하는 경우
③ 특정토양오염관리대상시설에 저장하는 오염물질을 변경하는 경우
④ 저장용량을 신고용량 대비 20퍼센트 이하 증설(신고용량 대비 30퍼센트 미만의 증설이 누적되어 신고용량의 30퍼센트 이하가 되는 경우)하는 경우

풀이 특정토양오염관리대상시설의 변경신고
㉠ 사업장의 명칭 또는 대표자가 변경되는 경우
㉡ 특정토양오염관리대상시설의 사용을 종료하거나 폐쇄하는 경우
㉢ 특정토양오염관리대상시설을 교체하거나 토양오염방지시설을 변경하는 경우
㉣ 특정토양오염관리대상시설에 저장하는 오염물질을 변경하는 경우

정답 77 ④ 78 ④ 79 ④

　　◎ 특정토양오염관리대상시설의 저장용량을 신고
　　　용량 대비 30퍼센트 이상 증설(신고용량 대비 30
　　　퍼센트 미만의 증설이 누적되어 신고용량의 30
　　　퍼센트 이상이 되는 경우를 포함한다)하는 경우

80 시·도지사가 실시하는 오염토양개선사업에
해당되지 않는 것은?

① 객토 및 토양개량제의 사용 등 농토배양사업
② 오염된 수로의 준설사업
③ 오염토양 부지의 정지사업
④ 오염토양의 위생매립사업

풀이 오염토양개선사업의 종류
　　　㉠ 객토 및 토양개량제의 사용 등 농토배양사업
　　　㉡ 오염된 수로의 준설사업
　　　㉢ 오염토양의 위생적 매립·정화사업
　　　㉣ 오염물질의 흡수력이 강한 식물식재사업
　　　㉤ 그 밖에 특별자치도지사·시장·군수·구청장
　　　　이 필요하다고 인정하는 사업

1과목 토양학개론

01 지하수의 주요 오염원 중 비점오염원에 해당되는 것은?

① 지하저장탱크

② 산성비

③ 쓰레기 매립장

④ 정화조

풀이 1. 점오염원(Point Contaminant Source)
- ㉠ 지하저장탱크(유류 및 유독물)
- ㉡ 매립장(폐기물)
- ㉢ 정화조
- ㉣ 축산배수 배출원 및 공단 산업폐수 배출원
- ㉤ 유류저장고

2. 비점오염원(Non Point Contaminant Source)
- ㉠ 산성비
- ㉡ 농약 및 화학비료
- ㉢ 도로제설제
- ㉣ 쓰레기에서 유발된 질산성 질소
- ㉤ 도로 노면 배수
- ㉥ 휴·폐광산으로부터 유출되는 중금속
- ㉦ 방사성 물질

02 다핵 방향족 탄화수소(PAH) 중 벤젠핵의 개수가 가장 적고 생물분해가 용이한 것은?

① Pyrene

② Phenanthrene

③ Antracene

④ Naphthalene

풀이 다핵 방향족 탄화수소(PAH) 중 벤젠핵의 개수가 가장 적고 생물분해가 용이한 것은 Naphthalene이다.

03 자유면 대수층이 발달한 지역에서 공극률이 0.3, 비산출률이 0.3, 유역면적이 150km²이며 수위강하를 6m만 허용할 때 지하수 개발 가능량(m³)은?(단, 자유면 평균 두께＝100m)

① 2.7×10^7

② 2.7×10^8

③ 8.1×10^7

④ 8.1×10^8

풀이
$$\Delta V = S \times A \times \Delta h$$
$$= 0.3 \times 150 \text{km}^2 \times 6\text{m} \times 10^6 \text{m}^2/\text{km}^2$$
$$= 2.7 \times 10^8 \text{m}^3$$

04 무기물표층으로 광물 토양과 혼합된 부식물이 존재하며 층위는 흑색을 띠고 생물 활동이 가장 활발하게 행해지는 층은?

① O층   ② A층

③ B층   ④ C층

풀이 A층(용탈층)
- ㉠ 유기물이 퇴적되어 있는 O층 바로 밑의 층으로 성토층의 제일 윗부분에 위치하고 기후나 식생 등의 영향을 받아 가용성 염류가 용탈되며 경우에 따라서는 점토나 부식과 같은 교질물질도 아래로 이동하게 되는 용탈층으로 A₁, A₂, A₃층으로 구분되고 생물활동이 가장 활발하게 행해지는 층이다.
- ㉡ 풍부하게 광물질이 존재하는 최상부층이며 분해된 유기물질로 인해 하부에 있는 층보다 짙은 색의 토양층이다.
- ㉢ A₁층은 주위 환경에 가장 크게 지배되는 층으로 부식화된 유기물과 광물질이 섞여 있는 암흑색의 층이다.
- ㉣ A₂층은 광물질이 풍부하여 하부에 있는 층보다 색깔이 짙은 것이 특징이다.
- ㉤ A₃층은 A층(용탈층)에서 B층(집적층)으로 이동하는 이행층이다.

정답 01 ②   02 ④   03 ②   04 ②

05 토양수분장력 중 응집력에 대한 설명으로 맞은 것은?

① 고체−액체 계면의 토양입자와 물분자 간에 작용하는 장력

② 고체−액체 계면의 토양입자들 간에 작용하는 장력

③ 고체−액체 계면의 물분자와 계면에서 더 떨어진 물분자들 간에 작용하는 장력

④ 고체−액체 계면의 물분자와 공극 내 가스상 물질의 분자들 간에 작용하는 장력

풀이 토양 중 수분은 응집력과 부착력에 의해 존재하며 토양수분장력 중 응집력은 고체−액체 계면의 물분자와 더 떨어진 물분자들 간에 작용하는 장력을 말한다.

06 산성우의 토양에 대한 영향으로 가장 거리가 먼 것은?

① 양이온, 주로 Ca^{2+}, Mg^{2+}의 용탈 증대

② HCO_3^- 농도의 감소

③ $AlSO_4$의 침전에 의한 토양용액의 PO_4 농도의 증가

④ Zn, Cd 등의 중금속이 토양용액으로 용출

풀이 산성비의 토양에 대한 영향
 ㉠ 칼슘(Ca^{2+}), 마그네슘(Mg^{2+}) 등 염기의 용출 가속화
 ㉡ HCO_3^- 농도의 감소
 ㉢ 토양용액의 용존 유기물 농도 감소
 ㉣ $AlPO_4$의 침전에 의한 토양용액 PO_4 농도 감소
 ㉤ 토양으로부터 알루미늄(Al)의 용해도 증가(Al은 가수분해되어 수소이온 발생)
 ㉥ 토양의 산성화 촉진
 ㉦ 중금속(Zn, Cd)이 토양용액으로 용출

07 토양 및 지하수 내 질산염과 질소에 관한 내용으로 틀린 것은?

① 질산염 농도가 높은 물은 영유아에게 청색증을 유발할 수 있다.

② 질산염은 탄산염과 같이 물을 끓여 제거할 수 있다.

③ 토양 및 지하수계 내에서 질소 원소는 미생물에 의해 산화, 환원 반응을 한다.

④ 지하수환경 내에서 NO_2^-의 함량은 소량이다.

풀이 질산염은 음이온으로 토양 중에서 쉽게 이동할 수 있으며 작물의 흡수에 더하여 용탈이나 침식현상, 탈진현상 등을 통해 토양에서 쉽게 제거된다.

08 토양의 공극률 측정을 위해 토양 $60cm^3$를 채취하여 고형입자 부피와 수분 부피를 측정하였더니 각각 $36cm^3$와 $12cm^3$였다. 이 지역 토양의 공극률(%)은?

① 50 ② 40

③ 30 ④ 20

풀이
$$토양전체부피 = \left(\frac{수분부피 + 공기부피}{공극률} \right)$$

$$60 = \frac{12 + 12}{공극률}$$

$$공극률(\%) = \frac{24}{60} \times 100 = 40\%$$

09 토양오염물질의 거동 특성을 나타내는 인자와 가장 거리가 먼 것은?

① 옥탄올/물분배계수

② 헨리상수

③ 분해상수

④ 우물 함수

풀이 토양오염물질의 이동 특성, 이동경로(특이성)에 영향을 주는 주요 특성인자
 1. 유기오염물질의 특성인자
  ㉠ 증기압
  ㉡ 헨리상수(공기/물분배계수)
  ㉢ 분해상수
  ㉣ 옥탄올/물분배계수(K_{ow})
 2. 무기오염물질의 특성인자
  ㉠ 용해도적
  ㉡ 착염물질의 형성

10 자유면 대수층에서 지하수면의 단위 상승 혹은 강하에 의해 자유면 대수층의 저류지하수로부터 단위 면적을 통해 유입 혹은 유출되는 물의 부피를 나타내는 지하수 및 대수층 관련 용어는?

① 비피압저류계수
② 비저류계수
③ 수두산출률
④ 대수저류계수

풀이 비산출률은 유효공극률, 비수율, 비피압저류계수와 동일한 의미이다. 비산출률은 자유면 대수층에서 지하수면의 단위상승 혹은 강하에 의해 단위면적을 통해 자유면 대수층의 저류지하수로부터 유입 혹은 유출되는 물의 부피와의 비율이다.(중력에 의해 배출되는 물의 부피와 대수층 부피의 비율)

11 다음 ( )에 내용을 순서대로 나열한 것은?

에너지원으로서 태양을 필요로 하는 것을 ( )이라 하고 이를 생물 내 탄소원으로 CO_2를 이용하는 것을 ( ), 유기물을 이용하는 것을 ( )이라고 한다. 그리고 전자수용체로서 산소를 필요로 하는 미생물을 ( )이라고 한다.

① 광합성 미생물 − 독립영양 미생물 − 종속영양 미생물 − 호기성 미생물
② 화학합성 미생물 − 독립영양 미생물 − 종속영양 미생물 − 호기성 미생물
③ 광합성 미생물 − 종속영양 미생물 − 독립영양 미생물 − 호기성 미생물
④ 화학합성 미생물 − 종속영양 미생물 − 독립영양 미생물 − 혐기성 미생물

풀이 에너지원으로서 태양을 필요로 하는 것을 광합성 미생물이라 하고 이를 생물 내 탄소원으로 CO_2를 이용하는 것을 독립영양 미생물, 유기물을 이용하는 것을 종속영양 미생물이라고 한다. 전자수용체로서 산소를 필요로 하는 미생물을 호기성 미생물이라고 한다.

12 다음 중 이온교환효율이 큰 순서로 옳은 것은?

① Li > Rb > Na > K
② K > Rb > Li > Na
③ Na > Li > K > Rb
④ Rb > K > Na > Li

풀이 이온교환효율이 큰 순서(이온에 따른 침투력의 크기) : 해리순서
$Al^{3+} > Ca^{2+} > Mg^{2+} > NH_4^+ > K^+ > Na^+ > Li^+$

13 건조된 토양 20g을 1mm 체눈 크기의 체로 걸러서 체 위에 15g이 남았다. 이 체 위에 남은 토양을 손으로 잘게 가루를 내어 물속에서 걸렀더니 3g이 남았을 때 입단화도(%)는?

① 60.5
② 70.6
③ 80.7
④ 90.8

풀이 입단화도(%)

$$= \frac{(건토 \ 중 \ 남아있는 \ 양 - 습토 \ 중 \ 남아있는 \ 양)}{체를 \ 통과한 \ 전체 \ 양} \times 100$$

$$= \frac{15-3}{17} \times 100 = 70.59\%$$

14 유해중금속물질인 카드뮴이나 납으로 오염된 농경지에서 실시하는 대책방법 중 가장 적합하지 않은 것은?

① 오염토양의 배토 및 객토
② 토양환원의 촉진
③ 석회물질의 투여
④ 미생물 농약살포

풀이 중금속 토양오염원의 대책
ㄱ 석회질 자재를 투여하여 토양의 pH를 높여 중금속(Cu, Cd, Zn, Mn, Fe 등)을 수산화물로 침전시킴(석회질 자재의 투여)
ㄴ 인산비료를 투여하여 중금속(Cr, Pb, Zn, Cd, Fe, Mn)과 반응시켜 난용성의 인산염을 생성함으로써 중금속을 불용화시킴(인산 자재의 투여)

ⓒ 오염된 토양을 깎아내고 그 위에 객토함

ⓔ 토양 중 중금속을 특이적으로 흡수, 농축하는 식
물을 이용하여 제거함(양치식물은 카드뮴, 해바
라기는 납)(식물을 이용한 제거)

ⓜ 토양환원의 촉진(토양이 환원상태로 되면 Cd 등
은 H_2S와 반응하여 난용성의 황화물을 형성함으
로써 불용화시킴)

15 토양생성작용 중 토양 무기성분이 산성 부식
질의 영향으로 분해되어 Fe, Al까지도 하층으로 이
동시켜 토양이 생성되는 작용으로 염기공급이 안
되고 배수가 잘될 때 촉진되는 작용은?

① 포드졸화 작용
② 글레이화 작용
③ 석회화 작용
④ 염류화 작용

풀이 포드졸화 작용(Podzolization)

ⓐ 포드졸화 작용은 한랭 습윤지대 · 낮은 온도 · 침엽
수림, 조립질, 산성 토양의 조건에서 잘 일어난다.

ⓑ 위 조건에서 토양 표층의 철과 알루미늄 등이 용
탈되어 생긴 회백색의 표백층과 그 밑에 철과 알
루미늄이 집적되어 생긴 흑갈색 또는 적갈색의 집
적층을 갖는 토양생성과정이다.

ⓒ 산성부식질의 영향으로 토양의 무기성분이 심하
게 분해되어 유동성이 매우 작은 Fe, Al 등까지도
졸(Sol) 상태로 되어 하층으로 이동하는 토양생
성과정이다.

ⓓ Podzol화 작용은 pH 4 이하인 강산성 토양에서
배수가 잘되고 산성암을 모재로 할 때 매우 현저
하게 진행된다.

16 토양수분의 종류가 아닌 것은?

① 결합수
② 흡습수
③ 모세관수
④ 표면장력수

풀이 토양수분의 물리적 분류

ⓐ 결합수 ⓑ 흡습수
ⓒ 모세관수 ⓓ 중력수

17 토양의 양이온 농도가 다음과 같을 때 이 토양의
나트륨 흡착비(SAR)는?(단, $Ca^{2+}=4meq \cdot L^{-1}$,
$Mg^{2+}=4meq \cdot L^{-1}$, $Na^+=18meq \cdot L^{-1}$)

① 7
② 9
③ 11
④ 14

풀이 $$SAR = \frac{Na^+}{\sqrt{\frac{Ca^{2+}+Mg^{2+}}{2}}} = \frac{18}{\sqrt{\frac{4+4}{2}}} = 9$$

18 토양오염의 특징 중 가장 거리가 먼 것은?

① 오염경로의 다양성
② 오염영향의 국지성
③ 피해발현의 완만성
④ 생체독성 발현의 긴박성

풀이 토양오염의 특징

ⓐ 오염경로의 다양성
ⓑ 피해발현의 완만성(시차성)
ⓒ 오염지역의 국지성
ⓓ 타 매체와의 연관성(오염의 비인지성 및 다른 환
경인자와의 영향관계의 모호성)
ⓜ 지속성 및 잔류성
ⓗ 오염물질 및 오염지역에 따른 특이성
ⓢ 원상복구의 어려움

19 영양물질 중 지중으로 용탈(leaching)되기
가장 쉬운 형태는?

① NO_3^-
② N_2O
③ NH_4^+
④ PO_4^{3-}

풀이 NO_3^-는 토양에 흡착되지 않으며 쉽게 용탈되어 지
하수 오염을 야기한다.

20 montmorillonite가 수분을 흡수하면 가장 심
하게 팽창할 것으로 판단되는 토양은?

① 바닷속에서 채취한 montmorillonite 토양
② 부식을 다량 함유한 montmorillonite 토양

③ 석회를 다량 함유한 montmorillonite 토양

④ 다량의 중금속으로 오염된 광산 주변의 montmorillonite 토양

풀이 몬모릴로나이트(montmorillonite)는 수분상태에 따라 쉽게 팽창 또는 수축하므로 물에 쉽게 분산된다.

2과목 토양 및 지하수오염조사기술

21 일반지역에서 시료채취지점 선정방법이 잘못된 경우는?

① 농경지의 토양시료 중에 카드뮴을 측정하기 위해 시료를 채취할 경우 대상지역 내에서 지그재그형으로 5~10개 지점을 선정한다.

② 공장지역의 토양시료 중에 카드뮴을 측정하기 위해 시료를 채취할 경우 대상지역의 중심이 되는 1개 지점과 주변 4방위의 5~10m 거리에 있는 1개 지점씩 총 5개 지점을 선정한다.

③ 농경지의 토양시료 중에 석유계총탄화수소를 측정할 경우 대상지역 내에서 대표치를 구할 수 있는 1개 지점을 선정한다.

④ 공장지역의 토양시료 중에 BTEX를 측정할 경우 대상지역의 중심이 되는 1개 지점과 주변 4방위의 5~10m 거리에 있는 1개 지점씩 총 5개 지점을 선정한다.

풀이 일반지역의 시료 채취지점

시안, 유기인화합물, 벤조(a)피렌, 석유계 총 탄화수소, 페놀, 폴리클로리네이티드비페닐, 벤젠, 톨루엔, 에틸벤젠, 크실렌, 트리클로로에틸렌 및 테트라클로로에틸렌 시험용 시료는 농경지 또는 기타 지역의 구분에 관계없이 대상지역을 대표할 수 있는 1개 지점 또는 오염의 개연성이 높은 1개 지점을 선정한다.

22 토양오염관리대상시설지역에서의 시료채취지점 선정에 관한 내용으로 (   )에 옳은 것은?(단, 부지 내, 지상저장시설 기준)

토양오염물질(유류 등)의 누출이 인지되거나 토양오염의 개연성이 높은 3개 지점을 선정하되, 저장시설의 끝 단으로부터 수평 방향으로 1m 이상 떨어진 지점에서 이격거리의 (   ) 깊이까지로 한다.

① 1.2배 ② 1.5배
③ 2.0배 ④ 2.5배

풀이 토양오염관리 대상시설지역(부지 내 지하저장시설) 시료채취지점 선정기준

토양오염물질(유류 등)의 누출이 인지되거나 토양오염의 개연성이 높은 3개 지점을 선정하되, 저장시설의 끝 단으로부터 수평 방향으로 1m 이상 떨어진 지점에서 이격거리의 1.5배 깊이까지로 한다. 다만, 방유조(Tank Dike) 외부에서 시료를 채취하고자 할 경우에는 방유조 끝 단을 기준으로 한다.

23 대기압보다 낮은 진공압을 작용시켜 일정 시간 유지하고, 압력유지시간 동안 누출검사대상시설의 압력변화를 측정함으로서 일정 체적을 가진 누출검사대상시설 및 기상부에 접속된 부속배관의 누출 여부를 판단하는 시험법은?

① 가압시험법 ② 미가압시험법
③ 미감압시험법 ④ 감압시험법

24 석유계총탄화수소(TPH)의 측정을 위한 기체크로마토그래프의 검출기로 적절한 것은?

① 광이온화검출기(Photo Ionization Detector : PID)

② 불꽃이온화검출기(Flame Ionization Detector : FID)

③ 열전도도검출기(Thermal Conductivity Detector : TCD)

④ 전자포획형검출기(Electron Capture Detector : ECD)

정답 21 ④ 22 ② 23 ③ 24 ②

풀이 THP(석유계 총탄화수소) 분석 검출기는 불꽃이온 화검출기(FID)이다.

25 원자흡수분광광도계 장치의 구성이 옳은 것은?

① 광원부 – 파장선택부 – 시료부 – 측광부
② 광원부 – 시료원자화부 – 파장선택부 – 측광부
③ 시료부 – 광원부 – 파장선택부 – 측광부
④ 시료원자화부 – 광원부 – 단색화부 – 측광부

26 저장물질이 있는 누출검사대상시설(액상부의 시험법)의 누출판정기준에 관한 내용으로 (　　)에 옳은 것은?

누출과 비누출을 판정하는 (㉠)이며 검사대상시설의 용량에 (㉡) 적용된다.

① ㉠ 누출량, ㉡ 관계없이 일괄
② ㉠ 누출량, ㉡ 따라 차등
③ ㉠ 누출속도, ㉡ 관계없이 일괄
④ ㉠ 누출속도, ㉡ 따라 차등

27 시료에 염화제일주석을 넣어 금속수은으로 환원시킨 다음 이 용액에 통기하여 발생되는 수은증기를 이용하여 수은을 정량하는 방법은?

① 유리전극법
② 냉증기 원자흡수분광광도법
③ 자외선/가시선 분광법
④ 유도결합플라스마 – 원자발광분광법

풀이 냉증기 원자흡수분광광도법
토양 중 수은의 측정방법으로, 시료 중의 수은을 염화제일주석 용액에 의해 원자 상태로 환원시켜 발생되는 수은증기를 253.7nm에서 냉증기 원자흡수분광광도법에 따라 정량하는 방법이다.

28 황산용액(1 → 1,000)으로 표시된 수용액의 농도(ppm, W/V)는?(단, 순수한 황산의 비중= 1.84)

① 1.84
② 18.4
③ 184
④ 1,840

풀이 황산용액(1 → 1,000)은 황산 1mL를 용매에 녹여 전체 양을 1,000mL로 하는 비율을 표시한 것이므로 $1.84 \times 1,000 = 1,840$ppm(W/V)이다.

29 토양 중의 폴리클로리네이티드비페닐(PCB)을 기체크로마토그래피로 분석할 때 가장 적당한 검출기는?

① 열전도도 검출기(TCD)
② 불꽃이온화 검출기(FID)
③ 전자포착형 검출기(ECD)
④ 불꽃광도형 검출기(FPD)

풀이 검출기는 전자포착형 검출기(ECD) 또는 이와 동등한 검출성능을 가진 것을 사용한다.

30 초음파 추출법을 사용하여 시료추출을 수행하는 화합물은?

① BTEX
② TPH
③ 페놀
④ TCE

풀이 TPH의 추출방법
㉠ 속슬레 추출법
㉡ 초음파 추출법

31 원자흡수분광광도법 적용 시 사용되는 다음 용어의 설명으로 옳지 않은 것은?

① 공명선(Resonance Line) : 원자가 외부로부터 빛을 흡수했다가 다시 먼저 상태로 돌아갈 때 방사하는 스펙트럼 선
② 다원료 불꽃(Fuel-rich Flame) : 조연성 가스/가연성 가스의 비를 크게 한 불꽃

③ 중공음극 램프(Hollow Cathode Lamp) : 원자 흡수분광광도법의 광원이 되는 것으로 목적원소를 함유하는 중공음극 한 개 또는 그 이상을 저압의 네온과 함께 채운 방전관

④ 분무기(Nebulizer of Atomizer) : 시료를 미세한 입자로 만들어 주기 위하여 분무하는 장치

풀이 다원료 불꽃(Fuel-rich Flame)
가연성 가스/조연성 가스의 비를 크게 한 불꽃

32 누출검사대상시설에 담겨 있는 액상부의 탱크용량에 따른 누출량의 합격 판정치로 옳은 것은?

① 10만 리터 초과 100만 리터 이하의 경우 누출률 1.0L/hr 이하

② 100만 리터 초과 160만 리터 이하의 경우 누출률 1.2L/hr 이하

③ 160만 리터 초과 320만 리터 이하의 경우 누출률 1.6L/hr 초과

④ 320만 리터 초과 480만 리터 이하의 경우 누출률 2.4L/hr 초과

풀이 판정기준(저장물질이 있는 누출검사 대상시설 : 액상부 시험법)

탱크용량	누출률(L/hr)
10만 리터 이하	0.4
10만 리터 초과 100만 리터 이하	0.8
100만 리터 초과 160만 리터 이하	1.2
160만 리터 초과 320만 리터 이하	1.6
320만 리터 초과 480만 리터 이하	2.4
480만 리터 초과	3.2

33 토양시료의 분석에 필요한 2N 황산용액을 조제하고자 할 때 가장 적절한 방법으로 (   )에 알맞은 것은?(단, 95% 황산, 황산의 비중 =1.84g/mL)

황산 (   )mL를 물 1L 중에 섞으면서 천천히 넣는다.

① 60　　　　　　② 120
③ 180　　　　　④ 240

풀이 $2N = \dfrac{98g}{1L}$

$체적 = \dfrac{중량}{비중} \div 농도 = \dfrac{98}{1.84} \div 0.95 = 56.064 \, mL$

$56.064 \, mL : 1,000 \, mL = x : x + 1,000 \, mL$

$x = 59.4 \, mL$ (N농도는 1,000mL 중의 분자량/이온)

34 임의의 시료에 대해 수분(%)측정 실험의 결과가 다음과 같을 때 시료의 수분(%)은?

• 증발접시 무게 : 10g
• 습윤 상태 시료 무게 : 10g
• 건조 후 시료와 증발접시 무게 : 17g

① 40　　　　　　② 30
③ 20　　　　　　④ 15

풀이 $수분(\%) = \dfrac{(W_2 - W_3)}{(W_2 - W_1)} \times 100$

$W_2 = 10 + 10 = 20g$

$= \dfrac{(20 - 17)g}{(20 - 10)g} \times 100 = 30\%$

35 시안-자외선/가시선 분광법 측정에 대한 설명으로 틀린 것은?

① 토양 중 시안의 정량한계는 0.2mg/kg이다.

② 시안화합물을 측정할 때 방해물질들은 증류하면 대부분 제거된다.

③ 황화합물이 함유된 시료는 아세트산아연 용액(10%) 2mL를 넣어 제거한다.

④ 다량의 지방성분을 함유한 시료는 pH 4 이하로 조절한 후 노말헥산으로 추출하여 제거한다.

풀이 다량의 지방성분을 함유한 시료는 아세트산 또는 수산화나트륨 용액으로 pH 6~7로 조절한 후 시료의 약 2%에 해당하는 부피의 노말헥산 또는 클로로포름을 넣어 추출하여 유기층은 버리고 수층을 분리하여 사용한다.

정답 　32 ②　33 ①　34 ②　35 ④

36 실험의 일반적 내용으로 틀린 것은?

① '약'이라 함은 기재된 양에 대하여 ±10% 이상의 차가 있어서는 안 된다.

② 시험에 사용하는 물은 따로 규정이 없는 한 정제수 또는 탈염수를 말한다.

③ 용액의 농도를 %로만 표시할 때는 W/W% 또는 V/V%를 뜻한다.

④ 정량한계는 지정된 시험방법에 따라 시험하였을 경우 그 시험방법에 대한 최소 정량한계를 의미하며, 그 미만은 불검출된 것으로 간주한다.

> **풀이** 용액의 농도를 %로만 표시할 때는 중량백분율을 뜻한다.

37 토양오염 위해성 평가 수행절차 중 가장 먼저 수행하여야 하는 단계는?

① 위해도 결정　　② 노출농도 결정
③ 조치계획 작성　④ 정화목표치 설정

> **풀이** 토양오염 위해성 평가 수행절차
> 1. 시료채취계획수립 및 노출농도 결정
> 2. 노출경로 선택
> 3. 노출경로별 인체 노출량 산정
> 4. 위해도 결정
> 5. 위해성 판단
> 6. 정화목표치 계산

38 비소표준원액 제조 시 사용하는 비소화합물은?

① 삼산화비소　　② 오산화비소
③ 아비산나트륨　④ 비소이온

39 토양 내 수분 함량 측정을 위한 시료 관리에 관한 내용으로 (　)에 옳은 것은?

　습윤 토양시료는 24시간 이내에 증발처리를 하여야 하나 최대한 (　)을 넘기지 말아야 한다. 시료를 분석하기 전에 상온이 되게 한다.

① 2일　　　　　② 3일
③ 5일　　　　　④ 7일

> **풀이** 시료는 24시간 이내에 증발 처리를 하여야 하나, 최대한 7일을 넘기지 말아야 한다.

40 액체성분 20mL을 300mL의 용매에 녹였을 때 액체의 농도를 표현하는 것으로 가장 적절한 것은?

① $(20 \rightarrow 300)$　　② $(20 \rightarrow 320)$
③ $(0.02 \rightarrow 0.3)$　　④ $(0.02 \rightarrow 0.32)$

3과목 **토양 및 지하수오염정화기술**

41 Soil Flushing 방법에서 세척제의 역할은?

① 계면의 자유에너지를 높이고 계면의 성질을 현격히 변화시킨다.

② 계면의 자유에너지를 낮추지만 계면의 성질에는 변화를 주지 않는다.

③ 물에 대한 용해성이 큰 물질을 열역학적으로 안정된 상태로 용해시킬 수 있는 중요한 화학물질이다.

④ 오염물질을 토양으로부터 분리·용해시키는 역할을 한다.

> **풀이** 토양세정공법(Soil Flushing)에서 세척제는 토양 내 오염물질을 분리·용해시키는 역할을 한다.

42 Air Sparging법의 영향인자에 대한 설명 중 틀린 것은?

① 처리 대상 오염물질의 Henry 상수는 10^{-5}atm·m^3/mol 이상일 때 유리하다.

② 오염물질의 증기압(mmHg)이 15 이상이면 효과적이고, 15 미만이면 불리한 조건이다.

---

③ 토양의 foc값(%)은 2 이하일 때, 오염물질의 용해도는 낮을 때 유리하다.

④ 자유면 대수층, 단열이 많은 기반암에서 유리하다.

풀이 Air Sparging법의 영향인자 중 증기압
  ㉠ 유리한 조건 : 1mmHg 이상
  ㉡ 불리한 조건 : 1mmHg 이하

43 토양증기추출법을 지하수위가 높은 경우에 적용할 때 발생할 수 있는 문제점이 아닌 것은?

① 진공 압력에 의한 지하수위 상승
② 관정 스크린 막힘 현상
③ 토양 공극의 확장 현상
④ 공기 흐름의 감소

풀이 토양증기추출법을 지하수위가 높은 경우 적용 시 문제점
  ㉠ 진공 압력에 의한 지하수위 상승
  ㉡ 토양 공극의 축소 현상
  ㉢ 공기 흐름의 감소 현상
  ㉣ 관정 스크린 막힘 현상

44 오염토양 처리를 위한 토양 세척 시 토양의 입도분포가 매우 중요하다. 입도분포 곡선으로부터 구한 통과백분율 10%, 30%, 60%에 해당하는 직경이 각각 0.05mm, 0.15mm, 0.60mm일 때 균등계수(C_u)는?

① 12
② 0.5
③ 0.1
④ 0.05

풀이 균등계수(C_u) $= \dfrac{D_{60}}{D_{10}} = \dfrac{0.60}{0.05} = 12$

45 식물정화법의 주 처리기작에 대한 설명으로 틀린 것은?

① 식물에 의한 추출
② 식물에 의한 분해
③ 식물에 의한 확산
④ 식물에 의한 안정화

풀이 식물정화법의 대표적 기작(메커니즘)
  ㉠ 식물에 의한 추출
  ㉡ 식물에 의한 분해
  ㉢ 식물에 의한 안정화
  ㉣ 근권에 의한 분해
  ㉤ 근권에 의한 여과
  ㉥ 식물에 의한 휘발화
  ㉦ 수리에 의한 조절
  ㉧ 완충수로에 의한 방법

46 점토토양에 대한 Trichlorobenzene의 분배계수(partition coefficient, K_p)가 8.3cm³/g이고 점토토양의 건조밀도(ρ_d)가 1.6g/cm³이고 공극률(n)이 0.4인 경우 지연계수(R)는?

① 2.075
② 3.075
③ 33.2
④ 34.2

풀이 지연계수 $= 1 + \left(\dfrac{\rho_d}{\eta}\right) K_p$

$\qquad = 1 + \left(\dfrac{1.6}{0.4}\right) \times 8.3 = 34.2$

47 생물학적 복원공정에서 유기화학물질의 생분해능은 화합물의 분자구조에 의존한다. 난분해성 경향을 가진 화합물과 가장 거리가 먼 것은?

① 원자의 전하차가 큰 화합물
② 분자 내에 많은 수의 할로겐원소를 함유한 화합물
③ 가지구조가 적은 화합물
④ 물에 대한 용해도가 낮은 화합물

풀이 유기화학물질의 난분해성 조건
  ㉠ 할로겐화된 화합물
  ㉡ 분자 내에 많은 수의 할로겐 원소를 함유하는 화합물
  ㉢ 가지구조가 많은 화합물
  ㉣ 물에 대하여 용해도가 낮은 화합물
  ㉤ 원자의 전하차가 큰 화합물

정답 43 ③ 44 ① 45 ③ 46 ④ 47 ③

48 식물정화법의 장점이라 볼 수 없는 것은?

① 비용이 적게 든다.
② 다양한 오염물질에 적용 가능하다.
③ 다른 방법에 비해 효과가 빠르다.
④ 넓은 부지의 오염지역에 적용이 가능하다.

풀이 식물정화법은 다른 방법에 비해 효과가 느리다.

49 슬러리월의 역할과 가장 거리가 먼 것은?

① 오염되지 않은 지하수를 오염된 지역으로부터 격리시킨다.
② 지하로의 침출수 흐름을 제어한다.
③ 오염물질의 지체효과를 증진시킨다.
④ 투수성 슬러리를 적용하여 오염물질의 분해를 증진시킨다.

풀이 오염원으로부터 집수정까지의 흐름 경로를 길게 하여 오염물질의 분해 또는 지체효과를 증진시킨다.

50 바이오벤팅(bioventing)법에 대한 설명으로 가장 거리가 먼 것은?

① 기존의 토양증기추출법보다 공기 추출량이 적다.
② 대상 오염부지에 대한 정확한 산소소모율을 계산하여 공기량을 조절한다.
③ 분자량이 다소 큰 준휘발성 유기오염물질 제거에 토양증기추출법보다 효과가 있다.
④ 토양 내 유기오염물 농도가 높아서 NAPLs이 다량 존재하는 오염부지에 바이오벤팅 효과가 높다.

풀이 Bioventing은 높은 초기 고오염 농도에 의하여 미생물의 활동에 독성을 미치므로 심하게 오염된 지역은 우선적으로 SVE을 적용하여 일정 이하의 농도로 처리한 후 Bioventing을 적용한다.

51 White Rot Fungus 기술의 제약조건과 가장 거리가 먼 것은?

① 중간물질 형성　　② 화학적 흡착
③ 박테리아의 수　　④ 독성물질

풀이 백색부유균(White Rot Fungus) 기술의 제약조건
　　㉠ 박테리아의 수
　　㉡ 토양, 침전물, 슬러지에 포함된 고농도의 TNT
　　㉢ 독성물질
　　㉣ 화학적 흡착

52 생물학적 복원기법에서 생물분해효율을 높이는 방법으로 가장 알맞은 것은?

① 수소 주입, 영양소 주입, 미생물활동 억제
② 산소 주입, 영양소 주입, 미생물활동 조성
③ 메탄 주입, 영양소 추출, 미생물활동 조성
④ 산소 주입, 영양소 주입, 미생물활동 억제

53 열탈착기술의 2차 오염물질과 제어방법이 잘못 연결된 것은?

① 미세입자 – 사이클론
② 다이옥신 – 집진장치
③ 배가스유기물 – 활성탄
④ 산성 증기 – 벤투리세정기

풀이 열탈착기술에서 미세입자 제어방법은 여과집진장치, 전기집진장치이다.

54 오염토양의 처리방법인 토양세척의 주요 6개 공정에 해당되지 않는 것은?

① 흡착
② 분리
③ 처리수 정화
④ 미세 토양 처리

풀이 토양세척의 주요 6개 공정
　　㉠ 전처리
　　㉡ 분리
　　㉢ 굵은 토양 처리
　　㉣ 미세 토양 처리
　　㉤ 세척수 처리(처리수 정화)
　　㉥ 처리잔류물 관리(최종 처리)

정답 48 ③　49 ④　50 ④　51 ①　52 ②　53 ①　54 ①

55 오염토양 정화기술 중 저온열탈착공법의 특징에 대한 설명으로 틀린 것은?

① 오염토양 내 TPH 농도가 높을수록 열량이 높아 적용성이 좋다.

② 토양 내 함수율이 높으면 에너지 소모량이 많아져 전처리가 요구된다.

③ 오염토가 지하 8m 이하에 위치하는 경우에는 토공비용의 상승으로 경제성이 낮아진다.

④ 토양 내 자갈 등 조대물질이 존재하는 경우에는 선별 등 전처리가 필요하다.

풀이 ① 내용은 고온열탈착공법의 특징이다.

56 지하수 오염운에서 자연저감이 일어나고 있을 때 배경보다 높은 값을 나타내는 것은?

① 질산염 농도
② 산화환원 포텐셜
③ 황산염 농도
④ 알칼리도

57 분자식이 $C_6H_{12}O_6$인 포도당 300g이 완전 산화할 때 소모되는 이론산소량(g)은?

① 약 130
② 약 180
③ 약 280
④ 약 320

풀이 완전산화반응식

$$C_6H_{12}O_6 + \left[\frac{(4\times6)+12-(2\times6)}{4}\right]O_2$$

$$\rightarrow 6CO_2 + \frac{12}{2}H_2O$$

$C_6H_{12}O_6 + 6O_2 \rightarrow 6CO_2 + 6H_2O$

$180g : 6\times32g$

$300g : O_0(g)$

$$O_0(\text{이론산소량 ; g}) = \frac{300g \times (6\times32)g}{180g} = 320g$$

58 오염토양의 생물통기법 적용 가능성을 판단하기 위해 실시하는 호흡률 측정방법에 대한 설명으로 틀린 것은?

① 미생물 호흡률 측정은 일반적으로 50시간 정도 실시한다.

② 호흡률 측정 결과가 1%/day 이하인 경우에 적용성이 우수한 것으로 판단한다.

③ 호흡률 측정은 초기에는 2시간 간격으로 실시하고 점차 간격을 늘려간다.

④ 산소농도가 5% 미만이거나 더 이상 감소되지 않을 때까지 실시한다.

풀이 생물통기법 적용 시 호흡률 측정 결과가 10%/day 이하인 경우에 적용성이 우수한 것으로 판단한다.

59 토양의 열처리 기술 중 열스크루 공정에 대한 설명으로 틀린 것은?

① 열스크루 장치는 장치 용적에 비해 열전달 표면적이 비교적 넓다.

② 열스크루 공정의 열전달 유체는 직접연소 또는 전기적 장치에 의해서 가열된다.

③ 열스크루 공정은 고형물의 온도가 최대 허용 가능한 열전달 유체의 온도에 의해 제한된다.

④ 열스크루 장치는 같은 용량의 장치에 비해 장치가 크고 열전달효율이 낮은 단점이 있다.

풀이 열스크루 장치는 같은 용량의 장치에 비해 장치가 작고 열전달효율이 높다.

60 불포화 토양 내 오염물질의 농도가 4mg/kg이었으며 이와 평형상태인 토양공기 내 오염물질 농도는 200mg/m³이었다. 전체 오염물질의 양(mg/m^3)은?(단, 토양 단위 용적밀도＝1.7kg/L, 공기부피비＝0.6)

① 6,920
② 7,920
③ 8,920
④ 9,920

풀이 오염물질의 양(mg/m^3)

$= (4mg/kg \times 1.7kg/L \times 1,000L/m^3)$

$\quad + (200mg/m^3 \times 0.6)$

$= 6,920mg/m^3$

정답 55 ① 56 ④ 57 ④ 58 ② 59 ④ 60 ①

토양 및 지하수환경 관계법규

61 토양환경보전법에서 정의한 오염토양의 정화책임자가 아닌 것은?

① 토양오염지역을 관할하는 행정 지자체
② 토양오염물질의 누출, 유출, 투기, 방치 또는 그 밖의 행위로 토양오염을 발생시킨 자
③ 토양오염의 발생 당시 토양오염의 원인이 된 토양오염관리대상시설의 소유자·점유자 또는 운영자
④ 토양오염이 발생한 토지를 소유하고 있었거나 현재 소유 또는 점유하고 있는 자

풀이 오염토양의 정화책임자
  ㉠ 토양오염물질의 누출·유출·투기(投棄)·방치 또는 그 밖의 행위로 토양오염을 발생시킨 자
  ㉡ 토양오염의 발생 당시 토양오염의 원인이 된 토양오염관리대상시설의 소유자·점유자 또는 운영자
  ㉢ 합병·상속이나 그 밖의 사유로 제1호 및 제2호에 해당되는 자의 권리·의무를 포괄적으로 승계한 자
  ㉣ 토양오염이 발생한 토지를 소유하고 있었거나 현재 소유 또는 점유하고 있는 자

62 토양정밀조사를 위하여 타인의 토지에 출입하거나 그 토지 위의 장애물을 변경 또는 제거하고자 할 때에는 출입할 날 또는 장애물을 변경·제거할 날의 며칠 전까지 그 토지 또는 장애물의 소유자·점유자 또는 관리인에세 이를 통보하여야 하는가?

① 3일 ② 7일
③ 15일 ④ 1개월

풀이 타인의 토지에 출입하거나 그 토지 위의 장애물을 변경 또는 제거하려는 경우에는 출입할 날 또는 장애물을 변경·제거할 날의 3일 전까지 그 토지 또는 장애물의 소유자·점유자 또는 관리인에게 이를 알려야 한다. 다만, 그 토지 또는 장애물의 소유자·점유자 또는 관리인의 주소 및 거소를 알 수 없는 경우에는 통지를 아니할 수 있다.

63 환경부장관이 고시하는 측정망설치계획에 포함되어야 하는 사항이 아닌 것은?

① 측정망 배치도
② 측정지점의 위치 및 면적
③ 측정항목 및 방법
④ 측정망 설치시기

풀이 측정망설치계획 포함 사항
  ㉠ 측정망 설치시기
  ㉡ 측정망 배치도
  ㉢ 측정지점의 위치와 면적

64 토양오염물질 중 유기용제류에 해당되는 물질은?

① TCE, PCB ② TCE, PCE
③ TCE, 유기인화합물 ④ PCB, PCE

풀이 토양오염물질 중 유기용제류
  ㉠ 트리클로로에틸렌(TCE)
  ㉡ 테트라클로로에틸렌(PCE)

65 토양보전대책지역 지정에서 농경지의 경우 지표면으로부터 어느 정도까지의 토양오염도가 대책기준을 초과하면 대책지역 지정을 요청할 수 있는가?

① 10cm ② 20cm
③ 30cm ④ 40cm

풀이 토양보전대책지역의 지정기준
  ㉠ 농경지 외의 지역의 경우에는 지표면으로부터 지하수(대수층)면 상부 토양 사이의 토양오염도가 대책기준을 초과한 지역 또는 특별자치도지사·시장·군수·구청장이 대책지역 지정을 요청한 지역으로서 인체에 대한 피해가 우려되고 그 면적이 1만 제곱미터 이상인 지역일 것
  ㉡ 농경지의 경우에는 지표면으로부터 30cm까지의 토양오염도가 대책기준을 초과하거나 특별자치도지사·시장·군수·구청장이 재배작물 중 오염물질 함량이 중금속 잔류허용기준을 초과하여 대책지역 지정을 요청한 지역일 것

66 시료의 채취 및 분석을 통한 토양오염의 정도와 범위를 조사하는 토양환경평가 조사단계(순서)는?

① 개황조사
② 기초조사
③ 정밀조사
④ 오염도조사

풀이 토양환경평가
- ㉠ 기초조사 : 자료조사, 현장조사 등을 통한 토양오염 개연성 여부 조사
- ㉡ 개황조사 : 시료의 채취 및 분석을 통한 토양오염 여부 조사
- ㉢ 정밀조사 : 시료의 채취 및 분석을 통한 토양오염의 정도와 범위조사

67 지하수 오염방지시설로서 밀폐식이 아닌 일반 상부보호공을 설치하는 경우 상단부의 높이는 지표면보다 최소 얼마 이상 높게 설치되어야 하는가?

① 10cm
② 20cm
③ 30cm
④ 40cm

풀이 지하수 오염방지시설의 상부보호공 설치기준
- ㉠ 상부보호공은 지하수 개발·이용시설의 보호 및 원활한 유지·관리가 가능한 크기로 하여 지표면 위에 설치하여야 한다. 다만, 지형 여건상 지표면 아래에 설치하여도 지하수의 오염 방지에 지장이 없다고 시장·군수가 인정하는 경우에는 지표면 아래에 설치할 수 있다.
- ㉡ 상부보호공의 덮개는 외부로부터 오염물질·지표수 등의 유입을 막고 파손을 방지할 수 있는 재질과 구조로 설치하여야 한다.
- ㉢ 케이싱의 윗부분은 지표면 위로 30cm 이상 높게 설치하고, 덮개를 씌워 외부 오염물질이 유입되지 아니하도록 하여야 한다.
- ㉣ 케이싱의 덮개에는 방충망을 구비한 공기출입로를 설치하여야 한다.

68 검사항목 중 토양오염도검사수수료가 가장 높은 것은?

① 페놀류
② 불소
③ 6가 크롬
④ 비소

풀이 토양오염도 검사수수료

검사항목		검사수수료(단위 : 원)
카드뮴·구리·납		44,200
비소		44,200
수은		44,200
6가 크롬		44,200
아연·니켈		44,200
불소		71,100
유기인		35,100
폴리클로리네이티드비페닐		114,000
시안		17,700
페놀류		56,100
유류	벤젠	40,600
	톨루엔	
	에틸벤젠	
	크실렌	
	석유계 총 탄화수소 (TPH)	62,700
트리클로로에틸렌(TCE) 테트라클로로에틸렌(PCE)		26,900
벤조(a)피렌		114,000
시료채취비		91,900/공

69 토양 관련 전문기관에 대한 행정처분의 설명 중 틀린 것은?

① 평가 결과를 거짓으로 작성하거나 부실하게 작성한 경우 1차적으로 전문기관 지정이 취소된다.
② 갖추어야 할 장비가 부족한 경우 1차적으로 경고한다.
③ 고의 또는 중대한 과실로 토양정밀조사를 부실하게 하여 정화과정에 대한 검증대상규모 미만으로 오염토양의 규모가 축소되게 한 경우 1차적으로 1개월 업무정지 한다.
④ 지정요건의 기술인력이 전혀 없는 경우 1차적으로 전문기관 지정이 취소된다.

풀이 평가 결과를 거짓으로 작성하거나 부실하게 작성한 경우 1차적 행정처분은 업무정지 6개월이다.

정답 66 ③ 67 ③ 68 ② 69 ①

70 토양 관련 전문기관 중 토양오염 조사기관이 수행하는 업무가 아닌 것은?

① 토양정밀조사
② 오염토양 개선사업의 지도 · 감독
③ 오염물질 누출 검사결과의 검증
④ 토양오염도검사

풀이 토양오염 조사기관이 수행하는 업무
　　㉠ 토양정밀조사
　　㉡ 토양오염도검사
　　㉢ 토양정화의 검증
　　㉣ 오염토양 개선사업의 지도 · 감독

71 지하수보전구역, 상수원보호구역에 설치된 특정토양오염관리대상시설의 토양오염검사 주기에 관한 설명으로 옳은 것은?

① 매년 토양오염도 검사를 받아야 함
② 저장시설 설치 후 5년까지는 최초 검사 후 3년 및 5년이 되는 해에 각각 1회
③ 저장시설 설치 후 5년에서 15년까지의 기간 중에는 매 2년에 1회
④ 저장시설 설치 후 15년이 지난 때에는 매년 1회

풀이 매년 토양오염도검사를 받아야 하는 경우(특정토양오염관리대상시설)
　　㉠ 「국토의 계획 및 이용에 관한 법률」에 따른 자연환경보전지역
　　㉡ 「지하수법」에 따른 지하수보전구역
　　㉢ 「수도법」에 따른 상수원보호구역
　　㉣ 「환경정책기본법」에 따른 특별대책지역(대기보전과 관련된 특별대책지역은 제외한다)

72 특정토양오염관리대상시설의 설치자가 특정토양오염관리 대상시설별로 설치하여야 하는 토양오염방지시설과 가장 거리가 먼 것은?

① 특정오염관리대상시설의 부식 · 산화 방지를 위한 처리를 하거나 토양오염물질이 누출되지 아니하도록 하기 위하여 누출방지 성능을 가진 재질을 사용하거나 이중벽탱크 등 누출방지시설을 설치할 것

② 특정오염관리대상시설 중 지하에 매설되는 저장시설의 경우에는 토양오염물질이 누출되는 것을 감지하거나 누출 여부를 확인할 수 있는 측정기기 등의 시설을 설치할 것

③ 특정오염관리대상시설로부터 토양오염물질이 누출될 경우에 대비하여 오염확산방지 또는 독성저감 등의 조치에 필요한 시설을 설치할 것

④ 특정오염관리대상시설로부터 토양오염물질의 누출에 대비하기 위한 예비조 운영 등 토양오염물질 누출 시 세부지침을 마련하여 시설에 비치할 것

풀이 특정토양오염관리대상시설의 토양오염 방지시설
　　㉠ 특정토양오염관리대상시설의 부식 · 산화 방지를 위한 처리를 하거나 토양오염물질이 누출되지 아니하도록 하기 위하여 누출방지성능을 가진 재질을 사용하거나 이중벽탱크 등 누출방지시설을 설치하고 적정하게 유지 · 관리할 것
　　㉡ 특정토양오염관리대상시설 중 지하에 매설되는 저장시설의 경우에는 토양오염물질이 누출되는 것을 감지하거나 누출 여부를 확인할 수 있는 측정기기 등의 시설을 설치하고 적정하게 유지 · 관리할 것
　　㉢ 특정토양오염관리대상시설로부터 토양오염물질이 누출될 경우에 대비하여 오염확산방지 또는 독성저감 등의 조치에 필요한 시설을 설치하고 적정하게 유지 · 관리할 것

73 전국적인 토양오염실태를 파악하기 위하여 토양오염도를 상시 측정하여야 하는 자는?

① 환경부장관
② 시 · 도지사 또는 시장 · 군수 · 구청장
③ 유역환경청장
④ 국립환경과학원장

74 다음 중 지하수법의 목적이 아닌 것은?

① 적정한 지하수 개발 · 이용을 도모
② 지하공간의 개발
③ 공공의 복리증진
④ 국민경제의 발전에 이바지

풀이 지하수법의 목적

지하수의 적절한 개발·이용과 효율적인 보전·관리에 관한 사항을 정함으로써 적정한 지하수 개발·이용을 도모하고 지하수 오염을 예방하여 공공의 복리 증진과 국민경제의 발전에 이바지함을 목적으로 한다.

75 토양 관련 전문기관의 종류에 해당하지 않는 것은?

① 토양환경평가기관
② 유출검사기관
③ 위해성평가기관
④ 토양오염조사기관

풀이 토양 관련 전문기관의 지정
　㉠ 환경부장관 : 토양환경평가기관 및 위해성평가기관
　㉡ 시·도지사 : 토양오염조사기관 및 누출검사기관

76 시·도지사 또는 시장·군수·구청장이 상시측정, 토양오염실태조사 또는 토양정밀조사의 결과 우려기준을 넘는 경우에 기간을 정하여 정화책임자에게 명할 수 있는 조치와 가장 거리가 먼 항목은?

① 토양오염관리대상시설의 이전
② 토양오염관리대상시설의 폐쇄
③ 토양오염관리대상시설의 개선
④ 오염토양의 정화

77 특정토양오염관리대상시설의 변경신고 사유가 아닌 것은?

① 특정토양오염관리대상시설을 교체하거나 토양오염방지시설을 변경하는 경우
② 특정토양오염관리대상시설의 사용을 종료하거나 폐쇄하는 경우
③ 사업장의 위치 또는 사업자가 변경되는 경우
④ 특정토양오염관리대상시설에 저장하는 오염물질을 변경하는 경우

풀이 특정토양오염관리대상시설의 변경신고
　㉠ 사업장의 명칭 또는 대표자가 변경되는 경우
　㉡ 특정토양오염관리대상시설의 사용을 종료하거나 폐쇄하는 경우
　㉢ 특정토양오염관리대상시설을 증설 또는 교체하거나 토양오염방지시설을 변경하는 경우
　㉣ 특정토양오염관리대상시설에 저장하는 오염물질을 변경하는 경우

78 토양오염방지시설을 설치한 특정토양오염관리대상시설이 신고한 해로부터 토양오염검사주기가 아닌 것은?

① 10년　　　　② 15년
③ 16년　　　　④ 17년

풀이 토양오염방지시설을 설치한 경우의 토양오염도검사주기
　㉠ 저장시설 설치 후 최초검사를 한 후 5년, 10년, 15년이 되는 해에 각각 1회
　㉡ ㉠항에 따른 검사가 종료된 때부터 매 2년에 1회

79 토양보전기본계획 수립에 관한 설명 중 틀린 것은?

① 토양보전을 위하여 10년마다 토양보전에 관한 기본계획을 수립·시행하여야 한다.
② 환경부장관은 관계 중앙행정기관의 장과 기본계획에 대해 협의하여야 한다.
③ 기본계획 수립방법, 절차 기타 필요한 사항은 환경부령으로 정한다.
④ 시·도지사는 지역토양보전계획을 수립할 수 있다.

풀이 토양보전기본계획 수립방법, 절차 기타 필요한 사항은 환경부령으로 정한다.

80 지하수법에서 정한 지하수 개발·이용허가의 최초 유효기간은?

① 2년   ② 3년
③ 4년   ④ 5년

풀이 지하수 개발·이용허가의 유효기간
    ㉠ 지하수 개발·이용허가의 유효기간은 5년으로 한다.
    ㉡ 시장·군수·구청장은 지하수 개발·이용허가를 받은 자가 신청하면 유효기간의 연장을 허가할 수 있다. 이 경우 그 연장기간은 5년으로 한다.
    ㉢ 유효기간의 연장신청절차 등에 관하여 필요한 사항은 대통령령으로 정한다.

1과목 **토양학개론**

01 주유소 등 지하저장시설에 의한 토양오염을 방지하기 위한 주요 기술과 가장 거리가 먼 것은?

① 저장탱크 및 배관 부식산화 방지기술
② 모니터링 기술
③ 고형화/안정화 처리기술
④ 생물활성대에 의한 처리기술

풀이 주유소 등 지하저장시설에 의한 토양오염을 방지하기 위한 주요 기술
ㄱ 저장탱크 및 배관 부식산화 방지기술
ㄴ 모니터링 기술
ㄷ 생물활성대에 의한 처리기술
ㄹ 토양증기추출법 및 Bioventing 기술

02 지하수 내로 유입된 오염물질의 이동을 지체(Retardation)시키는 인자가 아닌 것은?

① 휘발   ② 생분해
③ 흡착   ④ 용탈

풀이 용탈은 지하수 내로 유입된 오염물질의 이동을 확산시키는 역할을 한다.

03 토양오염 처리기술의 물리화학적 처리기술 중 토양증기추출법의 장점이 아닌 것은?

① 오염된 토양을 파내지 않고 정화할 수 있다.
② 많은 용량의 오염 토양처리가 가능하다.
③ 지하수위에 크게 제한을 받지 않는다.
④ 토양의 불균일한 분포일 때 효율적인 제거가 가능하다.

풀이 토양증기추출법은 토양의 불균일한 분포일 때 효율적인 제거가 불가능하다.

04 100cm³ Core Sampler로 채취한 토양의 무게가 180g이었다(Core 무게 제외). 이 토양을 105℃에서 건조한 무게가 150g이라면 이 토양의 중량수분함량과 용적밀도(가밀도)는?(단, 중량수분함량은 분석값의 수분 보정을 위한 토양오염공정시험기준상의 수분함량을 의미하지는 않음)

① 중량수분함량(17%), 용적밀도(1.5g/cm³)
② 중량수분함량(17%), 용적밀도(1.8g/cm³)
③ 중량수분함량(20%), 용적밀도(1.5g/cm³)
④ 중량수분함량(20%), 용적밀도(1.8g/cm³)

풀이 중량수분함량(%)
$$= \frac{토양무게 - 건조토양무게}{건조토양무게} \times 100$$
$$= \frac{(180-150)\,g}{150g} \times 100$$
$$= 20\%$$

용적밀도(g/cm³)
$$= \frac{건조토양무게}{부피} = \frac{150g}{100cm^3} = 1.5g/cm^3$$

05 토양 포화수 추출액의 전기전도도에 의한 토양 염류장해의 등급 판정이 틀린 것은?

① 0~2 : 염류장해에 의한 수량 저하 발생
② 2~4 : 염류장해 감수성이 높은 작물에 수량 저하 가능성이 있음
③ 4~8 : 염류장해 감수성이 높은 작물의 수량 저하
④ 8~16 : 염류장해 내성작물에 대해서만 만족한 수량을 얻을 수 있음

06 용질과 고체표면과의 반응은 지하수의 수질을 결정하는 중요한 역할을 한다. Freundlich 등온흡착곡선을 바르게 표현한 관계식은?(단, S＝흡착량, K＝분배계수, C＝용질농도, Q＝최대흡착력, n＝Freundlich 지수)

① $S = KC$

② $S = KC^{1/n}$

③ $S = QKC$

④ $S = KC^{n+1}/KC^n + Q$

풀이 Freundlich 등온흡착식(등온흡착모델)

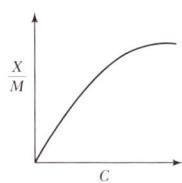 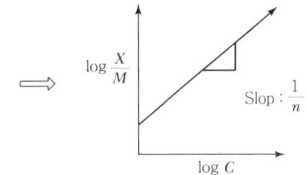

$\dfrac{X}{M} = KC^{\frac{1}{n}}$ → 양변에 $\log$: $\log\dfrac{X}{M} = \dfrac{1}{n}\log C + \log K$

여기서, X : 흡착제에 흡착된 피흡착제 농도(유입수 농도 − 유출수 농도)

M : 흡착제의 양(무게)

C : 용질의 평형농도(피흡착제 물질 농도, 유출수 농도, 지하수 내 오염물질 농도)

K, n : 상수(실험)

07 토양의 용적비중이 1.2, 입자비중이 2.4일 때 토양의 공극률(%)은?

① 30 ② 40

③ 50 ④ 60

풀이 토양공극률(%) = $\left(1 - \dfrac{용적비중}{입자비중}\right) \times 100$

$= \left(1 - \dfrac{1.2}{2.4}\right) \times 100 = 50\%$

08 위해성평가의 초기단계인 유해성확인단계에서 조사되어야 할 내용이 아닌 것은?

① 물리화학적 성질 ② 동물독성자료

③ 불확실성계수 ④ 발암등급분류

풀이 토양오염의 위해성평가

1. 평가4단계
   ㉠ 유해성 확인단계
   ㉡ 노출평가단계
   ㉢ 용량−반응단계
   ㉣ 위해성 결정단계
2. 유해성 확인단계 조사사항
   ㉠ 대상물질의 유해성 종류
   ㉡ 독성자료
   ㉢ 발암성 또는 비발암성
   ㉣ 물리화학적 특성 및 환경 중 거동
   ㉤ 인체분포 및 대사

09 납(Pb)에 대한 설명으로 가장 거리가 먼 것은?

① 테트라에틸납과 테트라메틸납이 가솔린의 Antiknock 첨가제로 이용된다.

② 인간이나 동물이 대량의 납을 섭취한다면 간장, 위장, 골(骨)에 집적되고 독성작용이 일어난다.

③ 납은 식물체 내에서는 거의 이동하지 않는다.

④ 납은 토양에 2가 양이온으로 흡착되며 많은 양이 토양에서 방출된다.

풀이 납은 토양에 2가 양이온으로 흡착되기 때문에 토양에서 납이 방출되는 경우는 거의 없다.

10 관개용수의 나트륨흡착비가 7.5이고, Ca^{2+}과 Mg^{2+}이 각각 65mg/L와 92mg/L일 때, Na^+의 농도(mg/L)는?

① 약 17.6 ② 약 66.5

③ 약 403.7 ④ 약 1,528.4

풀이 나트륨흡착비(SAR) = $\dfrac{Na^+}{\sqrt{\dfrac{Ca^{2+} + Mg^{2+}}{2}}}$

$7.5 = \dfrac{Na^+}{\sqrt{\dfrac{65 + 92}{2}}}$

$Na^+ = 403.7\,mg/L$

11 1 : 1형 광물로서 결정단위 간의 결합이 강한 수소결합이어서 물 분자의 출입이 불가능하여 수축, 팽창이 불가능한 점토광물은?

① 카올리나이트   ② 일라이트
③ 스멕타이트   ④ 몬모릴로나이트

풀이 카올리나이트(Kaolinite)
　㉠ Al−OH 8면체층의 −OH기들은 그 위층의 Si−O 4면체층의 밑면의 산소들과 인접하고 있어 두 층 간에는 수소결합이 형성되며 규소 4면체 층과 알루미늄 8면체 층이 1:1로 결합된 광물이다.
　㉡ 물분자가 Kaolinite의 격자층들 사이로 쉽게 스며들지 못하여 수축, 팽창이 불가능하다.
　㉢ Kaolinite는 여러 층이 견고하게 결합되므로 다른 점토광물에 비하여 굵고 잘 부서지지 않고, 고온다습한 열대지방의 심하게 풍화된 토양에서 발견되는 중요 점토광물이다.
　㉣ 우리나라에서 대표적으로 나타나는 점토광물이며, 양이온 치환용량(CEC)은 3~15meq/100g이다.

12 지하수 흐름에서 Darcy의 법칙인 것은?(단, Q=총유량, K=수리전도도, i=동수경사, A=단면적)

① $Q = Ai/K$ ② $Q = K/A$
③ $Q = KiA$ ④ $Q = Ki$

풀이 Darcy 법칙
　$Q = KIA$
　여기서, Q : 유량
　　　　　K : 수리전도도(투수계수)
　　　　　I : 두 지점의 수두구배(수리경사)
　　　　　A : 지하수 흐름의 수직방향 단면적

13 규산 점토광물에 속하지 않는 것은?

① 일라이트(Illite)
② 몬모릴로나이트(Montmorillonite)
③ 카올리나이트(Kaolinite)
④ 철산화물

풀이 점토광물의 분류
　1. 결정형 광물
　　① 1 : 1 격자형 광물(2층형 광물, 비팽창형)
　　　→ 할로이사이트, 나크라이트 카올리나이트, 디카이트
　　② 2 : 1 격자형 광물(3층형 광물)
　　　한 층의 Al 8면체를 Si 4면체가 양쪽으로 샌드위치처럼 싸서 3층 구조를 이룸
　　　㉠ 팽창형 → 몬모릴로나이트, 사포나이트, 버미큘라이트
　　　㉡ 비팽창형 → 일라이트
　　③ 2 : 1 : 1(2 : 2, 격자형 광물 비팽창형)
　　　→ 클로라이트
　2. 비결정형 광물(무정형) : 알로펜, 이모고라이트

14 중금속에 관한 설명으로 (　)에 알맞은 것은?

토양오염을 유발시키는 중금속 중 (　　　)은(는) 화합물형태로 전극이나 농약, 안료, 건전지, 촉매제, 염료로 쓰이며 중독의 주요 영향은 중추신경계와 신장 기능 장해이고 원자량은 200.59이다.

① 카드뮴   ② 비소
③ 납   ④ 수은

15 지하수 및 대수층과 관련된 용어 중 "자유면 대수층에서 지하수면의 단위 상승 혹은 강하에 의해 단위면적을 통해 자유면 대수층의 저류지하수로부터 유입 혹은 유출되는 물의 부피"를 뜻하는 것은?

① 비산출률   ② 비보유율
③ 비표면계수   ④ 비저류계수

풀이 비산출률(Specific Yield)
　㉠ 비산출률은 비유출률이라고도 하며 토양 또는 암석(대수층)에서 중력에 의해 배출되는 수량과 암석 부피의 비율이다.
　㉡ 비산출률은 자유면 대수층에서 지하수면의 단위 상승 혹은 강하에 의해 단위면적을 통해 자유면 대수층의 저류 지하수로부터 유입 혹은 유출되는 물의 부피와의 비율이다. (중력에 의해 배출되는

물의 부피와 대수층 부피의 비율)

ⓒ 비산출률은 단위체적의 대수층 내에 저유된 지하수와 대수층으로부터 외부로 뽑아낼 수 있는 지하수량과의 비를 나타낸다. 즉, 포화된 암석으로부터 중력으로 인해 배수되는 물체적의 비율이다.

ⓔ 비산출률은 유효공극률, 비수율, 비피압 저류계수와 동일 의미이다.

16 토양수분장력이 pF 4라면 이를 물기둥의 압력으로 환산한 값으로 가장 적절한 것은?

① 약 1기압　　　　② 약 4기압
③ 약 8기압　　　　④ 약 10기압

풀이 $pF = \log[H]$

$4 = \log[H]$

$H = 10^4 \, cmH_2O$

$기압 = 10^4 \, cmH_2O \times \dfrac{1기압}{10,332 \, cmH_2O}$

$= 9.68기압 (\fallingdotseq 10기압)$

17 이온교환효율을 큰 것에서 작은 것 순으로 옳게 나타낸 것은?

① K > Mg > Na　　② K > Na > Mg
③ Mg > Na > K　　④ Mg > K > Na

풀이 이온교환효율이 큰 순서(이온에 따른 침투력의 크기) : 해리순서

$Al^{3+} > Ca^{2+} > Mg^{2+} > NH_4^+ > K^+ > Na^+ > Li^+$

18 일반적으로 토양의 중금속 흡착능력을 판단하는 항목으로 사용되지 않는 것은?

① 유기물함량　　　② 양이온교환용량
③ 전기전도도　　　④ 점토함량

풀이 토양의 중금속 흡착능력 판단항목

ⓐ 염기포화도
ⓑ 양이온교환용량
ⓒ pH
ⓓ 점토함량
ⓔ 유기물함량

19 토양의 비열과 용적열용량에 관한 설명으로 가장 거리가 먼 것은?

① 토양의 비열은 토양 1g의 온도를 1℃ 높이는 데 필요한 열량이다.
② 토양의 비열이 크면 온도의 상승 및 하강이 느리다.
③ 토양의 비열은 물의 비열의 2~4배 정도이다.
④ 토양 내 모래 함량이 많을수록 용적열용량이 작아진다.

풀이 ⓐ 물의 비열 : 1.0
ⓑ 토양 무기성분 비열 : 0.2
ⓒ 토양 유기성분 비열 : 0.4

20 비점오염원(Non Point Contaminant Source)으로 가장 적합한 것은?

① 축산 배수 배출원
② 공단 산업폐수 배출원
③ 도로 노면 배수
④ 유류저장고

풀이 1. 점오염원(Point Contaminant Source)
ⓐ 지하저장 탱크(유류 및 유독물)
ⓑ 매립장(폐기물)
ⓒ 정화조
ⓓ 축산 배수 배출원 및 공단 산업폐수 배출원
ⓔ 유류저장고

2. 비점오염원(Non Point Contaminant Source)
ⓐ 산성비
ⓑ 농약 및 화학비료
ⓒ 도로제설제
ⓓ 쓰레기에서 유발된 질산성 질소
ⓔ 도로 노면 배수
ⓕ 휴·폐광산으로부터 유출되는 중금속
ⓖ 방사성 물질

2과목 토양 및 지하수오염조사기술

21 시험용 시료의 조제방법에 관한 설명으로 ( )에 가장 적합한 것은?

6가크롬을 제외한 금속류 함량 분석대상물질 분석용 시료는 10메시 표준체(눈금간격 2mm)로 체거름한 시료를 100메시 표준체(눈금간격 0.15mm)로 체거름하여 조제한다. 또한 불소 분석용 시료는 10메시 표준체(눈금간격 2mm)로 체거름한 시료를 200메시 표준체( )로 체거름하여 조제한다.

① 눈금간격 0.075mm
② 눈금간격 0.05mm
③ 눈금간격 0.01mm
④ 눈금간격 0.005mm

풀이 불소 분석용 시료는 10메시 표준체(눈금간격 2mm)로 체거름한 시료를 200메시 표준체(눈금간격 0.075mm)로 체거름하여 조제한다.

22 기체크로마토그래피 분석법 중 수소불꽃이온화검출기(FID)로 검출되는 가장 적합한 것은?

① PCB
② 유기수은
③ 잔류 농약
④ TPH

풀이 TPH(석유계 총탄화수소)분석 검출기는 수소불꽃이온화검출기(FID)이다.

23 토양수분함량 시험에 대한 설명으로 틀린 것은?

① 증발접시는 미리 105~110℃에서 1시간 건조시킨다.
② 시료를 105~110℃의 건조기 안에서 4시간 이상 항량이 될 때까지 건조한다.
③ 증발접시는 시료두께를 10mm 이하로 넓게 펼 수 있는 정도로 하부 면적이 넓은 것을 사용하여야 한다.

④ 이 시험기준에 의해 토양 중 수분은 0.01%까지 측정한다.

풀이 토양 중 수분은 0.1%까지 측정한다.

24 토양오염관리대상시설지역 토양시료의 채취 및 보관에 관한 설명으로 틀린 것은?

① 토양시료는 직경 2.5cm 이상의 시료채취봉이 들어 있는 타격식이나 나선형식의 토양시추장비로 채취한다.
② 시료채취봉을 꺼내어 오염의 개연성이 가장 높다고 판단되는 부위 ±15cm를 시료부위로 한다.
③ 오염의 개연성이 판단되지 않을 경우는 시료채취봉 중앙의 토양 15cm를 시료부위로 한다.
④ 토양시추장비는 시추 중에 물이나 기름이 유입되지 않는 것이어야 한다.

풀이 시료채취봉을 꺼내어 오염의 개연성이 가장 높다고 판단되는 부위 ±15cm를 시료부위로 한다. 다만, 오염의 개연성이 판단되지 않을 경우에는 제일 하부의 토양 30cm를 시료부위로 한다.

25 광산활동지역에 대한 개황조사를 실시하고자 한다. 표토의 시료채취 밀도에 대한 설명으로 ( )에 알맞은 것은?

오염가능지역의 면적이 100,000m² 이하일 경우에는 (㉠)m²당 1개 지점씩으로 하고 100,000m²를 초과할 때부터는 (㉡)m²당 1개 이상의 지점을 선정한다.

① ㉠ 10,000, ㉡ 30,000
② ㉠ 10,000, ㉡ 50,000
③ ㉠ 20,000, ㉡ 50,000
④ ㉠ 20,000, ㉡ 100,000

정답 21 ① 22 ④ 23 ④ 24 ③ 25 ②

26 pH가 5인 용액 2L와 pH 4인 용액 3L가 혼합된 혼합용액의 pH는?

① 4.2   ② 4.3

③ 4.4   ④ 4.5

풀이 pH 5 → $[H^+] = 10^{-5}$mol/L

pH 4 → $[H^+] = 10^{-4}$mol/L

혼합용액 $[H^+] = \dfrac{(2 \times 10^{-5}) + (3 \times 10^{-4})}{2+3}$

$= 6.4 \times 10^{-5}$mol/L

$pH = \log\dfrac{1}{[H^+]} = -\log[H^+]$

$= -\log(6.4 \times 10^{-5}) = 4.2$

27 저장물질이 있는 누출검사대상시설 액상부의 시험방법에 대한 설명으로 틀린 것은?

① 이 방법은 일정 체적을 가진 누출검사대상시설에 일정량의 액체가 담겨 있을 때 시행한다.

② 전자기파, 초음파, 압력변화, 부력, 자기변형, 정전용량 또는 이와 동등한 방식을 이용하여 누출검사 대상시설 내 액량변화를 측정하여 누출량을 산정한다.

③ 누출량 산정에 온도보정을 요하는 측정방식은 측정시간 동안 온도변화를 측정하여 보정한다.

④ 액상부의 누출검사는 누출검사대상시설의 액량이 검사업체에서 보유하고 있는 누출측정기기가 측정할 수 있는 저장시설 높이에 상관없이 적용한다.

풀이 액상부의 누출검사는 누출검사대상시설의 액량이 검사업체에서 보유하고 있는 누출측정기기가 측정할 수 있는 저장시설 높이의 범위인 경우에 적용한다.

28 저장물질이 있는 지하매설저장시설의 기상부시험법에서 미감압법 측정방법의 판정기준과 관련없는 것은?

① G값   ② T값

③ P값   ④ S값

풀이 미감압법에 의한 판정표의 판정치

㉠ G값

㉡ T값

㉢ P값

29 유도결합플라스마–원자발광분광계의 구성을 옳게 나열한 것은?

① 시료도입부–광원부–파장선택부–측정부–기록부

② 시료도입부–고주파전원부–광원부–분광부–연산처리부 및 기록부

③ 시료도입부–파장분리부–광원부–검출부–기록부

④ 시료도입부–저주파전원부–분광부–측광부–기록부

30 유리전극법을 활용한 수소이온농도 측정에 관한 설명으로 틀린 것은?

① pH를 0.1까지 측정한다.

② 유리전극은 일반적으로 산화 및 환원성 물질들에 의해 간섭을 받는다.

③ 토양 중 염류의 농도가 높아지면 pH 값이 낮아지는 경우가 있다.

④ 토양을 오랫동안 방치하면 미생물의 작용으로 탄산가스가 발생하여 pH가 낮아질 수 있다.

풀이 수소이온농도(유리전극법)

유리전극은 일반적으로 용액의 색도, 탁도, 콜로이드성 물질들, 산화 및 환원성 물질들 그리고 염의 농도에 의해 간섭을 받지 않는다. 따라서 전극을 넣을 때 토양현탁을 만들어 주고 곧 넣어서 측정한다.

정답 26 ① 27 ④ 28 ④ 29 ② 30 ②

31 액체의 농도 및 용액에 대한 설명으로 틀린 것은?

① 액체의 농도를 (1 → 10), (1 → 100) 또는 (1 → 1,000) 등으로 표시하는 것은 고체성분에 있어서는 1g, 액체성분에 있어서는 1mL를 용매에 녹여 전체 양을 10mL, 100mL 또는 1,000mL로 하는 비율을 표시한 것이다.

② 액체시약의 농도에 있어서, 예를 들어 염산(1+2)이라고 되어 있을 때에는 염산 1mL와 물 2mL를 혼합하여 조제한 것을 말한다.

③ 노말농도는 용액 2L 중에 들어 있는 용질의 g-당량수(eq)를 말한다.

④ 용액의 앞에 몇 %라고 한 것은 수용액을 말한다.

풀이 노말농도(N농도)는 용액 1L 중에 들어 있는 용질의 g-당량수(eq)를 말한다.

32 토양정밀조사의 세부방법 가운데 오염토양 정화 및 토양오염 방지를 위한 조치가 필요한 지역의 오염물질 종류, 오염면적 및 오염범위 등을 파악하기 위한 사전 개략조사는?

① 개황조사   ② 기초조사
③ 상황조사   ④ 자료조사

풀이 토양정밀조사 : 개황조사
오염토양 정화 및 토양오염 방지를 위한 조치가 필요한 지역의 오염물질 종류, 오염면적 및 오염범위 등을 파악하기 위한 사전 개략조사이며, 이를 기준으로 정밀조사를 실시한다.

33 pH 표준액과 pH 값이 맞게 연결된 것은?(단, 온도는 섭씨 15도)

① 프탈산염 표준액 : pH 4.00
② 인산염 표준액 : pH 9.27
③ 탄산염 표준액 : pH 4.90
④ 수산염 표준액 : pH 12.81

풀이 온도별 표준액의 pH 값

온도 (℃)	수산염 표준액	프탈산염 표준액	인산염 표준액	붕산염 표준액	탄산염 표준액	수산화칼슘 표준액
0	1.67	4.01	6.98	9.46	10.32	13.43
5	1.67	4.01	6.95	9.39	10.25	13.21
10	1.67	4.00	6.92	9.33	10.18	13.00
15	1.67	4.00	6.90	9.27	10.12	12.81
20	1.68	4.00	6.88	9.22	10.07	12.63
25	1.68	4.01	6.86	9.18	10.02	12.45
30	1.69	4.01	6.85	9.14	9.97	12.30
35	1.69	4.02	6.84	9.10	9.93	12.14
40	1.70	4.03	6.84	9.07	–	11.99
50	1.71	4.06	6.83	9.01	–	11.70
60	1.73	4.10	6.84	8.96	–	11.45

34 토양시료분석의 정밀·정확도를 관리하기 위한 정도관리요소 중 시료와 비슷한 매질 중에서 시험분석대상을 검출할 수 있는 최소한의 농도는?

① 기기검출한계
② 정량한계
③ 방법검출한계
④ 유효정량한계

풀이 방법검출한계(MDL)
시료와 비슷한 매질 중에서 시험분석대상을 검출할 수 있는 최소한의 농도이다.

35 저장물질이 있는 누출검사대상시설(기상부의 시험법)의 판정기준으로 ( )에 옳은 것은?

미가압 시험결과, 누출검사대상시설 내의 압력강하량이 ( )를 초과하면 불합격으로 한다.

① 3mmH$_2$O
② 6mmH$_2$O
③ 9mmH$_2$O
④ 12mmH$_2$O

정답   31 ③   32 ①   33 ①   34 ③   35 ②

36 토양오염공정시험기준의 규정에 의한 누출검사대상시설에 관한 내용으로 틀린 것은?

① 부속배관이라 함은 누출검사대상시설에 용접 또는 나사조임방식으로 직접 연결되는 배관을 말한다.

② 배관접속부라 함은 누출검사대상시설과 부속배관, 부속배관과 배관을 연결하기 위하여 용접접합 또는 나사조임방식 등으로 접속한 부분을 말한다.

③ 지하매설배관이라 함은 부속배관의 경로 중 지하에 매설되어 있으나 누출 여부를 육안으로 직접 확인할 수 있는 배관을 말한다.

④ 누출검지관이라 함은 액체의 누출 여부를 누출검사대상시설 외부에서 직접 또는 간접적으로 확인하기 위해 설치된 관을 말한다.

> **풀이** 지하매설배관이라 함은 부속배관의 경로 중 지하에 매설되어 누출 여부를 육안으로 직접 확인할 수 없는 배관을 말한다.

37 토양오염도검사를 위한 토양시료 채취 시 토양시료채취기(Sampler)를 사용할 경우 토양 표면의 잡초나 유기물 등 이물질층을 제거한 후 채취하는 시료의 양(kg)은?(단, 일반지역)

① 약 0.5　　　　② 약 1.0
③ 약 1.5　　　　④ 약 2.0

> **풀이** 토양시료 채취 시 토양 표면의 잡초나 유기물 등 이물질층을 제거한 후 토양시료채취기로 약 0.5kg을 채취한다.

38 토양 중 금속류를 측정하는 방법 가운데, 유도결합플라스마-원자발광분광법에 대한 설명으로 틀린 것은?

① 시료를 고주파유도코일에 의하여 형성된 아르곤 플라스마에 주입하여 0~273K에서 들뜬 원자가 바닥상태로 이동할 때 방출하는 발광강도를 측정하여 원소의 분석을 수행한다.

② 토양 중에 구리, 납, 니켈, 비소, 아연, 카드뮴 등의 금속류 분석에 적용한다.

③ 분석하는 금속원소 이외에서 발광하는 파장은 측정을 간섭한다. 어떤 원소가 동일파장에서 발광할 때, 파장의 스펙트럼선이 넓어질 때, 이온과 원자의 재결합으로 연속발광할 때, 분자 띠 발광 시에 간섭이 발생한다.

④ 간섭이 의심되면, 바탕선 보정, 연속희석법, 표준물질 첨가법 등의 조치를 취할 수 있다.

> **풀이** 유도결합 플라스마 발광광도법
> 시료를 고주파유도코일에 의하여 형성된 아르곤 플라스마에 주입하여 6,000~8,000K에서 들뜬 원자가 바닥상태로 이동할 때 방출하는 발광선 및 발광강도를 측정하여 원소의 정성 및 정량 분석을 수행한다.

39 검량선에서 얻어진 벤젠의 검출량이 13.5ng이었을 때 토양 중 벤젠농도(mg/kg)는?(단, 수분 보정한 토양시료의 건조중량=4.5g, 사용한 메틸알코올의 양=10mL, 검액의 주입량=10μL, 희석배수=1)

① 1.0　　　　② 2.5
③ 3.0　　　　④ 4.5

> **풀이** 벤젠농도(mg/kg)
> $$= \frac{A_s \times V_f \times D}{W_d \times V_i} = \frac{13.5 \times 10 \times 1}{4.5 \times 10} = 3\,\text{mg/kg}$$

40 원자흡수분광광도법의 분석에서 사용되는 조연성가스와 가연성가스에 대한 설명으로 거리가 먼 것은?

① 일반적으로 가연성가스로 아세틸렌을, 조연성가스로 공기를 사용한다.

② 수소-공기와 아세틸렌-공기는 거의 대부분의 원소 분석에 유효하게 사용할 수 있다.

③ 어떠한 종류의 불꽃이라도 가연성가스와 조연성가스의 혼합비는 감도에 크게 영향을 주므로 금속의 종류에 따라 최적혼합비를 선택하여 사용한다.

④ 수소-공기는 원자 외 영역에서 불꽃 자체에 의한 흡수가 많기 때문에 이 파장영역에서 흡수선을 갖는 원소의 분석에 적당하지 않다.

풀이 수소─공기는 원자 외 영역에서 불꽃 자체에 의한 흡수가 적기 때문에 이 파장영역에서 흡수선을 갖는 원소의 분석에 적당하다.

③ 휘발성 유기화합물의 경우 단순한 물세척으로 높은 제거효율을 나타낸다.
④ 일반적인 세척공정에서 배출되는 토양 중 대부분의 부피를 차지하는 것은 모래 및 자갈류이다.

풀이 토양세척의 효과를 결정짓는 것은 물질의 종류에 의한 차이보다 토양의 성상에 따른 영향이 크다.

3과목 토양 및 지하수오염정화기술

41 토양증기추출과 Bioventing 기술을 효과적으로 적용하기 위해 공정설계에 앞서 거치는 예비절차에 포함되는 내용이 아닌 것은?

① 정해진 시간 내에 복구목표를 달성하기 위한 공극부피 교환량 계산
② 오염물 이동제어변수를 고려한 가능제어속도 계산
③ 오염 이동속도 한계에 따른 기술 타당성 검토
④ 공기 추출한계 선정

풀이 공기 추출한계 선정은 공정설계에 관한 내용이다.

42 오염지하수 정화에 반응벽체 공법을 적용할 때 반응벽체의 두께는 2.5m, 공극률은 0.42, 지하수의 Darcy 속도는 0.4m/hr일 경우 지하수의 반응벽체 내 체류시간(hr)은?

① 2.6   ② 3.8
③ 4.4   ④ 5.2

풀이 체류시간(hr) $= \dfrac{\text{반응벽체두께} \times \text{공극률}}{\text{Darcy 속도}}$

$= \dfrac{2.5\text{m} \times 0.42}{0.4\text{m/hr}} = 2.63\text{hr}$

43 토양세척공정에 대한 설명으로 옳지 않은 것은?

① 최종처리공정으로 이용되기보다 오염토양의 양을 단기간에 현저히 줄이고자 할 때 이용된다.
② 토양세척공정의 효과는 토양의 성상에 따른 영향보다 오염물질의 종류에 따른 차이가 매우 크다.

44 유기오염물로 오염된 토양을 호기성 분해과정을 이용한 바이오파일법으로 처리하는 경우, 분해에 관여하는 다음 미생물 중에서 중온성이 아닌 고온성 미생물에 속하는 것은?

① B. coagulans
② Cellulomonas folia
③ P. putida
④ Pseudomonas fluorescence

45 TCE로 오염된 지하수의 예비실험을 한 결과 1.4mg/L · min의 오존으로 1시간 처리 시 환경기준에 적합한 제거율을 보였다. 지하수 오염농도가 150mg/L, 유량이 2,000L/min일 경우 환경기준에 적합하도록 처리하기 위한 최소 오존 필요량(kg/day)은?

① 약 242
② 약 318
③ 약 423
④ 약 538

풀이 O_3 총량(kg/day)
$= 1.4\text{mg/L} \cdot \text{min} \times 60\text{min} \times 2{,}000\text{L/min}$
$\quad \times 60\text{min/hr} \times 24\text{hr/day} \times 10^{-6}\text{kg/mg}$
$= 241.92\text{kg/day}$

46 지하수 처리기술 중 Air Sparging에 관한 설명으로 틀린 것은?

① 오염물질이 분포된 깊이와 현장의 특수한 지질학적인 특성을 고려해야 한다.
② 오염된 지하수를 양수하여 대기 중에서 공기를 분사하므로 다량의 지하수정화가 가능하다.
③ 지하수 유량, 오염물질의 분포 깊이 등의 인자에 영향을 받는다.
④ 휘발성 유기물질과 유류오염물질이 처리대상이다.

풀이 공기스파징(Air Sparging)은 오염된 지하수를 양수하여 대기 중에서 공기를 주입하므로 다량의 지하수 정화가 가능하다.

47 오염물질의 생분해에 관한 설명으로 틀린 것은?

① 직선구조의 탄화수소는 호기성조건에서 생분해되기 쉽다.
② 치환되지 않은 탄화수소 종류가 일반적으로 빠르게 분해된다.
③ 할로겐화합물의 할로겐 원소 수가 커질수록 생분해 지속도는 감소한다.
④ 용해도가 낮은 물질은 생분해도가 낮을 수 있다.

풀이 할로겐화합물의 할로겐 원소 수가 커질수록 생분해 지속도는 증가한다.

48 토양증기추출법의 적용이 어려운 오염물질은?

① 벤젠
② 톨루엔
③ 휘발유
④ 윤활유

풀이 토양증기추출법은 상온에서 휘발성을 갖는 유기물질에 적용하므로 윤활유 처리는 곤란하다.

49 열탈착기술의 기본적인 제어장치가 아닌 것은?

① 분진 제거를 위한 사이클론과 백필터
② 잔존 유기물 제거를 위한 활성탄
③ 산성증기 제거를 위한 벤투리 세정기
④ 탈수를 위한 필터프레스

풀이 열탈착기술과 탈수는 관련이 없다.

50 고온 열탈착법에서 오염토양에 적용되는 가장 적절한 열탈착온도 범위는?

① 100~300℃
② 400~600℃
③ 800~1,000℃
④ 1,200~1,500℃

풀이 ㉠ 고온 열탈착기법(HTTD) 가열온도 : 320~560℃
㉡ 저온 열탈착기법(LTTD) 가열온도 : 90~320℃

51 토양경작법(Land Farming)의 적용성에 대해 잘못 기술한 것은?

① 총 종속영양미생물의 온도가 1,000CFU/g 건조토양 이상일 경우 적합하다.
② 토양의 pH는 6~8 정도의 중성일 때 적합하다.
③ 토양의 온도는 10~45℃ 정도를 유지해야 한다.
④ 미생물의 적절한 성장을 위해 수분의 함량을 5~15% 정도로 유지해야 한다.

풀이 토양 내 최적함수율은 18%이며 수분함유량이 과다(33%)하거나 적은(12%) 경우에는 분해속도가 감소한다.

52 토양복원기술 중 원위치(In-situ) 정화기술과 가장 거리가 먼 것은?

① 토양증기추출법(Soil Vapor Extraction)
② 생분해법(Biodegradation)
③ 유리화(Vitrification)
④ 토지경작법(Landfarming)

풀이 Ex-situ 정화기술 종류
- ㉠ 토양증기추출법(SVE : Soil Vapor Extraction)
- ㉡ 퇴비화법(Composting)
- ㉢ 토양경작법(Landfarming)
- ㉣ 할로겐분해법(Glyconate Dehalogenation)
- ㉤ 토양세척법(Soil Washing)
- ㉥ 고형화/안정화 처리법(Solidification/Stabilization)
- ㉦ 용매(용제) 추출법(Solvent Extraction)
- ㉧ 고온가스 추출법(Hot Gas Decontamination)
- ㉨ 소각법(Incineration)
- ㉩ 열분해법(Pyrolysis)
- ㉪ 열탈착법(Thermal Desorption)
- ㉫ 화학적 산화/환원법(Chemical Reduction/ Oxidation)
- ㉬ 바이오 파일 및 바이오 필터(Biopiles 및 Biofilter)

53 자일렌 100mg/L의 농도로 오염된 지하수 3,000m³를 처리하기 위해 필요한 활성탄의 양(kg)은?(단, 자일렌에 대한 활성탄의 흡착능= 0.0789g-Xylenes/g-carbon)

① 7,600 ② 1,400
③ 2,300 ④ 3,800

풀이 활성탄양(kg)
$$=3,000m^3 \times 100mg/L \times 1,000L/m^3 \times kg/10^6mg$$
$$\times (g-carbon/0.0789g-Xylenes)$$
$$=3,802.28kg$$

54 Bioventing 공법의 영향인자에 관한 설명으로 틀린 것은?

① 일반적으로 사질토일 경우에 적절히 적용된다.
② 오염물 제거 깊이는 3~10m 범위이다.
③ 일반적으로 최적 pH 범위는 약 6~8 정도이다.
④ 균일한 처리가 가능하고 오염물질 확산의 우려가 없다.

풀이 Bioventing은 오염물질 주변의 공기 및 물의 이동에 의해 오염물질이 확산될 수 있으며, 항상 높은 제거 효율을 얻기가 어렵다.

55 생물학적 복원기술에 관한 설명으로 가장 거리가 먼 것은?

① 저농도 및 광범위한 오염에 적합하다.
② 유해한 중간물질을 만드는 경우가 있어 분해생성물의 유무를 조사할 필요가 있다.
③ 다양한 물질에 의해 오염되어 있는 경우에도 별도의 기술개발이 필요 없다.
④ 약품을 많이 사용하지 않기 때문에 2차 오염이 적다.

풀이 생물학적 복원기술은 다양한 물질에 의해 오염되어 있는 경우에는 별도의 기술개발이 필요하다.

56 자연정화기법에 의하여 오염 부지를 처리하는 경우에 작용하는 현상이 아닌 것은?

① 오염물질의 자체적인 분산, 희석, 흡착, 휘발현상
② 지하수 함량에 의한 희석과 혼합현상
③ 토양 내 생분해로 인한 생물학적 분해 및 전이현상
④ 계면활성제의 주입에 의한 오염물질 탈착현상

풀이 계면활성제의 주입에 의한 오염물질 탈착현상을 이용한 오염 부지 처리는 물리화학적 방법이다.

57 토양에 함유된 화학성분 중에서 주요 산화물의 함량순위를 바르게 나열한 것은?

① $SiO_2 > Al_2O_3 > FeO+Fe_2O_3 > CaO+MgO$
② $SiO_2 > Al_2O_3 > CaO+MgO > FeO+Fe_2O_3$
③ $Al_2O_3 > SiO_2 > CaO+MgO > FeO+Fe_2O_3$
④ $Al_2O_3 > FeO+Fe_2O_3 > SiO_2 > CaO+MgO$

풀이 토양 내 무기물은 규소(Si), 산소(O), 철(Fe), 알루미늄(Al), 칼슘(Ca), 나트륨(Na), 칼륨(K) 등이며, 보통 산화물인 SiO_2, Al_2O_3, Fe_2O_3, $CaCO_3$ 형태로 존재한다.

정답 53 ④ 54 ④ 55 ③ 56 ④ 57 ①

58 저온 열탈착법의 장단점으로 옳지 않은 것은?

① 처리효율이 높고 단기간에 처리가 가능하다.

② 카드뮴이나 수은 등을 비롯한 거의 모든 중금속 정화에 효과가 탁월하다.

③ 다른 정화기술에 비해 높은 에너지 비용이 소요되어 경제성이 낮다.

④ 수분함량이 높거나 점토 및 휴믹산 등을 높게 함유한 토양의 경우 반응시간이 길어지고 처리비용이 증가한다.

풀이 저온 열탈착법은 무기물질(중금속) 및 방사성 물질을 제외한 대부분의 석유계 화합물의 처리에 유용하다.

59 미생물에 의한 호흡과정에서 같은 양이 사용되는 경우 전자수용체로서 가장 효율이 높은 물질은?

① 과산화수소

② 공기로 포화된 물

③ 산소로 포화된 물

④ 질산염이 다량 함유된 물

풀이 생물학적 복원기법에서 호기성 조건을 위하여 산소를 주입하게 되는데, 적정한 산소주입방법에는 대기 중의 공기주입, 압축산소주입, 과산화수소(H_2O_2) 주입 등이 있으며, 이 중 미생물에 의한 호흡과정에서 같은 양이 사용되는 경우 전자수용체로서 가장 효율이 높은 물질은 과산화수소이다.

60 미생물의 종류별 탄소원과 에너지원의 연결로 틀린 것은?(단, 탄소원-에너지원)

① 화학합성 자가영양 : CO_2-유기물의 산화환원반응

② 화학합성 종속영양 : 유기탄소-유기물의 산화환원반응

③ 광합성 종속영양 : 유기탄소-빛

④ 광합성 자가영양 : CO_2-빛

풀이 탄소원과 에너지원에 따른 미생물 분류

구분(영양 형태)	탄소원	에너지원	예
광(합성) 독립(자가) 영양 미생물 (Photoautotroph)	CO_2	빛	남조류(Cyano-bacteria), 조류, 시안세균
광(합성) 종속영양 미생물 (Photohetero-troph)	유기탄소 (유기 화합물)	빛	Rhodospseudomonas, Rhodospirillum
화학 독립 (자가) 영양 미생물 (Chemoauto-troph)	CO_2	환원 형태의 무기물(무기물의 산화·환원 반응) (NH_4, H_2S, NO_2^-, H_2, S, $S_2O_3^{2-}$, Fe^{2+})	질화세균 (질산화성균) 황산화균 (황세균), 수소산화균, 철산화균 (철세균)
화학 종속 영양 미생물 (Chemohetero-troph)	유기탄소 (유기 화합물)	유기화합물 (유기물의 산화·환원 반응)	원생동물, 진균류, 대부분의 세균

4과목 **토양 및 지하수환경 관계법규**

61 특정토양오염관리대상시설의 변경신고 사유가 아닌 것은?

① 특정토양오염관리대상시설을 교체하거나 토양오염방지시설을 변경하는 경우

② 특정토양오염관리대상시설의 사용을 종료하거나 폐쇄하는 경우

③ 사업장의 위치 또는 대표자가 변경되는 경우

④ 특정토양오염관리대상시설에 저장하는 오염물질을 변경하는 경우

풀이 특정토양오염관리대상시설의 변경신고
ㄱ 사업장의 명칭 또는 대표자가 변경되는 경우
ㄴ 특정토양오염관리대상시설의 사용을 종료하거나 폐쇄하는 경우
ㄷ 특정토양오염관리대상시설을 증설 또는 교체하거나 토양오염방지시설을 변경하는 경우
ㄹ 특정토양오염관리대상시설에 저장하는 오염물질을 변경하는 경우

62 다음 사항을 위반하여 오염토양정화계획 또는 오염토양정화변경계획을 제출하지 아니한 자에 대한 과태료 부과기준은?

오염원인자는 토양오염조사기관으로 하여금 오염토양의 정화과정 및 정화 완료에 대한 검증을 하게 할 때에는 환경부령으로 정하는 내용 및 절차에 따라 오염토양정화계획을 작성하여 관할 특별자치도지사, 시장, 군수, 구청장에게 제출하여야 하며 제출한 계획 중 환경부령으로 정하는 사항을 변경할 때에도 또한 같다.

① 200만 원 이하의 과태료
② 300만 원 이하의 과태료
③ 500만 원 이하의 과태료
④ 1,000만 원 이하의 과태료

풀이 토양환경보전법 제32조 과태료 제2항 참조

63 토양정화업자의 준수사항으로 틀린 것은?

① 토양정화업자는 매년 1월 31일까지 전년도의 토양정화실적을 시·도지사에게 보고하여야 한다.
② 정화현장에 오염토양의 정화공정도 및 정화일지를 작성하여 비치하고, 정화일지는 2년간 보관하여야 한다.
③ 토양 관련 전문기관의 정화검증을 위한 정화현장 방문, 시료의 채취 등 검증업무 수행을 방해해서는 아니 된다.
④ 반입토양 보관시설에 울타리를 설치하여 반입토양의 유실을 방지하여야 한다.

풀이 토양정화업자의 준수사항
　ⓐ 기술인력은 해당 분야에 종사하게 하여야 한다.
　ⓑ 토양정화업자는 매년 1월 31일까지 전년도의 토양정화실적을 시·도지사에게 보고하여야 한다.
　ⓒ 오염토양을 운반하는 때에는 오염토양이 흩날리지 않도록 하여야 하며, 침출수가 유출되지 아니하도록 하여야 한다.
　ⓓ 위탁받은 오염토양을 반입정화시설이 아닌 다른 곳에 보관하여서는 아니 되며, 반입정화시설 또는 정화현장 입구에는 오염토양 정화 또는 반입정화시설임을 표시하는 가로 100센티미터 이상, 세로

50센티미터 이상의 표지판을 지상 100센티미터 이상의 높이에 설치하여야 한다. 이 경우 표지판에는 오염토양의 양, 정화공법, 정화기간 및 관리자의 주소·성명·전화번호 등을 기재하여야 한다.
　ⓔ 정화현장에 오염토양의 정화공정도 및 정화일지를 작성하여 비치하고, 정화일지는 2년간 보관하여야 한다.
　ⓕ 토양 관련 전문기관의 정화검증을 위한 정화현장 방문, 시료의 채취 등 검증업무 수행을 방해하여서는 아니 된다.

64 환경부장관 또는 시·도지사 또는 시장, 군수, 구청장은 토양보전을 위하여 필요하다고 인정하는 경우에는 토양정밀조사를 실시할 수 있는데, 정밀조사대상이 되는 지역과 가장 거리가 먼 것은?

① 토양오염도 상시측정의 결과 우려기준을 넘는 지역
② 토양오염실태조사 결과 우려기준을 넘는 지역
③ 특정토양오염유발시설이 설치되어 우려기준을 넘을 가능성이 크다고 인정되는 지역
④ 토양오염사고 등으로 인하여 환경부장관, 시·도지사 또는 시장·군수·구청장이 우려기준을 넘을 가능성이 크다고 인정하는 지역

풀이 1. 상시측정(이하 "상시측정"이라 한다)의 결과 우려기준을 넘는 지역
　2. 토양오염실태조사의 결과 우려기준을 넘는 지역
　3. 다음 각 목의 어느 하나에 해당하는 지역으로서 환경부장관, 시·도지사 또는 시장, 군수, 구청장이 우려기준을 넘을 가능성이 크다고 인정하는 지역
　　ⓐ 토양오염사고가 발생한 지역
　　ⓑ 「산업입지 및 개발에 관한 법률」에 따른 산업단지(농공단지는 제외한다)
　　ⓒ 「광산피해의 방지 및 복구에 관한 법률」에 따른 폐광산(廢鑛山)의 주변지역
　　ⓓ 「폐기물관리법」 제2조 제8호에 따른 폐기물처리시설 중 매립시설과 그 주변지역
　　ⓔ 그 밖에 환경부령으로 정하는 지역

65 토양오염 우려기준(1지역)에 대한 항목 및 기준치가 잘못 연결된 것은?

① 수은 : 4mg/kg
② TCE : 8mg/kg
③ 니켈 : 50mg/kg
④ 불소 : 400mg/kg

풀이 토양오염 우려기준(mg/kg)

물질	1지역	2지역	3지역
카드뮴	4	10	60
구리	150	500	2,000
비소	25	50	200
수은	4	10	20
납	200	400	700
6가크롬	5	15	40
아연	300	600	2,000
니켈	100	200	500
불소	400	400	800
유기인화합물	10	10	30
폴리클로리네이티드비페닐	1	4	12
시안	2	2	120
페놀	4	4	20
벤젠	1	1	3
톨루엔	20	20	60
에틸벤젠	50	50	340
크실렌	15	15	45
석유계 총 탄화수소(TPH)	500	800	2,000
트리클로로에틸렌(TCE)	8	8	40
테트라클로로에틸렌(PCE)	4	4	25
벤조(a)피렌	0.7	2	7

66 공장용지에서 구리의 토양오염 대책기준(단위 : mg/kg)은?

① 1,000
② 2,000
③ 3,000
④ 6,000

풀이 토양오염 대책기준(단위 : mg/kg)

물질	1지역	2지역	3지역
카드뮴	12	30	180
구리	450	1,500	6,000
비소	75	150	600
수은	12	30	60

물질	1지역	2지역	3지역
납	600	1,200	2,100
6가크롬	15	45	120
아연	900	1,800	5,000
니켈	300	600	1,500
불소	2,400	3,900	6,000
유기인화합물	—	—	—
폴리클로리네이티드비페닐	3	12	36
시안	5	5	300
페놀	10	10	50
벤젠	3	3	9
톨루엔	60	60	180
에틸벤젠	150	150	1,020
크실렌	45	45	135
석유계 총 탄화수소(TPH)	2,000	2,400	6,000
트리클로로에틸렌(TCE)	24	24	120
테트라클로로에틸렌(PCE)	12	12	75
벤조(a)피렌	2	6	21

67 토양환경보전법령에 의하여 환경부장관이 고시하는 측정망설치계획에 포함되지 않는 것은?

① 측정망 설치시기
② 측정망 배치도
③ 측정지점의 위치 및 면적
④ 측정망 폐쇄시기

풀이 측정망 설치계획 포함사항

  ㉠ 측정망 설치시기
  ㉡ 측정망 배치도
  ㉢ 측정지점의 위치와 면적

68 대책계획인 오염토양개선사업과 가장 거리가 먼 것은?

① 객토 및 토양개량제의 사용 등 농토배양사업
② 오염된 수로의 준설사업
③ 오염토양의 외부차단사업
④ 오염물질의 흡수력이 강한 식물식재사업

풀이 오염토양개선사업의 종류
- ㉠ 객토 및 토양개량제의 사용 등 농토배양사업
- ㉡ 오염된 수로의 준설사업
- ㉢ 오염토양의 위생적 매립 · 정화사업
- ㉣ 오염물질의 흡수력이 강한 식물식재사업
- ㉤ 그 밖에 특별자치도지사 · 시장 · 군수 · 구청장이 필요하다고 인정하는 사업

69 토양 관련 전문기관은 토양오염검사신청서를 받은 날로부터 며칠 이내에 시료채취 또는 누출검사를 하여야 하는가?

① 1일   ② 7일
③ 14일   ④ 21일

풀이 토양 관련 전문기관은 토양오염검사신청서를 받은 때에는 다음 각 호에 의한 검사 및 분석을 하여야 한다.
- ㉠ 검사신청서를 받은 날부터 7일 이내에 시료채취 또는 누출검사
- ㉡ 특별한 사유가 없는 한 시료채취일부터 14일 이내에 이 · 화학적 분석

70 토양정화업의 등록요건 중 시설, 장비에 관한 기준으로 틀린 것은?

① 반입정화시설 : 정화시설 400제곱미터 이상, 보관시설 400제곱미터 이상
② 시료채취기 1대(깊이 2m 이상 시료 채취가 가능할 것)
③ 휴대용 가스측정장비 1식(휘발성 유기화합물질, 산소, 이산화탄소 및 메탄의 측정이 가능할 것)
④ 현장용 수질측정기 1식(수소이온농도, 수온, 전기전도도, 용존산소 및 산화환원전위의 측정이 가능할 것)

풀이 토양정화업의 등록요건(장비)
- ㉠ 시료채취기 1대(깊이 6m 이상 시료채취가 가능할 것)
- ㉡ 휴대용 가스측정장비 1식(휘발성 유기화합물질(VOC), 산소, 이산화탄소 및 메탄의 측정이 가능할 것)

- ㉢ 현장용 수질측정기 1식(수소이온농도(pH), 수온, 전기전도도, 용존산소 및 산화 · 환원전위의 측정이 가능할 것)
- ㉣ 지하수위측정기

71 토양환경평가에 관한 내용으로 옳지 않은 것은?

① 토양환경평가의 절차 및 방법의 구체적인 사항은 환경부장관이 정하여 고시한다.
② 개황조사 : 시료의 채취 및 분석을 통한 토양오염의 정도와 범위 조사
③ 토양환경평가는 기초조사, 개황조사, 정밀조사의 순서로 실시한다.
④ 기초조사 : 자료조사, 현장조사 등을 통한 토양오염 개연성 여부 조사

풀이 토양환경평가
- ㉠ 기초조사 : 자료조사, 현장조사 등을 통한 토양오염의 개연성 여부 조사
- ㉡ 개황조사 : 시료의 채취 및 분석을 통한 토양오염 여부 조사
- ㉢ 정밀조사 : 시료의 채취 및 분석을 통한 토양오염의 정도와 범위 조사

72 토양 관련 전문기관 또는 토양정화업의 기술인력은 국립환경인재개발원장이 개설하는 토양환경관리의 교육과정을 이수하여야 한다. 신규교육에 대한 기준으로 옳은 것은?

토양 관련 전문기관 또는 토양정화업 분야의 기술인력으로 최초로 종사한 날부터 1년 이내에 ( )

① 8시간   ② 18시간
③ 24시간   ④ 48시간

풀이 1. 토양 관련 전문기관 또는 토양정화업의 기술인력은 다음의 구분에 따라 국립환경인재개발원장이 개설하는 토양환경관리의 교육과정을 이수하여야 한다.
- ㉠ 신규교육 : 토양 관련 전문기관 또는 토양정화업 분야의 기술인력으로 최초로 종사한 날부터 1년 이내에 18시간

정답 69 ② 70 ② 71 ② 72 ②

ⓛ 보수교육 : 신규교육을 받은 날을 기준으로 5년
마다 8시간

2. 교육은 집합교육 또는 원격교육으로 한다.

73 지하수오염 유발시설에 해당하는 것은?

① 지하수보전구역 외의 지역에 설치된 송유용 탱크

② 지하수보전구역에 설치된 시간당 최대 폐수량
이 0.01세제곱미터인 금속광업시설의 폐수 배
출시설

③ 지하수보전구역에 설치된 비위생 매립시설

④ 지하수보전구역 외의 지역에 설치된 차단형 매
립시설

풀이 지하수오염 유발시설(지하수보전구역)
ⓖ 「토양환경보전법 시행규칙」에 따른 특정 토양오
염관리대상시설
ⓛ 「수질 및 수생태계 보전에 관한 법률 시행규칙」에
따른 폐수배출시설
ⓒ 「폐기물관리법 시행령」에 따른 매립시설
ⓔ 그 밖에 ⓖ부터 ⓒ까지의 시설과 유사한 시설로
서 특별히 관리할 필요가 있다고 인정되어 환경
부장관이 관계 중앙행정기관의 장과 협의하여
고시하는 시설

74 토양보전대책지역을 지정하는 권한을 가진
자는?

① 환경부장관

② 시·도지사

③ 지방환경관서의 장

④ 시장·군수·구청장

75 지하수를 공업용수로 이용하는 경우의 지하
수의 수질기준으로 틀린 것은?

① pH : 5.0~9.0

② 질산성 질소 : 80mg/L 이하

③ 염소이온 : 500mg/L 이하

④ 수은 : 0.001mg/L 이하

풀이 지하수의 수질기준

이용 목적별 항목		생활용수	농·어업 용수	공업용수
일반 오염 물질 (4개)	수소이온 농도(pH)	5.8~8.5	6.0~8.5	5.0~9.0
	총 대장균군	5,000 이하 (군수 /100mL)	–	–
	질산성 질소	20 이하	20 이하	40 이하
	염소이온	250 이하	250 이하	500 이하

76 지하수에 관한 조사업무를 대행할 수 있는 지
하수 관련 조사전문기관이 아닌 것은?

① 한국수자원공사

② 한국농어촌공사

③ 한국건설기술연구원

④ 한국환경보전협회

풀이 지하수조사업무 대행 관련 조사전문기관
ⓖ 한국지질자원연구원
ⓛ 한국광물자원공사
ⓒ 한국수자원공사
ⓔ 한국농어촌공사
ⓜ 한국건설기술연구원
ⓗ 한국환경공단
ⓢ 지하수개발·이용 등과 관련된 협회

77 토양환경보전법령상 정의된 토양오염을 나
타낸 것으로 밑줄 친 부분 중 잘못된 것은?

토양오염이란 ⓖ 사업활동이나 그 밖의 ⓛ 사람
의 활동에 의하여 ⓒ 생태계가 오염되는 것으로
서 사람의 건강·재산이나 환경에 피해를 주는
ⓔ 상태를 말한다.

① ⓖ   ② ⓛ

③ ⓒ   ④ ⓔ

풀이 토양오염
사업활동이나 그 밖의 사람의 활동에 의하여 토양이
오염되는 것으로서 사람의 건강·재산이나 환경에
피해를 주는 상태를 말한다.

78 토양오염도 검사수수료가 가장 저렴한 검사 항목은?

① 불소
② 시안
③ 유기인
④ 아연

풀이 토양오염도 검사수수료

검사항목		검사수수료(단위 : 원)
카드뮴 · 구리 · 납		44,200
비소		44,200
수은		44,200
6가 크롬		44,200
아연 · 니켈		44,200
불소		71,100
유기인		35,100
폴리클로리네이티드비페닐		114,000
시안		17,700
페놀류		56,100
유류	벤젠	40,600
	톨루엔	
	에틸벤젠	
	크실렌	
석유계 총 탄화수소(TPH)		62,700
트리클로로에틸렌(TCE) 테트라클로로에틸렌(PCE)		26,900
벤조(a)피렌		114,000
시료채취비		91,900/공

79 토양 관련 전문기관의 준수사항으로 틀린 것은?

① 누출검사는 반드시 토양 관련 전문기관 지정(변경) 시 신고된 기술인력이 실시하여야 하며, 누출검사자는 누출측정결과 보고서에 서명하여야 한다.

② 토양 관련 전문기관은 도급받은 토양 관련 전문기관의 업무 일부 또는 전부를 다시 하도급해서는 아니 된다.

③ 토양 관련 전문기관은 검사일지, 검사결과기록부, 시약소모대장, 검사신청접수 및 결과 발송대장, 차량운행일지 등을 영업소 소재지에 작성, 비치하여야 한다.

④ 토양시료의 채위는 토양 관련 전문기관(변경) 지정 시 신고된 기술요원이 하여야 하며, 시료를 채취하는 때에는 도면상에 시료채취 지점을 표기하고 시료채취자가 서명하여야 한다. 다만, 시료채취를 위한 시추장비 등의 운전은 기술요원이 아닌 다른 인력이 할 수 있으나 이 경우 기술요원은 시료채취과정을 감독하여야 한다.

풀이 토양 관련 전문기관의 준수사항

㉠ 토양 관련 전문기관은 「환경분야 시험 · 검사 등에 관한 법률」에 따른 환경오염공정시험기준에 따라 검사를 정확하고 엄정하게 하여야 한다.

㉡ 토양시료의 채취는 토양 관련 전문기관 (변경) 지정 시 신고된 기술요원이 하여야 하며, 시료를 채취하는 때에는 도면상에 시료채취지점을 표기하고 시료채취자가 서명하여야 한다. 다만, 시료채취를 위한 시추장비 등의 운전은 기술요원이 아닌 다른 인력이 할 수 있으나, 이 경우 기술요원은 시료채취과정을 감독하여야 한다.

㉢ 누출검사는 반드시 토양 관련 전문기관 지정(변경) 시 신고된 기술인력이 실시하여야 하며, 누출검사자는 누출측정결과 보고서에 서명하여야 한다.

㉣ 토양 관련 전문기관은 매년 1월 31일까지 토양오염도검사 · 누출검사 · 토양정밀조사 · 토양환경평가 · 위해성평가 · 토양정화의 검증 등 전년도 검사실적을 지방환경관서의 장 또는 국립과학원장에게 보고하여야 한다. 이 경우 검사실적은 당해 연도 말까지의 검사결과 통보분을 의미한다.

㉤ 토양 관련 전문기관은 검사일지, 검사결과기록부, 시약소모대장, 검사신청접수 및 결과 발송대장, 차량운행일지 등을 영업소 소재지에 작성 · 비치하여야 한다.

㉥ 토양시료의 분석은 토양 관련 전문기관(변경) 지정 시 신고된 기술요원이 하여야 하고, 「환경분야 시험 · 검사 등에 관한 법률」에 형식승인을 받고 정도검사(精度檢査)를 받은 장비를 사용하여 분석하여야 한다.

㉦ 토양 관련 전문기관은 별표 11에서 정한 토양오

염검사수수료를 준수함으로써 불공정 경쟁과 검사의 부실을 초래하여서는 아니 된다.

◎ 토양 관련 전문기관은 도급받은 토양 관련 전문기관의 업무 전부를 다시 하도급해서는 아니 된다.

80 토양환경보전법령상 오염토양 정화방법으로 가장 거리가 먼 것은?

① 미생물이나 식물을 이용한 오염물질의 분해 · 흡수 등 생물학적 처리
② 오염물질의 차단 · 분리추출 · 세척 처리 등 물리 · 화학적 처리
③ 오염토양의 위생적 매립 처리
④ 오염물질의 소각 · 분해 등 열적 처리

풀이 오염토양 정화방법

㉠ 미생물이나 식물을 이용한 오염물질의 분해 · 흡수 등 생물학적 처리
㉡ 오염물질의 차단 · 분리추출 · 세척 처리 등 물리 · 화학적 처리
㉢ 오염물질의 소각 · 분해 등 열적 처리

1과목 **토양학개론**

01 벤젠이 포화토양층에 평형상태로 용해 또는 흡착되어 있다. 지하수와 토양에서 벤젠의 농도는 각각 10mg/L, 50mg/kg이며, 포화토양층의 부피는 2,500m³, 토양공극률이 0.44, 토양입자밀도가 3.50g/cm³일 경우 지하수에 용해된 벤젠의 양(kg)은?

① 11
② 22
③ 33
④ 44

풀이 지하수에 용해된 벤젠의 양(kg)
$$= 2,500m^3 \times 10mg/L \times 0.44 \times 10^3 L/m^3$$
$$\times kg/10^6 mg$$
$$= 11kg$$

02 나트륨 토양의 개량 방법이 아닌 것은?

① 지하수위가 높은 경우 배수에 의하여 수위를 낮춘다.
② 석회 자재를 투입하여 치환성 Ca 포화도를 높인다.
③ 제염 관개로 NaOH, $NaHCO_3$, Na_2CO_3를 상층토로 이동시킨다.
④ 내알칼리성, 내침수성 식물을 재배하여 유기질 잔사를 포장으로 환원시킨다.

풀이 충분한 담수원을 확보하여 제염된 부분의 토양입자를 위해 석회를 사용한다. 가을부터 이른 봄까지 계속 담수하며, 알칼리 토양을 개량하기 위해서는 Ca^{2+}을 다량 함유한 경수가 좋다.

03 토양점토광물 중 2 : 1형 층상 구조를 갖는 광물(3층형 광물)에 해당하지 않은 것은?

① kaolinite
② illite
③ montmorillonite
④ vermiculite

풀이 점토광물의 분류
1. 결정형 광물 : Si 판 1개와 Al 판 1개가 층상으로 결속하여 한 결정 단위를 이룸
   ① 1 : 1 격자형 광물(2층형 광물, 비팽창형) : 비표면적이 가장 작음 → 할로이사이트, 나크라이트, 카올리나이트, 딕카이트
   ② 2 : 1 격자형 광물(3층형 광물) : 한 층의 Al 8면체를 Si 4면체가 양쪽으로 샌드위치처럼 싸서 3층 구조를 이룸
      ㉠ 팽창형 → 몬모릴로나이트, 사포나이트, 버미큘라이트
      ㉡ 비팽창형 → 일라이트
   ③ 2 : 1 : 1(2 : 2 격자형 광물, 비팽창형)
      → 클로라이트
2. 비결정형 광물(무정형) → 알로펜, 이모고라이트

04 다환 방향족탄화수소(PAH)에 해당되지 않은 것은?

① 아세틸렌
② 나프탈렌
③ 파이렌
④ 페난트렌

풀이 아세틸렌(C_2H_2)은 알카인계의 탄화수소 중 가장 간단한 형태의 화합물이다.

05 토양의 수직단면의 성층구조 중 B층에 관한 설명과 가장 거리가 먼 것은?

① 일반적으로 A층에 비하여 토층의 색이 밝다.
② 토괴의 표면에 점토피막이 형성되어 있기 때문에 구조의 발달을 볼 수 있다.
③ 유기물층 바로 밑의 층으로 광물질이 풍부하다.
④ 상부 토층으로부터 용탈된 철과 알루미늄 산화물, 고운 점토 등이 집적된다.

풀이 유기물층 바로 밑의 층은 A층이고, B층은 풍화작용이 가장 활발하게 진행되고 있는 층으로 토양의 구조가 뚜렷하게 구분되는 특징이 있다.

정답 01 ① 02 ③ 03 ① 04 ① 05 ③

06 산성비가 토양에 미치는 영향을 설명한 내용으로 가장 거리가 먼 것은?

① 토양으로부터 알루미늄의 용해도가 증가된다.
② 칼슘, 마그네슘 등 염기의 용출이 가속화된다.
③ 용해된 알루미늄은 식물에만 영향을 준다.
④ 토양의 산성화가 촉진된다.

풀이 산성비의 토양에 대한 영향
　　㉠ 칼슘(Ca^{2+}), 마그네슘(Mg^{2+}) 등 염기의 용출 가속화
　　㉡ HCO_3^- 농도의 감소
　　㉢ 토양용액의 용존 유기물 농도 감소
　　㉣ $AlPO_4$의 침전에 의한 토양용액 PO_4 농도 감소
　　㉤ 토양으로부터 알루미늄(Al)의 용해도 증가(Al은 가수분해되어 수소이온 발생)
　　㉥ 토양의 산성화 촉진
　　㉦ 중금속(Zn, Cd)이 토양용액으로 용출

07 토양의 pH가 높아지면서 용해도가 증가하는 원소는?

① 납　　　　　　② 구리
③ 카드뮴　　　　④ 몰리브덴

풀이 pH 7 이상이면 Fe, Mn, Cu, Zn, B 등의 필수영양소들은 흡수율이 감소하고, 반대로 Mo은 유효도가 증가한다.

08 토양 내의 미생물 중 세균에 비해 일반적으로 내산성이 강하고 산성토양에서 유기물 분해의 중요한 작용을 담당하며 토양 중에서 리그닌을 주로 분해하는 것은?

① 방선균　　　　② 세균
③ 사상균　　　　④ 조류

풀이 방선균(Actinomyces)
　　㉠ 형태는 사상균과 비슷하지만 세포 내 미세구조(크기와 포자 형성 과정)가 세균처럼 세포핵이 없는 원핵 생물로 유기영양 미생물이며 호기성 미생물이다.
　　㉡ 생육에 가장 적당한 pH는 6.0~7.5이며 pH 5 이

하에서는 그 생육이 크게 저하한다.
　　㉢ 난분해성 물질인 리그닌, 케라틴, 셀룰로오스 등의 부식성분을 분해하는 균이다.
　　㉣ 방선균의 종류는 Streptomyces, Nocarolia, Micromonspora 등이다.

09 토양생성의 주요 인자와 가장 거리가 먼 것은?

① 지형
② 토양 모재의 산화·환원 작용
③ 인간을 포함한 생명체
④ 시간

풀이 토양생성 주요 인자
　　㉠ 기후
　　㉡ 생물(식생)
　　㉢ 모재(모암)
　　㉣ 지형
　　㉤ 시간
　　㉥ 인위적 영향(인간을 포함한 생명체)

10 지하수의 수리전도도가 2.0×10^{-3}cm/sec이고, 공극비(e : Void Ratio)가 0.25일 때 지하수의 평균선형유속(cm/sec)은?(단, 동수구배＝0.001, Darcy의 법칙 적용)

① 1.0×10^{-5}　　　② 5.0×10^{-5}
③ 5.0×10^{-7}　　　④ 8.0×10^{-7}

풀이
$$\overline{V} = \frac{K}{\eta_e}\left(\frac{dh}{dL}\right)$$

$$\text{공극비}(e) = \frac{\text{공극률}(\eta_e)}{1 - \text{공극률}(\eta_e)}$$

$$0.25 = \frac{\text{공극률}}{1 - \text{공극률}}$$

$$\text{공극률}(\eta_e) = 0.2$$

$$= \frac{2.0 \times 10^{-3}\text{cm/sec}}{0.2} \times 0.001$$

$$= 1.0 \times 10^{-5}\text{cm/sec}$$

11 토양공기에 관한 설명으로 옳지 않은 것은?

① 대기에 비하여 탄산가스의 함량(%)이 낮다.
② 대기에 비하여 상대습도(%)가 높다.
③ 대기에 비하여 산소의 조성(%)이 낮다.
④ 토양공기의 산소함량은 토심이 증가할수록 감소한다.

풀이 토양공기는 일반대기 중 공기에 비하여 N_2, CO_2, Ar 상대습도가 높다.

12 생물농축에 관한 설명으로 가장 거리가 먼 것은?

① 생물농축은 먹이연쇄를 통해 이루어진다.
② 동물조직의 지방 함량은 화학물질의 생물농축 경향을 결정짓는 데 중요한 인자이다.
③ 미나마타병은 대표적인 생물농축에 의한 공해병이다.
④ 농축계수란 유해물의 수중농도를 생물의 체내농도로 나눈 값이다.

풀이 농축계수란 어느 원소 또는 물질의 생물체내농도를 환경수 중 유해물의 수중농도로 나눈 값이다.

13 토양의 습윤단위질량이 1.75ton/m³이고, 함수비가 25%일 때 토양의 공극률(%)은?(단, 토양 입자의 비중=2.65)

① 38.9 ② 47.2
③ 52.2 ④ 58.1

풀이 공극률(%)

$$= \frac{공극비}{1+공극비} \times 100$$

$$공극비 = \left(\frac{비중 \times 4℃}{물의 \ 단위중량} {건조단위중량} \right) - 1$$

$$건조단위중량 = \frac{습윤단위중량}{1+함수비}$$

$$= \frac{1.75}{1+0.25}$$

$$= 1.4 ton/m^3$$

$$= \left(\frac{2.65 \times 1.0}{1.4} \right) - 1 = 0.893$$

$$= \left(\frac{0.893}{1+0.893} \right) \times 100 = 47.17\%$$

14 토성(Soil Texture)의 결정에 사용되는 매체와 가장 거리가 먼 것은?

① 자갈(Gravel)
② 모래(Sand)
③ 실트(Silt)
④ 점토(Clay)

풀이 토성 결정에 사용되는 매체
㉠ 모래
㉡ 실트(미사)
㉢ 점토

15 단위체적의 대수층 내에 저유된 지하수와 대수층으로부터 외부로 뽑아낼 수 있는 지하수량과의 비를 나타내는 것은?

① 비양수율(Specific Reuse)
② 간극률(Porosity)
③ 비산출률(Specific Yield)
④ 비보유율(Specific Retention)

풀이 비산출률
단위체적의 대수층 내에 저유된 지하수와 대수층으로부터 외부로 뽑아낼 수 있는 지하수량과의 비를 나타낸다. 즉, 포화된 암석으로부터 중력으로 인해 배수되는 물체적의 비율이다.

16 토양의 오염물질 정화메커니즘이 아닌 것은?

① 여과
② 희석
③ 불용화
④ 흡착 및 고정

풀이 희석은 토양의 오염물질의 농도를 낮추는 것이기 때문에 정화메커니즘이 아니다.

17 폐기물 매립지 토양에서 유기물 분해에 의한 혐기적 분해 산물은?

① 물
② 황화수소
③ 이산화탄소
④ 질산성 질소

풀이 황화수소(H_2S)는 유기물이 혐기성 조건에서 분해하면서 발생한다.

18 토양수의 압력이 31bars일 경우 pF로 환산하면 얼마가 되는가?

① 약 3.4
② 약 3.7
③ 약 4.1
④ 약 4.5

풀이 pF=log[H]

$$H = 31 bar \times \frac{1,033 cm H_2O}{1.013 bar} = 31,612.04 cm H_2O$$

$$= \log 31,612.04 = 4.5$$

19 오염물의 지하수로 포화된 토양 내 이동을 지배하는 메커니즘 중 지하수의 수두차와 이동지점 간 거리에 관련된 것은?

① 수리분산
② 확산
③ 이송
④ 흡착

풀이 지하수 오염물질의 이동(이송, 이류)
ⓐ 지하수환경으로 유입된 오염물질이나 용질이 지하수의 공극유속(Pore Water Velocity)과 같은 속도로 움직이는 현상, 즉 지하수의 용존고형물 혹은 열이 지하수와 같은 속도로 수송되는 것이다.
ⓑ 지하수의 수두차와 이동지점 간 거리에 영향을 받는다.

20 토양시료 2kg 중 부식질이 6%, 점토가 15%, 실트가 10%를 차지하고 있으며, 이들 물질의 양이온교환용량은 부식질이 150cmole/kg, 점토가 70cmole/kg, 실트가 15cmole/kg이었다. 이 토양의 양이온교환용량(cmole/kg)은?

① 9.75
② 10.5
③ 19.5
④ 21.0

풀이 $CEC = \left(150 cmole/kg \times \frac{3}{100}\right)$

$$+ \left(70 cmole/kg \times \frac{7.5}{100}\right)$$

$$+ \left(15 cmole/kg \times \frac{5}{100}\right)$$

$$= 10.5 cmole/kg$$

2과목 **토양 및 지하수오염조사기술**

21 유기인화합물을 기체크로마토그래피로 측정할 때 정밀도(% RSD) 기준으로 ( )에 옳은 것은? (단, 정도보증/정도관리에 따라 산정)

정밀도는 측정값의 상대표준편차로 산출하며 그 값이 ( ) 이내이어야 한다.

① 5%
② 10%
③ 20%
④ 30%

풀이 유기인화합물 – 기체크로마토그래피 정도관리 목표값

정도관리 항목	정도관리 목표
정량한계	각 항목별 0.05mg/kg
검정곡선	결정계수(R^2)>0.98 또는 감응계수(RF)의 상대표준편차<20%
정밀도	상대표준편차가 30% 이내
정확도	70~130%

22 토양시료 중 BTEX 시료보관에 관한 기준으로 적절한 것은?

① 시험관에 채취된 시료를 즉시 실험할 수 없는 경우에는 0~4℃ 냉암소에서 보관하고 7일 이내 분석해야 한다.
② 시험관에 채취된 시료를 즉시 실험할 수 없는 경우에는 0~4℃ 냉암소에서 보관하고 14일 이내 분석해야 한다.

③ 시험관에 채취된 시료를 즉시 실험할 수 없는 경우에는 질산을 주입하여 pH 2 이하에서 보관하고 7일 이내 분석해야 한다.

④ 시험관에 채취된 시료를 즉시 실험할 수 없는 경우에는 질산을 주입하여 pH 2 이하에서 보관하고 14일 이내 분석해야 한다.

23 토양오염 정밀조사결과보고서에 수록되는 시료채취 지점도 및 오염분포도에 표기되어 있는 축척에 관한 설명으로 ( )에 알맞은 것은?

축척 (㉠)(조사범위가 (㉡)m^2 이상인 경우에는 1/5,000) 지도에 시료채취 지점 표기

① ㉠ 1/500   ㉡ 20,000
② ㉠ 1/2,500   ㉡ 20,000
③ ㉠ 1/500   ㉡ 40,000
④ ㉠ 1/2,500   ㉡ 40,000

풀이 시료채취 지점도 및 오염분포도 작성
    ㉠ 축적 1/500(조사범위가 40,000m^2 이상인 경우에는 1/5,000) 지도에 시료채취 지점 표기
    ㉡ 우려기준 초과 물질에 대한 오염지도를 작성
    ㉢ 오염등급을 4등급으로 구분ㆍ작성
    ㉣ 오염지도 축적은 시료채취 지점도와 동일한 것 사용

24 토양오염관리대상시설지역에서 시료의 채취 및 보관에 관한 설명으로 ( )에 옳은 것은?(단, 봉이 들어있는 타격식, 나선식 토양시추장비 기준)

시료채취봉을 꺼내어 오염의 개연성이 가장 높다고 판단되는 부위 ( )cm를 시료 부위로 한다.

① ±5   ② ±10
③ ±15   ④ ±30

풀이 시료채취봉을 꺼내어 오염의 개연성이 가장 높다고 판단되는 부위 ±15cm를 시료부위로 한다. 다만, 오염의 개연성이 판단되지 않을 경우에는 제일 하부의 토양 30cm를 시료부위로 한다.

25 불소의 정량을 위한 시험방법으로 옳은 것은?

① 기체크로마토그래피법
② 자외선/가시선 분광법
③ 원자흡수분광광도법
④ 유도결합플라스마-원자발광분광법

풀이 불소 적용이 가능한 시험방법
    ㉠ 자외선/가시선 분광법
    ㉡ 이온전극법

26 수소이온농도(유리 전극법) 측정 시 간섭물질 및 간섭에 관한 설명으로 옳지 않은 것은?

① 토양을 오랫동안 방치하면 미생물의 작용으로 탄산가스가 발생하여 pH가 낮아질 수 있다.
② pH 11 이상의 시료는 오차가 크게 발생할 수 있으므로 오차가 적은 특수전극을 사용한다.
③ 유리전극은 일반적으로 용액의 탁도, 콜로이드성 물질들에 의해 간섭을 받는다.
④ 유리전극을 넣을 때 토양현탁을 만들어 주고 곧 넣어서 측정한다.

풀이 유리전극
유리전극은 일반적으로 용액의 색도, 탁도, 콜로이드성 물질, 산화 및 환원성 물질 그리고 염의 농도 등의 간섭을 받지 않는다. 따라서 전극을 넣을 때 토양현탁을 만들어 주고 곧 넣어서 측정한다.

27 6가 크롬(자외선/가시선 분광법) 측정에 관한 설명으로 옳은 것은?

① 청색의 착화합물의 흡광도를 460nm에서 측정
② 청색의 착화합물의 흡광도를 540nm에서 측정
③ 적자색의 착화합물의 흡광도를 460nm에서 측정
④ 적자색의 착화합물의 흡광도를 540nm에서 측정

풀이 6가 크롬 - 자외선/가시선 분광법
시료 중 6가 크롬을 디페닐카르바지드와 반응시켜 생성하는 적자색의 착화합물의 흡광도를 540nm에서 측정하여 6가 크롬을 정량하는 방법이다.

정답   23 ③   24 ③   25 ②   26 ③   27 ④

28 정도보증/정도관리에 관한 내용 중 검정곡선의 검증에 관한 내용으로 ( )에 옳은 것은?

검증은 방법검출한계의 (㉠) 또는 검정선의 중간 농도에 해당하는 표준용액에 대한 측정값이 검정곡선 작성 시의 지시값과 (㉡) 이내에서 일치하여야 한다.

① ㉠ 5배~50배, ㉡ 10%
② ㉠ 5배~50배, ㉡ 25%
③ ㉠ 2배~10배, ㉡ 10%
④ ㉠ 2배~10배, ㉡ 25%

29 불소표준원액의 농도는 $1,000\mu gF^-/mL$, 불소표준원액 10mL를 정확히 취하여 물을 넣어 정확히 100mL로 했을 때 이 용액의 농도($\mu gF^-/mL$)는?

① 1,000
② 100
③ 10
④ 1

풀이 농도$(\mu gF^-/mL) = 1,000\mu gF^-/mL \times \dfrac{10mL}{100mL}$
$$= 100\mu gF^-/mL$$

30 눈금간격 0.075mm의 표준체로 체거름한 시료를 분석용 시료로 사용하는 것은?

① 카드뮴
② 아연
③ 불소
④ 수은

풀이 불소 분석용 시료는 10메시 표준체(눈금간격 2mm)로 체거름한 시료를 다시 200메시 표준체(눈금간격 0.075mm)로 체거름하여 조제한다.

31 오염개연성이 확인된 산업단지에 대한 토양환경평가 개황조사 계획을 수립하고자 한다. 조사면적에 대한 시료채취 지점수량 선정이 잘못된 것은?

① 면적(m²) : 400, 최소 지점수(개) : 4
② 면적(m²) : 600, 최소 지점수(개) : 6

③ 면적(m²) : 1,400, 최소 지점수(개) : 7
④ 면적(m²) : 2,800, 최소 지점수(개) : 8

풀이 시료채취 지점수 산정기준(오염개연성이 확인된 지역의 토양환경평가 개황조사 계획수립 시)

조사면적	시료채취 지점수 산정기준	최소 지점수
면적 ≤ 500m²	최소 채취지점수 5개 이상 500m²당 1개 이상	5
500m² < 면적 ≤ 1,000m²		6
1,000m² < 면적 ≤ 2,000m²	1,000m²를 초과할 때부터는 1,000m²당 1개 이상 추가	7
2,000m² < 면적 ≤ 3,000m²		8
3,000m² < 면적 ≤ 4,000m²		9
:		:

32 저장물질이 없는 누출검사대상시설에 대한 비파괴검사시험법 중 초음파 두께측정을 하려고 한다. 옥외저장시설의 측정지점에 관한 내용 중 틀린 것은?

① 에눌러판 : 옆판 내면으로부터 탱크 중심방향으로 0.5m 간격마다의 범위에서 원주방향으로 2m 이하의 간격마다 1개 지점
② 누설자장 등을 이용하여 점검을 실시한 밑판 및 에눌러판 : 1매당 2개 지점
③ 밑판(구형 탱크는 본체 전부를 밑판으로 보며, 지중탱크의 옆판 중 지반면 하에 매설된 부분은 밑판으로 본다) : 1매당 3개 지점
④ 보수 중 덧붙인 판 또는 교체한 판 : 1매당 1개 지점

풀이 옥외저장시설의 측정지점
  ㉠ 에눌러판 : 옆판 내면으로부터 탱크 중심방향으로 0.5m 간격마다의 범위에서 원주방향으로 2m 이하의 간격마다 1개 지점
  ㉡ 밑판(구형 탱크는 본체 전부를 밑판으로 보며, 지중탱크의 옆판 중 지반면 하에 매설된 부분은 밑판으로 본다.) : 1매당 3개 지점
  ㉢ 보수 중 덧붙인 판 또는 교체한 판 : 1매당 1개 지점

정답 28 ① 29 ② 30 ③ 31 ① 32 ②

ⓡ 누설자장 등을 이용하여 점검을 실시한 밑판 및 에뉼러판 : 1매당 1개 지점

33 토양오염관리대상시설지역의 지상저장시설에서 시료채취지점 선정 방법으로 옳은 것은?

① 저장시설의 끝단으로부터 수평방향으로 1m 이내의 거리에서 수행한다.
② 저장시설 끝단으로부터의 이격거리의 2배 깊이까지로 한다.
③ 방유조 외부에서 시료를 채취할 경우 방유조 끝단을 기준으로 한다.
④ 토양오염물질의 누출이 인지되거나 오염의 개연성이 높은 4개 지점을 선정한다.

풀이 토양오염관리 대상시설지역(부지 내 지하저장시설) 시료채취지점 선정기준

토양오염물질(유류 등)의 누출이 인지되거나 토양오염의 개연성이 높은 3개 지점을 선정하되, 저장시설의 끝단으로부터 수평방향으로 1m 이상 떨어진 지점에서 이격거리의 1.5배 깊이까지로 한다. 다만, 방유조(Tank Dike) 외부에서 시료를 채취하고자 할 경우에는 방유조 끝단을 기준으로 한다.

34 분석장치의 순서가 '시료도입부 – 고주파전원부 – 광원부 – 분광부 – 연산처리부 – 기록부'로 구성된 장치는?

① 자외선/가시선 분광법
② 원자흡수분광광도법
③ 기체크로마토그래피법
④ 유도결합플라스마 – 원자발광분광법

35 총칙의 내용 중 온도에 관한 설명으로 옳지 않은 것은?

① 열수 : 약 100℃
② 냉수 : 15℃ 이하
③ 온수 : 50~60℃
④ 찬 곳 : 따로 규정이 없는 한 0~15℃

풀이

표준온도	0℃
상온	15~25℃
실온	1~35℃
온수	60~70℃
열수	약 100℃
냉수	15℃ 이하
찬 곳	0~15℃

36 저장물질이 없는 누출검사대상시설의 가압시험법에서 "안정된 시험압력"이라 함은 가압 후 유지시간 동안 압력강하가 시험압력의 몇 % 이하인 압력을 말하는가?

① 2 ② 3
③ 5 ④ 10

풀이 누출검사 대상시설 및 이와 연결된 지하매설배관은 질소 등 불활성가스를 사용하여 $0.2kgf/cm^2$의 시험압력으로 가압한 후 10분 동안 유지시켜 안정된 시험압력을 확인하고, 그 후 1시간 동안의 압력변화를 측정한다.("안정된 시험압력"이라 함은 가압 후 유지시간 동안 압력강하가 시험압력의 10% 이하인 압력을 말한다.)

37 기체크로마토그램의 분석에 사용하는 검출기 중 페놀, 총석유계탄화수소(TPH), BTEX 등의 분석에 활용도가 높은 검출기는?

① 전자포획형검출기(ECD)
② 불꽃이온화검출기(FID)
③ 열전도도검출기(TCD)
④ 광이온화검출기(PID)

38 자외선/가시선 분광법을 이용하여 6가 크롬의 측정 시 발색을 방해하는 성분은?

① 잔류염소 ② 잔류망간
③ 잔류질소 ④ 잔류산소

풀이 시료 중에 잔류염소가 공존하면 발색을 방해한다. 이

때는 시료에 수산화나트륨용액(20%)을 넣어 pH 12 정도로 조절한 다음 입상활성탄을 10% 정도 되게 넣고 자석교반기로 약 30분간 교반하여 여과한 액을 시료로 사용한다.

39 수분함량 측정에 대한 설명 중 (   )에 알맞은 내용은?

> 시료를 (㉠)℃에서 (㉡)시간 이상 건조하고 데시케이터에서 식힌 후 항량으로 하고 무게를 정확히 달아 수분함량(%)을 구한다.

① ㉠ 150~155   ㉡ 8
② ㉠ 150~155   ㉡ 4
③ ㉠ 105~110   ㉡ 8
④ ㉠ 105~110   ㉡ 4

풀이 시료를 105~110℃에서 4시간 이상 건조하고 데시케이터에서 식힌 후 항량으로 하고 무게를 정확히 달아 수분함량(%)을 구한다.

40 원자흡수분광광도법에 대한 설명으로 틀린 것은?

① 이 시험방법은 빛이 시료용액 중을 통과할 때 흡수나 산란 등에 의하여 강도가 변화하는 것을 이용한 것이다.
② 시료 중의 목적성분을 정량하기 위해 파장 200~900nm에서 액체의 흡광도를 측정한다.
③ 원자흡수분광광도법은 일반적으로 광원에서 나오는 빛을 다색화장치 등을 통과하게 하여 넓은 파장범위의 빛을 이용한다.
④ 투사광과 입사광의 강도는 램버트비어(Lambert-Beer)의 법칙에 따른다.

풀이 원자흡수분광광도법은 일반적으로 광원에서 나오는 빛을 단색화장치 등을 통과하게 하여 좁은 파장범위의 빛을 이용한다.

3과목 **토양 및 지하수오염정화기술**

41 미생물은 크게 탄소원과 에너지원에 따라 분류되는데 탄소원이 유기탄소이며 에너지원으로 유기물의 산화환원반응을 이용하는 미생물은?

① 화학합성 종속영양 미생물
② 화학합성 자가영양 미생물
③ 광합성 종속영양 미생물
④ 광합성 자가영양 미생물

풀이 탄소원과 에너지원에 따른 미생물 분류

구분(영양 형태)	탄소원	에너지원	예
광(합성) 독립(자가) 영양 미생물 (Photoautotroph)	CO_2	빛	남조류(Cyano-bacteria), 조류, 시안세균
광(합성) 종속영양 미생물 (Photohetero-troph)	유기탄소(유기화합물)	빛	Rhodospeudo-monas, Rhodospirillum
화학 독립(자가) 영양 미생물 (Chemoauto-troph)	CO_2	환원 형태의 무기물(무기물의 산화·환원 반응) (NH_4, H_2S, NO_2^-, H_2, S, $S_2O_3^{2-}$, Fe^{2+})	질화세균(질산화성균) 황산화균(황세균), 수소산화균, 철산화균(철세균)
화학 종속 영양 미생물 (Chemohetero-troph)	유기탄소(유기화합물)	유기화합물(유기물의 산화·환원 반응)	원생동물, 진균류, 대부분의 세균

42 고형화/안정화된 폐기물의 위해성을 평가하기 위한 용출능평가실험 방법으로 인조산성 강우액을 이용하여 물체로부터 연속적으로 오염물을 추출하는 방법은?

① TCLP(Toxicity Characteristic Leaching Procedure) 시험법
② MEP(Multiple Extraction Procedure) 시험법
③ EP-TOX(Extraction Procedure Toxicity) 시험법

④ MWEP(Monofill Waste Extraction Procedure) 시험법

풀이 MEP(Multiple Extraction Procedure) 시험법

인조 산성강우액을 이용하여 물체로부터 연속적으로 오염물을 추출하여 pH 변화에 영향을 나타낼 수 있는 시험법이다.

43 오염토양에 원위치(In-situ) 생물학적 분해법을 적용하는 경우, 호기성보다 혐기성 상태에서 분해하기 쉬운 토양 오염물은?

① 톨루엔(toluene)
② 벤젠(benzene)
③ 크실렌(xylene)
④ TCE(trichloroethylene)

풀이 토양오염물질 중 BTEX는 일반적으로 호기성에서 분해하기 쉬운 오염물질이다.

44 페놀로 오염된 지하수를 과산화수소(H_2O_2)와 철 촉매(Fe^{2+})를 사용하여 처리하고자 한다. 예비실험결과 99% 제거 시 과산화수소와 철의 필요량이 2.5(g H_2O_2/g phenol), 0.05(mg Fe^{2+}/mg H_2O_2)임을 알았다. 오염현장의 페놀의 오염농도가 6,000mg/L이고 추출된 지하수의 유량이 20,000L/day일 때 필요한 철 촉매(Fe^{2+})의 양(kg/day)은? (단, 비중=1.0, 페놀 제거율 99% 기준)

① 약 15   ② 약 20
③ 약 25   ④ 약 30

풀이 유입 Penol의 양=6,000mg/L×20,000L/day
$$\times 1kg/10^6 mg$$
$$=120kg/day$$

유출 Penol의 양 : $99=\left(1-\dfrac{C}{120}\right)\times 100$

C(유출 Penol 양)=1.2kg/day

제거 Penol의 양=120-1.2=118.8kg/day

Fe^{2+}의 양(kg/day)=118.8kg/day
$$\times 2.5gH_2O_2/g\ Penol$$

$$\times 0.05mgFe^{2+}/mgH_2O_2$$
$$=14.85kg/day$$

45 토양세척공정에 관한 내용으로 옳은 것은?

① 외부환경의 조건변화에 대한 영향이 큰 공정이다.
② 처리효율은 높으나 적용 가능한 오염물의 범위가 좁다.
③ 자체적인 조건조절이 가능한 폐쇄형 공정이다.
④ 오염토양의 부피감소 시간이 길다.

풀이 토양세척공정
㉠ 외부환경의 조건변화에 대한 영향이 작은 공정이다.
㉡ 처리효율은 높지 않으며 적용 가능한 오염물질 종류의 범위가 넓다.
㉢ 단시간 내에 오염토양의 부피를 감소시킬 수 있다.

46 토양증기추출기법 시스템의 단점으로 틀린 것은?

① 토양층이 치밀하여 기체 흐름이 어려운 곳에서는 사용이 곤란하다.
② 오염물질의 독성은 변화가 없다.
③ 굴착공정으로 인하여 설치기간이 비교적 길다.
④ 지반구조의 복잡성으로 총 처리시간을 예측하기가 어렵다.

풀이 토양증기추출법의 장단점
1. 장점
㉠ 기계 및 장치요소가 간단하다.
㉡ 유지 및 관리비용이 저렴하다.
㉢ 일반적으로 널리 사용되는 장치 및 재료로도 충분히 가능하다.
㉣ 단기간 내에 설치 가능하다.
㉤ 즉시 복원 효율에 대한 결과를 얻을 수 있다.
㉥ 다른 시약이 필요 없다.
㉦ 영구적인 재생이 가능하다.
㉧ 굴착이 필요 없어 오염되지 않은 토양과 혼합될 우려가 없다.
㉨ 처리시간이 짧다.
㉩ 빌딩이나 다른 구조물 밑의 토양도 재생할 수 있으며, 생물학적 처리효율을 높여주는 역할을 한다.

㉠ 지하수의 깊이에 제한을 받지 않는다.

2. 단점
　㉠ 증기압이 낮은 오염물질은 제거효율이 낮다.
　㉡ 토양층이 치밀하여 기체흐름이 어려운 곳에서는 사용이 곤란하다. 즉, 투과성이 낮은 토양에서는 효과가 낮다.
　㉢ 추출된 기체의 처리를 위한 대기오염 방지시설이 필요하다.
　㉣ 오염물질의 독성은 변화가 없다.(독성이 잔존함)
　㉤ 불포화대수층에만 적용 가능. 즉 지역이 제한되어 있다.
　㉥ 지반구조가 복잡하므로 총 처리시간을 예측하기가 어렵다.
　㉦ 방출된 공기를 처리하기 위한 공정과 방출가스 처리에 사용된 물질의 처리부담이 있다.

47 지중 생물학적 처리 공정의 4가지 반응 메커니즘에 속하지 않은 것은?

① 공동대사　　　　② 수화반응
③ 호기반응　　　　④ 혐기반응

48 열탈착법에 관한 설명으로 틀린 것은?

① 가소성이 높은 토양은 스크린 및 장비에 엉겨 붙어 운영에 지장을 초래할 수 있다.
② 20% 이상 수분을 포함하는 토양은 건조 및 탈수 후 처리하여야 한다.
③ 1,100kcal/kg보다 높은 열량을 가진 토양은 처리 전 일반토양과 섞어 처리하여야 한다.
④ 소요에너지 계산을 위해서 토양의 가밀도, 토성 및 토양의 증발열 자료가 필요하다.

풀이 소요에너지 계산을 위하여 토양의 가밀도, 토성 및 토양의 증발열 자료가 필요 없다.

49 바이오벤팅 기술을 적용할 때, 평균 산소소모율(%O₂/day)은?(단, 주입공기유량 100m³/day, 초기 산소농도 21%, 배기가스 중의 산소농도 3%, 토양체적 1,000m³, 토양공극률 0.2)

① 3　　　　　　　② 4
③ 6　　　　　　　④ 9

풀이 평균 산소소모율(%O₂/day)

$$= \frac{Q(C_o - C)}{V \times P}$$

$$= \frac{100\text{m}^3/\text{day} \times (21-3)\%\text{O}_2}{1,000\text{m}^3 \times 0.2}$$

$$= 9\%\text{O}_2/\text{day}$$

50 오염물질 차단(Containment)기술 중 지중 차단벽 공정의 종류와 가장 거리가 먼 것은?

① Biopile　　　　② Slurry Wall
③ Grout Curtain　　④ Steel Sheet Pile

풀이 지하수오염 확산 방지 차단시설
　㉠ 슬러리 월
　㉡ 그라우트 커튼
　㉢ 진동빔 차단벽
　㉣ 스틸시트 파일링
　㉤ 심층 토양혼합 수직 차단벽

51 토양증기추출정으로부터 10m 거리(r)에 떨어진 관측정의 압력(P_r)을 측정하여 계산한 영향반경(R_I)의 거리(m)는?(단, 추출정 압력 P_w = 0.9atm, P_r = 0.98atm, 영향반경 지점의 압력 P_{RI} = 0.999atm, 추출정 반경 R_w = 50mm)

$$P_r{}^2 - P_w{}^2 = (P_{RI}{}^2 - P_w{}^2)\left[\frac{\ln(r/R_w)}{\ln(R_I/R_w)}\right]$$

① 32.8　　　　　② 34.3
③ 37.6　　　　　④ 38.7

풀이 $P_r{}^2 - P_w{}^2 = (P_{RI}{}^2 - P_w{}^2)\left[\dfrac{\ln(r/R_w)}{\ln(R_I/R_w)}\right]$

$$0.98^2 - 0.9^2 = (0.999^2 - 0.9^2) \times \left[\frac{\ln(10/0.05)}{\ln(R_I/0.05)}\right]$$

$$\ln\left(\frac{R_I}{0.05}\right) = 6.62$$

$$R_I = e^{6.62} \times 0.05 = 37.50\text{m}$$

52 기름의 입경 0.2mm, 기름의 비중 0.94g/cm³, 물의 비중 1g/cm³, 물의 점성도 0.01g/cm · sec 일 때 기름의 부상속도(cm/min)는?(단, Stokes 법칙 이용)

① 5.84 ② 6.84
③ 7.84 ④ 8.84

풀이 부상속도 V(cm/min)

$$= \frac{g \times d^2(\rho_1 - \rho)}{18 \times \mu}$$

$$= \frac{980\text{cm/sec}^2 \times 0.02^2\text{cm}^2 \times (1-0.94)\text{g/cm}^3}{18 \times 0.01\text{g/cm} \cdot \text{sec}}$$

$$= 0.131\text{cm/sec} \times 60\text{sec/min} = 7.84\text{cm/min}$$

53 지하수 오염운에서 자연저감이 일어나고 있다면 배경보다 낮은 값을 나타내는 것은?

① 질산염 ② 2가 철
③ 망간 ④ 알칼리도

풀이 생분해 지표로서 배경보다 높은 값을 나타내는 데 대표적인 것은 염소이고 배경보다 낮은 값을 나타내는 것은 질산염이다.

54 토양증기추출법을 적용했을 때 상대적으로 처리 효율이 가장 높은 물질은?

① PCBs
② 중금속
③ 다이옥신
④ 준휘발성 유기물질

풀이 토양증기추출법(SVE)
1. 적합 오염물질
   ㉠ 휘발성/준휘발성 유기화합물(PCE, TCE)
   ㉡ 유류오염물질
2. 부적합 오염물질
   ㉠ 중금속, PCB, 다이옥신, PAH
   ㉡ 중유

55 식물정화법 대상 오염물질 중에서 식물에 의한 안정화에 영향을 받는 물질이 아닌 것은?

① 유기인화합물
② 중금속
③ 방향족 탄화수소
④ 할로겐화 방향족 탄화수소

풀이 토양경작법은 유류성분의 경우 고농도보다는 저농도오염에 효과적이다.

56 매립지 최종복토층의 가스배제층 설치에 따른 이점으로 틀린 것은?

① 상부 식생대층의 식물 및 미생물에 대한 독성 영향을 저감시킨다.
② 가스압에 의한 차수층의 균열발생의 위험성을 감소시킨다.
③ 매립가스를 포집하여 에너지원으로 사용할 수 있다.
④ 매립가스의 지속적 대기 배출로 신속한 매립지의 안정화를 기한다.

풀이 매립지 최종복토층의 가스배제층 설치에 따른 이점 (장점)
   ㉠ 상부 식생대층의 식물 및 미생물에 대한 독성영향을 저감시킨다.
   ㉡ 가스압에 의한 차수층의 균열 발생에 대한 위험성을 감소시킨다.
   ㉢ 이산화탄소 등의 매립가스가 대기 중으로 방출되는 것을 저감시킨다.
   ㉣ 매립가스를 포함하여 에너지원으로 사용할 수 있다.

57 PCE로 오염된 지하수를 양수하여 포기조 내에서 공기분산법으로 제거할 때 포기조의 부피가 100m³인 처리장에 1일 400m³의 오염지하수가 유입된다면 포기시간(hr)은?

① 0.25 ② 6
③ 8 ④ 12

풀이 포기시간$(hr) = \dfrac{V}{Q} = \dfrac{100m^3}{400m^3/day \times day/24hr}$

$= 6hr$

58 자연저감과정 중 산화환원포텐셜값이 가장 높은 조건에서 일어나는 것은?

① 황산염 환원　　② 메탄 산화
③ 3가철 환원　　④ 호기성 산화

풀이 미생물 반응계에서 산화 · 환원 반응식과 $P\varepsilon^0$(에너지)값

반응계 종류	$P\varepsilon^0$	반응식
호기성 호흡	+20.8	$O_2(gas) + 4H^+ + 4e^- \rightarrow 2H_2O$
혐기성 질산화	+21.0	$2NO_3^- + 12H^+ + 10e^- \rightarrow$ $N_2(gas) + 6H_2O$
혐기성 질산염 환원	+14.9	$NO_3^- + 10H^+ + 8e^- \rightarrow$ $NH_4^+ + 3H_2O$
혐기성 발효	+3.99	$CH_2O + 2H^+ + 2e^- \rightarrow CH_3OH$
혐기성 황산염 환원	+4.13	$SO_4^{2-} + 9H^+ + 8e^- \rightarrow$ $HS^- + 4H_2O$
혐기성 메탄 발효	+2.87	$CO_2(gas) + 8H^+ + 8e^- \rightarrow$ $CH_4(gas) + 2H_2O$

59 열탈착기술에서 오염물질의 특성에 따른 탈착속도에 대한 설명으로 틀린 것은?

① 유기물질의 분자량이 클수록 탈착속도가 빠르다.
② 토양층이 깊어질수록 탈착속도는 감소한다.
③ 유기물질의 휘발성이 작을수록 탈착속도가 느리다.
④ 비공극성 입자의 경우 탈착속도는 초기에 크고 빠르게 일어난다.

풀이 열탈착기술에서 오염물질의 특성에 따른 탈착속도
　㉠ 유기물질의 분자량이 클수록 탈착속도가 느리다.
　㉡ 오염기간이 짧을수록 탈착속도가 빠르다.(오염기간이 긴 오염매체일수록 탈착이 어렵다.)
　㉢ 유기물질의 휘발성이 낮을수록 탈착속도가 느리다.

　㉣ 비공극성 입자의 경우 탈착속도는 초기에 크고 빠르게 일어난다.
　㉤ 토양층이 깊어질수록 탈착속도는 감소한다.

60 공기분사법(Air Sparging)의 적용에 관한 설명으로 옳지 않은 것은?

① 오염물질의 휘발성이 작으면 정화효율이 낮다.
② 오염 확산의 위험이 적은 피압대수층에 적용이 용이하다.
③ 공기주입으로 인한 기질의 변화로 주변 구조물의 안정성에 영향을 줄 수 있다.
④ 오염물질의 호기성 생분해능이 높을수록 적용이 유리하다.

풀이 Air Sparging은 오염 확산의 위험이 있는 피압대수층에서는 적용할 수 없다.

4과목 **토양 및 지하수환경 관계법규**

61 토양오염검사에 대한 설명이 잘못된 것은?

① 특정토양오염관리대상시설의 설치자는 대통령령으로 정하는 바에 따라 토양관련전문기관으로부터 그 시설의 부지 및 그 주변지역에 대하여 토양오염검사를 받아야 한다.
② 토양오염검사는 토양오염도검사 및 누출검사로 구분하여 실시한다.
③ 누출검사는 저장시설 또는 배관이 땅속에 묻혀 있거나 땅에 붙어 있어 누출여부를 눈으로 확인할 수 없는 시설로서 환경부령으로 정하는 바에 따라 실시한다.
④ 토양시료의 채취가 불가능하거나 토양오염검사가 필요하지 아니하여 토양관련전문기관으로부터 승인을 얻어 토양오염검사를 받지 아니할 수 있다.

풀이 특정토양오염관리대상시설의 설치자는 대통령령으로 정하는 바에 따라 토양관련전문기관으로부터 그 시설의 부지와 그 주변지역에 대하여 토양오염검사(이하 "토양오염검사"라 한다)를 받아야 한다. 다만, 토양시료의 채취가 불가능하거나 토양오염검사가 필요하지 아니한 경우로서 대통령령으로 정하는 요건에 해당하여 특별자치도지사·시장·군수·구청장의 승인을 받은 경우에는 토양오염검사를 받지 아니한다.

62 다음 용어의 정의로 틀린 것은?

① 토양정화업 : 오염된 토양을 정화하는 업으로서 환경부령으로 정하는 것을 말한다.
② 토양정화 : 생물학적 또는 물리적·화학적 처리 등의 방법으로 토양 중의 오염물질을 감소, 제거하거나 토양 중의 오염물질에 의한 위해를 완화하는 것을 말한다.
③ 특정토양오염관리대상시설 : 토양을 현저하게 오염시킬 우려가 있는 토양오염관리대상시설로서 환경부령으로 정하는 것을 말한다.
④ 토양오염물질 : 토양오염의 원인이 되는 물질로서 환경부령으로 정하는 것을 말한다.

풀이 토양정화업이란, 토양정화를 수행하는 업을 말한다. (대통령령)

63 토양보전기본계획을 수립할 때 포함되어야 할 사항과 가장 거리가 먼 것은?

① 토양정화 및 정화된 토양의 이용에 관한 사항
② 토양정화를 위한 기술인력의 교육 및 양성에 관한 사항
③ 토양보전에 관한 시책방향
④ 토양오염의 정화 및 복원 현황

풀이 토양보전에 관한 기본계획 수립 시 포함사항
㉠ 토양보전에 관한 시책방향
㉡ 토양오염의 현황, 진행상황 및 장래 예측
㉢ 토양오염의 방지에 관한 사항
㉣ 토양정화 및 정화된 토양의 이용에 관한 사항

㉤ 토양정화와 관련된 기술의 개발 및 관련 산업의 육성에 관한 사항
㉥ 토양정화를 위한 기술인력의 교육 및 양성에 관한 사항
㉦ 그 밖에 토양보전에 필요한 사항

64 토양환경보전법의 목적이 아닌 것은?

① 토양오염물질의 발생을 최대한 억제
② 토양을 적정하게 관리·보전함으로써 토양생태계를 보전
③ 자원으로서의 토양가치를 높임
④ 모든 국민이 건강하고 쾌적한 삶을 누릴 수 있게 함

풀이 토양환경보전법의 목적
토양오염으로 인한 국민건강 및 환경상의 위해(危害)를 예방하고, 오염된 토양을 정화하는 등 토양을 적정하게 관리·보전함으로써 토양생태계를 보전하고, 자원으로서의 토양가치를 높이며, 모든 국민이 건강하고 쾌적한 삶을 누릴 수 있게 함을 목적으로 한다.

65 수질검사대상이 되는 공업용수용 지하수 양수 규모 기준은?

① 1일 양수능력이 30톤 이상인 경우
② 1일 양수능력이 50톤 이상인 경우
③ 1일 양수능력이 60톤 이상인 경우
④ 1일 양수능력이 100톤 이상인 경우

풀이 수질검사대상 양수능력 기준
㉠ 생활용수로서 1일 양수능력이 30톤 이상인 경우. 다만, 청소용·조경용·공사용·소방용 등 보건위생과 사용 후 생태계 보전 등에 지장이 없는 용도로 이용하는 생활용수의 경우를 제외한다.
㉡ 공업용수로서 1일 양수능력이 30톤 이상인 경우
㉢ 농·어업용수로서 1일 양수능력이 100톤 이상인 경우

정답 62 ① 63 ④ 64 ① 65 ①

66 다음 중 정화책임자로 볼 수 없는 경우는?

① 토양오염물질의 누출·유출·투기·방치 또는 그 밖의 행위로 토양오염을 발생시킨 자

② 토양오염의 발생 당시 토양오염의 원인이 된 토양오염관리대상시설의 소유자·점유자 또는 운영자

③ 합병·상속이나 그 밖의 사유로 토양오염관리대상시설의 권리·의무를 포괄적으로 승계한 자

④ 해당 토지를 소유 또는 점유하고 있는 중에 토양오염이 발생한 경우로서 자신이 해당 토양오염 발생에 대하여 귀책 사유가 없는 경우

풀이 오염토양의 정화책임 등

① 다음 각 호의 어느 하나에 해당하는 자는 정화책임자로서 토양정밀조사, 오염토양의 정화 또는 오염토양 개선사업의 실기(이하 이 조에서 "토양정화 등"이라 한다)를 하여야 한다.

 ㉠ 토양오염물질의 누출·유출·투기(投棄)·방치 또는 그 밖의 행위로 토양오염을 발생시킨 자

 ㉡ 토양오염의 발생 당시 토양오염의 원인이 된 토양오염관리대상시설의 소유자·점유자 또는 운영자

 ㉢ 합병·상속이나 그 밖의 사유로 제1호 및 제2호에 해당되는 자의 권리·의무를 포괄적으로 승계한 자

 ㉣ 토양오염이 발생한 토지를 소유하고 있었거나 현재 소유 또는 점유하고 있는 자

② 제1항에도 불구하고 다음 각 호의 어느 하나에 해당하는 경우에는 같은 항 제4호에 따른 정화책임자로 보지 아니한다. 다만, 1996년 1월 6일 이후에 제1항제1호 또는 제2호에 해당하는 자에게 자신의 소유 또는 점유 중인 토지의 사용을 허용한 경우에는 그러하지 아니하다.

 ㉠ 1996년 1월 5일 이전에 양도 또는 그 밖의 사유로 해당 토지를 소유하지 아니하게 된 경우

 ㉡ 해당 토지를 1996년 1월 5일 이전에 양수한 경우

 ㉢ 토양오염이 발생한 토지를 양수할 당시 토양오염 사실에 대하여 선의이며 과실이 없는 경우

 ㉣ 해당 토지를 소유 또는 점유하고 있는 중에 토양오염이 발생한 경우로서 자신이 해당 토양오염 발생에 대하여 귀책 사유가 없는 경우

67 특별자치도지사·시장·군수·구청장은 환경부령으로 정하는 바에 따라 특정토양오염관리대상시설의 설치자에게 감독상 필요한 자료의 제출을 명할 수 있으며 소속 공무원으로 하여금 특정토양오염관리대상시설에 출입하여 토양오염방지시설의 설치, 토양오염검사 및 그 결과의 보존 여부 등을 검사하게 할 수 있다. 이에 따른 공무원의 출입·검사를 거부·방해 또는 기피한 자에 대한 과태료 기준은?

① 200만 원 이하의 과태료

② 300만 원 이하의 과태료

③ 500만 원 이하의 과태료

④ 1,000만 원 이하의 과태료

풀이 토양환경보전법 제32조제1항 참조

68 다음에서 언급한 '환경부령으로 정하는 토양관련전문기관'으로 옳은 것은?

특별자치도지사·시장·군수·구청장은 오염토양 개선사업의 전부 또는 일부의 실시를 그 정화책임자에게 명할 수 있다. 이 경우 특별자치도지사·시장·군수·구청장은 토양보전을 위하여 필요하다고 인정하면 환경부령으로 정하는 토양관련전문기관으로 하여금 오염토양 개선사업을 지도·감독하게 할 수 있다.

① 농촌진흥청

② 한국환경공단

③ 국립환경과학원

④ 시·도 보건환경연구원

풀이 환경부령으로 정하는 토양오염개선사업의 지도·감독기관은 시·도 보건환경연구원이다.

69 지하수오염방지시설의 설치기준 중 상부보호공을 설치하는 지하수오염방지시설의 세부 설치기준으로 (   )에 맞는 내용은?

> 케이싱의 하단부는 지표 이하 (   ) 이상 깊이까지 설치하며, 암반층을 굴착하는 경우에는 암반(연암층)선 아래로 1m 이상 깊게 설치하여야 한다.

① 10m   ② 5m
③ 3m   ④ 2m

70 토양오염도 측정에 관한 설명으로 틀린 것은?

① 환경부장관은 전국적인 토양오염실태를 파악하기 위해 측정망을 설치한다.
② 전 국토를 일정단위로 구획하여 설치하되 측정지점의 수는 고정한다.
③ 시 · 도지사 또는 시장 · 군수 · 구청장은 토양오염이 우려되는 해당 지역에 대하여 토양오염실태를 조사하여야 한다.
④ 시 · 도지사는 구청장이 보고한 토양오염실태조사의 결과를 환경부장관에게 보고하여야 한다.

풀이 토양오염도 측정
ㄱ 환경부장관은 전국적인 토양오염실태를 파악하기 위하여 측정망을 설치하고, 토양오염도를 상시 측정하여야 한다.
ㄴ 시 · 도지사 또는 시장 · 군수 · 구청장은 관할구역 중 토양오염이 우려되는 해당 지역에 대하여 토양오염실태를 조사하여야 한다. 이 경우 시장 · 군수 · 구청장은 환경부령으로 정하는 바에 따라 토양오염실태조사의 결과를 시 · 도지사에게 보고하여야 하며, 시 · 도지사는 환경부령으로 정하는 바에 따라 그가 실시한 토양오염실태조사의 결과와 시장 · 군수 · 구청장이 보고한 토양오염실태조사의 결과를 환경부장관에게 보고하여야 한다.
ㄷ 측정망의 설치기준과 토양오염실태조사의 대상지역 선정기준, 조사 방법 및 절차와 그 밖에 필요한 사항은 환경부령으로 정한다.

71 토양보전대책에 관한 계획에 포함되어야 하는 사항과 가장 거리가 먼 것은?

① 토지 등의 이용 방안
② 피해주민에 대한 지원 대책
③ 오염토양 개선사업
④ 토양오염 방지 대책

풀이 토양보전대책 계획 수립 시 포함사항
ㄱ 오염토양 개선사업
ㄴ 토지 등의 이용 방안
ㄷ 주민건강 피해조사 및 대책
ㄹ 피해주민에 대한 지원 대책
ㅁ 그 밖에 해당 대책계획을 수립 · 시행하기 위하여 필요하다고 인정하여 환경부령으로 정하는 사항

72 위해성평가를 하려는 자가 위해성평가 대상지역의 특성을 고려하여 위해성평가계획서에 포함하여야 하는 사항과 가장 거리가 먼 것은?

① 현장조사 방법
② 오염물질의 노출경로
③ 오염범위 및 노출농도
④ 독성평가 자료

73 특정토양오염관리대상시설 설치현황 등의 보고 시 제출해야 하는 자료가 아닌 것은?

① 특정토양오염관리대상시설 운영계획
② 토양오염검사 결과
③ 조치명령 및 조사 결과의 내용
④ 특정토양오염관리대상시설 설치 현황

74 토양보전대책지역 지정표지판에 표시되는 내용으로 가장 거리가 먼 것은?

① 지정사유
② 지정목적
③ 지정일자
④ 토양보전대책지역 안에서 제한되는 행위

정답   69 ③   70 ②   71 ④   72 ③   73 ①   74 ①

풀이 토양보전대책지역 지정표지판

> 1. 지정목적
> 2. 지정일자 :   년   월   일
> 3. 토양보전대책지역 안에서 제한되는 행위
> 4. 토양보전대책지역 내역
>   가. 주소
>   나. 면적
>   다. 약도

※ 비고
1. 표지판의 규격은 가로 3미터, 세로 2미터, 높이 1.5미터 이상으로 하여야 한다.
2. 글자는 페인트 등을 사용하여 지워지지 아니하도록 하여야 한다.
3. 약도는 표지판 설치 위치에서 방향 및 지점 등을 누구나 알 수 있도록 작성하여야 한다.
4. 표지판은 사방에서 잘 보이는 곳에 견고하게 설치하여야 한다.

75 토양환경보전을 위한 주민건강피해조사 및 대책의 내용에 포함되어야 하는 사항이 아닌 것은?

① 건강피해조사의 대상 및 방법
② 건강피해 전문가 목록
③ 건강피해조사 기관
④ 건강피해의 판정 및 대책

풀이 주민건강피해조사 및 대책의 내용 포함사항
ㄱ 건강피해조사의 대상 및 방법
ㄴ 건강피해조사기관
ㄷ 건강피해의 판정 및 대책
ㄹ 그 밖에 건강피해조사 및 대책에 필요한 사항

76 오염토양의 정화에 대한 내용으로 잘못된 것은?

① 오염토양은 대통령령으로 정하는 정화기준 및 정화방법에 따라 정화하여야 한다.
② 오염토양은 법에서 정하는 규정에 의하여 토양정화업의 등록을 한 자에게 위탁하여 정화하여야 한다.
③ 오염토양을 정화할 때에는 오염이 발생한 해당 부지에서 정화하여야 한다.

④ 오염토양을 정화하는 자는 오염토양에 비오염토양을 섞어서 오염농도 및 위해성을 저감할 수 있다.

풀이 오염토양을 정화하는 자는 오염토양에 다른 토양을 섞어서 오염농도를 낮추는 행위를 하여서는 아니 된다.

77 대통령령으로 정하는 토양오염조사기관이 아닌 기관은?

① 한국환경공단
② 국립환경과학원
③ 국립산림과학원
④ 시·도 보건환경연구원

풀이 토양오염조사기관
ㄱ 국립환경과학원
ㄴ 시·도 보건환경연구원
ㄷ 유역환경청 또는 지방환경청
ㄹ 한국환경공단

78 지하수의 수질보전을 위하여 수질측정망 설치 및 수질오염실태 측정 계획을 수립·고시하여야 하는 자는?

① 환경부장관   ② 국토교통부장관
③ 농림축산식품부장관   ④ 시·도지사

풀이 ㄱ 환경부장관은 지하수의 수질보전을 위하여 지하수 수질측정시설(이하 "수질측정망"이라 한다)을 설치하여 전국의 지하수에 대한 수질오염실태를 측정한다.
ㄴ 수질측정망의 설치기준·설치구역 등에 관하여 필요한 사항은 환경부령으로 정한다.

79 지하수 수질측정기록부는 최종 기재한 날로부터 몇 년간 보존하여야 하는가?

① 1년   ② 2년
③ 3년   ④ 5년

풀이 지하수 수질측정기록부는 최종 기재한 날로부터 3년간 보존하여야 한다.

80 특정토양오염관리대상시설 설치 현황 등의 보고와 관련하여 시장·군수·구청장이 환경부령에 따라 매년 1월 말까지 시·도지사에게 제출하여야 하는 자료가 아닌 것은?

① 특정토양오염관리대상시설 설치 현황
② 규정에 따라 통보받은 토양오염검사 결과
③ 규정에 따른 조치명령 및 조사 결과의 내용
④ 규정에 따른 토양정화검증결과

풀이 특정토양오염관리대상시설 설치 현황 보고
　　① 시장·군수·구청장은 환경부령으로 정하는 바에 따라 다음 각 호의 전년도 자료를 매년 1월 말까지 시·도지사에게 제출하여야 한다.
　　　ⓐ 특정토양오염관리대상시설 설치 현황
　　　ⓑ 통보받은 토양오염검사 결과
　　　ⓒ 조치명령 및 조사 결과의 내용
　　② 시·도지사는 받은 자료를 종합하여 매년 2월 말까지 환경부장관에게 보고하여야 한다.

1과목 **토양학개론**

01 토양반응에 관한 설명으로 옳지 않은 것은?

① 토양반응의 정도를 나타내기 위해 pH값이 많이 사용된다.

② 토양산성에 가장 큰 영향을 끼치는 이온은 탄산염, 중탄산염 및 인산염이다.

③ 활산도는 토양용액에 해리되어 있는 수소이온과 알루미늄이온에 의한 산도이다.

④ 잠산도는 토양입자에 흡착되어 있는 교환성 수소 및 교환성 알루미늄에 의한 산도이다.

풀이 토양의 산성화는 수소이온농도의 상승으로 인해 알칼리, 알칼리 토금속이 상대적으로 감소하는 현상이다.

02 토양의 체분석 결과 $D_{10} = 0.05mm$, $D_{30} = 0.25mm$, $D_{60} = 0.75mm$일 때, 곡률계수(C_z)는? (단, 입도분포곡선 기준)

① 0.43 ② 0.89

③ 1.34 ④ 1.67

풀이 곡률계수(C_z) $= \dfrac{D_{30}}{D_{10} \times D_{60}}$

$$= \frac{0.25^2}{0.05 \times 0.75} = 1.67$$

03 점토광물인 Montmorillonite에 관한 설명으로 옳지 않은 것은?

① 대표적인 2 : 1 층상 광물이다.

② 수문조건에 따라 쉽게 팽창 또는 수축한다.

③ Kaolinite에 비하여 양이온 교환능력이 매우 작다.

④ 층 전하는 주로 Mg^{2+}에 의한 Al^{3+}의 동형치환에 의하여 발생한다.

풀이 몬모릴로나이트(Montmorillonite)

㉠ 2 : 1형(3층형) 광물이며 양이온 교환능력과 비표면적이 크며 산성 백토라고도 한다.

㉡ 수분상태에 따라 쉽게 팽창 또는 수축하므로 물에 쉽게 분산된다.

㉢ Kaolinite에 비하여 양이온 교환능력이 크다.

㉣ 층 전하는 주로 Mg^{2+}에 의한 Al^{3+}의 동형치환에 의하여 발생한다.

㉤ 비표면적은 600~800m^2/g 정도이며 양이온 교환용량은 80~100(150) cmolc/kg(Kaolinite 양이온 교환용량 : 3~15meg/100g)이다.

04 피압 대수층에서 단위 수위강하 혹은 수위상승에 의해 단위 면적을 통해 자유면대수층의 저류지하수로부터 유입 혹은 유출되는 물의 부피를 나타내는 지하수 및 대수층 관련 용어는?

① 비산출률 ② 비저류계수

③ 수리전도율 ④ 수두구배계수

풀이 비저류계수

피압 대수층에서 단위 수위강하 혹은 수위상승에 의해 대수층의 단위 부피를 통해 유출되거나 유입되는 물의 부피를 말한다.

05 토양 내의 중금속에 관한 설명으로 옳지 않은 것은?

① 카드뮴 : 생물농축되어 독성이 증가함

② 크롬 : 6가 크롬이 3가 크롬에 비하여 이동성이 크고 독성이 강함

③ 비소 : 3가 비소가 5가 비소에 비하여 이동성이 크고 독성이 강함

④ 수은 : 3가 수은이 0가 수은에 비하여 이동성이 크고 독성이 강함

풀이 0가 수은이 3가 수은에 비하여 이동성이 크고 독성이 강하다.

정답 01 ② 02 ④ 03 ③ 04 ② 05 ④

06 토양유기물의 간접적인 기능 및 작용에 관한 설명으로 옳은 것은?

① 금속 이온과의 착체 형성
② 급격한 pH 변화에 대한 상승작용
③ N, P, S 및 기타 필수 원소의 소비 작용
④ 토양 화학성의 개선 및 토양구조의 활성화

풀이 토양유기물의 기능 중 간접적인 효과
　　㉠ 금속이온과의 착체 형성
　　㉡ 토양물리성의 개량, 토양구조의 안정화
　　㉢ 급격한 pH 변화에 대한 완충작용
　　㉣ N, P, S 및 다른 필수 원소의 공급원
　　㉤ 부식물질의 암색에 의한 흡열 및 보온효과
　　㉥ 양이온 교환능력에 의한 무기양분의 보유
　　㉦ 토양미생물의 영양원

07 식물의 필수양분 중 다음 특성을 갖는 것은?

- 필수 영양소 중 식물의 요구도가 가장 낮음
- 여러 효소의 보조인자로 산화환원반응에 관여함
- 질소대사와 밀접한 관련이 있음
- 질소고정을 하는 콩과작물에 많이 필요함
- NO_3^- 를 질소원으로 이용하는 식물에 필수적임

① Co
② Mo
③ Ni
④ S

풀이 몰리브덴(Mo)
　　㉠ 필수 양분 중 식물의 양분요구도가 가장 낮고 여러 효소의 보조인자로 산화환원반응에 관여한다.
　　㉡ 질소대사와 밀접한 관련이 있고 질소고정을 하는 콩과작물에 많이 필요하다.
　　㉢ NO_3^- 를 질소원으로 이용하는 식물에 필수적이다.

08 토양오염물질의 이동특성과 이동경로에 영향을 미치는 유기오염물질의 주요 인자로 가장 거리가 먼 것은?

① 증기압
② 용해도적
③ 헨리상수
④ 옥탄올/물 분배계수

풀이 토양오염물질의 이동특성과 이동경로(특이성)에 영향을 주는 주요 특성인자
　　1. 유기오염물질의 특성인자
　　　㉠ 증기압
　　　㉡ 헨리상수(공기/물 분배계수)
　　　㉢ 분해상수
　　　㉣ 옥탄올/물 분배계수(K_{ow})
　　2. 무기오염물질의 특성인자
　　　㉠ 용해도적
　　　㉡ 착염물질의 형성

09 수리전도도(Hydraulic Conductivity)를 결정하는 주요 인자에 해당하지 않는 것은?

① 수두
② 중력가속도
③ 유체의 밀도
④ 유체의 점도

풀이 수리전도도(Hydraulic Conductivity)
　　㉠ 포화대의 수리지질학적인 특성을 지하수의 흐름 특성과 저유특성으로 대별할 때 흐름특성으로 중요한 인자이다.
　　㉡ 투수계수(유출률)라고도 하며 유체의 밀도, 물이 통과하는 매질공극 크기와 배열, 유체의 점성, 밀도, 중력장의 세기에 영향을 받는다.

10 에틸벤젠에 관한 설명으로 옳지 않은 것은?

① 25℃에서 증기압은 9.53mmHg 정도이다.
② 분자량은 126g/mol이며 휘발유 냄새가 난다.
③ 흡입에 의한 만성증상으로 인간의 혈관계에 영향을 준다.
④ 흡입에 의한 급성증상으로 목에 자극을 주거나 가슴이 답답해지는 현상을 유발한다.

풀이 에틸벤젠의 분자량은 106.16g/mol이며 휘발성 냄새가 나고 용제, 합성 중간체로 이용된다.

11 다음 중 토양의 수분보유능력이 가장 큰 토성은?

① 사토
② 양토
③ 식토
④ 마사토

풀이 토양의 수분보유능력은 점토질토양(식토)이 가장 크다.

12 수리전도도(K)=2.0×10^{-3}cm/s, 유효공극률(η_e)=0.25, 수두구배(dh/dl)=0.002일 때 지하수의 평균선속도(cm/s)는?(단, Darcy 법칙 적용)

① 2.6×10^{-6}　　　　② 1.2×10^{-6}
③ 1.6×10^{-5}　　　　④ 2.2×10^{-5}

풀이 평균선형속도($\bar{v}$)

$$\bar{v} = \frac{K}{\eta_e}\left(\frac{dH}{dL}\right)$$
$$= \frac{2.0 \times 10^{-3}\text{cm/sec} \times 0.002}{0.25}$$
$$= 1.6 \times 10^{-5}\text{cm/sec}$$

13 다음에서 설명하는 토양오염물질은?

직물이나 모피공장에서 사용되고 있으며 세정제에도 상당량 포함되어 있다. 대부분 독성이 강하기 때문에 살균제, 제초제, 살충제 등 여러 농약으로도 사용된다.

① 비소　　　　② 시안
③ 카드뮴　　　　④ 유기인

풀이 비소(As)
　㉠ 비소화합물은 대부분 독성이 강하기 때문에 살균제, 제초제, 살충제 등 여러 가지 농약으로 사용된다.
　㉡ 직물이나 모피공장에서 사용되고 있으며, 세정제에도 상당량 포함되어 있다.
　㉢ 토양 중 비소의 화학작용은 인의 화학작용과 매우 유사하므로 인을 비색정량할 때 비소가 존재하면 간섭이 발생하여 측정이 곤란하다.

14 비수용성 유체(NAPL)의 이동과 분포에 영향을 미치는 주된 요인으로 가장 거리가 먼 것은?

① 누출 후 경과시간
② 양이온치환능에 따른 잔류 포화도의 크기
③ 지하수면과 누출지점 간의 거리 또는 불포화대 두께
④ 지하의 수분 이동(불포화대) 또는 지하수 이동(포화대) 조건

풀이 NAPL의 이동과 분포에 영향을 미치는 주요 요인
　㉠ NAPL의 누출량
　㉡ 누출의 표면적과 침투면적
　㉢ 누출 후 경과시간
　㉣ 지하의 수분 이동(불포화대) 또는 지하수 이동(포화대) 조건
　㉤ 지하수면과 누출지점 간의 거리 또는 불포화대 두께
　㉥ NAPL의 특성(밀도, 습윤성) 및 매질의 특성(투수성, 공극분포)

15 토양층위란 토양의 수직단면 성층구조를 뜻한다. 토양층위의 지표면으로부터 지하로의 구성 순서로 옳은 것은?(단, 왼쪽에 있을수록 지표면과 가까움)

① A → B → C → R → O
② C → B → A → O → R
③ O → A → B → C → R
④ R → O → C → B → A

풀이 토양층위(토양단면)
　O층(유기물층) − A층(용탈층) − B층(집적층) − C층(모재층) − R층(모암층)

16 토양에 사용되는 관개용수의 수질분석결과 Na$^+$=150mg/L, Ca^{2+}=170mg/L, Mg^{2+}=155mg/L, K$^+$=110mg/L일 때, 나트륨흡착비는?

① 0.86　　　　② 1.22
③ 2.00　　　　④ 2.82

풀이 나트륨흡착비

$$= \frac{\text{Na}^+}{\sqrt{\dfrac{\text{Ca}^{2+} + \text{Mg}^{2+}}{2}}}$$

$$\text{Na}^+ = 150\text{mg/L} \times \frac{1\text{meq}}{23\text{mg}} = 6.52\text{meq/L}$$

$$\text{Ca}^{2+} = 170\text{mg/L} \times \frac{1\text{meq}}{\left(\dfrac{40}{2}\right)\text{mg}} = 8.5\text{meq/L}$$

$$\text{Mg}^{2+} = 155\text{mg/L} \times \frac{1\text{meq}}{\left(\dfrac{24}{2}\right)\text{mg}} = 12.92\text{meq/L}$$

$$= \frac{6.52}{\sqrt{\dfrac{8.5 + 12.92}{2}}} = 1.99$$

17 토양 중의 농약을 분해하는 주요 작용에 해당하지 않는 것은?

① 광분해
② 미생물 분해
③ 물리적 분해
④ 순수한 화학분해

> **풀이** 토양 중 농약 분해의 주요 작용
> ㉠ 광분해
> ㉡ 순수한 화학분해
> ㉢ 미생물 분해

18 미나마타병의 원인 물질로 신경계통에 장애를 주어 언어, 지각장애 등을 유발하는 오염물질은?

① 비소
② 수은
③ PCB
④ 카드뮴

> **풀이** 수은의 인체영향
> 1. 전신증상으로는 중추신경계(특히, 뇌조직에 심한 증상) 및 신장기능장애
> 2. 급성중독 : 단백뇨, 구내염
> 3. 만성중독
>   ㉠ 치은부에 황화수은의 청회색 침전물 침착(치은염)
>   ㉡ 구내염, 신경장애(수전증)
>   ㉢ 시신경장애, 수족신경마비, 보행장애
>   ㉣ 유기수은 중 메틸수은에 의한 미나마타병 발병(언어·지각장애)

19 토양공기에 관한 설명으로 옳지 않은 것은?

① 토양공기 중의 질소함량은 대기 중의 질소함량과 비슷하다.
② 토양공기 중의 이산화탄소가 많아지는 양은 산소가 줄어드는 양에 비례한다.
③ 토양의 깊이가 깊어짐에 따라 산소함량이 적어지는 정도는 토양공극의 특성과 밀접한 관계가 있다.
④ 심층토는 표층토에 비해 미세공극이 적어 산소의 공급이나 이산화탄소의 제거가 원활하지 않다.

> **풀이** 토양공기의 산소함량은 토심(토양의 깊이)이 증가할수록 감소하고 CO_2(탄산가스)는 증가한다. 즉, 심층토가 표층토에 비하여 미세공극이 많아 산소의 공급이나 이산화탄소의 제거가 원활하지 못하다.

20 양이온 교환능력(CEC) 값이 가장 작은 점토광물과 비표면적이 가장 큰 점토광물을 순서대로 나열한 것은?

① Illite－Vermiculite
② Illite－Montmorillonite
③ Kaolinite－Vermiculite
④ Kaolinite－Montmorillonite

> **풀이**
>
> | 구분 | 양이온 교환능력 | 비표면적 |
> | --- | --- | --- |
> | Illite | 10~40Cmolc/kg | － |
> | Vermiculite | 80~150Cmolc/kg | 50~800m^2/g |
> | Kaolinite | 3~15Cmolc/kg | 7~30m^2/g |
> | Montmorillonite | 80~150Cmolc/kg | 600~800m^2/g |

2과목 토양 및 지하수오염조사기술

21 토양오염공정시험기준의 자외선/가시선 분광법에 따라 토양 중의 6가 크롬을 분석하고자 한다. 이때 사용하는 자외선/가시선 분광광도계의 흡수셀에 관한 내용으로 옳지 않은 것은?

① 시료액의 흡수파장이 약 370nm 이하일 때는 석영 흡수셀을 사용한다.
② 따로 흡수셀의 길이를 지정하지 않았을 때는 15mm 셀을 사용한다.
③ 시료셀에는 시험용액을, 대조셀에는 따로 규정이 없는 한 정제수를 넣는다.
④ 시료액의 흡수파장이 약 370nm 이상일 때는 석영 또는 경질유리 흡수셀을 사용한다.

> **풀이** 따로 흡수셀의 길이를 지정하지 않았을 때는 10mm 셀을 사용한다.

22 토양오염공정시험기준상의 페놀류 및 페놀류－기체크로마토그래피에 관한 내용으로 옳지 않은 것은?

① 정량한계는 페놀이 0.02mg/kg, 펜타클로로페놀이 0.1mg/kg이다.
② 페놀류 분석을 위해 특별히 고안된 분석방법이므로 간섭물질이 있을 수 없다.
③ 운반기체는 부피백분율 99.999% 이상의 헬륨으로서 유량은 0.5~4mL/min, 시료도입부 온도는 150~320℃로 한다.
④ 토양 중 페놀 및 펜타클로로페놀을 아세톤/노말헥산(1 : 1)으로 추출하여 기체크로마토그래피로 정량하는 방법이다.

풀이 ㉠ 해당 매질 또는 추출 용매에는 분석성분의 머무름 시간에서 봉우리가 나타나는 간섭물질이 있을 수 있다. 간섭물질이 발견되면 증류하거나 정제 컬럼에 의해 제거한다.
㉡ 이 시험기준으로 끓는점이 높거나 극성 유기화합물들이 함께 추출되므로 이들 중에는 분석을 간섭하는 물질이 있을 수 있다.

23 토양오염공정시험기준 총칙에 따른 용어 설명으로 옳지 않은 것은?

① "감압"이라 함은 따로 규정이 없는 한 15mmH₂O 이하를 말한다.
② "방울수"라 함은 20℃에서 정제수 20방울을 적하할 때, 그 부피가 약 1mL 되는 것을 뜻한다.
③ "정확히 단다"라 함은 규정된 양의 검체를 취하여 분석용 저울로 0.1mg까지 다는 것을 말한다.
④ "항량으로 될 때까지 건조한다"라 함은 같은 조건에서 1시간 더 건조할 때 전후 무게차가 g당 0.3mg 이하일 때를 말한다.

풀이 진공(감압)이라 함은 따로 규정이 없는 한 15mmHg 이하를 말한다.

24 토양오염공정시험기준의 저장물질이 없는 누출검사대상시설－가압시험법에서 안정된 시험압력이라 함은 가압 후 유지시간 동안의 압력강하가 시험압력의 몇 % 이하인 것을 뜻하는가?

① 10% ② 15%
③ 20% ④ 25%

풀이 누출검사대상시설 및 이와 연결된 지하매설배관은 질소 등 불활성 가스를 사용하여 0.2kgf/cm²의 시험압력으로 가압한 후 10분 동안 유지시켜 안정된 시험압력을 확인하고, 그 후 1시간 동안의 압력변화를 측정한다.("안정된 시험압력"이라 함은 가압 후 유지시간 동안 압력강하가 시험압력의 10% 이하인 압력을 말한다.)

25 토양오염공정시험기준의 자외선/가시선 분광법에 따라 시료 중의 불소 함량을 측정하고자 한다. 검량선에서 얻어진 불소의 농도가 1.2mg/L일 때, 시료 중의 불소 농도(mg/kg)는?(단, 용액의 최종 부피=0.5L, 토양시료의 건조 중량=1.0g, 바탕시험용액의 불소 농도=0.2mg/L)

① 500 ② 600
③ 650 ④ 750

풀이 토양 중 불소 농도(mg/kg)
$$= \left(\frac{C_s - C_b}{W_d} \right) \times f \times V$$
$$= \frac{(1.2-0.2)\text{mg/L}}{0.001\text{kg}} \times 0.5\text{L}$$
$$= 500\text{mg/kg}$$

26 토양오염공정시험기준상의 토양오염관리대상시설지역의 시료 채취 및 보관에 관한 내용이다. ( ) 안에 들어갈 내용은?

토양시료는 직경 (㉠) 이상의 시료채취봉이 들어 있는 타격식이나 나선형식의 토양시추장비로 채취한다. 시료채취봉을 꺼내어 오염의 개연성이 가장 높다고 판단되는 부위 (㉡)를 시료부위로 한다. 다만, 오염의 개연성이 판단되지 않을 경우는 제일 하부의 토양 (㉢)를 시료부위로 한다.

① ㉠ 2.5cm, ㉡ ±15cm, ㉢ 30cm
② ㉠ 2.5cm, ㉡ ±30cm, ㉢ 60cm
③ ㉠ 5.0cm, ㉡ ±15cm, ㉢ 30cm
④ ㉠ 5.0cm, ㉡ ±30cm, ㉢ 60cm

풀이 시료의 채취 및 보관
　㉠ 토양시료는 직경 2.5cm 이상의 시료채취봉이 들어 있는 타격식이나 나선형식의 토양시추장비로 채취한다. 이때 사용하는 시추장비는 시추 중에 물이나 기름이 유입되지 않는 것이어야 한다.
　㉡ 시료채취봉을 꺼내어 오염의 개연성이 가장 높다고 판단되는 부위 ±15cm를 시료부위로 한다. 다만, 오염의 개연성이 판단되지 않을 경우는 제일 하부의 토양 30cm를 시료부위로 한다.

27 토양오염공정시험기준의 저장물질이 있는 누출검사대상시설 ─ 기상부의 시험법에 따라 시험을 수행할 때, 주의사항으로 옳지 않은 것은?

① 시험기간 동안 화기의 사용을 금한다.
② 기상변화가 심할 때는 시험을 실시하지 않는다.
③ 미감압시험의 경우 30℃에서 저장물질의 점도가 450cSt 이상일 때 적용한다.
④ 시험기간 동안 진동 등 압력변화에 영향을 주는 경우가 없도록 하며, 시험 중 항상 압력을 관찰하도록 한다.

풀이 저장물질이 있는 지하매설저장시설의 누출검사 중 미감압시험의 경우, 저장물질이 20℃에서 점도가 150cSt 이하인 물질의 경우에 적용한다.

28 토양오염공정시험기준 총칙에 따른 밀폐용기의 정의는?

① 취급 또는 저장하는 동안에 이물질이 들어가거나 내용물이 손실되지 아니하도록 보호하는 용기를 말한다.
② 취급 또는 저장하는 동안에 기체 또는 미생물이 침입하지 아니하도록 내용물을 보호하는 용기를 말한다.

③ 취급 또는 저장하는 동안에 내용물이 광화학적 변화를 일으키지 아니하도록 방지하는 용기를 말한다.
④ 취급 또는 저장하는 동안에 외부로부터 공기 또는 다른 가스가 침입하지 아니하도록 내용물을 보호하는 용기를 말한다.

풀이 용기의 종류

구분	정의
밀폐용기	취급 또는 저장하는 동안에 이물질이 들어가거나 또는 내용물이 손실되지 아니하도록 보호하는 용기
기밀용기	취급 또는 저장하는 동안에 밖으로부터의 공기 또는 다른 가스가 침입하지 아니하도록 내용물을 보호하는 용기
밀봉용기	취급 또는 저장하는 동안에 기체 또는 미생물이 침입하지 아니하도록 내용물을 보호하는 용기
차광용기	광선이 투과하지 않는 용기 또는 투과하지 않게 포장한 용기이며 취급 또는 저장하는 동안에 내용물이 광화학적 변화를 일으키지 아니하도록 방지할 수 있는 용기

29 기체크로마토그래피의 머무름시간(Retention Time)에 관한 결정시험을 실시해야 할 경우에 해당하지 않는 것은?

① 컬럼교체　　　　　② 가스교체
③ 기기의 고장수리　　④ 시료주입부 청소

풀이 기체크로마토그래피 머무름시간에 관한 결정시험을 실시해야 할 경우
　㉠ 컬럼교체
　㉡ 가스교체
　㉢ 기기의 고장수리

30 토양정밀조사의 절차에 해당하지 않는 것은?

① 기초조사　　　　　② 정밀조사
③ 실태조사　　　　　④ 개황조사

풀이 토양정밀조사 절차
　㉠ 기초조사　㉡ 개황조사　㉢ 정밀조사

정답　27 ③　28 ①　29 ④　30 ③

31 토양환경보전법에 따라 오염영향지역의 부피가 13,050m³인 폐기물 매립지역에 대하여 개황조사를 실시하고자 한다. 채취해야 하는 표토시료의 개수(개)는?

① 8   ② 9
③ 10   ④ 11

풀이 문제 오류(정답 없음)

32 자외선/가시선 분광법에서 사용하는 흡수셀에 관한 내용으로 옳지 않은 것은?

① 석영제는 주로 자외부 파장범위에서 사용된다.
② 유리제는 주로 근적외부 파장범위에서 사용된다.
③ 유리제는 주로 가시부 파장범위에서 사용된다.
④ 플라스틱제는 근자외부 파장범위에서 사용된다.

풀이 흡광광도시험 측정파장범위에 따른 흡수셀 재질
    ㉠ 석영제 : 자외부 파장
    ㉡ 유리제 : 주로 가시부 및 근적외부 파장
    ㉢ 플라스틱제 : 근적외부 파장

33 토양오염공정시험기준의 트리클로로에틸렌(TCE)－퍼지－트랩 기체크로마토그래피에 관한 내용으로 옳지 않은 것은?

① 이 시험기준은 테트라클로로에틸렌의 분석에 적용할 수 있으며 정량한계는 0.1mg/kg이다.
② 토양 중의 트리클로로에틸렌을 메틸알코올로 추출하여 얻은 시료용액을 기체크로마토그래프로 정량한다.
③ 불꽃이온화검출기(FID)를 사용하여 유기할로겐화합물, 니트로화합물 및 유기금속화합물을 선택적으로 검출한다.
④ 내부표준법을 사용하여 크로마토그램으로부터 각 분석성분 및 내부표준물질의 봉우리 면적을 측정하여 휘발성 유기화합물의 피크 면적과 내부표준물질의 봉우리 면적과의 비를 구한다.

풀이 전자포착검출기(ECD : Electron Capture Detector)
    ㉠ 방사성 동위원소(^{63}Ni, ^{3}H 등)로부터 방출되는 β선이 운반기체를 전리하여 미소전류를 흘려보낼 때 시료 중의 할로겐이나 산소와 같이 전자포획력이 강한 화합물에 의하여 전자가 포획되어 전류가 감소하는 것을 이용하는 방법이다.
    ㉡ 유기할로겐화합물, 니트로화합물 및 유기금속화합물을 선택적으로 검출할 수 있다.

34 토양오염공정시험기준의 원자흡수분광광도법에 따라 토양 중의 아연을 분석하고자 한다. 검량선에서 얻어진 아연의 농도가 2.5mg/L일 때, 토양 중의 아연 농도(mg/kg)는?(단, 시료용기의 부피＝0.1L, 수분 보정한 토양의 무게＝2.7g, 바탕시험용액의 아연농도＝0.2mg/L)

① 45.2   ② 67.3
③ 78.7   ④ 85.2

풀이 아연 함량(mg/kg) $= \dfrac{(2.5 - 0.2)\text{mg/L} \times 0.1\text{L}}{2.7\text{g} \times \text{kg}/1,000\text{g}}$
                    $= 85.19\text{mg/kg}$

35 토양오염공정시험기준의 이온크로마토그래피－자외선/가시선 분광법에 따라 토양 중의 6가 크롬을 분석하고자 한다. 이때 사용하는 이온크로마토그래피－자외선/가시선 분광계의 구성 순서는?

① 액송펌프 → 용리액 저장조 → 시료주입부 → 분리컬럼 → PCR → UV/VIS 검출기 → 기록계
② 용리액 저장조 → 액송펌프 → 시료주입부 → 분리컬럼 → PCR → UV/VIS 검출기 → 기록계
③ 용리액 저장조 → 시료주입부 → 액송펌프 → 분리컬럼 → PCR → UV/VIS 검출기 → 기록계
④ 용리액 저장조 → 시료주입부 → 분리컬럼 → 액송펌프 → PCR → UV/VIS 검출기 → 기록계

풀이 이온크로마토그래피－자외선/가시선 분광계의 구성 순서
용리액 저장조 → 액송펌프 → 시료주입부 → 분리컬럼 → PCR → UV/VIS 검출기 → 기록계

정답   31 정답 없음   32 ④   33 ③   34 ④   35 ②

36 토양의 pH를 측정할 때 사용하는 pH 표준액 중 pH가 가장 중성에 가까운 것은?

① 인산염 표준액 ② 수산염 표준액
③ 탄산염 표준액 ④ 수산화칼슘 표준액

풀이 온도별 표준액의 pH 값

온도 (℃)	수산염 표준액	프탈산염 표준액	인산염 표준액	붕산염 표준액	탄산염 표준액	수산화칼슘 표준액
0	1.67	4.01	6.98	9.46	10.32	13.43
5	1.67	4.01	6.95	9.39	10.25	13.21
10	1.67	4.00	6.92	9.33	10.18	13.00
15	1.67	4.00	6.90	9.27	10.12	12.81
20	1.68	4.00	6.88	9.22	10.07	12.63
25	1.68	4.01	6.86	9.18	10.02	12.45
30	1.69	4.01	6.85	9.14	9.97	12.30
35	1.69	4.02	6.84	9.10	9.93	12.14
40	1.70	4.03	6.84	9.07	−	11.99
50	1.71	4.06	6.83	9.01	−	11.70
60	1.73	4.10	6.84	8.96	−	11.45

37 토양오염공정시험기준의 비소−수소화물생성−원자흡수분광광도법에 관한 내용으로 옳지 않은 것은?

① 토양 중 비소의 정량한계는 0.10mg/kg이다.
② 비화수소를 원자화시켜 258nm에서 정량한다.
③ 불꽃을 만들기 위한 가연성 가스로 아세틸렌을, 조연성 가스로 공기를 사용한다.
④ 좁은 선폭과 높은 휘도를 갖는 스펙트럼을 방사하는 비소속빈음극 램프를 광원으로 사용한다.

풀이 비화수소를 원자화시켜 193.7nm에서 수소화물생성−원자흡수분광광도법에 따라 정량한다.

38 토양오염공정시험기준에 따라 일반지역의 토양 시료를 채취할 때, 채취지점을 선정하는 방법으로 옳지 않은 것은?

① 농경지 : 대상지역 내에서 지그재그 형으로 5~10개 지점 선정
② 벤젠 : 농경지 또는 기타 지역의 구분에 관계없이 대상지역을 대표할 수 있는 1개 지점 선정

③ 유기인화합물 : 농경지 또는 기타 지역의 구분에 관계없이 대상지역을 대표할 수 있는 1개 지점 선정
④ 공장지역 : 대상지역의 중심이 되는 1개 지점과 주변 4방위의 3~5m 거리에 있는 1개 지점씩 총 5개 지점 선정

풀이 공장지역, 매립지역, 시가지지역 등 농경지가 아닌 기타 지역의 경우는 대상지역의 중심이 되는 1개 지점과 주변 4방위의 5~10m 거리에 있는 1개 지점씩 총 5개 지점을 선정한다.

39 토양오염공정시험기준의 퍼지−트랩 기체크로마토그래피−질량분석법에 따라 토양시료 중의 트리클로로에틸렌, 테트라클로로에틸렌 및 BTEX 등의 물질을 분석하고자 할 때, 시료의 전처리에 일반적으로 사용하는 용매는?

① 아세톤 ② 부틸알코올
③ 메틸알코올 ④ 디클로로메탄

풀이 퍼지−트랩 기체크로마토그래피
토양시료 중의 벤젠, 톨루엔, 에틸벤젠, 크실렌, 트리클로로에틸렌, 테트라클로로에틸렌을 메틸알코올로 추출하여 얻어진 시료용액을 기체크로마토그래프(불꽃이온화검출기)에 부착된 퍼지트랩에 주입하여 이들 물질을 각각 정량하는 방법이다.

40 토양오염공정시험기준의 저장물질이 없는 누출검사대상시설−가압시험법에 따라 누출여부를 측정할 때, 오류가 발생하는 원인으로 가장 거리가 먼 것은?

① 긴 시험압력 유지시간
② 최고 설정압력의 오류
③ 측정기간 중 과도한 온도변화에 의한 내용물의 체적변화
④ 누출검사대상시설 이외의 연결관 및 연결부의 오류로 인한 누출

풀이 가압시험법 측정오류 원인
㉠ 누출검사대상시설 이외의 연결관 및 연결부의 오류로 인한 누출

© 최고 설정압력의 오류
© 시험압력 유지시간이 너무 짧을 때
© 측정기간 중 과도한 온도변화에 의한 내용물의 체적변화

3과목 **토양 및 지하수오염정화기술**

41 식물정화법 중 오염물질이 뿌리 주변에 비활성의 상태로 축적되거나 식물체에 의하여 이동이 차단되는 원리를 이용한 방법은?

① 근권여과
② 식물분해
③ 식물추출
④ 식물안정화

풀이 식물에 의한 안정화(Phytostabilization)
③ 오염물질이 식물뿌리 주변에 비활성의 상태로 축적되거나 식물체에 의해 오염물질의 이동이 차단되는 원리를 이용하며 뿌리 주변 토양의 pH 변화 등에 의하여 중금속의 산화도가 바뀌어 불용성의 상태로 되는 원리에 기초한다. 즉, 적합한 식물은 대상오염에 대한 높은 내성이 있어야 한다.
© 식물의 뿌리가 오염물질의 이동을 위한 공간을 만들어 토양공기와의 반응성을 형성시켜 처리하는 방법이다.
© 풍화 및 침식경로에 의한 오염원의 이동을 막아 인근의 지하수로 용출되는 것을 효과적으로 제어할 수 있다.
© 금속과 같은 오염물질이 용존상태에서 침전되거나 식물뿌리 또는 주변 토양에 흡착되어 안정화된다.

42 폐기물의 고형화 및 안정화의 장점으로 가장 거리가 먼 것은?

① 폐기물의 용해성이 감소한다.
② 폐기물의 부피 감소가 가능하여 취급이 용이해진다.
③ 폐기물의 비표면적 증가로 매립지반의 안정성이 증가한다.
④ 폐기물 내의 오염물질이 독성형태에서 비독성형태로 변형된다.

풀이 고형화와 안정화 방법은 토양오염 확산 방지기술이다. 즉, 오염물이 용출되어 나올 수 있는 폐기물의 표면적이 감소한다.

43 토양의 사막화 요인으로 가장 거리가 먼 것은?

① 가축의 과방목
② 염류집적 토양의 비율 감소
③ 식량생산을 위한 관개농업의 확대
④ 토지확보를 위한 지나친 산림벌목

풀이 토양의 사막화
③ 토양사막화의 자연적인 요인 : 가능 증발산량이 강수량보다 많은 경우로 토양표면에 수분과 염류들이 모이고, 수분은 증발하며 염류들만 토양표면에 계속해서 집적되는 현상이 나타난다.
© 토양사막화의 인위적인 요인 : 가축의 지나친 방목이나 벌목, 불합리한 관개에 의한 염류집적 등이다.
© 사막화는 특히 건조지 또는 반건조지의 농경지에서 특징적으로 나타나는 토양열화의 문제이다.
© 건조지를 포함한 개발도상국에서 폭발적으로 증가하는 인구에 대응하기 위한 산림의 벌목, 관개농업 확대 등 같은 인위적인 요인이 급속한 사막화를 진행시킨다.
© 사막화를 방지하기 위해서는 식생의 빈약화와 생물 생성능력의 초기손실을 회피하는 것이 중요하다.

44 생물학적 통기법에 관한 설명으로 옳지 않은 것은?

① 오염물질을 매우 낮은 농도까지 처리하기가 어렵다.
② 소요 장비의 조달이 용이하며 설치가 간단하다.
③ 건물 하부와 같이 접근이 불가능한 곳에는 적용이 어렵다.
④ 공기분산법, 지하수양수처리법 등의 정화기술과 조합이 가능하다.

풀이 생물학적 통기법은 건물 하부와 같이 접근이 불가능한 곳에도 적용이 가능하다.

45 어느 건설 현장에서 공극률이 35%, 초기 수분 포화도가 20%인 오염토양이 18,000m³ 발생했다. 이 오염토양의 수분 포화도를 60%로 조절하기 위하여 필요한 수분량(m³)은?

① 2,520   ② 3,780

③ 4,680   ④ 7,200

풀이 필요수분량
$$= (0.6 - 0.2) \times 0.35 \times 18,000 = 2,520 \text{m}^3$$

46 저온열탈착법에 관한 설명으로 가장 거리가 먼 것은?

① 처리효율이 높고 적용범위가 넓다.

② 대부분의 석유계 화학물질 처리에 적용 가능하다.

③ 다른 기술에 비해 에너지 비용이 많이 소요되는 것이 단점이다.

④ 카드뮴, 수은 등을 비롯한 대부분의 중금속 처리에 효과가 탁월하다.

풀이 저온열탈착법은 무기물질(중금속) 및 방사성 물질을 제외한 대부분의 석유계 화합물의 처리에 유용하다.

47 Air Sparging에 관한 설명으로 옳지 않은 것은?

① 불균질 기질에는 적용이 어렵다.

② 피압대수층에는 적용이 불가능하다.

③ 자유상 DNAPL의 제거효율이 높다.

④ 호기성 생분해 가능성이 높은 오염물질을 제거하는 데 효과적이다.

풀이 Air Sparging은 1ft 두께의 LNAPL층 및 자유상 DNAPL의 제거효율이 낮다.

48 지하수와 오염물질의 수평이동을 제어하기 위하여 지중에 설치하는 수직차단벽에 관한 설명으로 옳은 것은?

① 주변 지하 매질과 수직차단벽의 수리전도도 차이가 작을수록 차단효과가 높다.

② 슬러리월(Slurry Wall)은 오염되지 않은 지하수를 오염된 지역으로부터 격리하는 데 사용될 수 있다.

③ 슬러리월(Slurry Wall)은 지하로의 침출수 흐름을 제어할 수 있으나 오염물질의 분해 또는 지체 효과를 증진시킬 수는 없다.

④ 슬러리월(Slurry Wall)은 주변보다 높은 수리전도도를 가진 물질을 사용하여 오염물질의 이동을 촉진시키는 방법이다.

풀이 수직차단벽
   ㉠ 슬러리월은 주변보다 낮은 수리전도도를 가진 슬러리를 이용하여 지중트렌치에 채워 오염된 지하수를 상수원 또는 비오염지하수와 단절시키는 방법이다.
   ㉡ 수직차단벽은 주변 지하매질과 수직차단벽의 수리전도도 차이가 클수록 차단효과가 높다.
   ㉢ 슬러리월은 지하로의 침출수 흐름을 제어할 수 있으며 오염물질의 분해 또는 지체효과를 증진시킨다.

49 토양세척장치는 세척방식에 따라 분류될 수 있다. 스크루형 장치가 속하는 세척방식은?

① 회전형   ② 교반형

③ 진동형   ④ 유동형

풀이 교반형 세척방식
   ㉠ 스크루형   ㉡ 교반기형   ㉢ 경사축형

50 Bioventing 기법을 적용하여 오염토양을 정화할 때, 영향을 미치는 인자와 그에 관한 내용으로 옳지 않은 것은?

① 중금속 처리농도 : 미생물의 활성을 유지하기 위한 중요한 인자이다.

② 오염물질의 특성 : 적용되는 오염물질은 휘발성 및 생분해성을 가지고 있어야 한다.

③ 토양의 투수성 : 오염물질의 휘발작용과 미생물에 공급할 수 있는 산소량을 결정하는 요소이다.

④ 토양 함수율 : 함수율이 너무 높은 경우에는 공기투과성이 감소하며, 너무 낮은 경우에는 미생물의 활성이 감소한다.

풀이 중금속 처리농도는 효율에 영향을 미치는 인자와는 무관하다.

51 NO₂를 NO₃로 산화시키는 질산화 미생물은?

① Nitrobacter

② Thiobacillus

③ Nitrosomonas

④ Rhodopseudomonas

풀이 질산화 단계

ㄱ NO₂⁻ 가 NO₃⁻ (질산)으로 산화되는 단계이다.

ㄴ 질산화의 생물종류는 질산균(Nitrobacter, Nitrocystis)이다.

52 6가 크롬으로 오염된 토양을 생물학적으로 정화할 때에 관한 설명으로 옳지 않은 것은?(단, 환원처리조에서 토양을 처리)

① 분리조로부터 수산화크롬이 분리된다.

② 영양분과 세균을 환원처리조에 첨가한다.

③ 6가 크롬은 물에 용해되기 어려우므로 우선 폭기조로 산화시킨다.

④ 환원처리조에서 세균의 호흡에 의해 산소가 소실되면 6가 크롬의 환원이 시작된다.

풀이 6가 크롬(Cr^{6+})은 물에 용해하기 어려우므로 우선 폭기조로 환원시킨다.

53 양수처리법을 적용하여 지하수를 정화하고자 한다. 오염운을 포함하고 있는 대수층의 부피가 20,000m³, 토양의 단위용적밀도가 1.6g/cm³, 양수펌프의 용량이 400L/h일 때, 오염운을 제거하는 데 걸리는 시간(d)은?(단, 토양입자의 밀도는 2.65g/cm³이고 지속적인 오염유입은 없음)

① 825

② 867

③ 908

④ 950

풀이 오염운 제거시간(day)

$$= \frac{부피 \times 공극률}{양수펌프용량}$$

$$공극률 = 1 - \frac{용적밀도}{입자밀도}$$

$$= 1 - \frac{1.6}{2.65} = 0.396$$

$$= \frac{20,000m^3 \times 0.396}{0.4m^3/hr \times 24hr/day} = 825day$$

54 양수처리법을 적용하여 오염 부지를 정화할 때, 포획구간의 범위 결정과 관계없는 것은?

① 양수량

② 용해도

③ 수리구배

④ 지하수층 두께

55 열탈착기술에 관한 설명으로 옳지 않은 것은?

① 열탈착공정에서 발생하는 가스양은 같은 용량의 소각공정에 비해 적다.

② 유기염소 및 유기인 살충제를 처리할 때 퓨란과 다이옥신류가 생성되지 않는다.

③ 휘발성 유기화합물(VOCs)뿐만 아니라 준휘발성 유기화합물(SVOCs)도 제거 가능하다.

④ 탈착속도는 유기물질의 화학구성에 큰 영향을 받는데 일반적으로 분자량이 클수록 탈착속도가 빠르다.

풀이 열탈착기술에서 탈착속도는 유기물질의 분자량이 클수록 느리다.

56 동전기정화기술을 적용하여 토양 내의 중금속을 탈착시킬 때, 양극에서 중금속 탈착에 기여하는 물질이 생성되는 현상에 관한 반응식은?

① $2H_2O + 4e^- \rightarrow O_2 \uparrow + 4H^+$

② $2H_2O + 2e^- \rightarrow O_2 \uparrow + 4H^+$

③ $H_2O + 4e^- \rightarrow O_2 \uparrow + 2H^+$

④ $H_2O + 4e^- \rightarrow O_2 \uparrow + 2OH^-$

풀이 포화된 지중 내에 전극을 삽입하고 직류전원을 연결할 경우 양극(+)에서 발생되는 반응식

$$2H_2O + 4e^- \rightarrow O_2 \uparrow + 4H^+$$

57 자연정화법에 관한 설명으로 옳지 않은 것은?

① 종합적인 정화방법의 일개 부분으로 사용된다.
② 모든 오염물질의 정화에 사용될 수 있는 효과적인 정화방법이다.
③ 장시간의 모니터링이 필요하여 다른 정화기법에 비해 비용이 많이 들 수 있다.
④ 오염물질이 더 이상 확산되지 않고 감소하고 있음을 증명하기 위한 주기적인 실험과 자료 수집이 필요하다.

풀이 자연정화법은 모든 오염물질의 정화에 사용될 수 없다.

58 토양의 열처리공정에 관한 설명으로 옳지 않은 것은?

① 발생원으로 고온의 기름, 용융염 등이 사용된다.
② 스팀주입공법은 원위치(In-situ) 처리방법이다.
③ 유동상 탈착장치 내에서 오염토양은 중력에 의하여 유동된다.
④ 로터리킬른(Rotary Kilns)이 회전함에 따라 내부의 폐기물이 산소와 연속적으로 접촉함으로써 연소된다.

풀이 유동상 탈착장치(Fluidized Bed Desorber)
　㉠ 수직방향 형태의 장치 내 뜨거운 가스가 바닥으로부터 상부까지 순환되며 토양은 장치 내로 주입되고 가스흐름에 의해서 유동된다.
　㉡ 가스흐름속도는 적절한 유동이 되도록 조절해야 한다.
　㉢ 유동상 장치의 중요한 장점은 고형 매체층 내의 혼합조건에서 유동가스와 토양층 사이에 비교적 높은 열전달 및 물질전달이 이루어지는 것이다.

59 반응벽체공법을 적용하여 오염지하수를 처리하고자 한다. 오염지하수의 Darcy 속도가 5m/d이고 반응벽체의 길이가 5m, 반응벽체의 공극률이 0.65일 때, 오염지하수가 반응벽체 내에 체류하는 시간(h)은?

① 12.6　　　　② 13.6
③ 14.6　　　　④ 15.6

풀이 반응벽체 체류시간(hr)

$$= \frac{\text{반응벽체길이} \times \text{공극률}}{\text{Darcy 속도}}$$

$$= \frac{5m \times 0.65}{5m/day \times day/24hr} = 15.6hr$$

60 Bioventing 기법을 적용하여 오염토양을 정화하기 위해서는 대상 부지에 대한 정확한 산소소모율 산정이 중요하다. 이를 구하기 위하여 필요한 인자로 가장 거리가 먼 것은?

① 토양 공극률
② 주입공기 유량
③ 초기 산소농도
④ 토양입자 밀도

풀이 평균산소소모율(R_0)

$$R_0 = \frac{Q(C_0 - C_f)}{VP}$$

여기서, R_0 : 산소소모율(%, O_2/day)
　　　　Q : 주입공기 유량(m^3/day)
　　　　C_0 : 초기 산소농도(20.9%)
　　　　C_f : 배기가스 중의 산소농도(%)
　　　　V : 토양부피(m^3)
　　　　P : 토양의 공극률

정답 57 ② 58 ③ 59 ④ 60 ④

4과목 토양 및 지하수환경 관계법규

61 토양오염조사기관을 지정하는 행정기관장은?

① 시 · 도지사   ② 환경부장관

③ 군수 · 구청장   ④ 지방 유역환경청장

풀이 토양 관련 전문기관의 지정

ㄱ 환경부장관 : 토양환경평가기관 및 위해성평가 기관

ㄴ 시 · 도지사 : 토양오염조사기관 및 누출검사기관

62 토양정화업의 등록요건 중 반입정화시설에 관한 기준은?

① 정화시설 200m² 이상, 보관시설 200m² 이상

② 정화시설 400m² 이상, 보관시설 200m² 이상

③ 정화시설 200m² 이상, 보관시설 400m² 이상

④ 정화시설 400m² 이상, 보관시설 400m² 이상

풀이 토양정화업의 등록요건(반입정화시설)

정화시설 400m² 이상, 보관시설 400m² 이상

63 특정토양오염관리대상시설의 설치자가 특정 토양오염관리대상시설별로 설치하여야 하는 토양 오염방지시설에 해당하지 않는 것은?

① 누출된 오염물질의 위해성과 독성을 측정하는 데 필요한 시설

② 누출될 경우에 대비한 오염확산방지 또는 독성 저감 등의 조치에 필요한 시설

③ 토양오염물질이 누출되지 아니하도록 하기 위한 이중벽탱크 등의 누출방지시설

④ 지하에 매설되는 저장시설의 경우 토양오염물질 이 누출되는 것을 감지하거나 누출 여부를 확인 할 수 있는 측정기기 등의 시설

풀이 특정토양오염관리대상시설의 토양오염방지시설

ㄱ 특정토양오염관리대상시설의 부식 · 산화 방지 를 위한 처리를 하거나 토양오염물질이 누출되지 아니하도록 하기 위하여 누출방지성능을 가진 재 질을 사용하거나 이중벽탱크 등 누출방지시설을 설치하고 적정하게 유지 · 관리할 것

ㄴ 특정토양오염관리대상시설 중 지하에 매설되는 저장시설의 경우에는 토양오염물질이 누출되는 것을 감지하거나 누출 여부를 확인할 수 있는 측 정기기 등의 시설을 설치하고 적정하게 유지 · 관 리할 것

ㄷ 특정토양오염관리대상시설로부터 토양오염물질 이 누출될 경우에 대비하여 오염확산방지 또는 독 성저감 등의 조치에 필요한 시설을 설치하고 적정 하게 유지 · 관리할 것

64 정화책임자가 오염토양개선사업 계획의 승 인을 얻고자 할 때, 개선사업계획(변경) 승인신청 서를 사업개시일 며칠 전까지 특별자치시장 · 특별 자치도지사 · 시장 · 군수 · 구청장에게 제출하여야 하는가?

① 7일   ② 15일

③ 20일   ④ 30일

65 토양환경평가에 관한 내용으로 옳지 않은 것은?

① 토양환경평가의 결과는 양도 · 양수시점의 토양 오염 정도를 나타내고 있어야 한다.

② 토양오염관리대상시설이 설치되어 있거나 설치 되어 있었던 부지에 대하여 실시할 수 있다.

③ 토양오염의 우려가 있는 토지를 양도 · 양수하는 경우에 실시할 수 있다.

④ 토양오염의 우려가 있는 토지를 임대 · 임차하는 경우에 실시할 수 있다.

66 위해성 평가 대상 오염물질에 해당하지 않는 것은?(단, 중금속류 기준)

① 구리   ② 시안

③ 니켈   ④ 아연

풀이 위해성 평가 대상 오염물질

ㄱ 유류 : 벤젠, 톨루엔, 에틸벤젠, 크실렌

ㄴ 중금속류 : 카드뮴, 구리, 비소, 수은, 납, 6가 크 롬, 아연, 니켈

67 토양정화업을 변경등록하여야 하는 경우에 해당하지 않는 것은?

① 대표자의 변경

② 기술인력의 변경

③ 상호 또는 사업장 소재지의 변경

④ 운행 차량(임시 차량 포함)의 증차

풀이 토양정화업 변경등록을 하여야 하는 사항
  ㉠ 상호 또는 사업장 소재지의 변경
  ㉡ 대표자의 변경
  ㉢ 기술인력의 변경
  ㉣ 반입정화시설의 변경

68 토양오염조사기관의 장비 중 자가동력시추기에 관한 지정기준이다. ( ) 안에 들어갈 내용으로 옳은 것은?

타격식이나 나선형식으로 시추깊이가 최소 (   ) 이상일 것

① 2m   ② 4m

③ 6m   ④ 8m

풀이 자가동력시추기
  타격식이나 나선형식으로 시추 깊이가 최소 6m 이상일 것

69 토양관련전문기관 또는 토양정화업의 기술인력이 보수 교육을 받아야 하는 주기는?

① 신규교육을 받은 날을 기준으로 3년마다 8시간

② 신규교육을 받은 날을 기준으로 3년마다 24시간

③ 신규교육을 받은 날을 기준으로 5년마다 8시간

④ 신규교육을 받은 날을 기준으로 5년마다 24시간

풀이 1. 토양관련전문기관 또는 토양정화업의 기술인력은 다음의 구분에 따라 국립환경인재개발원장이 개설하는 토양환경관리의 교육과정을 이수하여야 한다.
  ㉠ 신규교육 : 토양관련전문기관 또는 토양정화업 분야의 기술인력으로 최초로 종사한 날부터 1년 이내에 18시간

  ㉡ 보수교육 : 신규교육을 받은 날을 기준으로 5년마다 8시간
  2. 교육은 집합교육 또는 원격교육으로 한다.

70 특정토양오염관리대상시설의 토양오염검사 면제조건에 해당하지 않는 경우는?

① 유해화학물질관리법 규정에 의한 안전검사를 받은 경우

② 송유관으로서 유류의 유출 여부를 확인할 수 있는 장치가 설치된 경우

③ 검사항목이 같은 종류의 토양오염물질로 저장물질을 변경하고자 하는 경우

④ 토양시료의 채취가 불가능하다고 토양오염조사기관이 인정하는 경우

풀이 특정토양오염관리대상시설에 대한 토양오염검사 면제 승인을 할 수 있는 경우
  ㉠ 특정토양오염관리대상시설 중 송유관시설로서 유류의 유출 여부를 확인할 수 있는 장치가 설치된 경우(토양오염도검사에 한한다) 또는 안전검사를 받는 경우(누출검사에 한한다)
  ㉡ 토양시추를 할 수 없는 지반 또는 건물지하 등에 설치되어 토양시료의 채취가 불가능하다고 토양오염조사기관이 인정하는 경우
  ㉢ 저장시설에 1년 이상 토양오염물질을 저장하지 아니한 경우 등 토양관련전문기관이 토양오염검사가 필요하지 아니하다고 인정하는 경우
  ㉣ 동종의 토양오염물질을 저장하는 다수의 시설 중 일부시설의 사용을 종료하거나 폐쇄하는 경우
  ㉤ 권장 설치·유지·관리기준에 맞게 토양오염 방지시설을 설치한 날부터 15년 이내인 경우
  ㉥ 검사항목이 같은 종류의 토양오염물질로 저장물질을 변경하고자 하는 경우
  ㉦ 그 밖에 토양정화명령을 받고 정화 중인 경우 등 특별자치도지사·시장·군수·구청장이 토양오염검사가 필요하지 아니하다고 인정하는 경우

정답 67 ④ 68 ③ 69 ③ 70 ①

71 토양정화업의 등록을 한 자에게 위탁하지 아니하고 정화책임자가 직접 정화할 수 있는 경우에 관한 기준이다. ( ) 안에 들어갈 내용으로 옳은 것은?

> 유기용제 또는 유류에 의한 오염토양으로서 그 양이 ( ) 미만인 것

① 5m³
② 10m³
③ 30m³
④ 50m³

풀이 정화책임자에 의한 직접 정화기준
ⓐ 「국방·군사시설 사업에 관한 법률」에 의한 군부대시설 안의 오염토양 또는 군사활동으로 인한 오염토양으로서 그 양이 50세제곱미터 미만인 것
ⓑ 유기용제 또는 유류에 의한 오염토양으로서 그 양이 5세제곱미터 미만인 것

72 토양환경평가를 위한 조사 중 시료의 채취 및 분석을 통해 토양오염 여부를 조사하는 것은?

① 정밀조사
② 기초조사
③ 정도조사
④ 개황조사

풀이 토양환경평가
ⓐ 기초조사 : 자료조사, 현장조사 등을 통한 토양오염 개연성 여부 조사
ⓑ 개황조사 : 시료의 채취 및 분석을 통한 토양오염 여부 조사
ⓒ 정밀조사 : 시료의 채취 및 분석을 통한 토양오염의 정도와 범위조사

73 지하수 오염을 방지하기 위한 각종 관리에 관한 내용으로 옳지 않은 것은?

① 오염지하수정화계획을 승인하는 경우에는 정화사업의 시행기간을 명시하여야 한다.
② 환경부장관은 지하수 오염방지를 위하여 특히 필요하다고 인정될 경우 시설의 설치자 또는 관리자에게 지하수 오염방지를 위한 조치를 하도록 명할 수 있다.
③ 정화명령을 받은 지하수오염유발시설관리자는 대통령령이 정하는 바에 따라 오염지하수 정화계획을 작성하여 환경부장관에게 제출하여 승인을 얻어야 한다.

④ 환경부장관은 수질측정결과 지하수 수질이 환경부령으로 정한 기준에 적합하지 아니할 경우 오염원 인자인 지하수오염유발시설관리자에게 수질복원을 위한 정화작업을 명할 수 있다.

풀이 지하수오염유발시설관리자는 오염된 지하수를 정화하거나 정화명령을 받았을 때에는 환경부령으로 정하는 오염지하수 정화기준에 맞도록 하여야 하며, 대통령령으로 정하는 바에 따라 오염지하수 정화계획을 작성한 후 시장·군수·구청장에게 제출하여 승인을 받아야 한다.

74 토양보전대책지역의 지정표지판에 관한 내용으로 가장 거리가 먼 것은?

① 지정목적을 표기한다.
② 토양보전대책지역 내역(주소, 면적, 약도)을 표기한다.
③ 흰색바탕의 표지판에 검정색 페인트를 사용하여 표기한다.
④ 표지판의 규격은 가로 3m, 세로 2m, 높이 1.5m 이상으로 하여야 한다.

풀이 토양보전대책지역 지정표지판

> 1. 지정목적
> 2. 지정일자 :   년   월   일
> 3. 토양보전대책지역 안에서 제한되는 행위
> 4. 토양보전대책지역 내역
>   가. 주소
>   나. 면적
>   다. 약도

※ 비고
1. 표지판의 규격은 가로 3미터, 세로 2미터, 높이 1.5미터 이상으로 하여야 한다.
2. 글자는 페인트 등을 사용하여 지워지지 아니하도록 하여야 한다.
3. 약도는 표지판 설치 위치에서 방향 및 지점 등을 누구나 알 수 있도록 작성하여야 한다.
4. 표지판은 사방에서 잘 보이는 곳에 견고하게 설치하여야 한다.

75 지하수오염유발시설의 설치자 또는 관리자가 지하수오염방지를 위하여 취하여야 할 조치에 해당하지 않는 것은?

① 지하수오염물질 누출방지시설의 설치

② 지하수오염물질의 누출 여부를 확인할 수 있는 시설의 설치

③ 지하수오염유발시설의 1m 이격거리에 지하수오염관측정의 설치

④ 지하수 수질의 정기적 측정 및 시장·군수·구청장에 대한 수질측정 결과의 보고

풀이 지하수오염유발시설의 설치자 또는 관리자가 지하수 오염방지를 위하여 취하여야 할 조치
ㄱ 지하수오염물질 누출방지시설의 설치
ㄴ 지하수오염물질의 누출 여부를 확인할 수 있는 시설의 설치
ㄷ 지하수오염유발시설의 상류·하류 구간에 대한 지하수오염관측정의 설치
ㄹ 지하수 수질의 정기적 측정 및 시장·군수·구청장에 대한 수질측정 결과의 보고

76 토양관련전문기관이 토양오염검사를 실시한 후 누출에 관한 검사결과를 통보할 대상에 해당하지 않는 것은?

① 지방환경청장

② 관할 소방서장

③ 관할 시장·군수·구청장

④ 특정토양오염유발시설의 설치자

77 지하수보전구역에서 대통령령이 정하는 규모 이상의 지하수를 개발·이용하는 행위를 하고자 하는 자는 시장·군수의 허가를 받아야 한다. 여기서 "대통령령이 정하는 규모 이상"에 해당하는 경우는?

① 1일 양수능력이 30톤 이상인 경우

② 1일 양수능력이 50톤 이상인 경우

③ 1일 양수능력이 70톤 이상인 경우

④ 1일 양수능력이 100톤 이상인 경우

풀이 지하수보전구역에서의 행위 제한
"대통령령으로 정하는 규모 이상"이란 1일 양수능력이 30톤 이상인 경우를 말한다. 이 경우 안쪽 지름이 32밀리미터 이상인 토출관을 사용하는 경우에는 1일 양수능력을 30톤 이상으로 본다.

78 오염토양의 반출절차 및 방법에 관한 내용이다. ( ) 안에 들어갈 내용으로 옳은 것은?

특별자치도지사·시장·군수·구청장은 오염토양 반출정화(변경)계획서를 검토하여 반출정화의 계획이 적정한 경우에는 ( ) 이내에 적정통보를 하여야 한다.

① 7일   ② 10일

③ 15일   ④ 30일

풀이 특별자치도지사·시장·군수·구청장은 오염토양 반출정화(변경)계획서를 검토하여 반출정화의 계획이 적정한 경우에는 10일 이내에 적정통보를 하여야 하며, 반출정화대상에 해당하지 아니하는 등 반출정화계획의 내용이 적정하지 아니한 경우에는 10일 이내에 오염토양반출정화(변경)계획서를 반려하거나 보완을 요구하여야 한다.

79 토양정밀조사명령에 관한 내용이다. ( ) 안에 들어갈 숫자를 순서대로 나열한 것은?

시·도지사 또는 시장·군수·구청장은 법 제15조 제1항에 따라 정화책임자에게 토양정밀조사를 받을 것을 명할 때에는 토양오염지역의 범위 등을 감안하여 (ㄱ)개월의 범위에서 그 이행기간을 정하여야 한다. 다만, 조사지역의 규모 등으로 인하여 부득이하게 이행기간 내에 조사를 이행하지 못한 자에 대하여는 (ㄴ)개월의 범위에서 1회에 한정하여 그 이행기간을 연장할 수 있다.

① ㄱ 6, ㄴ 6   ② ㄱ 8, ㄴ 6

③ ㄱ 6, ㄴ 8   ④ ㄱ 8, ㄴ 8

정답 75 ③ 76 ① 77 ① 78 ② 79 ①

> **풀이** 시 · 도지사 또는 시장 · 군수 · 구청장은 정화책임 자에게 토양정밀조사를 받을 것을 명할 때에는 토양오염지역의 범위 등을 감안하여 6월의 범위 안에서 그 이행기간을 정하여야 한다. 다만, 시 · 도지사 또 는 시장 · 군수 · 구청장은 조사지역의 규모 등으로 인하여 부득이하게 이행기간 내에 조사를 이행하지 못한 자에 대하여는 6월의 범위에서 1회로 한정하여 그 이행기간을 연장할 수 있다.

80 토양보전대책지역의 토양보전대책을 위한 계획에 포함되는 오염토양개선사업에 해당하지 않 는 것은?

① 오염된 수로의 준설사업

② 오염토양 처리기술 개발 · 개선사업

③ 오염물질의 흡수력이 강한 식물식재사업

④ 객토 및 토양개량제의 사용 등의 농토배양사업

> **풀이** 오염토양개선사업의 종류
> ㉠ 객토 및 토양개량제의 사용 등 농토배양사업
> ㉡ 오염된 수로의 준설사업
> ㉢ 오염토양의 위생적 매립 · 정화사업
> ㉣ 오염물질의 흡수력이 강한 식물식재사업
> ㉤ 그 밖에 특별자치도지사 · 시장 · 군수 · 구청장 이 필요하다고 인정하는 사업

1과목 토양학개론

01 휴 · 폐금속광산 일대에서 철 수산화물의 침전으로 강 바닥이나 주변 암석이 적갈색을 띠는 현상은?

① 블루베이비 현상

② 옐로보이 현상

③ 백화 현상

④ 글레이화 현상

풀이 휴 · 폐금속광산 주변 하천에서 철의 산화에 의하여 적갈색 침전이 나타나는 현상을 옐로보이 침전현상 이라고 한다.

02 토양의 입단화에 관한 설명으로 가장 거리가 먼 것은?

① 미생물이 유기물을 분해하며 만들어내는 균류의 균사에 의해 입단이 형성된다.

② 식물이 수분을 흡수하면 뿌리 주위의 토양 수분이 줄어 토양수축이 일어나고, 입단 형성이 억제된다.

③ 양으로 하전된 점토와 음으로 하전된 점토가 서로 끌리는 현상에 의해 입단이 형성된다.

④ 수화도가 큰 이온은 입단화작용이 약하고, 수화도가 작은 이온은 입단화작용이 강하다.

풀이 식물이 수분을 흡수하면 뿌리 주위의 토양 수분이 줄어 토양수축을 일으켜 뿌리가 죽음으로써 미생물의 분해작용으로 입단이 형성된다.

03 다음에서 설명하는 용어는?

• 자유면 대수층에서 지하수면의 단위 상승 혹은 강하에 의해 단위 면적을 통해 유입 또는 유출되는 물의 부피

• 중력에 의해 배출되는 물의 부피와 대수층 부피의 비

① 비산출률

② 비저류계수

③ 수리전도도

④ 비보유율

풀이 비산출률(Specific Yield)

ⓐ 비산출률은 비유출률이라고도 하며 토양 또는 암석(대수층)에서 중력에 의해 배출되는 수량과 암석 부피의 비율이다.

ⓑ 비산출률은 자유면 대수층에서 지하수면의 단위 상승 혹은 강하에 의해 단위면적을 통해 자유면 대수층의 저류 지하수로부터 유입 혹은 유출되는 물의 부피와의 비율이다. (중력에 의해 배출되는 물의 부피와 대수층 부피의 비율)

ⓒ 비산출률은 단위체적의 대수층 내에 저유된 지하수와 대수층으로부터 외부로 뽑아낼 수 있는 지하수량과의 비를 나타낸다. 즉, 포화된 암석으로부터 중력으로 인해 배수되는 물체적의 비율이다.

ⓓ 비산출률은 유효공극률, 비수율, 비피압 저류계수와 동일 의미이다.

04 나트륨토양의 개량방법으로 가장 거리가 먼 것은?

① 석회 자재를 투입하여 치환성 Ca 포화도를 높인다.

② 토양 중의 공기를 빼내 토양을 음($-$)압으로 만들어준다.

③ 지하수위가 높은 경우에는 배수에 의하여 수위를 낮춘다.

④ 내알칼리, 내침수성 식물을 재배하여 유기질 잔사를 포장하여 환원시킨다.

풀이 토양 중의 공기를 주입하여 토양을 양($+$)압으로 만들어준다.

05 A지역에서 기름이 유출되어 500m 떨어진 B지역의 토양으로 흘러 들어갔다. A지역의 수위가 65m, B지역의 수위가 50m, 오염물질이 이동한 토양의 공극률이 40%, 수리전도도가 0.01cm/s일 때, 오염물질이 A지역에서 B지역으로 실제로 이동하는 데 걸리는 시간(d)은?

① 178   ② 232   ③ 772   ④ 1,930

풀이 $\overline{V} = \dfrac{K}{\eta_e}\left(\dfrac{dh}{dL}\right)$

$\dfrac{거리(L)}{시간(T)} = \dfrac{K}{\eta_e}\left(\dfrac{dh}{dL}\right)$

$\dfrac{500m}{시간(T)} = \dfrac{\dfrac{0.01cm}{sec}\times\dfrac{m}{100cm}\times\dfrac{86,400\,sec}{day}}{0.4}\times\dfrac{15m}{500m}$

$시간(T) = 771.60\,day$

06 토양 중의 유기물분해에 관한 내용으로 옳지 않은 것은?

① 리그닌은 당류에 비해 분해가 빠르게 일어난다.
② 유기물의 분해는 혐기성조건보다 호기성조건에서 빠르게 일어난다.
③ 탄질률이 큰 유기물은 탄질률이 작은 유기물에 비해 분해가 느리게 일어난다.
④ 토양 공극의 약 60%가 물로 채워져 있을 때 산소의 유통이 원활할 뿐만 아니라 미생물의 활성에 필요한 수분도 적절하게 공급할 수 있다.

풀이 리그닌은 당류에 비해 분해되기 매우 어렵다.

07 다음 중 2 : 1형 점토광물에 해당하는 것은?

① Vermiculite   ② Kaolinite
③ Halloysite   ④ Nacrite

풀이 점토광물의 분류
1. 결정형 광물 : Si 판 1개와 Al 판 1개가 층상으로 결속하여 한 결정 단위를 이룸
   ① 1 : 1 격자형 광물(2층형 광물, 비팽창형) : 비표면적이 가장 작음 → 할로이사이트, 나크라이트, 카올리나이트, 딕카이트

② 2 : 1 격자형 광물(3층형 광물) : 한 층의 Al 8면체를 Si 4면체가 양쪽으로 샌드위치처럼 싸서 3층 구조를 이룸
   ㉠ 팽창형 → 몬모릴로나이트, 사포나이트, 버미큘라이트
   ㉡ 비팽창형 → 일라이트
③ 2 : 1 : 1(2 : 2 격자형 광물, 비팽창형)
   → 클로라이트
2. 비결정형 광물(무정형) → 알로펜, 이모고라이트

08 다음 토양오염물질 중 DNAPL에 해당하지 않는 것은?

① TCE   ② 클로로페놀
③ 1,1,1-TCA   ④ 톨루엔

풀이 1. LNAPL 대표적 오염물질
   ㉠ BTEX(벤젠, 톨루엔, 에틸벤젠, 크실렌)
   ㉡ 원유, 휘발유, 디젤유
   ㉢ 헵탄, 헥산
   ㉣ 이소프로필알코올

2. DNAPL 대표적 오염물질
   ㉠ TCE(Trichloroethylene), PCE(Perchlorethylene)
   ㉡ 페놀, PCB(Polychlorinated Biphenyl)
   ㉢ 1,1,1-Trichloroethane(1,1,1-TCA), 2-Chlorophenol(클로로페놀)
   ㉣ 클로로포름, 사염화탄소

09 토양의 양이온교환용량에 관한 설명으로 옳지 않은 것은?

① 일반적으로 점토 함량이 높은 토양의 양이온교환용량이 높다.
② 양이온교환용량이 클수록 토양이 양분을 보유할 수 있는 능력이 감소한다.
③ 모래와 미사는 표면적이 매우 작아 토양의 양이온교환용량에 거의 기여하지 않는다.
④ 토양의 양이온교환용량은 무기 또는 유기콜로이드가 흡착할 수 있는 양이온의 총량이다.

풀이 양이온교환용량이 클수록 pH에 저항하는 완충력이 크며 양분을 보유하는 보비력이 크므로 비옥한 토양이다.

10 토양의 수직단면 성층구조를 나타내는 토양 층위에 해당되지 않는 것은?

① O층
② D층
③ C층
④ A층

풀이 **토양층위(토양단면)**

O층(유기물층) − A층(용탈층) − B층(집적층) − C층 (모재층) − R층(모암층)

11 토양공기에 관한 일반적인 설명으로 옳지 않은 것은?

① 수증기의 함량은 일반대기보다 높다.
② 산소의 함량은 일반대기보다 낮다.
③ 아르곤의 함량은 일반대기보다 낮다.
④ 이산화탄소의 함량은 일반대기보다 높다.

풀이 토양공기는 일반대기 중 공기에 비하여 N_2, CO_2, Ar, 상대습도가 높다.

12 토양의 용적비중이 1.17, 입자비중이 2.55 일 때, 토양의 공극률(%)은?

① 41.1
② 45.9
③ 51.1
④ 54.1

풀이 토양공극률(%) $= \left(1 - \dfrac{\text{용적비중}}{\text{입자비중}}\right) \times 100$

$= \left(1 - \dfrac{1.17}{2.55}\right) \times 100$

$= 54.12\%$

13 대수층의 비보유율(Sr)이 20%이고, 총 공극률이 30%일 때, 비산출률(%)은?(단, 모래 내에 지하수의 중력 배수 기준)

① 10
② 15
③ 20
④ 60

풀이 비산출률(%) = 총 공극률 − 비보유율 = 30 − 20 = 10%

14 다음 중 양이온교환용량이 가장 큰 점토광물은?

① Illite
② Chlorite
③ Kaolinite
④ Montmorillonite

풀이 **양이온교환용량**

㉠ 일라이트(Illite) : Montmorillonite의 약 1/3
㉡ 클로라이트(Chlorite) : 10~40meq/100g
㉢ 카올리나이트(Kaolinite) : 3~15meq/100g
㉣ 몬모릴로나이트(Montmorillonite) : 80~100 (150)meq/100g

15 MTBE가 포화토양층에 평형상태로 용해 또는 흡착되어 있다. 지하수와 토양에서의 MTBE의 농도가 각각 200mg/L, 100mg/kg이며, 포화토양층의 부피가 500m^{3}이다. 토양의 공극률이 20%, 입자밀도가 2.75g/cm^{3}일 때, 토양에 흡착된 MTBE양(kg)과 지하수에 용해된 MTBE양(kg)을 순서대로 나열한 것은?

① 110, 10
② 110, 20
③ 220, 10
④ 220, 20

풀이 ㉠ 토양에 흡착된 MTBE양(kg)

$= 500\text{m}^3 \times 100\text{mg/kg} \times (1 - 0.2)$
$\quad \times 2.75\text{g/cm}^3 \times \text{kg}/10^6\text{mg} \times 10^6\text{cm}^3/\text{m}^3$
$\quad \times \text{kg}/1{,}000\text{g}$
$= 110\text{kg}$

㉡ 지하수에 용해된 MTBE양(kg)

$= 500\text{m}^3 \times 200\text{mg/L} \times 0.2 \times 10^3\text{L/m}^3$
$\quad \times \text{kg}/10^6\text{mg}$
$= 20\text{kg}$

16 포화대의 수리지질학적인 특성은 지하수의 흐름특성과 저류특성으로 구분될 수 있다. 저류특성에 해당하지 않는 것은?

① 공극률　　　　② 비산출률
③ 비저류계수　　④ 투수량계수

> **풀이** 포화대의 수리지질학적 구분
> 1. 저류특성(물보유능력)
>   ㉠ 공극률
>   ㉡ 비저류계수 및 저류계수
>   ㉢ 비산출률
>   ㉣ 비보유율
> 2. 흐름특성(유동특성)
>   ㉠ 수리전도도
>   ㉡ 투수량계수

17 다음에서 설명하는 용어는?

> 치환성 염기 중 치환성 나트륨의 비율을 나타낸 것으로 식물장해 평가에 사용된다.

① CEC　　　　② RSC
③ TDS　　　　④ SAR

> **풀이** 나트륨 흡착비(SAR)
> 관개수와 배수량에 함유되어 있는 나트륨(Na^+) 함량에 대한 칼슘(Ca^{2+})과 마그네슘(Mg^{2+}) 함량의 비율이다.
>
> $$SAR = \frac{Na^+}{\sqrt{\dfrac{Ca^{2+} + Mg^{2+}}{2}}}$$
>
> 여기서, 각 이온농도 단위 : meq/L

18 토양오염의 일반적인 특징으로 가장 거리가 먼 것은?

① 피해발현의 긴급성
② 오염경로의 다양성
③ 오염영향의 국지성
④ 지속성 및 잔류성

> **풀이** 토양오염의 특징
> ㉠ 오염경로의 다양성
> ㉡ 피해발현의 완만성(시차성)
> ㉢ 오염지역의 국지성
> ㉣ 타 매체와의 연관성(오염의 비인지성 및 다른 환경인자와의 영향관계의 모호성)
> ㉤ 지속성 및 잔류성
> ㉥ 오염물질 및 오염지역에 따른 특이성
> ㉦ 원상복구의 어려움

19 토양이 산성화될 때 양이온교환용량과 염기포화도의 변화에 관한 설명으로 옳은 것은?

① 양이온교환용량과 염기포화도가 모두 증가한다.
② 양이온교환용량과 염기포화도가 모두 감소한다.
③ 양이온교환용량은 감소하나 염기포화도는 변화가 없다.
④ 양이온교환용량은 변화가 없으나 염기포화도는 감소한다.

20 유류오염물질의 성질에 관한 설명으로 가장 거리가 먼 것은?

① 휘발유는 윤활유보다 생분해성이 높다.
② 윤활유에는 다환고리방향족탄화수소(PAHs)가 다량 함유되어 있다.
③ 디젤유가 지하대수층에 도달하면 DNAPL층을 형성한다.
④ 지하저장탱크로부터 발생하는 유류오염은 누출이나 쏟아짐 등으로 인해 발생한다.

> **풀이** 디젤유가 지하대수층에 도달하면 LNAPL층을 형성한다.

2과목 **토양 및 지하수오염조사기술**

21 토양 분석을 위하여 진한 염산(12N)으로 0.1N의 염산 250mL를 만들고자 한다. 필요한 진한 염산(12N)의 양(mL)은?

① 1.5   ② 2.1

③ 3.4   ④ 5.2

풀이 $NV = N'V'$

$12 \times V = 0.1 \times 250\text{mL}$

$V = 2.08\text{mL}$

22 유리전극법에 따라 토양의 pH를 측정할 때에 관한 내용이다. (　) 안에 알맞은 말은?

토양시료 무게의 (　)배의 정제수를 사용하여 혼합한 후 pH를 유리전극과 기준전극으로 구성된 pH 측정기를 사용하여 측정한다.

① 5   ② 10

③ 15   ④ 20

풀이 토양시료 무게의 5배의 정제수를 사용하여 혼합한 후 pH를 유리전극과 기준전극으로 구성된 pH 측정기를 사용하여 측정한다.

23 광산활동 지역에 대해 상세조사를 수행하기 위해 30개의 지점에서 표토시료를 채취하였다. 조사지역의 최대 오염토양면적(m²)은?

① 30,000   ② 45,000

③ 67,500   ④ 135,000

풀이 표토시료는 조사대상 지역에 대하여 1,500m²당 1개 지점 이상을 선정하여 채취하므로 1,500m² × 30 = 45,000m²이 조사지역의 최대 오염토양면적이다.

24 수소화물생성－유도결합플라스마－원자발광분광법에 따라 토양 중의 비소를 분석할 때, 토양 내에 고농도(4,000mg/L 이상)로 존재하여 화학적 간섭을 일으키는 물질에 해당하지 않는 것은?

① 니켈   ② 아연

③ 수은   ④ 코발트

풀이 고농도(4,000mg/L 이상) 코발트, 구리, 철, 수은, 니켈 등은 비소분석을 방해한다.

25 토양오염 위해성평가 단계에 해당하지 않는 것은?

① 노출평가

② 독성평가

③ 유해성 결정

④ 오염범위 및 노출농도 결정

풀이 토양오염 위해성 평가단계
ㄱ 노출 경로 선택(결정)
ㄴ 노출평가
ㄷ 독성평가
ㄹ 위해도 결정

26 저장물질이 없는 누출검사대상시설－가압시험법에 따라 시료를 분석할 때 사용하는 검사기기 및 기구에 관한 기준으로 옳지 않은 것은?

① 안전밸브 : 0.7kgf/cm² 이하에서 작동되어야 한다.

② 가압장치 : 불활성 가스 용기 및 압력조정장치를 말한다.

③ 온도계 : 시험압력에 충분히 견딜 수 있는 것으로서 최소눈금 1℃ 이하를 읽고 기록이 가능하여야 한다.

④ 압력계(압력자기기록계) : 최소눈금이 시험압력의 30% 이내이고 이를 읽고 측정압력의 기록이 가능하여야 한다.

풀이 압력계(압력자기기록계)
최소눈금이 시험압력의 5% 이내이고 이를 읽고 측정압력의 기록이 가능한 압력계이어야 한다.

27 기체크로마토그래피 검출기 중 유기질소 화합물 및 유기인 화합물을 선택적으로 검출할 수 없는 것은?

① 열전도도검출기(TCD)

② 질소인검출기(NPD)

③ 불꽃광도검출기(FPD)

④ 전자포착검출기(ECD)

풀이 유기인화합물 – 기체크로마토그래피 사용 검출기
  ㉠ 질소인검출기(NPD)
  ㉡ 불꽃광도검출기(FPD)
  ㉢ 전자포착검출기(ECD)
  ㉣ 불꽃열이온검출기(FTD)

28 유도결합플라즈마 – 원자발광분광법에 따라 토양 중의 중금속을 분석할 때, 광학간섭이 발생할 경우에 해당하지 않는 것은?

① 파장의 스펙트럼선이 넓어질 경우

② 원소가 동일 파장에서 발광할 경우

③ 이온과 원자의 재결합으로 연속발광할 경우

④ 원자가 산화 또는 환원하여 이온화합물을 형성할 경우

풀이 유도결합플라즈마 – 원자발광분광법의 광학간섭이 발생하는 경우
  ㉠ 어떤 원소가 동일파장에서 발광할 때
  ㉡ 파장의 스펙트럼선이 넓어질 때
  ㉢ 이온과 원자의 재결합으로 연속 발광할 때
  ㉣ 분자 띠 발광 시

29 자외선/가시선 분광법에 따라 토양 중의 불소를 측정할 때에 관한 내용이다. (   ) 안에 알맞은 말은?

> 불소가 진홍색의 지르코늄 – 발색시약과의 반응으로 (   )의 음이온복합체를 형성하는 과정을 이용한다.

① 적색　　　　　　　② 청색

③ 황갈색　　　　　　④ 무색

풀이 불소 – 자외선/가시선 분광법
  토양 중 불소를 측정하는 방법으로 불소가 진홍색의 지르코늄(Zirconium) – 발색시약과의 반응으로 무색의 음이온복합체(ZrF_6^{2-})를 형성하는 과정을 이용한다. 불소의 양이 많아질수록 색깔이 엷어지게 된다.

30 정도관리요소인 검정곡선을 작성하는 방법 중 상대검정곡선법에 관한 내용이다. (   ) 안에 알맞은 말은?

> 상대검정곡선법은 시험 분석하려는 성분과 물리 · 화학적 성질이 (   ) 순수물질을 내부표준물질로 선택한다.

① 유사하며 시료에는 없는

② 유사하며 시료에 함유된

③ 다르며 시료에 함유된

④ 다르며 시료에는 없는

풀이 검정곡선
  1. 절대검정곡선법(External Standard Method)
    시료의 농도와 지시값의 상관성을 검정곡선식에 대입하여 작성하는 방법이다.
  2. 표준물질첨가법(Standard Addition Method)
    ㉠ 시료와 동일한 매질에 일정량의 표준물질을 첨가하여 검정곡선을 작성하는 방법이다.
    ㉡ 매질효과가 큰 시험 분석 방법에서 분석 대상 시료와 동일한 매질의 표준시료를 확보하지 못한 경우에 매질효과를 보정하여 분석할 수 있는 방법이다.
  3. 상대검정곡선법(Internal Standard Method)
    ㉠ 검정곡선 작성용 표준용액과 시료에 동일한 양의 내부표준물질을 첨가하여 시험분석 절차, 기기 또는 시스템의 변동으로 발생하는 오차를 보정하기 위해 사용하는 방법이다.
    ㉡ 상대검정곡선법은 시험 분석하려는 성분과 물리 · 화학적 성질은 유사하나 시료에는 없는 순수 물질을 내부표준물질로 선택한다.
    ㉢ 일반적으로 내부표준물질로는 분석하려는 성분에 동위원소가 치환된 것을 많이 사용한다.

정답 27 ① 28 ④ 29 ④ 30 ①

31 원자흡수분광도계를 사용하며 염화제일주석용액에 의해 원자상태로 환원시켜 정량하는 시료는?

① 납   ② 구리
③ 아연   ④ 수은

풀이 수은 – 냉증기 원자흡수분광도법
　　토양 중 수은의 측정방법으로, 시료 중의 수은을 염화제일주석용액에 의해 원자상태로 환원시켜 발생되는 수은증기를 253.7nm에서 냉증기 원자흡수분광도법에 따라 정량하는 방법이다.

32 수소화물생성 – 원자흡수분광도법에 따라 토양 중의 비소 함량을 분석할 때 사용하는 요오드화칼륨과 아스코르빈산의 역할은?

① 시료 중의 비소를 3가 비소로 환원
② 시료 중의 비소를 6가 비소로 산화
③ 시료 중의 비소를 비화수소로 환원
④ 시료 중의 비소를 비화수소로 산화

33 누출검사대상시설 중 "부속배관"에 관한 설명으로 옳은 것은?

① 누출검사대상시설에 용접 또는 나사조임 방식으로 직접 연결되는 배관을 말한다.
② 지하매설저장시설에 연결되어 누출여부의 판단이 어려운 배관을 말한다.
③ 지하에 매설되어 누출여부를 육안으로 직접 확인할 수 없는 배관을 말한다.
④ 액체의 누출여부를 누출검사대상시설 외부에서 직접 또는 간접적으로 확인하기 위하여 설치된 배관을 말한다.

34 토양오염관리대상시설지역의 시료채취 및 보관방법에 관한 내용으로 옳은 것은?

① 오염의 개연성이 판단되지 않을 경우 제일 상부의 토양 20cm를 시료부위로 한다.
② 시료채취봉을 꺼내어 오염의 개연성이 가장 낮다고 판단되는 부위 ±10cm를 시료부위로 한다.
③ 토양을 시출할 때는 토양오염관리대상시설 관계자의 의견을 들어 지하매설시설 등이 손상되지 않도록 주의한다.
④ 토양시료는 직경 5cm 이하의 시료채취봉이 들어있는 타격식이나 나선형식의 토양시추장비로 채취한다.

풀이 ① 오염의 개연성이 판단되지 않을 경우에는 제일 하부의 토양 30cm를 시료부위로 한다.
　　② 시료채취봉을 꺼내어 오염의 개연성이 가장 높다고 판단되는 부위 ±15cm를 시료부위로 한다.
　　④ 토양시료는 직경 2.5cm 이상의 시료채취봉이 들어있는 타격식이나 나선형식의 토양시추장비로 채취한다.

35 자외선/가시선 분광법에 따라 토양 중의 시안을 분석할 때 사용하는 인산이수소칼륨 34g과 무수인산일수소나트륨 35.5g을 정제수에 녹여 1L로 한 용액의 이름은?

① 인산탄산염 완충액
② 인산염 완충액(pH 6.8)
③ 무수인산나트륨 완충액
④ 인산이수소칼륨 완충액(pH 9.0)

정답　　31 ④　32 ①　33 ①　34 ③　35 ②

36 저장물질이 없는 누출검사대상시설−가압시험법에 따라 시험을 수행할 때 판정기준은?

① 압력강하가 시험압력의 1%를 초과하는 경우에는 불합격으로 한다.

② 압력강하가 시험압력의 5%를 초과하는 경우에는 불합격으로 한다.

③ 압력강하가 시험압력의 10%를 초과하는 경우에는 불합격으로 한다.

④ 압력강하가 시험압력의 15%를 초과하는 경우에는 불합격으로 한다.

풀이 누출검사대상시설 및 이와 연결된 지하매설배관은 질소 등 불활성 가스를 사용하여 $0.2kgf/cm^2$의 시험압력으로 가압한 후 10분 동안 유지시켜 안정된 시험압력을 확인하고, 그 후 1시간 동안의 압력 변화를 측정한다.("안정된 시험압력"이라 함은 가압 후 유지시간 동안 압력강하가 시험압력의 10% 이하인 압력을 말한다.)

37 토양오염공정시험기준 총칙의 내용으로 옳지 않은 것은?

① 감압 또는 진공이라 함은 따로 규정이 없는 한 15mmHg 이하를 말한다.

② 가스체의 농도는 표준상태(0℃, 1기압, 상대습도 0%)로 환산하여 표시한다.

③ 제반 시험 조작은 따로 규정이 없는 한 실온에서 실시하고 조작 직후 그 결과를 관찰하는 것으로 한다.

④ "항량으로 될 때까지 건조한다"라 함은 같은 조건에서 1시간 더 건조할 때 전후 무게차가 g당 0.3mg 이하일 때를 말한다.

풀이 제반시험 조작은 따로 규정이 없는 한 상온에서 실시하고 조작 직후 그 결과를 관찰하는 것으로 한다. 단, 온도의 영향이 있는 것의 판정은 표준온도를 기준으로 한다.

38 퍼지−트랩 기체크로마토그래피법에 따라 토양 중의 BTEX를 분석할 때에 관한 내용으로 옳지 않은 것은?

① 간섭물질이 발견되면 증류하거나 정제컬럼에 의해 제거한다.

② 원심분리기는 4℃ 이하에서 원심분리가 가능하여야 한다.

③ 시료 중의 BTEX를 헥산 또는 사염화탄소로 추출하여 검액을 얻는다.

④ 시험관에 채취된 시료를 즉시 실험할 수 없는 경우에는 0~4℃의 냉암소에서 보존하고 14일 이내에 분석에 사용하여야 한다.

풀이 시료 중의 BTEX를 메틸알코올로 추출하여 얻어진 시료용액을 기체크로마토그래피(불꽃이온화검출기)에 부착된 퍼지 트랩에 주입하여 이들 물질을 각각 정량한다.

39 몇 년마다 토양오염공정시험기준의 타당성을 검토하고 개선 등의 조치를 취하여야 하는가?

① 1   ② 2

③ 3   ④ 5

40 자외선/가시선 분광법에 따라 시료를 분석할 경우 흡광도의 눈금 보정방법에 관한 설명이다. (   ) 안에 알맞은 말은?

110℃에서 (㉠) 이상 건조한 중크롬산칼륨(1급 이상)을 (㉡) 수산화칼륨용액에 녹여 중크롬산칼륨용액을 만든다. 그 농도는 시약의 순도를 고려하여 $K_2Cr_2O_7$으로서 (㉢)g/L가 되도록 한다.

① ㉠ 2시간, ㉡ N/20, ㉢ 0.0303

② ㉠ 3시간, ㉡ N/20, ㉢ 0.0303

③ ㉠ 3시간, ㉡ N/10, ㉢ 0.0303

④ ㉠ 3시간, ㉡ N/20, ㉢ 0.1303

3과목 토양 및 지하수오염정화기술

41 일반적으로 유기화학물질의 생분해능은 화합물의 분자구조에 의해 크게 좌우된다. 다음 중 생분해능이 가장 높은 화합물은?

① 할로겐화된 화합물
② 가지구조가 많은 화합물
③ 원자의 전하차가 작은 화합물
④ 물에 대한 용해도가 낮은 화합물

풀이 유기화학물질의 난분해성 조건
　　㉠ 할로겐화된 화합물
　　㉡ 분자 내에 많은 수의 할로겐 원소를 함유하는 화합물
　　㉢ 가지구조가 많은 화합물
　　㉣ 물에 대하여 용해도가 낮은 화합물
　　㉤ 원자의 전하차가 큰 화합물

42 생물학적 복원기법에서는 호기성 조건을 형성하기 위하여 산소를 주입하여야 한다. 적정한 산소주입 방법에 해당하지 않는 것은?

① 압축산소 주입
② 대기 중의 공기 주입
③ 과산화질소(N_2O_2) 주입
④ 과산화수소(H_2O_2) 주입

풀이 생물학적 복원기법에서 호기성 조건을 위하여 산소를 주입하게 되는데, 적정한 산소주입방법에는 대기 중의 공기 주입, 압축산소 주입, 과산화수소(H_2O_2) 주입 등이 있으며, 이 중 미생물에 의한 호흡과정에서 같은 양이 사용되는 경우 전자수용체로서 가장 효율이 높은 물질은 과산화수소이다.

43 바이오스파징(Biosparging)에 관한 내용으로 가장 거리가 먼 것은?

① 지하수의 부가적인 처리가 필요 없다.
② 오염물질이 확산될 가능성이 낮다.
③ 지상의 영업이나 활동에 방해받지 않고 정화작업을 수행할 수 있다.
④ 생분해가 주요 제거 메커니즘이므로 배출가스의 처리가 필요없을 수 있다.

풀이 바이오스파징은 오염물질의 이동 및 확산이 우려된다.

44 열탈착기술에 관한 설명으로 옳지 않은 것은?

① 중금속으로 오염된 토양을 처리하는 데에는 부적합하다.
② 유기염소와 유기인·살충제를 검출한계 이하까지 제거할 수 있다.
③ 같은 용량의 소각 공정에 비해 발생하는 가스양이 상대적으로 적다.
④ 다양한 수분함량과 오염농도를 가진 여러 종류의 토양에 적용이 가능하다.

풀이 열탈착기술은 중금속으로 오염된 토양을 처리하는 데에도 효과가 뛰어나다.

45 오염된 토양을 세척기법으로 정화 처리할 때, 작업절차를 순서대로 나열한 것은?

① 토사굴착 → 토사입자분리 → 토사전처리 → 조립자처리 → 세립자처리 → 오염수처리 → 잔류물처리
② 토사굴착 → 토사전처리 → 토사입자분리 → 조립자처리 → 세립자처리 → 오염수처리 → 잔류물처리
③ 토사굴착 → 토사전처리 → 조립자처리 → 세립자처리 → 토사입자분리 → 오염수처리 → 잔류물처리
④ 토사굴착 → 토사전처리 → 오염수처리 → 토사입자분리 → 조립자처리 → 세립자처리 → 잔류물처리

풀이 토양세척의 주요 6개 공정
　　㉠ 전처리
　　㉡ 분리
　　㉢ 굵은 토양 처리
　　㉣ 미세 토양 처리
　　㉤ 세척수 처리(처리수 정화)
　　㉥ 처리잔류물 관리(최종 처리)

46 열처리기법의 일종으로 4,000℃ 고온에서 이온화된 가스를 이용하여 오염토양을 마그마와 같이 용융시켜 유리화시키는 기법은?

① 전기저항가열기법　　② 무선주파수기법
③ 플라즈마기법　　④ 전기스팀기법

47 열탈착공정의 일반적인 구성장치에 해당하지 않는 것은?

① 열교환기　　② 열건조기
③ 발열반응기　　④ 고에너지 스크러버

풀이 열탈착공정 구성장치
　　㉠ 열건조기 : 오염물질을 직접 가열하고 수분과 유기오염물질을 휘발
　　㉡ 고에너지 스크러버 : 입자와 용해성 가스를 제거
　　㉢ 열교환기 : 유기물질과 용액을 농축

48 매립지토양에서 100g의 glucose($C_6H_{12}O_6$)가 혐기성 조건에서 분해되었다. 토양층에서 발생하는 메탄가스의 부피(L)는?(단, 토양층에서 발생하는 메탄가스 1mol의 부피는 25L라 가정)

① 22　　② 32
③ 36　　④ 42

풀이 $C_6H_{12}O_6 \rightarrow 3CH_4 + 3CO_2$
　　180g : $3 \times 25L$
　　100g : $CH_4(L)$
　　$CH_4(L) = \dfrac{100g \times (3 \times 25)L}{180g}$
　　　　$= 41.67L$

49 자연저감법에 관한 설명으로 옳지 않은 것은?

① 수은과 같은 무기물질은 비유동성이며 잘 분해되지 않는다.
② 오염물질의 농도가 감소할 때까지는 오염현장을 재사용할 수 없다.
③ 장기간 모니터링으로 인해 다른 기술을 적용할 때보다 비용이 많이 소요될 수 있다.
④ 자연저감 기간 중 시스템 내 물리·화학적 특성변화가 발생하여 오염물질이 확산될 우려가 없다.

풀이 자연저감법은 강우 시 오염된 침출수가 발생하여 주변으로 확산되어 더 큰 위험이 발생할 수 있다.

50 투수성 반응벽체에 관한 내용으로 옳지 않은 것은?

① 오염지역 밖으로 지하수의 이동을 막는다.
② 미생물의 과대증식으로 인한 막힘 현상이 있다.
③ 영가철은 2가철로 산화되면서 염소계 화합물의 탈염소반응을 일으킨다.
④ 오염물질을 처리지대로 이동시키는 자연유하에 의존하기 때문에 반응벽체의 운영을 위한 인위적 동력이 필요하지 않다.

풀이 반응성 투수벽체는 원위치 오염방지 구조물이며 오염된 지하수의 흐름은 유지하면서 오염물질만 이동을 방지·제거한다. 즉 오염지역 밖으로 지하수의 이동을 막는 것이 아니라 오염물질만의 이동을 막는다.

51 생물학적 처리를 위해 조절되어야 할 인자로 가장 거리가 먼 것은?

① 전자수용체
② 질소와 인
③ 칼륨과 철
④ 미생물 성장에 필요한 pH

풀이 생물학적 복원공법 시 필요한 환경조절인자
  ㉠ 전자수용체
  ㉡ pH(수소이온농도)
  ㉢ 영양물질
  ㉣ 미생물
  ㉤ 온도
  ㉥ 토양수분
  ㉦ 산화 · 환원전위(Eh)
  ㉧ 독성물질

52 토양의 고형화 · 안정화 처리에 사용되는 무기접착제에 해당하지 않는 것은?

① 석회
② 점토
③ 아스팔트
④ 제올라이트

풀이 토양의 고형화 · 안정화 처리의 무기접합제
  시멘트, 석회, 포졸란, 소각재, 점토, 규산, 제올라이트

53 중금속으로 오염된 토양을 고형화/안정화 처리할 때에 관한 내용으로 옳지 않은 것은?

① 폐석이나 암석들은 공정 전에 제거되어야 한다.
② 평균 입자크기를 증가시켜 입자의 확산을 감소시킨다.
③ 부수적인 희석을 제외하고 금속의 총 함량 감소는 없다.
④ 결합제의 수화반응으로 휘발성 물질의 제어가 가능하다.

풀이 결합제의 수화반응으로 휘발성 물질의 제어가 어렵다. 즉, 휘발성 유기물질은 고정화되기 어렵다.

54 오염토양 20,000mg/kg을 열탈착반응조에 투입하여 처리하고자 한다. 오염물질이 0차 반응에 의해 분해될 경우, 오염물질을 모두 제거하는 데 소요되는 시간(min)은?(단, 속도상수는 4mol/kg · h, 오염물질의 분자량은 10g/mol)

① 20
② 30
③ 120
④ 180

풀이 0차 반응속도식

$$C_t = -kt + C_o$$

$$k = 4mol/kg \cdot hr \times 10g/mol \times kg/10^3 g$$
$$= 0.04 hr^{-1}$$

$$0 = -0.04hr^{-1} \times t + 0.02$$

$$t = 0.5hr(30min)$$

55 화학적 산화 · 환원법에 관한 내용으로 가장 거리가 먼 것은?

① 오염물질을 원위치에서 정화할 수 있다.
② 자연정화법과 연계하여 사용할 수 있다.
③ 산화제로 오존, 과망간산이온, 철/과산화수소 등이 사용된다.
④ 부지 내에 존재하는 NAPL을 효과적으로 제거할 수 있다.

풀이 화학적 산화 · 환원법은 부지 내에 비수용성 액체상(NAPL)이 존재하는 경우 이를 회수하거나 처리해야 한다.

56 운영조건이 다음과 같을 때, 토양증기추출법에 의한 누적 오염물질의 저감량(kg)은?

- 시스템 운영기간 = 100d
- 증기 유출 유속 = 10m³/h
- 오염증기 농도 = 1.2kg/m³

① 28,800
② 23,500
③ 18,200
④ 15,500

풀이 저감량(kg) $= 10m^3/hr \times 1.2kg/m^3 \times 100day$
$$\times 24hr/day$$
$$= 28,800kg$$

57 동전기정화기술을 적용하여 오염물질을 처리할 때 발생하는 현상과 가장 거리가 먼 것은?

① 전기이동
② 전기영동
③ 전기삼투
④ 전기역전

정답 52 ③ 53 ④ 54 ② 55 ④ 56 ① 57 ④

풀이 동전기정화기술 구분
ㄱ 전기삼투이론
ㄴ 전기이동이론
ㄷ 전기영동이론

58 토양증기추출기법에 관한 내용으로 옳지 않은 것은?

① 중금속, PCB로 오염된 토양의 정화에는 부적합하다.
② 헨리상수가 0.01 이상인 휘발성 오염물질에 적용하는 것이 효과적이다.
③ 유기물함량이 높은 토양은 VOC의 흡착능력이 낮아 제거효율이 높다.
④ 미세토양이나 수분함량이 높은 토양은 공기의 투과성이 낮으므로 증기압을 높여야 한다.

풀이 토양증기추출기법은 유기물함량이 높은 토양 및 건조한 토양은 VOC의 흡착능력이 높아 제거율이 낮아진다.

59 Bioventing 공정에 주입되는 공기 유량이 200m³/d, 초기산소농도가 20.9%, 배기가스 중의 산소농도가 5.9%, 토양 체적이 5,000m³, 토양의 공극률이 15%일 때, 평균 산소 소모율(%O₂/d)은?

① 1   ② 2
③ 3   ④ 4

풀이 산소소모율(%O₂/day)

$$= \frac{Q(C_0 - C_f)}{V \cdot P}$$

$$= \frac{200\text{m}^3/\text{day} \times (20.9 - 5.9)\%O_2}{5,000\text{m}^3 \times 0.15}$$

$$= 4\%O_2/\text{day}$$

60 토양경작법에 관한 설명으로 옳지 않은 것은?

① 무기물질의 처리에 효과적이다.
② 대기오염물질이 발생하므로 최종방출 전에 처리해야 한다.
③ 고농도의 중금속으로 오염된 토양의 처리에는 비효율적이다.
④ 휘발성 유기물질의 농도는 생분해보다 휘발에 의해 감소된다.

풀이 토양경작법은 무기물질이 생물학적으로 분해되지 않기 때문에 비효과적이다.

4과목 **토양 및 지하수환경 관계법규**

61 토양환경보전법령상 대책지역에 대한 토양보전대책에 관한 계획에 포함되어야 하는 사항에 해당하지 않는 것은?

① 토양오염도 조사
② 오염토양 개선사업
③ 토지 등의 이용 방안
④ 주민건강 피해조사 및 대책

풀이 토양보전대책 계획 수립 시 포함사항
ㄱ 오염토양 개선사업
ㄴ 토지 등의 이용 방안
ㄷ 주민건강 피해조사 및 대책
ㄹ 피해주민에 대한 지원 대책
ㅁ 그 밖에 해당 대책계획을 수립·시행하기 위하여 필요하다고 인정하여 환경부령으로 정하는 사항

62 토양환경보전법령상의 용어 정의로 옳지 않은 것은?

① 토양처리업 : 토양을 적절한 방법으로 정화처리 하는 업을 말한다.
② 토양오염물질 : 토양오염의 원인이 되는 물질로서 환경부령으로 정하는 것을 말한다.
③ 토양오염 : 사업활동이나 그 밖의 사람의 활동에 의하여 토양이 오염되는 것으로서 사람의 건강·재산이나 환경에 피해를 주는 상태를 말한다.
④ 특정토양오염관리대상시설 : 토양을 현저하게 오염시킬 우려가 있는 토양오염관리대상시설로서 환경부령으로 정하는 것을 말한다.

풀이 토양정화업이란, 토양정화를 수행하는 업을 말한다.

63 지하수의 수질기준 항목 중 특정유해물질에 해당하지 않는 것은?(단, 지하수를 생활용수로 이용하는 경우, 지하수의 수질보전 등에 관한 규칙 기준)

① 비소
② 톨루엔
③ 염소이온
④ 트리클로로에틸렌

풀이 지하수의 수질기준(특정유해물질)

구분	생활용수	농·어업 용수	공업용수
카드뮴	0.01 이하	0.01 이하	0.02 이하
비소	0.05 이하	0.05 이하	0.1 이하
시안	0.01 이하	0.01 이하	0.2 이하
수은	0.001 이하	0.001 이하	0.001 이하
유기인	0.0005 이하	0.0005 이하	0.0005 이하
페놀	0.005 이하	0.005 이하	0.01 이하
납	0.1 이하	0.1 이하	0.2 이하
6가 크롬	0.05 이하	0.05 이하	0.1 이하
트리클로로 에틸렌	0.03 이하	0.03 이하	0.06 이하
테트라클로 로에틸렌	0.01 이하	0.01 이하	0.02 이하
1.1.1 - 트리클로로 에탄	0.15 이하	0.3 이하	0.5 이하

구분	생활용수	농·어업 용수	공업용수
벤젠	0.015 이하	-	-
톨루엔	1 이하	-	-
에틸벤젠	0.45 이하	-	-
크실렌	0.75 이하	-	-

64 토양환경보전법령상 위해성평가에 관한 내용으로 옳지 않은 것은?

① 현재 위해성평가 대상 중금속류 물질은 카드뮴, 구리, 비소, 수은, 납, 6가 크롬, 아연, 니켈이다.
② 위해성평가서의 요약본을 해당 기관의 인터넷홈페이지 등에 20일 이상 공고하고 위해성평가대상 오염토양으로 영향을 받게 되는 지역의 주민이 위해성평가서를 공람할 수 있도록 해야 한다.
③ 환경부장관이 위해성평가서를 검증하는 경우 기술적 사항을 검토하기 위하여 국립환경과학원 또는 한국환경공단의 의견을 들을 수 있다.
④ 위해성평가의 결과를 토양정화의 시기에 반영하려는 경우 위해성평가의 최초검증 후 2년마다 위해성평가기관으로 하여금 대상지역에 대한 오염토양 모니터링을 실시하도록 해야 한다.

풀이 환경부장관, 시·도지사, 시장·군수·구청장 또는 정화책임자는 위해성평가의 결과를 토양정화의 시기에 반영하려는 경우 위해성평가의 최초검증 후 매년마다 토양 관련 전문기관으로 하여금 위해성평가 대상지역에 대한 오염토양 모니터링을 실시하도록 해야 한다.

정답 62 ① 63 ③ 64 ④

65 다음 중 토양환경보전법령상 토양오염도 검사수수료가 가장 비싼 검사항목은?

① 불소
② 비소
③ 수은
④ 유기인

풀이 토양오염도 검사수수료

검사항목		검사수수료(단위 : 원)
카드뮴 · 구리 · 납		44,200
비소		44,200
수은		44,200
6가 크롬		44,200
아연 · 니켈		44,200
불소		71,100
유기인		35,100
폴리클로리네이티드비페닐		114,000
시안		17,700
페놀류		56,100
유류	벤젠	40,600
	톨루엔	
	에틸벤젠	
	크실렌	
석유계 총 탄화수소(TPH)		62,700
트리클로로에틸렌(TCE) 테트라클로로에틸렌(PCE)		26,900
벤조(a)피렌		114,000
시료채취비		91,900/공

66 토양환경보전법령상 토양정화업자의 준수사항으로 옳지 않은 것은?

① 기술인력은 해당 분야에 종사하게 해야 한다.
② 토양정화업자는 매년 12월 31일까지 토양정화실적을 시 · 도지사에게 보고해야 한다.
③ 정화현장에 오염토양의 정화공정도 및 정화일지를 작성하여 비치하고, 정화일지는 2년간 보관해야 한다.
④ 토양 관련 전문기관의 정화검증을 위한 정화현장 방문, 시료의 채취 등 검증업무수행을 방해해서는 아니 된다.

풀이 토양정화업자의 준수사항
ㄱ 기술인력은 해당 분야에 종사하게 하여야 한다.
ㄴ 토양정화업자는 매년 1월 31일까지 전년도의 토양정화실적을 시 · 도지사에게 보고하여야 한다.
ㄷ 오염토양을 운반하는 때에는 오염토양이 흩날리지 않도록 하여야 하며, 침출수가 유출되지 아니하도록 하여야 한다.
ㄹ 위탁받은 오염토양을 반입정화시설이 아닌 다른 곳에 보관하여서는 아니 되며, 반입정화시설 또는 정화현장 입구에는 오염토양 정화 또는 반입정화시설임을 표시하는 가로 100센티미터 이상, 세로 50센티미터 이상의 표지판을 지상 100센티미터 이상의 높이에 설치하여야 한다. 이 경우 표지판에는 오염토양의 양, 정화공법, 정화기간 및 관리자의 주소 · 성명 · 전화번호 등을 기재하여야 한다.
ㅁ 정화현장에 오염토양의 정화공정도 및 정화일지를 작성하여 비치하고, 정화일지는 2년간 보관하여야 한다.
ㅂ 토양 관련 전문기관의 정화검증을 위한 정화현장 방문, 시료의 채취 등 검증업무 수행을 방해하여서는 아니 된다.

67 토양환경보전법령상 보관, 운반 및 정화 등의 과정에서 오염토양을 누출 · 유출시킨 자에 대한 벌칙 기준은?

① 3백만 원 이하의 벌금
② 5백만 원 이하의 벌금
③ 1년 이하의 징역 또는 1천만 원 이하의 벌금
④ 2년 이하의 징역 또는 2천만 원 이하의 벌금

풀이 토양환경보전법 제30조 벌칙 참조

68 토양환경평가기관으로 지정받기 위하여 필요한 기술인력에 관한 내용으로 옳지 않은 것은?

① 해당 분야 기사 1명 이상
② 해당 분야 산업기사 2명 이상
③ 해당 분야 박사 또는 기술사 1명 이상
④ 「고등교육법」에 따른 학교의 해당 분야 졸업자 또는 이와 동등 이상의 자격이 있는 사람 1명 이상

풀이 **토양환경평가기관 지정 기술인력**
 ㉠ 박사 또는 기술사 1명 이상
 ㉡ 기사 1명 이상
 ㉢ 산업기사 1명 이상
 ㉣ 「고등교육법」에 따른 학교의 해당 분야 졸업자 또는 이와 동등 이상의 자격이 있는 사람 1명 이상

69 토양환경보전법령상 특정토양오염관리대상시설의 토양오염도검사에 관한 내용으로 옳지 않은 것은?

① 매년 1회 환경부령으로 정하는 때에 토양 관련 전문기관으로부터 토양오염도검사를 받아야 한다.
② 토양 관련 전문기관은 검사신청서를 받은 날로부터 30일 이내에 시료채취를 해야 한다.
③ 토양오염방지시설을 설치하고 적정하게 유지·관리하고 있는 경우에는 검사주기를 5년의 범위에서 조정할 수 있다.
④ 누출검사대상시설을 설치한 후 10년이 경과하였을 때에는 6개월 이내에 토양 관련 전문기관으로부터 누출검사를 받아야 한다.

70 지하수보전구역에 설치된 지하수오염 유발시설에 해당하지 않는 것은?(단, 지하수의 수질보전 등에 관한 규칙 기준)

① 폐기물관리법 시행령에 따른 소각시설
② 폐기물관리법 시행령에 따른 매립시설
③ 물환경보전법 시행규칙에 따른 폐수배출시설
④ 토양환경보전법 시행규칙에 따른 특정토양오염관리대상시설

풀이 **지하수오염 유발시설(지하수보전구역)**
 ㉠ 「토양환경보전법 시행규칙」에 따른 특정토양오염관리대상시설
 ㉡ 「수질 및 수생태계 보전에 관한 법률 시행규칙」에 따른 폐수배출시설
 ㉢ 「폐기물관리법 시행령」에 따른 매립시설
 ㉣ 그 밖에 ㉠부터 ㉢까지의 시설과 유사한 시설로서 특별히 관리할 필요가 있다고 인정되어 환경

부장관이 관계 중앙행정기관의 장과 협의하여 고시하는 시설

71 지하수법령상의 용어 정의로 옳지 않은 것은?

① "지하수"는 지하의 지층이나 암석 사이의 빈틈을 채우고 있거나 흐르는 물을 말한다.
② "지하수개발·이용시공업"은 지하수 개발·이용을 위한 시설을 시공하는 사업을 말한다.
③ "지하수영향조사"란 지하수가 사람의 보건 및 안전에 미치는 영향을 분석하는 조사를 말한다.
④ "지하수보전구역"은 지하수의 수량이나 수질을 보존하기 위하여 필요한 구역으로 지정된 구역을 말한다.

풀이 "지하수 영향조사"란 지하수의 개발·이용이 주변지역에 미치는 영향을 분석·예측하는 조사를 말한다.

72 토양환경보전법령상 토양정화업에 등록하기 위해 구비하여야 하는 장비에 해당하지 않는 것은?

① 지하수위측정기
② 깊이 6미터 이하 채취가 가능한 시료채취기 1대
③ 휘발성 유기화합물질, 산소, 이산화탄소, 메탄의 측정이 가능한 휴대용 가스측정장비 1식
④ pH, 수온, 전기전도도, 용존산소, 산화환원전위의 측정이 가능한 현장용 수질측정기 1식

풀이 **토양정화업의 등록요건(장비)**
 ㉠ 시료채취기 1대(깊이 6m 이상 시료채취가 가능할 것)
 ㉡ 휴대용 가스측정장비 1식(휘발성 유기화합물질(VOC), 산소, 이산화탄소 및 메탄의 측정이 가능할 것)
 ㉢ 현장용 수질측정기 1식(수소이온농도(pH), 수온, 전기전도도, 용존산소 및 산화·환원전위의 측정이 가능할 것)
 ㉣ 지하수위측정기

정답 69 ② 70 ① 71 ③ 72 ②

73 토양환경보전법령상 토양오염물질에 해당하지 않는 것은?

① 구리 및 그 화합물

② 망간 및 그 화합물

③ 벤조(a)피렌

④ 불소화합물

풀이 [별표 1] 토양오염물질

> 1. 카드뮴 및 그 화합물
> 2. 구리 및 그 화합물
> 3. 비소 및 그 화합물
> 4. 수은 및 그 화합물
> 5. 납 및 그 화합물
> 6. 6가 크롬화합물
> 7. 아연 및 그 화합물
> 8. 니켈 및 그 화합물
> 9. 불소화합물
> 10. 유기인화합물
> 11. 폴리클로리네이티드비페닐
> 12. 시안화합물
> 13. 페놀류
> 14. 벤젠
> 15. 톨루엔
> 16. 에틸벤젠
> 17. 크실렌
> 18. 석유계 총 탄화수소
> 19. 트리클로로에틸렌
> 20. 테트라클로로에틸렌
> 21. 벤조(a)피렌
> 22. 1,2-디클로로에탄
> 23. 다이옥신(퓨란을 포함한다)
> 24. 기타 위 물질과 유사한 토양오염물질로서 토양오염의 방지를 위하여 특별히 관리할 필요가 있다고 인정되어 환경부장관이 고시하는 물질

74 토양환경보전법령상 기술인력의 토양환경관리 교육과정 이수에 관한 내용이다. (   ) 안에 알맞은 말은?

• 신규교육 : 토양 관련 전문기관 또는 토양정화업 분야의 기술인력으로 최초로 종사한 날부터 1년 이내에 (가)

• 보수교육 : 신규교육을 받은 날을 기준으로 (나) 마다 8시간

① 가 : 12시간, 나 : 3년

② 가 : 18시간, 나 : 3년

③ 가 : 12시간, 나 : 5년

④ 가 : 18시간, 나 : 5년

풀이 1. 토양 관련 전문기관 또는 토양정화업의 기술인력은 다음의 구분에 따라 국립환경인재개발원장이 개설하는 토양환경관리의 교육과정을 이수하여야 한다.
　㉠ 신규교육 : 토양 관련 전문기관 또는 토양정화업 분야의 기술인력으로 최초로 종사한 날부터 1년 이내에 18시간
　㉡ 보수교육 : 신규교육을 받은 날을 기준으로 5년마다 8시간
2. 교육은 집합교육 또는 원격교육으로 한다.

75 토양환경보전법령상 오염토양 개선사업에 관한 내용으로 옳지 않은 것은?

① 시장·군수·구청장은 오염토양 개선사업의 전부 또는 일부의 실시를 정화책임자에게 명할 수 있다.

② 정화책임자가 오염토양 개선사업을 실시하고자 할 때에는 오염토양 개선사업 계획을 작성하여 시장·군수·구청장의 승인을 얻어야 한다.

③ 대책지역이 둘 이상의 특별자치시·시·군·구에 걸쳐 있어 구분이 어려울 경우에는 관할지역별로 오염토양 개선사업을 실시하여야 한다.

④ 정화책임자가 존재하지 아니하거나 정화책임자에 의한 오염토양 개선사업의 실시가 곤란하다고 인정될 경우에는 시장·군수·구청장이 그 오염토양 개선사업을 실시할 수 있다.

풀이 대책지역이 둘 이상의 시·군·구에 걸쳐 있을 때에는 대통령령으로 정하는 시장·군수·구청장이 해당 오염토양 개선사업을 하여야 한다.

76 토양환경보전법령상 토양보전대책지역의 지정표지판에 기록할 내용에 해당하지 않는 것은?

① 지정일자

② 지정목적

③ 지정기관 및 전화번호

④ 토양보전대책지역 안에서 제한되는 행위

풀이 토양보전대책지역 지정표지판

> 1. 지정목적
> 2. 지정일자 :   년   월   일
> 3. 토양보전대책지역 안에서 제한되는 행위
> 4. 토양보전대책지역 내역
>   가. 주소
>   나. 면적
>   다. 약도

※ 비고
1. 표지판의 규격은 가로 3미터, 세로 2미터, 높이 1.5미터 이상으로 하여야 한다.
2. 글자는 페인트 등을 사용하여 지워지지 아니하도록 하여야 한다.
3. 약도는 표지판 설치 위치에서 방향 및 지점 등을 누구나 알 수 있도록 작성하여야 한다.
4. 표지판은 사방에서 잘 보이는 곳에 견고하게 설치하여야 한다.

77 토양환경보전법령상 대통령령으로 정하는 오염토양의 정화방법에 해당하지 않는 것은?

① 오염물질의 소각 등 열적 처리

② 미생물을 이용한 생물학적 처리

③ 오염물질의 분해 등 방사능 처리

④ 오염물질의 차단 등 물리·화학적 처리

풀이 오염토양의 정화방법
㉠ 미생물이나 식물을 이용한 오염물질의 분해·흡수 등 생물학적 처리
㉡ 오염물질의 차단·분리 추출·세척처리 등 물리·화학적 처리
㉢ 오염물질의 소각·분해 등 열적 처리

78 토양환경보전법령상 토양 관련 전문기관의 결격사유에 해당하지 않는 것은?

① 피성년후견인 또는 피한정후견인

② 파산선고를 받고 복권되지 아니한 자

③ 토양오염조사기관으로 지정된 자가 토양정화업을 겸업하여 지정이 취소된 후 2년이 지나지 아니한 자

④ 토양환경보전법을 위반하여 구류의 형을 선고받고 그 집행이 종료된 날로부터 2년이 지나지 아니한 자

풀이 토양 관련 전문기관의 결격사유
㉠ 피성년후견인 또는 피한정후견인
㉡ 파산선고를 받고 복권되지 아니한 사람
㉢ 지정이 취소된 후 2년이 지나지 아니한 자
㉣ 이 법을 위반하여 징역 이상의 실형을 선고받고 그 집행이 끝나거나(집행이 끝난 것으로 보는 경우를 포함한다) 면제된 날부터 2년이 지나지 아니한 사람
㉤ 임원 중에 제1호부터 제4호까지의 어느 하나에 해당하는 사람이 있는 법인

79 토양환경보전법령상 특별시장·광역시장·도지사 또는 시장·군수·구청장은 토양오염실태조사를 할 때 토양오염의 가능성이 큰 장소를 선정하여 조사하여야 한다. 여기에 해당하지 않는 곳은?

① 학교   ② 폐금속광산

③ 공장·산업지역   ④ 폐기물매립지역

풀이 특별시장·광역시장·특별자치시장·도지사·특별자치도지사 또는 시장·군수·구청장(자치구의 구청장을 말한다. 이하 같다)은 토양오염실태조사를 할 때에는 공장·산업지역, 폐금속광산, 폐기물매립지역, 사격장 및 폐반침목 사용지역 주변 등 토양오염의 가능성이 큰 장소를 선정하여 조사하여야 한다.

80 토양환경보전법령상 정화책임자가 둘 이상
인 경우 정화책임의 가장 후순위를 가지는 자는?

① 정화책임자 중 토양오염이 발생한 토지를 소유
하였던 자

② 정화책임자 중 토양오염이 발생한 토지를 현재
소유 또는 점유하고 있는 자

③ 정화책임자 중 토양오염관리대상시설의 소유자
와 그 소유자의 권리·의무를 포괄적으로 승계
한 자

④ 정화책임자 중 토양오염관리대상시설의 점유자
또는 운영자와 그 점유자 또는 운영자의 권리·
의무를 포괄적으로 승계한 자

풀이 둘 이상의 정화책임자에 대한 순서

ⓐ 정화책임자와 그 정화책임자의 권리·의무를 포
괄적으로 승계한 자

ⓑ 정화책임자 중 토양오염관리대상시설의 점유자
또는 운영자와 그 점유자 또는 운영자의 권리·
의무를 포괄적으로 승계한 자

ⓒ 정화책임자 중 토양오염관리대상시설의 소유자
와 그 소유자의 권리·의무를 포괄적으로 승계
한 자

ⓓ 정화책임자 중 토양오염이 발생한 토지를 현재 소
유 또는 점유하고 있는 자

ⓔ 정화책임자 중 토양오염이 발생한 토지를 소유하
였던 자

024 2021년 4회 기사

1과목 토양학개론

01 Langmuir 등온흡착식의 기본 가정으로 옳지 않은 것은?

① 흡착은 가역적이다.
② 흡착지점들 사이에 상호작용이 일어난다.
③ 각 흡착지점은 단 한 개의 분자만을 수용한다.
④ 유한개의 흡착지점은 각각의 오염물질에 대해 동일한 친화력을 가진다.

풀이 주변 흡착지점들 사이에 상호작용이 일어나지 않는다. 즉, 표면에 흡착된 분자는 옆으로 이동하지 않는다.

02 토양공기에 관한 일반적인 설명으로 옳지 않은 것은?

① 토양공기 중의 N_2 농도는 대기 중의 농도와 비슷하다.
② 토양공기 중의 CO_2, O_2 농도는 대기 중의 농도보다 낮다.
③ 토양공기 중의 O_2 농도는 토양의 깊이가 증가할수록 감소한다.
④ 토양공기 중의 CO_2 농도는 여름에는 높고 겨울에는 낮은 편이다.

풀이 토양공기는 일반대기 중 공기에 비하여 N_2, CO_2, Ar, 상대습도가 높다.

03 모래에 지하수를 장기간 중력 배수시켰을 때, 모래의 비산출률이 0.3이고, 모래의 공극률이 0.6 이었다. 비보유율은?

① 0.02   ② 0.3
③ 0.5   ④ 2.0

풀이 비보유율 = 공극률 − 비산출률
= 0.6 − 0.3 = 0.3

04 토양 수분장력(pF)이 4.18일 때, 물기둥의 높이(cm)는?

① 13,300
② 15,136
③ 17,300
④ 19,336

풀이 $pF = \log H$
$4.18 = \log H$
$H = 10^{4.18} = 15,135 cm$

05 토양오염에 관한 설명으로 가장 적합한 것은?

① 오염경로가 다양하지 않으며 타 매체와의 연관성이 낮다.
② 오염의 발생과 오염에 따른 문제 발생 간에 시간차가 매우 적다.
③ 토양 내의 중금속은 토양입자에 흡착된 중금속의 탈착에 의해서만 수계로 유입된다.
④ 수계에서 중금속의 대부분은 토양입자와 함께 침강하여 저니토(Sediment)로 간다.

풀이 ① 오염경로가 다양하며 타 매체와의 연관성이 높다.
② 오염의 발생과 오염에 따른 문제 발생 간에는 시간차를 두고 있다.
③ 중금속은 토양에 폐기물 및 광석 등의 고형 입자 형태로 존재하지만 시간에 따라 미세입자로 되거나 물에 용출되어 오염범위를 확대시킨다.

정답 01 ② 02 ② 03 ② 04 ② 05 ④

06 중금속에 의한 토양오염의 특성에 관한 설명으로 옳은 것은?

① 카드뮴은 식물에 흡수되지 않는 것으로 알려져 있다.

② 인산비료를 사용하면 토양 중 비소의 이동성이 감소한다.

③ 토양 중에 비소가 존재하면 토양 중 인의 정량이 용이해진다.

④ 토양 중 구리는 이동성이 낮기 때문에 점토질 토양의 아랫방향으로 이동하는 현상이 거의 발생하지 않는다.

풀이 ① 카드뮴은 식물에 쉽게 흡수된다.
② 인산비료를 사용하면 토양 중 비소의 이동성이 증가한다.
③ 토양 중 비소의 화학작용은 인의 화학작용과 매우 유사하므로 인을 비색정량할 때 비소가 존재하면 간섭이 발생하여 측정이 곤란하다.

07 질소 또는 황 순환에 관한 설명으로 옳지 않은 것은?

① Azotobacter는 질소고정에 관여하는 미생물이다.

② Nitrosomonas는 NO_2^-를 NO_3^-로 변화시키는 데 관여하는 미생물이다.

③ Desulfovibrio는 황산염을 황화수소로 환원시키는 데 관여하는 미생물이다.

④ 대기 중 기체상태의 N_2는 토양미생물이나 화학적 공정을 통해 고정되어야 식물에 이용될 수 있다.

풀이 NO_2^-를 NO_3^-로 변화시키는 데 관여하는 미생물은 Nitrobacter, Nitrocystic 등의 질산균이다.

08 토양 중의 질소가 공중질소로 전환되는 과정에 관여하는 화학반응은?

① 산화작용 ② 환원작용

③ 중화작용 ④ 염기화작용

풀이 환원층에서 질산이 질산환원균에 의해 암모니아가 되는 환원작용을 질산환원작용이라 한다.

09 어떤 화산분출암 잔적토가 40%의 사질토, 60%의 점토로 구성되어 있고 점토 부분은 Halloysite와 Smectite로 이루어져 있다. 잔적토 전체의 양이온 교환능력(CEC)이 건조토양 100g당 40meq일 때, 잔적토 전체에서 각 점토광물의 구성비는?(단, Halloysite의 CEC=15meq/건조토양 100g, Smectite의 CEC=90meq/건조토양100g)

① Smectite : 33%, Halloysite : 66%

② Smectite : 66%, Halloysite : 33%

③ Smectite : 20%, Halloysite : 40%

④ Smectite : 40%, Halloysite : 20%

풀이 Halloysite를 x라 하면 Smectite는 $1-x$
$$15x+90(1-x)=40$$
$$90x-15x=50$$
$$x=\frac{50}{75}=0.667$$

잔적토 기준 Halloysite(%)$=0.667\times0.6$
$\qquad\qquad\qquad\qquad\quad=0.4\times100$
$\qquad\qquad\qquad\qquad\quad=40\%$

잔적토 기준 Smectite(%)$=100-40$
$\qquad\qquad\qquad\qquad\quad=60\%$

10 토양 산성화에 의한 토양 특성에 관한 설명으로 옳은 것은?

① 토양용액의 Al^{3+} 농도 감소

② 토양용액의 PO_4^{3-} 농도 증가

③ 토양용액의 HCO_3^- 농도 증가

④ Mg^{2+}, Ca^{2+} 등의 염기 용출 가속화

풀이 산성비의 토양에 대한 영향
㉠ 칼슘(Ca^{2+}), 마그네슘(Mg^{2+}) 등 염기의 용출 가속화
㉡ HCO_3^- 농도의 감소
㉢ 토양용액의 용존 유기물 농도 감소
㉣ $AlPO_4$의 침전에 의한 토양용액 PO_4^{3-} 농도 감소
㉤ 토양으로부터 알루미늄(Al)의 용해도 증가(Al은 가수분해되어 수소이온 발생)
㉥ 토양의 산성화 촉진
㉦ 중금속(Zn, Cd)이 토양용액으로 용출

정답 06 ④ 07 ② 08 ② 09 ③ 10 ④

11 대수층에 관한 설명으로 옳지 않은 것은?

① 지하수면의 압력이 대기압보다 높은 대수층을 자유면대수층이라 한다.

② 비피압대수층의 지하수를 자유면지하수 또는 천층수라고 한다.

③ 피압대수층의 지하수는 수온과 수질의 계절적 변화가 작다.

④ 피압대수층은 제1불투수층과 제2불투수층 사이에 위치하는 대수층을 말한다.

풀이 지하수면의 압력이 대기압과 동일한 대수층을 자유면대수층이라 한다.

12 DNAPL(Dense Non Aqueous Phase Liquid)에 해당하지 않는 오염물질은?

① PCE   ② TCE

③ 1,1,1-TCA   ④ BTEX

풀이 1. LNAPL 대표적 오염물질
    ㉠ BTEX(벤젠, 톨루엔, 에틸벤젠, 크실렌)
    ㉡ 원유, 휘발유, 디젤유
    ㉢ 헵탄, 헥산
    ㉣ 이소프로필알코올

   2. DNAPL 대표적 오염물질
    ㉠ TCE(Trichloroethylene),
       PCE(Perchlorethylene)
    ㉡ 페놀, PCB(Polychlorinated Biphenyl)
    ㉢ 1,1,1-Trichloroethane(1,1,1-TCA),
       2-Chlorophenol(클로로페놀)
    ㉣ 클로로포름, 사염화탄소

13 토양의 염류화 방지를 위한 방법으로 가장 적합하지 않은 것은?

① 염류를 함유하지 않은 물을 관개수로 사용

② 지하수의 상향이동 촉진을 통한 토양표면의 염류량 희석

③ 지표면에서의 수분증발을 감소시키기 위한 피복

④ 아스팔트 피막이나 비닐 등의 불투수막을 이용한 토양 하층부의 염류 상승 방지

풀이 지하수의 모관상승 억제를 통해 염류화를 방지한다.

14 두께가 5m인 피압대수층에 시공된 양수정으로부터 $Q = 0.08 \text{m}^3/\text{s}$의 유량으로 양수하고 있다. 양수정으로부터 10m, 20m 이격된 지점의 수위퍼텐셜이 각각 12m, 15m일 때 이 대수층의 투수량계수(m^2/s)는?(단, Thiem 방정식을 이용, 자연로그 기준)

① 1.3×10^{-3} ② 3.0×10^{-3}

③ 6.0×10^{-2} ④ 3.0×10^{-2}

풀이 투수량계수(T)

$$T = \frac{Q}{2\pi(h_2 - h_1)} \ln\frac{r_2}{r^1}$$

$$= \frac{0.08}{2 \times 3.14 \times (15 - 12)} \times \ln\frac{20}{10}$$

$$= 0.003 \text{m}^2/\text{sec}(3.0 \times 10^{-3} \text{m}^2/\text{sec})$$

15 다음 표는 특정 깊이(15~27cm)에서 교환성 양이온의 농도를 측정한 결과이다. 이를 바탕으로 구한 토양의 수소 및 염기포화도(%)는?

깊이	교환성 양이온(meq/건조토양100g)				
(cm)	Ca^{2+}	Mg^{2+}	K^+	Na^+	H^+
15~27	13.8	4.2	0.4	0.1	11.4

① 수소포화도=38.1, 염기포화도=61.9

② 수소포화도=61.9, 염기포화도=38.1

③ 수소포화도=35.9, 염기포화도=64.1

④ 수소포화도=64.1, 염기포화도=35.9

풀이 • 수소포화도(%)

$$= \frac{11.4}{13.8 + 4.2 + 0.4 + 0.1 + 11.4} \times 100$$

$$= 38.13\%$$

• 염기포화도(%)

$$= \frac{13.8 + 4.2 + 0.4 + 0.1}{13.8 + 4.2 + 0.4 + 0.1 + 11.4} \times 100$$

$$= 61.87\%$$

16 폐기물 매립방법 검토 시 고려해야 할 토양 특성으로 가장 적합하지 않은 것은?

① 토성   ② 투수계수
③ 양이온함량   ④ 양이온교환용량

풀이 양이온함량은 폐기물 매립지역 선정 시 고려해야 할 토양 특성과 관계가 적다.

17 토양 내 비소의 이동성에 영향을 미치는 토양 성분으로 가장 적합하지 않은 것은?

① 칼슘   ② 망간
③ 알루미늄   ④ 철

풀이 토양 내 비소의 이동성에 영향을 미치는 토양 내 성분은 Ca, Al, Fe이며 Fe/As 비의 감소에 따라 이동성은 증가한다.

18 다음 식은 무엇을 구하기 위한 것인가?

$$x = \frac{유입 \cdot 유출되는 \ 지하수량(m^3)}{면적(m^2) \times 수두변화량(m)}$$

① 저류계수   ② 비저류계수
③ 비산출률   ④ 수리전도도

풀이 $S = \dfrac{\Delta V'}{A \cdot \Delta h}$

　　여기서, S : 저류계수(저유계수)
　　　　　　A : 면적
　　　　　　Δh : 수두변화량
　　　　　　$\Delta V'$: 유입이나 유출되는 물의 부피
　　　　　　　　　　 (지하수량)

19 다음 중 양이온 교환능력(CEC)이 가장 큰 것은?

① Vermiculite

② Illite

③ Kaolinite

④ Chlorite

풀이 양이온교환능력(CEC)
　　① Vermiculite : 100~150cmolc/kg
　　② Illite : 10~40cmolc/kg
　　③ Kaolinite : 3~15cmolc/kg
　　④ Chlorite : 10~40cmolc/kg

20 토양의 습윤단위중량이 $1.8t/m^3$이고, 함수비가 25%일 때, 건조단위중량과 공극비는?(단, 토양 입자의 비중은 2.65, 공극의 부피는 $42m^3$, 토양 고상(흙)의 부피는 $50m^3$)

① 건조단위중량 : $1.44t/m^3$, 공극비 : 0.54
② 건조단위중량 : $1.44t/m^3$, 공극비 : 0.84
③ 건조단위중량 : $2.12t/m^3$, 공극비 : 0.25
④ 건조단위중량 : $2.12t/m^3$, 공극비 : 1.25

풀이 • 건조단위중량 $= \dfrac{습윤단위중량}{함수비 + 1}$

　　　　　　 $= \dfrac{1.8t/m^3}{1.25} = 1.44t/m^3$

　　• 공극비 $= \dfrac{공극의 \ 부피}{토양 \ 고상의 \ 부피} = \dfrac{42}{50} = 0.84$

2과목 **토양 및 지하수오염조사기술**

21 토양오염공정시험기준상 기체크로마토그래피법에 따라 분석하는 유기인화합물에 해당하지 않는 것은?

① 이피엔   ② 파라티온
③ 말라티온   ④ 다이아지논

풀이 유기인화합물 – 기체크로마토그래피 적용물질
　　㉠ 이피엔
　　㉡ 파라티온
　　㉢ 다이아지논
　　㉣ 펜토에이트
　　㉤ 메틸디메톤

22 저장물질이 있는 누출검사대상시설-기상부의 시험법 중 미가압법 측정방법에 관한 설명으로 옳지 않은 것은?

① 누출검사대상시설 내 기상부 높이가 200mm 이하인지를 확인한 후 가압한다.

② 가압속도가 누출검사대상시설 공간용적 1m³당 1분 이상이 되도록 가압시간을 조정한다.

③ 가압 중에 노출되어 있는 배관접속부 등에 비눗물 등을 뿌려 누출여부를 확인해야 한다.

④ 가압 후 15분 이상 유지시간을 두어 안정시키고 그 이후 15분 동안의 압력강하를 측정한다.

> **풀이** 누출검사대상시설 내 기상부 높이가 400mm 이상 인가를 확인하여 가압한다.

23 토양오염공정시험기준상의 시약과 용액에 관한 설명으로 옳지 않은 것은?

① 따로 규정이 없는 한 1급 이상 또는 이와 동등한 규격의 시약을 사용해야 한다.

② 용액 다음의 ( ) 안에 몇 N, 몇 M이라고 한 것은 용액의 조제방법에 따라 조제해야 한다.

③ 완충용액, 표준액 및 규정액은 각 시험항목별 시약 및 표준용액에 명시된 제조방법에 따라 제조해야 한다.

④ 용액의 앞에 몇 %라고 한 것은 수용액을 말하며, 일반적으로 용액 1,000mL에 녹아 있는 용액의 g 수를 나타낸다.

> **풀이** 용액의 앞에 몇 %라고 한 것은 수용액을 말하며, 일반적으로 용액 100mL에 녹아 있는 용질의 g 수를 나타낸다.

24 광선이 투과하지 않는 용기 또는 투과하지 않게 포장을 한 용기로 취급 또는 저장하는 동안 내용물이 광화학적 변화를 일으키지 아니하도록 방지할 수 있는 것은?

① 밀폐용기   ② 기밀용기
③ 밀봉용기   ④ 차광용기

> **풀이** 용기의 종류
>
> | 구분 | 정의 |
> |---|---|
> | 밀폐용기 | 취급 또는 저장하는 동안에 이물질이 들어가거나 또는 내용물이 손실되지 아니하도록 보호하는 용기 |
> | 기밀용기 | 취급 또는 저장하는 동안에 밖으로부터의 공기 또는 다른 가스가 침입하지 아니하도록 내용물을 보호하는 용기 |
> | 밀봉용기 | 취급 또는 저장하는 동안에 기체 또는 미생물이 침입하지 아니하도록 내용물을 보호하는 용기 |
> | 차광용기 | 광선이 투과하지 않는 용기 또는 투과하지 않게 포장한 용기이며 취급 또는 저장하는 동안에 내용물이 광화학적 변화를 일으키지 아니하도록 방지할 수 있는 용기 |

25 냉증기 원자흡수분광광도법에 따라 토양 중의 수은을 분석할 때에 관한 내용이다. ( ) 안에 알맞은 것은?

> 시료 중의 수은을 ( )에 의해 원자 상태로 환원시켜 발생하는 수은증기를 253.7nm에서 냉증기 원자흡수분광광도법에 따라 정량하는 방법이다.

① 염화제일주석 용액
② 아연분말
③ 사염화탄소
④ 시안화칼륨 용액

> **풀이** 냉증기 원자흡수분광광도법
> 토양 중 수은의 측정방법으로, 시료 중의 수은을 염화제일주석 용액에 의해 원자 상태로 환원시켜 발생되는 수은증기를 253.7nm에서 냉증기 원자흡수분광광도법에 따라 정량하는 방법이다.

26 토양환경평가방법의 절차로 옳은 것은?

① 기초조사, 정밀조사로 구분하여 단계별로 실시한다.
② 개황조사, 정밀조사로 구분하여 단계별로 실시한다.
③ 기초조사, 개황조사, 정밀조사로 구분하여 단계별로 실시한다.
④ 개황조사, 정밀조사, 평가로 구분하여 단계별로 실시한다.

풀이 토양환경평가방법
　㉠ 기초조사
　㉡ 개황조사
　㉢ 정밀조사

27 기체크로마토그래피법에 따라 토양 중의 석유계 총 탄화수소를 분석할 때 추출방법은?

① 가온추출법
② 자기장추출법
③ 적외선추출법
④ 초음파추출법

풀이 석유계 총 탄화수소(기체크로마토그래피) 추출방법
　㉠ 속슬렛 추출법
　㉡ 초음파 추출법

28 일반지역에서 토양 시료를 채취할 때, 시료용기에 기재해야 하는 사항에 해당하지 않는 것은?

① 채취날짜
② 토양형태
③ 시료명
④ 토양깊이

풀이 일반지역 채취 시 시료용기 기재사항
　㉠ 채취날짜
　㉡ 위치
　㉢ 시료명
　㉣ 토양깊이
　㉤ 채취자

29 온도에 관한 설명으로 옳지 않은 것은?

① 냉수는 4℃ 이하로 한다.
② 온수는 60~70℃로 한다.
③ 찬 곳은 따로 규정이 없는 한 0~15℃의 곳을 뜻한다.
④ "수욕상 또는 수욕 중에서 가열한다"라 함은 따로 규정이 없는 한 수온 100℃에서 가열함을 뜻하고 약 100℃의 증기욕을 쓸 수 있다.

풀이

표준온도	0℃
상온	15~25℃
실온	1~35℃
온수	60~70℃
열수	약 100℃
냉수	15℃ 이하
찬 곳	0~15℃

30 퍼지-트랩 기체크로마토그래피법에 따라 토양 중의 트리클로로에틸렌 또는 테트라클로로에틸렌을 분석할 때 사용하는 검출기는?

① 전자포착검출기(ECD)
② 불꽃이온화검출기(FID)
③ 열전도검출기(TCD)
④ 광이온화검출기(PID)

풀이 퍼지-트랩 기체크로마토그래피(트리클로로에틸렌, 테트라클로로에틸렌)
시료 중의 트리클로로에틸렌, 테트라클로로에틸렌을 메틸알코올로 추출하여 얻어진 시료용액을 기체크로마토그래프(전자포착검출기)에 부착된 퍼지-트랩에 주입하여 이들 물질을 각각 정량하는 방법이다.

31 퍼지-트랩 기체크로마토그래피법에 따라 토양 중의 BTEX를 분석할 때 추출액으로 사용하는 물질은?

① 에틸알코올
② 메틸알코올
③ 디클로로메탄
④ 사염화탄소

풀이 퍼지 - 트랩 기체크로마토그래피(BTEX)

시료 중의 벤젠, 톨루엔, 에틸벤젠, 크실렌을 메틸알코올로 추출하여 얻어진 시료용액을 기체크로마토그래프(불꽃이온화검출기)에 부착된 퍼지트랩에 주입하여 이들 물질을 각각 정량하는 방법이다.

32 지상저장시설과 지하매설저장시설의 토양 시료채취 지점선정 방법으로 옳은 것은?

① 지하매설저장시설의 경우 저장시설을 중심으로 서로 반대방향에 있는 배관 부위와 저장시설 부위에서 누출 개연성이 높은 곳을 각각 4개 지점씩 선정한다.

② 지상저장시설의 경우 토양오염의 개연성이 높은 3개 지점을 선정하되 저장시설의 끝단으로부터 수평방향으로 1m 이상 떨어진 지점에서 이격거리의 1.5배 깊이까지로 한다.

③ 지하매설저장시설의 경우 저장시설 부위에서 채취하는 1개 지점은 저장시설 아랫면의 끝단에서 수직방향으로 1m 이하 떨어진 지점에서부터 이격거리의 1.5배 깊이까지로 한다.

④ 지하매설저장시설의 경우 배관 부위에서 채취하는 1개 지점은 저장시설로부터 가장 가까이 위치한 배관에서 수직방향으로 1m 이상 떨어진 지점에서부터 이격거리의 1.5배 깊이까지로 한다.

풀이 ① 지하매설저장시설의 경우 저장시설을 중심으로 각각 서로 반대방향에 있는 배관 부위와 저장시설 부위에서 누출 개연성이 높은 곳에 각각 1~2개 지점씩 3개 지점을 선정한다.

③ 지하매설저장시설의 경우 저장시설 부위에서 채취하는 2개 지점은 저장시설 아랫면의 끝단에서 수평방향으로 1m 이상 떨어진 지점에서부터 이격거리의 1.5배 깊이까지로 한다.

④ 지하매설저장시설의 경우 배관 부위에서 채취하는 1개 지점은 저장시설로부터 가장 멀리 떨어진 배관에서 수평방향으로 1m 이상 떨어진 지점에서부터 이격거리의 1.5배 깊이까지로 한다.

33 토양정밀조사결과를 오염등급에 따라 4등급(Ⅰ,Ⅱ,Ⅲ,Ⅳ)으로 구분하는 경우, "토양오염대책기준 초과지역"의 등급기준을 나타내는 색은?(단, 토양정밀조사의 세부방법에 관한 규정 기준)

① 청색
② 빨간색
③ 노란색
④ 검은색

풀이 오염등급의 구분

등급	등급기준	색 구분
Ⅰ	토양오염우려기준의 40%(중금속과 불소는 70%) 이하인 지역	흰색
Ⅱ	토양오염우려기준의 40%(중금속과 불소는 70%) 초과부터 토양오염우려기준 이하인 지역	녹색
Ⅲ	토양오염우려기준 초과부터 토양오염대책기준 이하인 지역	노란색
Ⅳ	토양오염대책기준 초과 지역	빨간색

34 저장물질이 있는 누출검사대상시설-기상부의 시험법 중 미감압법을 적용할 경우, 측정방법을 순서대로 나열한 것은?

① 감압조작→압력안정화→압력변화 측정→G, T, P 값 측정

② 감압조작→압력변화 측정→압력안정화→G, T, P 값 측정

③ 압력변화 측정→압력안정화→감압조작→G, T, P 값 측정

④ 압력변화 측정→감압조작→압력안정화→G, T, P 값 측정

35 분석물질의 농도변화에 따른 지시값을 나타내는 검정곡선 작성방법에 해당하지 않는 것은?

① 절대검정곡선법
② 상대표준곡선법
③ 상대검정곡선법
④ 표준물질첨가법

풀이 검정곡선

1. 절대검정곡선법(External Standard Method)
   시료의 농도와 지시값의 상관성을 검정곡선식에 대입하여 작성하는 방법이다.

2. 표준물질첨가법(Standard Addition Method)
   ㉠ 시료와 동일한 매질에 일정량의 표준물질을 첨가하여 검정곡선을 작성하는 방법이다.
   ㉡ 매질효과가 큰 시험 분석 방법에서 분석 대상 시료와 동일한 매질의 표준시료를 확보하지 못한 경우에 매질효과를 보정하여 분석할 수 있는 방법이다.

3. 상대검정곡선법(Internal Standard Method)
   ㉠ 검정곡선 작성용 표준용액과 시료에 동일한 양의 내부표준물질을 첨가하여 시험분석 절차, 기기 또는 시스템의 변동으로 발생하는 오차를 보정하기 위해 사용하는 방법이다.
   ㉡ 상대검정곡선법은 시험 분석하려는 성분과 물리·화학적 성질은 유사하나 시료에는 없는 순수 물질을 내부표준물질로 선택한다.
   ㉢ 일반적으로 내부표준물질로는 분석하려는 성분에 동위원소가 치환된 것을 많이 사용한다.

36 자외선/가시선 분광법에 따라 토양 중의 6가 크롬을 분석할 때 시료 중에 잔류염소가 공존하면 발색을 방해한다. 이때의 조치 방법에 관한 내용 중 (   ) 안에 알맞은 것은?

시료에 수산화나트륨 용액(20%)을 넣어 pH (㉠) 정도로 조절한 다음. (㉡) 정도 되게 넣고 자석교반기로 약 30분간 교반하여 여과한 액을 시료로 사용한다.

① ㉠ 12, ㉡ 피로인산나트륨을 5mL
② ㉠ 12, ㉡ 입상활성탄을 10%
③ ㉠ 5, ㉡ 아스코빈산나트륨을 5mL
④ ㉠ 5, ㉡ 아비산나트륨을 2%

풀이 시료 중에 잔류염소가 공존하면 발색을 방해한다. 이때는 시료에 수산화나트륨 용액(20%)을 넣어 pH 12 정도로 조절한 다음 입상활성탄을 10% 정도 되게 넣고 자석교반기로 약 30분간 교반하여 여과한 액을 시료로 사용한다.

37 자외선/가시선 분광법에 따라 0.5mg/L의 표준용액을 10mL 흡수셀에 넣고 빛을 통과시켰더니 빛의 75%가 투과되었다. 같은 조건에서 흡수셀에 미지의 용액을 넣은 결과 빛의 50%가 투과되었을 때, 미지용액의 농도(mg/L)는?

① 0.25   ② 1.2
③ 2.5   ④ 3.5

풀이 75% 투과 흡광도 $= \log\dfrac{1}{0.75} = 0.125$

50% 투과 흡광도 $= \log\dfrac{1}{0.5} = 0.301$

농도(mg/L) $= \dfrac{0.5\text{mg/L} \times 0.301}{0.125} = 1.204$

38 수소화물생성 – 원자흡수분광광도법에 따라 토양 중의 비소를 분석할 때에 관한 설명이다. (   ) 안에 알맞은 것은?

전처리한 시료 용액 중의 비소를 3가 비소로 예비 환원한 다음 (   ) 용액과 반응하여 생성된 비화수소를 원자화시켜 193.7nm에서 정량한다.

① 수소화붕소나트륨
② 수소화이염화나트륨
③ 수소화이질소나트륨
④ 수소화염화주석나트륨

풀이 수소화물생성 – 원자흡수분광광도법(비소)
토양을 왕수(염산과 질산)로 산분해하여 전처리한 시료 용액 중의 비소를 3가 비소로 예비 환원한 다음 수소화붕소나트륨 용액과 반응하여 생성된 비화수소를 원자화시켜 193.7nm에서 수소화물생성 – 원자흡수분광광도법에 따라 정량하는 방법이다.

39 토양오염관리대상시설지역의 시료채취 및 보관에 관한 설명이다. ( ) 안에 알맞은 것을 순서대로 나열한 것은?

> 트리클로로에틸렌, 테트라클로로에틸렌, BTEX 시험용 시료의 경우, 시료부위의 토양을 즉시 한쪽이 터진 10mL 부피의 ( ) 재질의 주사기 또는 코어샘플러를 사용하여 ( )곳에서 각각 약 2mL씩 채취한 토양을 미리 준비한 시험관에 넣고, 마개로 막아 밀봉한 후 0~4℃의 냉장상태로 실험실로 운반한다.

① 유리, 5
② 테플론, 3
③ 플라스틱, 3
④ 스테인리스, 5

풀이 벤젠, 톨루엔, 에틸벤젠, 크실렌, 트리클로로에틸렌, 테트라클로로에틸렌, 1,2-디클로로에탄 시험용 시료의 경우, 시료부위의 토양을 즉시 한쪽이 터진 10mL 부피의 테플론, 스테인리스, 알루미늄 또는 유리 재질의 주사기 또는 코어샘플러를 사용하여 3곳에서 각각 약 2mL씩 채취한 5~10g의 토양을 미리 준비한 시험관에 넣고, 마개로 막아 밀봉한 후 0~4℃의 냉장상태로 실험실로 운반한다.

40 270nm에서 중크롬산칼륨 용액의 흡광도가 0.745일 때, 이 용액의 투과율(%)은?

① 12.0
② 15.8
③ 18.0
④ 21.3

풀이 흡광도 $= \log \dfrac{1}{투과율}$

$0.745 = \log \dfrac{1}{투과율}$

$투과율(\%) = \dfrac{1}{10^{0.745}} = 0.18 \times 100 = 18\%$

---

41 화학적 산화/환원법을 적용하여 오염토양을 처리할 때, 널리 사용되는 화학적 산화제에 해당하지 않는 것은?

① 염화나트륨
② 이산화염소
③ 과망간산염
④ 과산화수소수

풀이 화학적 산화/환원법의 화학적 산화제
오존, 과산화수소, 차아염소산염, 염소, 이산화염소, 과망간산염

42 다음 중 원위치(In-situ) 오염토양 처리방법에 해당하지 않는 것은?

① 토양증기추출법(Soil Vapor Extraction)
② 공기분사법(Air Sparging)
③ 동전기정화법(Electrokinetic)
④ 열탈착법(Thermal Desorption)

풀이 Ex-situ 정화기술 종류
㉠ 토양증기추출법(SVE : Soil Vapor Extraction)
㉡ 퇴비화법(Composting)
㉢ 토양경작법(Landfarming)
㉣ 할로겐분해법(Glyconate Dehalogenation)
㉤ 토양세척법(Soil Washing)
㉥ 고형화/안정화 처리법(Solidification/Stabilization)
㉦ 용매(용제) 추출법(Solvent Extraction)
㉧ 고온가스 추출법(Hot Gas Decontamination)
㉨ 소각법(Incineration)
㉩ 열분해법(Pyrolysis)
㉪ 열탈착법(Thermal Desorption)
㉫ 화학적 산화/환원법(Chemical Reduction/Oxidation)
㉬ 바이오 파일 및 바이오 필터(Biopiles 및 Biofilter)

43 Bioventing법을 적용하기 위해 산소소모율을 구하고자 한다. 주입공기의 유량이 1,440m³/d, 초기 산소농도가 20.9%, 배기가스의 산소농도가 3%, 토양의 부피가 2,500m³, 공극률이 15%일 때, 산소소모율(%O₂/d)은?

① 34.5   ② 46.4
③ 52.2   ④ 68.7

풀이 산소소모율(%O₂/day)

$$= \frac{Q(C_o - C_f)}{V \cdot P}$$

$$= \frac{1,440\text{m}^3/\text{day} \times (20.9 - 3)\%\text{O}_2}{2,500\text{m}^3 \times 0.15}$$

$$= 68.74\%\text{O}_2/\text{day}$$

44 황화나트륨(Na₂S)을 사용한 오염토양의 불용화 처리(화학적 처리)에 관한 내용으로 옳지 않은 것은?

① 수용성 납화합물이 존재하는 오염토양에 황화나트륨을 첨가하면 황화납이 생성된다.
② 카드뮴화합물이 존재하는 오염토양에 황화나트륨을 첨가하면 황화카드뮴이 생성된다.
③ 수용성 수은화합물이 존재하는 오염토양에 황화나트륨을 첨가하면 황화수은이 생성된다.
④ 6가 크롬화합물이 존재하는 오염토양에 황화나트륨을 첨가하면 2가 크롬이 생성된다.

풀이 6가 크롬화합물이 존재하는 오염토양에 황산철과 같은 환원제를 첨가하면 3가 크롬이 생성된다.

45 다음 중 토양증기추출법(SVE)을 적용했을 때 제거가 가장 용이한 오염물질은?

① PCB   ② TCE
③ PAH   ④ 다이옥신

풀이 토양증기추출법(SVE)
   1. 적합 오염물질
      ㉠ 휘발성/준휘발성 유기화합물(PCE, TCE)
      ㉡ 유류오염물질
   2. 부적합 오염물질
      ㉠ 중금속, PCB, 다이옥신, PAH
      ㉡ 중유

46 식물정화법(Phytoremediation)의 대표적인 처리기작에 해당하지 않는 것은?

① 식물에 의한 추출   ② 근권에 의한 분해
③ 식물에 의한 응고   ④ 식물에 의한 안정화

풀이 식물정화법의 대표적 기작(메커니즘)
      ㉠ 식물에 의한 추출
      ㉡ 식물에 의한 분해
      ㉢ 식물에 의한 안정화
      ㉣ 근권에 의한 분해
      ㉤ 근권에 의한 여과
      ㉥ 식물에 의한 휘발화
      ㉦ 수리에 의한 조절
      ㉧ 완충수로에 의한 방법

47 토양경작법(Land Farming)에 관한 내용으로 옳지 않은 것은?

① 바이오파일(Biopile)과 오염물질 제거 기작이 동일하다.
② 유기물질과 무기물질을 동시에 처리하는 데 효과적이다.
③ 유기용매가 대기 중으로 방출되기 전에 미리 처리해야 한다.
④ 오염물질의 분포 깊이와 분산 정도에 따라 처리 효율이 달라질 수 있다.

풀이 토양경작법은 무기물질을 생물학적으로 분해시키지 못한다.

48 열탈착법에 관한 내용으로 옳지 않은 것은?

① 수분 함량이 높은 오염토양의 경우 별도의 전처리가 필요 없다.

② 같은 용량의 소각공정에 비해 발생하는 가스양이 상대적으로 적다.

③ 토양 내의 유기염소, 유기인 살충제를 검출한계 이하까지 제거할 수 있다.

④ 토양 입경이 매우 크거나 입자가 거친 경우 처리시설에 손상이 발생할 수 있다.

풀이 수분 함량이 높은 오염토양의 경우 별도의 전처리를 통하여 수분 함량을 낮추어야 한다.

49 열탈착 공정에 사용되는 장치에 해당하지 않는 것은?

① 로터리 탈착장치
② 유동상 탈착장치
③ 회분식 탈착장치
④ 마이크로파 탈착장치

풀이 열처리(탈착) 기술장치
  ㉠ 로터리 탈착장치
  ㉡ 열스크루 장치
  ㉢ 유동상 탈착장치
  ㉣ 마이크로파 탈착장치
  ㉤ 스팀 주입 탈착장치

50 토양세척법(Soil Washing)의 효율에 영향을 미치는 인자로 가장 적합하지 않은 것은?

① 토양의 색깔
② 오염물질의 농도
③ 토양의 pH와 완충능력
④ 토양의 양이온 교환용량

풀이 토양세척법 효율에 영향을 미치는 인자
  ㉠ 입경분포 및 토양구조
  ㉡ 토양 종류 및 오염물질의 종류 · 농도
  ㉢ pH, CEC
  ㉣ 유기물 함량, 수분 함량
  ㉤ 완충용량

51 바이오파일(Biopile) 기법의 특징으로 옳지 않은 것은?

① 지하수오염 대비책이 필요하다.

② 오염토양에 대한 굴착이 필요하다.

③ 토양경작법(Land Farming)에 비해 적은 부지가 요구된다.

④ 저분자 할로겐 휘발성 물질의 처리에는 적용이 적절하지 않다.

풀이 바이오파일 공법은 저분자 할로겐 휘발성 물질과 유류계 탄화수소류를 처리하는 데 가장 효과적이다.

52 40kg의 벤젠(C_6H_6)으로 오염된 토양을 원위치에서 정화하고자 한다. 벤젠의 분해에 필요한 산소를 과산화수소로 공급할 때, 필요한 이론적인 과산화수소의 양(kg)은?(단, $2H_2O_2 \rightarrow 2H_2O + O_2$, 벤젠은 완전분해)

① 65.38
② 130.76
③ 261.54
④ 296.41

풀이 이론산소량(kg)
$$C_6H_6 + 7.5O_2 \rightarrow 6CO_2 + 3H_2O$$
$$78kg \quad : \quad 7.5 \times 32kg$$
$$40kg \quad : \quad O_o(kg)$$
$$이론산소량(kg) = \frac{40kg \times (7.5 \times 32)kg}{78kg}$$
$$= 123.08kg$$
과산화수소량(kg)
$$2H_2O_2 \rightarrow 2H_2O + O_2$$
$$68kg \qquad : 32kg$$
$$H_2O_2(kg) \qquad : 123.08kg$$
$$H_2O_2(kg) = \frac{68kg \times 123.08kg}{32kg} = 261.54kg$$

53 토양증기추출법(SVE)에 관한 설명으로 옳지 않은 것은?

① 불포화대수층에 적용이 유리하다.
② 투과성이 낮은 토양에서는 오염물질의 제거효율이 낮은 편이다.
③ 배출된 공기를 처리하기 위한 별도의 공정이 필요 없다.
④ 지반구조가 복잡하므로 총 처리시간을 예측하기가 어렵다.

풀이 토양증기추출법의 장단점
1. 장점
    ㉠ 기계 및 장치요소가 간단하다.
    ㉡ 유지 및 관리비용이 저렴하다.
    ㉢ 일반적으로 널리 사용되는 장치 및 재료로도 충분히 가능하다.
    ㉣ 단기간 내에 설치 가능하다.
    ㉤ 즉시 복원 효율에 대한 결과를 얻을 수 있다.
    ㉥ 다른 시약이 필요 없다.
    ㉦ 영구적인 재생이 가능하다.
    ㉧ 굴착이 필요 없어 오염되지 않은 토양과 혼합될 우려가 없다.
    ㉨ 처리시간이 짧다.
    ㉩ 빌딩이나 다른 구조물 밑의 토양도 재생할 수 있으며, 생물학적 처리효율을 높여주는 역할을 한다.
    ㉠ 지하수의 깊이에 제한을 받지 않는다.
2. 단점
    ㉠ 증기압이 낮은 오염물질은 제거효율이 낮다.
    ㉡ 토양층이 치밀하여 기체흐름이 어려운 곳에서는 사용이 곤란하다. 즉, 투과성이 낮은 토양에서는 효과가 낮다.
    ㉢ 추출된 기체의 처리를 위한 대기오염 방지시설이 필요하다.
    ㉣ 오염물질의 독성은 변화가 없다.(독성이 잔존함)
    ㉤ 불포화대수층에만 적용 가능. 즉 지역이 제한되어 있다.
    ㉥ 지반구조가 복잡하므로 총 처리시간을 예측하기가 어렵다.
    ㉦ 방출된 공기를 처리하기 위한 공정과 방출가스 처리에 사용된 물질의 처리부담이 있다.

54 오염토양의 부피가 $1,000m^3$, 토양의 평균공극률이 40%, 토양수 내의 오염물질 평균농도가 30ppm일 때, 토양수로 포화된 오염토양 내에 수용액상으로 존재하는 오염물의 질량(kg)은?(단, 오염물질이 토양수 내에 수용액상으로만 존재한다고 가정)

① 4
② 8
③ 12
④ 16

풀이 오염물질량(kg)
$$= 1,000m^3 \times 30mg/L \times 0.4 \times kg/10^6mg \times 1,000L/m^3$$
$$= 12kg$$

55 자연저감법에 관한 내용으로 옳지 않은 것은?

① 수용체로 오염물질의 확산이 진행될 때 적용이 효과적이다.
② 오염물질의 농도가 감소될 때까지는 오염현장을 사용할 수 없다.
③ 오염물질이 분해되기 전에 휘발 등으로 인한 2차 오염이 발생할 수 있다.
④ 자연저감 기간 중 시스템 내에 물리·화학적 특성변화가 발생하여 오염물질이 확산될 수 있다.

풀이 자연저감법은 수용체로 오염물질의 확산이 진행된다면 적용이 불가하다.

56 투수성 반응벽체 공법을 적용하여 오염지하수를 정화하고자 한다. 반응벽체의 두께가 3m, 지하수의 선속도가 0.2m/h일 때, 지하수의 반응벽체 통과시간(h)은?

① 1.5
② 6
③ 15
④ 60

풀이 반응벽체 통과시간(hr) $= \dfrac{3m}{0.2m/hr} = 15hr$

57 생물학적 통기법의 적용 가능성을 판단하기 위한 실험항목에 해당하지 않는 것은?

① 영향반경시험
② 미생물 추적자실험
③ 미생물 생분해실험
④ 미생물 호흡률 측정실험

풀이 생물학적 통기법 적용성 실험항목
  ㉠ 미생물 생분해실험
  ㉡ 미생물 호흡률 측정실험
  ㉢ 영향반경시험

58 Bioventing법에 관한 내용으로 옳지 않은 것은?

① 처리효율은 토양 함수율의 영향을 받는다.
② 휘발성 유기물질과 준휘발성 유기물질을 처리할 수 있다.
③ 현장 지반구조 및 오염물질 분포에 따른 처리기간의 변동이 심하다.
④ 진공압(진공 정도)이 낮을수록 시설비용 및 유지비용이 높아지고 균일한 처리가 어려워진다.

풀이 Bioventing법은 진공압이 낮을수록 시설비용 및 유지비가 낮아지고 보다 균일한 처리가 가능하게 된다.

59 활성탄 흡착을 통해 지하수 5,000m³의 벤젠 농도를 35mg/L에서 2mg/L으로 저감하고자 할 때 필요한 활성탄의 양(kg)은?(단, Freundlich 흡착등온식 이용, K는 0.4, n은 0.5)

① 24　　② 103　　③ 412　　④ 588

풀이 Freundlich 등온흡착식

$$\frac{X}{M} = KC^{\frac{1}{n}}$$

$$\frac{(35-2)}{M} = 0.4 \times 2^{\frac{1}{0.5}}, \ M = 20.625 \text{mg/L}$$

$$M(활성탄양) = 20.625 \text{mg/L} \times 5,000 \text{m}^3$$
$$\times 1,000 \text{L/m}^3 \times \text{kg}/10^6 \text{mg}$$
$$= 103.13 \text{kg}$$

60 열탈착 기술의 적용대상으로 가장 적합하지 않은 것은?

① 납으로 오염된 토양
② 윤활유로 오염된 토양
③ 휘발성 유기물질로 오염된 토양
④ 준휘발성 유기물질로 오염된 토양

풀이 열탈착 기술은 무기물질(중금속) 및 방사성 물질을 제외한 대부분의 석유계 화합물의 처리에 유용하며 오염토양 내에 납 등 중금속이 포함된 경우 후단처리 시설에 주의를 요한다.

4과목　토양 및 지하수환경 관계법규

61 토양환경보전법령상 위해성평가를 하려는 자가 작성해야 하는 위해성평가 계획서에 포함되어야 하는 사항에 해당하지 않는 것은?

① 독성평가 자료
② 현장조사 방법
③ 오염지역 및 범위
④ 오염물질의 노출경로

풀이 위해성평가 계획서 포함사항
  ㉠ 위해성평가를 실시할 오염물질
  ㉡ 현장조사 방법
  ㉢ 오염물질의 노출경로
  ㉣ 독성평가 자료

62 토양환경보전법령상 환경부장관은 토양보전을 위해 몇 년을 주기로 토양보전에 관한 기본계획을 수립해야 하는가?

① 1년　　　　　② 3년
③ 5년　　　　　④ 10년

풀이 환경부장관은 토양보전을 위하여 10년마다 토양보전에 관한 기본계획을 수립·시행하여야 한다.

정답 57 ②　58 ④　59 ②　60 ①　61 ③　62 ④

63 토양환경보전법령상 특정토양오염관리대상시설의 종류에 해당하지 않는 것은?

① 송유관시설

② 석유류의 제조 및 저장시설

③ 유해화학물질의 제조 및 저장시설

④ 토양오염물질의 제조 및 저장시설

풀이 특정토양오염관리대상시설별 토양오염검사항목

특정토양오염관리 대상시설	검사항목
1. 석유류의 제조 및 저장 시설	• 벤젠·톨루엔·에틸벤젠·크실렌·석유계 총 탄화수소(TPH)
2. 유해화학물질의 제조 및 저장시설	• 카드뮴·구리·비소·수은·납·6가 크롬·아연·니켈·불소·유기인화합물·폴리클로리네이티드비페닐·시안·페놀·트리클로로에틸렌(TCE)·테트라클로로에틸렌(PCE)·1,2-디클로로에탄 및 벤조(a)피렌 중 해당 항목
3. 송유관 시설	• 벤젠·톨루엔·에틸벤젠·크실렌·석유계 총 탄화수소(TPH)
4. 그 밖에 제1호부터 제3호까지의 관리대상시설과 유사한 시설로서 특별히 관리할 필요가 있다고 인정되어 환경부장관이 관계 중앙행정기관의 장과 협의하여 고시하는 시설	• 대상시설별로 기후에너지환경부장관이 고시한 검사항목

64 토양환경보전법령상 토양오염물질에 해당하지 않는 것은?

① 시안화합물

② 유기인화합물

③ 다이옥신

④ 동·식물성 유류

풀이 [별표 1] 토양오염물질

> 1. 카드뮴 및 그 화합물
> 2. 구리 및 그 화합물
> 3. 비소 및 그 화합물
> 4. 수은 및 그 화합물
> 5. 납 및 그 화합물
> 6. 6가 크롬화합물
> 7. 아연 및 그 화합물
> 8. 니켈 및 그 화합물
> 9. 불소화합물
> 10. 유기인화합물
> 11. 폴리클로리네이티드비페닐
> 12. 시안화합물
> 13. 페놀류
> 14. 벤젠
> 15. 톨루엔
> 16. 에틸벤젠
> 17. 크실렌
> 18. 석유계 총 탄화수소
> 19. 트리클로로에틸렌
> 20. 테트라클로로에틸렌
> 21. 벤조(a)피렌
> 22. 1,2-디클로로에탄
> 23. 다이옥신(퓨란을 포함한다)
> 24. 기타 위 물질과 유사한 토양오염물질로서 토양오염의 방지를 위하여 특별히 관리할 필요가 있다고 인정되어 환경부장관이 고시하는 물질

65 토양환경보전법령상 속임수나 그 밖의 부정한 방법으로 토양관련전문기관의 지정을 받거나 토양정화업의 등록을 한 자가 받는 벌칙은?

① 2년 이하의 징역 또는 1,500만 원 이하의 벌금에 처함

② 2년 이하의 징역 또는 1,000만 원 이하의 벌금에 처함

③ 1년 이하의 징역 또는 1,000만 원 이하의 벌금에 처함

④ 6개월 이하의 징역 또는 500만 원 이하의 벌금에 처함

풀이 토양환경보전법 제30조 벌칙 참조

정답 **63** ④ **64** ④ **65** ③

66 토양환경보전법령상 토양환경평가 중 "시료의 채취 및 분석을 통한 토양오염의 정도와 범위조사"는 어떤 조사에 해당하는가?

① 개황조사
② 기초조사
③ 정밀조사
④ 오염도조사

> **풀이** 토양환경평가
> ㉠ 기초조사 : 자료조사, 현장조사 등을 통한 토양오염의 개연성 여부 조사
> ㉡ 개황조사 : 시료의 채취 및 분석을 통한 토양오염 여부 조사
> ㉢ 정밀조사 : 시료의 채취 및 분석을 통한 토양오염의 정도와 범위 조사

67 지하수의 수질보전 등에 관한 규칙상 지하수의 수질기준 항목에 해당하지 않는 것은?(단, 생활용수로 사용하는 경우)

① 구리
② 크실렌
③ 염소이온
④ 질산성질소

> **풀이** 지하수 수질기준 항목
> ㉠ 일반오염물질(4개)
> 수소이온농도(pH), 총대장균군, 질산성질소, 염소이온
> ㉡ 특정유해물질(15개)
> 카드뮴, 비소, 시안, 수은, 유기인, 페놀, 납, 6가크롬, 트리클로로에틸렌, 테트라클로로에틸렌, 1,1,1-트리클로로에탄, 벤젠, 톨루엔, 에틸벤젠, 크실렌

68 토양환경보전법령상 토양오염우려기준 적용을 위한 지목 분류상 "2지역"에 해당하는 곳은?

① 주차장 ② 과수원
③ 하천 ④ 학교용지

> **풀이** 토양오염우려기준 구분 중 2지역
> 「공간정보의 구축 및 관리 등에 관한 법률」에 따른 지목이 임야·염전·대(1지역에 해당하는 부지 외의 모든 대를 말한다.)·창고용지·하천·유지·수도용지·체육용지·유원지·종교용지 및 잡종지(「공간정보의 구축 및 관리 등에 관한 법률 시행령」 제58조 제28호 가목 또는 다목에 해당하는 부지만 해당한다)인 지역

69 지하수법령상 지하수법에 따라 허가를 받고 지하수를 개발하는 자가 해당 시설 및 토지를 원상복구해야 하는 경우에 해당하는 것은?

① 수질불량으로 지하수를 개발·이용할 수 없는 경우
② 지형 여건상 원상복구할 필요가 없다고 시장·군수·구청장이 인정하는 경우
③ 지하수의 수위관측망 또는 수질관측망으로 이용할 필요가 있다고 시장·군수·구청장이 인정하는 경우
④ 법 또는 다른 법률에 따라 허가·인가 등을 받거나 신고를 하고 계속 지하수를 개발·이용하는 경우

> **풀이** 지하수를 개발하는 자가 해당 시설 및 토지를 원상복구해야 하는 경우
> ㉠ 이 법 또는 다른 법률에 따른 허가·인가 등이 취소된 경우
> ㉡ 이 법 또는 다른 법률에 따른 허가·인가 등에 의한 개발·이용기간이 끝난 경우
> ㉢ 지하수의 개발·이용을 위하여 굴착한 장소에서 지하수가 채취되지 아니한 경우
> ㉣ 수질불량으로 지하수를 개발·이용할 수 없는 경우
> ㉤ 지하수의 개발·이용을 종료한 경우
> ㉥ 제8조의2에 따라 신고의 효력이 상실된 경우
> ㉦ 신고를 하고 토지를 굴착한 경우로서 같은 조 제1항 각 호의 어느 하나에 해당하는 행위를 종료한 경우
> ㉧ 그 밖에 원상복구가 필요한 경우로서 대통령령으로 정하는 경우

70 토양환경보전법령상 토양오염조사기관으로 지정받으려는 자가 갖추어야 하는 기술인력에 관한 내용 중 ( ) 안에 알맞은 숫자는?

> 기사는 해당 분야 산업기사 자격취득 후 토양 관련 분야 또는 해당 전문기술 분야에서 ( )년 이상 종사한 사람으로 대체할 수 있다.

① 5
② 4
③ 3
④ 2

풀이 기사는 해당 분야 산업기사 자격취득 후 토양 관련 분야 또는 해당 전문기술 분야에서 4년 이상 종사한 사람이나 환경부장관이 인정하는 토양지하수 전문인력 양성 교육과정을 수료한 사람으로 대체할 수 있다.

71 토양환경보전법령상 자연적인 원인으로 인한 토양오염이라고 "대통령령으로 정하는 방법"에 따라 입증된 부지의 오염토양을 정화하려는 경우 위해성평가를 실시할 수 있다. "대통령령으로 정하는 방법"에 해당하지 않는 것은?

① 해당 오염물질이 대상 지역의 영농활동으로부터 기인하였음을 증명할 것
② 해당 오염물질의 농도가 주변지역의 토양분석결과와 비슷함을 증명할 것
③ 해당 오염물질이 대상 부지의 기반암으로부터 기인하였음을 증명할 것
④ 과학적인 방법으로 해당 오염물질이 자연적인 원인으로 발생하였음을 증명할 것

풀이 자연적인 원인에 의한 토양오염임을 입증하기 위해 대통령령으로 정하는 방법
　ⓐ 해당 오염물질의 농도가 주변지역의 토양분석결과와 비슷함을 증명할 것
　ⓑ 해당 오염물질이 대상 부지의 기반암으로부터 기인하였음을 증명할 것
　ⓒ 그 밖에 과학적인 방법으로 해당 오염물질이 자연적인 원인으로 발생하였음을 증명할 것

72 지하수법령상 지하수의 개발·이용 허가 시 시장·군수·구청장이 허가를 하지 않거나 취수량을 제한할 수 있는 경우는?(단, 그 밖에 지하수를 보전하기 위해 필요하다고 인정되는 경우로서 대통령령으로 정하는 경우는 제외)

① 자연생태계를 해칠 가능성이 낮은 경우
② 동력장치를 사용하지 아니하고 가정용 우물 또는 공동우물을 개발·이용하는 경우
③ 지하수의 채취로 인해 인근 지역 수원의 고갈 또는 지반의 침하를 가져올 우려가 있거나 주변 시설물의 안전을 해칠 우려가 있는 경우
④ 자연히 흘러나오는 지하수 또는 다른 법률의 규정에 의한 허가·인가 등을 받고 시행하는 사업에서 발생하는 지하수를 이용하는 경우

풀이 지하수개발·이용을 허가하지 아니하거나 취수량을 제한할 수 있는 경우(시장·군수·구청장)
　ⓐ 지하수 채취로 인하여 인근 지역 수원(水源)의 고갈 또는 지반의 침하를 가져올 우려가 있거나 주변 시설물의 안전을 해칠 우려가 있는 경우
　ⓑ 지하수를 오염시키거나 자연생태계를 해칠 우려가 있는 경우
　ⓒ 지하수의 적정 관리 또는 「국토의 계획 및 이용에 관한 법률」에 따른 도시·군관리계획, 그 밖에 공공사업에 지장을 줄 우려가 있는 경우
　ⓓ 그 밖에 지하수를 보전하기 위하여 필요하다고 인정되는 경우로서 대통령령으로 정하는 경우

73 토양환경보전법령상 토양정화업의 등록요건 중 시료채취기의 기준은?

① 시료채취기 2대(깊이 3m 이상 시료채취가 가능할 것)
② 시료채취기 1대(깊이 3m 이상 시료채취가 가능할 것)
③ 시료채취기 2대(깊이 6m 이상 시료채취가 가능할 것)
④ 시료채취기 1대(깊이 6m 이상 시료채취가 가능할 것)

풀이 토양정화업의 등록요건(장비)
- ㉠ 시료채취기 1대(깊이 6m 이상 시료채취가 가능할 것)
- ㉡ 휴대용 가스측정장비 1식(휘발성 유기화합물질(VOC), 산소, 이산화탄소 및 메탄의 측정이 가능할 것)
- ㉢ 현장용 수질측정기 1식(수소이온농도(pH), 수온, 전기전도도, 용존산소 및 산화 · 환원전위의 측정이 가능할 것)
- ㉣ 지하수위측정기

74 토양환경보전법령상 환경부장관이 고시하는 측정망설치계획에 포함되어야 할 사항에 해당하지 않는 것은?

① 측정 항목
② 측정망 배치도
③ 측정망 설치시기
④ 측정지점의 위치 및 면적

풀이 측정망 설치계획 포함사항
- ㉠ 측정망 설치시기
- ㉡ 측정망 배치도
- ㉢ 측정지점의 위치와 면적

75 토양환경보전법령상 토양오염조사 기관에 해당하지 않는 곳은?

① 유역환경청
② 국립환경과학원
③ 국립농업과학원
④ 시 · 도 보건환경연구원

풀이 토양오염조사기관
- ㉠ 국립환경과학원
- ㉡ 시 · 도 보건환경연구원
- ㉢ 유역환경청 또는 지방환경청
- ㉣ 한국환경공단

76 토양환경보전법령상 토양관련전문기관 또는 토양정화업의 기술인력이 이수해야 하는 교육과정은?

① 환경보전협회장이 개설하는 토양환경관리의 교육과정
② 시 · 도 보건환경연구원장이 개설하는 토양환경관리의 교육과정
③ 국립환경과학원장이 개설하는 토양환경관리의 교육과정
④ 국립환경인재개발원장이 개설하는 토양환경관리의 교육과정

풀이 토양관련전문기관 또는 토양정화업의 기술인력은 국립환경인재개발원장이 개설하는 토양환경관리의 교육과정을 이수하여야 한다.

77 토양환경보전법령상 토양정화업의 등록에 관한 규정이다. (   ) 안에 알맞은 것은?

토양정화업을 하려는 자는 (㉠)으로 정하는 바에 따라 시설, 장비 및 기술인력 등을 갖추어 (㉡)에게 등록해야 한다.

① ㉠ 대통령령, ㉡ 환경부장관
② ㉠ 환경부령, ㉡ 환경부장관
③ ㉠ 대통령령, ㉡ 시 · 도지사
④ ㉠ 환경부령, ㉡ 시 · 도지사

풀이 토양정화업을 하려는 자는 대통령령으로 정하는 바에 따라 시설(오염토양을 반출하여 정화하는 경우에는 이를 반입하여 정화하는 시설을 포함한다), 장비 및 기술인력 등을 갖추어 시 · 도지사에게 등록하여야 한다. 등록한 사항 중 대통령령으로 정하는 사항을 변경할 때에도 또한 같다.

78 토양환경보전법령상 상시측정, 토양오염실태조사 또는 토양정밀조사 결과 우려기준을 넘는 경우 시·도지사 또는 시장·군수·구청장이 정화책임자에게 명할 수 있는 조치에 해당하지 않는 것은?

① 해당 토양오염물질의 사용제한 또는 사용중지
② 토양오염관리대상시설의 개선 또는 이전
③ 토양오염유발시설의 폐쇄조치
④ 오염토양의 정화

풀이 시·도지사 또는 시장·군수·구청장은 상시측정, 토양오염실태조사 또는 토양정밀조사의 결과 우려기준을 넘는 경우에는 대통령령으로 정하는 바에 따라 기간을 정하여 다음의 어느 하나에 해당하는 조치를 하도록 정화책임자에게 명할 수 있다. 다만, 정화책임자를 알 수 없거나 정화책임자에 의한 토양정화가 곤란하다고 인정하는 경우에는 시·도지사 또는 시장·군수·구청장이 오염토양의 정화를 실시할 수 있다.
㉠ 토양오염관리대상시설의 개선 또는 이전
㉡ 해당 토양오염물질의 사용제한 또는 사용중지
㉢ 오염토양의 정화

79 토양환경보전법령상 토양오염검사에 관한 내용 중 ( ) 안에 알맞은 것은?

특정토양오염관리대상시설의 설치자는 (㉠)으로 정하는 바에 따라 토양관련전문기관으로부터 그 시설의 부지 및 그 주변지역에 대해 토양오염검사를 받아야 한다. 다만, 토양시료 채취가 불가능하거나 토양오염검사가 필요하지 않은 경우로서 대통령령으로 정하는 요건에 해당하여 (㉡)의 승인을 얻을 때에는 그러하지 아니하다.

① ㉠ 대통령령, ㉡ 토양관련전문기관
② ㉠ 환경부령, ㉡ 토양관련전문기관
③ ㉠ 대통령령, ㉡ 특별자치도지사·시장·군수·구청장
④ ㉠ 환경부령, ㉡ 특별자치도지사·시장·군수·구청장

풀이 특정토양오염관리대상시설의 설치자는 대통령령으로 정하는 바에 따라 토양관련전문기관으로부터 그 시설의 부지와 그 주변지역에 대하여 토양오염검사(이하 "토양오염검사"라 한다)를 받아야 한다. 다만, 토양시료의 채취가 불가능하거나 토양오염검사가 필요하지 아니한 경우로서 대통령령으로 정하는 요건에 해당하여 특별자치도지사·시장·군수·구청장의 승인을 받은 경우에는 토양오염검사를 받지 아니한다.

80 토양환경보전법령상 특정토양오염관리대상시설 중 석유류의 제조 및 저장시설의 토양오염검사항목에 관한 설명 중 ( ) 안에 알맞은 것은?

석유류의 제조 및 저장시설 중 ( ) 등이 주성분인 석유류를 저장하고 있는 시설의 경우에는 석유계 총 탄화수소(TPH) 항목만을 검사한다.

① 경유   ② 벤젠
③ 에틸벤젠   ④ 벤조(a)피렌

풀이 석유류의 제조 및 저장시설 중 나프타, 휘발유 등 방향족 탄화수소류가 주성분인 석유류를 저장하고 있는 시설의 경우에는 벤젠, 톨루엔, 에틸벤젠, 크실렌 4개 항목을, 항공유, 등유, 경유, 중유, 윤활유, 원유 등 지방족탄화수소류가 주성분인 석유류를 저장하고 있는 시설의 경우에는 석유계 총 탄화수소(TPH) 항목만을 검사하고, 벤젠, 톨루엔, 에틸벤젠, 크실렌을 각각 저장하고 있는 시설의 경우에는 해당하는 항목만을 검사한다.

PART 05

1과목 토양학개론

01 미국 농무부 토성분류체계상 점토(Clay)와 미사(Silt)를 구분하는 토양 입자의 크기(mm)는?

① 0.002　　　　② 0.02
③ 0.05　　　　④ 0.1

풀이 미사(Silt)의 토양입경 범위는 0.05~0.002mm이며, 점토(Clay)의 토양입경은 0.002mm 이하이다.

02 토양수분함량을 비파괴 방식으로 연속적으로 측정하는 방법이 아닌 것은?

① TDR법
② 중성자법
③ 전기저항법
④ 비중계(Hydrometer)법

풀이 비중계(Hydrometer)법은 토양구성입자의 직경 분석방법이다.

03 변압기 및 전기제품의 재료로 많이 사용되는 토양오염물질은?

① PCBs　　　　② BTES
③ 페놀　　　　④ 시안화합물

풀이 PCB(Polychlorinated Biphenyls)는 Biphenyl 염소화합물의 총칭이며 변압기 및 전기제품(공업), 인쇄잉크용제 등의 재료로 많이 사용된다.

04 운모나 일라이트의 사면체 판상에서 음전하가 생성되는 주요한 기작은?

① Si 대신 Al의 동형치환
② Si 대신 Fe의 동형치환
③ Al 대신 Si의 동형치환
④ Al 대신 Mg의 동형치환

풀이 일라이트(Illite)는 2 : 1의 층상구조이며 토양 중에 흔히 존재하는 점토광물로 규산사면체 중의 $Si(Si^{4+})$ 15%가 Al^{+3}으로 동형치환된 것이다.

05 토양의 비열과 용적열용량에 관한 설명으로 옳지 않은 것은?

① 토양의 비열이 크면 온도의 상승 및 하강이 느리다.
② 토양의 비열은 토양 1g의 온도를 1℃ 높이는 데 필요한 열량이다.
③ 토양 내 점토의 함량이 많을수록 용적열용량이 작아진다.
④ 토양의 용적열용량을 결정하는 데 중요한 것은 토양의 수분상태다.

풀이 토양 내 모래함량이 많을수록 용적열용량이 작아지며 점토함량이 많을수록 용적열용량은 커진다.

06 500cm³ 용기를 가득 채운 토양의 용적밀도가 1.2g/cm³이다. 토양을 물로 포화시킨 후 토양의 질량이 825g이라면 토양의 공극률은?

① 40%　　　　② 45%
③ 50%　　　　④ 55%

풀이 포화 시 물의 질량＝포화질량－건조질량
　　　　　　　　＝825g－(500cm³×1.2g/cm³)
　　　　　　　　＝225g

포화 시 물의 질량＝공극부피

$$공극률(\%) = \frac{공극부피}{토양전체부피} \times 100$$
$$= \frac{225}{500} \times 100 = 45\%$$

07 총석유계탄화수소(TPH) 50mg/kg으로 오염된 토양 100톤과 85mg/kg으로 오염된 토양 40톤을 혼합하였다. 완전히 혼합된 후 토양 TPH 농도(mg/kg)는?(단, 혼합과정 중 휘발 등의 저감조건은 고려하지 않는다.)

① 60.0 ② 62.5
③ 65.0 ④ 67.5

풀이 혼합 TPH 농도
$$= \frac{(100 \times 50) + (40 \times 85)}{100 + 40} = 60.0 \, \text{mg/kg}$$

08 배수가 불량한 토양에서 생육이 왕성한 미생물군은?

① 호기성균 ② 철산화균
③ 아질산균 ④ 혐기성균

풀이 혐기성균은 산소가 없는 상태에서만 생육할 수 있거나 산소가 없는 곳에서도 생육할 수 있는 미생물균을 말하며 토양전체균수의 10% 정도가 혐기성 세균이다. 배수가 불량한 토양에서 생육이 왕성하며 논에서는 담수하기 때문에 혐기성균이 많다.

09 중금속 물질의 토양 중 거동에 관한 설명으로 옳지 않은 것은?

① 구리는 토양이 산성조건일 때 용해도가 감소한다.
② 비소는 토양이 산화조건일 때 이동성이 감소한다.
③ 몰리브데넘(Mo)은 토양이 산성조건일 때 용해도가 감소한다.
④ 카드뮴은 토양이 중성에서 알칼리 상태로 변하면 용해도가 감소한다.

풀이 구리는 토양이 산성조건일 때 용해도가 증가한다. 즉, 산화력이 있는 산(진한 황산, 질산 등)에 잘 용해된다.

10 Darcy의 법칙($Q = K \cdot I \cdot A$)에서 K와 I의 의미는?

① K : 투수계수, I : 수심
② K : 점성계수, I : 경심
③ K : 점성계수, I : 수리적 구배
④ K : 수리전도도, I : 수두구배

풀이 Darcy 법칙
$Q = KIA$
여기서, Q : 유량
K : 수리전도도(투수계수)
I : 두 지점의 수두구배(수리경사)
A : 지하수 흐름의 수직방향 단면적

11 토양 내 수분함량에 따른 팽창과 수축에 가장 크게 기여하는 것은?

① 운모(Mica)
② 일라이트(Illite)
③ 카올리나이트(Kaolinite)
④ 몬모릴로나이트(Montmorillonite)

풀이 몬모릴로나이트(Montmorillonite)
㉠ 2 : 1형(3층형) 광물이며 양이온 교환능력과 비표면적이 크며 산성 백토라고도 한다.
㉡ 수분상태에 따라 쉽게 팽창 또는 수축하므로 물에 쉽게 분산된다.
㉢ Kaolinite에 비하여 양이온 교환능력이 크다.
㉣ 층 전하는 주로 Mg^{2+}에 의한 Al^{3+}의 동형치환에 의하여 발생한다.
㉤ 비표면적은 $600 \sim 800 \text{m}^2/\text{g}$ 정도이며 양이온 교환용량은 $80 \sim 100(150)$cmolc/kg(Kaolinite 양이온 교환용량 : $3 \sim 15$meg/100g)이다.

12 규산염 광물을 구성하는 화학적 기능기 중 강 염기류가 아닌 것은?

① Al_2O_3 ② CaO

③ K_2O ④ Na_2O

풀이 규산염화합물 분류(화학적 기능기)
ㄱ 규산염 : SiO_2
ㄴ 2, 3산화물류 : Al_2O_3, Fe_2O_3
ㄷ 강염기류 : CaO, MgO, K_2O, Na_2O

13 강수나 관개에 의해 쉽게 용탈되는 질소원은?

① 요소

② 아마이드

③ 질산성 질소

④ 암모니아성 질소

풀이 질소는 매우 유동적인 영양소로서 NO_3^-은 음이온으로 토양 중에서 쉽게 이동할 수 있으며, 작물의 흡수에 더하여 용탈이나 침식현상, 탈진현상 등을 통해 토양에서 쉽게 제거된다.

14 환원토양에서 일어나는 화학반응은?

① $2HNO_3 \rightarrow 2HNO_2 + O_2$

② $2NH_3 + 3O_2 \rightarrow 2HNO_2 + 2H_2O$

③ $CH_3CHCl_2 + H_2O \rightarrow CH_3CCl_2OH + 2H^+ + 2e^-$

④ $RCH_2CHNH_2COOH + H_2O$
$\rightarrow RH + CH_3COCOOH + NH_3$

풀이 탈질작용(환원)
$NO_3 \rightarrow NO_2 \rightarrow NO \rightarrow N_2O \rightarrow N_2$

15 지하수를 통한 이동 시 점토질 토양에서 저감이 이루어지지 않는 화합물은?

① 납   ② 칼슘

③ 요오드   ④ 나트륨

16 질소에 관한 설명으로 옳지 않은 것은?

① 토양 중에 있는 질소의 80~97%가 유기물에 존재한다.

② 질소는 토양이 생성되는 초기 단계에서는 결핍되기 쉬운 영양소이다.

③ 토양 중에 식물이 흡수에 이용할 수 있는 형태의 유기성 질소는 0.2~0.5% 정도다.

④ 대기의 기체 상태의 질소 분자는 토양미생물이나 화학적인 공정을 통하여 고정되어야 식물에 이용될 수 있다.

풀이 질소는 대부분 유기물로 존재하고 식물이 흡수할 수 있는 형태인 무기태 질소는 2~3%에 불과하다.

17 다음 설명에 해당하는 작용은?

배수가 불량한 곳이나 지하수위가 높은 저습지에서 산소의 공급이 불충분하여 토양의 Fe^{3+}이 Fe^{2+}으로 변하는 등의 작용을 통해 토양이 환원되고 표층의 색깔이 담청색 내지 암회색을 띠게 되는 토양의 생성작용이다.

① 석회화 작용(Calcification)

② 회색화 작용(Gleyzation)

③ 포드졸화 작용(Podzolization)

④ 라테라이트화 작용(Lateritization)

풀이 글레이화(Gleyzation) 작용
ㄱ 배수가 불량한 곳이나 지하수위가 높은 저습지에서 산소의 공급이 불충분하여 토양이 환원상태가 되었을 때 Fe^{3+}이 Fe^{2+}으로 환원되어 표층의 색깔이 담청색 내지 녹청색 또는 청회색을 나타내는 글레이층(G층)이 발달하는 토양생성작용이다.
ㄴ 글레이층(G층)은 산화·환원전위가 매우 낮고 치밀하며 다소 점성질이다.

정답 12 ① 13 ③ 14 ① 15 ③ 16 ③ 17 ②

18 모래에 지하수를 장기간 중력 배수시켰을 때, 비산출률이 0.15이고 공극률이 0.53이라면 이 모래의 비보유율은?

① 0.08   ② 0.29

③ 0.38   ④ 0.68

풀이 비보유율 = 공극률 − 비산출률
= 0.53 − 0.15 = 0.38

19 토양의 염류 농도와 관계없는 지표는?

① 전기전도도(EC)

② 산화환원전위(Eh)

③ 나트륨 흡착비(SAR)

④ 교환성 나트륨 퍼센트(ESP)

풀이 토양의 산화환원전위(Eh)는 식물양분의 가급성, 유해물질의 생성 등과 관계가 있고 또한 배수의 필요성을 나타내는 지표로서 토양의 생산력과 관계가 있는 중요한 성질이다.

20 양이온치환용량에 관한 설명으로 옳지 않은 것은?

① 일반적으로 pH가 증가할수록 토양의 양이온치환용량은 증가하게 된다.

② 토양이나 교질물 100g이 보유하고 있는 양전하와 음전하의 수의 합과 같다.

③ 확산이중층 내부의 양이온과 유리양이온이 서로 위치를 바꾸는 현상을 양이온치환이라 하며 이의 크기를 양이온치환용량이라 한다.

④ 일정량의 토양 또는 교질물이 가지고 있는 치환성 양이온의 총량을 당량으로 표시한 것이며, 보통 토양이나 교질물 100g이 보유하는 치환성양이온의 총량을 밀리당량(meq)으로 나타낸다.

풀이 양이온치환용량은 토양이나 교질물 100g이 보유하고 있는 음전하 수와 같다.

2과목   **토양 및 지하수오염조사기술**

21 토양오염공정시험방법상 6가크롬 성분 분석에 관한 설명으로 옳지 않은 것은?

① 자외선/가시선 분광법에 의한 토양 중 6가크롬의 정량한계는 0.5mg/kg이다.

② 토양오염공정시험방법에서 6가크롬 성분은 자외선/가시선 분광법과 유도결합플라스마−원자발광분광법으로 분석한다.

③ 6가크롬에 적용 가능한 시험방법의 정밀도는 측정값의 상대표준편차로 산출하며, 그 값이 30% RSD 이내이어야 한다.

④ 자외선/가시선 분광법은 시료 중에 6가크롬을 디페닐카르바지드와 반응시켜 생성하는 적자색의 착화합물의 흡광도를 540nm에서 측정하여 정량하는 방법이다.

풀이 6가크롬 적용이 가능한 시험방법
　㉠ 자외선/가시선 분광법
　㉡ 이온크로마토그래피−자외선/가시선 분광법

22 0.001N의 NaOH 용액의 pH는?

① 9   ② 10

③ 11   ④ 12

풀이 pH 계산은 항상 M 농도에서 시작한다.
- M 농도 = N 농도 × 가수
  → NaOH의 M = 0.001 × 1 = 0.001(mol/L)
- 100% 전리의 경우 $OH^-(M) = NaOH(M)$이므로
  $[OH^-] = 0.001$mol/L
  $[OH^-][H^+] = 1 \times 10^{-14}$에서 $[H^+] = 1.0 \times 10^{-11}$
  $$pH = \log \frac{1}{1.0 \times 10^{-11}} = 11$$

23 토양오염공정시험방법상 불소에 적용 가능한 시험방법은?

① 원자흡수분광광도법
② 자외선/가시선 분광법
③ 기체크로마토그래피
④ 유도결합플라스마 – 원자발광분광법

풀이 불소 적용이 가능한 시험방법
　　㉠ 자외선/가시선 분광법
　　㉡ 이온전극법

24 과망간산칼륨 10%(W/V) 수용액을 만드는 방법으로 옳은 것은?

① 과망간산칼륨 10g을 물에 녹여 100mL로 만든다.
② 과망간산칼륨 15g을 물에 녹여 100mL로 만든다.
③ 과망간산칼륨 20g을 물에 녹여 100mL로 만든다.
④ 과망간산칼륨 50g을 물에 녹여 100mL로 만든다.

25 토양오염도검사를 위한 수소이온농도, 불소 및 금속류 시험용 시료의 조제방법에 관한 설명으로 옳지 않은 것은?(단, 금속류에서 6가크롬은 제외한다.)

① 분석용 시료는 체거름하기 전 원추법 등에 의해 균일하게 혼합한다.
② 수소이온농도 분석용 시료는 풍건·파쇄한 시료를 10 메시 표준체(눈금간격 2mm)로 체거름하여 조제한다.
③ 불소 분석용 시료는 10 메시 표준체(눈금간격 2mm)로 체거름한 시료를 200 메시 표준체(눈금간격 0.075mm)로 체거름하여 조제한다.
④ 채취한 토양시료는 법랑제 또는 폴리에틸렌제 배트(Vat) 위에 균일한 두께로 하여 직사광선이 닿지 않는 장소에서 통풍이 잘 되도록 펼쳐 놓고 풍건한다.

풀이 분석용 시료는 체거름하기 전 사분법 등에 의해 균일하게 혼합되도록 한 후 조제한다.

26 저장물질이 있는 누출검사대상시설 – 기상부의 시험방법 중 미가압 시험의 판정기준에 관한 설명의 빈칸에 들어갈 값으로 옳은 것은?

미가압 시험 결과, 누출검사대상시설 내의 압력강하량이 (　)mmH₂O를 초과하면 불합격으로 한다.

① 2　　　　　　　② 4
③ 6　　　　　　　④ 8

27 다음 저장물질이 있는 지하매설 저장시설에 대한 기상부 누출검사 적용기준에서 ㉠, ㉡에 들어갈 내용으로 옳은 것은?

미감압 시험의 경우 저장물질이 20℃에서 점도 (㉠) 이하인 물질과 내용적이 (㉡) 미만인 시설에 적용한다.

① ㉠ : 150cSt, ㉡ : 1만 L
② ㉠ : 150cSt, ㉡ : 10만 L
③ ㉠ : 200cSt, ㉡ : 1만 L
④ ㉠ : 200cSt, ㉡ : 10만 L

28 부지 내에서 토양오염을 유발시키는 지상저장시설의 끝단으로부터 수평방향으로 2m 떨어진 지점에서 시료를 채취할 경우 토양시료채취지점의 깊이는?(단, 방유조는 없다.)

① 3m　　　　　　② 4m
③ 5m　　　　　　④ 6m

풀이 채취깊이 $= 2m \times 1.5 = 3m$

29 일반지역(농경지)의 토양시료 채취방법 중 시료채취지점 선정에 관한 내용으로 옳은 것은?

① 대상지역 내에서 나선형으로 5~10개 지점
② 대상지역 내에서 지그재그형으로 5~10개 지점
③ 대상지역에서 대표치를 구할 수 있는 1개 지점
④ 대상지역의 중심 지점과 주변 4방위 총 5개 지점

풀이 일반지역 시료채취지점
- 농경지의 경우는 대상지역 내에서 지그재그형으로 5~10개 지점을 선정한다.
- 공장지역·매립지역·시가지지역 등 농경지가 아닌 기타 지역의 경우는 대상지역의 중심이 되는 1개 지점과 주변 4방위의 5~10m 거리에 있는 1개 지점씩 총 5개 지점을 선정한다.

30 6가크롬의 자외선/가시선 분광법에 사용하는 흡수셀에 관한 설명으로 옳지 않은 것은?

① 따로 흡수셀의 길이를 지정하지 않았을 때는 10mm 셀을 사용한다.
② 시료셀에는 정제수를, 대조셀에는 따로 규정이 없는 한 시험용액을 넣는다.
③ 필요하면 흡수셀에 마개를 하고, 흡수셀에 방향성이 있을 때는 항상 방향을 일정하게 하여 사용한다.
④ 시료액의 흡수파장이 약 370nm 이상일 때는 석영 또는 경질유리 흡수셀을 사용하고 약 370nm 이하일 때는 석영 흡수셀을 사용한다.

풀이 시료셀에는 시험용액을, 대조셀에는 따로 규정이 없는 한 정제수를 넣는다.

31 정량한계 산정식으로 옳은 것은?(단, S=표준편차, X=평균값)

① 정량한계 = $3.3 \times S$
② 정량한계 = $10 \times S$
③ 정량한계 = $(10 \times X)/S$
④ 정량한계 = $(3.3 \times X)/S$

풀이 정량한계(LOQ)
LOQ = 표준편차 × 10

32 토양오염관리대상시설 지역의 토양시료 채취 시 시료 부위의 토양을 한쪽이 터진 10mL 부피의 테플론, 스테인리스, 알루미늄 또는 유리 재질의 주사기 또는 코어샘플러를 사용하여 채취하는 것은?

① 구리
② 불소
③ 트리클로로에틸렌
④ 석유계총탄화수소

풀이 벤젠, 톨루엔, 에틸벤젠, 크실렌, 트리클로로에틸렌, 테트라클로로에틸렌, 1,2-디클로로에탄 시험용 시료의 경우, 시료부위의 토양을 즉시 한쪽이 터진 10mL 부피의 테플론, 스테인리스, 알루미늄 또는 유리 재질의 주사기 또는 코어샘플러를 사용하여 3곳에서 각각 약 2mL씩 채취한 5~10g의 토양을 미리 준비한 시험관에 넣고, 마개로 막아 밀봉한 후 0~4℃의 냉장상태로 실험실로 운반한다.

33 금속류의 유도결합플라스마-원자발광분광법에 관한 설명으로 옳지 않은 것은?

① 플라스마의 최고온도는 5,000℃에 이른다.
② 들뜬 원자가 바닥상태로 이동할 때 방출하는 발광선 및 발광강도를 측정한다.
③ 사용하는 아르곤 가스는 액화 또는 압축 아르곤으로서 순도 99.99% 이상의 순도를 갖는 것이어야 한다.
④ 표준원액은 최대 1년까지 사용할 수 있으나, 10mg/L 이하의 표준용액은 최소한 1개월마다 새로 조제해야 한다.

풀이 유도결합플라스마 발광광도법
시료를 고주파유도코일에 의하여 형성된 아르곤 플라스마에 주입하여 6,000~8,000K에서 들뜬 원자가 바닥상태로 이동할 때 방출하는 발광선 및 발광강도를 측정하여 원소의 정성 및 정량 분석을 수행한다.

34 토양시료 채취 후 시료의 조제방법 중 수소이온 농도, 불소 및 금속류 시험용 시료조제에 관한 다음 설명의 빈칸에 들어갈 내용으로 옳은 것은?

풍건시료 사용이 곤란한 경우, 수분 흡수와 오염 유발의 위험성이 없는 넓은 용기에 5cm 이하의 두께로 토양시료를 편 다음, 건조기(40℃ 이하)에서 토양시료의 총 무게손실이 (   ) 이하일 때까지 건조한 후 해당 분석용 시료로 조제한다.

① 4시간 동안 5%(중량 기준)
② 8시간 동안 5%(중량 기준)
③ 12시간 동안 5%(중량 기준)
④ 24시간 동안 5%(중량 기준)

35 토양오염공정시험기준상 함량분석을 위한 전처리방법이 다른 중금속은?

① 구리   ② 아연
③ 카드뮴   ④ 6가크롬

풀이 시안, 6가크롬 및 유기물질 시험용 시료는 채취지점에서 채취한 토양시료에서 돌, 나무 등 협잡물을 제거한 후 분석용 시료로 한다.

36 검량선에서 얻어진 경유 성분의 검출량이 305.5ng일 때, 토양 중 TPH(석유계총탄화수소) 농도(mg/kg)는 약 얼마인가?(단, 수분보정한 토양무게 : 20.5g, 용매의 최종액량 : 2mL, 검액의 주입량 : 2μL로 희석하지 않았다고 가정한다.)

① 12.6   ② 14.9
③ 18.7   ④ 20.5

풀이 농도(mg/kg) $= \dfrac{A_s \times V_f \times D}{W_d \times V_i}$

$= \dfrac{305.5 \times 2}{20.5 \times 2}$

$= 14.9\,\text{mg/kg}$

37 토양오염공정시험기준상 누출검사대상시설에 관한 설명으로 옳지 않은 것은?

① "부속배관"이라 함은 누출검사대상시설에 용접 또는 나사조임방식으로 직접 연결되는 배관을 말한다.
② "지하매설배관"이라 함은 부속배관의 경로 중 지하에 매설되어 누출여부를 육안으로 직접 확인할 수 없는 배관을 말한다.
③ "누출검지관"이라 함은 가스의 누출여부를 누출검사대상시설 내부에서 직접 또는 간접적으로 확인하기 위해 설치된 관을 말한다.
④ "배관접속부"라 함은 누출검사대상시설과 부속배관, 부속배관과 배관을 연결하기 위하여 용접접합 또는 나사조임방식 등으로 접속한 부분을 말한다.

풀이 누출검지관
액체의 누출여부를 누출검사대상시설 외부에서 직접 또는 간접적으로 확인하기 위해 설치된 관을 말한다.

38 토양오염공정시험기준상 용어에 대한 설명으로 옳지 않은 것은?

① 가스체의 농도는 표준상태(0℃, 1기압, 상대습도 0%)로 환산 표시한다.
② 방울수라 함은 20℃에서 정제수 20방울을 적하할 때, 그 부피가 약 1mL가 되는 것을 뜻한다.
③ 감압 또는 진공이라 함은 따로 규정이 없는 한 15mmH₂O 이하를 말한다.
④ "약"이라 함은 기재된 양에 대하여 ±10% 이상의 차가 있어서는 안 된다.

풀이 진공(감압)이라 함은 따로 규정이 없는 한 15mmHg 이하를 말한다.

39 토양오염공정시험방법상 유기인화합물의 기체크로마토그래피법에서 유기화합물 및 유기질소화합물의 선택적 검출에 사용할 수 있는 검출기가 아닌 것은?

① 질소인검출기(NPD)
② 불꽃광도검출기(FPD)
③ 열전도도검출기(TCD)
④ 불꽃열이온검출기(FTD)

풀이 유기인화합물 – 기체크로마토그래피 사용 검출기
ㄱ 질소인검출기(NPD)
ㄴ 불꽃광도검출기(FPD)
ㄷ 전자포착검출기(ECD)
ㄹ 불꽃열이온검출기(FTD)

40 금속류의 원자흡수분광광도법에 관한 설명으로 옳지 않은 것은?

① 원자흡수분광광도계는 일반적으로 광원부, 시료원자화부, 파장선택부, 측광부로 구성되어 있다.
② 시료 중 칼륨, 나트륨, 리튬, 세슘과 같이 쉽게 이온화되는 원소가 1,000mg/L 이상의 농도로 존재할 때에는 금속 측정을 간섭한다.
③ 원자흡수분광광도계에 사용하는 광원은 원자흡광 스펙트럼의 선폭보다 넓은 선폭을 가지고 휘도가 낮은 스펙트럼을 방사하는 램프를 사용한다.
④ 어떠한 종류의 불꽃이라도 가연성 가스와 조연성 가스의 혼합비는 감도에 크게 영향을 주므로, 금속의 종류에 따라 회적혼합비를 선택하여 사용한다.

풀이 광원램프
원자흡수분광광도계에 사용하는 광원으로 좁은 선폭과 높은 휘도를 갖는 스펙트럼을 방사하는 속빈음극램프를 사용한다.

3과목 **토양 및 지하수오염정화기술**

41 투수성 반응벽체에 관한 설명으로 옳지 않은 것은?

① 오염물질을 주변의 흐름에 의존하여 처리지대로 이동시킨다.
② 대수층의 투수성이 낮고 오염 심도가 낮은 경우에 주로 채택하는 기술이다.
③ 오염지역 밖으로 지하수의 이동을 막는 기술이다.
④ 용존성의 오염물질은 반응물질이 충진된 벽체를 통과하면서 처리된다.

풀이 반응성 투수벽체는 원위치 오염방지 구조물이며 오염된 지하수의 흐름은 유지하면서 오염물질만 이동을 방지·제거한다. 즉, 오염지역 밖으로 지하수의 이동을 막는 것이 아니라 오염물질만의 이동을 막는다.

42 열탈착기술의 적용이 적합하지 않은 오염물질은?

① 중유   ② 크롬
③ 윤활유   ④ VOC

풀이 열탈착기술은 무기물질(중금속) 및 방사성 물질을 제외한 대부분의 석유계 화합물의 처리에 유용하며 오염토양 내에 납 등 중금속이 포함된 경우 후단처리 시설에 주의를 요한다.

43 오염토양의 생물학적 처리에 필요한 환경조절인자 중 전자수용체가 아닌 것은?

① 용존산소   ② Fe(III)
③ NO_3^- ④ Cl^-

풀이 생분해 반응의 전자수용체
ㄱ 산소
ㄴ 과산화수소
ㄷ 질산이온(NO_3^-), 황산이온(SO_4^{2-})
ㄹ Fe(III)

44 오염물질과 그에 적합한 처리기술의 연결이 옳지 않은 것은?

① 페놀 – 동전기법
② 벤젠 – 토양증기추출법
③ PCBs – 토양증기추출법
④ 방사성물질 – 고형화/안정화법

풀이 PCBs – 열탈착기술

45 군 사격장으로 사용하던 지역의 토양이 TNT와 RDX로 오염된 경우, 이 오염토양의 정화에 활용 가능한 효소는?

① Nitrilase
② Peroxidase
③ Dehalogenase
④ Nitroreductase

풀이 식물정화에 중요한 역할을 하는 효소와 분해되는 오염물질

효소	분해되는 오염물질
Dehalogenase	염소계 유기용매(TCE), 에틸렌 함유 화합물 (Hexachloroethane)
Laccase	Aminotoluene, 탄약폐기물
Nitroreductase	TNT, RDX
Nitrilase	제초제(Atrazine)
Peroxidase	페놀
Phosphatase	살충제(유기인계)

46 중금속으로 오염된 토양의 정화대책에 관한 설명으로 옳지 않은 것은?

① 해바라기를 이용하여 토양 중의 납을 흡수 제거할 수 있다.
② 토양세척공법을 적용하여 토양 중의 중금속을 분리 및 회수할 수 있다.
③ 석회질 자재를 투여하여 pH를 낮출 경우 Cu, Cd, Zn, Mn, Fe 등은 수산화물로 침전된다.
④ 인산 자재를 투여하면 Cr, Pb, Zn, Cd, Fe, Mn 등과 반응하여 난용성 인산염을 생성한다.

풀이 석회질 자재를 투여하여 토양의 pH를 높여 중금속 (Cu, Cd, Zn, Mn, Fe 등)을 수산화물로 침전시킨다.

47 투수성 반응벽에서 영가철(Fe^0)을 사용하여 TCE, PCE 등의 염화유기화합물을 제거할 때 작용하는 반응기작은?

① $Fe^0 + RCl + Cl^- + 2H^+ \rightarrow Fe^{2+} + RH + H^+ + 2Cl^-$
② $Fe^0 + RCl + 2OH^- \rightarrow Fe^{2+} + RH_2 + \frac{1}{2}Cl_2 + 2O^{2-}$
③ $Fe^0 + RCl + OH^- \rightarrow Fe^{2+} + RH + Cl^- + O^{2-}$
④ $Fe^0 + RCl + H^+ \rightarrow Fe^{2+} + RH + Cl^-$

풀이 영가철(Fe^0)의 염화유기화합물(TCE, PCE 등) 제거 반응기작(탈염소화 반응)

- $Fe^0 \rightarrow Fe^{2+} + 2e^-$
  [호기성 조건에서 Fe^{2+}로 산화되어 전자방출]
- $R - Cl + 2e^- + H^+ \rightarrow R - H + Cl^-$
  [전자수용체로서 전자를 받은 염소계 화합물의 탈염소화 과정]
- $Fe^0 + RCl + H^+ \rightarrow Fe^{2+} + RH + Cl^-$

48 CFSTR 반응기에 500L/min의 슬러리가 유입된다. 이 반응기를 사용하여 슬러리의 TPH 농도를 1,200mg/kg에서 50mg/kg로 저감하고자 할 때, 필요한 반응조의 크기(L)는?(단, 반응속도상수는 0.25/min이고, 정상상태기준, TPH는 1차 반응에 의해 분해된다.)

① 36,000
② 46,000
③ 56,000
④ 66,000

풀이 반응조의 크기(L)
$= t \times Q$

1차 반응식 $\frac{C}{C_o} = \frac{1}{1+kt}$

$\frac{50}{1,200} = \frac{1}{1+(0.25/min \times t)}$

$t = 92min$
$= 92min \times 500L/min = 46,000L$

정답 44 ③ 45 ④ 46 ③ 47 ④ 48 ②

49 그림에서 나타내는 오염토양 정화기술은?

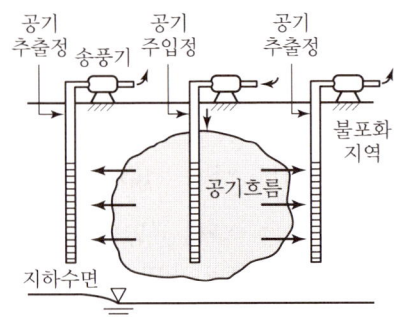

① Bioventing
② Air Sparging
③ Natural Attenuation
④ Electrokinetic Separation

50 열탈착기술의 특징으로 옳지 않은 것은?

① 부지 내·외 처리가 가능하다.
② 고농도 Hot Spot의 처리가 가능하다.
③ 유기염소, 유기인 살충제를 검출한계 이하로 제거할 수 있다.
④ 전처리 없이 수분함량이 높은 오염토양의 처리가 가능하다.

풀이 열탈착법은 처리 토양 내의 수분이 많으면 전처리를 통하여 수분함량을 낮추어야 한다.

51 Air Sparging에 관한 설명으로 옳지 않은 것은?

① 피압대수층에 적용이 유리하다.
② 오염물질의 용해도가 낮을수록 적용이 유리하다.
③ 오염물질이 호기 상태에서 생분해가 잘 될수록 적용이 유리하다.
④ 공기 주입으로 인한 기질(매질)의 변화로 주변 구조물의 안정성에 영향을 줄 수 있다.

풀이 Air Sparging은 오염 확산의 위험이 있는 피압대수층에서는 적용할 수 없다.

52 2mg의 벤젠(C_6H_6)을 호기성상태에서 분해할 때 필요한 이론산소의 양(mg)은 약 얼마인가?

① 4.6
② 5.4
③ 6.2
④ 7.6

풀이 $C_6H_6 + 7.5O_2 \rightarrow 6CO_2 + 3H_2O$
78g : 7.5×32g
2mg/L : O_o(mg)

$$O_o(mg/L) = \frac{2mg/L \times (7.5 \times 32)g}{78g}$$

$$= 6.15mg$$

53 생물학적 복원기법의 복원효율을 향상시키기 위해 산소를 주입할 때, 주입방법으로 적절하지 않은 것은?

① 공기 주입
② 오존(O_3) 주입
③ 압축산소 주입
④ 과산화수소(H_2O_2) 주입

풀이 생물학적 복원기법에서 호기성 조건을 위하여 산소를 주입하게 되는데, 적정한 산소주입방법에는 대기 중의 공기 주입, 압축산소 주입, 과산화수소(H_2O_2) 주입 등이 있으며, 이 중 미생물에 의한 호흡과정에서 같은 양이 사용되는 경우 전자수용체로서 가장 효율이 높은 물질은 과산화수소이다.

54 Bioventing의 적용가능성을 파악하기 위해 공극률이 40%인 토양 1,000m³에 1,000m³/d의 공기를 주입했다. 주입공기의 산소농도가 21%, 배기가스의 산소농도가 12%일 때, 평균산소소모율(% O_2/d)은?

① 22.5
② 25.5
③ 31.5
④ 35.5

풀이 산소소모율($\%O_2$/day)

$$= \frac{Q(C_o - C_f)}{V \times P}$$

$$= \frac{1,000\text{m}^3/\text{day} \times (21 - 12)\%O_2}{1,000\text{m}^3 \times 0.4}$$

$$= 22.5\%O_2/\text{day}$$

55 오염지하수 내에 존재하는 벤젠의 확산계수가 1.02×10^{-5}cm²/s일 때, 오염지하수 내에 존재하는 톨루엔의 확산계수는 약 얼마인가?(단, $D_1/D_2 = (MW_2/MW_1)^{0.5}$, D=확산계수, MW=물질의 분자량이다.)

① 0.934×10^{-5}
② 0.939×10^{-5}
③ 0.944×10^{-5}
④ 0.949×10^{-5}

풀이 $\dfrac{D_1}{D_2} = \left(\dfrac{MW_2}{MW_1}\right)^{0.5}$

$$\frac{1.02 \times 10^{-5}}{D_2} = \left(\frac{92}{78}\right)^{0.5}$$

D_2(톨루엔 확산계수)$= 0.939 \times 10^{-5}$cm²/sec

56 토양증기추출법에 관한 설명으로 옳지 않은 것은?

① 증기압이 낮은 오염물질의 제거효율이 낮다.
② 지반구조가 복잡하므로 총 처리시간을 예측하기 어렵다.
③ 굴착이 필요하지 않아 오염되지 않은 토양과 혼합될 확률이 낮다.
④ 추출된 기체를 처리하기 위한 별도의 대기오염 방지시설이 필요 없다.

풀이 토양증기추출법의 장단점
  1. 장점
    ㉠ 기계 및 장치요소가 간단하다.
    ㉡ 유지 및 관리비용이 저렴하다.
    ㉢ 일반적으로 널리 사용되는 장치 및 재료로도 충분히 가능하다.
    ㉣ 단기간 내에 설치 가능하다.
    ㉤ 즉시 복원 효율에 대한 결과를 얻을 수 있다.
    ㉥ 다른 시약이 필요 없다.
    ㉦ 영구적인 재생이 가능하다.
    ㉧ 굴착이 필요 없어 오염되지 않은 토양과 혼합될 우려가 없다.
    ㉨ 처리시간이 짧다.
    ㉩ 빌딩이나 다른 구조물 밑의 토양도 재생할 수 있으며, 생물학적 처리효율을 높여주는 역할을 한다.
    ㉪ 지하수의 깊이에 제한을 받지 않는다.
  2. 단점
    ㉠ 증기압이 낮은 오염물질은 제거효율이 낮다.
    ㉡ 토양층이 치밀하여 기체흐름이 어려운 곳에서는 사용이 곤란하다. 즉, 투과성이 낮은 토양에서는 효과가 낮다.
    ㉢ 추출된 기체의 처리를 위한 대기오염 방지시설이 필요하다.
    ㉣ 오염물질의 독성은 변화가 없다.(독성이 잔존함)
    ㉤ 불포화대수층에만 적용 가능, 즉 지역이 제한되어 있다.
    ㉥ 지반구조가 복잡하므로 총 처리시간을 예측하기가 어렵다.
    ㉦ 방출된 공기를 처리하기 위한 공정과 방출가스 처리에 사용된 물질의 처리부담이 있다.

57 Biosparging에 관한 설명으로 옳지 않은 것은?

① 지층이 층상구조를 이룰 때 적용이 유리하다.
② 지하수의 용존 Fe^{2+} 농도가 높은 경우 적용이 적합하지 않다.
③ 불포화토양층 내에서의 유량은 토양 내에서 충분한 체류시간을 갖도록 해야 한다.
④ 토양의 수평방향 수리전도도가 수직방향 수리전도도보다 훨씬 크다면 공급되는 공기가 오염물질을 수평방향으로 넓게 퍼뜨릴 수 있다.

풀이 Biosparging은 층상구조가 발달된 지역에서는 오염물질이 확산될 우려가 있다.

58 열탈착기술에 관한 설명으로 옳지 않은 것은?

① 오염기간이 긴 오염매체일수록 탈착이 어렵다.

② 유기물질의 분자량이 클수록 탈착이 빠르게 일어난다.

③ 비공극성 입자의 경우 초기에 탈착이 빠르게 일어난다.

④ 유기물질의 휘발성이 낮을수록 탈착이 느리게 일어난다.

풀이 열탈착기술에서 오염물질의 특성에 따른 탈착속도

ㄱ 유기물질의 분자량이 클수록 탈착속도가 느리다.

ㄴ 오염기간이 짧을수록 탈착속도가 빠르다.(오염기간이 긴 오염매체일수록 탈착이 어렵다.)

ㄷ 유기물질의 휘발성이 낮을수록 탈착속도가 느리다.

ㄹ 비공극성 입자의 경우 탈착속도는 초기에 크고 빠르게 일어난다.

ㅁ 토양층이 깊어질수록 탈착속도는 감소한다.

59 토양경작법에 관한 설명으로 옳지 않은 것은?

① 고농도의 중금속으로 오염된 토양을 처리하는 데 적합하다.

② 분해가 어려운 물질을 완전하게 제거하기 위해서는 많은 시간이 필요하다.

③ 유기용매가 대기 중으로 방출되어 대기를 오염시키기 때문에 방출되기 전에 미리 처리해야 한다.

④ 겨울철과 같이 기온이 낮아지는 경우에는 미생물의 활성도가 급격히 떨어져 처리효율이 낮아진다.

풀이 토양경작법은 유류성분의 경우 고농도보다는 저농도오염에 효과적이다.

60 오염된 지하수의 TCE 농도를 환경기준 이하로 낮추기 위해서는 1.4mg/L · min의 오존으로 1시간 동안 처리해야 했다. 지하수의 유량이 1,700L/min이고 지하수의 TCE 농도가 150mg/L일 때, 처리에 필요한 최소 오존량(kg/d)은 약 얼마인가?

① 206
② 236
③ 276
④ 296

풀이 오존량(kg/day)

$$= 1.4mg/L \cdot min \times 60min \times 1,700L/min$$
$$\times 60min/hr \times 24hr/day \times 10^{-6}kg/mg$$
$$= 205.63kg/day$$

4과목 **토양 및 지하수환경 관계법규**

61 토양환경보전법규상 환경부장관이 고시하는 측정망설치계획에 포함되어야 하는 사항이 아닌 것은?

① 측정망 배치도

② 측정망 설치시기

③ 측정항목 및 기준

④ 측정지점의 위치 및 면적

풀이 측정망설치계획 포함사항

ㄱ 측정망 설치시기

ㄴ 측정망 배치도

ㄷ 측정지점의 위치와 면적

62 토양환경보전법령상 용어의 정의로 옳지 않은 것은?

① 특정토양오염관리대상시설 : 토양을 현저하게 오염시킬 우려가 있는 토양오염관리대상시설로서 환경부령으로 정하는 것을 말한다.

② 토양오염 : 사업활동이나 그 밖의 사람의 활동에 의해 토양이 오염되는 것으로서 사람의 건강·재산이나 환경에 피해를 주는 상태를 말한다.

③ 토양정화 : 생물학적인 방법을 사용하여 토양 중의 오염물질을 감소·제거하거나 토양 중의 오염물질에 의한 위해를 완화하는 것을 말한다.

④ 토양오염관리대상시설 : 토양오염물질의 생산·운반·저장·취급·가공 또는 처리 등으로 토양을 오염시킬 우려가 있는 시설·장치·건물·구축물 및 그 밖에 환경부령으로 정하는 것을 말한다.

풀이 토양정화

생물학적 또는 물리적·화학적 처리 등의 방법으로 토양 중의 오염물질을 감소·제거하거나 토양 중의 오염물질에 의한 위해를 완화하는 것을 말한다.

63 토양환경보전법령상 누출검사수수료에 관한 다음 내용의 빈칸에 들어갈 내용으로 옳은 것은?

배관부의 누출검사수수료는 배관 (   )을 기준으로 산정되는 기본수수료와 배관 $1m^3$당 산정되는 체적수수료를 합한 것으로 한다.

① 1기   ② 1m
③ $1m^2$ ④ 1라인

풀이 누출검사수수료

1. 배관부의 누출검사수수료는 배관 1라인(시점 및 종점)을 기준으로 산정된 기본수수료와 체적수수료를 합한 것으로 한다.

2. 같은 사업장에 2개 이상의 저장탱크가 설치되어 있어 동시에 검사가 가능한 경우의 검사수수료는 1개의 저장탱크에 대하여 개별 산정된 검사수수료에 다음 각 목의 검사수수료를 합한 것으로 한다.
   ㉠ 1개를 초과하는 탱크부에 대하여 개별 산정된 검사수수료의 25퍼센트
   ㉡ 1개를 초과하는 배관부에 대하여 개별 산정된 검사수수료의 30퍼센트

3. 도서지역(낙도)의 경우 「공무원여비규정」에 준하는 출장비를 추가할 수 있다.

64 토양환경보전법령상 토양관련전문기관의 결격사유에 해당하지 않는 자는?

① 피성년후견인 또는 피한정후견인

② 파산선고를 받고 복권된 후 2년이 지나지 아니한 자

③ 토양환경보전법을 위반하여 징역 이상의 실형을 선고받고 그 집행이 끝나거나 면제된 날부터 2년이 지나지 아니한 자

④ 토양오염조사기관으로 지정된 후 토양정화업을 겸업하여 토양관련전문기관의 지정이 취소된 후 2년이 지나지 아니한 자

풀이 토양관련전문기관의 결격사유

㉠ 피성년후견인 또는 피한정후견인
㉡ 파산선고를 받고 복권되지 아니한 사람
㉢ 지정이 취소된 후 2년이 지나지 아니한 자
㉣ 이 법을 위반하여 징역 이상의 실형을 선고받고 그 집행이 끝나거나(집행이 끝난 것으로 보는 경우를 포함한다) 면제된 날부터 2년이 지나지 아니한 사람
㉤ 임원 중에 ㉠부터 ㉣까지의 어느 하나에 해당하는 사람이 있는 법인

정답 62 ③   63 ④   64 ②

65 토양환경보전법규상 토양정화업자의 준수사항으로 옳지 않은 것은?

① 토양정화업자는 매년 1월 31일까지 전년도의 토양정화실적을 시·도지사에게 보고하여야 한다.

② 오염토양을 운반하는 때에는 오염토양이 흩날리지 않도록 하여야 하며, 침출수가 유출되지 아니하도록 하여야 한다.

③ 다른 자에게 자기의 성명 또는 상호를 사용하여 토양정화업을 하게 하거나 등록증을 다른 자에게 빌려주어서는 아니 된다.

④ 특별재난지역으로 선포되어 긴급한 토양정화가 필요한 경우에도 토양정화를 위하여 도급받은 공사를 일괄하여 하도급하여서는 아니 된다.

풀이 토양정화업자는 토양정화를 위하여 도급받은 공사(이하 "토양정화공사"라 한다)를 일괄하여 하도급하거나 토양정화공사 중 토양정화와 직접 관련되는 공사로서 대통령령으로 정하는 공사를 하도급하여서는 아니 된다. 다만, 천재지변 등 대통령령으로 정하는 불가피한 사유가 발생하였을 경우에는 그러하지 아니하다.

66 지하수법령상 지하수의 체계적인 개발·이용 및 효율적인 보전·관리를 위해 지하수관리기본계획을 수립할 때, 포함되지 않는 것은?

① 지하수의 이용실태

② 지하수의 보전계획

③ 지하수의 조사에 관한 투자계획

④ 지하수의 수질관리 및 정화계획

풀이 지하수관리기본계획의 포함사항
  ㉠ 지하수의 부존 특성 및 개발 가능량
  ㉡ 지하수의 이용실태
  ㉢ 지하수의 이용계획
  ㉢의2 유출지하수의 관리 및 이용계획
  ㉢의3 지하수열의 이용활성화 및 연구개발추진계획
  ㉣ 지하수의 보전계획
  ㉤ 지하수의 수질관리 및 정화계획
  ㉥ 그 밖에 지하수의 관리에 관한 사항

67 토양환경보전법령상 토양오염방지시설의 권장 설치·유지·관리 기준에 관한 다음 내용의 빈칸에 들어갈 내용으로 옳은 것은?

정기점검은 (　　　) 이상 실시해야 한다.

① 매주 1회

② 매월 1회

③ 매분기 1회

④ 매년 1회

68 토양환경보전법령상 토양관련전문기관 또는 토양정화업의 기술인력 교육에 관한 다음 내용의 빈칸에 들어갈 말로 옳은 것은?

토양관련전문기관 또는 토양정화업의 기술인력은 신규교육을 받은 날을 기준으로 (　　　) 보수교육을 이수해야 한다.

① 2년마다 8시간

② 2년마다 24시간

③ 5년마다 8시간

④ 5년마다 24시간

풀이 1. 토양관련전문기관 또는 토양정화업의 기술인력은 다음의 구분에 따라 국립환경인재개발원장이 개설하는 토양환경관리의 교육과정을 이수하여야 한다.
  ㉠ 신규교육 : 토양관련전문기관 또는 토양정화업 분야의 기술인력으로 최초로 종사한 날부터 1년 이내에 18시간
  ㉡ 보수교육 : 신규교육을 받은 날을 기준으로 5년마다 8시간
2. 교육은 집합교육 또는 원격교육으로 한다.

69 토양환경보전법령상 토양오염조사기관의 장비·기술인력에 관한 지정기준으로 옳지 않은 것은?

① 퍼지·트랩장치 또는 가스크로마토그래프 질량분석기 중 1대를 구비해야 한다.
② 기사는 해당 분야의 산업기사 자격취득 후 토양 관련 분야 또는 해당 전문기술 분야에서 4년 이상 종사한 사람으로 대체할 수 있다.
③ 누출검사기관이 토양오염조사기관으로 지정받으려는 경우 기술인력은 토양오염조사기관 지정에 필요한 기술인력의 2분의 1 이상을 확보해야 한다.
④ 박사 또는 기술사는 해당 분야의 기사 자격취득 후 토양 관련 분야 또는 해당 전문기술 분야에서 5년 이상 종사한 사람으로 대체할 수 있다.

풀이 토양오염조사기관(장비)

번호	장비명	수량 (단위 : 대)
1	흡광광도계(UV/Vis Spectrophotometer)	1
2	원자흡광광도계(Atomic Absorption Spec-trophotometer) 또는 유도결합플라즈마광도계(Inductively Coupled Plasma)	1
3	퍼지·트랩장치(Purge & Trap)	1
4	가스크로마토그래프 전자포획기(GC/ECD)	1
5	가스크로마토그래프 질량분석기(GC/MSD)	1
6	가스크로마토그래프 불꽃이온화검출기(GC/FID)	1
7	초음파 추출장치(Ultrasonic Disruptor)	1
8	자가동력시추기(타격식이나 나선형식으로 시추 깊이가 최소 6미터 이상일 것)	1
9	그 밖에 토양시료를 채취하여 분석하는 데 필요한 장비	

70 토양환경보전법령상 환경부장관, 시·도지사 또는 시장·군수·구청장이 청문을 실시해야 하는 처분은?

① 토양정화업의 등록취소
② 오염된 토양의 정화 조치
③ 토양오염유발시설의 이전
④ 토양관련전문기관에 대한 업무정지

풀이 환경부장관, 시·도지사 또는 시장·군수·구청장의 청문대상
  ㉠ 시설의 철거명령
  ㉡ 토양관련전문기관의 지정취소
  ㉢ 토양정화업의 등록취소

71 지하수법령상 정화계획의 승인 또는 변경승인을 받지 않고 정화를 실시한 자에 대한 벌칙 기준은?

① 300만 원 이하의 과태료
② 500만 원 이하의 과태료
③ 1년 이하의 징역 또는 1천만 원 이하의 벌금
④ 2년 이하의 징역 또는 2천만 원 이하의 벌금

풀이 「지하수법」 제37조의3 참조

72 토양환경보전법령상 토양오염조사기관이 수행하는 업무가 아닌 것은?(단, 그 밖에 토양오염 현황을 파악하기 위해 실시하는 조사는 제외한다.)

① 토양정밀조사
② 토양오염도검사
③ 토양정화의 검증
④ 누출조사 및 검사

풀이 토양오염조사기관이 수행하는 업무
  ㉠ 토양정밀조사
  ㉡ 토양오염도검사
  ㉢ 토양정화의 검증
  ㉣ 오염토양 개선사업의 지도·감독

73 토양환경보전법령상 토양정밀조사를 실시할 수 있는 지역이 아닌 것은?

① 상시측정의 결과 우려기준을 넘는 지역
② 토양오염실태조사 결과 우려기준을 넘는 지역
③ 폐금속광산지역 및 폐기물매립지 주변으로 토양오염의 가능성이 큰 지역
④ 토양오염사고가 발생한 지역으로 환경부장관이 우려기준을 넘을 가능성이 크다고 인정하는 지역

풀이 1. 상시측정의 결과 우려기준을 넘는 지역
2. 토양오염실태조사의 결과 우려기준을 넘는 지역
3. 다음 각 목의 어느 하나에 해당하는 지역으로서 환경부장관, 시·도지사 또는 시장, 군수, 구청장이 우려기준을 넘을 가능성이 크다고 인정하는 지역
   ㉠ 토양오염사고가 발생한 지역
   ㉡ 「산업입지 및 개발에 관한 법률」에 따른 산업단지(농공단지는 제외한다)
   ㉢ 「광산피해의 방지 및 복구에 관한 법률」에 따른 폐광산(廢鑛山)의 주변지역
   ㉣ 「폐기물관리법」 제2조제8호에 따른 폐기물처리시설 중 매립시설과 그 주변지역
   ㉤ 그 밖에 환경부령으로 정하는 지역

74 토양환경보전법규상 토양오염물질의 토양오염대책기준으로 옳지 않은 것은?(단, 1지역을 기준으로 한다.)

① 시안 : 10mg/kg
② 구리 : 450mg/kg
③ 비소 : 75mg/kg
④ 카드뮴 : 12mg/kg

풀이 **토양오염 대책기준**(단위 : mg/kg)

물질	1지역	2지역	3지역
카드뮴	12	30	180
구리	450	1,500	6,000
비소	75	150	600
수은	12	30	60
납	600	1,200	2,100
6가크롬	15	45	120
아연	900	1,800	5,000
니켈	300	600	1,500

물질	1지역	2지역	3지역
불소	2,400	3,900	6,000
유기인화합물	–	–	–
폴리클로리네이티드비페닐	3	12	36
시안	5	5	300
페놀	10	10	50
벤젠	3	3	9
톨루엔	60	60	180
에틸벤젠	150	150	1,020
크실렌	45	45	135
석유계 총 탄화수소 (TPH)	2,000	2,400	6,000
트리클로로에틸렌 (TCE)	24	24	120
테트라클로로에틸렌 (PCE)	12	12	75
벤조(a)피렌	2	6	21

75 토양환경보전법규상 토양보전대책지역 지정표지판에 관한 내용으로 옳지 않은 것은?

① 표지판은 사방에서 잘 보이는 곳에 견고하게 설치해야 한다.
② 표지판의 규격은 가로 3m, 세로 2m, 높이 1.5m 이상으로 해야 한다.
③ 표지판에 표지되어야 하는 토양보전대책지역 내역에는 주소, 면적, 인구수가 있다.
④ 표지판에는 지정목적, 지정일자, 토양보전대책지역 안에서 제한되는 행위가 포함되어야 한다.

풀이 **토양보전대책지역 지정표지판**

1. 지정목적
2. 지정일자 :   년   월   일
3. 토양보전대책지역 안에서 제한되는 행위
4. 토양보전대책지역 내역
   가. 주소
   나. 면적
   다. 약도

※ 비고
1. 표지판의 규격은 가로 3미터, 세로 2미터, 높이 1.5미터 이상으로 하여야 한다.
2. 글자는 페인트 등을 사용하여 지워지지 아니하도록 하여야 한다.

3. 약도는 표지판 설치 위치에서 방향 및 지점 등을 누구나 알 수 있도록 작성하여야 한다.

4. 표지판은 사방에서 잘 보이는 곳에 견고하게 설치하여야 한다.

76 토양환경보전법령상 토양오염물질이 아닌 것은?

① 다이옥신
② 유기인화합물
③ 수은 및 그 화합물
④ 대장균 등 유해미생물

풀이 [별표 1] 토양오염물질

> 1. 카드뮴 및 그 화합물
> 2. 구리 및 그 화합물
> 3. 비소 및 그 화합물
> 4. 수은 및 그 화합물
> 5. 납 및 그 화합물
> 6. 6가 크롬화합물
> 7. 아연 및 그 화합물
> 8. 니켈 및 그 화합물
> 9. 불소화합물
> 10. 유기인화합물
> 11. 폴리클로리네이티드비페닐
> 12. 시안화합물
> 13. 페놀류
> 14. 벤젠
> 15. 톨루엔
> 16. 에틸벤젠
> 17. 크실렌
> 18. 석유계 총 탄화수소
> 19. 트리클로로에틸렌
> 20. 테트라클로로에틸렌
> 21. 벤조(a)피렌
> 22. 1,2-디클로로에탄
> 23. 다이옥신(퓨란을 포함한다)
> 24. 기타 위 물질과 유사한 토양오염물질로서 토양오염의 방지를 위하여 특별히 관리할 필요가 있다고 인정되어 환경부장관이 고시하는 물질

77 토양환경보전법령상 환경부장관이 유역환경청장 또는 지방환경청장에게 권한을 위임하는 사항이 아닌 것은?

① 토양오염 대책지역의 지정
② 측정망의 설치 및 상시측정
③ 토양환경평가기관의 지정 및 공고
④ 토양환경평가기관의 지정취소에 대한 청문

풀이 환경부장관은 다음의 권한을 유역환경청장 또는 지방환경청장에게 위임한다.
  ㉠ 측정망의 설치 및 상시측정
  ㉡ 토양정밀조사
  ㉢ 토지 등의 수용 또는 사용
  ㉣ 토양환경평가기관의 지정 및 공고
  ㉤ 토양환경평가기관에 대한 행정처분
  ㉥ 토양환경평가기관의 지위승계 신고의 접수ㆍ처리
  ㉦ 토양환경평가기관에 대한 보고ㆍ자료제출 요구 및 검사
  ㉧ 토양환경평가기관의 지정취소에 대한 청문
  ㉨ 과태료의 부과ㆍ징수

78 토양환경보전법규상 시장ㆍ군수ㆍ구청장이 오염토양개선사업의 전부 또는 일부의 실시를 그 정화책임자에게 명할 때, 실시명령을 이행하지 않은 자가 받는 벌칙 기준은?

① 1년 이하의 징역 또는 1천만 원 이하의 벌금
② 2년 이하의 징역 또는 2천만 원 이하의 벌금
③ 3년 이하의 징역 또는 3천만 원 이하의 벌금
④ 5년 이하의 징역 또는 5천만 원 이하의 벌금

풀이 「토양환경보전법」 제28조 참조

정답 76 ④ 77 ① 78 ④

79 토양환경보전법령상 오염토양개선사업의 종류가 아닌 것은?(단, 특별자치시장·특별자치도지사·시장·군수·구청장이 필요하다고 인정하는 사업에 해당하지 않을 경우이다.)

① 오염된 수로의 준설사업
② 오염토양의 정밀조사사업
③ 오염토양의 위생적 매립·정화사업
④ 오염물질의 흡수력이 강한 식물식재사업

풀이 오염토양개선사업의 종류
　　㉠ 객토 및 토양개량제의 사용 등 농토배양사업
　　㉡ 오염된 수로의 준설사업
　　㉢ 오염토양의 위생적 매립·정화사업
　　㉣ 오염물질의 흡수력이 강한 식물식재사업
　　㉤ 그 밖에 특별자치시장·특별자치도지사·시장·군수·구청장이 필요하다고 인정하는 사업

80 토양환경보전법령상 다음 오염토양개선사업에 관한 내용 중 환경부령으로 정하는 토양관련전문기관은?

특별자치시장·특별자치도지사·시장·군수·구청장은 오염토양개선사업의 전부 또는 일부의 실시를 그 정화책임자에게 명할 수 있다. 이 경우 특별자치도지사·시장·군수·구청장은　토양보전을 위해 필요하다고 인정하면 "환경부령으로 정하는 토양관련전문기관"으로 하여금 오염토양개선사업을 지도, 감독하게 할 수 있다.

① 한국환경공단
② 국립환경과학원
③ 시·도 보건환경연구원
④ 유역환경청 또는 지방환경청

풀이 환경부령으로 정하는 오염토양개선사업의 지도·감독기관은 시·도 보건환경연구원이다.

1과목 토양학개론

01 오염물질이 지하대수층을 오염시킬 경우, 지하수면 아래에 지배적으로 오염운을 형성시킬 수 있는 오염물질은?

① 벤젠
② TCE
③ 크실렌
④ MTBE

풀이 TCE는 밀도가 $1g/cm^3$이며 일반적으로 물보다 무거우므로 지하수 저면에 쌓이거나 암반에 형성된 균열 속으로 들어가기도 하고 DNAPL의 대표적 오염물질이다.

02 다음 중 방선균(Actinomyces)을 가장 잘 발견할 수 있는 토양조건은?

① 유기물이 풍부하고 건조한 산성 토양
② 유기물이 풍부하고 습윤한 산성 토양
③ 유기물이 풍부하고 건조한 알칼리성 토양
④ 유기물이 풍부하고 습윤한 알칼리성 토양

풀이 방선균은 산성에 약하고 경작지보다는 목초지에 많다. 즉, 유기물이 풍부하고 건조한 알칼리성 토양에 많다.

03 Darcy의 법칙에 관한 설명으로 옳지 않은 것은?

① 투수성 기질로 채워진 원통을 통해 나오는 유량은 흐름의 단면에 비례한다.
② 투수성 기질로 채워진 원통을 통해 나오는 유량은 수두차에 반비례한다.
③ 지하수의 흐름속도는 수두구배에 비례한다는 경험법칙으로 흐름은 층류이어야 한다.
④ 투수성 기질로 채워진 원통을 통해 나오는 유량은 수평방향 두 지점 사이의 거리에 반비례한다.

풀이 Darcy 법칙

$$Q = A \times V$$

$$V = KI = K\frac{dh}{dL}$$

$$Q = KIA = KA\frac{dh}{dL}$$

여기서, Q : 대수층의 유량(m^3/sec)

$\quad K$: 비례상수(투수계수 = 수리전도도)(m/sec)

$\quad A$: 물 흐름의 수직방향 단면적(m^2)

$\quad dh$: 수두차($h_2 - h_1$)(m)

$\quad dL$: 수평방향 두 지점 사이 거리(m)

$\quad \frac{dh}{dL}(I)$: 두 지점 사이 수리경사

$\quad V$: Darcy 속도(m/sec)

04 포화대의 저류특성을 나타내는 주요 인자가 아닌 것은?

① 공극률
② 비산출률
③ 저류계수
④ 수리전도도

풀이 포화대의 수리지질학적 구분
  1. 저류특성(물보유능력)
    ㉠ 공극률
    ㉡ 비저류계수 및 저류계수
    ㉢ 비산출률
    ㉣ 비보유율
  2. 흐름특성(유동특성)
    ㉠ 수리전도도
    ㉡ 투수량계수

05 양이온교환용량에 관한 설명으로 옳지 않은 것은?

① 양이온교환용량이 클수록 pH 변화에 적응하는 완충력이 작다.
② 일반적으로 토양용액의 pH가 증가하면 양이온교환용량이 증가한다.
③ 모래와 미사는 표면적이 매우 작아 토양의 양이온교환용량에 거의 기여하지 않는다.
④ 산성 토양의 pH를 높이기 위해 요구되는 석회량은 양이온교환용량이 클수록 많아진다.

정답 01 ② 02 ③ 03 ② 04 ④ 05 ①

풀이 양이온교환용량이 클수록 pH에 저항하는 완충력이 크며 양분을 보유하는 보비력이 크므로 비옥한 토양이다.

06 토양의 물리 · 화학적 특성에 관한 설명으로 옳지 않은 것은?

① 토양공기는 일반 대기에 비해 이산화탄소의 농도가 높다.
② 토양 내 무기물은 Si, O, Fe, Al, Ca 등이며, 보통 산화물의 형태로 존재한다.
③ 토양은 지구 표면의 지각이 오랜 물리 · 화학적 풍화작용과 생물학적 작용을 받아 형성되었다.
④ 토양 내에 존재하는 수분은 수용성 무기물과 유기물이 녹아 있어 식물의 영양물질이 되기 때문에 지하수라고 불린다.

풀이 토양수분은 여러 가지 무기 · 유기물질을 포함하고 있는 용액상태이며 지하수란 지표부와 대층되는 말로, 지하에 있는 암석의 간극을 채우고 있는 간극수를 말한다.

07 토양수분을 과잉, 유효, 무효수분으로 분류할 때, 과잉수분에 관한 설명으로 옳지 않은 것은?

① 식물의 생장에 유해하다.
② 토양 내 염류 용탈을 저해한다.
③ 토양의 포장용수량 장력 이상의 중력수를 과잉수분이라 한다.
④ 토양 내 질소고정 및 암모니아화를 일으키는 호기성 세균의 활성을 저해한다.

풀이 과잉수분은 토양 내 염류를 용탈시킨다.

08 모래질토양 및 미사질토양과 비교한 점토질토양의 특성으로 옳지 않은 것은?

① 압밀성이 높다.
② 차수능력이 낮다.
③ 팽창수축력이 높다.
④ 유기물의 분해가 느리다.

풀이 점토질토양은 압밀성, 팽창수축력, 가역성, 점착력, 차수능력이 높고 유기물 분해가 느리다.

09 토양의 특성 중 산화 · 환원전위를 통해 판단할 수 없는 것은?

① 배수의 필요성
② 양이온교환용량
③ 식물양분의 유효성
④ 유해물질의 생성 여부

풀이 토양의 산화 · 환원전위는 식물 양분의 가급성(유효성)과 유해물질 등의 생성 등과 관련하여 작물생육에 영향을 미치며, 배수의 필요성을 나타내는 지표로서 토양의 생산력과 밀접한 관계가 있다.

10 공극률이 20%인 토양시료의 수분부피와 공기부피가 각각 $10cm^3$, $5cm^3$일 때, 채취한 토양시료 전체의 부피(cm^3)는?(단, 공극은 수분과 공기로만 차 있다고 가정한다.)

① 75 ② 85
③ 95 ④ 105

풀이 $$공극률(\%) = \left(\frac{수분부피 + 공기부피}{토양전체부피}\right) \times 100$$
$$토양전체부피 = \frac{10+5}{0.2} = 75cm^3$$

11 토양사상균에 관한 설명으로 옳지 않은 것은?

① 유기물 분해능력이 높다.
② 핵막과 세포벽을 가지고 있는 진핵생물이다.
③ 수소분압이 낮은 곳에서 생존력이 강하다.
④ 호기성 생물이지만 이산화탄소 농도가 높은 환경에서도 잘 견딘다.

풀이 토양사상균(Fungi)은 토양이 산성일수록 상대적인 수가 증가하는 미생물이며 호기성 또는 CO_2 농도가 높은 환경에서도 잘 견디나, 수소분압이 낮은 곳(논토양)에서는 생존할 수 없다.

12 우량계수를 구하는 식은?

① 우량계수 = 월평균강수량(mm) × 월평균온도(℃)
② 우량계수 = 월평균강수량(mm) ÷ 월평균온도(℃)
③ 우량계수 = 연평균강수량(mm) × 연평균온도(℃)
④ 우량계수 = 연평균강수량(mm) ÷ 연평균온도(℃)

풀이 Lang 우량계수는 기온과 강우량을 결합한 숫자이다.(연평균강수량÷연평균온도)

13 토양산성화의 원인이 아닌 것은?

① 미생물에 의해 토양 입단화 촉진
② 미생물에 의해 유기물이 분해될 때 유기산 생성
③ 농경지 토양에서 작물의 수확으로 토양 중의 염기 제거
④ 질소비료 중 NH_4^+의 질산화 작용에 의해 수소이온 생성

풀이 토양구조가 입단으로 발달 시 공기의 통기와 수분의 저장능력을 증가시키며 토양 입단화 촉진을 토양산성화의 원인으로 볼 수 없다.

14 토양 입단 형성에 영향을 미치는 요인에 관한 내용으로 옳지 않은 것은?

① 양이온의 작용 : Na^+는 수화도가 작아, 수화도가 큰 Ca^{2+}보다 입단화 작용이 강하다.
② 토양개량제의 작용 : 토양개량제의 교환반응, 수소결합, 반데르발스 힘 등에 의해 입단이 형성된다.
③ 토양미생물의 작용 : 미생물이 유기물을 분해하며 만들어내는 균사 또는 점액성 물질에 의해 입단이 형성된다.
④ 기후의 작용 : 토양이 건조함에 따라 수분이 빠져나가 점토입자들이 더욱 가깝게 결합해 토양의 부피가 줄어들고 약하게 결합된 면을 따라 균열이 생기는 과정이 반복되며 입단이 형성된다.

풀이 양이온의 입단화 작용의 크기는 수화도가 큰 이온(Na^+)은 입단화 작용이 약하고 수화도가 작은 이온(Ca^{2+})은 입단화 작용이 강하다.

15 토양 시료의 카드뮴 분배계수가 3.34mL/g일 때, 지연계수는?(단, 공극률은 0.3, 건조단위중량은 $1.35g/cm^3$이다.)

① 0.74
② 1.74
③ 15.03
④ 16.03

풀이
$$지연계수 = 1 + \left(\frac{건조단위중량 \times 분배계수}{공극률} \right)$$
$$= 1 + \left(\frac{1.35 \times 3.34}{0.3} \right)$$
$$= 16.03$$

16 다음에서 설명하는 토양층은?

- 성토층의 제일 윗부분에 위치한다.
- 분해된 유기물로 인해 하부에 있는 층보다 색이 짙다.
- 경우에 따라서 점토나 부식과 같은 교질물이 아래로 이동하여 용탈층이라고도 부른다.

① O층
② R층
③ A층
④ B층

풀이 A층(용탈층)
㉠ 유기물이 퇴적되어 있는 O층 바로 밑의 층으로 성토층의 제일 윗부분에 위치하고 기후나 식생 등의 영향을 받아 가용성 염류가 용탈되며 경우에 따라서는 점토나 부식과 같은 교질물질도 아래로 이동하게 되는 용탈층으로 A_1, A_2, A_3층으로 구분되고 생물활동이 가장 활발하게 행해지는 층이다.
㉡ 풍부하게 광물질이 존재하는 최상부층이며 분해된 유기물질로 인해 하부에 있는 층보다 짙은 색의 토양층이다.
㉢ A_1층은 주위 환경에 가장 크게 지배되는 층으로 부식화된 유기물과 광물질이 섞여 있는 암흑색의 층이다.
㉣ A_2층은 광물질이 풍부하여 하부에 있는 층보다 색깔이 짙은 것이 특징이다.
㉤ A_3층은 A층(용탈층)에서 B층(집적층)으로 이동하는 이행층이다.

정답 12 ④ 13 ① 14 ① 15 ④ 16 ③

17 다음 설명에 해당하는 용어는?

지하수의 유동경로를 따라 이동거리가 일정하게 변화할 때 지하수위가 변화한 정도, 즉 지하수위 변화폭 대 지하수의 이동거리 비를 나타낸다.

① 비산출률
② 비저류계수
③ 수두구배
④ 수리전도도

풀이 수두구배(동수구배)는 두 지점 사이의 수리경사를 의미하며 관련 식은

$$\frac{dH}{dL} = \frac{수두차}{수평방향\ 두\ 지점\ 사이\ 거리}$$ 이다.

18 일라이트에 관한 설명으로 옳지 않은 것은?

① 2 : 1의 층상구조를 가진다.
② 습윤상태에서 팽창이 원활하다.
③ 양이온 교환에 기여할 수 있는 격자전하는 몬모릴로나이트에 비해 적다.
④ K^+의 함량이 높은 퇴적물이 저온에서 변성작용을 받을 때 형성되는 것으로 알려져 있다.

풀이 일라이트는 층 사이의 공간에 K^+이 비교적 많아 습윤상태에서도 팽창이 불가능하다.

19 토양과 오염물질의 흡착에 관한 설명으로 옳지 않은 것은?

① 용질이 액상과 토양입자 경계면 사이에서 분배될 때 일어난다.
② 중금속이 토양에 흡착되는 능력은 토양의 pH 변화에 따라 달라진다.
③ 화학적 흡착은 반데르발스 힘에 의해 토양 중의 오염물질이 토양 표면에 결합할 때 일어난다.
④ 토양의 오염물질 흡착능력은 토양입자 표면의 성질, 오염물질 침출액의 물리·화학적 성질 등에 따라 달라질 수 있다.

풀이 물리적 흡착은 반데르발스 힘에 의해 토양 중의 오염물질이 토양 표면에 결합할 때 일어난다.

20 토양에 존재하는 양이온을 교환효율이 큰 순서대로 바르게 나열한 것은?

① $Ca^{2+} > Mg^{2+} > K^+ > Na^+$
② $Ca^{2+} > Mg^{2+} > Na^+ > K^+$
③ $Mg^{2+} > Ca^{2+} > K^+ > Na^+$
④ $Mg^{2+} > Ca^{2+} > Na^+ > K^+$

풀이 이온교환효율이 큰 순서(이온에 따른 침투력의 크기) : 해리순서
$Al^{3+} > Ca^{2+} > Mg^{2+} > NH_4^+ > K^+ > Na^+ > Li^+$

2과목 **토양 및 지하수오염조사기술**

21 토양시료의 수분 측정시험 결과가 다음과 같을 때, 이 시료의 수분함량은 약 얼마인가?

- 용기의 무게 : 38.453g
- 용기와 시료의 건조 전 무게 : 74.216g
- 용기와 시료의 건조 후 무게 : 61.347g

① 33.7%
② 36.0%
③ 41.9%
④ 44.0%

풀이 수분함량(%) $= \dfrac{(W_2 - W_3)}{(W_2 - W_1)} \times 100$

$= \dfrac{(74.216 - 61.347)}{(74.216 - 38.453)} \times 100$

$= 36.0\%$

22 20℃에서 가장 낮은 pH 값을 나타내는 표준액은?

① 붕산염 표준액
② 인산염 표준액
③ 탄산염 표준액
④ 수산화칼슘 표준액

풀이 온도별 표준액의 pH 값

온도 (℃)	수산염 표준액	프탈산염 표준액	인산염 표준액	붕산염 표준액	탄산염 표준액	수산화칼슘 표준액
0	1.67	4.01	6.98	9.46	10.32	13.43
5	1.67	4.01	6.95	9.39	10.25	13.21
10	1.67	4.00	6.92	9.33	10.18	13.00
15	1.67	4.00	6.90	9.27	10.12	12.81
20	1.68	4.00	6.88	9.22	10.07	12.63
25	1.68	4.01	6.86	9.18	10.02	12.45
30	1.69	4.01	6.85	9.14	9.97	12.30
35	1.69	4.02	6.84	9.10	9.93	12.14
40	1.70	4.03	6.84	9.07	—	11.99
50	1.71	4.06	6.83	9.01	—	11.70
60	1.73	4.10	6.84	8.96	—	11.45

23 광원으로 나오는 빛을 단색화장치 또는 필터를 거치게 하여 좁은 파장범위의 빛만을 선택적으로 액층에 통과시킨 후, 광전측광으로 흡광도를 측정하여 목적 성분의 농도를 정량하는 방법은?

① 흡광광도법
② 기체 크로마토그래피
③ 가압 및 미감압시험법
④ 유도결합 플라스마 발광광도법

24 저장물질이 있는 누출검사대상시설에서 액상부의 시험법을 적용할 때, 측정오류의 원인으로 옳지 않은 것은?

① 측정시간이 지나치게 짧을 때
② 측정 중 충격 및 진동에 의한 액면의 변동
③ 측정 중 과도한 온도 변화에 의한 유류의 색상 변화
④ 액량변화를 감지하는 기구가 적정한 위치에 있지 않을 때

풀이 측정오류의 원인
ㄱ 측정 중 충격 및 진동에 의한 액면의 변동
ㄴ 측정시간이 지나치게 짧을 때
ㄷ 측정 중 과도한 온도 변화에 의한 유류의 체적변화
ㄹ 액량변화를 감지하는 기구가 적정한 위치에 있지 않을 때

25 온도에 대한 별도의 규정이 없는 경우, 냉수의 기준은?

① 1~35℃
② 4℃ 이하
③ 15℃ 이하
④ 18℃ 이하

풀이

표준온도	0℃
상온	15~25℃
실온	1~35℃
온수	60~70℃
열수	약 100℃
냉수	15℃ 이하
찬 곳	0~15℃

26 토양에 함유되어 있는 성분을 분석하기 위해 시료를 조제할 때, 체거름에 사용하는 표준체가 다른 것은?

① 납
② 구리
③ 비소
④ 불소

풀이 시료의 조제방법
ㄱ 수소이온농도 분석용 시료는 풍건·파쇄된 시료를 10메시 표준체(눈금간격 2mm)로 체거름하여 조제한다.
ㄴ 6가 크롬을 제외한 금속류 함량 분석대상 물질 분석용 시료는 10메시 표준체(눈금간격 2mm)로 체거름한 시료를 100메시 표준체(눈금간격 0.15mm)로 체거름하여 조제한다.
ㄷ 불소 분석용 시료는 10메시 표준체(눈금간격 2mm)로 체거름한 시료를 200메시 표준체(눈금간격 0.075mm)로 체거름하여 조제한다.

27 폴리클로리네이티드비페닐(PCB)의 분석에 관한 내용으로 옳은 것은?

① 정량한계 : $0.0001 \mu g/kg$ 이상
② 운반기체 유속 : 10~30mL/분
③ 시험방법 : 자외선/가시선 분광법
④ 용출실험 시 PCB 주입액량 : $1~2 \mu L$

풀이 폴리클로리네이티드비페닐(PCB) 분석
① 정량한계 : 0.05mg/kg
② 운반기체 : 헬륨(1.0mL/min)
③ 시험방법 : 기체크로마토그래피법

28 토양오염공정시험기준상 취급 또는 저장하는 동안에 기체 또는 미생물이 침입하지 아니하도록 내용물을 보호하는 용기는?

① 기밀용기   ② 밀봉용기
③ 밀폐용기   ④ 차광용기

풀이 용기의 종류

구분	정의
밀폐용기	취급 또는 저장하는 동안에 이물질이 들어가거나 또는 내용물이 손실되지 아니하도록 보호하는 용기
기밀용기	취급 또는 저장하는 동안에 밖으로부터의 공기 또는 다른 가스가 침입하지 아니하도록 내용물을 보호하는 용기
밀봉용기	취급 또는 저장하는 동안에 기체 또는 미생물이 침입하지 아니하도록 내용물을 보호하는 용기
차광용기	광선이 투과하지 않는 용기 또는 투과하지 않게 포장한 용기이며 취급 또는 저장하는 동안에 내용물이 광화학적 변화를 일으키지 아니하도록 방지할 수 있는 용기

29 불소를 자외선/가시선 분광법을 적용하여 측정할 때, 다음 (   )에 들어갈 내용은?

토양 중 불소를 측정하는 방법으로 불소가 진홍색의 지르코늄(Zirconium) – 발색시약과의 반응으로 (   )의 음이온복합체(ZrF_6^{2-})를 형성하는 과정을 이용하여 불소의 양이 많아질수록 색깔이 엷어지게 된다.

① 무색   ② 청색
③ 적자색   ④ 황갈색

풀이 불소 – 자외선/가시선 분광법
토양 중 불소를 측정하는 방법으로 불소가 진홍색의 지르코늄(Zirconium) – 발색시약과의 반응으로 무색의 음이온복합체(ZrF_6^{2-})를 형성하는 과정을 이용한다. 불소의 양이 많아질수록 색깔이 엷어지게 된다.

30 프탈산수소칼륨($C_8H_5O_4K$=KHP) 1.0g과 프탈산이나트륨($Na_2C_8H_5O_4$=Na₂P) 1.2g을 증류수 50mL에 용해한 용액의 pH는 약 얼마인가?(단, $C_8H_5O_4K$의 분자량은 204.223이고, $Na_2C_8H_5O_4$의 분자량은 210.097이며, pK_1=2.950, pK_2=5.408로 정한다.)

① 2.95   ② 5.40
③ 5.47   ④ 8.2

풀이 $[HP^-]$와 $[P^{2-}]$가 같기 때문에 pK_2을 사용한다.

$$pH = pK_2 + \log\frac{1.20g/(210.097g/mol)}{1.00g/(204.223g/mol)}$$
$$= 5.47$$

31 BTEX를 기체크로마토그래피로 정량할 때, 추출 용액은?

① 아세톤   ② 톨루엔
③ 메틸알코올   ④ 사염화탄소

풀이 퍼지–트랩 기체크로마토그래피법
시료 중의 벤젠, 톨루엔, 에틸벤젠, 크실렌을 메틸알코올로 추출하여 얻은 시료용액을 기체크로마토그래프(불꽃이온화검출기)에 부착된 퍼지트랩에 주입하여 이들 물질을 각각 정량하는 방법이다.

32 광산 활동 관련 지역에 토양정밀조사를 실시할 때, 개황조사 시 채취해야 할 시료의 총 개수는? (단, 오염가능지역의 면적은 85,000m²이다.)

① 9   ② 10
③ 11   ④ 12

풀이 광산 활동 관련 지역
개황조사 시 시료채취 총 개수표토 9개(100,000m² 이하 경우 10,000m²당 1개) + 심토 3개(표토 시료 수 3개 지점당 1개) = 12개

33 다음 배관시설의 가압 및 미감압시험법에서 사용하는 압력계 기준의 ( )에 각각 들어갈 내용으로 옳은 것은?

최소눈금 (㉮)를 읽을 수 있는 정밀도를 가진 압력계 또는 최소눈금이 시험압력의 (㉯) 이내이고, 이를 읽고 측정압력의 기록이 가능한 압력계이어야 한다.

① ㉮ : 0.1mmH₂O, ㉯ : 1%
② ㉮ : 0.1mmH₂O, ㉯ : 5%
③ ㉮ : 1.0mmH₂O, ㉯ : 1%
④ ㉮ : 1.0mmH₂O, ㉯ : 5%

34 토양정밀조사의 세부방법에 관한 설명으로 옳지 않은 것은?

① 관계 법령에 따른 토양오염조사기관이 실시한다.
② 기초조사, 개황조사, 상세조사의 순서에 따라 3단계로 실시한다.
③ 기초조사는 자료조사, 청취조사 및 현지조사 등을 통하여 토양오염 가능성 유무를 판단하기 위한 것이다.
④ 개황조사는 상세조사 결과 우려기준을 초과하거나 오염이 우려되는 농도에 해당하는 지역과 심도를 대상으로 실시한다.

풀이 토양정밀조사(개황조사)
오염토양 정화 및 토양오염 방지를 위한 조치가 필요한 지역의 오염물질 종류, 오염면적 및 오염범위 등을 파악하기 위한 사전 개략조사이며, 이를 기준으로 정밀조사를 실시한다.

35 저장물질이 없는 누출검사대상시설에서 가압시험법을 적용할 때, "안정된 시험압력"은 가압 후 유지시간 동안 압력강하가 시험압력의 몇 % 이하인 압력을 말하는가?

① 5%　　　　② 10%
③ 15%　　　　④ 20%

풀이 누출검사대상시설 및 이와 연결된 지하매설배관은 질소 등 불활성 가스를 사용하여 0.2kgf/cm²의 시험압력으로 가압한 후 10분 동안 유지시켜 안정된 시험압력을 확인하고, 그 후 1시간 동안의 압력 변화를 측정한다.("안정된 시험압력"이라 함은 가압 후 유지시간 동안 압력강하가 시험압력의 10% 이하인 압력을 말한다.)

36 토양오염공정시험기준 중 정도보증/정도관리에 관한 설명으로 옳지 않은 것은?

① 정확도(Accuracy)란 시험분석 결과가 참값에 얼마나 근접하는가를 나타내는 것이다.
② 인증표준물질을 분석한 값이 9mg/kg이고, 인증값이 10mg/kg일 때의 정밀도는 90%이다.
③ 정밀도(Precision)는 시험분석 결과의 반복성을 나타내는 것으로 반복 시험하여 얻은 결과를 상대표준편차(RSD)로 나타낸다.
④ 인증시료를 확보할 수 없는 경우, 정확도는 해당 표준물질을 첨가하여 시료를 분석한 분석값과 첨가하지 않은 시료의 분석값과의 차이를 첨가농도의 상대 백분율 또는 회수율로 구한다.

풀이 인증표준물질을 분석한 값이 9mg/kg이고, 인증값이 10mg/kg일 때의 정확도는 90%이다.

37 토양의 pH를 측정하기 위해 유리전극과 기준전극으로 구성된 pH 측정기를 사용할 때, 토양에 혼합하는 정제수의 기준은?[단, 토양의 밀도(비중)는 1.0이 아니다.]

① 토양시료의 무게에 2배의 정제수를 사용
② 토양시료의 무게에 5배의 정제수를 사용
③ 토양시료의 부피에 2배의 정제수를 사용
④ 토양시료의 부피에 5배의 정제수를 사용

풀이 토양시료 무게의 5배의 정제수를 사용하여 혼합한 후 pH를 유리전극과 기준전극으로 구성된 pH 측정기를 사용하여 측정한다.

38 토양오염도검사를 위해 토양시료채취기를 이용하여 토양시료를 채취할 때, 토양 표면의 잡초나 유기물 등 이물질층을 제거한 후 채취하는 토양시료의 무게(g)는 약 얼마인가?

① 500 　　　　　　② 1,000
③ 2,000 　　　　　④ 5,000

풀이 토양시료 채취 시 토양 표면의 잡초나 유기물 등 이물질층을 제거한 후 토양시료채취기로 약 0.5kg을 채취한다.

39 기체크로마토그래피에 관한 설명으로 옳지 않은 것은?

① 머무름시간으로부터 정량분석을 할 수 있다.
② 분리관의 재료는 스테인리스나 유리 등 부식에 대한 저항이 큰 것이어야 한다.
③ 불꽃광도검출기(FPD)는 유기질소화합물 및 유기인화합물을 선택적으로 검출할 수 있다.
④ 전자포착검출기(ECD)는 선택적으로 유기할로겐화합물 및 유기금속화합물을 검출할 수 있다.

풀이 기체크로마토그래피법의 머무름시간으로부터 정성분석을 할 수 있다.

40 금속류의 원자흡수분광광도법에서 사용하는 광원은?

① 텅스텐램프 　　　② 중수소방전관
③ 속빈음극램프 　　④ 광전분광램프

풀이 광원램프
원자흡수분광광도계에 사용하는 광원으로 좁은 선폭과 높은 휘도를 갖는 스펙트럼을 방사하는 속빈음극램프를 사용한다.

41 500kg의 가솔린이 포화대에 유출되어 오염지역을 자연정화법으로 처리할 때, 가솔린을 생물학적으로만 분해한다면 오염지역의 가솔린을 분해하기 위해 필요한 산소량(kg)은 약 얼마인가?(단, 산소/가솔린 소비율은 $2mgO_2/1mg$가솔린이고, 기타 조건은 고려하지 않는다.)

① 125 　　　　　　② 250
③ 500 　　　　　　④ 1,000

풀이 산소량$(kg) = 500kg \times 2mgO_2/1mg$가솔린
　　 $= 1,000kgO_2$

42 유류로 인한 토양오염의 처리를 위해 열탈착법을 사용할 때, 다음 물질 중 적정 처리온도가 가장 낮은 것은?

① 경유 　　　　　　② 등유
③ 윤활유 　　　　　④ 연료유(No.6)

풀이 석유계화합물을 처리하기 위한 적정 온도범위는 윤활유가 가장 높고 연료유, 경유, 등유, 휘발유 순으로 낮다.

43 화학적 산화법을 사용하여 오염토양을 정화할 때 사용하는 산화제가 아닌 것은?

① 오존
② 과산화수소
③ 과망간산나트륨
④ 과염소산나트륨

풀이 화학적 산화/환원법의 화학적 산화제
오존, 과산화수소, 차아염소산염, 염소, 이산화염소, 과망간산염

44 오염토양을 생물학적 통풍법으로 정화하기 위해 대상 부지의 산소소모율을 계산하고자 한다. 토양의 부피가 $100m^3$, 평균공극률이 0.4, 주입공기 유량이 $50m^3/d$, 초기 산소농도 21%, 배출가스 중의 산소농도가 11%일 때, 산소소모율($\%O_2/d$)은?

① 8.5 ② 12.5
③ 16.5 ④ 25.5

풀이 산소소모율($\%O_2/day$)

$$= \frac{Q(C_o - C_f)}{V \times P}$$

$$= \frac{50m^3/day \times (21-11)\%O_2}{100m^3 \times 0.4}$$

$$= 12.5\%\,O_2/day$$

45 지하수 내 유류오염물질의 자연저감을 나타내는 증거로 옳지 않은 것은?

① 전자수용체의 감소
② 딸 화합물 농도의 증가
③ 모 오염물질 농도의 증가
④ 대사 부산물질 농도의 증가

풀이 지하수 내 유류오염물질의 자연저감률을 나타내는 증거는 모 오염물질의 농도 감소이다.

46 바이오파일법을 이용해 유류오염토양을 정화할 때, 필요한 정화부지 면적(m^2)은?(단, 오염토양의 양은 $5,000m^3$이고, 파일의 높이는 2.5m이다.)

① 1,000 ② 2,000
③ 3,000 ④ 5,000

풀이 면적(m^2) $= \dfrac{5,000m^3}{2.5m} = 2,000m^2$

47 화학적 산화법을 적용하여 오염토양을 정화할 때의 유의사항으로 옳지 않은 것은?

① 토양 내에 휴믹질 등 유기물이 존재하는 경우에 더 효율적이다.
② 지하 저장조나 배관 등의 지장물이 있는 경우 부식문제 등에 주의를 요한다.
③ 부지 내에 비수용액체상이 존재하는 경우, 이를 회수하거나 처리해야 한다.
④ 오염지역에 투수성이 낮은 토양이 존재하는 경우에는 충분한 접촉시간을 고려하여야 한다.

풀이 토양 내에 휴믹질 등 유기물이 존재하는 경우에는 비효율적이다. 즉, 일부 유기화학물질은 산화가 어려우며 기술 운영 시 예상하지 못한 부정적 효과가 발생될 우려가 있다.

48 생물학적 통풍법의 제약조건으로만 구성된 것은?

① 함수율, 방출가스, 호기성
② 토양의 입경, 투수성, 유기물 농도
③ 넓은 부지, 영양분, 미생물의 분해능력
④ 오염물질과 미생물의 접촉, Channel 현상, 온도

풀이 생물학적 통풍법(바이오 벤팅 방법)의 제약조건
ㄱ 진공압 ㄴ 토양투수성
ㄷ 현장 지반구조 및 오염물 분포
ㄹ 토양가스 통기성 ㅁ 수분함량
ㅂ 방출가스 ㅅ 온도
ㅇ 호기성 ㅈ pH

49 오염되지 않은 지하수를 오염된 지역으로부터 격리하는 데 사용되는 슬러리월의 주 광물재료는?

① 일라이트
② 벤토나이트
③ 클로라이트
④ 카올리나이트

풀이 슬러리월의 주 광물재료는 벤토나이트, 소성콘크리트 등이다.

50 생물학적 통풍법에서 수행하는 현장 및 실험실 실험방법 중 토양 내 오염물질 분해속도를 계산하기 위해 산소소모량을 측정하는 것은?

① 평판계수법
② 추출/주입 판정실험
③ 미생물 호흡률 측정실험
④ 실험실 미생물 생분해 실험

풀이 생물학적 통풍법 적용성 실험항목 중 산소소모량을 측정하는 실험은 미생물 호흡률 측정실험이다.

51 열탈착법에 사용되는 장치가 아닌 것은?

① 열스크루 장치
② 로터리 탈착장치
③ 자외선 탈착장치
④ 스팀 주입 탈착장치

풀이 열처리(탈착) 기술장치
　　ⓐ 로터리 탈착장치
　　ⓑ 열스크루 장치
　　ⓒ 유동상 탈착장치
　　ⓓ 마이크로파 탈착장치
　　ⓔ 스팀 주입 탈착장치

52 염류집적의 원인이 아닌 것은?

① 배수량의 저하
② 지하수 수위의 상승
③ 관개수에 의한 염류의 증가
④ 증발산 가능량을 초과한 강수량

풀이 토양의 염류집적 원인
　　ⓐ 지하수위의 상승
　　ⓑ 관개수에 의한 염류의 증가
　　ⓒ 배수량의 저하
　　ⓓ 지하수 모관상승의 증가

53 바이오필터의 운전에 따른 문제점에 관한 내용으로 옳지 않은 것은?

① 오염물질 분해반응에 따라 pH가 낮아지는 현상이 발생한다.
② 시간이 지나면서 충전층이 압밀되어 바이오필터를 통과하는 배출가스의 압력손실이 점차 커진다.
③ 미생물의 활동에 의해 온도가 상승함에 따라 수분 증발이 일어나므로 주기적인 수분 공급이 필요하다.
④ 생물학적 처리와 물리학적 처리가 동시에 진행되므로 별도의 포집가스 처리시설이 필요하다.

풀이 바이오필터 처리방법은 별도의 포집가스 처리장치가 필요 없다.

54 폐광산에서 유출되는 산성 광산배수의 처리를 위한 기술로 옳지 않은 것은?

① DW(Diversion Well)
② 인공 소택지법(호기성, 혐기성)
③ 산화 · 응집공법(Alkalinity Lime Draining)
④ SAPS(Successive Alkalinity Producing System)

풀이 폐광산의 산성광산 배수처리를 위한 기술
　　ⓐ SAPS(Successive Alkalinity Producing System)
　　ⓑ 인공 소택지법(호기성, 혐기성)
　　ⓒ DW(Diversion Well)

55 토양증기추출법의 시스템 구성요소에 관한 설명으로 옳지 않은 것은?

① 추출정은 지하수층까지 충분히 도달하도록 설치한다.
② 추출정의 개수 및 위치는 공기 침투실험 결과를 토대로 선정한다.
③ 기액분리장치는 배기가스 처리 앞 단계에 설치한다.
④ 공기주입정은 공기량을 유지하기 위하여 설치하며 송풍기를 사용할 수도 있다.

풀이 추출정의 영향반경은 토양조건에 따라 6~45m 정도이며 심도 7m까지의 토양조건에 적용할 수 있다.

56 실트질 점토 내 유류오염 농도 범위가 10,000~50,000mg/kg일 때, 자연 생분해 속도가 4.0mg/kg · d라면 이 지역의 자연저감기간은 약 얼마인가?

① 6~35년　　　　② 6~41년
③ 16~35년　　　④ 16~41년

풀이 • 농도 10,000mg/kg 시 자연저감기간(year)

$$= \frac{10,000\text{mg/kg}}{4.0\text{mg/kg} \cdot \text{day} \times 365\text{day/year}}$$

$$= 6.85\text{year}$$

• 농도 50,000mg/kg 시 자연저감기간(year)

$$= \frac{50,000\text{mg/kg}}{4.0\text{mg/kg} \cdot \text{day} \times 365\text{day/year}}$$

$$= 34.25\text{year}$$

• 자연저감기간 : 6.85~34.25year

57 저온열탈착법에 영향을 미치는 토양 특성에 해당하지 않는 것은?

① 입도분포　　　② 수분함량
③ 중금속농도　　④ 산화환원전위

풀이 저온열탈착공법의 적용 영향인자
　ⓐ 오염물질의 종류 및 농도
　ⓑ 토양성분, 수분함량, 입도분포
　ⓒ pH

58 열탈착법의 특징으로 옳지 않은 것은?

① 분해산물로 다이옥신 및 퓨란이 생성되는 단점이 있다.
② 오염토양에 열을 가해 오염물질을 토양으로부터 분리하는 기술이다.
③ 다양한 수분함량과 오염농도를 가진 여러 종류의 토양에 적용 가능하다.
④ 토양 중의 휘발성 유기화합물을 검출한계 이하로 제거할 수 있다.

풀이 열탈착법은 유기염소 및 유기인살충제 등 오염토양을 처리하는 동안 다이옥신과 퓨란이 생성되지 않는다.

59 풍식에 관한 설명으로 옳지 않은 것은?

① 식생이 피복된 지역은 풍식이 억제된다.
② 토양의 함수량이 크면 풍식이 억제된다.
③ 경작지 확대에 의한 산림의 소실은 풍식을 가속화시킨다.
④ 입자가 작은 점토질토양이 사질토양에 비해 풍식을 받기 쉽다.

풀이 사질토양이 입자가 작은 점토질토양에 비해 풍식을 받기 쉽다.

60 고온열탈착공법(HTTD)에 관한 내용으로 옳지 않은 것은?

① 큰 입경의 토양을 장기적으로 운전하면 시설을 손상시킬 수 있다.
② 적절한 토양함수비를 맞추기 위한 가수분해과정이 필요하다.
③ 점토, 휴민산을 많이 함유한 토양은 오염물질과 단단히 결합되어 반응시간이 길어진다.
④ 방사능물질이나 독성물질로 오염된 토양으로부터 유기물질을 분리하는 데 적용할 수 있다.

풀이 고온열탈착공법(HTTD)은 토양가열에너지를 저감하기 위해 탈수가 필요하다.

4과목　토양 및 지하수환경 관계법규

61 지하수법규상 지하수의 수질기준 항목으로 옳지 않은 것은?

① 납　　　　　② 구리
③ 수은　　　　④ 염소이온

정답 56 ① 57 ④ 58 ① 59 ④ 60 ② 61 ②

풀이 지하수 수질기준 항목
- ㉠ 일반오염물질(4개)
  수소이온농도(pH), 총대장균군, 질산성질소, 염소이온
- ㉡ 특정유해물질(15개)
  카드뮴, 비소, 시안, 수은, 유기인, 페놀, 납, 6가크롬, 트리클로로에틸렌, 테트라클로로에틸렌, 1,1,1-트리클로로에탄, 벤젠, 톨루엔, 에틸벤젠, 크실렌

62 토양환경보전법규상 토양오염조사기관으로 대통령령이 정하는 기관이 아닌 것은?

① 시·도 보건소
② 국립환경과학원
③ 시·도 보건환경연구원
④ 유역환경청 또는 지방환경청

풀이 토양오염조사기관
- ㉠ 국립환경과학원
- ㉡ 시·도 보건환경연구원
- ㉢ 유역환경청 또는 지방환경청
- ㉣ 한국환경공단

63 지하수법규상 과태료 부과기준 중 일반기준에 관한 다음 내용의 (   )에 들어갈 말은?

부과권자는 위반행위자가 사소한 부주의나 오류로 인한 것으로 인정되는 경우 과태료 금액의 (   )의 범위 내에서 그 금액을 감경할 수 있다.(다만, 과태료를 체납하고 있는 위반행위자 제외)

① 2분의 1   ② 4분의 1
③ 5분의 1   ④ 10분의 1

64 토양환경보전법규상 토양관련전문기관의 운영 및 관리를 위한 준수사항으로 옳지 않은 것은?

① 토양관련전문기관은 도급받은 토양관련전문기관의 업무 전부를 다시 하도급해서는 아니 된다.

② 토양시료의 채취 및 분석은 반드시 토양관련전문기관(변경)지정 시 신고된 기술요원 동등의 자격을 지닌 자로 대체할 수 있다.
③ 토양관련전문기관은 검사일지, 검사결과기록부, 시약소모대장, 감사신청접수 및 결과 발송대장, 차량운행일지 등을 영업소 소재지에 작성·비치해야 한다.
④ 토양관련전문기관은 「환경기술개발 및 지원에 관한 법률」 제9조제1항의 규정에 의한 형식승인을 받은 장비를 사용하여야 하며, 동법 제11조의 규정에 의한 정도검사 및 정도관리를 받아야 한다.

풀이 토양관련전문기관의 준수사항
- ㉠ 토양관련전문기관은 「환경분야 시험·검사 등에 관한 법률」에 따른 환경오염공정시험기준에 따라 검사를 정확하고 엄정하게 하여야 한다.
- ㉡ 토양시료의 채취는 토양관련전문기관(변경) 지정 시 신고된 기술요원이 하여야 하며, 시료를 채취하는 때에는 도면상에 시료채취지점을 표기하고 시료채취자가 서명하여야 한다. 다만, 시료채취를 위한 시추장비 등의 운전은 기술요원이 아닌 다른 인력이 할 수 있으나, 이 경우 기술요원은 시료채취과정을 감독하여야 한다.
- ㉢ 누출검사는 반드시 토양관련전문기관 지정(변경) 시 신고된 기술인력이 실시하여야 하며, 누출검사자는 누출측정결과 보고서에 서명하여야 한다.
- ㉣ 토양관련전문기관은 매년 1월 31일까지 토양오염도검사·누출검사·토양정밀조사·토양환경평가·위해성평가·토양정화의 검증 등 전년도 검사실적을 지방환경관서의 장 또는 국립과학원장에게 보고하여야 한다. 이 경우 검사실적은 당해 연도 말까지의 검사결과 통보분을 의미한다.
- ㉤ 토양관련전문기관은 검사일지, 검사결과기록부, 시약소모대장, 검사신청접수 및 결과 발송대장, 차량운행일지 등을 영업소 소재지에 작성·비치하여야 한다.
- ㉥ 토양시료의 분석은 토양관련전문기관(변경) 지정 시 신고된 기술요원이 하여야 하고, 「환경분야 시험·검사 등에 관한 법률」에 따른 형식승인을 받고 정도검사(精度檢査)를 받은 장비를 사용하여 분석하여야 한다.

ⓐ 토양관련전문기관은 별표 11에서 정한 토양오염 검사수수료를 준수함으로써 불공정 경쟁과 검사의 부실을 초래하여서는 아니 된다.
ⓞ 토양관련전문기관은 도급받은 토양관련전문기관의 업무 전부를 다시 하도급해서는 아니 된다.

65 토양환경보전법규상 오염토양개선사업이 아닌 것은?

① 오염수변 지역 정화사업
② 오염토양의 위생적 매립·정화사업
③ 오염물질의 흡수력이 강한 식물식재사업
④ 객토 및 토양개량제의 사용 등 농토배양사업

풀이 오염토양개선사업의 종류
㉠ 객토 및 토양개량제의 사용 등 농토배양사업
㉡ 오염된 수로의 준설사업
㉢ 오염토양의 위생적 매립·정화사업
㉣ 오염물질의 흡수력이 강한 식물식재사업
㉤ 그 밖에 특별자치시장·특별자치도지사·시장·군수·구청장이 필요하다고 인정하는 사업

66 토양환경보전법규상 국유재산 등에 대한 토양정화를 요청한 지방자치단체에게 토양정화 비용을 부담하게 할 경우, 그 비용의 기준으로 옳은 것은?

① 토양정화 등에 소요되는 비용 총액은 100분의 20 이내로 한다.
② 토양정화 등에 소요되는 비용 총액은 100분의 30 이내로 한다.
③ 토양정화 등에 소요되는 비용 총액은 100분의 40 이내로 한다.
④ 토양정화 등에 소요되는 비용 총액은 100분의 50 이내로 한다.

67 토양환경보전법규상 특정토양오염관리대상시설의 토양오염검사에 관한 사항 중 옳지 않은 것은?

① 토양관련전문기관은 시료채취일로부터 14일 이내에 이화학적 분석을 하여야 한다.

② 배관이 땅속에 묻혀 있는 시설의 경우 10년이 경과한 때에는 1년 이내에 누출검사를 받아야 한다.
③ 토양오염방지시설을 설치하고, 적정하게 유지·관리하는 경우 검사주기를 5년의 범위에서 조정할 수 있다.
④ 토양관련전문기관은 검사신청서를 받은 날로부터 7일 이내에 시료 채취 또는 누출검사를 하여야 한다.

풀이 특정토양오염관리대상시설 토양오염검사
㉠ 매년 1회 환경부령으로 정하는 때에 토양관련전문기관으로부터 토양오염도검사를 받을 것. 다만, 토양오염방지시설을 설치하고 적정하게 유지·관리하고 있는 경우에는 환경부령으로 정하는 기준에 따라 검사주기를 5년의 범위에서 조정할 수 있다.
㉡ 특정토양오염관리대상시설(「위험물안전관리법 시행령」에 따른 정기검사의 대상시설을 제외한다. 이하 "누출검사대상시설"이라 한다)을 설치한 후 10년이 경과하였을 때에는 6개월 이내에 토양 관련 전문기관으로부터 누출검사를 받아야 하며, 그 후에는 환경부령으로 정하는 바에 따라 누출검사를 받을 것

68 토양환경보전법규상 토양오염대책기준으로 옳은 것은?(단, 단위는 mg/kg이고, 2지역을 기준으로 한다.)

① 납 : 600   ② 비소 : 75
③ 페놀 : 50   ④ 아연 : 1,800

풀이 토양오염대책기준(단위 : mg/kg)

물질	1지역	2지역	3지역
카드뮴	12	30	180
구리	450	1,500	6,000
비소	75	150	600
수은	12	30	60
납	600	1,200	2,100
6가크롬	15	45	120
아연	900	1,800	5,000
니켈	300	600	1,500
불소	2,400	3,900	6,000
유기인화합물	—	—	—
폴리클로리네이티드	3	12	36

물질	1지역	2지역	3지역
비페닐 시안	5	5	300
페놀	10	10	50
벤젠	3	3	9
톨루엔	60	60	180
에틸벤젠	150	150	1,020
크실렌	45	45	135
석유계 총 탄화수소 (TPH)	2,000	2,400	6,000
트리클로로에틸렌 (TCE)	24	24	120
테트라클로로에틸렌 (PCE)	12	12	75
벤조(a)피렌	2	6	21

69 토양환경보전법규상 토양오염대책기준 적용 시 1지역 기준이 적용되는 지목은?

① 임야　　　　　② 유원지
③ 잡종지　　　　④ 학교용지

풀이 **토양오염대책기준 적용 시 1지역**
「공간정보의 구축 및 관리 등에 관한 법률」에 따른 지목이 전·답·과수원·목장용지·광천지·대(「공간정보의 구축 및 관리 등에 관한 법률 시행령」 중 주거의 용도로 사용되는 부지만 해당한다.)·학교용지·구거·양어장·공원·사적지·묘지인 지역과 「어린이놀이시설 안전관리법」에 따른 어린이 놀이시설(실외에 설치된 경우에만 적용한다.) 부지

70 토양환경보전법규상 토양오염검사수수료 중 시료채취비는?

① 31,900원/공　　② 51,900원/공
③ 71,900원/공　　④ 91,900원/공

풀이 **토양오염도 검사수수료**

검사항목	검사수수료(단위 : 원)
카드뮴·구리·납	44,200
비소	44,200
수은	44,200
6가 크롬	44,200

검사항목		검사수수료(단위 : 원)
아연·니켈		44,200
불소		71,100
유기인		35,100
폴리클로리네이티드비페닐		114,000
시안		17,700
페놀류		56,100
유류	벤젠	40,600
	톨루엔	
	에틸벤젠	
	크실렌	
석유계 총 탄화수소(TPH)		62,700
트리클로로에틸렌(TCE) 테트라클로로에틸렌(PCE)		26,900
벤조(a)피렌		114,000
시료채취비		91,900/공

71 토양환경보전법규상 특정토양오염관리대상시설의 변경신고를 하여야 하는 경우가 아닌 것은?

① 사업장의 명칭 또는 대표자가 변경되는 경우
② 특정토양오염관리대상시설의 사용을 종료하거나 폐쇄하는 경우
③ 특정토양오염관리대상시설의 용량보다 20% 이상 적게 저장하는 경우
④ 특정토양오염관리대상시설에 저장하는 오염물질을 변경하는 경우

풀이 **특정토양오염관리대상시설의 변경신고**
㉠ 사업장의 명칭 또는 대표자가 변경되는 경우
㉡ 특정토양오염관리대상시설의 사용을 종료하거나 폐쇄하는 경우
㉢ 특정토양오염관리대상시설을 증설 또는 교체하거나 토양오염방지시설을 변경하는 경우
㉣ 특정토양오염관리대상시설에 저장하는 오염물질을 변경하는 경우

72 토양환경보전법규상 토양보전대책지역의 지정기준으로 옳지 않은 것은?

① 농경지의 경우 지표면으로부터 30센티미터까지의 토양오염도가 대책기준을 초과하는 지역
② 농경지 외의 지역으로, 지표면으로부터 지하수(대수층)면 상부 토양 사이의 토양오염도가 대책기준을 초과한 지역
③ 농경지로 특별자치시장·특별자치도지사·시장·군수·구청장이 재배토양 중 오염물질 함량이 중금속허용기준을 초과하여 대책지역 지정을 요청한 지역
④ 농경지 외의 지역으로, 특별자치시장·특별자치도지사·시장·군수·구청장이 대책지역 지정을 요청한 지역으로서 인체에 대한 피해가 우려되고 그 면적이 1만 제곱미터 이상인 지역

> **풀이** 토양보전대책지역의 지정기준
> 1. 농경지의 경우에는 지표면으로부터 30센티미터까지의 토양오염도가 대책기준을 초과하거나 특별자치시장·특별자치도지사·시장·군수·구청장이 재배작물 중 오염물질함량이 중금속잔류허용기준을 초과하여 대책지역지정을 요청한 지역일 것
> 2. 농경지 외의 지역의 경우에는 지표면으로부터 지하수(대수층)면 상부 토양 사이의 토양오염도가 대책기준을 초과한 지역 또는 특별자치시장·특별자치도지사·시장·군수·구청장이 대책지역 지정을 요청한 지역으로서 인체에 대한 피해가 우려되고 그 면적이 1만 제곱미터 이상인 지역일 것

73 토양환경보전법규상 오염토양개선사업의 지도·감독기관에 관한 다음 내용의 (   )에 들어갈 말은?

특별자치시장 ·특별자치도지사·시장·군수·구청장이 오염토양개선사업의 전부 또는 일부의 질서를 그 정화책임자에게 명할 경우, 토양보전을 위하여 필요하다고 인정되면 (   )으로 하여금 오염토양개선사업을 지도·감독하게 할 수 있다.

① 유역환경청
② 한국환경공단
③ 국립환경과학원
④ 시·도 보건환경연구원

> **풀이** 환경부령으로 정하는 토양오염개선사업의 지도·감독기관은 시·도 보건환경연구원이다.

74 토양환경보전법규상 용어의 정의로 옳지 않은 것은?

① "토양정화업"이란 토양정화를 수행하는 업(業)을 말한다.
② "특정토양오염관리대상시설"이란 토양을 현저하게 오염시킬 우려가 있는 토양오염관리대상시설로서 환경부령으로 정하는 것을 말한다.
③ "토양오염"이란 자연활동이나 그 밖의 사람의 활동에 의해 토양이 오염되는 것으로서 사람의 건강·재산이나 환경에 피해를 주는 상태를 말한다.
④ "토양정화"란 생물학적 또는 물리적·화학적 처리 등의 방법으로 토양 중의 오염물질을 감소·제거하거나 토양 중의 오염물질에 의한 위해를 완화하는 것을 말한다.

> **풀이** 토양오염
> 사업활동이나 그 밖의 사람의 활동에 의하여 토양이 오염되는 것으로서 사람의 건강·재산이나 환경에 피해를 주는 상태를 말한다.

75 토양환경보전법규상 환경부장관, 시·도지사 또는 시장·군수·구청장이 토양보전을 위하여 필요하다고 인정한 경우, 토양정밀조사를 할 수 있는 지역이 아닌 것은?

① 농공단지　　　　② 매립시설
③ 군사시설　　　　④ 철도시설

> **풀이** 토양정밀조사 대상지역
> 1. 상시측정(이하 "상시측정"이라 한다)의 결과 우려기준을 넘는 지역

2. 토양오염실태조사의 결과 우려기준을 넘는 지역
3. 다음 각 목의 어느 하나에 해당하는 지역으로서 환경부장관, 시 · 도지사 또는 시장, 군수, 구청장이 우려기준을 넘을 가능성이 크다고 인정하는 지역
   ㉠ 토양오염사고가 발생한 지역
   ㉡ 「산업입지 및 개발에 관한 법률」에 따른 산업단지(농공단지는 제외한다)
   ㉢ 「광산피해의 방지 및 복구에 관한 법률」에 따른 폐광산(廢鑛山)의 주변지역
   ㉣ 「폐기물관리법」 제2조 제8호에 따른 폐기물처리시설 중 매립시설과 그 주변지역
   ㉤ 그 밖에 환경부령으로 정하는 지역

76 지하수법규상 지하수개발 · 이용시공업자의 영업 등록 취소 요건이 아닌 것은?

① 부정한 방법으로 등록을 한 경우
② 등록기준에 미치지 못하게 된 경우
③ 계속해서 1년 이상 영업을 하지 아니한 경우
④ 고의 또는 중대한 과실로 지하수개발 · 이용시설의 공사를 부실하게 한 경우

풀이 지하수개발 · 이용시공업자의 영업등록 취소여건
   ㉠ 부정한 방법으로 등록을 한 경우
   ㉡ 등록기준에 미치지 못하게 된 경우
   ㉢ 변경등록을 하지 아니하거나 부정한 방법으로 변경등록을 한 경우
   ㉣ 제23조 각 호의 어느 하나에 해당하게 된 경우. 다만, 법인의 임원 중에 제23조 제1호부터 제5호까지의 어느 하나에 해당하는 자가 있는 경우 3개월 이내에 해당 임원을 교체 임명하였을 때에는 그러하지 아니하다.
   ㉤ 다른 자에게 자기의 상호 또는 명칭을 사용하여 지하수개발 · 이용시공업을 하게 하거나 등록증을 대여한 경우
   ㉥ 계속하여 2년 이상 영업을 하지 아니한 경우
   ㉦ 고의 또는 중대한 과실로 지하수개발 · 이용시설의 공사를 부실하게 한 경우
   ㉧ 「국세징수법」, 「지방세징수법」 등 관계 법률에 따라 국가 또는 지방자치단체가 요구하는 경우

77 토양환경보전법규상 토양오염의 피해를 배상하고 오염된 토양을 정화하는 등의 조치를 해야 하는 자가 아닌 것은?

① 토양오염관리대상시설을 양수한 자
② 토양오염물질을 토양에 누출, 유출시킨 자
③ 천재지변에 의하여 발생한 오염토양을 방치한 자
④ 토양오염의 발생 당시 토양오염의 원인이 된 토양오염관리대상시설을 운영하고 있는 자

풀이 오염토양의 정화책임자
   ㉠ 토양오염물질의 누출 · 유출 · 투기 · 방치 또는 그 밖의 행위로 토양오염을 발생시킨 자
   ㉡ 토양오염의 발생 당시 토양오염의 원인이 된 토양오염관리대상시설의 소유자 · 점유자 또는 운영자
   ㉢ 합병 · 상속이나 그 밖의 사유로 ㉠ 및 ㉡에 해당되는 자의 권리의무를 포괄적으로 승계한 자
   ㉣ 토양오염이 발생한 토지를 소유하고 있었거나 현재 소유 또는 점유하고 있는 자

78 지하수법규상 지하수에 함유된 오염물질을 제거 · 분해 또는 희석하여 지하수의 수질개선을 하는 사업으로 정의되는 용어는?

① 토양정화업
② 지하수정화업
③ 지하수영향조사업
④ 지하수개발 · 이용시공업

풀이 지하수정화업
   지하수에 함유된 오염물질을 제거 · 분해 또는 희석하여 지하수의 수질을 개선하는 사업을 말한다.

79 토양환경보전법규상 측정망설치계획에 포함해야 하는 항목으로 옳지 않은 것은?

① 측정망 배치도
② 측정망 설치시기
③ 측정망 설치기간
④ 측정지점의 위치 및 면적

풀이 측정망 설치계획 포함사항

ㄱ 측정망 설치시기

ㄴ 측정망 배치도

ㄷ 측정지점의 위치와 면적

80 토양정밀조사의 세부방법에 관한 규정에 따른 시료채취 지점도 및 오염분포도 작성기준으로 옳은 것은?

① 오염등급을 5등급으로 구분 · 작성

② 우려기준 초과 물질에 대한 오염지도를 작성

③ 오염지도 축척은 시료채취 지점도와는 다른 것으로 사용

④ 축척 1/500(조사범위가 40,000m² 이상인 경우에는 1/1,000) 지도에 시료채취 지점 표기

풀이 ① 오염등급은 4등급으로 구분 · 작성한다.

③ 오염지도 축척은 시료채취 지점도와 동일하여야 한다.

④ 축척 1/500(조사범위가 40,000m²이상인 경우에는 1/5,000)지도에 채취 지점을 표기한다.

1과목 토양학개론

01 토양오염은 토양오염물질의 특성에 따라 오염의 양상 등이 달라진다. 토양 내 유기오염물질과 관련된 특성(인자)과 가장 거리가 먼 것은?

① 용해도적
② 옥탄올/물 분배계수
③ 증기압
④ 분해상수

풀이 유기오염물질의 특성인자
  ㉠ 증기압
  ㉡ 헨리상수 $\left(\dfrac{공기}{물\ 분배계수} \right)$
  ㉢ 분해상수
  ㉣ $\dfrac{옥탄올}{물\ 분배계수}$

02 대수층의 비보유율(Sr)이 0.2이고, 공극률이 0.3일 때, 비산출률(Sy)은?(단, 모래 내 지하수의 중력 배수 기준)

① 0.1
② 0.15
③ 0.2
④ 0.6

풀이 비산출률＝총 공극률−비보유율＝0.3−0.2＝0.1

03 토양의 나트륨의 흡착비(SAR) 식으로 옳은 것은?

① $SAR = \dfrac{Ca^{++}}{\sqrt{\dfrac{Na^+ + Mg^{++}}{2}}}$

② $SAR = \dfrac{Mg^{++}}{\sqrt{\dfrac{Na^+ + Ca^{++}}{2}}}$

③ $SAR = \dfrac{Na^+}{\sqrt{\dfrac{Ca^{++} + Mg^{++}}{2}}}$

④ $SAR = \dfrac{Ca^{++} + Mg^{++}}{\sqrt{\dfrac{Na^+}{2}}}$

04 다음 중 토양 수직단면을 분류하는 성층구조에서 가장 상층에 존재하는 토양층위는?

① A_1
② B_1
③ O_1
④ C

풀이 O_1 층은 유기물층으로 분해되지 않아서 유기물의 원형을 식별할 수 있는 유기물층이며, 낙엽퇴(L층)라고도 한다.

05 아연 광산에서 주로 발견되며 대표적으로 이타이이타이병을 유발하는 중금속은?

① 납
② 수은
③ 불소
④ 카드뮴

06 다음은 토양단면(층위)을 설명한 내용이다. 틀린 것은?

① R층은 단단한 모암층이다.
② A층은 유기물이 퇴적되어 있는 0층 바로 밑의 층이다.
③ C층은 풍화작용이 활발하게 진행되는 모재층이다.
④ B층은 토양의 구조가 뚜렷하게 구분되는 것이 특징이다.

풀이 C층은 토양생성작용(풍화작용)을 거의 받지 않는 기압층위의 모재층이다.

07 토양점토광물인 Vermiculite에 대한 설명으로 틀린 것은?

① 주로 운모류 광물의 풍화로 생성된 토양에 많이 존재한다.
② 운모와 매우 유사한 2 : 1의 층상구조를 가진다.
③ Kaolinite와 같이 용액 중에서 결정화 과정을 거쳐 생성된다.
④ 일부 팽창이 가능한 광물이다.

풀이 버미큘라이트(Vermiculite)는 풍화작용에 의해 일라이트의 층간을 결합을 K^+이 전부 또는 대부분 빠져나간 것을 말한다. 즉 운모류에서 K^+이나 Mg^{2+}가 풍화과정에서 용탈될 때 생기는 점토광물이다.

08 물리학적으로 분류한 토양 수분에 대한 설명 중 옳지 않은 것은?

① 흡습수 : 습도가 높은 대기 중에 토양을 놓아두었을 때 대기로부터 토양에 흡착되는 수분이다.
② 흡습수 : 식물이 직접 이용할 수 없다.
③ 모세관수 : 대부분 식물이 흡수 이용할 수 있다.
④ 모세관수 : pF는 2.54 이하이다.

풀이 모세관수의 pF는 2.54~4.5 정도이다.

09 점토가 90%, 부식이 10%인 토양이 있다. 점토의 CEC를 10cmol_c/kg, 부식의 CEC를 200cmol_c/kg으로 가정하면 이 토양의 CEC는?

① 14cmol_c/kg   ② 19cmol_c/kg
③ 24cmol_c/kg   ④ 29cmol_c/kg

풀이 CEC
$$= \left(10 \times \frac{90}{100}\right) + \left(200 \times \frac{10}{100}\right) = 29 \mathrm{cmol}_c/\mathrm{kg}$$

10 바람에 의한 침식(풍식)의 기작 중 '부유'에 관한 설명으로 틀린 것은?

① 가는 모래 정도 크기의 토양입자나 그보다 작은 입자가 공중에 떠서 토양 표면과 평행하게 멀리 이동하는 것을 말한다.

② 부유에 의하여 이동되는 입자는 수 m 정도의 높이로 이동하기도 하지만 바람의 강한 유동에 의하여 이보다 높이 떠서 수평방향으로 수백 km를 날아가기도 한다.
③ 이동 입자들은 바람의 속력이 감소될 때나 강우에 의한 습식강하를 통하여 토양 표면에 퇴적된다.
④ 부유에 의한 이동은 전체 이동량의 90% 이상을 차지한다.

풀이 부유에 의한 이동은 전체 이동량의 15% 정도 수준이다.

11 미국 토양분류기준인 Soil Taxonomy의 토양목 구분 중 'Entisol'에 관한 설명으로 옳은 것은?

① 토양층위가 뚜렷하지 않은 미발달 토양
② 유기물 함량이 높아 표토가 검은 빛깔의 토양
③ 화산재 토양
④ 유기질로 이루어진 늪지의 토양

풀이 엔티졸은 토양층위가 뚜렷하지 않은 미발달토양, 즉 층의 분화가 거의 없는 미숙토양이다.

12 다음의 토양점토광물 중 2 : 1형 층상 구조를 갖는 광물(3층형 광물)에 해당되지 않는 것은?

① Kaolinite   ② Illite
③ Montmorillonite   ④ Vermiculite

풀이 점토광물의 분류
1. 결정형 광물
   ① 1 : 1 격자형 광물(2층형 광물, 비팽창형)
      → 할로이사이트, 나크라이트 카올리나이트, 디카이트
   ② 2 : 1 격자형 광물(3층형 광물)
      한 층의 Al 8면체를 Si 4면체가 양쪽으로 샌드위치처럼 싸서 3층 구조를 이룸
      ㉠ 팽창형 → 몬모릴로나이트, 사포나이트, 버미큘라이트
      ㉡ 비팽창형 → 일라이트
   ③ 2 : 1 : 1(2 : 2, 격자형 광물 비팽창형)
      → 클로라이트
2. 비결정형 광물(무정형) : 알로펜, 이모고라이트

13 토양에서 일어나는 양이온교환반응과 농업 생산성과의 관련 내용으로 틀린 것은?

① 치환성 K · Ca · Mg 등은 식물영양소의 주된 공급원이다.
② 산성 토양의 pH를 높이기 위한 석회요구량은 양이온교환용량이 클수록 많아진다.
③ 흡착된 K^+ · Ca^{2+} · Mg^{2+} · Na^+ 등의 이온들은 쉽게 용탈되지 않는다.
④ 토양에 비료로 사용한 K^+ · NH_4^+ 등은 토양에서 이동성이 급격하게 증가된다.

풀이 토양에 비료로 사용한 K^+, NH_4^+ 등은 토양에서 이동성이 급격하게 감소된다.

14 토양 사상균에 관한 설명으로 틀린 것은?

① 핵막과 세포벽을 가지고 있는 진핵 생물이다.
② 종속영양생물이다.
③ 혐기성 생물로 이산화탄소의 농도가 높은 곳에서 활성이 크다.
④ 대사활성이 강하여 물질순환에 있어서 분해자로 중요한 역할을 한다.

풀이 사상균은 호기성 생물이지만 CO_2 농도가 높은 환경에서도 잘 견딘다.

15 토양의 수분을 보유하는 힘인 토양수분장력이 물기둥의 높이로 15,300cm일 때 pF는?

① 4.02　　　　② 4.18
③ 4.36　　　　④ 4.57

풀이 $pF = \log H = \log 15,300 cmH_2O = 4.18$

16 토양수분 중 모세관수의 장력(pF) 범위로 옳은 것은?

① pF 2.54 이하　　② pF 2.54~4.5
③ pF 4.5~7.0　　　④ pF 7.0 이상

풀이 토양수분의 물리학적 분류
　㉠ 결합수 : pF 7.0 이상(10,000기압 이상)
　㉡ 흡습수 : pF 4.5 이상(31기압 이상)
　㉢ 모세관수 : pF 2.54~4.5(1/3~31기압)
　㉣ 중력수 : pF 2.54 이하(1/3기압 이하)

17 토양수분은 식물학적 견지에서 볼 때 과잉, 유효, 무효수분으로 나눌 수 있다. 다음 중 과잉수분에 관한 설명으로 옳지 않은 것은?

① 토양 내 염류 용탈을 저해한다.
② 식물의 생장에 유해하다.
③ 통기를 막아 질소 고정 및 암모니아화를 일으키는 호기성 세균의 활성을 저해한다.
④ 주로 중력수에 해당한다.

풀이 과잉수분은 토양 내 염류를 용탈시킨다.

18 모래에 지하수를 장기간 중력 배수시켰을 때, 모래의 비산출률이 0.15이고 모래의 공극률이 0.53이라면 비보유율은?

① 0.68　　　　② 0.08
③ 0.29　　　　④ 0.38

풀이 비보유율 = 총 공극률 − 비산출률
　　　　 = 0.53 − 0.15
　　　　 = 0.38

19 토양의 습윤단위중량이 1.75t/m³이고, 함수비가 25%일 때 토양의 공극률(%)은?(단, 토양입자의 비중은 2.65)

① 38.9%　　　　② 47.2%
③ 52.2%　　　　④ 58.1%

풀이 공극률(%)
$$= \frac{공극비}{1 + 공극비} \times 100$$
$$공극비 = \left(\frac{비중 \times 4℃\,물의\,단위중량}{건조단위중량} \right) - 1$$

$$건조단위중량 = \frac{습윤단위중량}{1 + 함수비}$$

$$= \frac{1.75}{1 + 0.25}$$

$$= 1.4 \, \text{ton/m}^3$$

$$= \left(\frac{2.65 \times 1.0}{1.4} \right) - 1 = 0.893$$

$$= \left(\frac{0.893}{1 + 0.893} \right) \times 100 = 47.17\%$$

20 "습윤, 낮은 온도, 침엽수림, 조립질, 산성 토양" 조건하에서 토양 표층의 철과 알루미늄 등이 용탈되어 생긴 회백색의 표백층과 그 밑에 철과 알루미늄이 집적되어 생긴 흑갈색 또는 적갈색의 집적층을 갖는 토양 생성 과정은?

① 염류화(Salinization) 작용
② 글레이화(Gleization) 작용
③ 라테라이트화(Laterization) 작용
④ 포드졸화(Podzolization) 작용

2과목 **토양 및 지하수오염조사기술**

21 토양오염공정시험기준상 불소 측정에 적용 가능한 시험방법은?

① 자외선/가시선 분광법
② 원자흡수분광광도법
③ 기체크로마토그래프법
④ 유도결합플라즈마 원자발광분광법

풀이 불소 – 자외선/가시선 분광법
토양 중 불소를 측정하는 방법으로 불소가 진홍색의 지르코늄(Zirconium) – 발색시약과의 반응으로 무색의 음이온복합체(ZrF_6^{2-})를 형성하는 과정을 이용한다. 불소의 양이 많아질수록 색깔이 엷어지게 된다.

22 가압시험법 측정오류의 원인으로 가장 거리가 먼 것은?

① 최저 설정압력의 오류
② 시험압력 유지시간이 너무 짧을 때
③ 연결관 및 연결부의 오류로 인한 누출
④ 측정기간 중 과도한 온도변화에 의한 내용물의 체적 변화

풀이 가압시험법 측정오류의 원인은 최고 설정압력의 오류이다.

23 일반지역(농경지)의 토양시료 채취방법 중 시료채취지점 선정에 관한 내용으로 옳은 것은?

① 대상지역 내에서 나선형으로 5~10개 지점
② 대상지역 내에서 지그재그형으로 5~10개 지점
③ 대상지역에서 대표치를 구할 수 있는 1개 지점
④ 대상지역의 중심 지점과 주변 4방위 총 5개 지점

풀이 일반지역 시료채취지점
• 농경지의 경우는 대상지역 내에서 지그재그형으로 5~10개 지점을 선정한다.
• 공장지역 · 매립지역 · 시가지지역 등 농경지가 아닌 기타 지역의 경우는 대상지역의 중심이 되는 1개 지점과 주변 4방위의 5~10m 거리에 있는 1개 지점씩 총 5개 지점을 선정한다.

24 95% 황산(비중 1.84)의 노말(N) 농도는?

① 10.7 ② 25.5
③ 35.7 ④ 40.5

풀이 $$N(\text{eq/L}) = \frac{비중 \times 1,000 \times \%/100}{g당량}$$

$$= \frac{1.84 \times 1,000 \times 95/100}{(98/2)}$$

$$= 35.67 \, \text{eq/L} \, (N)$$

25 정량한계 산정식으로 옳은 것은?(단, S = 표준편차, X = 평균값)

① 정량한계 = $3.3 \times S$
② 정량한계 = $(10 \times X)/S$
③ 정량한계 = $(3.3 \times X)/S$
④ 정량한계 = $10 \times S$

정답 20 ④ 21 ① 22 ① 23 ② 24 ③ 25 ④

풀이 정량한계(LOQ)

LOQ = 표준편차 × 10

26 다음 표준액 중 pH가 가장 높은 것은?(단, 0℃ 기준)

① 붕산염 표준액   ② 프탈산염 표준액

③ 인산염 표준액   ④ 수산염 표준액

풀이 온도별 표준액의 pH 값

온도(℃)	0	5
수산염 표준액	1.67	1.67
프탈산염 표준액	4.01	4.01
인산염 표준액	6.98	6.95
붕산염 표준액	9.46	9.39
탄산염 표준액	10.32	10.25
수산화칼슘 표준액	13.43	13.21

27 기체크로마토그래피를 이용하여 PCBs를 분석할 때 간섭물질에 관한 내용으로 틀린 것은?

① 고순도의 시약이나 용매를 사용하여 방해물질을 최소화하여야 한다.

② 초자류는 사용 전에 아세톤, 분석 용매 순으로 각각 3회 세정한 후 건조시킨 것을 사용하여 오염을 최소화할 수 있다.

③ 전자포착검출기를 사용하여 PCB를 측정할 때 프탈레이트가 방해할 수 있는데 이는 플라스틱 용기를 사용하지 않음으로써 최소화할 수 있다.

④ 플로리실 컬럼 정제는 산, 염화페놀, 폴리클로로페녹시페놀 등의 극성화합물을 제거하기 위하여 수행하며, 사용 전에 정제하고 활성화시켜야 한다.

풀이 실리카겔 컬럼 정제는 산, 염화페놀, 폴리클로로페녹시페놀 등의 극성화합물을 제거하기 위하여 수행하며, 사용 전에 정제하고 활성화시켜야 한다.

28 토양 중 불소(자외선/가시선 분광법) 측정에 관한 설명으로 옳지 않은 것은?

① 불소가 진홍색의 지르코늄−발색시약과의 반응으로 무색의 음이온복합체를 형성하는 과정을 이용한다.

② 다량의 염소이온이 함유되어 있으면 염화주석용액으로 염소를 제거한다.

③ 토양 중 정량한계는 10mg/kg이다.

④ 불소이온과 지르코늄 이온 사이의 반응속도는 반응혼합물의 산도에 따라 달라진다.

풀이 다량의 염소이온이 함유되어 있으면 과량의 Ag^+이온을 첨가하여 염소를 제거한다.

29 ICP−AES를 구성하는 요소와 가장 거리가 먼 것은?

① 고주파전원부   ② 시료도입부

③ 분광부   ④ 시료원자화부

풀이 유도결합플라스마 − 원자발광분광계(ICP−AES ; Inductively Coupled Plasma−Atomic Emission Spectrometer)는 시료도입부, 고주파전원부, 광원부, 분광부, 연산처리부 및 기록부로 구성되어 있다.

30 저장물질이 없는 누출검사대상시설−가압시험법의 검사기기 및 기구에 대한 설명으로 틀린 것은?

① 사용가스 : 불활성 가스를 가압매체로 사용

② 온도계 : 시험압력에 충분히 견딜 수 있는 것으로서 최소눈금이 1℃ 이하를 읽고 기록이 가능한 온도계

③ 가압장치 : 가압 시 최대 압력 100mmH$_2$O 이하가 되도록 조정되는 것

④ 압력계 : 최소눈금이 시험압력의 5% 이내

풀이 가압장치

불활성 가스용기 및 압력조정장치를 말한다.
(0.2kg$_f$/cm^{2}의 시험압력)

31 0.05N의 KMnO₄ 용액 2,000mL를 조제하고자 할 때 필요한 KMnO₄의 양(g)은?(단, KMnO₄의 분자량＝158)

① 0.79   ② 1.58
③ 3.16   ④ 6.32

> **풀이** $KMnO_4$ → 5가 화합물
> $0.05N/L \times 2L \times (158/5)g/N = 3.16g$

32 유기인화합물을 기체크로마토그래피-질량분석법으로 분석할 때, 사용하는 정제용 컬럼으로 틀린 것은?

① 실리카겔 컬럼   ② 플로리실 컬럼
③ 활성탄 컬럼   ④ 알루미나 컬럼

> **풀이** 유기인화합물 - 기체크로마토그래피의 정제용 컬럼
> ㉠ 실리카겔 컬럼
> ㉡ 활성탄 컬럼
> ㉢ 플로리실 컬럼

33 PCB를 기체크로마토그래피법으로 정량화할 때에 관한 내용으로 틀린 것은?

① PCB를 노말헥산으로 추출한다.
② 추출액은 실리카겔 또는 다층 실리카겔을 통과시켜 정제한다.
③ 검출기는 전자포착검출기(ECD) 또는 이와 동등 이상의 검출성능을 가진 것을 사용한다.
④ 운반기체는 네온 또는 수소를 이용한다.

34 토양에 함유되어 있는 중금속 성분을 분석하기 위하여 시료를 조제할 때 사용되는 표준체가 다른 성분은?

① 납   ② 구리
③ 6가크롬   ④ 비소

> **풀이** 6가크롬의 분석방법은 자외선/가시선 분광법이며 나머지 물질의 주분석방법은 원자흡수분광 광도법이다.

35 기체크로마토그래피를 이용하여 분석할 수 있는 물질로 짝지은 것은?

① PCB, 수은   ② 유기인화합물, TPH
③ BTEX, 비소   ④ 불소, TPH

36 일반지역에서 시료채취지점 선정방법이 잘못된 경우는?

① 농경지의 토양시료 중에 카드뮴을 측정하기 위해 시료를 채취할 경우 대상지역 내에서 지그재그형으로 5~10개 지점을 선정한다.
② 공장지역의 토양시료 중에 카드뮴을 측정하기 위해 시료를 채취할 경우 대상지역의 중심이 되는 1개 지점과 주변 4방위의 5~10m 거리에 있는 1개 지점씩 총 5개 지점을 선정한다.
③ 농경지의 토양시료 중에 석유계총탄화수소를 측정할 경우 대상지역 내에서 대표치를 구할 수 있는 1개 지점을 선정한다.
④ 공장지역의 토양시료 중에 BTEX를 측정할 경우 대상지역의 중심이 되는 1개 지점과 주변 4방위의 5~10m 거리에 있는 1개 지점씩 총 5개 지점을 선정한다.

> **풀이** 일반지역의 시료 채취지점
> 시안, 유기인화합물, 벤조(a)피렌, 석유계 총 탄화수소, 페놀, 폴리클로리네이티드비페닐, 벤젠, 톨루엔, 에틸벤젠, 크실렌, 트리클로로에틸렌 및 테트라클로로에틸렌 시험용 시료는 농경지 또는 기타 지역의 구분에 관계없이 대상지역을 대표할 수 있는 1개 지점 또는 오염의 개연성이 높은 1개 지점을 선정한다.

37 원자흡수분광광도계 장치의 구성이 옳은 것은?

① 광원부 - 파장선택부 - 시료부 - 측광부
② 광원부 - 시료원자화부 - 파장선택부 - 측광부
③ 시료부 - 광원부 - 파장선택부 - 측광부
④ 시료원자화부 - 광원부 - 단색화부 - 측광부

38 토양 중의 폴리클로리네이티드비페닐(PCB)을 기체크로마토그래피로 분석할 때 가장 적당한 검출기는?

① 열전도도 검출기(TCD)
② 불꽃이온화 검출기(FID)
③ 전자포착형 검출기(ECD)
④ 불꽃광도형 검출기(FPD)

풀이 검출기는 전자포착형 검출기(ECD) 또는 이와 동등한 검출성능을 가진 것을 사용한다.

39 토양시료의 분석에 필요한 2N 황산용액을 조제하고자 할 때 가장 적절한 방법으로 ( )에 알맞은 것은?(단, 95% 황산, 황산의 비중 =1.84g/mL)

황산 ( )mL를 물 1L 중에 섞으면서 천천히 넣는다.

① 60   ② 120
③ 180   ④ 240

풀이 $2N = \dfrac{98g}{1L}$

체적 $= \dfrac{중량}{비중} \div 농도 = \dfrac{98}{1.84} \div 0.95 = 56.064mL$

$56.064mL : 1,000mL = x : x + 1,000mL$
$x = 59.4mL$ (N농도는 1,000mL 중의 분자량/이온)

40 토양오염 위해성 평가 수행절차 중 가장 먼저 수행하여야 하는 단계는?

① 위해도 결정   ② 노출농도 결정
③ 조치계획 작성   ④ 정화목표치 설정

풀이 토양오염 위해성 평가 수행절차
1. 시료채취계획수립 및 노출농도 결정
2. 노출경로 선택
3. 노출경로별 인체 노출량 산정
4. 위해도 결정
5. 위해성 판단
6. 정화목표치 계산

3과목 **토양 및 지하수오염정화기술**

41 실험실에서의 예비실험 결과 독성물질의 1차 반응 분해상수가 0.03day^{-1}임을 알았다. 이 물질의 반감기와 가장 가까운 것은?(단, 자연지수 기준)

① 약 23일   ② 약 26일
③ 약 28일   ④ 약 30일

풀이 $\ln \dfrac{C}{C_o} = -kt$

$t = \dfrac{\ln 0.5}{k} = -\dfrac{(-0.6931)}{0.03} = 23.1 day$

42 원위치 Air-Sparging 기술에 관한 설명으로 옳지 않은 것은?

① SVE에 비하여 에너지 소비량이 많고 오염물의 확산이나 Dead Zone의 우려가 크다.
② 비포화대에서 사용하는 SVE와 매우 유사하다.
③ 포화대 내에 공기를 주입하여 지하수를 폭기시키므로 VOC를 휘발시켜 제거하는 기술이다.
④ 공기펌프나 송풍기가 연결된 주입정으로 공기가 주입되어 대수층을 따라 수직으로 이동한 후 압력이 높은 추출정으로 VOC를 배출한다.

풀이 Air-Sparging은 공기펌프나 송풍기가 연결된 주입점으로 공기가 주입되어 대수층을 따라 수평, 수직으로 이동한 후 진공펌프에 의해 압력이 낮은 추출정으로 VOC를 배출한다.

43 다음 중 토양세척공정에 관한 설명으로 옳지 않은 것은?

① 외부환경의 영향이 크며 자체적 조건 조절이 가능한 개방형 공정이다.
② 오염된 처리수는 폐수처리시설에서 정화된 후 재순환되는 것이 일반적이다.
③ 토양세척의 효과를 결정짓는 것은 물질의 종류에 의한 차이보다 토양의 성상에 따른 영향이 크다.
④ 오염물질의 물리·화학적 특징 중 세척효율을 높일 수 있는 요인으로는 수용성과 휘발성이다.

풀이 토양세척공정은 외부환경의 조건변화에 대한 영향이 적고 자체적인 조건 조절이 가능한 폐쇄형 공정이다.

44 토양증기추출법(SVE ; Soil Vapor Extraction)의 장단점으로 틀린 것은?

① 투과성이 낮은 토양에서는 효과가 적다.
② 짧은 시간에 설치할 수 있다.
③ 지반구조의 복잡성으로 총 처리시간을 예측하기 어렵다.
④ 추출된 기체 처리를 위한 대기오염 방지시설이 필요 없다.

풀이 SVE는 방출된 공기를 처리하기 위한 공정과 방출가스 처리에 사용된 물질의 처리에 부담이 있다.

45 열탈착 기술에 관한 설명으로 옳지 않은 것은?

① 탈착속도는 유기물질의 화학적 구성에 큰 영향을 받으며 대개 분자량이 클수록 빠르다.
② 휘발성 유기화합물(VOCs)뿐만 아니라 준휘발성 유기화합물(SVOCs)의 제거도 가능하다.
③ 유기염소 및 유기인 살충제 처리 시 퓨란과 다이옥신류를 생성하지 않는다.
④ 열탈착 공정에서 발생하는 가스량은 같은 용량의 소각공정에 비해 상대적으로 적다.

풀이 탈착속도는 유기물질의 분자량이 클수록 느리다.

46 오염토양의 불용화처리법(화학적 처리) 중 황화나트륨을 첨가하여 처리할 수 있는 오염물질로 가장 적절한 것은?

① 비소 화합물   ② 납 화합물
③ 6가크롬 화합물   ④ 시안 화합물

47 유기화학물질의 생분해능은 화합물의 분자구조에 크게 의존한다. 다음 조건 중 대상 오염물질이 일반적으로 난분해성 경향을 갖게 하는 조건이 아닌 것은?

① 분자 내에 많은 수의 할로겐원소를 함유하는 화합물
② 가지구조가 많은 화합물
③ 물에 대한 용해도가 낮은 화합물
④ 원자의 전하차가 작은 화합물

풀이 생분해가 어려운 물질의 일반적인 특징은 원자의 전하차가 큰 화합물이다.

48 열탈착기술에서 오염물질의 특성에 따른 탈착 속도에 대하여 틀리게 설명한 것은?

① 유기물질의 분자량이 클수록 탈착속도가 빠르다.
② 토양층이 깊어질수록 탈착속도는 감소한다.
③ 유기물질의 휘발성이 작을수록 탈착속도가 느리다.
④ 비공극성 입자의 경우 탈착속도는 초기에 크고 빠르게 일어난다.

풀이 열탈착기술에서 유기물질의 분자량이 클수록 탈착속도는 느리다.

49 벤젠(C_6H_6) 2kg으로 오염된 토양을 원위치 생물학적 복원기술로 정화하려 한다. 벤젠이 완전분해되는 데 필요한 산소를 과산화수소(H_2O_2)로 공급하고자 할 때 필요한 과산화수소의 양(kg)은?

① 7kg   ② 9kg
③ 11kg   ④ 13kg

풀이 이론산소량(kg)

$$C_6H_6 + 7.5O_2 \quad \rightarrow \quad 6CO_2 + 3H_2O$$
$$78kg \quad : \quad (7.5 \times 32)kg$$
$$2kg \quad : \quad O_2(kg)$$

$$이론산소량(kg) = \frac{2kg \times (7.5 \times 32)kg}{78kg} = 6.154\,kg$$

과산화수소량(kg)

$$2H_2O_2 \quad \rightarrow \quad 2H_2O + O_2$$
$$68kg \quad : \quad 32kg$$
$$H_2O_2(kg) \quad : \quad 6.154$$

$$과산화수소량(kg) = \frac{(68 \times 6.154)kg}{32kg} = 13.08\,kg$$

정답 44 ④ 45 ① 46 ② 47 ④ 48 ① 49 ④

50 오염지하수를 반응벽체로 처리하고자 한다. 반응벽체 내 지하수 통과 선속도가 2m/day이며, 반응벽체 내 체류시간이 6시간이 되어야 할 경우 반응벽체의 두께는 얼마가 필요한가?

① 0.5m　　　　　② 1.0m

③ 1.5m　　　　　④ 2.0m

풀이 반응벽체 두께(m)
= 속도 × 시간 = 2m/day × 6hr × day/24hr
= 0.5m

51 종속영양미생물(화학합성 종속영양)의 탄소원 − 에너지원으로 옳은 것은?

① 유기탄소 − 유기물의 산화환원반응

② 유기탄소 − 빛

③ 이산화탄소 − 무기물의 산화환원반응

④ 이산화탄소 − 빛

풀이 탄소원과 에너지원에 따른 미생물 분류

구분(영양 형태)	탄소원	에너지원	예
광(합성) 독립(자가) 영양 미생물 (Photoautotroph)	CO_2	빛	남조류 (Cyano-bacteria), 조류, 시안세균
광(합성) 종속영양 미생물 (Photohetero-troph)	유기 탄소 (유기화합물)	빛	Rhodopseu-domonas, Rhodospirillum
화학 독립 (자가) 영양 미생물 (Chemoauto-troph)	CO_2	환원 형태의 무기물(무기물의 산화 · 환원 반응) (NH_4, H_2S, NO_2^-, H_2, S, $S_2O_3^{2-}$, Fe^{2+})	질화세균 (질산화성균) 황산화균 (황세균), 수소산화균, 철산화균 (철세균)
화학 종속 영양 미생물 (Chemohetero-troph)	유기 탄소 (유기화합물)	유기화합물 (유기물의 산화 · 환원 반응)	원생동물, 진균류, 대부분의 세균

52 어느 지역의 토양 공극 내 TCE 포화도가 0.4로 알려져 있다면 처리대상 TCE의 무게(kg)는?
(조건 : 토양부피＝1m, 공극률＝0.4, TCE 밀도＝1.4kg/L)

① 68　　　　　② 128

③ 162　　　　　④ 224

풀이 TCE 무게(kg) = 부피 × 밀도 × 포화도 × 공극률
= $1m^3$ × 1.4kg/L × 0.40 × 0.4 × 1,000L/m^3
= 224kg

53 오염지하수를 반응벽체공법으로 처리하고자 한다. 반응벽체의 두께는 2.4m이며, 지하수의 선속도가 0.2m/hr일 경우 반응벽체 통과시간은?

① 0.5day　　　　　② 1day

③ 1.5day　　　　　④ 2day

풀이 통과시간(day)
= $\dfrac{거리}{속도}$ = $\dfrac{2.4m}{0.2m/hr × 24hr/day}$ = 0.5day

54 Bioventing 기술 적용 시 대상 오염부지의 정확한 산소 소모율 산정이 매우 중요하다. 주입공기 유량이 200m^3/day, 초기 산소농도가 20.9%, 배가스의 산소농도가 5.9%, 토양체적이 5,000m^3, 그리고 토양의 공극률이 0.15일 때 평균 산소 소모율(%O_2/day)은?

① 1　　　　　② 2

③ 3　　　　　④ 4

풀이 산소소모율(%, O_2/day) = $\dfrac{Q(C_0 - C_f)}{V \cdot P}$

= $\dfrac{200m^3/day × (20.9 - 5.9)\%O_2}{5,000m^3 × 0.15}$

= 4%, O_2/day

55 오염토양의 열처리 기술 중 열탈착기술에 대한 설명으로 틀린 것은?

① 열탈착 공정에서 발생하는 가스는 같은 용량의 소각공정에 비하여 가스량이 상대적으로 적게 발생된다.

② 열탈착기술은 유기염소 및 유기인 살충제의 제거가 가능하다.

③ 열탈착기술로 처리하는 동안 생성되는 다이옥신류 및 퓨란의 처리가 용이하다.

④ 열탈착기술은 다양한 수분함량과 오염농도를 가진 여러 종류의 토양에 적용이 가능하다.

풀이 열탈착기술은 처리하는 동안 다이옥신과 퓨란이 생성되지 않는다.

56 투수성 반응벽체(PRB)의 공정원리에 관한 설명으로 틀린 것은?

① PRB는 원위치 오염 방지 구조물이다.

② PRB는 오염지역 밖으로 지하수의 이동을 막는 것이므로 비용 측면에서 효과적이다.

③ PRB는 산성 광산폐수에서 방사성 동위원소까지 오염된 지하수에 포괄적으로 적용된다.

④ PRB는 지중의 반응존(Reactive Zone)으로 오염물을 이동시키는 자연적인 지하수 흐름에 의존한다.

풀이 투수성 반응벽체는 오염지역 밖으로 지하수의 이동을 막는 것이 아니라 오염물질만의 이동을 막는 오염방지 구조물이다.

57 에어 스파징(Air Sparging) 적용에 유리한 조건으로 틀린 것은?

① 토양의 종류 : 사질토, 균질토

② 지하수면까지의 길이 : 1.5m 이상

③ 오염물질의 호기성 생분해능 : 높음

④ 오염물질의 용해도 : 높음

풀이 오염물질의 용해도
  ㉠ 유리한 조건 : 낮음
  ㉡ 불리한 조건 : 높음

58 식물을 이용하여 오염된 토양이나 지하수를 정화하는 기술을 식물정화법이라고 한다. 식물정화법에 대한 설명으로 틀린 것은?

① 식물은 필요한 무기영양분을 대부분 이온형태로 뿌리를 통해서 흡수한다.

② 식물에 의한 추출에 적합한 식물들은 수확이 가능한 조직 내에 고농도의 금속을 축적하고 이에 대한 내성이 있어야 한다.

③ 방향족 탄화수소, 할로겐화 방향족 탄화수소, 유기인 화합물 등의 오염물질은 식물에 의한 분해로 정화된다.

④ 토양 내 알루미늄은 이온과 물 흡수력을 과잉 증진시켜 결국 독성으로 작용하게 된다.

59 미생물 분해를 목적으로 하는 부분반응벽 시스템(Funnel-and-Gate System)에 가장 적합한 투수성 벽체 재료는?

① 0가 철   ② Alum

③ 굴 껍질   ④ 자갈

60 전기동력학적 공정효율을 높이기 위한 방법으로 틀린 것은?

① 음극 쪽에서 발생하는 중금속의 수산화물 침전물 형성을 방지하고 침전물의 용해도를 증가시키기 위해 음극 전해질 용액에 아세트산과 같은 화학물질을 주입함

② 오염물질의 이동도를 증가시키기 위해 pH와 제타전위를 조절하고 탈착반응을 촉진시키며 전기삼투유량을 증가시키기 위해 양극과 음극 전해질 용액의 화학조절을 실시함

정답 55 ③ 56 ② 57 ④ 58 ④ 59 ③ 60 ③

③ 오염물질의 흡착능력을 향상시키기 위해 이온교환능이 높은 벤토나이트, 몬모릴로나이트와 같은 점토광물의 함량을 증가시킴

④ 토양입자와 경쟁하며 중금속 오염물질에 대해 용해성 착화합물을 형성할 수 있는 암모니아, Citrate, EDTA 등과 같은 화학제를 투여함

> **풀이** 오염물질의 탈착능력을 향상시키기 위해 이온교환능력이 높은 점토광물 함량을 증가시킨다.

4과목 **토양 및 지하수환경 관계법규**

61 환경부장관은 토양오염관리대상시설에 대한 조사계획을 매년 수립해야 한다. 이때 포함되어야 할 사항으로 틀린 것은?

① 조사일정   ② 조사순서
③ 조사기준   ④ 조사범위

> **풀이** 환경부장관은 토양오염관리대상시설 등을 조사하는 경우에는 매년 조사일정, 범위, 기준 등이 포함된 토양오염관리대상시설 등 조사계획을 수립하고, 그 계획에 따라 조사를 실시하여야 한다.

62 수질검사전문기관은 수질검사의 기록에 대한 보존 및 보고의 의무를 갖는다. 이에 해당하는 내용으로 가장 적합한 것은?

① 1년간 보존, 매 분기 종료일의 다음달 말일까지 보고
③ 2년간 보존, 매 분기 종료일로부터 2달 이내 보고
③ 1년간 보존, 매 분기 종료일로부터 2달 이내 보고
④ 2년간 보존, 매 분기 종료일의 다음달 말일까지 보고

> **풀이** 수질검사전문기관은 수질검사의 기록을 2년간 보존하여야 하며, 매분기 말 현재의 기록을 환경부령으로 정하는 바에 따라 매분기 종료일의 다음 달 말일까지 환경부장관 또는 시장, 군수, 구청장에게 통보하여야 한다.

63 토양보전대책지역 지정표지판에 기록할 내용으로 틀린 것은?

① 지정일자
② 토양보전대책지역에서 제한되는 행위
③ 지정기관 및 전화번호
④ 지정목적

> **풀이** 토양보전대책지역 지정표지판
>
> > 1. 지정목적
> > 2. 지정일자 :   년   월   일
> > 3. 토양보전대책지역 안에서 제한되는 행위
> > 4. 토양보전대책지역 내역
> >   가. 주소
> >   나. 면적
> >   다. 약도
>
> ※ 비고
> 1. 표지판의 규격은 가로 3미터, 세로 2미터, 높이 1.5미터 이상으로 하여야 한다.
> 2. 글자는 페인트 등을 사용하여 지워지지 아니하도록 하여야 한다.
> 3. 약도는 표지판 설치 위치에서 방향 및 지점 등을 누구나 알 수 있도록 작성하여야 한다.
> 4. 표지판은 사방에서 잘 보이는 곳에 견고하게 설치하여야 한다.

64 특정토양오염관리대상시설에 대한 토양오염 검사면제 승인을 할 수 있는 경우와 가장 거리가 먼 것은?

① 특정토양오염관리대상시설 중 송유관시설로서 유류의 유출 여부를 확인할 수 있는 장치가 설치된 경우

② 토양시추를 할 수 없는 지반 또는 건물지하 등에 설치되어 토양시료의 채취가 불가능하다고 토양오염조사기관이 인정하는 경우

③ 저장시설에 1년 이상 토양오염물질을 저장하지 아니한 경우 등 토양 관련 전문기관이 토양오염검사가 필요하지 아니하다고 인정하는 경우

④ 특정토양오염관리대상시설의 설치자가 전체 시설의 사용을 종료하거나 이를 폐쇄하고자 하는 경우

풀이 특정토양오염관리 대상시설에 대한 토양오염검사 면제 승인을 할 수 있는 경우

① 특정토양오염관리대상시설 중 송유관시설로서 유류의 유출 여부를 확인할 수 있는 장치가 설치된 경우(토양오염도검사에 한한다) 또는 안전검사를 받는 경우(누출검사에 한한다)

② 토양시추를 할 수 없는 지반 또는 건물지하 등에 설치되어 토양시료의 채취가 불가능하다고 토양오염조사기관이 인정하는 경우

③ 저장시설에 1년 이상 토양오염물질을 저장하지 아니한 경우 등 토양 관련 전문기관이 토양오염검사가 필요하지 아니하다고 인정하는 경우

④ 동종의 토양오염물질을 저장하는 다수의 시설 중 일부시설의 사용을 종료하거나 폐쇄하는 경우

⑤ 권장 설치 · 유지 · 관리기준에 맞게 토양오염 방지시설을 설치한 날부터 15년 이내인 경우

⑥ 검사항목이 같은 종류의 토양오염물질로 저장물질을 변경하고자 하는 경우

⑦ 그 밖에 토양정화명령을 받고 정화 중인 경우 등 특별자치도지사 · 시장 · 군수 · 구청장이 토양오염검사가 필요하지 아니하다고 인정하는 경우

65 지하수관리 기본계획에 포함되지 않는 사항은?

① 온천수
② 용천수
③ 제주도지역 지하수
④ 먹는 샘물

풀이 지하수 기본계획에 포함되는 항목
- 온천수
- 농어촌용수(지하수만 해당)
- 먹는 샘물 · 먹는 염지하수
- 제주특별자치도지역 지하수

66 다음 오염물질 중 토양오염 우려기준이 나머지와 다른 것은?(단, 1지역 기준)

① 카드뮴
② 페놀
③ 수은
④ 납

풀이 토양오염 우려기준(mg/kg)

물질	1지역	2지역	3지역
카드뮴	4	10	60
구리	150	500	2,000
비소	25	50	200
수은	4	10	20
납	200	400	700
6가 크롬	5	15	40
아연	300	600	2,000
니켈	100	200	500
불소	400	400	800
유기인화합물	10	10	30
폴리클로리네이티드비페닐	1	4	12
시안	2	2	120
페놀	4	4	20
벤젠	1	1	3
톨루엔	20	20	60
에틸벤젠	50	50	340
크실렌	15	15	45
석유계 총 탄화수소(TPH)	500	800	2,000
트리클로로에틸렌(TCE)	8	8	40
테트라클로로에틸렌(PCE)	4	4	25
벤조(a)피렌	0.7	2	7

67 자연적인 원인에 의한 토양오염임을 입증하기 위해 대통령령으로 정하는 방법으로 (　)에 알맞은 것은?

해당 오염물질이 (　)으로부터 기인하였음을 증명할 것

① 대상 지역의 변성
② 대상 지역의 기후변동
③ 대상 부지의 지각변동
④ 대상 부지의 기반암

68 토양정화업의 등록요건 중 장비기준으로 틀린 것은?

① 휴대용 가스측정장비 1식(휘발성 유기화합물질, 산소, 이산화탄소 및 메탄의 측정이 가능할 것)

② 현장용 수질측정기 1식(수소이온농도, 수은, 전기전도도, 용존산소 및 산화환원전위의 측정이 가능할 것)

③ 지하수위측정기

④ 시료채취기 1대(깊이 2m 이내 시료채취가 가능할 것)

풀이 토양정화업의 등록요건(장비)
ㄱ 시료채취기 1대(깊이 6m 이상 시료채취가 가능할 것)
ㄴ 휴대용 가스측정장비 1식(휘발성 유기화합물질(VOC), 산소, 이산화탄소 및 메탄의 측정이 가능할 것)
ㄷ 현장용 수질측정기 1식(수소이온농도(pH), 수온, 전기전도도, 용존산소 및 산화·환원전위의 측정이 가능할 것)
ㄹ 지하수위측정기

69 검사항목별 '1지역-2지역' 토양오염대책기준(단위 : mg/kg)이 잘못 짝지어진 것은?

① BTEX : 80-20　　② TPH : 2000-2400

③ TCE : 24-24　　④ PCE : 12-12

풀이 토양오염대책기준(단위 : mg/kg)

물질	1지역	2지역	3지역
카드뮴	12	30	180
구리	450	1,500	6,000
비소	75	150	600
수은	12	30	60
납	600	1,200	2,100
6가 크롬	15	45	120
아연	900	1,800	5,000
니켈	300	600	1,500
불소	2,400	3,900	6,000
유기인화합물	–	–	–
폴리클로리네이티드 비페닐	3	12	36
시안	5	5	300
페놀	10	10	50
벤젠	3	3	9
톨루엔	60	60	180
에틸벤젠	150	150	1,020
크실렌	45	45	135
석유계 총 탄화수소 (TPH)	2,000	2,400	6,000
트리클로로에틸렌 (TCE)	24	24	120
테트라클로로에틸렌 (PCE)	12	12	75
벤조(a)피렌	2	6	21

70 주민건강피해조사 및 대책의 내용에 포함될 사항으로 틀린 것은?

① 건강피해의 판정 및 대책

② 건강피해지역 통제계획

③ 건강피해조사의 대상 및 방법

④ 건강피해조사기관

풀이 주민건강피해조사 및 대책의 내용 포함사항
ㄱ 건강피해조사의 대상 및 방법
ㄴ 건강피해조사기관
ㄷ 건강피해의 판정 및 대책
ㄹ 그 밖에 건강피해조사 및 대책에 필요한 사항

71 토양 관련 전문기관의 준수사항이 아닌 것은?

① 토양시료채취는 토양 관련 전문기관 지정 시 신고된 기술요원이 하여야 한다.

② 토양 관련 전문기관은 도급받은 토양 관련 전문기관의 업무 일부를 하도급할 수 있다.

③ 토양관련전문기관은 매년 1월 31일까지 전년도 검사실적을 지방환경관서의 장에게 보고하여야 한다.

④ 토양시료의 분석은 형식승인과 정도검사를 받은 장비를 사용하여 분석하여야 한다.

풀이 토양 관련 전문기관의 준수사항
ㄱ 토양 관련 전문기관은 「환경분야 시험·검사 등에 관한 법률」에 따른 환경오염공정시험기준에 따라 검사를 정확하고 엄정하게 하여야 한다.
ㄴ 토양시료의 채취는 토양 관련 전문기관(변경) 지정 시 신고된 기술요원이 하여야 하며, 시료를 채취하는 때에는 도면상에 시료채취지점을 표기하고 시료채취자가 서명하여야 한다. 다만, 시료채취를 위한 시추장비 등의 운전은 기술요원이 아닌 다른 인력이 할 수 있으나, 이 경우 기술요원은 시료채취과정을 감독하여야 한다.
ㄷ 누출검사는 반드시 토양 관련 전문기관 지정(변경) 시 신고된 기술인력이 실시하여야 하며, 누출검사자는 누출측정결과 보고서에 서명하여야 한다.
ㄹ 토양 관련 전문기관은 매년 1월 31일까지 토양오염도검사·누출검사·토양정밀조사·토양환경평가·위해성평가·토양정화의 검증 등 전년도 검사실적을 지방환경관서의 장 또는 국립과학원장에게 보고하여야 한다. 이 경우 검사실적은 당

해 연도 말까지의 검사결과 통보분을 의미한다.
ⓜ 토양 관련 전문기관은 검사일지, 검사결과기록부, 시약소모대장, 검사신청접수 및 결과 발송대장, 차량운행일지 등을 영업소 소재지에 작성·비치하여야 한다.
ⓗ 토양시료의 분석은 토양 관련 전문기관 (변경)지정 시 신고된 기술요원이 하여야 하고, 「환경분야 시험·검사 등에 관한 법률」에 형식승인을 받고 정도검사(精度檢查)를 받은 장비를 사용하여 분석하여야 한다.
ⓢ 토양 관련 전문기관은 별표 11에서 정한 토양오염검사수수료를 준수함으로써 불공정 경쟁과 검사의 부실을 초래하여서는 아니 된다.
ⓞ 토양 관련 전문기관은 도급받은 토양 관련 전문기관의 업무 전부를 다시 하도급해서는 아니 된다.

72 토양오염도 측정에 관한 사항으로 맞는 것은?

① 지방환경청장은 관할지역의 토양오염실태를 파악하기 위하여 측정망을 설치하고 토양오염도를 상시측정하여야 한다.
② 시·도지사는 관할구역 안의 토양오염실태를 파악하기 위하여 토양정밀조사를 한다.
③ 토양오염 우려기준을 넘을 가능성이 크다고 인정되는 지역에 대해 환경부장관, 시·도지사 또는 시장·군수·구청장이 토양오염 정밀조사를 실시할 수 있다.
④ 시장·군수·구청장은 토양오염 실태조사 결과를 환경부장관에게 바로 보고하여야 한다.

73 토양정화업의 등록요건 중 장비에 관한 기준으로 틀린 것은?

① 현장용 수질측정기 1식(pH, 수온, 전기전도도, 용존산소, 산화환원전위의 측정이 가능할 것)
② 휴대용 가스측정장비 1식(VOC, 산소, 이산화탄소 및 메탄의 측정이 가능할 것)
③ 새료채취기 1대(깊이 6미터 이상 시료채취가 가능할 것)
④ 자가동력시추기(타격식이나 나선형식으로 시추 깊이가 최소 6미터 이상일 것)

풀이 토양정화업의 등록요건(장비)
ⓐ 시료채취기 1대(깊이 6m 이상 시료채취가 가능할 것)
ⓑ 휴대용 가스측정장비 1식(휘발성 유기화합물질(VOC), 산소, 이산화탄소 및 메탄의 측정이 가능할 것)
ⓒ 현장용 수질측정기 1식(수소이온농도(pH), 수온, 전기전도도, 용존산소 및 산화·환원전위의 측정이 가능할 것)
ⓓ 지하수위측정기

74 환경부장관이 관계중앙행정기관의 장 또는 시·도지사에게 요청할 수 있는 조치와 가장 거리가 먼 것은?

① 토양오염방지를 위한 객토 등 농토배양사업
② 산업시설 등의 조치로 인하여 훼손된 토양의 복구
③ 주변토양을 오염시킬 우려가 있는 시설에 대한 이전
④ 폐광지역의 광물 찌꺼기 등으로 인한 주변 농경지 등의 광산공해방지대책

75 오염원인자가 토양정화업자에게 위탁하지 아니하고 직접 정화할 수 있는 경우의 기준으로 ( ) 안에 들어갈 내용으로 옳은 것은?

국방·군사시설 사업에 관한 법률에 의한 군부대 시설 안의 오염토양 또는 군사활동으로 인한 오염토양으로서 그 양이 ( ) 미만인 것

① 5세제곱미터　　　　② 10세제곱미터
③ 25세제곱미터　　　　④ 50세제곱미터

풀이 정화책임자에 의한 직접 정화기준
ⓐ 「국방·군사시설 사업에 관한 법률」에 의한 군부대시설 안의 오염토양 또는 군사활동으로 인한 오염토양으로서 그 양이 50세제곱미터 미만인 것
ⓑ 유기용제 또는 유류에 의한 오염토양으로서 그 양이 5세제곱미터 미만인 것

76 토양환경보전법에서 정의한 오염토양의 정화책임자가 아닌 것은?

① 토양오염지역을 관할하는 행정 지자체

② 토양오염물질의 누출, 유출, 투기, 방치 또는 그 밖의 행위로 토양오염을 발생시킨 자

③ 토양오염의 발생 당시 토양오염의 원인이 된 토양오염관리대상시설의 소유자 · 점유자 또는 운영자

④ 토양오염이 발생한 토지를 소유하고 있었거나 현재 소유 또는 점유하고 있는 자

풀이 오염토양의 정화책임자

ㄱ 토양오염물질의 누출 · 유출 · 투기(投棄) · 방치 또는 그 밖의 행위로 토양오염을 발생시킨 자

ㄴ 토양오염의 발생 당시 토양오염의 원인이 된 토양오염관리대상시설의 소유자 · 점유자 또는 운영자

ㄷ 합병 · 상속이나 그 밖의 사유로 제1호 및 제2호에 해당되는 자의 권리 · 의무를 포괄적으로 승계한 자

ㄹ 토양오염이 발생한 토지를 소유하고 있었거나 현재 소유 또는 점유하고 있는 자

77 토양보전대책지역 지정에서 농경지의 경우 지표면으로부터 어느 정도까지의 토양오염도가 대책기준을 초과하면 대책지역 지정을 요청할 수 있는가?

① 10cm ② 20cm
③ 30cm ④ 40cm

풀이 토양보전대책지역의 지정기준

ㄱ 농경지 외의 지역의 경우에는 지표면으로부터 지하수(대수층)면 상부 토양 사이의 토양오염도가 대책기준을 초과한 지역 또는 특별자치도지사 · 시장 · 군수 · 구청장이 대책지역 지정을 요청한 지역으로서 인체에 대한 피해가 우려되고 그 면적이 1만 제곱미터 이상인 지역일 것

ㄴ 농경지의 경우에는 지표면으로부터 30cm까지의 토양오염도가 대책기준을 초과하거나 특별자치도지사 · 시장 · 군수 · 구청장이 재배작물 중 오염물질 함량이 중금속 잔류허용기준을 초과하여 대책지역 지정을 요청한 지역일 것

78 토양 관련 전문기관에 대한 행정처분의 설명 중 틀린 것은?

① 평가 결과를 거짓으로 작성하거나 부실하게 작성한 경우 1차적으로 전문기관 지정이 취소된다.

② 갖추어야 할 장비가 부족한 경우 1차적으로 경고한다.

③ 고의 또는 중대한 과실로 토양정밀조사를 부실하게 하여 정화과정에 대한 검증대상규모 미만으로 오염토양의 규모가 축소되게 한 경우 1차적으로 1개월 업무정지한다.

④ 지정요건의 기술인력이 전혀 없는 경우 1차적으로 전문기관 지정이 취소된다.

풀이 평가 결과를 거짓으로 작성하거나 부실하게 작성한 경우 1차적 행정처분은 업무정지 6개월이다.

79 전국적인 토양오염실태를 파악하기 위하여 토양오염도를 상시 측정하여야 하는 자는?

① 환경부장관
② 시 · 도지사 또는 시장 · 군수 · 구청장
③ 유역환경청장
④ 국립환경과학원장

80 특정토양오염관리대상시설의 변경신고 사유가 아닌 것은?

① 특정토양오염관리대상시설을 교체하거나 토양오염방지시설을 변경하는 경우

② 특정토양오염관리대상시설의 사용을 종료하거나 폐쇄하는 경우

③ 사업장의 위치 또는 사업자가 변경되는 경우

④ 특정토양오염관리대상시설에 저장하는 오염물질을 변경하는 경우

풀이 특정토양오염관리대상시설의 변경신고

ㄱ 사업장의 명칭 또는 대표자가 변경되는 경우

ㄴ 특정토양오염관리대상시설의 사용을 종료하거나 폐쇄하는 경우

ㄷ 특정토양오염관리대상시설을 증설 또는 교체하거나 토양오염방지시설을 변경하는 경우

ㄹ 특정토양오염관리대상시설에 저장하는 오염물질을 변경하는 경우

028 2023년 1회 기사

1과목 토양학개론

01 어느 지역 토양시료에 대해 공극률 측정결과가 20% 였다. 시료 내 수분부피와 공기부피는 각각 $10cm^3$, $5cm^3$ 였다면 현장에서 채취한 토양시료의 전체부피(cm^3)는?(단, 공극은 수분과 공기로만 차 있다고 가정함)

① 75 ② 85
③ 95 ④ 105

풀이 공극률(%) = $\left(\dfrac{수분부피 + 공기부피}{토양\ 전체부피} \right) \times 100$

토양 전체부피 = $\dfrac{10+5}{0.2} = 75\,cm^3$

02 단위체적의 대수층 내에 저유된 지하수와 대수층으로부터 외부로 뽑아낼 수 있는 지하수량의 비를 나타내는 용어는?

① 비양수율(Specific Reuse)
② 간극률(Porosity)
③ 비산출률(Specific Yield)
④ 비보유율(Specific Retention)

03 포화대의 수리지질학적인 특성을 지하수의 흐름특성과 저유특성으로 대별할 때 흐름특성으로 중요한 인자는?

① 투수량계수 ② 비산출률
③ 공극률 ④ 비저유계수

풀이 포화대의 수리지질학적 구분

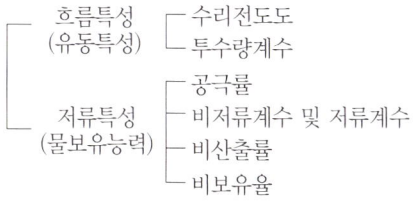

04 토양공기에 관한 설명으로 옳지 않은 것은?

① 심층토가 표층토에 비하여 미세공극이 적어 산소의 공급이나 이산화탄소의 제거가 원활하지 못하다.
② 토양공기 중의 이산화탄소가 많아지는 양은 산소가 줄어드는 양과 비례한다.
③ 토양의 깊이가 깊을수록 산소 함량이 적어지는 정도는 토양공극의 특성과 밀접한 관계가 있다.
④ 토양공기 중의 질소 함량은 대기 중의 함량과 비슷하다.

풀이 심층토가 표층토에 비하여 미세공극이 많아 산소의 공급이나 이산화탄소의 제거가 원활하지 못하다.

05 토양생성작용에서 Laterit화 작용과 관련이 가장 많은 것은?

① 철 및 알루미늄 산화물
② 아연 및 망간 산화물
③ 칼슘 및 마그네슘 산화물
④ 크롬 및 나트륨 산화물

풀이 Laterization은 염기류나 규산이 용탈되고 철 및 알루미늄의 산화물이 잔류해서 상대적으로 많아지는 과정을 말한다.

06 지하수 및 대수층과 관련된 용어 중 "자유면 대수층에서 지하수면의 단위 상승 혹은 강하에 의해 단위 면적을 통해 자유면 대수층의 저류지하수로부터 유입 혹은 유출되는 물의 부피"를 뜻하는 것은?

① 비산출률 ② 비보유율
③ 비표면계수 ④ 비저류계수

07 질산성 질소(NO_3^--N)의 농도가 40mg/L 라면 NO_3^-의 농도는?

① 168.6mg/L ② 177.2mg/L
③ 188.6mg/L ④ 198.6mg/L

풀이
$NO_3^- \rightarrow N$
62 : 14
NO_3^- : 40

$NO_3^-(mg/L) = \dfrac{62 \times 40}{14} = 177.14\,mg/L$

08 다음 질소에 관한 설명 중 틀린 것은?

① 대기의 기체상태의 질소분자는 토양미생물이나 화학적인 공정을 통하여 고정되어야 식물에 이용될 수 있다.
② 질소는 토양이 생성되는 초기단계에서는 결핍되기 쉬운 영양소이다.
③ 토양 중에 있는 질소의 80~97%가 유기물에 존재한다.
④ 토양 중에 식물이 흡수 이용할 수 있는 형태의 유기태 질소는 0.2~0.5% 정도이다.

풀이 질소는 대부분 유기물로 존재하고 식물이 흡수할 수 있는 형태인 무기태 질소는 2~3%에 불과하다.

09 TPH 50mg/kg으로 오염된 토양 100톤과 85mg/kg으로 오염된 토양 40톤을 혼합하였다. 완전 혼합된 후의 토양 TPH 농도는?(단, 혼합과정 중 휘발 등 저감조건은 고려하지 않음)

① 60.0mg/kg ② 62.5mg/kg
③ 65.0mg/kg ④ 67.5mg/kg

풀이 혼합 TPH 농도
$= \dfrac{(100 \times 50) + (40 \times 85)}{100 + 40} = 60.0\,mg/kg$

10 토양에서 일어나는 흡착 모델인 랭그미어(Langmuir) 흡착등온모델의 전제가 되는 가정에 관한 설명으로 옳지 않은 것은?

① 흡착은 흡착지점이 고정된 단일 흡착층에서 일어난다.
② 흡착은 가역적이다.
③ 표면에 흡착된 분자는 옆으로 이동한다.
④ 흡착에너지는 모든 지점에서 동일하다.

풀이 표면에 흡착된 분자는 옆으로 이동하지 않는다.

11 토양 내 중금속에 관한 내용으로 틀린 것은?

① 크롬 : 6가 크롬이 3가 크롬에 비하여 이동성이 크고 독성이 강함
② 비소 : 3가 비소가 5가 비소에 비하여 이동성이 크고 독성이 강함
③ 수은 : 3가 수은이 2가 수은에 비하여 이동성이 크고 독성이 강함
④ 카드뮴 : 생물농축되어 독성이 증가함

풀이 유기수은 중 알킬수은화합물의 독성은 무기수은화합물의 독성보다 매우 강하다.

12 다음에서 오염물질의 이동특성 중 이류(Advection)에 해당하는 것은?

① 용액의 농도가 불균일할 때 농도가 높은 곳으로부터 낮은 곳으로 물질이 이동하는 것
② 지하수환경으로 유입된 오염물질이 지하수의 공극유속과 같은 속도로 움직이는 것
③ 용질이 다공질 매체를 통하여 이동하는 과정에서 희석되는 것
④ 용질의 유동이 예상보다 늦어지는 현상

13 지하수오염 가능성도(DRASTIC) 평가 시 고려되는 인자와 가장 거리가 먼 것은?

① 저류계수 ② 지하수위
③ 토양의 구성물질 ④ 지형구배

풀이 Drastic 평가 시 고려인자
㉠ 지하수위
㉡ 수리전도도

ⓒ 지하수 함양률
ⓔ 토양의 구성물질
ⓜ 불포화대 구성물질
ⓗ 대수층의 구성물질
ⓢ 지형구배

14 다음 중 일반적으로 공극률이 가장 큰 토양은?

① 자갈
② 조립질 모래
③ 미사
④ 점토

15 지하수 유동의 기본법칙인 Darcy의 법칙에 관한 설명으로 옳지 않은 것은?

① 지하수의 흐름 속도는 수두 구배에 비례한다는 경험법칙으로 흐름은 층류여야 한다.
② 투수성 기질로 채워진 원통을 통해 나오는 유량은 수두차에 반비례한다.
③ 투수성 기질로 채워진 원통을 통해 나오는 유량은 거리에 반비례한다.
④ 투수성 기질로 채워진 원통을 통해 나오는 유량은 흐름의 단면에 비례한다.

풀이 투수성 기질로 채워진 원통을 통해 나오는 유량은 수두차에 비례한다.

16 토양공기의 조성에 관한 설명 중 틀린 것은?

① 대기에 비하여 CO_2의 함량이 높음
② 대기에 비하여 O_2 함량의 변동이 적음
③ 대기에 비하여 토양 중 습도 함량이 높음
④ O_2는 식물의 뿌리와 토양생물의 호흡에 의하여 소비됨

풀이 토양 공기 중 O_2의 함량의 변화는 2~20%로, 변동이 크다.

17 토양의 입도분석 결과 입도분포 곡선으로부터 $D_{10}=0.06mm$, $D_{30}=0.16mm$, $D_{60}=0.53mm$로 측정되었다. 이때 곡률계수는?

① 0.51
② 0.61
③ 0.71
④ 0.81

풀이 곡률계수 $= \dfrac{D_{30}{}^2}{D_{10} \times D_{60}} = \dfrac{0.16^2}{0.06 \times 0.53} = 0.81$

18 토양오염의 특징으로 틀린 것은?

① 오염경로의 단순성
② 오염의 비인지성 및 타 환경인자와의 영향관계의 모호성
③ 수질 또는 대기오염에 비해 오염 영향의 국지성
④ 피해 발현의 완만성

풀이 토양오염의 특징
ⓐ 오염경로의 다양성
ⓑ 피해 발현의 완만성(시차성)
ⓒ 오염지역의 국지성(수질 또는 대기오염에 비해 오염영향의 국지성)
ⓓ 타 매체와의 연관성(오염의 비인지성 및 다른 환경인자와의 영향관계의 모호성)
ⓔ 지속성 및 잔류성
ⓕ 오염물질 및 오염지역에 따른 특이성
ⓖ 원상복구의 어려움

19 다음 중 주수대수층(Perched Aquifer)의 설명으로 가장 알맞은 것은?

① 렌즈 형태의 불투수성 층에 의해 아래로 이동할 수 없어 소규모의 포화된 지하수층이 형성된 것
② 지하수를 저장할 수 있으며 대수층으로 천천히 이동시킬 수 있는 것
③ 어떠한 물도 이동시킬 수 없는 절대적인 불투수성 층
④ 지표면으로부터 대수층 바닥까지 고유투수계수가 높은 층

20 토양의 공극률이 0.4이고, 용적밀도가 1.6 g/cm³이다. 이 토양을 다진 후 공극률이 0.3으로 감소되었다면 용적밀도(g/cm³)는?

① 1.65　　　　② 1.72

③ 1.79　　　　④ 1.87

풀이 공극률(%) $=\left(1-\dfrac{용적밀도}{입자밀도}\right)\times 100$

$0.4 = \left(1-\dfrac{1.6}{입자밀도}\right)$

입자밀도 $= 2.67\,g/cm^3$

$0.3 = \left(1-\dfrac{용적밀도}{2.67}\right)$

용적밀도 $= 1.87\,g/cm^3$

2과목　**토양 및 지하수오염조사기술**

21 PCB를 측정하기 위해 기체크로마토그래프를 사용할 때 운반가스의 유속(mL/min)은?

① 0.5~3　　　　② 5~10

③ 10~20　　　　④ 20~50

풀이 운반기체는 부피백분율 99.999% 이상의 질소 또는 헬륨으로서 유량은 0.5~3mL/min이다.

22 지하매설저장시설 내 배관으로부터 3m 지점에서 토양시료를 채취하였다면 토양시료 채취지점에서 최대한의 시료채취 깊이(m)는?

① 3　　　　② 3.5

③ 4　　　　④ 4.5

풀이 시료채취 깊이(m) = 3m × 1.5

　　　　　　　　　 = 4.5m

23 토양 중 벤조(a)피렌을 분석하기 위해 속슬레 추출법을 사용하는 경우 적절한 추출조건은?

① 시간당 3~5사이클을 유지하면서 24시간 동안 추출

② 시간당 4~6사이클을 유지하면서 16시간 동안 추출

③ 시간당 6~8사이클을 유지하면서 16시간 동안 추출

④ 시간당 7~9사이클을 유지하면서 18시간 동안 추출

풀이 1~2개의 비등석을 넣은 500mL 둥근 바닥플라스크에 아세톤/노말헥산(1 : 1) 300mL를 넣고, 이 둥근 바닥플라스크를 추출장치에 부착시켜 시간당 4~6 사이클을 유지하면서 16시간 동안 추출한 후 방치하여 냉각한다.

24 원자흡수분광광도계의 일반적인 구성 순서로 올바른 것은?

① 광원부 → 시료원자화부 → 파장선택부 → 측광부

② 광원부 → 파장선택부 → 시료원자화부 → 측광부

③ 광원부 → 측광부 → 시료원자화부 → 파장선택부

④ 광원부 → 측광부 → 파장선택부 → 시료원자화부

25 토양의 pH를 측정하기 위해서 토양과 산을 포함하는 정제수의 비율로 적절한 것은?(단, 토양의 밀도(비중)는 1.0은 아님)

① 토양시료의 무게에 5배의 정제수를 사용

② 토양시료의 부피에 5배의 정제수를 사용

③ 토양시료의 무게에 2배의 정제수를 사용

④ 토양시료의 부피에 2배의 정제수를 사용

풀이 토양시료의 무게에 5배의 정제수를 사용하여 혼합한 후 pH를 유리전극과 기준전극으로 구성된 pH 측정기를 사용하여 측정한다.

26 다음은 용기에 관한 설명으로 (　)에 알맞은 것은?

> (　)라 함은 취급 또는 저항하는 동안에 기체 또는 미생물이 침입하지 아니하도록 내용물을 보호하는 용기를 말한다.

① 밀폐용기　　　　② 기밀용기

③ 밀봉용기　　　　④ 차단용기

정답　**21** ①　**22** ④　**23** ②　**24** ①　**25** ①　**26** ③

풀이 용기의 종류

구분	정의
밀폐용기	취급 또는 저장하는 동안에 이물질이 들어가거나 또는 내용물이 손실되지 아니하도록 보호하는 용기
기밀용기	취급 또는 저장하는 동안에 밖으로부터의 공기 또는 다른 가스가 침입하지 아니하도록 내용물을 보호하는 용기
밀봉용기	취급 또는 저장하는 동안에 기체 또는 미생물이 침입하지 아니하도록 내용물을 보호하는 용기
차광용기	광선이 투과하지 않는 용기 또는 투과하지 않게 포장한 용기이며 취급 또는 저장하는 동안에 내용물이 광화학적 변화를 일으키지 아니하도록 방지할 수 있는 용기

27 저비점 석유류 중에 다량 함유되어 있는 BTEX의 측정에 적용하는 기체크로마토그래피 검출기의 종류가 아닌 것은?

① FID
② PID
③ ECD
④ GC/MS

풀이 저비점 석유류[BTEX] 측정 검출기
－기체크로마토그래피법－
㉠ FID
㉡ PID
㉢ GC/MS

28 검량선에서 얻어진 경유 성분의 검출량이 305.5ng일 때, 토양 중 TPH(석유계 총탄화수소) 농도(mg/kg)는?(단, 수분보정한 토양무게＝20.5g, 용매의 최종액량＝2mL, 검액의 주입량은 2μL로 희석하지 않았다.)

① 20.5
② 18.7
③ 14.9
④ 12.6

풀이 TPH 농도$(mg/kg) = \dfrac{A_s \times V_f \times D}{W_d \times V_i}$

$= \dfrac{305.57g \times 2mL \times 1}{20.5g \times 2\mu L}$

$= 14.90 \, mg/kg$

29 흡광광도법에서 투과도가 0.4일 때 흡광도는?

① 약 0.2
② 약 0.4
③ 약 0.6
④ 약 0.8

풀이 흡광도 $= \log \dfrac{1}{투과도} = \log \dfrac{1}{0.4} = 0.398$

30 토양오염물질 위해성 평가의 내용과 가장 거리가 먼 것은?

① 노출평가
② 영향평가
③ 독성평가
④ 위해도 결정

풀이 토양오염 위해성 평가단계
㉠ 노출 경로 선택(결정)
㉡ 노출평가
㉢ 독성평가
㉣ 위해도 결정

31 시료의 수분 측정 결과 건조된 증발접시의 무게(W_1)는 20.25g, 건조 전 증발접시와 시료의 무게(W_2)는 41.50g, 건조 후 증발접시와 시료의 무게(W_3)는 35.50g이었다면 시료의 수분 함량(%)은?

① 42.2
② 38.2
③ 32.2
④ 28.2

풀이 수분 함량$(\%) = \dfrac{W_2 - W_3}{W_2 - W_1} \times 100$

$= \dfrac{(41.50 - 35.50)g}{(41.50 - 20.25)g} \times 100$

$= 28.23\%$

32 원자흡수분광분석방법에서 방해물질을 최소화하는 방법이 아닌 것은?

① 적절한 파장 선택
② 이온교환이나 용매추출 등을 통한 방해물질 제거
③ 음이온 또는 킬레이트 첨가
④ 내부 표준법 사용

풀이 내부 표준법은 정량 방법이다.

33 pH 값이 20℃에서 가장 낮은 값을 나타내는 pH 표준액은?

① 수산화칼슘 표준액　　② 탄산염 표준액

③ 인산염 표준액　　④ 붕산염 표준액

풀이 온도별 표준액의 pH 값

온도 (℃)	수산염 표준액	프탈산염 표준액	인산염 표준액	붕산염 표준액	탄산염 표준액	수산화칼슘 표준액
0	1.67	4.01	6.98	9.46	10.32	13.43
5	1.67	4.01	6.95	9.39	10.25	13.21
10	1.67	4.00	6.92	9.33	10.18	13.00
15	1.67	4.00	6.90	9.27	10.12	12.81
20	1.68	4.00	6.88	9.22	10.07	12.63
25	1.68	4.01	6.86	9.18	10.02	12.45
30	1.69	4.01	6.85	9.14	9.97	12.30
35	1.69	4.02	6.84	9.10	9.93	12.14
40	1.70	4.03	6.84	9.07	—	11.99
50	1.71	4.06	6.83	9.01	—	11.70
60	1.73	4.10	6.84	8.96	—	11.45

34 토양오염관리 대상시설 지역 중 시료 채취 및 보관방법에 관한 설명으로 가장 거리가 먼 것은?

① 토양시료는 직경 2.0cm 이하의 시료채취봉이 들어있는 토양시추장비로 채취한다.

② 시료채취봉을 꺼내어 오염의 개연성이 가장 높다고 판단되는 부위 ±15cm를 시료부위로 한다.

③ 토양시추장비는 시추 중에 물이나 기름이 유입되지 않는 것이어야 한다.

④ 토양시추장비는 시료채취봉이 들어있는 타격식이나 나선형식이 있다.

풀이 토양시료는 직경 2.5cm 이상의 시료채취봉이 들어 있는 타격식이나 나선형식의 토양시추장비로 채취한다.

35 자외선/가시선 분광법에서 투과율 35% 시 흡광도는?

① 0.35　　　　　　② 0.38

③ 0.41　　　　　　④ 0.46

풀이 흡광도 $= \log \dfrac{1}{투과율} = \log \dfrac{1}{0.35} = 0.46$

36 토양오염관리대상시설지역에서의 시료채취 지점 선정에 관한 내용으로 ( )에 옳은 것은?(단, 부지 내, 지상저장시설 기준)

토양오염물질(유류 등)의 누출이 인지되거나 토양오염의 개연성이 높은 3개 지점을 선정하되, 저장시설의 끝 단으로부터 수평 방향으로 1m 이상 떨어진 지점에서 이격거리의 ( ) 깊이까지로 한다.

① 1.2배　　　　　　② 1.5배

③ 2.0배　　　　　　④ 2.5배

풀이 토양오염관리 대상시설지역(부지 내 지하저장시설) 시료채취지점 선정기준

토양오염물질(유류 등)의 누출이 인지되거나 토양오염의 개연성이 높은 3개 지점을 선정하되, 저장시설의 끝 단으로부터 수평 방향으로 1m 이상 떨어진 지점에서 이격거리의 1.5배 깊이까지로 한다. 다만, 방유조(Tank Dike) 외부에서 시료를 채취하고자 할 경우에는 방유조 끝 단을 기준으로 한다.

37 저장물질이 있는 누출검사대상시설(액상부의 시험법)의 누출판정기준에 관한 내용으로 ( )에 옳은 것은?

누출과 비누출을 판정하는 (㉠)이며 검사대상시설의 용량에 (㉡) 적용된다.

① ㉠ 누출량, ㉡ 관계없이 일괄

② ㉠ 누출량, ㉡ 따라 차등

③ ㉠ 누출속도, ㉡ 관계없이 일괄

④ ㉠ 누출속도, ㉡ 따라 차등

38 초음파 추출법을 사용하여 시료추출을 수행하는 화합물은?

① BTEX　　　　　　② TPH

③ 페놀　　　　　　④ TCE

풀이 TPH의 추출방법
　㉠ 속슬레 추출법
　㉡ 초음파 추출법

정답 **33** ③　**34** ①　**35** ④　**36** ②　**37** ④　**38** ②

39 임의의 시료에 대해 수분(%)측정 실험의 결과가 다음과 같을 때 시료의 수분(%)은?

- 증발접시 무게 : 10g
- 습윤 상태 시료 무게 : 10g
- 건조 후 시료와 증발접시 무게 : 17g

① 40 ② 30
③ 20 ④ 15

풀이 $수분(\%) = \dfrac{(W_2 - W_3)}{(W_2 - W_1)} \times 100$

$W_2 = 10 + 10 = 20g$

$= \dfrac{(20 - 17)g}{(20 - 10)g} \times 100 = 30\%$

40 다음 중 비소표준원액 제조 시 사용하는 비소화합물은?

① 삼산화비소 ② 오산화비소
③ 아비산나트륨 ④ 비소이온

3과목 토양 및 지하수오염정화기술

41 다음 중 생분해가 어려운 물질의 일반적인 조건(특성)과 가장 거리가 먼 것은?

① 원자의 전하차가 적은 화합물
② 물에 대한 용해도가 낮은 화합물
③ 가지구조가 많은 화합물
④ 분자 내에 많은 수의 할로겐 원소를 함유하는 화합물

풀이 유기화학물질의 난분해성 조건
　ⓐ 할로겐화된 화합물
　ⓑ 분자 내에 많은 수의 할로겐 원소를 함유하는 화합물
　ⓒ 가지구조가 많은 화합물
　ⓓ 물에 대하여 용해도가 낮은 화합물
　ⓔ 원자의 전하차가 큰 화합물

42 공기분사법(Air-Sparging)의 적용에 관한 설명으로 옳지 않은 것은?

① 오염물질의 휘발성이 작으면 정화효율이 낮다.
② 오염 확산의 위험이 적은 피압대수층에 적용이 용이하다.
③ 공기주입으로 인한 기질의 변화로 주변 구조물의 안정성에 영향을 줄 수 있다.
④ 오염물질의 호기성 생분해능이 높을수록 적용이 유리하다.

풀이 Air-Sparging은 오염 확산의 위험이 있는 피압대수층에서는 적용할 수 없다.

43 호기성 생분해 기술을 적용한다면 2mg/L의 벤젠을 생분해하는 데 필요한 이론산소의 양(농도)은?(단, 벤젠의 화학식은 C_6H_6이다.)

① 약 4.6mg/L ② 약 5.4mg/L
③ 약 6.2mg/L ④ 약 7.6mg/L

풀이 $C_6H_6 + 7.5O_2 \rightarrow 6CO_2 + 3H_2O$
　78g 　: 7.5×32g
　2mg/L : O_o(mg/L)

$O_o(mg/L) = \dfrac{2mg/L \times (7.5 \times 32)g}{78g}$

$= 6.15mg/L$

44 오염토양의 불용화를 위해 화학적 처리를 하고자 할 때 오염물질과 그 처리에 사용되는 물질에 대한 연결로 가장 적합한 것은?

① 시안화합물 - 차아염소산나트륨(NaOCl)
② 6가 크롬 - 염화철(FeCl₂)
③ 비소화합물 - 황산화철(FeSO₄)
④ 수은화합물 - 황산나트륨(Na₂SO₄)

풀이 ② 6가 크롬 : 황산철($FeSO_4$), 아탄(lignite)
　③ 비소화합물 : 염화제1철($FeCl_2$)
　④ 수은화합물 : 황화나트륨(Na_2S)

45 TCE로 오염된 지하수를 양수하여 포기조 내에서 공기분산법으로 제거하는 경우, 포기조 부피가 750m³인 처리장에 1일 3,000m³의 오염 지하수가 유입된다면 포기시간은?

① 4시간 　　　　② 6시간
③ 8시간 　　　　④ 10시간

풀이 포기시간(hr) $= \dfrac{V}{Q}$

$$= \frac{750\mathrm{m}^3}{3,000\mathrm{m}^3/\mathrm{day} \times \mathrm{day}/24\mathrm{hr}}$$

$$= 6\mathrm{hr}$$

46 지중 내에 직류전기를 공급하여 지반으로부터 오염물질을 추출하는 기술의 장단점으로 틀린 것은?

① 지반 매트릭스 자체에 미치는 영향이 정확하게 규명되지 않는 단점이 있음
② 염이나 2차 광물의 침전으로 효율이 상승되는 장점이 있음
③ 오염지역 복원이 영구적인 장점이 있음
④ 오염된 지중용액을 집수정으로부터 쉽게 추출할 수 있는 장점이 있음

풀이 동전기 정화방법은 염이나 2차 광물의 침전에 의하여 효율이 저하된다.

47 바이오스파징의 장점으로 틀린 것은?

① 휘발보다 생분해가 주요 제거 메커니즘이므로 배출가스 처리가 필요 없을 수 있음
② 오염물질의 이동 및 확산 우려가 없음
③ 지하수의 부가적인 처리가 없음
④ 지상의 영업 및 활동에 방해 없이 정화작업 수행

풀이 바이오스파징은 오염물질의 이동 및 확산 야기가 우려되는 단점이 있다.

48 오염토양 열처리 프로세스의 종류 중 장치용적에 비해 비교적 넓은 열전달 표면적이 존재하여 같은 용량의 장치에 비해 장치가 작고 열전달효율이 높으나, 고형물의 온도가 최대허용 가능한 유체의 온도에 의해 제한되는 것은?

① 로터리 탈착장치 　　② 열스크루
③ 유동상 탈착장치 　　④ 마이크로파 탈착장치

49 자일렌 100mg/L의 농도로 오염된 지하수 3,000m³을 처리하기 위해 필요한 활성탄의 양은?(단, 자일렌에 대한 활성탄의 흡착능 0.0789g−Xylenes/g−carbon)

① 760kg 　　　　② 1.4t
③ 2.3t 　　　　　④ 3.8t

풀이 활성탄의 양(ton)

$= 100\mathrm{mg/L} \times 3,000\mathrm{m}^3 \times 1,000\mathrm{L/m}^3$
　$\times \mathrm{g}/1,000\mathrm{mg} \times \mathrm{ton}/10^6\mathrm{g} \times$
　$\mathrm{g}-\mathrm{Carbon}/0.0789\mathrm{g}-\mathrm{Xylenes}$
$= 3.8\mathrm{ton}$

50 생물학적 복원기술에 관한 설명 중 틀린 것은?

① 저농도 및 광범위한 오염에 적합하다.
② 유해한 중간물질을 만드는 경우가 있어 분해생성물의 유무를 조사할 필요가 있다.
③ 다양한 물질에 의해 오염되어 있는 경우에도 별도의 기술개발이 필요 없다.
④ 약품을 많이 사용하지 않기 때문에 2차 오염이 적다.

풀이 생물학적 복원기술은 다양한 물질에 의해 오염되어 있는 경우에는 별도의 기술개발이 필요하다.

51 기타 토양복원기술과 비교한 토양세척(Soil Washing) 공정의 장점과 가장 거리가 먼 것은?

① 외부환경의 조건변화에 대한 영향이 적고 자체적인 조건조절이 가능한 폐쇄형 공정이다.

② 적용 가능한 오염물 종류의 범위가 넓다.

③ 오염토양 내 수분공급으로 미생물에 의한 처리
효율을 높일 수 있다.

④ 오염토양 부피의 단시간 내의 효율적인 급감으
로 2차 처리비용이 절감된다.

풀이 토양세척법은 세척 후 발생하는 처리수의 처리를 고
려해야 한다.

52 어느 오염물질이 포화 토양층에 평형상태로
용해 및 흡착되어 있다. 다음의 조건에서의 지체 상
수는?

[조건]
- 포화토양층 부피 : 1,000m³
- 공극률 : 0.25
- 토양입자 밀도 : 2.65g/cm³
- 지하수 벤젠농도 : 50mg/L
- 토양 벤젠농도 : 50mg/kg

① 약 6 ② 약 9
③ 약 12 ④ 약 15

풀이 지체상수(R)$= 1 + \dfrac{\rho_b}{\eta} k_d$

k_d(비례 등온흡착계수)$= \dfrac{50\text{mg/kg}}{50\text{mg/L}} = 1\text{L/kg}$

$\rho_b = \rho_s(1-\eta) = 2.65\text{g/cm}^3 \times (1-0.25)$
$\qquad = 1.99\text{g/cm}^3\,(\text{kg/L})$

$= 1 + \dfrac{1.99\text{kg/L}}{0.25} \times 1\text{L/kg} = 8.95$

53 어느 지역의 토양 내 TCE가 1.2kg 존재하고,
TCE의 물에 대한 용해도는 약 1,200mg/L로 알려
져 있다면 TCE가 모두 용해되기 위해서 필요한 물
의 양은?

① 0.1m³ ② 1m³
③ 10m³ ④ 100m³

풀이 물의 양(m³)
$= \dfrac{1.2\text{kg} \times 10^6\text{mg/kg}}{1,200\text{mg/L} \times 1,000\text{L/m}^3} = 1\text{m}^3$

54 지하수 내 벤젠의 농도가 50mg/L이다. 일차
감쇄 상수(First-Order Decay Rate)가 0.005/day
일 때 3년 후 지하수 내 벤젠의 농도(mg/L)는?

① 0.21 ② 0.31
③ 0.41 ④ 0.51

풀이 $C = C_0 e^{-kt}$
$= 50 \times e^{-(0.005/\text{day} \times 3\text{year} \times 365\text{day/year})}$
$= 0.21\text{mg/L}$

55 다음 그림은 오염토양 정화기술의 한 종류를
나타낸 것이다. 이 공정으로 가장 적합한 것은?

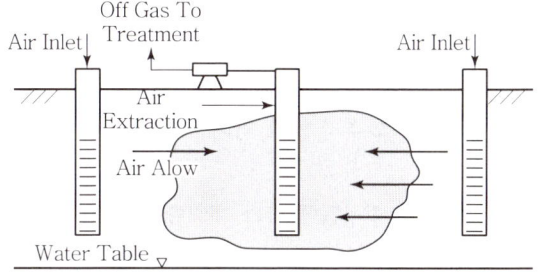

① Permeable Reactive Barriers
② Air Sparging
③ Natural Attenuation
④ Bioventing

56 자연저감기법(Natural Attenuation)의 영향
인자 중 수리지질학적 인자와 가장 거리가 먼 것은?

① 동수구배
② 토양입경의 분포
③ 오염물질의 농도
④ 지표수와 지하수의 관계

풀이 자연 저감법 효율에 영향을 미치는 인자
1. 수질지질학적 인자
㉠ 지하수의 동수구배(수리경사)
㉡ 토양입경의 분포
㉢ 지표수와 지하수의 관계
㉣ 대수층의 수리전도도
㉤ 선택적인 흐름경로

정답 52 ② 53 ② 54 ① 55 ④ 56 ③

2. 토양 및 지하수 인자
    ㉠ 오염물질의 농도(형태)
    ㉡ 온도, 수분
    ㉢ 영양분
    ㉣ 전자수용체

57 토양 세정법(Soil Flushing)을 적용하는 경우, 화학적 첨가제로 사용하는 계면활성제에 관한 내용으로 틀린 것은?

① 계면활성제는 공기-물, 기름-물 등 다른 물질 사이에 끼어 들어가 두 물질 사이의 자유에너지를 낮추는 역할을 한다.
② 계면활성제는 친수성체의 성질에 따라 양이온성, 음이온성, 중성 및 양성으로 구분한다.
③ 계면활성제는 농도가 어느 이상이면 더 이상 표면장력을 낮추지 않고 마이셀을 형성하기 시작한다.
④ 마이셀이 형성됨에 따라 계면활성제 용액에 대한 오염물질의 용해도는 감소하게 된다.

풀이 마이셀이 형성됨에 따라 계면활성제 용액에 대한 오염물질의 용해도는 증가하게 된다.

58 토양오염 확산 방지기술인 고형화와 안정화에 관한 설명으로 틀린 것은?

① 폐기물의 표면적을 증가시켜 안정화 속도를 빠르게 하는 장점이 있다.
② 일차적으로 폐기물 유해성분의 유동성을 감소시키는 것을 목적으로 한다.
③ 폐기물의 용해성이 감소하는 장점이 있다.
④ 폐기물의 취급이 용이해지는 장점이 있다.

풀이 고형화와 안정화 방법은 토양오염 확산 방지기술이다. 즉, 오염물이 용출되어 나올 수 있는 폐기물의 표면적이 감소한다.

59 식물정화법(Phytoremediation)에 대한 설명으로 틀린 것은?

① 식물에 의한 추출로 토양을 정화할 때 대표적 식물종은 해바라기이다.
② 식물에 의한 안정화로 토양을 정화할 때 대표적 식물종은 포플러 나무이다.
③ 식물에 의한 추출에 적합한 식물은 수확되지 않는 뿌리에 고농도 금속을 축적하고 내성이 있어야 한다.
④ 식물에 의한 안정화는 풍화 및 침식 경로에 의한 오염원의 이동을 막아 인근의 지하수로 용출되는 것을 효과적으로 제어할 수 있다.

풀이 식물 추출에 적합한 식물은 수확이 가능한 조직 내에 고농도의 금속을 축적하고 이에 대한 내성이 있어야 한다.

60 생물학적 통기법을 효과적으로 적용하기 위해서는 현장에서의 산소소모율을 조사한다. 다음 중 평균 산소소모율(% O_2/day)을 구하는 식의 인자와 가장 거리가 먼 것은?

① 주입공기유량
② 배가스 중의 산소농도
③ 토양 체적
④ 토양 투수계수

풀이 평균산소소모율(R_0)

$$R_0 = \frac{Q(C_0 - C_f)}{VP}$$

여기서, R_0 : 산소소모율(%, O_2/day)
      Q : 주입공기유량(m^3/day)
      C_0 : 초기 산소농도(20.9%)
      C_f : 배기가스 중의 산소농도(%)
      V : 토양부피(m^3)
      P : 토양의 공극률

4과목 토양 및 지하수환경 관계법규

61 대통령령으로 정하는 오염토양의 정화방법이 아닌 것은?

① 미생물을 이용한 생물학적 처리
② 오염물질의 분해 등 방사능 처리
③ 오염물질의 소각 등 열적 처리
④ 오염물질의 차단 등 물리적 처리

풀이 오염토양의 정화방법
- 미생물이나 식물을 이용한 오염물질의 분해 · 흡수 등 생물학적 처리
- 오염물질의 차단 · 분리추출 · 세척 등 물리 · 화학적 처리
- 오염물질의 소각 · 분해 등 열적 처리

62 토양환경보전법의 규정에 의하여 환경부 장관이 고시하는 측정망 설치계획에 포함되지 않는 것은?

① 측정망 설치시기
② 측정망 배치도
③ 측정지점의 위치 및 면적
④ 측정망 폐쇄시기

풀이 측정망 설치계획 포함사항
ㄱ 측정망 설치시기
ㄴ 측정망 배치도
ㄷ 측정지점의 위치와 면적

63 토양 관련 전문기관의 지정기준 중 토양오염조사기관 장비에 해당되지 않는 것은?

① 가연성 가스농도측정기
② 가스크로마토그래프 질량분석기
③ 초음파 추출장치
④ 퍼지 · 트랩장치

풀이 토양 관련 전문기관(토양오염조사기관) 장비
- 흡광광도계
- 원자흡광광도계, 유도결합플라즈마광도계
- 퍼지 · 트랩장치
- 가스크로마토그래프 전자포획기
- 가스크로마토그래프 질량분석기
- 가스크로마토그래프 불꽃이온화검출기
- 초음파 추출장치
- 자가동력시추기
- 그 밖에 토양시료를 채취하여 분석하는 데 필요한 장비

64 토양오염도의 상시측정에 대한 법적 규정 중 틀린 것은?

① 환경부장관은 전국적인 토양오염실태를 파악하기 위하여 측정망을 설치하고 토양오염도를 상시 측정하여야 한다.
② 측정망 설치계획은 고시되어야 하며, 누구든지 열람할 수 있게 하여야 한다.
③ 측정망 설치 최소 6월 전에는 측정망 설치계획이 고시되어야 한다.
④ 측정망 설치계획에는 측정망 설치시기, 측정망 배치도, 측정지점 위치 및 면적이 포함되어야 한다.

풀이 측정망 설치계획의 고시는 최초로 측정망을 설치하게 되는 날 3월 전에 하여야 한다.

65 손실보상을 청구하고자 하는 자는 손실보상청구서에 손실에 관한 증빙서류를 첨부하여 환경부장관, 시 · 도지사, 시장 · 군수 · 구청장 또는 토양 관련 전문기관의 장에게 제출하여야 한다. 손실보상청구서에 기재할 사항에 해당되지 않는 것은?

① 청구인의 성명 · 생년월일 및 주소
② 손실을 입은 일시 및 장소
③ 손실의 내용
④ 손실액과 그 예산 및 집행방법

풀이 손실보상청구서 기재사항
- 청구인의 성명 · 생년월일 및 주소
- 손실을 입은 일시 및 장소
- 손실의 내용
- 손실액과 그 내역 및 산출방법

정답 61 ② 62 ④ 63 ① 64 ③ 65 ④

66 시료의 채취 및 분석을 통한 토양오염의 정도와 범위를 조사하는 토양환경평가 조사단계(순서)는?

① 개황조사   ② 기초조사
③ 정밀조사   ④ 오염도 조사

풀이 토양환경평가
    ㉠ 기초조사 : 자료조사, 현장조사 등을 통한 토양오염의 개연성 여부 조사
    ㉡ 개황조사 : 시료의 채취 및 분석을 통한 토양오염 여부 조사
    ㉢ 정밀조사 : 시료의 채취 및 분석을 통한 토양오염의 정도와 범위 조사

67 토양 관련 전문기관의 지정기준에 관한 내용으로 ( )에 옳은 것은?(단, 토양오염조사기관, 기술인력 기준)

> 기사는 해당 분야 산업기사 자격 취득 후 토양 관련 분야 또는 해당 전문기술 분야에서 ( ) 이상 종사한 사람으로 대체할 수 있다.

① 5년   ② 4년
③ 3년   ④ 2년

풀이 기사는 해당 분야 산업기사 자격취득 후 토양 관련 분야 또는 해당 전문기술 분야에서 4년 이상 종사한 사람이나 환경부장관이 인정하는 토양지하수 전문인력 양성 교육과정을 수료한 사람으로 대체할 수 있다.

68 토양환경평가기관의 지정기준 중 자가동력 시추기에 관한 내용으로 ( )에 옳은 것은?

> 타격식이나 나선형식으로 시추깊이가 최소 ( ) 이상일 것

① 2m   ② 4m
③ 6m   ④ 8m

풀이 자가동력시추기
    타격식이나 나선형식으로 시추 깊이가 최소 6m 이상일 것

69 특정토양오염관리대상시설의 변경신고 사유로 틀린 것은?

① 사업장의 명칭 또는 대표자가 변경되는 경우
② 특정토양오염관리대상시설의 조업이 정지되거나 일부 폐쇄하는 경우
③ 특정토양오염관리대상시설을 교체하거나 토양오염방지시설을 변경하는 경우
④ 특정토양오염관리대상시설에 저장하는 오염물질을 변경하는 경우

풀이 특정토양오염관리대상시설의 변경신고
    ㉠ 사업장의 명칭 또는 대표자가 변경되는 경우
    ㉡ 특정토양오염관리대상시설의 사용을 종료하거나 폐쇄하는 경우
    ㉢ 특정토양오염관리대상시설을 증설 또는 교체하거나 토양오염방지시설을 변경하는 경우
    ㉣ 특정토양오염관리대상시설에 저장하는 오염물질을 변경하는 경우

70 지하수법 용어의 정의 중 틀린 것은?

① 지하수란 지하의 지층이나 암석 사이의 빈틈을 채우고 있거나 흐르는 물을 말한다.
② 지하수영향조사란 지하수의 개발·이용이 주변지역에 미치는 영향을 분석·예측하는 조사를 말한다.
③ 지하수보전구역이란 지하수의 수량이나 수질을 보전하기 위하여 필요한 구역으로서 시·도지사에 의해 지정된 구역을 말한다.
④ 지하수정화업이란 지하수에 함유된 오염물질을 희석하지 않고 제거 또는 분해하여 지하수를 이용하는 사업을 말한다.

풀이 지하수정화업이란 지하수에 함유된 오염물질을 제거·분해 또는 희석하여 지하수의 수질을 개선하는 사업을 말한다.

71 토양보전기본계획에 포함되어야 할 사항으로 가장 거리가 먼 것은?

① 토양보전에 관한 시책방향
② 토양오염의 방지에 관한 사항
③ 토양정화 및 정화된 토양의 이용에 관한 사항
④ 토양오염 현황 및 측정에 관한 사항

풀이 토양보전에 관한 기본계획 수립 시 포함사항
  ㉠ 토양보전에 관한 시책방향
  ㉡ 토양오염의 현황, 진행상황 및 장래 예측
  ㉢ 토양오염의 방지에 관한 사항
  ㉣ 토양 정화 및 정화된 토양의 이용에 관한 사항
  ㉤ 토양 정화와 관련된 기술의 개발 및 관련 산업의 육성에 관한 사항
  ㉥ 토양 정화를 위한 기술인력의 교육 및 양성에 관한 사항
  ㉦ 그 밖에 토양보전에 필요한 사항

72 토양오염방지를 위한 조치명령에 관한 내용으로 ( ) 안에 알맞은 것은?(단, 연장기간은 고려하지 않음)

시·도지사 또는 시장·군수·구청장은 정화 책임자에게 토양오염방지를 위한 조치의 명령을 할 때에는 토양오염물질 및 시설의 종류·규모 등을 감안하여 (   )의 범위에서 그 이행기간을 정하여야 한다.

① 3월   ② 6월
③ 1년   ④ 2년

73 지하수 관리 기본계획에 포함되어야 할 사항이 아닌 것은?

① 지하수의 이용실태 및 계획
② 지하수의 부존 특성 및 개발 가능량
③ 지하공간 개발계획
④ 지하수의 수질관리 및 정화계획

풀이 지하수 관리 기본계획의 포함사항
  ㉠ 지하수의 부존 특성 및 개발 가능량
  ㉡ 지하수의 이용실태
  ㉢ 지하수의 이용계획
  ㉢의2 유출지하수의 관리 및 이용계획
  ㉢의3 지하수열의 이용활성화 및 연구개발추진계획
  ㉣ 지하수의 보전계획
  ㉤ 지하수의 수질관리 및 정화계획
  ㉥ 그 밖에 지하수의 관리에 관한 사항

74 토양보전이 필요하다고 인정되는 지역에 대해 토양정밀조사를 명할 수 있는 자가 아닌 것은?

① 군수와 구청장   ② 토양관련전문기관장
③ 도지사 또는 시장   ④ 환경부장관

75 오염토양의 정화책임자와 가장 거리가 먼 것은?

① 토양오염물질의 누출·유출·투기·방치 또는 그 밖의 행위로 토양오염을 발생시킨 자
② 토양오염의 발생 당시 토양오염의 원인이 된 토양오염관리대상시설의 소유자·점유자 또는 운영자
③ 합병·상속이나 그 밖의 사유로 정화책임의 권리·의무를 포괄적으로 승계한 자
④ 해당 토지를 소유 또는 점유하고 있는 중에 토양오염이 발생한 경우로서 자신이 해당 토양오염 발생에 대하여 귀책사유가 없는 경우

풀이 오염토양의 정화책임 등
  ① 다음 각 호의 어느 하나에 해당하는 자는 정화책임자로서 토양정밀조사, 오염토양의 정화 또는 오염토양 개선사업의 실기(이하 이 조에서 "토양정화 등"이라 한다)를 하여야 한다.
    ㉠ 토양오염물질의 누출·유출·투기(投棄)·방치 또는 그 밖의 행위로 토양오염을 발생시킨 자
    ㉡ 토양오염의 발생 당시 토양오염의 원인이 된 토양오염관리대상시설의 소유자·점유자 또는 운영자
    ㉢ 합병·상속이나 그 밖의 사유로 제1호 및 제2호에 해당되는 자의 권리·의무를 포괄적으로 승계한 자
    ㉣ 토양오염이 발생한 토지를 소유하고 있었거나 현재 소유 또는 점유하고 있는 자
  ② 제1항에도 불구하고 다음 각 호의 어느 하나에 해당하는 경우에는 같은 항 제4호에 따른 정화책임

자로 보지 아니한다. 다만, 1996년 1월 6일 이후에 제1항제1호 또는 제2호에 해당하는 자에게 자신의 소유 또는 점유 중인 토지의 사용을 허용한 경우에는 그러하지 아니하다.

ㄱ 1996년 1월 5일 이전에 양도 또는 그 밖의 사유로 해당 토지를 소유하지 아니하게 된 경우

ㄴ 해당 토지를 1996년 1월 5일 이전에 양수한 경우

ㄷ 토양오염이 발생한 토지를 양수할 당시 토양오염 사실에 대하여 선의이며 과실이 없는 경우

ㄹ 해당 토지를 소유 또는 점유하고 있는 중에 토양오염이 발생한 경우로서 자신이 해당 토양오염 발생에 대하여 귀책 사유가 없는 경우

76 토양정밀조사를 위하여 타인의 토지에 출입하거나 그 토지 위의 장애물을 변경 또는 제거하고자 할 때에는 출입할 날 또는 장애물을 변경·제거할 날의 며칠 전까지 그 토지 또는 장애물의 소유자·점유자 또는 관리인에세 이를 통보하여야 하는가?

① 3일 ② 7일
③ 15일 ④ 1개월

풀이 타인의 토지에 출입하거나 그 토지 위의 장애물을 변경 또는 제거하려는 경우에는 출입할 날 또는 장애물을 변경·제거할 날의 3일 전까지 그 토지 또는 장애물의 소유자·점유자 또는 관리인에게 이를 알려야 한다. 다만, 그 토지 또는 장애물의 소유자·점유자 또는 관리인의 주소 및 거소를 알 수 없는 경우에는 통지를 아니할 수 있다.

77 시료의 채취 및 분석을 통한 토양오염의 정도와 범위를 조사하는 토양환경평가 조사단계(순서)는?

① 개황조사 ② 기초조사
③ 정밀조사 ④ 오염도조사

풀이 토양환경평가
ㄱ 기초조사 : 자료조사, 현장조사 등을 통한 토양오염 개연성 여부 조사
ㄴ 개황조사 : 시료의 채취 및 분석을 통한 토양오염 여부 조사
ㄷ 정밀조사 : 시료의 채취 및 분석을 통한 토양오염의 정도와 범위조사

78 토양 관련 전문기관 중 토양오염 조사기관이 수행하는 업무가 아닌 것은?

① 토양정밀조사
② 오염토양 개선사업의 지도·감독
③ 오염물질 누출 검사결과의 검증
④ 토양오염도검사

풀이 토양오염 조사기관이 수행하는 업무
ㄱ 토양정밀조사
ㄴ 토양오염도검사
ㄷ 토양정화의 검증
ㄹ 오염토양 개선사업의 지도·감독

79 다음 중 지하수법의 목적이 아닌 것은?

① 적정한 지하수 개발·이용을 도모
② 지하공간의 개발
③ 공공의 복리증진
④ 국민경제의 발전에 이바지

풀이 지하수법의 목적
지하수의 적절한 개발·이용과 효율적인 보전·관리에 관한 사항을 정함으로써 적정한 지하수 개발·이용을 도모하고 지하수 오염을 예방하여 공공의 복리 증진과 국민경제의 발전에 이바지함을 목적으로 한다.

80 토양오염방지시설을 설치한 특정토양오염관리대상시설이 신고한 해로부터 토양오염검사주기가 아닌 것은?

① 10년 ② 15년
③ 16년 ④ 17년

풀이 토양오염방지시설을 설치한 경우의 토양오염도검사주기
ㄱ 저장시설 설치 후 최초검사를 한 후 5년, 10년, 15년이 되는 해에 각각 1회
ㄴ ㄱ항에 따른 검사가 종료된 때부터 매 2년에 1회

정답 76 ① 77 ③ 78 ③ 79 ② 80 ③

2023년 2회 기사

1과목 토양학개론

01 토양에서 일어나는 양이온교환반응의 중요성(농업생산성과 관련)에 관한 설명으로 옳지 않은 것은?

① 치환성 K, Ca, Mg 등은 식물영양소이 주된 공급원이다.

② 산성 토양의 pH를 높이기 위한 석회요구량은 CEC가 클수록 적어진다.

③ 중금속을 흡착하여 지하수 및 지표수로의 이동을 억제한다.

④ 토양에 비료로 사용한 K^+, NH_4^+ 등은 토양에서 이동성이 급격하게 감소된다.

> **풀이** 산성 토양의 pH를 높이기 위한 석회요구량은 CEC가 클수록 많아진다.

02 트리클로로에틸렌(TCE)이 유출되어 토양과 지하수를 오염시켰다. 오염 현상을 이해하기 위하여 헨리의 법칙(Henry's Law)이 사용될 수 있는 경우로 가장 옳은 것은?

① 토양 공극 사이의 TCE가 기체(가스상)로 이동하는 현상

② 토양 공극 사이 가스상 TCE가 지하수로 용해되는 현상

③ 지하수 내 용해된 TCE가 확산되는 현상

④ 지하수 내 용해된 TCE기 토양입자에 흡착되는 현상

03 토양의 비열과 용적열용량에 관한 설명으로 옳지 않은 것은?

① 토양의 비열은 토양 1g의 온도를 1℃ 높이는 데 필요한 열량이다.

② 토양의 비열이 크면 온도의 상승 및 하강이 느리다.

③ 토양 내 점토의 함량이 많을수록 용적열용량이 작아진다.

④ 토양의 용적열용량을 결정하는 데 중요한 것은 토양의 수분상태이다.

> **풀이** 토양 내 모래 함량이 많을수록 용적열용량이 작아지며 점토 함량이 많을수록 용적열용량은 커진다.

04 지하수 상류와 하류 두 지점의 수두차 1.5m, 두 지점 사이의 수평거리 500m, 투수계수 250m/day일 때 대수층의 단면적이 4m²인 지하수의 유량은? (단, Darcy 법칙 적용, 기타 사항은 고려하지 않음)

① $1.5m^3 \cdot day^{-1}$ ② $3.0m^3 \cdot day^{-1}$

③ $4.5m^3 \cdot day^{-1}$ ④ $6.0m^3 \cdot day^{-1}$

> **풀이** $Q = KA\dfrac{dh}{dL} = 250\text{m/day} \times 4\text{m}^2 \times \dfrac{1.5\text{m}}{500\text{m}}$
>
> $= 3\text{m}^3/\text{day}$

05 DNAPL(Dense Nonaqueous Phase Liquid)에 해당하지 않는 오염물질은?

① PCE   ② TCE

③ 1.1.1−TCA   ④ Phenanthrene

> **풀이** DNAPL의 대표적 오염물질
> ㉠ TCE(Trichloroethylene), PCE(Perchloroethylene)
> ㉡ 페놀, PCB(Polychlorinated biphenyl)
> ㉢ 1.1.1−Trichloroethane(1.1.1−TCA), 2−Chlorophenol(클로로페놀)
> ㉣ 클로로포름, 사염화탄소

06 양이온교환용량이 30cmol_c · kg⁻¹이고 그 중 Ca : 8cmol_c · kg⁻¹, Mg : 8cmol_c · kg⁻¹, Al : 8cmol_c · kg⁻¹, Na : 3cmol_c · kg⁻¹, K : 3cmol_c · kg⁻¹을 함유한 토양의 염기포화도는?

① 약 42%   ② 약 57%
③ 약 64%   ④ 약 73%

풀이 염기포화도(%) = $\dfrac{8+8+3+3}{30} \times 100 = 73.33\%$

07 토양수의 압력이 31bars일 경우 pF로 환산하면 얼마가 되는가?

① 약 3.4   ② 약 3.7
③ 약 4.1   ④ 약 4.5

풀이 pF=log[H]

$H = 31\,bar \times \dfrac{1,033\,cm\,H_2O}{1.013\,bar} = 31,612.04\,cm\,H_2O$

$= \log 31,612.04 = 4.5$

08 토양 중 인(P)에 대한 설명으로 옳은 것은?

① 토양에 따라 차이가 많지만 총인 중 유기태 인이 5~10%를 차지한다.
② 식물은 토양용액으로부터 $H_2PO_4^-$이나 HPO_4^{2-}과 같은 무기인산 형태의 인을 흡수한다.
③ 유기 형태의 인은 Ca, Fe 및 Al과 결합된 형태 그리고 토양광물의 표면에 흡착된 형태로 존재한다.
④ 토양용액 중 인의 농도는 작물의 인요구량에 비해 높고 이동성이 크다.

풀이 미생물 중에 존재하는 인의 양은 토양 중 전체 인량의 1~2% 정도의 소량이며, 토양 중 무기성 인은 Al, Ca, Fe과 결합된 형태이다.

09 염류화 방지를 위한 방법과 가장 거리가 먼 것은?

① 염류를 함유하지 않은 물을 관개수로 사용

② 지표면 수분증발을 감소시키기 위한 표층토양에 대한 유기물의 혼합
③ 지하수의 상향이동 촉진을 통한 토양표면의 염류량 희석
④ 아스팔트 피막이나 비닐 등의 불투수막을 이용한 토양 하층부의 염류 상승 방지

풀이 지하수의 모관상승 억제를 통한 염류화 방지를 한다.
ⓐ 지중에 아스팔트 피막이나 비닐 등의 불투수막을 이용한 토양 하층부의 염류상승 방지(직접법)
ⓑ 지표면 수분증발을 감소시키기 위한 표층토양에 대한 유기물의 혼합(간접법)

10 토양오염물질의 이동특성, 이동경로에 영향을 주는 유기 오염물질의 주요 특성(인자)과 가장 거리가 먼 것은?

① 용해도적   ② 공기/물 분배계수
③ 옥탄올/물 분배계수   ④ 헨리상수

풀이 유기오염물질의 특성인자
ⓐ 증기압
ⓑ 헨리상수
ⓒ 분해상수
ⓓ 옥탄올/물 분배계수

무기오염물질의 특성인자
ⓐ 용해도적
ⓑ 착염물질의 형성

11 토양층위 중 A층에 대한 설명으로 옳은 것은?(단, 성토층 내 용탈층)

① 유기물의 원형을 식별할 수 있는 유기물 층이다.
② 광물질이 풍부하여 하부에 있는 층보다 색깔이 짙은 것이 특징이다.
③ 풍화작용이 가장 활발하게 진행되고 있는 층이다.
④ 토양의 구조가 뚜렷하게 구분되는 것이 특징이다.

풀이 ①항 : O층
③항 : B층
④항 : B층

12 다음 중 이온교환효율이 큰 순서로 옳은 것은?

① Li > Rb > Na > K
② K > Rb > Li > Na
③ Na > Li > K > Rb
④ Rb > K > Na > Li

13 질산성 질소($NO_3^- - N$)의 농도가 30mg/L인 경우 NO_3^-의 농도는?

① 133mg/L   ② 156mg/L
③ 164mg/L   ④ 176mg/L

풀이 NO_3^- → N
62 : 14
NO_3^- : 30
$$NO_3(mg/L) = \frac{62 \times 30}{14} = 132.86\,mg/L$$

14 토양생성인자와 가장 거리가 먼 것은?

① 시간   ② 구조
③ 모재   ④ 지형

풀이 토양생성 인자
㉠ 기후
㉡ 생물(식생)
㉢ 모재(모암)
㉣ 지형
㉤ 시간

15 어느 지역 토양시료에 대해 공극률 측정결과가 20%였다. 시료 내 수분부피와 공기부피는 각각 16cm³, 4cm³였다면 현장에서 채취한 토양시료의 전체부피(cm³)는?(단, 공극은 수분과 공기로만 차 있다고 가정함)

① 60   ② 80
③ 100   ④ 120

풀이 토양 전체 부피 = $\left(\dfrac{수분부피 + 공기부피}{공극률}\right)$
$= \left(\dfrac{16+4}{0.2}\right) = 100\,cm^3$

16 토양으로 가득 채운 관(Column)의 두 지점 사이에 지하수가 흐른다고 했을 때, 토양층을 흐르는 유량에 반비례하는 것은?(단, Darcy's Law 기준)

① 수리전도도(Hydraulic Conductivity)
② 두 지점 사이의 수두 차
③ 두 지점 사이의 거리
④ 관의 단면적

풀이 Darcy 법칙
$$Q = A \times V$$
$$V = KI = K\frac{dh}{dL}$$
$$Q = KIA = KA\frac{dh}{dL}$$
여기서, Q : 대수층의 유량(m³/sec)
K : 비례상수(투수계수=수리전도도)(m/sec)
A : 물 흐름의 수직방향 단면적(m²)
dh : 수두차($h_2 - h_1$)(m)
dL : 수평방향 두 지점 사이 거리(m)
$\frac{dh}{dL}(I)$: 두 지점 사이 수리경사
V : Darcy 속도(m/sec)

17 물에 의한 토양침식의 진행 정도에 따른 분류와 가장 거리가 먼 것은?

① 주상 침식   ② 면상 침식
③ 세류 침식   ④ 협곡 침식

풀이 수식의 3가지 구분
㉠ 면상 침식(평면 침식)
㉡ 세류 침식(우수 침식)
㉢ 협곡 침식(우곡 침식+계곡 침식)

18 지하수의 비전도도와 전기전도도에 관한 내용으로 옳지 않은 것은?

① 전기전도도는 1개 물질이 전류를 흐르게 하는 능력을 나타내는 단위이다.
② 비전도도는 특정 온도하에서 단위길이나 단위단면적을 갖는 물체의 전기전도도를 나타내는 단위이다.

③ 지하수 내에 이온이 많을수록 전기저항이 감소되고 전기전도도는 증가한다.

④ 정확한 의미로 전기전도도는 체적전기전도도와 동의어이며, 체적저항의 제곱에 비례한다.

풀이 비전도도는 체적전기전도도와 동의어이며 체적저항의 역수이다.

19 토양 중 존재하는 이온들의 수화이온 크기 순서로 옳은 것은?(단, 농도와 온도 등 기타 조건은 같다고 가정함)

① Li > Na > K > Rb
② Li > K > Na > Rb
③ Na > Li > K > Rb
④ Na > K > Li > Rb

20 토양지하수오염으로 인해 그 지역에 거주한 주민들에게 피부병, 심장질환, 뇌종양, 지체 장애, 기형아 출산 등 각종 질병이 나타난 사건은?

① 러브캐널 사건
② 도로나 사건
③ 뮤즈 계곡 사건
④ 포자리카 사건

2과목 **토양 및 지하수오염조사기술**

21 과망간산칼륨 10%(W/V) 수용액을 만드는 방법으로 옳은 것은?

① 과망간산칼륨 10g을 물에 녹여 100mL로 한다.
② 과망간산칼륨 15g을 물에 녹여 100mL로 한다.
③ 과망간산칼륨 20g을 물에 녹여 100mL로 한다.
④ 과망간산칼륨 50g을 물에 녹여 100mL로 한다.

22 저장물질이 없는 누출검사 대상시설의 누출검사방법 중 가압시험법에 사용되는 기구 및 기기에 관한 설명으로 옳지 않은 것은?

① 온도계는 시험압력에 충분히 견딜 수 있는 것으로서 최소 눈금 1℃ 이하를 읽고 기록이 가능해야 한다.

② 압력계는 최소 눈금이 시험압력의 5% 이내이고, 이를 읽고 측정압력의 기록이 가능한 것을 사용한다.

③ 안전밸브는 2.0kgf/cm^2 이하에서 작동되어야 한다.

④ 사용가스는 가압매체로 질소 등 불활성 가스를 사용한다.

풀이 안전밸브는 0.7kgf/cm^2 이하에서 작동되어야 한다.

23 중크롬산칼륨용액의 흡광도가 270nm에서 0.745이었다. 이 흡광도 데이터를 투과율(%)로 환산한 것은?

① 12.0
② 15.8
③ 18.0
④ 21.3

풀이
$$흡광도 = \log\frac{1}{투과율}$$
$$0.745 = \log\frac{1}{투과율}$$
$$투과율(\%) = \frac{1}{10^{0.745}} = 0.18 \times 100 = 18\%$$

24 토양오염공정시험방법에서 분석대상 유기인계 화합물로 규정되지 않은 성분은?

① 알드린
② 이피엔
③ 메틸디메톤
④ 펜토에이트

풀이 토양 중 유기인계 화합물
이피엔, 메틸디메톤, 다이아지논, 펜토에이트

25 검량선에서 얻어진 TPH의 검출량이 1,550.5 ng이었을 때 토양 중 TPH의 농도(mg/kg)는?(단, 수분 보정한 토양무게=26.5g, 용매의 최종액량= 2mL, 검액의 주입량=2μL)

① 58.5
② 68.7
③ 48.5
④ 75.8

정답 19 ① 20 ① 21 ① 22 ③ 23 ③ 24 ① 25 ①

풀이 농도$(mg/kg) = \dfrac{A_s \times V_f \times D}{W_d \times V_i}$

$$= \dfrac{1{,}550.5 \times 2}{26.5 \times 2} = 58.51\,mg/kg$$

26 크로마토그래피를 사용한 정량법 중에서 시료 전처리, 시약 취급, 시료 주입 등에서 발생할 수 있는 오차를 최소화시키기 위해 사용하는 방법은?

① 외부표준법   ② 표준물질첨가법
③ 외삽법   ④ 내부표준법

27 토양 중 수분함량 측정에 관한 설명으로 옳지 않은 것은?

① 토양 중 수분을 0.01%까지 측정한다.
② 돌, 나무 등 눈에 보이는 협잡물 등은 제거한 후 시험해야 한다.
③ 시료를 105~110℃의 건조 안에서 4시간 이상 항량이 될 때까지 건조한다.
④ 채취된 시료는 24시간 이내에 증발 처리하여야 한다.

풀이 토양 중 수분함량 측정 시 토양 중 수분을 0.1%까지 측정한다.

28 pH 4인 수용액의 수소이온 농도는?

① 0.001   ② 0.004
③ 0.0001   ④ 0.0004

풀이 $pH = \log \dfrac{1}{[H^+]}$

$4 = \log \dfrac{1}{[H^+]}$

$[H^+] = 0.0001\,mol/L$

29 이온전극법을 이용하여 측정하기에 가장 적합한 항목은?

① 불소
② 아연
③ 트리클로로에틸렌
④ 폴리클로리네이티드비페닐

풀이 불소측정방법
㉠ 자외선/가시선분광법
㉡ 이온전극법

30 석유계 총탄화수소를 분석하기 위한 추출방법으로 옳은 것은?(단, 기체크로마토그래피 기준)

① 가온추출법   ② 자기장추출법
③ 적외선추출법   ④ 초음파추출법

풀이 석유계 총탄화수소 추출방법
㉠ 속슬레추출법
㉡ 초음파추출법

31 질산(1+1) 용액을 제조할 때 설명으로 알맞은 것은?

① 1L 부피플라스크에 진한 질산(HNO_3, 63.01) 500mL를 넣은 다음 정제수로 정확히 1L가 되도록 채운다.
② 1L 부피플라스크에 정제수를 약 400mL를 넣은 다음 진한 질산(HNO_3, 63.01) 500mL를 넣고 정제수로 정확히 1L가 되도록 채운다.
③ 1L 부피플라스크에 진한 질산(HNO_3, 63.01)을 약 400mL 넣은 다음 정제수 500mL를 넣은 후 진한 질산으로 정확히 1L가 되도록 채운다.
④ 1L 부피플라스크에 정제수를 약 500mL를 넣은 다음 진한 질산(HNO_3, 63.01) 400mL를 넣고 정제수로 정확히 1L가 되도록 채운다.

풀이 질산과 물(정제수)의 비율이 1 : 1인 조건은 ②항이다.

32 저장물질이 없는 누출검사 대상시설 가압시험법을 적용하여 누출검사를 할 때 주의사항과 가장 거리가 먼 것은?

① 가압으로 배출된 가스를 별도의 안전한 공간으로 이동시킨다.
② 기상 변화가 심할 때는 시험을 실시하지 않는다.
③ 누출 여부 판단을 위한 누출검사 대상시설의 가압을 위해서 과도한 속도로 압력이 상승되지 않도록 한다.
④ 시험기간 동안 화기의 사용을 금한다.

풀이 저장물질이 없는 누출검사 대상시설(가압시험법)
[누출검사 시 주의사항]
　㉠ 누출 여부 판단을 위한 누출검사 대상시설의 가압을 위하여 과도한 속도로 압력이 상승되지 않도록 한다.
　㉡ 시험기간 동안 화기의 사용을 금한다.
　㉢ 시험기간 동안 진동 등 압력변화에 영향을 주는 경우가 없도록 한다.
　㉣ 기상변화가 심할 때는 시험을 실시하지 않는다.

33 유도결합 플라스마-원자발광분광법에서 플라스마 가스로 사용되는 것은?

① 수소　　　　　　② 질소
③ 아르곤　　　　　④ 헬륨

풀이 유도결합 플라즈마 발광광도법
시료를 고주파유도코일에 의하여 형성된 아르곤 플라스마에 주입하여 6,000~8,000K에서 들뜬 원자가 바닥상태로 이동할 때 방출하는 발광선 및 발광강도를 측정하여 원소의 정성 및 정량 분석을 수행한다.

34 방울수란 20℃에서 정제수 20방울을 적하할 때 그 부피가 몇 mL가 되는 것을 뜻하는가?

① 약 0.5mL　　　　② 약 1.0mL
③ 약 2.0mL　　　　④ 약 5.0mL

35 정도보증/정도관리에 적용되는 감응계수의 산정식으로 옳은 것은?(단, C : 검정곡선 작성용 표준용액의 농도, R : 반응값)

① 감응계수=C/R　　② 감응계수=R/C
③ 감응계수=R×C　　④ 감응계수=R²×C

36 대기압보다 낮은 진공압을 작용시켜 일정 시간 유지하고, 압력유지시간 동안 누출검사대상시설의 압력변화를 측정함으로서 일정 체적을 가진 누출검사대상시설 및 기상부에 접속된 부속배관의 누출 여부를 판단하는 시험법은?

① 가압시험법　　　　② 미가압시험법
③ 미감압시험법　　　④ 감압시험법

37 시료에 염화제일주석을 넣어 금속수은으로 환원시킨 다음 이 용액에 통기하여 발생되는 수은 증기를 이용하여 수은을 정량하는 방법은?

① 유리전극법
② 냉증기 원자흡수분광광도법
③ 자외선/가시선 분광법
④ 유도결합플라스마 – 원자발광분광법

풀이 냉증기 원자흡수분광광도법
토양 중 수은의 측정방법으로, 시료 중의 수은을 염화제일주석 용액에 의해 원자 상태로 환원시켜 발생되는 수은증기를 253.7nm에서 냉증기 원자흡수분광광도법에 따라 정량하는 방법이다.

38 원자흡수분광광도법 적용 시 사용되는 다음 용어의 설명으로 옳지 않은 것은?

① 공명선(Resonance Line) : 원자가 외부로부터 빛을 흡수했다가 다시 먼저 상태로 돌아갈 때 방사하는 스펙트럼 선
② 다원료 불꽃(Fuel-rich Flame) : 조연성 가스/가연성 가스의 비를 크게 한 불꽃

③ 중공음극 램프(Hollow Cathode Lamp) : 원자 흡수분광광도법의 광원이 되는 것으로 목적원소를 함유하는 중공음극 한 개 또는 그 이상을 저압의 네온과 함께 채운 방전관

④ 분무기(Nebulizer of Atomizer) : 시료를 미세한 입자로 만들어 주기 위하여 분무하는 장치

풀이 다원료 불꽃(Fuel-rich Flame)
가연성 가스/조연성 가스의 비를 크게 한 불꽃

39 시안-자외선/가시선 분광법 측정에 대한 설명으로 틀린 것은?

① 토양 중 시안의 정량한계는 0.2mg/kg이다.

② 시안화합물을 측정할 때 방해물질들은 증류하면 대부분 제거된다.

③ 황화합물이 함유된 시료는 아세트산아연 용액(10%) 2mL를 넣어 제거한다.

④ 다량의 지방성분을 함유한 시료는 pH 4 이하로 조절한 후 노말헥산으로 추출하여 제거한다.

풀이 다량의 지방성분을 함유한 시료는 아세트산 또는 수산화나트륨 용액으로 pH 6~7로 조절한 후 시료의 약 2%에 해당하는 부피의 노말헥산 또는 클로로포름을 넣어 추출하여 유기층은 버리고 수층을 분리하여 사용한다.

40 토양 내 수분 함량 측정을 위한 시료 관리에 관한 내용으로 ( )에 옳은 것은?

습윤 토양시료는 24시간 이내에 증발처리를 하여야 하나 최대한 ( )을 넘기지 말아야 한다. 시료를 분석하기 전에 상온이 되게 한다.

① 2일   ② 3일
③ 5일   ④ 7일

풀이 시료는 24시간 이내에 증발 처리를 하여야 하나, 최대한 7일을 넘기지 말아야 한다.

3과목 **토양 및 지하수오염정화기술**

41 바이오필터의 운전에 따른 문제점으로 틀린 것은?

① 생물학적 처리와 물리학적 처리의 동시 진행을 위한 별도의 포집가스 처리시설이 필요하다.

② 생물상의 온도가 미생물의 활동에 의해 상승함에 따라 유입가스에 비해 유출가스 중의 수분 함량이 증가하여 수분증발이 일어나 주기적인 수분공급이 필요하다.

③ 시간이 지남에 따라 충전층이 압밀되어 바이오필터를 통과하는 배기가스의 압력손실이 점차 커진다.

④ 오염물질 분해반응에 따라 pH가 낮아지는 현상이 발생한다.

풀이 바이오필터는 증기상의 휘발성 유기오염물질을 생물상층을 통과시켜 생물학적으로 분해시키는 기술로서 물리·화학적 흡착처리기술에 생물학적 처리 기술이 조합된 기술이다.

42 토양이나 지하수를 정화하는 기술인 식물정화법 중 식물에 의한 추출을 효과적으로 이룰 수 있는 대표 식물종과 가장 거리가 먼 것은?(단, 중금속 기준)

① 인도겨자   ② 해바라기
③ 버드나무   ④ 보리

풀이

처리기작	오염물질	대표적 식물	오염매체
식물 추출	• 중금속 • 방사성 물질	• 해바라기 인도겨자 • 보리, 민들레	토양, 슬러지, 퇴적층
식물 분해	• 방향족 탄화수소 • 할로겐화 방향족 탄화수소 • 유기인화합물	• 포플러나무, 사시나무 • 버드나무, 벼과식물 • 앵무새털풀	토양, 퇴적층, 슬러지, 지하수, 지표수

정답 39 ④ 40 ④ 41 ① 42 ③

43 독립영향미생물(화학합성 자가영양)의 탄소원과 에너지원을 알맞게 짝지은 것은?

① CO_2 - 무기물의 산화 · 환원반응
② CO_2 - 빛
③ 유기탄소 - 무기물의 산화 · 환원반응
④ 유기탄소 - 빛

풀이 탄소원과 에너지원에 따른 미생물 분류

구분(영양 형태)	탄소원	에너지원	예
광(합성) 독립(자가) 영양 미생물 (Photoautotroph)	CO_2	빛	남조류 (Cyano-bacteria), 조류, 시안세균
광(합성) 종속영양 미생물 (Photohetero-troph)	유기탄소 (유기화합물)	빛	Rhodopseu-domonas, Rhodospirillum
화학 독립 (자가) 영양 미생물 (Chemoauto-troph)	CO_2	환원 형태의 무기물(무기물의 산화 · 환원반응) (NH_4, H_2S, NO_2^-, H_2, S, $S_2O_3^{2-}$, Fe^{2+})	질화세균 (질산화성균) 황산화균 (황세균), 수소산화균, 철산화균 (철세균)
화학 종속 영양 미생물 (Chemohetero-troph)	유기탄소 (유기화합물)	유기화합물 (유기물의 산화 · 환원 반응)	원생동물, 진균류, 대부분의 세균

44 매립지 토양층에서 발생하는 혐기성 분해에 의해 Glucose($C_6H_{12}O_6$)가 완전분해된다면 100g의 Glucose가 완전히 분해되어 발생되는 토양층에서의 메탄가스 용적은?(단, 토양층에서 1mole의 메탄가스의 용적은 25L로 가정한다.)

① 약 22L   ② 약 32L
③ 약 36L   ④ 약 42L

풀이 유기물질의 혐기성 완전분해 방정식(반응식)

$$C_aH_bO_cN_dS_e + \left(\frac{4a-b-2c+3d+2e}{4}\right)H_2O$$
$$\Rightarrow \left(\frac{4a+b-2c-3d-2e}{8}\right)CH_4$$

$$+ \left(\frac{4a-b+2c+3d++2e}{8}\right)$$
$$CO_2 + dNH_3 + eH_2S$$

$C_6H_{12} \rightarrow 3CH_4$
$180g : 3 \times 25L$
$100g : CH_4(L)$
$$CH_4(L) = \frac{100g \times (3 \times 25)L}{180g} = 41.67L$$

45 토양세척법을 적용할 경우에는 토양의 입도분포가 매우 중요하다. 어느 오염토양의 입도분포 곡선에서 10%, 30%, 60% 통과백분율에 해당하는 입자 직경이 각각 0.10mm, 0.30mm 및 0.60mm인 경우, 곡률계수(C_z)는?

① 약 1.2   ② 약 1.5
③ 약 1.7   ④ 약 1.8

풀이 곡률계수(C_z) $= \dfrac{D_{30}^2}{D_{10} \times D_{60}}$

$$= \frac{0.3^2}{0.1 \times 0.6} = 1.5$$

46 식물정화법(Phytoremediation)의 대표적인 처리기작에 해당하지 않는 것은?

① 식물에 의한 추출
② 근권에 의한 분해
③ 식물에 의한 응고
④ 식물에 의한 안정화

풀이 식물정화법의 대표적 기작(메커니즘)
ㄱ 식물에 의한 추출
ㄴ 식물에 의한 분해
ㄷ 식물에 의한 안정화
ㄹ 근권에 의한 분해
ㅁ 근권에 의한 여과
ㅂ 식물에 의한 휘발화
ㅅ 수리에 의한 조절
ㅇ 완충수로에 의한 방법

47 TCB(Trichloroethylene)로 오염된 지하수를 오존으로 처리하고자 한다. 처리대상 지하수로 예비실험을 한 결과 1.4mg/L−min의 오존으로 1시간 처리 시 환경기준에 적합한 제거율을 보였다. 지하수 오염농도가 150mg/L이고 처리해야 할 지하수의 유량이 2,000L/min일 경우 환경기준에 적합하도록 처리하기 위한 최소 오존 필요량은?

① 약 242kg/day
② 약 318kg/day
③ 약 423kg/day
④ 약 538kg/day

풀이 O_3 총량(kg/day)
$= 1.4mg/L \cdot min \times 60min \times 2,000L/min$
$\times 60min/hr \times 24hr/day \times 10^{-6}kg/mg$
$= 241.92kg/day$

48 Soil Flushing에 관한 설명으로 옳지 않은 것은?

① 휘발성 유기화합물질, 준휘발성 유기화합물질의 처리 시에는 경제성이 떨어진다.
② 세정용액에 의해 2차오염이 유발될 수 있다.
③ 투수성이 낮은 토양에서는 처리하기가 어렵다.
④ 중금속 오염토양처리에는 효과가 없다.

풀이 Soil Flushing(토양세정방법)은 중금속, 방사능오염물질, 무기물질 처리에 효과적이다.

49 분자식이 $C_6H_{12}O_6$인 포도당 300g이 완전 산화할 때 소모되는 이론 산소량은?

① 약 130g
② 약 180g
③ 약 280g
④ 약 320g

풀이 완전산화반응식
$C_6H_{12}O_6 + \left[\dfrac{(4\times6)+12-(2\times6)}{4}\right]O_2$
$\rightarrow 6CO_2 + \dfrac{12}{2}H_2O$

$C_6H_{12}O_6 + 6O_2 \rightarrow 6CO_2 + 6H_2O$
$180g : 6\times32g$
$300g : O_0(g)$
$O_0(\text{이론산소량} : g) = \dfrac{300g \times (6\times32)g}{180g} = 320g$

50 오염부지 내 TPH 초기오염농도 4,000mg/kg이 120일 후에 2,000mg/kg으로 저감되었다면, 1차 반응속도 속도상수는?

① 0.0037/day
② 0.0042/day
③ 0.0051/day
④ 0.0058/day

풀이 $\ln\dfrac{2,000}{4,000} = -k \times 120day$
$k = 0.0058/day$

51 다음 Bioventing에 대한 설명 중 틀린 것은?

① 불포화토양층 내의 산소를 공급함으로써 미생물의 분해를 통해 유기물질을 분해하는 방법이다.
② 휘발성이 강한 유기물질 이외에 중간 정도의 휘발성을 가지는 분자량이 다소 큰 유기물질을 처리할 수 있다.
③ 토양증기추출과의 운전상 큰 차이점은 공기 주입량과 추출량에 있다.
④ 심하게 오염된 지역은 우선적으로 Bioventing을 적용하여 일정 이하의 농도로 처리한 후 토양증기추출을 적용한다.

풀이 심하게 오염된 지역은 우선적으로 토양증기 추출을 적용하여 일정 이하의 농도로 처리한 후 Bioventing을 적용한다.

52 다음 미생물 중에서 NO_2를 NO_3로 산화시키는 질산화 미생물로 가장 옳은 것은?

① Nitrosomonas
② Nitrobacter
③ Rhodopseudomonas
④ Thiobacillus

정답 47 ① 48 ④ 49 ④ 50 ④ 51 ④ 52 ②

풀이 질산화 미생물
　㉠ Nitrobacter
　㉡ Nitrocystis

53 유기 독성물질은 미생물반응에 의해 분해된다. 이와 관련한 주요 생분해반응으로 탈염소반응, 가수분해반응, 분할, 탈수소할로겐화반응 등이 있다. 반응명과 반응식이 잘못 연결된 것은?

① 분할 : $RCH_3 \rightarrow RCH_2OH \rightarrow RCHO$
② 가수분해반응 : $RX + H_2O \rightarrow ROH + H^+ + X^-$
③ 탈염소반응 : $CCl_4 \rightarrow HCCl_3 \rightarrow H_2CCl_2$
④ 탈수소할로겐반응 : $CCl_3CH_3 \rightarrow CCl_2CH_2 + HCl$

풀이 분할
　$R - COOH \rightarrow RH + CO_2$
　(유기화합물 내의 탄소－탄소 사이의 결합이 분할되거나 탄소사슬의 끝단에 있는 탄소가 떨어져 나오는 반응)

54 열탈착법의 장단점으로 틀린 것은?

① 수분함량이 높은 오염토의 전처리가 필요 없는 장점이 있다.
② 매우 빠른 처리가 가능한 장점이 있다.
③ 토양 굴착이 필요한 단점이 있다.
④ 운영을 위한 필요 부지가 큰 단점이 있다.

풀이 열탈착법은 처리 토양 내의 수분이 많으면 전처리 통하여 수분함량을 낮추어야 한다.

55 다음의 미생물반응 중에서 산화－환원반응으로 얻게 되는 에너지 크기가 가장 작은 것은?

① 혐기성 황산염 환원
② 혐기성 질산화
③ 혐기성 질산염 환원
④ 호기성 호흡

풀이 미생물 반응계에서 산화 · 환원 반응식과 $P\varepsilon^0$(에너지)값

반응계 종류	$P\varepsilon^0$	반응식
호기성 호흡	+20.8	$O_2(gas) + 4H^+ + 4e^- \rightarrow 2H_2O$
혐기성 질산화	+21.0	$2NO_3^- + 12H^+ + 10e^- \rightarrow$ $N_2(gas) + 6H_2O$
혐기성 질산염 환원	+14.9	$NO_3^- + 10H^+ + 8e^- \rightarrow$ $NH_4^+ + 3H_2O$
혐기성 발효	+3.99	$CH_2O + 2H^+ + 2e^- \rightarrow CH_3OH$
혐기성 황산염 환원	+4.13	$SO_4^{2-} + 9H^+ + 8e^- \rightarrow$ $HS^- + 4H_2O$
혐기성 메탄 발효	+2.87	$CO_2(gas) + 8H^+ + 8e^- \rightarrow$ $CH_4(gas) + 2H_2O$

56 유기오염물질로 오염된 사질 대수층이 있다. 수리전도도가 3.0×10^{-3}cm/sec, 유효 공극률이 0.3, 수두구배가 0.01일 때 오염운의 평균 이동속도는?(단, 흡착 등에 의한 지연은 고려하지 않는다.)

① 10^{-3}cm/sec
② 10^{-4}cm/sec
③ 10^{-5}cm/sec
④ 10^{-6}cm/sec

풀이 $\overline{V} = \dfrac{k}{\eta_e}\left(\dfrac{dh}{dL}\right) = \dfrac{3.0 \times 10^{-3}\text{cm/sec}}{0.3} \times 0.01$
$= 0.0001(10^{-4})$ cm/sec

57 폐광산에서 유출되는 산성 광산 배수의 처리를 위한 기술로서 틀린 것은?

① SAPS(Successive Alkalinity Producing System)
② 인공 소택지법(호기성, 혐기성)
③ 산화 · 응집공법(ALD ; Alkalinity Lime Draining)
④ DW(Diversion Well)

58 생물학적 처리방법 중에서 [오염토양 조건−처리방법−처리대상오염물]을 잘못 짝지은 것은? (단, 처리 위치는 원위치 기준)

① 불포화 토양층−Bioventing−BTEX
② 불포화 토양층−바이오필터−PAHs
③ 포화 토양층−침투성 생물반응벽−생분해 가능한 유기오염물질
④ 포화 토양층−자연정화법−유류, 염소계 유기화합물

풀이 바이오필터는 저농도(수백 ppm 이하) 배기가스, 즉 비할로겐 휘발성 유기물질, 유류탄화 수소, 악취 등을 처리하는 데 효과적이다.

59 오염부지의 복원을 위한 원위치와 탈위치 처리 조건에 대해 잘못 기술한 것은?

① 단기적 처리를 위해서는 원위치 기술이 적합하다.
② 처리 효율을 높이고자 할 경우 탈위치 기술이 적합하다.
③ 오염 농도가 높은 경우에는 탈위치 기술이 적합하다.
④ 처리량이 많은 경우에는 원위치 기술이 적합하다.

풀이 단기적 처리를 위해서는 탈위치 기술이 적합하다.

60 중금속으로 오염된 토양을 pH가 낮은 산용액을 이용하여, 중금속을 토양으로부터 분리시켜 처리하는 토양 복원방법은?

① 토양유리화 방법(Vitrification)
② 토양세척법(Soil Washing)
③ 토양경작법(Soil Landfarming)
④ 토양증기추출법(Soil Vapor Extraction)

4과목 **토양 및 지하수환경 관계법규**

61 토양정화업자의 준수사항으로 ( )에 옳은 것은?

정화현장에 오염토양의 정화공정도 및 정화일지를 작성하여 비치하고, 정화일지는 ( ) 보관하여야 한다.

① 1년간　　　　② 2년간
③ 3년간　　　　④ 5년간

풀이 토양정화업자의 준수사항
　ㄱ 기술인력은 해당 분야에 종사하게 하여야 한다.
　ㄴ 토양정화업자는 매년 1월 31일까지 전년도의 토양정화실적을 시·도지사에게 보고하여야 한다.
　ㄷ 오염토양을 운반하는 때에는 오염토양이 흩날리지 않도록 하여야 하며, 침출수가 유출되지 아니하도록 하여야 한다.
　ㄹ 위탁받은 오염토양을 반입정화시설이 아닌 다른 곳에 보관하여서는 아니 되며, 반입정화시설 또는 정화현장 입구에는 오염토양 정화 또는 반입정화시설임을 표시하는 가로 100센티미터 이상, 세로 50센티미터 이상의 표지판을 지상 100센티미터 이상의 높이에 설치하여야 한다. 이 경우 표지판에는 오염토양의 양, 정화공법, 정화기간 및 관리자의 주소·성명·전화번호 등을 기재하여야 한다.
　ㅁ 정화현장에 오염토양의 정화공정도 및 정화일지를 작성하여 비치하고, 정화일지는 2년간 보관하여야 한다.
　ㅂ 토양 관련 전문기관의 정화검증을 위한 정화현장 방문, 시료의 채취 등 검증업무 수행을 방해하여서는 아니 된다.

62 지하수오염평가보고서의 작성내용과 가장 거리가 먼 것은?

① 지하수오염으로 인한 위해성
② 오염범위
② 오염원인에 대한 평가
④ 원상복구계획

풀이 지하수오염평가보고서의 포함 내용
- 지하수오염으로 인한 위해성
- 오염범위
- 오염원인 평가
- 오염방지 대책

63 정당한 사유 없이 관계 공무원 또는 토양 관련 전문기관의 직원의 행위를 방해 또는 거절한 자에 대한 과태료 처분기준은?

① 100만 원 이하   ② 200만 원 이하
③ 300만 원 이하   ② 500만 원 이하

풀이 토양환경보전법 제32조 제2항 참조

64 토양 관련 전문기관 또는 토양정화업의 기술인력의 보수교육 기준으로 (   )에 옳은 것은?

신규교육을 받은 날을 기준으로 (㉠)마다 (㉡)

① ㉠ 1년, ㉡ 12시간   ② ㉠ 3년, ㉡ 24시간
③ ㉠ 3년, ㉡ 12시간   ④ ㉠ 5년, ㉡ 8시간

풀이
1. 토양 관련 전문기관 또는 토양정화업의 기술인력은 다음의 구분에 따라 국립환경인재개발원장이 개설하는 토양환경관리의 교육과정을 이수하여야 한다.
   ㉠ 신규교육 : 토양 관련 전문기관 또는 토양정화업 분야의 기술인력으로 최초로 종사한 날부터 1년 이내에 18시간
   ㉡ 보수교육 : 신규교육을 받은 날을 기준으로 5년마다 8시간
2. 교육은 집합교육 또는 원격교육으로 한다.

65 토양환경보전법상 토양 관련 전문기관이 토양오염도 조사 중 타인에게 손실을 입힌 때에 대한 설명으로 틀린 것은?

① 손실보상을 청구하고자 하는 자는 손실보상청구서와 증빙서류를 토양 관련 전문기관의 장에게 제출한다.

② 손실보상청구서에는 손실액의 산출방법이 포함된다.

③ 손실보상청구에 대한 협의가 성립되지 아니한 경우 손실을 입은 자는 환경부 장관에게 재결을 신청할 수 있다.

④ 손실보상청구 협의에 대한 재결을 받아들이지 아니한 자는 중앙토지수용위원회에 이의를 신청할 수 있다.

풀이 협의가 성립되지 아니하거나 협의할 수 없는 경우 환경부 장관, 시·도지사, 시장·군수·구청장, 토양 관련 전문기관의 장 또는 손실을 입은 자는 대통령령으로 정하는 바에 따라 관할 토지 수용위원회에 재결을 신청할 수 있다.

66 환경부장관이 토양보전을 위해 수립하는 토양보전기본계획의 수립 주기는?

① 3년   ② 5년
③ 10년   ④ 15년

풀이 환경부장관은 토양보전을 위하여 10년마다 토양보전에 관한 기본계획을 수립·시행하여야 한다.

67 오염토양개선사업을 지도·감독할 수 있도록 환경부령으로 정하는 토양 관련 전문기관에 해당하는 것은?

① 국립환경과학원
② 시·도 보건환경연구원
③ 지방 유역환경청
④ 한국환경공단

68 특정토양오염관리대상시설의 종류로 가장 거리가 먼 것은?

① 위험물의 제조 및 저장시설
② 송유관 시설
③ 유해화학물질의 제조 및 저장시설
④ 석유류의 제조 및 저장시설

풀이 특정토양오염관리대상시설별 토양오염 검사항목

특정토양오염 관리대상시설	검사항목
1. 석유류의 제조 및 저장시설	벤젠 · 톨루엔 · 에틸벤젠 · 크실렌 · 석유계 총 탄화수소(TPH)
2. 유해화학 물질의 제조 및 저장시설	카드뮴 · 구리 · 비소 · 수은 · 납 · 6가 크롬 · 아연 · 니켈 · 불소 · 유기인화합물 · 폴리클로리네이티드비페닐 · 시안 · 페놀 · 트리클로로에틸렌(TCE) · 테트라클로로에틸렌(PCE) 및 벤조(a)피렌 중 해당 항목
3. 송유관 시설	벤젠 · 톨루엔 · 에틸벤젠 · 크실렌 · 석유계 총 탄화수소(TPH)

69 지하수개발 · 이용시공업자의 영업 등록 취소 요건이 아닌 것은?

① 부정한 방법으로 등록을 한 경우
② 등록기준에 미치지 못하게 된 경우
③ 계속해서 1년 이상 영업을 하지 아니한 경우
④ 고의 또는 중대한 과실로 지하수개발 · 이용시설의 공사를 부실하게 한 경우

풀이 지하수개발 · 이용시공업자의 영업등록 취소여건

㉠ 부정한 방법으로 등록을 한 경우
㉡ 등록기준에 미치지 못하게 된 경우
㉢ 변경등록을 하지 아니하거나 부정한 방법으로 변경등록을 한 경우
㉣ 제23조 각 호의 어느 하나에 해당하게 된 경우. 다만, 법인의 임원 중에 제23조 제1호부터 제5호까지의 어느 하나에 해당하는 자가 있는 경우 3개월 이내에 해당 임원을 교체 임명하였을 때에는 그러하지 아니하다.
㉤ 다른 자에게 자기의 상호 또는 명칭을 사용하여 지하수개발 · 이용시공업을 하게 하거나 등록증을 대여한 경우
㉥ 계속하여 2년 이상 영업을 하지 아니한 경우
㉦ 고의 또는 중대한 과실로 지하수개발 · 이용시설의 공사를 부실하게 한 경우
㉧ 「국세징수법」, 「지방세징수법」 등 관계 법률에 따라 국가 또는 지방자치단체가 요구하는 경우

70 지하수의 보전 · 관리를 위하여 필요한 경우에 지정하는 지하수 보전구역이 아닌 것은?

① 지하수개발 · 이용량이 기본계획 또는 지역관리계획에서 정한 지하수개발 가능량에 비하여 현저하게 높다고 판단되는 지역
② 지하수의 지나친 개발 · 이용으로 인하여 지하수의 고갈현상, 지반침하 또는 하천이 마르는 현상이 발생하거나 발생할 우려가 있는 지역
③ 지하수의 개발 · 이용으로 인하여 주변 생태계에 심각한 악영향을 미치거나 미칠 우려가 있는 지역
④ 지하수의 개발 · 이용으로 인하여 상수원으로 이용하는 호소수가 줄어들 우려가 있는 지역

풀이 지하수 보전구역

㉠ 지하수를 이용하는 하류지역과 수리적으로 연결된 지하수의 공급원이 되는 상류지역
㉡ 주된 용수공급원이 되는 지하수가 상당히 부존된 지층이 있는 지역
㉢ 대통령령으로 정하는 공공급수용 지하수개발 · 이용시설의 중심에서 대통령령으로 정하는 반지름 이내에 시설이 설치되어 수질의 저하가 우려되는 지역
㉣ 지하수개발 · 이용량이 기본계획 또는 지역관리계획에서 정한 지하수 개발 가능량에 비하여 현저하게 높다고 판단되는 지역
㉤ 지하수의 지나친 개발 · 이용으로 인하여 지하수의 고갈현상, 지반침하 또는 하천이 마르는 현상이 발생하거나 발생할 우려가 있는 지역
㉥ 지하수의 개발 · 이용으로 인하여 주변 생태계에 심각한 악영향을 미치거나 미칠 우려가 있는 지역
㉦ 그 밖에 지하수의 수량이나 수질을 보전하기 위하여 필요한 지역으로서 대통령령으로 정하는 지역

71 지하수를 공업용수로 사용할 경우 수소이온 농도(pH)의 수질기준은?

① 1.0~3.0
② 3.5~5.5
③ 5.0~9.0
④ 8.5~12.0

풀이 지하수의 수질기준

이용 목적별 항목		생활용수	농·어업 용수	공업용수
일반 오염 물질 (4개)	수소이온 농도(pH)	5.8~8.5	6.0~8.5	5.0~9.0
	총 대장균군	5,000 이하 (군수/100mL)	–	–
	질산성 질소	20 이하	20 이하	40 이하
	염소이온	250 이하	250 이하	500 이하

72 오염지하수정화계획 수립 시에 고려할 사항이 아닌 것은?

① 정화대상지역 선정 ② 적용성 시험
③ 오염지역 부동산 시세 ④ 정화사업의 규모

73 다음에서 언급한 '대통령령으로 정하는 중요한 사항을 변경하는 경우'에 관한 내용(기준)으로 옳은 것은?

> 환경부장관은 토양관리단지를 지정하려는 경우에는 대통령령으로 정하는 바에 따라 토양관리단지 조성계획을 수립하여 관할 시·도지사의 의견을 듣고, 관계 중앙행정기관의 장과 협의하여야 한다. 토양관리단지 조성계획 중 대통령령으로 정하는 중요한 사항을 변경하려는 경우에도 또한 같다.

① 오염토양 정화처리 용량의 20퍼센트를 초과하여 변경하려는 경우
② 오염토양 정화처리 용량의 25퍼센트를 초과하여 변경하려는 경우
③ 오염토양 정화처리 용량의 30퍼센트를 초과하여 변경하려는 경우
④ 오염토양 정화처리 용량의 35퍼센트를 초과하여 변경하려는 경우

풀이 토양관리단지 조성계획의 변경에 해당하는 경우
  ㉠ 조성 대상 부지면적의 20퍼센트를 초과하여 변경하려는 경우

  ㉡ 오염토양 정화처리 용량의 20퍼센트를 초과하여 변경하려는 경우

74 토양정화업에 관한 설명 중 맞는 것은?

① 토양정화업자는 도급받은 토양정화 극대화를 위해서 일괄하여 하도급할 수 있다.
② 정당한 사유 없이 2년 이상 영업실적이 없는 때는 그 등록을 1년 이내의 기간 동안 영업정지를 받을 수 있다.
③ 등록의 취소를 받은 자는 그 처분이 있기 전에 착공한 토양정화공사는 시공할 수 있다.
④ 토양정화업자의 지위를 승계한 자는 승계한 날로부터 14일 이내에 환경부장관에게 신고하여야 한다.

풀이 ① 토양정화업자는 도급받은 토양정화공사를 일괄하여 하도급할 수 없다.
  ② 정당한 사유 없이 계속하여 2년 이상 영업실적이 없는 때는 그 등록을 6개월 이내의 기간 동안 영업정지를 받을 수 있다.
  ④ 토양정화업자의 지위를 승계한 자는 승계한 날부터 1개월 이내에 환경부장관에게 신고하여야 한다.

75 30일 이내에 특정토양오염관리대상시설의 변경신고 대상이 아닌 것은?

① 사업장의 명칭 또는 대표자가 변경되는 경우
② 특정토양오염관리대상시설의 사용을 종료하거나 폐쇄하는 경우
③ 특정토양오염관리대상시설에 저장하는 오염물질을 변경하는 경우
④ 저장용량을 신고용량 대비 20퍼센트 이하 증설(신고용량 대비 30퍼센트 미만의 증설이 누적되어 신고용량의 30퍼센트 이하가 되는 경우)하는 경우

풀이 특정토양오염관리대상시설의 변경신고
  ㉠ 사업장의 명칭 또는 대표자가 변경되는 경우
  ㉡ 특정토양오염관리대상시설의 사용을 종료하거나 폐쇄하는 경우
  ㉢ 특정토양오염관리대상시설을 교체하거나 토양오염방지시설을 변경하는 경우

㉣ 특정토양오염관리대상시설에 저장하는 오염물질을 변경하는 경우

㉤ 특정토양오염관리대상시설의 저장용량을 신고용량 대비 30퍼센트 이상 증설(신고용량 대비 30퍼센트 미만의 증설이 누적되어 신고용량의 30퍼센트 이상이 되는 경우를 포함한다)하는 경우

76 환경부장관이 고시하는 측정망설치계획에 포함되어야 하는 사항이 아닌 것은?

① 측정망 배치도
② 측정지점의 위치 및 면적
③ 측정항목 및 방법
④ 측정망 설치시기

풀이 측정망설치계획 포함 사항
㉠ 측정망 설치시기
㉡ 측정망 배치도
㉢ 측정지점의 위치와 면적

77 지하수 오염방지시설로서 밀폐식이 아닌 일반 상부보호공을 설치하는 경우 상단부의 높이는 지표면보다 최소 얼마 이상 높게 설치되어야 하는가?

① 10cm
② 20cm
③ 30cm
④ 40cm

풀이 지하수 오염방지시설의 상부보호공 설치기준
㉠ 상부보호공은 지하수 개발·이용시설의 보호 및 원활한 유지·관리가 가능한 크기로 하여 지표면 위에 설치하여야 한다. 다만, 지형 여건상 지표면 아래에 설치하여도 지하수의 오염 방지에 지장이 없다고 시장·군수가 인정하는 경우에는 지표면 아래에 설치할 수 있다.
㉡ 상부보호공의 덮개는 외부로부터 오염물질·지표수 등의 유입을 막고 파손을 방지할 수 있는 재질과 구조로 설치하여야 한다.
㉢ 케이싱의 윗부분은 지표면 위로 30cm 이상 높게 설치하고, 덮개를 씌워 외부 오염물질이 유입되지 아니하도록 하여야 한다.
㉣ 케이싱의 덮개에는 방충망을 구비한 공기출입로를 설치하여야 한다.

78 지하수보전구역, 상수원보호구역에 설치된 특정토양오염관리대상시설의 토양오염검사 주기에 관한 설명으로 옳은 것은?

① 매년 토양오염도 검사를 받아야 함
② 저장시설 설치 후 5년까지는 최초 검사 후 3년 및 5년이 되는 해에 각각 1회
③ 저장시설 설치 후 5년에서 15년까지의 기간 중에는 매 2년에 1회
④ 저장시설 설치 후 15년이 지난 때에는 매년 1회

풀이 매년 토양오염도검사를 받아야 하는 경우(특정토양오염관리대상시설)
㉠ 「국토의 계획 및 이용에 관한 법률」에 따른 자연환경보전지역
㉡ 「지하수법」에 따른 지하수보전구역
㉢ 「수도법」에 따른 상수원보호구역
㉣ 「환경정책기본법」에 따른 특별대책지역(대기보전과 관련된 특별대책지역은 제외한다)

79 토양 관련 전문기관의 종류에 해당하지 않는 것은?

① 토양환경평가기관
② 유출검사기관
③ 위해성평가기관
④ 토양오염조사기관

풀이 토양 관련 전문기관의 지정
㉠ 환경부장관 : 토양환경평가기관 및 위해성평가기관
㉡ 시·도지사 : 토양오염조사기관 및 누출검사기관

80 토양보전기본계획 수립에 관한 설명 중 틀린 것은?

① 토양보전을 위하여 10년마다 토양보전에 관한 기본계획을 수립·시행하여야 한다.
② 환경부장관은 관계 중앙행정기관의 장과 기본계획에 대해 협의하여야 한다.
③ 기본계획 수립방법, 절차 기타 필요한 사항은 환경부령으로 정한다.
④ 시·도지사는 지역토양보전계획을 수립할 수 있다.

풀이 토양보전기본계획 수립방법, 절차 기타 필요한 사항은 환경부령으로 정한다.

1과목 **토양학개론**

01 토양의 침식(Erosion)에 대한 설명으로 옳지 않은 것은?

① 지질침식은 굴곡이 심한 자연지형을 고르고 평평하게 하는 과정이다.

② 가속침식이 일어나는 지역은 토양이 풍화나 퇴적에 의하여 새롭게 생겨나는 것보다 빠른 속도로 침식된다.

③ 수식은 토괴로부터 토양입자의 분산탈리, 분산탈리된 입자들의 이동, 보다 낮은 곳으로 운반된 입자들의 퇴적과 같은 3단계 과정을 거쳐 일어난다.

④ 풍식은 면상침식, 세류침식, 협곡침식의 세 가지로 구분할 수 있다.

풀이 수식(Waler Erosion)은 면상침식, 세류침식, 협곡침식의 세 가지로 구분할 수 있다.

02 토양 내 유기물의 농도가 50mg/kg이었다. 1시간 후의 유기물 농도가 40mg/kg이었다면 4시간 후의 유기물 농도(mg/kg)는?(단, 유기물의 분해는 토양에 존재하는 효소의 양에만 의존한다. 0차 반응 기준)

① 10   ② 15
③ 20   ④ 25

풀이 $C_t = -kt + C_o$
$40 = -k + 50, \ k = 10$
$C_t = -(10 \times 4) + 50 = 10 \text{mg/kg}$

03 토양의 양이온교환용량(CEC)에 관한 설명으로 옳지 않은 것은?

① 점토질의 함량이 높은 토양은 CEC가 높다.

② Kaolinite는 CEC가 상대적으로 높은 점토광물이다.

③ 토양의 양이온교환용량은 무기 및 유기콜로이드가 흡착할 수 있는 양이온의 총량이다.

④ 모래와 미사는 표면적이 매우 적어 양이온교환용량에 거의 기여하지 않는다.

풀이 Kaolinite는 CEC가 상대적으로 낮은 점토광물이다.

04 다음 점토 광물(Clay Minerals) 중 2 : 2형 (2 : 1 : 1형)의 대표적인 것은?

① 카올리나이트(Kaolinite)
② 할로이사이트(Halloysite)
③ 몬모릴로나이트(Montmorillonite)
④ 클로라이트(Chlorite)

풀이 점토광물의 분류
1. 결정형 광물
   ① 1 : 1 격자형 광물(2층형 광물, 비팽창형)
      → 할로이사이트, 나크라이트 카올리나이트, 디카이트
   ② 2 : 1 격자형 광물(3층형 광물)
      한 층의 Al 8면체를 Si 4면체가 양쪽으로 샌드위치처럼 싸서 3층 구조를 이룸
      ㉠ 팽창형 → 몬모릴로나이트, 사포나이트, 버미큘라이트
      ㉡ 비팽창형 → 일라이트
   ③ 2 : 1 : 1(2 : 2, 격자형 광물 비팽창형)
      → 클로라이트
2. 비결정형 광물(무정형) : 알로펜, 이모고라이트

정답 01 ④   02 ①   03 ②   04 ④

05 Langmuir 등온흡착식의 기본 가정으로 옳지 않은 것은?

① 흡착은 가역적이다.
② 흡착지점들 사이에 상호작용이 일어난다.
③ 각 흡착지점은 단 한 개의 분자만을 수용한다.
④ 유한개의 흡착지점은 각각의 오염물질에 대해 동일한 친화력을 가진다.

풀이 주변 흡착지점들 사이에 상호작용이 일어나지 않는다. 즉, 표면에 흡착된 분자는 옆으로 이동하지 않는다.

06 토양의 연경도를 나타내는 소성(Plasticity)에 관한 설명으로 옳지 않은 것은?

① 토양이 소성을 가지는 최소 수분함량을 소성하한 또는 소성한계라 한다.
② 소성한계와 액성한계의 차이를 소성지수라 한다.
③ 액성한계는 소성상태에서 액성상태로 변하는 순간의 수분함량이다.
④ 소성은 힘을 가했을 때 물체가 파괴되는 일이 없이 단지 모양만 변화되고 힘을 제거하면 다시 원래의 상태로 돌아오는 성질을 말한다.

풀이 소성은 토양에 힘을 가했을 때 파괴되는 일이 없이 단지 모양만 변화되고 힘이 제거된 후에도 원점으로 되지 않는 성질을 말한다.

07 토양의 체분석 결과 $D_{10}=0.05\text{mm}$, $D_{30}=0.15\text{mm}$, $D_{60}=0.75\text{mm}$으로 나타났다. 이 토양의 곡률계수(C_z)는?

① 0.20   ② 0.40
③ 0.60   ④ 0.80

풀이 곡률계수(C_z)

$$= \frac{D_{30}^2}{D_{10} \times D_{60}} = \frac{0.15^2}{0.05 \times 0.75} = 0.6$$

08 입자밀도(Particle Density) $2.5\text{g} \cdot \text{cm}^{-3}$, 용적밀도(Bulk Density) $1.5\text{g} \cdot \text{cm}^{-3}$인 토양의 공극률은?

① 35%   ② 40%
③ 45%   ④ 50%

풀이 공극률(%) $= \left(1 - \dfrac{용적밀도}{입자밀도}\right) \times 100$

$$= \left(1 - \frac{1.5}{2.5} \times 100\right) = 40\%$$

09 토양의 염류 집적의 주요 원인으로 옳은 것은?

① 지하수위의 상승
② 관개수에 의한 염류의 감소
③ 강수량 증가
④ 기온 상승

풀이 토양의 염류 집적 원인
ㄱ 지하수위의 상승
ㄴ 관개수에 의한 염류의 증가
ㄷ 배수량의 저하
ㄹ 지하수 모관상승의 증가

10 다음 중 토양 오염의 특징과 가장 거리가 먼 것은?

① 피해발현의 완만성
② 오염의 비인지성
③ 오염영향의 광역성
④ 타 환경인자와의 영향관계의 모호성

풀이 토양오염의 특징
ㄱ 오염경로의 다양성
ㄴ 피해발현의 완만성
ㄷ 오염지역의 국지성
ㄹ 타 환경인자와의 영향관계의 모호성

11 입자의 크기가 토양의 성질에 미치는 요인에 관한 내용으로 틀린 것은?(단, 구분 : 모래－미사－점토 순서)

① 유기물 분해 : 빠름 – 중간 – 느림
② 오염물질 용탈능력 : 높음 – 중간 – 적음
③ 팽창수축력 : 높음 – 중간 – 낮음
④ 차수능력 : 불량 – 불량 – 좋음

풀이 팽창 · 수축력
  ㉠ 사질 토양 : 낮음
  ㉡ 미사질 토양 : 중간, 낮음
  ㉢ 점토질 토양 : 높음

12 토양공기 조성에 관한 설명으로 옳은 것은?

① 토양의 깊이에 따른 산소함량 감소 정도와 토양 공극의 특성과의 관계는 무관하다.
② 질소의 함량은 대기 중의 함량과 비슷하다.
③ 대기에 비하여 상대습도는 낮고 탄산가스는 높은 편이다.
④ 대기에 비하여 상대습도는 높고 탄산가스는 낮은 편이다.

풀이 ①항 : 토양의 깊이가 깊을수록 산소함량이 적어지는 정도는 토양공극의 특성과 밀접한 관계가 있다.
  ③, ④항 : 대기에 비하여 상대습도, 탄산가스는 높다.

13 다음 내용이 설명하는 용어로 가장 옳은 것은?

• 1/3bar(−0.033MPa)의 퍼텐셜로 토양에 유지되는 수분 함량
• 일반적으로 식물생육에 가장 좋은 수분조건

① 위조점
② 유효수분
③ 변곡저축량
④ 포장용수량

14 다음의 점토광물 중 비표면적이 가장 적은 것은?

① Montmorillonite
② Kaolinite
③ Trioctahedral Vermiculite
④ Chlorite

15 지하수에 용존하는 용질의 이동기작에 관한 내용 중 기계적 분산(오염된 지하수는 다공질 기질을 통해 흐르면서 분산이라는 기작을 통해 오염되지 않은 지하수와 섞여 희석됨)의 설명으로 틀린 것은?

① 유체 흐름방향과 수직방향의 분산을 종분산이라 한다.
② 큰 공극을 지나는 유체가 작은 공극을 지나는 유체보다 빨리 흐르기 때문에 종분산이 일어난다.
③ 유체가 공극을 통해 흐를 때 공극의 가장자리보다는 중심을 통해 더 빨리 흐르기 때문에 종분산이 일어난다.
④ 기계적 분산계수는 평균선속도와 동력학적 분산도의 곱으로 주어진다.

풀이 유체의 흐름방향과 수직방향의 분산을 횡분산이라 한다.

16 토양의 양이온 교환작용(흡착)과 관련된 설명 중 틀린 것은?

① 일반적으로 양이온교환반응은 화학량론적으로 일어난다.
② 일반적으로 양이온교환반응은 가역적인 반응이다.
③ 토양에 흡착되어 있는 양이온은 주로 Al^{3+}, Fe^{2+}, Mn^{2+}이다.
④ 양이온의 흡착 세기는 양이온의 수화반지름이 작을수록 증가한다.

풀이 토양에 흡착되어 있는 양이온은 주로 수소, 칼슘, 마그네슘, 칼륨, 나트륨 등이다.

17 포화대의 수리지질학적 특성 중 저유(Storage) 특성의 주요 인자와 가장 거리가 먼 것은?

① 수리전도도(Hydraulic Conductivity)
② 비저유계수(Specific Storage Coefficient)
③ 저유계수(Storage Coefficient)
④ 비산출률(Specific Yield)

풀이 포화대의 수리지질학적 구분
1. 흐름 특성(유동 특성)
   ㉠ 수리전도도   ㉡ 투수량계수
2. 저류 특성(물 보유능력)
   ㉠ 공극률   ㉡ 비저류계수 및 저류계수
   ㉢ 비산출률   ㉣ 비보유율

18 점토광물의 표면전하에 관한 설명으로 가장 적합한 것은?

① 일반적으로 점토광물이나 유기물은 양전하에 비해 음전하를 절대적으로 많이 가지므로 토양은 순 음전하를 띤다.

② 영구전하는 토양의 pH의 영향을 많이 받는다.

③ pH가 낮은 조건에서는 음전하가 생성되는 반면, pH가 높은 조건에서는 과량의 양전하가 생성되는데 이와 같은 전하를 통틀어서 가변전하라 한다.

④ 점토광물을 분쇄하여 분말도를 높이면 양전하가 많아진다.

풀이 ② 영구전하는 동형치환에 의해 생성되는 전하이며 일반적으로 음전하를 띠고 pH 영향을 받지 않는다.
③ pH가 낮은 조건에서는 음전하는 감소하고 양전하는 증가하며, pH가 높은 조건에서는 음전하가 증가한다.
④ 점토광물을 분해하여 분말도를 높이면 음전하가 증가한다.

19 어떤 토양의 양이온 교환용량이 17.5cmol$_c$/kg, 그 중 Al과 H 이온이 총 5.2cmol$_c$/kg 존재할 때 염기포화도(%)는?

① 29.7   ② 40.3
③ 55.9   ④ 70.3

풀이 염기포화도(%)$= \left(\dfrac{17.5 - 5.2}{17.5} \right) \times 100$
$= 70.29\%$

20 점토광물 중 Illite에 관한 내용으로 틀린 것은?

① Vermiculite와 같이 2 : 1의 층상구조를 가진다.

② 습윤상태에서 팽창이 불가능하다.

③ 토양 중에 흔히 존재하는 점토광물로서 K$^+$ 함량이 많은 퇴적물이 저온 조건하에서 변성작용을 받을 때 형성되는 것으로 알려져 있다.

④ 운모에 비하여 K$^+$ 함량이 높아 Hydrous Mica로 불린다.

풀이 Hydrous Mica는 2 : 1형 광물로 층간에 채워진 K가 풍화가 진행되는 동안 빠져나가고 물 분자로 채워진 풍화운모로 수화운모라고 한다.

2과목 **토양 및 지하수오염조사기술**

21 다음 총칙의 내용으로 (   )에 옳은 것은?

'정확히 단다'라 함은 규정된 양의 검체를 취하여 분석용 저울로 (   )까지 다는 것을 말한다.

① 1.0mg   ② 0.1mg
③ 0.01mg   ④ 0.001mg

22 저장물질이 없는 누출검사 대상시설에서 저장시설의 용접부, 모재부에 대한 결합 유무를 확인, 누출가능성 유무를 판단하는 시험방법은?

① 가압시험법   ② 미가압시험법
③ 액면레벨측정법   ④ 비파괴검사법

23 시료의 채취에 관한 내용으로 (   )에 옳은 것은?

토양오염도검사를 위해서는 표토층 또는 필요에 따라 일정 깊이 이하의 토양시료를 채취할 수 있다. 토양시료 채취 시 토양표면의 잡초나 유기물 등 이물질 층을 제거한 후 토양시료채취기로 (   ) 채취한다.

정답 18 ①   19 ④   20 ④   21 ②   22 ④   23 ③

① 약 0.1kg   ② 약 0.2kg
③ 약 0.5kg   ④ 약 1.0kg

24 원자흡수분광광도계에 불꽃을 만들기 위해 조연성 가스와 가연성 가스를 사용하는 데 일반적으로 사용하는 가연성 가스와 조연성 가스의 조합은?

① 수소 – 공기
② 아세틸렌 – 공기
③ 프로판 – 공기
④ 아세틸렌 – 이산화질소

풀이 원자흡수분광광도계 – 가연성, 조연성 가스
- 원자흡수분광광도계에 불꽃을 만들기 위해 조연성 가스와 가연성 기체를 사용하는데, 일반적으로 가연성 가스로 아세틸렌을 조연성 가스로 공기를 사용한다.
- 수소 – 공기와 아세틸렌 – 공기는 거의 대부분의 원소 분석에 유효하게 사용할 수 있다.

25 기체크로마토그래프법으로 TPH를 정량하는 방법에 대한 설명으로 옳지 않은 것은?

① 검출기는 불꽃이온화검출기(FID)를 사용한다.
② 비등점이 높은 벙커C유 · 윤활유 · 원유 등의 측정에는 적용하지 않는다.
③ 토양시료 중의 TPH 성분은 디클로로메탄으로 추출한다.
④ 정량한계는 석유계 총 탄화수소로 50mg/kg이다.

풀이 토양 중에 끓는점이 높은(150~500℃) 유류에 속하는 제트류, 등유, 경유, 벙커C유, 윤활유, 원유 등의 측정에 적용한다.

26 토양시료 채취방법에 관한 설명으로 가장 적합한 것은?

① 시안, 석유계 총탄화수소 등 시험용 시료는 농경지의 경우에는 중심이 되는 1개 지점과 주변 4방위의 1~3m 거리에 있는 1개 지점씩 총 5개 지점을 선정한다.

② 토양시료채취기가 없을 경우에 유기물질을 조사할 때에는 플라스틱 재질을 사용하고, 중금속의 경우에는 스테인리스 강 재질의 모종삽 또는 삽 등과 같은 기구가 적합하다.
③ 공장지역 · 매립지역 등 농경지가 아닌 기타지역의 경우는 대상지역의 중심이 되는 1개 지점과 주변 4방위의 5~10m 거리에 있는 1개 지점과 주변 4방위의 5~10m 거리에 있는 1개 지점씩 총 5개 지점을 선정한다.
④ 채취한 토양시료 중 나머지는 입구가 넓은 500 mL 이상 용량의 플라스틱 병에 가득 담아 마개로 막아 밀봉한 후 냉동상태로 실험실로 운반하여 수분보정용 시료로 사용한다.

풀이 ① 시안, 유기인화합물, 벤조(a)피렌, 석유계 총 탄화수소, 페놀류, 폴리클로리네이티드비페닐, 벤젠, 톨루엔, 에틸벤젠, 크실렌, 트리클로로에틸렌, 테트라클로로에틸렌 시험용 시료는 농경지 또는 기타 지역의 구분에 관계없이 대상지역을 대표할 수 있는 1개 지점 또는 오염의 개연성이 높은 1개 지점을 선정한다.
② 토양시료채취기가 없을 경우에 유기물질을 조사할 때에는 스테인리스 재질을 사용하고 중금속의 경우에는 플라스틱 재질의 모종삽 또는 삽 등과 같은 기구가 적합하다.
④ 채취한 토양시료 중 나머지는 입구가 넓은 200mL 이상 용량의 유리병에 가득 담고 마개로 막아 밀봉한 후 0~4℃의 냉장상태로 실험실로 운반하여 수분보정용 시료로 사용한다.

27 다음 중 농도가 가장 낮은 것은?(단, 비중은 1.0 기준)

① 0.01ppm   ② 1mg/L
③ 100ppb   ④ 1mg/kg

풀이 $1ppm = 1mg/L = 1mg/kg$

$$100ppb \times \frac{ppm}{10^3 ppb} = 0.1 \ ppm$$

28 토양 중 금속류의 함량분석을 위해 묽은 질산(1＋3)을 제조하는 방법으로 ( )에 알맞은 것은?

진한 질산 ( )mL를 물 500mL에 넣은 다음 물을 넣어 정확히 1L이 되도록 채운다.

① 150 ② 250
③ 300 ④ 350

풀이 묽은 질산(1＋3) 제조방법
진한 질산 250mL를 물 500mL에 가한 다음 물을 넣어 정확히 1L가 되도록 채운다.

29 유도결합플라즈마 발광광도계에 대한 설명으로 틀린 것은?

① 아르곤을 플라즈마 가스로 이용한다.
② 동시에 다성분의 분석은 불가능하다.
③ 분석 성분의 농도는 방출되는 광선의 세기에 비례한다.
④ 여기된 원자가 바닥상태로 이동할 때 방출하는 광선을 이용하여 측정한다.

풀이 유도결합플라즈마 발광광도계는 동시에 다성분의 분석이 가능하다.

30 저장물질이 있는 누출검사대상시설－기상부의 시험법 중 미감압법 측정방법의 설명으로 옳지 않은 것은?

① 시험을 위한 진공속도는 매분 100mmHg 미만이 되도록 한다.
② 매 5분마다 측정된 압력변화값은 자동으로 기록되도록 한다.
③ 누출 여부에 대한 추가확인을 위하여 마이크로폰 등 추가적인 도구를 사용할 수 있다. `
④ 압력 안정화 유지시간 이후부터 매 5분마다 60분 또는 70분 동안의 압력변화를 측정한다.

풀이 미감압법에서 시험을 위한 진공속도는 매분 100mmH₂O 미만이 되도록 한다.

31 6가 크롬에 작용시켜 생성하는 적자색의 착화합물의 흡광도를 540nm에서 측정하여 6가 크롬을 정량하는 방법은?

① 디에틸디티오카르바민산법
② 디에틸글리옥심법
③ 디페닐카르바지드법
④ 피리딘－피라졸론법

풀이 6가 크롬 － 자외선/가시선 분광법
시료 중 6가 크롬을 디페닐카르바지드와 반응시켜 생성하는 적자색의 착화합물의 흡광도를 540nm에서 측정하여 6가 크롬을 정량하는 방법이다.

32 용액 100mL 중의 성분 무게(g)를 백분율로 표시할 때 사용하는 농도 표시 기호는?

① g/L ② mg/L
③ V/V(%) ④ W/V(%)

33 누출검사 대상시설에 대한 용어 설명으로 틀린 것은?

① 부속배관 : 누출검사 대상시설에 용접 또는 나사조임방식으로 직접 연결되는 배관을 말한다.
② 지하매설배관 : 부속배관의 경로 중 지하에 매설되어 누출 여부를 육안으로 직접 확인할 수 없는 배관을 말한다.
③ 배관접속부 : 누출검사 대상시설과 부속배관, 부속배관과 배관을 연결하기 위하여 용접접합 또는 나사조임방식 등으로 접속한 부분을 말한다.
④ 누출검지관 : 기체의 누출 여부를 누출검사 대상시설 내부에서 직접 또는 간접적으로 확인하기 위해 설치한 관을 말한다.

풀이 누출검지관
액체의 누출 여부를 누출검사 대상시설 외부에서 직접 또는 간접적으로 확인하기 위해 설치된 관을 말한다.

34 페놀류를 기체크로마토그래피로 정량할 때 추출용액은?

① 아세톤/메틸알코올(1:1)
② 사염화탄소/메틸알코올(1:2)
③ 아세톤/노말핵산(1:1)
④ 사염화탄소/아세톤(2:1)

풀이 토양 중 페놀 및 펜타클로로페놀을 아세톤/노말핵산 (1:1)으로 추출하여 기체크로마토그래피로 정량 하는 방법이다.

35 토양의 pH를 측정(유리 전극법)하기 위한 분석절차에 관한 내용으로 ( ) 안에 알맞은 것은?

조제된 분석용 시료 5g을 무게를 달아 50mL 비이 커에 취하고 정제수 25mL를 넣어 가끔 유리막대 로 저어주면서 ( ) 방치한다.

① 10분   ② 15분
③ 30분   ④ 1시간

36 석유계총탄화수소(TPH)의 측정을 위한 기체 크로마토그래프의 검출기로 적절한 것은?

① 광이온화검출기(Photo Ionization Detector : PID)
② 불꽃이온화검출기(Flame Ionization Detector : FID)
③ 열전도도검출기(Thermal Conductivity Detector : TCD)
④ 전자포획형검출기(Electron Capture Detector : ECD)

풀이 THP(석유계 총탄화수소) 분석 검출기는 불꽃이온 화검출기(FID)이다.

37 황산용액(1 → 1,000)으로 표시된 수용액의 농도(ppm, W/V)는?(단, 순수한 황산의 비중= 1.84)

① 1.84   ② 18.4
③ 184   ④ 1,840

풀이 황산용액(1 → 1,000)은 황산 1mL를 용매에 녹여 전체 양을 1,000mL로 하는 비율을 표시한 것이므로 $1.84 \times 1,000 = 1,840$ppm(W/V)이다.

38 누출검사대상시설에 담겨 있는 액상부의 탱크용량에 따른 누출량의 합격 판정치로 옳은 것은?

① 10만 리터 초과 100만 리터 이하의 경우 누출률 1.0L/hr 이하
② 100만 리터 초과 160만 리터 이하의 경우 누출률 1.2L/hr 이하
③ 160만 리터 초과 320만 리터 이하의 경우 누출률 1.6L/hr 초과
④ 320만 리터 초과 480만 리터 이하의 경우 누출률 2.4L/hr 초과

풀이 판정기준(저장물질이 있는 누출검사 대상시설 : 액상부 시험법)

탱크용량	누출률(L/hr)
10만 리터 이하	0.4
10만 리터 초과 100만 리터 이하	0.8
100만 리터 초과 160만 리터 이하	1.2
160만 리터 초과 320만 리터 이하	1.6
320만 리터 초과 480만 리터 이하	2.4
480만 리터 초과	3.2

39 실험의 일반적 내용으로 틀린 것은?

① '약'이라 함은 기재된 양에 대하여 $\pm 10\%$ 이상 의 차가 있어서는 안 된다.
② 시험에 사용하는 물은 따로 규정이 없는 한 정제 수 또는 탈염수를 말한다.
③ 용액의 농도를 %로만 표시할 때는 W/W% 또는 V/V%를 뜻한다.
④ 정량한계는 지정된 시험방법에 따라 시험하였을 경우 그 시험방법에 대한 최소 정량한계를 의미 하며, 그 미만은 불검출된 것으로 간주한다.

풀이 용액의 농도를 %로만 표시할 때는 중량백분율을 뜻 한다.

40 액체성분 20mL을 300mL의 용매에 녹였을 때 액체의 농도를 표현하는 것으로 가장 적절한 것은?

① $(20 \rightarrow 300)$ ② $(20 \rightarrow 320)$
③ $(0.02 \rightarrow 0.3)$ ④ $(0.02 \rightarrow 0.32)$

3과목 **토양 및 지하수오염정화기술**

41 매립지 최종 복토층의 가스 배제층 설치에 따른 이점으로 틀린 것은?

① 상부 식생대층의 식물 및 미생물에 대한 독성 영향을 저감시킨다.
② 가스압에 의한 차수층의 균열 발생의 위험성을 감소시킨다.
③ 매립가스를 포집하여 에너지원으로 사용할 수 있다.
④ 매립가스의 지속적 대기 배출로 신속한 매립지의 안정화를 기한다.

풀이 CO_2 등의 매립가스에 대한 대기 중으로의 방출을 저감시킨다.

42 토양증기추출법으로 오염토양을 복원하는 경우, 단일 추추정으로부터 배출되는 가솔린의 평균농도가 추출공기 1.0L당 1.0mg이고, 하루에 100m³의 공기가 추출된다. 오염토양 내에 누출된 가솔린의 총량이 5kg이고, 누출된 가솔린이 모두 증기추출로만 제거된다고 가정한다면 오염 가솔린을 모두 제거하는 데 소요되는 시간은?

① 10일 ② 25일
③ 50일 ④ 100일

풀이 제거시간 $= \dfrac{V}{Q} = \dfrac{5\text{kg} \times \dfrac{1\text{L}}{1\text{mg}} \times 10^6 \text{mg/kg}}{100\text{m}^3/\text{day} \times 1,000\text{L/m}^3}$
$= 50\text{day}$

43 수리전도도가 불량하고 과잉 압밀된 오염지반에 압축공기를 주입하여 여타 지중 정화기술 적용 시 오염물 처리 및 추출 효율을 증대시키는 방법은?

① Pneumatic Fracturing
② Co-Metabolic
③ Precipitation
④ Direction Wall

44 지하저장창고로부터 디젤이 유출되어 토양이 오염되었다. 오염부지 평가결과 오염누출지역 토양의 단위용적 밀도가 1.8g/cm³이며 오염농도 범위가 [20m×25m×3m]이다. 토양세척으로 처리하고자 할 때 처리해야 할 토양의 양(kg)은?

① $2.7 \times 10^3 \text{kg}$ ② $2.7 \times 10^4 \text{kg}$
③ $2.7 \times 10^5 \text{kg}$ ④ $2.7 \times 10^6 \text{kg}$

풀이 처리토양(kg)
$=$ 부피$\times$밀도
$= 1,500\text{m}^3 \times 1.8\text{g/cm}^3 \times \text{kg}/1,000\text{g}$
$\quad \times 10^6 \text{cm}^3/\text{m}^3$
$= 2.7 \times 10^6 \text{kg}$

45 동전기정화기법에서는 토양 내에 전기를 가하게 되면 동전기의 현상에 의하여 토양 내의 오염수, 오염물질, 오염입자가 이동하게 되는데 이때 발생되는 현상과 가장 거리가 먼 것은?

① 전기투석 ② 전기이동
③ 전기영동 ④ 전기삼투

46 오염된 토양처리를 위한 자연저감법의 장단점으로 틀린 것은?

① 정화에 따른 부산물이 없는 장점이 있음
② 수용체로 오염물질 확산 진행 시 효과적으로 적용 가능한 장점이 있음
③ 부지 접근방지 및 부지 사용금지 등의 조치가 필요한 단점이 있음

④ 자연저감기간 중 시스템 내 물리화학적 특성변화가 발생되어 오염물질의 확산을 야기할 수 있는 단점이 있음

풀이 자연저감법은 수용체로 오염물질의 확산이 진행된 다면 적용이 불가한 단점이 있다.

47 기름의 입경은 0.2mm, 기름의 비중은 0.94 g/cm³, 물의 비중은 1g/cm³, 물의 점성도는 0.01 g/cm · sec일 때 기름의 부상속도(cm/min)는? (단, Stokes의 법칙을 이용)

① 5.84   ② 6.84
③ 7.84   ④ 8.84

풀이 부상속도(cm/min)

$$= \frac{g \cdot d^2 (\rho_1 - \rho)}{18 \mu}$$

$$= \frac{980 cm/sec^2 \times 0.02^2 cm^2 \times (1.0 - 0.94) g/cm^3}{18 \times 0.01 g/cm \cdot sec}$$

$$= 0.1306 cm/sec \times 60 sec/min = 7.84 cm/min$$

48 벤젠의 농도가 6.0mg/L인 지하수에서 미생물의 호기성 분해에 의하여 분해가 일어나고 있다. 이 대수층의 산소농도가 6.0mg/L이며 산소 소비율이(3mg/L−O₂)/(1mg/L−벤젠)인 경우 분해 후 최종 벤젠 농도(mg/L)는?(단, 다른 곳으로부터의 산소공급은 없다고 가정)

① 5   ② 4
③ 3   ④ 2

풀이 최종 벤젠농도(mg/L)

$$= 6.0 mg/L - \frac{6.0 mg/L - O_2}{\left(\dfrac{3 mg/L - O_2}{1 mg/L - 벤젠} \right)} = 4.0 mg/L$$

49 디젤로 오염된 오염 부지(20m×10m×5m)의 토양 평균 공극률이 0.3이다. 바이오벤팅법을 이용하여 오염부지를 정화하는 경우, 오염부지 공극체적 (Pore Volume)의 100배의 공기가 필요한 것으로 조사되었다. 오염부지에 주입하는 공기량이 300m³/일이라면, 바이오벤팅법을 이용하여 복원하는 데 걸리는 운전시간은?(단, 지속적인 주입으로 가정할 것)

① 30일   ② 60일
③ 90일   ④ 100일

풀이 운전시간(day)

$$= \frac{총 \ 필요 \ 주입공기량}{1일 \ 주입공기량}$$

$$= \frac{(20 \times 10 \times 5) m^3 \times 0.3 \times 100}{300 m^3/day} = 100 day$$

50 지하수면 아래 대수층이 TCE 오염운에 의해 오염되었다. 오염 대수층의 체적은 20,000m³이고 매질의 공극률이 0.3이며, 오염운 내 지하수의 평균 TCE 농도가 2.0mg/L이라면, 오염운의 지하수 내에 존재하는 TCE 총량은?

① 4.0kg   ② 8.0kg
③ 12.0kg   ④ 16.0kg

풀이 TCE 총량(kg)

$$= 부피 \times 농도 \times 공극률$$

$$= 20,000 m^3 \times 2.0 mg/L \times 0.3 \times 10^3 L/m^3$$

$$\quad \times kg/10^6 mg$$

$$= 12.0 kg$$

51 수직차단벽인 키드인 슬러리 월(Keyed−in Slurry Wall)의 수평적 도식형태 중 부분봉쇄(Partial Barrier, 상방향(Up−gradient))에 대한 설명으로 틀린 것은?

① 오염부지로부터의 직접적 침출액 발생의 조절에 효과적임
② 지하수 흐름 방향의 정확한 예측이 요구됨
③ 오염물 주위로 지하수 효율의 부분적 우회(동수 경사가 대체로 높은 지역) 가능
④ 전체봉합방법보다 저비용이 소요됨

풀이 키드인 슬러리 월의 수평적 도식형태 중 부분봉쇄 상방향은 침출액 발생은 최소화할 수 있으나 오염부지로 부터의 직접적 침출액 발생의 조절은 비효과적이다.

52 식물정화법 중 오염물질이 뿌리 주변에 비활성의 상태로 축척되거나 식물체에 의하여 이동이 차단되는 원리를 이용한 것은?

① 근권여과   ② 식물안정화
③ 식물분해   ④ 식물추출

53 오염토양의 처리방법인 토양세척의 주요 6개 공정에 해당되지 않는 것은?

① 흡착   ② 분리
③ 처리수 정화   ④ 미세토양 처리

> **풀이** 토양세척의 주요 6개 공정
> ㉠ 전처리
> ㉡ 분리
> ㉢ 굵은 토양 처리
> ㉣ 미세 토양 처리
> ㉤ 세척수 처리(처리수 정화)
> ㉥ 처리잔류물 관리(최종 처리)

54 생물학적 복원공정에서 유기 화학물질의 생분해능은 화합물의 분자구조에 의존한다. 다음 중 난분해성 경향을 가진 화합물과 가장 거리가 먼 것은?

① 원자의 전하차가 큰 화합물
② 분자 내에 많은 수의 할로겐원소를 함유한 화합물
③ 가지구조가 적은 화합물
④ 물에 대한 융해도가 낮은 화합물

> **풀이** 가지구조가 많은 화합물이 난분해성 경향을 나타낸다.

55 어느 지역 토양 내 오염물질의 농도가 5mg/kg이었으며 이와 평형상태인 지하수 오염농도는 2mg/L이었다. 이 지역 오염물질의 양(mg/m³)은?(단, 토양단위용적밀도는 1.6kg/L, 수분 부피비는 0.50이며, 기타 조건은 고려하지 않음)

① 6,000   ② 7,000
③ 8,000   ④ 9,000

> **풀이** 오염물질의 양(mg/m³)
> = 토양 내 오염물질양 + 지하수 오염물질양
>
> 토양 $= 5mg/kg \times 1.6kg/L \times 1,000L/m^3$
> $\quad = 8,000mg/m^3$
> 지하수 $= 2mg/L \times 1,000L/m^3 \times 0.5$
> $\quad = 1,000mg/m^3$
> $= (8,000 + 1,000)mg/m^3$
> $= 9,000mg/m^3$

56 벤젠 40kg으로 오염된 토양을 원위치 생물학적 복원 기술에 의해 정화하고자 한다. 다음의 조건에 의해 벤젠이 완전 분해되는 데 필요한 산소를 과산화수소로 공급한다면 필요한 과산화수소의 양(kg)은?(단, 벤젠 C_6H_6, 과산화수소 H_2O_2, $2H_2O_2 \rightarrow 2H_2O + O_2$)

① 143   ② 184
③ 226   ④ 262

> **풀이** 이론산소량(kg)
> $C_6H_6 + 7.5O_2 \rightarrow 6CO_2 + 3H_2O$
> $78kg : 7.5 \times 32kg$
> $40kg : O_0(kg)$
>
> $O_0(kg) = \dfrac{40kg \times (7.5 \times 32)kg}{78kg} = 123.077kg$
>
> 과산화수소량(kg)
> $2H_2O_2 \rightarrow 2H_2O + O_2$
> $68kg \qquad\qquad : 32kg$
> $H_2O_2(kg) \qquad : 123.077kg$
>
> $H_2O_2(kg) = \dfrac{68kg \times 123.077kg}{32kg} = 261.54kg$

57 오염된 지하수를 정화하기 위해 포화대 내에 공기를 주입하여 지하수를 폭기시킴으로써 휘발성 유기화합물질을 휘발시켜 제거하는 원위치 기술은?

① 에어 스파징(Air Sparging)
② 에어 워싱(Air Wahsing)
③ 에어 벤팅(Air Venting)
④ 에어 스트리핑(Air Stripping)

58 Bioventing 공법의 영향인자에 관한 설명으로 틀린 것은?

① 일반적으로 사질토일 경우에 적절히 적용된다.

② 오염물 제거 깊이는 3~10m 범위이다.

③ 일반적으로 최적 pH 범위는 약 6~8 정도이다.

④ 균일한 처리가 가능하고 오염물질 확산 우려가 없다.

풀이 Bioventing은 오염물질 주변의 공기 및 물의 이동에 의해 오염물질이 확산될 수 있으며, 항상 높은 제거 효율을 얻기가 어렵다.

59 오염토양의 조사 및 복원을 위하여 오염토양 내의 물질이동을 정확하게 파악하는 것이 필요한데 토양 내의 물질이동이론에 대한 설명으로 옳은 것은?

① 물의 흐름이론 : Darcy's Law
　열의 흐름이론 : Ohm's Law
　전기흐름이론 : Fourier's Law
　확산이론 : Fick's Law

② 물의 흐름이론 : Darcy's Law
　열의 흐름이론 : Fourier's Law
　전기흐름이론 : Ohm's Law
　확산이론 : Fick's Law

③ 물의 흐름이론 : Darcy's Law
　열의 흐름이론 : Fourier's Law
　전기흐름이론 : Fick's Law
　확산이론 : Ohm's Law

④ 물의 흐름이론 : Fourier's Law
　열의 흐름이론 : Fick's Law
　전기흐름이론 : Ohm's Law
　확산이론 : Darcy's Law

60 토양증기추출 시스템을 240m³/min의 유량으로 운전할 때, 배출가스를 처리하기 위하여 요구되는 활성탄 흡착탑의 단면적은?(단, 활성탄 흡착탑의 적정 통과 유속은 1m/sec)

① 1m²　　　　　　② 2m²

③ 3m²　　　　　　④ 4m²

풀이 단면적(m²) $= \dfrac{Q}{V} = \dfrac{240\text{m}^3/\text{min}}{1\text{m/sec} \times 60\text{sec/min}}$
　　　　　$= 4\text{m}^2$

4과목　**토양 및 지하수환경 관계법규**

61 규정을 위반하여 대책지역 안에서 특정 수질유해물질, 폐기물, 유해화학물질, 오수·분뇨 또는 가축분뇨를 버린 자에 대한 과태료 부과기준은?

① 100만 원 이하　　② 200만 원 이하

③ 300만 원 이하　　④ 500만 원 이하

풀이 토양환경보전법 제32조 제2항 참조

62 특정토양오염관리대상시설의 변경신고 사항과 가장 거리가 먼 것은?

① 사업장 명칭 변경

② 대표자 변경

③ 사업장 관할 지자체장 변경

④ 특정토양오염관리대상시설에 저장하는 오염물질 변경

풀이 특정토양오염관리대상시설의 변경신고
　　㉠ 사업장의 명칭 또는 대표자가 변경되는 경우
　　㉡ 특정토양오염관리대상시설의 사용을 종료하거나 폐쇄하는 경우
　　㉢ 특정토양오염관리대상시설을 증설 또는 교체하거나 토양오염방지시설을 변경하는 경우
　　㉣ 특정토양오염관리대상시설에 저장하는 오염물질을 변경하는 경우

63 토양환경보전법에서 명시한 토양보전에 관한 기본계획의 수립 시기는?

① 3년마다　　　　② 5년마다

③ 7년마다　　　　④ 10년마다

정답 58 ④　59 ②　60 ④　61 ②　62 ③　63 ④

풀이 환경부장관은 토양보전을 위하여 10년마다 토양보전에 관한 기본계획을 수립·수행하여야 한다.

64 토양환경보전법에 의한 위해성 평가 시 허용 가능한 초과발암위해도의 범위는?

① $10^{-2} \sim 10^{-3}$
② $10^{-3} \sim 10^{-4}$
③ $10^{-4} \sim 10^{-5}$
④ $10^{-5} \sim 10^{-6}$

65 특정토양오염관리대상시설의 설치자는 대통령령이 정하는 바에 따라 토양오염을 방지하기 위한 시설을 설치하고 관리하여야 한다. 이를 위반하여 토양오염방지시설을 설치하지 아니한 자에 대한 벌칙 기준은?

① 1년 이하의 징역 또는 1천만 원 이하의 벌금
② 2년 이하의 징역 또는 2천만 원 이하의 벌금
③ 3년 이하의 징역 또는 3천만 원 이하의 벌금
④ 5년 이하의 징역 또는 5천만 원 이하의 벌금

풀이 토양환경보전법 제30조 참조

66 국립환경인재개발원장이 개설하는 토양환경관리의 교육과정에 관한 설명으로 ( )에 알맞은 것은?

신규교육 : 토양관련전문기관 또는 토양정화업 분야의 기술인력으로 최초로 종사한 날부터 (㉠) 이내에 (㉡)

① ㉠ 6월, ㉡ 8시간
② ㉠ 1년, ㉡ 8시간
③ ㉠ 6월, ㉡ 18시간
④ ㉠ 1년, ㉡ 18시간

풀이 1. 토양관련전문기관 또는 토양정화업의 기술인력은 다음의 구분에 따라 국립환경인재개발원장이 개설하는 토양환경관리의 교육과정을 이수하여야 한다.
㉠ 신규교육 : 토양관련전문기관 또는 토양정화업 분야의 기술인력으로 최초로 종사한 날부터 1년 이내에 18시간
㉡ 보수교육 : 신규교육을 받은 날을 기준으로 5년마다 8시간
2. 교육은 집합교육 또는 원격교육으로 한다.

67 위해성 평가 대상지역의 관리에 관한 내용으로 ( )에 알맞은 것은?

환경부장관, 시·도지사, 시장·군수·구청장 또는 정화책임자는 법에 따라 위해성 평가의 결과를 토양정화의 시기에 반영하려는 경우 위해성 평가의 최초 검증 후 ( ) 토양 관련 전문기관으로 하여금 위해성 평가 대상지역에 대한 오염토양 모니터링을 실시하도록 해야 한다.

① 매년
② 2년마다
③ 3년마다
④ 5년마다

68 특정토양오염관리대상시설의 설치자는 토양오염 검사에 의하여 토양 관련 전문기관으로부터 통보받은 토양오염 검사결과를 몇 년간 보존하여야 하는가?

① 1년
② 2년
③ 3년
④ 5년

69 시·도지사가 상시측정, 토양오염실태조사 또는 토양정밀조사의 결과, 우려기준을 넘는 경우에 정화책임자에게 명할 수 있는 조치내용이 아닌 것은?

① 토양오염방지시설의 설치 또는 개선
② 오염토양의 정화
③ 토양오염관리대상시설의 개선 또는 이전
④ 해당 토양오염물질의 사용제한 또는 사용중지

풀이 시·도지사 또는 시장·군수·구청장은 상시측정, 토양오염실태조사 또는 토양정밀조사의 결과 우려기준을 넘는 경우에는 대통령령으로 정하는 바에 따라 기간을 정하여 다음 각 호의 어느 하나에 해당하는 조치를 하도록 정화책임자에게 명할 수 있다. 다만, 정화책임자를 알 수 없거나 정화책임자에 의한 토양정화가 곤란하다고 인정하는 경우에는 시·도지사 또는 시장·군수·구청장이 오염토양의 정화를 실시할 수 있다.
㉠ 토양오염관리대상시설의 개선 또는 이전
㉡ 해당 토양오염물질의 사용제한 또는 사용중지
㉢ 오염토양의 정화

70 오염토양을 버리거나 매립한 자에 대한 벌칙 기준은?

① 6개월 이하의 징역 또는 5백만 원 이하의 벌금
② 1년 이하의 징역 또는 1천만 원 이하의 벌금
③ 2년 이하의 징역 또는 2천만 원 이하의 벌금
④ 3년 이하의 징역 또는 3천만 원 이하의 벌금

풀이 토양환경보전법 제29조 참고

71 특정토양오염관리대상시설별 토양오염검사 항목 중 유해화학물질의 제조 및 저장시설의 검사 항목이 아닌 것은?

① 에틸벤젠　　　② 카드뮴
③ 유기인화합물　　④ 트리클로로에틸렌

풀이 특정토양오염관리대상시설별 토양오염검사항목

특정토양오염관리 대상시설	검사항목
1. 석유류의 제조 및 저 장 시설	• 벤젠 · 톨루엔 · 에틸벤젠 · 크실렌 · 석유계 총 탄 화수소(TPH)
2. 유해화학물질의 제조 및 저장시설	• 카드뮴 · 구리 · 비소 · 수 은 · 납 · 6가 크롬 · 아연 · 니켈 · 불소 · 유기인화 합물 · 폴리클로리네이티 드비페닐 · 시안 · 페놀 · 트리클로로에틸렌(TCE) · 테트라클로로에틸렌 (PCE) · 1,2 – 디클로로 에탄 및 벤조(a)피렌 중 해 당 항목
3. 송유관 시설	• 벤젠 · 톨루엔 · 에틸벤젠 · 크실렌 · 석유계 총 탄화 수소(TPH)
4. 그 밖에 제1호부터 제 3호까지의 관리대상 시설과 유사한 시설로 서 특별히 관리할 필 요가 있다고 인정되어 환경부장관이 관계 중 앙행정기관의 장과 협 의하여 고시하는 시설	• 대상시설별로 환경부장관 이 고시한 검사항목

72 토양환경보전법에서 사용하는 용어의 정의로 옳지 않은 것은?

① 토양오염물질 : 토양오염의 원인이 되는 물질로서 환경부령이 정하는 것을 말한다.
② 특정토양오염관리대상시설 : 토양을 현저히 오염 시킬 우려가 있는 토양오염관리대상 시설로서 환경부령이 정하는 것을 말한다.
③ 토양정화 : 생물학적 또는 물리 · 화학적 처리 등 의 방법으로 토양 중의 오염물질을 감소 · 제거 하거나 토양 중의 오염물질에 의한 위해를 완화 하는 것을 말한다.
④ 토양오염관리대상시설 : 토양오염물질을 생산 · 운반 · 저장 · 취급 · 가공 또는 처리 등으로 토양 을 오염시킬 우려가 있는 시설 · 장치 · 건물 · 구 축물 및 그 밖에 지자체장이 정하는 것을 말한다.

풀이 "토양오염관리대상시설"이란 토양오염물질의 생 산 · 운반 · 저장 · 취급 · 가공 또는 처리 등으로 토양 을 오염시킬 우려가 있는 시설 · 장치 · 건물 · 구축물 (構築物) 및 그 밖에 환경부령으로 정하는 것을 말한다.

73 특정토양오염관리대상시설의 양도 · 임대 등 으로 인하여 그 시설의 운영자가 달라지는 경우에 는 변경일 몇 개월 전부터 변경일 전일까지의 기간 동안에 토양오염도 검사를 받아야 하는가?

① 1개월　　　　② 3개월
③ 6개월　　　　④ 12개월

74 지하수 개발 · 이용허가의 유효기간은?

① 3년　　　　　② 5년
③ 7년　　　　　④ 10년

75 시 · 도지사가 실시하는 오염토양개선사업에 해당되지 않는 것은?

① 객토 및 토양개량제의 사용 등 농토배양사업
② 오염된 수로의 준설사업

③ 오염토양 부지의 정지사업

④ 오염토양의 위생매립사업

풀이 오염토양개선사업의 종류
  ㉠ 객토 및 토양개량제의 사용 등 농토배양사업
  ㉡ 오염된 수로의 준설사업
  ㉢ 오염토양의 위생적 매립 · 정화사업
  ㉣ 오염물질의 흡수력이 강한 식물식재사업
  ㉤ 그 밖에 특별자치도지사 · 시장 · 군수 · 구청장
    이 필요하다고 인정하는 사업

76 토양오염물질 중 유기용제류에 해당되는 물질은?

① TCE, PCB

② TCE, PCE

③ TCE, 유기인화합물

④ PCB, PCE

풀이 토양오염물질 중 유기용제류
  ㉠ 트리클로로에틸렌(TCE)
  ㉡ 테트라클로로에틸렌(PCE)

77 검사항목 중 토양오염도검사수수료가 가장 높은 것은?

① 페놀류   ② 불소

③ 6가 크롬   ④ 비소

풀이 토양오염도 검사수수료

검사항목	검사수수료(단위 : 원)
카드뮴 · 구리 · 납	44,200
비소	44,200
수은	44,200
6가 크롬	44,200
아연 · 니켈	44,200
불소	71,100
유기인	35,100
폴리클로리네이티드비페닐	114,000
시안	17,700
페놀류	56,100

검사항목		검사수수료(단위 : 원)
유류	벤젠	40,600
	톨루엔	
	에틸벤젠	
	크실렌	
	석유계 총 탄화수소 (TPH)	62,700
트리클로로에틸렌(TCE) 테트라클로로에틸렌(PCE)		26,900
벤조(a)피렌		114,000
시료채취비		91,900/공

78 특정토양오염관리대상시설의 설치자가 특정토양오염관리 대상시설별로 설치하여야 하는 토양오염방지시설과 가장 거리가 먼 것은?

① 특정오염관리대상시설의 부식 · 산화 방지를 위한 처리를 하거나 토양오염물질이 누출되지 아니하도록 하기 위하여 누출방지 성능을 가진 재질을 사용하거나 이중벽탱크 등 누출방지시설을 설치할 것

② 특정오염관리대상시설 중 지하에 매설되는 저장시설의 경우에는 토양오염물질이 누출되는 것을 감지하거나 누출 여부를 확인할 수 있는 측정기기 등의 시설을 설치할 것

③ 특정오염관리대상시설로부터 토양오염물질이 누출될 경우에 대비하여 오염확산방지 또는 독성저감 등의 조치에 필요한 시설을 설치할 것

④ 특정오염관리대상시설로부터 토양오염물질의 누출에 대비하기 위한 예비조 운영 등 토양오염물질 누출 시 세부지침을 마련하여 시설에 비치할 것

풀이 특정토양오염관리대상시설의 토양오염 방지시설
  ㉠ 특정토양오염관리대상시설의 부식 · 산화 방지를 위한 처리를 하거나 토양오염물질이 누출되지 아니하도록 하기 위하여 누출방지성능을 가진 재질을 사용하거나 이중벽탱크 등 누출방지시설을 설치하고 적정하게 유지 · 관리할 것
  ㉡ 특정토양오염관리대상시설 중 지하에 매설되는 저장시설의 경우에는 토양오염물질이 누출되는 것을 감지하거나 누출 여부를 확인할 수 있는 측

정기기 등의 시설을 설치하고 적정하게 유지·관리할 것

ⓒ 특정토양오염관리대상시설로부터 토양오염물질이 누출될 경우에 대비하여 오염확산방지 또는 독성저감 등의 조치에 필요한 시설을 설치하고 적정하게 유지·관리할 것

79 시·도지사 또는 시장·군수·구청장이 상시측정, 토양오염실태조사 또는 토양정밀조사의 결과 우려기준을 넘는 경우에 기간을 정하여 정화책임자에게 명할 수 있는 조치와 가장 거리가 먼 항목은?

① 토양오염관리대상시설의 이전
② 토양오염관리대상시설의 폐쇄
③ 토양오염관리대상시설의 개선
④ 오염토양의 정화

80 지하수법에서 정한 지하수 개발·이용허가의 최초 유효기간은?

① 2년   ② 3년
③ 4년   ④ 5년

풀이 지하수 개발·이용허가의 유효기간
　ㄱ 지하수 개발·이용허가의 유효기간은 5년으로 한다.
　ㄴ 시장·군수·구청장은 지하수 개발·이용허가를 받은 자가 신청하면 유효기간의 연장을 허가할 수 있다. 이 경우 그 연장기간은 5년으로 한다.
　ㄷ 유효기간의 연장신청절차 등에 관하여 필요한 사항은 대통령령으로 정한다.

1과목 토양학개론

01 토양수분 중 모세관수의 장력(pF) 범위로 옳은 것은?

① pF 2.54 이하　　② pF 2.54~4.5
③ pF 4.5~7.0　　④ pF 7.0 이상

풀이 토양수분의 물리학적 분류
　　㉠ 결합수 : pF 7.0 이상(10,000기압 이상)
　　㉡ 흡습수 : pF 4.5 이상(31기압 이상)
　　㉢ 모세관수 : pF 2.54~4.5(1/3~31기압)
　　㉣ 중력수 : pF 2.54 이하(1/3기압 이하)

02 토양의 양이온 교환작용(흡착)과 관련된 설명 중 틀린 것은?

① 일반적으로 양이온교환반응은 화학량론적으로 일어난다.
② 일반적으로 양이온교환반응은 가역적인 반응이다.
③ 토양에 흡착되어 있는 양이온은 주로 Al^{3+}, Fe^{2+}, Mn^{2+}이다.
④ 양이온의 흡착 세기는 양이온의 수화반지름이 작을수록 증가한다.

풀이 토양에 흡착되어 있는 양이온은 주로 수소, 칼슘, 마그네슘, 칼륨, 나트륨 등이다.

03 어떤 토양의 양이온 교환용량이 $17.5\,cmol_c/kg$, 그 중 Al과 H 이온이 총 $5.2\,cmol_c/kg$ 존재할 때 염기포화도(%)는?

① 29.7　　② 40.3
③ 55.9　　④ 70.3

풀이 염기포화도(%)$= \left(\dfrac{17.5 - 5.2}{17.5} \right) \times 100$
　　　　　$= 70.29\%$

04 $100\,cm^3$ Core Sampler로 채취한 토양의 무게가 180g이었다(Core 무게 제외). 이 토양을 105℃에서 건조한 무게가 150g이라면 이 토양의 중량수분함량과 용적밀도(가밀도)를 모두 바르게 계산한 것은?(단, 중량수분함량은 분석값의 수분 보정을 위한 토양오염공정시험기준상의 수분함량을 의미하지는 않음)

① 중량수분함량(17%), 용적밀도($1.5\,g/cm^3$)
② 중량수분함량(17%), 용적밀도($1.8\,g/cm^3$)
③ 중량수분함량(20%), 용적밀도($1.5\,g/cm^3$)
④ 중량수분함량(20%), 용적밀도($1.8\,g/cm^3$)

풀이 중량수분함량(%)
$= \dfrac{\text{토양무게} - \text{건조토양무게}}{\text{건조토양무게}} \times 100$
$= \dfrac{(180 - 150)g}{150g} \times 100$
$= 20\%$

용적밀도$(g/cm^3) = \dfrac{\text{건조토양무게}}{\text{부피}}$
$= \dfrac{150g}{100cm^3}$
$= 1.5\,g/cm^3$

05 NAPLs에 관한 설명으로 옳지 않은 것은?

① 물에 쉽게 용해되지 않고 섞이지 않아 자연상에서 물과 분리된 유체의 형태로 존재하는 것을 말한다.
② TCE는 LNAPL에 해당된다.
③ 톨루엔은 LNAPL에 해당된다.
④ Chlorophenols은 DNAPL에 해당된다.

풀이 1. LNAPL 대표적 오염물질
　　㉠ BTEX(벤젠, 톨루엔, 에틸벤젠, 크실렌)
　　㉡ 원유, 휘발유, 디젤유
　　㉢ 헵탄, 헥산
　　㉣ 이소프로필알코올

2. DNAPL 대표적 오염물질
  ㉠ TCE(Trichloroethylene),
    PCE(Perchlorethylene)
  ㉡ 페놀, PCB(Polychlorinated Biphenyl)
  ㉢ 1,1,1−Trichloroethane(1,1,1−TCA),
    2−Chlorophenol(클로로페놀)
  ㉣ 클로로포름, 사염화탄소

06 토양오염은 오염물질의 특이성에 따라 다르게 나타난다. 유기오염물질의 특성인자와 가장 거리가 먼 것은?

① 용해도적   ② 증기압
③ 옥탄올−물 분배계수   ④ 분해상수

풀이 토양오염물질의 이동 특성, 이동경로(특이성)에 영향을 주는 주요 특성인자
  1. 유기오염물질의 특성인자
    ㉠ 증기압
    ㉡ 헨리상수(공기/물 분배계수)
    ㉢ 분해상수
    ㉣ 옥탄올/물 분배계수(K_{ow})
  2. 무기오염물질의 특성인자
    ㉠ 용해도적
    ㉡ 착염물질의 형성

07 어느 지역의 토양을 입자분석해 보았더니 모래(Sand) 50%, 미사(Silt) 30%, 점토(Clay) 20%로 이루어져 있다면 다음에 주어진 토양분류도에 따른 이 지역의 토양분류는?

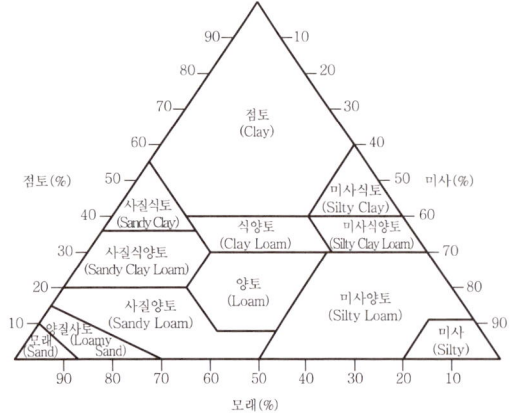

① Clay
② Loam
③ Clay Loam
④ Silty Clay Loam

풀이 토양삼각도에 의해 주어진 함량을 취하여 평행하게 그은 직선의 교차점으로부터 Loam(양토)을 구한다.

08 어떤 모래질 점토가 Kaolinite 30%, Montmorillonite 40%, 나머지는 모래로 구성되어 있다. Kaolinite와 Montmorillonite의 양이온치환능(CEC)을 각각 10meq/100g, 100meq/100g이라고 할 때, 이 흙의 양이온 치환능은?(단, 모래의 양이온 치환능은 무시)

① 34meq/100g   ② 43meq/100g
③ 54meq/100g   ④ 73meq/100g

풀이 양이온 치환능력(CFC)
$$= \left(10 \times \frac{30}{100}\right) + \left(100 \times \frac{40}{100}\right)$$
$$= 43\text{meq}/100\text{g}$$

09 지하수에 이송되는 오염물질 평균속도를 Darcy의 법칙에 의해 구하려고 한다. 다음과 같은 조건에서 오염물질의 평균속도는?(단, 투수계수 2cm/sec, 수두차 10cm, 시료길이 20cm)

① 1cm/sec   ② 3cm/sec
③ 4cm/sec   ④ 5cm/sec

풀이 $V = K\left(\dfrac{dh}{dL}\right)$
$$= 2\text{cm/sec} \times \frac{10\text{cm}}{20\text{cm}}$$
$$= 1\text{cm/sec}$$

10 토양수분장력이 pF 4라면 이를 물기둥의 압력으로 환산한 값으로 가장 적절한 것은?

① 약 1기압   ② 약 4기압
③ 약 8기압   ④ 약 10기압

풀이 $pF = \log[H]$

$4 = \log[H]$

$H = 10^4 cm H_2O$

$기압 = 10^4 cm H_2O \times \dfrac{1기압}{10.332 cm H_2O}$

$= 9.68기압 (\fallingdotseq 10기압)$

11 수은(Hg)에 대한 설명으로 틀린 것은?

① 온도계, 압력계 등과 같은 측정기나 제어기에 많이 이용된다.

② 수은 화합물과 토양 성분과의 상호작용은 거의 없어 용출로 인한 오염이 발생된다.

③ 수은 독성은 그 화합물의 종류에 따라 크게 다르다.

④ 토양 중 수은이 어떤 반응을 하는가는 주로 그것에 존재하는 수은의 형태에 따라 규정된다.

풀이 수은 화합물과 토양 성분은 강한 상호작용을 하기 때문에 토양 중 휘산형태 이외로의 방출은 통상 지극히 적다.

12 중금속오염으로 인한 대표적인 질병 및 증상과 오염원을 짝지은 것으로 옳지 않은 것은?

① Hg – 미나마타병 – 광산, 제련공장

② As – 피부염증 – 광산 및 제련소

③ Pb – 이따이이따이병 – 도금, 피혁제조

④ Zn – 피부염 – 도금공장

풀이 Pb

ㄱ 발생원 : 납제련소, 인쇄소

ㄴ 질병 및 증상 : 위장 경련, 빈혈

13 다음 표와 같은 깊이에서 교환성 양이온 농도를 측정하였다. 토양의 수소 및 염기 포화도(%)는?

깊이 (cm)	교환성 양이온(meq/100g)				
	Ca	Mg	K	Na	H
15~27	13.8	4.2	0.4	0.1	11.4

① 수소포화도 : 38.1, 염기포화도 : 61.9

② 수소포화도 : 61.9, 염기포화도 : 38.1

③ 수소포화도 : 35.9, 염기포화도 : 64.1

④ 수소포화도 : 64.1, 염기포화도 : 35.9

풀이 수소포화도(%)

$= \dfrac{11.4}{13.8+4.2+0.4+0.1+11.4} \times 100$

$= 38.13\%$

염기포화도(%)

$= \dfrac{13.8+4.2+0.4+0.1}{13.8+4.2+0.4+0.1+11.4} \times 100$

$= 61.87\%$

14 토양의 부식물질 중 강알칼리에 용해되고 강산하에서 침전하는 물질은?

① 휴민(Humin)

② 풀브산(Fulvic Acid)

③ 휴믹산(Humic Acid)

④ 비휴민(Specific Humin)

풀이 휴믹산(부식산 : Humic Acid)

ㄱ 강알칼리에 용해되고 강산하에서 침전하는 물질

ㄴ 부식질(Humus)을 구성하고 있는 물질 중 중간 내지 고분자의 산성 물질

ㄷ 무정형이며 색깔이 황갈색~흑갈색으로 부식질의 주요부분을 구성

15 오염물질이 지하대수층을 오염시킬 경우, 지하수면 아래 지배적으로 오염운을 형성하는 오염물질은?

① 트리클로로에틸렌   ② 벤젠

③ 크실렌   ④ 톨루엔

풀이 DNAPL(고밀도 비수용성 액체)의 대표적 오염물질

ㄱ TCE(Trichloroethylene), PCE(Perchloroethylene)

ㄴ 페놀, PCB(Polychlorinated Biphenyl)

ㄷ 1.1.1–trichloroethane(1.1.1–TCA), 2–Chlorophenol(클로로페놀)

ㄹ 클로로포름, 사염화탄소

16 염류화된 토양(염류토양, 나트륨성 토양, 나트륨화 토양, 알칼리 토양)에 대한 설명으로 가장 잘못된 것은?

① 염류토양은 토양입자에 흡착되어 있는 나트륨의 양이 많은 토양을 말하며 주로 유기물 함량이 높은 부식질 토양에서 관찰된다.

② 나트륨성 토양은 토양입자에 부착되어 있는 나트륨의 양이 많은 토양으로 점토질 토양에서 발생하기 쉽다.

③ 알칼리 토양은 탄산염과 중탄산염을 다량 함유하여 pH가 8.5 이상의 강알칼리성을 나타낸다.

④ 나트륨성 토양은 탄산나트륨의 함량에 따라서 pH가 8.5 이상이 되기도 한다.

풀이 염류토양은 가용성 염류를 다량으로 함유한 토양으로 대륙의 건조, 반건조지에 널리 분포되며 토양에 집적되어 생성된다.

17 다음은 어떤 토양 광물에 대한 설명인가?

비가 오거나 습할 때 수분이 결정단위와 단위 사이를 자유롭게 왕래하여 결정단위 사이가 증가되고, 건조할 때는 결정단위상의 수분이 빠져나와 수축이 되는 점토 광물이다.

① 비팽창 격자형 광물 ② 팽창 격자형 광물
③ 규산 사면체 광물 ④ 알루미늄 팔면체 광물

풀이 ㉠ 팽창 격자형 광물
수분이 결정단위와 단위 사이를 자유로이 왕래할 수 있으므로 비가 오거나 습할 때에는 결정단위 사이의 간격이 증가하고, 건조할 때는 결정단위 사이의 수분이 빠져나와 단위 사이가 수축하게 되는 점토광물이다.
㉡ 비팽창 격자형 광물
1 : 1 격자형 광물의 대부분과 2 : 1 격자형 점토광물 사이에 다량의 칼륨이온(K^+)이 존재하여 물이 자유로이 통과하지 못하기 때문에 수분의 양에 관계없이 결정단위와 단위 사이의 간격이 변동하지 않는 점토광물이다.

18 유류오염물질의 성질에 대한 설명으로 가장 거리가 먼 것은?

① 윤활유에는 다환고리방향족탄화수소(PAHs)가 다량 함유되어 있다.

② 지하저장탱크로부터 발생하는 유류의 오염은 누출이나 쏟아짐에 기인된다.

③ 휘발유는 항공유보다 탄소 수가 더 많은 물질로 구성되어 있다.

④ 디젤유가 지하대수층에 도달하면 DNAPL 층을 형성한다.

풀이 디젤유가 지하대수층에 도달하면 LNAPL 층을 형성한다.

19 산성비가 토양에 미치는 영향을 설명한 내용으로 가장 거리가 먼 것은?

① 토양으로부터 알루미늄의 용해도가 증가된다.

② 칼슘, 마그네슘 등 염기의 용출이 가속화된다.

③ 용해된 알루미늄은 식물에만 영향을 준다.

④ 토양의 산성화가 촉진된다.

풀이 산성비에 의한 토양의 영향
㉠ 칼슘(Ca^{2+}), 마그네슘(Mg^{2+}) 등 염기의 용출 가속화
㉡ HCO_3^- 농도의 감소
㉢ 토양용액의 용존 유기물 농도의 감소
㉣ $AlPO_4$의 침전에 의한 토양용액 PO_4 농도의 감소
㉤ 토양으로부터 알루미늄(Al)의 용해도 증가(Al은 가수분해되어 수소이온 발생)
㉥ 토양의 산성화 촉진
㉦ 중금속(Zn, Cd)의 토양용액으로의 용출

20 토양구성 입자의 직경, 즉 입도분포를 결정하기 위한 분석과 가장 거리가 먼 것은?

① 비중계분석
② 비표면적분석
③ 체분석
④ 침전분석

정답 16 ① 17 ② 18 ④ 19 ③ 20 ②

풀이 입도분포를 결정하기 위한 분석방법

ㄱ 비중계분석 : 토양의 현탁액에 특수한 비중계를 꽂고 그 농도를 조정하는 방법
ㄴ 체분석 : 토양이 조립토인 경우 분석
ㄷ 침전분석 : 세립토인 경우 Stokes 법칙을 이용한 분석

비표면적 분석을 통해 입자의 비표면적 넓이와 기공률, 기공부피 등을 확인할 수 있다.

2과목 토양 및 지하수오염조사기술

21 토양 중 수분함량 측정에 관한 설명으로 옳지 않은 것은?

① 토양 중 수분을 0.01%까지 측정한다.
② 돌, 나무 등 눈에 보이는 협잡물 등은 제거한 후 시험해야 한다.
③ 시료를 $105 \sim 110℃$의 건조기 안에서 4시간 이상 함량이 될 때까지 건조한다.
④ 채취된 시료는 24시간 이내에 증발 처리하여야 한다.

풀이 토양 중 수분함량 측정 시 토양 중 수분을 0.1%까지 측정한다.

22 저장물질이 있는 누출검사대상시설(기상부의 시험법)의 판정기준으로 옳은 것은?

① 미가압시험 결과, 누출검사대상시설 내의 압력강하량이 $3mmH_2O$를 초과하면 불합격으로 한다.
② 미가압시험 결과, 누출검사대상시설 내의 압력강하량이 $6mmH_2O$를 초과하면 불합격으로 한다.
③ 미가압시험 결과, 누출검사대상시설 내의 압력강하량이 $9mmH_2O$를 초과하면 불합격으로 한다.
④ 미가압시험 결과, 누출검사대상시설 내의 압력강하량이 $12mmH_2O$를 초과하면 불합격으로 한다.

23 6가 크롬을 자외선/가시선 분광법으로 분석하는 방법에 관한 설명으로 옳지 않은 것은?

① 이 방법에 의한 토양 중 6가 크롬의 정량한계는 0.5mg/kg이다.
② 6가 크롬을 디페닐카르바지드와 반응시켜 생성하는 적자색의 착화합물의 흡광도를 540nm에서 측정하여 6가 크롬을 정량하는 방법이다.
③ 시료 중 철이 2.5mg 이하로 공존할 경우에는 디페닐카바지드 용액을 넣기 전에 5% 피로인산나트륨－10수화물용액 2mL를 넣어 주면 영향이 없다.
④ 시료 중에 잔류염소가 공존하는 경우에는 시료에 수산화나트륨용액(20%)을 넣어 pH 10 정도로 조절한 후 활성탄을 10% 정도 넣고 자석교반기로 약 20분 이상 교반하여 여과한 액을 시료로 사용한다.

풀이 시료 중에 잔류염소가 공존하면 발색을 방해한다. 이 때는 시료에 수산화나트륨 용액(20%)을 넣어 pH 12 정도로 조절한 다음 입상 활성탄을 10% 정도 되게 넣고 자석교반기로 약 30분간 교반하여 여과한 액을 시료로 사용한다.

24 지하매설저장시설 내 배관으로부터 2m 지점에서 토양시료를 채취하였다면, 토양시료채취지점에서 최대한의 시료채취 깊이로 적절한 것은?

① 1m
② 2m
③ 3m
④ 4m

풀이 최대 시료채취 깊이 $= 2m \times 1.5 = 3m$

25 기기분석 방법과 분석항목이 잘못 짝지어 있는 것은?

① 기체크로마토그래피 － 유기인화합물
② 자외선/가시선 분광법 － 시안
③ 원자흡수분광광도법 － 비소
④ 흡광광도법 － PCB

풀이 폴리클로리네이티드비페닐(PCBs)의 분석방법은 기체크로마토그래피이다.

정답 21 ① 22 ② 23 ④ 24 ③ 25 ④

26 토양오염도검사방법 중 일반지역의 시료채취지점에 대한 설명이 옳은 것은?

① 농경지의 경우 시료채취지점을 대상지역 내에서 중심지점 1개와 주변 4방위의 5~10m 거리에 있는 1개 지점씩 총 5개 지점을 선정한다.

② 공장지역의 경우 시료채취지점을 대상지역 내에서 5~6m 간격으로 지그재그형으로 5~10개 지점을 선정한다.

③ 매립지역의 경우 시료채취지점을 대상지역 내에서 중심지점 1개와 주변 4방위의 5~10m 거리에 있는 1개 지점씩 총 5개 지점을 선정한다.

④ 시가지지역의 경우 시료채취지점을 대상지역 내에서 5~6m 간격으로 지그재그형으로 5~10개 지점을 선정한다.

풀이 일반지역 시료채취지점
　㉠ 농경지의 경우는 대상지역 내에서 지그재그형으로 5~10개 지점을 선정한다.
　㉡ 공장지역·매립지역·시가지지역 등 농경지가 아닌 기타 지역의 경우는 대상지역의 중심이 되는 1개 지점과 주변 4방위의 5~10m 거리에 있는 1개 지점씩 총 5개 지점을 선정한다.

27 pH 측정법에 관한 설명으로 가장 거리가 먼 것은?

① 조제한 분석용 시료 5g에 증류수 25mL를 넣는다.

② 유리전극 및 표준전극을 넣고 60초 이내에 읽는다.

③ 토양 현탁액이 모두 가라앉은 후 상등액에 전극을 넣어 측정한다.

④ 토양을 오랫동안 방치하면 미생물의 작용으로 pH가 낮아질 수 있다.

풀이 전극을 넣을 때 토양현탁을 만들어주고 곧 넣어서 측정한다.

28 자외선/가시선분광법을 이용하여 시안의 농도를 측정 시, 방해물질이 함유되어 있을 경우 전처리를 하여야 한다. 이때 방해물질별 전처리 방법이 틀린 것은?

① 다량의 지방성분 함유시료 : 아세트산 또는 수산화나트륨 용액으로 pH 6~7로 조절하고 시료의 약 2%에 해당되는 부피의 노말헥산 또는 클로로포름을 넣어 추출하여 유기층은 버리고 수층을 분리하여 사용한다.

② 잔류염소 함유시료 : 잔류염소 20mg당 L-아스코르빈산(10%) 0.6mL를 넣어 제거한다.

③ 잔류염소 함유시료 : 잔류염소 20mg당 아비산나트륨용액(10%) 0.7mL를 넣어 제거한다.

④ 황화합물 함유시료 : 질산나트륨(10%) 2mL를 넣어 제거한다.

풀이 황화합물이 함유된 시료는 아세트산 아연용액(10%) 2mL를 넣어 제거한다.

29 기체크로마토그래피법으로 다음 항목을 분석할 때 사용되는 검출기로 틀린 것은?

① 페놀류 – 불꽃이온화검출기

② PCB – 전자포착검출기

③ 유기인 – 질소·인 검출기

④ TPH – 전자포획형/질량분석검출기

풀이 THP(석유계 총탄화수소)분석 검출기는 불꽃이온화검출기(FID)이다.

30 토양 pH를 측정할 때 사용되는 pH 표준액 중 pH가 중성에 가장 가까운 것은?

① 인산염 표준액　　② 수산염 표준액
③ 수산화칼슘 표준액　④ 탄산염 표준액

풀이 온도별 표준액의 pH값

온도(℃)	0	5
수산염 표준액	1.67	1.67
프탈산염 표준액	4.01	4.01
인산염 표준액	6.98	6.95
붕산염 표준액	9.46	9.39
탄산염 표준액	10.32	10.25
수산화칼슘 표준액	13.43	13.21

31 토양오염공정시험기준 총칙과 관련된 설명으로 틀린 것은?

① 방울수라 함은 20℃에서 정제수 20방울을 적하할 때, 그 부피가 약 1mL 되는 것을 뜻한다.
② '항량으로 될 때까지 건조한다'라 함은 같은 조건에서 1시간 더 건조할 때 전후 무게의 차가 g당 0.3mg 이하일 때를 말한다.
③ '정확히 단다'라 함은 규정된 양의 검체를 취하여 분석용 저울로 0.1mg까지 다는 것을 말한다.
④ 감압이라 함은 따로 규정이 없는 한 15mmH₂O 이하를 말한다.

풀이 감압 또는 진공이라 함은 따로 규정이 없는 한 15 mmHg 이하를 말한다.

32 정량한계 산정식으로 옳은 것은?(단, S : 표준편차, X : 평균값)

① 정량한계 $= 3.3 \times S$
② 정량한계 $= (10 \times X)/S$
③ 정량한계 $= (3.3 \times X)/S$
④ 정량한계 $= 10 \times S$

33 일반지역(농경지)의 토양 시료 채취방법 중 시료채취지점 선정에 관한 내용으로 옳은 것은?

① 대상지역 내에서 나선형으로 5~10개 지점
② 대상지역 내에서 지그재그형으로 5~10개 지점
③ 대상지역에서 대표치를 구할 수 있는 1개 지점
④ 대상지역의 중심 지점과 주변 4방위 총 5개 지점

풀이 일반지역 농경지의 시료채취지점 선정은 대상지역 내에서 지그재그형으로 5~10개 지점을 선정한다.

34 유도결합플라즈마 발광광도계에 대한 설명으로 틀린 것은?

① 아르곤을 플라즈마 가스로 이용한다.
② 동시에 다성분의 분석은 불가능하다.
③ 분석 성분의 농도는 방출되는 광선의 세기에 비례한다.
④ 여기된 원자가 바닥상태로 이동할 때 방출하는 광선을 이용하여 측정한다.

풀이 유도결합플라즈마 - 발광광도계(원자발광분광법)는 동시에 다성분의 분석이 가능하다.

35 토양오염공정시험 방법에서 분석대상 유기인계 화합물로 규정되지 않은 성분은?

① 알드린
② 이피엔
③ 메틸디메톤
④ 펜토에이트

풀이 유기인계 화합물
ㄱ 이피엔   ㄴ 파라티온
ㄷ 메틸디메톤   ㄹ 다이아지논
ㅁ 펜토에이트

36 지하매설 저장탱크의 끝단이 3m에 위치한 시설에서 저장탱크로부터 수평으로 1m 떨어져 시료를 채취할 경우 채취 깊이(m)는?

① 3
② 3.5
③ 4
④ 4.5

풀이 채취 깊이 $= 3m \times 1.5 = 4.5m$

37 원자흡수분광광도법을 이용하여 카드뮴을 분석할 때의 내용으로 가장 거리가 먼 것은?

① 측정 파장은 228.8nm이다.
② 시안화칼륨이 존재하는 알칼리에서 디티존과 반응시킨다.
③ 유효 측정농도는 0.002μg/g 이상으로 한다.
④ 시료 중에 알칼리금속의 할로겐 화합물이 다량 함유된 경우에는 분자흡수나 광산란에 의하여 오차가 발생한다.

풀이 카드뮴 - 원자흡수분광광도법
토양을 왕수(염산과 질산)로 산분해하여 전처리한 시료용액을 직접 불꽃으로 주입하여 원자화한 후 원자흡수분광광도법으로 분석하며, 원소의 정성 및 정량분석을 수행한다.
②는 납의 분석법(디티존법) 내용이다.

정답 31 ④ 32 ④ 33 ② 34 ② 35 ① 36 ④ 37 ②

38 저장물질이 없는 누출검사대상시설－가압시험법에서 '안정된 시험압력'이라 함은 가압 후 유지시간 동안 압력강하가 시험압력의 몇 % 이하인 압력을 말하는가?

① 5%　　　　② 10%

③ 15%　　　　④ 20%

풀이 누출검사대상시설 및 이와 연결된 지하매설배관은 질소 등 불활성 가스를 사용하여 $0.2 kgf/cm^2$의 시험압력으로 가압한 후 10분 동안 유지시켜 안정된 시험압력을 확인하고, 그 후 1시간 동안의 압력 변화를 측정한다.("안정된 시험압력"이라 함은 가압 후 유지시간 동안 압력강하가 시험압력의 10% 이하인 압력을 말한다.)

39 흡광광도시험을 위한 흡수셀의 재질에 따른 측정파장범위로 옳은 것은?

① 유리재질 흡수셀은 근자외부 파장범위 측정
② 석영재질 흡수셀은 자외부 파장범위 측정
③ 플라스틱재질 흡수셀은 주로 가시광선 및 근적외부 파장범위 측정
④ 아크릴재질 흡수셀은 근자외부 파장범위 측정

풀이 흡광광도시험 측정파장범위에 따른 흡수셀 재질
　　㉠ 석영제 : 자외부 파장
　　㉡ 유리제 : 주로 가시 및 근적외부 파장
　　㉢ 플라스틱제 : 근적외부 파장

40 토양정밀조사의 세부방법 가운데 오염토양 정화 및 토양오염방지를 위한 조치가 필요한 지역의 오염물질 종류, 오염면적 및 오염범위 등을 파악하기 위한 사전 개략조사는?

① 개황조사　　　② 기초조사
③ 상황조사　　　④ 자료조사

풀이 토양정밀조사－개황조사
　　오염토양 정화 및 토양오염 방지를 위한 조치가 필요한 지역의 오염물질 종류, 오염면적 및 오염범위 등을 파악하기 위한 사전 개략조사이며, 이를 기준으로 정밀조사를 실시한다.

3과목 **토양 및 지하수오염정화기술**

41 투수성 반응벽체(PRB)의 공정원리에 관한 설명으로 틀린 것은?

① PRB는 원위치 오염 방지 구조물이다.
② PRB는 오염지역 밖으로 지하수의 이동을 막는 것이므로 비용 측면에서 효과적이다.
③ PRB는 산성 광산폐수에서 방사성 동위원소까지 오염된 지하수에 포괄적으로 적용된다.
④ PRB는 지중의 반응존(Reactive Zone)으로 오염물을 이동시키는 자연적인 지하수 흐름에 의존한다.

풀이 투수성 반응벽체는 오염지역 밖으로 지하수의 이동을 막는 것이 아니라 오염물질만의 이동을 막는 오염 방지 구조물이다.

42 벤젠 40kg으로 오염된 토양을 원위치 생물학적 복원 기술에 의해 정화하고자 한다. 다음의 조건에 의해 벤젠이 완전 분해되는 데 필요한 산소를 과산화수소로 공급한다면 필요한 과산화수소의 양(kg)은?(단, 벤젠 C_6H_6, 과산화수소 H_2O_2, $2H_2O_2 \rightarrow 2H_2O + O_2$)

① 143　　　　② 184
③ 226　　　　④ 262

풀이 이론산소량(kg)
$$C_6H_6 + 7.5O_2 \rightarrow 6CO_2 + 3H_2O$$
78kg : 7.5×32kg
40kg : O_0(kg)

$$O_0(kg) = \frac{40kg \times (7.5 \times 32)kg}{78kg} = 123,077 kg$$

과산화수소량(kg)
$$2H_2O_2 \rightarrow 2H_2O + O_2$$
68kg : 32kg
H_2O_2(kg) : 123,077kg

$$H_2O_2(kg) = \frac{68kg \times 123,077kg}{32kg} = 261.54 kg$$

43 다음에 열거한 토양정화기술 중에서 Ex- Situ 정화기술과 가장 거리가 먼 것은?

① 토양세정법(Soil Flushing)

② 용제추출법(Solvent Extraction)

③ 퇴비화법(Composting)

④ 할로겐분리법(Glycolate Dehalogenation)

풀이 Ex-Situ 정화기술 종류
- 토양증기 추출법(SVE ; Soil Vapor Extraction)
- 퇴비화법(Composting)
- 토양경작법(Landfarming)
- 할로겐분해법(Glyconate Dehalogenation)
- 토양세척법(Soil Washing)
- 고형화/안정화 처리법(Solidification/Stabilization)
- 용매(용제) 추출법 (Solvent Extraction)
- 고온가스 추출법(Hot Gas Decontamination)
- 소각법(Incineration)
- 열분해법(Pyrolysis)
- 열탈착법(Thermal Desorption)
- 화학적 산화/환원법(Chemical Reduction/ Oxidation)
- 바이오 파일 및 바이오 필터(Biopiles 및 Biofilter)

44 다음 중 Bioventing 공법의 적용이 바람직한 오염토양의 조건은?

① 불포화 토양층 오염, 공기투과계수 1×10^{-4}cm/s 이하

② 포화 토양층 오염, 공기투과계수 1×10^{-4}cm/s 이하

③ 불포화 토양층 오염, 공기투과계수 1×10^{-4}cm/s 이상

④ 포화 토양층 오염, 공기투과계수 1×10^{-4}cm/s 이상

풀이 바이오벤팅은 불포화 토양층에 인위적으로 산소를 공급하여 토양 내에 존재하는 토착미생물의 활성을 촉진시켜 생분해도를 극대화하여 오염토양을 정화시키는 기법이다.

45 차단시설인 시트 파일의 장단점과 가장 거리가 먼 내용은?

① 지반굴착이 필요

② 내구연수 연장하고 부식방지를 위하여 코팅 가능

③ 강재의 화학적 침해 가능

④ 팽창지수재 사용 시 불투수 가능

풀이 스틸 시트 파일링(Steel Sheet Piling)은 지반굴착이 필요하지 않고 강재의 화학적 침해 가능성이 있다.

46 다음의 열탈착법에 관한 설명 중 틀린 것은?

① 가소성이 낮은 토양은 스크린 및 장비에 엉겨붙어 운영에 지장을 초래할 수 있다.

② 열탈착시스템은 오염토양에 열이 전달되는 방식에 따라 직접열전달방식과 간접열전달방식으로 나눈다.

③ 열탈착법은 토양 오염물질을 분해하는 것이 아니라 오염토양에 열을 가해 수분과 유기오염물질을 토양으로부터 단순히 분리하는 기술이다.

④ 열탈착조의 토양처리능력은 주입 토양의 수분함량과 반비례한다.

풀이 열탈착법에서 가소성이 높은 토양은 스크린 및 장비에 엉겨붙어 운영에 지장을 초래할 수 있다.

47 벤젠 10kg으로 오염된 토양을 원위치 생물학적 복원기술에 의해 정화하고자 한다. 벤젠이 완전 분해되는 데 필요한 산소를 과산화수소로 공급하고자 한다면 필요한 이론적 과산화수소량은?(단, 벤젠 C_6H_6, 과산화수소 H_2O_2, $2H_2O_2 \rightarrow 2H_2O + O_2$)

① 약 55kg   ② 약 65kg

③ 약 75kg   ④ 약 85kg

풀이 이론산소량(kg)

$$C_6H_6 + 7.5O_2 \rightarrow 6CO_2 + 3H_2O$$

78kg   : (7.5×32)kg

10kg   : O_0(kg)

$$이론산소량(kg) = \frac{10kg \times (7.5 \times 32)kg}{78kg}$$

$$= 30.77kg$$

정답 43 ① 44 ③ 45 ① 46 ① 47 ②

과산화수소량(kg)

$$2H_2O_2 \quad \rightarrow \quad 2H_2O + O_2$$

$$68kg \quad : \quad 32kg$$

$$H_2O_2(kg) \quad : \quad 30.77kg$$

$$과산화수소량(kg) = \frac{(68 \times 30.77)kg}{32kg}$$

$$= 65.38kg$$

48 양수처리방법으로 오염지하수를 처리하고자 한다. 오염운을 함유하고 있는 대수층 부피는 10,000m³이며 공극률은 0.45이다. 양수펌프의 용량이 500liter/hr일 경우 오염운을 양수하는 데 필요한 시간은?

① 450hr   ② 1,000hr

③ 4,500hr   ④ 9,000hr

풀이 $필요시간(hr) = \dfrac{10,000m^3 \times 0.45}{0.5m^3/hr}$

$\qquad\qquad = 9,000hr$

49 어떤 모래질 점토가 Kaolinite 30%, Montmorillonite 40%, 나머지는 모래로 구성되어 있다. Kaolinite와 Montmorillonite의 양이온치환능(CEC)을 각각 10meq/100g, 100meq/100g이라고 할 때, 이 흙의 양이온 치환능은?(단, 모래의 양이온 치환능은 무시)

① 34meq/100g   ② 43meq/100g

③ 54meq/100g   ④ 73meq/100g

풀이 양이온 치환능력(CFC)

$$= \left(10 \times \frac{30}{100}\right) + \left(100 \times \frac{40}{100}\right)$$

$$= 43meq/100g$$

50 대체로 500℃ 이하의 토양온도 조건에서 오염물질을 토양으로부터 제거하는 기술인 열탈착기술에 관한 설명으로 가장 거리가 먼 것은?

① 토양으로부터 검출한계 이하까지 유기염소 및 유기인 살충제의 제거가 가능하다.

② 다양한 수분 함량과 오염농도를 가진 여러 종류의 토양에 적용이 가능하다.

③ 토양으로부터 검출한계 이하로 휘발성 유기화합물의 제거가 가능하다.

④ 처리하는 동안에 다이옥신과 퓨란이 생성되는 단점이 있다.

풀이 유기염소 및 유기인 살충제 등 오염토양을 처리하는 동안 다이옥신과 퓨란이 생성되지 않는다.

51 다음 중 미생물에 의한 호흡과정에서 같은 양이 사용되는 경우 전자수용체로서 가장 효율이 높은 물질은?

① 과산화수소   ② 공기로 포화된 물

③ 산소로 포화된 물   ④ 질산염이 다량 함유된 물

풀이 생물학적 복원기법에서 호기성 조건을 위하여 산소를 주입하게 되는데 적정한 산소주입방법에는 대기 중의 공기주입, 압축산소주입, 과산화수소(H_2O_2) 주입 등이 있으며, 이 중 미생물에 의한 호흡과정에서 같은 양이 사용되는 경우 전자수용체로서 가장 효율이 높은 물질은 과산화수소이다.

52 Bioventing법을 적용하기 위하여 30%의 공극률을 가진 토양 1,000m³에 1,500m³/day의 공기를 주입하였다. 주입공기의 산소농도는 21%이며 배기가스의 산소농도는 9%였다면 평균 산소 소모율(% O_2/day)은?

① 30% O_2/day   ② 40% O_2/day

③ 50% O_2/day   ④ 60% O_2/day

풀이 산소 소모율(%, O_2/day)

$$= \frac{Q(C_o - C_f)}{V \times P}$$

$$= \frac{1,500\,m^3/day \times (21-9)\%\,O_2}{1,000\,m^3 \times 0.3}$$

$$= 60\%\,O_2/day$$

53 식물정화법의 대표적 처리 기작에 대한 설명으로 틀린 것은?

① Phytodegradation : 식물이 독성물질을 분해하는 효소를 분비하거나 오염물질을 분해하는 데 중요한 역할을 하는 토양미생물에 필요한 영양분을 제공하여 분해활동을 활성화시킴으로써 오염물질을 무독성의 물질로 전환시킴

② Phytodegradation : 식물의 뿌리가 오염물질의 이동을 위한 공간을 만들어 토양공기와의 반응성을 형성시켜 처리함

③ Phytoextraction : 식물조직이 무기오염물질을 체내에 흡수하여 축적함으로써 오염물질을 제거함

④ Phytostabilization : 금속과 같은 오염물질이 용존상태에서 침전되거나 식물뿌리 또는 주변 토양에 흡착되어 안정화됨

> **풀이** 식물에 의한 안정화(Phytostabilization)
> ㉠ 오염물질이 식물 뿌리 주변에 비활성의 상태로 축적되거나 식물체에 의해 오염물질의 이동이 차단되는 원리를 이용하며 뿌리 주변 토양의 pH 변화 등에 의하여 중금속의 산화도가 바뀌어 불용성의 상태로 되는 원리에 기초한다. 즉, 적합한 식물은 대상오염에 대한 높은 내성이 있어야 한다.
> ㉡ 식물의 뿌리가 오염물질의 이동을 위한 공간을 만들어 토양공기와의 반응성을 형성시켜 처리하는 방법이다.
> ㉢ 풍화 및 침식경로에 의한 오염원의 이동을 막아 인근의 지하수로 용출되는 것을 효과적으로 제어할 수 있다.
> ㉣ 금속과 같은 오염물질이 용존상태에서 침전되거나 식물뿌리 또는 주변토양에 흡착되어 안정화된다.

54 1,1,1-TCE는 지중에서 분해되며, 반감기가 120일이다. 이 오염물질의 분해 반응속도가 1차 반응이라고 가정할 때, 초기오염농도의 90%가 제거되는 데 소요되는 기간은?

① 약 348day ② 약 357day
③ 약 384day ④ 약 399day

> **풀이** 1차 반응식

$$\ln\left(\frac{C}{C_0}\right) = -k \cdot t$$

$$\ln 0.5 = -k \times 120\,\text{day}$$

$$k = 0.00577\,\text{day}^{-1}$$

$$\ln\left(\frac{10}{100}\right) = -0.00577 \times t$$

$$t = 399.06\,\text{day}$$

55 유기화합물로 오염된 토양을 바이오필터로 처리하고자 한다. 바이오필터의 운전 시 문제점과 가장 거리가 먼 것은?

① 별도의 포집가스 처리
② pH 저하
③ 충전층의 막힘현상
④ 수분증발

> **풀이** Biofilter 처리 시 운전상 문제점
> ㉠ 수분증발(수분함량)
> ㉡ 충전층 막힘현상
> ㉢ pH저하
> ㉣ 온도

56 오염 차단시설 중 그라우트 커튼의 장·단점으로 가장 거리가 먼 것은?

① 그라우트 유동액이 통과할 수 있는 입상토에 주로 효과적이다.
② 지반 종류에 따른 다양한 그라우트재를 선정할 수 있다.
③ 벽체 내의 모든 공극이 효과적으로 주입되었는지 확인하는 방법이 어렵다.
④ 다층토의 경우에도 균질한 그라우트 주입형상이 형성된다.

> **풀이** 그라우트 커튼 차단시설은 다층토의 경우에는 균질한 그라우트 주입현상이 형성되기 곤란하다.

정답 53 ② 54 ④ 55 ① 56 ④

57 오염토양에 대한 고형화 및 안정화(S/S)에 대한 설명으로 가장 거리가 먼 것은?

① 폐기물의 취급이 용이해지는 장점이 있다.
② 오염물이 용출되어 나올 수 있는 폐기물의 표면적이 감소하는 장점이 있다.
③ 폐기물의 용해성을 증가시켜 독성 추출을 유도할 수 있다.
④ 안정화는 폐기물의 용해성, 유동성 또는 독성형태를 최소화하는 것이다.

풀이 오염토양에 대한 고형화 및 안정화는 폐기물의 용해성을 감소시켜 독성 추출을 최소화하는 기술이다.

58 토양세척의 장·단점에 대한 설명으로 틀린 것은?

① 무기물과 유기물을 동시에 처리할 수 있다.
② 토양 유기물 함량이 높을수록 토양세척효율이 높아진다.
③ 비교적 다양한 오염토양 농도에 적용 가능하며 오염토양의 부피를 급격히 줄일 수 있다.
④ 선별된 미세 오염토양 및 오염유출수는 부가적인 처리가 필요하다.

풀이 토양세척법은 토양 유기물 함량이 높을수록 토양세척효율이 낮아진다.

59 원위치 생물학적 복원(In-situ Bioremediation)에 대한 설명으로 맞는 것은?

① 산소공급용 과산화수소 자체 농도가 10mg/L 이상일 때 미생물에 독성을 나타낸다.
② 수리전도도 1×10^{-4}cm/s 이하 지층에서는 기술의 적용이 바람직하지 않다.
③ 영양물질의 침전은 미생물의 활성을 높여 처리효율을 향상시킨다.
④ 소수성이 강한 유기오염물질은 토양에 흡착되어 미생물이 이용하기 쉽다.

풀이 원위치 생물학적 복원 효율에 영향을 미치는 인자
㉠ 수리전도도 : 10^{-4}cm/sec 이상인 대수층에서 처리가 효과적이다.
㉡ 산소공급용 과산화수소 : 자체 농도가 1,000mg/L 이상일 때 미생물에 독성을 나타낸다.
㉢ 미생물 및 영양물질 : 미생물의 성장이나 영양물질의 침전은 효과적인 처리를 방해한다.
㉣ 소수성 강한 유기오염물질 : 토양에 흡착되어 미생물이 이용하기 어렵다.
㉤ 오염원 농도 및 독성 : 고농도일 경우 호기성 미생물에 독성작용으로 나타낸다.

60 반응속도 및 반응기에 대한 설명으로 틀린 것은?

① 반응차수가 0이 된다면 반응속도는 농도와 무관하다.
② 반응차수가 1이 된다면 반응속도는 농도와 비례하게 된다.
③ 0차 반응속도상수 단위는 농도/시간이다.
④ 완전혼합반응기가 관류형 반응기보다 처리소요시간이 짧다.

풀이 완전혼합반응기가 관류형 반응기보다 처리소요시간이 길다.

4과목 **토양 및 지하수환경 관계법규**

61 토양보전대책지역 지정표지판에 관한 설명으로 틀린 것은?

① 지정 목적을 표기한다.
② 토양보전대책지역 내역(주소, 면적, 약도)을 표기한다.
③ 표지판의 규격은 가로 3미터, 세로 2미터, 높이 1.5미터 이상으로 하여야 한다.
④ 흰색 바탕의 표지판에 검은색 페인트를 사용하여 표기하여야 한다.

풀이 토양보전대책지역의 지정표시판 글자는 페인트 등을 사용하여 지워지지 아니하도록 하여야 한다.

62 지하수의 수질기준에서 일반오염물질에 해당하는 항목이 아닌 것은?

① 수소이온농도   ② 질산성 질소
③ 염소이온   ④ 아연

> **풀이** 지하수의 수질기준 항목(일반오염물질)
> ㉠ 수소이온농도(pH)
> ㉡ 총대장균군
> ㉢ 질산성 질소
> ㉣ 염소이온

63 지하수법에서 사용되는 용어에 대한 설명으로 옳지 않은 것은?

① 지하수개발·이용시공업 : 지하수개발·이용을 위한 시설을 시공하는 사업을 말한다.
② 지하수영향조사 : 지하수의 개발·이용이 주변지역에 미치는 영향을 분석·예측하는 조사를 말한다.
③ 지하수 정화업 : 지하수에 함유된 오염물질을 제거·분해 또는 희석할 수 있는 환경부령으로 정하는 시설을 이용하는 사업을 말한다.
④ 원상복구 : 원상복구 대상인 시설 또는 토지에 대하여 오염물질의 유입을 막고 사람의 보건 및 안전에 위험을 주지 아니하도록 해당 시설을 해체하거나 해당 토지를 적절하게 되메우는 것을 말한다.

> **풀이** '지하수 정화업'이란 지하수에 함유된 오염물질을 제거·분해 또는 희석하여 지하수의 수질을 개선하는 사업을 말한다.

64 다음 중 특정토양오염관리대상시설의 변경신고를 하여야 하는 경우에 해당되지 않는 것은?

① 사업장의 명칭 또는 대표자가 변경되는 경우
② 특정토양오염관리대상시설의 사용을 종료하거나 폐쇄하는 경우
③ 누출방지시설로부터 누출이 감지될 경우
④ 토양오염방지시설을 변경하는 경우

> **풀이** 특정토양오염관리대상시설의 변경신고
> ㉠ 사업장의 명칭 또는 대표자가 변경되는 경우
> ㉡ 특정토양오염관리대상시설의 사용을 종료하거나 폐쇄하는 경우
> ㉢ 특정토양오염관리대상시설을 교체하거나 토양오염방지시설을 변경하는 경우
> ㉣ 특정토양오염관리대상시설에 저장하는 오염물질을 변경하는 경우
> ㉤ 특정토양오염관리대상시설의 저장용량을 신고용량 대비 30퍼센트 이상 증설(신고용량 대비 30퍼센트 미만의 증설이 누적되어 신고용량의 30퍼센트 이상이 되는 경우를 포함한다)하는 경우

65 오염토양개선사업의 종류와 가장 거리가 먼 것은?

① 오염수변 지역 정화사업
② 오염토양의 위생적 매립·정화사업
③ 객토 및 토양개량제의 사용 등 농토배양사업
④ 오염물질의 흡수력이 강한 식물식재사업

> **풀이** 오염토양개선사업의 종류
> ㉠ 객토 및 토양개량제의 사용 등 농토배양사업
> ㉡ 오염된 수로의 준설사업
> ㉢ 오염토양의 위생적 매립·정화사업
> ㉣ 오염물질의 흡수력이 강한 식물식재사업
> ㉤ 그 밖에 특별자치도지사·시장·군수·구청장이 필요하다고 인정하는 사업

66 다음 중 토양오염도검사수수료가 가장 비싼 항목은?

① 카드뮴   ② 유기인
③ 수은   ④ 불소

> **풀이** 토양오염도검사수수료
>
> | 검사항목 | 검사수수료(단위 : 원) |
> | --- | --- |
> | 카드뮴·구리·납 | 44,200 |
> | 비소 | 44,200 |
> | 수은 | 44,200 |
> | 6가 크롬 | 44,200 |
> | 아연·니켈 | 44,200 |

검사항목		검사수수료(단위 : 원)
불소		71,100
유기인		35,100
폴리클로리네이티드 비페닐		114,000
시안		17,700
페놀류		56,100
유류	벤젠	40,600
	톨루엔	
	에틸벤젠	
	크실렌	
석유계 총 탄화수소(TPH)		62,700
트리클로로에틸렌(TCE) 테트라클로로에틸렌(PCE)		26,900
벤조(a)피렌		114,000
시료채취비		91,900/공

67 지하수오염관측정 설치에서 지하수오염유발시설의 경계선에서 지하수 주 흐름의 하류지점에 설치하는 관측정의 수는 얼마인가?(단, 특정토양오염관리대상시설에 한함)

① 1개 ② 2개
③ 3개 ④ 4개

풀이 설치지점 및 관측정의 수

지점	관측정 수	비고
지하수오염유발시설의 경계선에서 지하수 주 흐름의 상류지점으로서 오염이 발생되기 이전의 대표적인 지하수의 수질을 채취·분석할 수 있는 지점	1	시장·군수가 인정하는 경우 지하수오염유발시설의 규모, 오염물질의 성상에 따라 지하수오염관측정의 수를 증감할 수 있다. 다만, 지하수 주 흐름의 상류지점 및 하류지점에는 지하수오염관측정을 각각 1개씩 반드시 설치하여야 한다.
지하수오염유발시설의 경계선에서 지하수 주 흐름의 하류지점으로서 오염물질이 주위 지하수층으로 이동하는 것을 즉시 탐지할 수 있는 지점	3	

68 토양 관련 전문기관인 누출검사기관의 지정기준(장비)으로 가장 거리가 먼 것은?

① 연기발생·측정기(Smoker)
② 초음파두께 측정기(100분의 1밀리리터 이상의 정밀도를 갖는 것)
③ 가연성 가스농도측정기
④ 산소농도측정기

풀이 누출검사기관의 지정기준(장비)
ㄱ 자기탐상 시험장비 또는 침투탐상 시험설비
ㄴ 초음파두께 측정기(100분의 1밀리미터 이상의 정밀도를 갖는 것)
ㄷ 가연성 가스농도측정기
ㄹ 산소농도측정기

69 지하수의 수질기준 항목(특정 유해물질)이 아닌 것은?(단, 공업용수로 사용하는 경우)

① 불소 ② 유기인
③ 테트라클로로에틸렌 ④ 트리클로로에틸렌

풀이 지하수의 수질기준(특정 유해물질)

구분	생활용수	농·어업 용수	공업용수
카드뮴	0.01 이하	0.01 이하	0.02 이하
비소	0.05 이하	0.05 이하	0.1 이하
시안	0.01 이하	0.01 이하	0.2 이하
수은	0.001 이하	0.001 이하	0.001 이하
유기인	0.0005 이하	0.0005 이하	0.0005 이하
페놀	0.005 이하	0.005 이하	0.01 이하
납	0.1 이하	0.1 이하	0.2 이하
6가 크롬	0.05 이하	0.05 이하	0.1 이하
트리클로로 에틸렌	0.03 이하	0.03 이하	0.06 이하
테트라클로 로에틸렌	0.01 이하	0.01 이하	0.02 이하
1.1.1- 트리클로로 에탄	0.15 이하	0.3 이하	0.5 이하
벤젠	0.015 이하	—	—
톨루엔	1 이하	—	—
에틸벤젠	0.45 이하	—	—
크실렌	0.75 이하	—	—

70 위해성 평가 대상 오염물질과 가장 거리가 먼 것은?(단, 중금속류 기준)

① 구리 ② 시안
③ 니켈 ④ 아연

풀이 위험성 평가 대상 오염물질
- ㉠ 유류 : 벤젠, 톨루엔, 에틸벤젠, 크실렌
- ㉡ 중금속류 : 카드뮴, 구리, 비소, 수은, 납, 6가크롬, 아연, 니켈
- ㉢ 그 밖에 환경부장관이 인체와 환경에 위해를 줄 우려가 있다고 인정하여 고시하는 물질

71 기술인력의 교육에 관한 내용으로 ( ) 안에 알맞은 내용은?

법 규정에 의하여 토양 관련 전문기관 또는 토양정화업의 기술인력은 ( )이 개설하는 토양환경관리의 교육과정을 이수하여야 한다.

① 국립환경과학원장
② 국립환경인재개발원장
③ 시·도 보건환경연구원장
④ 지방환경청 또는 유역환경청장

72 토양오염의 피해에 관한 무과실책임에 대한 설명으로 틀린 것은?

① 토양오염이 천재지변으로 인하여 발생한 경우에는 당해 오염원인자는 그 피해를 배상하지 아니한다.
② 오염원인자가 2인 이상으로서 어느 오염원인자에 의하여 피해가 발생한 것인지 알 수 없을 때에는 각 오염원인자가 연대하여 배상하고 오염된 토양을 정화하여야 한다.
③ 토양오염으로 인하여 피해가 발생한 경우 그 오염을 발생시킨 자는 그 피해를 배상하고 오염된 토양을 정화하는 등의 조치를 하여야 한다.
④ 토양오염관리대상시설을 양수한 자가 선의이며 과실이 없는 때에는 토양오염원인자로 보지 아니한다.

풀이 토양오염의 피해에 대한 무과실 책임
1. 토양오염으로 인하여 피해가 발생한 경우 그 오염을 발생시킨 자는 그 피해를 배상하고 오염된 토양을 정화하는 등의 조치를 하여야 한다. 다만, 토양오염이 천재지변이나 전쟁, 그 밖의 불가항력으로 인하여 발생하였을 때에는 그러하지 아니하다.
2. 토양오염을 발생시킨 자가 둘 이상인 경우에 어느 자에 의하여 제1항의 피해가 발생한 것인지를 알 수 없을 때에는 각자가 연대하여 배상하고 오염된 토양을 정화하는 등의 조치를 하여야 한다.

73 특정토양오염관리대상시설의 종류에 해당하지 않는 것은?

① 특정토양오염물질 제조 및 저장시설
② 석유류의 제조 및 저장시설
③ 유해화학물질의 제조 및 저장시설
④ 송유관시설

풀이 특정토양오염관리대상시설

종류	대상범위
1. 석유류의 제조 및 저장시설	「위험물안전관리법 시행령」의 제4류 위험물 중 제1~4석유류에 해당하는 인화성 액체의 제조·저장 및 취급을 목적으로 설치한 저장시설로서 총 용량이 2만 리터 이상인 시설(이동탱크저장시설을 제외한다)
2. 유독물의 제조 및 저장시설	「유해화학물질 관리법」에 따른 유독물제조업, 유독물판매업, 유독물보관·저장업·유독물사용업의 등록을 한 자 또는 같은 법 제34조 제1항에 따른 취급제한 유독물영업의 허가를 받은 자가 설치한 저장시설 중 별표 1에 의한 토양오염물질을 저장하는 시설(유기용제류의 경우는 트리클로로에틸렌(TCE), 테트라클로로에틸렌(PCE) 저장시설에 한한다)
3. 송유관 시설	「송유관 안전관리법」의 규정에 의한 송유관시설 중 송유용 배관 및 탱크
4. 기타 위 관리대상시설과 유사한 시설로서 특별히 관리할 필요가 있다고 인정되어 환경부장관이 관계중앙행정기관의 장과 협의하여 고시하는 시설	

74 토양정밀 조사명령 등에 관한 설명으로 ( )에 들어갈 적합한 숫자가 순서대로 나열된 것은?

시 · 도지사 또는 시장 · 군수 · 구청장은 법 제 15조 제1항에 따라 정화책임자에게 토양정밀조사를 받을 것을 명할 때에는 토양오염지역의 범위 등을 감안하여 ( )월의 범위 안에서 그 이행기간을 정하여야 한다. 다만, 시 · 도지사 또는 시장 · 군수 · 구청장은 조사 지역의 규모 등으로 인하여 부득이하게 이행기간 내에 조사를 이행하지 못한 자에 대하여는 ( )월의 범위에서 1회로 한정하여 그 이행기간을 연장할 수 있다.

① 6, 6
② 8, 6
③ 6, 8
④ 8, 8

풀이 시 · 도지사 또는 시장 · 군수 · 구청장은 정화책임자에게 토양정밀조사를 받을 것을 명할 때에는 토양오염지역의 범위 등을 감안하여 6월의 범위 안에서 그 이행기간을 정하여야 한다. 다만, 시 · 도지사 또는 시장 · 군수 · 구청장은 조사지역의 규모 등으로 인하여 부득이하게 이행기간 내에 조사를 이행하지 못한 자에 대하여는 6월의 범위에서 1회로 한정하여 그 이행기간을 연장할 수 있다.

75 지하수의 체계적인 개발 · 이용 및 효율적인 보전 · 관리를 위하여 지하수관리기본계획의 수립 시 포함되어야 할 사항으로 틀린 것은?

① 지하수의 이용실태
② 지하수의 보전계획
③ 지하수의 조사에 관한 투자계획
④ 지하수의 수질관리 및 정화계획

풀이 지하수관리기본계획 수립 시 포함사항
ㄱ 지하수의 부존특성 및 개발 가능량
ㄴ 지하수의 이용실태
ㄷ 지하수의 이용계획
ㄷ의2 유출지하수의 관리 및 이용계획
ㄷ의3 지하수열의 이용활성화 및 연구개발추진계획
ㄹ 지하수의 보전계획
ㅁ 지하수의 수질관리 및 정화계획
ㅂ 그 밖에 지하수의 관리에 관한 사항

76 토양오염도 검사 수수료 중 시료채취비에 관한 설명으로 옳은 것은?

① 62,700원/공
② 71,900원/공
③ 91,900원/공
④ 114,000원/공

풀이 토양오염도 검사수수료

검사항목		검사수수료(단위 : 원)
카드뮴 · 구리 · 납		44,200
비소		44,200
수은		44,200
6가 크롬		44,200
아연 · 니켈		44,200
불소		71,100
유기인		35,100
폴리클로리네이티드비페닐		114,000
시안		17,700
페놀류		56,100
유류	벤젠	40,600
	톨루엔	
	에틸벤젠	
	크실렌	
석유계 총 탄화수소(TPH)		62,700
트리클로로에틸렌(TCE) 테트라클로로에틸렌(PCE)		26,900
벤조(a)피렌		114,000
시료채취비		91,900/공

77 토양환경평가기관으로 지정받기 위하여 필요한 기술인력에 관한 내용으로 옳지 않은 것은?

① 해당 분야 기사 1명 이상
② 해당 분야 산업기사 2명 이상
③ 해당 분야 박사 또는 기술사 1명 이상
④ 「고등교육법」에 따른 학교의 해당 분야 졸업자 또는 이와 동등 이상의 자격이 있는 사람 1명 이상

풀이 토양환경평가기관 지정 기술인력
ㄱ 박사 또는 기술사 1명 이상
ㄴ 기사 1명 이상
ㄷ 산업기사 1명 이상
ㄹ 「고등교육법」에 따른 학교의 해당 분야 졸업자 또는 이와 동등 이상의 자격이 있는 사람 1명 이상

78 토양환경보전법령상 대통령령으로 정하는 오염토양의 정화방법에 해당하지 않는 것은?

① 오염물질의 소각 등 열적 처리
② 미생물을 이용한 생물학적 처리
③ 오염물질의 분해 등 방사능 처리
④ 오염물질의 차단 등 물리·화학적 처리

풀이 오염토양의 정화방법
　　㉠ 미생물이나 식물을 이용한 오염물질의 분해·흡수 등 생물학적 처리
　　㉡ 오염물질의 차단·분리 추출·세척처리 등 물리·화학적 처리
　　㉢ 오염물질의 소각·분해 등 열적 처리

79 토양환경보전법령상 정화책임자가 둘 이상인 경우 정화책임의 가장 후순위를 가지는 자는?

① 정화책임자 중 토양오염이 발생한 토지를 소유하였던 자
② 정화책임자 중 토양오염이 발생한 토지를 현재 소유 또는 점유하고 있는 자
③ 정화책임자 중 토양오염관리대상시설의 소유자와 그 소유자의 권리·의무를 포괄적으로 승계한 자
④ 정화책임자 중 토양오염관리대상시설의 점유자 또는 운영자와 그 점유자 또는 운영자의 권리·의무를 포괄적으로 승계한 자

풀이 둘 이상의 정화책임자에 대한 순서
　　㉠ 정화책임자와 그 정화책임자의 권리·의무를 포괄적으로 승계한 자
　　㉡ 정화책임자 중 토양오염관리대상시설의 점유자 또는 운영자와 그 점유자 또는 운영자의 권리·의무를 포괄적으로 승계한 자
　　㉢ 정화책임자 중 토양오염관리대상시설의 소유자와 그 소유자의 권리·의무를 포괄적으로 승계한 자
　　㉣ 정화책임자 중 토양오염이 발생한 토지를 현재 소유 또는 점유하고 있는 자
　　㉤ 정화책임자 중 토양오염이 발생한 토지를 소유하였던 자

80 토양환경보전법령상 자연적인 원인으로 인한 토양오염이라고 "대통령령으로 정하는 방법"에 따라 입증된 부지의 오염토양을 정화하려는 경우 위해성평가를 실시할 수 있다. "대통령령으로 정하는 방법"에 해당하지 않는 것은?

① 해당 오염물질이 대상 지역의 영농활동으로부터 기인하였음을 증명할 것
② 해당 오염물질의 농도가 주변지역의 토양분석결과와 비슷함을 증명할 것
③ 해당 오염물질이 대상 부지의 기반암으로부터 기인하였음을 증명할 것
④ 과학적인 방법으로 해당 오염물질이 자연적인 원인으로 발생하였음을 증명할 것

풀이 자연적인 원인에 의한 토양오염임을 입증하기 위해 대통령령으로 정하는 방법
　　㉠ 해당 오염물질의 농도가 주변지역의 토양분석결과와 비슷함을 증명할 것
　　㉡ 해당 오염물질이 대상 부지의 기반암으로부터 기인하였음을 증명할 것
　　㉢ 그 밖에 과학적인 방법으로 해당 오염물질이 자연적인 원인으로 발생하였음을 증명할 것

정답 78 ③ 79 ① 80 ①

1과목 토양학개론

01 토양공기의 조성에 관한 설명 중 틀린 것은?

① 대기에 비하여 CO_2의 함량이 높음

② 대기에 비하여 O_2 함량의 변동이 적음

③ 대기에 비하여 토양 중 습도 함량이 높음

④ O_2는 식물의 뿌리와 토양생물의 호흡에 의하여 소비됨

풀이 토양 공기 중 O_2의 함량의 변화는 2~20%로, 변동이 크다.

02 토양수분은 식물학적 견지에서 볼 때 과잉, 유효, 무효수분으로 나눌 수 있다. 다음 중 과잉수분에 관한 설명으로 옳지 않은 것은?

① 토양 내 염류 용탈을 저해한다.

② 식물의 생장에 유해하다.

③ 통기를 막아 질소 고정 및 암모니아화를 일으키는 호기성 세균의 활성을 저해한다.

④ 주로 중력수에 해당한다.

풀이 과잉수분은 토양 내 염류를 용탈시킨다.

03 토양의 공극률이 0.4이고, 용적밀도가 1.6 g/cm³이다. 이 토양을 다진 후 공극률이 0.3으로 감소되었다면 용적밀도(g/cm³)는?

① 1.65

② 1.72

③ 1.79

④ 1.87

풀이 공극률(%) $= \left(1 - \dfrac{용적밀도}{입자밀도}\right) \times 100$

$0.4 = \left(1 - \dfrac{1.6}{입자밀도}\right)$

입자밀도 $= 2.67\,g/cm^3$

$0.3 = \left(1 - \dfrac{용적밀도}{2.67}\right)$

용적밀도 $= 1.87\,g/cm^3$

04 그림과 같이 매립지 저면은 두께가 1m인 점토차수층(Liner)으로 되어 있다. 지금 침출수의 평균 수두가 해발표고 11m이고 점토차수층 하부에 분포된 대수층의 평균수두가 해발 1m이며 점토층의 유효 공극률은 0.2, 수직 투수계수 10^{-7}cm/sec일 때, 침출수가 점토차수층을 통과하는 데 소요되는 시간은?(단, 침출수는 점토차수층과 반응을 하지 않는다고 가정)

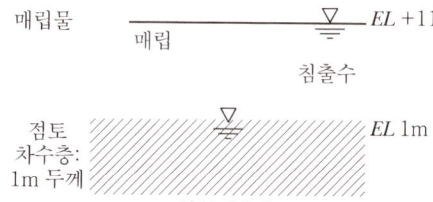

① 약 132일

② 약 210일

③ 약 552일

④ 약 1,034일

풀이 점토층 통과 소요시간(t) : Darcy법칙

$$t = \frac{d^2 N}{k(d+h)}$$

여기서, t : 침출수의 점토층 통과시간(year)

d : 점토층 두께(m)

h : 침출수 수두(m)

k : 투수계수(m/year)

N : 유효공극률(공극용적/흙입자용적)

$$= \frac{1^2 m^2 \times 0.2}{10^{-9} m/sec \times (1+10)m}$$

$= 18181818.18\,sec \times day/86,400\,sec$

$= 210.43\,day$

05 다음 토양목에 관한 설명과 가장 거리가 먼 것은?

① Vertisol은 유기물함량이 높은 표토가 검은 빛의 토양으로 화산재 토양이 해당된다.

② Oxisol은 풍화와 용탈이 매우 심하게 일어나는 고온 다습한 열대기후지역에서 발달한다.

③ Entisol은 토양의 발달과정이 거의 진행되지 않은 토양이다.

④ Ultisol은 습한 지역에서도 발달하며, 저염기 포화도를 가진다.

풀이 Vertisol
ⓐ 팽창과 수축이 현저하게 일어나 역전이 일어나며 팽창성(팽윤성) 점토의 함량이 높아질 경우 건조한 시기에는 토양이 갈라져서 깊은 골이 생긴다.
ⓑ 건습이 반복되는 열대·아열대에서 발달하고 Grumsol, 열대흑색토 등이 이에 속한다.

06 다음 중 비점오염원(Non Point Contaminant Source)으로 가장 적합한 것은?

① 축산 배수 배출원
② 공단 산업폐수 배출원
③ 도로 노면 배수
④ 유류저장고

풀이 1. 점오염원(Point Contaminant Source)
ⓐ 지하저장 탱크(유류 및 유독물)
ⓑ 매립장(폐기물)
ⓒ 정화조
ⓓ 축산배수 배출원 및 공단 산업폐수 배출원
ⓔ 유류저장고

2. 비점오염원(Non Point Contaminant Source)
ⓐ 산성비
ⓑ 농약 및 화학비료
ⓒ 도로제설제
ⓓ 쓰레기에서 유발된 질산성 질소
ⓔ 도로 노면 배수
ⓕ 휴·폐광산으로부터 유출되는 중금속
ⓖ 방사성 물질

07 토양의 양이온 교환용량이 35Cmol$_c$/kg이고, 그중 H이온이 5.5Cmol$_c$/kg, Al이온이 3.9 Cmol$_c$/kg 존재할 때 염기포화도(%)는?

① 58.2
② 64.5
③ 73.1
④ 80.5

풀이 염기포화도(%) = 100 − 비염기포화도

$$비염기포화도 = \frac{5.5+3.9}{35} \times 100$$
$$= 26.86\%$$
$$= (100-26.86)\%$$
$$= 73.14\%$$

08 바람에 실린 토양입자들이 크기에 따라 이동하는 경로에 관한 설명으로 옳지 않은 것은?

① 약동이란 대개 바람에 의하여 지름 0.1~0.5mm의 토양입자가 지표면에서 30cm 이하의 높이로 비교적 짧은 거리를 구르거나 튀는 모양으로 이동하는 것이다.

② 포행은 큰 토양입자가 토양표면을 구르거나 미끄러지며 이동하는 것이다.

③ 부유는 먼지 전체 이동량의 90% 이상으로 대부분을 차지한다.

④ 약동에 의하여 움직이는 토양입자는 포행하는 입자를 때리거나 포행의 움직임을 더욱 빠르게 하는 역할을 한다.

풀이 부유는 가는 모래 정도 크기의 토양입자나 그보다 작은 입자가 공중에 떠서 토양표면과 평행하게 이동하는 것을 말하며 먼지 전체 이동량의 15% 정도 수준이다.

정답 05 ① 06 ③ 07 ③ 08 ③

09 토양수의 이동에 관한 설명으로 틀린 것은?

① 토양 중 물이 하향방향으로 이동하는 데 방해하는 힘은 토양 입자 표면의 마찰력과 토양 공기의 저항력 및 물의 표면장력이다.

② 공극이 작으면 틈이 작고 마찰에 의한 저항이 작기 때문에 충분한 압력을 가하지 않는 한 하강운동은 크게 억제된다.

③ 토양수의 하강 정도는 물의 점성계수, 토양성질, 지하수위 등에 따라 매우 달라지며 이러한 성질을 투수성이라 한다.

④ 토양 수분의 증발량은 기온의 제곱에 비례하며 상대습도에 비례하고 기압에 반비례한다.

풀이 공극이 작으면 틈이 작고 마찰에 의한 저항이 크기 때문에 충분한 압력을 가하지 않는 한 하강운동은 크게 억제된다.

10 500cm³ 용기를 가득 채운 토양의 용적밀도가 1.2g/cm³이다. 토양을 물로 포화시킨 후 토양의 질량이 825g이라면 토양의 공극률은?

① 40% ② 45%

③ 50% ④ 55%

풀이 포화 시 물의 질량 = 포화질량 - 건조질량
$$= 825g - (500cm^3 \times 1.2g/cm^3)$$
$$= 225g$$
포화 시 물의 질량 = 공극부피

$$공극률(\%) = \frac{공극부피}{토양전체부피} \times 100$$
$$= \frac{225}{500} \times 100 = 45\%$$

11 지하수 내 오염물질의 이동과 관련된 지연계수(Retardation Factor)와 가장 거리가 먼 것은?

① 대수층의 용적밀도

② 대수층의 공극률

③ 오염물질의 분자확산계수

④ 오염물질의 분배계수

풀이
$$지연계수 = \frac{지하수의 평균선형속도(공극유속)}{용질농도가 처음 농도의 \frac{1}{2}인}{지점에서 오염물질 이동속도}$$

$$이동속도 = \frac{지하수의 평균선형속도(공극유속)}{\left(\frac{토양용적밀도}{공극률} \times 분배계수\right) + 1}$$

12 다음 중 2 : 1형 점토광물의 대표적인 광물은?

① 카올리나이트(Kaolinite)

② 일라이트(Illite)

③ 할로이사이트(Halloysite)

④ 딕카이트(Dickite)

풀이 2 : 1 격자형 광물(3층형 광물)
한 층의 Al 8면체를 Si 4면체가 양쪽으로 샌드위치처럼 싸서 3층 구조를 이룬다.
㉠ 팽창형 → 몬모릴로나이트, 사포나이트, 버미큘라이트
㉡ 비팽창형 → 일라이트

13 지하수의 유량을 조사할 때 Darcy의 법칙($Q = K \cdot I \cdot A$)이 사용되는데, 이때 K와 I가 의미하는 것은?

① K는 점성계수, I는 수리적 구배

② K는 투수계수, I는 수심

③ K는 점성계수, I는 경심

④ K는 수리전도도, I는 수두 구배

풀이 $Q = KIA = KA\dfrac{dh}{dL}$

여기서, Q : 대수층의 유량(m³/sec)
K : 비례상수(투수계수 = 수리전도도) (m/sec)
A : 물 흐름의 수직방향 단면적(m²)
dh : 수두차($h_2 - h_1$)(m)
dL : 수평방향 두 지점 사이 거리(m)
$\dfrac{dh}{dL}$ (I) : 두 지점 사이 수리경사
V : Darcy 속도(m/sec)

정답 09 ② 10 ② 11 ③ 12 ② 13 ④

14 토양의 양이온 교환능(Cation Exchange Capacity, CEC)에 대한 설명으로 가장 거리가 먼 것은?

① 일반적으로 pH가 감소할수록 토양의 CEC는 증가하게 된다.
② CEC는 광물의 표면적비에 크게 영향을 받는다.
③ CEC는 양이온성 중금속 물질의 이동에 영향을 미칠 수 있다.
④ CEC는 2차 토양광물의 대표적 특성이다.

풀이 일반적으로 pH가 감소할수록 토양의 CEC는 감소하게 된다.

15 토양 미생물에 관한 설명으로 틀린 것은?

① 세균은 유기 및 무기영양 미생물이며 호기 및 혐기성 미생물이 존재한다.
② 방선균은 유기영양 미생물이며 호기성 미생물이다.
③ 조류는 무기영양 미생물이며 호기성 미생물이다.
④ 사상균은 무기영양 미생물이며 혐기성 미생물이다.

풀이 사상균은 유기영양 미생물이며 호기성 미생물이다.

16 흙의 입도분포 결정에 대한 설명으로 틀린 것은?

① 흙이 조립토인 경우 체분석을 통하여 입도분포를 결정할 수 있다.
② 흙이 세립토인 경우 Darcy의 법칙을 이용한 침강법으로 입도분포를 구한다.
③ 흙의 균등계수가 10 이상이면 "입도분포가 좋다(Well-graded)"고 할 수 있다.
④ 통과중량 백분율 10%에 대응하는 입자크기를 유효입자 크기라고 하며 D_{10}으로 표시한다.

풀이 흙이 세립토인 경우 Stokes의 법칙을 이용한 침강법으로 입도분포를 구한다.

17 광산 활동에 의한 주변 농경지의 오염에 관련된 사항으로 가장 거리가 먼 것은?

① 일반적으로 광산배수의 pH는 강알칼리임
② 농경지 오염은 주로 방치된 광미, 광폐석에 기인됨
③ 아연광산의 경우 제련과정에서 카드뮴이 부산물로 생산됨
④ 중금속이 함유된 농업용수를 이용함으로써 농경지가 오염됨

풀이 일반적으로 광산폐수는 산성이며 주 원인물질은 황철석(FeS_2)이다.

18 토양 내의 미생물 중 세균에 비해 일반적으로 내산성이 강하고 산성 토양에서 유기물 분해의 중요한 작용을 담당하며 토양 중에서 리그닌을 주로 분해하는 것은?

① 방선균   ② 세균
③ 사상균   ④ 조류

풀이 사상균(Fungi)
ㄱ 핵막과 세포벽을 가지고 있는 진핵 생물이며 균사(Hyphae)라고 불리는 가는 실 모양을 하고 있다.
ㄴ 호기성 생물이지만 CO_2 농도가 높은 환경에서도 잘 견딘다.
ㄷ 토양 내의 미생물 중 일반적으로 내산성이 강하고 산성 토양에서 유기물 분해의 중요한 작용을 담당하며, 토양 중에서 분해가 가장 어려운 식물체의 구성성분인 리그닌을 주로 분해하는 균이다. 즉, 대사활성이 강하여 물질 순환에 있어서 분해자로 중요한 역할을 한다.

19 미국 농무부 토성분류체계에 의한 점토(Clay)와 미사(Silt)를 구분하는 토양입자의 크기(mm)는?

① 0.002   ② 0.02
③ 0.05   ④ 0.1

풀이 미사(Silt)의 토양입경 범위는 0.05~0.002mm이며, 점토(Clay)의 토양입경은 0.002mm 이하이다.

20 토양의 pH가 높은 경우 인의 유효도가 감소되는 원인은?

① calcium phosphate 침전물 형성
② aluminum phosphate 침전물 형성
③ sodium phosphate 침전물 형성
④ iron phosphate 침전물 형성

> **풀이** 유효도는 토양에 함유된 양분의 총량 중에서 식물이 흡수·이용할 수 있는 형태의 양분비율을 말한다. 높은 pH에서 인의 유효도가 감소하는 요인은 pH 6 근처에서 칼슘화합물 형성을 시작하여 pH 7 이상에서는 불용성인 인회석[$Ca(PO_4)_3Ca(OH)_2$]이 형성되기 때문이다.

2과목   토양 및 지하수오염조사기술

21 다음은 비소−수소화물 생성−원자흡수분광광도법에 관한 설명이다. ( ) 안에 알맞은 것은?

> 산분해하여 전처리한 시료 용액 중의 비소를 3가 비소로 예비 환원한 다음 (㉠) 용액과 반응하여 생성된 비화수소를 원자화시켜 193.7nm에서 수소화물 생성−원자흡수분광광도법에 따라 정량하는 방법이며, 이 시험에 의한 토양 중 비소의 정량 한계는 (㉡)mg/kg이다.

① ㉠ : 수소화주석나트륨, ㉡ : 0.1
② ㉠ : 수소화붕소나트륨, ㉡ : 0.1
③ ㉠ : 수소화주석나트륨, ㉡ : 0.01
④ ㉠ : 수소화붕소나트륨, ㉡ : 0.01

22 "밀폐용기"에 관한 정의로 가장 적합한 것은?

① 취급 또는 저장하는 동안에 이물질이 들어가거나 내용물이 손실되지 아니하도록 보호하는 용기를 말한다.
② 취급 또는 저장하는 동안에 밖으로부터의 공기 또는 다른 가스가 침입하지 아니하도록 내용물을 보호하는 용기를 말한다.
③ 취급 또는 저장하는 동안에 기체 또는 미생물이 침입하지 아니하도록 내용물을 보호하는 용기를 말한다.
④ 취급 또는 저장하는 동안에 내용물이 광화학적 변화를 일으키지 아니하도록 방지할 수 있는 용기를 말한다.

> **풀이** 용기의 종류
>
> | | |
> |---|---|
> | 밀폐용기 | 취급 또는 저장하는 동안에 이물질이 들어가거나 또는 내용물이 손실되지 아니하도록 보호하는 용기 |
> | 기밀용기 | 취급 또는 저장하는 동안에 밖으로부터의 공기 또는 다른 가스가 침입하지 아니하도록 내용물을 보호하는 용기 |
> | 밀봉용기 | 취급 또는 저장하는 동안에 기체 또는 미생물이 침입하지 아니하도록 내용물을 보호하는 용기 |
> | 차광용기 | 광선이 투과하지 않는 용기 또는 투과하지 않게 포장한 용기이며 취급 또는 저장하는 동안에 내용물이 광화학적 변화를 일으키지 아니하도록 방지할 수 있는 용기 |

23 금속류를 원자흡수분광광도법으로 측정 시 정확도에 관한 내용으로 가장 적합한 것은?

① 정확도는 첨가한 표준물질의 농도에 대한 측정 평균값의 상대 백분율로서 나타내고 그 값이 70∼130% 이내이어야 한다.
② 정확도는 첨가한 표준물질의 농도에 대한 측정 평균값의 상대 백분율로서 나타내고 그 값이 75∼125% 이내이어야 한다.
③ 정확도는 측정값의 상대표준편차를 산출하며 그 값이 25% 이내이어야 한다.
④ 정확도는 측정값의 상대표준편차를 산출하며 그 값이 30% 이내이어야 한다.

24 다음의 토양오염 위해성평가 수행 절차 중 가장 먼저 수행하여야 하는 단계는?

① 위해도 결정   ② 노출경로 결정
③ 조치 계획 작성   ④ 정화 목표치 설정

풀이 토양오염 위해성평가 단계
  ㉠ 노출 경로 선택(결정)
  ㉡ 노출평가
  ㉢ 독성평가
  ㉣ 위해도 결정

25 다음 농도표시 중 농도가 상대적으로 가장 낮은 것은?(단, 비중은 1.0 기준)

① 0.01ppm ② 1mg/L
③ 100ppb ④ 1mg/kg

풀이 1ppm = 1mg/L = 1mg/kg

$$100ppb \times \frac{ppm}{10^3 ppb} = 0.1\,ppm$$

26 저장물질이 있는 누출검사대상시설의 기상부의 누출검사 시험법인 미감압 측정방법으로 옳지 않은 것은?

① 시험을 위한 진공속도는 매분 100mmHg 미만이 되도록 한다.
② 매 5분마다 측정된 압력변화값은 자동으로 기록되도록 한다.
③ 누출 여부에 대한 추가 확인을 위하여 마이크로폰 등 추가적인 도구를 사용할 수 있다.
④ 압력 안정화 유지시간 이후부터 매 5분마다 60분 또는 70분 동안의 압력 변화를 측정한다.

풀이 미감압법에서 시험을 위한 진공속도는 매분 100mm H_2O 미만이 되도록 한다.

27 유도결합플라즈마-원자발광분광계에 대한 설명으로 가장 거리가 먼 것은?

① 질소가스를 플라즈마 가스로 사용한다.
② 분석장치는 시료도입부, 고주파전원부, 광원부, 분광부, 연산처리부 및 기록부로 구성된다.
③ 분광부는 검출 및 측정에 따라 연속주사형 단원소측정장치와 다원소동시측정장치로 구분된다.
④ ICP의 토치에는 3중으로 된 석영관이 이용된다.

풀이 유도결합플라즈마-원자발광분광계는 아르곤가스를 플라즈마 가스로 사용한다.

28 비소-수소화물생성-원자흡수분광광도법에 관한 설명으로 가장 거리가 먼 것은?

① 토양 중 비소의 정량한계는 0.10mg/kg이다.
② 원자흡수분광광도계에 불꽃을 만들기 위한 가연성 가스로 아세틸렌, 조연성 가스로 공기를 사용한다.
③ 원자흡수분광광도계에 사용하는 광원으로 좁은 선폭과 높은 휘도를 갖는 스펙트럼을 방사하는 비소속빈음극 램프를 사용한다.
④ 비화수소를 원자화시켜 258nm에서 수소화물생성-원자흡수분광광도법에 따라 정량한다.

풀이 비화수소를 원자화시켜 193.7nm에서 수소화물생성-원자흡수분광광도법에 따라 정량한다.

29 TPH(석유계 총탄화수소)의 분석(기체크로마토그래피)에 관한 내용으로 가장 거리가 먼 것은?

① 토양 중에 끓는점이 높은(150~500℃) 유류에 속하는 제트유, 등유, 경유, 벙커C유, 윤활유, 원유 등의 측정에 적용
② 사염화탄소로 추출하여 정제
③ 정량한계는 석유계총탄화수소로 50mg/kg
④ 불꽃이온화검출기를 사용

풀이 TPH의 기체크로마토그래피 분석 시 추출용매는 디클로로메탄이다.

30 pH=4.5인 수용액의 수소이온농도는?

① 3.2×10^{-5} mol/L
② 3.2×10^{-4} mol/L
③ 3.2×10^{-3} mol/L
④ 3.2×10^{-2} mol/L

풀이 $[H^+] = 10^{-pH} = 10^{-4.5} = 3.16 \times 10^5 \,mol/L$

31 불소표준원액의 농도는 $1,000\mu g\,F^-/mL$이다. 불소표준원액 10mL를 정확히 취하여 물을 넣어 정확히 100mL로 했을 때 이 용액의 농도($\mu g\,F^-/mL$)는?

① 1,000　　　　　② 100
③ 10　　　　　　④ 1

풀이 농도($\mu g F^-/mL$) $= 1,000\mu g F^-/mL \times \dfrac{10mL}{100mL}$
　　　　$= 100\mu g F^-/mL$

32 다음 중 '상온'을 나타내는 온도의 범위는?

① 1~35℃　　　　② 10~25℃
③ 15~25℃　　　　④ 15~35℃

풀이

표준온도	0℃
상온	15~25℃
실온	1~35℃
온수	60~70℃
열수	약 100℃
냉수	15℃ 이하

33 토양오염공정시험 방법상 불소 정량방법으로 적절한 것은?

① 원자흡수분광광도법
② 자외선/가시선 분광법
③ 기체크로마토그래피
④ 유도결합플라스마－원자발광분광법

풀이 불소 정량방법 : 자외선/가시선 분광법

34 중금속을 분석하는 데 사용되는 자외선/가시선 분광법의 연결이 맞는 것은?

① 시안－디페닐카르바지드법
② 구리－디에틸디티오카르바민산법
③ 6가 크롬－디메틸글리옥심법
④ 비소－피리딘 · 피라졸론법

풀이 ① 시안－피리딘 · 피라졸론법
　　③ 6가 크롬－디페닐카르바지드법
　　④ 비소－자외선/가시선 분광법과 관련 없음

35 석유계 총탄화수소를 분석하기 위한 추출방법으로 옳은 것은?(단, 기체크로마토그래피 기준)

① 가온 추출법　　　② 자기장 추출법
③ 적외선 추출법　　④ 초음파 추출법

풀이 석유계 총탄화수소 추출방법
　　㉠ 속슬레 추출법
　　㉡ 초음파 추출법

36 원자흡수분광광도법에 사용되는 불꽃을 만들기 위한 조연성 가스와 가연성 가스의 조합 중 원자 외 영역에서 불꽃 자체에 의한 흡수가 적기 때문에 이 파장영역에서 분석선을 갖는 원소의 분석에 적당한 것은?

① 아세틸렌－이산화질소
② 프로판－공기
③ 아세틸렌－공기
④ 수소－공기

풀이 원자흡수분광광도계 － 가연성, 조연성 가스
　　㉠ 원자흡수분광광도계에 불꽃을 만들기 위해 조연성 가스와 가연성 기체를 사용하는데, 일반적으로 가연성 가스로 아세틸렌을 조연성 가스로 공기를 사용한다.
　　㉡ 수소－공기와 아세틸렌－공기는 거의 대부분의 원소 분석에 유효하게 사용할 수 있다.

37 토양환경평가를 수행한 결과 오염면적이 40,000m²인 것으로 나타났으며, 오염깊이는 1심도부터 3심도까지인 것으로 조사되었다. 이 지역의 오염토양량(m³)은?

① 40,000　　　　② 50,000
③ 60,000　　　　④ 80,000

풀이 오염깊이 1~3심도(1m 적용)

오염토양량(m^3) = 40,000m^2 × 1m

= 40,000m^3

38 수분함량 측정에 대한 설명 중 ( )에 알맞은 내용은?

시료를 (㉠)℃에서 (㉡)시간 이상 건조하고 데시케이터에서 식힌 후 항량으로 하고 무게를 정확히 달아 수분함량(%)을 구한다.

① ㉠ 150~155, ㉡ 8
② ㉠ 150~155, ㉡ 4
③ ㉠ 105~110, ㉡ 8
④ ㉠ 105~110, ㉡ 4

풀이 수분함량

시료를 105~110℃에서 4시간 이상 건조하고 데시케이터에서 식힌 후 항량으로 하고 무게를 정확히 달아 수분함량(%)을 구한다.

39 오염 부지에서 채취한 토양시료의 화학적 전처리를 위한 수은 이외의 불소 및 중금속 분석시료의 조제방법으로 틀린 것은?

① 불소는 눈금간격 0.075mm의 표준체(200메시)로 체거름한 시료
② 니켈, 아연 등 중금속 전함량 분석대상 물질은 눈금간격 0.15mm의 (100메시)로 체거름한 시료
③ 비소의 가용성 함량 분석대상 물질은 눈금간격 0.15mm의 표준체(100메시)로 체거름한 시료
④ 카드뮴, 납, 구리 등의 중금속 가용성 함량 분석대상 물질은 눈금간격 2mm의 표준체(10메시)로 체거름한 시료

풀이 6가 크롬을 제외한 금속류 함량 분석대상 물질 분석용 시료는 10메시 표준체(눈금간격 2mm)로 체거름한 시료를 100메시 표준체(눈금간격 0.15mm)로 체거름하여 조제한다.

40 지하매설저장시설에 대한 설명으로 옳은 것은?

① '부속배관'이라 함은 부속배관의 경로 중 지하에 매설되어 누출 여부를 육안으로 직접 확인할 수 없는 배관을 말한다.
② '지하매설배관'이라 함은 지하매설저장시설과 부속배관, 부속배관과 배관을 연결하기 위하여 용접접합 또는 나사조임방식 등으로 접속한 부분을 말한다.
③ '누출검지관'이라 함은 액체의 누출 여부를 누출검사대상시설 외부에서 직접 또는 간접적으로 확인하기 위해 설치된 관을 말한다.
④ '배관접속부'라 함은 지하매설저장시설의 용접 또는 나사조임 방식으로 직접 연결되는 배관을 말한다.

풀이 ㉠ 부속배관 : 누출검사대상시설에 용접 또는 나사조임방식으로 직접 연결되는 배관을 말한다.
㉡ 지하배설배관 : 부속배관의 경로 중 지하에 매설되어 누출 여부를 육안으로 직접 확인할 수 없는 배관을 말한다.
㉢ 배관접속부 : 누출검사대상시설과 부속배관, 부속배관과 배관을 연결하기 위하여 용접접합 또는 나사조임방식 등으로 접속한 부분을 말한다.

3과목 토양 및 지하수오염정화기술

41 자연저감기법(Natural Attenuation)의 영향인자 중 수리지질학적 인자와 가장 거리가 먼 것은?

① 동수구배
② 토양입경의 분포
③ 오염물질의 농도
④ 지표수와 지하수의 관계

풀이 자연 저감법 효율에 영향을 미치는 인자
1. 수질지질학적 인자
㉠ 지하수의 동수구배(수리경사)
㉡ 토양입경의 분포
㉢ 지표수와 지하수의 관계
㉣ 대수층의 수리전도도
㉤ 선택적인 흐름경로

2. 토양 및 지하수 인자
    ㉠ 오염물질의 농도(형태)
    ㉡ 온도, 수분
    ㉢ 영양분
    ㉣ 전자수용체

42 토양 세정법(Soil Flushing)을 적용하는 경우, 화학적 첨가제로 사용하는 계면활성제에 관한 내용으로 틀린 것은?

① 계면활성제는 공기-물, 기름-물 등 다른 물질 사이에 끼어 들어가 두 물질 사이의 자유에너지를 낮추는 역할을 한다.
② 계면활성제는 친수성체의 성질에 따라 양이온성, 음이온성, 중성 및 양성으로 구분한다.
③ 계면활성제는 농도가 어느 이상이면 더 이상 표면장력을 낮추지 않고 마이셀을 형성하기 시작한다.
④ 마이셀이 형성됨에 따라 계면활성제 용액에 대한 오염물질의 용해도는 감소하게 된다.

풀이 마이셀이 형성됨에 따라 계면활성제 용액에 대한 오염물질의 용해도는 증가하게 된다.

43 토양증기추출 시스템을 240m³/min의 유량으로 운전할 때, 배출가스를 처리하기 위하여 요구되는 활성탄 흡착탑의 단면적은?(단, 활성탄 흡착탑의 적정 통과 유속은 1m/sec)

① 1m²   ② 2m²
③ 3m²   ④ 4m²

풀이 단면적(m²) $= \dfrac{Q}{V} = \dfrac{240\text{m}^3/\text{min}}{1\text{m}/\text{sec} \times 60\text{sec}/\text{min}}$
             $= 4\text{m}^2$

44 생물학적 처리 중 포화토양층을 대상으로 할 수 없는 것은?

① Bioventing   ② Biosparging
③ 자연정화법   ④ 침투성 생물반응벽

풀이 원위치 생물학적 복원(처리)방법(In-Situ Treatment)
  1. 불포화 토양층
    ㉠ 처리방법 : Bioventing
    ㉡ 처리대상 오염물질 : BTEX
  2. 포화토양층
    ㉠ 원위치 생물학적 복원 : 생분해 가능한 유기오염물질
    ㉡ Biosparging : BTEX
    ㉢ 침투성 생물반응벽 : 분해 가능한 유기오염물질
    ㉣ 자연정화법 : 유류, 염소계 유기화합물

45 계면활성제를 사용한 세정공정으로 TCE로 오염된 토양을 처리하고자 한다. 오염토양 내 TCE 1kg을 모두 용해시키기 위해 필요한 계면활성제를 10L/hr 유량으로 공급할 경우 공급시간은?(단, 계면활성제 내 TCE 용해도 4g/L)

① 5hr   ② 10hr
③ 25hr   ④ 50hr

풀이 공급시간(hr) $= \dfrac{TCE\ \text{양}}{\text{유량}}$
             $= \dfrac{(1\text{kg} \times 10^3\text{g/kg})/4\text{g/L}}{10\text{L/hr}}$
             $= 25\text{hr}$

46 중금속으로 오염된 지역에 대한 안정화/고형화 처리 시 장단점으로 옳지 않은 것은?

① 부수적인 희석을 제외하고 금속의 총 함량 감소는 없다.
② 폐석이나 암석들은 공정 전에 제거되어야 한다.
③ 평균 입자크기를 증가시켜 입자의 확산을 감소시킨다.
④ 결합제의 수화반응으로 휘발성 물질의 제어가 가능하다.

풀이 안정화/고형화 방법은 결합제의 수화반응으로 휘발성 물질의 제어가 곤란하다.

47 저온 열탈착법(Low Temperature Thermal Desorption)의 장단점으로 옳지 않은 것은?

① 처리효율이 높고 단기간에 처리가 가능하다.

② 카드뮴이나 수은 등을 비롯한 거의 모든 중금속 정화에 효과가 탁월하다.

③ 다른 정화기술에 비해 높은 에너지 비용이 소요되어 경제성이 낮다.

④ 수분함량이 높거나 점토 및 휴믹산 등을 높게 함유한 토양의 경우 반응시간이 길어지고 처리비용이 증가한다.

풀이 저온 열탈착법은 무기물질(중금속) 및 방사성 물질을 제외한 대부분의 석유계 화합물의 처리에 유용하다.

48 지하저장탱크에서 톨루엔이 누출되어 부지조사결과 탱크 주변의 오염된 토양의 부피가 110m³이고 평균 톨루엔의 농도가 2,000mg/kg이라면 해당 부지에 오염된 톨루엔의 총 함량은?(단, 토양 Bulk Density는 1.5g/cm³임)

① 330kg   ② 447kg

③ 584kg   ④ 640kg

풀이 톨루엔 양(kg) $= 140m^3 \times 2,000mg/kg \times 1.5g/cm^3$
$\times cm^3/10^{-6}m^3 \times 1kg/1,000g$
$\times 10^{-6}kg/mg$
$= 330kg$

49 오염토양에 대한 열처리 공정선정을 위한 고려사항과 거리가 먼 것은?

① 처리효율

② 법적 기준의 달성

③ 주변 매립지 유무

④ 단기영향

풀이 열처리 공정선정 시 고려사항
㉠ 처리효율 : 가장 낮은 수준까지 감소 가능한 공정을 선택한다.

㉡ 법적 기준 : 토양오염물질의 법적인 기준 및 배출 가스의 배출허용기준 이내로 처리 가능한 공정을 선택한다.

㉢ 전문수행능력 : 공정 적용 및 운전능력이 가능한 전문기술력을 소유한 운전자가 필요하다.

㉣ 단기 · 장기영향 정도

㉤ 경제성

50 바이오파일(Biopiles) 및 토양경작(Land-farming)에 관한 설명으로 틀린 것은?

① 토양경작은 바이오파일과 오염물질 제거기작이 동일하다.

② 바이오파일과 토양경작 시스템 구성에 있어서 차이는 토양 높이, 공기접촉방식에 있다.

③ 토양경작은 오염토양을 굴착하여 2~3m 정도 더미를 만들어 일정하게 뒤집어 준다.

④ 바이오파일 및 토양경작은 유류오염 정화에 주로 적용된다.

풀이 공기주입방식에 차이가 있다. 즉, Biopile은 Pile 더미까지 통하는 관을 이용하여 강제적으로 공기를 주입하거나 추출하며, Landfarming(토양경작법)은 토양을 경작(Plowing)하거나 이랑을 만들어 공기를 통기시켜 줌으로써 공기를 주입한다. 즉, 시스템 구성에 있어서 차이는 토양높이, 공기접촉방식에 있다.

51 중금속 오염토양의 정화대책과 관련된 내용으로 가장 거리가 먼 것은?

① 양치식물은 카드뮴을 잘 흡수하는 것으로 알려져 있다.

② 해바라기는 납을 잘 흡수하는 것으로 알려져 있다.

③ 석회질 자재를 투여하여 pH를 낮추면 Cu, Cd, Zn, Mn, Fe 등은 수산화물로 침전된다.

④ 인산 자재를 투여하면 Cr, Pb, Zn, Cd, Fe, Mn 등과 반응하여 난용성 인산염을 생성한다.

풀이 석회질 자재를 투여하여 토양의 pH를 높여 중금속 (Cu, Cd, Zn, Mn, Fe 등)을 수산화물로 침전시킨다.

정답   47 ②   48 ①   49 ③   50 ③   51 ③

52 오염토양의 불용화처리를 위한 화학적 처리 방법에서 오염물질별 첨가제를 옳게 연결한 것은?

① 시안화합물 – 황화나트륨
② 6가크롬화합물 – 황화나트륨
③ 비소화합물 – 염화철(Ⅱ)
④ 납화합물 – 차아염소산나트륨

풀이 1. 시안화합물
  ㉠ 시안착염을 형성하는 경우 : 제1철염
  ㉡ 시안착염을 포함하지 않는 경우 : 차아염소산나트륨, 표백분

  2. 6가 크롬화합물 : 황산철, 아탄
  3. 납화합물 : 황화나트륨

53 수직방벽을 이용한 오염지하수 제어방법 중 슬러리월의 장단점으로 틀린 것은?

① 유해성이 큰 침출수에 노출될 경우 벤토나이트 특성 저하
② 지하수위 강하에 따른 주변지역의 영향이 큼
③ 침출수 저항이 강한 벤토나이트 사용이 가능
④ 유지관리비가 적게 소요됨

풀이 슬러리월의 장단점
  1. 장점
  ㉠ 시공방법이 간단함
  ㉡ 지하수위 하강에 따른 주변지역의 영향이 적음
  ㉢ 시간경과에 따른 광물(벤토나이트) 특성이 저하되지 않음
  ㉣ 침출수에 대한 저항이 강한 광물(벤토나이트)의 사용이 가능함
  ㉤ 유지관리비용이 적게 소요됨

  2. 단점
  ㉠ 유해성이 큰 침출수에 노출될 경우 광물(벤토나이트)의 특성이 저하됨
  ㉡ 암석층의 경우 자갈로 인하여 과도굴착이 필요함
  ㉢ 광물(벤토나이트)의 운반비용이 소요됨

54 $4.5m^3$ 용량의 지하저장탱크를 제거하였다. 저장탱크가 제거된 토양 박스 규모는 $4m \times 4m \times 5m(L \times W \times H)$이며 박스 내 오염토양을 시료로 채취하여 TPH 농도를 분석한 결과, 평균농도가 4,000mg/kg로 검출되었다. 이 오염 토양 내 존재하는 TPH는 몇 리터인가?(단, 오염토양 밀도= $1.8g/cm^3$, TPH 비중=0.7)

① 약 756L   ② 약 777L
③ 약 785L   ④ 약 792L

풀이 오염된 토양부피$(m^3) = (4 \times 4 \times 5)m^3 - 4.5m^3$
$= 75.5m^3$

$$TPH(L) = \frac{4,000\,mg/kg \times 1,800\,kg/m^3 \times 75.5\,m^3}{700\,kg/m^3 \times 10^6\,mg/kg \times m^3/10^3\,L}$$
$$= 776.57L$$

55 매립지에서 지하수나 지표수를 오염시키는 침출수처리를 위해 적용할 수 있는 식물로 가장 적절한 것은?

① 습지식물   ② 미루나무
③ 해바라기   ④ 포플러나무

풀이 포플러나무
  ㉠ 오염물질의 독성에 대해 저항력이 강하다.
  ㉡ 타 식물에 비하여 상대적으로 고농도의 오염물질이 존재하는 경우에도 생존하는 특성이 있다.
  ㉢ 어떠한 환경조건에서도 적응을 쉽게 한다.

56 전기 동력학적 오염토양 복원기술이 타 기술과 비교하여 갖는 장점으로 틀린 것은?

① 전기장의 방향을 조절함으로써 토양 내 공극유체와 오염물질들의 이동방향을 조절할 수 있다.
② 물의 전기분해 반응에 의해 전기전도도가 증가하여 전기효율이 증가된다.
③ 굴착 등이 필요하지 않기 때문에 현재의 현장상태를 유지하면서 오염토양을 복원할 수 있다.
④ 전기삼투계수가 토양의 종류에 크게 영향을 받지 않기 때문에 여러 종류의 토양층으로 구성된 이질성이 큰 토양에서도 오염물질의 제거가 비교적 균일하다.

풀이 전기동력학적 오염토양 복원기술은 물의 전기분해 반응에 의해 전극에서 생성되는 산소가스(양극)와 수소가스(음극)가 전극을 둘러싸게 됨에 따라 전기전도도의 감소로 전기효율의 저하가 발생한다.

57 슬러리월의 장·단점으로 가장 거리가 먼 것은?

① 지하수위 강하에 따른 주변지역의 영향이 크다.
② 유해성이 큰 침출수에 노출될 경우 벤토나이트의 특성이 저하된다.
③ 시공방법이 간단하다.
④ 유지관리비가 적게 소요된다.

풀이 슬러리월의 장단점
  1. 장점
    ㉠ 시공방법이 간단하다.
    ㉡ 지하수위 하강에 따른 주변지역의 영향이 적다.
    ㉢ 시간경과에 따른 광물(벤토나이트) 특성이 저하되지 않는다.
    ㉣ 침출수에 대한 저항이 강한 광물(벤토나이트)의 사용이 가능하다.
    ㉤ 유지관리비용이 적게 소요된다.

  2. 단점
    ㉠ 유해성이 큰 침출수에 노출될 경우 광물(벤토나이트)의 특성이 저하된다.
    ㉡ 암석층의 경우 자갈로 인하여 과도굴착이 필요하다.
    ㉢ 광물(벤토나이트)의 운반비용이 소요된다.

58 효율적인 토양 세척용 계면활성제 선택 시 고려사항으로 가장 거리가 먼 것은?

① 용해도   ② 전도성
③ 흡착성   ④ 생분해성

풀이 효율적인 토양 세척용 계면활성제 선택 시 고려사항
  ㉠ 용해도
  ㉡ 흡착성
  ㉢ 생분해성
  ㉣ 생물학적 특성
  ㉤ 비용

59 Pneumatic Fracturing 기술 개요로 옳은 것은?

① 수리전도도가 불량하고 과잉 압밀된 오염지반에 인위적인 틈을 만들어 압축공기를 주입함으로써 여타 지중정화기술 적용 시 오염물 처리 및 추출효율을 증대시킨다.
② 추출정을 설치하여 압력과 농도구배를 형성하고 추출정을 통하여 고압의 안정제를 주입함으로써 오염물의 추출효율을 증대시킨다.
③ 수직 굴착으로는 오염물질에 대한 접근이 용이하지 않은 지반구조일 경우 수평 또는 일정 각도를 가지도록 굴착하여 오염물질을 효율적으로 처리한다.
④ 오염지반에 오염물 용해도를 증대시키기 위한 첨가제를 함유한 고압의 물을 주입하여 토양 내 오염물을 추출하여 인위적인 틈을 형성시켜 토양의 통기성을 향상시킨다.

풀이 압축공기파쇄추출법(Pneumatic Fracturing)
  ㉠ 수리전도도(통기성)가 불량하고 과잉 압밀된 오염지반에 인위적인 틈을 만들어 압축공기를 주입하여 여타 지중정화기술 적용 시 오염물 처리 및 추출효율을 증대시키는 방법이다.
  ㉡ 오염된 불투수 대수층에 일정 구간마다 미세 구멍을 뚫어, 이 구멍으로 일정압력을 가진 공기를 분사시켜 균열을 확장시키거나 새로운 균열을 형성한다.
  ㉢ 통기성이 낮거나 압밀된 토양에 균열을 증가시키기 위해 지표 아래로 압축공기를 주입하는 처리기술이다.

60 군 사격장으로 사용하던 지역이 TNT와 RDX로 오염되었다. 식물정화법을 적용하여 정화하고자 할 때 분해에 관여하는 효소는?

① Dehalogenase
② Peroxidase
③ Nitroreductase
④ Nitrilase

풀이 식물정화에 중요한 역할을 하는 효소와 분해되는 오염물질

효소	분해되는 오염물질
Dehalogenase	염소계 유기용매(TCE), 에틸렌 함유 화합물(Hexachloroethane)
Laccase	Aminotoluene, 탄약폐기물
Nitroreductase	TNT, RDX
Nitrilase	제초제(Atrazine)
Peroxidase	페놀
Phosphatase	살충제(유기인계)

4과목 토양 및 지하수환경 관계법규

61 지하수에 관한 조사업무를 대행하는 지하수조사 전문기관이 작성하는 지하수조사계획서에 포함되는 사항과 가장 거리가 먼 것은?

① 원상복구계획
② 시추계획
③ 조사내용
④ 조사지역

풀이 지하수조사계획서의 포함사항
　　ㄱ 조사지역
　　ㄴ 조사기간
　　ㄷ 조사내용
　　ㄹ 원상복구계획

62 지하수의 체계적인 개발·이용 및 효율적인 보전·관리를 위하여 지하수관리기본계획의 수립 시 포함되어야 할 사항 중 거리가 먼 것은?

① 지하수의 이용실태
② 지하수의 보전계획
③ 지하수의 조사에 관한 투자계획
④ 지하수의 수질관리 및 정화계획

풀이 지하수관리기본계획 수립 시 포함사항
　　ㄱ 지하수의 부존특성 및 개발 가능성

　　ㄴ 지하수의 이용실태
　　ㄷ 지하수의 이용계획
　　ㄷ의2 유출지하수의 관리 및 이용계획
　　ㄷ의3 지하수열의 이용활성화 및 연구개발추진계획
　　ㄹ 지하수의 보전계획
　　ㅁ 지하수의 수질관리 및 정화계획
　　ㅂ 그 밖에 지하수의 관리에 관한 사항

63 토양환경보전법에서 사용하는 용어의 뜻과 가장 거리가 먼 것은?

① 토양오염 : 사업활동이나 그 밖의 사람의 활동에 의하여 토양이 오염되는 것으로서 사람의 건강·재산이나 환경에 피해를 주는 상태를 말한다.
② 토양정화 : 생물학적 또는 물리적·화학적 처리 등의 방법으로 토양 중의 오염물질을 감소·제거하거나 토양 중의 오염물질에 의한 위해를 완화하는 것을 말한다.
③ 특정토양오염관리대상시설 : 토양을 현저하게 오염시킬 우려가 있는 토양오염관리대상시설로서 환경부령으로 정하는 것을 말한다.
④ 토양복원 : 오염 또는 훼손된 토양을 자연적 방법으로 토양 원래의 상태로 하여 재이용이 가능하도록 하는 것을 말한다.

풀이 토양복원의 용어는 명시되어 있지 않다.

64 지하수를 생활용수로 이용하는 경우, 적용되는 수질기준항목(일반오염물질)에 해당되지 않는 것은?

① 염소이온
② 질산성 질소
③ 수소이온농도
④ BOD

풀이 지하수를 생활용수로 이용하는 경우 수질기준항목(일반오염물질)
　　ㄱ 수소이온농도(pH)
　　ㄴ 총 대장균군
　　ㄷ 질산성 질소
　　ㄹ 염소이온

65 환경부장관 또는 시장·군수·구청장이 지하수를 현저하게 오염시킬 우려가 있는 시설의 설치자 또는 관리자에게 지하수 오염방지를 위하여 명할 수 있는 조치가 아닌 것은?

① 오염된 지하수의 정화

② 지하수 오염 관측정의 설치 및 수질측정

③ 지하수오염물질 누출방지시설의 설치

④ 지하수영향조사 실시

풀이 지하수 오염방지 명령 조치사항
  ㉠ 지하수 오염 관측정의 설치 및 수질측정
  ㉡ 지하수 오염 진행상황의 평가
  ㉢ 지하수오염물질 누출방지시설의 설치
  ㉣ 오염된 지하수의 정화
  ㉤ 해당 시설의 설비·운영의 개선

66 토양오염의 원인이 되는 물질로서 환경부령으로 정하는 토양오염물질 항목이 아닌 것은?

① 니켈 및 그 화합물

② 유류(동·식물성 제외)

③ 망간 및 그 화합물

④ 시안화합물

풀이 [별표 1] 토양오염물질(제1조의2 관련)
  1. 카드뮴 및 그 화합물
  2. 구리 및 그 화합물
  3. 비소 및 그 화합물
  4. 수은 및 그 화합물
  5. 납 및 그 화합물
  6. 6가 크롬화합물
  7. 아연 및 그 화합물
  8. 니켈 및 그 화합물
  9. 불소화합물
  10. 유기인화합물
  11. 폴리클로리네이티드비페닐
  12. 시안화합물
  13. 페놀류
  14. 벤젠
  15. 톨루엔
  16. 에틸벤젠
  17. 크실렌
  18. 석유계 총 탄화수소
  19. 트리클로로에틸렌
  20. 테트라클로로에틸렌
  21. 벤조(a)피렌
  22. 1,2-디클로로에탄
  23. 다이옥신(퓨란을 포함한다)
  24. 기타 위 물질과 유사한 토양오염물질로서 토양오염의 방지를 위하여 특별히 관리할 필요가 있다고 인정되어 환경부장관이 고시하는 물질

67 지하수정을 굴착하여 수질을 측정하였더니 질산성 질소가 16mg/L로 나타났다. 질산성 질소 농도만을 고려할 경우에 이 지역의 지하수는 어떤 용도로 사용이 가능한가?(단, 지하수를 공업용수, 농업용수, 어업용수, 생활용수로 사용하려고 함)

① 공업용수로만 사용이 가능하다.

② 공업용수, 농업용수로만 사용이 가능하다.

③ 공업용수, 어업용수로만 사용이 가능하다.

④ 생활용수, 농업용수, 어업용수, 공업용수로 모두 사용이 가능하다.

풀이 지하수의 수질기준

이용목적별 항목		생활용수	농·어업 용수	공업용수
일반 오염 물질 (4개)	수소이온 농도(pH)	5.8~8.5	6.0~8.5	5.0~9.0
	총 대장균군	5,000 이하 (군수 /100mL)	—	—
	질산성 질소	20 이하	20 이하	40 이하
	염소이온	250 이하	250 이하	500 이하

68 지하수에 관한 조사업무를 대행할 수 있는 지하수 관련 조사전문기관으로 가장 거리가 먼 것은?

① 「한국수자원공사법」에 따른 한국수자원공사

② 「한국광물자원공사법」에 따른 한국광물자원공사

③ 「환경기술개발 및 지원에 관한 법률」에 의한 한국환경산업기술원

④ 「한국환경공단법」에 따른 한국환경공단

정답 65 ④ 66 ③ 67 ④ 68 ③

풀이 지하수 관련 조사 업무의 대행 전문기관
- ㉠「과학기술분야 정부출연연구기관 등의 설립·운영 및 육성에 관한 법률」에 따라 설립된 한국지질자원연구원
- ㉡「한국광물자원공사법」에 따른 한국광물자원공사
- ㉢「한국수자원공사법」에 따른 한국수자원공사
- ㉣「한국농어촌공사 및 농지관리기금법」에 따른 한국농어촌공사
- ㉤「과학기술분야 정부출연연구기관 등의 설립·운영 및 육성에 관한 법률」에 따라 설립된 한국건설기술연구원
- ㉥「한국환경공단법」에 따른 한국환경공단
- ㉦협회

69 시료의 채취 및 분석을 통한 토양오염의 정도와 범위를 조사하는 토양환경평가 조사단계(순서)는?

① 개황조사
② 기초조사
③ 정밀조사
④ 오염도조사

풀이 토양환경평가
- ㉠ 기초조사 : 자료조사, 현장조사 등을 통한 토양오염 개연성 여부 조사
- ㉡ 개황조사 : 시료의 채취 및 분석을 통한 토양오염 여부 조사
- ㉢ 정밀조사 : 시료의 채취 및 분석을 통한 토양오염의 정도와 범위조사

70 토양오염실태를 파악하기 위해서는 측정망을 설치 운영하도록 되어 있는데 이에 대한 설명으로 옳지 않은 것은?

① 시·도지사가 전국적인 토양오염 실태를 파악하기 위하여 측정망을 설치하고, 토양오염도를 상시 측정하여야 한다.
② 시장·군수·구청장은 환경부령이 정하는 바에 따라 토양오염실태조사의 결과를 시·도지사에게 보고하여야 한다.

③ 환경부장관, 시·도지사 또는 시장·군수·구청장은 토양보전을 위하여 필요하다고 인정하는 경우에는 토양오염실태조사의 결과 우려기준을 넘는 지역에 대한 토양정밀조사를 실시할 수 있다.
④ 측정망의 설치기준과 토양오염실태조사의 대상지역 선정기준, 조사방법 및 절차 그밖에 필요한 사항은 환경부령으로 정한다.

풀이 환경부장관은 전국적인 토양오염 실태를 파악하기 위하여 측정망을 설치하고, 토양오염도를 상시 측정하여야 한다.

71 환경부장관은 토양보전을 위하여 몇 년마다 토양보전에 관한 기본계획을 수립·시행하여야 하는가?

① 20년
② 15년
③ 10년
④ 5년

72 오염토양의 반출절차 및 방법에 관한 내용으로 ( )에 옳은 내용은?

> 특별자치도지사·시장·군수·구청장은 오염토양반출정화(변경)계획서를 검토하여 반출정화의 계획이 적정한 경우에는 ( )에 적정통보하여야 한다.

① 7일 이내
② 10일 이내
③ 15일 이내
④ 30일 이내

풀이 특별자치도지사·시장·군수·구청장은 오염토양반출정화(변경)계획서를 검토하여 반출정화의 계획이 적정한 경우에는 10일 이내에 적정통보를 하여야 하며, 반출정화대상에 해당하지 아니하는 등 반출정화계획의 내용이 적정하지 아니한 경우에는 10일 이내에 오염토양반출정화(변경)계획서를 반려하거나 보완을 요구하여야 한다.

73 다음에서 언급한 '환경부령으로 정하는 토양 관련 전문기관'으로 옳은 것은?

시장·군수·구청장은 오염토양 개선사업의 전부 또는 일부의 실시를 그 정화책임자에게 명할 수 있다. 이 경우 시장·군수·구청장은 토양보전을 위하여 필요하다고 인정하면 환경부령으로 정하는 토양 관련 전문기관으로 하여금 오염토양 개선사업을 지도·감독하게 할 수 있다.

① 농촌진흥청　　　　② 한국환경공단
③ 국립환경과학원　　④ 시·도 보건환경연구원

풀이 환경부령으로 정하는 토양오염개선사업의 지도·감독기관은 시·도 보건환경연구원이다.

74 지하수의 관측 및 조사 등에 관한 설명으로 ( )에 순서대로 나열된 것은?

( )은 전국적인 지하수관측시설을 설치하여 ( )이 정하는 바에 따라 지하수의 수위변동실태를 조사하여야 한다.

① 국토교통부장관 – 환경부령
② 국토교통부장관 – 대통령령
③ 환경부장관 – 대통령령
④ 시·도지사 – 환경부령

75 지하수를 생활용수로 이용하는 경우 질산성 질소의 지하수의 수질기준(mg/L)은?

① 1 이하　　　　　② 10 이하
③ 15 이하　　　　④ 20 이하

풀이 지하수의 수질기준

이용 목적별 항목		생활용수	농·어업 용수	공업용수
일반 오염 물질 (4개)	수소이온 농도(pH)	5.8~8.5	6.0~8.5	5.0~9.0
	총 대장균군	5,000 이하 (군수/100mL)	—	—
	질산성 질소	20 이하	20 이하	40 이하
	염소이온	250 이하	250 이하	500 이하

76 토양환경보전법령상 위해성평가에 관한 내용으로 옳지 않은 것은?

① 현재 위해성평가 대상 중금속류 물질은 카드뮴, 구리, 비소, 수은, 납, 6가 크롬, 아연, 니켈이다.
② 위해성평가서의 요약본을 해당 기관의 인터넷홈페이지 등에 20일 이상 공고하고 위해성평가 대상 오염토양으로 영향을 받게 되는 지역의 주민이 위해성평가서를 공람할 수 있도록 해야 한다.
③ 환경부장관이 위해성평가서를 검증하는 경우 기술적 사항을 검토하기 위하여 국립환경과학원 또는 한국환경공단의 의견을 들을 수 있다.
④ 위해성평가의 결과를 토양정화의 시기에 반영하려는 경우 위해성평가의 최초검증 후 2년마다 위해성평가기관으로 하여금 대상지역에 대한 오염토양 모니터링을 실시하도록 해야 한다.

풀이 환경부장관, 시·도지사, 시장·군수·구청장 또는 정화책임자는 위해성평가의 결과를 토양정화의 시기에 반영하려는 경우 위해성평가의 최초검증 후 매년마다 토양 관련 전문기관으로 하여금 위해성평가 대상지역에 대한 오염토양 모니터링을 실시하도록 해야 한다.

77 지하수보전구역에 설치된 지하수오염 유발 시설에 해당하지 않는 것은?(단, 지하수의 수질보전 등에 관한 규칙 기준)

① 폐기물관리법 시행령에 따른 소각시설
② 폐기물관리법 시행령에 따른 매립시설
③ 물환경보전법 시행규칙에 따른 폐수배출시설
④ 토양환경보전법 시행규칙에 따른 특정토양오염 관리대상시설

풀이 지하수오염 유발시설(지하수보전구역)
　ⓐ「토양환경보전법 시행규칙」에 따른 특정토양오염관리대상시설
　ⓑ「수질 및 수생태계 보전에 관한 법률 시행규칙」에 따른 폐수배출시설
　ⓒ「폐기물관리법 시행령」에 따른 매립시설
　ⓓ 그 밖에 ⓐ부터 ⓒ까지의 시설과 유사한 시설로서 특별히 관리할 필요가 있다고 인정되어 환경

정답 73 ④　74 ③　75 ④　76 ④　77 ①

부장관이 관계 중앙행정기관의 장과 협의하여 고시하는 시설

78 토양환경보전법령상 토양 관련 전문기관의 결격사유에 해당하지 않는 것은?

① 피성년후견인 또는 피한정후견인
② 파산선고를 받고 복권되지 아니한 자
③ 토양오염조사기관으로 지정된 자가 토양정화업을 겸업하여 지정이 취소된 후 2년이 지나지 아니한 자
④ 토양환경보전법을 위반하여 구류의 형을 선고받고 그 집행이 종료된 날로부터 2년이 지나지 아니한 자

풀이 토양 관련 전문기관의 결격사유
　㉠ 피성년후견인 또는 피한정후견인
　㉡ 파산선고를 받고 복권되지 아니한 사람
　㉢ 지정이 취소된 후 2년이 지나지 아니한 자
　㉣ 이 법을 위반하여 징역 이상의 실형을 선고받고 그 집행이 끝나거나(집행이 끝난 것으로 보는 경우를 포함한다) 면제된 날부터 2년이 지나지 아니한 사람
　㉤ 임원 중에 제1호부터 제4호까지의 어느 하나에 해당하는 사람이 있는 법인

79 토양환경보전법령상 환경부장관은 토양보전을 위해 몇 년을 주기로 토양보전에 관한 기본계획을 수립해야 하는가?

① 1년　　　　　② 3년
③ 5년　　　　　④ 10년

풀이 환경부장관은 토양보전을 위하여 10년마다 토양보전에 관한 기본계획을 수립·시행하여야 한다.

80 토양환경보전법령상 토양오염조사기관의 장비·기술인력에 관한 지정기준으로 옳지 않은 것은?

① 퍼지·트랩장치 또는 가스크로마토그래프 질량분석기 중 1대를 구비해야 한다.
② 기사는 해당 분야의 산업기사 자격취득 후 토양 관련 분야 또는 해당 전문기술 분야에서 4년 이상 종사한 사람으로 대체할 수 있다.
③ 누출검사기관이 토양오염조사기관으로 지정받으려는 경우 기술인력은 토양오염조사기관 지정에 필요한 기술인력의 2분의 1 이상을 확보해야 한다.
④ 박사 또는 기술사는 해당 분야의 기사 자격취득 후 토양 관련 분야 또는 해당 전문기술 분야에서 5년 이상 종사한 사람으로 대체할 수 있다.

풀이 토양오염조사기관(장비)

번호	장비명	수량 (단위 : 대)
1	흡광광도계(UV/Vis Spectrophotometer)	1
2	원자흡광광도계(Atomic Absorption Spectrophotometer) 또는 유도결합플라즈마광도계(Inductively Coupled Plasma)	1
3	퍼지·트랩장치(Purge & Trap)	1
4	가스크로마토그래프 전자포획기(GC/ECD)	1
5	가스크로마토그래프 질량분석기(GC/MSD)	1
6	가스크로마토그래프 불꽃이온화검출기 (GC/FID)	1
7	초음파 추출장치(Ultrasonic Disruptor)	1
8	자가동력시추기(타격식이나 나선형식으로 시추 깊이가 최소 6미터 이상일 것)	1
9	그 밖에 토양시료를 채취하여 분석하는 데 필요한 장비	

1과목 토양학개론

01 토양으로 가득 채운 관(Column)의 두 지점 사이에 지하수가 흐른다고 했을 때, 토양층을 흐르는 유량에 반비례하는 것은?(단, Darcy's Law 기준)

① 수리전도도(Hydraulic Conductivity)
② 두 지점 사이의 수두 차
③ 두 지점 사이의 거리
④ 관의 단면적

풀이 Darcy 법칙

$$Q = A \times V$$

$$V = KI = K\frac{dh}{dL}$$

$$Q = KIA = KA\frac{dh}{dL}$$

여기서, Q : 대수층의 유량(m^3/sec)
 K : 비례상수(투수계수 = 수리전도도)
  (m/sec)
 A : 물 흐름의 수직방향 단면적(m^2)
 dh : 수두차($h_2 - h_1$)(m)
 dL : 수평방향 두 지점 사이 거리(m)
 $\frac{dh}{dL}(I)$: 두 지점 사이 수리경사
 V : Darcy 속도(m/sec)

02 토양의 입도분석 결과 입도분포곡선으로부터 $D_{10} = 0.06mm$, $D_{30} = 0.16mm$, $D_{60} = 0.53mm$ 로 측정되었다. 이때 곡률계수는?

① 0.51
② 0.61
③ 0.71
④ 0.81

풀이 곡률계수 $= \dfrac{D_{30}^{2}}{D_{10} \times D_{60}} = \dfrac{0.16^2}{0.06 \times 0.53} = 0.81$

03 점토광물 중 Illite에 관한 내용으로 틀린 것은?

① Vermiculite와 같이 2 : 1의 층상구조를 가진다.
② 습윤상태에서 팽창이 불가능하다.
③ 토양 중에 흔히 존재하는 점토광물로서 K^+ 함량이 많은 퇴적물이 저온 조건하에서 변성작용을 받을 때 형성되는 것으로 알려져 있다.
④ 운모에 비하여 K^+ 함량이 높아 Hydrous Mica로 불린다.

풀이 Hydrous Mica는 2 : 1형 광물로 층간에 채워진 K가 풍화가 진행되는 동안 빠져나가고 물 분자로 채워진 풍화운모로 수화운모라고 한다.

04 지하수 상·하류 두 지점의 수두차 1.6m, 두 지점 사이의 수평거리 520m, 투수계수 300m/day일 때, 대수층의 두께 3.8m, 폭 1.5m인 지하수의 유량은?

① 4.28m^3/day
② 5.26m^3/day
③ 6.38m^3/day
④ 7.46m^3/day

풀이 $Q = KA\dfrac{dh}{dL}$

$$= 300m/day \times (3.8 \times 1.5)m^2 \times \frac{1.6m}{520m}$$

$$= 5.26m^3/day$$

05 다음 중 토양오염의 특성과 거리가 먼 것은?

① 지속성
② 시차성
③ 잔류성
④ 광역성

풀이 토양오염의 특성
 ㉠ 다양성
 ㉡ 시차성(완만성)
 ㉢ 국지성
 ㉣ 연관성
 ㉤ 지속성 및 잔류성

PART 05

06 다음 토양에서 질소의 순환에 대한 설명 중 맞는 것은?

① 질산화작용에 의해 생성된 질산이온 또는 토양에 첨가된 질산이온은 토양에 흡착되어 이동성이 작은 양이온이 된다.

② 토양유기물의 탈질반응은 pH 7.5 ~8.3 범위의 약알칼리조건을 필요로 한다.

③ 유기물의 NO_2^-, NO_3^-로의 변환을 질소의 유기화 과정이라 한다.

④ 표토 부근의 토양 내 존재하는 총질소의 90% 이상이 유기질소형태로 존재한다.

풀이 ① 질산화작용에 의해 생성된 질산이온 또는 토양에 첨가된 질산이온은 토양에 흡착되지 않고 이동성이 큰 음이온이 된다.
② 토양유기물의 탈질반응은 pH 5.0~5.5 범위가 최적이다.
③ 유기물의 NO_2^-, NO_3^-로의 변환을 질산화작용이라 한다.

07 지하수의 알칼리도에 관한 설명으로 틀린 것은?

① 알칼리도는 지하수의 pH가 7 이상이어야만 존재한다.

② 탄산염 및 중탄산염은 알칼리도에 영향을 미친다.

③ 수화물이나 수산기가 물 속에 들어 있을 때는 알칼리도에 영향을 미친다.

④ 알칼리도 측정 시에는 페놀프탈레인이나 메틸오렌지 등의 지시약을 사용한다.

풀이 ① 지하수의 pH가 반드시 7 이상이어야 하는 것은 아니다.

08 어떤 유기용제 25L가 토양으로 유출되었다. 이로 인해 발생된 오염 지하수의 부피는 200m³이었고 지하수 내 유기용제의 농도는 90mg/L이었다. 유기용제의 밀도가 0.9g/mL일 때 토양 내 잔존하는 유기용제의 양(L)은?(단, 유기용제의 분해는 고려하지 않음)

① 2
② 3
③ 4
④ 5

풀이 잔존 유기용제 부피(L)

$$= 25L - \frac{200m^3 \times 90mg/L \times L/1,000mL \times 1,000L/m^3}{0.9g/mL \times 1,000mg/g}$$

$$= 25 - 20$$

$$= 5L$$

09 다음 토양 성분 중 일반적으로 단위질량당 표면적이 가장 큰 것은?

① 굵은 모래(Coarse Sand)

② 자갈(Gravel)

③ 미사(Silt)

④ 점토(Clay)

풀이 점토는 표면적이 매우 커서 표면활성이 높다.

10 식물이 물을 흡수하지 못하여 시들게 되는 토양수분 상태를 나타내는 일반적인 위조점(토양수분퍼텐셜)은?

① −1.5MPa
② −15MPa
③ −25MPa
④ −30MPa

풀이 일반적 위조점의 pF = 4.18

$$pF = \log[H]$$

$$4.18 = \log[H]$$

$$H = 10^{4.18} cmH_2O$$

$$atm = 10^{4.18} cmH_2O \times \frac{1atm}{10,332cmH_2O}$$

$$= 14.65atm$$

$$MPa = 14.65atm \times \frac{0.101325MPa}{1atm}$$

$$= 1.48MPa$$

11 토양 오염물질 중 BTEX를 구성하는 성분이 아닌 것은?

① 벤젠
② 톨루엔
③ 에틸렌
④ 자일렌

풀이 BTEX

ㄱ Benzene   ㄴ Toluene
ㄷ Ethylbenzene   ㄹ Xylene

12 자유면 대수층이 발달한 지역에서 공극률이 0.3, 비산출률이 0.3이고 유역면적이 150km²이며 수위강하를 6m만 허용할 때 지하수 개발 가능량은?(단, 자유면 평균 두께 : 100m)

① $2.7 \times 10^7 \text{m}^3$ ② $2.7 \times 10^8 \text{m}^3$
③ $8.1 \times 10^7 \text{m}^3$ ④ $8.1 \times 10^8 \text{m}^3$

풀이 지하수 개발가능량
$$= S \times A \times \Delta h$$
$$= 0.3 \times 150 \text{km}^2 \times 6\text{m} \times 10^6 \text{m}^2/\text{km}^2$$
$$= 2.7 \times 10^8 \text{m}^3$$

13 토양 내에 존재하는 부식물질의 설명으로 틀린 것은?

① 부식탄(부식회, Humin)은 알칼리에는 용해되나 산에는 용해되지 않는 물질이다.
② 부식산(Humic Acid)은 중간 내지 고분자의 산성물질로서 무정형이다.
③ 풀브산(Fulvic Acid)은 저분자의 부식산과 비부식물질이 결합된 것이다.
④ 부식물질은 비부식물질에 비하여 구조가 복잡하여 분해에 대한 저항성이 크다.

풀이 부식탄(부식회, 휴민, Humin)
ㄱ 산과 알칼리 모두에 불용하는 물질
ㄴ 전체 부식물질의 20~30% 정도 차지
ㄷ 무기성분과 강하게 결합
ㄹ 미분해 식물의 조직과 탄화된 물질 및 잘 추출되지 않는 부식산으로 구성되어 있음

14 토양용액에 대한 설명으로 틀린 것은?

① 토양 중의 이산화탄소 농도가 대기 중보다 높기 때문에 용액 중의 용존탄소량이 많으며 pH를 저하시킨다.

② 탄산염을 함유한 물이 토양에 침입함에 따른 pH 상승을 알칼리화라고 하며 pH 8.5 이상인 토양을 알칼리 토양이라 한다.
③ 대부분 토양의 Eh는 호기성 조건에서 500~700 mV 정도이다.
④ 토양 용액 중 H 이온과 Al 이온의 합이 전체 양이온의 20% 이상인 토양은 알칼리 토양이라고 하며 pH 8.5 이상이다.

풀이 토양 중의 이산화탄소 농도가 대기 중보다 높기 때문에 용액 중의 용존탄소량이 많으며 pH를 증가시킨다.

15 토양의 비열과 용적열용량에 관한 설명으로 가장 거리가 먼 것은?

① 토양의 비열은 토양 1g의 온도를 1℃ 높이는 데 필요한 열량이다.
② 토양의 비열이 크면 온도의 상승 및 하강이 느리다.
③ 토양의 비열은 물의 비열의 2~4배 정도이다.
④ 토양 내 모래 함량이 많을수록 용적열용량이 작아진다.

풀이 ㄱ 물의 비열 : 1.0
ㄴ 토양 무기성분 비열 : 0.2
ㄷ 토양 유기성분 비열 : 0.4

16 단위체적의 대수층 내에 저유된 지하수와 대수층으로부터 외부로 뽑아낼 수 있는 지하수량과의 비를 나타내는 것은?

① 비양수율(Specific Reuse)
② 간극률(Porosity)
③ 비산출률(Specific Yield)
④ 비보유율(Specific Retention)

풀이 비산출률(Specific Yield)
ㄱ 비산출률은 비유출률이라고도 하며 토양 또는 암석(대수층)에서 중력에 의해 배출되는 수량과 암석 부피의 비율이다.
ㄴ 비산출률은 자유면 대수층에서 지하수면의 단위 상승 혹은 강하에 의해 단위면적을 통해 자유면 대수층의 저류 지하수로부터 유입 혹은 유출되는

물의 부피와의 비율이다.(중력에 의해 배출되는 물의 부피와 대수층 부피의 비율)

ⓒ 비산출률은 단위체적의 대수층 내에 저유된 지하수와 대수층으로부터 외부로 뽑아낼 수 있는 지하수량과의 비를 나타낸다. 즉, 포화된 암석으로부터 중력으로 인해 배수되는 물체적의 비율이다.

ⓡ 비산출률은 유효공극률, 비수율, 비피압 저류계수와 동일 의미이다.

17 토양 중 인(P)에 대한 설명으로 옳은 것은?

① 토양에 따라 차이가 많지만 총인 중 유기태인이 5~10%를 차지한다.
② 식물은 토양용액으로부터 $H_2PO_4^-$이나 HPO_4^{2-}과 같은 무기인산 형태의 인을 흡수한다.
③ 유기태인은 Ca, Fe 및 Al과 결합된 형태 그리고 토양광물의 표면에 흡착된 형태로 존재한다.
④ 토양용액 중 인의 농도는 작물의 인요구량에 비해 높고, 이동성이 크다.

풀이 인은 알칼리성하에서는 PO_4^{2-}의 형태로 존재하고 강산성하에서는 주로 $H_2PO_4^-$으로 존재하고 $H_2PO_4^-$, HPO_4^{2-}은 모두 식물이나 미생물에 흡수 이용된다.

18 우리나라 토양의 일반적인 특징에 대한 설명으로 가장 거리가 먼 것은?

① 낮은 유기물 함량
② 사질(모래) 토양
③ 낮은 염기교환 용량
④ 중성 토양

풀이 우리나라 토양의 일반적 특징
ⓐ 사질(모래) 토양
ⓑ 낮은 유기물 함량
ⓒ 산성 토양
ⓡ 낮은 염기치환 용량
ⓜ 우리나라의 토양을 구성하는 모암은 화강암과 화강편마암으로 되어 있고, 화강암은 SiO_2 함량이 많은 산성암으로 물리성은 좋으나 강산성을 띠고 있어 비옥도가 낮음

19 세계 토양목의 구분 중 Histosol 토양은?

① 미발달 토양
② 유기질 늪지 토양
③ 건조지역의 토양
④ 화산재 토양

풀이 히스토졸(Histosols)
ⓐ 부분적으로 또는 심하게 분해된 수생식물의 잔재가 얕은 연못이나 습지에서 퇴적되어 형성
ⓑ 유기질(식물조직)로 이루어진 늪지의 토양으로 흑색과 암갈색을 나타냄
ⓒ 유기물 함량이 20~30% 이상이며 유기물 토양층은 40cm 이상임
ⓡ 담수상태 또는 산성 조건에서 발달하는 유기질 늪지 토양
ⓜ 이탄토, 흑니토 등이 이에 속함

20 토양 수직단면을 분류하는 성층구조에서 가장 상층에 존재하는 토양층위는?

① A_1
② B_1
③ O_1
④ C

풀이 토양의 단면
ⓐ O층 : 유기물층
ⓑ A층 : 용탈층
ⓒ B층 : 집적층
ⓡ C층 : 모재층
ⓜ R층 : 모암층

2과목 토양 및 지하수오염조사기술

21 총칙 내용 중 누출검사대상시설에 대한 용어 설명으로 틀린 것은?

① 부속배관 : 누출검사대상시설에 용접 또는 나사조임 방식으로 직접 연결되는 배관을 말한다.
② 지하매설배관 : 부속배관의 경로 중 지하에 매설되어 누출 여부를 육안으로 직접 확인할 수 없는 배관을 말한다.
③ 배관접속부 : 누출검사대상시설과 부속배관, 부속배관과 배관을 연결하기 위하여 용접접합 또는 나사조임 방식 등으로 접속한 부분을 말한다.

④ 누출검지관 : 기체의 누출 여부를 누출검사대상 시설 외부에서 직접 또는 간접적으로 확인하기 위해 설치한 관을 말한다.

풀이 누출검지관이란 액체의 누출 여부를 누출검사대상 시설 외부에서 직접 또는 간접적으로 확인하기 위해 설치된 관을 말한다.

22 다음 중 pH 값이 20℃에서 가장 낮은 값을 나타내는 pH 표준액은?

① 수산화칼슘 표준액　　② 탄산염 표준액

③ 인산염 표준액　　④ 붕산염 표준액

풀이 온도별 표준액의 pH 값

온도 (℃)	수산염 표준액	프탈산염 표준액	인산염 표준액	붕산염 표준액	탄산염 표준액	수산화칼슘 표준액
0	1.67	4.01	6.98	9.46	10.32	13.43
5	1.67	4.01	6.95	9.39	10.25	13.21
10	1.67	4.00	6.92	9.33	10.18	13.00
15	1.67	4.00	6.90	9.27	10.12	12.81
20	1.68	4.00	6.88	9.22	10.07	12.63
25	1.68	4.01	6.86	9.18	10.02	12.45
30	1.69	4.01	6.85	9.14	9.97	12.30
35	1.69	4.02	6.84	9.10	9.93	12.14
40	1.70	4.03	6.84	9.07	—	11.99
50	1.71	4.06	6.83	9.01	—	11.70
60	1.73	4.10	6.84	8.96	—	11.45

23 토양 시료의 수분 측정시험 결과로 다음과 같은 자료를 얻었다. 이때 수분함량은?

- 용기의 무게 : 38.453g
- 용기와 시료의 건조 전 무게 : 74.216g
- 용기와 시료의 건조 후 무게 : 61.347g

① 33.7%　　② 36.0%

③ 41.9%　　④ 44.0%

풀이
$$수분함량(\%) = \frac{(W_2 - W_3)}{(W_2 - W_1)} \times 100$$
$$= \frac{(74.216 - 61.347)}{(74.216 - 38.453)} \times 100$$
$$= 36.0\%$$

24 자외선/가시선 분광법으로 시안을 측정하는 방법에 대한 설명으로 옳은 것은?

① 잔류염소가 함유된 시료는 질산은을 넣어 제거한다.

② pH 2 이하의 산성에서 EDTA를 넣고 가열 증류한다.

③ 유지류가 함유된 시료는 pH 4 이하로 조절하여 클로로포름을 넣어 섞고 수층을 분리한다.

④ 황화물이 함유된 시료는 초산암모늄 용액을 첨가하여 제거한다.

풀이 시안(자외선/가시선 분광법)의 간섭물질
　ⓐ 시안화합물을 측정할 때 방해물질들은 증류하면 대부분 제거된다. 그러나 다량의 지방성분, 잔류염소, 황화합물은 시안화합물을 분석할 때 간섭될 수 있다.
　ⓑ 다량의 지방성분을 함유한 시료는 아세트산 또는 수산화나트륨 용액으로 pH 6~7로 조절한 후 시료의 약 2%에 해당하는 부피의 노말헥산 또는 클로로포름을 넣어 추출하여 유기층은 버리고 수층을 분리하여 사용한다.
　ⓒ 잔류염소가 함유된 시료는 잔류염소 20mg당 L-아스코르빈산(10%) 0.6mL 또는 아비산나트륨 용액(10%) 0.7mL를 넣어 제거한다.
　ⓓ 황화합물이 함유된 시료는 아세트산 아연용액(10%) 2mL를 넣어 제거한다. 이 용액 1mL는 황화물이온 약 14mg에 해당된다.

25 흡광광도 측정에서 투과율이 10%일 때의 흡광도는?

① 0.7　　② 0.8

③ 0.9　　④ 1.0

풀이 흡광도$(A) = \log \dfrac{1}{투과율} = \log \dfrac{1}{0.1} = 1.0$

26 토양에 함유되어 있는 중금속 성분을 분석하기 위하여 시료를 조제할 때 사용되는 표준체가 다른 성분은?

① 납　　② 구리

③ 6가 크롬　　④ 비소

정답　22 ③　23 ②　24 ②　25 ④　26 ③

풀이 시료 조제방법 구분
  ㉠ 수소이온농도, 불소 및 금속류 시험용 시료
  ㉡ 시안, 6가 크롬 및 유기물질 시험용 시료

27 토양오염관리대상시설 지역 중 시료 채취 및 보관방법에 관한 설명으로 가장 거리가 먼 것은?

① 토양시료는 직경 2.0cm 이하의 시료채취봉이 들어 있는 토양시추장비로 채취한다.

② 시료채취봉을 꺼내어 오염의 개연성이 가장 높다고 판단되는 부위 ±15cm를 시료부위로 한다.

③ 토양시추장비는 시추 중에 물이나 기름이 유입되지 않는 것이어야 한다.

④ 토양시추장비로는 시료채취봉이 들어 있는 타격식이나 나선형식이 있다.

풀이 토양시료는 직경 2.5cm 이상의 시료채취봉이 들어 있는 타격식이나 나선형식의 토양시추장비로 채취한다.

28 토양정밀조사결과를 오염등급에 따라 4등급 (Ⅰ, Ⅱ, Ⅲ, Ⅳ)으로 구분하는 경우, '토양오염대책기준 초과지역'의 등급기준을 나타내는 색은?

① 빨간색 ② 청색
③ 노란색 ④ 검은색

풀이 오염등급의 구분

등급	등급기준	색 구분	예시
Ⅰ	토양오염우려기준의 40%(중금속과 불소는 70%) 이하인 지역	흰색	4(7) 이하
Ⅱ	토양오염우려기준의 40%(중금속과 불소는 70%) 초과부터 토양오염우려기준 이하인 지역	녹색	4(7) 초과 10 이하
Ⅲ	토양오염우려기준 초과부터 토양오염대책기준 이하인 지역	노란색	10 초과 20 이하
Ⅳ	토양오염대책기준 초과지역	빨간색	20 초과

29 저장물질이 없는 누출검사대상시설의 누출검사방법 중 가압시험법에 대한 설명으로 가장 거리가 먼 것은?

① 누출 여부 판단을 위한 누출검사대상시설의 가압을 위해서 과도한 속도로 압력이 상승되지 않도록 한다.

② 안전밸브는 $0.2kgf/cm^2$ 이하에서 작동되어야 한다.

③ 가압장치는 불활성가스 용기 및 압력조정장치를 말한다.

④ 압력계(압력자기기록계)는 최소 눈금이 시험압력의 5% 이내이고 이를 읽고 측정압력의 기록이 가능한 압력계이어야 한다.

풀이 저장물질이 없는 누출검사대상시설(가압시험법)의 안전밸브는 $0.7kgf/cm^2$ 이하에서 작동되어야 한다.

30 유도결합플라스마–원자발광분광계에서 플라스마를 형성하는 데 사용되는 가스는?

① 아르곤 ② 질소
③ 수소 ④ 아세틸렌

풀이 유도결합플라즈마 – 원자발광분광계
  시료를 고주파유도코일에 의하여 형성된 아르곤 플라스마에 주입하여 6,000~8,000K에서 들뜬 원자가 바닥상태로 이동할 때 방출하는 발광선 및 발광강도를 측정하여 원소의 정성 및 정량분석을 수행한다.

31 ( )에 옳은 내용은?

방울수라 함은 (㉠)℃에서 정제수 (㉡) 방울을 적하할 때, 그 부피가 약 1mL 되는 것을 뜻한다.

① ㉠ 20, ㉡ 20   ② ㉠ 10, ㉡ 20
③ ㉠ 10, ㉡ 10   ④ ㉠ 20, ㉡ 10

32 부속배관부를 가압시험법으로 누출 여부를 검사할 때 판정기준으로 옳은 것은?

① 시험압력의 5% 이상의 압력변화량이 있으면 불합격으로 한다.

② 시험압력의 10% 이상의 압력변화량이 있으면 불합격으로 한다.

③ 시험압력의 15% 이상의 압력변화량이 있으면 불합격으로 한다.

④ 시험압력의 20% 이상의 압력변화량이 있으면 불합격으로 한다.

33 기체크로마토그래피로 PCB를 측정할 때 주로 사용하는 검출기는?

① 전자포착검출기(ECD)
② 불꽃이온화검출기(FID)
③ 광이온화검출기(PID)
④ 열전도도검출기(TCD)

풀이 기체크로마토그래피로 PCB 측정 시 검출기는 전자포착검출기(ECD) 또는 이와 동등 이상의 검출 성능을 가진 것을 사용한다.

34 일반지역에서 채취하는 토양의 시료용기에 기재하여야 하는 내용이 아닌 것은?

① 토양깊이
② 채취위치
③ 오염 정도
④ 채취자

풀이 일반지역 채취 시 시료용기 기재사항
  ㉠ 채취날짜   ㉡ 위치
  ㉢ 시료명   ㉣ 토양깊이
  ㉤ 채취자

35 유리전극법을 활용한 수소이온농도 측정에 관한 설명으로 틀린 것은?

① pH를 0.1까지 측정한다.
② 유리전극은 일반적으로 산화 및 환원성 물질들에 의해 간섭을 받는다.
③ 토양 중 염류의 농도가 높아지면 pH 값이 낮아지는 경우가 있다.
④ 토양을 오랫동안 방치하면 미생물의 작용으로 탄산가스가 발생하여 pH가 낮아질 수 있다.

풀이 수소이온농도(유리전극법)
  유리전극은 일반적으로 용액의 색도, 탁도, 콜로이드성 물질들, 산화 및 환원성 물질들 그리고 염의 농도에 의해 간섭을 받지 않는다. 따라서 전극을 넣을 때 토양현탁을 만들어 주고 곧 넣어서 측정한다.

36 기체크로마토그래피로 유기인화합물을 측정할 때 사용되는 정제용 칼럼으로 가장 거리가 먼 것은?

① 실리카겔 칼럼
② 플로리실 칼럼
③ 활성탄 칼럼
④ 폴리아미드 칼럼

풀이 유기인화합물 – 기체크로마토그래피의 정제용 컬럼
  실리카겔 컬럼, 활성탄 컬럼, 플로리실 컬럼

37 6가 크롬(자외선/가시선 분광법) 측정에 관한 설명으로 옳은 것은?

① 청색의 착화합물의 흡광도를 460nm에서 측정
② 청색의 착화합물의 흡광도를 540nm에서 측정
③ 적자색의 착화합물의 흡광도를 460nm에서 측정
④ 적자색의 착화합물의 흡광도를 540nm에서 측정

풀이 6가 크롬 – 자외선/가시선 분광법
  시료 중 6가 크롬을 디페닐카르바지드와 반응시켜 생성하는 적자색의 착화합물의 흡광도를 540nm에서 측정하여 6가 크롬을 정량하는 방법이다.

38 광산활동지역에 대한 개황조사를 실시하는 경우 채취해야 할 총 시료의 수(개)는?(단, 오염 가능 조사면적 85,000m²)

① 9
② 10
③ 11
④ 12

풀이 광산활동 관련 지역의 시료채취 지점 수 산정기준

조사면적	시료채취 지점 수 산정기준	최소 지점수
면적≤10,000m²	10,000m²당 1개 이상	1
10,000m²<면적≤20,000m²		2
⋮		⋮
90,000m²<면적≤100,000m²		10
100,000m²<면적≤150,000m²	100,000m²까지는 10,000m²당 1개 이상과 100,000m²를 초과할 때부터는 50,000m²당 1개 이상 추가	11
150,000m²<면적≤200,000m²		12
200,000m²<면적≤250,000m²		13
⋮		⋮

정답 33 ① 34 ③ 35 ② 36 ④ 37 ④ 38 ④

39 BTEX를 기체크로마토그래프법에 의해 정량할 때 추출용액은?

① 사염화탄소
② 아세톤
③ 메틸알콜
④ 톨루엔

> **풀이** 벤젠, 톨루엔, 에틸벤젠, 크실렌 – 퍼지 트랩 기체크로마토그래피
> 시료 중에 벤젠, 톨루엔, 에틸벤젠, 크실렌을 메틸알코올로 추출하여 얻어진 시료용액을 기체크로마토그래프(불꽃이온화검출기)에 부착된 퍼지 트랩에 주입하여 이들 물질을 각각 정량하는 방법이다.

40 토양 중의 폴리클로리네이티드비페닐(PCB)을 기체크로마토그래피로 분석할 때 적당한 검출기는?

① 열전도도 검출기(TCD)
② 불꽃이온화 검출기(FID)
③ 전자포착형 검출기(ECD)
④ 불꽃광도형 검출기(FPD)

> **풀이** PCB – 기체크로마토그래피 분석 시 검출기는 전자포착형 검출기(ECD) 또는 이와 동등 이상의 검출 성능을 가진 것을 사용한다.

3과목 토양 및 지하수오염정화기술

41 유기오염물질로 오염된 사질 대수층이 있다. 수리전도도가 3.0×10^{-3}cm/sec, 유효 공극률이 0.3, 수두구배가 0.01일 때 오염운의 평균 이동속도는?(단, 흡착 등에 의한 지연은 고려하지 않는다.)

① 10^{-3}cm/sec
② 10^{-4}cm/sec
③ 10^{-5}cm/sec
④ 10^{-6}cm/sec

> **풀이** $\overline{V} = \dfrac{k}{\eta_e}\left(\dfrac{dh}{dL}\right) = \dfrac{3.0 \times 10^{-3}\text{cm/sec}}{0.3} \times 0.01$
> $= 0.0001(= 10^{-4})\,\text{cm/sec}$

42 전기동력학적 공정효율을 높이기 위한 방법으로 틀린 것은?

① 음극 쪽에서 발생하는 중금속의 수산화물 침전물 형성을 방지하고 침전물의 용해도를 증가시키기 위해 음극 전해질 용액에 아세트산과 같은 화학물질을 주입함
② 오염물질의 이동도를 증가시키기 위해 pH와 제타전위를 조절하고 탈착반응을 촉진시키며 전기삼투유량을 증가시키기 위해 양극과 음극 전해질 용액의 화학조절을 실시함
③ 오염물질의 흡착능력을 향상시키기 위해 이온교환능이 높은 벤토나이트, 몬모릴로나이트와 같은 점토광물의 함량을 증가시킴
④ 토양입자와 경쟁하며 중금속 오염물질에 대해 용해성 착화합물을 형성할 수 있는 암모니아, Citrate, EDTA 등과 같은 화학제를 투여함

> **풀이** 오염물질의 탈착능력을 향상시키기 위해 이온교환능력이 높은 점토광물 함량을 증가시킨다.

43 6가 크롬으로 오염된 토양의 생물학적 복원과정(환원처리조 적용)에 관한 설명으로 옳지 않은 것은?

① 6가 크롬은 물에 용해되기 어려우므로 우선 폭기조로 산화시킨다.
② 영양분과 세균을 환원처리조에 첨가한다.
③ 환원처리조에서 세균의 호흡에 의해 산소가 소실되면 6가 크롬의 환원이 시작된다.
④ 분리조로부터 수산화크롬이 분리된다.

> **풀이** 6가 크롬(Cr^{6+})은 물에 용해하기 어려우므로 우선 폭기조로 환원시킨다.

44 토양증기추출기법(Soil Vapor Extraction) 시스템의 단점으로 틀린 것은?

① 토양층이 치밀하여 기체 흐름이 어려운 곳에서는 사용이 곤란하다.
② 오염물질의 독성은 변화가 없다.
③ 굴착공정으로 인하여 설치기간이 비교적 길다.
④ 지반구조의 복잡성으로 총처리시간을 예측하기 어렵다.

풀이 토양증기추출법의 장단점
  1. 장점
    ㉠ 기계 및 장치요소가 간단하다.
    ㉡ 유지 및 관리비용이 저렴하다.
    ㉢ 일반적으로 널리 사용되는 장치 및 재료로도 충분히 가능하다.
    ㉣ 단기간 내에 설치 가능하다.
    ㉤ 즉시 복원 효율에 대한 결과를 얻을 수 있다.
    ㉥ 다른 시약이 필요 없다.
    ㉦ 영구적인 재생이 가능하다.
    ㉧ 굴착이 필요 없어 오염되지 않은 토양과 혼합될 우려가 없다.
    ㉨ 처리시간이 짧다.
    ㉩ 빌딩이나 다른 구조물 밑의 토양도 재생할 수 있으며, 생물학적 처리효율을 높여주는 역할을 한다.
    ㉪ 지하수의 깊이에 제한을 받지 않는다.
  2. 단점
    ㉠ 증기압이 낮은 오염물질은 제거효율이 낮다.
    ㉡ 토양층이 치밀하여 기체흐름이 어려운 곳에서는 사용이 곤란하다. 즉, 투과성이 낮은 토양에서는 효과가 낮다.
    ㉢ 추출된 기체의 처리를 위한 대기오염 방지시설이 필요하다.
    ㉣ 오염물질의 독성은 변화가 없다.(독성이 잔존함)
    ㉤ 불포화대수층에만 적용 가능. 즉 지역이 제한되어 있다.
    ㉥ 지반구조가 복잡하므로 총처리시간을 예측하기가 어렵다.
    ㉦ 방출된 공기를 처리하기 위한 공정과 방출가스 처리에 사용된 물질의 처리부담이 있다.

45 250kg의 가솔린이 두께 2m, 폭 10m인 포화대에 유출되었으며 이를 자연정화법으로 처리하고자 한다. 가솔린이 생물학적으로만 분해되어 없어진다면 오염지역 가솔린이 분해되는 데 걸리는 시간은?(단, 지하수의 Darcy 속도 : 1m/day, 지하수내 용존산소 농도 : 5mg/L, 산소-가솔린 소비율 : 2mgO₂/mg 가솔린)

① 연 9.6년 　② 연 11.8년
③ 약 13.7년 　④ 약 15.4년

풀이 산소-가솔린 소비율(2mgO₂/mg가솔린)
  → 가솔린 250kg의 분해시간 = 산소 500kg

지하수 총부피
$$= \frac{500kgO_2(산소량) \times 10^6 mg/kg}{5mgO_2/L(산소농도)} = 10^8 L$$
$$Q = AV = (2 \times 10)m^2 \times 1m/day = 20m^3/day$$
$$t = \frac{V}{Q} = \frac{10^8 L \times m^3/1,000L}{20m^3/day \times 365day/year}$$
$$= 13.7 year$$

46 식물정화의 처리원리가 식물에 의한 추출인 경우, 중금속, 방사성 물질을 효과적으로 처리할 수 있는 대표 식물종으로 가장 알맞은 것은?

① 포플러나무 　② 자주개나리
③ 해바라기 　④ 버드나무

풀이 식물정화법에 이용되는 대표 식물종
  ㉠ 해바라기 　㉡ 인도겨자
  ㉢ 보리 　㉣ 민들레

47 토양복원기술 중 원위치(In-Situ) 정화기술과 가장 거리가 먼 것은?

① 토양증기추출법(Soil Vapor Extraction)
② 생분해법(Biodegradation)
③ 유리화(Vitrification)
④ 토양경작법(Landfarming)

풀이 토양경작법(Landfarming)은 탈위치(Ex-Situ) 정화기술이다.

48 오염지역의 지하수 수두구배 0.003, 수리전도도 10^{-5}cm/sec, 지하수의 지표하 10미터, 지하수 유입단면적 300m²일 때, 오염플럼으로 유입되는 지하수의 유입 유량(L/min)은?

① 5.4×10^{-2} ② 5.4×10^{-3}
③ 5.4×10^{-4} ④ 5.4×10^{-5}

풀이 $Q = KA\dfrac{dh}{dL}$

$= 10^{-5}\text{cm/sec} \times 1\text{m}/100\text{cm} \times 60\text{sec/min}$
$\quad \times 300\text{m}^2 \times 0.003$
$= 0.0000054\text{m}^3/\text{min} \times 1,000\text{L/min}$
$= 0.0054\text{L/min}(5.4 \times 10^{-3}\text{L/min})$

49 토양증기추출법의 적용 시 배출가스 제어시스템(배출가스 정화 : 활성탄을 이용하여 휘발성 오염물 흡착 기준)에 대한 설명 중 틀린 것은?

① 최적조건에서 98% 이상의 제거효율을 나타낸다.
② 보통 오염농도가 1,000ppm 이상일 때 효과적이다.
③ 흡착조에 유입되는 배기가스의 습도가 상대습도로 50% 이상일 때는 사전에 습도를 낮추어준다.
④ 흡착조 유입가스의 온도가 높을 때는 열교환기를 설치하여 냉각시켜준다.

풀이 활성탄 흡착탑은 일반적으로 오염농도가 1,000ppm 이하일 때 효과적이다.

50 토양세척공정에 관한 내용으로 옳은 것은?

① 외부환경의 조건변화에 대한 영향이 큰 공정이다.
② 처리 효율은 높으나 적용 가능한 오염물의 범위가 좁다.
③ 자체적인 조건조절이 가능한 폐쇄형 공정이다.
④ 오염토양의 부피감소 시간이 길다.

풀이 토양 세척 공정
ㄱ 외부환경의 조건변화에 대한 영향이 적은 공정이다.
ㄴ 처리효율은 높지 않으며 적용 가능한 오염물질종류의 범위가 넓다.
ㄷ 단시간 내에 오염토양의 부피를 감소시킬 수 있다.

51 전기동력학적 오염토양 복원기술이 타 기술과 비교하여 갖는 장점으로 가장 거리가 먼 것은?

① 수리전도도가 낮고 표면반응성이 큰 점토와 같은 세립질 토양에도 적용될 수 있다.
② 무기오염물질과 유기오염물질을 모두 제거할 수 있다.
③ 전기장의 방향을 조절함으로써 토양 내 공극유체와 오염물질들의 이동방향을 조절할 수 있다.
④ 공정 중 발생하는 침전물의 전하로 전기저항이 줄어 공정효율이 향상될 수 있다.

풀이 공정 중 발생하는 침전물의 전하로 전기저항이 줄어 공정제거효율이 감소한다.

52 오염물질의 생분해에 관한 설명으로 틀린 것은?

① 직선구조의 탄화수소는 호기성 조건에서 생분해되기 쉽다.
② 치환되지 않은 탄화수소 종류가 일반적으로 빠르게 분해된다.
③ 할로겐화합물의 할로겐 원소 수가 커질수록 생분해 지속도는 감소한다.
④ 용해도가 낮은 물질은 생분해도가 낮을 수 있다.

풀이 할로겐화합물의 할로겐원소수가 커질수록 생분해 지속도는 증가한다.

53 평균농도 80mg/kg의 자일렌(Xylone)으로 오염된 토양의 부피가 12,000m³라면 오염부지 내 존재하는 자일렌의 총함량은?(단, 토양 Bulk Density $= 1.8\text{g/cm}^3$)

① 약 1,650kg   ② 약 1,730kg
③ 약 1,870kg   ④ 약 1,990kg

풀이 자일렌의 총함량(kg)
$= 12,000\text{m}^3 \times 80\text{mg/kg} \times \text{kg}/10^6\text{mg} \times 1.8\text{g/cm}^3$
$\quad \times 10^6\text{cm}^3/\text{m}^3 \times \text{kg}/1,000\text{g}$
$= 1,728\text{kg}$

정답 48 ② 49 ② 50 ③ 51 ④ 52 ③ 53 ②

54 150mm 직경의 지하수 관측정을 설치하기 위해 4군데 지점에 300mm 직경으로 심도 17m까지 보링하였다. 보링 후 관측정을 삽입하고 지표로부터 1.5m 깊이까지만 벤토나이트를 넣어 마감처리를 하였다면 소요되는 벤토나이트의 양은?(단, 벤토나이트 밀도=1.8g/cm³, 안전율=1.5)

① 약 523kg
② 약 673kg
③ 약 793kg
④ 약 859kg

풀이
• 보링부피 $= \dfrac{3.14 \times 30^2}{4} \text{cm}^2 \times 150\,\text{cm}$
$= 105{,}975\,\text{cm}^3$

• 관측정부피 $= \dfrac{3.14 \times 15^2}{4}\text{cm}^2 \times 150\,\text{cm}$
$= 26{,}493.75\,\text{cm}^3$

• 보링부피 − 관측정부피
$= 105{,}975 - 26{,}493.75$
$= 79{,}481.25\,\text{cm}^3$

• 벤토나이트양(kg)
$= 79{,}481.25\,\text{cm}^3 \times 1.8\text{g/cm}^3 \times \text{kg}/1{,}000\text{g}$
$\times 1.5 \times 4$지점
$= 859.39\,\text{kg}$

55 오염토양 처리를 위한 토양 세척 시 토양의 입도분포가 매우 중요하다. 입도분포곡선으로부터 구한 통과백분율 10%, 30%, 60%에 해당하는 직경이 각각 0.05mm, 0.15mm, 0.60mm일 때 균등계수(Cu)는?

① 12
② 0.5
③ 0.1
④ 0.05

풀이 균등계수 $= \dfrac{D_{60}}{D_{10}} = \dfrac{0.6}{0.05} = 12$

56 일반적으로 지하수 내 유류오염물질은 호기성 및 혐기성 생분해를 겪게 된다. 다음 중 생분해 반응의 전자수용체로서 적절하지 않은 것은?

① Cl^-
② NO_3^-
③ $Fe(\text{III})$
④ 용존산소(Dissolved Oxygen)

풀이 생분해 반응의 전자수용체
㉠ 산소
㉡ 과산화수소
㉢ 질산이온(NO_3^-), 황산이온(SO_4^{2-})
㉣ $Fe(\text{III})$

57 지하수오염 확산 방지를 위한 차단시설이 아닌 것은?

① 슬러리 월
② 브이 와이어
③ 그라우팅
④ 시트파일

풀이 지하수오염 확산 방지 차단시설
㉠ 슬러리 월
㉡ 그라우트 커튼
㉢ 진동빔 차단벽
㉣ 스틸시트 파일링
㉤ 심층 토양혼합 수직 차단벽

58 생물학적 처리 시 일반적으로 대상 오염물질이 난분해성을 갖는 성질이 아닌 것은?

① 할로겐화된 화합물
② 가지구조가 많은 화합물
③ 물에 대한 용해도가 낮은 화합물
④ 원자의 전하차가 작은 화합물

풀이 유기화학물질의 난분해성 조건(생분해가 어려운 물질의 일반적인 특성)
㉠ 할로겐화된 화합물
㉡ 분자 내에 많은 수의 할로겐원소(Cl, Br 등)를 함유하는 화합물
㉢ 가지구조가 많은 화합물
㉣ 물에 대하여 용해도가 낮은 화합물
㉤ 원자의 전하차가 큰 화합물

59 오염지하수를 반응벽체로 처리하고자 한다. 반응벽체 내 공극률은 0.5로 결정되었다. 지하수의 Darcy 속도가 3m/day이고, 오염지하수의 반응벽체 내 체류시간을 8시간으로 설계할 경우 반응벽체의 두께(m)는?

① 2.0 ② 2.2
③ 2.4 ④ 2.6

풀이 반응벽체 두께(m) $= \dfrac{\text{Darcy 속도} \times \text{체류시간}}{\text{공극률}}$

$= \dfrac{3\text{m/day} \times 8\text{hr} \times \text{day/24hr}}{0.5}$

$= 2.0\text{m}$

60 미생물의 종류별 탄소원과 에너지원의 연결로 틀린 것은?(단, 탄소원-에너지원)

① 화학합성 자가영양 : CO_2-유기물의 산화환원반응
② 화학합성 종속영양 : 유기탄소-유기물의 산화환원반응
③ 광합성 종속영양 : 유기탄소-빛
④ 광합성 자가영양 : CO_2-빛

풀이 탄소원과 에너지원에 따른 미생물 분류

구분(영양 형태)	탄소원	에너지원	예
광(합성) 독립(자가) 영양 미생물 (Photoautotroph)	CO_2	빛	남조류(Cyano-bacteria), 조류, 시안세균
광(합성) 종속영양 미생물 (Photohetero-troph)	유기탄소 (유기화합물)	빛	Rhodospeu-domonas, Rhodospirillum
화학 독립 (자가) 영양 미생물 (Chemoauto-troph)	CO_2	환원 형태의 무기물(무기물의 산화·환원반응) (NH_4, H_2S, NO_2^-, H_2, S, $S_2O_3^{2-}$, Fe^{2+})	질화세균 (질산화성균), 황산화균 (황세균), 수소산화균, 철산화균 (철세균)
화학 종속 영양 미생물 (Chemohetero-troph)	유기탄소 (유기화합물)	유기화합물 (유기물의 산화·환원반응)	원생동물, 진균류, 대부분의 세균

4과목 **토양 및 지하수환경 관계법규**

61 다음 중 지하수법상 지하수보전구역 내 지하수오염 유발시설에 해당하지 않는 것은?

① 「토양환경보전법 시행규칙」에 따른 특정 토양오염관리대상시설
② 「폐기물관리법」에 따른 소각시설
③ 「폐기물관리법 시행령」에 따른 매립시설
④ 「수질 및 수생태계 보전에 관한 법률 시행규칙」에 따른 폐수배출시설

풀이 지하수오염 유발시설(지하수보전구역)
㉠ 「토양환경보전법 시행규칙」에 따른 특정 토양오염관리대상시설
㉡ 「수질 및 수생태계 보전에 관한 법률 시행규칙」에 따른 폐수배출시설
㉢ 「폐기물관리법 시행령」에 따른 매립시설
㉣ 그 밖에 ㉠부터 ㉢까지의 시설과 유사한 시설로서 특별히 관리할 필요가 있다고 인정되어 환경부장관이 관계 중앙행정기관의 장과 협의하여 고시하는 시설

62 토양정화업의 등록요건 및 장비목록에서 시료채취기에 대한 기준으로 옳은 것은?

① 시료채취기 2대(깊이 3m 이상 시료채취가 가능할 것)
② 시료채취기 1대(깊이 3m 이상 시료채취가 가능할 것)
③ 시료채취기 2대(깊이 6m 이상 시료채취가 가능할 것)
④ 시료채취기 1대(깊이 6m 이상 시료채취가 가능할 것)

풀이 토양정화업의 등록요건(장비)
㉠ 시료채취기 1대(깊이 6m 이상 시료채취가 가능할 것)
㉡ 휴대용 가스측정장비 1식[휘발성 유기화합물질(VOC), 산소, 이산화탄소 및 메탄의 측정이 가능할 것]

ⓒ 현장용 수질측정기 1식[수소이온농도(pH), 수온, 전기전도도, 용존산소 및 산화·환원전위의 측정이 가능할 것]

ⓔ 지하수위측정기

63 다음 중 토양오염조사기관이 수행하는 업무가 아닌 것은?

① 토양오염도 검사
② 토양정화의 검증
③ 누출검사
④ 오염토양 개선사업의 지도·감독

풀이 토양오염기관이 수행하는 업무
ⓐ 토양정밀조사
ⓑ 토양오염도 검사
ⓒ 토양정화의 검증
ⓓ 오염토양 개선사업의 지도·감독

64 다음은 특정토양오염관리대상시설 부지의 시료채취 기준에 관한 내용이다. ( )안에 옳은 내용은?

개별 저장시설 용량이 50만 리터 이하인 저장시설이 1개 이상 있는 경우에는 3개 지점에서 시료채취. 다만 개별 저장시설 간의 거리가 (ⓐ) 이상 떨어진 경우에는 (ⓑ) 지점을 추가하여 시료채취를 한다.

① ⓐ 50m   ⓑ 1개
② ⓐ 100m   ⓑ 1개
③ ⓐ 50m   ⓑ 2개
④ ⓐ 100m   ⓑ 2개

풀이 특정토양오염관리대상시설 부지에서의 시료채취는 다음과 같이 한다. 다만, 종류가 다른 토양오염물질(유류로서 종류가 다른 것은 동일물질로 본다)을 개별 저장시설에 저장하는 경우에는 개별 시설별로 3개 지점에서 시료를 채취한다.
ⓐ 개별 저장시설 용량이 50만 리터 이하인 저장시설이 1개 이상 있는 경우에는 3개 지점에서 시료채취. 다만 개별 저장시설 간의 거리가 100미터 이상 떨어진 경우에는 2개 지점을 추가하여 시료채취를 한다.

ⓑ 개별 저장시설 용량이 50만 리터를 초과하는 경우에는 개별 저장시설별로 3개 지점에서 시료채취

ⓒ 개별 저장시설 용량이 50만 리터 초과 시설과 그 미만인 시설이 혼재되어 있는 경우에는 50만 리터 초과시설은 개별 저장시설별로 각각 3개 지점에서 시료를 채취하고, 나머지는 50만 리터 미만 저장시설은 그 용량합계가 50만 리터를 초과하는 경우에 한하여 누출 우려가 높은 저장시설에서 2개 지점을 추가하여 시료 채취

65 토양오염대책지역에 대하여 토양보전대책을 위한 계획에 포함되어야 하는 사항과 가장 거리가 먼 것은?

① 오염토양 개선사업
② 토지 등의 이용 방안
③ 주민건강 피해조사 및 대책
④ 토양오염도 조사

풀이 토양보전대책을 위한 계획에 포함사항
ⓐ 오염토양 개선산업
ⓑ 토지 등의 이용방안
ⓒ 주민건강 피해조사 및 대책
ⓓ 피해주민에 대한 지원 대책
ⓔ 그 밖에 해당 대책계획을 수립 시행하기 위하여 필요하다고 인정하여 환경부령으로 정하는 사항

66 기술인력의 교육에 대한 기준으로 옳은 것은?(단, 보수교육 기준)

① 신규교육을 받은 날을 기준으로 3년마다 8시간
② 신규교육을 받은 날을 기준으로 3년마다 24시간
③ 신규교육을 받은 날을 기준으로 5년마다 8시간
④ 신규교육을 받은 날을 기준으로 5년마다 24시간

풀이 기술인력의 교육
ⓐ 신규교육 : 토양 관련 전문기관 또는 토양정화업 분야의 기술인력으로 최초로 종사한 날부터 1년 이내에 18시간
ⓑ 보수교육 : 신규교육을 받은 날을 기준으로 5년마다 8시간

정답 63 ③ 64 ④ 65 ④ 66 ③

67 특정토양오염관리대상시설에서 정기 토양오염도검사를 받는 것 외에 별도로 토양 관련 전문기관으로 토양오염검사를 받아야 하는 경우가 아닌 것은?

① 시설의 사용을 종료하거나 폐쇄할 경우
② 양도 · 임대 등으로 인하여 운영자가 달라지는 경우
③ 시설에 저장하는 토양오염물질의 종류를 변경하고자 할 경우
④ 토양오염검사항목을 변경하였을 경우

풀이 특정토양오염관리대상시설의 설치자는 토양오염검사 외에 토양 관련 전문기관으로부터 검사를 받아야 하는 경우
　　㉠ 특정토양오염관리대상시설의 설치자가 그 시설의 사용을 종료하거나 이를 폐쇄할 경우에는 사용종료일 또는 폐쇄일 3개월 전부터 사용종료일 전일 또는 폐쇄일 전일까지의 기간 동안에 토양오염도검사를 받을 것
　　㉡ 특정토양오염관리대상시설의 양도 · 임대 등으로 인하여 그 시설의 운영자가 달라지는 경우에는 변경일 3개월 전부터 변경일 전일까지의 기간 동안에 토양오염도검사를 받을 것
　　㉢ 특정토양오염관리대상시설의 설치자가 시설을 교체하거나 그 시설에 저장하는 토양오염물질의 종류를 변경할 경우에는 교체 또는 변경일 3개월 전부터 교체 또는 변경일 전일까지의 기간 동안에 토양오염도검사를 받을 것
　　㉣ 누출검사대상시설의 경우 토양오염도검사 결과 환경부령으로 정하는 기준 이상으로 토양이 오염된 사실이 확인되었을 때에는 지체 없이 누출검사를 받을 것
　　㉤ 특정토양오염관리대상시설에서 토양오염물질이 누출된 사실을 알게 된 때에는 지체 없이 토양오염도검사 및 누출검사(누출검사대상시설만 해당한다)를 받을 것

68 표토의 침식현황 및 정도에 대한 조사를 하는 경우에는 모니터링, 자료조사 및 침식량 산정 등의 방법으로 실시해야 한다. 해당 조사에 포함해야 하는 사항과 가장 거리가 먼 것은?

① 토성, 용적밀도, 유기물 함량, 토양구조, 투수등급
② 강우특성
③ 지하수 수위
④ 토지 이용 현황

풀이 표토의 침식현황조사에 포함 사항
　　㉠ 위치, 표고, 지형(경사도, 경사장)
　　㉡ 토지 이용 현황
　　㉢ 토성(土性), 용적밀도, 유기물 함량, 토양구조, 투수등급
　　㉣ 강우특성
　　㉤ 식생 및 작물재배 현황
　　㉥ 표토유실방지 및 복원대책 등 관리 현황
　　㉦ 토양 침식량

69 특정토양오염관리대상시설에 대하여 변경신고를 하여야 하는 경우로 틀린 것은?

① 사업장의 명칭이 변경되는 경우
② 특정토양오염관리대상시설의 사용을 종료하거나 폐쇄하는 경우
③ 특정토양오염관리대상시설에 저장하는 오염물질을 변경하는 경우
④ 특정토양오염관리대상시설에 저장하는 오염물질 총량의 100분의 15 이상이 증가하는 경우

풀이 특정토양오염관리대상시설의 변경신고
　　㉠ 사업장의 명칭 또는 대표자가 변경되는 경우
　　㉡ 특정토양오염관리대상시설의 사용을 종료하거나 폐쇄하는 경우
　　㉢ 특정토양오염관리대상시설을 교체하거나 토양오염방지시설을 변경하는 경우
　　㉣ 특정토양오염관리대상시설에 저장하는 오염물질을 변경하는 경우
　　㉤ 특정토양오염관리대상시설의 저장용량을 신고용량 대비 30퍼센트 이상 증설(신고용량 대비 30퍼센트 미만의 증설이 누적되어 신고용량의 30퍼센트 이상이 되는 경우를 포함한다)하는 경우

정답 　67 ④　68 ③　69 ④

70 토양보전대책지역 지정표지판에 나타내어야 하는 내용으로 틀린 것은?

① 지정일자
② 지정범위
③ 토양보전대책지역 내역
④ 토양보전대책지역 안에서 제한되는 행위

풀이 토양보전대책지역 지정표지판의 포함 내용
  ㉠ 지정일자
  ㉡ 지정목적
  ㉢ 토양보전대책지역 안에서 제한되는 행위
  ㉣ 토양보전대책지역 내역

71 측정망설치계획에 포함되어야 하는 사항으로 틀린 것은?

① 측정망 설치시기
② 측정망 배치도
③ 측정대상 오염물질
④ 측정지점의 위치 및 면적

풀이 측정망설치계획 포함 사항
  ㉠ 측정망 설치시기
  ㉡ 측정망 배치도
  ㉢ 측정지점의 위치와 면적

72 지하수 오염방지시설로서 밀폐식이 아닌 상부보호공을 설치하는 경우 상단부의 높이는 지표면보다 최소 얼마 이상 높게 설치되어야 하는가?

① 10cm
② 20cm
③ 30cm
④ 40cm

풀이 지하수 오염방지시설의 상부보호공 설치기준
  ㉠ 상부보호공은 지하수 개발·이용시설의 보호 및 원활한 유지·관리가 가능한 크기로 하여 지표면 위에 설치하여야 한다. 다만, 지형 여건상 지표면 아래에 설치하여도 지하수의 오염 방지에 지장이 없다고 시장·군수가 인정하는 경우에는 지표면 아래에 설치할 수 있다.

  ㉡ 상부보호공의 덮개는 외부로부터 오염물질·지표수 등의 유입을 막고 파손을 방지할 수 있는 재질과 구조로 설치하여야 한다.
  ㉢ 케이싱의 윗부분은 지표면 위로 30cm 이상 높게 설치하고, 덮개를 씌워 외부 오염물질이 유입되지 아니하도록 하여야 한다.
  ㉣ 케이싱의 덮개에는 방충망을 구비한 공기출입로를 설치하여야 한다.

73 환경부장관, 시·도지사 또는 시장, 군수, 구청장은 토양보전을 위하여 필요하다고 인정하는 경우에는 다음의 각 호에 해당하는 지역에 대한 토양정밀조사를 실시할 수 있다. 이에 해당되지 않는 것은?

① 토양오염 측정망 설치 지점 중 환경부장관, 시·도지사 또는 시장, 군수, 구청장 등이 전답, 임야, 공원 등 토양의 용도변경을 인정하고자 하는 지역
② 상시측정의 결과 우려기준을 넘는 지역
③ 토양오염실태조사의 결과 우려기준을 넘는 지역
④ 토양오염사고 등으로 인하여 환경부장관, 시·도지사 또는 시장, 군수, 구청장이 우려기준을 넘을 가능성이 크다고 인정하는 지역

풀이 1. 상시측정(이하 "상시측정"이라 한다)의 결과 우려기준을 넘는 지역
  2. 토양오염실태조사의 결과 우려기준을 넘는 지역
  3. 다음 각 목의 어느 하나에 해당하는 지역으로서 환경부장관, 시·도지사 또는 시장, 군수, 구청장이 우려기준을 넘을 가능성이 크다고 인정하는 지역
  ㉠ 토양오염사고가 발생한 지역
  ㉡ 「산업입지 및 개발에 관한 법률」에 따른 산업단지(농공단지는 제외한다)
  ㉢ 「광산피해의 방지 및 복구에 관한 법률」에 따른 폐광산(廢鑛山)의 주변지역
  ㉣ 「폐기물관리법」 제2조 제8호에 따른 폐기물처리시설 중 매립시설과 그 주변지역
  ㉤ 그 밖에 환경부령으로 정하는 지역

정답 70 ② 71 ③ 72 ③ 73 ①

74 다음 중 정화책임자로 볼 수 없는 경우는?

① 토양오염물질의 누출·유출·투기·방치 또는 그 밖의 행위로 토양오염을 발생시킨 자

② 토양오염의 발생 당시 토양오염의 원인이 된 토양오염관리대상시설의 소유자·점유자 또는 운영자

③ 합병·상속이나 그 밖의 사유로 토양오염관리대상시설의 권리·의무를 포괄적으로 승계한 자

④ 해당 토지를 소유 또는 점유하고 있는 중에 토양오염이 발생한 경우로서 자신이 해당 토양오염 발생에 대하여 귀책 사유가 없는 경우

풀이 오염토양의 정화책임자

㉠ 토양오염물질의 누출·유출·투기(投棄)·방치 또는 그 밖의 행위로 토양오염을 발생시킨 자

㉡ 토양오염의 발생 당시 토양오염의 원인이 된 토양오염관리대상시설의 소유자·점유자 또는 운영자

㉢ 합병·상속이나 그 밖의 사유로 제1호 및 제2호에 해당되는 자의 권리·의무를 포괄적으로 승계한 자

㉣ 토양오염이 발생한 토지를 소유하고 있었거나 현재 소유 또는 점유하고 있는 자

75 토양보전대책지역의 지정기준으로 (   )에 맞는 것은?

농경지의 경우, 지표면으로부터 (   )까지의 토양오염도가 대책기준을 초과한 경우

① 90cm   ② 60cm
③ 30cm   ④ 10cm

풀이 토양보전대책지역 지정기준

㉠ 농경지의 경우에는 지표면으로부터 30센티미터까지의 토양오염도가 대책기준을 초과하거나 특별자치도지사·시장·군수·구청장이 재배작물 중 오염물질 함량이 중금속잔류 허용기준을 초과하여 대책지역 지정을 요청한 지역일 것

㉡ 농경지 외의 지역의 경우에는 지표면으로부터 지하수(대수층)면 상부 토양 사이의 토양오염도가 대책기준을 초과한 지역 또는 특별자치도지사·

시장·군수·구청장이 대책지역 지정을 요청한 지역으로서 인체에 대한 피해가 우려되고 그 면적이 1만 제곱미터 이상인 지역일 것

76 토양환경보전법령상 토양정화업자의 준수사항으로 옳지 않은 것은?

① 기술인력은 해당 분야에 종사하게 해야 한다.

② 토양정화업자는 매년 12월 31일까지 토양정화실적을 시·도지사에게 보고해야 한다.

③ 정화현장에 오염토양의 정화공정도 및 정화일지를 작성하여 비치하고, 정화일지는 2년간 보관해야 한다.

④ 토양 관련 전문기관의 정화검증을 위한 정화현장 방문, 시료의 채취 등 검증업무수행을 방해해서는 아니 된다.

풀이 토양정화업자의 준수사항

㉠ 기술인력은 해당 분야에 종사하게 하여야 한다.

㉡ 토양정화업자는 매년 1월 31일까지 전년도의 토양정화실적을 시·도지사에게 보고하여야 한다.

㉢ 오염토양을 운반하는 때에는 오염토양이 흩날리지 않도록 하여야 하며, 침출수가 유출되지 아니하도록 하여야 한다.

㉣ 위탁받은 오염토양을 반입정화시설이 아닌 다른 곳에 보관하여서는 아니 되며, 반입정화시설 또는 정화현장 입구에는 오염토양 정화 또는 반입정화시설임을 표시하는 가로 100센티미터 이상, 세로 50센티미터 이상의 표지판을 지상 100센티미터 이상의 높이에 설치하여야 한다. 이 경우 표지판에는 오염토양의 양, 정화공법, 정화기간 및 관리자의 주소·성명·전화번호 등을 기재하여야 한다.

㉤ 정화현장에 오염토양의 정화공정도 및 정화일지를 작성하여 비치하고, 정화일지는 2년간 보관하여야 한다.

㉥ 토양 관련 전문기관의 정화검증을 위한 정화현장 방문, 시료의 채취 등 검증업무 수행을 방해하여서는 아니 된다.

77 토양환경보전법령상 토양오염물질에 해당하지 않는 것은?

① 구리 및 그 화합물
② 망간 및 그 화합물
③ 벤조(a)피렌
④ 불소화합물

풀이 [별표 1] 토양오염물질

> 1. 카드뮴 및 그 화합물
> 2. 구리 및 그 화합물
> 3. 비소 및 그 화합물
> 4. 수은 및 그 화합물
> 5. 납 및 그 화합물
> 6. 6가 크롬화합물
> 7. 아연 및 그 화합물
> 8. 니켈 및 그 화합물
> 9. 불소화합물
> 10. 유기인화합물
> 11. 폴리클로리네이티드비페닐
> 12. 시안화합물
> 13. 페놀류
> 14. 벤젠
> 15. 톨루엔
> 16. 에틸벤젠
> 17. 크실렌
> 18. 석유계 총 탄화수소
> 19. 트리클로로에틸렌
> 20. 테트라클로로에틸렌
> 21. 벤조(a)피렌
> 22. 1,2-디클로로에탄
> 23. 다이옥신(퓨란을 포함한다)
> 24. 기타 위 물질과 유사한 토양오염물질로서 토양오염의 방지를 위하여 특별히 관리할 필요가 있다고 인정되어 환경부장관이 고시하는 물질

78 토양환경보전법령상 특별시장·광역시장·도지사 또는 시장·군수·구청장은 토양오염실태조사를 할 때 토양오염의 가능성이 큰 장소를 선정하여 조사하여야 한다. 여기에 해당하지 않는 곳은?

① 학교
② 폐금속광산
③ 공장·산업지역
④ 폐기물매립지역

풀이 특별시장·광역시장·특별자치시장·도지사·특별자치도지사 또는 시장·군수·구청장(자치구의 구청장을 말한다. 이하 같다)은 토양오염실태조사를 할 때에는 공장·산업지역, 폐금속광산, 폐기물매립지역, 사격장 및 폐반침목 사용지역 주변 등 토양오염의 가능성이 큰 장소를 선정하여 조사하여야 한다.

79 지하수법령상 지하수법에 따라 허가를 받고 지하수를 개발하는 자가 해당 시설 및 토지를 원상복구해야 하는 경우에 해당하는 것은?

① 수질불량으로 지하수를 개발·이용할 수 없는 경우
② 지형 여건상 원상복구할 필요가 없다고 시장·군수·구청장이 인정하는 경우
③ 지하수의 수위관측망 또는 수질관측망으로 이용할 필요가 있다고 시장·군수·구청장이 인정하는 경우
④ 법 또는 다른 법률에 따라 허가·인가 등을 받거나 신고를 하고 계속 지하수를 개발·이용하는 경우

풀이 지하수를 개발하는 자가 해당 시설 및 토지를 원상복구해야 하는 경우
> ㉠ 이 법 또는 다른 법률에 따른 허가·인가 등이 취소된 경우
> ㉡ 이 법 또는 다른 법률에 따른 허가·인가 등에 의한 개발·이용기간이 끝난 경우
> ㉢ 지하수의 개발·이용을 위하여 굴착한 장소에서 지하수가 채취되지 아니한 경우
> ㉣ 수질불량으로 지하수를 개발·이용할 수 없는 경우
> ㉤ 지하수의 개발·이용을 종료한 경우
> ㉥ 제8조의2에 따라 신고의 효력이 상실된 경우
> ㉦ 신고를 하고 토지를 굴착한 경우로서 같은 조 제1항 각 호의 어느 하나에 해당하는 행위를 종료한 경우
> ㉧ 그 밖에 원상복구가 필요한 경우로서 대통령령으로 정하는 경우

정답 77 ② 78 ① 79 ①

80 토양환경보전법령상 환경부장관이 유역환경 청장 또는 지방환경청장에게 권한을 위임하는 사항이 아닌 것은?

① 토양오염 대책지역의 지정
② 측정망의 설치 및 상시측정
③ 토양환경평가기관의 지정 및 공고
④ 토양환경평가기관의 지정취소에 대한 청문

풀이 환경부장관은 다음의 권한을 유역환경청장 또는 지방환경청장에게 위임한다.
㉠ 측정망의 설치 및 상시측정
㉡ 토양정밀조사
㉢ 토지 등의 수용 또는 사용
㉣ 토양환경평가기관의 지정 및 공고
㉤ 토양환경평가기관에 대한 행정처분
㉥ 토양환경평가기관의 지위승계 신고의 접수·처리
㉦ 토양환경평가기관에 대한 보고·자료제출 요구 및 검사
㉧ 토양환경평가기관의 지정취소에 대한 청문
㉨ 과태료의 부과·징수

1과목 토양학개론

01 토양생성작용 중 Laterite화 작용에 관한 설명으로 옳지 않은 것은?

① 보통 고온다습한 열대 기후 조건하에서 일어난다.

② 염기류나 규산이 용탈되고 철 및 알루미늄의 산화물이 잔류해서 상대적으로 많아지는 과정을 말한다.

③ Al_2O_3/Fe_2O_3의 비가 상대적으로 높은 토양이 생성된다.

④ 철과 알루미늄의 집적물은 Plinthite라고 하는 연성 광물이다.

풀이 ③ SiO_2/Al_2O_3 또는 SiO_2/Fe_2O_3의 비가 낮은 토양이 생성된다.

02 식물이 물을 흡수하지 못하여 시들게 되는 토양수분 상태를 나타내는 일반적인 위조점(토양수분퍼텐셜)은?

① $-0.5MPa$ ② $-1.5MPa$

③ $-15MPa$ ④ $-25MPa$

풀이 일반적 위조점 pF = 4.18

$$pF = logH$$
$$4.18 = logH$$
$$H = 10^{4.18}$$
$$atm = 10^{4.18} cmH_2O \times \frac{1atm}{1.033 cmH_2O} = 14.65atm$$

MPa로 환산

$$MPa = 14.65atm \times \frac{0.101325MPa}{1atm} = 1.48MPa$$

03 토양의 입도분석 결과 입도분포, 곡선으로부터 $D_{10}=0.06mm$, $D_{30}=0.16mm$, $D_{60}=0.53mm$로 측정되었다. 이때 곡률계수는?

① 0.71   ② 0.81

③ 0.91   ④ 0.98

풀이 곡률계수 $= \frac{(D_{30})^2}{D_{10} \times D_{60}} = \frac{0.16^2}{0.06 \times 0.53} = 0.81$

04 토양공기 조성에 관한 설명으로 옳은 것은?

① 토양의 깊이에 따른 산소함량 감소 정도는 토양 공극의 특성과 관계가 있다.

② 질소의 함량은 대기에 비하여 낮고 심토로 내려갈수록 비례하여 줄어든다.

③ 대기에 비하여 상대습도는 낮고 탄산가스는 높은 편이다.

④ 대기에 비하여 상대습도는 높고 탄산가스는 낮은 편이다.

05 토양 내 질소 및 순환에 대한 설명으로 옳지 않은 것은?

① 작물의 생산에 있어서 결핍현상이 흔히 나타나는 원소이다.

② 질산성 질소는 호기성 조건하에서 질소가스로 환원된다.

③ 대부분은 유기물로 존재하고 식물이 흡수 이용할 수 있는 형태인 무기태 질소는 2~3%에 불과하다.

④ 질소의 무기화 과정은 미생물이 에너지를 얻기 위하여 유기물을 분해함으로써 부수적으로 발생한다.

풀이 ② 질산성 질소는 혐기성 조건하에서 질소가스로 환원된다.

06 다음의 설명은 포화대의 수리지질학적 특성인 지하수 저유특성을 나타내는 어떤 인자에 관한 설명인가?

> 단위 체적의 대수층 내에 저유된 지하수와 대수층으로부터 외부로 뽑아낼 수 있는 지하수량과의 비

① 수분보유율　　　　② 비저류율
③ 비산출률　　　　　④ 비보유율

07 질산성 질소(NO_3^--N)의 농도가 15mg/L인 경우, NO_3^-의 농도는?

① 46.4mg/L　　　　② 56.4mg/L
③ 66.4mg/L　　　　④ 76.4mg/L

풀이 NO_3^--N 분자량 : NO_3-N 농도
　　　 $= NO_3$ 분자량 : NO_3 농도
　　　 $14g : 15mg/L = [14+(16\times3)]g : NO_3(mg/L)$
　　　 $NO_3^-(mg/L) = 15mg/L \times \dfrac{62}{14} = 66.43mg/L$

08 오염된 대수층의 입자비중이 2.65이고 공극률이 0.3이라면 용적비중은?

① 0.79　　　　　② 0.92
③ 1.86　　　　　④ 3.78

풀이 공극률$= \left(1 - \dfrac{용적비중}{입자비중}\right)$
　　　 $0.3 = \left(1 - \dfrac{용적비중}{2.65}\right)$
　　　 용적비중$=1.86$

09 토양의 비열과 용적열용량에 관한 설명으로 옳지 않은 것은?

① 토양의 비열은 토양 1g의 온도를 1℃ 높이는 데 필요한 열량이다.
② 토양의 비열이 크면 온도의 상승 및 하강이 느리다.
③ 토양의 비열은 물의 비열의 2~4배 정도이다.

④ 토양 내 모래 함량이 많을수록 용적열용량이 작아진다.

풀이 •토양의 무기성분 비열 : 0.2
　　　 •유기성분 비열 : 0.4cal/g℃
　　　 •물 비열 : 1.0cal/g℃

10 토양 클로이드 입자에 흡착되는 양이온의 경우 그 흡착 세기가 순서대로 맞게 나열된 것은?

① $H > Ca = Mg > K > Na$
② $Ca > H > Mg > K > Na$
③ $Mg = Ca > H > K > Na$
④ $K > H > Ca = Mg > Na$

11 토양사상균에 관한 설명으로 옳지 않은 것은?

① 핵막과 세포벽을 가지고 있는 진핵 생물이다.
② 균사(hyphae)라고 불리는 가는 실모양을 하고 있다.
③ 독립영양생물이다.
④ 호기성 생물이지만 이산화탄소의 농도가 높은 환경에서도 잘 견딘다.

풀이 ③ 종속영양생물이다.

12 유기물 60mmol이 미생물 활성에 의하여 12시간 후 40mmol 이 되었다면 반응속도 상수는? (단, 1차 반응 기준)

① 0.013/hr　　　　② 0.033/hr
③ 0.053/hr　　　　④ 0.073/hr

풀이 $\ln\dfrac{C}{C_0} = -k \cdot t$
　　　 $\ln\dfrac{40}{60} = -k \times 12$
　　　 $k = 0.033/hr$

13 어느 지역 토양의 공극률(Porosity) 측정을 위해 토양 60cm³을 채취하여 고형입자 부피와 수분 부피를 측정하였더니 각각 36cm³와 12cm³였다. 이 지역 토양의 공극률(%)은?

① 10 　　　　　② 20
③ 30 　　　　　④ 40

풀이 공극률(%)$= \left(1 - \dfrac{\text{부분 부피}}{\text{전체 부피}}\right) \times 100$

$= \left(1 - \dfrac{36}{60}\right) \times 100$

$= 40\%$

14 토양수분장력이 pF 4라면 이를 물기둥의 압력으로 환산한 값으로 가장 적절한 것은?

① 약 1기압 　　　　② 약 4기압
③ 약 8기압 　　　　④ 약 10기압

풀이 $pF = \log[H]$

$4 = \log[H]$

$10^4 \mathrm{cm\,H_2O} \times \dfrac{1\mathrm{atm}}{1,033\mathrm{cm\,H_2O}} = 9.68\mathrm{atm}$

≒ 10기압

15 지하수의 동수구배가 0.0002, 수리전도도가 3.0×10^{-3}cm/sec일 때, 유효공극률 0.25 인 토양층을 흐르는 지하수의 평균선형유속은?(단, Darcy의 법칙을 적용하라)

① 7.5×10^{-6}cm/sec
② 5.2×10^{-6}cm/sec
③ 3.6×10^{-6}cm/sec
④ 2.4×10^{-6}cm/sec

풀이 $\overline{V} = \dfrac{k}{\eta_c}\left(\dfrac{dh}{dL}\right)$

$= \dfrac{3.0 \times 10^{-3}\mathrm{cm/sec} \times 0.0002}{0.25}$

$= 2.4 \times 10^{-6}$cm/sec

16 바람에 실린 토양입자들이 크기에 따라 이동하는 경로에 관한 설명으로 옳지 않은 것은?

① 약동이란 대개 바람에 의하여 지름 0.1~0.5mm의 토양입자가 지표면에서 30cm 이하의 높이로 비교적 짧은 거리를 구르거나 튀는 모양으로 이동하는 것이다.
② 포행은 큰 토양입자가 토양 표면을 구르거나 미끄러지며 이동하는 것이다.
③ 부유는 먼저 전체 이동량의 90% 이상으로 대부분을 차지한다.
④ 약동에 의하여 토양입자는 포행하는 입자를 때리거나 포행의 움직임을 더욱 빠르게 하는 역할을 한다.

풀이 ③ 부유는 먼지 전체 이동량의 15% 정도 수준이다.

17 토양에서 염기 포화도(%)의 식으로 옳은 것은?

① [포화성 염기총량(cmol$_c$/kg)/교환성 염기용량(cmol$_c$/kg)] × 100
② [교환성 염기총량(cmol$_c$/kg)/ 포화성 염기용량(cmol$_c$/kg)] × 100
③ [교환성 염기총량(cmol$_c$/kg)/음이온교환용량(cmol$_c$/kg)] × 100
④ [교환성 염기총량(cmol$_c$/kg)/양이온교환용량(cmol$_c$/kg)] × 100

18 지하수에 용존하는 용질의 이동기작 중 기계적 분산(오염된 지하수는 다공질 기질을 통해 흐르면서 분산이라는 기작을 통해 오염되지 않은 지하수와 섞여 희석됨)에 관한 설명으로 옳지 않은 것은?

① 유체의 유선방향을 따라 섞이는 것을 종분산이라 한다.
② 큰 공극을 지나는 유체가 작은 공극을 지나는 유체보다 빨리 흐르기 때문에 종분산이 일어난다.

③ 유체가 공극을 통해 흐를 때 공극의 가장자리보다는 중심을 통해 더 빨리 흐르기 때문에 종분산이 일어난다.

④ '기계적 분산계수＝평균선속도/동력학적 분산도'로 나타낸다.

풀이 ④ 기계적 분산계수
＝평균선속도(공극속도)×동력학적 분산도

19 세계 토양목의 구분 중 Histosel에 관한 설명으로 가장 옳은 것은?

① 미발달 토양　　　② 유기질 늪지 토양
③ 건조지역의 토양　④ 화산재 토양

20 공극률(Porosity)이 0.3인 토양의 공극비는?

① 0.34　　　　　　② 0.43
③ 0.52　　　　　　④ 0.61

풀이 공극비 $= \dfrac{공극률}{1-공극률} = \dfrac{0.3}{1-0.3} = 0.43$

2과목 **토양 및 지하수오염조사기술**

21 다음은 석유계 총 탄화수소(TPH－기체크로마토그래피) 측정을 위한 시료 보존에 관한 내용이다. ( ) 안에 내용으로 옳지 않은 것은?

채취한 시료를 즉시 실험할 수 없는 경우 (㉠) (㉡)℃ 냉암소에서 보존하고 (㉢)일 이내에 추출하여야 하며, 시료 채취일로부터 (㉣)일 이내에 분석하여야 한다.

① ㉠ 0　　　　　　② ㉡ 4
③ ㉢ 14　　　　　④ ㉣ 28

풀이 ④ 40일

22 비소－수소화물생성－원자흡수분광광도법에 관한 설명으로 옳지 않은 것은?

① 토양 중 비소의 정량한계는 0.01mg/kg이다.
② 원자흡수분광광도계에 불꽃을 만들기 위한 가연성 가스로 아세틸렌, 조연성 가스로 공기를 사용한다.
③ 원자흡수분광광도계에 사용하는 광원으로 좁은 선폭과 높은 휘도를 갖는 스펙트럼을 방사하는 비소속빈음극램프를 사용한다.
④ 비화수소를 원자화시켜 258nm에서 수소화물생성－원자흡수분광광도법에 따라 정량한다.

풀이 ④ 193.7nm

23 냉수라 함은 별도의 온도에 대한 표시가 없는 경우 몇 ℃ 기준을 말하는가?

① 0～4℃　　　　　② 4℃ 이하
③ 15℃ 이하　　　　④ 18℃ 이하

24 토양의 pH(유리전극법)를 측정하는 시험방법에 대한 설명으로 옳지 않은 것은?

① pH 11 이상의 시료는 오차가 크게 발생할 수 있으므로 오차가 적은 특수전극을 사용한다.
② 현탁된 시료는 충분히 침전시켜 탁도의 영향을 최소화한 후 유리전극을 넣어 측정한다.
③ 토양을 오랫동안 방치하면 미생물의 작용으로 탄산가스가 발생하여 pH가 낮아질 수 있다.
④ 토양 중 염류의 농도가 높아지면 pH 값이 낮아지는 경우가 있다.

풀이 ② 유리전극은 간섭을 받지 않는다. 따라서 전극을 넣을 때 토양현탁을 만들어주고 바로 넣어서 측정한다.

정답 19 ② 20 ② 21 ④ 22 ④ 23 ③ 24 ②

25 석유계 총 탄화수소(TPH-기체크로마토그래피)의 측정에 관한 설명으로 옳지 않은 것은?

① 정량한계는 석유계 총 탄화수소로 10mg/kg 이다.
② 토양 중에 비등점이 높은(150~500℃) 유류에 속하는 제트유, 등유, 경유, 벙커C유, 윤활유, 원유 등의 측정에 적용한다.
③ 시료 중의 제트유, 등유, 경유, 벙커C유, 윤활유, 원유 등을 클로로포름으로 추출하여 정제한다.
④ 기체크로마토그래피에 따라 짝수의 노말알칸 (C_8~C_{40}) 표준물질의 피크 총 면적과 시료피크 총 면적을 비교하여 정량한다.

풀이 ③ 디클로로메탄으로 추출, 정제한다.

26 다음 중 pH 표준용액으로 사용하는 탄산염표준용액으로 적합한 것은?(단, 25℃ 포화용액)

① 탄산염표준액 0.01M ② 탄산염표준액 0.02M
③ 탄산염표준액 0.025M ④ 탄산염표준액 0.05M

27 임의의 시료에 대해 수분(%)측정 실험 중 다음과 같은 결과를 얻었다. 이 시료의 수분은 몇 %인가?

• 증발접시 무게 : 10g
• 습윤 상태 시료 무게 : 10g
• 건조 후 시료와 증발접시 무게 : 17g

① 40%   ② 30%
③ 20%   ④ 15%

풀이 $수분(\%) = \left(\dfrac{w_2 - w_1}{w_2 - w_1}\right) \times 100$

$w_1 = 10g$
$w_2 = 10g + 10g = 20g$
$w_3 = 17g$
$= \left(\dfrac{20 - 17}{20 - 10}\right) \times 100 = 30\%$

28 이온전극법을 이용하여 불소를 분석할 때 정량한계로 옳은 것은?

① 10mg/kg   ② 20mg/kg
③ 30mg/kg   ④ 50mg/kg

풀이 공정기준 삭제 사항

29 감압 또는 진공이라 함은 따로 규정이 없는 한 몇 mmHg 이하의 압력을 말하는가?

① 5mmHg   ② 10mmHg
③ 15mmHg   ④ 20mmHg

30 토양환경평가를 위한 1단계 조사에서 시료채취심도에 관한 내용으로 옳은 것은?(단, 토양환경평가지침 기준)

① 채취심도는 원칙적으로 3심도를 기본으로 한다.
② 채취심도는 원칙적으로 5심도를 기본으로 한다.
③ 채취심도는 원칙적으로 7심도를 기본으로 한다.
④ 채취심도는 원칙적으로 9심도를 기본으로 한다.

31 용기 중 취급 또는 저장하는 동안에 이물질이 들어가거나 또는 내용물이 손실되지 아니하도록 보호하는 용기는?

① 밀폐용기   ② 기밀용기
③ 밀봉용기   ④ 밀입용기

32 토양정밀조사 절차 단계와 가장 거리가 먼 것은?

① 기초조사   ② 지역조사
③ 개황조사   ④ 정밀조사

33 유도결합플라즈마-원자발광분광계에서 플라즈마를 형성하는 데 사용되는 가스는?

① 아르곤   ② 질소
③ 수소   ④ 아세틸렌

34 정량한계 산정식으로 옳은 것은?(단, S : 표준편차, X : 평균값)

① 정량한계=$3.3 \times S$
② 정량한계=$10 \times S$
③ 정량한계=$(3.3 \times X)/S$
④ 정량한계=$(10 \times X)/S$

35 배관시설－가압 및 미감압시험법에 사용되는 검사기기 및 기구에 관한 내용으로 옳지 않은 것은?

① 가압장치 : 가압 시 시험압력까지 이르도록 조정되는 것이어야 한다.
② 사용가스 : 불활성 가스를 가압매체로 사용한다.
③ 안전장치 : 시험압력의 1.1배 부근에서 작동할 수 있는 안전밸브를 갖추어야 한다.
④ 압력계 : 최저 오차가 시험압력의 ±3% 이내여야 한다.

풀이 ④ 압력계 : 최소눈금 $1mmH_2O$를 읽을 수 있는 정밀도를 가진 압력계 또는 최소눈금이 시험압력의 5% 이내이어야 한다.

36 다음은 시안(자외선/가시선 분광법) 측정 시료에 다량의 기름성분이 함유되었을 때 전처리에 관한 설명이다. ( ) 안에 옳은 내용은?

다량의 지방성분을 함유한 시료는 아세트산 또는 수산화나트륨 용액으로 pH 6~7로 조절하고 시료의 ( )에 해당하는 노말헥산 또는 클로로폼을 넣어 추출하여 유기층을 버리고 수층을 분리하여 사용한다.

① 약 1%
② 약 2%
③ 약 3%
④ 약 5%

37 유기인 화합물을 기체크로마토그래피법으로 정량할 때에 관한 내용으로 옳지 않은 것은?

① 토양 중 유기인 화합물(이피엔, 파라티온, 메틸디메톤 다이아지논 및 펜토에이트)의 측정방법이다.
② 유기인 화합물을 기체크로마토그래프로 분리한 다음 질소인검출기로 분석한다.
③ 정량한계는 각 항목별 0.01mg/kg이다.
④ 초자류는 사용 전에 아세톤, 분석 용액 순으로 각각 3회 세정한 후 건조시킨 것을 사용하여 오염을 최소화한다.

풀이 ③ 0.05mg/kg

38 다음은 저장물질이 없는 누출검사대상시설－가압시험법에 관한 내용이다. ( ) 안에 옳은 내용은?

누출검사대상시설 및 이와 연결된 지하매설배관은 질소 등 불활성 가스를 사용하여 ( )의 시험압력으로 가압한 후 10분 동안 유지시켜 안정된 시험압력을 확인하고 그 후 1시간 동안의 압력변화를 측정한다.

① $0.1kg_f/cm^2$
② $0.2kg_f/cm^2$
③ $0.3kg_f/cm^2$
④ $0.5kg_f/cm^2$

39 부속배관부를 가압시험법으로 누출 여부를 검사할 때 판정기준으로 옳은 것은?

① 시험압력의 5% 이상의 압력변화량이 있으면 불합격으로 한다.
② 시험압력의 10% 이상의 압력변화량이 있으면 불합격으로 한다.
③ 시험압력의 15% 이상의 압력변화량이 있으면 불합격으로 한다.
④ 시험압력의 20% 이상의 압력변화량이 있으면 불합격으로 한다.

40 금속류를 원자흡수분광광도법으로 측정 시 정확도에 관한 내용으로 가장 적합한 것은?

① 정확도는 첨가한 표준물질의 농도에 대한 측정 평균값의 상대 백분율로서 나타내고 그 값이 50~70% 이내여야 한다.

② 정확도는 첨가한 표준물질의 농도에 대한 측정 평균값의 상대 백분율로서 나타내고 그 값이 70~130% 이내여야 한다.

③ 정확도는 측정값이 상대표준편차를 산출하며 그 값이 10% 이내여야 한다.

④ 정확도는 측정값의 상대표준편차를 산출하며 그 값이 30% 이내여야 한다.

3과목 토양 및 지하수오염정화기술

41 어느 지역의 토양 공극 내 TCE 포화도가 0.4로 알려져 있다면 처리대상 TCE의 무게(kg)는? (조건 : 토양부피 = 1m³, 공극률 = 0.5, TCE 밀도 = 1.4kg/L)

① 60   ② 120
③ 140   ④ 280

풀이 TCE의 무게(kg)
$= ($토양부피 $\times$ TCE 밀도$) \times$ 포화도 $\times$ 공극률
$= (1m^3 \times 1.4kg/L \times 1,000L/m^3) \times 0.4 \times 0.5$
$= 280kg$

42 250kg의 가솔린이 포화대에 유출되었다. 자연정화법으로 오염지역을 처리하고자 한다. 가솔린이 생물학적으로만 분해되어 없어진다면 오염지역의 가솔린을 분해하기 위하여 필요한 산소량은? (단, 산소/가솔린 소비율 = 2mg O_2/mg 가솔린이며 기타 조건은 고려하지 않음)

① 125kg   ② 250kg
③ 500kg   ④ 1,000kg

풀이 산소량(kg) $= 2mgO_2/mg$가솔린 $\times 250kg$가솔린
$= 500kg$

43 평균농도 60mg/kg의 자일렌(Xylene)으로 오염된 토양의 부피가 12,000m³라면 오염부지 내 존재하는 자일렌의 총 함량은?(단, 토양 bulk density = 1.8g/cm³)

① 약 1,100kg   ② 약 1,300kg
③ 약 1,500kg   ④ 약 1,700kg

풀이 자일렌의 부피(m³)
$= 12,000m^3 \times 60mg/kg \times kg/10^6mg$
$= 0.72m^3$

자일렌의 총 함량(kg)
= 부피 × 밀도
$= 0.72m^3 \times 1.8g/cm^3 \times cm^3/10^{-6}m^3 \times kg/1,000g$
$= 1,296kg$

44 다음은 어떤 용출능 평가시험에 대한 설명인가?

고형 폐기물용출법이라고도 하며 증류수 또는 이온수를 이용하여 모노리스 또는 분쇄 폐기물로부터의 침출수를 복합적으로 추출하는 방법

① MWEP 시험법   ② MCC-IP 시험법
③ CLT 시험법   ④ EP 시험법

45 열탈착 기술에 관한 설명으로 옳지 않은 것은?

① 다양한 수분함량과 오염농도를 갖는 여러 토양에 적용될 수 있다.

② 휘발성 유기화합물(VOCs)뿐만 아니라 준휘발성 유기화합물(SVOCs)의 제거도 가능하다.

③ 유기염소 및 유기인 살충제 처리 시 퓨란과 다이옥신이 발생되는 단점이 있다.

④ 열탈착 공정에서 발생하는 가스량은 같은 용량의 소각 공정에 비해 상대적으로 적다.

풀이 ③ 다이옥신과 퓨란이 생성하지 않는다.

정답 40 ②   41 ④   42 ③   43 ②   44 ①   45 ③

46 Steam Injection 공법에 관한 설명으로 옳지 않은 것은?

① 오염물질의 범위와 양에 따라 다르지만 일반적으로 처리기간은 몇 시간 정도로 단시간이다.

② 지중의 온도가 증가하므로 지반의 성질 개선에 좋은 영향을 미친다.

③ 오염지반 지중 내에 스팀을 주입하여 오염부지 내의 온도를 상승시켜 오염물질의 휘발성을 증대시킨다.

④ 알칸(Alkane)과 알칸기저 알코올 추출에 효과적이다.

풀이 ② 지중의 온도가 증가하므로 지반의 성질 개선에 나쁜 영향을 미친다.

47 다음 중 토양증기추출법과 바이오벤팅에 대한 설명으로 옳지 않은 것은?

① 바이오벤팅은 불포화 토양층에 산소를 공급함으로써 미생물의 분해를 통해 유기물질의 분해를 도모하는 방법이다.

② 바이오벤팅은 휘발성이 강한 유기물질 이외에도 중간 정도의 휘발성을 가지는 분자량이 다소 큰 유기물질도 처리할 수 있다.

③ 토양증기추출법과 바이오벤팅의 운전상의 가장 큰 차이는 토양 내 설치 관정의 깊이이다.

④ 토양증기추출법은 헨리상수가 0.01 이상일 때 적용한다.

풀이 ③ 토양증기추출법과 바이오벤팅의 운전상의 가장 큰 차이는 공기의 주입량과 추출량이다.

48 오염부지 내 TPH 초기오염농도 5,000mg/kg이 90일 후에 2,000mg/kg으로 저감되었다면, 1차 반응속도 속도상수는?

① 0.05/day ② 0.03/day

③ 0.02/day ④ 0.01/day

풀이
$$\ln \frac{C}{C_0} = -k \cdot t$$
$$\ln \frac{2,000}{5,000} = -k \cdot 90$$
$$k = 0.01/day$$

49 자일렌 100mg/L의 농도로 오염된 지하수 2,000m³을 처리하기 위해 필요한 활성탄의 양은?(단, 자일렌에 대한 활성탄의 흡착능 0.0789g-Xylenes/g-carbon)

① 76kg ② 478kg

③ 1.62t ④ 2.54t

풀이 활성탄의 양(ton)
$$= 100mg/L \times 2,000m^3 \times 1,000L/m^3 \times g/1,000mg$$
$$\times ton/10^6 g \times g - carbon/0.0789g - xylenes$$
$$= 2.53ton$$

50 Bioventing법을 적용하기 위하여 30%의 공극률을 가진 토양 1,000m³에 1,500m³/day의 공기를 주입하였다. 주입공기의 산소농도는 21%이며 배기가스의 산소농도는 10%였다면 평균산소소모율은?

① 25%/day ② 35%/day

③ 45%/day ④ 55%/day

풀이 평균산소소모율(%/day)
$$= \frac{Q(C_0 - C_f)}{V \cdot P}$$
$$= \frac{1,500m^3/day \times (21-10)\%O_2}{1,000m^3 \times 0.3}$$
$$= 55\%O_2/day$$

51 Soil Flushing에 관한 설명으로 옳지 않은 것은?

① 휘발성 유기화합물질, 준휘발성 유기화합물질의 처리 시에는 경제성이 떨어진다.
② 세정용액에 의해 2차 오염이 유발될 수 있다.
③ 투수성이 낮은 토양에서는 처리하기가 어렵다.
④ 중금속 오염토양 처리에는 부적합하다.

풀이 ④ 중금속 오염토양 처리에 적합하다.

52 오염지하수를 반응벽체로 처리하도록 한다. 반응벽체 내 지하수 통과 선속도가 2m/day이며, 반응벽체 내 체류시간이 12시간이 되어야 할 경우 반응벽체의 두께는 얼마가 필요한가?

① 0.6m　　② 1.0m
③ 2.4m　　④ 6.0m

풀이 반응벽체두께(m) = 선속도×통과시간(체류시간)
　　　　 = 2m/day×12hr×day/24hr
　　　　 = 1.0m

53 분자식이 $C_6H_{12}O_6$인 포도당 200g 이 완전 산화할 때 소모되는 이론 산소량은?

① 약 137g　　② 약 189g
③ 약 213g　　④ 약 287g

풀이 완전산화반응식
　　$C_6H_{12}O_6 + 6O_2 \rightarrow 6CO_2 + 6H_2O$
　　180g : 6×32g
　　200g : O_0

　　O_0(이론산소량) $= \dfrac{200g \times (6 \times 32)g}{180g} = 213g$

54 수직방어벽인 슬러리월에 관한 설명으로 옳지 않은 것은?

① 지하수의 흐름을 다른 곳으로 우회시켜 오염되지 않은 지하수를 오염된 지역으로부터 격리시킨다.

② 지하수의 흐름을 다른 곳으로 우회시켜 오염물질의 분해 또는 지체효과를 감소시킨다.
③ 낮은 수리전도도를 가진 흙이나 가용한 다른 첨가제 등 오염물질의 거동을 제어하는 물질을 지중 트렌치에 채운다.
④ 투수계수가 다소 높은 지역에 유용하다.

풀이 ② 오염원으로부터 집수정까지의 흐름경로를 길게 하여 오염물질의 분해 또는 지체효과를 증진시킨다.

55 오염토양의 불용화를 위해 화학적 처리를 하고자 할 때 오염물질과 그 처리에 사용되는 물질에 대한 연결로 가장 적합한 것은?

① 시안화합물 – 차아염소산나트륨(NaOCl)
② 6가 크롬 – 염화철($FeCl_2$)
③ 비소화합물 – 황화철($FeSO_4$)
④ 수은화합물 – 염화철($FeCl_2$)

56 매립지에 염소의 농도가 1,000mg/L인 침출수가 누출되어 다음과 같은 특성을 지닌 대수층으로 유입되고 있다. 다음 〈자료〉를 이용하여 산출된 평균선형유속은?

　수리전도도 $= 3.0 \times 10^{-3}$cm/s, dh/dl=0.002
　유효공극률 = 0.46

① 1.3×10^{-7}m/s
② 1.6×10^{-7}m/s
③ 2.6×10^{-8}m/s
④ 2.8×10^{-8}m/s

풀이 $\bar{v} = \dfrac{k}{\eta_c}\left(\dfrac{dh}{dL}\right) = \dfrac{3.0 \times 10^{-3}\text{cm/sec} \times 0.002}{0.46}$
　　　　 $= 1.3 \times 10^{-5}\text{cm/sec}(1.3 \times 10^{-7}\text{m/sec})$

정답 51 ④　52 ②　53 ③　54 ②　55 ①　56 ①

57 미생물은 크게 탄소원과 에너지원에 따라 분류되는데 탄소원이 CO_2이며 에너지원으로 무기물의 산화 · 환원반응을 이용하는 미생물은?

① 화학합성 종속영양 미생물
② 화학합성 자기영양 미생물
③ 광합성 종속영양 미생물
④ 광합성 자가영양 미생물

58 다음 중 토양세척공정에 관한 설명으로 옳지 않은 것은?

① 외부환경의 영향을 자체적으로 조정하여야 하는 개방형 공정이다.
② 오염토양 부피의 단시간 내의 효율적인 급감으로 2차 처리비용을 절감할 수 있다.
③ 토양세척의 효과를 결정짓는 것은 물질의 종류에 의한 차이보다 토양의 성상에 따른 영향이 크다.
④ 오염물질의 물리화학적 특징 중 세척효율을 높일 수 있는 요인은 수용성과 휘발성이다.

> **풀이** ① 외부환경의 영향을 자체적으로 조정하여야 하는 폐쇄형

59 동전기복원기술의 장단점으로 옳지 않은 것은?

① 오염지역의 복원이 영구적이다.
② 염이나 2차 광물의 침전에 의하여 효율이 증대된다.
③ 금속으로 오염된 지역에 주로 효과적이다.
④ 지반 매트릭스 자체에 미치는 영향이 정확하게 규명되지 않았다.

> **풀이** ② 염이나 2차 광물의 침전에 의하여 효율이 감소한다.

60 투수성 반응벽에서 영가철(Fe^0)을 사용하여 TCE, PCE 등과 같은 염화유기화합물을 제거하는 경우에 작용하는 반응 기작으로 가장 적합한 것은?

① $Fe^0 + RCl + Cl^- \rightarrow Fe^{2+} + RH + 2H^+ + 2Cl^-$
② $Fe^0 + RCl + 2OH^- \rightarrow Fe^{2+} + RH^2 + 2Cl^+ + O^{2-}$
③ $Fe^0 + RCl + OH^- \rightarrow Fe^{2+} + 2RH + Cl^- + O^{2-}$
④ $Fe^0 + RCl + H^+ \rightarrow Fe^{2+} + RH + Cl^-$

4과목 토양 및 지하수환경 관계법규

61 속임수 그 밖의 부정한 방법으로 토양 관련 전문기관의 지정을 받거나 토양정화업의 등록을 한 자에 대한 벌칙기준은?

① 5년 이하의 징역 또는 5천만원 이하의 벌금
② 2년 이하의 징역 또는 2천만원 이하의 벌금
③ 1년 이하의 징역 또는 1천만원 이하의 벌금
④ 300만원 이하의 벌금

> **풀이** 토양환경보전법 제30조 벌칙 참조

62 토양환경보전법상 I 지역의 토양오염 우려기준으로 맞는 것은?

① 트리클로로에틸렌 : 8mg/kg
② 납 : 100mg/kg
③ 비소 : 6mg/kg
④ 페놀 : 1mg/kg

> **풀이** 토양오염 우려기준(mg/kg)
>
> | 물질 | 1지역 | 2지역 | 3지역 |
> |---|---|---|---|
> | 카드뮴 | 4 | 10 | 60 |
> | 구리 | 150 | 500 | 2,000 |
> | 비소 | 25 | 50 | 200 |
> | 수은 | 4 | 10 | 20 |
> | 납 | 200 | 400 | 700 |
> | 6가 크롬 | 5 | 15 | 40 |
> | 아연 | 300 | 600 | 2,000 |

물질	1지역	2지역	3지역
니켈	100	200	500
불소	400	400	800
유기인 화합물	10	10	30
폴리클로리네이티드비페닐	1	4	12
시안	2	2	120
페놀	4	4	20
벤젠	1	1	3
톨루엔	20	20	60
에틸벤젠	50	50	340
크실렌	15	15	45
석유계 총 탄화수소(TPH)	500	800	2,000
트리클로로에틸렌(TCE)	8	8	40
테트라클로로에틸렌(PCE)	4	4	25
벤조(a)피렌	0.7	2	7

63 지하수를 공업용수로 이용하는 경우의 지하수 수질기준으로 틀린 것은?

① pH : 5.0~9.0
② 질산성 질소 : 80mg/L 이하
③ 염소이온 : 500mg/L 이하
④ 수은 : 0.001mg/L 이하

풀이 지하수의 수질기준

이용목적별 항목		생활용수	농·어업 용수	공업용수
일반 오염 물질 (4개)	수소이온 농도(pH)	5.8~8.5	6.0~8.5	5.0~9.0
	총 대장균군	5,000 이하 (군수 /100mL)	–	–
	질산성 질소	20 이하	20 이하	40 이하
	염소이온	250 이하	250 이하	500 이하

64 토양보전대책지역 지정표지판에 나타내어야 하는 내용으로 틀린 것은?

① 지정일자
② 지정범위
③ 토양보전대책지역 내역
④ 토양보전대책지역 안에서 제한되는 행위

풀이 토양보전대책지역 지정표지판의 포함 내용
  ㉠ 지정 일자
  ㉡ 지정 목적
  ㉢ 토양보전대책지역 안에서 제한되는 행위
  ㉣ 토양보전대책지역 내역

65 오염토양 개선사업의 종류에 대한 설명으로 틀린 것은?

① 오염된 수로의 준설사업
② 오염물질의 흡수력이 강한 식물식재사업
③ 오염개선지역 선정 및 평가 사업
④ 오염토양의 위생적 매립·정화사업

풀이 오염토양 개선사업의 종류
  ㉠ 객토 및 토양개량제의 사용 등 농토배양사업
  ㉡ 오염된 수로의 준설사업
  ㉢ 오염토양의 위생적 매립·정화사업
  ㉣ 오염물질의 흡수력이 강한 식물식재사업
  ㉤ 그 밖에 특별자치도지사·시장·군수·구청장이 필요하다고 인정하는 사업

66 측정망설치계획에 포함되어야 하는 사항으로 틀린 것은?

① 측정망 설치시기
② 측정망 배치도
③ 측정대상 오염물질
④ 측정지점의 위치 및 면적

풀이 측정망설치계획 포함 사항
  ㉠ 측정망 설치시기
  ㉡ 측정망 배치도
  ㉢ 측정지점의 위치와 면적

67 오염토양의 반출절차 및 방법에 관한 내용으로 (   )에 옳은 내용은?

특별자치도지사·시장·군수·구청장은 오염토양 반출정화(변경)계획서를 검토하여 반출정화의 계획이 적정한 경우에는 (   )에 적정통보하여야 한다.

① 7일 이내
② 10일 이내
③ 15일 이내
④ 30일 이내

정답 63 ② 64 ② 65 ③ 66 ③ 67 ②

풀이 특별자치도지사 · 시장 · 군수 · 구청장은 오염토양 반출정화(변경)계획서를 검토하여 반출정화의 계획이 적정한 경우에는 10일 이내에 적정통보를 하여야 하며, 반출정화대상에 해당하지 아니하는 등 반출정화계획의 내용이 적정하지 아니한 경우에는 10일 이내에 오염토양반출정화(변경)계획서를 반려하거나 보완을 요구하여야 한다.

68 토양오염 우려기준의 오염지역을 1지역, 2지역, 3지역으로 구분하는데, 2지역에 해당되지 않는 것은?

① 도로용지 ② 유원지
③ 종교용지 ④ 창고용지

풀이 토양오염우려기준 구분 중 2지역
「공간정보의 구축 및 관리 등에 관한 법률」에 따른 지목이 임야 · 염전 · 대(1지역에 해당하는 부지 외의 모든 대를 말한다.) · 창고용지 · 하천 · 유지 · 수도용지 · 체육용지 · 유원지 · 종교용지 및 잡종지(「공간정보의 구축 및 관리 등에 관한 법률 시행령」 제58조 제28호 가목 또는 다목에 해당하는 부지만 해당한다)인 지역

69 다음에서 언급한 '환경부령으로 정하는 토양 관련 전문기관'으로 옳은 것은?

시장 · 군수 · 구청장은 오염토양 개선사업의 전부 또는 일부의 실시를 그 정화책임자에게 명할 수 있다. 이 경우 시장 · 군수 · 구청장은 토양보전을 위하여 필요하다고 인정하면 환경부령으로 정하는 토양 관련 전문기관으로 하여금 오염토양 개선사업을 지도 · 감독하게 할 수 있다.

① 농촌진흥청
② 한국환경공단
③ 국립환경과학원
④ 시 · 도 보건환경연구원

풀이 환경부령으로 정하는 토양오염개선사업의 지도 · 감독기관은 시 · 도 보건환경연구원이다.

70 토양 관련 전문기관의 지정기준에 관한 내용으로 ( )에 옳은 것은?(단, 토양오염조사기관, 기술인력 기준)

기사는 해당 분야 산업기사 자격 취득 후 토양 관련 분야 또는 해당 전문기술 분야에서 ( ) 이상 종사한 사람으로 대체할 수 있다.

① 5년 ② 4년
③ 3년 ④ 2년

풀이 기사는 해당 분야 산업기사 자격취득 후 토양 관련 분야 또는 해당 전문기술 분야에서 4년 이상 종사한 사람이나 환경부장관이 인정하는 토양지하수 전문인력 양성 교육과정을 수료한 사람으로 대체할 수 있다.

71 토양보전대책지역의 지정기준에 관한 내용으로 ( )의 내용으로 옳은 것은?

농경지 외의 지역의 경우에는 지표면으로부터 지하수(대수층)면 상부 토양 사이의 토양오염도가 대책기준을 초과한 지역 또는 특별자치도지사 · 시장 · 군수 · 구청장이 대책지역 지정을 요청한 지역으로서 인체에 대한 피해가 우려되고 그 면적이 ( ) 이상인 지역일 것

① 1만 제곱미터 ② 2만 제곱미터
③ 3만 제곱미터 ④ 5만 제곱미터

풀이 토양보전대책지역의 지정기준
ⓐ 농경지의 경우에는 지표면으로부터 30센티미터까지의 토양오염도가 대책기준을 초과하거나 특별자치도지사 · 시장 · 군수 · 구청장이 재배작물 중 오염물질 함량이 중금속잔류허용기준을 초과하여 대책지역 지정을 요청한 지역일 것
ⓑ 농경지 외의 지역의 경우에는 지표면으로부터 지하수(대수층)면 상부 토양 사이의 토양오염도가 대책기준을 초과한 지역 또는 특별자치도지사 · 시장 · 군수 · 구청장이 대책지역 지정을 요청한 지역으로서 인체에 대한 피해가 우려되고 그 면적이 1만 제곱미터 이상인 지역일 것

72 환경부장관 또는 시장·군수·구청장이 청문을 실시하여야 하는 경우에 해당하는 것은?

① 토양정화업의 등록취소
② 토양 관련 전문기관에 대한 업무정지
③ 오염된 토양의 정화조치
④ 토양오염유발시설의 이전

> **풀이** 환경부장관 또는 시장·군수·구청장의 청문대상
> ㉠ 시설의 철거명령
> ㉡ 토양 관련 전문기관의 지정취소
> ㉢ 토양정화업의 등록취소

73 환경부장관이 토양관리단지 조성계획을 수립할 때 포함되어야 하는 사항으로 틀린 것은?

① 교통시설 등 주요 기반시설 설치 및 운영계획
② 환경보전계획
③ 조성 대상 부지의 확보방안
④ 오염토양 정화처리 계획 및 방안

> **풀이** 토양관리단지 조성계획 수립 시 포함사항
> ㉠ 조성목적, 필요성, 조성 및 운영기간
> ㉡ 위치·면적 등 조성 대상 부지의 현황
> ㉢ 조성 대상 부지의 확보방안
> ㉣ 조성을 위한 사업비 확보 및 재원조달 방법
> ㉤ 교통시설 등 주요 기반시설 설치 및 운영계획
> ㉥ 환경보전계획
> ㉦ 오염토양 정화처리 용량
> ㉧ 정화된 토양의 재활용 및 보급에 관한 사항

74 지하수법에서 명시하는 정의가 잘못된 것은?

① 지하수 : 지하의 지층이나 암석 사이의 빈틈을 채우고 있거나 흐르는 물
② 지하수개발·이용시공업 : 지하수개발·이용을 위한 시설을 시공하는 사업
③ 지하수 영향구역 : 지하수의 수량이나 수질보전이 필요하여 지하수의 수질을 개선하는 사업
④ 지하수정화업 : 지하수에 함유된 오염물질을 제거·분해 또는 희석하여 지하수의 수질을 개선하는 사업

> **풀이** 지하수법에는 지하수 영향구역이라는 용어는 없다.

75 토양환경보전법의 목적이 아닌 것은?

① 토양오염물질의 발생을 최대한 억제
② 토양을 적정하게 관리·보전함으로써 토양생태계를 보전
③ 자원으로서의 토양가치를 높임
④ 모든 국민이 건강하고 쾌적한 삶을 누릴 수 있게 함

> **풀이** 토양환경보전법의 목적
> 토양오염으로 인한 국민건강 및 환경상의 위해(危害)를 예방하고, 오염된 토양을 정화하는 등 토양을 적정하게 관리·보전함으로써 토양생태계를 보전하고, 자원으로서의 토양가치를 높이며, 모든 국민이 건강하고 쾌적한 삶을 누릴 수 있게 함을 목적으로 한다.

76 지하수를 공업용수로 사용하는 경우 지하수의 수질기준 항목에 해당하지 않는 것은?

① 일반세균
② 카드뮴
③ 유기인
④ 염소이온

> **풀이** 지하수의 수질기준(특정유해물질)

구분	생활용수	농·어업 용수	공업용수
카드뮴	0.01 이하	0.01 이하	0.02 이하
비소	0.05 이하	0.05 이하	0.1 이하
시안	0.01 이하	0.01 이하	0.2 이하
수은	0.001 이하	0.001 이하	0.001 이하
유기인	0.0005 이하	0.0005 이하	0.0005 이하
페놀	0.005 이하	0.005 이하	0.01 이하
납	0.1 이하	0.1 이하	0.2 이하
6가 크롬	0.05 이하	0.05 이하	0.1 이하
트리클로로 에틸렌	0.03 이하	0.03 이하	0.06 이하
테트라클로로에틸렌	0.01 이하	0.01 이하	0.02 이하
1.1.1-트리클로로에탄	0.15 이하	0.3 이하	0.5 이하
벤젠	0.015 이하	-	-
톨루엔	1 이하	-	-
에틸벤젠	0.45 이하	-	-
크실렌	0.75 이하	-	-

정답 72 ① 73 ④ 74 ③ 75 ① 76 ①

77 토양정화업은 누구에게 등록해야 하는가?

① 대통령 　　　　② 국무총리
③ 환경부장관 　　④ 시·도지사

풀이 토양정화업을 하려는 자는 대통령령으로 정하는 바에 따라 시설(오염토양을 반출하여 정화하는 경우에는 이를 반입하여 정화하는 시설을 포함한다), 장비 및 기술인력 등을 갖추어 시·도지사에게 등록하여야 한다. 등록한 사항 중 대통령령으로 정하는 사항을 변경할 때에도 또한 같다.

78 정화책임자가 둘 이상인 경우 다음 중에서 정화책임의 가장 후순위를 가지는 자는?

① 정화책임자 중 토양오염관리대상시설의 소유자와 그 소유자의 권리·의무를 포괄적으로 승계한 자
② 정화책임자 중 토양오염이 발생한 토지를 소유하였던 자
③ 정화책임자 중 토양오염이 발생한 토지를 현재 소유 또는 점유하고 있는 자
④ 정화책임자 중 토양오염관리대상시설의 점유자 또는 운영자와 그 점유자 또는 운영자의 권리·의무를 포괄적으로 승계한 자

풀이 둘 이상의 정화책임자에 대한 순서
　ㄱ 정화책임자와 그 정화책임자의 권리·의무를 포괄적으로 승계한 자
　ㄴ 정화책임자 중 토양오염관리대상시설의 점유자 또는 운영자와 그 점유자 또는 운영자의 권리·의무를 포괄적으로 승계한 자
　ㄷ 정화책임자 중 토양오염관리대상시설의 소유자와 그 소유자의 권리·의무를 포괄적으로 승계한 자
　ㄹ 정화책임자 중 토양오염이 발생한 토지를 현재 소유 또는 점유하고 있는 자
　ㅁ 정화책임자 중 토양오염이 발생한 토지를 소유하였던 자

79 환경부장관은 토양오염관리대상시설에 대한 조사계획을 매년 수립해야 한다. 이때 포함되어야 할 사항으로 틀린 것은?

① 조사일정 　　　　② 조사순서
③ 조사기준 　　　　④ 조사범위

풀이 환경부장관은 토양오염관리대상시설 등을 조사하는 경우에는 매년 조사일정, 범위, 기준 등이 포함된 토양오염관리대상시설 등 조사계획을 수립하고, 그 계획에 따라 조사를 실시하여야 한다.

80 토양오염도의 상시측정에 대한 법적 규정 중 틀린 것은?

① 환경부장관은 전국적인 토양오염실태를 파악하기 위하여 측정망을 설치하고 토양오염도를 상시 측정하여야 한다.
② 측정망 설치계획은 고시되어야 하며, 누구든지 열람할 수 있게 하여야 한다.
③ 측정망 설치 최소 6월 전에는 측정망 설치계획이 고시되어야 한다.
④ 측정망 설치계획에는 측정망 설치시기, 측정망 배치도, 측정지점 위치 및 면적이 포함되어야 한다.

풀이 측정망 설치계획의 고시는 최초로 측정망을 설치하게 되는 날 3월 전에 하여야 한다.

1과목 토양학개론

01
모래에 지하수를 장기간 중력 배수시켰을 때, 모래의 비산출률이 0.15이고 모래의 공극률이 0.53이라면 비보유율은?

① 0.06
② 0.55
③ 0.25
④ 0.38

풀이 총공극률 = 비산출률 + 비보유율
비보유율 = 총공극률 − 비산출률
= 0.53 − 0.15 = 0.38

02
점토광물의 표면전하에 관한 설명으로 가장 적합한 것은?

① 일반적으로 점토광물이나 유기물은 음전하에 비해 양전하를 절대적으로 많이 가지므로 토양은 순 양전하를 띤다.
② 영구전하는 토양 pH의 영향을 많이 받는 전하이다.
③ pH가 낮은 조건에서는 음전하가 생성되는 반면, pH가 높은 조건에서는 과량의 양전하가 생성되는데 이와 같은 전하를 통틀어서 고정전하라 한다.
④ 점토광물을 분쇄하여 분말도를 높이면 음전하가 많아진다.

03
토양 오염물질 중 BTEX 구성성분이 아닌 것은?

① Xylene
② Ethylene
③ Benzene
④ Toluene

04
토양수의 압력이 1,000bars일 경우 pF로 환산하면 얼마가 되는가?

① 약 4
② 약 5
③ 약 6
④ 약 7

풀이 $pF = \log[H]$

$$H = 1.000 \times \frac{1.033 cmH_2O}{1.013}$$

$$= 1.033.000 cmH_2O$$

$$pF = \log 1.033.000$$
$$= 6.01$$

05
지하수 및 대수층과 관련된 용어 중 "자유면 대수층에서 지하수면의 단위 상승 혹은 강하에 의해 단위 면적을 통해 자유면 대수층의 저류지하수로부터 유입 혹은 유출되는 물의 부피"를 뜻하는 것은?

① 수리전도도
② 비전류계수
③ 수두구배
④ 비산출률

06
NAPLs에 관한 설명으로 옳지 않은 것은?

① 물에 쉽게 용해되지 않고 섞이지 않아 자연상에서 물과 분리된 유체의 형태로 존재하는 것을 말한다.
② TCE는 LANPL에 해당된다.
③ 톨루엔은 LNAPL에 해당된다.
④ Chlorophenols은 DNAPL에 해당된다.

풀이 ② TCE는 DNAPL(고밀도 비수용성 액체)이다.

07 다음은 Puri 분산계수에 관한 설명이다. ( ) 안에 공통으로 들어갈 말로 알맞은 것은?

> 토양을 물속에 침지하여 24시간 진탕시킨 루 입경 ( )의 입자량을 구한다(A). 이와 별도로 시료를 기기분석의 조작에 따라 완전히 분산시켜 ( )의 입자량을 구한다(B).
>
> 분산계수 = (A) × (B)

① 0.2mm 이하 ② 0.02mm 이하
③ 0.002mm 이하 ④ 0.0002mm 이하

08 3층형 광물(2 : 1형 기본구조 = 한 층의 Al 8면체를 Si 4면체가 양쪽으로 샌드위치처럼 싸서 3층 구조를 이룸)을 가진 대표적 점토광물은?

① Kaolinite ② Halloysite
③ Montmorillonite ④ Oxizonite

09 다음 중 생태계 위해성 평가단계(4단계)와 가장 거리가 먼 것은?

① 문제의 구체화
② 복원성 평가
③ 유해인자 — 반응관계에 대한 생태학적 영향
④ 위해도 결정

풀이 생태계 위해성 평가 4단계
　① 1단계 : 문제의 구체화
　② 2단계 : 노출평가
　③ 3단계 : 유해인자 — 반응관계에 대한 생태학적 영향
　④ 4단계 : 위해도 결정

10 다음 토양목에 관한 설명과 거리가 먼 것은?

① Vertisol은 유기물함량이 높은 표토가 검은 빛의 토양으로 화산재 토양에 해당된다.
② Oxisol은 풍화와 용탈이 매우 심하게 일어나는 고온 다습한 열대기후지역에서 발달한다.

③ Entisol은 토양의 발달과정이 거의 진행되지 않은 토양이다.
④ Ultisol은 습한 지역에서도 발달하며, 저염기포화도를 가진다.

풀이 ①은 안디졸(Andisol)에 대한 설명이다.

11 지하수 유동의 기본법칙인 Darcy의 법칙에 관한 설명으로 옳지 않은 것은?

① 지하수의 흐름 속도는 수두구배에 비례한다는 경험법칙으로 흐름은 층류여야 한다.
② 투수성 기질로 채워진 원통을 통해 나오는 유량은 수두차에 반비례한다.
③ 투수성 기질로 채워진 원통을 통해 나오는 유량은 거리에 반비례한다.
④ 투수성 기질로 채워진 원통을 통해 나오는 유량은 흐름의 단면에 비례한다.

풀이 투수성 기질로 채워진 원통을 통해 나오는 유량은 수두차에 비례한다.

12 오염물질과 토양의 상호반응인 흡착에 관한 설명으로 가장 거리가 먼 것은?

① 용질이 액상과 토양입자 경계면 사이에서 분배될 때 일어난다.
② 오염물질과 토양 상호반응은 용액 중 오염물질이 정전기적 인력에 의해 토양입자의 표면과 결합할 때 화학반응이 일어난다.
③ 화학반응이 토양입자 표면의 성질, 오염물질 침출액의 화학·물리적 성질이 다양하다.
④ 음이온은 특별히 결정된 방법으로 토양입자에 흡착하며, 음이온 흡착은 원자가, 결정성, 수화반경 등이 결정적 인자로 작용한다.

풀이 ④ 음이온 → 양이온

13 토양침식을 물에 의한 침식의 진행 정도에 따라 분류할 때 거리가 먼 것은?

① 주상 침식 ② 면상 침식

③ 세류 침식 ④ 협곡 침식

14 오염물 확산 및 처리에 중대한 영향을 미치는 오염지역의 토양 특성으로 가장 거리가 먼 것은?

① 토양 내 유기물질 함량

② 토양의 함수율

③ 토양의 pH 및 알칼리도

④ 토양의 헨리(공기/물 투수계수)지수

15 다음 중 전지구적인 물 분포 부피비율 크기로 옳은 것은?

① 빙하, 만년설 > 지하수(지하 약 4km) > 강 > 토양수분

② 지하수(지하 약 4km) > 빙하, 만년설 > 토양수분 > 강

③ 지하수(지하 약 4km) > 빙하, 만년설 > 강 > 토양수분

④ 빙하, 만년설 > 지하수(지하 약 4km) > 토양수분 > 강

16 수은(Hg)에 관한 설명으로 옳지 않은 것은?

① 토양 중 수은이 어떤 반응을 하는가는 주로 그것에 존재하는 수은의 형태에 따라 규정된다.

② 방향족 수은화합물은 독성이 가장 높고, 무기염의 수은과 금속수은이 연결된 알킬화합물 순으로 독성이 낮다.

③ 수은은 염소와 칼슘소다의 전기분해에 의해 전극 혹은 플라스틱 생산의 촉매로서도 이용된다.

④ 수은화합물과 토양 성분은 강한 상호작용을 하기 때문에 토양 중 수은의 휘산 형태 이외로의 방출은 통상 지극히 작다.

풀이 ② 알킬수은화합물의 독성은 무기수은화합물의 독성보다 매우 강하다.

17 어느 지역 토양시료에 대한 공극률 측정결과가 20%였다. 시료 내 수분부피와 공기부피는 각각 16cm³, 4cm³였다면 현장에서 채취한 토양시료의 전체부피(cm³)는?(단, 공극은 수분과 공기로만 차 있다고 가정함)

① 50 ② 100

③ 150 ④ 200

풀이
$$공극률(\%) = \left(\frac{공극부피}{토양\ 전체부피}\right) \times 100$$
$$= \left(\frac{수분부피 + 공기부피}{토양\ 전체부피}\right) \times 100$$
$$토양전체부피 = \frac{16+4}{0.2} = 100cm^3$$

18 1m³의 건조모래를 가득 채운 용기에 물을 부어 공극이 완전히 채워졌을 때 사용한 물의 양은 240L이었다. 배수용 꼭지를 틀어 장기간 물을 중력배수시켰을 때 210L가 중력 배수되었다. 이때 모래의 비보유율은?

① 0.03 ② 0.05

③ 0.10 ④ 0.15

풀이 비보유율
$$= \frac{배출\ 후\ 대수층에\ 잔류한\ 물의\ 부피}{대수층\ 부피}$$
$$= \frac{(240-210)L}{1,000L} = 0.03$$

19 토양오염은 오염물질의 특이성에 따라 다르게 나타난다. 유기오염물질의 특성 인자와 가장 거리가 먼 것은?

① 용해도적 ② 증기압

③ 옥탄올/물 분배계수 ④ 분해상수

20 어떤 토양의 양이온 교환용량이 17.5cmol$_c$/kg, 그중 Al 과 H 이온이 5.2cmol$_c$/kg 존재할 때 염기포화도(%)는?

① 63.8 ② 70.3
③ 75.9 ④ 80.6

풀이 염기포화도(%) $= \left(\dfrac{17.5-(5.2)}{17.5}\right) \times 100$
$= 70.29\%$

2과목 **토양 및 지하수오염조사기술**

21 석유계 총 탄화수소(TPH)를 포함한 시료의 보존기준으로 가장 적합한 것은?

① 채취한 시료를 즉시 실험할 수 없을 경우 0~4℃에서 보존하고 20일 이내에 추출하여야 하며, 시료채취일로부터 40일 이내에 분석하여야 한다.
② 채취한 시료를 즉시 실험할 수 없을 경우 0~4℃에서 보존하고 20일 이내에 추출하여야 하며, 시료채취일로부터 60일 이내에 분석하여야 한다.
③ 채취한 시료를 즉시 실험할 수 없을 경우 0~4℃에서 보존하고 14일 이내에 추출하여야 하며, 시료채취일로부터 40일 이내에 분석하여야 한다.
④ 채취한 시료를 즉시 실험할 수 없을 경우 0~4℃에서 보존하고 14일 이내에 추출하여야 하며, 시료채취일로부터 60일 이내에 분석하여야 한다.

22 저장물질이 없는 누출검사대상시설의 누출검사 방법 중 가압시험법에 사용되는 기구 및 기기에 관한 설명으로 옳지 않은 것은?

① 온도계는 시험압력에 충분히 견딜 수 있는 것으로서 최소 눈금 1℃ 이하를 읽고 기록이 가능해야 한다.

② 압력계는 최소눈금이 시험압력의 10% 이내이고, 이를 읽고 측정압력의 기록이 가능한 것을 사용한다.
③ 안전밸브는 0.7kg$_f$/cm^2 이하에서 작동되어야 한다.
④ 사용가스는 가압매체로 질소 등 불활성 가스를 사용한다.

풀이 압력계는 최소눈금이 시험압력의 5% 이내이고, 이를 읽고 측정 압력의 기록이 가능한 것을 사용한다.

23 폴리클로리네이티드비페닐을 기체크로마토그래피로 분석하고자 할 때 다음 중 가장 적합한 검출기는?

① ECD ② FID
③ TCD ④ FPD

24 토양시료 채취방법에 관한 설명으로 가장 적절한 것은?

① 시안, 유기인 화합물, 벤조(A)피렌, 석유계 총 탄화수소, 페놀 등 시험용 시료는 농경지의 경우에는 중심이 되는 1개 지점과 주변 4방위의 1~3m 거리에 있는 1개 지점씩 총 5개 지점을 선정한다.
② 토양시료채취기가 없는 경우에 유기물질을 조사할 때에는 플라스틱 재질을 사용하고, 중금속의 경우에는 스테인리스강 재질의 모종삽 또는 삽 등과 같은 기구가 적합하다.
③ 공장지역·매립지역·시가지지역 등 농경지가 아닌 기타 지역의 경우는 대상지역의 중심이 되는 1개 지점과 주변 4방위의 5~10m 거리에 있는 1개 지점씩 총 5개 지점을 선정한다.
④ 채취한 토양시료 중 나머지는 입구가 넓은 200mL 이상 용량의 플라스틱병에 가득 담고, 마개로 막아 밀봉한 후 냉동상태로 실험실로 운반하여 수분보정용 시료를 사용한다.

25 "밀폐용기"에 관한 정의로 가장 적절한 것은?

① 취급 또는 저장하는 동안에 이물질이 들어가거나 또는 내용물이 손실되지 아니하도록 보호하는 용기를 말한다.

② 취급 또는 저장하는 동안에 밖으로부터의 공기 또는 다른 가스가 침입하지 아니하도록 내용물을 보호하는 용기를 말한다.

③ 취급 또는 저장하는 동안에 기체 또는 미생물이 침입하지 아니하도록 내용물을 보호하는 용기를 말한다.

④ 취급 또는 저장하는 동안에 내용물이 광화학적 변화를 일으키지 아니하도록 방지할 수 있는 용기를 말한다.

26 다음은 비소─수소화합물생성─원자흡수분광광도법에 관한 설명이다. ( ) 안에 알맞은 것은?

이 시험방법은 산분해하여 전처리한 시료 용액 중의 비소를 3가 비소로 예비 환원한 다음 (㉠) 용액과 반응하여 생성된 비화수소를 원자화시켜 193.7nm에서 수소화합물생성─원자흡수분광광도법에 따라 정량하는 방법이며, 이 시험에 의한 토양 중 비소의 정량한계는 (㉡)mg/kg이다.

① ㉠ 수소화주석나트륨, ㉡ 0.001
② ㉠ 수소화붕소나트륨, ㉡ 0.001
③ ㉠ 수소화주석나트륨, ㉡ 0.01
④ ㉠ 수소화붕소나트륨, ㉡ 0.01

27 0.0001N의 NaOH의 pH는?

① 9 ② 10
③ 11 ④ 12

풀이 pH 계산은 항상 M 농도에서 시작한다.

• M 농도 = N 농도 × 가수
→ NaOH의 $M = 0.0001 \times 1 = 0.0001(mol/L)$

• 100% 전리인 경우 $OH^-(M) = NaOH(M)$이므로
$[OH^-] = 0.0001 mol/L$
$[OH^-][H^+] = 1 \times 10^{-14}$에서 $[H^+] = 1.0 \times 10^{-10}$

$$pH = \log \frac{1}{1.0 \times 10^{-10}} = 10$$

28 토양환경평가방법 및 절차 단계 중 1단계(기초조사)에서 이루어지는 과정내용과 가장 거리가 먼 것은?

① 조사계획 수립 ② 자료조사
③ 방문조사 ④ 청취조사

29 다음은 유도결합플라즈마─원자발광분광법에 의한 카드뮴 분석방법에 관한 설명이다. ( ) 안에 알맞은 것은?

시료를 고주파유도코일에 의하여 형성된 아르곤플라즈마에 주입하여 ( )K에서 들뜬 원자가 바닥상태로 이동할 때 방출하는 발광선 및 발광강도를 측정하여 원소의 정성 및 정량분석을 하는 방법이다.

① 4,000~6,000 ② 6,000~8,000
③ 8,000~10,000 ④ 10,000~2,000

30 6가 크롬을 자외선가시선 분광법으로 분석하는 방법에 관한 설명으로 옳지 않은 것은?

① 이 방법에 의한 토양 중 6가 크롬의 정량한계는 0.5mg/kg이다.

② 6가 크롬을 디메틸글리옥심과 반응시켜 생성하는 적자색의 착화합물의 흡광도를 540nm에서 측정하여 6가 크롬을 정량하는 방법이다.

③ 시료 중 철이 2.5mg 이하로 공존할 경우에는 디페닐카바지드 용액을 넣기 전에 5% 피로인산나트륨─10수화물용액 2mL를 넣어 주면 영향이 없다.

④ 시료 중에 잔류염소가 공존하는 경우에는 시료에 수산화나트륨 용액(20%)을 넣어 pH 12 정도로 조절한 다음 입상활성탄을 10% 정도 되게 넣고 자석교반기로 약 30분간 교반하여 여과한 액을 시료로 사용한다.

풀이 ② 6가 크롬을 디페닐카바지드와 반응시켜 생성하는 적자색의 착화합물의 흡광도를 540nm에서 측정하여 정량하는 방법이다.

31 다음 중 이온적극법을 이용하여 측정하기에 가장 적합한 성분은?

① 불소
② 아연
③ 트리클로로에틸렌
④ 폴리클로리네이티드비페닐

풀이 공정기준 제외 사항

32 수분함량 측정 시 토양 건조시간은 얼마 이상으로 항량이 될 때까지 건조시켜야 하는가?

① 1시간   ② 2시간
③ 3시간   ④ 4시간

33 다음 농도표시 중 농도가 상대적으로 가장 낮은 것은?

① 0.01ppm   ② 1mg/L
③ 100ppb   ④ 1mg/kg

34 다음은 시험용 시료의 조제방법에 관한 설명이다. ( ) 안에 가장 적합한 것은?

중금속 전함량 분석대상 물질은 눈금간격 0.15mm의 표준체(100메시), 수소이온농도는 눈금간격 2mm의 표준체(10메시), 불소는 눈금간격 ( )로 채걸음한 시료를 각각 균등량(약 20g)씩 취하여 사분법 등에 의해 균일하게 혼합하여 분석용 시료로 한다.

① 0.075mm의 표준체(200메시)
② 0.05mm의 표준체(300메시)
③ 0.01mm의 표준체(1,500메시)
④ 0.005mm의 표준체(300메시)

35 토양오염공정시험기준에서 사용하는 용어 등에 관한 설명으로 옳지 않은 것은?

① 가스체의 농도는 표준상태(0℃, 1기압, 상대습도 100%)로 환산 표시한다.
② 실온은 1~35℃로 하며, 찬 곳은 따로 규정이 없는 한 0~15℃의 곳을 뜻한다.
③ 제반시험 조작은 따로 규정이 없는 한 상온에서 실시하고 조작 직후 그 결과를 관찰하는 것으로 하며, 온도의 영향이 있는 것의 판정은 표준온도를 기준으로 한다.
④ 액체시약의 농도에 있어서 염산(1+2)이라고 되어 있을 때에는 염산 1mL와 물 2mL를 혼합하여 조제한 것을 말한다.

풀이 ① 가스체의 농도는 표준상태(0℃, 1기압, 상대습도 0%)로 환산표시한다.

36 토양시료 중 트리클로 로에틸렌, 테트라클로로에틸렌 및 BTEX 등의 물질을 퍼지－트랩 기체크로마토그래피－질량분석법으로 분석하고자 할 때 시료 전처리를 위해 일반적으로 사용하는 용매는?

① 부틸알코올   ② 디클로로메탄
③ 메틸알코올   ④ 아세톤

37 저장물질이 있는 누출검사대상시설의 기상부의 누출검사가 시험법인 미감압 측정방법으로 옳지 않은 것은?

① 시험을 위한 진공속도는 매분 100mmHg 미만이 되도록 한다.
② 매 5분마다 측정된 압력변화값은 자동으로 기록되도록 한다.
③ 누출 여부에 관한 추가확인을 위하여 마이크로

폰 등 추가적인 도구를 사용할 수 있다.

④ 압력 안정화 유지시간 이후부터 매 5분마다 60분 또는 70분 동안의 압력변화를 측정한다.

풀이 시험을 위한 진공 속도는 매분 100mmH₂O 미만이 되도록 한다.

38 수은을 냉증기 원자흡수분광광도법으로 분석하는 방법에 관한 설명으로 옳지 않은 것은?

① 시료 중의 수은을 염화제일주석용액에 의해 원자 상태로 환원시켜 발생되는 수은증기를 측정한다.

② 수은증기를 283.3nm에서 냉증기 원자흡수분광광도법에 따라 정량하는 방법이다.

③ 이 시험방법은 냉증기 원자흡수분광광도법을 이용하여 토양의 왕수 추출액에서 수은을 정량하기 위한 방법을 포함한다.

④ 이 방법에 따른 정량한계는 0.01mg/kg이다.

39 시안을 분석하고자 할 때 다음 중 적합한 분석방법으로만 나열한 것은?

① 자외선가시선 분광법, 이온전극법

② 자외선가시선 분광법, 유도결합플라즈마 – 원자발광분광법

③ 기체크로마토그래피법, 이온전극법

④ 원자흡수분광광도법, 유도결합플라즈마 – 원자발광분광법

풀이 공정기준변경사항 : 자외선/가시선 분광법만 해당된다.

40 정도관리요인 검정곡선 중 상대검정곡선법의 내부표준물질에 관한 설명이 옳은 것은?

① 상대검정곡선법은 시험 분석하려는 성분과 물리·화학적으로 성질은 유사하고, 시료에는 없는 순수물질을 내부표준물질로 선택한다.

② 상대검정곡선법은 시험 분석하려는 성분과 물리·화학적으로 성질은 유사하며 시료에 함유

된 순수물질을 내부표준물질로 선택한다.

③ 상대검정곡선법은 시험 분석하려는 성분과 물리·화학적으로 성질이 다르며, 시료에 함유된 순수물질을 내부표준물질로 선택한다.

④ 상대검정곡선법은 시험 분석하려는 성분과 물리·화학적으로 성질이 다르고 시료에 없는 순수물질을 내부표준물질로 선택한다.

3과목 **토양 및 지하수오염정화기술**

41 다음 중 미생물 분해를 목적으로 하는 부분반응벽시스템(Funnel－and－gate System)에 가장 적합한 투수성 벽체재료는?

① 0가 철　　　　② Alum

③ 굴껍질　　　　④ 자갈

42 타 기술에 비하여 유류 오염물질을 빠른 시간 내에 분해하여 처리할 수 있는 화학적 산화법의 장단점으로 옳지 않은 것은?

① 오염물질을 원위치에서 정화할 수 있다.

② 토양 중의 구성물질과 반응하여 산화제의 소요량이 증가할 수 있다.

③ 펜톤 산화 시에는 부산물이 발생되지 않는다.

④ 투수성이 낮은 토양에서는 오염물질과 산화제의 접속이 쉽지 않다.

풀이 ③ 수산화철의 슬러지가 다량 발생한다.

43 다음은 열탈착기법에 관한 설명이다. ( ) 안에 들어갈 온도범위로 가장 적합한 것은?

고온 열탈착기법(HTTD)은 오염토양에 포함되어 있는 물이나 유기오염물질이 휘발되도록 ( )℃로 가열시키는 Full－Scale 기술이다.

① 80~120　　　　② 120~200

③ 320~560　　　　④ 850~1,000

44 지중 차단벽인 슬러리월의 수평적 배열 구성이 "부분적 하향 설치"인 경우에 관한 설명으로 옳지 않은 것은?

① 완전 차단보다 설치 가격이 싸다.
② 침출수 발생량 제어에 효과적이다.
③ 침출수 이동을 최소화할 수 있다.
④ 지하수 흐름에 대한 정밀한 조사가 필요하다.

풀이 ② 침출수 발생량 제어에 비효과적이다.

45 어느 미생물이 염소계 용매는 분해할 수 없지만 메탄올 에너지원으로 하여 분비되는 효소를 이용하여 오염물질을 분해할 경우 이는 다음 용어 중 어디에 해당하는가?

① 공동대사
② 생물증대
③ 자연저감
④ 미생물고정화

46 TCE로 오염된 지하수를 양수하여 포기조 내에서 공기분산법으로 제거하는 경우, 포기조 부피가 750m³인 처리장에 1일 3,000m³의 오염 지하수가 유입된다면 포기시간은?

① 4시간
② 6시간
③ 8시간
④ 10시간

풀이 포기시간(hr) $= \dfrac{V}{Q}$

$$= \frac{750\text{m}^3}{3,000\text{m}^3/\text{day} \times \text{day}/24\text{hr}}$$

$$= 6\text{hr}$$

47 미생물의 종류별 탄소원과 에너지원의 연결로 옳지 않은 것은?(단, 탄소원－에너지원)

① 화학합성 자가영양 : CO_2 － 유기물의 산화 · 환원반응
② 화학합성 종속영양 : 유기탄소 － 유기물의 산화 · 환원반응
③ 광합성의 종속영양 : 유기탄소 － 빛

④ 광합성의 자가영양 : CO_2 － 빛

풀이 ① 화학합성 자가영양 : CO_2 － 무기물의 산화 · 환원 반응

48 토양증기추출법(Soil Vapor Extraction) 시스템의 구성요소와 가장 거리가 먼 것은?

① 추출액
② 중력선별장치
③ 기－액 분리장치
④ 배가스 처리장치

49 토양경작법에 관한 설명으로 옳지 않은 것은?

① 중금속으로 오염된 토양 처리에 적합하다.
② 오염토양을 복원하기 위하여 넓은 부지가 필요하다.
③ 휘발성 유기물질의 농도는 생분해보다 휘발에 의해 감소된다.
④ 유기용매가 대기 중으로 방출되어 대기를 오염시키기 때문에 방출되기 전에 미리 처리해야 한다.

풀이 ① TPH(유류탄화수소) 및 중금속의 고농도는 처리에 비효율적이다.

50 오염토양의 처리방법인 토양세척의 주요 6개 공정에 해당되지 않는 것은?

① 흡착
② 분리
③ 처리수 정화
④ 미세토양 처리

풀이 토양세척의 주요 6개 공정
  ㉠ 전처리
  ㉡ 분리
  ㉢ 굵은 토양 처리
  ㉣ 미세 토양 처리
  ㉤ 세척수 처리(처리수 정화)
  ㉥ 처리잔류물 관리(최종처리)

51 오염토양 열처리 프로세스의 종류 중 장치용적에 비해 비교적 넓은 열전달 표면적이 존재하며, 같은 용량의 장치에 비해 장치가 작고 열전달효율이 높으나, 고형물의 온도가 최대허용 가능한 유체의 온도에 의해 제한되는 것은?

① 로터리 탈착장치　　② 열스크루
③ 유동상 탈착장치　　④ 마이크로파 탈착장치

52 White Rot Fungus 기술의 제약조건과 가장 거리가 먼 것은?

① 중간물질 형성　　② 화학적 흡착
③ 박테리아의 수　　④ 독성물질

53 Bioventing 공법을 적용하여 석유화학물질인 헥산(C_6H_{14})을 생물학적으로 분해하고자 한다. 산소의 주입량이 2.0mole O_2/day일 경우 이 오염물질의 생물학적 분해속도는?

① 1.7mole O_2/day　　② 18.1mole O_2/day
③ 42.5mole O_2/day　　④ 258mole O_2/day

풀이 $C_6H_{14} + 9.5O_2 \rightarrow 6CO_2 + 7H_2O$

$2.0\text{mole } O_2/\text{day} \times \dfrac{86}{9.5} = 18.1\text{mole } O_2/\text{day}$

54 다음 그림은 오염토양정화기술의 한 종류를 나타낸 것이다. 이 공정으로 가장 적합한 것은?

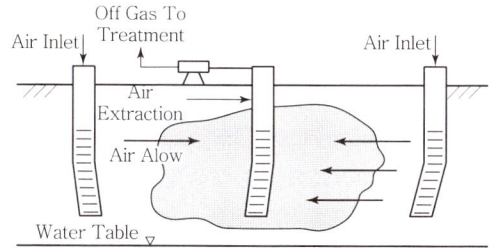

① Permeable Reactive Barriers
② Air Sparging
③ Natural Attenuation
④ Bioventing

55 토양오염 처리기술의 개념에 관한 설명으로 옳지 않은 것은?

① Biodegradation : 미생물을 활용하여 유기오염물질을 분해
② Dual Phase Extraction : 유기오염물질과 중금속을 동시에 제거하기 위해 고압의 수증기를 주입
③ Pneumat Fracturing : 통기성이 낮거나 압밀된 토양에 균열을 증가시키기 위해 지표 아래로 압축공기 주입
④ Vitrification : 오염토양을 전기적으로 용융시켜 용출 특성이 낮은 결정구조로 만듦

풀이 Daul Phase Extraction
투수계수가 낮거나, 불균일한 지반 내의 액상 및 가스상 오염물질을 동시에 제거하기 위하여 진공을 이용하여 추출된 증기와 지하수를 분리하여 처리하는 Full Scale 기술

56 다음 중 식물정화법의 주처리 기작으로 가장 거리가 먼 것은?

① 식물에 의한 추출　　② 식물에 의한 분해
③ 식물에 의한 확산　　④ 식물에 의한 안정화

57 전기동력학적 공정효율을 높이기 위한 방법으로 가장 거리가 먼 것은?

① 음극 쪽에서 발생하는 중금속의 수산화물 침전물 형성을 방지하고 침전물의 용해도를 증가시키기 위해 음극 전해질 용액에 아세트산과 같은 화학물질을 주입함
② 오염물질의 이동도를 증가시키기 위해 pH와 제타전위를 조절하고 탈착반응을 촉진시키며 전기삼투유량을 증가시키기 위해 양극과 음극 전해질 용액의 화학조절을 실시함
③ 오염물질의 흡착능력을 향상시키기 위해 이온교환능이 높은 벤토나이트, 몬모릴로나이트와 같은 점토광물의 함량을 증가시킴

④ 토양입자와 경쟁하며 중금속 오염물질에 대해 용해성 착화합물을 형성할 수 있는 암모니아, Citrate, EDTA 등과 같은 화학제를 투여함

풀이 ③ 이온교환능이 높은 → 흡착능이 높은

58 공기분사법(Air Sparging)의 적용에 관한 설명으로 옳지 않은 것은?

① 오염확산의 위험과 균질한 공기분포를 방해하는 불균질 기질은 적용이 어렵다.
② 오염 확산의 위험이 적은 피압대수층은 효과적으로 적용가능하다.
③ 공기의 이동경로 생성을 방해하는 낮은 투수도의 기질($K < 10^{-3}$cm/s)에는 적용이 어렵다.
④ 휘발성이 높거나 생분해 가능성이 높은 오염물질의 처리에는 효율적이다.

풀이 ② 오염 확산의 위험이 있는 피압대수층에서는 적용할 수 없다.

59 유류로 오염된 산성 토양을 토양경작으로 처리하기 위해 중화하려고 한다. 이때 필요한 탄산석회($CaCO_3$)의 양은?(단, 대상 토양의 교환산도 50meq/kg, 포장계수 1.5, 대상지역의 토양량 1ton)

① 1.50kg
② 1.67kg
③ 2.50kg
④ 3.75kg

풀이 $CaCO_3$ 1eq $= (100/2)g = 50g$,
1meq $= 1 \times 10^{-3}$eq $= 50$mg
1,000kg $\times 50 \times 10^{-3}$eq(석회)/kg $\times (100/2)$g/1eq $\times$ kg/1,000g $\times 1.5$
$= 3.75$kg

60 TCE(Trichloroethylene)로 오염된 지하수를 오존으로 처리하고자 한다. 처리대상 지하수로 예비 실험한 결과 1.4mg/L−min 의 오존으로 1시간 처리 시 환경기준에 적합한 제거율을 보였다. 지하

수 오염 농도가 150mg/L이고 처리해야 할 지하수의 유량이 1,017L/min일 경우 환경기준에 적합하도록 처리하기 위한 최소 오존 필요량은?

① 약 105kg/day
② 약 118kg/day
③ 약 123kg/day
④ 약 138kg/day

풀이 오존 총량(kg/day)
$= 1.4$mg/L · min $\times 60$min $\times 1,017$L/min
$\times 60$min/hr $\times 24$hr/day $\times 10^{-6}$kg/mg
$= 123.02$kg/day

4과목 **토양 및 지하수환경 관계법규**

61 특정토양오염관리대상시설의 설치자에 대한 명령에 관한 설명으로 틀린 것은?

① 시장·군수·구청장은 토양오염방지시설을 설치하지 아니한 경우 1년 범위 안에서 이행기간을 정해 설치를 명할 수 있다.
② 시장·군수·구청장은 토양오염검사 결과 우려기준을 넘는 경우 2년의 범위 안에서 이행기간을 정해 정화조치를 명할 수 있다.
③ 부득이하게 토양오염방지시설 설치 및 정화조치 명령을 이행하지 못한 경우 매회 1년의 범위 안에서 1회 그 이행기간을 연장할 수 있다.
④ 정화조치명령을 이행하였더라도 부지의 토양오염의 정도가 우려기준 이내로 내려가지 아니한 경우 사용중지를 명할 수 있다.

풀이 ㉠ 특별자치도지사·시장·군수·구청장은 특정토양오염관리대상시설의 설치자에게 토양오염방지시설의 설치 또는 개선이나 토양정밀조사의 실시를 명하는 때에는 제8조에 따른 토양오염검사의 결과와 특정토양오염관리대상시설의 종류·규모 등을 감안하여 6개월의 범위에서 그 이행기간을 정하여야 한다. 다만, 특별자치도지사·시장·군수·구청장은 조사지역의 규모 등으로 인하여 부득이하게 이행기간 내에 명령을 이행하지 못한 자에게는 6개월의 범위에서 한 차례 그 이행기간을 연장할 수 있다.

ⓒ 특별자치도지사·시장·군수·구청장은 특정토
양오염관리대상시설의 설치자에게 오염토양의
정화조치를 명하는 경우에는 2년의 범위에서 그
이행기간을 정하여야 한다. 다만, 특별자치도지
사·시장·군수·구청장은 공사의 규모·공법
등으로 인하여 부득이하게 이행기간 내에 정화조
치를 이행하지 못한 자에게는 매회 1년의 범위에
서 2회까지 그 이행기간을 연장할 수 있다.

62 토양오염실태를 파악하기 위해서는 측정망을 설치 운영하도록 되어있는데 이에 대한 설명으로 옳지 않은 것은?

① 시·도지사가 전국적인 토양오염 실태를 파악하기 위하여 측정망을 설치하고, 토양오염도를 상시 측정하여야 한다.
② 시장·군수·구청장은 환경부령이 정하는 바에 따라 토양오염실태조사의 결과를 시·도지사에게 보고하여야 한다.
③ 환경부장관, 시·도지사 또는 시장·군수·구청장은 토양보전을 위하여 필요하다고 인정하는 경우에는 토양오염실태조사의 결과 우려기준을 넘는 지역에 대한 토양정밀조사를 실시할 수 있다.
④ 측정망의 설치기준과 토양오염실태조사의 대상지역 선정기준, 조사방법 및 절차 그밖에 필요한 사항은 환경부령으로 정한다.

풀이 환경부장관은 전국적인 토양오염 실태를 파악하기 위하여 측정망을 설치하고, 토양오염도를 상시 측정하여야 한다.

63 지하수를 공업용수로 이용하는 경우에 특정 유해물질의 수질기준이 아닌 것은?

① 카드뮴 0.02mg/L 이하
② 비소 0.1mg/L 이하
③ 시안 0.01mg/L 이하
④ 수은 0.001mg/L 이하

풀이 지하수의 수질기준(특정 유해물질)

구분	생활용수	농·어업 용수	공업용수
카드뮴	0.01 이하	0.01 이하	0.02 이하
비소	0.05 이하	0.05 이하	0.1 이하
시안	0.01 이하	0.01 이하	0.2 이하
수은	0.001 이하	0.001 이하	0.001 이하
유기인	0.0005 이하	0.0005 이하	0.0005 이하
페놀	0.005 이하	0.005 이하	0.01 이하
납	0.1 이하	0.1 이하	0.2 이하
6가 크롬	0.05 이하	0.05 이하	0.1 이하
트리클로로 에틸렌	0.03 이하	0.03 이하	0.06 이하
테트리클로로에틸렌	0.01 이하	0.01 이하	0.02 이하
1,1,1-트리클로로에탄	0.15 이하	0.3 이하	0.5 이하
벤젠	0.015 이하	-	-
톨루엔	1 이하	-	-
에틸벤젠	0.45 이하		
크실렌	0.75 이하		-

64 토양환경평가를 위한 조사 구분 중 시료의 채취 및 분석을 통한 토양오염 여부를 조사하는 것은?

① 정밀조사
② 기초조사
③ 정도조사
④ 개황조사

풀이 토양환경평가
ⓐ 기초조사 : 자료조사, 현장조사 등을 통한 토양오염 개연성 여부 조사
ⓑ 개황조사 : 시료의 채취 및 분석을 통한 토양오염 여부 조사
ⓒ 정밀조사 : 시료의 채취 및 분석을 통한 토양오염의 정도와 범위조사

65 특별자치도지사, 시장, 군수, 구청장은 환경부령으로 정하는 바에 따라 특정토양오염관리대상시설의 설치자에게 감독상 필요한 자료의 제출을 명할 수 있으며, 소속 공무원으로 하여금 특정 토양오염관리대상시설에 출입하여 토양오염 방지시설의 설치, 토양오염검사 및 그 결과의 보전 여부 등을 검사하게 할 수 있다. 이에 따른 공무원의 출입·검사를 거부·방해 또는 기피한 자에 대한 과태료 부과 기준은?

① 100만 원 이하   ② 200만 원 이하
③ 300만 원 이하   ④ 500만 원 이하

풀이 법 제32조 제1항 참조

66 토양오염조사기관이 수행하는 업무에 해당하지 않는 것은?

① 누출조사 및 검사   ② 토양정밀조사
③ 토양정화의 검증   ④ 토양오염도 검사

풀이 토양오염조사기관의 업무
    ㉠ 토양정밀조사
    ㉡ 토양오염도 검사
    ㉢ 토양정화의 검증
    ㉣ 오염토양 개선산업의 지도·감독

67 시·도지사가 실시하는 오염토양개선사업에 해당되지 않는 것은?

① 객토 및 토양개량제의 사용 등 농토배양사업
② 오염된 수로의 준설사업
③ 오염토양 부지의 정지사업
④ 오염토양의 위생매립사업

풀이 오염토양개선사업의 종류
    ㉠ 객토 및 토양개량제의 사용 등 농토배양사업
    ㉡ 오염된 수로의 준설사업
    ㉢ 오염토양의 위생적 매립·정화사업
    ㉣ 오염물질의 흡수력이 강한 식물식재사업
    ㉤ 그 밖에 특별자치도지사·시장·군수·구청장이 필요하다고 인정하는 사업

68 석유류의 제조 및 저장시설 중 BTEX 항목만을 검사할 수 있는 시설은?

① 나프타 저장시설   ② 원유 저장시설
③ 등유 저장시설   ④ 윤활유 저장시설

풀이 석유류의 제조 및 저장시설 중 나프타, 휘발유 등 방향족 탄화수소류가 주성분인 석유류를 저장하고 있는 시설의 경우에는 벤젠, 톨루엔, 에틸벤젠, 크실렌 4개 항목을, 항공유, 등유, 경유, 중유, 윤활유, 원유 등 지방족탄화수소류가 주성분인 석유류를 저장하고 있는 시설의 경우에는 석유계 총 탄화수소(TPH) 항목만을 검사하고, 벤젠, 톨루엔, 에틸벤젠, 크실렌을 각각 저장하고 있는 시설의 경우에는 해당하는 항목만을 검사한다.

69 환경부장관, 시·도지사 또는 시장, 군수, 구청장은 토양보전을 위하여 필요하다고 인정하는 경우에는 다음의 각 호에 해당하는 지역에 대한 토양정밀조사를 실시할 수 있다. 이에 해당되지 않는 것은?

① 토양오염 측정망 설치 지점 중 환경부장관, 시·도지사 또는 시장, 군수, 구청장 등이 전답, 임야, 공원 등 토양의 용도변경을 인정하고자 하는 지역
② 상시측정의 결과 우려기준을 넘는 지역
③ 토양오염실태조사의 결과 우려기준을 넘는 지역
④ 토양오염사고 등으로 인하여 환경부장관, 시·도지사 또는 시장, 군수, 구청장이 우려기준을 넘을 가능성이 크다고 인정하는 지역

풀이 1. 상시측정(이하 "상시측정"이라 한다)의 결과 우려기준을 넘는 지역
    2. 토양오염실태조사의 결과 우려기준을 넘는 지역
    3. 다음 각 목의 어느 하나에 해당하는 지역으로서 환경부장관, 시·도지사 또는 시장, 군수, 구청장이 우려기준을 넘을 가능성이 크다고 인정하는 지역
      ㉠ 토양오염사고가 발생한 지역
      ㉡ 「산업입지 및 개발에 관한 법률」에 따른 산업단지(농공단지는 제외한다)
      ㉢ 「광산피해의 방지 및 복구에 관한 법률」에 따른 폐광산(廢鑛山)의 주변지역
      ㉣ 「폐기물관리법」 제2조 제8호에 따른 폐기물처리시설 중 매립시설과 그 주변지역
      ㉤ 그 밖에 환경부령으로 정하는 지역

정답   65 ③   66 ①   67 ③   68 ①   69 ①

70 다음 중 정화책임자로 볼 수 없는 경우는?

① 토양오염물질의 누출·유출·투기·방치 또는 그 밖의 행위로 토양오염을 발생시킨 자

② 토양오염의 발생 당시 토양오염의 원인이 된 토양오염관리대상시설의 소유자·점유자 또는 운영자

③ 합병·상속이나 그 밖의 사유로 토양오염관리대상시설의 권리·의무를 포괄적으로 승계한 자

④ 해당 토지를 소유 또는 점유하고 있는 중에 토양오염이 발생한 경우로서 자신이 해당 토양오염 발생에 대하여 귀책 사유가 없는 경우

[풀이] 오염토양의 정화책임자

ㄱ 토양오염물질의 누출·유출·투기(投棄)·방치 또는 그 밖의 행위로 토양오염을 발생시킨 자

ㄴ 토양오염의 발생 당시 토양오염의 원인이 된 토양오염관리대상시설의 소유자·점유자 또는 운영자

ㄷ 합병·상속이나 그 밖의 사유로 제1호 및 제2호에 해당되는 자의 권리·의무를 포괄적으로 승계한 자

ㄹ 토양오염이 발생한 토지를 소유하고 있었거나 현재 소유 또는 점유하고 있는 자

71 토양 관련 전문기관의 결격사유가 아닌 것은?

① 피성년후견인 또는 피한정후견인

② 파산선고를 받고 복권되지 아니한 사람

③ 임원 중에 피성년후견인 또는 피한정후견인에 해당하는 사람이 있는 법인

④ 토양 관련 전문기관 지정이 취소된 후 5년이 지나지 아니한 자

[풀이] 토양 관련 전문기관의 결격사유

ㄱ 피성년후견인 또는 피한정후견인

ㄴ 파산선고를 받고 복권되지 아니한 사람

ㄷ 지정이 취소된 후 2년이 지나지 아니한 자

ㄹ 이 법을 위반하여 징역 이상의 실형을 선고받고 그 집행이 끝나거나(집행이 끝난 것으로 보는 경우를 포함한다) 면제된 날부터 2년이 지나지 아니한 사람

ㅁ 임원 중에 제1호부터 제4호까지의 어느 하나에 해당하는 사람이 있는 법인

72 지하수의 개발·이용의 허가 시 시장·군수가 허가를 하지 않거나 취수량을 제한하는 경우는?

① 동력장치를 사용하지 아니하고 가정용 우물 또는 공동우물을 개발·이용하는 경우

② 지하수의 채취로 인하여 인근 지역의 수원의 고갈 또는 지반의 침하를 가져올 우려가 있거나 주변시설물의 안전을 해할 우려가 있는 경우

③ 「국방·군사시설 사업에 관한 법률」 제2조의 규정에 의한 국방·군사시설사업에 의하여 설치된 시설에서 지하수를 개발·이용하는 경우

④ 자연히 흘러나오는 지하수 또는 다른 법률의 규정에 의한 허가·인가 등을 받거나 신고를 하고 시행하는 사업 등으로 인하여 부수적으로 발생하는 지하수를 이용하는 경우

[풀이] 허가를 하지 않거나 취수량을 제한하는 경우

ㄱ 지하수 채취로 인하여 인근 지역의 수원(水源)의 고갈 또는 지반의 침하를 가져올 우려가 있거나 주변 시설물의 안전을 해칠 우려가 있는 경우

ㄴ 지하수를 오염시키거나 자연생태계를 해칠 우려가 있는 경우

ㄷ 지하수의 적정 관리 또는 「국토의 계획 및 이용에 관한 법률」에 따른 도시·군 관리계획, 그 밖에 공공사업에 지장을 줄 우려가 있는 경우

ㄹ 그 밖에 지하수를 보전하기 위하여 필요하다고 인정되는 경우로서 대통령령으로 정하는 경우

73 토양환경보전법에 명시된 용어의 정의가 틀린 것은?

① '토양오염관리대상시설'이란 토양오염물질을 생산·운반·저장·취급·가공 또는 처리 등으로 토양을 오염시킬 우려가 있는 시설·장치·건물·구축물 및 장소 등을 말한다.

② '토양오염물질'이란 토양오염의 원인이 되는 물질로서 환경부령이 정하는 것을 말한다.

③ '특정토양오염관리대상시설'이란 토양을 오염시킬 우려가 있는 토양오염관리 대상시설로서 대통령령이 정하는 것을 말한다.

[정답] 70 ④ 71 ④ 72 ② 73 ③

④ '토양정화'란 생물학적 또는 물리·화학적 처리 등의 방법으로 토양 중의 오염물질을 감소·제거하거나 토양 중의 오염물질에 의한 위해를 완화하는 것을 말한다.

풀이 "특정토양오염관리대상시설"이란 토양을 현저하게 오염시킬 우려가 있는 토양오염관리대상시설로서 환경부령으로 정하는 것을 말한다.

74 지하수의 개발·이용에 관한 허가·인가 등을 받거나 신고를 한 자는 그 공사의 착공일 전까지 이행보증금을 현금 또는 국토교통부령이 정하는 보증서·유가증권 등으로 예치하여야 한다. 이때 이행보증금의 예치기간은?

① 공사의 착공일부터 1년
② 공사의 착공일부터 2년
③ 공사의 착공일부터 3년
④ 공사의 착공일부터 5년

풀이 이행보증금의 예치기간은 공사의 착공일부터 5년으로 한다. 다만, 시장·군수·구청장은 지역 여건이나 지하수개발·이용시설의 상태 등을 고려하여 특히 필요하다고 인정되는 경우에는 5년마다 이행보증금을 계속 예치하게 할 필요가 있는지를 검토하여 이행보증금을 계속 예치하게 할 수 있다.

75 토양 관련 전문기관의 지정기준에서 토양오염 조사기관의 장비 중 자가동력시추기에 관한 내용으로 (   )에 맞는 것은?

> 타격식이나 나선형식으로 시추 깊이가 최소 (   ) 이상일 것

① 2m   ② 4m
③ 6m   ④ 8m

풀이 자가동력시추기
타격식이나 나선형식으로 시추 깊이가 최소 6m 이상일 것

76 토양환경보전법에 의한 토양오염물질이 아닌 것은?

① 구리 및 그 화합물   ② 아연 및 그 화합물
③ 니켈 및 그 화합물   ④ 동·식물성 유류

풀이 [별표 1] 토양오염물질

> 1. 카드뮴 및 그 화합물
> 2. 구리 및 그 화합물
> 3. 비소 및 그 화합물
> 4. 수은 및 그 화합물
> 5. 납 및 그 화합물
> 6. 6가 크롬화합물
> 7. 아연 및 그 화합물
> 8. 니켈 및 그 화합물
> 9. 불소화합물
> 10. 유기인화합물
> 11. 폴리클로리네이티드비페닐
> 12. 시안화합물
> 13. 페놀류
> 14. 벤젠
> 15. 톨루엔
> 16. 에틸벤젠
> 17. 크실렌
> 18. 석유계 총 탄화수소
> 19. 트리클로로에틸렌
> 20. 테트라클로로에틸렌
> 21. 벤조(a)피렌
> 22. 1,2-디클로로에탄
> 23. 다이옥신(퓨란을 포함한다)
> 24. 기타 위 물질과 유사한 토양오염물질로서 토양오염의 방지를 위하여 특별히 관리할 필요가 있다고 인정되어 환경부장관이 고시하는 물질

77 토양관련전문기관이 토양오염검사신청서를 받은 때 하는 검사 및 분석에 대한 설명으로 올바른 것은?

① 검사신청서를 받은 날부터 7일 이내에 이·화학적 분석
② 검사신청서를 받은 날부터 7일 이내에 시료채취 또는 누출검사
③ 특별한 사유가 없는 한 시료채취일부터 7일 이내에 이·화학적 분석
④ 특별한 사유가 없는 한 시료채취일부터 7일 이내에 시료채취 또는 누출검사

풀이 토양관련전문기관은 토양오염검사신청서를 받은 때에는 다음 각 호에 의한 검사 및 분석을 하여야 한다.
  ㉠ 검사신청서를 받은 날부터 7일 이내에 시료채취 또는 누출검사
  ㉡ 특별한 사유가 없는 한 시료채취일부터 14일 이내에 이·화학적 분석

78 토양관련전문기관인 토양오염조사기관의 지정기준(기술인력)으로 옳지 않은 것은?

① 박사는 해당 분야 기사 자격취득 후 토양 관련 분야 또는 해당 전문기술 분야에서 5년 이상 종사한 사람으로 대체할 수 있다.
② 기술사는 해당 분야 기사 자격취득 후 토양 관련 분야 또는 해당 전문기술 분야에서 5년 이상 종사한 사람으로 대체할 수 있다.
③ 기사는 해당 분야 산업기사 자격취득 후 토양 관련 분야 또는 해당 전문기술 분야에서 3년 이상 종사한 사람으로 대체할 수 있다.
④ 산업기사는 고등교육법에 따른 학교의 해당 분야를 졸업하고 토양 관련분야 또는 해당 전문기술 분야에서 3년 이상 종사한 사람이나 환경부장관이 인정하는 토양지하수전문인력 양성 교육과정을 수료한 사람으로 대체할 수 있다.

풀이 기사는 해당 분야 산업기사 자격취득 후 토양 관련 분야 또는 해당 전문기술 분야에서 4년 이상 종사한 사람이나 환경부장관이 인정하는 토양지하수전문인력 양성 교육과정을 수료한 사람으로 대체할 수 있다.

79 수질검사전문기관은 수질검사의 기록에 대한 보존 및 보고의 의무를 갖는다. 이에 해당하는 내용으로 가장 적합한 것은?

① 1년간 보존, 매 분기 종료일의 다음달 말일까지 보고
③ 2년간 보존, 매 분기 종료일로부터 2달 이내 보고
③ 1년간 보존, 매 분기 종료일로부터 2달 이내 보고
④ 2년간 보존, 매 분기 종료일의 다음달 말일까지 보고

풀이 수질검사전문기관은 수질검사의 기록을 2년간 보존하여야 하며, 매분기 말 현재의 기록을 환경부령으로 정하는 바에 따라 매분기 종료일의 다음 달 말일까지 환경부장관 또는 시장, 군수, 구청장에게 통보하여야 한다.

80 토양정화업의 등록요건 중 장비기준으로 틀린 것은?

① 휴대용 가스측정장비 1식(휘발성 유기화합물질, 산소, 이산화탄소 및 메탄의 측정이 가능할 것)
② 현장용 수질측정기 1식(수소이온농도, 수은, 전기전도도, 용존산소 및 산화환원전위의 측정이 가능할 것)
③ 지하수위측정기
④ 시료채취기 1대(깊이 2m 이내 시료채취가 가능할 것)

풀이 토양정화업의 등록요건(장비)
  ㉠ 시료채취기 1대(깊이 6m 이상 시료채취가 가능할 것)
  ㉡ 휴대용 가스측정장비 1식(휘발성 유기화합물질(VOC), 산소, 이산화탄소 및 메탄의 측정이 가능할 것)
  ㉢ 현장용 수질측정기 1식(수소이온농도(pH), 수온, 전기전도도, 용존산소 및 산화·환원전위의 측정이 가능할 것)
  ㉣ 지하수위측정기

정답 78 ③ 79 ④ 80 ④

1과목 토양학개론

01 토양의 용적비중이 1.170이고, 입자비중이 2.55일 때 토양의 공극률은?

① 약 41.1%
② 약 45.9%
③ 약 51.1%
④ 약 54.1%

풀이 공극률(%)$= \left(1 - \dfrac{\text{용적비중}}{\text{입자비중}}\right) \times 100$

$= \left(1 - \dfrac{1.17}{2.55}\right) \times 100 = 54.12\%$

02 토양의 연경도를 나타내는 소성(Plasticity)에 관한 설명으로 옳지 않은 것은?

① 토양이 소성을 가지는 최소 수분 함량을 소성하한 또는 소성한계라 한다.
② 소성상한과 액성한계의 차이를 소성지수라 한다.
③ 액성한계는 소성상태에서 액성상태로 변하는 순간의 수분 함량이다.
④ 소성은 힘을 가했을 때 물체가 파괴되는 일이 없이 단지 모양만 변화되고 힘을 제거하면 다시 원래의 상태로 돌아가지 않는 성질을 말한다.

풀이 소성지수＝액성한계－소성한계

03 NAPL에 관한 설명으로 옳지 않은 것은?

① NAPL이 지하로 유입되면 물과의 무게 차이에 따라 분포상태와 위치가 달라진다.
② NAPL은 물에 쉽게 융해되어 물과 함께 유체형태로 존재한다.
③ NAPL의 이동과 분포에 영향을 미치는 주요 요인은 NAPL의 누출량, 누출의 표면적과 침투면적, 누출 후 경과시간 등이다.
④ DNAPL은 TCE, PCE, 1,1,1－TCA 등이다.

풀이 ② NAPL을 물에 쉽게 용해되지 않고 섞이지 않아 자연상에서 물과 분리된 유체의 형태로 존재한다.

04 다음 중 일반적 유기오염물질의 주요 특성과 가장 거리가 먼 것은?

① 증기압
② 용해도적
③ 분해상수
④ 옥탄올/물 분배계수

풀이 유기오염물질의 특성인자
ㄱ 증기압
ㄴ 헨리상수
ㄷ 분해상수
ㄹ 옥탄올/물 분배계수

무기오염물질의 특성인자
ㄱ 용해도적
ㄴ 착염물질의 형성

05 대표적인 점토광물인 Kaolinite에 관한 설명으로 옳지 않은 것은?

① 규소사면체층과 알루미늄팔면체층이 1 : 1로 결합된 광물이다.
② 우리나라 토양의 대표적 점토광물이다.
③ Kaolinite 함량이 높은 토양은 통수 및 통기성이 좋다.
④ Kaolinite 광물에서 동형치환이 주로 일어난다.

풀이 Kaolinite는 동형치환이 거의 일어나지 않는다.

정답 01 ④ 02 ② 03 ② 04 ② 05 ④

06 토양의 사막화와 관련된 설명으로 옳지 않은 것은?

① 건조지를 포함한 개발도상국에서 폭발적으로 증가하는 인구압에 대응하기 위한 삼림의 벌목, 관개농업 확대 등 같은 인위적인 요인이 급속한 사막화를 진행시킨다.

② 사막화를 방지하기 위해서는 식생의 빈약화와 생물 생성 능력의 초기손실을 회피하는 것이 중요하다.

③ 토양 표면의 염류와 알칼리류의 급속한 소실로 토양열화가 초래된다.

④ 사막화는 특히 건조지 또는 반건조지의 농경지에서 특징적으로 나타나는 토양열화의 문제이다.

풀이 토양 표면에 수분과 염류들이 모인 후, 수분은 증발하고 염류들만 토양표면에 계속해서 집적되는 현상이 토양사막화의 자연적인 요인이다.

07 토양에서 일어나는 흡착 모델인 랭그미어(Langmuir) 흡착등온모델의 전제가 되는 가정에 관한 설명으로 옳지 않은 것은?

① 흡착은 흡착지점이 고정된 단일 흡착층에서 일어난다.

② 흡착은 비가역적이다.

③ 표면에 흡착된 분자는 옆으로 이동하지 않는다.

④ 흡착에너지는 모든 지점에서 동일하다.

풀이 ② Langmuir 흡착등온모델은 가역적, 즉 물리적 흡착이다.

08 지하수의 비전도도와 전기전도도에 관한 내용으로 옳지 않은 것은?

① 전기전도도는 1개 물질이 전류를 흐르게 하는 능력을 나타내는 단위이다.

② 비전도도는 특정 온도하에서 단위길이나 단위단면적을 갖는 물체의 전기전도도를 나타내는 단위이다.

③ 지하수 내에 이온이 많을수록 전기저항이 감소되고 전기전도도는 증가한다.

④ 정확한 의미로 전기전도도는 체적전기전도도와 동의어이며 체적저항의 제곱에 비례한다.

풀이 ④ 전기전도도는 저항에 반비례한다.

09 토양을 분석한 결과 pH 6.0, 점토 95%, 부식 5%로 나타났다. 토양의 CEC를 추정하면 얼마인가?(단, 점토와 부식의 CEC가 각각 $10\text{cmol}_c/\text{kg}$, $100\text{cmol}_c/\text{kg}$이라고 가정하며 나머지는 고려하지 않음)

① $12.5\text{cmol}_c/\text{kg}$ ② $14.5\text{cmol}_c/\text{kg}$
③ $16.5\text{cmol}_c/\text{kg}$ ④ $18.5\text{cmol}_c/\text{kg}$

풀이 $CEC = \left(10 \times \dfrac{95}{100}\right) + \left(100 \times \dfrac{5}{100}\right)$
$= 14.5\text{cmol}_c/\text{kg}$

10 지하수 환경으로 유입된 오염물질이나 용질이 지하수의 공극유속(Pore Water Velocity)과 같은 속도로 움직이는 것을 뜻하는 것은?

① 이류 ② 수리분산
③ 수리확산 ④ 평류

11 다음의 포화대의 수리지질학적 용어 및 내용에 대한 설명으로 옳지 않은 것은?

① 공극률이란 대수층 내에 발달된 틈 및 공간의 양을 나타내는 것이다.

② 비산출률(Specific Yield)이란 표면장력으로 인해 중력배수가 되지 않고 공극 내의 지질매체에 부착되어 있는 물의 체적과 전체 체적의 비를 말한다.

③ 비보유율(Specific Retention)은 단위체적의 지하수 저수지와 그 저수지로부터 지하수를 배출시키고 난 다음 대수층 내에 남아 있는 양의 비를 말한다.

④ 공극률은 정량적으로는 대수층으로부터 시료를 채취하여 시료의 전 체적에 대한 시료 내의 전 공간 및 틈의 체적과의 비를 의미한다.

정답 06 ③ 07 ② 08 ④ 09 ② 10 ① 11 ②

②는 비보유율에 관한 내용이다.

12 모래에 지하수를 장기간 중력배수시켰을 때, 모래의 비산출률이 0.30 이고 모래의 공극률이 0.60 이라면 비보유율은?

① 0.018
② 0.30
③ 0.50
④ 2.0

풀이 비보유율＝총공극률－비산출률
＝0.6－0.3＝0.30

13 토양수분 중 흡습수에 관한 설명으로 옳지 않은 것은?

① 습도가 높은 대기 중에 토양을 놓아두었을 때 대기로부터 토양에 흡착되는 수분이다.
② pF 4.5 이상이다.
③ 결합수와 달리 식물이 흡수하여 이용할 수 있다.
④ 105~110℃에서 8~10시간 건조시키면 제거된다.

풀이 흡습수는 강하게 흡착되어 있으므로 식물이 직접 이용할 수 없다.

14 다음의 점토 광물 중 비표면적이 가장 작은 것은?

① Chlorite
② Kaolinite
③ Montmorillonite
④ Allophane

풀이 1 : 1 격자형 광물의 비표면적이 작다.

15 TPH가 0.5g/kg으로 오염된 토양 100g과 1.0g/kg으로 오염된 토양 200g을 혼합하였다. 완전히 혼합된 최종 TPH 농도는?(단, 분해 등 기타 조건은 고려하지 않음)

① 812mg/kg
② 833mg/kg
③ 856mg/kg
④ 876mg/kg

풀이 혼합농도＝$\dfrac{(100\times0.5)+(200\times1.0)}{100+200}$
＝0.833g/kg(833mg/kg)

16 다음 토양오염의 특징에 관한 일반적인 설명 중 옳지 않은 것은?

① 오염의 인지성
② 오염경로의 다양성
③ 피해발현의 완만성
④ 타 환경인자와의 영향관계의 모호성

풀이 토양오염의 특징
㉠ 오염경로의 다양성
㉡ 피해발현의 완만성(시차성)
㉢ 오염지역의 국지성
㉣ 타 매체와의 연관성(오염의 비인지성 및 다른 환경인자와의 영향관계의 모호성)
㉤ 지속성 및 잔류성
㉥ 오염물질 및 오염지역에 따른 특이성
㉦ 원상복구의 어려움

17 중금속오염으로 인한 대표적인 질병 및 증상과 오염원을 짝지은 것으로 옳지 않은 것은?

① Hg－미나마타병－광산, 제련공장
② As－피부염증－광산 및 제련소
③ Pb－이타이이타이병－도금, 피혁 제조
④ Zn－피부염－도금공장

18 토양의 수직단면의 성층 구성 중 무기물층으로서 아직 토양생성작용을 받지 않은 모재층은?

① C층
② E층
③ A층
④ D층

19 포화대의 수리지질화학적 특성 중 저유(Storage) 특성의 주요 인자와 가장 거리가 먼 것은?

① 저유계수(Storage Coefficient)

② 비저유계수(Specific Storage Coefficient)

③ 수리전도도(Hydraulic Conductivity)

④ 비산출률(Specific Yield)

[풀이] 포화대의 수리지질학적 구분

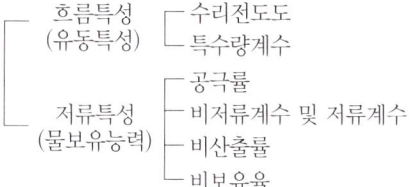

20 질산성 질소($NO_3^- - N$)의 농도가 20mg/L 라면 NO_3^-의 농도는?

① 68.6mg/L   ② 78.6mg/L

③ 88.6mg/L   ④ 98.6mg/L

[풀이] $NO_3 \quad\rightarrow\quad N + O_3$

$\quad$ 62 $\quad$: $\quad$ 14

$\quad NO_3$ $\quad$: $\quad$ 20

$$NO_3 = \frac{62 \times 20}{14} = 88.57\,mg/L$$

2과목 **토양 및 지하수오염조사기술**

21 실험을 위한 일반적 총칙에 관한 내용으로 옳지 않은 것은?

① 연속측정의 목적으로 사용하는 측정기기는 공정시험 기준에 의한 측정치와의 정확한 보정을 행한 후 사용할 수 있다.

② 현장측정의 목적으로 사용하는 측정기기는 공정시험기준에 의한 측정치와의 정확한 보정을 행한 후 사용할 수 있다.

③ 하나 이상의 시험방법으로 시험한 결과가 서로

달라 제반 기준의 적부 판정에 영향을 줄 경우에는 실험별 정밀도로 판정한다.

④ 정량한계는 지정된 시험방법에 따라 시험하였을 경우 그 시험방법에 대한 최소 정량한계를 의미한다.

[풀이] ③ 하나 이상의 시험기준으로 시험한 결과가 서로 달라 제반기준의 적부판정에 영향을 줄 경우에는 항목별 시험기준의 주 시험기준에 의한 분석 성적에 의하여 판정한다.

22 기체크로마토그래피로 유기인 화합물을 측정할 때 사용되는 정제용 컬럼과 가장 거리가 먼 것은?

① 실리카겔 컬럼   ② 플로리실 컬럼

③ 활성탄 컬럼   ④ 폴리아미드 컬럼

23 일반지역에서 시안시험용 시료 채취 지점에 관한 설명으로 옳은 것은?

① 농경지 또는 기타 지역의 구분 없이 대상지역을 대표할 수 있는 1개 지점을 선정한다.

② 농경지 또는 기타 지역의 구분 없이 대상지역을 대표할 수 있는 5~10개 지점을 선정한다.

③ 농경지는 지그재그형으로 5~10개 지점을 선정하고 기타 지역은 중심과 주변 4방위 1개 지점씩 총 5개 지점을 선정한다.

④ 농경지는 지그재그형으로 5~10개 지점을 선정하고 기타 지역은 중심과 주변 4방위 2개 지점씩 총 9개 지점을 선정한다.

[풀이] 시안, 유기인 화합물, 벤조(a)피렌, 석유계 총 탄화수소, 폴리클로리네이티드비페닐, 벤젠, 톨루엔, 에틸벤젠, 크실렌, 트리클로로에틸렌, 테트라클로로에틸렌 시험용 시료는 농경지 도는 기타 지역의 구분에 관계없이 대상지역을 대표할 수 있는 1개 지점 또는 오염의 개연성이 높은 1개 지점을 선정한다.

24 6가 크롬(자외선/가시선 분광법) 측정에 관한 설명으로 옳은 것은?

① 청색의 착화합물의 흡광도를 540nm에서 측정
② 청색의 착화합물의 흡광도를 460nm에서 측정
③ 적자색의 착화합물의 흡광도를 540nm에서 측정
④ 적자색의 착화합물의 흡광도를 460nm에서 측정

25 다음의 토양오염 위해성 평가 수행 절차 중 가장 먼저 수행하여야 하는 단계는?

① 위해도 결정
② 노출경로 선택
③ 위해성 판단방법
④ 정화목표치 계산방법

26 벤젠, 톨루엔, 에틸벤젠, 크실렌을 퍼지-트랩 기체크로마토그래피를 적용하여 측정할 때 정량한계는?

① 각 항목별 0.1mg/kg
② 각 항목별 0.5mg/kg
③ 각 항목별 1.0mg/kg
④ 각 항목별 5.0mg/kg

27 다음 중 pH 값이 20℃에서 가장 낮은 값을 나타내는 pH 표준액은?

① 수산화칼륨 표준액
② 프탈산염 표준액
③ 인산염 표준액
④ 붕산염 표준액

풀이 온도별 표준액의 pH 값

온도 (℃)	수산염 표준액	프탈산염 표준액	인산염 표준액	붕산염 표준액	탄산염 표준액	수산화칼슘 표준액
0	1.67	4.01	6.98	9.46	10.32	13.43
5	1.67	4.01	6.95	9.39	10.25	13.21
10	1.67	4.00	6.92	9.33	10.18	13.00
15	1.67	4.00	6.90	9.27	10.12	12.81
20	1.68	4.00	6.88	9.22	10.07	12.63
25	1.68	4.01	6.86	9.18	10.02	12.45
30	1.69	4.01	6.85	9.14	9.97	12.30
35	1.69	4.02	6.84	9.10	9.93	12.14
40	1.70	4.03	6.84	9.07	—	11.99
50	1.71	4.06	6.83	9.01	—	11.70
60	1.73	4.10	6.84	8.96	—	11.45

28 다음은 벤젠, 톨루엔, 에틸벤젠, 크실렌(퍼지-트랩 기체크로마토그래피) 측정에 관한 내용이다. ( ) 안에 옳은 내용은?

시료 중의 벤젠, 톨루엔, 에틸벤젠, 크실렌을 ( )로 추출하여 얻어진 시료용액을 기체크로마토그래프에 부착된 퍼지 트랩에 주입하여 이들 물질을 각각 정량한다.

① 사염화탄소
② 메틸알코올
③ 클로로폼
④ 에틸렌글리콜

29 다음은 토양오염관리대상시설지역에서 시료의 채취 및 보관에 관한 설명이다. ( ) 안에 옳은 내용은?(단, 봉이 들어 있는 타격식 · 나선식 토양 시추장비 기준)

시료채취 봉을 꺼내어 오염의 개연성이 가장 높다고 판단되는 부위 ( )를 시료부위로 한다. 다만, 오염의 개연성이 판단되지 않을 경우는 제일 하부의 토양 30cm를 시료부위로 한다.

① ±5cm
② ±10cm
③ ±15cm
④ ±30cm

풀이 ③ 시료채취 봉을 꺼내어 오염의 개연성이 가장 높다고 판단되는 부위 ±15cm를 시료부위로 한다. 다만, 오염의 개연성이 판단되지 않을 경우는 제일 하부의 토양 30cm를 시료부위로 한다.

30 저장물질이 있는 누출검사 대상시설-기상부의 시험법인 미가압법 측정방법에 관한 설명으로 옳지 않은 것은?

① 가압 후 15분 이상 유지시간을 두어 안정시키고 그 이후 15분 동안의 압력강하를 측정한다.
② 가압 중에 노출되어 있는 배관접속부 등에 비눗물 등을 뿌려 노출 여부를 확인하여야 한다.
③ 가압속도는 누출검사대상시설 공간용적 1m³당 1분 이상이 되도록 가압시간을 조정한다.

④ 누출검사대상시설 내 기상부 높이가 200mm 이상인가를 확인한 후 가압한다.

풀이 ④ 누출검사대상시설 내 기상부 높이가 400mm 이상인가를 확인하여 가압으로 인해 저장액이 탱크 외부로 배관을 통해 나오는 것을 방지한다.

31 총칙의 내용 중 온도에 관한 설명으로 옳지 않은 것은?

① 열수는 약 100℃
② 냉수는 15℃ 이하
③ 온수는 50~60℃
④ 찬 곳은 따로 규정이 없는 한 0~15℃

풀이 온도 관련 용어

용어	온도(℃)
표준온도	0
상온	15~25
실온	1~35
찬 곳	0~15의 곳
냉수	15 이하
온수	60~70
열수	≒100

32 정량한계와 표준편차의 관계로 옳은 것은?

① 정량한계＝3×표준편차
② 정량한계＝3.3×표준편차
③ 정량한계＝5×표준편차
④ 정량한계＝10×표준편차

33 토양정밀조사 단계인 기초조사 방법과 가장 거리가 먼 것은?

① 자료조사　　② 설문조사
③ 청취조사　　④ 현장조사

34 다음은 유리전극법을 사용한 수소이온농도 측정에 관한 설명이다. (　) 안의 내용으로 옳은 것은?

토양의 pH를 측정하는 방법으로 토양시료의 무게에 (　)의 정제수를 사용하여 혼합한 후 pH를 유리전극과 기준전극으로 구성된 pH 측정기를 사용하여 측정한다.

① 3배　　② 5배
③ 10배　　④ 20배

35 유기인 화합물을 기체크로마토그래피로 측정할 때 정밀도(% RSD) 기준에 대한 설명으로 옳은 것은?(단, 정도보증/정도관리에 따라 산정)

① 정밀도는 측정값의 상대표준편차로 산출하며 그 값이 ±5% 이내이어야 한다.
② 정밀도는 측정값의 상대표준편차로 산출하며 그 값이 ±10% 이내이어야 한다.
③ 정밀도는 측정값의 상대표준편차로 산출하며 그 값이 20% 이내이어야 한다.
④ 정밀도는 측정값의 상대표준편차로 산출하며 그 값이 30% 이내이어야 한다.

36 조제한 pH 표준액은 경질 유리병 또는 폴리에틸렌병에 보관한다. 보통 산성 표준액은 몇 개월 이내에 사용해야 하는가?

① 1개월　　② 2개월
③ 3개월　　④ 6개월

풀이 ③ 조제한 pH 표준용액은 경질유리병 또는 폴리에틸렌병에 보관한다. 보통 산성 표준용액은 3개월, 염기성 표준용액은 산화칼슘(생석회) 흡수관을 부착하여 1개월 이내에 사용하며, 현재 국내외에 상품화되어 있는 표준용액을 사용할 수 있다.

정답 31 ③　32 ④　33 ②　34 ②　35 ④　36 ③

37 기체크로마토그래피를 적용하여 석유계 총 탄화수소를 측정할 때 정량한계는?

① 석유계 총 탄화수소로 1.0mg/kg
② 석유계 총 탄화수소로 3.0mg/kg
③ 석유계 총 탄화수소로 5.0mg/kg
④ 석유계 총 탄화수소로 10.0mg/kg

38 다음 중 기체크로마토그래피로 PCB를 측정할 때 주로 사용되는 검출기는?

① 전자포착검출기(ECD ; Electron Capture Detector)
② 불꽃이온화검출기(FLD ; Flame Lonization Detector)
③ 광이온화검출기(PID ; Photo Lonization Detector)
④ 열전도도검출기(TCD ; Thermal Conductivity Detector)

39 토양 중 수분함량 측정에 관한 설명으로 옳지 않은 것은?

① 토양 중 수분을 0.1%까지 측정한다.
② 돌, 나무 등 눈에 보이는 협잡물 등은 제거한 후 시험해야 한다.
③ 시료를 105~110℃의 건조기 안에서 4시간 이상 항량이 될 때까지 건조한다.
④ 채취된 시료는 8시간 이내에 증발 처리하여야 한다.

> **풀이** ④ 시료는 24시간 이내에 증발 처리를 하여야 하나, 최대한 7일을 넘기지 말아야 한다.

40 수소이온농도 분석을 위한 시료를 조제할 때 사용되는 표준체는?

① 눈금간격 5mm의 표준체(5메시)
② 눈금간격 2mm의 표준체(10메시)
③ 눈금간격 1mm의 표준체(100메시)
④ 눈금간격 0.5mm의 표준체(200메시)

> **풀이** 수소이온농도, 불소 및 금속류 시험용 시료 조제방법
> ㉠ 각각의 채취지점에서 채취한 토양시료를 법랑제 또는 폴리에틸렌제 배트(Vat) 위에 균일한 두께로 하여 직사광선이 닿지 않는 장소에서 통풍이 잘 되도록 펼쳐 놓고 풍건시킨 다음, 나무망치 등으로 파쇄한다.
> ㉡ 수소이온농도 분석용 시료는 풍건·파쇄된 시료를 10메시 표준체(눈금간격 2mm)로 체거름하여 조제한다.
> ㉢ 6가 크롬을 제외한 금속류 함량 분석대상 물질 분석용 시료는 10메시 표준체(눈금간격 2mm)로 체거름한 시료를 100메시 표준체(눈금간격 0.15mm)로 체거름하여 조제한다.
> ㉣ 불소 분석용 시료는 10메시 표준체(눈금간격 2mm)로 체거름한 시료를 200메시 표준체(눈금간격 0.075mm)로 체거름하여 조제한다.
> ㉤ 해당 분석용 시료는 체거름하기 전 사분법 등에 의해 균일하게 혼합되도록 한 후 조제한다.

3과목 토양 및 지하수오염정화기술

41 전기 동력학적 오염토양 복원기술이 타 기술과 비교하여 갖는 장점으로 옳지 않은 것은?

① 전기장의 방향을 조절함으로써 토양 내 공극유체와 오염물질들의 이동방향을 조절할 수 있다.
② 물의 전기분해 반응에 의해 전기전도도가 증가하여 전기효율이 증가된다.
③ 굴착 등이 필요하지 않기 때문에 현재의 현장 상태를 유지하면서 오염토양을 복원할 수 있다.
④ 전기삼투계수가 토양의 종류에 크게 영향을 받지 않기 때문에 여러 종류의 토양층으로 구성된 이질성이 큰 토양에서도 오염물질의 제거가 비교적 균일하다.

> **풀이** ② 물의 전기분해반응에 의해 전극으로 생성되는 산소가스(양극)와 수소가스(음극)가 전극을 둘러싸게 됨에 따라 전기전도도의 감소로 전기효율의 저하가 발생한다.

42 독립영양미생물(화학합성 자가영양)의 탄소원-에너지원으로 옳은 것은?

① 유기탄소-유기물의 산화·환원반응
② 유기탄소-빛
③ 이산화탄소-무기물의 산화·환원반응
④ 이산화탄소-빛

풀이 탄소원과 에너지원에 따른 미생물 분류

구분 (영양 형태)	탄소원	에너지원	예
광(합성)독립 (자가)영양 미생물 (Photoauto troph)	CO_2	빛	남조류(Cya- nobacteria), 조류, 시안세균
광(합성)종속 영양 미생물 (Photoheter otroph)	유기탄소 (유기화합물)	빛	Rhodospeudom onas, Rhodospirillum
화학 독립 (자가) 영양 미생물 (Chemoaut otroph)	CO_2	환원형태의 무기물 (무기물의 산화·환원반응) (NH_4, H_2S, NO_2^-, H_2, S, $S_2O_3^{2-}$, Fe^{2+})	질화세균 (질산화성균)황산 화균 (황세균), 수소산화균, 철산화균 (철세균)
화학 종속영양 미생물 (Chemohete rotroph)	유기탄소 (유기화합물)	유기화합물 (유기물의 산화·환원반응)	원생동물, 진균류, 대부분의 세균

43 오염된 지하수를 정화하기 위해 포화대 내에 공기를 주입하여 지하수를 폭기시킴으로써 휘발성 유기화합물질을 휘발시켜 제거하는 원위치 기술은?

① 에어스파징(Air Sparging)
② 에어워싱(Air Washing)
③ 에어벤팅(Air Venting)
④ 에어스트리핑(Air Stripping)

44 식물정화에 중요한 역할을 하는 효소에 대해 잘못 짝지어진 것은?

① Nitroreductase-RDX 분해
② Dehalogenase-TCE 분해
③ Peroxidase-제초제 분해
④ Laccase-탄약폐기물 분해

풀이 식물정화에 중요한 역할을 하는 효소와 분해하는 오염물질

효소	분해되는 오염물질
Dehalogenase	염소계 유기용매(TCE), 에틸렌 함유 화합물 (Hexachloroethane)
Laccase	Aminotoluene, 탄약폐기물
Nitroreductase	TNT, RDX
Nitrilase	제초제(Atrazine)
Peroxidase	페놀
Phosphatase	살충제(유기인계)

45 저온 열탈착법(Low Temperature Thermal Desorption)의 장단점으로 옳지 않은 것은?

① 처리효율이 높고 단기간에 처리가 가능하다.
② 카드뮴이나 수은 등을 비롯한 거의 모든 중금속의 정화 효과가 탁월하다.
③ 다른 정화기술에 비해 높은 에너지 비용이 소요되어 경제성이 낮다.
④ 수분함량이 높거나 점토 및 휴믹산 등을 높게 함유한 토양의 경우 반응시간이 길어지고 처리비용이 증가한다.

풀이 ② 저온 열탈착법은 무기물질(중금속) 및 방사성 물질을 제외한 대부분의 석유계 화합물의 처리에 유용하다.

46 유기화학물질의 생분해능은 화학물의 분자구조에 크게 의존한다. 다음 조건 중 대상 오염물질이 일반적으로 난분해성 경향을 갖게 하는 조건이 아닌 것은?

① 분자 내에 많은 수의 할로겐 원소를 함유하는 화합물

② 가지구조가 많은 화합물

③ 물에 대한 용해도가 낮은 화합물

④ 원자의 전하차가 작은 화합물

풀이 유기화학물질의 난분해성 조건

ㄱ 할로겐화된 화합물

ㄴ 분자 내에 많은 수의 할로겐 원소를 함유하는 화합물

ㄷ 가지구조가 많은 화합물

ㄹ 물에 대하여 용해도가 낮은 화합물

ㅁ 원자의 전하차가 큰 화합물

47 지하수면 아래 대수층이 TCE 오염운에 의해 오염되었다. 오염 대수층의 체적은 $20,000m^3$이고 매질의 공극률이 0.3이며, 오염운 내 지하수의 평균 TCE 농도가 1.0mg/L라면, 지하수 내에 존재하는 TCE 오염운의 총량은?

① 2.0kg 　　　　② 3.0kg

③ 4.0kg 　　　　④ 6.0kg

풀이 TCE 총량(kg) $= 20,000m^3 \times 1mg/L \times 0.3$

$\qquad\qquad \times 1,000L/m^3 \times kg/10^6mg$

$\qquad\quad = 6.0kg$

48 벤젠 40kg으로 오염된 토양을 원위치 생물학적 복원기술에 의해 정화하고자 한다. 다음의 조건에 의해 벤젠이 완전 분해되는 데 필요한 산소를 과산화수소로 공급한다면 필요한 과산화수소의 양(kg)은?(단, 벤젠 C_6H_6, 과산화수소 H_2O_2, $2H_2O_2 \rightarrow 2H_2O + O_2$)

① 143 　　　　② 184

③ 226 　　　　④ 262

풀이 이론산소량

$C_6H_6 + 7.5O_2 \rightarrow 6CO_2 + 3H_2O$

$78kg : (7.5 \times 32)kg$

$40kg : O_0(kg)$

O_0(이론산소량) $= \dfrac{40kg \times (7.5 \times 32)kg}{78kg}$

$\qquad\qquad\qquad = 123.08kg$

과산화수소량

$2H_2O_2 \rightarrow 2H_2O + O_2$

$68kg \qquad\qquad : 32kg$

$H_2O_2(kg) \qquad : 123.08kg$

$H_2O_2(kg) = \dfrac{68kg \times 123.08kg}{32kg} = 261.55kg$

49 계면활성제를 사용한 세정공정으로 TCE로 오염된 토양을 처리하고자 한다. 오염토양 내 TCE 1kg을 모두 용해시키기 위해 필요한 계면활성제를 10L/hr 유량으로 공급할 경우 공급시간은?(단, 계면활성제 내 TCE 용해도는 4g/L)

① 5hr 　　　　② 10hr

③ 25hr 　　　　④ 50hr

풀이 공급시간(hr) $= \dfrac{TCE량}{유량}$

$\qquad\qquad = \dfrac{(1kg \times 10^6 mg/kg)/4,000mg/L}{10L/hr}$

$\qquad\qquad = 25hr$

50 다음 토양세척장치의 종류 중 교반세척방식에 해당되는 장치의 형태는?

① 진동체형 　　　　② 유동상형

③ 회전드럼형 　　　　④ 스크루형

51 다음과 같이 바이오벤팅(Bioventing) 기술을 적용할 때, 평균산소 소모율(%O_2/day)은?(단, 주입 공기유량 $100m^3$/day, 초기산소농도 21%, 배기가스 중의 산소농도 3%, 토양체적 $1,000m^3$, 토양공극률 0.2)

① 3 　　　　② 4

③ 6 　　　　④ 9

풀이 평균산소 소모율(%O_2/day)

$\qquad = \dfrac{Q(C_0 - C_t)}{V \cdot P}$

$\qquad = \dfrac{100m^3/day \times (21-3)\%O_2}{1,000m^3 \times 0.2} = 9\%O_2/day$

52 투수성 반응벽체(PRB)의 공정원리에 관한 설명으로 옳지 않은 것은?

① PRB는 원위치 오염 방지 구조물이다.

② PRB는 오염지역 밖으로 지하수의 이동을 막는 것이므로 비용 측면에서 효과적이다.

③ PRB는 산성 광산폐수에서 방사성 동위원소까지 오염된 지하수에 포괄적으로 적용된다.

④ PRB는 지중의 반응존(Reactive Zone)으로 오염물을 이동시키는 자연적인 지하수 흐름에 의존한다.

풀이 ② PRB는 오염물질을 처리지대로 이동시키는 자연 유하에 의존하여 운영되므로 유지비가 대부분의 저감기법들보다 경제적이다.

53 동전기정화기술에서 포화된 지중 내에 전극을 삽입하고 직류 전원을 연결하였을 때 양극(+)에서 발생되는 반응식으로 가장 옳은 것은?

① $2H_2O+2e^- \rightarrow H_2\uparrow+20H^-$
② $2H_2O-4e^- \rightarrow O_2\uparrow+4H^+$
③ $2H_2O-4e^- \rightarrow H_2\uparrow+4H^+$
④ $2H_2O+2e^- \rightarrow O_2\uparrow+20H^-$

54 토양증기 추출과 비교한 Bioventing의 장단점으로 옳지 않은 것은?

① 추가적인 영양염류의 공급이 필요
② 장치가 간단하고 설치가 용이함
③ 배출가스 처리의 추가비용 필요
④ 적용부지의 범위가 넓음

풀이 Bioventing과 SVE의 장단점 비교

	Bioventing	SVE
장점	• 장치 간단, 설치 용이함 • 적용부지의 범위가 넓음(휘발성 물질 이외의 준휘발성 물질도 처리되므로 보다 광범위한 종류의 오염물질을 제거함) • 처리시간이 짧음(최적조건에서 6개월~2년)	• 필요한 기계장치가 단순, 간단함 • 유지 및 관리비가 적게 소요됨 • 일반적으로 많이 사용되는 장치 및 재료로 충분함 • 단시간 내에 설치 가능함

	Bioventing	SVE
장점	• 처리비용이 적게 소요됨 • 공기분사, 지하수 추출법 등 타 처리장치와의 결합이 용이함 • 추출증기에 대한 후처리공정의 처리 추가비용 없음 • 유기화합물의 추출 및 생분해가 동시 가능	• 결과를 바로 알 수 있음 • 다른 시약이 필요 없음 • 영구적 재생이 가능함 • 굴착 필요 없음
단점	• 높은 초기 고오염농도에 의하여 미생물의 활동에 독성을 미침 • 특정현장조건(저투수성 및 점성토양)에 적용하기 어려움 • 항상 높은 제거효율을 얻기 어려움 • 추가적인 영양염류의 공급이 필요함 • 불포화층에만 적용이 가능 • 오염물질 주변의 공기 및 물의 이동에 의해 오염물질이 확산될 수 있음	• 지중기압 오염물질 • 토양의 침투성이 좋고 균일성이 있어야 토양층이 치밀하여 기체흐름이 어려운 곳에서는 적용하기 어려움 • 추출된 증기(기체)는 후처리 장치인 대기오염 방지시설이 필요함 • 오염물질의 독성은 변화가 없음(잔존) • 지반구조의 복잡성으로 인하여 총 복원시간을 예측하기 어려움

55 토양오염을 Air Sparging 방법을 적용하여 처리할 때 영향을 주는 인자의 유리한 조건으로 옳지 않은 것은?

① 대수층 종류 : 피압대수층
② 오염물질의 호기성 생분해능 : 높음
③ 오염물질의 헨리상수(atm · m³/mol) : 10^{-5} 이상
④ 오염물질의 용해도 : 낮음

풀이 대수층의 유리한 조건
ㄱ 자유면 대수층(비피압 대수층)
ㄴ 단열이 매우 많은 기반암

56 지하수 내 벤젠의 농도가 50mg/L이다. 1차 감쇠 상수(First−Order Decay Rate)가 0.005/day일 때 3년 후 지하수 내 벤젠의 농도(mg/L)는?

① 0.18 ② 0.21
③ 0.35 ④ 0.42

풀이 $C = C_0 e^{-kt} = 50 \times e^{(-0.005 \times 365 \times 3)} = 0.21\,mg/L$

57 투수성 반응벽의 처리매체에 관한 내용으로 옳지 않은 것은?

① 석회는 산성 지하수를 중성화할 필요성이 있는 경우에 사용될 수 있다.
② 석회는 카드뮴, 철, 크롬 금속을 제거하는 데에는 효과적이지 못하다.
③ 제오라이트와 합성이온교환수지는 수명이 짧고 고가이며 재활성화하는 데 문제가 있어 경제적인 면에서 적용성이 적다.
④ 활성탄은 유기물질로 오염된 지하수를 제어하는 데 사용될 수 있다.

풀이 ② 석회는 카드뮴, 철, 크롬 금속을 제거하는 데 효과적이다.

58 벤젠의 농도가 12.0mg/L인 지하수에서 미생물의 호기성 분해에 의하여 분해가 일어나고 있다. 이 대수층의 산소농도가 6.0mg/L이며 산소 소비율이 (3mg/L−O₂)/(1mg/L−벤젠)인 경우 분해 후 최종 벤젠 농도(mg/L)는?(단, 다른 곳으로부터의 산소 공급은 없다고 가정)

① 10 　　　　② 5
③ 8.4 　　　　④ 2

풀이 벤젠 농도(mg/L)
$$= 12mg/L - \left(\frac{6.0mg/L - O_2}{3mg/L - O_2/1mg/L - 벤젠} \right)$$
$$= 10mg/L - 벤젠$$

59 유기오염물질의 휘발성이 낮아지는 순서로 바르게 나열된 것은?(단, 휘발성 높음 > 휘발성 낮음)

① PCB > 석유탄화수소 > PAH
② 휘발성 염화유기용매 > PCB > BTEX
③ PAH > BTEX > PCB
④ BTEX > 석유탄화수소 > PCB

60 토양 정화를 위한 화학적 산화법의 장단점으로 옳지 않은 것은?

① 오염물질을 원위치에서 정화할 수 있음
② 화학적 산화법 적용 후, 기간 경과에 따른 오염물질 용존 농도의 재증가가 없음
③ 투수성이 낮은 토양에서는 오염물질과 산화제의 접속이 쉽지 않음
④ 용존 오염물질의 오염운의 모양이 화학적 산화법의 적용을 통하여 변할 수 있음

풀이 ② 용존 오염물질의 농도는 기술 적용 후 수일(수개월) 후 다시 증가될 수 있다.

4과목 **토양 및 지하수환경 관계법규**

61 특별자치도지사 · 시장 · 군수 · 구청장의 승인을 얻어 토양오염검사를 면제 받을 수 있는 시설이 아닌 것은?

① 저장시설에 1년 이상 토양오염물질을 저장하지 아니한 경우
② 동종의 토양오염물질을 저장하는 다수의 시설 중 일부 시설을 증설하는 경우
③ 검사항목이 같은 종류의 토양오염물질로 저장물질을 변경하는 경우
④ 토양정화명령을 받고 정화 중인 경우

풀이 동종의 토양오염물질을 저장하는 다수의 시설 중 일부 시설의 사용을 종료하거나 폐쇄하는 경우 토양오염검사를 면제받을 수 있다.

62 토양보전대책에 관한 계획에 포함되어야 하는 사항으로 가장 거리가 먼 것은?

① 토지 등의 이용방안
② 피해주민에 대한 지원대책
③ 오염토양 개선사업
④ 토양오염 방지대책

풀이 토양보전대책 계획 수립 시 포함사항
1. 오염토양 개선사업
2. 토지 등의 이용방안
3. 주민건강 피해조사 및 대책
4. 피해주민에 대한 지원대책
5. 그 밖에 해당 대책계획을 수립·시행하기 위하여 필요하다고 인정하여 환경부령으로 정하는 사항

63 다음 중 토양오염검사수수료가 가장 비싼 검사항목은?

① 불소   ② 비소
③ 수은   ④ 유기인

풀이 토양오염도검사수수료

검사항목		검사수수료(단위 : 원)
카드뮴·구리·납		44,200
비소		44,200
수은		44,200
6가 크롬		44,200
아연·니켈		44,200
불소		71,100
유기인		35,100
폴리클로리네이티드비페닐		114,000
시안		17,700
페놀류		56,100
유류	벤젠	40,600
	톨루엔	
	에틸벤젠	
	크실렌	
석유계 총 탄화수소(TPH)		62,700
트리클로로에틸렌(TCE) 테트라클로로에틸렌(PCE)		26,900
벤조(a)피렌		114,000
시료채취비		91,900/공

64 토양관련전문기관 또는 토양 정화업의 기술인력은 국립환경인재개발인재개발원장이 개설하는 토양환경관리의 교육과정을 이수하여야 한다. 신규교육에 대한 기준으로 옳은 것은?

① 토양관련전문기관 또는 토양정화업 분야의 기술인력으로 최초로 종사한 날부터 1년 이내에 8시간
② 토양관련전문기관 또는 토양정화업 분야의 기술인력으로 최초로 종사한 날부터 1년 이내에 16시간
③ 토양관련전문기관 또는 토양정화업 분야의 기술인력으로 최초로 종사한 날부터 1년 이내에 24시간
④ 토양관련전문기관 또는 토양정화업 분야의 기술인력으로 최초로 종사한 날부터 1년 이내에 48시간

풀이 기술인력의 교육
㉠ 신규교육 : 토양 관련 전문기관 또는 토양정화업 분야의 기술인력으로 최초로 종사한 날부터 1년 이내에 18시간
㉡ 보수교육 : 신규교육을 받은 날을 기준으로 5년마다 8시간

65 토양보전대책지역의 지정기준으로 ( ) 안에 옳은 내용은?

농경지 외의 지역의 경우에는 지표면으로부터 지하수(대수층)면 상부 토양 사이의 토양오염도가 대책기준을 초과한 지역 또는 특별자치도지사, 시장, 군수, 구청장이 대책지역 지정을 요청한 지역으로서 인체에 대한 피해가 우려되고 그 면적이 ( ) 이상인 지역일 것

① 1만 제곱미터   ② 2만 제곱미터
③ 3만 제곱미터   ④ 5만 제곱미터

풀이 토양보전대책지역의 지정기준
㉠ 농경지의 경우에는 지표면으로부터 30센티미터까지의 토양오염도가 대책기준을 초과하거나 특별자치도지사·시장·군수·구청장이 재배작물 중 오염물질 함량이 중금속잔류허용기준을 초과하여 대책지역 지정을 요청한 지역일 것
㉡ 농경지 외의 지역의 경우에는 지표면으로부터 지하수(대수층)면 상부 토양 사이의 토양오염도가

대책기준을 초과한 지역 또는 특별자치도지사·시장·군수·구청장이 대책지역지정을 요청한 지역으로서 인체에 대한 피해가 우려되고 그 면적이 1만 제곱미터 이상인 지역일 것

66 보관, 운반 및 정화 등의 과정에서 오염토양을 누출·유출시킨 자에 대한 벌칙 기준은?

① 500백만 원 이하의 벌금
② 1천만 원 이하의 벌금
③ 1년 이하의 징역 또는 1천만 원 이하의 벌금
④ 2년 이하의 징역 또는 2천만 원 이하의 벌금

풀이 법 제30조 참조

67 토양정화업자의 준수사항으로 틀린 것은?

① 토양정화업자는 매년 1월 31일까지 전년도의 토양정화실적을 시·도지사에게 보고하여야 한다.
② 정화현장에 오염토양의 정화공정도 및 정화일지를 작성하여 비치하고, 정화일지는 3년간 보관하여야 한다.
③ 토양 관련 전문기관의 정화검증을 위한 정화현장 방문, 시료의 채취 등 검증업무수행을 방해해서는 아니 된다.
④ 반입토양 보관시설에 울타리를 설치하여 반입토양의 유실을 방지하여야 한다.

풀이 토양정화업자의 준수사항
　㉠ 기술인력은 해당 분야에 종사하게 하여야 한다.
　㉡ 토양정화업자는 매년 1월 31일까지 전년도의 토양정화실적을 시·도지사에게 보고하여야 한다.
　㉢ 오염토양을 운반하는 때에는 오염토양이 흩날리지 않도록 하여야 하며, 침출수가 유출되지 아니하도록 하여야 한다.
　㉣ 위탁받은 오염토양을 반입정화시설이 아닌 다른 곳에 보관하여서는 아니 되며, 반입정화시설 또는 정화현장 입구에는 오염토양 정화 또는 반입정화시설임을 표시하는 가로 100센티미터 이상, 세로 50센티미터 이상의 표지판을 지상 100센티미터 이상의 높이에 설치하여야 한다. 이 경우 표지판에는 오염토양의 양, 정화공법, 정화기간 및 관리자

의 주소·성명·전화번호 등을 기재하여야 한다.
　㉤ 정화현장에 오염토양의 정화공정도 및 정화일지를 작성하여 비치하고, 정화일지는 2년간 보관하여야 한다.
　㉥ 토양 관련 전문기관의 정화검증을 위한 정화현장 방문, 시료의 채취 등 검증업무수행을 방해하여서는 아니 된다.

68 특정토양오염관리대상시설의 변경신고 사유가 아닌 것은?

① 특정토양오염관리대상시설을 교체하거나 토양오염방지시설을 변경하는 경우
② 특정토양오염관리대상시설의 사용을 종료하거나 폐쇄하는 경우
③ 사업장의 위치 또는 사업자가 변경되는 경우
④ 특정토양오염관리대상시설에 저장하는 오염물질을 변경하는 경우

풀이 특정토양오염관리대상시설의 변경신고
　㉠ 사업장의 명칭 또는 대표자가 변경되는 경우
　㉡ 특정토양오염관리대상시설의 사용을 종료하거나 폐쇄하는 경우
　㉢ 특정토양오염관리대상시설을 증설 또는 교체하거나 토양오염방지시설을 변경하는 경우
　㉣ 특정토양오염관리대상시설에 저장하는 오염물질을 변경하는 경우

69 지하수의 수질기준 설정 항목(일반오염물질)에 해당되는 것은?(단, 지하수를 생활용수로 사용하는 경우)

① 부유물질
② 화학적 산소요구량
③ 염소이온
④ 생물화학적 산소요구량

풀이 지하수의 수질기준 항목(일반오염물질)
　㉠ 수소이온농도(pH)
　㉡ 총대장균군
　㉢ 질산성 질소
　㉣ 염소이온

정답 　66 ③　67 ②, ④　68 ③　69 ③

70 지하수의 체계적인 개발·이용 및 효율적인 보전·관리를 위하여 지하수관리기본계획의 수립 시 포함되어야 할 사항으로 틀린 것은?

① 지하수의 이용실태
② 지하수의 보전계획
③ 지하수의 조사에 관한 투자계획
④ 지하수의 수질관리 및 정화계획

풀이 지하수관리기본계획 수립 시 포함사항
ⓐ 지하수의 부존특성 및 개발 가능량
ⓑ 지하수의 이용실태
ⓒ 지하수의 이용계획
ⓒ의2 유출지하수의 관리 및 이용계획
ⓒ의3 지하수열의 이용활성화 및 연구개발추진계획
ⓓ 지하수의 보전계획
ⓔ 지하수의 수질관리 및 정화계획
ⓕ 그 밖에 지하수의 관리에 관한 사항

71 특정토양오염관리대상시설별 토양오염검사항목 중 석유류의 제조 및 저장시설과 관련이 없는 것은?

① 벤젠
② 에틸벤젠
③ 석유계총탄화수소(TPH)
④ 페놀

풀이 석유류의 제조 및 저장시설 토양오염 검사항목
ⓐ 벤젠   ⓑ 톨루엔
ⓒ 에틸벤젠   ⓓ 크실렌
ⓔ 석유계총탄화수소(TPH)

72 토양환경보전법령에서 정하고 있는 오염토양의 정화방법으로 가장 거리가 먼 것은?

① 오염물질의 분리추출   ② 오염물질의 매립
③ 오염물질의 소각   ④ 오염물질의 차단

풀이 오염토양의 정화방법
ⓐ 미생물이나 식물을 이용한 오염물질의 분해·흡수 등 생물학적 처리
ⓑ 오염물질의 차단·분리 추출·세척처리 등 물

리·화학적 처리
ⓒ 오염물질의 소각·분해 등 열적 처리

73 사람의 건강 및 재산과 동·식물의 생육에 지장을 주어서 토양오염에 대한 대책을 필요로 하는 토양오염의 기준은?

① 토양오염조사기준   ② 토양오염우려기준
③ 토양오염대책기준   ④ 토양오염정화기준

풀이 토양오염대책기준
우려기준을 초과하여 사람의 건강 및 재산과 동물·식물의 생육에 지장을 주어서 토양오염에 대한 대책이 필요한 토양오염의 기준(이하 "대책기준"이라 한다)은 환경부령으로 정한다.

74 지하수의 개발·이용의 허가에 관한 사항으로 옳지 않은 것은?

① 동력장치를 사용하지 아니하고 가정용 우물 또는 공동 우물을 개발하여 이용하려는 경우 시장·군수·구청장의 허가를 얻을 필요가 없다.
② 허가를 신청하려는 자는 지하수영향조사를 받은 후 결과를 제출하여야 하며, 시장·군수·구청장은 지하수영향조사서를 심사하여야 한다.
③ 시장·군수·구청장은 지하수영향조사서를 심사하고 그 결과를 허가내용에 반영하여야 하며 기본계획 및 지역관리계획을 고려하여 심사하여야 한다.
④ 토양오염물질이나 유해화학물질을 배출·제조·저장하는 시설로서 관계법령에 따라 허가를 득하였다고 하더라도 그 설치지역이 지하수 보존구역이라면 시장·군수·구청장의 허가를 얻어야 한다.

풀이 지하수개발·이용의 허가하지 아니하거나 취수량을 제한할 수 있는 경우(시장·군수·구청장)
ⓐ 지하수 채취로 인하여 인근 지역 수원(水源)의 고갈 또는 지반의 침하를 가져올 우려가 있거나 주변 시설물의 안전을 해칠 우려가 있는 경우
ⓑ 지하수를 오염시키거나 자연생태계를 해칠 우려

가 있는 경우
ⓒ 지하수의 적정 관리 또는 「국토의 계획 및 이용에 관한 법률」에 따른 도시·군관리계획, 그 밖에 공공사업에 지장을 줄 우려가 있는 경우
ⓔ 그 밖에 지하수를 보전하기 위하여 필요하다고 인정되는 경우로서 대통령령으로 정하는 경우

75 토양오염 검사수수료에 관한 내용 중 누출검사 수수료(배관부)에 관한 내용으로 (   )에 옳은 것은?

배관부의 누출검사수수료는 배관 (   )을(를) 기준으로 산정된 기본수수료와 체적수수료를 합한 것으로 한다.

① 1라인(시점 및 종점)　② m당(누출 지점)
③ m²당(누출 면적)　　④ 1기당(탱크)

풀이 토양오염검사 수수료(비고)
1. 배관부의 누출검사수수료는 배관 1라인(시점 및 종점)을 기준으로 산정된 기본수수료와 체적수수료를 합한 것으로 한다.
2. 같은 사업장에 2개 이상의 저장탱크가 설치되어 있어 동시에 검사가 가능한 경우의 검사수수료는 1개의 저장탱크에 대하여 개별 산정된 검사수수료에 다음 각 목의 검사수수료를 합한 것으로 한다.
   가. 1개를 초과하는 탱크부에 대하여 개별 산정된 검사수수료의 25퍼센트
   나. 1개를 초과하는 배관부에 대하여 개별 산정된 검사수수료의 30퍼센트
3. 도서지역(낙도)의 경우 「공무원여비규정」에 준하는 출장비를 추가할 수 있다.

76 토양정화업을 수행 중 도급받은 토양정화공사를 일괄하여 하도급한 때 행정처분기준으로 적합한 것은?

① 1차 : 경고
② 2차 : 영업정지 1개월
③ 3차 : 영업정지 3개월
④ 4차 : 등록취소

풀이 토양환경보전법시행규칙 제36조 행정기준 참조

77 환경부장관 또는 시장·군수·구청장이 지하수를 현저하게 오염시킬 우려가 있는 시설의 설치자 또는 관리자에게 지하수오염방지를 위하여 명할 수 있는 조치가 아닌 것은?

① 오염된 지하수의 정화
② 지하수 오염 관측정의 설치 및 수질측정
③ 지하수오염물질 누출방지시설의 설치
④ 지하수영향조사 실시

풀이 지하수오염방지를 위하여 명할 수 있는 조치
ⓐ 지하수 오염 관측정(觀測井)의 설치 및 수질측정
ⓑ 지하수 오염 진행상황의 평가
ⓒ 지하수오염물질 누출방지시설의 설치
ⓓ 오염된 지하수의 정화
ⓔ 해당 시설의 설비·운영의 개선

78 사람의 건강·재산이나 동물·식물의 생육에 지장을 줄 우려가 있는 토양오염의 기준 중 1지역의 기준이 맞는 것은?

① 카드뮴 10.0mg/kg
② 수은 10.0mg/kg
③ 유기인화합물 10.0mg/kg
④ 톨루엔 10.0mg/kg

풀이 토양오염 우려기준(mg/kg)

물질	1지역	2지역	3지역
카드뮴	4	10	60
구리	150	500	2,000
비소	25	50	200
수은	4	10	20
납	200	400	700
6가 크롬	5	15	40
아연	300	600	2,000
니켈	100	200	500
불소	400	400	800
유기인화합물	10	10	30
폴리클로리네이티드비페닐	1	4	12
시안	2	2	120
페놀	4	4	20
벤젠	1	1	3
톨루엔	20	20	60
에틸벤젠	50	50	340
크실렌	15	15	45
석유계 총 탄화수소(TPH)	500	800	2,000
트리클로로에틸렌(TCE)	8	8	40

물질	1지역	2지역	3지역
테트라클로로에틸렌(PCE)	4	4	25
벤조(a)피렌	0.7	2	7

79 토양 관련 전문기관의 지정기준 중 토양오염 조사기관 장비에 해당되지 않는 것은?

① 가연성 가스농도측정기
② 가스크로마토그래프 질량분석기
③ 초음파 추출장치
④ 퍼지 · 트랩장치

풀이 토양 관련 전문기관(토양오염조사기관) 장비
- 흡광광도계
- 원자흡광광도계, 유도결합플라즈마광도계
- 퍼지 · 트랩장치
- 가스크로마토그래프 전자포획기
- 가스크로마토그래프 질량분석기
- 가스크로마토그래프 불꽃이온화검출기
- 초음파 추출장치
- 자가동력시추기
- 그 밖에 토양시료를 채취하여 분석하는 데 필요한 장비

80 특정토양오염관리대상시설의 종류로 가장 거리가 먼 것은?

① 위험물의 제조 및 저장시설
② 송유관 시설
③ 유해화학물질의 제조 및 저장시설
④ 석유류의 제조 및 저장시설

풀이 특정토양오염관리대상시설별 토양오염 검사항목

특정토양오염 관리대상시설	검사항목
1. 석유류의 제조 및 저장시설	벤젠 · 톨루엔 · 에틸벤젠 · 크실렌 · 석유계 총 탄화수소(TPH)
2. 유해화학 물질의 제조 및 저장시설	카드뮴 · 구리 · 비소 · 수은 · 납 · 6가 크롬 · 아연 · 니켈 · 불소 · 유기인 화합물 · 폴리클로리네이티드비페닐 · 시안 · 페놀 · 트리클로로에틸렌(TCE) · 테트라클로로에틸렌(PCE) 및 벤조(a)피렌 중 해당 항목
3. 송유관 시설	벤젠 · 톨루엔 · 에틸벤젠 · 크실렌 · 석유계 총 탄화수소(TPH)

토양환경기사 필기

발행일 | 2014. 4. 25 초판 발행
2015. 1. 20 개정 1판1쇄
2016. 1. 20 개정 2판1쇄
2017. 1. 20 개정 3판1쇄
2018. 1. 20 개정 4판1쇄
2019. 1. 20 개정 5판1쇄
2020. 1. 20 개정 6판1쇄
2020. 6. 20 개정 6판2쇄
2021. 1. 15 개정 7판1쇄
2022. 1. 25 개정 8판1쇄
2023. 2. 10 개정 9판1쇄
2024. 1. 10 개정10판1쇄
2025. 1. 30 개정11판1쇄
2025. 2. 20 개정11판2쇄
2026. 1. 20 개정12판1쇄

저 자 | 서영민
발행인 | 정용수
발행처 | 예문사

주 소 | 경기도 파주시 직지길 460(출판도시) 도서출판 예문사
T E L | 031) 955 – 0550
F A X | 031) 955 – 0660
등록번호 | 11 – 76호

• 이 책의 어느 부분도 저작권자나 발행인의 승인 없이 무단
  복제하여 이용할 수 없습니다.
• 파본 및 낙장은 구입하신 서점에서 교환하여 드립니다.
• 예문사 홈페이지 http://www.yeamoonsa.com

정가 : 45,000원

ISBN 978–89–274–6058–9 13530